U0149422

英汉·汉英
化 学 化 工 词 汇
英汉部分

第三版

English-Chinese/Chinese-English
DICTIONARY OF CHEMISTRY AND CHEMICAL TECHNOLOGY
English-Chinese Part

The Third Edition

化学工业出版社辞书编辑部编

化 学 工 业 出 版 社
·北 京·

图书在版编目(CIP)数据

英汉·汉英化学化工词汇. 英汉部分/化学工业出版社辞书编辑部编. —3版.—北京：化学工业出版社，2012.7（2024.11重印）
ISBN 978-7-122-13923-8

Ⅰ.英… Ⅱ.化… Ⅲ.①化学-词汇-英、汉②化学工业词汇-英、汉 Ⅳ.①06-61②TQ-61

中国版本图书馆CIP数据核字（2012）第060662号

责任编辑：徐　蔓　　装帧设计：关　飞
责任校对：陶燕华

出版发行：化学工业出版社（北京市东城区青年湖南街13号　邮政编码100011）
印　　装：三河市航远印刷有限公司
880mm×1230mm　1/32　印张35¼　字数2072千字
2024年11月北京第3版第6次印刷

购书咨询：010-64518888　　售后服务：010-64518899
网　　址：http://www.cip.com.cn
凡购买本书，如有缺损质量问题，本社销售中心负责调换。

定　　价：98.00元

版权所有　违者必究

前　言

本书第二版于 2001 年出版发行，至今已经历经十余年。此间，化学和化工有了很大的发展变化，修订工作已势在必行。为此，我们根据近年来化学化工科技的发展状况以及社会、经济发展的大趋势，总结本书第二版的情况，组织了有关方面的专家，在以下几方面作了修订完善。

(1) 增补第二版出版后十多年来出现的化学、化工方面的科技名词和物质名词；

(2) 增补近年来发展较快的与化学化工有关专业（如能源、环保、安全、健康、高新科技、清洁生产等）方面的科技名词和物质名词；

(3) 增补本书第二版中在传统化学化工领域缺乏的有关名词，主要是工业技术、节能减排、天然产物等方面，尤其是在化学化工领域使用较多的由常见词组成的不容易直译的复合词；

(4) 对于已经收取的词汇的中文释义进行补充和修改；

(5) 删除一些商品名称、过时词汇、中英文对照不明显的词汇等；

(6) 对于个别错漏之处和偏见释义进行修改。

陈国桓先生主持本次修订工作，并提供了大量化工方面词汇。彭屹、吴琪、于涛等对化学、生物医药、环保、能源、安全等方面词汇作了补充。

希望读者在使用中提出意见和建议。

化学工业出版社辞书编辑部

2012 年 2 月

第一版前言

专门从事语言研究工作的学者和学生们以及翻译工作者都愿意使用“双向”性双语词典，即外汉·汉外对照性词典。为了满足这方面的需要，化学工业出版社邀请了多年从事辞书工作的同志，参考了国外近期出版的几部名著，如“The Merck Index”、“Dictionary of Chemical Technology”、“Dictionary of Scientific and Technical Terms”、“English-Russian Dictionary of Chemistry and Chemical Technology”、“G. & H.'s Chemical Dictionary”，以及国内近期出版的《化工辞典》、《汉英化工机械词汇》、《英汉化学化工词汇》等文献资料，组织编纂了这部词典。词典中科技术语的中译名按照全国自然科学名词审定委员会推荐和公布的名称进行统一，工业名称尽量与国家标准或部颁标准取得一致。本词汇重点放在两种文字的对应释义，而不解决定义、概念及应用方面的问题，这类问题留待带释义的词典去解决。本词典的编纂目的在于用作翻译的工具。因此，本书没有收入大量而又繁琐的化学结构式及分子式，以节省篇幅。

本词典共收词78000余条，主要包括化学化工各学科和各专业中最常见的基础词、常用词、重要词和新词。一些罕用语、古语和已废除的旧用名均未选入本书。我们这样做只是一种尝试，是为了节省篇幅和节约使用者的宝贵时间（据统计，翻译人员60%的时间都用在查词典和参考书上），希望本书能得到读者的厚爱。为了便于携带，本词典分英汉部分和汉英部分两册出版。参加本书收词和审订工作的同志有吴克文、袁珊堂、陈慰慈、张明哲、应礼文、周政、黄志学等。在编写过程中难免有各种不当之处，希望读者批评指正。

编者

1995年1月

第二版前言

本词汇自1995年问世以来，深受广大读者厚爱，曾连续三次重印，1998年被评为优秀畅销书。此次修订除收集近年来在化学化工领域涌现的新词新义外，同时考虑到本书第一版因时间紧迫有些专业收词尚不够全面，还在精细化工、石油化工、高分子科学与材料、生物化学、生命科学、生物技术、日用化工、环境科学与工程等方面补收了词汇。全书共约9万余条。

为节省篇幅，本次修订时还删去了一些不必要的词组，并纠正了第一版中排印时造成的某些错误。希望读者在使用过程中发现不妥之处随时向我们反映并提出宝贵意见。

参加本书编写修订工作的人员有（按姓氏笔画排列）：

于　涛　王从厚　冯启浩　朱自强　李恕广　吴克文　应礼文　张明哲　陈慰慈　周　政　孟令惠　衷珊堂　黄志学　傅积赉

全书由黄志学同志统稿。

化学工业出版社

2000年9月

目　录

前言
第一版前言
第二版前言
用法说明
词典正文 …………………………………………………… 1～1120

用 法 说 明

（1）本词典分英汉及汉英两部分出版，英汉部分按英文字母顺序排列；汉英部分按汉语拼音顺序排列并附笔画检字表。

（2）多义词之间用“（1）、（2）……”分开，同义词之间用分号“;”分开。

（3）圆括号中的字为在使用时可以省略的字或解释性的文字。

（4）方括号中的字或词表示可以替换前面的字。如添加剂［物］＝添加剂；添加物。

（5）系统名称中的阿拉伯数字，希腊字母，斜体英文字母以及表示构型的D，L，DL等均不参加排序。

（6）本书收词中作为通用词汇首字母小写，专有名词等首字母大写。本词典不收集全大写非缩略语、符号词目。

A

AA(autoanalyzer) 自动分析器
AABB nylon 双组分尼龙
aabomycin 阿博霉素
A acid A 酸 17-二羟萘-3,6-二磺酸
AAFEB(anaerobic attached film expanded bed) 厌氧附着膜膨胀床法
aa lava 渣块[渣状,阿阿]熔岩
A alloy A 铝合金(铝镁硅合金)
AAS (1)(atomic absorption spectrophotometry) 原子吸收分光光度法(2)(acrylate-acrylonitrilesty-rene terpolymer) 丙烯酸酯-丙烯腈-苯乙烯三元共聚物
AB (1)(anchor bolt)地脚螺栓(2)(angle bar)角铁
Ab 〈元素符号〉(alabamine)(砹的旧称)
abacterial (1)无菌的 (2)非细菌性的
abalone enzyme 鲍鱼酶
abalyn 阿巴林;松香酸甲酯(商品名)
abamectin 阿巴美丁;阿巴杀虫素
abandoned chemical weapons 遗弃化学武器
abandoned salt mine 废盐矿
abas 诺谟图;列线图
abatement (1)废料;刨花(2)失效
abatement of smoke 消烟
Abati drying oven 阿巴提干燥(烘)箱
A-battery A[甲]电池(组)
abat-vent 通风帽
abaxial 离轴的
Abbe condenser 阿贝聚光器[镜]
Abbe number (1)阿贝数(玻璃的光色散度量)(2)色散系数(色散力倒数)
Abbe prism 阿贝棱镜
Abbe refractometer 阿贝折射计
abbertite 黑沥青
abbreviated formula 缩写式
abbreviated volute 简化蜗壳
ABC (asphaltenic bottom cracking) 沥青质渣油(加氢)裂化
ABD(apparent bulk density) 表观松密度
Abderhalden dryer (=drying pistol) 阿布德哈登干燥器;干燥枪
abecarnil 阿贝卡尔
Abegg's rule 阿贝格法则(元素周期表中元素最高正负价绝对值之和常=8)
Abel closed tester 阿贝尔闭式试验器(测定煤油等挥发油闪点)
Abel fuse 阿贝尔引信(含高氯酸钾和硫酸铜)
Abel (heat) test 阿贝尔(耐热)试验
abelite 阿贝立特炸药
Abel reagent 阿贝尔试剂(镂蚀碳钢的 10%CrO_3 溶液)
abelsonite 紫四环镍矿,卟啉镍石
abequose 阿比可糖;3-脱氧-D-岩藻糖
abernathyite 水砷钾铀矿
aberrant segregation 异常分离
aberration constant 像差常数
abeyance 潜态
ABFA (azobisformamide) 偶氮(二)甲酰胺(发泡剂)
abherent 防粘剂
abhesion 脱黏
abichite 光线矿;斜羟砷铜矿
abien(in)ic acid 冷杉酸
abienol 冷杉醇
abies alba oil 银枞油
abies oil 冷杉油
abietate 松香酸盐(或酯)
abietene (1)枞烯(2)松香烯
abietic acid 松香酸
abietic acid pentaerythritol ester 松香季戊四醇酯
abietine 松香亭,松柏苷
abietinic acid 松香亭酸
abietinol 松香醇
abietite 冷杉糖
abietyl 松香基;枞酸基
abietylamine (1)枞胺(2)松香胺
abikoviromycin 阿孙病毒素
ability (1)能力;本领(2)效率(3)技能(4)性能
ABIN (azobisisobutyronitrile) 偶氮二异丁腈(发泡剂)
ab initio 从头计算
abiochemistry 无生化学;无机化学
abiosis (1)无生命(2)生活力缺失;营养性衰竭;死亡
abiotic 无生命的;非生物的
ablastin 抑菌素;抑殖素

ablastmycin 除瘟霉素
ablation 烧蚀
ablative polymer 烧蚀聚合物(如硅橡胶)
ablator 烧蚀材料;烧蚀剂
abluent (1)清洗的(2)清洗剂;洗净剂
ablution (1)洗净;清洗;清除(2)洗净液
ablykite 阿布石,似埃洛石
Abney clinometer 阿布尼测斜器
Abney mounting 艾伯尼装置
abnormal distribution 非正态分布
abnormality (1)反常(2)非正态性
abnormal liquid 反常液体,缔合液体
abnormal load 不规则载荷
abnormal operation 不正常操作;异常运行
abnormal reaction 非正常反应
abnormal setting 反常凝聚
abnormal vapor pressure 异常蒸气压
abnormism 异常性,变态性
A-bomb 原子弹
abortin 流产菌素
abort situation 故障位置
above-critical (1)超临界(2)超临界的
above-ground storage tank 地面贮罐
above-thermal 超热的
ABR (1)(acrylate-butadiene rubber)丙烯酸酯-丁二烯橡胶(2)(acrylonitrile-butadiene rubber) 丁腈橡胶;丙烯腈-丁二烯橡胶
A-bracket 人字架
abradability 磨耗性;磨损性;磨蚀性
abradant(=abrasive) 磨料;研磨剂
abrader,abrasor 磨耗试验机
abrading 研磨
abrading agent 磨料;研磨剂
Abraham consistometer 阿[亚]布拉罕稠度计(测沥青等)
abrasiometer 磨耗试验机
abrasion 磨耗;磨蚀;磨损
abrasion loss 磨耗(减)量
abrasion machining 磨削加工
abrasion pattern 磨耗图形
abrasion resistance (1)抗磨性(2)耐冲刷性
abrasion resistant compound 耐磨胶料(如胎面胶)
abrasion-resistant lining 耐磨衬里
abrasion test 磨耗试验
abrasion wheel 磨轮;砂轮
abrasive blast 喷砂处理[清净]
abrasive cleaner 擦洗剂
abrasive cloth 砂布
abrasive disc 砂轮
abrasive-disk cutter 砂轮锯
abrasive finishing 抛光
abrasive grain 磨料粒度
abrasive jet cleaning 喷砂处理
abrasiveness 磨损性;磨耗性;摩擦性
abrasive paper 砂纸
abrasive powder 磨料,金刚砂粉
abrasive resistance 耐磨性;耐磨强度
abrasive soap 擦洗皂
abrasive stick 油石
abrasive substance 研磨材料
abrastol 萘酚磺酸钙
abrator (1)喷砂[丸]清理 (2)喷[抛]丸清理机
abraum salt 层积盐(主要是钾盐和镁盐,层积在石盐矿床上)
abrazite(=gismondite) 水钙沸石
abriachanite 镁铁青石棉
abric acid 红豆酸
abridged general view 示意图
abridged spectrophotometer(=filter photometer) 滤光光度计
abrin 相思豆毒蛋白;红豆因;红豆毒素
abrine 相思子[豆]碱;红豆碱;*N*-甲基色氨酸
abrotine 青[香]蒿素[碱]
abrupt change 突变
abrupt failure 猝裂
ABS(acrylonitrile-butadiene-styrene copolymer) 丙烯腈-丁二烯-苯乙烯共聚物;ABS 共聚物
ABSCa 十二烷基苯磺酸钙;农乳 500 号
abscess (金属中的)砂眼;气孔
abscisic acid 脱落酸
abscisin 脱落素
abscissa 横坐标
abscission 脱落;切除
absinthe green 苦艾绿,淡绿色
absinthe oil 艾蒿油;苦艾油
absinthic acid 苦艾酸
absinthin(=absinthiin) 苦艾素;洋艾素
absinthol 苦艾脑;苦艾醇
absite 钍钛铀矿
absolute 绝对;净油
absolute activity 绝对活度
absolute alcohol 无水乙醇;无水酒精
absolute compliance 绝对柔量
absolute configuration 绝对构型

absolute constants 通用常数
absolute construction 独立结构
absolute counting 绝对测量
absolute error 绝对误差
absolute ether 无水(乙)醚
absolute extract 纯净萃
absolute frequency 频数
absolute humidity 绝对湿度
absolute ionic mobility (绝对)离子迁移率
absolute lethal dose 绝对致死量
absolute measurement 绝对测量
absolute methanol 无水甲醇
absolute modulus 绝对模量
absolute pressure 绝对压力
absolute pressure controller 绝压控制器
absolute rate theory 绝对反应速率理论
absolute retention volume 绝对保留体积
absolute sensitivity 绝对灵敏度
absolute specificity 绝对专一性
absolute stability constant 绝对稳定常数
absolute temperature 绝对温度
absolute vacuum 绝对真空
absolute valency 绝对价;最高价
absolute velocity 绝对速度
absolute viscosity 绝对黏度
absolute zero 绝对零度
absorb 吸收
absorbability (1)吸收能力(2)吸收率
absorbable bioceramics 可吸收生物陶瓷
absorbable collagen suture 可吸收胶原缝线
absorbable fibre 可吸收纤维
absorbable gelatin sponge 吸收性明胶海绵
absorbable suture 可吸收缝合线
absorbance (1)吸光度(2)吸收度
absorbance index (=absorptivity) (1)吸收系数(2)吸光系数
absorbancy (1)吸收度(2)吸光度
absorbancy index (1)吸收系数(2)吸光系[指]数
absorbancy polymer 吸光高分子
absorbancy-releasing photic polymer 吸光-释光高分子[聚物]
absorbate 吸收质;被吸收物质
absorbed dose 吸收剂量
absorbency 吸收本领[能力]
absorbent (1)吸收剂(2)(有)吸收(本领)的
absorbent bed 吸收层
absorbent cotton 脱脂棉;药棉
absorbent filler 吸收性填料
absorbent gauze 绷带纱布;药用纱布
absorbent paper 吸水纸
absorbent power 吸收本领
absorbent regenerator 吸收剂再生器
absorbent-releasing photic polymer 吸光-释光高分子
absorber (1)吸收剂(2)消振器;缓冲器(3)吸收器;吸收塔(4)吸收体
absorber cooler 吸收塔冷却器
absorber oil 洗油
absorber washer 吸收洗涤器
absorbing capacity 吸收本领;吸收能力
absorbing centres (=colour centres) 色(中)心
absorbing heat 吸热
absorbing joint 减震(接)缝
absorbing medium 吸收介质
absorbing power 吸收本领
absorbing tower 吸收塔
absorbit (微晶型)活性炭
absorb vapor in liquid 液体吸收蒸气
absorptance 吸收比;吸收系数;吸光率
absorptiometer (1)调液厚器(2)吸光计
absorptiometry 吸光分析;吸光光度法
absorption 吸收(作用)
absorption apparatus 吸收装置
absorption band 吸收谱带
absorption bottle 吸收瓶
absorption bulb 吸收球管
absorption capacity 吸收本领
absorption cell 吸收池
absorption chamber 吸收室
absorption coefficient (1)吸收系数(2)(光谱)吸光系数
absorption coil 吸收盘管
absorption column (1)吸收柱(2)吸收塔
absorption column filled with liquid 充液吸收塔
absorption cross section 吸收截面
absorption curve 吸收曲线
absorption cycle 吸收循环
absorption dynamometer 制动测功器[仪]
absorption edge 吸收限
absorption equilibrium 吸收平衡
absorption equipment 吸收设备
absorption-excitation effect 吸收-激发效应
absorption factor 吸收率;吸收因子
absorption filter 吸收滤光片
absorption flow detector 吸收式探伤器
absorption frequency 吸收频率
absorption funnel 吸收漏斗
absorption index 吸收指数

absorption indicator 吸收指示剂
absorption intensity 吸收强度
absorption isotherm 吸收等温线
absorption line 吸收谱线
absorption ointment 乳剂型软膏
absorption pipette 吸收球管
absorption plant 吸收装置
absorption power 吸收本领
absorption rate 吸收速率
absorption ratio 吸收率
absorption refrigerating machine 吸收式冷冻机
absorption refrigeration (1)吸收制冷(2)太阳能冷却系统
absorption refrigerator 吸收式冷冻机
absorption silencer 吸收式消声器
absorption spectroanalysis 吸收光谱分析
absorption spectroelectrochemistry 吸收光谱电化学
absorption spectrometer 吸收分光计
absorption spectrometry 吸收光谱测定(法)
absorption spectrophotometry 吸收光谱测定法
absorption spectroscopy 吸收光谱学
absorption spectrum 吸收光谱
absorption through skin 透皮吸收
absorption tower 吸收塔
absorption tray 吸收(塔)盘
absorption tube 吸收管
absorption value 吸收值
absorption vessel 吸收皿
absorptive bubble separation 吸附泡沫分离
absorptive capacity 吸收容量
absorptive extraction 吸收抽提
absorptivity (1)吸收性(2)吸收系数(3)吸收率(4)吸光系数
absterge 清扫;洗涤;洗净
abstergent, abstersive 洗涤的;去垢的;有清洁作用的;洗净剂;去污粉
abstersion 洗涤;去垢
abstraction (1)提取;抽取;夺取(反应)(2)除去
abstraction-coupling polymerization 夺取-偶合聚合
abstraction of heat 减热
abstraction reaction 夺取反应;提取反应;抽取反应(如夺氢反应)
absynthin 洋艾素
abukumalite 阿武隈石;钇硅磷灰石
abundance 丰度
abundance ratio 丰度比
aburamycin 油霉素;阿布拉霉素
abuse 不遵守运行规程
abuse of the machine 机器维护不良
abutment plate 支承面板
abyssallith 深成岩
abzyme 抗体酶
Ac (1)(actinium)<元素符号>锕(2)(acetyl)乙酰基
ac (1)交(变电)流(2)(accumulator)蓄电池
acacatechin 黑儿茶素[精]
acacetin 金合欢素;刺槐素
ac-ac frequency converter 交-交变频器
acacia 阿拉伯胶;金合欢胶
Acacia ***catechu*** 儿茶
acacia extract 黑荆树栲胶
acacia oil 金合欢油
acacic acid 金合欢酸
acaciin 刺槐苷;金合欢碱
acacin 金合欢胶
acacioside 细叶相思树皂苷
acacipetalin 金合欢苷
acadialite, acadialith, acadizeolite 红菱沸石;红斜方沸石
acajou balsam 腰果树香脂
acamelin 黑木金合欢素
acanthconite 绿帘石
acanthite 螺状硫银矿
acanthomycin 刺霉素
acanthoside 无梗五加苷
acanthosome 刺状体
acaprazine 阿卡嗪
acarbose 阿卡(波)糖
A. C. arc welder 交流电焊机
acardite (=diphenyl urea) 二苯脲
acaricide (=miticide) 杀螨剂
acaroid gum[resin] 禾木胶;禾木树脂
acaustobiolith 非(可)燃性生物[有机]岩
ACC (activated calcium carbonate)活性碳酸钙
accelerant 促进剂;加速剂;捕集剂;促燃剂
accelerated ag(e)ing 人工老化
accelerated cement 快凝水泥
accelerated clarifier 快速沉降器
accelerated cooling 加速冷却
accelerated cure 快速硫化;加速硫化
accelerated flow method 加速流动法
accelerated freezing 速冻
accelerated gum 速成胶质
accelerated life testing 加速使用寿命试验

accelerated motion 加速运动
accelerated resin 速固树脂;含促进剂树脂
accelerated surface aeration 表面加速曝气
accelerated tannage 速鞣法
accelerated velocity 加速度
accelerated weathering test 加速老化试验,加速天候老化试验
accelerating aeration 加速曝气(法)
accelerating agent (1)促进剂(2)促染(3)催化剂
accelerating electrode 加速电极
accelerating plastic flow 加速塑性流(动)
accelerating well 补偿油井
acceleration 加速(度),促凝作用
4-acceleration 四维加速度
acceleration feedback 加速度反馈
acceleration globulin 促凝血球蛋白
acceleration of gravity 重力加速度
acceleration setting 速凝
acceleration voltage 加速电压
acceleration wave 加速度波
accelerative diffusion 加速扩散
accelerative thickening 加速稠化
accelerator (1)加速剂(2)(硫化)促进剂(3)加速器(4)速滤剂(5)促染剂
Accelerotor 埃克西来罗试验仪
accelerator 808 硫化促进剂 808
accelerator-activator 促进剂-活性剂
accelerator AZ 硫化促进剂 AZ
accelerator 27E 醋酸铵
accelerator globulin (AcG) 促凝血球蛋白
accelerator mass-spectrometry 加速器质谱法
accelerator master batch 加速母炼胶
accelerator NA-22 硫化促进剂 NA-22
accelerator P 硫化促进剂 P
accelerator protein (成癌)加速蛋白质
accelerin 促凝血球蛋白;加速素;凝血因子Ⅴa
accelofilter 加速过滤器
acceptable bolt torque 容许螺栓扭矩
acceptable daily intake (ADI) 日允许摄入量;每天允许摄入量
acceptable dose 允[容]许剂量
acceptable emission 容许排放量
acceptable environmental limit 容许环境(吸入)极限
acceptable explosive 准运爆炸品;合格炸药
acceptable leak 容许泄漏量
acceptable noise level 容许噪声级
acceptable quality level 合格质量标准
acceptable setting 容许沉降
acceptable test 合格试验
acceptable value 可接受值;可接受准则[等级]
acceptable weekly intake 周容许摄入量
acceptance 验收;容纳;认可;承兑;接受
acceptance and checkout 验收与测试
acceptance angle 接收角
acceptance certificate 验收合格证;验收证明书
acceptance examination[survey] 验收
acceptance inspection 接收检验
acceptance level 验收标准
acceptance quality level 允许质量指标
acceptance region 接受域
acceptance sampling 验收抽样[取样]
acceptance standard 检验[验收]标准
acceptance tolerance 允许[验收]公差
acceptern 受主
accepting arm (tRNA 的)接纳臂
acceptor (1)接纳体;接受体;受体;受主(2)被诱物(3)承兑人
acceptor centre[impurity] 受主
acceptor-donor complex 受体-给体(式)配位化合物
acceptor of energy 能量吸收器[体]
acceptor RNA 转移 RNA,受体 RNA
acceptor site (1)(tRNA 上)受体部位(2)氨酰部位(3)(激素)接纳位点
acceptor state[level] 受主能级
acceptor stem (tRNA 的)受体臂
accept stock 合格物料
access floor 活动地板
access hole[door] 出入孔;检查[修]孔[口];进入孔
accessibility (1)可及性;可达性;可接近性(2)吸湿性
accessible porosity 外通孔
access(ing) opening 检修口,出入口
accessory 辅助部件,零件,配件,附件
accessory case 附件箱
accessory DNA 副 DNA;过剩 DNA
accessory engineering design 配套工程设计
accessory equipment 辅助设备
accessory factor (凝血)辅助因子
accessory ingredient 配合剂;助剂
accessory material 辅助材料
accessory mineral 伴生矿物;副矿物
accessory nucleus 副核
accessory pigment 辅(助)色素

access point 进出口处
accessory power supply 辅助电源
accessory protein 辅助蛋白
accessory structure 附属结构
access port 进入孔
access to plant 进入装置
accident 意外;事故;偶然
accidental error 偶然误差
accidental finishing 失火
accidental pollution 意外污染
accidental release 事故性排放
accident analysis 事故分析
accident due to negligence 责任事故
accident prevention 事故预防(措施);安全措施
accident prevention instruction 技术安全规程
accident variation 偶然变异
acclimation 驯化,适应
acclimation sludge 驯化污泥
acclima(tiza)tion (1)驯化(作用)(2)适量沉淀
Accoloy 阿科洛伊镍铬铁耐热合金
accommodation coefficient 调节系数
accompanying diagram 附图
accompanying element 伴生元素
accordance 匹配性,配伍性
according to the international practice 按照国际惯例
accordion pipe 波纹管
account 账单
account valuation 造价预算;估价
accountability tank 衡算计量槽;(责任)计量槽
accretion 添加剂;堆积;吸积;炉结
accretion disk 吸积盘
accroides (gum,resin) 禾木胶
accrue 产生;增殖
accumulated damage 累积损伤
accumulating heat exchanger 蓄热式换热器
accumulation 堆积;积聚;累积;凝集
accumulation culture 富集培养
accumulation layer 积累层
accumulation of heat 蓄热
accumulative crystallization 聚集结晶
accumulative toxicity 蓄积毒性
accumulator (1)蓄电池(2)累加器(3)蓄能器;储压器(4)集油罐;蓄热器;贮料塔
accumulator acid 蓄电池酸液
accumulator battery 蓄电池
accumulator bellows 蓄压器波纹管
accumulator blowdown valve 蓄压器排放阀
accumulator car 电动汽车;贮藏车
accumulator case of ebonite 电瓶壳;蓄电池胶槽
accumulator pocket 储气筒袋
accumulator-separator 蓄电池隔板
accumulator still 中间釜;缓冲釜
accumulator tank 储槽;缓冲罐;蓄电槽
accumulator type blowing machine 蓄料式吹塑成型机
accumulator tube 储气筒管
accuracy 准确度;精度
accurate to dimension 符合加工尺寸
ACE(angiotensin-converting enzyme) 血管紧张肽转换酶
aceanthrene 醋蒽
aceanthrenequinone 醋蒽醌
aceburic acid 醋羟丁酸
acecainide 乙酰卡尼
aceconitic acid 环丙烷-1,2,3-三甲酸
acecarbromal 醋卡溴脲;乙酰二乙溴乙酰脲
acedoxin 醋洋地黄毒苷
acefylline piperazine 哌醋茶碱嗪
acegastrodine 乙酰天麻素
aceglatone 醋葡醛内酯
aceglutamide 醋谷胺
acellular 无细胞的;非细胞的
acemannan 醋孟南
acemetacin 阿西美辛
acenaphthene 苊
acenaphthenyl 苊基
1,2-acenaphthenedione 1,2-苊二酮
acenaphthene quinone 苊醌
acenaphthenone 苊酮
acenaphthenylene 1,2-亚苊基
acenaphthenylidene (1,1-)亚苊基
acenaphthenyl(来自 acenaphthene) 苊基
acenaphthylene 苊烯
acendrada 白泥灰岩
acene 并苯
acenocoumarin 醋硝香豆素;新抗凝
acentric factor 偏心因子
aceperinaphthane 醋代萘烷
aceperone 醋哌隆
acephate 乙酰甲胺磷;高灭磷
acepromazine 乙酰丙嗪;乙酰普马嗪
acequia 水渠;水沟
acerbity 涩度;酸[涩]味

acerdese 水锰矿
acerdol 高锰酸钙
aceric acid 槭汁酸
acerin 槭素
aceritol 槭糖醇
acertannin 槭叶单宁
acescency 微酸味
acescent 微酸的
acet (1)次乙基(2)乙酰
aceta 醋剂
acetacetate 乙酰乙酸盐(或酯)
acetacetic acid 乙酰乙酸
acetacetic ester (1)乙酰乙酸酯(2)(专指)乙酰乙酸乙酯
acetacetonitrile 乙酰乙腈;氰基丙酮
acetagastrodin 乙酰天麻素
acetal (1)乙缩醛;乙醛缩二乙醇(2)(类名)醛缩醇;缩醛(醛缩二醇)
acetalation 缩醛化(作用)
acetal copolymer 共聚甲醛
acetaldazine 乙醛连氮(—N：N—称偶氮;═N·N═称连氮)
acetaldehyde 乙醛
acetaldehyde ammonia 乙醛合氨;1-氨基乙醇
acetaldehyde cyanhydrin 乳腈;乙醛合氰化氢;2-羟基丙腈
acetaldehyde dehydrogenase 乙醛脱氢酶
acetaldehyde phenylhydrazone 乙醛苯腙
acetal(dehyde) resin 乙醛树脂;聚乙醛树脂
acetaldehyde semicarbazone 乙醛缩氨基脲
acetaldehyde sodium bisulfite 乙醛合亚硫酸氢钠
acetaldehydrogenase 醛脱氢酶
acetaldol 丁间醇醛;3-羟基丁醛
acetaldoxime 乙醛肟
acetal homopolymer 均聚甲醛
acetalization 缩醛(化)作用
acetal phosphatide 缩醛磷脂
acetal resin 缩醛树脂;聚甲醛树脂
acetamide 乙酰胺解氟灵
acetamidine 乙脒
acetamido-,acetamino- 乙酰氨基
acetamidoacetic acid 醋尿酸;*N*-乙酰甘氨酸
acetamidoacrylic acid 乙酰氨基丙烯酸
***N*-acetamidoaniline** *N*-乙酰对苯二胺
***p*-acetamidobenzenesulfonyl chloride** 对乙酰氨基苯磺酰氯
***ε*-acetamidocaproic acid** 6-乙酰氨基己酸
acetamidochloride 二氯代乙酰胺;1,1-二氯乙胺
acetamidoeugenol 醋胺丁香酚
2-acetamidofluorene 2-乙酰氨基芴
acetamidoglucal 乙酰氨基葡烯糖
3-acetamido-4-hydroxybenzenearsonic acid 3-乙酰氨基-4-羟苯砷酸
4-acetamido-2-methyl-1-naphthol 4-乙酰氨基-2-甲基-1-萘酚;*N*-乙酰维生素 K_5
1-acetamido-8-naphthol-3,6-disulfonic acid 1-乙酰氨基-8-萘酚-3,6-二磺酸;乙酰H酸
***p*-acetamidophenol** 对乙酰氨基苯酚
2-acetamidophenoxazin-3-one 2-乙酰氨基吩嗯嗪-3-酮
***α*-acetamido-*γ*-thiobutyrolactone** α-乙酰氨基-γ-硫代丁内酯
acetamine 乙酰胺
acetamino- 乙酰氨基
acetaminobenzoic acid 乙酰氨基苯甲酸
acetaminophen 对乙酰氨基酚;扑热息痛
acetaminophenol 乙酰氨基苯酚
acetaminosalol 醋氨沙洛
acetanil(ide) *N*-乙酰苯胺;退热冰
acetaniside 甲氧基乙酰苯胺
acetannin 乙酰单宁
acetarsol 乙酰胂胺;滴维净
acetarsone 乙酰胂胺;滴维净
acetate 醋酸盐(或酯、根);醋酸纤维素;醋酯纤维
acetate-activating enzyme 乙酸激活酶
acetate base 醋酸纤维片基
acetate brown 粗醋酸钙
acetate butyrate rayon 乙酸丁酸人造丝
acetate dope 乙酸(纤维)酯涂布漆
acetate film 醋酯纤维薄膜
acetate green 乙酸绿(在铬绿中掺入黄色乙酸铅)
acetate hypothesis (自然界复合物起源的)乙酸盐假说
acetate kinase 乙酸激酶
acetate of lime 醋石
acetate-polyester blend 乙酸纤维素-聚酯共混物
acetate process 醋酯纤维法
acetate propionate cellulose 乙酸丙酸纤维素
acetate rayon 醋酸人造丝
acetate silk 醋酸人造丝

acetate staple fiber 醋酸短纤
acetate thiokinase 乙酸硫激酶
acetate tyrosine cellulose 乙酸酪氨酸纤维素
acetatocobalamin 乙酸羟钴铵
acetator 酿醋罐
acetazolamide 乙酰唑胺
acetbromamide 溴乙酰胺
acetbromanilide *N*-乙酰溴苯胺
acetene 亚乙基
acetenyl（＝ethynyl） 乙炔基
acethydrazide 乙酰肼
acethydroximic acid 乙羟肟酸
acetiamine 乙酰硫胺
acetic acid 乙酸；醋酸
acetic acid fermentation 乙酸发酵
acetic acid rubber 乙酸凝固橡胶
acetic anhydride 醋酐；乙(酸)酐
acetic ether 乙[醋]酸乙酯
acetic fermentation 醋酸发酵
acetic oxide 乙(酸)酐；醋酐；氧化乙酰
acetic peracid 过乙酸；过醋酸
acetic peroxide 乙酰化过氧；过氧化乙酰
acetic starch 淀粉醋酸酯；醋酸淀粉；乙酰化淀粉
acetic thiokinase 乙酸硫激酶
acetidin（＝ethyl acetate） 乙酸乙酯
acetification 醋化作用；成醋作用
acetifier 醋化器
acetimetry 乙[醋]酸定量
acetimido-（＝acetylimino-） 乙酰亚氨基
acetimidochloride 偕氯代乙亚胺；1-氯乙亚胺
acetimidoquinone *N*-乙酰对亚氨基醌
acetimidoyl 亚氨代乙酰基；1-亚氨乙基
acetin 乙[醋]酸甘油酯；醋精
acetnaphthalide *N*-乙酰萘胺
acetoacetanilide *N*-乙酰乙酰苯胺；*N*-丁间酮酰苯胺
acetoacetate (1)乙酰乙酸(2)乙酰乙酸盐(酯或根)
acetoacetic acid 乙酰乙[醋]酸
acetoacetic ester (1)乙酰醋酸酯(2)乙酰醋酸乙酯
acetoacetyl 乙酰乙酰基；丁间酮酰基；3-氧丁酰基
acetoacetylaniline *N*-乙酰乙酰(基)苯胺
acetoacetyl-CoA 乙酰乙酰辅酶 A
acetoacetyl coenzyme A 乙酰乙酰辅酶 A
acetoamidophenol 乙酰氨基苯酚
acetobenzoate 乙酰苯甲酸盐(或酯)
acetobenzoic (acid) anhydride 乙酸·苯(甲)酸酐
acetobromamide（＝*N*-bromoacetamide） *N*-溴乙酰胺；乙酰溴胺
acetobrom(o)glucose 乙酰溴葡糖；醋溴葡糖；1-溴-2,3,4,6-四乙酰葡糖
acetobutyl alcohol 乙酰丁醇
acetobutyl bacteria 丙酮丁醇菌
acetobutyrate 乙酰丁酸盐(或酯)
acetobutyric acid 乙酰丁酸
α-acetobutyrolactone α-乙酰丁内酯
acetocarmine 胭脂红醋酸溶液；醋酸胭脂红
acetocaustin 三氯乙酸(的别名)
acetochlor 乙草胺
acetochloral 三氯乙醛；乙氯醛
acetochloroamide 乙酰氯胺
acetochloroanilide *N*-乙酰氯苯胺；*N*-氯代乙酰苯胺
acetocinnamone（＝benzylideneacetone） 亚苄基丙酮；乙酰肉桂酮
acetocopal 乙酸玷粑
acetocyclohexane 乙酰环己烷；环己乙酮
acetocyclohexene 乙酰环己烯
acetocyclopentane 乙酰环戊烷
acetodibromoamide *N*,*N*-二溴乙酰胺
acetoethylation 乙酰乙基化(作用)
acetogen 产乙酸菌
acetogenin 聚乙酸
acetoglyceral 乙酰甘油；醋酸甘油酯
acetoguaiacone 乙酰愈创木酮
acetohexamide 醋酸己脲
acetohydrazonoyl 乙腙酰基
acetohydroxamic acid 醋羟胺酸；乙酰氧肟酸
acetohydroximoyl 乙肟酰基
acetohydroxylic acid 乙酰醇酸
acetoin 乙偶姻；3-羟基-2-丁酮
acetokinase 乙[醋]酸激酶
acetolactate 乙酰乳酸
acetolactic acid 乙酰乳酸
acetolase 醋酸酶
acetol（＝1-hydroxy-2-propanone） 丙酮醇；乙酰甲醇；1-羟基-2-丙酮
acetoluide *N*-乙酰甲苯胺
acetolysis 乙酸水解；醋解

acetomenaphthone 维生素 K_4 醋酸酯;醋酸甲萘氢醌
acetomeroctol 醋辛酚汞;乙酰汞辛酚(消毒防腐药)
acetometer 乙酸计,醋酸定量器
acetomethacrylate 乙酰甲基丙烯酸盐(或酯)
acetomorphine (二)乙酰吗啡;海洛因
acetomycin 醋霉素
acetonamine 酮胺化物
acetonaphthalide *N*-乙酰萘胺
acetonaphthone 乙酰萘;萘乙酮
acetonation 丙酮化作用(引入丙酮基)
acetone 丙酮
acetone acid 醋酮酸;*α*-羟基异丁酸
acetone alcohol 丙酮醇,乙酰甲醇
acetone amine 丙酮胺
acetone-benzol process 丙酮-苯(脱蜡)法
acetone-butanol fermentation 丙酮丁醇发酵
acetone-butyl alcohol fermentation 丙酮丁醇发酵
acetone chloroform 丙酮氯仿;偕三氯叔丁醇
acetone cyanohydrin 丙酮氰醇;丙酮合氰化氢;2-甲基-2-羟基丙腈
acetone-diacetic acid 丙酮二乙酸;4-庚酮二酸
acetone-dicarboxylic acid (= *β*-ketoglutaric acid) 丙酮二羧酸;3-戊酮二酸
acetone dichloride 二氯代丙酮;2,2-二氯丙烷
acetone diethylthioacetal 丙酮缩二乙硫醇
acetone dimethyl acetal 丙酮缩二甲醇
acetone extract 丙酮抽出物[提取物]
acetone fermentation 丙酮发酵
acetone-formaldehyde resin 丙酮-甲醛树脂
acetone-furfural resin 丙酮-糠醛树脂
acetone glucose 丙酮糖
acetone glycerol 丙酮甘油;亚异丙基甘油
acetone monochloride 一氯代丙酮
acetone number (丙)酮值
acetone oxime 丙酮肟
acetone peroxide 过氧化丙酮
acetone phenylhydrazone 丙酮苯腙
acetone resin 丙酮树脂
acetone semicarbazone 丙酮缩氨基脲
acetone-sodium bisulfite 丙酮合亚硫酸氢钠
acetone sugar 丙酮糖
acetone sulfite 丙酮合亚硫酸氢钠
acetone tetrachloride 四氯代丙酮
acetone trichloride 三氯代丙酮
aceton(ic) acid *α*-羟基异丁酸;(俗称)醋酮酸
acetonitrile 乙腈,甲基氰
acetonization 丙酮化(作用)
acetonyl 丙酮基;乙酰甲基
acetonylacetone 2,5-己二酮;丙酮基丙酮
acetonylamine 丙酮基胺;乙酰亚甲基
acetonylidene 亚丙酮基
acetonylmalonic acid 丙酮基丙二酸
acetophenanthrene 乙酰菲
acetophenazine 醋奋乃静;乙酰奋乃静
acetophenetidide *N*-乙酰乙氧苯胺
acetophenetid(in)e (= phenacetin) *N*-乙酰(对)乙氧基苯胺;非那西汀
acetophenol 乙酰苯酚
acetophenone 苯乙酮
acetopropionate 乙酰丙酸盐(或酯)
acetopyrrothin 乙二硫吡咯菌素
acetosalicylic acid 乙酰水杨酸;阿司匹林
acetose, acetous 酸的;醋(样)的;醋酸的
acetostearin 乙酰硬脂酸甘油酯
acetosulfamine 乙酰磺胺
acetosulfone sodium 磺胺苯砜钠
acetovanillone 香草乙酮(茶叶花宁);罗布麻宁;4-乙酰愈创木酚;香荚兰乙酮
acetoxan 木醋杆菌素
acetoxidation 乙酰氧化(作用);乙酸化(作用)
acetoxime 丙酮肟
acetoxolone 甘草次酸醋酸酯
acetoxy 乙酸基;乙酰氧基
acetoxyacetic acid 乙酸基乙酸
***p*-acetoxybenzoic acid(PABA)** 对乙酸基苯甲酸;对乙酰氧基苯甲酸
acetoxycycloheximide 乙酰氧环己亚胺
acetoxyl 乙酸基;乙酰氧基
acetoxylation 乙酸化(作用);乙酰氧基化(作用)
acetoxylide 2,4-二甲基乙酰苯胺
acetoxypregnenolone 乙酸基孕烯醇酮
21-acetoxypregnenolone 21-乙酰氧基孕烯醇酮
acetoxystearate 乙酰氧基硬脂酸盐(或酯);乙酸基硬脂酸盐(或酯)
***α*-acetoxystyrene** *α*-乙酸基苯乙烯
acetoxyvalepotriatum 缬草醚酯,缬草酮酯

acetozone 过氧化乙酰苯甲酰;乙酰过氧化苯甲酰
acetphenetide *N*-乙酰乙氧基苯胺;乙酰氨基苯乙醚
acetphenetidin(e) *N*-乙酰乙氧基苯胺
acetpyrogall 棓酚三乙酸酯
acetriptine 乙酰色胺
acetrizoate sodium 醋碘苯酸钠
acetrizoic acid 醋碘苯酸
acettoluide *N*-乙酰甲苯胺
acetulan 乙酰化羊毛脂醇
acetum 醋剂(芳香族物质在醋酸-酒精-水混合液中构成的溶液)
aceturic acid 醋甘氨酸;*N*-乙酰甘氨酸
acetycarbinol 乙酰甲醇
acetyl 乙酰(基)
acetylacannabinol 乙酰大麻酚
acetylacetic acid 乙酰乙酸
acetylacetic ester[ether] 乙酰乙酸酯
acetylacetonate 乙酰丙酮化物
acetylacetone 乙酰丙酮;戊间二酮
acetylalanine *N*-乙酰丙氨酸
acetylamine, acetylamide 乙酰胺
acetylamino 乙酰氨基
acetylaminoacetic acid 醋甘氨酸;乙酰氨基乙酸
acetylaminobenzene 乙酰苯胺
acetyl-AMP 乙酰腺苷酸
acetylaniline 乙酰苯胺
acetylanisidine *N*-乙酰茴香胺;*N*-乙酰甲氧基苯胺
***p*-acetylanisole** 对乙酰茴香醚;对甲氧基苯乙酮
acetylanthranil 乙酰氨茴内酐;*N*-乙酰邻氨基苯(甲)酸内酯
acetylanthranilic acid *N*-乙酰邻氨基苯(甲)酸
***p*-acetylarsenazo** 对乙酰基偶氮胂
acetylase 乙酰基转移酶
acetylate 乙酰化;乙酰化产物
acetylated lanolin 乙酰化羊毛脂
***N*-acetylated protein** *N*-乙酰蛋白质
acetylating agent 乙酰化剂
acetylation 乙酰化(作用);醋化
acetylation bath 乙酰(化)浴
acetylation number[value] 乙酰化值
acetylator 乙酰化器
acetylbenzene 苯乙酮;乙酰苯
acetylbenzoate 乙酸·苯甲酸酐;苯甲酸乙酰酯
acetylbenzoic acid 乙酰基苯甲酸
acetylbenzoyl 乙酰苯酰;苯丙二酮;丙酮酰苯;甲基·苯基二(甲)酮
acetyl benzoyl peroxide 过氧化乙酰苯甲酰;乙酰过氧化苯甲酰
acetyl biuret 乙酰基缩二脲
acetyl bromide 乙酰溴
acetyl butylaniline *N*-乙酰丁苯胺
***α*-acetylbutyrolactone** 邻乙酰丁内酯;*α*-乙酰丁内酯
acetyl butyryl 乙酰丁酰;2,3-己二酮
acetyl caproyl 乙酰己酰;2,3-辛二酮
acetylcarbamide 乙酰碳酰二胺
***N*-acetyl carbazole** *N*-乙酰咔唑
***p*-acetylcarboxyazo** 对乙酰基偶氮羧
acetyl carbromal 醋卡溴脲
***O*-acetyl-L-carnitine** *O*-乙酰左旋肉碱
acetyl cellulose 乙酰纤维素;醋酸纤维素(酯)
acetyl chloride 乙酰氯
acetylcholine 乙酰胆碱
acetylcholine bromide 溴(化)乙酰胆碱
acetylcholinesterase 乙酰胆碱酯酶
acetyl-CoA 乙酰辅酶 A
acetyl coenzyme A 乙酰辅酶 A
acetyl cyanide 乙酰氰;丙酮腈
acetylcysteine 乙酰半胱氨酸
4-acetylcytidine 4-乙酰胞苷
acetyldichlorohydrin 乙酰二氯丙醇
acetyldigoxin 醋地高辛
acetyldigitoxin 醋洋地黄毒苷;乙酰洋地黄毒苷
acetyldiphenylamine *N*-乙酰二苯胺
***N*-acetyldjenkolic acid** *N*-乙酰黎豆氨酸;*N*-乙酰亚甲胱氨酸
***N*-acetyldopamine** *N*-乙酰多巴胺
acetylenation 乙炔化(作用)
acetylene (1)乙炔;电石气(2)联亚甲基
acetylene acid 炔属酸
acetylene-air flame 乙炔-空气火焰
acetylene black 乙炔黑
acetylene bond 炔键;三键
acetylene bromide 乙炔基溴
acetylene burner 乙炔灯;乙炔焊炬
acetylenecarboxylic acid 乙炔基羧酸;丙炔酸
acetylene chlorobromide 乙炔化氯溴
acetylene cutting 乙炔切割
acetylene cylinder 乙炔罐
acetylene dibromide 二溴乙烯;乙炔化二

溴;对称二溴(代)乙烯
acetylenedicarboxamide 乙炔双碳酰胺;水霉素
acetylene dicarboxylate hydrase 乙炔二羧酸水化酶
acetylenedicarboxylic acid 乙炔二羧酸;丁炔二酸
acetylene dichloride 乙炔化二氯;对称二氯(代)乙烯;(1,2-)二氯乙烯
acetylenedinitrile 乙炔二氰;丁炔二腈
acetylenedivinyl 乙炔基丁间二烯;3,5-己二烯-1-炔
acetylene fluorochloride 乙炔化氟氯
acetylene-free ethylene 无乙炔乙烯
acetylene generator 乙炔发生器;乙炔罐
acetylene hydrocarbon 炔烃
acetylene lamp 乙炔灯
acetylene-oxygen flame 乙炔-氧气焰;氧炔焰
acetylene residue 电石渣
acetylenes 炔烃
acetylene stone 电石
acetylene stripper 乙炔汽提塔
acetylene terminated polyimide 乙炔基封端聚酰亚胺
acetylene tetrabromide 均四溴乙烷;四溴化乙炔
acetylene tetrachloride 均四氯乙烷;四氯化乙炔
acetylene urea 乙炔脲
acetylene welding 乙炔焊;气焊
acetylenic 乙炔的;炔属的
acetylenic bond[link(age)] 炔键;三键
acetylenic glycol 炔二醇
acetylenic polymer 炔属聚合物
acetylenyl 乙炔基
acetylenylbenzene 乙炔基苯
acetylenylcarbinol 乙炔基甲醇
acetylesterase 乙酰酯酶
***N*-acetylethanolamine** *N*-乙酰乙醇胺;*N*-乙酰-2-羟基乙胺
acetylethylene 丁烯酮
acetyleugenol(＝eugenol acetate) 丁子香酚乙酸酯;乙酰丁子香酚
acetyl ferrocene polymer 乙酰基二茂铁聚合物
acetyl fiber 乙酰化纤维;醋酯纤维
acetylformazyl 乙酰苯腊基
acetylformic acid 乙酰甲酸;丙酮酸
acetylfuratrizine 醋呋三嗪
***N*-acetylgalactosamine** *N*-乙酰半乳糖胺
***N*-acetylgalactosaminidase** *N*-乙酰氨基半乳糖苷酶
acetyl gasoline (含)乙炔汽油
acetylglucosamine 乙酰氨基葡糖;*N*-乙酰葡糖胺
***N*-acetylglucosamine kinase** *N*-乙酰葡糖胺激酶
***N*-acetylglucosaminidase** *N*-乙酰氨基葡糖苷酶
acetylglutamate 乙酰谷氨酸盐[酯]
***N*-acetylglycine** 醋甘氨酸;*N*-乙酰甘氨酸
acetylglycocoll 醋甘氨酸;*N*-乙酰甘氨酸
acetyl H acid 乙酰H酸
***N*-acetylhexosamine** *N*-乙酰己糖胺
***N*-acetylhomoserine** *N*-乙酰高丝氨酸
acetylhydrazino 乙酰肼基
acetyl hydride 乙酰氢;乙醛
acetylhydroperoxide 乙酰化过氧氢;过醋酸
acetylhydroxamic acid 乙酰氧肟酸
***N*-acetylhydroxyproline** 醋羟脯氨酸
***N*-acetyl-5-hydroxytryptamine** *N*-乙酰-5-羟色胺
acetylide (金属的)乙炔化物
acetylidene 异乙炔
acetylimino- 乙酰亚氨基
acetyliminodiacetic acid 乙酰亚氨基二乙酸
acetyl iodide 乙酰碘
acetylisobutyryl 2,3-异己二酮
acetylisoeugenol 乙酰异丁子香酚
acetylisovaleryl 2,3-异庚二酮
acetylite 炔石;糖衣电石
acetylith 电石
acetylization 乙酰化(作用)
acetylizer 乙酰化器
acetylizing agent 乙酰化剂
acetylketene(＝diketene) 双烯酮
***N*-acetyllactam** *N*-乙酰基(某)内酰胺
***N*-acetyllactosamine** *N*-乙酰乳糖胺;*N*-乙酰氨基乳糖
acetylleucine 乙酰亮氨酸
acetyllipoamide 乙酰硫辛酰胺
acetyllipoate 乙酰硫辛酸盐(酯或根)
acetylmalic acid 乙酰基苹果酸;乙酰基丁二酸
acetylmannosamine 乙酰甘露糖胺;乙酰氨基甘露糖
acetylmethadol 醋美沙醇(镇痛药)

acetylmethionine 乙酰蛋氨酸
5-acetyl-2-methoxybenzaldehyde 5-乙酰-2-甲氧基苯甲醛
***N*-acetyl-3-methoxytyramine** *N*-乙酰-3-甲氧酪胺
acetylmethylcarbinol 乙偶姻
***N*-acetylmuramic acid** *N*-乙酰胞壁酸
***N*-acetylmuramyl pentapeptide** 乙酰胞壁酰五肽
1-acetylnaphthalene 1-萘乙酮;1-乙酰萘
***N*-acetylneuraminate** *N*-乙酰神经氨(糖)酸;唾液酸
***N*-acetylneuraminate lyase** *N*-乙酰神经氨酸裂合酶
***N*-acetylneuraminic acid** *N*-乙酰神经氨酸
acetyl nitrate 硝酸乙酰酯;硝(酸)乙(酸)酐
acetyl number(=acetyl value) 乙酰值
acetyl oxide 乙酰化氧;乙(酸)酐;醋酐
***N*-acetylpenicillamine** 乙酰青霉胺
acetylperoxide 过氧化乙酰
***N*-acetylphenetidine** *N*-乙酰基乙氧苯胺
acetylpheneturide 乙酰苯丁酰脲
acetylphenol 乙酰苯酚
***N*-acetyl phenylglycine** *N*-乙酰苯胺基乙酸
1-acetyl-2-phenylhydrazine 乙酰苯肼
acetylphosphatase 乙酰磷酸酶
acetyl phosphate 乙酰磷酸
acetyl piperidine 乙酰哌啶
γ-acetylpropanol γ-乙酰丙醇
acetylpropionic acid 乙酰丙酸
acetylpropionyl 乙酰丙酰;2,3-戊二酮
acetylpropyl alcohol 乙酰丙醇
acetylpyridine 乙酰吡啶
2-acetylpyridine thiosemicarbazone 2-乙酰吡啶缩氨硫脲
***N*-acetylpyrrolidone** *N*-乙酰吡咯烷酮
acetylresorcin 乙酰苯间二酚;间苯二酚一乙酸酯;间乙酸基苯酚
4-acetylresorcinol 4-乙酰间苯二酚
acetylricinoleate 乙酰基蓖麻油酸盐(或酯)
acetylsalicylic acid(=aspirin) 乙酰水杨酸;阿司匹林;邻乙酰基苯甲酸
acetylsalicylsalicylic acid 乙酰水杨酰水杨酸
acetyl saponification number 乙酰皂化值
acetyl-S-CoA 活性乙酸;乙酰辅酶 A
***N*-acetylserine** *N*-乙酰丝氨酸
***N*-acetylserotonin** *N*-乙酰-5-羟色胺
6-**acetylsodoponin** 细叶香茶菜乙素
acetylspiramycin 乙酰螺旋霉素
acetyl sulfamethoxypyrazine 醋磺胺甲氧嗪;磺胺乙酰甲氧吡嗪
***N*^{1}-acetylsulfanilamide** 磺胺醋酰
***N*^{4}-acetylsulfanilamide** N^4-乙酰磺胺;对氨磺酰基乙酰苯胺
***N*-acetylsulfanilic acid** 对乙酰氨基苯磺酸
acetylsulfisoxazole 醋磺胺异噁唑
acetylsulfuric acid 乙酰硫酸
acetyltannic acid 乙酰鞣酸
acetyl thioester 乙酰硫酯
acetylthiohydantoin 1-乙酰基乙内酰硫脲;(俗称)乙酰海硫因
acetylthymol 乙酰百里香酚
acetyltoluidine *N*-乙酰甲苯胺
acetyl triethyl citrate 乙酰化柠檬酸三乙酯(增塑剂)
acetyltrimethylsilane 乙酰基三甲基硅烷
acetyltriphenylsilane 乙酰基三苯基硅烷
acetyltryptophan 乙酰色氨酸
***N*-acetyltyramine** *N*-乙酰酪胺
***N*-acetyltyrosine** *N*-乙酰酪氨酸
acetylurea 乙酰脲
acetylvaleryl 乙酰戊酰;2,3-庚二酮
acetylvaline 乙酰缬氨酸
acevaltrate 缬草醚酯;缬草酮酯
ACH (1)(acetone cyanohydrin)丙酮氰醇 (2)(adrenal cortical hormone)肾上腺皮质激素
ACh,Ach(acetylcholine) 乙酰胆碱
achaetolide 阿查氏内酯
achavalite 硒铁矿
AChE(acetylcholinesterase) 乙酰胆碱酯酶
Acheson furnace 艾奇逊电炉
Acheson graphite 艾奇逊石墨
achiardite 环晶(沸)石
achilleic acid 蓍草酸;乌头酸;丙烯-1,2,3-三羧酸
achilleine 蓍草碱
achiote 胭脂树红
achiral 非手性(的)
achirality 非手性;无手性
achirite 透视石;绿铜矿
achloride 非氯化物
achlusite 钠滑石;杂钠绢云母
achmatite 绿帘石
achmatite achmite 钠辉石
achondrite 无球粒陨石

achoricine 癣菌素
achrematite （杂）铅砷钼矿
achro- 消色(的),无色的
achroic 无色的
achroite 无色电气石;白碧玺
achromat 消色差透镜(彩)
achromatic 消色差的;无色的;非彩色的
achromatic film 盲色片
achromatic pigment 非彩色颜料;消色颜料
achromatin 非染色质
achromatism 消色(作用);无色;非彩色
achromic 消色的;无色的
achromoviromycin 无色病毒素
achromycin （1）四环素（2）嘌呤霉素
achscoriae 火山灰(渣)
aciclovir 阿昔洛韦;无环鸟苷
acicular crystal 针状结晶[晶体]
acicular pigment 针状颜料
acicular type zinc oxide 针状氧化锌
aciculite 针硫铋铅矿
acid 酸(类);酸性物质
1,2,4-acid 1,2,4-酸
2B acid 2B酸;4-氨基-2-氯甲苯-5-磺酸
α-acid α-酸;葎草酮(存在于酒花中)
γ-acid γ酸;2-氨基-8-萘酚-6-磺酸
ε-acid ε酸;1-萘胺-3,8-二磺酸
π-acid π酸
acid acceptor 酸性接受体;酸受体;酸性中和剂
acid accumulator 酸性蓄电池
acidaffin 亲酸物
acid ageing 酸致老化
acid albuminate 酸化变性蛋白
acid alcohol 酸醇;酸性酒精
acid-alkali cell 酸碱电池
acid alkylation 酸性烷基化作用
acidamide（＝amide） 酰胺
acid amidine 烷基脒
acid amidochloride 1,1-二氯代烃胺（R·CCl_2·NH_2）
acid and alkali treatment 酸碱处理[洗涤]
acid anhydride 酸酐
acidatation 酸化
acidate 酸化;酰化
acid attack 酸侵蚀
acid azide 酰基叠氮
acid azo-color 酸性偶氮染料
acid barium oxalate 酸式草酸钡
acid-base 酸碱的
acid-base balance 酸碱平衡
acid-base complex 酸碱络合物
acid-base equilibrium 酸碱平衡
acid-base indicator 酸碱指示剂
acid-base pair 酸碱对
acid-base scale 酸碱度
acid-base titration 酸碱滴定法;中和法
acid bath 酸浴;浸酸机
acid bating 酸性软化(法)
acid Bessemer converter 酸性转炉
acid binding agent 酸结合剂;缚酸剂
acid black 酸性黑(染料)
acid blow case 吹气扬酸箱;压酸罐;酸蛋
acid boiling test 酸煮沸试验(氨基塑料制品)
acid brick 耐酸砖;酸性砖
acid brittleness 酸脆(性)
acid bromide 酰基溴
acid bronze 耐酸青铜
acid capacity 酸容量
acid carbonate 酸式碳酸盐
acid carboy 酸坛
acid casein 酸凝酪素
acid centrifugal pump 酸离心泵
acid chloride 酰基氯;氯化酰基
acid circulating pump 酸循环泵
acid clay 酸性黏土
acid-clay refining 酸-白土精制
acid cleaning 酸洗
acid coke 酸渣焦炭
acid color 酸色;酸颜料
acid complex 酸式配位化合物;酸式络合物
acid complex dye(s) 酸性络合染料
acid concentration 酸浓度
acid concentrator 酸浓缩器
acid condenser 酸冷凝器
acid condiment 食品酸味剂
acid consumption 酸耗;耗酸量
acid container 贮酸瓶
acid-containing soot 含酸煤烟
acid converter 酸性转炉
acid cooler 酸冷却器
acid corrosion 酸腐蚀
acid corrosion inhibitor 抗酸缓蚀剂
acid cracking （羊毛脂回收)酸裂解法
acid-cured resin 酸凝树脂
acid curing 酸固化
acid cut 酸定(在油漆稀释剂中加入硫酸以测定烃含量)

acid deasphalting 硫酸脱沥青法
acid deposition 酸沉降;酸性沉积
acid diamide 酰二胺
acid dip(ping) 酸洗
acid dip process 酸浸法;酸蘸法
acid dissociation 酸式电离
acid droplets 酸雾;酸滴
acid dye(s) 酸性染料
acid egg 酸蛋;蛋形升酸器
acid electrolyte 酸电解质
acid elevator 升酸器;扬酸器
acid ester 酸式酯
acid etching 酸蚀处理;酸蚀刻
acid ethylenesulfate 酸式硫酸乙烯酯
acid ethylphosphite 酸式亚磷酸乙酯
acid ethylsulfate 酸式硫酸乙酯
acid ethylsulfite 酸式亚硫酸乙酯
acid extract 酸性萃;酸提出物
acid extraction 酸萃取
acid fastness (1)耐酸性(2)耐酸度;耐酸坚牢度
acid feeder 送酸器;加酸器
acid fermentation 酸性发酵
acid filler 注酸机
acid fluoride 酰基氟
acid foaming 酸沫
acid fog 酸雾
acid former 成酸物质;成酸剂
acid free 无酸的
acid from recovery plant 再生酸
acid frosting 酸蚀
acid fuchsin 酸性品红
acid fume 酸烟
acid gas 酸气,酸性气体
acid gold trichloride 氯金酸
acid green 酸性绿;卡普仑绿
acid halide 酰基卤;卤化酰基
acid heat value (汽油醇产生)酸热试值
acid hose 耐酸胶管
acid humus 酸性腐殖质
acid hydrazide 酰基肼
acid hydrogen 酸式氢
acid hydrolase 酸性水解酶
acid hydrolysis 酸解;加酸水解
acidic 酸式(的);酸性(的);酸的
acidication 酸化;酸败;(酒中)补酸
acidic cleaner 酸性清洗剂
acid(ic) oxide 酸性氧化物
acidic sodium aluminium phosphate 酸式磷酸铝钠
acidic soot 酸性煤烟;酸性烟炱
acidic titrant 酸性滴定剂
acidic wastewater 酸性废水
acidiferous 含酸的;(产)生酸的
acidifiable 可(被)酸化的
acidifiable base 可酸化碱
acidification 酸化;加酸;(酒中)补酸
acidifier (1)酸化器(2)酸化剂;酸味剂
acidifying agent 酸化剂
acidimeter 酸度计;pH 计
acidimetric analysis 酸量滴定分析法
acidimetry 酸量法;酸量滴定法
acid imide 酸亚胺;酰亚胺
acidimidochloride 偕氯代烃亚胺
acid inclining phase 增酸期
acid industry 制酸工业
acid infraprotein 酸性变性蛋白
acid inhibitor (1)酸(腐蚀)抑制剂(2)酸性抑制剂
acid-in-oil emulsion 油包酸乳液
acid ion 酸根离子
acidite 酸性岩;硅质岩
acidity (1)酸度(2)酸性(反应)
acidity-alkalinity 酸碱度
acidity constant 酸度常数
acidity potential 质子亲和势
acidity regulator 酸度调节剂
acidity test 酸度检定
acidizing 酸化;(油层)酸处理
acidizing fluid 酸(化)液
acid jetting 喷酸(作业)
acid ketone 酮酸
acid-laden fog 酸雾
acid latex 酸性胶乳;阳电荷胶乳
acid leach(ing) 酸浸,酸沥滤
acid lead 耐酸铅
acidless 无酸的
acidless sulfur 脱酸硫黄
acid lining 酸性内衬;酸性炉衬
acid liquor 酸液
acid maceration 浸酸
acid magnesium citrate 酸式柠檬酸镁;酸式枸橼酸镁
acid malate 酸式苹果酸盐(或酯)
acid malonate 酸式丙二酸盐(或酯)
acid manganous phosphate 酸式磷酸锰
acid mantle (皮肤的)酸保护层
acid medium 酸性介质;酸性培养基
acidmetal 耐酸铜合金
acid mist 酸雾
acid mordant 铬媒染料;酸性媒介染料

acid mucopolysaccharide 酸性黏多糖
acidness 酸性,酸性状态,酸度
acid nitrile 腈
acid number（＝acid value） 酸值;酸价
acidocoordination compound 酸根配位化合物
acid of amber 琥珀酸,丁二酸
acid of ants 甲酸,蚁酸
acid of apples 苹果酸;2-羟丁二酸
acid of milk 乳酸;α-羟基丙酸
acidofuge 避酸的,嫌酸的
acidogenic 产酸的(细菌等);生成酸的;促成酸化的
acidoid 酸性物质,产酸物质;似酸的
acidol 盐酸甜菜碱
acidolysis 酸解;酸酯交换;酸败
acidometer(＝acidimeter) 酸度计
acidomycin 酸霉素
acidophilic 嗜酸的
acidophobe (1)疏酸基(2)疏酸体
acidophobous 嫌酸的;避酸的
acidoresistant 抗酸的
acidosis 酸中毒;酸毒症;酸血症
acid oxide 酸性氧化物
acid phosphate (1)酸式磷酸盐(或酯)(2)(专指)过磷酸钙
acid phthalate 酸式邻苯二甲酸盐[或酯]
acid pickling 酸洗;酸渍;酸浸;酸蚀
acid polishing (1)酸法制浆(造纸)(2)酸抛光(玻璃)
acid potassium acetate 酸式醋酸钾
acid potassium phthalate 酸式邻苯二甲酸钾;邻苯二甲酸一钾盐
acid potassium sulfate 酸式硫酸钾
acid potassium tartrate 酸式酒石酸钾;酒石
acid precipitation 酸雨
acid precursor 潜在酸
acid pressure leaching 酸法加压浸出
acid-process gelatin 酸法明胶
acid proof 耐酸的,抗酸的
acid-proof lining 耐酸衬里;耐酸(炉)衬
acid proof mastic 抗酸胶
acid proof performance 耐酸性
acid-proof steel 耐酸钢
acid-proof stoneware 耐酸缸器
acid(-proof) valve 耐酸阀
acid protease 酸性蛋白酶
acid protein 酸性蛋白质
acid protein bond 酸蛋白键
acid-pugged 用酸拌和的
acid pump 酸泵
acid purification system 酸净化系统
acid radical (1)酸根;酸基(2)酰基
acid rain 酸雨
acid rain resistant pigment 抗酸雨型颜料
acid reaction 酸性反应
acid receiver 盛酸器;储酸器
acid reclaim[recovery] (废)酸回收
acid recovery plant 废酸回收厂
acid red 酸性红
acid refined 酸洗的;酸精制的;酸漂的
acid refining 酸炼
acid refractory 酸性耐火材料
acid regeneration 酸再生
acid regurgitation 吐酸;反酸
acid residue 酸渣;酸性残渣
acid resin 酸性树脂
acid resistance 耐酸度;抗酸性;耐酸性
acid-resistance casting 耐酸铸件
acid resistant 耐酸的;抗酸的,耐酸物
acid-resistant ceramics 耐酸陶瓷
acid-resistant enamel 耐酸搪瓷
acid-resistant filler 耐酸填料
acid-resistant paint 耐酸漆;耐酸涂料
acid-resistant pump 耐酸泵
acid resisting 耐酸
acid-resisting brick 耐酸砖
acid-resisting cement 耐酸水泥
acid-resisting centrifugal pump 耐酸离心泵
acid-resisting hose 耐酸胶管
acid-resisting steel 耐酸钢
acid-restoring plant (废)酸回收装置
acid rinsing 酸洗;酸漂洗;酸水冲洗
acid rock 酸性岩
acid rosin size 酸性松香胶
acid rubber 酸性橡胶;羧基橡胶
acid salt 酸式盐
acids and alkalis 酸碱
acid saponification 加酸皂化
acid scavenger 酸清除剂;除酸剂
acid seal 酸封
acid sensitivity 酸敏性
acid settler 酸沉降器
acid settling tank 酸沉降罐
acid sight box 窥酸箱
acid sizing 酸性施胶
acid slag 酸性渣
acid sludge 酸性污泥;酸渣
acid sludge asphalt 酸渣沥青

acid sludge fuel 酸渣燃料
acid sludge inhibitor 防酸渣剂
acid-sludge pitch 酸渣沥青
acid soak(ing) 酸浸;酸渍
acid soap 酸性皂
acid sodium acetate 酸式醋酸钠
acid soluble 酸溶的;溶于酸的
acid-soluble lignin 酸溶木素
acid solution 酸性溶液
acid soot 酸烟垢
acid splitting 酸解;加酸分解
acid steel 酸性钢;贝氏钢
acid storage battery 酸性蓄电池
acid strength 酸浓度;酸强度
acid sulfate 酸式硫酸盐(或酯)
acid sulfide 氢硫化物
acid sulfite 酸式亚硫酸盐(或酯)
acid sulfite pulp 酸性亚硫酸盐浆
acid swelling (生皮)酸肿
acid swollen 酸胀
acid tank 酸槽
acid tank truck 酸罐车
acid tar 酸性焦油;酸性渣油
acid test 酸性试验
acid thermocoagulation 酸性热凝固法
acid Thorex process 酸式钍雷克斯流程;TBP萃取过程
acid tolerant 耐酸的
acid tower 酸塔;制酸塔
acid-treated clay[earth] 酸化黏土
acid-treated oil 酸洗油
acid treated starch 酸处理淀粉;酸变性淀粉
acid treating[treatment] 酸处理;酸化
acid-type emulsion 中性法乳剂
acidulant 酸化剂
acidulated 酸化的;微酸的;带酸味的
acidulated rinsing 酸浴冲洗
acidulating agent 酸化剂
acidulation 酸化;酰化
acidulous 微酸的;带酸味的
acidulous spring 酸性泉
acidum 〈拉〉酸
aciduric 嗜酸的;耐酸的
acid value 酸值;酸价
acid wash 酸洗
acid wash color test 硫酸着色试验
acid washing 酸洗
acid washing liquor 酸洗液
acid waste 酸性废物
acid waste liquid 酸性废液
acid waste water 酸性污水
acid water 酸水;酸性水
acid weighing tank 称酸槽
acidy 酸酸的;如酸的;带点酸味的
acidyl 酰基,酸基
acidylable (可)酰化的
acidylating agent 酰化剂
acidylation (=acylation) 酰化作用
acierage 表面钢化;金属镀钢法;渗碳
acieration 碳化;渗碳;增碳;金属表面钢化
aci form (1)酸式(2)针状的
AC impedence 交流阻抗
aci-nitro (亚)酸式硝基;异硝基;硝酸亚基
acipenserine 鲟精蛋白(毒素)
Acker cell (for caustic soda) 埃凯(制苛性钠)电解槽
Acker process 埃凯法(一种电解熔盐制氢氧化钠法)
aclacinomycin 阿克拉霉素;阿柔比星
aclastic 无折光的
aclinal[aclinic] 无倾角的,水平的
ACM (acetaminophenol)对乙酰氨基酚;(acrylic rubber)丙烯酸(酯)橡胶;(advanced composite materials)高性能复合材料;(albumin-calcium-magnesium)白蛋白-钙-镁
acme 极点,弧点,最高点,成熟期,骤变期
Acme screw thread 梯形螺纹
acmite 锥辉石
acmthread 梯形螺纹
ACN (acrylonitrile) 丙烯腈
acne cosmetics 粉刺用化妆品
acocantherin 东非箭毒树苷
acofriose 鼠李糖-3-甲醚;阿克弗里糖
AcOH (acetic acid)醋酸
aconatine 阿康碱,乌头原碱
γ-A concentrate 丙种球蛋白A
aconic acid 阿康酸
aconine 乌头原碱;乌头;阿康碱
aconitate (顺)乌头酸盐(或酯);衣康酸酯
aconitic acid 乌头酸;丙烯三甲酸蓍草酸
aconitine 乌头碱
Aconitum ferox 印度乌头
acor 酸涩,辛辣
acorin 菖蒲苷
acornnut 螺帽

acorn sugar 浆栎糖
acorone 菖蒲酮
acou(si)meter 测声计
acoustic(al) absorbent 吸声材料
acoustic(al) board 隔音纸板
acoustical fabric 隔音织物
acoustical filtering 声过滤
acoustical frequency 音频,声频
acoustic-electrofusion 超声-电融合法
acoustic energy 声能
acoustic insulating material 隔音材料
acoustic materials 吸声材料
acoustic paint 吸声漆;吸音漆
acoustic panel 隔音板;吸音板
acoustics 声学
acoustic spectrograph 声谱仪
acoustic susceptance 声纳
acousto- 声的
acoustochemistry 声化学
acousto-optical crystal 声光晶体
acousto-optic effect 声光效应
acovenose 毒光药木糖;3-甲基-6-脱氧塔罗糖
ACP(acid phosphatase) 酸性磷酸酶;(acyl carrier protein)乙酰载体蛋白
ACPC(aminocyclopentanecarboxylic acid) 氨基环戊烷羧酸
ACP-phosphodiesterase ACP-磷酸二酯酶
acqua 水
acquavit 露酒
acquired 获得性
acquired immunodeficiency syndrome (AIDS) 艾滋病;爱滋病;获得性免疫缺陷综合征
acquiring 探测;照准;瞄准
acquisition 探测;发现;捕获;拦截
acquisition system 探测系统;采集系统
ACR(acriflavine) 吖啶黄;(acrylates)丙烯酸(酯)系树脂;(advanced cracking reactor)先进裂解反应器;(automatic controller)自动控制器
acraldehyde(=acrolein) 丙烯醛
Acranil 氯甲氧吖胺
Acrapon A paste 涂料浆A;阿克拉帮浆A;帮(浆)A
acrasin 聚集素
acrasinase 聚集素酶
acrasis (啤酒)酿造酵母
acre 英亩
Acree's reaction 阿克里反应
acremonidin 枝顶孢菌素
acrichine(=atebrine) 阿的平
acrid 辛辣的;腐蚀性的;刺激的
acridan 9,10-二氢化吖啶
acridic acid 吖啶酸;2,3-喹啉二羧酸
acridine 吖啶;10-氮杂蒽
acridine dye(s) 吖啶染料
acridinic acid 吖啶酸
acridinyl 吖啶基
acridity 辛辣;苦味;狠毒;腐蚀性
acridol 吖啶酚
acridone 吖啶酮
acridostibine 吖啶䏲
acridyl(=acridinyl) 吖啶基
acriflavine(=trypaflavine) 吖啶黄素
acrifoline 尖叶石松碱
acriloid 聚丙烯酸酯溶液
acrimonious 辛辣的
acrinathrin 氟酯菊酯
acrinyl 羟苄基;对羟基苄基
acrisorcin 吖啶琐辛;吖苯二酚
acritol 吖糖醇
acrochordite 球砷锰矿
acro-dextrin(=achrodextrin) 消色糊精
acrol 亚烯丙基
acrolactic acid 3-羟基丙烯酸
acroleic acid 丙烯酸
acrolein 丙烯醛
acrolein cyanohydrin 丙烯醛氰醇
acrolein dimer 丙烯醛二聚物
acrolein polymer 丙烯醛类聚合物
acrolite 氧化铝;刚玉
acrol(o)yl- 丙烯酰(基)
acromelin 蜈蚣苔灵
acrometer 油类比重计
acronarcotic 辛辣兼麻醉药物
acronidine 山油柑定
acronycine 山油柑碱
acronycidine 山油柑西定;山油柑槲定
acropeptides 复氨基酸类
acroptilin 顶羽菊内酯
acrose 吖糖;阿柯糖;合成果糖
acrosin 顶体蛋白;精虫头粒蛋白
acrosite(=pyrargyrite) 硫锑银矿
across grain (of wood) (木)横行纤维
acroteben 羟苄异烟腙
acrovestone 包山油柑酚
acryl 丙烯醛基
acrylaldehyde(=acrolein) 丙烯醛
acrylaldehydeamide 丙烯酰胺

acrylamide(AM) 丙烯酰胺
acrylamide gel electrophoresis 丙烯酰胺凝胶电泳
acrylamidine 丙烯脒
acrylate 丙烯酸酯(或盐)
acrylate adhesive 丙烯酸酯胶黏剂
acrylate emulsion 丙烯酸酯乳液
acrylate copolymer 丙烯酸酯共聚物
acrylate resin 丙烯酸酯树脂
acrylic 丙烯酸类;丙烯酸的;丙烯腈系纤维
acrylic acid 丙烯酸(CH_2 ∶ CHCOOH)
acrylic aldehyde (＝acrolein) 丙烯醛
acrylic amide (＝acrylamide) 丙烯酰胺
acrylic anhydride 丙烯(酸)酐
acrylic emulsion 丙烯酸乳液
acrylic ester 丙烯酸酯
acrylic ester-acrylonitrile-styrene copolymer AAS树脂;丙烯酸酯-丙烯腈-苯乙烯共聚物
acrylic fibre 聚丙烯腈(系)纤维
acrylic hot melt adhesive 丙烯酸热熔胶
acrylic paint 丙烯酸树脂涂料
acrylic polymer 丙烯酸(酯)类聚合物
acrylic resin 丙烯酸(酯)(类)树脂
acrylic resin coatings 丙烯酸树脂涂料
acrylic resin emulsion 丙烯酸树脂乳液
acrylic rubber(AR) 丙烯酸酯橡胶
acrylics 丙烯酸类塑料;丙烯酸类树脂;聚丙烯酸酯;聚丙烯腈类纤维
acrylic sealant 丙烯酸酯密封胶
acrylic-vinyl acetate 丙烯酸酯-醋酸乙烯
acryl ketone 丙烯酮
acryloid 丙烯酸(树脂)溶剂
acrylon 腈纶(聚丙烯腈纤维)
acrylonitrile(AN) 丙烯腈
acrylonitrile-acrylic ester-styrene resin AAS树脂
acrylonitrile-butadiene rubber(ABR) 丁腈橡胶
acrylonitrile-butadiene-styrene resin ABS树脂;丙烯腈-丁二烯-苯乙烯树脂
acrylonitrile fiber oil 腈油
acrylonitrile-styrene copolymer 丙烯腈-苯乙烯共聚物
acrylophenone 丙烯酰苯;苯丙烯酮
acrylourethane 丙烯酸聚氨酯
acryloyl 丙烯酰基(CH_2 ∶ CHCO—)
acryloyl chloride 丙烯酰氯
acryloylpyrrolidine 丙烯酰吡咯烷
acrylyl (＝acryloyl) 丙烯酰基
acrylyl coenzyme A 丙烯酰辅酶A
acrylylsilane 丙烯酰硅烷
acrysol 聚丙烯酸酯水乳液
ACS (acrylonitrile-chlorinated polyethylene-styrene copolymer) 丙烯腈-氯化聚乙烯-苯乙烯共聚物
ACs(advanced ceramics) 先进陶瓷;(advanced composites)先进复合材料
ACT(actinomycin) 放线菌素;(activated complex theory)活化络合物理论;(antichymotrypsin)抗胰凝乳蛋白酶;(activated clotting time)活化凝固时间
ACTH 促肾上腺皮质激素;促皮质素
ACTH gel 明胶促皮质素
ACTH-Zn 锌促皮质素
acticarbon 活性炭(吸附剂)
actidione 放线(菌)酮;(戊二酰)亚胺环己酮
actification 再生作用;复活作用
actified 再生的
actified solution 再生溶液
actifier 再生器
actify 活化
actiline (＝neomycin B) 新霉素B
actin 肌动蛋白
acting force 作用力
acting load 加载
actiniasterol 海葵甾醇
actinic 光化的;光化学的
actinic absorption 光化吸收
actinic degradation 光化降解
actinic glass 闪光玻璃
actinichemistry 光化学
actinicity 光化性;光化度;感光度
actinic light 光合光
actinic stability 光稳定剂
actinide 锕系(元素);锕化物
actinide chloride 锕系元素氯化物
actinide contraction 锕系收缩
actinide elements 锕系元素
actinidine 猕猴桃碱
actinin 辅肌动蛋白
actino- 〈词头〉光线;射线;放线菌
actinodielectric 光敏介电的
actinio hematin 海葵血红蛋白
actinism 光化性;光化度;射线化学
actinium 锕 Ac
actinium series 锕系(89～103号元素)
actinium tricyclopentadienide 三茂锕

actinobolin 放线菌光素
actinochemistry 射线化学
actinochitin 放线菌壳多糖
actinodaphnine 黄肉楠碱
actinograph (1)曝光计;曝光表(2)X 射线照片
actinoid(s) 锕系元素;锕系
actinokymogram X 线记波照片
actinolite 阳起石
actinology 光化学;射线学
actinolysin 放线菌溶素
actinometer (1)曝光计;露光计(2)光化线强度计;化学光度计
actinometry (1)曝光测定(2)光能测定学;光化线强度测定
actinomorphy 放射对称性;辐射对称
actinomycelin 放线菌丝素
actinomycetin 白放线菌素;放线菌素 D
actinomycin 放线菌素
actinon 锕射线;锕射气
actinone 放线菌酮
actinorhodine 放线菌紫素
actinorubin 放线红素
actinoscope 光能测定仪
actinoscopy X 射线透视
actinospectacin 壮观霉素;奇霉素
actinotherapy 射线疗法;放射疗法;放疗
actinouranium 锕铀铀 235
actinyl 锕系酰
action 作用;动作;活动;机能
actionability 可行动性
action and reaction 作用与反作用
action in the medium 介质间作用
action of silicium dust 硅尘作用
action spectrum 作用光谱
actiphenol 放线菌酚
actithiazic acid 放线噻唑酸
activable 能被活化的,可激活的
activate 活化;激活;产生放射性
activated 激活了的;活化了的;放射化了的
activated absorption 活性吸附
activated alumina 活性矾土;活性铝土;活性氧化铝
activated aluminium oxide 活性氧化铝;活性矾土
activated bauxite 活性矾土
activated calcium carbonate 活性碳酸钙
activated calcium phosphate 活性磷酸钙
activated carbon 活性炭;活性炭黑
activated carbon fiber 活性碳纤维
activated char(coal) 活性炭
activated clay 活性(黏)土
activated complex 活化络合物;活化复体
activated diffusion 活化扩散
activated earth 活性陶土(补强剂)
activated fuller earth 活性漂白土
activated molecule 活化分子
activated monomer 活化单体
activated oxygen 活性氧
activated silica 活性二氧化硅;活性硅土
activated silica gel 活化硅胶
activated sludge 活性污泥
activated state 活化态;活性状态
activated water 活化水
activated zeolite 活性沸石
activated zinc oxide[flower] 活性氧化锌
activating 活化;活化处理
activating accelerator 助促进剂
activating agent 活化剂;激活剂
activating bath 活化浴
activating group 活化基团
activating substance 活性物质
activation 活化;激活;敏化
activation adsorption 活化吸附
activation analysis 活化分析
activation center 活化中心
activation energy 活化能;激活能
activation enthalpy 活化焓
activation entropy 活化熵
activation factor 活化因子;凝血因子Ⅻ
activation grade 活化度
activation heat 活化热
activation overpotential 活化超电势;活化超电位
activation potential 活化电势;活化电位
activation temperature 活化温度
activation volume 活化体积
activator 激活剂;活化剂;活性剂;催化剂;引发剂
activator constant 激活剂常数
activator protein(AP) 激活蛋白
active(Act) 有效的;活性的;旋性的;有源的
active absorption 主动吸收
active acetaldehyde 活性乙醛 2-α-羟乙基硫胺素焦磷酸
active acetate 活性乙酸

active agent 活性剂
active alkali 活性碱
active amyl 旋性戊基;2-甲代丁基
active amyl alcohol 旋性戊醇
active amyl propionate 丙酸旋性戊酯
active area 有效区;有效面积;放射性区;活化区
active biological film 活性生物膜
active biomass 活生物质
active carbon 活性炭;活性炭黑
active calcium 活性钙;活性离子钙
active cathode 活性阴极
active center 有效中心;活性中心
active charcoal 活性炭
active chlorine 活性氯;有效氯
active constituent 活性组分
active cooling surface 有效冷却[散热]面
active deposit 活性淀积;放射性沉积
active detergent 高效洗涤剂
active diffusion 有效浸提
active factor 活性因子
active fiber 激光光纤
active filler 活性填料;补强剂
active filter 有效滤波器
active fire 仍在继续的火灾
active gas 活性气体;腐蚀性气体
active gelatin 活性胶
active glycolaldehyde 活性羟乙醛
active hydrogen 活性氢
active ingredient 活性组分;有效成分
active layer 活化层;作用层
active length 工作[有效]长度
active lime 活性石灰
active mass 有效质量
active material[matter] 活性物
active metal 活性金属
active methylsilicon oil 活性甲基硅油
activeness 活泼
active neutron analysis 外加中子分析
active nitrogen 活性氮
active nutrient 活性养分
active output 实际产量
active oxygen 活性氧
active paper 活性纸,吸湿纸
active peptide 活性肽
active pigment 活性颜料
active pollution 放射性污染
active porosity 有效孔[空]隙度
active power 有功功率
active principle 有效成分
active protein 活性蛋白质
active radical 活性基团
active recrystallization 活化再结晶
active remedy 速效药物
active repair time 修理实施时间
active screen area 有效筛面积
active sealing 主动密封
active section 有效截面;活动截面;工作段
active silica 活性硅土;活性硅
active silica gel 活性硅胶
active site 活性部位;活性中心
active sludge 活性污泥
active smart materials 有源机敏材料
active solar heating system 主动式太阳能采暖系统
active solding aid 活性焊剂(松香型)
active solid 活性固体
active solvent coatings 无溶剂涂料
active substance 活性物质;有效成分
active sulfur 活性硫;腐蚀性硫
active surface 活性表面
active transportation membrane 能动输送膜
active valence 有效化合价
active valeric acid 旋性戊酸;旋光活性戊酸
active volcano 活火山
active volume 有效体积
active water 活性水
active white bentonite 漂白土;活性白土
activin 活化素;激活素;苯丙酸诺龙
activity (1)活度(2)活动性;活力
activity coefficient 活度系数
activity energy 活化能
activity of catalyst 催化剂的活性
activity of H ion 氢离子活度
activity product 活度积
activity quotient 活度系数
activity unit 酶活力单位
ACTL(actual) 实际的
actol 乳酸银
actomyosin 肌动球蛋白
actor 反应器,作用剂
actual 实际的;真实的;有效的
actual breaking load 实际破坏载荷
actual (column) plates 实际塔板数
actual equilibrium constant 真实平衡常数;实在平衡常数
actual filling depth 实际填充深度

actual gas 实际气体;真实气体
actual leakage 实测漏泄量
actual load 有效荷载;有效载荷
actual observation 实测
actual octane value 实际辛烷值
actual output 实际产量
actual plate number 实际塔板数
actual production 实际产量
actual reflux 实际回流
actual retention volume 实际保留体积
actual road(wear) test 道路试验;实际里程试验
actual service conditions 实际使用条件
actual service life (1)实际使用寿命(2)行驶里程
actual size 实际尺寸
actual solution 实在溶液;实际溶液
actual spot painting 现场涂装
actual stack height 实际烟囱高度
actual standard 现行标准
actual (tower) trays 实际塔板数
actual viscosity 真实黏度
actual yield 实际收率;实际产率;实际产量
actuate 传动;操纵;执行
actuated valve 控制阀
actuating device 驱动装置
actuating medium 工作介质;工质
actuator 驱动器;执行机构;操作机构;油缸;调节器
actuator stem 传动杆
acu- 针,刺
acuate 削尖的;锐利的
acuity 锐度;敏度;分辨能力
aculeatin 脱水内酯;环氧飞龙掌血内酯
acumycin 针霉素
acutance 锐度
acute 急性的;尖锐的;锐角的;敏感的
acute angle 锐角
acute dermal toxicity 急性经皮(肤)毒性
acute exposure 急性曝露
acute hazard 急性危害
acute oral toxicity 急性口服毒性
acute percutaneous toxicity 急性经皮毒性
acute poisoning 急性中毒
acute-toxic 剧毒
acute toxicity 急性毒性;急性毒作用;急性中毒
acute toxin 剧毒素
AC voltammetry 交流伏安法
acyclic compound 无环化合物;开链化合物
acyclic stem-nucleus 无环母核(无环化合物的母链)
acyclic terpene 无环萜烯
acycloguanosine 无环鸟苷
acyclovir 阿昔洛韦;无(糖)环鸟苷
acyl- 酰基
acylability (可)酰化性
acyl acetic acid 酰基乙酸
acyl-acyl carrier protein 酰酰载体蛋白
acylagmatine amidase 酰基鲱精胺酰胺酶
acylamide 酰胺
acylamino- 酰氨基
***N*-acyl-*α*-amino acid** *N*-酰基-*α*-氨基酸
acylase 酰基转移酶
acylating agent 酰化剂
acylation 酰化
acyl azide 酰叠氮
acyl bromide 酰溴
***O*-acylcarnitine** *O*-酰基肉碱
acyl carrier protein (ACP) 酰基载体蛋白
acyl cation 酰(基)正离子
acyl chloride 酰氯
acyl cleavage 酰基裂解
acyl-CoA dehydrogenase 酰基辅酶A脱氢酶
acyl-Co A desaturase 酰基辅酶A脱饱和酶
acyl-CoA synthetase 酰基辅酶A合成酶
acyl cyanide 酰腈;酰基氰
acyl-enzyme (带)酰基酶
acyl fluoride 酰氟
acylglucosamine 酰基葡糖胺
acylglutamate 酰基谷氨酸盐(或酯)
acylglycerol 酰基甘油;甘油酯
acylglycerol palmitoyltransferase 酰基甘油软脂酰转移酶
acylglycerophosphate acyltransferase 酰基甘油磷酸酰基转移酶
acyl group 酰基
acyl halide 酰卤;卤化酰基
acylhydrazine 酰(基)肼
acylhydrazone 酰腙
acyl iodide 酰碘
acylium cation 酰基阳离子
acyllysine 酰基赖氨酸
acyl migration 酰基转移作用
acylmuramylalanine carboxypeptidase 酰基胞壁酰丙氨酸羧肽酶

acylneuraminate 酰基神经氨酸盐；唾液酸盐
acyloin 偶姻(两个分子的醛，合成醇酮，如 butyroin 丁偶姻)
acyloin condensation 偶姻缩合；酮醇缩合
acylolysis 酰基裂解
acylous action 增酸性作用；降碱性作用
acyloxy 酸基；酰氧基
acyl-oxygen fission 酰氧分裂
acyloxylation 酰氧基化
acylpeptide 酰(基)肽
acyl peroxide 酰基过氧化物
acylphenylalanine 酰基苯丙氨酸
acylphenylalanine amide 酰基苯丙氨酰胺
acylphenylalanine ester 酰基苯丙氨酸酯
acylphosphatase 酰基磷酸酶
5′-acylphosphoadenosine hydrolase 5′-酰基腺苷酸水解酶
acylpolyol 酰化多元醇
acylpyruvate hydrolase 酰基丙酮酸水解酶
acyl rearrangement 酰基重排
***N*-acylsarcosine** *N*-酰肌氨酸
***N*-acylsphingosine** *N*-酰基(神经)鞘氨醇
acylspiramycin 酰化螺旋霉素
acyl tosylate 酰基对甲苯磺酸酐
acyltransferase 酰基转移酶
acyl urea 酰基脲
aczol 阿克佐尔(苯氧化锌及苯氧化铜的含氨溶液，木材防腐剂)
ADA(adenosine dialdehyde) 腺苷二醛
adalat 硝苯吡啶
adalin 阿达林；二乙代溴乙酰脲
adaline 线性适应元
adamantanamine 金刚烷胺
adamantane 金刚烷；三环癸烷
adamantine boron 金刚硼
adamantine compound 金刚化合物
adamantine spar 刚玉
adamellite 石英二长岩
adamellose 鸽峰岩
adamine (=adamite) 水砷锌矿
adamite 水砷锌矿
Adamkiewicz reaction 阿达姆凯威兹反应
Adams' catalyst 亚当斯催化剂(一种氧化铂催化剂)
adamsite (1)暗绿云母(2)二苯胺氯胂；亚当氏毒气
Adams' rule 亚当斯规则
adansonine 猴面包碱
adaptability 适应性
adaptability of operation 加工适应性
adaptation kit 成套配合件
adaptation layer 适应层
adapter (1)接管；管接头(2)应接器；接合器(3)平衡试验机用轮辋
adapter flange 配接法兰
adapter heater 管接头加热器
adapter plate 衬板，垫板
adapter protein 衔接蛋白
adapter RNA 连结 RNA(即 tRNA)
adapting flange 连接法兰；配接法兰
adapting form 承插式
adapting piece 连接件
adapting pipe 承接管；套管
adaptive control 自适应控制
adaptive controller 适应控制器
adaptive enzyme 适应酶
adaptive immunity 适应性免疫
adaptive immunization 继承免疫作用
adaptive linear element 线性适应元
adaptive prediction 适应预报
adaptive radiation 适应(性)辐射
adaptive telemetering system 适应遥测系统
adaptor (1)接合器；应接器(2)接管；管接头(3)接头子
adaptor for product discharge 排料接口
adaptor protein 衔接蛋白
adatom (被)吸收原子；附加原子
added mass 附加质量
added-value 增值
addendum (1)附加物(2)齿顶
addendum modification 变位量
addition (1)附加(2)加入量
1,4-addition 1,4-加成
additional accelerator 助促进剂
additional equipment 辅助设备
additional item 补充项目；附加项目
additional polymerization 加成聚合
additional product (1)附加产品[物](2)附加产量
additional properties 附加性能
additional requirement(s) (1)附加要求(2)补充技术条件
additional vulcanization 后硫化；二次硫化
addition compound 加合化合物；加(成化)合物
addition copolymerization 加成共聚

addition-elimination mechanism 加成消除机理
addition method 叠加法
addition polycondensation 加成缩聚
addition polyimide 加成型聚酰亚胺
addition polymer 加(成)聚(合)物
addition polymerization 加(成)聚(合)
addition product 加成(产)物
addition reaction 加成(反应)
additive (1)加成的;加合的(2)添加剂;补加剂;添加物
additive composite aggregate 复合混凝剂
additive compound 加合化合物;加(成化)合物
additive DE 添加剂 DE
additive dimerization 加成二聚
additive effection 相加作用
additive for photographic emulsion 照相乳剂添加剂
additive gene 加性基因
additive in pelletization 造粒添加剂
additive primary colo(u)rs 加色法三原色
additive product 加成(产)物
additive property 加合性;加成性
additive reaction 加成反应
additive(s) of coating 涂料助剂
additive-treated oil (1)(含)添加剂润滑油(2)加添加剂的油品
additive-type flame retardant 添加型阻燃剂
additivity 相加性;加成性;叠加性
additivity of sum of squares 平方和加和性
addressin 地址素
address of the plant 厂址
add the weight 增加重量
adducin 内收蛋白
adduct 加(成化)合物
adduct ion 加合离子
adduction (1)氧化(作用)(2)内收(作用)
adduct polymerization 包合聚合;包接聚合
adduct rubber 加合橡胶
ADE(antidiuretic hormone) 加压素
Ade 腺嘌呤
adelite 砷钙镁石
adenantherine 海红豆碱
adenase 腺嘌呤脱氨酶;腺嘌呤酶
adenine 腺嘌呤;6-氨基嘌呤
adenine arabinoside 阿糖腺嘌呤
adenine deaminase 腺嘌呤脱氨酶
adenine deoxyribonucleoside 腺嘌呤脱氧核苷
adenine deoxyriboside 脱氧腺苷
adenine mononucleotide 腺嘌呤一核苷酸
adenine nucleotide 腺嘌呤核苷酸
adenine phosphoribosyl transferase 腺嘌呤转磷酸核糖基酶
adeninyl- 腺嘌呤基
***dl*-adenocarpine** *dl*-腺荚豆碱
adenohypophysis 垂体前叶
adenopterin 4-氨基二甲叶酸
adenosinase 腺苷酶
adenosin(e)(A;Ado) 腺嘌呤核苷;腺苷
adenosine deaminase 腺苷脱氨酶
adenosine diphosphatase 二磷酸腺苷酶
adenosine diphosphate(ADP) 二磷酸腺苷;腺苷二磷酸
adenosine diphosphate glucose 腺苷二磷酸葡糖
adenosine kinase 腺苷激酶;肌激酶
adenosine monophosphate(AMP) 腺苷一磷酸;腺苷酸
adenosine nucleosidase 腺苷核苷酶
adenosine-2′, 3′-phosphate 腺苷-2′, 3′-磷酸
adenosine phosphoric acid 腺苷磷酸
adenosine-5′-phosphosulfate(APS) 腺苷酰硫酸;腺苷-5′-磷酸硫酸酐
adenosine tetraphosphatase 四磷酸腺苷酶
adenosine triphosphatase 三磷酸腺苷酶;腺苷三磷酸酶
adenosine triphosphate(ATP) 腺苷三磷酸;三磷酸腺苷
adenosine triphosphate phosphorylase 腺苷三磷酸磷酸化酶
adenosine triphosphate sulfurylase 腺苷三磷酸硫酸化酶
adenosine triphosphoric acid 腺苷三磷酸
adenosyl- 腺(嘌呤核)苷(基)
***S*-adenosylhomocysteine** *S*-腺苷高半胱氨酸
***S*-adenosylmethionine** *S*-腺苷甲硫氨酸;腺苷蛋氨酸
adenovirus 腺病毒
adenyl- (1)腺嘌呤(基)(2)腺苷(基)(误用)(3)腺苷酸(误用)(4)腺苷酰(基)(误用)
adenylate 腺(嘌呤核)苷酸
adenylate cyclase 腺苷酸环化酶
adenylate deaminase 腺苷酸脱氨酶

adenylate kinase 腺苷酸激酶
adenylcitrulline 腺苷酸瓜氨酸
adenyl cyclase 腺苷酸环化酶
3′-adenylic acid 3′-一磷酸腺苷
adenylic acid (AMP) 腺(嘌呤核)苷酸;腺苷一磷酸
adenylic acid deaminase 腺苷酸脱氨酶
adenylic acid kinase 腺苷酸激酶
adenylic deaminase 腺苷酸脱氨酶
adenylo- 腺(嘌呤核)苷酸基
adenylosuccinase 腺苷酸(基)琥珀酸(裂解)酶
adenylosuccinate 腺苷酸(基)琥珀酸
adenylosuccinate lyase 腺苷酸(基)琥珀酸裂解酶
adenylosuccinate synthetase 腺苷酸(基)琥珀酸合成酶
adenylosuccinic acid 腺苷酸(基)琥珀酸
adenylpyrophosphatase 腺苷酰焦磷酸酶
adenylpyrophosphate 腺苷焦磷酸(即腺苷三磷酸)
adenylyl- 腺(嘌呤核)苷酰(基)
adenylylation 腺苷酰化(作用)
adenyl(yl) luciferin 腺苷酰虫荧光素
adenyl(yl) oxyluciferin 腺苷酰氧化虫荧光素
adenylylsulfate kinase 腺苷酰硫酸激酶
adenylylsulfate pyrophosphorylase 腺苷酰硫酸焦磷酸化酶
adenylylsulfate reductase 腺苷酰硫酸还原酶
adenylyl transferase 腺苷酰转移酶
adeps lanae 羊毛脂
adequate 相当的
adermin 抗皮炎素;维生素 B_6
ader wax (粗,生)地蜡
adhere 黏合;黏附
adherence 黏合;黏附
adherency 黏合;黏附
adherend 被黏物
adherometer 黏合计;密着力试验机
adheroscope (=adherometer) 黏合计
adhesin 黏附素
adhesion (1)黏合;黏附;附着(2)黏合力;黏附力;附着力
adhesion agent 黏合剂;胶黏剂
adhesional energy 黏附能
adhesion bute joint 黏合对接接头
adhesion corner joint 黏合角接接头
adhesion dado joint 黏合槽接接头
adhesion dowel joint 黏合套接接头
adhesion factor 黏合系数
adhesion failure 黏合破坏
adhesion joint 黏合接头
adhesion lap joint 黏合搭接接头
adhesion mitre joint 黏合斜接接头
adhesion of electrodeposited coatings 镀层结合力
adhesion phenomenon 黏附现象
adhesion power 黏合力;密着力
adhesion preventives 防粘剂
adhesion process 粘接工艺
adhesion promotor 增黏剂
adhesion strength 黏附强度
adhesion test(ing) 密着力试验;剥离试验
adhesion(-type) tire 抗滑轮胎;雪泥轮胎
adhesion work 黏附功
adhesive 黏合剂;胶黏剂
adhesive-bonded fabric 无纺织布
adhesive cement 胶浆(子);胶水
adhesive coating 黏合层
adhesive cure 胶黏剂固化
adhesive failure 密着破坏;脱胶
adhesive flowability 胶黏剂流动性
adhesive force 附着力;黏合力
adhesive for glass 玻璃用胶黏剂
adhesive for laminated film 复合膜胶黏剂
adhesive for strain sheet 应变片胶
adhesive HC for capacitor drivepipe plug 电容套管芯子用胶黏剂 HC
adhesive interlayer 胶浆夹层
adhesive joint 粘接头
adhesive lining cloth 黏合衬布
adhesive made of synthetic resin 合成树脂胶黏剂
adhesive mixer 调胶机
adhesiveness (1)黏合性(2)黏合度
adhesive power 黏合力
adhesive-riveted structure 胶铆结构
adhesive set 胶黏剂硬化
adhesive strength 黏合强度;胶黏强度
adhesive structure 胶接结构
adhesive tape 胶带
adhesive varnish 黏合清漆
adhesive wear 黏着磨损
adhesivity 黏合性
adhint 黏合接头;胶接
adiabat 绝热线
adiabatic 绝热的
adiabatic approximation 浸渐近似;绝热

式近似
adiabatic bed reactor 绝热床反应器
adiabatic calorimeter 绝热量热计[器];绝热式热量计
adiabatic catalytic cracking 绝热式催化裂化
adiabatic coating 绝热涂料
adiabatic coefficient 绝热系数
adiabatic coefficient of compression 绝热压缩系数
adiabatic column 绝热精馏柱
adiabatic compressibility (1)绝热压缩系数(2)绝热压缩性
adiabatic compression 绝热压缩
adiabatic compression process 绝热压缩过程
adiabatic condition 绝热条件[状态]
adiabatic constant 绝热常[系]数
adiabatic contraction 绝热收缩
adiabatic cooling curve 绝热冷却曲线
adiabatic curve 绝热曲线
adiabatic dehydrogenation 绝热脱氢
adiabatic demagnetization 绝热退磁
adiabatic diaphragm 绝热隔膜
adiabatic drying 绝热干燥
adiabatic efficiency 绝热效率
adiabatic equation 绝热方程(式)
adiabatic expansion 绝热膨胀
adiabatic exponent 绝热指数
adiabatic extrusion 绝热挤塑;绝热挤出
adiabatic flame temperature 绝热火焰温度
adiabatic flash 绝热闪蒸
adiabatic flow 绝热流
adiabatic gradient 绝热梯度
adiabatic head 绝热压头
diabatic heating 绝热加热[增温]
adiabatic index 绝热指数
adiabatic invariant 浸渐不变量;绝热式不变量
adiabatic modulus 绝热模量
adiabatic partition 绝热隔膜
adiabatic plate 绝热板
adiabatic process 绝热过程
adiabatic reactor 绝热反应器
adiabatics 绝热曲线
adiabatic saturated temperature 绝热饱和温度
adiabatic system 绝热系统
adiabatic temperature rise 绝热温升
adiabatic transition 绝热跃迁
adiabatic work 绝热功
ADI(acceptable daily intake) 日允许摄入量;每天允许摄入量
adiathermanous body 不透热体
adinazolam 阿地唑仑
adinole 钠长英板岩
adinuretin SD 去氨基精加压素
adion (=adsorbed ion) 被吸附离子
adipaldehyde (=hexanedial) 己二醛
adipamide 己二酰二胺
adipate 己二酸盐(或酯)
adipic acid 己二酸;(俗称)肥酸
adipic aldehyde 己二醛
adipic chloride 己二酰二氯
adipic dialdehyde 己二醛
adipic diamide 己二酰二胺
adipic dinitrile 己二腈
adipimide 己二酰亚胺
adipinic acid(=adipic acid) 己二酸;(俗称)肥酸
adipocellulose 脂纤维素
adipocire 尸蜡
adipoin β-羟环己酮
adipokinin 脂(肪)酸释放激素
adipomonohydroxamic acid 单羟肟己酸
adipomononitrolic acid 单硝基肟己酸
adiponitrile 己二腈
adiposine 脂解素
adipoyl 己二酰
adipsin 脂肪细胞蛋白酶
adipyl (=adipoyl) 己二酰
adipyl chloride 己二酰二氯
adipyl dihydrazide 己二酰二肼
adit planimetric map 坑道平面图
adjacency matrix 相邻矩阵
adjacent carbon atom 相邻碳原子
adjacent double bonds 相邻双键
adjacent position (1)邻位;相邻位置(2)连位
adjacent re-entry model 相邻再入模型
adjacent-to-end carbon 与末位相邻的碳原子
adjoining carbons 邻接碳原子
adjoining course 结合层
adjoining ducting 连接导管
adjoint operator 伴随算符
adjoint system 伴随系统
adjunce copper 糊化锅
adjustable baffle 调节挡板
adjustable blade propeller pump 调节叶片螺桨泵

adjustable blowdown 可调节的泄放
adjustable cutter 可调刀具
adjustable damper 可调挡板
adjustable delivery pump 可调输料泵
adjustable discharge gear pump 可调卸料齿轮
adjustable fitting 铰接接头
adjustable hand wheel 调整手轮
adjustable heel plate 可调倾斜板
adjustable (-length) V-belt 活络三角(胶)带
adjustable link 可调连接杆
adjustable orifice 可调整孔板
adjustable outrigger collector 可调节外架总管
adjustable parameter 可调参数
adjustable pipe for feed flow 送[进]料调节管
adjustable pitch fan 可调角度风机
adjustable range 调节范围
adjustable registers 可调配风器
adjustable relief valve 可调减压阀
adjustable sheave 变距槽轮
adjustable simplex pull rod 可调式单拉杆
adjustable spanner 可调扳手
adjustable speed 可调速度
adjustable speed drive 变速传动
adjustable supporting roll(s) 可调支承滚轮
adjustable unloader knife 可调式刮刀
adjustable vane 可调(节)的叶片
adjustable valve 调节阀;调整阀
adjustable voltage stabilizer 可调稳压器
adjustable weight 可调节权
adjustable weir ring 溢流堰调节环
adjustable wrench 活络扳手
adjusted retention time 调整保留时间
adjusted retention volume 调整保留体积
adjuster 调节器;校正器
adjusting bolt 调节螺栓
adjusting device 调整装置
adjusting gear 调节齿轮
adjusting handle 调节手轮;调节柄;调整柄
adjusting key 调整[定位]键
adjusting lock nut 调节锁紧螺母
adjusting mark 安装标记;调整标记
adjusting nut 调节螺母
adjusting pan 调节槽
adjusting pin 调整销
adjusting ring 调整环
adjusting screw 调节螺杆
adjusting screw for elevation 标高调整螺丝[旋]
adjusting screw rod 调节螺杆
adjusting seat 调节座
adjusting slider 调节滑块[板,座]
adjusting speed 调整速度
adjusting spring 调整弹簧
adjusting strip 调整片[索];调整楔
adjusting valve 调节阀;调整阀
adjusting washer 调节垫圈
adjusting wedge 调整楔
adjusting worm 调节蜗杆
adjustment 调节;调整
adjustment controls 调节控制器
adjustment lever 调节(杠)杆
adjustment of clearance 间隙调整
adjustment plane 调整板
adjustment plate 调整板
adjustment sheet 调节片
adjustment tank 调配槽
adjustment wheel 调节轮
adjustor 校准器;调准装置;调节器;调整器
adjust to zero 调整至零点
adjust vertically (按)高度调整
adjutage 喷射管;调节管;排水筒;放水管
adjuvant 助剂;辅助剂;配料
Adler benzidine reaction 阿德勒联苯胺反应
Adler-Marke powder 艾德勒-马克猎枪药
adlumidine 藤荷包牡丹定
adlumine 藤荷包牡丹明
administration 给药
admiralty test 干湿陈化试验
admissible error 容许误差
admission intake 进汽(口);进气(口)
admission stroke 进气冲程
admission valve (1)进气阀(2)进样阀
admittance 导纳
admitting pipe 进气管;输入管
admixture (1)掺和剂;混合物(2)掺和;混合
admolecule 吸附分子
Ado 腺苷
adobe (1)风干砖;土砖(2)灰质黏土;多孔黏土
Adogen 氯化甲基三烷基铵(一种季铵盐)
Ado Met *S*-腺苷甲硫氨酸;腺苷蛋氨酸
Adonis vernalis 春福寿草

adonitol 福寿草醇;侧金盏花醇
adonose 阿东糖
ADP(adenosine diphosphate) 腺苷二磷酸
adrafinil 阿屈非尼
adrenal cortex hormone 肾上腺皮质激素
adrenal cortical extract 肾上腺皮质浸膏
adrenal cortical hormone 肾上腺皮质激素
adrenal cortical steroid 肾上腺皮质类固醇
adrenal gland 肾上腺
adrenalin(e) 肾上腺素
adrenalone 肾上腺酮
adrenergic receptor 肾上腺素能受体
adrenic acid 肾上腺酸;7,10,13,16-二十二碳四烯酸
adrenine 肾上腺素
adrenobazone 卡巴克络;安络血
adrenoceptor 肾上腺素受体
adrenochrome 肾上腺素红;肾上腺色素
adrenochrome monosemicarbazone 卡巴克络;安特诺新
adrenocortical hormone 肾上腺皮质激素
adrenocorticoid 肾上腺皮质类固醇
adrenocorticotrop(h)in (ACTH) 促肾(上腺)皮(质激)素;促皮质素
adrenocorticotropic hormone 促肾上腺皮质激素
adrenocortin 肾上腺皮质激素萃
adrenodoxin 肾上腺皮质铁氧还蛋白
adrenoglomerutotropin 促醛固酮激素
adrenolutin(e) 肾上腺黄素;*N*-甲基-3,5,6-三羟基吲哚
adrenorphine 肾上腺啡肽
adrenosterol 肾上腺(雄)甾醇
adrenosterone 肾上腺(雄)甾酮
adrenotropin 促肾上腺皮质激素;促皮质素;促肾皮素
adriacin 阿霉素;亚德里亚霉素
adriamycin 阿霉素;亚德里亚霉素
ADS(air dried sheet) 风干胶片
adsorb 吸附
adsorbability sequence 吸附能力序列
adsorbance 吸附量
adsorbate (被)吸附物
adsorbed antiserum 吸附抗血清
adsorbed phase 吸附相
adsorbent 吸附剂
adsorbent activity function 吸附剂活度函数
adsorbent bed 吸附床
adsorbent deactivator 吸附减活剂
adsorbent gradient 吸附剂梯度
adso(rbe)nt layer 吸附(剂)层
adsorbent modifier 吸附改性剂
adsorber (1)吸附器(2)吸附剂
adsorbing agent 吸附剂
adsorbing column 吸附柱
adsorption 吸附
adsorption analysis 吸附分析
adsorption band indicator 吸附带指示剂
adsorption bed 吸附床
adsorption bubble separation method 吸附气泡分离法
adsorption capacity 吸附容量
adsorption catalysis 吸附催化
adsorption center 吸附中心
adsorption chromatography 吸附色谱(分离)法;吸附层析
adsorption coefficient 吸附系数
adsorption column 吸附柱
adsorption control 吸附控制
adsorption current 吸附电流
adsorption curve 吸附曲线
adsorption displacement 吸附取代
adsorption dryer 吸附干燥器
adsorption equilibrium 吸附平衡
adsorption exponent 吸附指数
adsorption film 吸附膜
adsorption forces 吸附力
adsorption gas chromatography 吸附气相色谱法
adsorption gasoline 吸附汽油
adsorption heat 吸附热
adsorption hysteresis 吸附滞后
adsorption index 吸附系数
adsorption indicator 吸附指示剂
adsorption inhibition 吸附抑制(作用)
adsorption isobar(line) 吸附等压线
adsorption isostere 吸附等容线;吸附等量线
adsorption isotherm(al)(line) 吸附等温线
adsorption layer 吸附层
adsorption plant 吸附装置
adsorption potential 吸附(电)势;吸附(电)位
adsorption precipitation 吸附沉淀
adsorption quantity 吸附量
adsorption rate 吸附速率;吸附率

adsorption refining 吸附精制
adsorption resin 吸附树脂
adsorption site 吸附部位;吸附点
adsorption space 吸附空间
adsorption stripping 吸附气提;吸附分离;解吸
adsorption theory 吸附理论
adsorption tower 吸附塔
adsorption trap 吸附阱
adsorption tube 吸附管
adsorption unit 吸附装置
adsorption wave 吸附波
adsorptive (被)吸附物;吸附的
adsorptive capacity 吸附本领;吸附量
adsorptive clay 吸附白土
adsorptive complex wave 络合吸附波
adsorptive distillation 吸附蒸馏
adsorptive endocytosis 吸附性内吞
adsorptive power 吸附力
adsorptive (stripping) voltammetry 吸附(溶出)伏安法
adsorptive support 吸附性载体
adsorptivity 吸附能力
adstringent(=astringent) (1)收敛剂;涩剂(2)涩嘴的
adsubble method 吸附气泡分离法;起泡分离法
adularia 冰长石
adulterant 掺杂物
adulterating agent 掺加剂
adulteration 掺杂;掺加
adurol 阿杜酚
advanced battery 高能电池
advanced composite 先进复合材料
advanced composite materials (ACM) 高性能复合材料
advanced converter 先进转化堆
advanced cracking reactor(ACR) 先进裂化[解]反应器
advanced enzyme engineering 先进酶工程
advanced equipment 先进设备
advanced gas-cooled reactor 先进气冷反应堆
advanced relocation regulator 超前重定式调节器
advanced sintering 高温烧结
advanced stage of cracking 深度裂化阶段
advanced treatment 高级处理;三级处理;深度处理
advanced ways of working 先进工作法
advance ignition 提前点火
advance training gasoline 高级教练机汽油(染成蓝色)
advance warning 提前报警
advancing colo(u)r 接近色
advancing contact angle 前进接触角
advancing wave 前进波
advect 平流输送
advection 平流;平流热效
adverse current 逆流
adverse effect 逆效应
advice of shipment 装运通知
adynerin 无效苷
AE-cellulose 氨(基)乙基纤维素
aeciospore 锈孢子;春孢子
aecium 锈子器;春孢子器
aegerite (=wurtzite) 纤维锌矿
aegirine-augite 霓辉石
aegirite 霓石
aenigmatite 三斜闪石
aeolian clay 风成黏土
aeolipile, aeolipyle 汽转球;汽转装置
aeolotropic (=anisotropic) 各向异性的
aeolotropism 各向异性
aeonite (=wurtzite) 纤维锌矿
aequorin 水母光蛋白
aerate (1)换气(2)曝气;充气;吹气
aerated concrete 加气混凝土
aerated filler 疏松填料(如软木屑,锯木屑)
aerated flame 充气焰(气体与空气混合物火焰);富空气焰
aerated flow 掺气流
aerated grit chamber 曝气沉砂池
aerated lagoon 曝气池;曝气塘
aerated plastic 泡沫塑料
aerater 充气器;通气器
aerating agent 充气剂
aerating apparatus 曝气装置
aerating filter 曝气滤池
aerating powder 发泡剂
aerating system 曝气系统
aeration (1)换气(2)曝气;充气;吹气;气化作业
aeration-agitation 通气搅拌
aeration basin 曝气池
aeration cell 充气电池;氧气电池
aeration-drying 通风干燥
aeration factor 充气因子[系数]
aeration lagoon 曝气塘;氧化塘
aeration machine 曝气机

aeration pad 充气缓冲器
aeration pond 曝气池
aeration tank 曝气池,充气槽
aerator 曝气器;曝气装置
aerator tank 曝气槽[池]
aerial condenser 空气冷凝器
aerial contamination 空气污染
aerial dust filter 空气滤尘器
aerial film 航空胶片
aerial filter 空气过滤器
aerial gas transporter 气体空运器
aerial mycelium 气生菌丝(体);二级菌丝(体)
aerial oxygen 大气氧气
aerial pollution 空气污染
aerial spraying 空中喷药;飞机喷雾
aerobe 嗜氧性微生物;需氧微生物
aerobic adhesive 需氧胶黏剂
aerobic bacteria 需氧细菌;好氧细菌;好气细菌
aerobic biodegradation 好氧生物降解
aerobic biooxidation 需氧生物氧化
aerobic culture 好氧培养
aerobic decompose 好氧分解
aerobic fermentation 需氧发酵
aerobic glycolysis 有氧糖酵解
aerobic metabolism 有氧代谢
aerobic oxidase 需氧氧化酶
aerobic oxidation 需氧氧化
aerobic pathogen 需氧病原体
aerobic respiration 需[好]氧呼吸
aerobic sludge digestion 需氧污泥消化
aerobioscope 空气细菌计数器
aerobiosis 需氧生活
aero casing 飞机外胎
aerocrete 气孔混凝土
aeroduster 飞机喷粉器
aerodynamic 气动中心
aerodynamic collector 空气动力捕集器
aerodynamic conveyor 气力输送装置
aerodynamic deposition 气流凝网
aerodynamic diameter 空气动力直径
aerodynamic force 气动力
aerodynamic heating 气动加热
aerodynamic isotope separation 空气动力学法同位素分离(法)
aerodynamic noise 气动噪声
aerodynamics 空气动力学
aeroelasticity 气动弹性
aeroengine oil 航空润滑剂;航空机油
aerofilter 空气过滤器;加气滤池
aerofin heater 空气翅片加热器
aerofloat "黑药"(一种浮选剂)
aerofloated sulfur 风选硫黄
aerofoil fan 机翼型通风机;轴流风扇
aero form process 爆炸成型
aerogel 气凝胶
aerogen 产气菌
aerolite (1)陨石(2)艾罗莱特(硝铵、硝酸钾、硫黄炸药)
aerometer 气体比重计
aeroplane coatings 飞机蒙皮漆
aeroplane dope 航空透布油
aeroplane inner tube 飞机轮内胎
aeroplane oil 航空润滑油
aeroplane tyre 飞机轮胎
aeropulverizer 吹气磨粉机;喷磨机;气流粉碎机
aeroseal 空气密封
aerosiderite 铁陨石
aerosil 二氧化硅气凝胶;气相二氧化硅(俗称)
aerosite(=pyrargyrite) 深红银矿
aerosol 气溶胶;烟雾剂;烟;雾;气雾剂;悬浮微粒
aerosol chemistry 气溶胶化学
aerosol coating 气溶胶涂料
aerosol generation 烟雾法
aerosolization 气溶胶化;烟雾化
aerosol preparation (1)气雾剂(2)烟雾剂
aerosol solvent extraction 气溶胶状溶剂萃取
aerosponin 气孢菌素
aerosporin(=polymyxin A) 气孢素;多黏菌素 A
aerosol sprayer 气雾机
aerosome 气溶体
aerostatic press 气(体)压(出)机
aerotaxis 趋氧性;趋气性
aerothermochemistry 空气热化学
aerothermodynamics 气动热力学
aerothermopressor 气动热力压缩机
aerothricin 气丝菌素
aerotolerant bacteria 耐氧细菌
aerotropism 向氧性
aeroview 鸟瞰图
aero-washing gasoline 航空洗涤汽油
aeruginosin 铜绿菌素
AES(atomic emission spectroscopy) 原子发射光谱;俄歇电子能谱(学)

aeschynite 易解石
aescigenin 七叶(苷)配基
aescin(=escin) 七叶素
aesculetin 秦皮乙素;七叶亭
aesculin 七叶苷
aesthetical paint 美术漆
AET(β-aminoethylisothillronium) 氨乙异硫脲
aethalium 黏菌体
aether (1)以太(2)醚
aetiocholane 本胆烷;5β-雄烷
aetiocholanolone 本胆烷醇酮
aetiohemin 本氯血红素;初氯血红素
aetioporphyrin 本卟啉
A-face centered lattice A心点格
AFD method AFD(辛烷值测定)法
afenil 氯化钙合四脲
affer tack 回黏;回黏性
affinage 精炼
affinage furnace 精炼炉
affination 精炼法;(离心)洗糖法
affine deformation 仿射形变
affinin 假向日葵酰胺;阿菲宁(杀虫药)
affinity (1)亲和力(2)亲和能(3)亲和势(4)近似;类似
affinity adsorption 亲和吸附
affinity bond 亲和势键
affinity chromatography 亲和层析;亲和色谱法
affinity constant 亲和常数
affinity electrophoresis 亲和电泳
affinity elution 亲和洗脱法
affinity labeling 亲和标记(法)
affinity law 相似定律
affinity membrane 亲和膜
affinity of chemical reaction 化学反应亲和势
affinity partitioning 亲和分配法
affinity precipitation 亲和沉淀
affinity preference 亲和力次序
affinity ratio 亲和比率
affinity ultrafiltration 亲和超滤
affinoelectrophoresis 亲和电泳
affix 添加;固定;添加物[剂]
affixion 添加
affixture (1)添加(2)添加产物;加成物
afibrinogenemia 无纤维蛋白原血
aflatoxin 黄曲霉毒素
aflatoxins B 黄曲霉毒素 B
aflatoxins G 黄曲霉毒素 G
aflatoxins M 黄曲霉毒素 M
afloqualone 氟喹酮
aforest 造林
AFP (1)(alpha fetoprotein)甲胎蛋白(2)(antifreeze proteins; antifreeze peptide) 抗冻蛋白
African balsam (=illurin balsam) 非洲香脂
afridol 羟汞甲基苯甲酸钠
AFS(atomic fluorescence spectro-metry) 原子荧光光谱法
after-baking 后热处理
afterbath preparations 浴后护肤剂
after-blow 后吹
after burning 后期燃烧
after-coagulation 后凝固
after-collector 后加收集器
after-combustion 后燃(烧);复燃
after-condensation 后缩合
after-condenser 后冷凝器;再冷凝器;二次冷凝器
after contraction 残余收缩
aftercooler 后置冷却器;末级冷却器;再冷(却)器;后冷却器[二次]
after-cooling 再冷却;二次冷却;过冷
after-cracking 二次裂化
after cure 后硫化;二次硫化
after-cut 后馏分
after-drawing 后拉伸
afterdripping 喷油后燃烧(喷油嘴内)
after-effect 弹性后效
after-expansion 后膨胀,残余膨胀
after-fermentation 后发酵(作用)
afterfibrillation 后原纤化(作用)
after-filtration (最)后过滤;后滤
after-finishing[fire] 二次燃烧;后燃
afterfire 二次燃烧;后燃
after flow 滞后流
after-fractionating tower 二次蒸馏塔
after-hardening 后硬化
after heating 后(加)热
afterignition 延迟着火
aftermixer 后混合器
afterpolymerization 后聚合(作用)
afterprocessing 后加工
afterproduct 后产物
after-purification (最)后净化;补充净化
afterrunning 二次燃烧;后燃
afterscouring 后洗涤;后煮练
after-settler 后澄清器;二次澄清器

after shave lotion 剃须后美容水
after shave powder 剃须后美容粉
after shrinkage 后收缩
after-strain 后变形
after-stretch(ing) 后拉伸
after tack 回黏性;返黏性;回黏;返黏;复黏现象;残余黏性
after-treatment 后处理;再处理;二次处理;补充处理
after-treatment of pigment 颜料后处理
after-vulcanization 后硫化作用
after-washing 后水洗
after worker (糖膏)补充搅拌机
after-working (=after-effect) 弹性后效
afzelechin 阿夫儿茶精;5,7,4′-三羟基黄烷-3-醇
agalite 纤滑石
agalmatolite 寿山石;冻石
agar 琼脂
agar-agar 琼脂
agarase 琼脂酶
agar chromatography 琼脂色谱法(用琼脂作固定相的色谱法)
agar diffusion 琼脂扩散
agar diffusion technology 琼脂扩散技术
agar electrophoresis 琼脂电泳
agar filtration 琼脂过滤
agar gel 琼脂凝胶
agar gel diffusion (AGD) 琼脂凝胶扩散
agar gel electrophoresis 琼脂(糖)凝胶电泳
agaric 松蕈
agaric acid 松蕈(三)酸;琼脂酸;2-十六烷基枸橼[柠檬]酸
agaricic acid (=agaric acid) 松蕈(三)酸;琼脂酸;2-十六烷基枸橼[柠檬]酸
agaricin 松蕈(三)酸;琼脂酸;2-十六烷基枸橼[柠檬]酸
agaricol 落叶松蕈醇
agaritine 伞菌氨酸;蘑菇氨酸
agar meat infusion 琼脂肉浸剂
agar(o)biose 琼脂二糖
agaropectin 琼脂胶
agarose 琼脂糖
agarose gel 琼脂糖胶
agarose gel electrophoresis 琼脂糖凝胶电泳
agar plate 琼脂板
agar plate 琼脂平板;琼脂培养皿(平板)
agar slant 琼脂斜面
agar tube 琼脂培养试管
agarythrine 红蕈碱
agate 玛瑙
agate mortar 玛瑙研钵
agathic acid 贝壳杉酸;玛瑙酸
agavogenin 龙舌兰配基
agavose 龙舌兰糖
age contraction 老化收缩
aged 老化(了)的;陈化(了)的
aged hide[skin] 陈板皮
age distribution 年龄分布
agedoite 天冬酰胺
aged vulcanizate 老化后硫化胶
age hardening 老化变硬;时效硬化
ag(e)ing (1)老化;陈化;老成(2)时效处理;熟化
ageing can 老化罐;老成罐
ag(e)ing coefficient 老化系数
ageing crack 时效裂纹
age(ing) hardening 时效硬化
ag(e)ing machine 熟化器
ag(e)ing oven 老化箱;老化炉
ag(e)ing resistance 抗老化性能
ag(e)ing time 老化时间;老成时间
ag(e)ing vessel 老化器
age-inhibiting addition 防老化添加剂
agency 办事处
Agene process 埃京法(用 NCl_3 漂白面粉的工艺)
agent 代理人;代理商
agent-in-oil method 乳化剂在油中法
agent-in-water method (乳化)剂在水中法
agent of disease 病原体
agent(s) against psychiatric disorders 抗精神失常药
age of catalyst 催化剂寿命
age pigment 老年色素;老龄色素
ager 熟化器
age resister 防老剂
agglomerant (1)黏结剂;凝聚剂(2)烧结剂(3)烧结工
agglomerate (1)附聚物(2)烧结矿;烧结块(3)块集岩(4)团块
agglomerated flux 烧结焊剂
agglomerating agent (1)烧结因素(2)凝结剂;胶凝剂
agglomerating ash process 灰熔聚法
agglomeration (1)附聚(作用)(2)烧结

(作用)(3)团聚
agglomerator 凝聚剂
agglutinant (1)烧结剂(2)凝集剂
agglutinate (1)烧结(2)胶结(产)物(3)凝集
agglutinating antibody 凝集抗体
agglutinating property 烧结性
agglutinating value (of coal) (煤的)烧结值;黏结值
agglutination (1)烧结(作用)(2)凝集(作用)
agglutinative (1)凝集的(2)烧结的
agglutinin 凝集素
agglutinogen 凝集原
aggregate (1)聚集体;集料(2)骨料
aggregate anaphylaxis 凝聚物过敏反应
aggregate investment 投资总额
aggregation 聚集(作用)
aggregation number of micelle 胶束聚集数
aggregation velocity 聚集速度
aggregative flow 聚集流动
aggregative fluidization 聚式流态化
aggregative fluidized bed 聚式流化床
aggressin 攻击素;侵袭素
aggressive carbon dioxide 生效二氧化碳
aging (=ageing) (1)老化;陈化;老成(2)熟化(3)时效
aging bunker 陈化仓
aging hardening 时效硬化
aging machine 熟化器
aging oven 老化箱;老化炉;老化试验箱
aging parameter 时效参数
aging vessel 老化器
agitate 搅拌;搅动
agitated batch 间歇式带搅拌
agitated batch crystallizer 搅拌式分批结晶器;搅拌冷却结晶器
agitated bed 搅拌床
agitated compartmented extractor 搅拌(间格)式萃取塔
agitated crystallizer 搅拌结晶器
agitated cylinder dryer 圆筒搅拌干燥器
agitated dryer 搅拌型干燥器
agitated film evaporator 搅动膜蒸发器;回转式薄膜蒸发器
agitated fluidized bed 搅拌流化床
agitated kettle 搅拌釜;搅动锅
agitated line mixer 搅拌式管道混合器
agitated mixer 搅拌混料器;搅拌混合器
agitated reactor 搅拌式反应设备
agitated tank 搅拌罐,搅拌槽
agitated thin-film evaporator 搅拌薄膜蒸发器
agitated vessel 搅拌槽
agitated vessel for extraction 萃取用的搅拌釜
agitating 搅拌;搅动
agitating apparatus 搅拌器
agitating blade 搅拌桨
agitating cooker 回旋式杀菌釜
agitating device 搅拌器;搅拌装置
agitating heater 搅拌加热装置;搅拌巴氏杀菌器
agitating retort 回旋式杀菌釜
agitating tank 搅拌槽
agitating truck (混凝土)拌和车
agitating vane 搅拌桨叶
agitation 搅拌(作用)
agitation cooling crystallizer 搅拌冷却结晶器
agitation dryer 搅动干燥器
agitation equipment 搅拌装置
agitator 搅拌器;搅拌机;搅动装置;转笼(毛皮)
agitator arc 弧形搅拌器
agitator bath 搅拌槽
agitator blade 搅拌桨;搅拌耙
agitator disc 搅拌盘;盘式搅拌器
agitator dryer 搅拌干燥器
agitator extension shaft 搅拌器伸出轴
agitator joint shaft 搅拌器连接轴
agitator reactor 搅拌反应釜
agitator support 搅拌机支座
agitator tank 搅拌罐[槽];搅拌酸槽
agitator-type blender 搅拌型掺混机
agkistrodotoxin 蝮蛇神经毒素
aglucon(e) (糖苷)配基;配质;苷元;甙元(葡糖苷之非糖部)
aglycon(e) 糖苷配基
agmatinase 鲱精胺酶
agmatine 胍(基)丁胺;鲱精胺
agnosterol 羊毛甾三烯醇;羔甾醇
agonist 兴奋剂;激动剂
agon (=prosthetic group) 辅基
agraphitic carbon 非结晶碳;无定形碳;非石墨碳
agrchemicals 农用化学品
agrentum cornu 角银矿
agretope (抗原递呈)配位

agricultural antibiotic 农用抗生素
agricultural chemicals 农用化学品(指农药、化肥等)
agricultural chemistry 农业化学
agricultural diesel oil 农用柴油
agricultural emulsifier 农乳
agricultural film 农用薄膜
agricultural formulating 农用品配方
agricultural machine repair station 农机修理站
agricultural pesticide 农药
agricultural salt 农用盐
agricultural tools shed 农具棚
agriculture in greenhouse 温室农业
agrimonine 仙鹤草(色)素
agrimycin 农霉素
agrin 聚集蛋白
agrobacteriocin 土壤杆菌素
agrochemical analysis 农业化学分析
agrochemicals 农用化学品
agrochemical service 农化服务
agrochemistry 农业化学
agrocin 土壤杆菌素
agroclavine 田麦角碱
agrocybin 田头菇素
agrol fluid 酒精汽油掺混燃料[78%乙醇+22%汽油]
agromycin 田霉素(即农霉素)
agropine 农杆碱;冠瘿碱
agropyrene 冰草炔
agrotechnique 农业技术
aguilarite 辉硒银矿
aguirin 阿古林;乙酸可可碱钠
AHF (antihemophilic factor; antihemophilic factor A) 抗血友病球蛋白
ahistan 二甲氨乙酰吩噻嗪
AH salt 尼龙 66 盐;己二酸己二胺盐
ahuaca oil 鳄梨油
AI 人工智能
AICAR 5-氨基-4-甲酰胺咪唑核糖核苷酸
AIDS 艾滋病
aids 助剂
aids for paper coating 涂布纸辅助剂
aikinite 针硫铋铅矿
AIR 5-氨基咪唑核糖核苷酸
air 空气
air-acetylene flame 空气-乙炔火焰
air activated blender 空气搅动式混合器
air actuated water dump valve 气动排水阀
air ag(e)ing 热空气老化;恒温箱老化
air agitation 充气搅拌;通气搅拌
air agitator 气拌机;充气搅拌器;空气搅拌器
air and gas mixer 空气煤气混合器
air and liquid mixer 气液混合器
air and steam blast 空气蒸汽鼓风
air and water hose 气水胶管
air-arc cutting 电弧气刨;空气电弧切割
air atomizer 空气雾化器
air bag 气囊
air balance 空气平衡;气动平衡
air ballast pump 气镇泵
air barrier 空气阻塞层;气密层
air bath 空气浴(器);气锅;干燥室
air battery 空气电池
air bell 气泡;砂眼
air bellow 风箱;皮老虎
air belt 气带
air bladder 鳔,(鱼的)气囊
air blade coator 气刀涂布机
air blast 鼓风;气喷;气冲
air-blast dusting machine 鼓风除尘机
air blast nozzle 气力喷头
air blast sprayer 气力喷雾机
air bleed (1)(=air leakage)漏气;空气漏失(2)空气入口
air bleeder (1)气眼(2)通风罩
air-bleed hole 放气孔;排气孔
air bleeding valve 排气阀;排气嘴
air blister 气泡;砂眼
air-blocking 气阻
air blower 鼓风机;吹风机
air blowing process 吹气氧化过程(制沥青)
air blown asphalt 氧化沥青
air blown cooler 吹风式冷却器
air blown producer 空气鼓风发生器
air blow tank 通气发酵罐
airbomb 空气弹
air bomb test 加压空气热老化试验
airborne contaminants 气载污染物
airborne debris 大气中核爆炸散落物
airborne dirt 空气污尘
airborne dryer 悬浮空气干燥器
airborne dust 气载尘埃
airborne infection 空气传染

airborne noise 空气噪声
airborne particle 飘尘;气载粒子
airborne radioactivity 空气中的放射性
airborne salt 空中悬浮盐类
airborne soll 空气媒介污垢
airborne wastes 空气中废物
air bottle (of pump) (泵的)空气拱室
air box 气箱
air brake 风闸;气闸;空气制动器;减速板
air brake hose 风闸胶管
air brattice 风障
air break switch(ABS) 空气断路开关;气动开关
air break up 大气层破坏
air breather 透气管;排气机;通气孔;通风装置;吸潮器
air breathing suit 气衣
air brick 风干砖;砖坯
airbron 乙酰半胱氨酸
air broom 气帚
airbrush 气笔;喷枪;气刷;喷笔
air bubble 气泡;砂眼
air bubble pitting 气泡点蚀
air buffer 空气缓冲器;软靠枕;空气隔层
air cap (喷漆枪的)气帽(使漆雾化)
air-captive tyre 保气式轮胎;双腔式轮胎
air car 气垫汽车
air cavity 气穴;气腔;空泡;气窝
air cement gun 气动水泥枪;水泥喷选机
air-cement separator 气灰分离器
air centrifuge 空气离心机
air chamber 空气室
air chamber of pump 泵的气室
air-chamber pump 气室泵(带空气室的泵)
air change 换气
air change rate 换气率
air channel 通风道
air charging machine 风送器
air checks 气泡;麻孔
air chimney 通风烟囱
air circulation 空气循环;空气环流
air circulator 空气循环器
air cleaner 空气滤清器;空气净化器;滤气器
air cleaner cartridge 滤气器滤筒
air cleaner element 滤气器元件
air cleaning 空气净化
air cleaning system 空气净化装置;空气净化系统
air cock 放气阀;排气旋塞;气栓;风门;气嘴
Airco-Hoover sweetening 艾尔科-胡佛脱硫法
air compression station 空(气)压(缩)站
air compressor 空气压缩机;空压机
air compressor oil 空气压缩机油
air condenser 空气冷凝器;空气电容器
air conditioned storage 气调贮藏
air conditioner 空调;空气调节器;冷暖机
air conditioning 空(气)调(节)
air conditioning equipment 空调机;空调器;空调装置
air conditioning noise 空调噪声
air conditioning plant 空(气)调(节)装置
air conditioning unit 空(气)调(节)机组
air conduction 气导
air-conductivity 透气性
air conduit 空气导管;风管;风道
air container 通气箱
air content test 含气量试验
air contamination 空气污染
air control 气动;气操纵;空气控制;空气调节
air control equipment 空(气)调(节)装置
air control valve 空调阀
air conversion piping 空气转化管道
air conveyer 气动运输机;风力输送机
air conveying 气力输送
air cool 空冷;风冷;气冷
air cooled condenser 气冷式冷凝器;空冷冷凝器
air cooled cylinder 气冷式汽缸
air cooled fin tube 空冷翅片管
air cooled heat exchanger 空(气)冷(却)换热器
air cooler 空气冷却器;空冷器
air cooling machine 冷风机
aircraft coating 航空涂料
air cored 空心的;无铁芯的
air cored tyre 半实心轮胎;弹性轮胎
air corrosion 大气腐蚀
air crack 干裂
aircraft cleaner 飞机清洗剂
aircraft dope (飞机)涂布漆
aircraft lube oil 航空喷气机润滑油
aircraft motor gasoline 航空汽油
aircraft motor spirit 航空汽油

aircraft oil 飞机机油;航空润滑油
aircraft structure adhesive 航空结构胶
aircraft tyre 航空轮胎
air curing 空气硫化;空气固化;空气养护
air curing type cement 硫化型胶浆;常温硫化胶浆
air cushion 气垫;气褥;气枕;空气防震装置
air cylinder 气动罐;气缸
air-damped balance (空气)阻尼天平
air dehumidification 空气减湿
air dehumidifying 空气减湿
air dehydration 风干;晾干
air-depolarized electrode (空气)去极化电极
air-deposited clay 风积黏土
air diffusion aerator 空气扩散式曝气装置
air discharge cock 排气旋塞;气栓
air disinfector 空气消毒器
air dispersion ring 空气分散环
air-displacement pump 排气泵
air distillation (石油产品)常压蒸馏
air distributor 空气分布[配]器
air door 气门
air draft 风;气流;抽风;净空高度
air drain 通风道;通风管;排气孔;气道
air dried 风干的;晾干的;空气干燥的
air drier 空气干燥器
air driven 气动的,气力传动的
air drive pump 空气传动泵
air drum 空气罐
air dry 风干;气干
air dryer 空气干燥器
air drying 风干
air-drying coatings 自干(型)涂料
air-drying loss 风干失重
air duct 空气管;风管;导风筒;风道
air ejector 空气喷射器
air ejector fan 抽气风扇;排风风扇
air eliminator (1)放气门(2)排气器
air elutriation 空气淘析
air-entrained concrete 加气混凝土
air entrainer 加气剂;引气剂
air entraining admixture 引气剂
air entraining agent 加气剂;携气剂;引气剂
air entraining and water reducing admixture 引气减水剂
air entraining concrete 加气混凝土
air entrainment 携气
air entrapment 夹气;滞留空气;内部气泡;气陷
air equilibrium distillation 常压平衡蒸馏
airer 晒衣架;烘衣架;晾衣架
air escape 放气;漏气
air escape cock 放气开关;泄气旋塞
air evacuation valve 排气阀
air exhaust 空气排出;排气;排气口
air exhauster 抽气机
air exhausting device 排气装置
air extractor 抽气机[器]
airfast 不透气的;不透风的
air-feeder 送气机;送风机;进气管
air feed pump 供气泵
air filter 空气过滤器
air filtering unit 吸滤尘装置
air filtration 空气过滤
air floatation 气浮
air floatation table 风选台
air-float separator 风选器
air flow drier 气流干燥机;热风烘燥机
air flowmeter 气流流量计
air flue 风道;烟道
air flue valve 密闭阀
air foam chamber 空气泡沫室
air-foam rubber 泡沫橡胶
airfoil (1)翼型;翼剖面;翼片;翼面(2)空气动力面
air force 空气动力;空气反作用力;空军
air freshener 空气芳香剂
air-fuel ratio meter 空气-燃料比测定计
air-fuel regulation 空气-燃料调节
air furnace 自然通风(炼)炉;反射炉
air gap membrane distillation 气隙膜蒸馏
air gas 空气煤气;风煤气(含空气的煤气)
air generation plants 空气动力装置
air governor 空气调节器;送风调节器
air grinder 风动磨头;动砂轮机
air gun 气枪;铆钉枪;空气(吸丝)枪;喷枪;喷雾器
air hammer 气锤
air handling unit 空气调节装置
air hardening 空气淬火
air hardening lime 气硬石灰
air hardening steel 气硬钢
air header 空气总管
air heater 空气加热器;空气预热器;暖风器;热风炉
air heat exchanger 空气换热器

air heating radiator (1)热风供暖器;(2)热风散热器
air hoist 空气升液器;气动葫芦;气吊
air hood collar seal 空气罩密封圈
air humidification 空气增湿
air humidifier 空气调湿器
air humidifying 空气增湿
air humidity 空气湿度;大气湿度
air immersion 空气曝浸
air impermeability 不透气性;气密性
air impermeability rubber 高气密性橡胶
air-impervious fabric 不透气胶布
air inflation 充气
airing 充气
air injection 空气喷射;喷气;压缩空气喷油
air injector 空气注入器;空气喷射器
air inlet (1)进气(2)进气孔;进风口;空气入口
air inlet valve 进气阀;空气进口阀
air input 空气输入量;进气量;进风量
air intake 空气进口;进风口;进气口
air intake port 进气口
air jet 空气喷嘴
air jet evaporation test 空气喷射蒸发试验(蒸发汽油以测定其中胶质)
air jet interlaced yarn 喷气交缠丝
air-jet texturing process 空气喷射变形法
air knife 气刀
air knife coating 气刀涂布;喷气刮刀涂层
air-knife[blade] **coator** 气刀涂布机
air leakage 漏气;空气漏失
air leakage test 漏气试验
air leg 气腿
airless spray 无空气喷涂
airless sprayer 无空气喷雾器
airless spraying 无气喷涂
airless spraying process 无空气喷涂法
air lift (1)气提;气升(2)气力升降机;空气升液器
air-lift agitator 空气升液搅拌器
air-lift catalytic cracker 气升式移动床催化裂化装置
air-lift cracker 气升式移动床催化裂化装置
air lift extractor 空气升液萃取器
air lift fermentator 气升式发酵罐
air lift heater 气升加热器
air lift loop reactor 气升式环流反应器
air lift mixer-settler 空气升液式混合澄清槽
air lift pump 气升泵;空气升液器;空气升液泵
air lift reactor 气升式反应器
air lift tank 空气压送罐
air lift thermofor catalytic cracking unit 气升式移动床催化裂化装置
air lift type agitator 气升式搅拌器;注气搅拌器
air lift unit 气升(催化剂)装置
air line 空气管路
air line lubricator 空气管路润滑器
airlock 风闸;气闸;气封;气锁;锁气室;气窝;气泡;砂眼
air management 大气管理
air marks 麻孔;小气泡
air mass 气团
air mass fog 气团雾
air meter 风速计;气流计
air micrometer 空气测微计
air monitor 大气污染监测器
air motor (压缩)空气发动机
air moving device 气体输送机械
air nozzle 空气喷头
airol 棓酸碘羟铋
airometer(=air meter) 风速[气流]计
air operated 气动的
air operated control 气压[动]操纵
air operated controller 气动控制器
air operated lubricator 气动润滑器
air operated valve(**AOV**) 气动阀
airosol(=aerosol) 气溶胶
air oven (1)热空气箱;烘箱;烤箱(2)老化恒温箱
air oven aging 热空气老化
Airox (Atomics International Reduction and Oxidation) **process** 埃罗克斯法(美国原子国际公司还原氧化高温处理辐照二氧化铀燃料的方法)
air painter 喷漆器
air peak 空气峰
air perheater 空气过热器
air permeability (1)透气性;空气透过性(2)透气度
air pervious waterproof fabric 透气雨布
air pipe 送风管;空气管
air plankton 空气浮游生物
air pocket (1)残存空气;(帘布层间)气泡(2)气窝(蒸汽系统)(3)气袋

air pollutant 大气污染物
air pollutant emission inventory 空气污染物排放清单
air pollution 大气污染;空气污染
air pollution control 空气污染控制
air pollution index 空气污染指数
air pollution model 空气污染模式
air pollution surveillance 空气污染监测
air powered 气动的;气力的
air powered pump 气力泵
air preheater 空气预热器
air preheater of revolution 回转式空气预热器
air pressure 气压
air pressure gauge 气压计
air pressure heat ag(e)ing 热空气加压老化
air pressure test 空气压力试验;气压试验
air-producer gas 空气(发生炉)煤气
air-producer gas generator 空气(发生炉)煤气发生炉
air-proof hose 不漏气胶管
air pump 气泵;抽气机;空压机
air purge 空气吹扫;吹洗
air purge set 空气吹扫装置
air purge unit 抽气装置
air purification 空气净化
air purifier 空气净化器
air quality display model 大气质量显示模
air quality standard 空气质量标准
air receiver 贮气箱;储气罐
air refresher 空气清洁剂
air refrigerating machine 空气制冷机
air regime 空气状况
air release valve 排气阀;放空阀
air relief 空气释放
air relief elbow 放空弯管
air relief valve 排气阀;放空阀
air removal 除气
air removing roll 除气辊
air renewal 换气
air reservoir 空气储槽;空气储蓄器;空气罐
air resistance 空气阻力
air reversal valve 空气逆吹阀门
air reversing way 反风道
air sampler 空气取样器
air sampling network 空气采样网
air sand blower 空气喷砂机
air sanitizer 空气消毒剂;空气清净剂
air scrubber 空气洗涤器
air seal 气封
air sealed test 气密试验
air seal pipe 空气密封管
air seasoning 自然干燥;风干;通风干燥
air-separated sulfur 风选硫黄
air separation (1)吹(气分)离;风选(2)空气分离;空分(制取氧氮等)
air separation plant 空气分离设备;空分设备;空分装置
air separation unit 空气分离设备;空分装置
air separator 吹(气分)离器;空气分级机;空气离析器
air separator mill 吹(气分)离磨
air-setting lime 气硬性石灰
air shots 气泡;砂眼(压延缺点)
air shut-off valve 空气关闭阀
air-slaked 空气消和的(指石灰)
air-slaked lime 潮解石灰
air-slaking 潮解;空气熟化
air slide 气动滑阀;空气溜槽;气力输送斜槽
air slide disintegrating mill 气流粉碎机
air spray gun 空气喷枪
air spraying process 空气喷涂法
air spring 空气弹簧;气垫;空气缓冲器
air sterilisation cartridge filter 空气灭菌筒式过滤器
airstop tube 防刺穿内胎
air stove 热风炉
air strainer 空气粗[过]滤器
air stream 气流
air stream atomizer 气流雾化器;风动雾化器
airstream turbulence 气流湍流
air stripping 空气吹脱法
air supply 供风;空气供应;气源
air supply hose 送风胶管
airsurge 气浪
air suspension 空气悬挂;空气弹簧
air sweetening 空气气化脱臭;氧化脱硫醇;空气脱硫
air swept mill 雷蒙式磨机
air table 气垫桌
air tank 气柜;气罐;空气罐
air tester 大气碳酸计
air tight equipment 气体密封装置
air tight joint 气密接头
air tightness 气密性;不透气性

air tight pump 气密泵
air tight seal 气密密封
air tight test 气密性试验
air tire 空心轮胎
air tool 风动工具;气动工具;
air-tool oil 气[风]动工具油
air track 气垫导轨
air transformer 空气调压器(净化并加压空气,输出的空气可接喷枪)
air trap 空气阱
air traps (1)气泡;麻孔(2)气窝
air tube (1)(=air pipe)空气管(2)汽车内胎
air turbine 空气涡轮[轮机;透平]
air ultrafiltration 空气超净过滤
air valve (空)气阀;气门
air vane 通气格子板
air vent (=nozzle) 排气管
air vent pipe 排气管;通风管
air vent valve 放气阀;放空阀
air vessel 空气罐
airvey 气动输送
airveyor (=air conveyor) 气动运输机
air vulcanizing cement 常温硫化胶浆
air washer 空气洗涤器;净气器
air-water cooling 空气-水冷却
air-water syringe 气-水冲洗器
Airy disk 艾里斑
aizumycin 爱图霉素
ajacine 紫燕草碱乙;洋翠雀碱
ajacol 乙氧(基)苯酚
ajaconine 紫燕草碱甲;翠雀花碱
ajakol 乙氧(基)苯酚
Ajax metal 阿贾克斯轴承合金
Ajax-Watt furnace 阿贾斯-瓦特电炉
ajmalicine 阿吗碱;四氢蛇根碱
ajmaline 阿义马林;阿吗灵;西萝芙木碱
ajoene 阿交烯
Ajo process (**for copper extraction**) 阿焦提铜法
ajowan oil 香旱芹油
ajugarins 筋骨草素
ajutage 放水管;排水管;送风管;承接管
Akabori reaction 阿卡波利反应
Akar-338 阿卡-338
akaryote 无核细胞
akcethin 硫乙酸甘油酯
akebigenin 木通配基
akebine 木通苷
akermanite 镁黄长石
akimycin 秋霉素
akinete 静息孢子
akinetic chromosome 无着丝粒染色体
akinetic inversion 无着丝粒倒位
akitamycin 秋田霉素
aklomide 阿克洛胺;2-氯-4-硝酸苯甲酰胺
Akron abrader 阿克隆磨耗试验机
aktiven 氯胺T
akuammicine 阿枯米辛碱
akuammine 阿枯明
akundarol 牛角瓜甾醇
AKUT (Abtrennung Krypton und Tritium Verfahren) **process** 阿库特法;氪氚分离法
Ala 丙氨酸
alabandite 硫锰矿
alabaster 雪花石膏
alabaster glass 雪花玻璃;乳色玻璃
alacepril 阿拉普利
alachlor 甲草胺;草不绿
alacreatine 异肌氨酸
alafosfalin 阿拉磷
Al alloy pipe 铝合金管
alamethicin 丙甲菌素
alamine 阿拉明叔胺(三辛胺至三癸胺的混合物)
alamosite 铅辉石
alangine 八角枫碱
alanine (**Ala**) 丙氨酸(有 α-,β-两种)
alanine aminotransferase 丙氨酸转氨酶
alanine oxoacid aminotransferase 丙氨酸-酮酸转氨酶
alanine type surfactant 丙氨酸型表面活性剂
alanosine 阿拉诺新;丙氨菌素;亚硝基羟基丙氨酸
alantic acid 阿兰酸;土木香酸
alantin 阿兰粉;土木香粉;菊糖
alantolactone 阿兰内酯;土木香内酯
alant root (=inula) 阿兰根;土木香根
alant starch 阿兰粉;土木香粉
alanyl 丙氨酰
alanylglycine 丙氨酰甘氨酸
alanylglycyltyrosylglutamic acid 丙氨酰甘氨酰酪氨酰谷氨酸
***β*-alanylhistidine** β-丙氨酰组氨酸;肌肽
***β*-alanyl-*N*-methyl-L-histidine** β-丙氨酰-*N*-甲基-L-组氨酸
alarm 警报;警报器;报警信号
alarm bell 警铃;警报装置

alarm check valve 报警单向阀
alarming device 报警设备
alarmone （细菌）应激素
alarm reaction 惊恐反应
alarm signal 警报信号
alarm signalling 事故讯号装置
alarm valve 警告阀
alaskite 白岗岩
alazopeptin 丙氨肽霉素
albamycin（＝novobiocin） 新生霉素
albany grease 钙基润滑脂;(俗称)黄油
albaspidin 白绵马素;三叉蕨素
albedo (1)反照率;漫反射系数(2)白度
albendazole 阿苯达唑;丙硫咪唑
albertite 黑沥青
Albertol 阿贝树脂(酚醛型树脂)
albite 钠长石
albite law 钠长(双晶)律
albitization 钠长石化(作用)
albizziin(e) 合欢氨酸;脲基丙氨酸
albocycline 白环菌素
albofungin 白真菌素
albomycin 白霉素;阿波霉素
albopannin 绵马(根茎)素
alborixin 白利辛霉素
albumen paper 蛋白纸
albumen 卵白;蛋清蛋白
albumin 白蛋白,清蛋白
albuminate（＝metaprotein） 白蛋白盐;清蛋白盐;变性蛋白;朊
albuminimeter 清蛋白计
albuminoid (1)硬蛋白(2)类蛋白
albuminolysin 溶清蛋白素
albuminose（＝proteose） 朊
albumin tannate 鞣酸蛋白;单宁白蛋白
albumose（＝proteose） 朊
albuterol 沙丁胺醇;舒喘宁
albutoin 阿布妥因
Alby furnace 阿耳拜电炉
alcahest（＝alkahest） 仙丹
alcalase 枯草杆菌蛋白酶
alcapton 尿黑酸;2,5-二羟苯乙酸
alchemist 炼丹家;炼金术士
alchemistic period 炼丹时代
alchemistic symbol 炼丹符号
alchemy 炼丹术;炼金术;金丹术
alchlor 三氯化铝
alchlor process 三氯化铝法(催化裂化)
Alcian Blue（8GX） 阿尔新蓝 8GX;暂溶性艳蓝 G
Alclad 阿尔克拉德纯铝覆面的硬铝合金;(纯)铝衣(硬铝)合金
alclofenac 阿氯芬酸
alclometasone 阿氯米松
alcogas 含醇汽油
alcogel 醇凝胶
Alco Gyro cracking process 阿尔柯-杰罗气相裂化过程
alcohol (1)醇(2)乙醇;酒精
alcohol acid 醇酸;羟基酸
alcohol aldehyde 醇醛;羟基醛
alcohol amide 醇酰胺;羟基酰胺
alcohol amine 醇胺;羟基胺
alcoholase 醇酶
alcoholate (1)乙醇化物(2)醇化物;烃氧基金属
alcoholate ion 烷氧离子
alcohol blast burner 酒精喷灯
alcohol burner 酒精灯
alcohol dehydrogenase (乙)醇脱氢酶
alcohol ester 醇酯,指:(1)羟基酸的酯(2)普通的酯
alcohol ether 醇醚;羟基醚
alcohol ether sulfate salt 醇醚硫酸盐
alcohol fermentation 成(乙)醇发酵;(成)乙醇发酵;酒精发酵
alcohol-gasoline blends 酒精汽油(混合物)
alcoholic acid 醇酸
alcoholic ammonia 酒精氨;氨的酒精溶液
alcoholic beverages 酒精饮料;酒
alcoholic drink 酒
alcoholic extract 酒精萃;酒精提出物
alcoholic fermentation 成(乙)醇发酵;(成)乙醇发酵;酒精发酵
alcoholic hydroxyl 醇式[型]羟基
alcoholic potash 钾碱醇液;氢氧化钾的酒精溶液
alcoholic steroid 醇式固醇类化合物
alcoholimeter 酒精比重计
alcoholism 酒中毒
alcoholization 醇化(作用)
alcohol ketone 醇酮;羟基酮
alcohol meter 酒精气息检[监]测器
alcohol number 醇值
alcoholometry 酒精测定
alcoholoxidation 醇氧化(作用)
alcohol resistance 耐醇性
alcohol soluble nylon adhesive 醇溶性尼龙胶黏剂

alcohol soluble protein 醇溶蛋白
alcohol soluble resin(s) 醇溶性树脂
alcohol stove 酒精炉
alcohol thermometer 酒精温度计
alcohol varnish 醇质清漆;醇溶性清漆
alcoholysis 醇解
alcosol 醇溶胶
alcotate 变性剂(一种用来使有毒气体具特臭或使酒精不堪饮的成分)
Alco two-stage distillation process 常减压二段蒸馏过程
alcove 凹室,附室,小亭,壁橱(柜)
alcoxides 烃氧基金属
alcuronium chloride 阿库氯铵
alcyl 脂环基
aldactone 螺甾内酯
aldalcoketose 醛醇酮糖
aldamine 乙醛合氨;(俗称)乙醛胺;1-氨基乙醇
aldaric acid 醛糖二酸
aldazine 醛连氮(:N·N:叫连氮 azine)
Aldehol 氧化煤油(酒精变性剂)
aldehydase 醛酶
aldehyde (1)醛(2)乙醛
aldehyde acetal (1)缩醛(2)乙缩醛
aldehyde acids 醛酸
aldehyde-amines 醛胺类
aldehyde ammonia 1-氨基乙醇
aldehyde condensation 醛醇缩合;醛缩作用
aldehyde dehydrogenase (=aldehyde oxidase) 醛脱氢酶;醛氧化酶
aldehyde dimethylacetal 醛缩二甲醇
aldehyde group 醛基
aldehyde hydrate 水合醛;醛水合物
aldehyde-ketone rearrangement 醛酮重排
aldehyde lyase 醛裂解[裂合]酶
aldehyde monoperacetate 醛合单过氧乙酸
aldehyde mutase 醛变位酶;醛歧化酶
aldehyde oxidase 醛氧化酶;醛脱氢酶
aldehyde polymer 醛聚合物
aldehyde reductase 醛还原酶
aldehyde tannage 醛鞣(法)
aldehyde tanning agent 醛类鞣料
aldehydic (carboxylic) acid 醛酸;醛(基)羧酸
aldehydic hydrogen 醛式氢
aldehydine 乙基甲基吡啶
aldehydo-ester 醛酯
2-aldehydoisophthalic acid 2-醛基间苯二甲酸
aldehydrase (=xanthine oxidase) 黄嘌呤氧化酶
aldehydrol 水合醛;醛水合物
Alder reaction (=diene synthesis) 艾勒德反应(即双烯合成)
aldgamycin 阿德加霉素
aldicarb 涕灭威;丁醛肟威
aldimine 醛亚胺
aldioxa 尿囊素铝
aldip process 热镀铝法
alditol 糖醇
aldobionic acid 醛糖二糖酸
Aldoform 阿尔多仿
aldofuranose 呋喃醛糖;醛呋喃糖;
aldoheptose 庚醛糖
aldohexose 己醛糖
aldoketens 醛烯酮类
aldol (1)羟醛;醛醇(2)3-羟基丁醛
aldolactol 内缩醛
aldol-alpha-naphthylamine(AAN) 3-羟基丁醛-α-萘胺
aldolase 醛缩酶;二磷酸果糖酶
aldol condensation 羟醛缩合;醇醛缩合;醛醇缩合
aldol-*N*,*N*′-diphenyl ethylenediamine 3-羟基丁醛-*N*,*N*′-二苯基乙二胺
aldolization 醇醛[羟醛]缩合
aldol reaction 醛醇[羟醛]缩合反应
aldol resin 醇醛树脂
aldonic acid 醛糖酸
aldonolactonase 醛糖内酯酶
aldopentose 戊醛糖
aldopyranose 醛吡喃糖
aldose 醛(式)糖
aldose degradation 醛糖降解
aldose reductase 醛糖还原酶
aldosterone 醛甾酮
aldotetrose 丁醛糖
aldotriose 丙醛糖
aldoxime (1)乙醛肟(2)醛肟(含·CH·NOH 或:C·NOH 基的化合物)
aldrin(e) 艾氏剂;氯甲桥萘;化合物 118
alduronic acid 醛糖酸;糖醛酸
ale (beer) 爱尔啤酒
alembic 蒸馏釜[罐,器]
alendronic acid 阿仑膦酸
aleprestic acid 环戊烯戊酸
alepric acid 环戊烯壬酸

aleprolic acid 环戊烯甲酸
aleprylic acid 环戊烯庚酸
Aletris 粉条儿菜(属);肺筋草
aleukocytosis 白细胞减少
aleuriospore 侧生孢子
aleurites ardata oil 罂子桐油
aleurites fordii oil 光桐油
aleuritic acid 油桐酸
aleurometer (面粉)发力计
aleurone 糊粉
aleutite 闪辉长斑岩
aleutric acid 紫胶桐酸
alexandrite 翠绿宝石;变石
alexandrolite 铬黏土
alexidine 阿来西定
alexin(e) 补体
alexitol sodium 铝糖醇钠
alexoite 磁黄橄榄岩
alfadolone acetate 醋酸阿法多龙
alfaprostol 阿法前列醇
alfaxalone 阿法沙龙
Alfene synthesis 铝烯合成法(利用铝催化剂合成 α-烯烃)
alfentanil 阿芬太尼
alfin catalyst 醇(钠)烯催化剂
alfin initiator 烯醇钠引发剂
alfin rubber 烯醇钠橡胶;醇烯橡胶
Alfol synthesis 铝醇合成法(利用铝催化剂合成高级醇)
Alfrey's rule 阿尔弗雷法则
alfuzosin 阿夫唑嗪
algae 藻类
ALG (antilymphocyte globulin; lymphocytic antiglobulin) 抗淋巴细胞球蛋白
algarite 高氮沥青
algaroth powder 氯化氧锑
algestone 阿尔孕酮
algestone acetophenide 醋苯阿尔孕酮
algicide 杀藻剂
alginate (海)藻酸盐
alginate fibre 海藻纤维
alginate lyase 藻酸裂合酶
alginate rayon 海藻纤维
alginic acid (= norgine; polymannuronic acid) 海藻酸
algin 褐藻胶;(海)藻酸钠;聚甘露糖醛酸钠
algocyan 藻蓝素
algodonite 微晶砷铜矿
algorithm 算法
algorithmic synthesis technique 算法合成技术
alibate 铝护层
alibendol 阿利苯多
alicyclic 脂环烃的
alicyclic acid 脂环酸
alicyclic carboxylic acid 脂环羧酸
alicyclic compound 脂环(族)化合物
alicyclic hydrocarbon 脂环烃
alicyclic hydrogenation 脂环氢化
alidade 照准仪
alidase 透明质酸酶;玻璃酸酶
aliesterase 脂族酯酶
aliette 藻菌磷
aligning parts 对准部件
alignment 找正;对中点[心];对准度
alignment chart 列线图
alignment error 安装误差
alignment of orientation 方位对准
alignment tolerance 定位公差
alimentary 营养的
alimentative 营养的
alinidine 烯丙尼定
aliomycin 棕黄霉素
aliphatic 脂(肪)族的
aliphatic acid 脂肪酸
aliphatic alcohol 脂肪醇
aliphatic aldehyde 脂肪醛
aliphatic amine 脂肪胺
aliphatic compound 脂(肪)族化合物
aliphatic cyclol 脂环醇
aliphatic ester 脂肪酸酯
aliphatic ether 脂肪醚
aliphatic group 脂(肪)烃基
aliphatic hydrocarbon 脂族[开链]烃
aliphatic ketone 脂肪酮
aliphatic polycyclic hydrocarbon 脂族多环烃
aliphatic polyene compound 脂族多烯烃化合物
aliphatic radical 脂(肪)烃基
aliphatics 脂(肪)族化合物
aliphatic saturated hydrocarbon 脂族饱和烃;饱和链烃
aliphatic series 脂肪系;脂族
aliphatic sesquiterpene 脂族倍半萜
aliphatic sulfinic acid 脂族亚磺酸
aliphatic sulfonic acid 脂族磺酸
aliphatic sulphoxide 脂族亚砜
aliphatic unsaturated hydrocarbon 脂族不

饱和烃;不饱和链烃
Aliquat (辛或癸基)季铵氯化物
aliquation 层化;起层
aliquot (1)等分试样(2)等分部分
alitame 甜肽胺
alite (1)A矿;阿里特(2)铝铁岩
alizanthrene dye(s) 茜士林染料
alizapride 阿立必利
alizaramide 茜酰胺
alizaric acid 邻苯二甲酸
alizarin complexant 茜素氨羧络合剂
alizarin complexone 茜素氨羧络合剂
alizarin(e) (1)茜(草)素;1,2-二羟基蒽醌(2)阿利札林(音译染料商名)
Alizarine Cyanine Green F 茜素菁绿F
alizarine dye 茜素染料
Alizarine Red S 茜素红S
Alizarine Yellow 茜素黄
Alizarine Yellow R 茜素黄R
alizarin oil 太古油;磺化蓖麻油;土耳其红油
alkacid process 裂化气净化过程(先用强碱然后用弱酸洗涤以除去裂化气体中的H_2S及CO_2)
alkadiene 链二烯
alkadiyne 链二炔
alkahest (炼丹术士所称的)仙丹
alkalamides 碱胺类
alkalase 碱性蛋白酶
alkalemia 碱血症
alkalescence 微碱性
alkalescency (=alkalescence) 微碱性
alkalescent 微碱性的
alkali (强)碱
alkali-aggregate reaction 碱性集料反应
alkali alcoholate 碱金属醇化物;碱金属的醇盐
alkali alkyl 烷基碱金属
alkali amide 氨基碱金属
alkali cellulose 碱纤维素
alkali family 碱族
alkali fastness 耐碱(色)牢度;抗碱坚牢度
alkaliferous 含碱的
alkalifiable 可碱化的
alkali flame ionization detector 碱火焰电离检测器;碱焰离子化检测器
alkali formate 碱金属的甲酸盐
alkali-free glass 无碱玻璃
alkali free glass fiber 无碱玻璃纤维;E玻璃纤维
alkaline fusion 碱熔;加碱熔化
alkali fusion pan 碱熔锅
alkalify 碱化;加碱
alkali hose 耐碱胶管
alkali hydrometer 碱液比重计
alkali increase test (for tung oil varnish) (桐油漆)加碱后的增稠度试验
alkali latex 碱性胶乳
alkali liquor 碱液
alkali lye 碱液
alkali metal 碱金属(元素)
alkali metal grease 碱金属润滑脂
alkali metaprotein 碱化变性蛋白
alkalimeter 碱量计;碳酸定量计;施罗特碳酸定量器
alkali method of spinning 碱纺
alkalimetric analysis 碱量滴定分析
alkalimetric standard 标碱基准;标定碱溶液的基准物
alkalimetric titration 碱量滴定法
alkalimetry 碱量滴定法;碱量法;碱测定法
alkaline 碱的;强碱的
alkaline accumulator(s) 碱性蓄电池
alkaline alkylsalicylate 碱性烷基水杨酸盐
alkaline bath 碱浴
alkaline earth family 碱土族
alkali(ne) earth metal 碱土金属(元素)
alkaline earths 碱土(金属;族)
alkaline element 碱性元素
alkaline fusion 加碱熔化
alkaline hematin 碱羟高铁血红素
alkaline hydrolase 碱性水解酶
alkaline hydrolysis 碱解;加碱水解
alkaline land 碱性土;碱地
alkaline leaching 碱浸
alkaline liquor 碱液
alkaline manganese/zinc battery 碱性锌/锰电池
alkaline mud 碱性沉渣;碱性泥浆
alkaline permanganometry 碱性高锰酸盐滴定法
alkaline phosphatase 碱性磷酸(酯)酶
alkaline polymerization 碱性聚合
alkaline proteinase 碱性蛋白酶
alkaline pulp 碱法(纸)浆
alkaline reaction 碱性反应
alkaline reducer 碱性还原剂

alkaline reduction 碱性还原
alkaline resisting 抗碱的
alkaline rubber 碱性橡胶(如丁吡橡胶)
alkaline saponification 加碱皂化
alkaline semichemical pulp 碱法半化学(纸)浆
alkaline silicate 碱性硅酸盐
alkaline soaker 碱性浸渍剂
alkaline soil 碱性土
alkaline solution 碱性溶液
alkaline splitting 加碱裂解
alkaline steeping agent 碱性浸渍剂
alkaline storage cell[battery] 碱性蓄电池
alkaline tower 碱洗塔;碱淋塔
alkaline wash (1)碱洗(2)碱洗液
alkaline wastewater 碱性废水
alkalinity (1)碱度(2)碱性(反应)
alkali out 碱析
alkali phenolate 碱金属的酚盐
alkali-proof varnish 耐碱清漆
alkali protease 碱性蛋白酶
alkali reaction 碱性反应
alkali refining 碱精制;碱炼
alkali reserve 碱储备
alkali resistance 抗碱性
alkali resisting cast iron 耐碱铸铁
alkali resisting cellulose 抗碱纤维素
alkali-resisting paint 耐碱漆
alkali salt 碱金属的盐
alkalisation 碱化
alkali-sensitive indicator 碱敏(感)指示剂
alkali soil 碱性土壤
alkali spot 碱斑
alkali-sulfite process 碱性亚硫酸盐法
alkali tolerance (1)耐碱性(2)耐碱度
alkali tyre reclaim 碱性轮胎再生胶
alkali wash 碱洗
alkali waste water 碱性废水
alkalization 碱化
alkaloid 生物碱
alkaloids from threewingnut (mixture) 雷公藤碱
alkalometry 生物碱测定法
alkalosis 碱中毒
alkalotic 碱中毒的
alkamine 氨基醇
alkane (链)烷烃
alkanedioic acid 链烷双酸
alkane monooxygenase 链烷单加氧酶
alkanesulfonamide 链烷磺(酰)胺
alkane sulfonate 链烷磺酸盐(或酯);烷基磺酸盐(或酯)
alkanesulfonic acid 链烷磺酸
alkanesulfonyl chloride 链烷磺酰氯
alkanet 紫朱草;紫草根
alkanethiol 烷烃硫醇
alkannic acid 紫草酸
alkannin 紫草素;紫草红
alkannin paper 紫草素试纸;紫草红纸
alkanoate 链烷酸酯(或盐)
alkanoic acid 链烷酸
Alkanol 阿卡诺尔(一种阴离子表面活性剂)
alkanol 链烷醇;脂肪[族]醇
alkanolamide (链)烷醇酰胺
alkanolamine (链)烷醇胺
alkanoyl (链)烷酰基
alkanoyloxy (链)烷酰氧基
alkapton 尿黑酸
alkargen 卡可基酸;二甲胂酸
alkaryl 烷芳基
alkarylamine 烷芳基胺
alkatriene 链三烯;三烯(属)烃
alkatriyne 链三炔;三炔(属)烃
alkene (链)烯烃;烯属烃
alkene complex 烯烃络合物
alkenoic acid 链烯酸
alkenoxy 链烯氧基
alkenyl (链)烯基
alkenylation (链)烯基化
alkenyl group 链烯基
alkenyl halide 卤代烯烃
alkenyl magnesium halide 卤化烯基镁
alkenyloxy (链)烯氧基
alkenyl succinic anhydrides 烯基琥珀酸酐
Alker process 阿尔克法(由烯烃制乙基苯法)
alkide varnish 三宝漆
alkine (链)炔烃
alkofanone 氨磺苯丙酮
alkoxide 醇盐;醇化物;烃氧基金属
alkoxonium 烷氧鎓;烷氧基正离子
alkoxy 烷氧基(有时指烃氧基)
alkoxybenzene 烷氧基苯
alkoxycyclohexyldimethoxysilan 烷氧基环己基二甲氧基(甲)硅烷
alkoxyl 烷氧基
alkoxylation 烷氧基化作用
alkoxy radical 烷氧基自由基
alkyd resin (1)醇酸树脂(2)聚酯树脂
alkyd resin coating(s) 醇酸树脂涂料

alkyd (resin) enamel 醇酸瓷漆
alkyd(resin) varnish 醇酸树脂清漆
alky gas 酒精和汽油混合燃料
alkyl 烷基(有时指烃基)
alkyl acid phosphate 烷基酸式磷酸盐
alkylacrylate 烷基丙烯酸盐(或酯)
alkyl alcohol 脂肪醇
alkylallyl sulfonate 烷基烯丙基磺酸盐(或酯)
alkylalumin(i)um 烷基铝
alkylamidase 烷基酰胺酶
alkylamide 烷基酰胺
alkyl amido betaine 烷基酰胺甜菜碱
alkylamidopropyl betaine 烷基酰胺丙基甜菜碱
alkylamidopropyldimethyl betaine 烷基酰胺丙基二甲基甜菜碱
alkylamine 烷基胺
alkylamine salt type surfactant 烷基胺盐型表面活性剂
alkylaminosilane 烷基氨基(甲)硅烷
alkylaniline rearrangement 烷基苯胺重排作用
alkyl aromatics 烷基芳烃
alkyl arsine disulfide 二硫化烷基胂
alkyl arsine oxide 氧化烷基胂
alkyl arsine sulfide 硫化烷基胂
alkyl arsine tetrahalide 四卤化烷基胂
alkylarsonic acid 烷基胂酸
(alkyl,aryl…) sulfide 硫醚
alkylarylamine 烷基芳基胺
alkyl aryl ether rearrangement 烷芳醚重排作用
alkylaryl sodium sulfonate 烷芳基磺酸钠
alkylaryl sulfonates 烷基芳基磺酸盐(尤指烷基苯磺酸盐)
alkylate 烷基化物
alkylate bottoms 烷基化油(或烃化油)蒸馏残液(高于航空汽油沸程的部分)
alkylated naphthenes 烷化环烷
alkylate fractionator 烷化物分馏塔
alkylate polymer 烷基化油(或烃化油)蒸馏残液
alkylating agent 烷(基)化剂
alkylation (1)烷基化(2)烷基取代
***C*-alkylation** *C*-烷基化
***N*-alkylation** *N*-烷基化
***O*-alkylation** *O*-烷基化
alkylation agent 烷化剂
alkylation unit 烷基化装置
alkyl azide 烷基叠氮
alkylbenzene 烷基苯
alkylbenzene sulfonate 烷基苯磺酸盐
***N*-alkylbenzylamine** *N*-烷基苄胺
alkyl borane 烷基硼烷
alkylbor(on)ic acid(s) 烷基硼酸
alkyl carbonate 碳酸烷基酯
alkyl cellulose 烷基纤维素
alkyl chloride 烷基氯
alkyl chlorocarbene 烷基氯碳烯
alkyl chloroformate 氯甲酸烷基酯
alkyl chlorosulfite 氯亚硫酸烷基酯
alkyl cleavage 烷基裂解
alkyl cyanide 烷基氰
alkyl 2-cyanoacrylate 2-氰基丙烯酸烷基酯
alkyl di(aminoethyl)glycine 烷基二(氨基乙基)甘氨酸
alkyldimethyl benzylammonium chloride 杀藻铵;氯化烷基二甲基苄基铵
alkylenation 烯化(作用)
alkylene 亚烷基(或亚烃基);烯化(氧、硫、卤等)
alkylene carbonate 碳酸亚烃酯
alkylene halohydrin 邻亚烷卤醇
alkylene imine 烯化亚胺
alkylene oxide 烯化氧
alkylene polyamine 亚烃多胺
alkylene polysulfide 烯化多硫
alkylene sulfide 烯化硫
alkyl epoxy stearate 环氧硬脂酸烷基酯(增塑剂,稳定剂)
alkyl ether 烷基醚
alkyl fluoride 烷基氟
alkylglycerol kinase 烷基甘油激酶
***N*-alkyl glycinate** *N*-烷基甘氨酸盐
alkyl group 烷基(有时指烃基)
alkylhalidase 卤烷酶
alkyl halide 卤代烷;烷基卤
alkyl hydrogen sulfate 硫酸氢烷基酯
alkyl hydrosulfate 硫酸氢烷基酯
alkyl hydrosulfide 巯基烷;烷基硫醇
alkylhydroxamic acid 烷基异羟肟酸;烷基氧肟酸
alkylide 烷基化物
alkylidene 亚烷基
alkylimidazole 烷基咪唑
alkylimidazoline 烷基咪唑啉
alkylimidazoline amphoteric surfactant series 烷基咪唑啉系列两性表面活性剂
alkylimidazoline hydroxyethylamine 烷基

咪唑啉羟乙胺
alkyl imido chloride 烷基偕氯代亚胺
***N*-alkylimine dipropionate** *N*-烷基亚胺二丙酸盐
alkyl isethionate 烷基羟乙基磺酸盐
alkyl isocyanate 异氰酸烷基酯
alkyl isocyanide 烷基异氰;烷基胩
alkyl isorhodanate 异硫氰酸烷基酯
alkyl isorhodanide 异硫氰酸烷基酯
alkyl isosulfocyanate 异硫氰酸烷基酯
alkyl isosulfocyanide 异硫氰酸烷基酯
alkyl isothiocyanate 异硫氰酸烷基酯
alkyl isothiocyanide 异硫氰酸烷基酯
***S*-alkylisothiourea** *S*-烷基异硫脲
alkyl ketene dimer 烷基烯酮二聚体
alkyl lead 烷基铅
alkyl magnesium halide 卤化烷基镁
alkyl mercuric salt 卤化烷基汞
alkyl monosulfide (一)硫化烷基
alkyl morpholine 烷基吗啉
alkylnaphthalene sulphonate 烷基萘磺酸盐
alkylogen 烷基卤;卤代烷
alkylolamide(s) (1)烷基醇酰胺(2)(链烷)醇胺
alkylol amine 醇胺;羟基胺
alkylol phosphonamide 烷醇膦酰胺
alkylolysis 烷基裂解
alkyl oxide 烷基化氧;烷基醚
alkylphenate 烷基(苯)酚盐
alkylphenol 烷基(苯)酚
alkylphenol ester sulphate 烷基酚硫酸酯盐
alkylphenol ethoxylate 烷基酚聚氧乙烯醚
alkyl phosphate salt 烷基磷酸酯盐;*O*-烷基磷酸盐
alkyl phosphine dichloride 二氯化烷基膦
alkylphosphine oxide 烷基氧膦;氧化烷基膦
alkylphosphinic acid 烷基次膦酸
alkylphosphonic acid 烷基膦酸
alkylpolyamine 烷基多胺
alkylpolyamine ethoxylate 乙氧基化烷基多胺
alkyl polyglucoside(APG) 烷基多苷
alkyl polyglycol ether 烷基聚乙二醇醚;烷基聚氧乙烯醚
alkyl-polyoxyethylene ether acetate 烷基聚氧乙烯醚乙酸酯
alkylpolysiloxane 烷基聚硅氧烷(消泡剂、拒水剂和柔软剂)
alkyl primary amine 烷基伯胺
alkyl propane diamine 烷基丙二胺
alkyl quaternary ammonium salts 烷基季铵盐
alkyl radical (1)烷基(2)烃基
alkyl residue 烷基(原子团)
alkyl rhodanate 硫氰酸烷基酯
alkylsalicylate 烷基水杨酸盐(或酯)
alkyl secondary amine 烷基仲胺
alkyl selenide 烷基(化)硒
alkylsiliconate 烷基硅酸盐(或酯)
alkyl sodium sulfate 硫酸烷基(酯)钠;*O*-烷基硫酸钠
***sec*-alkyl sodium sulfate** *O*-仲烷基硫酸钠
alkyl-substituted 烷基取代的
alkyl-sulfamide *N*-烷基硫酸二酰胺
alkyl sulfaminic acid *N*-烷(基)氨基磺酸
alkyl sulfhydrate (烷基)硫醇;烷基硫氢
alkyl sulfhydryl 烷基硫醇;烷基硫氢
alkyl sulfide 烷基硫;烷基硫醚
alkyl sulfinic acid 烷基亚磺酸
alkyl sulfocyanate 硫氰酸烷基酯
alkyl sulfocyanide 硫氰酸烷基酯
alkyl sulfonamide 烷基磺酰胺
alkyl sulfonamine 烷基磺酰胺
alkylsulfonate 烷基磺酸盐(或酯)
alkyl sulfonic acid 烷基磺酸
alkyl sulfonic ester 烷基磺酸酯
alkyl sulfonyl chloride 烷基磺酰氯
alkyl sulfoxide 烷基亚砜
alkyl sulfuric acid *O*-烷基硫酸
alkyl sulphobetaine 烷基磺化甜菜碱
alkyl tauride 烷基牛磺酸盐
alkyl tertiary amine 烷基叔胺
alkyl tetraethylene pentamine 烷基四亚乙基五胺
alkyl thioborate 硫代硼酸烷基酯
alkyl thiocyanate 硫氰酸烷基酯
alkyl thiocyanide 硫氰酸烷基酯
alkyl thiosulfonic acid 烷基硫代磺酸
alkyl thiosulfuric acid *O*-烷基硫代硫酸
alkyl tin 烷基锡
alkyl tin iodide 碘化烷基锡
alkyl tosylate 对甲苯磺酸烷基酯
alkyl trimethyl ammonium bromide 溴化烷基三甲基铵
alkyl trimethylammonium chloride 氯化烷基三甲基铵
alkyl xanthate 烷基黄原酸盐
alkyl xylene sulphonate 烷基二甲苯磺酸盐
alkyl-*o*-xylene sulphonate 烷基邻二甲苯

磺酸盐
alkyl zinc halide 卤化烷基锌
alkymer 烷基化油;烃化油
alkynation 炔化(作用)
alkyne(s) 炔烃
alkyne series 炔系;炔属烃
alkynol 炔醇
alkynone 炔酮
alkynyl 炔基
alkynylamine 炔胺
alkynyl aryl sulfone 炔基·芳基砜
alkynylborane 炔基硼烷
alkynyl magnesium halide 卤化炔镁
alkyoxycarbonyl 烷酯基
allactite 砷水锰矿
allanic acid 尿膜酸
allanite 褐帘石
allantoate deiminase 尿囊酸脱亚胺酶
allantoic acid 尿囊酸;二脲基乙酸
allantoicase 尿囊酸酶
allantoin 尿囊素;1-脲基间二氮杂环戊烷-2,4-二酮
allantoinase 尿囊素酶
allantoxaidine 尿囊毒素
allantoxanic acid 尿囊毒酸
allanturic acid 尿囊尿酸;亚脲基乙酸
allatum hormone 咽侧体激素
all-basic open hearth furnace 全碱性平炉
all-block nonionics 全嵌段(共聚)非离子表面活性剂
allele 等位基因
allelism 等位性
allelochemical 异株克生物质
allelochemistry 变异化学
allelomorph 等位基因
allelomorphic gene 等位基因
allelomorphism (1)等位基因性(2)(=desmotropism)稳变异构(现象)
allelopathic substance 异株克生物质
allelopathy 异株克生(现象)
allelotrope 稳变异构体
allelotropism 稳变异构(现象)
allelotype 等位基因型
allelozyme 等位同功酶
allemontite 砷锑矿
allene (=propadiene) 丙二烯
allene homologs 丙二烯系同系物
allenestrol 阿仑雌酚
allenic hydrocarbon 丙二烯系烃
Allen-Moore cell 艾伦-穆尔电池
Allen-Moore diaphragm cell 艾伦-穆尔隔膜电解槽
allenolic acid 6-羟-2-萘丙酸
Allen wrench 艾伦六方孔螺栓扳手
allergen 过敏素;变应原
allergic response 变应性应答
allergic to soap 肥皂过敏
allergy 变态反应;变应性
allethrin 丙烯(除虫)菊酯
all-heteric nonionics 全混嵌(共聚)非离子表面活性剂
allicin 蒜素
allicinase 蒜素酶
allicinol 蒜醇
allidochlor 草毒死
alligator oil 鳄鱼油
alligator wrench 管扳手
Allihn condenser 阿林冷凝器
alliin 蒜氨酸
alli(i)nase 蒜氨酸酶
allin 蒜苷
allistatin 蒜制菌素
allithiamin(e) 蒜硫胺素
allitication 富铝化;铁铝化;砖红壤化;高岭化
allitol 蒜糖醇
all-level sample 全级试样
all-metal packing 全金属填料
all-metal seal 全金属密封
alloantibody 同种抗体
alloantigen 同种抗原
allobarbital 阿洛巴比妥
allocation (1)配给;配置;分配(2)拨款
allocholane 别胆烷
allocholestanone 别胆(甾烷)酮;粪(甾烷)酮
allocholesterol 别胆甾醇
allochroic 别色的,意指:(1)变色的;易变色的(2)非本色的(3)带假色的
allochroite 粒榴石
allochromatic 别色的,意指:(1)变色的(2)非本色的(3)带假色的
allocimenol 别罗勒烯醇
allocinnamic acid 别肉桂酸
alloclamide 阿洛拉胺
alloclasite 杂硫铋砷钴矿
allococaine 别可卡因
allocolloid 同质异相胶
alloconfiguration 别位构型
allocortol 别皮(甾)五醇

allocortolone 别皮(甾)酮四醇
allocryptopine 别隐品碱
allocupreide sodium 阿洛铜钠
allocyanine(＝neocyanine) 别菁;新菁
allodimer 异二聚物
allodiploid 异源二倍体
allodiploidy 异源二倍性
alloevodione 别吴茱萸酮
allogeneic 同种异基因的
allogibberic acid 别赤霉低酸
allograft 同种(异体)移植
allograft reaction 同种移植反应
allogroup 同种异型组
allohaploid 异源单倍体
allohaploidy 异源单倍性
alloheteroploid 异源异倍体
allohydroxylysine 别羟基赖氨酸
allohydroxyproline 别羟脯氨酸
all-oil furnace 全燃油炉
alloimmunization 同种免疫
alloimperatorin 别前胡精
alloisoleucine 别异亮氨酸
alloisomerism 立体异构(现象)
allokainic acid 别红藻氨酸
allolactose 别乳糖
allomaleic acid 反(式)丁烯二酸;别马来酸;富马酸;别失水苹果酸;延胡索酸
allomer 异质同晶体
allomerism 异质同晶(现象)
allomerization (碱性环境下)叶绿素氧化
allomerized chlorophyll 加氧叶绿素
allometamorphism 同源变质作用
allomethylose 阿洛甲基糖;6-脱氧阿洛糖
allomone 异种影响素
allomorph 同质异象变体
allomorphism 同质异晶(现象)
allomorphite 贝状重晶石
allomucic acid 别黏酸;阿洛糖二酸
allomycin 别霉素
allonic acid 阿洛糖酸
alloocimene 别罗勒烯;2,6-二甲基辛-2,4,6-三烯
alloperiplocymarin 别杠柳苷
alloperiplogenin 别杠柳配基
allophanate 脲基甲酸盐(或酯)
allophane 水铝英石
allophanic acid 脲基甲酸
allophanyl 脲羰基;脲基甲酰
allophycocyanin 别藻蓝蛋白
alloplasmic structure 异质结构
alloplex interaction 蛋白质间重折反应
alloploidy 异源倍性
allopolyhaploid 异源多倍单倍体
allopolyploid 异源多倍体
allopolyploidy 异源多倍性
allopregnandiol 别孕烷二醇
allopregnane 别孕(甾)烷
allopregnane-3*α*,20*α*-diol 别孕烷-3*α*,20*α*-二醇
3,20-allopregnanedione 3,20-别孕烷二酮
allopregnane-3*β*,11*β*,17*α*,20*β*,21-pentol 别孕烷-3*β*,11*β*,17*α*,20*β*,21-五醇
allopregnane-3*α*,11*β*,17*α*,21-tetrol-20-one 别孕烷-3*α*,11*β*,17*α*,21-四醇-20-酮
allopregnane-3*β*,17*α*,20*α*-triol 别孕烷-3*β*,17*α*,20*α*-三醇
alloprene 氯化橡胶
allopseudococaine 别拟可卡因
allopurinol 别嘌(呤)醇
all-or-non model 全或无模型
D-allose D-阿洛糖
allosome 异染色体
allosteric 变构(象)的
allosteric effect 别构效应;变构效应
allosteric enzyme 别构酶;变构酶
allosteric protein 别构蛋白
allosteric site 别构部位
allosterism 别构性;变构
allostery 别构性;变构性
allosynapsis 异源联会
allosyndesis 异源联会
allotelluric acid 别碲酸
allotetrahydrocortisol 别四氢皮质醇
allotetrahydrocortisone 别四氢可的松
allotetraploid 异源四倍体
allothigene 他生的
allothimorphic 变生的
allothreo 别苏(型)
allothreonine 别苏氨酸
allotonic compound 改变张力的化合物(能改变水的表面张力,可作水性涂料的流性改善剂)
allotope 同种异型位
allotopy 同质异态异性
allotoxin 抗异毒素
allotriomorphic 他形的
allotrope 同素异形体
allotropic change 同素异形变化
allotropic substance 同素异形体
allotropism 同素异形(现象)

allotropy 同素异形(现象)
allotype 同种异型
allotypy 同种异形性
all-over design 满地花纹
allowable bearing force of soil 土壤的允许承载压力
allowable bearing pressure 容许支承压力
allowable bolt stress 螺栓许用应力
allowable crack-per-pass 单程允许裂化率
allowable deflection 容许挠度
allowable deviation 允许误差;容许偏差
allowable dimension variation 允许尺寸偏差
allowable error 允许公差;允许误差;允差
allowable gap 允许间隙
allowable leakage 允许泄漏量;容许泄漏量
allowable limit 容许极限
allowable load 容许荷载;许用载荷
allowable loss 设计损失(储量)
allowable mating maximum power 允许配带最大功率
allowable offset 允许偏心
allowable opening diameter 允许开孔直径
allowable pressure 允许压力;容许压力;许用压力
allowable pressure drop 允许压降
allowable sample size 允许试样量
allowable soil bearing strength 土壤的允许耐力
allowable soil pressure 土壤的允许承载压力
allowable stress 许用应力;容许应力
allowable temperature 容许[允许,许用]温度
allowable test pressure 允许试验压力
allowable tolerance 允许公差
allowable value 容许值;许用值;允许值
allowable wear 许用磨损
allowance 允差;余量;限量;修正值;宽裕度;公差
allowance above nominal size 尺寸上偏差
allowance below nominal size 尺寸下偏差
allowance error 许用误差;容[允]许误差
allowance for abrasion 磨蚀裕量;磨损裕度
allowance for corrosion 腐蚀裕度;腐蚀余量
allowance for finish 精加工余量
allowance for machining 机械加工留[裕]量
allowance strength 许可强度
allow clearance 许用余隙
allowedness 容许度
allowed transition 容许跃迁
allow (the) clearance 容许间隙;许用余隙
alloxan 阿脲;四氧嘧啶;2-氧代丙二酰脲
alloxanic acid 阿脲酸;脲基丙二酮酸
alloxan monohydrate 水合阿脲;阿脲一水合物
alloxanthin 双阿脲;双四氧嘧啶
alloxantin 双四氧嘧啶;双阿脲
alloxazin 咯嗪
alloy 合金
alloy cast iron 合金铸铁
alloy clading 包合金
alloy(ed)(cast) iron 合金铸铁
alloyed metal 合金化的金属
alloyed oil 掺合油(添加植物或动物油的润滑油,具良好油性)
alloy grid plate 合金栅板
alloying agent 合金元素
alloying constituent 合金剂
alloying element 合金元素
alloyohimbine 别育亨宾
alloy plastics 塑料合金;塑料共混物
alloy plating 合金电镀
alloy separation process 合金分离过程
alloys plating 电镀合金
alloy steel 合金钢
alloy structure adhesive 合金型结构胶黏剂
alloy tape 合金磁带
alloy tool steel 合金工具钢
allozyme (同种)异型酶
all-purpose 通用的
all-purpose adhesive 万能胶
all-purpose cleaner 多用途洗净剂
all-purpose detergent 通用洗涤剂
all-purpose engine oil 通用机油
all-purpose gasoline 通用汽油
all-purpose grease 通用润滑脂
all-purpose loader 万能装载机
all-purpose rubber 通用(型)橡胶
all-radiant furnace (全)辐射炉
all retainer 滚珠护圈
all-round adsorbent 万能吸附剂
all round light 环照灯
all-round performance 全面使用性能
all round (process) 全生产过程
all round process 全生产过程
all rubber hose 纯胶管
all rubber scraps 全胶废屑

all-season tyre 全天候轮胎
all service gas mask 防毒面具
all-service vehicle 万能汽车
allspice oil 众香子油
all steel 全钢
all transconfiguration 全反构型
all-trans-retinal 全反式视黄醛
allulose 阿卢糖;阿洛酮糖
all-up-weight 最大载荷
all vapour seal 全汽封
all-volatility reprocessing plant 全挥发法(核燃料)后处理工厂
all water system 全水系统
all weather 全天候;耐风雨
all weather tyre 全天候轮胎
all welded 全焊接的
all-welded construction 全焊结构
allyl 烯丙基;2-丙烯基
allyl acetate 乙[醋]酸烯丙酯
allyl acetic acid 烯丙基乙[醋]酸;烯戊酸
allylacetone 烯丙基丙酮
allylacetonitrile 4-戊烯腈
allyl alcohol 丙烯醇;烯丙醇
allyl aldehyde 丙烯醛
allylamine 烯丙胺
allylbenzene 苯丙烯;烯丙基苯
allyl bromide 烯丙基溴
allyl caproate 己酸烯丙酯;(俗称)凤梨醛
allyl carbinol 烯丙基甲醇;Δ^3-丁烯醇
allyl carbinyl 烯丙基代甲基;3-烯丁基;Δ^3-丁烯基
allylcellulose 烯丙基纤维素
allyl chloride 烯丙基氯;3-氯-1-丙烯
allyl cinerin 丙烯菊酯
π-allyl complex mechanism π 烯丙型络合机理
allyl cyanamide 烯丙基氨基腈
allyl cyanide 烯丙基氰
allylcysteine 烯丙基半胱氨酸
allylene 丙炔;甲基乙炔
allylene dichloride 二氯化丙炔
allylene oxide 丙炔化氧
allylestrenol 烯丙雌醇
allyl ether 烯丙醚
allyl ethyl ether 烯丙基·乙基醚
allyl hexanoate 己酸烯丙酯;(俗称)凤梨醛
allylic 烯丙型(的)
allylic halogenation 烯丙型卤化
allylic hydroperoxylation 烯丙型氢过氧化
allylic migration 烯丙型迁移
allylic rearrangement 烯丙位[型]重排(作用)
allylic substitution 烯丙位取代
allylidene 亚烯丙基;亚-2-丙烯基(即 CH_2:CHCH:)
allylin 甘油(单)烯丙基醚
allyl iodide 烯丙基碘
allyl isoamyl ether 烯丙基·异戊基醚;3-异戊氧基丙烯
allyl isorhodanate 异硫氰酸烯丙酯;烯丙基芥子油
allyl isosulfocyanate 异硫氰酸烯丙酯;烯丙基芥子油
allyl isothiocyanate 异硫氰酸烯丙酯;烯丙基芥子油
allyl isothiocyanide 异硫氰酸烯丙酯;烯丙基芥子油
allyl mercaptan 烯丙硫醇
***S*-allylmercaptocysteine** *S*-烯丙基巯基半胱氨酸
allylmercaptomethylpenicillin 丙烯硫甲基青霉素
allyl mercuric iodide 碘化烯丙基汞
allyl metal complex 烯丙基金属配位化合物;烯丙基金属络合物
4-allyl-2-methoxyphenol 丁子香酸
allylmethylcyanide 4-戊烯腈
allyl mustard oil 烯丙基芥子油;异硫氰酸烯丙酯
allyloxy 烯丙氧基
allylprodine 烯丙罗定
allyl resin 烯丙(基)树脂
***N*-allyl stearamide** *N*-烯丙基硬脂酰胺
allyl sucrose 烯丙基蔗糖
allyl sulfhydrate 烯丙基硫醇
allyl sulfide 烯丙硫醚
allylsulfocarbamide 烯丙基硫脲
allylsulfonate 烯丙基磺酸盐(或酯)
allylsulfourea 烯丙基硫脲
allyl sulphide 烯丙基硫醚
allyl thiol 烯丙基硫醇
allylthiourea 烯丙基硫脲
allyltrichlorosilane 烯丙基三氯(甲)硅烷
allyl trisulfide 双烯丙基化三硫
allylurea 烯丙基脲
allylveratrol 烯丙基藜芦醚
allysine ε-醛(基)赖氨酸
allyxycarb 除害威
almaciga(=Manila copal) 马尼拉玷玴

almadina 大戟树胶
almagate 铝镁加
almanac 年鉴
almandine 贵榴石
almandite 贵榴石
almecillin 阿美西林;青霉素 O
alminoprofen 阿明洛芬
almitrine 阿米三嗪
almond 杏仁
almond camphor 杏仁脑
almond oil 杏仁油
almond soap 杏仁皂
alnico 铝镍钴磁钢
Alniflex solution 阿尔尼夫莱克斯溶液〔核燃料后处理首端过程浸取液,组成 HF、HNO_3、$Al(NO_3)_3$ 及 $K_2Cr_2O_7$〕
alnuoid 赤杨皮浸膏
alnusenone 赤杨酮;桤木酮
aloatic acid 芦荟酸
Alocomotive 原子机车
aloctin 阿劳克定(芦荟中一抗癌成分)
aloe (1)芦荟(*Aloë*)(2)芦荟树脂
aloe-emodin 芦荟大黄素
aloe oil 芦荟油
aloeresic acid 芦荟脂酸
aloesin 阿劳辛(芦荟中一抗菌成分)
aloetin 芦荟酊
aloewood oil (=agar wood oil) 沉香木油
aloin 芦荟苷[素];芦荟大黄素苷
aloin test 芦荟素试验
alomycin 芦荟霉素
aloxidone 阿洛双酮
aloxiprin 阿洛普令
alpha-acetylenes α 炔;1-位炔
alpha acid α 酸;2-萘胺 8-磺酸
alpha-activity α 放射性
alpha-addition α 加成
alpha-backscattering analysis α 反散射分析
alpha-beta double bond *α*,*β*-双键
alphabet laser 多掺激光器
alpha bungarotoxin *α*-金环蛇毒素
alpha-butylene *α*-丁烯;1-丁烯
alpha-carbon atom α 碳原子
alpha-cellulose α 纤维素
alpha coefficient α 系数;副反应系数
alpha counter α 质点计数器
alpha decay α 衰变
alpha-*N*-dodecyl alkylamino acetic acid *α*-*N*-十二烷基氨基乙酸
alpha-elimination mechanism α 消去机理
alpha-emitting isotope α 放射性同位素
alpha ferrite α 铁素体
alpha fetoprotein 甲胎蛋白
alpha-form *α*-形(蜡晶体)
alpha globulin α 球蛋白
alpha helix α 螺旋
alpha-hydrorubber α 氢化橡胶
alpha-keratin α 角蛋白
alpha loss peak *α*-损耗峰
alpha-methyl-naphthalene *α*-甲基萘
alpha-naphthol *α*-萘酚
alpha-nitroso-beta-naphthol *α*-亚硝基-*β*-萘酚
alpha-olefin *α*-烯烃
alpha-olefin sulphonate *α*-烯烃磺酸盐
alpha-particle α 粒(子);α 质点
alpha position *α*-位
alphaprodine 阿法罗定;安依痛
alpha-ray α 射线
alpha-rubber α 橡胶;溶胶体橡胶
alpha spectrometer α 谱仪
alpha-substitution *α*-取代
alpha-sulphonated fatty acid ester 脂肪酸酯 *α*-磺酸盐
alphatopic (1)差氦的;失氦的(2)α 粒子同位体
alphazurine α 绿〔指示剂,在 pH=6.0 时,由紫(酸)变绿(碱)〕
alphol 水杨酸 *α*-萘酯
alphyl 脂苯基
alpidem 阿吡坦
alpinin 良姜素
alpinone 良姜酮;7-甲氧基-3,5-二羟基黄酮
alpiropride 阿吡必利
alprazolam 阿普唑仑
alprenolol 阿普洛尔
alquifou 粗粒方铅矿
alro quaternaries 阿耳绕季铵盐
Alsace gum 阿尔萨斯胶(即糊精)
alsactide 阿沙克肽
alsol 乙酰酒石酸铝
Alsop drying oven 阿耳索普干燥(烘)箱
alstonidine 鸡骨常山次碱
alstonine 鸡骨常山碱
alstonite 碳酸钙钡矿
altaite 碲铅矿
alterant 变质剂
alternante bonds 更迭键

alternant hydrocarbon 交替烃
alternant molecular orbital (AMO) method 交替分子轨道法
alternant orbital 交替轨道
alternaric acid 格链孢酸
alternariol 格链孢酚
alternate copolymer 交替共聚物
alternate current(ac;A. C.) 交流(电)
alternate design basis 代用设计依据
alternate double bonds 更迭双键
alternate heating and cooling 交替加热及冷却
alternate host 轮换寄生
alternate immersion 反复(浸没)腐蚀试验
alternate joints 错缝接合
alternate load 交变[替]载荷;反复载荷
alternate material 代用[替换]材料
alternate operating columns 轮换操作塔
alternate operations 轮换操作
alternate polarity theory 更迭极性说
alternate segregation 相间分离
alternating accumulator 交流蓄电池
alternating axes (of symmetry) 交错对称轴;更迭(对称)轴
alternating circuit 交流电路
alternating copolymer 交替共聚物
alternating copolymerization 交替共聚(合)
alternating current 交(变电)流
alternating current bridge 交流电桥
alternating-current chronopotentio- metry 交流计时电位法
alternating-current polarography 交流极谱法
alternating displacement 交变位移
alternating double bond 更迭双键
alternating load 交变[交替;反复]载荷
alternating mixture 交替混合物
alternating polarity 交变极性
alternating stills (在不同温度及压力下)轮换操作分馏塔;交替操作蒸馏釜
alternating stress 交变应力
alternating voltage chronopotentiometry 交变电压计时电位法
alternation law 更迭(定)律
alternation of melting points 熔点的交替
alternative arrangement 交错布置
alternative hypothesis 备择假设
alternative rubber 间聚橡胶
alternative scheme 备用方案
alternative to pesticide 代用农药
alternative withdrawal proceduer 交替除去法
alternator 交流发电机
althea 蜀葵根
althiazide 阿尔噻嗪
althiomycin 异硫霉素
althionic acid (*O*-)乙基硫酸
altimeter 测高仪
altitude grade gasoline 高海拔级汽油
altitude throttle 高度节流阀
altogether coal 原煤
altrenogest 烯丙孕素
altretamine 六甲(基)蜜胺
D-altrose D-阿卓糖
altruism 利他行为
aludel 梨坛;梨状陶坛(冷却水银蒸气)
aludel furnace 梨坛炉(炼汞用)
aludipping 热浸镀铝法
alum 明矾,意指:(1)通式 $M^{+}M^{3+}(SO_4)_3 \cdot 2H_2O$ 的复盐(2)钾铝明矾
alumatol 额吕马突(硝铵、铝粉)炸药
alum earth (1)明矾页岩(2)含黄铁矿沥青质泥岩
alumetizing 渗铝
alumian 无水矾石
Alumilite process 铝阳极氧化
alumina 矾土;氧化铝
alumina borosilicate glass 硼硅酸铝玻璃
alumina brick 高铝砖
alumina cement 高铝水泥
95 alumina ceramic 95 氧化铝陶瓷
alumina ceramics 氧化铝陶瓷
alumina-chrome brick 铝铬砖
alumina-chromium cermet 氧化铝-铬金属陶瓷
alumina cream 矾土霜;氢氧化铝
alumina fibre 氧化铝纤维
alumina gel 氧化铝凝胶
alumina hydrogel 氧化铝水凝胶
alumina modulus 铝氧率
alumina pellets 锭形氧化铝;氧化铝锭片
alumina porcelain 氧化铝陶瓷
alumina-silica hydrogel 硅铝水凝胶
alumina silicate glass 铝硅酸盐玻璃
alumina-silicate refractory 硅酸铝耐火材料
alumina soap 铝皂
aluminate 铝酸盐(或酯,根)
aluminate cement 矾土水泥
alumina trihydrate 三水合氧化铝

alumina white 矾土白(不叫铝白,作白色颜料的天然氧化铝)
alumin floc 铝矾絮凝剂
aluminic acid 铝酸(指偏铝酸或原铝酸)
aluminic ester 铝酸酯
aluminite 铝氧石;矾石
aluminize 渗铝;铝浸镀;铝化;镀铝;覆铝
aluminoferrite 铁酸铝
alumin(i)um 铝 Al
alumin(i)um acetate 乙[醋]酸铝
alumin(i)um acetylsalicylate 乙酰水杨酸铝;阿司匹林铝
aluminium/air(oxygen) battery 铝/空气电池
alumin(i)um alginate fiber 藻蛋白酸铝纤维
alumin(i)um alkoxide 烷醇铝;烃氧基铝
alumin(i)um alkoxide reduction 烃氧基铝还原作用
alumin(i)um alkyl 烷基铝
alumin(i)um alloy ingot 铝合金锭
alumin(i)um ammonium sulfate 硫酸铝铵;铵(明)矾
aluminium asymmetric membrane 不对称铝膜
aluminium-base alloy anode 铝基合金阳极
alumin(i)um base grease 铝基润滑脂
alumin(i)um basic formate 二甲酸(羟基)铝
alumin(i)um bifluoride 酸式氟化铝;重氟化铝
alumin(i)um bis(acetylsalicylate) 阿司匹林铝
alumin(i)um boroformate 硼甲酸铝
alumin(i)um borohydride 硼氢化铝
alumin(i)um bromide 溴化铝
alumin(i)um bronze 铝青铜
alumin(i)um bus-bar 铝汇流条
alumin(i)um butoxide 丁醇铝;三丁氧基铝
alumin(i)um carbide 碳化铝
alumin(i)um cell 铝电池;铝电解槽;铝管避雷器
aluminium-cell arrester 铝管避雷器
alumin(i)um cesium sulfate 硫酸铝铯;铯(明)矾
alumin(i)um chloride 氯化铝
alumin(i)um chloride alkylation process 氯化铝烷基化法
alumin(i)um chloride hydrocarbon complex 氯化铝-烃络合物;氯化铝-烃配位化合物
alumin(i)um-chloride mist 氯化铝雾
alumin(i)um chloroisopropylate 氯异丙醇铝
alumin(i)um collapsible tube 铝软管
aluminium corroding bacteria 铝腐蚀细菌
alumin(i)um diformate 二甲酸铝;一碱式甲酸铝
alum(i)nium dihydrogen phosphate 磷酸二氢铝
alumin(i)um dipping form 浸渍用铝模
alumin(i)um dish 铝皿
alumin(i)um dust 铝粉
alumin(i)um electrolytic capacitor 铝电解电容器
aluminium etched metallic membrane 铝刻蚀金属膜
alumin(i)um ethide 乙基铝;三乙基铝
alumin(i)um ethoxide 乙醇铝;三乙氧基铝
alumin(i)um ethyl 乙基铝;三乙基铝
alumin(i)um ethylate 乙醇铝;三乙氧基铝
alumin(i)um explosive 铝粉炸药
alumin(i)um family 铝族
alumin(i)um flakes (1)(=kaolin)瓷土(2)薄铝片
alumin(i)um fluoride 氟化铝
aluminium fluoride trihydrate 三水氟化铝
alumin(i)um fluosilicate 氟硅酸铝
alumin(i)um foil backing paper 铝箔衬纸
alumin(i)um foil with paper backing 垫纸铝箔
alumin(i)um gasket 铝密封垫圈
alumin(i)um gold 铝金(合金,含铝黄铜)
alumin(i)um grease 铝皂润滑脂
alumin(i)um halide 卤化铝
alumin(i)um hexaurea sulfate triiodide 三碘硫酸脲铝
alumin(i)um hydrate 氢氧化铝
alumin(i)um hydroxide 氢氧化铝
alumin(i)um hydroxyacetate 乙酸羟铝;碱式醋酸铝;二醋酸铝
alumin(i)um ink 铝粉墨
alumin(i)um isopropoxide 异丙醇铝;三异丙氧基铝
alumin(i)um methide 甲基铝;三甲基铝
alumin(i)um methoxide 甲醇铝;三甲氧基铝

alumin(i)um methyl 甲基铝;三甲基铝
alumin(i)um methylate 甲醇铝;三甲氧基铝
aluminium mist 铝(金属)雾
alumin(i)um monoacetate 一醋酸(二羟基)铝
alumin(i)um monostearate 硬脂酸(二羟基)铝
alumin(i)um muriate (三)氯化铝
alumin(i)um naphthenate 环烷酸铝
alumin(i)um nicotinate 烟酸铝(降血脂药)
alumin(i)um nitrate 硝酸铝
alumin(i)um nitride 氮化铝
alumin(i)um oleate 油酸铝
alumin(i)um oxide (三)氧化(二)铝
alumin(i)um oxidizing 铝件化学氧化
alumin(i)um paint 铝粉涂料;银灰漆
alumin(i)um palmitate 棕榈酸铝
alumin(i)um paste 铝粉浆;(俗称)银粉浆
alumin(i)um phosphate 磷酸铝
alumin(i)um phosphide 磷化铝
alumin(i)um pipe 铝管
alumin(i)um polychloride 聚合氯化铝
alumin(i)um potassium chloride 氯化铝钾
alumin(i)um potassium sulfate 硫酸铝钾;(钾)明矾
alumin(i)um powder 铝粉
alumin(i)um propoxide 丙醇铝;三丙氧基铝
alumin(i)um propylate 丙醇铝;三丙氧基铝
alumin(i)um rhodanate 硫氰酸铝
alumin(i)um rhodanide 硫氰酸铝
alumin(i)um rubidium sulfate 硫酸铝铷;铷(明)矾
alumin(i)um silicate 硅酸铝
alumin(i)um silico-fluoride 硅氟化铝
alumin(i)um soap 铝皂
alumin(i)um soap-carbon black thickened grease 铝皂-炭黑稠化润滑脂
alumin(i)um soap grease 铝皂润滑脂
alumin(i)um sodium fluoride 氟化铝钠
alumin(i)um sodium sulfate 硫酸铝钠;钠(明)矾
aluminium spray 喷镀铝
alumin(i)um stearate 硬脂酸铝
alumin(i)um subacetate 碱式乙酸铝
alumin(i)um sulfate 硫酸铝
alumin(i)um sulfocyanate 硫氰酸铝
alumin(i)um sulfocyanide 硫氰酸铝
alumin(i)um sulfophenylate 苯磺酸铝
alumin(i)um tannage 铝鞣法
alumin(i)um tanning agent 铝鞣剂
alumin(i)um thallium sulfate 硫酸铊铝
alumin(i)um thiocyanate 硫氰酸铝
alumin(i)um thiocyanide 硫氰酸铝
alumin(i)um toxicity 铝毒
alumin(i)um (tri)acetate (三)醋酸铝
alumin(i)um triethide 三乙基铝;乙基铝
alumin(i)um triformate (三)甲酸铝
alumin(i)um trimethide 三甲基铝;甲基铝
alumin(i)um tris(ethylphosphonate) 三(乙基膦酸)铝
alumin(i)um tube 铝管
aluminium tungstate 钨酸铝
alumin(i)um zinc sulfate 硫酸锌铝;锌矾
aluminized paper 铝箔纸
aluminizing 渗铝;镀铝
aluminon 铝试剂;试铝灵;金精三羧酸
alumino-nickel 铝镍合金
aluminosilica gel 硅铝胶
aluminosilicate 硅铝酸盐
aluminosilicophosphate 硅铝磷酸盐
aluminothermics (1)铝热法(2)铝热剂
aluminothermy 铝热法
aluminous cement 高铝水泥
aluminous slag 高铝炉渣
aluminum dihydrogen tripolyphosphate 三聚磷酸二氢铝
aluminum explosive 铝粉炸药
aluminum metaphosphate 偏磷酸铝
aluminum oxalate 草酸铝
aluminum selenite 亚硒酸铝
aluminum stearate 硬脂酸铝
aluminum tri-isobutyl 三异丁基铝
alumin(i)um wire splint 铝丝夹板
alumite(=alunite) 明矾石
alum leather 明矾鞣革
alumnol *β*-萘酚磺酸铝
alum schist 明矾片岩
alum shale(=alum schist) 明矾页岩
alum speck (明)矾斑(点)
alum stone 明矾石
alum tannage (明)矾鞣
alum tanner 矾鞣工

alum tanning 矾鞣
alumyte 矾土;铝土矿
alundum 刚铝石;铝氧粉
alundum boat 钢铝石舟皿
alundum cement 刚铝石黏合剂
alundum crucible 刚铝石坩埚
alunite 明矾石
alunogen 毛矾
alurate 阿尿酸盐(或酯);5-烯丙基-5 异丙基巴比土酸盐(或酯)
alure 通道;走廊
alusulf 铝硫复(保磷药)
alverine 阿尔维林
AM-101 2,2′-硫代双(4-叔辛)基酚氧(基)镍
Amadori reaction 阿马多里重排反应
Amagat's law 阿马伽定律
amalgam 汞齐;汞合金
amalgamating (1)汞齐化的(2)汞齐化(作用)
amalgamating plodder 压条式拌和机
amalgamation 汞齐化(作用);混汞法
amalgamator 拌和机;混合机;搅拌机
amalgam cell 汞齐电池
amalgam electrode 汞齐电极
amalgam gilding 汞齐镀金术
amalgam plugger 汞合金充填器
amalgam polarography 汞齐极谱法
amalgam treatment 混汞法
amalic acid 柔和酸;四甲基双四氧嘧啶
amalinic acid(=amalic acid) 柔和酸
amandin 苦杏仁球蛋白
amanin 毒伞蛋白
amanitin 鹅膏菌素
amanitine (1)(=amanitin)鹅膏菌素(2)鹅膏蕈碱(3)异胆碱
amanozine 阿马诺嗪
amantadine 金刚烷胺;氨基三环癸烷
amantadine hydrochloride 金刚胺盐酸盐
amantanium bromide 金刚溴铵
amaranth 苋菜红
amarantite 红铁矾
amarbital 苯基·乙基巴比土酸
amaric acid 苦杏酸
amarin(e) 苦杏精;2,4,5-三苯基咪唑啉
amarogentin 苦杏苷
amarolide 臭椿苦内酯
amaromycin 苦味霉素
amaron 苦杏碱;四苯基吡嗪
amatol 额马突(硝铵、TNT 炸药)
amatoxin 毒伞肽
amazonite 天河石;绿长石
ambam 代森铵
ambargris 龙涎香
ambazone 安巴腙
ambenonium chloride 安贝氯铵;酶斯的明
amber (1)琥珀(2)琥珀色
amber blanket (橡胶)褐绉片
amber codon 琥珀密码子
amber crepe (橡胶)褐绉片
amberglass 琥珀玻璃
ambergris 龙涎香
amberite 琥珀炸药;安柏锐特(含硝棉、硝酸钡和石蜡)
amber mutant 琥珀突变体
amber mutation 琥珀突变
amber oil 琥珀油
amber oxide 琥珀醚
ambers (橡胶)褐绉片
amber soap 琥珀皂
amber suppressor 琥珀校正基因
amber triplet(UAG) 琥珀(型)三联体
amberwood 酚醛树脂胶合板
ambident 两可(的)
ambident anions 两可阴离子
ambident ion 两可离子
ambient 周围的;环境的;大气的;背景的;环境
ambient air 环境空气
ambient conditions 周围环境条件
ambient fluid 外围流体
ambient noise 环境噪声
ambient pressure 环境压力;围压
ambient temperature 环境温度;室温;周围温度
ambient vibration 环境振动
ambiguity (1)双关性(2)错读
ambiguity diagram 模糊图
ambiguous codon 多义密码子
ambipolar diffusion 双极扩散
ambivalent codon 矛盾密码子
ambivalent mutation 矛盾突变
amblygonite 磷锂铝石;锂磷铝石
amblyslegite 铁苏辉石
amboceptor 介体;双受体(即溶血素)
ambrein 龙涎香醇[精,素]
ambreinolide 龙涎香(精)内酯
ambrette seeds oil 黄葵油;麝葵子油
ambrettolic acid 黄葵酸;7-羟基十六碳-7-烯酸

ambrettolide 黄葵内酯
ambrosia fungi 虫道真菌
ambrosia oil 土荆芥油
ambrosin 豚草素
ambroxol 氨溴索
ambucaine 氨布卡因
ambucetamide 氨布醋胺
ambuphylline 氨布茶碱
ambuside 安布赛特
ambutonium bromide 安布溴铵
ambutyrosin 氨丁苷菌素
amcinonide 安西奈德
amdinocillin 阿姆地诺西林
amdinocillin pivoxil 阿姆地诺西林双酯
amdro 伏蚁腙
amebicide 抗阿米巴药
ameliaroside 阿美糖苷
amelogenin 牙釉蛋白
amendment (1)调理剂(2)修正
amentoflavone 阿曼托黄素;3′,8″-双-4′,5,7-三羟(基)黄酮
American ginseng 西洋参
American Petroleum Institute (API) 美国石油学会
American Standard of Testing Materials (ASTM) 美国材料试验标准
American storax 北美苏合香脂
American wire ga(u)ge 美国线规
American worm-seed oil 美洲土荆芥油
americate 镅酸盐(或酯)
americium 镅 Am
americium-free plutonium 无镅钚
americium hydroperoxide 氢过氧化镅
americium oxide 氧化镅(有 AmO;AmO_2;Am_2O_3)
americium sesquicarbide 三碳化二镅
americyl 镅酰(离子);双氧镅(离子)
americyl double carbonate 碳酸镅酰复盐
americyl fluoride 氟化镅酰
amesite 镁绿泥石
Ames moisture tester 埃姆斯水分试验器
Ames test 艾姆斯试验
amethopterin 氨甲蝶呤
amethyst 紫石英;紫水晶;紫晶
ametryn 莠灭净
Amex process 阿麦克斯法(提取铀或回收镅)
amezinium methyl sulfate 阿美铵甲硫酸盐
amfenac 氨芬酸
amfetamine 苯丙胺;安非他明
amfomycin 安福霉素;双霉素;颖霉素
amianth(us) 石麻(与石棉不同,纤维较长)
amiben 氨二氯苯酸铵盐;草灭平铵盐
amicarbalide 双脒苯脲
amicetin 反菌素;阿米霉素
amicibone 阿米西酮
amicron 次微胶粒
amidase 酰胺酶
amidate (1)酰胺化(2)酰胺化物
amidating agent 酰胺化剂
amidation 酰胺化(作用)
amide (1)酰胺(2)氨化物
amide chloride 二氯代酰胺;偕二氯代烃胺
amide-imidol tautomerism 内酰胺-内酰亚胺互变异构现象(肽链中的酮醇互变异构现象)
amide nitrogen 酰胺态氮
amidephrine 阿米福林
amidinase 脒基酶
amidine 脒
amidine dyestuffs 脒染料
amidine hydrochloride 盐酸脒
amidino- 脒基
amidinomycin 脒霉素
amidinothiourea 脒硫脲
amidinotransferase 转脒基酶;脒基转移酶
amidinourea 脒脲
amidization 酰胺化反应
amido 酰氨基(有时指氨基)
amido acid 酰氨基酸;酰胺酸
amido aldehyde 氨基醛
***α*-amidoalkylation** *α*-酰胺基烷基取代作用
amido black (酰)胺黑
amido bond 酰胺键
amidocarbonic acid 氨基甲酸
amidochlor 酰胺氯
amido-G-acid 氨基 G 酸
amidogen(=amido) 酰胺基(或氨基)
amidohydrolase 酰胺水解酶
amidol 阿米酚;阿米多;二氢氯化-2,4-二氨基苯酚
amido-ligase 酰胺连接酶
amido link 酰胺键
amido linkage 酰胺键
amidolysis 酰胺分解
amidomethylation 酰胺甲基化作用
amidomycin 酰胺霉素
amidon(=methadone) 美沙酮
amidonitrogen 酰胺态氮
amidopyrine 氨基比林

amido-R-acid 氨基R酸
amidosuccinic acid 酰胺丁二酸;琥珀酰胺酸
amido-sulfonic acid 氨基磺酸
amidoxalyl（=oxamoyl） 氨基草酰
amidoxime 偕胺肟
amidoxyl 羟氨基
amidoxyl acetic acid 羟氨基乙酸
amidpulver 酰胺粉(硝铵、硝酸钾、炭末炸药)
amidrazone 氨基(某)腙
amifloxacin 氨氟沙星
amikacin 丁胺卡那霉素;阿米卡星
amiloride 阿米洛利
amimycin（=oleandomycin） 竹桃霉素
aminacrine 氨(基)吖啶
aminal 缩醛胺
aminate (1)胺化(2)胺化产物
aminating agent 胺化剂
amination 氨基化;胺化
amine 胺
amine 220 去氢果丰定
amine absorption process 胺吸收法
amine adduct 胺加成物
amine-aldehyde complex 胺醛络合物;胺醛配位化合物
amine-cured epoxy resin coatings 胺固化环氧树脂涂料
amine curing agent 胺固化剂
amine inhibitor 胺类缓蚀剂
amine oxidase 胺氧化酶
amine oxide(s) 氧化胺
amineptine 阿米庚酸
amine pump 胺泵
amine salt 胺盐
amine salt type cationic surfactant 胺盐型阳离子表面活性剂
amine surfactant 胺型(油溶性)表面活性剂
aminimide 胺化酰亚胺
aminitrozole 醋胺硝唑
aminization 胺化(作用)
amino- 氨基
aminoacetal 氨基乙缩醛
***p*-aminoacetanilide** 对氨基-*N*-乙酰苯胺
amino acetic acid 甘氨酸;氨基乙酸
aminoacetone 氨基丙酮
aminoacetonitrile 氨基乙腈
aminoacetophenone 氨基苯乙酮
amino acid 氨基酸
aminoacid acetyltransferase 氨基酸乙酰转移酶
amino acid composition analyzer 氨基酸组成分析仪
amino acid decarboxylase 氨基酸脱羟酶
amino acid demethylase 氨基酸脱甲基酶
amino acid fermentation 氨基酸发酵
amino-acid nitrogen 氨基酸式氮
amino-acid oxidase 氨基酸氧化酶
amino-acid residue 氨基酸残基
amino acid-RNA ligase 氨基酸RNA连接酶
amino acid transacetylase 氨基酸转乙酰酶
amino acid type amphoteric surfactant 氨基酸型两性表面活性剂
***α*-aminoacrylic acid** *α*-氨基丙烯酸
aminoacyl 氨酰基
aminoacyl adenylate 氨基腺苷酸
amino acylase 酰化氨基酸水解酶
aminoacyl ester 氨酰酯
aminoacylhydrazine 氨酰肼
aminoacyl phosphatidylglycerol 氨酰磷脂酰甘油
aminoacyl site 氨酰基部位
aminoacyl tRNA 氨酰tRNA
aminoacyl tRNA synthetase 氨酰tRNA合成酶
1-aminoadamantane 金刚胺
aminoadipaldehyde 氨基己二酸半醛
***α*-aminoadipic acid** *α*-氨基己二酸
amino-alcohol 氨基醇
amino alcohol type surfactant 氨基醇型表面活性剂
aminoaldehexose 氨基己醛糖
amino-alkyd (resin) baking finish 氨基醇酸烘漆
amino-alkyd resin coating 氨基醇酸树脂涂料
aminoalkyladamantane 氨烷基金刚烷
aminoalkylpolyphosphonic acid 氨烷基多膦酸
***o*-aminoanisole** 邻氨基苯甲醚;邻茴香胺
***p*-aminoanisole** 对氨基苯甲醚;对茴香胺
1-aminoanthraquinone 1-氨基蒽醌
2-aminoanthraquinone 2-氨基蒽醌
***α*-aminoanthraquinone** 1-氨基蒽醌
***β*-aminoanthraquinone** 2-氨基蒽醌
amino-arsenoxide 氧化氨基胂
***p*-aminoazobenzene** 对氨基偶氮苯
***o*-aminoazotoluene** 邻氨基偶氮甲苯
aminobenzaldoxime 氨基苯甲醛肟
aminobenzene 苯胺

amino-benzene arsonic acid 氨基苯胂酸
***p*-aminobenzene sulfonamide**（＝sulfanilamide） 对氨基苯磺酰胺;磺胺
***m*-aminobenzenesulfonic acid** 间氨基苯磺酸
***p*-aminobenzenesulfonic acid** 对氨基苯磺酸
***p*-aminobenzhydrazide** 对氨基苯酰肼(纤维中间体)
***m*-aminobenzoic acid** 间氨基苯甲酸
***o*-aminobenzoic acid** 邻氨基苯甲酸
***p*-aminobenzoic acid** 对氨基苯甲酸
aminobenzonitrile 氨基苄腈
aminobenzophenone 氨基二苯甲酮
aminobenzothiazole 氨基苯并噻唑
amino-benzoyl acetic acid 氨基苯甲酰乙酸
amino-benzoyl formic acid 氨基苯甲酰甲酸
***m*-aminobenztrifluoride** 间三氟甲基苯胺
aminobenzylation 氨苄基化(作用)
aminobiphenyl 氨基联苯;苯基苯胺
1-aminobutane 正丁胺
2-aminobutane 仲丁胺
2-amino-1-butanol 2-氨基-1-丁醇
2-amino-*n*-butyl alcohol 2-氨基-1-丁醇
***γ*-aminobutyric acid** *γ*-氨基丁酸
6-aminocaproamide 6-氨基己酰胺
***ε*-aminocaproic acid** ε-氨基己酸;6-氨基己酸
aminocapronitrile 氨基己腈
aminocarb 灭害威
aminocarbonyl 氨羰基;甲酰胺基
aminocellulose 氨基纤维素
7-aminocephalosporanic acid 7-氨基头孢烷酸
***o*-aminochlorobenzene** 邻氯苯胺
6-amino-4-chloro-2-methylpyrimidine 6-氨基-4-氯-2-甲基嘧啶
aminochlorthenoxazin 氨氯苯噁嗪
aminochromes 氨基色素
amino-cinnamic acid 氨基肉桂酸
amino-complex 氨合物
2-amino-*p*-cymene 2-氨基对伞花烃
3′-amino-3′-deoxyadenosine 3′-氨基-3′-脱氧腺苷
3′-amino-3′-deoxy-D-glucose 3-氨基-3′-脱氧-D-葡糖
aminodeoxykanamycin 卡那霉素 B
3-amino-2,5-dichlorobenzoic acid 2,5-二氯-3-氨基苯甲酸;豆科威;草灭平
aminodimethylbenzene 二甲苯胺
2-amino-4,6-dinitrophenol 苦氨酸
4-aminodiphenyl 对氨基联(二)苯;对苯基苯胺
***p*-aminodiphenyl** 对氨基联(二)苯;对苯基苯胺
aminodithioformic acid 二硫代氨基甲酸
aminoethane 氨基乙烷;乙胺
2-aminoethanesulfonic acid（＝taurine） 2-氨基乙磺酸;牛磺酸
1-aminoethanol 1-氨基乙醇
2-aminoethanol (一)乙醇胺;2-氨基乙醇
1-amino-2-ethoxynaphthalene 1-氨基-2-乙氧基萘
aminoethylacetanilide 乙酰氨(基)苯基乙胺
aminoethyl alcohol 一乙醇胺
***N*-(*β*-aminoethyl)-*γ*-aminopropyl trimethoxysilane** *N*-(*β*-氨乙基)-*γ*-氨丙基·三甲氧基(甲)硅烷
aminoethylcellulose 氨乙基纤维素
***S*-aminoethylcysteine** *S*-氨乙基半胱氨酸
aminoethylethanolamine 氨(基)乙基乙醇胺
1-aminoethylidene diphosphonate（**AEDP**） 1-氨基亚乙基二膦酸
aminoethyl mercaptan 氨乙基硫醇
***N*-aminoethylpiperazine** *N*-氨乙基哌嗪(固化剂)
2-amino-2-ethyl-1,3-propanediol 2-氨基-2-乙基-1,3-丙二醇
4-aminofolic acid 氨(基)蝶呤
aminofulvene 氨基亚甲基环戊二烯(汽油添加剂中用作抗爆震剂)
aminogalactose 氨基半乳糖;半乳糖胺
aminogenesis 氨基的形成;生氨作用
aminoglucose 氨基葡糖;葡糖胺
***α*-aminoglutaric acid** *α*-氨基戊二酸;谷氨酸
aminoglutethimide 氨鲁米特
aminoglycoside antibiotics 氨基糖苷类抗生素
amino-group 氨基
aminoguanidine 氨基胍
aminoguanidine bicarbonate 碳酸氢氨基胍
2-amino-5-guanidinovaleric acid 2-氨基-5-胍基戊酸;胍基戊氨酸;精氨酸
aminoguanidylvaleric acid 胍基戊氨酸;精氨酸
aminoguanyl urea 氨胍基脲
amino halide 氨基卤化物
aminohexane 氨基己烷;己胺

6-aminohexanoic acid 6-氨基己酸
6-aminohexanol 6-氨基己醇
aminohexose 氨基己糖
***p*-aminohippuric acid** 对氨基马尿酸
***α*-aminohydrocinnamic acid** 苯基丙氨酸
amino hydroxy acid 氨基羟基酸
***α*-amino-*β*-hydroxybutyric acid** *α*-氨基-*β*-羟基丁酸
amino hydroxy propionic acid 羟基丙氨酸;氨基羟基丙酸
2-aminohypoxanthine 鸟嘌呤
aminoimidazolase 氨基咪唑酶
aminoimidazole 氨基咪唑
***α*-amino-*α*-iminoethane** 乙脒
***β*-aminoisobutyric acid** *β*-氨基异丁酸
***α*-aminoisocaproic acid** *α*-氨基异己酸
***α*-amino-isopropyl alcohol** *α*-氨基异丙醇;异丙醇胺
***α*-amino-isovaleric acid**(=valine) *α*-氨基异戊酸;异戊氨酸;缬氨酸
D-4-amino-3-isoxazolidone D-4-氨基-3-异氢噁唑酮;环丝氨酸;东霉素
***α*-amino-*β*-keto adipic acid** *α*-氨基-*β*-酮己二酸
***δ*-aminol(a)evulinate dehydratase** *δ*-氨基-*γ*-酮戊酸脱水酶
***δ*-aminol(a)evulinic acid(ALA)** *δ*-氨基-*γ*-酮戊酸
aminolysis 氨基分解;氨解
amino-maleic acid 马来酰胺酸
***α*-amino-*β*-mercaptopropionic acid** *α*-氨基-*β*-巯基丙酸
aminomercuration 氨汞化
aminomercuric chloride 氯化氨基汞
aminomethane 甲胺;氨基甲烷
aminomethylation 氨甲基化(作用)
***p*-aminomethylbenzoic acid** 抗血纤溶芳酸
2-amino-3-methylbutyric acid 缬氨酸
7-amino-4-methyl coumarin 7-氨基-4-甲基香豆素;香豆素-120
***α*-amino-*β*-methyl-*β*-mercaptobutyric acid**(=penicillamine) 青霉胺
2-amino-4-methylthiazole 2-氨基-4-甲基噻唑
***α*-amino-*β*-methylvaleric acid** *α*-氨基-*β*-甲基戊酸;异白氨酸
aminometradine 氨美啶
2-aminomuconic acid 2-氨基黏康酸;2-氨基己二烯二酸
aminomutase 氨基转位酶
aminomycetin 氨基菌素
aminomycin 缬氨霉素;氨基霉素
2-aminonaphthalene-1-sulfonic acid 2-萘胺-1-磺酸
4-aminonaphthalene-1-sulfonic acid(=naphthionic acid) 对氨基萘磺酸
8-amino-1-naphthalenesulfonic acid 8-氨基-1-萘磺酸;周位酸
3-amino-2-naphthoic acid 3-氨基-2-萘甲酸
1-amino-2-naphthol 1-氨基-2-萘酚
1-amino-5-naphthol 1-氨基-5-萘酚
2-amino-7-naphthol 2-氨基-7-萘酚
1-amino-8-naphthol-4,6-disulfonic acid(=K acid) K 酸
8-amino-1-naphthol-3,6-disulfonic acid(=H acid) H 酸
1-amino-2-naphthol-4-sulfonic acid 1-氨基-2-萘酚-4-磺酸
2-amino-8-naphthol-6-sulfonic acid (=gamma acid) *γ* 酸
5-amino-1-naphthol-3-sulfonic acid (=M acid) M 酸
6-aminonicotinic acid 6-氨基烟酸
amino-nitrile 氨基腈
amino nitrogen 胺型氮;氨基氮
2-amino-5-nitrophenol 5-硝基-2-氨基苯酚
2-amino-5-nitrothiazole 2-氨基-5-硝基噻唑
aminooxamide(=semioxamazide) *N*-氨基草酰(二)胺;氨基草酰肼
2-amino-6-oxypurine 2-氨基-6-氧嘌呤
6-aminopenicillanic acid(6APA) 6-氨基青霉烷酸
aminopentamide 胺戊酰胺
1-aminopentane 正戊胺
aminopeptidase 氨肽酶
***p*-aminophenetole** 对氨基苯乙醚
***m*-aminophenol** 间氨基苯酚
***o*-aminophenol** 邻氨基苯酚
***p*-aminophenol** 对氨基苯酚
aminophenylacetonitrile 氨基苯乙腈
aminophenyl arsine sulfide 硫化氨基苯胂
aminophenyl arsinic acid 氨基苯胂酸
aminophenyl arsonic acid 氨基苯胂酸
aminophenylglycine *N*-氨基苯乙氨酸
***α*-amino-*β*-phenylpropionic acid** *α*-氨基-*β*-苯丙酸
aminopherase(=transaminase) 转氨酶
aminophylline 氨茶碱

2-amino-4-picoline 2-氨基-4-甲基吡啶
4-aminopipecolic acid 4-氨基六氢吡啶羧酸
aminoplast 氨基塑料
aminopolycarboxylic acid 氨基多羧酸
aminopolypeptidase 氨基多肽酶
aminopromazine 氨丙嗪
aminopropanediol 氨基丙二醇
2-aminopropane 2-氨基丙烷;异丙胺
1-amino-2-propanol 异丙醇胺;1-氨基-2-丙醇
3-aminopropene 烯丙胺;3-氨基丙烯
***α*-aminopropionic acid**(**HAPRA**) *α*-氨基丙酸
aminopropionitrile 氨基丙腈
***p*-aminopropiophenone** 对氨基苯基·乙基(甲)酮
aminopropylon 氨丙吡酮
aminopropyl transferase 氨丙基转移酶
aminoprotease 氨基蛋白酶
aminopterin 氨(基)蝶呤
4-aminopteroylglutamic acid 氨(基)蝶呤
6-aminopurine(=adenine) 6-氨基嘌呤;腺嘌呤
6-aminopurine phosphate 6-氨基嘌呤磷酸盐;维生素 B_4
***β*-aminopyridine** *β*-氨基吡啶;3-氨基吡啶
aminopyrine 氨基比林
aminoquincarbamide 双氨甲喹脲
aminoquinol 阿米诺喹
aminoquinoline 氨基喹啉
aminoquinoxaline 氨基喹喔啉
amino resin 氨基树脂
amino resin adhesive 氨基树脂胶黏剂
amino resin coating 氨基树脂涂料
aminoresorcinol 氨基间苯二酚
aminorex 阿米雷司
amino rubber 氨基橡胶
***p*-aminosalicylic acid** 对氨基水杨酸
aminosidine 氨苷菌素
aminosilane 氨基硅烷
aminosiloxane 氨基硅氧烷
***α*-aminosuccinic acid** *α*-氨基丁二酸;天冬氨酸
aminosugar 氨基糖
aminosulfonic acid 氨(基)磺酸
amino terminal 氨基(末)端;*N* 末端
amino-terminated liquid nitrile rubber 端氨基液态丁腈橡胶
2-aminothiazole 2-氨基噻唑
aminothiourea 氨基硫脲
***p*-aminotoluene** 对甲苯胺
aminotoluene sulfonic acid 氨基甲苯磺酸
amino transferase 氨基转移酶;转氨酶
aminotriazine 氨基三嗪
aminotriazole 杀草强;氨三唑
4-amino-3,5,6-trichloropicolinic acid(=picloram) 毒莠定
amino-uracil 氨基尿嘧啶
***δ*-amino valeramide** *δ*-氨基戊酰胺
***δ*-aminovaleric acid** *δ*-氨基戊酸
aminoxylene(=xylidine) 二甲苯胺
aminozide 二甲基琥珀酰肼;丁二酸一酰(2,2-二甲基)肼
amioca 支链淀粉
amiodarone 胺碘酮
amiodoxyl benzoate 碘氧苯甲酸铵
amiphenazole 阿米苯唑
Amisal desulfurization process 常温甲醇洗法脱硫
amisometradine 阿米美啶
amisulpride 氨磺必利
amital 阿米他;异戊基·乙基巴比土酸
amiton 胺吸磷
amitosis 无丝分裂
amitraz (1)阿米曲士(食欲增进药)(2)虫螨脒;胺三氮螨(杀螨药)
amitriptyline 阿米替林
amitriptylinoxide 氧阿米替林
amitrole 杀草强;氨三唑
amixetrine 阿米西群;阿米特林
amixis 无融合
amizol 杀草强;氨三唑
amlexanox 氨来呫诺
amlodipine 氨氯地平
Ammate 氨基磺酸铵
ammelide 三聚氰酸一酰胺;氰尿酰胺;黑尿酸
ammeline(=cyanurodiamide) 三聚氰酸二酰胺;氰尿二酰胺
ammeter 安培计;电流计
ammine 氨合物;氨络物
ammine complex 氨合物;氨络物
ammino-complex 氨合物;氨络物
ammino compound 氨配位化合物
ammonal 阿芒拿(硝铵、铝、炭)炸药
ammonate 氨合物;氨络物
ammonation 氨合(作用)
ammonchelidonic acid(=chelidamic acid) 白屈菜氨酸

ammongelatine dynamite 硝铵胶质代那买特
ammonia 氨
ammonia absorber 氨吸收塔[器]
ammonia alum 铵明矾;硫酸铝铵
ammonia amalgam 氨汞齐
ammoniac (1)氨的(2)氨草胶
ammoniacal brine (充)氨盐水
ammoniacal latex (加)氨(保存)胶乳
ammoniacal liquor 氨水
ammonia(cal) nitrogen 氨型氮
ammoniac gum 氨草胶
ammonia chloride 氯化铵
ammonia compression refrigerating machine 氨压缩冷冻机
ammonia compressor 氨压缩机
ammonia condenser 氨(气)冷凝器
ammonia cooler 氨冷却器
ammonia-cooling type 氨冷式[型]
ammonia corrosion 氨腐蚀
ammoniacum 氨草胶
ammonia dynamite 硝铵炸药
ammonia emulsion 氨法乳剂
ammonia evaporator 氨蒸发器
ammonia leak test 氨渗漏试验
ammonia liquor 粗氨水
ammonia liquor catalysis process 氨水催化法(脱硫)
ammonia liquor neutralization process 氨水中和法(脱硫)
ammonialyase 解氨酶;脱氨酶
ammoniameter 氨量计
ammonia nitrogen 氨型氮
ammonia oil 氨压缩机润滑油
ammonia oxidation(process) 氨氧化法
ammonia oxidizing bacteria 氨氧化细菌
ammonia-preserved latex (加)氨(保存)胶乳
ammonia pump 氨水泵
ammonia recovery unit 氨回收装置
ammonia recycle system 氨循环系统
ammonia refrigerating machine 氨冷冻机
ammonia refrigerator 氨冷冻机
ammonia saturator 氨饱和器
ammonia scrubber 洗氨器;氨气洗涤器;氨气吸收器
ammonia separator 氨分离器
ammonia soda ash 氨碱法(轻)苏打灰;氨碱法轻质纯碱
ammonia-soda process 氨碱法
ammonia spirit 氨水(氨的水溶液)
ammonia still 氨气塔;蒸氨塔
ammonia storage tank 氨贮槽
ammonia sulfate 硫酸铵
ammonia synthesis 氨合成
ammonia synthesis catalyst 氨合成催化剂
ammonia(synthesis)converter 氨合成塔
ammonia synthesis gas 氨合成气
ammonia synthesis loop 氨合成圈
ammonia synthesis under medium pressure 中压合成氨
ammoniate 氨合物
ammoniated (1)充氨的(2)含氨的
ammoniated brine (充)氨盐水
ammoniated iron 氯铁酸铵;氯化正铁铵
ammoniated latex 充氨胶乳
ammoniated mercury chloride 氯化氨基汞
ammoniated peat 氨化泥炭
ammoniated superphosphate 氨化过磷酸钙;含铵过磷酸钙
ammoniating (1)充氨的(2)充氨
ammoniation 氨化(作用)
ammoniator 氨化器
ammonia turbocompressor 氨透平压(缩)机
ammonia water 氨水
ammonification 氨化作用
ammonifying bacteria 成氨菌
ammoniogen 生氨剂
ammoniogenesis 生氨作用
ammoniometer 氨量计
ammonite (1)菊石壳(2)干肉粉(3)阿芒炸药;硝铵二硝基萘炸药
ammonium 铵(离子)
ammonium acetate 醋酸铵
ammonium acid arsenate 酸式砷酸铵
ammonium acid carbonate 碳酸氢铵
ammonium acid fluoride 氟化氢铵
ammonium acid tartrate 酒石酸氢铵
ammonium alginate (海)藻酸铵
ammonium alum 铵矾;铵铝矾
ammonium (aluminium) sulfate 铵铝矾;铵矾;硫酸铝铵
ammonium antimonyl tartrate 酒石酸氧锑铵
ammonium aurichloride 氯金酸铵
ammonium auricyanide 氰金酸铵
ammonium aurocyanide 氰亚金酸铵
ammonium azide 叠氮化铵
ammonium benzoate 苯(甲)酸铵
ammonium biarsenate 砷酸氢铵
ammonium biborate 硼酸氢铵

ammonium bicarbonate 碳酸氢铵
ammonium bichromate 重铬酸铵
ammonium bifluoride 氟化氢铵
ammonium bimalate 苹果酸氢铵
ammonium binoxalate 草酸氢铵
ammonium biphosphate 磷酸二氢铵
ammonium bisulfate 硫酸氢铵
ammonium bisulfite 亚硫酸氢铵
ammonium bitartrate 酒石酸氢铵
ammonium bithiolicum 鱼石脂
ammonium biuranate 重铀酸铵
ammonium borate 硼酸铵
ammonium borofluoride 氟硼酸铵
ammonium bromoplatinate 溴铂酸铵
ammonium caprylate 辛酸铵
ammonium carbamate 氨基甲酸铵
ammonium carbonate 碳酸铵
ammonium ceric sulfate 硫酸高铈铵
ammonium cerous sulfate 硫酸铈铵
ammonium C_{18} fatty alcohol sulfate C_{18}脂肪醇硫酸铵
ammonium chloraurate 氯金酸铵
ammonium chloride 氯化铵
ammonium chlorocuprate 氯铜酸铵;氯化铜铵
ammonium chloroiridate 氯铱酸铵;氯化铱铵
ammonium chloropalladate 氯钯酸铵;氯化钯铵
ammonium chloropalladite 氯亚钯酸铵;氯化亚钯铵
ammonium chloroplatinate 氯铂酸铵;氯化铂铵
ammonium chloroplatinite 氯亚铂酸铵;氯化亚铂铵
ammonium chlorostannate 氯锡酸铵;氯化锡铵
ammonium chlorotitanate 氯钛酸铵;氯化钛铵
ammonium chromate 铬酸铵
ammonium chromic alum 铵铬矾;硫酸铬铵
ammonium chromic sulfate 硫酸铬铵;铵铬矾
ammonium citrate 柠檬[枸橼]酸铵
ammonium cuprate 铵铜合物(氢氧化铜的含氨溶液)
ammonium cyanate 氰酸铵
ammonium cyanoplatinite 氰亚铂酸铵
ammonium diacid phosphate 磷酸二氢铵;二酸式磷酸铵
ammonium dibasic phosphate 磷酸氢二铵;二碱式磷酸铵
ammonium dichromate 重铬酸铵
ammonium *O,O*-diethylthiophosphate *O,O*-二乙基硫羟磷酸铵
ammonium dihydric phosphate 磷酸二氢铵
ammonium dihydrogen phosphate 磷酸二氢铵
ammonium dineptunate 重镎酸铵
ammonium disulfatoindate 硫酸铟铵
ammonium dithiocarbamate 二硫代氨基甲酸铵
ammonium diuranate 重铀酸铵
ammonium fatty alcohol polyoxyethylene ether sulfate 脂肪醇聚氧乙烯醚硫酸铵
ammonium ferric alum 铵铁矾
ammonium ferric chloride 氯化铁铵
ammonium ferric citrate 柠檬酸铁铵;枸橼酸铁铵
ammonium ferric methylarsonate 甲基胂酸铁铵
ammonium ferric sulfate 硫酸铁铵
ammonium ferricyanide 氰铁酸铵
ammonium ferrocyanide 氰亚铁酸铵
ammonium ferrous sulfate 硫酸亚铁铵
ammonium fluogallate 氟镓酸铵
ammonium fluoride 氟化铵
ammonium fluoroborate solution 氟硼酸铵溶液(裂化催化剂)
ammonium fluo(ro)silicate 氟硅酸铵
ammonium fluoscandate 氟钪酸铵;氟化钪铵
ammonium formate 甲酸铵
ammonium gallium sulfate 硫酸镓铵
ammonium gluconate 葡糖酸铵
ammonium halide 卤化铵
ammonium hexachloroplatinate 六氯铂酸铵
ammonium hexafluorophosphate 六氟磷酸铵
ammonium humate 腐殖酸铵
ammonium hydrogen carbonate 碳酸氢铵
ammonium hydrogen fluoride 氟化氢铵
ammonium hydrogen phosphate 磷酸氢二铵
ammonium hydrogen tartrate 酒石酸氢铵
ammonium hydrosulfide 氢硫化铵
ammonium hydroxide 氢氧化铵;氨水
ammonium hypophosphate 连二磷酸铵
ammonium hypophosphite 次磷酸铵
ammonium hyposulfite 连二亚硫酸铵
ammonium ichthosulfonate 鱼石脂
ammonium iodate 碘酸铵
ammonium iodide 碘化铵
ammonium iridichloride 氯铱酸铵;氯化

铱铵
ammonium iron alum 铵铁矾
ammonium iron chloride 氯化铁铵
ammonium lactate 乳酸铵
ammonium linoleate 亚油酸铵
ammonium magnesium arsenate 砷酸镁铵
ammonium magnesium phosphate 磷酸镁铵
ammonium mandelate 扁桃酸铵
ammonium manganous sulfate 硫酸锰铵
ammonium metaborate 偏硼酸铵
ammonium metaphosphate 偏磷酸铵
ammonium metatungstate 偏钨酸铵
ammonium metavanadate 偏钒酸铵
ammonium molybdate 钼酸铵
ammonium molybdophosphate（AMP） 磷钼酸铵
ammonium monoacid phosphate 磷酸氢二铵;一酸式磷酸铵
ammonium monohydric phosphate 磷酸氢二铵;一酸式磷酸铵
ammonium mucate 黏酸铵;半乳糖二酸铵
ammonium nickel(ous) sulfate 硫酸镍铵
ammonium nitrate 硝酸铵
ammonium nitrate-dinitronaphthalene explosive 铵萘炸药
ammonium nitrate explosive(s) 硝铵炸药
ammonium nitrate-fuel oil explosive 铵油炸药
ammonium nitrate limestone 硝酸钙铵
ammonium nitrogen fertilizer 铵态氮肥
ammonium oxalate 草酸铵
ammonium palladic chloride 氯化钯铵;氯钯酸铵
ammonium palladous chloride 氯化亚钯铵;氯亚钯酸铵
ammonium pentaborate 五硼酸铵
ammonium perchlorate 高氯酸铵
ammonium-perchlorate explosive 高氯酸铵炸药
ammonium perchromate 过铬酸铵
ammonium periodate 高碘酸铵
ammonium permanganate 高锰酸铵
ammonium peroxydisulfate 过(二)硫酸铵
ammonium perrhenate 高铼酸铵
ammonium persulfate 过二硫酸铵
ammonium phosphate fertilizers 磷酸铵类肥料
ammonium phosphomolybdate 磷钼酸铵
ammonium phosphotungstate 磷钨酸铵
ammonium phosphowolframate 磷钨酸铵
ammonium picrate 苦味酸铵
ammonium platinic bromide 溴化铂铵;溴铂酸铵
ammonium platinic chloride 氯化铂铵;氯铂酸铵
ammonium platinochloride 氯铂酸铵;氯化铂铵
ammonium plutonyl phosphate 磷酸钚酰铵
ammonium polyacrylate 聚丙烯酸铵
ammonium polyphosphate 多磷酸铵
ammonium polysulfide 多硫化铵
ammonium-potassium sulfate 硫酸铵钾
ammonium primary phosphate 磷酸二氢铵;一酸式磷酸铵;一代磷酸铵
ammonium purpurate 红紫酸铵;骨螺紫
ammonium rhodanate 硫氰酸铵
ammonium rhodanide 硫氰酸铵
ammonium rhodanilate 四硫氰基二苯胺合铬酸铵 $NH_4[Cr(C_6H_5NH_2)_2(SCN)_4]$
ammonium salt 铵盐
ammonium secondary phosphate 磷酸氢二铵;二代磷酸铵
ammonium silicofluoride 氟硅酸铵
ammonium soap 铵皂
ammonium stannic chloride 氯化锡铵;氯锡酸铵
ammonium stearate 硬脂酸铵
ammonium sulfamate 氨基磺酸铵
ammonium sulfate 硫酸铵
ammonium sulfate-nitrate 硫酸硝酸铵;硫(酸)硝酸铵
ammonium sulfide 硫化铵
ammonium sulfite 亚硫酸铵
ammonium sulfoantimonate 全硫(代)锑酸铵
ammonium sulfobituminate 鱼石脂
ammonium sulfocyanide 硫氰酸铵
ammonium sulfoichthyolate 鱼石脂
ammonium superphosphate 过磷酸铵
ammonium tartrate 酒石酸铵
ammonium tertiary phosphate (三取代)磷酸铵
ammonium tetrathiotungstate 四硫钨酸铵
ammonium thiocarbonate 全硫碳酸铵
ammonium thiocyanate 硫氰酸铵
ammonium thiocyanide 硫氰酸铵
ammonium thiostannate 全硫锡酸铵
ammonium thiosulfate 硫代硫酸铵
ammonium titanyloxalate 草酸钛铵

ammonium tribasic phosphate （三取代）磷酸铵
ammonium trinitrophenolate 苦味酸铵
ammonium tungstate 钨酸铵
ammonium tungstophosphate（AWP） 钨磷酸铵
ammonium uranylcarbonate 碳酸氧铀铵
ammonium uranylfluoride 氟化氧铀铵
ammonium vanadate 钒酸铵
ammonium wolframate 钨酸铵
ammonization 氨化作用
ammonizator (1)氨化剂(2)加氨器
ammonobase 氨基金属
ammonocarbonous acid 氢氰酸
ammonolysis 氨解(作用)
ammonotelic excretion 泌氨排泄
ammonotelic organism 排氨生物
ammonotelism 排氨型代谢
ammophos 安福粉(一种磷酸铵肥料)
ammophoska 安福钾(肥料)
ammoxidation 氨氧化反应[作用]；氨解氧化(作用)；氨化氧化
ammoximation 氨肟化
amobarbital 异戊巴比妥
amobarbital sodium 异戊巴比妥钠
amocarzine 阿莫卡嗪
Amoco process 阿莫科法(芳烃氧化制苯酚法)
amodiaquin(e) 阿莫地喹
amoebacide 杀变形虫[阿米巴]药
amoil 酞酸戊酯
amolanone 阿莫拉酮
amoproxan 克冠吗啉
amorolfine 阿莫罗芬
amorph 无效等位基因
amorphin 紫穗槐苷
amorphism 非晶形(现象)
amorphization 非晶体化；无定形化
amorphous 非晶形的；无定形的
amorphous alloy 非晶态合金；无定形合金；金属玻璃
amorphous body 无定形体
amorphous carbon 无定形碳
amorphous glassiness selenium 无定形玻璃体硒
amorphous material 非晶态物；无定形物
amorphous membrane 均质膜；无定形膜
amorphous phase 非晶相；无定形相
amorphous polymer 无定形聚合物
amorphous polyolefin adhesive 无定形聚烯烃胶黏剂
amorphous polyolefins(APO) 非晶性聚烯烃
amorphous semiconductor 非晶半导体
amorphous silicon 非晶硅
amorphous solid 无定形体
amorphous state 无定形态
amorphous state alloy 非晶态合金
amorphous substance 无定形物
amorphous sulfur 无定形硫
amorphous wax 无定形蜡
amortization 缓冲作用
amoscanate(＝nithiocyamine) 硝硫氰胺；异硫氰酸 *p*-(*p*-硝基苯胺基)苯酯
amosite 铁石棉(填充剂)
amosulalol 氨磺洛尔
amotriphene 胺氧三苯
amount adsorbed 吸附量
amount of substance 物质的量
amount-of-substance concentration 物质的量浓度
amount-of-substance fraction 物质的量分数
amount-of-substance ratio 物质的量比
amount of vacuum 真空度
amoxapine 阿莫沙平
amoxecaine 阿莫卡因
amoxicillin 阿莫西林；羟氨苄青霉素
amozonolysis 氨(解)臭氧化反应(作用)
AMP 腺苷一磷酸；腺苷酸
ampelopsin 白蔹素
ampere 安培
Ampere balance 安培天平
Ampere circuital theorem 安培环路定理
Ampere force 安培力
ampere-hour meter 安时计
Ampere hypothesis 安培(分子电流)假说
Ampere law 安培定律
amperemeter(＝ammeter) 安培计
ampere-turns 安(培)匝数
amperometer 电流分析(仪)
amperometric titration 电流滴定(法)；安培滴定(法)
amperometry 电流滴定(法)；安培滴定(法)
amperozide 安哌齐特
amphecloral 胺苯氯醛
amphenidone 安非尼酮
amphenone B 氨苯丁酮 B
amphetamine 苯(异)丙胺；安非他明；1-苯基-2-丙胺
amphetamine chloride 冰毒

amphetamine sulfate 硫酸苯丙胺;硫酸安非他明
amphetaminil 苯丙胺苄氰;安非他明苄氰
amphiastral mitosis 双星有丝分裂
amphibivalent 双二价体
amphibole 角闪石
amphibolic pathway 两用代谢途径
amphichiralty 兼手性
amphichroic (= amphichromatic) 两变色的
amphidiploid 双二倍体
amphidiploidy 双二倍性
amphihaploid 双单倍体
amphimixis 两性融合
amphion 两性离子
amphipathic 两亲的(指既亲水又亲油)
amphipathic structure 两亲性结构
amphipathy 两亲性
amphiphile 两亲物
amphiphilic 两亲的
amphiphilic molecule 两亲分子
amphiphilic surfactant 两亲型表面活性剂
amphipolyploid 双多倍体
amphiposition 远位;跨位(萘环2,6位)
amphiprotic 两性的
amphiprotic solvent 两性溶剂
amphiprotic substance 两性化合物
amphitrophy 兼性营养
amphitropic virus 兼缩病毒
amphivalency 异配现象
amphocarboxymethyl imidazoline 羧甲基型两性咪唑啉
amphoglycinate 两性甘氨酸盐
ampholyte 两性电解质;两性物
ampholytic detergent 两性洗涤剂
ampholytic surfactant 两性表面活性剂
ampholytoid 两性胶体
amphomycin(= amfomycin) 安福霉素;双霉素;颖霉素
amphora (pl. amphoras; amphorae)双耳瓶;安弗拉双耳长颈古瓶;安弗拉
ampho-surfactant 两性表面活性剂
amphotalide 氨苯酞胺
amphotere 两性元素
amphoteric 两性的;兼性的
amphoteric colloid 两性胶体
amphoteric compound 两性化合物
amphoteric electrolyte 两性电解质
amphoteric element 半金属元素
amphoteric emulsifier 两性乳化剂
amphoteric hydroxide 两性氢氧化物
amphoteric imidazoline 两性咪唑啉
amphotericin B 两性霉素B
amphoteric ion 两性离子
amphoteric ion-exchange resin 两性离子交换树脂
amphoteric oxide 两性氧化物
amphoterics 两性表面活性剂
amphoteric solvent 两性溶剂
amphoteric starch 两性淀粉
amphoteric surface-active agent 两性表面活性剂
amphoteric surfactant 两性表面活性剂
amphoteric surfactant AM series 两性表面活性剂AM系列产品
amphoteric surfactant BS-12 两性表面活性剂BS-12
amphoterism 两性现象;两性性质
amphozone 两性霉素B
ampicillin 氨苄西林;氨苄青霉素
ampiroxicam 安吡昔康
amplicon 扩增子
amplification 放大(作用);扩增
amplification factor 放大因子
amplification matrix 放大矩阵
amplification procedure 放大程序[步骤]
amplified factor 放大倍率
amplifier 放大器
amplifier enzyme 放大酶
amplifying 放大(的);扩增(的)
amplifying element 放大环节
amplitude 振幅
amplitude contrast microscopy 幅衬显微学
amplitude grating 振幅(型)光栅
amplitude reflectivity 振幅反射率
ampoul(e) (1)安瓿;针药管(2)安瓿剂;针药(3)壶腹
ampoule filler 安瓿装药机;针药封装机
ampoule filler and shutter 灌封机
amprolium 安普罗铵;氨丙啉
amprolium hydrochloride 盐酸安普罗铵
amprotropine phosphate 磷酸安普洛托品
ampule 安瓿瓶
ampyrone (4-)氨基安替比林
amrinone 氨力农
AMS 加速器质谱法
amsacrine 安吖啶
amsonic acid 氨芪磺酸
amtolmetin guacil 呱氨托美丁
amu 原子质量单位

Amur corktree 黄檗；黄波罗
amycin 阿霉素
amydricaine 戊胺卡因
amyelination 脱髓鞘
amygdalase 苦杏仁苷酶
amygdalate 扁桃酸盐（或酯）
amygdalic acid 扁桃酸；苯乙醇酸
amygdalin 扁桃苷；苦杏仁苷
amygdalinic acid 扁桃酸；苯乙醇酸
amygdaloside 苦杏仁苷
***n*-amyl** （正）戊基
***neo*-amyl** 新戊基
***sec*-amyl** 仲戊基
***tert*-amyl** 叔戊基
***n*-amyl acetate** 醋酸（正）戊酯
***sec*-amyl acetate** 乙［醋］酸仲戊酯
***tert*-amyl acetate** 乙［醋］酸叔戊酯
amylacetic ester 乙酸戊酯
amylacetylene 戊基乙炔；庚炔
amyl alcohol 戊醇
***n*-amyl alcohol** （正）戊醇；1-戊醇
***sec*-amyl alcohol** 仲戊醇
***tert*-amyl alcohol** 叔戊醇
amyl aldehyde 戊醛
***n*-amylamine** 正戊胺
***tert*-amylamine** 叔戊基胺
amylan 麦胶
***p-tert*-amylaniline** 对叔戊基苯胺
α-amylase α-淀粉酶；糖化酶
β-amylase β-淀粉酶；（麦芽）糖化酶
amylbenzene 戊苯
***n*-amylbenzene** （正）戊基苯；1-苯基戊烷
***tert*-amylbenzene** 叔戊基苯
amyl benzoate 苯甲酸戊酯
amyl borate 硼酸戊酯
amyl boric acid 戊基硼酸
amyl boron dihydroxide （＝amyl boric acid） 戊基硼酸
***d*-amylbromide** 光活性溴戊烷
***n*-amyl butyrate** 丁酸正戊酯
***n*-amyl butyric ester** 丁酸（正）戊酯
γ-amyl butyrolactone γ-戊基丁内酯；椰子醛
amyl *n*-caproate 己酸（正）戊酯
amyl carbinol 己醇
***n*-amyl chloride** （＝1-chloropentane） （正）戊基氯；1-氯戊烷
***tert*-amyl chloride** 叔戊基氯
***n*-amyl chloroacetate** 氯乙酸（正）戊酯
***n*-amyl chlorocarbonate** 氯甲酸（正）戊酯
***n*-amyl chloroformate** 氯甲酸（正）戊酯
α-amyl cinnamaldehyde α-戊基肉桂醛；素馨醛
***n*-amyl cyanide** （正）戊基氰
***tert*-amyl** 叔戊基
amylene 戊烯
amylene alcohol 叔戊醇
amylene dichloride 1,5-亚戊基二氯
amylene oxide 四氢吡喃；氧杂环己烷
amyl ether 戊醚
***n*-amylether** 正戊醚
amyl ethyl ketone 乙基·戊基（甲）酮；3-辛酮
amyl fluoride 戊基氟；氟戊烷
amyl formate 甲酸戊酯
amyl formic ester 甲酸戊酯
amyl group 戊基
amyl halide 戊基卤
amyl hydrosulfide 戊硫醇
amylidene （＝pentylidene） 1,1-亚戊基
amylin 糊精
amyline 淀粉粒的纤维素膜
***n*-amyl iodide** （正）戊基碘；1-碘代戊烷
***sec*-amyl iodide** 仲戊基碘；2-碘（代）戊烷
***tert*-amyl iodide** 叔戊基碘
amylit 麦芽糖化酶
***n*-amyl ketone** 二（正）戊基（甲）酮；均十一酮
***n*-amyl malonic acid** （正）戊基丙二酸
***n*-amyl mercaptan** （正）戊硫醇
***n*-amylmercuric chloride** 氯化（正）戊基汞
amylmercuric cyanide 氰化戊基汞
amylmercuric iodide 碘化戊基汞
amyl mustard oil （＝amyl isothiocyanate） 戊基芥子油；异硫氰酸戊酯
amyl nitrate 硝酸戊酯
***n*-amyl nitrite** 亚硝酸（正）戊酯
amylo-(1,4→1,6) transglucosidase 淀粉转葡糖苷酶
amylocainehydrochloride 盐酸阿米卡因；盐酸异戊卡因
amylo-cellulose 淀粉纤维素
amylocyanin 淀粉蓝素
amylodextrin 淀粉糊精；极限糊精
amyloform 淀粉仿；淀粉甲醛混合物
amylogen 可溶性淀粉
amylo-1,6-glucosidase 淀粉-1,6-葡糖苷酶；脱支酶
amyloglucosidase 淀粉糖化酶；淀粉葡萄糖苷酶

amylograph （淀粉）黏焙力测量器
amyloid 淀粉状蛋白
amyloidosis （蛋白质）淀粉样变性
amyloin（＝maltodextrin） 麦芽糖糊精
amylolysis 淀粉水解
amylolytic enzyme 淀粉（水解，分解）酶
amylomaltase 麦芽糖转葡糖基酶；淀粉麦芽糖酶
amylomaltose 麦芽糖
amylometer 淀粉计
amylometric method 淀粉酶测定法
amylopectase 支链淀粉酶
amylopectin 支链淀粉
amylophosphatase 淀粉磷酸酶
amylophosphorylase 淀粉磷酸化酶
amyloplast 造粉质体；淀粉质体
amylo process 阿米露法
amylopsin 胰淀粉酶
amylose 直链淀粉
amylosucrase 淀粉蔗糖酶
amylosurea 淀粉尿
amyloysis 淀粉分解
amylpencillin sodium 戊青霉素钠
amyl propionate 丙酸戊酯
amyl salicylate 水杨酸戊酯
amylum 淀粉
amylxanthate 戊基黄原酸盐（或酯）
amyrenol 脂檀素；香树脂醇；香脂檀醇
amyrenonol 香树脂酮醇；香脂檀酮醇
α-amyrin α-香树素；α-脂檀素
amyris oil 香树油
amytal 阿米妥
ana- 遥（位）
***l*-anabasine** 新烟碱；毒藜碱
anabatic wind 上升风；上坡风
anabiosis 回生；复苏；间生态
anabolic 合成代谢的
anabolic steroid 促蛋白合成类固醇；促蛋白合成甾体（类）
anabolism 合成代谢
anabsinthin 安艾苦素
anacardic acid 槚如酸；漆树酸
anacardol 槚如酚；腰果酚
anachronistic expression 错时间性表达
anacidity 酸缺乏
Anaconda-Trail process（**for zinc extraction**） 安那康达-特雷耳（提锌）法
anadol 阿法罗定；安侬痛
anaerobe 厌氧微生物；厌氧菌
anaerobia 厌氧微生物；厌氧菌
anaerobic 厌氧的
anaerobic adhesive 厌氧胶黏剂
anaerobic-aerotolerant 厌氧但耐氧的
anaerobic bacteria 厌氧细菌；厌气细菌
anaerobic bacteria corrosion 厌氧菌腐蚀
anaerobic baffled reactor（**ABR**） 厌氧折流反应器
anaerobic biological rotating disc 厌氧生物转盘
anaerobic contact digester 厌氧接触消化器
anaerobic corrosion 微生物腐蚀
anaerobic culture 无氧培养；厌氧培养
anaerobic dehydrogenase 厌氧脱氧酶；不需氧脱氢酶
anaerobic digestion 厌氧消化[降解]
anaerobic fermentation 无[厌]氧发酵
anaerobic glycolysis 无氧酵解
anaerobic lagoon 厌氧塘
anaerobic medium 厌氧培养基
anaerobic metabolism 无氧代谢
anaerobic oxidation 不需氧氧化
anaerobic respiration 无氧呼吸
anaerobic sludge 厌氧污泥
anaerobic tank 化粪池
anaerobic treatment 厌氧处理；消化处理
anaerobiosis 厌氧生活；厌氧生境
anaerogen 不产生菌
anaesthesin（**e**） 苯佐卡因；阿奈西辛
anaesthetic （1）麻醉剂（2）麻醉的
anagestone 阿那孕酮
anagrelide 阿那格雷
anagyrine 臭豆碱
anakinesis 高能化物合成
analcime（＝analcite） 方沸石
analcite 方沸石
analeptic （1）强壮药；复原剂（2）兴奋药；回苏剂
analgen（**e**）（＝8-ethoxy-5-benzamidoquinoline） 安纳晶：（1）8-乙氧基-5-苯酰胺基喹啉（2）5-乙酰氨基-8-乙氧基喹啉
analgesic 镇痛剂；止痛药
analgetic 镇痛药；止痛药
analgin（＝metamizole sodium） 安乃近
anallachrom 七叶亭酸
analog answer 模拟应答
analog computer 模拟计算机
analog control 模拟控制
analog device 模拟装置
analog input 模拟输入

analog instrument(s) 模拟仪表
analogits 模拟物
analogous enzyme variant(s) 同类酶变异体
analog simulation 模拟仿真
analog system 模拟系统
analog telemetering system 模拟遥测系统
analog theory 模拟理论
analogue 类似物
analogue recording 模拟记录
analog(ue)s 类似物;同型物
analogy 类比
analogy model 模拟模型
analysin 枯草溶菌素
analysis (1)分析(2)解析
analysis mode 分析型
analysis of fatigue 疲劳分析
analysis of variance 方差分析
analysis room 分析室
analyst 分析员;化验员
analyte (被)分析物
analytical apparatus 分析仪器
analytical balance 分析天平
analytical chemistry 分析化学
analytical chromatograph 分析用色谱仪
analytical concentration 分析浓度
analytical data 分析数据
analytical extrapolation 解析外推法
analytical isotachophoresis 等速电透分析(法)
analytical line 分析线
analytically pure 分析纯;二级纯
analytical projective method 投影解析法
analytical reagent(AR) 分析纯
analytical solution of group contribution method ASOG法(求活度系数的功能团贡献解析法)
analytical standard 分析标准
analytical ultracentrifuge 超速离心分析器
analytical weights 分析砝码
analytic geometry 解析几何
analytic hierarchy process 层次分析法
analyzer (1)分析器(2)检偏(振)器
analyzer for nitrogen oxides 氮氧化物分析仪
anamnestic response 回忆应答
anamorphism 合成变质;复化变质
anamorphoscope 歪象校正镜
anamorphosis 变形;失真
anapaite 三斜磷钙铁矿
anaphoresis 阴离子电泳
anaphrodisiac 制欲剂
anaphylactin(=allergen) 过敏素
anaphylatoxin 过敏毒素
anaplerosis (糖的)添补;添加(糖)
anaplerotic reaction 添补反应
anaplerotic sequence 回补顺序
anastigmat 消像散透镜
anatabine 去氢毒藜碱;新烟草碱
anatase 锐钛矿
anatase titanium dioxide 锐钛型钛白粉
anation 引入阴离子作用
anatoxin 变性毒素;类毒素
anauxite 蠕陶土
anazolene sodium 阿那佐林钠
ancestral element 祖元素
ancestral petroleum 原石油;类石油
anchimeric assistance 邻位促进;邻位协助;邻助作用
anchoic acid 壬二酸
anchor 锚
anchorage 固着;固定;锚定
anchorage-dependent cell 贴壁细胞;锚地依赖细胞
anchor agitator 锚式搅拌器
anchor ball 锚球
anchor bolt 地脚螺栓;地脚螺钉;基础螺栓
anchor bolt box 地脚螺栓预留孔
anchor(bolt) hole 地脚螺栓(预留)孔
anchor catalyst 锚定催化剂
anchor coat 结合层;打底胶浆;初层
anchored compound 黏附的化合物
anchored primer 锚定引物
anchored trough 锚槽
anchor grouting 地脚灌浆
anchor hole 地脚螺栓孔
anchor hole depth 地脚螺栓孔深度
anchor hole pitch 地脚螺栓孔间距
anchorin 锚蛋白
anchoring (1)锚定;固定(2)锚[固]定的
anchoring agent 结合剂;增黏剂
anchoring dependence 锚定依赖
anchoring effect 毛细管理论
anchoring enzyme 锚定酶
anchoring factor 贴壁因子;锚着因子
anchoring strength 结合强度;黏附力
anchor mixer 锚式搅拌器
anchor paddle mixer 锚桨式搅拌器
anchor point 定位点
anchor (type) agitator 锚式搅拌器
anchor (type) mixer 锚式搅拌器

anchovy oil 鲚鱼油;小鳟油
anchusic acid 安刍酸
ancillary equipment 辅助设备;外围设备
ancitabine 环胞苷
ancrod 安克洛酶
ancymidol 嘧啶醇
andalusite 红柱石
andenine-9-β-ribofuranoside(= adenosine) 腺嘌呤-9β-呋喃核糖苷;腺苷
andesine 中长石
andesite 安山岩
andorite 硫锑铅银矿
andradite 钙铁榴石
andreolite 交沸石
androgamone 雄性交配素
androgen(=male hormone) 雄(性)激素
androgen-binding protein 雄激素结合蛋白
androgenic hormone(s) 雄(性)激素
andrographolic acid 穿心莲酸
andrographolide 穿心莲内酯
androisoxazole 雄异噁唑
androkin 雄甾酮
andrometoxin 石南毒素
androsin 草夹竹桃苷
androsome 限雄染色体
androspore 产雄(器)孢子
androstane 雄(甾)烷
androstanediol(=dihydroandrosterone) 雄(甾)烷二醇;二氢雄(甾)酮
androstanedione 雄(甾)二酮
3-androstaneone 3-雄(甾)烷酮
androstanol 雄(甾)烷醇
androstene 雄(甾)烯
androstenediol 雄(甾)烯二醇
androstenedione 雄甾烯二酮
androstenone 雄(甾)烯酮
androsterone 雄(甾)酮
androtermone 雄定酮;(单)衣藻定雄性素
androtin(=androsterone) 雄(甾)酮
Andrussow process 安德鲁索夫法(以甲烷、氨、空气为原料催化合成氰化氢法)
anechoic room 消声室
aneladticity 滞弹性
anelasticity 滞弹性
anelastic material 滞弹性材料
anemochory 风播
anemodispersibility 风力分散率
anemometer 风速计;流速计
anemometry 测速法
anemone camphor 银莲花脑
anemonic acid 银莲花酸
anemonin 白头翁素;银莲花素
anemonsite 混合长石
anergy 炁;无效能
aneroid barometer 无液气压计
anesthesia 麻醉;失去知觉
anesthesin 苯佐卡因;阿奈西辛
anesthetic (1)麻醉剂(2)麻醉的
anesthetic ether 麻醉(用)醚
anethole 茴香脑;对丙烯基茴香醚
anethole trithione 茴三硫;胆维他
aneuhaploid 非整倍单倍体
aneuploid 非整倍体
aneuploidy 非整倍性
aneurin 抗神经炎素;维生素 B_1
ANF 心钠素
anfleurage 脂提法(提取花中香精一法)
ANFO explosive 铵油炸药
angelica 当归
angelic acid 当归酸;(*Z*)-2-甲代丁烯酸
angelica lactone 当归内酯
angelica oil 当归油
angelica root oil 当归根油
angelica seed oil 当归子油
angelicic acid 当归酸
angelicin 白芷素;当归根素
angeloylzygadenine 当归酰棋盘花碱
Angelus still 安吉拉斯蒸馏器
angico gum 巴西树胶
angiogenin 血管生成素
angiostatin 血管生长抑素
angiotensin 血管紧张肽[素]
angiotensin Ⅱ antagonist 血管紧张素Ⅱ拮抗剂
angiotensinamide 增压素;血管紧张素胺
angiotensinamine 血管紧张素胺
angiotensinase 血管紧张肽酶
angiotensinogen 血管紧张肽原
angiotonase 血管紧张肽酶
angiotonin 血管紧张肽
angle bar 角铁;角钢
angle board 角尺
angle beam testing method 斜(角)探(伤)法
angle branch 弯管;肘管
angle butt joint 角度对接接头
angle centrifuge 斜角离心机
angle compressor 角式压缩机
angle displacement 角位移

angle factor 角系数
angle gauge 角度计;角规
angle gauge block 角度块规;量角规
angle iron 角铁
angle mounting 带角度安装
angle nebulizer 直角(型)雾化器
angle of attack 冲角
angle of deviation 偏向角
angle of difference 差角
angle of diffraction 衍射角
angle of discharge 出口角
angle of fall 落角
angle of friction 摩擦角
angle of impedance 阻抗角
angle of inclination 倾角
angle of lead 超前角
angle of minimum deviation 最小偏向角
angle of minimum resolution 最小分辨角
angle of nutation 章动角
angle of precession 旋进角
angle of release 释放角;开角
angle of repose 静止角;休止角;堆角
angle of rest 静止角;休止角;堆角
angle of rotation 转动角;自转角
angle of shear 剪切角
angle of slide 滑动角
angle of spatula 刮铲角
angle of tilt 倾角
angle of torque 扭转角
angle of torsion 扭转角
angle of twist 扭转角
angle of valence 价角
angle of wall friction 壁摩擦角
angle pitch 角距
angle press 角(式)压机
angle reciprocating compressor 角式往复压缩机
angler fish liver oil 鮟鱇鱼肝油
angle rib 角肋
angle ring 角钢圈
angle-riser 角度升降器
angler oil 鮟鱇鱼油
anglesite 铅矾;硫酸铅矿
angle(steel) 角钢
angle thermometer L 型温度计;直角温度计
angle valve 角阀;直角形气门嘴
angle-velocity-flux-contour map 角-速度-等流线图
Angola copal 安哥拉珐琅脂(制漆)
angolamycin 安哥拉霉素
angolensin 安哥拉紫檀素
angostura bark 安果斯都拉树皮
angostura oil 安果斯都拉树油
angosturine 安果斯都拉树皮碱
angström(Å) 埃(=10^{-10}米)
anguidin 蛇形菌素
angular acceleration 角加速度
angular alignment 角对准
angular coefficient 角系数
angular-condensed rings 角稠环
angular dispersion 角色散
angular displacement 角位移
angular distribution 角分布
angular (extruder) head 斜角压出机头;Y 形机头
angular frequency 角频率
angular head extruder 斜角挤塑机
angular magnification 角放大率
angular methyl 角(上)甲基
angular methyl group 角甲基
angular misalignment 角度失准;管子接偏;角位移
angular momentum 角动量
angular motion 角向运动
angular overlap model 角重叠模型
angular resolution 角分辨率
angular speed 角速度
angular substituents 角取代基
angular velocity 角速度
angular vibration frequency 角向振(动)频(率)
angustmycin 狭霉素
anhalamine 老头掌胺;无盐掌胺
anhalonidine 甲基老头掌胺;老头掌酮定
anhalonine 老头掌碱;无盐掌宁
anhalonium alkaloids 仙人掌生物碱类
anharmonic coupling constant 非谐性偶合常数
anharmonicity constant 非谐性常数
anharmonic oscillator 非谐振子;非谐振荡器
anharmonic vibration 非谐振动
anhidrotic 止汗剂
anhweiaconitine 安徽乌头碱
anhydrase 脱水酶
anhydride 酸酐;(某)酐
anhydridisation 酐化(作用)
anhydrite 无水石膏;硬石膏
anhydrite process 石膏制酸法

anhydroecgonine 脱水芽子碱
anhydroenneaheptitol 脱水壬七醇
anhydroformaldehyde aniline 三聚脱水甲醛合苯胺
anhydroglucochloral 脱水葡(萄)糖缩氯醛
anhydroglucose 葡糖酐
anhydrohexitol 失水己糖醇
anhydroleucovorin 脱水甲酰四氢叶酸；次甲基四氢叶酸
anhydrone 无水高氯酸镁
anhydrophenylosazone 脱水苯脎
anhydro ring (内)酐环
anhydrosorbitol 失[脱]水山梨糖醇；山梨糖醇酐
anhydrosulfite 亚硫酸酯酐
anhydrosynthesis 缩水合成
anhydrous acid 无水酸
anhydrous alcohol 无水乙醇[酒精]
anhydrous ammonia 无水氨
anhydrous ethanol 无水乙醇[酒精]
anhydrous ferric chloride 无水氯化铁
anhydrous hydrogen chloride 无水氯化氢
anhydrous phosphoric acid (1)磷酸酐(2)无水磷酸
anhydrous plumbic acid 二氧化铅；铅酸酐
anhydrous soap 无水皂
anhydrous sodium carbonate 无水碳酸钠；纯碱末
anhydrous sodium sulfate 无水硫酸钠；元明粉
anhydrous solvent 无水溶剂
anhydrous substance 无水物
anhydrous wolframic acid 钨酸酐；(三)氧化钨
anhydrovitamin A 脱水维生素 A
anil (醛或酮)缩苯胺(苯胺衍生物，PhN═ 型化合物)
anilazine 敌菌灵；防霉灵
anileridine 阿尼利定；氨苄度冷丁
anilide *N*-(某)酰苯胺
anilidothiobiazole 1,2,3-噻二唑
anilinate 苯胺化物；苯胺化金属 $NH_2C_6H_4M$
aniline 苯胺
Aniline Black 苯胺黑
aniline dye 苯胺染料
aniline equivalent (＝aniline number) 苯胺当量；苯胺数(燃料爆震稳定性的一种指标)
aniline-formaldehyde resin 苯胺-甲醛树脂
aniline hydrochloride 盐酸苯胺
aniline leather 苯胺革
aniline mustard 苯胺氮芥
aniline nitrate 硝酸苯胺
aniline number 苯胺当量；苯胺数
aniline oil 苯胺油(即苯胺)
anilinephthalein 苯胺酞
aniline point 苯胺点
aniline red 复红；品红
aniline resin plate 苯胺树脂版
aniline salt 苯胺盐(常专指盐酸苯胺)
aniline sulfate 硫酸苯胺
anilinesulfonic acid 氨基苯磺酸
Aniline Yellow 苯胺黄；对氨基偶氮苯
anilinium ion 苯胺鎓[苯基铵]离子
anilinoacetic acid *N*-苯基甘氨酸
anilino cadmium dilactate 乳胺镉
anilinoplast 苯胺塑料
anilism 苯胺中毒
anilite 安尼炸药(液态二氧化氮、汽油炸药)
anilofos 莎稗磷
anilol 酒精苯胺混合物(一种高辛烷值汽油的掺合组分)
aniluvitonic acid 甲基金鸡纳酸
animal black 兽炭黑；兽炭；骨炭
animal charcoal 兽炭；骨炭
animal fat 动物(油)脂
animal fibre 动物纤维
animal-fowl growth regulator 饲料用生长促进剂
animal glue 动物胶黏剂
animal husbandry 畜牧
animal nitrogenous fertilizer 动物氮肥料
animal size 动物胶
animal toxin 动物毒素
animal wax 动物蜡
animikite 锑银矿
A-ninopterin 氨甲叶酸
aninsulin 反胰岛素
anion 阴离子；负离子
anion active auxiliary 阴离子活性助剂
anion base 阴离子碱
anion-exchange chromatography 阴离子交换色谱法
anion-exchange column 阴离子交换柱
anion-exchange membrane 阴离子交换膜
anion-exchange packing 阴离子交换填充物
anion exchanger 阴离子交换剂
anion-exchange resin 阴离子交换树脂

anion gap （代谢性酸中毒）阴离子缺口
anionic acid 阴离子酸
anionically polymerized polybutadiene 阴离子催化聚丁二烯；有规立构聚丁二烯
anionic band 阴离子谱带
anionic-cationic titration 阴离子-阳离子（表面活性剂）滴定法
anionic cleavage 负离子裂解
anionic copolymerization 阴[负]离子共聚
anionic cycloaddition 负离子环加成
anionic detergent 阴离子洗涤剂；阴离子去污剂
anionic dye 阴离子染料
anionic initiation 阴离子引发（作用）
anionic membrane 阴离子膜
anionic polymerization 阴离子（催化）聚合；负离子（催化）聚合
anionic resin 阴离子型树脂
anionics 阴离子表面活性剂
anionic surfactant 阴离子型表面活性剂
anionite 阴离子交换剂
anionoid 类阴离子
anionoid polymerization （＝anionic polymerization） 阴离子（催化）聚合
anionotropic rearrangement 负离子转移重排
anionotropy 阴离子移变（现象）；负离子转移
anion-permeable membrane 阴离子透膜
anion-radical initiator 阴离子-游离基引发剂
anion-radicals 阴离子基
anion respiration 阴离子呼吸
anion semipermeable membrane 阴离子半透膜
anion surfactant 阴离子表面活性剂
anion-transport protein 阴离子转运蛋白
anion vacancy 阴离子空穴
aniracetam 茴拉西坦
anisacetone 茴丙酮；茴香酮；对甲氧苯基丙酮
anisalcohol 茴香醇；对甲氧基苄醇
***p*-anisaldehyde** 对茴香醛；对甲氧基苯甲醛
anisaldoxime 茴香肟
anisal 甲氧苯亚甲基
anise 茴香
anise alcohol 茴香醇
anise camphor（＝anethole） 茴香（樟）脑；大茴香脑；对丙烯基苯甲醚
aniseed oil （大）茴香油
anise oil （大）茴香油
anise spirit 茴香精
anisette 茴香酒
anisic acid （大）茴香酸；对甲氧基苯甲酸
anisic alcohol 茴香醇
anisidine（＝aminoanisole） 茴香胺；甲氧基苯胺；氨基苯甲醚
anisil 茴香偶酰；联茴香酰
anisilic acid 茴香醇酸
anisindione 茴茚二酮
anisodamine 山莨菪碱
anisodesmic structure 异键结构
anisodimensional particle 不对称形粒子
anisoelasticity 各向异性弹性；非等弹性
anisogamete 异形配子
anisogamy 异配生殖
anisoin 茴香偶姻
anisole 茴香醚；苯甲醚；甲氧基苯
anisolesulfonphthalein 茴香磺酞
anisomeric 非异构的
anisometric 不等轴的
anisomycin 茴香霉素
anisonitrile 茴香腈
anisopolyploid 奇数多倍体
anisospore 异形孢子
anisotonic 异渗的；不等渗的
anisotonic solution 异渗溶液
anisotropic 各向异性的
anisotropic conductive adhesive 各向异性导电胶
anisotropic element 无同位素的元素
anisotropic medium 各向异性介质
anisotropic membrane 非对称膜；各向异性膜
anisotropic plate 各向异性板
anisotropic temperature factor 各向异性温度因子
anisotropine methylbromide 甲溴辛托品
anisotropisation 各向异性化作用
anisotropism（＝anisotropy） 各向异性
anisotropy 各向异性
anisoyl 茴香酰；甲氧苯（甲）酰
***o*-（*p*-anisoyl） benzoic acid** 邻（对茴香酰）苯甲酸
***p*-anisoyl chloride** 对茴香酰氯
anistreplase 阿尼普酶
anisylacetone 茴香酮
anisyl alcohol 茴香醇；对甲氧基苄醇；对

甲氧基苯甲醇
ankaflavin 安卡黄素
ankerite (1)铁白云石(2)条状闪长岩
ankyrin 锚蛋白
anlage 原基
annabergite 镍华
annaline (淀积)硫酸钙(天然产)
annatto (1)胭脂树(2)胭脂树萃
annealed casting 退火铸件
annealed condition 退火状态
annealed steel 退火钢
annealed wire 退火钢丝
annealed zone 重结晶区
annealer 退火炉
anneal(ing) 退火(处理)
annealing container 退火箱;退火罐
anneal(ing) crack 退火裂纹
annealing cycle 退火周期
annealing device 缓冷装置;热处理装置
annealing effect 退火效应
annealing for workability 改善加工性能的退火
annealing furnace 退火炉
annealing hearth 退火敞炉
annealing line 退火作业线
annealing pot 退火罐;退火箱
annealing room 退火车间(或工段)
annealing temperature range 退火温度范围
annealing welding wave 退火焊波
annealing welds 退火焊条
anneal pickle line 退火-酸洗作业线
annelation 增环反应;成环(反应)
annerödite 黑铀铌钇矿
annexing agent 添加剂
annidalin 碘化百里香酚
annihilation 消灭;湮灭;湮没
annihilation operator 湮没算符
annihilation photon 湮灭光子[量子]
annihilation radiation 湮没辐射
annotinine 经年石松宁
annotta (=annatto) 胭脂树红[橙]
annual consumption 年用量
annual cost 年度费用
annual increment 年度增长
annual inspection 年度检查[验]
annual maintenance 年度维护[养护,维修]
annual overhaul 年度检修
annual rate of increase 年度增长率
annual requirement 年度需要量
annual shutdown 年度停车[产]
annular auger 环孔钻
annular cell 环形气室
annular centrifugal contactor(extractor) 环隙式离心萃取器
annular coil 环形线圈
annular column 环形柱;环隙塔
annular die 环形模口
annular dissolver 环形溶解器
annular distance (=annular ring) 环孔
annular distributor 环形分布器;导流筒
annular flow 环状流
annular furnace 环形炉
annular heat exchanger 环形换热器
annular kiln 环窑
annular piston valve 环形活塞阀
annular plate 环板
annular sand mill 圆筒形环隙式砂磨机
annular space 环隙
annular tube 环管;套管
annular-type stripper 环型汽提器
annular velocity 环空速度
annulate lamella 环孔片层
annulation 增环反应;成环(反应)
annulene 轮烯,大环轮烯
[10]-annulene [10]-轮烯
annulus (1)菌环(2)环形缝;环隙
annunciator 信号器
anodal 阳极的;正极的
anode 阳极;正极
anode chamber 阳极室
anode coating 阳极(性)涂层
anode drop 阳极压降
anode film 阳极膜
anode life 阳极寿命
anode liquor 阳极(电解)液
anode mud 阳极泥
anode region 阳极区
anode spot 阳极斑点
anodic 阳极的
anodic-cathodic wave 换极连续(极谱)波
anodic cleaning 阳极清洗;阳极酸洗
anodic coating 阳极(性)镀层
anodic current 阳极电流
anodic depolarizer 阳极去极剂
anodic deposition 阳极沉积
anodic electrodeposition 阳极电泳
anodic inhibitor 缓蚀剂;阳极型缓蚀剂;阳极抑制剂

anodic oxidation 阳极氧化
anodic passivation 阳极钝化
anodic passivity 阳极钝态
anodic polarization 阳极极化
anodic polishing 阳极(电)抛光
anodic potential 阳极电位
anodic protection 阳极保护
anodic stripping 阳极溶出(分析)
anodic stripping voltammetry (ASV) 阳极溶出伏安法
anodic synthesis 阳极合成
anodising(=anodizing) 阳极氧化;阳极化;阳极处理
anodization 阳极氧化;阳极化(处理)
anodized finish 阳极化抛光
anodizing 阳极氧化;阳极化(处理)
anodyne 止痛药;镇痛药
anodynon 氯乙烷
anogen 对碘苯磺酸亚汞
anol 对丙烯(基)(苯)酚
anolobine 番荔枝叶碱
anolyte 阳极电解液
anolyte compartment 阳极液室
anomalous absorption 反常吸收
anomalous dispersion 反常色散
anomalous mixed crystal 反常混晶
anomalous osmosis 异常渗透
anomalous scattering 反常散射
anomaly 反[异]常
anomer 异头物;端基(差向)异构体;正位(差向)异构体
anomeric carbon 异头碳原子
anomeric effect 端基异构效应;异头效应
anomerization 正位异构化(作用)
anomite 褐云母
anonaceine 番荔枝碱
anonaine 番荔枝碱
anone(=cyclohexanone) 环己酮
anorethindrane dipropionate 双炔失碳酯
anorthic system 三斜晶系
anorthite 钙长石
anorthoclase 歪长石
anorthosite 斜长岩
ANOVA 方差分析
anoxia 缺氧症
anoxic 缺氧(性)的
anoxic/aerobic digestion 缺氧/好氧消化
anoxic water 缺氧水
anoxybiosis 绝氧生活
anoxygenic photosynthesis 不产氧光合作用
anoxytropic dehydrogenases 绝氧脱氢酶
ANP 心纳素
anreofuscin 金褐霉素
ansa compound 柄型化合物
ansatz 拟设
Anschütz thermometers 安舒茨温度计
anserine 鹅肌肽
ANS resin 丙烯腈-苯乙烯树脂
anstatic agent 抗静电剂
answer 回答;应答
antacid (1)解酸药(2)抗酸剂(3)解酸的(4)抗酸的
antacidine 葡糖二酸钙
antagonism (1)拮抗作用(2)消效作用
antagonism of ions 离子拮抗(作用)
antagonist 对抗物;拮抗物;反协同(试)剂
antagonistic 拮抗药
antagonistic effect 反协同效应
antagonist titration 对抗滴定法
antalkaline (1)解碱药(2)抗碱剂(3)解碱的(4)抗碱的
antarafacial reaction 异面反应
antazoline 安他唑啉
ante-iso fatty acid 前异脂肪酸
antemetic(=antiemetic) 止吐剂
antenna 天线
antenna array 天线阵
antenna molecule 触角分子
ante-penultimate carbon 倒数第三个碳原子
anterior pituitary hormone 垂体前叶激素
anthanthrene 二苯并[*cd*,*jk*]芘
anthanthrone 二苯并[*cd*,*jk*]芘-5,10-二酮
anthelmint(h)ic (1)抗肠虫药;驱虫药;打虫药(2)驱虫的;打虫的
anthelmycin 抗蠕霉素
anthelvencin 萎蠕菌素
anthemol 春黄菊脑
antheraxanthin 花药黄质;表氧化玉米黄质
antheridiogen 成精子囊素
antheridiol 雄器形成激素
anthesin 成花激素
anthiolimine 安锑锂明
anthion 过二硫酸钾
anthocyan 花(青)色素
anthocyanase 花色素酶

anthocyanidin 花(青)色素
anthocyanin 花(青)色素苷
anthophyllite 直闪石
anthoxanthin (1)黄酮(2)花黄色素
anthracene 蒽
anthracene carboxylic acid 蒽甲[羧]酸
anthracene dihydride 二氢化蒽
anthracene nucleus 蒽环
anthracene oil 蒽油
anthracene perhydride 全氢化蒽;蒽烷
anthracene ring 蒽环
anthracenol (=anthrol) 蒽酚
anthracenone(=anthranone) 蒽酮
anthracidin 杀炭疽菌素
anthracite 无烟煤;硬煤;白煤(颜料生产用还原剂)
anthracite coal 无烟煤
anthracite smalls 无烟煤粉
anthracolite 黑方解石;黑沥青灰岩
anthracometer 二氧化碳计
anthraconite 黑方解石;黑沥青灰岩
anthra copper 蒽素铜
anthracosilicosis 煤矽肺
anthracosis 煤矽肺
anthraflavine 蒽黄素
anthragallol 蒽棓酚
anthralin 地蒽酚;蒽林
anthramycin 安拉霉素;氨茴霉素;安曲霉素
anthranilate 邻氨基苯甲酸盐(酯或根)
anthranilic acid 邻氨基苯甲酸
anthranol 蒽酚
anthraquinone 蒽醌
anthraquinone acridine 蒽醌吖啶
anthraquinone aldehyde 蒽醌甲醛
anthraquinone dye(s) 蒽醌染料
anthraquinone-*β*-sulfonic acid 蒽醌-*β*-磺酸
anthraquinonic acid 蒽醌酸;茜素
anthrarobin 脱氧茜素
anthrarufin(e) 蒽绛酚;1,5-二羟基蒽醌
Anthrasol Blue IBC 溶蒽素蓝 IBC
Anthrasol Golden Yellow IRK 溶蒽素金黄 IRK
Anthrasol Green IB 溶蒽素绿 IB
Anthrasol Yellow V 溶蒽素黄 V
anthratetrol 蒽四酚
anthrathiazine 蒽并噻嗪
anthrathiophene 蒽并噻吩
anthratriol 蒽三酚
anthrax bacillus 炭疽杆菌
anthrax hide(s) 炭疽皮
anthraxolite 碳沥青
anthrazine 二蒽并[1,2-2′,1′]吡嗪
anthrene colo(u)rs 蒽烯染料
anthrimide 二蒽醌亚胺
anthrindan 环戊烷并蒽
anthrindandione 环戊烷并蒽醌
9-anthrol 9-蒽酚
anthrone 蒽酮
anthropecology 人类生态学
anthropic factor 人为因素
anthropodesoxycholic acid 12-脱氧胆酸;鹅(脱氧)胆酸
anthroxan (邻)苯甲内酰胺
anthroxan aldehyde 苯并异噁唑甲醛
anthryl 蒽基(有3种异构体)
anthryl amine 蒽胺
anthryl carbinol 蒽甲醇
anthrylene 亚蒽基
ant(i)acid 抗酸药
antiacid additive 抗酸添加剂
anti-acid ceramic equipment 防腐陶瓷设备
anti-acid ceramic mechanical sealing 耐酸陶瓷机械密封
antiactivator 抗活化剂;阻活化剂;活化阻止剂
anti-adherent 防黏剂;隔离剂
antiadhesion agent 防黏剂;隔离剂
anti-adhesive agent 防黏剂;隔离剂
antiager 防老剂;抗老剂
anti-aging agent 防老剂
anti-albumoses 抗脲
anti-aldoximes 反式醛肟
antiallergic agent 抗变态反应药
antiamebic 抗阿米巴[变形虫]药
antiammonia turbine oil 抗氨汽轮机油
antianaemic 抗贫血药
antiandrogen 抗雄激素
antianemia factor 抗贫血因子;维生素 B_{12}
antianginal(s) 抗心绞痛药;治疗心绞痛药
anti-antibody 抗抗体
***α*-antiarin** *α*-箭毒木苷
antiaromaticity 反芳香性
antiarrhythmic 抗心律失常药
antiasthmatic 平喘药
antiattrition 减少磨损
antiauxin 抗植物生长素

anti-auxochrome 反助色团
antibacterial agent 抗细菌剂
antibacterial Chinese herbal medicines 抗菌中草药
antibacterial deodorant fiber 抗菌防臭纤维
antibacterial fiber 抗菌纤维
antibacterial peptide 抗菌肽
antibacterial protein 抗菌蛋白
antiberiberi factor 抗脚气病因子;维生素 B_1
antibiogram 抗菌谱
antibiosis 抗生(作用)
antibiotic resistance 抗生素抗性;抗生素耐药性
antibiotics 抗生素
antibiotic spectrum 抗菌谱
anti-black-tongue factor 抗黑舌因子;烟酸
antiblastin 抗瘟菌素
antiblennorrhagic 治淋病药
anti-blocking (薄膜)防粘连
anti-blocking agent 防结块剂
anti-blowing agent 消泡剂
anti-blushing agent 防发白剂;防潮剂
antibody 抗体
antibody-combining site 抗体结合部位
antibody purification process 抗体净化过程
antibond 反键
antibonding 反键(作用)
antibonding electrons 非键电子
antibonding (molecular) orbital (AMO) 反键(分子)轨道;反键(分子)轨函数
antibreathing agent 抗呼吸剂
anti-bubbling agent 消泡剂
antibump rod 防暴沸棒
anticachectic (1)清血药(2)治营养不良药
anticaking agent 防结块剂
anticancer 抗癌剂
anticancer compound 抗癌化合物
anticapsin 抗荚膜菌素
anticarbon 抗积炭;防积炭
anticarcinogen 抗癌药物
anticarcinogenesis 抗癌肿发生
anti-carier 反载体
anticatalase 抗催化酶
anticatalyst 负催化剂;催化毒物
anticatalytic property 负催化性
anticatalyzer 负催化剂;催化毒物
anticatarrhals 消炎药
antichaotropic agent 减溶剂(降低疏水分子的溶解度)
antichecking agent 防龟裂剂
antichlor 脱氯剂
antichloration 脱氯;去氯
anticholerin 抗霍乱菌素
anticholinesterase 抗胆碱酯酶
antichymotrypsin 抗胰凝乳蛋白酶
anticlinal 反错(扭转角 120°,邻位交叉构象之一)
anticlinal conformation 反错构象
anticlogging agent 防阻塞剂
anticlogging fuel oil compositions 防结渣添加剂(锅炉燃料油用)
anti-clogging separator 防堵塞分离器
anticoagulant (1)阻凝剂;防凝剂(2)(石油)抗凝(固)剂(3)抗凝血药
anticoagulant agent 抗凝(固)剂
anticoagulant effect 抗凝效应
anticoagulant rodenticide 抗凝血杀鼠剂
anticoagulation 抗凝作用
anticoagulin 抗凝质
anticode 反密码
anticoding strand (双股 DNA 分子中的)反编码链;有义链
anticodon 反密码子
anticodon arm 反密码子臂
anticodon deaminase 反密码子脱氨酶
anticodon loop 反密码子环
anticoincidence circuit 反符合电路
anticoking 防结焦;防焦
anticoking additive 防焦添加剂
anticollagenase 抗胶原酶
anticollision device 防撞装置
anticommutation relation 反对易关系
anticommutator 反对易式
anticompetitive inhibition 反竞争抑制
anti configuration 反向构型
anti conformation 反式构象
anticooperativity 抗协同效应
anticorrosion 防腐蚀;防蚀
anticorrosion admixture 阻锈剂
anticorrosion painting 防腐(蚀)涂料
anticorrosion sheathing 防腐护层
anticorrosive additive 防腐蚀添加剂;抗蚀剂
anticorrosive coating 防腐(蚀)涂层
anticorrosive lining 防腐(蚀)衬里
anticorrosive paint (1)防锈漆(2)耐腐蚀漆
anticorrosive paint for ship bottom 船底防锈漆

anticorrosive pigment 防锈颜料
anti-corrosive rubber 耐腐蚀橡胶
anticracking agent 防裂剂;抗龟裂剂
anticratering agent 防堵孔剂
anticreaming agent 防膏化剂
anti-crease 防[抗]皱(的)
anticrustator 防垢剂
anti-crystallising rubber 抗结晶橡胶
anticurl (纤维)防蜷缩
anticurl backing [layer] 防卷曲层
antidandruff agent 去头屑剂
antidandruff shampoo 去头屑洗发液;去头屑香波
antidandruff shampoo cream 去头屑洗发膏
antidegradant 抗降解剂
antidermatosis vitamin 抗皮肤病维生素;泛酸
antideteriorant 防劣化[变质]剂
anti-detonation 抗爆(作用)
anti-detonator 抗爆剂
antidiabetic 治疗糖尿病药
antidiarrheal agent 止泻药
antidiazo compounds 反偶氮化合物
antidimmer (镜片)抗朦剂;保明剂
antidimming agent 保明剂
antidimming soap 抗朦皂;保明皂
antidinic drug 抗眩晕药
antidiuretic 抗利尿剂
antidiuretic hormone 抗利尿激素
antidiuretin 抗利尿素
antidolorin 氯乙烷
antidote 解毒药
antidrag cap 减阻帽
antidysenteric 抗痢疾药;止痢药
anti-egg-white-injury factor 抗蛋白损伤因子;生物素
antielement 反元素(反粒子构成的元素)
antiemetic 镇吐药;止吐剂
anti-emulsifiability 抗乳化性
antienzyme 抗酶
antiepileptic (drug) 抗癫痫药
antierrhine 止涕药
anti-explosion 防爆(作用)
anti-exposure cracking agent 防候化龟裂剂
antifading agent 防褪色剂
anti-fatigue (agent) 抗疲劳剂
anti-fatty-liver factor 抗脂肪肝因子
antifebrin *N*-乙酰苯胺;退热冰
antifeedant 拒食剂
antiferment 防酵剂
anti-fermentative 防发酵的
antifermenting 防霉
antiferroelectrics 反铁电体
antiferromagnetism 抗铁磁性;反铁磁现象
antiferromagnets 反铁磁体
antifibrinolysin 抗纤维蛋白溶素;抗纤维蛋白酶
antifilarial 抗丝虫药
anti-flammability agent 防燃剂
antiflex cracking antioxidant 防坼裂抗氧化剂
anti-floating agent 防浮剂;抗浮剂
anti-flood and anti-float agent 防浮色发花剂
anti-flooding agent 防浮剂;抗浮剂
antifluctuator 缓冲器
antifluorite structure 反萤石结构
antifoam(agent) 防沫剂
antifoam [anti-foam]package 防沫装置;破沫装置
antifoamer 防沫剂;消泡剂
antifoaming additive (=antifoam additive)防沫添加剂
antifoaming agent 防沫剂;消泡剂
anti-foam plate 破沫板
anti-fogery ink 防伪油墨
antifoggant 防翳剂;消雾剂;防灰雾剂
antifoggant for eye glasses 眼镜防雾剂
antifogging agent (1)防灰雾剂(2)防雾剂(保持玻璃等透明)
antifogging coating 防结露涂料
antifolate 抗叶酸剂
antifongin 抗真菌素
anti-form 反式
antiformin 安替佛民(消毒药水)
antifoulant 防污剂
antifoulant additive 防污添加剂
antifouling composition 防污剂
antifouling compound 防污剂;除臭剂
antifouling inhibitor 防垢剂
antifouling lubricant 防污润滑剂
antifouling paint 防污漆;防垢油漆;船底防污漆;防藻漆
antifreeze 防冻
antifreeze additive 防冻剂;阻冻剂
antifreeze body 低温阀体;防冻式阀体
antifreeze compound 防冻复合剂
antifreeze fluid 防冻液;防冻剂
antifreeze glycoprotein 抗冻糖蛋白
antifreeze protein 抗冻蛋白

antifreezer 防冻剂;阻冻剂
antifreezing admixture 防冻剂
antifreezing agent 防冻剂;阻冻剂
antifreezing compound 防冻复合剂
antifreezing dope 防冻剂
antifreezing fluid 防冻液
antifreezing lubricant 防冻润滑剂
antifreezing oil 防冻润滑油(石油馏分)
antifriction (1)抗摩;减摩(2)抗摩剂;减摩剂
antifriction alloy (electro) plating 电镀减摩合金
antifriction bearing 减摩轴承;滚动轴承
antifriction metal 抗摩金属
antifriction plating coating 减摩镀层
antifriction ring 耐磨环
anti-frosting agent 防喷霜剂
antifrost salve 防霜膏剂
antifrother 防起泡添加剂;消泡剂
antifrothing agent 消泡剂
antifungal (1)杀真菌的(2)杀真菌剂
antifungal agent 防霉剂
antifungin (1)抗丝菌素(2)硼酸镁
antifungus 防霉的
antigalactic 抗泌乳剂;制乳药
antigelation extraction 反胶凝萃取
anti-gelling agent 防胶凝剂
antigen 抗原
antigen-antibody complex 抗原抗体复合物
antigen-antibody reaction 抗原-抗体反应
antigene strand 反基因链
antigenicity 抗原性
antigenic specificity 抗原特异性
antigenome 反基因组
antigibberellin 抗赤霉素
antiglobulin 抗球蛋白
antiglyoxalase 抗乙二醛酶
antigorite 叶蛇纹石
antigravity filtration 抗重过滤
antigravity screen 抗重筛(筛料自下而上筛过)
antigravity system 抗重系统;空气运输催化剂系统
anti-gray-hair factor 抗灰发因子;对氨基苯甲酸
antih(a)emoagglutinin 抗血凝集素
antih(a)emolysin 抗溶血素
antih(a)emolysis 抗溶血作用
antih(a)emolytic 抗溶血剂
antih(a)emophilic globulin 抗血友病球蛋白
antih(a)emorrhagic factor 抗出血因子
antihalation 防光晕
anti-hazard classification 防爆等级
antihemolysis 抗溶血作用
antihemophilic factor 抗血友病因子;凝血因子Ⅷ
antihemophilic globulin 抗血友病球蛋白;凝血因子Ⅷ
antihemorrhagic vitamin 抗出血维生素;维生素K
antihidrotic 止汗药
anti-high energy radiation rubber 耐高能辐射橡胶
antihistamine 抗组织胺
antihistamine drug 抗组织胺药
antihistaminic 抗组织胺药
anti-hormone 抗激素
antihyperon 反超子
antihypertensive 抗高血压药
antihypo 过碳酸钾
anti-icer, antiicer 防冰[冻]剂;抗结冰器;抗结冰剂
antiicing 防冰冻
antiicing agent 防冻剂
antiicing equipment 防冰装置
antiicing gasoline 防冻汽油
antiidiotypic antibody 抗独特型抗体
antiimmune 抗免疫质
antiimmunoglobulin antibody 抗免疫球蛋白抗体
anti-incrustant 防水垢剂
antiincrustation corrosion inhibi-tor HAG 阻垢缓蚀剂HAG
anti-infective vitamin 抗感染维生素;维生素A
anti-inflammatory agent 抗炎症药
anti-infrared camouflage coatings 防红外线伪装涂料
antiinsect paper 防虫纸
anti-insulin 抗胰岛素
antiinsulinase 抗胰岛素酶
anti-irritant 抗刺激剂
anti-isomerism 反式同分异构(现象)
anti-isomorphism 反类质同晶
anti-itch soap 治疥疮肥皂;止痒皂
antijump baffle (双向溢流塔板上)防跃挡板
anti-juvenile hormone 抗保幼激素
antiketogenesis 抗生酮作用

antiketogenetic substance 抗生酮物质
antikinase 抗激酶
antiknock 抗爆
antiknock blending agent 抗爆掺和剂(高辛烷值组分)
antiknock characteristics 抗震性
antiknock component 抗爆组分;高辛烷值组分
antiknock device 防爆设备
antiknock dope 抗爆添加剂
antiknock fluid 抗爆液;乙基液
antiknock index 抗爆指数
antiknocking agent 抗震剂;抗爆剂
antiknock rating 抗爆率
antiknocks 抗爆剂;抗震剂
antiknock value 抗爆值
antilab(=antirennin) 抗凝乳酶
antilactase 抗乳糖酶
anti-Langmuir isotherm 反兰格缪尔等温线
antileprotic 抗麻风药
antilepton 反轻子
antilipase 抗脂酶
antilithic 治结石药
anti-livering agent 防肝化剂
anti-louseagent 抗风剂
antiluetic(=anti-syphilitic) 治梅毒药
antilysin 抗溶素
antilyssic 治狂犬病药
antimalarial (1)抗疟的(2)抗疟药
antimalum 治风湿病药
anti-Markovnikov addition 反马氏加成
antimatter 反物质
antimellin 蒲桃皮苷
antimer (光学异构)对映体
antimetabolite 抗代谢物;代谢拮抗物
antimetal (1)半金属(2)有害金属抑止剂
antimicrobial (1)抗微生物的;抗菌的(2)抗微生物剂;抗菌剂
antimicrobin 灭菌质
anti-mildew agent 防霉(菌)剂;抗霉剂
antiminth 噻(吩)嘧啶
antimitotic drug 抗有丝分裂药
antimonate (正、偏或焦)锑酸盐(或酯)
antimonial copper glance 硫锑铜矿
antimonial lead 锑铅合金
antimonial soap 锑皂
antimon(i)ate(=antimonate) 锑酸盐
antimonic 锑(基或根)
antimonic(acid)anhydride 锑酸酐;五氧化二锑
antimonic chloride (五)氯化锑
antimonic oxide (五)氧化(二)锑
antimonic oxychloride 三氯氧化锑;三氯化氧锑
antimonide 锑化物
antimonine 乳酸锑
antimonite (1)(偏、原或焦)亚锑酸盐(或酯)(2)辉锑矿
antimono- 偶锑基
antimonous acid (偏、原或焦)亚锑酸
antimonous acid anhydride 亚锑酸酐;三氧化锑
antimonous basic chloride 一氯氧化锑;一氯化氧锑
antimonous bromide 溴化亚锑;三溴化锑
antimonous chloride 三氯化锑
antimonous hydride 三氢化锑
antimonous nickel 锑镍齐
antimonous oxide 三氧化二锑
antimonous oxychloride 一氯氧化锑
antimonous oxysulfide 氧化锑合硫化锑
antimonous sulfide 硫化亚锑;三硫化二锑
antimony 锑 Sb
antimony barium tartrate 酒石酸锑钡
antimony black 锑黑;(三)硫化锑
antimony bloom 锑华;锑花(指 Sb_2S_3 或 Sb_2O_3)
antimony butter 三氯化锑
antimony chloride (三或五)氯化锑
antimony cinnabar 锑朱砂;硫氧化锑
antimony crocus 锑藏红(三氧化二锑和三硫化二锑的共融体)
antimony electrode 锑电极
antimony flowers 锑华;锑花(指 Sb_2S_3 或 Sb_2O_3)
antimony-free effect 无锑效应
antimony glance 辉锑矿
antimony glass 锑镜
antimony golden sulfide 金色硫化锑(即五硫化二锑)
antimony halide 卤化锑
antimony hydride 锑化氢
antimonyl 氧锑(根)
antimonyl chloride 氯化氧锑;次氯酸锑
antimony liver 锑肝[全硫(代)锑酸钙和全硫(代)亚锑酸钙的混合物]
antimonyl mirror 锑镜
antimonyl potassium tartrate 酒石酸氧锑钾;吐酒石
antimony ochre 黄锑矿

antimony orange 锑橙(主要成分为硫化锑)
antimony pentachloride 五氯化锑
antimony pentasulfide 五硫化二锑
antimony pentoxide 五氧化二锑
antimony peroxide 五氧化二锑;(不宜称)过氧化锑
antimony persulfide 五硫化二锑;(不宜称)过硫化锑
antimony poisoning 锑中毒
antimony red 锑红;五硫化二锑
antimony regulus 锑块(含 90%锑的粗制金属锑)
antimony rubber tubing 红橡皮管
antimony ruby glass 锑红玻璃
antimony selenide 硒化锑
antimony sodium gluconate 葡糖酸锑钠
antimony sodium tartrate 酒石酸氧锑钠
antimony sodium thioglycollate 巯基乙酸锑钠
antimony sulfuret 三硫化二锑
antimony telluride crystal 碲化锑晶体
antimony tetroxide 四氧化二锑
antimony trichloride 三氯化锑
antimony triethyl 三乙基锑
antimony trifluoride 三氟化锑
antimony trioxide 三氧化二锑
antimony triphenyl 三苯基锑
antimony trisulfide 三硫化二锑
antimony yellow 锑黄
anti muonium 反μ子素
antimutator gene 减变基因
antimycin 抗霉素
antimycin A$_1$ 抗霉素 A$_1$
antimycoin 抗霉菌素
antimycotic agent 抗霉菌剂
antinarcotic 抗麻醉药
antineoplastic drug 抗肿瘤药
antineuralgic 治神经痛药
antineuritic factor 抗神经炎因子;维生素 B$_1$
antineuritic vitamin 抗神经炎维生素;维生素 B$_1$
antineutrino 反中微子,$\bar{\nu}$
antineutron 反中子;$\bar{n}$
anti-nitrite compound 抗亚硝酸化合物
anti-noise paint 消声漆
antinosin 碘酞钠
antiovalbumin 抗卵清蛋白;抗卵白蛋白
antioxidancy 抗氧化能力
antioxidant 抗氧(化)剂;防老(化)剂
antioxidant 264 防老剂 264;抗氧剂 264;2,6-二叔丁基对甲酚
antioxidant 330 抗氧剂 330
antioxidant 4010 防老剂 4010
antioxidant A 防老剂 A;*N*-苯基-α-萘胺
antioxidant DBH 防老剂 DBH;2,5-二叔丁基氢醌
antioxidant DOD 防老剂 DOD;4,4′-二羟联苯
antioxidant DPPD 防老剂 DPPD;*N*,*N*′-二苯基对苯二胺
antioxidant for plastics 塑料抗氧剂
antioxidant for soap 皂用抗氧剂
antioxidant MB 防老剂 MB;2-巯基苯并咪唑
antioxidant NBC 防老剂 NBC
antioxidant SP 防老剂 SP;苯乙烯化苯酚
antioxidation oil 防氧化油
antioxidative stabilizer 抗氧化稳定剂
anti-oxime 反式肟
antioxygenation 抗氧化作用
antiozidant 抗臭氧剂
antiozonant 抗臭氧剂
anti-packing chemical 除积垢剂
antipain 抗痛素
antiparallel 反(向)平行(的)
antiparasitic 杀寄生虫药
antiparkinsonian agent 抗震颤麻痹药
antiparticle 反粒子
antipathetic 相憎的
antipellagra vitamin 抗糙皮病维生素;维生素 PP(烟酰胺及烟酸统称)
antipepsin 抗胃蛋白酶
antipeptic ulcer factor 抗消化性溃疡因子;维生素 U
anti periplanar conformation 反叠构象;反迫构象
antiperspirant 止汗剂;防汗剂;抑汗剂
antiphen 双氯酚
antiphlogistic drug 消炎药
anti-pill fiber 抗起球纤维
anti-pitting agent 抗针孔剂
antiplaque agent 防牙斑剂
antiplasmin 抗血纤维蛋白酶
antiplasticization 反增塑(作用)
antiplasticizer 反增塑剂
antipodagric 治痛风药
antipode 对映体
antipoisoning 消毒

antipolarity 反极性
anti-pollutant 抗污染剂
anti-pollution 防污染;去污染
anti-pollution device 防污染装置
antiport 反向转运
anti-position 反位
antipreignition additive 防预燃添加剂
antiprevent valve 防污隔断阀;止回隔断阀;空气隔断阀
antipriming pipe 多孔管;筛孔管
antipromoter (致癌作用中)反启动子
antiprothrombin 抗凝血酶原
antiproton 反质子;负质子;$\bar{p}$
antipruritic 止痒剂
antipurine 抗嘌呤剂
antipyonin 四硼酸钠
antipyr 安替比尔
antipyretic analgesic 解热镇痛药
antipyrimidine 抗嘧啶剂
antipyrine(=phenazone) 安替比林
antipyrotic 治灼伤药
antiquark 反夸克
antique grain leather 仿古革
antirachitic 治佝偻病药
antirachitic vitamin 抗佝偻病维生素;维生素 D
antiradar camouflage coatings 防雷达伪装涂料
antiradiation agent 抗辐射(试)剂
antiradiation effect 抗辐射效应
anti-rads 抗射线(老化)剂
antirattler 消声器;防振器
anti-redeposition agent 抗再沉积剂
antireflecting film 减反射膜
antirennin(=antilab) 抗凝乳酶
antirepressor 抗阻抑物
antireticular cytotoxic serum 抗网织细胞毒(素)血清
anti-reversion 抗返原性
antirheumatic 治风湿药
antirolling 防滚动
anti-rust 防锈(的)
antirust additive 润滑油(脂)防锈剂
antirust coating 防锈涂料
antirust grease 防锈脂
antirusting agent 防锈剂
antirust paint 防锈漆
anti-sag agent 防流挂剂
anti-sagging agent 防流挂剂
antisaprobic zone 防污染带
antiscalant 防[阻]垢剂
antiscale (1)防垢(2)防垢剂
anti-scaling agent for injection water 注入水防垢剂
anti-scaling compound 防垢剂
antischistosomal 抗血吸虫药
antischistosomiasis preparation 846 血防-846
antiscorbutic 抗坏血病药
antiscorbutic factor 抗坏血病因子;维生素 C
anti-scorcher 防焦(烧)剂
antiscorching agent 防焦剂
antiscoring 抗擦伤
anti-scuff agent 抗磨剂
antisense 反义
antisense oligonucleotide 反义寡核苷酸;反义低(聚)核苷酸
antisense RNA 反义 RNA;反向 RNA
antisense strand 反义链;反向链
antisense technique 反义技术
antisense technology 反义技术
antisepsis 防腐;防霉腐;抗菌
antiseptic agent 防腐剂
antiseptic room 消毒(无菌)房间
antiseptic(s) 防腐剂;消毒剂
antiseptics No. 1 for papermaking 纸防一号
antiseptic treatment 防腐处理
antiserum(复 **antisera**) 抗血清
antisettling agent 抗[防]沉降剂
antishock drug 抗休克药
anti-shrinking medium 防(收)缩剂
anti-siccative agent 阻干剂
anti-skid design 防滑花纹
anti-skimming agent 防结皮剂
anti-skinning agent 防结皮剂
anti-slip agent 防滑剂
anti-slip paint 防滑漆
antislipping 防滑
antisludge 抗淤(渣)剂
antisludging agent 抗淤(渣)剂
antismallpox vaccine 抗天花血清
antismog 抗烟雾的
anti-softener 防软剂
anti-soil 防污;抗污
anti-soil agent 防污剂
antisolvent 抗溶剂
antisolvent gas 抗溶剂气体
antisomorphism 反同形性;反同构性
antispalling agent 抗散裂剂

antispasmodic 解痉药;镇痉药
antispattering agent 防溅剂
anti-spew agent 防胶边形成剂;除胶边剂
anti-splatter 防溅
antispot agent 防斑点剂
anti-squeak 消声器
antistaining agent 防污染剂
antistaling agent 保鲜剂
antistat 静电防止剂;抗静电剂
anti-static 抗静电的
antistatic agent 抗静电剂;静电防止剂
antistatic fibre 抗静电纤维
antistatic PSAT 防静电压敏胶粘带
antisterility factor 抗不育因子;维生素 E
antisterone 螺内酯;安体舒通
anti-stick 抗黏结;防粘的
anti-Stokes' line 反斯托克斯线
antistripping 抗剥离(沥青及充填物间的黏结力)
antisudorific 止汗药
antisun material 耐日光物料
anti-surge blow off 防喘振排气
antisurge control system 防喘振控制系统
anti-swelling finish 防溶胀处理
anti-swirl baffle 防涡流挡板
antisymmetri(cal) wave function 反对称波函数
anti-symmetric laminates 反对称层压板
antisymmetrized molecular orbital (ASMO) 反对称分子轨道
antisymmetry 反对称(性)
anti-synbiosis effect 反共生效应
antisynergism 反协同效应
anti-synisomerization 反-顺异构化
antisyphilitic 治梅毒药
antitackiness agent 抗粘剂;抗结剂
anti-tarnishing agent 防晦暗剂
anti-tarnish paper 防锈纸
anti-termite agent 防白蚁剂
antithiamine 抗硫胺素
antithixotropy 反[抗]触变性
antithrombin 抗凝血酶
antithrombokinase 抗凝血激酶
antithromboplastin 抗凝血激酶
antithyroid agent 抗甲状腺药
antitode 解毒物
antitoxic (1)解毒剂(2)抗毒素的
antitoxic immunity 抗毒免疫
antitoxic serum 抗毒血清
antitoxin 抗毒素
anti-tracking varnish 防迹漆(在高电压下不起炭黑迹)
antitranscription terminator 抗转录终止子
antitranspirant 抗蒸腾剂
antitrichomonal agent 抗阴道滴虫药
α-antitrypsin α-抗胰蛋白酶
antitubercular drug 抗结核药
antituberculosis 抗痨作用
antituberculotic 抗结核药
antitussive 镇咳药
anti-type isomerism 反式同分异构
antiulcer agent 治疗溃疡病药
antiurease 抗脲酶
anti-vacuum rubber 耐真空橡胶
anti-variants 防差异剂
antivenin 抗蛇毒血清
antivenom 抗动物毒素
antiviral agent 抗病毒剂
antiviral drug 抗病毒药
antiviral protein 抗病毒蛋白质
antivirotic 抗病毒药
antivirus 抗病毒素
antivitamin 抗维生素
antiwear agent 抗磨添加剂
anti-webbing agent 抗蹼剂
anti-wrinkling 防皱;耐皱
antixerophthalmic factor 抗干眼因子;维生素 A
antiyellowing 防黄变
anti-Zaitsev orientation 反札依采夫定向
antizyme 抗鸟氨酸脱羧酶
AN-TNT explosive 铵梯炸药
antodyne 苯氧丙二醇
Antoine equation 安托万方程
Antonoff rule 安东诺夫规则
antozone 单原子氧
antrafenine 安曲非宁
antramycin 安拉霉素;氨茴霉素;安曲霉素
antre 洞窟
ANTU, antu 安妥;α-萘硫脲
Antwerp blue 安特卫普蓝;亚铁氰化锌粉
anuclear cell 无核细胞
anvil plate 砧面垫板
anysin 鱼石脂
AOS (alpha-olefine sulfonate) α-烯基磺酸盐
6-APA 6-氨基青霉烷酸
apaconitine 阿朴乌头碱

apafant 阿帕泛
apagallin 汞四碘酚酞
apalcillin 阿帕西林
apamin 蜂毒明肽
apatetic coloration 保护色
apatite 磷灰石
apazone 阿扎丙宗
APC 复方阿司匹林;复方乙酰水杨酸
aperient 轻泻药;润肠药
aperiodical coil 无规卷曲
aperiodicity 非周期性
aperiodic polymer 非周期性聚合物
aperture 开口;小孔;孔径
aperture stop 孔(径光)阑
apex (噬菌体)顶体
apex of arch 拱顶
Apex process 阿派克斯过程(制二氧化钚溶胶)
apex strip 三角胶条
APG (alkyl polyglycoside) 烷基多苷
APHA colo(u)r APHA 色度
aphalerite 硫锌矿
aphanesite 砷铜矿
aphermate 阿弗曼酯
aphicide 杀蚜虫药
aphidicolin 阿非迪霉素
aphins 蚜色素
apholate 环磷氮丙啶;磷不育津;唑磷嗪
aphosphorosis 缺磷症
aphotic marine environment 无光海洋环境
aphrite 鳞方解石
aphrizite 黑电气石
aphrodisiac 壮阳药;春药
aphrodite (镁)泡石
aphrosiderite 铁华绿泥石
aphthitalite 钾芒硝
aphthonite 银黝铜石
aphylline 毒藜素;无叶假木贼碱
apicle 顶体
apicycline 阿哌环素
apigenin 芹黄素;芹菜苷配基
apigetrin 芹黄春;芹黄素葡糖苷
API gravity API(美国石油学会)比重指数
apiin 芹菜苷
apioglycyrrhizin 芹菜甘草甜素
apiolaldehyde 芹菜脑醛
apiole 芹菜脑
apiolic acid 芹菜脑酸
apione 芹菜酮
apiose 芹菜糖
API specification API 技术规范;美国石油学会技术规范
aplanat 消球差透镜;齐明镜;不晕镜
aplanatic point 齐明点
aplanogamete 不动配子
aplanospore 不动孢子
aplasmomycin 除疟霉素;阿泼拉司霉素
aplastic 非塑性的
APO (amorphous polyolefine) 非晶聚烯烃
apoatropine 阿朴阿托品
apocamphor 阿朴樟脑;脱甲樟脑
apocamphoric acid 阿朴樟脑酸
apocarboxylase 脱辅基羧化酶
apocholic acid 原胆酸
apochromatic objective 复消色差物镜
apocodeine 阿朴可待因
apocrustic astringent 收敛药
apocynin 乙酰香兰酮;4-羟-3-甲氧基苯乙酮
apocytochrome C 细胞色素 C 前体
apodehydrogenase 脱辅基脱氢酶
apoenzyme 脱辅(基)酶
apo-*β*-erythroidine 阿朴-*β*-刺桐定
apofacial reaction 反面反应
apoferredoxin 脱铁铁氧还蛋白
apoferritin 脱铁铁蛋白
apogee (1)远地点(2)远核点
apoinducer 脱辅基诱导剂
apolar 非极性的
apolar aprotic solvent 非极性非质子溶剂
apolipoprotein 载脂蛋白
A-polymer 加聚物
A-polymerisation 加(成)聚(合)
apomorphine 阿朴吗啡
apomyoglobin 脱辅基肌红蛋白
apophlegmatic 祛痰药
apophyllite 鱼眼石
apopinol (=apiole) 芹菜脑
apoplast 质外体
apoprotein 脱辅蛋白质
apoptin 凋谢素
apoptosis (细胞)凋亡;编程性细胞死亡
apoptotic bodies 凋谢体
apoptotic vesicle 凋谢小体
apoquinine 阿朴奎宁
aporeine 阿普雷因
aporepressor 脱辅阻遏物;阻遏物蛋白

aporphine 阿朴啡(吗啡一衍生物)
apospory 无孢子生殖
apotransferrin 脱铁运铁蛋白
apozymase 脱辅基酿酶
apparatus 仪器;器械
apparatus capacity 设备容量
apparatuses for analyzing the properties of a solution 溶液性质分析器
apparatus for composition analysis 成分分析仪器
apparent activation energy 表观活化能
apparent cohesion 表观黏聚力
apparent composition 表观组成
apparent creep 表观蠕变
apparent density 视密度;表观密度;松装密度
apparent hardness 表观硬度
apparent kinetics 表观动力学
apparent molal heat capacity 表观摩尔热容
apparent molar mass 表观摩尔质量
apparent molecular weight 表观(相对)分子(质)量
apparent order of reaction 反应假级数
apparent oxygen utilization(AOU) 表观耗氧量
apparent plasticity index 表观塑性指数
apparent power 表观功率
apparent shape 表观形状
apparent shear viscosity 表观剪切黏度
apparent viscosity 表观黏度
APP (atactic polypropylene) 无规立构聚丙烯
appearance 外观
appearance failure 严重外表损伤
appearance inspection 外观检查
appearance potential 初现电位
appearance test 外观检查;外部检查
appendage (菌体)附器
appendix 增补
Appetize 阿佩泰兹
Appleby-Frodingham process 阿普尔比-福罗丁翰法
applicable codes and standards 现行规范和标准
applicable JIS standard 现行日本工业标准
applicable material specification 现行材料规格
applicable material standard 现行材料标准
applicable safety procedures 现行安全规程
applicable technology 适用技术
application (1)应用(2)申请(3)(糊料,黏合剂)涂布
application drawing 操作图;应用图
application procedures 使用程序
application research 应用研究
applicator 涂布机[辊];涂刮刀;涂抹器
applied chemistry 应用化学
applied crystallography 应用晶体学
applied elasticity 应用弹性力学
applied electrochemistry 应用电化学
applied load 外加负载;外施载荷
applied moment 外施力矩
applied optics 应用光学
applied physics 应用物理(学)
applied range 应用范围
apply and appose mill 涂附磨具
apply oil 加润滑油
appraisal (1)评价;估价(2)鉴定
appreciation 增值;升值
approach 近似值
approach section 进入段
approval 核准
approval of defects in material 材料中缺陷的认可
approval of draft 草图核准
approval test 鉴定试验;接收试验;认可试验
approved apparatus 防爆设备
approved cable 防爆电缆
approved for construction 批准施工
approved materials 许用材料
approved product 定型产品
approver 批准人
approximate diameter 近似直径
approximate expression 近似表达式
approximate method 近似法
approximate value 近似值
approximate weight 近似重量;约计重量
approximation 近似;接近;逼近
appurtenance 附属设备
apraclonidine 阿可乐定
apramycin 阿泊拉霉素;安普霉素
apricot-kernel oil 杏仁油
aprindine 阿普林定
aprobarbital 阿普比妥
apron 裙扳;输送带;挡板
apronal(ide) 丙戊酰脲;烯丙异丙乙酰脲
apron conveyor 裙式运输器;鳞板输送机
apron feeder 带式给料机;裙式给料器

apron leather 皮圈革
aprophen 阿普罗芬
aprotic solvent 疏质子溶剂;非质子溶剂;惰性溶剂
aprotinin 抑肽酶
aptamer 适体
apurinic acid 脱嘌呤核酸
apyrase 腺苷三磷酸双磷酸酶
apyrimidinic acid 脱嘧啶核酸
apyron 乙酰水杨酸锂;阿司匹林锂
aqua (1)水;水溶液;水剂(2)液体(3)水绿色
aqua ammonia 氨水
aqua aromatica 芳香水剂
aqua compound 水合物
aqua condensate pump 溶液冷凝液泵
aquaculture 水产养殖
aquadag 胶体石墨;石墨滑水
aqua destillata 蒸馏水
Aquafluor process 水氟化流程(核燃料后处理用的干法水法结合流程)
aqua fortis 硝酸
aquagel 水凝胶
aquagraph 导电敷层
aquamarine 海蓝宝石
aquametry 滴定测水法;测水(滴定)法
aquamycin 水霉素
aquapulper 水力碎浆机
aqua pura 纯水
aqua regia 王水
aquated ion 水合离子
aqua tepida 温水
aquatic adhesive 水下胶黏剂
aquatic skin 水生动物皮
aquation 水合(作用)
aqua vitae (1)酒精(2)烈性酒
aquayamycin 水绫霉素
aqueous (1)水的(2)含水的(3)水成的
aqueous-alcohol 含水酒精
aqueous cement 水胶浆
aqueous cleaning 水清洗
aqueous cutting fluid 水基金属切削液
aqueous dry film photoresist 水溶性光敏抗蚀干膜
aqueous dry film solder mask 水溶性光敏阻焊干 膜
aqueous extract 水提(出)物;水萃取物
aqueous extraction method 水代法;水萃取法
aqueous fusion 水熔(作用)(结晶体在其本身的结晶水中熔化)
aqueous medium 水介质
aqueous phase 水相
aqueous polymerization 水溶液聚合
aqueous reprocessing 水法(核燃料)后处理
aqueous sample 含水试样
aqueous soluble oil 可乳化油(冷却切削刀具用)
aqueous solution 水溶液
aqueous solution agent 水剂
aqueous solution polymerization 水溶液聚合
aqueous spinning 水纺
aqueous spinning bath 水溶液纺丝浴
aqueous two-phase extraction 双水相萃取
aqueous two-phase partitioning 双水相分配
aqueous two-phase system 双水相系统
aqueous vapour 水汽; 水蒸气; 蒸汽
aquifer 含水层
aquocobalamin 水钴胺素;维生素 B_{12b}
aquo-complex 水络合物;水配位化合物;水合物
aquo-compound 含水化合物
aquogel 水凝胶
aquo ion 水合离子
aquoluminescence 水溶发光;水合发光(辐照过的氯化钠、溴化钾等盐溶于水时发光的现象)
aquo-pentamine cobaltichloride 氯化一水五氨合高钴
aquosity 潮湿;含水性
A. R. 分析纯;二级纯
ara-A 阿糖腺苷;阿糖腺嘌呤
araban 阿(拉伯)聚糖
Arabian oil 阿拉伯石油
arabic acid 阿拉伯酸
arabic gum 阿拉伯树胶;金合欢胶
arabinan (均一性)阿拉伯聚糖
arabinofuranose 阿拉伯呋喃糖
1-*β*-D-arabinofuranosyl cytosine 1-β-D-阿拉伯呋喃糖基胞嘧啶
1-*β*-D-arabinofuranosyl uracil 1-β-D-阿拉伯呋喃糖基尿嘧啶
arabinogalactan 阿拉伯半乳聚糖
arabinose 阿(拉伯)糖;阿戊糖
arabinose isomerase 阿拉伯糖异构酶
arabinosidase 阿拉伯糖苷酶
arabinoside 阿拉伯糖苷

arabinosine 阿糖腺嘌呤
arabinosyl adenine 阿糖腺苷
arabinosyl cytosine 阿糖胞苷
arabinosyl thymine 阿糖胸苷
arabinosyl uridine 阿糖尿苷
arabitic acid 阿(拉伯)糖酸
arabitol 阿糖醇
araboascorbic acid 阿拉伯糖型抗坏血酸;异抗坏血酸
D-araboflavin D-阿拉伯黄素
arabogalactan 阿(拉伯)半乳聚糖
araboketose 阿拉伯酮糖
arabonic acid 阿拉伯糖酸
arabonic-γ-lactone 阿拉伯糖酸-γ-内酯
arabopyranose 阿拉伯吡喃糖
araboxylan 阿拉伯木聚糖
arabulose 阿拉伯酮糖
ara-C 阿糖胞苷
arachi(di)c acid 花生酸;二十(烷)酸
arachidonic acid 花生四烯酸;顺-5,8,11,14-二十碳四烯酸
arachin 花生球蛋白
arachno coordination compound 网式配位化合物
arachnolysin 蜘蛛溶血素
arachyl alcohol 花生醇;二十烷醇
Aracide 杀螨特
aragonite 霰石;文石
aralia 美楤木
aralkyl 芳烷基;芳代脂烷基
aramid 芳族聚酰胺
aramine 重酒石酸间羟胺;阿拉明
aramite 杀螨特
aranidipine 阿雷地平
aranilide *N*-芳酰苯胺
araroba 柯桠粉
ara-T 阿糖胸苷
Arathane 阿乐丹
ara-U 阿糖尿苷
arbacin 海胆组;海胆精蛋白
arbaprostil 阿巴前列素
arbasin 蛋白;海胆精蛋白
arbasin 海胆组蛋白
arbekacin 阿贝卡星
arbitration 仲裁;调解
arbitration analysis 仲裁分析
arbomycin 阿鲍霉素
arbor Dianae 银树
arborescin 乔木素;蒿萜
arborine 山小桔碱
arbor press 手扳压机
arbor Saturni 铅树(结晶)
arbutamine 阿布他明
arbute seed oil 熊果油
arbutin 熊果苷;对苯二酚葡糖苷
arc 弧
arcain 魁蛤素;丁烷二胍
arc air gouging (1)电弧气焊(2)电弧气刨
arcanite 单钾芒硝
arc blow 电弧偏吹
arc brazing 电弧钎焊
arc column 弧柱
arc cracking furnace 电弧裂解炉
arc cutting 电弧切割
arc discharge aging 弧光放电老化
arc flash welding 电弧闪光焊
arc force 电弧力
arc furnace 电弧炉
archaebacteria 古细菌
arch culvert 拱(形)涵(洞)
arch dryer 拱式干燥机
arched tyre 拱形轮胎
archeochemistry 考古化学
archesporium 孢原细胞
Archibald's method 阿奇博尔德法
Archimedes principle 阿基米德原理
architectural ceramics 建筑陶瓷
architectural coatings 建筑涂料
architectural glass 建筑玻璃
architectural lime 建筑用石灰
architectural pottery 建筑陶器
archless kiln 无拱炉
arch-type dryer 拱形干燥器
arch-type tyre 拱形轮胎
arc imaging furnace 弧像炉
arc lamp 弧光灯
arc noise 电弧噪声
ARCO (Alloy reguline chlorination oxidation) process 阿尔科过程;合金块氯化氧化法(在氯化铅熔盐中通氯气溶解核燃料元件锆合金外壳)
arc plasma 电弧等离子体
arc process 电弧法
arc resistance 耐电弧性
arc resistance test 耐电弧性试验
arc source 电弧离子源
arc spectrum 电弧光谱
arc spot welding 电弧点焊;电铆焊
arc spraying 电弧喷镀
arc stabilizer 稳弧剂

arc test 电火花试验
arctic rubber 耐寒橡胶
arctic sperm oil 北极鲸蜡油
arc tunnel 电弧风洞
arc welder 电焊机
arc welding 电弧焊
ardennite 硅铝锰矿
area available 有效面积
area codon 区域密码子
area detector 平面检测器
area free from defect 无缺陷区域
area heating installation 局部加热装置
areal density 面密度
areal power substation 区域变电所
areal velocity 掠面速度
area measurement of catalyst 催化剂表面积测定
area modulus 面积模量
area of safe operation 安全工作区
area of structure 建筑面积
area source 区域污染源
areca (1)槟榔子(2)槟榔树
arecaidine 槟榔次碱;槟榔定;水解槟榔碱
arecaine 槟榔因
arecane 槟榔碱
arecin 槟榔素
arecoline 槟榔碱
arecoline *p*-stibonobenzoic acid 槟榔碱对䏲羧基苯甲酸
arenaemycin 阿雷纳霉素
arenarin 沙质菌素
arendalite 暗绿帘石
arene(s) 芳(香)烃
arenium ion 芳(基)正离子
areometer 液体比重计
areometry 液体密度测定法
areosaccharimeter 糖液比重计
arepycnometer 稠液比重计
arfvedsonite 钠铁闪石
Arg 精氨酸
argatoxyl 对氨基苯基砷酸银
argatroban 阿加曲班
argemone oil 蓟罂粟油
argemonine 蓟罂粟碱
argenol 卵黄磷蛋白银
argent 银制的;银白色的
argentamine 银胺液
argentic chloride 氯化银
argentification 银化
argentiform 银仿;乌洛托品银
argentimetry 银量法
argentite 辉银矿
argentocyanides 银氰化物
argentol 银酚;羟基喹啉磺酸银
argentometric titration 银量滴定法
argentometry 银盐定量
argentous oxide 氧化亚银
arginase 精氨酸酶;胍基戊氨酸酶
arginine 精氨酸
arginine aminopeptidase 精氨酸氨肽酶
arginine aspartate 精天氨酸
arginine carboxypeptidase 精氨酸羧肽酶
arginine decarboxylase 精氨酸脱羧酶
arginine glutamate 谷氨酸精氨酸
argininephosphoric acid 精氨酸磷酸
argininosuccinic acid 精氨(基)琥珀酸
arginyl-tRNA synthetase 精氨酰-tRNA合成酶
argol 粗酒石
argomycin 金船霉素
argon 氩 Ar
argon arc cutting 氩弧切割
argon(arc) welder 氩弧焊机
argon arc welding 氩弧焊接;氩弧焊
argon autowelding 自动氩弧焊
argon detector 氩检测器
argon flushing station 吹氩站
argon ion laser 氩离子激光器
argon laser 氩激光器
argon shield 氩气保护[覆盖]层
argumentation 论证
argvalin 精缬氨素
argyria 银中毒
argyrism 银质沉着病(银中毒)
argyrite 辉银矿
ari 未熟紫胶;未熟虫胶(紫胶虫涌散前采收的紫胶)
aribine (=harman) 哈尔满;阿锐宾
aricine 阿日辛;阿锐素
aridity index 干燥指数
aristeromycin 隐陡头霉素
aristolochic acid 马兜铃酸
aristolochine 马兜铃碱
aritasone 土荆芥酮
arithmetic average deviation (算术)平均偏差
arithmetic mean 算术平均
arizonite 红钛铁矿
arkansite 黑钛矿
arksutite (=chiolite) 锥冰晶石

armature 电枢
arm brace 臂拉杆
armepavine 杏黄罂粟碱
arm mixer 桨式混合[搅拌]机[器]
armo(u)red concrete 钢筋混凝土
armo(u)red door 装甲门;防火门
armo(u)red functional composite 装甲功能复合材料
armo(u)red glass 装甲[防弹]玻璃
armo(u)red hose 铠装软管
armo(u)red pump 铠装泵
armo(u)rless cable 无铠装电缆
arm spider 臂辐射支架
arm stirrer 桨式搅拌机
Armstrong acid 阿姆斯特朗酸,指:(1)薛佛酸(2-萘酚-6-磺酸)(2)萘-1,5-二磺酸
army grade (陆军)军用级
army specifications 军用规范
arnatto(=annatto;aronotta) 胭脂树红
Arnaudon's green 阿尔诺当绿;磷酸铬
Arndt-Eistert reaction 阿恩特-艾斯特尔特反应
Arndt-Eistert synthesis 阿恩特-艾斯特尔特合成
arnica oil 山金车油;山菊油
arnimite (水)块铜矾
Arnold sterilizer 阿诺德杀菌器
Arnold's test 阿诺德试验
arnotto (1)胭脂树(2)胭脂树萃;胭脂树红(作染料用)
Arny solutions 阿尼溶液(比色分析标准液用)
arogenic acid(=pretyrosine) 前酪氨酸
aromadendrol 香树醇
aromadendrone 香树酮
aromatic acid 芳(香)族酸
aromatic adsorption index 芳烃吸附指数(表示催化剂活性)
aromatic adsorption method 芳烃吸附法(测定催化剂表面积)
aromatic alcohol 芳(香)族醇
aromatic amine 芳(香)胺
aromatic amino acid 芳(香)族氨基酸
aromatic base (1)芳(香)族碱(2)芳香基
aromatic base crude (oil) 芳(香)烃基石油;芳烃基原油
aromatic compound 芳(香)族化合物
aromatic cyclodehydration 芳化成环脱水作用
aromatic ether 芳(香)族醚
aromatic-free white oil 不含芳烃石蜡油;不含芳烃白油
aromatic halide 芳族卤化物
aromatic heterocyclic polymer 芳杂环聚合物
aromatic hydrocarbon 芳(香)族烃
aromatic hydrogenation 芳烃加氢
aromatic index 芳烃指数
aromaticity 芳香性
aromatic ketone 芳(香)族酮
aromatic nucleophilic substitution 芳烃亲核取代
aromatic nucleus 芳烃环
aromatic oxide 芳(香)醚;芳族氧化物
aromatic polyamide 聚芳酰胺
aromatic polyamide fibre 芳(香)族聚酰胺纤维
aromatic polyester 聚芳酯树脂
aromatic polymer 芳族聚合物
aromatic rearrangement 芳化重排(取代基自侧链移到芳环上的重排作用)
aromatic ring 芳(族)环
aromatics (1)芳(香)族化合物(2)芳香剂;香料
aromatic sextet 芳香六隅
aromatics extraction 芳烃抽提
aromatics modifier 变调剂
aromatic spirit of ammonia 芳香氨酯
aromatic sulfonic acid 芳族磺酸
aromatic sulfuric acid 芳基硫酸
aromatic type gasoline 芳族型汽油;芳烃汽油
aromatic water 芳香水剂
aromatisation 芳构化
aromatization 芳构化
aromatizer 香料;芳化剂
aromatizing agent 芳化剂
aromatizing cracking 芳构裂化
arone 芳酮
aronotta (1)胭脂树(2)胭脂树红
Arons chromoscope 阿朗斯验色器
arosorb process 吸附分离芳烃过程(利用硅胶分离芳烃及烷烃的连续生产过程)
arotinolol 阿罗洛尔
around opening 环绕开孔
aroylation 芳酰基化(作用)
arprinocid 阿普西特;氟腺呤
arquerite 轻(银)汞膏;银汞膏(天然银汞齐)
arrangement (1)排列;布置;配置(2)装置

arrangement diagram 布置图
arrangement plan 布置图
arranger 传动装置
array 数组;阵列
arresting device 止动装置
arrestor 制动器;制动装置
arrest toughness 止裂韧度
arrhenal (1)甲基胂酸二钠(2)甲基次胂酸钠
arrhenic acid 甲基次胂酸
Arrhenius acid-base concept 酸碱电离论
Arrhenius activation energy 阿仑尼乌斯活化能
Arrhenius complex 阿仑尼乌斯中间化合物
Arrhenius equation 阿仑尼乌斯方程
Arrhenius frequency factor 阿仑尼乌斯频率因素
Arrhenius ionization theory 阿仑尼乌斯电离理论
Arrhenius law 阿仑尼乌斯定律
Arrhenius theory of electrolytic dissociation 阿仑尼乌斯电离理论
Arrhenius viscosity formula 阿仑尼乌斯黏度公式
arrhenoplasm 雄质
arrhenotoky 产雄孤雌生殖
arrow-poison 箭毒
arsacetin (=acetyl atoxyl; acetylarsanilic acid) 对乙酰胺基苯胂酸
arsamin 对氨基苯胂酸钠
arsanilic acid 阿散酸;对氨苯基胂酸
arsenamide 硫乙胂胺酸
arsenate 砷酸盐(或酯)
arsenazo Ⅰ 偶氮胂Ⅰ;新钍试剂;铀试剂
arsenazo Ⅲ 偶氮胂Ⅲ
arsenblende 雌黄
arseniasis 慢性砷中毒
arseniate (=arsenate) 砷酸盐(或酯)
arsenic 砷 As
arsenic acid 砷酸
arsenic acid anhydride 砷酸酐;五氧化二砷
arsenical 砷化物
arsenical dip 砷浸(液)
arsenical fahlore 黝铜矿
arsenical pyrite 砷黄铁矿;毒砂
arsenical soap 砷皂
arsenic butter 砷油;三氯化砷
arsenic chloride 五氯化砷
arsenic dimethyl 二甲砷
arsenic disulfide 二硫化二砷;雄黄(矿);鸡冠石
arsenic flowers 砷华;三氧化二砷
arsenic fluoride 五氟化砷
arsenic glass 砷玻璃(玻璃状的三氧化二砷)
arsenic hydride 砷化氢
arsenic mirror 砷镜
arsenic oxychloride 氧氯化砷
arsenic pentachloride 五氯化砷
arsenic pentafluoride 五氟化砷
arsenic pentasulfide 五硫化二砷
arsenic phosphide 磷化砷
arsenic rhodanate 硫氰化砷
arsenic rhodanide 硫氰化砷
arsenic sulfocyanate 硫氰化砷
arsenic sulfocyanide 硫氰化砷
arsenic thiocyanate 硫氰化砷
arsenic trichloride 三氯化砷
arsenic triethide 三乙基砷
arsenic trifluoride 三氟化砷
arsenic trihydride 砷化三氢
arsenic trimethyl 三甲基砷
arsenic trioxide 三氧化二砷
arsenic triphenyl 三苯基砷
arsenic trisulfide 三硫化二砷;雌黄(矿)
arsenic white 砒霜;三氧化二砷
arsenic yellow 砷黄
arsenic ylide 砷叶立德
arsenide 砷化物
arsenite 亚砷酸盐(或酯)
arsenoacetic acid 偶砷乙酸
arseno-benzene 偶砷苯
arsenobenzol 胂凡纳明;606
arsenocholine 砷胆碱
arsenolite 砷华;三氧化二砷(矿)
arsenolysis 砷解(作用)
arsenometric titration 亚砷酸滴定法
arsenometry 亚砷酸滴定法
arsenomolybdate 砷钼酸盐
arseno-phenol 偶砷(苯)酚
arsenopyrite 毒砂;砷黄铁矿
arsenotungstic acid 钨砷酸;砷钨酸
arsenous acid 亚砷酸
arsenous acid anhydride 亚砷酐;三氧化二砷
arsenous chloride 三氯化砷
arsenous ethide 三乙基砷
arsenous hydride 三氢化砷
arsenous oxide 三氧化二砷;砒霜
arsenous oxychloride 一氯氧化砷

arsenous phosphide 一磷化砷
arsenous sulfide 三硫化二砷
arsenowolframic acid 砷钨酸;钨砷酸
arsepidine(=arsenidine) 六氢砷吡啶
arsinate 次胂酸盐(或酯)
arsindole 砷杂茚
arsine (1)胂(2)砷化(三)氢
arsine oxide 胂化氧
arsinic acid (某)次胂酸[指$RAs(OH)_2$或$RAs(OR)OH$]
arsino-ethane 胂基乙烷;乙基胂
arsinoline 砷杂萘
arsino-oxybenzophenone 氧砷基二苯(甲)酮
arsonation 胂酸化(酚或芳胺中引入胂羧基$-AsO_3H_2$)
arsonic acid (某)胂酸[指$RAsO(OH)_2$或$RAsO(OR)OH$]
arsonium 砷鎓;(曾称)钟
arsonium chloride 氯化砷鎓
arsonium compound(s) 砷鎓化合物;(曾称)钟化合物
arsonium halide 卤化砷鎓
arsonium hydroxide 氢氧化砷鎓
arsonium ion 砷鎓离子
arsonoacetic acid 胂酸基乙酸
arsphenamine 胂凡纳明;606
arsthinol 胂噻醇
arsycodile 二甲次胂酸钠
ART 绝对反应速率理论
art 技巧;技艺[术]
artefact 矫作物
artemether 蒿甲醚;二氢青蒿素甲醚
artemisic acid 蒿酸
artemisin 蒿素;苦艾素
artemisinin 青蒿素
arterenol 去甲肾上腺素;交感神经素
artesian flow 自流流量
artesian well 自流井;深(钻)井
artesunate 青蒿琥酯
article 条款
articulated robot 关节型机器人
artificial ag(e)ing 人工老化
artificial almond oil 人造苦杏仁油;苯甲醛
artificial asphalt 人造沥青
artificial blood vessel 人工血管
artificial cell membrane 人工细胞膜
artificial Chinese lacquer 改良广漆
artificial climate 人工气候
artificial cotton 人造棉
artificial drying 人工干燥
artificial element 人造元素
artificial fertilizer 人造肥料
artificial fiber 人造纤维
artificial fibre paper 化纤纸
artificial fuel 人造燃料
artificial fur 人造毛皮
artificial graphite 人造石墨
artificial gum 糊精;人造胶质
artificial heart 人工心脏
artificial humic acid 合成腐殖酸
artificial intelligence(AI) 人工智能
artificial jade 人造玉石
artificial lacquer 人造漆
artificial latex 人造胶乳
artificial leather 人造革
artificial leather on Oxford substrate 牛津人造革
artificially induced nuclear reaction 人工诱导(原子)核反应
artificial marble 人造大理石
artificial membrane 人工膜
artificial musk 人造麝香
artificial Nauheim salts (人造)瑙海姆盐
artificial neural network (ANN) 人工神经网络
artificial organ 人工器官
artificial parchment 仿羊皮纸
artificial petroleum 人造石油
artificial radioactive element 人造放射性元素
artificial (radio)element 人造放射性元素
artificial resin 人造树脂
artificial selectivity 人为选择性
artificial separation membrane 人工隔膜
artificial silk 人造丝
artificial skin 人造皮肤
artificial tannin 合成单宁
artificial variable 人工变量
artificial vaseline 人造凡士林;人造矿脂
artificial ventilation 机械通风;人工通风
artificial weathering test 人工气候老化试验
artificial wool 人造毛
artisan tannery 皮坊
art(istic) glass 艺术玻璃
art paper 美术纸
art work 原图;布线图;工艺品;艺术作品
art work sheet 工艺图纸
arucase 阿罗凯斯
arvin 安克洛酶

arvomycin（＝arbomycin） 阿鲍霉素
aryl acid 芳基酸
aryl-alcohol dehydrogenase 芳醇脱氢酶
aryl-aldehyde dehydrogenase 芳醛脱氢酶
arylamine 芳胺
arylamine acetyltransferase 芳胺乙酰转移酶
arylate (1)芳基化物(2)芳化
arylating agent 芳基化剂
arylation 芳基化(作用)
aryl cation 芳正离子
aryl diazo compound 芳基重氮化合物
aryl diazonium halide 卤化芳基重氮
aryle 芳基金属(化合物)(例如 PbR_4)
arylene 亚芳基
arylesterase 芳基酯酶
aryl group 芳基
aryl halide 芳基卤
arylhydrazinopyrimidine 芳基肼化嘧啶
arylhydrocarbon hydroxylase 芳基烃羟化酶
arylide 芳基化物;芳基金属(化合物)
aryl lithium 芳基锂
aryl mercaptan 硫酚
arylmethane dye(s) 芳甲烷染料
aryl methyl ketone 甲基·芳基甲酮
arylophane 芳芬
aryl oxide 芳(族)醚
aryloxy 芳氧基
aryloxyacetic acid 芳氧基乙酸
aryloxy compound 芳氧基化合物
aryl radical 芳(香)烃基
aryl residue 芳(香)烃基
arylsulfatase 芳(香)基硫酸酯酶
arylurethanes 芳基代氨基甲酸酯类
aryne 芳炔
arythioalcohol 芳香硫醇
AS(acrylonitrile-styrene copolymer) 丙烯腈-苯乙烯共聚物
ASA(acrylonitrile-styrene-acrylate copolymer) 丙烯腈-苯乙烯-丙烯酸酯共聚物
asaf(o)etida (1)阿魏(植物)(2)阿魏胶
asaprol（＝abrastol） β-萘酚-α-磺酸钙
asarinin 细辛素
asarone 细辛脑;2,4,5-三甲氧苯基丙烯
asarum 细辛
asazol 阿萨噻唑
asbestine 滑石棉
asbestonite 石棉绝热材料
asbestos 石棉
asbestos cement (1)石棉胶浆(2)石棉水泥
asbestos cord 石棉绳
asbestos deposit 石棉矿床
asbestos diaphragm electrolytic cell 石棉隔膜电解槽
asbestos-diatomite (1)防火石棉板(2)石棉硅藻土
asbestos fiber 石棉绒;石棉纤维
asbestos filter 石棉滤器
asbestos filter cloth 石棉滤布
asbestos float 石棉绒
asbestos hose 石棉管
asbestosis 石棉(尘)肺
asbestos packing 石棉填料
asbestos packing gasket 石棉橡胶垫片
asbestos packing sheet 石棉(橡)胶板
asbestos phenolics 石棉酚醛塑料
asbestos-reinforced 石棉增强的
asbestos rubber packing 石棉橡胶填料;石棉橡胶盘根
asbestos rubber sheet 石棉(橡)胶板
asbestos rubber washer 石棉橡胶垫圈
asbestos shingle 石棉瓦
asbestos tape 石棉(扁)带
asbestos tile 石棉瓦
asbestos wire gauze 石棉衬(铉)网
asbestos wool 石棉绒
asbestos yarn 石棉线
asbestumen 石棉沥青
asbolane 钴土
asbolite 钴土
ascaricide 杀蛔虫药
ascaridole 驱蛔萜
ascarinase 溶蛔虫酶
ascarite 烧碱石棉(剂)
ascarylose 驱蛔糖;3,6-二脱氧-l-甘露糖
ascending chromatography 上行色谱法
ascending development 上行展开法
ascending paper chromatography 上行纸色谱法
ascensional force 升力
ascharite 纤维硼酸镁石;硼镁石
aschistic process (由功)直接生热法
ascites 腹水
asclepain 萝藦蛋白酶
Asclepias syriaca 叙利亚马利筋
asclepion 萝藦蛋白;萝藦类脂
ascochytin（＝ascochitine） 壳二孢素
ascorbate 抗坏血酸;维生素 C

ascorbate dioxygenase 抗坏血酸双加氧酶
ascorbic acid 抗坏血酸;维生素 C
ascorbigen 抗坏血酸原
ascorbimetry 抗坏血酸滴定法
ascorbinometric titration 抗坏血酸滴定法
ascospore 子囊孢子
aseismatic structure 抗震结构
asellin 鳘肝油碱
asepsis 无菌;无菌操作
aseptic technic 无菌(防腐)技术
aseptic technique 无菌操作
aseptol 苯酚-2-磺酸;搔早酸
asexual hybridization 无性杂交
asexual reproduction 无性生殖
asferryl 砷酒石酸铁
ash 灰分
ash air 含灰空气
ash analysis 灰分分析
ash coal 多灰分煤
ash conditioner 灰分调理器
ash cooler 苏打灰冷却器
Ashcroft sodium process 阿希克罗夫特制钠法
ashery (1)灰坑(2)(浸灰制)钾碱厂(从灰中取碳酸钾)
ash exhauster 排灰装置
ash-free basis 无灰计算
ash fusion temperature 灰熔温度
ash hooper 灰斗
ashing 灰化
ashlar 琢石;方石
ashless filter (paper) 无灰滤纸;定量滤纸
ash loss 灰分损失(灰分烧失量)
ash melting point (煤)灰熔点
ash (of soda) 苏打灰
ash pumping 水力除灰
ash removal 除灰
ash removal from raw coal 煤炭脱灰
ash roaster 苏打灰煅烧炉
ash slate 灰板岩
asialoganglioside 无唾液酸神经节苷脂
asialoglycoprotein 无唾液酸糖蛋白
Asiatic ginseng 人参
asiaticoside 积雪草苷
a single cell 单体电池
as low as possible 尽可能低
ASME Boiler and Pressure Vessel Code 美国机械工程师协会锅炉和压力容器规范
ASME code 美国机械工程师协会规范
Asn 天冬酰胺
asoxime chloride 氯化阿索肟
Asp 天冬氨酸
asparacemic acid 消旋天冬氨酸
asparagic acid 天冬氨酸;(不宜称)门冬氨酸
asparaginase 天冬酰胺酶
***l*-asparaginase** *l*-天冬酰胺酶;利血生
asparagine 天冬酰胺;α-氨基丁二酸一酰胺;(不宜称)门冬酰胺
asparaginic acid 天冬氨酸;(不宜称)门冬氨酸
asparagus 天(门)冬
asparamide 天冬酰胺;(不宜称)门冬酰胺
aspartame 阿司帕坦;天冬甜素
aspartase 天冬氨酸酶
aspartate aminotransferase 天冬氨酸转氨酶
aspartic acid (Asp) 天冬氨酸;(不宜称)门冬氨酸
aspartokinase 天冬氨酸激酶
asparton 天冬氨酰苯丙氨酸甲酯
aspartoyl 天(门)冬酰
aspartyl group 天冬氨酰(基)
aspartylphosphate 天冬氨酰磷酸
aspartyl transcarbamylase 天冬氨酰转氨甲酰酶
aspect ratio 高径比;长宽比
aspergillic acid 曲霉酸
aspergillin 曲霉菌素
aspergillosis 曲霉病
Aspergillus awamori 泡盛曲霉
Aspergillus flavus 黄曲霉
Aspergillus niger 黑曲霉
Aspergillus oryzae 米曲霉
aspergillus proteinase 曲霉蛋白酶
Aspergillus wentii 文氏曲霉
asperity 不平滑;(表面上的)粗糙(度)
asperolite 富水硅孔雀石
aspertoxin 曲霉毒素
asperuloside 车叶草苷
asphalt (石油)沥青;柏油
asphalt base crude oil 沥青基原油
asphalt-bearing shales 含沥青页岩
asphalt blowing 沥青氧化
asphalt concrete 沥青混凝土
asphalt (electric) isolating paint 沥青绝缘漆
asphaltene 沥青质
asphalt extensibility 沥青延度

asphalt felt 油毡纸
asphalt grouting 沥青化(作用)
asphaltheating pot 沥青锅
asphalt(ic) cement 沥青膏
asphaltic mastic 沥青玛瑞脂;沥青砂胶
asphaltic petroleum 沥青质石油(含大量沥青的石油)
asphaltine 沥青质
asphaltite 沥青岩
asphaltization 沥青化(作用)
asphaltos 地沥青
asphalt paint 沥青漆;沥青涂料
asphalt penetration 沥青针入度
asphalt prime coat 路面头道沥青;沥青透层
asphalt primer 路面头道沥青;沥青透层
asphalt (roofing) felt 沥青(层顶)毡;(俗称)油毛毡
asphalt softening point 沥青软化点
asphaltum 石油沥青;柏油
asphaltum oil 残渣油;液态沥青
asphalt varnish 沥青清漆
asphalt waterproof board 沥青防水纸板
asphyxiant gas 窒息气
aspiculamycin 无穗霉素
aspidin 鳞毛蕨素
aspidin(e) 绵马素
aspidinol 绵马酚;三叉蕨酚
aspidium 绵马
aspidospermine 白坚木碱
aspirator 吸气器
aspirator filter pump 吸气过滤泵
aspirator pump 吸[抽]气泵
aspirin 阿司匹林;乙酰水杨酸
aspirochyl (= mercuric atoxylate) 对氨基苯胂酸汞
AspNH$_2$ 天冬酰胺
aspoxicillin 阿扑西林
as received 按来样计算
AS resin AS 树脂
assay 试验;化验;检定
assay balance 试金天平
assayer 化验员
assay furnace 试金炉;检定炉
assaying (1)试金;分析矿物;鉴定;检定(2)测定;分析
assaying table 检定板
assay ton 检定吨;化验吨[等于 29.1667 克(短吨)或 32.67 克(长吨)]
assemble 装配
assembled parts list 装配部件清单
assembled rotor 套装转子
assembling 组装;装配;编制程序
assembling drawing 装配图
assembling stand 装配台
assembly 装配
assembly 装配;组合;组装;总装;组件;部件;装配件;组合件;总成
assembly diagram 装配图
assembly drawing 装配图
assembly of independent particles 独立粒子系集
assembly of inner parts 内件装配
assembly of interacting particles 非独立粒子系集
assembly of localized particles 定域粒子系集
assembly of non-localized particles 非定域粒子系集
assembly plant 装配厂
assembly program 组装程序
assembly sleeve 装配套筒
assembly system 装配系统
assembly table 装配台
assembly time 叠合时间
assembly winder 并线络筒机
assessment 评估
asset 资产;资金
ass-hide glue 阿胶
assignment (1)分配;分派;指定(2)课题;任务(3)(财产,权利的)转让
assimilable nitrogen 可同化的氮
assimilation 同化(作用)
assimilative capacity (1)吸收污染度;吸收污染量(2)同化能力
assistant of surfactant 助表面活性剂
assistant(s) 助剂
assisted biological coagulation 辅助生物凝固
assisted control 辅助操纵
associated(-dissolved) gas 油田伴生气
associated electrolyte 缔合(式)电解质
associated ion 缔合离子
associated mass 附加质量
associated molecule 缔合分子
associated perturbed anisotropic chain theory(APACT) 缔合微扰各向异性链理论
associated production 协同产生
associated solution model 缔合溶液模型
association 缔合(作用)

association colloid 半胶体;缔合胶体
association constant 缔合常数
association equation of state (AEOS) 缔合状态方程
association number 缔合数
association of defect 缺陷的缔合
association polymer 缔合聚合物
association reaction 缔合
associative ligand exchange mechanism 配体交换的缔合机理
associative memory 联想记忆
associative recognition 结合识别;二重识别
associatron 联想机
assort 配套
assortative mating 选型交配
as-spun fibre 初生纤维
assumed condition 假设条件
assumed load 假定载荷;计算载荷
assumption value 假定值;采用值
assurance 保险;保证
assurance factor 安全系数
assured processibility factor (APF) 安全操作系数
ass'y 装配
astacene 虾红素;蝲蛄素
astacin 虾红素;蝲蛄素
A-stage (phenolic) resin 甲阶(酚醛)树脂;可熔(可溶)酚醛树脂;酚醛树脂A
astatic galvanometer 无定向电流计
astatic regulator 无定位调节器
astatide 砹化物
astatine 砹 At
astatotyrosine 砹代酪氨酸
astaxanthin 虾青素
astemizole 阿司咪唑
aster 星体
asteriasterol 海星甾醇
asterin (=chrysanthemin) 紫菀苷;菊色素;花青-3-葡糖苷
astern gas turbine 倒车燃气轮机
astern guarding valve 倒车隔离阀
asteromycin 星霉素
aster(r)ubin 海星红素;二甲胍基乙磺酸
astigmatism 像散
astigmatoscope 散光镜
ASTM 美国材料试验学会
ASTM appendix number ASTM临时规范号
ASTM octane number (motor method) ASTM辛烷值(马达法)
ASTM octane number (research method) ASTM辛烷值(研究法)
ASTM specifications 美国材料试验学会技术规范;ASTM技术规范
ASTM Standards 美国材料试验学会标准;ASTM标准
Aston's mass spectrograph 阿斯吞质谱仪
astragalus root 黄芪
astral fiber 星射线;星体丝
astralite 奥司脱拉莱特;星字炸药(硝铵、硝酸甘油、梯恩梯炸药)
astral ray 星射线;星体丝
astringent (1)收敛剂;涩剂(2)涩嘴的
astringent lotion 收敛化妆水
astrocenter 星心体
astrochemistry 天文化学
astrophyllite 星叶石
astrophysics 天体物理(学)
astrosphere 星体球
astrovirus 星形病毒
asymmetrical mixture 不对称混合物
asymmetrical top 不对称陀螺
asymmetric atom 不对称原子
asymmetric carbon(atom) 不对称碳原子
asymmetric catalysis 不对称催化
asymmetric electrolyte 不对称电解质
asymmetric induction 不对称诱导
asymmetric ligand 不对称配体
asymmetric membrane 不[非]对称膜;各向异性膜
asymmetric membrane material 不对称膜材料
asymmetric molecule 不对称分子
asymmetric synthesis 不对称合成
asymmetric top molecule 不对称陀螺分子
asymmetrin 不对称菌素
asymmetry (1)不对称现象(2)不对称性
asymmetry potential 不对称电势
asymptotic relationship 渐进关系
asymptotic stability 渐近稳定性
asynapsis 不联会
asynaptic gene 不联会基因
asynchronous motor 异步电动机
ATA(aurin tricarboxylic acid) 金精三羧酸;金红三羧酸
atactic 无规立构的
atactic block 无规立构嵌段
atactic copolymerization 无规共聚
atacticity 无规立构状态

atactic polymer 无规(立构)聚合物
atactic polypropylene (APP) 无规(立构)聚丙烯
atavism 返祖(现象)
ATCase 天冬氨酸转氨甲酰酶
atebrin(e) 阿的平;疟涤平
ate complex 酸根型络合物;酸根型配位化合物
atelocentric chromosome 非端着丝粒染色体
atenolol 阿替洛尔;氨酰心安
aterrimin 深黑菌素
at given speed 达到给定速度
athamantin 阿塔曼苦素
athermal solution 无热溶液;不透热溶液;恒焓溶液
athermic effect 绝热效应
athlestatin 制强菌素
athymic mice 无胸腺鼠;裸鼠
ATI(acetylene terminated polyimide) 乙炔基封端聚酰亚胺
atipamezole 阿替美唑
atisine 异叶乌头碱;阿替素
Atkins classifier 阿特金斯选粒机
Atlantic (catalytic reforming) process 大西洋石油公司催化重整法
atlantone 大西洋萜酮
Atlas powder 阿特拉斯炸药
atmosphere 大气;大气圈;气压;气氛
atmosphere explosibles(ATEX) 爆炸性气氛;爆炸环境
atmospheric absorption 常压吸收
atmospheric ag(e)ing 大气(作用)老化;自然老化
atmospheric and vacuum distillation 常减压蒸馏
atmospheric chemistry of stratosphere 平流层大气化学
atmospheric circulation type water cooler 空气[大气]循环式水冷器
atmospheric condenser 常压冷凝器;空气冷凝器
atmospheric cooling tower 空气冷却塔
atmospheric corrosion 大气腐蚀
atmospheric corrosion inhibitor TOW for metals 金属大气缓蚀剂 TOW
atmospheric cracking 大气(作用)龟裂;自然蚀裂
atmospheric distillation 常压蒸馏
atmospheric(distillation)column[tower] 常压(蒸馏)塔
atmospheric distillation unit 常压蒸馏装置
atmospheric drum dryer 鼓式常压干燥器
atmospheric dryer 常压干燥器
atmospheric dust 大气尘
atmospheric environmental chemistry 大气环境化学
atmospheric exposure test 耐候性试验;曝露试验
atmospheric free radical 大气自由基
atmospheric oxidation 空气氧化
atmospheric ozone layer 大气臭氧层
atmospheric pipe 常压管线;通大气管线
atmospheric pipe still 常压管式加热炉
atmospheric pollution 大气污染
atmospheric pressure 大气压(力)
atmospheric(pressure) storage tank 常压储罐
atmospheric quality standards 大气环境质量标准
atmospheric radiation 大气辐射;长波辐射
atmospheric radiochemistry 大气放射化学
atmospheric reduced crude 常压渣油
atmospheric relief valve 大气安全阀;放空阀;泄压阀
atmospheric re-run 常压重馏
atmospheric side 大气侧
atmospheric sphere 大气圈;气圈
atmospheric steam 常压蒸汽
atmospheric storage tank 常压贮槽
atmospheric topping 常压拔顶(蒸馏)
atmospheric trace gases 大气痕量气体
atmospheric valve 放空阀;呼吸阀;泄压阀
atmos valve 放空阀;呼吸阀;泄压阀
ATMP 次氨基三(亚甲基膦酸)
Atmungsferment 细胞色素氧化酶
atol(e)in(e) 液体石蜡
atom 原子
atom beam scattering 原子束散射法
atometer 蒸发速度测定器
atomic absorption coefficient 原子吸收系数
atomic absorption spectrometry (AAS) 原子吸收光谱法
atomic absorption spectrophotometry 原子吸收分光光度法

atomic absorption spectroscopy 原子吸收光谱学
atomic angular distribution function 原子角分布函数
atomic battery 原子电池
atomic blast 原子爆炸
atomic bomb 原子弹
atomic cloud 原子(爆炸)烟云
atomic core 原子芯;原子实
atomic cross-section 原子(有效)截面
atomic crystal 原子晶体
atomic dipole moment 原子偶极矩
atomic disintegration 原子蜕变
atomic displacement reaction 原子置换反应
atomic emission spectrometry 原子发射光谱法
atomic energy 原子能
atomic energy generation 核能发电
atomic energy level 原子能级
atomic excitation 原子激发
atomic field 原子场
atomic fission 原子核分裂
atomic fluorescence 原子荧光
atomic fluorescence spectrometry(AFS) 原子荧光光谱法[学]
atomic (fractional) coordinate 原子(份数)坐标
atomic group 原子团
atomic heat capacity 原子热容
atomic hydrogen torch 原子氢焰
atomic hydrogen welding 原子氢焊
atomic ionization potential 原子电离电势
atomic ionoluminescence 原子离子化致发光
atomicity 原子数
atomic kernel 原子实
atomic mass unit 原子质量单位
atomic meter 原子米;埃单位
atomic model 原子模型
atomic nuclear structure 原子核结构
atomic nucleus 原子核
atomic number 原子序(数)
atomic orbital 原子轨函数;原子轨道
atomic parachor 原子等张比容
atomic polarizability 原子极化率
atomic potential 原子电位
atomic radial distribution function 原子径向分布函数
atomic radius 原子半径
atomic refraction 原子折射
atomic scattering factor 原子散射因子
atomic spectroscopy 原子光谱学
atomic spectrum 原子光谱
atomic structure 原子结构
atomic term 原子项
atomic thermal motion 原子热运动
atomic unit 原子单位
atomic volume 原子体积
atomic weight 原子量
atomising concentrate 雾化剂;乳粉
atomization (1)原子化(2)雾化
atomization burner 雾化喷嘴
atomization device 雾化器
atomization efficiency 原子化效率
atomization plant 雾化设备
atomization steam 雾化蒸汽
atomize (1)雾化(2)粉化
atomized drying 喷雾干燥
atomized fuel 雾化燃料
atomized liquid 雾化液体
atomized lubrication 雾化润滑
atomized powder (粉末冶金)雾化粉末
atomizer (1)超微粉碎机;超雾粉碎机(2)雾化喷嘴;雾化器;喷雾器(3)原子化器
atomizer burner 雾化燃烧器
atomizer chamber 雾化室
atomizing air 雾化(用)空气
atomizing burner 雾化燃烧器
atomizing column 喷雾塔
atomizing device 雾化器
atomizing jet 喷雾嘴;喷嘴
atomizing nozzle 雾化喷嘴;机械(雾化)喷嘴
atomizing unit 雾化设备
atom model 原子模型
atomospheric tower 自然通风凉水塔
atom percent excess 超量原子百分数
atom-probe 原子探针
atom recombination 原子复合
atom smasher 原子分裂器;加速器
atom-stricken 受原子爆炸污染的
atom structure 原子结构
atom weight unit 原子重量单位
atophan 阿托方;辛可芬
atopite 黄锑酸钙石
atopy 特应性
atorvastatin 阿托伐他汀
atovaquone 阿托伐醌
atoxic 无毒的
atoxyl 氨基苯胂酸钠
atoxylic acid 对氨基苯胂酸

ATP(adenosine triphosphate) 腺苷三磷酸;三磷(酸)腺苷
AT pair 腺嘌呤胸腺嘧啶碱基对
ATPase 腺苷三磷酸酶
ATPsome ATP 小体;腺苷三磷酸小体
ATP synthase ATP 合酶;腺苷三磷酸合酶
atractylogenin 苍术苷配基
atractyloside 苍术苷
atractyloside barrier 苍术苷屏障
atracurium besylate 苯磺阿曲库铵
atranorin(＝parmelin) 黑茶渍素;梅衣素;阿特拉诺林
atraumatic restorative treatment 非创伤性充填
atrazine 莠去津
atreol 磺化油(用硫酸酸洗石油馏分副产的磺化产品)
atrial natriuretic factor 心钠素
atricide 杀锥虫剂
atrolactamide 苯乳胺;苯基乳酰胺
atrolacti(ni)c acid 阿卓乳酸;α-苯基乳酸
atromentin 裂盒蕈色素
atronene 苯基二氢萘
atropic acid 阿托酸;α-苯基丙烯酸
atropine 阿托品
atropisomer 阻转异构体
atropisomerism 旋转对映异构
atropoyl 阿托酰;2-苯基丙烯酰
atroscine *dl*-莨菪胺;*dl*-东莨菪碱
atrovenetin 深酒色菌素
Atroxase (蛇源)抗凝血剂
at-site 现场
attached sheet 附页
attached X chromosome 并连 X 染色体
λ-attachment λ-附着点
attachment 附着;附属物;附件
attachment energy 附着能
attachment interference 吸附干扰
attachment of nonpressure parts 非承压部件及附件
attachment of nozzle 接管附件
attachment paper 随机文件
attachment site 附着部位
attachment tools 随机工具
attachment to shell 壳体的装配
attachment welds 连接件焊缝
attacins 阿泰辛
attack 化学侵蚀(起化学反应)
A-T tailing A-T 加尾
attar of rose(s) 玫瑰油
attemper (1)调温;减温(2)调和;调节
attemperation 温度调节
attemperator 恒温器;控制温度用旋管冷却器;过热调节器
attendance cost 维修费
attendant 维修人员
attention device 监护设备
attenuant 稀释剂;冲淡剂
attenuated strain 减毒株
attenuation 弱化[衰减;冲淡]作用
attenuation constant 衰减常量
attenuation of virulence 减毒作用
attenuator 衰减器;弱化子
at the construction field 在施工现场
at the construction site 在施工现场
Attila 阿蒂拉热室(法国氟化挥发法核燃料后处理用)
attitude control 姿态控制
attitude drift 姿态漂移
attitude error 姿态误差
attractant 吸引剂;引诱剂
attractive mixture 相吸混合物
attractive potential energy surface 吸引型势能面
attractor 吸引子
attrited black 球磨炭黑
attrition 磨损;磨耗
attrition index 磨损指数
attrition loss of catalyst 催化剂的磨耗损失
attrition loss of support 载体磨碎损耗
attrition medium 研磨介质
attrition mill 搅拌磨;碾磨机;碾泥机;磨盘式磨粉机
attrition rate 耐磨率
att site 附着部位
Atwater calorimeter 阿特沃特量热器
Atwood cracking process 阿特伍德裂化过程(一种常压裂化过程)
Atwood machine 阿特伍德机
A-type steel 甲类钢
aubepine 茴香醛;对甲氧基苯甲醛
AUC process 碳酸铀酰铵法(从 UF_6 制备 UO_2 的方法之一)
auction 拍卖
aucubin 珊瑚木苷;桃叶珊瑚苷
audiomasking 听觉掩蔽
audio noise meter 噪声计
audio oscillator 声频振荡器

audit (1)审计;审核;稽核(2)决算
audricurin 奥居菌素
aufbau principle 构造原理
aufs（＝absorbance unit full scale） 满刻度吸光度单位
Augelini furnace 奥杰利尼电炉
auger 钻;螺旋钻;钻孔机;绞龙;螺旋输送机
auger conveyer 螺旋运输机
augerbit 木螺钻;麻花钻
Auger effect 俄歇效应
Auger electron 俄歇电子
Auger electron spectroscopy（**AES**） 俄歇电子能谱学
augite 辉石
augmentability 可扩充性
augmented 增广
augmented cross-flow effect 加大错流效应
augmented matrices 增广矩阵
aulacogen 拗拉槽
Auramine（**O**） 碱性嫩黄O;金胺O;碱性槐黄
auranetin 酸橙黄酮;3,4′,6,7,8-五甲氧基黄酮
auranofin 金诺芬
aurantiin 橙花苷
aurantiogliocladin 橙胶霉菌素
aurenin 金菌素
aureofacin 生金菌素
aureofungin 金色制霉素
aureomycin 金霉素
aureonucleomycin 金核霉素
aureothin 金链菌素
aureothricin 金丝菌素
auric acid 金酸,包括:(1)偏金酸(2)原金酸
auric chloride 三氯化金
auric chloride acid 氯金酸
auric cyanide acid 氰金酸
aurichalcite 绿铜锌矿
aurichlorohydric acid 氢氯金酸
auric hydroxide 氢氧化金
auric nitrate acid 硝金酸;四硝根合(正)金(氢)酸
auric oxide 氧化金
auric potassium cyanide 氰化金钾;氰金酸钾
auric potassium iodide 碘化金钾;碘金酸钾
auric sodium bromide 溴化金钠;溴金酸钠
auric sodium chloride 氯化金钠;氯金酸钠
auric sulfate 硫酸金
auric sulfide 硫化金
auricyanhydric acid 氰金酸
aurimycin（＝eurymycin） 泛霉素
aurin 金精;玫红酸
aurin tricarboxylic acid 金精三羧酸;金红三羧酸
auripigment 三硫化二砷
auro-auric bromide 溴化正亚金;四溴化二金
auro-auric chloride 四氯化二金;氯化正亚金
auro-auric oxide 四氧化四金;氧化正亚金
auro-auric sulfide 四硫化四金;硫化正亚金
aurochlorohydric acid 氯金酸
aurochrome 金色素
aurodiamine 亚金联胺
aurodox 奥迪霉素
auroglaucine 灰绿曲霉色素
auromycin 金霉素
aurone 噢艹;2-亚苯甲基苯(并)呋喃酮
aurora yellow 镉黄
aurosome 金体(含金溶酶体)
aurothioglucose 金硫葡(萄)糖
aurothioglycanide 金硫醋苯胺
aurous acetylide 乙炔化亚金
aurous amminoiodide 碘化氨合亚金
aurous bromaurate 溴金酸亚金
aurous bromide acid 溴亚金酸
aurous chloroaurate 氯金酸亚金;四氯化二金
aurous hydroxide 氢氧化亚金
aurous oxide 氧化亚金
aurous potassium cyanide 氰亚金酸钾;氰化亚金钾
aurous-sodium cyanide 氰化金钠
auroxanthin 金黄质
auryl hydrosulfate 硫酸氢·氧金;酸式硫酸氧金
auryl nitrate 硝酸氧金
Au-Si surface barrier detector 金-硅面垒探测器
austempered ductile iron 奥贝球铁
austenic steel 奥氏体钢
austenite 奥氏体;碳丙铁
australene α-蒎烯
Australia antigen（**AA**） 澳大利亚抗原;乙型肝炎抗原;“澳抗”
autacoids 局部激素
autapse 自身突触

autarchic gene 自效基因
autarky 自给营养
authenticity 真实性;可靠性;权威性
authentic sample 真实样品;可信样品
authentic specimen 真实样本;可信标本
authorised pressure 法定压力;规定压力;容许压力[压强];许用压力
authorization to use 委任使用
authorized capacity 核准负载
authorized pressure 法定压力;规定压力;允许压力;许用压力;核准压力
autoacceleration 自加速作用
autoacceleration effect 自动加速效应
auto-activation 自动活化(作用)
autoallergy 自身变态反应
autoalloploid 同源异源体
autoallopolyploid 同源异源多倍体
autoanalyzer 自动分析器
autoantibiosis 自动抗生作用
autoantibody 自身抗体
autoantigen 自身抗原
autobiotic 自体生物素
autobivalent 同源二价染色体
autobody 自体
autocatalysis 自催化;自动催化作用
autocatalyst 汽车(尾气净化)用催化剂;自动催化剂
autocatalytic effect 自催化效应
autocatalytic induction 自身催化诱导
autocatalytic reaction 自催化反应
autocatalyzed oxidation 自动催化氧化作用
autocide (细菌)自杀剂
autoclave (1)加压釜;高压(反应)釜;加压灭菌器;(俗称)高压锅 (2)罐式硫化机
autoclave body (高压)釜体
autoclave leg (高压)釜支座
autoclaving 高压灭菌
autocoagulation 自动凝结
autocoid 局部激素
auto-collimating spectrometer 自准直谱仪
autocollimation spectroscope 自准直分光镜
autocomplex 自生络合物;自生配位化合物
autocondensation 自缩合(作用)
auto container 汽车集装箱
autocontinous helical-conveyor centrifuge 自动连续螺旋卸料离心机
autocontrol 自动控制
auto correlation analysis 自相关分析
autocoupling 自动偶合(作用)
autocoupling hapten 自身结合半抗原
autocrimper 自动(假捻)卷曲机
autocrine 自分泌
autocrine hormone 自(分)泌激素
autocytolysis (细胞)自溶(作用)
autodecomposition 自分解;自动分解
autodestructive alkylation 自动裂解烃化
autodigestion 自身消化
autodiploid (1)同源二倍体;(2)自体融合二倍体
autoduplication 自体复制
autoemissions 汽车排气
autoenzyme 自溶酶
auto-exhaust catalyst 汽车尾气催化剂
auto feed (1)自动进给(2)自动加料
auto-feeder 自动给料机
autofining 自氢精制;自身加氢精制(过程)
autofining process 自氢精制[炼];自身加氢精制[炼]
auto fire alarm system 火灾自动报警系统
autoflocculation 自絮凝(作用)
autofluorescence 自身荧光
autofluorogram 自动荧光图
autofluorograph 自动荧光仪
autofluoroscope 自动荧光镜
autogamy 自体受精
autogenous soldering 自焊;气焊;氧铁软焊
autogenesis 自然发生
autogenic transformation 同源转化
autogenous combustion 自发燃烧
autogenous control 自体控制
autogenous cutting 气割
autogenous ignition temperature 自燃温度;自动着火点
autogenous infection 自身感染
autogenous mill 自磨机
autogenous regulation (基因)自我调节
autogenous soldering 自焊
autogenous vaccine 自体疫苗
autogenous welding 自熔接
autograft 自身移植
autograph 自动绘图仪
autographic chart 自记图表
autohesion 自粘(作用)
autoheteroploid 同源异倍体
autoheteroploidy 同源异倍性
autoignition 自燃
autoimmune 自身免疫

autoimmunity 自身免疫性
autoinduction 自身诱导;反应自诱导
autoindustry 汽车工业
auto(-)inhibition (1)自动阻化(作用)(2)自动抑制;自身抑制
autointerference 自身干涉
autointoxication 自身中毒
autoionization 自体电离(作用);自电离;预电离
autolysate 自溶(产)物;自解产物
autolysin 自溶素
autolysis (细胞)自溶(作用)
autolysosome 自噬溶酶体
auto-man switch 自动-手动开关
automat 自动机;自动装置
automated line 自动线
automated production 自动化生产
automatic acid blowcase 自动操作酸蛋
automatic acid-egg 自动操作酸蛋
automatic alarm 自动报警器
automatic alignment 自动对准
automatically operated inlet valve 自动操作进给阀
automatically operated valve 自动阀
automatic analyser 自动分析仪
automatic analysis 自动分析
automatic batcher 自动配料器
automatic batchwise gas chromatography 自动分批式气相色谱法
automatic blowdown system 自动排污系统
automatic blowdown valve 自动排污阀
automatic burette 自调(零点)滴定管
automatic centrifuge 自动离心机
automatic checking 自动检验
automatic checkout device 自动检测装置
automatic continuous type screw discharge of solid centrifuge 自动连续螺旋卸料离心机
automatic control 自动控制;自控
automatic control device 自动控制装置
automatic control equipment 自动控制设备
automatic controller 自动控制器
automatic control rod 自动控制杆
automatic control valve 自动控制阀
automatic custody transfer 密闭式自动输送
automatic cycle 自动循环
automatic data processing 自动数据处理
automatic decrystalization device 自动除霜器
automatic de-sludger 自动除渣器
automatic discharge 自动卸料
automatic discharge centrifuge 自动卸料离心机
automatic discharge unit 自动卸料装置
automatic discharge wagon 自动卸料车
automatic disconnection 自动切断
automatic dissolution (金属)自动溶解
automatic dryer 自动干燥器
automatic dump 自动卸料
automatic expansion valve 自动膨胀阀
automatic feeder 自动加[进]料器
automatic filter 自动过滤器
automatic gear shifting 自动变速
automatic instrument(s) 自控仪表
automatic lathe 自动车床
automatic layboy (浆板)自动折叠机
automatic load control 自动载荷控制
automatic load regulator 负荷自动调节装置
automatic manual station 自动-手动操作器
automatic measurer 自动测量仪器
automatic monitor 自动监控器
automatic oil 自动机润滑油
automatic oiling 自动加油
automatic operation (1)自动操作(2)自动运算
automatic overload control 自动超载控制
automatic packaging 自动包装
automatic packaging unit 自动包装机
automatic packing machine 自动打包机
automatic pneumatic control of flow rate 流量的自动气动控制
automatic pressure controller 自动压力调节器
automatic process gas chromatography 自动化流程气相色谱法
automatic programming 自动程序设计
automatic protective device 自动保护装置
automatic recorder 自动记录仪[器]
automatic recording instrument 自动记录(式)仪表
automatic recording titrimeter 自动记录滴定器
automatic regulating device 自动调节装置
automatic regulating system 自动调节系统
automatic regulator 自动调节器
automatic release 自动切断
automatic remote control 自动遥控
automatic request 自动检索
automatic reverse 自动换向

automatic safety device 自动安全装置
automatic sampler 自动进样器
automatic sampling (1)自动取样(2)自动进样
automatic signal 自动信号
automatic signalling device 自动信号装置
automatic sludge discharge pipe 自动排污管
automatic spray gun 自动喷枪
automatic spraying 自动喷涂
automatic spring loaded valve 自动弹簧阀
automatic starter 自动起动机[器]
automatic starting control 自动起动控制
automatic starting device 自动起动[启动]装置
automatic steel 自动钢
automatic stop 自动停机[停车]装置
automatic stopping 自动停车
automatic stopping device 自动停止[止动]装置
automatic subcloning 亚克隆技术
automatic submerged-arc welding 埋弧自动焊
automatic submerged-arc welding machine 埋弧自动焊机
automatic switch 自动开关;自动断路器
automatic switching 自动转换
automatic switchover 自动切换(备用机)
automatic teleswitch 自动遥控开关
automatic temperature controller 自动温度控制器
automatic temperature recorder controller 自动温度记录调节器
automatic temperature regulator 自动温度调节器
automatic throttle(valve) 自动节流阀
automatic tire vulcanizer 轮胎自动硫化机
automatic titration 自动滴定
automatic tracking 自动跟踪
auto(matic) transfer switch 自动转换开关
automatic transmission fluid 自动换排液
automatic transverse welding 横向自动焊
automatic unloader 自动卸载器
automatic unloading 自动卸料
automatic vacuum valve 自动真空阀
automatic valve 自动阀
automatic voltage regulation 电压自动调节
automatic voltage regulator 电压自动调节器
automatic welder 自动焊机
automatic welding machine 自动焊机
automatic working 自动操作
automatic wrapping unit 自动包装机
automatic zero burette 自动调零(点)滴定管
automation (1)自动化(作用)(2)自动机
automatization 自动化
automatograph 自动记录器
autometer 自动测量计
automixer 自动混合器
automixis 自体融合
automobile battery 汽车蓄电池
automobile coatings 汽车涂料
automobile diesel engine 汽车柴油发动机
automobile emission 汽车废气
automobile exhaust gases 汽车尾气
automobile finish 汽车(罩面)漆
automobile gasoline 车用汽油
automobile lacquer 外用硝基瓷漆
automobile oil 车用润滑油
automobile refinishing coatings 汽车修补漆
automolite 铁锌尖晶石
automonitor 自动监控器;自动监测器
automotive engine oil 车用润滑油
automotive fuel 车用燃料
automotive stock 汽车配件胶料
automotive vehicle 机动车辆
automutagen 自体诱变剂
autonomous 自发的;自主的
autophagy 自(体吞)噬
autophobic film 自憎膜
autophobic liquid 自憎液体
autophosphorylation 自身磷酸化
autopilot 自动驾驶仪
autoplotter 自动绘图仪
autopolyhaploid 同源多倍单倍体
autopolymer 自聚物
autopolymerization 自(动)聚合
autopolyploid 同源多倍体
autopolyploidy 同源多倍性
autoprecipitation 自沉淀(作用)
auto-programming 自动程序设计控制
autoprothrombin 自凝血酶原
autoprotolysis constant 质子自递常数
autoprotolysis(of solvent) 质子自递作用;质子自迁移(反应);酸碱歧化
autopurification 自净作用
auto-racemisation 自动外消旋
autoradiogram 放射自显影图
autoradiograph 放射自显影;自体放射造影照片
autoradiography 放射自显影法

autoradiolysis 自辐解;自动辐射分解
auto-radiotitrameter 自动放射滴定计
autoreaction 自反应
autoreceptor 自身受体
autoreduction 自还原(作用)
autorefrigeration 自(动制)冷作用
autoregeneration 自动再生(作用)
autoregulation 自身调节
autoretardation 自身阻滞
autorich 自动富化(燃烧混合比例)
autoscan 自动扫描
autosensitivity 自身敏感
auto soap 汽车用皂
autosome 常染色体
autostop (1)自动停止(2)自动停车
autosynapsis 同源联会
autosyndetic pairing 同源配对
autosynthesis 自动合成
autosynthetic cell 自身合成细胞
autotetraploid 同源四倍体
autotetraploidy 同源四倍性
autothermal extrusion 自热压出法
autothermal reaction 自热反应
autothermic cracking 自裂解;自热裂化;氧化裂化
autothermal reactor 自热反应器
auto-timer 自动计[定]时器
auto tire 汽车外胎
autotitrator 自动滴定器;自动滴定仪
autotoxin(e) 自体毒素
auto-transformer 自耦变压器
autotrophic 自养的
auto-vulcanization 常温硫化
autovulcanizing stock 常温硫化胶料
autoxidation 自氧化;自动氧化作用
autoxidator 自(动)氧化剂
autoxidizability 自动氧化性
autozygote 同合子
autumn wood 晚木材;秋材;夏材
autunite 钙铀云母
Auwers-Skita rule 奥沃斯-斯其达规则(羰基氢化时在酸中得顺式、在中性溶液中得反式化合物)
auxanogram 生长谱
auxanography 生长谱法
auxesis 细胞增大性生长
auxeticity 拉胀性
auxiliaries (1)辅助装置(2)助剂(助促进剂、辅助配合剂等)
auxiliaries for leather making 制革助剂
auxiliary anode 辅助阳极
auxiliary blade 辅助叶片
auxiliary boiler 辅助锅炉
auxiliary bond 副键
auxiliary burner 辅助喷嘴;辅助燃烧器
auxiliary complex 辅助络合物;辅助配位化合物
auxiliary complex-former 辅助络合剂;辅助配位剂
auxiliary complexing agent 辅助络合剂;辅助配位剂
auxiliary convection section 辅助对流段
auxiliary electrode 辅(助)电极
auxiliary equipment 辅助设备
auxiliary facilities 辅助设施;附属设备
auxiliary gland 辅助填料压盖
auxiliary heater switch 辅助加热器开关
auxiliary ingredient 辅助配合剂
auxiliary machinery 辅助机器
auxiliary material 辅助材料
auxiliary oil pump 辅助油泵
auxiliary packing 辅助填料
auxiliary power supply 辅助电源
auxiliary projection 辅助投影
auxiliary pump 辅助泵
auxiliary steam valve 辅助蒸汽阀
auxiliary syntan 辅助性合成鞣剂
auxiliary tanning agent 助鞣剂
auxiliary units 辅助生产装置
auxiliary valence 副(原子)价
auxiliary valency 副(原子)价
auxiliary valve 辅助阀
auxiliary view 辅助视图
auxilin 辅助蛋白
auxin 茁长素(植物生长素)
auxin A 茁长素A
auxin B 茁长素B
auxocarcinogen 辅致癌剂
auxochrome 助色团
auxochromic group 助色团
auxotroph 营养缺陷型
auxotroph marker 营养缺陷型标记
availability 㶲;有效能
available accuracy 有效准确度
available capacity 有效容积
available chlorine 有效氯
available energy 有效能
available(machine)time 机器(的)有效工作时间
available nitrogen 有用氮

available NPSH 有效净正吸入压头
available on application 按用途提供
available phosphates 有效磷酸盐
available surface 有效表面
available temperature drop 有效温度下降
available work 可用功
avalanche 离子崩流
avalanche breakdown 雪崩击穿
avalite 钾铬云母
avalosulphone 氨苯砜
A valve tray A 型浮阀塔盘
avenacein 燕麦镰孢菌素
avenaciolide 燕麦曲菌素
avenin 燕麦蛋白
aventurine glass 金星玻璃
aventurine glaze 金星釉
avenyl 大风子油醛制剂
average absolute deviation(AAD) 平均绝对偏差
average absolute relative deviation(AARD) 绝对值的平均相对偏差
average composite sample 平均组合样品
average degree of polymerization 平均聚合度
average deviation 平均误[偏]差
average error 平均误[偏]差
average flow 平均流量
average filling losses 平均充油损失(储油槽的)
average freight rate assessment 评定平均运费率
average gradient 平均梯度
average infiltration (1)平均渗透率(2)平均渗入量
average life 平均寿命
average life of fluorescence molecule 荧光分子平均寿命
average life period 平均(使用)寿命
average life time 平均使用期限
average ligand number 平均配体数
average magnitude 平均量
average paraffins 平均链烷(正构及异构烷烃的混合物)
average plate height 平均塔板高(度)
average polarization rate 平均极化率
average production capacity 平均生产量
average productive output 平均生产量
average sample number 平均取样数
average service life 平均使用期限
average velocity 平均速度
averaging control system 均匀调节系统
averaging of rubber 不同等级生胶的混合
avermectin 除虫菌素;阿凡曼菌素;齐墩螨素
avertin 三溴乙醇
averufin 奥佛尼红素
avgas(=aviation gasoline) 航空汽油
avian polypeptide 鸟类多肽
aviation alkylate 航空烷基化汽油(航空汽油中的烷基化汽油组分)
aviation blending fuel 掺混航空燃料
aviation (engine) lubricant 航空润滑油
aviation engine oil 航空润滑油
aviation fuel 航空煤油
aviation gas 航空汽油
aviation gasoline 航空汽油
aviation kerosene 航空煤油;喷气机用煤油
aviation kerosine 航空煤油
aviation octane method 航空(汽油)辛烷值测定法
aviation petrol 航空汽油
aviation safety fuel 安全航空燃料;高闪点航空燃料
aviation spirit 航空汽油
aviation turbine oil 航空润滑油
avicel 微晶纤维素
avicin 勒棁碱
avicularin 萹蓄苷
avidin 抗生物素蛋白;卵白素
avidity 亲合力
avilamycin 卑霉素;阿维霉素
avi process 浸酸光泽法
avitaminosis 维生素缺乏症
avitene 阿维烯
avocado oil 鳄梨油
Avogadro constant 阿伏伽德罗常量
Avogadro law 阿伏伽德罗定律
avoirdupois 英国常衡制
avometer 万用电表;安伏欧计
avoparcin 阿伏帕星
AVP (1)(antiviral protein)抗病毒蛋白(2)(arginine vassopressin)精氨酸加压素
Avrami equation 阿夫拉米方程
awadcharidine 东乌头定
awadcharine 东乌头灵
awaiting parts 维修用备件
A-waste(s) 放射性废物
axenic animal 无菌动物
axenic cultivation 纯性培养
axenic culture (1)纯性培养物(2)单一纯

种培养
axenomycin 轴霉素
axenophthene 抗干眼烯;脱水维生素A
axerophthal 维生素A醛
axerophthol 抗干眼醇;维生素A
axe stone 钺石(硬玉)
axial acceleration 轴向加速度
axial angle (结晶)轴角
axial bond 直立键;竖键;轴向键
axial compressor 轴流式压缩机
axial dispersion 轴向渗透
axial dispersion coefficient 轴向分散系数;轴向混合系数
axial dissymmetry 轴向不对称性
axial filament 轴丝
axial flow 轴向流动
axial flow blower 轴流式鼓风机;轴流式通风机
axial(flow) compressor 轴流式压缩机
axial(flow) fan 轴流式通风机[送风机];轴流(式)风机[扇]
axial flow impeller 轴流式叶轮
axial flow pump 轴流泵
axial flow turbo-compressor 轴流式透平压缩机
axial flow (type) blower 轴流式通风机
axial glide plane a,b,c 轴向滑移面a,b,c
axial hydroxyl group 轴位羟基
axial(l)y expansive seal 轴向膨胀密封
axial magnification 轴向放大率
axial migration 向轴迁移
axial ratio 轴比
axial scroll 轴向蜗管
axial strength 轴向强度
axial substituent 垂直取代基
axial symmetric(al) flow 轴对称流
axial vector 轴矢(量)
axin 虫漆脂
axinic acid 胭脂虫红酸
axinite 斧石
axiolite 椭球粒
axis of weld 焊缝轴线
axisymmetric element 轴对称元
axisymmetric flow 轴对称流
axite 额克赛特;阿西炸药(硝化甘油、硝棉、石油炸药)
axle oil 车轴油
axon 轴突
axonal transport 轴突运输
axoneme (鞭毛的)轴纤丝
axon guidance 轴突引导
axonometry (1)测晶学(2)晶体轴线测定
axoplasm 轴浆
ayamycin 绫霉素
ayfactin 抗酵母素
ayfivin (=bacitracin) 杆菌肽
aza- 氮杂;吖
10-azaanthracene 吖啶
azacitidine 阿扎胞苷;氮胞苷
azacolutin 防霉菌素
azacosterol 阿扎胆醇;二氮胆固醇
azacyanine 吖菁;氮(杂)菁(作为照相减感剂或钝化剂)
azacyclonol 阿扎环醇;氮杂环醇
azacyclopropane 环乙亚胺
5-azacytidine 5-氮杂胞(嘧啶核)苷
azadirachtin 印苦楝子素
9-azafluorene 咔唑
azafrin 玄参红酸
8-azaguanine 8-氮鸟嘌呤
azaheterocyclic compound 氮杂环化合物
azaindole 吖吲哚;氮杂吲哚
azakinetin 氮激动素
azalene 1*H*-1-氮茚
azalomycin 阿扎霉素
azamethonium bromide 阿扎溴铵
azane 氮烷(即氨)
azanidazole 阿扎硝唑
azaniles 制醋酯丝(用)不溶性偶氮染料的伯胺类
azanium 氨鎓;氮烷鎓(即铵)
azanol 羟胺
azaperone 阿扎哌隆
azapetine phosphate 磷酸阿扎培汀;磷酸氮培汀
azaporphins 吖卟吩;氮杂卟吩
azaribine 阿扎立平
azaromycin (=azalomycin) 阿扎霉素
azaserine 重氮丝氨酸
azatadine 阿扎他定
azathioprine 硫唑嘌呤;(硝基)咪唑硫嘌呤
azathymidine 氮(杂)胸苷
6-azathymine 6-氮(杂)胸腺嘧啶
azatropylidene 吖草;氮杂草
azatryptophan 氮杂色氨酸
azauracil 氮(杂)尿嘧啶
6-azauridine 6-氮尿苷
azax powder 阿扎克斯炸药
azedarine 苦楝根碱;楝树碱

azela(a)te 壬二酸盐(或酯)
azelaic acid 壬二酸;杜鹃花酸
azelaic dinitrile 壬二腈
azelain 壬二酸甘油酯
azelamide 壬二酰胺
azelaoyl coenzyme A 壬二酰辅酶 A
azelastine 氮䓬斯汀
azelon 蛋白纤维(类)
azeotrope 共沸(混合)物;共组成混合物;恒沸(点混合)物
azeotrope destroyer 共沸破坏剂
azeotrope former 共沸生成添加物
azeotropic agent 恒沸因子
azeotropic copolymer 恒组分共聚物
azeotropic copolymerization 恒组分共聚合
azeotropic distillation 共沸蒸馏;恒沸蒸馏
azeotropic drying 共沸干燥
azeotropic mixture 共沸混合物;恒沸点混合物
azeotropic point 共沸点
azeotropic process 共沸(蒸馏)过程
azeotropic temperature 共沸温度
azeotropism 共沸作用
azeotropy 共沸(性)
azepine 氮杂䓬
azete 氮杂环丁二烯
azetidine 氮杂环丁烷
2-azetidinecarboxylic acid 2-氮杂环丁烷羧酸
azetine 氮杂环丁烯
azidamfenicol 叠氮氯霉素
azide 叠氮化物
2-azide-4-nitrophenol 2-叠氮-4-硝基苯酚
azidobenzoic acid 叠氮苯甲酸
azidocarbonyl 叠氮羰基
azidocillin 叠氮西林;叠氮青霉素
azidophotographic resin 叠氮型感光树脂
azidothymidine 叠氮胸苷
aziethane 重氮乙烷
aziethylene (=aziethane) 重氮乙烷
azimethane 重氮甲烷
azimethylene (=azimethane) 重氮甲烷
azimide 联重氮亚胺
azimilide 阿齐莱特
azimino-benzene 苯并三唑;1,2,3-三氮(杂)茚
azimuthal quantum number 角量子数
azine 吖嗪
azine dye(s) 吖嗪染料
azine group 吖嗪基,指:(1)连氮基(2)吡啶基(3)对二氮蒽基
azinphos-methyl 谷硫磷;甲基谷赛昂;保棉磷
azintamide 阿嗪米特
azirane 环氮乙烷
aziridine 吖丙啶;1-氮杂环丙烷;环乙亚胺
aziridine mutagen 氮丙啶诱变剂
aziridinium salt 吖丙啶鎓盐
azithromycin 阿奇霉素
azlactone 吖内酯;二氢噁唑酮
azlocillin 阿洛西林;苯咪唑青霉素
azo 偶氮
azoamine 偶氮胺
Azobacter 固氮菌类
azobenzene 偶氮苯
azobenzide(=azobenzene) 偶氮苯
azobenzol (=azobenzene) 偶氮苯
azobilirubin 偶氮胆红素
1,1′-azobisformamide 偶氮二甲酰胺;发泡剂 AC
2,2′-azobisisobutyronitrile (**ABIN**) 2,2′-偶氮二异丁腈
azo blowing agent 偶氮系发泡剂
azocarmine 偶氮胭脂红
azocasein 偶氮酪蛋白
azochloramide 二氯偶氮脒
azo compound 偶氮化物
azocyanide 偶氮氰化物(含有一价基—N:NCN 的化合物)
azocycle compound 氮环化合物(环中含 NH)
azodicarbonamide 偶氮二甲酰胺;发泡剂 AC
azodicarbonic acid 偶氮(二)甲酸
azodicarboxylate 偶氮二羧酸盐(或酯)
azodiformate 偶氮二甲酸盐(或酯)
azodiisobutyronitrile 偶氮二异丁腈
azo-dye method 偶氮染色法
azo dye(s) 偶氮染料
azo dyestuffs 偶氮染料
azoethane 二乙基偶氮
azoFd 偶氮铁氧(化)还(原)蛋白
azofer 固氮铁(氧还)蛋白
azofermo 固氮铁钼(氧还)蛋白
azoferredoxin 偶氮铁氧(化)还(原)蛋白
azofication 固氮作用
azoformamide 偶氮(二)甲酰胺
azoformic acid 偶氮(二)甲酸
azo-group 偶氮基

azo-hexahydrobenzonitrile 偶氮六氢化苯腈(发泡剂)
azoic (1)无生命的(地质年代)(2)偶氮的
azoic compound 偶氮化(合)物
azoic coupling component 色酚
azoic diazo component 色盐;色基
azoic printing compositions 偶氮印染配制品(以显色染料配制而成)
azoimide 叠氮化氢;叠氮酸
azo initiator 偶氮引发剂
azoisobutyrodinitrile 偶氮异丁二腈
azolactone 噁唑酮
azole (＝pyrrole) 吡咯
azoles 唑系
azolesterase 氮醇酯酶
azolitmin 石蕊精
azomethane 偶氮甲烷
azomethine compounds 偶氮甲碱化合物;甲亚胺化合物(含特性基团—CH∶N—或═C∶N—)
azomethine dyes 偶氮甲碱染料;甲亚胺染料
azomultin 多氮菌素
azomycin 氮霉素
azonines 偶氮宁类染料(商名,染醋酯纤维用)
azonium 氮鎓(R_3N_2X型化合物)
azophenetol 偶氮苯乙醚
azophenine 偶氮芬宁
azophenol 偶氮苯酚
azophenylene (＝phenazine) 吩嗪
azophosphon 偶氮膦
azopolyamide 偶氮聚酰胺
azo polymer 偶氮类聚合物
azoprotein 偶氮蛋白
azosemide 阿佐塞米
azosulfamide (＝neoprontosil) 偶氮磺酰胺;新百浪多息
azosulfonic acid 偶氮磺酸
azotase 固氮酶
azotetrazole 偶氮四唑
azotic 含氮的
azotic acid (＝nitric acid) 硝酸
azotification 固氮(作用)
azotin 干肉粉
azotize 氮化
azotizing (1)氮化的(2)氮化(作用)
azotobacteria 固氮菌
azotoflavin 固氮黄素
azotogen 固氮菌剂
Azotols 偶氮色酚类(前苏联商品名)
azotoluene 偶氮甲苯
azotometer 定氮仪
azotometry 氮量分析法
azotomycin 含氮霉素
azoviolet 偶氮紫;镁试剂
azoxy- 氧化偶氮基
azoxybenzene 氧化偶氮苯
azoxybenzoic acid 氧化偶氮苯甲酸
azoxy compound 氧化偶氮化物
azoxynaphthalene 氧化偶氮萘
azoxytoluidine 二氨基偶氮甲苯
azo yellow 偶氮黄;酸性黄
aztreonam 氨曲南
azulene (1)薁;甘菊环(2)(洋)甘菊蓝
azulene aldehydes 薁醛类
azulene ketones 薁酮类
azulene lactone 薁内酯
azulmic acid 氮明酸
azulmin (＝azulmic acid) 氮明酸
azululanone 薁烷酮
AzUR(azauracil riboside) 6-氮杂尿苷
azure 天青(色)
azure A[B;C] 天青A[B;C](均为生物染色剂)
azure blue 天青蓝(碱式碳酸铜)
azurin 天青蛋白
azurine (1)可可碱乙酸钠(2)天青蛋白
azurite 蓝铜矿;石青
azur malachite 天蓝孔雀石
azurol 薁醇
azygospore 拟接合孢子
azygote 单性合子
azyl 氨基($—NH_2$)
azylase 酰胺酶
azyloxy 氨氧基($—ONH_2$)
azylthio 氨硫基($—SNH_2$)
azymia 酶缺乏
azymic 不发酵的
azymous (＝unfermented) 未发酵的

B

babassu kernel oil 巴巴苏仁油;巴巴苏油
Babbit metal 巴比特合金
Babcock flask 巴布科克测乳油瓶
Babcock tube 巴布科克管
Babes-Ernest body 异染体
Babes-Ernest granule 异染粒
Babinet compensator 巴比涅补偿器
Babo flask holder 巴波瓶架
baby care products 婴儿护肤用品
baby dryer 小(型)烘缸
baby powder 婴儿爽身粉
baby shampoo 婴儿香波
baby soap 儿童香皂;小儿皂
baby still 辅助(蒸馏)塔
baby tower 小塔;小型蒸馏塔
bacampicillin 巴氨西林;氨苄青霉素碳酯
baccatin 浆果赤霉素
B-acid B酸;1-氨基-8-萘酚-3,5-二磺酸
baci-extraction 反萃取
bacillin 杆菌素
bacillocin 芽孢杆菌素
bacillomycin 芽孢菌霉素
bacillomyxin 芽孢菌黏素
bacillosporin 杆孢菌素
Bacillus thuringiensis 苏云金芽孢杆菌
bacilysin 芽孢菌溶素;杆菌溶素
bacimethrin 巨大杆菌素
bacitracin 杆菌肽
bacitracin methylenedisalicylic acid 亚甲基双水杨酸杆菌肽
back-blending 回调(如用馏分油调和沥青)
back boarding (皮革)搓软
back bonding 反馈键
backbone 主链
backbone chain 主链
backbone motion 主链运动
backbone rearrangement 骨架重排
back chipping 铲焊根;背面錾平
back coating 背面上胶;背面涂布
back coordination 反馈配位
back cross 回交
backcycling 反循环
back diffusion 返扩散
back donating bonding 反馈键
back donation 反馈作用
back electromotive force 反电动势
back end 后段
Backer sodium process 巴克尔炼钠法
back extract 反萃取
back-extractant 反萃取剂
back extraction 反萃取;回提
back face 后端面
backfeed loop 反馈回路
backfilled 反填充的;回填的
back-filling 回填充
back fire 回火;逆火
backflash 反闪;回燃
back flow (1)回流;倒流(2)开模缩裂
back flushing (1)反洗;逆流洗涤(2)反吹
back-flush(ing) chromatography 反冲色谱法
backflush valve 反冲阀
background (1)背景(2)本底
background absorption 背景吸收
background absorption correction 背景吸收校正
background activity 本底放射性
background air 本底空气
background correction 背景校正
background equivalent activity (BEA) 天然本底放射性当量强度
background factor 背景因子
background impurity 本底杂质
background mass spectrum 本底质谱图
background noise criteria 本底噪声标准
background of mass spectrum 质谱本底
background pollution 本底污染
background radiation 本底辐射
background spectrum 本底谱线图
background stain 负染色法
background vapor pressure 本底蒸气压
backhand welding 后焊法
backimixing 逆向混合;回混;反混
back impeller 后弯(式)叶轮
backing 衬垫
backing connection 前级(泵)接头
backing flange 背衬法兰
backing line condenser 前级管线冷凝器
backing material 基底材料
backing pump 前级泵;旋转式油泵

backing ring 垫环
backing run 封底焊;打底焊道
backing side trap 前级冷阱
backing stage 前级
backing tube 通前级管
backing vacuum 前级真空
backing weld(ing) 打底焊
back knotter 尾筛
back lash 间隙;齿隙;丝隙
back migration 反迁移
back mix 返混;返回混合物
back-mix-flow reactor 返混流反应器
back mix fluidized bed reactor 返混流化床反应器
back mixing 返混
back mutation 回复突变
back of weld 焊缝背面
back pressure 反压(力)
back pressure chamber 背压室
back pressure evaporator 背压式蒸发器
back pressure manometer 背压压力计
back pressure operation 背压操作
back pressure turbine 背压式汽[涡]轮机;背压透平
back pressure valve 止回阀
back purge 反冲
back ring 护环;垫圈
back running 封底焊
back scattering 反向散射;背散射
back scattering spectrometry (BS) 反散射能谱法
back scatter peak 反向散射峰
back shooting 回程爆炸
backside attack 背面进攻
backside displacement 后侧取代
backsiphonage 回吸;反吸;倒虹吸
backsizing 背面涂胶
backstep welding 分段退焊
back strain effect 反应变效应
back surface 底面
back swing 回程
back titration 返滴定(法)
back-to-back impeller pump 背靠背叶轮泵
backtrack 回溯
backup power 备用电源
backup ring 挡圈;垫圈;护环;支承环
back veneer (胶合板之)里板
back view 后视图
backward-bladed impeller 后弯(叶片)叶轮
backward-curved blade 后弯叶片
backward curved vane 后弯叶片
backward extrusion 反向挤压
backward feed 逆向进料;逆流加料
backward flow 逆向流动
backward flow interface centrifugation 逆流界面离心
backward leaning vane 后弯叶片
backward reaction 逆向反应
backward reasoning 反向推理
backward scattering 逆向散射;向后散射
backwash controller 返洗液控制器
backwash filter 反洗式过滤器
backwash fluid 反洗液
back washing 反洗;回洗(法)
backwash inlet 反洗液进口
backwash outlet 反洗液出口
backwash period 反洗期
backwash valve 逆洗阀
backwash water 回洗水
back water (纸浆)残水;回水
back water curve 壅水曲线
back water pump 回水泵
back water valve 回水阀
back weld 封底焊道
back welding 封底焊
backwinding 复绕;倒筒
baclofen 巴氯芬;氯苯氨丁酸
bacon rubber 烟片
Bacon type fuel cell 培根型燃料电池
bacteria 细菌(bacterium 的复数)
bacteria challenge test 细菌免疫性试验
bacterial amylase 细菌淀粉酶
bacterial bed 细菌床
bacterial colony counter 菌落计数器
bacterial corrosion 细菌腐蚀
bacterial damage (生皮)菌伤
bacterial endotoxin 细菌内毒素
bacterial fertilizer 细菌肥料
bacterial filter 滤菌器
bacterial leaching 细菌浸出
bacterial membrane 细菌膜
bacterial oil recovery 细菌采油
bacterial toxin 细菌毒素
bacteria rhodopsin 菌紫红质
bactericidin 杀菌素
bacterifacture 细菌产品
bacterin 菌苗;死菌疫苗

bacterio-agglutinin 细菌凝集素
bacteriochlorophyll 细菌叶绿素
bacteriocidation 杀菌
bacteri(o)cide 杀菌剂
bacteriocin 细菌素
bacteriocin factor 细菌素原
bacteriocinogen 细菌素原
bacterioerythrin 菌红素
bacteriohemolysin 细菌溶血素
bacteriokine 细菌因子
bacteriology 细菌学
bacteriolysin 溶菌素
bacteriolysis 溶菌作用
bacteriophage 噬菌体
bacteriophague 噬菌体
bacterioplankton 浮游细菌
bacteriopsonin 噬菌调理素
bacteriopurpurin 细菌红紫素
bacteriorhodopsin 细菌视紫红质
bacterioruberin 细菌玉红素
bacteriostasis 抑菌(作用)
bacteriostat 抑菌剂
bacteriostatic agent 抑菌剂
bacteriostatics 抑菌物
bacteriotoxin 细菌毒素
bacteriotropic index 亲菌指数;调理指数
bacteriotropin 亲菌素;免疫调理素
bacteristasis 抑菌作用
bacterium(复 bacteria) 细菌
bacteroids 类菌体
bactogen 恒化器
bactoprenol 细菌萜醇
bactrim 复方新诺明片
bad contact 接触不良
baddeleyite 二氧化锆矿;斜锆矿
bad earth 接地不良
Badger two-stage distillation process 巴杰尔两级蒸馏法
Badisch converter 巴斯夫转化炉
Badische acid 巴斯夫酸;2-萘胺-8-磺酸
badly detonating 强力爆击;强力发爆
Badouin's reagent 巴杜安试剂
baeumlerite 盐氯钙石
Baeyer-Villiger oxidation 贝耶尔-维利格氧化
baffle 挡板;折流板
baffle column 挡板(蒸馏)塔
baffle cut 折流板弓形缺口
baffled evaporator 折流蒸发器
baffled jacket 带挡板的夹套
baffled mixing vessel 内装挡板的混合容器
baffled reaction chamber 隔板式反应室
baffled stripper 挡板汽提器
baffle plate 防冲板
baffle-plate column 折流板式塔
baffle-plate column mixer 挡板混合塔
baffler 阻尼器;消音器;折流板
baffle ring centrifuge 环形挡板离心机
baffle ring insert 嵌入环形挡板
baffle separation 折流分离
baffle spray tower 挡板喷雾塔
baffles spacing 折流板间距
baffle to clear rotor 隔板至转子间隙
baffle type 挡板式;百叶窗式
baffle washer 折流洗涤器
baffling 折流
bag (料)袋
bagasse 蔗渣
bagasse pulp 蔗渣浆
bag clamp 机身夹板
bag collector 布袋捕集器
bag conveyer 袋输送器
bag cure 胶囊硫化法
bag deep bed filter 袋式过滤器
bag dust collectors 袋式除尘器
bag dust filter 滤尘袋
bag extractor 袋式提取器
bag filter 袋式过滤器;袋滤器;袋式除尘器
bag(ged) conveyer 袋运送器;袋输送器
bagger (1)装水胎机;装囊机(2)装袋机
bagging machine 包装机;装袋机;装填机
bag house 袋滤室
bag house precipitator 滤袋除尘器
bag in-take hopper 拆袋投料斗;拆包投料斗
bag machine 袋装机
bag mould(ing) 袋模塑;袋压成型;气袋成型
bagrationite 褐帘石
Ba-grease 钡基润滑脂
bag-packaging machine 装袋机
bag-packer 装袋机
bag support 布袋支撑
bag turner 袋旋转器
bag type 袋式
bag type dust collector 袋式除尘器
bag unloading hopper 拆袋投料斗;拆包投料斗

baicalein 黄芩黄素;黄芩苷元
baicalin 黄芩苷
baikalite 易裂钙铁辉石;深绿钙铁辉石
baikal skullcap root 黄芩
baikiain(e) 蓓豆氨酸;四氢吡啶羧酸
Bailey crucible holder 贝利坩埚座
bailor 泥浆泵
Baily furnace 贝利电炉
Bainbridge's mass spectrograph 班布里奇质谱仪
bainite 贝氏体
bait 毒饵
bait application 毒饵法
bait base 基饵
bait broad casting 毒饵法
bait shyness 拒食性
bakankosin 巴加可马钱碱
bakelite 酚醛树脂;胶木
bakelite A 酚醛树脂 A;可熔(可溶)酚醛树脂
bakelite B 酚醛树脂 B;半熔(半溶)酚醛树脂
bakelite C 酚醛树脂 C;不熔(不溶)酚醛树脂
bakelite varnish 酚醛树脂清漆
bakelized paper 电木纸
bakerite 纤硼石
Baker-Nathan effect 贝克-内森效应
Baker process (for zinc extraction) 贝克(提锌)法
baker's yeast 发面酵母;面包酵母
baking additive 烘烤添加剂
baking coal 结焦煤;黏结性煤
baking finish 烘漆;烤漆
baking japans 沥青烘漆
baking oven 烘箱;烘炉
baking paint 烘漆;烤漆
baking powder 焙粉;发(酵)粉
baking process (of sulfonation) 烘焙(磺化)法
baking soda 碳酸氢钠;小苏打
baking varnish 清烘漆;清烤漆
BAL 2,3-二巯(基)丙醇
balance 天平
balance beam 天平横梁;平衡杆
balance bellow 平衡波纹管
balance bush 平衡盘套筒;平衡衬套
balance check 平衡检验
balance column 天平架
balance cylinder 平衡气缸;平衡室
balance cylinder cover 平衡气缸盖
balance damper 平衡减震器
balance disc 平衡盘
balanced bridge 平衡电桥
balanced cure 均衡硫化
balanced double mechanical seal 平衡式双端面机械密封
balanced gasoline 平衡汽油(含启动馏分、加速馏分和动力馏分汽油)
balanced growth 平衡生长
balance disk 平衡盘
balanced laminates 均衡层压板
balanced opposed compressor 对称平衡式压缩机
balanced population 稳定的种群
balance drum 平衡罐
balanced seal 平衡型密封
balanced state 平衡状态
balanced steel 半镇静钢
balanced tray thickener 平衡式多层增稠器
balanced triform 三角平衡式补强
balanced valve 平衡阀
balance mechanism 平衡机构
balance method 天平法;天平测比重法(利用韦氏比重天平测定石油产品比重)
balance of avilability 可用能的衡算
balance pipe 平衡管(线)
balance piston 平衡活塞
balance plastometer 何氏可塑计
balancer 平[均]衡器
balance ring 平衡环
balancer machine 平衡(试验)机
balance runner 平衡盘
balance seal 平衡盘密封
balance slide valve 平衡滑阀
balance test 平衡试验
balance weight (1)砝码(2)平衡锤;配重
balance wheel 平衡轮
balancing box 平衡箱
balancing bumper 平衡减震器
balancing chamber 平衡室
balancing components 平衡元件
balancing device 平衡装置
balancing disk 平衡盘
balancing disk head 平衡盘上部
balancing drum 平衡鼓
balancing equation 配平方程式
balancing equipment 平衡设备
balancing load 平衡载荷

balancing machine 平衡(试验)机
balancing piston 平衡活塞
balancing pressurizing tank 平衡压力罐
balancing rig 平衡试验装置
balancing tank (1)平衡箱(2)平衡油罐[储罐]
Balandin theory of multiplets 巴兰金多重催化理论
balata 巴拉塔树胶
Balback-Thum silver process 巴尔巴克-修姆炼银法
bale breaker 拆捆机;拆包机
bale cutter 切胶机
bale opener 拆捆机;拆包机
bale press 打包机
bale pulper 浆板离解机
baler 打包机
baling 打包
baling press (压力)打包机
ball 球;球状物
ball and ring method 球环法(测定树脂熔点)
ball and roller bearing 滚珠-滚柱轴承
ball and socket joint 球窝接头
ballas 半刚石(工业用金刚石)
ballast(float) valve tray 重盘式浮阀塔板
ballast resistor 镇流(电阻)器
ball bearing 滚珠轴承;球轴承
ball bearing cartridge 球轴承座
ball bearing case 球轴承箱
ball bearing steel(s) 轴承钢
ball bearing torque test of greases 润滑脂滚珠轴承扭矩试验(测稠度)
ball cage 滚珠轴承罩;滚珠隔离圈
ball case 轴承箱
ball case cover 滚珠轴承压盖
ball check 球形止逆阀
ball check nozzle 球形止回喷嘴
ball check valve 球形止回阀;球式单向阀;球形节流阀
ball clay 球土
ball cleaner(s) 圆形清理球
ball cock 球(心)阀
ball condenser 球形冷凝器
ball cover 滚珠轴承盖
ball crusher 球磨机
ball elevator 小球提升机
ball float trap 浮球式冷凝水排除器
ball float valve 浮球阀;浮子阀
ball grinder 球磨(机)
ball grinding mill 球磨(机)
ball heater (小)球加热器;球形加热器
balling 成球
balling drum 成球转鼓
ballistic curve 弹道
ballistic deposition model 弹道沉积模型
ballistic galvanometer 冲击电流计
ballistic pendulum 冲击摆
ballistic performance 弹道性能
ballistics 弹道学
ballistite 弹道炸药;波里斯太特(硝棉、硝酸甘油炸药)
ball joint 球节;球窝连接;球形接头
ball-joint tongs 球承操作钳
ball leather 球革
ball lock 球形闸门
ball mill 球磨(机)
ball mill liners 球磨机衬里
ball non-return valve 球形止回阀
Ball Norton separator 交变极性磁力分离器
ball of black-ash 熔结粗苏打
balloon filter (素烧)圆滤瓶
balloon flask 球形烧瓶
balloonflower root 桔梗
ball pressure test 球压式(硬度)试验
ball pulverizer mill 滚筒球磨机
ball relief valve 球形安全阀;球心安全阀
ball seat 阀座
ball seat valve 球阀
ball-spring chain model 珠簧链模型
ball tap 球形旋塞
ball thrust[thrust ball]bearing 推力滚珠轴承
ball valve 球(心)阀
ball viscosimeter 落球式黏度计
balm 香树膏;香脂
Balmer series 巴耳默系
balmy 香脂气味的
balsam 香树膏;香脂
balsam of Canada 加拿大香脂
balsam of Peru 秘鲁香脂
balsam of Tolu 妥卢香脂
Baly's tube 巴利管
bambermycin 班贝霉素
bamboo carbon 竹炭
bamboo pulp 竹浆
bamethan 巴美生
bamicetin 贝友菌素
bamifylline 巴米茶碱

bamipine 巴米品
BAN (butadiene-acrylonitrile copolymer) 丁二烯-丙烯腈共聚物
banana bond 香蕉键;弯键
banana liquid 香蕉水
banana oil 乙酸戊酯;(俗称)香蕉油
banburying 密炼
Banbury (mixer) 密炼机;班伯里机;生胶混炼机
bancoul nut 油桐籽
band (1)带;谱带;能带(2)区域(3)管箍
band absorption 光带吸收
bandage (1)帘布筒(2)实心轮胎(3)紧带;绷带
bandamycin 包扎霉素
band brake 带式制动器
band broadening 谱带增宽
band conveyor 皮带运输[输送]机;带式运输[输送]机
band dryer 带式干燥机[器]
band edge (光)谱带头;带沾
banded matrix 带状矩阵
band(ed) spectrum 带(状)光谱
band elevator 皮带斗式提升机
band filter 链带过滤机
band gap 带隙;禁带
band head (光)谱带头
band impurity (光)谱带杂质
band intensity (光)谱带强度
band knife 带式刀
band-knife splitting machine 带刀片皮机
band level 频带级;光带级;谱带级
band mixer 带式混合机
bandoline 润发浆
bandpass, band pass (BP) 通带;带通滤波器;带通
band ply 帘布层
band-sawing machine 带锯机
band screen 带式筛
band spectrum 带(状)光谱;带状谱图
band splitting 谱带分裂
band spreading 谱带扩展
band structure 能带结构
band tailing 谱带拖尾
band-type drying machine 带式干燥器
band type magnetic separator 带式磁力分离机
band viscometer 带式黏度计
band width 带宽
bandylite 氯硼铜石
bang-bang control 继电控制
Bang method 班氏法(测尿中葡萄糖)
bangosome 脂质体
bank-note paper 钞票纸
bank of tubes 管排
bankomycin 庄行霉素
banks of staggered pipes 错列管排
banthine bromide 溴甲胺太林;溴本辛
baobab oil 猴面包油;波巴布油
baotite 包头矿
baptigenin 灰叶配基;野靛配基
baptisia 野靛
bar (1)棒;条;杆(2)巴(压力[压强;应力]单位,等于 10^5 Pa)
bar adhesive 棒状胶黏剂
bar-and-cake cutter 切条块机
Barazon alloy 巴拉松合金
Barbados aloe 巴巴多斯芦荟
Barbados tar 巴巴多斯焦油
barbamate 燕麦灵
barban(e) 氯炔草灵;燕麦灵
barbasco 鱼藤酮
barbati(ni)c acid 巴尔巴酸,巴尔巴地衣酸;四甲基地衣缩酚酸
barberry bark 欧小檗根皮
Barbey fluidity 巴比流度
barbierite 钠正长石
Barbier-Wieland degradation 巴比耶-威兰德降解
barbital 巴比妥
barbital sodium 巴比妥钠;二乙基丙二酰脲钠
barbiturase 巴比妥酸酶
barbiturate(s) 巴比妥类药物
barbituric acid 巴比土酸;丙二酰脲
barcenite 锑酸汞矿
bar coater 刮条涂布机
Barcol indenter 巴科尔硬度计
bard-drawn 硬抽[拉]的
bare electrode (1)光焊条;裸露焊条(2)裸露电极
bare engine 无辅助设备发动机
bare ion 裸离子
bare rod 裸焊条;无药焊条
bare tank 露外油罐(无保暖)
bare wire 光焊丝
bar hammer 棒锤
baria 氧化钡
baricalcite 重解石
barilla 海草灰纯碱;海草苏打灰

Bari-Sol process 巴里-索尔(脱蜡)法(以苯及二氯乙烷离心机中与润滑油混合脱蜡)
barite 重晶石
baritosis 钡中毒;钡尘肺
barium 钡 Ba
barium acetate 醋酸钡
barium azide 叠氮化钡
barium-base grease 钡基润滑油
barium-base titanox 钛钡白
barium benzenesulfonate 苯磺酸钡
barium bicarbonate 碳酸氢钡
barium bichromate 重铬酸钡
barium bisulfate 硫酸氢钡
barium borotungstate 硼钨酸钡
barium bromate 溴酸钡
barium bromide 溴化钡
barium bromoplatinate 溴铂酸钡
barium carbide 二碳化钡
barium carbonate 碳酸钡
barium chlorate 氯酸钡
barium chloride 氯化钡
barium chloroplatinate 氯铂酸钡
barium chloroplatinite 氯亚铂酸钡
barium chromate 铬酸钡
barium cobalticyanide 高钴氰化钡
barium crown 铬酸钡;钡黄
barium cuprate 铜酸钡
barium cyanide 氰化钡
barium cyanoplatinite 氰亚铂酸钡
barium dioxide 过氧化钡;二氧化钡
barium dithionate 连二硫酸钡
barium ethylate 乙醇钡;乙氧基钡
barium ethylsulfate 乙硫酸钡
barium ferrate 高铁酸钡
barium ferrite 亚铁酸钡
barium ferrocyanide 氰亚铁酸钡;(俗称)亚铁氰化钡
barium fluoborate 氟硼酸钡
barium fluoride 氟化钡
barium fluosilicate 氟硅酸钡
barium fluozirconate 氟锆酸钡
barium fluxing agent 钡熔剂
barium hydride 氢化钡
barium hydrogen phosphate 磷酸氢钡
barium hydrosulfide 硫氢化钡
barium hydroxide 氢氧化钡
barium hypophosphate 连二磷酸钡
barium hypophosphite 次磷酸钡
barium hyposulfate 连二硫酸钡
barium hyposulfite (1)连二亚硫酸钡(2)(俗指)硫代硫酸钡
barium iodide 碘化钡
barium metaborate 偏硼酸钡
barium metatungstate 偏钨酸钡
barium methylate 甲醇钡;甲氧基钡
barium molybdate 钼酸钡
barium monoxide (一)氧化钡
barium nitrate 硝酸钡
barium nitride 二氮化三钡
barium nitrite 亚硝酸钡
barium nonatitanate 九钛酸钡
barium oxalate 草酸钡
barium oxide (一)氧化钡
barium perchlorate 高氯酸钡
barium periodate 高碘酸钡
barium permanganate 高锰酸钡
barium peroxide 过氧化钡;二氧化钡
barium persulfate 过(二)硫酸钡
barium phenylsulfate 苯基硫酸钡
barium phosphate 磷酸钡
barium platinic chloride 氯铂酸钡
barium platinic rhodanate 硫氰合铂酸钡
barium platinocyanide 氰亚铂酸钡;(俗称)亚铂氰化钡
barium polysulfide 多硫化钡
barium potassium ferrocyanide 氰亚铁酸钡钾;(俗称)亚铁氰化钡钾
barium protoxide (一)氧化钡
barium selenate 硒酸钡
barium selenide 硒化钡
barium silicate 硅酸钡
barium silicate cement 钡水泥
barium silicofluoride 氟硅酸钡
barium sodium niobate 铌酸钡钠
barium stannate 锡酸钡
barium stearate 硬脂酸钡(PVC稳定剂兼润滑剂)
barium sulfate 硫酸钡
barium sulfhydrate 氢硫化钡
barium sulfide 硫化钡
barium sulfite 亚硫酸钡
barium sulfophenylate 苯基[代]硫酸钡
barium sulfovinate 乙基[代]硫酸钡
barium superoxide 过氧化钡;二氧化钡
barium tartrate 酒石酸钡
barium tetraborate 四硼酸钡
barium tetratitanate ceramic 四钛酸钡陶瓷
barium thiocyanate 硫氰酸钡
barium thiosulfate 硫代硫酸钡

barium titanate 钛酸钡
barium titanate ceramics 钛酸钡陶瓷
barium tungstate 钨酸钡
barium-tungsten cathode 钡钨阴极
barium white 钡白;硫酸钡
barium yellow 钡黄(主要成分为铬酸钡)
bark crepe 树皮绉片(低级生胶)
bark hack 割刀;采脂刀
barking machine 剥皮机
barkometer 巴克表;鞣液比重计
bark scrap[shaving] 树皮胶线
barley elevator 大麦提升机
barley hopper 大麦料斗
barley reception 大麦的接收
barley seed oil 大麦子油
barley silo 大麦筒仓
barley sugar 麦芽糖
barm (1)酵母(2)发酵泡沫
barn 靶(恩)(核反应截面单位,等于 10^{-24} cm^2)
barnidipine 巴尼地平
barnyard manure 厩肥
bar of soap 条皂
barograph 自记气压计
barometer 气压计
barometric condenser 大气冷凝器;气压(式)冷凝器
barometric leg 气压(真空)柱;气压排液管;大气腿
barometric leg condenser 气压柱冷凝器;气压排液管冷凝器
barometric pipe 气压排液管;大气腿
barometric seal 水封
barometrograph 气压记录器
barophilic bacteria 适压细菌;嗜压菌
barophoresis 压泳(现象)
baroreceptor 压力感受器
baroscope 验压器
barostat 气压补偿[调节]器;恒压器
barotaxis 趋压性
barothermograph 气压温度记录器
barotropic fluid 正压流体
barotropism 向压性
barotropy 正压性
barrandite 铝红磷铁矿
Barr body 巴氏小体(雌性体细胞中的浓集 X 染色体)
barrel (1)桶(石油容积单位,等于158.99 升)(2)膛(3)机筒;外套
barrel bulk 五立方英尺容积
barrel casing 筒形泵壳
barrel cooler 筒体冷却器
barrel distortion 桶形畸变
barrel electroplating 滚镀
barrelene 桶烯
barrel filler 自动装桶机
barrel head 桶底
barrel hoop 桶箍
barrelling (1)装桶(2)转鼓滚涂
barrel oil pump 油桶手摇泵(用于从油桶把油泵出)
barrel plating 滚镀
barrel-plating bath 滚筒镀槽
barrels daily 每日桶数
barrels per calendar day (BPSD) 日历日桶数(年处理原油能力的1/360)
barrels per day 每日桶数
barrels per stream day (BPSD) 每开工日桶数
barrel store 酒桶仓库
barrel-type centrifugal compressor 筒式离心压缩机
barren liquor 废液
barrer 在气体渗透中应用的单位名称 1barrer$=10^{-10}$ cm^3(SPT)·cm/(cm^2·s·cmHg)
Barret burette 巴雷氏滴定管(测定芳烃含量用)
barretter 镇流(电阻)器
barrier (1)势垒(2)阻片(3)阻挡层
barrier coat 隔离涂层;封闭涂层
barrier function 闸函数
barrier-layer cell 硒电池;光电池
barrier penetration 势垒穿透
barrier polymer 阻透聚合物
barring 盘车
bar section 型材
bar soap 条皂;块皂
bar steel 棒钢
barthrin 椒菊酯;熏虫菊
Barton oxide 巴顿铅粉
Bart reaction 巴特反应
Barus effect (=melt swell) 巴勒斯效应;溶体膨胀效应
barye 巴列(压力[压强;应力]单位,等于0.1Pa)
barylite 硅钡铍矿
baryon 重子
baryon number 重子数
barysilite 硅铅矿

baryta 氧化钡
barytage paper 钡地纸
baryta hydrate 氢氧化钡
baryta paper 钡地纸
baryta phosphate crown 磷铬黄
baryta water 氢氧化钡水溶液
baryta yellow 钡黄;铬酸钡
baryt coating 钡地涂层
baryton(＝meson) 介子
barytosis 钡中毒
basal body 基体;基粒
basal enzyme 基础酶
basal granule 基粒
basal lamina 基膜;基板
basal metabolic rate(BMR) 基础代谢率
basal metabolism 基础代谢
basalt 玄武岩
basal tapping V形割胶
base (1)碱(2)基极
π-base π碱
base blending stock 基本掺合原料
base bra 基左矢
base catalysis 碱催化(作用)
base coat 底漆
base crankcase 机座曲轴箱
base data 原始数据
base exchange 碱交换(作用)
base-exchanging compounds 碱交换化合物;阳离子交换化合物
base fertilizer 基肥
base film 带基
base(forming) element 成碱元素
base ionization current 基始电离电流
base ket 基右矢
baseline 基线
baseline drift 基线漂移
baseline method 基线法
baseline noise 基线噪声
baseline of elevator 提升机基线
baseline wander 基线漂移
base manure 基肥
base map 工作草图
base measuring pressure 校正压力;测压基准
base measuring temperature 校正温度;测温基准
basement 地下室
base metal (1)基底金属(合金中的主要金属)(2)贱金属
base mortar 底座灌浆
base number 碱值
base of petroleum 石油基
base of stone bolt 地脚螺栓座
base oil for grease 润滑脂用基油
base pair 碱基对
base pairing 碱基配对
base pairing mistake 碱基配对错误
base paper (加工)原纸
base peak 基峰
basepiece (超分子的)基础部件
base plate 底盘;基板
base point 基点
base pressure 底压
base recipe 基本配方
base repacement 碱基置换
base resin 主剂
base ring 基础环
base sequence 碱基顺序
base stacking 碱基堆积
base stock (1)基本原料(2)基本组分(3)基本油料
base substitution 碱基置换
base support 机座
Bashore resiliometer 巴肖尔弹性试验机
basic alumin(i)um acetate 碱式醋酸铝
basic alumin(i)um stearate 碱式硬脂酸铝
basic anhydride 碱性氧化物;碱酐
basic bismuth nitrate 碱式硝酸铋;(俗称)次硝酸铋
basic bismuth salicylate 碱式水杨酸铋;(俗称)次水杨酸铋
Basic Brown 碱性棕
basic calcium superphosphate 沉淀磷酸钙(一种枸溶性磷肥)
basic capacity (1)基本生产率(2)基本容量;基本能力
basic carbonate(s) 碱式碳酸盐
basic chrome sulfate 碱式硫酸铬;铬盐精
basic chromium sulfate 碱式硫酸铬;铬盐精
basic cobaltous carbonate 碱式碳酸钴
basic cupric chromate 碱式铬酸铜
basic complex 碱式络合物;碱式配位化合物
basic compressor 基本型压缩机
basic converter steel 碱性转炉钢
basic copper acetate 碱式醋酸铜
basic cupric carbonate 碱式碳酸铜
basic cupric chloride 王铜
basic design 基本[础]设计

basic design information 基础设计资料
basic design scheme 基本设计方案
basic dye(s) 碱性染料
basic electrode 碱性焊条
basic equipment arrangement 主要设备与流程;主要设备配置图
basic ethylene sulfate 羟乙硫酸
basic ferric acetate 碱式醋酸铁
basic flow sheet 基本流程图
basic formula 基本配方
basic industries 基础工业
basicity (1)碱度(2)碱性
basic lead carbonate 碱式碳酸铅
basic lead chromate 碱式铬酸铅;铬红
basic lead silicochromate 碱式硅铬酸铅
basic lead white 铅白;碱式碳酸铅
basic lining 碱性炉衬
basic magnesium carbonate 碱式碳酸镁
basic material 基本原料
basic metal 碱性金属
basic nickel(ous) carbonate 碱式碳酸镍
basic open-hearth steel 碱性平炉钢
basic operation 基本操作
Basic Orange(=chrysoidine) 碱性橙
basic oxide 碱性氧化物;成碱氧化物
basic parts list 基本零件清单
basic population 基本群体;基本种群
basic recipe 基本配方
basic refractory 碱性耐火材料
basic refrigeration cycle 基本制冷循环
basic refrigeration system 基本制冷系统
basic research 基础研究
basic ring 基础环
basic salt 碱式盐
basic slag 碱性炉渣
basic solvent 碱性溶剂
basic standard 基础标准
basic steel 碱性炉钢
basic superphosphate 沉淀磷酸钙
basic system 基本系统
basic tolerance 基本公差
Basic Violet 5BN 碱性紫 5BN
basic volumetric weight 公定容重
basic zinc carbonate 碱式碳酸锌
basic zinc chromate 碱式铬酸锌
basic zirconium chloride 氯氧化锆
basification 提碱
basifier 碱化剂
basify(ing) 碱化
basil oil 罗勒油
basin 盆;水池;坑
basis 基底
basis ionization current 基始电离电流
basis materials 基底材料
basis set 基组
basis soap 基皂
basis weight (纸张)定量
basket (1)篮;吊篮;悬筐(2)触媒筐
basketane 篮烃
basketball leather 篮球革
basket bottom 转鼓底
basket centrifuge 篮式离心机
basket dryer 篮式干燥机
basket evaporator 悬筐式蒸发器
basket extractor 篮式提取器;篮式浸出器
basket filter 篮式滤器
basket hub 转鼓毂
basket lip 转鼓唇缘
basket reactor 吊篮式反应器
basket skirt 转鼓裙
basket strainer 篮式粗滤器
basket tipper 篮式倾卸器
basket type centrifugal(separator) 底部卸料离心机
basket type evaporator 悬筐式蒸发器
basofor 沉淀硫酸钡
basophil(e) 嗜碱细胞
basophilia 嗜碱性
Bassa 仲丁威
basseol 椴树醇
Basset force 巴塞特力
bassic acid 椴树酸
bassora gum 黄芪胶;刺梧桐树胶;刺槐树胶
bassorin 黄芪胶糖
basswood 椴树
basswood oil 椴树油
bastard 非标准的;异常尺码的
bast fibre 韧皮纤维
bastnasite 氟碳铈镧矿
bastose 木质纤维素(=lignocellulose)
bast paper 皮纸
bast zone 韧皮层
basylous element 碱性元素
batatic acid 巴他酸;甘薯黑疤霉酸
batch (1)分批;间歇式(2)每批容量(3)配合料;泥料
batch agitator 间歇搅拌器
batch centrifuge 间歇式离心机
batch charge 分批投料

batch crystallizer 分批结晶槽
batch cultivation 分批培养
batch culture 分批培养
batch depth 投料深度
batch dissolution 分批[间歇]溶解
batch distillation 间歇蒸馏
batch dryer 间歇式干燥器
batch drying 间歇干燥；分批干燥
batcher 送料计量器；进料量斗
batch extractor 间歇浸取器；分批浸取器
batch feeder 原料进给装置
batch fermentation 分批发酵；罐批发酵
batch filter 间歇式过滤机
batching 分批；配料
batching in product lines 产品分批沿管线输送
batching valve 定量调节阀
batch ion exchange 间歇(操作)离子交换
batch kettle 间歇操作釜
batch leaching 分批浸出；间歇浸出
batch manual 手动操作间歇式
batch mixer-settler 间歇混合沉降器
batch muller 间歇式滚轮混合器
batch operation 分批操作；间歇操作
batch plasticity 泥料可塑性
batch polymerization 分批[间歇]聚合
batch process 间歇过程；分批过程
batch processing 分批加工
batch processing simulation 批处理仿真
batch reactor 间歇式反应器
batch recovery compressor 间歇式回收压缩机
batch run 间歇试验(操作)
batch solidification 批料凝固
batch still system 间歇蒸馏系统
batch test 成批试验
batch-to-batch variations 逐批质量差异
batch treatment plant 间歇处理厂
batch type freezer 间歇式冻结器
batch(-type) production 分批式生产
batch vibrating ball mill 间歇式振动磨
batch-wise 分批的；不连续的
batchwise operation pressure leaf filter 间歇式加压叶滤机
Bates polariscope 贝茨偏振光镜
bath 浴；槽
bath and tile cleaner 浴盆和瓷砖净洗剂
bath bowl cleaner 浴盆清洁剂
bath cologne 浴用香水
bath feed separator 选矿池进料分离器
bath filter 浸液式过滤器
bath lubrication 浸没润滑
bathochrome 向红团；向红基
bathochromic effect 向红(增色)效应；减频效应
bathochromic group 向红团；向红基
bathochromic shift (向)红移
bathocuproine 浴铜灵；2,9-二甲基-4,7-二苯基-1,10-菲咯啉
bathophenanthroline 红菲咯啉；4,7-二苯基-1,10-菲咯啉
bathorhodopsin 深视紫质；前视紫质
bath perfume 浴用香水
bath preparation 浴用配制品；浴液
bath ratio 浴比
bath room deodorant 浴室除臭剂
bath soap 浴皂
bath solution (电镀)槽液
"bath tub ring" 浴缸皂垢环纹(钙皂、镁皂在浴缸内液面上部边缘形成的环状皂垢)
bath voltage 槽电压
batimastat 巴马司他
bating 软化；鸟粪鞣化
batofugeur 离心除菌器
batrachiolin 蛙卵磷蛋白
batrachotoxin 箭毒蛙碱
batrachotoxinin A 箭毒蛙毒素 A
batracin 虾蟆毒
batroxobin 巴曲酶；类凝血酶
batt 棉胎；絮垫；垫褥；(制毡)纤维层
battery 电池组
battery acid 电池用酸
battery car 电瓶车；电池汽车
battery case of ebonite 电瓶胶壳
battery cell 电池组电池
battery charger 电池充电器
battery life 电池寿命
battery limit (工厂等的)界区
battery of coke ovens 炼焦炉组
battery stack 成套电池
battery voltage 电池组电压
batyl alcohol 鲨肝醇；1-十八烷基甘油醚
Baudouin test 博杜安试验(检出芝麻油)
Baumé degree[scale](°Bé) 波美度
bauxite 铝土矿
bauxite chamotte 高铝矾土熟料
bauxite process 铝土过程；铝土催化重整过程(高温裂化)
bayberry (1)月桂之果实(2)蜡杨梅之果

实(3)众香子之果实
bayberry bark 蜡杨梅树皮
bayberry oil 月桂子油
bayberry tallow (蜡)杨梅脂(取自 *Myrica* 的果子)
bay bolt 基础螺栓;地脚螺栓
baycovin 焦碳酸二乙酯
bayerite 三羟铝石;拜三水铝石
Bayer process (for purifying alumina) 拜耳(精炼矾土)法
Bayer's acid 拜耳酸;2-萘酚-8-磺酸
bayldonite 钒酸铅矿
bay (leaves) oil (月)桂叶油
bayonet fitting 卡口灯座
bayonet joint 承插式连接
bayonet oil level gauge 插入式油面计
B-B fraction(=butane-butene fraction) 丁烷-丁烯馏分
BB-K8 丁胺卡那霉素;阿米卡星
bbl(barrel) 桶(石油容积单位,1 美桶=42 美加仑,折合 159 升)
BCEC(benzyl cyanoethyl cellulose) 苄基氰乙基纤维素
BCF(bulked continuous filament yarn)膨化变形长丝
BCG 卡介苗
BCG-polysaccharide-nucleic acid 卡介菌多糖核酸
BChl 细菌叶绿素
B chromosome 超数染色体;额外染色体
BCUN 卡莫司汀;卡氮芥;双氯乙亚硝脲
bdellocyst 蛭孢囊
bead (1)珠粒;珠(2)焊缝
bead base 胎圈底部
bead bundle 钢丝圈
bead core 胎圈芯
bead crack 焊缝裂纹
bead cutter 胎圈切割机;切边机
beader (1)弯管机(2)联管箱
bead flipper 胎圈芯包布
bead heel 胎踵
bead insulating extruder 凸缘绝缘挤塑机
bead machine 压片机;压锭机
bead mill 砂磨机
bead polymerization 珠状聚合
bead ring 钢丝圈
bead-rod model 珠-棒模型
bead roughness 胎圈凹凸不平
bead-spring model 珠-簧模型
bead test 熔珠试验
bead toe 胎趾
bead wire 钢丝圈
bead wrap 钢丝圈缠绕布
beaker 烧杯
beaker flask 烧杯式锥形瓶
beam chemistry (射线)束化学
beam current 束流
beam flux 束流
beam hole 束流孔
beamhouse 浸灰间
beamhouse weight 浸灰重量
beam intensity 束强
beam machine 刮皮机
beam monitor 束强监测器
beam power 电子束功率
beam pump 摇臂泵
beam(-pumping) unit 抽油机
beam sourse 束源
beam spacing 梁间距
beam span 梁跨距
beam splitter 分束器
beam up 放大油嘴(直径)
beam with fixed ends 固端梁
bean (1)油嘴(2)豆
bean oil 豆油
bear fat 熊脂
bearing 轴承
bearing alloy 轴承合金
bearing assembly 轴承部件
bearing bracket 轴承(支)架
bearing brass 轴承巴氏合金;轴承铜衬
bearing bush 轴瓦
bearing bushing 轴承衬套
bearing cap 轴承盖
bearing capacity 承载量
bearing capacity of soil 土壤承载力
bearing cap set screw 轴承盖止动螺钉
bearing collar 轴承定位环;轴承(压)盖
bearing diagram 方位图
bearing distance piece 轴承间隔块
bearing end cover 轴承(箱)端盖
bearing failure 承压破坏
bearing force of soil 土壤耐压力
bearing for cover close 机盖压紧轴承
bearing frame 轴承架
bearing housing 轴承箱
bearing holder 轴承座
bearing labyrinth 轴承迷宫密封
bearing load 承压载荷
bearing lock nut 轴承锁紧螺母

bearing metal(s) 轴承合金
bearing nut 轴承(锁紧)螺母
bearing oil 轴承油
bearing oiling rings 轴承甩油环
bearing outboard 轴承外侧
bearing pedestal 轴承座;轴承架
bearing plate 衬托板
bearing power 承载能力
bearing seat 轴承座
bearing sheet 轴承垫片
bearing shoes 轴承导向板
bearing sleeve 轴承座套
bearing spacer 轴承定距环
bearing strength test 承载力试验
bearing support 轴承座
bearing support of agitator 搅拌器轴承座
bearing time 产胶期(橡胶树)
bearing upper 上轴承
α-bearing waste α(放射性)废物
beat (1)拍(2)搅打
beater 打浆机
beater process paper 打浆法纸;纸浆法纸
beat frequency 拍频
beating 打浆
beating degree 打浆度;叩解度
beating engine 打浆机
beating machine 打浆机
Beaudouin's reagent 博杜安试剂
Beaumé degree 波美度
beauty soap 美容皂
Beauveria bassiana 白僵菌
bebeerine 贝比林;筒箭毒次碱
becanthone 贝恩酮
beccarite 绿锆石
bechilite 硼钙石
beckelite 方钙铈镧矿
beckerite 酚醛琥珀
Becker process 贝克尔过程;喷嘴法(铀同位素分离)
Beck hydrometer 贝克比重计(测量比重较水轻的液体)
Beckmann rearrangement 贝克曼重排作用
Beckmann thermometer 贝克曼温度计
beclamide 贝克拉胺
beclobrate 苄氯贝特
beclomethasone 倍氯米松
beclotiamine 氯硫胺
become due 到期
becquerel(Bq) 贝可(勒尔)(放射性活度单位,$=1$ 秒$^{-1}=0.0270270$ 纳居里)

bed 床;床层
bed density 床层密度
bed depth 床层深度
bed filter 滤床式过滤器
bed-in 卧模
bed knife (切粒机)底刀;固定割刀
bed material drain 床层排料口
bed of material 物料床层
bed of solids 固体床层
bed plate 座板
bed-plate foundation 板式基础
bed slide 纵向溜板
bed volume(=column volume) 柱床体积
beechnut oil 山毛榉坚果油
beech tree oil(=beechnut oil) 山毛榉树油;山毛榉坚果油
beef tallow 牛油;牛脂
beegerite 银辉铋铅矿
beehive cooler 蜂窝[巢]式冷却器
beehive kiln (蜂)巢式(炭)窖
beehive oven 蜂巢(炼)焦炉
beer 啤酒
beer barrel 啤酒桶
beer can 罐装啤酒
beer fermentation 啤酒发酵
beer filter 啤酒滤器
Beer-Lambert's absorption law 比尔-朗伯吸收定律
beer glass 啤酒杯
Beer's law 比尔定律
beeswax 蜂蜡;(俗称)黄蜡
beet 甜菜
beet mill 甜菜制糖厂
beet molasses 甜菜糖蜜
beet pulp 甜菜粕;甜菜浆
beet sugar 甜菜糖
beet-sugar factory 甜菜制糖厂
beet-sugar molasses 甜菜糖蜜
befunolol 苯呋洛尔
beginning-of-tape marker 磁带始端标记
behaviour (1)工况(2)行为(3)性状;性能
behavioural science 行为科学
behenic acid 山萮酸;二十二(碳)烷酸
behenolic acid 山萮炔酸;二十二碳-13-炔酸
behenoxylic acid 山萮氧酸;二十二碳-13,14-二酮酸
behenyl alcohol 山萮醇;二十二烷醇
BEI 丁醇提取碘
Beilby layer 拜尔比层(金属或矿石表面,

经摩擦发热，晶格遭破坏变形）
belite B 矿盐；硅酸二钙石；贝利特
belladonna leaf 颠茄叶
belladonna root 颠茄根
belladonnine 颠茄碱
bellafoline 颠茄叶素
bell and plain end joint 平接
bell and spigot 承插口
bell and spigot joint 套接；承插接头
bell cap 钟帽；泡帽；泡罩（蒸馏塔塔盘上半圆球盖）
bell cap redistributor 钟罩型再分布器
bell cell 钟状电解池
bell electroplating bath 钟形镀槽
bell end (of pipe) 承插端
bell furnace 罩式炉
Bellier's test 伯利埃试验（用以检验花生油的存在）
Belling saccharimeter 贝林糖量计
bellite （1）铬砷铅矿（2）贝莱特炸药（硝铵、二硝基苯炸药）
bell(-jar) cell 钟罩式电解槽
Bellmer bleacher 贝尔默漂白机
Bellmer engine 贝尔默（漂白）机
bellmouth nozzle 喇叭形进气口
bell of pipe 管子承口
bellows （1）手风箱；皮老虎（2）波纹管
bellows alignment spring 波纹管调整弹簧
bellows driven indicator 波纹管驱动指示器
bellows element 波纹管元件
bellows expansion joint 波形膨胀接头
bellows meter 波纹管式压力计
bellows pressure seal 波纹管压力密封
bellows pump 波纹管泵；隔膜泵
bellows seal 波纹管式密封
bellows type 波纹管式
bellows type mechanical seal 波纹管式机械密封
bellows valve stem 波纹管阀杆
bellow valve 波纹管阀
bell push 电铃按钮
bell socket 套接；承插接口
belonesite 针镁钼矿
belowground 地面以下
below norm 限额以下的
belt 带；皮带；胶带；输送带；带状物；带束层
belt building machine 平带成型机
belt cone 皮带塔轮
belt conveyer 皮带输送［运输］机；带式输送［运输］机
belt conveyer takeups 皮带运输机收紧器
belt conveyor 皮带［带式］输送机；皮带［带式］运输机
belt conveyor system 带式输送系统
belt cover 皮带罩
belt den 皮带化成室
belt desmosome 带状桥粒
belt drive 皮带传动
belt drive motor 皮带的驱动电机
belt dryer［drier］ 带式干燥器
belt elevator 带式升降机；皮带斗式提升机
belt extractor 转带浸取器
belt feeder 带式给料机；给料皮带
belt filler （1）皮带油（2）皮带注油口
belt filter 带式过滤机
belt filter press 带式压榨机
belt gearing 皮带传动
belt guard 皮带护挡
belting duck 机带布
belt(ing) leather 轮带革
belt kiln 输送带式窑
belt lubricant 皮带油
belt making machine 平带成型机
belt mixer 带式混合机
belt ply 带束层
belt polishing machine 带式磨光机
belt press 压带机
belt production 流水作业
belt scale 带秤
belt scraper 皮带刮刀
belt shifter 皮带移动装置
belt slope tension 皮带倾斜张力
belt speed 皮带转速［速度］
belt stretcher 皮带伸张器
belt take-up 紧带装置
belt tension 皮带张力
belt tracking control 皮带导向控制器
belt transmission 皮带传动
belt tripper 带式倾料器
belt weigher 皮带计量机
Bemberg process 铜铵法
bemegride 贝美格
bemsilk 铜氨人造丝；铜氨丝
benactyzine 贝那替秦
benadryl 盐酸苯海拉明；可他敏
benalaxyl 苯霜灵
benanserin hydrochloride 盐酸苄甲色林
benapryzine 贝那利秦

Bénard convection 贝纳尔对流
benazepril 贝那普利
Bence-Jones proteins 本斯-琼斯蛋白
bench 试验台;工作台
benchmark 水准点
benchmark concentration 基准浓度
bench-scale (1)小型的;实验室规模的(2)台秤
bench-scale research 扩大试验
bench scale test 台架试验;模型试验
bench test 小型试验(比实验室试验大,比中型试验小)
bench torch 台式喷灯
bencyclane 苄环烷
bend 弯头;弯管;肘管
***β*-bend** β转角
bendability 可弯性;弯曲性
bendazac 苄达酸
bendazol 地巴唑
Bender sweetening 本德脱硫法
bending (1)弯曲(2)弯曲度(3)卷刃
bending and unbending test 曲折试验
bending machine 弯管机;卷板机;折弯机
bending modulus 弯曲模量
bending moment 弯矩
bending press 压弯机
bending protein 弯曲蛋白
bending strain 弯(曲)应变
bending strength 抗弯强度;弯曲强度
bending-stretching coupling 弯曲-拉伸耦合
bending stress 弯(曲)应力
bending test 抗弯试验
bending-twisting coupling 弯-扭耦合
bending vibration 弯曲振动
bendiocarb 噁虫威
bendroflumethiazide 苄氟噻嗪
Benedict's reagent 本尼迪克特试剂
Benedict-Webb-Rubin equation 本尼迪克特-韦伯-鲁宾方程;BWR方程
benefication 选矿;富集
benefit-cost analysis 收益成本分析
benemid 对二丙磺酰胺苯甲酸
benexate hydrochloride 盐酸贝奈克酯
benfluorex 苯氟雷司
benfluralin 氟草胺
benfotiamine 苯磷硫胺
benfura carb 丙硫克百威
benfurodil hemisuccinate 苯呋地尔琥珀酸酯
benidipine 贝尼地平
benitoite 蓝锥矿
benmoxine 苯莫辛;苯酰甲苄肼
Bennett radio-frequency mass spectrometer 贝内特射频质谱计
ben oil 山萮油
benomyl 苯菌灵;苯雷特
benorylate 贝诺酯
benoxaprofen 苯噁洛芬
benoxinate 奥布卡因;丁氧普鲁卡因
benperidol 苯哌利多
benproperine 苯丙哌林
benserazide 苄丝肼
Benson's solubility coefficient 本森(溶解度)系数
bensulfuron methyl 苄嘧磺隆
bent axle 曲轴
bentazon 苯达松;噻草平
bent bond 弯键;香蕉键
benthal deposits 海底沉积
benthiocarb 禾草丹
bentiamine 苯甲硫胺
bentiromide 苯替酪胺;苯酪肽
bentone lubricant[grease] 膨润土润滑脂;皂土润滑油
bentonite 膨润土
bentonite grease 膨润土润滑脂;皂土润滑脂
bentranil 草噁嗪
bent strip test 弯条试验
bent tube boiler 弯水管锅炉
Benturi cascade tray 本图里阶梯式塔板
benurestat 贝奴司他
benzaceanthrylene 苯并醋蒽
benzaconine 苦乌头碱
benzacridine 苯并吖啶
benzal 亚苄基;苯亚甲基
benzalacetone 亚苄基丙酮
benzalacetophenone 亚苄基乙酰苯
benzalacetophenone dibromide 二溴化亚苄基乙酰苯
benzalacetylacetone 亚苄基乙酰丙酮
benzalaniline *N*-亚苄基苯胺;苯甲醛缩苯胺
benzalazine 苄连氮;亚苄基吖嗪
***β*-benzalbutyramide** β-亚苄基丁酰胺
benzal chloride 亚苄基二氯;二氯甲基苯
benzal chloroaniline 亚苄基氯苯胺;苯甲醛缩氯苯胺
benzalcohol (=benzyl alcohol) 苄醇

benzaldehyde 苯甲醛
benzaldehyde carboxylic acid 苯甲醛羧酸
benzaldehyde cyanhydrin 苯甲醛合氰化氢
benzaldehyde-*o*-sulfonic acid (sodium salt) 苯甲醛邻磺酸(钠)
benzaldoxime 苯甲醛肟
benzal (group) 亚苄基
benzal hydrazine 亚苄肼;苄腙
benzal(iz)ation 苯甲醛缩醛化
benzalkonium bromide 苯扎溴铵;新洁而灭
benzalkonium chloride 苯扎氯铵;洁而灭
benzal phthalide 亚苄基酞
benzal pinacolone 亚苄基叔己酮
benzaltoluidine *N*-亚苄基甲苯胺
benzamide 苯甲酰胺
benzamidine 苄脒;苯甲脒
benzamido 苯甲酰氨基
4-benzamidosalicylic acid 4-苯甲酰胺水杨酸
benzamidoxime 苄胺肟
benzaminic acid 间氨基苯甲酸
benzanilide *N*-苯甲酰苯胺
1,2-benzanthracene 1,2-苯并蒽
benzanthrone 苯并蒽酮
benzarone 苯扎隆;2-乙基-3-(对羟苯甲酰)香豆酮
benzathinebenzylpenicillin 苄星青霉素;长效西林
benzazide 苯甲酰叠氮
benzazole 吲哚;氮茚
benzbromarone 苯溴马隆;2-乙基-3-(3,5-二溴对羟苯甲酰)香豆酮
benzchrysene 苯并䓛
benzcinnoline (=*o*-diphenyleneazine) 苯并噌啉
benzdioxan 苯并二噁烷
benzedrine 1-苯基-2-氨基丙烷;苯丙胺
benzenamine 苯胺
benzene 苯
benzene arsonic acid 苯胂酸
benzeneazobenzene 苯偶氮苯
benzeneazonaphthylamine 苯偶氮萘胺
benzeneazophenol (苯)偶氮苯酚
benzene(azo)resorcinol (=sudan) 苯偶氮间苯二酚;苏丹
benzeneazosulfonic acid 苯基偶氮磺酸
benzene carbonal 苯甲醛
benzenecarbonic acid (=benzene carboxylic acid) 苯(甲)酸;苯羧酸
benzenecarboxylic acid 苯(甲)酸;苯羧酸
benzene cyclopentadienylchronium 环戊二烯基·苯合铬
benzene diazonium chloride 氯化重氮苯
benzene diazonium hydroxide 氢氧化重氮苯
benzene diazonium nitrate 硝酸重氮苯
benzene dibromide 二溴(代)苯
***o*-benzenedicarbamic acid** 邻苯二氨基二甲酸
1,3-benzenedicarboxylic acid 间苯二甲酸;间苯二羧酸(不叫:异酞酸)
benzene dichloride 二氯(代)苯
benzene diiodide 二碘(代)苯
1,3-benzenediol 间苯二酚
***p*-benzenediol** 对苯二酚
benzene 1,2-dioxygenase 苯1,2-双加氧酶
benzenedisulfonic acid 苯二磺酸
benzene halide 卤(代)苯
benzene hexabromide 六溴化苯;六溴环己烷
benzenehexacarbonic acid 苯六甲酸;苯六(羧)酸
benzenehexacarboxylic acid 苯六甲酸;苯六(羧)酸
benzene hexachloride 六六六;六氯化苯
benzenehydrazinonaphthalene 苯肼基萘
benzene hydrocarbon 苯系烃
benzene methylal 苯甲醛
benzenemonosulfonic acid 苯磺酸
benzenepolycarbonic acid 苯多甲酸;苯多羧酸
benzenepolycarboxylic acid 苯多甲酸;苯多羧酸
benzene scrubber 苯洗涤塔
benzenestibonic acid 苯胼酸
benzenesulfinic acid 苯亚磺酸
benzene sulfochloride 苯磺酰氯
benzene sulfonamide 苯磺酰胺
benzene sulfonate 苯磺酸盐(或酯)
benzenesulfonic acid 苯磺酸
benzenesulfonic amide 苯磺酰胺
benzenesulfonic chloride 苯磺酰氯
benzenesulfonyl chloride 苯磺酰氯
benzenesulfonyl hydrazide 苯磺酰肼
benzenesulfonyl hydroxylamine 苯磺酰胲
benzenetetrabromide 四溴化苯;四溴代环己烯
1,2,4,5-benzenetetracarboxylic acid 均苯

四(甲)酸
1,2,4,5-benzenetetracarboxylic acid dianhydride 均苯四(甲)酸二酐
benzenethiol 硫酚;苯硫酚
1,2,3-benzenetricarbonic acid 1,2,3-苯三(甲)酸
1,2,4-benzenetricarbonic anhydride 1,2,4-苯三(甲)酸酐
benzenetricarbonyl chromium 三羰基·苯合铬
benzenetricarbonyl molybdenum 三羰基·苯合钼
1,2,3-benzenetricarboxylic acid 1,2,3-苯三(甲)酸
1,2,4-benzenetricarboxylic anhydride 1,2,4-苯三(甲)酸酐
1,2,4-benzenetriol 偏苯三酚
1,3,5-benzenetriol 均苯三酚
benzenoid 苯(环)型的
benzenoid hydrocarbons 苯型烃类
benzenylamidothiophenol 2-苯基间氮杂硫茚;(俗称)次苄基氨硫酚
benzenyl trichloride 次苄基三氯;三氯甲基苯
benzepine 苯并环庚三烯
benzerythrene 对联四苯
benzestrol 苯雌酚
benzethazet acetofenate 三氯杀虫酯
benzethonium chloride 苄索氯铵
benzetimide 苄替米特
benzflavone 苯并黄酮
1,2-benzfluorene 1,2-苯并芴;苯并[*a*]芴
1,2-benzfluorenone 1,2-苯并芴酮;苯并[*a*]芴酮
benzfuro[2,3-*f*]quinoline 苯并呋喃并[2,3-*f*]喹啉
benzhydrindone 苯并[*e*]二氢茚酮
benzhydrol 二苯基甲醇
benzhydroxamic acid 苯氧肟酸
benzhydrylamine 二苯甲胺
α-benzhydrylbenzhydrol *α*-二苯甲基二苯甲醇;1,1,2,2-四苯基甲醇
4-[2-(benzhydryloxy)ethyl]morpholine 4-[2-(二苯甲氧)乙基]吗啉
2-(benzhydryloxy)triethylamine 2-(二苯甲氧)三乙胺
benzidine 联苯胺
benzidine monohydrochloride 盐酸联苯胺
benzidine rearrangement 联苯胺重排
benzidine sulfate 硫酸联苯胺
Benzidine Yellow G 联苯胺黄G
benzil 偶苯酰;联苯酰;二苯(基)乙二酮
benzil dioxime 联苯酰二肟
benzilic acid 二苯乙醇酸
benzilic acid rearrangement 二苯乙醇酸重排
benzilonium bromide 苯咯溴铵
benzimidazole 苯并咪唑
2-benzimidazolethiol 2-苯并咪唑硫醇
benzimidazoline 苯并咪唑啉
benzimidazolone 苯并咪唑酮
benz[*e*]indane 苯并[*e*]二氢茚
1*H*-benz[*e*]indene 1*H*-苯并[*e*]茚
benz[*f*]indane 苯并[*f*]二氢茚
benz[*c*]indeno[2,1-*a*]fluorene 苯并[*c*]茚[2,1-*a*]芴
benzin(e) 汽油;挥发油
benziodarone 苯碘达隆
benzisoquinoline 苯并异喹啉
benznaphthalide *N*-苯甲酰萘胺
benznidazole 苄硝唑
benzoate 苯甲酸盐(或酯)
Benzoazurine G 苯并天青精G
benzo-benzidine conversion 联苯胺重排作用
benzocaine 苯佐卡因
benz(o)chromone 苯(并)色酮
benzo-15-crown-5 (B15C5) 苯并15-冠(醚)-5
benzoctamine 苯佐他明
benzodepa 苯佐替派
benzodet 苄氧乙亚胺三嗪
1,4-benzodiazine 1,4-二氮萘;喹喔啉
2,3-benzodiazine (=phthalazine) 2,3-苯并二嗪;酞嗪
1,3-benzodioxane 1,3-苯并二噁烷
benzodiphenylene oxide 苯并氧芴;苯并呫吨
benz(o)flavine 苯并黄素
benzofulvene 亚甲基茚
benzofuran 苯并呋喃;香豆酮
benzofuran resin 苯并呋喃树脂
benzoguanamine 苯基胍胺;6-苯基均三嗪-2,4-二胺
benzohydrol 二苯甲醇
benzohydroperoxide 过氧苯甲酸
benzohydroxamic acid 苯基异羟肟酸;苯氧肟酸
benzoic acid 苯(甲)酸
benzoic acid anhydride 苯(甲)酸酐

benzoic alcohol 苄醇;苯甲醇
benzoic amide 苯甲酰胺
benzoic amine 苯甲胺
benzoic anhydride 苯甲酸酐
benzoic sulfimide 邻磺酰苯(甲)酰亚胺;糖精
benzoid compound 苯型化合物
3-(2-benzoimidazolyl)-7-diethylamino coumarin 3-(2-苯并咪唑基)-7-二乙氨基香豆素;香豆素-7
benzoin 苯偶姻;安息香
benzoinated lard 安息香合豚脂
benzoin condensation 苯偶姻缩合
benzoin ethyl ether 安息香乙醚
***α*-benzoin oxime** *α*-安息香肟;*α*-苯偶姻肟
benzol-acetone dewaxing process 酮苯脱蜡过程
benzol(e) 苯
benzomethamine chloride 氯化苯佐他胺
6,7-benzomorphan 6,7-苯并吗吩烷
benzonaphthol 苯甲酸萘酯
benzonatate 苯佐那酯
benzonitrile 苄腈;苯基氰
benzoperoxide 过氧化苯甲酰
benzophenone 二苯(甲)酮;苯酮(俗称);苯酰苯
benzophenone-anil 二苯(甲)酮苯胺
benzopinacol 苯频哪醇;四苯乙二醇
Benzopurpurine 4B 苯并红紫 4B
1,2-benzopyran 1,2-苯并吡喃
benzopyran-5-one 苯并吡喃-5 酮
benzo[*a*]pyrene 苯并[*a*]芘
benzopyrene 苯并芘
benzo[*c*]pyridine 苯并[*c*]吡啶
benzopyridine (=quinoline) 喹啉
1,2-benzopyrone 1,2-苯并吡喃酮;香豆素
1*H*-benzo[*b*] pyrrole(= indole) 苯并[*b*]吡咯;吲哚
benzoquinoline 苯并喹林
benzo[*f*]quinoline 苯并[*f*]喹啉
(*p*-)benzoquinone 苯醌;对苯醌
benzoquinone monooxime 苯醌单肟
benzoquinonium chloride 氯化苯醌铵;氟化苯醌鎓
***p*-benzoquionone dioxime** 对苯醌二肟
benzoresorcinol 2,4-二羟二苯(甲)酮
benzosulfimide 邻磺酰苯(甲)酰亚胺;糖精
benzosulfonazole 苯并磺酰唑
benzotetrazine 苯并四嗪
benzothiadiazine 苯并噻二嗪
benzothiazole 苯并噻唑
3-(2-benzothiazolyl)-7-diethylaminocoumarin 3-(2-苯并噻唑基)-7-二乙氨基香豆素;香豆素-6
benzothiophene 苯并噻吩
benzotriazine 苯并三嗪
benzotriazole 苯并三唑;连三氮杂茚
1*H*-benzotriazole 1*H*-苯并三唑
benzotrichloride 次苄基三氯;三氯甲苯
benzotrifluoride 次苄基三氟;*α*,*α*,*α*-三氟甲苯
benzoxazine 苯并嗯嗪;氧氮杂萘
benzoxazinone 苯并嗯嗪酮;氧氮杂萘酮
benzoxazole 苯并嗯唑
benzoxazolinone 苯并嗯唑啉酮
benzoxiquine 苯甲酰喹;8-羟基喹啉苯甲酸酯
benzoxy 苯甲酸基;苯甲酰氧基
benzoyl- 苯甲酰基
benzoylacetic acid 苯甲酰乙酸
benzoylacetone 苯甲酰丙酮
benzoylacetonitrile 苯甲酰乙腈
benzoylacetylacetone 苯甲酰乙酰丙酮
benzoylaconine 苯甲酰乌头宁
benzoylalanine *N*-苯甲酰丙氨酸
benzoylamide 苯甲酰胺
benzoylanthranilic acid 邻苯甲酰氨基苯(甲)酸;(俗称)苯甲酰氨茴酸
***α*-*N*-benzoylargininеamide** *α*-*N*-苯甲酰精氨酰胺
benzoylation 苯甲酰化(作用)
benzoylauramine 苯甲酰金胺;苯甲酰槐黄
benzoyl azide 苯甲酰叠氮
***o*-benzoylbenzoic acid** 邻苯甲酰苯甲酸
benzoyl chloride 苯甲酰氯
benzoylcholine 苯甲酰胆碱
benzoyl Co A 苯甲酰辅酶 A
benzoyl cyanide 苯甲酰氰
benzoylecgonine 苯甲酰爱康宁;苯酰牙子碱
benzoylene 亚苯甲酰基(最好作为母体命名)
benzoylene urea 亚苯甲酰基脲
benzoyleugenol 苯甲酰丁子香酚
benzoyl formic acid 苯甲酰甲酸
1-benzoylglucuronic acid 1-苯甲酰葡糖醛[苷]酸
***N*-benzoylglycine** 马尿酸;*N*-苯甲酰甘氨酸;苯甲酰胺基乙酸

benzoylglycollic acid 苯甲酰乙醇酸
benzoylglycylglycine 苯甲酰甘氨酰甘氨酸
benzoyl hydrazine 苯甲酰肼
benzoyl hydride 苯甲醛
benzoyl hydroperoxide 过氧苯甲酸
benzoylhydroxylamine 苯甲酰胲
benzoylimino- 亚苯酰氨基；苯甲酰亚氨基
benzoyl isocyanate 异氰酸苯甲酸酐
benzoyl isothiocyanate 异硫氰酸苯甲酸酐
benzoyl *α*-naphthylamine（＝*α*-benznaphthalide） *N*-苯甲酰*α*-萘胺
benzoyl oxide 苯甲酸酐
benzoyloxy- 苯甲酸基；苯甲酰氧基
benzoyloxylation 苯甲酸化作用
benzoylpas 苯沙酸；4-苯甲酰氨基水杨酸
benzoyl peroxide 过氧化苯甲酰
1-benzoyl-2-phenylhydrazine 1-苯甲酰-2-苯肼
***N*-benzoyl-*N*-phenylhydroxyamine（BPHA）** 苯甲酰苯基羟胺；苯甲酰苯胲；*N*-苯甲酰-*N*-苯基羟胺
benzoyltrifluoroacetone（BTA；HBTA） 苯甲酰三氟丙酮
benzoyl-*ψ*-tropeine 苯甲酰假托品酯
***N*-benzoyltyramine** *N*-苯甲酰酪胺
benzoyl urea 苯甲酰脲
3,4-benzphenanthrene 3,4-苯并菲
benzphetamine 甲基苯异丙基苄胺；苄非他明
benzpinacol 苯频哪醇；四苯代乙邻二醇；四苯代-1,2-乙二醇
benzpinacone 苯频哪醇
benzpiperylon 苄哌立隆
benzpyrene 苯并芘
benz[*c*,*d*]pyrene 苯并[*c*,*d*]芘
benzpyrinium bromide 苄吡溴铵
benzquinamide 苯喹胺
benzsulfamide 苯磺酰胺
benzthiazide 苄噻嗪
benztropine mesylate 甲磺酸苯扎托品
benzvalene 盆苯
benzydamine 苄达明；消炎灵
benzyl 苄基；苯甲基
benzyl acetamide *N*-苄乙酰胺
benzyl acetate 乙酸苄酯；醋酸苄酯
benzyl acetone 苄基丙酮
benzyl acetophenone 苄基乙酰苯；苯丙酰苯
benzyladenine 苄(基)腺嘌呤
benzyl alcohol 苄醇；苯甲醇
benzylamine 苄胺
benzyl-*p*-aminophenol 苄基对氨基苯酚
benzyl aminophenol hydrochloride 盐酸苄氨基苯酚
benzylaniline *N*-苄基苯胺
benzylation 苄(基)化作用
benzyl azide 苄基叠氮
benzyl benzenecarboxylate 苯(甲)酸苄酯
benzyl benzoate 苯(甲)酸苄酯
benzylbenzoic acid 苄基苯甲酸
benzyl bibromide 二溴甲基苯
benzyl bichloride 二氯甲基苯
benzylbiphenyl 苄基联苯
benzylboric acid 苄基硼酸
benzyl boron dihydroxide 苄基硼酸
benzyl bromide 苄基溴
benzyl 4-carbamyl-1-piperazinecarboxylate 4-氨基甲酰-1-哌嗪甲酸苄酯
benzyl cellulose 苄基纤维素
benzyl cellulose varnish 苄基纤维(素)漆
benzyl chloride 苄基氯
benzyl cinnamate 肉桂酸苄酯
benzyl cyanamide 苄基氨腈
benzyl cyanide 苯乙腈
benzyl dichloride 二氯甲基苯
benzyl dimethylamine 苄基二甲胺
benzyl dimethyloctadecylammonium chloride 氯化十八烷基二甲基苄基铵
benzyldioctylamine 苄基二辛基胺
benzyldioctylphosphine oxide（BDOPO） 苄基·二辛基氧膦
benzyl diphenylamine （*N*-)苄基二苯胺
benzylene chloride 二氯甲基苯
benzyl ether （二)苄醚
benzyl ethyl ether 苄基·乙基醚
benzyl formate 甲酸苄酯
benzyl fumarate 富马酸苄酯；延胡索酸苄酯；反丁烯二酸苄酯
benzylglycolate 苄基乙醇酸盐(或酯)
benzyl group 苄基
benzylhydrochlorothiazine 苄氢氯噻嗪
benzylic 苄型(的)
benzylic cation 苄(基)正离子
benzylidene 亚苄基
benzylideneacetone 亚苄基丙酮
benzylideneaniline *N*-亚苄基苯胺
benzylidene chloride 二氯甲基苯
benzylidyne 次苄基
benzylimidobis(*p*-methoxyphenyl)methane

苄亚胺基二(对甲氧苯基)甲烷
benzylisothiourea hydrochloride 苄(基)异硫脲盐酸盐
benzyl magnesium chloride 氯化苄基镁
benzyl magnesium halide 卤化苄基镁
benzyl menthol 苄基薄荷醇
benzyl mercaptan 苄硫醇
benzyl mercuric chloride 氯化苄基汞
benzyl methyl ether 苄基·甲基醚
benzyl morphine 苄基吗啡
benzyl mustard oil 苄基芥子油;异硫氰酸苄酯
benzyl oxide (二)苄醚
benzyloxy- 苄氧基
benzyloxycarbonyl chloride 苄氧基碳酰氯
benzyloxycarbonylglycine 苄氧基碳酰甘氨酸
benzyloxycarbonylphenylalanine 苄氧基碳酰苯丙氨酸
benzyloxyisoeugenol 苄氧基异丁子香酚
benzyl penicillin 苄青霉素
benzylpenicillinic acid 苄基青霉酸
benzylphenol 苄基酚
benzyl *β*-phenylacrylate *β*-苯丙烯酸苄酯;肉桂酸苄酯
benzyl radical 苄基
benzyl salicylate 水杨酸苄酯
benzylsulfamide 苄磺酰胺
benzylsulfanilamide 苄基磺胺
benzyl sulfhydrate 苄硫醇
benzyl sulfide (二)苄硫醚
***p*-(benzylsulfonamido)benzoic acid** 对苄磺酰胺基苯甲酸
benzyl sulfone 二苄砜;苄砜
benzylsulfonic acid 苄磺酸
benzyl sulfoxide (二)苄亚砜
benzyl thioether (二)苄硫醚
benzyl thiourea 苄硫脲
benzyl thiuronium 苄硫脲鎓;苄锍脲
***S*-benzylthiuronium chloride** 氯化*S*-苄硫脲鎓;氯化*S*-苄锍脲
benzyl thiuronium salt 苄硫脲鎓盐;苄锍脲盐
benzylurea 苄(基)脲
benzylviologen 苄基紫精;联苄吡啶
benzyne 苯炔;脱氢苯
bephenium 苄酚宁
bephenium hydroxynaphthoate 羟萘酸苄酚宁
bepridil 苄普地尔
beractant 贝拉坦;牛肺萃
beraprost 贝前列素
berbamine 小檗胺
berberastine 5-羟小檗碱
berberine 小檗碱;黄连素
berberis 小檗梗
Berberis aristata 印度小檗
berbine 小檗因
Berfeld diaphragm 伯菲尔德隔膜
bergamot 佛手柑
bergamot oil 香柠檬油;佛手柑油
bergapten(e) 佛手(柑)内酯
bergblau 碳酸铜矿
bergenin 矮茶素;岩白菜素
Berger mixture 伯格混合物
Bergius process 伯吉尤斯(煤高压加氢)法
Bergmann and Junk test 贝格曼-容克耐热试验
Bergsøe process (for tin refining) 贝瑟(炼锡)法
Berkefeld filter 伯克菲尔德(素烧)滤筒
berkelium 锫 Bk
berkelium sulfide (三)硫化(二)锫
Berkex process 锫开克斯过程(从辐照钚靶中回收超钚元素过程的一步,分批溶剂萃取法回收锫)
Berks ring dryer Berks 环形干燥器
berlambine 小檗浸碱
Berlin blue 柏林蓝;普鲁士蓝;亚铁氰化铁
Berl saddle (packing) 弧鞍填料;贝尔鞍形填料
bermoprofen 柏莫洛芬
Bernoulli equation 伯努利方程
Bernoulli's theorem 伯努利定理
beromycin 别洛霉素
Berthelot-Nernst distribution 贝特洛-能斯特分布
berthollide 贝陀立体;贝多莱体;非定比化合物
Bertrand rule 贝特朗法则
beryl 绿柱石
beryllia 氧化铍
beryllia ceramics 氧化铍陶瓷
beryllide 铍化物
berylliosis 铍中毒
beryllium 铍 Be
beryllium acetylacetonate 乙酰丙酮合铍
beryllium ammonium phosphate 磷酸铍铵
beryllium borides 铍硼化物

beryllium bromide 溴化铍
beryllium carbide 碳化铍
beryllium carbonate 碳酸铍
beryllium chloride 氯化铍
beryllium di(phenyl selenide) 二苯基硒铍
beryllium ethide 二乙铍
beryllium fluoride 氟化铍
beryllium hydride 氢化铍
beryllium hydroxide 氢氧化铍
beryllium iodide 碘化铍
beryllium moderator 铍慢化剂
beryllium nitrate 硝酸铍
beryllium nitride 氮化铍
beryllium oxalate 草酸铍
beryllium oxide 氧化铍
beryllium oxychloride 二氯一氧化铍
beryllium potassium fluoride 氟化钾合氟化铍;氟化铍钾
beryllium sulfate 硫酸铍
beryllium sulphite 亚硫酸化铍
beryllon Ⅱ 铍试剂Ⅱ
beryllonite 磷酸钠铍石
berzelianite 硒铜矿
besel 监视窗(孔)
besipirdine 贝西吡啶
Bessel functions 贝塞尔函数
Bessemer converter 酸性转炉
Bessemer convertor 贝氏转炉
Bessemer steel 酸性转炉钢
best-first search 最佳优先搜索
bestrabucil 百垂布西
best setting 最佳调节
beta adrenergic blocker β阻断剂
beta-aminonitrile β-氨基腈(燃料和润滑油用添加剂)
betacaine (=betaeucaine) β-优卡因
beta camphor β-樟脑
beta carbon β-碳原子
beta-cellulose β-纤维素;乙种纤维素
beta-cyfluthrin 乙体氟氯氰菊酯
beta-cypermethrin 乙体氯氰菊酯
beta-decay synthesis β衰变合成(标记化合物)
beta decontamination β放射性去污
BET adsorption isotherm BET 吸附等温线
betaeucaine β-优卡因
beta galactoside permease β-半乳糖苷通透酶
beta-gamma double bond β-(碳原子与)γ(-碳原子间的)双键
beta-gamma unsaturation $\beta\gamma$不饱和
beta glucosidase β-葡糖苷酶
beta glucuronidase β-葡糖苷酸酶
betahistine 倍他司汀
betaine (1)甜菜碱;三甲铵乙内盐(2)内铵盐;三甲(基)·某基铵内盐
betaine aldehyde 甜菜醛;三甲基甘氨醛
betaine aspartate 天冬氨酸甜菜碱
betaine type amphoteric surfactant(s) 甜菜碱[内铵盐]型两性表面活性剂
beta-keratin β-角蛋白
beta lactamase β-内酰胺酶
beta lactoglobulin β-乳球蛋白
betalamic acid 甜菜醛氨酸
betamethasone 倍他米松
betamipron 倍他米隆
betanidin 甜菜(苷)配基
betanin 甜菜苷
beta-position β位
beta-propiolactone β-丙(醇酸)内酯
beta radiography β放射照相法
beta-ray β射线
betasine 二碘酪氨酸
beta substitution β-取代
betatron 电子感应加速器
betaxolol 倍他洛尔
betazole 倍他唑
betel leaves oil 蒌叶油
BET equation 比特方程;BET 方程
bethanechol chloride 氯贝胆碱
bethanidine 倍他尼定;苄二甲胍
bet(h)oxycaine 贝托卡因
BET isotherm 比特(吸附)等温线;BET(吸附)等温线
betol 比妥耳;水杨酸β-萘酯
betonicine 水苏碱;羟脯氨酸二甲内盐
BET surface area BET 法测比表面积
Bettendorf test 贝滕多尔夫试验(在与铋、锑化合物共存情况下检出砷)
betterment 改良;改善;改正;修缮;改建;扩建
bettersalt 泻利盐
Bett lead-refining 贝特炼铅法
betula camphor 桦木脑;桦木醇
betulin (=betulinol) 桦木脑;桦木醇
betulinic acid 桦木酸
betulinol (=betulin) 桦木醇
betuloside 桦木糖苷
between outside faces 在外表面之间
bevatron 质子加速器

bevel arm piece 斜三通管
bevel gear 伞齿轮
bevel gear wheel 斜面齿轮
beveling(of the edge) 开坡口
bevel jet 伞形喷嘴
bevel plate heat exchanger 伞板式换热器
bevel washer 斜垫圈
bevel wheel 伞齿轮
beverage 饮料(如牛奶、茶、咖啡、啤酒等)
beverage distillery 造酒厂
bevonium methyl sulfate 贝弗宁甲硫酸盐
Beware of fume 谨防漏气
Beyliss turbidimetre 贝利斯浊度计
bezafibrate 苯扎贝特
bezitramide 苯腈米特
B-face centered lattice B心点格
bFGF 碱性成纤维细胞生长因子
B form DNA B型DNA
BGG 牛γ球蛋白
BHA 丁基羟基茴香醚
γ-BHC γ-六六六;六六六丙体;林丹
BHC 六六六
BH meter BH(φH)仪
BHT(butylated hydroxytoluene) 丁基化羟基甲苯;2,6-二叔丁基对甲酚
biacenaphthylidene 联亚苊
biacene(=biacenaphthylidene) 联亚苊
biacetyl 联乙酰;2,3-丁二酮
biacetylene 联乙炔
biacidic base 二(酸)价碱
bialamicol 比拉米可
biamperometric titration 双安培滴定;双指示电极电流滴定(法)
biapenem 比阿培南
biarsine 联胂
biarsyl (=biarsine) 联胂
biaryl 联芳
bias 偏倚;系统误差(偏压;偏流等)
bias crossing 斜交
bias cutting 斜切
bias tyre 斜交轮胎
biatomic acid 二元酸
biaxial birefringence 双轴双折射
biaxial crystal 双轴晶体;二光轴晶体
biaxial orientation 双轴取向
biaxial stress 双轴应力
biaxial stretching film 双向拉伸薄膜
bibasic acid 二(碱)价酸
bibenzil 联苄
bibenzoate 联苯甲酸盐(或酯)
bibenzohydrol 1,1,2,2-四苯基-1,2-乙二醇
bibenzonium bromide 比苯溴胺;溴化二苯醚铵
bibenzoyl 苯偶酰;联苯甲酰
bibenzyl 联苄
bible paper 字典纸
biborane 乙硼烷
bibrocathol 铋溴酚
bibulous paper 吸墨纸;吸水纸
bicalutamide 比卡鲁胺
bicarbonate 碳酸氢盐;酸式碳酸盐
bicarbonate alkalinity 碳酸氢盐碱度
bichromate 重铬酸盐(或酯)
bichrome (1)重铬酸盐(或酯)(2)重铬酸钾
bicine *N*-二(羟乙基)甘氨酸
bicolorimeter 双筒比色计
bicomponent 双组分
bicomponent fibre 双组分纤维
biconstituent fibre 分散性复合纤维;混熔纤维
bicozamycin 二环霉素
bicrystals 双晶;孪晶;双联晶
bicuculline 毕扣扣灵
bicummyl 联枯;联(二)异丙苯
bi-cure adhesive 双固化型胶黏剂
bicyclic cryptate 双环穴状化合物
bicyclic trisulfone 二环三砜
bicyclo- 双环;二环
bicyclomycin 双环霉素
bicyclo[4.2.0]octane 二环[4.2.0]辛烷
bicycloparaffin 二环脂肪烃
bidder 报价人;投标人
bidentate ligand 二齿配位体;双齿配体
bidesyl 联二苯乙酮(基)
bidirectional chromatography 两向色谱法
bidirectional pig 双向清管器
bidirectional replication 双向复制
bidirection reasoning 双向推理
bidisomide 比地索胺
bi-drum boiler 双汽包锅炉
bidwinner 中标者
bietamiverine 比坦维林
bietanautine 氨醇醋茶碱
bietaserpine 比他舍平;二乙氨乙利血平
biferrocene 联二茂铁
biferrocenyl 联二茂铁
Bifidobacterium 双歧杆菌属
bifidus factor 双歧乳杆菌生长因子

bifluorescence 双荧光
bifluranol 戊双氟酚
bifonazole 联苯苄唑
biformyl（＝ethanedial） 乙二醛
bifumarate 富马酸氢盐(或酯)
bifunctional antibody 双功能抗体
bifunctional catalyst 双官能催化剂；双功能催化剂
bifunctional initiator 双官能引发剂
bifunctional ion exchanger 双官能离子交换剂
bifunctional monomer 双官能单体
bifunctional vector 双功能载体；穿梭载体
bifurcation 分岔；分叉；分支；分枝
big end 连杆大头
big end bearing 大头轴承盖
bigener 属间杂种
bigeneric cross 属间杂交
big gear wheel 大齿轮
bigger lumped koji 大曲
big repair 大(检)修
biguanide 双胍；缩二胍
bihoromycin 比奥罗霉素
biindolyl 联吲哚
biindoxyl 联β-羟吲哚
biindyl 联茚
bikaverin 比卡菌素
bikhaconitine 白乌头碱
biladiene 二次甲基胆色素
bilane 后胆色素原；胆色烷
bilateralaliphatic chain 对称脂族链
bilateral constraint 双侧约束
bilateral symmetry 左右对称
bilatriene 三次甲基胆色素
bilayer lipid membrane 双层脂膜
bilayer membrane 双分子膜
bilayer structure 双层结构
bilberry-seed oil 覆盆子油
bile 胆汁
bile acid 胆汁酸
bile alcohol 胆汁醇
bilene 次甲基胆色素
bile pigment 胆色素
bile salt 胆汁盐
bilge pump 舱底泵
biliary calculus 胆石
bilichol 胆汁醇
bilicyanin 胆汁青；胆青素；胆蓝素
bilidien 胆汁二烯
bilien 胆汁烯
biliflavin 胆汁黄素
bilifulvin 胆汁黄褐素(黄褐色的不纯胆红素)
bilifuscin 胆汁褐；胆褐素
bilin（＝bilitrien） 后胆色素；胆汁三烯
bilinear system 双线性系统
bilineurine（＝choline） 胆碱
bilinigrin 胆汁黑
bilinogen 后胆色素原；胆色烷
biliprotein 胆蛋白
bilipurpurin 胆紫素
bilirubic acid 胆汁红酸
bilirubin 胆红素
bilirubin(a)emia 胆红素血
bilirubin diglucuronide 胆红素二葡糖苷酸
bilirubin monoglucuronide 胆红素单葡糖苷酸
bilirubinoid 类胆红素
bilitrien 后胆色素；胆汁三烯
biliverdic acid 胆汁绿酸；胆绿酸
biliverdin 胆绿素
biliverdin reductase 胆氯素还原酶
bilixanthin 胆汁黄质
bill 单据；账单
billet cutter (肥皂)切条(块)机
Billet split lens 比耶对切透镜
billiard-ball model 台球模型
Billiter diaphragm cell 比利特尔隔膜电解槽
Billiter-Leykam cell 比利特尔-来卡姆(隔膜)电解槽
Billiter-Siemens cell 比利特尔-西门子(隔膜)电解槽
Billiter-Siemens diaphragm cell 比利特尔-西门子隔膜电解槽
bill of loading 提(货)单；运货单
bill of materials 材料表
Billroth's mixture 比尔罗特混合剂(一种麻醉剂)
bimalate 苹果酸氢盐(或酯)
bimaleate 马来酸氢盐(或酯)；酸式顺丁烯二酸盐(或酯)
bimalonate 丙二酸氢盐(或酯)
bimetal 双金属片
bimetal cover 双金属片盖
bimetallic catalysts 双金属催化剂
bimetallic corrosion 双金属腐蚀
bimetallic electrode 双金属电极
bimetallic enzyme 双金属酶

bimetallic helix 双金属螺旋线
bimetallic μ-oxo alkoxides catalyst μ-氧桥双金属烷氧化物催化剂
bimetallic signal device 双金属讯号装置
bimetallic(spring cone) seal 双金属(弹簧圆锥)密封
bimetallic strip 双金属片
bimetallic thermostat 双金属温度调节器
bimetal sheet 双金属板
bimetal thermometer 双金属温度计
bimodel MWD polyethylene 双峰分子量分布聚乙烯
bimolecular 双分子的
bimolecular acid-catalyzed acyl-oxygen cleavage 双分子酸催化酰氧断裂
bimolecular acid-catalyzed alkyl-oxygen cleavage 双分子酸催化烷氧断裂
bimolecular electrophilic substitution 双分子亲电取代
bimolecular elimination 双分子消除
bimolecular elimination through the conjugate base 双分子共轭碱消除
bimolecular leaflet 双分子层
bimolecular lipid membrane 双分子脂膜
bimolecular nucleophilic substitution 双分子亲核取代
bimolecular nucleophilic substitution 双分子亲核取代
bimolecular reaction 双分子反应
bimolecular reduction 双分子还原
bimolecular termination 双分子终止
bin 库;仓室;料斗
bin activator 料仓松动器
binal symmetry 双对称
binapacryl 乐杀螨
binaphthalene 联(二)萘
binaphthol 联萘酚
binaphthyl 联(二)萘
binarite 白铁矿
binary accelerator system 两种促进剂组合
binary acid 二元酸
binary alloy 二元合金
binary complex mechanism 双复合物机制;乒乓机制
binary compound 二元化合物
binary copolymer 二元共聚物
binary eluant 二元洗提液
binary eutectic 二元低共熔物
binary fission 二分(分)裂
binary interaction coefficient 二元相互作用参数
binary mixture 二元混合物;双组分混合物
binary salt 二元盐
binary solvent system 二元溶剂系统
binary system 二元系;二组分系统
bin cure 自硫(化)
bindability 黏合性
binder 黏结剂;黏料
binder's board 书皮纸板
bindin 结合蛋白
bind(ing) 黏合
binding agent (1)黏合剂(2)载色剂(3)接合剂
binding antibody 结合抗体
binding assay 结合测定
binding bolt 紧固螺栓
binding constant 结合常数
binding energies per nucleon (b. e. p. n.) 每核子平均结合能
binding energies per proton (b. e. p. p.) 每质子平均结合能
binding energy 结合能
binding energy of nuclei 原子核结合能
binding material 胶凝材料;黏结物料
binding phase 黏结相
binding site 结合部位
bin discharger 仓式卸料器
binedaline 苯奈达林
Bingham body 宾厄姆体
Bingham fluid 宾厄姆流体;塑性流体
Bingham plastics fluid 宾厄姆塑性流体
Bingham yield value 宾厄姆屈服值
binifer 双引发-转移剂
bin level 料面高度
bin life 仓贮期
binnite 炭黝铜矿
binocular microscope 双目显微镜
binodal curve 稳定单相极限曲线
binodal solubility curve 双结点溶解度曲线
binomial distribution 二项式分布;(伯努利)二项式频率分布
binoxalate 草酸氢盐(或酯)
bin stability 贮存稳定性;耐贮性
bin stream-deflector 料仓弧形导流器
binuclear complex 双核络合物;双核配位化合物
bioabsorbable polymer 生物吸收高分子材料
bioaccumulation 生物积聚

bioactive peptide 活性肽
bioactive polymer 生物活性高分子
bioaffinity 生物亲和性
bioanalysis 生物分析(法)
bioassay 生物测定;生物鉴定
bioastrophysics 天体生物物理学
bioautography 生物自显影法
bioavailability 生物可利用率
bioblast 原生粒
biocalorimetry 生物量热法
biocatalyst 生物催化剂
biocatalytic reaction 生物催化反应
biocell 生物电池
bioceramic 生物陶瓷
biocerin 生蜡状菌素
biochemical character 生物性状
biochemical conversion 生物化学转化
biochemical downstream engineering 生化下游工程
biochemical engineering 生化工程
biochemical fuel cell 生物燃料电池
biochemically active 有生化活性的
biochemical mutant 生化(缺陷)突变体;营养缺陷体;生化突变种
biochemical operation 生化操作
biochemical oxygen demand (BOD) 生化需氧量(BOD)
biochemical oxygen demand for 5 days (BOD_5) 五日生化需氧量;BOD_5
biochemical polymorphism 生化多态性
biochemical product 生化产品
biochemical purification 生化净化
biochemical reaction engineering 生化反应工程
biochemical reagent 生化试剂
biochemicals 生化药剂;生物化学品
biochemical selectivity 生化选择性
biochemical separation 生化分离
biochemical separation engineering 生化分离工程
biochemical thermodynamics 生化热力学
biochemistry 生物化学;生化
biochip 生物芯片
biochrome 生物色素
biochronometry 生物钟学
biocides 抗微生物剂;杀生物剂
Biocide TS-802 杀菌灭藻剂 TS-802
bioclock 生物钟
biocolloid 生物胶体
biocompatibility 生物相容性;生体相容性
biocompatible 生物相容的
biocompatible materials 生物相容性材料
biocompatible polymer 生物相容聚合物
biocomputer 生物计算机
bioconcentration 生物浓缩
bio-contamination 生物污染
bioconversion 生物转化
bio-coordination compound 生物配位化合物
bioctyl 联辛基;十六(碳)烷
biocybernetics 生物控制论
biocytin 生物胞素;ε-*N*-生物素酰-L-赖氨酸
biod 生物量
biodegradable detergent 生物降解洗涤剂
biodegradable plastics 生物降解塑料
biodegradable polymer 生物降解聚合物
biodegradable surfactant 生物降解表面活性剂
biodegradation 生物降解(作用)
biodegradibility 可生物降解性
biodeterioration 生物变质[危害];生物褪变
biodisc 生物转盘
biodynamics 生物动力学
bioecology 生物生态学
bioelectric differentiator 生物电微分仪
bioelectric integrator 生物电积分仪
bioelectricity 生物电
bioelectrochemical sensor 生物电化学传感器
bioelectrochemistry 生物电化学
bioelement (生命)必要元素
bioenergetics 生物能(力)学;生物能量学
bioengineering 生物工程
bioenrichment 生物富集
bioerodible polymer 生物可降解聚合物;生物易蚀聚合物
bioerodible polymeric microparticle 生物可降解聚合物微粒;生物易蚀聚合物微粒
biofeedback 生物反馈
biofermin(=lactasine) 乳酶生
biofilm 菌膜;生物膜;微生物膜
biofilm method 生物膜法
biofilter 生物滤池
bioflavonoids 生物黄酮素
bioflocculation process 生物絮凝过程
biofluid 生物流体
biofouling 生物垢
biofuel 生物燃料

biofuel cell 生物燃料电池
biofunctional reagent 生物功能试剂
biogas 生物气;沼气
biogasification 生物气化
biogel 生物凝胶
biogenesis 生源论;生源说
biogenic herbicide 生物源除草剂
biogenic pesticides 生物源农药
biogeochemical ecology 生物地球化学生态学
biohazard 生物危害
bioholography 生物全息术
bioinert 生物惰性
bioinformation 生物信息
bioinorganic chemistry 生物无机化学
bioleaching 生物浸取
bio-ligand 生物配体
biolith 生物岩石
biological affinity 生物亲合性
biological agent 生物制剂
biological catalyst 生物催化剂
biological chemistry 生物化学
biological clock 生物钟
biological concentration 生物富集
biological control 生物防治
biological control system 生物控制系统
biological cybernetics 生物控制论
biological decay 生物衰变;生物腐败
biological degradation 生物降解作用
biological depollution 生物(学)去污(染)
biological effect 生物效应
biological engineering 生物工程;生物技术
biological evolution 生物进化
biological feedback system 生物反馈系统
biological film 生物膜(污水处理)
biological filter 生物滤器
biological fluid mechanics 生物流体力学
biological fuel 生物燃料
biological function 生物功能
biological half-life 生物半衰期(有机体中放射性同位素的半排出期)
biological information theory 生物信息论
biologically active fiber 生物活性纤维
biologically hard detergent 生物硬性洗涤剂(指难为生物降解者)
biologically soft detergent 生物软性洗涤剂(指易为生物降解者)
biological medium 生物培养基
biological membrane 生物膜
biological monitoring of pollution 污染的生物监测
biological nitrification-denitrification 生物硝化脱氮作用
biological oxidation 生物氧化
biological oxygen demand (BOD) 生物需氧量;BOD
biological pest control 生物防治
biological preparation 生物制品
biological purification 生物净化
biological reagent 生物试剂
biological response modifier 生物性应答修饰剂(如干扰素、白介素等)
biological rhythm 生物节律
biological rodenticide 生物杀鼠剂
biologicals 生物制品;生物制剂
biological self-purification 生物自净作用
biological sewage treatment 污水生物处理
biological shield 生物防护屏
biological slime 生物黏液
biological sludge 生物污泥
biological solid mechanics 生物固体力学
biological zero point 生物学致死温度
biologics 生物制品;生物制剂
biology 生物(学)
bioluminescence 生物发光
bioluminescent probe 生物发光探剂
biolysis 生物分解(作用)
biomacromolecule 生物高分子;生物大分子
biomag 生物磁粒;磁珠
biomagnetic effect 生物磁效应
biomagnetism 生物磁学
biomagnification 生物富集
biomass (1)生物质(2)生物量
biomater 生物质
biomaterials 生物材料
biomechanics 生物力学
biomedical engineering 生物医学工程
biomedical polymer materials 医用高分子材料
biomedical synthetic fibre 医用合成纤维
biomembrane 生物膜
biomethanation 生物甲烷化
biometrical genetics 生物遗传学
biometry 生物统计学;生物测量学
biomimetic chemistry 仿生化学
biomimetic synthesis 仿生合成
biomineral 生物矿物
biomineralization 生物矿化
biomolecule 生物分子
biomonomer 生物单体

bionic membrane 仿生膜
bionics 仿生学
bionics composite 仿生复合材料
bionomics 生态学
bionomy 生命学
bioorganic chemistry 生物有机化学
bioorthogonal code 生物正交密码
bioosmosis 生物渗透(现象)
bio-oxidation 生物氧化(作用)
bioparticle 生物粒子
bio-pesticide 生物农药
biophage 噬细胞体
biophile element 亲生物元素
biophoton 生物光子
biophysical chemistry 生物物理化学
biophysics 生物物理学
bioplasm 原生质
bioplastics 生物塑料
bipolar plates 双极板
bipolar plating 双极性电镀
biopolymer 生物聚合物;生物高分子
biopreparate 生物制剂
bioprocess 生物过程
biopsy 活组织检查;活体解剖
biopterin 生物蝶呤
biopurification 生物净化
bioreaction 生物反应
bioreactor 生物反应器
biorefining 生物精制[加工]
biorefractive 抗生物(降解)的
bioregulation 生物调节
bioresistance 抗(微)生物(降解)作用
bioresistant detergent 抗生物(降解)洗涤剂
bioresmethrin 右旋反灭虫菊酯
biorheology 生物流变学
biorhythm 生物节律
biorization 低温加压消毒法
biorobot 仿生自动机
bios 生物活素
biosafety 生物安全性
biosafety test 生物安全性试验
bioscrubbing 生物洗涤
biose 乙糖;二碳糖
biosensor 生物传感器
bioseparation 生物分离
bioside 二(碳)糖苷
biosimulation 生物模拟
biosis 生命;生活
biosonar 生物声纳
biosorbent 生物吸附剂
biospecifically binding 生物特异性连接
biosphere 生物圈
biostability 生物稳定性
biostabilizer 生物稳定剂
biostatics 生物静力学
biostatistics 生物统计学
biosterol 生物甾醇;生物固醇
biostream 生物流
biosurfactant 生物表面活性剂
biosynthesis 生物合成
biosynthetase 生物合成酶
biota 生物群
biotechnology (1)生物工程;生物技术(2)生物工艺学
biotelemetry 生物遥测术
biotelescanner 生物遥测扫描器
biotest 生物试验
biotextile 生物源纺织品
biothermochemistry 生物热化学
biothion 双硫磷
biotic pesticide 生物杀虫剂
biotic screening test 生物筛选
biotic succesoion 生物演替(现象)
biotin carboxylase 生物素羧化酶
biotinidase 生物素酰胺酶
biotinsulfone 生物素砜
biotin(＝vitamin H) 生物素;维生素 H
biotin-1-sulfoxide 生物素-1-亚砜
biotinylated DNA 生物素标记 DNA
biotinylated dUTP 生物素标记脱氧尿苷三磷酸
biotinyllysine 生物素赖氨酸;生物胞素
biotite 黑云母
Biot number 毕奥数
biotoxins 生物毒素
biotransformation 生物转化
biotreater 生物净化器;生物处理器
biotreatment 生物处理
Biot-Savart law 毕奥-萨伐尔定律
biotype 生物型
biovar 生物变型
bioventure (投资的)生物风险
bioviscoelasticity 生物黏弹性
bioxalate 草酸氢盐(或酯)
bioxyl 氯化氧铋
bioyield point 生物屈服点
bioyield stress 生物屈服应力
bipartite graph 偶图
biperiden 比哌立登;双环哌丙醇
Bipex process 铋派克斯过程(磷酸铋沉

淀法）
biphase 两相（的）
biphasic grouth 二次生长现象
biphenamine 珍尼柳酯；苯柳胺酯
biphenyl （1）联（二）苯（2）（误用，＝biphenylyl）联苯基
***p*-biphenylamine** 对氨基联苯
2,4′-biphenyldiamine 2,4′-联苯二胺
biphenylene 亚联苯基
biphenylene bisazo 亚联苯重氮基
biphenyl mercury 二苯汞
biphenylyl 联苯基（来自 biphenyl）
biphenylyl carbonyl 联苯羰基
biphenylyloxy 联苯氧基
biphthalate 苯二甲酸氢盐（或酯）
bipimelate 庚二酸氢盐（或酯）
bipiperidyl mustard 联哌啶氮芥
bipolar battery 双极性电池
bipolar electrolysis cell 双极性电解槽
bipolar molecule 双极性基分子
bipolar plating 双极性电镀
bipolar type ion-exchange membrane electrolyzer 复极式离子膜电解槽
bipolymer 二元共聚物
bipotentiometric titration 双指示电极电位滴定（法）
bipotentiometry 双指示电极电位滴定（法）
bipropargyl 联丙炔
bipropellant 二元组分火箭推进剂
bipropenyl 联丙烯
2,2′-bipyridine 2,2′-联吡啶
2,2′-bipyridyl 2,2′-联吡啶
2,2′-biquinoline 2,2′-联喹啉
biquinolyl 联喹啉
biradical initiation 双游离基引发
biradicals（＝diradicals） 双游离基
birch black 桦木（炭）黑
birch camphor 桦木脑
birch oil 甜桦油
birch-seed oil 桦木子油
birch tar (oil) 桦木焦油
bird dung bate 鸟粪软化
bird nest 结渣
Bird-Young filter 伯德-扬过滤器（一种圆筒形连续过滤器）
bireactant reaction 双反应剂反应
birefraction 双折射
birefringence 双折射
birefringent effect 双折射效应
Birkeland-Eyde furnace 伯克兰-艾迪电炉
Birmingham wire gauge 伯明翰线规
bi-rotor pump 双转子泵
bisabolene 甜没药烯；红没药烯
α-bisabolol α-甜［红］没药醇；α-比萨波醇
bis(acetylacetonato)cadmium 双（乙酰丙酮根）合镉
bis(acetylacetonato)cobalt 双（乙酰丙酮根）合钴
bis(acetylacetonato)copper 双（乙酰丙酮根）合铜
bis(acetylacetonato)mercury 双（乙酰丙酮根）合汞
bis(acetylacetonato)nickel 双（乙酰丙酮根）合镍
bis(acetylacetonato)zinc 双（乙酰丙酮根）合锌
bisacodyl 比沙可啶；双醋苯啶
bis(alkylcyclooctatetraenyl)actinide compound 双（烷基代环辛四烯）合锕系元素化合物
bisamide 双酰胺
bisamination 双氨基化
bis(4-amino-1-anthraquinonyl)amine 双(4-氨基-1-蒽醌基)胺
bisantrene 比生群
bisatin 双醋酚丁；一轻松
bisazo（＝bisdiazo） 双偶氮
bisazobenzil 双偶氮甲苯
bisazochromotropic acid 双偶氮变色酸
bisbendazol 双苯达唑
bisbentiamine 双苯酰硫胺
bisbenzimidazole 双苯并咪唑
1,4-bis(1,4-benzodioxan-2-ylmethyl)piperazine 1,4-双(1,4-苯并二噁烷-2-基甲基)哌嗪
bisbenzothiazole 双苯并噻唑
bis(*n*-butylcyclooctatetraenyl)uranium 双（正丁基环辛四烯）合铀
Bischler-Napieralski synthesis 比施勒-纳皮耶拉尔斯基合成法
bis(*p*-chlorophenoxy)methane 二（对氯苯氧基）甲烷
2,2-bis(*p*-chlorophenyl)-1,1-dichloroethane 2,2-双对氯苯基二氯乙烷；滴滴滴
2,2-bis(*p*-chlorophenyl)-1,1,1-trichloroethane 2,2-双对氯苯基-1,1,1-三氯乙烷；滴滴涕
bischofite 水氯镁石；六水氯化镁
biscuit （1）素坯（2）饼干
biscuit fire 初次焙烧

biscuit firing 素烧
biscuit kiln 坯窑
biscuit porcelain 素(烧)磁
bis-cyclooctatetraenyl-uranium 双环辛四烯合铀
bis(cyclopentadienyl)vanadium 双(环戊二烯基)钒
bisdequalinium chloride 双克菌定,氯化双癸喹啉
bisdiazo 双偶氮
bisdiguanide 双联胍
bis(*p*-dimethylaminobenzylidene)benzidine 双(对二甲氨基亚苄基)联苯胺
bis-(4-dimethylaminodithiobenzil)-nickel 双(4-二甲氨基二硫代二苯乙二酮)合镍
bis(1,2-dimethylpropyl)borane 双(1,2-二甲基丙基)甲硼烷
bisebacate 癸二酸氢盐(或酯)
bisecting conformation 等分构象
bisergostadienol 联麦角甾醇
bis-*β*-ethoxyethyl ether 二甘醇二乙醚
bis(ethylcyclooctatetraenyl)uranium 双(乙基环辛四烯基)合铀
bis(2-ethylhexyl)phosphoric acid (DEHP, HDEHP, D2EHPA) 二(2-乙基己基)膦酸
bis(2-ethylhexyl)phthalate 邻苯二甲酸双(2-乙基己基)酯
bis(2-ethylhexyl) sebacate 癸二酸双(2-乙基己基)酯
bis-ethyl xanthogen disulfide (BXD) 二硫化双乙基磺原酸酯
bisexual reproduction 两性生殖
bisfuranyl-18-crown-6 二呋喃并 18-冠(醚)-6
bisglyoxalidine 联二氢咪唑
bisglyoxaline 联咪唑
bishomo-*γ*-linolenic acid 双高-*γ*-亚麻酸;8,11,14-二十碳三烯酸
bishydrazibenzil 联亚肼基甲苯
bishydrazicarbonyl 环二脲
bishydrazide 双酰肼
bishydroxycoumarin 双(羟)香豆素
2,2-bis(4-hydroxyphenyl)-propane 2,2-双(4-羟基苯基)丙烷
bisindenyl 联茚
bismaleimide 双马来酰亚胺
bismaleimide triazine resin 双马来酰亚胺三嗪树脂;双顺丁烯二酰亚胺三嗪树脂
Bismark Brown R 碱性棕;俾斯麦棕 R
bis(1-methylamyl) sodium sulfosuccinate 双(1-甲基戊醇)磺酸钠基琥珀酸酯
bis(methylthio)methane 二(甲硫基)甲烷
bismite 铋华
bismon 胶态氢氧化铋
bismuth 铋 Bi
bismuth acetate 醋酸铋
bismuth butylthiolaurate 丁硫基月桂酸铋
bismuth ethyl camphorate 樟脑酸铋乙酯
bismuth germanate 锗酸铋
bismuth glance 辉铋矿
bismuthic oxide 五氧化二铋
bismuthine (1)胇;三氢化铋(2)辉铋矿
bismuthino 胇基
bismuth iodosubgallate 碱式没食子酸碘铋
bismuthite (=bismutite) 泡铋矿
bismuth meal 铋粉
bismuth nitrate 硝酸铋
bismuth ochre 赭铋矿;铋华
bismuth oleate 油酸铋
bismuth(ous) chloride 三氯化铋
bismuthous oxide 三氧化二铋
bismuthous sulfide 三硫化二铋
bismuth oxalate 草酸铋
bismuth oxybromide 溴氧化铋
bismuth oxychloride 氯氧化铋
bismuth oxyiodide 碘氧化铋
bismuth pentoxide 五氧化二铋
bismuth potassium tartrate 酒石酸铋钾
bismuth potassium thiosulfate 硫代硫酸铋钾
bismuth selenide 硒化铋
bismuth siliconate 硅酸铋
bismuth soap 铋皂(可用作催干剂)
bismuth sodium thiosulfate 硫代硫酸铋钠
bismuth sodium triglycollamate 氨三乙酸铋钠;次氮基三乙酸铋复合钠盐
bismuth stomatitis 铋中毒性口腔炎
bismuth-strontium tantanate ceramics 钽酸锶铋陶瓷
bismuth subacetate 碱式乙酸铋;(俗称)次醋酸铋
bismuth subcarbonate 碱式碳酸铋;(俗称)次碳酸钠
bismuth subgallate 碱式没食子酸铋
bismuth subnitrate 碱式硝酸铋;(俗称)次硝酸铋
bismuth subsalicylate 碱式水杨酸铋;(俗称)次柳酸铋
bismuth tannate 鞣酸铋
bismuth telluride 碲化铋

bismuth tetraoxide 四氧化二铋
bismuth titanate 钛酸铋
bismuth tribromophenate 三溴酚铋
bismuth trichloride 三氯化铋
bismuth triethyl 三乙铋
bismuth trihydride 膍;三氢化铋
bismuth triiodide 三碘化铋
bismuth trimethyl 三甲铋
bismuth trioxide 三氧化二铋
bismuth triphenyl 三苯铋
bismuth trisulfide 三硫化二铋
bismuthyl 氧铋基
bismuthyl carbonate 碱式碳酸铋;(俗称)次碳酸铋
bismuthyl chloride 氯氧化铋
bismuthyl hydroxide 氢氧化氧铋
bismuthyl nitrate 碱式硝酸铋;(俗称)次硝酸铋
bisnaphthol 双萘酚
bis(1-naphthylmethyl)amine 二(1-萘甲基)胺
bisnorcholanic acid 联降胆烷酸
bisobrin 比索布啉
bisolvon(=bromhexine) 溴己新
bisoprolol 比索洛尔
bisoxatin acetate 醋酸双酚沙丁
bispecific antibody 双特异性抗体
bisphenol 双酚
bisphenol A 双酚 A;2,2-双(4-羟基苯基)丙烷;双酚丙烷
bisphenol B 双酚 B;2,2-双对羟苯基丁烷;双酚丁烷
bisphenol C 双酚 C;2,2-双(对羟基间甲基苯基)丙烷
bisphenol E 双酚 E;1,1-双(对氰酰苯基)乙烷
bisphenol F 双酚 F;双(对氰酰苯基)甲烷
bisphenol M 双酚 M;1,3-双[2-(对氰酰苯基)丙基]苯
bisphenol S 双酚 S;4,4′-二羟二苯砜
1,3-bisphosphoglycerate 1,3-二磷酸甘油酸
bisque 素瓷
bistetrazole 联四唑
bisthioglycollic acid 双硫羰乙醇酸
bis(triboron octahydrogen)beryllium 双三硼八氢铍
1,4-bis(trichloromethyl)benzene 1,4-二(三氯甲基)苯
bis(triphenylphosphine)dicarbonyl nickel 双(三苯基膦)二羰基镍
bisuberate 辛二酸氢盐(或酯)
bisubstrate reaction 双底物反应
bisuccinate 丁二酸氢盐(或酯)
bisulfate 酸式硫酸盐(或酯)
bisulfide 二硫化物
bisulfite 酸式亚硫酸盐(或酯)
bit (1)刀片;刀头(2)比特;(二进制)位
bitartrate 酒石酸氢盐(或酯)
bitartronate 羟丙二酸氢盐(或酯)
bit balling 钻头泥包
bit density 位密度;比特密度
bitertanol 双苯三唑醇
bite-type fitting joint 咬紧连接
bithiazole 双噻唑
bithionol 硫氯酚;硫双二氯酚;别丁
bitin 硫氯酚;硫双二氯酚;别丁
bit nozzle 钻头喷嘴
bit of information 信息单位
bitolterol 比托特罗;双甲苯苄醇
bitoscanate 双硫氰苯;对双异硫氰基苯
bitrude 双螺杆挤塑机
bitter almond oil 苦杏仁油
bitter almond oil camphor 苯偶姻;二苯乙醇酮;苦杏仁油脑
bittern 盐卤;海盐苦卤
bittern from salt-well brine 井盐苦卤
bitter orange flower oil 苦橙花油
bitter orange oil 苦橙(皮)油
bitter peptide(s) 苦味肽
bitter salt 泻盐;七水合硫酸镁
bitter spar(=dolomite) 白云石
bitumastic enamel 沥青(玛琋)瓷漆
bitumen (石油)沥青
bitumen emulsion adhesive 沥青乳液胶黏剂
bitumenous coatings 沥青涂料
bitumen plastic 沥青塑料
bitumen solidification 沥青固化
bituminization 沥青固化
bituminizing 沥青浸渍
bituminous adhesive 沥青胶
bituminous coal(=bitumite) 烟煤
bituminous concrete 沥青混凝土
bituminous(electric)isolating paint 沥青绝缘漆
bituminous paint 沥青涂料
bituminous plastic 沥青塑料
bituminous sealant 沥青密封胶
bituminous varnish 沥青清漆
bituminous waterproof board 沥青防水纸板

bitumite 烟煤
biurea 联(二)脲
biuret 缩二脲
biuret reaction 双缩脲反应
bivalent 二价的
bivariant (phase) system 双变物相系统
bivariant system 双变(度)物系
bivinyl 1,3-丁二烯
bixin 胭脂树橙;胭脂树素;红木素
bixol 胭脂树醇
bixylidene 联二甲苯胺;2,2′,6,6′-四甲基联苯胺
bixylyl 联二甲苯基;四甲联苯基
black amber 煤精
black and white developing agent 黑白显影剂
black and white film 黑白胶片
black antimony 锑黑;黑五硫化锑
black ash 黑(苏打)灰;粗碳酸钠
black balsam 秘鲁香脂
black beer 黑啤酒
black blizzard 黑尘暴
black body 黑体
black-body radiation 黑体辐射
black bog 黑色沼泽
black bolt 粗制螺栓
black box model 黑箱模型
black-box theory 黑箱理论
black boy gum 禾木胶
black brittleness 低温脆性
black coating 发黑;黑化(钢铁部件表面处理)
black crepe 黑绉胶
black damp (1)碳酸气(2)窒息性空气
black diamond 黑金刚石
blackened fibre 黑化纤维
blackening (1)发黑(2)黑化(钢铁部件表面处理)(3)黑度;(感光乳剂的)光密度
black factice 黑(色硫化)油膏
black falsehellebore 藜芦
black flux 黑助熔剂(碳酸钾-酒石混剂)
black furnace 黑炉
black jack (1)黑机油(用于润滑矿车车轮)(2)焦糖
black lead (= graphite) 石墨
black light lamp 黑光灯
black lipid membrane 双层脂膜;黑脂膜
black liquid sulfonate BS-33 胶磷矿脉石抑制剂 BS-33
black liquor (纸浆)黑液
black liquor filter 黑液过滤器
blacklung 矽肺
black lye (纸浆)黑液
black mercuric sulfide 黑色硫化汞
blackness 黑度
black nickel (electro)plating 电镀黑镍
black nut 粗制螺母
blackout paint 遮黑漆(防空用)
black-out paper 双层纸
black oxide 黑色氧化物(指 VO_3)
black particle 黑粒子
black-pepper oil 黑胡椒油
black phosphorus 黑磷;紫磷
black pipe 黑铁管
black powder 黑色火药
black reclaim 黑再生胶
black salt 黑碱;(黑色)粗苏打
black shortness 冷脆性
black silver 脆银矿
blacksmith's shop 锻工车间
black soil 黑土
blackstrap (molasses) 赤糖糊
black sulfuric acid 黑色硫酸;再生硫酸
black tape 黑胶带;绝缘带
black & white development 黑白显影
black & white reversal film 黑白反转片
black wood charcoal 黑(木)炭
bladder curing press 胶囊硫化机
blade (1)桨叶;叶片(2)刮刀
blade agitator 板片搅拌器;叶片式搅拌器
blade coating machine 刮刀涂布机
blade groove 叶片槽
bladen 四磷酸六乙酯
blade-paddle mixer 叶片式拌和机;桨式搅拌机;桨式混合机
blade-paddle stirrer 桨式搅拌机
blade retainer 叶片安装底架
blade row 叶栅
blade type damper 叶片式挡板
Blagden's law 布莱格登定律
Blair oven 布莱尔烘箱
Blaise reaction 布莱兹反应
Blake bottle 布莱克培养瓶
Blake jaw crusher 布莱克颚式压碎机
blanc fix(e) 钡白;硫酸钡粉;重晶石粉
blancking 白化
Blancophor R 布兰科福尔荧光增白剂 R
Blanc's rule 布兰规则
blank (1)空白(2)空白试验
blank analysis 空白分析
blank assay 空白试验;对照试验

blank cap 盖帽
blanket (1)毯;厚垫布;掩蔽层(2)过滤层(3)压火[熄火]料
blanket crepe 毛绉胶;毡绉胶
blanketing smoke 掩蔽烟雾
blanket of nitrogen 氮气层
blanket steam 覆盖水蒸气
blank film 空白接受片
blank flange 死法兰;法兰盲板;无孔法兰(盘)
blank gasoline 空白汽油(没有添加剂的汽油)
blank off 加盲板
blank off pressure 关闭压力
blank powder 演习火药
blank processing 毛坯加工
blank(s) 毛坯
blank test (1)空试车(2)空白试验
blank titration 空白滴定
blast 鼓风
blast aeration 鼓风曝气
blast area 爆炸区域;爆破区
blast blower 鼓风机
blast burner 喷灯
blast cell 母细胞
blast draft 爆炸压力气流
blastema (再生)芽基
blast engine 鼓风机
blast fan 离心式鼓风机
blast furnace 高炉;鼓风炉
blast furnace brick 高炉砖
blast-furnace gas 高炉煤气
blast furnace ironmaking 高炉炼铁
blast gas 鼓风气
blast gas cloud 爆破气体云
blast gate 排气门
blasticidin S 杀稻瘟菌素S;灭瘟素
Blastin 稻瘟醇
blastine 轰炸炸药(高氯酸铵、硝酸钠、梯恩梯炸药)
blasting (1)鼓风;吹风(2)喷砂处理(3)爆炸
blasting cap 雷管
blasting explosive 爆破药;轰炸药
blasting powders 爆炸(火)药
blasting test 爆破试验
blasting treatment 喷砂处理
blast lamp 喷灯
blast line 空气管;鼓风风管
blastmycin 稻瘟霉素
blastoconidium 芽分生孢子
blastogenesis 芽基发育
blastomere (卵)裂球
blastospore 芽生孢子
blast pipe 排气管
blast pump 气泵
blast roasting 鼓风焙烧
blast supply 供气
blastula 囊胚
blau gas 蓝煤气;蓝焰水煤气;纯净水煤气
blau-gas process 蓝煤气发生过程(800℃焦炭与蒸汽生产水煤气过程)
Blaw-Knox decarbonizing process 布劳-诺克斯脱碳(焦化)过程
blazed grating 闪耀光栅
blazing angle 闪耀角
bld(blind) 盲板
bleachability 漂白率
bleachability of pulp 纸浆漂率
bleached oil 漂白油;无色油
bleached pulp sewage 漂白纸浆污水
bleacher (纸浆)漂白机;漂白剂
bleachery 漂白间
bleach-fix 漂定合一工艺
bleaching 漂白
bleaching agent 漂白剂
bleaching agent I for wool 漂毛剂I
bleaching clay 漂白黏土
bleaching earth 漂白黏土
bleaching fastness 耐漂白(色)牢度
bleaching liquid 漂白液
bleaching powder 漂白粉
bleaching powder concentrate 漂粉精
bled steam 废蒸汽
bleed 泄放孔
bleeder (1)泄放器(2)吸胶材料
bleeder line 排出[放]管;放水[气]管
bleeder pipe 排出[放]管;放水[气]管
bleeder turbine 抽汽式汽轮机
bleeder type condenser 溢流式大气冷凝器
bleeder valve 泄放阀;排出阀
bleeding 渗色
bleeding materials 吸胶材料
bleeding of waste liquor 废液排除
bleeding tanning spue 吐栲
bleed off valve 泄压阀
bleed port 放气口
bleed slurry 排放淤浆
bleed through 渗胶
Bleeker method 布利克法(电解还原钒化

合物）
blemishes 缺陷；疵点；小毛病；次品
blemishes mending （皮革）补伤
blend （1）调合；掺合；混合；共混（2）调合物；掺合物；混合物；共混料；混纺纱；配料；掺混料
blendability 可混合性；可掺合性
blende 闪锌矿
blend(ed) fibre 混抽纤维
blended 混合农药
blended fibre by solvent 混溶纤维
blended gasoline 调合汽油
blended lubricating oil 调合润滑油
blender （1）掺合机；捏和机；混合机；搅拌机（2）搅切器；捣碎器（3）和香剂
blender experiment 捣碎试验
blende roaster 闪锌矿煅烧炉
blending （1）掺合；共混（2）倒圆
blending chart 混合黏度图
blending inheritance 混合遗传
blending & thickening 掺和
blend polymer membrane 高分子共混膜
blend-spun 混纺的
blend tank 混合槽
bleomycin 博来霉素；争光霉素
blepharoplast 生毛体
blind 盲板
blind cover 盲盖
blind end 封闭端
blind flange （1）盖板（2）堵头盲板
blind flange gasket 盲板法兰垫片
blind hole 盲孔；不通（的）孔
blinding 堵塞
blind off a line 在一条管线上加上盲板
blind plate 盲板
blind plug 堵塞
blind search 盲目搜索
blind test 盲试法
blister 砂眼
blistering gas 疱肿（性）毒气；糜烂性毒气
blix 漂定合一工艺
BLM (black lipid membrane) 双层脂膜；黑脂膜
BL method （＝borderline method） 边界线方法（评价汽油抗爆性）
bloater 熏鱼（多指熏鲱、鲭鱼）
bloat(ing) 发胀；鼓出
bloating agent 膨胀剂
blob （1）斑渍；斑点；污渍；团迹（2）小块
blobbing 笔尖漏油
Bloch equation 布洛赫方程
block （1）滑块（2）滑车；滑轮（3）闭塞（4）嵌段（共聚）
blockage 堵塞；封闭
blockage effect 堵塞效应
block a line 停用一条管路
block continuous polymerization 块式连续聚合
block copolymer 嵌段共聚物
block copolymerization 嵌段共聚合
block diagram 框图；方框图；方块图；示意流程图
blocked bond 闭锁键
blocked curing agent 封存性固化剂
block flow diagram 程序框图
block furnace 方形电炉
block-heteric nonionics 混嵌（共聚）非离子表面活性剂
blocking （1）封闭；堵塞（2）粘连
blocking condenser 过度冷凝器
blocking group 保护基团
blocking medium 填充介质
blocking sterilization adhesive 粘堵法绝育胶
block nucleotide 阻断核苷酸
block polymer 嵌段共聚物
block polymerization 嵌段聚合
block scheme 方框图
block soap 块皂；皂砖
blocks world 积木世界
block testing stand for engine 发动机试验台
block tin 锡块
block tridiagonal matrix 一组三对角矩阵；块三对角矩阵
block-type graphitic heat-exchanger 块式石墨（冷却）换热器
block type heat exchanger 块式换热器
block welding 多段多层焊
blocky graphite 块状石墨
blodite（＝bloedite） 白钠镁矾
blood (apparent) viscosity 血液（表观）黏度
blood char(coal) 血炭
blood clotting 血液凝固
blood coagulation 血液凝固
blood coagulation factor 凝血因子
blood glue 血液胶黏剂
blood group 血型
blood group antigen 血型抗原
blood group chimera 血型嵌合体
blood group substance 血型物质

blood-high-viscositysyndrome 血液高黏综合征
blood laminar flow 血液层流
blood-lipid lowering drug(s) 降血脂药
blood-low-viscosity syndrome 血液低黏综合征
blood meal 血粉
blood plasma 血浆
blood platelet 血小板
blood rheology 血液流变学
blood serum 血清
blood stains 血斑
bloodstone 鸡血石
blood substitute emulsion 人造血乳剂
blood sugar 血糖
blood therapy 血液疗法
blood thixotropy 血液触变性
blood tonic 补血药
blood urea nitrogen 血清尿素氮
blood vessel creep 血管蠕变
bloom 起霜白化;喷霜;黄粉
bloom-free plasticizer 不喷霜的增塑剂
blooming (1)喷霜(2)起霜;白化(透明膜发生白翳)
bloom inhibitor 防喷霜剂
bloomless (油品)无荧光的;不起霜的
bloom oil 起霜油(松香干馏得的油,沸点～270℃)
bloom out 起霜
blot hybridization 印迹杂交技术
blotter paper 吸墨(水)纸
blotting (1)吸着(2)印迹
blotting paper 吸墨(水)纸
blowback 反吹
blow-by 渗漏;漏气;不密封
blowcase 吹气(扬酸)箱;酸蛋
blowdown (1)排料;泄料;放空;排污(2)吹除
blowdown connection 排污连接件
blowdown container 泄料罐
blowdown cooler 排污冷却器
blowdown drum (1)排料罐;放空罐(2)排污罐
blowdown piping 泄料管路;放空管路
blowdown pit 泄料池
blowdown pump 排盐泵
blowdown separator 排放分离器
blowdown stack 放空烟囱[道]
blowdown tank 泄料箱
blowdown valve (1)排出阀;排放阀;泄放活门;排污阀;排汽阀(2)吹扫阀
blower (鼓,吹,扇,排)风机
blower base 鼓风机底座
blower casing 鼓风机壳
blower system 鼓风系统
blow gas 吹制水煤气
blow gun 喷枪;喷粉器
blowhole 气孔;气眼;砂眼;气泡; 缩孔
blowing agent 发泡剂
blowing(and foaming) agent 发泡剂
blowing dust 高吹尘
blowing iron 吹玻璃用的铁管
blowing mould 吹模
blowing pipe 吹洗管
blowing promoter 发泡助剂
blowing-up 爆炸
blow mould 吹制模
blow moulding 吹塑(成型)
blow moulding machine 吹塑机
blown extrusion 挤出吹胀;吹挤
blown glass 吹制(的)玻璃
"blown" of varnishes (漆膜)褪光(现云雾状)
blown oil 氧化油;吹制油;气吹油
blow-off 放气;排污
blow-off line (1)放气管道;排汽管道(2)排污管道
blow-off(pet)cock 排气(小)栓
blow-off pipe (1)排出管;放水(或气,汽)管(2)排污管
blow-off point (塔板)吹开点
blow off pressure 放气压力
blow-off valve 排料阀;放空阀;放泄阀
blow-out (1)吹出(2)爆裂(3)井喷
blow-out switch 放气开关
blowpipe (1)送风支管(2)吹管
blowpipe analysis 吹管分析
blowpipe test 吹管试验
blow pit 泄料池
blow point 发泡点
blow sand 喷砂
blow tank 喷放罐;风送槽;放空罐
blow-test 冲击试验
blow through valve 吹除阀
blowtorch 喷灯;吹管;焊枪;喷气发动机
blow up 爆发
blow-up mouth 上部吹扫口
blow valve (1)送风阀(2)卸渣阀
blow wash 喷洗;压水冲洗;吹洗
blubber oil (＝whale oil) 鲸(脂)油
blue annealing 蓝回火

blue camphor oil 蓝油
blue copperas 胆矾;五水(合)硫酸铜;蓝矾
blue copper protein 蓝铜蛋白
blue cross 蓝十字毒气
blue dextran 蓝葡聚糖
blue fish oil 海豚油
blue-green algae 蓝绿藻
blu(e)ing 发蓝(处理);烧蓝
blueing agent 上蓝剂
blueing soap 加蓝皂
blue john 蓝萤石
blue malachite 蓝铜矿
blue mass 汞软膏
blue-mottled soap 蓝花皂
bluensomycin 布鲁霉素
blue powder(=zinc dust) 蓝(锌)粉
blue print (drawing) 蓝图;设计图
blueprinting 晒图
blue protein 天青蛋白;质体蓝素
blue shift 蓝移
blue shortness 蓝脆;冷脆
bluestone (1)胆矾(2)蓝灰砂岩
blue verditer 铜绿;碱式碳酸铜
blue vitriol 胆矾;五水(合)硫酸铜;蓝矾
bluing agent 上蓝剂
blunder error 疏失误差
blunt end 平端
blunt pipe 圆头管
blushing (涂料)发白(现象)
BMC(bulk moulding compound) 整体模塑料
BMCI 芳烃指数值
BMP(bone morphogenetic protein) 骨形态发生蛋白
BMR(basal metabolic rate) 基础代谢率
BNF 生物固氮作用
board 纸板
boarded leather 搓花革
boarding machine 搓纹机;搓软机
boart 圆粒金刚石
boat 舟皿
boat conformation 船型构象
boat form 船式
boat hull paint 船壳漆
boat pan 舟皿
boat top(ping) paint 水线漆
bobbin cutter 分卷机;盘纸分切机
bobbinite 波兵耐特(矿山用硝铵炸药)
bobbin oil 锭子油
bobbin paper 纱管纸
bobbin seal 套管密封
bobbin spinning 筒管纺丝
bobierite 白磷镁石
BOC grease 壳牌普通润滑脂
BOC Isomax 埃索麦克斯法渣油加氢脱硫
BOD(biological oxygen demand) 生化需氧量
Bodenstein number 博登施坦数
bodiness 增稠;增厚
BOD moderator 生化需氧量缓和剂
BOD ultimate 最终生化需氧量
body 壳体
body cap 阀体盖
body centered lattice 体心点格
body cord 帘布层
body deodorant 除体臭剂
body fluid 体液
body force 体积力
bodying (1)加厚;加重;增加体积(2)稠化;增稠
bodying agent 增稠剂;基础剂
body lotion 爽身水;花露水
body material 釜体材料
body rings 阀体密封圈
body shampoo 洗澡液[剂];洁身洗剂
body up (1)加重;加厚(2)增加体积(3)增稠
boehmite 勃姆石,勃姆铝矿;一水软铝石
boghead (coal) 烟煤
bogie kiln 梭式窑
bog (iron) ore 沼铁矿
bog muck 泥炭
bogus parchment paper 充羊皮纸
Bohr atom model 玻尔原子模型
Bohr effect 玻尔效应
Bohr frequency condition 玻尔频率条件
bohrium Bh
Bohr magneton 玻尔磁子
Bohr model of atom 玻尔原子模型
Bohr orbit 玻尔轨道
Bohr postulates 波尔假设
Bohr quantization condition 玻尔量子化条件
Bohr radius 玻尔半径
boiled (China) wood oil 熟桐油
boiled-off silk 熟丝
boiled oil 清油;熟油;沸炼油
boiled-out water 沸过的蒸馏水

boiled tung oil 熟桐油
boiler 锅炉
boiler alarm 锅炉缺水报警器;锅炉最低水位报警器
boiler attendance 锅炉维护[操作,值班]
boiler barrel 汽包
boiler blow-down water 锅炉冷凝水,锅炉回水
boiler blowoff (1)锅炉排污(2)安全阀
boiler capacity 锅炉容量
boiler circulating pump 锅炉循环泵
boiler coaling plant 锅炉加煤设备
boiler code 锅炉规范
boiler compound 锅炉防垢剂
boiler deposit 锅垢
boiler duty 锅炉负荷;锅炉蒸发量
boiler (feed) pump 锅炉给水泵
boiler feed water(BFW) 锅炉给水
boiler furnace (汽)锅炉
boiler-house 锅炉房
boiler load 锅炉负荷
boiler losses 锅炉损耗
boiler oil 燃料油;残渣油
boiler package system 快装锅炉系统
boiler plate 锅炉钢板
boiler pump 锅炉试验泵
boiler rating 锅炉额定蒸发量
boiler room 锅炉房
boiler scale(deposit) 锅(炉水)垢
boiler scale inhibitor BS-1 锅炉阻垢剂BS-1
boiler sets 锅炉组
boiler shell 锅炉壳体;锅炉包
boiler shop 锅炉车间
boiler space 锅炉房
boiler steam rate 锅炉蒸发量
boiler steel 锅炉钢
boiler support 锅炉支架
boiler suspender 锅炉悬挂架
boiler suspension 锅炉吊[支]架
boiler system 供热系统
boiler tube 锅炉管
boiler tube cleaner 锅炉管清洁器
boiler unit 锅炉(机)组
boiler water conditioning 锅炉水(软化)处理
boiler water treatment 锅炉水处理
boiling 沸腾
boiling bed 沸腾床;沸腾层
boiling-bed cure 沸腾床硫化法
boiling-bed drying 沸腾床[层]干燥
boiling-bed reactor 沸腾床[层]反应器
boiling bed roaster 沸腾焙烧炉
boiling-bed roasting 沸腾焙烧
boiling chamber 沸腾室
boiling fastness 耐煮性
boiling flask 长颈烧瓶
boiling heat transfer 沸腾传热
boiling heat transfer coefficient 沸腾传热系数
boiling kier (1)漂煮锅(2)蒸煮锅
boiling liquid 沸腾液体
boiling molten pool 沸腾状熔池
boiling on strength 煮浓;熬浓;(皂胶加碱)透煮(使皂化完全,减少皂料中色素和盐分)
boiling plate 均沸片
boiling point 沸点
boiling point depression 沸点降低
boiling point elevation 沸点升高
boiling point-gravity constant 沸点-比重常数
boiling point-gravity number 沸点-比重常数
boiling point lowering 沸点降低
boiling point rise 沸点升高
boiling point-viscosity constant 沸点-黏度常数
boiling process(for soap manufacture) 沸煮法(制皂)
boiling range 沸腾范围;沸程
boiling resistance 耐蒸煮性
boiling test 煮沸试验
boiling-water reactor(BWR) 沸水反应堆;沸水循环反应堆
boiling water system 沸水系统
boil-up rate 蒸出速率
boivinose 2,6-二脱氧-D-木己糖;波伊文糖
bolaform detergent 两端亲水基洗涤剂
bolandiol 勃雄二醇;四氢雌二醇
bolasterone 勃拉睾酮;7α,17-二甲睾酮
boldenone 勃地酮;去氢睾酮
boldine 波尔定碱
bold line 粗线
boldoglucin 波耳多苷
boleko oil(=isano oil) 衣烷油
Boliden salt 玻立登盐(加铬的砷酸锌,木材防腐剂)
Bollman(soybean) extractor 波尔曼(大

豆)萃取器;立式吊篮萃取机
Bologna phosphorus 博洛尼亚磷(一种发光硫化钡)
bolometer (电阻)测辐射热仪;辐射热计
bolt circle 螺栓分布圆
bolt connected joint 螺栓接合
bolt driver 螺丝刀;改锥;螺丝起子
bolted bonnet 螺栓压盖;螺栓连接阀盖
bolted cap 螺栓压帽
bolted flat head 螺栓连接式平盖[封头]
bolted joint 螺栓接合;螺栓联结
bolter (1)筛粉机(2)筛粉工人
bolt guide pin 呆舌导销
bolt head 螺栓头
bolt hole 螺栓孔
bolt hole for dismounting 拆卸用螺孔
bolt-on 螺栓紧固
boltonite 镁橄榄石
bolt ring 螺栓法兰圈
bolt stress 螺栓应力
bolt stud 双头螺栓
bolt with one end bent back 弯头螺栓
Boltzmann constant 玻耳兹曼常量
Boltzmann distribution law 玻耳兹曼分布定律
Boltzmann factor 玻耳兹曼因子
(Boltzmann) H-theorem (玻耳兹曼)H定理
Boltzmann (integro-differential) equation 玻耳兹曼(积分微分)方程
Boltzmann relation 玻耳兹曼关系
bolus 缓释大药丸
bombardment 轰击
bomb calorimeter 弹式量热器;弹式热量计
bomb calorimetry 弹式量热法
bombesin 韩蛙皮素;铃蟾肽;盘舌蟾素
bombicesterol(=inagosterol) 蚕甾醇
bombiosterol 蚕甾醇
bomb method 氧弹法(测石油产品的含硫量)
bombycin 蚕素
Bomyl 保米磷
bond (1)键(2)黏结
bond angle 键角
bond-angle deformation 键角变形
bond cleavage 键裂
bond dipole moment 键矩;键偶极矩
bond distance 键长
bond distribution analysis 键分配分析法
bonded (fiber) fabric 无纺织布
bonded flux 黏结焊剂
bonded-phase chromatography (化学)键合(固定)相色谱法
bonded stationary phase (化学)键合固定相
bond energy 键能
bond energy of covalent bond 共价键键能
bond enthalpy 键焓
bonder 黏合剂;黏结剂
bonderizing 磷化处理
bonding 黏合
bonding agent 黏合剂
bonding area 键合区
bonding effect 黏合效应
π-bonding ligand π成键配体
σ-bonding ligand σ成键配体
bonding material 粘接材料
bonding MO(BMO) 成键分子轨道
bonding (molecular) orbital 成键(分子)轨道
bonding range 粘接允许时间
bonding region 键(合)区
bonding strength 黏合强度
bond length 键长
bond line 黏结层
bond moment 键矩
bond order 键级
bond paper 证券纸
bond radius 键半径
bond reliability 胶接可靠性
bond rubber 结合橡胶
bond rupture 键断裂
bond strength (1)黏合强度;黏附强度(2)(=bond energy)键能;键强度
bond twisting 键扭转
bonducin 云实豆素
bond valence 键价
bond valence-bond length correlation 键价-键长关联
bond-valence theory 键价理论
bone black 骨炭
bone charcoal 骨炭
bone china 骨灰瓷
bone dry 干透;完全干燥
bone dust 骨粉
bone fat 骨脂
bone glass 乳色玻璃
bone glue 骨胶
bone marrow 骨髓
bone meal 骨粉

bone mineral 骨矿;羟磷灰石
bone morphogenetic protein 骨形态发生蛋白
bone oil 骨油
bone phosphate 骨质磷酸盐;骨灰
bone super(phosphate) 骨粉过磷酸钙(骨粉中提出的)
bone tankage 骨肉粉
bongkrekic acid 米酵霉酸;米酵菌素
boning (1)测平法(2)去骨;施骨肥
boninic acid 包宁地衣酸
bonito oil 鲣油
bonnet 阀盖;阀帽
bonnet bolt 阀盖螺栓
bonnet cover 阀盖
bonnet nut 阀盖螺母
bonnet stud bolt 阀盖双头螺栓
bonnet stud nut 阀盖螺母
book cover paper 书皮纸
bookmark hypothesis 书签假说(含芳香族氨基酸的肽可识别 DNA 序列)
boom crane 吊杆起重机
boom point 伸臂末端
boom reach 伸臂长度
boom sheave 导向滑轮
boort 圆粒金刚石
boost charge 急充电;升压充电;(蓄电池)补充充电
boosted oil pump 升压油泵
booster (1)爆管(2)扩爆药;传爆药(3)升压机;增压装置;升压器(4)助促进剂(5)加强免疫
booster body 增压泵机体
booster charge 传爆药
booster compressor 升压压缩机;增压压缩机;辅助压缩机;循环(压缩)机
booster device 推送装置
booster diffusion pump 增压扩散泵
booster dose (免疫)加强剂量;促升剂量
booster explosive 传爆药
booster fan 增压风机;加压风机
booster jet 辅助喷射泵;升压喷射泵
booster oil pump 增压油泵;升压油泵
booster pump 增压泵;升压泵;接力泵;前置泵
booster response 加强应答
booster solvent 助溶剂
boosting accelerator 助促进剂
boot 进料斗;接受器
boot cream (皮)鞋油
Boot density bottle 布特密度瓶
boot seal 蛇形套密封
bopindolol 波吲洛尔
boracite 方硼石
Borad ring 双层 θ 网环;博拉德(双层金属网)环
boral 硼酒石酸铝
boramide 硼酰胺
borane 硼烷
borate 硼酸盐(或酯)
boratofluoric acid 氟硼酸
borax 硼砂
borax-bead test 硼砂珠试验
borazine 硼嗪;环硼氮烷
borazin polymer 硼氮聚合物
borazole(=borazine) 硼嗪
Bordeaux B 枣红 B
Bordeaux mixture 波尔多液
Bordeaux turpentine 枣红松节油;法国松节油
border effect 边界效应
borderline mechanism 边界机理
borderline motor fuel 卡边发动机燃料(其性质刚合标准)
borehole flowmeter 锐孔流量计
borehole pump 深井泵
bore liquid 芯液
bore-out-of-round 孔不圆度
boric acid 硼酸
boric oxide 氧化硼
boric spar (=boracite) 方硼石
boriding 渗硼
borine 烃基硼
boring hose 钻探胶管;凿井胶管
bormethyl(=trimethylborine) 三甲硼
Born approximation 玻恩近似
borneol 冰片;龙脑;内(向)-2-莰烷醇
borneol salicylate (=salit) 水杨酸冰片酯;沙里特
bornesite 甲基肌醇
bornesitol 甲基肌醇
Born-Haber cycle 玻恩-哈伯循环
bornite 斑铜矿
Born-Oppenheimer approximation 玻恩-奥本海默近似
born repulsion 本源排斥
bornyl acetate 乙酸冰片酯
bornyl alcohol (=borneol) 冰片;龙脑
bornyl amine 冰片基胺;2-莰胺
bornylane 冰片烷

d-bornyl α-bromoisovalerate α-溴代异戊酸 *d*-冰片酯
bornyl chloride 氯化冰片
bornyl cyclohexanol 龙脑基环己醇;合成檀香油
bornylene 冰片烯;2-莰烯
bornyl formate 甲酸冰片酯;甲酸-2-莰醇酯
bornylhalide 冰片基卤
bornyl isovalerate 异戊酸冰片酯
bornyl salicylate 水杨酸冰片酯
bornyval 异戊酸莰酯
borobutane 丁硼烷
borocaine 硼酸普鲁卡因
borocalcite 硼钙石
borofluo(rhyd)ric acid 氟硼酸
borofluoride 氟硼酸盐(或酯)
borohydride 硼氢化物;氢硼酸盐
borol (1)硼硫酸钾钠(2)次氯酸钙(商名)
borolon 合成[人工]氧化铝
boromycin 硼霉素
boron 硼 B
boron-amine complex 硼-胺络合物;硼-胺配位化合物
boro(natro)calcite 钠硼解石
boron carbide 一碳化四硼;碳化硼
boron chloride 氯化硼
boron family 硼族
boron fertilizer 硼肥
boron fluoride 三氟化硼
boron hydride 氢化硼;硼烷
boronic filament 硼纤维
boron-magnesia fertilizer 硼镁肥
boron nitride (一)氮化硼(BN)
boron-nitrogen polymer 硼氮高分子
boron oxide 氧化硼
boron phenyl difluoride 二氟化苯硼
boron phosphate 磷酸硼
boron phosphide 磷化硼
boron-silicon rubber 硼硅橡胶
boron steel 含硼钢
boron *p*-tolyl difluoride 二氟化对甲苯基硼
boron tribromide 三溴化硼
boron trichloride 三氯化硼
boron (tri)fluoride (三)氟化硼
boron trifluoride etherate 三氟化硼合乙醚;乙醚合三氟化硼(三氟化硼-乙醚络合物)
boron trisulfide 三硫化二硼
borophenylic acid 苯基硼酸(苯基代替硼酸三个 OH 中的一个)
borosilicate 硼硅酸盐(或酯)
borosilicate glass 硼硅(酸盐)玻璃
borotungstic acid 硼钨酸
borowolframic acid 硼钨酸
boroxane 硼氧烷
boroxene 硼氧烯
boroxin 环硼氧烷
borphenyl 三苯硼
borrelidin 疏螺体素
borsal(=borsyl) 硼硅酸钠
Borsche carbazole synthesis 博歇咔唑合成法
borsyl 硼硅酸钠
borthiin 环硼硫烷
bort(Z) 圆粒金刚石
boryl 甲硼(烷)基
boryl arsenate (偏)砷酸氧硼
borylene 亚硼(烷)基
borylidyne 次硼(烷)基
boryl phosphate (偏)磷酸氧硼
Bose-Einstein condensation 玻色-爱因斯坦凝聚
Bose-Einstein distribution 玻色-爱因斯坦分布
Bose-Einstein integral 玻色-爱因斯坦积分
Bose-Einstein statistics 玻色-爱因斯坦统计
boseimycin 勃赛霉素
boson 玻色子
boss ratio 内外径比
bostrycoidin 葡萄孢镰菌素
***β*-boswellic acid** β-非洲乳香酸
BOT 磁带始端标记
botanical pesticide 植物性农药
both ends 两端
boticin 肉毒梭菌素
botryolite(=datolite) 硅硼钙石
Bottcher chamber 伯特赫尔计数室
Bottger test 伯特格尔试验(尿葡萄糖试验)
bottle brush 瓶刷
bottle foam technique 钢瓶发泡工艺
bottle glass 瓶罐玻璃
bottle-making machine 制瓶机
bottle method 比重瓶法(测定比重)
bottle neck 瓶颈,薄弱环节
bottle neck effect 瓶颈效应
bottle rest 瓶架
bottle-washing machine 洗瓶机

bottling 装瓶
Bottom 此端向下
bottom bend 底肘管
bottom bracket 下托架
bottom cap 底盖
bottom case 底壳
bottom chord 底弦
bottom clamping plate 底部压紧板
bottom coat 底涂层
bottom collector 塔底集液管
bottom colo(u)r 底色
bottom cover 底盖
bottom crown 下极板
bottom diameter 螺纹内[底]径
bottom discharge 底部出料
bottom discharge manual 底部手工出料
bottom discharge valve 底部排料阀
bottom drive 底部驱动
bottom end cover 下端盖
bottom entering backswept agitator 底伸式后掠形搅拌器
bottom entering mixers agitator 倒置式底面混合搅拌器
bottom entering type agitator 底伸式搅拌器
bottom fermentation 底层发酵
bottom flange 底法兰
bottom flue 底烟道;小烟道
bottom frame 底部框架
bottom head 底封头;底盘
bottom horizontal 下水平出风
bottom liner 底衬
bottom lining 底衬
bottom of pipe 管底
bottom oil 残油;油脚
bottom phase 底相;下相
bottom product 塔底产品;底部产物;底沉积物;脚;釜液
bottoms cooler 油脚冷却器
bottom scoop 底部勺
bottom sediment (1)底沉积物;脚子(2)底部籽晶(生长)法
bottom settlings 底沉积物;脚子
bottoms (复数)(1)(釜、塔)底部产物;底沉积物;脚子(2)油脚
bottom-up analysis 自下而上分析
bottomvalve 底阀
bottom view 底视图
bottom width 底宽
bottromycin 波卓霉素
botulin 肉毒(杆菌)毒素;腊肠毒碱
botulinus toxin 肉毒杆菌毒素
Bouchardat reagent 布沙尔达试剂
bougie (1)瓷制多孔滤筒(2)栓剂(3)探条;探子
Bouguer's law 布格定律
bouillie bordelaise 波尔多液
Bouin's fluid 布英防腐液
boulangerite 硫锑铅矿
boulder crusher (1)粉碎机;磨粉机(2)雾化器
bounce 反弹
boundary condition 边界条件
boundary control 边界控制
boundary dimensions 边界尺寸
boundary effect 边界效应
boundary layer 边界层
boundary lipid 界面脂
boundary lubrication 边界润滑
boundary material 界面物质
boundary relation 边值关系
boundary stress 边缘应力
boundary surface 界面
boundary-value problem 边值问题
bound charge 束缚电荷
bounded space 有界空间
bound electron 束缚电子
bound energy 结合能
bound moisture 结合水;结合水分
bound state 束缚态
bound vortex 附着涡
bound water 结合水;结合水分
bouquet soap 花香型香皂
bouquet stage 花束期
b(o)urbonal 乙(基)香兰素;3-乙氧基-4-羟基苯甲醛
Bourdon gauge 弹簧管压力计
Bourdon-tube manometer 波登管压力表;单圈弹簧管压力计
Bourdon (tube pressure) ga(u)ge 单圈弹簧管压力计
bournonite 车轮矿
boussingaultite 铵镁矾
Bouveault aldehyde synthesis 玻沃醛合成法
Bouveault-Blanc reaction 玻沃-布兰反应
bovine milk protein 牛奶蛋白
bovine serum albumin 牛血清白蛋白
bovinocidin 杀牛型结核菌素
bowenite 鲍文玉;蛇纹岩

bowl 筒体;转鼓
bowl bearing 圆筒支架;外筒轴瓦
bowl body 转鼓主体
bowl classifier 浮槽分级器
bowl desilter 浮槽脱泥机
bowl hood 转鼓外罩
bowl liner 圆锥筒衬里
bowl metall 粗铸锑(99%纯模铸锑)
bowl mill 碗形磨
bowl valve 转鼓阀
Bowman-Cichelli's relation 鲍曼-西切利关系(分批精馏时蒸馏曲线形状和最少回流比、最小理论板数关系)
bow wave 头波
box condenser 箱式冷凝器
box cooler 箱式冷却器
boxed dimension 装箱总尺寸
box filter 箱式滤器
box furnace 箱式炉
box gene 框基因
box heater 箱式加热器
box marking 装箱标志
box nut 盖螺母
box opener 开箱器
box-type furnace 箱式炉
box type heater 箱式加热炉
box-type oven 箱式炉
Boyle law 玻义耳定律
Boyle-Marriote's law 波义耳-马里奥特定律
Boyle's temperature 波义耳温度
Boys calorimeter 波伊斯量热器
bp (1)碱基对(2)(或 b. p. ;B. P. ;bpt)沸点
BPMC 仲丁威
B powder (=powder B) B火药
BR 生物试剂
bra 左矢;刁
brace rod 连接杆;撑杆
brace wire 线拉条
brachytherapy 近程(放射)治疗
bracing 撑条;加强肋
bracing of still 管式炉之拉条
bracing piece 加劲杆
bracing plate 撑板
bracing tube 撑管
bracing wire 拉线
bracke oil 刹车油
bracket 托座;悬架
bracket crab 壁装起重绞车
bracket joint 角板
bracket support 悬架支承部件
Brackett series 布拉开系
bracket welded assembly 支座焊接装配体
brackish drilling fluid 咸水钻井液
brackish mud 咸水钻井液
brackishness 半咸性
bradycor 布拉代可
bradykinin 缓激肽
bradykinin potentiating peptide 缓激肽增强肽
Bragg angle 布拉格角
Bragg condition 布拉格条件
Bragg equation 布拉格方程
Bragg law 布拉格定律
braided packing 编织填料
braider 编织机
brain hormone 脑激素
brain model 脑模型
brainstorming method 智暴法;头脑风暴法
brake 闸;刹车;制动器
brake apparatus 制动装置
brake arm 制动臂
brake axle 制动轴
brake band 制动闸
brake bar 闸杆;制动杆
brake clip 制动夹
brake connection rod 闸连杆
brake controller 闸控制器
brake facing 制动衬片
brake fluid 制动液;刹车油
brake hand 制动闸
brake hard 紧急制动
brake holder block 制动片
brake hoop 制动环
brake key 制动键
brake lining 闸衬片;制动衬片;制动闸衬
brake lining disc 制动面摩擦片
brake link 闸连杆
brake linkage 闸联动装置
brake load 制动负荷
brake magnet 制动磁铁
brake metering valve 制动调节阀
brake-operating lever 闸操作杆
brake-operating rod 闸操作杆
brake-operating system 制动操作系统
brake paddle 刹车踏板
brake parking lever 停车制动杆
brake pedal 刹车踏板
brake pulley 制动轮
brake ratchet 制动爪

brake ratchet wheel 制动(棘)轮
brake relay 刹车继电器
brake release 松开制动器
brake ribbon 制动带
brake rigging 制动装置
brake rod 制动杆
brake scotch 制动瓦
brake screw 制动螺杆
brake shaft 制动轴
brake-shoe 闸瓦;制动瓦
brake-shoe adjuster 闸瓦调整器
brake-shoe expander 闸瓦扩张器
brake-shoe facing 闸瓦衬层
brake-shoe guide 闸瓦导柱
brake-shoe guide pin 闸瓦导销;闸瓦定位销
brake-shoe guide spring 闸瓦导簧
brake-shoe holder 闸瓦托
brake-shoe lining 闸瓦衬层
brake spindle 制动轴
brake switch 制动开关
brake torque 制动转矩
brake valve 制动阀;闸阀
brake weight 制动配重
brake wheel 制动轮
braking lever 闸杆
braking maneuver 制动操纵
braking moment 制动转矩
brallobarbital 溴烯比妥;溴双烯丙巴比妥
bramycin 短霉素
branch 分支;支路;支线;支管;支流
branch and bound method 分枝定界法
branched (carbon) chain 支(碳)链
branched chain amino acid 支链氨基酸
branched chain explosion 支链爆炸
branched chain reaction 支链反应
branch circuit 支线
branch connections 支管接口
branched decay 分支衰变
branched fatty acid 支链脂肪酸
branched hydrocarbon 支链烃
branched molecule 支化分子;支链分子
branched polyethyleneimine 支化聚乙烯亚胺
branch (high) polymer 支化高聚物;支化聚合物;支链型高分子
branching (1)支化;分支(2)分路;分接(3)出纹;起梗(表面缺陷)
branching chain reaction 支链反应
branching coefficient 支化系数
branching decay 分支衰变
branching enzyme 分支酶;Q酶;淀粉分支酶
branching factor 支化因子
branching index 支化系数;支化指数
branching point 支化点
branching program 线路图
branching ratio 分支比
branching reaction 支化反应
branch-line pumping system 分支管路泵送系统
branch main 支管
branch pipe 支管;套管
branch weld 支管焊接
brand (1)印记;烙印(2)商标;(某)牌
brand mark (生皮)烙印
bran drench 糠浸液
bran drenching 麦柔
brandy 白兰地
bran koji 麸曲
branner 清净机
brasileic acid 巴西勒酸
brasque (1)炉衬(2)填料
brass 黄铜
brass dust cap 黄铜的防尘盖
brass (electro)plating 电镀黄铜
brassicasterol 菜子甾醇
brassicicolin 甘蓝格链孢素
brassicin 蔓菁苷;异鼠李黄酮葡糖苷
brassidic acid 巴西烯酸;反芥酸;反-13-二十二碳烯酸
brassilic acid 巴西基酸;十三烷二酸
brassinolide 布拉西诺内酯;芸苔甾内酯
brass pipe 黄铜管
brass-plating 镀黄铜
brass tube 黄铜管
brassylic acid 巴西基酸;十三(碳)烷二酸
braunite 褐锰矿
Brayera 苦苏属
brazan 苯并氧芴
braze (硬)钎焊;黄铜钎焊
brazed joint 硬钎焊或水泥连接
brazed seam 黄铜钎缝
brazed vessel (硬)钎焊容器
braze metal 钎缝金属;金属(钎)焊料(包括硬软钎焊料)
brazilein 氧化巴西红木红;氧化苏枋精(可用作天然染料)
Brazilian copal 巴西玷玔树脂
brazilic acid (=brasilic acid) 巴西酸

brazilin 巴西红木红;巴西灵;苏枋精
Brazil-nut oil 巴西胡桃油
Brazil wax 巴西棕榈蜡
Brazil wood 巴西红木
brazing (黄)铜焊(接);硬钎焊
brazing alloy 钎焊合金;钎料
brazing and soldering 钎焊
brazing filler metal (硬)钎料
brazing flux (硬)钎(焊)剂
brazing lamp 喷灯(钎焊用的)
brazing temperature 钎焊温度
brazing torch 钎炬;喷灯
breadboard design 模拟设计
breadth-first search 广度优先搜索
breakage 破裂;断裂
breakage-reunion enzyme 断裂与再结合酶
breakdown (1)事故;发生故障(2)击穿
breakdown field strength 击穿场强
breakdown graph 解离曲线
breakdown lorry 抢修车
breakdown maintenance 事故维修;停工检修
breakdown mill 碎研磨
breakdown of carbon-carbon bond 碳-碳键断裂
breakdown of flame 火焰中断
breakdown potential 击穿电位;击穿电压
breakdown pressure 破坏压力
breakdown strength 断裂强度;破坏强度
breakdown switch 故障开关
breakdown tender 修理工程汽车
breakdown test 破坏试验;稳定性试验
breakdown van 急救车
breakdown voltage 击穿电压
break energy 破断能
breaker 破乳剂;破碎机;缓冲衬层
breaker beater 梳解机
breaker cushion 缓冲胶片
breaker gyratory 回转破碎机
breaker (ply) 缓冲层
breaker strip 缓冲胶片
break-even analysis 盈亏平衡分析
breaking (1)打开;分割(2)打碎;轧碎;破碎
breaking device 粉碎装置
breaking-down test 耐破坏[断裂,击穿]试验;耐(电)压试验
breaking elongation 断裂伸长
breaking energy 断裂能
break(ing)-in 磨合;试车;跑合
breaking-in period 开动[试车]期;磨合期
breaking length 裂断长
breaking load 致断载荷;断裂负载
breaking machine 破碎机
breaking of emulsion 破乳(浊)
breaking petroleum emulsion 石油破乳
breaking piece 保险零件;安全零件
breaking pin device 折断销装置
breaking plant 粉碎设备;破坏装置
breaking plate 破碎板
breaking point 破乳点;断点
break(ing) strength 断裂强度;抗断强度;破坏强度
breaking stress 破坏应力
breaking tenacity (1)断裂强度(2)扯断力
breaking test 断裂试验;破坏试验
breaking wave 破碎波
break-in oil 磨合用油(新汽车或机器磨合时用的高润滑性润滑油)
break-out material 易磨损材料
break period 试运转时间
break point (1)转折点;拐点;弯折点;转效点(2)断点;停止点
break-point chlorination (1)折点氯化法(2)氯化转效点
break point in adsorption 吸附中的中断点
break surface 断裂表面
break the mold 揭模;开模
breakthrough capacity 漏穿容量
breakthrough curve 穿透曲线
breakthrough experiment (离子交换)穿透实验;流穿实验
breakthrough point 穿透点
breakthrough point analysis 漏出分析
break-up 崩裂;分散;解散;消散
break-up model 破碎模型
breakup of emulsion 破乳
breast box 料箱
breathalyser 酒精气息监[检]测器
breather 透气材料
breather plug 呼吸塞;通气塞
breather valve 呼吸阀
breathing a mo(u)ld 开模排气;开模放气
breathing air 呼吸空气
breathing dryer 放气干燥机
breathing hole 呼吸孔
breathing mask 呼吸面具
breathing roof 呼吸顶

breathing(roof) tank 呼吸顶式油罐;呼吸式油罐;浮顶油罐;弹性顶油罐
breathing tolerance 空气中污染物的吸入容许量
breccia 角砾岩
bredinin 布雷青霉素
Bredt rule 布雷特规则
bred uranium 增殖(生成的)铀
breeching seal 筒尾密封
breeder materials 再生材料
breeder reactor 增殖(反应)堆
breeder region 增殖层
breeding (1)育种(2)增殖
breeding system 繁殖系统
breeze (1)矿粉(2)煤粉;煤末
brefeldin 布雷菲德菌素
brefeldin A 布雷菲德菌素 A
bregenin 脑氨脂
brei 糊;浆(源自德文)
breithauptite 红锑镍矿
Breit-Wigner formula 布赖特-维格纳公式
Bremen blue 不来梅蓝
Bremen green 不来梅绿
bremsstrahlung 轫致辐射
bremsstrahlung source 轫致辐射源
brenzcain 愈创木酚苄酯
brequinar 布喹那
bressein 短菌肽
bretylium tosylate 溴苄铵托西酸盐;甲苯磺酸溴苄铵
brevetoxins 双鞭甲藻神经毒素
Brevibacterium 短杆菌属
brevimycin 短杆霉素
brevin 短杆素
brevolin 短菌素
brewage 啤酒酿造;酿造
brewed wine 发酵酒
brewer's dryed yeasts (酿酒)干酵母
brewer's malt 啤酒麦芽
brewer's wort 啤酒麦芽汁
brewer's yeast 啤酒酵母
brewing kettle 酿造锅
brewing technique 酿造技术
Brewster angle 布儒斯特角
brewsterite 锶沸石
Brewster's law of photo-elasticity 布儒斯特光弹性定律
Brewster window 布儒斯特窗
brick 砖
brick tunnel 砖洞道
bridge atom (搭)桥原子
bridge blocks 过渡堵头
bridge complex 桥式复合物
bridged group 桥(连的)基
bridged hydrocarbon 桥烃
bridged-ring system 桥环系统
bridge element 桥渡元素
bridge formation 架桥(现象)
bridgehead displacement 桥头取代;桥头置换
bridgehead nitrogen 桥头氮
bridge joint 架接
bridge linkage 桥式联接
bridge migration (DNA)分支迁移
bridge output voltage 电桥输出电压
bridge oxygen 桥氧
bridge rectifier 桥式整流器
bridge wall 坝墙;火墙;桥墙
bridging atom 桥原子
bridging group 桥连基
bridging ligand 桥连配体;桥式配体
Bridgman's seal 布里奇曼密封
Bridgman-Stockbarger method 晶体生长坩埚下降法
brief description of the process 工艺流程简述
Brierbaum scratch hardness test 比尔巴姆刮痕硬度试验
bright agent 洁亮剂;光亮剂
bright annealing 光亮退火
bright electroplating 光亮电镀
brightener 增白剂;增艳剂;增亮剂;光亮剂
brightening (毛皮)增白
brightening agent 增白剂;增艳剂;增亮剂;光亮剂
brightening agent for electroplating 电镀光亮剂
bright fibre 有光纤维
bright flesh 净肉;纯肉
bright heat treatment 光亮热处理
bright line spectrum 明线光谱
brightness 亮度
brightness temperature 亮白温度
brightness test 明度试验
bright normalizing 光亮正火
bright quenching 光亮淬火
bright stock 光亮油;重质高黏度润滑油料
bright sulfur 纯硫

bright tempering 光亮回火
brilliance 亮度;辉度;(涂层)明度;鲜艳
Brilliant Blue FCF 艳蓝 FCF
Brilliant Croceine M 亮藏花精 M
brilliant fracture 亮断面
Brilliant Green D 亮绿 D;艳绿 D
Brilliant Indigo B 亮靛蓝 B
Brilliant Indo-cyanine 6B 亮吲哚菁 6B
brilliantine 润发油
Brilliant Orange G 亮橙 G
Brilliant Orange H 亮橙 H
brilliant polish 抛光剂
Brilliant Ponceau 亮丽春红
brilliant varnish 发亮清漆
brilliant white 炽白光
Brillouin scattering 布里渊散射
Brillouin spectroscopy 布里渊光谱法
Brillouin theorem 布里渊定理
brimonidine 溴莫尼定
brimstone 硫磺
brinase 纤维蛋白酶
brine 盐水
brine cooler 盐水冷却器
brine(cured) hide 卤腌皮
brine disposal 含盐废水
brine electrolysis 电解食盐(水溶液)法
Brinell hardness 布氏硬度
brine 盐水;咸水
brine neutralizing tank 盐水中和槽
brine preheater 盐水预热器
brine-proof paint 防盐水漆
brine strong 浓盐水
bring into action 使动作
bring into operation 投入运转
bring to rest 停车
bring up to date 使现代化
brining 浸盐液
brinishness 含盐度
brink mist eliminator 雾沫净除器
brinolase 纤维蛋白酶
Brinton-Reishauer bottle 布林顿-雷斯豪尔比重瓶
briquet(te) (1)煤砖(包括煤球、蜂窝煤等)(2)(矿粉)团块;压块;坯块
briquetting 压块;团块
brisance 爆炸威力
bristle 鬃丝;短粗纤维;硬纤维
bristlelike monofilament 鬃丝
bristol 光泽纸;卡纸
British Air Ministry method 英国空军部方法(试验汽油抗爆性)
British Air Ministry oxidation test 英国空军部氧化试验(对深度精制润滑油)
British antilewisite (BAL) 2,3-二巯(基)丙醇;英国抗路易斯毒气剂
British barilla 海草灰
British fluid ounce 英制流液盎司(1.2美国加仑;8.41 厘米^3)
British Standard Fine Thread 英国细牙螺纹标准
British Standard Pipe Thread 英国管螺纹标准
British Standard(s) 英国标准
British Standard Specification(BSS) 英国标准(技术)规范;英国标准规格
British Standard Wire Ga(u)ge 英国标准线规
British thermal unit(BTU,Btu) 英(制)热(量)单位
British unit of refrigeration 英国冷冻单位
British viscosity unit 英国黏度单位
britonite 布利通耐特(硝化甘油、硝酸钾、草酸铵炸药)
brittle coating method 脆性涂层法
brittle damage 脆性损伤
brittle-ductile transition 脆性-韧性转变
brittle fracture 脆性断裂;脆断;脆裂
brittle material 脆性物料
brittleness 脆性
brittleness blue 蓝脆;冷脆
brittle point 脆折点
brittle rupture 脆(性断)裂;脆断
brittle strength 脆裂强度
brittle temperature 脆化温度;脆折点
brittle temperature test 脆化温度试验
brittle transition temperature 变脆点
Brix hydrometer 白利比重计
Brix spindle 白利糖度计
brizolina 头孢唑啉钠
brkt(bracket) 托架;墙架;牛腿
bröggerite 铀钍矿
broach 拉刀
broaching machine 拉床
broaching tap 取汁龙头
broad-beta lipoprotein 宽 β 脂蛋白
broadening of spectral lines 谱线展宽
broad host range 广谱宿主性
broad-leaved wood 阔叶树材
broad-spectrum antibiotic(s) 广谱抗生素

broad spectrum fungicide 广谱杀菌剂
Brodie coagulometer 布罗迪凝聚计(量血液凝聚)
brodifacoum 塔龙;大隆;溴鼠隆
brodimoprim 溴莫普林
brofluthrinate 溴氟菊酯
broken colo(u)r 复色;配合色
broken-out section view 局部剖视图
broken rubber 塑炼胶
broke storage chest 废纸浆池
bromacetal 溴代乙醛缩二乙醇
bromacetanilide 乙酰溴苯胺
bromacetic acid 溴乙酸
bromacetol 2,2-二溴丙烷
bromacil 除草定;丁溴啶
bromacyl bromide 溴代酰溴
bromacyl chloride 溴代酰氯
bromadiolone 溴敌鼠
bromadoline 溴朵林
bromal 三溴乙醛;(俗称)溴醛
bromal hydrate 溴醛合水;水合三溴乙醛
bromamide 三溴苯胺
bromamine acid 溴胺酸
bromamphenicol 溴代氯霉素
bromanil 四溴代(对)苯醌
bromanilic acid 2,5-二溴-3,6-二羟对苯醌
bromargyrite 溴银矿
bromarsenazo Ⅰ 溴偶氮胂Ⅰ
bromate 溴酸盐(或酯)
bromate ion 溴酸根离子
bromate titration 溴酸盐滴定
bromatimetric titration 溴酸盐滴定
bromatimetry 溴酸盐滴定
bromating agent 溴化剂
bromation (1)溴化(作用)(2)溴处理
bromatology 食品膳食学
bromatoxism 食饵中毒;食品中毒
bromaurate 溴金酸盐
bromaurite 溴亚金酸盐
bromazepam 溴西泮;溴吡二氮䓬
brombenzamide 溴苯甲酰胺
brombenzene(=phenylbromide) 溴苯
bromchlorphenol blue 溴氯酚蓝
bromcholine 溴胆碱
bromcresol green 溴甲酚绿(即:溴甲酚蓝);四溴间甲苯酚磺酞
bromcresol purple 溴甲酚紫
bromelain 菠萝蛋白酶
bromelia 2-乙氧萘
bromelin 菠萝蛋白酶
bromeosin 曙红
bromethalin 溴鼠胺
bromethol 三溴乙醇
bromethyl 乙基溴;溴乙烷
bromfenac 溴芬酸
bromhexine 溴己新;溴苄环己胺
bromhydrin 溴代醇(Br·R·OH 型有机化合物)
bromic acid 溴酸
bromic ether 溴代乙烷
bromide 溴化物
bromide paper 放大纸
brominated butyl rubber 溴化丁基橡胶
brominating 溴化
bromination (1)溴化(作用)(2)溴处理
bromindione 溴(苯)茚二酮
bromine 溴 Br
bromine agents 溴剂
bromine chloride 氯化溴
bromine cyan 溴化氰
bromine cyanide 溴化氰
bromine fluoride 氟化溴
bromine hydrate 十水合溴
bromine hydride 溴化氢
bromine index 溴指数(每 100g 油样耗溴毫克数)
bromine (mono) chloride 一氯化溴
bromine (mono) iodide 一碘化溴
bromine number 溴值
bromine pentachloride 五氯化溴
bromine pentafluoride 五氟化溴
bromine sulfide 二硫化二溴
bromine trifluoride 三氟化溴
bromine value 溴值;溴价
bromine water 溴水
bromite (1)亚溴酸盐(或酯)(2)溴银矿
bromizating 溴处理
bromization (1)溴化作用(2)溴处理
bromlite 碳酸钙钡矿
bromoacetal 溴乙缩醛;二乙氧基乙溴
bromoacetaldehyde 溴(代)乙醛
***N*-bromoacetamide** *N*-溴乙酰胺
bromoacetanilide *N*-乙酰溴苯胺
***p*-bromoacetanilide** 对溴乙酰苯胺
bromoacetic acid 溴乙酸
bromoacetone 溴丙酮
bromoacetonitrile 溴乙腈
***ω*-bromoacetophenone** *ω*-溴代苯乙酮
bromoacetyl bromide 溴乙酰溴

bromoacetyl chloride 溴乙酰氯
bromoacetylene 溴乙炔
bromoacrylic acid 溴代丙烯酸
bromo-amine 溴胺
bromo-amino acid 溴代氨基酸
***p*-bromoaniline** 对溴苯胺
5-bromoanthranilic acid 5-溴氨茴酸
bromo-benzal α,α-二溴甲基苯
3-bromobenzanthrone 3-溴苯并蒽酮
bromobenzene 溴苯
bromobenzenesulfonic acid 溴苯磺酸
***p*-bromobenzenesulfonyl chloride** 对溴苯磺酰氯
bromobenzoic acid 溴苯甲酸
***p*-bromobenzoic acid** 对溴代苯甲酸
bromobenzoyl bromide 溴苯甲酰溴
bromobenzoyl chloride 溴苯甲酰氯
***p*-bromobenzoylpyrazolone(BBPY)** 对溴苯甲酰吡唑啉酮
***p*-bromobenzyl bromide** 对溴代苄基溴
***p*-bromobenzyl chloroformate** 氯甲酸对溴代苄酯
bromobenzylcyanide 溴苄基氰;溴苯乙腈
α-bromobenzyl cyanide α-溴代苄基氰
1-bromo-2-butanone 1-溴(代)-2-丁酮
bromobutyraldehyde 溴丁醛
α-bromobutyric acid α-溴(代)丁酸
3-bromo-*d*-camphor 3-溴代-*d*-樟脑
bromocamphor 溴樟脑
α-bromo-*n*-caproic acid α-溴代正己酸
bromochloroacetic acid 溴氯乙酸
bromochlorobenzene 溴氯苯
bromochlorodifluoromethane 溴氯二氟甲烷
bromochloroethane 溴氯乙烷
bromocresol green 溴甲酚绿
bromocresol purple 溴甲酚红紫
bromocriptine 溴隐亭;溴麦角环肽
bromocumene 异丙基溴苯
bromocyanogen 溴化氰
5-bromodeoxyuridine 5-溴脱氧尿苷
bromodichloromethane (一)溴二氯甲烷;二氯甲溴
bromodiiodomethane (一)溴二碘甲烷;二碘甲溴
bromodiphenhydramine 溴马秦;溴苯醇胺
bromoemimycin 溴血霉素
bromoethane 溴乙烷
2-bromoethanol 2-溴乙醇
bromoethyl acetate 乙酸溴乙酯
bromoethyl methyl ether 溴乙基甲基醚;溴乙氧基甲烷
2-bromoethyl phenyl ether 2-溴乙基苯基醚
bromofenofos 溴酚磷酯;溴苯磷
bromoform 溴仿;三溴甲烷
bromofumaric acid 溴代富马酸;溴代反丁烯二酸;(*Z*)-溴代丁烯二酸
bromohydroquinone 溴氢醌;溴代苯对二酚
Bromo-Indigo 还原溴靛蓝
bromoiodomethane 溴碘甲烷
α-bromoisovaleric acid α-溴代异戊酸
bromol 2,4,6-三溴酚
bromolysergide 溴麦角酰二乙胺
bromomaleic acid 溴代马来酸;溴代顺丁烯二酸;(*E*)-溴代丁烯二酸
***p*-bromomandelic acid** 对溴代扁桃酸
bromomercurybenzene 溴化苯汞;溴汞基苯
bromomesitylene 溴代苯;2-溴-1,3,5-三甲苯
bromomethane 溴(代)甲烷
bromometric titration 溴量滴定
bromometry 定溴量法;溴量法
bromomonamycin 溴弧霉素
1-bromonaphthalene 1-溴萘
(1-) bromo (-2-) naphthol (1-)溴(-2-)萘酚
bromonaphthol 溴萘酚
bromonium ion 溴鎓离子
1-bromopentadecane 1-溴十五(碳)烷
***p*-bromophenacyl bromide** 对溴代苯甲酰甲基溴
bromophen(es)ic acid 二溴(苯)酚
bromophenisic acid 三溴(苯)酚
***m*-bromophenol** 间溴酚
bromophenol blue 溴酚蓝
bromophenyl-hydrazine 溴苯肼
***p*-bromophenylhydrazine** 对溴(代)苯肼
bromophenylhydroxylamine 溴苯基胲
***p*-bromophenyl isocyanate** 异氰酸对溴苯酯
bromophenylmercuric chloride 氯化溴苯汞;溴苯基汞化氯
bromophenyl phenol 溴苯基苯酚
bromophos 溴硫磷
bromophosgene 溴化羰;溴光气
bromo-phosphonium 溴代鏻

bromophthalic acid 溴代邻苯二甲酸
bromopicrin(=nitrobromoform) 溴化苦;硝基溴仿;三溴硝基甲烷
bromoplatinic acid 溴铂酸
bromoprene 溴代丁二烯;2-溴-1,3-丁二烯
bromopride 溴必利;溴氨茴胺
2-bromopropane 2-溴丙烷
bromopropionic acid *β*-溴丙酸
***β*-bromopropyl alcohol** *β*-溴丙醇
bromopropylate 溴螨酯
bromopropylene oxide 溴代环氧丙烷
bromoprotein 溴蛋白
bromoprotocatechuic aldehyde 溴原儿茶醛
bromopyridine 溴吡啶
bromopyrogallol red 溴(代)邻苯三酚红
bromopyruvic nitrile 溴丙酮腈
bromoquinoline 溴喹啉
bromosalicylaldehyde 溴水杨醛
bromosalicylchloranilide 溴柳氯苯胺
5-bromosalicylhydroxamic acid 5-溴代水杨酰异羟肟酸
5-bromosalicylic acid acetate 5-溴代水杨酸乙酸酯
bromosaligenin 溴水杨醇
bromostyrene 溴苯乙烯
bromosuccinic acid 溴代琥珀酸
***N*-bromosuccinimide (NBS)** *N*-溴丁二酰亚胺;*N*-溴代琥珀酰亚胺
brom(o)sulf(ophth)alein (BSP) 四溴酚酞磺酸钠
bromoterephthalic acid 溴代对苯二(甲)酸
bromothricin 溴丝菌素
bromothymol blue 溴百里酚蓝;溴麝香草酚蓝;二溴百里酚磺酞
bromotoluene 溴甲苯
bromotrichloromethane 三氯(一)溴甲烷;三氯甲溴
***p*-bromotripelennamine** 对溴苄吡二胺
5-bromouracil 5-溴尿嘧啶
5-bromouridine 5-溴尿苷
bromoxynil 溴苯腈
bromperidol 溴哌利多;溴哌醇
brompheniramine 溴苯那敏;溴苯吡胺
bromphenol blue 溴酚蓝
bromphenol red 溴酚红
bromquatrimycin 溴差向四环素
bromstyrol *α*-溴苯乙烯
bromthymol blue 溴百里酚蓝;溴麝香草酚蓝;二溴百里酚磺酞
bromural 溴梦拉;溴米那;*α*-溴异戊酰脲
Bromwell apparatus 布罗姆韦尔杂醇油量筒
brongniardite 硫锑铅银矿
Brönner's acid 布咙酸;2-萘胺-6-磺酸
bronopol 溴硝丙二醇
Brönsted acid 布朗斯台德酸;质子酸
Brönsted base 布朗斯台德碱
Brönsted-Lowry acid-base concept 酸碱质子论
bronze 青铜
bronze (electro)plating 电镀青铜
bronze powder 铜粉
Bronze Red 金光红
bronzing 镀青铜
bronzite 古铜辉石
brood lac (紫胶)种胶
Brookfield synchroelectric viscometer 布鲁克菲尔德同步电动黏度计
Brookfield viscometer 布鲁克菲尔德黏度计
brookite 板钛矿
broparoestrol 溴帕雌烯;溴芪乙苯
broperamole 溴哌莫
brosyl 对溴苯磺酰基
brosylate 对溴苯磺酸盐(或酯)
broth 肉汁;肉汤;发酵液
broth culture 肉汤培养基
brotizolam 溴替唑仑;溴噻二氮草
brovincamine 溴长春胺
brown acids 棕色酸(酸洗石油时生成的油溶性磺酸盐)
brown bloom 棕色霜(煤油灯罩上的)
Brown-Boveri test 布朗-包维瑞试验(氧化稳定性)
brown bread 黑面包:(1)粗(面粉)面包 (2)(=rye bread)黑麦面包;裸麦面包
brown coal (=lignite) 褐煤
brown crepe 棕色绉(橡)胶;褐绉片
brown factice [factis] 棕色硫化油膏
brown gasoline 褐色汽油(未经脱硫和脱色的)
Brownian motion 布朗运动
Brownian movement 布朗运动
Brownie film 布朗尼胶片
browning 褐化
brown iron ore 褐铁矿
Brown-Neil process 布朗-尼耳(提锌)法

Brown nickel process 布朗炼镍法
brown oil of vitriol (B. O. V.) 棕色硫酸
brown oxide 棕色氧化物(指 UO_2)
brown packing paper 包皮纸;牛皮纸
brown ring test 棕环试验
brown rot 褐腐病
Brown-Souders equation 布朗-苏德斯方程
brown spar 铁菱镁矿
brown substitute 棕(色)代胶
brown sugar 黄糖;古巴糖
broxurridine 溴尿苷
broxyquinoline (二)溴羟喹啉
bruceantin 鸦胆丁
brucellin 布氏菌素
brucine 布鲁辛;马钱子碱;二甲氧基番木鳖碱;二甲氧基士的宁
brucine test 马钱子碱试验;布鲁辛试验(用以试验硝酸)
brucite 水镁石
Brückner method 布吕克纳法
Bruehl receiver 布吕耳(承)受器
brugnatellite 次碳酸镁铁矿
bruiser 压碎机
bruising 硬伤
Brunauer-Emmett-Teller adsorption isotherm BET 吸附等温式
Brunauer-Emmett-Teller equation BET 方程
bruneomycin 棕霉素
brunofix 发黑氧化处理
Brunswick blue 布伦瑞克蓝(铁蓝与硫酸钡的复合颜料)
Brunswick green 布伦瑞克绿(铅铬黄、铁蓝和硫酸钡的混合绿色颜料)
BrUrd 5-溴尿苷
brushability 刷涂性
brush application 涂刷
brush electroplating 刷镀
brushing 刷涂;刷光
brushing electroplating 电刷镀
brushing machine 刷光设备
brush marks of finish 涂饰刷痕
brush motor 换向器电动机
brush-off leather 擦色革
brush plating 刷镀
brush polish 刷光剂;上光剂
Brusselator 布鲁塞尔模型;布鲁塞尔子
brusterite 锶沸石
bryamycin 藓霉素
bryoidin 榄香胶素
bryokinin 苔藓(激)动素
bryonane 薯叶烷
bryonia 欧薯蓣
bryostatins 草苔虫素
brz(bronze) 青铜
B. S. screens 英国标准筛
B-stage resin 乙阶(酚醛)树脂;半熔(半溶)酚醛树脂;酚醛树脂 B
B strain 后张力
BT(*Bacillus thuringlensis*) 苏云金杆菌
BTX 苯-甲苯-二甲苯
B-type steels 乙类钢
BU 5-溴尿嘧啶
bubble 气泡
bubble cap 泡罩;泡帽
bubble cap absorption column 泡罩吸收塔
bubble cap column 泡罩(蒸馏)塔
bubble cap plate 泡帽塔板;泡罩塔盘
bubble-cap plate tower 泡罩塔
bubble caps distributor 泡罩式分布器
bubble cap tower 泡帽塔;泡罩(蒸馏)塔
bubble cap tray 泡罩塔盘;泡罩板
bubble cap tray tower 泡罩塔
bubble chamber (气)泡室
bubble cloud 气泡云;气泡晕
bubble coalescence 气泡聚并
bubble column 泡罩塔;鼓泡塔
bubble concrete 泡沫混凝土
bubble deck 泡罩塔盘
bubble dust collector 泡沫除尘器
bubble fermentation 起泡发酵
bubble film (气)泡膜
bubble flow 泡状流;气泡流
bubble forming 气胀成型;吹泡成型
bubble fractionation 气泡分馏
bubble gas scrubber 泡沫除尘器;鼓泡洗涤塔
bubble (gas) scrubbing 泡沫除尘
bubble ga(u)ge 气泡指示器
bubble method 气泡法
bubble-plate column 泡罩塔
bubble plate extractor 泡罩抽提塔
bubble plate tower 泡罩塔;泡帽塔
bubble point (起)泡点;始沸点
bubble point calculation 泡点计算
bubbler (1)扩散器(2)打泡器;起[鼓]泡器
bubble structure 鼓泡结构
bubble test 鼓泡试验

bubble tower 泡罩塔;鼓泡塔
bubble tower condensate 泡罩塔冷凝液
bubble tower overhead 泡罩塔顶馏分
bubble tray 鼓泡塔盘
bubble-type flow counter 气泡型流量计数器
bubbling 鼓泡;冒泡;沸腾
bubbling absorber 鼓泡式吸收器
bubbling absorption column 鼓泡式吸收塔
bubbling bed 沸腾床
bubbling cap 泡罩;泡帽
bubbling device 鼓泡装置
bubbling fluidization 鼓泡流态化
bubbling fluidized bed 鼓泡流化床
bubbling hood（＝bubbling cap） 泡罩
bubbling point 泡点;起泡点;始沸点
bubulum oil（＝neat's-foot oil） 牛脚油
bucco camphor（＝diosphenol） 布枯樟脑;1-甲-2-羟-3-氧-4-异丙环己烯
bucetin 布西丁
Bucherer(-Bergs)synthesis 布赫勒(-贝格斯)合成法
Bucherer-Curtius reaction 布赫勒-库尔修斯反应
Buchner funnel 布氏漏斗;平底瓷漏斗
bucholzite（＝fibrolite） 夕线石
buchu 布枯;南非香叶(芸香科植物 *Barosma betulina* 的干叶)
buchu camphor 布枯樟脑;地奥酚
bucillamine 布西拉明
bucinperazine 强痛定
bucket 桶;水桶;铲斗;料箱;活塞;叶片;浮桶;抓斗
bucket carrier 斗式运输机
bucket conveyer 斗式运输机
bucket crane 吊斗起重机;料罐起重机
bucket elevator (1)斗式提升机;斗式运输机(2)提斗浸取器
bucket feeder 斗式加料器
bucket gate 桶阀
bucket prover 间格斗式运输器
bucket wheel reclaimer 戽斗链轮再装料器
buck leather (雄)鹿革
buckling 屈曲
buckling factor 稳定系数
buckling load 折断载荷
buckling of vessel 容器翘曲
buckling safety factor 稳定安全系数
buckling strain 弯曲应变
buckling strength 翘曲强度;抗纵向弯曲强度;抗弯强度
buckling stress 抗弯应力
Buckminsterfullerene 巴基球;富勒烯
buck mortar 推式研钵
buckskin 鹿皮
buckwheat 荞麦
bucladesine 布拉地新
buclizine 布克力嗪;氯苯丁嗪
buclizine hydrochloride 盐酸布克利嗪;安其敏
buclosamide 丁氯柳胺
bucloxic acid 布氯酸;氯环己苯酰丙酸
bucolome 布可隆;丁环己巴比妥
bucrylate 丁氰酯;氰丙烯酸异丁酯
bucumolol 布库洛尔;香豆丁心安
Budde effect 布德效应
budding (1)萌发(2)出芽生殖
budesonide 布地奈德;丁地去炎松
budget estimate 概算
budipine 布地品;丁双苯哌啶
bud mutation 芽变
BUDR(5-bromouracil deoxyriboside) 溴尿苷
budralazine 布屈嗪;己腙酞嗪
Buerger's vector 柏格矢量
bufadienolide 蟾蜍二烯羟酸内酯
bufagin 蟾蜍精;南美蟾毒配质
bufalin 蟾蜍灵;二羟蟾毒二烯酸内酯
bufencarb 丁苯氨酯
bufeniode 丁苯碘胺
bufetolol 布非洛尔;丁呋心安
bufexamac 丁苯羟酸;丁苯乙肟
buffalo hide 水牛皮
buffed grain 磨擦革;磨光革
buffed leather 磨面革
buffed surface 打磨面积
buffer (1)缓冲(2)缓冲物[器,机,垫,剂等]
buffer action 缓冲作用
buffer battery 缓冲蓄电池
buffer capacity 缓冲容量
buffer chamber 缓冲室
buffer container 缓冲容器
buffer counterion 缓冲配对离子
buffer index 缓冲指数
buffer inlet 缓冲液进口
buffering 缓冲作用
buffering agent 缓冲剂
buffer intensity 缓冲强度
buffer layer 缓冲层
buffer solution 缓冲(溶)液

buffer spring 缓冲弹簧
buffer storage 缓冲贮罐
buffer tank 缓冲罐
buffer unit 缓冲装置
buffer value 缓冲值
buffer vessel 缓冲罐
buffing 打磨;磨革
buffing compound 磨光剂
buffing dust 打磨胶粉
buffing oil 磨光油
buffing paper 磨皮砂纸
buffing scar 磨面伤
buffing wheel 砂轮
Bufflex process 布弗莱克斯法(从铀矿石浸出液中回收铀,同 Eluex 法)
buflomedil 丁咯地尔;甲氧吡丁苯
bufogenin B 布福吉宁 B;蟾毒配基 B
buformin 丁福明;丁二胍
bufotalin 蟾蜍他灵;蟾蜍毒苷;蟾毒配基
bufotalone 蟾蜍他酮;蟾毒配基酮
bufotenidine 蟾毒色胺内盐;*N*-三甲基-5-羟色胺
bufotenine 蟾毒色胺;蟾酥碱
bufotoxin 蟾毒素
bufovarin 蟾蜍卵素
bufuralol 丁呋洛尔
buggy 料车
buhrstone mill 石磨(机)
builder (1)组分(2)(洗涤剂)增效剂;助洗剂[工](3)(纺纱)成形机构;(轮胎)成型机;翻胎面贴合机
builder of soap 肥皂助洗剂
builder's licence 施工许可证
building action 增效作用
building asphalt 建筑沥青
building board 建筑纸板
building code 建筑规范
building component 增效组分
building construction 土木建筑
building crane 建筑起重机
building floor 建筑物地面
building lime 建筑用石灰
building mortar 建筑砂浆
building plastic(s) 建筑(用)塑料
building regulation 建筑规程
building sealant 建筑密封胶
building sheet 建筑钢板
build-up 发展;增长;增强;提升力;积累[聚];集结;堆积
build-up factor 积累因子
build-up of pressure 造成压力
built detergent 复配洗涤剂;加助剂的洗涤剂(尤指加磷酸盐的洗涤剂)
built-for-purpose tools 专用工具
built-in 内装的;嵌上的;镶上的
built-in adjuvant 分子内佐剂
built-in bearing 内置轴承
built-in compressor ratio 内部压缩比
built-in fitting 预埋件;埋设件;内装件
built-in jack 固定起重器
built-in motor drive 单独[内装]电机传动
built-in reliability 内装可靠性;结构可靠性
built-on pump 连发动机的泵
built soap 加助剂的肥皂;复配皂
built-together pump 连发动机的泵
built to order 特制;定制;按订货要求制造;按照用户要求制作
built-up mould 组合(塑)模;开合压模
built(-up) soap 复配皂
Bulan(=Dilan) 硝丁涕
bulb apparatus 钾碱球管
bulbar excitant 延髓兴奋药
bulbocapnine 褐鳞碱;紫堇卡宁
bulbogastrone 球抑胃素
bulb pipette 球吸管
bulge (1)膨胀;起泡;(轮胎)起鼓(2)凸出;凸边(纤维卷绕不良)
bulgerin 水胀菌素
bulge test 打压试验
bulk (1)大批[量](的);大块(2)主体;整体(3)体积;容积(4)松密度(5)散装货物[材料]
bulk additive 填充剂
bulk aerator 整体通气器
bulk analysis 全分析
bulk article 大量制品;批量产品
bulk continuous weigher 粉粒体连续称量器
bulk density (1)堆密度;松密度(2)体密度
bulk diffusion 体扩散
bulk element 巨量元素(机体中含量高的元素:如 C、H、O 、N 等)
bulk flow 整体流
bulk goods 松散材料;粒状材料
bulkiness 疏[膨]松性;疏[膨]松度
bulking 膨胀;膨(松)化;污泥膨胀;增量;增容
bulking agent 增量剂;填充剂;膨胀剂
bulking filler 疏松填料;填充剂

bulking machine 膨化机
bulking material 增量性材料;增量剂;填充剂
bulk liquid storage 散装液体储存
bulk longitudinal viscoelasticity 体积纵向黏弹性
bulk lorry 栏板卡车;散装物载重汽车
bulk loss compliance 损耗体积柔量
bulk loss modulus 损耗体积模量
bulk materials (1)松散材料(2)散装物料(3)大块材料
bulk method 大量生产法
bulk modulus 本体模量;体积模量
bulk (oil) storage 散装储油
bulk oil tank 散装油罐
bulk phase 体相;本体相
bulk polymerization 本体聚合
bulk production 批量生产
bulk propellant 松质火药;多气孔火药
bulk PVC resin 本体法聚氯乙烯树脂
bulk refractory 不定形耐火材料
bull screen 粗筛
bulk separation 批量分离
bulk solution 本体溶液
bulk specific weight (粒状物)堆(积)比重;散装比重
bulk strain 体应变
bulk stress 体积应力
bulk trial 大量[批量]生产试验
bulk unloader 散装物卸载机
bulk viscosity 体(积)黏性
bulk volume (1)总体积(2)总容积
bulk weight 整重
bulk yarn 膨体纱;变形纱
bulldog wrench 管子扳手
bulldozer 推土机
bullet-proof fabric 防弹织物
bullet-proof glass 防弹玻璃
bullet-sealing cell 防弹油箱
bullet type tank 卧式圆形贮罐
bull eye film 牛眼片
bull gear drive 主齿轮传动;间接传动
bullion lead 生铅(通常含银)
bull quartz 烟色石英;烟晶
bull shaker 摇(动)筛
bull wheel 主齿轮;大齿轮
bulnesol 异愈创木醇;布藜醇
bumadizon 布马地宗;丁丙二苯肼
bumetanide 布美他尼
bumper (1)保险杠(2)防冲装置;缓冲器;防撞器;减震器
bumping 暴沸;迸沸
BUN(blood urea nitrogen) 血尿素氮
Buna 丁钠橡胶(聚丁二烯橡胶);布纳(丁二烯共聚橡胶的通称)
bunaftine 丁萘夫汀
bunamidine 丁萘脒
bunamiodyl sodium 丁碘肉桂酸钠
bunazosin 布那唑嗪
bundle 束;扎;捆
bundlin 束菌素
bundling press 小包机;打包压榨机
Bundy tube 双层钎焊管
bungarotoxin(s) 环蛇毒素(有 α-及 β-两种)
bung dust caps 桶口灰尘罩
buniodyl 丁碘桂酸钠
bunitrolol 布尼洛尔;丁苄腈心安
bunker 料仓[斗];储槽;(船舶)油仓(或煤仓)
bunker fuel 船用锅炉燃料油(A级黏度最小,B级中等黏度、C级黏度较高)
bunker point 燃料储藏站
bunker reactor 料斗式反应器
bunker station 燃料储藏站
bunolol 布诺洛尔
Bunsen beaker 烧杯
Bunsen burner 本生灯
Bunsen cell 本生电池
Bunsen flask 平底烧瓶
Bunsen funnel 本生漏斗
Bunsen photometer 本生光度计
Bunsen Roscoe law 本生-罗斯科定律;倒易律
Bunte salts 邦特盐($RS \cdot SO_2 \cdot ONa$)
buoy 浮标;浮筒
buoyancy 浮力;浮扬性
buoyancy force 浮力
buoyant density 浮力密度
buparvaquone 布帕伐醌
buphanamine 布蕃胺
buphanitine 布蕃尼亭
bupirimate 磺酸丁嘧啶
bupivacaine 布比卡因;丁哌卡因
bupleurumol 柴胡醇
bupranolol 布拉洛尔
buprenorphine 丁丙诺啡;叔丁啡
bupropion 安非他酮;丁氨苯丙酮
buquinolate 丁喹酯
buramate 布拉氨酯;羟乙苄氨酯
burbonal 乙(基)香兰醛

burden chamber 装料室
burden pan 装料盘
burden solidifying 物料固化
burden travel 装料移动
Bureau of Standards 标准局
buret 滴定管
burette 滴定管
burette clamp 滴定管夹
buret(te)(meniscus) reader 滴定管弯液面读镜
burette stand 滴定管架
Burgers vector 伯格斯矢量
burial ground 废物埋藏场
burial pit 深埋坑
burial tank (放射性废物)贮埋槽
buried explosion 地下爆炸
buried flaw 内埋缺陷;隐匿的缺陷
buried pipe line 地下管道
buried piping 地下管道
buried residue 掩蔽残基
buried tank 地下储(油)罐
buried valve with hand wheel 液下手轮阀
buried valve with key 液下控制阀
burkeite 碳酸钠矾;碳酸硫酸钠
burmannaline 水玉簪碱;布满灵
burmannine 水玉簪宁;布满宁
burn cream 烧伤膏
burn,(die) 烧伤
burned 烧焦;焦化;焦烧
burned-out zone 燃尽段
burner (1)灯(2)灯头(3)烧嘴(4)燃烧器;燃烧炉
burner air header 燃烧空气总管
burner body 燃烧器本体
burner feed tank 燃烧炉进料槽
burner hearth 炉膛;炉床
burner incinerator 燃烧焚化炉
burner jet (1)喷灯射口(2)燃烧器喷嘴
burner of automatic on-off type 自动开关式燃烧器
burner tank 喷燃器燃料罐
burner throat 燃烧器喉管
burner ventilator 燃烧送风机
burnetizing 氯化锌防腐
burning 烧;燃烧;煅烧
burning loss 烧损
burning-off curve 燃烧曲线
burning-off of coke 烧除结焦(催化剂上沉积的)
burning-off oil slicks 燃烧除去浮油(水面上)
burning of lead 铅焊
burning rate 燃烧率
burning rate catalyst 燃烧催化剂
burning techniques 烧成工艺
burnish(ing) 抛光;磨光;研光
burn off 烧尽
burn-off rate 熔化速率
burn-out 燃尽
burn-out poison 烧尽毒物
burnt alum 焦明矾;烧明矾
burnt deposit 烧焦镀层
burnt lime 煅石灰;氧化钙
burnt odo(u)r 焦臭
burnt-on [burnt on] sand 粘砂
burnt paper 过干纸
burnt plaster 烧石膏;煅石膏
burnt potash 氧化钾
burnt sheet 烧焦胶片
burnt sugar 焦糖
burnt together 烧焊
burn-up 燃耗
burnup analysis 燃耗分析
Burrel-Orsat apparatus 伯勒尔-奥尔萨气体分析器
burring 除[去]毛刺;去毛口;打磨毛口;毛口磨光
burrs 毛刺
burrstone mill 石磨机
burseran 裂榄素
bursicon (昆虫)角皮鞣化激素
bursine 氢氧化胆碱
burst edges 裂边
bursting diaphragm 防爆门;防爆膜;放空门
bursting disk 防爆膜
bursting expansion 爆裂
bursting pressure 爆破压力
bursting pressure of tank shell 罐身爆破压力
bursting process 猝发过程
burst(ing)strength (1)爆破强度;崩裂强度;崩裂力(2)耐破度;脆裂强度
bursting stress 爆裂应力
burst polymerization 爆聚;瞬间聚合
burst pressure 爆破压力
burst size (噬菌体)裂解量;释放量
burst test 破裂试验
burst titration 释放滴定
Burton (cracking) process 柏顿裂化过程

busatin 甲基吲哚二酮缩氨硫脲
bus-bar 汇流条;汇流排
bus-barwire 汇流排;汇流条
buserelin 布舍瑞林
bush 轴[管]衬;衬套;套筒
bushing (1)衬套;管衬(2)轴瓦
bushing containing 套筒
bushing well 漏板
bush set screw 衬套止动螺钉
Busse tackness tester 巴瑟黏着性试验机
busulfan 白消安;马利兰
butabarbital sodium 仲丁比妥钠
butacaine 布他卡因
Butacene 皮特辛
butacetin 布他西丁
butachlor 丁草胺;去草胺
butacide 增效醚
butaclamol 布他拉莫
butadiene 丁二烯
1,3-butadiene 1,3-丁二烯
butadiene-acrylonitrile latex 丁腈胶乳
butadiene-acrylonitrile rubber 丁腈橡胶
butadiene dioxide 二氧化丁二烯(黏合剂用改性剂)
butadiene isoprene copolymer 丁二烯-异戊二烯共聚物
butadiene latex 丁二烯胶乳
butadiene-potassium rubber 丁钾橡胶
butadiene rubber(s) 丁二烯橡胶
butadiene-sodium rubber 丁钠橡胶
butadiene-styrene copolymer 丁二烯-苯乙烯共聚物
butadiene-styrene-vinylpyridine rubber 丁苯吡橡胶
butadiene vinyl copolymer 丁二烯-乙烯共聚物
butadiene-vinylpyridine latex 丁吡胶乳
butadiene-vinylpyridine rubber 丁吡橡胶
butadiene-vinylpyridine rubber adhesive 丁吡橡胶胶黏剂
butadiyne 丁二炔
butagas 丁烷气
butalamine 布他拉胺
butalastic 丁弹体(合成丁二烯弹性体)
butalbital 布他比妥
butallylonal 丁溴比妥
butamben 氨苯丁酯
Butamer process 丁烷异构化法(环球油品公司)
butamirate 布他米酯
butamisole 布他米唑
butanal 丁醛
***n*-butanal** 正丁醛
butanamide 丁酰胺
butane 丁烷
***n*-butane** 正丁烷
butane-butylene fraction 丁烷-丁烯馏分
butanedial 丁二醛
butanediamide 丁二酰胺
1,4-butanediamine 1,4-丁二胺
butane dicarboxylic acid 己二酸;丁烷二羧酸
butanedinitrile 丁二腈
butanedioic acid 丁二酸;琥珀酸
butanedioic anhydride 丁二酸酐
butanediol 丁二醇
1,3-butanediol 1,3-丁二醇
1,4-butanediol 1,4-丁二醇
2,3-butanediol 2,3-丁二醇
***cis*-butanediol** 顺(式)丁二醇
butanediolamine 丁二醇胺
2,3-butanedione 2,3-丁二酮;双乙酰
butanediylidene 丁二亚基;亚丁二基(指 $=CHCH_2CH_2CH=$)
butanediylidyne 丁二次基;次丁二基(指 $\equiv CCH_2CH_2C\equiv$)
butane splitter 丁烷分离塔
butane tetracarboxylic acid 丁烷(端)四甲酸
1,2,3,4-butanetetraol 1,2,3,4-丁四醇
butanetriol 丁三醇
butanilicaine 布坦卡因
(*n*-)butanoic acid (正)丁酸
(*n*-)butanol (正)丁醇
***sec*-butanol** 仲丁醇
butanolamine 丁醇胺
butanolone 丁醇酮
2-butanone 2-丁酮;甲(基)乙(基甲)酮
1,2,4-butantriol trinitrate (BTTN) 硝化丁三醇;1,2,4-丁三醇三硝酸酯
butaperazine 布他哌嗪
butaprenes (聚)丁二烯橡胶类
butatriene 丁三烯
butaverine 布他维林
butazolamide 布他唑胺
butazone 丁氮酮
butedronic acid 布替膦酸;2,3-二羧丙烷-1,1-二膦酸
butein 紫铆酮
2-butenal 2-丁烯醛;巴豆醛

butene 丁烯
***cis*-2-butene** 顺式-2-丁烯
***trans*-2-butene** 反式-2-丁烯
***cis*-butenedioic acid** 顺丁烯二酸;马来酸
***trans*-butenedioic acid** 反丁烯二酸;富马酸
***cis*-butenedioic anhydride** 顺丁烯二酸酐;马来(酸)酐;(俗称)顺酐
2-butene-1,4-diol 2-丁烯-1,4-二醇
buten(o)ic acid 丁烯酸;巴豆酸
butenol 丁烯醇
butenolide 丁烯羟酸内酯
3-buten-2-one 丁烯酮
butenyl 丁烯基
1,4-butenylene 1,4-亚丁烯基
butenylidene (1,1-)亚丁烯基
butenylidyne (1,1,1-)次丁烯基
butenyne 丁烯炔
butesin 对氨基苯甲酸丁酯
butethal 正丁巴比妥
butethamate 布替他酯;苯丁胺乙酯
butethamine 丁胺卡因
buthalital sodium 丁硫妥钠
buthiazide 布噻嗪
buthiobate 粉病定
buthionine sulfoximine *S*-(3-氨基-3-羧丙基)-*S*-丁基硫氧亚氨
buthotoxin 蝎毒
butibufen 异丁苯丁酸
butidrine hydrochloride 布替君盐酸盐
butin 紫铆黄酮;紫铆素
butine 丁炔
butirosin(=butyrosin) 布替罗星;丁胺菌素;丁酰苷菌素
Butler-Volmer equation 巴特勒-伏尔默公式
butoben 对羟基苯甲酸丁酯
butoconazole 布康唑
butoctamide 布酰胺
butofilol 丁非洛尔
butonate 布托酯;丁酯磷;敌百虫丁酸酯
butopyronoxyl 避蚊酮
butorphanol 布托啡诺
butoxide 丁醇盐;丁醇化物;丁氧基金属
***sec*-butoxy** 仲丁氧基
***tert*-butoxy** 叔丁氧基
***o*-butoxyacetanilide** 邻丁氧乙酰苯胺
butoxycaine 布托卡因;丁氧卡因
2-butoxyethanol 2-丁氧基乙醇;丁基溶纤剂
butoxyethyl stearate 硬脂酸丁氧基乙酯(增塑剂)
butralin 地乐胺
butrin 紫铆苷
butriptyline 布替林
butropium bromide 布托溴铵
butter (1)奶油;(牛)乳脂;白脱;黄油(2)脂(乳脂状物)
buttercup yellow 锌黄
butterfat (牛)乳脂;奶油;白脱;黄油
butterfly bolt 蝶形螺栓
butterfly burner 蝶形灯头
butterfly gate 蝶阀;蝶形阀
butterfly mode (DNA复制的)蝴蝶式
butterfly nut 蝶形螺母
butterfly outlet 蝶阀式出口
butterfly plate 蝶形板
butterfly throttle valve 蝶形节流阀
butterfly valve 蝶形阀
buttering (1)隔离层(2)(预)堆边焊
butter of antimony 三氯化锑
butter of arsenic 三氯化砷
butter of tin 氯化锡;四氯化锡
butter of zinc 氯化锌
butter paper 牛油纸
butter yellow (=*p*-dimethylaminoazo-benzene) 甲基黄;对二甲氨基偶氮苯
butting up (spent acid) 增强废酸
butt joint 对接接头;对接
butt-jointed seam 对接焊缝
butt leather 底革
button 按钮;旋钮
button-head 圆头的(铆钉、螺栓等)
button weights 试金砝码
butt seam 对接(接合);对头接合
buttstrap 对接垫[盖]板
butt weld 对接焊缝;对头焊接
butt weld ends 对头焊接端
butt welding 对接焊
Butvar 布特伐尔(聚乙烯醇缩丁醛塑料的前苏联商名)
Butvar adhesive 聚乙烯醇缩丁醛胶
butyl 丁基
***sec*-butyl** 仲丁基
***tert*-butyl** 叔丁基
***N-tert*-butylacetamide** *N*-叔丁乙酰胺
***n*-butyl acetate** 醋[乙]酸(正)丁酯
***n*-butyl acetylene** (正)丁基乙炔;1-己炔
butyl acetylricinoleate 乙酰基蓖麻油酸丁酯(增塑剂)
butyl acrylate 丙烯酸丁酯
butyl alcohol 丁醇

***n*-butyl alcohol** (正)丁醇
***sec*-butyl alcohol** 仲丁醇
***tert*-butyl alcohol** 叔丁醇
***n*-butyl aldehyde** 正丁醛
***n*-butylamine** (正)丁胺
butyl-*p*-aminophenol 丁基对氨基酚
***N*-butylaniline** *N*-丁(基)苯胺
***n*-butylarsonic acid** (正)丁胂酸
butylate 苏达灭
butylated hydroxyanisole 叔丁对甲氧酚
butylated hydroxytoluene 2,6-二叔丁基对甲酚;丁化羟基甲苯;防老剂 BHT
butylated melamine resin 丁醇改性三聚氰胺树脂
butylated urea resin 丁醇改性脲醛树脂
butylate kinase 丁酸激酶
butylation 丁基化作用
butylbenzene 丁苯
***tert*-butylbenzene** 叔丁基苯
butyl benzoate 苯甲酸丁酯
***N-tert*-butyl-2-benzothiazyl sulfenamide** *N*-叔丁基-2-苯并噻唑亚磺酰胺;促进剂 NBBS
butyl *o*-benzoylbenzoate 邻苯甲酰基苯甲酸丁酯
butyl benzyl ether 丁(基)苄(基)醚;苄氧基丁烷
butyl bromide 丁基溴;溴丁烷
***n*-butyl-*n*-butyrate** 正丁酸正丁酯
butylcarbamic acid 丁氨基甲酸
butyl carbinol 丁基甲醇;1-戊醇
butyl carbitol 丁基卡必醇;二甘醇一丁醚
butyl carbitol acetate 二甘醇丁醚醋酸酯
butyl carbonate 碳酸丁酯
***p-tert*-butylcatechol** 对叔丁基邻苯二酚(抑制剂)
butylcellosolve 丁基溶纤剂;乙二醇单丁醚
butylchloral hydrate 丁氯醛合水
1-butylchloride 1-氯丁烷;(正)丁基氯
***sec*-butyl chloride** 仲丁基氯
***tert*-butyl chloride** 叔丁基氯
butyl chlorocarbonate 氯甲酸丁酯
butyl citrate 柠檬酸丁酯
2-*tert*-butyl-*p*-cresol 2-叔丁基对甲酚
butyl crotonate 巴豆酸丁酯
butyl cyanide 戊腈;丁基氰
***p-tert*-butylcyclohexyl acetate** 醋酸对叔丁基环己酯
butyl disulfide 二硫化二丁基
butylene 丁烯
butylene-chlorohydrin 亚丁基氯醇;氯丁醇
α-butylene dibromide 1,2-二溴丁烷
1,2-butylene glycol 1,2-丁二醇;丁邻二醇
1,3-butylene glycol 1,3-丁二醇;丁间二醇
1,4-butylene glycol 1,4-丁二醇;丁隔二醇
2,3-butylene glycol 2,3-丁二醇;丁二仲醇
butylene oxide 1,4-环氧丁烷;亚丁基氧(环);四氢呋喃
butylene sulfide 1,4-环硫丁烷;亚丁基硫环;四氢噻吩
butyl epoxy stearate 环氧硬脂酸丁酯
***n*-butyl ether** 正丁醚
butyl ethylene 1-丁基乙烯;1-己烯
butyl ethyl ketene(BEK) 丁基·乙基(乙)烯酮
butyl ethyl malonate 丙二酸乙丁酯
5-*sec*-butyl-5-ethyl-2-thiobarbituric acid 5-仲丁基-5-乙基-2-硫代巴比土酸
butyl glycol 丁基乙二醇
butyl Grignard reagent 卤化丁基镁;丁基格利雅试剂
butyl halide 丁基卤;卤代丁烷
***tert*-butyl hydroperoxide** 叔丁基化过氧氢;氢过氧化叔丁基;叔丁基氢过氧化物
butyl *p*-hydroxybenzoate 对羟基苯甲酸丁酯
***tert*-butyl hypochlorite** 次氯酸叔丁酯
butylic fermentation 丁醇发酵
butylidene (1,1-)亚丁基
***sec*-butylidene** 仲亚丁基
4,4′-butylidenebis(6-*tert*-butyl-*m*-cresol) 4,4′-亚丁基双-6-叔丁基间甲基苯酚
butylidene chloride 亚丁基二氯
butylidyne 次丁基
***n*-butyl iodide** (正)丁基碘
***sec*-butyl iodide** 仲丁基碘;2-碘丁烷
***tert*-butyl iodide** 叔丁基碘
butyl isocrotonate 异巴豆酸丁酯;(*Z*)-丁烯酸丁酯
butyl isocyanide 异氰基丁烷
butyl ketone 5-壬酮;二丁基甲酮
butyl lactate 乳酸丁酯
butyl levulinate γ-戊酮酸丁酯
butyl magnesium bromide 溴化丁基镁
butyl magnesium chloride 氯化丁基镁;丁基镁化氯
***n*-butylmalonic acid** 正丁基丙二酸
***n*-butyl mercaptan** 正丁硫醇
***tert*-butyl mercaptan** 叔丁硫醇

butylmercuric chloride 氯化丁基汞
1-butyl-3-metanilylurea 间氨苯磺丁脲
butyl methacrylate 甲基丙烯酸丁酯
***n*-butyl α-methacrylate** 2-甲基丙烯酸正丁酯
butyl mustard oil 异硫氰酸丁酯
butyl naphthalene sulfonate(BNS) 萘磺酸丁酯(止链剂)
butyl nitrite 亚硝酸丁酯
butyl octyl phthalate 邻苯二甲酸丁辛酯
butyl oleate 油酸丁酯
butyl oxide 二丁醚
butylparaben 尼泊金丁酯;对羟基苯甲酸丁酯
***tert*-butylperoxyisopropyl carbonate** 叔丁基过氧异丙烯碳酸酯;交联剂 BPIC
butylphenol 丁基(苯)酚
***o-sec*-butylphenol** 邻仲丁基苯酚
***p-tert*-butylphenol** 对叔丁基苯酚
***tert*-butyl-*p*-phenol** 叔丁基对苯酚
***p-n*-butylphenylarsonic acid** 对(正)丁苯胂酸
butyl phenylate 丁基苯基醚
butyl phenyl carbinol 丁基苯基甲醇;偕苯代戊醇
***n*-butyl phenyl ketone** (正)丁基苯基(甲)酮
4-*tert*-butylphenyl salicylate 水杨酸对叔丁基苯酯
***n*-butyl phthalate** 邻苯二甲酸二丁酯
***sec*-butyl propionate** 丙酸仲丁酯
N-butylpyrrol *N*-丁基吡咯
butyl rhodanate 硫氰酸丁酯;丁基硫氰
butyl rhodanide 硫氰酸丁酯
butyl rubber 丁基橡胶
N-butylscopolammonium bromide 溴丁东莨菪碱
butyl sealant 丁基密封胶
butyl stearate 硬脂酸丁酯
***n*-butyl stearate** 硬脂酸正丁酯
butyl sulfhydrate 丁硫醇
butyl sulfhydryl 丁硫醇
butyl sulfide 二丁(基)硫;丁硫醚
***n*-butyl sulfide** 正丁硫醚
butyl sulfocyanate 硫氰酸丁酯
butyl sulfocyanide 硫氰酸丁酯
butyl thiocyanate 硫氰酸丁酯;丁基硫氰
butyl trichlorosilicane 三氯化丁基硅;丁基三氯化硅;丁基三氯甲硅烷
butyl trimethylsilicane 三甲基·丁基硅
butyl urea 丁脲
butyl urethane 丁氨基甲酸乙酯;(俗称)丁基尿烷
butylxanthic acid 丁基黄原酸
butyn 布他卡因;丁基卡因
butyne 丁炔
butynediol 丁炔二醇
2-butyne-1,4-diol 2-丁炔-1,4-二醇
butynedione 丁炔二酮
butynelene 亚丁炔基
butynoic acid 丁炔酸
butyral (1)丁醛缩二丁醇(2)丁缩醛;缩丁醛
butyraldehyde 丁醛
butyralization 缩丁醛化(作用)
butyramide 丁酰胺
butyranilide 丁酰苯胺
butyrate 丁酸盐(酯或根)
butyric acid 丁酸
butyric anhydride 丁酸酐
butyric fermentation 丁酸发酵
butyrin 酪酯;丁精;(三)丁酸甘油酯;丁酯
butyrinase 酪酯酶;丁酯酶
butyrobetaine 丁内铵盐;三甲铵基丁内盐
butyroin 丁偶姻;5-羟基-4-辛酮
butyrolactam 丁内酰胺;2-吡咯烷酮
butyrolactone 丁内酯;呋喃烷酮
γ-butyrolactone γ-丁内酯
butyrone 二丙基(甲)酮
butyronitrile 丁腈
***n*-butyrophenone** 丙基苯基(甲)酮
butyrorefractometer 奶油折射计
butyrosin 丁酰苷菌素
butyrospermol 丁酰鲸鱼醇
butyryl 丁酰
***n*-butyryl chloride** (正)丁酰氯
butyryl urea 丁酰脲
buxidine 黄杨叶碱;黄杨定
buxine 黄杨碱
Buxton's fluid 巴克斯顿液
buyable spare parts 可外购备件
buyer's design standard 买方设计标准
buzane 联肼
buzepide metiodide 甲碘布革;苯革丁酰胺
buzylene (1)异四氮烯(2)异四氮烯基
buzz 嗡鸣;蜂鸣
buzzer (1)蜂鸣器(2)磨轮;砂轮
BW(bandwidth) 频带宽度;带宽;(biological weapon)生物武器;(boiler feed water)锅炉给水;(butt welding)双接焊
BWV(back-water valve) 回水阀

by-effect 副效应
by land(transport) 陆运
by-law (公司、社团等的)内部章程;附则;细则
bynin(e) 麦芽醇溶蛋白
by-pass 旁路;支路;旁通管
by-passage 旁路
by-pass air duct 旁通空气导管
by-pass baffles 旁路挡板;旁通挡板
by-pass channel 旁路沟槽
by-pass cock 旁通旋塞
by-pass conduit 旁通管
by-pass control valve 旁通控制阀
by-passed 旁通
by-passed oil 死油(由于注入水驱扫不到而造成的)
by-pass filter 旁通[路]过滤器
by-pass(flow) 旁(路)流
by-pass flue 分支烟道;旁通烟道
by-pass governing 旁通调节[控制]
by-passing 走旁路
by-pass line 旁通管;旁路管线;分水线
by-pass oil filter 油过滤器
by-pass pipe 旁通管
by-pass port 旁通孔
by-pass pressure-relief valve 旁路调节阀
by-pass ratio 旁通比
by-pass strainer 旁通[路]过滤器
by-pass switch 旁路开关
by-pass tee 旁路三通
by-pass(valve) 旁路[通]阀
by-path 旁路
by-product 副产物
by-product recovery unit 副产品回收设备
by standard 按标准
bytownite 倍长石
by volume 按体积计
by-wash 排水管;排水沟
by weight(%) 按重量(%)
bz 苯甲酰基
bzl 苄基

C

C (1)碳的化学符号(2)胞苷
C-9140 螟蛉畏
Ca-aluminate-silicate base 铝酸钙-硅酸钙载体
cabastine 卡巴斯汀
CAB(cellulose acetate butyrate) 醋[乙]酸丁酸纤维素
cabenegrins 凯本格林
cabergoline 卡麦角林
Ca-binding protein 钙结合蛋白
cabinet dryer 干燥橱;橱式干燥机[器]
cable arm design 缆臂式设计
cable compound(=cable oil) 电缆油
cable conveyer 钢索输送机;缆道输送机
cable crane 缆索起重机
cable lift 钢索起重机
cable oil 电缆油
cable paper 电缆纸
cable running 电缆敷设
cable transfer 缆索运输
cable trench 电缆沟
cable varnish 电缆漆
cabretta 直毛绵羊皮(或革)
cacaerometer 空气污染检查器
cacao butter 可可脂
cacaomycetin 可可菌素
cacaomycin 可可霉素
cacaorin 可可苷
cacao shell 可可壳
C-acid C 酸;2-萘胺-4,8-二磺酸
cacodiliacol 愈创木酚二甲胂酸酯
cacodyl 卡可基,指:(1)二甲胂基[$(CH_3)_2As-$](2)四甲二胂
cacodylate 卡可基酸盐(或酯);二甲次胂酸盐(或酯)
cacodyl cyanide 卡可基氰;二甲次胂基氰
cacodyl disulfide 卡可基化二硫;二甲胂基化二硫
cacodyl hydride 卡可基氢;二甲胂;二甲胂基化氢
cacodylic acid 卡可基酸;二甲胂酸
cacodyl oxide 卡可基氧;双二甲胂基氧
cacodyl sulfide 卡可基硫;双二甲胂基硫
cacodyl trichloride 卡可基三氯;二甲胂基三氯
cacotheline 卡可西灵
cacoxenite 黄磷铁矿
cactine 仙影拳碱
cactinomycin 放线菌素 C
cactoid 仙人山素
CAD 计算机辅助设计
cadalene 卡达烯;去氢杜松油萜烯;1,6-二甲基-4-异丙基萘
cadaverine 尸胺;1,5-戊二胺
cade oil 杜松油(医用)
cadexomer iodine 卡地姆碘
cadherin 钙黏着蛋白
cadinene 荜澄茄烯;杜松烯
cadion 试镉灵;镉试剂
cadmic compound 正镉(二价镉)化合物
cadmium 镉 Cd
cadmium acetate 醋酸镉
cadmium amide 氨基镉
cadmium borotungstate 硼钨酸镉
cadmium bromide 溴化镉
cadmium carbonate 碳酸镉
cadmium chloride 氯化镉
cadmium dimethyl dithiocarbamate 二甲基二硫代氨基甲酸镉
cadmium dithionate 连二硫酸镉
cadmium (electro)plating 电镀镉
cadmium ethide 乙基镉
cadmium ferricyanide 氰铁酸镉;(俗称)铁氰化镉
cadmium ferrocyanide 氰亚铁酸镉;(俗称)亚铁氰化镉
cadmium fluoborate 氟硼酸镉
cadmium fluoride 氟化镉
cadmium germanium diarsenide crystal 二砷化锗镉晶体
cadmium iodide 碘化镉
cadmium lithopone 镉钡红
cadmium metasilicate 硅酸镉
cadmium methide 甲基镉
cadmium nitrate 硝酸镉
cadmium orthosilicate 原硅酸镉
cadmium oxide (一)氧化镉
cadmium oxychloride 氯氧化镉;二氯一氧化二镉
cadmium phosphide 磷化镉

cadmium red 镉红(硫化镉和硒化镉的混合物)
cadmium salicylate 水杨酸镉
cadmium sebacate 癸二酸镉
cadmium selenide 硒化镉
cadmium silicon diarsenide crystal 二砷化硅镉晶体
cadmium silicon diphosphide crystal 二磷化硅镉晶体
cadmium standard cell 镉标准电池
cadmium stearate 硬脂酸镉(PVC 稳定剂)
cadmium succinate 琥珀酸镉
cadmium sulfate 硫酸镉
cadmium sulfide 硫化镉
cadmium telluride 碲化镉
cadmium-titanium plating 镉-钛电镀
cadmium tratrate 酒石酸镉
cadmium tungstate 钨酸镉
cadmium yellow 镉黄
cadmous compound 亚镉化合物(一价镉的化合物)
cadralazine 卡屈嗪
cadusafos 硫线磷
caelesticetin 天青菌素
caerulein 蓝肽
caerulin 雨蛙肽
caerulomycin 青蓝霉素
cafaminol 咖啡氨醇
cafestol 咖啡醇
caffeic acid 咖啡酸;3,4-二羟肉桂酸
caffeine 咖啡因;咖啡碱
caffeine citrate 柠檬酸咖啡因;枸橼酸咖啡因
caffeine sodio-benzoate 苯甲酸咖啡碱钠
caffeoyl quinic acid 咖啡酰奎尼酸;咖啡单宁酸;绿原酸
caffetannic acid 咖啡单宁酸;绿原酸
caffolide 咖啡内酯
caffuric acid 咖啡尿酸
cage 笼;罩
cage compound 笼形[状]化合物
cage coordination compound 笼状配位化合物
caged polynitrocompound 笼形多硝基化合物
cage effect 笼效应;笼蔽效应
cage hoop 护罩
cage mill 笼式磨机
cage mill disintegrator 笼式磨碎机
cage mixer 笼式搅拌机
cage oil press 笼式榨油机
cage reaction 笼闭反应
cage rearrangement 笼状重排
cage structure 笼式[形]结构
cahincic acid 卡亨酸
Cahn-Ingold-Prelog sequence rule 顺序规则
CAI 计算机辅助教学
caincic acid(=cahincic acid) 卡亨酸
caincin(=cahincic acid) 卡亨酸
cairngorm (stone) 烟晶
cajeputene 白千层萜
cajeput oil 玉树油;白千层油
cajuput oil 玉树油;白千层油
cajuputole 白千层脑;桉树脑
cake dewatering 滤饼脱水
cake(fertilizer) 饼肥;油饼
cake ice 冰砖
cake of filter-press 压滤机的滤饼
cake of nitre 硝块;硫酸氢钠块
cake recess 滤饼槽;存滤饼的凹处
cake rinse 滤饼清洗液
cake soap 块皂
cake wash 滤饼洗液
caking (1)结块(2)黏结性(的)
caking agent 黏结剂
caking coal 黏结性煤
caking index 黏结指数
CAL 计算机辅助学习
calabashine 葫芦箭毒碱
calamene 卡拉烯;菖蒲萜烯
calamenene 去氢白菖烯;1,6-二甲基-4-异丙基四氢萘
calamine (1)异极矿(2)(=smithsonite)炉甘石;菱锌矿
calamus oil 白菖油;菖蒲油
calandria 加热体;列管式蒸发器;加热器;排管
calandria evapourator 中央循环管式蒸发器;标准式蒸发器
calandria type evaporator 中央循环管蒸发器;排管蒸发器
calandria type vacuum pan 排管式真空釜
calanolide A 香豆素类化合物 A
calaverite 碲金矿
calc(a)emia 钙血症
calcafluor 钙荧光素

calcareous (1)石灰质的(2)含钙的
calcareous hydraulic binder 水凝灰浆
calcareous ooze 钙质软泥
calcarious (1)石灰质的(2)含钙的
calcedony 玉髓
calcein(=fluorexon) 钙黄绿素
calcene 活性轻质碳酸钙;胶质碳酸钙;白艳华(补强剂)
calcia ceramics 氧化钙陶瓷
calcic (1)石灰的(2)钙的
calcicole 钙生植物
calcic-plastic composite material 钙塑材料
calcifames 缺钙症
calcifediol 骨化二醇
calciferol 麦角骨化醇;维生素 D_2
calciferous 含钙的
calcification (1)钙化作用(2)骨化作用
calcifuge 嫌钙植物
calcimedin 钙受体蛋白
calcimine(=calsomine) 刷墙(水)粉
calcimurite 钙氯石
calcination 焙烧;煅烧
calcinator 焙烧炉;煅烧炉
calcined baryta 氧化钡
calcined gypsum 烧石膏
calcined magnesia (煅烧)氧化镁
calcined plaster 烧石膏
calcined soda 纯碱(末)
calciner 焙[煅]烧炉;焙烧窑
calcinerin 钙依赖磷酸酶
calcineurin 神经储钙蛋白
calcining compartment 煅烧室
calcining furnace 煅[焙]烧炉
calcining furnace fuel 煅烧炉燃料
calcining kiln 焙烧窑;煅烧窑
calcinol(=calcium iodate) 碘酸钙
calcinosis 石质沉着;普通性钙质沉着
calcioferrite 钙磷铁矿
calciothermy 钙热(还原)法
calciovolborthite 钙钒铜矿
calcipexy 钙固定
calciphile 适钙植物
calciphobe 嫌钙植物
calcipotriene 卡泊三烯
calcitar 降(血)钙素
calcite 方解石
calcitonin 降钙素
calcitriol 骨化三醇
calcium 钙 Ca
calcium acetate 醋酸钙
calcium acetylide 碳化钙;电石
calcium acetylsalicylate 阿司匹林钙;乙酰水杨酸钙
calcium acid methylarsonate 甲基胂酸钙
calcium aluminate 铝酸钙
"12∶7"calcium aluminate 七铝酸十二钙
calcium and sodium cyanides mixture 氰熔体;黑(色)氰化物
calcium arsenate 砷酸钙
calcium ascorbate 维生素 C 钙;抗坏血酸钙
calcium 3-aurothio-2-propanol-1-sul- fonate 3-金硫异丙醇-1-磺酸钙
calcium(base) grease 钙基润滑脂
calcium base titanox 钛钙白
calcium bicarbonate 碳酸氢钙;重碳酸钙
calcium binding protein 钙结合蛋白
calcium bitartrate 酒石酸氢钙
calcium borogluconate 硼葡萄糖酸钙
calcium bromide 溴化钙
calcium bromiodide 溴碘化钙
calcium bromolactobionate 溴化乳糖醛酸钙
calcium butoxide 丁醇钙
calcium *N*-carbamoylaspartate *N*-氨甲酰基天冬氨酸钙
calcium carbide 碳化钙;电石
calcium carbolate 苯酚钙
calcium carbonate 碳酸钙
calcium carboxymethyl cellulose 羧甲基纤维素钙
calcium caseinate 酪蛋白钙
calcium chloride 氯化钙
calcium (chloride) brine 氯化钙卤水
calcium chloride tube 氯化钙管
calcium chromate 铬酸钙
calcium citrate 柠檬[枸橼]酸钙
calcium contamination of drilling fluid 钻井液钙污染
calcium copper phosphate 磷酸铜钙
calcium cresylsulfonate 甲苯磺酸钙
calcium cuprate 铜酸钙
calcium cyanamide 氰氨(基)化钙;石灰氮;碳氮化钙
calcium cyanamide citrated 枸橼酸氰氨化钙
calcium cyanamide process 氰氨(基)化钙法
calcium cyanide 氰化钙

calcium cyanoplatinite 氰亚铂酸钙;(俗称)亚铂氰化钙
calcium dialuminate 二铝酸一钙
calcium dihydric pyrophosphate 焦磷酸二氢钙
calcium dimetaphosphate 偏磷酸钙
calcium dodecylbenzenesulfonate 十二烷基苯磺酸钙;乳化剂ABSCa
calcium ester 钙酯(又是钙盐又是酯)
calcium ethoxide 乙醇钙
calcium ethylate 乙醇钙
calcium 2-ethylbutanoate 2-乙基丁酸钙
calcium ferricyanide 氰铁酸钙;铁氰化钙
calcium ferrocyanide 亚铁氰化钙
calcium ferrous citrate 亚铁柠檬酸钙
calcium fertilizer(s) 钙肥
calcium fluoborate 氟硼酸钙
calcium fluoride 氟化钙
calcium fluo(ro)silicate 氟硅酸钙
calcium folinate 甲酰四氢叶酸钙
calcium formate 甲酸钙
calcium gluconate 葡萄糖酸钙
calcium glycerophosphate 甘油磷酸钙
calcium grease 钙皂脂;钙基脂
calcium hardness 钙硬度;钙质硬度
calcium halophosphate activated by antimony and manganese 卤磷酸钙:锑、锰(Ⅱ);卤粉(荧光粉)
calcium hexa-aluminate 六铝酸一钙
calcium hydride 氢化钙
calcium hydrogen phosphate 磷酸氢钙
calcium hydrophosphate 磷酸氢钙
calcium hydrosulfide 氢硫化钙
calcium hydroxide 氢氧化钙
calcium hypochlorite 次氯酸钙
calcium hypophosphate 连二磷酸钙
calcium hypophosphite 次磷酸钙
calcium hyposulfite 连二亚硫酸钙
calcium iodate 碘酸钙
calcium iodide 碘化钙
calcium iodobehenate 碘山萮酸钙
calcium iodostearate 碘硬脂酸钙
calcium ion exchange capacity 钙离子交换能力
calcium ion exchange rate 钙离子交换速率
calcium lactate 乳酸钙
calcium levulinate 乙酰丙酸钙;戊酮酸钙
calcium magnesium phosphate 钙镁磷肥
calcium magnesium potassium phosphate 钙镁磷钾肥
calcium mesoxalate 丙酮二酸钙
calcium metaaluminate 偏铝酸钙
calcium metaborate 偏硼酸钙
calcium metaphosphate 偏磷酸钙
calcium metaplumbate 偏高铅酸钙
calcium metasilicate 偏硅酸钙
calcium methionate 甲二磺酸钙
calcium methoxide 甲醇钙
calcium methylate 甲醇钙
calcium monophosphate 磷酸氢钙
calcium naphthenate 环烷酸钙
calcium nitrate 硝酸钙
calcium nitride 二氮化三钙
calcium nitrite 亚硝酸钙
calcium oleate 油酸钙
calcium orthoarsenite 原亚砷酸钙
calcium orthophosphate (正)磷酸钙
calcium orthoplumbate 原高铅酸钙
calcium oxalate 草酸钙
calcium oxide 氧化钙
calcium palmitate 棕榈酸钙
calcium pantothenate 泛酸钙
calcium paracaseinate 副酪蛋白钙
calcium permanganate 高锰酸钙
calcium peroxide 过氧化钙
calcium phen(ol)ate 苯酚钙
calcium phenolsulfonate 苯酚磺酸钙
calcium phenoxide 苯酚钙
calcium phenylate 苯酚钙
calcium phosphate 磷酸钙
calcium phosphate primary 一代磷酸钙;磷酸二氢钙
calcium phosphide 磷化钙;二磷化三钙
calcium-plastic board 钙塑板
calcium plumbate 铅酸钙
calcium polycarbophil 聚卡波非钙
calcium polysulphides 石硫合剂
calcium potassium ferrocyanide 氰亚铁酸钙二钾;(俗称)亚铁氰化钙二钾
calcium propionate 丙酸钙
calcium pump 钙泵
calcium pyrophosphate 焦磷酸钙
calcium rosin soap 石灰松香;松脂钙皂
calcium D-saccharate D-葡糖二酸钙
calcium (sequestration) value (螯合)钙值
calcium silicate 硅酸钙
calcium silicate board with microporous 硅钙板;微孔硅酸钙板
calcium silicate hydrate 水化硅酸钙

calcium silicofluoride 氟硅酸钙
calcium-soap-base grease 钙基润滑脂
calcium soap grease 钙基润滑脂
calcium stannate ceramics 锡酸钙陶瓷
calcium stearate 硬脂酸钙
calcium stearyl lactylate 硬脂酰乳酸酯钙
calcium succinate 琥珀酸钙
calcium sulfate 硫酸钙
calcium sulfide 硫化钙
calcium sulfite 亚硫酸钙
calcium sulfovinate 乙硫酸钙
calcium sulphoaluminate 硫铝酸钙
calcium superoxide 过氧化钙
calcium tartrate 酒石酸钙
calcium thiocyanate 硫氰酸钙
calcium thioglycollate 巯基乙酸钙
calcium titanate ceramics 钛酸钙陶瓷
calcium treated drilling fluid 钙处理钻井液
calcium tungstate 钨酸钙
calcium tungstate activated by lead 钨酸钙：铅
calcium zinc orthophosphate activated by thallium 磷酸锌钙：铊(荧光粉)
calcium zirconate ceramics 锆酸钙陶瓷
calcon 钙试剂;茜素蓝黑
calconcarboxylic acid(＝Cal-Red) 钙指示剂;NN 指示剂;钙红
calcothar(＝colcothar) 铁丹
calculated capacity 计算容量
calculated length 计算长度
calculated load 设计负载
calculating standard 计算标准
calculational chemistry 计算化学
calculation factor 换算因子
calculator 计算器
calcyanide 氰化钙
caldariomycin 卡尔里霉素;温霉素
Calder-Fox scrubber 卡尔德-福克斯涤气器
calebassine 葫芦素;葫芦箭毒碱;C-毒马钱碱Ⅱ
calebassinine 葫芦碱;葫芦箭毒宁
caledonite 铅蓝矾
calefacient(ia) 发暖剂
calefaction 发暖(作用);加热;温暖
calender (1)压光机;研光机(2)压延机
calenderability 压延性
calender bowl 压延机滚筒
calender bowl paper 纸粕辊纸
calender coating 压延涂布
calendered film 压延薄膜
calendering 压延;轧光
calender knife 压延切边刀
calender line (1)压延过程(2)压延联动装置
calender roll 压光滚轮
calender shrinkage 压延收缩
calender stack (1)研光机(造纸及纺织)(2)压延机(橡胶)
calender train (1)压延联动装置(2)多台压延机联动(3)研光机
calendic acid 十八碳三烯酸
calendula 金盏花(属)
calendulin 金盏花素
calf skin 犊牛皮
calglucon 葡萄糖酸钙
calgon 六偏磷酸钠(清洁剂)
calgon-chrome tannage 偏磷酸盐-铬鞣制
calgon-vegetable tanning 偏磷酸盐-植鞣制
calibrate 校准
calibrated manometer 校准压力计
calibrating burette 校准用滴定管
calibrating pipette 校准用吸移管
calibrating pressure 校正压力
calibrating temperature 校正温度
calibration 校准
calibration block 校准试块
calibration chart 校准表
calibration curve 校正曲线;校准曲线
calibration factor 校准因子
calibration filter 校准滤光片
calibration hole 校准孔
calibration notch 校准槽
calibration scales[**table**] 校准表
calibration tape 校准带
calicene 杯烯
caliche 生硝;智利硝
calico-printer's soap 印花用皂
caliduct 暖气管道;热气管道
California polymerization 加利福尼亚叠合法
californium 锎 Cf
californium oxychloride 氯氧化锎
californium tricyclopentadienide 三茂合锎
Calingaert-Davis equation 卡林盖特-戴维斯公式(饱和液体蒸气压公式)
caliomycin(＝caryomycin) 核霉素
calixarene 杯芳烃
calk 生石灰;未消石灰

callainite 绿磷铝石
call button 呼唤按钮
callicrein 血管舒缓素
cal(l)ipers 卡钳
callistephin 翠菊苷;花葵素-3-葡糖苷
callitrolic acid 卡里松醇酸;山达脂酸
callophane 荧光分析器
callose 愈创葡聚糖;β-D-(1→3)-葡聚糖
calmagite(CLG) 钙镁指示剂;1-(1-羟基-4-甲基-2-苯偶氮)-2-萘酚-4-磺酸
calmine(=barbital sodium) 巴比妥钠
calming area 安定区
calming zone 安定区
calmodulin 钙调蛋白;钙结合调节剂蛋白;钙调素
calmus oil 菖蒲油;白菖油
calnexin 钙联结蛋白
calnitro 钙硝肥
calodorant 美嗅剂,指:(1)煤气添臭剂(2)酒精变性添臭剂
calomel 甘汞;氯化亚汞
calomel cell 甘汞电池
calomel electrode 甘汞电极
calomelol 胶体甘汞
calomel pH reference electrode 甘汞 pH 计参比电极
calophyllolide 红厚壳烯酮内酯;海棠果素
calorescense 灼热;炽热
calorgas 卡气;压缩混烃
caloricity 热值;卡值
caloric theory of heat 热质说
caloric value 热值;卡值
calorie 卡
calorie intake 热量摄入
calorific capacity 热值;卡值
calorific power 热值;卡值
calorific value 发热量;热值
calorimeter 量热计;量热器;热量计
calorimetric bomb 量热弹;卡计弹
calorimetric entropy 量热熵
calorimetric gas meter 量热煤气表
calorimetry (1)量热学(2)量热法
caloristat 恒温器
calorizing 热镀(铝)法
calorstat 恒温箱;恒温器
calotropagenin 牛角瓜配基
calotropin 牛角瓜苷
Cal-Red 钙红
calreticulin 钙网蛋白
calsequestrin 肌集钙蛋白
calsomine(=calcimine) 刷墙(水)粉
calumbic acid 咖伦巴(根)酸;非洲防己根酸
calumbin 非洲防己苦素;咖伦宾;咖伦巴根苷
calusterone 7β,17α-二甲睾酮
calutron 电磁(型)同位素分离器
calvacin 马勃菌素
calvatic acid 马勃菌酸
Calvin cycle 卡尔文循环
calxchlorinate 含氯石灰;漂白粉
calycanthine 腊梅碱
calycotomine 萼卷豆碱
calyomycin(=caryomycin) 核霉素
CAM 计算机辅助制造
cam 凸轮
camazepam 卡马西泮
cambendazole 坎苯达唑
cambered inwards 向里凹的
cambered outwards 向外凸的
cambogia(=gamboge) 藤黄
cam driver 斜楔
camellia oil 山茶油
camellin 山茶糖苷
camel's hair brush 驼毛刷
camera (1)照相机(2)暗室
γ-camera γ照相机
camera-lucida 转写镜;描像器;显画器
camomile oil 春黄菊油
camostat 卡莫司他
camouflage coating(s) 伪装涂料;迷彩涂料
camouflage fabric 迷彩织物
camouflage paint 伪装漆;迷彩漆
cAMP 环腺苷酸
Campden tablets 坎普登片剂
campesterol 菜油甾醇;菜子甾醇
camphamedrine 樟美君;樟磺麻黄碱
camphane 莰烷;莰
camphanic acid 莰烷酸;樟脑酸
2-camphanone 樟脑
camphanonic acid 莰农酸;1,2,2-三甲基环戊羧酸
camphene 莰烯
camphenic acid 莰烯酸
camphenilane 莰尼烷
camphenilene 莰尼烯
camphenilol 莰尼醇
camphenilone 莰尼酮
camphenone 莰烯酮

camphidine 莰非啶
camphocarboxylic acid 莰佛羧酸
camphoceenic acid 莰佛烯酸
camphoic acid 莰佛酸
camphol 冰片;龙脑;内(向)-2-莰烷醇
campholactone 龙脑内酯
campholenic acid 龙脑烯酸
campholic acid 龙脑酸;1,2,2,3-四甲基-1-环戊烷甲酸
camphomycin 樟霉素
camphor 樟脑
camphoram(id)ic acid 樟脑氨酸;樟脑酰胺酸
camphoric acid 樟脑酸
camphorimide 樟脑酰亚胺
camphorin 克木毒蛋白
camphor liniment 樟脑搽剂
camphoronic acid 分解樟脑酸;樟脑三酸;2,2,3-三甲基-3-羧基戊二酸
camphor original oil 樟脑(原)油
camphoroxime 樟脑肟;2-莰酮肟
camphorquinone 樟脑醌;莰醌
camphor soap 樟脑皂
camphor spirit 樟脑酊
camphorsulfonic acid 樟脑磺酸
camphor wood oil 樟木油
camphoryl 樟脑基
camphorylidene 亚樟脑基
camphosulfonic acid 樟脑磺酸
camphotamide 樟吡他胺;樟酰胺
camphyl 莰基
camphylamine 莰基胺
cAMP receptor protein cAMP 受体蛋白
camptothecin 喜树碱
cam shaft 凸轮轴
camylofine 卡米罗芬;胺苯戊酯
Canada turpentine 加拿大香胶
Canadian balsam 加拿大香胶
canadine 坎那定;氢化小檗碱
canadol 坎那油(一种轻质石油醚,相对密度 0.650 至 0.700)
canal 沟;槽;水道;管道
canaline 副刀豆氨酸
canal polymerization 包合聚合
canal rays(复数) 极隧射线
cananga oil (=ylang-ylang oil) 依兰油
canarius 黄雀菌素
canauba wax 巴西棕榈蜡
canavalin(e) 刀豆球蛋白
canavanine 刀豆氨酸
can be under pressure 可在压力下操作
cancel 注销;删除
canceration 癌变
cancer cell 癌细胞
cancerogenous substance 致癌物质
can coatings 罐头涂料
cancrinite 钙霞石
cand 萤石
candelilla wax 小烛树蜡
candesartan 坎德萨坦
candex 制霉菌素
candicidin 杀念菌素;杀假丝菌素
candicin 坎底辛;对羟苯乙基三甲基铵
Candida 假丝酵母属
Candida lipolytica 解脂假丝酵母
candidin 制念菌素;制假丝菌素
candidinin 灭假丝菌素
candidoin 抑假丝菌素
candidulin 白曲菌素
candihexin 白六烯菌素
candimycin 假丝霉素
candle coal 长焰煤;烛煤
candle filter 烛形滤器
candle nut oil (=lumbang oil) 烛果油
cane brimstone 硫棒;棒状硫黄
caneine 刀豆碱
cane juice 蔗汁
cane molasses 蔗糖蜜
canescin 灰白菌素
canescine 地舍平;去甲氧利血平
cane sugar 蔗糖
cane-sugar molasses 甘蔗糖蜜(制糖工业下脚料)
cane trash 蔗渣
canfieldite 硫锗锡矿
can half-body 罐头半坯
can ice 罐冰;模制冰
cannabane 大麻烷
cannabene 大麻烯
cannabichrome 大麻色素
cannabidiol 大麻二酚
cannabidiolic acid 大麻二酚酸
cannabin(e) (1)大麻苷(2)大麻碱
cannabinol 大麻酚
cannabinone 大麻酮
cannabis 大麻
cannabiscetin (=myricetin) 大麻双酮
Cannabis sativa 大麻
cannaboid 大麻素
canned motor 封闭式电动机

canned-motor pump 屏蔽泵;屏蔽电机泵;密封电机泵
canned pump 密封(轻便)泵
cannel coal 长焰煤;烛煤
canneloid 长焰煤质煤;烛煤质煤
cannibis 印度大麻脂
cannizarization 坎氏处理法(用醇溶钾碱处理醛类)
Cannizarro's reaction 坎尼扎罗反应
cannonite 加农奈特;加农炸药(硝化纤维、硝化甘油炸药)
Cannon process 坎农汽油精炼过程
Cannon ring 压延孔环;坎农环
canonical distribution 正则分布
canonical ensemble 正则系综
canonical equation 正则方程
canonical free energy 正则自由能
canonical molecular orbital 正则分子轨道
canonical partition function 正则配分函数
canonical perturbation 正则摄动
canonical transformation 正则变换
canonical variable 正则变量
canrenone 坎利酮;烯睾丙内酯
can stability 储藏稳定性
cantaloup(e) seed oil 棱瓜子油
cantharene 二氢邻二甲苯
cantharides 斑蝥
cantharidin 斑蝥素
canthaxanthin 鸡油菌黄质
cantilever 悬臂梁
cantilever beam 悬臂梁
cantilever crane 悬臂吊车
Canton crane 轻便落地吊车
Canton phosphorus 广磷;坎磷(2 份牡蛎壳与 1 份硫混合物,据说会发光)
canvas 帆布
canvas conveyor belt 帆布芯输送带
canvas rubber shoes 布面胶底鞋
canyon-type centrifuge 屏蔽型离心机
canyon-type pump 屏蔽型泵
caoutchoid 橡胶类似物
caoutchouc 生橡胶
caoutch(ouc)ene 生胶干馏渣(生胶干馏所得的高沸点产物)
cap 帽;管帽;罩;盖
capability 能力
capacidin 能杀菌素
capacitance 电容(量)
capacitance-type pressure ga(u)ge 电容式压力计
capacitive current 电容电流
capacitively coupled high frequency plasma 电容耦合高频等离子体
capacitively coupled microwave plasma torch 电容耦合微波等离子体焰矩
capacitive reactance 容抗
capacitor 电容器
capacitor ceramics 电容器陶瓷
capacitor oil 电容器油
capacitor pressure ga(u)ge 电容式压力计
capacitor tissue 电容器纸
capacity (1)能力;容量;(生产)规模(2)扬量(3)电容
capacity coefficient 容量系数
capacity control valve 容量控制阀
capacity factor 容量因子
capacity factor of equipment 设备利用率
capacity graduation 容量刻度
capacity: min/nor/rated 扬量:最小/正常/额定
capacity of a cell 电池容量
capacity of boiler 锅炉容量
capacity of buffer 缓冲容量
capacity of equipment 设备能力
capacity of short circuit 短路容量
capacity operation 满载(量)操作;全容量操作
capacity rating 额定生产率
capacity ratio 容量比
capacity variable range 容量变化范围
capahyba oil 玷玘香膏
cap bolt 盖螺栓
CAP (1)(cellulose acetate phthalate)醋酸邻苯二甲酸纤维素(2)(cellulose acetate propionate)醋[乙]酸丙酸纤维素
capejasmine 栀子
capilin 茵陈素
capillaries 毛细管
capillarity 毛细现象
capillary analysis 毛细分析法
capillary ascension 毛细上升
capillary chemistry 表面化学
capillary column 毛细管柱
capillary condensation 毛细冷凝;毛细凝聚;毛细管凝结
capillary constant 毛细管常数
capillary electrode 毛细管电极
capillary evaporation technique 毛细管蒸发技术(用于扩散系数测定)
capillary gas chromatograph 毛细管气相

色谱仪
capillary gas chromatography 毛细管气相色谱法
capillary-height method 毛细管高度法(测表面张力)
capillary inactive 非毛细活性的;非表面活性的
capillary matrix type fuel cell 毛细膜型燃料电池
capillary membrane 毛细管膜
capillary module 毛细管膜组件
capillary packed column 毛细管填料(色谱)柱
capillary phenomenon 毛细现象
capillary pyrite 针镍矿
capillary rheometer 毛细管流变仪
capillary rise method 毛细管上升法(测表面张力)
capillary supercritical fluid chromatography (CSFC) 毛细管超临界流体色谱
capillary theory 毛细管理论
capillary tube 毛细管
capillary tube method 毛细管法(测表面张力)
capillary (tube) viscometer 毛细管黏度计
capillary visco(si)meter 毛细管黏度计
capillary zone electrophoresis (CZE) 毛细管区域电泳
capillator 毛细管比色计
capillose 针镍矿
capital construction projects 基本建设工程(项目)
capital cost 基本投资[费用];基建投资
capital expenditure 基建费用
capital intensive industry 资金密集型工业
capital pay-off 资本偿还期;投资回收期限
capital pay-off time 投资回收期
capital repair 大修
capital works 基本建设工程
capless tyre valve 无帽胎阀
capnometry 烟的密度测定
cap nut 盖形螺帽;盖螺母
capobenic acid 卡泊酸;克冠酸
cap of column 塔泡罩;泡帽
capomycin (=cyclacidin) 环杀菌素
CAPP 计算机辅助生产计划
capped nonionics 封端的非离子表面活性剂
capped steel 加盖钢
capping (1)封顶;压顶;加盖 (2)(薄膜)贴面 (3)(聚合物)端基封闭;封端作用
capping group 封端基团
capraldehyde 癸醛
capramide 癸酰胺
caprate 癸酸盐(或酯)
capreomycin 缠霉素;卷曲霉素
capric acid 癸酸
***n*-capric acid** (正)癸酸
***n*-capric aldehyde** (正)癸醛
caprilate 辛酸盐(或酯)
caprin (三)癸酸甘油酯
caprine (=norleucine) 正亮氨酸
caprinitrile 癸腈
***n*-caproaldehyde** (正)己醛
caproate 己酸盐(或酯)
caprohydroxamic acid 六碳异羟肟酸
***n*-caproic acid** (正)己酸
caproic aldehyde 己醛
caproin 甘油己酸酯;己酸甘油酯;己酸精
caprolactam 己内酰胺
ε-caprolactam ε-己内酰胺
caprolactam oil 己内酰胺油
ε-caprolactone ε-己内酯
caproleic acid 癸烯酸
capromycin 缠霉素;卷曲霉素
Caprone 卡普隆(聚己内酰胺纤维的俄商品名)
capronitrile 己腈;戊基氰
caproyl (=hexanoyl) 己酰(基)
caproyl chloride 己酰氯
***n*-caproylpyrazolone (COPY)** 正己酰吡唑啉酮
capryl (1)(规范=decanoyl)癸酰基(2)(但已混用,一般指)辛基;辛酰基
caprylate 辛酸盐(或酯)
caprylene 辛烯
caprylic acid 辛酸
***n*-caprylic acid** 正辛酸
capryl(ic) alcohol 辛醇
***n*-caprylic alcohol** 正辛醇
capryl(ic) aldehyde 辛醛
caprylic nitrile 辛腈;庚基氰
caprylidene 辛炔
caprylin (三)辛酸甘油酯
caprylolactone 辛内酯;羟基辛酸内酯
capryloyl (=octanoyl) 辛酰
***n*-caprylpyrazolone (CYPY)** 正辛酰吡唑啉酮

caprylyl（＝octanoyl） 辛酰
caprylyl chloride 辛酰氯
CAPS 3-(环己氨基)-1-丙磺酸
capsaicin(e) 辣椒碱;辣椒素
capsanthin 辣椒红(为红色,有人误称为辣椒黄素);辣椒质
capsanthin diacetate 辣椒红素二乙酸酯
capsanthin dipalmitate 辣椒红素软脂酸酯
capsanthol 辣椒醇
cap screw 有头[帽]螺钉
capsicidin 辣椒杀菌素
capsicin 辣椒胶;辣椒油树脂
capsicine 辣椒素
capsicol 辣椒油树脂
Capsicum 辣椒属
capsicum oleoresin 辣椒油树脂
capsid 衣壳
capsomer(e) 衣壳粒
capsorubin 辣椒玉红素
capsula 胶囊剂
capsularin 黄麻苷
capsulation 包囊化作用;胶囊化作用
capsule (1)胶囊剂(2)荚膜
capsuloesic acid 马栗酸
captafol 敌菌丹
captan 克菌丹
captax 卡普塔克斯;促进剂 M;间硫氮-2-茚硫醇
captodiamine 卡普托胺;丁硫二苯胺
captopril 卡托普利;甲巯丙脯酸
capture 截留;俘获
capture effect 俘获效应
capuride 卡普脲
cap without recess 不带退刀槽管帽
cap with recess 带退刀槽管帽
CAQC 计算机辅助质量控制
caracole 旋梯
caracolite 氯铅芒硝
caracul skin 三北羔皮
caracurine Ⅰ 箭头毒Ⅰ
carajurin 秋海棠色素
caramel 焦糖;(俗称)酱色;(俗称)糖色
caramelan 聚焦糖
caramiphen ethanedisulfonate 卡拉美芬乙二磺酸盐;氨环戊酯乙二磺酸盐
carane 蒈(烷)
car(ane)ol 蒈烷醇
carapace 甲壳
car arrester 阻车器
carat 开;克拉(宝石、金刚石重量单位,等于 0.2 克)
Caratheodory theorem 喀拉塞噢多里定理;喀拉氏定理
caraway oil 贲蒿子油
caraway seed 藏茴香籽
car axle 车轴
carazolol 卡拉洛尔
carb 渗碳器
carbachol 卡巴胆碱;碳酰胆碱
carbacidometer 大气碳酸计
carbacrylamine resins 卡巴明树脂
carbadox 卡巴多司
carbalkoxy 烷酯基;烷氧羰基
carbalkoxylation 烷氧羰基化
carbamamidine 胍
carbamate 氨基甲酸酯(或盐);甲氨酸酯(或盐)
carbamate kinase 氨基甲酸激酶
carbamazepine 卡马西平;酰胺咪嗪
carbamic acid 氨基甲酸
carbamic chloride 氨基甲酰氯
carbamide(＝urea) 尿素;脲
carbamidine 胍
carbamidophosphoric acid 脲基磷酸;磷酸脲
carbamido（＝ureido） 脲基
carbam(in)ate 氨基甲酸盐(或酯)
carbamite 卡巴买特;二乙二苯基脲(一种固体火箭燃料组分)
carbamonitrile 氨基化氰;腈氨
carbamoyl 氨基甲酰基;(俗称)甲氨酰
carbam(o)ylation 氨基甲酰化(作用);甲氨酰化(作用)
carbamoylglyoxaline 氨基甲酰甘噁啉
***o*-(carbamoylphenoxy)acetic acid** 邻(氨基甲酰苯氧)乙酸
carbamyl（＝carbamoyl） 氨基甲酰;(俗称)甲氨酰
***p*-carbamylaminophenylarsonic acid** 对脲苯基胂酸;对脲基苯胂酸
carbamyl aspartate 氨甲酰天冬氨酸
carbamylaspartic dehydrase 氨甲酰天冬氨酸脱水酶;二氢乳清酸酶
carbamyl chloride 氨基甲酰氯;(俗称)甲氨酰氯
carbamylglutamic acid 氨甲酰谷氨酸
3-carbamyl-1-methylpyridinium chloride 氯化 3-氨基甲酰基-1-甲基吡啶鎓
carbamyl ornithine 氨甲酰鸟氨酸;瓜氨酸

carbamyl phosphate 氨甲酰磷酸
***o*-carbamyl-D-serine** 邻氨基甲酰-D-丝氨酸
carbamyltaurine 氨甲酰牛磺酸
carbamyltransferase 氨甲酰基转移酶;转氨甲酰酶
carbanil 异氰酸苯酯
carbanilic acid 苯氨基甲酸
carbanilide *N*-碳酰苯胺;对称二苯脲
carbanion 碳阴离子;碳负离子
carbanion additions 阴碳离子加成作用
carbarsone 卡巴胂;对脲苯基胂酸
carbaryl 甲萘威;卡巴立;甲氨甲酸萘酯
carbazic acid 肼基甲酸
carbazide(=carbohydrazide) 卡巴肼;卡巴脲;二肼羰;均二氨基脲
carbazochrome 卡巴克络
carbazochrome salicylate 卡络柳钠
carbazochrome sodium sulfonate 卡络磺钠
carbazole 咔唑
carbazoleacetic acid 咔唑乙酸
carbazole dye(s) 咔唑染料
carbazolyl 咔唑基;氮芴基
carbazone 缩(对称)二氨基脲;(俗称)卡巴腙
carbazone, diphenyl 二苯卡巴腙
carbazyl(=carbazolyl) 咔唑基
carbazylic acid 某甲脒
carbendazim 多菌灵
carbendazim-jingangmeisu flowable formulation 多菌灵-井冈霉素悬浮剂
carbendazol 多菌灵
carbene (1)卡宾;碳烯;亚碳化物(二价碳化合物)(2)(=cuprene)聚炔
carbene chemistry 卡宾化学;碳烯化学
carbenicillin 羧苄西林;羧苄青霉素
carbenium ion 碳鎓离子;碳正离子
carbenium ion polymerization 碳正离子聚合
carbenoid 卡宾体
carbenoxolone 甘珀酸;卡贝索酮
carbetapentane 喷托维林;咳必清
carbethoxy carbene 乙酯基卡宾;乙酯基碳烯;乙氧羰基卡宾;乙氧羰基碳烯
2-carbethoxycyclopentanone 2-乙酯基环戊酮
carbethoxy 乙酯基;乙氧羰基;乙氧甲酰
carbethoxylation 乙酯基化作用;引入乙酯基
carbetidine 醇苯哌酯
carbex 炭黑胶乳
carbic anhydride 卡百酸酐;NA酸酐;纳迪克酸酐;桥亚甲基四氢邻苯二甲酸酐
carbide (1)碳化物(2)(专指)碳化钙;电石
carbide ash 电石渣
carbide base cermet 碳化物基金属陶瓷
carbide carbon 化合碳(碳化物中的碳)
carbide ceramics 碳化物陶瓷
carbide cermet(s) 碳化物金属陶瓷
carbided catalyst 碳化催化剂;结焦了的催化剂
carbide drum 电石贮罐
carbide slag 电石渣
carbide(tipped cutting)tool 硬质合金刀具
carbidopa 卡比多巴;甲基多巴肼
carbimazol(e) 甲亢平
carbimide 碳酰亚胺;异氰酸
carbinol 甲醇
carbinoxamine 卡比沙明;吡氯苄氧胺
carbiphene 卡比芬
carbithionic acid 硫代羰酸; 酸(R·CS·OH)
carbitol 卡必醇;二甘醇一乙醚;乙氧乙氧基乙醇
carbitol acetate 卡必醇醋酸酯;二甘醇一乙醚醋酸酯
carboamidation 氨羰基化
carboanion 碳阴离子
carboatomic ring 碳环;碳原子环
carbobenzoxy-(Cbz) 苄酯基;苄氧羰基
carbobenzoxy chloride(=carbobenzyloxychloride) 苄酯基氯;苯甲氧甲酰氯;氯甲酸苄酯;苄氧羰基氯
carbobenzoyl 羧苯甲酰;某羰苯甲酸
carbocation 碳正离子;碳阳离子;碳鎓
carbocationic polymerization 碳正离子聚合;碳鎓聚合
carboceric acid 二十七(烷)酸
carbochain 碳链
carbocinchomeronic acid 2,3,4-吡啶三羧酸
carbocloral 卡波氯醛;氯醛尿烷
carbocoal 半焦
carbocoal tar 半焦油;低温焦油
carbocyanine 碳菁
carbocycle 碳环
carbocyclic compound 碳环化合物
carbocyclic ring 碳环
carbocysteine 羧甲半胱氨酸

carbodiazone (某)双偶氮酮(指含有二价基—N：N·CON：N—的化合物)
carbodiimide (1)碳(化)二亚胺(HN：C：NH)(2)氨基氰
carbodiphenylimide 碳化双苯亚胺($C_6H_5N:C:NC_6H_5$)
carbodithioic acid 二硫代羧酸;(俗称)荒酸
carbofos 马拉硫磷
carbofuran 呋喃丹;卡巴呋喃;克百威
carbofuran-monocrotophos granules 呋喃丹-久效磷颗粒剂
carb(o)h(a)emoglobin 碳酸血红蛋白
carbohydrase 糖酶
carbohydrate(s) 糖类;碳水化合物
carbohydrazide 碳酰肼;卡巴肼;均二氨基脲
carboid 焦化沥青质;油焦质
carbolate 酚盐;石炭酸盐
carbol fuchsin 卡宝品红;酚品红
carbolic acid 石炭酸(俗称);苯酚
carbolic soap 酚皂;石炭酸皂
carboligase 醛连接酶
carbolignius 木质炭
***α*-carboline** α-咔啉;1,9-二氮芴
***β*-carboline** β-咔啉;2,9-二氮芴
***γ*-carboline** γ-咔啉;3,9-二氮芴
carbomethoxylation 甲酯基化;甲氧甲酰化
carbomethoxy 甲酯基;甲氧甲酰
carbomycin 卡波霉素
carbon 碳 C
carbon-14 碳 14
carbonaceous coal 半无烟煤
carbonaceous refuse 含碳废弃物
carbonaceous shale 碳质页岩
carbon(aceous) soil 碳质污垢
carbon acid 碳氢酸
carbonado 黑金刚石
carbon aerogel 炭气凝胶
carbon anode 炭阳极;炭素阳极;碳正极
carbon arc cutting 碳弧切割
carbon arc gouging 碳弧气刨
carbon arc welding 碳弧焊
carbonatation 碳酸盐化(作用)
carbonate 碳酸盐(或酯)
carbonated juice 充(碳酸)气汁
carbonate minerals 碳酸盐矿物
carbonate rocks 碳酸盐岩
carbonating column 碳酸化塔
carbonating tower 碳酸化塔
carbonation (1)碳酸化(2)碳化
carbonation juice 充(碳酸)气汁
carbonation process 碳酸气饱充法
carbonator 碳酸化器
carbon balance 碳平衡
carbon base paste 碳基糊
carbon bed 活性炭床层
carbon bisulfide 二硫化碳
carbon black 炭黑
carbon black as a pigment 色素炭黑;颜料用炭黑
carbon-black co-precipitate 炭黑共沉胶
carbon black electrophoretic agent 炭黑电泳剂
carbon black extended SBR 充炭黑丁苯橡胶
carbon black gel 炭黑凝胶
carbon black ink 碳素墨水
carbon black liquid crystal 炭黑液晶
carbon black oil 炭黑油
carbon black screening machine 炭黑筛选机
carbon bleach 炭漂白
carbon block 炭精块
carbon bridge 炭桥
carbon-carbon bond 碳-碳键
carbon cement 碳糊
carbon chain compound 碳链化合物
carbon chain fibre 碳链纤维
carbon-coated 被炭沉积覆盖的
carbon colo(u)r test (石油产品中)比色定碳试验
carbon column 活性炭柱
carbon comparison tube 定碳比色管
carbon conversion coefficient 碳转化系数
carbon cycle 碳循环
Carbondale chiller 卡尔邦达冷冻石蜡结晶器
carbon dating 碳(14)测定年代
carbon deposit 炭沉积;积炭
carbon deposit inhibitor 炭沉积抑制剂
carbon deposition 炭沉积;积炭
carbon dichloride 二氯化碳;四氯乙烯
carbon dioxide 二氧化碳;碳酸气
carbon dioxide analyzer 二氧化碳分析器
carbon dioxide arc welding 二氧化碳气体保护焊
carbon dioxide compressor 二氧化碳压缩机
carbon dioxide fire extinguisher 二氧化碳

灭火器
carbon dioxide flooding 注二氧化碳法采油;二氧化碳驱采油
carbon dioxide removal 脱二氧化碳
carbon discharge 活性炭卸出口
carbon disulfide 二硫化碳
carbon equivalent 碳当量
carbon family 碳族
carbon feed tank 炭料罐
carbon fiber precusor 碳纤维原丝
carbon fibre 碳纤维
carbon filament 碳灯丝
carbon filter (活性)炭过滤器
carbon flow controller (活性)炭流量调节器
carbon group analysis 碳族分析;烃类结构族分析
carbon hexachloride 六氯乙烷
carbonic acid 碳酸
carbonic acid gas 碳酸气;二氧化碳
carbonic anhydrase 碳酸酐酶
carbonic anhydrase inhibitor 碳酸酐酶抑制药(剂)
carbonic anhydride 碳酸酐;二氧化碳
carbon ice 干冰(固体二氧化碳)
carbonic oxide 一氧化碳
carboniferous period 石炭纪
carbonification 碳化作用
carbon ink 碳素墨水
carbon insert 石墨衬套
carbonite 碳质炸药(硝化甘油、硝酸钾、锯屑炸药)
carbonitriding 碳氮共渗
carbonium 阳碳离子;碳鎓;碳
carbonium ion 碳鎓离子;阳碳离子;正碳离子
carbonium-ion rearrangement 碳鎓离子重排
carbonization (1)碳化(作用)(2)碳酸化(3)炭化(4)增碳
carbonization at low temperature 半焦化;低温碳化
carbonization of wood 木材干馏
carbonized fibre 碳化纤维
carbonizer (1)(氯化铝)去纤维素液(2)碳化塔
carbonizing (1)碳化的(2)碳化
carbonizing flame 还原焰;碳化焰
carbonizing oven 碳化炉
carbon laydown 炭沉积;积炭
carbonless copy paper 无碳复写纸
carbon-13 magnetic resonance (^{13}**CMR**) 碳-13(核)磁共振
carbon matrix composite 碳基复合材料
carbon membrane 碳膜
carbon microfiltration membrane 碳微滤膜
carbon miles 清(除发动机)积炭后行驶英里数
carbon molecular sieve 碳分子筛
carbon monofluoride 氟化石墨($CF_{0\sim1.24}$)
carbon monoxide 一氧化碳
carbon monoxide acetate 双乙氧基碳;一氧化碳乙酸酯
carbon monoxide conversion 一氧化碳变换
carbon-nitrogen cycle 碳-氮环
carbonoid 类碳型;碳构型
carbon oxysulfide 氧硫化碳
carbon paper 复写纸;(俗称)炭纸
carbon paste 碳糊;(俗称)电极糊
carbon paste electrode 碳糊电极
carbon piston ring 石墨活塞环
carbon plate shelf 碳板架
carbon prenitride 叠氮化氰
carbon refractory 炭砖;碳质耐火材料
carbon regeneration 活性炭再生
carbon remover (1)除积炭器(2)除积炭剂
carbon residue 残炭;炭渣;焦炭残渣
carbon resistance furnace 碳(极)阻(力)电炉
carbon rheostat 碳变阻器
carbon roller 石墨辊
carbon selenosulfide 硫硒化碳
carbon-silicon steel 硅钢
carbon-sludge recycle 活性炭-污泥循环
carbon source 碳源
carbon steel(s) 碳素钢
carbon subnitride 丁炔二腈
carbon suboxide 二氧化三碳
carbon subsulfide 二硫化三碳
carbon tetrachloride 四氯化碳
carbon tetrafluoride 四氟化碳
carbon tetrahalide 四卤化碳
carbon tissue 复写纸
carbon tribromide 六溴乙烷
carbon trichloride 六氯乙烷
carbon triiodide 六碘乙烷

carbon tube 碳管
carbon-white 白炭黑(SiO_2,白色)
carbon wipers 碳石墨刮壁器
carbonyl 羰基;碳酰
carbonylation 羰基化(作用)
carbonyl bromide 碳酰溴
carbonyl chloride 光气;碳酰氯
carbonyl chlorobromide 碳酰氯溴
carbonyl complex 羰基络合物
***N*,*N′*-carbonyldiimidazole** 羰二咪唑
carbonyldioxy 碳酰二氧基;碳酸基
carbonyl disulfide 二硫化羰
carbonyl ferrocyanic acid 五氰一羰合亚铁酸
carbonyl (ferro) heme 碳氧(亚铁)血红素;羰合血红素
carbonyl fluoride 碳酰氟;羰基氟化物
carbonyl group 羰基
carbonyl h(a)emoglobin 碳氧血红蛋白
carbonyl iron powder 羰基铁粉
carbonyl-monothio-acid 一硫羟碳酸
carbonyl myoglobin 碳氧肌红蛋白;羰合肌红蛋白
***α*-carbonylphenylacetonitrile** *α*-羰基苯基乙腈
carbonyl process 羰化法
carbonyl pyrrole 碳酰吡咯
carbonyl sulfide 硫化羰;氧硫化碳
carbon-zinc cell 碳锌电池
carbophenothion 三硫磷
carboplatin 卡铂
carboprost 卡前列素
carboquone 卡波醌
carboraffin 糖用活性炭
carborane 碳硼烷
carborane polymer 碳硼聚合物
carborundum 金刚砂;碳化硅
carborundum arch 碳化硅炉拱
carborundum brick 碳化硅砖
carborundum grinding wheel 金刚砂轮
carborundum paper (金刚)砂纸
carborundum paste 金刚砂研磨膏;(俗称)凡尔砂
carborundum sharpening stone 金刚砂磨石;金刚砂油石
carbo sanguinarius 血炭
carbosant 碳酸檀香酯
carbosilane 碳硅烷
carbostyril 喹诺酮;2-羟基喹啉
carbostyrilic acid 犬尿酸
carbothialdine 二硫代氨基甲酸二乙胺盐
carbothioic acid 硫代羧酸
carbothiolic acid 硫羟酸;巯酸;(曾称)硫赶碳酸 $CO(SH)_2$
carbothionic acid 硫羰酸;硭酸;(曾称)硫逐碳酸 $CS(OH)_2$
car-bottom furnace 车底炉
carbowax 聚乙二醇(的别名)
carboxamide ribotide 甲酰胺核苷酸
carboxethyl ester 烃氧基丙酸;羧乙基醚
Carboxide 环氧乙烷二氧化碳 1∶9 混合物的商品名
carboxide (1)羰化物 $M(CO)_n$(2)羰基
carboxin 萎锈灵
carbox metal 卡波克斯(铅锑)合金
carboxonium 碳氧基正离子
carbox process 卡波克斯过程(碳热氧化还原过程,碳化铀核燃料再循环)
***β*-carboxyaspartic acid** *β*-羧基天冬氨酸
***p*-carboxybenzhydrol** 对羧基二苯甲醇
carboxybiotin 羧基生物素
***o*-carboxycinnamic acid** 邻羧基肉桂酸
carboxycyclohexane 羧基环己烷
carboxydismutase 羧基歧化酶;核酮糖二磷酸羧化酶
carboxyethyl 羧乙基
***γ*-carboxyglutamic acid** *γ*-羧基谷氨酸
carboxyh(a)emoglobin 碳氧血红蛋白
carboxykinase 羧化激酶
carboxy(l) 羧基
carboxylamine 氨(基)甲酸
***β*-carboxylase** *β*-羧基[羧化]酶
carboxylate 羧化物;羧酸盐(或酯)
carboxylate inhibitor 羧酸类缓蚀剂
carboxylation 羧基化;羧化(作用)
carboxylesterase 羧酸酯酶
carboxylic acid 羧酸
carboxylic ester 羧酸酯
carboxylic ether 羧酸酯
carboxyl(ic) group 羧基
carboxylic rubber 羧基橡胶
carboxylnitroso rubber (CNR) 羧基亚硝基橡胶
carboxyl terminal 羧基端
carboxyltransferase 羧基转移酶
carboxy methylamylose 羧甲基直链淀粉
carboxymethyl cellulose (CMC) 羧甲基纤维素
carboxymethylcellulose sodium 羧甲基纤维素钠

carboxymethyl hydantoinase 羧甲基乙内酰脲酶
carboxy neoprene rubber 羧基氯丁橡胶
carboxy nitrile rubber 羧基丁腈橡胶
carboxynitroso-fluoroelastomer 羧基亚硝基氟橡胶
carboxypeptidase 羧(基)肽酶
carboxy phenyl arsenious acid 羧苯亚胂酸
carboxy phenyl arsine oxide 氧化羧苯胂
***p*-carboxy phenylarsonic acid** 对羧苯基胂酸
carboxy phenyl dihydroxy arsine 羧苯亚胂酸 $HOOC \cdot C_6H_4 \cdot As(OH)_2$
***p*-carboxy phenylphosphonic acid** 对羧苯基磷酸
carboxypolymethylene 羧聚乙烯
carboxypolypeptidase 羧基多肽酶
8-carboxyquinoline 8-喹啉羧酸
carboxysome 羧化体
carboxy styrene-butadiene latex adhesive 羧基丁苯胶乳胶黏剂
4-carboxyuracil (＝orotic acid) 4-羧基尿嘧啶;乳清酸
carboy 酸坛;(常为)小口大玻璃瓶
carboy inclinator (酸)坛倾架
carboy tilter (酸)坛倾架
carbromal 卡溴脲;阿达林;二乙代溴乙酰脲
carbubarb 卡布比妥
carburant 增碳剂;渗碳剂
carburated water gas 增碳水煤气
carburator (1)渗碳器(2)汽化器;化油器
carbur(et)ant 增碳剂;渗碳剂
carburetor (1)增碳器(2)汽化器;化油器
carburetted spring 碳酸泉
carburet(t)er 汽化器;化油器
carburetting oil 增碳用油(生产气体烃用的油料;瓦斯油)
carburite 碳混铁
carburization 渗碳
carburizer 渗碳剂
carburizing 渗碳
carburizing apparatus 碳化装置
carburizing flame 碳化焰
Carburol process 卡布罗(裂化)过程
carbutamide 氨磺丁脲
carbuterol 卡布特罗
carbyl 二价碳基(·C·)
carbylamine(＝isocyanide) 异氰化物;(某基)异腈;某胩(R·NC)
carbylamine reaction 成胩反应
carbylic acid 碳基酸〔酸基中含碳之酸如RCOOH,RCSSH 等〕
carbyne 碳炔
carcase work 预埋工程(管线或电线等)
carcas (plies) 帘布层
carcass (1)胎体;胎身;(胶带)带芯(2)骨架(层);加强层;待修胎;帘布层;(胶管)夹布层
carcinocidin 消癌菌素
carcino-embryonic antigen (CEA) 癌胚抗原
carcinogen 致癌物
carcinogenesis 致癌作用;癌发生
carcinogenic compound 致癌化合物
carcinogenicity 致癌性;致癌力
carcinogenic substance 致癌物
carcinolysin 溶癌素
carcinolysis 癌溶解
carcinomic acid 癌脂酸
carcinomycin 癌毒素
carcinostatin 制癌菌素
car cleaner 车辆洗净剂
CARD 计算机辅助研究开发
cardaissin 牛副肾素
cardamom oil 小豆蔻油;砂仁油
cardanol 腰果酚;槚如酚
cardboard 咭纸;特等纸板;卡(片)纸板
cardiac extract 心脏素
cardiac hormone 心脏素
cardiac tonic (1)治疗心功能不全药(2)强心药
cardiamine 强心胺
cardiazol 卡地阿唑
cardicin 卡氏菌素
cardinal plane 基面
cardinal point 基点
cardinal red 深红色的
carding tool 梳刀
cardinon 心脏素
cardinophyllin 抗癌霉素
cardioid condenser 心形聚光器
cardiolipin 心磷脂;双磷脂酰甘油
cardionatrin 心脏素
cardiotonic (1)治疗心功能不全药(2)强心药
cardiotoxin 心脏毒素;眼镜蛇毒素
card paper 卡纸
car dumper 倾倒车
carene 蒈烯;蒈萜
Carey-Foster bridge 卡雷-福斯特电桥

carfecillin sodium 卡非西林钠
cargo carrier 运货工具
cargo pump 货船泵
(**cargo**) **truck** 载重汽车
cargo work 货物装卸
cargutocin 卡古缩宫素
caricin 番木瓜苷
carindacillin 卡印西林;羧茚苄青霉素
carisoprodol 卡立普多;肌安宁;异丙眠尔通
car load 车辆载荷
Carlsbad salt 卡尔斯泉盐(含硫酸钠、碳酸氢钠、氯化钠及硫酸钾)
Carlson process (**for cyanamide**) 卡尔逊(制氰氨化钙)法
Carl-Still coke oven 斯蒂尔焦炉
carminative (1)驱风剂(2)排气剂
carmine 胭脂红;洋红;卡红
carminic acid 胭脂红酸
carminite 砷酸铝铁矿
carminomycin 洋红霉素
carmofur 卡莫氟;氟己嘧啶
carmoxirole 卡莫昔罗
carmustine 卡莫司汀;卡氮芥;双氯乙亚硝脲;亚硝(基)脲氮芥
carnallite 光卤石
carnallitite 光卤石
carnauba wax 巴西棕榈蜡;加诺巴蜡
carnaubic acid 巴西棕榈酸;二十四(烷)酸
carnaubyl alcohol 巴西棕榈醇;二十四(烷)醇
carnegieite 三斜霞石
carnegine 卡乃京
carnelian 光玉髓;肉红玉髓
carneolutescin 肉黄菌素
carnic acid 肉酸
carnidazole 卡硝唑
carnine 肌苷;次黄嘌呤核苷
carnitine 卡尼汀;肉(毒)碱
carnosine 肌肽
carnosol 鼠尾草酚
Carnot cycle 卡诺循环
carnotite 钒钾铀矿
Carnot's principle 卡诺原理
Carnot theorem 卡诺定理
carob gum 角豆树胶
carol 蒈(烷)醇
carone 5-蒈酮
Caro's acid 过一硫酸
carotene 胡萝卜素;叶红素
carotene epoxide 环氧胡萝卜素
β-carotene oxide β-胡萝卜素氧化物
carotene oxygenase 胡萝卜素加氧酶
carotenoid 类胡萝卜素;类叶红素
carotenol 胡萝卜醇;叶黄素
β-carotenone β-胡萝卜酮
carotin 胡萝卜素
carotinase 胡萝卜素酶
carotol 胡萝卜次醇
caroverine 卡罗维林
caroxazone 卡罗沙酮
carpaine 番木瓜碱
carpenter 49 卡喷特49软磁合金
carpet cleaner 地毯清洁剂
carpetimycins 卡派霉素
carphenazine 丙酰奋乃静
carpincho 水猪皮(或其手套革)
carpipramine 卡匹帕明
carposide (=caricin) 番木瓜苷
carprofen 卡洛芬
carpronium chloride 卡普氯铵;氯化三甲胺丁酸甲酯
carrageenan 角叉菜胶;鹿角菜胶;卡拉胶
carrageenin 角叉菜胶;鹿角菜胶;卡拉胶
carriage axle 车轴
carriage works 车辆厂
carrier (1)载体(2)运载蛋白
carrier-and-stacker 堆垛车
carrier coprecipitation 载体共沉淀
carrier distillation method 载体分馏[蒸馏]法;(光谱)载带法
carrier free 无载体
carrier gas 载气
carrier gas inlet 载气进口
carrier gas pressure 载气压力
carrier gas supply 载气供给
carrier in 载体加入
carrier liquid 载液
carrier out 载体流出
carrier particle 颗粒载体
carrier precipitation 载体沉淀作用
car(r)ol(l)ite 硫铜钴矿
carrying agent 载体
carrying bar 承载梁
carrying capacity 允许载荷[重]量;承压力
carrying load 承压力
carrying power 允许载荷量
carry-off of heat 排热

carry out a test 进行一次试验
carry over 带出(粉尘)
carry-over-effect (机械)携带效应
carry-over factor 传递系数
carry-scraper 铲运机
carry under 夹带;水中带气
CARS 相干反斯托克斯-拉曼散射
carsalam 卡沙兰;苯噁嗪二酮
car sampling 槽车取样
cartap 杀螟丹
carteolol 卡替洛尔
carte paper 地图纸
Cartesian coordinates 笛卡儿坐标
carthamic acid(=carthamin) 红花素
carthamin(e) 红花素
carthamus oil 红花油
carticaine 卡替卡因
cartilagin 软骨蛋白
cartinellin (=cortinellin) 香菇菌素
car tipper 翻斗车
cartogram 统计图
carton 卡纸板;纸盒
cartridge cover 滤筒顶盖
cartridge element 放热元件
cartridge heater 筒形加热器
cartridge ionic membrane 筒式离子膜
cartridge paper 火药纸
cartridge seal 盒式密封
cartridge tape 卡式磁带
cartridge type 整块式(指塔板)
carubicin 卡柔比星;洋红霉素
carubinose 卡如宾糖;*d*-甘露糖
carumonam 卡芦莫南
carvacrol 香芹酚
carvacryl 香芹基
carvacrylamine 香芹胺
carvasin 硝酸异山梨酯
carvedilol 卡维地洛
carvene(=*d*-limonene) 香芹烯
carvenol 香芹烯醇
carvenone 香芹烯酮
carveol 香芹醇
carvestrene 香芹萜
carvol(=carvone) 香芹酮
carvomenthenol 香芹盖烯醇
carvomenthol 香芹盖醇
carvone 香芹酮
carvoxime 香芹(酮)肟
caryin 山核桃碱
carylamine 菪烷胺
caryomycin 核霉素
caryophyllene 石竹烯
caryophyllenic acid 石竹烯酸
caryophyllenol 石竹烯醇
caryophyllin 石竹素
caryotype 染色体组型
carzenide 卡西尼特;氨磺酰苯(甲)酸
carzinocidin(=carcinocidin) 消癌菌素
carzinomycin (=carcinomycin) 癌霉素
carzinophillin 嗜癌素
carzinostatin 制癌菌素
Casale closure 卡萨莱密封
casamino acids 酪蛋氨基酸
casanthranol 鼠李蒽酚
casbene 蓖麻烯
casc.(cascade) 阶式蒸发器;串联
cascade 级联
cascade aerator 阶式曝气装置
cascade alkylator 多级烷化器
cascade battery (1)级联电池组(2)阶式蒸浓装置
cascade centripetal 多段冲击采样器
cascade chromatography 级联色谱法;级联层析
cascade compensation 串联补偿
cascade concentrator 阶式蒸浓器
cascade condenser 逐级冷凝器
cascade control 串级控制
cascade control systems 串级调节系统
cascade cycle 级联循环;串级循环
cascade dryer 阶式干燥器;多段式干燥器
cascade evaporation 串级蒸发
cascade extraction 串级萃取
cascade flow 叶栅流
cascade heat exchanger 阶(梯)式换热器
cascade impactor 阶式碰撞取样器
cascade impact thrower 宝塔式淋洒器
cascade mass spectrometer 级联质谱计
cascade mill 阶式磨机
cascade press 阶式压榨
cascade reactor 级联反应器;阶式反应器
cascade ring 阶梯环
cascade rotary pump 串级旋转泵;级联泵
cascades of stages 级的串接
cascade system 串级系统
cascade-tray fractionating column 阶式盘分馏塔
cascade type cooler 阶式冷却器
cascade type dryer 多段式干燥器;阶式干燥器

cascara (1)药鼠李(植物)(2)药鼠李皮；波希鼠李皮
cascarilla 卡藜
cascarillin 卡藜灵
cascarin 药鼠李苷
cascoiodine 酪碘；碘化酪蛋白
case 外壳；机壳；壳体
caseanic acid 酪烷酸
caseation 酪化(作用)
case bay 梁间距
case-bonded casting 贴壁浇注
(cased-)muff coupling 套筒联(轴)节
case hardening 表面硬化；表层硬化；表面淬火
case-hardening drying 表面硬化
case history 病史
casein 酪蛋白
caseinase (＝rennase) 酪蛋白酶
caseinate 酪蛋白酸盐
casein cement 酪素黏合剂
casein fibre 酪蛋白纤维
casein finish paste 揩光浆
casein-formaldehyde resin 酪蛋白甲醛树脂
casein glue 酪蛋白胶
caseinic acid 酪蛋白酸
casein plastic 酪蛋白塑料
casein-soybean glue 酪蛋白-大豆胶黏剂
case of pump 泵壳
caseose 酪脲
case-sealing PSAT 封箱带
cashew 槚如树；腰果树
cashew apple oil 槚如(坚)果油；腰果油
cashew-nut oil 槚如(坚)果油；腰果油
cashew resin 槚如树脂；腰果树脂
cash-flow diagram 现金流通图
cashmere 山羊绒；开斯米绒
cash on delivery 货到付款
casimiroedine 卡西定
casimiroin 卡西碱
casing (1)机壳(2)护板 (3)汽车外胎 (4)汽缸；外壳
(casing)bush 衬套
casing cap 管帽
casing cover 轴盖；罩盖
casing end 壳体端盖
casing guide of pump 泵体导槽
casing head 套管头
casing-head gas 油井气；油田气
casing head gasoline 油井汽油；天然汽油
casing liner 壳体衬板；泵壳O形环
casing O-ring 壳体O形环
casing ply 骨架层
casing ring 壳环；泵壳口环；阻漏环
casing stud 壳体双头螺栓
cask flask (贮运放射性物质的)屏蔽容器；屏蔽罐
caspase 半胱天冬蛋白酶
cassaidine 二氢围涎皮次碱
cassaine 围涎皮次碱
cassamine 围涎皮胺
cassawa starch 木薯粉
Cassella's acid 卡塞拉酸；2-萘酚-7-磺酸
cassel yellow 氯化铅黄($PbCl_2 \cdot 7PbO$)
casserole 勺皿
cassette 暗盒
cassette audio tape 盒式录音磁带
cassette tape 盒式磁带
cassia bark (中国)(肉)桂皮
Cassia fistula 清泻山扁豆
cassia oil (中国)(肉)桂皮油
cassiterite 锡石
cast 铸塑
castability 可铸(造)性；可铸塑性；可流延性
castable explosive 熔铸炸药
cast alloy 铸造合金
cast alloy iron 合金铸铁
castanea 齿栗叶
castanospermine 澳栗碱
cast basalt tube 玄武岩铸石管
cast brass 生黄铜
cast bronze 铸青铜
cast-coated paper 铸涂纸
castelamarin 堡树苦素
castellated knife 堞形刮刀
cast flange 铸造法兰
cast graphite 铸塑石墨
castile soap 橄榄油皂；马赛皂
castine 牡荆碱
casting (1)浇铸(2)铸品
casting bath 铸条浴；铸带浴
casting department 铸工车间
casting flaw 铸造缺陷
casting iron enamel 生铁搪瓷
casting iron pan 铸铁锅
casting lead model 浇铅模具
casting machine 刮膜机
casting pattern 铸造模型
casting plastics 铸塑塑料

casting process 制膜工艺
castings examination 铸件检验
casting solution 制膜液
casting strain 铸造应变
casting surface defect 铸件表面缺陷
cast iron 铸铁
cast-iron pipe 铸铁管
cast-iron pipe fittings 铸铁管件
cast-iron pressure pipe 铸铁管
castle nut 槽顶螺母
castle's intrinsic factor 卡斯尔氏(造血)内因子
cast mo(u)lding 浇铸
Castner cell 卡斯纳电解槽
cast No. 浇注号
castor agglutinin 蓖麻凝聚素
castor(eum) 海狸香
castoric acid 海狸香酸
castorin 海狸香素
castor machine oil 铝皂稠化机械油
castor oil 蓖麻子油
castor oil acid 蓖麻酸
castor pomace 蓖麻油渣
cast phenolic plastics 铸塑酚醛塑料
cast plastics 铸塑塑料
cast polymerization 铸塑聚合
cast resin 铸塑树脂
castrix 鼠立死
cast steam manifold 铸造蒸汽集管箱
cast steel 铸钢
cast stone 铸石
cast test block 铸造试块[棒]
cast urea-formaldehyde plastics 铸塑脲醛塑料
castweld construction 铸焊结构
casual inspection 不定期检查;临时检查
casual observation 随机观测
casualty 事故
CAT 计算机辅助测试
catabolic plasmid 分解性质粒
catabolism 分解代谢;降解代谢
catabolite 分解代谢物;降解(代谢)产物
catabolite gene activation protein (CAP) 降解物基因活化蛋白
catabolite repression 分解代谢物阻遏;分解物阻遏
catalase 过氧化氢酶;催化酶;触酶
catalasometer 催化酶活度计
catalimetric titration 催化滴定
catalloy 催化合金
catalog(ue) 商品目录;产品样本
catalog(ue) number 产品样本号
catalposide 梓苷
catalymetric microdetermination 催化微量测定法
catalysant 被催化物
catalysate 催化产物
catalysis 催化(作用);接触作用
catalyst 催化剂
catalyst activity 催化剂活性
catalyst basket 催化剂筐;触媒筐
catalyst carrier 催化剂载体
catalyst coated membrane 膜催化层
catalyst cooler 催化剂冷却器
catalyst damage 催化剂中毒
catalyst deterioration 催化剂中毒
catalyst down-flow principle 催化剂下流[降流]原理
catalyst fines 催化剂粉末
catalyst for water proofing agent 防水剂触媒
catalyst fouling substance 催化剂污染物质
catalyst level 催化剂层面
catalyst life 催化剂寿命
catalyst poisoning 催化剂中毒
catalyst precursor composition 催化剂母体成分
catalyst promoter 助催化剂
catalyst purge section 催化剂冲洗段
catalyst reactivation 催化剂再生
catalyst recirculation[recycle] 催化剂循环
catalyst recovery 催化剂再生
catalyst reduction 催化剂再生
catalyst regeneration 催化剂再生
catalyst selectivity 催化剂选择性
catalysts for environmental protection 环境保护催化剂
catalyst spraying process 催化喷涂法
catalyst stream 催化剂流
catalyst stripper 催化汽提塔
catalyst support 催化剂载体
catalyst susceptibility 催化剂感受性
catalyst-to-charge ratio 催化剂对进料比
catalyst-to-crude ratio 催化剂对原料比;催化剂对进料比
catalyst tube 催化剂管
catalyst up-flow principle 催化剂上流[升流]原理
catalytic active site 催化活性位

catalytic activity 催化活性
catalytic after-burner 催化补燃室
catalytic antibody 催化抗体;抗体酶
catalytic cartridge 催化软片
catalytic chromatography 催化色谱法
catalytic cleaning 催化净化
catalytic coal gasification 煤催化气化
catalytic coal liquefaction 煤催化液化
catalytic colorimetry 催化比色法
catalytic composite 复合催化剂
catalytic constant 催化常数;转换数
catalytic converter 催化转化器
catalytic cracking 催化裂化
catalytic cracking reactor 催化裂化反应器
catalytic cracking unit 催化裂化装置
catalytic current 催化电流
catalytic dehydrogenation 催化脱氢
catalytic desulfurhydrogenation 催化加氢脱硫
catalytic dewaxing 催化脱蜡
catalytic diesel oil 催裂柴油
catalytic exhaust gas muffler 催化排气消声器
catalytic exhaust purifier 废气催化净化器
catalytic fluorimetry 催化荧光法
catalytic gas oil 催化(裂化)瓦斯油
catalytic gasoline 催化裂化汽油
catalytic hydrocracking 催化加氢裂化
catalytic hydrogenation 催化加氢;催化氢化
catalytic hydrogenolysis 催化氢解
catalytic hydrogen wave 催化氢波
catalytic membrane reactor 催化膜反应器
catalytic nonselective polymerization 催化非选择性叠合
catalytic odo(u)r treatment 臭气催化处理
catalytic partial oxitation 催化部分氧化
catalytic reaction 催化反应
catalytic reactive membrane 催化反应膜
catalytic reactor 催化反应器
catalytic reforming 催化重整
catalytic selectivity 催化选择性
catalytic site 催化部位
catalytic subunit 催化亚单位;催化亚基
catalytic surface 催化面
catalytic titration 催化滴定
catalytic wave 催化波
catalyzator(=catalyst) 催化剂
catalyzed polymerization 催化聚合
catalyzer 催化剂
catalyzing enzyme 催化酶
cat and dog production 多规格生产;杂乱生产
cataphoresis 阳离子电泳
cataphoretic mobility 阳离子电泳迁移率
cataplasm 泥敷剂
catapleiite 钠锆石
catarobia 清水生物
Catarole process 卡塔罗尔法(烃类管式炉催化裂解生产烯烃、芳烃等)
catastrophe 突变
catastrophe theory 突变论
catastrophic creep 灾变蠕变;致毁蠕变
catastrophic failure 灾害性破坏
catastrophic model 突变模型
catastrophic rate of nucleation 突变成核速率
catch 捕集
catch-all 分沫器;截液器
catch-all drain 除沫器排液管
catch-all steam separator 截液器;分沫器
catch basin 雨水井;集泥井;滤污器;集水池;流域
catch bolt 止动螺栓
catcher (接)受器
catcher screw 压紧器螺钉
catch foil 捕集箔
catch pan 水槽
catch pawl 棘爪
catch pot 捕集器;收集器;回收器
catch tank 捕集槽;收集槽;预滤器
catch water 汽水分离器
cat-cracker 催化裂解装置
catechin 儿茶素
catechinic tanning material 儿茶类鞣料
catechol 儿茶酚,指:(1)(+)-儿茶素(2)即焦儿茶酚或邻苯二酚
catecholamin(e) 儿茶酚胺
catecholase 儿茶酚酶;邻苯二酚酶
catechol-*O*-methyltransferase 儿茶酚-*O*-甲基转移酶
catechol oxidase 儿茶酚氧化酶
catechol violet 邻苯二酚紫
catechu black 儿茶黑
categorization 分类
catelectrode 阴极
catenane 索烃
catenary installation car 安装(高空)作业车
catenary working car 架线作业车
catenase 裂解酶

catenin 联蛋白
catenulin 小串菌素
Caterpillar 1-A test 开特皮拉 1-A 试验(用开特皮拉发动机测润滑油去垢性)
caterpillar crane 履带起重机
caterpillar ditcher 履带式挖沟机
caterpillar loader 履带式装载机
caterpillar(-mounted) excavator 履带挖土机
caterpillar take-off 履带式接取装置
Catformer 催化重整装置
catforming 催化转化[重整]法
catforming process 催化重整过程(大西洋公司含硫里格罗因催化芳构化)
cat gasoline 催化(裂化)汽油
cath(a)emoglobin 变性高铁血红蛋白
catharanthine 长春碱
cathartic 泻药
cathepsin 组织蛋白酶
cathetometer 测高仪
cathidine 阿(拉伯)茶碱
cathi(ni)ne 阿(拉伯)茶碱
cathinone 卡西酮
cathode 阴极
cathode layer enrichment method 阴极区富集法
cathode liquor 阴极电解液
cathode luminescence 阴极发光
cathode ray 阴极射线
cathode ray polarograph 阴极射线极谱仪
cathode-ray tube 阴极射线管
cathode spot 阴极斑点
cathode sputtering 阴极溅射
cathodic coatings 阴极性镀层
cathodic corrosion 阴极腐蚀
cathodic current 阴极电流
cathodic deposition 阴极淀积
cathodic electrodeposition coating 阴极性镀层
cathodic etcher 阴极蚀刻器
cathodic inhibitor 阴极型缓蚀剂
cathodic polarization 阴极极化
cathodic potential 阴极电位
cathodic protection 阴极保护
cathodic protection equipment 防电化学腐蚀装置
cathodic protection parasites 妨碍阴极保护的物质
cathodic protector 阴极保护器
cathodic (sacrificial) protection 阴极保护
cathodic sputtering 阴极溅射
cathodic stripping 阴极溶出(法)
cathodograph 电子衍射照相机
cathodoluminescence 阴极(射线)发光
cathodophosphorescence 阴极射线致磷光
catholyte 阴极电解液
cation 阳离子;正离子
cation acid 阳离子酸
cation-exchange chromatography 阳离子交换色谱法
cation exchanger (1)阳离子交换器(2)阳离子交换剂
cation exchange resin 阳离子交换树脂
cationic acid 阳离子酸
Cationic Bright Yellow 7GL 阳离子嫩黄 7GL
Cationic Brilliant Red 5GN 阳离子艳红 5GN
cationic catalyst 正离子催化剂
cationic collector 阳离子收集极
cationic copolymerization 阳[正]离子共聚
cationic corn starch 阳离子(玉米)淀粉
cationic dye(s) 阳离子染料
cationic fat liquor 阳离子加脂剂
cationic fatliquor 阳离子乳液加脂剂
cationic initiator 阳[正]离子引发剂
cationic nylon membrane 阳离子尼龙膜
cationic polymer drilling fluid 阳离子聚合物钻井液
cationic polymerization 阳[正]离子(催化)聚合(作用)
cationic polymer 阳离子聚合物
cationic pure blue 阳离子翠蓝
cationic red 阳离子红
cationics 阳离子型表面活性剂;阳离子剂
cationic starch 阳离子淀粉
cationic surface active agent 阳离子型表面活性剂
cationic surfactant 阳离子型表面活性剂
cationic-type polyacrylamide 阳离子型聚丙烯酰胺
cationic violet 阳离子紫
cationic yellow 阳离子黄
cation interchange 阳离子交换
cationite 阳离子交换剂
cationoid reagent 类阳离子试剂
cationotropic rearrangement 正离子转移重排
cationotropy 阳离子移变(现象)

cation resin 阳离子交换树脂
cation vacancy 阳离子空位
catocene 卡托辛
catolyte 阴极电解液
catreformer 催化重整器
cat salt 猫盐(自盐卤中提出的精盐)
cat skin 猫皮
cattle hide 黄牛皮
caucha 晒台(干燥智利硝石用)
cauldron 煮皂锅
cauliflower polymer 花菜状聚合物
caulked asymmetric membrane materials 填嵌不对称膜材料
caulked membrane 塞孔膜
caulk(ing) compound 填缝胶[料];腻子胶
caulking gun 填缝枪
caulophylline *N*-甲基金雀花碱
causal future 因果未来
causality 因果性
causal past 因果过去
caustic alkali 苛性碱
caustic baryta 氢氧化钡
caustic contact tower 碱接触塔
caustic cracking 苛性裂纹
caustic embrittlement 碱[苛]性脆化
caustic fusion 碱熔法;碱性熔炼
caustic hydride process 苛化氢化法(除垢法)
caustic in flakes 片状烧碱
causticity 苛性;腐蚀性
causticization 苛化
causticizing agitator 苛化搅拌器
causticizing process 苛化法
causticizing tank 苛(性)化槽
caustic lime 生石灰
caustic liquor 苛性(碱)液
caustic lye 苛性碱液
caustic lye of soda 烧碱液;氢氧化钠液
caustic magnesia 轻烧氧化镁;苛性氧化镁;轻烧镁石
caustic methanol solution 苛性钠甲醇溶液
caustic neutralizer column 碱中和塔
caustic oil of arsenic 三氯化砷
caustic potash 苛性钾;氢氧化钾
caustic potash lye 钾碱液
caustic pretreating 碱预处理
caustic regeneration 碱再生
caustics 焦散线(光学)
caustic scrubber 碱洗气器;碱洗涤塔[器]
caustic soda 苛性钠;烧碱;氢氧化钠;苛性苏打
caustic soda flaker (烧)碱结片机
caustic soda process (日本)苛性苏打法(脱二氧化硫)
caustic-treated 碱精制的;碱洗的
caustic treater 碱洗罐;碱洗装置
caustic wash(ing) 碱洗;氢氧化钠洗
caustic washing tank 碱洗槽
caustobioliths 可燃性生物岩
caustophytoliths 可燃性植物岩
caustozooliths 可燃性动物岩
Caution against wet 切勿受潮
cavatition corrosion 空化腐蚀
CAV disc CAV 光盘
caveolae 胞膜窖
caveolin 窖蛋白
cavern (1)空穴;洞穴(2)地下油库;地下储槽
cavitation (1)空化(2)空蚀;气蚀;汽蚀[穴]
cavitation corrosion 空化腐蚀
cavitation corrosion test 空泡腐蚀试验法
cavitation damage 空蚀;气蚀
cavitation effect (1)空化效应(2)气蚀效应
cavitation erosion 气蚀;穴蚀;麻蚀;空蚀
cavity 空穴;空腔;腔体
cavity block 阴模
cavity field 空穴场
cavity flow 空泡流;空腔流
cavity-moulding 阴模模塑
cawk (1)氧化钡(2)重晶石;硫酸钡矿石
cayaponine 巴西瓜碱;泻瓜碱
Cayenne pepper 番椒;辣椒
Cayley-Hamilton theorem 凯莱-哈密顿定理
CB 导带
CCC 矮壮素
cccDNA 共价闭环 DNA
C_1- chemistry 碳一化学
CCK(cholecystokinin) 缩胆囊素;缩胆囊肽
C_{60} cluster C_{60} 簇
CCNU 氯乙环己亚硝脲
C_{60} compound(s) C_{60} 化合物
CCR(continuous catalytic refor-ming) 连续催化重整
CCS(=Chinese Chem. Soc.) 中国化学会
CDAA 草毒死
^{14}C dating 碳-14 年代测定
CDCA(chenodeoxycholic acid) 鹅去氧胆酸

CD (1)(＝circular dichroism) 圆二色性(2)(cyclic dextrin) 环糊精
CDEC 硫烯草丹;草克死
CDL-581 氯胺酮
cDNA(complementary DNA) 互补 DNA
CDP 胞苷二磷酸
CD spectrum(circular dichroism spectrum) 圆二色性谱
ceanothic acid 美洲茶酸
ceanothine 美洲茶碱
CEC(cyanoethyl cellulose) 氰乙基纤维素
cecropin 杀菌肽
cedar camphor 雪松醇;柏木醇
cedar gum 雪松胶
cedar leaves oil 雪松叶油
cedar soap 雪松皂
cedar(wood) oil 雪松油;柏木油
cedilanid 西地兰
cedrene 雪松(萜)烯
cedrenol 雪松烯醇;柏木烯醇
cedrin 策桩素
cedrol 雪松醇;雪松脑;柏木脑
cedronine 策桩宁
cedryl acetate 醋酸柏木酯;雪松醇乙酸酯
cefacetrile 头孢乙腈
cefaclomezine 头孢氯嗪
cefaclor 头孢克洛;氯氨苄头孢菌素
cefadroxil 头孢羟氨苄;羟氨苄头孢菌素
cefalexin 头孢氨苄;先锋霉素Ⅳ
cefaloglycin 头孢来星;头孢甘氨酸
cefaloridine 头孢噻啶;先锋霉素Ⅱ
cefalotin 头孢噻吩(钠);先锋霉素Ⅰ
cefamandole 头孢孟多;头孢羟苄唑
cefamezin 头孢唑啉钠
cefapirin 头孢匹林
cefathiamidine 头孢硫脒;先锋霉素 18 号
cef(a)triaxone 头孢曲松
cefatrizine 头孢曲嗪
cefazedone 头孢西酮
cefazolin 头孢唑啉
cefbuperazone 头孢拉宗
cefcapene 头孢卡品
cefclidin 头孢克定
cefdinir 头孢地尼
cefditoren 头孢托仑
cefepime 头孢吡肟
cefetamet 头孢他美
cefixime 头孢克肟
cefluosil 铈氟硅石
cefmenoxime 头孢甲肟
cefmetazole 头孢美唑
cefminox 头孢米诺
cefodizime 头孢地嗪
cefonicid 头孢尼西
cefoperazone 头孢哌酮;哌酮头孢菌素
ceforanide 头孢雷特
cefotaxime 头孢噻肟
cefotetan 头孢替坦
cefotiam 头孢替安
cefoxitin 头孢西丁;头孢甲氧霉素
cefozopran 头孢唑兰
cefpimizole 头孢咪唑
cefpiramide 头孢匹胺
cefpirome 头孢匹罗
cefpodoxime 头孢泊肟
cefprozil 头孢丙烯
cefradine 头孢拉定;头孢环己烯
cefsulodin 头孢磺啶
ceftazidime 头孢他啶;头孢噻甲羧肟
ceftezole 头孢替唑
ceftibuten 头孢布烯
ceftiofur 头孢噻夫
ceftiolene 头孢噻林
ceftioxide 头孢噻氧
ceftizoxime 头孢唑肟
ceftriaxone 头孢曲松
cefuracetime 头孢呋汀
cefuroxime 头孢呋辛
cefuzonam 头孢唑南
ceiling temperature 上限温度;规定最高温度
ceiling joint 平顶接头
celadon 青瓷
celadon glaze 青瓷釉
celadonite 绿鳞石
celastin(＝menyanthin) 睡菜苷
celastrine 南蛇藤碱
celery (fruits) oil 芹菜籽油
celery salt 芹籽盐
celery (seed) oil 芹菜(籽)油
celesticetin 天青菌素
celestine 天青石
celestine blue 天青石蓝
celestite 天青石
celestolide 萨利麝香
celiprolol 塞利洛尔
celite C 矿;才利特;C 盐;C 水泥石;铁铝酸四钙石
cell (1)(小)池(2)电池 (3)细胞

cellaburate 纤维醋丁酯
cellacefate 纤维醋法酯
cell biology 细胞生物学
cell biophysics 细胞生物物理学
cell composition 细胞组分
cell culture 细胞培养
cell cycle (1)细胞周期(2)生长周期
cell debris 细胞碎片
cell density 细胞密度
cell disruption 细胞破碎
cell electrophoresis 细胞电泳
cell engineering 细胞工程
cell extract 细胞抽提物
cell filter 机械翻盘过滤机;倾覆盘式真空过滤机
cell filtration 细胞过滤
cell fusion 细胞融合
cell gas 泡孔气体
cell harvesting 细胞收集
cell homogenate 细胞匀浆
cell immobilization 细胞固定化
cell-in cell-out method 池入-池出法
cell length 比色皿长度
cell liquor head tank 电解液高位槽
cell liquor pump 电解液泵
cell loading 细胞负载
cell lysis 细胞溶解
cell membrane 细胞膜
cell model 胞腔模型
cellobiase 纤维二糖酶
cellobionic acid 纤维(素)二糖酸
cellobiose 纤维(素)二糖
cellobiuronic acid 纤维二糖醛酸;4-葡糖-β-葡糖苷酸
cellodextrin 纤维糊精
cellohexose 纤维六糖
celloidin 胶棉屑(火棉的一种)
cellomate 叶枯散
cellon(=tetrachloroethane) 四氯乙烷
cellophane 赛璐玢;玻璃纸
cellosolve (1)溶纤剂;2-乙氧基乙醇;乙二醇一乙醚(2)(某)溶纤剂(类名)
cellosugars 纤维素糖类
cellotetrose 纤维四糖
cellotriose 纤维三糖
cell parameters 晶胞参数
cell room 电解车间
cell rupture 细胞破壁
cell separation 细胞分离
cell suspension culture 细胞悬浮培养
cell type heater 单元组合式炉
cellubitol 纤维素二糖醇
cellular 细胞的;蜂窝状的;多孔状的
cellular concrete 多孔混凝土
cellular convection 环形对流
cellular ebonite 蜂窝硬质胶;微孔硬胶
cellular filter 蜂窝状滤器
cellular glass 泡沫玻璃
cellular material 微孔材料
cellular plastic 泡沫塑料
cellular poison 细胞毒
cellular protoplasm 细胞原生质
cellular radiator 蜂窝式散热器
cellular rubber 泡沫橡胶
cellular structure 微孔结构
cellular texture 蜂窝状结构
cellular tubing 分格型配管
cellulase 纤维素酶
cellulase detergent 纤维素酶洗涤剂
cellule 小细胞
celluloid 赛璐珞
cellulosan 纤维聚糖
cellulose 纤维素
***α*-cellulose** 甲种纤维素
cellulose acetate 醋酸纤维素(酯);乙酸纤维素
cellulose acetate (CA) 醋酸纤维素
cellulose acetate-butyrate 醋[乙]酸-丁酸纤维素
cellulose acetate fibre 醋酯纤维
cellulose acetate membrane 醋酸纤维素膜
cellulose acetate-nitrate 乙酸-硝酸纤维素
cellulose acetate propionate 乙酸丙酸纤维素
cellulose acetate succinate 醋酸琥珀酸纤维素
cellulose acetobutyrate 乙酸丁酸纤维素
cellulose acetopropionate 乙酸丙酸纤维素
cellulose acetylation 纤维素醋化
cellulose activation 纤维素活化
cellulose adhesive 纤维素胶黏剂
cellulose base fibre 纤维素纤维
cellulose benzyl ether 纤维素苄醚
cellulose borates 硼酸纤维素
cellulose butylbenzoate 丁基-苯甲酸纤维素
cellulose butyrate 丁酸纤维素
cellulose derivative 纤维素衍生物
cellulose diacetate 二乙酸纤维素
cellulose diacetate fiber 二醋酯纤维
cellulose ester 纤维素酯

cellulose ether 纤维素醚
cellulose etherification 纤维素醚化
cellulose ethyl hydroxyethyl ether 纤维素乙基·羟乙基醚
cellulose hydrate 纤维素水合物；水化纤维素
cellulose mixed ester 纤维素混合酯类
cellulose mixed ethers 纤维素混合醚类
cellulose nitrate 硝酸纤维素
cellulose nitration 纤维素硝化
cellulose (ortho) phosphate 磷酸纤维素
cellulose paint 纤维素涂料
cellulose pigment finish 有色硝纤涂饰剂
cellulose plastic(s) 纤维素塑料
cellulose propionate 丙酸纤维素
celluloses binder 硝酸纤维成膜剂
cellulose sodium xanthogenate 黄原酸钠纤维素
cellulose sulfates 硫酸纤维素
cellulose thin-layer chromatography 纤维素薄层色谱法
cellulose titanate 钛酸纤维素
cellulose triacetate fiber 三醋酯纤维
cellulose triester 纤维素三酯
cellulose triether 纤维素三醚
cellulose varnish 纤维素清漆
cellulose xanth(ogen)ate 黄原酸纤维素
cellulosic coatings 纤维素涂料
cellulosic exchanger 纤维素类离子交换剂
cellulosic fibre 纤维素纤维
cellulosis 纤维分解
celluronic acid 纤维素糖醛酸
cell voltage 槽电压；电池电势
celsian-felspar 钡长石
Celsius thermometer 摄氏温度计
Celsius thermometric scale 摄氏温标
cement (1)胶接剂(2)水泥
cementability 粘接性；粘接能力
cementation 渗镀
cementation effect 胶接效应
cementation furnace 渗碳炉
cementation index (水泥)硬化率
cementation process 渗碳法
cementation steel 渗碳钢
cement bacillus 水泥杆菌(实为钙矾石晶体)
cement bag paper 水泥袋纸
cement clinker 水泥熟料
cement copper 渗碳铜
cement duct 黏液管
cemented carbide(s) 硬质合金
cemented joint 水泥连接
cement(ed) steel 渗碳钢
cement false set 水泥假凝
cement flash set 水泥瞬凝
cement gel 水泥凝胶
cementing 上胶浆
cementing agent 胶接剂
cementing bath 黏合浴
cementing machine 擦胶机
cementing material 胶凝材料
cementite 渗碳体；碳化铁体
cement kiln 水泥窑
cement kiln ash potassium fertilizer 水泥窑灰钾肥
cement lined pipe 水泥衬里管
cement lined steel 钢衬水泥
cement mixer 水泥浆搅拌机
cement mortar 水泥灰浆
cement of high index 高标号水泥
cement of low index 低标号水泥
cement raw meal 水泥生料
cement sack paper 水泥袋纸
cement(-sand) mortar 水泥砂浆
cement solidification 水泥固化
cement without clinker 无熟料水泥
centaurein 棕鳞矢车菊苷
centaurin 矢车菊(根)苷
centaurine 百金花碱
centaury (1)百金花；埃蕾(2)矢车菊(3)美洲车前菊
center cage 中央笼箱
center dividing wall 中心分隔壁
center-driven twin mill 中央传动的双台开炼机
center exhaust tunnel dryer 中间排气式隧道式干燥器
center fed column crystallizer 中央加料塔式结晶器
center heating tube 中心加热管
center height 中心高(度)
center hole 顶尖孔
cent(e)ring 打中心孔；定(中，圆)心；找中心；找正
centering tool 定中心工具
center mechanism 中央机构
center of force 力心
center of gravity 重心
center of inversion 对称中心
center of mass 质心

center-of-mass coordinate 质心坐标
center of moment 矩心
center of percussion 撞击中心
center of reduction 简化中心；约化中心
center pipe 中心管
center ring 中心环
center scraper 中央刮板；中心刮板
center shaft 中心轴
center spider 中心（星形）轮
center to center 中心到中心（距离）
center to end 中心到端面（距离）
center to face 中心到表面（距离）
center-to-side baffles 双缺圆［双流式］折流板
center tube cover 中心管盖
center wall up-draft heater 中央火墙烟气上行式加热炉
center winding 中心卷取
centigrade degree 百分温度；摄氏温度
centigrade scale 百分温标；摄氏温标
centigram method 半微量法
centipoise 厘泊
central atom 中心原子
central casing 中心套管
central circulating tube 中央循环管
central circulation tube evaporator 中央循环管式蒸发器
central control 集中控制
central control room 中央控制室
central dogma 中心法则
central downcomer 中央降液管；中央循环管
central downtake 中央降液管
central drain 中央排水渠；中心排水管
central drainage 中心排放
central facilities area 设备区
central field 有心力场；辏力场
central field approximation 中心力场近似
central force 有心力；辏力
central grate producer 中央炉篦发生炉
central impact 对心碰撞
central ion or atom 中心离子或原子
centralite 中定剂
centrality 中心性
centralization of hydrocarbons 烃中季碳原子形成
centralized separator 集中分离器
centralized control 集中控制
centralized hydrocarbons 富于季碳原子的烃类
central(ized) oiling 集中润滑
central line 中心线
central lubrication 集中润滑
central maximum 中央极大
central partition plate 中心隔板
central refrigerating plant 冷冻［制冷］总厂；中心制冷站；中央制冷装置
central relaxant 中枢松弛剂
central station （1）总站（2）中心电站
central stimulant 中枢兴奋药
central valve 中心型组合阀
central well down take 中心降液管
centre of force 力心
centre of gravity 重心
centre of mass 质心
centre-of-mass system 质心系
centre of percussion 撞击中心
centre of reduction 简化［约化］中心
centric benzene formula 向心苯式
centric formula 向心式
centricleaner 锥形除渣器
centriclone 锥形除渣器
centriffler 两段除渣器
centrifiner 立式离心除渣机
centrifugal absorber 离心吸收器
centrifugal atomizer 离心喷雾器
centrifugal barrier 离心势垒
centrifugal basket 离心过滤转鼓
centrifugal basket dryer 篮式离心机
centrifugal blender 离心（式）搅拌机
centrifugal blower 离心（式）鼓风机
centrifugal casting 离心浇铸
centrifugal catchall 离心式除沫装置
centrifugal chromatography 离心色谱法
centrifugal clarification 离心澄清
centrifugal classifier 离心分级［粒］器；离心精选机
centrifugal clarifier 离心澄清机；澄清式离心机
centrifugal cleaner 离心式除尘器；造纸机料箱
centrifugal collector 离心捕集器
centrifugal compressor 离心式压缩机；离心式压气机；涡轮压缩机；离心压缩蒸汽机
centrifugal concentrate 离心胶乳
centrifugal contactor 离心接触器
centrifugal decanter 离心或滗析器
centrifugal deflector 离心式导流板

centrifugal discharge 离心出料
centrifugal disk atomizer 离心式圆盘雾化器;(离心)导流转盘式喷雾器
centrifugal dryer 离心干燥器
centrifugal dust separator 离心式除尘器
centrifugal effect 离心效应
centrifugal emulser 离心乳化机
centrifugal evaporator 离心蒸发器
centrifugal extractor 离心(分离)萃取机;离心提取器
centrifugal fan 离心式(通)风机
centrifugal-film evaporator 离心薄膜式蒸发器
centrifugal force 离心力
centrifugal gas cleaner 离心涤气机
centrifugal gas washing fan(＝centrifugal gas cleaner) 离心涤气机
centrifugal grinder 离心研磨机
centrifugal hydroextractor 离心脱水机
centrifugal impeller mixer 离心叶轮混合器
centrifugalization 离心分离(作用)
centrifugal lubricator 离心(式)润滑器
centrifugal molecular still 离心式分子蒸馏设备
centrifugal oiler 离心加油器
centrifugal oil filter 离心滤油器
centrifugal paper chromatography 离心纸色谱法
centrifugal process 离心法
centrifugal pump of multistage type 多级离心泵
centrifugal pump of single stage type 单级离心泵
centrifugal pump of turbine type 水轮式离心泵
centrifugal pump with lining teflon 聚四氟乙烯塑料衬里离心泵
centrifugal pump with vertical axis 立式离心泵
centrifugal purification 离心纯化
centrifugal refrigeration system 离心制冷系统
centrifugal roll mill 离心滚磨
centrifugal screen 离心筛
centrifugal screw pump 离心螺旋泵
centrifugal scrubber 离心涤气机
centrifugal separation 离心分离(法)
centrifugal separator 离心式分离器[机]
centrifugal settler 离心沉降器
centrifugal settling 离心沉降
centrifugal spinning 离心纺丝
centrifugal spinning pot 离心纺丝罐
centrifugal spray dryer 离心喷雾(式)干燥器
centrifugal sprayer 离心喷雾机
centrifugal spray tower 离心喷淋塔
centrifugal stirrer 离心搅拌器
centrifugal supercharger 离心增压机
centrifugal superfractionator 离心增压分馏器
centrifugal thin-film evapourator 离心薄膜蒸发器
centrifugal trimmer 离心堆料器
centrifugal turbo-compressor 离心式透平压缩机
centrifugal type demister 离心式除沫器
centrifugal-type spray dryer 离心喷雾(式)干燥器
centrifugal ultrafiltration 离心超滤心蒸发器
centrifugal ultrafiltration concentration 离心超滤浓缩
centrifugal viscose grinder 离心式黏胶研磨机
centrifugal washer 离心洗涤机;内壁润湿除尘器
centrifugate 离心液
centrifugation 离心法;离心过滤
centrifuge 离心机
centrifuge basket 离心机盘
centrifuge blade 离心叶片;离心刀片
centrifuged latex 离心(分离)胶乳
centrifuge field 离心力场
centrifuge head 离心机转头
centrifuge rotor 离心机转子[鼓]
centrifuge scraper 离心叶片;离心刀片
centrifuge separator 离心分离器
centrifuge shield 离心管套
centrifuge trunnion 离心管套
centrifuge trunnion carrier 离心管套座
centrifuge tube 离心(机)管
centrifuge with cutter discharge of solid 刮刀卸料离心机
centripetal acceleration 向心加速度
centripetal development 向心展开(法)
centripetal force 向心力
centripetal pump 向心泵
centrode 瞬心迹
CEPA(couple-electron pair approximation) 耦合电子对近似
cephacetrile(＝cefacetrile) 头孢乙腈;氰

乙酰头孢霉素
cephacetrile sodium 头孢乙腈钠
cephaeline 九节因;吐根酚碱
cephalanthin 风箱树苷;北美荷草苷
cephalein 风箱树皮素;荷草皮素
cephalexin 头孢氨苄;先锋霉素Ⅳ号
cephalin(e) 脑磷脂
cephalochromin 头孢色菌素
cephaloglycin(=cefaloglycin) 头孢来星;头孢甘氨酸
cephalolexin(=cefalexin) 头孢氨苄
cephalomycin 抑脑炎菌素
cephalonic acid 头孢菌酸
cephaloridine 头孢噻啶
cephalosporin C 头孢菌素C
cephalosporins 头孢菌素类抗生素
cephalotaxine 三尖杉碱;粗榧碱
cephalothecin 复端孢菌素
cephalot(h)in(=cefalotin) 头孢噻吩(钠);先锋霉素Ⅰ
cephamycin 头霉素
cephapirin sodium 头孢匹林钠
cepharanthine 千金藤碱;顶花防己碱
cephradine 头孢拉定;头孢环己烯
ceptor 受体;接受体
cera alba 白蜂蜡
cera flava 黄蜂蜡
ceramal 陶瓷合金;合金陶瓷;陶瓷金属
ceramic adhesive 陶瓷胶;陶瓷黏合剂;陶瓷胶黏剂
ceramic Berl saddle 瓷弧鞍填料
ceramic capacitor[condenser] 陶瓷电容器
ceramic coating 陶瓷涂层
ceramic colo(u)r(ant) 陶瓷彩料;陶瓷颜料
ceramic fibre 陶瓷纤维
ceramic film 陶瓷薄膜
ceramic filter 陶瓷过滤器
ceramic former 瓷模
ceramic fuel 陶瓷燃料
ceramic glaze 陶瓷釉
ceramic heat exchanger 陶瓷换热器
ceramic industry 陶瓷工业
ceramic Intalox saddle 瓷矩鞍填料
ceramic matrix composite 陶瓷基复合材料
ceramic membrane 陶瓷膜
ceramic membrane electrode 陶瓷膜电极
ceramic metallizing 陶瓷金属化
ceramic nuclear fuel 陶瓷核燃料
ceramicon 陶瓷电容器
ceramic plate 陶瓷板
ceramic process pump 陶瓷化工泵
ceramic ring 陶瓷环
ceramics 陶瓷学;陶瓷
ceramic seal alloy 瓷封合金
ceramic separation membrane 陶瓷分离膜
ceramics film 陶瓷薄膜
ceramic slip 陶瓷泥浆
ceramic source (1)陶瓷(放射)源(2)陶瓷封接
ceramic sponge 陶瓷海绵
ceramic stains 陶瓷彩[颜]料
ceramic thin film 陶瓷薄膜
ceramic tile 瓷砖
ceramic tube 陶管;陶瓷管
ceramic vessel 陶瓷容器
ceramic wax 地蜡
ceramic whisker 陶瓷晶须
ceramide 神经酰胺;*N*-脂酰(神经)鞘氨醇
ceramography 陶瓷相学
ceramoplastic 陶瓷纤维增强塑料
ceramsite 陶粒
ceramsite concrete 陶粒混凝土
cerargyrite 角银矿
cerase 蜡酶
cerasein 野樱脂
cerasin(e) (1)角铅矿(2)野樱素(3)角苷脂
cerasinose 野樱糖
cerasite 樱石
cerate oxidimetry 铈酸盐氧化还原滴定法
cerate redox method 铈酸盐氧化还原滴定法
ceratin 角蛋白
ceratinase 角蛋白酶
ceratophyr(e) 角斑岩
cerberin 海芒果毒素
cerberoside 黄夹苷B
cereal straw 谷草
cereboside 半乳糖脂
cerebral stimulant 大脑兴奋药
cerebric acid 脑脂酸
cerebrin 脑(脂)素
cerebrolizin 脑活素
cerebrolysin 脑活素
cerebron 羟脑苷脂;脑糖脂
cerebronic acid 羟脑脂酸;2-羟(基)二十四(烷)酸

cerebrose 脑(己)糖
cerebroside 脑苷脂(类)
cerebroside sulfotransferase 脑苷脂转硫酸酶
cereine 蜡样菌素
ceremon crelizin 脑活素
Cherenkov radiation 切连科夫辐射
Ceresan 醋酸苯汞;西力生
ceresin 地蜡
ceresin(e) wax 地蜡;微晶蜡
cerevioccidin 杀酵母素
cerevisterol 啤酒甾醇;酒酵母甾醇
cerexin 蜡状菌素
ceria 铈土;二氧化铈
ceric basic carbonate 碱式碳酸高铈
ceric compound 高铈化合物
ceric hydrophosphate 磷酸氢高铈
ceric hydroxynitrate 硝酸羟高铈
ceric oxide 二氧化铈
ceric oxychloride 二氯化氧铈
ceric oxysulfate 硫酸氧化高铈
ceric sulfate 硫酸高铈
ceric sulfate method 硫酸高铈滴定法
cerimetric titration 铈(Ⅳ)量法
cerimetry 铈(Ⅳ)量法
cerinic acid 蜡酸;二十六(烷)酸
Cerini dialyser 塞(利尼)氏透析器
cerite 铈硅石
cerium 铈 Ce
cerium chloride 氯化铈
cerium dioxide 二氧化铈
cerium-group lanthanide 铈组镧系元素
cerium sesquioxide 三氧化二铈
cerium triiodide 三碘化铈
cermet(=ceramic metal) 陶瓷金属;金属陶瓷
cerolein 蜂蜡脂
cerolin 酵母脂
ceromelissic acid 蜡蜜酸
ceronapril 西罗普利
ceropic acid 松针酸
ceroplastic acid 三十六(烷)酸;蜡塑酸
cerosic acid 蔗蜡酸;二十四(烷)酸
cerosin 蔗蜡
cerotene 蜡烯;二十六(碳)烯
cerotic acid 蜡酸;二十六(烷)酸
cerotin (1)蜡精;甘油三蜡酸酯(2)蜡醇
cerotol (=ceryl alcohol) 蜡醇
cerous bromide 三溴化铈
cerous compound 正铈化合物
cerous dioxysulfate 硫酸二氧二铈
cerous hydrosulfate 硫酸氢铈
cerous metaphosphate 偏磷酸铈
cerous nitrate 硝酸铈
cerous oxalate 草酸铈
cerous oxide 三氧化二铈
cerous sulfate 硫酸铈
certificate of analysis 化验证明书
certificate of delivery 交货证明书
certificate of inspection 检验证(明)书
certificate of insurance 保险证明书
certificate of manufacture 厂方[工厂]证明书;制造许可证
certificate of origin 产地证明书
certificate of testing 检验证(明)书
certificate test 检定试验
certification of authorization 委任证明
certification of fitness 质量合格证
certification of product 产品证明书
certification of proof 检验证(明)书
certified 检定的;(书面)证明的
certified colo(u)rs 合法食用染料
certified reference material 有证标准物质
cerulean blue 青天蓝(主成分锡酸钴)
cerulein 蓝肽
cerulenin 浅蓝菌素
ceruletide 蓝肽;雨蛙肽
cerulomycin 浅蓝霉素
ceruloplasmin 血浆铜蓝蛋白
cerusa (碳酸)铅白
ceruse (碳酸)铅白
cerus(s)ite 白铅矿
cervantite 锑赭石;黄锑矿
cervicarcin 颈癌菌素
ceryl alcohol (=hexacosyl alcohol) 蜡醇;1-二十六(烷)醇
cesium 铯 Cs
cesium alum 铯矾;硫酸铯铝
cesium aluminium sulfate 硫酸铯铝
cesium amide 氨基铯
cesium ammonium bromide 溴化铯铵
cesium azide 叠氮化铯
cesium chloraurate 氯金酸铯
cesium chloride 氯化铯
cesium chloride structure 氯化铯型结构
cesium chloroplatinate 氯铂酸铯
cesium chloroscandate 氯钪酸铯
cesium chlorostannate 氯锡酸铯
cesium chromate 铬酸铯
cesium chromic sulfate 硫酸铬铯

cesium cyanide 氰化铯
cesium dioxide 二氧化铯
cesium dodecachlorotrirhenate(Ⅲ) 十二氯合三铼(Ⅲ)酸铯
cesium ferric sulfate 硫酸铁铯
cesium ferrous sulfate 硫酸亚铁铯
cesium fluoride 氟化铯
cesium indium alum 铯铟矾;硫酸铟铯
cesium iodide 碘化铯
cesium (mon)oxide 一氧化铯
cesium nitrate 硝酸铯
cesium oxide 氧化铯
cesium permanganate 高锰酸铯
cesium peroxide 过氧化铯;过四氧化二铯
cesium rubidium aluminium sulfate 硫酸铝铷铯
cesium superoxide 超氧化铯
cesium tetroxide 四氧化铯;过四氧化二铯
cesium trioxide 三氧化二铯
cessation reaction (链)终止反应
cetalkonium chloride 西他氯铵;氯化十六烷基二甲基苄基铵
cetamolol 塞他洛尔
cetane 十六(碳)烷;鲸蜡烷
cetane improver 十六烷值增进剂
cetane number 十六烷值
cetane rating 十六烷值
cetane value[ratio] 十六烷值
cetanol 鲸蜡醇;十六(烷)醇
cetene 鲸蜡烯;1-十六碳烯
cetenylene 鲸蜡炔;十六碳炔
cethexonium bromide 西塞溴铵
cetiedil 西替地尔;环己噻草酯
cetin 鲸蜡(素);棕榈酸鲸蜡(醇)酯
cetirizine 西替利嗪
cetol 鲸蜡醇
cetol(e)ic acid 鲸蜡烯酸;(*Z*)-11-二十二(碳)烯酸
cetotiamine 西托硫胺;乙氧羰硫胺
cetoxime 西托肟
cetraric acid 冰岛衣酸
cetrarin 冰岛衣素
cetraxate 西曲酸酯;氨己烷羧苯酯
cetrimonium bromide 西曲溴铵;溴化十六烷基三甲铵
cetrimonium stearate 西曲硬脂酸铵;十六烷基三甲铵硬脂酸盐
CETTA *N*-(*β*-羧乙基)二亚乙基三胺四乙酸
cetyl alcohol 鲸蜡醇;十六(烷)醇
cetylamine 十六(烷)胺
cetylate (1)棕榈酸盐(或酯);软脂酸盐(或酯)(2)鲸蜡醇(金属)盐
cetyldimethylethylammonium bromide 溴化十六烷基二甲基乙(基)铵
cetylene(=cetene) 鲸蜡烯
cetyl 鲸蜡基;十六(烷)基
cetylic acid 软脂酸;棕榈酸
cetyl lactate 乳酸十六(烷)酯
cetyl palmitate 棕榈酸十六(烷)酯
cetylpyridinium chloride 氯化十六烷基吡啶鎓
cetyl sodium sulfate 十六烷基硫酸钠
cetyl trimethylammonium bromide 溴化十六烷基三甲基铵
cetyl trimethylammonium chloride (CTAC) 氯化十六烷基三甲基铵
cevadic acid(=trglic acid) 瑟瓦酸;惕各酸;(*Z*)-2-甲基丁烯酸
cevadilline 瑟瓦狄灵;沙巴底林
cevadine 瑟瓦定;结晶藜芦碱
cevine 瑟文(一种萨巴达碱)
ceyssatite 西沙白土(一种硅藻土)
C-face centered lattice C心点格
C_2-fraction 碳二馏分
C_3-fraction 碳三馏分
C_4-fraction 碳四馏分
C_5-fraction 碳五馏分
CFR engine(Cooperative Fuel Research engine) (石油)CFR爆震试验机
CFRP(carbon fiber reinforced plastic) 碳纤维增强塑料
CFR research test method CFR研究试验法(测定汽油辛烷值)
CFT(complement fixation test) 补体结合试验
cGMP 环鸟苷酸
ch(choline) 胆碱
chabazite (=chabasite) 菱沸石
Chaddock burner 恰多克炉
chaetomin 毛壳菌素
chafer 胎圈包布
chain aggregation 链聚集
chain and bucket elevator 环链式斗式提升机
chain-and-flight conveyer 链刮板[链板式]输送机
chain axis 链轴
chain balance 链码天平

chain block 链滑车;牵不落
chain branching 链支化
chain breaking 链断裂
chain bridging 链架桥
chain bromination 链上溴化
chain bucket elevator 链斗升降机
chain carrier 链载体
chain cessation 链终止
chain cessationer 链终止剂
chain cleavage 断链
chain compound 链状化合物
chain configuration 链构型
chain conformation 链构象
chain conveyer 链式[链条]输送机
chain conveyer for basket 链式吊篮输送机
chain curtain 链帘
chain-cutting agent (1)断链剂(2)调节剂
chain disintegration 链蜕变
chain disproportionation 链歧化
chain dissociation 链离解作用
chain drive 链(条传)动法
chain drive unit 链传动装置
chained aggregation 链式集结
chain element 重复单元
chain elevator 链式升降[提升]机
chain ending 链锁中止
chain entanglement 链缠结
chain explosion 链式爆炸
chain extender 扩链剂
chain extension 链延长
chain extension agent 增链剂
chain feeder 链式加料器
chain flexibility 链柔性
chain folding 链折叠
chain for hand dump 手工倾卸链条
chain gear for drum shaft 转鼓轴链轮
chain grate 链式筛
chain grate stoker 链式炉箅锅炉;链条炉排锅炉
chain grizzly 链式筛
chain growth 链增长
chain guard 链罩
chain halogenation 链上卤化
chain hoist 链式起重机;手动葫芦
chain hydrocarbon 链烃
chainin 钦氏菌素
chain inhibition 链抑制
chain inhibitor 链抑制剂
chain initiation 链引发(作用)
chain initiator 链式反应引发剂
chain intermittent filet weld 并列断续角焊缝
chain interruption 链断裂
chain isomerism 链异构
chain jack 链式起重器
chain length 链长
chain length distribution 链长分布
chain lengthening(=chain extension) 链伸长
chain-linked conveyer 链式输送机
chain macromolecule 线型高分子
chain macromolecule compound 线型高分子化合物
chain molecule 链型分子;线型分子
chain of fission products 裂变产物链
chain of stirred tanks 串联搅拌釜
chainomatic balance 链式秤
chain orientation 链取向
chain orientational disorder 链取向无序
chain-plank conveyer 链板式输送机
chain polycondensation 成链缩聚
chain polymer 链型聚合物
chain polymerization 链(式)聚合;连锁聚合(反应)
chain propagation 链增长(反应)
chain propagator 链反应活性中心
chain pump 链式泵
chain-raddle conveyer 链板式输送机
chain reaction 链(式)反应
chain-reaction polymerization 链式(聚合)反应
chain repeating distance 链重复距离
chain rigidity 链刚性
chain rupture 断链;链锁中断
chain scission 断链(作用)
chain-scission degradation 断链降解
chain segment 链段
chain starting 链引发(作用)
chain stiffness 链刚性
chain stopper 链终止剂;止链剂
chain stopping 链的终止
chain structure 链型结构;网结构
chain substitution 链上取代
chain take-up 紧链装置
chain termination 链终止
chain terminator 链终止剂
chain tightener 紧链装置
chain transfer 链转移;链传递
chain transfer agent 链转移剂

chain transfer constant 链转移常数
chain transferer 链转移剂
chain twisting mechanism 链扭转机理
chain unit 链节
chain wrench 链式扳手;链条管子钳
chain yield 链产额
chair conformation 椅型构象;椅式构象
chair form 椅式
chalcanthite 蓝矾;胆矾;五水(合)硫酸铜
chalcedony 玉髓
chalcedonyx 带纹玉髓
chalcidin 青铜杀菌素
chalcocite 辉铜矿
chalcogen 硫属元素;氧族元素
chalcogenapylion 缔络合物
chalcogenide 硫属元素化物
chalcolite 铜铀云母
chalcomorphite 硅铝钙石
chalcomycin 查耳霉素
chalcone 查耳酮,指:(1)芳基丙烯酰芳烃(2)β-苯基丙烯酰苯
chalcophile element 亲铜元素(同时也是亲硫元素)
chalcopyrite 黄铜矿
chalcopyrrhotite 铜磁黄铁矿
D-chalcose 查耳霉糖
chalcosiderite 磷酸铜铁矿
chalcostibite 硫铜锑矿
chalicicosis 石灰石尘肺
chalk 白垩
chalking 粉化;起霜(塑料制品缺陷)
chalkostibite 硫铜锑矿
chalk slate 白垩板岩
chalky clay 泥灰岩
chalmersite 方黄铜矿
chalone 抑素
chalybite 球菱铁矿
chamaecin 扁柏素
chamaelirin 地百合苷
chamazulene 母菊薁
chamber 室;箱;容器
chamber acid 铅室酸
chamber burette 球滴定管
chamber crystal 铅室结晶(即亚硝酰硫酸)
chamber dryer(=compartment dryer) 分室干燥器;间格干燥器
chamber press 凹版式压滤机
chamber pressure filter 箱式压滤机
chamber process 铅室法
chamber saturation (展开)槽饱和(薄层色谱中展开槽内部空间被展开剂蒸气饱和)
chamber screen 滤室网
chamber type dust collector 除尘室
chameleon fiber 光敏变色纤维
chameleon paint 示温漆;变色漆;温度指示漆
chamois leather 油鞣革;麂皮
chamois suede 油鞣革;麂皮
chamois tannage 油鞣(法)
chamomile 春黄菊
chamomile oil (= camomile oil) 春黄菊油
chamomillin 春黄菊素
chamosite 鲕绿泥石
chamotte brick 黏土砖
champacol 黄兰醇;愈创醇
champagne 香槟酒
champagne cider 香槟苹果酒
champamycin 昌帕霉素
champavatin 昌帕瓦特菌素
chance failure 意外事故;偶然事故
change-can mixer 搅浆机;换罐捏合机;漆浆捏合机
change gear 变速齿轮;变速装置
change gear box 变速齿轮箱
change in design 设计更改
change in size 尺寸变化
change lever 切换杆
change of air 换气
change of shift 换班
change of voltage 电压变化
change over flap 换向挡板
change over valve 转换阀;切换阀
change parts 交换零件
changing the feed 进给
changing wastes into valuables 变废为宝
channel (1)槽;沟;通道(2)联箱(3)波道;频道
channel baffle 槽形挡板
channel black 槽法炭黑
channel cover 管箱盖(板)
channel dryer 烘道干燥器
channel frame 槽钢框架
channel gulley 集污槽
channel inclusion compound 沟形包合物
channeling 沟流
channeling fluidized bed 沟流状流化床
channelized mass transfer membrane (MTM) 流道式质量传递膜

channel(l)ing 沟流
channel(l)ing in column 塔中形成沟流
channel nozzle 管箱接管
channel process 槽法(炭黑生产方法之一)
channel section 管箱;分配室
channel spacer 流道隔网
channel steel 槽钢
channel test 沟试验(齿轮转动时润滑油层中形成未充满沟槽的试验)
channel thickness 流道间隙
channeltron 通道倍增器
channel valve 槽阀
chanoclavine(=secaclavine) 裸麦角碱
chantalmycin 商塔霉素
chaos 混沌;浑沌
Chao-Seader's method 赵(广绪)-西得方法
chaperon 蛋白伴侣
chaperonin 伴侣蛋白
chaperon mechanism 陪伴机理
Chaplygin-Kérmén-Tsien relation 恰普雷金-卡曼-钱(学森)关系
CHAPS 丙磺酸 3-(3-胆酰胺丙基)二甲铵内盐
characteristic curve 特性曲线
characteristic function 特性函数;特征函数;本征函数
characteristic parameter 结构参数
characteristic ratio 特征比
characteristic rotational temperature 转动特征温度
characteristics 规格参数表
characteristic species 特征种;典型种
characteristic temperature 特征温度
characteristic value 特征值;本征值
characteristic vibrational temperature 振动特征温度
characteristic X-ray 特性 X 射线
characterization factor 特性因素
characterization factor of crude oil 原油特性因数
character of service 使用性能
char cake 炭滤饼
charcoal 木炭
charcoal adsorption 活性炭吸附
charcoal kiln 炭窑
charcoal stick 炭精条
charcoal tube 活性炭管
Chardin filter paper 卡丹滤纸
char filter 炭滤器
charge and discharge valve 装卸阀门
charge balance 电荷平衡
charge capacity 充电额
charge characteristic (1)充电特性(2)充电特性曲线
charge compensation 电荷补偿
charged acid 荷电酸
charged body 带电体
charge density 电荷密度
charge density difference plot 电荷密度差图
charged interface 带电界面
charge distribution 电荷分布
charge distribution of fission products 裂变产物电荷分布
charged membrane 荷电膜
charged particle 带电粒子
charged particle activation 带电粒子活化(作用)
charged particle activation analysis (CPAA) 荷电粒子活化分析
charged particle spectrograph 荷电粒子谱仪
charged particle X-ray fluorescence analysis 带电粒子 X 射线荧光分析
charged separation membrane 荷电型分离膜
charge efficiency 给料效率;充电效率
charge exchange spectrum 电荷交换谱
charge gas 原料气
charge ga(u)ge 进料表
charge heater 进料加热器
charge-in 进料
charge-ion-exchange membrane 荷电离子交换膜
charge line 加料管线
charge-mass ratio 荷质比
charge metering device 定量供给装置
charge mouth cover 进料盖
charge multiplets 电荷多重态
charge number 炉料号
charge number of ion 离子的电荷数
chargeometer (电池用)硫酸比重计
charge opening 装料孔;加料口
charge period 加料期
charge pipe 加料管
charge pump (1)给料泵;加料泵;进料泵(2)上水泵
charger (1)充电器(2)装料机;加料机
charge rate 充电率
charge retention 荷电保持能力

charge rubber 填料橡皮
charge state 荷电状态
charge step methods 电量阶跃法
charge step polarography 电荷阶跃极谱法
charge transfer 电荷转移[传递]
charge transfer complex 电荷转移络合物
charge transfer energy 电荷转移能
charge-transfer initiator 电子转移引发剂
charge-transfer overpotential 迁越超电势
charge transfer polymerization 电荷转移聚合
charge-transfer spectrum 电荷转移光谱
charge valve 加料阀
charging (1)充电(2)装料
charging and discharging curve 充放电曲线
charging box 加料槽;加料箱
charging bucket 加料桶
charging capacity 装载量
charging car 装料斗车
charging chamber 进料室;装料室
charging chute 加料斜槽
charging connection 装料接头
charging crane 加料起重机;加料吊车
charging current 充电电流
charging density 电荷密度
charging desk 加料(平)台
charging dome 装料筒
charging door (of furnace) (炉子的)装料门
charging equipment 加料设备
charging floor 加料(平)台
charging funnel 进料筒
charging hopper 装料斗
charging load 充电负载
charging lorry 装料斗车
charging platform 加料(平)台
charging pump (1)送料泵;进料泵(2)上水泵
charging rate 进料量
charging scaffold 加料(平)台
charging scale 加料秤
charging set 充电装置
charging spout 进料槽;料斗
charging stock 进料
charging stock tank 进料罐
charging tank 加料罐
charging-up (1)装料;加料(2)充电
charging zone 装料区
chargometer 充电计;(蓄电池用)充电表
char heater 炭加热器
Charles law 查理定律
Charlotte colloid mill 查洛特胶体磨
Charlton white (=lithopone) 锌钡白
Charpy impact strength 沙尔皮冲击强度
Charpy impact test 沙尔皮冲击试验
Charpy impact tester 沙尔皮冲击试验机
Charpy impact test specimen 沙尔皮冲击试样
Charpy test bay 沙尔皮试验台
Charpy test machine 沙尔皮冲击试验机
Charpy V-notch test 沙尔皮 V 形缺口试验
charring 炭化
charring spot 炭化斑
char slurry tank 炭料浆罐
Charter of Nature Conservation 自然保护宪章
chartreusin 酵酒菌素
charybodotoxin 蝎毒素
chasing behavior 追逐行为
chasing method 追赶法
chassis 底盘
chatki (破碎紫胶用的)石磨
chatter 颤动
Chatterton's compound 沙特尔顿化合物
chatoyancy 猫眼效应
chaulmoogra oil 大风子油;晁模油
chaulmoogric acid 大风子油酸;晁模酸;2-环戊烯十三(烷)酸
chaulmosulfone 乔莫砜
Chauvenet criterion for rejection 肖维涅舍弃判据
chavicine 胡椒脂碱;佳味碱;黑椒素
chavicol 佳味酚;对烯丙基苯酚
cheapener 降(低)价(格)剂(一般指填料)
cheap oil 廉价石油(已蒸去汽油或轻馏分的油)
check bolt 防松螺栓
checker 检验器;检验设备
checkerberry oil 白珠(树)油
checker brick 格子砖
checkered plate 花纹钢板;网纹钢板
check experiment 检查试验
checking (1)校核;检验(2)浅裂纹
checking apparatus 校正装置
checking calculation 验算
checking of dimensions 核对尺寸
check(ing) point 检查点;核对基准点;校验点
check list 检验单;检查表

check nut 保险螺母;防松螺母
check of procedure 程序的复核
checkpoint 检查点
checks 龟裂;裂纹;发裂;边部裂纹;表面粗糙度;粗糙度
check sample 对照[核对]试样
check test 对照试验;核对试验
check valve 止逆阀;单向阀;止回阀;逆止阀
check valve case 逆止阀体
check valve spindle 逆止阀顶丝
check valve with by-pass 带旁路止逆阀
check-weigher 校核称量秤
chedder 赛达(干)酪(英国产)
cheese 干酪
cheese-head screw 圆柱头螺钉
cheesiness 酪皮(漆膜病态之一)
cheirantic acid 桂竹香酸
cheirantin 桂竹香苷
cheirinine 桂竹香宁
cheiroline 桂竹香砜;异莱菔子素
chekenine 契昆碱
chelant 螯合剂
chelatase 螯合酶
chelate 螯合物
chelate bonds 螯合键
chelate complex 螯合物
chelate compound 螯形化合物
chelate dyeable polypropylene fiber 螯合可染 聚丙烯纤维
chelate effect 螯合效应
chelate extraction 螯合物萃取
chelate initiator 螯合引发剂
chelate ligand 螯合配(位)体
chelate paper 螯合物纸
chelate polymer 螯合聚合物;螯合高分子
chelate resin 螯合树脂
chelate ring 螯形[合]环;钳合环
chelating agent 螯合剂
chelating ion-exchanger 螯合(型)离子交换剂
chelating ligand 螯合配(位)体
chelating reagent 螯合试剂
chelating resin 螯合(型)树脂
chelation 螯合作用;螯环化
chelation group 螯合基团
chelation therapy 螯合疗法
chelatometric indicator 螯合指示剂
chel(at)ometric titration 螯合滴定
chel(at)ometry 螯合滴定(法)
chelator 螯合剂
chelerythrine 白屈菜赤碱
cheletropic reaction 螯键反应(一个原子上的两个单键同时形成或断裂)
chelic polymer 螯形聚合物
chelidamic acid 白屈氨酸
chelidonic acid 白屈菜酸
chelidonine 白屈菜碱
chelidonoid 白屈菜素
chelometric titration 螯合滴定
chelometry 螯合滴定法
chelon 螯合剂
chelonoid 蛇头素
chemecology 化学生态学
chemical (1)化学(药)品(2)化学的
chemical absorption 化学吸收
chemical accelerator (1)化学加速剂;化学促进剂(2)化学加速器(加速离子束、原子束或分子束装置)
chemical action 化学作用
chemical activation 化学活化
chemical activity (1)化学活性(2)化学活度
chemical adsorption 化学吸附
chemical affinity 化学亲和势
chemical aftereffect 化学滞后效应
chemical agent (1)化验剂(2)化学(药)剂
chemical aggregate 化学结合体;化学聚集体;成套化工装置
chemical analysis 化学分析
chemical antiager 化学防老剂
chemical anticorrosion 化工防腐
chemical antidote 化学解毒剂
chemical antioxidant 化学防老剂
chemical attack 化学侵蚀
chemical bionics 化学仿生学
chemical blowing 化学发泡
chemical blowing agent 化学发泡剂
chemical bond 化学键
chemical bond theory 化学键理论
chemical building material(s) 化学建材
chemical carcinogen 化学性致癌物质
chemical cell 化学电池
chemical change 化学变化
chemical cleaning 干洗;化学清洗;化学脱垢
chemical combination 化合(作用)
chemical company 化学公司
chemical complex 化合络合物
chemical composition (1)化学成分(2)化

学组成
chemical compound 化合物
chemical concentration 化学选矿
chemical constitution 化学结构;化学组成
chemical construction corporation 化工建设公司;化学工程公司
chemical conversion 化学转化
chemical conversion coating 化学转化膜
chemical coprecipitation process 化学共沉淀工艺
chemical correct fuel-air ratio 理论恰当油气比
chemical corrosion 化学腐蚀
chemical coulometer 化学库仑计
chemical coupling processes 化工耦合过程
chemical creep 化学蠕变
chemical crimp 化学卷曲;永久卷曲
chemical crosslinking 化学交联
chemical cure 化学硫化
chemical cutting of aluminium 铝件化学铣切
chemical decanning 化学去壳
chemical decladding 化学去壳
chemical decomposition 化学分解
chemical degradation 化学降解
chemical degreasing 化学脱脂
chemical denudation (化学)溶蚀[剥蚀]
chemical deoiling and degreasing 化学去油
chemical derivative 化学衍生物
chemical dosimeter 化学剂量计
chemical dosimetry 化学剂量学
chemical drier 化学干燥器
chemical dynamics 化学动态学
chemical element 化学元素
chemical enamel equipment 化工搪瓷设备
chemical energy 化学能
chemical engineering 化学工程(学)
chemical engineering and construction division 化学工程建设部
chemical engineering corporation[company] 化工工程公司
chemical engineering design 化工设计
chemical(engineering)equipment 化工设备
chemical engineering kinetics 化工动力学
chemical(engineering)machine 化工机器
chemical engineering thermodynamics 化工热力学
chemical engineering unit operation 化工单元操作
chemical equation 化学反应式
chemical equilibrium 化学平衡
(chemical)equilibrium constant (化学)平衡常量
chemical equipment in sets 化工成套设备
chemical equivalence 化学全同
chemical erosion 化学浸蚀
chemical etching 化学浸蚀
chemical exchange 化学交换
chemical exergy 化学㶲
chemical factor 重量因子
chemical fade 化学淡入(或淡出)
chemical feed room 投药间
chemical feed stocks 化学原料
chemical fertilizer 化学肥料
chemical fertilizer industry 化肥工业
chemical fertilizer plant 化肥装置
chemical fiber 化学纤维
chemical fibre factory 化纤厂
chemica filling 滤毒剂
chemical filter 化学滤毒器
chemical flow 化学流动;化学径流;离子径流
chemical fluid dynamics 化学流体力学
chemical foaming agent 化学发泡剂
chemical formula 化学式
chemical gas analyzer 化学式气体分析器
chemical glass 化学玻璃
chemical grafting 化学接枝
chemical grouting material 化学灌浆材料
chemical heat treatment 化学热处理
chemical incompatibility 化学不相容性;化学互克性
chemical induction 化学诱导
chemical industrial company 化学工业公司
chemical industry 化学工业
Chemical Industry and Engineering Society of China 中国化工学会
chemical industry, chemical engineering and chemical technology 化工
chemical industry company 化学工业公司
chemical industry of salt 盐化工业
chemical inert support 化学惰性载体
chemical injection 药剂喷射
chemical interference 化学干扰
chemical intermediate 化学中间体;化学

半成品
chemical ionization 化学电离
chemical ionization mass spectrometry (CIMS) 化学电离质谱法
chemical isotope separation 化学法同位素分离(法)
chemical jacket removal 化学法去除(反应堆燃料)外壳
chemical kinetics 化学动力学
chemical laboratory 化验室
chemical laser 化学激光器
chemical lines 化工行业
chemically acidic fertilizer 化学酸性肥料
chemically basic fertilizer 化学碱性肥料
chemically bonded phase 化学键合相
chemically bonded phase chromatography 化学键合(固定)相色谱法
chemically bonded support 化学键合载体
chemically bound water 化学束缚水
chemically combined water 化合水
chemically induced dynamic electron polarization (CIDEP) 化学诱导动态电子极化
chemically induced dynamic nuclear polarization (CIDNP) 化学诱导动态核极化
chemically modified electrode 化学修饰电极
chemically modified paper 化学改性纸
chemically modified rubber 化学改性橡胶
chemically neutral fertilizer 化学中性肥料
chemically-plated tape 化学镀膜磁带
chemically pure 化学纯
chemically pure reagent (CP) 化学纯(三级品)试剂
chemically softened rubber 化学软化橡胶(如塑解橡胶)
chemically woven fabrics 无纺织布
chemical machinery 化工机械
chemical machinery manufacture 化工机械制造
chemical machinery material(s) 化工机械材料
chemical machining 化学加工
chemical material 化工原料
chemical materials 化工材料
chemical mechanical pulping 化学机械法(制浆)
chemical mechanism 化学机制[机理;历程]
chemical medium 化工介质
chemical metallurgy 提取冶金
chemical microscopy 化学显微术
chemical microsensor 微型化学传感器
chemical milling 化学铣
chemical mining method 化学采矿法
chemical mixing unit 化工搅拌装置
chemical modification 化学修饰;化学改性
chemical nickel-plating 化学镀镍
chemical nomenclature 化学命名法
chemical oscillating reaction 化学振荡反应
chemical oscillation 化学振荡
chemical oxygen demand (COD) 化学需氧量
chemical paraffin control 化学防蜡
chemical passivation 化学钝化
chemical passivity 化学钝性
chemical pest control 化学防治
chemical physics 化学物理(学)
chemical pipe 试剂管
chemical plant 化(学)工厂
chemical plastication 化学塑炼法
chemical plating 化学镀
chemical polishing 化学抛光
chemical pollutant 化学污染物
chemical porcelain 化学瓷
chemical porcelain pipe 化学瓷管
chemical potential 化学势
chemical power sources 化学电源
chemical pretreatment agent 化学预处理剂
chemical process (1)化工工艺(2)化学加工
chemical process industry 化学加工工业
chemical processing 化学加工
chemical processing dynamic seal 化工动密封
chemical processing of coal 煤化工
chemical processing plant 化学加工厂
chemical processing seal 化工密封
chemical-processing static seal 化工静密封
chemical process kinetics 化工过程动力学
chemical propellant 化学推进剂
chemical property 化学性质
chemical propulsion 化学推进
chemical protection 化学防护
chemical pseudomorphy 化学假同晶
chemical pulp 化学(纸)浆
chemical pulping 化学法制浆
chemical pump 化工用泵
chemical reaction 化学反应

chemical reaction engineering 化学反应工程
chemical reaction isotherm 化学反应等温式
chemical reaction kinetics 化工反应动力学
chemical(reactive)absorption 化学吸收
chemical(reactive) furnace(s) 化工炉类
chemical reactivity 化学反应性
chemical reactor 化工反应器；化学反应设备
chemical reagent 化学试剂
chemical refinery 化学炼油厂
chemical reprocessing plant （核燃料）化学后处理工厂
chemical resistance 耐化学性；化学耐性
chemical resistant coating 耐化学涂层
chemical resistant polymer 耐化学（性）聚合物
chemical rheology 化学流变学
chemical ripening 化学成熟
chemicals 化学（药）品
chemical sand control 化学防砂
chemical sensitizer 化学增感剂
chemicals feed pump 药液注入泵
chemicals for electroplate 镀覆用化学品
chemicals for liquid crystal display unit 液晶显示器用化学品
chemicals for semiconductive device 半导体器件用化学品
chemicals from petroleum 石油化工产品
chemical shift 化学位移
chemical shift anisotropy 化学位移各向异性
chemical shift reagent 化学位移试剂
chemical silvering 化学镀银
chemical silver-plating 化学镀银
chemical soil stabilization 化学药物土壤稳定（作用）
chemical soy(a) sauce 化学酱油
chemical stability 化学稳定性
chemical stabilization 化学稳定化（作用）
chemical staple 化学短纤维
chemical starch 化工淀粉
chemical stoichiometry 化工计算
chemical stoneware 化工陶瓷
chemical stress relaxation 化学应力松弛
chemical structural formula 化学结构式
chemicals used for electron industry 电子化学品
chemicals used for printed circuit board 印制电路板用化学品
chemical symbol 化学符号
chemical synthesis 化学合成
chemical systems engineering 化工系统工程
chemical technology 化学工艺学
chemical technology economy 化工技术经济
chemical terminology 化学术语
chemical thermodynamics 化学热力学
chemical toilet 化学掩臭剂；化学化妆品
chemical topology 化学拓扑学
chemical towers 化工塔类
chemical toxicant 化学毒素
chemical tracer 化学指示（剂）；化学示踪物
chemical treatment 化学处理
chemical unsheathing 化学除套；化学去壳
chemical valence 化合价
chemical vapor deposition（CVD） 化学气相沉积
chemical vapor transportation 化学气相输运
chemical ware 化学陶瓷管
chemical warfare service 化学军务
chemical war gas 战争毒气；毒瓦斯
chemical war material 化学战剂
chemical waste 化学废物
chemical weapons 化学武器
chemical welding 化学焊
chemical wood pulp 化学木浆
chemical works 化（学）工厂
chemical yield 化学产率
chemichromatography 化学（反应）色谱法
chemicking 漂白；漂液处理
chemicobiology 化学生物学
Chemico process 开美科法（从酸渣中再生硫酸）
chemicrystallization 化学结晶（作用）
chemicure 化学硫化
chemiground pulp wastewater 化学细磨纸浆废水
chemigum 丁腈橡胶
chemi-ionization 化学电离
chemiluminescence 化学发（荧）光
chemiluminescence analysis 化学发光分析法
chemiluminescence dyes 化学发光染料
chemiluminescent indicator 化学发光指示剂
chemiluminescent material 化学发光材料
chemiluminogenic compound 化学致发光化合物
chemimechanical pulp 化学机械（纸）浆
chemiosmosis 化学渗透

chemiosmotic hypothesis 化学渗透假说
chem(i)otherapy 化学疗法
chemism 化学历程;化学机理[机制]
chemisorption 化学吸附
chemisorptive bond 化学吸附键
chemist (1)化学家;化学师;化学工作者 (2)药剂师 (3)药房
chemistry 化学
chemistry of Chinese medicine 中药化学
chemistry of energy resource 能源化学
chemistry of hydrogen energy 氢能化学
chemistry of nuclear energy 核能化学;原子能化学
chemoattratant cytokine 趋化吸引细胞因子
chemoautotrophism 化能自养
chemoautotrophy 化能自养
chemoceptor 化学接受体;化学受纳体
chemocoagulation 化学凝固(法)
chemocreep 化学蠕变
chemofinary 石油化工型炼(油)厂
chemoheterotroph 化能异养菌(或生物)
chemoimmunity 化学免疫性
chemokine 趋化因子
chemokinesis 化学增活现象
chemolithotrophy 矿质化学营养
chemolysis 化学溶蚀;化学分解
chemometrics 化学计量学;化学统计学
chemomotive force 化学动力
chemonuclear reactor 化学核反应堆
chemoorganotroph 有机营养(菌)
chemoorganotrophy 有机化学营养
chemo(re)ceptor 化学接受体
chemoresistance 化学抗性;化学抵抗
chemorheology 化学流变学
chemosetting 化学固化
chemosmosis 化学渗透(作用)
chemosphere 化学层;光化圈;臭氧层;光化层
chemostat 恒化器;化学稳定器
chemosterilant (1)化学消毒剂(2)化学绝育剂
chemosynthesis 化学合成(作用)
chemotactic factor 向化因子
chemotaxis 趋药性;趋化性
chemotaxonomy 化学分类学
chemotherapeutant 化学治疗剂
chemotherapeutics 化学疗法
chemotherapy 化学治疗术
chemotoxic zone 化学毒性带
chemotroph 化能营养生物
chemotropic bacteria 向药性细菌
chemotropism 向化性
chemurgy 农产利用
chenodeoxycholic acid 鹅去[脱]氧胆酸
chenodiol 鹅去[脱]氧胆酸
chenopodium 美洲土荆芥
chenopodium oil 土荆芥(子)油;藜油
chenotaurocholic acid 鹅牛磺胆酸
Cherenkov counter 切连科夫计数器
chernozem 黑土带
cherry brandy 樱桃白兰地(酒)
cherry-stone oil 樱核油
chert 燧石
CHES 2-(环己氨基)乙磺酸
Cheshunt mixture 切欣特混合液
chessylite 蓝铜矿
chest drying machine 多层干燥机
chestnut-wood extract 栗木浸膏
chest steaming cottage 间歇汽蒸机
chetomin 黑毛霉素
chevkinite 硅钛酸铈钇矿
chevron ring 人字形密封环;V形圈
chewing gum 口香糖
chewing gum bases 胶姆糖基础剂
chewing wax 嚼用蜡
Chicago acid 芝加哥酸
chichen egg yolk antibody 免疫球蛋白
Chichibabin pyridine synthesis 齐齐巴宾吡啶合成(法)
chicle (gum)(=balata) 糖胶树胶
chicoric acid 菊苣酸;二咖啡因(基)酒石酸
chief component 主要组成部分
chief designer 设计总负责人
chief of section 工段长
chief valence 主(要化合)价
chilaphylin 智利菌素
chile 番椒;辣椒
Chile nitre 智利硝石;硝酸钠
Chile saltpetre 智利硝石;硝酸钠
chill 急冷
chillagite 钨钼铅矿
chill car 冷藏车
chilled steel 淬火钢
chilled water 急冷水
chilled water valve 冷水阀
chiller 冷却室;冷却器;冷凝器;冷冻机;激冷器;激冷式冷冻机
chill harden(ing) 冷硬化

chilling machine 冷冻机;冷却辊
chilling room 冷却间
Chilli Red 辣椒红
chill time (焊接)间歇时间
chimaphilin 梅笠灵
chimeric gene 嵌合基因
chimeric plasmid 嵌合质粒
chimney capchimney soot 烟囱烟灰;烟垢
chimney cloud 烟云
chimney oven stack 排气烟囱
chimney type cooling tower 烟囱式冷却塔
chimonanthine (山)腊梅碱
chimosin 凝乳酶
chimyl alcohol 鲛肝醇
china 瓷器
China blue 华蓝(青光铁蓝)
china clay 瓷土
China Coal Society 中国煤炭学会
China Commodity Inspection Bureau 中国商品检验局
China ink (1)中国墨(2)中国墨汁
China Petrochemical Corporation(SINOPEC) 中国石化总公司
chinaphthol 鸡纳萘酚
china stone 瓷石
chinaware 瓷器
China wood oil(=tung oil) 桐油
chinazoline 喹唑啉
Chinese angelica root 当归
Chinese bean oil 豆油
Chinese Chemical Society 中国化学会
Chinese chestnut 板栗
Chinese distillate spirits 白(干)酒;烧酒
Chinese ephedra 麻黄
Chinese gall nut (中国)棓子;五倍子
Chinese goldthread 黄连
Chinese gutta percha 杜仲橡胶
Chinese ink (1)中国墨(2)中国墨汁
Chinese(insect)wax 虫蜡;中国蜡;白蜡
Chinese lac 中国虫胶漆
Chinese lacquer 天然漆;大漆
Chinese lacquer-tung oil blend 广漆
Chinese Petroleum Society 中国石油学会
Chinese Pharmaceutical Association 中国药学会
Chinese pharmaceutical chemistry 中药化学
Chinese Pharmacopoeia 《中华人民共和国药典》;《中国药典》
Chinese Physical Society 中国物理学会
Chinese pine 油松
Chinese red pine 马尾松
Chinese schnapps 白(干)酒;烧酒
Chinese tallowtree seed oil 梓油
Chinese tannin 五倍子单宁
Chinese(vegetable)tallow 柏油
Chinese wax 虫蜡;白蜡
Chinese white 中国白;锌白
Chinese yam 薯蓣;山药
chinic acid 奎宁酸
chinine 奎宁
chiniofon 喹碘方
chinoidine(=quinoidine) 奎诺酊
chinoline(=quinoline) 喹啉
chinone(=quinone) 醌
chinovin 金鸡纳(树皮)苷
chinotropine 奎诺托品
chinpeimine 青贝素;青贝母碱
chintz 摩擦轧光印花棉布
chiococcine 卡亨卡根碱
chiolite 锥冰晶石
chiomomycin 久莫霉素
chip (1)切屑(2)芯片
chip-based compression(moulding)material 碎屑基压塑料
chip bin 木片库
chip board 粗纸板
chip breaker (1)木屑压碎机;木片破碎机;木片压碎机(2)石片压碎机
chip carrier 片式载体
chip container 碎片容器
chip conveyor 木片运输机
chip crusher 木片压碎机
chip dryer 木片干燥器;切片烘燥机
chip packer 木片装料机
chipper 削片机
chip(ping)machine 削片机
chip removal 排屑
chip return 碎粒返回
chip screen 木片筛
chip screening 切片筛料机
chip soap (肥)皂片
chiral 手性(的)
chiral auxiliary(reagent) 手性助剂
chiral building block 手性子
chiral carbon atom 不对称碳原子
chiral catalyst 手性催化剂
chiral center 手性中心
chiral coordination compound 手性配位化合物

chiral induction 手性诱导
chiral(ity) 手性;手征性
chirality centre 手性中心
chiral molecule 手性分子
chiral polymer 手性高分子
chiral reagent 手性试剂(试剂有不对称原子如左右手之不对称性)
chiral separation 手性分离
chiral shift reagent 手性位移试剂
chiral solvent 手性溶剂
chiratin 当药苷
chiron 手性子
chi-square distribution χ^2 分布
chi-square test χ^2 检验;卡方检验
chitin 甲壳质;壳多糖;几丁质
chitinase 甲壳质酶;壳多糖酶;几丁(质)酶
chitobiose 壳二糖
chitodextrin 壳糊精
chitosamine (=glucosamine) 壳糖胺;氨基葡糖;葡糖胺
chitosan 脱乙酰甲壳质;脱乙酰壳多糖;脱乙酰几丁质;聚氨基葡糖
chitose 壳糖;2,5-缩水甘露糖
chkd. pl. (checkered plate) 网纹板
chlamydia 衣原体
Chlamydomonas 衣藻属
chloanthite 砷镍矿
chlofenamic acid 氯灭酸;抗风湿灵
chloohacinone 氯鼠酮
c(h)loperastine 氯哌斯汀;氯哌啶
chlophedianol 氯苯达诺
chloquinate 氯喹那特
chloracetamic acid 三氯乙酰胺氯
chloracetate 氯乙[醋]酸盐(或酯)
chloracetone 氯丙酮
chloracetyl 氯乙酰(基)
chloracetyl chloride 氯乙酰氯
chloracetyl halide 氯乙酰卤
chloracid 含氯酸
chloracyl chloride 氯代酰基氯
chloracyzine 氯拉西嗪
chloral 三氯乙醛
chloral-acetal 乙缩氯醛;二乙醇缩三氯乙醛
chloral acetamide 氯醛乙酰胺
chloral-acetone 氯醛丙酮;5,5,5-三氯-4-羟-2-戊酮
chloralacetonechloroform 氯醛丙酮氯仿
chloral acetophenone 氯醛乙酰苯
chloral alcoholate 2,2,2-三氯-1-乙氧基-1-乙醇;端三氯偕乙氧基乙醇;(俗称)氯醛醇酯
chloral amide 氯醛甲酰胺;氯醛合氨甲醛
chloral ammonia 氯醛(合)氨
chloralantipyrine 氯醛比林
chloral betaine 氯醛甜菜碱
chloral formamide 氯醛甲酰胺
chloral hydrate 水合氯醛;水合三氯乙醛
chloralide 氯醛交酯
chloralkali industry 氯碱工业
chlorallylene 3-氯丙烯
chloraloin 氯芦荟素
***α*-chloralose** *α*-氯醛糖
chloralurethane 氯醛合氨基甲酸乙酯;氯醛尿烷
chloramben 豆科畏;豆科威;氨二氯苯酸
chlorambucil 苯丁酸氮芥
chloramine 氯胺
chloramine T 氯胺 T
chloraminophenamide 氯米非那胺;氯氨苯二磺胺
chloramphenicol 氯霉素
chloramphenicol palmitate 棕榈酸氯霉素酯
chloramphenicol pantothenate 泛酸氯霉素酯
chloranil 氯醌;四氯代对苯醌;四氯苯醌
chloranilam 氯冉氨
chloranilamide 氯冉酰胺
chloranilamidic acid 氯冉酰氨酸(即氯冉氨)
chloranilanilide *N*-氯冉苯胺
chloranilic acid 氯冉酸;2,5-二氯-3,6-二羟醌
chloraniline 氯苯胺
chloranocryl 地快乐
chloranol 氯冉醇;四氯醌醇
Chlorantine Fast colo(u)rs 氯冉亭坚牢染料(系列直接耐光偶氮染料商名)
chlorapatite 氯磷灰石
chlorargyrite 氯银矿
chlorarsine 二甲胂基氯
chlorastrolite 绿纤石
chlorate 氯酸盐(或酯)
chlorate explosive 氯酸盐炸药
chlorate liquor 氯酸钾液
chlorate of potash 氯酸钾
chlorathiazide 氯(苯并)噻嗪
chloration 氯化(作用)
chlorauric acid 氯金酸
chlorauride 氯化金
chloraurite 氯亚金酸盐

chlorazanil 氯拉扎尼；氯苯三嗪胺
chlorazide 叠氮化氯
chlorazodin 氮脒佐定
Chlorazol colo(u)rs 氯唑染料(直接染料商名)
chlorbenside 氯杀；对氯苄·对氯苯硫醚
chlorbenzoxamine 氯苄沙明；氯苯氧嗪
chlorbetamide 氯倍他胺
chlorbicyclen 冰片丹
chlorbutadiene 氯丁(间)二烯；2-氯-1,3-丁二烯
chlorbutol 偕三氯叔丁醇；三氯甲基叔丁醇
chlorcyclizine 氯环力嗪
chlordan(e) 氯丹
chlordantoin 氯登妥因
chlordecone 开蓬；十氯酮
chlordiazepoxide 氯氮䓬；利眠宁
chlordimeform 氯苯甲脒；氯二甲脒
chlordimeform hydrochloride 杀虫脒；克死螨
chlorellin 小球藻素；绿藻素
chlorempenthrin 氯烯炔菊酯
chlorendate 氯茵酸盐(或酯)
chlorendic acid 氯茵酸(阻燃剂，防霉剂)
chlorendic anhydride 氯茵酸酐
chlorethaminacil (＝uramustine) 乌拉莫司汀；尿嘧啶氮芥
chlorethanol 氯乙醇
chlorethylene 氯乙烯
chlorethyl 一氯乙烷；乙基氯
chloretone 氯惹酮；偕三氯叔丁醇
chlorex (2,2′-)二氯乙醚(选择精制溶剂)
Chlorex process 克劳雷克斯法；氯化-萃取法
chlorfenac 伐草克
chlorfenethol 杀螨醇
chlorfenidim 灭草隆
chlorfenson 杀螨酯
chlorfenvinphos 毒虫畏；杀螟威
chlorflavonin 氯黄菌素
chlorfluazuron 定虫隆
chlorguanide 氯胍；百乐君
chlorhexadol 氯醛己醇
chlorhexidine 氯已定
chlorhexidine digluconate 洗必太
chlorhydric acid 盐酸；氢氯酸
chloric acid 氯酸
chloride 氯化物；盐酸盐
chloride cracking 氯脆
chloride of acid 酰基氯；氯化酰基
chloride of lime 漂白粉
chloride shift 氯(离子)转移
chloride volatility process 氯化挥发法
chloridizing roasting 氯化焙烧
chlorimetry 氯量滴定法
chlorimpiphenine 咪克洛嗪；氯咪吩嗪
chlorimuron ethyl 氯嘧黄隆(乙酯)；豆黄隆
chlorinated amide 二氯酰胺；氯化酰胺($RCCl_2NH_2$)
chlorinated biphenyls resin 氯化联苯树脂
chlorinated butyl rubber 氯化丁基橡胶
chlorinated ice 加氯冰
chlorinated lime 漂白粉
chlorinated paraffin (wax) 氯化石蜡
chlorinated polyethylene 氯化聚乙烯
chlorinated polyolefine coatings 氯化聚烯烃涂料
chlorinated polypropylene(CPP) 氯化聚丙烯
chlorinated polyvinyl chloride 氯化聚氯乙烯
chlorinated polyvinyl chloride fibre 过氯纶
chlorinated PVC resin adhesive 过氯乙烯树脂胶黏剂
chlorinated rubber 氯化橡胶
chlorinated rubber adhesive 氯化橡胶胶黏剂
chlorinated rubber coatings 氯化橡胶涂料
chlorinated sodium phosphate 氯化磷酸钠
chlorinated starch 氧化淀粉；氯化淀粉
chlorinated water heater 氯水加热器
chlorinating agent 氯化剂
chlorinating light tube 氯化灯管
chlorination (1)氯化(作用)(2)加氯消毒
chlorination agent 氯化剂
chlorination break point 氯化转效点
chlorination equipment 氯化设备
chlorination furnace 氯化炉
chlorination pulping process 氯化法(制纸浆)
chlorinator (1)氯化器(2)加氯杀菌机(自来水厂用)
chlorindanol 氯茚酚
chlorine 氯 Cl
chlorine cell 制氯电解池
chlorine cyanide 氯化氰(ClCN)
chlorine cylinder 氯气(钢)瓶
chlorine demand 需氯量
chlorine dioxide 二氧化氯

chlorine dosage 加氯量
chlorine electrode 氯电极
chlorine fluoride volatility process 氯氟化物挥发法
chlorine gas compressor 氯气压缩机
chlorine gas condenser 氯冷凝器
chlorine gas drying tower 氯气干燥塔
chlorine gas precooler 氯气预冷器
chlorine gas processing 氯气处理
chlorine heptoxide 七氧化二氯
chlorine hydrate 八水合氯
chlorine hydride 氯化氢
chlorine monofluoride 一氟化氯
chlorine monoxide 一氧化二氯
chlorine pentafluoride 五氟化氯
chlorine-resistant silicon iron 硅钼铸铁；抗氯硅铁
chlorine still 氯气发生器
chlorine trifluoride 三氟化氯
chlorine water 氯水
chloring metallurgy 氯化冶金
chlorinity 氯含量；氯浓度；含氯量；氯度
chlorinolysis 氯解
chloriodic acid 氯碘酸
chloriodide 氯碘化物
chloriodoform 氯碘仿
chlorion（＝chloride ion） 氯根离子
chlorisatic acid 氯靛红酸
chlorisatide 氯靛红
chlorisondamine chloride 松达氯铵；氯化氯异吲哚铵
chlorite (1)亚氯酸盐(或酯)(2)绿泥石
chloritoid 硬绿泥石
chlorizating roasting 氯化焙烧
chlorization (1)氯化作用(2)加氯作用
chlorknallgas 氯爆鸣气(爆炸性氯气氢气混合物)
chlormadinone acetate 氯地孕酮
chlormequat chloride 矮壮素；氯化氯代胆碱
chlormerodrin 氯汞君；汞新醇
chlormethine hydrochloride 盐酸氮芥
chlormethine series pharmaceuticals 氮芥类药物
chlormezanone 氯美扎酮；芬那露
chlormidazole 氯米达唑
chlornaphazine 萘氮芥
chlornitrofen 草枯醚
chloroacetal 氯乙缩醛；氯乙醛缩二乙醇；二乙氧基乙氯
chloroacetaldehyde 氯乙醛
***N*-chloroacetamide** *N*-氯乙酰胺
chloroacetanilide 氯乙酰苯胺；乙酰氯苯胺
chloroacetic acid （一）氯乙酸
chloroacetic anhydride 氯乙酸酐
chloroacetic chloride 氯乙酰氯
chloroacetone 氯丙酮
chlor(o)acetonic acid 氯乙酮酸；*α*-甲基-*β*-氯乳酸
chloroacetonitrile 氯乙腈
chloroacetophenone 氯代苯乙酮
chloroacetyl chloride 氯乙酰氯
chloroacetyl isocyanate 氯乙酰异氰酸酯
***N*-*α*-chloroacetyl-*N*-isopropyl-*o*-ethylaniline** 杀草胺
chloro-acid (1)氯代酸(2)含氯酸
***α*-chloroacrylic acid** *α*-氯丙烯酸；邻氯代丙烯酸
chloro-alkaline industry 氯碱工业
chloroalkylation 氯(代)烷基化
***γ*-chloroallylchloride** 1,3-二氯丙烯
4-chloro-2-aminotoluene 对氯邻氨基甲苯
***m*-chloroaniline** 间氯苯胺
***o*-chloroaniline** 邻氯苯胺
***p*-chloroaniline** 对氯苯胺
1-chloroanthraquinone 1-氯蒽醌
2-chloroanthraquinone 2-氯蒽醌
***α*-chloroanthraquinone** 1-氯蒽醌
***β*-chloroanthraquinone** 2-氯蒽醌
chloro-antimonate 氯锑酸盐
chloroarsenol 氯庚烯胂酸
chloroauric acid （氢）氯金酸
chloroazodin 氯脒佐定；偶氮氯甲脒
chlor(o)azotic acid 王水
chloroben 邻二氯苯
chloro-benzal 亚苄基二氯；二氯甲基苯
chlorobenzaldehyde 氯苯甲醛
chlorobenzene 氯苯；（俗误称）氯化苯
chlorobenzenesulfonic acid 氯代苯磺酸
chlorobenzilate 乙酯杀螨醇
***o*-chlorobenzilidenemalononitrile** 邻氯亚苄基丙二腈
chlorobenzoic acid 氯苯甲酸
chloro-benzoyl chloride 氯苯甲酰氯
***p*-chlorobenzylchloride** 对氯氯苄
chlorobenzylpseudothiuronium chloride 氯化氯苄假硫脲鎓
chlorobiocin 氯新生霉素
chlorobisphenol 氯代双酚
chloroborane 氯硼烷
chloroboric acid 氯硼酸

chlorobromglycide 3-氯-2-溴丙烯
2-chlorobutadiene 2-氯丁二烯
chlor(o)butanol 氯(代)丁醇;(常指)β,β,β-三氯叔丁醇(或俗三氯叔丁醇)
chlorobutene 氯丁烯
chlorobutylation 氯丁基化(作用)
chloro-*tert*-butylphenol 氯代叔丁基苯酚
chlorobutyl rubber 氯化丁基橡胶
chlorocalcite 氯钾钙石
chlorocamphor 氯樟脑
chlorocarbene 氯代卡宾;氯碳烯
chlorocarbinol 2-氯乙醇
chloro-carbonate 氯甲酸盐(或酯)
chlorocarbonic acid 氯甲酸
chlorocarbonylation 氯羰基化
chlorochromic acid 氯铬酸
chlorocide 氯杀
chlorocobalamin 氯钴胺素
chlorocosanes 氯化石蜡油
4-chloro-*m*-cresol 4-氯间甲酚
chlorocresol green 氯甲酚绿
chlorocruorin(e) 血绿蛋白
chlorocuprous acid 氯亚铜酸
chlorocyanamide 氯氰胺;氯代氨腈
chlorocyanogen 氯化氰
chlorocyanohydrin 氯氰醇
chlorocyclohexane 氯代环己烷
chlorodifluoromethane 一氯二氟甲烷
1-chloro-2,4-dinitrobenzene 1-氯-2,4-二硝基苯
chlorodinitroglycerine 氯二硝基甘油
chloroethanal (一)氯乙醛
chloroethane 氯乙烷
chloroethanesulfonyl chloride 氯乙磺酰氯
β-chloroethyl acetate 乙酸β-氯代乙酯
N-(2-chloroethyl)bibenzylamine hydrochloride N-(2-氯乙基)二苄胺盐酸盐
chloroethylene 氯乙烯
chloroethyl ethyl sulfide 氯乙基乙硫醚;氯乙硫基乙烷
chloroethyl mercury 氯乙基汞
α-(chloroethyl)phosphonic acid α-氯乙基膦酸;乙烯利
7-(β-chloroethyl)theophyline 7-(β-氯乙基)茶碱
2-chloroethyl vinyl ether 2-氯乙基·乙烯基醚
chlorofibre 含氯纤维
chlorofluorocarbon plastic 氯氟碳塑料
chlorofluorocarbons(CEC) 含氯氟甲烷
chloroform 氯仿;三氯甲烷
chloroform inhalator 氯仿吸入器(医用)
chloroformism 氯仿中毒
chloroform liniment 氯仿搽剂
chloroformyl 氯甲酰;氯羰
chlorofos 敌百虫
chlorogenic acid 绿原酸;咖啡单宁酸
chlorogenin 绿莲皂配基
chlorogenine(=alstonine) 鸭脚木碱;鸡骨常山碱
chlorogermanium acid 氯锗酸
chlorohexane 氯己烷
α-chlorohydrin 3-氯-1,2-丙二醇
chlorohydrination 氯醇化作用
chloroiodohydroxyquinoline 氯碘羟基喹啉
chlorolube 含氯合成润滑油
p-chloromercuribenzoate(PCMB) 对氯(正)汞苯甲酸
chloromethane 氯(代)甲烷
chloromethiuron 螟蛉畏
chloromethoxyfen 氯硝醚
chloromethoxypropyl mercury 醚汞;醋酸氯甲氧丙汞
5-chloro-2-methylaniline 对氯邻氨基甲苯
chloromethylated bead 氯球
chloromethylation 氯甲基化
chloromethylbenzene 氯甲基苯
chloromethyl cyanide 氯甲基氰
chloromethyl ethyl ketone 氯甲基·乙基(甲)酮
chloromethyl methyl ether 氯甲基·甲基醚
chloromethyl methyl sulfate 硫酸氯甲(基)·甲(基)酯
chloromethylnaphthalene 氯甲基萘
chloromethyl sulfone 氯甲砜
***dl*-chloromycetin** 合霉素
chloromycetin 氯霉素
chloromycin 氯新霉素
1-chloronaphthalene 1-氯萘;α-氯萘
α-chloronaphthalene 1-氯萘;α-氯萘
chloronaphthalene oil 氯萘油
chloronaphthalene wax 氯萘蜡
chloroneb 地茂散;地茂丹
chloronitric acid (1)硝酰氯(NO_2Cl)(2)王水
***m*-chloronitrobenzene** 间硝基氯苯
chloronitrophen 氯硝酚钠
chloronitropropane 壮棉丹

chloro-nitrous acid 亚硝酰氯
chloro-palladate 氯钯酸盐
chloro-palladite 氯亚钯酸盐
chloroparaffin(e) 氯化石蜡
chloropentabromoethane (一)氯五溴乙烷
chloropentammine cobaltichloride 二氯化一氯五氨合钴
chloropentammineplatinic chloride 三氯化一氯五氨合铂
chlorophacinone 氯鼠酮;氯苯酯茚酮
***p*-chlorophenacyl bromide** 对氯代苯甲酰甲基溴
chlorophenasic acid 五氯苯酚
chlorophenesic acid 二氯苯酚
chlorophenetole 氯苯乙醚
chlorophenic acid 一氯(代)苯酚
chlorophenisic acid 三氯苯酚
***m*-chlorophenol** 间氯苯酚
***o*-chlorophenol** 邻氯苯酚
***p*-chlorophenol** 对氯苯酚
chlorophenol red 氯酚红;二氯酚磺酞
chlorophenosic acid 四氯苯酚
chlorophenoxyacetic acid 氯苯氧基乙酸
chlorophenusic acid 五氯苯酚
***α*-chloro-*α*-phenylacetylurea** *α*-氯-*α*-苯基乙酰脲
chlorophenylarsine oxide 氯苯胂化氧;氧化氯苯胂
chlorophenylarsonic acid 氯苯胂酸
***N*-chlorophenyldiazothiourea** *N*-氯苯基重氮硫脲
***o*-chlorophenyldiazothiourea** *o*-氯苯基重氮硫脲
4-chlorophenyl phenyl sulphone 对氯苯基苯基砜;一氯杀螨砜
chlorophoenicite 绿砷锌锰矿
chlorophosphonazo Ⅲ 偶氮氯膦Ⅲ
chlorophosphonium 氯化(四烃基)鏻;氯化(四烃基)磷鎓
chlorophosphonylation 氯膦酰化作用
chlorophyll 叶绿素
chlorophyllide 脱植基叶绿素
chlorophyllin 叶绿酸
chloropicrin 氯化苦
chloroplast DNA 叶绿体 DNA
chloroplastin 叶绿蛋白
chloroplast RNA 叶绿体 RNA
chloroplatinic acid 氯铂(氢)酸
chloroplatinous acid 氯亚铂氢酸
chloropon 三氯丙酸
chloroprednisone 氯泼尼松
chloroprene 2-氯丁二烯
chloroprene coatings 氯丁橡胶涂料
chloroprene rubber 氯丁橡胶
2-chloroprocaine 氯普鲁卡因
3-chloro-1,2-propandiol 3-氯代-1,2-丙二醇
2-chloropropane 2-氯丙烷;异丙基氯
2-chloro-1-propanol 2-氯-1-丙醇
1-chloro-2-propanone 氯丙酮
3-chloro-1-propene 3-氯-1-丙烯
***β*-chloropropionic acid** *β*-氯丙酸
***β*-chloropropionitrile** *β*-氯丙腈
chloropropylation 氯丙基化(作用)
(3-)chloropropylene oxide 环氧氯丙烷
6-chloropurine 6-氯嘌呤
chloropyramine 氯吡拉敏;氯苄吡二胺
chloroquine 氯喹
chloroquine phosphate 磷酸氯喹
chloroquinol 氯醌醇
5-chloro-8-quinolinol 5-氯-8-羟基喹啉
chlororaphin 氯针菌素
chloros 次氯酸钠
chlorosalol 氯萨罗
chlorosamide 氯水杨酰胺
chlorosilane 氯(代)硅烷
chlorosity 体积氯度
chlorostannic acid 氯锡酸;六氯合锡(氢)酸
chlorostannous acid 氯亚锡酸;四氯合亚锡(氢)酸
chlorostyrene 氯苯乙烯;氯乙烯基苯
***N*-chlorosuccinimide** *N*-氯代琥珀酰亚胺
chlorosulfenation 氯亚磺酰化
chlorosulfonated polyethylene 氯磺化聚乙烯;海帕隆
chlorosulfonation 氯磺(酰)化(作用)
chlorosulfonic acid 氯磺酸
chlorosulfophenol S 氯磺酚 S
4-chlorotestosterone acetate 4-氯醋酸睾丸素
chlor(o)tetracycline 金霉素
chlorothalonil 四氯二氰苯;百菌清
chlorothen 氯吡林;氯噻吡二胺
chlorothiazide 氯噻嗪;克尿塞
chlorothricin 氯丝菌素
chlorothymol 氯麝(香草)酚;氯代百里酚
chlorotic 萎黄病的;褪绿的

chlorotoluene 氯(代)甲苯
***p*-chlorotoluene** 对氯甲苯
***p*-chloro-*o*-toluidine** 对氯邻氨基甲苯
chlorotoluron 绿麦隆
chlorotoxin 氯毒素(蝎毒素多肽)
chlorotriammine platinous chloride 氯化一氯三氨合亚铂
chlorotrianisene 三对甲氧苯氯乙烯
chlorotribromomethane (一)氯三溴甲烷
2-chloro-6-(trichloromethyl) pyridine 2-氯-6-(三氯甲基)吡啶
***o*-chlorotrichlorotoluene** 邻氯三氯甲苯
chlorotrifluoroethylene 三氟氯乙烯
chlorotrifluoromethane 三氟氯甲烷
chlorotrimethylsilane(TMCS) 三甲基氯(甲)硅烷
chlorotris(triphenylphosphine)rhodium 三(三苯膦)氯铑
chlorous acid 亚氯酸
chloroxine 二氯羟喹
chloroxyl 盐酸辛可芬
chloroxylenol 对氯间二甲酚
chloroxylidine 氯二甲苯胺
chloroxylonine 缎木碱
chlorozotocin(=DCNU) 氯脲菌素;氯乙链脲菌素
chlorphenamicine hydrochloride 杀虫脒
chlorphenamine maleate 马来那敏;扑尔敏
chlorphencyclan 氯苯环胺
chlorphenesin 氯苯甘醚;氯酚甘油醚
chlorphenesin carbamate 氯苯甘油氨酯;氯酚甘油醚氨基甲酸酯
chlorpheniramine 氯苯那敏;右旋氯苯吡胺
chlorphenol red 氯酚红
chlorphenoxamide(=clefamide) 克立法胺;克氯酰胺
chlorphenoxamine 氯苯沙明
chlorphentermine 对氯苯丁胺
chlorproethazine 氯丙沙嗪
chlorproguanil 氯丙胍
chlorpromazine 氯丙嗪
chlorpropamide 氯磺丙脲
chlorpropham 氯普芬;间氯苯氨甲酸异丙酯
chlorprothixene 氯普噻吨;氯丙硫蒽;泰尔登
chlorpyrifos 毒死蜱
chlorquinaldol 氯喹那多;双氯甲喹啉
chlorsulfuron 绿黄隆(除草剂)
chlortetracycline 金霉素;氯四环素
chlorthalidone 氯噻酮
chlorthal methyl 敌草索
chlorthenoxazin(e) 氯西诺嗪;氯乙苯噁嗪酮
chlorthion 氯硫磷
chlortrimeton 马来那敏;扑尔敏
chlorylene 三氯乙烯
chloryl fluoride 氟化氯氧
chlorzoxazone 氯唑沙宗
CHN analyzer 碳氢氮元素分析仪
chocolate 巧克力
chocolate frosting 巧克力糖衣
choked flow 节流
choked screen 塞了孔的筛子
choke valve 阻风门;扼流阀;节流阀
choking 噎塞;壅塞
choking coil 扼流(线)圈
choky gas 窒息性气体
choladienic acid 胆二烯酸
choladienone 胆二烯酮
cholagogue 利胆剂
cholaic acid 牛磺胆酸
cholalic acid 胆酸
cholalin 胆酸
cholamine 胆胺;乙醇胺
cholane 胆(甾)烷
cholane ring 胆烷环
cholanic acid 胆(甾)烷酸
cholanthrene 胆蒽
cholatrienic acid 胆三烯酸
choleate 络胆酸盐(或酯)
cholecalciferol 胆钙化(甾,固)醇;维生素 D_3
cholecyanin 胆青素
cholecystokinin 缩胆囊肽;肠促胰酶肽;缩胆囊素
choleglobin 胆绿蛋白
cholehematin 胆紫素
choleic acid 络胆酸
choleinic acid 牛磺胆酸
cholenic acid 胆烯酸
cholera toxin 霍乱毒素
cholerythrin 胆红素
cholestadiene 胆甾二烯
cholestadienol 胆(甾)二烯醇
4,6-cholestadien-3-one 4,6-二烯胆甾-3-酮
cholestane 胆甾烷
cholestanol 胆甾烷醇
3-cholestanone 3-胆甾烷酮

cholestantriol 胆甾烷三醇
cholestene 胆甾烯
cholestenol 胆甾烯醇
cholestenone 胆甾烯酮
cholesteric phase 胆甾相
cholesterin(e) 胆甾醇;胆固醇
cholesterol 胆甾醇;胆固醇
cholesterol esterase 胆固醇酯酶
cholesterone 胆甾酮
cholesteryl liquid crystal 胆甾型液晶
cholestrophane 二甲基乙二酰脲
cholestyramine resin 考来烯胺树脂;降胆一号树脂
choletelin 胆黄素;胆特灵
cholic acid 胆酸
choline 胆碱
choline acetylase 胆碱乙酰化酶
choline acetyltransferase 胆碱乙酰化酶
choline chloride 氯化胆碱
choline dehydrocholate 去氢胆酸胆碱
choline dihydrogen citrate 枸橼酸二氢胆碱
choline phosphate 磷酸胆碱
cholinephosphotransferase 转磷酸胆碱酶
cholinergic (1)胆碱(功)能的(2)胆碱(功)能药物
choline salicylate 水杨酸胆碱
choline theophyllinate 胆茶碱
cholinic acid 胆碱酸
cholla gum 仙人掌胶
cholodinic acid 胆定酸
cholohematin 胆(红)紫素
choloidanic acid 胆丹酸
chololic acid 胆酸
cholonic acid 胆酮酸
conchiolin 贝壳硬蛋白
chondrigen 软骨原
chondrillasterol 菠菜甾醇
chondrin 软骨胶
chondroalbuminoid 软骨硬蛋白
chondrocurine 软骨箭毒素
chondrodite 粒硅镁石
chondrofoline 软骨叶素
chondroine 软骨碱
chondroitin 软骨素
chondroitin sulfate 硫酸软骨素
chondroitin sulfate B 硫酸皮肤素
chondromucin 软骨黏蛋白
chondromucoid 软骨黏蛋白
chondronectin 软骨粘连蛋白
chondrosamic acid 软骨糖氨酸
chondrosamine 软骨糖胺;半乳糖胺;2-氨基半乳糖
chondrosin(e) 软骨胶素;软骨生;水解软骨素
chondrosinic acid 软骨生酸
chonemorphine 鹿角藤碱
chop-leach process 切断-浸取法
chop-out die 冲模;冲刀
chopped strand 短切纤维
chopped strand mat 短切原丝毡
chopper (1)切碎机;切…机 (2)断裂剂(3)断路器;斩波器;断续器
choragon 绒毛膜促性腺激素
chorionic somatomammotropin 绒毛膜生长激素
chorionin 卵壳蛋白
chorismic acid 分支酸
chracteristic spectrum 特征光谱
christobalite 方英石
chroma 色度
chromammine 氨络铬
chroman 苯并二氢吡喃
chromanone 苯并二氢吡喃-4-酮
chromate 铬酸盐
chromate anodization 铬酸阳极氧化
chromated zinc chloride 铬锌合剂
chromate film 铬酸盐膜
chromate inhibitor 铬酸盐缓蚀剂
chromate plating tank 铬酸盐喷镀槽
chromate protective film 铬酸盐保护膜
chromate rinse tank 铬酸盐冲洗槽
chromate treatment 铬酸盐处理
chromatic aberration 色(像)差
chromaticity 色度
chromaticity diagram 色度图
chromatic plate 感光干片
chromatic polarization 色偏振(化)
chromatics 颜色学
chromatin 染色质
chromating (1)铬酸处理(2)铬酸盐处理(防锈);铬酸盐钝化
chromatin remodeling 染色质重组装
chromatism of magnification 放大率色差
chromatism of position 位置色差
chromatobar 色谱(固定相)棒
chromato-diffusion term 色谱扩散项
chromatodisk 色谱盘
chromatoelectrophoresis 色谱电泳
chromatofocusing 色谱聚焦

chromatofuge 离心色谱仪
chromatogram 色谱；层析谱
chromatogram map 色谱图
chromatogram scanning 色谱图扫描
chromatograph 色谱仪；色谱分析
chromatographer 色谱工作人员
chromatographic adsorption 色谱吸附
chromatographically pure 色谱纯的
chromatographic analysis 色谱分析
chromatographic assay 色谱检验
chromatographic band 色谱带
chromatographic bed 色谱床
chromatographic characterization 色谱特性
chromatographic column 色谱柱
chromatographic detection 色谱检测
chromatographic fractionation 色谱分离；色层分离
chromatographic grade (1)色谱级(的)(2)色谱用(的)
chromatographic instrument 色谱仪
chromatographic jar 色谱缸
chromatographic luminous method 色谱发光法
chromatographic packing 色谱填充物
chromatographic paper 色谱纸
chromatographic parameter 色谱参数
chromatographic peak 色谱峰
chromatographic performance 色谱性能
chromatographic polarity 色谱极性
chromatographic process (1)色谱过程；色谱流程(2)色谱方法
chromatographic resolution 色谱分离；色层分离
chromatographic retention method 色谱保留法
chromatographic run (1)色谱(仪)运行(2)色谱操作
chromatographic scan 色谱扫描
chromatographic separation 色谱分离(法)
chromatographic sheet (薄层)色谱板
chromatographic species 色谱分析类型
chromatographic spot test 色谱斑点试验
chromatographic system analysis 色谱系统分析
chromatographing 色谱分析
chromatograph operator 色谱仪操作人员
chromatography 色谱法；层析法
chromatography in centrifugal field (＝chromatofuge) 离心色谱法
chromatography of gases 气相色谱
chromatography of ions 离子色谱
chromatography on paper 纸上色谱
chromatography tank 色谱(展开)罐
chromatography trough 色谱槽
chromatolysis 铬盐分解
chromatomap 色谱图
chromatopack 色谱纸束
chromatopencil 色谱(固定相)棒
chromatophore (1)色素细胞(2)载色体
chromatopile 色谱堆
chromatoplate (薄层)色谱板
chromato-polarography 色谱极谱法
chromatoroll 色谱(纸)圆筒
chromatosheet (薄层)色谱板
chromatospectrophotometric 色谱分光光度法的
chromatostrip 色谱条
chromatosulfuric acid 铬硫酸；三氧化铬合硫酸
chromatothermographic gradient 热色谱梯度
chromatotube 色谱管
chrome(＝chromium) 铬
chrome alum 钾铬矾
chrome-alum tanning 铬铝鞣
chrome azurol S 铬天青 S
chrome bleach(ing) 铬漂白
chrome chamois 铬油鞣
chrome colo(u)rs 铬(处理)染料
chrome-corundum brick 铬刚玉砖
chromed 镀铬的
chrome-formate tanning 铬鞣液-甲酸钠蒙囿鞣
chrome green 铬绿
chrome iron(＝ferrochrome) 铬铁
chromel triangle 克罗梅尔三角
chromel wire gauze 克罗梅尔铉网
chrome-magnesite brick 铬镁砖
chrome mordant 铬媒染剂
chromene 色烯；苯并吡喃
chrome orange 铬橙
chrome paper 铜版纸
chrome red 铬红
chrome refractory 铬质耐火材料
chrome stain 铬斑
chrome tannage 铬鞣
chrome tanned leather 铬(鞣)革
chrome tannery waste water 制革厂含铬

废水
chrome titanium pigment 钛铬颜料
chrome yellow 铬黄
chromia-alumina catalysts 氧化铬-氧化铝催化剂
chromic acetate 乙[醋]酸铬
chromic acid 铬酸
chromic acid anodizing 铬酸阳极氧化
chromic alum 钾铬矾;铬钾矾
chromic ammonium alum 铬铵矾
chromic anhydride 三氧化铬
chromic aquopentammine halide 卤化一水五氨合铬
chromic arsenide 砷化铬
chromic boride 硼化铬
chromic carbide 碳化铬
chromic catgut 铬鞣肠线
chromic chloride (三)氯化铬
chromic chloropentammine dichloride 二氯化一氯五氨合铬
chromic chlorosulfate 氯化硫酸铬
chromic colo(u)r 铬(处理)染料
chromic dihydroxychloride 一氯二氢氧化铬
chromic dioxycarbonate 碳酸二氧铬
chromic dye 铬(处理)染料
chromic dyeing 铬染法
chromic hexamminochloride 三氯化六氨铬
chromic humic acid 铬腐殖酸
chromic hydroxide 氢氧化铬
chromic metaphosphate 偏磷酸铬
chromic oxide 三氧化二铬
chromic oxychloride 氯氧化铬
chromic oxydisulfate 二硫酸一氧化二铬
chromic oxyhydroxide 羟氧化铬
chromic potassium alum 铬钾矾;铬矾
chromic potassium cyanide 氰化铬钾
chromic potassium oxalate 草酸铬钾
chromic potassium sulfate 硫酸铬钾;铬钾矾
chromic pyrophosphate 焦磷酸铬
chromic silicide 硅化铬
chromic sodium alum 铬钠矾
chromic sulfate 硫酸铬
chromic tartrate 酒石酸铬
chromic thiocyanate 硫氰酸铬
chromin 色菌素
chrominance (1)彩色信号(2)色度
chroming cross-linkage autobasifier 铬鞣交联自动碱化剂
chromite 铬铁矿
chromium 铬 Cr
chromium alkylsalicylate 烷基水杨酸铬
chromium carbonyl 六羰基铬
chromium-depleted zone 贫铬区
chromium dibromide 二溴化铬
chromium dichloride 二氯化铬
chromium dioxide 二氧化铬
chromium dioxydichloride 二氯二氧化铬
chromium (electro)plating 电镀铬
chromium family elements 铬族元素
chromium hemitrioxide 氧化铬;三氧化二铬
chromium hemitrisulfide 三硫化二铬
chromium(Ⅲ) hydroxide 氢氧化铬
chromium monochloride 一氯化铬
chromium monoxide 一氧化铬
chromium nitrate 硝酸铬
chromium oxide green 氧化铬绿
chromium phosphate 磷酸铬
chromium plating 电铬镀
chromium sesquioxide 三氧化二铬
chromium silicide crystal 硅化铬晶体
chromium steel 铬钢
chromium tape 氧化铬磁带
chromium tetroxide 四氧化铬
chromium trichloride (三)氯化铬
chromium triiodide 三碘化铬
chromium trioxide 三氧化铬
chromium-vanadium steel 铬钒钢
chromized 渗铬
chromizing steel 渗铬钢
chromocyclomycin 色环霉素
chromocyte 色素细胞
chromocytometer 血红蛋白计
chromogen 发色体;色原体
chromogenesis 色素生成
chromogenic agent 显色剂
chromogenic bacteria 生色细菌
chromogenic reaction 显色反应
chromogranin 色颗粒蛋白;嗜铬粒蛋白
chromo-isomer 异色异构物
chromo-isomerism 异色异构(现象)
chromolipoid 色脂质
chromometer 比色计;色度计
chromomycin 色霉素
chromonar 卡波罗孟;乙胺香豆素
chromone 色酮;苯并-γ-吡喃酮
chromonucleic acid 染色质核酸
chromonucleoprotein 染色质核蛋白

chromophore 发色团;生色团
chromophoric group 发色团;生色团
chromophotometer 比色计
chromoprotein 色蛋白
chromoscope 验色器
chromosome 染色体
chromotrope 2B 铬变素 2B
chromotropic acid 变色酸;铬变酸
chromotropic dye(s) 变色染料
chromotropy 异色异构(现象)
chromous acetate 乙[醋]酸亚铬
chromous acid 亚铬酸
chromous chloride 氯化亚铬
chromous formate 甲酸亚铬
chromous hydroxide 氢氧化亚铬
chromous oxide 一氧化铬
chromous sulfide 一硫化铬;硫化亚铬
chromyl (1)铬酰(2)氧铬基
chromyl chloride 铬酰氯;二氯二氧化铬
chromyl sulfate 硫酸氧铬
chronesthesy 时觉
chronic irradiation 慢性照射
chronic pollution 慢性污染;长期污染
chronoamperometric reversal technique 计时电流反相技术
chronoamperometry 计时电流法
chronocoulometry 计时库仑法
chronogeochemistry 地质年代化学
chronometer 精密计时计
chronon 定时因子
chronopotentiometric analysis 计时电位滴定分析
chronopotentiometric stripping analysis 计时电位滴定溶出分析
chronopotentiometric titration 计时电位滴定分析
chronopotentiometry 计时电位分析
chronopsy 择时检验
chronorisk 时值凶兆
chronoscope 计时器;瞬时计
chronoteine 高速摄影机
chrothiomycin 色硫霉素
chrysalis oil 蚕蛹油
chrysamm(in)ic acid 柯氨酸;2,4,5,7-四硝基-1,8-二羟基蒽醌
chrysanilic acid 柯苯胺酸
chrysaniline 柯苯胺
chrysanthemaxanthin 菊黄质
chrysanthemic acid 菊酸
chrysanthemin 矢车菊苷;白除虫菊苷;花青素-3-葡糖苷
chrysanthemine 菊胺(胆碱与水苏碱的混合物)
chrysanthemum dicarboxylic acid 菊二酸
chrysanthemumic acid 菊一酸;菊甲酸;除虫菊一羧酸
chrysanthemum monocarboxylic acid 菊一酸;菊甲酸;除虫菊一羧酸
chrysanthene 菊烯
chrysanthenone 菊油环酮
chrysanthine 菊质
chrysarobin 柯桠素;驱虫豆素
chrysarobol 柯桠醇
chrysatropic acid(=scopoletin) 柯阿托酸;东莨菪亭[素]
chrysazin 柯嗪;1,8-二羟基蒽醌
chrysazol 柯札酚;1,8-二羟基蒽
chrysenamine 䓛胺
chrysene 䓛
chrysenequinone 5,6-䓛醌
chrysergonic acid 金黄麦角酸
chrysin(=5,7-dihydroxyflavone) 柯僧;柯因;白杨黄素;5,7-二羟黄酮
chrysoberyl 金绿宝石;金绿玉
chrysocolla 硅孔雀石
chrysofluorene 柯芴;11*H*-苯并[*a*]芴
chrysoidine 二氨基偶氮苯;柯衣定;碱性菊橙
chrysoidine thiocyanate 柯衣定硫氰酸盐;硫氰酸二氨基偶氮苯
chrysoketone 柯甲酮;1,2-苯并芴酮
chrysolepic acid(=picric acid) 苦味酸
chrysolite 贵橄榄石
chrysomallin 金毛菌素
chrysomycin 金黄霉素
chrysophanic acid 大黄根酸;大黄酚;3-甲基-1,8-二羟基蒽醌(非大黄酸 rhein)
chrysophanin 大黄苷
chrysophanol 大黄根酸;大黄酚;3-甲基-1,8-二羟基蒽醌
Chrysophenine G 直接冻黄 G
chrysophyscin 蜈蚣苔素
chrysopicrin 金黄苦;苔酸
chrysoprase 绿玉髓
chrysoquinone 5,6-䓛醌
chrysorrhetin 番泻叶黄苷;山扁豆叶黄苷
chrysotile 纤蛇纹石;温石棉
chuchuarine 打印果碱;印度漆树碱
chuck 卡盘
chuck hydrant 消防栓

Chugaev elimination 秋加耶夫消除法
chunleimeisu 春雷霉素；春日霉素
church method 教堂法（一种测定遮盖力的方法）
church oak varnish 短油内用清漆；教堂栎木清漆
churn 打浆机；出料口
chute 鳞；槽；瀑布；斜槽；溜槽；槽管；滑道；滑动槽；排水槽；出口通道
chute feeder 槽式加料机；斜槽进料器
chylomicron 乳糜微粒
chymopapain 糜木瓜酶
chymosin（＝rennin） 凝乳酶
chymostatin 抑糜蛋白酶素
chymotrypsin 胰凝乳蛋白酶；糜蛋白酶
CI （chemical ionization）化学电离
ciafos 杀螟腈
Cibachrome 汽巴克罗姆
Ciba colo(u)rs 汽巴染料
Cibanone colo(u)rs 汽巴弄染料
cibenzoline 西苯唑啉
cichoriin 野莴苣苷
ciclacidin（＝cyclacidin） 环杀菌素
ciclacillin 环己西林
ciclamycin（＝cyclamycin） 环霉素
cicletanine 西氯他宁
ciclonicate 环烟酯；烟酸三甲环己酯
ciclopirox 环吡司；环己吡酮乙醇胺
cicrotoic acid 环己丁烯酸
cicutene 毒芹萜烯
cicutine 毒芹碱
cicutoxin(e) 毒芹素
cider brandy 苹果汁白兰地
cidofovir 西多福韦
CIF cost 到岸价格
cifenline（＝cibenzoline） 西苯唑啉
cigar burning （肥料的）雪茄燃烧
cigarette adhesive 烟用胶黏剂
ciguatoxin 鱼毒
cilastatin 西司他丁
cilazapril 西拉普利
ciliatine 氨乙基膦酸
cilleral 氨苄西林；氨苄青霉素
cillimycin（＝lincomycin） 林可霉素
cilnidipine 西尼地平
cilostazol 西洛他唑
cimaterol 西马特罗
cimetidine 西咪替丁；甲氰咪胍
cimetropium bromide 西托溴铵
cimicic acid 臭虫酸
cimicidine 臭单枝夹竹桃碱
cimicifugin 升麻素
cimigenol 升麻醇
cinaebene 山道年萜烯
cinaebene camphor 山道年脑
cinametic acid 桂美酸；羟乙氧甲氧肉桂酸
cinamiodyl 去氢碘番酸
cinchol 辛可醇
cincholepidine（＝lepidine） 辛可勒皮啶（即勒皮啶）
cinchomeronic acid 3，4-吡啶二羧酸；辛可部酸
cinchonamine 辛可纳明
cinchonic acid 辛可酸；金鸡纳酸
cinchonidine 辛可尼丁；金鸡尼丁
cinchonine 辛可宁；金鸡宁
cinchophen（＝atophan） 辛可芬；阿托方；苯基金鸡宁酸
cinchotannic acid 辛可单宁酸
cinchotoxine 辛可毒；辛可尼辛
cinder 炉渣；熔渣；煤渣；矿渣；粗灰
cinder brick 煤渣砖
cinder catcher 集渣器；接渣器
cinder inclusion 夹渣；包渣
cine film 电影胶片
cinematic model 影式模型
cinene（＝limonene） 苧烯
cinenic acid 桉烯酸
cineole（＝eucalyptole） 桉树脑
cineolic acid 桉树脑酸
cinepazet 桂哌酯
cinepazet maleate 马来酸桂哌酯；马来酸肉桂哌乙酯
cinepazide 桂哌齐特
Cineraria 瓜菊；瓜叶除虫菊
cineration 焚化；灰化；煅灰法
cinerin Ⅰ 瓜叶除虫菊酯Ⅰ；瓜菊酯Ⅰ
cinerins 除虫菊酯类
cinerolone 瓜菊醇酮；瓜叶除虫菊醇酮
cineromycin 烬灰霉素
cinerubin 烬灰红菌素
cine substitution 移位取代
cinitapride 西尼必利
cinmetacin 桂美辛
cinmethylin 环庚草醚
cinnabar 辰砂；朱砂
cinnabarin(e) 朱红菌素
cinnamal（＝cinnamylidene）亚肉桂基
cinnamaldehyde 肉桂醛

cinna(ma)mide 肉桂酰胺
cinnamate 肉桂酸盐(或酯)
cinnamate photoresist 肉桂酸酯光刻胶
cinnamedrine 桂美君;桂麻黄碱
cinnamene 肉桂烯
cinnamenyl (=styryl) 苯乙烯基
cinnamic acid 肉桂酸
cinnamic alcohol 肉桂醇
cinnamic aldehyde 肉桂醛
cinnamomin 辛纳毒蛋白
cinnamon 肉桂
cinnamon bark oil 桂(皮)油
cinnamon leaves oil 肉桂叶油
cinnamon oil 肉桂油
cinnamoyl 肉桂酰
cinnamoyl chloride 肉桂酰氯
cinnamoylcocaine 肉桂酰可卡因
cinnamycin 肉桂霉素
cinnamyl (1)肉桂基;苯烯丙基(2)(有时指)肉桂酰
cinnamyl alcohol 肉桂醇
cinnamyl anthranilate 氨茴酸肉桂酯
cinnamyl cinnamate 肉桂酸肉桂酯
cinnamylcocaine 肉桂酰可卡因;肉桂酰古柯碱
cinnamylidene 亚肉桂基
cinnarizine 桂利嗪;桂益嗪
cinnoline 噌啉;肉啉;邻二氮(杂)萘;1,2-二氮杂萘
cinobufagin 华蟾蜍精
cinobufogenin 华蟾毒配基
cinobufotalidin 华蟾蜍他里定
cinobufotalin 华蟾蜍他灵;羟基华蟾酥毒基
cinobufotenine 华蟾蜍色胺
cinobufotoxin 华蟾蜍毒素
cinolazepam 西诺西泮
cinoxacin 西诺沙星;噁噌酸
cinoxate 西诺沙酯;甲氧桂乙酯
cinromide 桂溴胺
Ciodrin 丁烯磷
cioteronel 塞奥罗奈
cipolin(o) 云母大理石
ciprofibrate 环丙贝特
ciramadol 西拉马朵
cir. bkr (circuit breaker)断路开关;断路器
circadian clock 昼夜节律时钟
circadian rhythm 近昼夜节律;二十四小时节奏
circle (1)圆(2)圈
circle of least confusion 最小模糊圆
circle of reference 参考圆
circlip 定位环
circuit (1)回路(2)电路
circuital theorem of electrostatic field 静电场的环路定理
circuit breaker 断路开关;断路器
circuit design 电路设计
circuit diagram 电路图;线路图
circuit interrupter 断路器
circuitry (计算机的)电路图
circuit vent 环路通气管
circular adsorption chromatography 圆形吸附色谱法
circular bead 圆角;台肩
circular blast-main 环式鼓风管
circular burner 圆形燃烧器
circular development 环形展开(法)
circular dichroism (CD) 圆二色性;考顿效应
circular disk diffraction 圆盘衍射
circular DNA 环(状)DNA
circular economy 循环经济
circular electrode 滚轮电极;圆盘状电极
circular filter paper chromatography 环形滤纸色谱法
circular flat-plate 圆板
circular frequency 圆频率
circular furnace 圆炉;圆窑
circular gas chromatography 循环气相色谱(法)
circular grit settling tank 圆形周边运动沉砂池
circular hole diffraction 圆孔衍射
circular inlet baffle 圆形进口挡板
circular intensity differential scattering 圆偏振差散射
circularity 圆形度
circularly polarized light 圆偏振光
circular mil 圆密尔(面积单位,直径1密尔的圆面积)
circular motion 圆周运动
circular paper chromatography 环形[圆形]纸色谱法
circular polarization 圆偏振
circular seam 环缝
circular sedimentation tank 圆形沉降槽
circular thin-layer chromatography 环形薄层色谱法

circular washer 圆垫圈
circulating bath 循环浴
circulating connection （冷却水）循环接头
circulating bed 循环床
circulating cooling 循环冷却
circulating dip tank 循环浸渍槽
circulating fan 循环风机
circulating fast bed 循环快速床
circulating fluidized bed 循环流化床
circulating gas preheater 循环气预热器
circulating loop 循环回流管
circulating mother liquor 循环母液
circulating oil system 循环润滑系统
circulating pipe 循环管
circulating pressure 循环压力
circulating quench-water 循环急冷水
circulating reactor 环流式反应器
circulating reflux 循环回流
circulating salt system 循环盐系统
circulating tube 循环管
circulating turbocompressor 透平循环压缩机
circulating vessel 循环槽
circulating water 循环水
circulating water pump 循环水泵
circulation 循环；环流
circulation line 循环管路
circulation louvers 百叶窗式循环挡板
circulation lubrication system (=circulating oil system) 循环润滑系统
circulation method 循环法
circulation oven 循环(热气)炉
circulation pump 循环泵
circulation reflux 回流
circulation section 循环段
circulation tube 循环管
circulation valve 循环阀
circulation water 循环水
circulator 循环(压缩)机
circulatory function test （血液）循环机能检查
circulin 环杆菌素
circumferential grate producer 篮式栅发生炉
circumferential joints 环向连接
circumferential pattern 纵向花纹
circumferential piston 圆环多活塞
circumferential weld 环焊缝
circumferential welding 环缝焊接
cirolerosus 西罗菌素
cirramycin 卷须霉素
cisapride 西沙必利
cis-compound 顺式化合物
cis-double bonds 顺式双键
cis-form 顺式
cis-isomer(ide) 顺式异构体
cis-isomerism 顺式异构现象
cisoid conformation 顺式[顺向]构象
cis-orientation 顺向定位
cisplatin 顺铂
cis-position 顺位
cis-rich polybutadiene 高顺(式)聚丁二烯橡胶
cis-rubber 顺式橡胶
cissampeline 假软齿花碱
cis-stereoisomer 顺式立体异构体
cistactic polymer 顺式有规聚合物
cistern 槽车
cistern barometer 槽式气压计
cistern car （汽车）罐车；（汽车）槽车
cis-threo 顺苏式
cistobil 碘番酸
cis-trans-isomer 顺反异构体
cis-trans isomerism 顺反异构(现象)
cis-trans photoisomerization 顺-反光异构化
cistron 顺反子
citalopram 西酞普兰
citicoline 胞(二)磷胆碱
citiolone 西替沃酮
citraconate 柠康酸盐(或酯)
citraconic acid 柠康酸；甲基马来酸；甲基顺(式)丁烯二酸；(*Z*)-甲基丁烯二酸
citral 柠檬醛
***α*-citral**(=geranial) 香叶醛；*α*-柠檬醛
***β*-citral**(=neral) 橙花醛；*β*-柠檬醛
citral b 橙花醛
citramalic acid 柠苹酸；2-甲基苹果酸
citramide 柠檬酰胺
citrate 柠檬[枸橼]酸盐(酯或根)
citrate-soluble phosphatic fertilizer 枸溶性磷肥
citrate synthase 柠檬酸合成酶
***β*-citraurin** *β*-橙色素；*β*-柠乌素
citrazinic acid 柠嗪酸；2,6-二羟基异烟酸
citrazinic amide 柠嗪酰胺；2,6-二羟基异烟酰胺
citrene(=limonene) 柠檬萜烯；苧烯；1,8-萜二烯
citresia 酸式柠檬酸镁

citric acid 柠檬酸;枸橼酸
citric acid cycle 枸橼[柠檬]酸循环
citric acid fermentation 柠檬酸发酵
citric amide 柠檬酰胺
citric soluble 枸溶性的;可溶于柠檬酸的
Citriflex process 西垂弗莱克斯过程;柠檬酸氟络合法(一种试验性的核燃料后处理首端过程)
citrin 柠檬素;维生素P
citrine(=citrite) 黄晶;茶晶;蔡璞
citrinin 桔霉素;橘霉素
Citrobacter 柠檬酸细菌属
citrodisalyl 柠檬双柳酯
citromalic acid 柠苹酸;2-甲基-2-羟基丁二酸
citromycetin 柠檬菌素
citromycin 柠檬霉素
citronellal 香茅醛
citronella oil 香茅油
citronellene 香茅烯
citronellic acid 香茅酸
citronellol 香茅醇
citronellyl acetate 醋酸香茅酯
citrophen (=*p*-phenetidine citrate) 柠檬芬;柠檬酸合对氨基苯乙醚
citrulline 瓜氨酸
DL-citrulline DL-瓜氨酸
citrullol 瓜醇
citrus oil 柑橘属油
citrus red 2 柑橘红 2
city gas 城市煤气
civet 灵猫香
civetone 灵猫酮
civil adhesive 建筑用胶黏剂
civil construction 土木建筑
civil design 土建设计
civil engineering 土建工程
CL(central line) 中心线
Clabour pump 克累伯泵
clad 衬里
cladding (1)包镀(2)喷镀 (3)镀层;(金属)衬里
clad lining (金属)衬里
clad material 覆层材料
clad metal 复合金属
cladomycin 芽枝霉素
clad pipe 复合管
clad plate 复合板
cladribine 克拉屈滨
clad sheet steel 包层[复合;覆层]薄钢板
clad steel 复合钢;覆层钢
clad surface 复层表面
clad tubesheet 复合管板
clad vessel 覆层容器;复合容器;衬里容器
claim (申请的)专利范围
claim indemnity[settlement] 索赔
Claisen flask 克莱森(烧)瓶
Claisen rearrangement 克莱森重排
clambing bolt 紧固螺栓
clamp 卡子
clamp coupling 抱合式联管节
clamped column 固定支座
clamped diaphragm 夹紧膜片
clamped joint seal 夹持型接头密封
clamp for upper cover 上盖夹紧装置
clamping 合模;钳片;夹片;箝位;夹持座;压料
clamping apparatus 夹具;卡具
clamping bolt 夹紧螺栓;固定螺栓;紧固螺栓
clamping collar 夹紧圈
clamping device 夹持机构
clamping mechanism 夹紧机构
clamping nut 锁紧螺母
clamping ring 夹紧环
clamp(ing) screw 夹紧[固定]螺钉;紧固螺丝
Clapeyron equation Clapeyron 方程;克拉贝龙方程
clamp time 模压时间;夹持时间
clam seal 蚌式密封
Clancy process (**for gold extraction**) 克兰西(炼金)法
Clanex process 克兰纳克斯法(镧系、锕系元素硝酸盐共萃取法)
clanobutin 利胆丁酸
Clapeyron-Clausius equation 克拉珀龙-克劳修斯方程
Clapeyron equation 克拉珀龙方程
clapper 阀瓣;拍板
clappet (**valve**) 止回阀
clarain 亮煤
clarase 淀粉糖化和蛋白分解酶
claret-red 酒红
clarificant 澄清剂
clarificant for injection water 注入水净化剂
clarification 澄清
clarified brine storage tank 精盐水贮槽

clarified effluent 澄清液流
clarified liquid 清液
clarified M. L. 清母液
clarified thickener 沉降增稠剂
clarified water pump 清水泵
clarifier (1)澄清器;沉降器(2)澄清剂
clariflocculator 澄清絮凝器
clarifying basin 澄清池
clarifying chamber 澄清室
clarifying filter 澄清过滤器
clarifying system 澄清系统
clarifying tank 澄清桶
clarithromycin 克拉霉素
clarity (1)透明度;透明性(2)清晰性
Clark cell 克拉克电池;汞电池
claroline 克拉罗林(一种石油中间馏分,用作天然气吸收油或溶剂油)
clary sage oil 香紫苏油;香丹参油
Clash-Berg test 克拉希-伯格刚性试验(测软质橡胶及塑料的韧性)
Classen platinum dish 克拉森铂皿
classes of toxicity 毒性等级
classical analysis 经典分析
classical electrodynamics 经典电动力学
classical electron radius 经典电子半径
classical electron theory of metal 经典金属电子论
classical ladder polymer 经典梯形聚合物
classical mechanics 经典力学
classical physics 经典物理(学)
classical statistics 经典统计法
classical thermodynamics 经典热力学
classification (1)分级;分粒(2)分类
classification chamber 分级室
classification of crude oil 原油分类
classifier (1)分级机[器];料粒分选器(2)分类器
classifier outlet 分级器出口
classifier wheel 分级器叶轮
classifying cone 锥形选粒器;锥形分级器
classifying cyclone 分级旋流器
classifying crystallizer 分级结晶器
classifying screen 分级筛
class interval 组距
class of risk 危险类别
clastic enzyme 分解酶
clastic rocks 碎屑岩
clastogram 裂解曲线
clathrate 包合物
clathrate polymerization 包合聚合
clathration 包合作用;笼合作用
clathrin 网格蛋白
clathromycin 克拉霉素
Claude-cycle refrigerator 克劳德循环制冷机
Claude process 克劳德法
claudetite 白砷石
Claus' blue 克劳斯蓝(三氧化二铑的烧碱溶液)
Claus converter 克劳斯转化器
Clausius-Clapeyron equation 克劳修斯-克拉珀龙方程
Clausius-Duhem inequality 克劳修斯-杜亨不等式
Clausius equality 克劳修斯等式
Clausius inequality 克劳修斯不等式
Clausius-Mossotti equation 克劳修斯-莫索提方程
Claus process 克劳斯(二段脱硫)法
Claus sulfur plant 克劳斯制硫装置
clausthalite 硒铅矿
clavacin 棒曲霉素
clavatin(=clavacin) 棒曲霉素
clavatoxine 棒石松毒;克拉瓦毒
Claviceps 麦角菌属
clavicepsin 麦角菌苷
claviformin(=clavacin) 棒曲霉素
clavine 棒麦角素
clavitol 妊娠酚
clavulanic acid 棒酸;克拉维酸
claw coupling 爪形联轴器
clay 黏土
clay brick 黏土砖
clay contact rerun process 白土接触精制再蒸馏法
clay crucible with lid 带盖陶土坩埚
clay cutter 碎土机;混土器;黏土切削机
clay-free fluid 无黏土钻井液
clay-graphite(refractory) products 黏土石墨制品
clay kiln 黏土再生窑
clay kneading machine 捏泥机
clay mill 混土器;碎土机
clay minerals 黏土矿物
clay mixer 混土器
clay mortar 黏土灰浆
clay reactivation 黏土再活化;白土再生
clay recovery(=clay reactivation) 黏土再活化;白土再生
clay refining (轻油品汽相)白土精制
clay regeneration 白土再生(法)

clay-rubber co-precipitate 黏土共沉胶
clay-rubber masterbatch 黏土共沉胶
clay shale 黏土页岩
clay slate 黏土板岩
clay stabilizer 黏土稳定剂
clay storage 黏土贮存器
clay storage bins 黏土贮斗
Clayton Yellow 克莱顿黄
clay treating process 黏土处理过程;白土精制过程
clayware 土器
clay wash 黏土纯化
clay-water system 黏土-水体系
clazuril 克拉珠利
clean air manifold 净化空气总管
clean air side 净化空气侧
clean bill of health 健康证明书
clean brine 清洁盐水
clean-burning fuel 完全燃烧燃料
clean-coke 洁净焦炭
clean cut (1)切割良好的馏分(2)精确切割
clean distillate stock (1)洁净馏分(2)新鲜馏分油料(不加回炼油)
cleaned air 净化空气
cleaned gas 净化气
cleaned oil 净化油
cleaned/recycled media 净化循环介质
cleaner (1)滤清器;除垢器(2)洗净剂;清洁剂
cleaner flotation 净化器浮选
cleaner-scavenger flotation 净化器排出物浮选
cleaner's naphtha 洗涤用溶剂汽油
cleaner's solvent 洗涤用溶剂汽油
Cleanex process 克林内克斯过程(用D2EHPA间歇萃取法从被腐蚀产物等污染的返回料液中提纯超钚元素)
clean gas 净化气
cleaning agent 洗净剂;清洁剂
cleaning agent for industry 工业清洗剂
cleaning agent for printing ink 印刷油墨清洗液
cleaning agent for metals 金属清洗剂
cleaning compound 洗涤剂
cleaning device 清洗装置
cleaning doctor 刮涂料刀
cleaning equipment 清洗[清理,净化]设备;清洗装置
cleaning finger 清理爪
cleaning hole 清扫孔[口]
cleaning machine 清洗机
cleaning means 清洗工具
cleaning media 清洁剂;除垢剂
cleaning mixture 洗涤液;除垢液;洗涤混合液
cleaning of surfaces to be welded 焊接(前)表面(的)清理
cleaning of welded surfaces 焊接(后)表面(的)清理
cleaning paper 清洁纸
cleaning solution (=cleaning mixture) 洗涤液;除垢液;洗涤混合液
cleaning treatment 净化处理
clean-in-place(CIP) 就地清洗;在线清理
cleanliness 清洁度
clean liquid 洁净液体
clean liquid fuel 洁净液体燃料
cleanout (1)清除(2)清焦
cleanout door 清理门;清扫口
cleanout opening 清扫口
clean production 清洁生产
cleanser 净洗剂
clean ship 运轻质透明油品用的油船
cleansing cream 清洁霜
cleansing oil 清洁(用)油
cleansing sheet 清洁用纸;清洁纸
cleansing solution 洗液
clean solid fuels 洁净固体燃料
clean tanker 精制(石油产品)油槽船
clean up additive 助排剂
clean up and recycling process 洁净和再循环过程
clean-up pump 吸收泵;清除泵
clean water 净化水;清水
clean water outlet channel 净化水流出通道
clean water pump 清水泵
clean water reservoir[basin] 清水池
clearance (1)间隙;空隙(2)清除;清理(3)图形间隔
clearance adjuster 间隙调节器
clearance adjustment 间隙调整
clearance diametral 径向间隙
clearance fit 间隙配合;活动配合;动座配合
clearance gauge 量隙规
clearance inspection 间隙检查
clearance pocket 补充余隙
clearance take-up mechanism 滚筒调距装置
clearance volume 余隙(容积)

clearance control 余隙调节
clearance valve 余隙阀
clear area of screen 筛的有效面;筛的净面
clear blending value 净调和值(不加四乙铅的调和辛烷值)
clear boiled soap 抛光皂
clear boiling of soap 肥皂抛光
clearcut liquid 冲洗液
clear defect 漏光点缺陷
clear dentifrice 透明洁齿剂;透明牙膏
clearer roller 绒辊
clear filtrate 清液
clear gasoline 无铅汽油
clear glaze 透明釉
clear liquid 清液
clear liquid fertilizer 清液肥料
clear liquid height 清液层高度
clear liquor 澄清液
clear octane number 不加铅辛烷值
clear octane rating(=clear octane number) 不加铅辛烷值
clear opening 净孔;净宽;有效面积
clear opening of screen 筛的有效面;筛的净面
clear point 澄清点;透明点
clear space 净空(间)
clear spacing 净间距
clear span 净跨
clear width 净宽
cleavage 解理
cleavage plane 解理面;裂开面
cleavage reaction 断裂反应
cleavage strength 劈裂强度
cleavage surface 解理面
cleavage test 抗裂试验
clebopride 氯波必利;氯哌茴胺
Clebsch-Gordan vector coupling coefficient CG矢量耦合系数;CG(矢耦)系数
clemastine 氯马斯汀
clematidin 马兜铃素
clematitol 铁线莲苷
clemizole 克立咪唑;氯苄咪唑
Clemmensen reduction 克莱门森还原
clenbuterol 克仑特罗;双氯醇胺
clentiazem 克仑硫䓬
Clerget inversion 克莱热转化测定蔗糖法
Clerici solution 克累西溶液
cleveite 钇铀矿
Cleveland open-cup flash point test 克利夫兰开杯闪点试验
Cleve's acid 克列夫氏酸
1,6-Cleve's acid 1,6-克列夫氏酸;1-萘胺-6-磺酸
1,7-Cleve's acid 1,7-克列夫氏酸;1-萘胺-7-磺酸
clicker press 平压裁断机;冲切机
clicking die 冲模;冲刀
clicking machine 平压裁断机;冲切机
clidanac 环氯茚酸
clidinium bromide 克利溴铵
climatic gasoline 季节性汽油
climbing drum peel test 爬鼓剥离试验
climbing effect 爬升效应
climbing film evapourator 升膜蒸发器
climb of dislocation 位错攀移
clinafloxacin 克林沙星
clindamycin 克林霉素;氯洁霉素;氯林肯霉素
clinical thermometer 体温计
clink 微裂纹
clinker 熟料
clinkering ring 熟料圈;后结圈
clinker tile 缸砖
clinkery brick 缸砖
clinking press 平压裁断机;冲切机
clinoaxis 斜轴
clinochlore 斜绿泥石
clinoenstatite 斜顽辉石
clinofibrate 克利贝特;双环苯氧酸
clinohumite 斜硅镁石
clinoklase 光线矿
clinoptilolite 斜发沸石
clinozoisite 斜黝帘石
clionasterol 穿贝海绵甾醇
clioxanide 氯碘沙尼
clip bolt 夹紧螺栓
clip connector (电极)夹连器
clip dryer 吊皮干燥器
clip ring 扣环;开口环;锁紧环;弹簧挡圈
clip stretcher 链式展幅机
clip stretching machine 链式展幅机
clitocybin 杯伞菌素
clobazam 氯巴占
clobenfurol 氯苯呋醇
clobenzepam 氯苯西泮
clobenzorex 氯苄雷司;氯苄苯丙胺
clobenztropine 氯苯托品
clobetasol 氯倍他索
clobetasone 氯倍他松

clobutinol 氯丁替诺
clobuzarit 氯丁札利
clocapramine 氯卡帕明
clocinizine 氯桂嗪
clock glass 表(面)玻璃
clock oil 钟表油
clock reaction 计时反应
cloconazole 氯康唑
clocortolone 氯可托龙
clodinafop-propargyl 炔草酯;炔丙酯
clodronic acid 氯膦酸
clofazimine 氯法齐明
clofenamide 氯非那胺;氯苯二磺酰胺
clofenciclan(e) 氯苯环仑
clofenetamine 氯苯他明
clofentezine 四螨嗪
clofibrate 氯贝特;氯贝丁酯
clofibric acid 氯贝酸;祛脂酸
cloflucarban 卤卡班;氯氟苯脲
clofoctol 氯福克酚
cloforex 氯福雷司;氯苯丁胺酯
clogged lines 阻塞了的管线
clogging 堵塞
clogging of oil screen 滑油滤网堵塞
clog(up) 堵塞
cloisonné 景泰蓝
clomacrane 氯马克仑
clomestrone 氯雌酮甲醚
clometacin 氯美辛
clomethiazole 氯美噻唑
clometocillin 氯甲西林
clomiphene 氯米芬;氯芪酚胺
clomipramine 氯米帕明;氯丙咪嗪
clomocycline 氯莫环素;羟甲金霉素
clonal expansion 克隆扩增
clonazepam 氯硝西泮
clone 克隆
clonidine 可乐定
clonidine hydrochloride 盐酸可乐定
cloning 克隆
clonitazene 氯尼他秦
clonitrate 氯硝甘油
clonixin 氯尼辛
clopamide 氯哌酰胺
clopenthixol 氯哌噻吨
cloperastine 氯哌斯汀
clopidogrel 氯吡格雷
clopidol 氯吡多;氯羟吡啶
clopirac 氯吡酸
cloprednol 氯泼尼醇
cloprostenol 氯前列醇
clopyralid 二氯皮考啉酸;3,6-二氯吡啶-2-羧酸
cloquintocet-mexyl 喹氧乙酸(异庚酯)
cloranolol 氯拉洛尔
clorazepate 氯氮䓬
clorazepic acid 氯氮䓬酸
clorexolone 氯索隆
cloricromen 氯克罗孟
clorindanol 氯茚酚
clorindione 氯茚二酮
clorophene 氯苄酚
clorprenaline 氯丙那林
clorsulon 氯舒隆
clortermine 邻氯苯丁胺
closantel 氯生太尔
close (1)闭合(2)接通
close-boiling mixture 窄沸(点)混合物
close-burning 黏结性的;成焦性的
close-coupled processing 一体化处理(核燃料)
close-cut fraction 窄馏分;精密分馏馏分
closed 闭合[路]的
closed bearing 闭式轴承
closed boundary 闭式边界
closed cell sponge 闭孔海绵胶
closed centrifugal pump 封闭式离心泵
closed-chain hydrocarbon 闭链烃
closed circuit 闭路
closed circuit grinding 闭路研碎
closed circuit potential 闭路电势
closed-coil reflux 封闭盘管回流(部分冷凝)
closed container 密闭容器
closed cycle gas turbine 闭式循环燃气轮机
closed delivery 暗流式
closed drum head 转鼓端板
closed end cap 封闭端盖
closed loop 闭环
closed loop process control 闭环过程控制
closed loop remote control system 闭环遥控系统
closed loop stability 闭环稳定性
closed loop transfer function 闭环传递函数
closed loop tubular reactor 闭环管式反应器
closed loop zero 闭环零点
close opening 窄孔
close pattern return bend 封闭式 180°回弯头

closed pipe 闭管
closed return bend 闭式回转管
closed shell 闭壳层;封闭壳
closed solubility loop 封闭的溶解度环路
closed system 封闭系统
closed tank 密闭贮罐
closed time 最大密着放置时间(胶黏剂)
closed type 闭式
closed-type bearing 密闭形轴承
closed vessel 闭式[密闭]容器
close fit 紧(密)配合
close impeller 封闭式叶轮
closeomycin(=croceomycin) 藏花霉素
close roaster 隔焰焙烧炉;马弗炉
close running fit 紧动配合
close sand mill 密闭式砂磨机
close tolerance 紧公差
close-up (1)闭合(2)接通
close working fit 紧滑配合
closing bolt 紧固螺栓
closing device 压紧装置
closing handle 紧固手轮
closing head 铆紧帽
closing machine 封口机;压盖机
closing pressure 闭合压力;关闭压力
closing water 常关水管
closo 闭合型(笼型)
closo coordination compound 闭合式配位化合物
clospirazine 氯螺旋嗪
clostebol 氯司替勃;氯睾酮
clostridia 梭状芽孢杆菌
clostridiopeptidase A 梭菌肽酶 A;胶原(蛋白)酶
Clostridium 梭菌属
clostripain 梭菌蛋白酶
closure plate 隔板
closure time (被粘件)密合时间
closure with double-wedge seal 双楔形垫密封
clot 凝块;块凝物
cloth cleaning 清洗滤布
cloth drying 滤布干燥
cloth envelop collector 布袋过滤器
cloth filter 布滤材;袋式过滤器
cloth grounding 布帛研光
clothiapine 氯噻平
clothing adhesive 服装用胶黏剂
clothing comfortability 穿着舒适性
clothing leather 服装革
cloth in place 铺设的滤布
cloth inserted hose 夹布胶管
cloth inserted rubber printing plate 印刷胶布板
cloth-lined paper 衬(有)布的纸;布衬纸
cloth liner treating agent 垫布处理剂
cloth proofing 布上涂胶
cloth PSAT 布基压敏胶粘带
cloth strainer frame 布滤架
clotiazepam 氯噻西泮;氯噻氮䓬
clotrimazole 克霉唑
clotting 块凝
cloud chamber 云室
cloud density (电子)云密度
clouded agate 云玛瑙
clouded glass 毛玻璃
cloudiness (1)浊度(2)浑浊性
cloud point 浊点
cloud point gram 浊点图(决定浊点的反射率-温度图)
cloud point titration 浊点滴定法
cloudy dyeing 染色云斑
clove oil 丁子香油
cloxacillin 氯唑西林;邻氯青霉素;氯唑青霉素
cloxazolam 氯噁唑仑
cloxotestosterone 氯索睾酮
cloxyquin 氯羟喹
clozapine 氯氮平
CLT acid CLT 酸
club hammer 手锤
club sandwich compound 三层夹心型化合物
clunch 硬白垩
clupanodonic acid 鰶鱼酸;二十二碳-4,7,11-三烯-18-炔酸
clupein(e) 鲱精蛋白
cluster (1)簇;聚类(2)原子簇
cluster analysis 聚类分析
cluster compound 原子簇化合物;簇合物
cluster expansion 集团展开
cluster integral 集团积分
cluster ion 簇离子
cluster model (核)集团模型
cluster of particle 颗粒簇
cluster phenomena 聚(群)集现象
cluster size 群集体尺寸
clutch 离合器;联动器;接合器
CLV disc CLV 光盘
CMC (1)(carboxymethyl cellulose)羧甲基纤维素(2)(critical micelle concentra-

tion)临界胶束浓度
CMP 胞苷(一磷)酸
CNDO (complete neglect of differential overlap method) 全略微分重叠法
cnds. (**condensate**) 冷凝液
CNG (compressed natural gas) 压缩天然气
cnicin 蓟苦素
cnidicin 蛇床素
cnidiumlactone 蛇床内酯
^{13}C nuclear magnetic resonance (^{13}**C-NMR**) 碳13核磁共振
CoⅠ 辅酶Ⅰ
CoⅡ 辅酶Ⅱ
coabsorption 共吸收
co-accelerator 共促进剂
coacervate 凝聚层
coacervation 凝聚;胶体粒子聚集;团聚
coach screw 方头螺栓[丝]
CoA (=coenzyme A) 辅酶A
coactivation 共活化作用
coactivator 共活化剂
coadhesive 共黏剂
coadsorption 共吸附(作用)
coagel 凝聚胶
coagent 活性助剂
coagglutination 同族凝集
coagulability (1)凝结力(2)凝结性
coagulant 聚沉剂;凝结剂;凝固剂
coagulant aids 助凝剂;辅助凝聚剂
coagulase 凝固酶
coagulated latex 凝固胶乳
coagulated protein 凝固蛋白
coagulating agent 聚沉剂;凝结剂
coagulating basin 凝固槽
coagulating bath 凝固浴;纺丝浴;凝集槽
coagulating dip 凝固浸渍法
coagulating enzyme 凝固酶
coagulating pan 凝固槽
coagulation (1)聚沉(2)凝结作用;凝聚法
coagulation accelerator 凝固促进剂;促凝剂
coagulation accelerator for latex (胶乳)促凝剂
coagulation bath (1)凝固浴;凝结浴(2)纺丝浴
coagulation value 絮凝值;聚沉值
coagulator 凝聚器;絮凝器
coagulatory settler 混凝沉淀池
coal 煤
coal blending 配煤
coal brand 小麦黑粉病
coal brass 富碳黄铁矿
coal carbonizing 煤碳化(作用);煤干馏
coal cinder 煤渣
coal cleaning plant 煤净化工厂
coal concentrate 洗煤
coal dehydrolysis and drying 煤炭脱水干燥
coal distributor 煤分布器
coal dressing 选煤
coal-dust brick 煤屑砖
coal dust gasification under pressure 加压粉煤气化
coal dust gasifier 粉煤气化炉
coal equivalent 煤当量;燃料当量
coalescence 凝结;聚结;凝聚;并合;聚并;凝并;凝集;聚集
coalescence processes 聚并过程
coalescer (1)聚结剂(2)聚结器
coalescer element 聚并器元件
coalescer filter 聚并滤清器
coalescing membrane 聚结膜
coalescing separator 聚并分离器
coal feed 煤进料口
coal field 煤田
coal field gas 煤田气
coal fired boiler 燃煤锅炉
coal flotation 煤浮选
coal gangue 煤矸石
coal gas (煤气化物)煤气(尤指焦炉煤气及发生炉煤气)
coal gas furnace 煤气炉
coal gasification 煤气化
coal gasifier 煤气化炉
coal-gas producer 煤气发生炉
coal hydrogenation 煤加氢
coal ignitability 煤着火性
coal industry 煤炭工业
coalite tar 低温煤焦油
coal liquefaction 煤液化
coal lock 闭锁式煤斗
coal lock-hopper 密封煤斗
coal material 煤料
coal mine 煤矿
coal non-combustibles 煤(中的)不可燃物
coal-oil 煤馏油
coal oven gas (=coal gas) (焦炉)煤气
coal paste 煤糊(煤与油混合糊状物)
coal petrography 煤岩学

coal preparation 备煤
coal pulverizer 煤炭粉碎机;碎煤机
coal pyrolysis 煤热解
coal rate 煤耗率
coal slag 煤渣
coal sormed gas 煤层气
coal storage 储煤仓
coal store 煤库
coal synthesis gas 煤合成气
coal tar 煤焦油
coal tar extraction 焦油的提取
coal-tar industry 煤焦油工业
coal-tar naphtha 煤焦油石脑油
coal-tar pitch 煤焦油沥青
coal tower 煤塔
coal tower conveyor 煤塔输送机
coal unloader 卸煤机
coal washing 洗煤
coal washing method 洗煤法
coal-water slurry pressurized gasifier 水煤浆加压气化炉
coal wiper 刮煤器
Coande effect 科恩达效应
co-antiknock agent 抗爆助剂
coaptation 参数推算
coarse adjustment 粗调
coarse aggregate 粗集料
coarse bark 粗磨树皮(制革)
coarse coalescing 粗颗粒聚结
coarse crystal sugar 粗结晶糖
coarse disperse system 粗分散系统
coarse emulsion 粗乳状液
coarse material 粗粒料
coarse meal 粗粉末
coarse mesh filter 粗筛网滤器
coarseness 粗(粒)度;粗糙度
coarse ore bin 粗矿石储槽
coarse para 低级巴拉胶;粗橡胶
coarse product 粗粒成品
coarse thread 粗牙螺纹
coarse thread screw 粗(螺)纹螺钉
coarse vacuum 低真空
coarse vacuum pump 低真空泵
coarse whiting 重质碳酸钙;重钙(填充剂)
coastal crude oil 海湾(墨西哥湾)原油
coat 涂层;涂覆
coated calcium carbonate 活性轻质碳酸钙
coated fabric 胶布
coated fibre 涂层纤维
coated grade whiting 涂胶用碳酸钙
coated granular fertilizer 包膜肥料
coated paper 铜版纸;盖料纸;涂料纸
coated particles fuel (CPF) 涂敷颗粒(核)燃料
coated pigment 包核颜料
coated wire electrode 涂丝电极
coater for the underside 底面涂布器
coating (1)涂料(油漆等)(2)涂层;蒙皮;(焊条)药皮;(药物)糖衣
coating adhesive 涂胶
coating agents 被膜剂
coating application 涂料施工
coating auxiliary agent 涂布助剂
coating blanket 涂布垫带
coating calender 贴胶压延机
coating composition 涂料组分
coating compound 涂料混合物
coating damage 涂层损坏
coating disk 涂覆磁盘
coating film 镀膜
coating film defect 涂膜病状
coating for optical fibres 光导纤维涂料
coating machine (1)涂布机;涂磁机(2)糖衣机
coating material(s) for prevention of glass scatter 防玻璃飞溅涂料
coating pistol 涂料(用)喷枪
coating plastic 包衣塑料
coating removal 去除涂层;去漆
coating resin 涂面树脂;涂料用树脂
coatings for infrared radiating bodies 红外线辐射涂料
coatings for selective absorption of solar heat 太阳能选择吸收涂料
coatings of holding temperature for space-craft 航天器热控涂料
coating varnish 罩光清漆
coat of paint 涂漆层
coat protein (病毒)外壳蛋白
CoA-transferase 辅酶A转移酶
coat with rubber 涂橡胶
coaxial cable 同轴线
coaxial cylinder viscometer 同轴圆筒式黏度计
coaxial cylinder viscometry 同轴圆筒测黏法
coazervate 聚析液
coazervation 聚析
cobackwash 共反萃(取);共反洗
cobalamin(e) 钴胺素;维生素 B_{12}

cobalt 钴 Co
cobalt acetylacetonate 乙酰丙酮钴
cobalt ammonium sulfate 硫酸铵钴
cobalt black 钴黑;一氧化钴
cobalt bloom 钴华;八水合砷酸钴
cobalt blue 钴蓝;瓷蓝(硅酸钴锌)
cobalt-bromide test 溴化钴试验(丙烷中水分定性试验法)
cobalt carbonyl 羰基钴
cobalt crust 钴华;八水合砷酸钴
cobalt dichloride (二)氯化钴
cobalt dioxide 二氧化钴
cobalt dryer 钴催干剂
cobalt glance 辉钴矿
cobalt glass 钴玻璃
cobalt green 钴绿(锌酸钴)
cobalt(Ⅲ) hydroxide 氢氧化高钴
cobaltian arsenopyrite 钴毒砂
cobaltic aquopentammine salt 一水五氨合高钴盐
cobaltic bromopentammine salt 一溴五氨合高钴盐
cobaltic bromopurpureo salt 一溴五氨合高钴盐
cobaltic chloride 氯化高钴;三氯化钴
cobaltic chloropentammine salt 一氯五氨合高钴盐
cobaltic chloropurpureo salt 一氯五氨合高钴盐
cobaltic croceo salt 二硝四氨合高钴盐
cobaltic diaquotetrammine salt 二水四氨合高钴盐
cobaltic dichloroaquotriammine salt 二氯一水三氨合高钴盐
cobaltic dichlorotetrammine salt 二氯四氨合高钴盐
cobaltic dichro salt 二氯一水三氨合高钴盐
cobaltic dinitrotetrammine salt 二硝四氨合高钴盐
cobaltic flavo salt 二硝四氨合高钴盐
cobaltic fluoride 氟化高钴;三氟化钴
cobaltic hexammine salt 六氨合高钴盐
cobaltic hexammonate salt 六氨合高钴盐
cobaltic hexanitrite salt 六亚硝酸根合高钴盐;高钴亚硝酸盐
cobaltic hydroxide 氢氧化高钴
cobaltic hydroxypentammine salt 一羟五氨合高钴盐
cobaltic isoxantho salt 亚硝酸根五氨合高钴盐
cobaltic luteo salt 六氨合高钴盐
cobaltic nitratopentammine salt 硝酸根五氨合高钴盐
cobaltic nitratopurpureo salt 硝酸根五氨合高钴盐
cobaltic nitritopentammine salt 亚硝酸根五氨合高钴盐
cobaltic nitropentammine salt 硝基五氨合高钴盐
cobaltic oxide 氧化高钴
cobaltic potassium cyanide 氰高钴酸钾;氰化高钴钾
cobaltic potassium nitrite 高钴亚硝酸钾
cobaltic praseo salt 二氯四氨合高钴盐
cobaltic roseo salt 一水五氨合高钴盐;高钴玫红盐
cobaltic roseo tetrammine salt 二水四氨合高钴盐;高钴玫红四氨盐
cobaltic sulfate 硫酸高钴
cobaltic sulfatopentammine salt 硫酸根五氨合高钴盐
cobaltic sulfatopurpureo salt 硫酸根五氨合高钴盐
cobaltic sulfide 硫化高钴
cobaltic tetracyanide salt 四氰合高钴盐
cobaltic violeo salt 二氯四氨合高钴盐;高钴紫盐
cobaltic xanthosalt 硝基五氨合高钴盐;高钴黄盐
cobalticyanic acid 氰高钴酸
cobaltinitrite 亚硝酸根合高钴酸盐
cobaltite 辉钴矿
cobalt monoxide 一氧化钴
cobaltocene 二茂钴
cobalto-cobaltic oxide 一氧化钴合三氧化二钴;四氧化三钴
cobaltosic oxide 四氧化三钴;一氧化钴合三氧化二钴
cobaltosic sulfide 四硫化三钴
cobaltous acetate (二)乙酸钴
cobaltous amide 氨基钴
cobaltous ammonium sulfate 硫酸钴铵
cobaltous arsenate 砷酸钴
cobaltous bromide 溴化钴
cobaltous carbonate 碳酸钴
cobaltous chloride (二)氯化钴
cobaltous chromate 铬酸钴
cobaltous cyanide 氰化钴
cobaltous dihydroxycarbonate 碱式碳酸钴

cobaltous dithionate 连二硫酸钴
cobaltous ferrocyanide 亚铁氰化钴
cobaltous fluoride 氟化钴
cobaltous fluosilicate 氟硅酸钴
cobaltous formate 甲酸钴
cobaltous hexahydrate salt 六水合钴盐
cobaltous hydrophosphate 磷酸氢钴
cobaltous hydroxide 氢氧化钴
cobaltous nickelous sulfate 硫酸亚镍合硫酸钴
cobaltous nitrate 硝酸钴
cobaltous oxalate 草酸钴
cobaltous oxide 氧化钴
cobaltous phosphate 磷酸钴
cobaltous stannate 锡酸钴
cobaltous sulfate 硫酸钴
cobaltous sulfide 硫化钴
cobaltous thiocyanate 硫氰酸钴
cobaltous tungstate 钨酸钴
cobalt phosphide 一磷化二钴
cobalt sesquioxide 氧化高钴;三氧化二钴
cobalt sesquisulfide 三硫化二钴
cobalt suboxide 一氧化二钴
cobalt tetracarbonyl 四羰合钴
cobalt titanate green 钛钴绿
cobalt tricarbonyl 三羰合钴
cobalt ultramarine 钴蓝;钴(群)青
cobalt violet 钴紫
cobalt yellow 钴黄;高钴亚硝酸钾
cobaltyl 氧钴根
cobaltyl sulfate 硫酸氧钴
cobamamide 腺苷钴胺;腺苷辅酶维生素 B_{12}
cobamic acid 钴胺酸
cobamide 钴胺酰胺
cobralysin 眼镜蛇溶素
cobratoxin 眼镜蛇神经毒
cobric acid 眼镜蛇酸
cobrotoxin 眼镜蛇毒素
cobweb model 蛛网模型
cocaethylene 可卡乙碱;高古柯碱;乙基苯酰芽子碱
cocaine 可卡因;古柯碱
cocainidine 柯卡(因尼)定
CO-canister 一氧化碳滤毒罐
cocarboxylase 辅羧酶;脱羧辅酶;硫胺焦磷酸
cocatalyst 助催化剂;辅催化剂
cocatannic acid 柯卡单宁酸
cocceric acid 胭脂虫蜡酸;羟基三十一(烷)酸
coccerin 胭脂虫蜡
cocceryl alcohol 胭脂虫蜡醇
coccinic acid 胭脂虫酸
coccinine 胭脂虫碱
coccogni(di)c acid 可可各酸;瑞香酸
coccomycin 球菌霉素
cocculidine 衡州乌药定
cocculine 木防己碱;衡州乌药灵
cocculin(=picrotoxin) 木防己苦毒素
cochineal 胭脂虫红
cochineal solution 胭脂红溶液
cochleare 匙
cochliobolin 旋孢菌素
Cochrane's test method 柯克伦检验法
cochromatograph 共同用色谱(法)分析
cochrome 科克罗姆钴铬耐热合金
cocinin 椰子油酸酯
cock 旋塞(阀);(俗称)考克
cock bushing 旋塞衬套
Cockcroft-Walton accelerator 高压倍加器
cock-disc 旋塞垫圈
cocklifter 运垛机
cock valve 旋塞阀
coclamine 衡州乌药胺
coclanoline 衡州乌药醇灵
coclaurine 衡州乌药碱
cocoa bean 可可豆
co-coagulate 共凝固物
cocoanut aldehyde 椰子醛(俗称);γ-壬内酯
cocoanut oil 椰子油
cocoa oil 可可油
cocofatty acid diethanol amide 椰油酰二乙醇胺
cocondensation 共缩合
co-condensation polymer 共缩聚物
coconut acid diethanolamide 椰子酰二乙醇胺
coconut fatty acid 椰子油脂肪酸
coconut oil hydrogenation alcohol 椰子油加氢醇
cocoonization 被覆包装
cocoon packing 被覆包装
COCO process 一氧化碳/一氧化碳(碳同位素分离)法
co-cracking 共裂化;共裂解
cocrystallization 共结晶(过程)
co-cure 共硫化(两种胶共同硫化)

cocuring agent 助硫化剂
cocurrent (1)直流;同向(2)并流
co-current flow 并流;同向流
codamine 可达明(碱)
COD(chemical oxygen demand) 化学需[耗]氧量
code (1)标记;代号;编码(2)密码
codeaminase 辅脱氨酶
codecarboxylase 辅脱羧酶
codecontamination 共去污
coded data 编码数据
code for erection and inspection 安装验收规范
codehydr(ogen)ase 辅脱氢酶
codeine 可待因
codeine phosphate 磷酸可待因
codeinone 可待因酮
code name 代号
code number 代号
code of practice 实施规程
codeposition 共沉积
code requirement 采用规范
codes and standards 规范和标准
codesign 合作设计
codethyline 可待乙碱;乙基吗啡
code wire 分色电线(按用途分别着色)
cod-fish oil 鳕鱼油
codimerization 共二聚
codimers 共二聚体
codissolved 共溶的
codistillation 共(蒸)馏(法)
cod liver oil 鱼肝油;鳕鱼肝油
codon 密码子
codon usage 密码子选择
coecomycin 互利霉素
coefficient 系数
α-coefficient α 系数
coefficient of absorb food 摄食系数
coefficient of absorption 吸收系数
coefficient of admission 充满系数
coefficient of compressibility 压缩系数
coefficient of conductivity 传导系数
coefficient of corrosion inhibition 缓蚀系数
coefficient of diffusion 扩散系数
coefficient of expansion due to heat 热膨胀系数
coefficient of heat transfer 传热系数
(coefficient of) kinematical viscosity 运动黏度(系数)
(coefficient of) kinetic viscosity 运动黏度(系数)
coefficient of linear expansion 线膨胀系数
coefficient of losses 亏损系数
coefficient of mass transfer 传质系数
coefficient of maximum static friction 最大静摩擦系数
coefficient of mutual inductance 互感系数
coefficient of performance(COP) 性能系数;效率
coefficient of restitution 恢复系数
coefficient of safety 安全系数
coefficient of self-inductance 自感系数
coefficient of sliding friction 滑动摩擦系数
(coefficient of) stiffness 劲度(系数);倔强系数
coefficient of thermal expansion 热膨胀系数
coefficient of variation(CV) 变动[异]系数
(coefficient of) viscosity 黏度(系数)
coefficient of vulcanization 硫化系数
coefficient of waste 浪费系数;废弃系数
coelectrodeposition 共电沉积
coelesticetin(=celesticetin) 天青菌素
coelicolorin 天蓝菌素
coelicomycin 天蓝霉素
coemulsifier 辅助乳化剂
coenzyme 辅酶
coenzyme Ⅰ(=NAD;CoI;DPN) 辅酶Ⅰ;烟酰胺腺嘌呤二核苷酸;二磷酸吡啶核苷酸
coenzyme Ⅱ(=NADP;CoII;TPN) 辅酶Ⅱ;烟酰胺腺嘌呤二核苷酸磷酸;三磷酸吡啶核苷酸
coenzyme A 辅酶 A
coenzyme Q 辅酶 Q;泛醌
coenzyme R(=vitamin H;biotin) 辅酶 R;维生素 H;生物素
coercibility 可压凝性
coercible gas 可压凝气体
coercive force 矫顽力
coercivity 矫顽力(Hc)
coeruleolactite 绿松石
coerulomycin 浅蓝霉素
co-ester 共酯;复酯
coexistence equation 共存方程
coextraction 共萃取
coextruded film 复合薄膜
coextru-lamination 共挤复合

coextrusion 复合挤压;共挤压
coextrusion film blowing 共挤吹塑;共挤吹膜
cofactor 辅因子
coferment 辅酶
Coffey still 科菲蒸馏器
CO-filter(=carbon monoxide filter) 一氧化碳滤毒罐
coflow 同向流动;协流
coformycin 助间型霉素
cogasin (水煤气)合成油
cogenerating 联合生产
cogeneration system 联合生产系统
cogged V-belt 齿形三角带
cognac flavour 酒香香料
cognac oil 康酿克油;葡萄渣油
cognate amino acid 关连氨基酸
cognate inclusions 均匀包合物
cognitive science 认知科学
cognitron 认知机
cograft 共接枝
cogwheel ore 车轮矿
coherence 相干性
coherence effect 相干效应
coherence time 相干时间
coherent anti-Stokes Raman scattering 相干反斯托克斯-拉曼散射
coherent area 相干面积
coherent condition 相干条件
coherent excitation 相干激发
coherent imaging 相干成像
coherent length 相干长度
coherent light 相干光
coherent radiation 相干辐射
coherent scattering 相干散射
coherent source 相干光源
coherent state 相干态
coherent wave 相干波
cohesion (1)内聚(现象)(2)内聚力(3)黏结力
cohesional field 内聚力场
cohesional setting 内聚固定
cohesional strength 黏结强度
cohesionless material 无黏性材料
cohesion work 内聚功
cohesive action 黏结作用;内聚作用
cohesive affinity 凝聚力
cohesive density 内聚能密度
cohesive end 黏端
cohesive energy density (CED) 内聚能密度;凝集能密度
cohesive failure 内聚破坏
cohesive force (1)内聚力(2)黏合力;黏结力
cohydrolysis 共水解作用
coil (1)线圈(2)(=pipe coil) 盘管;蛇管
coil bracket 盘管托架
coil coatings 卷材涂料
coil condenser 蛇管冷凝器;盘管冷凝器
coil dimension 线团尺寸
coiled coil 卷曲螺旋
coiled coil filament 绕线式灯丝
coiled condenser 盘管冷凝器
coiled macromolecule 线团大分子
coiled molecule 卷曲分子
coiled pipe 蛇形管;旋管;盘管
coiler (1)蛇形管(2)线圈
coil evaporator 蛇管式蒸发器
coil heat exchanger 蛇管[螺旋;盘管]换热器
coil-in-box cooler 盘管水箱式冷却器;箱内旋管式冷却器
coiling 反向双螺旋
coiling block 卷筒
coiling machine 盘管[簧]机
coil jacket 蛇管夹套
coil packing 盘形填料
coil paper 盘纸;筒纸;卷纸
coil pipe 盘管;蛇管;(螺)旋管
coil radiator 盘管散热器
coil spring 螺旋弹簧
coil spring 盘簧;螺旋弹簧
coil winder 卷线机;拉拔机
co-immunoprecipitation 免疫共沉淀
coincide 重合
coincidence circuit 符合电路
coinitiator 共引发剂
co-injection 共注塑
co-injection moulding 共注射成型
co-ion 共离子
coions effect 共离子效应
coixol 薏苡醇
coke 焦炭
coke bin 焦炭斗
coke burner 炼焦炉
coke-burning 烧焦(烧去催化剂表面附着的焦质)
coke chemicals product 焦化产品
coke cleaning 清焦
coke coking still 焦化蒸馏釜

coke furnace 焦炉
coke guide 焦炭导槽
coke hopper 贮焦斗;焦炭斗
cokeite 天然焦
coke loading 焦炭装载
coke loaking bay 凉焦台
coke oven 炼焦炉
coke oven battery 焦炉群
coke oven gas 焦炉煤气
coke-oven plant 炼焦厂
coke platform 焦(炭)台
coke pusher 推焦车
coke quenching 熄焦
coke quenching car 淬焦车
coker 焦化装置;焦化塔;焦化釜;炼焦器
coke rate 成焦率
cokery (1)炼焦炉(2)炼焦厂
coke screening station 筛焦台
coke scrubber 洗焦器
coke side 焦面
coke side bench 放焦台
coke tower 焦炭塔;焦化塔
coke waste 炼焦废液
coking (1)炼焦;焦化;焦化蒸馏(2)结焦;结炭
coking blend 配煤
coking chamber 焦化室;炼焦室
coking characteristic 结焦性能
coking coal 炼焦煤;焦煤;焦性煤
coking plant 焦化厂
coking property 成焦性;结焦性
coking stoker 炼焦加煤机
coking tower 焦炭塔;焦化塔;炼焦塔
coking unit 焦化装置
coking wharf 炼焦(装卸)台
colamic acid 肠菌酸
colaminephosphoric acid 磷酸乙醇胺
colasmix 沥青砂石混合物(铺路材料)
colaspase L-天(门)冬酰胺酶
colatannin 可拉单宁
colatin 可拉单宁
colatorium 滤网;滤筛
colbranite 硼镁铁矿
colchiceinamide 秋水仙酰胺
colchiceine 去甲秋水仙碱
colchicin(e) 秋水仙碱;秋水仙素
colcothar 铁丹;氧化铁颜料
cold aerosol generator 常温烟雾机
cold air delivery pipe 冷气排出管
cold air suction pipe 冷气吸入管
cold air vent 冷空气排放口
cold bend(ing) 冷弯
cold bend temperature 冷弯温度
cold blast 冷鼓风
cold box 冷箱
cold brittleness 冷脆性
cold catch pot 低温截液罐;低温分离器
cold-check test 冷开裂试验
cold coke 冷焦炭
cold crack 冷裂纹
cold cranking capability 冷起动能力
cold cream 冷霜;冷膏
cold cure 冷硫化
cold deformation 冷变形
cold draw 冷拉;冷拔
cold drawing 冷拉伸;冷拔
cold drawn 冷拉;冷拔
cold drawn-stress relief 冷拔-应力消除
cold drawn tube 冷拉管
cold drying 低温干燥法
cold elbowing with core 有芯冷弯管
cold electric resistance welding 冷电阻焊
"cold" ensemble "冷"系综
cold extrusion 冷挤压
cold factice 白油膏
cold feed extruding 冷喂料挤出
cold finger(reflux)condenser 指形(回流)冷凝管
cold flow 冷流;冷塑加工;冷变形
cold-flow model test 冷模试验
cold fluid 冷流体
cold-forging 冷锻
cold-forming 冷成型
cold forming sectional steel 冷弯型钢
cold hardening 冷硬化;加工硬化
cold hydrogenation 低温加氢
cold insulation 保冷
cold junction 冷接合
cold labeling 冷标记
cold mastication 冷塑炼;低温塑炼
cold mill waste 低温工厂废料
cold model experiment 冷模试验
cold mould furnace 自耗电极真空电弧炉;冷模炉
cold mo(u)lding 冷塑法
cold mo(u)lding compound 冷模塑料
cold neutron 冷中子
cold plasma 冷等离子体
cold plastication 冷塑炼;低温塑炼
cold point 冷点;冻点

cold polymerization 冷聚合
cold press 冷压(机)
cold pressed essential oil 冷榨香精油
cold pressing 冷榨
cold-pressing and sweating process 冷榨-发汗脱蜡
cold primer-oil 沥青溶液;冷底子油
cold process (for soap) 冷法制皂
cold process soap 冷(法)制(的)皂
cold pump 低温泵;低温原油泵
cold reserving 保冷
cold roll 冷却辊
cold rolling 冷轧;冷卷
cold run 冷试验
cold SBR 低温丁苯橡胶
cold setting adhesive 冷固性胶黏剂;冷变定胶黏剂(20℃以下变定)
cold setting cement 冷固性黏合剂
cold setting glue 冷固性胶
cold settler 低温澄清池
cold shock 冷休克
cold shortness 低温脆性;冷脆(性)
cold shot (1)(透明塑体内的)斑瑕(2)冷态粒子
cold shot nozzles 冷态粒子接管
cold side 冷端[侧]
cold soap 冷(法)制(的)皂
cold-soluble extract 冷溶栲胶
cold spinning 冷施压(加工)
cold spray 冷喷涂
cold storage (1)冷藏(2)冷藏库
cold stretch(ing) 冷拉伸
cold styrene(-butadiene)rubber 低温丁苯橡胶;冷聚丁苯胶
cold tap 冷水龙头
cold test 冷试验;冷试法
cold trap 冷阱
cold vapor atomic absorption method 冷蒸气原子吸收法
cold vulcanization 冷硫化
cold water makeup 冷却水补充
cold water paint 冷水色漆(基料为植物树脂、豆油等的水乳液)
cold water recycle pump 冷水循环泵
cold water reservoir 冷水贮罐
cold water tank 凉水槽
cold water well 凉水池
cold wave 冷烫液
cold work(ing) 冷作;冷加工
cold working hardening 冷加工硬化
cold work of glass 玻璃冷加工
cole-cole plot 科尔-科尔作图
colestipol 考来替泊
colforsin 考福新
colfosceril palmitate 棕榈胆磷;二棕榈酰磷脂酰胆碱;L-α-二棕榈酰卵磷脂
colibacillus 大肠杆菌
colicin(e) 大肠杆菌素
coline 可啉
colinearity 同线性
coliphage 大肠杆菌噬菌体
colisan 短孢菌肽
colistatin 制大肠菌素
colistin 黏杆菌素;多黏菌素 E
colitose 可立糖;3-脱氧-L-岩藻糖
colitoxin 大肠杆菌毒素
colla(＝glue) 胶
Colla Corii Asini 阿胶
collagen 骨胶原;胶原
collagenase 胶原(蛋白)酶
collagenous fiber (骨)胶原纤维
colla glutinum 麸胶
colla piscium (＝ichthyol) 鱼石脂
collapse (1)瘪泡(2)(木材)皱缩
collapsed storage tank 可收缩油罐;可折叠油罐
collapse phenomenon 扁塌现象
collapsible storage tank 可收缩油罐;可折叠油罐
collapsing technique 塌落技术
collar burner 环焰灯
collargol 胶态银
collar head bolt 环头螺栓
collateral chain 旁系链
collected stack 集合烟囱
collectin 胶原凝集素
collecting agent 捕收剂
collecting basin (集)水池
collecting coefficient 收集系数
collecting electrode-pipe 集尘电极管
collecting electrode vibrator 集尘极振荡器
collecting main 收集主管
collecting positive plate 集尘板
collecting screen 捕集筛网
collecting screw 集料螺旋
collecting streams container 集流箱
collecting tank 集水池
collecting tank for backwater 回水收集槽
collecting trap 收集阱;捕集阱
collecting unit 收集单元

collection bucket 集料吊斗
collection chamber 聚集室
collection efficiency 捕集效率
collection truck 垃圾收集车
collector (1)集电极(2)捕收剂
collector electrode 集电极
collector housing 收集室
collector plate 收尘板
collector shaft 收集轴
college of science and technology 理工学院
colleseed oil 菜(籽)油
collette 本色帆布
α-collidine α-可力丁;2-甲基-4-乙基吡啶
β-collidine β-可力丁;4-甲基-3-乙基吡啶
γ-collidine γ-可力丁;2,4,6-三甲基吡啶
colliding tablet press 撞击式压片机
collidinium molybdophosphate(CMP) 钼磷酸可力丁鎓
collidinium tungstosilicate(CWSi) 钨硅酸可力丁鎓
colligation 共价均成 A·+·B→A:B,其反义为 homolysis 共价均解)
colligative property 依数性
colligend ion 浮选被促集离子
collimated beam 准直(光)束
collimation 准直
collimator 准直管;平行光管
collinear collision 共线碰撞
collinomycin 覆盖霉素
Collin's bleacher 科林漂白器
Collin's reagent 科林试剂
collision 碰撞
collisional activation 碰撞活化
collisional quenching 碰撞猝灭
collision cross section 碰撞截面
collision frequency 碰撞频率
collision induced dissociation 碰撞诱导解离
collision integral 碰撞积分
collision number 碰撞数
collision theory 碰撞理论
collision time 碰撞时间
collodion 火棉胶
collodion cotton 胶棉
collodion membrane 硝棉胶膜
collodium 火棉胶
colloid 胶体;胶体剂
colloidal alumina 胶体氧化铝
colloidal calcium carbonate 活性轻质碳酸钙
colloidal carbon 胶态炭
colloidal carrier of enzyme 胶态载酶体
colloidal chemistry 胶体化学
colloidal clay 胶态白土
colloidal dispersion (1)胶态分散(2)胶态分散体
colloidal electrolyte 胶体电解质
colloidal fuel 悬浮燃料
colloidal gel 胶态凝胶
colloidal gel filter 胶乳体滤纸
colloidal gold 胶态金
colloidal mercury 胶态汞;汞胶液
colloidal particle 胶粒
colloidal precipitate 胶体沉淀
colloidal propellant 胶态发射药;胶态推进药
colloidal silica 胶态硅石;胶态氧化硅
colloidal sol 溶胶
colloidal solution 胶体溶液;胶态溶液
colloidal state 胶体状态
colloidal sulfur 胶体硫
colloidal suspension (1)胶(态)悬(浮)(2)胶(态)悬(浮)体
colloidal zeolite 胶体沸石
colloid amphoion 胶态两性离子
colloid chemistry 胶体化学
colloid electrochemistry 胶体电化学
colloidization 胶(态)化(作用)
colloid mill 胶体磨;胶体磨机
colloid solution 胶体溶胶
colloisol 超细粉
collollary pollutant 自然发生的污染物
collose 木质胶
collosol 溶胶
colloxylin 硝酸纤维素;火胶棉
colocynthin 药瓜苦苷
cologne water 古龙香水
colony 菌落;集落
colony stimulating factor 集落刺激因子
colophene 松脂萜烯
colopholic acid 松香酸
colophonic acid 松香酸
colophonic soap 松香皂
colophony 松香
color(=colour) 色
color discharge 拔染剂;着色拔染
coloradoite 碲汞矿
colostrokinin 初乳激肽
colostrum 初乳

colour(=color) 色
colo(u)rability 着色力;可着色性
colo(u)rant 着色剂;色料;色素
colo(u)r autoradiography (CAR) 彩色放射自显影法
colo(u)r balance 彩色平衡
colo(u)r black 色素炭黑
colo(u)r-blend emulsion 盲色乳剂
colo(u)r-blind film 盲色胶片
colour camouflage coatings 迷彩伪装涂料
colo(u)r center 色心
colo(u)r concentrates 色母料
colo(u)r coupler 成色剂
colo(u)r degradation 变色(油品)
colo(u)r deterioration 变色(油品)
colo(u)r developer 彩色显影液
colo(u)r developing reagent 显色剂
colo(u)r development reaction 显色反应
colo(u)r discharge 拔染
colo(u)red agricultural film 有色农用薄膜
colo(u)red concrete 彩色混凝土
colo(u)red coupler 有色成色剂
colo(u)red discharge printing 着色拔染印花
colo(u)red glass 有色玻璃
colo(u)red glaze 琉璃;颜色釉
colo(u)red-light composition 有色光剂
colo(u)red optical glass 滤光玻璃
colo(u)red paint 色漆
colo(u)red portland cement 彩色水泥
colo(u)red reclaim 有色再生胶
colo(u)red resist printing 着色防染印花
colo(u)r fadeometer 褪色计
colo(u)r fastness 色牢度
colo(u)r fastness to acids 耐酸(色)牢度
colo(u)r fastness to alkalis 耐碱(色)牢度
colo(u)r fastness to bleaching 耐漂白(色)牢度
colo(u)r fastness to burnt gas fumes 耐烟熏(色)牢度
colo(u)r fastness to daylight 耐晒(色)牢度
colo(u)r fastness to light 耐晒(色)牢度
colo(u)r fastness to mercerizing 耐丝光(色)牢度
colo(u)r fastness to perspiration 耐汗(色)牢度
colo(u)r fastness to resin finishing 耐树脂整理(色)牢度
colo(u)r fastness to rubbing 耐摩擦(色)牢度
colo(u)r fastness to seawater 耐海水(色)牢度
colo(u)r fastness to sublimation 耐升华(色)牢度
colo(u)r fastness to water 耐水(色)牢度
colo(u)r film 彩色胶片
colo(u)r filter 滤色器
colour fixatives 护色剂
colo(u)r fixing agent 固色剂
colo(u)r former 成色剂
colo(u)rimeter 比色计
colo(u)rimetric analysis 比色分析
colo(u)rimetric gas analyzer 比色式气体分析器
colo(u)rimetric pyrometer 比色高温计
colo(u)rimetric standard stock solution 比色标准贮备液
colo(u)rimetry 色变学;比色法
Colo(u)r Index(C. I.) 染料索引
colo(u)ring admixture 着色剂
colo(u)ring agent 着色剂
colo(u)ring matter 色素
colo(u)ring power 着色力
colo(u)rless chromatogram 无色色谱
colo(u)rless chromatography 无色色谱(法)
colo(u)rless coupler 无色成色剂
colo(u)r mill 颜料磨
colo(u)r number 色数(浓淡指数)
colo(u)r oven 铅丹炉
colo(u)r paste 色浆;染料糊
colo(u)r range 变色范围
colo(u)r reaction 显色反应
colo(u)r reproduction 彩色再现性
colo(u)r retention 保色性
colo(u)r reversal film 彩色反转胶片
colo(u)r reversal paper 彩色反转相纸
colo(u)r separation film 分色胶片
colo(u)r slide film 彩色幻灯片
colo(u)r smoke composition 有色发烟剂
colo(u)r temperature 色温;色温度
colo(u)r tube camera 比色管暗箱
colo(u)r unit 色标
colo(u)r yield 给色量
colpormon 双醋羟雌酮
colter blender[mixer] 犁刀混合机
colubrine 可鲁勃林(有 α-、β-两种)

columbamine 非洲防己碱
columbic anhydride 五氧化二铌;铌酐
columbin 非洲防己苦素;加伦巴根苷
columbite-tantalite 铌钽铁矿
columbium 钶 Cb(铌的旧名)
columbium dioxide 二氧化铌
columbium monoxide 一氧化铌
columbium oxytrichloride 三氯氧化铌
columbium pentoxide 五氧化二铌
columbium sesquioxide 三氧化二铌
columbium tetroxide 四氧化二铌
columboxy group 铌氧团(三价)
column (1)柱;塔(2)列
column area 塔面积
columnar organization 柱状组织
columnar section 柱状剖面
column bleeding 柱流失
column bottoms pump 塔底泵
column capacity factor 柱容量因数
column chromatography 柱色谱法
column dead volume 柱死体积
column development chromatography 柱展开色谱法
column efficiency 柱效率
column electrophoresis 柱电泳(法)
column extractor 萃取柱;柱式萃取器
column fermenter 塔式发酵罐
column foot 塔基[脚]
column inlet pressure 柱入口压
column internals 塔内件
column mixer 混合柱
column of driving device 传动装置竖筒
column of trays 板式塔
column packer 填柱器
column pipe 圆筒管;管状圆筒
column plate 塔板
column radiochromatography(CRC) 柱放射色谱法
columns 支腿;塔器
column scrubber 洗涤塔
column selection 柱选择
columns in series 串联柱;串联塔
column temperature gradient 柱温梯度
column tray 塔板
column tubule 柱管
column void volume 柱空体积
column wall 柱(内)壁
column washer 洗涤塔
colymycin 多黏菌素 E;黏杆菌素
colza oil 菜(子)油
coma 彗(形像)差
comanic acid 靠曼酸;5-羟基-4-吡喃酮-α-羧酸
comatic aberration 彗(形像)差
combat gasolines 军用级汽油
Combes quinoline synthesis 库姆斯喹啉合成
combichem 组合化学
combination 化合(作用)
combination chamber vessel 组合室容器
combination cutting pliers 钢丝钳
combination filter 复合过滤器
combination flooding 复合驱
combination fuse 复式引信
combination gas 油井气;伴生气
combination gas and oil burner 油气联合燃烧器;油气联合烧嘴
combination heat 形成热;化合热
combination labyrinth 组合式迷宫
combination lathe 万能机床
combination line 综合峰
combination machine 联合机
combination machinery 联合机械
combination mill 联(合)磨
combination misalignment 复合误[偏]差
combination oven 联(立)炉
combination principle 结合原理
combination pump 复合泵
combination tannage 结合鞣(法)
combination tanned leather 结合鞣革
combination termination 结合终止
combination tool holder 组合刀具支架
combination topping and cracking plant 拔顶-裂化联合装置
combination tower 联合塔;复合塔
combination unit 联合装置
combination valve 复合阀
combinatorial chemistry 组合化学
combinatorial term 组合项
combine additively 加成化合
combined carbon 化合碳;结合碳
combined charge (新料与循环料混合)总进料
combined coefficient 合成效率
combined combustion 混合燃烧
combined cutting and welding torch 焊割两用炬
combined die 组合冲模
combined feed 总进料(石油)
combined firing 混合燃烧

combined hydrocracking-hydrogenation process 联合加氢裂化加氢法
combined hydrofining-reforming process 联合加氢精制重整法
combined hydrogen 化合氢
combined load 混合载荷[重]
combined mixer and sifter 联筛混合器
combined nitrogen 结合氮;固定氮
combined oil-processing 石油联合加工
combined production 合作生产
combined protection 联合保护
combined residual chlorine 结合性余氯
combined rupture 复合破[断]裂
combined sewage 混合污水
combined sewerage system 雨污水合流制;雨污水合流(下水道)系统
combined strength 复合(应力状态下)强度
combined stress 复(合)应力
combined sulfur 结合硫黄
combined sulfur dioxide 化合二氧化硫
combined tannin 结合鞣质
combined toxicity 联合毒性
combined water 化合水
combined wire 复合焊丝
combiner 层布贴合机
combining affinity 化合亲和势
combining heat 化合热
combining machine 层布贴合机
combining rule 组合规则
combining throat 混合喉管
comb (shaped) polymer 梳形[状]聚合物
combustibility 可燃性
combustible plastics 可燃性塑料
combustible support 可燃载体
combustion 燃烧;灼烧(灭菌法)
combustion adjuvant 助燃剂
combustion analysis 燃烧分析
combustion boat 燃烧舟;燃烧皿
combustion calorimetry 燃烧量热法
combustion chamber 燃烧炉;燃烧室;氧化容器
combustion curve 燃烧曲线
combustion engine 内燃机
combustion flue 炉道;烟道
combustion furnace 焚烧炉
combustion heat 燃烧热
combustion improver 助燃剂
combustion(of oil) in situ (油)就地燃烧
combustion pennisula 燃烧半岛
combustion result 燃烧效果
combustion supporting gas 助燃气体
combustion tube 燃烧管(分析用)
combustion tube furnace 燃烧管炉
combustion value 热值;卡值
combustion zone 燃烧段;焚烧段
combustor 燃烧室[器,炉]
come-along 紧线夹
comenamic acid 考闷安酸;4,5-二羟吡啶-2-羧酸
comendite 钠闪碱流岩
comfortability 舒适性
comfortable cooling 适度冷却
comicellization 共胶束化
coming into step 进入同步
commanding apparatus 操纵设备
commelinin 鸭跖草苷
commensalism 共生现象;偏利共栖
commercial analysis 商品分析
commercial application 工业应用
commercial availability 工业效用
commercial chemistry 商品化学
commercial cyclone 工业旋风分离器
commercial efficiency 经济效率
commercial equipment 工业设备
commercial fertilizer 商品肥料
commercial formulation 实用配方;生产配方
commercial grade 商品级
commercial incinerator 工业焚烧炉
commercial installation 工业设备
commercially available 市场上买得到的;能大批供应的
commercially pure 商业纯的
commercial manufacture 工业制造
commercial measure 工业测量
commercial measurement 技术测量
commercial plant 工业设备
commercial practice 商业惯例
commercial process 工业化生产过程
commercial product 工业品;商品
commercial production 工业生产
commercial pure titanium 工业纯钛
commercial regain 商业[公定]回潮率
commercial scale 工业规模
commercial specification 商品规格
commercial standards 商品标准
commercial sulphuric acid 工业用硫酸
commercial unit 工业设备
commercial use test 实(际使)用试验

commercial value 工业价值
commingler 混合器
comminution 粉碎(作用)
comminutor 造粒机
commissary equipment 辅助设备
commissioning (1)试运转;试车(2)投(入生)产
commissioning period 试车期
commissioning run test (投料)试车
commissioning test run 投料试生产
Commission on Symbols, Units, Nomenclature, Atomic Masses and Fundamental Constants 符号、单位、术语、原子质量和基本常量委员会
committed step 关键步骤;关键反应
commodity and specification 货名及规格
commodity plastics 通用塑料
commodity polymer 通用高分子
common axis 公共轴线
common bed 公用底座
common branded coal 无定结构煤
common brick 红砖
common devil pepper 萝芙木
common feldspar 正长石
common ion 共离子;同离子
common ion effect 同离子效应
common laundry soap 硬皂
common name 常用名;俗名
common pyrite 黄铁矿
common refractory 普通耐火材料
common ring 普通环
common salt 食盐
common valeric acid 异戊酸
common yam 山药;薯蓣
communicability 传染性
communicating pipe 连通管
communicating tube 连通管
communication lines 通信线
commutability 可对易性
commutation relation 对易关系
commutation rule 对易规则
commutator (1)对易式(2)整流器
commutator compound 换向器(或整流器)润滑剂(由石蜡和蜂蜡制成)
commute 对易
comobenzyl alcohol 三甲苯甲醇
comonomer 共聚单体
compact carbon black 接触法炭黑
compact detergent 浓缩洗涤剂
compact disc interactive CD-I光盘
compact double layer 紧密双电层;亥姆霍兹双电层
compacted catalyst 成型催化剂
compact heat exchanger 紧凑型换热器
compactibility 压塑性;(可)压制[压实,成型]性;紧密度
compacting 压紧;压实
compaction granulator 挤压造粒机
compactness 紧密度
compactor (薄膜或纤维)卷绕机;(料斗)压实器
compact plant 紧凑型工厂;一体化(的)工厂
compact set of tray 塔盘紧固件
compact spinning process 短程纺丝
companion flange 成对法兰;结合法兰;配对法兰;对应法兰
Company Limited 有限公司
comparable data 参照数据
comparative analysis 比较分析
comparative data 比较数据
comparative instrument(s) 比较式仪表
comparative readout 比较读出
comparator 比长仪
comparator block 比色座
comparator test block 比较试块
comparison bridge 比较电桥;惠斯通电桥
comparison column 参比柱
comparison lamp 对比灯
comparison prism 比谱棱镜
comparison solution 比较溶液
comparison spectroscope 比谱分光镜
comparison tubes 比色管
comparoscope 显微比较镜
compartmentalization 区室化
compartment analysis 房室分析
compartmentation 区室化
compartment centrifuge 室式分离机
compartment dryer 间格[隔]干燥器;分室干燥器;厢式干燥器
compartmented agitator 隔室式混合器;多室混合器
compartment flow model 多室流动模型
compartment furnace 多室炉
compartment seal 室间密封装置
compass saw 鸡尾锯;截圆锯;开孔锯
compatibility (1)相容性;可混性;混溶性(2)配伍性能;可混用性
compatibility of deformation 变形协调
compatibility principle 相容原理

compatibilization 增容作用
compatibilizer 增容剂
compatibilizing agent 相容性试剂
compatible index 配伍指数
compatibleness 配伍性
compatilizer 相容剂
compensated acidosis 代偿性酸中毒
compensated alkalosis 代偿性碱中毒
compensated rigid coupling 可移式刚性联轴器
compensate hydrogen 补充氢
compensating error 抵消误差
compensating ga(u)ge 补偿片
compensating network 补偿网络
compensating plate 补偿板
compensation apparatus 电位计;电压表
compensation effect 补偿效应
compensation method 补偿(对消)法
compensation spectrum 补偿光谱
compensation trade 补偿贸易
compensation valve 平衡阀;补偿阀
compensator (1)补偿器(2)补偿剂(3)张力调节器;松紧调节辊
competing reaction 竞争反应
competition 竞争
competition coordination 竞争络合(反应);竞争配位(反应)
competition decision 竞争决策
competitive adsorption 竞争吸附
competitive inhibition 竞争性抑制
competitive inhibitor 竞争性抑制物
competitive oxidation 竞争性氧化(作用)
competitive protein-binding assay (CPBA) 竞争性蛋白质结合分析法
complanatine 扁平石松碱
complement 补体
complementary assay 互补试验
complementary base 互补碱基
complementary colo(u)rs (1)补色(2)辅助色;助着色剂
complementary DNA 互补 DNA
complementary principle 互补原理;并协原理
complementary strand 互补链
complementary transcription 互补转录(作用)
complete analysis 全分析
complete combustion 完全燃烧
complete condenser 全凝器
complete vessel 成品容器
complete encirclement pad 围板补强
complete equilibrium 完全平衡;不可逆平衡
complete extraction 完全萃取
complete fertilizer 完全肥料
complete gasification 完全气化
complete inspection 全部检查
complete interchangeable 完全(可)互换
complete lubricating refinery 完全型(燃料-润滑油型)炼厂
completely miscible 完全可以混溶的
completely reversed stress 对称性交变应力
complete manure 完全肥料
complete medium 完全培养基
complete miscibility 完全相容性
complete mix fermenter 全混发酵罐
complete mixing 全混
complete mixing aerator 完全混合曝气池
complete mixing flow 全混流
complete neglect of differential overlap method 全略微分重叠法
complete of wrench 成套扳手
complete overhaul 全部拆卸检修;全部仔细检修
complete penetration 焊透
complete piping 连通管
complete plant 成套工厂;成套设备
complete protein 完善蛋白质;完全蛋白质
complete set 成套机组
complete sets of anticorrosive equipment 成套防腐设备
complete(sets of) equipment 成套设备
complete spare parts 全套备件
complete stop 完全停止
complete tool equipment 全套工具装备
complete unit 全套机组;全套装置[设备]
completion fluid 完井液
completion fluids system 完井液体系
complex 络合物
complex acid 络酸;配酸
complex alloy 多元合金
complex amino acid 复合氨基酸
complex amplitude 复振幅
complex anion 络阴离子;配(位)阴离子
complexant 络合剂;配位剂
complexant for electroplating 电镀络合剂
complexation 络合作用
complexation chromatography 络合色

谱法
complexation reaction 络合反应;配位反应
complex batch distillation 复杂间歇蒸馏
complex carbohydrate 复合糖
complex catalyst(s) 络合催化剂
complex cation 络阳离子;配(位)阳离子
complex cementation 多元共渗
complex compliance 复数柔量
complex compound 络合物;配位化合物
complex dielectric permittivity 复数介电常数
complex dryer 组合式干燥器
complex ether 混合醚
complex facility operator 全套设备操作人员
complex film 复合膜
complex flow 复合流动
complex fraction 繁分数
complex formation separation 络合分离
complex formation titration 络合物形成滴定(法);配位滴定(法)
complex Hanzi 繁体字
complex heat transfer 复杂传热
compleximetry 络合滴定(法)
complex impedance 复阻抗
complex index of refraction 复折射率
complexing agent 络合剂;配位剂
complexing reaction 络合反应;配位反应
complex ion 络离子;配离子
complex liquid 复合液;复杂流体;非牛顿流体
complex medium 天然培养基
complex method 复合形法
complex modulus 复数模量
complexometric indicator 络合指示剂;金属指示剂
complexometric titration 络合滴定(法);配位滴定(法)
complexonate 乙二胺四乙酸盐
complexon(e) 氨羧络合剂
complexon(e) Ⅰ 氨羧络合剂Ⅰ;次氨基三乙酸
complexon(e) Ⅰ sodium salt 软水剂A
complexon(e) Ⅱ 氨羧络合剂Ⅱ;乙二胺四乙酸;软水剂B
complexon(e) Ⅲ 氨羧络合剂Ⅲ;乙二胺四乙酸二钠盐
complexon(e) Ⅳ 氨羧络合剂Ⅳ;1,2-环己烯二胺四乙酸
complexon(e) Ⅳ B 氨羧络合剂B;乙二胺四乙酸钠
complex permittivity 复变介电常数
complex plant 联合工厂
complex process 多相过程
complex reaction 复杂反应
complex regulating system 复杂调节系统
complex salt 络盐;配盐
complex selection 综合选择;综合选种
complex-soap (base) grease 复合皂基(润滑)脂
complex steel 合金钢;多元钢
complex substance 复合物
complex utilization 综合利用
complex viscosity 复数黏度
compliance 柔顺;顺应
complicated shape brick 异型砖
component 组分
component analysis 组分分析;近似分析
component arrangements 部件配置图
component assembly 零件装配
component force 分力
component of a centrifugal fan 离心风机组件
component part 成分
component solvent 混合溶剂
component specification 部件规格
components test unit 部件测试装置
component test memo 部件测试备忘录
component velocity 分速度
composite (1)复合的(2)复合材料
composite additive of trace elements 复合微量元素添加剂
composite bed 复床
composite catalyst 复合催化剂
composite chromium (electro)plating 复合电镀铬
composite coating 复合涂料
composite control 组合控制
composite drawing 合成图
composite drug-polymer microparticles 复合药物聚合物微粒
composite fibre 复合纤维
composite flow model 组合流动模型
composite isotherm 复合等温线;有浓度变化的等温线
composite materials 复合材料
composite material vessel 复合材料容器
composite membrane 复合膜
composite motion 复合运动

composite mo(u)lding 联合成型法
composite plating 复合电镀;分散电镀
composite portland cement 复合硅酸盐水泥
composite sample line 组合取样管线
composite soap 复合皂
composite structure 组合结构;复合机构
composite tape 复合磁带
composition (1)成分(2)组成
composition A A炸药(钝化黑索今)
composition B B炸药(如中国的黑梯炸药)
composition C C炸药(单质猛炸药加增塑剂和黏结剂组成的塑性炸药)
compositional heterogenity 组成非均一性
composition of forces 力的合成
composition of velocities 速度(的)合成
composition surface 接合面
compost 堆肥;堆肥处理
compound (1)化合物(2)复合物;混合物
compound 118 化合物118;艾氏剂
compound 497 化合物497;狄氏剂
compound 1080 氟乙酸钠;一〇八〇
compound 3961 氯化松节油
***dl*-compound** 外消旋化合物
compound aspirin 复方阿司匹林
compound catalyst 复合催化剂
compound control system 复合控制系统
compounded rubber 复合橡胶;填料混炼胶
compound expansion steam engine 双胀式蒸汽机
compound failure 复合破坏
compound fertilizers 复混[合]肥料
compound-formation chromatography 反应色谱法
compound glass 多层玻璃
compound indicator 复合指示剂
compounding agent 配合剂
compounding aid 配合助剂
compounding material 配合料
compounding operation 配合工序
compounding practice 配合操作
compounding technique 配合技术
compound lens 复合透镜
compound manure 复合肥料
compound pendulum 复摆
compound reactor 复合反应器
compound rubber 混合生胶
compound "S" 化合物"S";Δ^4-12a,21-双羟基孕甾烯-3,20-双酮
compound scope 复合显示
compound semiconductor 化合物半导体
compound spirit 复方酊剂
compound system 复合系统
compound tablet(s) of sulfamethoxazole 复方新诺明片
compound tincture 复方酊剂
compound vibrating feeder 复式振动加料器
compound wall 多层壁
compreg(=compregnated wood) (渗)胶压(缩)木材;木材层积塑料
compregnated wood (渗)胶压(缩)木材;木材层积塑料
comprehensive energy consumption 综合能耗
comprehensive planning 全面规划
comprehensive treatment 综合治理
comprehensive utilization 综合利用
compressed air 压缩空气;压缩风
compressed air injection well 压缩空气注入井
compressed air installation 压缩空气站
compressed air manifold 压缩空气总管
compressed air pipe 压缩空气管
compressed air tank 压缩空气罐
compressed air washing unit 压缩空气洗涤装置
compressed asbestos sheet 夹胶石棉板
compressed limit 压缩度;压缩极限
compressed wood 压缩木材
compressed yeast 压缩酵母
compressibility (1)压缩率(2)可压缩性
compressibility factor 压缩因子
compressible fluid 可压缩流体
compression 压缩
compression bolt 压紧螺栓
compression deformation 压缩变形
compression elasticity 抗压弹性
compression element 受压缩元件
compression fatigue 压缩疲劳
compression ga(u)ge 压缩真空计
compression heat 压缩热
compression ignition 压缩点火
compression indicator 压缩指示器
compression mode 压模
compression modulus 压缩模量
compression mo(u)ld (直接式)压模
compression mo(u)lding 压(缩)模(塑)(法);压塑法
compression mo(u)lding material 压塑料

compression mo(u)lding powder 压塑粉
compression nut 压紧螺母
compression pad 压缩式防震垫
compression plant 压缩车间
compression pump 压气泵
compression ratio 压缩比
compression refrigerator 压缩式制冷[冷冻]机
compression screw 压紧螺丝
compression section 压缩段
compression set 压缩永久变形
compression strength 抗压强度
compression stress relaxation 压缩应力松弛
compression stroke 压缩冲程
compression type refrigerating machine 压缩式制冷[冷冻]机
compression type refrigeration unit 压缩制冷机组
compression wood 压缩木材
compression work 压缩功
compressive creep 压缩蠕变
compressive elastic limit 压缩弹性极限
compressive hardness 压缩硬度
compressive ratio in cylinder 汽缸压缩比
compressive shear adhesive strength 压剪粘接强度
compressive strength 压缩强度
compressor 压缩机
compressor cylinder 压缩机气缸
compressor housing 压缩机气缸
compressor oil 压缩机油
compressor rated point 压缩机额定点
compressor rotor blades 压缩机转子叶片
compressor stator 压缩机定子
compressor surge control 压缩[气]机喘振控制
compressor surge limit 压缩[气]机喘振极限
compress(-type) refrigerator 压缩式冷冻机
Compton effect 康普顿效应
Compton scattering 康普顿散射
Compton wavelength 康普顿波长
computational chemistry 计算化学
computation program 计算程序
computer aided analysis 计算机辅助分析
computer aided control engineering 计算机辅助控制工程
computer aided debugging 计算机辅助故障诊断
computer aided design 计算机辅助设计
computer aided engineering (CAE) 计算机辅助工程
computer aided manufacturing 计算机辅助制造
computer aided planning 计算机辅助规划
computer aided process design(CAPD) 计算机辅助过程设计
computer aided production planning 计算机辅助生产计划
computer aided quality control 计算机辅助质量控制
computer aided quality management 计算机辅助质量管理
computer aided researching and developing 计算机辅助研究开发
computer aided testing 计算机辅助测试
computer assisted instruction 计算机辅助教学
computer assisted learning 计算机辅助学习
computer assisted management 计算机辅助管理
computer control 计算机控制
computer-controlled time-split injection system 计算机控制分时进样系统
computer control systems (电子)计算机控制系统
computerized image reconstruction 计算机化影象重现
computerized NAA 计算机化中子活化分析
computerized tomography 计算机化断层显像
computerized transmission tomography(CT-CTT) 计算机化透射式断层照相法
computer magnetic tape 计算机磁带
computer of average transients 信号平均累加器
computer paper (电子)计算机用纸
computer print out paper (电子)计算机用纸
computer room 计算机室
computer simulation 计算机模拟
computers in chemistry 计算机化学
computer station 计算站
computer system 计算机系统
computer tape (电子)计算机磁带
computer vision 计算机视觉
computing chemistry 计算化学
ConA(concanavalin A) 伴刀豆凝集素;伴刀豆球蛋白

conalbumin 伴清蛋白;伴白蛋白
conamarin 毒芹根苷
α-conarachin 伴花生球蛋白
concanavalin 伴刀豆球蛋白
concave fillet weld 凹形角焊缝
concave grating 凹面光栅
concave lens 凹透镜
concave mirror 凹面镜
concave perforated plate 凹形多孔板
concavo-convex 凹凸的
concealed piping 暗管
concentrate (1)浓缩;加浓(2)浓缩液;母料
concentrated $CaCl_2$ solution receiver 浓氯化钙受槽
concentrated caustic soda cooler 浓(烧)碱冷却器
concentrated caustic soda head tank 浓(烧)碱高位槽
concentrated caustic soda storage tank 浓(烧)碱贮槽
concentrated crystal soda 倍半碳酸钠;二碳酸一氢三钠
concentrated detergent 浓缩洗涤剂
concentrated emulsion 浓乳剂
concentrated enzyme preparation 浓缩酶制剂
concentrated evaporator 浓效蒸发器
concentrated force 集中力
concentrated (gas) liquor 浓缩氨水(炼焦副产)
concentrated latex 浓缩胶乳
concentrated liquid 浓废液;浓液
concentrated liquor 浓缩氨水
concentrated phase 浓相
concentrated solution 浓溶液
concentrated stack 集合烟囱
concentrated sulfuric acid 浓硫酸
concentrated waste storage tank 浓废液贮槽
concentrate 浓缩液;浓缩物
concentrate space 浓缩液滞留空间
concentrating mill 选矿厂
concentrating pan 浓缩锅
concentrating tower 浓缩塔
concentration (1)浓缩;集中(2)浓度
concentration cell 浓差电池
concentration cell without transference 无迁移浓差电池
concentration cell with transference 有迁移浓差电池
concentration constant 浓度常数;浓度商
concentration diffusion 浓差扩散
concentration fluctuation 浓度涨落
concentration gradient 浓度梯度
concentration limit 浓度极限
concentration logarithmic diagram 浓度对数图
concentration meter for sulfuric acid 硫酸浓度计
concentration polarization 浓差极化
concentration profile 浓度分布剖面图
concentration quotient (= concentration constant) 浓度商;浓度常数
concentration sensitive detector 浓度敏感型检测器
concentration (solvent) jump 浓度(溶剂)跃变
concentration tower 浓缩塔
concentration wave front 浓度波前缘
concentrator 浓缩器;浓集器
concentrator bowl 离心筒;离心套
concentrator dust hopper 浓集器集尘箱
concentrator unit 浓集器机组
concentric collector 同心收集器
concentric cylinder viscosimeter 同心圆筒式黏度计;同心柱黏度计
concentric screens 同心筛网
concentric squirrel cage mill 同心笼式粉碎机
concentric-tube column 同心管柱(精密分馏柱)
conceptual design 概念设计;方案设计
concerted catalysis 协同催化
concerted feedback control 协同反馈控制
concerted feedback inhibition 协同反馈抑制
concerted reaction 协同反应
conchiolin 贝壳硬蛋白
conchoporphyrin 贝卟啉
con-cooler shell 冷凝-冷却器壳体
concrete (1)香脂(2)浸膏(3)混凝土
concrete admixtures 混凝土外加剂
concrete basin 混凝土水池
concrete batching plant 混凝土搅拌站
concrete casing pump 水泥壳泵
concrete cutting machine 混凝土切割机
concrete form oil 混凝土滑模油;混凝土模(板用)油
concrete holder tank 水泥气柜
concrete mixer truck 混凝土搅拌车
concrete pipe rack 混凝土管架

concrete plate 混凝土板
concrete-polymer material 聚合物混凝土
concrete pond 混凝土贮槽
concrete pump 混凝土(输送)泵
concrete pump carrier 混凝土泵车
concrete pump truck 混凝土泵车
concrete retarder 混凝土缓凝剂
concurrent forces 汇交力;共点力
concurrent infection 合并传染;同时传染
concurrent inhibition 并发抑制
concurrent reaction 并发反应
condemning 废品率
condemning limit 报废(尺寸)界限
condensamine 密叶马钱胺
condensate (1)冷凝(2)冷凝物;冷凝液(3)缩合物
condensate booster pump 凝结水升压泵
condensate drain 冷凝排水
condensate drain outlet 冷凝水排放口
condensate(d) water 冷凝水
condensate emptying 凝结水排出
condensate gas 凝析气
condensate head tank 冷凝水高位槽
condensate line 冷凝线
condensate outlet 冷凝液出口
condensate pipe 凝结水管
condensate pot 凝液罐
condensate receiver 冷凝水接受器;冷凝液受槽
condensate reflux pump 冷凝液回流泵
condensate removal pump 凝结水泵
condensate storage tank 冷凝水贮槽
condensate stripper 凝液汽提塔;冷凝解吸塔
condensate tank 冷凝槽
condensate trap 冷凝槽;冷凝阱
condensation (1)冷凝(作用)(2)缩合(反应)(3)凝聚(作用);凝结(作用)
condensation agent 缩合剂
condensation air pump 凝汞抽气泵
condensation compound 缩合物
condensation of gaseous metal 金属蒸气冷凝法
condensation point 凝结点;冷凝点;露点
condensation polymer 缩聚物
condensation polymerization 缩聚(反应)
condensation product 缩合产物
condensation reaction 缩合反应
condensation type polyimide adhesive 缩聚型聚酰亚胺胶黏剂
condensator 冷凝器
condense (1)凝结;凝聚(2)凝缩;稠合
condensed aromatics 稠合芳烃
condensed milk 炼乳
condensed nucleus 稠环;稠核
condensed phosphate 缩聚磷酸盐
condensed phosphoric acid 缩合磷酸
condensed polymer 缩(合)聚(合)物
condensed ring 稠环
condensed skimmed milk 脱脂炼乳
condensed system 凝聚系统
condensed tannin extracts 凝缩类栲胶
condenser (1)聚光器(2)电容器(3)冷凝器;冷凝塔
condenser casing 冷凝器外壳
condenser ceramics 电容器陶瓷
condenser coil 冷凝旋管[盘管,蛇管]
condenser for solvent 溶剂冷凝器
condenser heat recovery 冷凝器回收热
condenser-ice-bath system 冰浴冷凝器系统
condenser leg (pipe) 冷凝器气压管
condenser oil 电容器油
condenser paper 电容器纸
condenser shell 冷凝器壳体
condenser tube 冷凝管;冷凝器管
condenser wall 冷却器壁
condense (sulfur) dye 缩聚染料
condensing apparatus 冷凝器
condensing coil 冷凝旋管[盘管,蛇管]
condensing temperature 液化温度;冷凝温度
condensing turbine 冷凝式汽轮机;凝汽式涡轮机;凝汽(式)透平
condensing water 冷凝用水
condensing zone 凝结区
condiment 调味品
condistillation 附馏;共蒸馏
conditional equilibrium constant 条件平衡常数
conditional formation constant 条件形成常数
conditional stability constant 条件稳定常数
conditioner (1)调节器;调理池(2)调理剂;调节剂
condition for stability 稳定条件
conditioning (1)调理;调节(2)调温(或湿)(3)(色谱柱的)老化
conditioning agent 调节剂
conditioning shampoo 调理香波
condition of delivery 交货状态
condition of mo(u)lding 成型条件;模塑

条件
condition of service 服务条件;使用情况
condition precedent 先决条件
condition survey 情况调查
cond. press. 冷凝压力
conductance 电导
conductance cell 电导池
conductance titration 电导滴定(法)
conductance water 电导水
conductimetric titration 电导(定量)滴定
conducting medium 导电介质
conducting state energy 电导聚态能
conduction 传导
***n*-conduction** 电子传导率
conduction band 导带
conduction current 传导电流
conductive carbon black 导电炭黑
conductive ceramics 导电陶瓷
conductive channel black 导电槽黑
conductive fibre 导电纤维
conductive furnace black 导电炉黑
conductive glass 导电玻璃
conductive microfiltration membrane 导电微滤膜
conductive paint 导电涂料
conductive plastic(s) 导电塑料
conductive polymer 导电聚合物
conductive polymeric materials 导电高分子材料
conductive rubber 导电橡胶
conductive textile 导电织物
conductivity (1)传导性(2)电导率
conductivity bridge 电导测定电桥
conductivity cell 电导池
conductivity detector 电导检测器
conductivity water 电导水
conductometric component analyzer 电导式成分分析器
conductometric gas analyzer 电导式气体分析器
conductometric titration 电导滴定
conductometry 电导分析法
conductor 导体
conduit 导管;导线管
condurrite 砷铜矿
cone-and-plate rheometer 锥板流变仪
cone-and-plate visco(si)meter 锥板(式)黏度计
cone belt(＝V-belt) 三角带
cone breaker 锥形碎纸机
cone classifier 圆锥分级机;锥形分级机;锥形选粒机
cone crusher 圆锥破碎机
cone form 锥形丝筒
cone mill 锥形磨
cone of rays 光锥
cone O ring 圆锥体内O形密封圈
cone packing model 堆积模型
cone paper 纱管纸
cone penetration test 针入度试验
cone roof 锥形顶;锥顶罐
cone scraper 锥形刮板
cone section 锥形截面
cone separator 锥形分离器
cone settling tank 锥形沉降槽
cone shaped tube 锥形管
cone shorthead 锥形短头
conessidine 康丝定
cone sifter 锥形筛
conessimine 康丝明
conessine 可内新;康丝碱;地麻素
cone support 锥形机座;辐射锥支架
cone (type) crusher 锥式轧碎机
cone type liquid-film seal 锥形液膜密封
cone valve 锥形阀
cone winding machine 宝塔筒子络筒机;锥形绕线机
confectionary coating 糖衣
confidence coefficient 置信系数
confidence interval 置信区间;置信范围
confidence level 置信水平;可信度
confidence limit 置信限
confidence region 置信域
configuration 构型;位型;组态
configurations 各种组合
***cis*-configuration** 顺式构型
configurational base unit 构型基本单元
configurational block 构型链节
configurational disorder 构型无序
configurational integral 位形积分
configurational partition function 位形配分函数
configurational property 位形性质;构型性质
configurational randomness 构形混乱度
configurational unit 构型单元
configuration coordinate 位形坐标
configuration integral 位形积分
configuration interaction(CI) 组态相互作用;构形相互作用

configuration simulation 外形结构仿真
configuration space 位形空间
confined expansion 限制膨胀
confined vortex 约束涡
confirmatory test 证实试验
conflagration 暴燃；快速燃烧
conformal solution 共形溶液
conformation 构象
***cis*-conformation** 顺式构象
conformational analysis 构象分析
conformational disorder 构象无序
conformational fluctuation 构象涨落
conformational inversion 构象反转
conformational isomer 构象异构体
conformational repeating unit 构象重复单元
conformational substate 构象子态
conformational transmission 构象传递
conformation entropy 构象熵
conformer 构象异构体
conforming article 合格品
conformity certificate 合格证明
conformity coefficient 适合系数
confounding 混杂；混杂设计
congealing 冻凝（作用）
congealing point 冻（凝）点
congelation 冻凝（作用）
congelation point 冻凝点
congeners 同族元素
conglomerate （1）（＝racemic mixture）外消旋混合物（2）联合体
conglutination 共凝集（作用）
congocidine 纺锤菌素；杀刚果锥虫素
congolene 刚果烯（取自刚果玷ée）
Congo red 刚果红
congressane（＝diamantane） 会议烷；五环金刚烷；五环十四烷
congruent melting point 相合熔点；固液同成分熔点
congruent point （水合物的）同成分点
conhydrine 羟（基）毒芹碱
coniscope 计尘仪
conical ball mill 锥形球磨机
conical beaker 锥形烧杯
conical blender type dryer 锥形混合式干燥器
conical chamber 锥形空腔
conical disc mill 圆锥磨
conical dowel pin 锥形定位[定缝]销
conical drum centrifugal 锥鼓离心机
conical flask 锥形（烧）瓶
conical flow 锥形流
conical fluidized bed 锥形流化床
conical graduate 锥形量杯
conical grate 锥形栅板
conical head 锥形封头
conical liquid diversion baffle 锥形导液板
conical pile 锥形料堆
conical refiner 精浆机
conical ring 锥形环
conical rotating screen 锥形旋筛
conical sand trap 锥形除渣器
conical screen 滚筒筛
conical seat 锥形座
conical settler 锥形沉降器
conical settling tank 锥形沉降器
conical stiffener 加强锥
conical tank 锥（形）顶储罐
conical trommel 锥形旋筛
conical twin-screw extruder 锥形双螺杆挤塑机
conical valve 锥座阀
conical vessel 锥形容器
conicein(e) 烯毒芹碱；毒芹瑟碱；γ-去氢毒芹碱
con(ic)ic acid（＝coniic acid） 毒芹酸
conidium（复数 conidia） 分生孢子
coniferaldehyde 松柏醛
coniferin 松柏苷
coniferol 松柏醇
coniferyl alcohol 松柏醇
coniferyl aldehyde 松柏醛
coni(i)c acid 毒芹酸
coniine 毒芹碱；2-丙基六氢吡啶
conjugate acid 共轭酸
conjugate acid-base pair 共轭酸碱对
conjugate addition 共轭加成
conjugate base 共轭碱
conjugate base mechanism 共轭碱机理
conjugated diene 共轭二烯
conjugated diolefine 共轭二烯
conjugated double bond 共轭双键
conjugated group 轭合基
conjugated molecule 共轭分子
conjugated monomer 共轭单体
conjugated polymer 共轭高分子
conjugated protein 缀合[结合]蛋白
conjugated radical 轭合基
conjugated system 共轭体系
conjugate fiber 组合纤维
conjugate gradient method 共轭梯度法

conjugate images 共轭像
conjugate phase 共轭相
conjugate planes 共轭面
conjugate rays 共轭光线
conjugates 轭合物
conjugate solution 共轭溶液
conjugation (1)共轭(2)接合
p-π-conjugation p-π 共轭作用
π-π-conjugation π-π 共轭作用
conjugation energy 共轭能
conjugation mapping 接合制图
conjugative effect 共轭效应
conjugative monomer 共轭单体
conjunct polymerization 混合聚合法
connect collar 连接环
connected bond 连通键
connected stack 烟囱连接段
connected structure 接合结构
connectin 肌联蛋白
connecting bolt 连接螺栓
connecting conduct 导管
connecting head 接线盒
connecting passage 连接通道
connecting pipe of shell 壳体接管
connecting plate 连接板
connecting rod 连杆
connecting rod key 连杆键
connecting rod pin 连杆销
connecting shackle 连接吊钩
connection (1)连接(2)连接件
connection flange 连接法兰
connection in parallel 并联
connection in series 串联
connection point 交接点
connection tube 接管
connective tissue 结缔组织
connector 连通管
connector bearing 接头轴承
connector tube 连接管
connexin 连接蛋白;间隙连接蛋白
conopharyngine 榴花碱
conquinamine 康奎明
Conradson carbon residue 康拉逊残炭值(在油品内)
Conradson carbon value 康拉逊残炭值
conrotatory 顺旋
consecutive position 邻位;相邻位置
consecutive reaction 连串反应;连续反应
consensus sequence 共有序列
conservation of energy 能量守恒
conservation of mass 质量守恒
conservation of matter 物量守恒;物质常住
conservation of momentum 动量守恒
conservation of orbital symmetry 轨道对称性守恒
conservation plant 废料工厂(利用废料生产的工厂)
conservative 防腐剂;保存剂
conservative force 保守力
conservative pollution 长效污染物
conservative replication 保守复制
conservative substitution (构型)保持置换;保存性置换
conservative system 守恒系统;保守系统
conserving agent 保存剂;防腐剂
consistency (1)稠度(2)一致性
consistency coefficient 稠度系数
consistency curve 稠度曲线
consistency ga(u)ge 稠度计
consistency index 稠度指数
consistometer 稠度计
consolidine 硬飞燕草定(生物碱)
consolidometer 严密(性)检验计;固结试验仪;压密试验机
consoline 硬飞燕草碱
consolute temperature 临界共溶温度
constant (1)常量(2)常数
constantan 康铜
constant angle 固定角度
constant angular velocity CAV 光盘
constant boiling(-point) mixture 恒沸点混合物
constant copolymerization 恒比共聚
constant current charge 恒流充电
constant current coulometry 恒电流库仑法
constant current electroanalysis 恒电流电解分析
constant current electrolysis 恒电流电解法
constant-current potentiometric titration 恒电流电位滴定
constant current source 恒流源
constant deviation prism 恒偏(向)棱镜
constant deviation spectroscope 等偏分光仪
constant-displacement pump 均匀送料量泵
constant duty 不变工况
constant entropy compression (=isentropic compression) 等熵压缩
constant expansion alloy 定膨胀合金
constant-flow pump 恒定流量泵;恒流泵
constant flow regulator 恒流调节器

constant force 恒力
constant head tank 定位槽
constant level (1)恒定水准(2)常液面
constant level oiler 恒定油位器
constant-level regulator 恒位面调节器
constant linear velocity CLV 光盘
constant load balance 恒载天平
constant load elongation 恒载伸长
constant molal overflow 恒摩尔回流
constant of action 反应速率常数
constant of motion 运动常量
constant pressure arrangement unit 恒压装置
constant pressure device 恒压装置;定压装置
constant pressure drop 定压降
constant pressure heat capacity 等压热容
constant pressure pump 恒压泵;定压泵
constant-pressure specific heat 定压比热容
constant pressure unit 定压装置;恒压装置
constant pressure valve 恒压阀
constant rate creep 等速蠕变
constant-rate method of drying 恒速干燥
constant rate of production 常产量;稳定产量
constant rate pump 定量泵
constant reflux 恒定回流
constant section 等截面
constant speed motor 定速电动机
constant strain test 恒应变试验
constant stress test 恒载荷试验
constant temperature 恒温
constant temperature and humidity 恒温恒湿
constant temperature bath 恒温浴
constant temperature compression (= isothermal compression) 等温压缩
constant-temperature heat transfer 恒温传热
constant temperature oven 恒温烘箱
constant temperature region 恒温区
constant temperature workshop 恒温车间
constant tension windup 定张力卷取装置
constant viscosity rubber 恒黏橡胶
constant voltage charge 恒(电)压充电
constant voltage(power)source 恒压电源
constant volume 定容;恒定体积
constant-volume specific heat 定容比热
constant weight 恒重
constant white(= blanc fixe) 钡白;重晶石粉;硫酸钡粉
constellation (= conformation) 构象
constituent 组分
constituent corporation 子公司
constitutional block 结构链节
constitutional formula 结构式;构造式
constitutional heterogenity 组成非均一性
constitutional repeating unit 重复结构单元
constitutional unit (聚合物)结构单元
constitution water 结构水;化合水
constitutive enzyme 组成酶
constitutive equation 本构方程
constitutive property 组分性质;结构性(质)
constrained condition 约束条件
constrained motion 约束运动
constrained optimization (有)约束优化
constraining force 约束力
constraint condition 约束条件
constraint of position 位置约束
constraint of velocity 速度约束
constriction plate 收缩板
constringency 收缩性;收敛性
construction(al) detail (1)结构零件(2)结构[构造]详图
construction(al) drawing 施工图;构造图
constructional element 结构元件
construction(al) material(s) 结构材料;建筑材料
construction and erection drawing 施工安装图
construction bolt 安装螺栓
construction cost 工程费;建设费用;建造成本;建筑费
construction engineering 结构工程
construction features 构造特点
construction joint 施工缝
construction machinery(and equipment) 工程机械
construction period 施工期
construction phase 建设阶段
construction plan 施工计划
construction quality 工程质量
construction stage 建设阶段
construction steel 建筑钢
construction time 建造时间
construction unit 结构单元
constructor 设计师
consumption 消耗量;耗量
consumption figures 消耗定额

consumption rate 消耗率
contact acid 接触法硫酸
contact adhesive 压合式胶黏剂；接触型胶黏剂
contact agent 接触剂
contact angle 接触角
contact angle of saddle support 鞍座包角
contact angles and wetting 接触角和润湿
contact catalysis 接触催化
contact catalyst 接触催化剂
contact checker 接触式检验器
contact condenser 接触冷凝器；混合冷凝器
contact controller 接触式控制器
contact corrosion 接触腐蚀
contact decolorization 接触脱色（法）
contact desulfurization 接触脱硫（法）；催化脱硫（法）
contact distillation 接触蒸馏
contact electrode process (for sodium) 密接电极（炼钠）法
contact factor 凝血因子
contact failure 接触断裂[衰坏]
contact filtration 接触过滤
contact force 接触力
contact fungicide 直接杀菌剂
contact furnace 接触炉
contact gold-plating 接触镀金
contact heat exchanger 接触式热交换器
contacting action 触杀作用
contacting element 接触板
contact inhibition 接触抑制
contact insecticide 触杀杀虫剂
contact laminating 接触（层压）成型
contact maintenance 接触维修
contact mask 接触孔掩模
contactor 接触器
contactor pump 混合泵
contact oven 接触炉
contact plant of sulfuric acid 接触法硫酸厂
contact plate 接触板
contact point 接触点
contact point dresser 白金打磨机
contact poison 接触毒
contact poisoning 触杀作用
contact potential 接触电位；接触电势
contact potential difference 接触电势[位]差
contact pressure 接触压力
contact printing 接触式光刻
contact process 接触法（制硫酸）
contact pyrometer 接触式高温计
contact ratio and overlap ratio （齿轮）重合度
contact reactor 接触反应器
contact rectification 接触精馏
contact reforming 接触重整
contact resin 低压固化树脂
contact resistance 接触电阻
contact scar 接触性污染；污斑；污色
contact seal 接触密封；机械密封
contact shift （费米）联系位移
contact silvering 接触镀银
contact stain(ing) 接触性污染；污斑；污色
contact test 接触试验
contact thermometer 接触温度计
contact time 接触时间
contact tower[column] 接触塔
contact treating 接触精制
contained liquid membrane 含液膜
contained underground burst 封闭式地下爆炸
container （1）集装箱（2）贮存箱；容器
container coatings 集装箱涂料
container crane 集装箱起重机
container for the solid 存放固体的容器；盛料瓶
container-glass industry 玻璃容器制造业
container transport 集装箱运输
containment shell 密闭容器壳体
contaminate 污染；沾染；染菌
contaminated medium pump 杂质泵
contaminated soil 污染土壤
contaminated water 污染水
contamination 污染；沾染；染菌
content by volume 按体积计的含量
content ga(u)ge （油或燃料的）液位计；水位仪
Continental Oil process （美国）大陆石油（公司）法（由乙烯制直链 α-烯烃法）
contingent survey 不定期检查；临时检查
continuity 连续性
continuity equation 连续（性）方程
continuous ageing 连续老化；老成
continuous analysis 连续分析
continuous annealing 连续退火
continuous band 连续带式
continuous blow-down 连续排放
continuous-bucket elevator 连续斗式升降机
continuous catalytic hydrogenation 连续催

化加氢
continuous cell culture 连续细胞培养
continuous cell line 连续细胞系
continuous centrifugal dehydrator 连续式离心脱水机
continuous centrifugal dryer 连续式离心干燥机
continuous centrifugal separator 连续式离心分离机
continuous centrifuge 连续式离心机
continuous chain grinder 连续链式磨木机
continuous chromatography 连续色谱法
continuous-column dissolver 柱式连续溶解器
continuous culture 连续培养(法)
continuous cure 连续硫化
continuous current 连续流;直流
continuous deionization(CD) 连续去离子
continuous development 连续展开(法)
continuous diffuser 连续浸提器
continuous digester 连续蒸煮器
continuous dislocation 连续位错
continuous driving test 连续传动试验
continuous drum filter 连续式回转真空过滤机
continuous dryer 连续(式)干燥器
continuous duty 连续负荷
continuous eigenvalue 连续本征值
continuous feed stream 连续进料流
continuous fermentation 连续发酵法
continuous filament 长丝
continuous filament process 连续拉丝
continuous filament rayon yarn 黏胶复丝
continuous filter 连续式过滤机
continuous-flow chromatography 连续流动色谱法
continuous flow conveyor 连续流动输送机
continuous flow method 连续流动法
continuous fraction cut 连续馏分
continuous handling 连续操作
continuous-hydrolysis reactor 连续水解反应器
continuous kiln 连续窑
continuous line production 流水线生产
continuous liquid phase 连续液相
continuous load (1)固定荷重;不变荷重 (2)均匀加载
continuously stirred tank reactor 连续搅拌槽反应器
continuous magnetic flux test method 连续磁粉探伤法
continuous magnetic surface recording media 连续磁表面记录介质
continuous magnetization method 连续磁化法
continuous medium 连续介质;弥散介质
continuous mixer 连续混炼机
continuous muller 连续式滚轮混合器
continuous neutron activation analysis (CNAA) 连续中子活化分析
continuous operation 连续操作;连续运转
continuous operation circulation crystallizer 连续式操作循环式结晶器
continuous paper 卷筒纸
continuous phase 连续相
continuous phase transition 连续相变
continuous pipe cooling coils 连续冷却盘管
continuous plant 连续操作装置
continuous polymerization 连续聚合
continuous power output 连续输出功率
continuous pressure band filter 加压连续式链带过滤机
continuous pressure filter 连续加压过滤器
continuous process 连续过程
continuous processing (三班)连续生产
continuous production 流水生产;连续生产
continuous rating power 连续功率[定额]
continuous reactor 连续(式)反应器
continuous rectification 连续精馏
continuous rotary filter 连续回转过滤机
continuous shaft kiln 连续竖窑
continuous solidification 连续凝固
continuous solid solution 连续固溶体
continuous spectrum 连续光谱;连续谱
continuous spinning 连续纺丝
continuous steamer 连续蒸煮器
continuous steelmaking 连续炼钢
continuous stir reactor 全混釜
continuous stirred tank reactor(CSTR) 连续搅拌反应釜
continuous thermodynamics 连续热力学
continuous thread 连续螺纹
continuous through-circulation 连续穿流-循环式
continuous tray 连续盘式
continuous transfer equivalent plate 连续转移等效塔板
continuous transport equipment 连续运输

设备
continuous type open trough crystallizer with agitator 连续式敞口搅拌结晶器
continuous vacuum belt filter 连续式带式真空过滤机
continuous vacuum filtration 真空连续过滤
continuous variable 连续变量
continuous vertical type dryer 立式连续干燥器
continuous vulcanization 连续硫化
continuous-wave laser 连续波激光器
continuous wave NMR spectrometer 连续波核磁共振(波谱)仪
continuous weld 连续焊缝
continuous welding 连续焊
continuous work 连续运转
continuous (working) kiln 连续窑
continuum (1)连续区;连续谱(2)连续介质
contour curve 等值曲线
contour graph 等值线图表
contour length 伸直长度
contour line 等值线;等高线;轮廓线
contour machine 靠模机床
contour map of charge density 电荷密度等值线图
contour plate 仿形样板;靠模样板
contour plot 等值线图表
contraceptive 避孕药
contraceptive injection 避孕针
contraceptive tablet 避孕片
contract 合同
contract award 合同签定
contract change 合同更改
contractile protein 收缩蛋白(质)
contraction flow 收窄流动;收缩流动
contraction loss 收缩损失
contraction schedule (催化剂的)收缩状态
contraction stress 收缩应力
contract item 合同项目
contractor 承包者;承包工厂
contractor for dumping 填埋打包机
contractural specifications 合同规定
contra-flow 回流
contra-flow condenser 逆流冷凝器
contrast 反差;反衬度;对比度;衬比度
contrast agent 造影剂
contrast index 反差指数
contrast stain 对比染色剂
contrast test 对照试验
contravalency(=covalence) 共价
contrivance 设计方案
control animal 对照动物
control blower 调节风机
control board 控制盘;仪表盘;配电盘;控制板
control building 调度室
control button 控制按钮
control cabin 操纵室
control cabinet 控制柜{箱}
control centre 配电站
control chart 控制图表
control computer interface 控制计算机接口
control console 仪表操作台
control desk 操纵台;控制台
control diagram 控制图
control experiment 对照实验
control instruments 控制仪表
controllability 可控性;能控性
controllable factor 可控因素
controllable nuclear fission 可控核裂变
controllable reaction 可控反应
control laboratory 检验室;化验室
control law 控制律
controlled-current coulometry 控制电流库仑滴定法
controlled current method 控制电流法
controlled foam detergent 控泡洗涤剂
controlled fusion reactor 受控聚变堆
controlled medium 调节剂
controlled polymerization 控制聚合(作用)
controlled potential coulometric titration 控制电位库仑滴定(法)
controlled-potential coulometry 控制电位库仑法
controlled potential electrolysis 控制电位电解法
controlled release 控(制)释(放)的;缓释的;缓慢释放
controlled release fertilizer 缓释肥料
controlled release membrane 控制释放膜
controlled release pesticide 长效农药
controlled release preparations 控释药物制剂
controlled rolling 控制轧制
controlled structure polymer 有规结构聚合物
controlled-sudsers 控泡洗涤剂
controlled sudsing detergent 控泡洗涤剂

controlled surface porosity support 可控表面孔率载体
controlled temperature 控制温度；支配的温度
controlled-temperature bath 控温浴
controlled variable 控制变量
controlled volume pump 计量泵
controller 调节器；控制器
controller adaptation 控制器的匹配
controller tuning 调节器参数整定
control lever 操纵杆
control line pair 控制线对；固定线对
control master 检查工长
control mode 控制模式
control monitor unit 监控装置
control motor 控制电动机
control object 控制对象
control panel 控制盘；控制板；控制屏；控制台；操作盘
control point 控制点；检查点
control release fertilizer 控释肥料
control release pesticide 缓释农药
control rod 控制棒
control rod drive 控制棒驱动装置
control room 操纵室；控制室
control sample 对照试样
control scheme 控制线路
control signal 控制信号
control surface 控制表面
control switch 控制开关
control system 控制系统
control tap 控制龙头
control test 对照试验
control valve 控制阀；调节阀
control variable 控制变量
control volume 控制体积
convallamarin 铃兰苦苷
convallamarogenin 欧铃兰配基
convallaretin 铃兰亭
convallarin 铃兰苷
convallatoxin 铃兰毒苷
convected acceleration 牵连加速度
convected inertial force 牵连惯性力
convected motion 牵连运动
convected velocity 牵连速度
convection 对流
convection band 对流带式
convection bank 对流管束
convection chamber 对流室
convection current 对流电流
convection drying 对流干燥
convection flow model 对流流动模型
convection heat transfer 对流传热
convection tray 对流盘式
convective cell 对流涡胞
convective diffusion 对流扩散
convective heat exchange 对流热交换；对流换热
convention 常规；惯例
conventional analysis 常规分析
conventional chemical constant 习用化学常数
conventional controllers 常规控制器
conventional control systems 常规调节系统
conventional entropy 规定熵
conventional formula 习用式；实验(公)式
conventional jacket 整体夹套
conventional process 惯用方法
conventional representation 惯用表示法
conventional rubber 通用橡胶
conventional symbol 习用符号
conventional tool 标准工具
conventional vessel 常规容器
convention moisture regain 公定回潮率
convergence 收敛
convergence acceleration 加速收敛
convergence criterion 收敛判据
convergence pressure 会聚压；收敛压
convergent lens 会聚透镜
convergent nozzle 会聚喷嘴
convergent synthesis 汇集合成
convergent wave 会聚波
converging-diverging nozzle 缩扩喷嘴
converging paper chromatography 圆锥形纸色谱法
converging section 收缩截面
conversion (1)转化(2)转化率
conversion catalyst 转化催化剂(烃类转化用)
conversion chart 换算图表
conversion complete signal 转换完成信号
conversion constant 换算因子
conversion factor 换算因子[因数]
conversion level 转化深度
conversion of chair forms 椅式转换
conversion per pass 单程转化率
conversion rate of food 食物转化率；饵料系数
conversion reactor 转换反应堆；转化反应器

conversion table 换算表
conversion treatment 转化处理
conversion zone 转化段
convert 改装
converter 转换;转炉;吹炉;转化器;糖化罐;氢化罐;转换器;变距镜
converter housing 变换器壳体
converter of acid lining 酸性转炉
converter of basic lining 碱性转炉
converter steelmaking 转炉炼钢
convertible coatings 转化型涂料
convertible hydrocarbons (容)易转化(的)烃类
convertor(=converter) (1)转化炉;转化器(2)换流器(3)转炉(4)合成塔
convexity (焊缝)凸度
convex lens 凸透镜
convex mirror 凸面镜
convexo-concave seal face 凹凸密封面
conveyance system 输水系统;输水管线
conveyer belt 运输带
conveyer pipe for material 风力送料管
conveyer screw 螺旋运输机
conveying equipment 输送设备
conveying equipment for fluid substances 流体输送设备
conveying fan 输送风机
conveying line 输送管线
conveying machinery 输送机械
conveying medium 输送介质
conveying pneumatic nozzle 外混式气动雾化喷嘴
conveying surface 输送表面
conveying system 输送系统
conveyor 运输机
conveyor band 运输带
conveyor belt 输送带;运输带
conveyor belt with flanges(**on the edges**) 挡边式运输带
conveyor belt with transverse ribs 瓦楞运输带
conveyor drive 输送器驱动装置
conveyor dryer 带式干燥机
conveyor elevator 输送式提升机
conveyor head roll 运输带前鼓轮
conveyor idler 运输带托辊;托轮
conveyorization 机械化搬运
conveyorized inspection 连续检验
conveyor return 返回输送带
conveyor scale 带式自动秤
conveyor tail roll 运输带后鼓轮
conveyor trough 运输带弯槽
convicine 伴蚕豆嘧啶核苷
convolution 卷积
convolution principle 卷积原理
convolution voltammetry 卷积伏安法
convol(**v**)**amine** 旋花胺
convolvicine 旋花素
conylene(=1,4-octadiene) 1,4-辛二烯(的别名)
conyrine 康尼碱;毒芹分碱;2-丙基吡啶
cookeite 锂绿泥石
cooker 蒸锅
cooking 熬炼;热炼;蒸煮
cooking auxiliary agent 蒸煮助剂
cooking boiler 蒸煮锅
cooking kettle 蒸煮罐
cooking reagent 蒸煮剂
coolant (1)冷却剂;冷却液(2)切削剂
coolant box 冷却水箱
coolant circulation unit 冷却液循环装置
coolant collecting plant 冷却液收集装置
coolant discharge siphon 冷却液排出虹吸管
coolant film 冷却液膜
coolant flow 冷却液流动路径
coolant flow passage 冷却剂流通管
coolant jackets 冷却液夹套
coolant pan 冷却液盘
coolant pump 冷却液泵
coolant spray 冷却液喷洒
coolant supply pipe 冷却液供给管
coolant system 冷却系统
coolant tray 冷却液槽
cooled metal belt 冷却金属带
cooled pellet 冷丸状料
cooler 冷却器
cooler casing 冷却器外壳
cooler condenser 冷却冷凝器
cooler crystallizer 冷却结晶器
cooler groups 冷却器组
cooler shell 冷却器
cooler tube 冷却器管
cool exchanger 冷交换器
cool flame 冷焰
cool gas 冷气体
cool-heat-exchanger 冷热交换器
cooling 冷却
cooling absorber 冷却吸收器
cooling after 随后的冷却

cooling agent 冷却液[剂]
cooling air fan 冷却空气鼓风机
cooling apparatus 冷却器
cooling bath 冷却浴
cooling blast 冷却通风
cooling chamber 冷却室
cooling circuit 冷却管线
cooling column 冷却塔
cooling compartment 冷却室
cooling compressor 冷冻压缩机
cooling crystallizer 冷却结晶器
cooling crystallizing equipment 冷却结晶设备
cooling curve 冷却曲线;步冷曲线
cooling cylinder 冷却滚筒
cooling dehumidifier 冷却式干燥器
cooling device 冷却设备
cooling draught 冷却气流;冷却通风
cooling duct 冷却通道;冷却管
cooling fluid 冷却液;冷却流体
cooling liquid 冷却液[剂]
cooling load 冷负荷
cooling medium 冷却工质;冷却介质;载冷剂
cooling mixture 冷却混合物
cooling oil 冷却油
cooling pipe 冷却管
cooling pond 冷却池
cooling rate 散热速率
cooling ring 冷却圈
cooling scrubber 冷却涤气器
cooling surface 冷却面
cooling tank 冷却罐
cooling tower 冷却塔;凉水塔
cooling tower with droplet-film-type packings 塑料点波填料冷却塔
cooling tube 冷却管
cooling water 冷却水
cooling water circulation system 冷却水循环系统
cooling water tank 冷却水箱
cooling zone 冷却段[区]
cool lock hopper 闭锁式煤斗
cool recycle gas 冷循环气
cooperate 合作
cooperation 合作
cooperative design 合作设计
cooperative effect 协同[配伍,合作]效应
cooperative feedback inhibition 协同反馈抑制
cooperative game 合作对策
cooperative phenomenon 合作现象
cooperative production 合作生产
cooperative site 协同部位
cooperativity 协同性
cooperite 硫砷铂矿
coordinability 可协调性
coordinate bond (in coordination complex) 配位键;配价键
coordinate carbonyl complex 羰基络合物
coordinate-covalent bond 配位共价键
coordinated metal complex 配价金属配位化合物;配位金属络合物
coordinated regulation 协同调控
coordinate link(age) 配价键
coordinate system 坐标系
coordinate transformation 坐标变换
coordinating atom 配位原子
coordinating group 配位基团
coordinating phosphate process 调合磷酸盐法
coordinating polyhedron 配位多面体
coordination (1)协调(2)配位作用
coordination agent 配位剂
coordination anion 配(位)阴离子
coordination atom 配位原子
coordination bond 配位键;配价键
coordination catalysis 配位催化;络合催化
coordination catalyst 络合催化剂
coordination cation 配(位)阳离子
coordination center 配位中心
coordination chemistry 配位化学
coordination compound 配合物;配位化合物
coordination control 协调控制
coordination ion 配(位)离子
coordination isomer 配位异构体
coordination isomerism 配位异构
coordination number 配位数
coordination polymer 配位聚合物
coordination polymerization 配位聚合
coordination position isomerism 配位位置异构(现象)
coordination reaction 配位反应
coordination sphere 配位层
coordination strategy 协调策略
coordination system 协调系统
coordination valence 配位价
coordinatively saturated complex 配位饱

和络合物
coordinative polymerization isomerism 配位聚合异构
coordinative valency (= coordination valence) 配位价
coordinatograph 坐标刻图机
coordinator 协调器
cooxidant 辅助氧化剂;共氧化剂
co-oxidation 共氧化
C. O. P. (coefficient of performance) 冷冻系数
copaene 可巴烯
copaiba (balsam) 苦配巴香脂
copaiba oil 苦配巴油
copaivic acid 苦配巴酸
copal 珐琊树脂
copal ester 珐琊酯
copalic acid 珐琊酸;黄脂酸
copal oil 珐琊油
copal (resin) 珐琊树脂
copal varnish 珐琊清漆
copel 科普尔铜镍合金(类似康铜)
copellidine 2-甲基-6-乙基二氢吡啶
Cope rearrangement 柯普重排
copiamycin 丰富霉素
copiapite 叶绿矾
coplanar force 共面力
coplanarity 共(平)面性
co(-)plasticizer 辅增塑剂
copoiva (=copaiba) 苦配巴香脂
copolyacetal 共聚甲醛
copolyamide 共聚多酰胺;共聚聚酰胺
copolycondensate 共缩聚物
copolycondensation 共缩聚(反应)
copolyester 共聚多酯;共聚聚酯
copolyester resin adhesive 共聚酯树脂胶黏剂
copolyether 共聚多醚;共聚聚醚
copolyimide 共聚多酰亚胺;共聚聚酰亚胺
copolymer (二元)共聚物
copolymer composition equation 共聚物方程
copolymer isomorphism 共聚物同晶型(现象)
copolymerization 共聚(反应)
copolymerization equation 共聚合方程
copolymer micelle 共聚物胶束
copolymer of acetal 共聚甲醛
copolymer of maleic anhydride and acrylic acid 马来酸酐-丙烯酸共聚物
copolymer of methyl methacrylate-styrene 甲基丙烯酸甲酯-苯乙烯共聚物
copolymer resin 共聚合树脂
copolymer rubber 共聚型(合成)橡胶
copper 铜 Cu
copper aceto-arsenite 翠绿;醋酸铜合亚砷酸铜
copper aluminium diselenide crystal 二硒化铝铜晶体
copper aluminium ditelluride crystal 二碲化铝铜晶体
copper arsenite(acid or neutral salt) 亚砷酸铜
copperas 绿矾;水绿矾;皂矾(天然结晶硫酸亚铁,有一水、四水、五水、七水等四种)
copper-asbestos gasket 铜皮石棉垫
copper avanturine 铜砂金石
copper beaker 铜烧杯
copper blue (=azurite) 石青
copper bond 黄铜焊接
copper chloride-oxygen sweetening (石油)氯化铜-氧脱硫醇
copper-clad film 覆铜膜
copper cobalticyanide 高钴氰化铜
copper compound process (日本)铜化合物法(烟气脱二氧化硫)
copper-converter gas 铜转炉气
copper cooling-coils 铜的冷却盘管
copper-copper sulfate electrode 铜-硫酸铜电极
copper crucible 铜坩埚
copper dichloride 氯化(正)铜
copper dish evaporation test (=copper dish gum test) 铜皿胶质试验
copper dish gum test 铜皿胶质试验
copper dish residue test (=copper dish gum test) 铜皿胶质试验
copper (electro)plating 电镀铜
copper electroplating on ceramics 陶瓷电镀铜
copper electroplating on glass surface 玻璃电镀铜
copper family element(s) 铜族元素
copper fertilizer 铜肥
copper flask 铜烧瓶
copper froth 铜泡石
copper funnel 铜漏斗
copper gallium diselenide crystal 二硒化镓铜晶体

copper gallium disulphide crystal 二硫化镓铜晶体
copper gallium ditelluride crystal 二碲化镓铜晶体
copper glance 辉铜矿
copper green 铜绿
copper (greening) inhibitor 铜锈抑制剂
copper(Ⅱ) hydroxide 氢氧化铜
copper 8-hydroxyquinolinate 8-羟基喹啉铜;喹啉铜
copper indium diselenide crystal 二硒化铜铟晶体
copper indium disulphide crystal 二硫化铟铜晶体
copper indium ditelluride crystal 二碲化铟铜晶体
copper inhibitor 铜抑制剂
copper ion conductor 铜离子导体
copper liquor oil separator 铜氨液油分离器
copper liquor scrubber 铜氨液洗涤塔
copper liquor separator 铜氨液分离器
copper matte 冰铜;铜锍
copper naphthenate 环烷酸铜
copper nitride 一氮化三铜
copper number 铜值
copperon (=cupferron) 铜铁灵
copper(Ⅱ) oxide 氧化铜
copper oxychloride 王铜
copper phthalocyanine 铜酞菁
copper pipe 铜管
copperplate (printing) paper 印刷涂布纸;铜版纸
copper plating 电铜镀
copper powder filled conductive adhesive 铜粉充填型导电胶
copper protein 铜蛋白
copper pyrite 黄铜矿
copper rayon 铜氨人造丝
copper red glaze 铜红釉
copper ring 铜环
copper ruby glass 铜红玻璃
copper selenide 硒化铜
copper sequestrating agent 铜抑制剂
copper sesquioxide 三氧化二铜
copper shoe 铜滑块
copper silicon alloy 铜硅合金
copper (smelting) furnace 炼铜炉
copper soap 铜皂
copper sponge 海绵(状)铜
copper stains 铜色
copper stain test 铜片试验
copper steel 含铜钢
copper-strip test 铜片试验
copper subcarbonate 碱式碳酸铜
copper sulfate-ammonia complex 络氨铜
copper sulphate 硫酸铜
copper sweetening process 氯化铜脱硫法
copper-tin alloy (electro)plating 电镀青铜
copper-tin alloys plating 电镀铜锡合金
copper tubing 铜管
copper tungstate 钨酸铜
copper value 铜值
copper welding rod 铜焊条
copper wire cloth 铜丝布
copper (wire) gauze 铜铉网;铜丝网
copper-zinc accumulator 铜锌蓄电池
copper-zinc alloys plating 电镀铜锌合金
Coppet's law 科佩特定律
copra 干椰子肉
copraol 椰子脂
coprecipitation 共沉淀
coprecipitator 共沉淀剂
coprinin 4-甲氧甲苯醌
co-processing 共处理;同时处理
coproduct 联产品
coproergostane 假麦角甾烷
coprogen 粪生素
coprolite 粪化石
co-promoter 共促进剂;共助催化剂;共助聚剂
coprophil bacteria 粪杆菌
coproporphyrin 粪卟啉
coprostane 粪(甾)烷
coprostanol 粪(甾)醇
coprostanone 粪(甾)酮
coprostene 粪(甾)烯
coprostenol 粪(甾)烯醇
coprostenone 粪(甾)烯酮
coprosterol (=coprostanol) 粪(甾)醇
coprosterone 粪(甾)酮
coptine 黄连亭;黄连次碱
coptisine 黄连碱
cop tube paper 纱管纸
copying cutting 靠模切削
copying machine 仿形机床;靠模机床
copying milling 靠模铣
copying paper 复写纸
copy number 拷贝数
copyrine 2,7-萘啶;2,7-二氮杂萘

copyrolysis 共裂解
coquina 贝壳灰岩
corajo 植物象牙
coral 珊瑚
corallin (1)玫红酸(2)软发菌色素
corallite 硫铜钴矿
coralox 香豆磷;蝇毒磷
coramine 可拉明
Corbin chlorate process 科宾氯酸盐制造法
corbisterol 篓甾醇
corchorin 黄麻因
corchoritin 黄麻亭
corchortoxin 黄麻毒
cord 帘线;帘线绳
cord dipping machine 线绳浸胶机
cord fabric 帘子布
cord factor 索因子(结核杆菌毒性物质)
cordierite ceramics 堇青石陶瓷
cordite 柯达[线状]无烟药;压伸双基药;柯戴特(硝棉、硝化甘油、石油脂炸药)
cordless tyre 无帘线轮胎
cordol 帘布酚
cordovan 马臀革
cord ply 帘布层
cord switch 拉线开关
cord (thread) 帘子线
cordycepic acid 虫草酸
cordycepin 冬虫夏草菌素;蛹虫草菌素;虫草品
cordycepose 虫草糖
core 芯子;芯材;型芯
coreactant 共反应剂[物]
coreaction 共反应
coreactivity 共反应性
core binder (=core oil) 型芯黏结剂
core buster disk 中央挡盘
co-reductase 辅还原酶
coreduction 同时还原;共还原
core electron 芯电子;内层电子
coregonin 白鲑精蛋白
core-inserting casting 插芯浇注
core model 芯模
core oil (1)泥心油(2)型心黏结剂
coreopsin 紫铆因-4-葡糖苷;金鸡菊苷
core pigment 包核颜料
corepressor 辅阻遏物
core print 砂芯头
core sampler 底质采集器
core sand 铸模砂
core sealing fluid 密闭取心液
core-shell-corona structure 核-壳-冠结构
core-shell emulsion 核壳颗粒乳剂
core-shell polymer 芯壳聚合物
core-shell structure 核-壳结构;芯-壳结构
core welding-wire 焊芯
coriamyrtin 马桑内酯;马桑毒内酯
coriander oil 芫荽油
coriandrol (=linalool) 芫荽(萜)醇;*d*-里哪醇
Cori ester (=glucose-1-phosphate) 柯里酯(葡萄糖-1-磷酸酯,葡萄酿酒的中间产物)
corilagin 鞣料云实素;1-棓酰-3,6-(六羟基联苯二甲酰基)葡糖
Coriolis acceleration 科里奥利加速度
Coriolis force 科里奥利力
corium 真皮
cork 木栓
cork borer 软木塞钻孔器
cork borer sharpener 穿孔器削锋刀
cork drill 软木塞钻孔器
cork extractor 拔(软木)塞器
cork press(er) 压(软木)塞器
cork puller 拔(软木)塞器
cork screw 螺旋拔塞器
corn cob grits 玉米棒屑
corn distillery 玉米酒厂
cornelian 光玉髓
corner flow 拐角流
corner joint 角接(接头)
corner node 角节点
corner sealing 角密封
corner valve 角阀
corner-vane 导流叶片
corn grit 玉米糁
cornic acid 梾木酸
cornification 角化作用
cornin (1)(=verbenalin)梾木苷[素];马鞭草苷;山茱萸苷(2)梾木酸
cornine 梾木碱
corn mash 谷类胶
corn meal 玉米粉;玉米面
corn oil 玉米油
corn protein 玉米蛋白(质)
corn protein fiber 玉米蛋白质纤维
corn protein plastic 玉米蛋白质塑料
corn removal suction 吸除麦芽装置
corn starch 玉米淀粉
corn steep liquor 玉米浆
corn sugar 玉米葡糖

corn syrup 玉米糖浆
Cornu prism 考纽棱镜
Cornu spiral 考纽螺线
cornutine 低麦角碱
cornutol 麦角流浸膏
corona 电晕
corona discharge ageing 辉光放电老化
corona discharge treatment 电晕放电处理
corona resistance test 耐电晕性试验
coronarine 狗牙花碱
coronene 蔻;晕苯
coronillin 小冠花苷
coroxon 香豆磷
corpaverine 柯杷(魏)碱
corporin(＝progesteron) 激孕甾酮
corpse light 墓地鬼火;磷火;危兆光
corpuscular property 粒子性
corpuscular radiation 粒子辐射
corpuscular theory 微粒说
corpus luteum hormones 黄体激素
corrected gear 修正齿轮
corrected grain leather 修正面革
corrected oil 合格油
corrected output 修正功率;修正输出力
corrected retention time 校正保留时间
corrected retention volume 校正保留体积
corrected tooth 修正齿
corrected value 修正值
correcting unit 校正器;校正装置
correction 校正
correction angle 修正角
correction chart 校正图表;修正表
correction computation 修正计算
correction data 修正数据
correction factor 校正因子;修正系数
correction of error 误差校正
corrective 矫味剂
corrective action 校正动作
corrective maintenance 设备保养
corrective pitting 修正缺陷
corrector 修正器
correlation analysis 相关分析
correlation coefficient 关联系数
correlation diagram 相关图
correlation energy 关联能;相关能
correlation factor 关联因子
correlation function 相关函数
correlation length 相关长度
correlation matrix 相关矩阵
correlation method 对比法
correlation spectroscopy 关联能谱法
correlation test 相关性检验
correlation time 相关时间
correlative dependence 相互依赖
correspondence principle 对应原理
corresponding points 对应点;相应点
corresponding pressure 对比压力
corresponding solution 对应溶液
corresponding states 对应状态
corresponding temperature 对比温度
corresponding volume 对比体积
corrigent 矫正药
corrin 咕啉;可啉
corrinoid 类咕啉
corrode 腐蚀;侵蚀;锈蚀
corrodent 腐蚀剂
corrodibility 可腐蚀性
corrosion 腐蚀;锈蚀
corrosion allowance 腐蚀余量[余度];腐蚀裕度;允许腐蚀度
corrosion and scale inhibitor 缓蚀阻垢剂
corrosion anode 腐蚀阳极
corrosion at high temperature 高温腐蚀
corrosion cathode 腐蚀阴极
corrosion cell 腐蚀原电池
corrosion contaminant 腐蚀污染物
corrosion control 腐蚀控制;腐蚀防止法
corrosion current 腐蚀电流
corrosion due to welding 焊接腐蚀
corrosion electrochemistry 腐蚀电化学
corrosion embrittlement 腐蚀脆化
corrosion fatique 腐蚀疲劳
corrosion fatigue limit 腐蚀疲劳极限
corrosion inhibition efficiency 缓蚀率
corrosion inhibitor 缓蚀剂
corrosion inhibitor for injection water 注入水缓蚀剂
corrosion inhibitor for lubricant 润滑油防腐剂
corrosion inhibitor for pickling 酸洗缓蚀剂
corrosion inhibitor for pickling 酸洗缓蚀剂
corrosion pit(ting) 侵蚀点;腐蚀(斑)点
corrosion polarization diagram 腐蚀极化图
corrosion potential 腐蚀电位;腐蚀电势
corrosion prevention 防腐蚀
corrosion process 腐蚀过程
corrosion product 腐蚀产物
corrosion proof lined 衬耐腐蚀材料的
corrosion protection 防腐

corrosion rate 腐蚀速率
corrosion resistance test 耐腐蚀试验
corrosion resistant 抗腐蚀剂
corrosion resistant lining 抗腐蚀衬里
corrosion resistant material 抗蚀材料
corrosion resisting alloy 抗腐蚀合金；耐蚀合金
corrosion specimen （耐）腐蚀试片
corrosion spool （耐）腐蚀试片
corrosion tendency 腐蚀倾向
corrosive 腐蚀剂
corrosive atmosphere 腐蚀性空[大]气
corrosive enamel 防腐磁漆
corrosive gases 腐蚀性气体
corrosiveness 腐蚀性
corrosive poison 腐蚀毒物；腐蚀抑制
corrosive-resistant lining 防腐（蚀）衬里
corrosive sublimate 升汞；氯化汞
corrosometer 腐蚀性测定计
corrugated asbestos cement sheet 瓦楞石棉水泥板
corrugated board 波面纸板；瓦楞纸板
corrugated diaphragm 波纹膜片
corrugated edge 荷叶边
corrugated expansion joint 波形膨胀节；波形伸缩接头
corrugated gasket 波形垫片
corrugated gauze 波纹金属网
corrugated hose 螺纹胶管；波纹胶管
corrugated liners 波形衬里
corrugated paper adhesive 瓦楞纸胶黏剂
corrugated parallel plates 波纹平行板
corrugated pipe 波纹管
corrugated-plate packed tower 波纹填料塔
corrugated (sheet) iron 瓦楞铁皮；波纹铁板[铁皮]
corrugated shell 波纹形壳体
corrugated spacer 瓦楞状隔板
corrugated steel plate 花纹钢板
corrugated tube 波纹管
corrugated(-type) expansion joint 波形膨胀节；伸缩接头
corrugated wire gauze packing 网波纹填料
corrugate pipe 波纹管
corrugate-plate interceptor 波纹板油水分离器
corrugating paperboard 瓦楞纸板
cortexolone 11-脱氧皮（甾）醇
cortical hormone （肾上腺）皮质激素
corticinic acid 栓皮酸
corticoid 肾上腺皮质激素
corticoliberin 促肾上腺皮质素释放素；促肾上腺皮质素释放因子
corticosterone 皮质（甾）酮
corticotrop(h)in 促肾上腺皮质（激）素；促肾皮素；促皮质素；ACTH
corticotrophin gelatin 明胶促皮质素
corticotrop(h)in releasing hormone 促肾上腺皮质素释放素
corticotrophin-zinc hydroxide 锌促皮质素
corticotrophin-zinc phosphate 磷锌促皮质素
cortin 皮质（激）素浸膏
cortisol 皮质（甾）醇；氢化可的松
cortisone 可的松；11-脱氢-17-羟皮质酮
cortisone acetate 醋酸可的松
cortivazol 可的伐唑
cortol 皮（甾）五醇；孕烷五醇；11-去氧可的松
cortolone 皮（甾）酮四醇；孕烷四醇酮
corundum 刚玉
corundum brick 刚玉砖
corundum-chrome brick 铬刚玉砖
corundum-mullite ceramics 刚玉-莫来石陶瓷
corundum porcelain 刚玉质瓷
corundum sand 刚玉砂
corybulbine（＝corydalis Ⅰ） 紫堇球碱；紫堇鳞茎碱
corycavamine 紫堇胺
corycavidine 紫堇维定
corydaldine 紫堇定
corydaline 紫堇碱；延胡索素甲
corydalis A（＝corydaline） 延胡索素甲
corydalis B（＝*dl*-tetrahydropalmatine） 延胡索素乙；*dl*-四氢巴马亭
corydalis tuber 延胡索
Corydalis yanhusuo 延胡索
corydine 紫堇定；紫堇啡碱
coryfin 可力芬；乙基乙醇酸薄荷酯
corylin 榛仁球蛋白
corynantheidine 柯楠碱
corynantheine 柯楠因（碱）
corynanthic acid 柯楠酸
corynanthidic acid 柯楠低酸
corynanthidine 柯楠定
corynanthine 柯楠次碱
Corynebacterium 棒杆菌属
corynecin 棒状杆菌素
corynine 可立宁；育亨宾

corypalmine 紫堇杷明碱
corytuberine 紫堇块茎碱
cosanic acids 二十级(烷)酸;念酸(由 C_{20} 到 C_{29} 的廿酸)
cosanols 二十级(烷)醇(C_{20} 至 C_{29} 的烷醇)
cosaprin 对乙酰氨基苯磺酸钠
coseparation 共分离;同时分离
CO shift converter CO变换炉
cosine emitter 余弦发射体
coslettizing 磷化处理
cosmene 波斯菊萜;2,6-二甲-1,3,5,7-辛四烯
cosmetic 化妆品;润肤剂
cosmetic soap 化妆香皂
cosmic chemistry 宇宙化学
cosmid 黏粒
cosmobiology 宇宙生物学
cosmochemistry 宇宙化学
cosmogenic radionuclide 宇生放射性核素
cosolubility 共增溶性
cosolubilization 共加溶(作用)
cosolubilizer 辅助加溶剂
cosolvency 共溶性;共溶本领;共溶度
cosolvent 助溶剂
cosolvent action 增溶作用
cosolvent effect 共溶效果
cospinning 共纺;混纺
cossaite 致密钠云母
cossette 甜菜丝
cost accounting 成本核算
costaclavine 肋麦角碱
costate variable 共态变量
cost control 成本控制
cost correlation 成本关联式
cost estimating 成本估计
cost index 成本指数
costing formula 成本配方
cost of development 开发费用;开发成本
cost of maintenance 维持费;养护费
cost of manufacture 制造成本
cost of operation 管理费
cost of production 制造费(用)
cost of repairs 修理费(用)
cost of upkeep 维持费;养护费
costreptomycin 辅链霉素
costrip 共反萃
costusic acid 木香酸
costuslactone 木香内酯
cost-volume-profit analysis 本量利分析
cosubstrate 辅被用物;酶的辅被作用物
cosulfonate 共磺化(物)
cosulfonation 共磺化(作用)
cosurfactant 复合表面活性剂
cosyl 二十级(烷)基(C_{20} 至 C_{29} 烷基)
cosynthetase 同合成酶
cosyntropin 替可克肽;二十四肽促皮质素
co-tangential point 共切点
cotarnin(e) 可他宁
cotelomer 共调聚(合)物
coticula 磨石;砥石
cotinine 可替宁
cotoin 柯托苷;柯桃因
co-toxicity index 共毒系数
cotransaminase 辅转氨酶
co-transduction 并发转导
co-transfection 共转染
co-transformation 共转化
co-translation 共翻译
co-transport 协同转运
cotter 开口销
cotton 棉(花)
cotton ball(s) 硼钠钙石
cotton cord fabric 棉帘布
Cotton effect 卡藤效应
cotton linters 棉籽绒;棉短绒
cotton plug 棉花塞
cotton printing mill 棉布印花(工)厂
cotton pulp 棉浆
cotton (seed) cake 棉籽饼
cottonseed oil 棉子油
cottonseed oil sludge soap 棉油泥皂
cottonseed oil soap 棉油皂
Cottrell chamber 电集尘室
Cottrell dehydrator 科特雷耳脱水器
Cottrell gas cleaner 科特雷耳净气器;气体电滤器
Cottrell process 静电除尘
cotyledon toxin 猪耳草毒素
coucher 伏辊工
couch press 横式挤压机
couch roll 伏辊
couecting electrode 收集电极
Couette flow 库爱特流动
Coulomb explosion 库仑爆炸
Coulomb field 库仑场
Coulomb force 库仑力
Coulomb gauge 库仑计
Coulomb hole 库仑穴
Coulombic energy 库仑能

Coulomb integral 库仑积分
Coulomb law 库仑定律
coulombmeter 库仑计
Coulomb's law 库仑定律
coulometric analysis 库仑分析;电量分析
coulometric titration 库仑滴定(法);电量滴定
coulometry 电量分析法;库仑滴定法
coulostatic method 恒电量法;库仑静电法
coulsonite 钒磁铁矿
Coulter counter 库尔特粒度仪
coumachlor 氯杀鼠灵;氯苄丙酮香豆素
coumafuryl 克灭鼠
coumalic acid 阔马酸
coumalin 香豆灵;邻吡喃酮
coumaphos 香豆磷;蝇毒磷;库马福司
coumaraldehyde 香豆醛;羟苯丙烯醛
coumaran 香豆冉;二氢香豆素
coumaranone 香豆冉酮;苯并二氢呋喃-3-酮
coumaric acid 香豆酸
coumaric aldehyde 香豆醛
coumarilic acid 香豆基酸;苯并呋喃-2-甲酸;氧茚甲酸
coumarin 香豆素;1,2-氧萘酮
coumarin-1 香豆素-1;7-二乙氨基-4-甲基香豆素
coumarin-4 香豆素-4;7-羟基-4-甲基香豆素
coumarin-7 香豆素-7
coumarin-35 香豆素-35;7-二乙氨基-4-三氟甲基香豆素
coumarin-102 香豆素-102
coumarin-120 香豆素-120;7-氨基-4-甲基香豆素
coumarin-340 香豆素-340
coumar(in)ic acid 香豆酸;羟苯基丙烯酸
coumarone 苯并呋喃;古马隆;香豆酮
coumarone-indene resin 苯并呋喃-茚树脂;古马隆-茚树脂;香豆酮-茚树脂
coumarone resin 苯并呋喃树脂;古马隆树脂
coumatetralyl 杀鼠迷
coumermycin 香豆霉素
coumestrol 拟雌内酯
coumetarol 库美香豆素;双香豆素醚
coumingine 考明碱
coumithoate 环毒硫磷;畜虫磷
coumothiazone 香豆噻嗪
counter 计数器
counteractant 冲消剂(除恶臭)
counter balance 托盘天平
counter ball case 副轴滚珠轴承箱
counter bar 平衡锤杆
counterbore 埋头孔
counterbore drill 平底扩孔钻
counter brace 交叉撑
counter-current centrifuge 逆流式离心机
counter-current chromatography 反流色谱法;逆流色谱法
counter-current classifier 逆流分级机
counter-current condenser 逆流冷凝器
counter-current decantation 逆流倾析
counter-current distribution 反流分布法;逆流分布法
counter-current electrophoresis 对流电泳
counter-current extraction 逆流萃取
counter-current extraction with reflux 回流萃取
counter-current flow 逆流;对向流
counter-current flow dryer 逆流干燥器
counter-current fractionation 逆流分级;逆流分馏
counter-current ionphoresis 逆流离子电泳(法)
counter-current leaching 逆流浸取
counter-current tower 逆流塔
counter-current tunnel dryer 逆流隧道式干燥器
counter-current washing 逆流洗涤
counter-diffusion 逆扩散
counter electrode 对电极;反电极
counter-electrophoresis (CE, CEP) 对流电泳
counter flange 过渡[对接]法兰
counter-flow dryer 逆流干燥器
counter-flow heat exchanger 逆流式换热器
counter-flow washing 逆流洗涤
counter (gegen) ion 反荷离子
counterimmunoelectrophoresis(CIEP) 对流免疫电泳
counter ion 反荷离子
counter shaft 副轴
counter shaft housing 传动轴套筒
counter shaft seal retainer 传动轴密封保持盖
countersign 会签
counter solvent 反萃溶剂
counterstain 复染色;对比染色

countersunk 埋头孔
countersunk bolt 埋头螺栓
countersunk head 埋头;沉头
countersunk head bolt 埋沉头螺栓
counter tube 计数管
counter weight 砝码;抗衡;平衡;配重;平衡锤;平衡重
counter weighted door 平衡重动作门
counter wheel 计数轮
counting cell 计数池
counting chamber 计数室
counting rate 计数率;计数速度
counting yield 计数效率
country of origin 原产国
counts corrected for chemical yield (CCY) 化学产额校正计数
counts corrected for coincidence (CCC) 符合校正计数
coup de fouet 电压骤降
Coupier's blue 考皮尔蓝
couplant 耦合剂
couple (1)偶合(作用)(2)力偶
coupled chemical reaction 偶联化学反应
coupled dimer 偶联二聚物
coupled electron 耦合电子
coupled oxidation 偶联氧化
coupled-pair many-electron theory 耦合电子对多电子理论
coupled pendulum 耦合摆
coupled phosphorylation 偶联磷酸化
coupled reactions (=induced reactions) 偶联反应;偶合反应
coupled system 共轭体系
coupled valve 联结阀
couple-electron pair approximation 耦合电子对近似
coupler (1)联轴节[器];连接器(2)管接头(3)偶合剂;偶联剂(4)成色剂
coupler-in-developer 外偶式成色剂
coupler oil-emulsion 成色剂油乳
coupling (1)偶合(2)联管节;管(子)接头;偶联管(3)联轴节[器]
coupling agent 偶联剂;偶合剂
coupling bolt 联结螺栓
coupling coefficient 耦合系数
coupling constant 偶合常数
coupling factor 偶联因子
coupling flange 联结法兰
coupling gear box 齿轮箱
coupling half 半连接件
coupling key 联轴器键
coupling link 联结杆
coupling lock nut 联轴器锁母
coupling of line 管路偶联管
coupling pin 联轴器柱销
coupling polymerization 偶联聚合
coupling reaction 偶联反应;偶合反应
coupling rod 连杆
coupling screw 连接螺钉
coupling termination 偶合终止
coupling valve 联结阀
coupling with band 带箍管接头
coupling without band 不带箍管接头
course of reaction 反应过程
course of receiving 验收过程
covalence 共价
covalent bilirubin 共价胆红素
covalent bond 共价键
covalent complex 共价络合物;共价配位化合物
covalent compound 共价化合物
covalent coordination bond 共价配位键
covalent crystal 共价晶体
covalent link(age) (=covalent bond) 共价键
covalently closed circular DNA 共价闭环DNA
covalent radius 共价半径
covalent ring structure 共价环状结构
covar 科伐(铁镍钴)共膨胀合金
covariance 协方差
covelline (=covellite) 铜蓝;靛铜矿
covellite 铜蓝;靛铜矿
cover (1)(顶,阀)盖(2)(机,外)壳(3)汽车外胎
coverage 可达范围;覆盖度
cover bush 泵盖衬套
cover chain 链罩
cover clamp 上盖压板
cover coat 盖层
covered area 建筑面积
covered elastomeric yarn 包覆弹性纱
covered electrode 带焊皮焊条
covered tank 带盖罐
cover flange 封头法兰
cover glass (1)保护玻璃(2)盖玻片
cover guide 泵盖导槽
cover head 顶封头;顶盖
cover heating 顶盖加热管
covering (1)遮[掩]盖;掩[保]护(2)套

(3)汽车外胎
covering agent 遮盖剂
covering group 保护基团
covering plate 盖板
cover lift lever 顶盖升降控制杆
covering power 深镀能力
covering power agent 遮盖力剂
covering property 盖染性
cover plate 盖片
cover plate for manhole 人孔盖板
cover sheet 护板
cover support 盖板支撑
cover yoke 顶盖轭架
covulcanization (不同胶料的)共硫化
cow 母牛(放射性核素发生器俗称)
Cowan screen 寇文(离心式)圆筛
cow glue powder 牛皮胶粉;烘胶粉
cowl 风扇罩
cowinding process 共缠绕工艺
Cowper blast air heater (考珀)热风炉
Cowper stove (考珀)热风炉
C. P. 化学纯
CPAA(charged particle activation analysis) 带电粒子活化分析
CPM(critical path method) 关键线路法
CPMC 害扑威
CPMET(coupled-pair many-electron theory) 耦合电子对多电子理论
C-polymer 缩聚物
C-polymerization (= condensation polymerization) 缩聚作用
CPU 中央处理单元
CPVC〔chlorinated poly(vinyl chloride)〕 氯化聚氯乙烯
crab claw 蟹爪式阀罩
crab oil 山楂油;红果油
Crabtree effect 克勒勃屈利效应
crab wood oil 山楂树油
crack 裂缝;龟裂
crackability 可裂化性;裂化性能
crackajack 能手
crack arrest 止裂
crackate 裂化产物;裂解产物
crack blunting 裂纹钝化
crack branching 裂纹分叉
crack closure 裂纹闭合
crack detection 探伤;裂纹检查[验]
cracked clear gasoline 裂化净汽油(不含铅水)
cracked fuel oil 裂化柴油
cracked gasoil 裂化瓦斯油
cracked gasoline 裂化汽油
cracked grain 裂面
cracked naphtha 裂化石脑油
cracked residue 裂化渣油
cracked residuum 裂化渣油
cracker (1)裂化[解]器;裂化[解]装置(2)破碎机
cracker (mill) 破碎机
crack extension force 裂纹扩展力
crack formation 龟裂形成
crack front 裂纹前缘
crack ga(u)ge 裂纹片
crack growth 龟裂增长;龟裂增大;裂纹扩展;裂缝扩大[延伸]
cracking (1)断裂裂开;裂缝;裂纹(2)裂化;裂解
cracking case 裂化室;裂化反应器
cracking chamber 裂化塔
cracking core model 裂核模型
cracking furnace 裂化炉
cracking gas 裂化气
cracking heater(=cracking furnace) 裂化炉
cracking of crude oil 原油热裂化[解]
cracking-off (1)剥脱;脱落(2)拆去
cracking plant 裂化[解]厂
cracking stock 裂化原料
cracking tar 裂化焦油
crack(ing) test 抗裂试验;裂缝试验;裂纹试验
cracking tubes 裂化炉的炉管
crackle finish 裂纹漆
crackle ware 碎纹(陶)瓷
crack-per-pass 单程裂化量
crack propagation 裂纹扩展
crack sensitivity 裂缝敏感性
crack valve 片状阀;瓣阀
craft 工种;工艺;手艺
Cram's rule 克拉姆规则
crane 吊车;起重机
craneage 吊车工时
crane link 吊车吊架
crane magnet (吊车)电磁吸(铁)盘
craneman 吊车工
crane rail 吊车轨
crane ship 浮吊
crane truck 车装起重机
crane-type loader 转臂式装载机
crank 曲柄

crank case 曲轴箱
crankcase breather 曲轴箱通气管
crankcase catalyst 曲轴箱(内油的氧化)催化剂
crankcase conditioning oil 曲轴箱冲洗用油
crankcase oil 曲轴箱润滑油
crank end 曲轴侧
crank journal 曲(柄)轴颈
crank key 曲柄键
crank pin 曲柄销
crank pin bearing 曲柄销轴承
crank shaft 曲轴
crank-shaft grinder 曲轴磨床
crank-shaft lathe 曲轴车床
crank-shaft press 曲轴压力机
crank throw 曲柄行程
crank-type press 曲轴压力机
cranomycin 库霉素
crape structure 绉纱结构
crash door 防冲门
crash pad 防冲垫
crater (1)焊口;弧坑;焰口(2)火山口
crater crack 弧坑裂纹
crawler belt 履带
(crawler) bulldozer 履带(式)推土机
crawler crane 履带起重机;履带吊
crawler dozer 履带(式)推土机
crawler excavator 履带挖掘机
crawler-mounted loader 履带式装车机
crawler side excavator 侧式挖沟机
crawling (1)(漆膜)收缩龟裂(2)表面涂布不匀
crawling crane 履带起重机;履带吊
craze 银纹(高聚物制品缺陷)
crazing 裂浆
crazing mill 碎(锡)矿机
cream base 膏基;膏(用)底物
cream caustic soda 苛性碱膏;烧碱膏(含水固体碱)
creamed latex 膏化胶乳;膏化法(浓缩)胶乳
creaming 乳状液分层
creaming agent 膏化剂
creaming machine 乳油搅打机;甩奶油机
cream michelia fragrance 膏霜用白兰香精
cream off 撇去乳油
cream of tartar 酒石;酒石酸氢钾
cream pack 膏状面膜
creamy chromium plating 乳白色电镀铬
crease 折皱性
creatinase 肌酸(脱水)酶
creatine 肌酸;甲胍基乙酸
creatine kinase 肌酸激酶
creatine phosphate 磷酸肌酸
creatine phosphoric acid 肌磷酸;磷酸肌酸
creatinine 肌酸酐;肌酸内酰胺
creatinol 肌肉醇($C_4H_{11}ON_3$)
creation 产生
creation operator 产生算符
creatoxin 肌毒素
creep 蠕变
creep compliance 蠕变柔量
creep curve 蠕变曲线
creep deformation 蠕变
creep elongation 蠕变伸长率
creep endurance limit 蠕变持久极限
creep fluidity 蠕变流度;蠕变流动性
creep fracture 蠕变破坏
creep function 蠕变函数
creeping cage 爬罐
creeping flow 爬流
creep limit 第二期蠕变;稳态蠕变;蠕变极限;蠕升极限
creepocity 易蠕变性
creep rate 蠕变(速)率
creep recovery 蠕变回复
creep relaxation 蠕变松弛
creep resistant steel 抗蠕变钢
creep rupture 蠕变断裂
creep rupture strength 蠕变破裂强度
creep rupture test 蠕变断裂试验
creep speed 蠕变速度
creep strength 蠕变强度
creep temperature 蠕变温度
creep-time curve 蠕变-时间曲线
creep yield time 蠕变屈服期
cremeomycin 乳脂霉素
crenic acid 白腐酸
creolin 消(毒)杀(菌)灵
creosol(=methoxycresol) 甲氧甲酚;4-甲基-2-甲氧基苯酚
creosote (oil) 杂酚油
creosote oleate 杂酚油油酸酯
crepe 绉片
crepe(d) paper 皱纸
crepenynic acid 还阳参油酸;顺(式)十八碳-9-烯-12-炔酸;(*Z*)-十八碳-9-烯-12-炔酸
crepe rubber for sole 大底绉片胶

creping paper 皱纸
crescent 月牙卡铁
crescent(adjustable) wrench 可调扳手
crescent gear pump 内啮合齿轮泵
crescent pump 月形齿轮泵
***p*-cresidine** 甲酚定；3-氨基对甲苯甲醚；2-甲氧基-5-甲基苯胺
cresol 甲(苯)酚(有邻、间、对三种)
cresolphthalein 甲酚酞
cresol purple 甲酚紫
cresol red 甲酚红；邻甲酚磺酞
cresols (mixture) 混合甲酚
***o*-cresolsulfonphthalein** (＝cresol red) 邻甲酚磺酞；甲酚红
cresorcin(ol) 2,4-甲苯二酚
cresotic acid 甲酚酸
cresot(in)ic acid 甲酚酸；甲基水杨酸(邻、间或对)
***m*-cresotyl** 间甲酚酰；邻羟间甲苯甲酰；2-羟-3-甲基苯甲酰
cresyl (1)羟基·甲基苯基(2)(＝tolyl)甲苯基(邻,间或对)
cresyl acetate 醋酸甲酚酯
cresylate 甲酚盐
cresyl diglycol carbonate 碳酸甲苯·双甘醇酯
cresylene(＝tolylene) 甲代亚苯基
***o*-cresyl(ic) acetate** 乙酸邻甲苯酚酯
cresylic acid 煤酚；甲苯基酸(均为俗名，为得自煤焦油的邻、间、对三种甲酚不纯品的混合物
cresylol 甲(苯)酚
cretaceous oils 白垩纪石油
crevice corrosion 裂隙腐蚀；接触腐蚀
crilanomer 克立诺姆
crimidine 杀鼠嘧啶；鼠立死
crimped rayon staple 卷曲黏胶短纤维
crimping 卷边；卷曲
crimping of tow 丝束的起皱
crimping plate process 卷板加工
crimp machine 卷曲机
crimpness 卷曲度；皱缩性
crimp-proof fabric 不皱布
crimp-proof finish 防皱整理
crimp recovery 卷曲回复率
crimson antimony 锑朱
crimson lake 绯红色淀
crinkled paper 皱纸
crinkle finish(＝ripple finish) (1)皱纹(罩面)漆(2)波纹面饰
crinosine 文殊兰素
crioscopic method 冰点降低法(测定分子量)
crippling load 破坏荷重；折断荷重；断裂载荷；破坏载荷
cristobalite 方英石
criteria for formation of azeotrope 形成共沸物的判据
criterion 判据
criterion of equilibrium 平衡判据
critical angle 临界角
critical anomaly 临界反常现象
critical anomaly of reaction rate 反应速率的临界反常
critical aspect ratio 临界长径比
critical boiling 临界沸腾
critical complex (＝transition state，transition complex) 过渡态(复合物)
critical compressibility 临界压缩系数；临界压缩因子
critical concentration 临界浓度
critical condensation pressure 临界冷凝压力
critical condensation temperature 临界冷凝温度
critical condition 临界状态
critical consolute temperature 临界共溶温度
critical constant 临界常量；临界参量；临界常数
critical conversion 临界转化率
critical crack length 临界裂纹长度
critical cross velocity 临界横流速度
critical damping 临界阻尼
critical damping resistance 临界阻尼电阻
critical density 临界密度
critical deposition potential 临界沉积电位
critical divergences 临界发散
critical elongation rate 临界拉伸速率
critical end point 临界端点
critical energy of reaction 反应临界能
critical examination 关键检验
critical exponent 临界指数
critical flow 临界流
critical fluctuation 临界涨落
critical fluidization 临界流态化
critical heat flux 临界热通量
critical indices 临界指数
critical isotherm 临界等温线
criticality 临界特性

criticality alarm system 临界报警系统
critical J-integral 临界J积分
critical mass 临界质量
critical material 关键材料
critical micelle concentration(CMC) 临界胶束[胶团]浓度
critical micelle point 临界胶束点(即临界胶束浓度)
critical mixing 临界混合
critical nucleus 临界核
critical nuclide 关键核素
critical opalescence 临界乳光
critical parameter 临界参量
critical part 要害部位
critical path method (CPM) 关键路径法;统筹法
critical phase 临界相
critical phenomenon 临界现象
critical piece 关键性部件
critical point 临界点
critical point criteria 临界点判据
critical polymer concentration 临界聚合物浓度
critical position 要害部位
critical pressure 临界压力
critical processing temperature 临界操作温度
critical properties 临界常数
critical radius 临界半径
critical resolution 临界分辨率
critical settling point 临界沉降点
critical shear rate 临界剪切速率
critical shear stress 临界剪切应力
critical solubility 临界溶度
critical solution temperature 临界共溶温度
critical specific volume 临界比容
critical state 临界状态
critical stress intensity factor 临界应力强度因子
critical temperature 临界温度
critical temperature of accelerator 硫化促进剂临界温度
critical value 临界值
critical velocity 临界速度
critical volume 临界体积
critical wind velocity 临界风速
crivaporbar 临界蒸气压力
croceic acid 藏红花酸;2-萘酚-8-磺酸;渺羟萘磺酸
croceomycin 藏花霉素
crocic acid (=croconic acid) 克酮酸
crocidolite 青石棉;钠闪石
crocin 藏(红)花素
crockery 土器
crocking 脱色
crocking meter 沾色试验仪
crocodile wrench 管扳手
crocodiling 鳄纹
crocoi(si)te 铬铅矿
croconic acid 克酮酸;邻二羟环戊烯三酮
crocose 藏花糖
croctin acid 藏红花酸
croloy 克罗洛伊低合金耐热钢(C-Cr-Fe-Mo-V合金)
cromolyn 色甘酸
crookesite 硒铊铜银矿
Crookes tube 克鲁克司管
cropropamide 克罗丙胺
cross aldol condensation 交叉羟醛缩合
Cross and Bevan cellulose 克(罗斯)-贝(文)纤维素;C. B. 纤维素
cross arm 横臂
cross baffle 折流板
cross beam agitator 错臂搅拌器
cross beam (girder) 横梁
cross beam technique 交叉束技术
cross bond 交联键
cross bonding 交联
cross-breaking strength 挠曲强度
cross-bridge 横桥
cross-bridging 交联
cross classification 交叉分组
cross conjugation 交叉共轭
cross contactor 错流离心萃取机
cross contamination 交叉污染;交互沾染
cross conveyor 横式运输机
cross-country truck 越野载重车
cross-coupling reaction 交叉偶联反应
cross current 错流;交叉流;横向流
cross current dryer 错流干燥器
cross current extraction 串联萃取
cross cut 石门;横切;捷径;开槽凿
cross cut test 横切试验
crossed contamination 交叉污染
crossed double bond 横交双键
crossed electric-magnetic fields mass spectrometer 正交电磁场质谱计
crossed laser-molecular beam technique 激光-分子束交叉技术
crossed molecular beam 交叉分子束

crossed polarizers 正交偏振棱镜
crossed polar system 参差极化系统
cross elastic effect 交叉弹性效应;横向弹性效应
cross feed belt 交叉进料皮带
cross fired tank 横火焰池窑
cross flight 横刮板
cross flow (1)错流;横向流;交叉流动(2)叉流式
cross flow filtration 横流式过滤;错流过滤
cross flow sieve 错流筛板
cross flow tray 单溢流塔板
cross flow velocity 横流速度
cross force 互耦力;横向力
Cross furnace 克劳斯裂化炉
cross girder 横梁
cross-grafted copolymer 交叉接枝共聚物
crosshead 十字头
crosshead guide 十字头滑道
crosshead liner 十字头衬瓦
crosshead pin 十字头销
crosshead screw 十字头螺钉
crossing-over 交换
crossing streams 叉流
crossing thread 纬线
cross-interaction 交叉-相互反应
cross-link 交联
crosslinkage 交联(度);交联键
crosslinked cellulose fibers 交联纤维素纤维
crosslinked gel 交联凝胶
crosslinked network 交联网络
crosslinked polyimide(s) 交联聚酰亚胺
crosslinked polymer 交联聚合物
crosslinked rubber 交联胶;硫化胶
crosslinker 交联剂
crosslinking 交联
crosslinking agent 交联剂
crosslinking copolymer 交联共聚物
crosslinking density 交联密度
crosslinking index 交联指数
crosslinking polyethylene 交联聚乙烯
crosslinking reaction 交联化反应
crossover bend 横跨弯头
crossover flue 横跨焰道
crossover line 重叠的输送管
crossover point 交点
crossover pressure 交叠压力
crossover region 交叠区
crossover theory 交叉理论;跨接理论
cross partition ring 十字格环
cross(piece) 四通
cross pin type joint 万向节;十字轴形接头
cross pipe 十字管
cross-ply laminates 正交层压板
cross point 交叉点
cross polarization 交叉极化
cross profile 截面
cross propagation 交叉增长
cross-recovery method 交叉回收方法
cross relaxation 交叉松弛
cross resistance 交互抗性
cross section (横)截面;变截面;断面
cross-section ionization detector 截面积电离检测器
cross-sequencial reaction 交叉-接续反应
cross slide 横向溜板
cross-species 种间交叉
cross stand 十字支架
cross straight size 等径四通
crosstalk 串话
cross termination 交叉终止
Cross unit 克劳斯(裂化)装置
cross valve 十字阀
cross wall 横墙;隔板
cross welding 横向焊缝
crosswise contraction 横向收缩
crotaline 响尾蛇毒蛋白
crotalotoxin 响尾蛇毒素
crotamine 响尾蛇胺
crotch 胯;叉;丫叉;丫叉物;岔口管套
crotch stress 叉口应力
crotethamide 克罗乙胺
crotin 巴豆毒蛋白
crotonal 亚巴豆基
croton aldehyde 巴豆醛
croton aldehyde process 丁烯[巴豆]醛选择精制(润滑油)过程
crotonamide 巴豆酰胺;β-丁烯酰胺
crotonase 巴豆酸酶
crotonate 巴豆酸酯;丁烯酸酯
crotonbetaine 巴豆甜菜碱;三甲铵基(-2-)丁烯酸内盐
crotonic acid 巴豆酸
crotonic aldehyde 巴豆醛;2-丁烯醛
crotonic anhydride 巴豆酸酐;丁烯酸酐
crotonic nitrile 巴豆腈;丙烯基腈
crotonoid system 巴豆烯共轭系统
croton oil 巴豆油
crotononitrile(=crotonic nitrile) 丁烯腈

crotonoside 巴豆苷
crotonoyl 巴豆酰;(β)-丁烯酰
crotonyl alcohol 巴豆醇;(2-)丁烯醇
crotonylene 巴豆炔;2-丁炔
crotonylidene 亚巴豆基;亚(2-)丁烯基
crotoxin 响尾蛇毒素;响尾蛇毒蛋白
crotoxyphos 丁烯磷;赛吸磷
crotyl alcohol 巴豆醇;(2-)丁烯醇
crotylamine 巴豆胺
crotyl chloride 巴豆基氯;(2-)丁烯基氯
crotyl mustard oil 巴豆基芥子油;硫氰酸巴豆基酯
crow bar 撬杆[棍,杠]
crowdion 群离子
crowfoot hold-downs 将盖子固定在塔板上的叉子
12-crown-4 12-冠(醚)-4
15-crown-5 15-冠(醚)-5
18-crown-6 18-冠(醚)-6
21-crown-7 21-冠(醚)-7
24-crown-8 24-冠(醚)-8
27-crown-9 27-冠(醚)-9
30-crown-10 30-冠(醚)-10
crown compound 冠状化合物
crown conformation 冠式(构象)
crown cord angle 胎冠帘线角度
crown cork closure 冠状软木瓶盖
crown ether 冠醚
crown glass 冕(牌)玻璃
crown of arch 拱顶
crown radius 碟形半径
crownwheel,crown wheel 冠状齿轮
crownwheel oil pan 冠齿轮油池
crownwheel shield 冠齿轮罩
crucible 坩埚;熔池;熔锅;熔罐;熔炉
crucible cast steel 坩埚(铸)钢
crucible cover 坩埚盖
crucible furnace 坩埚炉
crucibleless zone melting 无坩埚区熔法
crucible oven 坩埚炉
crucible tongs 坩埚钳
crucible triangle 坩埚(用)三角
cruciform joint 十字接头
crude 原油
crude anthracene 粗蒽
crude ash 粗灰分
crude asphaltic petroleum 沥青基原油
crude assay 原油(一般)分析[检定]
crude atmospheric tower 原油常压塔
crude benzol 粗苯
crude benzol tank 粗苯罐
crude bone meal 生骨粉;粗骨粉
crude brine 粗盐水
crude carbolic acid 粗酚;粗石炭酸
crude charge 原油加入
crude charging capacity 原油处理量
crude cracker 原油裂化设备
crude distilland 待蒸馏的粗制品
crude drug(s) 生药
crude dust 粗粉煤
crude fat 粗脂肪
crude fiber 粗纤维
crude furnace 原油加热炉
crude gas 粗制杂煤气
crude gasoline stock 粗汽油料
crude heat exchanger 原油换热器
crude heavy solvent naphtha 粗的重溶剂石脑油
crude lac(=seed lac) 粗紫胶
crude light solvent naphtha 粗的轻溶剂石脑油
crude lube stock 润滑油原料
crude matte 半冶金属
crude matter 粗蛋白质
crude methanol 粗甲醇
crude oil 原油
crude oil cracking 原油裂化[解]
crude oil distillation 原油蒸馏
crude oil distillation unit 常减压蒸馏装置;原油蒸馏装置
crude oil drilling 石油钻探
crude (oil) emulsion 原油乳状液;乳化原油
crude oil partial oxidation process 原油部分氧化法
crude oil processing plant 原油的炼油装置
crude oil pump 原油泵
crude oil storage tank 原油储罐
crude (oil) unit 常减压蒸馏装置;原油蒸馏装置
crude oil upgrading 原油预处理
crude oil working tank 原油日用储罐
crude petroleum 原油
crude phenol tank 粗酚罐
crude product 粗制品
crude product gas 粗制产品煤气
crude production 原油的开采(量);采油(量)
crude rubber (1)(原料)生胶(2)天然橡胶(专指三叶橡胶)

crude scale(wax) 粗石蜡;粗汗蜡(鳞片状);一次发汗蜡
crude settling tank 原油沉降罐
crude sewage 原污水
crude spirit 粗汽油(英国名)
crude stabilization tower 原油稳定塔
crude stabilizer 原油稳定塔
crude steel 粗钢
crude storage 原油库
crude tar tank 粗焦油罐
crude test 粗糙试验;最简单试验
crude topper 原油拔顶装置
crude unit 原油蒸馏装置;常减压蒸馏装置
cruentine A 瓜叶菊碱甲
crufomate 克芦磷酯;育畜磷
crumb rubber (1)粒状生胶(2)废胶末
crumbs (1)粒状生胶(2)废胶末
crumple pattern 皱纹
crumpling resistance 耐揉性
crup leather 马臀革
crush 破碎;压碎;捣碎;粉碎
crushed coal 粉碎后的煤
crushed levant grain 熨光皱纹粒面
crusher 压碎机;药碾;轧碎机;破碎机
crusher ga(u)ge 爆(炸)压(力)计
crushing 粗碎;压碎;破碎
crushing chamber 破碎室
crushing equipment 破碎设备
crushing head 破碎头
crushing machine 压碎机;破碎机;粉碎机;粗磨
crushing mill 压碎机;击碎机
crushing roll 轧坯机
crushing strength 破碎强度;抗碎强度
crush test (橡胶密封圈)压缩破坏试验
crustacyanin 甲壳蓝蛋白;虾青蛋白
crust forming agent 表皮形成剂;结皮剂
crust leather 半硝革;坯革
crust sorter 半硝革挑选工
crutching pan 搅和锅
cryobiochemistry 低温生物化学
cryobiology 低温生物学
cryochemistry 低温化学
cryodesiccation (冷)冻干(燥)
cryoenzymology 低温酶学
cryofluorane 克立氟烷(麻醉药)
cryoformaldehyde tanning 低温甲醛鞣制
cryogen 冷冻剂;制冷剂
cryogenic adhesive 超低温胶黏剂
cryogenic adsorption 低温吸附
cryogenic equipment 深度冷冻设备
cryogenic process 深度冷冻
cryogenic property 低温性能
cryogenic pump 超低温泵;深冷泵;低温泵
cryogenic purifier 深冷净化装置;深冷净化系统
cryogenics 低温实验法(通常实验温度低于−100℃)
cryogenic seal 低温密封
cryogenic separation 低温分离;深冷分离
cryogenic separation of coke oven gas 焦炉气深度冷冻法
cryogenic separation of pyrolysis gas 裂解气深冷分离
cryogenic superfluidity 低温超流
cryogenic tank 低温贮槽
cryogenine 间氨甲酰基苯氨基脲;冷却精
cryoglobulin 冷球蛋白
cryohydrate 冰盐;低共熔冰盐合晶
cryohydric point 冰盐点;低共熔冰盐合晶点
cryolac number 冰凝值;乳凝冰值
cryolite 冰晶石
cryolithionite 锂冰晶石
cryometer(=kryometer) 低温计
cryometry(=cryoscopy) 冰点降低测定
cryomycin 冷霉素
cryoprecipitation 低温沉淀
cryoprotector 低温防护剂
cryopump 低温泵;深冷泵
cryoscopic constant 冰点测定常数
cryoscopic method 冰点降低法;冰点法
cryoscopy 冰点降低测定
cryosel(=cryohydrate) 冰盐;低共熔冰盐合晶
cryosol 低温溶胶(仅在低温下才稳定的胶体)
cryostat 低温恒温器
cryptal 桉油萜醛;对异丙基环己烯甲醛
cryptand 穴状配体;穴合剂
cryptate 穴状化合物
cryptate compound 穴合物
cryptaustoline 厚壳桂碱
cryptenamine tannates 鞣酸绿藜胺
cryptobiosis 隐生态
cryptocarpine 隐卡品;厚壳桂品
cryptocavine(=cryptopine) 隐品碱
cryptocidin 杀隐球菌素
cryptocrystal 隐晶
cryptocyanine 隐菁

cryptoflavin 隐黄素
cryptography 密码学
cryptohalite 方氟硅铵石
cryptolepine 白叶藤碱
cryptometer 遮盖(力)计;遮盖力测定仪
cryptone 隐酮;异丙基环己烯酮
cryptopine 隐品碱
cryptopleurine 小穗苎麻素;厚壳桂任
cryptoporphyrin 隐卟啉
cryptopyrrole 隐吡咯;2,4-二甲基-3-乙基吡咯
cryptoscope (=fluorescope) 荧光镜
cryptosterol 隐甾醇
cryptotanshinone 隐丹参醌
cryptovalency 隐价;异常价
cryptoxanthin(e) 隐黄质;玉米黄质
crystal 晶体
crystal angle 晶角
crystal axis 晶轴
crystalbumin 晶白蛋白
crystal carbonate 晶碱;一水碳酸钠
crystal cell 晶胞
crystal chemistry 晶体化学;结晶化学
crystal clathrate 结晶包合物
crystal coordinates 晶体坐标
crystal crack 结晶裂纹
crystal defect 晶体缺陷;晶格缺陷
crystal diffraction 晶体衍射
crystal discharge 晶体排出
crystal distributor 晶体分布器
crystal edge 晶棱;晶边;晶缘
crystal engineering 晶体工程(学)
crystal face 晶面
crystal field 晶体场
crystal field splitting 晶体场分裂
crystal field theory 晶体场理论
crystal form 晶形
crystal growing section 晶体生长段
crystal growth 晶体生长
crystal growth modifier 晶形调变剂
crystal growth zone 晶体生长区
crystal habit 晶体习性;晶癖
crystal habit modification 晶习改性
crystal imperfection 晶体不完整性
crystal lattice 晶格
crystallin (眼)晶体蛋白
crystalline-amorphous transition 晶态-非晶态转变
crystalline carbon 结晶形碳
crystalline copolymer 结晶共聚物
crystalline glaze 结晶釉
crystalline hydrate 结晶水合物;水合结晶
crystalline indice 结晶指数
crystalline liquid 晶性液体
crystalline polymer 结晶聚合物
crystalline precipitate 晶形沉淀
crystalline rupture 结晶状断口
crystalline size 晶粒大小
crystalline state 晶态
crystalline sulfur 结晶形硫
crystallinity 结晶度
crystallization 结晶
crystallization equipment 结晶设备
crystallization half-life 结晶半衰期
crystallization heat 结晶热
crystallization-inhibited rubber 抑制结晶橡胶
crystallization in motion 动态结晶法(制糖)
crystallization interval 结晶间歇
crystallization modifier 结晶调节剂
crystallization overpotential 结晶超电势
crystallization process 结晶法(精制液碱)
crystallization tank 结晶槽
crystallized urea 结晶尿素
crystallized verdigris 醋酸铜
crystallizer (1)结晶器;结晶设备(2)结晶管
crystallizer tank 结晶槽
crystallizing agent 结晶剂;形成晶体的媒介物
crystallizing dish 结晶皿
crystallizing evaporator 结晶蒸发器
crystallizing finish 晶纹漆
crystallizing lacquer 自干晶纹漆
crystallizing pan 结晶盘
crystallizing point 结晶温度
crystallizing tank 结晶槽
crystalloblastesis 晶质改变作用
crystallochemical analysis 结晶化学分析
crystallochemistry 结晶化学
crystallogram 结晶衍射图
crystallographic axis (结)晶轴
crystallographic data 晶体学数据
crystallographic plane 晶体平面
crystallographic plane groups 晶体学平面群
crystallographic shear 结晶学切变
crystallographic symmetry 晶体学对称性
crystallographic texture 晶体结构
crystallography 晶体学;结晶学
crystallomycin 晶霉素
crystallose 代糖晶;可溶性糖精

crystal nucleus 晶核
crystal orientation 晶体取向
crystal paste 晶浆
crystal pattern 晶体图案
crystal plane 晶面
crystal pulling method 晶体生长提拉法
crystal seeds 晶种
crystal size 晶体粒度;晶粒大小
crystal-size distribution (CSD) 晶体大小分布
crystal slurry 结晶浆液
crystal structure 晶体结构
crystal sugar 冰糖
crystal suspension 晶体悬浮液
crystal system 晶系
crystal twin 双晶;孪晶
crystal varnish 烘干晶纹漆
crystal vessel 石英容器
Crystal Violet 碱性紫 5BN;结晶紫
crystal water 结晶水
CSF 集落刺激因子
CSF-α 粒细胞巨噬细胞集落刺激因子
CSF-2 粒细胞巨噬细胞集落刺激因子
CSFC(capillary supercritical fluid chromatography) 毛细管超临界流体色谱
CSM 氯磺化聚乙烯橡胶
CSPE sealing adhesives 氯磺化聚乙烯密封膏
CS plastic 酪蛋白塑料
C-stage phenolic resin 丙阶段酚醛树脂;酚醛树脂 C;不熔(不溶)酚醛树脂
CSTR 连续搅拌反应釜
CT 计算机化断层显像
CTD 斑蝥素
ctDNA 叶绿体 DNA
C-terminal C 端
C-terminal tetrapeptide of gastrin 四肽胃泌素
CTH(adrenocorticotropic hormone) 促肾上腺皮质激素
CTI(comparative tracking index) 对比导通指数
CTP(cytidine triphosphate) 胞(嘧啶核)苷三磷酸
CTPB(carboxyl terminated polybutadiene) 端羧基聚丁二烯
ctRNA 叶绿体 RNA
CTSR 全混釜
C-type steels 特类钢
Cu-Al inorganic adhesive 铜-铝无机胶黏剂
cubane 立方烷
cubane-like cluster 类立方烷原子簇
cubanite 方黄铜矿
cubeb 荜澄茄
cubeb camphor 荜澄茄脑
cubebin 荜澄茄素
cubeb(s) oil 荜澄茄油
cubelike molecule 立方体状分子
cubic chain of rotator equation 立方转子链方程
cubic close packing 立方密堆积
cubic elasticity 体积弹性
cubic equation of state 立方型状态方程
cubic lattice 立方格子
cubic system 等轴晶系;立方晶系
cubic zirconia 立方锆石
cubozols 溶蒽素;溶性蒽系还原染料
cucaivite 硒银铜矿
cucoline 汉防己碱
cucumber-seed oil 黄瓜子油
cucurbitacin 葫芦素
cucurbitine 南瓜子氨酸
cucurbitol 南瓜子醇
cudbear 地衣赤染料萃
cuddleoside 醉鱼草糖苷
cuff 胶管管头
culled wood 边材;废(木)材
culmommarasmin 黄镰菌素
cultivation 培养(法)
culture (1)培养物(2)培养
culture bottle 培养瓶
culture dish 培养皿;彼德里氏皿
culture doubling time 倍增时间
culture flask 培养瓶
culture medium 培养基
culture of cells 细胞培养
culture tube 培养管
culture under aeration 通气培养法
cumaldehyde 枯(茗)醛;对异丙基苯甲醛
cumene 枯烯;异丙(基)苯
cumene hydroperoxide 氢过氧化枯烯;氢过氧化异丙苯;枯基过氧氢
cumenol 枯(茗)醇;对异丙基苄醇
cumenyl 枯(烯)基;异丙苯基(邻,间或对)
cumermycin (=coumermycin) 香豆霉素
cumic acid 枯(茗)酸;对异丙基苯甲酸
cumic alcohol 枯(茗)醇;对异丙基苄醇
cumic aldehyde 枯(茗)醛;对异丙基苯甲醛

cumic amide 枯(茗)酰胺;对异丙基苯甲酰胺
cumidic acid 枯二酸;4,6-二甲基间苯二甲酸
cumidine 枯(茗)胺;对异丙(基)苯胺
cumin (1)枯茗;欧莳萝(2)异丙苯
cuminal 枯(茗)醛;对异丙基苯甲醛
cuminalcohol 枯(茗)醇;对异丙基苄醇
cuminaldehyde 枯茗醛;对异丙基苯甲醛
cuminaldehyde thiosemicarbazone 丙苯硫脲;枯醛缩氨基硫脲
cuminal 亚枯茗基;对异丙亚苄基
cumine hydroperoxide 氢过氧化异丙苯;异丙苯化过氧氢
cuminic acid 枯(茗)酸;对异丙基苯甲酸
cuminic alcohol 枯(茗)醇;对异丙基苄醇
cuminic aldehyde 枯(茗)醛;对异丙基苯甲醛
cuminil 枯茗偶酰
cuminoin 枯茗偶姻
cuminol 枯(茗)醇;对异丙基苄醇
cumin(-seed) oil 枯茗(子)油
cuminyl alcohol 枯(茗)醇;对异丙基苄醇
cuminylamine 枯茗基胺;对异丙基苄胺
cuminylidene 亚枯茗基;对异丙亚苄基
cuminyl 枯茗基;对异丙苄基
cummingtonite 镁铁闪石
cumol(=cumene) 枯烯;异丙(基)苯
cumonitrile 异丙苯腈
cumulated double bonds 累积双键
cumulative constant 累积常数
cumulative damage 累积损坏
cumulative error 累积[计]误差
cumulative feedback control 累积反馈抑制
cumulative feedback inhibition 累积反馈抑制
cumulative fraction 累积分数
cumulative poison 累积性毒物;蓄积性毒物
cumulative production 累计产量;总产量
cumulative stability constant 累积稳定常数
cumulative toxicant 累积性毒剂
cumulative yield 累积产额
cumulene 累积多烯
cumylene 亚枯茗基;对异丙亚苄基
cumyl hydroperoxide 枯基过氧氢;氢过氧化异丙苯
cumylic acid (=durylic acid) 枯基酸;杜基酸;2,4,5-三甲基苯甲酸
cumyloxy radical 枯氧游离基
cupaloy 库帕洛依可锻铜铬银合金
cup and ball viscosimeter 杯球黏度计(带杯球的黏度计)
cupel 烤钵;灰皿
cupellation process 烤钵冶金法
cupferron 铜铁灵;铜铁试剂;*N*-亚硝基-*β*-苯胲铵
cup flow figure 杯模流动指数
cup flow index 杯模流动指数
cup leather for air pump 气泵皮碗
cup leather for balance piston 平衡活塞皮碗
cupled switch 联动开关
cup lump 杯凝胶
cupola 化铁炉;圆顶(鼓风)炉
cupping 采脂
cupral 二乙氨基二硫代甲酸钠
cuprammonium fibre 铜铵纤维
cuprammonium process 铜铵法
cuprammonium sulfate 硫酸铜铵;硫酸四氨(合)铜
cuprammonium washing tower for removing CO 铜洗塔
cuprein 铜蛋白
cupreine 去[脱]甲奎宁;铜色金鸡纳碱;铜色树碱
cuprene 聚炔[$C_{11\sim15}H_{10}]_n$
cuprene fibre 铜铵纤维
cupric acetate 醋酸铜
cupric acetoarsenite 乙酰亚砷酸铜
cupric ammonium chloride 氯化铜铵;氯化铜合氯化铵
cupric anhydride 三氧化二铜
cupric bioxalate 草酸氢铜
cupric bitartrate 酒石酸氢铜
cupric carbonate basic 碱式碳酸铜
cupric chloride 氯化铜
cupric chromate basic 碱式铬酸铜
cupric citrate 柠檬酸铜
cupric cyanide 氰化铜
cupric diamminochloride 氯化二氨铜
cupric ferrocyanide 氰亚铁酸铜
cupric fluoborate 氟硼酸铜
cupric fluoride 氟化铜
cupric gluconate 葡糖酸铜
cupric glycinate 甘氨酸铜
cupric hydroxide 氢氧化铜
cupric nitrate 硝酸铜
cupric nitroprussiate 亚硝铁氰化铜;硝普

酸铜
cupric nitroprusside 硝普酸铜；亚硝铁氰化铜
cupric oxalate 草酸铜
cupric oxide 氧化铜
cupric oxychloride 氯化铜合氧化铜
cupric potassium chlorate 氯酸铜合氯酸钾；氯酸铜钾
cupric potassium chloride 氯化铜合氯化钾；氯化铜钾
cupric potassium cyanide 氰化铜合氰化钾；氰化铜钾
cupric potassium ferrocyanide 氰亚铁酸铜钾；亚铁氰化铜钾
cupric pyrophosphate 焦磷酸铜
cupric selenate 硒酸铜
cupric selenite 亚硒酸铜
cupric sodium chloride 氯化铜合氯化钠；氯化铜钠
cupric subacetate 碱式醋酸铜
cupric subcarbonate 碱式碳酸铜
cupric sulfate 硫酸铜
cupric tartrate 酒石酸铜
cupric tetramminochloride 氯化四氨(合)铜
cupric tetramminohydroxide 氢氧化四氨(合)铜
cupric tetramminosulfate 硫酸四氨(合)铜
cuprite 赤铜矿
cuprobam 福美铜氯(二甲二硫氨甲酸亚铜-氯化亚铜络合物)
cuprocupric cyanide 氰化正亚铜；铜氰酸亚铜
cupro fiber 铜铵纤维
cuprohemol 铜血粉
cuproine 亚铜试剂；2,2′-联喹啉
cuprol 核酸铜
cupron 试铜灵；安息香肟
cuprous acetate 醋酸亚铜
cuprous acetylide 乙炔化亚铜
cuprous amminobromide 溴化氨亚铜
cuprous bromide 溴化亚铜
cuprous carbonate 碳酸亚铜
cuprous chloride 氯化亚铜
cuprous cyanide 氰化亚铜
cuprous ethanolamine chloride solution 氯化亚铜乙醇胺溶液
cuprous iodide 碘化亚铜
cuprous naphthenate 环烷酸亚铜
cuprous nitride 氮化亚铜；一氮化三铜
cuprous oxide 氧化亚铜
cuprous potassium cyanide 氰化钾亚铜；氰化钾合氰化亚铜
cuprous thiocyanate 硫氰酸亚铜
cuproxoline 铜克索林
cup-type pycnometer 杯式比重瓶
cup viscometer 杯式黏度计
curameter 硫化计；硫化程度测定计
curamycin 居拉霉素
curare 箭毒；苦拉拉
curarine 箭毒碱
curb angle 边角钢
curcas oil 麻风(树)油；泻果油
curcin 麻风树毒蛋白
curculin 仙茅蛋白(甜味蛋白)
curcuma (longa) 姜黄
curcuma (test) paper 姜黄试纸
curcumin 姜黄素
curd (1)凝乳(2)凝乳状物，酪状物(3)(＝soap curd)皂粒
curdmeter 凝乳计
curd soap (1)酪状皂(2)皂粒
curdy precipitate 凝乳(状)沉淀
cure 硫化；固化
cure accelerator (硫化)促进剂；固化促进剂
cure activating agent 助促进剂
cure bag 蒸煮室；硫化室
cure condition 固化条件
cured natural rubber 天然(胶的)硫化胶
cured resin 凝固树脂；硬树脂
cured sugar 净制糖
cured tobacco 烤烟；熟烟(草)
cure in stage 分段硫化
cure in steps 逐步升温硫化
cure medium 硫化介质
cure pressure 固化压力
cure retarder 硫化迟延剂
cure shrinkage 固化收缩
cure system 固化体系
cure time 硫化时间
curia 二氧化锔
curide 锔系元素(96～103号元素)
curie 居里(放射性强度单位，等于3.7×10^{10}次衰变每秒)
Curie point 居里点；居里温度
Curie-point pyrolysis 居里点热裂解
Curie temperature 居里温度
Curie-Weiss law 居里-韦斯定律
curine 箭毒素
curing (1)熟化；固化；硬化；(橡胶)硫化

(2)腌制;熏制 (3)医治;处理
curing agent 熟化剂;固化剂;硬化剂;(橡胶)硫化剂
curing arm 熟化心轴
curing bag 熟化室
curing barn 熟化室
curing bladder 硫化隔膜;硫化胶囊
curing chamber 熟化室
curing compound (混凝土)养护剂
curing core 熟化心轴
curing curve 硫化曲线
curing degree 固化度;硫化度;熟化度
curing fixture 固化夹具
curing floor 熟化层
curing ingredient 硫化剂
curing kiln 熟化窑
curing of the mortar 砂浆养生
curing period 养护期
curite 铀铅矿
curium 锔 Cm
curium oxychloride 氯氧化锔
curium oxysulfate 硫酸氧锔
curlator 揉搓式磨浆机
curl electric field 有旋电场
curling die 卷边模
curling machine 卷边机
curling side 卷边
curling thickness 卷边厚度
curoid 锔系元素(96～103号元素)
curometer 硫化仪;硫化度测定剂
curometry 硫化度测定法
currency paper 钞票纸
current 电流
current asset 流动资产
current balance 电流天平
current carrier 载流子
current changer 换流器
current converter 换流器
current density 电流密度
4-current(density) 四维流(密度)
current distribution 电流分布
current domestic value 现行国内价格
current efficiency 电流效率
current element 电流元
current feedback 电流反馈
current generating reaction 成流反应
current intensity 电流强度
current maintenance 日常保养
currentmeter 流速计
current output 电流输出
current paper 近期论文
current production 流水作业
current ratio 流动比率
current rectifier 整流器
current regulations 现行规章
current regulator 节流器;电流调整器
current repair 日常修理;小修
current requirements 现行要求
current reversal 电流回扫
current reversal chronopotentiometry 电流回扫计时电位法
current scanning polarography 电流扫描极谱法
current screening phenomenon 电流遮蔽现象
current source 电源
current source density analysis 电流源密度分析
current standard 现行标准
current step 电流阶跃
current supply line 供电导线
current sweep 电流扫描
current yield 日产量;现时产量
curtain coater 帘幕涂饰机
curtain coating 落帘涂布
curtain coating machine 帘幕涂饰机
curtaining 垂落(涂后漆膜形成较大面积的下垂)
curtain wall cooling 水幕冷却;幕状层流冷却
curtain wall port 幕墙通口
Curtius conversion 库尔修斯转变(酰肼成酰叠氮的转变)
Curtius reaction 库尔修斯反应
curvature of field 像场弯曲;场曲
curved 弯曲表面
curved anvil 曲线砧座
curved baffle 曲面挡板
curved blade open turbine agitator 开启弯叶涡轮式搅拌器
curved blade turbine type agitator 曲面透平式搅拌器
curved surface 弯曲表面
curved turbine type agitator 弯叶涡轮式搅拌器
curved wall 弯曲壁
curve fitting 曲线拟合
curve of drying rate 干燥速率曲线
curvilinear coordinate 曲线坐标
curvilinear motion 曲线运动

curvilinear shear flow 曲线剪切流动
curvularin 弯孢霉菌素
cusco bark 库斯柯皮
cuscohygrine 红古豆碱
cusconidine 古柯尼定
cuscus oil 岩兰草油
cushion （软，弹性）垫
cushion breaker 缓冲层
cushion gas 气垫
cushion pin 托杆
cushion ply 垫层(橡胶)
cushion rubber 垫层橡胶；胶圈
cushion tyre 弹性轮胎
cuskohygrine 红古豆碱
cuspareine 枯杷刎
cusparine 枯杷碱；西花椒碱
cusped inclusion compound 尖形包合物
cuspidine 枪晶石
cuspidite 枪晶石
CUSP process 浓二氧化铀溶胶制备过程
custard 乳蛋糕
custom-built machine 非标准机床
customer 顾客
customer inspection 用户检查
customized production 加工定做
custom-made 按订货[用户]要求制造
custom(-made) moldings 特制模制品；订制配件
custom parts 特制模制品；订制配件
cutal 硼单宁酸铝
cutback 稀释；稀释产物；稀释的
cut-back asphalt 稀释沥青(溶于石油馏出物的沥青，软化剂)
cut-back bitumen 稀释沥青
cut damper 节流挡板
cut edge 切割边缘
cut film 散页胶片
cut fraction 馏分
cut groove type fitting 切削槽式管件
cuticle softener 软化角皮剂
cuticulin 壳脂蛋白
cutin 角质(素)
cut off die 切断模
cut-off frequency 截止频率
cut-off mould 溢出式塑模；溢出式压模
cut off value 截断值
cut-off valve 截止阀；逆止阀
cut-off wall 堰板
cut-off wavelength 截止波长
cut out valve 截止阀
cut resistance 耐割伤性
cut (rubber) thread 切割橡胶线
cuts （复数）馏分
cutter 刀具；切刀；剪切机；切胶机
cutter opening 切割(取样)器
cutting (1)切屑(2)切削
cutting compound 切削液；乳化切削油
cutting emulsion 切削液；乳化切削油(切削工具的润滑和冷却用)
cutting fluid (＝cutting emulsion) 切削液；乳化切削油
cutting oil 切削油
cutting operation 剪切工序
cutting oxygen 切割氧
cutting paste 切削油膏
cutting plates 板材切割
cutting plier 剪钳
cuttings (1)切屑(2)碎胶
cutting speed 切割速度
cutting tool 裁切工具；刀具
cutting torch 割炬
cuvette 比色杯；吸收池
CV(cyclic voltammetry) 循环伏安法
CVD(chemical vapour deposition) 化学气相沉积
CV-rubber 恒黏橡胶
CW laser 连续波激光器
cyacetacide 氰乙酰肼
cyamelide 氰白；三聚异氰酸
cyameluric acid 氰白尿酸
cyameluric chloride 氰白尿酰氯
cyamemazine 氰美马嗪
cyan alcohol (＝cyanohydrin) 氰醇
cyanaldehyde 氰基乙醛
Cyanamid 氰氨基钙；石灰氮；碳氮化钙(肥料)
cyanamide (1)氨基氰 NH_2CN(2)氨腈(类，即 RNHCN)
cyanamide nitrogen 氰氨式氮
cyananilide 苯(基)氨腈
cyanate 氰酸盐(或酯)
cyanate resin 三嗪A树脂
cyanato- 氰酰；氰氧基
cyanaurite 氰亚金化物
cyanazine 氰乙酰肼
cyan chloride 氯化氰
cyancoumarin 氰基香豆素
cyan coupler 青成色剂
cyanein 蓝菌素
cyanethine 2,6-二乙基-5-甲基-4-氨基嘧

啶;(俗称)氰乙碱
cyanetholin 氰酸乙酯
Cyanex process 萨亚乃克斯过程(偕醇腈化学交换法分离碳同位素)
cyanh(a)emoglobin 氰血红蛋白
cyanhematin 氰合血红素
cyanic acid 氰酸
cyanidation 氰化(法)
cyanide 氰化物
cyanide-free electroplating 无氰电镀
cyanide fusant 氰熔体
cyanide gold-refining 氰化物炼金法
cyanide melt 氰熔体
cyanide process 氰化法
cyanidin(e) 花(青)色素
cyanidin(e) chloride 氯化花青素;氯化矢车菊素;氯化氰定
cyaniding steel 氰化钢
cyanilide 苯氨腈
cyanine 菁蓝
Cyanine Blue 菁蓝
cyanine dyes 菁染料
cyanite 蓝晶石
cyanmethine 2,6-二甲基-4-氨基嘧啶;(俗称)氰甲碱
cyanoacetaldehyde 氰基乙醛
cyanoacetamide 氰(基)乙酰胺
cyanoacetanilide 氰(基)乙酰苯胺
cyanoacetic acid 氰乙酸;氰基醋酸
cyanoacetophenone 乙酰氰基苯
cyanoacetylene 丙炔腈
***α*-cyanoacrylate** *α*-氰基丙烯酸酯
***α*-cyanoacrylate adhesive** *α*-氰基丙烯酸酯胶黏剂
***β*-cyanoalanine** *β*-氰丙氨酸
cyan(o) aniline(=cyananilide) 氰苯胺
cyanobacteria 蓝细菌
cyanobenzene 苯甲腈
cyanobenzoic acid 氰基苯甲酸
cyanobenzyl 氰苄基
cyanobenzylchloride 氰苄基氯
cyanobutadiene 氰基丁二烯
cyano butyric acid 氰基丁酸
cyan(o)carbonic acid 氰(代)甲酸
cyanocobalamin 维生素 B_{12};氰钴胺
cyanoethane 氰基乙烷
cyanoethanol 氰乙醇
cyanoethylation 氰乙基化
cyanoethyl cellulose 氰乙基纤维素
cyano-ethylene 丙烯腈
cyanofenphos 苯腈磷
cyanoform 氰仿;三氰(基)代甲烷
cyan(o)formate 氰基甲酸酯
cyan(o)formic acid 氰基甲酸
cyanogas 氰钙粉(氰化钙粉末)
cyanogen (=dicyanogen) 氰
cyanogenation 氰化作用
cyanogen azide 叠氮化氰
cyan(ogen) bromide 溴化氰
cyan(ogen) chloride 氯化氰
cyanogen(et)ic 生氰的
cyanogen(et)ic glucoside 生氰配糖体
cyan(ogen) iodide 碘化氰
cyanogen sulfide 硫化氰
cyanoguanidine 双氰胺;二氰二胺;氰胍
cyan(o)hydrin 羟氰;氰醇
cyan(o) hydrin synthesis 羟氰[氰醇]合成法
cyanomaclurin 木波罗单宁
cyanomethane 氰基甲烷
cyanomethylation 氰甲基化
cyanometric titration 氰量法
cyanomycin 蓝霉素
cyanophos 杀螟腈
cyanophycin 藻青素
cyanophycine 蓝细菌肽
cyanophyll 叶青素
cyanopropylene oxide 氰基环氧丙烷
cyano-silicone rubber 氰基硅橡胶
cyanotype 晒蓝法
cyanouracil 氰基尿嘧啶
cyanovalerate 氰戊酸盐(或酯)
cyanovaleric acid 氰戊酸
Cyanox 杀螟腈
cyanoximide (某)氰肟
cyanoximido-acetic acid 氰肟乙酸
cyanphenine 2,4,6-三苯基-1,3,5-三嗪;2,4,6-三苯基均三嗪
cyanpyrrole 氰(代)吡咯
cyanuramide 氰尿酰胺;三聚氰(酰)胺
cyanurate 氰尿酸盐(或酯)
cyanuric acid 氰尿酸;三聚氰酸;三羟均三嗪
cyanuric chloride 氰尿酰氯;三聚氰酰氯;三聚氯化氰
cyanuric ester 2,4,6-三羟基-1,3,5-三嗪酯;2,4,6-三羟基均三嗪酯
cyanuric trichloride 三聚氰(酰)氯
cyanuro 均三嗪基;1,3,5-三嗪基
cyanurodiamide 氰尿二酰胺

cyanurotriamide 三聚氰(酰)胺
cyanuryl chloride 氰尿酰氯;三聚氰(酰)氯;三聚氯化氰
cyathin 蛋巢菌素
cybernetic machine 控制论机器
cybernetics 控制论
cybotactates 群聚体
cybotactic groups 群聚体
cybotaxis 群聚;非晶体分子立方排列
cycasin 苏铁苷
cyclacidin 环杀菌素
cyclacillin 环青霉素
cyclamal 兔耳草醛
cyclamen aldehyde 兔耳草醛
cyclamic acid (= cyclohexane sulfamic acid) 环己(烷)氨(基)磺酸;环拉酸
cyclamidomycin 环氨霉素
cyclamin(=arthranitin) 仙客来苷
cyclamycin 环霉素
cyclandelate 环扁桃酯;安脉生
cyclanes 环烷烃
cyclanone 环烷酮
cyclarbamate 环拉氨酯;环戊芬
cyclazocine 环佐辛
cycleanine 轮环藤宁
cyclenes 环烯
cycle oil 循环油;回炼油
cycle stock 循环油;回炼油
cyclethrin 环虫菊;环戊烯菊酯
cycle tyre 力车空心轮胎
cyclexanone 环沙酮
cyclexedrine 环己异丙甲胺
cyclic acetal 环状缩醛
cyclic AC voltammetry 循环交流伏安法
cyclic adenosine monophosphate (cAMP) 环腺苷酸
3′,5′-cyclic adenylic acid(cAMP) 3′,5′-环(化)腺苷酸
cyclic adsorption refining 循环吸附精制
cyclic AMP(cAMP) 环腺苷
cyclic anodic polarization curve 环状阳极极化曲线
cyclic automatic 自动循环式
cyclic bond 环(内)键
cyclic chronopotentiometry 循环计时电位[势]法
cyclic compressor 循环压缩机
cyclic coordinate 循环坐标
cyclic diester(= lactide) 环(状)二酯;交酯
cyclic DNA 环(状)DNA
cyclic drying 循环干燥
cyclic ester 环酯
cyclic GMP 环磷鸟苷
cyclic guanosine monophosphate 环鸟苷酸
cyclic hydrocarbon 环烃
cyclic ketone 环酮
cyclic link(age) 环(内)键
cyclic load-elution test 循环吸附-解吸试验
cyclic monomer 环状单体
cyclic olefinic bond 环内双键
cyclic peptide 环肽
cyclic photophosphorylation 循环光合磷酸化(作用)
cyclic powerformer 周期再生式强化重整装置
cyclic process 循环过程
cyclic quaternary compound 环状四级取代化合物
cyclic terminal nucleotide 环状末端核苷酸
cyclic voltammetry(CV) 循环伏安法
cycling load 周期性变负荷;循环负荷
cyclitol 环多醇
cyclization 环化
cyclized polybutadiene 环化聚丁二烯
cyclized resist 环化光刻胶
cyclized rubber 环化橡胶
cyclizine 赛克利嗪;苯甲嗪
cycloaddition 环加成
1,1-cycloaddition (卡宾及氮宾的)1,1-环加成反应
cycloalkane 环烷
cycloalkanol 环烷醇
cycloalkanone 环烷酮
cycloalkene 环烯
cycloamylene 环戊烯
cycloaromatization 成环芳构化
cyclobarbital 环己巴比妥
cyclobendazole 环苯达唑
cyclobenzaprine 环苯扎林
cyclobutadibenzene 联二亚苯
cyclobutadiene 环丁二烯
cyclobutane 环丁烷
cyclobutanol 环丁醇
cyclobutanone 环丁酮
cyclobutene 环丁烯
cyclobutylene 环丁烯
1-cyclobutyl-1-ethynylethanol 1-环丁基-1-

乙炔基乙醇
cyclobutylsulfone 环丁砜
cyclobutyrol 环丁酸醇
cyclobuxine 环黄杨碱
cyclocompound 环状化合物
cyclocondensation 环化缩合(作用)
cyclocopolymer 环状共聚物;成环共聚物
cyclocoumarol 环香豆素
cyclocytidine 环胞苷
cyclodecadiene 环癸二烯
cyclodecanone 环癸酮
cyclodecene 环癸烯
cyclodehydration 环化脱水(作用);脱水成环(作用)
cyclodehydrogenation 环化脱氢
cyclodextrin 环糊精
cyclodimerization 环二聚
cyclododecalactam 环十二烷内酰胺
cyclododecane 环十二烷
cyclododecanol 环十二(烷)醇
cyclododecanone 环十二(烷)酮
cyclododecatriene 环十二碳三烯
cyclodrine 环戊君
cyclofenil 环芬尼
cycloguanil 环氯胍;新百乐君
cycloheptane 环庚烷
cycloheptanone 环庚酮
cycloheptatriene 环庚三烯
cycloheptatrienetricarbonylchromium 三羰基·环庚三烯合铬
cycloheptene 环庚烯
cyclohexadiene 环己二烯
cyclohexane 环己烷
cyclohexanecarboxylic acid 环己烷羧酸
cyclohexanediaminetetraacetic acid 环己二胺四乙酸
cyclohexane hydroperoxide 氢过氧化环己烷;环己基过氧氢
cyclohexanol 环己醇
cyclohexanone 环己酮
cyclohexanone resin 环己酮树脂
cyclohexanoxime 环己酮肟
cyclohexene 环己烯
cycloheximide 放线菌酮
cyclohexylamine 环己胺
***N*-cyclohexyl-2-benzothiazole sulfenamide** *N*-环己基-2-苯并噻唑二次磺酰胺;硫化促进剂 CZ
cyclohexyl bromide 环己基溴
cyclohexylcarbinol 环己基甲醇
cyclohexyl ethyl alcohol 环己基乙醇
cycloidal blower 摆旋鼓风机
cycloidal mass spectrometer 摆线质谱仪
cycloidal pump 摆线泵
cycloid disc 摆线轮
cycloleucine 环亮氨酸
cyclomethycaine 环美卡因
cyclomonoolefin 环单烯烃
cyclone 旋风(分离,除尘)器
cyclone air cleaner 旋风式空气滤清器
cyclone centrifugal separator 旋流离心分离器
cyclone collector 旋风除尘器;旋风集尘器
cyclone dust collector 旋流式除尘器
cyclone dust separator 旋风除尘器
cyclone filter 旋风过滤器
cyclone hydraulic separator 旋液分离器
cyclone scrubber 旋风洗涤器
cyclone separator 旋风分离器;旋流分离器
cyclone slag-tap hole 旋风器出渣孔
cyclone spray scrubber 中心喷雾旋风洗涤器;旋风涤气器
cyclone stripper vessel 旋风汽提器
cyclone tube 旋风分离管
cyclonic gas scrubber 旋流式除尘器
cyclonic separator 旋风分离器
cyclonic separator unit 旋风分离机组
cyclonite 黑索今;旋风炸药;三硝基六氢均三嗪
cyclonium iodide 碘化环宁
cyclononatriene 环壬三烯
cyclooctadiene 环辛二烯
cyclooctane 环辛烷
cyclooctatetraene 环辛四烯
cyclooctatriene 环辛三烯
cyclooctene 环辛烯
cyclooctyne 环辛炔
cycloolefine(s) 环烯烃
cyclooligomer 环低聚物
cyclopaldic acid 圆弧菌醛酸
cyclophane 环芬
cycloparaffin(s) 环烷烃
cyclopenin 圆弧(青霉)菌素
cyclopenol 圆弧菌醇
1,3-cyclopentadiene 1,3-环戊二烯
cyclopentadiene resin 环戊二烯树脂
cyclopentadienyl 环戊二烯阴离子
cyclopentadienylcobalt 环戊二烯基·环戊二烯合钴;二茂钴

cyclopentadienylcoppertriethylphosphine 环戊二烯基·三乙基膦合铜
cyclopentadienylcycloheptatrienylva- nadium 环戊二烯基·环庚三烯基钒
cyclopentadienylidene 亚环戊二烯阴离子
cyclopentadienylnitrosylnickel 环戊二烯基·亚硝酰基镍
cyclopentadienyl sodium 环戊二烯合钠
cyclopentadienyltitanium trichloride 三氯化环戊二烯基钛
cyclopentadienylzirconium trichloride 三氯化环戊二烯基锆
cyclopentamine 环喷他明;环戊丙甲胺
cyclopentane 环戊烷
cyclopentane tetracarboxylic acid dianhydride 环戊烷四甲酸二酐
cyclopentanol 环戊醇
cyclopentanone 环戊酮
cyclopentene 环戊烯
1,2-cyclopentenophenanthrene 1,2-环戊烯并菲
cyclopentenyl 环戊烯基
cyclopentenylidene 亚环戊烯基
cyclopenthiazide 环戊噻嗪
cyclopentobarbital 环戊巴比妥
cyclopentolate 环喷托酯;环戊醇胺酯
cyclopentyl 环戊基
cyclopentylene (1,2-或1,3-)亚环戊基
1,2-cyclopentylenedinitrilotetraacetic acid (CPDTA) 1,2-亚环戊基二次氨基四乙酸
cyclopentylidene 亚环戊基
cyclophilin 亲环蛋白
cyclophosphamide 环磷酰胺
cyclopia fluorescin 豆茶荧光色素
cyclopia red 豆茶红
cyclopin 豆茶苷
cyclopolymerization 环化聚合
cyclopolyolefin 环(状)聚烯烃
cyclopregnol 环孕醇
cyclopropane 环丙烷
cyclopropane-1,1-dicarboxylic acid 环丙烷-1,1-二甲酸
cyclopropene 环丙烯
cyclopropylene 环丙烯
cyclopropyl methyl ether 环丙基·甲醚
cycloprothrin 乙腈菊酯
cyclopterin 团子鱼精蛋白
cyclopyrazate 环戊烯苯乙酸吡咯烷乙酯
cyclo reducer 行星针轮减速机
cycloreversion reaction 裂环反应
cyclorphan 环啡烷;环丙甲吗喃醇
cyclorubber 环化橡胶
cycloserine 环丝氨酸;东霉素
cyclosiloxane 环硅氧烷
cyclosporin 环孢菌素
cyclosubstituted 环取代的
cyclotetramethylenetetranitramine 环四亚甲基四硝胺;奥克托今
cyclothiamin(e) 赛可硫胺;环硫胺
cyclothiazide 环噻嗪
cyclothymidine 环胸腺定
cyclotol 赛克洛托尔(美国产B炸药)
cyclotransferase 环化转移酶
cyclotrimethylenetrinitramine 环三亚甲基三硝胺;黑索今
cyclotriolefin 环三烯
cyclotron 回旋加速器
cyclovalone 环香草酮
cyclural 环己烯基巴比妥
cycrimine 赛克立明;环戊哌丙醇
cydonic acid 木瓜酸;十七(烷)酸
cydonin 榅桲胶糖
CyDTA 环己二胺四乙酸
cyfluthrin 氟氯氰菊酯;百树菊酯
cyhalothrin (*RS*)-氯氟氰菊酯
cyheptamide 环庚米特
cyhexatin 三环锡;羟基三环乙锡
cylinder (1)汽缸;气缸(2)(贮气)钢瓶;钢筒(3)量筒
cylinder arrangement 气缸布置
cylinder assembling bolt 气缸装配螺栓
cylinder block (汽)缸座[柱]
cylinder body (汽)缸体
cylinder bottom 汽缸座
cylinder bush(ing) 汽缸衬筒
cylinder clearance 汽缸余隙
cylinder compression tester 汽缸压缩试验器
cylinder (cooling) fin 汽缸散热片
cylinder dryer 筒式干燥器;纸机烘缸;圆筒干燥器
cylinder feeder 圆筒加料器
cylinder frame 汽缸座
cylinder head end 气缸盖侧
cylinder jacket 汽缸罩
cylinder lapping machine 汽缸研磨机
cylinder lathe 汽缸车床
cylinder liner 汽缸衬垫;汽缸衬筒
cylinder lock 圆筒销子锁

cylinder machine 圆筒造纸机;圆网造纸机
cylinder oil 汽缸油
cylinder plug 锁芯;锁栓;汽缸塞
cylinder roaster 筒式煅烧炉
cylinder seat 汽缸座
cylinder still 直立圆筒式蒸馏釜
cylinder stroke 汽缸冲程
cylinder type dryer 圆筒(式)干燥器
cylinder vacuum dryer 圆筒真空干燥器
cylinder with shrunk liner 带热压缸套的气缸
cylinder yankee machine 圆网单缸造纸机
cylindrical coupling 筒形联轴节
cylindrical drier[dryer] 滚[圆]筒式干燥机
cylindrical furnace 圆筒炉
cylindrical gear reducer 圆柱齿轮减速机
cylindrical glass condenser 圆筒形玻璃冷凝器
cylindrical lens 柱面透镜
cylindrical metal shell 圆筒状金属壳
cylindrical micelle 柱型胶束
cylindrical mill 柱式磨
cylindrical mirror 柱面镜
cylindrical roaster 柱式煅烧炉
cylindrical shell 柱状壳体
cylindrical skirt support 圆筒形裙座
cylindrical steam reformer 圆筒形蒸汽转化炉
cylindrical tubular furnace 圆筒(管式)炉
cylindrical vacuum dryer 圆形减压干燥橱
cylindrical vessel 圆筒形容器
cylindrical vibration plate 圆筒形振动板
cylindrical wave 柱面波
cylindrocarpin 柱盘孢菌素
cylindrochlorin 氯柱枝菌素
cylindrocladin 柱枝孢菌素
cymag 氰化钠
cymaric acid 磁麻酸
cymarigenin 磁麻配基
cymarin 磁麻苷
cymarose 磁麻糖;加拿大麻糖
***o*-cymene** 邻伞花烃;邻异丙基苯甲烷
***p*-cymene** 对伞花烃;对异丙基苯甲烷
cym(en)yl 伞花基
cymiazole 赛米唑(杀螨剂)
cymic acid 甲基·异丙基苯甲酸
cymidine 伞花碱;氨基伞花烃
cymoxanil 霜脲氰
cynamid-3911 甲拌磷
cynanchogenin 牛皮消配基
cynarin 西那林;朝鲜蓟酸
cynarine 西那林;朝鲜蓟酸(利胆药)
cynnematin 头孢菌素
cynoctonine 北乌头碱
cynodontin 长蠕孢犬牙素;四羟基甲基蒽醌
cynoglossine 倒提壶碱
cynoglossophine 倒提壶碱
cynotoxin 磁麻毒
cynurenic acid 犬尿酸
cynurine 犬尿碱
cyoctol 塞奥罗奈(=cioteronel)
cyopin 脓蓝素
cypermethrin 氯氰菊酯;腈二氯苯醚菊酯
cyperus oil 莎草油
cyphenothrin 苯醚氰菊酯
cypral 丝柏油醛
cyprenin 鲤精蛋白乙
cyprenorphine 环丙诺啡
cypress camphor 柏木醇
cypressene 丝柏油烯
cypress oil 丝柏油
Cyprian vitriol 塞浦路斯矾(硫酸铜与硫酸锌复盐)
cyprinine 鲤精蛋白甲
cyprite 辉铜矿
cyproconazole 环唑醇
cyprodinil 环丙嘧啶
cyproheptadine 赛庚啶;二苯环庚啶
cyprolidol 环丙利多
cyproquinate 环丙喹酯
cyproterone 环丙孕酮
cyromazine 环丙三氨三嗪
cyrtolite 曲晶石
cyrtomine 贯众明
cyrtominetin 贯众亭
cyrtopterinetin 冷蕨亭
Cys 半胱氨酸
cystamine 胱胺
cystathionine 胱硫醚;丙氨酸丁氨酸硫醚
cysteamine 半胱胺;巯乙胺
cysteic acid 磺基丙氨酸
cysteine 半胱氨酸
cysteine sulfenate 半胱次磺酸
cysteine sulfenic acid 半胱次磺酸
cysteine sulfinate 半胱亚磺酸
cysteine sulfinic acid 半胱亚磺酸
cysteinylglycine sodium iodide 半胱氨酰甘氨酸合碘化钠

DL-cysteinyl monohydrochloride 盐酸 DL-半胱氨酸
cystine 胱氨酸
cystine *S*-dioxide *S*-二氧化胱氨酸
cystinol 胱氨醇
cystopurin 胱尿盐;六亚甲基四胺合乙酸钠
Cyt 胞嘧啶
cytarabine 阿糖胞苷
cytarabine hydrochloride 阿糖胞苷盐酸盐
cytex 海藻素
cythioate 赛灭磷
cytidine（C;Cyd） 胞苷;胞嘧啶核苷
cytidine diphosphate（CDP） 胞苷二磷酸
cytidine diphosphate ethanolamine 胞苷二磷酸乙醇胺;CDP 乙醇胺
cytidine diphosphocholine 胞苷二磷酸胆碱;CDP 胆碱
cytidine monophosphate（CMP） 胞苷一磷酸;胞苷酸
cytidine triphosphate（CTP） 胞苷三磷酸
cytidylate 胞(嘧啶核)苷酸
cytidylic acid（CMP） 胞(嘧啶核)苷酸;胞苷(一磷)酸;一磷酸胞苷
cytisine 金雀花碱;野靛碱
cytochalasin 细胞松弛素
cytochemistry 细胞化学
cytochrome 细胞色素
cytochrome C 细胞色素 C
cytochrome C oxidase 细胞色素 C 氧化酶
cytochrome P_{450} 细胞色素 P_{450}
cytoglobin 细胞球蛋白
cytohemin 细胞血晶素;细胞氯化血黑质
cytokine 细胞因子
cytolipin H 细胞糖苷酯 H
cytolysin 溶细胞素;穿孔素
cytolysis 细胞溶解
cytomagnetometry 细胞磁测量术
cytomin 细胞分裂素
cytomycin 胞霉素
cytoplasm 细胞质
cytoplasmic calcium 胞质钙
cytoplasmic membrane 细胞质膜
cytoplasts 胞质体
cytorheology 细胞流变学
cytoribosome 胞质核糖体
cytosine arabinoside 阿糖胞苷
cytosine(Cyt) 胞嘧啶
cytosine deoxyriboside（dC; dCyd） 脱氧胞苷
cytosine riboside 胞苷
cytosolic enzyme 胞液酶
cytotetrin 胞四菌素
cytotoxin 细胞毒素
cytoxan 环磷酰胺
cytozyme 凝血(激)酶
Czapek's medium 蔡贝克氏培养基;蔡氏培养基
Czochralski method (晶体生长)提拉法;佐克拉斯基法

D

2,4-D 2,4-滴;二四滴
dA 脱氧腺苷
dab oil 比目鱼油
dacarbazine 达卡巴嗪
Dacron 涤纶;的确良(商品名)
dacryagogue 催泪剂
dacryolin 泪蛋白;泪白蛋白
D-action (derivation regulating action)微分调节作用
dactinomycin 放线菌素D;更生霉素
dactylarin 指孢霉素
dactylin 鸭茅灵;草花粉苷
DAF(decay accelerating factor) 促衰变因子
DAFC (direct alcohol fuel cell)直接醇燃料电池
dag 石墨粉;石墨灰;胶态石墨;喷洒;悬端
dahlia paper 大丽花试纸
dahllite 碳磷灰石;碳酸磷灰石;磷碳酸钙
daidzein 黄豆配基;黄豆苷元;7,4′-二羟基异黄酮;大豆黄酮
daidzin 黄豆苷(即异黄酮苷 isoflavone glucoside)
Daiflon 聚三氟氯乙烯(商名)
daily capacity 每日产量
daily crude capacity 每日加工原料能力
daily flow 日流量
daily inspection 例行测试;日常检查[检验]
daily output 日产量
daily process management 日常工艺管理
daily production 日产量
daily-use chemicals 日化产品
DAIP[poly(diallyl isophthalate)] 聚间苯二甲酸二烯丙酯
dairy 乳品
dairy product 乳制品
dairy salt 食盐
Dakin hydroxylation reaction 戴金羟基化反应
Dakin's solution 戴金溶液(次氯酸盐与过硼酸钠的混合物)
dalacin(=streptovaricin) 曲张链菌素
dalapon 茅草枯;达拉朋
dalbergin 黄檀素
d'Alembert equation 达朗贝尔方程
d'Alembert inertial force 达朗贝尔惯性力
d'Alembert principle 达朗贝尔原理
D-alloisomer D-别位异构体
dalton 道尔顿(质量单位,等于一氧原子的1/16)
Daltonian compound 道尔顿式化合物;定比化合物
daltonide 道尔顿体;定比化合物
Dalton's law(of partial pressure) 道尔顿定律;气体分压定律
daltroban 达曲班
damage ratio 损伤率
damage survey 损坏调查
damage zone 损伤区
damar 达玛树脂
damascenine 大马(士革)宁;黑种草碱
damascenone 大马酮
dam baffle 堰形折流板;堰板
dam-board 挡板
dambonite 橡胶素;二甲基肌醇
dambose 不旋肌醇;橡胶糖
dame's violet oil 夜堇油
daminozide 丁酰肼;*N*-二甲氨基琥珀酰胺酸
Damkohler number 达姆科勒数
damourite 水白云母;水细鳞白云母;变白云母;水白云石;水合白云母
dAMP 脱氧腺苷酸
damped balance 阻尼天平
damped response 阻尼响应
damped vibration 阻尼振动
dampening 回潮
damper (1)调节风门;风门(2)减震器
damper rubber 高阻尼橡胶
damping 阻尼
damping alloys 减振合金
damping assembly 阻尼系统
damping fluid 缓冲液;减震液
damping force 阻尼力
damping machine 调湿机
damping material 隔音材料;吸音材料
damping oil 刹车油
damping peak 阻尼峰
damping polymer 阻尼聚合物
damposcope 爆炸瓦斯指示器

damp-proof coating 防潮层
damp(-proof) course 防潮层
damp proofing 防湿[潮]
damp proof paint 防潮漆
danaite 钴毒砂
danalite 铍石榴子石
danazol 达那唑;炔羟雄烯唑
danburite 赛黄晶
dance roll(er) 摆动罗拉;松紧调节辊;张力调节辊;调布辊
dandelion 蒲公英
dandruff control shampoo 去头屑香波
dandruff remover 头屑去除剂
dandy 水印辊
danger classes 危险等级
dangerous inhibitor 危险性缓蚀剂
dangerous oils 易燃石油产品(闪点低于23℃)
dangerous section 危险截面
danger sign 危险标志
dangling bonds 悬空键
Daniel cell 丹聂耳电池
Danish agar(=furcellaran) 丹麦琼脂;红藻胶
dannemorite 锰铁闪石
danofloxacin 达氟沙星
danomycin 达诺霉素
dansyl chloride 丹磺酰氯;1-二甲氨基萘-5-磺酰氯
danthron 丹蒽醌;1,8-二羟基蒽醌
dantrolene 丹曲林;硝苯呋海因
danubomycin 多瑙霉素
DAP (1)(diallyl phthalate resin) 邻苯二甲酸二烯丙酯树脂(2)(diaminopimelic acid) 二氨基庚二酸
Dapex process(=dialkylphosphate extraction) 达佩克斯过程(可从铀矿石酸浸液提铀或萃取超钚元素)
daphnandrine 瑞香楠君
daphnarcine 瑞香水仙碱
daphne oil 瑞香油
daphnetin 祖司麻甲素;(白)瑞香素;瑞香内酯;7,8-二羟香豆素
daphnin 瑞香苷
daphniphylline 虎皮楠碱
daphnite 铁绿泥石
daphnoline 瑞香醇灵
dapiprazole 达哌唑
dapsone 氨苯砜
Daqü jiu 大曲酒
daraprim 乙胺嘧啶
darapskite 钠硝矾
Darex process 达雷克斯过程(核燃料后处理首端过程的一种,用王水溶解不锈钢燃料元件外壳)
dark atom 暗原子;无放射性原子
dark band 暗带
dark current 暗电流
dark field 暗场;暗视野
dark-field microscope 暗场显微镜;暗视野显微镜
darkflex 吸收敷层
dark formulation 深色(橡)胶配方
dark fringe 暗条纹
dark matter 暗物质
dark reaction 暗反应
dark-red silver ore 硫锑银矿
dark room 暗室
dark substitute 黑油膏
Darling sodium process 达林炼钠法
darlucin 锈寄生菌素
dart over 飞弧;跳火花;火花击穿
Darvan 达凡
Darwin-Fowler method 达尔文-福勒方法
Darzens condensation 达曾斯缩合
Darzens dichloroacetate synthesis 达曾斯二氯乙酸酯合成
dash(and) dot line 点划线
dash board 表板;控制板;仪表盘
dashpot assembly 阻尼器
dash thermometer 缓冲温度计
dasycarpine 厚果红豆树碱
dasymeter 炉热消耗计
data 数据
data acquisition 数据采集
data audio tape 数字录音磁带
data bank 数据(总)库
database 碱基库
data base 数据库
data base management system 数据库管理系统
data cell device 磁带鼓
data drawing list 资料图纸清单
data encryption 数据加密
data fitting 数据拟合
data handling 数据处理
data logger 数据记录装置
data processing 数据处理
data processor 数据处理器
data reconciliation 数据调谐

data recording performance 数据记录特性
data report （试验）数据报告；资料报告
data retrieval 数据检索
data screening 数据筛选
data sheet 一览表；记录表；数据表
data smoothing 数据光滑（化）
data video tape 数字录像磁带
date kernel oil 枣椰油
datemycin 时代霉素
date of delivery 交货（日）期
date of installation required 要求安装日期
date of issue 发证日期
datiscetin 达提斯卡黄酮；四数木素；剃刀草素；橡精
dative bond 配价键
datolite 硅钙硼石；硅硼钙石
datril 对乙酰氨基酚
DAT tape DAT磁带
datugen 曼陀罗精
datum plane 假设零位面
datum temperature 基准温度
daturic acid 十七（烷）酸
daub （1）胶泥（2）（皮革）底色
daub coat 漆革第一层涂料；底色
daubing 涂料；胶泥；涂抹；补炉；修补炉衬
daubreeite 铋土
daubreelite 陨硫铬铁
daucine 胡萝卜碱
daucol 胡萝卜（子油）醇
daughter ion 子离子
daughter(nuclide) 子体核素
daunomycin 道诺霉素；柔毛霉素；柔红霉素；正定霉素
daunorubicin 柔红霉素；道诺红菌素；正定霉素；道诺霉素
dauricine 蝙蝠葛碱；山豆根碱
daviesite 柱氯铅矿
davit 吊柱
Davy's lamp 戴维（安全）灯
Dawson gas 道森煤气；半水煤气
daylight press 平板硫化机
daylight stability 光照稳定性
day load 日间负荷
day shift 日班
days of operation 运转天数
day-to-day test 日常试验；每天的试验；日检
dazomet 棉隆；二甲噻嗪
2,4-DB 2,4-滴丁酸
DB 数据库
dB 分贝
DBBP lanthanide-actinide process 丁基膦酸二丁酯萃取分离镧系-锕系元素过程
DBD 二溴卫矛醇
DBHBT 巯基乙酸3,5-二叔丁基-4-羟苄基酯
d-block element d区元素
DBMC 二异丁基甲酚
DBMS 数据库管理系统
DBP adsorption （炭黑）吸油值
2,4-D butyl ester 2,4-D丁酯
dC 脱氧胞苷
dc[DC] 直流（电）
DC arc welding 直流电弧焊
d-character factor d特性因子
dCMP 脱氧胞苷酸
DC naphtha 干洗溶剂汽油
DCPA （1）（＝dichloropropionylanilide）敌稗（2）（＝chlorthal dimethyl）敌草索；四氯对苯二甲酸二甲酯
DCPM 杀螨醚
DC polarography 直流极谱法
DC resin（＝silicone resin） 硅氧烷树脂
DCT （双）氢氯噻嗪
DC welder 直流电焊机
dd(direct drive) 直接传动
DDD 二羟二萘基二硫醚
D-D mixture 滴滴混合剂
DDPA process 十二烷基磷酸萃取过程（从铀矿石酸浸液中提铀，类似Dapex过程）
DDS 氨苯砜
DDT 滴滴涕
DDZ 电动单元组合仪表
de 非对映体过量
deaceto-chitin fiber 脱乙酰甲壳素纤维
11-deacetoxywortmannin 11-去乙酸基渥曼青霉素
deacetylated chitin 壳聚糖
deacetylated karay gum 脱乙酰基的刺梧桐树胶
deacetylation 脱乙酰作用
deacidification 脱酸作用
deacidification by alkali refining 碱炼脱酸
Deacon process 迪肯制氯法
Deacon's furnace 迪肯炉
deactivating agent 减活化剂
deactivating group 钝化基团
deactivation 钝化（作用）；失活；灭活；减

活性;脱去水中氧;灭能
deactivation of catalyst 催化剂减活作用
deactivation of molecule 分子减活作用
deactivator 减活化剂
deacylase 脱酰(基)酶
deacylation 脱酰作用
dead air 闭塞空气;不流通空气
dead air pocket 滞留空气;存气
dead annealing (完)全退火
dead band 死谱带
dead burn 煅烧
dead burning 僵烧;死烧
dead catalyst 废催化剂
dead coal 不成焦煤
deaded microfiltration 死端微滤
dead-end 闭塞端
dead-end batch reactor 死端式间歇反应器
dead-end convertor 死端式转化器(一种加氢设备)
dead-end polymerization 死端聚合
deadening felt 隔音毡
deadenylylating enzyme 脱腺苷酰酶
dead head 冒口
dead hearth generator 死膛发生炉
dead line 安全界线
dead load 恒载;静重;静载荷;结构自重
deadly compound 致命化合物
deadly nightshade root 颠茄根
dead-melted steel 全脱氧钢
dead mild steel 极软(碳)钢
dead milling 塑炼过度
dead oil (1)密度大于水的煤焦油重馏分(2)静止原油(其中无溶解的天然气)
dead plate 固定板
dead polymer 死聚合物
dead roasting 死烧
dead rock 空岩(不含矿的岩石)
dead soft steel 极软(碳)钢(含 C 0.1%～0.15%)
dead space 死体积;死空间;(生理医学)死腔
dead state 死态
dead steam 废汽;乏汽
dead steel 全脱氧钢;全镇静钢
dead-stop end point 永停终点
dead-stop titration(＝biamperometric titration) 死停滴定;双安培滴定
dead time 死时间;停滞时间;失灵时间
dead volume (色谱柱的)死体积;空隙体积
dead weight 净重;静载荷;固定负载;自重;(总)载重量;重载
dead zone 死区;盲区
DEAE-cellulose(＝diethylaminoethyl cellulose) 二乙氨基乙基纤维素
deaerate 脱气
deaerated solution 脱气溶液
deaerating tank 脱气槽
deaeration 脱气
deaerator 除氧器;脱氧槽;脱气塔;真空脱气器
deaerization plant 除氧器
DEAE-Sephadex 二乙氨乙基交联葡聚糖(凝胶)
deaf ore 哑矿(含矿石很少的矿);含矿脉壁泥
deaggregate 解聚集
deaggregating effect 解聚集效应
dealcoholization 脱醇(作用)
dealkali 脱碱
dealkalization 脱碱作用
dealkylation 脱烷基化;去烃
dealkylation of toluene 甲苯脱烷基
deamidase 脱酰胺酶
deamidinase 脱脒基酶
deamidination 脱脒基作用
deamid(iz)ation 脱酰氨基(作用)
deaminase 脱氨基酶
deamination 脱氨基(作用)
deaminooxytocin 去氨催产素
deammoniation 去氨;脱氨
de-and-re-chrome 剥铬再镀铬
Dean and Stark method 迪安-斯达克水分测定法(测油中含水量)
deanol 地阿诺
dean vortice 溪谷湍流
deaquation(＝dehydration) 脱水的
dearomatization 脱芳构化(作用)
dearsenicator 脱砷塔
deasphalted oil(DAO) 脱沥青油
deasphalting 脱沥青
deasphaltizing (1)脱沥青(2)脱沥青的
death domain 死亡域
death phase 死亡期
debenture paper 证券纸
debenzoling 脱苯
debenzylation 脱苄基作用
debenzyloxycarbonylation 脱苄氧羰基作用
debiteuse 槽子砖
debituminization 脱沥青(作用)

deblocking 解封(闭)
deblooming (石油产品)去荧光
de Boer process 德保尔法(碘化物气相分解法)
debond 脱粘
debonding 剥离;脱胶
deboration 脱硼作用
debranching enzyme 脱支酶;支链淀粉 6-葡聚糖水解酶;极限糊精水解酶;支链淀粉酶
debris flow 泥石流
debrisoquine 异喹胍;胍喹定
de Broglie relation 德布罗意关系
de Broglie wave 德布罗意波
de Broglie wavelength 德布罗意波长
debromination 脱溴(作用)
debug 检错
debulk 压实
debulking 预吸胶
debutanized gasoline 脱丁烷汽油;无丁烷汽油
debutanizer 脱丁烷塔
debutanizing column[tower] 脱丁烷塔
debye 德拜(偶极矩单位,符号 D)
Debye-Hückel theory of strong electrolyte 德拜-休克尔强电解质理论
Debye-Hückel limiting law 德拜-休克尔极限定律
Debye-Onsager theory of electrolytic conductance 德拜-昂萨格电导理论
Debye-Scherrer method 德拜-谢勒法
Debye's equation 德拜公式
Debye thickness 德拜厚度
Debye-Waller factor 德拜-沃勒因子
decaborane(14) 癸硼烷(14)
decabromodiphenyl oxide 十溴二苯醚
decachlorobiphenyl 十氯代联苯
decacyclene 十环烯
decade resistance box 十进电阻箱
1,3-decadiene 1,3-癸二烯;癸间二烯
decadienoic acid 癸二烯酸
2,4-decadienoyl isobutylamide 2,4-癸二烯酰异丁胺
decahydrate 十水(化)合物
decahydrocarbazole 十氢咔唑;十氢化氮芴
decahydronaphthalene 十氢化萘;萘烷
decahydro-*α*-naphthol 十氢-α-萘酚
decahydro-*β*-naphthol 十氢-β-萘酚
decahydronaphthyl-2-acetate 2-醋酸十氢萘酯
decahydroquinoline 十氢喹啉
decalcification 脱钙(作用)
decalcifying agent 脱钙剂
decalcomnia 印花釉法
decalin 十氢萘;萘烷
decalol 萘烷醇
decalone 萘烷酮
decal process printing ink 贴花油墨
decamethonium bromide 十烃溴铵;溴化癸烷双胺
decamethylcyclopentasiloxane 十甲基环戊硅氧烷
decamethylene diamine 癸二胺
decamethyleneglycol (1,10-)癸二醇
decamphor oil 脱樟脑油
decanal 癸醛
***n*-decane** (正)癸烷
1,10-decanediamine 1,10-癸二胺
decanedicarboxylic acid 癸烷二羧酸
decanedioic acid 癸二酸
decanedioyl 癸二酰
decanoate 癸酸盐(酯或根)
decanohydroxamic acid 十碳异羟肟酸
***n*-decanoic acid** 正癸酸
decanoin 癸酸精;(三)癸酸甘油酯
decanol 癸醇;正癸醇
***n*-decanol** 正癸醇;1-癸醇
decanoyl chloride 癸酰氯
decantation 倾析;滗
decantation tank 滗析槽
decanter 滗析器
decanter centrifuge 沉降式离心机
decanting glass (=decanting jar) 滗析瓶
decanting jar 滗析瓶
decanting tank 滗析槽
decant oil 澄清油
decantor (1)滗析器(2)油水分离器
deca-*n*-octylheptabutyleneoctaphosphine oxide (DOHBOPO) 十正辛基七亚丁基八氧膦
decapeptide 十肽菌素
decarbonater 脱碳酸气塔
decarbonization 脱碳(作用)
decarbonizing 脱碳(作用)
decarbonylation 脱羰(基)(作用)
decarboxylase 脱羧酶
decarboxylation 脱羧(基)(作用)
decarboxylation polymerization 脱羧聚合

decarboxylative halogenation 脱羧卤化
decarboxylative nitration 脱羧硝化
decarburizing 表面脱碳;脱碳退火;脱碳的;脱碳作用
decationizing 除[去]阳离子(作用)
decatizing fastness 汽蒸坚牢度
***n*-decatriene** 正癸三烯
α-decay α衰变
β-decay β衰变
γ-decay γ衰变
decay heat 衰变热
decay law 衰变定律
decay of activity 活性衰减
decay product 衰变产物
decay series 衰变系;放射系
β-decay synthesis β衰变合成
deceleration 减速
deceleration phase 降速期
decelerator 减速器;减速剂;制动器;减速装置;延时器;减速电极
decene 癸烯
decene dicarboxylic acid 癸烯二羧酸;十二碳烯二酸
decenedioic acid 癸烯二酸
decenoic acid 癸烯酸;十碳烯酸
decentralized robust control 分散鲁棒控制
deceptive(ly)(simple) spectrum 假象简单图谱
dechalking 擦去粉剂;除去隔离剂
dechenite 红钒铅矿
dechlorgriseofulvin 脱氯灰黄霉素
dechlorination 脱氯(作用)
dechlorinator 脱氯塔
dechroming 褪铬;铬鞣革脱鞣
decibel(dB) 分贝(声音强度单位)
decimemide 癸氧酰胺
decine 癸炔
decision analysis 决策分析
decision making 决策
decision program 决策程序
decision tree 决策树
decision variable 决策变量
deckering 纸料增稠;(纸料)脱水
deckle edge paper 毛边纸
deck paint 甲板漆
deck plate 瓦垄钢板
deck section 台面截面
decladding 去壳
decline phase 衰亡期
declomycin 去甲基金霉素
decoating 掉浆
decoction 煎;熬;煮;熬出物;煎剂;汤剂;煎煮
decoction method 熬制法
decoctum 煎剂
decoding 解码
decohesion 剥离;裂开
decoking 除焦;清焦
decolorizing char(coal) 脱色炭
decolo(u)r 脱色
decolo(u)rant 脱色剂
decolo(u)ring clay 漂白土;脱色土
decolo(u)rizer 脱色剂
decommissioning (设施)退役;停运
decomplexation 解络(作用)
decomposer 分解器[塔];分解剂
decomposition 分解;裂解
decomposition bath 分解浴
decomposition constant 分解常数
decomposition-coordination method 分解-协调法
decomposition heat 分解热
decomposition inhibitor 分解阻化剂
decomposition per pass 单程分解
decomposition potential 分解电势
decomposition reaction 分解反应
decomposition voltage 分解电压
decompress 减压
decompression 减压
decontaminant 净化剂;去污剂;除染剂
decontaminating agent 净化剂;去污剂
decontamination 净化;纯化;清除放射性污染
decontamination 去杂质;去污消毒
decontamination factor(DF) 去污[净化]指数;去污因数
decontamination plant 净化装置
decoquinate 地考喹酯;癸氧喹酯
decoration materials 装饰装修材料
decorative porcelain 彩瓷
decorticator 去皮机
decoupled subsystem 解耦子系统
decoupled system 解耦系统
decoupled zero 解耦零点
decoupling 解耦;去耦;脱耦合
decoyinin(e) 德夸菌素
decoyl(=capryl) 辛酰
decoylamide(=caprylamide) 辛酰胺
decrease of load 降低负荷;负荷降落
decrepitation 烧爆;爆裂

decrystallization 解晶作用
dectaphone 漏水探测器
decumbin 斜卧菌素
decyanation 脱氰(作用);脱氰基
decyanoethylation 脱氰乙基
decyclization 解环作用
***n*-decyl alcohol** (正)癸醇;1-癸醇
decyl aldehyde 癸醛
decyl amide 癸酰胺
decyl amine 癸胺
decyl butyl phthalate 邻苯二甲酸癸丁酯;增塑剂 DBP
***α*-decylene**(=1-decene) 1-癸烯
decylenic acid 癸烯酸
decylic acid (=capric acid) 癸酸
decyl-trimethyl-silicane 癸基三甲基(甲)硅(烷)
decyne 癸炔
decynoicacid 癸炔酸
dedendum 齿根(高)
dedendum circle 齿根圆
dedicated computer 专用计算机
dedifferentiation 去分化
dedoping 去掺杂
dedusting 除灰;气体除尘
deed paper 证券纸
de-electrifying 去电
de-electronating agent 去电子剂(即氧化剂)
de-electronation 去电子(作用)(即氧化作用)
de-emulsification 破乳化(作用)
de-emulsifier 破乳剂;去乳化剂
de-emulsifying agent 破乳剂;去乳剂
deentrainment column 除雾(沫)塔
deentrainment filter 除雾沫过滤器
deentrainment tower 除雾(沫)塔
deep aeration 深层曝气
deepbed drier 深层干燥器
deepbed filter 袋式过滤器
deep catalytic cracking(DCC) 深度催化裂解
deep culture 深层培养法
deep discharge 深放电
deep drassing 深施
deep drawing lubricant (金属)深拔润滑剂
deep earth burial 地下深部埋藏(放射性废物)
deep groove(ball) bearing 深槽滚珠轴承
deep hole drill 深孔钻头
deep penetration welding 深熔焊
deep penetration welding electrode 深熔焊条
deep refrigeration 深度冷冻
deep submerged fermentation 深层发酵
deep UV resist 深紫外光致抗蚀剂
deep water bearing strata 深水层
deep well 深水井
deep well piston pump 深井活塞泵
deep well pump 深井泵
deep well pumping unit 深井泵
deet 避蚊胺
deethan(iz)ation 脱乙烷(作用)
deethanizer 脱乙烷塔
deethanizing absorber 脱乙烷吸收塔
deethylation 脱乙基作用
defatting machine 脱脂机
default value 缺省值
DEFC (direct ethanol fuel cell)直接乙醇燃料电池
defecation 澄清(作用)
defecation pan 澄清釜
defecation with dry lime 干灰澄清法;干法澄清
defecation with lime-milk 灰乳澄清法
defect cluster 缺陷簇
defect in material 材料缺陷
defective brazing 有缺陷的钎焊
defective goods 不合格品;次品
defective index 废品率
defective material 有缺陷的材料
defective percentage 次品率
defective rate 次品率
defective semiconductor 杂质半导体
defective tightness 不够紧密
defective workmanship 工艺缺陷
defect lattice 缺陷晶格
defect of coating film 涂膜病态
defectoscopy 探伤学
defects in forgings 锻件中的缺陷
defects in welds 焊接件中的缺陷
defect solid chemistry 缺陷固体化学
defensin 防御素;防卫肽
deferoxamine 去铁胺
deferred assets 递延资产
defibrination (1)磨(制木)浆;磨木制浆 (2)脱纤维作用
defibrinogenase 去纤酶
defibrotide 去纤苷
definition 清晰度
deflagrability 爆燃性;易燃性

deflagrating mixture 爆燃混合物
deflagration 爆燃(作用)
deflasher 修边机;除边机
deflashing 切除胶边;修边
deflation valve 放气阀
deflazacort 地夫可特;醋噁唑龙
deflecting plate 折流板;偏转板
deflection function 偏离函数
deflection ratio (轮胎)下沉率
deflection separator 折流分离器
deflection surface 挠曲面
deflection test 挠曲试验
deflector 导流板;偏流[转]板;弧形导流器
deflector jet 导流[偏流]喷射式
deflector ring 折流环
deflocculant (= deflocculating agent) 抗絮凝剂;(黏土)悬浮剂
deflocculation 解絮凝;反絮凝;抗絮凝(作用);胶溶作用
De Florez cracking process 德-弗劳瑞兹(汽相)裂化过程
De Florez upshot [cylindrical] heater 德-弗劳瑞兹筒式直立加热炉
defluorinated calcium phosphate 脱氟磷酸钙
defluorinated phosphate 脱氟磷肥
defluorination 脱氟作用
defoamer agent 去沫剂;消泡剂
defoamer FBX-02 消泡剂 FBX-02
defoamer GPE 消沫剂 GPE
defoaming 脱泡
defoaming agent 消泡剂;抗泡剂;消沫剂
defoaming device 破沫设施
defocusing 散焦
defoliant 脱叶剂
deformability 变形性
deformable body (可)变形体
deformable dielectric material with memory 可变形电介质记忆材料
deformable magnetic material with memory 可变形磁性记忆材料
deformation 变形;形变
deformation alloy 变形合金
deformation at constant volume 畸变
deformation at failure 破损变形
deformation point 软化点
deformation set 永久形变;变定
deformation theory of plasticity 塑性形变理论
deformation under load 荷重形变
deformation work 变形功
deformed bar 竹节钢筋
deformed steel bar 变形钢筋
defosfamide 地磷酰胺;磷胺氮芥
De Frise ozonizer 德弗莱斯臭氧(化发生)器
defroster 除雾器
degas 脱气
degasification 脱气(作用)
degasifier (1)脱气器(2)除气剂
degasser 脱气器;脱气塔;脱气装置
degassing 脱气
degassing chamber 脱气室
degassing tank 脱气罐
degassing tower 脱气塔
degausser 消磁机
5-deg. divergence 5°扩张角
dege filter 流线式滤器
dege filtration 流线式过滤
degelatinized bone dust 脱胶骨粉
degeneracy (1)简并度(2)简并(性)
degenerate codon 简并密码子
degenerated branched chain reaction 退化支链反应
degenerate electron gas 简并电子气;退化电子气
degenerate semiconductor 简并半导体
degenerate state 简并态
degenerate vibrations 简并振动
degeneration 简并性;退化
Degener's indicator 迪吉纳指示剂
deglued bone meal 脱胶骨粉;蒸(制)骨粉
deglyceri(ni)zing 除去甘油
degradable polymer 降解性高分子;可降解聚合物
degradable surfactants 可降解的表面活性剂
degradation (1)降解;裂构;递降分解(作用)(2)老化(3)劣化 (4)退化
degradation chain transfer 退化链转移
degradation of polymer 高分子解聚
degradative chain transfer 降解性链转移
degreased bone meal 脱脂骨粉
degreasing (1)脱脂(2)除去油腻
degreasing agent 脱脂剂
degreasing bath 除油槽
degree Baumé 波美度
degree Engler 恩氏黏度
degree Kelvin 开氏温度
degree of accurancy 准确度

degree of acetalization 缩醛化度
degree of acidity 酸度
degree of ammoniation 氨化度
degree of association 缔合度
degree of beating 打浆度
degree of branching 支化度
degree of coherence 相干度
degree of creaming 膏化度
degree of crosslinking 交联度
degree of crystallinity 结晶度
degree of cure 硫化程度;固化程度
degree of degeneracy 退化度;简并度
degree of degradation 降解度
degree of depolarization 消偏振度
degree of dispersion 分散度
degree of dissociation 解离度
degree of dustiness 含尘度
degree of dyeing 上色率
degree of exhaustion 竭染率
degree of extraction 萃取度
degree of finish 光洁度
degree of fixation 固色率
degree of formation 形成度(形成络合物的金属与总金属浓度之比)
degree of freedom 自由度
degree of hydration 水化度
degree of ionization 电离度
degree of isotacticity 全同(立构)规整度
degree of mixing 混合程度
degree of orientation 定向度;取向(程)度
degree of polarization 偏振度
degree of polymerization 聚合度
degree of porosity 孔隙度
degree of profile 异形度
degree of rancidity 哈喇(程)度;酸败度
degree of reaction 反应度
degree of safety 安全程度
degree of saturation 饱和度
degree of solvation 溶剂化度
degree of substitution 取代度
degree of super-cooling 过冷度
degree of syndiotacticity 间同(立构)规整度
degree of tacticity 构形规整度
degree of tanning (D. T.) 鞣度系数;鞣透度
degree of unsaturation 不饱和(程)度
degree of variation 变异(程)度
deguelin 鱼藤素
degum(m)ing 脱胶(的)
dehalogenation 脱卤作用
deHaën salt 德海因盐
dehexanizer 脱己烷塔
dehexanizing column 脱己烷塔
dehumidification 除湿;减湿;湿度降低;干燥;脱水;除潮;排出水分
dehumidifier 减湿器;除湿器
dehumidifying (空气)减湿
dehydrant 脱水剂;脱水药
dehydrase 脱水酶
dehydratase 脱水酶
dehydrated castor oil 脱水蓖麻(子)油
dehydrated food 脱水食物
dehydrater (= dehydrator) (1)脱水机;脱水器(2)脱水剂
dehydration 脱水(作用)
dehydration tank 脱水槽
dehydrator (= dehydrater) (1)脱水机;脱水器(2)脱水剂
Dehydrite 高氯酸镁(商名)
dehydroabietic acid 脱氢枞酸
dehydroacetic acid 保果鲜;甲基乙酰吡喃二酮;α,ν-二乙酰基乙酰乙酸;(俗称)脱氢醋酸
dehydroadiponitrile 脱氢己二腈
dehydroandrosterone 脱氢雄甾酮
dehydroangustione 脱氢安钩酮
dehydroascorbic acid 脱氢抗坏血酸
dehydrobenzene 脱氢苯;苯炔
dehydrobilirubin 胆绿素
α-dehydrobiotin α-去氢生物素
dehydrobromination 脱溴化氢
dehydrobufotenine 脱氢蟾蜍特宁
dehydrochlorination 脱氯化氢
dehydrochlorophyll 脱氢叶绿素
7-dehydrocholesterol 7-脱氢胆甾醇
dehydrocholic acid 脱氢胆酸;去氢胆酸
dehydrocholin 去氢胆酸
11-dehydrocorticosterone 11-脱氢皮质(甾)酮
dehydrocyclization 脱氢环化(作用)
dehydroemetine 去氢依米丁;去氢吐根碱
dehydroepiandrosterone (= dehydroisoandrosterone) 去氢表雄(甾)酮;脱氢异雄(甾)酮
dehydroergosterol 去氢麦角甾醇
dehydrofluorination 脱氟化氢(作用)
dehydrogenase 脱氢酶
dehydrogenation 脱氢(作用)
dehydrogenation drying equipment 脱水干燥设备

dehydrohalogenation 脱卤化氢
11-dehydro-17-hydroxycorticosterone (= cortisone) 11-脱氢-17-羟皮质(甾)酮;可的松;皮质酮
dehydroiodination 脱碘化氢(作用)
dehydroisoandrosterone 去氢表雄(甾)酮;脱氢异雄(甾)酮
dehydroluciferin 脱氢荧光素
dehydrolysis 脱水(作用)
dehydromucic acid 脱水黏酸
5-dehydroquinic acid 脱氢奎尼酸
3-dehydroretinal 3-去氢视黄醛
dehydrorotenone 脱氢鱼藤酮
7-dehydrositosterol 7-脱氢谷甾醇;7-去氢谷甾醇
dehydrotachysterol 脱氢速甾醇
dehydrothiamine 脱氢硫胺素
dehydrothiophen 脱氢噻吩
dehydrotransandrosterone (= dehydroepiandrosterone) 脱氢反雄甾酮
dehydroxylation 脱羟基(作用)
deicing agent 防冰剂;防冻剂
deicing fluid 防冻液
Deijaguin-Landau and Verwey-Overbeek theory of flocculation DLVO絮凝理论
deiminase 脱亚胺酶
deincrustant 防水锈剂;防水垢剂
deinking agent 脱墨剂
deinking agent for waste paper 废纸脱墨剂
deinking waste 去墨废水
deiodination 脱碘作用
deionic water 去离子水
deionization 去[脱]离子作用
deionized water 去[脱]离子水
deionizer 脱离子剂
deisobutanizer 脱异丁烷塔
deisohexanizer 脱异己烷塔
deisopentanizer 脱异戊烷塔
dekryptonation thermal analysis (DKTA) 除氪热分析
delamination 层离;脱层
delapril 地拉普利
delavaconitine 紫草乌碱
De Laval acid treating 德拉伐尔酸处理(过程)(石油产品用硫酸处理,并用离心机分离酸渣)
De Laval centrifuge 德拉伐尔离心机;高速离心机
De Laval centri-therm evaporator 德拉伐尔离心-加热式蒸发[浓缩]器
De Laval zinc process 德拉伐尔炼锌法
delavirdine 地拉韦定
delay composition 延期药(火炸药)
delayed action 延期作用
delayed action accelerator 延迟促进剂;后效性促进剂
delayed-action activator 防焦剂
delayed-action vulcanization 迟效性硫化
delayed blasting cap 缓爆雷管
delayed coagulant 迟延凝固剂
delayed coker 延迟焦化装置
delayed coking 延迟焦化
delayed coking plant 延迟焦化装置
delayed crack(ing) 延迟裂纹
delayed cracking 延迟破裂
delayed deformation 延迟形变
delayed demixing 延时分离
delayed elastic deformation 推迟弹性形变
delayed fluorescence (DF) 延迟荧光;迟滞荧光;缓发荧光
delayed luminescence 延迟发光
delayed neutron 缓发中子
delayed tack PSA 迟延性压敏胶
delayer elasticity 迟延弹性
delcosine(=delphamine) 德靠辛;翠雀胺
deleading reagent 脱铅剂
3-D electrode 三维电极
Delepine's amine synthesis 德勒平氏胺合成法
delessite 铁叶绿泥石
delignification 去木质作用
deliming 脱(石)灰
delipidate 脱脂
deliquescence 潮解
deliquescent 潮解的;易吸湿的;吸湿剂;潮解剂
deliquescent crystal 易潮解晶体
deliriant 谵妄药
delivering gear 进给[刀]装置
delivery 交货额
delivery angle 输送带倾角
delivery capacity (1)排量(2)生产额
delivery end 卸料端
delivery lift 扬水高度
delivery order (D/O) 提(货)单;出栈凭单;交货单;出货单
delivery pump 输送泵;输料泵
delivery receipt 交货回单;送货[件]回单
delivery reel 卷取纸轴
delivery side 出口侧

delivery side of pump 泵的出口
delivery time 交货时间
delivery valve 导出阀;排气阀
delmadinone acetate 地马孕酮醋酸酯
delocalization effect 离域效应
delocalization energy 离域能;非定域能
delocalized bond 离域键
delocalized electrons 不定域电子
delocalized molecular orbital 离域分子轨道
delocalized orbital 不定域分子轨道
delocalized pi-bond 离域 π 键
delphamine 翠雀胺
delphine blue 噁嗪蓝
delphinic acid 异戊酸
delphinidin 翠雀色素;花翠素;飞燕草色素
delphinidin chloride 氯化翠雀色素;氯化飞燕草色素
delphinin 翠雀苷;花翠苷;飞燕草色素苷
delphinine 翠雀碱
delphinoidine 翠雀定
delphisine 翠雀素
delphocurarine 翠雀混碱
delsoline 翠雀灵
delta acid δ酸:(1)2-萘胺-7-磺酸(2)1-萘胺-4,8-二磺酸(染料中间体)
delta-blade mixer 三角形叶片混合器
delta bond δ键
delta connection 三角连接
delta EEG δ睡眠肽
delta gasket closure 三角垫密封
delta loading for regeneration step 再生步骤的 δ(吸附)容量
deltamethrin 溴氰菊酯
delta-position δ位(在酸及杂环则指的是第 5 位)
delta-ring 三角垫
delta seal 三角密封
delta sleep-inducing peptide(DSIP) 促睡眠肽
deltawood 碎木塑料
delta-Y starter 星形-三角形启动器
deluster(ant) 去光剂;消光剂
delustering agent 去光剂;消光剂
delvauxite 胶磷铁矿
demagnetization 退磁
demagnetizing coil 去磁线圈
demand (capacity) lag 需容滞后(石油加工中温度控制过程)
demanyl phosphate 磷酸二甲胺乙酯
demasking 解蔽
demasking agent 暴露剂
demecarium bromide 地美溴铵;溴化癸二胺苯酯
demeclocycline 地美环素;去甲基金霉素
demecolcine 地美可辛;秋水仙胺;脱羰秋水仙碱
demegestone 地美孕酮
dementholized peppermint oil 薄荷素油
demercuration 脱汞(作用)
demetalization 脱金属(作用)
demethan(iz)ation 脱甲烷(作用)
demethanizer 脱甲烷塔
demethanizing column [tower] 脱甲烷塔
5-demethoxy-9-ubiquinone 5-脱甲氧-9-泛醌
demethylase 脱甲基酶
demethylation 脱甲基(作用);脱甲基化
demethylchlortetracycline(DMCT) 去甲基金霉素
2-demethyldeacetylcolchicine 2-脱甲基脱乙酰基秋水仙碱
demethylhomolycorine 脱甲基高石蒜碱
demethylvancomycin 去甲万古霉素
demeton 内吸磷;一〇五九;地买通
Demet process 德梅特过程(一种裂化催化剂脱金属过程)
demexiptiline 地美替林
demicellization 解胶束化
demijohn (=carboy) 酸坛(常为小口大玻璃瓶)
demineralization 去矿化;去离子化
demineralized water 软化水;去离子水
demineralized water circulation pump 软水循环泵
demineralized water tank 软水槽
demineralized water treatment device 软水装置
demister 除沫器;除雾器
demisting agent 去雾剂
demixer 分层器
demixing 分层(指混合液分成两层)
demixing pressure 分离压力;分层压力
Demjanov rearrangement (=ring expansion) 杰米扬诺夫重排(作用)
demodulation polarography 解调极谱法
demodulator 解调器
demoisturizer 干燥塔;干燥器
demolition blast 爆破
demolization 过热分散(作用)
demonomerization 脱单体;除单体

demonstration plant (1)实验厂;样板厂(2)示范装置;验证装置
demonstration unit 示范装置
demo plant (1)实验厂;样板厂(2)示范装置;验证装置
demoulding 脱模
demoulding agent 脱模剂
demountable 活的;活络的;可拆卸的
Dempster's mass spectrometer 登普斯特质谱计
DEMS(differential electrochemical mass spectroscopy) 差分电化学质谱法
demulsibility 反乳化性;反乳化率;破乳化性;破乳化率
demulsification 反乳化;破乳
demulsifier 破乳剂
demulsifying agent 破乳剂
demulsifying compound 反乳化剂;破乳剂
Denaby powder 登纳比(炸)药;铵硝化钾炸药
denamycin 德纳霉素
denatonium benzoate 地那铵苯甲酸盐
denaturant 变性剂
denatur(at)ed alcohol 变性酒精
denaturated starch 变性淀粉
denaturated starch by acid 酸变性淀粉
denaturation 变性(作用)
denaturation loop(s) 变性环
denaturation of proteins 蛋白质变性作用
denatured alcohol 变性酒精
denatured protein 变性蛋白
denatured salt 变性食盐
denaturing agent 变性剂
dendrimer 树枝状大分子;树型化合物
dendrite 树枝(状)晶(体)
dendritical 树枝状的;树枝石的;枝晶的;枝蔓体的
dendritic spherulite 树枝状球晶
dendrobine 石斛碱
dendruff control shampoo 去头屑香波
denier 旦尼尔;旦;(曾用)綂
Denige's reagent 德尼格试剂
denitrated zeolite 脱硝沸石
denitrating column [tower] 脱硝(酸盐)塔
denitration 脱硝(酸盐)(作用)
denitridation (炼钢)脱氮化层(作用)
denitrification 反硝化作用
denitrifying bacteria 反硝化细菌;脱氮细菌
Dennestedt furnace 丹尼斯特(电热燃烧)炉
denopamine 地诺帕明
denopterin 二甲叶酸
de novo synthesis 从头合成;全程合成
dense gas 稠密气体
dense-grating moire method 密栅云纹法
dense matrix 密集矩阵
dense media 重介质;稠密介质
dense membrane 致密膜
dense(nonporous) membrane 致密非多孔膜
dense oxygen-selective membrane 致密透氧膜
dense phase 密相;浓相
dense phase fluidized bed 密相流化床
dense-phase riser 密相提升管
dense-phase transporting system 密相输送系统
dense soda ash 重苏打灰(路布兰法制得的苏打)
densification 致密化
densifier (1)增浓剂;稠化剂(2)改质剂
densimeter 密度计;比重计
densite 登赛特(硝铵-硝酸钾或钠-梯恩梯炸药,矿用)
densitometer 光密度计
density 密度
density bottle 密度(测定)瓶
density current 异重流
density dependent local composition (DDLC) 与密度相关的局部组成
density fluctuation 密度涨落
density fluids 密度液(测定矿物粉末密度所用之液体)
density function 密度函数
density functional theory 密度泛函理论
density gauge 密度计;比重计
density gradient centrifugation 密度梯度离心(分离)法
density gradient column [tube] 密度梯度管
density gradient electrophoresis 密度梯度电泳(法)
density matrix 密度矩阵
density of probability 几率密度;概率密度
density of spectral line 谱线黑度
density of states 能态密度;态密度
density operator 密度算符
density programmed 密度程序的
density separation 密度分离(法);比重分离法
dent 凹痕;凹陷
dental adhesive 齿科用胶

dental alloy 补齿合金
dentalite 补齿合金
dental paste 牙膏
dental soap 牙皂
dentate 配位基
denticotic acid 十二碳-5-烯酸
dentifrice 牙粉
dentifrice cream 牙膏
dentifrice powder 牙粉
dentifrice water 洗牙水
dentrite(=dendrite) 树枝晶
denture soaker 假牙浸洗剂
deodorant 除臭剂;芳香剂
deodorant fiber 消臭纤维
deodorant powder 祛臭粉
deodorization 除臭;脱臭;香化
deodorizer 除臭剂
deoil agent 去油剂
deoiler 脱油装置
de-oiling soap 去油皂
deoxidant 脱氧剂
deoxidation 脱氧(作用)
deoxidiser 脱氧剂
deoxidizer 脱氧剂
deoxidizing agent 脱氧剂
deoxyadenosine(dA;dAdo) 脱氧腺苷
deoxyadenosyl cobalamin 脱氧腺苷钴胺素;钴胺素辅酶
deoxyadenylic acid(dAMP) 脱氧腺苷酸
deoxycholic acid 脱氧胆酸
deoxycorticosterone 脱氧皮质(甾)酮
deoxycytidine (dC;dCyd) 脱氧胞苷
deoxycytidinephosphate deaminase 脱氧胞苷酸脱氨酶
deoxycytidylate hydroxymethylase 脱氧胞苷酸羟甲基化酶
deoxycytidylic acid(dCMP) 脱氧胞苷酸
deoxycytosine 脱氧胞嘧啶
deoxydihydrostreptomycin 脱氧双氢链霉素
deoxyepinephrine 脱氧肾上腺素
deoxyerthrolaccin 脱氧红紫胶素
deoxygenation 脱氧
deoxyglucose 去氧葡糖
deoxyguanosine (dG;dGuo) 脱氧鸟苷
deoxyguanylic acid (dGMP) 脱氧鸟苷酸
deoxyhexamethylose 脱氧己糖
deoxyinosine triphosphate (dITP) 脱氧肌苷三磷酸;脱氧次黄苷三磷酸
deoxymethylcytidylic acid 脱氧甲(基)胞苷酸
deoxynorherqueinone 深酒色菌素
deoxynucleoside 脱氧核苷
deoxynucleotide 脱氧核苷酸
deoxynybomycin 脱氧尼博霉素
deoxypentose 脱氧戊糖
deoxypentosenucleic acid 脱氧戊糖核酸
deoxypyridoxine 脱氧吡哆醇
deoxyriboaldolase 脱氧核糖醛缩酶
deoxyribonuclease (DNase) 脱氧核糖核酸酶;去氧核糖核酸酶;DNA 酶
deoxyribonucleic acid(DNA) 脱氧核糖核酸;去氧核糖核酸;DNA
deoxyribonucleohistone 脱氧核糖核组蛋白
deoxyribonucleoside 脱氧核(糖核)苷
deoxyribonucleoside diphosphate kinase 脱氧核苷二磷酸激酶
deoxyribonucleotide 脱氧核(糖核)苷酸
deoxyribose 脱氧核糖;去氧核糖
deoxyriboside 脱氧核(糖核)苷
deoxyribotide 脱氧核(糖核)苷酸
deoxystreptamine 去氧链霉胺
deoxythymidine (T;dT) 脱氧胸(腺嘧啶核)苷
deoxythymidine triphosphate 脱氧胸苷三磷酸
deoxythymidylic acid(TMP;dTMP) 脱氧胸苷酸
deoxyuridine 脱氧尿(嘧啶核)苷;去氧尿苷
deoxyuridylic acid 脱氧尿苷酸
deoxyvasicinone 1-脱氧-4-氧代鸭嘴花碱
deozonization 脱臭氧(作用)
depainting 脱漆
deparaffinating 脱蜡
departure function 偏离函数
depassivation 去钝化(作用)
dependability 可靠性;可信性;坚固度;强度
depentanizer 脱戊烷塔
dephenolization 脱酚(作用)
dephenolizer 脱酚剂
dephenzoat 蒜素制剂
dephlegmation 分凝(作用)
dephlegmation tower (= dephlegmator) (1)分馏柱(2)分馏塔
dephlegmator (1)分馏柱(2)分馏塔(3)分凝器
dephospho-CoA kinase 脱磷酸辅酶 A 激酶
dephospho-CoA pyrophosphorylase 脱磷

酸辅酶 A 焦磷酸化酶
dephosphorylation 脱磷酸(作用)
depickling 脱酸
depigmentation 脱色素(作用)
depilating 脱毛
depilation by lime 浸灰脱毛法
depilator 脱毛机
depilatory 脱毛剂
depilatory cream 脱毛霜
depinker 抗爆剂
deplating 除去镀层;退镀
depleted reservoir 枯竭矿层;空矿层
depleted uranium(DU) 贫(化)铀[指铀 235 含量小于天然铀中铀 235 含量(0.71%)的铀]
depletion layer 耗尽层
depolarization 去极化;解偏振作用
depolarizator 去极化剂
depolarized electrode 去极化电极
depolarizer (1)去极(化)剂(2)消偏振镜
depollution 去污染;除污染
depolymerase 解聚酶
depolymerization 解聚(作用)
depolymerizer 解聚(合)器;解聚装置
deposit (1)沉积物(2)污垢沉积物;结垢
deposit corrosion 沉积腐蚀
deposited metal 熔敷金属;喷镀层
deposition 沉积
deposition potential 沉积电势;沉积电位
deposition pressure 沉积张力
deposition range 沉积范围
deposition tension 沉积张力
deposit matter 沉淀物
deposit texture 沉积结构
depreciation 折旧;减值
depreciation cost 折旧费
depreciation rate 折旧率
deprenyl 苄甲炔胺
depress 推下
depressant 抑制剂;镇静剂
depression effect 抑制效应
depression of freezing point 凝固点降低
depression of pour point 倾点降低
depressurizing 卸压
depropagation (1)链断裂(作用)(2)负增长反应;逆增长反应
depropanizator 脱丙烷塔
depropanizer 脱丙烷塔
depropanizing column[tower] 脱丙烷塔
depropenizer 脱丙烯塔
depropenizing column 脱丙烯塔
depropylation 脱去丙基(作用)
deproteinization 脱蛋白作用
deproteinized rubber 脱蛋白质橡胶
deproteinzing rubber 脱蛋白质橡胶
depth dose 深部剂量
depth filtration 深层过滤
depth gage 深度规
depth of burying 埋设深度
depth of charge 充电深度
depth of discharge 放电深度
depth of field 景深
depth of focus 焦深
depth of liquid 液体深度
depth of penetration 穿透深度
depth of thread 螺纹深度
deptropine 地普托品
depurination 脱嘌呤(作用)
deputy 代理人
dequalinium acetate 醋酸地喹铵
dequalinium chloride 地喹氯铵;克菌定;特快灵
derbylite 锑钛铁矿
Derby red (=chrome red) (1)铅铬红(2)德比红色
deresination 脱胶脂;脱树脂
Derfaz process 德尔法兹过程(用活性铁和沸石净化放射性废液法)
derichment 反富集
derivant 衍生物
derivate 衍生物
derivation tree 导出树
derivative (1)衍生物(2)导数
derivative chronopotentiometry 导数计时电位法
derivative polarography 导数极谱法
derivative pulse polarography 导数脉冲极谱法
derivative spectrophotometry 导数光谱法
derivative spectrum 导数光谱
derivative thermogravimetry 微商热重法;导数热重量分析法
derivatography 示差热分析;导数图解分析(热分析的一种)
derma 真皮
dermatan sulfate 硫酸皮肤素
dermatitant 刺激皮肤物
dermatol 棓酸铋;没食子酸铋
dermatoscope 双筒显微镜

dermics 皮肤病药
dermiformer 生皮剂
dermol 大黄根酸铋
dermorphin 皮啡肽
dermostatin 制皮菌素
derric acid 鱼藤酸
derrick 吊杆起重机;人字起重机
derrick crane 转臂起重机;动臂起重机;全转式起重机
derrick tower 桁架塔
derrin 鱼藤酮
derris root 鱼藤根
derris (root) extract 鱼藤精
derusting by sand-blast 喷砂法除锈
7-desacetoxyhelvolic acid 7-去乙酸基蜡黄酸
desactivation 钝化;去活作用;不活性化;消除放射性污染
desaeration 脱气
desalinated water 淡化水
desalination 脱盐;淡化;海水淡化
desalination membrane 脱盐膜
desalination plant 海水淡化装置(或厂)
desalination rate 脱盐率
desalter 脱盐器;脱盐装置
desalting 脱盐
desalting of seawater 海水淡化
desalting unit 脱盐装置
desamidation 脱酰胺(作用)
desamidization 脱酰胺(作用)
de(s)aminase 脱氨酶
de(s)amination 脱氨作用
de(s)aminocanavanine 脱氨刀豆氨酸
desaspidin 地沙匹定;去甲绵马素;异鳞毛蕨素
desaturation 去饱和(作用)
desaulesite 硅锌镍矿
descaling (1)(钢坯等)除锈;除鳞(2)脱(水)垢;去(水)垢
descending chromatography 下行色谱法
descending development 下行展开
descending liquid 下行液体(在蒸馏塔中向下流动的液体)
descending paper strip chromatography 下行纸条色谱法
deschlorothricin 脱氯丝菌素
descinolone 地西龙;脱氧去炎松
descloizite 钒铅锌矿
description of the process 工艺说明
desdamethine 甲硫吡丙菌素
desdanine 吡丙烯菌素
deselenization 脱硒
desensitization 减感(作用)
desensitized explosive 钝化炸药
desensitizer 减感剂
desensitizing development 减感显影
desensitizing dye 减感染料
deserpidine 地舍平;去甲氧利血平
desert-grade gasoline 沙漠地区用汽油
desertification 荒漠化;沙漠化
desertomycin 沙漠霉素
desflurane 地氟烷
deshielding 去屏蔽
deshielding effect 去屏蔽效应
desiccant 干燥剂
desiccant dehumidifier 干燥剂除湿器
desiccator 干燥器;保干器
desicchlora 燥钡盐(无水粒状高氯酸钡,干燥剂及吸氨剂)
desideus 惰菌素
design 设计
design accuracy 设计精度;设计准确度
design book 设计说明书
design by rules 按规则设计
design by stress analysis 按应力分析设计
design certificate 设计(单位)证书
design certified value 设计保证值
design change notice 设计更改通知
design change proposal (DCP) 更改设计建议
design change work order 更改设计操作规程
design characteristics 设计特性
design chart 设计图
design code 设计规范
design compression ratio 设计压缩比
design conditions 计算条件;设计条件
design consideration 设计思考
design constant 设计常数
design control 设计控制
design criteria 设计准则
design cycle 设计周期
design data 设计数据;设计资料
design department 设计部门
design deviation 设计偏差
design diagram 设计图
design dimension 设计尺寸
design document 设计文件
design drawing 设计图
designed output 计划产量

design(ed) parameter 设计参数
design(ed) speed 设计速度
design(ed) value 设计值;设计参数
design efficiency 设计效率
design-elevation 设计标高
designer 设计者;设计师
design feature 设计[结构]特点
design formula 设计公式
design guide 设计指南
design(ing) engineer 设计工程师;设计师
design(ing) load 设计荷载
design instruction 设计说明书
design item 设计项目
design load factor 设计(载荷)安全系数
design load(ing) 设计载荷;设计负荷;设计负载
design mode 设计型
design number 设计编号
design of experiments 实验设计;试验设计
designograph 设计图解(法)
design paper 绘图纸
design payload 设计有效载荷
design period 设计期限
design philosophy 设计原则
design plan 设计方案
design point 设计点
design power 设计功率
design principle 设计原理
design procedure 设计程序
design proposal 设计方案
design requirement(s) 设计要求
design research division 设计研究室
design safety factor 设计安全系数
design safety limit 设计安全限
design safety margin 设计安全裕度
design schedule (1)计划进度(2)设计表格
design scheme 设计方案
design sheets 设计说明书
design size 设计尺寸
design specifications 设计规范
design standards manual 设计标准手册
design stress 设计应力
design table 设计表格
design technology 设计工艺
design temperature 设计温度
design variable 设计变量
design weight 设计重量
desilici(fi)cation 脱硅(酸)(作用)
desilter 沉淀池;集尘器;沉沙池;除泥器
desilverisation 脱银(作用)
desilylation 脱甲硅基作用
desintegration 蜕变
desiomycin A 越霉素 A
desipramine 地昔帕明;去郁敏
desired value 希望值
desizer 退浆剂
desizing agent 退浆剂
desk centrifuge 台式离心机
deslanoside 去乙酰毛花苷;西地兰 D
desludging 除去淤渣;除渣
Desmet extractor 德斯梅抽提器
11-desmethoxyreserpine 地舍平;去甲氧利血平
desmine 束沸石
Desmodur 德斯莫杜尔(聚氨基甲酸酯类黏合剂,有系列商品)
Desmodur R 德斯莫杜尔 R
desmolase 碳链(裂解)酶
desmolysis 解链作用,碳链分解作用
desmopressin 去氨加压素
desmosine 锁链素
desmosterol 链甾醇;24-脱氢胆甾醇
desmotrope 稳变异构体
desmotropism 稳变异构(现象)
desmotropy 稳变异构(现象)
desmycosin 脱藻糖泰洛星(泰洛星 tylosin 的水解产物)
desodoration 除臭;香化
desogestrel 去氧孕烯
desolvation 去溶剂化
desomorphine 地索吗啡
desonide 地奈德
desorber 解吸塔
desorption 解吸;脱附(作用)
desorption control 脱附控制
desorption factor 解吸因子
desorption of moisture 脱湿;减湿
desorption potential 脱附电势
desosamine 德糖胺;脱氧糖胺(红霉素的降解产物)
desoxalic acid 1-羧基-2,3-二羟基丁二酸;乙二醇三羧酸;(俗称)脱草酸
desoximetasone 去羟米松
desoxyadenosine 脱氧腺核苷
desoxyalizazin 3,4,9-蒽三酚
desoxyascorbic acid 去氧抗坏血酸
desoxybenzoin 脱氧苯偶姻;二苯乙酮;苯基·苄基(甲)酮

desoxycholic acid 脱氧胆酸
desoxycorticosterone acetate 醋酸去氧皮质酮;醋酸去氧可的松
desoxycortisone 化合物"S"
desoxycortone 去氧皮质酮
desoxycytidine 脱氧胞啶
desoxydation 脱氧(作用)
desoxygenation 脱氧(作用)
desoxyglucosamine 去氧葡糖胺
de(s)oxynupharidin 脱氧萍蓬定
desoxypentose nucleic acid 脱氧戊糖核酸
desoxypyridoxine hydrochloride 盐酸脱氧吡哆醇
desoxyribofuranose 脱氧呋喃核糖
desoxyribonuclease 脱氧核糖核酸酶
desoxyribonucleic acid 脱氧核糖核酸
2-desoxyribose 2-脱氧核糖
desoxyriboside 脱氧核糖苷
dessert-spoon 中匙
destabilization 去稳定作用
destarch 脱浆;退浆;去淀粉
destaticizer 去静电剂
desthiobiotin 脱硫生物素;脱硫维生素 H
destinker 去味器;去味剂
destomycin A 越霉素 A
destruction gas chromatography 破坏性气相色谱法
destruction operator 消灭算符
destruction test 破坏试验;断裂试验
destructive analysis 损毁分析;破坏性分析
destructive distillation 破坏蒸馏;分解蒸馏;干馏
destructive distillation of wood 木材干馏
destructive experiment 破坏试验
destructive gas chromatography 破坏性气相色谱法
destructive hydrogenation 破坏加氢
destructive inspection 破坏性检验
destructive malfunction 破坏性故障
destructive method 有损探伤法
destructive oxidation 破坏性氧化
destructive test(ing) 破坏性试验
destructive testing method 破坏性检验法
destructive vibration 破坏性震动
destructor 焚烧炉
destruin 毁菌素
destruxin 腐败菌素
desublimation 凝华(作用)
desugarization 脱糖(作用)
desulfating 脱硫酸盐
desulfation 脱硫酸盐(作用)
desulfidation 脱硫(作用)
desulfonation 脱磺酸基(作用)
desulfurase 脱硫酶
desulfuration 脱硫(作用)
desulfuration by dry process 干法脱硫
desulfuration by wet processes 湿法脱硫
desulfur(iz)ation 脱硫(作用)
desulfurization-hydrogenation 脱硫加氢(作用)
desulfurized fuel 脱硫燃料
desulfurizer (1)脱硫器;脱硫塔;脱硫槽;脱硫装置(2)脱硫剂
desulfurizing agent 脱硫剂
desulfurizing furnace 脱硫炉
desulfurizing tower 脱硫塔
desulfurizing unit 脱硫装置
desulphurase 脱硫酶
desuperheater 降温器
deswelling 退(溶)胀(作用)
desyl 二苯乙酮基;α-苯基苯乙酰
desylamine 二苯乙酮胺
detachability 脱渣性;可脱渣性
detachable device 可拆装置
detachable joint 可卸连接
detached caustic soda 烧碱块;块状苛性钠
detaching gear 可卸(油枪)接头
detackifier 防粘剂
detail design (1)零件设计(2)施工(图)设计;详细设计
detail drawing 详图
detailed balancing 细致平衡
detailed diagram 详图
detail(ed) specifications 详细规格
detailed use(of commodity) (商品的)详细用途
detailing 详细设计
detailing of parts 零件设计
detail of design 设计详图
details as per attached list 详见附表
detail specifications 详细说明书
detail test 分部试验
detanning 退鞣
detarring 脱焦油(作用)
detarring asphalt 脱油沥青
detarring precipitator (脱)焦油沉降器
detaxtran 二乙氨基乙基葡聚糖
detectability 检测能力
detection 检测;检出

detection limit 检出限
detection line 检测线
detection of defects 探伤
detection period 检测期
detection standard 探伤标准
detector 检测器；监测器；检验器；探测器
detector response 检测器应答(值)
detector tube method 检测管法
detergency (1)去垢性；去垢力(2)洗净白度
detergency promoter 助洗剂
detergency test 去污试验
detergent 洗涤剂；洗净剂
detergent alcohols 洗涤剂用醇类(指 C_{12}～C_{18}脂肪醇)
detergent alkylate 洗涤剂用烷基化物(常指 C_{12}～C_{14}烷基苯)
detergent-dispersant 洗涤分散剂
detergent phosphate 洗涤剂用磷酸盐(指缩聚磷酸盐)
detergent powder 粉状洗涤剂；洗衣粉
deteriorate 变质
deterioration by radiation 辐射老化
deterioration of oil 油变质
determinable error 可测误差
determinand 欲测物(元素、离子、原子团等)
determination 判定；测定
determination limit 测定限
determination of absolute configuration 绝对构型测定
determination of residual amount of pesticide 农药残留量测定
determining domain 决定域
determinism 决定论
deterministic model 确定性模型
detersive efficiency 洗涤效率；清洗效率；去污效率
detersive power 去污力
dethanizer 脱乙烷塔
dethanizing column 脱乙烷塔
detinning 脱锡
Detol process 德托尔法(催化脱烷基化法)
detomidine 地托咪定
detonate 起爆；爆炸；爆燃；爆震
detonating cap 雷管
detonating cord 导爆索
detonating explosive 爆轰炸药；高(爆)速炸药
detonating fuse 导爆索
detonating gas 爆鸣气
detonation 爆炸；爆震；爆燃；爆轰；引爆
detonation spraying 爆炸喷涂
detonation wave 爆轰波；爆震波
detonator 雷管
detoxication 解毒(作用)
detoxify unit 解毒装置
detoxin complex 地托辛复合物
detreader 胎面剥离机
detrimental defect 有害杂质
detrimental impurity 有害杂质
detritiation 除氚(过程)
detrition 磨损；磨耗；消耗；耗损
detritylation 脱三苯甲基(作用)
detuning 解谐；失调；失谐
deuterated solvent 氘代溶剂
deuterated water 重水
deuteration 氘化作用(氘代氢)
deuteride 氘化物
deuterium 氘；重氢
deuterium bond 氘键；重氢键
deuterium exchange 氘交换；氘化作用
deuterium labelling technique 氘标记技术
deuterium oxide 重水；氧化氘
deuterium-tritide 氚化氘
deuteroacetoprotic acid 氘乙酸
deutero-albumose 次脲
deuteroartose 次阿托脲
deutero-fibrinose 次纤维蛋白脲
deutero-globulose 次球蛋白脲
deuterohemin 次氯血红素
deuteron 氘核；重氢核
deuteroporphyrin 次卟啉
deuteroproteose 次脲
deuteroxide 氧化氘；重水
deuteroxyl 氘氧基
deutomycin 丢托霉素
deuton(＝deuteron) 氘核；重氢核
deutration 氘化反应
devanture 锌华凝结器；蒸锌炉冷凝器
devaporation 止汽化(作用)
Devarda alloy 德瓦达铝铜锌合金
develop 显影
developed blade area 展开叶片面积
developed curve 展开曲线
developed dyes 显色染料
developed length 展开长度
developed pattern 展开图
developed representation 展开图示法
developer 发色剂；显色剂；显影剂；展开剂

developer for negative resist 负型光刻胶显影剂
developer H 显影液 H
developing accelerator 显影促进剂
developing agent 显影剂;展开剂
developing bath (1)显影浴(2)显色浴
developing dye(s) 显色染料
developing(out) paper 相纸
developing solution 展开液
developing solvent 展开剂
developing tank (1)显影罐(2)展开罐;展开槽(色谱分析)
development 展开
development activating 显影活化剂
development centre 显影中心
development dye(s) 显色染料
development fund 开发基金
development inhibitor releasing compound DIR 化合物
development of chromatogram 色谱展开
development of dye 染料之显色
development plan 开发计划
development research 发展研究
development tank (1)显影罐(2)展开罐[槽]
deviate 偏斜
deviation 偏差;误差;偏斜
device 器件
devil liquor 鬼水(氨塔中的废液)
devil's brew 硝酸甘油;硝化甘油
devil water 鬼水(氨塔中的废液)
devitrification 失透;反玻璃化;非晶物质结晶
devitrification 析晶(透明消失)
devolatilization (炭黑)脱挥处理;脱挥发分
devolatilization of coal 低温炼焦
devulcanized(waste) rubber 再生胶
devulcanizer 脱硫罐;脱硫器
devulcanizing 脱硫
devulcanizing pan 脱硫釜;脱硫罐
Dewar benzene 杜瓦苯
Dewar's bottle 真空瓶;杜瓦瓶
Dewar(vacuum)flask 真空瓶;杜瓦瓶
dewatering (1)脱水的(2)脱水(作用)
dewatering period 脱水段
dewatering press 螺杆挤水机
dewatering screw 螺旋脱水器
dewater pump 排水泵
dewaxed oil stripper 脱蜡油汽提塔
dewaxing 脱蜡;排蜡
dewaxing agent 脱蜡剂
dewaxing medium 脱蜡剂
dewaxing solvent 脱蜡溶剂
dew condensing 结露
deweylite 水蛇纹石
dew point 露点
dew point calculation 露点计算
dew point corrosion 露点腐蚀
dew point hygrometer 露点湿度计
dew point testing 露点测试
dexamethasone 地塞米松
dexbrompheniramine 右溴苯那敏
dexchlorpheniramine 右氯苯那敏
dexetimide 右苄替米特
dexpanthenol 右泛醇
dextran 葡聚糖;右旋糖酐
dextranase 葡聚糖酶
dextranomer 葡聚糖高聚体;聚糖酐
dextransucrase 葡聚糖蔗糖酶;蔗糖-6-葡糖基转移酶
dextran sulfate sodium 葡聚糖硫酸酯钠
dextrase 右旋糖酶
dextri-maltose 糊精麦芽糖
dextrin 糊精
dextrin adhesive 糊精胶黏剂
dextrinase 糊精酶
dextrin of starch 淀粉糊精
dextrinose 糊精糖;龙胆二糖
dextro-(*d*-) 右旋的
dextroamphetamine 右苯丙胺;右旋苯异丙胺
dextrochrysin 右金菌素
dextrogyrate(＝dextrogyric) 右旋的
dextrogyric 右旋的
dextroisomer 右旋体;右旋异构体
dextromoramide 右吗拉胺
dextromycin 右霉素
dextronic acid 右旋糖酸;葡糖酸
dextropimaric acid (右旋)海松酸
dextrorotary (1)右旋的(2)右旋物
dextrorotation 右旋
dextrorotatory (1)右旋的(2)右旋物
dextrosan 聚右旋糖
dextrosazone 右旋糖脎
dextrose 葡萄糖;葡糖
deyamittin 假软齿花苷
dezincification 脱锌
dezocine 地佐辛
DFP 异丙氟磷
dG 脱氧鸟苷

D-Gal D-半乳糖
D-galactose D-半乳糖
D-galacturonic acid 半乳糖醛酸
D-glyceraldehyde D-甘露醛
dGMP 脱氧鸟苷酸
DHA (1)(dehydroacetic acid)脱氢乙酸(2)(=docosahexenoic acid)二十二碳六烯酸
DHD process DHD法(高压脱氢过程)
DHFA(dihydrofolic acid) 二氢叶酸
dhurrin (1)蜀黍苷(2)叶下珠苷
diabantite 辉绿泥石
diabase 辉绿岩
diabase-aplite 辉绿细晶岩
diabasic lining 辉绿岩衬里
diabatic flow 非绝热流
diaboline 达波灵;逮阿波林(生物碱)
diacerein 双醋瑞因
diacetamide 二乙酰基胺
diacetanilide *N*,*N*-二乙酰苯胺
diacetazotol 双醋佐托;双醋胺偶氮甲苯
diacetic acid 双乙酸,意指:(1)二乙酰乙酸(2)乙酰乙酸
diacetin 甘油二乙酸酯;二乙酸甘油酯;(俗称)二醋精
diacetonamine 双丙酮胺
diacetone 双丙酮;乙酰丙酮
diacetone acryl(o)amide(DAA) 双丙酮丙烯酰胺
diacetone alcohol 双丙酮醇
diacetoneamine 双丙酮胺
diacetoneglucose 双丙酮葡萄糖
diaceto-succinic ester 二乙酰丁二酸酯
diacetoxylphenylisatin 二(乙酸基苯基)靛红
diacetoxysciroenol 蛇形菌素
diacetyl 二乙酰;丁二酮
diacetyl acetic acid 二乙酰乙酸
diacetyl acetic ester 二乙酰乙酸酯
diacetyl acetone 二乙酰基丙酮;庚间三酮
diacetyl amide 二乙酰胺
diacetyl anilide *N*,*N*-二乙酰苯胺
diacetyl benzidine *N*,*N′*-二乙酰联苯胺
diacetyl-carbinol 二乙酰甲醇
diacetyl cellulose 二乙酸纤维素
diacetyl diaminodiphenylsulfone(DADDS) 醋氨苯砜;二乙酰氨苯砜
diacetyldihydromorphine 双醋氢吗啡;二乙酰二氢吗啡
diacetyldioxime 丁二酮肟
diacetyl disulfide 二乙酰二硫
diacetylene 联乙炔;丁二炔
diacetylene-benzene 二乙炔基苯
diacetylene-dicarboxylic acid 联乙炔二羧酸;己二炔二酸
diacetylene glycol(=hexadiindiol) 联乙炔二醇;己二炔二醇
diacetylene polymer 二乙炔聚合物
2,4-diacetyl-fluroglucine 2,4-二乙酰荧光甜素
diacetyl-glucose 二乙酰葡糖
diacetylhydrazine 二乙酰基肼
diacetylmethane 乙酰丙酮
diacetyl monomethoxime 双乙酰一甲氧肟;丁二酮一甲氧肟
diacetyl morphine(=heroine) 二乙酰吗啡;海洛因
diacetyl oxide 二乙酰化氧;乙酸酐
diacetyl peroxide 二乙酰化过氧
diacetyl tannin(=tannigen) 二乙酰单宁;单宁精
diacetyl urea 二乙酰脲
diachylon plaster 油酸铅硬膏
diacid 二元酸
diacid amide 二酰胺
diacid salt 二酸式盐;二氢盐(分子中仍含有两个氢离子)
diacolation 渗萃;渗漉
di-active amyl succinate 丁二酸二旋性戊酯
diacylglycerol (DAG;DG) 二酰(基)甘油
diad 二单元组
diadduct 二(基团)加成物;二元加成物
diadipate 己二酸氢盐(或氢酯)
diadochite 磷铁华
diafiltration 膜渗滤;渗滤
diafoam 组合泡沫;组合泡沫塑料
Diagnex 奎宁羧酸树脂
diagnostic model 诊断模型
diagnostic reagent 诊断剂
diagonal bracing 对角支撑;斜撑
diagonal chromatography 对角线色谱法
diagonal glide plane n 对角滑移面 n
diagonal tie 斜拉杆
diagonal tyre 斜交轮胎
diagram 图;简图;线图
diagrammatic flow sheet 流程图
diagrammatic representation 图示法
dial 标度盘;刻度盘
dial balance 刻度盘天平

dialdehyde 二醛
dialdehyde cellulose 二醛基纤维素
dialdehyde starch 双醛淀粉
dial flow meter 刻度盘流速计
dialifor 氯亚磷
dialin 二氢化萘
dial indicator 刻度盘指示器;度盘式指示器
dialkyl alkylene diphosphonic acid 亚烷基二烷基双膦酸
dialkyl arsine oxide 二烃基胂化氧;氧化二烃基胂
dialkyl arsine sulfide 二烃基胂化硫;硫化二烃基胂
dialkyl arsine trihalide 二烃基胂化三卤;三卤化二烃基胂
dialkyl arsinic acid 二烃基亚(胂)酸
dialkylate 二烷基化;二烷基化物
dialkyl cyano-arsine 二烃基胂化氰;氰化二烃基胂
dialkyldimethyl ammonium chloride 氯化二烷基二甲基铵
dialkyl mercury 二烃基汞
dialkyl methyl phosphonate 甲基膦酸二烷基酯
dialkyl phosphinic acid 二烃基亚膦酸
dialkylsiloxane 二烷基硅氧烷
dialkyl sulfate(s) 二烃(基)硫酸酯
dialkyl sulfide 二烷基硫醚
dialkyl sulfone 二烷基砜
dialkyl tin 二烃基锡
dialkyl zinc 二烃基锌
diallage 异剥石
diallate 燕麦敌
diallylamine 二烯丙胺
diallyl aniline *N*,*N*-二烯丙基苯胺
diallyl cyanamide 二烯丙(基)氨腈
diallyl disulfide 二硫化二烯丙基
diallyl isophthalic acid(DAIP) 间苯二甲酸二烯丙酯
diallyl oxide (二)烯丙基醚
diallyl (*o*-) phthalate(DAP) 邻苯二甲酸二烯丙酯
diallyl polymer 二烯丙基聚合物
diallyls 聚二烯丙酯;二烯丙酯
diallylsilane 二烯丙基硅烷
diallyl sulfide (二)烯丙基硫醚
diallyl terephthalate 对苯二甲酸二烯丙酯
diallyl trisulfide 三硫化二烯丙基
DIALOG Information Services DIALOG 信息检索系统
dialozite 菱锰矿
dialphanol phthalate 二(C_7～C_9)脂族醇邻苯二甲酸酯
dial thermometer 表盘式温度表
dial type 度盘式
dial type feed mechanism 转盘式加料器
dial type vacuum gauge 指针式真空表
dialuramide 尿咪;5-氨基巴比土酸
dialuric acid 5-羟基巴比土酸;(俗称)径尿酸
dialysate 渗析液
dialysator 渗析器
dialyser 渗析器
dialysis 渗析;透析
dialysis culture 渗析培养;透析培养
dialysis membrane reactor 透析膜反应器
dialytic membrane 渗析膜
dialyzate 渗析液;透析液
dialyzator 渗析器;透析器
dialyzer (1)渗析膜;透析膜(2)渗析器;透析器
diamagnetic anisotropy 抗磁各向异性
diamagnetic complex 抗磁性络合物
diamagnetic compound 抗磁化合物
diamagnetic ring current 抗磁环电流
diamagnetics 抗磁体
diamagnetic shift 抗磁位移
diamagnetism 抗磁性
diamantane (1)adamantane 旧称已不用(2)＝congressane 会议烷;五环十四烷
diameter limit cupping 树径采(脂)法
diametral expansion 径向膨胀
diamfenetide 地芬尼太;双醋氨苯氧乙醚
diamide (某)二酰胺
diamidine (1)联脒(2)(某)二脒
diamine 二元胺
diamine dye(s) 双胺染料
diamineoxidase 二胺氧化酶
1,4-diaminoanthraquinone 1,4-二氨基蒽醌
1,5-diaminoanthraquinone 1,5-二氨基蒽醌
***p*-diaminoazobenzene** 对二氨基偶氮苯
1,4-diaminobenzene 对苯二胺
***o*-diaminobenzene** 邻苯二胺
diaminobenzoic acid 二氨基苯甲酸
2,6-diaminocaproic acid 2,6-二氨基己

酸;赖氨酸
1,2-diaminocyclohexanetetraacetic acid (DCTA) 环己二胺四乙酸
1,10-diaminodecane 1,10-癸二胺
2,2-diaminodiethyl ether-*N*,*N*,*N*′,*N*′-tetraacetic acid(DEETA) 2,2-二氨基二乙醚-*N*,*N*,*N*′,*N*′-四乙酸
2,2-diaminodiethylsulfide-*N*,*N*,*N*′,*N*′-tetraacetic acid(DESTA) 2,2-二氨基二乙硫醚-*N*,*N*,*N*′,*N*′-四乙酸
diaminodihydroxyarsenobenzene 二氨基二羟偶砷苯
2,4-diaminodiphenylamine 2,4-二氨基二苯胺
***p*,*p*′-diaminodiphenylmethane** *p*,*p*′-二氨基二苯甲烷
diaminodiphenyl sulfide 二氨基二苯硫醚
diaminodiphenylsulfone 氨苯砜
diaminomaleonitrile 二氨基顺丁烯二腈
diamino-monophosphatide 二氨(基)一磷脂
diaminophenazine 二氨基吩嗪
2,4-diaminophenol 2,4-二氨基苯酚
2,4-diaminophenol dihydrochloride 二盐酸-2,4-二氨基苯酚;阿米酚
diaminophenylacetic acid 二氨基苯乙酸
diaminopimelic acid 二氨基庚二酸
1,2-diaminopropane-tetraacetic acid (DPTA,APDT) 1,2-丙二胺四乙酸
diaminopurine 二氨基嘌呤
4,4′-diaminostilbene-2,2′-disulfonic acid 4,4′-二氨基二苯乙烯-2,2′-二磺酸;4,4′-二氨基芪-2,2′-二磺酸
diaminostilbenedisulfonic acid 二氨基芪二磺酸
***N*-(4,6-diamino-*s*-triazin-2-yl) arsanilic acid sodium salt** *N*-(4,6-二氨基均三嗪-2-基)对氨苯基胂酸钠
2,5-diaminovaleric acid 2,5-二氨基戊酸;鸟氨酸
diamminedichloroplatinum(Ⅱ) 二氯·二氨合铂(Ⅱ)
diammine palladous chloride 二氯化二氨钯
diammonium hydrogen phosphate 磷酸氢二铵
diammonium(ortho)phosphate (正)磷酸氢二铵
diammonium phosphate 磷酸二铵
diamond 金刚石;钻石;金刚钻;菱形
"diamond" glide plane d "金刚石"型滑移面 d
diamond grinding wheel 金刚石砂轮
diamond mortar 冲击钵
diamond spar 刚石;刚玉
diamorphine hydrochloride 二醋吗啡;海洛因
diamorphism 二形现象
diamox 乙酰唑胺
diamphenethide 地芬尼太
diampromide 地恩丙胺
diamthazole dihydrochloride 地马唑二盐酸盐
diamyl amylphosphonate(DAAP) 戊基膦酸二戊酯
diamyl carbonate 碳酸二戊酯
diamyl disulfide 二戊基(化)二硫
di-*tert*-amylhydroquinone 二叔戊基对苯二酚
diamyl ketone 二戊基(甲)酮
diamyl phthalate 邻苯二甲酸二戊酯
diamyl sodium sulfosuccinate 磺基琥珀酸二戊酯钠
diamyl succinate 丁二酸二戊酯
diamyl sulfite 亚硫酸二戊酯
diamyl tartrate 酒石酸二戊酯
dianemycin 猎神霉素
***o*,*p*′-dianiline** *o*,*p*′-双苯胺;2,4′-联苯二胺
dianilinoethane 二苯胺乙烷
dianionic surfactant 双阴离子表面活性剂
dianisidine 联(二)茴香胺
***o*-dianisidine** 邻联(二)茴香胺
dianisidine blue 联茴香胺蓝
dianthracene 双蒽;仲蒽;聚二蒽
dianthranide 联(二)蒽
dianthraquinone 联(二)蒽醌
Dianthrene Blue 双蒽蓝(染料)
4,4′-diantipyrinylmethane 4,4′-二安替比林(基代)甲烷
diapamide 硫米齐特(利尿降压药)
diapause hormone 滞育激素
diaphanometer 透明度计
diaphanoscope 透照镜
diaphen 地阿芬(二溴沙仑和三溴沙仑的合剂)
diaphoretic 发汗药
diaphorite 异辉锑铅银矿
diaphragm (1)隔膜;膜片(2)光阑
diaphragm-actuated regulator 薄膜调节器

diaphragm assembly 膜片组件
diaphragm box level controller 膜盒式料位控制器
diaphragm cap 膜头盖
diaphragm capsule 膜盒
diaphragm cell with metal anodes 金属阳极隔膜电解槽
diaphragm disk 膜盘
diaphragm electrolysis 隔膜电解
diaphragm electrolytic cell 隔膜式电解槽
diaphragm electrolyzer 隔膜电解槽
diaphragm gas meter 隔膜煤气计
diaphragm materials 隔膜材料
diaphragm packing 隔膜封填
diaphragm pressure ga(u)ge 膜式压力计；薄膜压力计
diaphragm pump 隔膜泵；膜式泵
diaphragm relief valve 膜式泄压阀
diaphragm screen 膜筛
diaphragm type compressor 隔膜压缩机；膜(片)式压缩机
diaphragm type pump 隔膜泵
diaphragm valve 隔膜阀
diaporthin 腐皮壳菌素
diapositive 透明正片
diaquooxonium ion 二水合氧鎓离子；三水合氢离子($H_7O_3^+$ 或 $H_3O^+ \cdot 2H_2O$)
diarsenous acid 焦砷酸；三缩二原砷酸
diarsine 联胂($R_2As \cdot AsR_2$)
diarsonium(=cacodyl) 二甲胂基
diarsyl(=biarsine) 联胂
diaryl arsenious acid 二芳基亚胂酸
diaryl arsine oxyhalide 二芳基胂化氧卤
diaryl arsine trihalide 三卤化二芳胂(R_2AsX_3)
diarylhydrazine rearrangement(=benzidine rearrangement) 二芳基肼重排(作用)；联苯胺重排(作用)
diaryl mercury 二芳基汞(HgR_2)
diaspirin 双阿司匹灵
diaspore 一水硬铝石
diastase 淀粉(糖化)酶
diastase of malt 麦芽淀粉酶
diastasic action 淀粉糖化作用
diastasimetry 糖化力测定
diastatic action 淀粉糖化作用
diastatin 制霉菌素
diastereoisomer 非对映异构体
diastereoisomeride 非对映异构体
diastereoisomerism 非对映异构现象
diastereomer 非对映(异构)体
diastereomeric excess 非对映体过量
diastereomeric form 非对映形
diastereotopic 非对映异位(的)
diastreoisomers 非对映异构体
diathermal wall 绝热壁[膜]
diathermanous body 透热体
diathermic 透热的
diathermic heating 高频加热法
diathermic partition 绝热壁[膜]
diathermometer 导热计
diathymosulfone 地百里砜；麝酚砜
diatol 双元油；碳酸二乙酯
diatomaceous earth 硅藻土
diatomic acid 二价酸
diatomic alcohol 二元醇；二羟醇
diatomic base 二价碱
diatomic molecule 双原子分子
diatomite 硅藻土
diatomite filter-aid 硅藻土助滤剂
diatretyne I 穿孔蕈炔素 I
diatrizoate sodium 泛影酸钠
diauxie 二次生长(现象)
diauxie growth 两次生长
diaveridine 二氨藜芦啶
diaxial addition 双直键加成
diazane 二氮烷；肼
diazanyl 二氮烷基；肼基(即 H_2NNH—)
diazelate 壬二酸氢盐(或酯)
diazene 二氮烯
diazenediyl 二氮亚烯基(—N：N—)
diazenyl 二氮烯基(HN=N—)
diazepam 地西泮；安定
diazete 二氮杂环丁二烯
diazetidine 二氮(杂)环丁烷
diazetine 二氮杂环丁烯
diazido- 二叠氮基
diazidoethane 二叠氮基乙烷
diazine 二嗪
1,2-diazine 哒嗪；1,2-二嗪
1,3-diazine 嘧啶；1,3-二嗪
1,4-diazine 吡嗪；1,4-二嗪
diazinon 二嗪磷；敌匹硫磷；二嗪农
diaziquone 地吖醌
diazo acetate 重氮基乙酸盐(或酯)
diazo acetic acid 重氮基乙酸
diazo acetic ester (专指)重氮基乙酸乙酯
diazoalkane 重氮烷
diazo amino 重氮氨基
diazoaminobenzene 重氮氨基苯

diazoamino rearrangement 重氮胺重排（作用）
diazoate 重氮羧酸盐
diazobenzene acid 苯重氮酸
diazobenzene chloride 氯化重氮苯
diazo benzene hydroxide 氢氧化重氮苯
diazobenzenesulfonic acid 重氮苯磺酸
diazocine 二氮芳辛；二氮杂环辛间四烯
diazo colo(u)rs 重氮染料
diazo compound 重氮化合物
diazo coupling reaction 重氮偶合反应
diazoethane 重氮乙烷
diazo film 重氮软片
diazo group 重氮基
diazohydrates 重氮醚类（指含有二价基—N：NO—的化合物类）
diazohydroxide 重氮氢氧化物（指含—N：NOH的化合物）
diazoic acid 重氮酸（$R\cdot N_2\cdot OH$）
diazoimide（＝hydrazoic acid） 叠氮酸
diazoketone rearrangement（＝Wolff rearrangement） 重氮甲酮重排（作用）；沃尔夫重排
diazol colo(u)rs 重氮盐染料；显色盐染料
1,2-diazole 吡唑；1,2-二唑
1,3-diazole 咪唑；1,3-二唑
diazomethane 重氮甲烷
diazomethane synthesis 重氮甲烷合成
diazo microfilm 重氮缩微胶片
diazomycin 偶氮霉素
diazonaphthoquinone 邻叠氮萘醌
diazonitrophenol 重氮硝基酚
diazonium coupling 重氮偶联
diazonium halide 卤化重氮（物）（$R\cdot N_2^+X^-$）
diazonium hexafluorophosphate 六氟磷酸重氮盐（指$[RN_2]^+PF_6^-$）
diazonium hydroxide 氢氧化重氮（物）
diazonium salt 重氮盐
6-diazo-5-oxo-DL-norleucine 6-重氮-5-氧代-DL-正亮氨酸
diazonium tetrafluoroborate 四氟硼酸重氮盐
DL-6-diazo-5-oxo-DL-norleucine(DON) 偶氮亮氨酸
diazo paper 重氮重印纸
diazo-phenol 氢氧化重氮苯酚
diazo photographic material 重氮感光材料
diazo photoresist 重氮感光胶
diazo presensitilized plate 重氮预涂感光版
diazo process 重氮过程
diazo reaction 重氮化反应
diazo salt 重氮盐
diazo sensitilized paper 重氮感光纸
diazo sensitilizer 重氮感光剂
***p*-diazosulfanilic acid** （对）重氮苯磺酸
diazosulfide 苯并噻二唑
diazotate 重氮酸盐（或酯）
diazotic acid 重氮酸
diazotization 重氮化（作用）
diazotol rapid fast colo(u)rs 重氮酚快速坚牢染料；偶氮酚类
diazo transfer 重氮基转移
diazotrophs 固氮细菌
diazo type paper 重氮蓝复印纸
diazouracil 重氮尿嘧啶
diazoxide 二氮嗪；氯甲苯噻嗪
Diban（＝dibasic aluminium nitrate） 二碱式硝酸铝
Diban process 德班法；二碱式硝酸铝法
dibasic （1）二元的；二（碱）价的（2）二取代的
dibasic acid 二元酸
dibasic alcohol 二元醇；二羟醇
dibasic aminoacid 氨基二酸；二价氨基酸
dibasic carboxylic acid 二（价）羧酸
dibasic ketonic acid（＝dibasic keto acid） 二价酮酸；酮二酸
dibasic lead phosphite 二碱式亚磷酸铅；（俗称）二盐基亚磷酸铅
dibasic lead phthalate 二碱式邻苯二甲酸铅
dibasic lead stearate 二碱式硬脂酸铅（PVC稳定剂）
dibasic plumbous phthalate 二碱式邻苯二甲酸铅
dibasic potassium phosphate 磷酸氢二钾
dibasic salt 二取代盐
dibasic sodium phosphate 磷酸氢二钠
dibazol 地巴唑
dibehenolin 二山萮精；甘油二山萮酸酯
dibekacin 地贝卡星；双脱氧卡那霉素
dibenzalacetone 二亚苄基丙酮
dibenzamide 二苯甲酰胺
2,2′-dibenzamidodiphenyl disulfide 2,2′-二苯甲酰氨基二苯基二硫
dibenzanthracene 二苯并蒽
dibenzenazoresorcin 二苯偶氮间苯二酚
dibenzenechromium 二苯（合）铬
dibenzepin 二苯西平；二苯氮䓬

dibenzhydroxamic acid 二苯甲氧肟酸
dibenzimide 二苯甲酰亚胺
dibenzoate 二苯甲酸盐(或酯)
dibenzo-18-crown-6(DB18C6) 二苯并-18-冠(醚)-6
dibenzofuran 氧芴
dibenzophenone 二苯甲酮
dibenzopyrrole 二苯并吡咯
2,2′-dibenzothiazole disulfide 2,2′-二硫化二苯并噻唑;硫化促进剂 DM
dibenzothiazyldimethylthiourea 二苯并噻唑基二甲基硫脲
dibenzothiazyl-disulfide 二硫化二苯并噻唑基
dibenzothiophene 硫芴
dibenzoxazine 二苯并噁嗪
dibenzoyl (1)联苯甲酰;苯偶酰 (2)二苯(甲)酰(基)
dibenzoylacetone 二苯甲酰丙酮
dibenzoyl disulfide 二苯甲酰二硫
dibenzoylethylene 二苯甲酰乙烯
dibenzoylethylenediamine *N*,*N*′-二苯甲酰乙二胺
dibenzoyl hydrazine 二苯甲酰肼
dibenzoyl ketone 二苯甲酰基(甲)酮
dibenzoyl methane 二苯甲酰甲烷
dibenzoylornithine(=ornithuric acid) 鸟尿酸;*N*,*N*′-二苯甲酰鸟氨酸
(di)benzoyl peroxide 过氧化二苯甲酰
***p*,*p*-dibenzoylquinone dioxime** *p*,*p*-二苯甲酰醌二肟
dibenzoyl thiourea 二苯甲酰硫脲
dibenzphenanthrene 二苯并菲
dibenzthioxine(=phenoxthine) 夹氧硫杂蒽
dibenzyl 联苄;二苄基;1,2-二苯乙烷
dibenzylacetic acid 二苄基乙酸
dibenzylamine 二苄胺
dibenzylaniline *N*,*N*-二苄苯胺
dibenzyl chlorophosphonate 氯代磷酸二苄酯
dibenzyl disulfide 二苄(化)二硫
dibenzyl ether 二苄醚
***N*′,*N*′-dibenzylethylenediamine** *N*′,*N*′-二苄基乙二胺
dibenzyl fumarate 富马酸二苄酯;反(式)丁烯二酸二苄酯
dibenzyl ketone 二苄基(甲)酮
dibenzyl maleate 马来酸二苄酯;顺丁烯二酸二苄酯
dibenzylmercury 二苄基汞
dibenzyl phosphite 亚磷酸二苄酯
dibenzyl phthalate 邻苯二甲酸二苄酯
dibenzyl sulfide 二苄基硫
dibenzyl sulfone 二苄砜
dibenzyl sulfoxide 二苄基亚砜
dibenzyl thiourea 二苄基硫脲
2,5-dibiphenylyl oxazole(BBO) 2,5-二联苯基噁唑
diblock copolymer 二嵌段共聚物
diborane 乙硼烷
DIBP(diisobutyl phthalate) 邻苯二甲酸二异丁酯(增塑剂)
dibromide 二溴化物
dibromin 二溴巴比土酸
dibromoacetaldehyde 二溴乙醛
dibromoacetamide 二溴代乙酰胺
dibromoacetic acid 二溴乙酸
dibromoacetyl bromide 二溴乙酰溴
dibromoacetylene 二溴代乙炔
dibromoanthracene 二溴蒽
dibromoanthranilic acid 二溴邻氨基苯甲酸
dibromobarbituric acid 二溴巴比土酸
dibromobenzene 二溴(代)苯
dibromobutyric acid 二溴丁酸
dibromocamphor 二溴樟脑
(1,2-)dibromo(-3-)chloropropane 二溴氯丙烷
dibromo-*o*-cresolsulfonphthalein(=bromocresol purple) 溴甲酚红紫
1,2-dibromo-2,4-dicyanobutane 1,2-二溴-2,4-二氰丁烷
dibromodiphenyl ether 二溴二苯醚
dibromodulcitol 二溴卫矛醇
1,2-dibromoethane 1,2-二溴乙烷
2,2-dibromoethyl alcohol 二溴乙醇
dibromofluorescein 二溴荧光素
dibromofumaric acid 二溴富马酸;二溴反丁烯二酸
dibromogallic acid 二溴棓酸;二溴没食子酸
5,7-dibromohydroxyquinoline 5,7-二溴羟基喹啉
dibromomaleic acid 二溴马来酸;二溴顺丁烯二酸
dibromomalonic acid 二溴丙二酸
dibromomalonyl bromide 二溴丙二酰溴
dibromomethane 二溴甲烷
dibromomethylethylketone 二溴丁酮;二溴(甲基·乙基)甲酮

dibromonitromethane 二溴硝基甲烷
1,4-dibromopentane 1,4-二溴戊烷
5-(α,β-dibromophenethyl)-5-methylhydantoin 5-(α,β-二溴苯乙基)-5-甲基乙内酰脲
dibromophenolphthalein 溴酚红
dibromopropamidine isethionate 二溴丙脒羟乙磺酸盐
dibromopropene 二溴丙烯
dibromopyrogallolsulfonaphthalene (DBPSN) 二溴代焦棓酚磺萘
dibromopyruvic acid 二溴丙酮酸
2,6-dibromoquinone-4-chlorimide 2,6-二溴苯醌-4-氯亚胺
dibromosalicylaldehyde 二溴水杨醛
dibromosalicylic acid 二溴水杨酸
dibromosuccinic acid 二溴琥珀酸
dibromothymolsulfonphthalein 二溴百里酚磺酞;溴百里蓝
3,5-dibromotyrosine 3,5-二溴酪氨酸
dibromsalicil 双溴水杨酰
dibucaine hydrochloride 盐酸辛可卡因
dibunate sodium 地布酸钠;双丁萘磺酸钠
dibupyrone 地布匹隆;丁胺磺比林
dibutadiamine 二丁基丁二胺
dibutene 二聚丁烯
dibutoline 地布托林
β,β′-dibutoxy diethyl ether β,β′-二丁氧基二乙醚
di(β-butoxyethyl)ether 二(β-丁氧乙基)醚;β,β′-二丁氧基二乙醚
di-*n*-butylacetic acid 二(正)丁基乙酸
dibutylamine 二丁胺
di-*n*-butylamine 二(正)丁胺
dibutylammonium dibutyldithiocarbamate 二丁基二硫代氨基甲酸二丁铵
dibutylammonium oleate 油酸二丁铵
***N*,*N*-dibutylaniline** *N*,*N*-二丁苯胺
di-*tert*-butylbenzene 二叔丁基苯
di-*n*-butyl beryllium 二正丁基铍
dibutyl butylphosphonate(DBBP) 丁基膦酸二丁酯
dibutyl carbitol(DBC) 二丁基卡必醇
dibutyl carbonate 碳酸二丁酯
2,6-di-*tert*-butyl-*p*-cresol 2,6-二叔丁基对甲酚
di-*tert*-butyl-*m*-cresol 2-叔丁基间甲酚(抗氧剂)
di-butyl cyanamide 二丁氨腈
dibutyl diethyl carbamoylphosphonate(DBDECP) 二乙氨基甲酰膦酸二丁酯
dibutyl-*N*,*N*-diethyl-carbamyl methylene phosphonate(DBDECMP) *N*,*N*-二乙基氨基甲酰亚甲基膦酸二丁酯
dibutyl dihydrogen methylenebisphosphonate (DBMDP) 亚甲基双(膦酸单丁酯);亚甲基双膦酸二丁酯
dibutyl disulfide 二丁基二硫
dibutyl ether (二)丁基醚
di-*n*-butyl ether 正丁醚
dibutyl ethylenediphosphonic acid(DBEDP) 亚乙基二膦酸二丁酯
dibutyl fumarate 富马酸二丁酯
2,5-di-*tert*-butylhydroquinone(DBHQ) 2,5-二叔丁基氢醌
dibutyl ketone 二丁基甲酮;5-壬酮
dibutyl maleate 马来酸二丁酯
dibutyl malonate 丙二酸二丁酯
dibutyl methylene diphosphonic acid(DBMDP) 亚甲基二丁基双膦酸
2,6-di-*tert*-butyl-4-methyl phenol 2,6-二叔丁基-4-甲基苯酚
dibutyl methyl phosphate(DBMP) 磷酸二丁基一甲基酯
di-*tert*-butyl peroxide 过氧化二叔丁基
dibutyl phenyl phosphate 磷酸二丁·一苯酯
dibutyl phenyl phosphonate(DBPP) 苯基膦酸二丁酯
di-*sec*-butylphenylphosphonate(DSBPP) 苯基膦酸二仲丁酯
dibutylphosphate(DBP) 磷酸氢二丁酯
di-*n*-butyl phosphite 亚磷酸二正丁酯
dibutyl(*o*-)phthalate 邻苯二甲酸二丁酯;(俗称)增润剂
dibutylpyrophosphoric acid(DBPP) 焦磷酸(二氢)二丁酯
dibutyl succinate 琥珀酸二(正)丁酯
dibutyl sulfide 二丁硫
dibutyl sulfone 二丁砜
dibutyl tartrate 酒石酸二丁酯(增塑剂)
dibutyl thiophosphite(DBTP) 硫代亚磷酸二丁酯
dibutyl thiourea 二丁基硫脲
dibutyltin 二丁锡
dibutyltin bromide 二溴化二丁锡
dibutyltin dilaurate 二月桂酸二丁基锡
1,1′-di-*n*-butyluranocene 1,1′-二正丁基

代双环辛四烯合铀
dibutyl urea 二丁脲
dibutyrate 二丁酸盐(或酯)
dibutyrin 甘油二丁酸酯;二丁精
N^6-2′-*O*-dibutyryl adenosine-3′, 5′-monophosphate(DBC) 双丁酰环腺苷酸
dicacodyl 双卡可基;双二甲胂
dicaesium hexachlorplutonate 六氯钚酸二铯
dicalcium phosphate 磷酸二钙
dicalcium silicate 硅酸二钙
dicamba 麦草畏
dicaprylate 二辛酸盐(或酯)
dicapthon 异氯硫磷
dicarbonate (1)碳酸氢钠;小苏打(2)碳酸氢盐;重碳酸盐;酸式碳酸盐
dicarboxy arseno benzene 偶砷苯(甲)酸
dicarboxyl 联羧基;乙二酸;草酸
dicarboxylate 二羧酸盐(或酯)
dicarboxylcellulose 二羧基纤维素
dicarotene 番茄烃
dicaryon 双核体
dicentrine 荷包牡丹碱
dicer 切片机;切粒机
dicerotin 甘油二蜡酸酯;二蜡精
dicetyl 联十六烷基;三十二烷
dichlobenil 敌草腈
dichlofenthion 除线磷
dichlofluanid 抑菌灵
dichlone 二氯萘醌
dichloracetyl chloride 二氯乙酰氯
dichloralphenazone 氯醛比林;二氯醛安替比林
dichloramine-T 二氯胺 T;对甲苯磺酰二氯胺
dichlordihydrosilicate 二氯二氢硅
dichlorfenidim 敌草隆
dichlorisone 二氯松
dichlorisoproterenol 二氯异丙去甲肾上腺素
dichloroacetal 二氯乙缩醛;二乙醇缩二氯乙醛
dichloroacetaldehyde 二氯乙醛
dichloroacetamide 二氯乙酰胺
dichloroacetic acid 二氯乙酸;二氯醋酸
***sym*-dichloroacetone** 对称二氯丙酮
***unsym*-dichloroacetone** 不对称二氯丙酮
dichloroacetone 二氯丙酮
ω,ω-dichloroacetophenone ω,ω-二氯乙酰苯
dichloroacetyl chloride 二氯乙酰氯
dichloroacetylene 二氯代乙炔
***N*-dichloroacetylserine** *N*-二氯乙酰丝氨酸
2,5-dichloroaniline 2,5-二氯苯胺
3,4-dichloroaniline 3,4-二氯苯胺
3,5-dichloroaniline 3,5-二氯苯胺
dichloroazodicarbonamide (= azochloramide) 二氯偶氮脒
dichlorobarbituric acid 二氯巴比土酸
dichlorobenzalkonium chloride 二氯苄氯铵
1,4-dichlorobenzene 对二氯(代)苯
***o*-dichlorobenzene** 邻二氯(代)苯
***p*-dichlorobenzene** 对二氯(代)苯
3,3′-dichlorobenzidine 3,3′-二氯联苯胺
1,1-dichloro-2,2-bis(*p*-chlorophenyl)ethane 滴滴伊
1,1-dichloro-2,2-bis(*p*-ethylphenyl)ethane 乙滴涕
dichlorobutadiene 二氯丁二烯
1,4-dichlorobutane 1,4-二氯丁烷
dichlorobutylene 二氯丁烯
dichlorocarbene 二氯卡宾
dichloro(2-chlorovinyl)arsine 二氯(2-氯乙烯基)胂
dichlorodibromomethane 二氯二溴甲烷
dichlorodicyanobenzoquinone 二氯二氰苯醌
2, 2′-dichlorodiethyl sulfide (= mustard gas) 二氯二乙硫醚;芥子气
dichlorodifluoromethane 二氯二氟甲烷
dichlorodimethyl ether 二氯二甲醚
dichlorodimethylhydantoin 二氯二甲基乙内酰脲
dichlorodimethylsilane 二氯二甲基硅烷
dichlorodinitromethane 二氯二硝基甲烷
dichlorodiphenyltrichloroethane 滴滴涕
dichlorodivinylchloroarsine 二氯二乙烯氯胂
1,2-dichloroethane 1,2-二氯乙烷
2,2-dichloroethanol 2,2-二氯乙醇
dichloroether 二氯乙醚
dichloroethyl aluminium 二氯化乙基铝
1,1-dichloroethylene 1,1-二氯乙烯
1,2-dichloroethylene 1,2-二氯乙烯
2,2′-dichloroethyl ether 2,2′-二氯乙醚
***sym*-dichloroethyl ether** 对称二氯乙醚
dichlo(ro)fenthion 除线磷
dichlorofluorescein 二氯荧光黄;二氯荧光素

dichlorogallium hydride 二氯氢化镓
dichloroindophenol sodium 二氯靛酚钠
dichloroiodomethane 二氯碘甲烷
dichloroisocrotonic acid 二氯异巴豆酸
***sym*-dichloroisopropyl alcohol** 1,3-二氯-2-丙醇
dichloromalealdehydic acid 二氯代丁烯醛酸;黏氯酸
dichloromaleic acid 二氯马来酸
dichloromaleic acid hemialdehyde 二氯代丁烯醛酸;黏氯酸
dichloromalic acid *α*,*α*-二氯苹果酸
dichloromethane 二氯甲烷
dichloromethotrexate 二氯甲胺蝶呤
3,9-dichloro-7-methoxyacridine 3,9-二氯-7-甲氧基吖啶
dichloromethylation 双氯甲基取代作用(引入两个氯甲基)
dichloromethyl *p*-chlorophenyl ketone 二氯甲基·对氯苯基(甲)酮
dichloromethylene diphosphonate(Cl_2 MDP) 二氯亚甲基二膦酸
dichloromethylsilane 二氯甲基硅烷
2,3-dichloro-1,4-naphthoquinone 2,3-二氯-1,4-萘醌;二氯萘醌
2,6-dichloro-4-nitroaniline 2,6-二氯-4-硝基苯胺;氯硝胺
dichloronitrobenzene 二氯硝基苯
dichloronitrohydrin 硝酸2,3-二氯丙酯
2,3-dichloro-4-oxo-2-butenoic acid 二氯代丁烯醛酸;黏氯酸
dichlorophen 防霉酚;二氯芬;二羟二氯二苯甲烷;双氯芬
dichlorophenarsine 二氯苯胂;二氯酚胂;3-氨基-4-羟苯基二氯胂
dichlorophenol 二氯苯酚
2,4-dichlorophenol 2,4-二氯苯酚
2,5-dichlorophenol 2,5-二氯苯酚
2,6-dichlorophenol indophenol 2,6-二氯靛酚
dichlorophenol sulfonphthalein 氯酚红
2,4-dichlorophenoxyacetic acid(=2,4-D) 2,4-滴;2,4-二氯苯氧乙酸
di(*p*-chlorophenyl)dichloroethane 双(对氯苯基)二氯乙烷;双氯苯二氯乙烷
3-(3,4-dichlorophenyl)-1,1-dimethylurea (DCMU) 二氯苯(基)二甲脲
di(*p*-chlorophenyl)methylcarbinol 双(对氯苯基)甲基甲醇;双(对氯苯基)乙醇
2,4-dichlorophenyl(4-nitrophenyl) ether 2,4-二氯苯基-4-硝基苯基醚;除草醚
dichlorophenyl phenyl phosphate 磷酸双氯苯·苯酯
dichlorophenyl sulfonic acid 二氯苯磺酸
dichlorophenyl *p*-toluenesulfonate 对甲苯磺酸二氯苯酯
dichlorophosphination 二氯膦化作用
1,2-dichloropropane 1,2-二氯丙烷
1,3-dichloro-2-propanol 1,3-二氯-2-丙醇
1,3-dichloropropene 1,3-二氯丙烯
***α*,*γ*-dichloropropylene** 1,3-二氯丙烯
dichloropropyl nitrate 硝酸二氯丙酯
6,7-dichlororiboflavin 6,7-二氯核黄素
dichlorosilane 二氯硅烷
dichlorostyrene 二氯苯乙烯
dichlorosulfonphthalein 二氯磺酞
dichlorotetrafluoroethane 二氯四氟乙烷
dichlorotetraglycol 二氯四甘醇
***α*,*α*-dichlorotoluene** 亚苄基二氯
dichlorotriglycol 二氯三甘醇
dichloro-urea 二氯脲
dichlorphenamide 双氯非那胺;二氯二磺胺
dichlorpromazine 二氯丙嗪
dichlorprop 2,4-滴丙酸
dichlorvos(=dichlorophos) 敌敌畏
dichroic ratio 二向色性比
dichroine A 异黄常山碱
dichroine B 黄常山碱
dichroism (1)二向色性 (2)二色性
dichromate 重铬酸盐(或酯)
dichromate oxygen consumed 重铬酸盐耗氧量
dichromate titration 重铬酸钾(滴定)法;重铬酸盐法
dichromatic effect 二色效应
dichromatism 二色性
dichromic acid 重铬酸
dichromium(Ⅱ) tetraacetate-diaqua 二水合四乙酸根合二铬(Ⅱ)
dichromium trioxide 三氧化二铬
dichroscope 二色镜
dichrostachinic acid *S*-琥珀基半胱氨酸
dicinchonine 双金鸡宁;双辛可宁
dicing cutter 切粒机
dick valve 盘形阀
diclazuril 地克珠利
diclobutrazol 苄氯三唑醇
diclofenac sodium 双氯芬酸钠;二氯苯胺苯乙酸钠

diclofop-methyl 2,4-滴苯丙酸甲酯；禾草灵
dicloran 2,6-二氯-4-硝基苯胺；氯硝胺
dicloxacillin 双氯西林；双氯青霉素
dicodeine （四）聚可待因
dicodid(e) 二氢化可待因酮
dicofol 三氯杀螨醇；开乐散
dicolinium iodide 地库碘铵
diconchinine 双康奎宁
dicoumarin 败坏翘摇素；3,3′-亚甲基-4-双羟香豆素
dicoumarol（＝dicoumarin） 败坏翘摇素
dicrotaline 二猪屎豆碱
dicrotophos 百治磷
dicryl 甲烯敌稗；地快乐
dictamnin(e) 白藓碱
Dictyostelium discoldeum 盘基网柄菌
dicumarol （医药）双香豆素；（农药）双杀鼠灵
dicumyl peroxide 过氧化二枯基；过氧化双苯异丙基
dicyan 氰$(CN)_2$
dicyanamide 二氰（基）胺
dicyandiamide 双氰胺；氰基胍
dicyandiamidine（＝guanyl urea） 脒基脲；胍基甲酰胺
dicyanin(e) 双菁
***m*-dicyanobenzene** 间苯二甲腈；间二氰基苯
dicyanobutylene 二氰基丁烯
dicyanodiamide 双氰胺；氰基胍
dicyanodiamidine 脒基脲
dicyanogen 氰（气）$(CN)_2$
dicyclic hydrocarbon 双环烃
dicyclic ring 双环核
dicyclo- 双环；二环
dicyclohexyl adipate 己二酸两个环己酯
dicyclohexyl amine 二环己（基）胺
dicyclohexylcarbodiimide 二环己基碳二亚胺
dicyclohexyl-18-crown-6(DC18C6) 二环己基并-18-冠（醚）-6
dicyclohexyl ketone 二环己基甲酮
dicyclohexyl phthalate 邻苯二甲酸二环己酯
dicyclohexylurea(DCU) 二环己（基）脲
dicyclomine（＝dicycloverine） 双环维林；双环胺
dicyclooctatetracene-neptunium 二环辛四烯合镎
dicyclooctatetraceneplutonium 二环辛四烯合钚
dicyclopentadiene 双环戊二烯
dicyclopentadienyl 联环戊二烯
dicyclopentadienyl berkelium chloride 氯化二茂锫
dicyclopentadienyl beryllium 二茂铍
dicyclopentadienyl iron 二茂铁
dicyclopentadienyltin 二茂锡
1,1′-dicyclopropyluranocene 1,1′-二环丙基代双环辛四烯合铀
DIDA(diisodecyl adipate) 己二酸二异癸酯（增塑剂）
didanosine 去羟肌苷
didecylamine 二癸基胺
didecyl ketone 二癸基（甲）酮；11-二十一（碳）烷酮
didecyl phthalate 邻苯二甲酸二癸酯
didemnins 海鞘环肽
dideoxyadenosine 双去氧腺苷
dideoxycytidine 双去氧胞苷（＝zalcitabine）
dideoxyinosine 双去氧肌苷（＝didanosine）
dideutero-*p*-aminobenzoic acid 二氘对氨基苯甲酸
dideuteroethylene 二氘（代）乙烯
didimolite 钙蓝石
didodecenyl dimethyl ammonium nitrate 双十二碳烯基二甲基铵硝酸盐
DIDP(diisodecyl phthalate) 邻苯二甲酸二异癸酯
didymia 氧化钕镨
didymium(Di) 镨；钕镨；钕镨混合物；镨钕混合物；钕镨料
die (1)模；模具；（挤塑，吹塑）模头 (2)热合模；冲模 (3)板牙
"die-away"curve 衰减曲线（水中洗涤剂活性物残留浓度与时间关系曲线）
"die-away"test 衰减试验（测定洗涤剂活性物生物降解率的一种方法）
die body 模体；模头接套
die burn 烧伤
die center 冲模中心
Dieckmann reaction 迪克曼反应
die formed parts 模压成形件
die head 模头；冲垫；板牙头
dieldrin 狄氏剂
dielectric 电介质
dielectric absorption 介电吸收

dielectric absorption spectra 介电吸收谱
dielectric ceramics 电介质陶瓷
dielectric constant 介电常数;介电常量
dielectric constant of vacuum 真空介电常量
dielectric dispersion 介电色散
dielectric dispersion curve 介电色散曲线
dielectric dissipation factor 介电损耗因子;介电损耗角正切
dielectric dryer 高频干燥机
dielectric(high frequency) drying 高频干燥
dielectric loss 介电[质]损耗
dielectric loss constant 介电损耗常数
dielectric loss tangent 介电损耗角正切
dielectric material 介电材料
dielectric oil 介电油;绝缘油
dielectric permittivity 电介常数
dielectric phenomenon 介电现象
dielectric polarization 电介质极化
dielectric regulating agent 介电调整剂
dielectric relaxation 介电松弛;电介质弛豫
dielectric relaxation time 介电松弛时间;介电弛豫时间
dielectric saturation 介电饱和
dielectric spectroscopy 电介质光谱学
dielectric strength 介电强度;介质强度
dielectric strength of oil 介电油的介电强度
dielectric tensor 介电张量
dielectrometric titration 介电(常数)滴定(法)
dielectrometry 介电(常数)滴定(法)
dielectrophoresis 介电电泳
Diels-Alder adducts 狄尔斯-阿尔德(反应)加成物
Diels-Alder reaction 狄尔斯-阿尔德反应
dien(=diethylenetriamine) 二亚乙基三胺;二(2-氨基乙基)胺
diene-analog(ue)s 二烯同型物(含杂原子的二烯类)
diene monomer 双烯类单体
diene polymer 二烯聚合物
diene polymerization 双烯类聚合;二烯(系)聚合(作用)
diene rubber 二烯(基)橡胶
diene(s) 双烯;二烯烃
dienestrol 己二烯雌酚
dienes with adjacent double bonds 邻二烯属(具有邻双键的二烯属)
dienes with conjugated double bonds 共轭二烯属(具共轭双键的二烯属)
dienes with independent double bonds 独立二烯属(具有独立双键的二烯属)
diene synthesis 双烯合成;二烯合成(即狄尔斯-阿尔德反应)
dienochlor 除螨灵
dien(o)estrol 双烯雌酚
dienol 二烯醇
dienomycin 二烯霉素
dienone 二烯酮
dienone-phenol rearrangement 二烯酮-苯酚重排(作用)
dienophile 亲双烯体
die of stamp 捣矿砧
die of tubing machine 制管机模
die point 刃口
diepoxides 双环氧化合物
die roll 塌角
dierucin 二芥精;甘油二芥酸酯
diesel engine fork truck 柴油机叉车
diesel engine (lubricating) oil 柴油机润滑油
diesel fork lift truck 内燃叉车
diesel-fuel cetane number 柴油(机燃料)的十六烷值
diesel fuel (oil) 柴油;柴油机燃料
diesel injector 柴油机喷油器
diesel locomotive 柴油机车;内燃机车
diesel oil [fuel] 柴油
diesel oil and gasoline saving agent ZN-600 柴油汽油节油剂 ZN-600
diesel pile hammer 内燃打桩机
diesel shovel 柴油机铲
die shop 模具厂;(或)制模车间
die shrinkage (脱模)后收缩;模压缩率;计算收缩率
die sinking 刻模;挤压制模;滚齿机
die sinking press 冷模压型机
die steel 模具钢
diesters 双酯类(合成润滑油)
die swelling 离模膨胀
diet 饲粮
dietary fiber 膳食纤维
dietary standard 饮食标准;食谱标准
dietary supplement 食品强化剂
Dieterici equation 狄特里奇方程
dietetic foods 营养食品
diethadione 地沙双酮
diethanolamide 二乙醇酰胺

diethanolamine 二乙醇胺;二羟乙基胺
diethazine 二乙吖嗪;二乙嗪
diethenoid 二烯系的
diethenoid tetracyclic triterpene alcohol 二烯系四环三萜烯醇
diethion 乙硫磷
diethofencarb 乙霉威
diethoxalic acid 4-羟基己酸;(俗称)二乙草酸
diethoxy acetic acid 二乙氧基乙酸
1,1-diethoxyethane 1,1-二乙氧基乙烷;缩乙醛
2,5-diethoxymorpholino diazonium salt 2,5-二乙氧基吗啉重氮盐
diethyl 二乙基
diethylacetaldehyde 二乙基乙醛
***N*,*N*-diethylacetamide** *N*,*N*-二乙基乙酰胺;乙酰二乙胺
diethylacetic acid 二乙基乙酸
diethylacetonitrile 二乙基乙腈
diethylacetylene 二乙基乙炔
diethylamine 二乙胺
3-diethylaminobutyranilide 3-二乙氨基丁酰苯胺
diethylaminoethanol 二乙氨基乙醇
diethylaminoethylcellulose 二乙氨乙基纤维素
2-diethylaminoethyl 9-fluorenecarboxylate 9-芴羧酸 2-二乙氨乙基盐
7-diethylamino-4-methyl coumarin 7-二乙氨基-4-甲基香豆素;香豆素-1
***m*-diethylaminophenol** 间二乙氨基苯酚
diethylaminopropylamine(DEAPA) 二乙氨基丙胺(固化剂)
8-(3-diethylaminopropylamino)-6-methoxyquinoline 8-(3-二乙氨基丙氨基)-6-甲氧基喹啉
7-diethylamino-4-trifluoromethylcoumarin 7-二乙氨基-4-三氟甲基香豆素;香豆素-35
diethylammonium diethyldithiocarbamate (DDDC) 二乙基二硫代氨基甲酸二乙基铵
diethylaniline *N*,*N*-二乙基苯胺
diethylaniline orange(=ethyl orange) 乙基橙
diethylarsine 二乙胂
diethylarsinic acid 二乙次胂酸
diethylated 二乙基化的
diethylbarbituric acid 二乙基巴比土酸;巴比妥
***N*,*N*-diethylbenzhydrylamine** *N*,*N*-二乙基二苯甲基胺
***N*, *N*-diethyl-2-benzothiazole sulfenamide** *N*,*N*-二乙基-2-苯并噻唑次磺酰胺;硫化促进剂 AZ
diethylbromoacetamide 二乙基溴代乙酰胺
diethylcarbamazine 乙胺嗪;海群生
diethylcarbamazine citrate 枸橼酸乙胺嗪
***N*,*N*-diethylcarbanilide** *N*,*N*-二乙二苯脲
diethyl carbitol 二乙基卡必醇;二甘醇二乙醚
diethyl carbonate 碳酸二乙酯
diethyl chloroarsine 二乙氯胂
diethylchlorophosphate 二乙基磷酰氯
1,2-diethyl cyclohexanedicarboxylate 1,2-环己二甲酸二乙酯
***O*, *O*-diethyl-*S*-(1, 2-dicarboethoxyethyl) dithiophosphate** 乙基马拉硫磷
diethyl dioxide 过氧化二乙基
diethyldithiocarbamate 二乙基二硫代氨基甲酸盐(或酯)
diethyl dithiolisophthalate 间苯二硫代甲酸二乙酯
***O*,*O*-diethyldithiophosphoric acid** *O*,*O*-二乙基二硫代磷酸
diethylene (1)二亚乙基(2)环丁烷
diethylenediamine(=piperazine) 哌嗪
diethylene glycol 二甘醇;一缩二乙二醇
diethylene glycol dibenzoate 二甘醇二苯甲酸酯
diethylene glycol diethyl ether 二甘醇二乙醚
diethylene glycol dinitrate 二甘醇二硝酸酯
diethylene glycol monobutyl ether 二甘醇一丁醚
diethylene glycol monoethyl ether 二甘醇一乙醚
diethylene glycol monolaurate 二甘醇单月桂酸酯
diethylene glycol monomethyl ether 二甘醇一甲醚
diethylene glycol succinate(DEGS) 丁二酸二甘醇酯;二甘醇琥珀酸酯
diethylene oxide 四氢呋喃
diethylenetriamine 二亚乙基三胺;(俗称)二乙烯三胺;二(β-氨乙基)胺
diethylenetriaminepentaacetic acid (DTPA)

二亚乙基三胺五乙酸
diethylenetriamine pentamethylenophosphonic acid(DTPP) 二亚乙基三胺五亚甲基膦酸
diethylenetriamine pentamethylphosphinic acid(DTPPA) 二亚乙基三胺五(甲基次膦酸)
diethyl ether(=ethyl ether) 二乙醚;乙醚;醚
***N*,*N*-diethylformamide** *N*,*N*-二乙基甲酰胺
diethyl glycine 二乙基甘氨酸
di(2-ethylhexyl) adipate 己二酸二(2-乙基己酯)
di-(2-ethylhexyl) chloromethylphosphonate (DEHCLMP) 一氯甲基膦酸二(2-乙基己基)酯
di-2-ethylhexyl maleate 马来酸二辛酯
di(2-ethylhexyl) phosphate 磷酸二(2-乙基己酯)
di(2-ethylhexyl) phosphoric acid 二(2-乙基己基)磷酸
di(2-ethylhexyl)-*o*-phthalate 邻苯二甲酸二(2-乙基己酯)
di-2-ethylhexyl sebacate 二(2-乙基己基)癸二酸酯(一种合成润滑物质,增塑剂)
diethyl hydrine 甘油-1,2-二乙醚
***N*,*N*-diethylhydroxylamine** *N*,*N*-二乙基羟胺
diethylidene (1)二亚乙基 (2)2-丁烯
diethyline 二乙精;甘油-1,2-二乙醚
diethyl ketone 二乙基甲酮;3-戊酮
diethyl maleate 马来酸二乙酯
diethylmaleic acid 二乙基马来酸
diethyl malonate 丙二酸二乙酯
diethylmalonic acid 二乙基丙二酸
diethylmalonyl urea(=barbitone) 二乙基丙二酰脲;(俗称)巴比通
***N*,*N*-diethylnicotinamide** 烟酰乙胺
diethyl oxalate 草酸二乙酯
diethyl oxaloacetate 丁酮二酸二乙酯;(俗称)草乙酸二乙酯
diethyl peroxide 过氧化二乙基
***N*,*N*-diethyl-*p*-phenylenediamine** *N*,*N*-二乙基对苯二胺
diethylphosphite 亚磷酸二乙酯
diethyl (*o*-)phthalate 邻苯二甲酸二乙酯
diethyl piperazinecarboxamide 二乙基哌嗪甲酰胺
diethylpropanediol 二乙基丙二醇
diethylpropion 安非拉酮;二乙胺苯丙酮
diethyl selenide 二乙基硒
diethylsilane 二乙基(甲)硅烷
diethylstilbestrol 己烯雌酚;乙芪酚;二乙基乙烯二苯酚
diethyl succinate 丁二酸二乙酯
diethylsuccinic acid 二乙基丁二酸
diethyl sulfate 硫酸二乙酯
diethyl tellurium 二乙基碲
diethylthionamic acid 二乙氨基磺酸
***O*,*O*-diethylthiophosphoryl chloride** *O*,*O*-二乙基硫代磷酰氯
***N*,*N*′-diethyl thiourea** *N*,*N*′-二乙基硫脲
diethyltin bromide 二溴化二乙基锡
1,1′-diethyluranocene 1,1′-二乙基代双环辛四烯合铀
diethyl zinc 二乙基锌
dietrichite 铁锰锌矾
die turning gear 塑模旋转装置
dietzeite 碘铬钙石
Dietzel silver refining 迪茨耳炼银法
die wall 模壁
difemerine 双苯美林;双苯胺丁酯
difenamizole 二苯咪唑;二苯酰胺吡唑
difencloxazine 二苯沙秦
difenoconazole 噁醚唑
difenoxin 地芬诺辛;氰苯哌酸
difenpiramide 联苯吡胺
difenzoquat 苯敌快;野燕枯
difference Fourier method 差值傅里叶法
difference spectrum 示差谱;差光谱
differential absorptiometry 差示分光光度分析法
differential aconductometric titration 差示电导滴定
differential aeration cell 差异充气电池;氧浓差电池
differential aeration cell corrosion 氧浓差电池腐蚀
differential amperometry 示差电流滴定(法)
differential batch distillation 微分间歇蒸馏
differential capacity 微分电容
differential centrifugation 差速离心
differential colorimetry 差示分光光度分析法
differential concentration cell 浓差电池
differential constraint 微分约束
differential controller 差压调节器
differential cross-section 微分截面

differential detector 差示检测器
differential diaphragm 差压隔膜
differential dilatometry 差示热膨胀测量法
differential distillation 微分蒸馏；简单蒸馏
differential ebulliometer 差示沸点升高计
differential electrochemical mass spectroscopy 差分电化学质谱法
differential expansion 不均匀膨胀；局部膨胀；差异膨胀；差胀
differential extraction 微分萃取
differential fiber 改性纤维；差别纤维
differential flotation 优先浮选
differential flowmeter 压差式流量计
differential gear 差动齿轮[装置]
differential gear box 差动齿轮箱
differential head 差异压头；差动头
differential heating 局部加热
differential heat of adsorption 微分吸附热
differential heat of dilution 微分稀释热
differential heat of solution 微分溶解热
differential heat treatment 局部热处理
differential level gauge 差压液面计
differential liquid level gauge 水位差流速计
differential manometer 差示压力计；差示压强计；差压计
differential medium 鉴别性培养基
differential meter(s) 差压计
differential number distribution 微分数量分布
differential piston compressor 差动活塞式压缩机；级差式压缩机
differential plunger pump 差动柱塞泵
differential polarography 差示极谱法；示差极谱法
differential potentiometric titration 差示电位滴定
differential pressure 压力落差；压差；差压
differential pressure flow meter 差压流速计
differential pressure indicator 差压指示计
differential pressure meter 差压计
differential pressure recorder 差压记录器
differential pressure sticking 压差卡钻
differential pressure transducer 压差传感器
differential pulse polarography 微分脉冲极谱法；差示脉冲极谱
differential pump 差动泵
differential reaction cross section 微分反应截面
differential reactor 微分反应器
differential refractive index detector 示差折光率检测器
differential refractometer 示差折光计
differential salt concentration cell corrosion 盐浓差电池腐蚀
differential scanning calorimetry（DSC） 差示[示差]扫描量热法
differential scattering cross section 微分散射截面
differential screw 差动螺旋
differential screw mixer 差动螺旋混合器
differential settlement 沉降差
differential spectrophotometry 差示[示差]分光光度分析法
differential spectrum 示差光谱
differential spring 差动弹簧
differential staining 对比着色
differential temperature cell corrosion 温差电池腐蚀
differential test 微分检验法
differential thermal analysis（DTA） 差热分析(法)
differential thermal gravimetric analysis 差热重量分析
differential thermogravimetric analysis 微分热重分析
differential thermogravimetric curve 微分热重曲线
differential type detector 微分型检测器
differential U-tube (气压)差示U形管
differential valve 差动阀；差压阀
differential vapor pressure thermometer 差示蒸气压温度计
differential viscosity 差示黏度；特异黏度
differential weight distribution 微分重量分布
differentiating solvent 区分溶剂；辨别溶剂
differentiation (1)区分；鉴别(2)变异；分化
diffraction 衍射
diffraction grating 衍射光栅
diffraction pattern 衍射图样[花样]
diffraction screen 衍射屏

diffraction symmetry 衍射对称性
diffractometry 衍射学
diffusate 渗出液
diffuse band absorption 漫射光带吸收
diffused air tank 曝气池(污水处理);扩散空气池
diffused light 漫射光
diffusedness 扩散性
diffuse double layer 扩散双层
diffuser 扩散器;浸提器;扩压器;离心泵导向叶片
diffuse reflection 漫反射
diffuser type centrifugal pump 扩散器式离心泵
diffuser type pump 扩压型泵
diffuser with bottom door 带底阀的浸提器
diffuse seepage 扩散渗流
diffuse X-ray peak 弥散X射线峰
diffusibility 扩散性;散播力;扩散本领;弥漫性;扩散率
diffusing block 扩散板
diffusing relief valve 散流安全阀
diffusion (1)扩散 (2)漫射
diffusion barrier 扩散膜
diffusion cell 渗滤池
diffusion chips 甜菜丝
diffusion coating 渗镀
diffusion coefficient 扩散系数
diffusion constant 扩散常数
diffusion control 扩散控制
diffusion controlled reaction 扩散控制的反应
diffusion controlled termination 扩散控制终止
diffusion cosettes 甜菜丝
diffusion current 扩散电流
diffusion current constant 扩散电流常数
diffusion depth 扩散深度
diffusion effect 扩散效应
diffusion elements 分散元素
diffusion flame 扩散焰
diffusion heat 扩散热
diffusion juice 浸出汁
diffusion knife 切刀;切丝刀片
diffusion law 扩散(定)律
diffusion layer 扩散层
diffusion light 散射光
diffusion metallizing 渗金属
diffusion model of radiolysis 辐射分析的扩散模型
diffusion nephelometer 散射浊度计
diffusion overpotential 扩散超电势
diffusion polarization 扩散极化
diffusion potential 扩散电位
diffusion transfer process 扩散转移过程
diffusion (vacuum) pump 扩散(真空)泵
diffusion (vacuum) pump oil 扩散(真空)泵油
diffusion water 浸提用水;浸用水
diffusive dialysis 扩散渗析
diffusivity 扩散系数
diffusor(=diffuser) (1)扩散器 (2)浸提器 (3)洗料器;洗料池
diflorasone 二氟拉松
difloxacin 二氟沙星
diflubenzuron 伏虫脲;二氟脲
diflucortolone 二氟可龙;氟米松
diflunisal 二氟尼柳;二氟苯水杨酸
difluorene 联芴
difluoride 二氟化物
difluoro-benzene 二氟代苯
difluorocarbene 二氟卡宾
1,1-difluoroethane 1,1-二氟乙烷
difluoroethane(DFE) 二氟乙烷
1,1-difluoroethylene 1,1-二氟乙烯
difluoromethane 二氟甲烷
difluprednate 二氟泼尼酯
difluroaniline 二氟苯胺
difluroiphenyl 二氟联苯
diformin 二甲精;甘油二甲酸酯
diformyl 二甲酰
difumarate 富马酸氢盐(或酯)
difunctionality 双官能度;双官能性
***N*,*N*′-difurfuryl thiourea** *N*,*N*′-二糠基硫脲
difuroyl peroxide 过氧化二糠酰
digalactosyl diglyceride 双半乳糖甘油二酯
digallic acid 双没食子酸;鞣酸
digallium oxide 氧化二镓
digallium sulphide 硫化二镓
digallium trisulphide 三硫化二镓
digalogenin 地蓋诺皂苷配基
digenic acid(=kainic acid) 海人草酸;红藻氨酸
digentisic acid 缩二龙胆酸;一缩双2,5-二羟苯甲酸
digermane 乙锗烷
digermanium trisulphide 三硫化二锗

digestant(s) 助消化药;(助)消化剂
digester 蒸煮器;浸提器;酸解器;煮解器;消化器;熟化器;老化器;助消化剂
digester gas 沼气
digestible energy(DE) 消化能
digesting 蒸煮
digesting sludge 陈化污泥
digestion (1)消化(作用)(2)蒸煮(作用)(3)煮解 (4)浸提 (5)陈化
digestion liquor (造纸)蒸煮剂
digestion period 老化周期
digestion tank 化污池;消化池
digestion time 老化时间
digestor (1)浸煮器;蒸煮器[罐,锅](2)老化器;消化器;熟化槽
digging arm loader 立爪扒渣机
digging buckets 挖斗
digifolein 毛地黄叶英
digilanid 毛地黄苷
diginatigenin 16-羟基泽地黄毒苷
diginatin 双羟洋地黄毒苷
diginin 毛地黄宁
diginose 2-脱氧毛地黄糖
digital audio tape DAT磁带
digital clock 数字钟
digital computer 数字计算机
digital converter 数字转换器
digital earth 数字地球
digital frequency meter 数字频率计
digitalin 毛地黄苷
digital input/output 数字输入/输出
digital instrument(s) 数字仪表
digitalis 毛地黄;洋地黄
digital multimeter 数字多用表
digitalose 毛地黄糖
digital pH meter 数字酸碱度计;数字pH计
digital recording 数字记录
digital simulation 数字仿真
digital temperature programmer 数字程序升温器
digital timer 数字计时器
digital voltmeter 数字伏特计
digital weight selector 数字式质量选定机
digitiser 数字转换器
digitization 数字转换
digitizing 数字化
digitogenin 毛地黄皂苷配基
digitonin 毛地黄皂苷
digitoxigenin 毛地黄毒苷配基;*β*-(丁烯酸内酯)-14-羟(基)甾醇
digitoxin 毛地黄毒苷;洋地黄毒苷
digitoxose 毛地黄毒(素)糖
diglucomethoxane 汞索本;二葡美速克散
diglutarate 戊二酸氢盐(或酯)
diglyceride 二脂酸甘油酯;甘油二酯
diglycerol 双甘油;一缩二甘油
diglycerol laurate 双甘油月桂酸酯
diglycidyl terephthalate 对苯二甲酸二环氧丙酯
diglycol 二甘醇;一缩二乙二醇
diglycol aldehyde 二甘醇醛
diglycolamidic acid 亚氨基二乙酸
diglycolamine 一缩二乙二醇胺;二甘醇胺
diglycolamine agent 二甘醇胺(气体脱硫)剂
diglycolide 乙交酯
diglycol stearate 硬脂酸二甘醇酯
diglyme 二甘醇二甲醚
digonal hybrid(=sp hybrid) sp杂化轨道(函数)
digoxigenin 地高辛配基;异羟基洋地黄毒苷
digoxin 地高辛;异羟基洋地黄毒苷原
digraph 有向图
digroxoside 洋地黄毒苷;毛地黄毒苷;狄吉妥辛
diguanide 缩二胍
dihalide 二卤化物
dihalogenated benzene 二卤代苯
dihedral angle 双面角
dihexyl-*N*, *N*-dibutylcarbamylmethylene phosphonate(DHDBCMP) *N*,*N*-二丁基氨基甲酰亚甲基磷酸二己酯
di-*n*-hexyl phosphoric acid 二正己基磷酸
dihexylsulfoxide(DHXSO) 二己基亚砜
dihexyverine 双己维林
dihydracrylamic acid 双乳胺酸;双乳酰胺
dihydracrylic acid 乳酰乳酸;(俗称)双乳酸
dihydralazine 双肼屈嗪;双肼酞嗪
dihydranol 庚基间苯二酚
dihydrate 二水(合)物
dihydrated potassium octachloro-dimolybdate(Ⅱ) 二水合四硫酸根合二钼(Ⅱ)酸钾
dihydrazine sulfate 硫酸二肼
dihydric acid 二价酸
dihydric alcohol 二羟醇;二元醇
dihydric alcohol-maleic anhydride resin 二

元醇-顺(丁烯二酸)酐树脂
dihydric phenol 二羟酚;二元酚
dihydric phosphate 磷酸二氢盐(或酯)
dihydric salt 二氢盐(分子中仍含有两个氢离子)
dihydride 二氢化物
9,10-dihydroacridine 9,10-二氢吖啶
dihydroactinidiolide 二氢猕猴桃(醇酸)内酯
dihydroaluminum 二氢化铝
dihydroandrosterone(=androstanediol) 二氢雄甾酮;雄甾烷二醇
dihydroascorbate 二氢抗坏血酸盐
dihydrobenzene 二氢苯
dihydrobilirubin 二氢胆红素
dihydrobiopterin 二氢生物蝶呤
dihydrobromide 二氢溴化物
dihydrocalciferol 二氢(麦角)骨化(甾)醇
dihydrochloride 二氢氯化物;二盐酸化物
dihydrochlorothiazide (双)氢氯噻嗪
dihydrocholesterin 二氢胆甾醇
dihydrocholesterol 二氢胆甾醇
dihydrocodeine 双氢可待因
dihydrocodeinone enol acetate 双氢可待因酮烯醇乙酸酯
dihydrocoenzyme 二氢辅酶;还原辅酶
dihydrodaunomycin 二氢道诺霉素
dihydrodiethylstilbestrol 己(烷)雌酚
dihydroequilin 二氢马烯雌酮
dihydroisoxazol 异噁唑啉
2,2-dihydroergosterol 2,2-二氢麦角甾醇
dihydroergotamine 双氢麦角胺
dihydroerythroidine 二氢刺桐丁
dihydroflavonol 黄烷酮醇
dihydrofluoride 二氢氟化物
dihydrofolic acid 二氢叶酸
dihydrogladiolic acid 二氢唐菖蒲青霉酸
2,3-dihydroindene 2,3-二氢化茚
dihydroiodide 二氢碘化物
dihydroisocodeine 二氢异可待因
dihydroisohyenanchin 二氢异南非野葛素
dihydroisophorone 二氢异佛尔酮
dihydroketoacridine 吖啶酮
dihydrol 二聚水 $(H_2O)_2$
dihydromorphine 双氢吗啡
dihydronancimycin 二氢南锡霉素;二氢利福霉素 B
1,5-dihydrooxyanthracene 绛酚
5,11-dihydroquinoxaloquinoxaline 荧黄素
dihydroresorcinol 二氢间苯二酚;二氢雷琐辛
dihydroriboflavin 二氢核黄素
dihydrorotenone 二氢化鱼藤酮
dihydrosphingosine 二氢(神经)鞘氨醇
2,2-dihydrostigmasterol 2,2-二氢豆甾醇
dihydrostreptomycin 双氢链霉素
dihydrostreptomycin pantothenate 双氢链霉素泛酸盐
dihydrotachysterol 双氢[二氢]速甾醇
dihydrotestosterone 双氢睾酮
dihydrotestosterone *n*-octyl enol ether 二氢睾丸酮正辛基烯醇醚
dihydrothebaine 二氢蒂巴因;二氢二甲基吗啡
dihydrotheelin 二氢雌酮;雌二醇
dihydrotrypacidin 双氢杀锥曲菌素
dihydrovitamin K$_1$ 二氢维生素 K$_1$
dihydroximic acid 联(甲)羟肟酸
dihydroxy 二羟基
dihydroxyacetic acid 二羟基乙酸;水合乙醛酸
dihydroxyacetone phosphate 二羟丙酮磷酸
dihydroxy acetone 二羟(基)丙酮
2,4-dihydroxyacetophenone 2,4-二羟基苯乙酮
dihydroxy alcohol 二羟醇;二元醇
dihydroxyaluminum acetylsalicylate 乙酰水杨酸二羟铝
dihydroxyaluminum aminoacetate 甘羟铝;氨基乙酸二羟铝
dihydroxyaluminum sodium carbonate 碳酸二羟铝钠
1,4-dihydroxyanthraquinone 1,4-二羟基蒽醌
dihydroxyanthraquinone lake 茜素红
1,2-dihydroxyanthraquinone(=alizarine) 1,2-二羟基蒽醌;茜素
dihydroxyarachidic acid 二羟花生酸;二羟(基)二十(烷)酸
dihydroxyarsenobenzene 二羟偶砷苯
dihydroxyazobenzene 二羟代偶氮苯
***o*,*p*-dihydroxyazo-*p*-nitrobenzene**(=magneson) 试镁灵
1,4-dihydroxybenzene 对苯二酚
***o*-dihydroxybenzene** 邻苯二酚
dihydroxybenzhydrol 二羟基二苯甲醇
2,4-dihydroxybenzoic acid 2,4-二羟基苯(甲)酸
dihydroxybenzophenone 二羟基二苯

(甲)酮

3,7-dihydroxycholanic acid 3,7-二羟胆酸;鹅(脱氧)胆酸

1,25-dihydroxy cholecalciferol 1,25-二羟胆(麦角)骨化(甾)醇;1,25-二羟维生素 D_3

20,22-dihydroxycholesterol desmolase 20,22-二羟胆甾醇碳链裂解酶

6,7-dihydroxycoumarin 6,7-二羟基香豆素;秦皮乙素

3,4-dihydroxy-3-cyclobutene-1,2-dione 方酸

dihydroxydibasic acid 二羟二酸

1,2-dihydroxy-1,2-dihydroanthracene 1,2-二羟-1,2-二氢蒽

(4,4′-)dihydroxydiphenylsulfone (4,4′-)二羟二苯砜;双酚 S

dihydroxyethylsulfide 硫代双乙醇

5,7-dihydroxyflavone 5,7-二羟黄酮

dihydroxyfluoboric acid 二羟(基)氟硼酸

dihydroxyl oxypropylene and oxyethylene copolyether 二羟基氧化丙烯-氧化乙烯共聚醚

dihydroxymaleic acid 二羟基顺丁烯二酸;二羟马来酸

3,4-dihydroxymandelic acid 3,4-二羟(基)杏仁酸

2,2′-dihydroxy-4-methoxybenzophenone 2,2′-二羟基-4-甲氧基二苯(甲)酮(紫外线吸收剂)

dihydroxymonobasic acid 二羟一(碱)价酸

1,5-dihydroxynaphthalene 1,5-萘二酚

2,3-dihydroxynaphthalene 2,3-萘二酚

1,8-dihydroxynaphthalene-3,6-disulfonic acid (=chromotropic acid) 1,8-二羟基萘-3,6-二磺酸;变色酸

5,8-dihydroxynaphthoquinone 5,8-二羟基萘醌

2,2′-dihydroxy-4-*n*-octoxybenzophenone 2,2′-二羟基-4-正辛氧基二苯(甲)酮(紫外线吸收剂)

1,6-dihydroxyphenazine 1,6-二羟基吩嗪

3,4-dihydroxyphenylalanine(DOPA) 3,4-二羟苯丙氨酸;多巴

3,4-dihydroxy-*β*-phenylethylamine (=hydroxytyramine;dopamine) 3,4-二羟基-*β*-苯基乙胺

3,4-dihydroxyphenyl glycol 3,4-二羟(基)苯乙二醇

2,5-dihydroxyphenylpyruvic acid 2,5-二羟(基)苯丙酮酸

dihydroxyphthalophenone 酚酞

ω,ω′-dihydroxypolystyrene ω,ω′-二羟基聚苯乙烯

2,3-dihydroxypropionic acid 2,3-二羟基丙酸

dihydroxypropyl theophylline 二羟丙茶碱;喘定

dihydroxystearic acid 二羟硬脂酸

2,3-dihydroxysuccinic acid(= tartaric acid) 2,3-二羟丁二酸;酒石酸

dihydroxytartaric acid 二羟(基)酒石酸;四羟丁二酸

dihydroxytetrabasic acid 二羟四(碱)价酸

dihydroxytribasic acid 二羟三(碱)价酸

1,25-dihydroxyvitamin D_3 1,25-二羟维生素 D_3

diimidazole-anthraquinene polymer 二咪唑-蒽醌聚合物

diimide 二酰亚胺;偶氮

1,3-diiminoisoindoline 1,3-二亚氨基异二氢吲哚

diimino succinonitrile 二亚氨基丁二腈

diindium selenide 硒化二铟

diindium trioxide 三氧化二铟

diindium triselenide 三硒化二铟

diindium trisulphide 三硫化二铟

diindium tritelluride 三碲化二铟

diindyl 并吲哚;并氮(杂)茚

diiodide 二碘化物

diiodine pentoxide 五氧化二碘

diiodo- 二碘(代)

diiodo-acetic acid 二碘乙酸

diiodoaniline 二碘苯胺

diiodobenzene 二碘(代)苯

diiodofluorescein 二碘荧光素

diiodoform 四碘乙烯

diiodomethane 二碘甲烷

diiodo methyl-arsonic acid 二碘甲基胂酸

diiodosalicylic acid 二碘水杨酸

3,5-diiodothyronine 3,5-二碘甲状腺氨酸

diiodotyrosine 二碘酪氨酸

diisoamylamine 二异戊胺

diisobutene 二异丁烯

diisobutylene 二异丁烯

diisobutyl ketone 二异丁基甲酮

diisobutyl sodium sulfosuccinate 磺酸钠基琥珀酸二异丁酯

diisocyanate 二异氰酸盐(或酯)

diisooctyl phenyl phosphite 亚磷酸一苯二异辛酯
diisooctyl (*o*-)phthalate 邻苯二甲酸二异辛酯
diisoprene 二异戊二烯
diisopromine 地索普明；二异丙二苯丙胺
diisopropanol amine (DIPA) 二异丙醇胺
diisopropenylbenzene 二异丙烯基苯
diisopropyl 二异丙基；2,3-二甲基丁烷
diisopropyl acetone 异缬草酮
diisopropylamine 二异丙胺
diisopropylamine ascorbate 维丙胺
diisopropylamine dichloroacetate 二异丙胺二氯乙酸盐；肝乐
2-diisopropylaminoethyl *p*-aminobenzoate 对氨基苯甲酸 2-二异丙氨基乙酯
diisopropyl azodiformate 偶氮二甲酸二异丙酯（发泡剂）
diisopropylbenzene (DIPB) 二异丙苯
diisopropylbenzenesulfonate 二异丙基苯磺酸盐（或酯）
***N*, *N*-diisopropyl-2-benzothiazole sulfenamide** *N*,*N*-二异丙基-2-苯并噻唑次磺酰胺；硫化促进剂 DIBS
diisopropyl fluorophosphate 异丙氟磷
diisopropylideneacetone (= phorone) 两个异亚丙基丙酮；佛尔酮
diisopropyl paraoxon 二异丙对氧磷
diisopropylphosphoryl fluoride 异丙氟磷
diisostearoyl ethylene titanate 二异硬脂酰基钛酸乙二酯
di-isotactic polymer 双全同立构聚合物
di-J-acid 双 J 酸
dikaryon 双核体
dike 堤；坝；堤坝；沟；渠；排水道；防护栏；障碍物
diked field 围田
dikegulac 敌草克
diketene 双乙烯酮
diketoalcohol 二酮醇
2,3-diketogulonic acid 2,3-二酮古洛糖酸
diketopiperazine 哌嗪二酮
diketotriazolidine (= urazole) 尿唑
dilactamic acid 双乳胺酸；双乳酰胺
dilactic acid 双乳酸；乳酰乳酸
dilactone 双内酯
dilantin 苯妥英钠
dilatability 伸缩度
dilatancy (1)胀塑性；膨胀性；触稠性 (2)扩容
dilatancy effect 剪胀效应
dilatant fluid 胀流型流体；胀塑性流体
dilatant liquid 胀流型流体
dilatant thickener 胀流增稠器
dilatation polymerization 膨胀聚合
dilatation wave 膨胀波
dilatometer 膨胀计
dilatometric thermometer 膨胀温度计
dilatometry 膨胀计测定法
dilaurate 二月桂酸盐（或酯）
dilaurin 二月桂精；甘油二月桂酸酯
dilaurylamine (DLA) 二月桂胺
dilaurylformamide (DLE) 二月桂基甲酰胺
dilauryl phthalate 邻苯二甲酸二月桂酯
dilauryl thiodipropionate 硫代二丙酸二月桂酯
dilazep 地拉草；克冠草
dilevalol 地来洛尔
dilevulinic acid 联 4-氧戊酸；癸二酮-4,7-二酸
dilinoleic acid 双亚油酸
dilinolein (= dinolin) 二亚油精；甘油二亚油酸酯
dill seed oil 莳萝(子)油
dillying 筛上冲洗
diloxanide 二氯尼特；安特酰胺；二氯散
diltiazen 地尔硫草；硫氮草酮
diluate 脱盐水
diluent 稀释剂
diluent for positive resist 正型光刻胶稀释剂
diluent modifier 稀释剂改性剂
diluent splitter 稀释剂分离装置
dilutability (可)稀释度
dilute acid 稀酸
diluted froth 稀释过的泡沫
diluted liquid 稀释液
dilute-medium 稀介质
dilute phase 稀相
dilute phase fluidized bed 稀相流化床
dilute phase lifting 稀相提升（催化剂的气提升输送法）
dilute-phase riser 稀相提升管
dilute solution 稀溶液；稀释溶液
dilute solution viscosity (DSV) 稀薄溶液黏度
diluting agent 稀释剂
dilution 稀释；冲淡
dilution law 稀释律

dilution limit 稀释极限
dilution method 稀释法
dilution,(rate of) 稀释率
dilution ratio 稀释率;稀释比(例);稀释比值
dilution tank 稀释罐
dimalate 苹果酸氢盐(或酯)
dimaleate 马来酸氢盐(或酯)
dimalonate 丙二酸氢盐(或酯)
dimalonic acid 亚乙基四甲酸;双丙二酸
dimazole 地马唑
dimazon 二乙酰氨基偶氮甲苯
dimecamine 二甲胺异莰
dimecrotic acid 地美罗酸;二甲氧苯丁烯酸
dimedone 二甲基环己二酮;(俗称)双甲酮
dimefline 二甲弗林;回苏灵
dimefox 甲氟磷
dimehypo 杀虫双
dimelissin 二蜂酸精;甘油二蜂酸酯
dimemorfan 二甲啡烷
dimenhydrinate 茶苯海明;晕海宁
dimenoxadol 地美沙朵
dimension (1)大小;尺寸 (2)量纲;因次 (3)维;度
dimensional 量纲的;因次的
dimensional analysis 量纲[因次]分析
dimensional check 尺寸校核
dimensional constraint 尺寸限制因素
dimensional ga(u)ging 尺寸检验;尺寸检查
dimensional inspection 尺寸检验;尺寸检查
dimensionality 维数
dimensionally stable anode(DSA) 尺寸不变阳极
0-dimensional materials 零维材料
dimensional measurement 尺寸测量
dimensional resume adhesive 尺寸恢复胶
dimensional sketch 尺寸简图
dimensional stability 尺寸稳定性
dimensional stable anode 金属阳极;形稳性阳极
dimensional test 尺寸检验
dimensional tolerance 尺寸公差
dimension control 尺寸检验
dimension figure 尺寸数字
dimensionless 无量纲(的);无因次的
dimensionless glass transition 无量纲玻璃化转变
dimensionless group 无量纲数群
dimension(s) check 尺寸检查
dimepheptanol 地美庚醇;美沙醇
dimepiperate 哌草丹
dimer 二聚体;二聚物;二分子聚合物
dimer acid 二聚酸
dimercaprol 2,3-二巯(基)丙醇
dimercaptosuccinic acid(DMSA) 二巯基丁二酸;二巯基琥珀酸
dimercaptothiodiazole 二巯基噻二唑
dimercurammonium 汞氮基;汞氨基(HgN—)
dimercurous ammonium 氨汞基(NH_2Hg—)
dimeric dibasic acid 二聚二元酸
dimeric polymer 二聚物;二分子聚合物
dimer ions 双聚离子
dimerization 二聚(作用)
dimer rosin 二聚松香
Dimersol process (法国石油研究院)轻烯烃二聚工艺
dimesityl nickel 二苯镍
Di-Me solvent dewaxing 二氯乙烷-二氯甲烷溶剂脱蜡(法)
dimeso-periodic acid 二仲高碘酸($H_4I_2O_9$)
dimestrol 二甲己烯雌酚
dimetacrine 二甲他林
dimetalation 二金属取代(作用)
dimetan 地麦威
dimethacetic acid 二甲基乙酸
dimethachlon 菌核净
dimethadione 二甲双酮;二甲噁唑烷二酮
dimethazan 二甲沙生;二甲胺乙茶碱
dimethazone (1)异恶草酮;(2)敌米达松
dimethenamid 噻吩草胺
dimethindene 二甲茚定;吡啶茚胺
dimethiodal sodium 二碘甲磺钠
dimethirimol 甲菌定
dimethisoquin 奎尼卡因;二甲异喹
dimethisterone 地美炔酮;二甲基甾酮
dimethoate(=Rogor) 乐果
dimethocaine 二甲卡因;氨苯酸胺戊酯
dimethomorph 烯酰吗啉
dimethone(=dimedone) 二甲基环己二酮;(俗称)双甲酮
dimethophrine 双甲氧福林
dimethoxanate 地美索酯;咳散
dimethoxane 乙酰二甲二噁烷
dimethoxy 二甲氧基
***p*-dimethoxybenzene** 对二甲氧基苯
3,3′-dimethoxybenzidine 3,3′-二甲氧基联苯胺
2,5-dimethoxybenzoquinone 2,5-二甲氧基苯醌

5,6-dimethoxy-*m*-cresol 虹彩酚
di-*p*-methoxydiphenylamine 二对甲氧基二苯胺
dimethoxyethane 二甲氧(基)乙烷
dimethoxyethoxy ethyl azelate 壬二酸二甲氧基乙氧基乙酯
dimethoxymethane 二甲氧基甲烷
1,3-dimethoxy-10-methylacridone 1,3-二甲氧基-10-甲基吖啶酮
3,4-dimethoxyphenylacetyl 3,4-二甲氧苯乙酰
2,6-dimethoxyphenylpenicillin sodium salt 2,6-二甲氧苯基青霉素钠盐
2-(dimethoxyphosphorylimino)-1,3-dithiacyclopentane 甲基硫环磷
3,4-dimethoxyphthalic acid 3,4-二甲氧基苯邻二甲酸
dimethoxyquinone 二甲氧苯醌
dimethoxytrityl chloride 二对甲氧三苯甲基氯
dimethyl 二甲基
dimethylacetal 二甲基乙缩醛
***N*,*N*-dimethylacetamide(DMA)** *N*,*N*-二甲基乙酰胺
dimethylacetic acid 二甲基乙酸
dimethylacetylene 二甲基乙炔
***N*,*N*-dimethylacrylamide** *N*,*N*-二甲基丙烯酰胺
dimethylacrylic aldehyde(＝tiglic aldehyde) 二甲基丙烯醛;惕各醛
2-*N*-dimethyladenine 2-*N*-二甲腺嘌呤
dimethyl allene(＝2,3-pentadiene) 二甲基丙二烯;2,3-戊二烯
γ,γ-dimethylallyl pyrophosphate γ,γ-二甲(基)烯丙焦磷酸酯
dimethylamine 二甲胺
dimethylamine hydrochloride 盐酸二甲胺
***p*-dimethylaminoazobenzene**(＝butter yellow; benzeneazodimethylaniline) 甲基黄;对二甲氨基偶氮苯
dimethylaminobenzaldehyde 二甲氨基苯甲醛
***p*-dimethylaminobenzalrhodanine** 试银灵;对二甲氨基亚苄基罗单宁
dimethylaminobenzene 二甲氨基苯
dimethylaminobenzoic acid 二甲氨基苯甲酸
dimethylaminobenzophenone 二甲氨基二苯酮
dimethylaminoethanol *N*,*N*-二甲基乙醇胺
dimethylaminoethylbenzilate 二苯乙醇酸二甲氨乙酯
***m*-dimethylaminophenol** 间二甲氨基苯酚
4-dimethylamino-1-phenylpiperidine 4-二甲氨基-1-苯基哌啶
dimethylaminopropionitrile 二甲氨基丙腈
3-dimethylaminopropylamine 3-二甲氨基丙胺(硬化剂)
***N*,*N*-dimethylaniline** *N*,*N*-二甲基苯胺
dimethyl arsenic acid(＝cacodylic acid) 二甲次胂酸;卡可基酸
dimethyl arsenic cyanide(＝cacodyl cyanide) 氰化二甲胂;卡可基氰
dimethyl arsenic oxide(＝cacodyl oxide) 氧化二甲胂;双二甲胂基氧;卡可基氧
dimethyl arsine(＝cacodyl hydride) 二甲胂;卡可基氢
dimethylarsine ethylsulfide 乙硫化二甲胂
dimethyl arsine oxide 氧化二甲胂;双二甲胂基氧;卡可基氧
dimethyl arsine sulfide 硫化二甲胂;双二甲胂基硫;卡可基硫
dimethyl arsine trichloride 三氯化二甲胂;卡可基三氯
dimethyl arsinic acid 二甲次胂酸
dimethylation 二甲基化(作用);二甲基取代(作用)
dimethylbenzanthracene 二甲基苯并蒽
dimethyl benzene(＝xylene) 二甲苯
dimethylbenzidine(＝tolidine) 二甲基联苯胺;联甲苯胺
dimethylbenzimidazole 二甲基苯并咪唑
dimethylbenzimidazole ribosidephosphate 二甲(基)苯并咪唑核苷磷酸
2,3-dimethylbenzoquinone 2,3-二甲基苯醌
dimethylbenzyl alcohol 二甲基苄醇
dimethylbromoborane 二甲基溴硼烷
dimethylbutadiene 二甲基丁二烯
dimethylbutadiene rubber 二甲丁二烯橡胶;甲基橡胶
dimethylbutane 二甲基丁烷
dimethylbutene 二甲基丁烯
dimethyl cadmium 二甲基镉
dimethyl captan 二甲克菌丹
dimethyl carbate 驱蚊灵;内甲驱蚊酯;卡百酸二甲酯(蚊虫忌避剂)
dimethyl carbitol 二甘醇二甲醚
dimethyl chloro-arsine 氯化二甲胂

dimethylcyclohexane 二甲基环己烷
dimethylcyclohexanedione 二甲基环己烷二酮
dimethylcyclooctadiene 二甲基环辛二烯
dimethylcyclopropane 二甲基环丙烷
dimethyl diazomalonate 重氮丙二酸二甲酯
dimethyldichlorosilane(DMCS) 二甲基二氯(甲)硅烷
dimethyldihydroresorcinol(=dimedon) 5,5-二甲基二氢化间苯二酚;(俗称)双甲酮
2,2-dimethyl-1,3-dioxolane-4-methanol 异亚丙基甘油;2,2-二甲基-1,3-二氧戊环-4-甲醇
dimethyldiphenyl thiuram disulfide 二甲基二苯基二硫化秋兰姆
dimethyl disulfide 二甲基二硫
***O,O*-dimethyldithiophosphoric acid** *O,O*-二甲基二硫代磷酸
dimethyleneimine 环乙亚胺
dimethylethanolamine 二甲(基)胆胺;二甲基乙醇胺
dimethyl ether (二)甲醚
1,3-dimethylferrocene 1,3-二甲基二茂铁
***N,N*-dimethylformamide(DMF)** (*N,N*-)二甲基甲酰胺(溶剂)
dimethyl fumarate 富马酸二甲酯
dimethylglycine 二甲基甘氨酸
dimethylglyoxal 双乙酰
dimethylglyoxime 丁二酮肟;二甲基乙二醛肟
dimethylguanidine 二甲基胍
dimethylhexadecylamine 二甲基十六烷基胺
dimethylhexane 二甲基己烷
dimethylhexene 二甲基己烯
dimethylhexylamine 二甲基己胺
***N,N*-dimethylhistamine** *N,N*-二甲基组胺
dimethylhydrazine 二甲基肼
dimethyl hydrine 甘油二甲醚;二甲灵
dimethyline 二甲灵;甘油二甲醚
dimethylinositol 二甲基肌醇
dimethylirigenin 二甲基鸢尾配基
6,7-dimethylisoalloxazine 6,7-二甲基异咯嗪;感光黄素
dimethyl isobuty(roy)l chloride 二甲基异丁酰氯
dimethyl isophthalate 间苯二甲酸二甲酯
dimethyl maleic acid 二甲基马来酸;二甲基顺丁烯二酸
dimethyl malonic acid 二甲基丙二酸
dimethylmercury 二甲(基)汞
2,5-dimethyl-4-morpholinomethylphenol 2,5-二甲基-4-吗啉甲基苯酚
dimethylnaphthalene 二甲基萘
dimethylnaphthylamine 二甲萘胺
dimethylolpropionic acid 二羟甲基丙酸
dimethylol urea 二羟甲基脲
dimethylpentane 二甲基戊烷
dimethylphenanthrene 二甲基菲
dimethylphenethylamine 二甲基苯乙胺
dimethylphenol 混合二甲酚
3,4-dimethyl phenol 3,4-二甲酚
3,5-dimethyl phenol 3,5-二甲酚
dimethyl phenyl arsine oxide 氧化二甲苯胂
dimethylphenylene diamine 二甲基苯二胺
***N,N*-dimethyl-*p*-phenylenediamine** *N,N*-二甲基对苯二胺
dimethylphenylethylcarbinol 二甲基苯乙基甲醇
***N,N*-dimethyl-*α*-(3-phenylpropyl)veratrylamine** *N,N*-二甲基-*α*-(3-苯丙基)藜芦胺
dimethylphosphinic acid 二甲次膦酸
dimethyl (*o*-) phthalate 邻苯二甲酸二甲酯
dimethylpolysiloxane 二甲基聚硅氧烷
2,2-dimethyl-1,3-propandiol 新戊(基)二醇
dimethylpropane 二甲基丙烷
2,2-dimethyl propanoic acid 新戊酸
dimethylpropiolactone 二甲基丙内酯
dimethylpurine 二甲基嘌呤
2,3-dimethylpyrazine 2,3-二甲基吡嗪
dimethylpyridine 卢剔啶;二甲基吡啶
4,6-dimethylresorcinol(=xylorcinol) 4,6-二甲基间苯二酚;木间二酚
dimethyl selenide 二甲基硒;二甲硒
***N*-dimethylserotonin**(=bufotenine) *N*-二甲(基)-5-羟色胺;蟾毒色胺
dimethylsilane 二甲基甲硅烷
dimethylsilicane 二甲基甲硅烷
dimethylsilicone 二甲基硅氧烷
dimethylsilicone oil 硅油Ⅰ
dimethylsilicone-polymer fluid 二甲基硅氧烷聚合液(油压传动系统用油)
dimethyl silicone rubber 二甲基硅橡胶
dimethyl succinate 丁二酸二甲酯

dimethylsuccinic acid 二甲基丁二酸
4′-(dimethylsulfamoyl) sulfanilanilide 对氨基苯磺酰-4′-二甲基氨磺酰苯胺
dimethyl sulfate 硫酸二甲酯
dimethyl sulfide 二甲基硫醚;甲硫醚;二甲硫
dimethylsulfolane 二甲基环丁砜
dimethyl sulfone 二甲砜
dimethyl sulfonium methylide 二甲基·亚甲基硫鎓$(CH_3)_2S:CH_2$
dimethyl sulfoxide 二甲(基)亚砜
dimethylsulfonium methylide 二甲基亚甲基硫鎓;二甲基亚甲基锍
dimethyl terephthalate 对苯二甲酸二甲酯
dimethylthiambutene 二甲噻丁
dimethylthiazole 二甲噻唑
***O*, *O*-dimethyl thiophosphoryl chloride** *O*,*O*-二甲基硫代磷酰氯
dimethylthiourea 二甲基硫脲
***sym*-dimethyl thiourea** 对称二甲基硫脲
5,8-dimethyl tocol 5,8-二甲基母育酚;β-生育酚
dimethyltrimethylene glycol 新戊(基)二醇
***N*, *N*-dimethyltryptamine** (= nigerine) *N*,*N*-二甲基色胺
***sym*-dimethylurea** 对称二甲脲
***unsym*-dimethylurea** 不对称二甲脲
1,3-dimethylxanthine 1,3-二甲基黄嘌呤;茶(叶)碱
3,7-dimethylxanthine 3,7-二甲基黄嘌呤;可可碱
dimethyl yellow (= methyl yellow) 甲基黄(可不叫二甲基黄)
dimethyl zinc 二甲锌
dimeticone 二甲硅油
dimetilan 敌蝇威
dimetofrine 二甲福林
dimetridazole 二甲唑
diminazene aceturate 醋甘氨酸二脒那秦;醋尿酸重氮氨苯脒
diminisher 减光器;减声器
dimister 除雾器
dimmer 衰减器
dimorphic 双晶的
dimorphism 双型;双晶现象
dimorpholamine 双吗啉胺
dimorphous 双晶的
dimorphous transformation 同质异晶转化
dimoxyline 地莫昔林;甲基罂粟碱
dimple 凹座
dimpled jacket 蜂窝型整体夹套
dimpling 表面波纹(液膜)
dimsyl 甲基亚磺酰负碳离子
DINA(diisononyl adipate) 己二酸二异壬酯
dinaphthalene 联萘;联二萘
dinaphthenate 二环烷酸盐(或酯)
dinaphthylamine 二萘胺
dinaphthylene 二亚萘基
dinaphthyl ether 二萘醚
dinaphthyl ketone 二萘(甲)酮
***N*, *N*′-di-*β*-naphthyl-*p*-phenylenediamine** *N*,*N*′-二-β-萘基对苯二胺
dinaphthyl sulfide 二萘硫(醚)
dinas 硅砖;硅石;砂石
dinas brick 硅砖
dinas-carborundum product 硅石碳化硅制品
dinas-chromite product 硅铬制品
dineopentyl acetic acid 双新戊基乙酸
dineric 二液界面的
dingler's green 氧化铬绿
diniconazole 烯唑醇
dinicotinic acid 烟碱二酸;吡啶二甲酸
dinicotinoylornithine 二烟酰鸟氨酸
dinitolmide 二硝托胺;二硝甲苯甲酰胺
4,6-dinitro-2-aminophenol 4,6-二硝基-2-氨基苯酚
2,4-dinitroaniline 2,4-二硝基苯胺
2,4-dinitroanisole 2,4-二硝基茴香醚;2,4-二硝基苯甲醚
1,5-dinitroanthraquinone 1,5-二硝基蒽醌
1,8-dinitroanthraquinone 1,8-二硝基蒽醌
dinitrobenzaldehyde 二硝基苯甲醛
dinitrobenzene 二硝基苯
***m*-dinitrobenzene** 间二硝基苯
***p*-dinitrobenzeneazonaphthol** 对二硝基苯偶氮萘酚;试镁灵
dinitrobenzenesulfenyl chloride 二硝基苯硫基氯
dinitrobenzoic acid 二硝基苯甲酸
dinitrobenzoyl chloride 二硝基苯甲酰氯
dinitrocarbanilide 对称二硝苯脲
dinitrocellulose 二硝酸纤维素
2,4-dinitrochlorobenzene 2,4-二硝基氯苯
dinitrocresol 二硝甲酚
4,6-dinitro-*o*-cresol 4,6-二硝邻甲酚
4,6-dinitro-*o*-cyclohexylphenol 4,6-二硝基邻环己基苯酚

dinitrodiazophenol 二硝基重氮酚(起爆药)
dinitrogen 二氮;分子氮;双氮
dinitrogen coordination compound 双氮配位化合物
dinitrogen difluoride 二氟化二氮
dinitrogen monoxide 氧化亚氮;一氧化二氮
dinitrogen tetrafluoride 四氟化二氮
dinitrogen tetroxide 四氧化二氮
dinitrogen trioxide 三氧化二氮
dinitroglycerine explosive 二硝基甘油炸药;甘油二硝酸酯炸药
dinitroglycol 二硝基乙二醇;乙二醇二硝酸酯
2,5-dinitrohydroquinone 2,5-二硝基氢醌
dinitrohydroquinone acetate 二硝基氢醌乙酸酯
dinitromethane 二硝基甲烷
2,6-dinitro-3-methoxy-4-*tert*-butyltoluene 2,6-二硝基-3-甲氧基-4-叔丁基甲苯;葵子麝香
4,6-dinitro-2-methylphenol 4,6-二硝基邻甲酚
dinitronaphthalenedisulfonic acid 二硝基萘二磺酸
dinitronaphthalenesulfonic acid 二硝基萘磺酸
2,4-dinitro-1-naphthol-7-sulfonic acid 2,4-二硝基-1-萘酚-7-磺酸
3,7-dinitro-5-oxophenothiazine 3,7-二硝基-5-氧代吩噻嗪
dinitrophenamic acid 二硝基氨基苯酚;苦氨酸
dinitrophenol(DNP) 二硝基苯酚
dinitrophenylation 二硝基苯基化;DNP化
2,4-dinitrophenyl dimethyl dithiocarbamate 二甲基二硫代氨基甲酸-2,4-二硝基苯酯
2,4-dinitrophenylhydrazine 2,4-二硝基苯肼
dinitrophenylhydrazine 二硝基苯肼
2-(2,4-dinitrophenylthio)benzothiazole 2-(2,4-二硝基苯硫基)苯并噻唑
(2,4-)dinitrophenylthiocyanate (2,4-)二硝基硫氰代苯;二硝散
dinitroresorcinol 二硝基雷琐辛;二硝基间苯二酚
dinitrosalicil 二羟二硝基联苯
dinitroso- 二亚硝基
***N*,*N*′-dinitrosopentamethylene tetramine** *N*,*N*′-二亚硝基五亚甲基四胺;发泡剂H
dinitrosoterephthalamide(DNTA) 二亚硝基对苯二甲酰胺(发泡剂)
dinitrotoluene 二硝基甲苯
dinking machine 平压切断机
dinobuton 消螨通
dinocap 消螨普;阿乐丹
dinocton-4 二硝酯
DINOL(=diazonitrophenol) 重氮硝基酚
***n*-dinonyl ketone** 二壬基(甲)酮;10-十九(碳)烷酮
dinonylnaphthalene sulfonic acid (**DNS**;**DNNS**) 二壬基萘磺酸
dinonyl (*o*-)phthalate 邻苯二甲酸二壬酯
dinosterol 黑海甾醇
dinsed 定磺胺;丁西得
dinuclear complex 双核络合物
diocaine 双氧卡因
***N*,*N*-di-(*sec*)-octylacetamide** (**DOAA**) *N*,*N*-二仲辛基乙酰胺
dioctyl-acetic acid 二辛基乙酸
dioctyl adipate 己二酸二辛酯
dioctyl azelate 壬二酸二辛酯
dioctyl ether (二)辛醚
dioctyl ketone 二辛基(甲)酮;9-十七(碳)烷酮
di-*n*-octyl-2-oxo-propanphosphonate 2-氧丙基膦酸二正辛酯
di-*p*-octylphenylphosphoric acid 二(对辛基苯基)磷酸
dioctylphosphinic acid(HDOP) 二辛基次膦酸
dioctyl (*o*-)phthalate 邻苯二甲酸二辛酯
dioctyl sebacate 癸二酸二辛酯
dioctylsulfoxide(DOSO) 二辛基亚砜
diode 二极管
diode laser 二极管激光器
diodone 碘吡啦啥;碘奥酮
diodrast 碘奥酮;碘吡啦啥
dioform 1,2-二氯乙烯
diol 二醇
dioleate 二油酸盐(或酯)
diolefin(e) 二烯烃(属)
diolefinic acid 二烯酸
diolein 甘油二油酸酯;二油精
dioleostearin 甘油一硬脂酸二油酸酯;二油一硬脂精
dionin(=ethylmorphine hydrochlo-ride) 盐酸乙基吗啡;狄奥宁;地昂宁
DIOP(diisooctyl phthalate) 邻苯二甲酸二异辛酯(增塑剂)
diopside 透辉石

dioptase 透视石;绿铜矿
diopter 折光度;屈光度;瞄准器;照准仪;窥视孔
diopterin 蝶酰二谷氨酸
diorite 闪长岩
diorthoperiodic acid 二原高碘酸
dioscin 薯蓣素
dioscorea 毛山药根;野薯蓣
dioscorine 薯蓣碱;地奥碱
DIOS(diisooctyl sebacate) 癸二酸二异辛酯(增塑剂)
diose 二糖
diosellinic acid 薯蓣酸;地奥酸
diosgenin 薯蓣皂苷配基;野蓣素
diosmetin 地奥亭;洋芫荽黄素
diosmin 地奥司明
diosphenol 布枯脑;布枯酚
dioxacarb 二氧威
dioxadiene 二噁二烯
dioxadrol 地奥沙屈;二苯哌啶二噁烷
dioxalate 草酸氢盐(或酯)
dioxamate 地奥氨酯;壬二噁酯
dioxane 二噁烷;二氧六环
dioxaphetyl butyrate 吗苯丁酯
dioxaphosphorinane 二氧杂磷杂环已烷
dioxathion 二噁硫磷;敌杀磷
dioxazine 二噁嗪
dioxethedrine 二羟西君;双羟乙麻黄碱
dioxide 二氧化物
dioxime of furoxane dialdehyde 呋噁烷二醛二肟
dioxin 二噁英
dioxine(=2,3,7,8-TCCD) 二噁英
dioxo-biaddition 二羰基双加成
dioxolane 二氧戊环
dioxole 间二氧杂环戊烯
dioxolone 二氧杂环戊烯酮
dioxopiperidine 二氧代哌啶;哌啶二酮
dioxosiloxane 二氧代二乙硅醚
dioxybenzone 二羟苯宗
dioxygen 双氧;二氧;分子氧
dioxypyramidon 双氧基氨基比林
dioxystearic acid 二羟基硬脂酸
dioxytartaric acid 二羟基酒石酸
DIPA (1)(diisopropanolamine)二异丙醇胺(酸性气吸收剂)(2)(diisopropyl azodiformate)偶氮二甲酸二异丙酯
dipalmitin 二棕榈精;甘油二棕榈酸酯
dipalmito-olein 二棕榈一油精;甘油一油酸二棕榈酸酯
dipalmito-stearin 二棕榈硬脂精;甘油一硬脂酸二棕榈酸酯
dipara-periodic acid 二仲高碘酸
dip cement 浸渍胶浆子
dip coater 浸浆机;浸渍涂布机
dip coating 浸涂;浸胶;浸渍涂布;蘸涂;浸涂;涂层;蘸涂品
dip coating process 浸涂法
dip dyeing 浸染
DIPE(diisopropyl ether) 二异丙醚(新型含氧化合物,作汽油调合组分)
dipelargonate 二壬酸盐(或酯)
dipentadecyl-carbinol 双十五基甲醇;16-三十(碳)烷醇
dipentadecyl ketone 双十五基(甲)酮
dipentaerythritol 双季戊四醇酯
dipentamethylene thiuram disulfide 二硫化双亚戊基秋兰姆
dipentamethylene thiuram monosulfide 硫化双亚戊基秋兰姆
dipentamethylene thiuram tetrasulfide 四硫化双亚戊基秋兰姆
dipentene 二聚戊烯;双戊烯;松油精;苧烯
di-*n*-pentylphosphoric acid(**DAP**, **HDAP**) 二正戊基磷酸
dipeptide 二肽;缩二氨酸
diperchromic acid 过二铬酸
diperodon 地哌冬
dip forming 浸渍成型
diphacin 敌鼠
diphacinone 敌鼠
diphasic 双相性;双相的
diphasic titration 两相滴定法
dip hatch 计量口
diphazine 双发新
diphemanil methylsulfate 双苯马尼甲硫酸盐;甲硫酸二苯甲哌
diphemethoxidine 二苯甲哌啶乙醇
diphenadione 二苯茚酮
diphenamic acid 联苯甲酰胺酸;苯基苯甲酰胺酸
diphenamid 草乃敌
diphenan(e) 地芬南
diphenate 联苯甲酸氢盐(或酯);联苯-2,2′-二羧酸氢盐(或酯)
diphenatrile 二苯乙腈
diphenazoline 二苯唑啉
diphenazyl 二苯甲酰乙烷(的别名)
diphencyprone 二苯环丙烯酮

diphenesenic acid 二苯西尼酸；联苯己烯酸
diphenhydramine 苯海拉明
diphenhydramine hydrochloride 盐酸苯海拉明
diphenic acid 联苯甲酸；联苯-2,2′-二羧酸
diphenicillin sodium 联苯青霉素钠
diphenidol 地芬尼多；二苯哌啶丁醇
diphenimide 邻联苯甲酰环亚胺
diphenol 二元酚
diphenolic acid（DPA） 双酚酸
diphenoxylate 地芬诺酯；苯乙哌啶
diphenyl 联苯
diphenylacetamide 二苯乙酰胺
***N*, *N′*-diphenylacetamidine** *N*, *N′*-二苯乙脒
diphenylacetic acid 二苯（基）乙酸
diphenylacetylene（＝tolane） 二苯乙炔
diphenylamine 二苯胺
diphenylamine blue 二苯胺蓝（氧化还原指示剂）
diphenylamine-2, 2′-dicarboxylic acid 二苯胺-2,2′-二羧酸
diphenylamine hydrochloride 盐酸二苯胺；氢氯化二苯胺
diphenylamine sulfate 硫酸二苯胺
diphenylamine sulfonic acid 二苯胺磺酸
diphenylaminoazo-*m*-benzenesulfonic acid 二苯胺偶氮间苯磺酸
diphenylaminoazo-*p*-benzenesulfonic acid（＝tropeolin OO） 金莲橙 OO；二苯胺偶氮对苯磺酸
diphenylaminochlorarsine 二苯胺氯胂
diphenylaminocyanarsine 二苯胺氰胂
2,3-diphenylaminodicarbonic acid（＝diphenylamine-2,3-dicarboxylic acid） 2,3-二苯胺二酸
diphenylanthracene 二苯基蒽
diphenyl antimony chloride 氯化二苯䏲
diphenyl antimony cyanide 氰化二苯䏲
diphenylarsine 二苯胂
diphenylarsine oxychloride 氧化二苯（基）胂氯
diphenylate 亚烷基二苯醚
diphenylbenzidine 二苯基联苯胺
***N*, *N′*-diphenylbenzidine** *N*, *N′*-二苯基联苯胺
diphenyl bibenzoate 联苯甲酸二苯酯
diphenyl bromomethane 二苯溴甲烷；二苯甲基溴
diphenylbutadiyne 二苯基丁二炔
1,4-diphenyl butane 1,4-二苯基丁烷
diphenyl *tert*-butyl phosphate 磷酸二苯·叔丁酯
diphenyl carbamyl chloride 二苯氨甲酰氯
***s*-diphenylcarbazide** 对称二苯卡巴肼
diphenylcarbazide 二苯卡巴肼
***sym*-diphenylcarbazone** 对称二苯基卡巴腙；苯肼羰基偶氮苯
diphenylcarbazone 二苯卡巴腙
diphenyl carbene 二苯基卡宾
diphenyl carbinol 二苯基甲醇
diphenyl carbonate 碳酸二苯酯
diphenyl chloroarsine 二苯氯胂；二苯胂基氯
diphenyl-chloromethane 二苯氯甲烷；二苯甲基氯
diphenyl cyan（o）arsine 二苯胂基氰；二苯代胂腈
diphenyl diacetylene 二苯基联乙炔；二苯基丁二炔
diphenyl dichloromethane 二苯二氯甲烷
diphenyl diethylene 二苯基联乙烯；二苯基丁二烯
diphenyl diketohexane 二苯基已二酮
diphenyl diketone 二苯基二（甲）酮
diphenyl diketooctane 二苯基辛二酮
diphenyldimethoxysilane 二苯基二甲氧基硅烷
diphenyl diphenoxysilicane 二苯·二苯氧基硅
diphenyl disulfide 二苯二硫
diphenyl disulfoxide 二苯二砜；联（二）苯亚砜
diphenylene （1）双亚苯基（即两个亚苯基）（2）亚联苯基（3）（＝dibenzo）二苯并
diphenylene disulfide （夹）二硫杂蒽
diphenylene imide（＝carbazole） 咔唑
diphenylene oxide 二苯并呋喃
***unsym*-diphenylethane** 不对称二苯基乙烷
diphenylethene 二苯乙烯
diphenyl ether （二）苯醚
1,2-diphenylethylene 1,2-二苯乙烯；芪
***N*, *N′*-diphenylethylenediamine** *N*, *N′*-二苯基亚乙基二胺
***N*-(1,2-diphenylethyl)nicotinamide** *N*-(1,2-二苯基乙基)烟酰胺
***N*-diphenylformamide** *N*-二苯甲酰胺
***N*, *N′*-diphenylformamidine** 对称二苯甲脒；*N*, *N′*-二苯基甲脒

diphenyl glyoxalone（＝diphenylimidazolone） 二苯基甘噁酮;二苯基脒唑酮
diphenylguanidine 二苯胍;(硫化)促进剂D
diphenyl heating kettle 联苯加热釜
diphenylheptylphosphine oxide(DPHPO) 二苯基一庚基氧膦
diphenyl hydantoin 二苯基乙内酰脲;(俗称)二苯海因
diphenylhydantoin sodium 苯妥英钠
1,2-diphenyl hydrazine 1,2-二苯肼
diphenyl hydrazobenzene 四苯肼
diphenylimidazolidinone 二苯咪唑啉酮
diphenylimidazolone 二苯基咪唑酮
diphenyl iodonium hydroxide 氢氧化二苯碘鎓
diphenyl iodonium iodide 碘化二苯碘鎓
di-(4-phenyl isocyanate)methane 二-4-苯基异氰酸甲烷
diphenyl isooctyl phosphate 磷酸二苯一异辛酯
diphenyl ketene 二苯乙烯酮
diphenyl ketone（＝benzophenone） 二苯(甲)酮;苯酰苯
diphenyl ketoxime 二苯(甲)酮肟
diphenyl mercury 二苯汞
diphenylmethane 二苯(基)甲烷
diphenylmethane-4,4′-disulfonamide 二苯甲烷-4,4′-二磺酰胺
diphenyl methane dye(s) 二苯甲烷染料
diphenyl methyl arsine hydroxybromide 溴羟化二苯基·甲基胂
diphenylnitrosamine 二苯亚硝胺
diphenylolpropane 二酚基丙烷
diphenyloxazole 二苯基噁唑
2,5-diphenyloxazole(DPO) 2,5-二苯基噁唑
diphenyl oxide (二)苯醚;二苯基氧
***N*,*N*′-diphenyl-*p*-phenylenediamine** *N*,*N*′-二苯基对苯二胺
diphenyl phosphate 磷酸二苯酯
diphenyl phosphine 二苯膦
diphenylphosphinic acid 二苯次膦酸
1,1-diphenyl-2-picrylhydrazyl 1,1-二苯基-2-苦基肼基
***α*,*α*-diphenyl-2-piperidinepropanol** *α*,*α*-二苯基-2-哌啶丙醇
diphenylpropane-1,3-dione(DPPO) 二苯基-1,3-丙二酮;二苯甲酰甲烷
diphenylpyraline 二苯拉林;哌啶醇胺
diphenylpyrophosphorodiamidic acid 二苯氨基焦磷酸
diphenyl selenide 二苯硒;苯硒醚
diphenyl succinate 丁二酸二苯酯
diphenyl succinic acid 二苯丁二酸
diphenyl sulfide 二苯硫;苯硫醚
diphenyl sulfone 二苯砜
diphenyl sulfoxide 二苯亚砜
diphenylthiocarbazone（＝dithizone） 双硫腙;二苯基硫卡巴腙
***N*,*N*-diphenylthiourea** *N*,*N*-二苯基硫脲
diphenyl tin 二苯锡
diphenyl-*m*-tolylmethane 二苯基·间甲苯基甲烷
diphenyl triketone 二苯基三(甲)酮;二苯甲酰基(甲)酮
***sym*-diphenylurea**（＝carbanilide） 对称二苯脲
***unsym*-diphenylurea** 不对称二苯脲
diphenylurethane 二苯基尿烷;二苯氨基甲酸乙酯
diphetarsone（＝difetarsone） 双苯他胂
dip hole（＝dip hatch） 计量口
diphosgene 双光气;氯甲酸三氯甲酯
diphosgenism 双光气中毒
diphosphane 二膦;二磷烷
diphosphanetetroic acid 连二磷酸
diphosphatidyl glycerol 双磷脂酰甘油;心磷脂
diphosphine 二膦;二磷烷
1,3-diphosphoglyceraldehyde 1,3-二磷酸甘油醛
diphosphoinositide 磷脂酰肌醇磷酸
diphosphopyridine nucleotide(NAD;CoI;DPN) 二磷酸吡啶核苷酸;辅酶Ⅰ
diphosphoric acid 焦磷酸
diphosphorous acid 二亚磷酸;焦亚磷酸
diphosphorus trisulfide 三硫化二磷
diphosphothiamine 焦磷酸硫胺素;辅羧酶;脱羧辅酶
diphthalate 苯二甲酸氢盐(或酯)
diphthamide 白喉酰胺
diphtheria toxin 白喉毒素
diphtherinic acid 白喉菌酸
dipicolinic acid 吡啶二羧酸
dipicrylamine（＝hexanitrodiphenylamine） 二苦(基)胺;六硝基二苯胺
dipicrylsulfide（＝hexanitrodiphenylsulfide） 二苦硫;六硝基二苯硫
dipimelate 庚二酸氢盐(或酯)
dipin 迪平;双吖丙啶氧膦哌嗪

dipinene 双蒎烯
dipipanone 地匹哌酮;二苯哌己酮
dipiperidinoethane 二哌啶乙烷
dipiperonalacetone 二亚胡椒基丙酮
dipiproverine 双哌维林;环哌苯酯
dipivaloylmethane(DPVM) 二叔戊酰甲烷;二(三甲基乙酰基)甲烷
dipivefrin 地匹福林;二叔戊酰肾上腺素
dip leg ,dipleg 浸入管;料封管;料腿;浸管
diplodnabactivirus 双脱噬菌体;双DNA噬菌体
diploicin 双普洛斯
diploid 二倍体
diploid stage 二倍体时期
diplomycin 双球霉素
dip lye 浸渍;浸碱(制黏胶丝)
dip-mo(u)lding 浸渍法(胶乳工业)
dipnictide 二磷族元素化物
dip nozzle 伸入管
dipolar addition 偶极加成
1,3-dipolar addition 1,3-偶极加成作用
dipolar aprotic solvent 偶极非质子溶剂
dipolar bond 偶极键
dipolar complexes 二极络合物
dipolar molecule 偶极分子
dipolar polarization 偶极子极化
dipolar protophilic solvent 偶极亲质子溶剂
dipolar protophobic solvent 偶极疏质子溶剂
dipolar relaxation 偶极弛豫;偶极松弛
dipolar shift reagent (偶极)位移试剂
dipole 偶极
dipole-dipole interaction 偶极-偶极相互作用
dipole disorientation 偶极解取向
dipole ion 偶极离子
dipole moment 偶极矩
dipole orientation 偶极取向
dipole polarization 偶极极化
dipole-quadrupole interaction 偶极-四极相互作用
dipolymer 二元共聚物
dipolymerization 二元共聚(作用)
diponium bromide 地泊溴铵
dipotassium hydrogen phosphate 磷酸氢二钾
dipped article 浸渍制品;无缝制品
dipped fabric 浸胶布
dipped goods 浸渍制品
dipped tank 浸渍槽
Dippel soil 地帕油;骨(焦)油
dipper sampling 勺取样
dipper stick(=dip stick) 水位指示器;测量尺;量油尺
dipper system 杓斗系统
dipping 浸渍;浸泡
dipping agent 浸渍剂
dipping bath (丝束)浸油浴
dipping coating 浸涂
dipping coatings 浸渍漆
dipping compound 浸渍混炼胶
dipping glazing 浸渍釉
dipping mix 浸渍混炼胶
dipping polish 浸渍抛光
dip(ping) process reclaim 压出法再生胶
dip polishing 浸渍抛光
diprenorphine 二丙诺啡
dip rod 浸量尺;水位指示器;量油尺;量油杆
dipropalin 甲乐灵
dipropargyl (1)联炔丙基;1,5-己二炔 (2)二炔丙基
dipropenyl 联丙烯基;2,4-己二烯
dipropetryn 可托津;乙基扑草净
diprophen 地普罗芬;丙硫解痉素
dipropylacetic acid 二丙基乙酸
dipropylamine 二丙胺
dipropyl amino-benzaldehyde 对二丙氨基苯(甲)醛
dipropyl barbituric acid 二丙基巴比土酸
dipropyl carbanilide-4,4′-dicarboxylate 对称二苯脲-4,4′-二甲酸二丙酯
dipropyl carbonate 碳酸二丙酯
dipropyl disulfide 二丙基二硫醚
dipropylene glycol 一缩二(个)丙二醇
dipropylene glycol monobutyl ether 一缩二丙二醇一丁醚
dipropyl ether (二)丙醚
dipropylethylphenylsilicane 二丙基·乙基·苯基甲硅烷
dipropylhexylmethane 二丙基·己基甲烷;4-丙基癸烷
dipropyl ketone 二丙基(甲)酮;4-庚酮
dipropylnitrosamine 二丙亚硝胺
dipropyloxazolidinedione 二丙基噁唑烷二酮
dipropyl sulfate 硫酸二丙酯
dipropyl sulfide 二丙硫;丙硫醚
dipropyl sulfite 亚硫酸二丙酯
dipropyl sulfone 二丙砜
***sym*-dipropylurea** 对称二丙脲
***unsym*-dipropylurea** 不对称二丙脲

diprotic acid(=dibasic acid) 二元酸
diprotrizoate sodium 尿影酸钠
dip seal 液封
dip stick 浸量尺;水位指示器;测量尺;(量)油尺;测杆
dipterex 敌百虫
dipterex-malathion emulsifible concentrate 敌百虫-马拉硫磷乳油
dipterine 对叶盐蓬碱;*N*-甲基色胺
dipy(=2,2′-bipyridyl) 邻联吡啶
dipyridamole 双嘧达莫;潘生丁
dipyridinium hexachloroplutonate 六氯钚酸吡啶鎓
α,α′-dipyridyl α,α′-联吡啶
dipyrocetyl 地匹乙酯
dipyrone 安乃近
α,α′-dipyrrole α,α′-联吡咯
dipyrryl ketone 二吡咯基(甲)酮
diquat (dibromide) 敌草快;杀草快
diquinidine(=diconchinine) 双奎尼定
diquinoline(=biquinoline) 联喹啉
diquinolyl 联喹啉
diquinolylurea 喹啉脲
Dirac equation 狄拉克方程
(Dirac)δ-function (狄拉克)δ函数
diradical initiation 双(自由)基引发(作用)
diradicals 双自由基;双游离基
direct-acting pump 直接联动泵;直接作用泵
direct-acting regulator 直接作用调节器
direct-acting steam pump 直动泵
direct-acting valve 直动阀
direct action membrane 取向膜
direct addition 直接加成
Direct Black 直接黑
Direct Blue 2B 直接蓝 2B
Direct Bordeaux GB 直接枣红 GB
Direct Brown M 直接深棕 M
direct coal liquefaction 煤直接液化
direct contact condenser 接触式冷凝器
direct contact seal 接触型密封
direct cooler 直接冷却器
direct copper dye(s) 直接铜盐染料
direct correlation function integrals(DCFI) 直接相关函数积分
direct cost 直接成本(包括原材料、工时等)
direct cross 正交
direct current 直流
direct current bridge 直流电桥
direct-current main 直流电源
direct current sputtering 直流溅射
direct current transformer 直流电流互感器
Direct Diazo Black BH 直接重氮黑 BH
direct diazo dye(s) 直接重氮染料
direct digital control 直接数字控制
direct digital controller 直接数字控制器[仪]
direct displacement 直接排代
direct drive pump 直接传[驱]动泵
direct dye(s) 直接染料
directed aldol condensation 定向醛醇缩合
directed mutagenesis 定向诱变
directed mutation 定向突变
directed oxidation (陶瓷)直接氧化工艺;Lanxide 工艺
directed spraying method 定向喷雾法
direct evaporative cooler 直接蒸发冷却器
direct expansion 一步发泡;直接发泡
direct expansion cooling 直接膨胀冷却
direct fast dye(s) 直接耐晒染料
direct fertilizer 直接肥料
direct fire 活火头;活火;直接火
direct fired dryer (直接火)烘干(燥)机
direct fired heater 直接火力加热器;直焰炉
direct firing furnace 直接火焰炉;直焰炉;直接火力加热炉
direct-flame boiler 直焰式锅炉
direct heat exchange 直接换热;直接热交换
direct impact 正碰
directing effect of group 取代基的定向作用
directional control valve 定向控制阀
directional diagram 方位图
directional emitter 定向发射体
directionality effect 定向效应;方向性效应
directional mutation 定向突变
directional sieve tray 导向筛板
directional solidification 定向凝固;顺序凝固
direction for use 使用说明
direction of gas flow 气体流动方向
direction of rotation 旋转方向
direction selectivity 方向选择性
direct isotopic dilution method 直接同位素稀释法
directive effect 定向效应
directive rules 规程
direct labor 普通工;非熟练工人
direct latex casting 胶乳直接铸型
directly fired 直接燃烧
directly heated rotary dryer 直接传热旋

转干燥器
direct maintenance 直接维修
direct measurement 直接测量
direct methanol fuel cell 直接甲醇燃料电池
direct method 直接法
direct operating expense 直接操作费用
Direct Orange S 直接橙 S
direct particle 原始粒子
direct-positive materials 直接正性材料
direct printing 直接印染;直接印花
direct reaction 直接反应
direct reading liquid level gauge 直读(式)液面计
direct-reading pH meter 直读(式)pH 计
direct-reading spectrometer 直读光谱仪
direct-reduction ironmaking 直接还原炼铁
direct rotary 直接加热回转
Direct Scarlet 4B 直接大红 4B
Direct Scarlet 4BS 直接耐酸大红 4BS
direct search method 直接搜索法
direct spot welding 双面点焊
direct stationary 顺留
direct steam 直接蒸汽;新汽;活汽
direct steam generator 直接蒸汽发生器
direct steam injection 直接蒸汽加热
direct substitution 直接代入法;直接取代
direct valency 直接化合价
Direct Violet N 直接紫 N
direct vision prism 直视棱镜
direct vision spectroscope 直视分光镜
direct welding 双面点焊
diresorcin(ol) 联间苯二酚;联雷琐辛
diresorcylic acid 一缩双 3,5-二羟苯甲酸
diricinoleidine 二蓖精;甘油二蓖酸酯
dirithromycin 地红霉素
dirnase 链道酶
dirt 污垢
dirt count (纸张)尘埃度
dirt (inclusion) 夹渣
dirtiness resistance 污垢热阻(在热交换器管壁上)
dirt pocket 集垢器[袋]
dirt shroud 防尘罩
dirty factor 污垢系数
dirty liquid 脏液体
disaccharide 二糖;双糖
disadjust 失调
disagglomeration 瓦解(作用)
disaggregation 解聚作用
disalicylate 二水杨酸盐(或酯)
disalicylic acid(=salicyl salicylic acid;diplosal) 双水杨酸;水杨酰水杨酸
disalicylide 双水杨酸内酯
disappearing filament pyrometer 隐丝高温计
disassembly procedure 拆卸程序
disassimilation 异化(作用)
disazo dyes 双偶氮染料
disc and doughnut baffle (圆)盘-(圆)环形折流板
discard molasses 废糖蜜
disc attrition mill 圆盘磨
disc bellow 盘式风箱
disc black 盘黑;盘法炭黑
disc bowl centrifuge 碗盖式离心机;碟式离心机
disc brake 盘式制动器
disc chromatogram 圆盘形色谱图
disc chromatography 圆盘色谱法
disc column 圆盘塔
disc comparator 圆盘比色计
disc crusher 盘式压碎机
disc(=disk) 圆盘;轮盘
disc [disk] valve 圆盘阀;盘形阀
disc electrophoresis 圆盘电泳(法);盘状电泳(法)
disc ending paper partition chromatography 下行纸分配色谱法
disc evaporator 盘式蒸发器
disc extruder 圆盘式挤压机
disc filter 盘滤机
disc finishing machine 圆盘磨光机
disc grinder 圆盘磨光机
disc grizzly 圆盘筛;盘式筛
discharge (1)排放量;排放;排量 (2)放电
dischargeable capacity (储罐的)有效容积;排送能力
dischargeable dye 拔染染料
discharge air 排气
discharge arrangement 卸料方式
discharge auger 卸料螺旋
discharge belt 卸载传送带
discharge capacity 排出量;排流量;排流能力
discharge channel 分离液出口
discharge characteristics 放电特性曲线
discharge chute 卸料斜槽;卸料溜槽
discharge coefficient 流量系数;孔流系数

discharge cone 排料锥;卸料锥;排出锥斗
discharge cover (1)卸渣门 (2)排出端泵盖
discharge device 卸料装置
discharge door 排料门;卸料门
discharge duct 卸料管
discharge electrode 放电电极
discharge end 出料端
discharge flange 出口法兰
discharge flow method 放电流动法
discharge funnel 卸料漏斗
discharge gas 废气
discharge gate 给料输送管上的阀门;卸料阀门
discharge gating 卸料炉栅
discharge head (出口,排气,输送)压头;(压缩机)压力的高度
discharge height 卸载高度
discharge hole 成品出口
discharge hopper 卸料斗
discharge jetty 卸货码头
discharge knockout drum 出口分离鼓
discharge launder 卸载槽
discharge line 排出管线
discharge lock 卸料阀
discharge loss 卸出损失
discharge manifold 排油歧管;排泄歧管
discharge negative electron 放电电子(负极)
discharge nozzle 排放[出]喷嘴[接管];出料管;卸料口
discharge of ion 离子放电
discharge of pump 泵排量
discharge of the fuel 卸燃料
discharge opening 卸料口
discharge orifice 排放孔
discharge outlet 排放口
discharge pan 卸载槽
discharge passage 排气通道
discharge pipe 排放管;卸料管
discharge port 出料口;排出口;卸料口
discharge printing 拔染印花
discharge printing paste 拔染印色浆
discharge pump 排出(或排水,排油)泵
discharge ram 卸料推杆
discharge rate 喷量;排气量;卸料速度;放电率
discharge ring 出口环
discharge roll 卸料滚筒
discharge screw 卸料螺旋
discharge shutter 卸料闸板
discharge side 卸料侧[面]
discharge side sleeve 出口侧轴套
discharge sludge 卸渣
discharge spiral conveyors 卸料螺旋输送机
discharge spout 排料口;排液管
discharge stroke 排出冲程
discharge system 输电系统
discharge tank 出料罐
discharge terminal 卸料站
discharge time 卸料时间
discharge tube 排放管;卸料管
discharge valve 排出阀;排气阀;卸料阀
discharge water 排放水;废水
discharging 排出;卸料
discharging agent 拔染剂
discharging dye 拔染染料
discharging print 拔染印色
discharging time 卸料时间
disclination 旋转位移;旋错;倾错;向错
disc mill 盘磨机
disc-mounted flat blade turbine 平直叶圆盘涡轮
disc nut 阀盘螺母
discolo(u)red 脱(了)色的;褪(了)色的
discolo(u)ring agent 脱色剂
discolo(u)ring clay 漂白土;脱色土
discolo(u)ring earth 漂白土;脱色土
discolo(u)rization 脱色;褪色;变色
Discomycetes 盘菌纲
disconnecting switch 隔离开关;切断开关;阻断开关
disconnection 断开;断路
disconnect switch 断路开关
discontinuous (action) controller 断续式调节器
discontinuous band absorption 不连续光带吸收
discontinuous combustion 不稳定燃烧
discontinuous operation 间歇操作;间歇工作
discontinuous phase 不连续相
discontinuous process 间歇操作(法)
discontinuous running 断续运行;间歇运行;阶段作业
discontinuous sterilisation 间歇消毒;分步消毒
discontinuous system 不连续体系
discontinuous type fixed-bed gasification process for solid fuels 固体燃料间歇式

固定床气化法
discoordination 失协调
discotic liquid crystal polymer 碟状液晶高分子
discotic molecule 碟型分子;盘状分子
disc pulverizer 盘式粉磨机
discrasite 锑银矿
disc refiner 盘磨机
discrepancy 不符[偏差]值
discrepancy sheet 订正表
discrete control system 离散控制系统
discrete eigenvalue 离散本征值;分立本征值
discrete energy level 离散能级;分立能级
discrete phase 分散相;不连续相
discrete relaxation 不连续松弛(谱);离散松弛(谱)
discrete signal 离散信号
discrete spectrum 离散谱;分立谱;不连续谱
discrete variation method 离散变分方法
discrete viscoelastic spectra 离散黏弹谱
discrete vortex 离散涡
discriminant analysis 判别分析
discrimination 鉴别
discriminator 辨别子
disc-ring reactor 盘环型(搅拌缩聚)反应器
disc sampler 圆盘取样器
disc saw 圆盘锯
disc set 碟组件
disc spring 碟形弹簧
disc tower 碟式塔
discutient (1)消肿药 (2)消肿的
disease index 病情指数
disebacate 癸二酸氢盐(或酯)
diselenide 联硒化物
disengaged vapor 释放蒸气
disengaging chamber 分离室
disengaging space 分离空间
disentrainment section 除雾沫(夹带)段
dish baffle 盘形挡板
dished cover 碟形顶盖;凸盖
dished end 盘形底
dished head 碟形封头
dished perforated plate 碟形多孔板
dished surface 凹面
dished tank 碟形贮槽
dish gas holder 湿式气柜
dish granulator 盘式造粒机
dish tubesheet 碟形管板
dishwasher detergent 洗碟机用洗涤剂
dishwashing detergent 餐具洗涤剂
disilane 乙硅烷
disilanoxy- 乙硅烷氧基
disilanyl- 乙硅烷基
disilanylamino- 乙硅烷氨基
disilanylene- 亚乙硅烷基
disilanylthio- 乙硅烷硫基
disilazanoxy- 二硅氮烷氧基;甲硅烷氨基甲硅烷氧基
disilazanylamino- 二硅氮烷氨基;二甲硅烷氨基
disilicate 焦硅酸盐
disilicic acid 焦硅酸
disiloxane 二硅氧烷;二甲硅醚
disiloxanoxy- 二硅噁烷氧基;甲硅醚氧基;甲硅烷氧代甲硅烷氧基
disiloxanyl- 二硅噁烷基;甲硅醚基;甲硅烷氧代甲硅烷基
disiloxanylamino- 二硅噁烷氨基;甲硅醚氨基;甲硅烷氧代甲硅烷氨基
disiloxanylene- 1,1′-亚甲硅醚基
disiloxanylthio- 二硅噁烷硫基;甲硅醚硫基
disilthianoxy- 二硅噻烷氧基;甲硅硫醚氧基
disilthianyl- 二硅噻烷基;甲硅硫醚基
disilthianylthio- 二硅噻烷硫基;甲硅硫醚基
disilyldisilanyl- 三甲硅烷代硅基
disinfectant detergent powder 消毒洗衣粉
disinfectants 消毒杀菌剂
disinfectant soap 消毒皂
disinfecting 消毒;杀菌
disinfection 消毒
disinfestation 灭(昆)虫法
disinsection 灭(昆)虫法
disintegrating agent 崩解剂
disintegrating the feed 破碎物料
disintegration 破碎;崩解;衰变
disintegrator 粉碎机;破碎机;(细胞)碾碎机;分裂因素;解磨机;气体洗涤机
disintegrator gas washer 喷散式涤气机
disintoxicating 解毒
disk 盘;圆盘;圆板;盘状物;片;磁盘;轮盘;金属碟
disk agitator 盘式搅拌器
disk and doughnut baffle 盘-环形折流板
disk atomizer 转盘雾化器;圆盘喷嘴;圆盘雾化器
disk base 盘基
disk bowl centrifuge 碟片式离心机
disk centrifuge 碟式分离机;圆盘离心机

disk chromatography 环形色谱法；径向展开色谱法
disk-disk rheometer 双盘式流变仪
disk-doughnut baffle 盘-环形折流板
disk dryer 圆盘(式)干燥器
disked bottom 碟形底盖
disked closure 碟形封头
disked end 碟形封头
diskette 软磁盘
disk feeder 圆盘给料机；圆盘加料器
disk filter 盘式过滤机
disk friction 轮盘摩擦
disk friction loss 轮盘摩擦损失
disk nut 盘形螺母
disk stack 叠装碟组
disk type centrifugal separator 盘式分离机
disk type steam trap 盘式疏水阀
disk valve 圆盘阀；盘形阀
disk water meter 盘式水表
dislocation 位错；转位
dislocation density 位错密度
dismountable device 可拆装置
dismutase 歧化酶
dismutation 歧化(作用)
di-soap 二酸皂
disodium acetylene 乙炔二钠
disodium calcium edetate 乙底酸钙二钠；乙二胺四乙酸钙二钠
disodium calcium EDTA 乙底酸钙二钠
disodium chromoglycate 色甘酸二钠
(di)sodium glutamate 谷氨酸(二)钠
disodium glycyrrhizinate 甘草酸二钠
disodium hydrogen phosphate 磷酸氢二钠
disodium phenyl phosphate 磷酸苯酯二钠
disofenin 地索苯宁
disolfoton 乙拌磷
disophenol 二碘硝酚
disoprofol 二异丙酚
disopyramide 丙吡胺；双异丙吡胺
disorder 无序
disordered chain propagation 无序链增长
disordered orientation 无序取向
disordered structure 无规结构
disordering 无序化；无序性
disorganized form 无规状态
disorientation 解取向；乱取向
disoxidation 还原(作用)；减氧(作用)；脱氧
disparlure 顺式-7，8-环氧-2-甲基十八(碳)烷
dispatching list 发货清单
dispensing balance 药剂天平
dispensing pump 配剂泵；分配泵
dispergator 解胶剂
dispersant (agent) 分散剂
Disperse Blue BGL 分散蓝 BGL
Disperse Blue 2BLN 分散蓝 2BLN
dispersed aeration process 分散曝气法
dispersed air flotation 曝气浮选
dispersed complex fibre 分散性复合纤维
dispersed drilling fluid system 分散钻井液体系
dispersed flow 分散流
dispersed fuel 弥散型燃料
dispersed medium 分散介质
disperse(d) phase 分散相；离散相
dispersed-phase polymerization 分散相聚合
dispersed substance 分散物质
disperse dye(s) 分散性染料
disperse medium 分散介质
disperse mill 乳化机
Disperse Navy Blue S-2GL 分散藏青 S-2GL
disperse phase 分散相；离散相
Disperse Red 3B 分散红 3B
Disperse Red R 分散红 R
disperser 分散器；分散剂；分散质；分散相；扩散装置；泡罩；分散混合器；分散设备
disperser breaks 分散器
disperser hood (蒸馏塔中)泡罩
Disperse Rubine 2GFL 分散红玉 2GFL
disperse system 分散系统
Disperse Yellow Brown 2RFL 分散黄棕 2RFL
Disperse Yellow RGFL 分散黄RGFL
dispersing agent 分散剂；扩散剂
dispersing aid 分散助剂
dispersion (1)分散(作用)；弥散 (2)分散体 (3)色散 (4)离差
dispersion agent 分散剂
dispersion coefficient 弥散系数
dispersion curve 色散曲线
dispersion effect 分散效应
dispersion equation 色散方程
dispersion force 色散力；分散力
dispersion interaction force 色散力
dispersion medium 分散介质
dispersion method 分散法
dispersion mill 分散磨
dispersion model 弥散模型
dispersion of atmosphere 大气色散

dispersion of numbers 数值的离散
dispersion phase 分散外相
dispersion plate 分散板
dispersion polymer 分散聚合物
dispersion polymerization 分散聚合
dispersion power 色散本领
dispersion sling 抛掷分散器;扬送器
dispersion spectrum 色散谱
dispersion stabilizer 阻凝剂;分散体稳定剂
dispersion stack 弥散烟囱
dispersion strengthening 弥散强化
dispersion system 分散(物)系
dispersity 分散度
dispersive action 分散作用
dispersive mixing 分散性混炼
dispersive spectrometry 色散分光法
dispersivity 分散性
dispersoid 分散(胶)体;分散质
displacement (1)位移(2)置换(作用)(3)(= displacement development)项替展开法
displacement agent 驱油剂
displacement analysis 顶替法
displacement chromatography 顶替色谱法
displacement current 位移电流
displacement effect 顶替效应
displacement fluid 顶替液
displacement law (1)排代(定)律;置换定律 (2)位移定律
displacement of acid by water 水顶酸法
displacement of compressor (压缩机)活塞行程容积
displacement of piston 活塞的行程容积
displacement polarization 位移极化
displacement-purge 排代冲洗;排代脱附
displacement reaction 置换反应
displacement resonance 位移共振
displacement series 排代(次)序
displacement type level ga(u)ge 沉筒液面计
displacement washing 置换洗涤
displacement washing (filter cake) 置换洗涤(滤饼)
displacer 排代剂;置换剂;顶替剂
displacer cage 沉筒室;浮筒室
displacer unit 沉筒液位计
display device 显示装置[设备]
display equipment 显示设备[装置]
disposable item (1)废品 (2)一次应用制品
disposable pack 一次性包装
disposable pack(ag)ing 不回收包装;一次应用包装;可弃包装
disposable product boiler 废弃物锅炉
disposal 处理;处置;配置;整理
disposal bag 垃圾袋
disposal by land 陆地处置
disposal by sea 海洋处置
disposal formation 处理系统
disposition of solids 固体沉积
disproportionated rosin 歧化松香
disproportionation 歧化(反应)
disproportionation condensation 歧化缩合作用
disproportionation reaction 歧化反应
disproportionation termination 歧化终止
disproportion metallurgy 歧化冶金
disrepair 失修
disrotatory 对旋
disruptive effect 破坏作用
disruptive oxidation 破坏氧化(作用)
disruptive strength 破坏强度
dissection 解剖
dissembling inspection 拆卸检查
dissemination of new technology 新技术推广
dissemination of radioactive effluent 放射性废水的浸染
dissimilar chiral centres 不对称手性中心
dissimilation 异化(作用)
dissipation (能量)耗散;能量浪费
dissipation coefficient 损耗系数
dissipation of noise 噪声消散
dissipation structure 耗散结构
dissipation system 耗散体系
dissipative 消耗的;耗散的
dissipative effect 损耗效应
dissipative force 耗散力
dissipative function 耗散函数
dissipative process 离解过程
dissipative structure 耗散结构
dissipative work 耗散功
dissociation 离解(作用)
dissociation channel 解离通道
dissociation chemisorption 离解化学吸附(作用)
dissociation constant 离解常数
dissociation degree 离解度
dissociation energy 解离能
dissociation extraction 解离萃取

dissociation field effect 离解场强效应
dissociation limit 解离极限
dissociation threshold 解离阈值
dissociative adsorption 解离吸附
dissociative chemisorption 离解化学吸附(作用)
dissociative ligand exchange mechanism 配体交换的解离机理
dissolubility 溶解能力;溶(解)度;可溶(解)性
dissolution 溶解(作用)
dissolution heat 溶解热
dissolution in solvent 溶剂溶解
dissolvability 溶解度;溶解能力;可溶(解)性
dissolvable 可溶的;能溶的
dissolvant 溶剂
dissolve 溶解
dissolved acetylene 液化乙炔(在钢瓶中溶于丙酮)
dissolved air flotation 溶气浮选
dissolved impurity 溶解杂质
dissolved oxygen(DO) 溶解氧
dissolved oxygen probe 溶氧探头
dissolved oxygen sag curve 溶解氧下垂曲线
dissolvent(=solvent) 溶剂
dissolve of oxygen 溶氧
dissolver basket 溶解器的篮筐
dissolving metal reduction 溶解金属还原
dissolving pulp 溶解浆;溶解纸浆;化学纸浆
dissolving salt 溶解盐
dissolving salt B 苄氨基苯磺酸钠;溶解盐B
dissolving tank 溶解槽;溶解池
dissymmetrical structure 不对称结构
dissymmetric molecule 不对称分子
dissymmetry 非对称;不对称现象
dissymmetry of scattering 散射的非对称性
distamycin 偏端霉素
distance block 定距块
distance bolt 定距螺栓
distance collar 隔环;定距轴环
distance collar receiving plate 定距轴环支承板
distance of distinct vision 明视距离
distance piece 定距块;定距片;隔片;间隙块
distance plate 定距块;定位块
distance receptor 距离感受器
distance ring 定距环
distance thermometer 遥测温度计
distance tube 隔离套管
distance velocity lag 距速滞后(炼油自控术语)
distannic ethide (1)三乙锡(游离基)(2)六乙二锡
distannoxane 二锡氧烷
distant control 遥控
distant hybrid 远缘杂种
distant-indicator 遥测指示器
distearate 二硬脂酸盐(或酯)
distearin 二硬脂精;甘油二硬脂酸酯
distearodaturin 二硬脂一苔精;甘油一苔酸二硬脂酸酯(苔酸为十七烷酸 daturic acid 的别名)
distearolin 二硬脂精;甘油二硬脂酸酯
distemper 刷墙粉
disthene 蓝晶石
distigmine 地斯的明
distilland 被蒸馏物;蒸馏液
distillate 馏出液;馏出物;馏出液管
distillate cooler 馏出物冷却器
distillating still 蒸馏釜
distillating tower 蒸馏塔
distillating tray 蒸馏塔板
distillation 蒸馏;蒸馏法
distillation chamber 蒸馏室
distillation column 蒸馏柱[塔]
distillation curve map 蒸馏曲线图
distillation cut 馏分
distillation end point 蒸馏终点
distillation loss 蒸馏损失
distillation plate calculation 蒸馏塔板的计算
distillation pot 蒸馏釜
distillation range 馏程
distillation residue 蒸馏残渣
distillation still 蒸馏釜
distillation tower 蒸馏塔
distillation tray 蒸馏塔板
distillation tube 蒸馏管
distillation under pressure 加压蒸馏
distillation with adding salts 加盐蒸馏
distillation with reaction 反应蒸馏
distillator 蒸馏器
distillatory (vessel) 蒸馏器
distilled gasoline 直馏汽油
distilled liquor 蒸馏酒
distilled water 蒸馏水
distiller 蒸馏器

distiller condenser 蒸馏冷凝器
distiller's dried grain 干酒糟
distiller's grain 酒糟
Distillers process 英国酿酒公司法(一步法制丙烯腈)
distiller's wort 酿酒麦芽汁
distiller's yeast (酒)曲
distillery (造)酒厂;蒸馏室
distillery yeast (酒)曲
distilling apparatus 蒸馏装置
distilling column (1)蒸馏柱(2)蒸馏塔
distilling furnace 蒸馏炉
distilling tower 蒸馏塔
distilling tray 蒸馏塔板
distilling tube 蒸馏管
distinctive mark 区别标记
distinctness of image(DOI) 鲜映度;鲜映性
distinguishing analysis 分别分析
distorted lattice 畸变晶格
distorted peak 畸峰
distortion 畸变;变形;失真;歪扭
distortion energy theory 歪形能理论
distortionless 无畸变的;不失真的;无变形的
distortion of vessel 容器的变形
distortion temperature 热变形温度
distributed control system (DCS) 集散控制系统;分布式控制系统
distributed force 分布力
distributed load 分布载荷
distributed processing 分布式处理
distributing component 分配组分
distributing gutter 配水槽
distributing plate 分散板;分布板
distributing reservoir 配水池
distributing section 分配段
distributing substation 配电站
distributing trough 配水槽
distributing valve 分配阀
distribution 分布;分配
χ^2-distribution χ^2分布
distribution blade 分散叶片
distribution board 配电屏
distribution box 配电箱
distribution coefficient (1)分布系数(2)分配系数
distribution curve 分布曲线
distribution function 分布函数
distribution header 分配总管
distribution isotherm 分配等温线
distribution law 分配定律
distribution licence 配给执照
distribution nozzle 分配喷嘴
distribution of(particle) size 粒度分布
distribution of pipe 管线的布置
distribution of pore size 孔径分布
distribution of reflux (塔内)回流分布
distribution of residence-time(DRT) 逗留时间分布
distribution plate 分布板
distribution ratio 分配比
distribution unit 配电装置
distributive mixing 分布性混炼
distributor 分布器;分配器;配电器
distributor with helical blades 带螺旋形叶片的分布管
district heating 局部加热
disturbance (1)扰动;干扰(2)失调
disturbance compensation 扰动补偿
disturbance decoupling 扰动解耦
disturbance variable 干扰变量
disturbing admixture for cement 水泥紊流剂
distyrene 联苯乙烯
distyryl 联苯乙烯
disuberate 辛二酸氢盐(或酯)
disubstitution 双取代作用;二基取代作用
disuccinate 丁二酸氢盐(或酯)
disulfamide 二磺法胺;氯甲苯二磺胺(利尿药)
disulfanilamide 双磺胺;磺酰磺胺
disulfide 二硫化物
disulfide bond 二硫键
disulfide oil 二硫化物油(从轻质石油馏分中抽出的硫醇氧化而成的二硫化物,在抽出物中呈油状层而可分离出来)
disulfiram 双硫仑;戒酒硫
disulfocyanic acid 二聚硫代氰酸
disulfometholic acid 甲二磺酸
disulfonate 二磺酸盐(或酯)
disulfoton 乙拌磷
disulfoxide 二亚砜
disulfur dichloride 二氯化二硫
disulfur dinitride 二氮化二硫
disulfuric acid 焦硫酸;一缩二(正)硫酸
disul sodium 赛松钠;2,4-滴乙基硫酸钠
disyndiotactic 双重间同(立构)的
disyndiotactic polymer 双间同立构聚合物
dit 小(孔)沙眼
dita bark 印度鸡骨常山皮

ditactic polymer 双有规立构聚合物
ditaine 埃奇胺;艾奇明
ditalimfos 灭菌磷;灭菌灵
ditan 二苯基甲烷
ditantalum carbde 二钽化碳
ditantalum nitride 二钽化氮
ditartrate 酒石酸氢盐(或酯)
ditartronate 丙醇二酸氢盐(或酯)
ditazol(e) 地他唑;双苯吡醇
diterpene 二萜
diterpenoid(s) 双萜(类)
ditetrahydrofurfuryl maleate 马来酸双四氢糠酯
ditetrahydrofurfuryl succinate 丁二酸双四氢糠酯
dithallium selenide 硒化二铊
dithallium(Ⅰ) sulphide 硫化亚铊
dithallium trisulphide 三硫化二铊
dithane M-22 代森锰
dithane stainless 代森铵
dithane Z-78 代森锌
dithiadiazole 二噻二唑
1,4-dithiadiene 1,4-二噻二烯;对二硫杂环己二烯
dithiane 二噻烷
dithianone 二噻农
dithiazanine iodide 碘二噻宁
dithiazine 二噻嗪
dithiazole 二噻唑
dithioacetic acid 二硫代乙酸;乙二硫代酸
dithioacid(=dithiocarboxylic acid) 二硫代羧酸;(俗称)荒酸
dithiobenzoic acid 二硫代苯甲酸
dithiobisalanine(=cystine) 胱氨酸
dithiobis(benzothiazole) 二硫基双(苯并噻唑)
dithiobis(ethylenenitrilo)tetraacetic acid 二硫双亚乙基次氨基四乙酸
dithiobiuret 二硫代缩二脲;二硫代双缩脲
dithiocarbamic acid 二硫代氨基甲酸
dithiocarbaminocarboxylic acid 脲二硫代羧酸($NH_2CONH \cdot CSSH$)
dithiocarbonic acid 二硫代碳酸
dithiocarboxylic acid 二硫代羧酸;(俗称)荒酸(RCSSH)
dithiocyanic acid 二硫代氰酸 HS·CS·NHCN 或 HSC(SH):NCN
dithiodiglycollic acid 亚二硫基二乙酸
dithiodiisopropyl xanthate 二硫化二异丙基黄原酸酯
dithiodimorpholine 二硫基二吗啉
dithiodipyridine 二硫基二吡啶
dithioerythritol 二硫赤藓糖醇
1,2-dithio glycerine 1,2-二硫代甘油
***α,β*-dithioglycerine** 2,3-二巯(基)丙醇
dithioglycidol 二硫代缩水甘油
dithioglycol 乙二硫醇
dithio-hydroquinone 二硫代氢醌;1,4-苯二硫酚
dithiol(=toluene-3,4-dithiol) 甲苯-3,4-二硫酚;二硫酚
dithiolane 二硫杂环戊烷
dithiolcarbonic acid 二硫羟碳酸
dithiole 二硫杂环戊二烯
dithiometon 二甲硫吸磷
dithionate 连二硫酸盐(或酯)
dithionic acid 连二硫酸
dithionite 连二亚硫酸盐(或酯)
dithionous acid 连二亚硫酸
6,8-dithio-*n*-octanoic acid 6,8-二硫正辛酸;硫辛酸
dithio-oxamide(=rubeanic acid) 二硫代草酰胺;红氨酸
dithiophosphate 二硫代磷酸盐(或酯)
dithiopyr 氟硫草定
dithio-resorcin 二硫代间苯二酚;间苯二硫酚
dithio-salicylic acid 二硫代水杨酸;邻羟苯基荒酸
dithiosemicarbazone 二硫代缩氨基脲
dithiothreitol(DTT) 二硫苏糖醇
dithiourethane 二硫代氨基甲酸乙酯
dithizonate 打萨宗盐;双硫腙盐
dithizone(=diphenyl thiocarbazone) 二硫腙;双硫腙;打萨宗;二苯硫卡巴腙
dithranol 1,8,9-蒽三酚
ditolyl 联甲苯;二甲苯基
1,2-di-*p*-tolylethane 1,2-二对甲苯基乙烷
ditolylethane 二甲苯基乙烷
di-*o*-tolyl-ethylene-diamine 二邻甲苯基乙二胺
di-*o*-tolyl guanidine 二邻甲苯基胍
ditolylmercury 二甲苯基汞
ditolylmethane 二甲苯基甲烷
di(tridecyl)amine 双十三烷基胺
ditridecyl phthalate 邻苯二甲酸二(十三烷基)酯

di(3,5,5-trimethyl hexyl) adipate 己二酸二(3,5,5-三甲基)己酯
diumycin 久霉素
diundecyl ketone 双十一基(甲)酮;12-二十三烷酮
diuranate 重铀酸盐
diurea 双脲;环二脲;四氮杂己环对二酮
diurgin 硫汞灵
diurnal heating 昼夜加热
diuron 敌草隆
divalent alcohol 二元醇;二羟醇;二价醇
divalerin 甘油二戊酸酯
divanadium trioxide 三氧化二钒
divanadyl 二氧二钒根(四价根)
divaricatic acid 分枝地衣酸
divergence 发散
divergent lens 发散透镜
divergent streams 分支流动
divergent structure 发散结构
divergent wave 发散波
diverse ion effect 异离子效应
diversine 狄蔚素;防己碱;青藤碱
diversity 多样性
diverter valve 三通阀;分流阀;换向阀
diverting agent 转向剂
divicine 香豌豆嘧啶
divided-flow purification 分流精制
divided solid 分散固体
divider 分流器
dividing edge 分流板
dividing surface 分界表面
dividing wall 挡火墙
dividing wall type 间壁式
dividing wall type heat exchanger 间壁式换热器
divi-divi extract 云实栲胶
divinol 低分子聚丁二烯
divinyl (1)联乙烯;1,3-丁二烯(2)二乙烯基
divinylacetylene 二乙烯基乙炔
divinylbenzene 二乙烯基苯
divinyl ether 乙烯醚
divinyl rubber 丁二烯橡胶
divinyl sulfide 二乙烯基硫;乙烯硫醚
1,1′-divinyluranocene 1,1′-二乙烯基代双环辛四烯基合铀
divisibility 可分性
divisible inactive 可分性不旋光的(指外消旋的)
division bridge 分配块
division of amplitude 振幅分割
division of wavefront 波阵面分割
dixanthogen 二黄原酸乙酯
dixanthyl urea 二黄质基脲
dixiusuan 敌锈酸
Dixon ring θ网环;狄克松环;金属网θ环;Dixon 环
Dixon's test method 狄克松检验法
dixyrazine 地西拉嗪;羟乙氧拉嗪
diyne 二炔
dizirconyl 三氧二锆根(二价根)
dizirconyl nitrate 硝酸三氧二锆
dizocilpine 地佐环平;二苯并环庚亚胺
djalmaite 钽钛铀矿
djenkolic acid 黎豆氨酸;今可豆氨酸;羊公豆氨酸;*S*-亚甲胱氨酸
***dl*-compound**(= racemic compund) 外消旋化合物
DLP(dilauryl phthalate) 邻苯二甲酸二月桂酯(增塑剂)
DLTDP(dilauryl thiodipropionate) 硫代二丙酸二月桂酯
DMA(*N*,*N*-dimethylacetamide) *N*,*N*-二甲基乙酰胺(溶剂)
DMC(dough moulding compound) 团状模塑料
DME 滴汞电极
DMEP(dimethoxyethyl phthalate) 邻苯二甲酸二甲氧基乙酯
DMF(*N*,*N*-dimethylformamide) *N*,*N*-二甲基甲酰胺
DMPA 特草磷
DMP(dimethyl phthalate) 邻苯二甲酸二甲酯(增塑剂)
D. M. plant(demineralizing plant) 除盐装置
DMPO 氧化二甲吡咯啉
DMS(dimethyl sebacate) 癸二酸二甲酯(增塑剂)
DMSO(dimethyl sulfoxide) 二甲(基)亚砜
DMT(dimethyl terephthalate) 对苯二甲酸二甲酯
DNA(deoxyribonucleic acid) 脱氧核糖核酸;DNA
DNA-chip DNA 芯片
DNA-dependent RNA polymerase 依赖 DNA 的 RNA 聚合酶
DNA ligase DNA 连接酶

DNA-polymerase DNA 聚合酶
DNase 脱氧核糖核酸酶;DNA 酶
DNA shear DNA 切变
DNA superhelix DNA 超螺旋
DNA topoisomerase DNA 拓扑异构酶
D-natrium gluconate D-葡萄糖酸钠
DNP(dinonyl phthalate) 邻苯二甲酸二壬酯
DNP-hydrazine 2,4-二硝基苯肼
DNP-hydrazone 2,4-二硝基苯腙
DNS(dimethylaminonaphthalene sulfonyl chloride) 丹磺酰氯
DNS(dinonyl sebacate) 癸二酸二壬酯
"do-bad" "捣乱者"(指对萃取有害的稀释剂的辐照降解产物)
Dobereiner lamp(=Dobereiner match box) 多伯临纳发火器
Dobereiner match box(=Dobereiner lamp) 多伯临纳发火器
dobesilate calcium 2,5-二羟苯磺酸钙
dobutamine 多巴酚丁胺
docarpamine 多卡巴胺
dock crane 码头起重机;船坞起重机
docking (1)停泊(2)(煤的)灰分评价
dock pump 船坞泵
docosahexenoic acid(DHA) 二十二碳六烯酸
docosandioic acid 二十二烷二酸;二十二烷双酸
docosane 二十二(碳)烷
***n*-docosane** (正)二十二(碳)烷
docosanoic acid 二十二烷酸;山萮酸
docosanol 二十二(烷)醇
docosatetraenoic acid 二十二碳四烯酸
docosendioic acid 二十碳烯双酸;二十碳烯二酸
docosene dicarboxylic acid 二十二碳烯二羧酸
docosenoic acid 二十二碳烯酸
$\Delta^{13,14}$-docosenoic acid 顺式 13-二十二碳烯酸
docosoic acid 二十二烷酸;山萮酸
docosyl alcohol 二十二(烷)醇
doctor blade 刮刀;刮片;漆膜涂布器
doctor-blade casting process 流延成型法
doctor blade casting process 流延成型
doctor negative 低硫的
doctor positive 高硫的
doctor solution 博士溶液;正铅酸钠溶液
doctor sweetening 博士法脱硫醇(或脱臭);正铅酸钠脱硫醇(或脱臭)
doctor sweet gasoline 博士试验阴性的汽油
doctor sweet product 博士试验阴性的油品
doctor treatment 博士法精制;正铅酸钠法精制
doctor type pulp thickener 刮刀式浓缩机(浆料浓缩机)
docusate sodium 多库酯钠;琥珀辛酯钠
DOD 放电深度
dodder oil 菟丝子油
dodecachlorohexaniobium dichloride 二氯化十二氯合六铌
dodecadienoic acid 十二碳二烯酸
dodecafluorocyclohexane 十二氟代环己烷
dodecahedrane 十二面烷
dodecalactam 十二内酰胺
dodecamethylcyclohexasiloxane 十二甲基环己硅氧烷
dodecamethylpentasiloxane 十二甲基戊硅氧烷
dodecanal 十二(烷)醛
***n*-dodecane** (正)十二烷
dodecane dicarboxylic acid 十四(烷)双酸
dodecanedioic acid 十二烷二酸[双酸]
dodecanethiol 十二(碳)烷硫醇
1-dodecanoic acid 1-十二(烷)酸;月桂酸
dodecanoic lactam 十二(烷)内酰胺
dodecanol 十二烷醇
1-dodecanol 月桂醇
dodecanol triethanolamine sulfate 十二烷醇硫酸三乙醇胺
dodecarbonium chloride 多卡氯铵
dodecatriyne 十二碳三炔
dodecene 十二碳烯
1-dodecene 1-十二碳烯
dodecene dicarboxylic acid 十二碳烯二甲酸
dodecenedioic acid 十二碳烯二酸
dodecenoic acid 十二碳烯酸
dodecenyl trialkylmethylamine 十二碳烯基三烷甲基胺
1-dodecoic acid 1-十二(烷)酸;月桂酸
12-dodecosenoic acid 顺(式)12-二十三碳烯酸;(*Z*)-Δ^{12}-二十三碳烯酸
dodecyl acetate 乙酸十二(烷)酯
dodecyl amine 十二烷胺

dodecylbenzene 十二烷基苯
dodecylbenzenesulfonate 十二烷基苯磺酸盐
dodecylbenzylamine(DBA) 十二烷基苄基胺
dodecyl chloride 十二烷基氯
dodecyl cyanide 十二烷基氰；十三（碳）烷腈
dodecyl dimethyl benzyl ammonium chloride 氯化十二烷基二甲基苄基铵
1-dodecylene 1-十二碳烯
dodecyl mercaptan 十二烷硫醇
***tert*-dodecyl mercaptan** 叔十二硫醇
dodecylphenol 十二烷基酚
dodecylphosphoric acid(DDPA) 十二烷基磷酸
6-dodecyl-2,2,4-trimethyl-1,2-dihydroquinoline 6-十二烷基-2,2,4-三甲基-1,2-二氢喹啉
dodecyltriphenylphosphonium bromide 溴化十二烷基三苯基锛；溴化十二烷基三苯基磷鎓
1-dodecyne 1-十二碳炔
2-dodecyne 2-十二碳炔
dodecynoic acid 十二碳炔酸
dodemorph 环烷吗啉；吗菌灵
DO determination 溶解氧测定
Dodge jaw crusher 道奇（颚式）压碎机
dodicin 草甘氨
dodine 多果定
Doebner-Miller quinoline synthesis 多布纳-米勒喹啉合成
Doebner reaction 多布纳反应
doeglic acid 十九碳烯酸
doegling oil 真甲鲸油
do experiment 做试验
dofetilide 多非利特
dog clutch 爪形离合器
dog-fish liver oil 角鲛鱼肝油
dogger 操作工助手
dog screw 定位螺钉
dog skin 狗皮
DOI(distinctness of image) 鲜映性
doisynoestrol 多依雌酸；去氢雌酮酸醚；脱四氢道益氏酸甲醚
doisynolic acid 道益氏酸
"do-it-yourself" explosive 即席[临时]炸药；就地配制炸药
dolantin 盐酸哌替啶；度冷丁
dolasetron 多拉司琼
Dole effect 道尔效应
dolerite 粗玄岩；煌绿岩
dolerophanite 褐铜矾
dolichol 多萜醇
doling machine 干削机
dolomite 白云石
dolomite brick 白云石砖
dolomol 硬脂酸镁（粉）
dolphin oil 海豚油
domain 域；结构域；畴
domain structure 畴结构；区域结构
dome 穹顶；圆顶
dome center manhole 储罐中部人孔
dome manhole 圆顶人孔
domestic ceramics 日用陶瓷
domestic gas 民用煤气；家用煤气
domestic glass 日用玻璃
domesticine 南天竹碱
domestic oil 国产石油
domestic paper 生活用纸
domestic pollution source 生活污染源
domestic porcelain 日用陶瓷
domestic pottery and porcelain 日用陶瓷
domestic water 生活用水；家庭用水
domeykite 砷铜矿
dominance test 显性测验
dominant negative 显性抑制
domingite 硫锑铅矿
domiodol 多米奥醇
domiphen bromide 度米芬
dom kiln 圆顶鼓风炉；化铁炉
domoic acid 软骨藻酸
domperidone 多潘立酮；哌双咪酮
donarite 多纳莱特（硝铵、梯恩梯、硝酸甘油等混合炸药）
donating bond 给予键
donator(＝donor) 给体；供体
dongola leather 山羊革
donkey boiler 辅助锅炉
donkey-hide gelatin 阿胶
donkey pump 蒸汽往复泵（锅炉进水泵）
Donnan dialysis 唐南渗析
Donnan equilibrium 唐南平衡
Donnan membrane equilibrium 道南膜平衡；唐南膜平衡
Donnan membrane theory 唐南膜理论
donor 给体；供体；施主
donor-acceptor complex 分子络合物；电荷转移配位化合物
donor-acceptor system 给体-受体体系

donor atom 供电子原子;配位原子
donor centre 施主杂质
donor group 供电子(原子)团
donor impurity 施主杂质
donor level 施主能级
donor state 施主能级
Do not stake on top 勿放顶上
Do not store in damp place 勿放湿处
do not turn over 不可倒置
Donovan's solution 唐诺范溶液
Don't cast 勿掷
Doolittle equation 杜利特尔方程
Doolittle viscosimeter 杜利特尔扭力黏度计
door extractor 起门机
door latch 排料启闭器
door lifting machine 起门机
door support 排料门底座
do over again 返工
DOP (1)(diisooctyl phthalate)邻苯二甲酸二异辛酯(增塑剂)(2)(dioctyl phthalate)邻苯二甲酸二辛酯
DOPA;dopa 多巴;二羟基苯丙氨酸
dopachrome 多巴色素
dopamine 多巴胺
dopan 多潘;甲尿嘧啶氮芥
dopant 掺杂剂;杂质;掺杂物
dopant gas 掺杂气体
dopaquinone 多巴醌
dopastin 制多巴素
dope (1)掺杂;掺入(2)透布油
doped crystal 掺杂晶体
doped fuel 含添加剂的燃料
dope dyeing 原浆着色
dopentacontane 五十二(碳)烷
dopexamine 多培沙明
doping 掺杂;掺入
doping agent 掺杂剂
doping effect 掺杂效应
doping level 掺杂程度
doping of gasoline 汽油加铅
Doppler broadening 多普勒展宽
Doppler effect 多普勒效应
dopplerite 矿质橡胶
Doppler shift 多普勒频移
doramectin 多拉克汀
doricin 多丽菌素
dormant coagulation 潜伏凝固
Dorr agitator 多尔搅拌器
Dorr balanced-tray thickener 多尔平衡盘式增稠器
Dorr bowl classifier 多尔型浮槽分级机
Dorr bowl-rake classifier 多尔型浮槽耙式分级机
Dorr clarifier 多尔澄清器
Dorr classifier 多尔选粒器[分级机];多尔分粒器
Dorrco filter 多尔科滤机
Dorr system of leaching 多尔沥滤法
Dorr thickener 多尔增稠器;多尔沉降器[浓缩器]
dorzolamide 多佐胺
DOS(density of states) 态密度
dosage form 剂型
dose 剂量;药量
dose distribution 放射剂量分布
dose equivalent 剂量当量
dose meter 放射剂量计[仪]
dose rate 放射剂量率
dose-survival curve 剂量存活曲线
dosimeter 放射剂量计[仪]
dosimetry (放射)剂量测定法
dosing device 定量装置
dosing pump 计量泵;配料泵
dosing ring 定量环
Dot blot 斑点印迹
dothiepin 度硫平;二苯噻庚因
***n*-dotriacontane**(=dicetyl) (正)三十二(碳)烷;联十六基
double absorption pipette 双吸收球管
double acting compressor 双作用压缩机
double-acting cylinder 双作用汽缸
double -acting pump 双动(式)泵
double-action hydraulic press 双动冲压水压机
double-action pump 双作用泵;双动(式)泵
double affinity 双亲性
double-antibody solid-phase technique(**DASP technique**) 双抗体固相技术
double arc method 双电弧法
double arm kneading mixer 双臂捏合机
double axial flow blowers 双吸轴流风机
double base powder 双基火药
double base propellant 双基推进剂
double-beam double-focusing mass spectrometer 双束双聚焦质谱计
double beam grating spectrophotometer 双光束光栅分光光度计
double beam mass spectrometer 双束质谱仪
double beam scanning spectrophotometer 双

光束扫描式分光光度计
double beam spectrophotometer 双光束分光光度计
double bed 复床
double bed burner[furnace] 双膛炉
double bevel groove K型坡口
double blade mixer 双桨搅拌机
double block 双轮滑车
double bond 双键
double bond migration 双键移位
double bond polymerization 双键聚合
double-bowl vacuum centrifuge 双鼓真空离心过滤器
double calender 双重研光机
double-casing volute pump 双套涡囊泵
double chain conveyor 双链运输机
double chamber furnace 双室[膛]炉
double check 双重校对;双重保险
double check valve 双止回阀
double comparator 双光谱映射仪;双重光谱放大器
double-cone gasket 双锥面垫圈
double cone mixer 双锥混合器
double-cone rotary vacuum dryer 双锥形回转真空干燥器
double-cone seal ring 双锥密封环
double conical rotary vessel 双锥转鼓
double conical rotary vessel with jacket 带夹套的双锥转鼓
double covalence 双共价
double critical end point 双临界端点
double cyclone 双级旋风分离器
double deck classifier 双层分级机
double-deck floating roof (油罐的)双层浮顶
double-deck pull rod 双层拉杆
double decomposition(reaction) 复分解(反应)
double dilution method 二重稀释法
double dipping (帘布的)双浴法
double-direction angular contact thrust ball bearing 双向推力向心球轴承
double-direction thrust ball bearing 双向推力球轴承
double-discharge gear pump 双出口齿轮泵
double dish 培养皿;彼德里氏皿
double doublet 双双峰;2×2峰
double drum dryer 双滚筒(式)干燥器;双转鼓干燥器
double-effect evaporator 双效蒸发器
double-end-fired furnace 两头烧火加热炉
double escape peak 双逃逸峰
double extended shaft 双向外伸轴
double-faced paper 双面纸
double face PSAT 双面压敏胶粘带
double-film theory 双膜理论
double-fired heater 带两个燃烧室的加热炉
double firing 二次烧成
double flame furnace 返焰炉
double flash evaporation 两级闪蒸
double flight feed screw 双头螺旋加料器
double-flow centrifugal compressor 双吸离心压缩机
double-flow induced-draught cooling tower 强制通风双流式凉水塔
double flow tray 双流塔板[盘]
double fluid cell 双液电池
double-focusing mass spectrograph 双聚焦质谱仪
double focusing mass spectrometer 双聚焦质谱仪
double gate airlock 双闸进料器
double glazing glass 双层中空玻璃
double groove 双面坡口
double-headed nail 双头钉
double hearth burner[furnace] 双膛炉
double heating 二次加热
double helical mixer 双螺桨混合器
double helical ribbon mixer 双螺带混合机
double helical spur gear 人字齿轮
double helical spur wheel 人字齿轮
double helix 双螺旋
double helix DNA 双螺旋DNA
double helix model 双螺旋模型
double helix structure 双股螺旋结构
double heterojunction(DH) lasers 双异质结晶激光器
double housing planer 龙门刨床
double IDA 双同位素稀释分析法
double indicator titration 双指示剂滴定法
double inlet centrifugal blower 双吸离心式风机
double insurance 双重保险
double irradiation 双照射
double isotope derivative method 双同位素衍生物法
double-jet emulsification 双注乳化
double labeling 双重标记
double layer 双电层

double layer potential 双层电位
double male and female 双凹凸式密封面
double mechanical end face seal 双端面密封
double mechanical seal 双端面机械密封
double motion agitator 双动搅拌器
double nickel salt 硫酸镍铵
double nut 双螺帽[母]
double orientation 双取向
double O-ring rubber seal 橡胶双O形环密封
double O-ring seal 双O形环密封
double-pass dryer 双路干燥器
double-pass reverse osmosis 二级反渗透
double pass tray 双流塔板[盘]
double pipe 套管
double-pipe chiller 套管结晶器
double-pipe condenser 套管冷凝器
double pipe cooler 套管冷却器
double pipe cooler crystallizer 套管冷却式结晶器
double pipe exchanger 套管换热器
double pipe heat exchanger 套管换热器
double-pipe heat interchanger 套管式换热器
double-pole(DP) 双极的;双刀的
double-pole doublethrow 双刀双掷(开关)
double-pole doublethrow switch 双刀双掷开关
double-pole singlethrow 双刀单掷(开关)
double-pole singlethrow switch 双刀单掷开关
double pressed stearic acid 二压硬脂酸
doubler 层布贴合机
double refracting 双折射的
double refraction 双折射
double replacement 双重取代;互(置)换
double resonance 双共振
double ribbon agitator 双螺带式搅拌器
double roll crusher 双辊(式)破碎机;对辊破碎机
double roller mixer 双辊混合器
double-row ball bearing 双列向心滚珠轴承
double-row bearing 双列轴承
double safety valve 双安全阀
double salt 复盐
double sampling 复式取样
double screw compressor 双螺杆压缩机
double screw extruder 双螺杆挤压机
double screw mixer 双螺杆混合机
double screw pump 双螺杆泵
double seal 双重密封
double-seated ball valve 双座球阀
double seat valve 双座阀
double sector cell 扇形双电池
double segmental baffle 双弓形折流板
double-service rack 双效栈桥;两用栈桥
double shell digester 双层煮解器
double shell rotary dryer 双壳旋转干燥器
double-shot mo(u)lding 双色注射
double side welding 双面焊接
double sizing 双重上胶
double slide valve 双滑阀
double slit diffraction 双缝衍射
double solvent extraction 双溶剂萃取;双溶剂抽提
double spreading 两面贴胶
double stage digester 双级消化池
double standard 双重标准
double-stranded DNA 双链DNA
double-stranded helix 双(股)螺旋
double-strand(ed) polymer 梯形聚合物
double-stranded RNA 双链RNA
double suction centrifugal pump 双吸离心泵
double suction pump 双吸(口)泵
double suction wet-pit pump 双吸排水泵
double-sulfate theory 双极硫酸盐理论
double superphosphate 富过磷酸钙
double sweep tee 双弯三通
doublet 双峰;双重谱线
double-tagging 双(重)标记
double-tail molecule 双尾分子
double taper(ed) mould 双锥度结晶器
double tee 四通
double-texture fabric 双层胶布
double thread 双头螺纹;双线螺纹
double-throw switch 双向[掷]开关
double-toggle 双肘节
double-tracer technique 双示踪技术;双指示剂法
double tube 套管
double tube burner 套管式烧嘴
double-tube converter 套管反应器
double tubesheet 双管板
double tubular shaft 双套管转轴
double U-groove 双面U形坡口
double V butt joint 双面V形对焊接;X形焊接
double V-groove X形坡口
double walled tank 双壁(贮)罐
double wall funnel 夹壁漏斗;双层漏斗

double wave 全波
double-wavelength spectroscopy 双波长光谱法
double weighing 交换称量法
double weight paper 厚纸基相纸
double-welded butt joint 双面焊对接接头
double welded joint 双面焊缝
double-welded lap joint 双面焊搭接接头
double zone gas producer 两段煤气发生炉
doubling calender 重合研光机
doubling machine 层布贴合机
doubling time 倍增时间
doubly-closed-shell isotope 双闭合壳层同位素
doubly magic nucleus 双重幻核
dough (1)捏塑体 (2)生面团
doughing time 面团期
dough mill 胶浆搅拌机
doughnut kiln 蒸笼窑
dough raising powder(=baking powder) 发粉;发酵粉;焙粉
dovetail groove 燕尾槽
Dow-Badische process 道-巴斯夫法(由乙炔、一氧化碳及水反应制丙烯酸法)
Dow cell(for bromine) 道氏(制溴)电解池
Dowcide B(=2,4,5-trichlorophenol) 2,4,5-三氯酚
Dowcide 2(=2,4,6-trichlorophenol) 2,4,6-三氯酚
Dowcide 6(=tetrachlorophenol) 2,3,4,6-四氯酚
Dow coal gasifier 道煤气化炉
dowicide 9 环戊氯酚
downcomer 降液管;下降管;降水管
downcomer backup 降液管内液沫回行;降液管液柱高度
downcomer tube 下降管
down-convection pipe still 烟道气下行式管式炉
down corner (精馏柱的)溢流管
down-draft furnace 倒风炉;倒焰炉;烟道气下行式加热炉
down-draft kiln 倒风窑;倒焰窑
down draught 倒风;向下通风
down draught kiln 倒焰窑
downer reactor 下行式反应器
down flow apron 降液挡板;降液裙板
down flow fixed bed 下流式固定床
downflow spout 降液管;溢流管
downflow weir 溢流堰
down hand welding 平焊
downhill pipe line 下倾输送管线;(位于)斜坡上(的)输送管线
down quark 下夸克;d夸克
downspout 降液管;溢流管
downstack 下降管
downsteam processing 发酵产品(物)的后处理;下游工程
downstream engineering 下游工程
downstream heat exchanger 顺流热交换器
downstream line 下游管线
downstream process 下游过程;下游操作
downstream processing 下游处理;后处理;下游工程;下游加工
downstream sequence 下游序列
downstream side 下游侧
down stroke hydraulic press 下冲式水压机
downstroke press 下压式压机
down take 下降管;升降道;降液管;下导管;循环管
downtake pipe 下导管;降液管
downtank 下流槽
down-tilter 翻卷机
downtime 停工时间;停产时间;停工
Downton pump 当通(手摇)泵
Dow process 道法(十二烷基磷酸萃取精制铀再转换成四氟化铀过程)
dowtherm 道氏热载体;导热姆[联(二)苯及二苯醚的混合物换热剂]
dowtherm vapourizer 导热姆蒸发器
doxacurium chloride 多库氯铵
doxapram 多沙普仑;吗啉吡咯酮
doxaprost 多沙前列素
doxazosin 多沙唑嗪
doxefazepam 度氟西泮
doxenitoin 去氧苯妥英
doxepin 多塞平
doxifluridine 去氧氟尿苷
doxofylline 多索茶碱
doxorubicin 阿霉素
doxycycline(=deoxytetracycline) 多西环素;脱氧土霉素;强力霉素
doxylamine 多西拉敏
"do-your-own" explosive 即席[临时]炸药;就地配制炸药
DPA(diphenylamine) 二苯胺(稳定剂)
DP and DS distribution 聚合度及取代基分布
2,4-DP(dichlorprop) 2,4-滴丙酸

DPNH-cytochrome b_5-reductase DPNH 细胞色素 b_5 还原酶
DPNH-cytochrome c-reductase DPNH 细胞色素 c 还原酶
DPN kinase 辅酶Ⅰ激酶;DPN 激酶
DPN-pyrophosphorylase 辅酶Ⅰ焦磷酸化酶
DPP (1)(differential pulse polarography)微分脉冲极谱法(2)(diphenyl phthalate)邻苯二甲酸二苯酯(增塑剂)
drac(h)oalban 血竭白质
drac(h)onis sanguis 血竭;龙血(树脂)
drac(h)oresene 血竭黄脂
drac(h)orhodin 龙血树深红素
draff 渣滓;糟粕;废弃物
draft capacity 送风能力;排出风量
draft chamber 通风室
draft gauge 通风计;差式风压计
draft indicator(=draft gauge) 通风计;差式风压计
draft tube 导流筒;汲取管
draft-tube-baffled crystallizer 导流筒挡板结晶器;套筒隔板式结晶器
draft tube support vane 汲取管支承板
drag-chain conveyer 链式运输机
drag classifier 刮板式分级机
drag coefficient 曳引系数;曳拉系数
drag conveyer 刮板(式)运输机
drag effect 曳引效应
Dragendorff test 德拉根道夫试验(用碘化铋钾试验生物碱形成特性加成化合物的结晶)
drag force 曳力
drag link-conveyor 联杆式运输机
dragon's blood 血竭;龙血(树脂)
drag out 拖带;酸洗废液;废酸洗液;吸离量
drag reducer 减阻剂
drag reducer for crude oil 原油减阻剂
drag reducer for fracturing fluid 压裂液减阻剂
drag reduction agent 减阻剂
drag screen 刮板筛
drain 排放口
drain(age) 疏水
drainage bunker 泄水斗
drainage channel 排水渠;排液沟槽
drainage error 滴沥误差
drainage hopper(=drain cup) 排液漏斗;排水漏斗
drain cock 排液旋塞;放水旋塞;排水栓
drain (conduct) 排水管
drain connection 排液口;排污接管;排液接管
drain cup 排液漏斗;排水漏斗
drain ditch 排水沟
drained and charged lead acid battery 湿荷电铅酸蓄电池
drain eliminator 液滴消除器
drain funnel 放液漏斗
drain hole 排泄[液]孔
draining 排放;排液;排水;泄水;沥水;流淌
draining effect 穿流效应
draining test 涂刷黏度试验
drain line 排水管道;泄水管
drain oil recovery equipment 废油回收装置
drain outlet (1)排污管;排污口 (2)排水出口;排泄口;排液口
drain pipe 排泄管;疏水管
drain plug 放油[水]塞
drain pump 疏水泵
drain tank 疏水槽
drain trap 脱水器;排水阱;沉淀池;排泄弯管;排水防气瓣;放油槽;疏水器
drain valve 放泄阀
dram 打兰(旧用药重单位)
dramamine 茶苯海明
drapability 悬垂性
drape mo(u)lding 包模成型
drastic cracking 深度裂化
drastic extraction 深度抽提
draught beer (纯)生啤酒
draught cupboard 烟橱;通风橱
draught hood 烟橱通风罩
dravite 镁电气石
draw bath 拉伸浴
draw down blade[bar] 涂膜涂布器
drawing change 图纸更改
drawing change list 图纸更改一览表
drawing change notice 图纸更改通知
drawing design 图纸设计
drawing die 拉深模
drawing force 抽出力
drawing instrument 绘图仪器
drawing number 图号
drawing office 绘图室
draw-off tap 水龙头;放水嘴
drawing of site 位置图
drawing paper 绘图纸;画图纸;图画纸
drawing practice 绘图;制图

drawing process 拉制法
drawing room 绘图室
drawn tube 拉制管;冷拔管
draw-off juice 浸出汁
draw ratio 拉伸比
draw resonance 拉引共振
draw-tongs 紧线钳
draw-twisting 拉伸加拈
drazoxolon 脎菌酮;敌菌酮
D-reactive dye(s) D型反应[活性]染料
dreigas 三混煤气(即发生炉、焦炉、高炉混合煤气)
drencher 喷淋器
drench pit 麸液槽
dressability 选矿性;可选性
dressing 追肥
dressing agent 修饰剂
dressing room 修整工段
dressing-works 选矿厂
Drexel bottle 煤气洗涤瓶
Drexel washer 煤气洗涤瓶
dribble blending 一滴一滴地混合
dried alum 烧明矾;焦明矾
dried pulp 干蔗渣
dried skimmed milk 脱脂奶粉
dried yeast 干酵母
drier(=dryer) (1)干燥剂 (2)催干剂 (3)干燥器;干燥设备 (4)烘箱
drift 漂移
drifting dust 飘尘
drift spraying method 飘移喷雾法
drift tube mass spectrometry 漂移管质谱分析
drift velocity 漂移速度
drikold(=dry ice) 固体二氧化碳;干冰
drilled orifices 钻孔
drill fertilization 条施
drilling cuttings 岩粉;岩屑
drilling fluid contamination 钻井液污染
drilling fluid system 钻井液体系
drilling machine 钻床;钻孔机
drilling machine with jointed arm 摇臂钻床
drilling machine with pivoted arm 摇臂钻床
drilling mud 钻探泥浆
drilling mud chemicals 钻井泥浆化学品
drilling of tubesheet 管板钻孔
drimenin 十氢三甲萘并呋喃酮
drinking paper 吸水纸
drinking water 饮用水
drinking water pump 饮用水泵
drip condenser 水淋冷凝器
drip cooler 水淋冷却器
drip feed 滴给;逐滴供给;一滴一滴的供给
drip leakage 滴漏
drip lubrication 滴油式润滑(作用)
drip pan 盛液盘
drip pot 气体分液罐
drip trough 集液凹槽(基础边)
drip water plate 淋水板
drive 驱动
drive assembly 驱动装置组件;驱动器装配体
drive belt 传动皮带
drive chain 传动链
drive fit 密配合
drive gear 主动齿轮;传动齿轮;驱动齿轮
drive gear box 传动齿轮箱
driven 被动的;从动的
driven equilibrium 驱动平衡
drive(n) fit 紧配合
driven machine 从动机
driven roller conveyer 辊式传动运输机
driven shaft 从动轴;被动轴
drive off 蒸馏;馏出;分离
drive oil 传动油
drive part(s) 驱动部分[件]
drive pin 传动销
driver (1)驱赶物(2)驱动器
driver fit 牢[紧]配合
driver pulley 传动机皮带轮
drive rubber roll 驱动胶辊
driver unit 驱动装置
drive shaft 主动轴;回转轴
drive side of tooth 工作齿面
drive stand 传动机座
drive unit 驱动装置;传动装置
drive up 加速传动
drive worm 传动蜗杆
driving angle 传动角度
driving axle 主动轴
driving(axle) box 主动轴箱
driving axle sleeve 主动轴套
driving band 传动带
driving belt 传动(皮)带
driving element 驱动元件
driving force 推动力;驱动力
driving gear 驱动装置
driving mechanism 驱动器
driving member 传动构件

driving(motion) 驱动
driving pulley 主动皮带轮
driving shaft 传动轴;主动轴
driving sheave 驱动轮
driving side 驱动侧
driving spindle 主动轴
driving steam turbine 驱动汽轮机
driving torque 驱动转矩
driving truck 牵引车
driving unit 驱动装置
driving wheel 驱动轮
drocarbil 槟榔胂胺
drofenine 六氢芬宁
droloxifene 屈洛昔芬
drometrizole 甲酚曲唑
dromography 血流速度描记术
dromostanolone 屈他雄酮;甲雄烷酮
drop bar grizzly 落棒筛
drop black 煅骨碳;落黑
drop-burette 滴量-滴定管
droperidol 氟哌利多
drop error 滴误差
drop impact test 落锤冲击试验
dropin 冒码
drop indicator 点滴指示剂
droplet countercurrent chromatography 液滴反流色谱法;液滴逆流色谱法;小滴逆流色谱法
drop(let) test 点滴试验
drop method 点滴法
dropout 漏码
drop-out line 放空线;排泄线
dropper 滴管
dropping bottle 滴瓶
dropping electrode 滴液电极
dropping funnel 滴液漏斗
dropping glass 滴瓶
dropping mercury electrode(DME) 滴汞电极
dropping point 滴点
dropping tube 滴瓶
drop rate 脱落率
drop reaction 点滴反应
dropropizine 羟丙哌嗪
drops 滴剂
drop separator 液滴分离器
drop time (1)滴下时间 (2)汞滴时间
drop-volume method 滴体积法(测表面张力)
drop-weight method 滴重法
drop weight test 落(球)锤试验
dropwise condensation 滴状冷凝
drosera 茅膏菜
droserone 茅膏(菜)酮;甲基二羟萘醌
drosophilin A 对甲氧四氯酚
drospirenone 屈螺酮
dross 浮渣
drossing process 造渣过程
drotebanol 羟蒂巴酚
drowned pump 深井泵
drowning out process 赶出法;析出法
droxicam 屈噁昔康
droxidopa 屈昔多巴
Drude-Lorentz theory 德鲁德-洛仑兹理论
drug 医药
drug delayed release system 药物缓释放体系
drug-habit 药瘾
drug-induced diseases 药源性疾病
drug resistance 抗药性
drum (1)卷盘;卷筒 (2)转鼓;转筒 (3)鼓桶;圆筒
drum cooler 转鼓式冷却器;冷却转鼓
drum cylinder crystallizer 圆筒式结晶器;转筒式结晶器
drum dryer 转鼓式干燥机;鼓式干燥器
drum feeder 转鼓加料机
drum filler 装桶机(将产品装入桶内的设备)
drum film dryer 转鼓真空过滤干燥器
drum filter 转鼓真空过滤机;滤鼓
drum gear 转鼓齿轮
drum head 桶底
drum head leather 鼓皮
drum heater 转鼓式加热器
drum mill 桶式研磨机
drum mixer 鼓式混合机
drum moulder (面包)鼓式塑形机
drum pump 回转泵
drum sanding equipment 滚磨设备
drum sieve 滚筒筛
drum sifter 转筒筛
drum skimmer 转鼓撇油器
drum type vacuum filter 转鼓式真空过滤机
drum vulcanizer 鼓式硫化机
drum washer 转筒洗涤机
drum with jacket 带有夹套的容器
druse 晶簇
dry air drilling 干气钻
dry-air pump 干风泵;干(燥空)气泵
dry analysis 干法分析

dry and wet bulb hygrometer 干湿球湿度计
dry assay(ing) 干法试金
dry atomospheric corrosion 干大气腐蚀
dry bag method 干袋法
dry basis 干基准;干基;折干计算;干基重
dry battery 干电池组
dry blends 干混料
dry body strength 干坯强度
drybone ore 土菱锌矿
dry capacity 干额;干容量
dry cell (锌/锰)干电池
dry chemical extinguishing method 干式化学灭火法
dry cleaner 干洗剂
dry cleaner's solvent(=dry cleaner's naphtha) 干洗溶剂;干洗(挥发)油;干洗用石脑油
dry cleaning 干洗
dry cleaning agent 干洗剂
dry cleaning equipment 干洗设备
dry-cleaning naphtha[solvent] 干洗溶剂油
dry cleaning detergent 干洗(洗涤)剂
dry cleaning solvent 干洗溶剂
dry clean(se) 干洗
dry column chromatography 干柱色谱法
dry crushing 干法粉碎
dry curd 干皂粒
dry cyclone 干式旋风除尘[分离]器
dry cylinder liner 干式汽缸衬套
dry decatizing 干法汽蒸
dry discharged lead acid battery 干式非荷电铅酸蓄电池
dry distillation 干馏
dry distillation of wood 木材干馏
dry divider 干料分流器
dry drum separator 干磁鼓分离器
dryer(=drier) (1)干燥剂 (2)催干剂 (3)干燥设备;干燥器 (4)烘缸
dry expansion evaporator 干膨胀式蒸发器
dry fine 干抛光
dry finish 干浆料
dry finishing 干(法上)浆
dry-forming 干法造纸
dry gas (1)干气;贫气(指不含易凝析组分的天然气) (2)干燥的气体
dry gas meter 干式气表
dry grinding 干磨
dry-ground whiting 干磨碳酸钙
dry heat cure 干热硫化
dry heating curing 干热熟化
dry heat sterilization 干热灭菌
dry honing equipment 干燥抛光设备
dry hot vulcanization 热空气硫化
dry ice 干冰
drying 干燥
drying agent 干燥剂
drying by distillation 蒸干(用蒸馏掉水分的办法干燥)
drying by reagents 试剂干燥法(用化学药物干燥)
drying centrifuge 干燥离心机
drying characteristic curve 干燥特性曲线
drying chamber 干燥室
drying column 干燥塔
drying cupboard 干燥柜;橱式干燥机
drying drum 干燥转筒;干燥鼓
drying duct 干燥(用)管道
drying equipment 干燥设备
drying filter 干滤器
drying furnace 烘炉
drying index 干燥指数
drying loss 干燥失重
drying machine 干燥设备
drying machinery 干燥设备
drying of coating film 涂膜干燥
drying oil 干性油
drying oil-modified alkyd resin 干性油改性醇酸树脂
drying oven 烘箱
drying plant 干燥装置[设备]
drying press 榨干机
drying rate 干燥速率
drying retarder 干燥抑制剂
drying room 干燥室
drying shrinkage 干燥收缩率;干燥收缩
drying time 干燥时间
drying tower 干燥塔
drying tunnel 烘道;洞道式干燥房
dry inversion 干转变
dry-jet wet spinning process 干喷湿纺法纺丝工艺
dry kiln 干燥窑
dry liming 干灰澄清作用;干法澄清作用
dry loft 坯革堆放间
dry magnetic particle 干磁粉
dry magnetic powder 干磁粉
dry material 干物料
dry method 干法
dry-milled leather 摔纹革
dry mixed 干法搅拌[混合]的

dry neutralization 干中和(接触精制时白土对酸性油的中和)
dry-out sample 无水试样
dry pan 干碾;干碾机;干盘磨机
dry pan mill 干盘磨机
dry pans(=dry pan mill) 干盘磨机
dry pelletization black 炭黑干法造粒
dry-photoresist 干膜光致抗蚀剂
dry pipe 过热蒸汽输送管
dry point 干点
dry preservation 干法保养
dry press brick 干压砖
dry pressing 干压成型法
dry quenching(of coke) 干法熄焦
dry reaction 干反应
dry rubber compound 混炼胶;胶料
dry rubber content 干橡胶含量
dry-running 干运转
dry scrubber 干涤气器
dry seal 无油密封
dry(-seal) gasholder 干式气柜
dry silver materials 干银材料
dry spinning 干纺
dry steam 干(燥)蒸汽
dry steam cure 干蒸汽硫化
dry strength 干(态)强度
dry strength agent 干增强剂
dry-to-handle 可搬运干
dry-to-touch 指触干燥
dry type cleaning 干法净制
dry type countercurrent flow high up condenser 干式逆流高位冷凝器
dry type dust collector 干式除尘器
dry type parallel flow low lying condenser 干式并流低位冷凝器
dry type tower abrasion mill 干式塔式磨粉机
dry type transformer 干式变压器
dry vacuum distillation process 真空干馏法
dry vacuum pump 干式真空泵
dry way 干法
dry wear 干磨损
dry-web process 干纸饱和法
dry-wet spinning 干-湿法纺丝
DSB (distribution switchboard)配电盘;配电板;分配板;(double-sided printed board)双面印制板
DSC(differential scanning calorimetry) 示差[差示]扫描量热法
dsDNA 双链 DNA
DSIP δ-促睡眠肽
dsRNA 双链 RNA
DSS 4,4-二甲基-4-硅代戊磺酸钠
dT 脱氧胸苷
DTA(differential thermal analysis) 差热分析法
DTBP 过氧化二叔丁基
DTG 微商热重法
dTMP 脱氧胸苷酸
dTTP 脱氧胸苷三磷酸
DU 贫化铀
dU 脱氧尿苷
dual 二元的;二重的
dual channel 双通道
Dualayer distillate process 杜莱伊尔馏分油碱洗电沉降法
dual fuel system 双燃料系统
Dualayer gasoline process 杜莱伊尔汽油碱洗法
dual ball check valve 双球止逆阀
dual-catalyst 双功能催化剂
dual chamber furnace 双室炉;双膛炉
dual-channel flame photometric detector 双道火焰光度检测器
dual column chromatography 双柱色谱法
dual control 双重控制[操纵]
dual-cooled 双重冷却(了的)
dual coordination 对偶协调
dual decay 双衰变
dual effect compressor 双效压缩机
dual electrode flow cells 双电极流动电解池
dual emulsion 二元乳状液(由二相组成)
dual firing (煤与石油)混合燃烧
dual-flow tray 穿流塔板
dual-flow type tower 淋降板塔
dual-focusing mass spectrometer 双聚焦质谱仪
dual functional 双功能的;双官能的
dual functional catalyst 双官能催化剂
dual furnace 两用燃烧器
dual inside and outside seal 双重内外密封
dualistic nature 二象性
duality 对偶性;二象性;对偶性
dual-layer lining 双层衬里
dual media filter 双层(滤料)滤池;双层过滤器
dual-optimization 双向优化
dual-phase steel 双相钢
dual pressure controller 高低压控制器

dual principle 对偶原理
dual property 二象性
dual-purpose column 两用(萃取)柱
dual-purpose oil 双效油(具有润滑和冷却的作用)
dual rupture disks 双防爆膜[片]
dual-seal 双重密封
dual-solvent 25 process 双溶剂 25 流程(高浓缩铀核燃料后处理流程)
dual sorption 双吸附
dual specifity 双重特异性
dual strand 双流
dual-temperature exchange separation 双温交换分离(法)
dual-temperature process reflux 双温法回流
dual-tubes heat exchanger 双套管式换热器;双重管式换热器
dual wavelength spectrophotometer 双波长分光光度计
dual-wavelength spectrophotometry 双波长分光光度法
dual-wavelength TLC scanner 双波长薄层色谱扫描器
duamycin 二重霉素
duazomycin(=diazomycin) 偶氮霉素
Dubbs cracking process 杜布斯式热裂化过程
dubnium 𨧀 Db
Duboscq colorimeter 迪博斯克比色计
Dubrovai process 杜布罗瓦(气相氧化裂化)过程
duclauxin 杜克拉青霉素
Duclon collector 杜康旋风分离器
duct 烟道
ductibility 延展性
ductile damage 延性损伤
ductile failure 韧性破坏
ductile fracture 延性断裂;延性破裂;延性破坏
ductile iron 球墨铸铁
ductileness 延性;可展性
ductile-to-brittle transition 韧脆转变
ductility 延性;延展性
ductility of bitumens 沥青的延度
ductility transition temperature 延性转变温度
duct(ing) lining 风道衬里
due date 期满日期
Duff-Bills phenolic aldehyde synthesis 达夫-比尔斯酚醛合成
Duff reaction(=formylation) 达夫反应(甲酰化作用)
dufrenite 绿磷铁矿
dufrenoysite 硫砷铅矿
Duhem-Margules equation 杜安-马居尔方程
dulcamara 蜀羊泉
dulcamarin 蜀羊泉苷
dulcin 甘素
dulcitol 卫矛(己六)醇;半乳糖醇
dulcose(=dulcitol) 卫矛(己六)醇;半乳糖醇
dullbox (1)无光鞋面革 (2)有色多脂结合鞣搓纹革
dull fibre 消光纤维;无光纤维
dull film 无光膜
dull finish 消光整理;平光柔软整理
dull-finished leather 消光革
dulling agent 消光剂;除光剂
dull rayon 无光人造丝
Dulong and Petit's rule 杜隆-珀蒂规则
Dulong formula for heating value 杜隆热值公式
Dulong-Petit law 杜隆-珀蒂定律
duloxetine 度洛西汀
dumasin(=cyclopentanone) 环戊酮
Dumas method 杜马法
DU material(s) DU 材料(以塑料为固体润滑剂的滑动减摩材料)
dumb-bell specimen 哑铃形试样
dumb-bell test piece 哑铃试验片
dummy (cathode) 假阴极
dummy cell 杜米电池
dummy index 傀标
dummy plate 隔板
dumortierite 蓝线石
dUMP 脱氧尿苷酸
dumped packing 散装填料
dumped tower packing 乱堆塔填料
dumper 卸料器
dump pump 抽吸泵;回转(油)泵
dump sample 已化验的试样
dump truck 倾卸汽车
dump valve 事故排放阀;应急切断阀
dundasite 碳酸铅铝矿
dung salt 粪盐;砷酸氢二钠
dunnite D 炸药;苦味酸铵炸药
Du Nouy ring method 杜诺依环法
Du Nouy(ring) tensiometer 杜诺依(环法)

表面张力仪
duoplasmatron ion source 双等离子体离子源
duo-sol extraction 双溶剂提取
duotal 愈创木酚碳酸酯
duplet bond 双键;偶键
duplet electron 偶电子
duplex 双螺旋
duplex continuous integral fin tube 双金属套[轧]片式翅片管
duplex film 双重膜
duplex filter 复式过滤器
duplex piston pump 双缸活塞泵
duplex plunger pump 双缸柱塞泵
duplex pull rod 双拉杆
duplex pump 双联泵
duplex reciprocating pump 双缸往复泵
duplex refiner (肥皂)双联压炼机
duplex roller chain 双滚子链
duplex steam piston pump 双缸蒸汽往复泵
duplicase 复制酶
duplicate 双份
duplicate part 备品
duplicating paper 复印纸
duplicativity 再现性
duplicaton 复制
duplication method(= colorimetric titration) 比色滴定法
Dupont's PACT process 杜邦 PACT 生产工艺
duprene(rubber) 氯丁橡胶
Dupre's equation 杜普雷公式
durability 耐久性;耐用年限
durable finish 耐久性整理
durableness 耐用年限
durable press fabric 耐久性压烫织物
durable years 使用年限
durabol 苯丙酸(南)诺龙
durabolin 苯丙酸(南)诺龙
duralumin 硬铝;杜拉铝
duramycin 耐久霉素
durangite 橙砷钠石
duranickel 杜拉镍;硬镍(非磁性耐蚀高强度镍铝合金)
durapatite 羟磷灰石
duration 持续时间
duration of guaranty 保证期限
duration of validity 有效时间
durene 杜烯;1,2,4,5-四甲基苯;均四甲苯
durenol 杜烯酚;2,3,5,6-四甲基苯酚
Durham tube 德拉姆(发酵)管
durhamycin 德拉姆霉素
duridine 杜啶;2,3,5,6-四甲基苯胺
duriron 杜里龙耐酸硅铁
durohydroquinone 杜氢醌;四甲对苯二酚
durol(=durene) 杜烯;1,2,4,5-四甲苯
durometer 硬度计
durometer-hardness 肖氏硬度
duroquinol 杜氢醌;四甲基氢醌;四甲基对苯二酚
duroquinone 杜醌;四甲基对苯醌
duryl aldehyde 杜基醛;2,4,5-三甲基苯甲醛
durylene(=tetramethyl-*p*-phenylene) 亚杜基;四甲(基代)-1,4-亚苯基
durylic acid 2,4,5-三甲基苯甲酸;(俗称)杜基酸
duryl(=2,3,5,6-tetramethylphenyl) 2,3,5,6-四甲(基代)苯基;(俗称)杜基
dust 粉剂
dust abatement 气体除尘
dust arrestor 集尘器
dust bag 集尘袋
dust cap 防尘罩[盖]
dust catcher 灰尘捕集器;集尘器;捕尘器;吸尘器;除尘器
dust chute 微粉流道
dust collecting 集尘
dust collector 集尘器
dust concentration 含尘浓度;粉尘浓度
dust condensing flue 沉灰烟道
dust contained gas 含尘气体
dust cover 防尘罩
dust drifting 飘尘
Dustex cyclone tube Dustex 微型旋风分离器
dust-exhaust system 排尘系统
dust exploding 粉尘爆炸
dust extractor 集尘器
dust fall 落尘
dust filter 滤尘器;粉尘过滤器
dustiness (1)尘污 (2)含尘量
dusting agent 隔离剂
dusting method 喷粉法
dusting powder 爽身粉
dust-laden gas 含尘气体
dust-laying agent 消尘剂
dustless carbon black 无尘炭黑;粒状炭黑

dust mask 防尘面具
dust palliative 吸尘油
dust precipitator 集尘器
dust prevention 防尘
dust-prevention agriplast film 防尘性农用薄膜
dust-proof lighting fitting 防尘照明装置
dust respirator 防尘面具
dust rotor 粉末转筒;旋风分离器
dust scraper 刮板除尘机
dust seal 防尘环
dust settling chamber 除尘室;降尘室
dust settling pocket 除尘袋;降尘袋
dust storm 尘暴
dust suctor 采尘器
dust washer 防尘垫圈
Dutch brick 荷兰砖;高温烧结砖
Dutch liquid 1,2-二氯乙烷(的别名)
duty 职责
duty ratio 负载比
DVM 离散变分方法
dwell time 采样时间
DX code DX 编码
DXM 地塞米松
dyad (1)二价元素(或基)(2)双;对;成对之物(3)并矢
dyadic nylon 双组分尼龙
dyamettin 假软齿花根苷
dybenal 2,4-二氯苄醇
dyclonine 达克罗宁;丁氧苯哌啶丙酮
dydimic acid 石蕊酸
dydrogesterone 地屈孕酮;脱氢逆孕酮
dye 染料
dye bath 染色浴
dye check 染色探伤;着色检查[探伤]
dye-developer 染料显影剂
dyed in the mass 纺前染色
dye fixatives 固色剂
dye-fixing agent 固色剂
dyeing 染色
dyeing and finishing auxiliaries for textile 纺织染整助剂
dyeing assistant 染色助剂
dyeing auxiliary 染色助剂
dye(ing) beck 染色桶
dye(ing) fastness 染色坚牢度
dye(ing) liquor 染色液;染料溶液
dye(ing) paste 染色浆
dyeing rubber roll 纺织印染胶辊
dyeing shampoo 染发香波
dyeing solution 染色溶液;染料溶液
dye laser 染料激光器
dye leveller 均染剂
dye penetrant 染色渗透液
dyer's bath 染浴器
Dyer's woad root 板蓝根
dye-sensitized solar cell 染料敏化太阳能电池
dyestuff 染料
dyestuff chemistry 染料化学
dyestuff for polypropylene fibre 丙纶染料
dye(stuff) intermediate 染料中间体
dye transfer film 染印法胶片
dye transfer process 染料转印法
dyeuptake method 染料摄入法
dye vat 染色瓮
dymanthine 地孟汀;二甲十八烷胺
Dymixal 代密克赛(三种染料混剂,用治烧伤)
dynad 原子内场
dynamical 动态的;动力的
dynamical correlation 动态相关
dynamical pressure 动压
dynamical variable 动力学变量;力学量
dynamic analysis 动态分析
dynamic balance 动(态)平衡
dynamic balance level 动平衡标准
dynamic balancer 动平衡机
dynamic balance running 动平衡试验
dynamic balance test 动平衡试验
dynamic balancing tester 动平衡试验机
dynamic chemorheology 动态化学流变学
dynamic coating 动态涂渍
dynamic coefficient 动力系数
dynamic elasticity 动态弹性
dynamic equation 动力方程
dynamic equilibrium 动(态)平衡
dynamic error 动态误差
dynamic exactness 动态吻合性
dynamic fatigue 动态疲劳
dynamic filttration 动滤失
dynamic friction 动摩擦
dynamic hold-up of column 蒸馏塔动式塔储量
dynamic hold-up of distillation column 蒸馏塔动态持量
dynamic isomeride 动态异构体
dynamic isomerism 动态异构现象
dynamic load 动(力)载荷
dynamic loading 动(力)载荷

dynamic loss 动态损耗
dynamic mass spectrometer 动态质谱仪；动态质谱计
dynamic mechanical behavior 动态力学行为
dynamic membrane 动态渗透膜；动态膜；动力形成膜；动力膜
dynamic method 动态法；流动法
dynamic model 动态模型
dynamic modulus 动态模量
dynamic osmometry 动态渗透压法
dynamic packing 动态密封
dynamic pressure 动压力
dynamic programming 动态规划
dynamic properties 动态性能
dynamic range （磁带）动态范围
dynamic resilience 动态回弹性
dynamic response 动态响应
dynamic rheometer 动态流变仪
dynamic rigidity[stiffness] 动态刚性
dynamics 动力学
dynamic seal 动态密封
dynamic similarity 动力学相似
dynamic simulation 动态模拟
dynamics of extraction 萃取动力学；萃取动态学
dynamic stress-strain curve 动态应力-应变曲线
dynamic surface tension 动态表面张力
dynamic test 动力试验；动态试验（如疲劳试验、蠕变试验、冲击试验）
dynamic transition 动态转变
dynamic unbalance 动不平衡
dynamic valve 动力阀
dynamic viscoelasticity 动态黏弹性
dynamic viscoelastometer 动态黏弹仪
dynamic viscosity 动力黏度；（简称）黏度
dynamic vulcanization 动态硫化
dynamite 代那买特
dynammon 代那猛；硝铵-炭炸药
dynamometer 功率计；测力计
dynein 动力蛋白
Dynel 代尼尔（氯己烯6、丙烯腈4共聚短纤维，商名）
dynorphin 强啡肽
dyphyllin(e) 二羟丙茶碱；喘定
dypnone 缩二苯乙酮
Dyren(e) 敌菌灵
dysalbumose 难溶白蛋白
dyscrasite 锑银矿
Dysiston 乙拌磷
dysprosia 氧化镝
dysprosium 镝 Dy
dysprosium oxide 氧化镝
dystectic mixture 高熔混合物
dystectic point 高熔点
dystectic polymer 高熔聚合物
dystrophin 肌养蛋白

E

EAA (1)(essential amino acid)必需氨基酸(2)(ethylene-acrylic acid copolymer)乙烯-丙烯酸共聚物
EACA(ε-aminocaproic acid) 6-氨基己酸;ε-氨基己酸
each run 每次行程[运行]
early barrier 早势垒;前势垒
early gene 早期基因
early strength cement 早硬水泥;快硬水泥
earmark 特定用途
eartag 耳标
earth (1)泥土(2)地(球)(3)接地
earth-based transporter and hanging transport equipment 地面搬运机和悬置运输设备
earthcide(=quintozene) 五氯硝基苯
earth conductor cable 接地电线
earthenware 陶器;土器
earthenware container 陶制容器
earthenware tower 陶制塔
earthenware vessel 陶制容器
earth family element 土族元素
earth-free 不接地的
earth kiln 土(炭)窑
earth lead 接地导线
earth lug 接地端;接地板
earth metal 土金属
earthmoving equipment 工程机械设备
earthquake load 地震载荷
earth scrap 泥胶
earth switch 接地开关
earth-type filter 陶制过滤器
earthy element 土族元素
earthy odor 壤香
earth water, earthy water 硬水
earth wax 地蜡
Easter lily absolute 白百合净油
Eastern perfume 东方型香精
East Indian dill oil 白莳萝油
East Indian geranium oil 玫瑰草油;东印度香叶油
East Indian lemon grass oil 东印度柠檬草油;枫茅油
East Indian santalwood 白檀香
East-Indian verbena oil 东印度柠檬草油;枫茅油
Eastman-Kodak process 伊斯特曼-科达法(由甲烷-丁烷制乙炔)
easy access 容易接近;便于检修
easy-care finish 易保养涂饰剂
easy fire 低温烧成
easy fit 轻(转)配合
easy jacking system 简便起重器
easy processing agent 操作助剂
easy processing channel black 易混槽法炭黑
easy processing natural rubber 易操作天然橡胶;易加工天然橡胶
easy push fit 轻推配合;滑动配合
easy servicing 小修
easy slide fit 滑动配合
easy starter 简易起动装置
easy to assemble 方便安装
easy to machine 便于加工
easy to operate 易操作的
easy workout part 易损件
eating thrown 烧穿;蚀穿
eau de Cologne 科隆水
eau de Javel 雅韦尔溶液(次氯酸钠或钾溶液,漂白水)
eau de Labarraque 拉巴拉克溶液(次氯酸钠溶液)
eazaminium(=diethazine) 二乙嗪;二乙氨苯嗪(抗震颤麻痹药)
EB (1)(=ethambutol)乙胺丁醇(抗结核药)(2)(ethidium bromide)溴乙锭
EBA(ethylene-butyl acrylate copolymer) 乙烯-丙烯酸丁酯共聚物
ebalin 马来酸溴苯那敏(抗组胺药)
ebastine 依巴斯汀(抗组胺药)
Ebimar 埃必马尔(一种硫酸化多糖)
ebiratide 依比拉肽(神经调节药)
ebonite 硬质胶;硬质橡胶
ebonite accumulator box 硬质胶蓄电箱
ebonite compound 硬质胶胶料
ebonite dust 硬质胶粉
ebonite for electric industry 电气工业用硬质胶
ebonite wax 乌木蜡
EBP 稻瘟净

ebrotidine 乙溴替丁
ebselen 依布硒啉(消炎镇痛药)
ebserpine 利血平
EBT 铬黑 T
ebucin 葡萄糖酸钙
ebullated bed 沸腾床;流化床
ebullator 沸腾器
ebulliency 沸腾;起泡;充溢;爆发
ebulliometry 沸点升高测定法
ebullioscopic constant 沸点升高常数
ebullioscopic equation 沸点升高公式
ebullioscopic solvent 沸点升高溶剂
ebullioscopy 沸点升高测定法
eburnamonine 象牙酮宁
ecabet 依卡倍特
ecastolol 依卡洛尔(β受体阻滞药)
ecatox(=parathion) 一六〇五;对硫磷
ecbalin(=elateric acid) 喷瓜酸
eccenter 偏心轮
eccentric 偏心的;偏心轮;偏心装置;偏心套
eccentric bending moment 偏心弯矩
eccentric cam 偏心凸轮
eccentric conical shell 偏心锥形筒体
eccentric cylinder rheometer 偏心圆筒式流变仪
eccentric distance 偏心距离
eccentric gear 偏心轮;偏心装置
eccentricity (1)偏心度(2)偏心距;偏心率
eccentricity indicator 偏心计
eccentricity of shell 壳体的偏心度
eccentricity recorder 偏心记录仪
eccentricity tester 偏心距检查仪
eccentric load 偏心载荷;偏心负载
eccentric pivot 偏心轴
eccentric rotary pump 偏心(旋转)泵
eccentric rotation 偏转
eccentric seal 偏心密封
eccentric shaft 偏心轴
eccentric sleeve 偏心套(筒)
eccentric-type vibrator 偏心式振动器
eccentric valve 偏心阀
eccentric vibrator 偏心式振动器
eccentric (wheel) 偏心轮
ECD (1)(electrochromism device) 电致变色显示器(2)(electron capture detector) 电子捕获检测器
ecdysing hormone 蜕皮激素
ecdyson(e) 蜕皮(激)素;蜕化(激)素
ecdysteroids 蜕皮甾族化合物;蜕化甾族化合物
EC(ethyl cellulose) 乙基纤维素
ecgonidine(=anhydroecgonine) 芽子定;脱水芽子碱
ecgonine 芽子碱
ecgoninic acid 芽子碱酸
echelon grating 阶梯光栅
echicaoutchin 艾奇树脂;狄他树脂
echiceric acid 艾奇蜡酸;狄他树皮酸
echicerin 艾奇蜡精;狄他树皮素
Echinacea 松果菊属
echinacosid 海胆苷
echinenone 海胆酮;β-胡萝卜素-4-酮
echinine 叔异戊烯色氨酸
echinochrome A 海胆色素 A
echinocystic acid 刺囊酸
echinomycin 棘霉素
echinopsine 蓝刺头碱;刺头素
echinulin 灰绿曲霉素
echitamine(=ditaine) 艾奇胺;艾奇明;狄他树皮碱
echitenine 艾奇宁;狄他树皮低碱
echitin 艾奇亭;鸡骨常山酸
echiumine 蓝蓟碱
echo (1)回波(2)回声
echothiopate iodide 依可碘酯;碘化二乙氧膦酰硫胆碱
echugin(=echujin) 箭毒苷
ECL 电化学发光
eclipsed conformation 重叠构象
eclipsed form 重叠式
eclipsing effect 重叠效应
eclipsing strain 重叠张力
eclosion hormone 蜕壳激素
ECM(electrochemical machining) 电化学加工
E-coat 电泳涂装
ecoengineering 生态工程
ecological balance 生态平衡
ecological chemistry 生态化学
ecological control 生态防治
ecological equilibrium 生态平衡
ecology 生态学
econazole 益康唑;氯苯甲氧咪唑
economical fixed crane 简易固定起重机
economical gantry crane 简易龙门起重机
economic arbitration 经济仲裁
economic balance 经济核算
economic contract 经济合同

economic cooperation as joint ventrues 合资经营
economic decision 经济决策
economic effectiveness 经济效益
economic environment 经济环境
economic evaluation 经济评价
economic forecast 经济预测
economic gain 赢利
economic index 经济指数
economic life 经济寿命
economic poison 经济毒物
economic rate of fertilization 经济施肥量
economizer, economiser (1)节油器(2)节热器;省热器;省煤器(3)废气预热器;废热锅炉
ecracite 伊克拉赛特(单纯三硝基甲酚铵或其混合物炸药)
ecru 未漂白的;原色的(法文)
ectocrine 信息素
ectoenzyme (胞)外酶
ecto-hormone 外激素
ectotoxin 外毒素
ectylurea 依克替脲;乙巴酰脲
EDA complex 电子给体-受体络合物
edatrexate 依达曲沙
eddy 旋涡
eddy constant 涡流常数
eddy current (1)涡流(2)涡(电)流
eddy current heater 涡电流加热器
eddy current heating 涡电流加热
eddy current inspection 涡(电)流探伤
eddy current loss 涡流损耗
eddy current testing equipment 涡流探伤机
eddy diffusion 涡流扩散
eddy diffusion model 涡流扩散模型
eddy diffusivity 涡流扩散系数
eddy flow 涡流
eddy flow spinning 涡流纺丝
eddying effect 涡流效应
eddy losses 涡流损耗
edeine 伊短菌素
Edeleanu extraction 埃德连努抽提
Edeleanu refining process 埃德连努精炼法
Edeleanu urea dewaxing process 埃德连努尿素脱蜡法
edenite 浅闪石
edestan 麻仁朊
edestin 麻仁球蛋白
edetate calcium disodium 乙二胺四乙酸钙二钠;乙底酸钙二钠
edetic acid 乙二胺四乙酸;乙底酸;依地酸
edge 边
edge angle 棱角(度)
edge crack 边缘裂缝
edge dislocations 刃型位错;棱位错
edge distance 边距
edge effect 边缘效应
edge-flange joint 卷边接头
edge former 卷边机
edge groove 边槽
edge joint (1)端接接头(2)边缘焊接
edge mill(=edge runner) 轮碾机;碾子
edge planing machine 板边刨床
edge preparation 坡口加工;接边加工
edge runner 轮碾机;碾子
edge runner mill 轮碾磨;双辊研磨机;碾磨机;轮碾机;碾子
edge runner pan 碾盘
edge running mill 轮碾机;碾子
edges of orifices 孔边缘
edge stress 边缘应力
edge trimmer 切边机
edge trimming 裁边
edge-trimming machine 切边机
edge trims 边料
edge view 侧视图
edge weld 端面焊缝;端接焊缝;对边焊
edge-wise compression 侧面压缩
edifenphos 稻瘟光
edingtonite 钡沸石
edinol 5-氨基邻羟苯甲醇
ediphenphos 敌瘟磷
Edison accumulator 镍铁蓄电池
Edison storage battery 爱迪生蓄电池;铁/镍蓄电池
Edmister's equation 埃德米斯特公式(多组分气体吸收装置的吸收率计算式)
Edmond's balance 埃德蒙天平(测定气体比重用)
edrophonium bromide 依酚溴铵;溴化腾喜龙
EDT(engineering design test) 工程设计试验
EDTA(=ethylene diamine tetraacetic acid) 乙二胺四乙酸;乙底酸;依地酸
EDTA titration 乙二胺四乙酸滴定法
educt 浸提物
eduction pipe 放气管;排气管
eductor 喷射器

eductor mixer 喷射混合器
eductor seal 抽气密封
edulcorant （食品）甜味剂；加甜剂
edulcoration 加甜
edulcorator （食品）加甜剂；甜味剂
ED-β video tape ED-β型录像磁带
EE 炔雌醇
ee 对映体过量
EEA（ethylene-ethyl acrylate copolymer） 乙烯-丙烯酸乙酯共聚物
E-E energy transfer 电子-电子能量传递
eel-liver oil 鳗鱼肝油
EFA（essential fatty acid） 必需脂肪酸
***α*-effect** α效应
effective aperture 有效孔径
effective atmosphere 有效（大）气压（即表压）
effective atomic number rule 有效原子序数法则
effective capacity 有效容量；有效能力
effective charge of defect 缺陷的有效电荷
effective clearance 有效间隙
effective collision 有效碰撞
effective concentration 有效浓度
effective cross section 有效横截面
effective density 有效密度；修正密度
effective diffusivity 有效扩散系数
effective elasticity test 有效弹性试验
effective factor 有效因数
effective field 有效场
effective heat exchange area 有效换热面积
effective life 有效使用期
effective life time 有效寿命
effective mean temperature difference 有效平均温差
effective molar crosslink density 有效交联密度
effectiveness factor 有效因数
effective network chain 有效网链
effective nuclear charge 有效核电荷
effective output 有效输出功率
effective pitch 有效螺距
effective plate number 有效塔板数
effective plate volume 有效塔板容积
effective porosity 有效空隙率
effective potential 有效势
effective pull 有效拉力
effective quantum number 有效量子数
effective radius 有效半径
effective rake 有效臂长（起重机的）
effective range 有效测量范围；有效距离
effective ratio 有效比
effective rubber content 有效含胶量
effective section 有效剖面［部分］
effective sensitivity 有效灵敏度
effective shear 有效剪力
effective shrinkage 有效收缩量
effective size 有效尺寸
effective size of grain 有效粒度
effective span 有效跨度
effective spring length 有效弹簧长
effective steam pressure 有效蒸汽压
effective stress 有效应力
effective suction 有效吸力
effective temperature 有效温度
effective temperature difference 有效温度差
effective tension 有效张力
effective thermal conductivity 有效导热系数
effective thermal efficiency 有效热效率
effective thread 有效螺纹
effective torque 有效扭矩
effective torsional moment 有效扭矩
effective traction 有效牵引力
effective tractive effort 有效牵引力
effective value 有效值
effective viscosity 有效黏度
effective volume 有效体［容］积
effective width 有效宽度
effect of increased concentration 增浓效应
effect of steric hindrance 立体位阻效应
effector 效应物；效应器
effector site 效应物部位
effervescence 泡腾；起泡（沫）
effervescent beverages 泡腾饮料；充气饮料
effervescent mixture 泡腾混合物
effervescent salts 泡腾盐
efficiency of electric energy 电能效率
efficiency of heat engine 热机效率
efficiency of heat exchanger 换热器的效率
efficiency of initiator 引发剂效率
efficiency of the furnace 炉效率
efficiency parameter 效率参数
efficiency wage 计件工资
efficient vulcanization system 有效硫化体系
efflorescence 风化

effluent 流出；流出物；流出液；排放液；废液；废水；出水
effluent air cooler 流出液空冷器
effluent brine 废盐水
effluent cooler 流出液冷却器
effluent disposal 废水处理
effluent drainage system 污水排放系统
effluent flume 废水槽
effluent gases 废气；烟道气
effluents (1)流出物(2)废水；污水；废液
effluent screen 排液筛网
effluent segregation system 废水分离系统
effluent settling chamber 废水沉淀池
effluent sewer 废水管
effluent treatment 废水处理
effluent volume 洗脱液体积；流出液体积
efflux visco(si)meter 流出式黏度计
effusiometer 隙透计；(气体)扩散计
effusion (1)泻流(2)渗透；隙透
effusive beam sourse 隙流束源
eflornithine 依氟鸟氨酸
efloxate 乙氧黄酮
efonidipine 依福地平
efrotomycin 依罗霉素
efsiomycin(＝fluvomycin) 河流霉素
EGCG 酸表棓儿茶酚酯
EGF-urogastrone 尿抑胃激素
egg albumin 卵清蛋白；卵白蛋白
egg oil 蛋黄油
egg shaped anaerobic digester 蛋形厌氧消化器
eggshell catalyst 蛋壳催化剂
eggshell porcelain 薄胎瓷
egg white catalyst 蛋白催化剂
egg-white protein 卵清蛋白；卵白蛋白
egg yolk 蛋黄
egg yolk catalyst 蛋黄催化剂
eglantine (1)α-甲苯甲酸异丁酯(2)苯乙酸异丁酯
eglestonite 氯汞矿
EGTA 乙二醇双(2-氨基乙醚)四乙酸
egtazic acid 依他酸
Egyptian blue 埃及蓝(主要成分为硅酸铜)
EHMO(extended Hückel molecular orbital method) 推广的休克尔分子轨道法
Ehrlich diazo reaction 埃利希重氮反应
ehrlichin 艾氏菌素
eicolin 石南素
eicosadienoic acid 二十碳二烯酸
eicosamethylnonasiloxane 二十甲基壬硅氧烷
eicosandioic acid 二十烷二酸
eicosane 二十(碳)烷
eicosane diacid 二十烷二酸
eicosane dicarboxylic acid 二十烷二甲酸
eicosan(o)ic acid 花生酸；二十(烷)酸
eicosanol 二十(烷)醇
eicosapentaenoic acid(**EPA**) 二十碳五烯酸
eicosendioic acid(＝eicosene diacid) 二十碳烯二酸
eicosene diacid 二十碳烯二酸
eicosene dicarboxylic acid 二十碳烯二甲酸；二十二碳烯二酸
eicosenoic acid 二十碳烯酸
eicosoic acid 二十(烷)酸
eicosyl 二十烷基
eicosylene 二十碳烯
eigenfrequency 本征频率
eigenfunction 本征函数
eigen magnetic moment 本征磁矩
eigen oscillation 本征振荡
eigen value 本征值；特征值
eigenvalue equation 本征值方程
eigenvector 本征矢(量)；特征向量
eigenvibration 本征振动
eigon(s) 碘蛋白
eikonometer 光像测定器；物像计
Einhorn tube 艾因霍恩(发酵)管
einstein 爱因斯坦(光的摩尔能量单位，符号 E，1E＝6.06×10^{23}量子)
Einstein coefficient 爱因斯坦系数
Einstein equivalence principle 爱因斯坦等效原理
Einstein field equation 爱因斯坦场方程
einsteinium 锿 Es
einsteinium amalgam 锿汞齐
einsteinium sesquioxide 三氧化二锿
Einstein relation 爱因斯坦关系
Einstein's law 爱因斯坦定律
Einstein-Smoluchowski theory 爱因斯坦-斯莫卢霍夫斯基理论
Einstein summation convention 爱因斯坦求和约定
Einstein synchronization 爱因斯坦同步
EIS(electrochemical impedance spectra) 电化学阻抗谱
eject 排出
ejecting force 推件力
ejecting press 挤压机

ejection 排出;喷出
ejection knock-out 脱模
ejector 喷射泵;喷射器
ejector air pump 喷射泵;喷射器
ejector condenser 喷射冷凝器
ejector dryer 喷射干燥器
ejector mixing 喷射(式)混合器;喷射(式)搅拌器
ejector (pump) 喷射泵;注射泵
ejector vacuum pump 喷射真空泵
ejector water air pump 喷水空气泵
eka-element 待寻元素;准元素(历史上对周期表中尚缺的元素的叫法)
ekmolin 鱼素
elaeometer 油比重计(测比重)
elaeostearic acid(=eleostearic acid) 桐酸;9,11,13-十八碳三烯酸
elaeostearin 桐酸精;甘油三桐酸酯
elaidic acid 反油酸;反-9-十八碳单烯酸
elaidin 甘油三反油酸酯;反油酸精
elaidinization 反油酸重排作用;反油酸转位
elaidodistearin 反油酸二硬脂精;甘油反油酸二硬脂酸酯
elaiometer(=elaeometer) 油比重计
elaiomycin 洋橄榄霉素
elaiophylin(=elaiophilin) 洋橄榄叶素
elastance 倒电容(等于 1/c)
elastase 弹性蛋白酶;弹性酶;强力纤维酶;胰肽酶 E
elastic after effect 弹性后效
elastic after-working(=elastic after effect) 弹性后效
elasticator 增弹剂
elastic bitumen 矿质橡胶
elastic body 弹性体
elastic break down pressure 弹性失效压力
elastic coating 弹性涂料
elastic component 弹性元件
elastic coupling 弹性联轴节
elastic deformation 弹性形变
elastic distortion 弹性畸变
elastic entrance effect 弹性流入效应
elastic failure 弹性破坏
elastic fatigue 弹性疲劳
elastic fibre 弹性纤维
elastic force 弹(性)力
elastic fore-effect 弹性前效
elastic gain 弹性增值
elastic hysteresis 弹性滞后
elasticity 弹性
elasticity alloy 弹性合金
elasticity memory effect 弹性记忆效应
elasticity of demand 需求弹性
elasticity of shape 形状弹性
elasticity tensor 弹性张量
elasticizer 增弹剂
elastic lag 弹性滞后
elastic limit 弹性极限
elastic limit under compression 抗压弹性极限
elastic limit under shear 抗剪弹性极限
elastic liquid 黏弹性流体
elastic memory 弹性记忆(效应)
elastic niobium alloy 铌基弹性合金
elastico-viscous fluid 弹黏性流体
elastico-viscous solid(=Kelvin body) 弹黏性固体
elastic-plastic transition 弹性-塑性转换
elastic polyurethane waterproof film 弹性聚氨酯防水涂料;弹性聚氨酯涂膜
elastic recovery 弹性复原性;弹性回复;回弹
elastic resilience 回弹性
elastic response (肌肉)弹性响应
elastic scattering 弹性散射
elastic sealant 弹性密封剂[胶]
elastic solid(=Hookean body) 弹性固体
elastic stiffness 弹性刚度
elastic strain 弹性应变
elastic strain energy 弹性应变能
elastic straining 弹性应变
elastic stress 弹性应力
elastic structure 弹性结构
elastic sulfur 弹性硫
elastic-viscoplastic body 弹-黏塑(性)体
elastic-viscous system 弹黏(性)体系
elastic washer 弹性垫圈
elastic wave 弹性波
elastic yarn 弹性丝
elastin 弹性蛋白
elastirotor extruder 无螺杆挤出机
elastogel 弹性凝胶
elastolytic enzyme 弹性酶
elastomer 高弹体;弹性体
elastomer blends 弹性体共混物
elastomer gasket 橡胶垫片;橡胶密封垫
elastomeric O-rings 橡胶 O 形环
elastomeric polymer 弹性聚合物

elastomeric solid gasket for selfseal under internal pressure 内压自紧式橡胶实心垫片
elastomeric solid gaskets energized by internal pressure 自紧式橡胶实心垫片
elastomer-plastic blends 橡塑共混
elasto-optical effect 弹光效应
elastoplast(ics) 弹性塑料;热塑性橡胶
elastopolymer 弹性高聚物
elastosol 橡胶溶胶
elastoviscous fluid 黏弹性流体
elastoviscous system 黏弹体系
elateric acid 喷瓜酸
elaterin 喷瓜素
elaterite 矿质橡胶
elat(e)rometer 气体密度计
elbaite 锂电气石
elbow 弯头;弯管
elbow bend (pipe) machine 弯管机
elbow casing pump 弯管壳体泵
elbow coupling 肘管螺纹接头
elbow for discharge 出水弯管
elbow joint 肘管接头
elbow pipe 弯管
elbow screw joint 肘管螺纹接头
Elbs persulfate oxidation 埃尔布斯过硫酸盐氧化
Elbs reaction 埃尔布斯反应;合成蒽
elcar 棉铃虫病毒
elcatonin 依降钙素
elderberry oil 接骨木果油
electret 驻极体
electret fiber 驻极体纤维
electrical accident 电气故障
electrical ageing 电老化
electrical alloy 电性合金
electrical arc furnace 电弧炼钢炉
electrical bar 电热棒
electrical breakdown 电击穿
electrical breakdown tension 击穿电压
electrical code 电工规程
electrical conductivity 导电性
electrical connector 接线盒
electric(al) control 电力控制
electrical dehydrator 电脱水器
electrical demulsifier 电破乳器
electrical desalting 电脱盐
electrical device 电器
electrical discharge machining(EDM) 电火花加工
electrical distribution 配电;输电
electrical drying 电加热干燥
electrical effect 电场效应
electrical elevator (1)电梯(2)电力升降机
electrical equipment 电气设备
electrical faults 漏电;走电
electrical hazard 电气事故
electrical heated thermostat 电热恒温器
electrical impedance 阻抗
electrical inductance 电感
electrical insulating board 电绝缘纸板
electrical insulating paper 绝缘纸
electrical load 电力负荷[载];电气荷载
electrically driven feed pump 电动给水泵
electrical material 电工材料;电(气材)料
electrical null 电零点
electrical outage 断电
electrical precipitators 电除尘器
electrical resistance furnace 电阻炉
electrical source 电源
electrical trench 电缆沟
electrical work (1)电功(2)电气工程
electric arc furnace 电弧炉
electric-arc furnace steelmaking 电弧炉炼钢
electric arc process 电弧法
electric arc welding 电弧焊
electric bell 电铃
electric birefringence 电致双折射
electric block 电动葫芦
electric bridge 电桥
electric buzzer 蜂鸣器
electric capacity 电容
electric cell(s) 电池
electric charge 电荷
electric circuit 电路
electric conductance 电导
electric conductive adhesive 导电胶
electric conductivity (1)电导率(2)电导性
electric conductor 电导体
electric controllers 电动调节器
electric control system 电气控制系统
electric control valve 电动(调节)阀
electric coupling of cells 细胞间电耦合
electric crane 电力起重机
electric current 电流
electric current strength 电流强度
electric deflection 电偏转
electric dehydration 电脱水(作用)

electric depolarization 通电去极化
electric desalting and dewatering 电脱盐脱水
electric dichroism 电致二向色性
electric dipole 电偶极子
electric dipole moment 电偶极矩;电矩
electric dipole moment of molecule 分子电偶极矩
electric dipole radiation 电偶极辐射
electric dipole transition 电偶极跃迁
electric dipper 电铲
electric displacement 电位移
electric displacement line 电位移线
electric dissociation 电离
electric double layer 双电层;电偶层
electric double layer capacitor 双电层电容器
electric drive 电力传动
electric drying 电力干燥;高频干燥
electric duct 电缆管道
electric dust precipitation 静电除尘;电集尘
electric dust precipitator 静电除尘器;电集尘器
electric energy 电能
electric equivalent 电当量
electric field 电场
electric field intensity 电场强度
electric field line 电场线
electric field scanning 电场扫描
electric field strength 电场强度
electric flux 电通量
electric fork lift 叉式电池[瓶]车
electric furnace 电炉;电窑
electric furnace steel 电炉钢
electric gear 电力机械传动
electric hammer 电锤
electric heater 电热器;电炉
electric heating apparatus 电热装置[设备]
electric heating element 电热体;电热元件
electric hoist 电动卷扬机;电葫芦
electric hot plate 电热板
electric hysteresis effect 电滞效应
electrician 电(气)工(人)
electrician's knife 电工刀
electric image 电像
electric induction 电感应
electric induction furnace 电感炉
electric insulating oil (电的)绝缘油;变压器油
electric interlock 电气联锁
electricity 电学;电
electricity failure 断电
electricity functional polymeric materials 电功能高分子材料
electricity grid 电网
electricity meter 电表
electricity meter cupboard 电表柜
electricity saving 节约用电
electric jib crane 电动单臂起重机
electric leakage 漏电
electric lift 电力升降机
electric light bulb 电灯泡
electric line of force 电力线
electric magnetic chuck 电磁吸盘
electric melting 电熔炼
electric melting furnace 电熔炉
electric moment 电(偶极)矩
electric multipole 电多极子
electric multipole moment 电多极矩
electric neutrality 电中性
electric oil heater 燃油电加热器
electric oscillation 电振动
electric osmosis 电渗(现象)
electric oven 电烘箱
electric parts 电工器件
electric pipe precipitator 电气管道除尘器
electric platen 电热板
electric plate precipitator 电极板除尘器
electric polarization 电极化
electric polarization of a molecule 分子电极化率
(electric) polarization (strength) (电)极化强度
electric porcelain 电瓷
electric potential 电势[位]
electric potential difference 电势差
electric power 电力;电功率;发电
electric power cart 电瓶车
electric power net 电网;电力网
electric power system 电力系统
electric precipitator 电力沉淀器
electric pressure ga(u)ge 电气式压力计
electric protection 电防腐
electric quadrupole 电四极子
electric quadrupole moment 电四极矩
electric quadrupole radiation 电四极辐射
electric quantity 电量
electric resistance furnace 电阻炉
(electric) resistance welding 电阻焊
electric rod-curtain precipitator 电棒-电帷除尘器

electric separation 电力选矿
electric shock 电击;触电
electric single beam crane 电动单梁起重机
electric soldering iron 电烙铁
electric source 电源
electric spark 电火花
electric stability 电稳定性
electric static spraying 静电喷漆
electric steam generator 电热蒸汽发生器
electric steel 电炉钢
electric streamline 电流线
electric susceptibiltiy 极化率
electric trace heating 电气式伴(随加)热法
electric travelling crane 电力移动式起重机
electric vehicles (storage) battery 电动车辆用蓄电池
electric washer 电动洗涤机;电动洗衣机
electric washing machine 电动洗涤机;电动洗衣机
electric welder 电焊机
electric welding rod 电焊条
electric wind 电风
electride 电子化合物
electrification 起电
electrification by friction 摩擦起电
electrified body 带电体
electrion oil 高压放电合成(润滑)油
electroacoustic performance 电声性能
electro-active polymer 电活性高分子
electroaffinity 电亲和性
electroanalysis 电化分析;电解分析
electroanalytical chemistry 电分析化学
electro- and/or heat-conductive adhesive 导电导热胶黏剂
electroantennogram 触角电位图
electro-bath 电镀浴
electrobiological test 生物电试验
electrocaloric 电热的
electrocapillarity 电毛细(管)现象;电毛细效应
electrocapillary curve 电毛细管曲线
electrocapillary maximum 电毛细管极大
electrocapillary phenomenon 电毛细现象
electrocardiogram(ECG,EKG) 心电图
electrocast corundum 电熔刚玉
electrocatalysis 电催化(作用)
electroceramics 电瓷
electrochemical affinity 电化学亲和势
electrochemical analysis 电化学分析法
electrochemical breakdown 电化学断裂
electrochemical capacitor 电化学电容器
electrochemical cell 电化学电池
electrochemical contour machining 电化学图案加工
electrochemical corrosion 电化学腐蚀
electrochemical deburring 电化学修边
electrochemical degreasing 电化学脱脂
electrochemical deposition 电化学沉积
electrochemical desalination process 电化学脱盐[淡化]法
electrochemical detector 电化学检测器
electrochemical doping 电化学掺杂
electrochemical engineering 电化学工程;电化工
electrochemical equivalent 电化当量
electrochemical etching 电化学刻蚀
electrochemical gradient 电化学梯度
electrochemical grinding 电化学研磨
electrochemical impedance spectra 电化学阻抗谱
electrochemical industry 电化学工业
electrochemical in situ IR spectroscopy 电化学原位红外光谱法
electrochemical in situ laser Raman spectroscopy 电化学现场激光拉曼光谱法
electrochemical kinetics 电化学动力学
electrochemically treated oil (= electrion oil) 高压放电合成(润滑)油
electro-chemical machining(E. C. M.) 电化学加工
electrochemical masking 电化学掩蔽
electrochemical mass 电化当量
electrochemical mass spectroscopy 电化学质谱法
electrochemical metallizing 电刷镀;笔镀
electrochemical nonhydrogen oxygen generator 电化学无氢制氧机
electrochemical oscillation 电化学振荡
electrochemical overpotential 电化学超电势
electrochemical oxidation 电化学氧化
electrochemical photovoltaic cell 电化学光伏电池
electrochemical polarization 电化学极化
electrochemical potential 电化学势
electrochemical power sources 化学电源
electrochemical protection 电化学保护
electrochemical reaction 电化学反应
electrochemical reactor 电化学反应器

electrochemical reduction 电化学还原
electrochemical refining 电化学精制
electrochemical reflection spectrum 电化学反射光谱
electrochemical sensor 电化学传感器
electrochemical series （元素）电化序
electrochemical spectrum 极谱图
electrochemical synthesis 电化学合成
electrochemical technology 电化（学）工（学）
electrochemiluminescence 电化学发光
electrochemistry 电化学
electrochemistry of fused salts 熔盐电化学
electrochemistry of semiconductors 半导体电化学
electrochromatography 电色谱法
electrochromic dyes 电变色染料
electrochromism device（ECD） 电致变色显示器
electrocoating 电涂；电泳涂漆
electrocoat tank 电泳槽
electro-conductive polymer 导电高分子
electrocoppering 电镀铜
electrocorrosion 电腐蚀
electrocrystallization 电结晶
electrocrystallization in molten salts 熔盐电结晶
electrocrystallization morphology 电结晶形态
electrocuring 电子束固化
electrocyclic reaction 电环化反应；π键环化反应
electrocyclic rearrangement 电环化重排
electrode （1）电极（2）（电）焊条
electro-decantation 电倾析
electrode cap 电极外罩
electrode capacity 电极电容
electrode contact surface 电极接触面
electrode dryer 焊条保温筒
electrode glass 电极玻璃
electrode holder 焊钳
electrode isolation 电极离析
electrodeless discharge 无电极放电
electrodeless discharge lamp 无极放电灯
electrode membrane 电极膜
electrode of the first kind 第一类电极
electrode of the second kind 第二类电极
electrode pick-up 电极粘损
electrode polarization 电极极化
electrodeposited coatings structure 电沉积层织构
electrodeposition 电沉[淀]积
electrodeposition coating process 电沉积涂法
electrodeposition rate 电沉积速率
electrode potential 电极电势
electrode pressure 电极压力
electrode process 电极过程
electrode reaction 电极反应
electrode salting 电气脱盐
electrode skid 电极滑移
electrode weight 高压电极重锤
electrode welding 电弧焊
electrodialyser 电渗析器
electrodialysis 电渗析
electrodialysis cell 电渗析池
electrodialysis stack 电渗析膜堆
electrodialyzer 电渗析器
electrodics 电极学
electrodischarge machining（E. D. M.） 放电加工
electrodissolution 电溶解；电解溶解
electroduster 静电喷粉器
electrodynamics 电动力学
electroendosmosis 电内渗（现象）；电渗
electroendosmostic flow 电渗流
electroengraving 电刻
electroerosion 电浸蚀；电腐蚀
electroetching 电侵蚀；电蚀刻；电腐蚀；电解蚀刻
electroflotation 电浮选法
electrofluorination 电解氟化
electrofocusing 电聚焦
electrofocusing electrophoresis 聚焦电泳（法）
electroforming 电铸
electrofuge 离电体
electrofusion 电融合
electrogalvanizing 电镀锌
electrogenerated chemiluminescence（ECL） 电致化学发光
electrogenic sodium pump 生电钠泵
electrogilding 电镀金
electrograining 电化学搓纹
electrographic process 电照相成像法
electrography （1）电谱法（2）静电照相
electrogravimetric analysis 电重量分析（法）
electrogravimetric trace analysis 电重量痕

量分析(法)
electrogravimetry 电重量(分析)法
electrohydraulic control 电(动)液(压)控制
electrohydraulic servo valve 电液伺服阀
electroimmunoassay(EIA) 电免疫分析
electroimmunodiffusion 电免疫扩散(法)
electro-inorganic chemistry 电无机化学
electroionization 电离(作用)
electroiron 电解铁
electrokinetic potential 电动电势;ζ电势
electrokinetics 动电学
electrokinetic ultrafiltration analysis 动电超滤分析
electroleaching 电沥滤;电浸取
electroless plating 化学镀
electroluminescence 电致发光
electrolysis 电解
electrolysis in molten salts 熔盐电解
electrolysis of aqueous solution 水溶液电解
electrolysis reflux 电解回流
electrolyte 电解质
electrolyte solution 电解质溶液
electrolytic analysis 电解分析
electrolytic bath 电解槽
electrolytic bridge (=salt bridge) 盐桥
electrolytic caustic soda 电解(法)烧碱;电解苛性钠;电解氢氧化钠
electrolytic cell 电解槽[池]
electrolytic cell, hydrochloric acid 盐酸电解槽
electrolytic chlorine 电解氯
electrolytic chromatography 电解色谱法
electrolytic coloring of anodized alumin(i)um film 铝阳极氧化电解着色
electrolytic conductivity 电解质电导率
electrolytic corrosion 电解腐蚀
electrolytic degreasing 电化去油
electrolytic deposition 电解沉积
electrolytic derusting 电解去锈
electrolytic dissociation 电离作用
electrolytic etching 电解浸蚀
electrolytic extraction 电解萃取
electrolytic floatation 电解浮选法;电解浮上法
electrolytic gravimetry 电解重量分析(法)
electrolytic industry 电解工业
electrolytic ionization 电解电离
electrolytic iron 电解铁
electrolytic oxidation (=anodic oxidation) 阳极氧化;电解氧化
electrolytic pickling 电解酸洗
electrolytic polarization 电解极化(作用)
electrolytic polishing 电解抛光
electrolytic polymerization 电解聚合
electrolytic rectifier 电解整流器
electrolytic reduction 电解还原
electrolytic refining 电解精炼
electrolytic regeneration 电解再生
electrolytic separation 电解分离
electrolytic synthesis 电解合成
electrolytic titration 电势滴定
electrolytic water 电解水
electrolytic white lead 电解铅白
electrolyzer 电解槽
electromagnet 电磁体;电磁铁
electromagnetic 电磁的;电磁式;电磁驱动分线机;电磁驱动分流机
electromagnetic contactor 电磁接触器
electromagnetic damping 电磁阻尼
electromagnetic field 电磁场
electromagnetic field tensor 电磁场张量
electromagnetic flowmeter 电磁流量计
electromagnetic induction 电磁感应
electromagnetic induction speed indicator 电磁感应式转速计
electromagnetic mass 电磁质量
electromagnetic momentum 电磁动量
electromagnetic multipole radiation 电磁多极辐射
electromagnetic performance 电磁性能
electromagnetic platen 电磁平台
electromagnetic pump 电磁泵
electromagnetic radiation 电磁辐射
electromagnetics 电磁学
electromagnetic separation 电磁分离
electromagnetic separator 电磁离析器
electromagnetic shield materials 电磁波屏蔽材料
electromagnetic spectrum 电磁谱
electromagnetic speed-adjustable motor 电磁调速电动机
electromagnetic stirring 电磁搅拌
electromagnetic stirring autoclave 电磁搅拌式高压反应器
electromagnetic stirring type superhigh pressure autoclave 电磁搅拌式超高压釜
electromagnetic stress tensor 电磁(场)应

力张量
electromagnetic testing 电磁检测
electromagnetic theory of light 光的电磁理论
electromagnetic valve 电磁阀
electromagnetic wave 电磁波
electromagnetic wave spectrum 电磁波谱
electromagnetism 电磁学
electromechanical equipment 电力机械设备
electromelting 电熔炼
electromer 电子异构体
electromeric effect 电子异构效应
electromeric form 电子异构体
electromerism 电子异构(现象)
electromerization 电子异构(作用)
electrometallurgy 电冶金;电冶(金)学
electrometer 静电计
electrometric analysis 量电分析
electrometric titration 电化学滴定
electromigration 电迁移
electromobile 电瓶车
electromotive force(EMF) 电动势
electromotive series 电动[化]序
electron 电子
σ-electron σ电子
π-electron π电子
electron acceptor(EA) 电子受体
electron affinity 电子亲合[和]势;电子亲合[和]性
electronating agent 增电子剂;还原剂
electronation 增电子(作用);还原作用
electron atmosphere 电子云
electron beam 电子束
electron beam curable coatings 电子束固化涂料
electron beam curing adhesive 电子束固化胶黏剂
electron beam resist 电子束抗蚀剂
electron-beam smelting 电子束熔炼
electron-beam welding 电子束焊接
electron bombardment ion source 电子轰击离子源
electron bonding energy 电子结合能
electron capture 电子俘获
electron capture detector 电子捕[俘]获检测器
electron capture gas chromatography 电子俘获气相色谱法
electron-capturing compound 电子俘获化合物
electron carrier 媒质
electron cloud 电子云
electron compound 电子化合物
electron conductor 电子导体
electron configuration 电子组态[排布,构型]
electron contributing group 给电子基团;电子供给基团
electron correlation 电子相关
electron crystallography 电子晶体学
electron-defect compound 缺电子化合物
electron deficiency 缺电子;电子缺失
electron density 电子密度
electron density map 电子密度图(电子云的等密度线图)
electron diffraction 电子衍射
electron diffraction pattern 电子衍射图像
electron diffractometer 电子衍射仪
electron-donating group 给[供]电子基团
electron donating solvent 给[供]电子溶剂
electron donor(ED) 电子给体
electron donor-acceptor(EDA) 电子给-受体
electron donor-acceptor complex 电子给(体)受体络合物
electron donor solvent 给[供]电子溶剂
electron doublet 电子对
electron drift 电子漂移
electron drift velocity 电子偏移速度
electronegative 电负的;阴电的
electronegativity 电负性
electron emission current 电子发射电流
electron energy loss spectroscopy(ELS) 电子能量损失能谱(学)
electroneutral 电中性的
electron exchange chromatography 电子交换色谱法
electron-exchange resin 电子交换树脂
electron exchangers 电子交换树脂
electron field 电子场
electron gas 电子气
electron gun 电子枪
electron hole pair 电子-空穴对
electron-hole recombination 电子空穴复合
electronic affinity 电子亲和能
electronic amplifier 电子放大器
electronic antineutrino 电子反中微子
electronic balance 电子天平

electronic band 电子谱带
electronic batching scale 电子配料秤
electronic ceramics 电子陶瓷
electronic chemicals 电子化学品
electronic cloud 电子云
electronic computer 电子计算机
electronic conduction 电子电导
electronic conductor 电子导体;金属导体
electronic configuration 电子组态[排布,构型]
electronic device adhesive 电器密封胶
electronic effect 电子效应
electronic-electronic energy transfer 电子-电子能量传递
electron(ic) emission 电子发射
electronic energy level 电子能级
electronic formula 电子(结构)式
electronic gas 电子气体
electronic hopper scale 电子料斗秤
electronic impact furnance 电子轰击炉
electronic isomerism 电子异构现象
electronickelling 电镀镍
electronic leather measuring machine 电子量革机
electronic lepton number 电子轻子数
electronic level 电子能级
electronic mass 电子质量
electronic neutrino 电子型中微子
electronic orbit 电子轨道
electronic paramagnet resonance(EPR) 电子顺磁共振
electronic partition function 电子配分函数
electronic polarizability 电子极化率
electronic polarization 电子极化
electronic quenching 电子猝灭
electronic shell 电子层[壳];电子壳层
electronic specific heat 电子比热
electronic spectroscopy 电子光谱法;电子能谱学
electronic spectrum 电子光谱
electronic spin resonance(ESR) 电子自旋共振
electronic subshell 电子支壳层
electronic technique 电子技术
electronic transition 电子跃迁
electronic type indicator 电子式示功器
electronic view of valency 化合价的电子观
electron impact 电子轰击
electron impact desorption(EID) 电子碰撞解吸
electron ionization 电子电离
electron isomerism 电子异构现象
electron-lattice interaction 电子晶格相互作用
electron-microautoradiography(EMAR) 电子显微放射自显影法
electron micrography 电子显微摄影
electron microscope 电子显微镜
electron microscope autoradiography(EMAR) 电子显微(镜)放射自显影法
electron microscope microanalyser(EMMA) 电子显微镜微分析器
electron microscopy 电(子显微)镜学
electron mobility 电子迁移率
electron-molecule collision 电子-分子碰撞
electron multiplication 电子倍增作用
electron multiplier 电子倍增器
electron-nuclear double resonance 电子-核双共振
electron nuclear double resonance spectroscopy 电子-核双共振光谱学
electron octet 电子八位位组;电子八位字节
electron pair acceptor(EPA) 电子对受体
electron pair bond(e. p. b.) 电子对键
electron pair donor(EPD) 电子对给体
electron pair repulsion 电子对互斥
electron pair repulsion theory 电子对互斥理论
electron paramagnetic resonance (电子)顺磁共振
electron paramagnetic resonance spectroscopy 顺磁共振光谱学
electron-phonon collision 电子声子相互作用
electron probe 电子探针
electron probe microanalysis 电子探针微区分析
electron probe X-ray microanalysis 电子探针X射线微量分析
electron radical ion 单元自由基离子
electron-releasing groups 释电子基团
electron ring accelerator(ERA) 电子环加速器
18-electron rule 十八电子规则
electron scattering 电子散射
electrons cluster 电子簇[雰]
electron shake-off 电子震脱

electron spectroscopy 电子能谱(学)
electron spectroscopy for chemical analysis (ESCA) 光电子能谱法;电子光谱法;化学分析用电子能谱法
electron spectrum 电子能谱
electron spin(ning) 电子自旋
electron spin resonance 电子自旋共振;(电子)顺磁共振
electron transfer 电子转移
electron transfer chain 电子传递链
electron transfer polymer 电子转移聚合物
electron transfer reaction 电子转移反应
electron transport chain 电子传递链
electronuclear breed (核燃料)电核法增殖
electron volt 电子伏(特)
electron withdrawing group 吸电子基团
electro-optical ceramics 电光陶瓷
electro-optic ceramics 电光陶瓷
electro-optic crystal 电光晶体
electro-optic effect 电光效应
electro-organic chemistry 有机电化学
electro-organic synthesis 有机电化学合成
electroosmosis 电渗(透)
electrooxidation 电(解)氧化
electroparting 电解分离
electrophile 亲电体;亲电子试剂
electrophilic addition 亲电加成
electrophilic aromatic substitution 亲电芳香取代
electrophilic reagent 亲电子试剂;亲电体
electrophilic rearrangement 亲电重排
electrophilic substitution 亲电取代
electrophobic 疏电子的
electrophobic reagent 疏电子试剂
electrophoresis 电泳
electrophoresis separation 电泳分离
electrophoretic coating process 电泳涂法
electrophoretic effect 电泳效应
electrophoretic force 电泳力
electrophoretic light scattering 电泳光散射
electrophoretic paint 电泳漆
electrophoretic painting 电泳涂装
electrophor(et)ogram 电泳图(谱)
electrophorus 起电盘
electrophotographic material(s) 静电复印材料
electrophotographic microfilm 电照相缩微胶片
electrophotography 电摄影(静电摄影)
electro-physical machining(E. P. M.) 电物理加工
(electro)plated tape 电镀薄膜磁带
electroplating 电镀
electroplating for alumin(i)um and its alloy 铝和铝合金电镀
electroplating in molten salts 熔盐电镀
electroplating of wear-resistant chromium 耐磨性电镀铬
electroplating on plastics 塑料电镀
electroplating waste 电镀废料
electroplatinizing 电镀铂
electro-pneumatic valve 电动气动阀
electropolishing 电(解)抛光
electroporation 电穿孔
electroporcelain 电瓷
electropositive 电正的;阳电的
electroquartz 电造石英
electroradioimmunoassay(ERIA) 电放射免疫分析
electroreduction 电(解)还原
electrorefining 电解精炼
electroreflectance 电反射
electroscope 验电器
electroselectivity 电选择性
electrosilvering 电镀银
electroslag remelting 电渣重熔
electro-slag welding 电渣焊
electrosmothing 电解抛光
electrosol 电溶胶
electro spark detector 电火花检测器
electrospray 电喷雾
electrostatic analyzer 静电分析器
electrostatic attraction 静电吸引
electrostatic bond 静电键
electrostatic cleaner 静电除尘器
electrostatic desalting 静电脱盐
electrostatic dust collector 静电除尘器
electrostatic (dust) precipitation 静电除尘
electrostatic effect 静电效应
electrostatic energy 静电能
electrostatic equilibrium 静电平衡
electrostatic feeder 静电加料器
electrostatic field 静电场
electrostatic flocking adhesive EX-1 静电植绒胶黏剂 EX-1
electrostatic focusing 静电聚焦
electrostatic force(s) 静电力;库仑力

electrostatic gas cleaner 静电净气器
electrostatic induction 静电感应
electrostatic lens 静电透镜
electrostatic potential 静电势
electrostatic precipitator 静电沉降器；静电除尘器；电集尘器
electrostatic printing ink 静电复印油墨
electrostatic pseudo-liquid-membrane 静电准液膜
electrostatics 静电学
electrostatic screening 静电屏蔽
electrostatic shield 静电屏蔽
electrostatic shielding 静电屏蔽
electrostatic sieve 静电筛
electrostatic sprayer 静电喷雾机
electrostatic spraying 静电喷涂
electrostatic spraying process 静电喷涂法
electrostatic theory 静电理论
electrostatic valence rule 电价规则
electrostatic viscous filter 静电油过滤器；静电黏液过滤器
electrostatic voltmeter 静电伏特计
electrostriction 电致伸缩
electrostriction effect 电致伸缩效应
electrosynthesis 电合成
electrotaxis 趋电性
electrothermal alloy 电热合金
electrothermal effect 电(致)热效应
electrothermal furnace 电热炉
electrothermics 电热学
electrothermos glass 电热保暖玻璃
electrotinning 电镀锡
electrotitration 电滴定
electrotropism 向电性
electrotropy(＝electrotropism) 向电性
electrotyping 电铸
electrovacuum ceramics 电真空陶瓷
electrovacuum glass 电真空玻璃
electrovalency 电价
electrovalent bond（＝ionic bond） 电价键；离子键
electrovalent coordination bond 电价配位键
electro-vibrating feeder 电磁振动给料机
electroviscous effect 电黏[滞]效应
electrowinning 电解提取；电解冶金法；电积金属法
eledoisin 麝香蛸素；章鱼唾腺精
eleidin 角母蛋白
elemane 榄香烷
elemene 榄香烯
element (1)元素(2)元[部]件；单元(3)电池(4)(微)元；基元
elemental abundance 元素丰度
elemental analysis 元素分析
elemental symbol 元素符号
elementary analysis 元素分析
elementary cell 单位晶格
elementary charge (基)元电荷
elementary entity 基本单元[位]
elementary gas 单质气体；气态元素
elementary heat 基本热
elementary organic analysis 元素有机分析
elementary particle 基本粒子
elementary quantum（＝Planck constant） 普朗克常数；普朗克作用量子
elementary reaction 元反应
elementary substance 单质
elementary work 元功；无穷小功
element mass matrix 单元质量矩阵
element of water quality 水质要素
elemento-organic compound(s) 元素有机化合物
elemento-organic polymer 元素有机高分子
element semiconductor 元素半导体
elements of halogen family 卤族元素
elements of the boron group 硼族元素
elements of the carbon group 碳族元素
elements of the nitrogen group 氮族元素
element stiffness matrix 单元刚度矩阵
elemi-bitter 苦榄香
elemic acid 榄香酸
elemicin 榄香素
elemi oil 榄香脂油
elenolide 洋[油]橄榄内酯
eleonorite 簇磷铁矿
eleostearic acid 桐(油)酸；9,11,13-十八碳三烯酸
α-eleostearic acid α-桐油酸；顺-9,反-11,反-13-十八碳三烯酸
eletrolytic floatation 电解浮选
eleutherinol 艾榴醇
elevated jet condenser 气压冷凝器
elevated reservoir 高位水库
elevated tank 高架储罐；高位槽
elevated temperature impact test 高温冲击试验
elevated temperature inversion 高层逆温

elevated-temperature seal 高温密封
elevated temperature tension test 高温拉力试验
elevated temperature vessel 高温容器
elevating valve 升杆阀
elevation (1)断面图(2)海拔;标高
elevation B-B B-B剖视
elevation of boiling point 沸点升高
elevator 提升机
elevator bucket 提升斗
elevator cage 电梯车厢;电梯间
elevator-platform 升降台
elgodipine 依高地平
elimination 消除;消去;脱去
α,β-elimination α,β-消除
α-elimination α-消除
β-elimination β-消除
γ-elimination γ-消除
elimination-addition 消除-加成
elimination polymerization 消除聚合
elimination reaction 消除反应
eliminator (1)抑制器(2)液滴分离器
elinvar 埃勒因瓦恒弹性镍铁合金
ELISA(enzyme-linked immunosorbent assays) 酶联免疫吸附测定(方法)
elixir 酏剂
ellagic acid(=gallogen) 鞣花酸;棓原
ellagitannin 鞣花单宁[鞣质]
Ellingham diagram 氧化物自由能图
Elliot test 埃利奥特(闪点测定)试验
ellipsoid 椭圆体
ellipsoidal head 椭圆形封头[顶盖]
ellipsoidal tubesheet 椭球管板
ellipsoid of inertia 惯量椭球
elliptic acid 毛鱼藤酸
elliptical fin tube 椭圆管式翅片管
elliptical flat-plate 椭圆形板
elliptical head 椭圆形封头[顶盖]
elliptical hole 椭圆孔
elliptical spot 椭圆形斑
elliptical tube 椭圆管
elliptical tubesheet 椭圆管板
elliptical vessel 椭圆形容器
elliptic(al) wheel 椭圆轮
ellipticine 椭圆玫瑰树碱
elliptic polarization 椭圆偏振
elliptinium acetate 依利醋铵;醋酸羟吡咔唑
elliptol 毛鱼藤醇
elliptolone 毛鱼藤醇酮
elliptone 毛鱼藤酮
elliptonone 毛鱼藤酮酮
Ellis' mortar (大型)冲击钵
elongation 伸长(率)
elongational flow 拉伸流动
elongational viscosity 拉伸黏度
elongation at break 断裂伸长;扯[拉]断伸长率
elongation factor 延长因子
elongation set 伸长变定
elpidite 斜钠锆石
ELS (1)(electron energy loss spectroscopy)电子能量损失能谱(学)(2)(electrophoretic light scattering)电泳光散射
elscholtzic acid 香薷酸
elscholtzione 香薷酮
eltoprazine 依托拉嗪
eluant 洗提剂;洗脱剂[液]
eluant gas 洗脱(用)气体;载气
eluate 洗脱液;淋洗液
eluent 洗脱液;淋洗液
eluent gas 洗脱(用)气体;载气
eluent stream 洗脱液流
Eluex-Amex process 埃留克斯-阿姆克斯过程(铀的联合精制过程)
Eluex process 埃留克斯过程(离子交换-叔胺溶剂萃取联合回收铀过程;淋萃流程)
eluotropic series 洗脱序(洗脱液洗脱能力大小的次序)
eluting temperature 洗脱温度
elution 洗脱(法)
elution analysis 洗脱分析
elution chromatography 洗脱色谱法
elution column 洗脱塔;洗脱柱
elution curve (1)洗脱曲线(2)流出曲线
elution gas chromatography 洗脱气相色谱法
elution order (1)洗脱顺序(2)流出顺序
elution process 洗脱过程
elution technique 洗脱技术
elution volume (1)洗脱体积(2)流出体积
elutriant(=eluent) 洗脱剂[液]
elutriating leg 析出段
elutriation 扬[淘]析
elutriation constant 扬析常数
elutriation leg 析出段
elutriation ring 扬析环
elutriation zone 淘析区
elutriator 淘析器
elutriator-centrifuge 淘洗离心机

elutropic series 洗脱序(洗脱液洗脱能力大小的次序)
elymoclavine 野麦角碱
Em 射气
EMA(ethylene-methylacrylate copolymer) 乙烯-丙烯酸甲酯共聚物
EMAA(ethylene-methacrylic acid copolymer) 乙烯-甲基丙烯酸共聚物
emamectin 依马克丁
eman 埃曼(大气放射性单位;等于 10^{-10} 居里/升)
emanating power 射气能力;射气率
emanation 射气
emanation method 射气法
emanation test 氡试验;射气试验
Embden ester 恩布登酯
Embden-Meyerhof-Parnas pathway(**EMP**) EMP 途径;糖酵解途径
embed 包埋
embedded crack 深埋裂纹
embedded nozzle 内伸式接管
embedded part 预埋件
embedding 埋置;包埋;(塑料的)嵌铸
embedding technique 包埋技术
embelin 恩贝酸;恩贝灵;3-十一烷基-2,5-二羟(基)-1,4-苯醌
embel(l)ic acid 恩贝酸
EMB(Eosin Methylene Blue) 伊红美蓝乳糖培养基
emblem mark of manufacture 厂标
embonic acid 扑酸
emboss 压印
embossed buffs 压花磨面革
embossed cigarette tissue 绸纹香烟纸
embossed glass 浮雕玻璃
embossed leather 压花革
embossing 压花
embossing and ironing press 压花压[熨]平机
embramine 恩布拉敏;溴甲苯醇胺
embrittlement 变脆;发脆;脆化
embrocation 搽剂
Emde degradation 爱姆德降解
E_1 mechanism 单分子消除机理;E_1 机理
E_2 mechanism 双分子消除机理;E_2 机理
emedastine 依美斯汀
emepronium bromide 依美溴铵;溴苯丁乙甲铵
emerald 纯绿宝石;祖母绿
emerald green 翡翠绿;巴黎绿
emergency 紧急情况
emergency auxiliary power 事故备用电源
emergency back-up fuel 应急燃料
emergency battery 应急用蓄电池
emergency brake 应急刹车
emergency braking control relay 应急制动控制继电器
emergency break-off 紧急停车装置
emergency bypass stack 应急旁路排风管
emergency car 急救车
emergency closing valve 应急阀
emergency cock 应急旋塞
emergency control 紧急控制
emergency cooling 急冷
emergency cut-off 紧急停车[关闭]
emergency decree 安全技术规程
emergency device 应急装置
emergency engine 应急发动机
emergency exit spoiler 应急出口挡板
emergency generator 备用发电机
emergency installation 备用机件[装置]
emergency light 故障信号灯
emergency lubrication 应急润滑
emergency material 应急(用)备料
emergency operation 应急工[操]作
emergency pipe line 应急管线
emergency power station 应急电站
emergency(**power**)**supply** 应急动力源;应急[事故,保安]电源
emergency power supply unit 应急[事故,保安]电源装置
emergency procedure 应急操作步骤
emergency pump (紧急)备用泵;事故应急泵;危急排水泵
emergency receiver 应急接收机
emergency release push 应急释放开关
emergency repair 紧[应]急修理
emergency shutdown 紧急停车[关闭];事故切断
emergency shutoff device 紧急切断装置
emergency shut(off) valve 紧急切断阀
emergency signalling 事故讯号装置
emergency stop(apparatus) 紧急停车装置
emergency (stop) cock 应急开关
emergency switch 紧急开关
emergency system 应急系统
emergency trip valve 紧急截止阀
emergency unit 备用机件[装置]
emergency valve 事故阀

emerimicin 翅孢霉素
emerin 伊默菌素
Emerson calorimeter 爱默生量热器
emery 金刚砂
emery cloth 砂布
emery paper 砂纸
emery wheel 砂轮(机)
emetamine 吐根胺
emetic 催吐药
emetine 依米丁;吐根碱
emetine hydrochloride 盐酸依米丁
EMF(electromotive force) 电动势
emf 电动势
Emhorn tube 艾氏(发酵)管
emimycin 放霉素
emiratin 安镰孢菌素
emission electrode 发射电极
emission interference 发射干扰
emission line 发射谱线
emissions measurement 排放物测定
emission spectral analysis 发射光谱分析
emission spectrometer 发射光谱仪
emission spectrometric analysis 发射光谱分析
emission spectroscope 发射分光镜
emission spectrum 发射光谱
emissive power 发射能力
emissivity (热)发射率;比辐射率;(热)辐射系数
emit 放射
emitefur 乙嘧替氟
emitter 发射极[体]
emmenagogue 通经药
emodin 大黄素
emollient (1)软化剂(2)润肤剂(3)润滑药
emorfazone 依莫法宗
EMP(Embden-Meyerhof-Parnas pathway) 糖酵解途径
empecid 克霉唑
empenthrin 烯炔菊酯
empholite 一水硬铝石
empirical coefficient 经验系数
empirical design 经验设计
empirical distribution 经验分布
empirical formula (1)实[经]验式(2)经验(公)式
empirical model 经验模型
empirical rule 经验法则
emplastrum 硬膏剂
emplectite 硫铜铋矿
employe(e) 职工;雇员
empressite 粒碲银矿;六[斜]方碲银矿
empty dyeing 上色浅淡
empty feel 手感空松
emptying 排空
empty return run 空回程
empty tower 空塔
empty weight 空重
EMS(electrochemical mass spectroscopy) 电化学质谱法
emulsifiable concentrate(s) 乳油
emulsifiable paste 乳膏
emulsifiable solution 乳油
emulsification 乳化作用
emulsified acid 乳化酸
emulsified asphalt 乳化沥青
emulsified bitumen 乳化沥青
emulsified oil 乳化油
emulsified putty 水乳化腻子
emulsifier (1)乳化器(2)乳化剂
emulsifier ABSCa 乳化剂 ABSCa;十二烷基苯磺酸钙
emulsifier BP 乳化剂 BP;苄基苯酚聚氧乙烯醚
emulsifier EL 乳化剂 EL;聚氧乙烯蓖麻油
emulsifier POF 乳化剂 POF(由季戊四醇硬脂酸单酯与硬脂酸单甘油酯复配而成)
emulsifying agent 乳化剂
emulsifying agent Tween 吐温型乳化剂
emulsifying efficiency 乳化效率
emulsifying (packed) column 乳化填充塔
emulsifying tower 乳化塔
emulsin 苦杏仁酶
emulsion (1)乳化作用(2)乳剂(3)乳液;乳状[浊]液 (4)乳胶
emulsion adhesive 乳液型胶黏剂
emulsion breaker (1)破乳器(2)破乳剂
emulsion breaking 破乳
emulsion calibration curve 乳剂校准(特性)曲线
emulsion coagulant 乳剂沉降剂
emulsion coater 乳剂涂布机
emulsion coating 乳液涂料
emulsion concentrates of petroleum products 石油乳剂
emulsion copolymerization 乳液共聚
emulsion cutting oil 乳化切削油

emulsion flooding 乳状液驱
emulsion in water 水乳剂
emulsion liquid membrane 乳化液膜
emulsion membrane 乳状膜
emulsion oil-in-water 水包油型乳液
emulsion opal glass 乳浊玻璃
emulsion phase 乳相
emulsion photoplate 乳胶板
emulsion polymer 乳液聚合物
emulsion polymerization 乳液聚合
emulsion preparation 乳剂制备
emulsion spinning 乳液纺丝法
emulsion splitter 破乳剂
emulsion stabilizer 乳化稳定剂
emulsoid 乳胶(体)
emulsoid particle 乳胶(微)粒
emylcamate 依米氨酯;氨甲酸叔己酯
enalapril 依那普利
enalaprilat 依那普利拉
enallylpropymal 烯丙异丙甲巴比妥
enamel (1)珐琅(2)瓷漆(3)釉
enamel cooler 搪瓷冷却器
enamel counter 搪瓷计量器
enamel evaporator 搪瓷蒸发器
enamel eye 漆孔
enamel furnace 搪瓷窑
enamel gauging tank 搪瓷计量罐
enamel heat exchanger 搪玻璃换热器
enamel high pressure still 搪瓷高压釜
enamel ironware 搪瓷铁器
enamel jacking-type heat-exchanger 搪瓷套管式换热器
enamel kiln 搪瓷窑
enamelled anodizing 瓷质阳极氧化
enamel(led) paper 铜版纸
enamelled vessel 搪瓷容器;搪玻璃容器
enamelled wire 漆包线
enamel lining 搪瓷衬(里)
enamel paint 瓷漆
enamel pan 搪瓷锅
enamel pipe 搪瓷管
enamel polymerization still 搪瓷聚合釜
enamel pump 搪瓷泵
enamel reactor 搪瓷反应罐
enamel remover 指甲油洗涤剂;指甲油除膜剂
enamel still 搪瓷釜
enamel storage tank 搪瓷贮罐
enamel (ware) 搪瓷
enamine 烯胺
enanthal(dehyde) 庚醛
***n*-enanthal(dehyde)** 正庚醛
enanthic acid 庚酸
***n*-enanthic aldehyde** 正庚醛
enanthine 庚炔
enanthol 庚醇
enanthotoxin 水芹毒素
enanth(o)yl (=heptanoyl) 庚酰
enanth(yl)ic acid 庚酸
enantiomer 对映(异构)体
enantiomeric configurational unit 对映结构单元
enantiomeric excess 对映体过量
enantiomorph 对映体
enantioselectivity 对映选择性
enantiotropic 对映(异构)的;互[双]变性的
enantiotropic phases 互变相
enantiotropy 对映(异构)现象;互变(现象)
enargite 硫砷铜矿
encainide 恩卡尼
encaline 恩卡菌素
encapsulated materials 封接材料
encapsulated solidification 包胶固化
encapsulating compound 电器外封胶;封铸用混合料
encapsulating materials 封装材料
encapsulation (1)封铸(2)胶囊化;包胶;封入胶内
encaustic tile 琉璃瓦
enciprazine 恩西拉嗪
enclose 圈
enclosed design 闭式结构
enclosed impeller 闭式叶轮
enclosed scale thermometer 内标温度计
enclosed single-shell dryer 封口单壳干燥器
enclosed type motor 封闭式电动机
encloser 外壳;罩壳
enclosing cover 轮盖
enclosure 机壳;外壳
encode 编码
encounter 遭遇
encounter complex 遭遇络合物
end-block 端基封闭
end boiling point 终沸点
end cap 顶盖;堵头;管端盖板
end capping 封端(反应)
end clearance 端(面间)隙
end closure 封头

end composition 最终成分
end connection 端部连接
end cover bolt 端盖螺栓
end cuts 尾馏分;最后的馏分
end delivery date(EDD) 最后交货日期
end effect 末端效应
endergicity 吸热
endergonic 吸能的
endergonic reaction 吸能反应
end face 端面
end face seal 端面密封
end-fed 尾端进料[刀]
end [final]boiling point 干点
end float 轴端浮动;轴向游动
end gap 端隙
end gas 尾气
end group 端基
end group analysis 端基分析
end group reactive polymer 端基反应性高分子
end group titration 端基滴定
endiandric acid 土楠酸
end-initiation 末端引发
end isomer 末端异构体
end item 成品
endless belt 环形带
endless conveyer belt 环形输送带
endless guide cloth belt 环形导带
endless loop cassette tape 环形盒式磁带
end liner 侧衬板;底衬
endo addition 内型加成
endobenzyline bromide 溴甲桥苯齐林
endocamphene 内莰烯
endo-compound 桥(环)化合物
endocyclic bond 桥环键
endocyclic compound 桥环化合物
endoenzyme (胞)内酶
endoergicity 获能度
endo-exo configuration 内(向)-外(向)构型
endo-exo isomerism 内向-外向异构
endo-exo isomerization 内(向)-外(向)异构化
end-of-charge rate 终止充电率
end-of-charge voltage 充电终止电压
end of contract 合同的终止
end of dryer 干燥器终端
end of test 试验(的)结果
endogenous inclusion 内在夹杂物
endogenous metabolism 内源代谢
endogenous plant hormones 内源植物激素
endohormone 内激素
endo isomer 内型异构体
endo-methylene group 桥亚甲基
endomycin 恩多霉素;涂霉素
end-on coordination 端向配位
endonuclease 内切核酸酶;核酸内切酶
endopeptidase 内肽酶;肽键内切酶
ENDOR 电子-核双共振
endorphin 内啡肽
endosmosis 内渗
endosome 内粒体
endospore 内生孢子;芽孢
endostatin 内皮生长抑素
endosulfan 硫丹
endosymbiosis 内共生(现象)
endothall 内氧草索;环草索;藻草灭
endothermal reaction 吸热反应
endothermic(al) reaction 吸热反应
endothermic compound 吸热化合物
endothermicity 吸热性
endothermic reaction 吸热反应
endotoxin 内毒素
endotoxoid 类内毒素
endoxan 环磷酰胺
end piece 尾端件
end plate 后端板
end plate hanging hook 后端板吊钩
end plate nozzle 后端板接管
end plate side 后端板侧
end play 轴端余隙;轴向间隙
end point 终点
end point error 终点误差
end point of titration 滴定终点
end-product 最终产品
end-product inhibition 终产物抑制
end pulley 末端皮带轮
endralazine 恩屈嗪;肼吡哒嗪
endrin 异狄氏剂
end runner mill 双辊研磨机
end sheet 端板
end stopper(of chain) (链的)终止剂
end stopping(of chain) (链的)终止
end suction centrifugal pump 端吸离心泵
end-to-end binding 首尾结合
end-to-end distance 末端距
end-to-end vector 末端间矢量
end travel 轴端[向]移动
endurable pressure 持久压力
enduracidin 持久霉素;恩拉霉素

endurance 循环耐久能力
endurance crack 疲劳裂缝
endurance expectation 估计使用寿命
endurance failure 疲劳破坏
endurance life 耐久寿命
endurance life test 持久性试验
endurance limit(=fatigue limit; endurance strength) 持久[疲劳]极限;耐久强度
endurance test 耐久试验
end-use temperature (成品)使用温度
energetic atom 高能原子
energetic binder 含能胶黏剂
energetic particle 高能粒子
energizing coil 励磁线圈
energizing nozzles 强化喷嘴
energon 能子
energy 能(量)
energy absorption film 能量吸收膜
energy balance 能量衡算;能量平衡
energy balance of human body 人体能量平衡
energy band 能带
energy charge 能荷
energy conservation law 能量守恒定律
energy-consuming conventional process 传统的耗能技术
energy consumption 能量损耗
energy conversion materials 能量转换材料
energy crisis 能源危机
energy density 比能量;能量密度
energy deposition 能量沉积
energy dilemma 能源危机
energy dispersion 能量色散
energy-dispersive X-ray analysis(**EDX**) 能量分散X射线分析
energy-dispersive X-ray fluorescence(**EDXRF**) 能量分散X射线荧光(分析)
energy dissipation 能量耗散
energy efficiency 能量效率
energy equipartition principle 能量均分原理
energy expenditure of human body 人体能量消耗
energy fluence 能(量)注量
energy flux 能流
energy flux density 能流密度
energy gap 能隙
energy integration 能量集成
energy intensity 能源密集度;能源集约度
energy level 能级
energy level diagram 能级图
energy metabolism 能量代谢
energy-momentum tensor 能量动量张量;能动张量
energy-poor bond 低能键
energy-poor phosphate bond 低能磷酸键
energy randomization 能量随机化
energy representation 能量表象
energy resolution 能量分辨
energy resources 能源
energy-rich bond 高能键
energy-rich phosphate 高能磷酸化物
energy-rich phosphate bond 高能磷酸键
energy saving 节能
energy saving boiler 节能锅炉
energy saving design 节能设计
energy-saving pressure sensitive adhesive tape 节能压敏胶带
energy saving rate 节能率
energy security 能源安全
energy-separating agent(**ESA**) 能量分离剂
energy spectrum 能谱
energy state 能态
energy storage materials 储能材料
energy surface 等能面;能(量)面
energy transfer 能量传递
energy-transfered dyes 能量转移染料
energy transport 能量输运
energy-trap vibration mode 能阱振动模式
ene synthesis 单烯合成
eneyne 烯炔
enfenamic acid 苯乙氨茴酸
enflurane 恩氟烷(实为醚);安氟醚
engine 发动机
engineer (1)工程师(2)工兵
engineering 工程(学)
engineering adhesive 工程胶黏剂
engineering assembly parts list 工程装配零件单
engineering calculation 工程计算
engineering change order 技术更改指令
engineering change procedure 技术更改程序
engineering chemistry 工程化学
engineering construction standard 工程建设标准
engineering corporation 工程公司
engineering cost 工程成本
engineering data 工程数据
engineering department 工程处;工程部门

engineering design 工程设计
engineering design data 工程设计数据
engineering design plan 工程设计方案
engineering drawing (1)工程制图(2)合成图
engineering flow sheet 工艺流程图
engineering instructions 工程说明书;技术细则
engineering management 工程管理
engineering manual 工程手册
engineering plastic(s) 工程塑料
engineering receiving inspection 工程验收检查
engineering report 工程报告;技术报告
engineering shop 机械加工车间
engineering specification 工程说明书
engineering strain 工程应变
engineering technical design specification 工程技术设计规范
engineering test evaluation 工程试验鉴定
engineering test identification 工程试验鉴定
engineering testing 工艺试验
engineering test laboratory 工程试验实验室
engineering test procedure 工程试验程序
engineering test qualification 工程试验鉴定
engineering test unit 工程试验装置
engineering time 维修时间
engine oil 机(器润滑)油
engine oil pan 发动机油盘
Engler curve 恩氏(蒸馏)曲线
Engler degree 恩氏(黏)度
Engler distillation 恩氏蒸馏
Engler distilling flask 恩氏蒸馏瓶
Engler number 恩氏(黏)度值
Engler viscosity 恩氏黏度;恩氏度
English powder 氯氧化锑
engraved-on-stem thermometer (刻标)棒式[状]温度计
engraved stem thermometer (刻标)棒式[状]温度计
engraving wax 刻度用石蜡
enhanced distillation 增强蒸馏
enhanced spectrum lines 增强谱线
enhanced tube 强化管
enhancement effect 增感效应
enhancement factor 增强因子;增强因素;增稠因子
enhanceosome 增强体
enhancer 增强子
enilconazole 恩康唑
enimic form 烯亚胺式
enimization 烯亚胺化作用
ENK(enkephalin) 脑啡肽
enkephalin 脑啡肽
enlarged drawing 放大图
enlarged view 放大图
enlarging(photo)paper 放大纸
enndecane 十九烷
enniatin(e) 恩镰孢菌素
enocitabine 依诺他滨;山嵛酰胞嘧啶阿糖苷
enol 烯醇
enolase 烯醇化酶
enolate anion 烯醇式阴离子
enol ester 烯醇酯
enol ether 烯醇醚
enol form 烯醇式
enolic ester type 烯醇型酯
enolization 烯醇化(作用)
enology 葡萄酒酿造学
enolpyruvate phosphate 烯醇丙酮酸磷酸
enomycin 伊诺霉素
enoximone 依诺昔酮
enoxolone 甘草次酸
enoyl(-CoA) hydra(ta)se 烯酰 CoA 水合酶;巴豆酸酶
enprofylline 恩丙茶碱
enprostil 恩前列素
ENR(epoxidized natural rubber) 环氧化天然橡胶
enradin 持久菌素
enramycin 持久霉素;恩拉霉素
enriched culture 增殖培养
enriched material 浓缩材料
enriched superphosphate 富过磷酸钙
enriched target 富集靶
enriched uranium(EU) 富集[浓缩]铀
enriched water gas 双水煤气
enrich(ing) 浓缩
enriching section (塔中)浓缩[提浓,精馏]段
enrichment 富集
enrichment by flotation 浮(沫)选(集)
enrichment culture 富集[增殖]培养
enrichment factor 富集[浓缩]因子
enrofloxacin 恩氟沙星
ensemble (1)总[整]体(2)系综
ensemble average 统计平均值
ensemble effect 集团效应

ensemble theory 系综理论
enstatite 顽(火)辉石
enstrophy 涡量拟能
entactin 接触蛋白
entanglement 缠结
entanglement network 缠结分子网
entatic state 张力态
enteric coating 肠溶衣
enterobactin 肠杆菌素
enterochelin 肠螯合素
enterocrinin 促肠液素
enterogastrone 肠抑胃素
enteroglucagon 肠高血糖素
enterokinase 肠激酶
enterolactone 恩屈内酯
enteromycin 肠霉素
enteromycin carboxamide 肠霉素酰胺
enterotoxin 肠毒素
enthalpimetric titration 热函滴定;焓滴定;温度滴定
enthalpy 焓
enthalpy change 焓变
enthalpy concentration diagram 焓浓图
enthalpy deviation 偏差焓
enthalpy-entropy diagram 焓熵图
enthalpy function 焓函数
enthalpy-humidity chart 焓-湿图
enthalpy of activation 活化焓
enthalpy of combustion 燃烧焓
enthalpy of formation 生成焓
enthalpy of sublimation 升华焓
enthalpy-temperature diagram 焓温图
enthalpy thickness 焓厚度
enthalpy titration 热函滴定;焓滴定;温度滴定
entprol 恩特普罗;四(2-羟丙基)乙二胺
entrained bed 载流床
entrained phase reactor 携带相反应器
entrainer 夹带剂;携带剂
entrainment 夹带(物);雾沫夹带
entrainment eliminator 除水器;除沫器
entrainment flooding 雾沫夹带液泛
entrainment separator 夹带物分离器;雾沫分离器
entrainment trap(=entrainment separator) 夹带物分离器
entrainment velocity 夹带速度
entrance 进口
entrance pressure 进压
entrance pressure drop 入口压(力)降(低)
entrance pupil 入(射光)瞳
entrance window 入(射)窗
entrapment 包埋;截留
entropic elasticity 熵弹性
entropy 熵
entropy balance 熵衡算
entropy density 熵密度
entropy-elastic deformation 熵弹形变
entropy factor 熵因子
entropy flow 熵流
entropy flux 熵流
entropy generation 熵产生
entropy of activation 活化熵
entropy of mixing 混合熵
entropy of vapourization 蒸发熵
entropy production 熵产生;熵增(量)
entropy spring 熵跃
enumeration algorithm 枚举法
envelope (1)包封套(2)包膜
envelope conformation 信封(型)构象
envelope nucleocapsid 被膜壳体核酸
enveloper 包封机
envelope type 包套型
enveloping line 包络线
enveloping surface 包络面
enveloping worm 环[球]面蜗杆
enviomycin 恩维霉素
environmental analysis 环境分析
environmental background 环境本底
environmental biophysics 环境生物物理学
environmental chemistry 环境化学
environmental conditioning 环境调节
environmental corrosion (周围介质)接触腐蚀
environmental effect 环境效应
environmental electrochemistry 环境电化学
environmental engineering 环境工程
environmentally friendly technique 环境友好技术
environmental management 环境管理
environmental monitoring system 环境监测系统
environmental photobiology 环境光生物学
environmental pollution 环境污染
environmental protection 环境保护
environmental protective coatings 环境保护(型)涂料
environmental state 环境态
environmental surveillance 环境监视
environment-sensitive cracking 环境敏感

破裂
enviroxime 恩韦肟
enyne 烯炔
enynic acid 烯炔酸
enzymatic analysis 酶法分析
enzymatic degradation 酶降解
enzymatic depilation 酶脱毛
enzymatic deproteinization 酶催化脱蛋白(作用)
enzymatic electrocatalysis 酶促电催化
enzymatic hydrolysis 酶法水解
enzymatic laundry powder 加酶洗衣粉
enzymatic polymerization 酶聚合作用
enzymatic reaction kinetics 酶反应动力学
enzymatic synthesis 酶催化合成
enzyme 酶
enzyme active unit 酶活力单位
enzyme activity 酶活力
enzyme catalysis 酶催化
enzyme-containing detergent 加酶洗涤剂
enzyme deactivation 酶失活
enzyme detergent 加酶洗涤剂
enzyme electrode 酶电极
enzyme engineering 酶工程
enzyme-facilitated liquid membrane 酶促液膜
enzyme immunoassay 酶免疫分析法
enzyme inhibitors 酶抑制剂
enzyme-linked immunosorbent assay(ELISA) 酶联免疫吸附测定(方法)
enzyme membrane 酶膜
enzyme membrane reactor 酶膜反应器
enzyme preparation 酶制剂
enzyme reaction kinetics 酶反应动力学
enzyme selectivity 酶选择性
enzyme specificity 酶专一性
enzyme-substrate complex 酶-底物复合物
enzyme substrate electrode 酶电极
enzyme system 酶系统
enzyme unit 酶单位
enzymic catalytic reaction 酶催化反应
enzymic protein 酶类蛋白质
enzymic rearrangement 酶致重排作用
enzymology 酶学
enzymolysis 酶解作用
eolotropic(＝aeolotropic) 各向异性的
eosin(e) (酸性)曙红;四溴荧光素
eosine yellowish 淡黄曙红
eosinophyll 叶曙红素
EOT(end-of-tape marker) 磁带末端标记
epalrestat 依帕司他
epanolol 依泮洛尔
EPDM(ethylene-propylene-diene monomer) 三元乙丙橡胶;乙丙三元橡胶
eperisone 乙哌立松;乙苯哌丁酮
ephedra 麻黄
Ephedra equisetina 木贼麻黄
ephedrine 麻黄碱[素]
ephedrine hydrochloride 盐酸麻黄碱
epi- 表(位)
epiandrosterone 表雄(甾)酮
epibatidine 三色毒蛙碱
epiborneol 表冰片;3-莰烷醇
epiboulangerite 块硫锑铅矿
epicamphor 表樟脑;3-氧代莰烷
epicatechin 表儿茶素
epichlorite 次绿泥石
epichlorohydrin 环氧氯丙烷;表氯醇(俗称);3-氯-1,2-环氧丙烷;氯甲代氧丙环
epichlorohydrin rubber 氯醚橡胶;表氯醇橡胶
epicholestanol 表胆甾烷醇;表二氢胆甾[固]醇
epicholesterol 表胆甾[固]醇
epicillin 依匹西林;环烯氨苄青霉素
epicoprosterol 表粪甾醇
epicyanohydrin(＝cyanopropylene oxide) 环氧氰丙烷;表氰醇(俗称);3,4-环氧丁腈;氰甲代氧丙环
epicyclic gear 行星齿轮;周转齿轮
epicyclic reduction gear unit 行星减速齿轮装置
epidermal growth factor 尿抑胃素
epidermidin 表皮菌素
epidermin 表皮纤维
epidermis 表皮
epididymite 板晶石
epidihydrocholesterol 表二氢胆甾[固]醇;表胆甾烷醇
epidioxy- 环二氧;桥二氧
epidiseleno 桥二硒
epidithio- 环二硫;桥二硫
epidote 绿帘石
epiethylin 表乙灵;二乙氧甲烷
epigallocatechin 表棓儿茶素
epigenite 砷硫铜铁矿
epiguanine 表鸟嘌呤
epihalohydrin 环氧卤丙烷;3-卤-1,2-环氧丙烷;表卤代醇
epihydric acid 2,3-环氧丙酸

epihydric alcohol 缩水甘油
epihydrin 1,2-环氧丙烷
epihydrin alcohol 缩水甘油
epilating agent 脱毛剂
epimedii herba 淫羊藿
epimer 差向异构体
epimerase 差向异构酶
epimeride(＝epimer) 差向异构体
epimerization 差向异构化作用
epimestrol 表美雌醇;雌三醇甲醚
epimidin 淫羊藿定
epimino- 环亚胺;桥亚胺
epinastine 依匹斯汀
epinephrine(＝adrenaline) 肾上腺素
epinine 麻黄宁(合成的麻黄素代用药);*N*-甲基-3,4-二烃基苯乙胺
epi(o)estriol 表雌三醇
epiphenylin 2,3-环氧-1-苯氧基丙烷
epi-position 表位
epipropidine 依匹哌啶;双环氧哌啶
epiquinidine 表奎尼定
epiquinine 表奎宁
epirizole 依匹唑;甲嘧啶唑
epirubicin 表柔比星
epispastic (1)发疱的(2)疱烂剂
epistephanine 表千金藤碱
episteroid 表(式)甾族化合物
epistilbite 柱沸石
episulfide 环硫化物
epitaxial film 外延膜
epitaxial gas 外延气体
epitaxial growth reaction 外延生长反应
epitaxial wafer 外延片
epitaxy 外延(生长);(晶体)取向附生
epitaxy mechanism 取向机制
epitestosterone 表睾(甾)酮
epitetracyclin 差向四环素
epithermal atoms 超热原子
epithermal neutron activation analysis 超热中子活化分析
epithiazide 依匹噻嗪;氟硫噻嗪
epithio- 环硫;表硫;桥硫
epithioamide 环硫酰胺
epithioethyl benzene 环硫乙基苯
epitiostanol 环硫雄醇
epitope 表位;抗原决定簇
EP lubricant 极压润滑剂
EPM(ethylene propylene monomer) 二元乙丙橡胶;乙丙二元橡胶
EPN 苯硫磷;伊皮恩
EPO 红细胞生成素
epostane 环氧司坦
epoxiconazole 氧唑菌
epoxidase 环氧酶
epoxidation 环氧化
epoxide 环氧化物;环氧衍生物
epoxide equivalent 环氧当量
epoxide hydrolase 环氧(化)物酶
epoxide number 环氧值
epoxidized Chinese tallow butyl ester 环氧梓油酸丁酯
epoxidized linseed oil 环氧化亚麻仁油
epoxidized natural rubber 环氧化天然橡胶
epoxidized soybean oil 环氧大豆油
epoxidizing agent 环氧化剂
epoxy 环氧;表氧;桥氧
1,2-epoxyalkane 1,2-环氧链烷
epoxy alkyd varnishes 环氧醇酸清漆
1,2-epoxybutane 1,2-环氧丁烷
epoxy chloropropane 环氧氯丙烷
epoxy-(coal) tar coatings 环氧沥青涂料
epoxydon 顶环氧菌素
epoxy ester resin coatings 环氧酯树脂涂料
epoxyethane 环氧乙烷
epoxy isocyanate 环氧异氰酸酯
epoxyn 环氧树脂黏合[胶黏]剂
epoxy-nitrile adhesive 环氧-丁腈胶黏剂
epoxy novolac adhesive 线型酚醛环氧黏合剂
epoxy-nylon adhesive 环氧-尼龙胶黏剂
epoxy-phenolic adhesive 环氧-酚醛胶黏剂
epoxy-phosphate resin coatings 环氧磷酸酯涂料
1,2-epoxypropane 1,2-环氧丙烷
1,3-epoxypropane 1,3-环氧丙烷
2,3-epoxy-1-propanol 2,3-环氧-1-丙醇
epoxy resin 环氧树脂
epoxy resin adhesive 环氧树脂胶黏剂
epoxy resin coatings 环氧树脂涂料
epoxy (resin) powder coating 粉末环氧树脂涂料
epoxy resin sealant 环氧树脂密封胶
epoxy resin varnish 环氧(树脂)清漆
epoxysiloxane 环氧硅氧烷
epoxy soya oil 环氧大豆油
epoxy stearate 环氧硬脂酸酯
epoxystearic acid 9,10-环氧硬脂酸

epoxytallate 环氧妥尔油酸盐(或酯)
epoxythio- 环氧硫;桥氧硫
Epprecht viscometer 埃普雷希特黏度计(一种圆筒式旋转黏度计)
EPR (1)(electron paramagnetic resonance)(电子)顺磁共振(2)(ethylene propylene rubber)二元乙丙橡胶;乙丙二元橡胶
eprazinone 依普拉酮;苯丙哌酮
eprinomectin 依立克丁
epristeride 依立雄胺
eprosartan 依普萨坦
eprozinol 依普罗醇
EPR spectrometer 顺磁共振(波谱)仪
EPS(expandable polystyrene) 可发性聚苯乙烯
EPSAN(ethylene-propylene-styrene-acrylonitrile copolymer) 乙烯-丙烯-苯乙烯-丙烯腈共聚物
EPSAN resin EPSAN 树脂
epsiprantel 依西太尔
epsomite 泻利盐
epsom salt 泻利盐;七水镁矾;七水硫酸镁
EPT(ethylene propylene terpolymer) 三元乙丙橡胶
eptastigmine 依斯的明
eptazocine 依他佐辛
EPTC 扑草灭;丙草丹
EP test 极压试验;(耐)特压试验
Epton(two-phase) titration 埃普顿(两相)滴定法
EPT rubber 三元乙丙橡胶
epuration 提纯;精炼
EPXMA(electron probe X-ray microanalysis) 电子探针 X 射线微量分析
equal-arm balance 等臂天平
equal inclination fringes 等倾条纹
equal inclination interference 等倾干涉
equality constraint 等式约束
equalization basin 平衡水池
equalization tank 平衡池
equalizer 平[均]衡器;均压[平衡]管
equalizer line 平衡管[线]
equalizing agent 匀染剂
equalizing basin 均衡池
equalizing solvent 均化溶剂
equal thickness fringes 等厚条纹
equal thickness interference 等厚干涉
equal turbidity method 等浊(滴定)法
equation (1)方程式;等式(2)反应式(3)公式
equation of change 变化方程
equation of continuity 连续性方程
equation of motion 运动方程
equation of state(EOS) 状[物]态方程
equation solving approach 联立方程法
equatorial bond 平(伏)键
equator zone plate 赤道带板
equi-area method of reinforcement 等面积补强法
equiaxial polygonal grain 等轴多面晶粒
equibinary polymer 等二元聚合物
equicohesive temperature 等内[凝]聚温度
equielectron principle 等电子原理
equiflux heater 双面辐射式加热炉
equigranular texture 均匀粒状结构
equilateral triangle pitch 正三角形排列
equilenin 马萘雌(甾)酮
equilibrating 平衡
equilibration (1)(色谱槽内展开剂蒸气)饱和(2)平衡化(固定相与流动相达到充分平衡)
equilibrium 平衡
equilibrium approximation 平衡近似
equilibrium-based calculation 以平衡为基础的计算
equilibrium composition 平衡组成
equilibrium concentration 平衡浓度
equilibrium condition 平衡条件
equilibrium constant 平衡常数;平衡常量
equilibrium conversion 平衡转化率
equilibrium curve 平衡曲线
equilibrium distillation 平衡蒸馏
equilibrium equation 平衡方程式
equilibrium establishment 建立平衡
equilibrium flash vapourization(EFV) 平衡闪蒸
equilibrium fluctuations 平衡波动
equilibrium hypothesis 平衡假设
equilibrium melting point 平衡熔点
equilibrium of forces 力的平衡
equilibrium phase 平衡相
equilibrium polymerization 平衡聚合
equilibrium position 平衡位置
equilibrium potential 平衡电势
equilibrium pressure 平衡压力
equilibrium quotient 平衡商
equilibrium ratio 平衡比
equilibrium response function 平衡响应函数

equilibrium shifting method 平衡移动法
equilibrium stage model 平衡级模型
equilibrium state 平衡态
equilibrium still 平衡釜
equilibrium surface tension 平衡表面张力
equilibrium swelling 平衡溶胀
equilibrium system 平衡系统
equilibrium value 平衡常数
equilibrium water content 平衡水分
equilin 马烯雌(甾)酮
equimolar counter diffusion 等摩尔逆向扩散
equimolar response 等摩尔响应(值)
equimolar series method 等摩尔系列法
equimolecular counter diffusion 等分子对向扩散
equine gonadotrop(h)in 雌马促性腺(激)素
equipartition theorem 能量均分定理
equipment 设备;装备[置]
equipment branch 设备接管
equipment check 设备检验
equipment code 设备规范
equipment component list 设备元件明细表
equipment depot 设备仓库
equipment division 设备科
equipment failure 设备故障
equipment for liquid transportation 液体输送设备
equipment for water supply works 水源工程设备
equipment foundation 设备基础
equipment ground 设备外壳接地
equipment investment 设备费;设备投资
equipment list 设备清单
equipment maintenance 设备维修
equipment number 设备号
equipment penetration 穿插设备
equipment record card 设备记录卡片
equipment specification 设备说明书
equipment trouble 设备故障
equipotential line 等势线
equipotential surface 等势面
equisetic acid 乌头酸
equisetonine 木贼宁
equitactic polymer 全同间同等量聚合物
equivalence point of titration 滴定等当点
equivalence principle 等效原则;等效性原理
equivalent 当量
equivalent blends of standard fuels 标准燃料的当量混合物
equivalent chain 等效链
equivalent circuit 等效电路
equivalent circuit of a cell 模拟电路
equivalent concentration 当量浓度
equivalent conductivity 当量电导率
equivalent configuration 等效构型
equivalent cure 等效硫化
equivalent diameter 当量直径
equivalent electron 等效电子;同科电子
equivalent entity 当量粒子
equivalent force system 等效力系
equivalent length 当量长度
equivalent octane blends 当量辛烷值调和物(按抗爆性与标准燃料相当者)
equivalent orbital(EO) 等价轨道
equivalent per million(EPM) 百万分之几当量数
equivalent pipe length 等值管长度
equivalent point 等当点
equivalent(-point) potential 等当点电势[位]
equivalent solution 当量溶液
equivalent weight 当量
equiviscous temperature 等黏温度
equol 雌马酚
erabutoxins 永良部蛇毒(一种海蛇毒液中的毒素)
eradicative fungicide 铲除性杀菌性
erasable disc 可擦光盘
eraser 擦字橡皮;消磁器
erasibility 耐擦性(能)
erasing rubber 擦字橡皮
erbia 氧化铒
erbium 铒 Er
erbium laser 铒激光器
erbium oxalate 草酸铒
erbium oxide 氧化铒
erbon 抑草蓬
erdin 欧菌素
erdosteine 厄多司坦
erect image 正像
erecting bed 安装现场
erection 装配
erection and construction plot 安装施工图表
erection drawing 装配图
erection engineer 安装工程师
erection error 安装误差

erection material 安装材料
erection sequence 安装程序
erection stress 安装应力
erection work 安装工程
erection worker 安装工
erector 安装工
eremophilone 雅槛兰(树油)酮
erepsin 肠蛋白酶
erg 尔格
ergamine(＝histamine) 麦胺;组胺
ergastic substance 后含物
ergobasine(＝ergometrine) 麦角新碱
ergobasine maleate 马来酸麦角新碱
ergobasinine 麦角异新碱
ergocalciferol 麦角钙化(固)醇;麦角钙化(甾)醇;维生素 D_2
ergochrysin 麦角黄素
ergoclavine 麦角棒碱
ergocornine 麦角柯宁碱
ergocorninine 麦角异柯宁碱
ergocristine 麦角克碱
ergocristinine 麦角异克碱
ergocryptine 麦角隐亭碱
ergocryptinine 麦角隐宁碱
ergodic hypothesis 遍历假说
ergodicity 遍历性
ergodic surface 等能面;能(量)面
ergodic systems 遍历性系统;各态历经系统
ergodic theorem 遍历性原理
ergoflavin 麦角黄素
ergokryptine 麦角隐亭碱
ergoline 麦角灵
ergoloid mesylates 二氢麦角毒甲磺酸盐
ergometrine 麦角新碱
ergometrine maleate 马来酸麦角新碱
ergometrinine 麦角异新碱
ergomolline 麦角隐亭碱
ergomollinine 麦角隐宁碱
ergon 尔格子(光子能量单位)
ergonomics 工效学
ergonovine 麦角新碱
ergopinacol 联麦角(甾)醇
ergosine 麦角生碱
ergosinine 麦角异生碱
ergosome 多核(糖核)蛋白体;多核糖体;动体
ergosphere 能层
ergostane 麦角甾烷
ergostanol 麦角甾烷醇
ergostenol 麦角甾烯醇
ergosterin 麦角固[甾]醇
ergosterol 麦角固[甾]醇
ergosterol biosynthesis inhibitor 麦角甾醇生物合成抑制剂
ergostetrine 麦角新碱
ergot(a) 麦角
ergot alkaloids 麦角生物碱
ergotamine 麦角胺
ergotaminine 麦角胺宁;麦角异胺
ergothioneine(＝thiohistidinebetaine) 麦角硫因;巯组氨酸三甲(基)内盐
ergotine 麦角碱
ergotinine 麦角亭宁;麦角异毒碱
ergotism 麦角中毒
ergotocine 麦角新碱
ergotoxine 麦角毒
ericamycin 欧石南霉素
ericolin 石南素
erigeron 飞蓬
erigeron oil 飞蓬油
erinite (1)翠绿砷铜矿(2)铁蒙脱石
Eriochrome Black A 酸性媒介黑 A
Eriochrome Black T 酸性媒介黑 T
Eriochrome Blue Black B 酸性媒介蓝黑 B
Eriochrome Blue Black R 酸性媒介蓝黑 R
Eriochrome Cyanine R 酸性媒介酞菁 R
Eriochrome Violet B 酸性媒介紫 B
eriodictin 圣草苷
eriodictyol 圣草酚;毛纲草酚
eriodictyon 圣草
eriodictyon oil 圣草油
erioglaucine A 罂红 A
erionite 毛沸石
eritadenine 香菇[赤酮]嘌呤
erizomycin 埃里兹霉素
Erlenmeyer flask 锥形(烧)瓶;爱伦美氏(烧)瓶
erosion 磨蚀[耗];侵蚀
erosion corrosion 磨耗腐蚀
erosion failure 磨损失效
erosion resistant throat 耐磨性喉部衬环
erosone 豆薯酮
errata 勘误[订正]表
erratic cell structure 不均匀孔眼结构
errhine 引涕药
error 误差
error allowance 容许误差
error detecting 错误检测

error function 误差函数
error in operation（**EIO**） 操作误差
error of reading 读（数误）差
error(s) excepted 允许误差
error state 异常状态
erucamide 芥酸酰胺（聚烯烃薄膜用爽滑剂）
eruc(id)ic acid 芥酸；顺（式）13-二十二碳烯酸
erucin 芥酸精；甘油三芥酸酯
erucylacetic acid 瓢儿菜基乙酸；二十四碳烯酸；神经酸
erucyl alcohol 瓢儿菜醇
eruption 喷发
erycin （1）红霉素（2）刺桐素
erygrisin（＝erigrisin） 红灰菌素
erysimin 糖芥苷
erysodine 刺桐定
erysothiovine 刺桐硫碱
erysovine 刺桐碱
erytauin 百金花苷
erythorbic acid（＝isoascorbic acid） 异抗坏血酸
erythramine 刺桐胺
erythrene 刺桐烯；丁间二烯
erythric acid 赤藓（糖）酸
erythricine（＝gentianine） 龙胆碱；秦艽甲素
erythrin 赤藓素；地衣红素
erythrine 钴华
erythriphileine 围涎树碱
erythrite （1）钴华（2）赤藓（糖）醇
erythritic acid 赤藓（糖）酸
erythritol 赤藓（糖）醇；1，2，3，4-丁四醇
erythritol anhydride 赤藓（糖）醇酐
erythritol tetranitrate 丁四硝酯；赤藓（糖）醇四硝酸酯
erythrityl tetranitrate 丁四硝酯；赤藓（糖）醇四硝酸酯
erythroaddition 叠同加成
erythroaphin 蚜红素
erythrocentaurin 红百金花内酯
erythro configuration 赤型构型
erythrodextrin （显）红糊精
erythro-diisotactic 赤型双全同立构的（指双全同立构中两个不对称中心是可以叠同的，即构型相同）
erythro-diisotactic polymer 赤型双全同立构聚合物
erythro-di-iso-trans-tactic 赤型双反式全同立构的
erythrodiol 古柯二醇；高根二醇（取自古柯属 *erythroxylum*）
erythro-disyndiotactic 赤型双间同立构的
erythro-disyndiotactic polymer 赤型双间同立构聚合物
erythro form 赤型
erythrogenic acid 生红酸；赤原酸；十八碳烯炔酸
erythrogenin 红细胞生成素
erythroidine（＝erysodine） 刺桐定
erythro isomer 赤式异构体
erythrol （1）（＝erythritol）赤藓（糖）醇；1，2，3，4-丁四醇（2）赤醇；3-丁烯-1，2-二醇
erythrolaccin 红紫胶素
erythrol tetranitrate 丁四硝酯；赤藓（糖）醇四硝酸酯
erythromycin 红霉素
erythromycin acistrate 红霉素醋硬脂酸盐
erythromycin estolate 无味红霉素；红霉素丙酸酯月桂基硫酸盐
erythromycin glucoheptonate 红霉素葡庚糖酸盐
erythromycin lactobionate 红霉素乳糖酸盐
erythromycin stearate 红霉素硬脂酸盐
erythronic acid 赤糖酸；三羟基丁酸
erythronolactone 赤酮酸内酯
erythrophlamine 格木胺
erythrophleine 格木碱
erythrophloeine（＝erythriphileine） 围涎树碱
erythrophyll 叶红素
erythropoietin 红细胞生成素
erythropsin 视红质
erythropterin 红蝶呤
erythrose 赤藓糖
erythrosiderite 红钾铁盐
erythrosine 赤藓红；四碘荧光素
erythroskyrine 红醌茜菌素
erythroxyanthraquinone 赤氧基蒽醌
erythrulose 赤藓酮糖
ES （1）（electron spectroscopy）电子能谱（学）（2）（expert system）专家系统
esaprazole 艾沙拉唑
ESCA（electron spectroscopy for chemical analysis） 光电子能谱法；电子光谱法；化学分析用电子能谱法

escalation 逐步上升
escape orifice 排泄口
escape peak 逃逸峰;泄漏峰
escape pipe 排气管
escharotic 苛性剂;腐蚀药
Escherichia coli 大肠杆菌;大肠埃希氏菌
Eschka mixture(for sulfur determination) 埃希卡(测硫)混合剂
Eschweger soap(＝mottled soap) 爱氏肥皂;斑纹皂;兰花皂(俗称)
Eschweiler-Clarke reaction 埃施魏勒-克拉克反应
escigenin 七叶配基
escin 七叶素
esciorcin(＝escorcin) 七叶酚
escorcin 七叶酚
escrape 退刀槽
esculetin 七叶亭;6,7-二羟香豆素
esculetinic acid 七叶亭酸
esculin 七叶苷
esein 伊短菌肽
eseridine 金丝碱;氧化毒扁豆碱
eserine 毒扁豆碱
eserine salicylate 水杨酸毒扁豆碱
ESL(energy saving lamp) 节能灯
esmolol 艾司洛尔
esocin 鲵精蛋白
esparto wax 西班牙草蜡
espinomycin 针棘霉素
ESR (1)(electron spin resonance)电子自旋共振(2)(electroslag remelting)电渣重熔
ESR-imaging 电子自旋共振成像
essence 香精
essential amino acid 必需氨基酸
essential element (生命)必需元素
essential fatty acid 必需脂肪酸
essential oil 精油
essential parameter 基本参数
essential water 组成水
essexite 厄塞岩;碱性辉长岩
essonite 钙铝榴石;铁钙铝[钙铝铁]榴石
established customs 常规
established procedure 规定程序
estate rubber 栽培[庄园,种植]橡胶
estazolam 艾司唑仑;舒乐安定;三唑氯安定
ester 酯
esterase 酯酶
ester condensation 酯缩合作用
ester ether 醚酯(又是醚又是酯)
ester exchange (reaction) 酯交换(反应)
ester group 酯基
ester gum 甘油松香酯;酯胶
ester gum enamel 酯胶瓷漆
estergum-modified tung oil-arylamine polycondensate resin 合成洋干漆
ester gum varnish 酯胶清漆
esterification 酯化(作用)
ester(ification) number 酯化值
esterifying agent 酯化剂
ester interchange 酯交换
esterlysis 酯解(作用)
ester value 酯值
esthetic pollution 感官性污染
estil 烯苯醋胺
estimate 估计量
estimate cost 概算;估计成本
estimated price 估计价格;估价
estimated time of arrival 预计到达时间
estimated time of completion 估计的完工时间
estimated value 估计值;测定值
estimation 估计;估定;测定;估值
estimator 估计器;估计量
estin 棘霉素
estoral 硼酸薄荷基酯(的别名)
estradiol 雌二醇
estradiol benzoate 雌二醇苯(甲)酸酯
estradiol cypionate 雌二醇环戊丙酸酯
estradiol dipropionate 雌二醇二丙酸酯
estradiol valerate 雌二醇戊酸酯
estragole(＝*p*-allylanisole) 蒿脑;对甲氧基苯丙烯;对烯丙基茴香醚
estragon oil 龙蒿油
estramustine 雌莫司汀;雌二醇氮芥
estratriene 雌三烯
estrin 雌激素
estriol(＝oestriol) 雌三醇
estrogen 雌激素
estrogenic hormone 雌激素
Estron 埃斯特纶(醋酯长丝)
estrone(＝oestrone) 雌酮
etafedrine 乙非君;乙基麻黄素
etafenone 依他苯酮;乙胺苯丙酮
etamiphyllin 依他茶碱;二乙氨乙茶碱
etamycin 宜他霉素;绿灰菌素
etanidazole 依他硝唑
etaqualone 依他喹酮;乙苯甲喹唑啉酮

etchant 蚀刻剂;浸蚀剂
etch factor 蚀刻因子
etching (1)蚀刻;浸蚀(2)冰冻蚀刻法
etching gas 蚀刻气体
etch(ing) primer 防护涂料;磷化[洗涤]底漆;反应性底漆
etching (re)agent 蚀刻剂
etch resistance 抗蚀性
etch time 刻蚀时间
eteline 四氯乙烯
eterobarb 依特比妥;双甲醚苯比妥
etersalate 依特柳酯;乙氧基扑炎痛
Et(=ethyl) 乙基
ETF(electron transfer flavoprotein) 电子转移黄素蛋白
ethacetic acid (正)丁酸
ethacridine 依沙吖啶;利凡诺
ethacrynic acid 依他尼酸;利尿酸
ethadione 依沙双酮;乙噁二酮
ethal(=cetyl alcohol) 鲸蜡醇;十六烷醇
ethambutol 乙胺丁醇
ethamine(=ethylamine) 乙胺
ethamivan 香草(酰)二乙胺
ethamoxytriphetol 乙胺氧三苯醇
ethamsylate 止血敏
ethanal 乙醛
ethanamide(=acetamide) 乙酰胺
ethanamidine 乙脒
ethane 乙烷
ethanearsonic acid 乙胂酸
ethanediol 乙二醇
ethanedisulfonic acid 乙烷二磺酸
1,2-ethanedithiol 1,2-乙二硫醇
ethanediylidene 联(二)亚甲基
ethanesulfenyl chloride 乙硫基氯
ethanetetrayl 联(二)亚甲基
ethanethiol 乙硫醇
ethanethioyl 硫代乙酰基
ethanoic acid 乙酸;醋酸
ethanoic anhydride 醋酐
ethanol 乙醇
ethanolamine(=aminoethyl alcohol) 乙醇胺;2-羟基乙胺;氨基乙醇;胆胺
ethanolamine lauryl sulfate 月桂基硫酸乙醇胺盐
ethanolamine phosphoglycerides 磷脂酰乙醇胺
ethanolamine soap 乙醇胺皂
ethanolic extract 乙醇萃取物
ethanolurea 乙醇脲
ethanolysis 乙醇解;(加)乙醇分解
ethanoyl(=acetyl) 乙酰(基)
ethaverine 依沙维林;乙基罂粟碱
ethchlorvynol 乙氯维诺;乙氯戊烯炔醇
ethebenecid 乙磺舒
ethene (1)乙烯(2)1,2-亚乙基
ethenoid resins 乙烯型树脂
ethenol(=vinyl alcohol) 乙烯醇
ethenone(=ketene) 乙烯酮
ethenyl 乙烯基
ethenyl estradiol 乙烯基雌二醇
ethenylidene 亚乙烯基
ethenyl testosterone 乙烯基睾(丸甾)酮
ethenzamide 乙水杨胺
ethephon 乙烯利;乙烯磷
ether (1)醚(2)以太
etherate 醚合物(尤指乙醚合物)
etherate of trifluoroboron 三氟化硼合乙醚
ether drag 以太曳引
ether drift 以太漂移
ethereal extract 乙醚萃取物
ether group 醚基
etheric acid 乙酰乙酸
etherification 醚化(作用)
etherophosphoric acid 磷酸乙酯(有一乙酯、二乙酯、三乙酯三种)
etherosulfuric acid 乙(基)硫酸;硫酸氢乙酯
ether ring 醚环;含氧环
ether wind 以太风
et(h)erylate(=etersalate) 依特柳酯;乙氧基扑炎痛
ethiazide 乙噻嗪
ethide 乙基化物
ethidene 亚乙基
ethinamate 炔己蚁胺
ethine 乙炔
ethines 炔烃
ethinyl estradiol 炔雌醇;乙炔雌二醇
ethiodized oil 乙碘油
ethiofencarb 乙硫苯威
ethion 乙硫磷;乙赛昂
ethionamide 乙硫异烟胺
ethionic acid 乙二磺酸
ethionine 乙(基)硫氨酸
ethiozin 乙嗪草酮;乙基赛克嗪;乙基草克净
ethirimol 乙嘧酚;乙菌定
ethisterone 炔孕酮;妊娠素;乙炔基睾

丸酮
ethocel 乙基纤维素
ethofumesate 唑啶草；灭草呋喃；甜菜呋
ethoheptazine 依索庚嗪
ethohexadiol 驱蚊醇；2-乙基-1,3-己二醇
Ethomids 艾索米（一系列非离子型表面活性剂）
ethopabate （4-）乙酰胺（-2-）乙氧苯甲酸甲酯
ethoprop 灭克磷；丙线磷
ethopropazine 普罗吩胺；二乙丙苯嗪
ethosuximide 乙琥胺
ethotoin 乙苯妥英；乙妥因；3-乙基-5-苯基乙内酰脲
ethoxalyl- 乙（基，氧，酯）草酰
ethoxazene 依托沙秦；2,4-二氨-4′-乙氧偶氮苯
ethoxide 乙醇盐；乙氧基金属
ethoxyacetic acid 乙氧基乙酸
ethoxyaniline 乙氧基苯胺
ethoxy-benzaldehyde 乙氧基苯（甲）醛
ethoxybenzene 乙氧基苯；苯乙醚
ethoxybenzidine 乙氧基联苯胺
ethoxybenzoic acid 乙氧基苯甲酸
ethoxybenzoin 乙氧基苯偶姻；安息香乙醚
8-ethoxy-*o*-benzoylaminoquinoline 8-乙氧基邻苯酰氨基喹啉
ethoxybiphenyl 乙氧基联（二）苯
2-ethoxy-3-*sec*-butyl pyrazine 2-乙氧基-3-仲丁基吡嗪
ethoxycarbonyl 乙酯基；乙氧甲酰；乙氧羰基
ethoxy cellulose 乙氧基纤维素
***p*-ethoxychrysoidine** 对乙氧基菊橙
ethoxyethane 乙醚
ethoxyethanol 乙氧基乙醇
2-ethoxyethanol 2-乙氧基乙醇
ethoxyethyl acetate 乙酸乙氧乙酯
β-ethoxyethyl *o*-benzoylbenzoate 邻苯甲酰基苯甲酸β-乙氧基乙酯
ethoxy ethylene 乙烯基乙醚；乙氧基乙烯
2-ethoxy-3-isobutyl pyrazine 2-乙氧基-3-异丁基吡嗪
2-ethoxy-3-isopropyl pyrazine 2-乙氧基-3-异丙基吡嗪
ethoxyl- 羟乙基
ethoxylaniline（＝β-anilinoethanol） 羟乙基苯胺；苯胺基乙醇
ethoxylated alkylamine 乙氧基化烷基胺
ethoxylated caster oil 乙氧基化蓖麻油
ethoxylated coco amine 乙氧基化椰子胺
ethoxylated coconut fatty alcohol 乙氧基化椰子脂肪醇
ethoxylated dodecyl alcohol 月桂醇聚氧乙烯醚；乙氧苯化十二烷醇
ethoxylated lanolin 乙氧基化羊毛脂
ethoxylated mercaptan 乙氧基化硫醇
ethoxylated polyglyceryl ester 乙氧基化聚甘油酯
ethoxylated primary amine 乙氧基化伯胺
ethoxylation 乙氧基化
2-ethoxy-3-methyl pyrazine 2-乙氧基-3-甲基吡嗪
ethoxynaphthalene 乙氧萘
***o*-ethoxyphenol** 邻乙氧基苯酚
***p*-ethoxyphenylurea**（＝dulcin） 对乙氧基苯脲；甘素（俗称）
ethoxyquin 乙氧喹
ethoxysilane 乙氧（基甲）硅烷
ethoxy-triethyl silicane 三乙基·乙氧基甲硅烷；三乙基硅氧基乙烷
ethoxzolamide 依索唑胺；乙氧苯唑胺
Ethrel 乙烯利
ethybenztropine 乙苯托品
***N*-ethyl acetamide** *N*-乙基乙酰胺
***N*-ethyl acetanilide** *N*-乙基乙酰苯胺
ethyl acetate 醋［乙］酸乙酯
ethylacetic acid 丁酸；乙基乙酸
ethyl acetoacetate 乙酰乙［醋］酸乙酯
ethylacetoacetic acid 乙基乙酰乙酸；2-乙基-3-丁酮-1-酸
ethylacetoacetone（EAA，HEAA） 乙基乙酰丙酮
ethyl acetopyruvate 乙酰丙酮酸乙酯
ethylacetylene（＝1-butine） 乙基乙炔；1-丁炔
ethyl acrylate 丙烯酸乙酯
ethyl active amyl ether 乙基·旋性戊基醚
ethylal （1）乙醛（2）甲醛缩二乙醇；二乙醇缩甲醛；二乙氧基甲烷
ethyl alcohol 乙醇
ethyl allophanate 脲基甲酸乙酯
ethyl allyl ether 乙基·烯丙基醚
ethylaluminium dichloride 二氯化乙基铝
ethylaluminium sesquichloride 倍半氯化乙基铝
ethylamine 乙胺；氨基乙烷
ethylamine hydrochloride 盐酸乙胺

ethyl aminoacetate 氨基乙酸乙酯
ethyl aminobenzoate 氨基苯甲酸乙酯
ethyl *p*-aminobenzoate (= benzocaine) 对氨基苯甲酸乙酯;苯佐卡因
ethylaminoethanol(=ethylaminoethyl alcohol) 乙氨基乙醇
ethylaminoethyl alcohol 乙氨基乙醇
***o*-ethylaminophenol** 邻乙氨基苯酚
ethylamphetamine 乙基苯丙胺
ethyl *n*-amyl ether 乙基·(正)戊基醚
ethyl amyl ketone 乙基·戊基甲酮;3-辛酮
ethyl *n*-amylketone 乙基·戊基甲酮;3-辛酮
ethylaniline 乙基苯胺
2-ethylaniline 邻乙基苯胺
***N*-ethylaniline** *N*-乙基苯胺
2-ethylanthraquinone 2-乙基蒽醌
ethyl arsine 乙胂
ethyl arsinic acid 乙胂酸
ethyl arsonic acid 乙胂酸
ethylate 乙醇盐(例如乙醇钠)
ethylated gasoline 加铅汽油;乙基(化)汽油
ethylation 乙基化
***N*-ethylbenazmide** *N*-乙基苯(甲)酰胺
ethyl benzenecarboxylate 苯(甲)酸乙酯
ethylbenzene 乙苯;苯乙烷
ethyl benzenesulfonate 苯磺酸乙酯
ethyl benzoate 苯(甲)酸乙酯
***o*-ethylbenzoic acid** 邻乙基苯甲酸
ethyl benzoylacetate 苯(甲)酰乙酸乙酯
α-ethylbenzyl alcohol α-乙基苄醇
ethylbenzylaniline 乙基苄基苯胺
ethyl benzyl cellulose 乙基·苄基纤维素
ethyl benzyl ketone 乙基·苄基(甲)酮;丙酰甲苯
ethyl biscoumacetate 双香豆乙酯;双(4-羟基香豆素)乙酸乙酯
ethyl-bismuthine 三乙胍
ethyl borate 硼酸乙酯
ethylboric acid 乙基硼酸(基表示取代OH)
ethyl-boron dihydroxide(=ethylboric acid) 乙基硼酸
ethyl bromide 乙基溴;溴乙烷
ethyl α-bromobutyrate α-溴丁酸乙酯
ethyl α-bromopropionate α-溴代丙酸乙酯
2-ethylbutanoic acid 2-乙基丁酸
ethyl butyl cellulose 乙基丁基纤维素
ethyl *tert*-butyl ether 乙基·叔丁基醚
1-ethyl-1′-*n*-butyluranocene 1-乙基-1′-正丁基代双环辛四烯合铀
ethyl butyrate 丁酸乙酯
ethylcacodylic acid 乙基卡可酸;二乙次胂酸
ethyl caprate 癸酸乙酯
ethyl caproate 己酸乙酯
ethyl caprylate 辛酸乙酯
ethyl carbamate 氨基甲酸乙酯;尿烷
***N*-ethyl carbazole** *N*-乙基咔唑
ethyl β-carbolinecarboxylate β-咔啉羧酸乙酯
ethyl carbonate 碳酸乙酯
ethyl carbostyrile 乙基喹诺酮;乙基-2-羟基喹啉
ethylcarbylamine 乙胩;乙基异腈
ethyl cellulose 乙基纤维素
ethyl cellulose lacquer 乙基纤维(素)漆
ethyl chloride(=chloroethane) 乙基氯;氯乙烷
ethyl chloroacetate 氯乙酸乙酯
ethyl chlorocarbonate 氯甲酸乙酯
ethyl chloroformate 氯甲酸乙酯
ethyl chlorophyllid 叶绿素乙酯
ethyl cinnamate 肉桂酸乙酯
ethylcinnamic acid 乙基肉桂酸;乙基苯丙烯酸
ethyl cyanacetate 氰(基)乙酸乙酯
ethylcyanacetic acid 乙基丙腈酸
ethylcyanacetic ester 乙基氰基乙酸酯;2-氰基丁酸酯
ethyl cyanamide 乙基氨腈
ethyl cyanate 氰酸乙酯
ethyl cyanide 乙基氰;丙腈
ethyl cyanoacetate 氰(基)乙酸乙酯
ethyl α-cyanoacrylate α-氰基丙烯酸乙酯
ethyl cyanuramide 乙基氨腈
ethylcyclohexane 乙基环己烷
ethyl diacetoacetate 二乙酰乙酸乙酯
ethyl diazoacetate 重氮基乙酸乙酯
ethyl dibunate 地布酸乙酯;双丁萘磺酸乙酯
ethyl dibutylcarbamate 二丁氨基甲酸乙酯
ethyldichloroarsine 乙基二氯胂;二氯化乙胂
ethyldichlorophosphate 乙醇基磷酰二氯
ethyl diethylcyanoacetate 二乙基氰基乙酸乙酯
ethyl diethylmalonate 二乙基丙二酸(二)

乙酯

ethyl dimethylacetoacetate 二甲基乙酰乙酸乙酯

ethyldimethyl-9-octadecenylammonium bromide 溴化乙基·二甲基-9-十八碳烯铵

ethyl diphenylamine *N*-乙基二苯胺

ethyl diphenyl phosphine 乙基二苯膦

ethyl disulfide 二乙化二硫

ethylenation 乙烯化(作用)

ethylene (1)乙烯(2)1,2-亚乙基

ethylene acetate(=glycol diacetate) 乙二醇二乙酸酯;醋酸乙二酯

ethyleneacetic acid 环丙基甲酸

ethylene-acrylate copolymer 乙烯-丙烯酸酯共聚物

ethylene bisoxyethylenenitrilotetraa-cetic acid 亚乙基双(氧亚乙基次氨基)四乙酸

ethylene bisstearamide 亚乙基双硬脂酰胺

ethylene bromide 溴化乙烯;1,2-二溴乙烷

ethylene bromohyrin(=2-bromoethanol) 2-溴乙醇

ethylene-butadiene copolymer 乙烯-丁二烯共聚物

ethylene carbonate 碳酸1,2-亚乙酯;乙二醇碳酸酯

ethylene chlorhydrin 2-氯乙醇

ethylene chloride 1,2-二氯乙烷;氯化乙烯;1,2-亚乙基二氯

ethylene chlorobromide 氯乙基溴;1-氯-2-溴代乙烷

ethylene chlorohydrin 2-氯乙醇

ethylene compressor 乙烯压缩机

ethylene cyanohydrin 2-氰乙醇;3-羟基丙腈

ethylene diamide 亚乙基二酰胺

ethylenediamine 1,2-乙二胺

ethylenediaminebisisopropylphosphonic acid (**EDIP**; **H_4 EDIP**) 乙二胺双异丙基膦酸

ethylenediaminebismethylenephosphonic acid (**EDMP**) 乙二胺双亚甲基膦酸

ethylenediamine-*N*, *N′*-diacetic acid (**EDDA**) 乙二胺二乙酸

ethylenediamine dinitrate 二硝酸化乙二胺

ethylenediamine hydrate 乙二胺合一水

ethylenediamine hydrochloride 盐酸乙二胺

ethylenediaminetetraacetic acid(**EDTA**) 乙二胺四乙酸;乙底酸(俗称)

ethylenediamine-*N*, *N*, *N′*, *N′*-tetraacetic acid 乙二胺四乙酸

ethylenediaminetetramethylphosphinic acid (**EDTPA**) 乙二胺四甲基次膦酸

ethylenediaminetetrapropionic acid(**EDTP**) 乙二胺四丙酸

ethylenediaminetriacetic acid 乙二胺三乙酸

ethylenediammonium uranyl chloride 氯化铀酰乙二铵

ethylenedibromide 1,2-二溴乙烷;二溴化乙烯

ethylenedicarboxylic acid 丁二酸;乙二甲酸;琥珀酸

ethylene dichloride 二氯化乙烯;1,2-亚乙基二氯;1,2-二氯乙烷

ethylene (di)cyanide 丁二腈

ethylene dinitramine (**EDNA**) *N*,*N′*-二硝基乙二胺;乙二硝胺;海来特

ethylene dinitrate 乙二醇二硝酸酯

ethylenedinitrilotetraacetic acid 乙二胺四乙酸;乙底酸

ethylenedinitroamine *N*,*N′*-二硝基乙二胺;乙二硝胺;海来特

ethylene diphenate 乙二醇二苯醚

ethylene diphenyl ether(=ethylene diphenate) 乙二醇二苯醚

ethylene diphenyl sulfone 1,2-亚乙基二苯二砜

ethylene disulfhydrate 1,2-乙二硫醇

ethylene-1,2-disulfonic acid 亚乙基1,2-二磺酸;乙二磺酸

ethylene epoxide 环氧乙烷;氧丙环;氧化乙烯

ethylene glycol 乙二醇;1,2-亚乙基二醇

ethylene glycol adipate(**EGA**) 己二酸乙二醇酯

ethyleneglycolbis(2-aminoethylether)tetraacetic acid 乙二醇双(2-氨基乙醚)四乙酸

ethyleneglycolbis(*β*-aminoethylether)-*N*, *N*, *N′*, *N′*-tetraacetic acid(**EGTA**) 乙二醇双(2-氨基乙醚)-*N*,*N*,*N′*,*N′*-四乙酸

ethylene glycol diacetate 乙二醇二乙酸酯

ethylene glycol diethyl ether 乙二醇二乙醚;二乙基溶纤剂

ethylene glycol dimethyl ether 乙二醇二甲醚;二甲基溶纤剂

ethylene glycol distearate 乙二醇双硬脂酸酯
ethylene glycol monobutyl ether 乙二醇一丁醚;丁基溶纤剂
ethylene glycol monoethyl ether 乙二醇一乙醚;溶纤剂
ethylene glycol monoisobutyl ether 乙二醇一异丁醚;异丁基溶纤剂
ethylene glycol monomethyl ether 乙二醇一甲醚;甲基溶纤剂
ethylene glycol monophenyl ether 乙二醇一苯醚;苯基溶纤剂
ethylene glycol monostearate 乙二醇单硬脂酸酯
ethylenehydroxysulfuric acid 羟乙基硫酸
ethylene imide 环乙亚胺;吖丙啶;氮丙环
ethylene imine 环乙亚胺;吖丙啶;氮丙环
ethyleneimine resin 乙烯亚胺树脂
ethylene iodohydrin 2-碘乙醇
ethylene ketal 乙二醇缩酮
ethylenelactic acid 羟丙酸;3-羟基丙酸
ethylene linkage 烯键;碳-碳双键
ethylenemalonic acid 酒康酸;环丙烷二甲酸
ethylene mercaptan(=1,2-ethandithiol) 1,2-亚乙基二硫醇;1,2-乙二硫醇
ethylene monoacetate(=glycol monoacetate) 乙二醇一乙酸酯
ethylene naphthalene 苊烯
ethylene nitrate 硝酸亚乙酯
ethylene nitrite 亚硝酸亚乙酯;乙二醇二亚硝酸酯
ethylene oxide 环氧乙烷;氧丙环
ethylene oxide unit(s) 环氧乙烷单元
ethylene perchloride 全氯乙烯;四氯代乙烯
ethylene periodide 全碘乙烯;四碘代乙烯
ethylene plant 乙烯厂
ethylene polymer 乙烯高聚物
ethylene project 乙烯工程
ethylene-propylene copolymer 二元乙丙橡胶;乙丙二元橡胶;乙烯-丙烯共聚物
ethylene-propylene-diene mischpolymer 三元乙丙橡胶
ethylene propylene diene monomer 三元乙丙橡胶;乙丙三元橡胶
ethylene propylene monomer 二元乙丙橡胶;乙丙二元橡胶
ethylene-propylene rubber(EPR) 二元乙丙橡胶;乙丙二元橡胶;乙丙橡胶
ethylene-propylene rubber-vinyl chloride graft copolymer 乙丙橡胶-氯乙烯接枝共聚物
ethylene propylene terpolymer 三元乙丙橡胶;乙丙三元橡胶
ethylene reductase 乙烯还原酶;酰基辅酶A脱氢酶
ethylene rhodanide 硫氰酸亚乙酯;乙二醇二硫氰酸酯
ethylene sulfocyanate 硫氰酸亚乙酯;乙二醇二硫氰酸酯
ethylene sulfocyanide 硫氰酸亚乙酯;乙二醇二硫氰酸酯
ethylene-sulfonic acid 亚乙基-1,2-二磺酸;乙二磺酸
ethylene tetrabromide 四溴(代)乙烯
ethylene-tetracarboxylic acid 乙烯四甲酸
ethylene tetrachloride 四氯(代)乙烯
ethylene thiocyanate 硫氰酸亚乙酯;乙二醇二硫氰酸酯
ethylene thiocyanide 硫氰酸亚乙酯;乙二醇二硫氰酸酯
ethylene thioketal 乙二硫醇缩酮
ethylene thiourea 亚乙基硫脲;2-硫代咪唑啉酮;硫化促进剂 NA-22
ethylene trichloride 三氯(代)乙烯
ethylene unit 乙烯装置
ethylene urea 亚乙基脲;乙烯脲
ethylene-urea resin 乙烯脲树脂
ethylene-vinyl acetate copolymer 乙烯-醋酸乙烯酯共聚物
ethylene-vinyl acetate copolymer agricultural film 乙烯-醋酸乙烯酯共聚物农用薄膜
ethylene-vinyl acetate hot melt adhesive 乙烯-醋酸乙烯热熔胶
ethylenic bond(=ethylenic link) 烯键
ethylenic link(age) 烯键
ethylestrenol 乙雌烯醇
ethyl ether 乙醚
ethyl ether diaminetetraacetic acid 二乙醚二胺四乙酸
ethyl ethylacetoacetate 乙基乙酰乙酸乙酯
ethyl fluid 乙基液〔汽油(四乙铅镇震)精〕
ethyl formamide *N*-乙基甲酰胺
ethyl form(i)ate 甲酸乙酯
ethyl gasoline 加铅汽油;乙基汽油
ethyl glutarate 戊二酸二乙酯
***α*-ethylglutaric acid** *α*-乙基戊二酸
ethyl glycerate 甘油酸乙酯

ethyl glycine 乙基甘氨酸
ethyl glycolate 乙醇酸乙酯
ethyl glycol(=cellosolve) 乙基乙二醇；乙二醇一乙醚；乙氧基乙醇；溶纤剂(俗称)
ethyl-Grignard-reagent 卤化乙基镁；乙基镁化卤
ethyl halide 乙基卤
ethyl heptyl ether 乙基·庚基醚；乙氧基庚烷
2-ethyl-1,3-hexanediol 2-乙基-1,3-己二醇
ethylhexanol 乙基己醇
2-ethyl hexanol 2-乙基己醇
2-ethyl-1-hexanol 2-乙基-1-己醇
2-ethylhexyl dihydrogen phosphate(H_2**EHP**) 单-2-乙基己基磷酸；2-乙基己基磷酸酯
2-ethylhexyl phosphonic acid (H_2**EHP**) 2-乙基己基膦酸
ethylhydrocupreine 乙氢去甲奎宁
ethyl hydrogen peroxide 乙基过氧化氢
ethyl hydrogen sulfate 乙基硫酸；硫酸氢乙酯
ethyl hydroperoxide 乙过醇；氢过氧化乙基；乙基过氧化氢
ethyl *p*-hydroxybenzoate 对羟基苯甲酸乙酯；羟苯乙酯；尼泊金乙酯
ethyl 2-hydroxyethyl cellulose 乙基-2-羟乙基纤维素
ethylhydroxylamine 乙胲
ethylicin 乙蒜素
ethylidene 亚乙基
ethylidene acetone 亚乙基丙酮；甲基·丙烯基(甲)酮
ethylideneaniline *N*-亚乙基苯胺
ethylidene(bi)chloride 亚乙基二氯；1,1-二氯乙烷
3,3-ethylidenebis(4-hydroxycoumarin) 3,3-亚乙基双(4-羟基香豆素)
ethylidene chloride 亚乙基二氯；1,1-二氯乙烷
ethylidene cyanhydrin 亚乙基氰醇
ethylidene diacetate 1,1-二乙酰氧基乙烷；二乙酸亚乙基酯
ethylidene dichloride 亚乙基二氯；1,1-二氯乙烷
ethylidene (di)fluoride 亚乙基二氟；1,1-二氟乙烷
ethylidene dihalide 亚乙基二卤
ethylidene-(di)urethane 亚乙基二尿烷(俗称)；亚乙基双氨基甲酸乙酯
γ-ethylidene glutamic acid γ-亚乙基谷氨酸
ethylidene glycol 亚乙基二醇
ethylidene lactic acid 乳酸
ethylidene perchloride 亚乙基二氯；1,1-二氯乙烷
ethylidene peroxide 亚乙基过氧(化物)
ethylidene-succinic anhydride 亚乙基丁二酸酐
ethylidene-urea 亚乙(基)脲
ethylidyne 次乙基
ethyl iodide 乙基碘；碘乙烷
ethyl isobutyrate 异丁酸乙酯
ethyl isonitrile 乙胩；乙基异腈
ethyl isorhodanate 异硫氰酸乙酯
ethyl isorhodanide 异硫氰酸乙酯
ethylisosulfocyanide 异硫氰酸乙酯
ethyl isothiocyanate 异硫氰酸乙酯
ethyl isothiocyanide 异硫氰酸乙酯
ethyl isovalerate 异戊酸乙酯
ethylization 加四乙铅；乙基化
ethylized fuel 乙基化汽油；加四乙铅的汽油
ethylizer 乙基化器(将四乙铅加入气缸的装置)
ethylizing(=ethylization) 加四乙铅；乙基化
ethyl lactate 乳酸乙酯
ethyl laurate 月桂酸乙酯
ethyl levulinate 乙酰丙酸乙酯；4-氧代戊酸乙酯
ethyl linoleate 亚油酸乙酯
ethyl loflazepate 氯氟䓬乙酯
ethyl-magnesium-bromide 溴化乙基镁
ethyl-magnesium-halide 卤化乙基镁
ethyl malathion 乙基马拉硫磷
ethyl maleimide 乙基马来酰亚胺
ethyl malonate 丙二酸乙酯
ethyl maltol 乙基麦芽酚
ethyl mercaptan 乙硫醇
ethylmercuric chloride 氯化乙基汞
ethylmercuric hydroxide 氢氧化乙基汞
ethylmercuric phosphate 磷酸乙基汞
ethyl mercuride 二乙汞
***N*-(ethylmercuri)-*p*-toluenesulfonanilide** *N*-乙汞基对甲苯磺酰苯胺
ethyl mercury 二乙汞
ethylmercury hydrogen phosphate (酸式)磷酸乙基汞

ethyl 2-methacrylate 2-甲基丙烯酸乙酯
ethyl methanesulfonate 甲磺酸乙酯
ethyl methyl acetic acid 甲基乙基乙酸
ethyl methyl ether 甲基·乙基醚
ethylmethylthiambutene 乙甲噻丁
ethyl monochlor(o)acetate 一氯醋酸乙酯
ethylmorphine 乙基吗啡
ethyl mustard oil 乙基芥子油;异硫氰酸乙酯
***N*-ethylnaphthylamine** *N*-乙基萘胺
ethyl *β*-naphthyl ether 乙基·*β*-萘基醚
ethyl nitrate 硝酸乙酯
ethyl nitrite 亚硝酸乙酯
ethyl nitrobenzoate 硝基苯甲酸乙酯
ethyl nitrolic acid 乙硝肟酸
ethylnitrosourea 乙基亚硝基脲
ethylnorepinephrine 乙基去甲肾上腺素
ethyl oenanthate 庚酸乙酯
ethyloic- (侧链上的)羧甲基
ethylol 羟乙基
ethyl orange 乙基橙
ethyl orthoacetate 原乙酸乙酯
ethyl orthocarbonate 原碳酸乙酯
ethyl orthoform(i)ate 原甲酸乙酯
ethyl orthosilicate 原硅酸乙酯
ethyl oxalacetate 草乙酸乙酯(俗称);2-丁酮二酸二乙酯
ethyloxalacetic acid 乙基2-氧(代)丁二酸
ethyl oxide (二)乙醚
ethyl oxindole 乙基·羟吲哚
ethylparaben 羟苯乙酯;对羟基苯甲酸乙酯;尼泊金乙酯
ethyl parathion (乙基)对硫磷;一六〇五
ethyl pelargonate 壬酸乙酯
ethyl perchloride 全氯乙烷;六氯乙烷
ethyl peroxide 过氧乙醚
ethyl persulfide 二乙基化二硫;二硫化二乙基
ethyl petrol 含(四乙)铅汽油
ethylphenacemide 苯丁酰脲
ethyl phenolate 乙氧基苯;苯乙醚
ethyl phenylacetate 苯乙酸乙酯
ethyl phenylacetylene 乙基·苯基乙炔;丁炔基苯
ethyl *β*-phenylacrylate 肉桂酸乙酯
5-ethyl-5-phenylhydantoin 5-乙基-5-苯基乙内酰脲
***α*-ethylphenylhydrazine** *α*-乙基·苯基肼
ethyl phenyl sulfide 乙基·苯基硫;乙硫基苯;苯乙硫醚
ethylphenyl triethylsilicane 乙苯基·三乙基(甲)硅(烷)
ethyl phenyl urea 乙基·苯基脲
ethyl phosphate 磷酸乙酯(磷酸一乙酯、二乙酯和三乙酯的通称)
ethyl phosphine 乙膦
ethyl phosphonic acid 乙膦酸;乙基磷酸
ethyl phosphoric acid 乙代磷酸;磷酸一乙酯
ethyl phosphorochloridite 氯化次膦酸二乙酯
3-ethyl-4-picoline 3-乙基-4-甲基吡啶
ethylpiperidinol 乙基哌啶醇
5-ethyl-5-(1-piperidyl) barbituric acid 5-乙基-5-(1-哌啶基)巴比土酸
ethyl potassium 乙基钾
ethyl propionate 丙酸乙酯
***α*-ethyl-propyl acetate** 乙酸*α*-乙基丙酯
ethyl propyl-acetoacetate 丙基乙酰乙酸乙酯
ethyl propyl-dibenzylsilicane 乙基丙基二苄基(甲)硅(烷)
ethylpyridine 乙基吡啶
2-ethylpyridine 2-乙基吡啶
***α*-ethylpyridine** 2-乙基吡啶
***N*-ethyl pyrrole** *N*-乙基吡咯
ethyl rhodanate 硫氰酸乙酯;乙基硫氰
ethyl rhodanide 硫氰酸乙酯
ethyl salicylate 水杨酸乙酯
ethyl silicane 乙基甲硅烷
ethyl silicate (原)硅酸(四)乙酯
ethyl silicone oil 乙基硅油
ethyl silicone resins 乙基聚硅氧烷树脂
ethyl sodioacetoacetic ester (1)乙基钠代乙酰乙酸酯(2)(专指)乙基钠代乙酰乙酸乙酯
ethyl sodium 乙基钠
ethyl stann(on)ic acid 乙基锡酸
ethyl stearate 硬脂酸乙酯
ethylstibamine 乙䏲胺
ethyl succinate 丁二酸(二)乙酯;琥珀酸(二)乙酯
ethyl succinic acid 乙基丁二酸
ethyl sulfate 硫酸(二)乙酯
ethyl sulfide 乙硫醚;二乙硫
ethyl sulfocyanate 硫氰酸乙酯;乙基硫氰
ethyl sulfocyanide(=ethyl sulfocyanate) 硫氰酸乙酯
ethyl sulfonamide 乙磺酰胺
ethyl sulfone 乙基砜;二乙砜

ethylsulfonic acid 乙磺酸
ethyl sulfonyl chloride 乙磺酰氯
ethylsulfonylethanol 乙磺酰基乙醇
ethylsulfoxide 乙基亚砜;二乙亚砜
ethylsulfuric acid 乙基(代)硫酸;硫酸一乙酯;硫酸氢乙酯
ethyl sulfuryl chloride(= ethyl chlorosulfonate) 乙基硫酰氯;氯磺酸乙酯
ethyl tartrate 酒石酸(二)乙酯
ethyl telluride 二乙碲
***S*-ethyl thiocarbamate** 硫代氨基甲酸 *S*-乙酯;硫尿烷
***O*-ethyl thiocarbamate**(= thioxanthamide) 硫代氨基甲酸 *O*-乙酯
ethyl thiocyanate 硫氰酸乙酯
ethyl thiocyanide 硫氰酸乙酯
ethylthioethanol 乙硫基乙醇
ethyl thioether 乙硫醚;二乙基硫
ethyl thioglycolate 巯基乙酸乙酯
ethylthioglycollic acid 乙硫基乙酸
ethylthionamic acid 乙氨基磺酸
ethylthiophene 乙基噻吩
ethylthiosulfonic acid 乙硫基磺酸
ethyl thiourea 乙硫脲
ethyl tin 四乙基锡
ethyl tin chloride 氯化三乙(基)锡
ethyl tin dichloride 二氯化二乙(基)锡
ethyl tin monochloride 氯化三乙(基)锡
ethyl *p*-toluenesulfonate 对甲苯磺酸乙酯
***N*-ethyl-*m*-toluidine** *N*-乙基间甲苯胺
ethyl triazoacetate 叠氮基乙酸乙酯
ethyltriethoxysilicane 乙基三乙氧基(甲)硅(烷)
ethyltrimethylsilicane 乙基三甲基(甲)硅(烷)
ethyl undecyl ketone 乙基·十一基(甲)酮;3-十四(烷)酮
ethyl urea 乙脲
ethylurethan(e) 氨基甲酸乙酯;尿烷
ethylvanillin 乙基香兰素
ethyl xanthate (乙)黄原酸乙酯
ethyl xanthogenate (乙)黄原酸乙酯
ethyne 乙炔
ethynes 炔烃
ethynodiol 炔诺醇
ethynyl 乙炔基
ethynyl androstenediol 乙炔雄烯二醇
ethynylation 乙炔化作用
ethynylbenzene 乙炔基苯
ethynylbenzyl carbamate 氨基甲酸乙炔苄基酯
ethynylcyclohexanol 乙炔基环己醇
ethynylene 亚乙炔基
17*β*-ethynylestradiol 17*β*-乙炔雌(甾)二醇
etidocaine 依替卡因
etidronic acid 羟乙(二)磷酸
etifelmin 依替非明;双苯次甲丁胺
etifoxine 氯乙苯噁嗪
etilefrin 依替福林
etiocholane 本胆烷;5*β*-雄烷
etiocholanic acid 本胆酸;5*β*-雄烷-17*β*-甲酸
etioporphyrin 初卟啉
etiroxate 依塞罗酯;甲状腺素乙酯
etisazol 依替沙唑;乙氨苯噻唑
etizolam 依替唑仑
etodolac 依托度酸;乙哚乙酸
etodroxizine 依托羟嗪;乙氧安太乐
etofenamate 依托芬那酯
etofenprox 醚菊酯
etofylline 乙羟茶碱
etoglucid 依托格鲁;乙环氧定
etomidate 依托咪酯;甲苄咪酯
etomidoline 依托多林
etonitazene 依托尼秦;乙氧硝唑
etoperidone 依托哌酮;苯哌三唑酮
etoposide 依托泊苷[甙]
etorphine 埃托啡;羟戊甲吗啡
etoxadrol 乙苯噁啶;乙苯二噁哌啶
etozolin 依托唑啉;乙氧唑啉
etretinate 阿维 A 酯;苯壬四烯酯
etrimfos 氧嘧啶磷
etruscomycin 意北霉素;鲁斯霉素
etryptamine 乙色胺
ETS(electron transport system) 电子转移体系
ettringite 钙矾石;钙铝矾
etymemazine 乙异丁嗪
EU(enriched uranium) 富集铀;浓缩铀
(*β*-)eucaine (*β*-)优卡因;苯札明
eubiosis 生态平衡
eucairite 硒铜银矿
eucalyptene 桉树烯
eucalyptol(e)(= cineole) 桉油精;桉树脑;顺(式)-1,8-萜二醇内醚
eucalyptolene 桉树脑烯
Eucalyptus 桉属
eucalyptus gum 桉树胶
eucalyptus oil (1)桉树油(2)桉叶油

eucarvone 优贲蒿萜酮
eucaryote 真核生物
eucatropine 尤卡托品
euchlorine 优氯(氯与二氧化氯的混合物)
euchroite 翠砷铜矿[石]
euchromatin 常染色质
euclase 蓝柱石
Euclidean body(＝rigid solid) 欧几里得体;刚性体
eucol 愈创木酚醋酸酯
eucolloid 真胶体
eucommea rubber 杜仲硬橡胶
eucommia rubber 杜仲硬橡胶
eucryptite 锂霞石
euctolite 橄金云斑岩
eudesmene(＝selinene) 桉叶烯
eudesmol 桉叶油醇
eudialite 异性石
eudiometer 量气管
eudiometry 气体测定法
eugallol (一)乙酸焦棓酚
eugenia oil 丁(子)香油
eugenic acid (1)丁子香酸(2)丁子香酚
eugenin 丁子香色酮
eugenol 丁子香酚
eugenone 丁子香酮
eugetinic acid 丁子香酸
euglena 裸藻
euglobulin 优球蛋白
eukairite 硒铜银矿
eukaryote 真核生物
eukeratin 优角蛋白
eulachon oil 烛鱼油
Eulan N 防蛀剂 N
Euler equation 欧拉方程
Euler equations for hydrodynamics 欧拉流体动力学方程
Euler head 理论压头[扬程]
Eulerian angle 欧拉角
Euler kinematical equations 欧拉运动学方程
Euler number 欧拉数
Euler's rule 欧拉规则
eulicin 美菌素
eulytine 闪铋矿;硅铋矿[石]
eulytite 闪铋矿;硅铋矿[石]
eumenol 当归浸膏
eumimycin 弓霉素
eumycetin 正真菌素
eumycin 优霉素
euonymin(＝euonymus) 卫矛苷
euonymus 卫矛苷
Euonymus 卫矛属
eupafolin 楔叶泽兰素
euparin 泽兰素
eupatorin 佩兰素;泽兰黄素
eupatorine 泽兰碱
Eupatorium 泽兰属
euphadienol 大戟二烯醇
α-euphol α-大戟脑;大戟二烯醇
euphorbain 大戟蛋白酶
euphorbia 大戟色素体
Euphorbia gum 大戟胶
euphorbin 大戟素
α-euphorbol(＝euphorbadienol) α-大戟醇;大戟根二烯醇
γ-euphorbol(＝euphadienol) γ-大戟醇;大戟二烯醇
euphorin 苯基氨基甲酸乙酯
euphyllite (杂)钠钾云母
eupittonic acid(＝hexamethoxyaurine) 优皮酮酸;六甲氧金精
euporphin(e) 溴甲(烷合)阿朴吗啡
euprocin 尤普罗辛
euquinine 无味奎宁
eurhodine 二氨吖嗪;优若定
eurhodole 二羟吖嗪;优若哚
eurocidin 优洛杀菌素
eurodin 艾司唑仑;舒乐安定;三唑氯安定
European design 欧洲型
European pennyroyal oil 欧洲胡薄荷油
europia 氧化铕
europium 铕 Eu
europium oxide 氧化铕
europium sesquioxide (三)氧化(二)铕
europium(tri)chloride 三氯化铕
europous chloride 二氯化铕
eurotin 败菌素
eurychoric species 广域分布物种
euryhaline 广盐性的
eurymycin 泛霉素
euryoxybiont 广酸性生物
eurysalinity 广盐性
eurythermous 广温性的
eusantonine 优山道年
euscope 显微扩视镜
eusintomycin 硬脂酸合霉素
eutaxitic structure 共融斑状结构
eutectic 低共熔的
eutectic mixture 低共熔(混合)物

eutectic point 低共熔点
eutectic polymer 低共熔聚合物
eutectic temperature 低共熔温度
eutectoid (1)类低共熔体(2)共析体
eutectoid point 低共熔点
eutectoid steel 共析钢
eutectophyric structure 流状结构
euthalite(=euthallite) 密方沸石
eutrophication 富营养化
eutrophic water 过营养水;过肥水
eutropic series 异序同晶系
eutropy 异序同晶(现象)
euvitrain 纯镜煤;无结构镜煤
euxanth(in)ic acid 优黄酸
euxanthone 优呫吨酮;1,7-二羟(基)-9-氧杂蒽酮
euxanthonic acid 优呫吨酮酸
euxantogen 优黄原
euxenite 黑稀金矿
evacuant 排除药
evacuate 抽[排]空
evacuated chamber 真空室
evacuated vessel 抽空容器
evacuation 抽[排]空
evacuation chamber 排气室
evacuation pump 排气泵
evadol 双甲氧苯氨乙醇
EVA(ethylene-vinyl acetate copoly-mer) 乙烯-醋酸乙烯共聚物
EVAL(ethylene-vinylalcohol copolymer) 乙烯-乙烯醇共聚物
evaluation 评估
evaluation of new technology 新技术评估
evaluation of research results 科研成果评估
evaluation program 鉴定程序
evaluation test 鉴定[评价]试验
evaluation trial 鉴定性试验
e-value e 值
evanescent elasticity 渐消(失)弹性
evanescent wave 隐失波;倏逝波;衰逝波
Evan's blue(=Evans blue) 伊文思蓝
Evans diagram 埃文斯图
evansite 核磷铝石
evaporated crystallizer 蒸发结晶器
evaporated latex 蒸发胶乳
evaporated milk 淡炼乳
evaporated skimmed milk 脱脂奶粉
evaporate to dryness 蒸干
evaporating carburetor 蒸发汽化器
evaporating chamber 蒸发室;分离空间
evaporating coil 蒸发盘[蛇]管
evaporating column 浓缩柱;蒸发[浓]柱;蒸发塔
evaporating dish 蒸发皿
evaporating installation 蒸发设备
evaporating pan 蒸发锅[盘]
evaporating pipe 蒸发管
evaporating pot 蒸发罐
evaporating tower 浓缩塔;蒸浓塔
evaporation 蒸发
evaporation chamber 蒸发室
evaporation coefficient 蒸发系数
evaporation coil 蒸发旋管
evaporation cooling 蒸发冷却
evaporation crystallizer 蒸发结晶器
evaporation deposition coating 蒸镀涂层
evaporation factor 蒸发系数
evaporation gum test (油品)蒸发胶质试验
evaporation heat 蒸发热
evaporation load 蒸发负荷
evaporation losses 蒸发损失
evaporation plant 蒸发装置
evaporation rate 蒸发率
evaporation section 蒸发工段
evaporation tower 蒸发塔
evaporation zone 蒸发段
evaporative centrifuge 蒸发式离心机
evaporative condenser 蒸发冷凝[凝结]器
evaporative cooler 蒸发冷却器
evaporative cooling 蒸发冷却
evaporative cooling system 蒸发冷却系统
evaporative crystallization 蒸发结晶
evaporative crystallizer 蒸发结晶器
evaporative duty 蒸发率
evaporative surface condenser 蒸发表面冷凝器
evaporativity 蒸发度
evaporator 蒸发器;蒸发设备
evaporator coil 蒸发器旋管
evaporator condenser 蒸发冷管[凝结]器
evaporator-condenser shell 蒸发器-冷凝器壳体
evaporator crystalizer 蒸发结晶室
evaporator room 蒸发室
evaporator source 蒸发源
evaporator tower 蒸发塔
evaporator vapo(u)r 蒸发器的二次蒸汽
evaporator wall 蒸发器壁
evaporator with central downcomer 中央

循环管式蒸发器
evaporator with external heating unit 外加热式蒸发器
evaporator with heat pump 热泵蒸发器
evaporator with rotating brush 带回转刷的蒸发器
evaporimeter(＝evaporometer) 蒸发计
evaporites 蒸发(后剩余)残渣
evaporometer(＝evaporimeter) 蒸发计
EV battery 电动车辆用蓄电池
even calender 等速压延机
even dye 均染染料
even-electron ion 偶电子离子
E-V energy transfer 电子振动能量传递
even-even nucleus 偶-偶核
even joint 平接
evenness (1)平直度(2)均匀性
evenness of dye 染料的均染性
even-odd nucleus 偶-奇核
event 事件
event chain 事件链
event tree analysis 事件树分析
even wear 均匀磨损;均匀有规律磨损
evericin 埃维菌素
Everitt's salt 埃弗立特盐
everninic acid(＝evernesic acid) 扁枝衣酸;6-甲基-4-甲氧基水杨酸
everninocin 扁枝衣菌素
everninomicin 扁枝衣霉素
evertal 艾薇醛
everyday check-up 日常保养
evipan(＝hexobarbital) 海索比妥
evocator(＝evocating agent) 引发剂
evodiamine 吴茱萸碱
evogin 吴茱萸精
EVOH(ethylene-vinylalcohol copolymer) 乙烯-乙烯醇共聚物
evolutionary method 调优法
evolutionary operation(**EVOP**) (1)调优操作;调优运算(2)开发计划;发展计划
evolution method 挥发法
evolution operator 演化算符
evolution period 发展期
evolved gas analysis(**EGA**) 离析气体分析法
evolved gas detection(**EGD**) 析出气体检测
evoxine 吴茱萸素
e. v. p. (end vertical plane) 垂直端面
Ewald's diffraction sphere 埃瓦尔德衍射球
EXAFS 广延[延伸]X射线吸收精细结构
exaggerated test 超常试验(在特别不利的条件下试验)
exalamide 依沙酰胺;己氧苯酰胺
exalgin *N*-甲基乙酰苯胺
exaltolide (环)十五(烷)内酯
exalton(e) 环十五烷酮
exametazime 依沙美肟
examination by sectioning 剖开检验
examination date 检验日期
examination requirements 检验要求
examine 检验[定]
examiner 检验人;验收员
example 实例
exceptional case 例外事件;特殊情况
exceptional overload 额外超载
Excer process 埃克萨法(湿法制 UF_4 的过程)
excess air 过量[剩]空气
excess air coefficient 过量空气系数;空气过剩系数
excess biomass 过量生物质
excess carburizing 过度渗碳
excess char 过量碳
excess chemical potential 超额化学势
excess enthalpy 超额焓;过量焓
excess entropy 超额熵
excess flow valve 过流阀
excess free energy 超额自由能
excess functions 超额函数;过量函数;超额焓
excess Gibbs free energy 超额 Gibbs 自由能;过量吉布斯自由能
excessive neutralization 中和过度
excessive pressure 剩余压力
excessive sulfur content 过硫
excessive temperature differentials 温差过大
excessive wear 过度磨损
excess number 过量数;超额数
excess Rayleigh ratio 超瑞利比
excess(thermodynamic) function 超额[过量](热力学)函数
excess volume 超额体积;过量体积;剩余混合体积
exchange adsorption 交换吸附
exchange capacity 交换容量
exchange chromatography (离子)交换色谱法
exchange column 交换柱
exchange current 交换电流
exchange current density 交换电流密度
exchange density 交换密度

exchanged entropy 交换熵
exchanged heat 交换热
exchange energy 交换能
exchange fraction 交换率
exchange half-time 半交换期
exchange integral 交换积分
exchange interaction 交换相互作用
exchange isoplane 穿透曲线
exchange of know-how 技术交流
exchange polarization 交换极化
exchange rate 交换速率
exchange reaction 交换反应
exchange repulsion 交换排斥
exchange resin (离子)交换树脂
exchange scattering 交换散射
exchange symmetry 交换对称性
exchange zone 交换区
excimer 激基缔合物;受激准分子
excipient (vehicle) 赋形剂
exciplex 激发态复合分子;激基复合物;激发复合体
excision repair 切补修复[补]
excitants 刺激药;兴奋剂
excitation 激发
excitation energy 激发能
excitation function 激发函数
excitation generator 励磁发电机
excitation labeling 激发标记
excitation level 激发(能)级
excitation light source 激发光源
excitation process 激发过程
excitation source 激发光源
excitation spectrum 激发光谱
excitation state 激发态
excited atom 受激原子
excited configuration 激发组态
excited force 激振力
excited frequency 激振频率
excited ion 受激离子
excited molecule 受激分子
excited nucleus 受激核
excited state 激发态
excited state chemistry 激发态化学
exciter 励磁机
exciting coil 激励线圈
exciting winding 激磁绕组
exciton 激子
excluded volume 排除体积
excluded volume effect 已占体积效应;已占空间效应
exclusion chromatography 凝胶色谱法;排斥[阻]色谱法
exclusion principle 不相容原理
exclusive use 单独使用
execute 实施
execution 施工;实施
exemption 免检
exergicity 放热
exergonic reaction 放能反应
exergy 㶲;有效能;可用能
exergy analysis 㶲分析
exergy balance 㶲衡算
exergy efficiency 㶲效率
exergy loss 㶲损失
exfoliatin 脱叶菌素
exfoliation corrosion 剥层[离]腐蚀
exhaust air 废气;排气
exhaust air tube 废空气管
exhaust barrel 排气筒
exhaust blower 排风机
exhaust chamber 抽气箱
exhaust damper 排气风门
exhaust duct 排风管(道)
exhaust dyeing 浸染
exhausted lye 废碱液
exhausted molasse 桔蜜;废糖蜜
exhaust fan 排气扇;排风机
exhaust gas 废气
exhaust gas outlet 废气出口
exhaust gas stack 废气排放管
exhaust header 排气集管
exhaust hole 排气孔
exhaust heat boiler 废热锅炉
exhaust hood 排风罩;排汽室
exhausting 抽空
exhausting agent 吸尽剂(印染)
exhausting dyeing 浸染
exhausting section of column 塔的汽提[剥淡]段
exhaustion 抽空
exhaustion layer 耗尽层
exhaustive extraction 极限抽提
exhaustive methylation 彻底[完全]甲基化
exhaust manifold 排废管汇
exhaust muffler 排气消声[音]器
exhaust side 排气侧
exhaust silencer 排气消声[音]器
exhaust stack 排气烟囱;排气管
exhaust steam 废蒸汽;排汽

exhaust steam pipe 排汽管
exhaust steam turbine 乏汽轮机
exhaust treatment 废气治理
exhaust valve 排气阀
exhaust ventilation 抽出式通风;排气通风
exifone 依昔苯酮
eximine(=dicentrine) 荷包牡丹碱
exiproben 依昔罗酸;己氧羟丙氧苯酸
existing design 现有[用]设计
existing equipment 现有设备
existing filter 现用的过滤器
existing hopper 原配料仓
existing plant 现有装置
existing supply lines 现有供应线
exit blower 出口鼓风机
exit chute 出口斜槽
exit dam ring 出口斜料圈
exited monomer 激发单体
exit loss 出口(压头)损失
exit nozzle 出口接管
exit pupil 出(射光)瞳
exit window 出(射)窗
exo addition 外型加成
exocondensation 外缩(成环)作用
exoconfiguration 外向构型
exocyclic 环外的;侧链上的
exocyclic double bond 环外双键
exocytosis 胞吐作用
exoelectron 外(逸)电子
exoelectron emission(EEE) 外(逸)电子发射
exoenergic reaction 放能反应;释能反应
exoenzyme 胞外酶
exoergicity 释能度
exogenous 外源的
exogenous plant hormones 外源植物激素
exohormone 外激素
exo isomer 外型异构体
exon 外显子
exon trapping 外显子捕获法
exonuclease 外切核酸酶;核酸外切酶
exopeptidase 外肽酶;肽链外切[端解]酶
Exosurf 依索苏
exosymbiosis 外共生(现象)
exothermal reaction 放热反应
exothermic compound 放热化合物
exothermic reaction 放热反应
exotic atom chemistry 奇异原子化学(包括正子素化学、介子素化学、介子原子化学等)
exotoxin 外毒素
expandable ABS 可发ABS共聚物
expandable joints 膨胀节
expandable polystyrene(EPS) 可发(性)聚苯乙烯
expanded and welded tube joint 胀焊(接管)
expanded bed 膨胀床
expanded ebonite 多孔硬质胶
expanded film 扩展膜
expanded graphite 膨胀石墨;柔性石墨
expanded joint 胀管连接
expanded liquid 膨胀液体
expanded metal packing 膨胀金属网填料
expanded plastic 泡沫塑料
expanded reproduction 扩大再生产
expanded rubber 海绵橡胶
expanded tube hole groove 胀管槽
expanded tube joint 胀管接头;胀(管连)接
expanded tube joint 胀管连接
expanded vermiculite 膨胀蛭石
expander (1)膨胀机(2)骤冷器
expander 膨胀剂
expanding admixture 膨胀剂
expanding agent 发泡剂
expanding cement 膨胀水泥
expanding drill 扩孔钻
expanding foam 发泡
expanding grade 胀管度
expanding of tube 胀管
expanding pulley 伸缩轮
expanding ratio 扩孔率
expanding technique 胀管技术
expanding test 扩管试验
expanding treatment 扩散法
expand test 胀管试验
expanding tube 扩大管
expand tube joint with tubesheet 胀(管连)接
expansibility 胀度
expansin(e) 棒曲霉素;苹果菌素
expansion (1)扩展;扩建(2)膨胀
expansion device 膨胀机械
expansion engine 膨胀机
expansion-exsiccation machine 膨胀干燥机
expansion factor 膨胀因子
expansion joint 补偿器[节];膨胀节;伸缩接头;伸缩(接)缝;胀缝;胀接
expansion machine 膨胀机
expansion ratio 膨胀比[率]
expansion ring 膨胀圈;伸缩环
expansion roof tanks 膨胀顶油罐

expansion stroke 膨胀冲程
expansion test 膨胀试验
expansion thermometer 膨胀(式)温度计
expansion valve 膨胀阀
expansion work 膨胀功
expansive (可以)膨胀的
expansive cement 膨胀水泥
expansive sulphoaluminate cement 膨胀硫铝酸盐水泥
expansivity 膨胀率
expectation 期望值
expectation value (=statistical average) 期望[待]值;统计平均值
expected life 预期寿命
expected service life 预期使用寿命
expected value 期望[待]值;统计平均值
expected value criterion 期望值判据
expectorant 祛痰药
expedition pump 应急泵
expeller 连续螺旋压榨机
expelling 压榨法
expenditure of energy 能量消耗
expense for trial manufacture of new products 新产品试制费
experiment 实验
experimental data 实[试]验数据
experimental design 实验设计
experimental electrode 实测电极
experimental expenses 试验费
experimental features 实验特性
experimental installation 实验装置
experimental performance 实验性能
experimental physics 实验物理(学)
experimental plate height 实验塔板高度
experimental polarization curve 实测极化曲线
experimental potential-pH diagram 实验电位-pH 图
experimental procedure 实验程序
experimental prototype 实验模型
experimental scaling-up 经验放大
experimental sequence 实[试]验程序
experimentation 实验(过程)
experiment conducted for research purpose 研究试验
expert 能手
expert control 专家控制
expert management system 专家管理系统
expert system (ES) 专家系统
expire 期满
expiry date 期满[截止]日期
explant 外植体
explicit expression 显式
explicit method 显式法
exploded cross section at center 中部横断面
exploded forming 爆炸成型
exploded view 部件分解图
exploding 爆炸;爆发
exploratory research 探索性研究
explosion 爆炸
explosion door 防爆门
explosion hatches (储油罐的)防爆门
explosion hazard 爆炸事故
explosion limit 爆炸极[界]限
explosion panel 防爆膜(板)
explosion peninsula 爆炸半岛
explosion port 安全防爆孔
explosion-proof battery 防爆蓄电池
explosion-proof communication apparatus 防爆通讯设备
explosion-proof electric apparatus 防爆电器
explosion-proof electric machine 防爆(型)电机
explosion-proof handling car 防爆搬运车
explosion-proof lamp 防爆灯具
explosion-proof light 防爆灯
explosion proof motor 防爆(型)电机;防爆电动机
explosion-proof wall 防爆墙
explosion-protection 防爆
explosion range 爆炸范围;爆炸极限
explosion ratio 爆炸浓度
explosion welding 爆炸焊(接)
explosive 炸药;爆炸品;爆炸物;爆破器材;爆炸的
explosive compacting 爆炸成形[型]
explosive compound 单质炸药
explosive expanding 爆炸胀管
explosive expansion joint 爆炸胀接
explosive forming 爆炸成形[型]
explosive industry 火炸药工业
explosive limits of mixture 混合物爆炸极限
explosive metal forming 金属爆炸成形
explosive mixture 混合炸药;爆炸混合物
explosiveness 爆炸性
explosive polymerization 爆聚(合)
explosive shaping 爆炸成形[型]
explosive sintering 爆炸烧结
explosive substance 爆炸物
explosive vapouration 沸腾蒸发

explosive welding 爆炸焊
explosivity limits 爆炸极限[限度]
exponential gradient device 指数梯度装置
exponential growth 指数生长
exponential phase 指数(生长)期
export 输出
export harbour 输出港
export of labour service 劳务出口
export substitution 出口替代
expose 曝光;照射;曝晒
exposed to weather 曝露在空气中
exposure (1)曝光量(2)照射(量)
exposure cracking 自然[曝露]龟裂
exposure distance 危险距离(有着火危险的距离)
exposure dose 照射剂量
exposure field 曝光场
exposure index 曝光指数
exposure labeling 曝射标记
exposure latitude 曝光宽容度
exposure range 相纸曝光范围
exposure test 曝光试验
exposure time 曝光时间
expression (1)压榨;挤出(2)表达(法)(3)(表达)式
expression equipment 压榨设备
expression of components in various mixtures 含量和成分的表达
expression rate 压榨速率
exsiccated alum 烧明矾
exsiccated sodium phosphate 干燥的磷酸钠
exsiccator 干燥器;保干器
extein 外显肽
extend 伸长
extended aeration 延时曝气
extended-chain crystal 伸展链晶体
extended Hückel molecular orbital method 推广的休克尔分子轨道法
extended surface heat exchanger 扩展式表面换热器
extended X-ray absorption fine structure 广延[延伸]X射线吸收精细结构
extender (1)补充剂;增量剂(2)填料
extender pigment 体质颜料
extender plasticizer 辅助增塑剂
extending black 增量炭黑
extending filler 增容填充剂
extending oil 增量油
extend neck 接筒
extensibility 延伸率;伸长率;延伸性
extensin 伸展蛋白
extension 伸长
extensional viscosity 拉伸黏度
extension at break 断裂伸长
extension drive shaft 延伸传动轴
extension elongation 伸出长度
extension key 伸出键
extension line 分机线
extension modulus 伸长[张拉]模量
extension ratio 拉伸比
extension tongue 延伸簧片
extension wire 备用[分接,附加]线路
extensive parameters 广延量;广度性质
extensive property 广度性质;容量性质
extensive quantity 广延量;广度性质
extensive sampling 扩大抽样
extensive use 广泛应用
extensive variables 广延量;广度性质
extent of extraction 萃取程度
extent of polymerization 聚合程度
extent of reaction 反应进[程]度
extent of the error 偏心范围
exterior coating 外用涂料
exterior finish 外用罩面漆
exterior paint 外用漆
exterior trim paint 外用瓷漆
exterior varnish 外用清漆
exterior view 表面[外视]图
external antistatic agent 外用抗静电剂
external cleaning 外部清洗
external cooler 外部冷却器
external corrosion 外部腐蚀
external cyclone 外部旋风分离器
external diameter 外径
external diffusion 外扩散
external fibrillation 表面纤丝化;表面帚化
external force 外力
external heat exchanger 外换热器
external heating 外热法
external indicator 外(用)指示剂
external instrumentation 外部设备
external insulation 外保温层
external interheater 外中间加热器
external lock 外锁
external lubricant 外润滑剂
externally adjustable 外部调节的
externally compensated compound (1)外消旋化合物(2)外补偿化合物
externally heating 外面加热
external mechanical seal 外装式机械密封

external mix spray gun 外混式喷枪
external mixing type atomizer 外混式雾化喷嘴
external plant 外部设备
external plasticizing 外增塑
external plasticization 外增塑
external pressure vessel 外压容器
external reference 外标
external reference coil 参比线圈
external reflection 外反射
external reflux 外(部)回流(塔的冷却回流;从外面送入塔内的回流)
external seal 外(装式)密封
external shaft 外轴
external sheath 外层包覆
external standard 外标
external standard method 外标法
external toothing 外啮合
external transport of adsorption process 吸附过程的外传递
external vane pump 偏心旋转泵
external work 外功
extinction (1)消光(2)熄灭
extinction angle 消光角
extinction turbidimeter 消光浊度计
extinct radionuclide 熄灭的放射性核素(曾在地球上存在过,但现已衰变完而消灭)
extinguisher (1)灭火器(2)灭火剂
extinguish(ing) material 灭火(材)料
extinguish steam 灭火蒸汽
Exton reagent 埃克斯顿试剂
extracellular 细胞外(的);胞外
extracellular enzyme 胞外酶
extra charge 附加费
extra column effect 柱外效应
extra conductive furnace black(ECF) 超导电炉黑
extra cost 额外费用
extract (1)抽[提,萃]取(2)浸膏(剂)(3)萃[提]取液
extractable species 可萃取物种
extractant 萃取剂
extracted solid 萃取残渣
extracted gas 被抽气体
extracting agent 萃[提]取剂
extracting tool 拆卸工具
extraction (1)萃[提]取(2)萃取(因子)
extraction agent 抽提剂
extraction cartridge 萃取柱柱体[身]
extraction chromatography 提[萃]取色谱法
extraction equipment 萃取设备
extraction flow 排气流量
extraction fractionation 萃取分级
extraction operation 萃取操作
extraction packed column 填充抽提塔
extraction pump 排气泵
extraction raffinate 萃余液
extraction rate 萃取率
extraction solvent 抽提[萃取]剂
extraction stain 抽提污染
extraction steam for factories 工业抽汽
extraction tower 萃取塔;抽提塔
extraction tower with agitator 搅拌式萃取塔
extraction turbine 抽汽式汽轮机
extraction via carrier 载体萃取
extraction with cold fat 冷脂提取
extractive (1)抽提的(2)抽出物;萃;浸膏
extractive distillation 萃取蒸馏
extractive metallurgy 提取冶金;萃取[提炼]冶金(学)
extractive oil 抽出油
extractive phase 萃取相
extractive reaction 萃取反应
extractive titration 萃取滴定
extract of nux vomica 马钱子浸膏;番木鳖浸膏
extractor 抽提塔;浸[萃]取器
extractor regime 萃取器配布体制
extract phase 抽出相;提取相;提取层
extract stripper 抽出液汽提塔
extra current 额外电流
extra duty 过载
extra equipment 附加设备
extra fine 超细的;优质的
extra-heavy pipe 特强管;厚壁管
extra high molecular polymer 超高分子量聚合物
extra-high-temperature plasma jet 超高温等离子体射流
extrait 净油
extra-lemon pale 特级柠檬色(石油产品颜色标准)
extra light calcined magnesia 超轻质氧化镁;高活性氧化镁
extra-light drive fit 轻压配合
extraneous matter 外来杂质;异物
extranuclear electron 核外电子
extra-orange pale 特级橙黄色(石油产品颜色标准)

extraordinary light 非(寻)常光
extraordinary refractive index 非(寻)常折射率
extra-pale 特级浅色(石油产品颜色标准)
extra ply 附加层
extrapolation 外推
extra-pure grade 超纯级
extraretinal photoreception 网膜外光感受
extrasin 胸腺素
extra steam 额外蒸汽
extra still 减压拔顶蒸馏;减压重蒸馏
extra-stress 额外[附加]应力
extra strong pipe 加厚[强]管;特强管;非常坚固的管子;粗管
extraterrestrial chemistry 地外化学;行星(际)化学
extraterrestrial disposal 地(球)外(放射性废物)处置(法);外层空间(放射性废物)处置(法)
extra-thin 超薄型的
extreme dimension 极限尺寸
extreme lower position 最低位置
extreme pressure(EP) 特(高)压(力);极压
extreme pressure addition agent 极压添加剂;(耐)特压添加剂
extreme pressure compound 极压添加剂;(耐)特压添加剂
extreme pressure dope 极压添加剂;(耐)特压添加剂
extreme pressure grease 极压润滑脂
extreme pressure lubricant 极压润滑剂
extreme pressure material 极压添加剂;(耐)特压添加剂
extreme trace analysis 超痕量分析
extreme ultraviolet 远紫外(区)
extreme value 极值
extreme value index(EVI) 极值指数
extremophile 嗜极生物
extremum value 极值
extrinsic contaminants 外来杂质
extrinsic defect 杂质缺陷
extrinsic factor 外源因素
extrinsic semiconductor 非本征半导体;杂质半导体
extrolling 挤压延
extrudability 可挤塑性;挤[压]出性能
extrudate (1)压出型材;挤塑[压]制品 (2)挤出物[料]
extruded article 挤压[塑]制品
extruded expansion dehumidifier 挤压脱水膨胀干燥机
extruded parts 挤塑件;挤出塑品;挤出件
extruded product 挤压[塑]制品
extruder 挤[压]出机;挤塑[压]机
extruding blow mo(u)lding 挤出[坯]吹塑
extruding-desiccation machine 挤压脱水机
extruding die design 挤[压]出口型设计
extruding machine 挤压[塑,出]机
extruding screw 挤压螺杆
extruding unit 挤压机
extruser 螺旋[杆]挤出机
extrusion 挤出[塑];压出
extrusion blow moulding 挤出吹塑
extrusion blow moulding machine 挤出吹塑机
extrusion drier 挤压干燥器
extrusion dryer 螺杆脱水机
extrusion failure 挤出破裂
extrusion forming 挤压成型
extrusion line 挤塑(生产)(流水)线
extrusion load 挤压载荷
extrusion mo(u)lding 挤出(法);挤塑(法);挤出成形
extrusion pressure 挤出压力
extrusion rate 挤出速率
extrusion rheometer 挤出式流变仪
extrusion screw 挤塑螺杆;挤出机螺杆
extrusion stress 挤压[出]应力
extrusion technique 挤塑技术
extrusion temperature 挤出温度
exudate 渗出物
exudation 渗出
eye bolt 环首螺钉
eyebrow pencil 眉笔
eyecolor 眼影膏
eyeglass cleaner 眼镜片清洁剂
eyelash pomade 睫毛膏;睫毛油
eyelet 孔眼;窥视孔
eyeliner 眼线笔
eyeliner cake 眼睑块
eyeliner lotion 眼睑露
eyepiece 目镜
eyeshadow cream 眼影膏
eye shield 防护(眼)镜
eyes protector 护目镜
Eykman's depressimeter 埃克曼冰点降低计
Eyring model for flow 埃林流动模型
Eyring viscosity 埃林黏度
ezomycin 鲫霉素;碍阻霉素;菌核净
E-Z system E-Z系统

F

FAB(fast atom bombardment ion source) 快速原子轰击离子源
Faber viscosimeter 法伯尔黏度计
fabiatrin 法苹枝苷
fabricated by the buyer 由买方制造
fabricated product 加工制品
fabricated structure 装配式结构
fabricating cost 安装费(用);制造费(用)
fabricating plant 加工厂
fabrication on site 现场制作
fabrication process 制造工艺
fabricator 金属加工厂
fabric-based laminate 碎布塑料
fabric bearing 夹布胶木轴承
fabric bias cutting machine (胶布斜裁)裁断机
fabric calendering line 纤维帘布压延联动线
fabric dipping machine 帘布浸胶机
fabric doubler 层布贴合机
fabric filter 织物过滤器
fabric fuel tank 织物油箱;软燃料箱
fabric preshrink rubber blanket 织物预缩橡胶毯
fabric softener 织物柔软剂
fabric tyre 帘布轮胎
Fabry-Pérot etalon 法布里-珀罗标准具
Fabry-Pérot filter 法布里-珀罗滤波器
Fabry-Pérot interferometer 法布里-珀罗干涉仪
Fabry-Pérot resonator 法布里-珀罗共振腔
FAC colo(u)r[=Fat Analysis Committee colo(u)r] FAC 色度
face 端面
face bend test 表面弯曲试验
face-centered crystal 面心晶体
face-centered cubic lattice 面心立方点格[晶格,格子]
face centered lattice[grating] 面心点格[晶格,格子]
face-centered orthorhombic 面心正交的
face coat 表层涂层
face cream 雪花膏;面霜;润肤香脂
face defect 面缺陷
face flange 平面法兰
face guard(=face mask) (防护)面具
face mark 面层符号(木材的一个面上刻划的显著符号,表示以此面为基准调整其他面)
face mask (防护)面具
face of crystal 晶面
face of cut 切割面
face of weld (1)焊(接)面(2)焊缝(外)表面
face piece(of mask) (防毒面具)面罩
face(-plate) lathe 落地[端面]车床
face powder 香粉
face side (1)(设备)正面(2)木面(木材有面层符号的一面)
face up 面朝上
face up bonding 面朝上焊接
face view 正视图
face wear 端面磨损
facial isomer 面式异构体
facial isomerism 面式异构
facial washing milk 洗面奶
F-acid F 酸;2-萘酚-7-磺酸
facilitated diffusion 促进扩散;易于扩散;协助运输
facilitated transport 协助运输
facilitation factor 促进因子
facilities control console 设备控制台
facilities purchase order 设备购买订货单
facing (1)衬片(2)盖[铺,饰,贴]面(3)密封面
facing(operation) 端面加工
facing rubber 衬面胶;衬里胶
facing tile 外墙面砖
facsimile 传真
factice (硫化)油膏;油胶
F-actin F 肌动蛋白;纤维状肌动蛋白
factor 因子;因素
factor Ⅰ (凝血)因子Ⅰ;(凝血)第一因子;血纤(维)蛋白原
factor Ⅱ (凝血)因子Ⅱ;(凝血)第二因子;凝血酶原
factor Ⅱa (凝血)因子Ⅱa;凝血酶
factor Ⅲ (凝血)因子Ⅲ;(凝血)第三因子;(组织)促凝血酶原激酶;组织凝血(酶)致活酶

factor Ⅳ （凝血）因子Ⅳ;（凝血）第四因子;钙离子
factor Ⅴ （凝血）因子Ⅴ;（凝血）第五因子;促凝血球蛋白原;前加速因子
factor Ⅴa （凝血）因子Ⅴa;（凝血）因子Ⅵ;（凝血）第六因子;促凝血球蛋白;加速素
factor Ⅵ （凝血）因子Ⅵ;（凝血）第六因子;（凝血）因子Ⅴa;促凝血球蛋白;加速素
factor Ⅶ （凝血）因子Ⅶ;（凝血）第七因子;前转化素;（血清凝血酶原）转变加速因子;自凝血酶原Ⅰ;稳定因子
factor Ⅷ （凝血）因子Ⅷ;（凝血）第八因子;抗血友病球蛋白;抗血友病因子(A);血小板辅因子Ⅰ
factor Ⅸ（凝血）因子Ⅸ;（凝血）第九因子;血浆促凝血酶原激酶组分;克雷司马斯因子;血小板辅因子Ⅱ;自凝血酶原Ⅱ;抗血友病因子B
factor Ⅸa （凝血）因子Ⅸa;血浆促凝血酶原激酶;活性克雷司马斯因子
factor Ⅹ （凝血）因子Ⅹ;（凝血）第十因子;司徒(-鲍华)因子;斯图尔特(-鲍华)因子;凝血酶原激酶原
factor Ⅹa （凝血）因子Ⅹa;凝血酶原激酶;活性司徒因子;活性斯图尔特因子
factor Ⅺ （凝血）因子Ⅺ;（凝血）第十一因子;血浆促凝血酶原激酶前体;抗血友病因子C
factor Ⅻ （凝血）因子Ⅻ;（凝血）第十二因子;哈格曼因子;海氏因子;接触因子
factor XIII （凝血）因子XIII;（凝血）第十三因子;血纤维稳定因子;血纤维形成[交链]酶
factor analysis 因子分析
factorial design 析因设计
factorial effect 因素效应
factorial experiment 析因实验
factor of assurance 保险系数
factor of safety (1)安全因素(2)安全系数(3)安全率
factory acceptance test specification 工厂验收试车[试验,考核]规范
factory-adjusted control 出厂调整
factory building 厂房
factory cost 制造成本
factory effluent 生产废水
factory formula 生产配方
factory illumination 工厂照明
factory inspection 工[出]厂检验
factory lumber 加工用材[木]
factory noise 工厂噪声
factory preassembly 工厂预装配
factory price 制造成本
factory regulation 工厂规章
factory runs 大量[成批]生产
factory sewage 工厂废水
factory waste 工厂废料
facultative 兼性的
facultative anaerobe 兼性厌氧微生物
FAD(flavin adenosine dinucleotide) 黄素腺嘌呤二核苷酸
fade meter 褪色试验机
fadeometer 褪色计
$FADH_2$ 黄素腺嘌呤二核苷酸
fading 褪色
FAD pyrophosphorylase FAD焦磷酸化酶
fadrozole 法倔唑
faeces pump 排污泵
fagaric acid 崖[花]椒酸
fagarine 崖[花]椒碱
fag-end 废渣
fagine 水青冈碱
fagopyrin 荞麦碱
Fahraeus-Lindquist effect 法-林效应
Fahrenheit thermometer 华氏温度计[寒暑表]
Fahrenheit thermometric scale 华氏温标
fail 停车
failed test sample 不合规格的样品
fail in compression 受压损坏
failing load 破坏荷重[载荷]
fail-safe 故障(自动)保险的;失效保护[险]的;破损安全的
fail-safe design 可靠设计
fail-safe equipment 破损安全装置
fail-safe instrument "万无一失"的仪器;事故状况下仍安全的仪器
fail-safe test 破损安全试验
fail-safety design 可靠性分析
fail-tests 可靠性试验
fail to fire 不发火
fail(ure) 事故;失效
failure analysis 故障分析
failure breaking 断裂
failure by shear 剪切破坏
failure condition 破坏条件
failure in shear 剪切损坏

failure in tension 拉伸损坏
failure load 破坏载荷
failure mechanism 破坏机理
failure recognition 故障识别
failure record 故障[失效]记录
failure stress 破坏应力;失效应力
faintly alkaline reaction 弱碱性反应
Fair correlation of flooding 弗阿的液泛关联法(板式塔)
fairing 流线型罩
fairleader 卷扬机械
Fajans method 法扬斯法
fake fur 人造毛皮
Falcon engine rust test 法尔康发动机生锈试验
Falex friction test 法莱试验(在法莱摩擦机上评价润滑油的润滑性能)
fallen calfskins 死小牛皮
fall-in 进入同步
falling 消胀
falling ball impact test 落球冲击试验
falling ball visco(si)meter 落球黏度计
falling coaxial cylinder viscometer 同轴圆筒下落式黏度计
falling film evaporator 降膜(式)蒸发器
falling film exchanger 降膜式换热器
falling film molecular still 降膜分子蒸馏设备
falling-film turbular absorber 降膜式列管吸收器
falling film type absorber 湿壁降膜吸收塔
falling needle viscosimeter 落针黏度计
falling-off phenomenon 降变现象
falling-rate period of drying 降速干燥阶段
falling sphere visco(si)meter 落球(式)黏度计
falling-step 进入同步
falling weight test 落锤试验;冲击试验
fall out (1)落下;脱落(2)(核爆炸)散落物;沉降物;落下灰
fall test 落锤试验
fall time 衰退时间
false bottom 假底
false chemical equilibrium 假化学平衡
false colo(u)r film (多层)假彩色胶片
false floor(=false bottom) 假底
falseindigo oil 紫穗槐油
false Mooneys 假门尼黏度(黏度不随分子量增加而增加)
false ring 假年轮;伪年轮
false tube 假管
false-twist texturing process 假捻变形法
false work 脚手架
false yeasts 原酵母
false zero 假零点
famciclovir 泛昔洛韦
family (1)族(周期表)(2)科(生物分类)
famotidine 法莫替丁
famphur 氨磺磷
fampridine 泛普利定
fan 排风机
fan air 风机空气
fanasil 周效磺胺
fan belt 风扇(胶)带
fan blade 风扇叶;风机叶片
fan blade arm 风扇叶片支架
fancy finish 美术涂饰剂
fancy leather 美术革
fancy lump coal 精选[上等]块煤
fancy yarns 花式纱[丝]线
fang bolt 地脚螺丝
fangchinoline 防己醇灵
Fanglun 1414 聚对苯二甲酰对苯二胺纤维;芳纶 1414
Fanglun 1313 聚间苯二甲酰间苯二胺纤维;芳纶 1313
fan hood 风扇罩
fan impeller 风扇叶轮
fan motor 风机电机
fanning mill 风车;簸扬机
fan ring 风机外圈
fan shapped 扇形的
fan stack 风筒
fantofarone 泛托法隆
fan wheel 风扇轮
faradaic current 法拉第电流
faradaic impedance 法拉第阻抗;感应阻抗
Faraday constant 法拉第常量
Faraday current 法拉第电流
Faraday cylinder 法拉第(圆)筒
Faraday law of electromagnetic induction 法拉第电磁感应定律
Faraday rotation 法拉第旋转
Faraday's laws (of electrolysis) 法拉第(电解)定律
faradiol 款冬二醇

faradization 电疗
farcinicin 皮疽菌素;金丝菌素
fare 运费
far end 远端
far field flow 远场流
far field potential 远场电位
fargite (红)钠沸石
far infrared 远红外的
far infrared region 远红外区
far infrared spectrum 远红外光谱
farm equipment factory 农机制造厂
farmiglucin 巴龙霉素
farm machinery manufacturer 农机制造厂
farmyard manure 农家肥料
farnesene 法呢烯;金合欢烯
farnesol 法呢醇;金合欢醇
farnesylpyrophosphate (1)法呢焦磷酸 (2)焦磷酸法呢酯
farnoquinone 法呢醌;金合欢醌;维生素 K_2
far-seeing plan 远景规划
far sight 远视
far-superheavy nuclei 远超重核
far ultraviolet(=FUV) 远紫外的
far-ultraviolet region 远紫外区
fashioning 精加工
fast atom bombardment ion source 快速原子轰击离子源
fast bed 快速床
Fast Blue BB base 蓝色基 BB
Fast Blue VB salt 蓝色盐 VB
Fast Bordeaux B base 枣红色基 B
fast-breeder reactor(FBR) 快(中子)增殖(反应)堆
Fast Brilliant Yellow S3G 耐晒艳黄 S3G
fast chemistry 快化学
fast chromogen 耐晒色原
fast colo(u)r base 色基
fast crack propagation 裂纹失稳扩展
fast cure 快(速)硫化;短时硫化
fast curing cement 快硫化胶浆;常温硫化胶浆
fast curing rubber 快速硫化橡胶
fast-effective fertilizer 速效肥料
fastener 紧固零件
fastening bolt 夹紧螺栓
fastening nut 防松螺母
fastening ring 紧固环
fast firing 快速烧成
fast fluidization 快速流态化
fast fluidized bed 快速流化床
fast freezing 速冻
fast-high-temperature cure 快速高温硫化
fast ion conducting material(s) 快离子导体材料
fast ion conductor 快离子导体
fast lake 耐晒色淀
Fast Malachite Blue lake 耐晒孔雀蓝色淀
Fast Malachite Green lake 耐晒品绿色淀
fastness of dyeing 染色坚牢度
fastness to alkali 耐碱(色)牢度
fastness to bleaching 耐漂(白)(色)牢度
fastness to boiling 耐煮(色)牢度
fastness to decatizing 耐蒸(色)牢度
fastness to dust 耐(灰)尘(色)牢度
fastness to hot pressing 耐热压(色)牢度
fastness to ironing 耐熨(色)牢度
fastness to light 耐光(色)牢度
fastness to perspiration 耐汗(色)牢度
fastness to rubbing 耐磨(色)牢度
fastness to soaping 耐皂洗(色)牢度
fastness to washing 耐洗(色)牢度
fastness to water 耐水(色)牢度
fastness to wear 耐磨耗性;抗磨能力
fastness to weather 耐气候性
fast(neutron)reactor 快中子反应堆
fast neutrons 快中子
Fast Pink lake 耐晒桃红色淀
fast process 快过程
fast pulley 定滑轮
Fast Pure Blue lake 耐晒品蓝色淀
fast radiochemical separation 快放射化学分离
fast radiochemistry 快速放射化学(指短寿命同位素的快速化学分离)
fast reaction kinetics 快速反应动力学
fast reactor 快(中子反应)堆
Fast Red 3132 大红粉 3132
Fast Red B base 红色基 B
Fast Red R 颜料银朱 R
Fast Red RC base 红色基 RC
fast scan 快速扫描
fast setting 快速固化
fast shadow (色谱斑的)快速阴影
fast subsystem 快变子系统
fast test reactor(FTR) 快中子试验堆
fast variable 快变量
Fast Violet lake 耐晒青莲色淀
Fast Yellow G 耐晒黄 G
Fast Yellow 10G 耐晒黄 10G

fasudil 法舒地尔
fatal dose 致死剂量
fat clay 富黏土;可塑性黏土;油性黏土
fat coal 肥煤
fat colors 油溶染料
fat-extracted 脱(了)脂的
fat-free extraction paper 脱脂提取纸
fat-free filter paper 脱脂滤纸
fat gas 富气;湿气
fathom 英寻(深度单位,=1.8288米或6英尺)
fatigue 疲劳
fatigue analysis of attachment 连接的疲劳分析
fatigue break-down 疲劳破坏
fatigue characteristic 疲劳特性
fatigue corrosion 疲劳腐蚀
fatigue crack 疲劳裂纹[缝]
fatigue cracking 疲劳裂纹[缝]
fatigue curve 疲劳曲线
fatigue deformability 疲劳变形
fatigue endurance limit 疲劳持久极限
fatigue failure 疲劳失效[断裂]
fatigue failure criterion 疲劳失效准则
fatigue fracture 疲劳断裂
fatigue life 疲劳寿命
fatigue limit 疲劳极限
fatigue machine 疲劳试验机
fatigue meter 疲劳强度计
fatigue notch factor 疲劳切口系数
fatigue of metal 金属疲劳
fatigue of rubber 橡胶疲劳
fatigue performance 疲劳性
fatigue-proof rubber 防疲劳橡胶
fatigue-proof vessel 耐疲劳容器
fatigue property 疲劳特性
fatigue resistance 疲劳强度
fatigue strength 疲劳强度
fatigue stress 疲劳应力
fatigue test 疲劳试验;耐久试验
fatigue tester 疲劳试验机
fatigue (testing) specimen 疲劳试样
fatigue under flexing 挠曲疲劳;弯曲疲劳
fatigue under scrubbing 搓擦疲劳
fatigue value 疲劳极限
fat lime 优质石灰;富[肥]石灰
Fat Nigrosine B(或 GD) 脂溶性尼格(洛辛)B(或GD)
fat oil (吸收塔底部)富(吸收)油;饱和的油
fat-soluble vitamin 脂溶性维生素
fat spue 油霜
fat tannage 油脂鞣
fatten 加脂
fat turpentine 脂[稠]化松节油
fatty acid 脂肪酸
fatty acid amide 脂肪(酸)酰胺
fatty acid dehydrogenase 脂(肪)酸脱氢酶
fatty acid diethanol amide 脂肪酰二乙醇胺
fatty acid ethoxylate 脂肪酸聚氧乙烯酯
fatty acid ethyl ester(FAEE) 脂肪酸乙酯
fatty acid monoethanol amide polyglycol ether 脂肪酰单乙醇胺聚氧乙烯醚
fatty acid peroxidase 脂(肪)酸过氧物酶
fatty acid synthetase 脂(肪)酸合成酶
fatty acid thiokinase 脂(肪)酸硫激酶
fatty acyl chloride 脂肪酰氯
fatty acyl-CoA dehydrogenase 脂(肪)酰辅酶A脱氢酶
fatty acyl-CoA synthetase 脂(肪)酰辅酶A合成酶
fatty acyl desaturase 脂酰去饱和酶;脂酰脱氢酶
fatty acyl hydrazide 脂肪酰肼
***N*-fatty acyl-sphingosine** *N*-脂(肪)酰(神经)鞘氨醇
fatty acyl tauring 脂肪酰牛磺酸
fatty acyl urea 脂肪酰脲
fatty alcohol 脂肪(族)醇
fatty alcohol-polyoxyethylene ether 脂肪醇聚氧乙烯醚
fatty alcohol sulphate(AS) 脂肪醇硫酸酯(或盐)
fatty alkylol amide 脂肪烷醇酰胺
fatty alkyl sulfate 脂肪烷基硫酸盐(或酯)
fatty amide 脂肪酰胺
fatty amide type surfactant 脂肪酰胺型表面活性剂
fatty amine 脂肪(族)胺
fatty ester sulphonate 脂肪酸酯磺酸盐
fatty glyceride 脂肪酸甘油酯
fatty hydrocarbon(s) 开链烃;脂族[肪]烃
fatty infiltration 脂肪浸润
fatty spew 脂肪斑
fatwood 明子;多脂材
fault detector 探伤仪
fault diagnosis 故障诊断
faulted 有故障的;故障的

fault finder 探伤器
fault indicator 探伤器
fault in material 材料缺陷
faultless 无故障的
fault locator 毁损定位器
fault trees analysis 故障树形图分析
fault(y) coal 劣质煤
faulty operation 错误操作;操作错误
fauna natural perfume 动物性天然香料
Faure plate 富尔极板
Fauser process 佛瑟法(烃类部分氧化制合成气法)
Faversham powder 法佛斯哈姆炸药
Favier explosive 法维尔(炸)药
Faville-La Vally tester 法维-拉瓦利测定器(测定油膜破裂时的负荷)
Favorskii-Babayan acetylenic alcohol synthesis 法沃尔斯基-巴巴扬炔醇合成
Favorskii rearrangement 法沃尔斯基重排(作用)
fawcettiine 佛石松碱
fayalite 铁橄榄石
faying face (材料的)结合面
faying surface (材料的)结合面
fazadinium bromide 法扎溴铵;溴氮咪啶
f-block element f 区元素
FC(fuel cell) 燃料电池
FCC(fluidized-bed catalytic cracking) 流化床催化裂化
FD(field desorption) 场解吸
FDCD(fluorescence-detected circular dichroism) 荧光检测圆二色性
F-distribution F 分布;费歇尔分布
FD-MS(field desorption mass spectrometry) 场解吸质谱法
FDY(fully drawn yarn) 全拉伸丝
feasibility 可行性
feasibility study 可行性研究
feasible coordination 可行协调
feasible path method 可行路径法
feasible region 可行域
feather (1)羽毛(2)毛刺
feather alum (1)铁明矾(2)毛矾石
Feather analysis 费瑟分析(根据铝吸收测β粒子能量的方法)
feathering (1)釉羽(石灰釉光透造成的缺陷)(2)拉丝
feather key 滑键
feather-weight paper 轻磅纸
feature 特征区
feature detector 特征检测器
features and applications 特点和用途
febantel 非班太尔;苯硫氨酯
febarbamate 非巴氨酯;胺酯苯巴比妥
febrifacient 发热药
febrifuge 退热剂
febrifugine 退热碱;黄常山碱乙
febuprol 非布丙醇;苯丁氧丙醇
feclemine 非克立明;环苄双胺
fed-batch technique 流加技术
fedotozine 非多托秦
feed (1)进料;原料(2)饲料
feed additive(s) 饲料添加剂
feed-all 总进料
feedback 反馈
feedback control 反馈控制
feedback controller 反馈控制器
feedback control systems 反馈调节系统
feedback inhibition 反馈抑制
feed belt 加料传送带
feed bin (1)给料斗;进料斗(2)料仓
feed chain 给料链;进料链
feed charge 装料
feed charge door 进料口
feed chute 进料槽
feed coal 原料煤
feed cock 给水龙头
feed composition 进料组成
feed conversion ratio 饲料转化率
feed conveyer 进料运输机
feed crusher 破碎给料机
feed cutoff gates 进料关闭阀
feed cylinder 给料汽缸
feed disk 盘式进料器
feed distributor 进料分布器
feed dosing 定量加料器
feed drum 筒式进料机
feeder 给料器
feeder assembly 进料器组件
feeder for solid materials 固体加料器
feeder hooper 进料斗
feeder unit 进料装置
feed flowmeter 加料流量计
feedforward control 前馈控制
feedforward control systems 前馈调节系统
feed funnel 进料斗
feed gas 原料气
feed gearbox 进给箱
feed hopper 进料斗
feed hopper magazine 进料斗

feeding apparatus 进料装置
feeding capacity 供给容量
feeding equipment 进料装置;加料设备
feeding hole 进料口
feeding hopper 进料斗;喂料斗;加料斗
feeding in the batch 分批进料
feeding machine 加料机械
feeding mechanism 加料装置
feeding method 饲喂法
feed(ing) pump 进料泵
feeding tank 送料槽
feeding throat 进料口
feeding trough 送料槽
feed inlet 进料口
feed launder 进料斗
feed line 供料管线
feed liquid 供液
feed liquid inlet 供液口
feed liquid pump 供液泵
feed liquor 料液
feed liquor inlet 滤浆入口
feed liquor tank 给液贮罐
feed manifold 进料集管
feed mechanism 进给机构
feed mould inhibitor 饲料防霉剂
feed nozzle 加料管嘴
feed opening 进料口
feed pan 料盘
feed perfume 饲料香料
feed pipe 供[进]料管
feed pipe with nozzle 带喷嘴料液入口管
feed point 加料点;进料口
feed port 进料口
feed preheater 原料预热器
feed preparation 进料预处理
feed preservative 饲料防腐剂;饲料保存剂
feed puddle 进料槽
feed pump 进料泵
feed ram 进料推料机
feed rate 加料速度
feed riser 进料提升管
feed roller press 进料滚压机
feed screw 进给螺杆
feed screw collar 进给螺杆挡环
feed screw mechanism 进料螺杆机构
feed screw sprocket 送料螺旋;链输
feed section 加料段;给料段
feed shaft 进给轴
feed slurry 滤浆
feed slurry inlet 滤浆入口
feed solids 固体进料
feed solution 进料溶液
feed splitter 加料分流器
feed spout 进料斜槽;给料斗
feed steam 进汽
feed stock 原料
feedstock conversion 原料转化率
feedstuffs 饲料
feed supplement 饲料(营养)添加剂
feed tank 加料槽
feed throat 加料喉管
feed transport 喂送输送
feed trough 进料槽
feed unit 进给[刀]装置
feed water, feedwater 进水;给水;供水;输送水;饮用水
feed water distribution orifice 给水分布孔
feed water heater 给水加热器
feed water inlet 供[给]水口
feed water inlet valve 给水入口阀
feed water line 给水管线;给水管路
feed water plug 注水口旋塞
feed(water) pump 给水泵
feed water stop valve 给水闸门
feed water treatment 给水处理
feed water valve 给水阀
feed well (1)给水井(2)供料口
feed yeast 饲料酵母
feeler gauge 测隙规;厚薄规
feeling agent 手感剂
feel modifier 滑爽剂
FEF(fast extruding furnace black) 快压出炉黑
Fehlings reagent 费林试剂
felbamate 非尔氨酯
felbinac 联苯乙酸
feldene 吡罗昔康;炎痛喜康
feldspar 长石
feldspar glaze 长石釉
feldspathic glaze 长石釉
felinine 猫尿氨酸;*S*-[3-羟基-1,1-二甲(基)丙基]半胱氨酸
felite F矿;F盐;F岩(一种 belite)
fell 生皮
felloe band 垫带
felodipine 非洛地平
felsite (1)霏细岩(2)致密长石
felt (1)(毛)毡(2)毡垫圈
felt cleaner 毛布洗涤剂
felt element 毛毡滤心;毛毡过滤装置

felt filter 毡滤器
felting 缩绒
felt paper 油毡纸
felt reinforcement 毡状增强体
felt ring (1)轴密封圈(2)毡环
felt seal 毡密封
felt washer 毡垫圈
felt washing agent 毛布洗涤剂
felviten 茴三硫;胆维他
felypressin 苯赖加压素
female adapter 内螺纹接头
female die 阴模;下半模
female flange 凹面法兰
female hormone 雌(性)激素
female mo(u)ld 阴模;下半模
female screw connection 内螺纹连接头
female sex hormone 雌性激素
female thread 阴螺纹;内螺纹
femoxetine 非莫西汀
femto- 飞(姆托);(旧称)毫微微(10^{-15})
femtometre (fm) 飞米;10^{-15}米
fenadiazole 酚二唑
fenalamide 非那拉胺;苯丙酰胺酯
fenalcomine 非那可明;苯醇胺
fenamiphos 苯线磷;克线磷
fenamole 非那莫;苯四唑胺
fenapanil 菌拿灵
fenarimol 异嘧菌醇
fenarol 氯美扎酮;芬那露
fenbendazole 芬苯达唑;苯硫哒唑
fenbenicillin 芬贝西林;苯苄青霉素
fenbuconazole 腈苯唑
fenbufen 芬布芬;联苯丁酮酸
fenbutatin oxide 杀螨锡
fenbutrazate 芬布酯
fencamfamine 芬坎法明;苯乙胺去甲樟烷
fencamine 芬咖明;苯双胺咖啡碱
fence 栅栏
fench(an)one 葑酮;小茴香酮;1,3,3-三甲基-1,4-桥亚甲基-2-环己酮
fenchlorphos 皮蝇磷
fenchol 葑醇;小茴香醇
fencholic acid 葑酸;小茴香酸
fencibutirol 芬西布醇;羟苯环己丁酸
fenclofenac 芬氯酸;二氯苯氧苯乙酸
fenclorac 苯克洛酸;氯环苯乙酸
fenclozic acid 芬克洛酸;氯苯噻唑乙酸
fendiline 芬地林;苯乙二苯丙酸
fendosal 芬度柳;苯吲柳酸
fenethazine 吩乙嗪
fenethylline 芬乙茶碱;苯丙氨乙茶碱
fenfluramine 芬氟拉明;氟苯丙胺
fenfluthrin 五氟菊酯
fenimide 非尼米特;芬亚胺
fenipentol 非尼戊醇
fenitrothion 杀螟松;杀螟硫磷
fennel 小茴香
fennel(-seed) oil 小茴香油
fennel water 小茴香水
fenofibrate 非诺贝特;降脂异丙酯
fenoldopam 非诺多泮
fenoprofen 非诺洛芬;苯氧苯丙酸
fenoterol 非诺特罗;酚丙喘宁
fenoverine 非诺维林
fenoxaprop-ethyl 噁唑禾草灵(乙酯)
fenoxazoline 非诺唑啉;苯氧唑啉
fenoxedil 非诺地尔;苯氧酯二胺
fenoxycarb 苯醚威;双氧威
fenozolone 非诺唑酮;苯噁唑酮
fenpentadiol 芬戊二醇;氯苯己二醇
fenpiclonil 拌种咯
fenpiprane 芬哌丙烷;二苯丙哌啶
fenpiverinium bromide 苯维溴铵;溴化甲苯哌酰胺
fenpropathrin 分朴葡酯;甲氰菊酯
fenpropidin 苯锈啶
fenpropimorph 丁苯吗啉
fenproporex 芬普雷司;氰乙苯丙胺
fenprostalene 芬前列林;前列苯烯
fenpyrithrin 吡氯氰菊酯
fenpyroximate 唑螨酯
fenquizone 芬喹唑
fenretinide 芬维A胺
Fenske equation 芬斯克公式(多组分连续蒸馏最小理论板计算式)
Fenske equation 弗恩斯克方程
Fenske helix packing 芬斯克螺旋型填料
Fenske packing 芬斯克填料;螺线圈填料
Fenske's equation 芬斯克方程
fenspiride 芬司匹利;克喘螺癸酮
fensulfothion 丰索磷;砜线磷;线虫磷
fentanyl 芬太尼
fenthion 倍硫磷
fentiazac 芬替酸;双苯噻酸
fenticlor 芬替克洛;硫双对氯酚
fenticonazole 芬替康唑
fentin acetate 薯瘟锡
fentin chloride 氯化三苯基锡
fentin hydroxide 毒菌锡

fentonium bromide 芬托溴铵
Fenton reagent 芬顿试剂
fenugreek 胡芦巴
fenuron 非草隆
fenvalerate 杀灭菊酯;氰戊菊酯
fepradinol 非普地醇
feprazone 非普拉宗;戊烯保泰松
ferbam 福美铁
ferberite 钨铁矿
ferganite 水矾铀矿
fergusonite 褐钇铌矿
Fermate 福美铁
Fermat principle 费马原理
ferment 酶;酵素
fermentation 发酵
fermentation alcohol 发酵酒精
fermentation chemistry 发酵化学
fermentation engineering 发酵工程
fermentation industry 发酵工业
fermentation process(es) for vitamin production 维生素发酵
fermentation tube 发酵管
fermentative microorganism 发酵微生物
fermenter 发酵罐[器]
fermenting cellar 发酵室
fermi 费米(长度单位,等于 10^{-13} 厘米)
Fermic golden rule 费米黄金定则
fermicidin 杀酵菌素
Fermi contact interaction 费米接触相互作用
Fermi contact shift 费米联系位移
Fermi(-Dirac) distribution 费米(-狄拉克)分布
Fermi-Dirac integral 费米-狄拉克积分
Fermi-Dirac statistics 费米-狄拉克统计
Fermi energy 费米能级
Fermi hole 费米穴
Fermi level 费米能级
Fermi momentum 费米动量
fermion 费米子
Fermi resonance 费米共振
Fermi sea 费米海
Fermi sphere 费米球
Fermi surface 费米面
Fermi temperature 费米温度
fermium 镄
ferramido-chloromycin 铁铵氯新霉素
Ferranti furnace 费兰蒂感应炉
ferrate 高铁酸盐
ferratogen 核酸铁(的别名)
ferredoxin 铁氧(化)还(原)蛋白
ferriammonium chromate 铬酸铁铵
ferriammonium sulfate 硫酸铁铵;铁铵矾(硫酸铁与硫酸铵形成的水合复盐)
ferric acetate 醋酸铁
ferric acid 高铁酸
ferric albuminate 白蛋白铁
ferric ammonium alum 铁铵矾;硫酸铁铵
ferric ammonium citrate 柠檬酸铁铵
ferric ammonium oxalate 草酸铁铵
ferric carbonate 碳酸铁
ferric chloride 氯化铁
ferric chromium lignin sulfonate 铁铬木质素磺酸盐
ferric citrate 柠檬酸铁;枸橼酸铁
ferric-cobalt tape 铁钴磁带
ferric ferricyanide 铁氰化铁
ferric ferrocyanide 亚铁氰化铁
ferric fluoride 氟化铁
ferric formate 甲酸铁
ferric fructose 果糖铁;高铁果糖
ferric glycerophosphate 甘油磷酸铁
ferrichrome 高铁色素;高铁环六肽(一种霉菌色素)
ferric hydroxide 氢氧化铁
ferricinium ion 二茂铁离子
ferric iodide 碘化铁
ferriclate calcium sodium 葡铁钠钙
ferric metasilicate 硅酸铁
ferric nitrate 硝酸铁
ferric nucleinate 核酸铁
ferric oxide 氧化铁
ferric phosphate 磷酸铁
ferric potassium alum 铁钾矾;硫酸铁钾
ferric protoporphyrin 高铁原卟啉;高铁血红素
ferric pyrophosphate 焦磷酸铁
ferric rhodanate 硫氰酸铁
ferric rhodanide 硫氰酸铁
ferric rubidium alum 铁铷矾;硫酸铷铁
ferric rubidium sulfate 硫酸铷铁;铁铷矾(硫酸铷和硫酸铁的水合复盐)
ferric sodium edelate 乙二胺四乙酸铁钠
ferric subsulfate 碱式硫酸铁
ferric sulfate 硫酸铁
ferric tannate 单宁酸铁
ferric tape 氧化铁磁带
ferric thiocyanate 硫氰酸铁
ferricyanic acid 氰铁酸;六氰合铁氢酸
ferrielectrics 亚铁电体

ferriferrous chloride 氯化正亚铁；五氯化二铁
ferriferrous oxide 氧化正亚铁；四氧化三铁；磁性氧化铁
ferriheme 高铁血红素；高铁原卟啉
ferrihemoglobin 高铁血红蛋白
ferriin 菲咯啉(正)铁络离子
ferrimagnetics 铁氧体磁体
ferrimagnetism 铁氧体磁性
ferrimagnets 铁氧体磁体
ferrimanganic pyrophosphate 焦磷酸铁锰
ferrimycin 高铁霉素
ferrinol 核酸铁
ferriporphyrin 铁卟啉
ferripotassium citrate 柠檬酸铁钾
ferriprotoporphyrin(＝heme) 亚铁原卟啉；(正铁)血红素
ferrisulfas 硫酸亚铁
ferrite (1)铁酸盐(2)纯粒铁(3)铁素体；铁氧体
ferrite process 亚铁酸盐法(生产烧碱的古老方法，按现行命名规定应称铁酸盐法)
ferrite yellow 铁黄
ferritic steel 铁素体钢
ferritin 铁蛋白
ferroalloys 铁合金
ferrocarbon titanium 铁碳钛齐
ferrocene 二茂铁
ferrocenyl methyl ketone 二茂铁基·甲基(甲)酮；乙酰基二茂铁
ferrocenyltriphenylsilane 二茂铁基三苯(甲)硅烷
ferrocerium 铁铈齐
ferrochelatase 亚铁螯合酶；亚铁原卟啉合成酶
ferrocholinate 铁胆盐；枸橼酸铁胆碱
ferrochrome 铬铁(合金)
ferroconcrete 钢筋混凝土
ferrocyanic acid 氰亚铁酸；亚铁氰酸
ferrocyanide 氰亚铁酸盐；亚铁氰化物
ferrodolomite 铁白云石
ferroelectric (1)铁电的(2)铁电体；铁电物质
ferroelectric ceramics 铁电陶瓷
ferroelectric crystal 铁电性晶体
ferroelectricity 铁电性
ferroelectric polymer 铁电性高分子
ferroelectrics 铁电体；铁电材料
ferroelectric transition 铁电转变
ferroferric oxide 四氧化三铁；磁性氧化铁
ferroferricyanide 氰铁酸亚铁；(正)铁氰化亚铁
ferroferrocyanide 氰亚铁酸亚铁；亚铁氰化亚铁
ferroglycine sulfate(complex) 甘氨酸硫酸亚铁(络合物)
ferroheme (亚铁)血红素
ferrohemoglobin 血红蛋白
ferroin 邻菲咯啉亚铁离子
ferromagnesium (1)铁镁齐(2)亚铁镁(根)
ferromagnesium sulfate 硫酸亚铁镁
ferromagnetic polymer 铁磁聚合物
ferromagnetics 铁磁体
ferromagnetism 铁磁性
ferromagnet 铁磁体；铁磁物质
ferro-manganese 铁锰(合金)
ferromanganous sulfate 硫酸亚铁(二价)锰
ferrometry 亚铁量(滴定)法
ferro-molybdenum 钼铁(合金)
ferromycin 菲洛霉素
ferron 试铁灵；7-碘-8羟喹啉-5-磺酸
ferronascin 费洛那辛
ferro-nickel 镍铁(合金)
ferrophosphorus 磷铁
ferroprotoporphyrin 亚铁原卟啉；血红素
ferro-silico-aluminum 硅铝铁(合金)
ferro-silico-manganese 硅锰铁(合金)
ferro-silicon alloy 硅铁(合金)
ferro-silico-nickel 硅镍铁(合金)
ferro-silico-titanium 硅钛铁(合金)
ferro-titanium 钛铁(合金)
ferro-tungsten 钨铁(合金)
ferro-uranium 铀铁(合金)
ferrous acid 铁酸
ferrous ammonium sulfate 硫酸亚铁铵
ferrous arsenide 二砷化三铁
ferrous bicarbonate 碳酸氢亚铁
ferrous carbonate 碳酸亚铁
ferrous chloride 氯化亚铁
ferrous citrate 柠檬酸亚铁
ferrous disulfide 二硫化(亚)铁
ferrous ferricyanide 铁氰化亚铁
ferrous ferrocyanide 亚铁氰化亚铁
ferrous fluoborate 氟硼酸亚铁
ferrous fluoride 氟化亚铁
ferrous free-oxygen absorber 活性氧化铁类脱氧剂
ferrous fumarate 富马酸亚铁
ferrous gluconate 葡萄糖酸亚铁

ferrous iodide 碘化亚铁
ferrous lactate 乳酸亚铁
ferrous material 黑色金属材料
ferrous metallurgy 钢铁冶金；黑色（金属）冶金
ferrous metals 铁类[基]金属；黑色金属；铁三素组（指铁钴镍）
ferrous oxalate 草酸亚铁
ferrous oxide 氧化亚铁
ferrous platinichloride 氯铂酸亚铁
ferrous polysulfate 聚硫酸铁
ferrous rhodanate 硫氰酸亚铁
ferrous succinate 琥珀酸亚铁
ferrous succinate-sodium citrate 琥珀酸柠檬酸铁钠
ferrous sulfate 硫酸亚铁
ferrous sulfate septihydrate 绿矾；硫酸亚铁七水物
ferrous sulfide 硫化亚铁
ferrous sulfocyanide 硫氰酸亚铁
ferrous thiocyanate 硫氰酸亚铁
ferrous thiocyanide 硫氰酸亚铁
ferrous titanate 钛酸亚铁
ferrous tungstate 钨酸亚铁
ferrovanadium 钒铁（合金）
ferrox plana 平面型铁氧体
ferroxyl indicator 铁锈指示剂
ferruginous discharges 红水
fertile materials 可转换材料
fertile nuclide 可转换核素；可增殖核素（指^{238}U、^{232}Th等可转换为可裂变核素的核素）
fertile-to-fissile ratio 可转换的与易裂变的核素之比
fertiliser 肥料
fertility 致育性
fertilizer 肥料
fertilizer conditioners 肥料调理剂
fertilizer effect 肥效
fertilizer efficiency 肥效
fertilizer material 基础肥料
fertilizer reaction 肥料反应
fertilysin 佛替来辛
fertirelin 夫替瑞林
ferul(a)ic acid （邻）阿魏酸
fervanite 水钒铁矿
fervenulin 热诚菌素
Fery(radiation)pyrometer 费里（辐射）高温计；全辐射高温计
festoon cooler 悬挂式冷却装置
festoon dryer 浮花干燥器；悬挂式干燥器
α-fetoprotein 甲胎蛋白
fetuin 胎球蛋白
Feulgen reaction 福尔根氏反应
fezatione 非扎硫酮；苯噻硫酮
FFF(field flow fractionation) 场流分级法
FI(field ionization) 场电离
FIA(flow injection analysis) 流动注射分析
fialuridine 非阿尿苷
FIA-method(= fluorescent indicator adsorption method) 荧光指示剂吸附法
fiber 纤维
fiber concrete 纤维增强混凝土
fiber (diffraction) pattern 纤维（衍射）图
fiber forming 成纤
fiber-forming polymer 成纤聚合物
fiber reinforced concrete 纤维增强混凝土
fiber spinning from crystalline state 液晶纺丝
fibers reinforcement 纤维骨架材料
fiber structure 纤维结构
fibinolysin 纤溶酶
Fibonacci search method 斐波那契搜索法
fibre 纤维
fibre-covered plywood 纤维面胶合木板
fibreglass 玻璃纤维；玻璃丝
fibreglass reinforced plastics 玻璃纤维增强塑料
fibrelike texture 纤维状结构
fibre reinforced composite 纤维增强复合材料
fibre reinforced concrete 纤维增强混凝土
fibre spinning 纺[抽]丝
fibre staining 纤维着色
fibrid 纤条体
fibril 原纤
fibrillar alumina 丝状氧化铝
fibrillar crystals 微丝晶
fibrillarin 核纤蛋白
fibrillated fibre 膜裂[撕裂，拉裂]纤维
fibrillation 原纤化
fibrillation spinning 原纤化纺丝
fibrillin 肌原纤维蛋白
fibrin 血纤（维）蛋白
fibrin adhesive 血纤维蛋白胶
fibrinase 血纤维形成[交链]酶；血纤维稳定因子；（凝血）因子 XIII；（凝血）第十三因子
fibrin glue ball 血纤维蛋白胶粘球

fibrinogen 血纤(维)蛋白原
fibrinokinase 血纤(维蛋白溶酶原)激活酶
fibrinolysin 血纤(维)蛋白溶酶
fibrinopeptide 血纤(维蛋白)肽
fibroblast 成纤维细胞
fibroblastic 成纤维样的
fibrocyte 纤维细胞;成纤维细胞
fibroelastic tissue 弹性纤维组织
fibroferrite 纤铁矾
fibrograph 纤维长度照影机
fibroid (1)类纤维的(2)纤维瘤
fibroin 丝心蛋白
fibrolite 硅线石
fibrolysin 溶纤维剂;柔瘢药
fibronectin 纤连蛋白;(纤)粘连蛋白;ζ蛋白(大分子功能糖蛋白)
fibronectin 纤连蛋白
fibrous alumina 纤维状氧化铝
fibrous crystal 纤维晶
fibrous dust 纤维性粉尘
fibrous glass 玻璃纤维;玻璃丝
fibrous materials (钻井用)纤维材料
fibrousness 纤维度
fibrous protein 纤维状蛋白质
fibrous solid 纤维状固体
FIC(fast ion conductor) 快离子导体
fichtelite 朽松木烷
ficin 无花果蛋白酶
Fick law 菲克定律
Fick's first law 菲克第一定律
Fick's law 菲克定律
Fick's law of diffusion 菲克扩散定律
Fick's second law 菲克第二定律
ficosapentenoic acid 二十碳五烯酸
fictitious cake 假想滤饼
fictitious molecular weight 虚分子量
FID(flame ionization detector) 火焰离子化检测器
field 场
field ammoniation 田间加氨
field antipoisoning 战地消毒
field assay 野外测试;现场分析
field assembly 现场组装
field connection 现场装配
field desorption 场解吸
field effect 场效应
field-emission 场致发射
field emission microscope(**FEM**) 场致发射显微镜
field emission spectroscopy(**FES**) 场致发射光谱学
field (engineering)(**FE**) 现场
field experiment (1)野外试验(2)现场试验
field fabrication 现场制作
field flow fractionation 场流分级法;场流动分级分离
field inspection 现场检验
field installation 现场安装
field ionization 场(致)电离
field ion microscope(**FIM**) 场致离子显微镜
field ion microscopy(**FIM**) 场致离子显微镜检查法
field joint 安装接头[焊缝]
field jump 电场跃变
field latex 鲜胶乳
field maintenance 现场维修[修理]
field mix 现场配料
field mounted(**FM**) 现场安装
field of application 应用范围
field of force of molecule 分子力场
field of view 视野;视场
field operation 室外操作
field painting 现场涂装
field personnel training 现场人员训练
field point 场点
field poisoning 战地布毒
field potential 场电位
field service 现场使用
field service compressor 现场用压缩机;移动式压缩机
field source 场源
field stop 视场光阑;场阑
field sweep 扫场
field test 野外[现场,工地]试验
field trial(=field test) 野外[现场,工地]试验
field use 现场使用
field variable 场变数
field weld(ing) 现场焊接
fierce braking 急剧制动;猛刹车
fifteen-membered ring 十五元环
figaron 吲熟酯
fig soap 纹饰皂
figured cloth 提花织物
figure number 代号
filament (1)长丝(2)单丝(复丝中的单根细丝)(3)丝极(4)鞭毛丝

filament crystal 丝(状结)晶
filament denier 长[单]丝旦数
filamentous fungi 丝状真菌
filament pyrolyzer 热丝热解器
filament winding 纤维缠绕
filament winding process 长丝缠[卷]绕工艺;缠绕成型法
filament yarn 长丝纱(由若干根长丝组成)
filamin 细丝蛋白
file cut 锉齿
filicic acid 绵马酸
filicinic acid 绵马精酸
filiform corrosion 丝状腐蚀
filiform molecular structure 线状分子结构
filimarisin(=filipin) 菲律宾菌素
filing machine 锉(磨)机
filipin 非律平;菲律宾菌素
filitannic acid 绵马单宁酸;绵马鞣酸
filixic acid 绵马根酸
fill by gravity 自流装灌(靠重力自流装满或充填)
filled plastics 填充塑料
filled polytetrafluoroethylene 填充聚四氟乙烯
filled soap 填充皂
filled-system thermometer 充填式温度计;压力计式温度计
filled tower 填料塔
filled vulcanizate 填料硫化胶
filler 填充物;填料
filler block 衬块
filler fluidized bed 填料流化床
filler for plastic 塑料填充剂
filler-free vulcanizate 无填料硫化胶;纯硫化胶
filler metal 填焊[充]金属;焊料
filler reinforcement effect 填料补强效应
filler strip 三角胶条
fillet 胶瘤
fillet(corner) 圆角
filleting 圆角
fillet weld 角焊缝
fillet welded joint 填角焊缝
fillet(welding) 角焊
fillet weld in normal shear 正面角焊缝
fillet weld in parallel shear 侧面角焊缝
fillet weld size 焊角尺寸
filling 加填;填充
filling agent 填充物[剂]
filling aperture 装填孔
filling density (液化气的)装灌密度
filling end 加料端
filling factor 填充系数
filling funnel 注液漏斗
filling gun 注油枪
filling hole 填充孔;注入孔
filling material 填充材料
filling of tank cars 槽车装料
filling opening 填充孔;注入孔
fill(ing) orifice 填充孔;注入孔
filling piece 填隙片
filling pump 注油泵
filling riser 灌装鹤管;灌装提升管
filling sleeve 灌装软管
filling station 加油站
filling the hole 灌井
filling tube 灌装管;加料管
filling valve 进油阀
filling varnish 补充漆
fill line 充填输送管
fillmass(=massecuite) 糖膏
fill operation 充填操作
fill pipe 填充管;加入管
fill plug 加料口塞
fill port 装料口
film 110 110胶卷
film 120 120胶卷
film adhesive 膜状胶黏剂
film applicator 制膜器
film balance 膜天平
film base 片基
film base casting machine 片基流延机
film blowing 薄膜吹塑;吹胀成型法
film boiling 膜状沸腾
film coalescing aid 成膜助剂
film coating 涂膜;膜涂布
film coefficient of heat transfer 传热膜系数
film condensation 膜状冷凝
film density 胶片黑[密]度
film diffusion control 膜扩散控制
film disk 薄膜磁盘
film distillation apparatus 液膜蒸馏器
film dosimeter 胶片剂量计
film dryer[drier] 薄膜干燥机
film drying 胶片干燥
film effect 薄膜效应
film electrode method 膜电极法
film evaporator 薄膜蒸发器
film formation (胶乳)成膜
film forming 成膜剂

film-forming agent 成膜剂
film-forming inhibitor 成膜型缓蚀剂
film-forming material for coatings 涂料成膜物质
film forming surfactant 成膜表面活性剂
film heat transfer coefficient 传热膜系数
film holder 胶片盒;暗盒
filming amine 膜胺
film interference 薄膜干涉
film marker 胶片符号
film of oxide 氧化膜
film optics 薄膜光学
film-penetration theory 薄膜浸透理论
film pressure 膜压
film processing 洗片;胶片处理;胶片冲洗加工
film PSAT 薄膜(压敏)胶粘带
film pump 膜式泵
film reactor 膜式反应器
film scrubber 膜式洗涤器
film speed 胶片速度(1.指胶片感光度;2.指画幅频率,即胶片运速)
film tape 薄膜磁带
film theory (薄)膜理论
film theory of Nernst 能斯特膜理论
film thickness 膜厚度
film type and size 胶片型号尺寸
film type condensation 膜式冷凝
film type evaporator 膜式蒸发器;液膜(式)蒸发器
film viewer (1)胶片观察器;看片器(2)电影观众
film-wise condensation 膜状冷凝
film-wise operation 膜式操作;膜式运行
filter (1)滤器[机];过滤设备(2)滤波[光]器(3)滤色[光]片
filter aid 助滤剂
filter bag 滤袋
filter belt 过滤带
filter board 过滤纸板
filter bouse 过滤室贮斗
filter bowl(=filter casing) 滤罩
filter cake 滤饼
filter casing 滤罩
filter cell 滤槽
filter cloth 滤布
filter coalescer 过滤聚结器
filter compartment 过滤层段
filter cone 锥形滤器;滤锥
filter crucible 滤埚
filter cylinder 过滤器筒体
filter disk assembly 滤片组
filter dust separator 过滤式除尘器;过滤式集尘机[器]
filter dye 阻光染料
filtered cake 滤饼
filtered liquid 滤出液
filter fan 过滤器风机
filter funnel 过滤漏斗;布氏漏斗
filter gauze 滤布
filter holder 滤膜托;过滤器夹持器
filtering bag 滤袋
filtering bed 滤床
filter(ing) candle 滤烛;过滤烛管
filter(ing) cartridge 滤筒[心]
filtering centrifuge 过滤式离心机
filter(ing) disk(s) 滤片
filter(ing) element 滤心;过滤元件
filter(ing) flask 吸滤瓶
filtering frame 滤框
filtering funnel 过滤漏斗
filtering layer 滤层
filter(ing) medium 滤质;过滤介质
filtering surface 滤面
filtering velocity 滤速
filter leaf 滤叶;过滤叶片
filter leaf for residuals 残液过滤叶片
filter leaf group 过滤叶片组
filter leaf nozzle 过滤叶片接口
filter liquor 滤(出)液
filter material (过)(滤)(材)料
filter mesh 过滤筛网
filter off 滤出
filter out 滤出
filter paper 过滤纸;滤纸
filter paper pulp 滤纸浆
filter passer 滤过性病毒
filter photometer 滤光光度计
filter plate 滤板
filter press 压滤机[器]
filter press cake 压滤饼
filter press cloth 压滤布
filter press electrolyzer 板筐式(压滤机型)电解槽
filter pressing 压滤
filter press plate 压滤机[器]板
filter pump 滤泵
filter residue 滤渣
filter screen 滤网
filter stand 漏斗架

filter stoppage 过滤器堵塞
filter tube 滤管
filtrability 过滤性;可滤性
filtrable virus 滤过性病毒
filtrate 滤液
filtrate compartment 滤液室
filtrate cyclone 滤液旋液分离器
filtrated brine tank 过滤盐水槽
filtrate manifold 滤液总管
filtrate pump 滤液泵
filtrate receiver 滤液槽
filtrate reducer 降滤失剂;降失水剂
filtrate reducer for fracturing fluid 压裂液降滤失剂
filtrate tank 滤液贮罐
filtrate volume 滤失量
filtrating equipment 过滤装置[设备]
filtration 过滤
filtration aid 助滤剂
filtration board 过滤纸板
filtration centrifuge 过滤离心机
filtration equipment 过滤设备
filtration membrane 滤膜
filtration plant 滤水站;滤水厂
filtration plate 过滤板
filtration pump 过滤泵
filtration ring gap 过滤环隙
filtration stand 漏斗架
filtration sterilization 过滤除菌
filtration type centrifuge 过滤式离心机
fimbriae(复数 fimbria) 纤毛
fin (1)翅片;肋片(2)毛刺
final alignment 最终对[找]准
final boiling point 终馏点;终沸点;干点
final check 最后[终]检查
final cost 最后成本;终值
final design 最终设计
final dimension 成品尺寸
final end-product 成品
final inspection 最后[终]检查
final lacquer 末道漆
final mixing 终炼
final residuum 最后残渣;渣油
final result 最终结果
final retention time 后期保留时间
final retention volume 后期保留体积
final set 最后凝固
final size 最终尺寸
final sizing 最后筛分;精筛
final treatment 后处理;最终处理
final value of money 货币终值
final velocity 末速(度)
final working 最后加工
final yield 最后产率
financial leverage 财务杠杆
financial management 财务管理
financial plan 财务计划
finasteride 非那雄胺
Findlay cell(**for caustic soda**) 芬德来制苛性钠电解槽
fin drum dryer 翅片转鼓干燥器
fine adjustment 细调;精密校正[调整]
fine ceramics 精细陶瓷
fine chemicals 精细化学品
fine coal 粉煤
fine coke 细炭粉末;焦粉
fine crusher 细碎机
fine earthenware 精陶
fin efficiency 肋效率
fine finishing agent CZ-820 for silk 丝绸精练剂 CZ-820
fine gold 纯金
fine-grain developing agent 微粒显影液
fine grain development 微粒显影
fine grained salt 细粒盐
fine grained solid support 细粒载体
fine grained wood 细纹木材
fine lathe machine 精密车床
fine material 粉状物料
fine melt 全熔(炼);强(热)裂解
fine-mesh screen 带细孔的滤网
fine-mesh wire 细孔丝网用金属丝
fine metal 纯金属;精炼金属
fineness (1)细度(2)纯度(3)精致
fine ore 细矿
fine ore bin 细矿石储槽
fine ore feeder 细矿进料器
fine outlet 微粉出口
fine particle 微细[细粉]颗粒
fine particle coalescing 细颗粒聚结
fine particle separation 细颗粒分离
fine polymer 精细高分子
fine porcelain 细瓷
fine pottery 精陶
fine pressure 净压
fine purification 精制
finer particles 较细颗粒
finery 木炭吹[精]炼炉
fine salt 细盐

fines cone 细粉锥筒
fine screening 精筛
fines discharge 细粉排出口
fines dissolving tank 细粒溶解槽
fine shellac 上等紫胶(商品等级)
fine sizing 精筛
fines roaster 矿粉煅烧炉
fines stream 细粒流
fine structure 精细结构
fine structure constant 精细结构常数
fine wooled sheep skin 改良绵羊皮
fine zero adjustment 零点细调螺纹
fine zero control 零点微调控制
Fingal process 芬哥尔法(英国研究的强放射性废物玻璃固化法)
finger (cracking) test 指形抗裂试验
finger nail test 指甲切试法
finger printing (1)指纹法(生化)(2)“指纹”识别(特定核材料的辨认)
fingerprint region 指纹区
finger-tip control 按钮控制
finger valve (压缩机)单槽阀
fin heaters 翅片加热器
fin height 翅片高度
finish allowance 加工余量
finish application bath 上油浴
finish-coat paint 罩面漆
finished bait 毒饵
finished cure 后硫化;二次硫化
finished goods warehouse 成品仓库
finished-parts storage 成品库
finished piece(s) 完工件
finished soap 整理皂
finished stock 成品
finished surface 加工表面
finished weight 成品重量
finished work 已加工工件
finishing 涂饰;上油
finishing agent KB 整理剂 KB
finishing agent TS-4 for leather 皮革涂饰剂 TS-4
finishing allowance 加工余量
finishing assistant 整理助剂
finishing bath 后处理浴;上油浴
finishing coat 面涂层
finishing cure 后硫化;二次硫化
finish(ing) cut 精加工;完工切削
finishing mortar 抹面灰浆
finishing nut 光制螺母
finishing rate 终止充电率
finish mark 光洁度符号;加工符号
finish product 光制品
finish size 加工尺寸
finish surface 光制表面
finite difference method 有限差分法
finite element method 有限(单)元法
finite reflux operation (塔)在部分回流之下运转
finite rotation 有限转动
Finkelstein reaction 芬克尔斯坦反应
Finley color process 芬莱天然色法
finned drum 翅片转鼓
finned drum feeder 翅片转鼓给料机
finned heat exchanger 翅片换热器
finned ratio 翅化[片]比
finned tube 翅片管
finned tube bundle 翅片管束
finned tube condenser 翅管冷凝器
finned tube exchanger 翅管换热器
fin pitch 翅片距
fins 飞边;毛边
Finsen lamp 芬生灯
fin tube 翅片管
fin-tube heat exchanger 翅管式热交换器
fipexide 非哌西特;苯醋椒哌嗪
fipronil 氟虫腈;锐劲特
fir balsam 加拿大香脂
fire alarm 火警警报器
fire arrestor 阻火器
fire assaying 火试金法
fire back 回烧
fire bed 火层
firebox 燃烧室
fire break 防火间隔
fire brick (耐)火砖
fire-brick lined 耐火砖衬砌
fire burn 烧伤
fire clay (1)(耐)火泥(2)耐火黏土
fire clay brick 火泥砖;耐火砖
fire clay graphite brick 石墨黏土砖
fireclay refractory 黏土质耐火材料
fire coal 取暖用煤
firecracker 爆竹;鞭炮
firedamp (1)沼气;瓦斯(2)密封防火墙(采矿)
fired heater 明火加热炉;火焰加热器
fired preheater 火焰预热器
fired process tubular heater 直接火操作的管式加热炉
fire-engine 消防车

fire extinguisher 灭火器
fire extinguishing agent 灭火剂
fire extinguishing bomb 灭火弹
fire extinguishing pump 消防用泵
fire-fighting equipment 消防器材[设备]；灭火设备
fire(-fighting) foam 灭火泡沫
fire(-fighting) hose 消防胶管；水龙带
fire fighting measure 消防安全措施
fire fighting pump 消防泵
firefly luciferin 萤火虫荧光素
firegrate 炉篦子
fire hazard 火灾
fire-heating elbow 火焰加热弯管
fire hole 点火孔
fire opal 火蛋白石
fire permit 动火许可证
fire plug 消防栓
fire point 着火点
fire prevention 防火
fireproof coating 耐火涂料
fire proof construction 防火建筑
fire-proof dope 耐火涂料
fireproof finishing 防火加工
fire proofing mortar 耐火砂浆
fire protection 防火
fire pump 消防泵
fire pumper 消防车
fire resistance 耐火性；耐燃性
fire-resisting adhesive 阻燃胶黏剂
fire-resisting finish 防火罩面漆
fire retardant 阻燃剂；防火剂；耐火剂
fire retardant 3031 阻燃剂 3031
fire-retardant coating 防火涂料
fire-retardant fibre 阻燃纤维
fire-retardant for fibre 纤维阻燃剂
fire-retardant for plastic 塑料阻燃剂
fire-retardant FR-2 阻燃剂FR-2
fire-retardant paint(s) 防火漆
fire retarding agent 防火剂；阻燃剂；耐火剂
fire retarding coating(s) 防火漆
fire-righting 火焰加热法矫形
fire safe 防火设计
Firestone flexometer 费尔斯通柔曲仪
fire suppressor 防燃剂
fire test 着火点测定
fire tube 点火管；烟管；火管
fire tube boiler 火管锅炉
fire unit 灭火装置
fire viewer 看火器
firewall, fire wall 防火墙；风火墙；隔火墙；绝热隔板；防火隔板
fire waste 烧损
fireworks 焰火
fireworks composition 花火剂
firing (1)射击；放枪(2)(陶瓷)烧成
firing curve 烧成曲线
firing range 着火范围(指着火温度的范围)
firing shrinkage 烧缩
firm 厂商
firming agent 固化剂
firmoviscosity 黏弹性
firm time 变硬时间；硬化时间
fir seed oil 杉子油
first-aid cabinet 急救箱
first-aid case 急救箱
first batch 首批
first category vessel 一类容器
first-class electrode 第一类电极
first coordination sphere 内配位层
first cosmic velocity 第一宇宙速度
first cut 初馏分
first ejector 一级喷射泵
first fillmass 初糖膏
first freezing point method 第一凝固点法
first heat of solution 溶解第一焓变化
first integral 第一积分
first law of thermodynamics 热力学第一定律
first-order asymmetric transformation 一级不对称转换
first-order directional focusing mass spectrometer 一级方向聚焦质谱计
first order phase transformation (第)一级相(转)变
first order phase transition (第)一级相(转)变
first order reaction 一级反应
first order reduced density matrix 一阶约化密度矩阵
first order spectrum 一级图谱
first runnings 初馏物
first(stage) cure 第一阶段硫化
first triad (＝ferrous metals) 铁三素组(指铁钴镍)；铁类[基]金属；黑色金属
first virial coefficient 第一位力系数
first wall 第一壁
Fischer esterification 费歇尔酯化作用

Fischer-Hepp rearrangement 费歇尔-赫普重排作用;亚硝胺重排作用
Fischer indole synthesis 费歇尔吲哚合成法
Fischer iron-refining process 费歇尔炼铁法
(Fischer) osazone reaction (费歇尔)成脎反应
(Fischer) phenylhydrazone reaction (费歇尔)苯腙反应
Fischer projection (formula) 费歇尔投影式
Fischer reagent 费歇尔试剂(盐酸苯肼与醋酸钠的混液)
Fischer's acid 费歇尔酸;2-萘酚-6-磺酸
Fischer-Speier esterification 费歇尔-斯皮尔酯化作用
Fischer-Tropsch catalytic process 费-托催化过程
Fischer-Tropsch process 费-托法
Fischer-Tropsch synthesis 费-托合成法
fisetic acid(=fisetin) 非瑟酸;非瑟酮
fisetin 非瑟酮;漆树黄酮;3,7,3′,4′-四羟(基)黄酮
fisetinidol 非瑟酮醇;7,3′,4-三羟基黄烷-3-醇
fish berry 印度防己
fish bone method 鱼骨割法
fish cream 鱼浆
fisherman's soap 渔民皂(能去鱼腥)
fish-eye 鱼眼
fish gelatin 鱼鳔胶
fish glue 鱼鳔胶
fish guano 鱼肥;鱼渣粉
fishing-net paints 渔网漆
fishing pan 蒸盐锅
fishings 油皮(革、漆革上的油皮)
fishing salt 腌鱼盐
fish liver oil 鱼肝油
fish manure 鱼肥;鱼粪
fish oil 鱼油
fish-oil tannage 鱼油鞣(法)
fish paper 青壳纸
fish scaling 片落;剥落;剥离;(搪瓷)起鳞
fish scrap 鱼渣
fish skin 鱼皮
fish-tail head (1)鱼尾灯头(2)鱼尾机头
fish tallow 鱼脂
fish tankage 鱼肥
fish top 鱼尾式灯头
fisser 可裂变物质
fisser material 易裂变物质
fissile isotope 裂变同位素
fissile material 易裂变物质
fissile nuclide 易裂变核素
fissility 易[可]裂变性
fissiogenic isotope 裂生同位素;裂变成因同位素
fission 裂变;裂殖
fissionability parameter 可裂变度参数;可裂变性参数[Z^2/A]
fissionable material 可裂变物质(指 ^{233}U、^{235}U、^{239}Pu 等)
fissionable nuclide 可裂变核素
fission barrier 裂变位垒
fission bomb (=atomic bomb) 原子弹
fission chain reaction 裂变链反应
fission chemistry 裂变化学
fission counter 裂变计数器
fission fragments 裂变碎片
fission gas 裂变气体(产物)
fission neutrons 裂变中子
fission nuclear fuel 裂变核燃料
fission parameter 裂变参量
fission product chemistry 裂变产物化学
fission products 裂变产物
fission radiochemistry 裂变放射化学
fission track 裂变径迹
fission track dating 裂变径迹年代测定
fission yield 裂变产额
fissium(Fs) 裂片-铀合金(试样);裂变产物合金;钚
fissium oxide 裂变产物合金氧化物
fissochemistry 原子核分裂化学;核裂化学
fissure(s) 裂缝[口,隙];龟裂
fissuring (1)裂隙(2)节理
fistelin 菲瑟配基
fitch skin 艾虎皮
fitoncidin 葱素
fitted tube 接管
fitter 管工
Fittig reaction(=Würtz-Fittig reaction) 费蒂希反应;维尔茨-费蒂希反应
fitting group 安装队
fittings 管件;零配件;装置;设备
fitting screw 连接螺钉
fitting to fitting 管件至管件
fitting union 管套节;联管节
fitting-up 装配
fitting-up-gang 安装队
fitting up joint 连接处的装配
fit tolerance 配合公差

fit value 适合值
Fitzgerald-Thomson furnace 菲茨杰拉德-汤姆森电炉
Fitz-Simons viscosimeter 费兹-西蒙斯黏度计
five bowl universal calender 五滚筒式研光机
five carbon ring naphthene 五碳环烷
five-membered ring 五元环
five -roller 五辊(滚压)机
five-roll mill 五辊(滚压)机
fixanal 分析用配定试剂
fixation of nitrogen 固氮作用
fixation of phosphorus 磷素固定作用
fixation of potassium(in soil) 钾素固定作用(在土壤中)
fixation pair 固定线对;控制线对
fixative (1)定影剂[液](2)定香剂(3)固色[着,定]剂
fixed adsorbent bed 固定式吸附剂床
fixed ammonia 固定氨;结合氨
fixed assets 固定资产
fixed-axis rotation 定轴转动
fixed ball valve 固定式球阀
fixed beam 固定梁
fixed bearing end 固定轴承端
fixed bed 固定床
fixed bed catalytic cracking 固定床催化裂化
fixed bed hydroforming 固定床临氢重整
fixed-bed ion exchange 固定床离子交换
fixed bed process 固定床过程
fixed-bed (reaction) unit 固定床(层)(反应)设备
fixed-bed reactor 固定床反应器
fixed bed unit 固定床装置
fixed carbon 固定碳
fixed carrier membranes 固载膜
fixed charges 固定的消耗量
fixed configuration 固定构型
fixed consumption 固定的消耗量
fixed coordinate 固定坐标
fixed cost 固定成本
fixed coupling 固定联轴节
fixed designation of standard test 标准试验的固定编号〔美国材料试验协会(ASTM)石油产品标准试验法的编号〕
fixed discharge chute 固定料槽
fixed eluant 固定洗脱液
fixed end cover 固定端盖
fixed equipment 固定设备
fixed factor 固定因素
fixed flange 固定法兰
fixed foam generator 固定泡沫混合发生器
fixed frame 固定框架
fixed gas 固定气体(在常压和常温下不冷凝的气体)
fixed grate producer 固定炉箅煤气发生炉
fixed half 定模
fixed head 固定头盖板
fixed-inclined-tube micromanometer 固定斜管微压计
fixed index 固定指标
fixed interval 固定间隙
fixed jaw(of breaker) (压碎机的)固定颚板
fixed jaw plate 固定颚板
fixed liquid phase 固定液相
fixed load 固定负载[载荷]
fixed location 固定位置
fixed mixer 固定式混合机
fixed mo(u)ld 固定(式)压模
fixed mount 固定架
fixed nitrogen 固定氮
fixed oxygen 固定氧;化合氧
fixed partition cell 固定隔板沉淀池
fixed phase 固定相
fixed plant 固定设备
fixed plate 固定板
fixed point 固定点
fixed pressure plate 固定压紧板
fixed pulley 固定滑轮;固定皮带轮
fixed pump 固定的泵
fixed ring 固定环
fixed roof 固定顶盖
fixed-sieve jig 定筛簸淘机
fixed-tank vehicle 固定式槽车
fixed tongue tray 固舌塔板
fixed tray 固定板[盘]
fixed tripper 固定倾料器
fixed tube sheet 固定管板
fixed tube sheet (heat) exchanger 固定管板式(列管)换热器;列管式固定管板换热器
fixed tubesheet type 固定管板式
fixed-type bearing 固定轴承
fixed type rigid coupling 固定式刚性联轴节
fixed value controller 定值调节系统
fixed value regulating system 定值调节系统
fixed vane 固定(旋流)叶片
fixed variable 固定变量
fixed white 硫酸钡

fixer (1)定影剂[液](2)定香剂(3)固色[着,定]剂
fixing 定影
fixing agent (1)定影剂(2)定香剂(3)固色[着,定]剂
fixing bath (1)定影液(2)定…浴
fixing bolt 紧固螺栓
fixing holes 地脚螺栓孔;固定孔
fixture 夹紧装置
Fizeau experiment 菲佐实验
fizz 充气饮料
Flade potential 弗拉德电位;活化电位
flagecidin 杀鞭菌素(即茴香霉素)
flagellin 鞭毛蛋白
flagstaffite 柱晶[斜锥]松脂石
flagyl 甲硝哒唑;灭滴灵
flajolotite 黄锑铁矿
flake aluminum 片状铝粉
flake caustic 片状烧碱
flake graphite 鳞片状石墨
flake litharge 鳞状氧化铅;鳞状密陀僧
flake powder 片状炸药
flaker 刨[切]片机
flake reinforcement 片状增强体
flakes (1)鳞片;片状粉(粉末冶金)(2)白点;发裂(钢缺陷)(3)(纤维素塑料)干(片)坯料
flake shellac 片(紫)胶
flake soap 皂片
flake solid 片状固体
flake spreading 刮刀式涂胶
flake white (碳酸)铅白
flaking(off) 剥落
flaky graphite 薄片状石墨;鳞状石墨
flamazine 磺胺嘧啶银
flame 火焰
flame analysis 火焰分析
flame arrester 灭火器
flame atomization 火焰原子化
flame axis 焰轴
flame body 焰体
flame brazing 火焰钎焊
flame burner 火焰烧嘴
flame color test 焰色试验
flame detector (1)火焰检测器(2)火焰指示[监视]器
flame emission spectrometry 火焰发射光谱法
flame emission spectrum 火焰发射光谱
flame front 火焰锋;火焰前缘
flame fusion method (晶体生长)焰熔法
flame glass furnace 火焰式玻璃熔窑
flame gouging 火焰气刨
flame ignitor 点火器
flame ionization detector(FID) 火焰离子化检测器
flame ion mass spectrometry 火焰离子质谱分析
flameless atomization 无焰原子化
flameless burner 无焰烧嘴
flameless catalytic combustion 无焰催化燃烧
flameless powder 无焰火药
flame path 火道
flame photometer 火焰光度计
flame photometric analysis 火焰光度分析
flame photometric detector 火焰光度检测器
flame photometry 火焰光度法
flame pipe 火焰管
flame-proofer 耐焰剂
flame-proofing agent 耐焰剂
flame-proof motor 防爆(型)电动机
flame propagation mode 火焰传播方式
flame pyrolysis 火焰裂解
flame radiation 火焰的辐射
flame reaction 焰色反应
flame reactor 火焰反应器
flame resistant ABS resin 阻燃 ABS 树脂
flame resistant and antiknocking polystyrene 阻燃高抗冲聚苯乙烯
flame resistant conveyer belt 难燃输送带
flame resistant PP 阻燃聚丙烯
flame resistivity 难燃性
flame retardant 阻燃剂
flame retardant resin 阻燃树脂
flame-retardant rubber 阻燃橡胶
flame spectrometric analysis 火焰光谱分析
flame spectrometry 火焰光谱法
flame spectrophotometer 火焰分光光度计
flame spectrum 火焰光谱
flame spray coating 火焰喷镀
flame spray coating process 火焰喷涂法
flame spraying 火焰喷涂
flame spray powder coating process 粉末火焰喷涂法
flame stabilizator 火焰稳定剂
flame test 焰色试验
flame thermionic detector 火焰热离子检测器

flame thermocouple detector 火焰热电偶检测器
flame thrower 火焰喷射器
flame tip 焰舌
flame treatment 火焰处理
flammability 可燃性
flammability limits 自燃极限
flammulin 火菇菌素
flanch(＝flange) 法兰；凸缘
flange 法兰；凸缘
flanged 带法兰的
flanged assembly 法兰总成
flanged conical head 折边(的)锥形封头
flanged connection 法兰连接
flanged edge weld 卷边焊
90° flanged elbow 90°带法兰弯头
flanged fittings 法兰管件
flanged pipe fittings 法兰管件
flanged reducer 异径管；带法兰大小头
flange for air pump 气泵法兰
flangeless 无凸缘的
flange stud bolt 凸缘双头螺柱
flanging 卷边；折边
flanging die 翻边模
flanging machine 折边机
flanging-only head 折边平封头
flanking sequence 旁侧序列
flannel disk 法兰绒磨光盘
flap (1)垫带(2)折板；挡板
flap band 垫带
flap curing press 垫带硫化机
Flapper valve 瓣阀；Flapper 阀
flap valve 片状阀；瓣阀
flare 火炬
flare burner 火炬烧嘴
flared-fitting joint 喇叭口连接
flared tube 扩口管
flare stack (1)火炬烟囱；火炬管(2)放空烟囱
flaring die 扩口模
flash (1)闪光[烁](2)(模塑过程中的)溢料；飞翅[边]；毛刺(3)闪蒸
flash allowance 闪光留量
flash back 回烧
flashback arrester 回火保险器
flash-back fire 反闪火焰
flash butt welding 闪光对焊
flash cascade 闪蒸级
flash chamber 闪蒸室
flash cup 闪点杯(测定闪点的杯子)
flash current 闪光电流
flash distillation 闪(速)蒸(馏)；急骤蒸馏
flash(distillation) column 闪蒸塔
flash down 闪降(压力迅速下降)
flash drum 闪蒸罐[槽]
flash dryer 急骤[闪速，气流]干燥器
flash drying 急骤[闪速，气流]干燥
flash drying mill 干燥粉碎机
flashed vapour 急骤蒸气
flash evaporation 闪蒸
flash evaporator 闪蒸器
flash film concentrator 急骤薄膜式浓缩器
flash film evaporator 急骤薄膜式蒸发器
flash fire 急骤燃烧；暴燃
flash gas 闪蒸气
flash heater 急速加热器
flash-ignition temperature 骤燃温度
flashing column 闪蒸塔
flashing indicator 闪光指示器
flashing lamp 闪光灯
flashing nozzle 喷扫嘴
flashing point 闪点
flashing to atmosphere 闪蒸至常压
flashless mo(u)lding 不溢式模压法
flashlight composition 闪光剂
flash mixer 快速混合器；急骤搅拌器
flash mo(u)ld 溢料模具；溢出式铸塑模
flash off 闪蒸出
flash out 闪蒸排出
flash photolysis 闪光光解
flash point 闪点
flash polymerization 闪[猝]发聚合；瞬间聚合
flash pyrolysis 闪热裂
flash reducing propellant 消焰火药
flash separator 闪蒸分离器
flash setting admixture (混凝土)速凝剂
flash smelting 闪速熔炼
flash spectroscopy 闪光光谱学
flash spectrum 闪光光谱
flash spinning 闪蒸[瞬时]纺丝；闪纺
flash tank 闪蒸槽[罐]
flash tower 闪蒸塔
flash valve 快速卸料阀
flash vaporization 闪蒸
flash vulcanization 超速硫化
flash welding 闪光焊
flash zone 闪蒸段
flask 瓶；烧瓶
flask brush 烧瓶刷

flask shield 烧瓶屏罩
flask valve 烧瓶阀
flat band potential 平带电势
flat-bed chromatogram 平板色谱图
flat-bed chromatography 平板[面]色谱法
flat bed trailer 平板拖车
flat bed truck 平板卡车
flat belt 平带;平型传动带
flat belt made of rubberized fabric 胶布平型传动带
flat-blade paddle agitator 平桨式搅拌器
flat bottomed flask 平底烧瓶
flat bottom flask 平底烧瓶
flat-bottom hole 平底孔
flat butted seam 对头接缝
flat chisel 扁錾
flat coating 无光涂料
flat conveyor belt 平型运输带
flat copper 扁铜
flat core tire building machine (汽车外胎)半芯轮式成型机
flat cost 纯成本;工料[本]费
flat cover 平盖
flat curing 平坦硫化
flat deck roof 平顶盖
flat disk turbine agitator 圆盘平直涡轮式搅拌器
flat drill 平钻
flat enamel 平光漆
flat-ended horizontal cylindrical drum [tank] 平底卧式圆筒形罐
flat face flange 平面法兰
flat face pulley 平面皮带轮
flat filament 扁丝
flat film 散页胶片
flat flame 无光焰
flat flame burner 平焰烧嘴
flat floor building 平底料仓
flat gasket 平垫片
flat glass (平)板玻璃
flat head 平(板)封头
flat head bolt 平头螺栓
flat iron 扁铁
flat mill 轮碾机
flatness 平直[整,面]度
flat-nose pliers 鸭嘴钳;扁嘴钳
flat-operated relief valve 浮筒操纵安全阀
flat paper 平板纸
flat partition board 平隔板
flat-plate closure 平板封头
flat plate diffuser 平板扩散[压]器
flat-plate heat exchanger 平板式换热器
flat plate (solar) collector (1)平板日光搜集器;太阳能吸收器(2)太阳能转换器
flat plates 平板式
flat plate-type heat exchanger 平板式换热器
flat (position) welding 平焊
flat ring packing 扁环填料
flat screen 平筛;平板筛浆机
flat spring coupling 簧片联轴器
flat steel 扁钢
flat stone mill 平面磨
flat strainer 平筛;平板筛浆机
flat strip steel 平钢带
flattened square head bolt 平顶方头螺栓
flat thin tubesheet 平板形薄管板
flatting agent 平光剂;消光剂
flat(ting) paint 平[无]光漆;平[无]光涂料
flat(ting) varnish 平[无]光清漆
flat-toothed belt 齿形(平形)传动带
flat transmission belt 平型传动带
flat valve 平板[座]阀
flat vibrating screen 平板振动筛
flat ware 浅皿;盘碟
flat washer 平垫圈
flat welding 平焊
flat width (内胎)平叠宽度
flavacidin 戊青霉素钠;双氢青霉素 F 钠
flavane 黄烷
flavaniline 黄苯胺;2-对氨苯基-4-甲基喹啉
flavanol 黄烷醇
flavanone 黄烷酮(不叫黄酮,见 flavone)
flavanthrene 黄烷士林
flavaspidic acid 黄绵马酸;黄三叉蕨酸
flavensomycin 菌虫霉素
flavianic acid 黄安酸;2,4-二硝基-1-萘酚-7-磺酸
flavicid 黄弗剂
flavicin 戊青霉素钠;双氢青霉素 F 钠
flavin adenine dinucleotide(FAD) 黄素腺嘌呤二核苷酸
flavin(e) (1)黄素类(2)异咯嗪(3)五羟黄酮;栎精
flavine (1)吖黄素(2)黄素
flavin mononucleotide(FMN) 黄素单核苷酸
flavipucine 戊二霉素
flavodoxin 黄素氧(化)还(原)蛋白
flavoenzyme 黄素酶

flavokinase (核)黄素激酶
flavol 黄醇;2,6-蒽二酚
flavomycin 黄霉素
flavomycoin 黄霉菌素
flavone 黄酮;2-苯基苯并-γ-吡喃酮
flavone dye(s) 黄酮染料
flavonoid 类黄酮
flavonol 黄酮醇
flavopereirine 美农宁 G(一种生物碱)
flavophenine 黄芬宁;柯胺
flavoprotein 黄素蛋白
flavopurpurin 黄红紫素
flavor agent 调味剂
flavoring agent (1)增香剂(2)调味剂
flavoring material (1)增香剂(2)调味剂
flavo(u)r enhancer 鲜味剂
flavo(u)r potentiator 鲜味剂
flavoviridomycin 黄绿霉素
flavoxanthin 毛茛黄素;黄黄质
flavoxate 黄酮哌酯
flavylium ion 花色鲜;2-苯基-1-苯并吡喃鎓
flaw 划痕;裂缝[纹]
flaw detector 探伤仪
flawless 无裂纹[缝]的
flaxedil 加拉碘铵;三碘季铵酚
flax(-seed) oil 亚麻(子)油
flay cuts 剥皮伤
fleabane oil 飞蓬油
flecainide 氟卡尼;哌氟酰胺
flegellum 鞭毛
fleroxacin 氟罗沙星
fleshing 去[刮,削]肉
fleshing machine 去[刮,削]肉机
fleshings (从皮上刮下的)肉渣
flesh side 肉面;皮里
flesinoxan 氟辛克生
Fletcher bleacher 弗莱彻漂白机
flex 屈挠
flexamine 蛇叶(尼润)胺
flex cracking 屈挠龟裂
flex-cracking inhibitor 抗屈挠龟裂剂
flexer 屈挠试验机;疲劳生热试验机
flex fatigue resistance 耐屈挠疲劳
flex fatigue test 屈挠疲劳试验
flexibility (1)柔性;柔韧[曲]性(2)操作弹性(3)可行[适应]性
flexibility coefficient 柔度系数
flexibility matrix 柔度矩阵
flexibility of macromolecules 大分子柔曲性
flexibility of operation 操作灵活性;加工适应性
flexibilizer 增韧剂
flexible-bag laminating 软袋模层压(法)
flexible base 柔性基础
flexible chain 柔性链
flexible connector 挠性联[连]接器;挠性接头
flexible construction 柔性结构
flexible container 挠性容器;软质(包装)容器
flexible diaphragm 挠性膜片
flexible die 柔性模
flexible graphite gasket 柔性石墨垫片
flexible hose 挠性软管;柔软管;软质胶管
flexible hose pump 挠性软管泵
flexible-lip seal 弹簧唇形密封;弹簧口密封
flexible materials 柔性材料
flexible membrane moulding(=flexible bag moulding) 软(质)隔模成型
flexible metallic conduit 金属软管
flexible metall(ic) hose 挠性金属管;软(金属)管
flexible metal sleeve gasket 挠性金属密封套
flexible metal tubing 金属软管
flexible package 软包装
flexible phenoplast 可挠性酚醛塑料
flexible pipe 挠性管;软管
flexible pipeline cleaner 挠性管道清洁器
flexible pipeline pig 挠性管道清洁器
flexible PVC 软(质)聚氯乙烯
flexible rotor pump 挠性转子泵
flexible rule 卷尺
flexible shaft 挠性轴
flexible shafting 挠性轴系
flexible side group 柔性侧基
flexible tank 折叠式油罐
flexible transport 无轨运输
flexible tube 挠性管;软管
flexible tube auger conveyer 挠性管式螺旋输送器
flexible tubesheet 挠性管板
flexible tubing 软管
flexible vinyl 软(质)聚氯乙烯
flexicoking 灵活焦化
flexicracking 灵活裂化
flexilbe coupling 挠性联轴节
flexing life 挠曲寿命

flexinine 蛇叶(尼润)碱
flex life 挠曲寿命;屈挠寿命
flexograph 柔性版印刷
flexographic plate 柔性树脂版
flexomer 挠性聚合物
flexometer 挠度计
flex resistance 耐屈挠性
flex stiffness 耐屈挠疲劳
flex testing machine 屈挠试验机
flexural creep 挠曲蠕变
flexural fatigue 屈挠疲劳
flexural modulus 弯曲模量
flexural rigidity 抗弯刚度
flexural strength 弯曲强度
flexural stress 弯曲应力
flexural temperature 挠曲温度
flexure 挠曲
flight chain conveyer 双列刮板输送机
flight conveyer 刮板输送机
flighted 抄板式
flight link 刮板链节
flindersine 佛林德碱;巨盘木素
flinger ring 挡液环
flinkite 褐砷锰矿[石]
flint 燧石
flint clay 硬质黏土
flint-coated paper 蜡光纸
flint dry hide 僵板皮
flint glass 火[燧]石玻璃
flint-glazed paper 蜡光纸
flint glazing (用)燧石研光
flip angle 倾倒角
flip-flop 翻转
flip flop column system 回转柱系统
flipper 挡泥板
float 浮球[标,筒]
float-actuated level controller 浮标水准控制器
floatation 浮选
float ball level meter 浮球液面计
floatation basin 气浮池
float bath 浮槽
float chamber 浮球室
float check valve 浮子式止逆阀
float-controlled drainage pump 自动排水泵
float-controlled valve 浮子阀
float crosshead pin 浮动十字头销
float extension rod 浮子延伸杆
float glass 浮法玻璃
float guide 浮筒导杆
float head heat-exchanger 浮头式(列管)换热器
floating agent 浮选剂
floating angle tray 浮动角钢塔盘
floating ball 浮球
floating barrier 浮动挡板
floating bath soap 浮水浴皂
floating battery 浮充蓄电池
floating bottom 浮底
floating charge 浮充电
floating cover 浮顶
floating crane 浮吊
floating damper 浮动风门
floating derrick 浮式起重机
floating distillation tower 浮阀塔
floating head backing device 浮动背衬环
floating head condenser 浮头式冷凝器
floating head cover 浮头盖
floating head flange 浮头法兰
floating head heat exchanger 浮头换热器
floating head kettle type reboiler 釜式浮头再沸器
floating head type heater 浮动管板式加热器
floating jet tray 浮动舌形塔盘
floating oil filter 浮(在表面上的)油过滤器
floating packing 活动填料
floating pipe 浮动管道;活动管道
floating reclaim 水油法再生胶;中性水法再生胶
floating refinery 浮动炼油厂;船上炼油厂
floating reservoir 浮式油罐
floating ring(FR) 浮环
floating-ring bearing 浮动轴承
floating-ring seal 浮环密封
floating roof 浮顶;浮置上盖;浮顶罐
floating roof hydrocarbon tank 浮顶油罐
floating roof reservoir 浮顶贮罐
floating roof seal 浮顶密封
floating roof tank 浮顶罐
floating sieve tray 浮动筛板
floating skimmer 浮式撇取[油]器
floating soap 浮水皂
floating spherical Gaussian function 浮动球高斯函数
floating spray column 浮动喷射塔
floating spray tower 浮动喷射塔
floating steam trap 浮球式冷凝水排除器
floating tubesheet 浮动管板

floating tubesheet heat exchanger 浮头式(列管)换热器
floating type thermometer 浮式温度计(刻度在里面的温度计)
float(ing) valve 浮球阀
floating valve tray 浮阀板
floating weight 移动式重锤
floating zone melting 悬浮区熔法
float jet tray 浮动喷射塔盘
float level controller 浮动式液面调节器;浮子液面计
float-level ga(u)ge 浮标液面计
float-level indicator 浮标液面计
float magnetism type liquid level gage 浮筒磁力式液位计
float plate tower 浮板塔;浮动喷射塔
float pulley 浮动滑轮
floatsam 浮料
float shaft 浮子心轴
float switch 浮筒[控]开关
float type flowmeter 浮子式流量计
float-type steam trap 压出式冷凝水排除器
float type tank gauge 浮子式油罐液面计
float-type viscometer 浮标式黏度计
float valve tower 浮阀塔
float valve tray 浮阀塔板[盘]
flocculant 絮凝剂
flocculate 絮凝物
flocculating agent 絮凝剂
flocculating chamber 絮凝室
flocculating tank 絮凝池
flocculation 絮凝(作用)
flocculation concentration 絮凝浓度(值)
flocculation in the magnetic field 磁场絮凝
flocculation kinetics 絮凝动力学
flocculation reaction 絮凝反应
flocculation value 絮凝值;凝结值
flocculator 絮凝器
flocculent gel 絮凝胶
flocculent sludge 絮凝污泥
flock 短纤维(填料);绒屑;(供植绒用的)短绒
floc(k) 絮凝物;絮状沉淀
flocked fabric 植绒织物
flock filler 绒屑填充剂
flocking adhesive 植绒用胶黏剂
flock paper 植绒纸
flock surface coatings 绒面涂料
floc point 絮凝点
floctafenine 夫洛非宁;氟喹氨苯酯
flokite 丝[发]光沸石
flomoxef 氟氧头孢
flooded battery[cell] 富液型电池
flooded continuous dissolver 液泛连续式溶解器
flooded evaporator 溢流式蒸发器
flood(ed) lubrication 淹没润滑;溢流式润滑
flooded wall 流淌壁
flooding 液泛
flooding point (液)泛点;泛液点
flooding velocity 泛点速度;液泛速度
flood light 泛光照明
floor adhesive 地板胶黏剂
floor area 占地面积
floor cleaner 地板清洁剂
floor opening 底板孔
floor paint 地板漆
floor polish 地板蜡
floor price 最低(出口)价格
floor sheet 踏板
floor space (设备的)占地面积
floor stand 落地支架
floor tile 铺地砖
floor-to-floor conveyor 楼上下运输机;斜坡运输机
floor type borer 落地镗床
floor type boring machine 落地镗床
floor type grinding wheel 落地砂轮机
floor varnish 地板清漆
floor wax 地板蜡
floppy disk 软磁盘
flopropione 夫洛丙酮;三羟苯丙酮
florafur 呋喃氟尿嘧啶
floral water 香水;花露水
flora natural perfume 植物性天然香料
florantyrone 夫洛梯隆;氧代荧蒽丁酸
floredil 夫洛地尔;吗乙氧苯
Florence flask 平底烧瓶
florencite 磷铝铈矿
flores martiales 氯化铁铵
florfenicol 氟苯尼考
floribundine 多花罂粟碱
Florida water 香水;花露水
florigen 成花激素
Flory-Huggins theory 弗洛里-哈金斯理论
flosequinan 氟司喹南
flotation 浮(游)选(矿)
flotation agent 浮选剂
flotation balance 浮力秤

flotation cell 浮选池
flotation coefficient 漂浮系数
flotation concentrate 浮选精矿
flotation feed 浮选加料
flotation machine 浮选机
flotation oil 浮选油
flotation plant 浮选工厂
flotation promoter 促浮剂
flour treatment agents 面粉处理剂；面粉改善剂
flow （流）动
flow balance 流动平衡
flowability 流动性
flowable agent 悬浮剂
flow agitation 气流搅拌
flow aid 流动性助剂；助流剂
flow-back 回流
flow-behavior index 流动行为指数
flow birefringence 流动双折射
flow by gravity 重力自流
flow calorimeter 流动量热计
flow cam 滑移凸轮
flow characteristics 流动特性
flow chart 程序框图；流程图
flow coating (process) 流[浇]涂(法)
flow coil 流体盘管
flow colorimeter 流动式比色计
flow controller 流量控制器
flow control system 流量控制系统
flow control valve 流量控制[调节]阀
flow conveyer 刮板输送机
flow curtain electrophoresis 流幕电泳
flow curve 流动曲线
flow cytometry 流式细胞术
flow diagram 程序框图；流程图
flow dichroism 流动二色性
flow distributing system 流量分配系统
flow distributor 流动分布器
flow disturbance 流体扰动
flow divider 流量分配器
flow-down burning 下行燃烧
flow electrolysis 流动电解法
flowering hormone 成[催]花激素
flower of sulfur 硫华；升华硫
flow feedback control 流量反馈控制
flow feeder 流动送料机
flow fluctuation 流量波动
flow gauge 流量(指示)计
flow gears 滑移齿轮
flow glass 流动观察玻璃
flow homogenizer 流量均化器
flow improver 流动性改进剂
flow improver for crude oil 原油流动性改进剂
flow indicator 流量指示器
flow-induced crystallization 流动诱导结晶
flowing chromatogram 流动色谱图
flowing colorimeter 流动比色计
flowing fluid ratio 液体比（流液中各种流体的流量比）
flowing liquid colorimetric detector 流液比色检测器
flow injection analysis 流动注射分析
flow injection moulding 流动注射成型；流动注塑
flow inlet 供浆管；供液口
flow in open channels 明渠流动
flow in three dimension 三维流动
flow in vortex 涡流
flow limit safety shutoff valve 限流安全切断阀
flow-line interception 流线截取
flow line production 流水作业生产法
flow measurement 流量测量
flowmeter 流量计
flow method (1)流动法(2)流水作业法
flow microcalorimetry 流动微量热法
flow model 流动模型
flow noise 流动噪声
flow nozzle(s) 流量喷嘴
flow number （搅拌）流量数
flow-off 溢流(口)
flow operation 流水作业
flow orientation 流动取向
flow past body 绕流
flow path 流路；流程
flow pattern 流型；流动型态
flow patterns in membrane modules 膜组件中的流型
flow plan 流程图
flow point 倾[流]点
flow-pressure diagram 流量-压力图
flow process 流水作业
flow process chart 加工流程图[工艺卡]
flow production 流水作业
flow programmed chromatography 程序变流色谱法
flow rate of carrier gas 载气流速
flow ratio controller 流量比率控制器
flowrator 转子流量计

flow reactor 流动[连续]反应器
flow recorder 流量记录器
flow recording controller 流量记录控制器
flow regime 流型;流动型态
flow resistance 流阻
flow scheme 流程图;流程表
flow screen 流动网
flow sheet 流程图;流程表
flow sheeting 流程模拟
flow sheet synthesis 流程综合
flow speed controller 流速控制器
flow summarizer 流量累积器
flow system 流动(控制)系统
flow temperature 黏流温度
flow tester 流动试验仪
flow-through colorimeter 流通式比色计
flow-through detector 直通型检测器
flow-through electrophoresis 流通电泳法
flow-through ionophoresis 流通离子电泳法
flow-tube reactor 流动管反应器
flow-up burning 上行燃烧
flow work 流动功
floxacillin 氟氯西林;氟氯苯唑青霉素
floxuridine 氟尿苷;5-氟脱氧尿苷
Floyd tester 弗洛依德试验器(评价齿轮润滑剂极压性质的一种便携式仪器)
fluacizine 三氟丙嗪
fluanisone 氟阿尼酮;氟丁酰酮
fluazacort 氟扎可特;氟噁米松
fluazifop-butyl 氟甲吡啶氧酚丙酸丁酯(除草剂)
fluazinam 氟啶胺
fluazuron 一氯定虫脲
flubendazole 氟苯哒唑
flubenzimine 氟苯亚胺噻唑(杀螨剂)
fluchloralin 氟消草;氯氟乐灵
flucloronide 氟氯奈德;氟二氯松
fluconazole 氟康唑
fluctuation 涨落;起伏;波[脉]动
fluctuation-dissipation theorem 涨落耗散定理
fluctuation integral 涨落积分
fluctuations 统计(性)涨落
fluctuation solution theory 涨落溶液理论
flucycloxuron 氟螨脲
flucythrinate 氟氰戊菊酯
flucytosine 氟胞嘧啶
fludarabine 氟达拉滨
fludeoxyglucose ^{18}F 氟[^{18}F]脱氧葡糖
fludiazepam 氟地西泮;氟安定
fludioxonil 氟噁菌
fludrocortisone 氟氢可的松;9-氟皮质(甾)醇
flue collector 主烟道
flued opening 翻边开孔
flue (duct) 烟道
flue gas 烟道气
flue gas analysis 烟道气分析
flue gas blower 烟道气鼓风机
flue gas turbine[expander] 烟气轮机
flue gas waste boiler 烟道气废热锅炉
fluellite 氟铝石
fluence 能流;积分通量;注量
flufenamic acid 氟芬那酸;氟灭酸
flufenoxuron 氟虫脲
flufenprox 三氟醚菊酯
fluffiness (1)蓬松(度);疏松(度)(2)起毛现象
fluff RDF 废物垃圾燃料
fluffy black 飞扬性炭黑
fluffy soda 发面碱
fluid 流体
fluid bed dryer 流化[沸腾]床干燥器
fluid bed incinerator 流化床焚化炉;流化床焚烧炉
fluid bed reactor 流化床反应器
fluid catalytic hydroforming 流化床催化临氢重整
fluid char adsorption process 活性炭流化吸附法
fluid charge 注入液体
fluid coker 流化焦化器
fluid coking-gasification 流化焦化气化
fluid coking-steam gasification 流化焦化-蒸汽气化
fluid density meter 流体密度计
fluid distributing apparatus 流体分配装置
fluid drive 液力传动
fluid duct 流体导管
fluid dynamics 流体动力学
fluid elastic deformation 流体弹性形变
fluid energy jet mill 流能喷射磨
fluid extract 流浸膏剂
fluid fertilizer 流体肥料
fluid film bearing 流体膜轴承;液膜轴承
fluid film lubrication 液膜润滑
fluid-flow 流[液]体流量[动]
fluid flow indicator 流[液]体流量[动]指示器
fluid flow pattern 液流图

fluid-flow pump 液流泵
fluid friction 流体摩擦
fluid head 流体高差
fluid hydroforming 流态化临氢重整
fluidics 流控技术;射流技术
fluidifying 流(体)化
fluidity 流动性;流度
fluidity of the slag 熔渣流动性
fluidization 流(态)化
fluidization number 流(态)化数
fluidization(of solid) 固体流态化
fluidization processes 流化过程
fluidization tower 流化塔
fluidized bed 流化床;沸腾床
fluidized bed adsorber 流化床吸附器
fluidized(bed) catalytic cracker 流化(床)催化裂化装置
fluidized bed catalytic cracking 流化(床)催化裂化
fluidized bed coker 流化床焦化塔
fluidized bed dipping process 流化床浸涂法
fluidized bed dryer 流化床干燥器
fluidizedbed drying 沸腾床(层)干燥;流化干燥
fluidized bed electrode 流化床电极
fluidized bed furnace 沸腾焙烧炉
fluidized bed incinerator 流化床焚烧炉
fluidized bed pelletizer 流化床造粒机
fluidized bed reactor 流化床反应器;沸腾床(层)设备
fluidized bed roasting 沸腾焙烧
fluidized bed system 流化床系统
fluidized bulk powders 流态化粉粒体
fluidized coking unit 流化焦化装置
fluidized distillation 流化床蒸馏
fluidized fixed bed 流化的固定床层
fluidized gasification 流化床气化
fluidized granulation 流化床造粒
fluidized iron catalyst process 流铁催化法(以 CO 与 H_2 在流态化铁催化剂上合成烃类的过程)
fluidized layer 流化[沸腾]床
fluidized product 流态化物料
fluidized sand bed 流态化的床层砂子
fluidized solids bath 流化固体浴;流动固体加热炉
fluidizing agent 流(态)化剂;流化气体
fluidizing air 流化用气
fluidizing chamber 流化室
fluidizing cooler 流化式冷却器
fluidizing dryer 流化干燥器
fluidizing drying 流化干燥
fluidizing pad 流态化气垫
fluidizing reactor 沸腾焙烧炉
fluidizing system 流化系统
fluidizing velocity 流化速度
fluid jet 流体射流
fluid level ga(u)ge 液位指示器
fluid lock effect 液阻效应
fluid loss 失液量;失水量
fluid mechanics 流体力学
fluid media 流体介质
fluid-mosaic-membrane model 流动镶嵌膜模型
fluid mosaic model (膜的)流动镶嵌模型
fluid nozzle 流体喷头
fluid-operated controller 流体传动控制器
fluid ounce 流体盎司
fluid particle 流体质点
fluid pressure operated jacks 液压千斤顶
fluid pressure reducing valve 液压降低阀
fluid pressure warning device 液压安全装置
fluid resistance 流体阻力
fluid rheology 流体流变学
fluid rubber 液体橡胶
fluid seal gas holder 湿式储气柜
fluid seal pot 流体密封槽
fluid separation device 流体分离装置
fluid slag 流动熔渣
fluid-solid chromatography 液固色谱法
fluid state 流态
fluid statics 流体静力学
fluid transport 流体运输
fluid ton 流体吨(体积为 32 立方英尺或 0.906 立方米)
fluid-valve 水力阀;液流阀
fluid wax 液体石蜡
fluindione 氟茚二酮
flumazenil 氟马西尼
flumecinol 氟美西诺;氟双苯醇
flumedroxone acetate 醋酸氟美烯酮;三氟甲地孕酮乙酸酯
flumequine 氟甲喹
flumethasone 氟米松
flumethiazide 氟甲噻嗪
flumethrin 氟氯苯菊酯
flumetramide 氟美吗酮
flumetsulam 氟唑啶草
flume waste 斜槽废水

flumiclorac 酰亚胺苯氧乙酸
flumorph 氟吗啉
flunarizine 氟桂利嗪;氟苯肉桂嗪
flunisolide 氟尼缩松;9-去氟肤轻松
flunitrazepam 氟硝西泮;氟硝安定
flunixin 氟尼辛;氟胺烟酸
flunoxaprofen 氟诺洛芬
fluobenzene 氟(代)苯
fluoboric acid 氟硼酸
fluocarbon 氟代烃
fluocerite 氟铈矿
fluocinolone acetonide 氟轻松;肤轻松
fluocinonide 氟轻松醋酸酯
fluocortin butyl 氟可丁丁酯
fluocortolone 氟可龙
fluodensitometry 荧光密度测定法
fluoflavin 荧光黄素
fluoform 氟仿
fluofur 呋喃氟尿嘧啶
fluogermanic acid (氢)氟锗酸
fluohydric acid 氢氟酸
fluomethane 氟代甲烷
fluometuron 伏草隆
fluon 氟纶(聚四氟乙烯纤维)
fluonilid 氟氯苯硫脲
fluooxycolumbic acid 氟氧铌酸
fluoplumbic acid (氢)氟铅酸
fluoprot(o)actinic acid (氢)氟镤酸
fluoracyl chloride 氟乙酰氯
fluoracyl halide 氟(代)乙酰卤
fluorandiol(=fluorescein) 荧烷二醇;荧光黄;荧光素
fluorane 荧烷
fluoranthene 荧蒽
fluoranthenequinone 荧蒽醌
fluor apatite 氟磷灰石
fluorating agent 氟化剂
fluorenamine 芴胺
fluorene 芴
fluorenediamine 芴二胺
fluorenic acid 芴酸
fluorenol 芴醇
fluorenone 芴酮
fluorenylacetamide 芴基乙酰胺
fluorescamine 荧光胺
fluorescein 荧光黄;荧光素
fluorescein disodium salt 荧光黄二钠盐;荧光红
fluorescein dye(s) 荧光素染料
fluorescein paper 荧光黄试纸
fluorescein red 荧光红
fluorescein sodium 荧光素钠
fluorescence 荧光
fluorescence analysis 荧光分析
fluorescence chromatography 荧光色谱法
fluorescence-detected circular dichroism 荧光检测圆二色性
fluorescence detector 荧光检测器
fluorescence efficiency 荧光效率
fluorescence excitation spectrum 激发荧光光谱
fluorescence indicator 荧光指示剂
fluorescence intensity 荧光强度
fluorescence labeling 荧光标记
fluorescence lifetime 荧光寿命
fluorescence microscopy 荧光显微法
fluorescence microwave double resonance (FMDR) 荧光微波双共振法
fluorescence photobleaching recovery 荧光漂白恢复
fluorescence polarization 荧光偏振
fluorescence probe 荧光探剂
fluorescence quenching method 荧光猝灭法
fluorescence recovery after photobleaching 荧光漂白恢复
fluorescence spectrophotometry 荧光分光光度法
fluorescence spectrum 荧光光谱
fluorescence standard substance 荧光标准物
fluorescence yield 荧光产额
fluorescent bleacher 荧光增白剂
fluorescent brightener 荧光增白剂
fluorescent brightener added detergent 增白洗涤剂
fluorescent brightening agent 荧光增白剂
fluorescent coating 荧光涂料
fluorescent dye(s) 荧光染料
fluorescent fault detector 荧光探伤仪
fluorescent indicator 荧光指示剂
fluorescent lamp 荧光灯;日光灯(俗称)
fluorescent leather 荧光革
fluorescent magnetic particle 荧光磁粉
fluorescent magnetic powder 荧光磁粉
fluorescent paint 荧光漆
fluorescent penetrant 荧光渗透剂
fluorescent pH indicator 荧光 pH 指示剂
fluorescent pigment 荧光颜料
fluorescent plastic(s) 荧光塑料
fluorescent quantum yield 荧光量子产率
fluorescent reagent 荧光试剂

fluorescent screen 荧光屏
fluorescent silicate 荧光硅酸盐
fluorescent thin layer plate 荧光薄层板
fluorescent tracer 荧光示踪剂
fluorescent whitener 荧光增白剂
fluorescent whitening agent 荧光增白剂
fluorescin 荧光生;二氢荧光素
fluoresone 氟苯乙砜
fluoridamid 氟磺胺素
fluoridation 加氟作用;氟化反应
fluoride 氟化物
fluoride bomb calorimetry 氟弹量热法
fluoride dye(s) 含氟染料
fluoride ion conductor 氟离子导体
fluoride slagging 氟化造渣
fluorigenic labeling technique 荧光生成标记技术;致荧光标记技术
fluorigenic reaction 荧光发生反应
fluorimeter 荧光计
fluorimetry 荧光测定法;荧光分析
fluorinated acrylic ester 氟化丙烯酸酯
fluorinated polyacrylate rubber 含氟聚丙烯酸酯橡胶
fluorinated polyester 氟化聚酯
fluorinated polyester rubber 聚酯氟橡胶
fluorinated silicone rubber 氟硅橡胶
fluorinating agent 氟化剂
fluorination 氟化(作用)
fluorine 氟 F
fluorine(-containing)rubber 氟橡胶
fluorine crown 氟铬黄
fluorine cyanide 氟化氰
fluorine emission 含氟排放物(氟释放物);排出的氟化物
fluorine fluxing agent 氟熔剂
fluorite 萤石
fluorite structure 萤石型结构
fluorizating agent 氟化剂
fluoroacetamide 氟乙酰胺
fluoroacetic acid 氟乙酸
fluoro-acetic chloride 氟代乙酰氯
fluoro-acetic halide 氟(代)乙酰卤
fluoroalanine 氟丙氨酸
fluoroalkyl sulfonate 含氟烷基磺酸盐
fluoroaniline 氟苯胺
fluoroanisole 氟茴香醚;氟苯甲醚
fluorobenzamide 氟苯甲酰胺
fluorobenzene 氟(代)苯
fluorobenzoic acid 氟苯甲酸
fluoroborate plating 氟硼酸盐电镀
fluoroboric acid 氟硼酸
***p*-fluorobromobenzene** 对氟溴苯
fluorocarbon oil 氟(碳)油;氟代烃油
fluorocarbon resin 氟碳树脂;氟烃树脂
fluorocarbon silicone rubber 氟碳硅橡胶
fluorocarbon type surfactant 氟碳型表面活性剂
fluorocarbon wax 碳氟蜡
fluorocarboxylic acid 含氟羧酸
fluorochlorobenzene 氟氯苯
fluorochlorobromomethane 氟氯溴甲烷
fluorochrome 荧光染料
fluorocitric acid 氟代柠檬酸
fluorocurine 荧光箭毒素
fluorodensitometry 荧光光密度分析法
5-fluorodeoxyuridine 5-氟脱氧尿苷
fluorodinitrobenzene 氟代二硝基苯
fluoroelastomer 氟橡胶;含氟弹性体
fluoroethane 氟代乙烷;乙基氟
fluoroether rubber 氟醚橡胶
fluoroethylene 氟乙烯
fluoroform 氟仿;三氟甲烷
fluoroformol 氟仿液(含2.8%氟仿溶液)
fluorogen 荧光团
fluorogermanate 氟锗酸盐
fluorography 荧光自显影
fluorohalocarbon 氟卤烃
fluorohydrocarbon 氟代烃
fluorohydroxyphenylacetic acid 氟代羟基苯乙酸
fluorolube 氟碳润滑剂
fluorolubricant 氟碳润滑剂
fluorometer 荧光计
fluoromethane 氟甲烷
fluorometholone 氟米龙
fluoromethylation 氟甲基化
fluorometric analysis 荧光分析
fluoronaphthalene 氟萘
fluorone 荧光酮;异呫吨酮(仅存在其衍生物)
fluoroneptunic acid (氢)氟镎酸
1-fluorooctane 1-氟辛烷
5-fluoroorotic acid 5-氟乳清酸
fluoropentachloroethane (一)氟五氯乙烷
fluorophenol 氟苯酚
fluorophenylacetic acid 氟苯乙酸
fluorophenylalanine 氟苯丙氨酸
fluorophenylthiosemicarbazide 氟苯基氨基硫脲
fluorophlogopite 氟金云母

fluorophore 荧光团
fluorophosphoric acid 氟磷酸
fluorophotometric titration 荧光光度滴定(法)
fluorophotometry 荧光光度分析
fluoropiperidinobutyrophenone 氟哌啶苯丁酮
fluoroplastic(s) 氟塑料
fluoroprene (2-)氟(-1,3-)丁二烯
fluoroprotactinic acid (氢)氟镤酸
fluororesin 氟树脂
fluororesin 23-14 氟树脂 23-14
fluororesin 23-19 氟树脂 23-19
fluororesin 23-28 氟树脂 23-28
fluororesin 40 氟树脂 40
fluororesin coatings 有机氟树脂涂料
fluororubber 氟橡胶
fluororubber 23 氟橡胶 23
fluororubber 26 氟橡胶 26
fluororubber 246 氟橡胶 246
fluorosalan 氟沙仑;氟溴柳胺
fluo(ro)silicic acid 氟硅酸;六氟合硅氢酸
fluorosilicone rubber 氟硅橡胶
fluorosis 氟中毒
fluorospectrophotometer 荧光分光光度计
fluorospectrophotometry 荧光分光光度法
fluorosulfonic acid 氟磺酸
fluorosurfactant 含氟表面活性剂
fluorotoluene 氟代甲苯
fluorotrichloroethylene (一)氟三氯乙烯
fluorotrichloromethane (= freon-11) (一)氟三氯甲烷;氟里昂-11
fluorotyrosine 氟代酪氨酸
fluorouracil 氟尿嘧啶
5-fluorouracil(5FU) 5-氟尿嘧啶
Fluorox process 弗鲁罗克斯过程(从铀浓缩物制备 UF_6 的过程)
fluorspar 萤石
fluostannic acid 氟锡酸
fluostannous acid 氟亚锡酸
fluosulfonic acid 氟磺酸
fluothiuron 氟硫隆
fluotitanic acid (氢)氟钛酸
fluotrimazole 三氟苯唑
fluoxetine 氟西汀
fluoxymesterone 氟甲睾酮
fluoxyprednisolone 曲安西龙;去炎松
flupentixol 氟哌噻吨
fluperolone acetate 醋酸氟培龙
fluphenazine 氟奋乃静
flupirtine 氟吡氨酯
fluprednidene acetate 醋酸氟泼尼定;氟强的松醋酸酯
fluprednisolone 氟泼尼龙;氟氢化泼尼松
fluproquazone 氟丙喹宗
fluprostenol 氟前列醇
flurandrenolide 氟氢缩松
flurazepam 氟西泮;氟安定
flurbiprofen 氟比洛芬;氟联苯丙酸
Flurex process 弗卢雷克斯过程(用离子膜电解槽由硝酸铀酰制 UF_4 法)
flurocarbon membrane 碳氟化合物膜
flurogestone acetate 醋酸氟孕酮
Fluroplast-4 氟塑料-4(聚四氟乙烯)
flurothyl 氟替尔;六氟乙醚
fluroxene 氟乙烯醚;三氟乙基·乙烯基醚
fluroxypyr 氟草烟
flurprimidol 调嘧醇
flush bolt 埋头螺栓
flush distillation 一次蒸发
flushed colors 底色
flush filter plate 平槽压滤板
flushing 涌料
flushing fluid 冲洗液
flushing lever 冲水板杆
flushing line 冲洗管线
flushing pipe 冲洗(水)管(路)
flushing valve 冲洗阀
flush production 最盛期产量
flush station 倾泻室
flush-type 埋装式;平整式;平装型
flush water 冲洗水
flush water pump 冲洗水泵
flusilazole 氟硅唑
fluspirilene 氟司必林
flusulfamide 磺菌胺
flutamide 氟他胺;氟硝丁酰胺
flutazolam 氟他唑仑
fluted filter 折叠滤纸
fluted roll mill(=fluted roller) 槽纹辊
fluter feeder 抖动式给料机
fluticasone propionate 丙酸氟替卡松
fluting 开槽;切槽
flutoprazepam 氟托西泮
flutriafol 粉唑醇
flutrimazole 氟曲马唑
flutropium bromide 氟托溴铵
flutter 颤振
flutter feeder 抖动给料器
fluvalinate 氯氟胺氰戊菊酯
fluvastatin 氟伐他汀

fluvomycin 河流霉素
fluvoxamine 氟伏沙明;三氟戊肟胺
flux (1)熔剂;助熔剂(2)通量(3)焊剂
flux 通量
flux converter 中子通量变换器
flux cord welding rod 药芯焊丝
flux-cored wire 药芯焊丝
flux decay 通量衰变
flux density 通量密度;流密度
flux-density vector 通量密度矢量;流密度矢量
flux for metallurgy 冶金熔剂
fluxional molecule 立体易变分子
fluxional structure 循变结构
fluxmeter 磁通计
flux method 助熔剂法
flux of radiation 辐射通量
flux peak 最大通量
fly ash 飞灰;飘尘
fly ash control 飘尘控制;飞灰控制
fly-ash portland cement 粉煤灰硅酸盐水泥
flying knife 飞刀;回转刀;回转割刀
flying-spot scanning densitometry 飞点扫描测光密度法
fly-past 跨度
fly press 螺旋压力机
fly spray test 喷蝇试验(杀虫液体和油的杀虫特性试验)
flywheel 飞轮
FMN(flavin mononucleotide) 黄素单核苷酸
FNH powder FNH 炸药;无光无湿炸药
foal skin 马驹皮;小马皮
foam 泡沫
foamable adhesive 发泡胶黏剂
foamable composition 泡沫剂
foamable hot melt adhesive 可发泡热熔胶
foam analysis 泡沫分析
foam beater 发泡剂;起泡剂
foam booster 泡沫促进剂
foam breaker (1)破泡剂(2)消泡器
foam catcher 泡沫捕集器
foam collapse 泡沫崩溃;泡沫结构破坏
foam column 泡沫发生塔
foam cooling column 泡沫冷却塔
foam core sandwich structure 泡沫夹层结构
foam depressant 抑泡剂
foam depressant FBX-01 抑泡剂 FBX-01
foamed acid 泡沫酸
foamed ceramics 泡沫陶瓷
foamed concrete 泡沫混凝土
foam(ed)-in-place process 现场发泡法
foamed metal 泡沫(状)金属;多孔金属
foam(ed) plastic 泡沫塑料
foamed polystyrene 泡沫聚苯乙烯
foamed resin 泡沫树脂
foamed rubber 泡沫橡胶;海绵橡胶
foamed silicate 泡沫硅酸盐
foamer 发泡剂;起泡剂
foam fabric 泡沫胶布
foam fermentation 起泡发酵
foam fire-extinguisher 泡沫灭火器
foam flooding 泡沫驱
foam flotation 泡沫浮选;泡沫分离
foam fractionation 泡沫分离
foam generator 泡沫发生器
foam glass 泡沫玻璃;多孔玻璃
foam glue 发泡黏合剂
foam gluing 发泡粘接
foam height 泡沫高度
foamicide 破泡剂
foaming (1)发泡(2)泡沫层
foaming agent 起泡剂;发泡剂
foaming agent for drainage of natural gas 天然气井泡沫排水用起泡剂
foaming capacity 发泡能力;发泡率
foaming column 泡沫塔
foaming in place 现场发泡
foaming method 泡沫法
foaming tower 泡沫塔
foam inhibiting agent 抑泡剂;阻泡剂
foam inhibitor 抑泡剂;阻泡剂
foamite 泡沫灭火剂
foam killer 消泡剂;破泡剂
foam killer-added detergent 消泡洗涤剂
foam killing agent 消泡剂;破泡剂
foam mat drying 泡沫干燥
foam material 泡沫材料
foam molding 泡沫塑料成型
foam plastic core 泡沫芯
foam PSAT 泡沫(压敏)胶粘带
foam quality 泡沫特征值
foam rubber 泡沫(橡)胶
foam separation 泡沫分离
foam shampoo 高泡香波;发泡香波
foam soap 泡沫皂;高泡皂
foam spraying method 泡沫喷雾法
foam stabilizer 稳泡剂;泡沫稳定剂
foam suppressing agent 抑泡剂;消泡剂

foam suppressor 抑泡剂;消泡剂
foam trap 泡沫收集器
foam (type fire) extinguisher 泡沫灭火器
foam value 泡沫值
foam washer 泡沫除尘器
foamy virus 泡沫病毒
focal adhesion complex 黏着斑复合体
focal adhesion kinase 黏着斑激酶
focal distance 焦距
focal length 焦距
focal plane 焦面
focal spot 焦斑
focometer 焦距计
focus 焦点
focusing 调焦;聚焦
focusing chromatography 聚焦色谱法
focus in image space 像方焦点;第二焦点
focus in object space 物方焦点;第一焦点
fodder yeast 饲用[料]酵母
Foehr and Fenske method for structural group analysis 弗尔和芬斯克结构族分析法
α-f(o)etoprotein(αFP; AFP) 甲(种)胎(儿)蛋白
fog 灰雾
fog cooling 雾冷却
fog density 灰雾密度
fogging 成雾
fogging agent 灰化剂
fogging-resistance film(s) 无滴薄膜
fog restrainer 灰雾抑制剂
Fokker bond tester 福克胶接检测仪
Fokker-Planck equation 福克尔-普朗克方程
fold 折叠
fold back effect 折叠(效应)
folded cloth packing 折叠织物填料
fold domain 折叠微区
folded-chain crystal 折叠链晶体
folded-edge transmission belt 包层式传动带
folded filter 折纸漏斗(漏斗上放着折过的滤纸者)
folded riser 折叠提升管
folding 折叠(效应)
folding adhesive 报边胶
folding conveyer belt 折叠式输送带
folding strength 耐折度
fold plane 折叠面
fold surface 折叠表面
folescutol 七叶吗啉;羟吗香豆素
foliar fertilizer 叶面肥料
folic aicd 叶酸;维生素 Bc
folimat 氧(化)乐果
folimycin 多叶霉素
folinic acid 亚叶酸;噬橙菌因子;甲酰基-5,6,7,8-四氢叶酸
folinic acid-SF 亚叶酸 SF;甲酰四氢叶酸 SF
Folin urea bulb 福林定脲球管
follicle-stimulating hormone 促滤泡素
folliculin(=estrone) 雌酮
follitropin 促滤泡素
follower magnet 随动磁铁
following chemical reaction 后续化学反应
follow-up pressure 自动加压
follow-up unit 随动部件
follow-up work 监视工作
folpet 灭菌丹;法尔顿
fomecin 杜松菌素;层孔菌素
fomepizole 甲吡唑
fomesafen 氟黄胺草醚
fominoben 福米诺苯;胺酰苯吗啉
fomocaine 福吗卡因
fonazine 二甲替嗪;磺酰异丙嗪
fonofos 地虫磷;地虫硫膦
food additives 食品添加剂
food anticaking agents 食品抗结剂
food antioxidant 食品抗氧化剂
food can varnish 食品罐头清漆
food chain 食物链
food chemistry 食品化学
food colour 食用染料
food dye(s) 食用染料
food emulsifier 食品乳化剂
food emulsifying agent 食品乳化剂
Food Indigo 食用靛蓝
food irradiation 食品辐照
food pollution 食品污染
food preservative 食品防腐剂
foodstuff conveyor belt 食品工业用运输带
food thickening agent 食用增稠剂
food-yeast 食用酵母
football leather 足球革
foot bearing 底轴承
foot bellow 脚踏风箱
foot-board 踏板
footing 脚子(糖浆下脚的结晶)
foot platform 工作平台
foot-pound-second Engineering Units 英尺-磅-秒工程单位

footprinting 足迹法
footprint technique 足迹图谱技术
foots 渣滓;沉淀物
foots oil 脚子油;油脚子
footstep bearing 止推轴承
foot valve 底阀;脚阀
foot valve cage 底阀罩
foot valve seat 底阀座
footwear reclaim 胶鞋再生橡胶
forbidden band 禁带
forbidden explosives 禁运爆炸物
forbidden lines 禁线
forbidden radiative transition 禁阻[戒]辐射跃迁
forbidden region 禁区;禁带
forbidden transition 禁阻[戒]跃迁
force 力
4-force 四维力
force balance-type manometer 力平衡式压力计
force bar 受力杆
force chamber 压力室
force constant 力常数
forced-circulating reboiler 强制循环再[重]沸器
forced circulation 强制[迫]循环
forced-circulation evaporation 强制循环蒸发
forced circulation (type) evaporator 强制循环蒸发器
forced convection 强制对流
forced-convection boiling 强制对流沸腾
forced convection mass transfer 强制对流传质
forced draft 鼓风;强制通风
forced draft cooling tower 强制通风凉水塔
forced-draft fan 鼓风机
forced draught 鼓风;强制通风
forced-draught cooling tower 强制通风凉水塔
forced draught type air cooled heat exchanger 强制通风型空气冷却换热器
forced draught water cooling tower 强制通风凉水塔
forced feed 强制[加压]进料
forced feed lubrication 强制[加压]供油润滑(作用)
forced fluidized bed 搅拌流化床
forced high-elastic deformation 强迫高弹形变
forced lubrication 强制润滑
forced oscillation 强制振荡
forced seal 强制密封
forced ventilation 强制通风
forced vibration 受[强]迫振动
force field 力场
force fit 压(入)配合
forceful arc 强电弧
force lift pump 增压泵
force main 压力干管;压力总管
forcemeat 加料肉馅
force of adhesion 黏附力
force of cohesion 内聚力
force oscillation 强迫振荡
force piston 模塞;阳[凸]模
force plug 模塞;阳[凸]模
force plunger 模塞;阳[凸]模
force pump 加压泵
force screw 力螺旋
forcing and sucking pump 压气和吸气泵
forcing pump 加压泵
forcite 福斯炸药;福煞特
for details see attached table 详见附表
Ford viscosity cup 福特黏度杯
forebay 前池
foreign enterprise 国外企业
foreign impurity 外来杂质;夹杂物;异物
foreign inclusion 外来杂质;夹杂物;异物
foreign material 外来杂质;夹杂物;异物
foreign matter 外来杂质;夹杂物;异物
foreign odor 不适的气味;异臭
foreign solids 外来机械杂质
foreign standards and codes 国外标准规范
foreign substance 外来杂质;夹杂物;异物
foreign taste 异样口味;异味
forel 绵羊皮纸
forensic activation analysis(FAA) 法医活化分析
forensic chemistry 法医化学
forerunning 初馏
fore stand plate 前端板
forest-protection 森林保护
forevacuum 前级真空
fore vacuum pump 前级真空泵
forged head 锻造封头
forged steel 锻钢
forged steel cylinder 锻钢缸体
forged vessel 锻造容器
forgenin 甲酸四甲铵
forge pig 锻铁
forge-welded (monolayered) cylinder 锻焊式

(单层)圆筒
forge welding 锻焊
forging alumium alloy 锻铝合金
forging machine 锻造机
forging press 锻压机
forging tubesheet 锻造管板
fork connecting rod 叉式连杆
fork(ed) chain 支链
fork lift 叉式起重车;铲车
fork lift hoist 叉式起重机
fork (lift) truck 叉式起重车;铲车
form a complete set 配套
formal 甲缩醛;甲醛缩二甲醇
formal bond 形式键(在式中理论上可写出而实际上太远的键)
formal concentration 克式量浓度
formaldehyde 甲醛
formaldehyde diethyl acetal 甲醛缩二乙醇
formaldehyde dimethyl acetal 甲醛缩二甲醇
formaldehyde oxime 甲(醛)肟
formaldehyde scavenger 甲醛清除剂
formaldehyde sodium bisulfite 甲醛化亚硫酸氢钠
formaldehyde sodium hydrosulfite 甲醛化连二亚硫酸钠
formaldehyde sodium sulfoxylate 甲醛化次硫酸氢钠;雕白块;吊白粉
formaldoxime 甲(醛)肟
formal glycerine 甲醛缩甘油
formalin 福尔马林
formalin-alum tanning 醛铝鞣
formality 克式浓度
formal neuron 形式神经元
formaloin 甲醛缩芦荟素
formal potential 表观电位
formal synthesis 中继合成
formal titration 甲醛滴定
formamide 甲酰胺
formamidine 甲脒
formamidinesulphinic acid 甲脒亚磺酸
5-formamidoimidazole-4-carboxamide ribotide 5-甲酰氨基-4-氨甲酰咪唑核苷酸
formamidoxime 氨基甲肟
formanilide *N*-甲酰苯胺
format (1)开本;版式(2)(数据、信息等编排的)格式
formate 甲酸盐(或酯)
formate dehydrogen(ly)ase 甲酸脱氢酶;氢解酶
formation 化成
formation constant 形成常数
formation curve 生成曲线
formation function 形成函数
formation of cracking 龟裂
formazane 甲臢
formazyl 苯臢基;偕苯偶氮基-偕苯肼基代甲基
formcoke 型焦
form copying 仿形加工法;靠模加工法
form cutter 成形刀具
formebolone 甲酰勃龙
formed heads 成型接头
formestane 福美坦
form gone 形成区
formhydrazide 甲酰肼
formiate(=formate) 甲酸盐(或酯)
formic acid 甲酸
formic anhydride 甲酸酐
formicin *N*-羟甲基乙酰胺
formimido chloride 氯甲亚胺
formimido ether 亚胺(代)甲基醚;烃氧基甲亚胺
formiminoether 亚胺(代)甲基醚
formiminoglutamic acid 亚胺甲基谷氨酸
formin 甲酸精;甘油甲酸酯
forming ends 成型端
forming head 成形封头
forming process of ceramics 陶瓷成型
forming shop 成型车间
forminitrazole 福米硝唑;甲酰硝唑
formocortal 福莫可他;氟甲酰龙
formohydrazide 甲酰肼
formolite 酸渣-甲醛树脂(油品酸洗副产)
formolite reaction (油品测试的)硫酸甲醛反应
formol titration method 甲醛滴定法
formolysis 甲醛分解作用
formonitrile 甲腈;氢氰酸
formonitrolic acid 甲硝肟酸
formo(o)nonetin 芒柄花黄素;7-羟(基)-4′-甲氧异黄酮
formose 甲醛聚糖;福模糖
formosulfathiazole 甲醛磺胺噻唑
formoterol 福莫特罗
formothion 安果
formoxime 甲(醛)肟
formula calculation 配方计算
formula ratio 配方规定(用)量
formulary 处方集;配方手册
formulating of recipe 配方设计

formulation （数学）表述；数式化；数学表述
formula weight （化学）式量；分子量
formycin B 间型霉素 B
formyl acetic acid 甲酰乙酸
formylamine 甲酰胺
formylation 甲酰化（作用）
***o*-formylbenzensulfonic acid（sodium salt）** 邻甲酰苯磺酸（钠）；苯甲醛邻磺酸（钠）
formyl chloride 甲酰氯；氯化甲酰
formyldienolone 甲酰勃龙；甲酰烯龙
formyl fluoride 甲酰氟；氟化甲酰
formylglycine 甲酰甘氨酸
formyl hydrazine 甲酰肼
α-formylisoglutamine α-甲酰异谷氨酰胺
formylkynurenine 甲酰犬尿氨酸
formylmethionine 甲酰甲硫氨酸
formyloxy 甲酰氧基；甲酸基
formyl phenetidine *N*-甲酰乙氧苯胺
***N*-formylpteroic acid** *N*-甲酰蝶酸
4′-formylsuccinanilic acid thiosemicarbazone 对琥珀酰氨基苯甲醛缩氨基硫脲
N^2-formylsulfisomidine 甲酰磺胺异二甲嘧啶
formyltetrahydrofolic acid 甲酰四氢叶酸
***N*-formyltyrosine** *N*-甲酰酪氨酸
foromacidin 螺旋霉素
foroxone 呋喃唑酮；痢特灵
forsterite 镁橄榄石
forsterite brick 镁橄榄石砖
forsterite ceramics 镁橄榄石陶瓷
fortified rosin size 强化松香胶料
fortified SB latex 强化丁苯胶乳；高苯乙烯丁苯胶乳
fortified wine 强化酒
fortifier 增强剂；补强剂
fortimicin 福提霉素
Fortin barometer 福丁气压计
fortuitous event 偶然事故；意外事故
fortuity 偶然事故；意外事故
forward-backward scattering 向前-向后散射
forward curved blade 前弯（式）叶片
forward curved vane 前弯叶片
forward feed(ing) 顺向进料；顺流送料
forward inclined type of impeller 前弯型叶轮
forward reaction 正向反应
forward scattering 向前散射
foscarnet sodium 膦甲酸钠；膦甲酸三钠
fosetyl Al 磷乙铝
fosfestrol 磷雌酚；己烯雌酚二磷酸酯
fosfomycin 磷霉素
fosfosal 磷柳酸
fosinopril 福辛普利
fospirate 福司吡酯；磷吡酯
fossil fuel 化石［矿物］燃料
fossil resin 化石树脂（如琥珀）
Foster-Wheeler furnace 福斯特-惠勒（型加热）炉
Foster-Wheeler process 福斯特-惠勒（蒸气转化）法
fosthietan 伐线丹
fotemustine 福莫司汀
Foucault pendulum 傅科摆
foul gas 秽（臭）气体
fouling 污垢
fouling factor 污垢系数
fouling inhibitor 污垢抑制剂
fouling of heat exchangers 换热器结垢
foul proof agent 防垢剂
foul water 污水
foundation 地基
foundation arrangement drawing 基础布置图
foundation bed 基座
foundation bolt 基础螺栓；地脚螺钉［栓］
foundation bolt hole 基础螺栓孔
foundation cream 粉底霜
foundation support 基座
foundry coke 铸（造）用焦炭
foundry cupola 铸造圆顶炉
foundry flask 砂箱
foundry iron 铸（造）用生铁
fount 泉；源泉；喷泉；饮水器；喷水池；储液槽
fountain effect 喷泉效应
four-active-arm bridge 四个作用臂电桥
four-ball extreme pressure tester 四球极压试验机
four bar mechanism 四连杆机构
Fourcault process 弗克法；富柯尔特法；有槽垂直引上（拉制平板玻璃或玻璃管）法
four-center polymerization 四中心聚合
four-circle diffractometer 四圆衍射仪
four-dimensional form of Maxwell equations 麦克斯韦方程的四维形式
four dimensional space-time 四维时空
Fourdrinier former 长网成形器
four-effect evaporator 四效蒸发器
four electrode system 四电极体系
four-electron ligand 四电子配体
four element theory 四元素（学）说

four hearth furnace 四膛炉;四室炉
four hour varnish 四小时快干漆
Fourier law 傅里叶定律
Fourier number 傅里叶数
Fourier optics 傅里叶光学
Fourier space 傅里叶空间
Fourier synthesis 傅里叶合成
Fourier transform AC voltammetry 傅里叶变换交流伏安法
Fourier transform infrared spectrometer 傅里叶变换红外光谱计
Fourier transform infrared spectroscopy 傅里叶变换红外光谱(学)
Fourier transform mass spectrometer 傅里叶变换质谱计
Fourier transform nuclear magnetic resonance(FTNMR) 傅里叶变换核磁共振
Fourier (transform) Ramman spectroscopy 傅里叶(变换)拉曼光谱学
Fourier transform spectrometry (FTS) 傅里叶变换光谱法
Fourier transform spectroscopy (FTS) 傅里叶变换光谱法
four jaw chuck 四爪卡盘;四爪夹头
four-membered ring 四元环
four-parameter model 四参数模型
four-roll calender 四辊压延机
four-roll crusher 四辊碾碎机
four-roll mill 四辊磨
four-stage compressor 四级压缩机
four-stage mass spectrometer 四级质谱计
fourteen-membered ring 十四元环
four way adapter 四连插座;四插座转接器
four way cock 四通栓塞[考克]
four way pilot valve 四通导阀
four way plug valve 四通塞阀
four-way valve 四通阀
fowl dung 鸡粪;鸟粪;禽粪
fowlerite 锌锰辉石;锌蔷薇辉石
Fox equation 福克斯方程式
foxglove 洋地黄;毛地黄
fox skin 狐狸皮
FOY(fully oriented yarn) 全取向丝
α-FP 甲胎蛋白
FPD(flame photometric detector) 火焰光度检测器
FPR(fluorescence photobleaching recovery) 荧光漂白恢复
Fraas breaking point 弗拉斯沥青破裂点(或破裂温度)
Fraas tester (测定沥青强度的)弗拉斯试验器
fractal 分形
fractal dimension 分维
fractional centrifugation 分级离心
fractional condensation 分凝(作用)
fractional condensing tube 分凝管
fractional conversion 转化率
fractional crystallization 分步[级]结晶
fractional cumulative yield 分累积产额
fractional distillation 分馏(作用)
fractional(distillation)column (1)分馏柱(2)分馏塔
fractional distilling flask 分馏(烧)瓶
fractional efficiency 分级效率
fractional extraction 分馏萃取
fractional free volume 自由柱容
fractional independent yield 分独立产额
fractional melting 分(步)熔化(用于油的脱蜡)
fractional precipitation 分步[段]沉淀
fractional pressure 分压
fractional void volume 自由柱容
fractionated coagulation (胶乳的)分级凝固
fractionating column 分馏柱[管]
fractionating condenser 分级冷凝器
fractionating flask 分馏(烧)瓶
fractionating plate 分馏塔盘
fractionating rectifying tower 精馏塔
fractionating tower 分馏塔;精馏塔
fractionating tray 分馏塔盘
fractionation (1)分级;分级分离(2)分馏[凝]
fractionation by adsorption 吸附分离
fractionation by distillation 分馏;蒸馏分离
fractionation column 分馏柱
fractionation process 精馏过程
fraction by volume 容积分数
fraction collection trap 馏分收集阱
fraction collector 馏分收集器
fraction number 馏分号码
fraction of coverage 覆盖率
fraction of number of particles 粒子数分数
fractorite 福来克托赖特(炸药)
fracture (1)断口;断裂;裂缝(2)骨折
fracture fluid 压裂液
fracture initiation test 开裂试验
fracture mechanics 断裂力学
fracture surface morphology 断口形貌

fracture test 断口试验
fracture toughness 断裂韧性[度]
fracture transition temperature 断裂转变温度
fracturing 压裂
fracturing fluid additive 压裂液添加剂
fracturing fluid(for oil well) (油井)压裂液
fracturing liquid 压裂液
fradicin 弗氏菌素
fradiomycin 新霉素
fragility 易碎性
fragin 脆假胞菌素
fragmentation (1)碎裂(2)裂解
fragmentation reaction 裂解反应
fragment ion 碎片离子
fragrance retention 留香性
frame construction 框架结构
frame crane 龙门吊(车);龙门起重机
frame dried hide 撑干皮(框架干燥的皮)
framed soap 框制皂
frame filter press 框式压滤机
frame of axes 坐标系
frame parts 框架部件
frame planer 龙门刨床
frame plate 框(式压滤)板
frame shift 移码
frame-shift mutation 移码突变
frame(structure) 框架
frame style 框架式
frame-type 框架式
frame-work 框架
framework materials 骨架材料
framework structure 架状结构
framing soaps 凝皂
framycetin 新霉素 B
framycin 弗拉霉素
francium 钫 Fr
Franck-Condon principle 费兰克-康登原理
franckeite 辉锑锡铅矿
Franck-Hertz experiment 弗兰克-赫兹实验
francolite 细晶磷灰石;碳氟磷灰石
frangi(bi)lity (1)脆性(2)脆度
frangula 欧鼠李皮
frangulin 欧鼠李苷
franguloside(=frangulin) 欧鼠李苷
Frank-Care cyanamide process 弗兰克-卡尔氰氨(基)化钙制造法
Frankia 弗兰克氏菌属
frankincense(=olibanum) 乳香
franklinite 锌铁尖晶石
Frank-Rabinowitch effect 弗兰克-拉比诺维奇效应(即笼效应)
FRAP(fluorescence recovery after photobleaching) 荧光漂白恢复
Frasch process 弗拉施法(石油产品在氧化铜上用蒸馏法脱硫)
Fraunhofer diffraction 夫琅禾费衍射
Fraunhofer line 夫琅禾费谱线
fraxetin 梣皮素
fraxin 梣皮苷;白蜡树苷
Fraxiparine 那屈肝素钙
fraxitannic acid 白蜡树皮单宁酸
F-reactive dye(s) F型反应[活性]染料
freak stocks 非商品性的石油产品;石油中间产品
fredericamycin A 福来里卡霉素 A
free acid 游离酸
free air 大气;大气层空气
free air capacity 大气排气量
free air temperature 大气温度
free alkali 游离碱
free alkalinity 游离碱度
free alongside quay 码头交货
free atom 单体原子;自由原子
free at quay 码头交货
free ball valve 自由式球阀
free beating 游离状打浆
free bed 自由床
free black 飞扬性炭黑;粉末炭黑
freeboard 自由空间;分离空间
free burning 易燃的;速燃的;自由燃烧
free burning coal 易燃煤(不结焦烟煤)
free carbon 单体碳
free charge 自由电荷
free column volume (FCV) 自由柱容;自由床体积
free convection 自由对流
free-convection boiling 自然对流沸腾
free cutting 高速切削
free cutting steel(s) 易切钢
free-draining 自由穿流
free-draining molecule 自由穿流分子
free electron 自由电子
free electron density 自由电子密度
free electron model 自由电子模型
free electrophoresis 自由电泳(法)
free energy 自由能
free energy function 自由能函数
free energy of activation 活化自由能
free enthalpy 自由焓;吉布斯自由能;吉

布斯函数
free enzyme 游离酶
free expansion 自由膨胀
free falling velocity 自由沉降速度
free fatty acids 游离脂肪酸
free fit 自由配合
free flow conduit 无压管道
free flowing black 无尘炭黑
free flowing granule 自由流动(的)颗粒(指流动性良好者)
free flowing powder 自由流动(的)粉
free flowing steam sterilization 常压蒸汽消毒
free flow pump 自由流动泵
free flow valve 易流阀
free fluidized bed 自由流化床
free forming 无模成型
free frequency 固有频率
free hand sketch 徒手草图
free in and out (FIO) 船方不负担装卸货费用
free index 自由指标
free induction decay 自由感应衰减
free internal rotation 自由转动
free length 净长度
free linkage 自由键
freely-jointed chain 自由连接链;理想链
freely-rotating chain 自由旋转链
free magnetic charge 自由磁荷
free moisture 游离水分;自由水分
free motion of rigid body 刚体自由运动
free movement under… 在…下活动不受压缩
freeness number 排水系数
freeness test 打浆度试验
free oil 浮油;游离油
free on board (FOB) 船上交货价(格);离岸价(格)
free on board stowed 船上交货价包括理仓费;离岸价包括理舱费
free on board stowed and trimmed 船上交货价包括理仓费和平仓费
free on board unstowed 船上交货价不包括理仓费;离岸价不包括理舱费
free on truck (F. O. T.) 敞车上交货(价)
free out (FO) 船方不负担卸货费用
free overside (F. O.) 船上交货价格;到港价格
free path 自由程
free radical 自由基;游离基
free radical chain degradation 自由基链降解
(free-)radical copolymerization 自由基型共聚
free radical induced catalysis 自由基引发催化作用
free radical mass spectrometry 自由基质谱分析
free radical photography 自由基照相
free radical polymerization 自由基聚合;游离基聚合
free radical reaction 自由基反应;游离基反应
free radical scavenger 自由基清除剂
free radical termination 自由基终止;游离基终止
free radical trap 自由基捕集器
free rinsing detergent 易漂净洗涤剂
free rotation 自由转动
free running liquid 易流动液体
free sedimentation 自由沉降
free setting 自由沉降
free shellac 散片紫胶
free space 自由空间
free state 游离状态;单体状态
freestone (1)易切砂岩;易劈石(2)离核(果实)
free stream turbulence 自由流湍流
free sulfur[sulphur] 游离硫;单体硫
free surface 自由表面
free surface energy 自由表面能
free travel 自由程
free valence 自由价
free valency 自由价
free vector 自由矢(量)
free volume 自由体积
free water 自由水分;游离水分
freeze 冻结;凝固
freeze-cleaving 冰冻破碎法
freeze desalination 冰冻脱盐
freeze dryer 冷冻干燥器;冻干装置
freeze-drying 冷冻干燥;冰冻干燥
freeze-fracturing 冰冻破碎法
freeze resistance 耐寒性;抗霜性;耐冻结性
freeze-thaw resistance 抗冻熔性
freeze-thaw stability 冻熔稳定性
freeze-thaw stabilizer 冻熔稳定剂
freezing 冻结(作用);凝固(作用)
freezing curve 冷凝曲线
freezing mixture 冷却剂;冷冻混合物

freezing point 凝固点;冰点
freezing point depression 凝固点降低;冰点降低
freezing point lowering (=freezing point depression) 凝固点降低;冰点降低
freezing polymerization 冷冻聚合(作用)
freezing section 冻凝段
freezing thawing cycle 冻熔循环
freibergite 银黝铜矿
freight 运费
freight capacity 运输能力
freight container 大型集装箱
French blue 群青;佛青
French chalk 滑石
French folio 稿纸;存根纸
French milling 肥皂研磨(法)
French process (**for zinc extraction**) 法兰西提锌法
French white 法国白;滑石粉
Frenkel defect 弗仑克尔缺陷
frenolicin 富伦菌素
freon 氟氯烷;氟里昂
freon refrigerator 氟里昂冷冻机
freon substitution technique 氟里昂替代技术
frequency (1)频率(2)频数
frequency distribution 频数分布
frequency domain 频域
frequency four-vector 频率四维矢(量)
frequency function 频率函数;(概率)密度函数
frequency meter 频率计
frequency modulation 频率调制
frequency range 频带;波段
frequency ratio 频比(通常指强制频率与自然频率的比)
frequency response 频率响应
frequency spectrum 频谱
frequency sweep 扫频
frequentin 频青霉菌素;常见青霉菌素
fresh air 新鲜空气
fresh air inlet 新鲜空气入口;送风机进口
fresh charge 新鲜进料
fresh feed pump 进料泵
fresh hide 鲜皮
fresh latex 鲜胶乳
fresh skin 鲜皮
fresh water (1)淡水;甜水(2)新鲜水
Fresnel bimirror 菲涅耳双镜
Fresnel biprism 菲涅耳双棱镜
Fresnel diffraction 菲涅耳衍射
Fresnel formula 菲涅耳公式
Fresnel-Kirchhoff formula 菲涅耳-基尔霍夫公式
fretting corrosion (1)微动腐蚀(2)摩擦磨蚀
Freudenberg's lignin 铜铵木素
Freudenreich flask 弗罗伊登赖希培养(烧)瓶
Freundlich adsorption equation 弗罗因德利希吸附公式
Freundlich isotherm 弗罗因德利希等温线
Freund reaction 弗罗因德(闭环)反应
freyalite 硬铈钍石
friability (1)脆性;易碎性(2)易剥落性
friable material 脆性物料;易碎物料
Fricke dosimeter 弗里克剂量计;硫酸亚铁化学剂量计
friction(al) coefficient 摩擦系数
friction(al) loss 摩擦损失
friction(al) resistance 摩擦阻力
friction brake-drum 摩擦制动鼓
friction calender 异速[擦胶]压延机
friction disk welding 摩擦盘熔接
friction drive 摩擦传动;异速传动
friction factor 摩擦系数;摩擦因子
friction force 摩擦力
frictioning 擦胶
frictioning calender 异速[摩擦]压光机
frictionless fluid 无摩擦流体;理想流体
friction loss 摩擦损失
friction-motion speed 不同速度;异速
friction pull 密着力
friction pump 摩擦泵
friction ratio 辊筒速比
friction reducing agent 减摩[阻]剂
friction seal 摩擦密封
friction speed 不同速度;异速
friction speed calender 异速[擦胶]压延机
friction stock 擦胶胶料
friction surface belt 毛面运输带
friction welding 摩擦焊接
Friedel-Crafts catalyst 弗里德尔-克拉夫茨催化剂(烃化催化剂)
Friedel-Crafts-Karrer nitrile synthesis 弗里德尔-克拉夫茨-卡勒成腈合成法
Friedel-Crafts reaction 弗里德尔-克拉夫茨反应
Friedel-Crafts type catalyst 弗里德尔-克

拉夫茨型催化剂
friedelin 木栓酮;软木三萜酮
Friedel's law 弗里德定律
Friedländer quinoline synthesis 弗里德兰德喹啉合成法
Friedländer synthesis 弗里德兰德合成
frieseite 杂[富]硫银铁矿
Fries migration 弗里斯移动
Fries reaction 弗里斯反应
Fries rearrangement 弗里斯重排
Fries rule 弗里斯规则
frigorific mixture 冰冻混合物;制冷混合物
frigorimeter 低温计
frigory 千卡(冷冻热量单位)
fringed-micelle model 缨状微束模型
fringing field effect 弥散[边缘]场效应
fritillarine 去氢贝母碱
fritimine 川贝母碱;贝母素丙
fritiminine 炉贝碱;贝母素丁
fritted glass filter 多孔玻璃过滤器
fritted glass filter plate 多孔玻璃滤板
fritted glaze 熟釉;熔块釉
fritting 烧结;预熔;烧制熔块;(陶瓷)烘炙
frontal analysis 迎头法;前沿分析
frontal chromatography (=frontal analysis) 迎头色谱法;前沿分析
front barrel 前机筒
front casing 前壳体
front cover 机壳前盖
front elevation 正视图
front end 前段
front end loader 翻斗叉车
front guiding plate 主十字头导板
front heat zone 前加热区
frontier molecular orbital 前沿(分子)轨道
frontier orbital 前沿轨道
front labyrinth seal 前迷宫密封
front mould 前模
front movement 朝前移动
front outline 前视图
front screw 前螺杆
front view 前视图;正视图
front wearing plate 前护板
frosted finish 毛化整理;磨砂
frosted glass 毛玻璃;磨砂玻璃
frosting 起朦
frosting (1)起霜(塑料制品表面缺陷)(2)毛面蚀刻
frost-proof wing 防霜翅片
froth 泡沫
froth chromatography 泡沫色谱法
frothed latex 泡沫胶乳
frother (1)起沫剂(2)发泡机
frother fermentation 起沫发酵
froth flotation process 泡沫浮选法
frothing agent 起沫剂
froth regime on tray 泡沫态
Froude number 弗劳德数
frozen polishing 冷冻抛光法
frozen polymerization 冻结聚合
frozen rubber 冷冻橡胶
frozen stress 冻结应力
frozen-wall continuous fluorinator 冰冻壁连续氟化器
FRP(fiber reinforced plastics) 纤维增强塑料
fructan 果聚糖
fructigenin 产果镰孢菌素
fructofuranosan 呋喃果聚糖
fructofuranose 呋喃果糖
fructofuranoside 呋喃果糖苷
fructokinase 果糖激酶
fructopyranose 吡喃果糖
β-D-fructofuranosyl-α-D-glucopyranoside β-D-呋喃果糖(苷基)-α-D-吡喃葡糖苷;蔗糖
fructosaccharase 果糖苷酶
fructosamine 果糖胺
fructosan 果聚糖
fructose(=levulose) 果糖;左旋糖
fructose-1,6-diphosphate 果糖-1,6-二磷酸
fructose-1-phosphate 果糖-1-磷酸
fructose-6-phosphate 果糖-6-磷酸
fructoside 果糖苷
Fructus Crataegi 山楂
fruit antisaptic paper 水果防腐纸
fruit glaze agent 被膜剂
fruiting body 子实体
fruit juice 果汁
fruit spirit 果酒
fruit sugar 果糖
fruit syrup 果子露
fruit wine 果酒
Fry's theory (=alternate polarity theory) 弗莱氏理论;交替极性说
FSGF (floating spherical Gaussion function) 浮动球高斯函数
FSH(follicle-stimulating hormone) 促卵泡(成熟激)素;促滤泡素
F strain 前张力

ftaxilide 二甲酰酸
F-test F检验
FTIR (1)(Fourier transform infrared spectrometer)傅里叶变换红外光谱计 (2)傅里叶变换红外光谱(学)
FTMS(Fourier transform mass spectrometer) 傅里叶变换质谱计
FTNMR(Fourier transform nuclear magnetic resonance) 傅里叶变换核磁共振
ftorplast-3 氟塑料-3;聚三氟氯乙烯
5-FU 5-氟尿嘧啶
fuberidazole 麦穗宁
fuchsin-aldehyde reagent 品红醛试剂
fuchsin(e)(＝magenta red) (碱性)品红;洋红
fuchsite 铬云母;铬白云母
fuchsone 品红酮;对二苯亚甲基环己二烯酮
fucidin 梭链孢素(梭链孢酸的钠盐)
fucitol 岩藻糖醇
fucoidin 岩藻多糖
fucosamine 岩藻糖胺
fucose 岩藻糖
fucosterol 岩藻甾醇
fucothricin 涂丝菌素
fucoxanthin 岩藻黄素
fucusamide 墨角藻酰胺;墨角藻碱
fucusine 墨角藻碱
fucusoic acid(＝β-pyromucic acid) 墨角藻酸;β-焦黏酸
fuel 燃料
fuel alcohol 燃料酒精;动力酒精
fuel antiknock quality 燃料抗爆性
fuel ash corrosion 燃灰腐蚀
fuel assemble 燃料组件
fuel atomizer 喷油嘴
fuel battery 燃料电池
fuel burner 燃料燃烧器;燃料烧嘴
fuel burn-up 燃耗
fuel cell ceramics 燃料电池陶瓷
fuel cell(FC) 燃料电池
fuel centralizer 燃料集中分配器
fuel chemistry 燃料化学
fuel cladding 燃料包壳
fuel combustor 燃烧室
fuel consumption 燃料消耗(量)
fuel depot 燃料仓库
fuel dope 燃料添加剂
fuel duty 燃料供应量
fuel economizer 燃料节约器;节油器;省煤器
fuel filling column 燃料柱;燃料塔;加油柱
fuel filter 燃料过滤器
fuel heater 燃料加热器
fueling 加燃料;加油;燃料转注
fueling gear 燃料接受装置;加油装置
fueling main 燃料转注干线;加油干线
fuel injection nozzle 燃料喷嘴
fuel injection pump 燃料油喷射泵
fuel-lean flame 贫燃火焰
fuel level indicator 燃料油位指示器
fuel methanol 燃料甲醇
fuel of high (anti)knock rating 高抗爆性燃料;高辛烷值燃料
fuel oil 燃料油
fuel oil barge 石油驳船;油驳
fuel oil burner 燃料油喷[火]嘴
fuel oil drum 燃料油罐
fuel oil stabilizer 燃料油安[稳]定剂
fuel oil stripper 燃料油汽提塔
fuel pellet 燃料芯块
fuel-proof 防油的;耐汽油的
fuel pump 燃料[油]泵
fuel reprocessing (核)燃料后处理
fuel-resistant rubber 耐油橡胶
fuel-rich flame 富燃火焰
fuel rod(or pin) 燃料棒
fuel ship 油船;油轮
fuel strainer 燃料滤器
fuel tanker (1)油槽车(2)飞机油箱
fuel thickener 燃料稠化剂;凝油剂
fuel treating equipment 燃料处理装置
fuel value (of food) (食物的)燃烧值
fugacity (1)逸性(2)逸度;有效压力
fugacity coefficient 逸度系数
fugillin (＝fumagillin) 夫马菌素;烟曲霉素
fugin 河豚毒
fugitive lubricant 挥发性润滑剂
fugitometer 褪色计(用紫外线测)
fugutoxin(＝fugin) 河豚毒
Fujiex 螺旋状倾斜管萃取器
fulcin(e)(＝griseofulvin) 灰黄霉素
fulcrum pin 支轴销
fulgenic acid 俘精酸;烟菌酸
fulgurator 盐溶液雾化器;火焰闪烁器
fuligonin 烟垢黏液菌素
full annealing (完)全退火
full-automatic arc welding 全自动电弧焊

full-automatic control 全自动控制
full blast （鼓风炉）全风
full-boiled soap 全沸（煮）皂
full boiling (of soap) （肥皂）热透
full boiling point 终沸点（全部馏分蒸出时的温度）
full charge 完全装料；全负荷
full cut-off 全闭
full density materials 全密度材料
fullerene 球碳；富勒烯；球笼烯
Fuller-Lehigh mill 富勒-利弗研磨机
fuller's earth 漂白土
full face flange 宽面法兰
full flashing 一次闪蒸；一次急骤蒸馏
full-flash operation 一次闪蒸操作
full-floating mechanical packing 全浮动机械填料
full grain leather 全粒面革
fulling agent 缩绒剂
fulling mill 漂洗机
fulling soap 缩呢皂；缩绒皂
full-length 标准长度
full load 全负载
fullmasse (＝massecuite) 糖膏
full miscella 增浓的溶剂；全混物
full of liquid 充满液体
full penetration corner joint 全焊透角接
full pressure circulating lubrication system 全压循环润滑系统
full production 全能力［满负荷］生产
full scale 原尺寸；原大；实际尺寸；实物大小
full scale model 实尺模型
full scale plant (1)成套设备(2)工业装置
full scale plotting 放样
full scale test 实物［样］试验；全面试验
full-shut position 全闭状态
full size 原尺寸
full view 全视图
full water 充水
full water test 盛水试漏［验］
full width at half maximum (FWHM) 半宽度（极大值半处的全宽度）
fully automatic in-line screw type plastic injection molding machine 全自动螺旋直射塑胶机
fully developed flow 充分发展［展开］流
fully extended chain 完全伸展链
fully-killed steel 全脱氧钢；镇静钢
(fully) paid 付讫
fully staggered conformation 全参差构象；反式构象
fulmenite 俘门炸药；福明奈特
fulminate 雷酸盐
fulminating cap 雷帽；雷汞爆管；（雷汞）雷管
fulminating gold 雷爆金；亚金联胺
fulminating mercury 雷汞
fulmination 雷爆；爆燃
fulminic acid 雷酸
fulminuric acid (＝isocyanuric acid) 雷尿酸；异氰尿酸；异三聚氰酸
Fulton furnace 弗尔顿电炉
Fulton zinc process 弗尔顿炼锌法
fulvalene 富瓦烯
fulvene 富烯（俗称）；5-亚甲基-1,3-环戊二烯
fulvoplumierin 黄鸡蛋花素
fumagillin 夫马菌素；烟曲霉素
fumanomycin 烟霉素
fumaramide 富马酰胺；反（式）丁烯二酰胺
fumarase 延胡索酸酶；富马酸酶；反丁烯二酸酶
fumaric acid 富马酸；反（式）丁烯二酸；紫堇酸；延胡索酸
fumaric reductase 延胡索酸还原酶；富马酸还原酶；琥珀酸脱氢酶
fumarimide 富马酰亚胺；反（式）丁烯二酸亚胺
fumarine 原阿片碱
fumaroid(form) 反式；*E* 型（指反式异构）
fumarprotocetraric acid 反丁烯二酸原冰岛衣酸酯
fumaruric acid 富马尿酸
fumarylacetoacetic acid 富马酰乙酰乙酸
***N*-fumarylalanine** *N*-富马酰丙氨酸
fumaryl chloride 富马酰氯；反（式）丁烯二酰氯
fume 烟雾
fume abatement 烟雾消除
fume cupboard 烟橱；通风橱
fume cure 氯化硫气体硫化
fumed silica (1)气相法白炭黑(2)热解硅石
fume extractor 抽烟器；风抽子（俗称）；排烟装置
fume hood (＝fuming cupboard) 烟橱；通风橱
fume treatment auxiliaries industrial furnace 烟气处理设备（工业炉）
fumigachlorin 刺烟氯菌素
fumigacin 蜡黄酸；烟曲霉酸

fumigant 熏蒸剂
fumigatic rodenticide 熏蒸杀鼠剂
fumigatin 烟曲霉醌
fumigating insecticide 熏蒸杀虫剂
fumigation 熏蒸作用;熏蒸法;烟熏法
fumigation insecticide 熏蒸杀虫剂
fuming cupboard 烟橱;通风橱
fuming hood 烟橱;通风橱
fuming nitric acid 发烟硝酸
fuming sulfuric acid 发烟硫酸
Fumiron 富民隆
fumonisin B_1 串珠镰孢毒 B_1
functional adhesive 功能胶黏剂
functional-analytical group 分析官能团;分析功能基
functional biochemistry 机能生化;功能生化
functional ceramics 功能陶瓷
functional coatings 功能涂料
functional composite(materials) 功能复合材料
functional compound 官能化合物
functional coupler 功能性成色剂
functional disturbance 机能(性)失调
functional dyes 功能染料
functional element 功能基元
functional fiber 功能纤维
functional group 官能团
functional group analysis 官能团分析
functional group isomerism 位变异构现象
functionality 官能度
functionally gradient materials (FGM) 梯度功能材料
functional membrane 功能膜
functional monomer 官能单体
functional paper 功能纸
functional pattern 功能图形
functional pigment 功能性颜料
functional polymer 功能高分子
functional proteome 功能蛋白质组
functional proteomics 功能蛋白质组学
functional quality 功能质量
functional retention index 官能团保留指数
functional rubber 功能橡胶
function material(s) 功能材料
function membrane 功能膜
functions of mixing 混合函数
functions of state (状)态函数
fund 基金
fundamental band 基频谱带
fundamental chain 母链;主链
fundamental characteristics 基本性能
fundamental constants 普适常数
fundamental cost 基本费用[投资]
fundamental design 基本设计
fundamental frequency 基频
fundamental frequency band 基频谱带
fundamental organic synthesis industry 基本有机合成(工业)
fundamental particles 基本粒子
fundamental physical constant 基本物理常量
fundamental raw materials (for organic synthesis) 基础原料
fundamental rheological curve 基本流变曲线
fundamental wind pressure 基本风压
fungal lipid 真菌脂质
fungi 真菌
fungichromin 制霉色基素
fungicidal paint 防霉漆
fungicide 杀菌剂;防霉剂
fungicidin(=nystatin) 制霉菌素
fungimycin 真菌霉素
funginon 真菌油素
fungistatic (1)制霉的(2)制霉剂(使霉菌不能生长和繁殖)
fungistatin 制真[霉]菌素
fungisterol 菌[霉]甾醇
fungocin 杆菌制霉素
funicularin 索芽孢菌素
funiculosin 索青霉素
funnel 漏斗;烟囱;浇道;缩孔;漏斗;通风筒;咽喉;浇口杯;加料斗
funneled feed duct 带漏斗的进料导管
funneled pipe 带漏斗的管子
funnel flow 漏斗状流动
funnel flow bin 漏斗流料仓
funnel stand 漏斗架
funnel support 漏斗架
funnel tube 长梗[蓟头]漏斗
funtumine 丰土明
fur 毛皮
Furac Ⅱ(=zinc dithiofuroate) 夫拉克Ⅱ(二硫代呋喃甲酸锌)
Furac Ⅲ(=lead dithiofuroate) 夫拉克Ⅲ(呋喃甲基二硫代羧酸铅)
furacilin 硝呋醛;呋喃西林
furadantin 呋喃妥因;呋喃坦啶
furaltadone 呋喃他酮
furamethrin 炔呋菊酯
furan 呋喃

furanacrylic acid 呋喃丙烯酸
furanacrylonitrile 呋喃丙烯腈
2-furancarbinol 糠醇;2-呋喃甲醇
β-furancarboxylic acid 糠酸;β-呋喃甲[羧]酸
furanidine 呋喃烷;四氢呋喃
furan nucleus 呋喃环
furanomycin 呋喃霉素
furanose 呋喃糖;五环糖
furanoside 呋喃糖苷
furan resin adhesive 呋喃树脂胶黏剂
furan resin(s) 呋喃树脂(尤指糠醇树脂)
furantoin 呋喃妥因;呋喃坦啶
furapromide 呋喃丙胺
furathiocab 呋线威
furazabol 夫拉扎勃
furazan 呋咱;1,2,5-氧二氮杂环戊二烯
furazan explosive 呋咱系炸药
furazano[*d*]pyridazine 呋咱并[*d*]哒嗪
furazano[*b*]pyridine 呋咱并[*b*]吡啶
furazolidone 呋喃唑酮;痢特灵
furazolium chloride 呋唑氯铵;氯化呋噻咪唑
furcellaran(=Danish agar) 丹麦琼脂;红藻胶
fur dye(s) 毛皮染料
furethidine 呋替啶
furfenorex 呋芬雷司;呋甲苯丙胺;糠基安非他明
fur(fur)acrolein 呋喃丙烯醛
fur(fur)acrylic acid 呋喃丙烯酸
furfural 糠醛;呋喃甲醛
furfural-acetone plastic 糠(醛丙)酮塑料
furfural-acetone (polycondensate) resin 糠(醛丙)酮树脂
furfuralcohol 糠醇;呋喃甲醇
fur(fur)aldehyde 糠醛;呋喃甲醛
furfural glycerine 糠醛缩甘油
α-furfural oxime α-糠醛肟
furfural point 糠醛点
furfural refining process 糠醛精制法(精制润滑油或柴油)
furfural resin 糠醛树脂
fur(fur)amide 糠醛胺;二氨缩三个糠醛
furfuran 呋喃
furfuran resin 糠醇树脂
furfurine 糠醛碱;2,4,5-三呋喃基咪唑
furfuroin (=furfuryl fural) 糠基糠醛
furfurol 糠醛
furfuryl-acetic acid 糠基乙酸
N^6-furfuryladenine N^6-呋喃甲基腺嘌呤;激动素
furfuryl alcohol 糠醇;呋喃甲醇
furfuryl amine 糠胺
furfuryl chloride 糠基氯
furfuryl fural 糠基糠醛
furfurylidene-acetone 亚糠基丙酮;呋喃亚甲基丙酮
5-furfuryl-5-isopropylbarbituric acid 5-糠基-5-异丙基巴比土酸
furfurylmercaptan 糠硫醇
furfurylmethylamphetamine 呋芬雷司;呋甲苯丙胺;糠基安非他明
furidazol(e) 麦穗宁
furil (=α,α′-difurfuroyl) 糠偶酰;联糠酰;α,α′-联呋喃甲酰
α-furil dioxime α-糠偶酰二肟
furildioxime 糠偶酰二肟
furnace 加热炉;窑炉
furnace annealing 炉内退火
furnace arch 炉顶[拱]
furnace bottom 炉底;炉床
furnace (carbon) black 炉法炭黑
furnace cement 耐火水泥
furnace charge 炉料
furnace clinker 炉渣;炉瘤
furnace coal 冶金煤
furnace coke 冶金焦(炭)
furnace discharge (1)炉出料(2)从(管式或裂化)炉中出来的热油料
furnace door 炉门
furnace efficiency 炉效率
furnace floor 炉底
furnace for heat treatment 热处理炉
furnace gas condenser 炉气冷凝器
furnace gas scrubber 炉气洗涤器
furnace hearth 炉底;炉床
furnace jacket 炉壳
furnace mantle 炉壳
furnace operating curve 炉子操作曲线
furnace pyrite ore 炉用黄[硫]铁矿
furnace rear 炉后
furnace roof 炉顶[盖]
furnace (treated) black 炉法炭黑
furnace tube 炉管
furnace tube spring hanger 炉管弹簧吊架
furnacing 用炉子处理[加热](如焙烧、煅烧、熔炼、熔解等)
furnish (1)供应[给](2)配料
furniture lacquer 家具漆

furniture leather 家具革
furniture paper 家具纸
furniture polish 家具擦光漆
furniture varnish 家具清漆
furoate 糠酸盐(或酯);呋喃甲酸盐(或酯)
furodiazole 呋二唑;噁二唑
furoic acid 糠酸;呋喃甲酸
furonazide 呋烟腙
furonic acid 糠基乙酸;呋喃基丙酸
furosemide 呋塞米;呋喃苯胺酸;速尿(灵)
furostan 呋甾烷
furoyl 糠酰;呋喃甲酰
furoyl chloride 糠酰氯;呋喃甲酰氯
***N*-furoyl-*N*-phenylhydroxylamine(FPHA)** *N*-呋喃甲酰-*N*-苯基羟胺
furoyltrifluoroacetone(FTA) 呋喃甲酰三氟丙酮
fur polishing machine 毛皮上光机
fur scouring agent 毛皮洗涤剂
furskins (带)毛皮
fursultiamine 呋喃硫胺
furterene 呋氨蝶啶
furtherance 促进
furtrethonium 呋索铵;糠三甲铵
furylacrolein 呋喃基丙烯醛
furylacrylamide 呋喃基丙烯酰胺
furyl alcohol 呋喃甲醇;糠醇
fusafungine 夫沙芬净;镰孢真菌素
fusain 丝炭
fusanin 镰孢菌素
fusarin 镰菌素
fusar(in)ic acid 镰孢菌酸;萎蔫酸;5-丁基-2-吡啶甲酸
fusarinine (1)镰刀霉氨酸;*N*-羟戊烯基羟基鸟氨酸(2)萎蔫菌素
fusariocin 珠镰孢菌素
fusarubin 镰红菌素
fuscin 暗褐菌素;卵丝霉褐素
fuscomycin 褐霉素
fuse (1)引信(2)导火索(3)熔丝;保险丝;熔断器
fuse box 保险盒;熔丝箱;断流器箱
fuse cartridge 易熔元件
fuse cutout 熔断开关;熔丝断路器
fused alumina 熔凝铝土;熔融氧化铝;电炉刚玉
fused calcium-magnesium phosphate (fertilizer) 钙镁磷肥
fused cast brick 熔铸砖
fused corundum 电熔刚玉
fused heterocycle 稠杂环
fused magnesium oxide 熔融氧化镁
fused polycyclic hydrocarbons 稠苯
fused quartz 熔凝石英
fused-quartz brick 熔融石英砖
fused ring 稠环
fused ring compound 稠环化合物
fused salt 熔盐
fused salt chemistry 熔盐化学
fused-salt electrolysis 熔盐电解
fused salt polarography 熔盐极谱法
fused salt reactor 熔盐反应堆
fused silica 石英玻璃;熔融石英
fused six-membered rings 稠合六元环
fused zirconia 熔凝锆土
fuse holder 熔断器座
fusel oil 杂醇油
fuse wire 熔丝;保险丝
fusibility 易熔性;可熔性;熔度;熔化性能
fusible alloy(s) 易熔合金
fusible clay 易熔瓷土
fusible cone (示温)熔锥
fusible element 保险线盒
fusible metal 易熔金属
fusible plug (易)熔塞
fusible salt 易熔盐
fusid(in)ic acid 夫西地酸;褐霉酸梭链孢酸
fusin 融合素
fusing agent 熔剂;助熔剂
fusing energy 熔化能
fusing point 熔点
fusing soldering 熔焊
fusion (1)熔融[化](2)聚变
fusionable material 聚变材料
fusion bonding 熔融黏结
fusion-cast process 熔铸法
fusion chemistry 聚变化学
fusion-fission(mixed)reactor 聚变-裂变混合反应堆
fusion-fission reaction 聚变-裂变反应
fusion fuel 聚变燃料
fusion heat 熔化热
fusion moulding 熔结成型
fusion nuclear fuel 聚变核燃料
fusion nuclear plant 热核电站
fusion point 熔点
fusion power plant 聚变电站
fusion reactor 聚变反应堆
fusion temperature 熔化温度
fusion type welding 熔透型焊接法

fusion welding 熔焊
fusion with alkali 碱熔
fusogenic agent 促融剂
fustic 黄颜木
fustin 黄颜木素；黄栌色素；(2*S*，3*S*)3，7，3′，4′-四羟基双氢黄酮
future 未来
future-expected population 未开发种群
future pointing 指向未来的
futures 期货(交易)
future value 将来值
fuzhou clay 复州黏土
fuzzy control 模糊控制
fuzzy decision 模糊决策
fuzzy game 模糊对策
fuzzy information 模糊信息
fuzzy logic 模糊逻辑
fuzzy model 模糊模型
fuzzy vibration 模糊振动
Fyrol 6 菲洛尔 6(阻燃剂)
Fyrol FR-2 菲洛尔 FR-2(阻燃剂)

G

G 鸟苷
GABA γ-氨基丁酸
gabapentin 加巴喷丁
gabbro 辉长岩
gabbromycin (＝paromomycin sulfate) 硫酸巴龙霉素
gabexate 加贝酯
Gabriel isoquinoline synthesis 加布里埃尔异喹啉合成法
Gabriel synthesis 加布里埃尔合成
G-acetylglucose G-乙酰葡萄糖
G acid G 酸;2-萘酚-6,8-二磺酸
gadelaidic acid 反(式)二十碳烯酸
gadfly expellent 牛蝇净
gadodiamide 钆双胺
gadoleic acid 顺(式)9-二十碳烯酸;(*Z*)-9-二十碳烯酸
gadolinia 氧化钆;三氧化二钆
gadolinite 硅铍钇矿
gadolinium 钆 Gd
gadolinium gallium garnet crystal 钆镓石榴石晶体
gadolinium oxide 氧化钆;三氧化二钆
gadolinium sesquioxide 氧化钆;三氧化二钆
gadolinium zeolite 钆沸石
gadopentetic acid 钆喷酸
gadoteridol 钆特醇
gaff 带钩阀(可以使石油管在固定位置上移动)
gagate 煤精;煤玉
gage(＝gauge) 计量;计
gahnite 锌光晶石
gaidic acid 2-十六碳烯酸
gain 增益
gain control 增益控制[调节]
gain factor 增益[放大]因素
gain in yield (产品)产率增加
gain of leather 得革率
gal 伽(重力加速度单位,等于 1 厘米/秒^2)
galactal 半乳醛
galactan 半乳聚糖
galactanase D-半乳聚糖酶
galactaric acid 半乳糖二酸;黏酸
galactase 半乳糖酶
galactin 催乳激素
galactinol 肌醇半乳糖苷
galactitol 半乳糖醇;卫矛醇
galactocerebroside 半乳糖脑苷脂
galactoflavin 半乳糖黄素
galactofuranose 呋喃半乳糖
galactogen 半乳多糖
galactogogue 催乳剂
galactoheptose 半乳庚糖
galactokinase 半乳糖激酶
galactolipid 半乳糖脂
galactomannan 半乳甘露聚糖
galactometer 乳(比)重计
galactonic acid 半乳糖酸
galactonolactone dehydrogenase 半乳糖酸内酯脱氢酶
galactopyranose 吡喃半乳糖
galactosaccharic acid 半乳糖二酸
galactosamine 半乳糖胺;2-氨基半乳糖;软骨糖胺
galactosaminide 氨基半乳糖苷
galactosaminyl transferase 氨基半乳糖基转移酶
galactosan 半乳聚糖
galactose 半乳糖
galactosemia 半乳糖血症
galactose oxidase 半乳糖氧化酶
galactose-1-phosphate 半乳糖-1-磷酸
galactosidase 半乳糖苷酶
galactoside 半乳糖苷
galactowaldenase 半乳糖瓦尔登转化酶;UDP 半乳糖-4-差向异构酶
galactozymase 半乳糖酿酶
galacturonic acid 半乳糖醛酸
galacturonic ester reductase 半乳糖醛酸酯还原酶
galacturonoglycan 半乳糖醛酸聚糖
galacturonorhamnan 半乳糖醛酸-鼠李聚糖
galam butter 牛油果油
galanga(l) (高)良姜
galangal oil (高)良姜油
galange oil (高)良姜油
galangin (高)良姜素[精]
galanin 甘丙肽

galant(h)amine(=lycoremine) 加兰他敏;雪花(莲)胺(碱)
galantham(in)ic acid 雪花氨酸
galanthidine(=lycorine) 石蒜碱
galanthine 雪花(莲)碱
galantin 甘丙氨菌素
galbanum 格蓬
galbanum pyrazine 格蓬吡嗪
galectin 半乳凝(集)素
galegine 山羊豆碱
galena 方铅矿
galenical 草药;草木制剂
galenobismuthite 辉铅铋矿;辉铋铅矿
Galigher tilting filter 加利格尔斜式过滤器
Galilean invariance 伽利略不变性
Galilean principle of relativity 伽利略相对性原理
Galilean transformation 伽利略变换
galipine 加利平;尬梨频(生物碱)
galipoidine 加利[尬梨]波定
galipol 加利[尬梨]醇
galipot (resin) 海松树脂
galiquoid 泡浊体
galirubin 加利红菌素
gall (1)棓子;五倍子;没食子(2)胆汁
gallacetophenone(=Alizarine Yellow C) 2,3,4-三羟基苯乙酮;茜素黄C
gallal 碱式棓酸铝
gallamic acid 棓氨酸
gallamide 棓酰胺;3,4,5-三羟基苯甲酰胺
gallamine triethiodide 加拉碘铵;三碘季铵酚
gallane 镓烷
gallanilide *N*-棓酰苯胺;3,4,5-三羟苯甲酰苯胺
gallein 棓因;棓灵;焦棓酚酞
gallic acid (1)(=3,4,5-trihydroxybenzoic acid)棓酸;五倍子酸;没食子酸(2)镓酸
gallic hydroxide 氢氧化镓
gallicin 棓酸甲酯
gallic oxide 三氧化二镓
galline 鸡精蛋白
gal(l)ipot 软膏壶
gallium 镓 Ga
gallium alloy for cold welding 镓冷焊剂
gallium aluminum antimonide arsenide 砷锑化铝镓
gallium aluminum antimonide crystal 锑化铝镓晶体
gallium aluminum antimonide phosphide 磷锑化铝镓
gallium aluminum arsenic phosphide 磷砷化铝镓
gallium aluminum arsenide single crystal 砷化铝镓单晶
gallium aluminum phosphide single crystal 磷化铝镓单晶
gallium antimonide 锑化镓
gallium antimonide arsenide single crystal 砷锑化镓单晶
gallium arsenide phosphide 磷砷化镓(半导体发光材料)
gallium arsenide single crystal 砷化镓单晶
gallium dichloride 二氯化镓
gallium hydride 氢化镓
gallium hydroxide 氢氧化镓
gallium indium arsenide phosphide 镓铟磷砷
gallium monoxide 一氧化镓
gallium nitrate 硝酸镓
gallium nitride 氮化镓
gallium phosphate 磷酸镓
gallium phosphide 磷化镓
gallium potassium alum(=gallium potassium sulfate) 镓钾矾;硫酸镓钾
gallium potassium sulfate 硫酸镓钾
gallium selenate 硒酸镓
gallium selenite 亚硒酸镓
gallium sesquioxide 三氧化二镓
gallium sulphate 硫酸镓
gallium sulphide 硫化镓
gallium tribromide 三溴化镓
gallium trichloride 三氯化镓
gallium trifluoride 三氟化镓
gallium triiodide 三碘化镓
Gall-Montlaux cell 高尔-芒劳克斯电解槽
Gall-Montlaux process 高尔-芒劳克斯(氯酸制造)法
gall nut 棓子;五倍子;没食子
gallnuts extract 棓子浸膏
gallobenzophenone 2,3,4-三羟基苯基苯(甲)酮
gallocyanine 棓菁
Gallocyanine BD(或 **W,DH**) 棓菁BD(或W,DH)
gallogen(=ellagic acid) 棓原;鞣花酸
gallols 棓酚类化合物
gallopamil 戈洛帕米

galloping 驰振
gallotannic acid (棓)单宁酸;鞣酸
gallotannins 没食类鞣料
gallous chloride 氯化亚镓
gallous oxide 氧化亚镓
galloxanthin 棓黄质;鸡视网膜黄素
gall pigment 胆汁色素
Gall's chain 格氏链
galmey 异极矿
Galoter oil-shale retorting system 加劳特油页岩干馏装置
galvanic action 原电池作用
galvanic battery 蓄电池组;原电池组
galvanic cell 伽伐尼电池;原电池
galvanic corrosion 原电池腐蚀;接触腐蚀
galvanic element (原)电池
galvanic pile(=voltaic pile) 电堆
galvanic probe 原电池型探头
galvanic series 电势序
galvanization 镀锌(作用)
galvanized iron 白铁;镀锌铁;镀锌钢材
galvanized iron tube 白铁管
galvanized steel 镀锌铁皮;镀锌钢
galvanized steel pipe 镀锌钢管
galvanized steel sheet(s) 镀锌薄钢板
galvanized steel wire 镀锌钢丝
galvanized vessel 镀锌容器
galvanized welded steel pipe 镀锌钢管
galvano-chemistry 电化学
galvanometer (1)灵敏电流计;检流计(2)电流计
galvanometry 电流测定法
galvanoplasty 电镀;电铸
galvanoscope 验电流器
galvanostatic double-pulse method 恒电流双脉冲法
galvanostatic method 计时电势法
galvanostat method 恒电流法
galvanotaxis 趋电性
galvanotropism 向电性
gamabufagin(=gamabufotalin) 日本蟾蜍精;日本蟾蜍它灵[苷元]
gamabufogenin(=gamabufotalin) 日本蟾蜍苷元[它灵];日本蟾蜍精
gamabufotalin 日本蟾蜍它灵[苷元];日本蟾蜍精
gamabufotoxin 日本蟾蜍毒
gama-vulcanizate (丙种射线)辐射硫化胶
gambir(=gambier) 黑儿茶
gambirine 黑儿茶碱
gamboge 藤黄
gambogic acid 藤黄酸
game theory 对策论;博弈论
game tree 对策树;博弈树
gamma acid γ酸;伽马酸;2-氨基-8-萘酚-6-磺酸;7-氨基-1-萘酚-3-磺酸
gamma-activation 用γ射线活化
gamma carbon γ碳原子
gamma ferrite γ铁
gamma globulin 丙种球蛋白
gamma-glucose γ-葡萄糖
gammagraph γ射线照相
gamma position γ位
gamma-ray γ射线
gamma spectrometry γ谱法
gamma substitution γ-位取代
gammexane 林丹
gamone 交配素
ganciclovir 更昔洛韦;丙氧鸟苷
ganglefene 更利芬;丁氧苯胺酯
ganglioside 神经节苷脂
gangtokumycin 甘托克霉素
gangtomycin 甘托克霉素
gangue 脉石;矸石
gangway 通道
ganister 致密硅岩
ganmycin(=carcinomycin) 癌霉素
Ganoderma lucidum 灵芝
ganomalite 硅钙铅矿
ganophyllite 辉叶石
gantry belt conveyor 吊架式带式输送机
gantry crane 高架吊车;龙门吊(车);龙门起重机
gantry crane charger 龙门起重加料机
gap 间隙;开口;空隙;缺口
gap adjuster 间隙调节器
gap adjustment 间隙调整
gap alignment 间隙对准
gap-conductivity(=hole conductivity) 空穴电导率
gap-filling adhesive 空隙充填性胶黏剂
gap-filling cement 填缝胶泥
gap joint 留缝接头
gap junction 缝隙连接
gap seal 间隙封罩
garbage grease 下脚油脂
garden cress oil 独行菜油
gardenia concrete 栀子花浸膏
gardenin 栀子(黄)素
Gardinol type detergent 格敌诺洗涤剂

Gardner bubble viscometer 加德纳气泡黏度计
Gardol 加道尔;N-月桂酰肌氨酸钠
gargle 含漱剂
garlic 大蒜
garlicin 大蒜素
garlic oil (大)蒜油
Garlock packing 加洛克衬垫
garment leather 服装革
garnet 石榴子石;石榴石;子牙乌(石榴子石类矿物宝石的工艺名称)
garnetiferous skarn 石榴硅卡岩
garnet type ferrite 石榴石型铁氧体
garnierite 硅镁镍矿;暗镍蛇纹石
Garrique evaporator 加立克蒸发器
garryine 加山萸碱
gas (1)气体(2)煤气(3)瓦斯(4)毒气
gas absorbent bed 气体吸收床
gas absorber 气体吸收器
gas absorber oil 气体吸收油;洗油
gas absorption 气体吸收
gas analysis 气体分析
gas antisolvent process 气体抗溶剂结晶过程;气体反萃取过程
gas ballasted rotary pumps 旋转气镇真空泵
gas balloon 称气瓶;气体比重瓶
gas bath 气浴
gas blanket centrifuge 气体保护式离心机
gas blanketing 气体覆盖;覆以气层
gas blow mixing 气泡搅拌
gas blow off 放气
gas bomb (1)气体钢瓶(2)毒气炸弹
gas burner 燃气喷嘴;煤气喷灯;气体燃烧器
gas cavity 气穴
gas centrifuge 气体离心机
gas chamber furnace 多室煤气窑
gas channel black 瓦斯槽黑
gas checker 煤气蓄热室格子砖
gas check valve 闭气阀
gas chromatogram 气相色谱图
gas chromatograph 气相色谱仪
gas chromatograph-mass spectrometer (GC-MS) 气(相色谱)质(谱)联用仪
gas chromatography 气相色谱法;气相层析
gas cleaning system 气体净化系统
gas coal 气煤
gas coke 煤气焦炭
gas collecting main 集气干线;煤气聚集总管;煤气总管;集气主管
gas combustion chamber 煤气燃烧室
gas compression 气体压缩
gas compressor 气体压缩机
gas concrete 加气混凝土
gas condensate (气体)凝析油;气体凝析物
gas conditioning 气体调节;气体处理;调湿;气体调理
gas constant 气体常数
gas contacting region 气体接触区
gas cooled fast breeder reactor (GCFBR) 气冷快中子增殖(反应)堆
gas cooler 气体[煤气]冷却器
gas cooling section 气体冷却段
gas cure (氯化硫)气体硫化;冷硫化
gas cutting 气割;气侵
gas cylinder 气体钢瓶
gas deflector cone 导风锥
gas degeneracy 气体退化
gas density balance 气体密度天平
gas desulfurization 气体脱硫
gas detector 气体检测器(检查漏气)
gas diffusion electrode 气体扩散电极
gas discharge 气体放电
gas disperser 气体分布器
gas displacement 排气量
gas distributor 气体分布[配]器
gas distributor plate 气体分布板
gas drying 气体干燥;煤气干燥
gas duct 烟道
gas dynamic facility 气体动力设备
gasdynamics 气体动力学
gas eddy 气涡
gas electrode 气体电极
gaseous cement 气体渗碳剂
gaseous diffusional separation 气体扩散分离(法)
gaseous diffusion electrode 气体扩散电极
gaseous diffusion process 气体扩散法
gaseous diffusion separator 气体扩散分离器
gaseous effluent cooler 废气冷却器
gaseous electronic detector 气态电子检测器
gaseous emission 气体排放
gaseous escape 气体逸出
gaseous fluidization 气态流化作用
gaseous fuel 气体燃料
gaseous ketene 气态乙烯酮
gaseousness 气态

gaseous phase 气相
gaseous pollutant 气态污染物
gaseous polymerization 气相聚合
gaseous radwaste 气态放射性废物
gaseous state 气态
gaseous sulfur 气体硫
gaseous waste 废气
gaser γ射线激光(器)
gas evacuating flue 烟囱
gas expansion 气体膨胀
gas explosion 瓦斯爆炸
gas extractor 煤气抽出器
gas-fading inhibitor 气(烟)熏褪色抑制剂
gas field 天然气田
gas-filled lamp 灌气(电)灯泡
gas filled system 充气系统
gas-filled thermometer 充气温度计
gas-filling O-ring 充气金属O形环
gas film 气膜
gas film mass transfer coefficient 气膜传质系数
gas filtration 气体过滤
gas(-fired) furnace 烧煤气的炉子
gas fired heater 燃气加热炉
gas fired lighter 气体点火器
gas fired periodic kiln 煤气倒焰窑
gas flow indicator 气体流量计
gas flowmeter 气体流量计
gas-flow mixing 气流搅拌
gas flue 烟道
gas fluidized bed 气体流化床
gas former 发气剂
gas forming admixture 加气剂
gas fractionation 气体分级
gas fuel 气体燃料
gas-gel chromatography 气体凝胶色谱法
gas generator 气体发生器;煤气发生炉
gas generator turbine 燃气发生器透平转子
gas gouging 气割;气刨
gas graphite reactor 气冷石墨(反应)堆
gas hand grenade 毒气手榴弹
gas heated furnace 煤气加热炉
gas holder 气柜
gas-holder bell 气柜钟罩
gas-holder floating bell 气柜钟罩
gas-holder foundation 气柜基础
gas-holder grease 气柜润滑脂
gas-holder operation 气柜操作
gas holder tank 气柜
gas holdup 持气率
gas hood 气罩
gas hourly space velocity 气时空速
gas house 煤气房
gas hygrometer 气体湿度计
gasification 气化(作用)
gasification in place 地下气化
gasification latent heat 气化潜热
gasification of biomass 生物质气化
gasification reactor 气化反应器
gasification unit 造气装置
gasification with enriched air 富氧气化
gasifier 气化炉
gas in 气体进口;进气
gas industry 煤气工业
gas injection plate 气体喷射板
gas injector 进气喷射器
gas inlet pipe 煤气进给管
gas inlet tube 气体进口管
gas in solution 溶解气
gas jet burner 煤气喷燃器
gasket 垫圈;垫片;接合垫料;软垫;衬垫;垫料;胶边;垫片;密封圈;密封填料;密封垫
gasket cement 密封胶
gasket groove 安放垫片环槽
gasket joint 垫圈接头
gasket leakage 垫片渗漏
gasket load 垫片载荷
gasket material 垫片材料
gasket resiliency 垫片回弹率
gasket ring 密封圈;密封环
gasket seat 垫圈座
gas kinetics 气体动理(学理)论
gas labyrinth 气体迷宫
gas lamp 煤气灯
gas laser 气体激光器
gas law 气体定律
gas leakage 气体泄漏
gas leakage test 气密性试验
gas lift 气举
gas lift line 气体提升管
gas lift pump 气升泵
gas lime 煤气石灰(其中含有氢硫化钙等杂质)
gas line dehydrator 气体管脱水器
gas liquefaction 气体液化
gas liquid chromatography 气液色谱法
gas-liquid contactor 气-液接触器
gas-liquid equilibrium(GLE) 气液平衡
gas-liquid partition chromatography 气液

（分配）色谱法
gas-liquid reactor 气液反应器
gas-liquid separator 气-液分离器
gas lock 气封；气塞；气栓
gas lock effect 气阻效应
gas main 煤气总管
gas mainfold 气体[瓦斯]集合管
gas mask 防毒面具；毒气面具
gas mask canister 防毒面具罐
gas metal arc cutting 气体保护金属极电弧切割
gas metal-arc welding 气体保护金属极电弧焊；熔化极气体保护焊
gas meter（diaphragm）leather 煤气表用革；气表革
gas mixture 气态溶液；气体混合物
gas-mixture carbon black 混气炭黑
gas-mixture channel black 混气槽黑
gas multiplication 气体放大作用
gas nipple 气嘴
gas nozzle 瓦斯喷嘴
gaso（＝gasoline） 汽油
gas odorant 气体加臭剂
gas odorizer 气体气味鉴定器
gasohol 加醇汽油；酒精汽油；酒精-汽油混合燃料
gas oil 瓦斯油
gas oil cracking process 瓦斯油裂化法
gas oil hydrotreater 瓦斯油加氢处理装置
Gas Oil Isomax 埃索麦克斯法（瓦斯油加氢裂化）
gas-oil ratio（GOR） 油气比
gasolene 汽油
gasoline 汽油
gasoline additive 汽油添加剂
gasoline alkylate 烷基化汽油
gasoline anti-icing additive 汽油防冻添加剂
gasoline blast burner 汽油喷灯
gasoline can 汽油桶；汽油罐
gasoline corrosion test cup 汽油试蚀杯；汽油腐蚀试验杯
gasoline detergent additive 汽油清净添加剂
gasoline dope 汽油添加剂
gasoline engine 汽油（发动）机
gasoline ga(u)ge dial 汽油表标度板[盘]
gasoline gumming test cup 汽油试胶杯；汽油胶质测定杯
gasoline hydrogenation 汽油加氢
gasoline mileage 汽油里程（每加仑汽油行驶的距离，英里）
gasoline octane rating 汽油辛烷值
gasoline piston 汽油机活塞
gasoline pool （炼厂）汽油调合组分总和（将不同质量汽油掺合成一定规格的产品汽油）
gasoline pump 汽油泵
gasoline-resistant coating 耐汽油涂料
gasoline soap 汽油皂
gasoline station 汽油站；加油站
gasoline storage 汽油库
gasoline stripper 汽油汽提塔
gasoline sweetener 汽油脱硫装置
gasoline tanker 汽油运输船
gasoloid 气溶胶；气胶溶体
gasometer flask 气量计；气量瓶
gasometric analysis 气体（定量）分析
gasometry 气体（定量）分析
gas outlet duct 气体出口管
gas outlet hole 燃气出口孔
gas parameter 气体参数
gas-partition chromatography 气液色谱法
gas passage 气体通路
gas pellets 粒状发泡剂
gas permeability 透气性
gas permeation 气体渗透；透气
gas-per-mile gauge 汽油每英里耗量计（每英里路程燃料消耗的计量器）
gas phase catalysis 气相催化（作用）
gas phase control 气相控制；气膜控制
gas phase coulometry 气相库仑滴定法；气相电量滴定法
gas phase loading factor 气相动能因子
gas phase mass transfer coefficient 气相传质系数
gas-phase polymerization 气相聚合
gas-phase titration 气相滴定
gas pipeline compressor 输气管道压缩机
gas plant （1）气体分馏装置（2）天然气加工厂（3）煤气厂
gas plier 夹管钳
gas-pocket 气囊[孔，袋，窝]
gas poisoning 煤气中毒
gas pressure inlet 气体压入口
gas processing 煤气加工
gas producer 煤气发生炉
gas producer（coal）tar 发生炉煤焦油
gas proofness 不透气性；气密性

gas(-proof) shelter 避毒所
gas protection 毒气防护
gas purifying equipment 气体净化设备
gas purifying process 气体净化法
gas quench 煤气急冷
gas range 煤气灶
gas recovery 气体分馏[回收]
gas recycle compressor 气体循环压缩机
gas refrigerator 压缩气体冷冻机
gas reversion process 叠合重整过程(气态烃或汽油馏分裂化改质过程)
gas sampling tube 气体取样管
gas sampling valve 气体进样阀
gas scrubber 气体洗涤器
gas scrubbing oil 涤气油
gas scrubbing system 气体洗涤设备
gas scrubbing tower 气体洗涤塔
gas seal 气封
gas sensing electrode 气敏电极
gas-sensing membrane electrode 气敏(膜)电极
gas separating 气体分离
gas separation by diffusion 气体扩散分离
gas separator 气体分离器
gasser (煤)气井
gas shield 气屏蔽;气体保护;气罩
gas shielded arc welding 气体保护电弧焊
gas shielded metal-arc welding 气体保护金属弧焊
gas-solid adsorption 气固吸附
gas-solid chromatography 气固色谱法
gas-solid equilibrium 气固平衡
gas-solid separator 气固分离器
gas sparger 气体鼓泡器
gas spirit 气态汽油;气体汽油
gas stagnant film diffusion 气体滞留膜扩散
gas stove 煤气炉
gas supply 气体供应;供气
gas sweetening 气体净化;气体脱硫
gas-tanker 气槽船;气槽车
gas thermometer 气体温度计
gas tight 气密的;不透气的
gas tight cover 密封盖
gas tightness 气密性;不透气性
gas tight test 气密试验
gas tip 瓦斯喷头
gas transportation facilities 气体输送设备
gas transport laser 气体输送激光器
gas trap 气体分离器;气阱;气体收集器
gas treating process 气体处理法
gas treatment plant 气体处理厂
gastric inhibitory polypeptide 肠抑胃肽
gastric lipase 胃脂肪酶
gastricsin 胃亚蛋白酶
gastrin 胃泌素(促胃酸激素)
gastrin mucin 胃膜素
gastrin pentapeptide 五肽胃泌素
gastrodia tuber 天麻
gastroferrin 胃液铁蛋白
gastrone 抑胃素
gas tungsten arc welding(GTAW) 气体保护钨极电弧焊;钨(电)极(惰性)气体保护焊
gas turbine 燃气轮机;燃气透平;气体透平
gas turbine cycle 燃气轮机循环
gas-type mass spectrometer 气体型质谱计
gas vacuole(s) 气泡
gas volumetric chromatography 气体体积色谱法
gas vulcanization (氯化硫)气体硫化
gas warfare 毒气战(争)
gas washer (1)气体[煤气]洗涤器(2)气体冷却器
gas washing blower 气体洗涤鼓风机
gas washing bottle 洗气瓶
gas washing installation 气体洗涤装置
gas washing plant 气体洗涤设备
gas wash tower 气体[煤气]洗涤塔
gas water-heater 煤气烧水炉
gas-water separator 气水分离器
gas weapon 毒气武器
gas welding 气焊
gas well (天然)气井
gas-works 煤气厂
gas works (coal) tar 煤气(厂)焦油
gasworks coke 煤气(厂)焦炭
gatavalin 谷缬菌素
gatch 蜡饼;含油蜡
gate clamp screws 阀门压紧螺钉
gated decoupling 门控去偶
gate disc 闸板
gate feed hopper 框式加料斗
gate mixer 框式混合器
gate screw 闸门螺旋
gate stirrer 框式搅拌器
gate (type) agitator 框式搅拌器
gate valve 闸(门)阀
gateway pier 门框墙墩
gathering 富集
gathering agent (螯合金属)搜集剂

gathering pipeline 集油[气]管线;(油气)集输管线
gathering tank 集油[收集]罐
Gathurst powder 伽瑟斯特炸药
Gattermann aldehyde synthesis 加特曼醛合成法(一种甲酰化法)
Gattermann diazo-reaction 加特曼重氮反应
Gattermann-Koch reaction 加特曼-科赫反应(一种甲酰化法)
gauche conformation 邻位交叉构象
gauche form 邻位交叉式
gauffer calender (1)(橡胶制品)浮花压制机(2)凹凸纹轧花机;印纹轧压机
gauffered board 皱纹纸板;波面纸板
gauffered cloth(=gauffered fabric) 轧纹布;拷花布;轧花凸纹织物
gauge (1)计;规;(2)计量;规范
ga(u)ge block 块规;量块
ga(u)ge board 指示牌
ga(u)ge bob 测深锤
ga(u)ged burette 标准滴定管
ga(u)ge distortion 厚薄不匀
ga(u)ge glass 玻璃(管)液面计;计液玻管
ga(u)ge hatch 计量口[孔]
ga(u)ge length 计量[标距]长度
ga(u)ge nipple 计量接头
ga(u)ge plate 定位板;样板
ga(u)ge pole 检油尺;量油杆
ga(u)ge pressure 计示压力;表压;测出表压
ga(u)ge seal 表封;计量孔盖
ga(u)ge tank 计量槽[罐]
ga(u)ge transformation 规范变换
ga(u)ge under test 待校压力表
ga(u)ge variations 尺寸变化
ga(u)ge vessel 计量槽
ga(u)ge well 表孔
ga(u)ging device 计量装置
ga(u)ging glass 玻璃[管]液面计;计液玻管
ga(u)ging hatch 计量口[孔]
ga(u)ging nipple 计量接头
ga(u)ging tank 计量罐
gaultheria oil 冬青油;水杨酸甲酯
gaultherin(=monotropitoside) 白珠木苷;冬绿树苷;水晶兰苷
gauntry crane(=gantry crane) 高架吊车;龙门起重机;龙门吊(车)
Gauss concentration profile 高斯浓度图
Gauss eyepiece 高斯目镜
Gaussian beam 高斯光束
Gaussian chain 高斯链
Gaussian concentration profile 高斯浓度图
Gaussian curve 高斯线型
Gaussian distribution(=normal distribution) 高斯分布;正态分布
Gaussian elimination 高斯消元法
Gaussian elution band 高斯洗脱谱带
Gaussian optics 高斯光学
Gaussian-shaped concentration distribution 高斯型浓度分布
Gaussian type orbital 高斯型轨道
gaussmeter 高斯计
Gauss-Newton-Raphson(GNR) method 高斯-牛顿-拉夫森法
Gauss theorem 高斯定理
gauze(filter) element 网状滤心
gauze(metal) 金属网
gauze strainer 网状滤器
Gay-Lussac law 盖-吕萨克定律
Gay-Lussac tower 盖氏塔;盖吕萨克塔
gaylussite 斜(碳)钠钙石;针钠钙石
GBLC(grain boundary layer capacitor) 晶界层电容器
gbx(gear box) 齿轮箱
GC(gas chromatography) 气相色谱法;气相层析
GC-MS(gas chromatograph-mass spectrometer) 气(相色谱)质(谱)联用仪
G-CSF 粒细胞集落刺激因子
GDP(guanosine diphosphate) 鸟苷二磷酸
GD process(=gas diffusion process) 气体扩散过程
gear bank 齿轮组
gearbox 齿轮箱;变速箱
gear box cover 减速箱盖
gear box oil(=gear case oil) 齿轮箱油
gear case 齿轮箱;变速箱
gear case oil 齿轮箱油
gear casing 齿轮箱;变速箱
gear coupling 齿轮联轴节[器]
gear drive 齿轮传动
gear(ed) motor 齿轮(传动)电动机;带变[减]速齿轮箱的电动机
geared-up 有增速传动装置的
gear flowmeter 齿轮流量计
gear guard 齿轮(传动防护)罩
gear head motor 齿轮减速电动机
gear housing 齿轮箱体

gear increaser 齿轮增速机
gearing chain 传动链
gearing-up 增速传动(装置)
gear motor 电机减速机
gear mounting 齿轮架
gear oil 齿轮油
gear oil pump 齿轮油泵
gear planer 插[刨]齿机
gear pump 齿轮泵
gear ratio (1)齿轮(传动)速比(2)齿轮齿数比
gear reduced drive 齿轮减速传动
gear reducer 齿轮减速器[箱,机]
gear reduction unit 齿轮减速器[箱,机]
gear ring 齿圈[冠,环]
gear roller 齿辊;齿轮滚柱
gear rotary pump 齿轮泵
gear set 齿轮组
gear shaft 传动轴
gear shaft liner 轴衬套
gear shaper 插[刨]齿机
gear shift housing 变速箱
gear shifting box 变速箱
gear teeth 齿轮齿
gear-type coupling 齿轮联轴节[器]
gear wheel 齿轮
gear wheel pump 齿轮泵
gear with addendum modification 变位齿轮
GE-cellulose 胍(基)乙基纤维素
gedanite 脂状琥珀
gedanken experiment 理想实验
gedrite 铝直闪石
geepound 奇磅;斯(勒格)(英国重力单位制中的质量单位,等于1磅力作用于该质量时产生1英尺/秒^2 加速度的质量,约等于32.1740磅或14.5930千克)
Geeraerd cell 吉雷德电池
Geer(-Evans)-oven 吉尔老化恒温箱
gefarnate 吉法酯;金合欢乙酸香叶醇酯
gegenion 反离子
gehlenite 钙铝黄长石
geic acid(=ulmic acid) 赤榆酸
Geiger counter detector 盖革计数器检测器
Geiger counter tube 盖革计数管
Geiger-Müller counter 盖革-米勒计数器
Geiger-Müller counting tube 盖革-米勒计数管
Geiger-Nutall equation 盖革-努塔尔方程
geikielite 镁钛矿
gein 水杨梅苷
Geissler potash bulb 盖斯勒钾碱球管
geissoschizoline 缝籽木早灵
geissospermine 缝籽碱;夹竹桃毒碱
gel 凝胶
gelatification 胶凝(作用);凝胶化(作用)
gelatin 明胶
gelatination 胶凝(作用);凝胶化(作用)
gelatin dynamite 胶棉炸药;胶质代那买特
gelatine(=gelatin) 明胶
gelatin capsule 胶囊
gelatinization (1)胶凝(作用);凝胶化(作用)(2)(淀粉)糊化(作用)
gelatinized gasoline 凝固汽油
gelatinizer 胶凝剂;稠化剂
gelatinous precipitate 胶状沉淀
gelatin-type dynamite 胶棉[质]炸药;胶质代那买特
gelation (1)胶凝(作用);凝胶化(作用)(2)(淀粉)糊化(作用)
gelatose 明胶
gelbecidin 盖伯杀菌素
gel breaker for fracturing fluid 压裂液破胶剂
gel chromatography 凝胶色谱法;凝胶层析
gel coating resin 胶衣树脂;胶衣层
geldanamycin 格尔德霉素
gel effect 凝胶效应
gel electrophoresis 凝胶电泳
gel entrapment 胶体包埋
gel exclusion chromatography 凝胶排阻色谱法
gel feed 胶进口
gel filtration (chromatography) 凝胶过滤(色谱)法
gel forming agent 胶凝剂
gel fraction 凝胶率
Ge-Li detector 锗-锂探测器
gelification 胶凝作用;凝胶化
gelignite 胶棉[质]炸药;胶质代那买特
gel immunoelectrophoresis 凝胶免疫电泳
gellan 胞外多糖
gellan gum 胞外多糖胶
gelled alcohol 胶凝乙醇(俗称固体酒精)
gelled electrolyte battery 胶体蓄电池
gelling 胶凝(作用);凝胶化(作用)
gelling agent 胶凝剂

gel(ling) point 胶凝点
gel of rubber 橡胶凝胶
gel outlet 胶出口
gel permeation chromatography 凝胶渗透色谱法
gelsamine 钩吻胺
gelsemicine 钩吻素乙
gelsemine 钩吻素甲;钩吻碱
gelsem(in)ic acid (＝scopoletin) 钩吻酸;东莨菪亭[素]
gelsemium 钩吻
gel slug 胶块
gel spinning 凝胶纺(丝);凝胶纺丝法
gel swelling 凝胶溶胀(度)
gel time 凝固时间;凝胶时间
gel-type membrane 凝胶形膜
gel-type profile control agent 凝胶型调剖剂
gelutong 节路顿(树)脂
gemcitabine 吉西他滨
gem-dinitro compound 偕二硝基化合物
gemeprost 吉美前列素;前列甲酯
gemfibrozil 吉非贝齐;二甲苯氧庚酸
geminal 成对的;孪位的
geminal function 孪函数
geminate 偕(取代在同一碳原子上)
geminimycin 双生霉素
gemmatin 埃蕈色素
gem whisker 白宝石晶须
genalkaloids 氧化生物碱类(氨基变为氨氧基的生物碱)
gene 基因(遗传因子)
gene cloning 基因克隆
gene cluster 基因簇
gene disruption 基因中断
gene expression 基因表达
gene gun 基因枪
gene library 基因文库
gene map 基因图
gene mapping 基因图谱
general acid-base catalysis 普通酸碱催化作用
general anesthetics 全身麻醉药
general arrangement of the apparatus 设备的总体布置;设备的总平面布置
general assembly 总装配
general characteristic 通性;一般特性
general chemistry 普通化学
general corrosion 均匀[普遍,全面,整体]腐蚀
general drawing 总图
general formula 通式
generalization 推广;普适化
generalized Bingham body 广义宾汉体
generalized coordinate 广义坐标
generalized eigenvalue 广义特征值
generalized equation 普适方程
generalized fluidization 广义流态化
generalized fluxes 通量
generalized force 广义力
generalized Hooke's law 广义胡克定律
generalized liquid model 广义液体模型
generalized Maxwell model 广义麦克斯韦模型
generalized momentum 广义动量
generalized Newtonian fluid 广义牛顿流体
generalized nodal displacement 广义节点位移
generalized nodal force 广义节点力
generalized Reynolds number 广义雷诺数
generalized solid model 广义固体模型
generalized spectrophotometry 广义分光光度测定法
generalized standard addition method 广义标准加入法
generalized valence bond (GVB) method 广义价键法
generalized velocity 广义速度
general machinery 通用机械
general operating specification 一般操作规程
general operational requirement 一般操作条件
general overhaul 大修
general petrochemical works 石油化工总厂
general physics 普通物理(学)
general plan 总体规划
general planning 基本方案
general program 基本方案
general purpose calender 通用压延机
general purpose furnace black (GPF) 通用炉黑
general-purpose (lubricating) grease 通用润滑脂
general purpose plastics 通用塑料
general purpose rubber 通用(型)橡胶
general purpose varnish 通用清漆(内用、外用均可)

general relativity 广义相对论
general repair 普通修理
general rubber slab 普通胶板
general scheme 基本方案
general service hose 通用胶管
general specification 一般技术要求
general technical specifications 通用技术条件
general version 基本方案
general view 总图;全视图
general yield 全面屈服
generation time (1)每代时间(中子每代的平均寿命)(2)(细胞)传代[周期,增代,世代]时间
generative cell 生殖细胞
generator (1)发电机(2)发生器
generator gas 发生炉煤气
generator overflow tube 发生器溢流管
generator pump 发生器泵
generator set 发电机组
generator unit 发电机组
gene redundancy 基因重复[冗余]
geneserine 金丝碱;氧化毒扁豆碱
gene targeting 基因打靶技术
gene therapy 基因治疗
genetically engineered cell 基因工程细胞
genetical resistance 遗传抗性
genetic code 遗传密码
genetic decoding 遗传解码
genetic engineering 基因工程;遗传工程(学)
genetic immunotoxin 基因免疫毒素
genetic information 遗传信息
geneticist 遗传学家
genetic manipulation 基因操作
genetic marker 遗传标记
genetic membrane 遗传膜
genetics 遗传学
Geneva nomenclature 日内瓦命名法
genic recombination 基因重组
genimycin 世霉素
genistein 金雀异黄素;染料木素;染料木黄酮;5,7,4′-三羟(基)异黄酮
genisteine 染料木碱;异鹰爪豆碱
genisteine-alkaloid 染料木碱
genite 杀螨磺
genkwanin 芫花素;5,4′-二羟-7-甲氧基黄酮
genome 基因组
genomic pathway 基因组途径
genomics 基因组学
genophore 基因带
genotyping 基因型鉴别
gentamicin 庆大霉素
gentamycin 庆大霉素
genthite 水硅镁镍矿;镍叶[镍水,暗镍]蛇纹石
gentiamarin 龙胆苦苷
gentian 龙胆
gentianic acid 龙胆酸
gentianidine 龙胆次碱;秦艽碱乙
gentianine 龙胆宁碱;秦艽碱甲
gentianose 龙胆三糖
gentian violet 龙胆紫;甲(基)紫;碱性紫 5BN
gentiin 龙胆苷
gentiobiose 龙胆二糖;β-(1→6)葡二糖
gentiogenin 龙胆配基[苷元]
gentiopicrin 龙胆苦苷
gentisaldehyde 龙胆醛;2,5-二羟苯甲醛
gentisic acid 龙胆酸;2,5-二羟(基)苯甲酸
gentisin 黄色龙胆根素;龙胆根黄素;龙胆呫酮;;1,7-二羟(基)-3-甲氧呫吨酮
gentisinic acid 龙胆酸;2,5-二羟(基)苯甲酸
gentisyl alcohol 龙胆(霉)醇;2-羟甲基对苯二酚
gentrogenin 静特诺皂配基[苷元]
geobiochemistry 地球生物化学;地质生物化学
geochemistry 地球化学
geoffroyin(e) (=rhatanin) 娜檀宁;*N*-甲基酪氨酸
geohygiene 地理卫生学
geological chemistry 地质化学
geological disposal 地质处置
geometrical constraint 几何约束
geometrical effect 几何效应
geometrical equivalence 几何等效
geometrical factor 几何因数[子]
geometrical isomer 几何异构体
geometric(al) isomeride 几何异构体
geometric(al) isomerism (=cis-trans isomerism) 几何异构;顺反异构
geometrical optics 几何光学
geometrical regularity 几何规整度
geometric(al) stereoisomer(ide) 立体几何异构体
geometric mean 几何平均

geometry factor 几何因数[子]
geometry optimization 几何优化
geomycin 盐酸土霉素;地霉素
Geon process 吉洪法(烃混合物抽提法)
geophysical electric power generation 地热发电
geophysics 地球物理(学)
geoside 水杨梅苷
geosmin 二甲萘烷醇
geotextile 土工布
geothermal energy 地热能
geothermal heat 地热
Geotrichum candidum 白地霉
geotropism 向地性
gepefrine 吉培福林;间氨丙酚
gephyrotoxin 桥形毒素
gepirone 吉哌隆
geramine 苯扎氯铵;洁而灭
geranene 香叶烯;牻牛儿烯
geranial 香叶醛;牻牛儿醛
geranialdehyde 香叶醛;牻牛儿醛
geranic acid 香叶酸;牻牛儿酸;3,7-二甲基-2,6-辛二烯-1-酸
geraniol 香叶醇;牻牛儿醇
geraniolene 香叶烯;;牻牛儿烯
geranium 老鹳草
geranium oil 香叶(天竺葵)油
geranyl acetate 醋酸香叶酯
geranyl butyrate 丁酸香叶酯
geranyl hydroquinone 香叶基氢醌
geranyl pyrophosphate 焦磷酸香叶酯;牻牛儿焦磷酸
gerhardtite 铜硝石
German chamomile oil 母菊油
germanic chloride 四氯化锗
germanic oxide 二氧化锗
germanite (1)锗石(2)亚锗酸盐
germanium 锗 Ge
germanium acetate 乙[醋]酸锗
germanium chloroform 三氯甲锗烷;氯锗仿
germanium dichloride 二氯化锗
germanium dihydride 二氢化锗
germanium diiodide 二碘化锗
germanium dioxide 二氧化锗
germanium diselenide 二硒化锗
germanium disulphide 二硫化锗
germanium hydroxide 氢氧化锗
germanium monoxide 一氧化锗
germanium selenide crystal 硒化锗晶体
germanium-silicon alloy 锗硅合金
germanium single crystal 锗单晶
germanium sulphide 硫化锗
germanium telluride crystal 碲化锗晶体
germanium tetrabromide 四溴化锗
germanium tetrachloride 四氯化锗
germanium tetraethyl 四乙锗
germanium tetrafluoride 四氟化锗
germanium tetraiodide 四碘化锗
germanoformic acid 甲锗酸
germanous chloride 二氯化锗
germanous oxide 一氧化锗
German saltpetre 硝酸铵
germicidal soap 杀菌皂
germicide 杀菌剂
germinal center 生发中心
germinant(s) 萌发剂
germinating paper 育苗纸
germination 发芽
germination paper 育苗纸
germine 胚芽碱;哥明碱
germ processed oil 加有动植物油脂的复合润滑油
gerobriecin 截短菌素
geronic acid 葛让酸;2,2-二甲基-6-氧化庚酸
gersdorffite 辉砷镍矿
gestodene 孕二烯酮
gestonorone caproate 孕诺酮己酸酯
gestrinone 孕三烯酮
Getinaks 碎纸塑料
get out of order 发生故障
getter ion pump 吸气离子泵
GF (1)(gel filtration)凝胶过滤(色谱)法(2)(growth factor)生长因子
g-factor g 因子
GH(growth hormone) 促生长素
ghatti gum 阔叶榆绿木胶;茄替胶
gheddic acid 三十四(烷)酸
ghee 印度酥油
gherkin 醋渍小黄瓜
ghi(=ghee) 印度酥油
G-H mixtures(=G-H solvents) G-H 混合物;G-H(混合)溶剂
ghost line 鬼线
ghost peak 假峰
GHRF(growth hormone releasing factor) 促生长素释放因子;生长激素释放因子
G-H solvents G-H(混合)溶剂(G 代表乙二醇,H 代表烃溶剂,如烃、醇、氯代烃等)

Giammarco-Vetrocoke process 改良砷碱法(脱硫);GV 法
giant micelle 巨胶束
giant molecule 巨分子
giant particle (GP) (核爆炸沉降物中)强放射性粒子
gib 起重杆
Gibb chlorate process 吉布氯酸盐制造法
Gibberella fujikuroi 藤仓赤霉
gibb(erell)ane 赤霉素烷
gibberellic acid 赤霉酸
gibberellin 赤霉素;九二〇
Gibbs adsorption equation 吉布斯吸附公式
Gibbs adsorption theorem 吉布斯吸附定理
Gibbs-Duhem equation 吉布斯-杜安方程
Gibbs-Duhem relation 吉布斯-杜安关系
Gibbs ensemble 吉布斯系综
Gibbs ensemble Monte Carlo simulation methodology 吉布斯系综蒙特卡罗模拟方法论
Gibbs free energy 吉布斯自由能;自由焓;吉布斯函数
Gibbs free energy of activation 活化吉布斯自由能
Gibbs function 吉布斯函数
gibbsite 三水铝石;水铝氧(矿)
Gibbs-Konovalow's rule 吉布斯-科诺瓦洛夫定律
Gibbs paradox 吉布斯佯谬
(Gibbs) phase rule (吉布斯)相律
Gibbs reagent 吉布斯试剂
Gibbs relation 吉布斯公式
Gibbs tangent planes stability criterion 吉布斯切面的稳定性判据
Gibbs triangle 吉布斯三角形
gib-headed bolt 钩(头)螺栓
gib head key 钩头楔键;弯头键
gib head taper key 钩头斜键
gib key 有头键
gig 吊桶
gigantic acid(=flavacidin) 大曲(菌)酸
gigantine 大曲菌素
gigantolite 青块云母;堇青云母(杂黑白云母)
gilding 饰金;涂金;飞金
gill 及耳(容量单位,4 及耳=1 品脱)
Gillett-Rhoads furnace 吉勒特-罗兹电炉
Gilliland correlation 吉利兰公式(理论塔板与回流比关系式)
ginger 姜
gingergrass oil 姜草油
ginger oil 姜油
gingerol 姜醇
ginkgetin 银杏黄素;白果双黄酮
Ginkgo 银杏属
ginkgol 银杏酚;白果酚
ginkgolic acid 银杏酸;白果酸
ginkgolides 银杏苦内酯
ginkgotoxin 银杏毒
ginning 轧棉;轧花
ginnol 银杏醇;白果醇
ginseng 人参
ginseng oil 人参油
ginsenin 人参宁;人参二醇二葡(萄)糖苷
Ginzburg number 金斯伯格数
GIP(enterogastrone gastric inhibitory polypeptide) 肠抑胃肽
giractide 吉拉克肽;甘精十八肽促皮质素
Girard reagent 吉拉德试剂
Girard-Street graphite process 吉拉德-斯特里特石墨制造法
Girbotol absorber 乙醇胺法吸收器(精制气体用)
Girbotol process 乙醇胺法(脱酸性气体)
girde 横梁
girder 撑杆
Girod furnace 吉罗德电炉
girt chamber 沉淀池
girt gear 齿圈;大齿轮
girth flange (小尺寸)设备法兰
girth joint 环焊缝
girth sheets 圈板
girth welding 环缝焊接
gitaligenin 吉他苷元(吉他林的配基)
gitali(gi)n 吉他林;洋地黄全苷
githagin 麦毒草[麦仙翁]苷
gitogenin 吉托[支脱]皂配基[苷元]
gitonin 吉托[支脱]皂苷
gitoxigenin 羟基洋地黄毒配基[苷元]
gitoxin 羟基洋地黄毒苷
given accuracy 给定精度
given size 给[规]定尺寸
glace leather (1)亮面革(2)明矾鞣手套革
glacial acetic acid 冰醋酸
glacial phosphoric acid 冰磷酸
gladiolic acid 剑霉酸;唐昌蒲青霉酸
glafenine 格拉非宁;甘氨苯喹
glagerite 乳埃洛石(多水高岭土)
glance pitch 辉沥青
glancing angle 掠射角

glancing incidence 掠入射
gland 衬片;密封垫
gland follower 填料压盖随动件
gland nut 压紧螺母;压紧螺母;压盖螺母
gland packing 压盖填料
gland plate 填料压盖板
glands 气[汽]封;轴封
gland seal 气[汽]封;轴封
gland sleeve 密封套
gland sleeve O ring 密封套O形圈
glarimeter (纸面)光泽计
Glaser coupling 格拉塞偶合;乙炔偶合
glaserite 钾芒硝
Glasgow-type generator 格拉斯哥式(水煤气)发生炉
glass 玻璃
glass antidimmer 玻璃防雾剂
glass bead (1)(电子管)玻珠(2)玻璃细[微]珠
glass blister 玻璃气泡
glass block 玻璃砖[块]
glass blowing 玻璃吹制
glass bubble 玻璃气泡
glass capillary viscometer 玻璃毛细管黏度计
glass cell 玻璃比色槽
glass ceramics 微晶玻璃;玻璃陶瓷
glass-clad platinumiridium thermal conductivity detector 玻璃封裹铂铱热导检测器
glass cleaner 玻璃洗净剂
glass cloth 玻璃布
glass colo(u)r filter 滤光玻璃
glass container 玻璃容器
glass cord (1)玻璃线(铸石制品缺陷);玻璃波筋[条纹](玻璃缺陷)(2)玻璃(纤维)绳
glass cylinder 玻璃量筒
glass decolourizer 玻璃脱色剂
glass decolourizing agent 玻璃脱色剂
glass drops 玻璃滴[珠]
glass effect 玻璃化效应
glass electrode 玻璃电极
glass fertilizer 玻璃肥料
glass fiber 玻璃棉;玻璃纤维
glass fiber paper 玻璃纤维纸
glass fibre 玻璃棉;玻璃纤维
glass fibre reinforced plastic(s)(GFRP) 玻璃纤维增强塑料;玻璃钢(俗称)
glass film 玻璃薄膜
glass fining agent 玻璃澄清剂
glass-flake coating(s) 玻璃鳞片涂料
glass flour 玻璃粉(磨料)
glass for chemical equipment-building 化工玻璃
glass forming 玻璃成型[形]
glass funnel 玻璃漏斗
glass furnace 熔玻璃炉
glass heat exchanger 玻璃换热器
glass house pot 熔化玻璃坩埚
glassine (paper) (1)玻璃纸;透明纸;赛璐玢(2)半透明纸
glassing jack 磨光机
glass jar (实验室用)玻璃缸[瓶]
glass lehr 玻璃退火窑
glass-lined equipment 搪玻璃设备
glass-lined reactor 搪玻璃反应罐
glass lined steel pipe 衬玻璃钢管
glass lining (1)搪玻璃;搪瓷(2)玻璃衬里
glass lining pipe 搪[衬]玻璃管
glass (liquid) level ga(u)ge 玻璃液面计
glass lubricant 玻璃润滑剂
glassmaker 吹玻璃工人
glassmaker's chair 玻璃工人坐椅
glassmaker's soap 玻璃脱色剂
glassmaking 玻璃制造
glass measure (玻璃)量杯
glass melter 玻璃熔窑
glass melting furnace 玻璃熔窑
glass oiler 玻璃油杯
glass oiler with screen 带滤网的玻璃油杯
glass paint 玻璃涂料
glass paper 玻璃砂纸
glass pearls 玻璃珠
glass pencil 玻璃铅笔(在玻璃上写字的铅笔)
glass pipe 玻璃管
glass plate for disc 玻璃盘片
glass plate (liquid) level ga(u)ge 玻璃板液面计
glass polishing 玻璃抛光
glass pump 玻璃泵
glass ream 玻璃波筋[条纹](玻璃缺陷)
glass refining agent 玻璃澄清剂
glass ribbon 玻璃板
glass rod 玻璃棒
glass sealing adhesives SA 玻璃密封胶黏剂SA
glass seed 玻璃气泡
glass state 玻璃态

glass state temperature 玻璃化温度;二次转变温度
glass stem 玻璃棒
glass stone 玻璃结石
glass-stopper bottle 玻璃塞瓶
glass thermometer with etched stem 附有刻度的玻璃温度计
glass-to-metal seal 玻璃-金属封接
glass transition 玻璃化转变
glass transition point 玻璃化点
glass-transition temperature 玻璃化转变温度
glass tube 玻璃管
glass-tube (liquid) level ga(u)ge 玻璃管液面计
glassware (1)玻璃器皿(2)玻璃仪器
glass wave 玻璃波筋
glass wool 玻璃棉[绒,毛]
glassy carbon 玻璃碳
glassy carbon electrode 玻璃碳电极
glassy phosphate 玻璃状磷酸盐(偏磷酸盐)
glassy photographic paper 光面照相纸
glassy state (=vitreous state) 玻璃态
glauberite 钙芒硝
Glauber's salt 芒硝
glaucarubin 格劳卡苷;乐园树酮
glaucine 海罂粟碱
glaucobilin 胆蓝素
glaucochroite 钙锰[绿粒]橄榄石
glaucodot 钴硫砷铁矿;硫砷钴矿
glauconite 海绿石
glaucophane 蓝闪石
glaucophyllin 绿叶二酸
glaucoporphyrin 绿叶卟啉
glaze (1)珐琅(2)釉
glazed leather 打光革
glazed paper 有光纸
glazed powder (石墨)打光了的火药
glazed printing paper 道林纸
glazed tile 琉璃瓦
glaze for electric porcelain 电瓷釉
glaze-wheel 研磨[抛光]轮
glazier's salt 硫酸钾
glazing 打光(作用)
glazing machine 打光机
glazing wheel 研磨[抛光]轮
GLC(gas liquid chromatography) 气液色谱法
Gleason four-square test 格来逊试验(极压润滑油)
glebomycin 土块霉素
gleditschine 皂荚碱
glessite 棕琥珀;圆(粒)树脂石
gliadin 麦醇溶蛋白
glibenclamide 格列本脲;优降糖
glibornuride 格列波脲;甲磺冰片脲
gliclazide 格列齐特;甲磺双环脲
glide plane 滑移面
glide reflection 滑移
gliftor 鼠甘伏;伏鼠醇;甘氟
glimepiride 格列美脲
gliorosein 蔷胶霉菌素
gliotoxin 胶霉毒素
glipizide 格列吡嗪;吡磺环己脲
gliptide 硫酸糖肽
gliquidone 格列喹酮
glisoxepid 格列派特;唑磺草脲
Glitsch distillation tray 格利希蒸馏塔板
Gln 谷氨酰胺
global optimum 总体最优值
global phase diagrams of binary system 二元系的全总相图
globe body 球体
globe cock 球阀
globe fish liver oil 河豚鱼肝油
globe fish poison 河豚毒
globe lift check valve 截止式升降止逆阀
globe mill 球磨机
glob type disc 球心型阀盘
globe valve 截止阀;球心阀
globicin 格鲁比型杆菌素
globin 珠蛋白
globismycin 球霉素
globoside 红细胞糖苷脂
globucid(=sulfaethidole) 磺胺乙二唑;磺胺乙基噻二唑
globular-chain crystal 球状链晶体
globularin 卷柏苷
globular protein 球状蛋白质
globulin 球蛋白
globulin zinc insulin 球蛋白锌胰岛素
globulol 蓝桉醇
globulose 球蛋白朊
gloom 干燥炉
glory-hole (1)(玻璃制品再加热用)加热[火焰]孔(2)火焰窥孔(3)(核反应堆)引束孔道
gloss agent 光泽剂
gloss coating 有光涂料
gloss finish (1)平光整理(2)(机械、油漆

等)抛光;上光;出亮
gloss retention 保光性
gloss white 铝钡白(硫酸钡加水合氧化铝)
glost firing 釉烧
glost kiln 釉烧窑
glove box 手套箱
glove leather 手套革
Glover acid 格洛弗塔酸
Glover tower 格洛弗塔
glow discharge 辉光放电
glowing 辉光
glowing object 炽热物体
Glu 谷氨酸
glucagon (胰)高血糖素
glucal 葡(萄)糖酸钙
glucametacin 葡美辛;葡炎痛
glucamine 葡糖胺
glucan 葡聚糖
glucanase 葡聚糖酶
glucaric acid 葡糖二酸
glucase 葡糖化酶
glucic acid 丙烯醇酸;3-羟基丙烯酸
gluckauf 格溜考夫(炸药)
glucoamylase 葡糖淀粉酶;葡糖糖化酶
glucoascorbic acid 葡糖型抗坏血酸
glucocerebroside 葡糖脑苷脂
glucochloral 葡糖缩氯醛
glucocholic acid (＝glycocholic acid) 甘(氨)胆酸
glucocorticoid 糖皮质(激)素
glucofrangulin 葡欧鼠李苷
glucofuranose 呋喃(型)葡萄糖
glucofurone 葡糖酸 γ-内酯
glucogallic acid 没食子酸葡糖苷;葡萄糖没食子酸
glucogallin 葡萄糖没食子鞣苷;没食子酰葡萄糖
glucogenesis 糖生成
glucogen (＝glycogen) 糖原
glucoheptitol 葡庚糖七醇
glucoheptonic acid 葡庚糖酸
glucoheptose 葡庚糖
glucohydrazone 葡糖腙
glucokinase 葡糖激酶
glucomannan 葡甘露聚糖
glucomethylose 葡甲基糖
glucomycin 葡糖霉素
gluconeogenesis 葡糖异生作用
gluconic acid 葡糖酸
gluconic acid fermentation 葡萄糖酸发酵
gluconimycin 葡糖霉素
Gluconobacter 葡糖杆菌属
gluconolactone 葡糖酸内酯
glucophore 生甜团
glucoprotein (＝glycoprotein) 糖蛋白
glucopyranose 吡喃(型)葡萄糖
4-α-D-glucopyranose-β-D-galactopyranoside 4-α-D-吡喃葡糖-β-D-吡喃半乳糖苷;乳糖
4-α-D-glucopyranose-α-D-glucopyranoside 4-α-D-吡喃葡糖-α-D-吡喃葡糖苷;麦芽糖
α-D-glucopyranosyl-β-D-fructofuranoside α-D-吡喃葡糖(苷基)-β-D-呋喃果糖苷;蔗糖
glucopyrone 葡糖酸 δ-内酯
glucosamine 葡糖胺;氨基葡糖
glucosaminide 氨基葡糖苷
glucosan 葡聚糖;右旋糖酐
glucosazone 葡糖脎
glucose 葡萄糖;右旋糖;葡糖(用于复合词中)
glucose-alanine cycle 葡糖-丙氨酸循环
glucose dehydrogenase 葡糖脱氢酶
glucose isomerase 葡糖异构酶
glucose oxidase 葡糖氧化酶
glucose oxime 葡糖肟
glucose pentagallate 葡糖五棓酸酯
glucose phenylhydrazone 葡糖苯腙
glucose phenylosazone 葡糖苯脎
glucose-6-phosphatase 葡萄糖-6-磷酸酶
glucose phosphate 葡糖磷酸(酯)
glucose-1-phosphate 葡糖-1-磷酸
glucose-6-phosphate 葡糖-6-磷酸
glucose phosphate isomerase 磷酸葡萄糖异构酶
glucose syrup 葡萄糖浆
glucosidase 葡萄糖苷酶
glucoside (1)葡(萄)糖苷(2)糖苷
glucosidic bond 糖苷键
glucosido-fructofuranoside 葡糖(苷基)-呋喃果糖苷;蔗糖
glucosidosorboside 葡糖山梨糖苷
glucosiduronic acid 葡糖苷酸
glucosiduronide 葡糖苷酸
glucosimine 葡糖亚胺
glucosone 葡糖醛酮;葡糖胗
glucosulfone sodium 葡胺苯砜钠;葡糖砜钠
glucosylsulfanilamide 葡糖基磺胺
glucothiose 葡硫糖

glucovanillin 葡糖香兰素
glucuronamide 葡糖醛酰胺
glucurone 葡萄糖醛酸内酯
glucuronic acid 葡糖醛酸
glucuronidase 葡糖醛酸糖苷酶
glucuronolactone 葡糖醛酸内酯
glue (1)(动物)胶;皮胶(2)胶水(3)胶液
glueboard of adhere rodents 粘鼠胶板
glue bond 胶接剂
glued board 胶合板
glue digester 化胶器
glue gun 涂胶枪
glue pot 熬胶锅
gluer 制胶水器
glue steam extractor 蒸汽提胶罐
glukagon 胰高血糖素
glumamycin(=amfomycin) 安福霉素;双霉素;颖霉素
glutaconic acid 戊烯二酸
glutamic acid 谷氨酸
***dl*-glutamic acid** 外消旋谷氨酸
***l*-glutamic acid** 左旋谷氨酸
glutamic acid 5-ethyl ester 谷氨酸5-乙酯
glutamic acid fermentation 谷氨酸发酵
glutamic-oxal(o)acetic transaminase(GOT) 谷(氨酸)草(酰乙酸)转氨酶
glutamic-pyruvic transaminase(GPT) 谷(氨酸)丙(酮酸)转氨酶
glutaminase 谷氨酰胺酶
glutamine(Gln) 谷氨酰胺
***l*-glutaminic acid** 左旋谷氨酸
glutamoyl- 谷氨二酰基
glutamycin 戊二霉素
***α*-glutamyl** *α*-谷氨一酰基
***β-N-*(*γ*-glutamyl)-aminopropionitrile** 谷氨(一)酰氨基丙腈
***γ*-glutamyl cycle** *γ*-谷氨酰循环
glutaraldehyde 戊二醛
glutaramide 戊二(酸)酰胺
glutarate 戊二酸盐(或酯)
glutaric acid 戊二酸
glutaric dialdehyde 戊二醛
glutarimide 戊二酰亚胺
glutaronitrile 戊二腈
glutaryl 戊二酰
glutathion(e)(GSH;GSSG) 谷胱甘肽
glutathione peroxidase 谷胱甘肽过氧化物酶
glutazine 4-氨基-2,6-二羟吡啶;谷吡啶
glutelin 谷蛋白
gluten (1)谷蛋白(2)面筋
glutenin 麦谷蛋白
glutethimide 格鲁米特;苯乙哌啶酮
glutin (1)明胶蛋白(2)骨胶酪蛋白
glutinene 黏霉烯
glutinic acid 戊炔二酸
glutinol 黏霉醇
glutinone 黏霉酮
glutinosin 黏霉菌素
glutinous rice wine 黄酒
glutol 淀粉(合)甲醛
glutton fat 獾脂
glutynic acid 戊炔二酸
Gly 甘氨酸
glybenzcyclamide 格列本脲;优降糖
glyburide 格列本脲;优降糖
glybuthiazole 格列噻唑;氨磺丁唑
glybuzole 格列丁唑;磺丁噻二唑
glycal 烯糖(脱去了两个HO的糖)
glycan 聚糖
glycanconjugate 多糖复合物
glycarbylamide 咪唑双酰胺
glycarsamide 甘胂米特
glyceraldehyde 甘油醛;2,3-二羟基丙醛
glyceraldehyde phosphate 甘油醛磷酸(酯)
glyceraldehyde-3-phosphate 甘油醛-3-磷酸
glyceraldehyde-3-phosphate dehydrogenase 甘油醛-3-磷酸脱氢酶
glyceramine 甘油胺;1,3-二羟基-2-丙胺
glycerate pathway 甘油酸途径
glycerate-3-phosphate 甘油酸-3-磷酸
glyceric acid(=dihydroxy-propionic acid) 甘油酸;2,3-二羟基丙酸
glyceric aldehyde 甘油醛;2,3-二羟基丙醛
glyceride 甘油酯(或醚)
glycer(in)ate 甘油酸盐(或酯)
glycerin *α*-chlorohydrin *α*-氯甘油;3-氯-1,2-丙二醇
glycerin *β*-chlorohydrin *β*-氯甘油;2-氯-1,3-丙二醇
glycerin *α*-dibromohydrin *α*-二溴甘油;1,3-二溴-2-丙醇
glycerin *β*-dibromohydrin *β*-二溴甘油;2,3-二溴-1-丙醇
glycerin 1,3-diisoamyl ether 甘油-1,3-二异戊基醚
glycerin(e) 甘油
glycerin(e) litharge cement 甘油氧化铅

胶接剂

glycerine monostearate 甘油一硬脂酸酯

glycerin ester 甘油酯

glycerin monoacetate(＝monacetin) 甘油一乙酸酯;一醋精

glycerin *α*-monobutyl ether 甘油-*α*-一丁醚

glycerin *α*-monobutyrate 甘油-*α*-一丁酸酯

glycerin monoformate 甘油一甲酸酯;一甲精

glycerin *α*-monoisoamyl ether 甘油-*α*-一异戊醚

glycerin monolaurate 甘油一月桂酸酯

glycerin *α*-monomethyl ether(＝monomethylin) 甘油-*α*-一甲醚;单甲甘油醚;一甲灵

glycerin *α*-monostearate 甘油-*α*-一硬脂酸酯

glycerin *β*-monostearate 甘油-*β*-一硬脂酸酯

glycerin soap 甘油皂

glycerin triacetate(＝triacetin) 甘油三乙酸酯;三醋精

glycerin triarachidate(＝triarachidin) 甘油三花生酸酯;三花生精

glycerin tribenzoate(＝tribenzoin) 甘油三苯甲酸酯;三苯精

glycerin tributyrate(＝tributyrin) 甘油三丁酸酯;三丁精

glycerin tricaprate(＝tricaprin) 甘油三癸酸酯;三癸精

glycerin tricaproate(＝tricaproin) 甘油三己酸酯;三己精

glycerin tricaprylate(＝tricaprylin) 甘油三辛酸酯;三辛精

glycerin triformate(＝triformin) 甘油三甲酸酯;三甲精

glycerin triglycidyl ether 甘油三环氧丙醚

glycerin triisovalerate(＝triiso-valerin) 甘油三异戊酸酯;三异戊精

glycerin trilaurate(＝trilaurin) 甘油三(十二酸)酯;三月桂精

glycerin trimyristate(＝trimyristin) 甘油三(十四酸)酯;三肉豆蔻精

glycerin trinitrate(＝nitroglycerin) 甘油三硝酸酯;硝酸甘油(酯);硝化甘油

glycerin trioleate(＝triolein) 甘油三油酸酯;(三)油精

glycerin tripalmitate(＝tripalmitin) 甘油三(十六酸)酯;甘油三软脂[棕榈]酸酯;(三)软脂[棕榈]精

glycerin trivalerate(＝trivalerin) 甘油三戊酸酯;三戊精

glycerite 甘油剂

glycerol 甘油

glycerol-*α*,*γ*-dichlorohydrin 1,3-二氯-2-丙醇

glycerol fermentation 甘油发酵

glycerol formal 环亚甲基甘油醚(溶剂,有 α,α′型和 α,β 型两种)

glycerol kinase 甘油激酶

glycerol-phthalic resin(＝alkyd resin) 甘酞树脂;醇酸树脂

glycerol trinitrate 甘油三硝酸酯;硝酸甘油(酯);甘油

glycerol trioleate 甘油三油酸酯;(三)油精

glycerol tripalmitate 甘油三软脂[棕榈]酸酯;(三)软脂[棕榈]精

glycerol tristearate 甘油三硬脂酸酯;(三)硬脂精

glycerophosphate 甘油磷酸酯

***α*-glycerophosphate cycle** *α*-甘油磷酸循环

glycerophosphatide 甘油磷脂

glycerophosphoric acid 甘油磷酸;磷酸甘油

glycerophosphorylethanolamine 甘油磷酰乙醇胺

glycerosazone 甘油醛脎

glycerose 甘油糖

glycerosone 甘油酮

glyceroyl 甘油酰;2,3-二羟丙酰

glyceryl 甘油基;丙三基

glyceryl aminobenzoate 氨基苯甲酸甘油酯

glyceryl iodide 碘化甘油

glyceryl monolaurate 甘油单月桂酸酯

glyceryl monooxalate 甘油一草酸酯

glyceryl monostearate 甘油单硬脂酸酯

glyceryl phosphatide 甘油磷脂

glyceryl trichloride 甘油基三氯;1,2,3-三氯丙烷

glyceryl triethyl ether 甘油三乙醚;1,2,3-三乙氧基丙烷

glyceryl trinitrate 硝酸甘油

glyceryl trioleate 甘油三油酸酯;(三)油精

glyceryl tripalmitate 甘油三软脂[棕榈]酸酯;(三)软脂精

glycidaldehyde 缩水甘油醛
glycidamide 环氧丙酰胺
glycide（=2,3-epoxy-1-propanol） 缩水甘油；甘油内醚；2,3-环氧-1-丙醇
glycidic acid 缩水甘油酸；环氧丙酸
glycidic alcohol 缩水甘油；甘油丙醚；2,3-环氧-1-丙醇
glycidic ester condensation（=Darzens condensation） 缩水甘油酯缩合；α,β-环氧酸酯缩合
glycidol 缩水甘油；甘油内醚；2,3-环氧-1-丙醇
glycidyl ester 缩水甘油酯
glycidyl ether 缩水甘油醚
glycidyl ethyl ether 缩水甘油乙醚
glycidyl methacrylate 甲基丙烯酸缩水甘油酯；甲基丙烯酸环氧丙酯
glycin 格拉辛；对羟苯基甘氨酸（显像剂）
glycinamide 甘氨酰胺
glycinamidine 甘氨脒
glycine 甘氨酸；氨基乙酸
glycine anhydride 甘氨酸酐；2,5-哌嗪二酮
glycine *p*-phenetidide *N*-甘氨酰对乙氧基苯胺；非诺可；氨基非那西丁
glycine sulfate 甘氨酸硫酸盐
glycinin 大豆球蛋白
glycoalkaloid 配糖（生物）碱；生物碱苷（类名）
glycobiarsol 甘铋胂；对羟乙酰氨基苯胂酸氧铋
glycocholeic acid 脱氧甘（氨）胆酸
glycocholic acid 甘（氨）胆酸
glycocoll 甘氨酸；氨基乙酸
glycoconjugate 糖复合物；复合糖
glycocyamidine 胍基乙酸内酰胺
glycocyamine（=guanidinoacetic acid） 胍（基）乙酸
glycoform 糖形
glycogen（=animal starch） 糖原；糖元；牲粉；动物淀粉
glycogenase 糖原酶
glycogenesis 糖原生成
glyco(ge)nic acid 葡糖酸
glycogenic amino acid 生糖氨基酸
glycogenolysis 糖原分解
glycogen synthetase 糖原合成酶
glycoglyceride 糖基甘油酯
glycol （1）二醇（2）乙二醇
glycolal(dehyde) 乙醇醛；羟基乙醛
glycolaldehyde diethyl acetal 乙醇醛缩二乙醇
glycolamide[=glycol(l)ic amide] 乙醇酰胺；2-羟乙酰胺
glycol cellulose 纤维素乙二醇醚
glycol diacetate 乙二醇二乙酸酯
glycol dibenzyl ether 乙二醇二苄基醚
glycol diformate 乙二醇二甲酸酯
glycol diguaiacic ether 乙二醇双愈创木酚醚
glycol dilaurate 乙二醇二月桂酸酯
glycol dimethyl ether（=dimethoxyethane） 乙二醇二甲醚；二甲氧基乙烷
glycol dinitrate（=dinitroglycol） 乙二醇二硝酸酯；二硝基乙二醇
glycol distearate 乙二醇二硬脂酸酯
glycoletherdiaminotetraacetic acid（GEDTA） 乙二醇醚二胺四乙酸
glycol ethylidene-acetal 乙二醇缩乙醛
glycoleucine（=norleucine） 正亮氨酸；正白氨酸
glycolic acid 乙醇酸；羟基乙酸
glycolipide（=glycolipin） 糖脂
glycolipin 糖脂
glycol(l)ate 乙醇酸盐（或酯）
glycollic acid 乙醇酸；羟基乙酸
glycollic aldehyde 乙醇醛；羟基乙醛
glycollic amide 乙醇酰胺；2-羟乙酰胺
glycollic anhydride 乙醇酸酐
glycollic nitrile 乙醇腈
glycol(l)ide 乙（醇酸）交酯
glycol monoacetate 乙二醇一乙酸酯
glycol monoethyl ether（=cellosolve） 乙二醇一乙醚（溶纤剂）
glycol nitrate 乙二醇（二）硝酸酯
glycolonitrile 乙醇腈
γ-glycols γ-二醇类；遥二醇类
glycol salicylate 水杨酸乙二醇酯
glycol urethane 乙二醇脲烷
glycoluric acid（=hydantoic acid） 脲基乙酸；海因酸
glycoluril 甘脲
***N*-glycolyl neuraminate** *N*-羟乙酰神经氨（糖）酸
glycolysis 糖酵解
glycolytic pathway 糖酵解途径
glyconate 葡糖酸盐（或酯）
glyconiazide 葡烟腙；异烟腙葡萄糖醛酸内酯
glyconic acid 醛糖酸（如葡糖酸）
glycopeptide 糖肽

glycophorin 血型糖蛋白
glycoprotein(＝glucoprotein) 糖蛋白
glycopyranoside 吡喃葡糖苷
glycopyrrolate 格隆铵；胃长宁
glycosamine 葡糖胺；氨基葡糖
glycosaminoglycan 糖胺聚糖
glycosidase 糖苷酶
glycoside 苷(旧称甙)；配糖物；糖苷
glycosidoprotein 糖蛋白
glycosine 山柑子碱
glycosphosphoinositol 糖肌醇磷脂
glycosylamine 葡基胺
glycosylsphingolipid 鞘糖脂
glycosyltransferase 糖基转移酶
glycosyl ureide 葡基酰脲
glycuronide (1)糖醛酸苷(2)糖苷酸
glycyl 甘氨酰；氨基乙酰
glycyl glycine *N*-甘氨酰甘氨酸
***N*-glycylglycine** *N*-甘氨酰甘氨酸
glycyl-tryptophane *N*-甘氨酰色氨酸
glycyramarin 甘草苦苷
glycyrrheti(ni)c acid 甘草次酸
glycyrrhiza 甘草
glycyrrhizin 甘草甜素；甘草酸；甘草精
glycyrrhizi(ni)c acid(＝glycyrrhizin) 甘草酸；甘草甜素；甘草精
glyftor 甘氟
glyhexamide 格列己脲；茚磺环己脲
glymidine 格列嘧啶；苯磺嘧啶
glyodin 果绿定
glyoxal 乙二醛
glyoxalic acid(＝glyoxylic acid) 乙醛酸
glyoxaline 咪唑；甘噁啉
glyoxime 乙二肟；乙二醛二肟
glyoxylate 乙醛酸；二羟基乙酸盐(或酯)
glyoxylic acid 乙醛酸
glyphosate 草甘膦；甘氨磷
glyphosine 草甘双膦；催熟磷
glypinamide 格列平脲
glyptal resin 甘酞树脂(即醇酸树脂)
GMA resin 甲基丙烯酸环氧丙酯树脂
G. M. counter(＝Geiger-Müller counter) 盖革-米勒计数器
gmelinite 钠菱沸石
GMP(guanosine monophosphate) 鸟苷(一磷)酸
gneiss 片麻岩
gnoscopine 格诺莨菪品；*dl*-那可丁
goa 柯桠粉
goat leather 山羊革
goat skin 山羊(板)皮
go-devil 清管器
godown 堆栈；仓库
go(e)thite 针铁矿
goffered paper 皱纹纸
GO-fining and RESID-fining 瓦斯油加氢精制及渣油加氢精制
go-ga(u)ge 过端量规
goggles 防护(眼)镜；护目镜；眼罩
goitrine 甲状腺肿素
Golay column 戈雷柱；毛细管柱
Golay detector 戈雷检测器；红外线检测器
Golay equation 戈雷方程
gold 金 Au
gold alloys plating 电镀金合金
gold bronze 金(色铝)青铜；金色铜粉
gold chloride 氯化金
gold dichloride 二氯化金
gold dioxide 二氧化金
gold (electro)plating 电镀金
golden cut method 黄金分割法
golden section method 黄金分割法
golden section search 黄金分割搜索
golden sulfide(of antimony) 五硫化二锑
gold foil 金箔
gold hydrocyanic acid 氰金酸
gold hydrogen nitrate 硝金酸
gold imitation plating 仿金电镀
goldinodex 高迪菌素
gold lacquer 淡金水(一种涂于铝箔时有金色效果的紫胶漆)
gold leaf electroscope 金箔验电器
gold monochloride 一氯化金；氯化亚金
gold monoxide 一氧化金；氧化亚金
gold number 金值
gold perchloride 三氯化金
gold plating 电金镀
gold plating 镀金
gold potassium bromide 溴化金钾；溴金酸钾
gold salt 氯金酸钠
Goldschmidt thermite reduction 金属热还原法
gold size 贴金漆
gold sodium thiomalate 硫羟苹果酸金钠
gold stoving varnish 金色清烘漆
gold tribromide (三)溴化金
gold trichloride (三)氯化金
gold tricyanide (三)氰化金
gold trisulfide 硫化金；三硫化二金

golosh （长统）套靴
Gomberg-Bachmann-Hey synthesis 冈伯格-巴克曼-黑氏合成法
gonadal hormone 性激素
gonadoliberin 促性腺素释放素
gonadotrop(h)ic hormone 促性腺激素
gonadotrop(h)in 促性腺(激)素
gonadotropin releasing hormone 促性腺素释放素
go(n)dang wax 榕树蜡
gondoic acid 巨头鲸鱼酸；顺式二十碳-11-烯酸；(Z)-11-二十碳烯酸
gongzhulingmycin 公主岭霉素
goniometer (1)(晶体)测角仪(2)测向器
go-no-go 一定口径
go-no-go dosimeter 阈值剂量计
Gooch crucible 古氏坩埚
Gooch funnel 古氏漏斗
good conductor 良导体
good cure 适度硫化；适中硫化
Goodeve's rotational viscometer 古迪夫旋转黏度计
Goodloe packing 古德洛填料(绕卷型填料)
goodness of fit 拟合优度
good quantum number 好量子数
Goodrich automatic flexometer 古德里奇自动屈挠计
Goodrich flexometer 古德里奇挠度[柔曲]仪
Goodrich viscurometer 古德里奇黏度硫化计
goods lift 运货电梯；运货升降机
goods locomotive 货运机车
good solvent 良(好)溶剂
goods train 货物列车
goods trolley 货物搬运车
goods van 有盖货车
goods vehicle 货运汽车
go-on-devil 清管器
go-or-no-go ga(u)ge 过不过验规
goose-skin copal 鹅皮珐琅
Gophacide 毒鼠磷
go plug ga(u)ge 过规
gorgoic acid 珊氨酸
gorgonin 珊瑚硬蛋白
gorlic acid 环戊-2-烯基十三碳-6-烯酸；大风子烯酸；告尔酸
goserelin 戈舍瑞林
goslarite 皓矾
gossypetin 棉黄素；棉花皮素
gossypetonic acid 棉子皮酮酸
gossypin 棉纤维素
gossyplure 诱虫十六酯；棉虫诱虫酯
gossypol 棉(子)酚
gossypose (＝raffinose) 棉子糖
GOT〔glutamic-oxal(o)acetic transaminase〕谷(氨酸)草(酰乙酸)转氨酶
goudron (1)减压渣油；残油(2)酸渣
gougerotin 谷氏菌素
gougeroxymycin 谷氏氧霉素
Gouin accumulator 高因蓄电池
Goutal formula for heating value 高塔耳热值公式
Gouy-Chapman double layer 古伊-查普曼双层
Gouy layer 古依层
Gouy-Stodola theorem 古伊-斯托多拉定理
governor body 调节器本体
governor diaphram 调节器隔膜
governor (gear) 调速器(齿轮)
governor impeller 调速泵；脉冲泵
governor motor 调速器电动机
governor pump 调速器泵
GPC(gel permeation chromatography) 凝胶渗透色谱法
GPF(general purpose furnace black) 通用炉黑
GPPS(general purpose polystyrene) 通用型聚苯乙烯
GPT(glutamate-pyruvate transaminase) 谷(氨酸)丙(酮酸)转氨酶
G. R. (guaranteed reagent) 保证试剂；优级纯
grab sampling 简单取样
grab with teeth 带牙抓斗
graded ply belt 阶梯式运输带
gradient 梯度
gradient block copolymer 梯度嵌段共聚物
gradient centrifugation 梯度离心
gradient composite 梯度复合材料
gradient elution 梯度洗脱
gradient elution partition chromatography 梯度洗脱分配色谱法
gradient gel electrophoresis 梯度凝胶电泳
gradientless reactor 无梯度反应器
gradient method 梯度法
gradient plate 梯度平板法
gradient search 梯度寻优
gradient thin-layer chromatography 梯度

薄层色谱法
grading analysis 粒度分析
gradual distillation 分馏
graduate (1)量筒;量杯(2)刻度;划分度数
graduated cylinder 量筒
graduated flask 量瓶
Graebe-Ulmann carbazole synthesis 格雷伯-乌尔曼咔唑合成法
Graesser rain-bucket extractor 格雷泽雨斗萃取器
Graetz number 格雷茨数
graft copolymer 接枝共聚物
graft copolymerization 接枝共聚合;接枝共聚
graft gelatin 接枝明胶
grafting membrane 接枝膜
grafting point 接枝点
grafting ratio 接枝率
grafting reactant 接枝反应物
graft modification 接枝改性
graftomer latex 接枝聚合物胶乳
graft polymer 接枝聚合物
graft polymerization 接枝聚合
graft polymer latex 接枝聚合物胶乳
graft starch 接枝淀粉
graham bread 黑面包;全麦(面粉)面包
graham flour 全麦面粉;粗面粉;黑面粉(未去麸的面粉)
grahamite (1)脆沥青(2)(硅质)中铁陨石
Graham salt 格雷姆盐(可溶性六偏磷酸钠)
Graham's law of diffusion 格雷姆扩散定律
grain 晶粒
grain alcohol 粮食乙醇;粮食酒精(专指以粮食为原料)
grain boundary 晶界;晶粒间界
grain boundary diffusion 晶粒间界扩散
grain cast-iron roll 未淬火的铸铁滚筒
grain coarsening 晶粒粗化
grain crack (皮革)裂面;(皮面)开裂
grained soap 粒状皂;盐析皂
grain(ed) tin 粒状锡
grain embossing 粒面压花
grain formation 晶粒形成
grain grading 颗粒级配
grain growth 晶粒长大
graininess 颗粒性
graining 析出(结晶)
graining machine 压纹机;搓纹机
graining out 皂析
graining table 搓花台;(皮革)搓纹台
grain mill 磨坊
grain of crystallization 结晶中心;晶核;晶籽
grain of wood 木材纹理
grain poison bait 毒米毒饵
grain refining 晶粒细化
grains (酒)糟
grain side 粒面[皮革]
grain size (number) 晶粒度;晶粒尺寸[大小]
grain surface 粒面表面
grain type cracking 粒形开裂
GRALL (glass fiber reinforced aluminum laminate) 玻璃纤维增强铝层压板
gramamycin (=glumamycin) 安福霉素;双霉素;颖霉素
gram atom 克原子
gram equivalent 克当量
gram-formula concentration 克式量浓度
gram formula weight 克分子量
gramicidin 短杆菌肽
gramine 芦竹碱;禾草碱;2-二甲氨甲基吲哚
graminic acid 短杆菌酪酸
graminifoline 禾叶千里光碱
graminomycin 禾霉素
gram method 常量分析法;经典分析法
gram molecule 克分子
gram molecule concentration 克分子浓度
Gram-negative 革兰阴性
Gram-negative bacterium 革兰(染色)阴性细菌
Gram-positive 革兰阳性
Gram-positive bacterium 革兰(染色)阳性细菌
Gram's iodine solution 革兰碘液
grams per minute 克每分钟
Gram stain 革兰染色
Gram-variable bacterium 革兰染色变性细菌
granatal 石榴皮醛
granatanine 石榴皮单宁
granatenine 石榴皮碱
Granatfüllung 88 苦味酸;88号弹药
granatic acid 石榴皮酸
granaticin 榴菌素
grand canonical distribution 巨正则分布

grand canonical ensemble 巨正则系综
grand canonical partition function 巨正则配分函数
granddaughter nuclide 第三代子体核素
grandisol 诱杀烯醇
grand partition function 巨(正则)配分函数
grand potential 巨(热力学)势
grand total 总计;合计
granegillin (= hydroxyaspergillic acid)谷霉菌素;羟基曲霉酸
Gran function 格兰函数
granisetron 格拉司琼
granite 花岗岩
granitoid (1)花岗岩类(2)(似)花岗岩状的
Granosan (1)磷酸乙基汞;谷(仁)乐生(2)氯化乙基汞;西力生(3)多菌灵
Gran plot 格兰图
granular active carbon 颗粒活性炭
granular-bed filter 颗粒层过滤器
granular calcium chloride 粒状氯化钙
granular dyes 粒状染料
granular fertilizer 颗粒肥料
granular filtering medium 粒状过滤介质
granular formulation 颗粒制剂
granular iron 粒铁
granularity 颗粒度;粒度
granular material 粒状物料
granular membrane 筛网过滤器
granular radiation 微粒辐射
granular sludge 颗粒污泥
granular (soda) ash 粒状纯碱;苏打粒
granular solid discharge 粉状固体排料
granular solid level ga(u)ge 散粒性固体料面计
granular urea 颗粒尿素
granulate cyclone 颗粒旋液分离器
granulated form of dyes 粒状染料
granulated slag 粒状炉渣
granulated sugar 砂糖
granulating machine 造粒机
granulation 造粒
granulation equipment 造粒设备
granulation polymerization 成粒聚合
granulation recyclic ratio 造粒返料比
granulator 造粒机
granule application 施粒法
granule bed 颗粒床
granules 颗粒剂
granule size 粒度
granulometer 粒度分析仪
granulophyre 微花斑岩;微纹象斑岩
granulose (1)(=β-amylose; amylopectin)支链淀粉(2)棉焦糖
granutocyte colony stimulating factor 粒细胞集落刺激因子
granutocyte macrophage colony stimulating factor 粒细胞巨噬细胞集落刺激因子
grape-fruit seed oil 柚子油
grape juice 葡萄汁
grape-seed oil 葡萄子油
grape-stone oil 葡萄子油
grape-sugar 葡萄糖
graphical method 图解法
graphical representation 图示
graphical weeping point (G. W. P.) 图示漏液点
graphic arts films 印刷胶片
graphic method 图示法;图解法
graphite 石墨
graphite agitator 石墨搅拌器
graphite-alkali metal compound 石墨-碱金属化合物
graphite anode 石墨阳极
graphite anode electrolytic cell 石墨阳极电解槽
graphite annulus 石墨环
graphite bath 石墨质熔池
graphite bearing 石墨轴承
graphite block exchanger 石墨块体换热器
graphite boat 石墨舟
graphite clay brick 石墨黏土砖
graphite conductive adhesive 石墨导电胶
graphite cooler 石墨冷却器
graphite crucible 石墨坩埚
graphite cup 石墨坩埚
graphite electrode 石墨电极
graphite equipment 石墨设备
graphite fibre 石墨纤维
graphite furnace atomic absorption spectrometry 石墨炉原子吸收光谱法
graphite grease 石墨润滑脂
graphite heat exchanger 石墨换热器
graphite helium furnace 石墨氦气炉
graphite moderator 石墨慢化剂
graphite oxide 氧化石墨
graphite phenolics 石墨酚醛塑料
graphite pipe 石墨管
graphite plate 石墨板

graphite pump 石墨泵
graphite reflector 石墨反射层
graphite refractory 石墨耐火材料
graphite tube 石墨管
graphite tube furnace 石墨管式炉
graphite vessel 石墨容器
graphite whisker 石墨晶须
graphitic absorber 石墨吸收器
graphitic chemical equipment 石墨化工设备
graphitic pressed pipe 石墨压型管
graphitic synthetic furnace 石墨合成炉
graphitization 石墨化
graphitized carbon black 石墨化炭黑;导电炭黑
graphitized carbon fibre 石墨化碳纤维
graphitized electrode 石墨敷面电极
graphitizing oven 石墨化炉
graph of molecular orbital 分子轨道图形
graph theory of molecular orbitals 分子轨道图形理论
graser γ射线激光(器)
Grashof number 格拉斯霍夫数
Grasselli abrasion machine 格拉西里磨耗试验机
grasseriomycin 蚕病霉素
grassers 犊牛皮
grass fiber(＝straw fiber) 草纤维
grass-root refinery (从基础设施做起的)新建炼油厂
grass tree gum (＝acaroid) 禾木胶
grate bar 栅条
grate bars plate 炉栅板
grate basket 栅筐
grate drive 转栅驱动器
grate drive cylinder 炉排驱动缸
grate mill 栅条磨
grating (1)光栅(2)栅板;栅栏;箅子板[盖]
grating constant 光栅常量
grating spectrograph 光栅摄谱仪
gratio(li)genin 水八角配基
gratioside 水八角苷
gravel mill 卵石磨(机)
gravel pack 废料堆
gravel packing fluid 砾石填充液
gravimetric analysis 重量(分析)法
gravimetric factor 重量因子
gravimetric method 重量法
gravimetry 重量(分析)法
gravireceptor 重力感受器
gravitation 引力
gravitational constant 引力常量;万有引力常数
gravitational field 引力场
gravitational mass 引力质量
gravitational receptor 重力感受器
gravitational separator 重力选矿机
gravitational separation 重力分离(用比重不同的方法分离)
gravitational settling 重力沉降
gravitation tank 高位油罐;重力供料罐;自流油罐
gravitol(e) 妊娠酚;格拉维妥
gravitometer 重差计(测定比重用)
gravity 重力
gravity Baumé 波(美)氏比重
gravity bucket conveyor 重力斗式运输机
gravity cell 重力电池
gravity chute 重力滑槽
gravity classifier(grading) 重力式分级器
gravity closing 自重闭合
gravity concentration(separation) 重力选矿
gravity conveyor 重力输送器
gravity drain plug 自流排放旋塞
gravity dust separation 重力除尘
gravity dust separator 重力集尘装置
gravity feed 重力自动加料
gravity-feed line 重力自流进料管
gravity-feed pipe 重力自流进料管
gravity-feed tank 重力自流进料罐
gravity field 重力场
gravity filter 重力式过滤器
gravity flow dryer[drier] 自流式干燥机
gravity flow hopper 自流式料斗
gravity flow screen 固定筛
gravity-head feeder 压力进料机
gravity heat pipe 重力式热管
gravity line 自流管
gravity-mid per cent curve 比重-蒸出50%曲线
gravity oil feed 重力自流加油
gravity roller conveyor 重力辊式运输机
gravity separation 重力分离
gravity settling 重力沉降
gravity settling basin 重力沉降池
gravity settling tank 重力式沉淀池
gravity sintering 重力烧结
gravity spout 重力下料管
gravity (stamp) mill 捣碎机
gravity tank 自流贮罐
gravity-temperature correction graph 比

重-温度校正线图
gravity thickener 重力浓缩槽
gravure （印刷）照相凹版
gravure coater 传递凹印辊涂布机
gray (1)(=grey)灰(色)的(2)戈(瑞)(吸收剂量单位)
gray acetate of lime 灰醋石
grayanotoxin 木藜芦毒素;灰安毒
gray antimony 辉锑矿
gray body 灰体
Gray catalytic desulfurization 格雷催化脱硫法(格雷固定床白土汽相脱硫精制轻馏分)
Gray chiller 格雷石蜡冷冻结晶器
Gray clay treating process 格雷白土处理法(格雷固定床白土汽相脱二烯烃精制热裂化汽油)
gray cleaning 原色布清洗工程;粗布清洗工程
gray cobalt (辉)砷钴矿
gray copper (ore) 黝铜矿
graying 泛灰(色)
gray manganese ore (1)水锰矿(2)软锰矿
gray pig iron 灰(口)铸铁;灰口铁
gray platinum 灰色铂
gray system 灰色系统
gray thread 原色纱
graywa(c)k(e) 杂砂岩;硬砂岩;灰瓦克
GRC(glass fiber reinforced cement composite) 玻璃纤维增强水泥基复合材料
grease 润滑脂[膏]
grease apparent viscosity 润滑脂表观黏度
grease bleeding 润滑脂分油
grease channeling 润滑脂(在使用中生成的)沟流
grease cup 润滑油杯;油(脂)杯;杯状润滑器
grease dye(s) 润滑脂染料
grease fitting 润滑油嘴;黄油嘴
grease gun (黄)油枪;润滑脂枪
grease gun lubrication (黄)油枪润滑;(用)润滑脂枪润滑
grease lubricant 润滑脂[膏]
grease mark 油迹;油斑
grease nipple 油脂枪喷嘴
grease oil cup 润滑脂(油)杯
grease organic filler 润滑脂有机填料
grease penetrometer 润滑脂针入度测定器
grease press 压油机
grease proof wrapping 防油包装纸
greaser 润滑器具
grease remover 脱脂剂;润滑脂脱除剂
grease-removing agent 脱脂剂;润滑脂脱除剂
grease retainer 护脂圈
grease seal 黄油密封
grease skimmer 撇油器
grease squirt (黄)油枪;润滑脂枪
grease syringe (黄)油枪;润滑脂枪
grease thickener (1)润滑脂增稠剂(2)润滑脂增稠器
grease trap 油脂捕集[分离]器
grease way 滑油道[槽]
greasing 涂油
greasing equipment 润滑用设备
greasy lubrication 边界润滑
greasy property 润滑性能
greasy wool 含脂原毛
great calorie 大卡;千卡
Greek fire 希腊火药
green acid 绿色酸(一种绿色水溶性石油磺酸)
green body 生坯
green brick 砖坯
green copperas 绿矾;七水(合)硫酸亚铁
green cross 绿十字(毒气)
green design 绿色设计
green emerald (1)砂绿;巴黎绿;乙酸亚砷酸铜(2)翡翠
green fleshing 浸水皮去肉;鲜皮去肉
green food 绿色食品
green hide 鲜皮
green house 温室;暖房;花房
greenhouse effect 温室效应
greenhouse gas(GHG) 温室气体
greenlining 绿色保护区
green liquor 绿液
green liquor preheater 绿液预热器
green manure 绿肥
green manure crop 绿肥作物
greenockite 硫镉矿
green oil 绿油
green ore 原矿(未选过的矿)
green petroleum coke 生[原]石油焦;绿色石油焦(新出炉的石油焦)
green product 绿色产品
green resin 生树脂(未经熟化的树脂)
green rubber 粗制生胶(未再炼的生胶)
green run 磨合(运转,试车)
green salt (1)绿盐;四氟化铀(2)绿盐剂(重

铬酸钾、硫酸铜、砷酸合剂,木材防腐液)
green salted hide 盐鲜[湿]皮
green skin 鲜皮
green soap 绿肥皂;软皂
green stock 生料;原始混合物;生胶料
green strength (1)干坯强度(2)未硫化胶强度;生胶强度
green tack 生胶黏性
green tea 绿茶
green technology 绿色技术
Green test 格林试验(铜皿测定汽油中胶质)
green test 试车
green tread 胎面胶
green vitriol 绿矾;七水(合)硫酸亚铁
green wood 新伐材;鲜材;生材;湿材
greige cloth 坯布;本色布
greige yarn 原纱
greisen 云英岩
grepafloxacin 格帕沙星
Grevet chromic cell 格雷维特铬酸电池
grevillol 银桦酚;十三烷(基)苯二酚
grey cast iron 灰(口)铸铁;灰口铁
grey (cloth) 坯布;本色布
grey yarn 原纱
GRG(glass fiber reinforced gypsum composite) 玻璃纤维增强石膏基复合材料
GR-I 丁基橡胶
grid (1)栅极(2)栅条[板]
grid agitator 框式搅拌器
grid battery 栅极电池
grid column 栅板塔
grid melter 炉栅
grid of T bars T型栅板
grid (packed) tower 栅条填充塔
grid(plate) 栅板
grid reception stations 栅式接受站(气体分配站的接受站)
grid type plate 涂膏式极板
Griess reaction 格里斯(脱氨基)反应
Griess test 格里斯试验
Griffin mill 格里芬磨机
Griffith's fracture criterion 格里菲思断裂判据
GRIF(growth release inhibitory factor) 生长激素释放抑制因子
grifolin 奇果菌素
Grignard nitrile synthesis 格利雅腈合成法
Grignard reaction 格利雅反应
Grignard reagent 格氏试剂;格利雅试剂
Grillo process 格里洛法
Grimm lamp 格林(放电)灯
grind 研磨
grindekol 胶草醇
grindelia 胶草;格兰第菊
grindelic acid 胶草酸
grinder (1)磨床(2)磨木机(3)研磨机
grinding (1)研磨(2)磨碎
grinding additives 研磨辅料;磨料;研磨剂
grinding aid 磨料;研磨剂;研磨辅料;助磨剂
grinding and polishing machine 磨光-抛光机
grinding block 磨盘
grinding cylinder 球磨机
grinding drum (鼓式)磨碎机
grinding equipment 研磨设备
grinding fluid 润磨液;研磨(冷却)液(用于金属研磨)
grinding hammer 研磨锤
grinding lubricant 润磨液;研磨(冷却)液
grinding machine 磨床;砂轮机;研磨机
grinding material 研磨介质;磨料;研磨介质
grinding medium 研磨介质;磨料;研磨介质
grinding mill 研磨机
grinding miller 研磨轮
grinding mortar 研钵
grinding pan 盘转磨机
grinding plate 研磨板
grinding ring 研磨环
grinding roll(er) 研磨辊
grinding seal 研合密封
grinding stock 磨料;研磨剂
grinding stone 磨石
grinding wheel 磨轮;砂轮
grind on with 磨合
grip nut 防松螺母;固定螺母
gripping holder 夹紧装置
gripping jaw 夹爪;卡爪
grip seal joint 夹持密封接头
grisamine 灰霉胺
Griscom-Russell evaporator 格里斯科姆-鲁塞尔蒸发器
grisein 灰霉素
griselimycin 浅灰霉素
griseococcin 灰球菌素
griseofagin 灰榉菌素
griseoflavin 灰黄菌素
griseofulvin 灰黄霉素
griseolutein 灰藤黄菌素
griseomycin 灰色霉素

griseorhodin 灰紫红菌素
griseoviridin 灰绿菌素
grisine 灰菌素
Grison dynamite 格里森代那买特炸药
grisonomycin 灰诺霉素
grisorixin 灰争菌素
grisounite 格桑炸药;格锐烧那特(硝酸甘油、硫酸镁、棉花炸药)
grisoutite 格搔炸药;格锐烧太特(硝铵、三硝基萘、硝酸钾混合炸药)
grisovin (=griseofulvin) 灰黄霉素
grit blasting 喷砂处理
grit soap 砂皂
grizzly screen 固定栅式筛
grog 陶渣
grommet type V-belt 活络三角(胶)带
groove 坡口
grooved expansion joint 沟槽胀接
grooved flange 槽面法兰
grooved joint 凹槽连接
grooved metal gasket 齿形垫片
grooved pin 有槽销
groove face 坡口面
groove flange 槽面法兰
groove gasket 嵌入式垫圈
groove joint 凹缝;槽缝
groove welding 坡口焊
grooving 切槽
gross 过失误差(计算机)
gross assets 投资总额
gross atomic population 总原子布居
gross calorific value 总热值
gross energy 总能
gross error 过失误差
gross product 总产量
gross rubber (1)充油充炭黑胶料(2)胶料;混炼胶
gross sample 总样品
gross thermal value 总热值
gross tolerance 总公差
gross weight 毛重
Grotthuss-Draper's law 格罗图斯-德雷珀定律
ground 接地
ground bunker 地下贮料槽
ground bus 接地母线;接地汇流排
ground clearance 离地高度[净空]
ground coat 底涂层;底漆
ground coat enamel 底釉
ground coat paint 底漆
ground conductor 接地导线
ground dyeing 底施颜料
ground electrode 地线
ground fault 接地故障
ground-glass stopper flask 磨口玻璃瓶
grounding for lightening 防雷接地
ground lamp 接地指示灯
ground lead 接地(引)线
ground level 地面标高
ground-level contamination of air pollution 地面空气污染浓度
ground limestone 重质碳酸钙
ground noise 本底噪声
groundnut oil 花生油
ground phosphate rock 磷矿粉
ground pipe 地下管道
ground plate 接地板
ground state 基态
ground strap 接地母线;接地汇流排
ground the tanks 油罐接地
ground vulcanized scrap 废硫化胶末
ground water 地下水
ground whiting 重质碳酸钙
ground wire 避雷地线
ground wood (pulp) 磨木浆
ground work 地基
group (1)族(2)基
group activity coefficient 基团活度系数
group contribution equation of state (GCEOS) 基团贡献法状态方程
group contribution method 基团贡献法
group fraction in solution 溶液中基团分率
group frequency 基团频率
group nesostructure 组群状结构
group orbital 群轨道
group precipitant 组沉淀剂
group precipitation 组沉淀
group property 同组通性
group reaction 组反应
group reagent 组试剂
group separation 组分离
group transfer polymerization 基团转移聚合
group translocation 基团转位
group velocity 群速
group zero elements 零族元素
grout (1)灌浆(2)灰浆;砂浆
grouting mortar (灌浆用)水泥砂浆
grouting(up) 灌浆
growing chain 生长链

growth curve 生长曲线
growth cycle 生长周期
growth factor (1)生长因子(生化)(2)(=saturation factor)增长因子;饱和系数(核化学)
growth hormone(GH) 促生长素;生长激素
growth hormone release inhibitory factor(GRIF) 促生长素[生长激素]释放抑制因子
growth hormone releasing factor(GHRF) 促生长素释放因子;生长激素释放因子
growth inhibitor 生长抑制剂
growth kinetics 生长动力学;增殖动力学
growth-linked product 生长关联产物
growth promoting agent 促生长剂
growth rate 生长速率
growth regulator 生长调节剂
growth retardant 生长阻滞剂
growth ring 年轮
growth suppressor 生长阻遏剂
growth yield 生长收率
growth yield coefficient 生长收率系数;增殖收率系数
Grubbs' test method 格鲁布斯检验法
grubby hide 虻疮皮
grub hole (生皮)虻眼
grubilin 格鲁菌素
Grundmann aldehyde synthesis 格伦德曼醛合成法
grunerite 铁闪石
Grünwald-Winstein equation 温斯坦-格伦瓦尔德公式
G salt G盐
GSC(gas solid chromatography) 气固色谱法
GSH (1)谷胱甘肽(2)促性腺素
GSSG 谷胱甘肽
GTG(gas turbine generator) 燃气蜗轮发动机
GTO(Gaussian type orbital) 高斯型轨道
GTP(guanosine triphosphate) 鸟苷三磷酸
guache conformation 扭曲构象
guaiac 愈创木脂
guaiacin 愈创木素
guaiacol 愈创木酚
guaiacol benzoate 愈创木酚苯甲酸酯
guaiacol carbonate 愈创木酚碳酸酯
guaiacol phosphate 愈创木酚磷酸酯
guaiacol valerate 愈创木酚戊酸酯
guaiaconic acid 愈创木脂酸
guaiac resin 愈创木脂
guaiactamine 愈创他明;愈创三乙胺
guaiac(um) 愈创木脂
guaiamar 愈创木酚甘油醚
guaiapate 愈创哌特
guaiazulene 愈创蓝油烃;愈创(木)薁
guaifenesin 愈创(木酚)甘油醚
guaifylline 愈创(木酚甘油醚)茶碱
guaiol(=champacol) 愈创醇;黄兰醇
guaithylline 愈创(木酚甘油醚)茶碱
guamecycline 胍甲环素
guamycin 瓜霉素
guanabenz 胍那苄
guanacline 胍那克林;胍乙宁
guanadrel 胍那决尔;胍环啶
guanajuatite 硒铋矿
guanamine 胍胺;均三嗪-2,4-二胺
guanamycin 瓜那霉素
guanase 鸟嘌呤酶
guanazodine 呱那佐啶;胍甲啶
guanethidine 胍乙啶
guanethidine sulfate 硫酸胍乙啶
guanfacine 胍法辛;氯苯醋胺脒
guanghuimeisu 光辉霉素
guangqi 广漆
guanidine 胍
guanidine acetic acid 胍基乙酸
guanidine aldehyde resin 胍醛树脂
guanidine carbonate 碳酸胍
guanidine hydrochloride 盐酸胍
guanidine nitrate 硝酸胍
guanidine phosphate 磷酸胍
guanidinium aluminum sulfate hexahydrate 六水合硫酸胍鎓铝
guanidino-acetic acid 胍基乙酸
guanidoethylcellulose 胍乙基纤维素
guanidotaurine 胍基牛磺酸
guanidyl 胍基
guanine 鸟嘌呤;2-氨基-6-羟嘌呤
guanine deoxyriboside 脱氧鸟苷
guano (海)鸟粪
guanochlor 胍氯酚
guanosine 鸟(嘌呤核)苷
guanosine diphosphate(GDP) 鸟苷二磷酸
guanosine monophosphate 鸟苷(一磷)酸
guanosine triphosphate 鸟苷三磷酸
guanoxabenz 胍诺沙苄;胍羟苯
guanoxan 胍生
guanylate cyclase 鸟苷酸环化酶

guanyl guanidine 胍基胍;缩二胍
guanylic acid 鸟苷(一磷)酸;鸟(嘌呤核)苷酸
guanyl urea 胍基脲
guaran 瓜尔糖(得自瓜尔豆胚乳)
guaranine 咖啡因;咖啡碱
guaranteed reagent 保证试剂;优级纯
guaranteed vacuum 保证真空
guarantee point 保证点
guarantee reagent(GR) 保证试剂;优级纯(一级品)
guarantee test 保证试验
guard 护罩
guard column 保护柱
guard filter 保护过滤器
guard hair 针毛
guard reactor 保护反应器
guar gum 瓜尔(豆)胶
guayule rubber 银菊(橡)胶
Gudal propellant 顾多发射药
gudgeon pin 活塞销
guejarite 硫(柱辉)铜锑矿
Guerbet reaction 格尔伯特反应
guest 客体
guest compound 客体化合物
guhr dynamite 硅藻土炸药
guide 导向装置
guide baffle 导向挡板
guide-bar 导杆
guide bearing 导引轴承
guide bend test 靠模弯曲试验
guide(board) 导板
guide bushing 导向套
guide cylinder 导向筒
guide flow cylinder 导流筒
guide key 导键
guide lug 导耳;导缘
guide pillar die 导柱模
guide pin 导(向)销
guide plate 导流板;导向隔板
guide plate die 导板模
guide pulley 导向轮
guide rail oil 导轨润滑油
guide ring 导向环
guide rod 导杆
guide roll(er) 导辊
guide tape 引带
guide tube 导向套管
guide valve 导向阀
guide vane 导流叶片;导向叶轮;导流器
guide wheel 导轮
guiding device 导出装置
Guignet's green 翠铬绿;碱式氧化铬绿;吉勒特绿
Guild colorimeter 吉尔德比色计
Guinea green B 几内亚绿 B;基尼绿 B
Guinier plot 吉尼耶图
Gulf HDS process 海湾(公司原油或常压重油)加氢脱硫法
Gulfining 海湾(公司瓦斯油)加氢精制法
Gulfinishing 海湾(公司润滑油)加氢(补充)精制法
Gulf resid hydrodesulfurization 海湾(公司)渣油加氢脱硫法
gulonate 古洛糖酸盐
gulonic acid 古洛糖酸
gulose 古洛糖
gum 树胶
gum acacia 阿拉伯树胶;金合欢胶
gum arabic 阿拉伯树胶;金合欢胶
gum asafetida 阿魏胶
gum ball 树胶球
gum benzoin 安息香(树)胶
gum cambogia 藤黄
gum dam(m)ar 达玛树脂
gum-forming hydrocarbons 胶质形成烃(生成胶质的烃)
gum ghatti 阔叶榆绿木胶;茄替胶
gum inhibitor 胶质抑制剂
gum kino 奇诺胶
gum mastic 乳香;玛琋树胶;玛琋脂
gummy bottoms (油料的)胶质油脚
gum opium 阿片胶
gum pot 熔胶锅
gum rosin 脂松香
gum sugar 胶糖;阿拉伯糖
gum tragacanth 黄芪胶
guncotton 火棉;纤维素六硝酸酯
gun graphite 枪用石墨
gun grease 枪用润滑脂
gunite 压力喷浆;喷射水泥砂浆
gun metal 炮铜;炮合金
gunning mix 喷补料,喷射料
gunpowder (1)有烟火药(2)火药
gun propellant (1)发射药(2)火药
guoethol 乙氧苯酚
gur 印度粗砂糖
gurjun balsam 羯布罗香脂;古芸香脂
gurjun balsam oil 古芸香脂油

Gurney-Lurie chart 葛尼-鲁利传热(计算)图
gusathion 保棉磷;谷硫磷
gusperimus 胍立莫司
gusset 角撑板
gusset plane 角撑板
gusset plate 角撑板
gusset type 角板
gutless 无内脏
gutta-balata 巴拉塔树胶
gutta-jelutong 节路顿胶
gutta percha 古塔(波橡)胶;杜仲胶
gutter 明沟
guttiferin 藤黄素
Gutzeit test 古蔡试验
guvacine 四氢烟酸;去甲槟榔次碱
Guye furnace 盖伊电炉
G-value G值
G-V process GV法;改良砷碱法(脱硫)
GW-540 三(1,2,2,6,6-五甲基哌啶基)亚磷酸酯
gymnemic acid (森林)匙羹藤酸
gymnemin (森林)匙羹藤酸
gynamide 哈拉宗钠
gynergen 酒石酸麦角胺
gynergon(=estradiol) 雌二醇
gynesine(=trigonelline) 葫芦巴碱
gynocardia oil 大风子油
gynocardic acid 大风子酸;环戊基十三酸
gynogamon 雌性交配素
gypenoside 绞股蓝皂苷
gypsine 砷酸铅
gypsite 土(状)石膏
gypsogenin 丝石竹配基[苷元]
gypsum 石膏
gypsum lime mortar 石膏灰浆
gypsum particle board 石膏刨花板
gypsum plaster for building purposes 建筑石膏
gypsum wallboard 石膏纸板
gypsy 吉卜赛因子
gyrase 促旋酶
gyrate 回转
gyrating screen 回转振动筛
gyratory ball-mill 旋回球磨机
gyratory crusher 回转破[压]碎机
gyratory milling 回转磨碎
gyratory rock-breaker 回转碎岩机
gyratory screen 回转振动筛;旋转筛
gyratory shaker 转动摇床
Gyro cracking process 杰罗气相裂化过程
Gyro gasoline 杰罗(法制得的)汽油
gyrolite 白钙沸石;吉水硅钙石
gyromagnetic effects 旋磁效应
gyromagnetic ratio 旋磁比
gyromytrin 鹿花菌素
gyrophoric acid 石茸酸;回转地衣酸
gyro-precession type centrifuge 进动式离心机
gyroscope 陀螺仪
gyroscopic effect 回转效应
gyrostat 陀螺体

H

Haanel-Heront furnace 哈内耳-赫朗特电炉
Haas-Oettel cell 哈斯-奥提耳电池
Haber process 哈柏法
HAc 乙酸;醋酸
hachimycin（＝trichomycin） 曲古霉素;抗滴虫霉素
H acid H酸;8-氨基-1-萘酚-3,6-二磺酸
hacksaw 弓锯
hadacidin 杀腺癌菌素;*N*-羟-*N*-甲酰甘氨酸
Hadamard transform spectroscopy 哈达马变换光谱
haddock liver oil 鳕鱼肝油
hadromal（＝ferulaldehyde） 阿魏醛
hadron 强子(强相互作用粒子)
hadronic atoms chemistry 强(子)原子化学
h(a)ematein 氧化苏木精;苏木因
h(a)ematin 羟高铁血红素
h(a)ematine (crystal) 苏木精;苏木紫
h(a)ematocathartic 清血剂
h(a)ematoglobin 血红蛋白
h(a)ematoidin 类胆红素
h(a)ematolysis 溶血(作用)
h(a)ematoporphyrin 血卟啉
h(a)ematoxylin 苏木精;苏木紫
haem（＝heme） 血红素;亚铁原卟啉
h(a)emocyanin 血蓝蛋白;血青蛋白;血蓝素
h(a)emoglobin 血红蛋白
h(a)emopoietin 促红细胞生成素
h(a)emosiderin 血铁黄素;血铁黄蛋白
HAF(high adrasion furnace black) 高耐磨炉黑
hafnium 铪 Hf
hafnium carbonate 碳酸铪
hafnium chloride 氯化铪
hafnium dioxide 二氧化铪
hafnium nitride 氮化铪
hafnium oxydichloride 二氯氧化铪
hafnium triiodide 三碘化铪
hafnyl chloride 氯化氧铪;二氯一氧化铪
Hageman factor 凝血因子
Hagen-Poiseuille equation 哈根-泊肃叶方程
Hägg(iron) carbide 黑格碳化铁;χ碳化铁
haidingerite (1)砷钙石(2)辉铁锑矿
hair care 护发用品;美发用品
hair coloring 染发剂;染发
hair conditioner 头发调理剂;护发素
hair crack(ing) 发裂
hair cream 发乳
hair-destroying process 毁毛(脱毛)法
hair-dissolving process 溶毛(脱毛)法
hair dyes 染发剂
hair fixing composition 发型固定剂
hair hygrometer 毛发湿度计
hair lightener 头发增亮剂;美发剂
hair liquid 发露
hair mousse 发用摩丝
hair-on leather 带毛革
hair-on tanning 带毛鞣制
hairpin 发夹结构
hairpin loop 发夹环
hairpin structure 发夹结构
hair rinse 护发素
hair root 毛根
hair salt 发盐;铁明矾;羽明矾
hair shaft 毛干
hair shampoo 洗发剂;洗发香波
hair side (毛皮的)毛面;毛被面
hair sieve 马尾筛
hair slip 溜[掉]毛
hair spray 喷发胶
hair straightener 直发剂
hair tonic 生发油;养发水
hair waving lotion 卷发乳;卷发液;卷发剂
HA latex 高氨胶乳
halation 晕光
halazepam 哈拉西泮;三氟甲安定
halazone 哈拉宗;净水龙
halcinonide 哈西奈德;氯氟松
haleite（＝EDNA） 二硝基乙胺
halethazole 哈利他唑;胺氯苯噻唑
Halex process 哈莱克斯过程(磷酸三丁酯-四氯化碳萃取辐照核燃料后处理法)
half aldehyde 醛酸;半醛
half aldehyde of succinic acid 丁醛酸
half amide of malonic acid 丙二酸一酰胺
half band width 半峰宽
half bend 回弯管;回折管
half boiled process 半煮法

half boiled soap 半沸煮皂;热法皂
half bond 半键
half cell 半电池
half-cell potential 半电池电势
half-chair conformation 半椅型构象
half-coupling 半联轴节
half crystallization time 半结晶时间
half element 半电池
halfenprox 溴氟醚菊酯
half-finished goods 半成品;半制品
half foam life period 泡沫半衰期
half green 半生的;半腌的
half-heavy water 半重水
half-hydrate 半水合物
half-intensity width 半(强度)宽度
half-life 半衰期;半寿期
half life of enzyme 酶半衰期
half life period 半衰期
half mask 半罩面具
half matt gloss 半光(泽)
half mercerizing 半丝光处理;半碱化
half of the sites phenomenon 半位点现象
half-open position 半开状态
half-open tube 一端开口的管
half-period zone 半周期带
half-pipe coil jacket 半管螺旋式夹套
half-shade polarimeter 半阴旋光计
half shadow polarimeter 半阴旋光计
half shell pressure vessel 瓦片式压力容器
half stock 半(成,料)浆(纸浆)
half stuff (＝half stock) 半(成,料)浆(纸浆)
half-thickness 半值厚度;半值层
halftone film 网目胶片
half-tone ink 铜版墨
half-value layer(HVL) (＝halfthick-ness) 半值层;半值厚度
half-value width 半值宽度
half-wave antenna 半波天线
half-wave loss 半波损失
halfwave plate 半波片
half-wave potential 半波电位[势]
half-way unit 半工业装置
half-width 半(强度)宽度
halibut liver oil 大比目鱼肝油;庸鲽肝油
halide 卤化物
halide complex 卤素络合物
halide conductor 卤离子导体
halide slagging 卤化(物)造渣
halimide 氯化对十二烷基苄三甲铵
halite 石盐;岩盐
haliver oil 鲆鱼肝油
Hall aluminum process 霍尔制铝法
Hall effect 霍耳效应
Haller-Bauer reaction 哈勒-鲍尔反应
Hallikainen capillary viscometer 哈利凯南毛细管黏度计
Hallikainen rotating-disk viscometer 哈利凯南转盘式黏度计
Hallikainen sliding-plate viscometer 哈利凯南滑板式黏度计
halloysite 埃洛石;多水高岭土
hallucinogen 致幻剂
Hall (uranium) process 霍尔法(电解还原制备金属铀块法)
haloalcohol 卤代醇
haloalkylation 卤烷基化
haloalkylphosphine 卤代烷基膦
halobetasol propionate 丙酸卤倍他索酯
halocarbon 卤化碳
halochromy 加酸显色现象
halo-complex (＝halide complex) 卤素络合物
halofantrine 卤泛群
halofenate 卤芬酯;降脂酰胺
haloform 卤仿;三卤甲烷
haloform reaction 卤仿反应
halofuginone 卤夫酮;哈洛夫酮
halogen 卤素
halogen acid 含卤酸
halogen acid amide 卤代酰胺
halogen acyl chloride 卤代酰氯
halogen acyl halide 卤代酰卤
halogenate 卤化
halogenated acid 卤代酸
halogenated alcohol 卤代醇
halogenated amine 卤代胺
halogenated butyl rubber 卤化丁基橡胶
halogenated carboxylic acid 卤代羧酸
halogenated cellulose 卤化纤维素
halogenated lignin 卤化木质素
halo(genated) rubber 卤化橡胶
halogenating agent 卤化剂
halogenation 卤化
halogenation metallurgy 卤化冶金
halogen azide 叠氮化卤
halogen carrier 卤载体
halogen family 卤族
halogenide 卤化物
halogenoamine rearrangement 卤胺重排作用

halogeno-cyanogen 卤化氰
halogenolysis 卤解
halogeno-sugar 卤代糖
halogen-silver salt reaction 卤素-银盐反应
halohydrin 卤代(某)醇
halohydrocarbon 卤代烃
haloid element(s) 卤族元素
halometasone 卤米松
halometer 盐量计
halomicin 卤霉素
halomorphic soil 盐渍土;盐成土
haloolefin 卤代烯烃
haloperidol 氟哌啶醇;氟哌丁苯
halopolymer 卤代聚合物;卤聚物;含卤聚合物
halopredone acetate 醋酸卤泼尼松;醋酸溴氟龙
haloprogin 卤普罗近;碘氯苯炔醚
halopropane 卤丙烷;溴氟丙烷
halostachine 甲氨苯乙醇
halothane 氟烷;三氟溴氯乙烷
halotrichite 铁明矾
halowax 卤蜡(β-氯代萘)
haloxazolam 卤噁唑仑
haloxon 哈洛克酮;氯磷吡喃酮
haloxyfop 吡氟氯禾灵
Halphen-Hicks test 阿尔方-希克斯试验
halquinol 哈喹诺;三合氯喹啉
Hamamelis 金缕梅属
hamamelitannin 金缕梅单宁
hamamelose 金缕梅糖
hamartite 氟碳(酸)铈矿
hambergite 硼铍石
Hamiltonian 哈密顿(量)(物理学);哈密顿(算符)(化学)
Hamiltonian function 哈密顿函数
Hamiltonian operator 哈密顿算符
Hamilton-Jacobi equation 哈密顿-雅可比方程
Hamilton principle 哈密顿原理
hammer 锤;锻锤
hammer breaker 锤式破碎机
hammer crusher 锤(式压)碎机;锤击式粉碎机;锤式破碎机
hammered iron 锻铁
hammer finish(ing) (1)锤纹漆(2)锤纹漆涂装法
hammering press 锻压机
hammer mill 锤磨机;锤式磨
hammer paint 锤纹漆
hammer pin 摆锤销轴
hammer plate 夹锤板
hammer shop 锻工车间
Hammett acidity function 哈米特酸度函数
Hammett relations 哈米特关系
Hammett's acidity function 哈米特酸度函数
Hammett-Zucker postulate 哈米特-朱克假定
Hammick-Illingworth rule 哈米克-伊林沃思规则
Hammond postulate 哈蒙德假说
hamycin 哈霉素
hand brushing 手工刷涂
hand centrifuge 手摇离心机
hand charging 人工加料
hand cleaner 洗手剂
hand control 手操纵;手工控制
hand control valve 手动控制阀;手控阀
hand crane 手动起重机
hand crusher 手摇压碎机
hand drill 手(摇)钻
hand-driven crab 手摇起重绞车
hand expansion valve 手动膨胀阀
hand feed(ing) 人工给料
hand feel and drape 手感舒适
hand feel(ing) 手感
hand-filling 人工包装
hand fit 压入配合
hand hammer 手锤
handhole 手孔
handhole cover 手孔盖
handhole plate 手孔板
handhole plate bolt 手孔板螺栓
handhole yoke 手孔轭
handianol 汉地醇
hand jack screw 手力千斤顶
hand lay 手工铺叠
handle for cover close 机盖压紧手轮
handle with care 小心轻放[装卸,搬运]
handling 手感
handling characteristics 加工性能
handling ease 便于加工
handling facilities 装卸设备
handling hole 吊环螺钉孔
handling operation 装卸工作
hand lotion 洗手剂;润手蜜;润手乳液
hand-made 手工制造
hand-made paper 手工纸
handmade specialties 特种手工品
hand-operated 用手操作的
hand-operated sprayer 手动喷雾器

hand operation 手动操作
hand pump 手动泵;手摇泵
hand puncher 手动冲床
hand-rabbled furnace 人工炉
hand-rabbled roaster 人工烤炉
handrailing 扶栏[杆]
hand-raked furnace 人工炉
hand-raked roaster 人工烤炉
hand reset 人工重调
hand-restoring 手动复原
hand ripper 手锯
hand saw 手锯
hand scraping 人工刮研
hand spectrophotometer 手提式分光光度计
hand spray gun 手喷枪
hand stirring 人工搅拌
hand stuff 人工填料;人工填充
hand switch 手动开关
hand test 手上试验(如在手掌上蒸发评定汽油的挥发性)
hand trolley 手摇车
hand valve 手动阀门
hand wheel 手轮
hand worked furnace 人工炉
hand worked roaster 人工烤炉
handy 便于使用的;易操作的
hanfangchin A 汉防己甲素
hanfangchin B 汉防己乙素
hanfangchin C 汉防己丙素
Hanford thermite process 汉福德铝热过程(将高放射性废物转变成不溶性的硅酸盐或硅铝酸盐的高温法)
hanger spring 吊挂弹簧
hanging-drop culture 悬滴培养
hanging drop mercury electrode (HDME) 悬汞电极
hanging rod for pipe 管子拉杆
hanksite 碳酸芒硝;碳钾钠矾
Hansa-Mühle soybean extractor 汉萨-米勒大豆萃取器
Hansa Yellow 汉萨黄;耐晒黄
Hansen sterile box 汉森无菌箱
Hantzsch pyridine synthesis 汉奇吡啶合成
Hanus' method 哈纳斯法
Hapamine 海派敏(组胺-偶氮蛋白)
haploid 单倍体
haploid segregants 单倍体分离子
haploid strains 单倍体菌株
haploperine 尖叶芸香碱
haplophytine 单枝夹竹桃碱
haplotype 单倍体;单元型
hapten 半抗原
hapten inhibition test 半抗原抑制试验
haptoglobin 触珠蛋白;结合珠蛋白;肝球蛋白
haptophore 结合簇
Harcourt lamp 哈尔考特戊烷灯
hard abrasive wear 硬磨料磨损
hard alloy 硬质合金
hard and soft acid and base 软硬酸碱
hard anodizing 硬质阳极氧化;硬阳极氧化处理法
hard ash coal 贫烟煤;硬灰煤;瘦煤
hard block 硬链段
hard boiling 强煮;硬熬
hard borosilicate glass 硬质硼硅玻璃;耐热玻璃
hard breakdown 硬击穿
hard brittle material 脆性材料
hard bronze 硬青铜
hard burned 硬烧的;高温焙烧过的
hard candy 硬糖
hard (carbon) black 硬质炭黑;补强炭黑
hard charcoal 白炭
hard (china) clay 硬质陶土
hard chromium (electro)plating 耐磨性电镀铬
hard cider 烈性苹果酒;含酒精的(发酵)苹果汁
hard clay 硬质黏土
hard coal 硬煤(美国指无烟煤,英国指褐煤以外的各种煤)
hard cook 硬煮;过度蒸煮
hard core potential 硬心势(分子间相互作用电位)
hard detergent 硬性洗涤剂(不易生物降解者)
hard disk 硬磁盘
hard draw 冷拔;硬拔;硬(冷)拉拔
hard-drawn aluminium wire 硬铝线
hard-drawn steel wire 硬拉钢丝;冷拔钢丝
hard(-drawn) wire 硬拉金属丝;硬拉线
hardenability 淬透性;可淬(硬)性
Harden and Young ester 哈杨二氏酯;果糖-1,6-二磷酸
harden depth 淬硬深度
hardened and tempered steel 调质钢
hardened cement paste 水泥石
hardened oil 硬化油

hardened steel 淬火[硬]钢
hardener (1)硬[固]化剂;(橡胶)抗软化(2)硬化(淬火)剂;硬化合金[成分](3)坚膜剂
Harden furnace 哈顿电炉
hardening 硬化;淬火[硬](冶金,机工);变定(塑料);坚膜(硬化)
hardening accelerating and water reducing admixture 早强减水剂
hardening accelerator (混凝土)早强剂
hardening agent (1)硬[固]化剂;(橡胶)抗软化剂(2)硬化(淬火)剂;硬化合金[成分](3)坚膜剂
hardening and tempering 调质处理
hardening by cooling 冷却硬化
hardening by hammer(ing) 锤击硬化
hardening of fat 油脂的加氢作用
hardening of steel 钢的硬化(淬火)
hardening resin (橡胶用)增硬树脂
hardening temperature 硬化[淬火]温度
hard facing (1)表面硬化(2)表面淬火(3)表面耐磨堆焊(层);硬表堆焊(层)
hard fibre paper 青壳纸
hard finish plaster 缓硬石膏
hard gloss paint 硬光漆
Hardinge mill 哈丁磨机
hard lead 硬铅;铅锑合金
hard liquor 烈性酒;(高酒度)蒸馏酒
hard lump 硬块
hard magnetic material 硬磁材料
hard metal(s) 硬质合金
hardnable PSA 固化型压敏胶
hardness 硬度
hardness ageing 硬度[冷作,机械]时效
hardness degree 硬度标度
hardness ions (水的)硬度离子(指水中的钙、镁等离子)
hardness limit 硬度极限
hardness of pulp 纸浆硬度
hardness of water 水的硬度
hardness scale 硬度标度
hardness tester 硬度试验机[仪];硬度计
hardness test(ing) 硬度试验
hardness testing machine 硬度试验机
hard plug 硬塞
hard porcelain 硬质瓷
hard processing channel black 难加工槽黑;难混槽黑
hard radiation 硬辐射
hard residue 硬性残留物(未降解的表面活性剂)
hard resin 硬树脂
hard rubber 硬质胶;硬(质)橡胶
hard segment 硬链段
hard service 不良使用;超负荷工作状态
hard soap 硬皂;钠皂
hard soft combination 硬对软组配
hard solder 硬焊料
hard sphere 硬球
hard sphere potential 硬心势(分子间相互作用电位)
hard spots 硬[麻]点
hard surface (1)硬(表)面;淬火表面(2)表面淬火
hard surface cleaner 硬表面洗净剂
hard surface photoplate 硬面感光板
hard surfacing 表面淬火
hard technology 硬技术
hard tissue adhesive 硬组织胶黏剂
hard-to-get-at place 难达处
hard-to-machine 难以用机械加工的
hard vacuum seal 强真空密封
hardware 硬件
hard water 硬水
hard water (resisting) soap 抗硬水皂
hard wood distillation 阔叶材干馏;硬材干馏
hard wood tar 阔叶材焦油;硬材焦油
hard zinc 硬锌(镀锌时熔锌槽内积累的锌铁合金)
Hargreaves-Bird cell 哈格里夫斯-伯尔德电池
harimycin 下里霉素
Haring-Blum cell test 哈林-布留姆槽试验
harmaline 哈梅灵;哈马灵(医药称骆驼蓬碱,生化称二氢骆驼蓬碱)
harmalol 哈梅[马]洛尔(医药称去甲骆驼蓬碱,生化称去甲二氢骆驼蓬碱)
harman 哈尔满;牛角花碱;2-甲基 β-咔啉
harmful defect 有害缺陷
harmful gas 有害气体
harmful mutation 有害突变
harmine 哈尔明(碱)(医药称去氢骆驼蓬碱,生化称骆驼蓬碱)
harmol 哈尔酚
harmonic oscillator 谐振子
harmonic (sound) 谐音
harmonic vibration 谐振动
harmonic (wave) 谐波
harmotome 交沸石
Harned cell 哈纳特电池

harness leather 装具革
harpoon model 鱼叉模型
Harries reaction 哈里斯反应
Harshel's demulsibility test 哈希尔抗乳化性试验
harsh feeling 粗糙感
harsh grain 粗粒面
harshness 粗糙度
Hart condenser 哈特冷凝器
hartite 晶蜡石
Hartree-Fock limit 哈特里-福克极限
Hartree-Fock-Roothaan equation 哈特里-福克-罗特汉方程
Hartree-Fock SCF method 哈特里-福克自洽场方法
hartsalz 硬盐(钾石盐与钾盐镁矾的混合物,用作肥料)
hartshorn salt 碳酸铵
Hasenclever lead pan 哈森克累弗铅锅
hashish (1)(印度)大麻(2)(印度)大麻浸膏
hassium 𨭆 Hs
Hass process (for zinc refining) 哈斯(炼锌)法
hastelloy 哈斯特洛伊镍基耐蚀耐热合金
hasubanonine 莲花氏[宁]碱
haswelite 豪威炸药
hat band leather 帽圈革
hatchettite 伟晶蜡石
hat sweatband leather 制帽用汗带革
Hatta number 八田数
hatural gasoline 凝乳状沉淀
haul 此处吊起[起吊]
haulage rope 牵引钢丝绳
haulage vehicle 运输容器[车辆]
hauler 绞盘
hausmannite 黑锰矿
häuyne 蓝方石
Haüy's law of crystallisation 阿维结晶定律
Hawkins cell 铁镍电池
Haworth methylation 霍沃思甲基化作用
hawthorn fruit 山楂
Hayashi rearrangement 林氏重排作用
hayatine 海牙亭(碱);遭生藤碱
hayatinine 海牙亭宁(碱)
Hay bridge 海氏电桥
Hayden process 海登(炼铜)法
haydite 陶粒
haydite material 陶粒原料
Hayem solution 阿扬氏溶液(镜检血细胞数用)
hay filter 枯[干]草过滤器(用于过滤含油废水)
Haynes-Engle process 海恩斯-恩格尔过程(用氢氧化钠从碳酸盐浸出液中沉淀铀的过程)
hazard 危险(性);危害(性)
hazard assessment 危害性评估
hazard index 危险指数
hazardous area 危险区;危险场地
hazardous article 危险品
hazardous chemicals 危险化学品
hazardous fluids 危险物料
hazardous gas 危险气体
hazardous location 危险区;危险场地
hazardous material 危险品;有害物质
haze 雾度
hazefree 不浑浊的
hazelnut oil 榛子油
hazemeter 浊度计
haziness 混浊性;混浊度
HBMC(hydroxybutyral methyl cellulose) 羟丁基甲基纤维素
HCG (human chorinonic gonadotrophin) 人绒毛膜促性腺激素
H-clay 氢黏土
HCPP(high crystalline polypropylene) 高结晶聚丙烯
HCS 人绒毛膜生长素
HDCA(hyodesoxycholic acid) 异脱氧胆酸
HDL(high density lipoprotein) 高密度脂蛋白;低脂质脂蛋白
HDPE (high density polyethylene) 高密度聚乙烯
head 顶盖
head conduit 压力管道[路]
head-end process (核燃料后处理)首端过程
header 集管;总管
header pipe 总管;送风总管
header suport 总管管架
header tank 高位槽;上水箱
head face 端面
head fraction 头馏分;初馏分
head into shell 封头接入壳体
head loss 压头损失;水头损失
head motion 传动机头
head of delivery 扬程;压头
head of pump 泵(的)压头

head opening 封头开孔
head plate 封头板
head plug 管堵
head pressing 封头冲压
head pressure 压头
head pump 引水泵
head room 净空高度
head-room clearance 净空高度
heads 头馏分；初馏分
head side 缸盖端
headspace analysis 液(面)上(部)气体分析
headspace gas chromatography 顶空气相色谱法
head-to-head association 头头缔合
head-to-head polymer 头-头聚合物
head-to-head structure 对头结构
head-to-tail addition 头尾加成
head-to-tail polymer 头-尾聚合物
head-to-tail structure 头尾结构
head valve 顶头阀
healed grub (生皮)虻底
heap and dump leaching 堆积浸取
hearth (1)锻造炉；敞炉(2)炉缸；炉[火]床；炉膛
heart muscle extract 心肌萃取物
heat (1)热(2)热量(3)热学
heat-absorbing reaction 吸热反应
heat absorption 吸热(量)；热吸收率
heat absorption tube 吸热管
heat abstractor 散热器
heat accumulator 蓄热器
heat activated adhesive 热活化胶黏剂
heat ageing 热老化；加热时效处理
heat ageing additive 防热老化剂
heat ageing inhibitor 防热老化剂
heat and power plant 热电厂
heat balance 热量衡算
heat-bodied oil 热稠化油
heat bodying of oil 油的热稠化
heat booster 预热器；助热器；加热器
heat build up 橡胶生热
heat capacity 热容(量)
heat capacity at constant pressure 等[恒]压热容
heat capacity at constant volume 等[恒]容热容
heat-capacity flowrate 热容流率
heat carrier 热载体；载热体
heat carrier separator 热载体分离器
heat-carrying agent 热载体；载热剂
heat channel 热桥
heat chromic dyes 热变色染料
heat compensating jacket 热补偿夹套
heat conduction 热传导
heat conduction calorimeter 热导式热量计
heat conduction silicate 导热硅酯
heat conductive adhesive 导热胶黏剂
heat conductive rubber 导热橡胶
heat conductivity 热导率
heat consumption 耗热量；热耗量；热(量)消耗
heat content (1)热含量(2)焓
heat convection 热对流；对流换热
heat convertible resin 热转化树脂；热固(性)树脂
heat cure 热硫化
heat curing 热硫化
heat curing system 热硫化法
heat current 热流
heat dam 防热挡墙
heat deaerator 热力除氧器
heat death 热寂
heat-degradation 热降解(作用)
heat deterioration 加热劣化变质；热老化
heat distortion point 热变形点；软化点
heat distortion temperature(HDT) 热变形温度
heated distilling column 加热蒸馏塔
heated drum 鼓式干燥机
heated drying cylinder 加热烘缸
heated effusion oven 加热发射炉
heated fluidized bed 加热流化床
heated godet roll 热导辊
heated hopper 热料斗
heated nebulization chamber 加热雾化室；热雾化室
heated oil pipelining 加热(管)输送
heat effect 热效应
heat efficiency 热效率
heat elimination 散热
heat embrittlement 热致脆化
heat emission coefficient 散热系数
heat endurance 耐热性；耐热期；热耐久性
heat energy 热能
heat engine 热机
heat equivalent of work 热功当量
heater 加热器
heater band 加热带
heater circuit 电热电路；加热电路

heater desorber 加热解吸器
heater oil method devulcanizing 油法脱硫
heat erosion 热腐蚀
heater power 加热器功率
heater shield 挡热板;耐火防护板
heat exchange 换热;热交换
heat-exchange equipment 换热设备
heat exchange plate 换热板片
heat exchange process 换热过程
heat exchanger 换热器;换热设备
heat exchanger network 换热器网络
heat exchanger of heat pipe 热管换热器
heat exchangers in parallel 并联换热器
heat exchangers in series 串联换热器
heat exchanger tubes 换热器管
heat exchange tube 换热管
heat expansion 热膨胀
heat extraction 热的除去
heat-fast, water-fast, light-fast 耐热、耐洗、耐晒(的)
heat flow 热流(量)
heat flow meter 热流计
heat flow rate 热流量
heat flux 热流;热通量
heat forming 热成型
heat function 焓;热函(数)
heat generating reaction 放热反应
heat history 热累积;热历史
heat inactivation (of enzyme) (酶的)热失活
heat incinerator 热焚烧炉
heat-indicating pigment 示温颜料
heating 加热
heating ageing 热老化
heating and power center 热电站
heating and power plant 热电厂
heating and ventilation 采暖通风
heating apparatus 取暖器
heating barrel 加热筒
heating boiler 供暖锅炉
heating cabinet 加热箱
heating capacity 热容量;热值
heating chamber 加热室
heating circuit 加热管线
heating coil 加热盘管
heating coil drain valve 加热盘管排泄阀
heating coil inlet valve 加热盘管入口阀
heating coil set 加热盘管组
heating compensating jacket 热补偿夹套
heating crack 热裂纹
heating cylinder 加热汽缸
heating effect 热效应
heating element 加热元件
heating facilities 加热用设备
heating furnace 加热炉
heating installation 取暖设备
heating in the open 敞口加热
heating in water bath 水浴加热
heating jacket 加热夹套
heating jacket pump 保温夹套泵
heating kettle 锅炉
heating loss test of rubber 橡胶加热减量的测定
heating medium 载热体;热载体
heating medium for high temperature 高温载热体
heating medium inlet 载热体入口
heating medium outlet 载热体出口
heating mixer 加热式搅拌机
heating network 热力网
heating of turbine 暖机
heating or cooling medium 加热或冷却介质
heating pipe 加热管
heating power 发热量
heating rate 加热速率;加热速度
heating source 加热源
heating steam 加热蒸汽
heating system 供暖系统
heating tape 加热带
heating temperature 加热温度
heating tower 加热塔
heating tube 加热管
heating tube in section of convection chamber 对流段炉管
heating tube in radiant section 辐射段炉管
heating tube in section of radiation chamber 辐射段炉管
heating tube support 炉管支承架
heat(ing) value 热值;卡值(指燃烧热或发热量)
heating wall 火墙;加热面
heating zone 加热区[段]
heat insulating brick 隔热砖
heat insulating layer 绝热层
heat insulating material 隔[绝]热材料;保温材料
heat insulating polymer 隔热高分子
heat insulation 绝热
heat insulation and refractory material 绝热及耐火材料
heat insulator (1)隔[绝]热材料;保温材

料(2)热绝缘器
heat integration 热集成
heat jacketed drum 双壁加热鼓
heat liberation 放热
heat loss 热损耗[失]
heat medium 加热介质
heat of absorption 吸收热
heat of adsorption 吸附热
heat of association 缔合热
heat of coagulation 凝结热
heat of combination 化合热
heat of combustion 燃烧热
heat of compression 压缩热
heat of condensation 冷凝热
heat of cracking 裂化热
heat of crystallization 结晶热
heat of decomposition 分解热
heat of detonation 爆轰热
heat of diffusion 扩散热
heat of dilution 稀释热
heat of dissociation 离解热
heat of emersion 浸润热
heat of evaporation 蒸发热
heat of explosion 爆炸热
heat of formation 生成热
heat of friction 摩擦热
heat of fusion 熔化热
heat of gelation 胶凝热
heat of hydration 水合热
heat of liquefaction 液化热
heat of micellization 胶束形成热
heat of mixing 混合热
heat of neutralization 中和热
heat of polymerization 聚合热
heat of reaction 反应热
heat of reduction 还原热
heat of solution 溶解热
heat of solvation 溶剂化热
heat of sublimation 升华热
heat of swelling 溶胀热
heat of vaporization 汽化热
heat of wetting 润湿热
heat pipe 热管
heat pipe exchanger 热管换热器
heat pipe preheater 热管式空气预热器
heat pipe thermal recovery unit 热管热回收装置
heat plasticization 热塑炼;高温塑炼
heat polymerization rubber 热聚橡胶
heat power station 热电站
heat producing reaction 放热反应
heat-proof material 耐热材料
heat-proof tubing 隔热管
heat-protection 防热
heat pump 热泵
heat radiating equipment 热辐射设备
heat radiation 热辐射
heat radiation drying 热辐射干燥
heat radiation pyrometer 光测高温计
heat recovering tower 热量回收塔
heat recovery 热量回收
heat recovery boiler 废热锅炉
heat recovery steam boiler[generator] 余热锅炉
heat recovery system 热回收系统
heat recovery unit 热回收装置
heat reflector 热反射器
heat rejection alternatives 各种热力排放
heat release 热放出
heat removing agent 去热剂
heat reservoir 热库
heat resistance 耐热性;热阻
heat resistance furnace 耐热炉
heat resistance of the scale 垢层热阻
heat resistance rubber 耐热橡胶
heat resistant adhesive 耐热胶黏剂
heat resistant concrete 耐热混凝土
heat resistant conveyer belt 耐热输送带
heat resistant explosive 耐热炸药
heat resistant paint 抗热漆
heat resistant polymer 耐热聚合物
heat resistant rubber 耐热橡胶
heat resistant rubber hose 耐热纯胶管
heat resistant rubber slab 耐热胶板
heat resistant steel 耐热钢
heat resisting material 耐热材料;耐高温材料
heat resisting property 耐热性
heat resisting steel sheet(s) and plate(s) 耐热钢板
heatronic mo(u)lding 高频预热模塑(法)
heat sealing 熔焊;熔接;热封
heat sensitive dye(s) 热敏染料
heat-sensitive eye 热敏元件
heat-sensitive paint 示温漆
heat sensitizer 热敏(化)剂
heat sensitizing agent 热敏(化)剂
heat service conveyor belt 耐热运输带
heat setter 热定形机
heat shield 防热罩

heatshock protein 热激蛋白
heat shock response 热休克反应
heat shrinkable pipe 热收缩管
heat-shrinkable polymer 热收缩性高分子
heat sink 热阱
heat soak 热浸泡
heat solidified antiwelding ink 热固阻焊印料
heat solidified metal ink 热固金属油墨
heat source 热源
heat stability test 热稳定性试验
heat stabilizer 热稳定剂
heat-stable inhibitor 热稳定剂
heat-stable material 耐热材料
heat storage polymer 贮热高分子
heat storage stability 热贮稳定性
heat stress 热应力
heat supply 热供应;供热
heat supply pipeline 供热管道
heat transfer 传热;热传递
heat-transfer agent 载热剂;传热介质
heat transfer area 传热面积
heat transfer by convection 对流传热
heat transfer by radiation 辐射传热
heat transfer coefficient 传热系数
heat transference 传热
heat transfer equipment 传热装置
heat transfer film coefficient 传热膜系数
heat transfer-jacketed body 热交换夹套
heat transfer media pump 热载体泵
heat-transfer medium 传热介质;载热体
heat transfer rate 传热速率;热流量
heat transfer salts (HTS) 传热盐
heat transfer unit (HTU) 传热单元
heat transmission 传热;热传递
heat transmission coefficient 传热系数
heat transport 热传递
heat treating 热处理
heat treatment 热处理
heat treatment regime 热处理规范
heat treatment with a laser beam 激光热处理
heat utilization 热利用率
heat value 热值;卡值(指燃烧热或发热量)
heat vulcanization 热硫化
heat wave 热波
heave here 此处提起;从此吊起
heavier 重组分
heavier component 高沸点组分
heavy acid 磷钨酸
heavy acids 大量使用的酸(如硫酸、盐酸、硝酸)
heavy aromatic separation 重芳烃分离
heavy atom method 重原子法
heavy benzol 重苯
heavy-bodied oil 黏稠油品
heavy bottom slurry 塔底重油浆
heavy-burned magnesia 重质氧化镁;低活性氧化镁
heavy-calcined magnesia 重质氧化镁
heavy casting 厚壁铸件
heavy catalytic gas oil 重催化裂化粗柴油
heavy chemical(s) 重化学品
heavy coated electrode 厚皮焊条
heavy current 强电流
heavy cut 重馏分
heavy diesel fuel 重柴油
heavy distillate 重馏分
heavy duck 厚帆布
heavy-duty anticorrosive coating(s) 重防腐蚀涂料
heavy duty "B" battery 大容量乙电池组
heavy-duty compressor 重型压缩机
heavy duty detergent 高效[重役,重垢]型洗涤剂
heavy-duty (diesel) oil 重负荷柴油机油
heavy duty jacketed 重负荷夹套式
heavy-duty supplement 1 oil 高添加级系列1(重负荷)机油(含约7%的各种添加剂)
heavy-duty supplement 2 oil 高添加级系列2(重负荷)机油(含约11%的各种添加剂)
heavy electron (=meson) 重电子;介子
heavy element chemistry 重元素化学
heavy end(s) 重尾馏分
heavy fraction 重馏分
heavy freon 重氟里昂;三氟溴化碳
heavy gas oil 粗重柴油;重瓦斯油
heavy hydrogen 重氢
heavy ice 重冰(固态重水)
heavy industry 重工业
heavy ion accelerator 重离子加速器
heavy ion beam implosion 重离子束内爆
heavy ion nuclear chemistry 重离子核化学
heavy leather 重革
heavy liquor pump 重液泵
heavy machinery works 重型机器厂
heavy magnesia 重质氧化镁
heavy medium overflow 重介质溢流
heavy medium pump 重介质泵

heavy medium storage sump 重介质储槽
heavy metal 重金属
heavy metal pollution 重金属污染
heavy oil partial oxidation process 重油部分氧化法
heavy oil(s) (1)重质油料;重油品(润滑油馏分或更重的油料)(2)(炼焦)重油
heavy oxygen water 重氧水
heavy paste 稠糊
heavy petroleum spirit 重质溶剂油;重石油醚
heavy phase effluent 重相流
heavy phase feed sparger 重相加料分布器
heavy (precipitated) calcium carbonate 重质沉淀碳酸钙
heavy product 饱和产物
heavy rare earths 重稀土(元素组)
heavy repair 大修
heavy residual stocks 重质残油
heavy section (1)厚壁(橡胶制品)(2)大型剖面(3)大型型[钢]材
heavy shade 饱和色
heavy shale oil 重质页岩油
heavy spar 重晶石
heavy virgin naphtha 重直馏石脑油;直馏重汽油馏分
heavy water 重水
heavy water moderated reactor 重水减速反应堆
heavy water moderator 重水慢化剂
heavy water reactor 重水反应堆
heavy water suspension reactor 重水悬浮反应堆
heavy wine 烈(性)酒
heavy wire 粗线(材);粗钢丝
Hebb's hypothesis 赫布假设
HEC(hydroxyethyl cellulose) 羟乙基纤维素
hecogenin 海柯皂配基[苷元];龙舌兰皂苷配基
hecogen(o)ic acid 海柯精酸
hectograph paper 胶印复印纸
hectorite 锂蒙脱石;锂皂石
hedamycin 赫达霉素
hedaquinium chloride 海达氯铵;氯化十六喹
hedenbergite 钙铁辉石
hederagenin 常春(藤苷)配基;常春藤皂苷元
hederin 常春藤(皂)苷
hedrite 多角晶
HEDTA (hydroxyethylenediaminetriacetic acid) 羟基乙二胺三乙酸
hedyotine 耳草碱
HEED(high-energy electron diffraction) 高能电子衍射
heeling (鞋)后跟(里)用革
heel leather (鞋)后跟革
heels 残余料;下脚料
Hehner number (=Hehner value) 亥讷值[不溶脂酸及不皂化物(总)值]
height 高度
height controller paddle 高位控制器闸板
height controller shaft 高位控制器转动轴
height equivalent of a theoretical plate (HETP) 等(理论)板高度
height equivalent to transfer unit (HETU) 传质单元高度
height of a (heat) transfer unit(HTU) 传热单元高度
height of a (mass) transfer unit(HTU) 传质单元高度
height of an effective plate 有效塔板高度
height of a transfer unit 传质单元高度
height of baffle plate 挡板高度
height of bubble cap 泡罩高度
height of froth 泡沫层高度
height of overall transfer unit 总传质单元高度
height of packing 填料高度
height of sectional tower shell 塔节高度
height of the transfer unit 传质单元高度
height per transfer unit 传质单元高度
height shot gravel 高卵石层
Heisenberg picture 海森伯绘景
Heisenberg uncertainty relation 海森伯测不准关系
Hela cells 海拉细胞株
helamycin (=hilamycin) 喜霉素
helenalin 堆心菊灵;土木香灵
helenine (1)(=alantolactone)堆心菊脑;土木香脑;土木香内酯;阿兰内酯(2)海仑菌素
helenite 弹性地蜡
helenynolic acid 十八碳炔烯醇酸
helianthin(e) B (=methyl orange) 甲基橙
heliarc welding 氦弧焊
heliarnthemin 半日花苷
helical blade 螺旋叶片

helical blade stirrer 螺旋形片状搅拌器
helical-conveyer centrifugal 螺旋卸料离心机
helical conveyor 螺旋运输机
helical fin 螺旋翅片
helical flight 螺旋面刮板
helical gear 斜(齿圆柱)齿轮
helical impeller pump 螺旋叶轮泵
helical-lobe compressor 螺杆压缩机
helical molecule 螺旋型分子
helical motion 螺旋运动
helical-path mass spectrometer 螺线质谱计
helical plate 螺旋板
helical ribbon agitator 螺带(式)搅拌器[机]
(helical) ribbon blender 螺带(式)搅拌器[机]
helical ribbon mixer 螺带(式)搅拌器[机]
helical structure 螺旋结构
helical top 螺线顶盖
helical weld 螺旋形焊缝
helical-welded tube 螺旋焊管
helical whiskers 螺旋须晶;蜷线须晶
helicase 解旋酶;蜗牛酶
helicene 螺旋烃;螺烯
helicese 螺旋(形,线)
helicidin 螺杀菌素
helicin 水杨醛葡糖苷
helicity (1)螺旋度(2)螺旋性
helicocerin 卷角孢菌素;浅蓝菌素
helicoidal pump 螺旋泵
helicoidal sifting machine 螺旋转筒筛
helicoid screw conveyor (无缝)螺旋运输器
helicoid tuyere 螺旋形风帽
helicorubin 蠕虫血红蛋白
Heli-Grid packing 海利-格里德填充物
heliograph paper 日光照相纸
heliomycin 海利霉素;日光霉素
heliosupine 天芥菜品碱
heliotrine 天芥菜碱
heliotrope (1)向阳植物(2)鸡血石
heliotropin 胡椒醛;洋茉莉醛;3,4-亚甲二氧基苯甲醛;天芥菜(香)精
heliotropism 向日性
Heli-Pack packing 海利-帕克填料
Helipak packing 海里派克填料
helite (EDNA) *N*,*N*′-二硝基乙二胺;乙二硝胺;海来特
helium 氦 He
helium arc welding 氦弧焊
helium flash 氦闪
helium gas 氦气
helium leak detection mass spectrometer 氦质谱探漏仪
helium photoionization detector 氦光电离检测器
helix 螺旋
α-helix α螺旋
helix agitator 螺带(式)搅拌器[机]
helix-coil transition 螺旋-线团转变
helixin 螺菌素
helix seal 螺旋密封
helleborein 嚏根草毒苷
hellebrigenin 嚏根(苷)配基
hellebrin 嚏根草苷
Hellmann-Feynman theorem 赫尔曼-费伊曼定理
Hell-Volhard-Zelinsky halogenation 黑尔-福尔哈德-泽林斯基卤化作用
Helmholtz coils 亥姆霍兹线圈
Helmholtz double layer 亥姆霍兹双层
Helmholtz equation 亥姆霍兹方程
Helmholtz free energy (亥姆霍兹)自由能
Helmholtz-Lagrange theorem 亥姆霍兹-拉格朗日定理
helminthosporal 长蠕孢醛
helminthosporin 长蠕孢素;三羟基甲基蒽醌
helminthosporol 长蠕孢醇
helonias 矮百合根
helper drive 辅助传动
helper receptor 辅助性受体
Helvetia leather 充油革;油脂鞣革
helveticoside 黄草次苷
helvite 日光榴石
helvolic acid 蜡黄酸;烟曲霉酸
helvomycin 蜡黄霉素
hemachate 血点玛瑙
hemafibrite 红纤维石(水羟砷锰石)
hemaglutinin 血细胞凝集素
hemanthine 毒网球花碱
hemartine extract 苏木浸膏
hematein 氧化苏木精;苏木因
hematic antanemic 补血药
hematin 羟高铁血红素
hematine 苏木精;苏木紫
hematinic 补血药

hematite 赤铁矿
hema(to)cyanin 血蓝蛋白;血青蛋白;血蓝素
hematoglobulin 氧合血红蛋白
hematoidin 血棕素;类胆红素
hematolithe 红砷锰矿;红砷铝锰石(羟砷镁锰矿)
hematonic 补血药
hematoporphyrin 血卟啉
hematosin 高铁血红素
hematoxylin 苏木精;苏木紫
hematoxylon 洋苏木
HEMC(hydroxyethyl methyl cellulose) 羟乙基甲基纤维素
heme 血红素;亚铁原卟啉
heme ferroprotoporphyrin 血红素
hemel 六甲蜜胺;六甲基三聚氰胺
hemerythrin 蚯蚓血红蛋白
hemiacetal 半缩醛
hemibilirubin 半胆红素
hemicellulase 半纤维素酶
hemicellulose 半纤维素
hemicholinium 半胆碱
hemicolloid 半胶体
hemicrystalline 半晶状的;半结晶的;半晶质的
hemi-Dewar biphenyl 半杜瓦联苯
hemiformal 半缩甲醛
hemiglobin 高铁血红蛋白
hemihydrate 半水合物
hemiisotactic polypropylene 半等规聚丙烯
hemimel(l)itene (=1,2,3-trimethylbenzene) 半苯(俗称);连三甲苯;1,2,3-三甲苯
hemimel(l)itic acid (=benzene-1,2,3-tricarboxylic acid) 半苯酸(俗称);连苯三酸;1,2,3-苯三甲酸
hemimercaptol 半硫代半缩醛
hemi-micelle 半胶束
hemimorphism 半对称形;异极性
hemimorphite 异极矿
hemin 氯高铁血红素;氯高铁原卟啉
hemip(in)ic acid (=3,4-dimethoxyphthalic acid) 半蒎酸;3,4-二甲氧基邻苯二甲酸
hemipyocyanine 半绿脓菌素
hemiquinoid 半醌型
hemispherical 半球形的
hemispherical head 半球形封头[顶盖]
hemispheriod 半球形(储罐);滴形油罐
hemisulfur mustard 半硫芥子气
hemiterpene 半萜(烯)
hemitrope 半体双晶
hemlock (bark) extract 铁杉(树皮)栲胶
hemochromoprotein 血色蛋白
hemocompatibility 血液相容性
hemocyanin 血蓝蛋白;血青蛋白;血蓝素
hemoferrin 血铁素;蚯蚓血红蛋白辅基
hemoflavoprotein 血红素黄素蛋白
hemoglobin 血红蛋白
hemolytic agent 溶血剂
hemoporphyrin 血卟啉
hemoprotein 血红素蛋白
hemopyrrole 血吡咯;2,3-二甲基-4-乙基吡咯
hemorheology 血液流变学
hemosiderin 血铁黄素;血铁黄蛋白
hemostatics 止血药
hempa 海姆帕;六甲基磷(酸三)酰胺
Hempel analysis (=Hempel distillation) 亨佩耳蒸馏
Hempel distillation 亨佩耳蒸馏
Hempel flask 亨佩耳蒸馏瓶
Hempel gas apparatus 亨佩耳气体分析器
Hempel's column 亨佩耳(蒸馏)柱
hempseed oil 大麻子油
Hencky's yield condition 亨基屈服条件
Hencules high-shear viscometer 亨库利斯高剪切黏度计
hendecanal 十一碳(烷)醛
hendecane 十一(碳)烷[尤指正十一(碳)烷]
hendecane dicarboxylic acid 十一烷二羧酸;十三碳(烷)二酸
hendeca(ne)dienoic acid 十一碳二烯酸
hendecanedioic acid 十一烷二酸
hendecanoic acid 十一(烷)酸
hendecanol 十一烷醇
hendecanone 十一烷酮
hendecenedicarboxylic acid 十一碳烯二羧酸;十三碳烯二酸
hendecenedioic acid 十一碳烯二酸
hendecenoic acid 十一碳烯酸
hendecoic acid 十一(烷)酸
hendecyne 十一碳炔
hendecynedicarboxylic acid 十一碳炔二羧酸;十三碳炔二酸
hendecynedioic acid 十一碳炔二酸
hendecynoic acid 十一碳炔酸

n-heneicosane （正）二十一（碳）烷
heneicosane diacid 二十一碳（烷）二酸
heneicosane dicarboxylic acid 二十一烷二羧酸；二十三碳（烷）二酸
heneicosanedioic acid 二十一碳（烷）二酸
3，6-heneicosanediol 3，6-二十一烷二［双］醇
heneicosan（o）ic acid 二十一（碳）烷酸
heneicosene 二十一碳烯
He-Ne laser 氦氖激光器
henequen 赫纳昆纤维；剑麻（一种龙舌兰纤维）
Henkel process 亨克尔法（由苯甲酸或邻苯二甲酸制对苯二甲酸法）
henna 散沫花［指甲花］叶粉
Henning process（for nickel extraction） 亨宁（炼镍）法
henpentacontane 五十一（碳）烷
Henry's law 亨利定律
hentetracontane 四十一（碳）烷
hentriacontane 三十一（碳）烷
hentriacontanol 三十一烷醇
heparamine （N-）去磺（酸基）肝素
heparan 类肝素；乙酰肝素
hepar antimony 锑肝（氧化锑、亚锑酸钾、硫代锑酸钾与硫酸钾的混合物）
hepar calcis 钙肝（粗制硫化钙）
heparin 肝素
heparin calcium 肝素钙
heparin natriun 肝素钠
heparinoid 类肝素
hepar sulfuris 硫肝（硫化钾和多硫化钾的混合物）
hepatic cinnabar 肝辰砂
hepatic gas 硫化氢（的别名）
hepatoalbumin 肝清蛋白
hepatocrinin 促肝泌素
hepatoglobulin 肝球蛋白
hepaxanthin（＝vitamin A epoxide） 肝黄质；（5,6-）环氧维生素 A
hepcovite（＝vitamin B_{12}） 维生素 B_{12}（的别名）
HEPES 羟乙哌嗪乙磺酸
Hepex process 海派克斯过程［用酸性膦酸酯萃取分离重元素（超铀元素）的过程］
hepronicate 癸烟酯；灭脂灵
heptabarbital 庚巴比妥
heptacene 并七苯
heptachlor 七氯
heptachlor-1-naphthol 七氯-1-萘酚
heptachlorodicyclopentadiene 七氯
n-heptacontane 正七十（碳）烷
n-heptacosane 正二十七（碳）烷
heptad （1）七价物（2）七价的
heptadecadienoic acid 十七碳二烯酸
n-heptadecane 正十七（碳）烷
heptadecane diacid 十七烷二酸
heptadecanoic acid 十七（烷）酸
9-heptadecanol 9-十七（烷）醇
heptadecanoyl 十七（烷）酰
heptadecene diacid 十七碳烯二酸
heptadecene dicarboxylic acid 十七碳烯二羧酸；十九碳烯二酸
heptadecenoic acid 十七碳烯酸
heptadecoic acid（＝heptadecylic acid） 十七（烷）酸
heptadecylaldehyde（＝margaric aldehyde） 十七（烷）醛
heptadecyl-amine 十七（烷）胺
heptadecyl chloride 十七（烷）基氯；氯代十七（碳）烷
heptadecylic acid 十七（烷）酸
2,4-heptadiene 2,4-庚二烯
1,5-heptadiyne 1,5-庚二炔
heptafungin 七烯真菌素
heptaldehyde 庚醛
heptalene 庚间三烯并庚间三烯；庚搭烯
heptamer 七聚物
heptamethylene （1）环庚烷（2）七亚甲基
heptamethylnonane 七甲基壬烷（十六烷值测定时的标准燃料）
heptamide 庚酰胺
heptaminol 庚胺醇；氨甲庚醇
heptamycin 庚霉素
heptanal 庚醛
n-heptanal 正庚醛
heptanaphthenic acid 庚环烷酸；环己甲酸
heptane 庚烷
n-heptane 正庚烷
heptane number［value］ 庚烷值
heptane diacid 庚二酸
heptanedicarboxylic acid 庚烷二羧酸；壬二酸
heptanedioic acid 庚二酸
heptanediol 庚二醇
heptaner 庚烷塔
heptanoic acid 庚酸
heptanol 庚醇

1-heptanol 1-庚醇
3-heptanol 3-庚醇
***n*-heptanol** 正庚醇
heptanone 庚酮
2-heptanone（=methyl-*n*-amyl ketone） 2-庚酮；甲基·戊基(甲)酮
heptanoyl 庚酰
***n*-heptanthiol** 正庚硫醇
heptaoxacycloheneicosane 七氧代环二十一烷；21-冠(醚)-7
heptaphene 庚芬；蒽并[2,3-*a*]并四苯
heptene 庚烯
3-heptene 3-庚烯
heptene diacid 庚烯二酸
heptene dicarboxylic acid 庚烯二羧酸；壬烯二酸
heptenedioic acid 庚烯二酸
heptenoic acid 庚烯酸
heptenone 庚烯酮
1-hepten-6-one 1-庚烯-6-酮
2-hepten-4-one 2-庚烯-4-酮
heptenophos 庚虫磷；蚜螨磷；庚烯磷
heptine 庚炔
heptoic acid 庚酸
heptonitrile(=*n*-hexyl cyanide) 庚腈
heptose 庚糖
heptoxime 邻环庚二酮二肟；1,2-环庚二酮二肟
heptulose 庚酮糖
hepturonic acid 庚糖醛酸
heptyl 庚基
heptyl acetate 乙酸庚酯
***n*-heptyl alcohol** 正庚醇
***n*-heptyl aldehyde** 正庚醛
heptyl amine 庚胺
heptylate 庚酸盐(或酯)
heptyl bromide（=1-bromoheptane） 1-溴庚烷
heptylene 庚烯
heptylene diacid 庚烯二酸
heptylene dicarboxylic acid 庚烯二羧酸；壬烯二酸
heptyl heptylate 庚酸庚酯
heptylic acid（=heptoic acid） 庚酸
heptyl nitrite 亚硝酸庚酯
heptyl-triethyl-silicane 庚基·三乙基(甲)硅(烷)
2-heptyne 2-庚炔
heptyne diacid 庚炔二酸
heptyne dicarboxylic acid 庚炔二羧酸；壬炔二酸
heptynedioic acid 庚炔二酸
heptynoic acid 庚炔酸
Herba Ephedrae 麻黄
herbal 草药的
Herba Menthae 薄荷
herbicide 除草剂
Hercules Powder process 赫尔克里士火药公司法(液态烃催化裂化法)
herculin 棒状花椒酰胺
hercynin(e) 组氨酸三甲基内盐
herderite (羟)磷铍钙石
heredity 遗传性
heritability 遗传力
heritable 可遗传的
hermetically sealed cell 全密封电池
hermetically-sealed motor 密封型电动机
hermetically sealed unit 密封式机组；密封装置
hermetic centrifuge 密封离心机
hermetic motor 封闭式电动机
hermetic separator 密封分离器
hermetic turbocompressor 封闭式透平压缩机
hermetic type bowl 封闭型转筒
Hermex process 赫尔美克斯过程；汞提取法(用汞萃取净化辐照金属铀或金属废屑的方法)
Hermite process（for hypochlorite） 埃尔米特(次氯酸盐制造)法
Hermitian 厄米(的)；埃尔米特的
Hermitian conjugate 厄米共轭
Hermitian operator 厄米算符
herniarin 7-甲氧(基)香豆素
heroin(e) 海洛因；二醋吗啡；二乙酰吗啡
herpolhode 空间瞬心迹
herqueichrysin 郝金青霉素
herquein 郝青霉素
herqueinone 郝青霉素酮
herrerite 铜菱锌矿
herring bone gear(wheel) 人字齿轮
herring oil 鲱鱼油
Herry furnace（**for calcium carbide**） 赫里(制电石)电炉
herschelite 碱菱沸石
hertz 赫(兹)
Hertzian oscillator 赫兹振子
hesperetin 桔皮素；(旧称)橙皮素；5,7,3′-三羟基-4′-甲氧基黄烷酮；橘皮素
hesperetol 桔皮酚；(旧称)橙皮酚；橘皮酚

hesperidene（＝*d*-limonene） 桔皮烯；（旧称）橙皮烯；*d*-苧烯；橘皮烯
hesperidin 橙皮苷
hesperidinase 桔皮苷酶；（旧称）橙皮苷酶；橘皮苷酶
Hessian crucible 砂坩埚
hessite 碲银矿
Hess law 赫斯定律
hessonite 钙铝榴石；桂榴石
HET acid（＝hexachloro endoethylene tetrahydrophthalic acid） 氯桥酸
hetacillin 海他西林；缩酮氨苄青霉素
hetastarch 羟乙基淀粉；淀粉代血浆
5-HETE（＝5-hydroxy-6，8，11，14-eicosatetraenoic acid） 5-羟基-6，8，11，14-二十碳四烯酸
heterarylation 杂芳化作用
heteric-block nonionics 混嵌（共聚）非离子表面活性剂
heteroalcoholic fermentation 异型酒精发酵
heteroaromatics 杂芳族化合物
heteroatomic ring 杂（原子）环
heteroauxin （3-）吲哚（基）乙酸；杂茁长素；异植物生长素
heteroazeotrope 非均相共沸混合物
heteroazeotropic point 非均相共沸点
heteroazeotropic system 杂共沸体系；非均相共沸体系
heterobaric heterotope 异量异序（元）素；异量异位元素
heterobetulin 杂桦木醇；杂白桦脂醇
heterobiotin 异生物素
heterocatenary polymer 杂链聚合物
heterochain fibre 杂链纤维
heterochain polymer 杂链聚合物
heterochelate 混合配位体螯合物
heterochinine 杂奎宁
heterochirality 异手性
heterochromosome 异染色体
heterocomplex 杂合物
heteroconjugate 复共轭对配位化合物
hetero conjugation 复共轭
heterocycle 杂环
heterocyclic amine(s) 杂环胺
heterocyclic chemistry 杂环化学
heterocyclic compound 杂环化合物
heterocyclic dye(s) 杂环染料
heterocyclic fungicide 杂环类杀菌剂
heterocyclic polymer 杂环高分子
heterocyclic ring 杂环
heterocyclics 杂环化合物
heterocyclization 杂环化（反应）
hetero-cycloaddition 杂环加成
heterocyst 异形胞
heterodesmic structure 杂键结构
heterodisperse system 多相分散系统
heterodispersity 杂分散性；外分散性
heterodyne-beat method 外差法
heteroexcimer 异激态原子
heterofermentative 异型发酵的
heterofunctional condensation 杂官能缩合
heterogeneity 不均匀性；多相性
heterogeneous azeotropic distillation 非均相共沸蒸馏
heterogeneous catalysis 非均相催化；多[异]相催化
heterogeneous catalytic reaction 多[异]相催化反应
heterogeneous equilibrium 多相平衡
heterogeneous hydrogenation 多相氢化
heterogeneously fluidized bed 非均一流化床
heterogeneous membrane 非均质膜（异相膜）
heterogeneous membrane electrode 非均相膜电极；异相膜电极
heterogeneous method 非均相法
heterogeneous nitration 多相硝化作用
heterogeneous nuclear RNA（Hn RNA） 不均一核 RNA
heterogeneous nucleation 异相成核
heterogeneous polymerization 非均相聚合
heterogeneous ray 异形射线（由直立射线细胞和横卧射线细胞两者组成的维管射线）
heterogeneous reaction 非均相反应
heterogeneous reactor 非均匀（反应）堆
heterogeneous ring compound 杂环化合物
heterogeneous system 非均相系统
heterogeneous vulcanization 不均匀硫化
heterogenic 异种的；异基因的
heteroglycan 杂聚糖；杂多糖
hetero-ion （混）杂离子
heterojunction material(s) 异质结材料
heterokaryon 异核体
heterolactic fermentation 异型乳酸发酵
heterolupeol 杂羽扇（豆）醇；杂蛇麻脂醇
heterolysis （＝heterolytic dissociation）（1）异种[外力]溶解（指不同种溶素引起

的细胞溶解作用或一种动物的血清对另一种动物的血细胞的溶血作用)(2)异裂(即:A∶B→A∶+B)
heterolytic dissociation (1)异种[外力]溶解(2)异裂
heterolytic fission 异裂(反应)
heterolytic mechanism 异裂机理
heterolytic reaction 异裂反应
heterolyzate 外因溶质
heterometric titration 比浊滴定
heterometry 比浊滴定法
heteromorphism 多晶(型)现象
heteronium bromide 海特溴铵
heteronuclear decoupling 异核去偶
heteronuclear diatomics 异核双原子分子
heteronuclear substitution 杂环取代反应
heterophase polymerization 多相聚合
heterophylline 夹竹桃碱;阿日辛
heteroplasmy 细胞异质性
heteropolar bond 异极键;离子键
heteropolar compound 异极化合物;离子化合物
heteropolarity 异极性
heteropolar link(age) 异极键;离子键
heteropolar valence 异极化合价;离子化合价
heteropolyacid 杂多酸
heteropolyacid catalyst 杂多酸催化剂
heteropolyanion 杂多阴离子
heteropolybase 杂多碱
heteropolymer 非均相聚合物;杂聚物
heteropolymerization 非均相聚合;杂聚合(作用)
heteropolymolybdic acid 杂多钼酸
heteropolynuclear coordination compound 杂多核配位化合物
heteropolyoxometallate 杂多金属氧酸盐
heteropolysaccharide 杂多糖
heteropolytungstate 钨杂多酸
heteroproteose 杂脲
heteroquinine 杂喹宁
heterosegment 杂(原子)链段
heteroside 异[杂]苷类(配基不是糖者)
heterostrophin 异纹菌素
heterosubstituted compound (混)杂取代化合物
heterosugar 异糖
heterotactic 杂同立构的;非均态有规立构的
heterotactic polymer 杂同立构聚合物;非均态有规立构聚合物
heterotactic triad 杂同立构三单元组
heterotactic unit 杂同立构单元
heterotope 异位素;(同量)异序(元)素
heterotopic (1)异位的;立体异位的(2)异(原子)序的
heterotopic atom 异序原子
heterotrophic 异养的
heterotropic effect 异促效应
heterotype 同类[型]异性(化合)物
heteroxanthine 7-甲(基)黄嘌呤
heterozygote 杂合子
heterozygous 杂合的
hetoform 肉桂酸铋(的别名)
hetol 肉桂酸钠(的别名)
hetolin 三氯苯丙酰嗪
HETP(height equivalent to a theoretical plate) 等(理论)板高度
hetrazan 乙胺嗪枸橼酸盐;海群生
heulandite 片沸石
Heumann indigo synthesis 霍伊曼靛合成法
heuristic method 直观推断法;启发式方法
heuristic rule 直观推断法则;启发式法则
heuristics 启发式
hevamine 橡胶树几丁质酶
Hevea Brasiliensis rubber 巴西橡胶
heveaplus rubber 接枝天然橡胶
Hevea rubber 三叶橡胶;天然橡胶
heveatax 絮凝橡胶粉
heveene 黑非因(天然胶的分解蒸馏产物)
hevein 橡胶蛋白
hewettite 针钒钙石
hex (1)六氟化铀(的简称)(2)六亚甲基四胺(的简称)
hexabasic (1)六(碱)价的;六元的(2)六(取)代的
hexabasic acid 六元酸;六(碱)价酸
hexabasic alcohol 六元醇;六羟基醇
hexabasic carboxylic acid 六元羧酸
hexabasic salt 六代盐;六碱盐
hexaborane 六硼烷
hexabromide number 六溴值
hexabromide value 六溴值
hexabromocyclohexane 六溴环己烷;六溴化苯
hexabromoethane 六溴乙烷
hexabromophenol 六溴(代)苯酚
hexabutylphosphoric triamide (HBPT) 六丁

基磷酸三酰胺
hexacarbacholine bromide　溴化己氨胆碱
hexacarbonylmolybdenum　六羰基钼
hexacene　并六苯
hexachloride　六氯化物
hexachloroacetone　六氯丙酮
hexachlorobenzene　六氯(代)苯
hexachlorobuta-1,3-diene　六氯代-1,3-丁二烯
hexachlorobutadiene　六氯丁二烯
hexachloro-cyclohexane　六六六;六氯化苯
hexachlorocyclopentadiene　六氯代环戊二烯
hexachloro-1,3-cyclopentadiene　六氯-1,3-环戊二烯
hexachlorodiethyl sulfide　硫化六氯双乙烷
hexachloroethane　六氯乙烷
hexachlorophene　(1)六氯酚(药名)(2)菌螨酚;毒菌酚(农药)
hexachlorophenol　六氯苯酚
hexachloro-*p*-xylene　六氯对二甲苯;血防-846
hexaconazole　己唑醇
hexacontane　六十(碳)烷
***n*-hexacosane**　正二十六(碳)烷
hexacosane diacid　二十六碳(烷)二酸
hexacosane dicarboxylic acid　二十六烷二羧酸;二十八碳(烷)二酸
hexacosanediendioic acid　二十六碳二烯二酸
hexacosanedienoic acid　二十六碳二烯酸
hexacosanedioic acid　二十六碳(烷)二酸
hexacosanic acid　二十六(烷)酸
hexacosene dicarboxylic acid　二十六碳烯二羧酸;二十八碳烯二酸
hexacosenedioic acid（＝hexacosenediacid）二十六碳烯二酸
hexacosenoic acid　二十六碳烯酸
hexacosoic acid　二十六(烷)酸
hexacosyl alcohol　二十六(烷)醇
hexacyanobutadiene　六氰基丁二烯
hexacyanogen　六聚氰
hexacyclic ring　六核环
hexacyclonate sodium　己环酸钠;羟甲环己乙酸钠
hexad　(1)六价物(2)六价的(3)六面的(4)一列[组]六个
hexadecadienedioic acid　十六碳二烯二酸
hexadecadienoic acid　十六碳二烯酸
hexadecadrol　地塞米松
hexadecanamine　十六胺
***n*-hexadecane**　正十六(碳)烷
hexadecane diacid　十六碳(烷)二酸
hexadecane dicarboxylic acid　十六烷二羧酸;十八碳(烷)二酸
hexadecanedioic acid（＝hexadecane diacid）十六碳(烷)二酸
hexadecanoic acid　十六(烷)酸
hexadecanol　十六(烷)醇
hexadecatrienoic acid　十六碳三烯酸
hexadecene　十六碳烯
hexadecene diacid（＝hexadecendioic acid）十六碳烯二酸
hexadecene dicarboxylic acid　十六碳烯二羧酸;十八碳烯二酸
hexadecenedioic acid　十六碳烯二酸
hexadecenoic acid　十六碳烯酸
hexadecine　十六碳炔
hexadecoic acid　十六(烷)酸
hexadecylamine　十六胺
hexadecyldimethyl benzyl ammonium　十六烷基二甲基·苄基铵(离子)
hexadecylene　十六碳烯
hexadecylene diacid　十六碳烯二酸
hexadecylene dicarboxylic acid　十六碳烯二羧酸;十八碳烯二酸
hexadecylenedioic acid（＝hexadecylene diacid）十六碳烯二酸
hexadecylenic acid　十六碳烯酸
hexadecyl hydroxynaphthoate　羟萘酸十六烷基酯
hexadecylic acid　十六(烷)酸
***N*-hexadecyl pyridinium bromide**　溴化*N*-十六烷基吡啶鎓
hexadecyltrimethylammonium bromide　溴化十六烷基三甲(基)铵
2-hexadecyne　2-十六碳炔
hexadecyne diacid　十六碳炔二酸
hexadecyne dicarboxylic acid　十六碳炔二羧酸;十八碳炔二酸
hexadecynedioic acid（＝hexadecyne diacid）十六碳炔二酸
hexadecynoic acid　十六碳炔酸
hexadiene diacid　己二烯二酸
1,5-hexadiene（＝diallyl）1,5-己二烯
hexadienedioic acid　己二烯二酸
2,4-hexadiene（＝dipropenyl）2,4-己二烯;联丙烯基
hexadienoic acid　己二烯酸

hexadiine 己二炔
hexadimethrine bromide 海美溴铵；溴化己二甲胺
hexadiyne 己二炔
hexaethyldilead 六乙基二铅
hexaethyldisiloxane 六乙基二硅氧烷
hexaethyltetraphosphate（HETP） 四磷酸六乙酯
hexaflumuron 氟铃脲
hexafluorenium bromide 己芴溴铵
hexafluorobenzene 六氟（代）苯
hexafluoroethane 六氟乙烷
hexafluorophosphoric acid 氟磷酸；六氟合磷氢酸
hexafluoropropane 六氟丙烷
hexafluoropropylene 六氟丙烯
hexafluoropropylene oxide 六氟环氧丙烷
hexafluorosilicic acid 氟硅酸
hexagonal belt 六角（形）带；六棱形三角带；双重三角带
hexagonal close-packed lattice 六方密堆积点格
hexagonal close packing 六方密堆积
hexagonal crystal system 六方晶系
hexagonal lattice 六方点格
hexagonal nut 六角螺母
hexagonal phase 六角相
hexagonal socket head screw 内六角螺钉
hexagonal steel 六角钢
hexagonal system 六方晶系
hexahalogenated benzene 六卤代苯
hexahead bolt 六角头螺栓
hexahead plug 六角头丝堵
hexahedron 六面体
hexahelicene 六螺烯
hexahydrate 六水合物
hexahydric acid 六元酸；六价酸
hexahydric alcohol 六元醇；六羟基醇
hexahydrobenzaldehyde 六氢化苯（甲）醛；环己基甲醛
hexahydrobenzene 六氢化苯；环己烷
hexahydrobenzoic acid 六氢化苯甲酸；环己基甲酸
hexahydrobenzyl alcohol 六氢化苯甲醇；环己基甲醇
hexahydrocumene（＝isopropylcyclohexane） 六氢化枯烯；异丙基环己烷
hexahydroequilenin 六氢马萘雌（甾）酮
hexahydro-mellitic acid 六氢化苯六甲酸
hexahydro-mesitylene 六氢化莱；六氢化均三甲苯
hexahydro-phthalic acid 六氢化邻苯二甲酸；环己烷邻二甲酸
hexahydropyridine 哌啶
hexahydro-salicylic acid 六氢化水杨酸
hexahydroterephthalic acid 六氢化对苯二甲酸；环己烷对二甲酸
hexahydroxybenzene 六羟基苯；苯六酚
hexahydroxy diphenic acid 六羟基联苯甲酸
hexahydroxy-stearic acid 六羟基硬脂酸；8,9,11,12,14,15-六羟基十八（烷）酸
hexaiodobenzene 六碘代苯
hexalure 红铃诱烯；（Z）-7-十六碳烯乙酸酯（棉红铃虫性引诱剂）
hexamer 六聚物
hexametal 龟甲网
hexametapol（＝hempa） 海姆帕；六甲基磷（酸三）酰胺
hexamethonium 六甲铵；六烃季铵
hexamethonium bromide 六甲溴铵；溴化六烃季铵
hexamethoxy-aurine 六甲氧金精
hexamethoxy diphenic acid 六甲氧基联苯甲酸
hexamethylacetone 六甲基丙酮
hexamethylbenzene 六甲基苯
hexamethyldisilane 六甲基二[乙]硅烷
hexamethyldisilazane 六甲基乙硅氮烷
hexamethyldisiloxane 六甲基二硅醚
hexamethylene 1,6-亚己基；环己烷
hexamethyleneamine 六亚甲基四胺；乌洛托品
hexamethylenediamine 六亚甲基二胺；1,6-己二胺
hexamethylenediaminetetraacetic acid（HMDTA） 亚己基二胺四乙酸
hexamethylene dicyanide 辛二腈
hexamethylene diisocyanate 六亚甲基二异氰酸酯；1,6-己二异氰酸酯
hexamethylene formal 甲醛缩己二醇
hexamethylene glycol（＝1,6-hexandiol） 1,6-己二醇
hexamethyleneimine 六亚甲基亚胺
hexamethylene tetramine（＝urotropine） 六亚甲基四胺；乌洛托品
hexamethylmelamine 六甲蜜胺；六甲三聚氰胺
hexamethylolmelamine（HMM） 六羟甲基蜜胺；六羟甲基三聚氰胺

hexamethylpararosaniline hydrochloride (=crystal violet) 六甲基碱性副品红盐酸盐(即结晶紫)
hexamethylphosphoramide (**HMPA**) 六甲基磷(酸三)酰胺
hexamidine 己脒定;己氧苯脒
hexamidine isethionate 羟乙磺酸己脒定;羟乙磺酸己氧苯脒
hexamine (=hexamethylenetetramine) 六(亚甲基四)胺;乌洛托品
hexammine 六氨合物
hexammine cobalt (Ⅲ) **chloride** 氯化六氨合高钴
hexammine cobaltichloride 三氯化六氨钴
hexammine platinic chloride 四氯化六氨铂
hexamycin 己霉素
hexanal 己醛
hexanamide 己酰胺
hexane 己烷
***n*-hexane** 正己烷
hexanecarboxamido 庚酰氨基
hexane diacid 己二酸
hexanedial 己二醛
hexanediamide 己二酰二胺
(1,6-)hexanediamine (1,6-)己二胺
hexanediamine (1,6-)己二胺
hexane dicarboxylic acid 辛二酸;己烷二羧酸
hexane dinitrile 己二腈
hexanedioic acid 己二酸
hexanediol 己二醇
hexanedione 己二酮
hexanedioyl 己二酰
hexanehexol 己六醇[如卫矛(己六)醇、山梨(糖)醇等]
hexanenitrile 己腈
hexanepentol 己五醇
hexanethiol 己硫醇
hexanitrato complex 六硝酸根络合物
hexanitrin 己六醇六硝酸酯[尤指甘露(糖)醇六硝酸酯]
hexanitrobenzene 六硝基苯
1,3,3,5,7,7-hexanitro-1,5-diazacyclooctane 1,3,3,5,7,7-六硝基-1,5-二氮杂环辛烷
hexanitrodiphenyl 六硝基联苯
hexanitrodiphenylamine 六硝基二苯胺
hexanitrodiphenyl sulfide 六硝基二苯硫
hexanitrodiphenyl sulfone 六硝基二苯砜
hexanitroethane 六硝基乙烷
hexanitrohexaazaisowurtzitane 六硝基六氮杂异伍尔兹烷
hexanitromannite 甘露(糖)醇六硝酸酯;六硝基甘露(糖)醇
hexanitromannitol(=mannitol hexanitrate) 甘露(糖)醇六硝酸酯;六硝基甘露(糖)醇
hexanitro-oxanilide 六硝基乙二酰苯胺
(**2, 2′, 4, 4′, 6, 6′-**) **hexanitro-stilbene** (**HNS**) 六硝基芪
hexanoate 己酸盐(或酯)
hexanoic acid (=caproic acid) 己酸
1-hexanol 1-己醇;正己醇
hexanol 己醇
hexanolactam (=caprolactam) 己内酰胺
2-hexanone (=methyl-*n*-butyl ketone) 2-己酮;甲基·丁基(甲)酮
hexanoyl 己酰
hexaoctyltributylenetetraphosphine oxide (**HOTBTPO**) 六辛基三亚丁基四氧膦
hexaoxacyclooctadecane 六氧杂环十八烷;18-冠(醚)-6
hexaoxadiazabicyclohexacosane 六氧二氮双环十八烷
hexaphene 己芬;萘并[2,3-*a*]并四苯
hexaphenylethane 六苯乙烷
hexapropymate 己丙氨酯;炔丙环己酯
hexapyranose 吡喃己糖;六环己糖
hexaric acid 己糖二酸
hexasaccharide 多聚己糖
hexatetrahedron 六四面体
hexathionic acid 连六硫酸
hexatomic acid 六元酸;六价酸
hexatomic alcohol 六元醇;六羟基醇
hexatomic base 六价碱
hexatomic ring 六元环
hexatriacontane 三十六(碳)烷
hexatriene 己三烯
hexavalent alcohol 六元醇;六羟基醇
hexazinone 六嗪酮
hexazole 海克沙唑;环己乙三唑
hexedine 海克西定;双己咪唑
hexenal 己烯醛
2-hexene 2-己烯
hexene diacid 己烯二酸
hexene dicarboxylic acid 己烯二羧酸;辛烯二酸
hexen(o)ic acid 己烯酸
5-hexen-2-ol 5-己烯-2-醇

hexenol 己烯醇
***cis*-3-hexen-1-ol** 顺式 3-己烯-1-醇;叶醇
hexenone 己烯酮
hexestrol 己烷雌酚
hexestrol bis(*β*-diethylaminoethyl ether) 己烷雌酚双(乙氨乙醚)
hexestrol diphosphoric ester 己烷雌酚二磷酸酯
hexethal sodium 己巴比妥钠
hexetidine 海克替啶;氨己嘧啶
hexides 己糖二酐(脱二水己六醇类)
hexin 己菌素
hexine (=hexyne) 己炔
hexin(o)ic acid 己炔酸
hexitan 己糖醇酐(脱一水己六醇)
hexitol 己糖醇
hexobarbital 海索比妥;环己烯巴比妥
hexobendine 海索苯定;优心平
hexobiose 己二糖
hexocyclium 己环铵
hexoestrol 己烷雌酚
hexogen 黑索今;环三亚甲基三硝基胺
hexokinase 己糖激酶
hexon 六邻体
hexone (2-)异己酮;甲基·异丁基(甲)酮
hexone bases 组蛋白碱(类)
hexonic acid 己糖酸
hexonit 黑索尼特炸药(黑索今-硝化甘油)
hexopentosan 己戊聚糖
hexoprenaline 海索那林;六甲双喘定
hexosamine 己糖胺;氨基己糖
hexosan 己聚糖
hexose 己糖
hexosediphosphoric acid 己糖二磷酸
hexose monophosphate pathway 己糖一磷酸途径
hexose monophosphate shunt 磷酸己糖旁路;己糖磷酸支路
hexose monophosphoric acid 己糖一磷酸
hexosidase 己糖酶
hexotriose 己三糖
hexoylene 2-己炔
3-hexulose 3-己酮糖
hexuronic acid 己糖醛酸
hexyl 己基
***n*-hexyl acetylene** (=1-octyne) 正己基乙炔;1-辛炔
***n*-hexyl alcohol** 正己醇;1-己醇
hexyl amine 己胺
hexylcaine hydrochloride 盐酸海克卡因;盐酸己卡因
hexyl chloride 己基氯;1-氯己烷
hexyl cyanide 己基氰;庚腈
hexyldecanoic acid 己基癸酸
hexylene glycol 己二醇
***n*-hexylene** 正己烯;1-己烯
hexylic acid 己酸
hexylidene 亚己基
hexylidyne 次己基
hexyl mercaptan 己硫醇
hexyl methyl ketone 甲基·己基(甲)酮
hexyl phenyl carbinol(=*α*-phenyl-*n*-heptanol) 己基·苯基甲醇;*α*-苯基庚醇
hexylresorcinol 己雷琐辛
hexyl-triethyl-silicane 己基·三乙基(甲)硅(烷)
hexyne 己炔
hexyne diacid 己炔二酸
hexynedioic acid 己炔二酸
hexyn(o)ic acid 己炔酸
hexynol (1-)己炔(-3-)醇
hexythiazox 噻螨酮
Hey reaction (=Gomberg-Bachmann-Hey synthesis) 黑氏合成法
HFCS(high fructose corn syrup) 果葡糖浆
H-film H 膜
Hg conversion 水银法转换
HGF(hyperglycenmic factor) 高血糖因子
hialomycin 透明霉素
hibisus manihot root 木槿属根
hibschite 水榴石
hickory (nut) oil 山核桃油
hidden flaws 暗伤;暗疵
hiddenite 翠绿锂辉石
hidden layer 隐含层
hide and skin 生皮
hide cellar 生皮窖
hide glue 皮胶
hide house 生皮仓库
hide powder 皮粉
hide processor 倾斜转鼓(皮革加工器)
hides and skins 生皮
hide sorter 生皮挑选工
hide substance 皮质
hiding pigment 盖底颜料;盖底涂料
hiding power 遮盖力
hidrotic 发汗药
Hi-eF purifier Hi-eF 净化器

hielmite 钙铌钽矿
hierarchical control 递阶[分级,多级]控制
hierarchical reference theory(HRT) 多级阶递参考理论
hi-flash solvent 高闪点溶剂
Higgins contactor 希金斯接触器(一种动态离子交换柱)
high abrasion furnace black (HAF) 高耐磨炉黑
high abrasion-resistance rubber 高耐磨橡胶
high abundance sensitivity mass spectrometer 高丰度灵敏度质谱计
high accuracy valve 高准度阀
high-alloy steel 高合金钢
high-alloy steel vessel 高合金钢容器
high altitude LP gas 高海拔液化石油气(丙烷含量低、丁烷含量高的液化石油气)
high-alumina brick 高铝砖
high alumina cement 高铝水泥
high alumina ceramics 高铝陶瓷
high-ammonia latex 高氨胶乳
high and low pressure controller 高低压控制器
high and low temperature converting[shift] 高低温变换
high antiknock rating base fuel 高抗爆性基础油
high-antireflection film 高增透膜
high bainite 上贝氏体
high battery 高能电池组
high boiler 高沸点化合物
high boiling component 高沸点组分
high Btu 高热值
high build coating 厚膜涂料;厚涂层涂料
high calcium lime 高钙石灰
high calor(if)ic power[value] 高卡值;高热值
high-capacity 大容量
high-carbon alloy steel 高碳合金钢
high-carbon steel 高碳钢
high-chromium iron 高铬生[铸]铁
high-class 优等的
high-class products 优等品
high color black 高色素炭黑
high compressed steam 高压蒸汽
high concentration magnetic lines of force 高密度磁力线
high concentrator 后浓缩器
high-consistency viscometer 高稠度黏度计
high-count fabric 精细织物;高支纱织物
high cycle fatigue 高周疲劳
high damping titanium alloy 高阻尼钛合金
high density alloys 高比重[密度]合金
high-density culture 高密度培养
high density lipoprotein (HDL) 高密度脂蛋白
high density plywood 高密度胶合板
high-density polyethylene(HDPE) 高密度聚乙烯(分为低压聚乙烯和中压聚乙烯两种)
high durometer rubber 高硬度橡胶
high-duty boiler 高压锅炉
high duty cast iron 优质铸铁
high-duty fireclay brick 高级黏土砖
high duty lubricant 高温高压用润滑油
high duty lubricating oil 高温高压用润滑油
high-duty refractory 高级耐火材料
high dynamic property rubber 高动态性能橡胶
high early strength cement 早强水泥;快硬水泥
high early-strength portland cement 快硬硅酸盐水泥
high efficiency coordination catalyst(s) 高效络合催化剂
high efficiency liquid chromatography 高效液相色谱法
high efficiency packing tower 高效填料塔
high efficiency particulate air filter (HEPA filter) 高效空气微粒过滤器
high efficient water reducing agent SM for concrete 混凝土高效减水剂 SM
high elastic deformation 高弹形变
high elastic rubber 高弹性橡胶
high-elastic state 高弹态
high elongation furnace black 高伸长炉黑
high energy aviation fuel 高能航空燃料
high energy battery 高能电池(组)
high energy chemistry 高能化学
high-energy electron diffraction (HEED) 高能电子衍射
high-energy fuel 高能燃料
high-energy phosphate bond 高能磷酸键
high energy surface 高能表面
high-enriched uranium (HEU) 高浓(缩

度)铀
higher actinide 重锕系(元素)
higher alcohols 高碳醇;高级醇
higher aromatics 高级芳烃
higher calorific value 高热值
higher fatty acid 高级脂肪酸
higher harmonic AC polarography 多阶谐波交流极谱法
higher homolog(ue) 高级同系物
higher hydrocarbon 高级烃
higher-order compound 高级化合物
higher order reaction 高级次反应
higher solid rate 固体速率增大
highest occupied molecular orbital (HOMO) 最高占据(分子)轨道;最高已占分子轨道
highest useful compression ratio (H. U. C. R.) 最高有效压缩率
highest vacuum seal 强真空密封
high explosive (1)猛(性)炸药(2)高(爆)速炸药
high fidelity 高保真度
high-flash solvent 高闪点溶剂
high flow capacity 高流量
high flow rate 高流率[消耗]
high fluidity 高流动性
high flux beam reactor (HFBR) 高通量(中子)束堆
high flux isotope reactor (HFIR) 高通量同位素(生产)堆
high flux reactor 高通量反应堆
high-foamers 高泡洗涤剂
high foaming detergent 高泡洗涤剂
high-frequency and microwave vulcanization 高频和微波硫化
high frequency bonding 高频粘接
high-frequency concentration meter 高频浓度计
high frequency conductometric titration 高频电导滴定(法)
high frequency conductometry 高频电导滴定(法)
high frequency discharge 高频放电
high-frequency dryer 高频干燥器
high-frequency drying 高频干燥
high frequency heating 高频加热
high frequency preheating 高频预热
high frequency spark ion source 高频火花离子源
high frequency spectrum 高频(率)光谱
high frequency titration 高频滴定法
high frequency welding 高频焊(接)
high fructose corn syrup 果葡糖浆
highgloss finish 高光泽面漆
high grade cast iron 优质铸铁
high gravity compartment 高密度室
high gravity medium 高密度介质
high heating value gas 高热值煤气
high-hiding colo(u)r 高遮盖力着色料
high hysteresis rubber 高滞后橡胶
high idle 高速暖机
high impact polyethylene 高抗冲聚乙烯
high impact polystyrene(HIPS) 高抗冲聚苯乙烯
high-knock rating gasoline 高辛烷值汽油
high leg boots (渔民用)长统胶靴
high level switch 高液位开关
high-level waste 高放(射性水平)废物;强放射性废物
high lift pump 高压泵;高扬程水泵
high limit 最大限度;上限
high limit of size 上限尺寸
high limit of tolerance 容许上限;上限公差
highly branched compound 多支链化合物
highly compressed steam 高压蒸汽
highly refined oil 深度精制油品
highly twisted rayon 多捻人造丝
high magnesia portland cement 高镁硅酸盐水泥
high magnetic metal rod 强磁金属棒
high melting glass 难熔玻璃
high melting product 高熔点产品
high modulus furnace black 高模数炉黑
high modulus polymer 高模量聚合物
high-octane fuel 高辛烷值汽油
high-octane gasoline 高辛烷值汽油
high oil-level tank 高位油罐
high order critical points 高阶临界点
high performance composite(HPC) 高性能复合材料
high performance fiber 高性能纤维
high performance fuel 高热值燃料;优质燃料
high performance liquid chromatograph 高效液相色谱仪
high performance liquid chromatography 高效液相色谱法;高效液相层析
high performance polymer 高性能高分子
high-permeability pay bed 高渗透油层

high phosphorus pig iron 高磷生铁
high polymer 高聚物
high polymer chemistry 高分子化学
high polymer physics 高分子物理(学)
high polymer waterproof material(s) 高分子防水材料
high polymer waterproof rolling material(s) 高分子防水卷材
high position audio tape 高偏磁盒式录音磁带
high-pour(-test) oil 高倾点油
high-power gear reducer 大功率减速机
high precision isotope ratio mass spectrometer 高精度同位素比质谱计
high precision liquid filling 高精度液体装料
high pressure absorber 高压吸收塔
high-pressure boiler-feed pump 高压锅炉给水泵
high pressure bomb 高压气体贮罐
high pressure centrifugal turbocom pressor 高压离心式透平压缩机
high pressure chemistry 高压化学
high pressure coal hydrogenation 煤的高压加氢
high pressure compressor 高压压缩机
high pressure condenser 高压冷凝器
high pressure crystallography 高压晶体学
high pressure cylinder 高压缸;高压汽缸
high pressure electron paramagnetic resonance spectrograph 高压电子顺磁场共振波谱仪
high pressure evaporation tower 高压蒸发塔
high pressure float valve 高压浮球阀
high pressure gas 高压气体
high pressure gas chromatography 高压气相色谱法
high pressure (gas) holder 高压气柜
high pressure gas main 高压煤气总管
high pressure heater 高压加热器
high pressure homogenizer 高压匀浆器
high pressure housing 高压外壳
high pressure ion exchange 高压离子交换
high pressure laminating 高压层压(成型)
high pressure liquid chromatography 高压液相色谱法
high pressure liquid level gauge 高压液面计
high pressure manual pump 手摇高压泵
high pressure mass spectrometry 高压质谱分析
high pressure mercury lamp 高压汞灯
high pressure phase 高压相
high pressure pipe flange 高压管法兰
high pressure plunger pump 高压柱塞泵
high pressure polyethylene(HPPE) 高压聚乙烯
high pressure process 高压法
high pressure pump 高压泵
high pressure reactor 高压反应器
high pressure receiver 高压气体贮罐
high pressure safety cut-out 高压安全切断器
high pressure scrubber 高压洗涤器[塔]
high pressure spectroscopy 高压光谱学
high pressure steam 高压蒸汽
high pressure steam (reclaiming) process (=Palmer process) 高压蒸汽(再生)法;帕尔梅(再生)法
high pressure stream 高压气流
high pressure supply line 高压供油线
high pressure toroidal bellow 高压环形波纹管
high pressure tube 高压钢管
high pressure valve 高压阀
high pressure vapour 高压蒸气
high pressure vessel 高压容器
high pressure water 高压水
high productive chromatography 高产色谱法
high pure ammonia 高纯氨
high pure arsine 高纯砷烷
high pure carbon dioxide 高纯二氧化碳
high pure diborane 高纯乙硼烷
high pure methane 高纯甲烷
high pure nitrogen 高纯氮
high pure phosphine 高纯磷烷
high pure silane 高纯硅烷
high pure silicoethane 高纯乙硅烷
high purity gas 高纯气体
high-purity material 高纯材料
high-quality burning oil 优质煤油
high quality cast iron 优质铸铁
high quality products 优质产品
high-rate discharge 高(倍)率放电;大电流放电
high raw 高级粗糖;高级原糖
high-reading thermometer 高温(用)温度计

high-reflecting film 高反射膜
high resilient rubber 高弹性橡胶
high resolution 高分辨(率)
high resolution chromatographic separation 高分辨色谱分离
high-resolution electron microscope 高分辨电(子显微)镜
high resolution liquid chromatography 高分辨液相色谱法
high resolution mass spectrometer 高分辨质谱仪
high resolution NMR spectra 高分辨率核磁共振谱
high resolution plates 高解像力干版;超微粒干版
high shear 高剪切
high shear viscometry 高剪切测黏法
high shrinkage fiber 高收缩纤维
high side roller mill 高边轮碾机
high silica fiber 高硅氧纤维
high-silica magnesite brick 镁硅砖
high silicon cast iron 高硅铸铁
high silicon cast iron pump 高硅铸铁泵
high silicon iron 高硅铁
high solid coatings 高固体分涂料
high-solvency naphtha 高溶解性溶剂石脑油
high specific speed pump 高比转数泵
high speed air valve 高速空气阀
high speed centrifugation 高速离心
high speed centrifugal pump 高速离心泵
high speed centrifuge 高速离心机
high speed circuit breaker(HSCB) 高速断路开关
high speed cooking 快速蒸煮
high speed cutting 高速切削
high speed gas chromatography 高速气相色谱法
high speed gear coupling 高速齿轮联轴节
high speed kneader 高速捏合机
high speed kneading machine 高速捏合机
high speed liquid chromatography 高速液相色谱法
high speed machine oil 高速机械油;锭子油
high speed mixing method devulcanizing 快速搅拌脱硫
high speed nozzle 快速割嘴
high speed plasma chromatography 高速等离子色谱法
high speed power transmission belt 高速平型传动带
high speed shaft 高速轴
high speed steel 高速钢;锋钢
high speed tension testing machine 高速强力试验机
high speed test 高速试验
high speed tester 高速试验机
high speed turbine stirrer 高速涡轮式搅动器
high speed wet-pan mill 快速碾式混合机
high-spin complex 高自旋络合物
high stage compressor 高压级压缩机
high stage condenser 高压级冷凝器
high strength and high modulus fiber 高强度高模量纤维
high-strength hydrogen peroxide 高浓度过氧化氢
high strength insulating varnish 高强度绝缘漆
high-strength low alloy steel(s) 低合金高强度钢
high strength portland cement 高强硅酸盐水泥
high strength *α*-silicon carbide 高强度α-碳化硅
high-strength silicone rubber 高强度硅橡胶
high stretch yarn 高弹变形丝
high suds detergent powder 高泡洗衣粉
high-sudsers 高泡洗涤剂
high-sulfur crude (oil) 高(含)硫原油
high temperature 高温
high temperature air-cap 高温空气罩
high-temperature alloy 高温合金
high-temperature and high- pressure dyeing process 高温高压染色法
high temperature-burned anhydrite 高温煅烧石膏
high temperature carbonization (of coal) (煤)高温干馏
high temperature ceramics 高温陶瓷
high temperature chemistry 高温化学
high-temperature coke 全焦;高温焦
high temperature coke-oven coal tar 高温煤焦油
high temperature converting 高温变换
high temperature corrosion 高温腐蚀
high-temperature creep 高温蠕变
high temperature dye leveller U-100 高温

匀染剂 U-100
high temperature explosive 耐热炸药
high temperature fast cure 高温快速硫化
high temperature gas chromatography 高温气相色谱法
high-temperature gas cooled reactor 高温气冷堆
high temperature grease 高温润滑脂；(耐)高温脂
high temperature heater 高温加热器
high-temperature-hot-water 高温热水
high-temperature hydrogenation 高温加氢
high temperature impact test 高温冲击试验
high temperature life 高温(下)使用寿命
high temperature lubricant 高温润滑剂
high temperature mass spectrometry 高温质谱分析
high-temperature material 高温材料
high temperature nuclear reactor 高温核反应堆
high temperature operation 高温(下)作业[使用]
high temperature oxidation 高温氧化
high temperature oxidation corrosion 高温氧化腐蚀
high temperature pyrolytic cracking 高温热(裂)解法
high temperature resistant adhesives 耐高温胶黏剂
high temperature resistant polymer 耐高温聚合物
high-temperature service (1)高温(下)作业[使用](2)高温设备[装置]
high temperature shift 高温变换
high temperature side 高温侧
high temperature steel 高温用钢；耐热钢
high temperature tar 高温焦油
high temperature technique 高温技术
high temperature tempering 高温回火
high temperature vessel 高温罐
high temperature X-ray diffraction analysis 高温 X 射线衍射分析
high-temperature zone 高温区[带]
high tempering 高温回火
high tenacity 高韧性[度]
high-tenacity polyethylene fibre 高强聚乙烯纤维
high tensile strength 高抗拉强度
high tension cable 高压电缆；高压线
high tension loop 高压回路
high tension switchgear 高压开关柜；高压开关设备
high test bleaching powder 高级漂白粉；漂粉精
high test cast iron 优质(高级)铸铁
high-test cement 高级水泥
high-test gasoline 高级汽油
high-titer soap 高凝固点皂
high vacuum evaporator 高真空蒸发器
high vacuum pump 高真空泵
high vacuum rubber seal 高真空橡胶密封
high vacuum seal 高真空密封
high vacuum valve 高真空阀
high velocity air 高速空气
high velocity burner 高速烧嘴；高速燃烧器
high velocity section 高速断面
high viscosity triple screw pump 高黏度三螺杆泵
high voltage cable 高压电缆；高压线
high voltage discharge electrode 高压放电极
high voltage electrode 高压电极
high voltage electrophoresis 高压电泳
high voltage EM 高(电)压电子显微镜
high voltage fuse 高压熔断器
high-voltage glow-discharge ion source 高压辉光放电离子源
high voltage grid 高压栅
high voltage paper electrophoresis 高(电)压纸电泳法
high voltage supply 高压电源
high volume product 批量[规模]产品；大量生产制品
high-volume run 大容量运行
high wash syrup 白糖蜜；白(清)洗蜜
high water absorbing fiber 高吸水纤维
high water absorbing gel 高吸水凝胶
high wet modulus viscose 高湿模量黏胶纤维
hikizimycin 引地霉素
hilamycin 喜霉素
Hilbert space 希尔伯特空间
Hildebrandt extractor 希尔德布兰特萃取机
Hi-level 料面高度计
himgravine 喜瑞文(生物碱)
Himsley ion exchange column 希姆斯利离子交换塔
hind counter guide (后)副十字头导轨

hindered amine 受阻胺
hindered amine light stabilizer 受阻胺光稳定剂
hinged connection 铰接连接
hinged disc 铰接盘
hinged door 带铰链端盖
Hinged expansion joint 绞接膨胀节
hinged floor socket 铰链式地面插座
hindered isocyanate 受阻异氰酸酯
hinged lever 铰链杆
hinged lid 铰链盖
hindered phenol 受阻酚
hindered phenolic antioxidant 受阻酚性抗氧剂
hinged plow 铰链刮料器
hindered rotation (＝restricted rotation) 位阻旋转;受阻旋转;被阻旋转
hindered sedimentation 受阻沉降
hinderin 欣得灵(抗甲状腺药)
hindering effect 位阻效应
hinesol 茅(苍)术醇
hinge 铰链
hinge bolt 铰链螺栓
hinged lever 铰链杆
hinge pin 铰链销
hinge type 铰链式
hinokitiol 扁柏酚;日柏酚;β-红柏素;4-异丙基环庚三烯酚酮
Hinzke's sulfur burner 欣兹克烧硫炉
hiochic acid (＝mevalonic acid) 甲羟戊酸;3-甲(基)-3,5-二羟(基)戊酸;甲瓦龙酸;袂瓦龙酸
hip oil 枳子油
hippo 吐根(的别名)
hippulin 马尿灵;异马烯雌(甾)酮
hippuran 碘马尿酸钠
hippurazide 马尿酰叠氮
hippuric acid(＝*N*-benzoylglycine) 马尿酸;*N*-苯甲酰甘氨酸
hippuricase (＝histozyme) 马尿酸酶
HIPS(high impact polystyrene) 高冲击聚苯乙烯
hiptagin 狗角藤苷
hirame liver oil 比目鱼肝油
hiramycin (＝hilamycin) 喜霉素
Hirsch funnel 赫尔什漏斗
hirsutic acid 多毛(真菌)酸
hirsutidin 三甲花翠素;报春色素
hirsutin 三甲花翠苷;报春色素苷
hirudin 水蛭素
His 组氨酸
histaminase 组胺酶
histamine 组胺
histapyrrodine 希司咯定
histidine 组氨酸
histidine dihydrochloride 二盐酸组氨酸
histidinol 组氨醇
histidomycin 组氨霉素
histochemistry 组织化学
histocompatibility 组织相容性
histogen 组织原
histoglobin 组球蛋白
histogram 直方图;柱形图
histohaematin 细胞色素
histological chemistry 组织化学
histology 组织学
histolysis 组织溶解
histone 组蛋白
histozyme 马尿酸酶
histrelin 组氨瑞林
hit and miss (experiment) 尝试试验
Hittorff's method 希托夫法
HLB(hydrophile-lyophile balance) 亲水-亲油平衡
HLP 巨噬细胞刺激蛋白
HMC(high strength moulding compound) 高强模塑料
HMDS 六甲基二[乙]硅烷
HMDSO 六甲基二[乙]硅醚
HMG 人绝经促性腺素
HMG-CoA β-羟(基)-β-甲(基)戊二酸单酰辅酶A
HMO(Hückel's molecular orbital method) 休克尔分子轨道法
HMPA(hexamethylphosphoramide) 六甲磷酰(三)胺
HMP pathway[**shunt**] 己糖一磷酸途径
HN1 2,2′-二氯三乙胺
HN2 氮芥;二(氯乙基)·甲基胺
hnRNA 不均一核RNA
H-number H值;H数;Hf值(溶剂质量指标之一,定义为每10^9升溶剂萃取的铪Hf分子数)
hobbing 滚铣;切压;制模
hobbing machine 滚齿机
hobbing press 切压机
hodorine 百部碱Ⅲ;百部华;霍多林碱
hodydamycin 郝迪达霉素
Hoechst-Wacker process 赫希斯特-瓦克尔法(乙烯直接氧化制乙醛法)

Hoeganaes iron powder（= Höganäs iron powder） 霍根纳斯铁粉
Hoepfner copper process 赫普夫纳炼铜法
Hoepfner nickel process 赫普夫纳炼镍法
Hoepfner zinc process 赫普夫纳炼锌法
Hoesch synthesis 赫施合成法
Hoffmann kiln 霍夫曼窑;轮窑
Hofmann coulometer 霍夫曼电量计
Hofmann degradation 霍夫曼降解
Hofmann isonitrile synthesis 霍夫曼异腈合成法
Hofmann-Martius rearrangement 霍夫曼-马蒂乌斯重排作用
Hofmann reaction 霍夫曼反应
Hofmann's rule 霍夫曼规则
Hofmeister series(＝lyotropic series) 霍夫迈斯特序;感胶离子序
Hogness box 霍格内斯盒子
hogshead 猪头桶(装酒用52.5加仑容量桶)
hog still 蒸馏塔
hohlraum 空穴;空腔;人工黑体
H-oil hydrocracking 氢-油法加氢裂化
H-oil hydrotreating 氢-油法加氢脱硫
hoist drum 绞车卷筒;提升机卷筒
hoisting 吊装;提升;起重
hoisting crane 升降起重机
hoisting depth 提升高度
hoisting height 提升高度
hoisting pillar 吊柱
holarrhenine 止泻木(雷)宁(刚果止泻木中所含的一种生物碱)
holarrhine 止泻木碱
hold-back (蒸馏时轻馏分被重馏分)滞留
holdback carrier 反载体
hold-down bars 固定棒
hold-down grid 填料压板
holddown nut 压紧螺母
hold-down plate 压板
hold-down support 固定支座
holder (1)夹持器;夹具(2)贮罐
holding capacity 容量
holding device 夹具
hold(ing)-down bolt 压紧螺栓
holding equalization 稳定水池
holding oxidant 支持氧化剂
holding PSAT 固定用(压敏)胶粘带
holding reductant 支持还原剂
holding strip 夹条
holding tank (接)受器;储料囤;存储槽;收集槽;收集器
holding time 保留时间;保温时间;(通讯)占用时间
hold point 停止点
hold-up 塔藏量;滞留量
holdup capacity 塔藏量;滞留量
hold-up volume 滞留体积
hole 空穴;孔;洞
hole burning 烧孔
hole capture 空穴俘获
hole cleaning efficiency 净井效率
hole conductivity 空穴电导率
hole fertilization 穴施
hole for condensate 冷凝液出孔
hole for connection 连接孔
hole for hoist 吊装孔
holes for screw 螺栓孔
hole for the split pin 开口销孔
hole guard ring 孔用挡圈
hole theory 空穴理论
hole type penetrometer 孔型透度计
holey bread 空心面包;(有)大孔洞(的)面包
hollander (荷兰式)打(纸)浆机
Hollemann's rules 霍勒曼氏规则
Holley -Mott contactor 霍利-莫特萃取器
hollocellulose 全纤维素
hollow agitator 自吸搅拌器;空心叶轮搅拌器
hollow article 中空制品
hollow based humidification system 中空纤维基增湿系统
hollow bowl 中空内管
hollow-bowl centrifuge 空杯离心机
hollow-bowl clarifier（＝hollowbowl centrifuge） 空杯澄清机;空杯离心机
hollow cathode discharge spectroscopic analysis 空心阴极放电光谱分析
hollow cathode lamp 空心阴极灯
hollow cored fibre[fibre] 中空纤维
hollow cylinder 薄壁圆筒
hollowfiber[fibre] 中空纤维
hollow fiber bioreactor 中空纤维生物反应器
hollow-fiber contained liquid membrane 含液膜中空纤维
hollow fiber module 中空纤维膜组件
hollow filling（＝hollow packing） 空心填充
hollow flight 粗螺旋窄刮板
hollow journal 空心轴颈
hollow microbead 空心微珠

hollow microsphere 中空微球
hollow piston 空心活塞
hollow prism 空心棱镜
hollow pyramids 空心棱锥(晶体)
hollow screw 空心螺旋
hollow shaft 空心轴
hollow spindle 空心轴
hollow steel 中空钢
hollyhock-seed oil 蜀葵子油
Holmes Manley cracking process 荷姆斯-曼利裂化过程
holmia 氧化钬
holmium 钬 Ho
holmium oxide 氧化钬
holocaine 贺洛卡因;非那卡因
holocellulose 全纤维素
holocytochrome C 成熟(的)细胞色素 C
holoenzyme 全酶
hologram 全息图
holograph 全息照相
holographic film 全息胶片
holographic grating 全息光栅
holographic interferometry 全息干涉法
holographic memory 全息记忆
holographic microscope 全息照相显微镜
holographic microscopy 全息照相显微术
holographic plates 全息干版
holography 全息术;全息摄影;全息照相术
holomorphism 全面形;全对称形态
holomycin 全霉素
holonomic constraint 完整约束
holonomic system 完整系
holoprotein 全蛋白质
holorepressor 完全阻遏物
holoside 纯苷(类);全苷(类)(配基是另一种糖者)
holothin 去乙酰全霉素
holothurin 海参素
homarine 龙虾肌碱
homatropine 后马托品
home equipment 国产设备
"home going" motor 备用发动机
homeosis 异位同形现象
homeostasis 内稳态;体内稳态
homeotic gene 异位同形基因
homeotic mutation 异位同形突变
homidium bromide 胡溴铵;溴乙(胺)菲啶
homilite 硅硼钙铁矿
homing behavior 归航行为
homing receptor 归巢受体
HOMO 最高占据(分子)轨道;最高已占分子轨道
homoalcoholic fermentation 同型酒精发酵
homoallylic alcohol 高烯丙醇
homoamino acid 高氨基酸
homoannular diene 同环二烯
homoantipyrine 高安替比林
homoarbutin 高熊果(酚)苷
homoarecolin 高槟榔碱
homoarginine 高精氨酸
homoaromaticity 同芳香性
homoatomic chain 同素键;纯键(同种元素原子间的键)
homoatomic ring 同素环;同种原子环
homoazeotrope 均相共沸混合物
homoazeotropic system 均相共沸体系
homoborneol 高冰片;高莰醇
homocamfin 后莫肯芬;甲异丙环己烯酮
homocamphor 高樟脑
homocamphoric acid 高樟脑酸
homocentric beam 同心光束
homochain polymer 均链高聚物;均链聚合物
homochelidonine 高白屈菜碱
homochiral 纯手性(的)
homochirality 纯手型
homochlorcyclizine 高氯环秦
homochromatography 同系层析;同系色谱法
homochromo-isomer 同色异构体
homochromo-isomerism 同色异构(现象)
homocinchonidine 高辛可尼丁
homocitric acid 高柠檬酸
homocitrullyl-amino-adenosine 高瓜氨酰氨基腺苷
homocoagulation 同粒凝结(作用)
homoconjugate 共轭对配位化合物
homoconjugation effect 匀共轭效应
homocyclic nucleus (1)碳环核(2)同素环核
homocyclic ring (1)碳环(2)同素环
homocysteine 高半胱氨酸
homocystine 高胱氨酸
homodesmic structure 均键结构
homodisperse 均匀分散的;均相分散的
homodyne spectroscopy 均差波谱学
homoentropic flow 匀熵流
homoeoblastic texture 等粒(变晶状)结构

homoepicamphor 高表樟脑
homoepitaxy 均相外延
homoequilenin 高马萘雌(甾)酮
homoerine 高丝氨酸
homoeriodictyol 高圣草酚
homofenazine 高氟奋乃静
homogeneity of space-time 时空均匀性
homogeneity of variance 方差齐性
homogeneity spoiling pulse 均匀性破坏脉冲
homogeneity to the eye 目测均匀性
homogeneization 均(一)化作用
homogeneous alloy 均质合金;单相合金
homogeneous azeotrope 均匀共沸混合物
homogeneous azeotropic distillation 均相共沸蒸馏
homogeneous carburizing 均匀渗碳;深透渗碳;全断面渗碳
homogeneous catalysis 均相催化
homogeneous catalyst 均相催化剂
homogeneous catalytic reaction 均相催化反应
homogeneous coating 均匀镀[涂]层
homogeneous corrosion 均匀腐蚀
homogeneous deformation 均匀变形
homogeneous design 均匀设计
homogeneous displacement gradient 均匀位移梯度
homogeneous distribution law 均匀分配定律
homogeneous equilibrium 均[单]相平衡
homogeneous flow 均质流
homogeneous fluid 均匀流体
homogeneous hydrogenation 均相氢化
homogeneous isotopic exchange 均相同位素交换
homogeneous light 单色光
homogeneously fluidized bed 均匀流化床
homogeneously polymerized resin 均聚合树脂
homogeneous material 均匀[质]材料
homogeneous medium 均匀介质
homogeneous membrane 均质膜;无定形膜
homogeneous membrane 均质膜
homogeneous membrane electrode 均相膜电极
homogeneous metal and glass membrane 均质金属和玻璃膜
homogeneous method 均相法
homogeneous nucleation 均相成核
homogeneous phase 均相
homogeneous poisoning 均匀中毒
homogeneous polycondensation 均缩聚(反应)
homogeneous polymerization 均相聚合
homogeneous precipitation 均匀沉淀;均相沉淀
homogeneous ray 同形射线(仅由直立射线细胞或仅由横卧射线细胞组成的维管射线)
homogeneous reaction 均相反应
homogeneous reactor 均匀反应堆
homogeneous ring compound 碳环化合物
homogeneous steel 均质钢
homogeneous steel plate 均质钢板
homogeneous strain(ing) 均匀应变
homogeneous stress 均匀应力
homogeneous system 均相系统
homogeneous turbulence 均匀紊[湍]流
homogeneous X-ray 单色 X 射线
homogenic 同种的;同基因的
homogenization 均化(作用)
homogenization of emulsions 乳剂的均化作用
homogenized alloy 均质合金
homogenizer 均质混合器
homogenizer 匀浆器;均化[质]器;匀化器
homogenizing annealing 均匀退火
homogenizing furnace 均化炉
homogenizing treatment 均匀化热处理
homogentisic acid 尿黑酸;2,5-二羟苯乙酸;高龙胆酸
homogeranic acid 高香叶酸
homohydratropic acid 高氢化阿托酸
homo-hydroquinone 2-甲基-1,4-苯二酚;高氢醌
homo-ionic solution 同离子溶液
homoisocitric acid 高异柠檬酸
homoisohydric 同酸(根)等氢离子的
homoisoleucine 高异亮氨酸
homolactic fermentation 同型乳酸发酵
homolanthionine 高羊毛氨酸
homolevulinic acid 4-氧代己酸;高乙酰丙酸
homolog 同系(化合)物
homologization 同系化
homologous lines 匀称线(对);同调线(偶)
homologous recombination 同源重组
homologous series 同系列
homologues 同系(化合)物
homology 同源性
homolycorine 高石蒜碱

homolysis 均裂(如 A∶B→A·+·B);均匀分解
homolytic cleavage 均裂
homolytic decomposition 均裂分解
homolytic dissociation 均裂;均匀分解
homolytic fission 均裂;均匀分解
homolytic reaction 均裂反应
homolytic substitution 均裂取代(即自由基或原子取代一个 H)
homomenthone 高薄荷酮
homomolecular protein 等分子量蛋白
homomorph effect 异质同晶效应
homomorphism (=homeomorphism) (1)异质同晶(现象)(2)同态(数学)(3)同形性(植物学)
homomycin 匀霉素;潮霉素
homonicotinic acid 高烟酸
homonuclear decoupling 同核去偶
homonuclear double resonance 同核双共振
homopantoyltaurine 高泛酰牛磺酸
homophase 同相
homophorone 高佛尔酮
homophthalic acid 高邻苯二酸;邻羧苯基乙酸
homopimanthrene 高海松烯
homopinol 高蒎醇;水合蒎烯
homopiperonylamine 高胡椒胺
homoplasmy 细胞同质性
homopolar bond 无极键
homopolar compound 无极化合物
homopolar crystal 无极晶体
homopolar link(age) 无极键
homopolyacetal 均聚甲醛
homopolyamide 均聚酰胺
homopolycondensation 均相缩聚
homopolyester 均聚酯
homopolyethylene 均聚乙烯
homopolymer 均聚物
homopolymerization 均聚反应
homopolynucleotide 同聚核苷酸
homopolysaccharide 同多糖
homoporous ion exchange resin 均孔离子交换树脂
homopropagation 同种增长
homopterocarpin 高紫檀素
homopyrocatechol 高儿茶酚;甲苯间二酚
homoquinine 高奎宁
homosalate 胡莫柳酯;水杨酸三甲环己酯
homosalicylic acid 高水杨酸
homoscedasticity 方差齐性
homoserine 高丝氨酸
homosigmatropic rearrangement 同 σ 迁移重排
homosteroid 高甾化合物
homosynergism 均态增效(作用)
homoterpenylic acid 高萜烯基酸
homothermal process 匀温过程
homothujyl alcohol 高苧醇;高崖柏醇
homotope 同族素
homotopic (1)等位(的)(2)同伦的(数学)
homotopic continuation method 同伦拓展法
homotransplantation 同种移植
homotrilobine (=isotrilobine) 异三裂碱;异木防己碱
homotropic effect 同促效应
homotropine 升托品;8-甲基-2-羟甲基-8-氮杂双环[2.3.1]辛烷
homovanillic acid 高香兰酸;高香草酸;3-甲氧基-4-羟基苯乙酸
homovanillin 高香兰素;高香草醛;3-甲氧基-4-羟基苯乙醛
homoveratric acid 高藜芦酸;3,4-二甲氧基苯乙酸
homoveratroyl 高藜芦酰;3,4-二甲氧苯乙酰
homovitamin A 高维生素 A
homozygote 纯合子
HON δ-羟基-γ-氧代正缬氨酸
hondamycin 宏大霉素
honey 蜂蜜
honeycomb board 蜂窝板;蜂窝结构板
honeycomb catalysts 蜂窝形催化剂
honeycomb ceramics 多孔陶瓷
honeycomb construction 蜂窝式结构
honeycomb core 蜂窝芯
honeycomb sandwich 蜂窝夹心塑料
honeycomb structure 蜂窝状结构
honeycomb support 蜂窝状载体
honeycomb tubesheet 蜂窝状管板
honeymoon adhesive 蜜月胶黏剂
honeystone 蜜蜡石
honing 珩磨
honing machine 珩床
honokiol 和厚朴酚
hood 防护罩
hook 钩
Hookean spring 胡克弹簧
Hooke-body 虎克体(理想弹性固体)

Hooke-Cauchy elasticity equation 胡克-柯西弹性方程
hook(ed) bolt 钩(头)螺栓
Hooke law 胡克定律
Hooker electrolyzer 虎克型电解槽
Hook's spring 胡克弹簧
hoop stress 环[周]向应力
hop (啤)酒花;蛇麻花;忽布
hopantenic acid 高泛酸
hopcalite canister 霍加拉特罐
Hopcide 害扑威
hopeite 磷锌矿
hopped wort 加了酒花的麦芽汁
hopper 漏斗;贮斗;料斗;集尘箱[斗]
hopper base 料斗支架
hopper-belt feeder 料斗带式加料器
hopper car 底卸式货车
hopper cooling jacket 料斗冷却夹套
hopper door 进料斗盖
hopper dryer 斗式干燥器
hopper flange 料斗法兰
hopper storage 料斗储存器
hopper valve 料斗底阀
Höppler (rolling ball) viscosimeter 郝普勒落球黏度计
hopred 蛇麻配基
hop-seed oil 酒花子油
hop(s) oil 啤酒花油;忽布油
horbachite 镍硫铁矿;不纯镍黄铁矿
hordein 大麦醇溶蛋白
hordenine 大麦芽碱;大麦胺;对二甲氨乙基苯酚
horehound 欧夏至草;苦汁薄荷
horizontal axis 水平轴
horizontal axis current meter 水平轴流速计
horizontal balanced reciprocating compressor 对称平衡往复压缩机
horizontal belt conveyor 卧式胶[皮]带运输机;卧式运输带
horizontal boring machine (1)卧式镗床(水平钻孔用)(2)卧式钻机
horizontal burette 横式滴定管
horizontal centrifugal screen 卧式离心筛
horizontal centrifuge 卧式离心机
horizontal-chamber furnace 卧式炉
horizontal-chamber oven 卧式炉
horizontal circular chromatography 水平圆环色谱法
horizontal compressor 卧式压缩机
horizontal conveyor 水平输送机
horizontal cylinder drying machine 卧管干燥机
horizontal cylindrical tank 卧式圆筒形油罐
horizontal cylindrical vessel 卧式圆筒形容器
horizontal diaphragm cell 水平式隔膜电解槽
horizontal digester 卧式蒸煮器
horizontal direction 水平方向
horizontal drive shaft 水平传动轴
horizontal element stacks 水平层叠的元件
horizontal filter paper chromatography 水平滤纸色谱法
horizontal flow sand fitter 横流砂滤器
horizontal flue 水平烟道
horizontal grizzly 水平格筛
horizontal helix inferential meter 水平螺翼式流量计
horizontal intercooled ammonia converter 卧式中间冷却氨合成塔
horizontally gyrated 水平回转式
horizontal mixed flow pump 卧式混流泵
horizontal multicompartment fluidized bed dryer 卧式多室流化床干燥器
horizontal opposed reciprocating compressor 对称平衡往复压缩机;卧式往复压缩机
horizontal peeler type centrifuge 卧式刮刀卸料离心机
horizontal position 横焊位置
horizontal position welding 横焊
horizontal pressure leaf filter 水平加压叶(片过)滤机
horizontal pulse extractor 卧式脉冲萃取器
horizontal pump 卧式泵
horizontal rotary dryer 卧式回转干燥器
horizontal separator 卧式分离器;卧式气液分离器
horizontal shear 卧式剪床
horizontal sole leather roller 卧式底革滚压机
horizontal spindle pump 卧式心轴泵
horizontal-split multi-stage pump 水平剖分式多级泵
horizontal spray chamber 横式喷雾室
horizontal spray chamber type cooling tower 卧式喷雾凉水塔
horizontal steam separator 卧式蒸汽分离器
horizontal storage 平放贮存

horizontal table filter 平盘(真空)过滤机;平面过滤机
horizontal tank 卧式罐;卧式油槽
horizontal tank filter 水平罐式过滤器
horizontal tank type 水平贮槽式
horizontal tube bundle 水平管束
horizontal-tube evaporator 水平管式蒸发器
horizontal-type evaporator 卧[横]管蒸发器
horizontal vessel 卧式容器
horizontal wiped-film evaporator 卧式刮壁(膜)型蒸发器
horizontal zone melting 水平区域熔炼
hormesis 刺激作用
hormogonia 链丝段
hormone 激素(旧称荷尔蒙)
hornblende (普通)角闪石
Horne beater 霍恩打浆机
horn lead 角铅矿
horn scoop 角勺
Horn's dry lead subacetate method 霍恩干碱式乙酸铅法
horn silver 角银矿;氯银矿
horse chestnut oil 欧洲七叶树油;马栗油
horse chestnut tannin 欧洲七叶树单宁;马栗单宁
horse hide 马皮
horsemint oil 香蜂草油;马薄荷油;菲油
horse-radish 辣根
horse radish oil 辣根油
horse-shoe stirrer 马蹄式搅拌机
horseshoe type 马蹄形
horse-shoe (type) mixer 马蹄式混合器
horseshoe vortex 马蹄涡
horsfordite 锑铜矿
hortesin 花园菌素
Horton spheroid 霍顿扁球形压力储罐(挥发性液体用)
Hosdon 叶蚜磷;异丙硫磷
hose 胶管
hose braiding line 胶管编织联动线
hose depoling machine 胶管脱铁芯机
hose lining 内胶;内层胶;内径胶
hose mandrel depoling agent 胶管脱芯剂
hose reducer 异径接管
hose spiral winding line 胶管缠绕联动线
hose unwrapping machine 胶管脱水布机
hose with braided wire insert 金属编织胶管
hose with fabric insert 夹布胶管
host 主体
Hostapon process 霍斯塔庞法(制烷基磺酸盐)
host compound 主体化合物
host crystal 基质晶体
host-guest complexation 主客体配位
host-guest complex 主客体络合物
host-guest coordination compound 主客体配位化合物
hot-air band dryer 热风带式干燥器
hot air chambers 热空气室
hot-air dryer 热风干燥器
hot air duct 热空气导管
hot air jet 热空气喷射器
hot air oven 热风炉
hot air producer 热风发生器
hot air spraying 热喷涂
hot air sterilizer 干热灭菌器
hot-air vulcanization 热空气硫化
hot and cold water immersion test 热冷水浸渍试验
hot atom 热原子
hot atom annealing 热原子退火
hot atom chemistry 热原子化学
hot atom reaction 热原子反应
hot ball 热球
hot bed 温床
hot-blast furnace 热风炉
hot blast heater 热风炉
hot-blast stove 热风炉
hot break 高温凝固物
hot breakdown 热打浆
hot break juicing 热榨(汁)
hot burden supply 热的物料供入
hot-cast 热铸(塑)
hot cathode 热阴极
hot cell 热室;热烟室;热单元;热电池
hot char 热炭
hot coke 热焦炭
hot corrosion 热腐蚀
hot crack(ing) 热裂(纹)
hot cure 热硫化
hot dip (metal) coating 热搪
hot dipping 热浸
hot dip plating 热浸镀
hot-drawn tube 热拔(钢)管
hot drip gum test 热滴胶质试验(在热空气流中蒸发汽油滴以测定汽油中胶质含量)

hot elbowing with wrinkle 折皱加热弯管
"hot" ensemble "热"系综
hot extrusion 热挤塑
hot feed extruding 热喂料挤出
hot flue gas 热烟道气
hot fluid 热流体
hot forging 热锻
hot gas casing 热燃气套管
hot gas duct 热气体管道
hot gas inlet 热气入口
hot gas line for defrosting 融霜热气管线
hot gas outlet 热气体出口
hot industry 高温工业
hot jet welding 热风焊接;热风熔接
hot junction 热接点(热电偶的热端)
hot kiln exhaust gases 废热炉气
hot laboratory 热实验室
hot material conveyor belt 耐热运输带
hot-melt adhesive 热熔型胶黏剂
hot melt adhesive wet 热熔胶网
hot melt applicator 热熔涂布机
hot melt coating (1)可剥热浸涂涂层(2)热熔融涂装(如热浸涂,热喷涂);热熔涂布
hot melt extruder 热熔挤出机;热熔挤塑机
hot metallurgy laboratory (HML) 强放射性冶金实验室;热冶金实验室
hot mill 热轧机
hot milling roll 热轧机
hot oil (1)焗油;头发蓬松剂(2)热油
hot oil circulating system 热油循环系统
hot particle (HP) (核爆炸沉降物中)强放射性粒子
hot photogrammetry corrosion monitoring 热图像法监测
hot piping 热管道输送
hot pit 热鞣池
hot plasma 高温等离子体
hot plate 电热板
hot-platen 热压台(压机的)
hot polymerization 热聚合
hot press 热压机
hot pressed 热压的
hot pressed oil 热榨油
hot pressed sintering 热压烧结
hot-pressing 热压
hot press of board 纸板热压机
hot process soap 热法皂
hot radical 热自由基
hot ray reflecting fiber 热射线反射纤维
hot reaction 热反应
hot retreading 高温胎面翻新
hot rolling 热轧
hot-rolling mill 热轧机
hot rolls 热轧机
hot runner 热流道(注塑模的)
hot sealing tape 热封带
hot-seal packing machine 热封包装机
hot setting resin 热固性树脂
hot short 热脆性的
hot-short iron 热脆铁
hot slot arrangement 热槽板;热槽装置
hot solid 热固体颗粒
hot spent shale 热的废页岩
hot spot 热点
hot spray process 热喷涂法
hot-stretch bath 热拉伸浴
hot styrene-butadiene rubber 高温丁苯橡胶
hot styrene rubber 高温丁苯橡胶
Hottenroth test 霍滕罗特熟成度试验
hot tensile strength 高温拉伸强度
hot test 热试验
hot top 保温帽
hot tube reactor 热管反应器
hot water 热水
hot water boiler 热水锅炉
hot water circulating pump 热水循环泵
hot water circulation 热水循环
hot water cure 热水硫化
hot water heater for heating network 热网加热器
hot water pump 热水泵
hot water return 热水回路
hot water supply 热水供应;供入热水
hot water tank 热水槽
hot well 热水井(凝汽器的)
hot wet strength 高温湿强度
hot-wire anemometer 热线风速计
hot wire flowmeter 热丝流量计
hot-wire thermal conductivity detector 热丝热导检测器
hot working fluid 热工作液
hot-working treatment 热加工处理
Houben-Fischer nitrile synthesis 霍本-费希尔腈合成法
Houben-Hoesch synthesis (= Hoesch synthesis) 霍本-赫施合成法
Houdriflow catalytic cracking 胡得利催化

裂化
Houdriflow catcracker 胡得利移动床催化裂化装置
Houdriformer 胡得利催化重整装置
Houdriforming process 胡得利催化重整过程
Houdry adiabatic dehydrogenation process 胡得利固定床绝热催化脱氢过程
Houdry butane dehydrogenation 胡得利丁烷脱氢(法)
Houdry catalytic naphtha 胡得利催化裂化石脑油馏分
Houdry catalytic reforming process 胡得利催化重整过程
Houdry cracking case 胡得利固定床催化裂化反应器
Houdry-Daikyo hydrodesulfurization 胡得利-大协(煤、柴油等)加氢脱硫
Houdry fixed-bed unit 胡得利固定床(催化裂化)设备
Houdry flow catalytic cracking 胡得利移动床催化裂化(法)
Houdry forming 胡得利催化重整
Houdry pellets 胡得利片状催化剂
Houdry process beads 胡得利球状催化剂
hourly capacity 小时生产能力
hourly space velocity (小)时空(间)速(度)
hours on stream 操作时间;运转时数
hours to stream 操作时间;运转时数
house brand 工厂标号[牌号,商标]
house-brand gasoline 厂标汽油(炼厂对普通级汽油的称呼)
housed bearing 内装轴承
household coatings 家用涂料
household detergent 家用洗涤剂
household fuel gas 家用煤气
household porcelain 日用陶瓷
household soap 家用皂
houseman 石油炼厂控制室操作者
house paint 房屋漆;建筑用漆;民用漆
house-service consumption 厂用动力[电力]消耗
house telephone 户内电话
house wiring 室内布线
housing 外壳
housing cap 机箱盖
housing washer 推动[滚动]轴承外圈
Hou's process(for soda manufacture) 侯氏制碱法;联合制碱法
houttuynine sodium bisulfite 鱼腥草素
Houwink's three yield values 霍温克三屈服值
Howard-Bridge ozonizer 霍华德-布里奇臭氧器
Howard process 霍华德法(用氯精制汽油法)
Howe-Baker electrical desalting 豪-贝克电气脱盐(法)
howlite 硅硼钙石
hoxamycin 贺克沙霉素
HPC(hydroxypropyl cellulose) 羟丙基纤维素
HPLC(high performance liquid chromatography) 高效液相色谱法;高效液相层析
HPMC(hydroxypropyl methyl cellulose) 羟丙基甲基纤维素
HPMF(=enterolactone) 肠内酯;反式二氢-3,4-双[(3-羟苯基)甲基]-2(3*H*)-呋喃酮
HP steam turbine 高压汽轮机
HQNO 氧化 2-己基-4-羟基喹啉
hrdrogenating desulfurization 加氢脱硫
HREM(high-resolution electron microscope) 高分辨电(子显微)镜
HR(hypoxathine riboside) 肌苷
HSAB(hard and soft acid and base) 软硬酸碱
H-shaped steel H 型钢
HSP(homogeneity spoiling pulse) 均匀性破坏脉冲
5-HT 5-羟色胺
HT-HP filtrate volume 高温高压滤失量
H. T. inlet 高压电接入口
HTPB(hydroxyl terminated polybutadiene) 端羟基聚丁二烯
H. T. rapper shaft 高压电振打器传动轴
Huang Min-lon reduction 黄鸣龙还原
hubbed flange 带[高]颈法兰
hub bing 压制阴模法;压模制模法;拉拔法
hubbing press 冷模压型机;切压机
hub diameter 轮毂直径
hubnerite 钨锰矿
Hubl number 许布尔值(脂肪或油的碘值)
Hubl-Waller method 许布尔-瓦勒测定碘价法
Hückel's equation 休克尔方程
Hückel's molecular orbital method 休克尔

分子轨道法
Hückel MO method (HMO) 休克尔分子轨道法
Hückel's rule 休克尔规则
Hudson isorotation rules 赫德森等旋光度规则
Hudson's lactone rule 赫德森内酯规则
hue 色相
huebnerite 钨锰矿
hue of carbon black 炭黑色相
Huey test(＝Huey examination) 休伊试验;晶间试验;不锈钢腐蚀试验
Huff electrostatic separator 胡夫静电分离器
huge system 巨系统
Huggins coefficient 哈金斯系数
Huggins constant 赫金斯常数
Huggins equation 哈金斯公式
Hugoniot equation 于戈尼奥方程
Hull cell test 赫尔槽试验
human antimeasles immunoglobulin 人抗麻疹球蛋白
human anti-Rho(D) immunoglobulin 人抗体 Rho(D)球蛋白
human antitetanus immunoglobulin 人体破伤风免疫球蛋白
human antivaccinia immunoglobulin 人抗牛痘球蛋白
human chorionic gonadotropin(HCG) 人绒毛膜促性腺素
human chorionic somatotropin(HCS) 人绒毛膜生长素
human element accident 责任事故
human error 人为误差
human excreta 人粪尿
human γ-globulin 人丙种球蛋白
human measles immunoglobulin 人抗麻疹球蛋白
human menopausal gonadotropin 人绝经促性腺素
human Mn-SOD gene 人锰超氧化物歧化酶基因
human normal immunoglobulin 人丙种球蛋白
human placental lactogen(HPL) 人胎盘生乳素
human serum albumin (HSA) 人血清清蛋白;人血清白蛋白
human tetanus antitoxin 人体破伤风免疫球蛋白
human tetanus immunoglobulin 人体破伤风免疫球蛋白
human vaccinia immunoglobulin 人抗牛痘球蛋白
humectant 湿润剂;水分保持剂
humectant-plasticizer 湿润性增塑剂
Hume-Rothery's phases 休谟-罗瑟里相
humic acid 腐殖酸;胡敏酸;黑腐酸
humic coal 腐殖煤
humic fertilizer 腐殖酸类肥料
humicolin 腐殖菌素
humidification 增湿(作用)
humidification spray 增湿雾化器
humidifier 增湿器
humidin 湿菌素
humidistat 恒湿器
humidity 湿度
humidity controller 湿度调节器
humidity resistance 防潮性能
humidity-sensitive effect 湿敏效应
humidity-sensitive semiconductive ceramic 湿敏半导体陶瓷
humidizer 增湿剂
humidostat 恒湿(度调节)仪
humite 硅镁石
humiture 温湿指数
Humphrey's generator 汉弗莱式水煤气发生炉
Humphries' sulfur burner 汉弗莱斯烧硫炉
humulene 葎草烯;啤酒花烯(啤酒花中苦味物质之一)
humulon 葎草酮(啤酒花中苦味物质之一)
humulo tannin 葎草单宁
humus 腐殖质
humus acid 腐殖酸;胡敏酸;黑腐酸
humycin (＝paromomycin) 巴龙霉素
Hund-Mulliken-Hückel method (HMH method) 洪德-马利肯-休克尔法
hundred weight(cwt) 英担(1/20 长吨即 112 磅或 1/20 短吨即 100 磅)
Hund's rule 洪德规则
hungry 欠鞣皮
hungry area 空胶;露布;露白(胶布缺点)
Hunsdiecker reaction 亨斯狄克反应
Hunter colo(u)r 亨特色度
hunting 蛇行
hurdle scrubber 栅格式气体洗涤器

hurling pump 旋转泵
hurl out 释出(粒子)
hurricane dryer 风干室
hustazol 氯哌啶
Hüttig temperature 许蒂希温度
huttonite 硅酸钍矿
Huygens eyepiece 惠更斯目镜
Huygens-Fresnel principle 惠更斯-菲涅耳原理
Huygens principle 惠更斯原理
HV insulator 高压绝缘器
H. W.(hydraulic water) 加压水
HWM(high-wet-modulus) **viscose fiber** 高湿模量黏胶纤维
HXR(hypoxanthine riboside) 肌苷
hyacinth (1)风信子石(2)红锆石
hyacinth oil 风信子油
hyalinization 透明化作用
hyalite 玉滴石;玻璃蛋白石
hyalobasalt 玻璃玄武岩
hyalobiuronic acid 透明双糖醛酸
hyalophane 钡冰长石
hyalosiderite 透铁橄榄石
hyaluronic acid 透明质酸;玻璃酸
hyaluronidase 透明质酸酶;玻璃酸酶
Hybinette process 海宾尼特法(炼镍)
hybrid-base oil 混合基石油
hybrid complex 杂化络合物
hybrid composite 混杂复合材料
hybrid interface system 混合接口系统
hybridization *in situ* 原位杂交
hybridization (1)杂化(2)杂交
hybridized orbital 杂化轨道
hybrid molecule 杂交分子
hybridoma 杂交瘤
hybrid orbital 杂化轨道
hybrid process 杂化过程
hybrid technology incinerator 复合技术焚烧炉
hybrimycin 杂交霉素
hycanthone 海恩酮;羟胺硫蒽酮
hydantoic acid 脲基乙酸;海因酸
hydantoin (=glycolylurea) 乙内酰脲;海因;脲基乙酸内酰胺
hydantoin propionate 丙酸乙内酰脲;丙酸海因
hydnocarpic acid 副大风子酸;2-环戊烯十一烷酸
hydnocarpus oil 大风子油
hydrability 水合性;水化性
hydracarbazine 肼卡巴嗪;肼氮羰哒嗪
hydracetamide 三乙醛缩二氨;氢化乙酰胺(俗称)
hydracid 氢酸
hydracrylic acid β-羟丙酸
hydracrylonitrile 3-羟丙腈
hydragog(ue) 利尿药
hydralazine 肼屈嗪;肼酞嗪
hydralazine hydrochloride 盐酸肼屈嗪;盐酸肼酞嗪
hydrallostane 别二氢皮质甾醇
hydram 氨(或胺)化水溶紫胶
hydramethylnon 伏[灭]蚁腙
hydramine 羟基胺;醇胺
hydramitrazine 肼双二乙氨三嗪
hydrangea 绣球花(属)
hydranginic acid 绣球酸;二羟(基)芪甲酸
hydrangin 八仙花根苷;土常山苷
hydrant 消防栓;消防龙头;旋塞
hydrapulper 水力碎浆机
hydrargaphen 汞加芬;双萘磺酸苯汞
hydrargillite (1)三水铝矿;γ-三羟铝石(2)银星石
Hydrar process 海德拉尔法(苯催化加氢制环已烷)
hydrase 水化酶
hydrastic acid 北美黄连酸
hydrastine 白毛茛碱;北美黄连碱
hydrastinine 白毛茛分碱;北美黄连次碱
hydrastis 白毛茛根茎
hydratase 水合酶
hydrate 水合物
hydrate cellulose 水合纤维素
hydrated alumina 水合氧化铝
hydrated antimony pentoxide (HAP) 水合五氧化二锑
hydrated baryta 氢氧化钡
hydrated cation 水合阳离子
hydrated electron 水合电子;水化电子
hydrated ion 水合离子
hydrated lime 熟石灰;氢氧化钙
hydrated magnesium silicate 水合硅酸镁;滑石粉
hydrated proton 水合质子
hydrate inhibitor 水合抑制剂
hydrate isomerism 水合同分异构现象;水合异构
hydrate of aluminium 氢氧化铝
hydrate of barium 氢氧化钡
hydrate water 水合水;结合水

hydration 水合;水化
hydration energy 水合能
hydration force 水合力
hydration isomerism 水合同分异构(现象);水合异构
hydration number 水合数
hydration number of ion 离子的水合数
hydration of ion 离子水合作用
hydration shell 水合外层
hydration value 水合值
hydration water 水合水;结合水
hydratisomery 水合同分异构(现象);水合异构
hydrator 水合器;水化器
hydratropic acid 氢化阿托酸;α-苯基丙酸
hydratroponitrile 氢化阿托腈;2-苯丙腈
hydraulic accumulator 液力[液压]蓄能器;水力储蓄器
hydraulic agitation 液力搅拌
hydraulic agitator 液力搅拌器
hydraulically balanced valve 液压[动]平衡阀
hydraulically controlled clutch 液力操纵离合器
hydraulically driven pump 液压传动泵
hydraulically operated control 液压控制器
hydraulically smooth 水力光滑
hydraulic and pneumatic 液压和气动式
hydraulic ash conveyer 水力输灰装置
hydraulic belt 扬水带
hydraulic binding material 水硬性胶凝材料
hydraulic booster 液压升压器
hydraulic cabinet 液压操纵箱
hydraulic cement 水硬水泥
hydraulic clamp 液压式夹紧装置
hydraulic classifier 水力分粒机
hydraulic clutch 液压离合器
hydraulic control 液压控制[调节]
hydraulic controller 液动[压]调节器
hydraulic control pump 液压控制泵
hydraulic coupling 水[液]力联轴器;液压离合器
hydraulic cyclone 旋液分离器;水力旋风器
hydraulic diameter 水力直径
hydraulic drive 液(压传)动
hydraulic elevator 液压升降机
hydraulic extruder 液压挤塑[压出]机
hydraulic feed drill 油压钻机
hydraulic fluid 传压流体;液压系统工作液;液压油
hydraulic forging 水[液]压锻造
hydraulic gradient 水力梯度
hydraulic head 水力头;水压头;液压头
hydraulic hoist 水力提升机
hydraulic index 水硬率
hydraulic injector 水力喷射器
hydraulic jack 液压千斤顶;水力千斤顶
hydraulic jig 水簸机
hydraulic jump 水跃
hydraulic lime 水硬(性)石灰
hydraulic loss 水力损失
hydraulic oil press 水压(榨油)机
hydraulic packing 水封
hydraulic plant 液压设备
hydraulic press 液[油,水]压机
hydraulic (pressure) test 液压试验
hydraulic pump 水力泵;液压泵;油压泵
hydraulic radius 水力半径
hydraulic relief valve 液压安全阀
hydraulics 水力学
hydraulic seal 水封
hydraulic selector valve 液压选择阀
hydraulic separator 水力离析器
hydraulic slope 水力坡度
hydraulic sprayer 液力喷雾机
hydraulic spray scrubber 喷淋洗涤器
hydraulic starting 液压起动
hydraulic test 水力试验
hydraulic test bench 液压试验台
hydraulic testing 水压试验
hydraulic test pump 水压试验泵
hydraulic transmission 水力传动
hydraulic trip assembly 液压脱扣装置
hydraulic turbine 水轮机
hydraulic turbine generator 水轮发电机
hydraulic variable speed drive 液压变速传动
hydraulic vulcanizing press 水压硫化机
hydrazi- 1,2-亚肼代;环亚联氨基
hydrazide 酰肼;酰基肼
hydrazi-methylene 1,2-亚肼代甲烷
hydrazine 肼;联氨
hydrazine carbonate 碳酸肼
hydrazine dihydrochloride 二盐酸肼
hydrazine hydrate 水合肼
hydrazine hydrochloride 盐酸肼
hydrazine monohydrobromide 一氢溴化肼
hydrazine monohydrochloride 一盐酸肼

hydrazine mononitrate 一硝酸肼
hydrazine sulfate 硫酸肼
hydrazine tartrate 酒石酸肼
hydrazinium 锑;肼鎓
hydrazinobenzene 苯肼
hydrazino-borane 肼基硼烷
hydrazinoethanol 肼基乙醇
hydrazinohistidine 肼基组氨酸
hydrazinolysis 肼解(作用)
hydrazoate 叠氮化合物
hydrazo-benzene 1,2-亚肼基(二)苯;二苯肼
hydrazo compound 氢化偶氮化物
hydrazo-dicarbonamide 联二脲;亚肼基二甲酰胺
hydrazoic acid 叠氮酸
hydrazonaphthalene 1,2-二萘肼
hydrazone 腙
hydrazonium 锑
hydrazo rearrangement 联苯胺重排
***o*-hydrazotoluene** 2,2′-二甲基对称二苯肼
hydrazyl 偕腙肼 R·C(:N·NH_2)$NHNH_2$
hydride 氢化物
hydride-shift polymerization 氢负离子转移聚合
hydrindantin 还原茚三酮
hydrindene 2,3-二氢(化)茚
hydriodic acid 氢碘酸
hydrion (1)氢离子(2)质子
hydroacylation 加氢酰化
hydroalkylation 加氢烷基化
hydroammonolysis 氢化氨解(作用)
hydroaromatic ring 氢化芳香环
hydrobalata 氢化巴拉塔树胶
hydrobenzamide (= tribenzaldiamine) 三苯甲醛缩二氨;(俗称)氢化苯酰胺
hydrobenzoin 氢化苯偶姻;对称二苯基乙二醇
Hydrobon 海得罗本催化加氢精制(过程)
hydroborates 硼氢化合物
hydroboration 硼氢化(作用)
hydroboron(s) 硼烷;氢化硼;硼氢化合物
hydrobromic acid 氢溴酸
hydrobromination 氢溴化作用
hydrobromoauric acid (氢)溴金酸
Hydrocal plaster 高强度石膏水泥
hydrocaoutchouc 氢化橡胶
hydrocarbon 烃;碳氢化合物
hydrocarbon chain 烃链
hydrocarbon flame 烃火焰
hydrocarbon gas 气体烃;碳氢化合物气体
hydrocarbon group analysis 烃类族分析
hydrocarbon hydroisomerization 烃加氢异构化(作用)
hydrocarbon oligomer 烃低聚物
hydrocarbon polymer 烃类聚合物
hydrocarbon (polymer) elastomer 烃高聚物弹性体
hydrocarbon processing 烃加工
hydrocarbon resin 烃类树脂
hydrocarbon type analysis (= hydrocarbon group analysis) 烃类族分析
hydrocarbon utilizing bacteria 石油分解菌;烃类分解菌
hydrocarbon with condensed rings [nuclei] 稠环烃
hydrocarbon with separated nuclei 集合环烃
hydrocarbon with separated rings 集合环烃
hydrocarbonylation 加氢甲酰化
hydrocarbostyril 氢化喹诺酮
hydrocarboxylation 氢羧基化
hydrocarbylation 烃基化
hydrocatalytic reforming 临氢催化重整
hydrocellulose (1)水化纤维素(2)水解纤维素
hydrocellulose nitrate 水解纤维素硝酸酯
hydrochelidonic acid 氢化白屈菜酸;(对称)庚酮二酸
hydrochinidine 氢化奎尼定
hydrochloric acid 盐酸
hydrochloric acid intermediate storage tank 盐酸中间贮槽
hydrochloric acid pickling corrosion inhibitor for low pressure boiler 低压锅炉盐酸酸洗缓蚀剂
hydrochloric ether 乙基氯;氯乙烷
hydrochloride 盐酸盐
hydrochlorinated rubber 氢氯化橡胶
hydrochlorination 氢氯化反应
(hydro)chloroauric acid (氢)氯金酸
hydrochloroplatinic acid 氯铂(氢)酸
hydrochlorothiazide 氢氯噻嗪
hydrocinchonidine 氢化辛可尼定
hydrocinchonine (= cinchotine; pseudocinchonine; cinchonifine) 氢化辛可宁
hydrocinnamaldehyde 氢化肉桂醛;苯基丙醛

hydrocinnamamide 氢化肉桂酰胺;苯丙酰胺
hydrocinnamic acid (= phenylpropionic acid) 氢化肉桂酸;苯基丙酸
hydrocinnamic aldehyde 氢化肉桂醛;苯基丙醛
hydrocinnamoyl 氢化肉桂酰基;苯丙酰基
hydrocinnamyl 氢化肉桂基;苯丙基
hydrocinnamyl alcohol 氢化肉桂醇;苯丙醇
hydroclassifying 水力分粒法
hydroclone 水力旋流(分离)器;旋液分离器
hydrocodimer 氢化共二聚体
hydrocodone 氢可酮;二氢可待因酮
hydrocolloid 水胶体;与水能形成凝胶的物质
hydroconchinine(=hydrochinidine) 氢化奎尼定;二氢奎尼定
hydrocondensation 加氢缩合反应
hydroconquinine (=hydroconchinine) 氢化奎尼定;二氢奎尼定
hydro-conversion 加氢转化(作用);加氢转换(作用)
hydrocortamate 氢可他酯;氢可松氨酯
hydrocortisone 氢化可的松;皮质(甾)醇
hydrocortisone acetate 醋酸氢化可的松
hydrocortisone tebutate 氢化可的松叔丁基乙酸酯
hydrocotarnine 氢化可他宁
hydrocrackate 加氢裂化产物;加氢裂化油
hydrocracker 加氢裂化器;加氢裂化装置
hydrocracking 加氢裂化
hydrocracking catalyst 加氢裂化催化剂
hydrocracking gas oil 加氢裂化瓦斯油
hydrocumene 氢化异丙苯
hydrocyanation 氢氰化(作用)
hydrocyanic acid 氢氰酸
hydrocyanic ester 氰酯;腈
hydrocyanic ether 氰酯;腈
hydrocyclone 旋液分离器;水力旋流(分离)器
hydrocyclo-rubber 氢(化)环(化)橡胶
hydrodealkylation 加氢脱烷基化
hydrodecyclization 氢化开环作用
hydrodemetallization(HDM) 加氢脱金属
hydro-denitrification 加氢脱氮
hydro-denitrogenation-hydrocracking process 加氢脱氮-加氢裂化联合法
hydrodeoxygenation 加氢脱氧
hydrodepolymerization 加氢解聚
hydrodesulfurization(**process**) 加氢脱硫(过程)
hydrodewaxing 临氢降凝;加氢脱蜡
hydrodimerization 临氢二聚;加氢二聚
hydrodimerized 加氢二聚的
hydrodisperser 水力分散器
hydrodisproportionation 加氢歧化
hydrodissection 水分离术
hydrodynamically equivalent sphere 流体力学等效球
hydrodynamical model (=liquid-drop model) 流体动力学模型;液滴模型
hydrodynamic damping 流体动力阻尼
hydrodynamic energy 液力能
hydrodynamic film 流体动力薄膜
hydrodynamic force 流体动压力;水动力
hydrodynamic lubrication 液(体)动(力)润滑
hydrodynamics 流体动力学
hydrodynamic stage 流体动力学阶段
hydrodynamic volume 流体力学体积
hydrodynamometer 流速计
hydroelasticity 水弹性
hydroelectricity 水电;水力发电
hydroenergy resource 水能资源;水力资源
hydroesterification 加氢酯化反应
hydroexhauster 抽水机;吸水机
hydroexpansivity 水膨胀性
hydroextraction 脱水;滴干;沥干;水力冲挖;水采
hydroextractor 离心脱水机;离心干燥机
hydroferricyanic acid 氰铁酸;六氰合铁氰酸
hydrofining 加氢精制;氢化提纯
hydrofining-hydrocracking process 加氢精制-加氢裂化联合法
hydrofinishing 加氢精制
hydroflumethiazide 氢氟噻嗪
hydrofluoaluminic acid 氢氟铝酸
hydrofluoric acid 氢氟酸
hydrofluoric ether(=ethyl fluoride) 乙基氟;氟乙烷
hydrofluoride 氢氟化物
hydrofluorinator 氟氢化器
hydrofluo(ro)silicic acid 氟硅酸;六氟合硅氢酸
hydrofluotitanic acid 氟钛酸;六氟合钛氢酸

hydrofoil 水翼
hydroform 液压成形[型]
hydroformate 临氢重整生成物;临氢重整汽油
hydroformer 临氢重整装置
hydroformer gasoline 临氢重整汽油
hydroforming (1)临氢重整(2)液压成形[型]
hydroform method 液压成形法
hydroformylating 加氢甲酰基化
hydroformylation 醛化(反应);氢甲酰化(反应);羰基合成
hydrofuramide (=furfuramide) 糠醛胺;二氨缩三糠醛
hydrogasification 临氢气化;加氢气化
hydrogasifier 临[加]氢气化器;临[加]氢气化装置
hydrogasoline 加氢汽油
hydrogel 水凝胶
hydrogel membrane 水凝胶膜
hydrogen 氢 H
hydrogen acid 氢酸;无氧酸
hydrogen analyzer 氢分析器
hydrogenase 氢化酶
hydrogenated diesel fuel 加氢柴油
hydrogenated fat 氢化脂;硬化脂
hydrogenated gasoline 加氢汽油
hydrogenated kerosene 加氢煤油
hydrogenated oil 氢化油;硬化油
hydrogenated oil and fat 氢化油脂
hydrogenated propylene tetramer (HPT) 氢化丙烯四聚物
hydrogenated rosin 氢化松香
hydrogenated rubber 氢化橡胶
hydrogenation 氢化[加氢](作用)
hydrogenation catalysts 氢化[加氢]催化剂
hydrogenation gas chromatography 氢化气相色谱法
hydrogenation metallurgy 氢化冶金
hydrogenation reactor 加氢反应器
hydrogenation unit 加氢装置;加氢设备
hydrogenator 氢化器
hydrogen attack 氢腐蚀;氢蚀
hydrogen azide 叠氮化氢
hydrogen blistering 氢鼓泡
hydrogen bomb 氢弹
hydrogen bond 氢键
hydrogen-bonded ferroelectric crystals 键铁电晶体
hydrogen bonder 氢键键合剂
hydrogen bonding agent 氢键键合剂
hydrogen bottle 氢气瓶
hydrogen-bridged ion 氢桥离子
hydrogen brittleness 氢脆
hydrogen bromide 溴化氢
hydrogen-carbon link 氢碳键
hydrogen-carbon ratio 氢碳比率
hydrogen carrier 氢载体
hydrogen chloride 氯化氢
hydrogen complex 氢络合物
hydrogen consumption 耗氢量
hydrogen controlled electrode 低氢型焊条
hydrogen cooler 氢冷却器
hydrogen corrosion 氢腐蚀
hydrogen cracking 加氢裂化
hydrogen cyanide 氰化氢
hydrogen damage 氢蚀;氢损伤
hydrogen deficient fuel 贫氢燃料(含氢少的燃料)
hydrogen depolarization control 氢去极化控制
hydrogen depolarization corrosion 氢去极化腐蚀
hydrogen desulfurization 加氢脱硫
hydrogen donator 授氢体;供氢体
hydrogen economy 氢经济
hydrogen electrode 氢电极
hydrogen embrittlement 氢脆
hydrogen energy 氢能
hydrogen equivalent 氢当量
hydrogen exchange 氢交换
hydrogen fluoride 氟化氢
hydrogen fluoride extraction 氟化氢抽提
hydrogen furnace 氢气炉
hydrogen gas buffer 氢气缓冲罐
hydrogen gas compressor 氢气压缩机
hydrogen gas cooling tower 氢气冷却塔
hydrogen gas fire arrester 氢气阻火器
hydrogen gas surge drum 氢气缓冲罐
hydrogen generation 发生氢气
hydrogen halide acceptor 卤化氢接受体
hydrogenic 类氢的;水生的;水成的
hydrogen induced cracking 氢致开裂
hydrogen inlet 氢气进给(管)
hydrogen-in-petroleum test 石油中氢含量测定
hydrogen iodide 碘化氢
hydrogen ion concentration 氢离子浓度
hydrogen ion conductor 氢离子导体

hydrogen ion exponent pH 值；氢离子指数
hydrogen ion index pH 值；氢离子指数
hydrogen ion indicator 氢离子指示剂
hydrogen ion indicator electrode 氢离子指示电极
hydrogenium 金属氢；氢鎓
hydrogen-like atom 类氢原子
hydrogen-like ion 类氢离子
hydrogen-like orbital 类氢轨函数
hydrogenlyase 氢解酶；甲酸脱氢酶
hydrogen making 制氢
hydrogen migration polymerization 氢转移聚合反应
hydrogenolysis 氢解
hydrogenolytic cleavage 氢(化裂)解(作用)
hydrogen overpotential 氢过电位；氢超电势
hydrogen overvoltage 氢(气)超电压
hydrogen/oxygen fuel cell 氢/氧燃料电池
hydrogen pentasulfide 五硫化二氢
hydrogen peroxide 过氧化氢；双氧水
hydrogen peroxide freezing process 过氧化氢冷冻法
hydrogen persulfide 过硫化氢
hydrogen phosphide 磷化氢
hydrogen plant 氢气生产装置
hydrogen probe corrosion monitoring 氢探针法监测
hydrogen recycle 氢循环
hydrogen reduce pour point 临氢降凝
hydrogen reduction process 氢还原法
hydrogen reforming 临氢重整
hydrogen revivification (催化剂)用氢再生
hydrogen rich gas 含氢富气
hydrogen selenide 硒化氢
hydrogen storage material(s) 储氢材料
hydrogen sulfide 硫化氢
hydrogen sulphide scrubber 硫化氢洗涤塔
hydrogen telluride 碲化氢
hydrogen tetracarbonylferrate(Ⅱ) 四羰基二氢铁
hydrogen tetrasulfide 四硫化二氢
hydrogen transfer(ence) 氢转移
hydrogen transfer polymerization 氢转移聚合
hydrogen trisulfide 三硫化二氢
hydrogen tritide 氚(化)氢
hydrogen upgrading process 氢低温提纯过程
hydrogen wave 氢波
hydroglucan 水解葡聚糖
hydrogutta-percha 氢化杜仲胶；氢化古塔坡树胶
hydrohalide 氢卤化物
hydrohalogenation 氢卤化作用；加卤化氢
hydrohematite 水赤铁矿
hydroherderite 水磷铍钙石
hydroheterolite 水锌锰矿
hydrohydrastinine 氢化北美黄连次碱
hydr(o)iodic acid 氢碘酸
hydroiodic acid 氢碘酸
hydroiodination 氢碘化反应
hydroisomerization 加氢异构化
hydrol 二聚水分子(即 H_4O_2)
hydrolabil 对水不稳定的；非水稳的
hydrolapachol 氢化拉帕醇
hydrolase 水解酶
hydrolith 氢化钙
hydrolube 加氢精制润滑油
hydrolysable tannin extracts 水解类栲胶
hydrolysable tannins 水解类鞣质[单宁]
hydrolysate 水解产物；水解液
hydrolyser 水解器
hydrolysis 水解
hydrolysis constant 水解常数
hydrolysis of wood 木材水解
hydrolysis product 水解产物
hydrolyst 水解催化剂
hydrolyte 水解质；水解基质
hydrolytic adsorption 水解吸附
hydrolytic deaminization 水解脱氨
hydrolytic degradation 水解降解
hydrolytic enzyme 水解酶
hydrolytic polyacrylamide 水解聚丙烯酰胺
hydrolytic polymaleic anhydride 水解聚马来酸酐
hydrolyzate (＝hydrolysate) 水解产物；水解液
hydrolyzer 水解器
hydrolyzer stripper 水解汽提塔
hydromagnesite 水菱镁矿
hydromechanics 流体力学
hydromel (1)含蜜饮料(2)蜂蜜水(蜂蜜与水的混合物，发酵制蜂蜜酒)
hydrometallation 氢金属化
hydrometallurgy 湿法冶金(学)
hydrometamorphism 水热变质

hydrometer 液体比重计
hydrometry 液体比重测定(法)
hydromica 水云母
hydromorphone 氢吗啡酮
hydromycin 湿霉素
hydronaphthoquinone 1,4-萘二酚
Hydron Blue R 海昌蓝R
hydrone (1)钠铅合金(2)(单体)水分子
hydronephelite 水霞石
hydronitric acid (氢)叠氮酸
hydronitrous acid 次硝酸
hydronium ion 水合氢离子
hydrooligomer 氢化低聚物
hydroorotic acid 氢化乳清酸
hydroperoxidation 氢过氧化(作用)
hydroperoxide 氢过氧化物
hydrophane 水蛋白石
hydrophile 亲水物;亲水胶体;亲水的
hydrophile balance 亲水平衡
hydrophile-lyophile balance 亲水-亲油平衡(值)
hydrophilic colloid 亲水胶体
hydrophilic group 亲水基团
hydrophilicity 亲水性;亲水程度
hydrophilic-lipophilic balance 亲水亲油平衡(值);HLB值
hydrophilic particle 亲水性颗粒
hydrophilic polymer/membrane 亲水性聚合物/膜
hydrophilic property 亲水性
hydrophilic separatory membrane 亲水分离膜
hydrophilic sol 亲水溶胶
hydrophilite 氯钙石
hydrophilization process 亲水化法(用表面活性剂溶液的分离工艺)
hydrophite 水铁蛇纹石
hydrophobe 疏[憎]水物;疏[憎]水胶体;疏[憎]水的
hydrophobic association 疏水缔合
hydrophobic chromatography 疏水色谱法
hydrophobic colloid 疏水胶体
hydrophobic gas electrode 疏水气体电极
hydrophobic group 疏水基
hydrophobic hydration 疏水水合
hydrophobic interaction 疏水作用
hydrophobicity 疏水性
hydrophobic ladder 憎水性阶梯:相对憎水性
hydrophobic particle 疏水性颗粒
hydrophobic polymer/membran 疏水性聚合物/膜
hydrophobic portland cement 防潮硅酸盐水泥
hydrophobic potential 疏水势
hydrophobic property 疏水性
hydrophobic rubber 疏水(性)橡胶
hydrophobic separatory membrane 憎水分离膜
hydrophobic sol 疏水溶胶;憎水溶胶
hydrophosphate 磷酸氢盐(或酯);酸式磷酸盐(或酯)
hydroplasticity 湿塑性
hydroplumbation 铅氢化作用
hydropolymer 氢化聚合物
hydropolymerization 氢化聚合作用
hydropower 水能
hydroprene 蒙五一二
hydropress 水压机;液压机;水压平板机
hydropretreating 加氢预处理
hydroprocessing 加氢处理
hydropteridine 氢化蝶啶
hydropulper 水力碎浆机
hydroquinidine 氢化奎尼定
hydroquinine 氢化奎宁
hydroquinol (= hydroquinone) 氢醌;对苯二酚
hydroquinone 氢醌;对苯二酚
hydroquinone dimethyl ether 氢醌二甲基醚
hydroquinone-krypton elathrate (HQ-Kr) 氢醌-氪笼形包合物
hydroquinone monomethyl ether 氢醌一甲基醚
hydrorefinery 加氢炼油厂;全氢炼油厂
hydrorefining 加氢精制
hydroreforming 临氢重整
hydroresorcinol 1,3-环己二酮
hydrorubber 氢化橡胶
hydrorubeanic acid 氢化红氨酸;二巯基乙二胺
Hydros 连二亚硫酸钠;保险粉;低亚硫酸钠
hydrosafroeugenol 氢化黄樟丁香酚
hydrosaturation 加氢饱和
hydroscope 验湿器
hydroscopic 吸湿的;吸水的;收湿的;湿度计的
hydroscopicity 吸湿性;吸水性
hydroseparator 水力分离器[选机]

hydrosilication 硅氢化作用
hydrosilicofluoric acid 氟硅酸;六氟合硅氢酸
hydroskim 加氢拔顶
hydroskimming refinery 拔顶-加氢型炼油厂
hydrosol 水溶胶
hydrosolubilization 水溶作用
hydrosoluble 水溶性的;可溶于水的
hydrosolvent 水溶剂
hydrostabilisation 加氢安定(作用);加氢稳定化
hydrostannation 锡氢化作用
hydrostatic balance 比重秤
hydrostatic gauge 流体静压压力计
hydrostatic head (液柱)静压头
hydrostatic pressure (液柱)静压
hydrostatics 流体静力学
hydrostatic stress (=isotropic stress)各向同性应力;流体静应力
hydrostatic test 水压试验
hydrostatic testing 流体静压试验;水压试验
hydrosulfate (1)硫酸氢盐(或酯);酸式硫酸盐(或酯)(2)硫酸合物(有机碱,通常为生物碱,与硫酸的加合物)
hydrosulfide 氢硫化物(MSH)
hydrosulfite (1)亚硫酸氢盐(2)连二亚硫酸盐
hydrosulfo- 巯基;氢硫基
hydrosulfuric acid 氢硫酸
hydrotaxis 趋水性
hydrotest 水压试验
hydrothermal crystallization 水热结晶
hydrothermal method 晶体生长水热法
hydrothermal stability 水热稳定性
hydrothermal treatment 水热处理
hydrotimeter 水硬度计
hydrotimetric burette 水硬度滴定管
hydrotimetric flask 水硬度量瓶
hydrotorting 加氢干馏
hydrotreater 加氢处理装置
hydrotreating-hydrocracking process 加氢处理-加氢裂化联合法
hydrotreatment 加氢处理
hydrotrope 水溶助剂
hydrotropic agent 水溶助剂
hydrotropic extraction 水溶抽提
hydrotropic solution 水溶溶液
hydrotropism 向水性
hydrotropy 水溶助长性
hydrotylosin (=relomycin) 氢泰乐菌素;雷洛霉素
hydrourushiol 氢化漆酚
hydrous salt 水合盐
hydrous titanium oxide (HTO) 水合氧化钛
hydrous wool fat 含水羊毛脂
hydrovisbreaking(HVB) 临氢减黏(裂化)
hydroxamic acid 异羟肟酸
hydroxamino 羟氨基
hydroxide (1)氢氧化物(2)氢氧根
hydroxide radical (1)羟基(2)氢氧根
hydroximic acid 羟肟酸
hydroximino 肟基
hydroxocobalamin(e) 羟钴胺;维生素 B_{12a}
hydroxo complex 羟络合物
hydroxonium ion(=hydronium ion) 水合氢离子;羟鎓离子 H_3O^+
hydroxy 羟基
hydroxy-acetaldehyde 乙醇醛
hydroxyacetic acid 羟基醋酸;乙醇酸
hydroxy-acetone 羟基丙酮
hydroxy-acetophenone 羟苯乙酮;乙酰苯酚
***N*-hydroxyacetylneuraminic acid** *N*-羟乙酰神经氨酸
hydroxy acid 羟基酸
hydroxy-acid chloride 羟基酰氯
hydroxy-acid halide 羟基酰卤
hydroxy-acid lithium soap 羟基酸锂皂(润滑脂)
hydroxyalkyl 羟烷基
hydroxyalkylation 羟烷基化
hydroxy alkyl starch 羟烷基淀粉
hydroxyalkylthiophenol 羟烷基苯硫酚
hydroxyallysine aldol 羟赖氨醛醇;联赖氨酸
hydroxyamino 羟氨基
hydroxyaminobutyric acid 羟基氨基丁酸
3*β*-hydroxy-20*α*-aminopregnenene-5-glucoside 3*β*-羟基-20*α*-氨基孕烯-5-葡糖苷
hydroxyamphetamine 羟苯丙胺
hydroxyandrostenedione 羟雄(甾)烯二酮
***o*-hydroxyaniline** 邻氨基苯酚
***p*-hydroxyanisole** 对羟基茴香醚;氢醌一甲基醚
3-hydroxyanthranilic acid 3-羟基-2-氨基苯甲酸
hydroxyapatite 羟(基)磷灰石

hydroxyaphylline 羟基无叶(假木贼)碱
hydroxyaryl 羟芳基
hydroxyaspergillic acid 羟基曲霉酸;谷霉菌素
hydroxyazobenzene 羟基偶氮苯
5-hydroxy-barbituric acid 5-羟基巴比土酸
hydroxybenzaldehyde 羟基苯甲醛
hydroxybenzoate 羟基苯甲酸盐(或酯)
***m*-hydroxybenzoic acid** 间羟基苯(甲)酸
***o*-hydroxybenzoic acid** 邻羟基苯(甲)酸;水杨酸
***p*-hydroxybenzoic acid** 对羟基苯(甲)酸
1-hydroxybenztriazole 1-羟基苯并三唑
hydroxy-benzyl chloride 羟苄基氯
***p*-hydroxybenzylpenicillin** 对羟苄青霉素;青霉素 X
hydroxybenzylpenicillin sodium 羟苄基青霉素钠
***α*-hydroxybenzylphosphinic acid** *α*-羟苄基次膦酸
hydroxyberberine 小檗浸碱
hydroxybetaine 羟基内铵盐(防静电剂)
***p*-hydroxybiphenyl** 对苯基苯酚
hydroxy-butanedioic acid 羟基丁二酸;苹果酸
3-hydroxy-2-butanone 3-羟基-2-丁酮
2-hydroxybutyraldehyde 2-羟基-*N*-丁醛
hydroxybutyranilide 羟基-*N*-丁酰苯胺
***β*-hydroxybutyric acid** *β*-羟丁酸
hydroxycamphor 羟基樟脑
***α*-hydroxycaproic acid** *α*-羟(基)己酸
***α*-hydroxy-*n*-caproic acid (HCA)** *α*-羟基正己酸
hydroxycarbamide 羟基脲
hydroxycellulose 氧化纤维素
hydroxy-chalcone 羟基查耳酮;羟基亚苄基乙酰苯
hydroxychloroquine 羟氯喹
hydroxychlororaphine 羟基氯针菌素
25-hydroxycholecalciferol 骨化二醇;25-羟维生素 D_3
hydroxycholesterol 羟基胆甾醇
hydroxycholic acid 羟胆酸
6-hydroxychroman 6-羟基苯并二氢吡喃
hydroxycitronellal 羟基香茅醛
10-hydroxycodeine 10-羟基可待因
hydroxycodeinone 羟可待因酮
17-hydroxycorticosteroid 17-羟皮(质类甾)醇
7-hydroxycoumarin (=umbelliferone) 7-羟基香豆素;伞形酮
hydroxycyclododecane 羟基环十二烷
17-hydroxy-11-dehydrocorticosterone 17-羟-11-脱氢皮(质甾)酮;皮质素
17-hydroxydeoxycorticosterone 17-羟脱氧皮(质甾)酮
17-hydroxy-11-desoxycorticosterone 化合物"S"
4-hydroxy-3,5-dimethoxybenzoic acid (=syringic acid) 4-羟基-3,5-二甲氧基苯甲酸;丁香酸
***m*-hydroxy-*N*,*N*-dimethylaniline** 间二甲氨基苯酚
hydroxydione sodium 羟二酮琥钠;羟孕酮酯钠
hydroxyephedrine 羟基麻黄碱
25-hydroxyergocalciferol 25-羟麦角钙化(甾)醇;25-羟维生素 D_2
hydroxyestradiol 羟雌(甾)二醇
hydroxyestriol 羟雌(甾)三醇
hydroxyestrone 羟雌(甾)酮
hydroxyethoxylation 羟乙氧基化
hydroxyethylaniline 羟乙基苯胺
hydroxyethylation 羟乙基化(作用)
hydroxyethyl cellulose 羟乙基纤维素
hydroxyethylenediaminetriacetic acid (HEDTA) 羟基乙二胺三乙酸
***N*-hydroxyethylethylenediamine** *N*-羟乙基乙二胺
2-hydroxyethylethylenediaminetriacetic acid 2-羟乙基乙二胺三乙酸
***β*-hydroxyethyl hydrazine** *β*-羟基乙肼
1-hydroxy-ethylidene-1,1-disodium phosphonate(HEDSPA) 1-羟基亚乙基-1,1-双膦酸钠
***N*-hydroxyethyliminodiacetic acid (HIMDA)** *N*-羟乙基亚氨基二乙酸
hydroxyethylpromethazine chloride 氯化羟乙异丙嗪
hydroxyethyl saponin gum 羟乙基皂荚胶
hydroxyethyl starch 羟乙基淀粉
2-*α*-hydroxyethylthiamine pyrophosphate 2-*α*-羟乙基硫胺(素)焦磷酸;活性乙醛
hydroxyformylpiperazine 羟基甲酰哌嗪
hydroxyfumigatin (=spinulosin) 羟烟曲霉醌;小刺青霉素
hydroxyglutamic acid 羟谷氨酸
5-hydroxygriseofulvin 5-羟基灰黄霉素

hydroxyhalide 羟基卤化物
hydroxyhydroquinone 羟基氢醌；1，2，4-苯三酚；偏苯三酚
hydroxyimidazole propionic acid 羟咪唑丙酸
hydroxyimino 肟基
hydroxy-indole 羟基吲哚
hydroxyiodoquinolinesulfonic acid 羟碘喹啉磺酸
***α*-hydroxyisobutyric acid** *α*-羟基异丁酸
hydroxyisophthalic acid 羟基间苯二酸
***δ*-hydroxy-*γ*-ketonorvaline** *δ*-羟基-*γ*-氧代正缬氨酸
3-hydroxykynurenine 3-羟基犬尿氨酸
***β*-hydroxylalanine** *β*-羟基丙氨酸；丝氨酸
hydroxylamine 羟胺；胲
hydroxylamine hydrochloride 盐酸羟胺
hydroxylamine mutagenesis 羟胺诱变
hydroxylamine nitrate 硝酸羟胺
hydroxylamine rearrangement 羟胺重排作用
hydroxylamine sulfate 硫酸羟胺
hydroxylaminesulfonic acid 胲基磺酸
hydroxylammonium 羟铵$^+$ NR_4OH^-
hydroxylase 羟化酶
hydroxylating agent 羟基化剂
hydroxylation 羟基化
hydroxylauric acid 羟基月桂酸；2-羟基十二(烷)酸
hydroxyl free radical 羟自由基
hydroxyl (group) 羟基；氢氧根
hydroxylic solvent 羟基溶剂
hydroxyl ion 氢氧离子；羟离子
hydroxylupanine 羟基羽扇烷宁
hydroxylysine 羟赖氨酸
hydroxymalonic acid 丙醇二酸
hydroxymandelic acid 羟基扁桃酸
***p*-hydroxymercuribenzoic acid** 对羟基汞基苯甲酸
***p*-hydroxymercuri-*o*-chlorophenol** 氯酚羟基汞；甲氧乙氯汞
3-hydroxy-4-methoxybenzaldehyde （3-羟基-4-甲氧基苯甲醛；异香兰素
7-hydroxy-6-methoxycoumarin （7-羟基-6-甲氧基香豆素；莨菪亭
hydroxymethoxymandelic acid 羟基甲氧基扁桃酸
***N*-hydroxymethylacrylamide** *N*-羟甲基丙烯酰胺
hydroxymethylase 羟甲基化酶
hydroxymethylation 羟甲基化
7-hydroxy-4-methylcoumarin 7-羟基-4-甲基香豆素
5-hydroxymethylcytosine (HMC) 5-羟甲基胞嘧啶
1-(hydroxymethyl)-5，5-dimethylhydantoin 1-(羟甲基)-5,5-二甲基乙内酰胺
17-hydroxy-16-methylene-*Δ*^{6}-progesterone 17-羟基-16-亚甲基-$Δ^6$-孕酮
hydroxymethylfuraldehyde 羟甲基糠醛
hydroxymethyl furfural (HMF) 羟甲基糠醛
hydroxymethylglutaryl CoA cleavage enzyme 羟甲戊二酸单酰辅酶A裂解酶
***β*-hydroxy-*β*-methylglutaryl-CoA (HMG-CoA)** *β*-羟(基)-*β*-甲(基)戊二酸单酰辅酶A
3-hydroxy-*N*-methylmorphinan 3-羟基-*N*-甲基吗啡喃
hydroxymethylnicotinamide 羟甲烟胺；羟甲基烟酰胺
5-hydroxy-5-methyl-2-pentanone 双丙酮醇
4-hydroxy-*N*-methylproline 4-羟-*N*-甲基脯氨酸
***N*-hydroxymethylpyridine** *N*-羟甲基吡啶
***N*^{5}-hydroxymethyltetrahydrofolic acid** *N*^{5}-羟甲基四氢叶酸
2-hydroxy-4-(methylthio) butyric acid 2-羟基-4-甲硫基丁酸
hydroxymycin 羟霉素
hydroxymyristic acid 羟基肉豆蔻酸；2-羟基十四(烷)酸
hydroxynaphthoic acid 羟萘甲酸
hydroxynarcotine (= nornarceine) 羟基那可汀；降那碎因
hydroxynervone 羟烯脑苷脂；羟神经苷脂
hydroxynervonic acid 羟(基)神经酸；2-羟(基)顺-15-二十四碳单烯酸
hydroxy-nitration 羟基化硝化(作用)
hydroxynortestosterone 羟去甲睾甾酮
***α*-hydroxyoxime** *α*-羟基肟
hydroxypantothenic acid 羟(基)泛酸
hydroxypethidine 羟哌替啶；羟度冷丁
hydroxyphenamate 奥芬氨酯；氨基甲酸羟苯丁酯
hydroxyphenylacetic acid 苯乙醇酸；扁桃酸
***p*-hydroxyphenylalanine** 对羟苯丙氨酸；酪氨酸

2-hydroxyphenylamine 2-羟基苯胺
hydroxyphenylarsine oxide 氧化羟基苯胂;羟苯胂化氧
hydroxyphenylarsonic acid 羟基苯胂酸
2-hydroxy-*N*-phenylbenzamide 水杨酰苯胺
***N*-hydroxyphenylglycine** *N*-羟苯基甘氨酸
hydroxyphenylmercuric chloride 氯化羟苯基汞
4-hydroxypipecolic acid 4-羟基六氢吡啶羧酸
hydroxyprocaine 羟普鲁卡因
(17-)hydroxyprogesterone 羟孕酮;17-羟孕(甾)酮
hydroxyprogesterone caproate 羟孕酮己酸酯;己酸羟孕酮
hydroxyproline(Hyp) 羟脯氨酸
2-hydroxypropane-1,3-diaminotetra-acetic acid (HPDTA) 2-羟基丙烷-1,3-二氨基四乙酸
3-hydroxypropanenitrile 3-羟基丙腈;2-氰乙醇
2-hydroxypropanenitrile(= lactonitrile) 2-羟基丙腈;乳腈
1-hydroxy-2-propanone 1-羟基-2-丙酮
α-hydroxypropionaldehyde (=lactic aldehyde) α-羟基丙醛;丙醇醛;乳醛
hydroxypropylation 羟丙基化
hydroxypropyl cellulose 羟丙基纤维素
hydroxypropyl methyl cellulose 羟丙基甲基纤维素
6-hydroxypurine(= hypoxanthine) 6-羟基嘌呤;次黄嘌呤
hydroxypyruvate phosphate 羟基丙酮酸磷酸
hydroxypyruvic acid 羟基丙酮酸
hydroxyquinol 偏苯三酚
8-hydroxyquinoline 8-羟基喹啉
hydroxy radical 羟自由基;(自由)氢氧根
hydroxyskatol 羟基甲基吲哚
hydroxystearate 羟基硬脂酸盐(或酯);羟基十八(烷)酸盐(或酯)
12-hydroxystearic acid 12-羟基硬脂酸
hydroxystilbamidine 羟芪巴脒
hydroxystreptomycin 羟(基)链霉素
hydroxysuccinamide 羟基丁二酰胺
hydroxysulfobetaine 羟磺基内铵盐(抗静电剂)
hydroxyterminated silicone oil 端羟基硅油
hydroxytestosterone 羟睾(甾)酮
hydroxytetracaine 羟丁卡因
hydroxytoluene 羟基甲苯
2-hydroxytrimethylene dinitrilotetraacetic acid (HPDTA) 2-羟基三亚甲基二次氮[氨]基四乙酸
5-hydroxytryptamine 5-羟色胺
5-hydroxytryptophan(e) 5-羟色氨酸
hydroxytyramine 羟酪胺
hydroxyurea 羟基脲
hydroxyvinylacetic acid 丁烯醇酸;乙烯基羟基醋酸
9-hydroxyxanthene 9-羟基呫吨
hydroxyxylene(= dimethylphenol) 羟基二甲苯;二甲苯酚
hydroxyzine 羟嗪;安他乐
hydrozincite 水锌矿
hydt(hydrant) 消防栓;(水)龙头
hyenanchin 南非野葛素
hyenic acid (= tricosylacetic acid) 二十五(碳)烷酸
hyetal coefficient 雨量系数
Hygas process 煤加氢气化(制甲烷)法
hygiene standard 卫生标准
Hygirtol process 气态烃类催化制氢法
hygric acid 古液酸;古柯叶液碱酸
hygrine 古液碱;古柯叶液碱;古豆碱
hygroautometer 自记湿度计
hygroexpansivity 伸缩率(造纸)
hygrol 汞胶液;胶态汞
hygrometer 湿度计
hygromycin B 潮霉素 B
hygrophylline 千里(光)非林(得自 *Senecio hygrophylus*)
hygroscope 验湿器
hygroscopic agent 吸湿剂
hygroscopic calcium chloride 收湿(用)氯化钙
hygroscopicity 吸湿性;吸水性
hygroscopic moisture 湿存水
hygroscopic water 湿存水
hygroscopin 吸水菌素
hygroscopy 湿度测定法;吸湿性;测湿法;潮解性
hygrostat 恒湿器
hygrostatin 吸水制菌素
hygrotaxis 趋湿性
hygroton 氯噻酮
hygrotropism 向湿性
hylotropy (1)恒熔性(2)恒沸性
hymecromone 羟甲香豆素

hymecromone *O,O*-diethyl phosphorothioate 羟甲香豆素 *O,O*-二乙基硫代磷酸酯
hymexazol 恶霉灵;土菌消
hyminal 甲喹酮;安眠酮
hyocholic acid 猪胆酸
hyodeoxycholic acid 猪去[脱]氧胆酸;3,6-二羟基胆烷酸
hyoscine 莨菪胺;天仙子碱;东莨菪碱
hyoscyamine 莨菪碱;天仙子胺
hyoscyamus 天仙子;莨菪
Hypalon 海帕隆;氯磺化聚乙烯橡胶
Hypalon paints 氯磺化聚乙烯涂料;海帕隆涂料
hypaphorine 色氨酸三甲基内盐;刺桐碱
hypaque 海帕克;3,5-二乙酰胺基-2,4,6-三碘苯甲酸钠
hyperacuity 超锐度
hyperbilirubinemia 胆红素血
hyperchaos 超混沌
hypercharge 超荷
hypercholesterolemia 高胆固醇血
hyperchrome 增色团
hyperchromicity 增色性
hyperchromism 增色性
hypercolumn 超级柱
hyperconjugation 超共轭
hyperconjugation effect 超共轭效应
hyperelastic 超弹性(的)
hyperelasticity 超弹性
hypereutectoid 高级低共熔体
hyper-eutectoid steel 过共析钢;超共析钢
Hyperfil packing 海泊菲尔填料
hyperfiltration 超过滤
hyperfiltration membrane 超滤膜
hyperfine coupling constant 超精细耦合常数
hyperfine interaction 超精细相互作用
hyperfine splitting 超精细分裂
hyperfine structure 超精细结构
hyperflow 密相气升;密相提升;密相输送
hyperflow conveying method 密相气升输送法
hyperformer 移动床重整装置
hyperforming process 移动床重整过程;超重整
hyperglycemia 高血糖
hypergol 双组分火箭燃料
hypergolic fuel 双组分火箭燃料
hypergolic mixture 自燃混合物
hypericin 金丝桃素
hypericum oil 金丝桃油
hyperin 金丝桃苷;海棠苷
hyperlipoproteinemia 高脂蛋白血
hypernetted chain equation 超网链方程
hyperon 超子
hyperosmotic anhydration 高渗性脱水
hyperoxide 超氧化物(O_2^- 为一价基)
hyperpolarisability 超极化性
hyperpressure 超压;超高压力
hyper-seal 超密封型
hypersensitivity 超敏反应
hypersonic 特超声速的;高超声速的
hypersonic flow 高超声速流(动);高超音速流(动)
hypersorber 超吸附装置
hypersorption 超吸附
hypersorption adsorber vessel 超吸附塔
hypersorption process 超吸附过程
hyperstability 超稳定性
hyperstoichiometry 超化学计量
hypertensin 血管紧张肽
hyperthermia 过热
hyperthermia tunnel kiln 高温隧道窑
hyperthermometer 超高温度计
hypertonic solution 高渗溶液
hypha(复数 hyphae) 菌丝
hypnacetine 睡乙酰胺;*N*-乙酰苯酰甲氧基苯胺
hypnone 苯乙酮
hypnotic 安眠剂
hypo (五水合)硫代硫酸钠;(俗称)海波
hypoboric acid 连二硼酸
hypobromous acid 次溴酸
hypochloric acid 次氯酸
hypochlorination 次氯酸化
hypochlorite sweetening 次氯酸盐法脱硫
hypochlorous acid 次氯酸
hypochlorous anhydride 次氯酸酐;一氧化氯
hypochrome 减色团
hypochromic effect 减色效应
hypochromicity 减色性
hypochromism 减色性
hypoelastic body 亚弹性体
hypoelasticity 亚弹性
hypo-eliminator 海波去除剂
hypoeutectoid 低级低共熔体;低易熔质
hypoeutectoid steel 亚共析钢
hypofunction 机能衰退
hypogacic acid 7-十六碳烯酸

hypoglyc(a)emia 低血糖
hypoglycin(e) A 降血糖氨酸;亚甲基环丙基丙氨酸
hypolycemic agent 降血糖药
hypomagnesemia 低镁血
hypomicron 亚微粒子
hyponatremia 低钠血
hyponitric acid 低硝酸($H_2N_2O_2$)
hyponitrous acid 连二次硝酸($H_2N_2O_2$)
hypoosmotic solution 低渗溶液
hypophosphate 连二磷酸盐(或酯)
hypophosphatemia 低磷酸盐血
hypophosphite 次磷酸盐(或酯)
hypophosphorous acid 次磷酸
hypophysin 垂体后叶激素
hypostoichiometric 次化学计量的;低于化学计量的
hyposulfate 连二硫酸盐(或酯)
hyposulfite 连二亚硫酸盐(或酯);(专指)硫代硫酸钠;海波;大苏打
hyposulfuric acid 连二硫酸
hyposulfurous acid (1)连二亚硫酸($H_2S_2O_4$)(2)(有时误指)硫代硫酸
hypotaurine 亚牛磺酸;氨乙基亚磺酸
hypothalamic hormone 下丘脑激素
hypothesis 假设
hypothesis test 假设检验
hypothetical structure 假拟结构
hypotonic solution 低渗溶液
hypotuberostemonine 次百部块茎碱
hypovanadic oxide 二氧化钒
hypovanadous oxide (一)氧化钒
hypovitaminosis 维生素缺少[乏]症
hypoxanthine 次黄嘌呤;6-羟基嘌呤
hypoxanthine deoxyriboside 次黄嘌呤脱氧核苷
hypoxanthine guanine phosphoribosyl-transferrase 次黄嘌呤鸟嘌呤转磷酸核糖基酶
hypoxanthine-9,*β-d*-ribofuranoside 次黄嘌呤-9,*β-d*-呋喃核糖核苷
hypoxanthine riboside 次黄苷;肌苷
hypoxemia 低氧血(症),血氧过低
hypoxia 低氧;缺氧
hypsochrome 浅色基;浅色团;向紫增色基
hypsochromic group (=hypsochrome)浅色基[团];向紫增色基
hypsochromic shift 向蓝移;向短波长移
hypsometer (1)沸点测定器(2)沸点测高器
hyptolid 四方骨叶素
hypusine 羟腐胺缩赖氨酸
hygrol 胶态汞
Hysomer 临氢异构化过程
hystazarin 后茜素;2,3-二羟蒽醌
hysteresis 滞后(现象,效应)
hysteresis band 回差区间
hysteresis curve 滞后曲线
hysteresis effect 滞后效应
hysteresis loop 磁滞回线;滞后圈
hysteresis loss 磁滞损耗;滞后损失
hysteresis loss test 滞后损失试验
hysteresis of adsorption 吸附滞后
hysteresis set 滞后定形;滞后变定
hysteresis-to-strength ratio 滞后-强度比
hysterocrystallization 次生结晶作用
hy-stiffness 高挺性(胶料)
hytor 抽压机
Hyvac pump 海瓦克真空泵
hyzone 三原子氢

I

I 肌苷
IAA(indol-3-ylacetic acid) 吲哚乙酸
iakyrine 绿青菌素
iaquirina 绿青菌素
iatrochemistry 医疗化学
ibafloxacin 依巴沙星
I beam 工字梁
ibogaine 伊博格碱
ibopamine 异波帕胺
ibotenic acid 鹅膏蕈氨酸
IBP 异稻瘟净
ibrotamide 异溴米特;异丙溴丁酰胺
ibudilast 异丁司特
ibufenac 异丁芬酸;风湿定
ibuprofen 布洛芬;异丁苯丙酸
ibutilide 伊布利特
icariin 淫羊藿苷
ice bank evaporator 结冰式蒸发器
ice-bath (1)冰浴器 (2)冰浴
ice bath (apparatus) 冰浴器
icebox effect 冰箱效应;冰室效应
ice calorimeter 冰量热器
ice colo(u)rs 冰染染料
ice cream 冰淇淋
ice cream cone 盛冰淇淋的锥形杯(如蛋卷冰淇淋)
ice cream freezer 冰淇淋冷冻机
ice dyestuff 冰染染料
Iceland crystal 冰洲石
iceland spar 冰洲石
ice machine 制冰机;冷冻机
ice-making machine 制冰机
ice point 冰点
ichloroacetate 二氯乙[醋]酸盐(或酯)
ichnograph 平面图
ichthammol 鱼石脂
ichthulin 鱼卵磷蛋白
ichthylepidin 鱼鳞硬蛋白
ichthyocol 鳔胶原
ichthyol 鱼石脂
ichthyopterin 鱼鳞蝶呤
ichthyotocin 鱼神经叶激素
icosahedral phase 二十面体物相
icosane 二十碳烷
icosinene 地蜡烯
ICP(inductively coupled plasma) 电感耦合等离子体焰炬
ICP-AES 电感耦合等离子体原子发射光谱法
ICPP electrolytic dissolver 爱达荷化学处理工厂电解溶解器;ICPP 电解溶解器
ICR (1)(ion cyclotron resonance mass spectrometer) 离子回旋共振质谱仪 (2)(initial concentration rubber) 原浓度橡胶
ICSH(interstitial cell-stimulating hormone) 促黄体生成激素
ictasol 鱼石脂磺酸钠
icthyocolla 鱼鳔胶
IDA (1)(isotope dilution analysis)同位素稀释分析 (2)(inosine dialdehyde)肌苷二醛
idaein 越橘色苷
idarubicin 伊达比星
ideal chain 理想链
ideal clock 理想钟
ideal column 理想塔
ideal constraint 理想约束
ideal copolymerization 理想共聚合
ideal crystal 理想晶体
ideal diluted solution 理想稀释溶液
ideal elastic body 理想弹性体
ideal electrode 理想电极
ideal fixed bed adsorption 理想固定床吸附
ideal flow 理想流动
ideal fluid 理想流体
ideal gas 理想气体
ideal gas equation 理想气体状态方程
ideal gas equation of state 理想气体状态方程
ideal gas law 理想气体定律
ideal gas thermometric scale 理想气体温标
ideal mixture 理想混合物;理想溶液
ideal network 理想网络
ideal nonpolarizable electrode 理想不极化电极
ideal orientation 理想取向
ideal plate 理想塔板
ideal polarizable electrode 理想可极化

电极
ideal polarization curve 理想极化曲线
ideal refrigeration cycle 理想冷冻循环
ideal rubber 理想橡胶
ideal solution（＝ideal mixture） 理想溶液;理想混合物
ideal work 理想功
idebenone 艾地苯醌
identical chiral centres（＝similar chiral centres） 相似手性中心
identical particle 全同粒子
identification (1)鉴定;鉴别(法)(2)认证
identification markers 鉴定标志
identification marking 鉴定标志
identification of bacteria 细菌鉴定
identification reaction 鉴定反应
identification threshold 鉴定阈;识别阈
identifying mark 识别标记
identifying stamp 识别印章
identity 全同体
identity period 等同周期
identity principle(of microparticles) (微观粒子)全同性原理
identity swap 个性扭转
idiophase (1)次生代谢物生成期(2)繁殖期(在分批培养中相当于指数生长期和整个稳定期)
idiosyncrasy (1)特异反应(2)特异性体质
iditol 艾杜糖醇
IDL(intermediate density lipoprotein) 中密度脂蛋白
idle (1)不工作的;闲置的(2)空转的
idle capacity (1)储备容量(2)空转功率
idle current 无功电流
idle end 空转端
idle equipment 闲置设备
idle gear 惰轮;空转轮
idle hours 停歇时间;空转时间
idleness 空载
idle pulley 惰轮
idler 惰轮
idler roll 惰辊;从动胶辊
idle space 有害空间;无效空间
idle speed 空转速度;无负荷时速度
idle time 闲空时间;停歇时间
idle unit 闲置设备
idle wheel 惰轮
IDLH(immediately dangerous to life or health) 近期危害(对生命或健康)
idling 空运转
idling running 空(行)程
idling stroke 空(行)程
idonic acid 艾杜糖酸
idosaccharic acid 艾杜糖二酸
idose 艾杜糖
idoxuridine 碘苷;疱疹净
idrocilamide 羟乙桂胺
IDU(idoxuridine) 碘苷;疱疹净
IDUR(idoxuridine) 碘苷;疱疹净
iduronic acid 艾杜糖醛酸
IEC(ion exchange chromatography) 离子交换色谱法
IEF(isoelectric focusing) 等电聚焦
IEM(immuno-electron microscopy) 免疫电镜术
IEPA(independent electron pair approximation) 独立电子对近似
IF(intrinsic factor) 内因子
ifenprodil 艾芬地尔;苄哌酚胺
ifosfamide 异环磷酰胺
Igepon T 胰加漂 T
ignatia 吕宋豆
igneous rock 火成岩
ignitability 可燃性;着火性
ignited residue 烧余残渣
igniter burner 点火烧嘴
igniter lighter 点火器;点火装置
igniter pellet 点火雷管
ignitibility 可燃性;可点燃性;着火性
igniting composition 点火药
igniting primer 传火药;辅助导火剂;雷管;起爆药包
ignition 点火;点燃;引燃;灼烧;灼热;启动;着火;起燃;烧毁
ignition by friction 摩擦发火
ignition chamber 起燃室
ignition control 发火控制
ignition current 引燃电流
ignition delay 点火延迟期
ignition dope 自燃促进剂
ignition equipment 点火装置
ignition hazard 着火危险;发火危险
ignition limit 燃烧极限
ignition loss 烧失率;灼减;燃烧损耗;灼烧失重
ignition point 燃点;着火点
ignition quality 着火性;发火性
ignition tube 点火管
ignitor 点火器;点火装置

ignitor fuse 点火引信
Ig-superfamily 免疫球蛋白超家族
Ig Y 免疫球蛋白 Y
ikarugamycin 斑鸠霉素
IKES(ion kinetic energy spectroscopy) 离子动能谱法
ikutamycin 生田霉素
IL(interleukin) 白细胞介素
IL-3 多重集落刺激因子
ilamycin 岛霉素
Ile 异亮氨酸
ilexanthin 冬青黄质
ilexin A 冬青苷 A
ilexin B 冬青苷 B
ilicic alcohol 冬青醇
ilicin 冬青(苦)素
Ilkovic equation 伊尔科维奇方程(式)
ill-defined 不确定的
illicium oil 莽草油
illite 伊利石
illudin 伊鲁丁;隐陡头菌素;隐杯伞素
illuminance (光)照度
illuminant (1)发光物 (2)照明剂
illuminating attachment 照明设备
illuminating kerosene 照明煤油
illuminometer 照度计
illuminophore 发光团
illustration 插图
illuvial horizon 淀积层
ilmenite 钛铁矿
iloprost 伊洛前列腺
ilvaite 黑柱石
image 像;图像
image display 图像显示
image distance 像距
image distortion camouflage coatings 变形迷彩涂料
image height 像高
image plane 像平面
image recognition 图像识别
image repeater 分步重复照相
imagery 成像
image space 像(方)空间
image-stone 像石(叶蜡石的一种)
image-superimposable molecule 镜像重合分子
image-transfer photographic material 影像转移感光材料
imaging 成像
imaging agent 显像剂;显影剂
imaging fluorometer 图像荧光计
imasatin 衣氨酸内酰胺;3-羟基-2-氧代-3-(2-氧代-3-吲哚亚氨基)吲哚
imazamethabenz 咪草酯
imazapyr 灭草烟
imazaquin 灭草喹
imazethapyr 咪草烟
imazine 依嗪(含 ═C═N—CH═ N—的化合物)
imbedded fin 镶嵌式翅片
imbedding 镶铸
Imbert zinc process 因伯特炼锌法
imbibition 浸润
imecic alcohol 衣袂醇
imesatin 伊末刹丁
imethylglyoxime 丁二酮肟
imibenconazole 酰胺唑
imiclopazine 咪克洛嗪
imictron 模拟神经元
imidacloprid 咪蚜胺;吡虫啉
imidapril 咪达普利
7*H*-imidazo[4,5-*d*]pyrimidine 7*H*-咪唑[4,5-*d*]嘧啶;嘌呤
imidazole 咪唑
4-imidazoleacetic acid 4-咪唑乙酸
imidazolidinethione 咪唑啉硫酮
imidazolidinone 咪唑啉酮
2-imidazolidinone 2-咪唑啉酮
imidazoline 咪唑啉(有 2-、3-、4-等异构体)
imidazoline carboxylate 咪唑啉羧酸盐
imidazoline phosphoramide 咪唑啉膦酰胺
imidazoline type surfactant 咪唑啉型表面活性剂
imidazolinium betaine 咪唑啉甜菜碱
imidazolinium compounds 咪唑啉鎓化合物
imidazolinol 咪唑啉醇
imidazol(in)one 咪唑啉酮
imidazolinyl 咪唑啉基
imidazolium 咪唑鎓
imidazolium compounds 咪唑鎓化合物
imidazolon 咪唑酮
2-imidazolylethylamine 2-咪唑基乙胺;组织胺
1*H*-imidazo[*b*]pyrazine 1*H*-咪唑并[*b*]哌嗪
imidazopyridine 咪唑并吡啶
1*H*-imidazo[1,2-*a*]pyridinium 1*H*-咪唑并[1,2-*a*]吡啶鎓
imide 二酰亚胺;酰亚胺
imide chloride 偕氯代亚胺

imidic acid 亚氨酸
imidization 酰亚胺化反应
imido-acetic acid 亚氨(二)乙酸
imidoate 亚氨酸酯
imidocarb 咪多卡
imido-carbonic acid 亚氨碳酸
imido-carbonic ester 亚氨碳酸酯
imido-carbonic ether (=imidocarbonic ester) 亚氨碳酸酯
imido-chloride 偕氯代亚胺
imidodicarboxylic acid 亚氨二羧酸
imidodiphosphoric acid 亚氨二磷酸
imidodisulfamide 亚氨二磺酰胺
imidodisulfate 亚氨二硫酸盐(或酯)
imidodisulfuric acid 亚氨二硫酸
imido-ester (=imidoate) 亚氨酸酯
imido-ether 偕亚氨醚;亚氨酸酯
imido-halide 偕卤代亚胺
***N*-imidoylamidine** *N*-亚氨脒
imine 亚胺
imine-enamine tautomerism 亚胺-烯胺互变异构
imino-acetic acid 亚氨(二)乙酸
imino acid 亚氨基酸
imino-base 亚氨碱
imino-chloride 偕氯代亚胺
iminodiacetic acid (IDA) 亚氨基二乙酸
iminodiacetonitrile 亚氨基二乙腈
iminodicyclohexanecarboxylic acid 亚胺二环己烷羧酸
imino-ester (=imidoate) 亚氨酸酯
imino-ether 亚氨醚;亚氨酸酯
imino-ether hydrochloride 盐酸化亚氨基醚
iminoformyl chloride 亚氨基甲酰氯;氯甲亚胺
imino-halide 偕卤代亚胺
imino-urea (=guanidine) 亚胺脲;胍
imipenem 亚胺培南
imipramine 米帕明;丙咪嗪
imipramine-*N*-oxide *N*-氧化米帕明;*N*-氧化丙脒嗪
imiquimod 咪喹莫特
imitated grain 假粒面
imitated sole leather 仿皮(鞋)底
imitate dyeing (毛皮)仿染
imitation Chinese writing paper 洋连史纸
imitation gold plating 仿金电镀
imitation grease proof paper 仿羊皮纸
imitation leather 人造皮革
imitation parchment (paper) 仿羊皮纸
imitation pressboard 仿压榨纸板
imitation-wood plastic 仿木材塑料
imitative second-hand leather 仿旧革
IMMA 离子探针质量分析器
immalleable 不可锻的;无韧性的;无展性的
immediate development 近期发展
immediate set 瞬间塑性形变
immerged coil heat exchanger 沉浸蛇管式换热器
immerged crack 深埋裂纹
immersed pump 浸没式泵
immersed surface 浸没表面
immersible pump 潜水泵
immersion bath 浸没浴;浸没槽
immersion coating 浸涂
immersion condenser 浸没式冷凝器;浸渍容器
immersion cooler 浸没(式)冷却器;沉浸冷却器
immersion heater 浸没[入]式加热器;浸液加热器
immersion impeller aerator 浸没式叶轮曝气装置
immersion lubrication 浸没式润滑
immersion method 水浸法
immersion objective 浸没物镜
immersion oil 浸渍油
immersion ultramicroscope 浸渍(式)超显微镜
immiscibility 不互溶性;不混溶性
immiscible fluid 不互溶流体
immiscible phase 不混溶相
immiscible solvent 不溶混合溶剂
immobile phase 固定相
immobilization 固相化
immobilization technology 固定化技术
immobilized biocatalyst 固载化生物催化剂
immobilized cell 固定化细胞
immobilized cell reactor 固定化细胞反应器
immobilized coupler 非扩散性成色剂
immobilized enzyme 固定化酶
immobilized enzyme batch membrane reactor 固相酶间歇膜反应器
immobilized enzyme reactor 固定化酶反应器
immobilized/supported liquid membranes 固载化液膜
immortal polymerization 不死的聚合
immune adherence 免疫黏着

immune adsorbents 免疫吸附剂
immune electrophoresis 免疫电泳
immune reaction 免疫反应
immune response 免疫应答
immune ribonucleic acid 免疫核糖核酸
immune RNA 免疫核糖核酸
immune serum 免疫血清
immunity 免疫性
immunoadsorption 免疫吸附
immunoassay 免疫测定[分析]
immunoblotting 免疫印迹(法)
immunochemistry 免疫化学
immunodiffusion 免疫扩散
immuno-electron microscopy 免疫电镜术
immunoelectroosmophoresis (IEOP) 免疫电渗电泳
immunoelectrophoresis 免疫电泳
immunogenic 致免疫的
immunogenicity 免疫原性
immunoglobulin 免疫球蛋白
immunoglobulin G(IgG) 免疫球蛋白 G
immunoisoelectric focusing 免疫等电聚焦
immunological memory 免疫记忆
immunological reaction 免疫反应
immunological rejection 免疫排斥
immunology 免疫学
immunophilin 抑免蛋白
immunoradiometric assay (IRMA) 免疫放射分析;免疫放射测定法
immunotherapy 免疫治疗
immunotoxin 免疫毒素
imolamine 伊莫拉明;噁唑啉亚胺
imoticidin 杀稻病菌素
IMP 肌苷酸;次黄苷酸
impact adhesive strength 冲击粘接强度
impact breaker 锤式破碎机
impact briquetting 冲压成型
impact briquetting machine 冲压式成型机
impact brittleness 冲击脆性
impact brittleness test 冲击脆性试验
impact cell mill 冲击式细胞破碎机
impact crusher 冲击式破碎机
impact crusher 冲击式破碎机;反击式磨机
impact crushing 冲击粉碎
impact damper 缓冲器;减震器
impact ductility 冲击韧性
impact factor 冲击载荷系数
impact force 冲击力
impact grinding 冲击粉碎
impact ionization 碰撞电离
impact load 冲击负载[荷载]
impact micronizer 扁平冲击式气流粉碎机
impact modifier 抗冲改性剂
impact noise rating 冲击噪声率
impact parameter 碰撞参量;撞击参数
impact pin 冲击销
impact polystyrene 抗冲聚苯乙烯
impact resilience 冲击回弹性
impact resilience rubber 抗冲(击)橡胶
impact screen 冲击筛;振动筛
impact specimen retest 冲击试样复试
impact strength 冲击强度
impact test 冲击试验
impact testing machine 冲击试验机
impact test piece 冲击试片
impact test specimen 冲击试件
impact toughness 冲击韧性
impact wheel mixer 冲轮式混合机
impedance 阻抗
impedance matching 阻抗匹配
impedimeter 阻抗计
impedimetric titration 阻抗滴定
impeller 叶轮
impeller agitator 叶轮搅拌器
impeller blade 叶轮片
impeller blower 叶轮式鼓风机
impeller boss 叶轮轮毂
impeller breaker 叶轮式粉[破]碎机
impeller channel 叶轮(流)道
impeller hub 叶轮轮毂
impeller labyrinth 叶轮迷宫密封
impeller mixer 转子式混合机
impeller of pump 泵叶轮
impeller output 叶轮排出量
impeller plate 叶轮板
impeller pump 叶轮泵
impeller shaft 旋转混合器轴;叶轮轴
impeller type chopper 叶轮式切碎机
impeller type pulverizer 叶轮式粉磨机
impeller vane 叶轮叶片
impelling action 推进作用
imperaline 西贝母碱
imperatorin 白茅苷;前胡醚;王草素
imperfect crystal 缺陷晶体
imperfect earth 接地不良
imperfect elastic collision 非完全弹性碰撞
imperfect gas (=real gas) 非理想气体;真实气体;实际气体
imperfection 缺陷;疵点;毛病
imperial gallon 英国加仑(合4.546升)

imperial green 翡翠绿;巴黎绿
impermeability 不渗透性
impermeable graphite 不透性石墨
impermeable ring 密封环;涨圈
impervious concrete 防渗混凝土
impervious graphite 不渗透性石墨
impervious lining 不透性衬里;不渗透性内衬
imperviousness coefficient 不透水系数
impingement 碰撞
impingement attack 空蚀;冲击腐蚀
impingement baffle 防冲板;缓冲挡板
impingement black 接触法炭黑;槽法炭黑
impingement corrosion 冲击腐蚀
impingement plate 撞击板;防冲板
impingement separator 撞击式气液分离器
impinger 冲击(雾化)器
IMP(inosine monophosphate) 肌苷酸;次黄苷酸
implantation 植入术
implanted electrode 植入式电极;埋藏电极
implants 植入剂
implicit enumeration method 隐枚举法
implicit method 隐式法
implicit value of life approach 生命绝对价值
implosion 爆聚;内向爆炸
implosion heating 爆聚加热
implosion test 刚性试验
implosive force 冲力
imporosity 非多孔性;紧密结构;无孔性
import 进口;输入
imported polar effect 导入极化效应
import substitution 进口替代
impounding reservoir 蓄水池;蓄水库
impoundment 积水
impregnant 浸渍剂;浸渗剂
impregnated fabric 浸胶布
impregnated glass fibre 浸胶玻璃纤维
impregnated graphite materials 浸渍石墨材料
impregnated insulation paper 浸渍绝缘纸
impregnated resin 浸渍树脂
impregnating bath 浸渍浴;浸渍
impregnating depth 浸渍深度
impregnating equipment 浸渍设备
impregnating machine 浸渍机
impregnating tank 浸渍槽
impregnating varnish 浸渍清漆
impregnation 浸渍
impregnator 浸渍机;浸胶机
impression cylinder 压花滚筒;印压滚筒
improsulfan 英丙舒凡;胺丙磺酯
improved Casale closure 改进卡萨莱密封
improved wood 压缩木材
improvement work 改建工程
improver (1)改进剂(2)助发剂(3)助白剂
improving furnace 精炼炉
impulse (1)冲量(2)脉动
impulse action 推进作用
impulse impeller 推进叶轮;冲力叶轮
impulse modulation 脉冲调制
impulse of compression 压缩冲量
impulse of restitution 恢复冲量
impulse system 脉冲系统
impulse trap 冲力汽水阀
impulse welding 脉冲焊
impure methane(=marsh gas) 沼气
impurity 杂质
impurity defect 杂质缺陷
imputrescibility 防腐(烂)性
INAA 仪器中子活化分析
inaccessiable 不能接近[进入,达到]的
inaccuracy of dimensions 尺寸不合格
inaccurate 不精确的
inactivant 失活剂
inactivation 失活
inactive base 钝性载体(催化剂的)
inactive black 非活性炭黑
inactive filler 钝性填料;惰性填料
inactive gas 不活泼气体;惰性气体
inactive solvent 惰性溶剂
inadhesion 不黏合;缺乏黏性
inanimate 无生命的
inaperisone 依那立松
in-beam spectroscopy 在束谱学;射束能光谱法
inboard bearing 内置轴承
inbreeding line 近交系
incandescence 炽[灼]热
incandescent flame 白热焰
incandescent lamp 白炽灯
incanine 灰毛束草碱
incarnatin 翘摇苷
incarnatyl alcohol 翘摇醇
incendiary agent 纵火剂
incendiary mixture 纵火剂
incense paper 香纸
incentive 刺激的
incidence matrix 关联矩阵
incident angle 入射角

incident light 入射光
incident ray 入射线
incineration 灼烧(灭菌法)
incineration of radwaste 放射性废物焚烧
incineration oven 焚烧炉
incineration residue 焚烧残渣
incinerator (1)焚烧炉;焚化炉 (2)煅烧炉
incipient fluidization 起始流化态;最小流化态
incipient fluidized bed 初始流化床
incipient scorch 早期硫化;焦烧
incision enzyme 内切酶
inclination 倾角
inclination of weld axis 焊缝倾角
incline bead coating 坡流液桥涂布
inclined conveyor 倾斜运输机
inclined ga(u)ge 斜管液面计
inclined hide processor 倾斜转鼓(制革设备)
inclined paddle type agitator 斜桨式搅拌器
inclined plane viscometer 斜面黏度计
inclined plate settler 倾斜板式沉降池
inclined pneumatic conveyer 风动式输送斜槽
inclined position welding 倾斜焊
inclined skip charger 耙式加料机
inclined strut 斜撑
inclined T-joint 斜接丁字接头
inclined tube evaporator 斜管蒸发器
inclined tube manometer 倾斜管式压力计
inclined turbine type agitator 倾斜透平式搅拌器
inclinometer 磁倾计
included slag 夹渣
inclusion 夹杂;夹杂物;夹渣
inclusion body 包涵体
inclusion complex 包合络合物
inclusion compound 包合物;包合化合物;包接物
inclusion polymerization 包合聚合;包接聚合
incoherent imaging 不相干成像
incoherent scattering 不相干散射
incombustible conveyor belt 不燃性运输带;防火运输带
incombustible fabric 不燃纺织品
income statement 损益表
incoming flow 来流
incommensurate crystal 无公度晶体
incommensurate phase 无公度相
in commercial quantity 工业规模地
incompatibility (1)配伍禁忌(2)不相容性
incompatible 不协调
incomplete fertilizer 不完全肥料
incomplete oxidation 不完全氧化
incomplete penetration 未焊透
incomplete root penetration 根部未焊透
incompressibility 不可压缩性
incompressible fluid 不可压缩流体
incondensable gas 不冷凝气体
inconel 因钢;因科内尔铬镍铁合金
incongruence 异元性;不相容性
incongruent melting point 异元熔点;(固液)异成分熔点
incongruity 异元性;不相容性
incorporated company 有限公司
in-corporated coupler 内偶式成色剂
increment 增量
incremental control 增量控制
incremental plastic theory 增量塑性理论
incretin 肠降血糖素
incubator 恒温箱;孵化箱;培养箱
indaconitine 印乌头碱
indalpine 吲达品
indamine 吲达胺
indan 2,3-二氢(化)茚;茚满(曾称)
indanazoline 茚唑啉
indandione 2,3-二氢-1,3-茚二酮
indane 2,3-二氢(化)茚;茚满(曾称)
β-indanone 2,3-二氢-2-茚酮
Indanthrene 阴丹士林
indanthrone 阴丹酮;靛蒽酮
indapamide 吲达帕胺;茚磺苯酰胺
indazole 吲唑
indazolone 吲唑酮
indecainide 英地卡尼
indelible ink 消不去的墨水
indeloxazine hydrochloride 盐酸茚洛秦
indendation load 压入载荷;压陷载荷
indene 茚
indene-coumarone resin 茚-香豆酮树脂
indeno[1,2-*b*]indole 茚并[1,2-*b*]吲哚
indenofluorene 茚并芴
indenoindene 茚并茚
indenoisoquinoline 茚并异喹啉
indenol 茚酚
indenolol 茚诺洛尔;茚心安
indenone 茚酮

indent (1)刻槽;刻痕;压痕 (2)订单
indentation 压痕
indentation hardness 压痕硬度
indentation index (1)压痕指数(2)针入度指数
indentation test 压痕试验
indented V-belt 齿形三角带
indenyl 茚基
independent component 独立组分
independent deactivation 独立失活
independent double bonds 孤立双键
independent double link(age)s 孤立双键
independent electron approximation 独立电子近似
independent electron pair approximation 独立电子对近似
independent particle model 独立粒子模型(核物理)
independent pump 单动泵
independent yield 独立产额
inderal 普萘洛尔;心得安
inderite 多水硼镁石
indeterminancy principle (= uncertainty principle) 测不准原理
indeterminate error 未定误差
indeterminate principle 测不准原理
indexing 指标化
index minerals 指示矿物;指标矿物
index of refraction 折射率
Indiana isopentane process 印第安纳(公司)异戊烷法
Indiana oxidation test 印第安纳(公司)氧化法
Indian gum 印度树胶,包括:(1)阔叶榆绿木胶;茄替胶 (2)苹婆胶
Indian ink 中国墨(汁);黑墨水
Indian meal 玉米粉;玉米面
Indian Oxford paper 字典纸;圣经纸
Indian red 印度红;三氧化(二)铁;氧化正铁
India paper (= bible paper) 字典纸;圣经纸
indican (1)尿蓝母;β-吲哚基硫酸钾 (2)吲哚氧基-β-葡糖苷;靛苷
indicarmine 靛胭脂;酸性靛蓝;食用靛蓝
indicated pressure 指示压力
indicating electrode 指示电极
indicating flow meter 指示流量计
indicating ga(u)ge 指示器
indicating instrument 指示式仪表
indicator (1)指示剂 (2)示功器 (3)指示计;指示器
indicator blank 指示剂空白
indicator constant 指示剂常数
indicator diagram 示功图
indicator dial 指示盘
indicator electrode 指示电极
indicator element 示踪元素
indicator error 指示误差
indicator ga(u)ge 指示压力计
indicator light 指示器信号灯
indicator paper 试纸(浸有指示剂的纸)
indicator pointer 指示器指针
indicator pressure 指示压力
indicator stop 指示限位器
indicolite 蓝电气石;蓝碧硒
indifferent electrode 惰性电极
indifferent electrolyte 惰性电解质
indifferent equilibrium 随遇平衡
indifferent gas 惰性气(体)
indifferent solvent (= aprotic solvent) 惰性溶剂;非质子传递溶剂
indigo 靛蓝
indigo carmine 食用靛蓝;靛胭脂;酸性靛蓝
indigo copper 铜蓝
indigo dicarboxylic acid 靛蓝二甲酸
indigo disulfonic acid 靛蓝二磺酸
indigoid dye(s) 靛系染料
indigo monosulfonate 靛蓝一磺酸盐
indigo paste 靛蓝糊
indigosol 溶靛素;溶蒽素
indigo tetrasulfonate 靛蓝四磺酸盐
indigo tetrasulfonic acid 靛蓝四磺酸
indigotin 靛蓝
indigo trisulfonate 靛蓝三磺酸盐
indigo vatting 靛蓝的瓮化;靛蓝的隐色化
indigo white 靛白
indinavir 茚地纳韦
indirect-acting regulator 间接作用调节器
indirect contact 间接接触
indirect control 间接控制
indirect cooking 间接蒸煮
indirect evaporative cooler 间接蒸发冷却器
indirect fertilizer 间接肥料
indirect fired dryer 间接火热干燥器
indirect-heat dryer 间接加热干燥器
indirect heater 间接加热器
indirect heating 间接加热

indirectly fired 间接燃烧
indirectly-heated rotary dryer 间接传热旋转干燥器
indirect measurement 间接测量
indirect method 间接法
indirect operation 间接操作
indirect organic electrosynthesis 间接有机电合成
indirect(spot)welding 单面点焊
indirect steam 间接蒸汽
indirect steam cure 间接蒸汽硫化
indirect substitution 间接取代
indirect transmission 间接传动
indirubin 靛(玉)红
indispensable amino acid 必需氨基酸
indissolubility 不溶解[分解]性
indissolvableness 不溶(解)性
indistinguishability 不可区分性
indium 铟 In
indium aluminum antimonide arsenide 砷锑化铝铟
indium aluminum antimonide phosphide 磷锑化铝铟
indium aluminum arsenic phosphide 磷砷化铝铟
indium antimonide 锑化铟
indium antimonide arsenide single crystal 砷锑化铟单晶
indium antimonide single crystal 锑化铟单晶
indium arsenic phosphide single crystal 磷砷化铟单晶
indium borate activated by europium 硼酸铟：铕(Ⅲ)
indium borate activated by terbium 硼酸铟：铽(Ⅲ)
indium celenite 亚硒酸铟
indium dichloride 二氯化铟
indium (electro)plating 电镀铟
indium gallium antimonide arsenide 砷锑化镓铟
indium gallium antimonide crystal 锑化镓铟晶体
indium gallium antimonide phosphide 磷锑化镓铟
indium gallium arsenic phosphide single crystal 磷砷化镓铟单晶
indium gallium arsenide single crystal 砷化镓铟单晶
indium gallium phosphide single crystal 磷化镓铟单晶
indium iodide 碘化铟
indium monobromide 一溴化铟
indium monosulfide 一硫化二铟
indium nitrate 硝酸铟
indium nitride single crystal 氮化铟单晶
indium oxide 氧化铟
indium oxychloride 氯氧化铟
indium phosphate 磷酸铟
indium phosphide 磷化铟
indium selenide crystal 硒化铟晶体
indium sesquioxide 三氧化二铟
indium stibide 锑化铟
indium suboxide 氧化亚铟
indium sulphide 硫化铟
indium telluride 碲化铟
indium tin oxide 氧化锡铟
indium tribromide 三溴化铟
indium trichloride 三氯化铟
indium triiodide 三碘化铟
indium trisulfide 三硫化二铟
indium tungstate 钨酸铟
individual 个体
individual adjustment 单独调整
individual construction 单件结构
individual drive 单独传动
individual heat transfer coefficient 传热分系数
individual protection 个体防护
individual surfactant 专用表面活性剂
individual vulcanizer 个体硫化机
indizating agent 碘化剂
INDO(intermediate neglect of differential overlap method) 间略微分重叠法
indobufen 吲哚布芬
Indocyanine Green 吲哚菁绿
indodiazole 茚并二唑
indole 吲哚
indoleacetic acid 吲哚醋酸;吲哚乙酸
indolebutyric acid 吲哚丁酸
indolenine (＝pseudo-indole) 假吲哚
indoline 二氢吲哚
2,3-indolinedione 2,3-二氢吲哚二酮;靛红
indolizine (＝pyrindole) 吲嗪;中氮茚
indolmycin 吲哚霉素
indolocarbazole 吲哚并咔唑;氮茚并氮芴
3-indolol 3-吲哚酚;吲羟
indolol 吲哚酚
indolone 吲哚酮

indolyl 吲哚基(有 7 种异构体)
indolylacetone 吲哚丙酮
β-indolylalanine β-吲哚基丙氨酸
indolylidene 二氢(-1,1-)亚吲哚基
3-indolylpyruvic acid 3-吲哚基丙酮酸
indometacin 吲哚美辛;消炎痛
indone (1)(=indenone)茚酮 (2)(=indanone)2,3-二氢-1-茚酮
indoor coating 内用涂料
indoor enamel 内用瓷漆
indoor enamel paint varnish 内用瓷漆料
indoor equipment 户内设备
indoor nitro enamel 内用硝基瓷漆
indoor paint (室)内用漆
indoor pollution 室内污染
indophenine reaction 靛吩咛反应
indophenol 靛酚(不是吲哚衍生物,故不叫:吲哚酚)
indoprofen 吲哚洛芬;茚酮苯丙酸
INDOR(internuclear double resonance) 核间双共振
indoramin 吲哚拉明;吲哌胺
indospicine 穗花木兰氨酸;α-氨基-δ-脒基己酸
indoxole 吲哚克索;双甲氧苯吲哚
indoxyl 吲羟;3-吲哚酚
indoxyl-β-glucoside(=indican) 吲哚氧基-β-葡糖苷;靛苷
indoxylglucuronic acid 吲哚氧基葡糖醛酸
indoxylic acid 3-羟基-2-吲哚羧酸
indoxyl-sulfuric acid β-吲哚基硫酸
induced activity 诱导活性;诱导放射性
induced charge 感生电荷
induced cross-linking 诱导交联
induced decomposition 诱导分解
induced dipole 诱导偶极;感应偶极子
induced dipole moment 诱导偶极矩;感生偶极矩
induced draft 引风;吸风;负压送风
induced draft cooling tower 引风式凉水塔;诱导通风式凉水塔
induced draft fan 引风机;吸风机;排烟机;烟泵
induced draft type air cooled heat exchanger 引风型空气冷却换热器
induced draught 人工通风
induced draught cooling tower 排风式凉水塔
induced electric field 感生电场
induced electromotive force 感生电动势
induced enzyme 诱导酶
induced fission 诱发裂变
induced-fit theory (酶)诱导契合学说
induced flow 导流器
induced luminescence 诱导发光
induced polarization (molar) (摩尔)诱导极化
induced radioactivity 感生放射性
induced radioisotope 感生放射性同位素
induced reaction 诱导反应;次级反应
inducer (1)导流片;导流轮(2)诱导物;诱发物
inducible enzyme 诱导酶
inducing catalyst 诱导催化剂
inductance 电感
inductance furnace 感应炉
induction brazing 感应钎焊
induction coil 感应圈
induction current 感应电流
induction effect 诱导效应
induction electromotive force 感应电动势
induction factor 感应系数
induction furnace 感应炉
induction furnace steel 感应电炉钢
induction heater 感应加热器
induction heating 感应加热
induction heating cure 感应固化
induction motor 感应电动机
induction period 诱导期
induction polarizability 极化率
induction tunnel 引射管;吸气管;引风洞
induction welding 感应焊
inductive effect 诱导效应
inductive electron polymer 感电子高分子
inductively coupled high frequency plasma torch 电感耦合高频等离子体焰炬
inductively coupled plasma 电感耦合等离子体
inductively coupled plasma atomic emission spectrometry 电感耦合等离子体原子发射光谱法
inductive phase 诱发期
inductive pressure ga(u)ge 电感式压力计
inductive reactance 感抗
inductive X-ray polymer 感 X 射线高分子
inductivity (1)诱导率(2)电容率;介电常数
inductivity heated plasma 感应加热等离子法
inductor (1)电感器 (2)诱导物;感应物

[体]
induline base B 引杜林色基 B(可作汽油防胶剂)
indulines 引杜林(染料);吩嗪蓝;对氮蒽型蓝
industrial accident 工业事故;工伤事故
industrial alcohol 工业酒精;变性酒精
industrial analysis 工业分析
industrial and technical paper 工业技术用纸
industrial and technical paperboard 工业技术用纸板
industrial atmospheric corrosion 工业大气腐蚀
industrial chemistry 工业化学
industrial coatings 工业涂料
industrial design 工业设计
industrial dust 工业粉尘;生产性粉尘
industrial effluent 工业废液;工业废水
industrial electrochemistry 工业电化学
industrial enterprise 工业企业
industrial explosive(s) 工业炸药
industrial fungi 工业真菌
industrial furnace 工业炉
industrial gas 工业用气;工业煤气
industrial gas chromatographic method 工业气相色谱法
industrial gasoline 工业汽油
industrial gear oil 工业齿轮油
industrial grade 技术等级
industrial 90-grade benzene 90 级工业苯(沸点范围 78.2～120℃)
industrial interference 工业干扰
industrial leather 工业用革
industrial lighting 工业[厂]照明
industrial man-made noise 工业噪声
industrial methylated spirit 工业用甲醇变性酒精
industrial microorganism 发酵微生物;工业微生物
industrial module 工业膜组件
industrial noise 工业噪声
industrial oil 工业用油
industrial organization 工业企业
industrial power supply 工业供电
industrial process 工业生产方法
industrial product 工业制品
industrial public nuisance 工业公害
industrial pump factory 工业泵厂
industrial pumping 工业泵送;厂内泵送
industrial research and development 工业研究与开发
industrial rheology 工业流变学
industrial safety 工业安全
industrial security manual 工业安全手册
industrial sewage 工业污水
industrial sieve net filament 工业筛网丝
industrial soap 工业皂
industrial standard 工业标准
industrial standard reference black 工业标准参比炭黑
industrial steam turbine 工业汽轮机
industrial tyre 工业车辆轮胎
industrial ventilation 工业通风;生产性通风
industrial waste 工业废料[液,水]
industrial wastewater 工业废水
industrial water conditioning 工业水处理
industrial water receive tank 工业水贮存箱
industrial water supply 工业供水
industrial water treatment 工业水处理
industrial X-ray film 工业 X 射线胶片
industry gas turbine 工业燃气轮机[透平]
industry of fine chemicals 精细化工
industry standard item 工业标准项目
industry standard specifications 工业标准规格
indyl 吲哚基;氮(杂)茚基
indylidene(＝indolylidene) 二氢(-1,1-)亚吲哚
inearnatyl alcohol 三十四(烷)醇
inedible oil 非食用油
inefficiency 效率低[差]
inelastic bending 非弹性弯曲
inelastic collision of ions 离子非弹性碰撞
inelastic fluid 非弹性流体
inelasticity 非弹性
inelastic neutron scattering spectros-copy (INS) 中子非弹性散射能谱学
inelastic scattering 非弹性散射
inequality (1)不相等 (2)不等式
inequality constraint 不等式约束
inequilater angle steel 不等边角钢
inert atmosphere 惰性气氛
inert bioceramic(s) 惰性生物陶瓷
inert carrier 惰性载体
inert complex 惰性络合物
inert coordination compound 惰性配位化合物

inert diluent gas 稀释用惰性气体
inert elements 惰性元素
inert filler 惰性填料
inert gas 惰性气体
inert-gas arc welding 惰性气体保护焊
inert gas seal 惰性气体密封
inert gas welding 惰性气体保护焊
inert gelatin 惰胶
inertia 惯性
inertia balance 动平衡
inertia force 惯性力
inertial centrifugal force 惯性离心力
inertial dust collection 惯性除尘
inertial force 惯性力
inertial impaction 惯性碰撞
inertial load 惯性载荷
inertial mass 惯性质量
inertial(reference) frame 惯性(参考)系
inertial(reference) system 惯性(参考)系
inertial separation 惯性分离
inertial separator 惯性集尘[分离]器
inertia mass 惯性质量
inertia shaking force 摇动惯性力
inertia tensor 惯量张量
inertia-type classifier 惯性式分级器
inert packing 惰性填料
inert particle fluidized bed 惰性粒子流化床
inert particle fluidized-bed dryer 惰性粒子流化床干燥器;惰性粒子沸腾干燥器
inert pigment 惰性颜料;体质颜料
inert solvent 惰性溶剂
inextricable mixture 不可分混合物
infasurf 因法舒夫
infeasible path method 不可行路径法
infections development 感染显影
inter-coat 二道底漆
inference engine 推理机
inferential control 推理控制
in-field use 就地使用;现场使用
infiltration (1)渗(入过)滤 (2)渗透;渗入
infinite dilution 无限稀释
infinite dilution activity coefficient 无限稀释活度系数
infinite element 无限元
infinitely thick layer 无限厚靶[层]
infinitely thin layer 无限薄靶[层]
infinitely variable control 无级调节
infinitely variable speed transmission 无级变速传动装置
infinite reflux operation (蒸馏塔的)无限回流操作
infinitesimal process 无限小过程
infinitesimal rotation 无限小转动
infinitesimal transition (= infinite-simal process) 无限小过程
infinite swelling 无限溶胀
infinite volume limit (= thermody-namic limit) 热力学极限
inflaming retarding 阻燃
inflammability 易燃性
inflammability limit 可燃极限;着火极限
inflammability test 易燃性试验
inflammable 易燃的
inflammable gas 可燃性气体
inflammableness 易燃性
inflammable substance 易燃物;易燃物质
inflammation point 着火点
inflating agent 发泡剂
inflating medium 发泡剂;发气剂
inflation 充气吹胀;膨胀
inflation film manufacturing machine 吹膜机
inflection point 拐点
information 信息;情报;消息
information and drawing 图纸资料
information board 信息板
information capacity 信息容量
information content 信息容量
information data 信息数据
information efficiency 信息效率
information flow diagram 信息流图
information indicator materials 信息显示材料
information optics 信息光学
information paper 电子计算机用纸;信息纸
information profitability 信息效益
information recording materials 信息记录材料
information retrieval technique 信息检索技术
informative pattern 可提供数据的图形
informosome 信息体
infra-protein (=metaprotein) 变性蛋白;脲;清蛋白盐
infrared 红外(线)的
infrared absorption spectroscopy 红外吸收光谱法

infrared beam condenser 红外光束聚光器
infrared cure 红外线硫化法
infrared detector 红外检测器
infrared dryer 红外线干燥器
infra-red drying 红外线干燥
infrared film 红外胶片
infra-red gas analyzer 红外(线)气体分析器
infrared heating 红外线加热
infrared microscope 红外显微镜
infrared photochemistry 红外光化学
infrared polarizer 红外偏振器
infrared polymerization index 红外聚合指数
infrared radiation ceramics 红外辐射陶瓷
infrared radiation thermometer 红外辐射温度计
infrared ray 红外线
infrared reflection absorption spectroscopy 红外反射吸收光谱
infrared region 红外区
infrared source 红外光源
infrared spectrophotometer 红外分光光度计
infrared spectroscopy 红外光谱法
infra-red spectrum(IR spectrum) 红外光谱
infrared transmitting ceramics 透红外陶瓷
infra-red vulcanization 红外(线)硫化
infrasonic generator 次声发生器
infrasonic wave 次声波
infrastructure 基础结构
infusible compound 难熔化合物
infusion 浸渍;浸泡
infusion kettle 浸渍锅
infusorial earth 硅藻土
in-glaze colors[decoration] 釉中彩
ingot 坯料
ingot iron 铁锭;生铁;铸铁
ingot metal 金属锭;铸金属
ingrain agent 显色剂
ingrain dye(s) 显色染料
ingramycin 英格拉霉素
ingredient (1)配合剂;拼料 (2)成分 (3)组分
INH(isonicotinyl hydrazide) 异烟肼
inhalable particles(IP) 可吸入颗粒物
inhalation poisoning 吸入中毒
inhalation toxicity 吸入毒性
inherent viscosity 比浓对数黏度
inheritance 遗传
inhibin 抑制素
inhibited acid 缓蚀酸
inhibited drilling fluid 抑制性钻井液
inhibiting action 抑制效应
inhibition 抑制;阻聚作用
inhibition constant 阻聚常数
inhibition mechanism 缓蚀机理
inhibition synergism 协同缓蚀效应
inhibitive oil 防锈油
inhibitive pigment 防锈颜料
inhibitor (1)抑制剂 (2)阻聚剂
inhibitor for carbon black structure 炭黑结构抑制剂
inhibitor of acetylcholinesterase 乙酰胆碱酯酶抑制剂
inhibitor response 抑制剂感应
inhibitor susceptibility 抑制剂感应
inhibitor sweetening 抑制剂脱硫(法)
inhibitory action 抑制效应
inhibitory phase 抑制相
inhomogeneous magnetic field mass spectrometer 非均匀磁场质谱计
inhomogeneous reaction 非均相反应
in idle 停机;闲置
inifer 引发-转移剂
iniferter 引发-转移-终止剂
inimical impurity 有害杂质
initial allowance 机械加工留[裕]量
initial boiling point(IBP) 初沸点;初馏点
initial charge 初充电
initial come-up time of unit 设备从开工到正常操作的时间
initial concentration rubber 原浓度橡胶
initial condition 初始条件
initial cost 基建投资;原始成本
initial daily production 最初日产量
initial detonating agent 起爆剂
initial hardness 初始硬度
initial load 初始载荷
initial operation 初始操作
initial plasticity 塑性初值
initial pressure 初压
initial process release 工艺预发表
initial production 初期产量
initial raw plasticity 塑炼前可塑性
initial rubber 原料(生)胶
initial speed 初速
initial spreading coefficient 初始铺展系数
initial steam 新蒸汽
initial steam pressure regulator 新汽压力调节器
initial strain 初始应变

initial stress 初始应力
initial tear strength 起始型撕裂强度
initial temperature 初始温度
initial tension 初始张力
initial velocity 初速(度)
initiated oxidation 引发氧化
initiating agent 引发剂
initiating explosive 起爆药
initiating explosive devices 火工品
initiating passivation current density 致钝电流密度
initiation 引发
initiation codon 起始密码子
initiation complex 起始复合物
initiation factor 起始因子
initiation of chain 链的引发
initiation of detonation 爆炸的引发
initiator (1)引发剂 (2)引(爆)药;起爆药 (3)起始剂
initiator of polymerization 聚合引发剂
injecting mould 注射模具
injection 注入;注射
injection agent 喷射介质
injection blow mo(u)lding 注射吹塑
injection carburator 喷射式汽化器
injection compression moulding 注塑压缩成型
injection compressor 注气压缩机
injection condenser 喷射式冷凝器
injection condition 注压[塑]条件
injection cylinder 喷射气缸
injection engine 喷油式发动机;火花型汽油发动机
injection metallurgy 喷射冶金
injection mill 喷射式磨机
injection mo(u)ld 注塑模具
injection-mo(u)lded item 注压制品;注塑制品
injection mo(u)lder 注射模型成形机;注射模压机
injection mo(u)lding 注射[塑]成型;注(塑模)压法;注塑件
injection mo(u)lding machine (1)注压[模]机(2)注塑(成形)机
injection nozzle 注射管嘴
injection piston 注射柱塞
injection plunger 注射柱塞
injection pressure 注压[射,塑]压力
injection process 喷射法(冶金)
injection pump 注射泵;喷射泵;射流泵
injection pump plunger 喷射泵柱塞
injection valve 喷射阀
injection water 注射水;喷射水
injector 注射器;喷射器
injector condenser 注射冷凝器
injector fuel pipe 注射燃料管
injector mixer 注射混合器
injector nozzle 喷射器嘴
injector pump 注射泵
injector stop valve 喷射器断流阀
injurious defect 有害缺陷
injurious deformation 有害变形
injurious ingredient 有害成分
ink-jet printing 喷墨打印
ink receptivity 吸墨性(能)
ink remover 墨水脱除剂
ink resistance 抗墨性(能)
ink stick (中国)墨
inlay sealing material(s) 嵌缝密封材料
inlet 入口;进口;投料口;供料口
inlet amount 进料量
inlet and outlet 出入口
inlet baffle 进口挡板;入口挡板
inlet close 进气停止
inlet dam ring 进口挡料圈
inlet downcomer 入口降液管
inlet elbow 进口弯管;喷管
(inlet) flushing system 冲洗装置
inlet leakproof-ring 入口防漏环
inlet manhole 入口(端)人孔
inlet manifold 入口集合[气]管
inlet of dust contained gas 含尘气体入口
inlet parameter 入口参数
inlet pigtail 入口猪尾管
inlet port 进气口;吸油口
inlet separator 进气分离器
inlet side 进口侧
inlet tube 入口管
inlet valve 吸气阀;进气阀;入口阀;进样阀;进料阀
in-line (在)管线内;在线
in-line analysis 流线分析;线上分析
in-line blender 在线混合器
in-line blending 管道混合
in-line combination 串列组合
in-line continuous production 流水连续生产
in-line meter 在管道中的仪器;在线仪表
in-line mixer 管路混合器
in-line needle valve 管道针状阀

in-line pump 管线泵;管道泵
in-line pyrolysis gas chromatography 管线内热解气相色谱法
in-line reactor 管道反应器
in-line relief valve 管道安全阀
in-line tube arrangement 直列管排(式)
inner anhydride 内酐
inner bearing 内轴承
inner bearing cover 内轴承盖
inner blowout preventer 内防喷器
inner box 内箱
inner casing 内壳体;内气缸
inner clearance 内部间隙
inner coating DN-7802 内涂料 DN-7802
inner colded 内部冷却的
inner complex 内络合物;螯合物
inner condenser 内冷凝器
inner cone of flame 火焰的内锥
inner coordination sphere 内配位层
inner dead point 内止点
inner diameter 内径
inner electric potential 内层电位;内电势
inner electron 内层电子
inner ester 内酯
inner ether 内醚
inner face 内表面
inner flame 内焰
inner gap 内隙
inner Helmholtz plane 内亥姆霍兹平面
inner hinge plate 内铰合板
inner joint 内接口[头]
inner lap 内搭接
inner layer 内层
inner liner 内衬
inner metal ring 内金属环
inner molecular reaction 分子内反应
innermost electron shell 最内电子壳层
inner oil seal 内(轴承)油封
inner orbital 内层轨道
inner-orbital complex 内轨型络合物
inner-orbital configuration 内轨型(构型)
inner orbital coordination compound 内轨配位化合物;内轨络合物
inner orbital mechanism 内轨机理
inner package[packing] 内包装
inner parts 内件
inner perforated bowl 带孔内转鼓
inner pipe 内管
inner pipe nozzle 管程接管口
inner potential 内电位
inner quantum number 内量子数
inner race 内套;内座圈
inner reflux 内回流
inner ring 内环;内圈
inner safety-valve 内装式安全阀
inner salt 内盐
inner seal case 密封内套
inner shell 内壳层
inner-shell electrons 内层电子
inner-shell ionization 内壳(层)电离(作用)
inner space 内部空间
inner sphere 内界
inner sphere complex 内层络合物
inner sphere complexation 内层配位;内层络合
inner sphere mechanism 内层机理
inner strain 内应变
inner stress 内应力
inner tank 内罐;内筒
inner transition element 内过渡元素
inner tube 内胎
inner tube body 内胎胎身;内胎胎体
inner tube reclaim 内胎再生橡胶
inner viscosity 结构黏度
inner volume 内水体积
inner width 内部宽度;内隙
inner wire ring 内钢丝圈
innocent treatment 无害化处理
innocuity test 安全试验
innocuous substance 无害物质
innoxious substance 无害物质
inoculating crystal 晶种;籽晶
inoculation 接种
inoculum (发酵工业)种子;接种物;培养液
inodorous 无气味的;无臭的
in off position 在关闭状态[位置]
inolomin 丝膜菌素
inomycin 肌霉素
in operation 操作中;运转中;实施中;使用中
inoperative 失效的
inorfil 无机纤维
inorganic acid 无机酸
inorganic adhesive 无机胶黏剂
inorganic analysis 无机分析
inorganic anti-clay swelling agent 无机黏土防膨剂
inorganic bactericide 无机杀菌剂

inorganic cellulose esters 无机纤维素酯类
inorganic chemicals 无机化学品
inorganic chemical technology 无机物工学;无机(物)工艺学
inorganic chemistry 无机化学
inorganic chromatography 无机色谱法
inorganic coating 无机涂层;无机涂料
inorganic compound 无机化合物
inorganic conductive adhesive 无机导电胶
inorganic (corrosion) inhibitor 无机缓蚀剂
inorganic electrolyte lithium battery 无机电解质锂电池
inorganic fertilizer 无机肥料
inorganic fibre 无机质纤维
inorganic fungicide 无机杀菌剂
inorganic herbicide 无机除草剂
inorganic ion exchange paper 无机离子交换纸
inorganic ion exchanger 无机离子交换剂
inorganic membrane 无机膜
inorganic membrane reactor 无机膜反应器
inorganic nitrogenous fertilizer 无机氮肥
inorganic pesticide 无机类农药
inorganic pigment 无机颜料
inorganic polymer 无机高分子
inorganic rubber 无机橡胶(指氯化磷腈聚合物等)
inorganics 无机物
inorganic solid state chemistry 无机固体化学
inosamine 肌醇胺;环己六醇胺
inose 肌醇;环己六醇
inosine 肌苷
inosine acid 肌苷酸;次黄(嘌呤核)苷酸
inosine triphosphate (ITP) 次黄苷三磷酸
inosinic acid 肌苷酸;次黄(嘌呤核)苷酸
inosiplex 异丙肌苷
inositol 肌醇;环己六醇
inositol hexaphosphate(=phytic acid) 肌醇六磷酸(酯)
inositol monophosphate 肌醇一磷酸(酯)
inositol niacinate 烟酸肌醇酯
inositol phosphate 磷酸肌醇(酯)
inositol phosphoglycerides 磷脂酰肌醇
inositoltriphosphoric acid 肌醇三磷酸(酯)
inositol 1,4,5-trisphosphate (IP_3) 肌醇1,4,5-三磷酸

inoxid(iz)ability 不可被氧化性
in parallel 并联
inperfect 不完整的
inperfect passivity 不完全钝态
in phase vibration 同相振动
in pile loop 堆内回路
in-place foaming 就地发泡;现场发泡
in-plane bending 面内弯曲
in-plant assay 厂内测定;厂内分析
in-plant ass'y 厂内装配
in-plant conveying 厂内输送;车间内输送
in-plant handling 厂内搬运
in-plant stock handling (厂内)半成品搬运
in-plant transportation 厂内(部)运输
inpouring 注入
in-process 操作过程中
in-process control 工序间控制
in-processing test 生产(条件下)试验
in-process inventory 过程中投入量
in-process measures 工艺措施
in-process product 半成品
in-process raw material 加工用原材料
inproquone 双丙氧亚胺醌
input 输入
input and output analysis 投入产出分析
input axis 输入轴
input data 输入数据
input feed roller 喂入辊;喂料辊
input layer 输入层
input material 原料;进料
input multiplicity 输入多重解
input-output 投入产出;输入输出
input-output analysis 投入产出分析
input-output table 投入产出表
input quantity 进料量
input shaft 输入轴
input stroke 进气冲[行]程;进气冲量
input torque 输入转矩
inquire 询价
in-reactor loop 堆内回路
inreversible transformation 不可逆转变
in running condition (1)在运转情况下 (2)运转正常
insect attractant 引诱剂
insect bait 捕虫饵
insert bit 镶嵌钻头;镶刃刀头
insect hormone(s) 昆虫激素
insecticide 杀虫剂
insecticide *Bacillus thuringiensis* 苏芸金杆菌杀虫剂

insect(icide) oil 杀虫油
insecticide paint[coatings] 杀虫涂料
insectifuge as feed additive 饲料用驱虫保健剂
insectoverdins 虫绿蛋白
insect repellant 驱虫剂;驱避剂
insect repellent cream 蚊虫驱避膏;避蚊霜
insect spray (=insecticide oil) 杀虫油
insect sterilant 不育剂
insect wax 虫蜡;白蜡
insensibility 不灵敏性
insensitiveness 不灵敏度
insensitive time (=dead time) 死时间
inseparable 不可分的
insert 内插(雾化)件;插入(片段);衬垫;插入物
inserted link 插杆
inserted part(s) 预埋件
inserted piece 插入物;预埋件
insert electrode tip 电极头
insertion 插入
insertion compound 插入化合物
insertion element 插入元件
insertion-excitation-decomposition reaction 嵌入-激发-分解反应(热原子化学)
insertion polymerization 插入聚合
insertion reaction 插入反应;嵌入反应
insertion sequence 插入序列
insert mo(u)lding 嵌件模塑;夹物模压
insert tube 插入管
inservice inspection 在役检查
in-service job 临时修理;紧急修理
inset 插图
inside callipers 内卡(钳)
inside coating 内壁涂层
inside-deviation 内面偏差
inside drum cover 内筒盖
inside drum liner 内筒衬板
inside follower 内装随动件
inside out 膜内侧翻外
inside-out filter 外流式过滤器
inside-out method 从里面向外翻的计算方法
inside-out type cell 内锌外炭式干电池
inside race 内座圈
inside screw 内螺纹
inside screw and non-rising stem 暗杆内螺纹
inside seal 内装式密封;内密封
inside width 内宽
in site 同位;原位
in situ coal gasification 煤的地下[就地]气化
in situ curing 现场硫化法;注入硫化法
in situ density 原地密度(不取样测定的密度)
in situ electrochemical photoacoustic spectroscopy 现场电化学光声光谱
in situ electrochemical photothermal spectroscopy 现场电化学光热光谱
in situ electrophoresis 原位电泳
in situ foaming 原地发泡;现场发泡
in situ gasification 地下[就地]气化
in situ neutron activation analysis 现场中子活化分析
in situ photoluminescence 现场光致发光
in situ preparation 现场制备;就地制造
in situ pretreatment 原位预处理
in situ quantitation 现场定量;就地定量;(薄层)板上定量
in situ recovery 现场回收;就地回收
in situ tracer 原位示踪剂
insoelectronic principle 等电子原理
insole leather 内底革
insolubility 不溶(解)性
insoluble anode 不溶性阳极
insoluble bromide number 不溶溴值
insoluble bromide ratio 不溶溴值
insoluble bromide value 不溶溴值
insoluble enzyme 固相酶;固定化酶
insoluble monolayer 不溶性单层
insoluble residue 不溶残渣
insolubles in water 水不溶物
insoluble sludge 不溶残渣
insoluble tar 沉淀(木)焦油
insonification 声照射;声透射
inspected area 探伤范围
inspecting engineer 验收工程师
inspecting item 检验项目
inspection agency 检验机关
inspection and checkout 检查与测试
inspection and test 检查和试验
inspection certificate 检验合格证;检查证明书
inspection cover 检查盖
inspection department 技术检查科
inspection hole 窥视孔
inspection hole for exhaust gas pressure 排气压力检查孔
inspection item 检验项目

inspection manual 检验手册
inspection of edge preparation 坡口检查
inspection opening 检查孔[口]
inspection peep hole 检查视孔
inspection procedure specification 检查规程
inspection record 检查记录;检验记录
inspection report 检验报告
inspection result 检查结果
inspection schedule 检查图表
inspection sheet 检验单;检查表
inspection specification 检验规范;检验说明书
inspector 检查员;鉴定者
inspector of material 材料检验员
inspissator 蒸浓器
instability constant 不稳定常数
installation and overhaul specification 安装及检修规范
installation capacity 设备容量
installation charge 安装费(用);装机费
installation cost 设备费
installation cost as per machine capacity 单位容量安装成本
installation damages 安装损伤
installation diagram 安装图
installation dimensions 安全尺寸
installation engineer 安装工程师
installation exercise 安装作业
installation of spiral wound-type membrane 螺旋卷式膜装置
installation of tube type membrane 管式膜装置
installation parts list 安装零件清单
installation site 安装场所;安装位置
installation size 安装尺寸
installation specification 安装检修规程
installation work 安装工作
installed load 安装荷重[载荷]
installed vacuum cleaner 固定式真空吸尘器
install in series 串联(安装)
instant adhesive 瞬干胶
instantaneous acceleration 瞬时加速度
instantaneous axis(of rotation) (转动)瞬轴
instantaneous center(of rotation) (转动)瞬心
instantaneous deformation 瞬时形变
instantaneous dipole moment 瞬时偶极矩
instantaneous elastic deformation 普弹形变;瞬时弹性形变
instantaneous fuse 瞬时引信;着发引信
instantaneous overload 瞬时过载
instantaneous reaction 瞬时反应
instantaneous screw axis 瞬时螺旋轴
instantaneous source 瞬时(污染)源
instantaneous total mortality coefficient 瞬时总死亡系数
instantaneous translation 瞬时平移
instantaneous velocity 瞬时速度
instant black and white film 一步黑白胶片
instant color film 一步彩色胶片
instant photographic film 一步摄影胶片
instant steam 速成高压汽(由冷水瞬时生成的高压蒸汽)
instinctive behavior 本能行为
institute of science and technology 理工学院
Instron tensile tester 英斯特朗张力试验仪
instruction 规程
instruction for installation 安装规程;安装说明书
instruction manual 用户说明
instruction set 指令组
instrument 仪器
instrumental analysis 仪器分析
instrumental charged-particle activation analysis (ICPAA) 仪器带电粒子活化分析
instrument(al) constant 仪器常数
instrument(al) error 仪器误差
instrumental fast neutron activation analysis (IFNAA) 仪器快中子活化分析(法)
instrumental neutron activation analysis (INAA) 仪器中子活化分析
instrumental photon activation analysis (IPAA) 仪器光子活化分析
instrumentation operation station 仪表操作台
instrument block valve 仪表截止阀
instrument board 仪表盘;仪表屏板
instrument connection 测试接管;测试孔
instrument error 仪表误差
instrument light 仪表信号灯
instrument magnetic tape 计测磁带
instrument oil 仪表油
instrument panel 仪表盘;仪表屏板
instruments on base 基地式仪表
instruments panel 仪表盘
instrument symbols 仪器符号
instrument tape 仪器磁带
insufficient compression 压缩不足

insufficient deliming 脱灰不足
insufficient enzyme bating 酶软不足
insufficient fusion 未焊透
insufficient liming 灰(碱)处理不足
insufficient neutralization 中和不足
insufficient soaking 浸水不足
insufficient tanning 鞣制不足
insulamine 英色胺
insularine 岛藤碱
insulated bolt 绝缘螺栓
insulated column 保温蒸馏塔
insulated conductor 绝缘导体;绝缘导线
insulated conduit 绝缘导管
insulated flexible pipe 绝缘软管
insulated handle 绝缘柄;绝缘手柄
insulated lead wire 绝缘导线
insulated rubber shoes 绝缘胶鞋
insulated rubber tape 绝缘胶带
insulated tape 绝缘带
insulating adhesive 绝缘胶黏剂
insulating base 绝缘(底)板
insulating board 电绝缘纸板
insulating bush 绝缘套管
insulating cardboard 绝缘纸板[厚纸]
insulating cement 绝缘胶;绝缘水泥
insulating coat 绝缘涂层
insulating course 绝缘层
insulating effect 绝缘效应
insulating fire brick 隔热耐火砖
insulating glass (1)中空玻璃(绝热用) (2)绝缘玻璃;电真空玻璃
insulating jacket 绝热夹套;隔热夹套
insulating layer 绝缘层;保温层
insulating lining 保温衬里;绝热衬里
insulating medium 绝缘介质
insulating oil 绝缘油;变压器油
insulating pipe 绝缘管
insulating polymeric material(s) 高分子绝缘材料
insulating rubber slab 绝缘胶板
insulating sheath 绝缘护套
insulating strip 胶布绝缘带;电线包布
insulating tape 胶布绝缘带;电线包布
insulating tube 绝缘管
insulating varnish 绝缘漆
insulating varnish for resistor and capacitor 电阻和电容器漆
insulation 保温层;(电,热)绝缘层
insulation board 保温板
insulation can 保温箱
insulation glass 绝缘玻璃;电真空玻璃
insulation paper 绝缘纸
insulation pipe 绝缘管
insulation PSAT 绝缘压敏胶粘带
insulation resistance 绝缘电阻
insulation rubber 隔离胶
insulation tape 胶布绝缘带
insulation tube 绝缘管
insulation work 保温工程
insulator (1)绝缘体 (2)绝缘器;绝缘子 (3)隔离剂
insulin 胰岛素
insulinase 胰岛素酶
insuperable 不能克服的
insurance and freight 到岸价格(成本加保险费运费)
insurance claim 保险索赔
I. N. S. value I. N. S. 值(皂化价减去碘价)
intaglio ink 凹板墨
intaglio printing ink-feeding rubber blanket 凹版印刷传墨橡皮布
intaglio (printing) paper 凹版印刷纸
intake air line 空气进口管线
intake manifold 进气总管;进气歧管
intake screen 进料滤网
intake side 进口侧
intake valve (for air) 进气阀;进气门
Intalox saddle (packing) 矩鞍形填料;英特洛克斯鞍形填料;槽鞍形填料
intangible assets 无形资产
in-tank-solidification (ITS) 罐内固化;槽内固化
intarvin 甘油十七(烷)酸酯
integer programming (IP) 整数规划
integerrimine 全缘(千里光)碱
integral 积分
integral accuracy 积分精度
integral capacity of double layer 双层积分电容
integral colo(u)r 整体颜色;总的色泽
integral condenser 整体式凝汽器
integral denitrogenation-dehydrogenation 联合脱氮-脱氢(法)
integral detector 积分式检测器
integral distribution function (=probability distribution function) 积分[概率]分布函数
integral dose 总剂量;积分剂量
integral equation theory 积分方程理论
integral erection 整体安装

integral fan 整体式风机
integral felt reinforcement 整体毡增强体
integral fixed-bed reactor 固定床积分反应器
integral haulage 内牵引
integral heat of adsorption 积分吸附热
integral heat of dilution (= heat of dilution) 稀释热;冲淡积分热
integral heat of solution 积分溶解热
integral heat of swelling 积分膨胀热
integral igniter 复合喷嘴
integrally finned tubes 整体翅片管
integrally skinned membrane 整张皮层膜
integral of direct correlation function 直接关联函数的积分
integral of generalized energy 广义能量积分
integral of generalized momentum 广义动量积分
integral of pair correlation function 相异(分子)对相关函数的积分
integral plasticization 全增塑(作用);内增塑(作用)
integral reactor (1)积分反应器(2)一体化反应堆
integral reinforcement 整体补强
integral test 积分检验法
integral type detector 积分型检测器
integral type flange 整体法兰
integrated absorption method 积分吸收法
integrated biological-chemical process 生物-化学联合法
integrated circuit 集成电路
integrated hydrocarbon stripping process 联合烃汽提法(两种烃气流同时加工)
integrated hydrofining-hydrocracking 联合加氢精制-加氢裂化(法)
integrated line (1)综合生产流程(2)成套设备
integrated mill 大型工厂;联合工厂
integrated oil company 大型石油公司
integrated processing 统一集中处理
integrated refinery 联合炼油厂
integrated system 成套系统
integrated tower 集成塔;复合塔;有反应器的蒸馏塔
integrated unit 联合装置;成套装置
integrated utilization 综合利用
integration 集成;整合
integrator 整合子
integrin 整联蛋白
integrity 整体性
intein 内含肽
intelligence material(s) 智能材料
intelligence system 信息系统
intelligent composite 智能复合材料
intelligent computer 智能计算机
intelligent control 智能控制
intelligent robot 智能机器人
intelligent system 智能系统
intelligent use 合理使用
intended life 预定使用寿命
intended size 给定尺寸;公称尺寸
intense distillation 强化蒸馏
intense explosion 强爆炸
intensifying screen 增感屏
intensities 强度变量;强度性质
intensity fluctuation spectroscopy (IFS) (谱线)强度涨落波谱法
intensity of light 光强
intensity of magnetization 磁感应强度
intensity of sound 声强
intensity ratio of line pair 线对强度比
intensity reflectivity 强度反射率
intensity transmissivity 强度透射率
intensive drying 充分干燥
intensive internal mixer 强力密炼机
intensive mixing 强烈混合;充分混合;强力混炼
intensive parameters (=intensive quantities) 强度变量;强度性质
intensive properties (= intensive quantities) 强度性质;强度变量
intensive variable(=intensive quantity) 强度变量;强度性质
intentional pollution 有意污染
interaction (相)互作用
interaction coefficient 交互作用系数;交叉系数
interaction energy (相)互作用能
interaction picture (相)互作用绘景
interatomic force 原子间力
interband 带间
interblend 相互掺混
intercalary plate 加插板
intercalated disk 闰盘;闰板
intercalated duct 闰管
intercalation 插层反应;嵌入
intercalation chemistry 插层化学
intercalation compound 层间化合物
intercalation coordination compound

夹层配位化合物
intercalibration 相互校准
intercellular fluid 细胞间液
intercepter valve 遮断阀
interceptor plate 截流板
interceptor valve 截断阀
interchain 链间的;链与链之间的
interchain hydrogen bond 链间氢键
interchangeable segment 可互换活塞瓣
interchangeability (可)互换性
interchangeability of parts 部件互换表
interchangeable 可互换的
interchangeable element 可互换的元件
interchangeable fabricated parts 互换配件
interchangeable ground glass joints 配套的玻璃磨口插头
interchangeable manufacture 互换性生产
interchangeableness (可)互换性
interchangeable parts 互换(性)配件
interchangeable seal 可互换密封
interchange energy 交换能
interchange esterification 酯交换
interchange mechanism 互换机理
intercombination transition 不同多重态之间的电子跃迁
intercondensation polymer 共缩聚聚合物
intercondenser 中间冷凝器
interconnected structure 连通结构
interconversion of chair forms (= conversion of chair forms) 椅式互变
interconvertibility 互变性;互换性
interconvertibility of instrument 仪器互换性
intercooler 中间冷却器
intercrosslinking 链间交联
intercrystalline attack 晶间腐蚀
intercrystalline corrosion 晶间腐蚀
intercrystalline crack 晶间裂纹
intercrystalline fracture 晶间破裂
intercrystalline rupture 晶间断裂
intercrystalline swelling 晶间溶胀
interdiffusion 相互扩散
interdimers 内二聚体;共二聚体
interenin (肾上腺)皮质激素萃
interesterification 酯交换
interetherification 相互醚化
interface 界面;接触面
interface boundary 界面
interface level indicator 界面指示器
interface reaction constant 界面反应常数
interface reaction order 界面反应级数
interfacial agent 界面活性剂
interfacial anti-plasticization 界面反增塑
interfacial area 界面面积
interfacial complex (IFC) (两相)界面络合物
interfacial excess 界面超额
interfacial failure 界面破坏
interfacial layer 边界层
interfacial membrane formation 界面膜形成
interfacial peeling 界面剥离
interfacial polycondensation 界面缩聚
interfacial polymerization 界面聚合
interfacial solute adsorption 界面溶质吸附
interfacial tension 界面张力;表面张力
interference 干涉
interference colo(u)r 干扰色
interference filter 干涉滤光片
interference fit 干涉配合;静配合;压配合
interference fringe 干涉条纹
interference microscope 干涉显微镜
interference pattern 干涉图样
interference spectroscope 干扰光谱仪
interference spectrum 干扰光谱
interference term 干涉项
interfering nuclear reaction 干扰核反应
interfering second order reaction 干扰二级反应
interferometer 干涉仪
interferometric analysis 干涉量度分析法
interferometry 干涉量度分析法
interferon 干扰素
interferon inducer 干扰素诱导剂
intergeneric gene transfer 属间基因转移
intergranular corrosion 晶间腐蚀;粒间腐蚀
intergranular cracking 晶间开裂
intergranular diffusion 晶界扩散
interhalogen compound 卤间化合物;互卤化物
interhalogen fluorination 卤间氟化
interheater 中间加热器
interim storage 临时贮藏
interim trial 临时试验
interior cake 内泥饼
interior extrapolation method 内外插法
interior illumination 室内照明
interior input power 输入功率
interior lighting 室内照明
interior paint (室)内用漆

interior phase 内相
interior plumbing system 室内排水系统
interior pressure 内压力
interior screw 内螺纹
interior stress 内应力
interior varnish （室）内用清漆
inter-lab comparison 实验室间比较
inter-laboratory reproducibility （实验）室间再现性
interlaced yarn 交络丝
interlacing jet 交缠喷嘴
interlaminar peeling 层间剥离
interlaminar shear strength 层间剪切强度
interlayer 夹层；中间层
interleaving paper 隔离纸；剥离纸
interleukin 白介素
inter liner 隔离衬垫
interlining 夹层；中间层
interlock 联锁装置
interlocking 咬合（作用）
interlocking device 联锁装置
interlocking labyrinth seal 联锁迷宫式密封
interlocks 联动[锁]装置
intermass 衬料
intermediary metabolism 中间代谢
intermediate 中间体
intermediate base crude（oil） 中间基原油
intermediate coat 中间涂层；二道底漆
intermediate condenser 中间冷凝器
intermediate cooler 中间冷却器
intermediate crude 中间基原油
intermediate density lipoprotein 中密度脂蛋白
intermediate distillates 中馏分油
intermediate feed inlet 塔中部液体入口
intermediate gear 中间齿轮；中速齿轮
intermediate heater 中间加热器
intermediate heat exchanger 中间热交换器
intermediate layer 中间层；过渡层
intermediate-level waste 中放（射性）废物；中等放射性水平废物
intermediate neglect of differential overlap method 间略微分重叠法
intermediate neutrons 中能中子
intermediate oxide 两性氧化物
intermediate phase 中间相
intermediate power amplifier 中间功率放大器
intermediate product （1）中间体；中间产物（2）半制品；半成品
intermediate reaction tower 中间反应塔
intermediate receiver 中间接受器
intermediates （1）中间体；中间产物（2）半制品；半成品
intermediate scale wax （＝ intermediate sweat wax） 中（间发）汗蜡
intermediate storage tank 中间储罐
intermediate super abrasion furnace black 中超耐磨炉黑
intermediate thermal medium tank 热载体中间贮槽
intermediate water（IW） 中水；中层水；中间水
intermedin 垂体中叶素；中叶激素；促黑激素
intermetallic compound 金属间化合物；金属互化物
intermetallic phases 金属间相
intermicellar reaction （微）胞间反应；胶束间反应
intermicellar swelling （微）胞间溶胀；胶束间溶胀
intermingled yarn 混纤丝
intermiscibility 相（互）溶（混）性
intermittent 间歇的；间断的
intermittent aeration tank 间歇曝气池
intermittent column 间歇（操作）蒸馏塔
intermittent drier[dryer] 间歇式干燥器
intermittent filter 间歇式过滤机；间歇滤池
intermittent gas-lift valve 间歇气举阀
intermittent handling 间歇操作
intermittent irradiation 间歇辐照
intermittent kiln 间歇窑
intermittent pressurized leaf filter 间歇式加压叶滤机
intermittent process 间歇操作法；分批操作法
intermittent service 间断使用
intermittent take-off 间歇出料
intermittent weld 断续焊缝
intermittent welding 断续焊
intermittent working 间歇工作
Intermix（machine） 肖氏密炼机
intermode resonance 内模共振
intermodulation polarography 互调极谱法
intermodulation voltammetry 互调伏安法
intermolecular charge-transfer reaction 分子间电荷转移反应
intermolecular condensation 分子间缩合

intermolecular energy transfer 分子间能量传递
intermolecular explosive 分子间炸药
intermolecular force 分子间力；分子间作用力
intermolecular hydrogen bond 分子间氢键
intermolecular hydrogen bonding 分子间以氢键合
intermolecular interactions 分子间相互作用
inter-molecular linkage 分子间键
intermolecular migration 分子间转移作用
intermolecular potential 分子间力势
intermolecular rearrangement 分子间重排作用
intermolecular relaxation 分子间松弛[弛豫]
intermolecular selectivity 分子间选择性
intermolecular transposition 分子间重排作用
internal abstraction 内夺取(反应)
internal addition 内位加成(反应)
internal adsorption 内吸附
internal ambience 室内环境；室内气氛
internal anhydride 内酐
internal antistatic agent 内用抗静电剂
internal check valve 内单向阀
internal cleaning 内部清理
internal coagulant 内凝固剂
internal combustion engine 内燃机
internal compensation 内消旋(作用)
internal connection 内部连接[接头]
internal conversion 内转换
internal conversion coefficient (内)转换系数
internal conversion in photochemistry 光化学内转换
internal cooling 内冷却
internal coordinate 内坐标
internal corrosion 内部腐蚀
internal cylinder 内筒
internal diffusion 内扩散
internal drum filter 内滤鼓式过滤机；内滚筒压滤机
internal electrogravimetry 内电解法
internal electrolysis 内电解法
internal electrolyte solution 内电解质溶液
internal energy 内能；内部能量
internal energy function 内能
internal engagement 内啮合
internal ester 内酯
internal ether(＝internal ester) 内酯
internal fault 内部故障
internal field 局部电场；内电场
internal firing brick 内燃砖
internal flame 内焰
internal floating head 内浮头
internal flow 内流
internal flush(ing) 内冲洗
internal force 内力
internal friction (＝viscosity) 内摩擦；黏性；流阻
internal ga(u)ge 内径规
internal gear pump 内啮合齿轮泵；内齿轮泵
internal gear rotary pump 内啮合齿轮泵
internal gear wheel 内齿轮
internal heat exchanger[transfer] 内部换热器
internal indicator 内指示剂
internal latent heat 潜热
internal leakage 内部泄漏
internal lock 内锁
internal loop reactor 内环流反应器
internal lubricant 内润滑剂
internally compensated inactive compound 内消旋(无旋光性)化合物
internal mechanical seal 内装式机械密封
internal mixer 密闭式炼胶机；密炼机
internal mixing type atomizer 内混式雾化喷嘴
internal noise 内部噪声
internal normalization 内标归一化法
internal nucleophilic substitution 分子内亲核取代
internal overhaul(ing) 内部检修
internal oxidation 分子内氧化(作用)
internal partition function 内分配函数
internal parts 内件
internal periphery 内缘(膜)
internal photoelectric effect 内光电效应
internal pinion 内小齿轮
internal plasticization 内增塑(作用)；全增塑(作用)；内部塑化
internal (position) isomer 内(位)异构体
internal pressure 内压(力)
internal pressure cylinder 内压圆筒
internal pressure flange 内压法兰
internal pressure sphere 内压球壳[罐]
internal pressure tank 内压球壳[罐]
internal pressure test 内压试验
internal pressure vessel 内压容器

internal rate of return（IRR） 内部收益率;折现收益率
internal rearrangement 内部重排(作用)
internal reboiler 内置重沸器
internal recycle 内循环
internal recycle reactor 内循环反应器
internal redox indicator 液内氧(化)还(原)指示剂
internal reduction 分子内还原作用
internal reference 内标准
internal reference electrode 内参考电极
internal reflection 内反射
internal reflux 内回流
internal resistance 内阻;内电阻
internal resistance of a cell 电池内阻
internal return 内返;内部反合
internal rotation 内旋转
internals 内部构件;内部装置;内件
internal salt 内盐
internal screw 内螺纹
internal screw pipe 内螺纹管
internal screw pump 内螺旋泵
internal screw thread 内螺纹
internal screw tube 内螺纹管
internal shield 内部屏蔽
internal sizing 内(部)施胶
internal skirt baffle 内部裙形挡板
internal source of radiation 内部辐射源
internal standard (1)内标 (2)内标物 (3)内标准
internal standard element 内标元素
internal standard line 内标线
internal standard method 内标法
internal-state multiplicity 内部状态多重解
internal stay 内(部支)撑
internal strain（I-strain） 内应变
internal stress 内应力
internal structures 内部构件
internal supporter tyre 内支撑轮胎
internal surface 内表面
internal target 内靶
internal thread pipe 内螺纹管
internal tooth 内齿
internal toothing 内啮合
internal transport within the adsorbent particle 吸附剂粒子内的传递
internal tyre buffing machine 轮胎内磨机
internal unit 内部设备
internal waviness 内波纹
international atomic weight 国际原子量
international chick unit（ICU） 国际雏鸡单位
international pipe standard（IPS） 国际管材标准
international practical thermometric scale 国际实用温标
international rubber hardness degree（IRHD） 国际橡胶硬度(标度)
International Standardization Organization（ISO） 国际标准化组织
international tolerance standard 国际公差标准
International Union of Pure and Applied Chemistry（IUPAC） 国际纯化学与应用化学联合会
International Union of Pure and Applied Physics（IUPAP） 国际纯物理与应用物理联合会
International Workshop on Environment Education 国际环境教育座谈会
internet 因特网
internuclear cyclisation 核间成环作用
internuclear distance 核间距离;键长
internuclear double resonance 核间双共振
internucleotide linkage 核苷酸间键合
interofective system 对内反应系统
Interpack packing 英特帕克填料
interparticle diffusion 粒间扩散
interpass temperature 层间温度;程间温度
interpenetrating polymer networks（IPN） 互穿(聚合物)网络
interphase exchange coefficient 相间交换系数
interphase mass transfer 相际传质
interphase potential 相间电势
interphase precipitate 界面沉淀;相际沉淀
interplanar spacing 晶面间距
inter-plant handling 厂间运输
interplant shipping notice 厂际装运通知
interpolation 内插;内推(法)
interpolymer 共聚体
interpolymerization 共聚作用
interpretation 条款解释
interreaction 相互反应;相互作用
interrupted extraction 间歇萃取;断续萃取
interrupted gear 间歇齿轮
interruption of chain 链断裂
inter snubber 中间缓冲器

interspecies mating 种间杂交
interstage cooler 级间冷却器;中间冷却器
interstage cooling 级间冷却;中间冷却
interstage surge tank 中间缓冲器
interstitial 间隙子
interstitial atom 填隙原子
interstitial cell stimulating hormone (ICSH) 促间质细胞激素
interstitial compound 填隙化合物
interstitial defect 间隙缺陷
interstitial hydride 晶隙氢化物;填充氢化物
interstitial position (=interstitial site) 晶隙位置
interstitial site 晶隙位置
interstitial solid solution 间充固溶体;间隙固溶体
interstitial vacancy defect 间隙空位缺陷
interstitial velocity 空隙速度
interstitial void 晶格间隙
interstitial volume (=free volume) 间隙体积;自由体积
interstitial water 间隙水
intersystem crossing 系间窜越;系间穿越;系间跨越
inter-telomerization 共调聚反应
interval estimation 区间估计
interval of events (事件)间隔
interval(space) 区间
intervening sequence 间插序列
inter-vulcanizability 共硫化性
intimate mixing 均匀混合;均质混合;均质混炼
intolerable concentration 不可耐浓度
intolerable limit 不可耐限度
intonation 声调
intra-annular tautomerism 环内互变异构(现象)
intra-atomic energy 原子内能
intracellular enzyme 胞内酶
intrachain hydrogen bond 链内氢键
intrachain reaction (分子)链内反应
intraclass mixture 同属混合物
intragenic complementation 基因内互补
intragenic suppression 基因内抑制
intragroup separation 组内互分离;族中分离
intra-intermolecular polymerization 分子内-分子间聚合
intra-laboratory repeatability (实验)室内重复性
intramicellar reaction (微)胞内反应;胶束内反应
intramicellar swelling (微)胞内溶胀;胶束内溶胀
intramolecular anhydride 内酐
intramolecular condensation (分子)内缩合(作用);成环(作用)
intramolecular crosslinking 分子内交联
intramolecular cyclization 分子内环化(作用)
intramolecular elimination reaction 分子内消除反应
intramolecular energy transfer 分子内能量传递
intramolecular hydrogen bond 分子内氢键
intramolecular migration 分子内迁移作用;分子内重排作用
intramolecular rearrangement 分子内重排作用
intramolecular relaxation 分子内松弛[弛豫]
intramolecular selectivity 分子内选择性
intramolecular transformation 分子内重排作用
intramolecular transposition 分子内重排作用
intranuclear tautomerism 核内互变异构;环内互变异构
intraparticle diffusion 粒内扩散
intratransguanilation 内转移胍化作用
intrinsic acidity 固有酸度
intrinsic activity 固有活性
intrinsic angular momentum 内禀角动量
intrinsic barrier 内禀能垒
intrinsic basicity 固有碱度
intrinsic contaminants 内在杂质;固有杂质
intrinsic defect 本征缺陷
intrinsic dynamic viscosity 固有动力黏度
intrinsic equation 内禀方程
intrinsic germanium 本征锗
intrinsic impedance 固有阻抗;内阻抗
intrinsic kinetics 本征动力学
intrinsic pressure 内压;蕴压
intrinsic reaction coordinate 内禀反应坐标
intrinsic semiconductor 本征半导体
intrinsic solubility 固有溶解度
intrinsic structural conducting polymer 本征型结构导电高分子
intrinsic viscosity 特性黏数
introfaction 加速浸饱(作用)
introfier 加速浸饱剂
intron 内含子

intronium surfactant 内季铵盐型表面活性剂
intrusion 凹坑
inula 土木香
inulin 菊粉;菊糖;土木香粉
inuline 安茴酰牛扁碱
inusterol A 旋复花甾醇 A;蒲公英甾醇
invader 侵入物
invar 殷钢;不胀钢;因瓦合金
invariant 不变量
invariant (phase) system 不变(热力学)体系;不变(相)系统
invention patent 发明创造专利
inventory 存量
inventory change report (ICR) 库存变更报告
inventory index 库存指数
inversed phase chromatography 反相色谱法
inversed solubility curve 逆溶度曲线
inverse emulsion polymerization 反相乳液聚合
inverse flame 倒焰;反焰
inverse flange 反向法兰
inverse flow 回流;反向流
inverse IDA 逆同位素稀释(分析)法
inverse isotope effect 逆同位素效应
inverse penetration 反渗透
inverse ratio 反比例
inverse supercritical fluid chromato graphy (ISFC) 反转超临界流体色谱
inverse voltage 反电压
inverse voltammetry 逆向伏安法
inversion (1)反转 (2)倒反;反演 (3)转化
inversion axis 反演(对称)轴;(旋转)倒反轴
inversion layer 反型层
inversion line 反转谱线
inversion of configuration 构型转换
inversion of Fahraeus-Lindquist effect 法-林逆效应
inversion of space 空间反演
inversion (of sugar) (糖的)转化
inversion point 转化点
inversion spectrum 反转谱
inversion symmetry axis (=inversion axis) (旋转)倒反轴;反演(对称)轴
inversion temperature 反转温度;转化点;转化温度
invertase 转化酶;β呋喃果糖苷酶
inverted filter 反向滤池
inverted image 倒像
inverted knife coater 反刀涂布机
inverted-ram press 反压式压机
inverted repeats 反向重复序列
inverted T-slot 倒 T 形槽
inverted valve 单向阀;逆止阀;止回阀
inverted well 吸水井;回灌井;注水井;倒流井
invert elevation 管内底标高
invert emulsion drilling fluid[mud] 反相乳化钻井液
invertin 转化酶
inverting prism 倒像棱镜
invertomer 反演体
invert soap 转化皂
invert sugar 转化糖
investment casting 蜡模铸造
investment decision 投资决策
inviscid fluid 非黏流体
invisible chromatogram 不可见色谱
invisible light 不可见光
invisible loss 看不见的损失;蒸发损失
invisible spectrum 不可见光谱
invisible trade 无形贸易
in vitro (活)体外;试管内
in vivo (活)体内
***in vivo* bioassay** 活体测定
***in vivo* neutron activation analysis (IVNAA)** 体内中子活化分析
invoice 发票
involatile matter 难挥发物
involatile substance 不挥发性物质
involute gear 渐开线齿轮
inyoite 板硼石
iobenguane 碘苄胍
iobenzamic acid 碘苯扎酸;碘苯酰氨酸
iocarmic acid 碘卡酸;双碘酞酸
iocetamic acid 碘西他酸;碘醋胺酸
iodacetyl chloride 碘乙酰氯
iodacetyl halide 碘乙酰卤
iodacyl bromide 碘代酰基溴
iodacyl halide 碘代酰基卤
iodalbin 碘蛋白
iodamide 碘达酸
iodanil 四碘苯醌
iodargyrite 碘银矿
iodate 碘酸盐(或酯)
iodating agent 碘化剂
iodation 碘化作用

iodazide 叠氮碘
iodeosin 四碘荧光素
Iodex process 埃奥德克斯过程(用硝酸洗除废气中的碘)
iodic acid 碘酸
iodic anhydride 五氧化二碘
iodic ether 碘代乙烷
iodide 碘化物
iodide-process titanium 碘化法钛
iodimetric analysis 碘量(滴定)法分析
iodimetry 碘量法;碘量滴定法(用碘为滴定剂和用硫代硫酸钠滴定碘两种滴定法的总称)
iodinated glycerol 碘化甘油
iodinating agent 碘化剂
iodination 碘化(作用)
iodine 碘 I
iodine adsorption of carbon black 炭黑吸碘量
iodine cyanide 碘化氰
iodine flask 碘瓶
iodine monobromide 一溴化碘
iodine monochloride 一氯化碘
iodine number 碘值
iodine pentafluoride 五氟化碘
iodine pentoxide 五氧化二碘
iodine plates 碘片
iodine soap 碘皂
iodine solubilization method 碘加溶法
iodine sulfate 硫酸碘
iodine tetroxide 四氧化二碘
iodine trichloride 三氯化碘
iodine value 碘值
iodinin 碘色菌素
iodipamide 胆影酸
iodipin 碘油剂(兽用)
iodisan 碘散
iodite 亚碘酸盐或酯
iodival 碘瓦耳;α-碘代异戊酰脲
iodixanol 碘克沙醇
iodization 碘化作用
iodized oil 碘化油
iodized starch 碘化淀粉
iodoacetal 碘乙缩醛;碘乙醛缩二乙醇
iodoacetic acid 碘乙酸
iodoacetic chloride 碘乙酰氯
iodoacetic iodide 碘乙酰碘
iodoacetonitrile (=iodomethyl cyanide) 碘乙腈;碘甲基氰
iodoacetylene 碘乙炔
iodoalphionic acid 碘阿芬酸;碘苯丙酸
iodoaniline 碘苯胺
iodoanisole 碘茴香醚;碘苯甲醚
iodo-aurate 碘金酸盐
iodobenzene 碘(代)苯;苯基碘
iodobenzoic acid 碘代苯甲酸
iodobromite 碘溴银矿
iodochlorhydroxyquin 氯碘羟喹
iodocyanin 菁蓝;喹啉蓝
iodocyclohexane 碘代环己烷
iodoethane 碘乙烷
2-iodoethyl alcohol 2-碘乙醇
iodoethylene 碘乙烯
iodofenphos 碘硫磷
iodoform 碘仿
iodoformin 碘仿明
iodoform reaction 碘仿反应
iodoform test 碘仿试验
iodogorgoic acid 二碘酪氨酸
1-iodohexane (=hexyl iodide) 1-碘己烷;己基碘
iodohippurate sodium 碘马尿酸钠
***o*-iodohippuric acid** 邻碘马尿酸
iodohydrin (1)碘(代)醇 (2)碘乙醇
iodohydrocarbon 碘代烃
7-iodo-8-hydroxyquinoline-5-sulfonic acid (=ferron) 7-碘-8-羟基喹啉-5-磺酸;试铁灵
iodoisopropyl alcohol 碘代异丙醇;1-碘-2-丙醇
iodol (= iodopyrrole) 碘吡咯;四碘代吡咯
iodolactonization 碘内酯化
iodomercurate potassium 碘汞酸钾
iodomercuribenzene 碘汞基苯
iodomercuriphenol 碘汞基苯酚
iodomethane 碘代甲烷;甲基碘
iodomethylation 碘甲基化
iodomethyl cyanide (= iodoacetonitrile) 碘甲基氰;碘乙腈
iodometric acid value 碘量法(得的)酸值
iodometry 碘量法;碘量滴定法
iodonation 碘化
iodonitrobenzene 碘硝基苯
iodonium 碘鎓;锏;三价碘
iodophenol 碘代酚
4-iodophenoxyacetic acid 4-碘苯氧基醋酸;增产灵
***p*-iodophenylsulfonylamino acid** 对碘苯磺酰氨基酸

iodophor 碘伏；碘递体
iodophosphonium 碘化鏻
iodophthalein 四碘酚酞
iodophthalein sodium 碘酞钠；四碘酚酞钠
3-iodopropandiol 3-碘丙二醇
2-iodopropane (＝isopropyl iodide) 2-碘丙烷；异丙基碘
iodopropylene 碘丙烯
iodoprotein 碘蛋白
iodopsin 视青质
iodopyracet 碘奥酮；碘吡拉啥
iodopyrine 碘(安替)比林
iodopyrrole 碘吡咯
iodoquinol 双碘喹啉；碘醌醇
iodoso- 氧碘基；亚碘酰
iodosobenzene 亚碘酰苯
iodosol 麝酚碘；碘(代)麝香草脑
iodostarch reaction 碘淀粉反应
***N*-iodosuccinimide** *N*-碘代琥珀酰亚胺
iodosylbenzene electrode 亚碘酰苯电极
iodothymol 麝酚碘
iodothyroglobulin 碘化甲腺球蛋白
iodotrinitromethane 碘代三硝基甲烷；三硝基甲碘
3-iodotyrosine 3-碘酪氨酸
iodouracil 碘尿嘧啶
iodous acid 亚碘酸
iodoxybenzene 碘酰苯
iodylbenezene electrode 碘酰苯电极
iodyrite 碘银矿
iofetamine ^{123}I 碘[^{123}I]非他胺
ioglycamic acid 碘甘卡酸；甘氨碘苯酸
iohexol 碘海醇
iolite 堇青石
iomeglamic acid 碘美拉酸
iomycin (＝iyomycin) 异样霉素
ion 离子
ion activity coefficient 离子活度系数
ion association 离子缔合
ion association complex 离子缔合络合物
ion association extraction 离子缔合(物)萃取
ion-atmosphere 离子氛
ion atmosphere radius 离子氛半径
ion beam 离子束
ion beam analysis 离子束分析
ion beam coating 离子束镀
ion beam lithography 离子束光刻
ion beam photographic resin 离子束感光树脂
ion beam resist 离子束抗蚀剂
ion bombardment ion source 离子轰击离子源
ion channel 离子通道
ion chromatograph 离子色谱仪
ion chromatography 离子色谱法
ion cloud 离子云[氛]
ion cluster 离子束；离子群
ion collector 离子收集器
ion-conductive polymer 离子导电高分子
ion conductor 离子导体
ion core 离子芯；离子实
ion-current amplifier 离子流放大器
ion cyclotron resonance mass spectrometer 离子回旋共振质谱仪
ion cyclotron resonance mass spectrometry 离子回旋共振质谱法
ion cyclotron resonance spectroscopy 离子回旋共振谱法
ion deposition 离子镀
ion-dipole bond 离子偶极键
ionene 紫罗烯
ion exchange adsorption 离子交换吸附(法)
ion exchange capacity 离子交换能力[容量]
ion exchange cellulose chromatography 离子交换纤维素色谱法
ion exchange cellulose paper 离子交换纤维素纸
ion exchange chromatography 离子交换色谱法；离子交换层析
ion exchange column 离子交换柱
ion exchange electrophoresis 离子交换电泳法
ion exchange equilibrium 离子交换平衡
ion exchange foam chromatography 离子交换泡沫色谱法
ion exchange isotherm 离子交换等温线
ion exchange layer 离子交换层
ion exchange liquid 离子交换液
ion exchange membrane 离子交换膜
ion exchange membrane electrolyzer 离子交换膜电解槽
ion exchange membrane fuel cell 离子交换膜燃料电池
ion exchange paper 离子交换纸
ion exchange paper chromatography 离子交换纸色谱法
ion exchanger 离子交换剂
ion exchange radiochromatography (IERC) 离子交换放射色谱法

ion exchange reaction 离子交换反应
ion exchange resin 离子交换树脂
ion exchange resin catalyst(s) 离子交换树脂催化剂
ion exchange thin-layer chromatography 离子交换薄层色谱法
ion exchange treatment 离子交换处理
ion exchange unit 离子交换装置
ion exchange water 离子交换水
ion exclusion 离子排斥
ion exclusion chromatography 离子排斥色谱法
ion exclusion column 离子排斥柱
ion exclusion partition chromatography 离子排斥分配色谱法
ion exclusion purification 离子排斥纯化(作用)
ion exclusion separation 离子排斥分离(法)
ion floatation 离子浮选
ion floatation method 离子浮选法
ion fragmentation 离子碎片
ion gettering pump 离子吸气泵
ion gun 离子枪
ionic activity coefficient 离子活度系数
ionic addition reaction 离子加成反应
ionic adsorption 离子性吸附(作用)
ionic association 离子缔合
ionic atmosphere 离子雾;离子氛
ionic bond 离子键;电价键
ionic cellulose ethers 离子型纤维素醚类
ionic charge 离子电荷
ionic cloud 离子云;离子氛
ionic cluster (=ion cluster) 离子束
ionic complex 离子络合物
ionic compound 离子化合物
ionic conductance 离子电导
ionic conduction 离子电导
ionic conductivity (1)离子电导性(2)离子电导率
ionic conductor 离子型导体
ionic coordinate catalyst 离子配位催化剂
ionic copolymerization 离子共聚合
ionic crystal 离子晶体
ionic current 离子电流
ionic defects 电子缺陷
ionic detergent 离子型去垢剂
ionic displacement polarization 离子位移极化
ionic dissociation 离子解离
ionic emulsifier 离子型乳化剂
ionic equilibrium 离子平衡
ion(ic) exchange 离子交换
ion(ic) exchange membrane 离子交换膜
ionic exchange membrane cell 离子膜电解槽
ionic exchange menbrane electrolytic cell 离子膜电解槽
ionic fluids 离子流体
ionic grafting polymerization 离子(型)接枝(聚合)
ionic hydration 离子水合
ionic interaction 离子相互作用
ionicity parameter 离子性参数
ionic link(age) 离子键
ionic liquid 离子液体
ionic micelle 离子胶束
ionic migration 离子迁移
ionic mobility 离子迁移率;离子淌度
ionic molecule 离子(型)分子
ionic permselectivity 离子选择通透性
ionic polarization 离子极化
ionic polymer 离子聚合物
ionic polymerization 离子(型)聚合
ionic polymerization catalyst 离子型聚合催化剂
ionic product 离子积
ionic product of solvent 溶剂离子积
ionic product of water 水离子积
ionic radius 离子半径
ionic reaction 离子反应
ionic refractivity 离子折射度;离子折射率
ionic relaxation polarization 离子弛豫极化
ionic replacement 离子取代
ionic resin 离子型树脂
ionic rubber 离子橡胶
ionic sieve 离子筛
ionics 离子型表面活性剂
ionic solvation 离子溶剂化
ionic strength 离子强度
ionic surfactant 离子型表面活性剂
ionic valency 离子价
ionic weight 离子量
ionic yield 离子产额
ionidine 约尼定;花菱草碱
ion impact ionization 离子碰撞电离
ion implantation 离子注入
ion implantation doping 离子注入掺杂
ion interchange unit 离子交换装置
ionization 电离;离子化
ionization by collision 碰撞电离
ionization chamber 电离室

ionization constant 电离常数
ionization cross section 电离截面
ionization current 电离电流
ionization degree 电离度
ionization density 电离密度
ionization detector 电离检测器
ionization efficiency 电离效率
ionization efficiency curve 电离效率曲线
ionization energy 电离能
ionization equilibrium 电离平衡
ionization foaming 离子化发泡
ionization high-vacuum ga(u)ge 电离式高真空计
ionization interference 电离干扰
ionization isomerism 电离异构
ionization limit 电离限
ionization loss 电离耗损
ionization potential 电离电位;电离势
ionization power 电离能
ionization probability 电离几率
ionization(vacuum) gauge 电离真空规
ionization voltage 电离电压
ionized layer 电离层
ionizing electrode 电离化电极
ionizing particle 电离粒子
ionizing potential 电离电位;电离(电)势
ionizing radiation 电离辐射
ionizing solvent 离子化溶剂
ion kinetic energy spectroscopy 离子动能谱法
ion lens 离子透镜
ion line 离子谱线
ion meter 离子计
ion microanalyzer 离子微分析器
ion microprobe mass analyzer 离子探针质量分析器
ion microprobe mass spectrometer 离子微探针质谱计
ion migration 离子迁移
ion mobility 离子迁移率;离子淌度
ion molecule collision 离子分子碰撞
ion-molecule reaction 离子-分子反应
ion neutralization spectroscopy 离子中和谱法
ionocolorimeter 氢离子比色计
ionogen 势电解质
ionogenic linkage 离子化(合)键
ionogenic surfactant 离子型表面活性剂
ionographic mobility 离子淌度
ionography 离子(放射)照相法
ionomer 离子(键)聚合物;离子交联聚合物
ionomycin 离子霉素
ionone 紫罗兰酮
ionophore 实电解质;离子载体
ionophoresis (离子)电泳
ionophortic separation (离子)电泳分离
ion optics 离子光学
ionosphere 电离层
ionotropy 离子移变(作用)
ion pair 离子对
ion pair chromatography 离子对色谱法
ion pair (in radiology) 离子对
ion pair polymerization 离子对聚合
ion photographic plate 离子感光板
ion plating 离子镀
ion probe microanalyzer 离子探针微区分析器
ion product 离子积;溶解度乘积
ion product constant 离子积常数
ion pump 离子泵
ion radical 离子基
ion radical polymerization 离子自由基聚合
ion retardation 离子滞留作用
ion retardation purification 离子阻滞纯化(作用)
ion retardation resin 离子阻滞型树脂;离子延滞型树脂
ion retarding lens 离子减速透镜
ion scattering analysis (ISA) 离子散射分析
ion scattering spectroscopy 离子散射能谱(学)
ion selective electrode 离子选择电极
ion-selective electrode analysis 离子选择电极分析
ion selective field effect transistor 离子选择场效应晶体管
ion selective membrane 离子选择膜
ion selective semiconducting electrode 离子选择性半导电极
ion source 离子源
ion specific electrode 离子选择性(特效性)电极
ion spectrum 离子光谱
ion transport number 离子迁移数
ion trap 离子阱
ion trap detector 离子阱检测器
ion triplet (＝triple ion) 三重离子;离子三重态;离子三聚体
ionylideneacetic acid 紫罗兰亚基乙酸
iopamidol 碘帕醇;碘异酞醇

iopanoic acid 碘番酸
iopentol 碘喷托
iophendylate 碘苯酯
iopheno(x)ic acid 碘芬酸
iopronic acid 碘普罗酸
iopydol 碘吡多
iopydone 碘吡酮
iosol 麝酚碘;碘(代)麝香草脑;碘代百里香酚
iothalamic acid 碘拉酸
iothion 二碘异丙醇
iothiouracil 碘硫尿嘧啶
iotrolan 碘曲仑
ioversol 碘佛醇
ioxaglic acid 碘克沙酸
ioxilan 碘昔兰
ioxynil 碘苯腈;4-羟(基)-3,5-二碘苯甲腈
IP_3 肌醇三磷酸
IPA(isopropyl alcohol) 异丙醇
ipecac 吐根
ipecacuanhic acid 吐根酸
ipecacuanhin 吐根(素)苷
ipecamine 吐根碱
IPN(interpenetrating polymer network) 互穿聚合物网络
ipodate 碘泊酸盐;胺碘苯丙酸盐
ipomoea 红薯泻根
ipomoein 野药喇叭苷
IPP(isotactic polypropylene) 等规聚丙烯
ipratropium bromide 异丙托溴铵;溴化异丙托品
ipriflavone 依普黄酮;异丙氧黄酮
iprindole 伊普吲哚;胺丙吲哚
iproclozide 异丙氯肼
iprodione 异丙二酮;咪唑霉
iproniazid 异丙烟肼
ipronidazole 异丙硝唑
ipsapirone 伊沙匹隆
ipso position 本位
ipuranol 紫薯苷
ipurolic acid 3,11-二羟基十四(烷)酸;番红醇酸
Irany glass capillary viscometer 艾拉奈玻璃毛细管黏度计
irbesartan 伊贝萨坦
irene 鸢尾烯
iresin 血苋内酯
iretol 甲氧苯三酚
IR fluorescence 红外荧光
irgafen 伊格芬;磺胺二甲苯甲酰胺
IRHD(international rubber hardness degree) 橡胶国际硬度
iridescent film 彩虹薄膜
iridescent glass 虹彩玻璃
iridic chloride 四氯化铱
iridic oxide 二氧化铱
iridium 铱 Ir
iridium anomalies 铱异常
iridium sodium chloride 氯化铱钠;氯铱酸钠
iridium tetrachloride 四氯化铱
iridium trichloride monohydrate 一水合三氯化铱
iridochloride 二氯化铱
iridodial 琉蚁二醛;虹彩二醛
iridolactone 虹彩内酯
iridomyrmecin 蚁素
iridosmine 铱锇矿
iridous chloride 三氯化铱
iridous oxide 三氧化二铱
irigenin 野鸢尾黄素
IR(infrared spectroscopy) 红外光谱法
irinotecan 伊立替康
iris (1)鸢尾(属植物)(2)虹膜(3)可变光阑
iris diaphragm 可变光阑
iris ester 鸢尾酯
irisin 鸢尾素
iris oil 鸢尾油
irisolone 尼鸢尾黄素
IRMA(immunoradiometric assay) 免疫放射分析;免疫放射测定法
i-RNA 免疫核糖核酸
iron 铁 Fe
iron-based ammonia synthesis catalyst 铁系氨合成催化剂
iron binding globulin 运铁蛋白
iron blue 铁蓝
iron carbide 一碳化三铁
iron carbonyl hydride 氢化四羰基铁
iron catalysts 铁催化剂
iron cathode 铁阴极
iron coke 铁焦
iron dextran 右旋糖酐铁
iron dichloride 氯化亚铁
iron disulfide 二硫化铁
irone 鸢尾酮
iron electroforming 铁电铸
iron (electro)plating 电镀铁

iron family element(s) 铁族元素
iron fertilizer 铁肥
iron foundry (shop) 铸铁车间
iron free aluminum sulfate 无铁硫酸铝
iron garnet 铁榴石;硅酸钙铁矿石
iron group 铁系元素
iron hand 机械手
ironic chloride 氯化铁
ironic citrate 柠檬酸铁
ironic hydroxide 氢氧化铁
iron liquor 黑液;粗醋酸亚铁溶液
iron loss 铁芯损耗;金属烧损
ironmaking system 炼铁系统
ironic oxalate 草酸铁
ironic oxide (三)氧化(二)铁
ironic phosphate 磷酸铁
ironic sulfide (三)硫化(二)铁
ironing 熨平
ironing of leather 革的熨平
ironing uneven marks 熨压斑痕
iron liquor 醋酸亚铁溶液
iron monosulfide 一硫化铁;硫化亚铁
iron monoxide 一氧化铁;氧化亚铁
iron mould 铁斑
iron-nickel accumulator 铁镍蓄电池;爱迪生蓄电池
iron-nickel storage battery 铁镍蓄电池;爱迪生蓄电池
iron oxide 氧化铁;三氧化二铁
iron oxide black 铁黑;氧化铁黑;四氧化三铁
iron oxide brown 铁棕;氧化铁棕(铁红、铁黑、铁黄的混合颜料)
iron oxide process 氧化铁法〔用氧化铁脱除(石油)气体中硫化氢的过程〕
iron oxide red 铁红;氧化铁红;三氧化二铁
iron oxide yellow 氧化铁黄
iron pentacarbonyl 五羰基铁
iron pipe 铁管
iron plating 电镀铁
iron porphyrin protein 铁卟啉蛋白
iron powder 铁粉
iron protocarbonate 碳酸亚铁
iron protochloride 氯化亚铁;二氯化铁
iron protosulfide 硫化亚铁;一硫化铁
iron protoxide 氧化亚铁;一氧化铁
iron pyrite 黄铁矿
iron red primer 红灰底漆
iron sesquioxide 三氧化二铁
iron sesquisulfide 三硫化二铁
iron-silicate gel 硅酸铁胶
iron soldering 烙铁钎焊
iron sorbitex 山梨(糖)醇铁
iron speck 铁斑
iron stain 铁斑
iron-sulfur protein 铁硫蛋白
iron-sulphur protein 铁硫蛋白
iron tannage 铁鞣(法)
iron tanned leather 铁鞣革
iron tetracarbonyl 四羰(合)铁
iron tricarbonyl 三羰基铁
iron trichloride (三)氯化铁
iron trioxide 三氧化二铁
iron vitriol 青矾;铁矾;七水硫酸亚铁
iron works 铁工厂
irpexin 耙菌素
irradiance 辐照度
irradiation 辐射[照]
irradiation chamber 辐射室;辐照室
irradiation facility 辐照装置
irradiation grafting 辐射接枝
irradiation loop 辐射范围
irradiation mutagenesis 辐射诱变
irradiation processing 辐照加工
irradiation proof glass 防辐照玻璃
irradiation-proof vessel 耐辐射容器
irradiator 辐照器;辐照机
irrational number 无理数
irreducible representation 不可约表示
irreducible tensor operator 不可约张量算符
irregular 不规则的
irregular block 非规整嵌段
irregular cracking 不规则细裂
irregularity 不匀度;不规则性
irregular polymer 不规则聚合物
irregular shaped can 异型罐
irregular wave 不规则波
irregular wear 不均匀磨损;不正常磨损
irreversibility 不可逆性
irreversible cell 不可逆电池
irreversible change 不可逆过程
irreversible coagulation 不可逆凝固
irreversible colloid 不可逆胶体
irreversible electrode 不可逆电极
irreversible increase in entropy 不可逆的熵增
irreversible process 不可逆过程
irreversible reaction 不可逆反应

irreversible swelling 不可逆溶胀
irreversible temperature-indicating paint 不可逆性示温颜料
irreversible thermodynamics 不可逆(过程)热力学
irreversible wave 不可逆波
irrigated pad 湿滤(填充)床
irrigating solution 冲洗溶液
irrigation hose 排灌胶管;灌溉胶管
irrigation rate 润湿率
irrigator 冲洗器
IRR(internal rate of return) 内部收益率
irritant agent 刺激剂
irritant gas 刺激性毒气
irritating gas 刺激性毒气
irrotational flow 无旋流
irrotational wave 无旋波
irsogladine 伊索拉定;二氯苯基胍胺
IR spectrum (=infrared spectrum) 红外光谱
IRT method (=isotope ratio tracer method) 同位素比示踪剂法
Irvine phosphorus process 欧文制磷法
Irving-Williams series 欧文-威廉斯序
Irving-Williams stability series 欧文-威廉斯序
isaconitic acid 异乌头三酸
ISAF (intermediate super abrasion furnace black) 中超耐磨炉黑
isamic acid 衣氨酸
isanic acid 生红酸;17-十八碳烯-9,11-二炔酸
isaphenic acid 衣酚酸
isaphenin 双醋酚丁;一轻松
isarin 棒囊孢菌素
isarol 鱼石脂
isatide 靛红偶
isatidis root 板蓝根
isatin 靛红
isatin anil 靛红缩苯胺
isatin chloride 靛红化氯
isatinic acid 靛红酸($NH_2C_6H_4COCOOH$);邻氨苯基乙酮酸
isatinoxime 靛红肟
isatogenic acid 靛红原酸
isatoic acid *N*-羧基邻氨基苯甲酸;衣托酸
isatoic anhydride 衣托酸酐
isatophan 甲氧阿托方
isatoxime 衣托肟
isatropic acid 衣卓酸
isaxonine 伊沙索宁;异丙胺嘧啶
isazofos 异唑磷;氯唑磷
isbogrel 伊波格雷
ISE(ion selective electrode) 离子选择电极
I-section steel 工字钢
isemycin 伊势霉素
isenthalpic process 等焓过程
isentropic change 等熵变化;等熵过程
isentropic compression 等熵压缩
isentropic efficiency 等熵效率
isentropic flow 等熵流
isentropic index 等熵指数
isentropic process 等熵过程
isepamicin 异帕米星
iserite 钛铁矿;钛铁砂
isethionic acid 羟乙磺酸
ISFET(ion selective field effect transistor) 离子选择场效应晶体管
I-shaped suspension shaft 工字悬挂轴
ishkyldite 绢蛇纹石
isiganeite 硬锰矿
isinglass (1)鱼胶 (2)白云母
Ising model 伊辛模型
island of superheavy nuclei 超重(核)岛
islands sea structure 海岛结构
island structure 岛状结构
ismelin 硫酸胍乙啶;依斯迈林
isoabietic acid 异松香酸
isoabsorptive point 等吸光点
isoaccepting tRNA 同功 tRNA
isoacetylene 异乙炔
isoaconitic acid 异乌头三酸
isoacorone 异菖蒲酮
isoadenine 异腺嘌呤
isoalantolactone 异阿兰内酯
isoalkane 异(构)烷烃
isoalkene 异(构)烯烃
17-isoallopregnane-3β,17β-diol 17-异别孕(甾)-3β,17β-二醇
isoalloxazine 异咯嗪
isoalloxazine adenine dinucleotide 异咯嗪腺苷二核苷酸
isoalloxazine mononucleotide 异咯嗪一核苷酸
isoaminile 异米尼尔;潘拉康
isoammodendrine 异沙树碱
isoamoxy 异戊氧基
isoamyl 异戊基
isoamyl acetate 乙酸异戊酯

isoamylacetic acid 异戊基乙酸;异庚酸
isoamyl alcohol 异戊醇
isoamylamine 异戊胺
isoamylase 异淀粉酶
isoamylbenzene 异戊基苯
isoamyl benzoate 苯甲酸异戊酯
isoamyl benzyl ether 异戊基·苄基醚
isoamyl bromide 1-溴代异戊烷
isoamyl butyrate 丁酸异戊酯
isoamyl caprylate 辛酸异戊酯
isoamyl chloride 异戊基氯
isoamyl chloroacetate 氯乙酸异戊酯
isoamyl cyanide 异戊基氰
isoamylene 异戊烯
isoamyl ether (二)异戊醚
isoamyl formate 甲酸异戊酯
isoamyl iodide 异戊基碘;1-碘-4-甲基丁烷
isoamyl isonitrile 异戊胩
isoamyl isothiocyanate 异硫氰酸异戊酯
isoamyl isovalerate 异戊酸异戊酯
isoamyl ketone 二异戊基(甲)酮
isoamyl-magnesium-bromide 溴化异戊基镁
isoamyl mercaptan 异戊硫醇
isoamyl nitrate 硝酸异戊酯
isoamyl nitrite 亚硝酸异戊酯
isoamylol 异戊醇
isoamyl oleate 油酸异戊酯
isoamyl oxide (二)异戊醚
isoamyl phenyl ether 异戊基·苯基醚;异戊氧基苯
isoamyl phthalate 邻苯二甲酸异戊酯
isoamyl salicylate 水杨酸异戊酯
isoamyl sulfide (二)异戊基硫醚;硫化异戊基
isoamyl sulfone (二)异戊基砜
isoamyl thiocyanate 硫氰酸异戊酯
isoamyl-triethoxy-silicane 异戊基·三乙氧基(甲)硅(烷)
isoamyl urea 异戊脲
iso-amyrenol 异香脂檀醇;异香树脂醇
iso-amyrenonol 异香脂檀酮醇;异香树脂酮醇
5-isoandrosterone 5-异雄(甾)酮
isoangelic acid 异当归酸;顺-2-甲基丁烯酸
isoanthracene 异蒽
isoanthraflavic acid 异蒽黄酸;2,7-二羟蒽醌
isoapoerythroidine 异阿朴刺桐碱
isoaristolochic acid 异马兜铃酸
isoaristolone 异马兜铃酮
isoascorbic acid 异抗坏血酸;阿拉伯糖型抗坏血酸
isoatropic acid 异阿托酸
isoaureomycin 异金霉素
isobar (1)等压线 (2)同量异位素(质量数相同)
isobaric activation energy 等压活化能
isobaric atom 同量异序原子
isobaric chromatography 等压色谱法
isobaric cooling 等压冷却
isobaric expansion 等压膨胀
isobaric heat(ing) effect 等压热效应
isobaric heterotope 同(原子)量异序元素
isobaric process 等压过程
isobaric spin (=isospin) 同位旋
isobary 同量异位素
isobath 等深线
isobehenic acid 异山萮酸;异二十二(碳)酸
isobenzan 碳氯灵
isoborneol 异冰片
isobornyl acetate 醋酸异龙脑酯
isobornyl bromide 异冰片基溴
isobornylene 异冰片烯
isobornyl thiocyanoacetate 异龙脑硫氰醋酸酯;硫氰(基)乙酸异冰片酯
isobutane 异丁烷
isobutanol 异丁醇
isobutene 异丁烯
isobutene rubber 丁基橡胶
isobutol 异烟肼甲磺酸合乙胺丁醇
isobutyl acetate 乙酸异丁酯
isobutyl acetylene 异丁基乙炔;异己炔
isobutyl alcohol 异丁醇
isobutyl aldehyde 异丁醛
isobutyl allyl barbituric acid 异丁基·烯丙基巴比土酸
isobutylamine 异丁胺
isobutyl aminobenzoate 氨基苯甲酸异丁酯
isobutyl-*p*-aminophenol 异丁基对氨基苯酚(石油防胶剂)
isobutylaniline *N*-异丁基苯胺
isobutylbenzene 异丁基苯
isobutyl benzyl ketone 异丁基·苄基(甲)酮;异戊酰甲苯
isobutyl bromide 异丁基溴
isobutyl *n*-butyrate 正丁酸异丁酯
isobutylcapramide 异丁基癸酰胺
isobutyl carbamate 氨基甲酸异丁酯

isobutylcarbylamine 异丁胩
isobutyl chloride 异丁基氯
isobutyl chlorocarbonate 氯甲酸异丁酯
isobutyl cyanide 异丁基氰;异戊腈
isobutylene (1)异丁烯(2)亚异丁基
isobutylene-glycol 亚异丁基二醇;2-甲基-1,2-丙二醇
isobutylene-isoprene copolymer 异丁烯-异戊二烯共聚物;丁基橡胶
isobutylene-oxide 1,1-二甲基环氧乙烷
isobutyl ether 异丁醚
isobutyl ethyl malonate 丙二酸异丁·乙酯
isobutyl formate 甲酸异丁酯
isobutylidene 1,1-亚异丁基
isobutylidene-acetone 异亚丁基丙酮
isobutylidyne 异次丁基
isobutyl isonitrile 异丁胩
isobutyl isothiocyanate (=isobutyl mustard oil) 异硫氰酸异丁酯
isobutyl isovalerate 异戊酸异丁酯
isobutyl mercaptan 异丁硫醇
isobutyl mustard oil 异丁芥子油;异硫氰酸异丁酯
isobutyl nitrate 硝酸异丁酯
isobutyl phenyl ketone 异丁基·苯基(甲)酮;异戊酰苯
isobutyl ricinoleate 蓖麻油酸异丁酯
isobutyl salicylate 水杨酸异丁酯
isobutyl stearate 硬脂酸异丁酯
isobutyl sulfide 异丁硫醚
isobutyl thiocyanate 硫氰酸异丁酯
isobutyltrimethylsilicane 异丁基三甲基(甲)硅(烷)
***N*-isobutylundecylenamide** *N*-异丁基十一碳烯酰胺
isobutyl urethane 异丁基氨基甲酸乙酯
isobutyraldehyde 异丁醛
isobutyramide 异丁酰胺
isobutyrate 异丁酸盐(或酯)
isobutyric acid 异丁酸
isobutyroin 异丁偶姻;2,5-二甲基-4-羟基-3-己酮
isobutyrone 二异丙基(甲)酮
isobutyronitrile 异丁腈
isobutyropyrrothine 异丁二硫吡咯素
isobutyryl chloride 异丁酰氯
isocadinene 异荜澄茄烯;异杜松烯
isocamphane 异莰烷
isocamphenilone 异莰尼酮
isocampholic acid 异龙脑酸
isocamphor 异樟脑
isocamphoric acid 异樟脑酸
isocapric aldehyde 异癸醛
isocaproaldehyde 异己醛
isocapronitrile 异己腈;异戊基氰
isocarbophos 水胺硫磷
isocarboxazid 异卡波肼;异噁唑酰肼
isocatalysis 异构催化(作用)
isocellobiose 异纤维二糖
isoceryl alcohol 异蜡醇;异二十六醇
isocetic acid 异鲸蜡酸
isochlorotetracycline 异金霉素
isocholesterin 异胆甾醇
isocholesterol 异胆甾醇
isochondodendrine (=isobebeerine) 异箭毒素;粒枝碱
isochore 等容线
isochoric activation energy 等容活化能
isochoric heat(ing) effect 等容热效应
isochoric process 等容过程;等体(积)过程
isochromatic (1)等色线 (2)等色的
isochronism 等时性
isochronous cyclotron 等时性回旋加速器
isochronous pendulum 等时摆
isocil 异草定
isocinchomeronic acid 2,5-吡啶二羧酸
isocinnamic acid 异肉桂酸
isocitrate lyase 异柠檬酸裂合酶
isocitric acid 异柠檬酸
isocolloid 同质异性胶体
isocompound 异构化合物
isoconazole 异康唑
isoconjugate reaction 等共轭反应
isocorybulbine 异紫堇鳞茎碱
isocorydine 异紫堇定;异紫堇啡碱
isocorypalmine 异紫堇杷明
isocoumarin 异香豆素
isocracking 异构裂化
isocratic elution 等度洗脱;无梯度洗脱
isocrotonic acid 异巴豆酸
isocrotyl halide 异丁烯基卤;卤代异丁烯
isocyan 异氰
isocyanate 异氰酸酯(或盐)
isocyanate varnish 异氰酸酯清漆
isocyanic acid 异氰酸
isocyanide 胩;异氰化物
isocyanide reaction 成胩反应

isocyanilic acid 怪氰酸
isocyano-group 异氰基
isocyanurate 异氰尿酸盐(或酯)
isocyanuric acid 异氰尿酸
isocyanurimide 异氰尿酰亚胺
isocyclic compound (1)碳环化合物(2)等(原子数)环化合物
isocyclic stem-nucleus 等环母核
isodecane 异癸烷;2-甲基壬烷
isodecyl alcohol 异癸醇
isodeflection 等挠度
isodesmic structure 等链结构
isodesmosine 异锁链(赖氨)素
isodextropimaric acid 异(右旋)海松酸
isodextropimarinol 异海松醇
isodialuric acid 异径尿酸
isodiapher 同差素(过剩中子数相同的核素,A—2Z 相同)
isodibromosuccinic acid 异二溴丁二酸
isodielectric solvent 等介电溶剂
isodihydroxybehenic acid 异二羟基山萮酸
isodimorphism 同二晶现象
isodisperse system (=monodisperse sy-stem) 等分散体系;单分散体系
isodose 等剂量
isodrin 异艾氏剂
isodurene 异杜烯;1,2,3,5-四甲基苯;偏四甲苯
isoelectric condensation 等电聚焦
isoelectric focusing 等电点聚焦
isoelectric pH of gelatin 明胶等电点
isoelectric point(IEP) 等电点
isoelectric precipitation 等电沉淀
isoelectric protein 等电蛋白质
isoelectric separation 等电点分离
isoelectric spectrum 等电谱
isoelectrofocusing 等电聚焦
isoelectronic molecules 等电子分子
isoelectronic sequence 等电子序
isoelectronic species 等电子体
isoelutropic solvent 同洗脱效果的溶剂
17-isoemicymarin 17-异厄米磁麻苷
isoemodin 异大黄素
isoenthalpic reaction series 等焓反应系列
isoenthalpy 等焓
isoentropic change 等熵变化
isoentropic graph 等熵图
isoentropic reaction series 等熵反应系列
isoenzyme 同工酶
isoenzyme control 同功酶反馈控制
isoephedrine *d*-假麻黄碱
isoequilenin 异马萘雌(甾)酮
isoequilibrium relationship 等平衡关系
isoerucic acid 异芥酸
isoerythrolaccin 异红紫胶素
isoestradiol 异雌二醇
isoestrone 异雌酮
isoetharine 异他林;*N*-异丙基乙基降肾上腺素
isoeugenol 异丁子香酚;对丙烯基邻甲氧基苯酚
isoeugenol benzyl ether 异丁子香酚苄醚
isoeugenol methyl ether 异丁子香酚甲醚
isofebrifugine 异黄常山碱
isofenchone 异葑酮;异小茴香酮
isofenchyl alcohol 异葑醇
isofenphos 异丙胺磷
isofenphos-methyl 甲基异丙胺磷
isoferulic acid 异阿魏酸
isofezolac 三苯唑酸
isoflavone 异黄酮
isoflow type heater 立式圆筒型加热器
isoflupredone 异氟泼尼龙
isoflurane 异氟烷
isoflurophate 异氟磷
isoform 同工形
isoforming process 异构重整过程
isogalloflavin 异棓黄素
isogel 等凝胶;同构异量质凝胶
isogeraniol 异香叶醇;异牻牛儿醇
isoglutamine 异谷氨酰胺
isoguanine 异鸟嘌呤
isoh(a)emagglutinin 同种红细胞凝集素
isohelenalin 异堆心菊内酯
isohemipinic acid 异半蒎酸
isoheptane 异庚烷;2-甲基己烷
isoheptenoic acid 异庚烯酸;3-异丁基丙烯酸
isohexacosane 异二十六(碳)烷
isohexane 异己烷
isohexenoic acid (=3-isopropylacrylic acid) 异己烯酸;3-异丙基丙烯酸
isohexyl bromide 异己基溴;5-溴-2-甲基戊烷
isohormone 同工激素
isohydric concentration 等氢离子浓度
isohydric indicator solution 等氢(离子)指

示(剂溶)液
isohydric shift 等氢离子转移
isohydric solution 等氢离子溶液
isohydrobenzoin 异氢化苯偶姻;偕二苯基乙二醇
isohydrocarbon 异构烃
isohydroxystearic acid 异羟基硬脂酸
isoindigo 异靛(蓝)
isoinversion 等反转
isoionic point 等离点
isoionic protein 等离子蛋白质
iso-ionic state 等离子状态
Iso-Kel process 埃索-凯尔法(固定床气相异构化法)
isokinetic sampling 等动力学取样
isokinetic temperature 等动力学温度
isokinetin 异激动素;2-呋喃甲氨基嘌呤
isokit 同位素药盒;同位素药箱
isokom 等黏线
isolactose 异乳糖
isoladol 依索拉醇;二茴香基乙醇胺
isolan 异索威
isolate 单离香料
isolated-cluster crystal 隔离簇晶体
isolated conductor 孤立导体
isolated double bond 孤立双键
isolated electrode 隔离电极
isolated indication 单个显示
isolated reaction 孤立反应
isolated system 隔离系统;孤立系(统)
isolated type protection 隔绝式防护
isolating valve 隔断阀;隔离阀
isolation (生物)分离
isolation layer[mask] 隔离层;隔热层
isolation method of Ostwald 奥斯特瓦尔德隔离法
isolation of microorganism 菌种分离
isolation of revertants 分离回复子
isolation room 隔离室
isolation table 防震台
isolation technology 隔离工艺
isolation valve 隔离阀
isolenic acid 异亚麻酸
isoleucine 异亮氨酸
isolinolenic acid (=isolenic acid) 异亚麻酸;异-9,12,15-十八碳三烯酸
isolog(ue) 同构(异素)体
isolongifolic acid 异长叶酸
isoluminescence point 等发光点
isolycopodine 异石松碱
isolysergic acid 异麦角酸
isomaltol 异麦芽酚;乙酰基羟基呋喃
isomaltose 异麦芽糖;6-葡糖-α-葡糖苷
isomannite 异甘露醇
isomate 异构产品;异构化石油产品
Isomax process 埃索麦克斯(加氢裂化)法
isomenthol 异薄荷醇
isomenthone 异薄荷酮
isomer 异构体
***d*-isomer** 右旋体
***E* isomer** *E*异构体
***l*-isomer** 左旋体
***Z* isomer** *Z*异构体
isomerase 异构酶
isomerate process 固定床异构法
isomeric nucleus 亚稳态核
isomeric transition (IT) 同质异能跃迁
isomeride 类构体(结构类似而组成不一定相同)
isomerism 异构(现象)
isomerization 异构化
isomerization catalyst(s) 异构化催化剂
isomerization equilibrium 异构化平衡
isomerization of C_8 aromatics 碳八芳烃异构化
isomerization polymerization 异构化聚合
isomerized rubber 异构化橡胶
isomerizing agent 异构化剂
isomery (同分)异构(现象)
isometamidium chloride 异美氯铵;氯化氮氨菲定
isomethadol 异美沙醇
isomethadone 异美沙酮
isometheptene 异美汀;甲异辛烯胺
isometric process 等容过程
isometrics 等容线
isometric structure (同质)异能结构
isometric system 等轴晶系
isomorph 类质同晶体
isomorphic model 同构模型
isomorphism 类质同晶
isomorphous coprecipitation 共晶共沉淀
isomorphous replacement 同晶置换;同晶取代
isomultiplets(= charge multiplets) 电荷多重态;同位旋多重态
isomycomycin 异菌霉素
isomyrtanol 异桃金娘醇
isonaphthazarin 异萘茜;2,3-二羟-1,4-

萘醌
isoniazid 异烟肼
isoniazid methanesulfonate 异烟肼甲磺酸
isoniazone 异烟腙
isonicotine 异烟碱
isonicotinic acid (＝γ-picolinic acid) 异烟酸；γ-吡啶甲酸
isonicotinic acid diethylamide 异烟酸二乙酰胺
isonicotinyl hydrazide 异烟肼
isonipecotic acid 六氢异烟酸
isonitrile 异腈；胩(音卡)
isonitrosoacetone 肟基丙酮；异亚硝基丙酮($CH_3COCH:NOH$)
isonitrosoacetophenone 肟基苯乙酮
isonitrosocamphor 异亚硝基樟脑；肟基樟脑
isonitrosoethyl amyl ketone 肟乙基·戊基(甲)酮；1-肟基-3-辛酮
isonitrosomethyl *n*-hexyl ketone 肟甲基·正己基(甲)酮；3-肟基-2-辛酮
isonixin 异尼辛
isononane 异壬烷；2-甲基辛烷
isooctadecane 异十八(碳)烷
isooctane 异辛烷
isooctanol 异辛醇
isooctyl alcohol 异辛醇
iso-octyl palmitate 棕榈酸异辛酯
isooleic acid 异油酸
isoosmotic pressure 等渗压
isoosmotic solution 等渗溶液
isoparaffin 异构烷烃
***dl*-isopelletierine** *dl*-异石榴碱
isopenicillin 异青霉素
isopentane 异戊烷；2-甲基丁烷
isopentanize (航空汽油中)加异戊烷
isopentanoic acid 异戊酸
isopentanol 异戊醇
isopentene 异戊烯
N^6-isopentenyladenine N^6-异戊烯腺嘌呤；玉米素
isopentenylputrescine 异戊烯基腐胺
isopentenylpyrophosphate 异戊烯焦磷酸
isopentyl 异戊基
isopentyl alcohol 异戊醇
isopentylidene 亚异戊基
isopentyloxy 异戊氧基
isopeptide bond 异肽键
isoperibolic calorimeter 等环境热量计
isoperiplocymarin 异萝藦苦苷；异杠柳磁麻苷
isophane insulin 低精蛋白锌胰岛素
isophorone 异佛尔酮；3,5,5-三甲基环己-2-烯-1-酮
isophoronediamine 异佛尔酮二胺(固化剂)
isophthalamic acid 间苯二甲氨酸
isophthalic acid 间苯二甲酸
isophthalic dihydrazide 间苯二甲酰肼
isophthalonitrile 间苯二腈
isophthaloyl 间苯二甲酰
isophthalyl chloride 间苯二酰氯
isophyllocladene 异扁枝烯；异非洛克烯
isophytol 异植醇
isopiestic distillation 等压蒸馏
isopiestic pressure 等压；恒压
isopiestic process 等压过程
isopilocarpine 异毛果芸香碱
isopilosine 异毛果芸香素
isopimaric acid 异海松酸
isopimelic acid 异庚二酸；2-甲基-2-乙基丁二酸
isopimpinellin 异虎耳草素；异茴芹内酯
isopinocampheol 异松蒎醇
isopinocamphone 异松蒎酮
Iso-plus Houdryforming 配套重整(胡得利铂重整与芳烃抽提或热重整的联合过程)
isopolyacid 同多酸
isopolybase 同多碱
isopolymorphism 同多形现象
isopolynuclear coordination compound 同多核配位化合物
isopolyoxometallate 同多金属氧酸盐
isopolytungstate 同多钨酸
isoprenaline 异丙肾上腺素
isoprene 异戊二烯
isoprenoid 类异戊二烯
isoprinosine 异丙肌苷
isoprocarb 异丙威
isopromethazine 异丙美沙嗪
isopropalin 异丙乐灵
isopropamide 异丙酰胺
isopropanol 异丙醇
isopropanolamine (＝α-amino isopropyl alcohol) 异丙醇胺；α-氨基异丙醇
isopropene cyanide 2-甲基丙烯腈
isopropenyl acetate 乙酸异丙烯酯
isopropenylbenzene 异丙烯基苯
isopropoxide 异丙氧化物；异丙醇盐
isopropoxy 异丙氧基
***o*-isopropoxyaniline** 邻异丙氧基苯胺

isopropyl 异丙基
isopropyl acetate 乙酸异丙酯
isopropyl acetoacetate 乙酰乙酸异丙酯
isopropylacetone 异丙基丙酮
isopropyl-acetylene 异丙基乙炔;异戊炔
3-isopropylacrylic acid 3-异丙基丙烯酸
isopropyl alcohol 异丙醇
isopropylamine 异丙胺
isopropylate 异丙醇盐;异丙氧化金属
isopropylation 异丙基化(作用)
4-isopropylbenzaldehyde 对异丙基苯甲醛;枯茗醛
isopropyl benzene 异丙(基)苯;枯烯
isopropyl benzene hydroperoxide 氢过氧化异丙苯;异丙苯过氧化氢
isopropyl bromide (＝2-bromopropane) 异丙基溴;2-溴丙烷
isopropyl *tert*-butyl ketone 异丙基・叔丁基(甲)酮;2,2,4-三甲基-3-戊酮
isopropyl carbylamine 异丙胩
isopropyl chloride 异丙基氯
isopropyl chlorocarbonate 氯甲酸异丙酯
isopropyl *N*-(3-chlorophenyl) carbamate 间氯苯胺基甲酸异丙酯;氯苯胺灵
isopropyl ether 异丙醚
isopropyl ethylene 异丙基乙烯
isopropyl halide 异丙基卤
isopropyl *n*-hexyl ketone 异丙基・正己基(甲)酮
***ω*-isopropylidene** ω-亚异丙基
isopropylideneacetone 亚异丙基丙酮
isopropylidene glycerol 亚异丙基甘油;丙酮甘油
isopropyl isocyanate 异氰酸异丙酯
isopropyl isonitrile 异丙胩
isopropyl isovalerate 异戊酸异丙酯
isopropyl-malonic acid 异丙基丙二酸
isopropyl mercaptan 异丙硫醇
isopropyl monomethyl-*p*-aminophenol 异丙基・甲基对氨基苯酚(汽油防胶剂)
isopropyl mustard oil 异丙基芥子油
isopropyl myristate 肉豆蔻酸异丙酯
isopropyl *α*-naphthyl ketone 异丙基 α-萘基(甲)酮
isopropyl nitrate 硝酸异丙酯
isopropyl nitrite 亚硝酸异丙酯
isopropylnoradrenaline 异丙肾上腺素
***o*-isopropylphenol** 邻异丙基苯酚
isopropyl *N*-phenyl carbamate 苯胺基甲酸异丙酯;苯胺灵
isopropyl phenyl carbinol 异丙基・苯基甲醇;1-苯代异丁醇
isopropyl-*β*-D-thiogalactoside (IPTG) 异丙基-β-D-硫代半乳糖苷
***p*-isopropyl toluene** 对异丙基甲苯
isopropyl *m*-tolyl ketone 异丙基・间甲苯基(甲)酮
isopropyl tri(dioctylpyrophosphato) titanate 三(二辛基焦磷酰氧基)钛酸异丙酯
isopropyl triisostearoyltitanate 三异硬脂酰基钛酸异丙酯
***β*-isopropyltropolone (IPT)** β-异丙基草酚酮;β-异丙基芳庚三烯酚酮
isoprotein 同工蛋白质
isoproterenol 异丙肾上腺素
isoprothiolane 稻瘟灵
isoproturon 异丙隆
isopulegol 异蒲勒醇;异胡薄荷醇
isopulegone 异蒲勒酮;异胡薄荷酮
isopurone 异嘌酮
isopycnic 等偏微比容的
isopycnic sedimentation 等密度沉降
isopyrin 异比林
isopyrocalciferol 异光甾醇
isopyroine 人字果碱
isoquassin 异苦木素
isoquercitrin 异栎素;异槲皮苷
isoquinaldinic acid 异喹哪啶酸
isoquinocycline 异醌环素
isoquinoline 异喹啉
isoracemization 等消旋
isorauhimbine 异茄亨宾;异柯楠质
isorefractive mixture 等折光指数混合物
isoreserpine 异利血平
isorhamnose 异鼠李糖
isorheic elution 恒流量洗脱
isorheic liquid 等黏度液体
isorhodomycin 异紫红霉素
isorhynchophylline 异尖叶(钩藤)碱
isoriboflavin 异核黄素
isoricinoleic acid 异蓖麻油酸
isorotation 等旋光度
isorotenone 异鱼藤酮
isorubijervine 异红介藜芦胺
isosaccharinic acid 异己糖酸
isosafrole 异黄樟醚;异黄樟脑;异黄樟素
isosbestic point 等吸光点
isoschizomer 同切点酶
isoscope 同位素探伤仪
isosepiapterin 异墨蝶呤

isoserine 异丝氨酸
isosesamin 异芝麻素
isosinomenine 异(汉)防己碱;异青藤碱
Iso-Siv process 直链烷烃分子筛分离过程
isosol 等溶胶;同构异量质溶胶
isosorbide 异山梨醇
isosorbide dinitrate 硝酸异山梨酯;消心痛
isosorbide 5-mononitrate 单硝酸异山梨酯
β-isosparteine β-异鹰爪豆碱
l-α-isosparteine l-α-异鹰爪豆碱
l-β-isosparteine l-β-异鹰爪豆碱
isospin 同位旋
isospin conservation law 同位旋守恒定律
isospin triplet 同位旋三重态
isostatic sintering 等静压烧结
isostatic tooling 等静压模具
isostearic acid 异硬脂酸
isostearic alcohol 异十八烷醇
isostemonidine 异百部定
isostere (电子)等排物
isosteric heat of adsorption 等量吸附热
isosterism 等排性;电子等排同物理性(现象)
isostilbene 异芪;异-1,2-二苯基乙烯;顺式对称二苯代乙烯
isostructural compounds 同构化合物
isosuccinic acid 异丁二酸;甲基丙二酸
isosulfocyanate 异硫氰酸盐(或酯)
isotachiol 氟硅酸银
isotacho(electro)phoresis 等速电泳
isotachophoresis 等速电泳
isotachophoresis on paper 纸上等速电泳
isotactic index 全同立构规整度
isotacticity 全同(立构)规整度
isotactic mo(u)lding process 等压成型法
isotactic poly-1-butylene 全同立构聚 1-丁烯;等规聚 1-丁烯
isotactic polymer 全同立构聚合物;等规聚合物
isotactic polypropylene fiber 全同立构聚丙烯纤维
isotazettine 异多花水仙碱
isoteniscope 等面仪
isoteresantalic acid 异对檀香酸
isotetracosane 异二十四(碳)烷
isothebaine 异蒂巴因;异二甲(基)吗啡
isotherm(al) 等温线
isothermal absorption 等温吸收
isothermal calorimeter 等温量热器
isothermal change 等温过程
isothermal compressibility (=coefficient of compressibility) 等温压缩系数
isothermal compression 等温压缩
isothermal compressor 等温压缩机
isothermal curve 等温线
isothermal distillation 等温蒸馏
isothermal efficiency 等温效率
isothermal evaporation 等温蒸发
isothermal expansion 等温膨胀
isothermal extruder 等温挤塑机
isothermal extrusion 等温挤塑;等温压出
isothermal fixed reactor 等温固定床反应器
isothermal flame ionization chromatography 等温火焰电离色谱法
isothermal gas chromatography 等温气相色谱法
isothermal heat transfer 等温传热
isothermal-isobaric ensemble 等压-等温系综
isothermal-isobaric (gas) chromatography 等温等压气相色谱法
isothermal line 等温线
isothermal process 等温过程
isothermal reactor 等温反应器
isothermal stability diagram 等温稳定性图
isothermal surface 等温面
isothermal tower type reactor 等温塔式反应器
isothermal transformation diagram 等温转变图
isothiazole 异噻唑;1,2-硫氮杂环戊二烯
isothiazolinone 异噻唑啉酮
isothioate 异丙磷;异丙硫磷
isothiocyanate 异硫氰酸盐(或酯)
isothiocyanic acid 异硫氰酸
isothiourea 异硫脲
isothipendyl 异西喷地;氮异丙嗪
isothreonine 异苏氨酸
isothujone 异苧酮;异侧柏酮
isotocin 鱼神经叶激素;4-丝-8-异亮催产素
isotone 同中子异位素
isotonicity 等渗(压)性
isotonic solution 等渗压溶液;等渗溶液
isotope 同位素
isotope abundance 同位素丰度
isotope assay 同位素化验分析
isotope battery 同位素电池

isotope cask 同位素(贮运)容器
isotope chart 同位素图表
isotope chemistry 同位素化学
isotope container 同位素容器
isotope cow 放射性核素发生器;同位素发生器
isotope dating 同位素年代测定
isotope dilution 同位素稀释
isotope dilution analysis 同位素稀释分析
isotope dilution mass spectrometry (IDM) 同位素稀释质谱法
isotope dilution spark source mass spectrometry 同位素稀释火花源质谱法
isotope effect 同位素效应
isotope enrichment 同位素富集;同位素浓集
isotope exchange reaction 同位素交换反应
isotope flask 同位素容器
isotope fractionation 同位素分离;同位素分凝;同位素分馏
isotope gauge 同位素仪表
isotope geochemistry 同位素地球化学
isotope geochronology 同位素地质年代学
isotope geology 同位素地质学
isotope hydrology 同位素水文学
isotope isomer 同位素异构体
isotope-isomerism 同位素异构(现象)
isotope-isomerization 同位素异构作用
isotope labeling 同位素标记
isotope labeling reagent 同位素标记试剂
isotope level detector 同位素液面检测器
isotope milking 从母体中分离子体同位素
isotope pool 同位素库
isotope production reactor 同位素生产(反应)堆
isotope ratio mass spectrometer 同位素比质谱计
isotope separation 同位素分离
isotope-separator-on-line (ISOL) 在线同位素分离器
isotope shift 同位素移位
isotope side band 同位素边峰
isotopic abundance measurement 同位素丰度测量[定]
isotopic analysis 同位素分析
isotopic carrier 同位素载体
isotopic correlation safeguards technique 同位素相关核保障监督技术
isotopic cross-section 同位素截面
isotopic dating 同位素测定年龄
isotopic depletion 同位素贫化;同位素剥淡
isotopic dilution analysis (= isotope dilution) 同位素稀释分析
isotopic dilution mass spectrometry 同位素稀释质谱法
isotopic dilution method 同位素稀释法
isotopic enrichment 同位素富集
isotopic exchange 同位素交换
isotopic foil 同位素箔
isotopic geochronology 同位素地质年代学;同位素地球纪年学
isotopic geology 同位素地质学
isotopic mass 同位素质量
isotopic mass spectrometry 同位素质谱法
isotopic neutron source 同位素中子源
isotopic peak 同位素峰
isotropic plate 各向同性板
isotopic spin conservation 同位旋守恒
isotopic spin (=isospin) 同位旋
isotopic target 同位素靶
isotopic tracer 同位素指示剂[示踪物];示踪同位素
isotopic tracer method 同位素示踪法
isotopic tracing 同位素示踪
isotopy 同位素学;同位素性质
iso-trans-tactic 反式全同立构的
isotriacontane (=melissane) 异三十(碳)烷;蜂花烷
isotrilobine (= homotrilobine) 异三裂碱;异木防己碱
isotrimorphism 同三晶形(现象)
isotrope 各向同性晶体
isotropic material with memory 各向同性记忆材料
isotropic medium 各向同性介质
isotropic membrane 各向同性膜
isotropic plate 各向同性板
isotropic temperature factor 各向同性温度因子
isotropism 各向同性(现象)
isotropy 各向同性
isotruxillic acid 吐星酸;异吐昔酸
isourea 异脲
isouzarigenin 异乌扎配基
isovalent hyperconjugation 等价超共轭
isovaleraldehyde 异戊醛;3-甲基丁醛
isovaleramide 异戊酰胺
isovaleranilide *N*-异戊酰苯胺

isovaleric acid 异戊酸
isovaleronitrile 异戊腈;异丁基氰
isovaleryl aniline *N*-异戊酰苯胺
isovaleryl chloride 异戊酰氯
isovaleryl diethylamide 异戊酰二乙酰胺
isovaline 异缬氨酸
isovalthine 异缬硫氨酸
isovanillic acid 异香兰酸;异香草酸
isovanillin (=3-hydroxy-4- methoxybenzaldehyde) 异香兰素;异香草醛;3-羟基-4-甲氧基苯甲醛
isoversion 催化异构化
isovincamine 异长春蔓胺
isoviolanthrene 异紫蒽
isoviolanthrone 异紫蒽酮;异宜和蓝酮
isoviscous state 等黏态
isovolumetric process 等容过程
isoxaben 异恶草胺
isoxanthopterin 异黄蝶呤
isoxazole 异噁唑;1,2-氧氮杂环戊二烯
isoxepac 伊索克酸
isoxicam 伊索昔康;异噁噻酰胺
isoxime 异肟
isoxsuprine 异克舒令;苯氧苯酚胺
isoyohimbine α-育亨宾
isozonide 异臭氧化物
isozyme 同工酶;同功酶
isradipine 伊拉地平
ISS(ion scattering spectroscopy) 离子散射能谱(学)
issued by 发证单位
I-steel 工字钢
I strain 自身变形;(internal strain)内张力(化学)
itaconate 衣康酸盐(酯或根);亚甲基丁二酸
itaconic acid 衣康酸;亚甲基丁二酸
itai-itai disease 痛痛病;骨痛病
itamalic acid 羟甲基丁二酸;(俗称)衣苹酸
itamycin 基石霉素
IT calorie 国际蒸汽表卡
item (1)项目 (2)条款
itemized schedule 项目一览表
items in stock 库存物件
iteration chromatography 循环色谱法
iterative coordination 迭代协调
iterative filter 链带过滤机
iterative method 迭代法
it is valid until… 有效期至…
itraconazole 伊曲康唑
itramin tosylate 硝乙胺托西酸盐;硝乙醇胺对甲苯磺酸盐
iturin 伊枯草菌素
IUPAC 国际纯化学与应用化学联合会
IUPAP 国际纯物理与应用物理联合会
ivain 依瓦因;蓍草素
Ivanov reaction 伊万诺夫反应
iva oil 蓍花油;麝香蓍油
ivermectin 伊维菌素;异阿凡曼菌素
ivory board 象牙纸板;白卡纸
ivory paper 象牙纸
ivory soap 象牙皂
ixbut 危地马拉奶茶
ixiolite 锰钽矿
ixodicide 杀螨剂
ixodin 蜱素
ixolyte 红蜡石
iyomycin 异样霉素
Izod impact machine 悬臂梁式冲击机
Izod impact test 悬臂梁式冲击试验

J

jaborandine 巴西胡椒定
jaborine 美洲毛果芸香混碱
jaboty fat 价波特脂(可作可可脂代用品)
J acid J酸;2-氨基-5-萘酚-7-磺酸
jacinth 风信子石;红锆石
jack (1)千斤顶 (2)插孔;塞孔 (3)弹簧开关 (4)用千斤顶举起
jack bolt 定位螺栓
jacked crystallizer 刮面式套管结晶器
jacket 夹套
jacket closure 夹套盖板
jacket coolant 夹套冷却液
jacket cooling 夹套[水套,套管]冷却
jacket digester 汽套蒸煮锅
jacketed cooler 夹套冷却器
jacketed crystallizer 夹套结晶器;套管结晶器
jacketed evaporator 带夹套的蒸发器;套层蒸发器
jacketed heat exchanger 夹套式换热器
jacketed kettle 带夹套的锅
jacketed pump 夹套泵
jacketed reactor 夹套反应器
jacketed still 带夹套的釜
jacketed type exchanger 夹套式换热器
jacketed vessel 夹套式容器
jacketed wall 套壁
jacket head 夹套封头
jacket heating 夹套加热
jacket of water 水(夹)套
jacket outside cylinder 夹套外筒
jacket safety relief valve 保温套安全阀
jacket side 夹套侧
jacket test pressure 夹套试验压力
jacket water 夹套水
jacking oil pump 顶轴油泵
jacking screw 顶起螺丝
Jackson candle turbidimeter 杰克逊蜡烛浊度计
Jacobian matrix 雅可比矩阵
jacobine 千里光碱;雅可宾
Jacobsen reaction(=Jacobsen rearrangement) 雅各布森(重排)反应
Jacobsen rearrangement 雅各布森重排(反应)
jacquard board 提花纸板;茶版纸
jacquard card 提花纸板;茶版纸
jacutingite 薄层富赤铁矿
jade 玉(石)
jadeite 硬玉;翡翠
Jaeger blower 叶氏鼓风机
Jahn-Teller effect 扬-特勒效应
jaipurite 块硫钴矿
jalap 球根牵牛
jalapic acid 球根牵牛酸
jalapin 球根牵牛苷;紫茉莉苷;药喇叭苷
jalapinolic acid 紫茉莉脑酸;11-羟(基)十六(烷)酸
jalapoid 墨西哥旋花浸膏
jam 果子酱
jamaicine 牙买加莱树苦素
jamboo 蒲桃
jambosine 蒲桃碱
jambul 蒲桃
jamesonite 脆硫锑铅矿
James' powder 杰姆斯粉(含锑磷酸钙)
jamming avoidance response 躲避干扰反应
jam nut 安全螺母;防松螺母;止动螺母
janiemycin 贾尼霉素
janthinellin 微紫青霉素
Janus green B 杰纳斯绿B
japaconitine 日乌头碱
japan (1)天然漆;大漆 (2)漆器
Japanese Industrial Standards(JIS) 日本工业标准
Japan(ese) lac(quer) 天然漆;大漆
japanic acid 日本蜡酸;二十一烷双酸
japanned leather 漆革
Japan tallow 野漆树蜡;日本蜡
Japan wax 野漆树蜡;日本蜡
japonilure 日本弧丽蛂素
Japp-Klingemann reaction 雅普-克林格曼反应
jara jara(=yara yara) β-萘基甲基醚
jargon 黄锆石
jargonia (=zirconia) 氧化锆
jar mill 瓷制球磨罐
jarosite 黄钾铁矾
jasminal 素馨醛;茉莉醛;α-戊基肉桂醛
jasmine aldehyde 素馨醛;茉莉醛;α-戊基

肉桂醛
jasmin(e) oil 茉莉油;素馨油
jasmine oxide 茉莉醚
jasmolin 茉莉菊酯
jasmone 茉莉酮
jasper 碧玉
jateorhizine (＝jatrorrhizine) 药根碱
jatex 浓(缩橡)浆
jatrophine 麻风树碱
jatrorrhizine (＝jateorhizine) 药根碱
Jaumann tensor 尧曼张量
Jaune d'or 马蒂乌斯黄
javanicin 爪哇镰菌素;茄镰孢菌素
Java para 爪哇巴拉胶
Java pepper(＝cubeb) 荜澄茄
Java wax 榕树蜡
javelle water 次氯酸钠消毒液
javellization 消毒净水(法)
jaw breaker 颚式破碎机
jaw clutch 爪式离合器;齿合离合器;颚形离合器;牙嵌离合器
jaw coupling 爪型联轴器
jaw crusher 颚式破碎机
jaw cut nippers 颚口剪(线)钳
jaw flange 带爪凸缘
jaw oil 鲸颚油
jaw speed 狭口流速
j_D factor j_D 因子;传质 j 因子
jecoleic acid 介考列酸;十九碳烯酸
jecoric acid 介考日酸;十八碳三烯酸;肝酸
jel(＝gel) 凝胶;冻(胶)
jelled electrolyte lead acid storage battery 胶体电瓶
jellied gasoline 凝固汽油;胶状(汽)油
jellification 胶凝;冻结;凝结
jelling 胶凝作用
jellose 果胶糖
jelly (透明)冻(胶)
jelly bomb 凝固汽油弹
jellying 胶凝作用
jellylike mass of nitroglycerin 炸胶
jelutong 节路顿胶
Jena ware 耶那玻璃器
Jenkine cracking 詹金(液相热)裂化(法)
jenkolic acid 今可豆氨酸
Jenner stain 詹纳尔(白细胞)着色剂
Jentsch ignition tester 杨奇着火试验器(评价燃料着火性质)
jequiritin (＝abrin) 红豆素
jeremejewite 硼酸铝石
jerking table 震淘台;跳汰台
Jersey process 泽西法(丁烯脱氢制丁二烯法)
Jerusalem artichoke 菊芋;洋姜
jervine 介藜芦胺;蒜藜芦碱;芥芬胺
jesaconitine 结乌头(根)碱
Jesuits' balsam(＝copaiba) 苦配巴香胶
jet (1)喷射;喷注 (2)喷(出)口;喷嘴 (3)喷枪 (4)喷丝头;喷丝帽 (5)喷气式的 (6)黑玉;煤玉
jet aeroplane oil 喷气式飞机润滑油
jet annular disk 喷嘴环轮
jet axes 射流轴线
jet cleaning 喷射清洗;射流洗涤
jet coal 长焰煤;烛煤
jet compressor 喷射压缩机
jet condenser 喷射式冷凝器;喷水凝汽器
jet condenser pump 喷水凝汽式泵
jet dryer 喷流干燥器
jet ejector 喷射泵
jet ejector pump 喷射泵
jet elevator 喷射泵;喷水器;水力提升器
jet engine 喷气发动机
jet extractor 喷射萃取器
jet flow 射流
jet fuel 喷气(式发动机)燃料
jet gun 喷栓;泥浆栓;喷射器
jet impact 喷射冲击
jet impact mill 喷射式磨机
jet injector 射流式注射泵;喷射泵
jet mill 气流粉碎机
jet mill with flat chamber 扁平室气流粉碎机
jet mixer 射流混合器;喷射(式)混合器
jet mixing 射流搅拌
jet molding (1)注压(硫化)法(2)射流注塑法
jet nozzle 喷射嘴;喷嘴;喷管
jet penetration length 射流穿透长度
jet pipe[tube] 喷射管
jet propulsion fuel(＝JP fuel) 喷气(式飞机)燃料
jet pump 射流泵;喷射泵;注射泵
jet reactor 射流反应器
jetsam 沉料;抛弃后沉底的货物
jet scrubber 喷射洗涤器
jet separation (同位素)喷嘴分离
jet swelling effect 射流胀大效应
jet switching 射流转换

jetter 喷洗器
jetting sump transfer 喷射法输送
jet transfer 射流输送
jet tray 舌形板;喷射(形)塔板[盘];舌形塔板
jet(type) agitator 喷射(式)搅拌器
jet type dust collector 脉动除尘器;喷射式集[除]尘器
jet type refrigerator 喷射式冷冻机
jet vacuum pump 喷射真空泵
j-factor j 因子
j_H factor j_H 因子;传热 j 因子
JH(juvenile hormone) 保幼激素
jib crane 动臂起重机;回转式吊车;回转起重机
jib crane charger 回转式吊车加料机
jiemycin 洁霉素
jig 夹具;夹紧装置;挂具
jigged bed 跳汰床
jigged fluidized bed 跳汰流化床
jigger 辘轳
jigging conveyor 振动式斜槽
jigging machine 簸析机
jigging screen 簸动筛
jig saw 线锯
jig washer(=jig machine) 簸析机
jinggangmeisu 井冈霉素
Jinglun 锦纶(尼龙 6 的中国商名)
j-j coupling j-j 偶合
job (1)工件;加工件 (2)职务
job analysis (1)职业分析(2)工作过程分析
jobbing work 单件小批生产
job instruction 工作说明(书)
job location 施工现场;施工场所
job number 工程号;工号
job order 任务单;通知单
job practice 施工方法
job program 加工程序
job programme 工作程序
job rate(s) 生产定额
job schedule 工程进度
job sequence 加工程序
job shop 加工车间
job site (施工)现场
job step 工作步骤;加工步骤
jockey pump 膜式泵
jog switch 啮合开关
johannite 铀铜矾
Johnson noise 约翰逊噪声
joinase 连接酶
joint 接合点
joint cathodic protection system 接头阴极接地防腐蚀系统
joint compound 填缝料
joint coupling 活节连节器;管接头
joint cross 十字接头
joint-design 联合设计
joint disposal 综合处置
jointer 接头
joint filling material 封口材料
joint flange 连接法兰
joints in tubing and pipe 管子连接
joint material 嵌缝材料;封填胶
joint plate 接合板
joint point 交接点
joint ring 垫圈
joint strip 嵌缝胶条
joint transduction 连锁转导
joint transformation 连锁转化
joint venture (1)联合经营;合资经营 (2)合营[资]企业
joint washer 密封垫圈
joint with male thread 外螺纹接头
joint with shearing ring 抗剪环联接
joist steel 梁钢;工字钢
jojoba oil 西蒙得木油
jolipeptin 乔利肽菌素
Jolly balance 约利比重秤
Jolly spring balance 约利弹簧秤
jolt ramming 振捣
jolt table 振动台
Jones furnace 琼斯炉
Jones reagent 琼斯试剂
Jones reducer[reductor] 琼斯还原管
Jong-koutong(=C. I. natural Red 19) 羊角藤;C. I. 天然红 19
Jonsson (vibrating) screen 左登式粗筛
Jordan chest 约旦(储浆)柜
Jordan engine 约旦(打浆)机
jordanite 硫砷铅矿
josamycine 交沙霉素
josaxin 角沙霉素
joseite 碲铋矿
josephinite 镍铁矿
Josephson effect 约瑟夫森效应(超导电子对的超导隧道效应)
jot specification 施工规范
joule 焦耳
Joule experiment 焦耳实验

Joule heat 焦耳热
Joule-Kelvin effect 焦耳-开尔文效应
Joule's law 焦耳定律
Joule-Thomson coefficient 焦耳-汤姆孙系数
Joule-Thomson effect 焦耳-汤姆孙效应
journal 轴颈
journal bearing 径向轴承;轴颈轴承
joy stick,joystick 操纵杆;操纵手柄
JP fuel 喷气(式飞机)燃料
judicial chemistry 法医化学
Juerst ebullioscope 尤尔斯特(水醇)沸点计
juglans 胡桃
juglansin 胡桃球蛋白
juglomycin 胡桃霉素
juglone 胡桃醌;5-羟-1,4-萘醌
juice channel 糖汁槽
juice extraction 糖汁提取法
juice feed 糖汁进料
juice groove 糖汁槽
juice liming 糖汁的澄清
juice pan 榨汁盘
juice shield 榨汁挡板
jujube tincture 枣酊
julimycin 七月霉素
julocrotine 柔荑巴豆碱
julolidine 久洛里定
jumble beads 红豆;相思豆
junction bolt 接合螺栓
junction box header 换热器的管束箱
junction plate 连接板
junior hacksaw 轻型钢锯
juniper berry 刺柏果
juniperic acid 刺柏酸;16-羟(基)十六(烷)酸
juniper oil 刺柏油
juniper tar 桧焦油
Junker's gas calorimeter 荣克气体量热计
jury pump 备用泵;辅助泵
justicidin 爵床定
jute pulp 麻浆
jute seed oil 黄麻子油
jute serving 黄麻护层
juvenile hormone (JH) 保幼激素
juverimicin 幼霉素
juxtaposition metamorphosis (1)接触变形(2)接触变质;接触变态
juxtaposition-twin 并置双晶
J valve J阀

K

K-acid K 酸;1-氨基-8-萘酚-4,6-二磺酸
kadethrin 克敌菊酯
kaempferitrin 山柰苷
kaempferol 山柰酚;3,4′,5,7-四羟基黄酮酚
kafirin 高粱醇溶蛋白
kafiroic acid 高粱酸
Kahle's solution 卡耳溶液(固定剂)
kahweol 咖啡豆醇
kainic acid 红藻氨酸;海人草酸;卡英酸;2-羧甲基-3-异丙烯基脯氨酸
kainite 钾盐镁矾;钾泻盐
Kaiserling solution 开氏保存组织液
kaku-shibu 生柿汁;柿涩;柿浆;柿漆
kalafungin 卡拉芬净;卡拉真菌素
kalaite 含铜绿松石
kalamycin 卡拉霉素
kali ammonsalpeter 氯化钾硝酸铵混合肥料
kalimagnesia 含水硫酸镁钾;钾镁肥
kalinite 纤维钾明矾
kaliophylite 钾霞石
kali salt 钾盐
kalk ammon 氯化铵氯化钙混合肥料
kalk ammon salpeter(=nitro-chalk) 钙铵硝石;白垩硝;碳酸钙硝酸铵肥料
kallaite 绿松石
Kalle acid 卡耳酸;1-萘胺-2,7-二磺酸
kallidin 胰激肽;赖氨酰缓激肽
kallidinogen 胰激肽原
kallidinogenase 血管舒缓素
kallikrein 激肽释放酶;舒血管素
Kalousek polarography 卡洛塞克极谱法
kalsilite 六方钾霞石
Kalvarfilm 卡尔伐胶片
kamala 粗糠粉
kamarezite 碱式硫酸铜矿
Kamerlingh-Onnes equation 卡末林-昂内斯方程
α-kamlolenic acid 18-羟基十八碳三烯酸
kampometer 热辐射计
Kamyr continuous digester 卡米尔连续蒸煮器
Kamyr digester 卡米尔(连续)蒸煮器
kanamycin 卡那霉素
kanasatine 乌克兰大麻素
kanchanomycin 干乍那霉素
kanerol 卡尼尔醇
kanirin 氧化三甲胺
kankrinite 钙霞石
kann(=cand;cann) 萤石
kanyl alcohol 卡尼尔醇
kaoliang oil 高粱油
kaolin 高岭土;白陶土
kaolinite 高岭石
kaolinization 高岭土化(作用)
Kaon(=K-meson) K 介子
kapnometer 烟密度计
kapok 木棉
kapok oil 爪哇木棉油;吉贝油
kappa number 卡伯值;κ 价
karabin 夹竹桃树脂
karakin 狗角藤苷
karakul 波斯羔皮
karanjin 水黄皮素
Karathane 开拉散
karaya gum 刺梧桐(树)胶;卡拉雅胶
karbate impervious graphite 压制(不渗透性)石墨
karez 坎儿井
karite butter 牛油果油
Karl Fischer method 卡尔·费歇尔法
Karl Fischer reagent 卡尔·费歇尔试剂;费歇尔试剂
Karl Fischer titration 卡尔·费歇尔滴定(法);费歇尔滴定(法)
Kármán constant 卡曼常数
Kármán equation 卡曼方程
Kármán number 卡曼数
Kármán vortex 卡曼涡
Kármán vortex street 卡曼涡街
Karmex 敌草隆
karnatakin 卡纳塔菌素
karpholite 硅酸铁锰矿
Karr column 往复板萃取塔
karsil 甲戊敌稗;克草尔
karstenite 硬石膏
karyogamy 核配
karyology 胞核学
karyotheca 核膜

karyotin 染色质;核染质
karyotyping 核型分析
Kaschin-Beck disease 大骨节病
Kassel kiln 卡塞尔窑;间歇式矩形烧煤窑
kasugamycin 春日霉素(即春雷霉素)
kasumin 春日霉素;春雷霉素
kata- 渺(位)(萘状环的1,7-位)
katabolism(=catabolism) 分解代谢;降解代谢(作用)
kata-condensed rings 渺位缩合环
katal 开特;卡塔尔(酶活性单位,符号kat,1kat=1mol/s)
katalase 过氧化氢酶
katalaze 催化酶
katamorphism 破碎变质现象
kata thermometer 空调温度计
kath(a)emoglobin 变性高铁血红蛋白
katharometer 导热析气计;热导计
katine 阿拉伯茶碱
katsu-toxin 蝎毒
Kaufmann iodine value 考夫曼碘值
kaurene 贝壳杉烯
kaurenic acid 贝壳杉烯酸
kaurinic acid 贝壳杉酸
kaurinolic acid 贝壳杉脑酸
kauri (resin) 贝壳杉脂;栲利树脂
kaurolic acid 贝壳杉油酸
kauronolic acid 贝壳杉让酸
kavaic acid 醉椒酸
kavain 醉椒素
kava(-kava) (1)醉椒 (2)醉椒根
kavatel oil 副大风子油
kawain 醉椒素
kawa-kava (1)醉椒 (2)醉椒根
Kawasaki iron powder KIP铁粉;川崎铁粉
kayser 凯泽尔(波数单位,符号K,$1K=1cm^{-1}$)
kb 千碱基对
KB(knowledge base) 知识库
K band K带
KCA desulfurization process 聚酚法脱硫
K capture K(层电子)俘获
KD-reactive dye(s) KD型反应[活性]染料
kebuzone 凯布宗;酮保泰松
Keene's cement 基恩水泥;干固水泥
Keen tester 基恩试金属硬度器
keep away from heat 勿近[远离]热源
keep bolt 盖螺栓
keep cool 放置冷处;保持凉爽
Keep dry 勿放湿处;保持干燥
Keep in a cool place 在冷处保管
Keep in a dry place 在干(燥)处保管
keep out 切勿入内
keep out of the sun 离开阳光;避免阳光
Keep upright 竖放;勿倒置
kefir 山羊乳酪
kefir fungi 制山羊乳酪霉菌
keg float trap 浮杯式冷凝水排除器
keilhauite 钇钍榍石
Keith process (for lead refining) 基思(炼铅)法
Kekulé formula 凯库勒式(苯结构式)
Kekulé ring 凯库勒环
Kekulé structures 凯库勒结构
K electrons K层电子
Kel-F (elastomer) 凯尔-F橡胶;聚三氟氯乙烯橡胶
Kellner cell (for hypochlorite) 凯尔纳(次氯酸盐制造)电解槽
Kellogg furnace 凯洛格裂解炉
Kellogg hydrocracking process 凯洛格加氢裂化法
Kellogg millisecond furnace 凯洛格毫秒炉
kelly cock 方钻杆旋塞阀
Kelly filter 凯利过滤机
kelp ashes 海草灰
kelp oil 海草油
kelp salt 海草灰盐
kelthane 三氯杀螨醇
Kelvin 开(尔文)(SI热力学温度单位,符号K)
Kelvin bridge 开尔文电(阻)桥
Kelvin double bridge 开尔文双电桥
Kelvin element 开尔文元件
Kelvin equation 开尔文公式[方程]
Kelvin model 开尔文模型
Kelvin scale 开(尔文)氏温标(热力学温标旧称)
Kemate 敌菌灵
kendir 罗布麻
kenianjunsu 克念菌素
Kennedy extractor 肯尼迪抽提器
kennel coal 长焰煤;浊煤
Kennelly-Heaviside layer 肯内利-亥维塞德层(即电离层)
kentite 肯太炸药(铵硝、钾硝、TNT)
kephalin 脑磷脂

kephaloidin 脑脂组分
Kepler law 开普勒定律
Kepone 开蓬
keracyanin 凯拉花青;花青素鼠李葡糖苷;甜樱色苷
kerargyrite 角银矿
kerasin (1)角苷脂 (2)角铅矿
kerasol 四碘酚酞
keratan sulfate 硫酸角质素
keratein(e) 还原角蛋白
keratin 角(质)蛋白
keratinase 角蛋白酶
keratin fiber 角蛋白纤维
keratinization 角化(作用)
keratoelastin 鱼卵壳蛋白
keratohyaline 透明角质
keratolytic 溶角蛋白剂
keratosulfate 硫酸角质
KE-reactive dye(s) KE 型反应[活性]染料
kerma 比释动能(单位 J/kg)
kerma rate 比释动能率[单位J/(kg·s)]
kermes 虫胭脂;胭脂虫粉
kermesic acid 胭脂酮酸
kermesite 红锑
kermes mineral 橘红硫锑矿
kernel oil 核油;橄榄油
kernite 四水硼砂
kerogen 干酪根;油母质
kerogen shale 油页岩
keroid 高度分散的炭黑
kerosene 煤油
kerosene raffinate 精制煤油
kerosine 煤油
kerosolene 轻质烃类混合物(从煤焦油或天然沥青干馏油中得到,沸点 32℃,相当于石油醚)
Kerr cell 克尔电池;克尔盒
Kerr constant 克尔常数
Kerr effect 克尔效应
Kerr material(s) 克尔材料(具有二次电光效应的材料)
Kersan disease 克山病
keryl 煤油(烷)基
keryl alcohol 煤油基(脂肪)醇
keryl anisole sulfonate 煤油基甲氧基苯磺酸酯
keryl cresol sulfonate 煤油基甲酚磺酸盐
keryl diethanolamine 煤油基二乙醇胺
keryl ether 煤油基醚
keryl phenetol sulfonate 煤油苯乙醚磺酸酯
keryl phosphonic acid 煤油基膦酸
Kessler concentration plant 凯斯勒蒸浓装置
kesso oil 缬草油
Kestner acid elevator 凯斯特纳升酸器
Kestner evaporator 长管式无循环蒸发器;凯斯特纳蒸发器
Kestner long-tube evaporator 膜式蒸发器
kestose 蔗果三糖
ket 右矢;刃
ketal 酮缩醇;缩酮
ketamine 氯胺酮
ketanserin 酮色林
ketazine (1)(某)酮连氮 $R_2C:N·N:CR_2$ (2)(专指)四甲基(甲)酮连氮
ketazolam 凯他唑仑;酮唑草
ketene 乙烯酮
ketene (di)acetal 乙烯酮缩二乙醇
ketene gas 乙烯酮气体
ketene-imine 烯酮亚胺
ketenes 烯酮类
kethoxal 凯托沙;乙氧丁酮醛
ketimide 酮酰亚胺
ketimine 酮亚胺
ketine 2,5-二甲基吡嗪
ketipic acid 草酰二乙酸;β,β'-己二酮二酸
keto-acetic acid 丙酮酸
keto-acid 酮酸
ketoacidosis 酮酸中毒
ketoadipic acid 酮己二酸
keto-alcohol 酮醇;氧基醇
keto-aldehyde 酮醛
ketoalkylation 酮烷基化(作用)
ketoamide 酮酰胺
ketoamine 酮胺;氨基酮
ketobemidone 凯托米酮;酚哌丙酮
ketobutyric acid 氧代丁酸;丁(邻)酮酸
ketocarboxylate β-酮羧酸盐(或酯)
ketoconazole 酮康唑
2-keto-3-deoxygalactonic acid 2-氧代-3-脱氧半乳糖酸
2-keto-3-deoxy-7-phosphoglucoheptonic acid 2-氧代-3-脱氧-7-磷酸葡庚糖酸
keto-enol tautomerism 酮-烯醇互变异构
keto ester 酮酸酯
ketoestradiol 酮雌(甾)二醇

ketoestrone 酮雌(甾)酮
keto fatty acid 脂肪酮酸
keto form 酮式
ketogenesis 生酮作用
ketogenic aminoacid 生酮氨基酸
ketogluconic acid 酮葡糖酸;葡糖酮酸
ketoglutaramic acid 酮戊酰胺酸;酮戊二酸单酰胺
ketoglutaric acid 酮戊二酸;氧代戊二酸(有 α-、β-两种)
2-ketogulonic acid 2-氧代古洛糖酸;2-酮基古洛糖酸
2-ketogulonolactone 2-氧代古洛糖酸内酯;2-酮古洛糖酸内酯
ketoheptose 庚酮糖
ketohexonic acid 己酮糖酸
ketohexose 己酮糖
ketoimine 酮亚胺
ketoindole (＝oxindole) 羟吲哚
α-ketoisocapric acid α-异癸酮酸
ketoisocaproic acid 酮异己酸
ketoketene 酮式烯酮($R_2C:CO$)
ketol 乙酮醇
ketolactol 内缩酮(羟基酮的内醚式)
α-ketol rearrangement α-酮醇重排
ketolysis 酮解(作用)
ketolytic reaction 酮解反应
keto-monobasic acid 一价酮酸
keto-monocarboxylic acid 一价酮酸
keto-morpholine 氧代吗啉
ketomycin 酮霉素
ketone 酮
ketone acid 酮酸
ketone body 酮体
ketone ester 酮酯
ketone ether 酮醚;烷氧基酮
ketone hydrate 酮水合物
ketone musk 酮麝香
ketone rancidity 酮(臭)败;酮酚坏;酮哈喇
ketone sulfone 酮砜
ketonic acid 酮酸(RCOCOOH)
ketonic ether 酮醚;烷氧基酮
ketonic form 酮式
ketonic hydrolysis 成酮水解
ketonic link(age) 羰基键
ketonization 羰基化作用
ketopalmitic acid 酮棕榈酸;酮软脂酸
2-keto-6-phosphogluconic acid 2-酮-6-磷酸葡糖酸
2-ketophosphohexonic acid 2-酮磷酸己糖酸
ketoprofen 酮洛芬;酮基布洛芬
ketoprogesterone 酮孕酮
ketopyrrolidine 吡咯烷酮;α,γ-丁内酰胺
ketorolac 酮咯酸
ketose 酮糖
ketoside 酮苷
ketostearic acid 酮硬脂酸
17-ketosteroid 17-酮甾类
ketosuccinic acid 草酰乙酸;酮丁二酸
ketotifen 酮替芬;甲哌唑庚酮
ketotriazole 三唑酮
ketovinylation 酮乙烯化作用
ketoxime 酮肟
ketoxylose 木酮糖
kettle 釜体;釜;锅
kettle soap 皂基
kettle-type reboiler 釜式重沸器;釜式再沸器;K 型再[重]沸器
keturonic acid 糖酮酸
ketyl radical 羰自由基
Kevlar 凯芙拉
key (1)键;电键 (2)窍门
key-atom 钥原子
key board 键盘
key component 关键组分;主要组分
key enzyme 关键酶
key for driving sheave 传动皮带轮键
key groove 键槽
key head 键头
keyhole-mode welding 穿透型焊接法
keyhole saw 钥孔锯
key industries 关键工业;基础工业
keying 黏固;(嵌件)固定;附着
keying agent 增黏剂
key process parameter 关键过程参数
key seat(ing) 键槽
key slot 键槽
keyway 键槽
K_γ factor K_γ 常数;K_γ 因子(γ 射线剂量率单位,一毫居里点源在距离一厘米处一小时的伦琴数)
khaki 咔叽;卡其
kharophen 乙酰氨基羟基苯胂酸
khat 阿拉伯茶
khellin 凯林;凯拉果素;6,7-呋喃并色酮
khellol glucoside 凯林(葡萄糖)苷
khelloside 凯林苷
kiaserite 水镁矾
kibbler roll 辊式破碎机

kick (1)井涌;溢流(钻井)(2)冲击;跳动(仪表指针)(3)石油产品的初馏点(4)汽油(在发动机中)的发动性(5)(模具)突起部(6)(瓶类)底窝
kickback (1)逆[倒]转(2)反冲;退回(3)回扣;佣金
kicker (1)抖动器(2)催发剂(发泡剂)
kicker baffle 导向隔板
kick in surge line 喘振线上的转折点
kick-off point (促进剂)生效温度
kidamycin 贵田霉素
kid skin 猾子皮
Kiemsa solution 吉氏色素
Kiemsa's stain 吉氏色素
kier 漂煮锅
kier boiling assistant 漂煮助剂
kiering 漂煮
kieselguhr 硅藻土
kieselguhr filter 硅藻土过滤器
kieserite 水镁矾
Kihara potential 基哈拉势
Kikuchi lines 菊池线(晶体表面散射的电子流线)
kikumycin 菊霉素
kiku oil 菊油
kilbrickenite 块辉锑铅矿
Kilburn-Cott furnace 基耳伯恩-科特电炉
Kiliani aluminum process 基连尼炼铝法
killed rubber 过炼胶
killed spirit 焊酸;焊接用的药水
killed steel 镇静钢
killer factor 杀伤者因子
killer plasmid 杀伤者质粒
killing action 杀死作用;致死作用
killing well 压井
kiln 窑;炉;窑炉;烘房;干燥炉;熏烟炉
kiln atmosphere 窑内气氛
kiln bottom 窑底;窑床
kiln burner 窑炉燃烧器
kiln-burning 炭窑制炭法;堆积炭化法
kiln dust chamber 炉子除尘室
kilned malt 炒干麦芽;烘干麦芽
kiln equipment 热工设备
kiln evaporator 窑式脱水器
kiln eye (窑炉的)看火孔
kiln gas 炉气;窑炉烟气;窑气
kiln hole 窑门(洞)
kilning 窑烧;窑烘
kilning floor 烘干层
kiln liner 窑衬
kiln lining 窑衬;炉衬
kiln mill 窑炉转磨
kiln roasting 窑炉烤烘
kiln site 制炭场
kiln with movable roof 吊顶窑
kilojoule 千焦耳
kilowatt hour 千瓦(特)小时;度
kimberlite 金伯利岩;角砾云橄岩(一种含钻石的火成岩)
kinase 激酶
kindling (1)点火;点炉;升炉(2)引火燃烧
kind of inspection 检验类别
kinematical equation 运动学方程
kinematical viscosity 运动黏度
kinematics 运动学
kinematic viscosimeter 运动黏度计(测定运动黏度用黏度计)
kinematic viscosity 运动黏度
kinemometer 流速计
kinetic acidity 动力学酸度
kinetically unstable complex (=labile complex) 不稳定络合物;易变络合物
kinetic chain length 动力学链长
kinetic colorimetry 动力学比色法
kinetic control 动力学控制
kinetic current 动力电流
kinetic energy 动能
kinetic equation 动力学方程;动理(学)方程
kinetic friction 动摩擦
kinetic head 动压头
kinetic isotope effect 动力学同位素效应
kinetic masking 动力学掩蔽
kinetic parameter 动力学参数
kinetic photometry 动力学光度学
kinetic pressure 动压力
kinetic pump 动力泵
kinetic region of reaction 反应动力区
kinetics 动理学;运动学
kinetic salt effect 动力学盐效应
kinetics of electrode process 电极过程动力学
kinetic solvent effect 动力学溶剂效应
kinetic solvent isotope effect (**KSIE**) 动态溶剂同位素效应
kinetic spectrophotometry 动力学分光光度测定法
kinetic spectroscopy 动力学光谱学
kinetic theory of gases 气体动理(学理)论;气体分子运动论

kinetic theory of liquids 液体分子运动理论
kinetic viscosity 动力黏(滞)度
kinetin 激动素;N^6-呋喃甲基腺嘌呤
kinetin riboside 激动素核糖苷
kineurine 甘油磷酸奎宁
King's blue(=cobalt aluminate) 钴蓝
Kingsbury bearing 金斯伯里轴承
kinic acid 金鸡纳酸;奎尼酸
kinin 激肽
kininase 激肽酶
kininogen 激肽原
kininogenase 激肽原酶
kink 扭结
kinking 扭结;打扣;打结;纵向弯曲
kink site 扭折位
Kinney pump 金尼泵
kino 奇诺
kinoprene 丙炔保幼素;蒙七七七
kinovin 金鸡纳树皮苷;奎诺温
Kipp gas generator 基普气体发生器
Kirchhoff equations 基尔霍夫方程组
Kirchhoff formula 基尔霍夫公式
Kirchhoff integral theorem 基尔霍夫积分定理
Kirchhoff's equation 基尔霍夫方程
Kirchhoff's law 基尔霍夫定律
Kirkwood-Buff theory 基尔凯荷物-勃夫理论
kirromycin 黄色霉素
kiss-coating 挂胶
kiss roll coater 辊舐式涂布机
kiss-roll coating 辊舐涂布
Kistiakowsky's equation 基斯佳科夫斯基公式(蒸发潜热计算式)
kit 工具包;工具袋;成套工具;配套零件;器材
kitasamycin 吉他霉素;北里霉素;柱晶白霉素
Kitazin(e) 稻瘟净
Kitazin P 异稻瘟净
kitchen deodorant 厨房脱臭剂
kitchen range 炉灶
kitchen salt 食盐
kitol 鲸醇
kittel centrifugal tray 离心式克特尔塔板
Kittel polygonal tray 多角形克特尔塔板
Kittel tray 斜孔网状塔板;克特尔塔板
Kittle overflow tray 溢流型克特尔塔板
kitty cracker 小型裂化器
Kiwi flavor 猕猴桃香精
Kjeldahl determination 凯氏定氮法
Kjeldahl flask 长颈烧瓶;凯氏烧瓶;克耶达烧瓶
Kjeldahl-Gunning method(for nitrogen determination) 克耶达-冈宁定氮法
klaricid 克拉霉素
Kleinenberg mixture 克莱能柏格混剂(可可脂、鲸蜡、蓖麻油混剂)
kleinite 氯氧汞矿
Klein's liquid 克莱因试液(硼钨酸镉的饱和溶液)
Klett value 克莱特值(克莱特比色计读数)
Klocknerwerke process 克洛克纳公司法
klystron 速调管
Km 米氏常数
K-meson K介子
knack 窍门
knallgas 爆鸣气;氢氧混合气
knapping machine 破碎机
knar clay 木节黏土
kneader 捏合[和]机
kneader pin(s) 搅动销
kneading 捏合;捏和
kneading pulper 纸浆捏和机
knee (1)弯管;弯头;曲线上的弯曲处;(曲线)折点 (2)膝型杆(机)
knee staker 手工铲皮刀
knife 刀;刮刀;切刀
knife and fork model 刀叉模型
knife-blade switch 闸刀开关
knife-break switch 闸刀开关
knife-coat application 刮涂施工
knife coater 刮刀式涂胶机
knife coating 刮涂
knife coating process 刮涂法
knife edge of balance 天平的支棱
knife-edge switch 闸刀开关
knife gate valve 楔形闸阀
knife grinder 磨刀器
knife hammer 刀头锤子
knife-line attack 刀状侵蚀
knife-over roll coater 辊式刮刀涂布机
Knight shift 奈特频移
knitted reactor 编结式反应器
knitter 编织机
knob 节;圆头;球形捏手;手柄;按钮;旋钮
knob operates 旋柄控制

knock 爆震;打;敲;击
knocked-down 拆卸的;未装配的
knocked-down in carloads 以拆卸状态装车
knocker 爆震剂;清焦器
knockin 基因替换
knock indication instrument 爆震器
knock indicator 爆震器
knocking combustion 爆震燃烧
knock (intensity) indicator 爆震(强度指示)器
knockmeter 爆震计
knockout (塑物)脱模
knockout drum 分离鼓;分离罐;冷凝器;气液分离罐;缓冲罐
knockout plate 顶出板;脱模板;甩板
knock-out reaction 分离反应
knockout tower 分离塔
knock-reducer 抗爆(震)剂
knock-sedative dope 抗爆混合物;抗爆剂
Knoevenagel condensation 克内文纳格尔缩合反应
Knoevenagel reaction 克内文纳格尔反应
Knoop microhardness test 努普显微硬度试验
knopite 铈钙钛矿(钛酸钙矿夹杂氧化铯及氧化铁)
Knop's solution 克诺普液(植物的营养液)
Knorr alkalimeter 克诺尔式碳酸定量计
Knorr pyrrole synthesis 克诺尔吡咯合成
knothol mixer 隔膜混合器
knot strength 结节强度
knot tendency 结节强度
knotter (screen) 纸浆结筛
Knoweles delayed coking process 诺尔斯(外热)延迟焦化过程
know how 专门技术;窍门
knowledge base 知识库
knowledge engineering 知识工程
knowledge inference 知识推理
knowledge model 知识模型
knowledge representation 知识表达
Knox cracking 诺克斯裂化法(气相热裂化法)
knoxvillite 叶绿矾
KN-reactive dye(s) KN 型反应[活性]染料
knuckle 过渡圆角
knuckle radius 过渡半径
Knudsen diffusion 克努森扩散
Knudsen effect 克努森效应
Knudsen flow 努森流动;Knudsen 流动
Knudsen ion source 克努森离子源
Knudsen number(Kn) 努森数
knurl 滚花(机)
knurled nut 滚花螺母
knurl wheel 滚花轮
kobenomycin 神户霉素
Koch flask 科赫(培养)瓶
Koch's acid 科赫酸;α-萘胺-3,6,8-三磺酸
kodel 科代尔
koechlinite 钼铋矿
Koenigs-Knorr acetylglycoside synthesis 柯尼希斯-克诺尔乙酰苷合成
Koženy-Carman equation 科热尼-卡曼方程
Koettstorfer number (=saponification value) 皂化值
Kogasin Ⅰ <200℃的(CO和H_2)合成汽油
Kogasin Ⅱ 200℃以上的(CO和H_2的)合成油
Kohlrausch coulometer 科尔劳施电量计
Kohlrausch's dilution law 科尔劳施稀释定律
kojibiose 曲二糖;2-葡糖-α-葡糖苷
kojic acid 曲酸
kok-sag(h)yz rubber 青胶蒲公英橡胶
kokubumycin 国分霉素
kokum butter 印度山竹子油
kokusagine 香草木碱
kola(=cola) (1)可乐果(属)(2)可乐果干子叶
kolanin 可乐果苷
kola red 可乐果红
Kolbe reaction 科尔贝反应
Kolbe-Schmitt carbonation 科尔比-施米特羧化法
Kolbe-Schmitt reaction 科尔比-施米特反应
Kolbe synthesis 科尔比合成
komamycin 古满霉素
komanic acid 吡喃酮-α-甲酸
konal 科纳尔铁钛钴镍耐热合金
kondurangin (=decahydrodihydroxymethoxyfluorenone) 康杜然精;十氢二羟基甲氧基芴酮
konimeter 测尘器;(空气)尘量计
koniogravimeter 测量器;(空气)尘量计
koniology 微尘学

koniscope 计尘仪
konisphere 尘圈;尘层
konitest 计尘试验
konjaku flour 魔芋粉;蒟蒻粉(膏化剂)
konnarite 硅镍矿
Koopmans' theorem 库普曼斯定理
Koppers-Hasche furnace 科佩斯-哈舍炉
Koppers-Totzek Koppers-Totzek 气化炉
Koppeschaar solution 科佩沙尔试液(即0.1mol/L 溴液)
koppite 重烧绿石
Kopp's law of additive volumes 柯普容积加和定律
Kopp's rule 柯普定则
koprosterol 粪(甾)醇
kopsine 柯蒲碱;蕊木素
kopsingarine 柯蒲加碱;蕊木加任
kornerupine 钠柱晶石
Kosanch process (for nickel) 科散奇(制镍)法
kosher hide 犹太宰法生皮
kosin 苦苏(色)素
kosotoxin 苦苏毒
Kossel press 科塞尔式压(钠丝)管
Kossuth cell 科苏特(制溴)电解槽
Kostanecki acylation 科斯塔尼基酰化作用
Kostanecki synthesis of flavones 科斯塔尼基黄酮合成
kotomycin 古藤霉素
Köttstorfer number 皂化值
koumine 阔胺;钩吻素子
kouminidine 阔胺定;钩吻素卯
koumiss 马乳酒
kounidine 钩吻素辰
Kourbatoff's reagents 考巴托夫蚀刻液
koussin 苦苏(色)素
KR-201 二异硬脂酰基钛酸乙二酯
Kraemer constant 克雷默常数
Kraemer-Sarnow method 克雷默-萨诺法(测熔点)
Krafft effect 克拉夫特效应
Krafft point 克拉夫特点
Krafft temperature 克拉夫特温度(离子型表面活性剂在水中溶解度陡增的温度)
kraft liner 牛皮纸板
kraft (paper) 牛皮纸;包皮纸
kraft PSAT 牛皮纸胶粘带
kraft pulp 牛皮纸浆;硫酸盐纸浆
Kramers' theorem 克拉默斯定理
Kratky plot 克拉特基图
Kraut's reagent 克劳特(微量化学)试剂
K-reactive dye(s) K 型反应[活性]染料
Krebiozen 克瑞毕曾(一种脂多糖,抗肿瘤药)
Krebs cycle 三羧酸循环;克雷布斯循环
Krebs' tricarboxylic acid cycle 克雷布斯三羧酸循环
Kreis reagent 克赖斯试剂
kremersite (氯)钾铵铁矿
krennerite 针碲金银矿
kreotoxin 肉毒素;(细菌产生的)肉尸碱
kresatin 乙酸间甲酚基酯
Krichevskii parameter 克里恰夫斯基参数
krilium 水解聚丙烯腈的钠盐
Kringle domain 三环域
krinsin 脑氨脂
krönkite 柱钠铜矾
krocodylite 青石棉;虎睛石
kromycin 克罗霉素(苦毒素 picromycin 之降解产物)
krügite 镁钾钙矾
kryogenin 冷却剂
kryometer 低温计
kryoscope 凝固点测定计
kryoscopy 凝固点测定法
kryptic acid 氪酸
kryptidine 2,4-二甲基喹啉
kryptocurine 隐箭毒素
kryptocyanin(e) 隐菁色素
kryptol 克利普托(石墨、碳化硅、黏土的混合物)
kryptol furnace 碳粒炉
krypton 氪 Kr
kryptonated silica 氪化硅胶
krypton difluoride 二氟化氪
krypton fluoride 氟化氪
krypton(iz)ation 氪化(作用)
krypton monofluoride 一氟化氪
krypton-water 氪水(包合物)
kryptopyrrole 隐吡咯;2,4-二甲基-3-乙基吡咯
kryptosterol 隐甾醇;羊毛甾醇
kryptoxanthin 隐黄质;玉米黄质
Krystal crystallizer 克里斯塔尔结晶器
Krystal-Oslo type crystallizer 克里斯塔尔-奥斯陆型结晶器
KS(knife switch) 闸刀开关
K theory of turbulence 湍流 K 理论
KT type coal gasifier 常压粉煤气化炉
Kucherov reaction 库切洛夫反应

Kucherov synthesis of carbonyl compounds 库切洛夫羰基化合物合成
Kuhn column 库恩塔;多管填料塔
Kühni extractor 屈尼萃取塔
Kuhn tower 多管塔
kujimycin 久慈霉素
kukoline 木防己碱
kullgren lignin 低磺酸化木素
kummel 香旱芹白酒;芹香白酒;莳萝甜酒
kumyss 马乳酒
kundrymycin 昆追霉素
Kundt effect 孔特效应
Kundt tube 孔特管
kunomycin 久野霉素
kunzite 紫锂辉石
kupferron (试)铜铁灵
Kupramite canister 胆矾吸氨剂滤毒罐
kuranomycin(＝cranomycin) 库霉素
kurchessine 克杞辛
kurcholessine 克杞欧利辛碱
kuromoji oil 大叶钓樟油;黑文字油
kurrajong oil 栝拉仲油;异叶瓶木油
Kurrol's salt 四聚偏磷酸钾
Kurtz method 库尔兹法(结构族组成分析法)
kusamba 玫瑰阿片浆
kussin 苦苏(色)素
kuteera gum 刺槐树胶
K-value K值;黏度值
kwells 天仙子碱氢溴酸盐
kyanmethin 6-氨基-2,4-二甲基嘧啶
kymograph 波形自记器;描波器;记波器;转筒记录器
kynurenic acid 犬尿喹啉酸;4-羟基-2-喹啉酸
kynurenine 犬尿氨酸;犬尿素
kynuric acid 犬尿酸;*N*-草酰邻氨基苯甲酸
kynurine 犬尿碱;4-羟基喹啉
kyrine 三肽

L

Labarraque solution 拉巴拉克液(次氯酸钠的水溶液)
labdanolic acid 赖百当酸
la(b)danum oil 岩蔷薇油;赖百当油
label 标签
labeled compound 标记化合物
label gummer 标签涂胶机
labeling of monoclonal antibodies 单克隆抗体标记
label(l)ed atom 标记原子;示踪原子
label(l)ed atoms (=tagged atoms) 标记原子
label(l)ed compound 标记化合物
labelling of compounds 化合物加标记
La Bel tube 拉贝耳式管
labetalol 拉贝洛尔;柳胺心定
Labik's method 拉比克法
labile complex 不稳定络合物;易变络合物;易变配位化合物
labile coordination compound 活性配位化合物;活性络合物
labile state 不稳定态;易变态
lability 不稳定性;易滑性
labilized hydrogen atom 活化的氢原子
labilomycin 易毁霉素
laboratory 实验室
laboratory apparatus 实验仪器
laboratory apron 实验围裙
laboratory automation (LA) 实验室自动化
laboratory coat 实验外衣
laboratory(coordinate)system 实验室(坐标)系
laboratory equipment 实验室设备
laboratory glass 仪器玻璃;化学仪器用玻璃
laboratory reagent 实验室试剂
laboratory room 实验室
laboratory sample 平均试样
laboratory-scale 试验规模的;小型的
laboratory shop 试制车间
laboratory sifter 震动筛分机
laboratory size reactor 实验室规模反应器;实验室型反应器
labour protection 劳动保护
Labour pump 拉博尔泵
labour service 劳务
labour suit 工作服
labradite 钙钠斜长石
labradorite 拉长石;曹灰长石
lab-size equipment 试验用设备
laburnine (=*d*-trachelanthamidine) 毒豆碱
labware 实验室器皿
labyrinth 迷宫;曲径
labyrinth box 迷宫密封箱
labyrinth factor 迷宫因子
labyrinth nut 迷宫密封螺母
labyrinthine passage way 迷宫式通道;曲折通道
labyrinth nut 迷宫密封螺母
labyrinth packing 迷宫(式)密封
labyrinth path 迷宫通道
labyrinth piston compressor 迷宫活塞式压缩机
labyrinth pressure ratio 迷宫密封压力比
labyrinth seal 迷宫式[拉别令]密封
labyrinth teeth 迷宫齿
labyrinth valve 迷宫阀
labyrinth vane 迷宫叶片
labyrinth with sharp-edged strip 锐边带形迷宫密封
lac (1)虫胶;紫胶(2)涂有虫胶漆的器具(3)乳(汁)
lac acid 紫胶酸;虫胶酸
laccaic acid 紫胶色酸;虫胶色酸
laccase 漆酶
lacerating machine 拉力试验机;切碎装置
lacceroic acid 紫胶蜡酸;虫胶蜡酸;三十二(烷)酸
laccol 葛漆酚
Lacex process 拉塞克斯过程(用丁基膦酸二丁酯萃取、分离和纯化锕系元素和稀土元素)
lachesine 氯苯醇酸铵乙酯
Lachman treating process 拉赤曼处理法(用氯化锌精制裂化汽油)
lachrymator 催泪剂
lachrymatory candle 催泪(烟)罐;催泪烛
L-acid L酸;1-萘酚-5-磺酸

lacidipine 拉西地平
lack of penetration 未焊透
lacmoid (＝resorcin blue) 间苯二酚蓝
lacmosol 石蕊萃
lacmus 石蕊
lac operon 乳糖操纵子
lacquer 漆;喷漆(俗称);挥发性漆;(润滑油和燃料氧化生成的)漆膜
lacquer thinner 香蕉水
lacrymator[**lacrimator**](＝lachrymator) 催泪剂
lactal 呋喃葡烯糖-5-半乳糖苷
lactalbumin 乳清蛋白;乳白蛋白
lactam 内酰胺;酮;乳胺
lactamic acid 丙氨酸;2-氨基丙酸
lactamide (＝lactic amide) 乳酰胺
lactamidine 乳脒
lactamine (1)(＝lactamic acid)丙氨酸 (2)(＝prenylamine)普尼拉明
lactaminic acid *N*-乙酰神经氨酸
lactamization 内酰胺化作用
lactam-lactim tautomerism 肽链(中的)酮醇互变(异构)(现象);酯酭互变现象
lactanilide *N*-乳酰苯胺
lactarinic acid 十八碳-6-酮酸
lactaroviolin 乳菇紫素
lactase 乳糖酶
lactasin 乳酶生
lactate 乳酸盐(或酯)
lactate dehydrogenase 乳酸脱氢酶
lactazam 内酰联胺
lactazone 酯肟
lactic acid 乳酸;2-羟基丙酸;丙醇酸
lactic (acid) amide 乳酰胺
lactic (acid) anhydride 乳酸酐
lactic acid bacteria 乳酸菌
lactic acid fermentation 乳酸发酵
lactic acid lactate 乳酸乳酸酯
lactic acid racemase 乳酸消旋酶
lactic dehydrogenase (LDH) 乳酸脱氢酶
lactic fermentation 乳酸发酵
lactide (1)交酯(类)(2)丙交酯
lactim 内酰亚胺;酭;乳亚胺
lactitol 拉克替醇
lact(o)albumin 乳清蛋白;乳白蛋白
lactobacillic acid 乳杆菌酸
lactobacillin 乳酸杆菌素
lactobionic acid 乳糖酸
lactobiose 乳二糖
lactochrome (＝riboflavine) 乳黄素;核黄素;维生素 B_2
lactocidin 乳酸杀菌素
lacto-enoic tautomerism 内酯-烯酸互变现象
lactoferrin 乳铁蛋白
lactoflavine (＝riboflavine) 乳黄素;核黄素;维生素 B_2
lactogen 催乳激素
lactoglobulin 乳球蛋白
lactol 内半缩醛;乳醇;邻位羟基内醚(羟基醛或羟基酮的内醚式)
lacto-lactic acid 乳酰乳酸
lactolide 乳醚(乳醇的醚,邻内醚醇的醚)
lactonaphthol 内半缩醛;乳醇
lactone 内酯
lactone isomerism 内酯异构现象
lactonic acid 内酯酸
lactonitrile 乳腈;2-羟基丙腈;丙醇腈
lactonization 内酯化作用
***p*-lactophenetide** 对乙氧(基)乳酰苯胺
lactophenine *N*-乳酰乙氧苯胺;(俗称)乳吩咛
lactoprene 聚酯橡胶
lactoscope 乳酪计
lactose 乳糖
lactosetol 乳糖醇
lactoxime 酯肟
lactoyl 乳酰;丙醇酰;α-羟丙酰
lactoyltetrahydropterin 乳酰四氢蝶呤
lactucarium 山莴苣膏
lactucerol 山莴苣醇
lactucin 莴苣苦素
lactulose 乳果糖
lactyl lactate 缩二乳酸;乳酰乳酸
lactyl-lactic acid 乳酰乳酸;缩二乳酸
lactyl urea α-乳酰环脲;5-甲代乙内酰胺
lac wax 紫胶蜡
lacy structure 带状结构
ladanum oil 岩蔷薇油;赖百当油
ladanum resin 岩蔷薇树脂
ladder escape 安全梯
ladder polymer 梯形聚合物
ladder to manhole 人孔梯子
laddertron 梯形管
Ladenburg flask 拉登堡式烧瓶
Ladenburg law 拉登堡定律
ladle (长柄)杓
l(a)evo-(*l*-) 左旋的
laevo-configuration 左旋构型
laevo isomer 左旋异构体;左旋体

laevo-rotation 左旋(现象)
laevorota(to)ry 左旋的
l(a)evul(in)ic acid 乙酰丙酸;左旋酸
l(a)evulose 果糖
lag 滞后
lagam balsam 苦配巴脂
lager beer 熟啤酒;贮藏啤酒
lager cellar (贮酒的)大地窖
lagged piping 已保温的管道
lagging (1)滞后;迟缓(2)外包(保温层);隔热层
lagging material 保温材料
lagging shadow (色谱斑的)落后阴影
lagging strand 后随链
lagooning 池塘自净
lagoriolite 硅酸铝钠
lagosin 兔菌素
lag phase (1)延滞期;停滞期;调整期;适应期(2)滞后期
Lagrange equation of the first kind 第一类拉格朗日方程
Lagrange equation(of the 2nd kind) (第二类)拉格朗日方程
Lagrange multiplier 拉格朗日乘子
Lagrangian 拉格朗日(量)
Lagrangian function 拉格朗日函数
laid ledger paper 直纹账簿纸
laidlomycin 来洛霉素
laid paper 直纹纸;夫士纸
laid-up 拆卸修理
lake 色淀
lakh (印度)十万;无数
laking agent 固色剂
laksholic acid 壳脑醇酸
LA-latex 低氨胶乳
lamb caul fat 羊板油
lambda hyperon Λ超子
lambda phage λ噬菌体
Lambert-Beer's law 朗伯-比尔定律
Lambert's law 朗伯定律
lamb reverse (=shearling) 剪毛绵羊革
Lamb shift 兰姆移位
lamb skin 羔(羊)皮
lambswool 羔毛织物
Lame formula 拉美公式
lamella 片晶
lamella heat exchanger 板壳式换热器
lamellar crystal 片晶;片状晶体
lamella separator 兰美拉分离器
lamellar tearing 层状撕裂
lamellar twisting 片晶扭曲
Lamepon A 雷米邦A
Lamex process 拉米克斯过程(电解法从钚合金中提钚)
lamifiban 拉米非班
lamiflo 片流(膜)
lamin 核纤层蛋白;核(膜)层蛋白
lamina boundary layer 层流边界层
laminaran 昆布糖;昆布素;褐藻淀粉;海带多糖
laminar convection 层流对流
laminar flow 层流;滞流
laminar flow burner 层流燃烧管;层流喷灯
laminar flow cabinet 超净工作台
laminar fluidized bed 层流流化床
laminar heat transfer 层流传热
laminaribiose 昆布二糖
laminar mixing 层流(式)混合
laminarin 昆布多糖;海带多糖
laminariose 昆布糖;海带糖
laminar separation 层流分离
laminar sub-layer 层流底层
laminar theory 层流理论
laminar-turbulent flow 层流湍流;紊层流
laminar-turbulent transition 层流-湍流转变;层流-湍流过渡
laminate 层压材料;层压品
laminate asbestos fabric 层状石棉织物
laminated board 层合纸板
laminated fabric 胶合织物;叠层织物
laminated film 复合薄膜
laminated glass 夹层玻璃
laminated phenolics 层压酚醛塑料
laminated plastics 层压[合]塑料
laminated product 层压品
laminated transmission belt 叠层式传动带
laminated urea-formaldehyde plastics 层压脲醛塑料
laminated wood 层压板
π/4 laminates π/4层压板
laminating 层压;层合
lamination 层压;层合
laminator 层布贴合机
lamine 野芝麻花碱
laminin 层(粘)连蛋白
laminine 昆布氨酸;N^6-三甲基赖氨酸内盐
lamivudine 拉米夫定
LAMMA(laser microprobe mass analyser)

激光探针质量分析器
lamoparan 拉莫类肝素
lamotrigine 拉莫三嗪
lamp-base cement 灯泡黏合剂
lamp black 灯(烟炭)黑
lamp black and oil blacking 灯黑及油烟涂黑法
lamp burning test 燃灯试验
lamp method 灯试法(试硫用)
lamp oil 灯油
lamp sulfur test 含硫量燃灯试验
lamp test 灯试法(试硫用)
lanarkite 黄铅矾;黄铅矿(一种硫酸铅矿)
lanatoside 毛花苷
lanatoside C 毛花苷 C;西地兰
lancacidin(lankacidin) 兰卡杀菌素
Landé interval rule 朗德间隔定则
landfill (废渣)埋填;深埋处理
landfill site 填埋场
Landmark process 兰德马克(二氮化钛)制氨法
land phosphate 磷灰土;纤核磷灰石
land plaster 石膏
Landsberger apparatus 兰兹伯格尔测分子量器
Landskrona band filter 兰茨克龙奈带式过滤机
landslide 滑坡
land storage tank 地上贮罐
land width (螺杆)螺纹顶宽
Landé factor 朗德因子
Landé g factor 朗德 g 因数;朗德 g 因子
land poisoning 铅中毒
landscape engineering 绿化工程
lanestenyl 羊毛甾醇基
langbeinite 无水钾镁矾
Lange solution 兰格溶液(一种胶态金溶液)
Langevin equation 朗之万方程
Langevin's theory 朗之万理论
langley 兰勒(太阳辐射或织物、塑料耐晒牢度试验的能通量单位)
Langmuir adsorption isotherm 朗缪尔吸附等温式
Langmuir-Blodgett film L-B 膜(朗缪尔-布罗杰特膜)
Langmuir-Blodgett layer film LB 膜
Langmuir equation 朗缪尔方程
Langmuir film balance 朗缪尔膜天平
Langmuir-Hinshelwood mechanism 朗缪尔-欣谢尔伍德机理
Langmuir isotherm 朗缪尔等温线
Langmuir-Rideal mechanism 朗缪尔-里迪尔机理
Langmuir thin film Langmuir 薄膜
lankacidin 兰卡杀菌素
lankamycin 兰卡霉素
lankavacidin(=lankacidin) 兰卡杀菌素
lankavamycin(=lankamycin) 兰卡霉素
lanoceric acid 羊毛蜡酸;二羟三十(烷)酸
lanocerin 羊毛蜡;甘油三羊毛蜡酸酯
lanoconazole 拉诺康唑
lanolin 羊毛脂
lanolin alcohol 羊毛脂醇;十二(碳)烯醇
lanopalmitic acid 羊毛棕榈酸;一羟(基)棕榈酸;羊毛软脂酸
lanorkite 黄铅矿
lanostadiene 羊毛甾二烯
lanostadienol 羊毛甾二烯醇
lanostane 羊毛甾烷
lanostene 羊毛甾烯
lanostenol 羊毛甾烯醇;二氢羊毛甾醇
lanostenone 羊毛甾烯酮
lanosterine 羊毛固醇;羊毛甾醇
lanosterol 羊毛固醇;羊毛甾醇
lansene 椰色木烯
lansol 椰色木醇
lansoprazole 兰索拉唑
lantern ring 隔离环;液封环
lantern ring for liquid seal 封液环
lantern ring groove 环槽
lanthana 氧化镧
lanthanide 镧系元素;镧系
lanthanide contraction 镧系收缩
lanthanide-exchanged zeolite 镧系元素置换的沸石
lanthanide hydride 镧系元素氢化物
lanthanide metallide 镧系元素金属化物
lanthanide series 镧系
lanthanide sesquioxide 三氧化二镧系元素
lanthanide shift reagent 镧系位移试剂
lanthanite (碳)镧石
lanthanoid 镧系元素;镧系
lanthanum 镧 La
lanthanum acetate 乙酸镧;醋酸镧
lanthanum boride ceramics 硼化镧陶瓷
lanthanum bromate 溴酸镧
lanthanum bromide 溴化镧
lanthanum carbonate 碳酸镧
lanthanum chloride 氯化镧
lanthanum chromate ceramics 铬酸镧陶瓷

lanthanum dioxysulfate 硫酸二氧二镧
lanthanum disulfide 二硫化镧
lanthanum fluoride 氟化镧
lanthanum hydride 三氢化镧
lanthanum hydropyrophosphate 焦磷酸氢镧
lanthanum hydrosulfate 硫酸氢镧
lanthanum hydroxide 氢氧化镧
lanthanum iodate 碘酸镧
lanthanum iodide 碘化镧
lanthanum metaphosphate 偏磷酸镧
lanthanum molybdate 钼酸镧
lanthanum niobate activated by ytterbium and erbium 铌酸镧:镱、铒
lanthanum nitrate 硝酸镧
lanthanum orthophosphate（正）磷酸镧
lanthanum oxalate 草酸镧
lanthanum oxide （三）氧化（二）镧
lanthanum oxybromide 溴氧化镧
lanthanum sesquioxide （三）氧化（二）镧
lanthanum sulfate 硫酸镧
lanthanum sulfide 硫化镧
lanthanum tartrate 酒石酸镧
lanthanum titanate 钛酸镧
lanthanum trioxide （三）氧化（二）镧
lanthionine 羊毛硫氨酸
lantibiotics 羊毛硫抗生素
Lanxide-process 直接氧化工艺
lapachoic acid 拉帕酸（即:拉帕醇）
lapachol 拉帕醇;黄钟花醌;2-羟-3-(3-甲基-2-丁烯基)萘醌
lap former 成卷机
lapidolite 锂云母
lapis albus 天然氟硅酸钙
lapis amiridis 刚玉粉
lapis calaminaris 异极矿
lapis causticus 熔融氢氧化钠或钾
lapis lunaris 熔融硝酸银
lap joint 搭接接头[连接]
lap joint flange 活套法兰;搭接凸缘
Laplace equation 拉普拉斯方程
Laplace's operation 拉普拉斯运算
Laplace transform 拉普拉斯变换
LAP(leucine aminopeptidase) 亮氨酸氨肽酶
lappaconitine 拉杷乌头碱;牛蒡水解乌头碱
lapped face 研磨表面
lapped flange 活套法兰
lapped(loose)joint 松套连接
lapping 研磨
lapping cloth 衬布
lapping compound 研剂
lapping finish 研磨
lapping powder 研磨粉
lapping surface 研磨面
lap-welded pipe 搭焊管
lap welding 搭（接）焊;搭头焊接
lapyrium chloride 拉匹氯铵
larane 二十（碳）烷
lard 猪脂
lard oil 猪油
large angle strain 大角张力
large-bore hose 大口径胶管
large capacity 大容量
large chemical complex 大型化工联合企业
large chemical plant 大型化工厂
large deflection 大挠度
large discharge pump 大排量泵
large-duty 高生产率的
large forgings 大型锻件
large hole sieve tray 大孔筛板
large item 大型模制品;大规格模制品
large-lot producer 大型企业
large male and female face 大凹凸式密封面
large molecule 大分子
large motion 大行程
large opening 大开孔
large part 大型模制品;大规格模制品;大型零部件
large pore gel 大孔凝胶
large region yield 大范围屈服
large ring 大环
large ring lactone 大环内酯
large scale chromatography 大型色谱法
large scale computer 大型计算机
large scale equipment 大型设备
large scale experiment 大规模试验
large scale field test 大规模野外试验
large scale filtration 工业规模过滤
large scale integrated circuit 大规模集成电路
large scale production 大量成批生产
large scale system 大系统
large scale yielding 大范围屈服
large screen television 大屏幕电视
large spiral 粗螺旋
large strain elasticity 大应变弹性
large tongue and groove 大榫槽式密封面
large volume item 大量生产制品

largomycin 广霉素
lariat 套索
lariat RNA 套索 RNA
laricic acid(=agaric acid) 松蕈(三)酸
laricinic acid(=maltol) 落叶松酸;(落叶)松皮素;2-甲基-3-羟基-γ-吡喃酮
laricin(=maltol) (落叶)松皮素;落叶松酸;2-甲基-3-羟基-γ-吡喃酮
laricinoleic acid 落叶松脑酸
larixine (落叶)松皮素;落叶松酸
larixinic acid(=maltol) 落叶松酸;(落叶)松皮素
Larmor frequency 拉莫尔频率
Larmor precession 拉莫尔旋进;拉莫尔进动
Larmor radius 拉莫尔半径
larry car 装煤车
larrying 灌浆
larvacide 灭蛹剂;杀幼虫剂
lasalocid 拉沙洛西;拉沙里菌素
laser (1)激光;(俗称)镭射(2)激光器
laserable material 激光材料(能发激光的材料)
laser alloying 激光合金化
laser beam 激光束
laser beam photographic resin 激光束感光树脂
laser beam welding 激光焊(接)
laser biology 激光生物学
laser ceramics 激光陶瓷
laser chemistry 激光化学
laser cooling 激光制冷
laser cutting 激光切割
laser detector 激光探测器
laser deposition 激光淀积
laser disc 激光光盘
laser dye(s) 激光染料
laser etched groove 激光加工槽
laser flash photolysis 激光闪光光解
laser fusion 激光核聚变
laser glazing 激光上釉
laser gun 激光枪
laser gyro 激光陀螺
laser induced chemical reaction 激光诱导化学反应
laser induced fluorescence 激光诱导荧光
laser induced predissociation 激光诱导预离解
laser ion source 激光离子源
laser isotope separation 激光同位素分离(法)
laser light scattering 激光散射
laser materials 激光材料
laser microprobe 激光微探针
laser microprobe mass analyser 激光探针质量分析器
laser microscope 激光显微镜
laser microspectral analyzer 激光显微光谱分析仪
laser multiphoton ion source 激光多光子离子源
laser optical videodisk 激光录像盘
laser photolysis 激光光解
laserpitin 雷塞匹亭
laser probe 激光探针
laser probe mass spectrometry 激光探针质谱法
laser-produced plasma 激光等离子体
laser pyrolysis 激光热解
laser pyrolysis gas chromatography 激光热解气相色谱(法)
laser Raman spectrometry 激光拉曼光谱法
laser Raman spectroscopy 激光拉曼光谱
laser scanning photoelectrochemical microscope 激光扫描微区光电流(压)谱
laser sintering 激光烧结
laser spectroscopy 激光光谱学
laser stimulated Raman scattering 激光增强拉曼散射
laser-to-plate 激光直接制版
laser transition 激光跃迁
laser-triggered fusion 激光引发(热核)聚变
laser velocimeter 激光测速计
laser velocimetry 激光测速法
laser vision disc(LVD) 激光视盘
lasiocarpine 毛果天芥菜碱
lasix 呋喃苯胺酸
last cut 最后馏分
lastex yarn 胶乳(浸渍)线
last heat of solution 最后溶解热
lastics 弹塑(性)体(弹性体与塑性体的总称)
lasting adhesive 绷楦胶
lasting strength 持久强度
lastocidin 久杀菌素
last runnings 尾馏分
lasupol 拉素普膏
latanoprost 拉坦前列素

latch cylinder 排料启闭器汽缸
late barrier 晚势垒;后势垒
latence (=latency) 潜伏状态
latency 潜伏状态
latency period 潜伏期
latent curing agent 潜性固化剂
latent degradation 潜在降解
latent energy 潜能
latent enzyme 潜在酶
latent heat 潜热;相转变热
latent heat of fusion 熔化潜热
latent heat of liquefaction 液化潜热
latent heat of surface 表面潜热
latent heat of vaporization 汽化潜热
latent image 潜影
latent period 潜伏期
latent solvent 助溶剂;潜溶剂
latent valency 潜(化合)价
lateral chain 侧链
lateral contraction ratio 横向收缩比
lateral diffusion 侧向扩散;径向扩散
lateral force 侧向力
lateral group 侧基
lateral load 侧向载荷;横向荷载
lateral magnification 横向放大率
lateral mixing 横向混合
lateral molecular diffusion 侧向分子扩散
lateral order 侧序
lateral section 横断面
later half casing 后汽缸
lateriomycin 砖红霉素
laterite 红土
latern (**ring**) 润滑环
laterosporin 侧孢菌素;拉特若斯素
latex 胶乳
latex accelerator 胶乳(用)促进剂
latex adhesive 胶乳胶黏剂
latex agglutination test 乳胶凝集试验
latex blend tank 胶乳混合槽
latex bonded fiber 浸胶乳纤维
latex cement 胶乳水泥;胶乳胶浆
latex cleaning 胶乳净化
latex coagulum 胶乳凝块
latex composition (=latex compound) 胶乳配合物
latex compound 胶乳配合物(加入拼料)
latex compounding (1)胶乳配合工艺 (2)配料胶乳的制备
latex compounding tank 乳胶配料罐
latex concentrator 胶乳浓缩机
latex coupler 胶乳型成色剂
latex cream 胶乳膏
latex creaming agent 胶乳膏化剂
latex creaming process 胶乳膏化浓缩法
latex cylinder 胶乳罐
latex dipping line 乳胶浸渍联动线
latex extruding jets 胶乳喷丝头
latex finger cot 胶乳指套
latex froth 胶乳沫
latex gas mask 胶乳防毒面罩
latex gelation 胶乳胶凝
latex gelling 胶乳胶凝
latex ingredient 胶乳拼料
latex mask 胶乳防毒面罩
latex masterbatch 胶乳母胶
latex membrane 乳胶膜
latex mix 配合胶乳
latex mixing (=latex mix) 配合胶乳
latex molding 胶乳铸型法
latex mould 浸胶塑模
latexometer 胶乳比重计(测胶乳相对密度)
latex paint 乳胶漆
latex preservative 胶乳保存剂
latex prevulcanizing tank 胶乳制品硫化罐
latex rubber 胶乳橡胶
latex sponge 胶乳海绵
latex sprayed rubber 胶乳喷雾橡胶
latex stabilizer 胶乳稳定剂
latex technology 胶乳加工工艺
latex thickening 胶乳增稠
latex thread 乳胶丝
lathe carrier 车床牵转具;传动夹头
lathe cut seal 车削密封
lathed bundle (换热器)板束
lather 泡沫;起泡沫;涂以泡沫
lather booster 泡沫促进剂;增泡剂
lather improver 泡沫改进剂
lathering power 起泡力
lather shaving cream 泡沫刮须膏
lather value 泡沫值
lathe tool 车床刀具;车刀
lat. ht. 潜热
lathumycin 拉杜木霉素
latices 胶乳[复]
laticometer 胶乳比重计
Latimer's equation 拉蒂默方程
Latin square design 拉丁方设计
latitude (1)宽容度 (2)伟度
latrunculin 拉春库林(有 A、B 两种)
LATS(long-acting thyroid stimulator)

长效甲状腺素刺激因子
lattice (1)点阵;晶格 (2)格子
lattice constants 晶胞参数
lattice coordination number 点阵配位数
lattice defect 晶体缺陷;晶格缺陷
lattice deformation 晶格畸变;晶格形变
lattice distortion 晶格畸变;晶格形变
lattice energy 晶格能;点阵能
lattice image 晶格像
lattice imperfections (=lattice defects) 点阵缺陷;晶体缺陷
lattice model 格子理论
lattice parameters 晶胞参数;点阵参数
lattice plane (晶)格面;点阵面
lattice point (晶)格点
lattice relaxation 晶格松弛
lattice site 晶格格位
lattice vector (晶)格矢
lattice vibration 晶格振动
lattice water 晶格水
latumcidin 拉杜杀菌素
laudanidine 劳丹定;半日花定
laudanine 劳丹碱;半日花碱
laudanosine 劳丹素;半日花素
laudexium methylsulfate 劳地铵甲硫酸盐;劳德力辛
Laue equation 劳厄方程
Laue method 劳厄法
Laue photograph 劳厄图
Laue symmetry 劳厄对称性
laughing gas 笑气;一氧化二氮
laumontite 浊沸石
laundering 湿洗
laundry liquid 液体洗衣剂
laundry powder 洗衣粉
laundry-resistant 耐水洗的
laundry soap 洗涤皂
laundry soda(=washing soda) 洗衣碱;洗涤用碱
laundry wax 洗衣蜡;洗作石蜡
lauraldehyde 月桂醛
lauramide 月桂酰胺;十二酰胺
laurane(=bryonane) 月桂油烷;薯叶烷
laurate 月桂酸盐(酯或根)
laurel berries oil 月桂果油
laurel butter 月桂油
laurel fat (=laurel butter) 月桂油
laureline 劳瑞碱;劳瑞灵;月桂碱(新西兰 *Laurelia* 树皮中的一种生物碱)
laurel (leaves) oil 月桂(叶)油
laurel oil 月桂油:(1)月桂脂 (2)月桂叶油
laurene (=α-pinene) α-蒎烯
Laurent's acid 劳伦酸;1-萘胺-5-磺酸
laurepukine 异纽西兰月桂碱
lauric acid 月桂酸;十二(烷)酸
lauric acid glyceride 甘油月桂酸酯
lauric aldehyde (=lauraldehyde) 月桂醛;十二(烷)醛
lauric anhydride 月桂酸酐;十二(烷)酸酐
lauric lactam 月桂酸内酰胺
laurin 月桂酸甘油酯;月桂精;甘油三月桂酸酯
laurite 硫钌(锇)矿
laurocapram 月桂氮䓬酮
lauro-dimyristin 甘油一月桂酸二豆蔻酸酯
lauro-distearin 甘油一月桂酸二硬脂酸酯
lauroguadine 月桂胍
laurohydroxamic acid 月桂基异羟肟酸;十二碳异羟肟酸
laurolactam 月桂(酸)内酰胺;十二(烷酸)内酰胺
laurolanic acid 樟烷酸;1,2,3-三甲基环戊烷-1-羧酸
lauroleic acid 月桂烯酸;(*Z*)-9-十二(碳)烯酸
laurolene 樟烯;1,2,3-三甲基-1-环戊烯
laurolenic acid (=lauronolic acid) 樟烯酸
laurolinium acetate 劳利铵醋酸盐
laurolitsine 新木姜子碱
lauromyristin 甘油月桂酸肉豆蔻酸酯
laurone 月桂酮;12-二十三(烷)酮
lauronic acid 月桂酮酸
lauronitrile 月桂腈;十二(烷)腈
lauronolic acid 樟烯酸;1,2,3-三甲基-2-环戊烯-1-酸
laurophenone 月桂苯酮;十二酰基苯
laurostearin 甘油三月桂酸酯
laurostearomyristin 甘油月桂酸硬脂酸肉豆蔻酸酯
laurotetanine 六驳碱
lauroyl 月桂酰;十二(烷)酰
lauroyl amino acid 月桂酰氨基酸
3-*O*-lauroylpyridoxol diacetate 双醋月桂酰吡哆醇
lauryl (1)(=dodecyl)月桂基;十二(烷)基(2)月桂酰
lauryl alcohol 月桂醇;十二(烷)醇

laurylamine 十二(烷)胺;月桂胺
lauryl bromide 月桂基溴
lauryl chloride 月桂基氯
laurylene 1-十二(碳)烯
lauryl glycerol ether 月桂基甘油醚
lauryl lactam ω-十二碳内酰胺
lauryl methacrylate 甲基丙烯酸月桂酯
lauryl phosphate 磷酸月桂酯
lauryl sodium sulfate 十二烷基硫酸钠
lauryl sulfoacetate 磺基乙酸月桂酯
lauryl trimethyl ammonium chloride 氯化月桂基三甲基铵
Laval nozzle 拉伐尔喷嘴;缩扩喷嘴
lavender oil 薰衣草油
lavenite 钙钠锆石
Laves phases 莱夫斯相
law 定律
Lawesson's reagent 劳维森试剂
lawn 菌苔
law of combining volumes 化合体积定律
law of conservation of angular momentum 角动量守恒定律
law of conservation of charge 电荷守恒定律
law of conservation of energy 能量守恒定律;能量守恒与转化定律
law of conservation of mass 质量守恒定律
law of conservation of matter 物质守恒定律;质量不灭定律
law of conservation of mechanical energy 机械能守恒定律
law of conservation of moment of momentum 动量矩守恒定律
law of conservation of momentum 动量守恒定律
law of constant angles 面角守恒定律
law of constant composition 定比定律
law of constant heat summation (= Hess's law) 热总量不变定律;赫斯定律
law of constant properties 性质不变定律
law of corresponding states 对应态(定)律
law of definite proportions (= law of constant composition) 定比定律
law of Dulong and Petit 杜隆-珀蒂定律
law of fixed proportion 定比定律
law of gas diffusion 气体扩散定律
law of inertia 惯性定律
law of mass action 质量作用定律
law of mechanical equivalent of heat 热功当量定律
law of multiple proportions 倍比定律
law of octaves 八倍律
law of partial pressure 气体分压定律
law of partition 分配定律
law of perdurability of matter 物质守恒定律
law of periodicity 周期律
law of radioactive decay (= decay law) 放射衰变律
law of rational indices 有理指数定律
law of reciprocal proportions 互比定律;当量比例定律
law of universal gravitation 万有引力定律
law on intellectual property 知识产权法规
lawrencium 铹 Lr
laws and regulations of energy 能源法规
lawsone 2-羟基-1,4-萘醌
laxative(s) 泻药
lay 铺设;敷设
layer-built battery[cell] 积层电池
layer-built dry battery[cell] 叠层干电池
layer chromatography 层色谱法
layered column chromatography 层叠式柱色谱法
layered construction 多层结构
layer of light liquid 轻液层
layer of no-motion 无流层
layer structure 层型结构
lay gear 卷绕变换齿轮
laying 敷设;铺设(管道等)
laying of (pipe)line 管道的敷设
layout (1)(设备)布置(图) (2)加工过程流程 (3)敷设(线路、管道等)(4)合成图
lay-out drawing 布置图
layshaft 副轴;侧轴;中间轴
lay the pipeline 铺设管道
lazabemide 拉扎贝胺
lazaroids 拉扎类固醇
lazy board 木制支架(架设管道用)
lazy element 惰性元素
lazy flow 低流动性
LCAO method 原子轨道的线性组合-分子轨道法
L chain 免疫球蛋白轻链
LCL(lower control limit) 下控制限
LC (1)(lethal concentration)致死浓度 (2)(liquid chromatography)液相色谱法
LDL(low density lipoprotein) 低密度脂蛋白

LDPE(low density polyethylene) 低密度聚乙烯
leacher 浸取器
leaching 浸取；浸提；沥滤；沥取；液固萃取
leaching deposit 沥滤矿床
leaching liquor 沥滤液；浸提液
leaching loss 淋失
leaching-out 沥滤出；洗出；浸出
leaching process 沥滤法
leaching solution 沥滤液；浸提液
leaching tank 沥滤槽；浸提桶
leach liquor 沥滤液；浸提液
leach residue 浸取残渣
lead 铅 Pb
lead accumulator 铅蓄电池
lead acetate 醋酸铅；乙酸铅
lead acetotartrate 乙酰酒石酸铅
lead-acid (storage) battery 铅酸蓄电池
lead alkyl 烷基铅
lead alkylide (=lead alkyl) 烷基铅
lead antimoniate 锑酸铅
lead arsenate 砷酸铅
lead arsenite 亚砷酸铅
lead aryl 芳基铅
lead arylide (=lead aryl) 芳基铅
lead azide 叠氮化铅
lead azoimide 叠氮化铅
lead bath 铅浴槽
lead battery 铅蓄电池(组)
lead borate 硼酸铅
lead borate glaze 铅硼釉
lead borosilicate 硼硅酸铅
lead brick 铅砖
lead bromide 溴化铅
lead bronze 铅青铜
lead carbonate 碳酸铅
lead castle 铅室
lead chamber 铅室
lead-chamber process 铅室法(制硫酸)
lead chamber space 铅室容积
lead chlorate 氯酸铅
lead chloride 氯化铅
lead chlorite 亚氯酸铅
lead chromate 铬酸铅
lead chrome green 铅铬绿
lead citrate 柠檬酸铅
lead compound 先导化合物
lead curtain (of chamber) (铅室的)铅墙
lead cyanamide 氰氨化铅
lead cyanide 氰化铅
lead dialkyl 二烷基铅
lead dibromide 二溴化铅
lead dichloride 氯化铅
lead dichromate 重铬酸铅
lead diethide (=lead diethyl) 二乙基铅
lead diethyl 二乙基铅
lead difluoride 二氟化铅
lead dihydroarsenate 砷酸二氢铅
lead diiodide 二碘化铅
lead dimethide 二甲基铅
lead dimethyl 二甲基铅
lead dimethyl dithiocarbamate 二硫代氨基甲酸二甲铅
lead dioxide 二氧化铅
lead dithiofuroate 二硫代呋喃甲酸铅
lead dithionate 连二硫酸铅
lead drier 铅催干剂(促进油漆干燥)
leaded bronze 含铅青铜
leaded fuel 加铅燃料；乙基化汽油
leaded gasoline 加铅汽油；乙基化汽油
leaded petrol 加铅汽油
leaded up gasoline 加铅汽油
leaded zinc 含铅氧化锌；含铅锌白
leaded zinc oxide 含铅锌白；铅化锌白(ZnO+碱式硫酸铅)
lead (electro)plating 电镀铅
lead eptimization 先导物修饰
leader sequence 前导序列
lead ethide 二乙铅；(二)乙基铅
lead ethyl (二)乙基铅
lead ethylsulfate 乙基硫酸铅
lead extruder 螺杆压铅机
lead ferrocyanide 亚铁氰化铅
lead fluoborate 氟硼酸铅
lead fluoride 氟化铅
lead fluorosilicate 氟硅酸铅
lead formate 甲酸铅
lead formiate (=lead formate) 甲酸铅
lead-free fuel 无铅燃料
lead-free gasoline 无铅汽油
lead glass 铅玻璃
leadhillite 硫碳铅石；碳铅矾
lead hydrate 氢氧化铅
lead hydrogen arsenate 砷酸氢铅；酸式砷酸铅
lead hydrogen phosphite 亚磷酸氢铅
lead hydroxide 氢氧化铅
lead hypophosphite 次磷酸铅

leading edge 前沿
leading edge vortex 前缘涡
leading electrolyte 先行电解质
leading feature 主要特征
leading industry 主导产业
lead in tube 铅封管
leading ion 前导离子;先行离子
leading of gasoline 汽油的加铅
leading peak 前伸峰;前峰
leading peptide 前导肽
leading screw 丝杠;导螺杆
leading strand 前导链
lead iodate 碘酸铅
lead lactate 乳酸铅
leadless piezoelectric ceramics 无铅压电陶瓷
lead lined 铅衬的
lead lining 铅衬
lead linoleate 亚油酸铅
lead matte 粗铅;冰铅;铅锍
lead melting furnace 熔铅锅
lead mercaptide 烃硫基铅;硫醇铅
lead metaborate (偏)硼酸铅
lead metaplumbate(＝lead sesquioxide) 偏铅酸铅;三氧化二铅
lead metasilicate 硅酸铅
lead metavanadate 钒酸铅
lead methide (二)甲基铅
lead methyl (二)甲基铅
lead molybdate 钼酸铅
lead monoxide 一氧化铅
lead mordant 铅媒染剂
lead naphthenate 环烷酸铅
lead niobate-nickelate ceramics 铌镍酸铅陶瓷
lead nitrate 硝酸铅
lead oleate 油酸铅
lead orthophosphate (正)磷酸铅
lead orthoplumbate(＝red lead) 原高铅酸铅;四氧化三铅;铅丹
lead oxalate 草酸铅
lead oxide (1)(＝lead monoxide)一氧化铅;密陀僧(2)铅的氧化物(包括 Pb_2O;PbO;Pb_2O_3;Pb_3O_4;PbO_2)
lead oxychloride 氯氧化铅
lead palmitate 软脂酸铅
lead pentamethylene dithiocarbamate 五亚甲基二硫代氨基甲酸铅
lead peroxide 过氧化铅;二氧化铅
lead phenate 苯酚铅
lead phenolsulfonate 苯酚磺酸铅
lead phosphate 磷酸铅
lead picrate 苦味酸铅
lead pipe 铅管
lead plating 电铅镀
lead plumbate 铅酸铅
lead poisoning 铅中毒
lead protoxide 一氧化铅;密陀僧
lead pyroarsenate 焦砷酸铅
lead pyrophosphate 焦磷酸铅
lead ram press 柱塞压铅机
lead resinate 松脂酸铅
lead rhodanide 硫氰酸铅
lead rubber sheet 夹铅胶片(防X射线)
lead salicylate 水杨酸铅(活性剂)
lead screen 铅屏
leadscrew 导螺杆;丝杠;导向螺丝;主螺杆
lead seal 铅封
lead selenate 硒酸铅
lead selenide 硒化铅
lead selenite 亚硒酸铅
lead sesquioxide 三氧化二铅
lead silicate 硅酸铅
lead silicofluoride 硅氟化铅
lead spar 白铅矿;铅矾
lead stearate 硬脂酸铅(PVC稳定剂)
lead stearate 硬脂酸铅
lead storage battery 铅蓄电池
lead stove 熔铅锅
lead stripper 剥铅机
lead styphnate 收敛酸铅
lead subacetate 碱式乙[醋]酸铅
lead subcarbonate 碱式碳酸铅
lead suboxide 一氧化二铅
lead sugar 铅糖;乙[醋]酸铅
lead sulfate 硫酸铅
lead sulfate electrode 硫酸铅电极
lead sulfide 硫化铅
lead sulfocyanide 硫氰酸铅
lead superoxide 二氧化铅
lead tape 引带
lead tartrate 酒石酸铅
lead telluride 碲化铅
lead tetraacetate 四乙[醋]酸铅;乙[醋]酸高铅
lead tetraalkyl 四烷基铅
lead tetrabromide 四溴化铅;溴化高铅
lead tetrachloride 四氯化铅;氯化高铅
lead tetraethide 四乙(基)铅
lead tetraethyl 四乙铅
lead tetramethide 四甲基铅

lead tetramethyl 四甲基铅
lead tetraoxide 四氧化三铅
lead tetraphosphate 四磷酸铅
lead thiocyanate 硫氰酸铅
lead thiocyanide 硫氰酸铅
lead thiosulfate 硫代硫酸铅
lead-tin alloys plating 电镀铅锡合金
lead tin selenide crystal 硒化锡铅晶体
lead tin telluride 碲锡铅
lead titanate ceramics 钛酸铅陶瓷
lead triethyl hydroxide 氢氧化三乙铅
lead trinitro-cresylate 三硝基甲酚铅
lead trinitro-resorcinate 三硝基苯间二酚铅
lead trithionate 连三硫酸铅(PbS_3O_6)
lead tube 铅管
lead tungstate 钨酸铅
lead vanadate 钒酸铅
lead vitriol 铅矾;硫酸铅矿
lead water 铅水(1%碱式醋酸铅溶液)
lead white 铅白;碱式碳酸铅
lead wire 引出线
lead wolframate 钨酸铅
lead yellow 铅黄;铬酸铅
lead-zinc accumulator 铅锌蓄电池
lead-zinc storage battery(=lead-zinc accumulator) 铅锌蓄电池
lead zirconate titanate ceramics 锆(酸)钛酸铅陶瓷
leaf agitator 叶式搅拌器
leaf driving motor 过滤叶片驱动电机
leaf driving unit 过滤叶片驱动装置
leaf fastener 叶片紧固器
leaf filter 叶滤机
leaf spring 板弹簧
leaf support 过滤叶片支架
leaf-type vacuum filter 真空叶滤机
leaf valve 叶片阀;簧片阀
leak 漏电;漏水;漏气;漏失
leakage (1)漏电;漏水;漏气;渗漏 (2)漏失量;漏出量
leakage check 密封检查
leakage flow(rate) 泄漏流量
leakage fluid drain 排液口
leakage flux 漏磁通
leak(age) indicator 泄漏指示器
leakage loss 漏泄损耗;漏失
leakage of fuel 燃料漏失
leakage passage 泄油流道
leakage point 泄漏点
leak(age) rate 泄漏(速)率
leakage steam path 漏泄蒸汽通道
leak(age) test 泄漏试验;检漏;密封性检[试]验;漏电试验;漏气试验
leak check groove 检漏槽
leak detection 泄漏检查;检漏
leak detector 检漏器;漏失检验器
leak finder 泄漏探测器
leak finding 检漏
leak free 不漏的
leak-indicator 泄漏指示器
leakiness 漏泄程度
leaking 泄漏
leakless 不漏的
leak loss 漏泄损失
leakproof 防漏的
leakproof pump 密封泵
leak source 漏点
leak-test 泄漏试验;密封性检[试]验
leak test by filling water 水封试验
leak through 渗漏;滴漏
leaky mutant 渗漏突变株
lean coal 贫煤;瘦煤
lean concrete 贫混凝土
lean flammability 可燃性下限
lean (fuel) mixture 贫燃料混合物
lean gas 贫气
lean gas riser 贫气提升管
lean heavy solvent 贫的重溶剂
leaning agent 瘦化剂
lean material 瘠性物料
lean phase 贫相;稀[疏]相
lean solution 贫溶液;废溶液
lean solution flash drum 贫液闪蒸槽
lean (solution) pump 贫液泵
least cost input 最小成本投入
least resistance 最小阻力
least square fitting 最小二乘法拟合
least square method 最小二乘法
least squares criterion 最小二乘准则
least squares estimation 最小二乘估计
leather 革
leather basifying 提碱
leather buffing 磨革
leather buffing machine 磨革机
leather chemicals 皮革化学品
leather cloth 人造革
leather colo(u)r (1)皮革色 (2)皮革染料
leather dye(s) 皮革染料
leatherette 人造革
leatherette paper 仿革纸

leather expander 皮革拉伸试验机
leather feel modifier 皮革滑爽剂
leather filler 皮革填充剂
leather finishing agent 皮革涂饰剂
leather fungicide 皮革防霉剂
leather greasing 皮革加脂
leather making 制革
leather oiling agent 皮革加脂剂
leather paper 仿革纸
leather protein powder 皮革蛋白粉
leather shoes 皮鞋
leather smoothing agent 皮革滑爽剂
leather substance 革质
leather substitute 皮革代用品
leaven 发酵剂;膨松剂;加发酵剂
leaving group 离去基团
Le Bel-Van't Hoff theory 勒贝尔-范托夫理论
Leblanc process 路布兰法(制纯碱)
Le Châtelier-Braun's principle 勒夏特列-布朗原理
Le Châtelier's principle 勒夏特列原理
lecithase 卵磷脂酶
lecithin 卵磷脂
lecithinase 卵磷脂酶
lecithin dispersant 卵磷脂分散剂
lecithoprotein 卵磷蛋白
Leclanché cell 勒克兰谢电池;锌/锰干电池
LEC (liquid-encapsulation Czochralski) **method** 液封直拉法
lectin 凝集素
ledeburite 莱氏体
Lederer-Manasse reaction 莱德勒-曼纳斯反应
ledermycin 去甲金霉素
ledgement 展开图
ledol 喇叭茶醇
ledum camphor 喇叭茶醇
LEED(low energy electron diffraction) 低能电子衍射
Lee-Kesler equation LK 方程;李-凯斯勒方程
leeward side 背风面
Lee-Yong hypothesis 李政道-杨振宁假说(关于 β-衰变宇称不守恒)
lefetamine 来非他明;来非胺
left-hand drive 左驾驶[转向]
left-handed crystal 左旋晶体
left-handed moment 左转力矩
left-handed nut 左旋螺母
left-handed rotation 左转
left-handed screw 左旋螺杆
left-hand lay wire rope 左捻钢丝绳
left-hand machine 左侧操作机床
left hand rule 左手定则
left-hand spring 左旋弹簧
left hand worm 左旋蜗杆
left-right needle 左右向指针
left turn 左转弯
leg (1)焊脚;焊角;(角焊)角边 (2)支架;腿
leg vice 长脚虎钳
legal chemistry 法庭化学
Legal reaction 莱加尔反应
legcholeglobin 豆胆绿蛋白
legend 图例(说明)
Legendre transformation 勒让德变换
leghemoglobin 豆血红蛋白
leg of a fillet weld 角焊缝
leg pipe 冷凝器气压管;大气腿
legume bacteria 根瘤菌
legumelin 豆清蛋白
legumin 豆球蛋白
lehuntite 钠沸石
leiopyrrole 利奥吡咯;胺苯吡咯
Leipzig yellow 莱比锡黄(铬酸铅)
lemacidine 莱马杀菌素
Lemery salt 莱默里盐(硫酸钾)
lemon balm 柠檬香膏
lemon grass oil 柠檬草油;枫茅油
lemonile 柠檬腈;3,7-二甲基-2,6-辛二烯腈
lemon juice 柠檬汁
lemon oil 柠檬油
lemonomycin 草地霉素
lemon salt 草酸氢钾;柠檬盐
lemon soap 柠檬皂
lenacil 环草定
lenampicillin 仑氨西林
length 长度
length contraction 长度收缩
length-diameter ratio 长径比
lengthened coupling 加长联轴器
lengthened motor lorry 加长载重汽车
length of arc 弧长
length of covalent bond 共价键键长
length of embedment 埋入深度
length of thread engagement 螺纹啮合长度

length of transfer unit（**LTU**） 传递单位长度
length-to-diameter(**ratio**) 长度直径比
length-to-length cure 逐段硫化
length tolerance 长度公差
Lennard-Jones potential 伦纳德-琼斯势
leno breaker 稀缓冲布层(运输带)
lenperone 仑哌隆;氟苯哌丁酮
lens 透镜
lens formula 透镜公式
lenthionine 香菇香精;1,2,3,5,6-五硫杂环庚烷
lenticular film 凹凸式胶片
lentinan 香菇(多)糖
lenzitin 革裥菌素
Lenz law 楞次定律
leonardite 风化褐煤
leonite 钾镁矾
leonurine 益母草碱
leopard cat skin 狸子皮
leopard skin 豹皮
leopoldite 钾盐(矿)
lepargylic acid 壬二酸
lepathinic acid 酸模根酸
lepidene 四苯呋喃
lepidine 勒皮啶;4-甲基喹啉
lepidolite 锂云母
lepidone 勒皮酮;4-甲-2-羟喹啉
lepromin 麻风菌素
leprotin 麻风菌红素
leptactinine 细茜碱
leptaflorine 细茜花碱;*dl*-四氢哈尔明
leptin 瘦蛋白
leptodactyline 来普达林;细指蟾碱
leptology 物质细微结构学
leptometer 比黏计
lepton 轻子
lepton number 轻子数
leptophos 溴苯磷
leptynol 氢氧化钯悬浮液
lercanidipine 乐卡地平
lermontovite 稀土磷铀矿;水铈铀磷钙石
Le Seur cell 勒苏电解槽(制烧碱)
lesopitron 来索吡琼
less common metal 稀有金属
Lessing ring 莱辛环
less-persistent pesticide 低残留农药
LET(linear energy transfer) 传能线密度;线性能量转移
letdown 调漆
letdown drum 排放槽
letdown tank 排放槽
letdown vessel 泄压罐
lethal (1)致死的;致命的(2)死亡的
lethal agent 致死剂
lethal concentration（**LC**） 致死浓度
lethal damage 致死损伤
lethal dose（**LD**） 致死(剂)量
50% lethal dose 半数致死量
lethal gene 致死基因
lethal index（= mortality-product） 致死指数
lethal mutation 致死突变
lethal radiation 灭生性辐射
lethal substance 致死物质
lethal zygosis 致死接合
lethane 384 丁氧硫氰醚(农药)
lethane 60 羧酸硫氰酯;硫氰十二烷(农药)
let-off gear 导出装置
let-off stand 导出装置
letosteine 来托司坦
letrozole 来曲唑
letter of guarantee 信用保证书
letterpress 活版印刷
letterpress paper 凸版印刷纸
LET value 线能量转移值;传能线密度值
Leu 亮氨酸;白氨酸
leucacene 苊热裂烃
***p*-leucaniline** 三对氨苯基甲烷;副品红隐色基
leuccinamycin 白肉桂霉素
leucenol 含羞草氨酸
Leuchs's base 刘琪氏碱
Leuchs's rearrangement 刘琪氏重排作用
leucicidin 葡萄球菌毒素
leucine 亮氨酸;白氨酸;异己氨酸
leucine aminopeptidase（**LAP**） 亮氨酸氨肽酶
leucine auxotroph 亮氨酸缺陷型
leuci(**ni**)**c acid** 闪白酸;2-羟-4-甲基戊酸
leucinimide 环缩二亮氨酸
leucinocaine mesylate 甲磺酸亮氨卡因
leucinostatin 白灰制菌素
leucite 白榴石
Leuckart reaction 洛伊卡特反应
Leuckart-Wallach reaction 洛伊卡特-沃勒克反应
leuco 隐色体
leucoagglutination 白细胞凝集作用
leucoaniline 白苯胺;二(氨苯基)甲基氨

苯基甲烷
leucoanthocyanidin 隐色[无色]花色素
leucoanthocyanin 隐色[无色]花色苷
leucoaurin 白金精；4,4′,4″-三羟基三苯甲烷；三(对羟苯基)甲烷
leucobase 隐色体
leucocidin 杀白细胞素
leuco compound 隐色体
leucocyanidin 隐色[无色]花青素；无色氰定
leucocyte 白细胞；白血球
leucocythemia 白血病
leucocytogenesis 白细胞形成
leuco(cyto)lysin 白细胞溶素
leuco(cyto)lysis 白细胞解体
leucocytoma 白细胞瘤
leuco(cyto)penia 白细胞减少(症)
leucocytosis 白细胞增多
leucocyturia 白细胞尿
leucoderma 白斑病；白癜风
leuco-2,6-dichlorophenolindophenol 隐色[无色]-2,6-二氯酚靛酚
leucodrin 银树苦素；山龙眼苦素
leuco dye 染料隐色基；隐色[无色]染料
leuco dye 染料隐色体
leucoflavin 无色核黄素
leucogen *l*-天冬酰胺酶；利血生
leucoglycodrin 银树苷；山龙眼苷
leucoindigo 靛白
leucokinin 白细胞激肽
leuco-(＝leuko-) (1)隐色；无色 (2)褪色 (3)白
leucoline 喹啉
leucolysin 白细胞溶素
leucolysis 白细胞解体(作用)
leucoma 淋巴瘤
leucomaclurin glycol 儿茶酸母质
leucomaines 蛋白毒碱类
leucomethylene blue 隐色美蓝；隐色亚甲蓝
leucomycin(＝kitasamycin) 吉他霉素；柱晶白霉素；北里霉素
leucon(e) 原甲硅酸
leuconic acid 白酮酸；环戊五酮
leucopeptin 亮肽菌素
leucophite 白环蛇纹岩
leucopterin 隐[无]色蝶呤
leucoriboflavin 隐[无]色核黄素
leucosin 麦清蛋白
leucosol 白色溶胶
leucotaxine 皮肤肽
leucotrope O 拔白剂 O
leucotrope W 拔白剂 W
leuco vat dye 还原染料隐色体；无色瓮染料
leuco vat dyestuff (＝leuco vat dye) 还原染料隐色体
leucovirus 白血病病毒
leucovorin 亚叶酸；甲酰四氢叶酸
leucyl 亮氨酰
leucylglycine 亮氨酰甘氨酸
leucyl leucine 亮氨酰亮氨酸
leucylpeptidase 亮氨酰肽酶
leukemia 白血病
leukeran 苯丁酸氮芥
leukin 白细胞(杀菌)素
leukodystrophy 脑白质病变
leuko-(＝leuco-) (1)隐色；无色 (2)褪色 (3)白
leukomaines 蛋白毒碱类
leukonic acid 白酮酸；环戊五酮
leukonin 锑酸钠
leukotriene(LT) 白三烯
leunaphos 路那磷(肥料)
leunaphoska 路那磷钾肥
Leuna saltpetre 路那硝；混酸铵(肥料)
leuprolide(＝leuprorelin) 亮丙瑞林；亮脯瑞林
leurocristine 长春新碱
leuteinizing hormone (LH) 促黄体生成激素
leuteotropin 催乳激素
Leva generalized correlation of flooding 立伐的液泛普遍化关联法(填料塔)
levallorphan 左洛啡烷；利瓦洛凡
levamisole 左旋咪唑
levan 果聚糖；左聚糖
levansucrase 蔗糖 6-果糖基转移酶；果聚糖蔗糖酶
levant leather 羊皮皱纹革；摩洛哥革
levant storax oil 苏合香油
Levant Wormseed oil 山道年油
levcromakalim 左色满卡林
level (1)水平 (2)水准仪 (3)级别 (4)液位；料面 (5)海拔
level alarm 液面警报器
level alarm high low 液面上下限警报(器)
level alarm recorder 液面警报记录器
level allowance 允许液面
level bottle 平液水准瓶
level controller 液位[位面，液面]控制器；

自动调整水平器
level detection 水平检测
level dyeing 匀染
level-dyeing property 匀染性
level flask 平液水准瓶
level ga(u)ge (1)料面计 (2)水准仪
level gauge for absorber 吸收器液面计
level gauging 物位测量;液面测量;料位测量
level glass 液面视镜;视镜
level indicated control 液面指示控制
level indicating[indication]controller 液面指示控制器
level indication pipe 液面指示管
level indicator 料面指示器
leveling effect 拉平效应
leveling solvent 拉平溶剂
levelling 流平
levelling agent (1)匀染剂 (2)流平剂;整平剂
levelling agent 821 匀染剂 821
levelling agent BOF 匀染剂 BOF
level(l)ing blanket 找平层
levelling bottle 平液水准瓶
levelling bulb 平液球管
levelling bulb reservoir 校平贮液球
levelling property 匀染性
levelling solvent (=equalizing solvent) 均化溶剂
levelling tube 平液管
levelling vessel 平液容器
level of factor 因素水平
level recording alarm 液位记录警报器
level regulator(=level controller) 液面调节器;控平器;自动调整水平器
level-sensor 液面探测器,料位探测器
level standard phytotoxicity 药害分级标准
level tank 液位槽
level vessel 平液容器
lever 杠杆;拉杆;控制杆;手柄;操纵杆
lever balance 杠杆天平
lever key 杠杆键
lever-operated knapsack sprayer 背负式喷雾器
lever principle 杠杆原理
lever rule 杠杆规则
Levextrel resin 萃淋树脂
levibactivirus 光滑噬菌体
Levich equation 列维奇公式
levigated abrasive 细磨磨料
levigation (1)粉碎;研磨;水磨;细磨 (2)澄清
Levin evaporator 列文蒸发器
levitability 飘浮性
levitated fluidization 飘浮流态化
levitation 飘浮;悬浮
levo-(=laevo-) (1)左的 (2)左旋的
levobunolol 左布诺洛尔
levocabastine 左卡巴斯汀
levo-compound 左旋化合物
levodopa 左旋多巴
levogyration 左旋
levogyric (=levorotory) 左旋的
levoisomer 左旋异构体
Levol's alloy 勒伏耳银铜合金
levomepate 阿托美品
levomethadyl acetate 左醋美沙朵
levomycetin 氯霉素;左霉素
levophacetoperane 左法哌酯
levopimaric acid 左旋海松酸
levopropoxyphene 左丙氧芬
levorin 左制霉素
levorotary 左旋的
levorotation 左旋
levo-rotatory 左旋的
levo-rotatory substance 左旋物质
levorphanol 左啡诺
levothyroxine sodium 左甲状腺素钠
levulinamide 4-氧(代)戊酰胺
levulinate 3-乙酰丙酸盐(酯或根)
levuli(ni)c acid 3-乙酰丙酸;4-氧代戊酸
levuli(ni)c aldehyde 3-乙酰丙醛
levulosans 聚果糖类
levulosazone 左旋糖脎;果糖脎
levulose 果糖;左旋糖
levulosemia 果糖血
Lewis acid 路易斯酸
Lewis acid-base concept 酸碱电子论
Lewis base 路易斯碱
Lewisite 路易斯(毒)气
Lewis-Randall rule 路易斯-兰德尔规则
Lewis-Randall's ionic strength law 路易斯-兰德尔离子强度定律
Lewis-Sargent's equation 路易斯-萨金特方程
Lewis structure 路易斯结构
Lewis' theory of acids and bases 路易斯酸碱理论
Lexan 热塑聚碳酸酯
ley 废皂碱水

Leyden jar 莱顿瓶
LH(luteinizing hormone) 促黄体(激)素
LHRF(luteinizing hormone releasing factor) 促黄体生成激素释放因子
liandratite 铌钽铀矿
lian-shi paper 连史纸
libanomycin 黎巴嫩霉素
liberation 发出;释放;放出
liberation method 析出法
libramycin 磅霉素
librium 氯氮草;利眠宁
licanic acid 十八碳-9,11,13-三烯-4-酮酸
licence (1)许可;特许 (2)许可证;特许证;执照
lichen blue 石蕊
licheniformin 地衣状菌素
lichenin 地衣淀粉;地衣多糖
lichenstarch 地衣淀粉;地衣多糖
licker-in 刺辊
licopersicin 番茄素;番茄(碱糖)苷
licorice elixir 甘草酊
licorice(root) 甘草
licorice saponin 甘草皂角苷
lid 罩;盖
lidamidine 利达脒
lidimycin 利地霉素;利迪霉素
lidocaine 利多卡因
lidofenin 利多苯宁;二甲苯双酸
lidoflazine 利多氟嗪
lid with bayonet catch 错齿式罐盖
Lieben reaction 李本反应
Lieben solution 李本试液(碘的碘化钾溶液)
Lieberman-Storch test 利伯曼-斯托奇试验(检验松香)
liebigite 纤铀碳钙石
Liebig method 李比希法
Lienard-Wiechert potential 李纳-维谢尔势
lienomycin 烯霉素
lien siccus 牲畜脾脏粉
liensinine 莲心碱
Liesegang rings 利泽冈环
Lievin evaporator 列文式蒸发器
Liewen evaporator 列文式蒸发器
LIF(laser induced fluorescence) 激光诱导荧光
life cycle 生命周期
life-cycle assessment(LCA) 生命周期评价
life distribution 寿命分布
life elements 生物元素
life expectancy 耐用期限
life period 存在时间
life rope 安全带
life science 生命科学
life span 使用期限;有效期限
life test 使用期限试验;耐久试验
lifetime of excited state 激发态寿命
life-time service 长期使用
LIF(leukemia inhibitory factors) 白血病抑制因子
lift 扬程
lifter roof 升降顶贮罐
lifter roof tank 升降式浮顶罐
lift force 升力;举力
lift gas 提升用气体
lift ground 蚀刻剂
lift head 扬程
lift here 此处吊起
lifting 吊装;提升
lifting eye 吊眼
lifting flights 提升抄板
lifting force 反弹力量
lifting gear 提升装置;起重装置
lifting lug 吊耳
lifting mechanism 提升机械
lifting rope 吊绳
lifting screw 升降螺杆;螺旋起重器
lift leg 提升管
lift line 提升管线
lift of pump 泵的扬程
lift-off technology 剥离技术;浮脱工艺
lift of pump suction 泵的抽吸高度
lift of valve plate 阀片升程;阀片升起高度
lift pipe 提升管
lift pipe catalytic cracking 提升管催化裂化
lift pump 抽扬泵;升液泵;提升泵
lift truck 铲车;升降式装卸车
lift-type valve 升式阀
lift valve 提升阀;升举阀
ligancy 配位数
ligand 配体;配基
ligand exchange 配体交换
ligand exchange chromatography 配(位)体交换色谱法
ligand field 配位场
ligand-field effect 配位场效应
ligand field splitting 配体场分裂
ligand field stabilization energy(LFSE) 配体场稳定化能
ligand field theory 配体场论;配位场理论
ligand-ligand interaction 配体间相互作用

ligand number 配位数
ligandolysis 配位体解离
ligand-transfer reaction 配体转移反应
ligase 连接酶
ligasoid 液气悬胶
ligating atom 配位原子
ligation 络合物形成(作用)
light (1)光 (2)轻的 (3)浅色的
light absorption 光吸收
light accumulating and luminous fiber 蓄光发光纤维
light actinide 轻锕系(元素)
light ag(e)ing 光致老化
light aggregate 轻集料;轻质骨料
light aggregate concrete 轻骨料混凝土
light alkylate 轻质烷基化物
light alloy 轻合金
light annealing 光亮退火
light ash 轻质纯碱;(俗亦称)轻灰
light beam 光束
light benzol 轻苯(炼焦副产)
light burned 轻烧
light burned magnesia 轻烧镁石
light burning 轻烧
light calcined magnesia 轻烧氧化镁
light calcium carbonate 轻质碳酸钙
light carrier gas 轻载气
light casting 薄壁铸件
light-catalysed 光催化的
light-chain immunoglobulin 免疫球蛋白轻链
light coal 轻煤;气煤;瓦斯煤
light(coke-oven) naphtha 轻溶剂油
light-coloured standard rubber 浅色标准橡胶
light colour reclaim 浅色再生橡胶
light concrete 轻质混凝土
light-conductive polymer 光电导性聚合物
light cone 光锥
light creosote oil 轻杂酚油
light crude 轻质原油
light current engineering 弱电工程
light cut 轻馏分
light cycle oil 轻循环油
light deodorant antibacterial fiber 光消臭抗菌纤维
light diesel fuel 轻柴油
light diesel oil 轻柴油
light diffraction 光衍射
light diffusion 光的漫射
light dispersion 光散射
light distillates 轻馏分油
light duty compressor 小型压缩机
light-duty detergent 轻役型洗涤剂;轻垢型洗涤剂
light-duty test 温和条件下试验
light effect 光效应
light emitting diodes (LED) 发光二极管
light end fission product 轻(量)端裂变产物
light end fractions 轻馏分
light end products 轻馏分;轻质油品
light ends 轻馏分
light ends from crude distillation 拔顶气
light engine oil 轻质发动机油
lighter body 轻质基
lighter for ignition 点火器
light fastness 耐晒(色)牢度
light filler 轻质填料
light filter (=optical filter) 滤光片
light filtered cylinder oil 轻质过滤汽缸油
light fire brick 轻质耐火砖
light force fit 轻压配合
light fraction 轻馏分
light fuel 轻质燃料
light fuel oil 轻燃料油
light-heat aging 光热老化
lighthouse kerosene 灯塔用煤油(照明信号灯用重质煤油)
lighthouse oil 灯塔用煤油
light hydrocarbon 轻质烃
light hydrogen 氕
lighting equipment 照明设备
lighting fixture 照明器材
lighting gas 照明(用煤)气
lighting installation 照明设备
lighting sight glass 照明视镜
light intensity 光强;发光强度
light keying fit 轻迫配合
light leather 轻革
lightlike 类光(的)
lightlike event 类光事件
lightlike interval 类光间隔
lightlike line 类光线
lightlike vector 类光矢量
light line 轻质油管线
light liquid 轻液
light liquid dispersion pipe 轻液分布管
light load 轻载
light lubricating oil 轻质润滑油

light machine oil 轻(质)机(械)油
light magnesia 轻质氧化镁;轻镁土
light magnesium carbonate 碱式碳酸镁
light magnesium oxide 轻质氧化镁
light metal 轻金属
lightness 光亮度
lightning arrester 避雷器
lightning conductor 避雷针
lightning rod 避雷针
light oil 轻油
light oil constituents 轻油组分
light-oil cracking 轻油裂化
light oil distillate 轻油馏分
light packing 轻质填料
light paste 软膏
light path 光程
light permanency 耐晒性;耐光性
light petroleum (1)轻质石油 (2)石油醚
light phase 轻相
light pipe 光管
light platinum metal 轻铂族金属(Ru,Rh,Pd)
light press fit 轻压配合
light pressure (1)光压(2)低压;轻压
light pressure fit 轻压配合
light pressure separator 低压分离器
light pressure steam 低压蒸汽
light process oil 轻(质)操作油
light quantum(=photon) 光量子;光子
light rare earths 轻稀土(元素)
light ray 光线
light reaction 光反应
light recoil oil 轻反冲油;反冲系统用轻质油
light recycle stock 轻质循环进料
light resistance (1)耐光性(2)耐光度
light resistant paper 感光防护纸
light resources 光资源
light running fit 轻转动配合
light scattering 光散射
light-scattering analysis 光散射分析
light-scattering photometer 光散射光度计
light screen 遮光板
light-screening agent 遮光剂
light sensitive 光敏的;感光的
light-sensitive compound 光敏化合物
light sensitiveness (1)感光性;光敏性 (2)感光度
light-sensitive rubber 光敏橡胶
light sensitivity 感光性;光敏性
light sensor 光敏元件;光敏感器
light signal 光信号
light soda ash 轻质纯碱;(俗亦称)轻灰
light source(=excitation source) 光源
light stability 光稳定性;耐光性
light stability agent 防光裂剂;光稳定剂
light stabilizer 防光裂剂;光稳定剂
light standard 光标准
light tar 轻焦油
light transmittance 透光率
light trap 光阱
light viscosity oil 黏度小的油
light volatile fuel 轻质易挥发燃料
light water 轻水
light-water method 水光法(水光催化磺氧化法)
light-water reactor (LWR) 轻水(冷却和慢化)(反应)堆
light wave 光波
light(weight) aggregate concrete 轻骨料混凝土
light weight coated paper 轻量涂布纸
light weight concrete 轻质混凝土
light weight corundum brick 轻质刚玉砖
light weight fireclay brick 轻质黏土砖
light weight hide 轻量皮
light weight high alumina brick 轻质高铝砖
light (weight) metal 轻金属
light weight paper 特薄相纸
light weight refractory (materials) 轻质耐火材料
light weight silica brick 轻质硅砖
light wood oil 轻木油;汽馏松节油
linaloe oil 沉香油;里哪油
lignan 木酚素
lignification 木质化(作用)
lignified fiber 木化纤维
lignifying 木素化;木质化
lignin 木质素;木素
lignin building stone 木素结构单元
lignin building unit 木素结构单元
lignin-carbohydrate complex(LCC) 木素-糖类复合物
lignin-carbohydrate linkage 木素-糖类键
lignin derivative 木质素衍生物
lignin extract 亚硫酸纸浆废液(浸)膏
lignin plastic 木质素塑料
lignin powder 木质素粉
lignin reinforced rubber 木质素橡胶

lignin sulfonate 木质素磺酸盐
lignite 褐煤
lignite benzine 褐煤汽油
lignite bitumite 褐性烟煤
lignite oil 褐煤油
lignite paraffine 褐煤石蜡
lignite tar(oil) 褐煤焦油
lignitic coal 褐煤
lignitous coal (=lignitic coal) 褐煤
lignocaine hydrochloride 盐酸利多卡因(局部麻醉药)
lignocellulose 木素纤维素
lignocerane 木蜡烷;二十四(碳)烷
lignoceric acid(=tetracosanoic acid) 木蜡酸;二十四(烷)酸
lignoceryl alcohol 木蜡醇;二十四(烷)醇
lignocerylsphingosine 二十四酰(神经)鞘氨醇;木蜡酰鞘氨醇
lignone 木纤维质
lignosulfonate 木质素磺酸盐
lignosulfonic acid 木质素磺酸
lignosulphonates 木素磺酸盐类
ligroin 里格罗因
ligustrin(=syringin) 丁香苷;女贞素;甲氧基松柏苷
ligustrol 女贞醇
ligustron 女贞酮
like dissolving like 相似相溶
lilacinin 淡紫青霉素
lilacin (=syringin) 丁香苷;女贞素;甲氧基松柏苷
Lilienfeld viscose rayon 利林费尔德法黏胶纤维
lilolidine 里洛里定;4*H*-吡咯并[1,2,3-*i*,*j*]四氢喹啉
lilyturf root 麦冬
lily white 百合白;纯白(透明石油产品)
limanol 盐泽泥制剂(治疗风湿病用)
limaprost 利马前列素
lime (1)石灰(2)酸柠檬;白柠檬
lime acetate 乙酸钙;醋酸钙
lime ammonium nitrate 石灰硝铵
lime base grease 钙基润滑脂
lime borate 硼酸钙
lime burner 石灰窑
lime carbonate 碳酸钙
lime chloride 氯化钙
lime cream 石灰乳
limed rosin 石灰松香
limed rosin enamel 钙脂瓷漆
limed rosin varnish 钙脂清漆
lime ferritic electrode 碱性焊条
lime for agricultural use 农用石灰
lime for farm 农用石灰
lime glaze 石灰釉
lime glue 骨胶
lime grease 钙基润滑脂
lime hydrate 消石灰;熟石灰
lime-kiln gas 石灰窑气
lime lead glass 钙铅玻璃
lime light 石灰光
lime milk 石灰乳
lime nitrate 硝酸钙
lime oil 酸柠檬油
lime pozzolanic cement 石灰火山灰水泥
lime-processed gelatin 碱法明胶
lime refractory 石灰质耐火材料
lime requirement 石灰需要量
lime-resistant detergent 耐钙洗涤剂
lime-resistant surfactant 耐钙表面活性剂
lime rock 石灰石
limes inferiores 下极限
lime slaker 化灰器
lime slaking 石灰消化作用;石灰熟化
lime slurry 石灰浆;石灰乳
lime soap 石灰皂;钙皂
lime soap dispersant 钙皂分散剂
lime soap dispersing agent(LSDA) 钙皂分散剂
lime speck 石灰斑
limes superiores 上极限
limestone 石灰石;石灰岩
limestone flux 石灰石助熔剂
limestone kiln 石灰窑;石灰炉
limestone reactant 石灰石反应物
lime-sulfur 石硫合剂
lime superphosphate 过磷酸钙(肥料)
limes zero(L0) 无毒界量
limettin 白柠檬素
lime type covered electrode 碱性焊条
lime water 石灰水
lime white 石灰白
lime whiting 石灰刷白;石灰粉刷
liming 浸灰;石灰澄清法
liming out 灰析
liming process 灰浸法;浸灰法
liming tank (加)石灰槽
liming tub 石灰乳槽
liming vat 石灰乳槽
limit 界限;限度

limit analysis method 极限分析法
limitator 限制器；限幅[动]器
limit condition 极限状态
limit cycle 极限环
limit dextrin 极限糊精
limited 有限(股分)
limited compatibility (＝partial miscibility) 部分[有限]相容性
limited configuration interaction (LCI) 有限构型相互作用
limited creep stress 蠕变极限应力；蠕变极限
limited deformation 有限形变
limited expansion of diatomic overlap (LEDO) 有限扩展双原子重叠法
limited flow 有限流动
limited miscibility 极限溶混性
limited plastic flow 有限塑性流动
limited production 有限生产
limited swelling 有限溶胀
limiter 限幅[动]器；限制器
limit gauge 极限量规
limiting association concentration 极限缔合浓度(发生加溶作用的最低浓度)
limiting concentration (＝limiting dilution) 极限浓度；极限稀释度
limiting condition for operation 极限操作条件
limiting conductivity 极限电导率；当量电导率
limiting current 极限电流
limiting date 限制日期
limiting diffusion current 极限扩散电流
limiting dilution 极限浓度；极限稀释度
limiting equivalent conductivity 极限电导率；当量电导率
limiting error 极限误差
limiting factor 限制因素
limiting fatigue deformability 极限疲劳变形
limiting fatigue stress 极限疲劳应力
limiting gas velocity 气体极限速度
limiting inherent viscosity (＝intrinsic viscosity) 特性黏度；固有黏度
limiting load 极限负荷
limiting material 浸灰材料(皮革)
limiting maximum stress 极限最大应力
limiting melting point 极限熔点
limiting modulus 极限模量
limiting oxygen index (LOI) 极限氧指数
limit(ing) point 极限点；极限；界限
limit(ing) size 极限尺寸
limiting speed 限制速率[速度]
limiting staudinger function 特性黏度
limiting strain 极限应变
limiting stress 极限应力
limiting surface 界面
limiting swelling 有限溶胀
limiting value 极限值
limiting velocity 极限速度
limiting viscosity 特性黏度
limiting viscosity number 特性黏数
limit load 极限载荷
limit of detection 检测极限
limit of elasticity 弹性极限
limit of fatigue 疲劳限度；疲劳极限
limit of impurities 杂质极限[限度]
limits of autoignition 自燃性极限
limits of explosion 爆炸极限
limits of flammability 可燃性极限
limits of inflammability (＝limits of flammability) 可燃性极限
limits of tolerance 容许极限；容许量
limit stop 止动器；限制器
limit switch 限位开关；行程开关
limocrocine 泥红菌素
limonene 苧烯；柠檬烯
limonin 柠檬苦素
limonite 褐铁矿
limulus test 鲎试验(内毒素试验)
linac 直线加速器
linaethol 亚麻酯
linaloe oil 里哪油；伽罗木油
linaloe wood oil 芳樟油；伽罗木油
linalool 芳樟醇；里哪醇
linalool acetate 乙酸里哪醇酯
linalyl 里哪基；芳樟基
linalyl acetate 醋酸里哪酯；乙酸芳樟酯
linamarin 亚麻苦苷
linarin 里哪苷；柳穿鱼苷
linarite 青铅矿
linatex 防锈胶乳
linatine *N*-谷酰胺脯氨酸
lincocin(＝lincomycin) 林可霉素
lincolnensin(＝lincomycin) 林可霉素
lincomycin 林可霉素
lincomycin series antibiotics 林可霉素类抗生素
lincrusta 油毡纸
lindane 林旦；林丹；高丙体 666
Linde copper sweetening 林德铜脱硫法
Linde cycle 林德循环

Linde liquefier 林德液化机
Lindemann's mechanism 林德曼机理
Linde process 林德法(一种气体液化法)
linderic acid 4-十二(碳)烯酸
Linde sieve tray 导向筛板;林德筛板塔板;林德筛板
lindgrenite 钼铜矿
Lindlar catalyst 林德乐催化剂
Lindol 磷酸三甲苯酯
linear accelerator 直线加速器
linear adsorption 线性吸附
linear adsorption isotherm (=linear isotherm) 线性等温线
linear alkylbenzene 直链烷基苯
linear amorphous polymer 线型无定形聚合物
linear amplifier 线性放大器
linear attenuation coefficient 线性衰减系数
linear chain 直链;正链
linear change on reheating 重烧线变化
linear charge density 线电荷密度
linear chelatropic reaction 线性螯合反应
linear chromatography 线性色谱法
linear combination 线性组合
linear compound 直链化合物
linear condensation 线型缩合
linear condensed rings 线型缩合环
linear control system 线性控制系统
linear defects (=line defects) 位错
linear density 线密度
linear dielectric 线性电介质
linear dilatation 线膨胀
linear dispersion 线色散
linear driving-force model 线性推动力模型
linear elasticity 线性弹性
linear electron accelerator 线性电子加速器
linear element 线性元件
linear energy transfer (**LET**) 传能线密度;线性能量转移
linear ester 直链酯;线型酯
linear expansion 线膨胀;线性膨胀
linear expansivity 线膨胀率;线(膨)胀系数
linear flow 线性流动;直线流动
linear free energy 线性自由能
linear Gibbs free energy relation 线性吉布斯自由能关系
linear higher alcohol 直链高碳醇
linear hydrocarbon 直链烃;线型烃
linear ideal chromatography 线性理想色谱(法)
linear isotherm 线性等温线
linearity 线性;线性度
linearity range 线性范围
linearization 线性化
linear low density polyethylene 线型低密度聚乙烯
linearly polarized light 线式偏振光
linear modulation 线性调制
linear molecule 线型分子
linear non-ideal chromatography 线性非理想色谱法
linear nonylphenol 直链壬基酚
linear olefin 直链烯烃
linear olefin sulfonate 直链烯烃磺酸盐
linear olefin sulfonic acid 直链烯烃磺酸
linear oxidation 线性氧化
linear plasmid 线状质粒
linear polarization 线偏振
linear polycondensation 二向缩聚
linear polymer 线型高分子
linear polymeric compound 线型高分子化合物
linear programming (**LP**) 线性规划
linear regression 线性回归
linear resolution 线分辨率
linear response range 线性响应范围
linear sodium alkane sulfonate 直链烷烃磺酸钠
linear source of water pollution 水污染线源
linear stopping power 线性阻止本领
linear stream 线性流(动)
linear sweep potential 线性扫描电势
linear sweep voltammetry 线性扫描伏安法
linear synthesis 线性合成
linear titration 线性滴定(法)
linear transformation 线性变换
linear velocity 线速度
linear viscoelastic behaviour 线性黏弹特性
linear viscoelasticity 线性黏弹性
lineatin 三甲基二氧三环壬烷(昆虫性引诱剂)
line below ground 地下管线
line-blending 在管道中掺合;管道混合
line blind 管线上盲板;管道盲板
line booster pump station 泵站(输送管线)
line break 输送管线断裂
line broadening 谱线增宽
line check 小检修
line contact pressure 线接触压力

line cord 线路电缆
line defects 位错
lined elbow[bend] 消声弯头
lined ring 衬环
lined sight glass 带衬里视镜
lined vessel 衬里容器
line element 线元
line factor 谱线因子
line interference 谱线干扰
line mixer 管路混合器
line of cut 切割线
line of pipes 输送管线
line of sight 视线
line-pairs (光)谱线对
line(pipe) 管线
line pressure 输送管压力
line production 流水作业
line profile 谱线轮廓
line pump (向)管线(中)泵送
liner (1)衬垫;垫带 (2)套管
liner board 箱纸板
liner fabric (橡胶加工用)垫布
liner plate 衬板
liner production line 气密层生产联动线
liner ring 阻漏环;衬环
liner space 垫板间距
line shaft 总轴
line size 管道尺寸
line spectrum 线状谱
line up-keep 线路维护
line voltage 线电压
line width 谱线宽度;线宽
line with lead 衬铅
line with rubber 衬(橡)胶
ling-chain ion 长链离子
ling liver oil 鳕鱼肝油
liniment 搽剂
lining 衬里;衬垫;衬套;衬层
lining alloy 衬里合金
lining brick 衬砖
lining leather 衬里革
lining material 衬里材料
lining of fire-bricks 耐火砖衬里
lining plate 衬板
lining rubber tanker 衬(橡)胶槽车
lining-up 衬炉
link (1)环节 (2)键;链
linkage (1)键;键合 (2)连锁
linkage heat 键合热;结合热
linkage isomerism 键合异构
link arm 连杆臂
linked genes 连锁基因
linked scan 联动扫描
linked transduction 连锁转导
linked transformation 连锁转化
linked V-belt 活络三角胶带
linking group 连接基(团)(分子中连接亲水基和亲油基的部分)
link mechanism 连杆机构
link pin 连杆销
link rod 连杆
link-suspended basket centrifuge 三足式离心机
link-suspended batch centrifugal (间歇式)三足离心机
link system 连杆装置
linnaeite 硫钴矿
linogen cement 油毡胶黏剂
linoleate 亚油酸盐(酯或根)
linoleic acid 亚油酸;顺-9,12-十八碳二烯酸
linolein(=trilinolein) 亚油精;甘油三亚油酸酯
linolelaidic acid 反亚油酸
linolenic acid 亚麻酸;顺-9,12,15-十八碳三烯酸
γ-linolenic acid γ-亚麻酸
linolenin(=trilinolenin) 亚麻精;甘油三亚麻酸酯
linoleodistearin 甘油一亚油酸二硬脂酸酯
linoleum 油毡;亚麻油毡
linoleum cement 油毡胶黏剂
linoleum cleaner 油毡清洗剂;漆布清洗剂
linolic acid(=linoleic acid) 亚油酸;顺式9,12-十八(碳)二烯酸;罂酸
linolin 亚油精;甘油三亚油酸酯
linothyronine 碘塞罗宁;左旋三碘甲状腺氨酸钠
linoxyn 氧化亚麻油
linseed alcohol 亚麻子醇
linseed fatty acid 亚麻仁脂肪酸
linseed oil 亚麻子油
linseed oil soap 亚麻子油皂
linters 精制棉短绒
linuron 利农伦;杜邦 326(除草剂)
linusic acid 六羟基硬脂酸
linusinic acid 六羟基硬脂酸;8,9,11,12,14,15-六羟基十八烷酸
liothyronine 碘塞罗宁

Liouville equation 刘维尔方程
Liouville operator 刘维尔算符
Liouville theorem 刘维尔定理
Liovatin S 溶解盐 B
lipase 脂肪酶
lip color 口红颜料
lip gloss 唇膏;口红;增光唇膏
lipiarmycin 闰年霉素
lipid 脂质;类脂
lipidal 脂醛
lipid bilayer 脂双层
lipid body 脂质体
lipid membrane 类脂膜
lipid metabolism 类脂(化合)物代谢作用
lipid microvesicle 脂微囊
lipid monolayer 脂单层
lipidol 脂醇
lipid polymorphism 脂多型性
lipid solubility 油溶性
lipid vesicle 脂囊泡
lipin(=lipid) 类脂;脂质;脂类
Lipiodol 乙碘油(造影剂)
Lipkin method 利普金法(结构族组成分析法)
lipoalbumin 脂清蛋白
lipoamide dehydrogenase 硫辛酰胺脱氢酶
lipoate transacetylase 硫辛酸转乙酰酶
lipobactivirus 类脂噬菌体
lipocaic 胰抗脂肪肝因素
lipochrome 脂色素
lipoelastic (分)解脂(肪)的
lipogenesis 脂肪生成;脂肪形成
lipohemia 脂血
lipoic acid 硫辛酸
lipoic dehydrogenase 硫辛酸脱氢酶
lipoic transsuccinylase 硫辛酸转琥珀酰酶
lipoid(=lipid) 类脂;脂质;脂类
lip(o)idosis 脂代谢障碍;脂沉积症
lipolase 脂肪酶
lipolysis 脂解(作用)
lipolytic enzyme 脂解酶;脂肪分解酶
lipomatosis 脂(肪)过多症
lipomycin 脂霉素
liponic acid 脂酮酸
lipophile liquid 亲脂液体
lipophilic 亲油的;亲脂的
lipophilic dispersant 亲油分散剂
lipophilic gel chromatography 亲脂凝胶色谱法
lipophilic group 亲油基
lipophilicity 亲油性;亲油程度
lipophilic membrane 亲脂性膜
lipophobe 疏油体;疏油物
lipophobic 憎油的;抗油脂的;疏脂的
lipophobicity 疏油性;憎油性
lipopolysaccharide 脂多糖
lipoprotein 脂蛋白
lipoprotein lipase 脂蛋白脂肪酶
lipositol 肌醇磷脂
liposoluble 脂溶的
liposome 脂质体
lipotrop(h)in 促脂解激素;脂肪酸释放激素
lipotropic agent 抗脂肪肝剂
lipotropic hormone 抗脂肪肝激素
lipotropin 促脂解素
lipotropism 抗脂肪肝现象
lipovitellin 卵黄脂磷蛋白
lipoxamycin 脂黄霉素
lipoxidase 脂(肪)氧合酶
lipoxygenase 脂(肪)氧合酶
lip pencil 唇膏;口红;唇笔
lippianol 过江藤醇
lippia oil 过江藤油
Lippmann emulsion 李普曼乳剂
Lippmann's equation 李普曼方程
lip pomade 润唇膏
lip screen 分级筛
lip stick 唇膏;口红;唇线笔
liptobiolite 残殖煤;残植煤
liptobiolith 腐殖煤
lip-type packing 唇形密封圈
lip(type) seal 唇形密封
liquation 熔融;熔解
liquefactent 冲淡的;解凝剂;熔解物
liquefaction 液化(作用)
liquefaction of coal 煤的液化
liquefaction point 液化点
liquefaction temperature 液化温度;冷凝温度
liquefied carbolic acid 液态石炭酸;液态苯酚
liquefied gas 液化气
liquefied gas pump 液化气泵
liquefied gas vapo(u)rizer 液态气体气化装置
liquefied methane gas 液化甲烷气
liquefied natural gas(LNG) 液化天然气
liquefied O_2 tank trailer 液氧槽车
liquefied oxygen tank vehicle 液氧槽车
Liquefied Petroleum Gas Association (美国)液化石油气协会

liquefied petroleum gas high-pressure holder 液化石油气高压气罐
liquefied petroleum gas(LPG) 液化石油气
liquefied phenol 液态酚
liquefied refinery gas(LRG) 液化炼厂气；液化石油气
liquefier 液化剂;液化器;稀释剂;稀释装置
liquefying 液化
liquefying plant 液化装置
liquescency 可液化性;可冲淡性
liquid (1)液体 (2)液态的
liquid abrasion cleaning 喷湿砂清洗
liquid air 液态空气
liquidambar 玷杷香脂
Liquidambar orientalis 苏合香
liquid ammonia 液氨
liquid ammonia process for caustic soda purification 液氨法(精制液碱)
liquidation 液化;溶(化分)离法
liquidation of coal 煤的液化
liquidation refining 熔析精炼
liquid-bath 熔浴;熔池;液池
liquid blasting 液吹法
liquid-carburizing 液体渗碳处理
liquid caustic(soda) 液(体烧)碱;苛性碱液
liquid cell 液体池
liquid chlorine 液氯
liquid chlorine metering tank 液氯计量槽
liquid chlorine section 液氯工段
liquid chlorine storage tank 液氯贮罐
liquid chromatogram 液相色谱图
liquid chromatography 液相色谱法
liquid-circulation chlorine compressor 液环式氯气压缩机
liquid collector 液体收集器
liquid column gauge 液柱压力计
liquid column manometer 液柱压力计
liquid condensed film 液态凝聚膜
liquid condition 液态;液体状态
liquid coolant 冷却液;液体冷却剂
liquid cooling system 液冷却系统
liquid corrosion 液体腐蚀;液蚀(作用)
liquid counter 液体计数器
liquid cream 液乳
liquid cylinder 泵缸
liquid crystal 液晶
liquid crystal composite membrane 液晶复合膜
liquid crystal dyes 液晶染料
liquid crystalline side chain polymer 侧链型液晶聚合物
liquid crystalline state 液晶态
liquid crystal membrane 液晶膜
liquid crystal polymer 液晶高分子
liquid crystal polymer polyblend 高分子液晶共混物
liquid crystal spinning 液晶纺丝
liquid crystal stationary phase 液晶固定相
liquid curing 液体硫化
liquid cyclone 水力旋流(分级)器
liquid dam 液体堰
liquid densimeter 液体密度计
liquid desiccation 液体干燥剂脱水
liquid detergent 液体洗涤剂
liquid-displacement meter 液体排代计
liquid distributor 液体分配头;布液管
liquid dividing head 液体取样头(从蒸馏柱中)
liquid drier 液体催干剂;燥液
liquid-drop model 液滴模型
liquid drop separator 液滴分离器
liquid dyes 液状染料
liquid elevating valve 液面阀
liquid elution chromatography 液相洗脱色谱法
liquid entrainment 液体雾沫
liquid envelope 液体包封
liquid expanded film 液态扩张膜
liquid-expansion thermometer 液体膨胀(式)温度计
liquid extract 流浸膏剂
liquid feed pump 液体进料泵
liquid fertilizer 液体肥料
liquid filled thermometer 液体温度计
liquid film 液膜
liquid film coefficient 液膜系数
liquid film controlling 液膜控制
liquid film lubrication 液膜润滑
liquid film resonance 液膜共振
liquid film seal 液膜密封
liquid film type 液膜式
liquid Fischer-Tropsch hydrocarbons 费-托液体烃(费-托法从一氧化碳和氢合成的液体烃)
liquid flooding 液泛
liquid floor cleaner 液体地板清洗剂
liquid flow 液体流量
liquid flowmeter 液体流[定]量计;液体流速计

liquid fluidized bed 液体流化床
liquid form of dyes 液状染料
liquid fuel 液体燃料
liquid fuel oil 液体燃料油
liquid-gas critical loci 液-(气)流体临界轨迹
liquid-gas distributor 液气分布器
liquid-gas flow 液-气流
liquid-gas ratio 液-气比
liquid gold 金水(陶瓷彩饰用硫代树脂酸金的香精油溶液)
liquid gun propellant 液体发射药;液体火药
liquid hair dressing 液体整发剂
liquid hammer 液击;液锤
liquid head 液体压头
liquid heater 液体加热器
liquid holdup 持液量
liquid hole-up 液体滞留
liquid hourly space velocity 液态空速;液体时空速
liquid hydrocarbon 液(态)烃
liquid hydrocarbon fuel 液烃燃料
liquid hydrogen 液(态)氢
liquid hydrogen sulfide 液态硫化氢
liquid injection incineration 液体喷射焚烧过程
liquid injection molding 液体注射成型
liquid ion exchange 液体离子交换
liquid ion exchange membrane electrode 液体离子交换膜电极
liquid ion exchanger 液态离子交换剂
liquid junction potential 液体接界电势[电位]
liquid junction solar cell 液接太阳能电池
liquid koji 液体曲
liquid lanolin 液体羊毛脂
liquid latex (非浓缩的)液态胶乳
liquid layer 液层
liquid-layer column 液层柱
liquid-level alarm 液面警报器
liquid level control 液面控制
liquid-level controller 液面调节器;液面控制器
liquid leveler 液面计
liquid level ga(u)ge 液面计
liquid level gauge against frost 防霜液面计
liquid level gauge of low pressure 低压液面计
liquid level gauge of medium pressure 中压液面计
liquid level gauge with jacket 夹套型液面计
liquid level gauge with magnetic buoyage 磁性浮标液面计
liquid level gauge with nozzle 带颈液面计
liquid level indicator 液面指示器
liquid level sensor 液面传感器
liquid-like phase 类液相
liquid lime chloride 漂白溶液
liquid limit 液态极限
liquid line (冷冻机)液体管线
liquid-liquid chromatography 液液色谱法
liquid-liquid equilibrium 液液平衡
liquid-liquid extraction 液液萃取
liquid-liquid interfacial adsorption 液-液界面吸附
liquid-liquid miscibility 液液互混性
liquid-liquid partition chromatography 液-液分配色谱法
liquid-liquid separation 液液分离
liquid-liquid separator 液液分离器
liquid-liquid-vapor equilibria 液-液-汽平衡
liquid lubrication 液体润滑
liquid medium 液相介质;液体培养基
liquid medium cure 液体介质硫化法
liquid melt 熔融物
liquid membrane 液膜
liquid membrane electrode 液膜电极
liquid membrane extraction 液膜萃取
liquid membrane[film] 液膜
liquid mercury lift 液汞提升;汞升(催化剂)法
liquid metal electromagnetic pump 液态金属电磁泵
liquid metal(nuclear)fuel 液体金属(核)燃料
liquid-monomer process 液态单体工艺
liquid motor fuel 液体动力燃料
liquid nail polish 液体擦指甲剂
liquid natural rubber 液体天然橡胶
liquidness 液态;液状
liquid nitrogen 液氮
liquid nitrogen cold trap 液氮冷阱
liquidometer 液面测量计
liquid-operated 液动的
liquid outlet 排液口
liquid oxygen 液氧
liquid-oxygen explosive 液氧炸药
liquid paraffin 液状石蜡;石蜡油
liquid penetrate examination 液体渗透试验
liquid penetrating test 渗透探伤试验
liquid penetration inspection 渗液检验[探伤]

liquid penetration test 渗液探伤试验
liquid permeation 液体渗透
liquid petrolatum 液体蜡膏[矿脂]
liquid petroleum oil 煤油
liquid phase 液相
liquid-phase catalysis 液相催化(作用)
liquid phase chromatography 液相色谱法
liquid-phase coal hydrogenation 煤的液相加氢
liquid phase control 液相控制;液膜控制
liquid phase cracking 液相裂化
liquid phase epitaxy (LPE) 液相外延
liquid-phase fluorination 液相氟化
liquid-phase isomerization process 液相异构化过程
liquid phase loading 液相载荷量
liquid-phase oxidation 液相氧化
liquid(-phase) polycondensation 液相缩聚
liquid(-phase) polymerization 液相聚合
liquid phase reaction 液相反应
liquid-phase reaction system 液相反应装置;液-液反应装置
liquid-phase refining 液相精制
liquid-phase suspension process 液相悬浮法(在悬浮催化剂上进行合成)
liquid-phase thermal cracking 液相热裂化
liquid piston body 泵缸活塞
liquid-piston compressor 液体活塞式压缩机;液环式压缩机
liquid piston rod 液缸活塞杆
liquid piston snap ring 泵缸活塞弹力环
liquid polymer 液态聚合物
liquid polypropylene 液体聚丙烯
liquid polysulfide rubber 液体聚硫橡胶
liquid power 液体动力燃料(有时指汽油)
liquid propellant 液体火箭燃料
liquid quantity meter 液体流[定]量计
liquid quench bath 液体骤冷浴
liquid redistributor 液体再分布器
liquid relief 安全泄液
liquid relief valve 安全泄液阀
liquid reservoir 贮液器
liquid resistance 液态(介质)电阻
liquid-ring compressor 液环压缩机(尤指)水环压缩机
liquid-ring pump 液环泵
liquid-ring vacuum pump 液环式真空泵
liquid rocket fuel 液体火箭燃料
liquid rosin (=tall oil) 妥尔油
liquid rotary pump 液环泵
liquid rouge 胭脂乳
liquid scintillation counting (LSC) 液体闪烁计数
liquid-scintillation radioassay 液体闪烁放射性(化验)分析
liquid scintillator (1)液态闪烁体 (2)液体闪烁器
liquid seal 液封
liquid sealed 液封的
liquid seal pot 液封槽;液封筒
liquid shampoo 洗发香波
liquid sheet 液膜
liquid shoe polish 液体鞋油
liquid simulating bed 液体模拟床
liquid silver 银水(陶瓷彩饰用,银粉和氯化铂混合的香精油悬浮液)
liquid smoke 液体熏制剂;熏液(分馏木材的首馏分)
liquid soap 液体皂
liquid soap base 液体皂基
liquid sodium bromite 亚溴酸钠液
liquid solid chromatography 液固色谱法
liquid-solid equilibrium 液固平衡
liquid-solid extraction 液固萃取;固液萃取
liquid-solid flow 液固流
liquid-solid interface 液固界面
liquid-solid loop reactor 液固环管反应器
liquid-solid separation 液固分离
liquid-solid separator 固液分离器
liquid space velocity 液体空间速度
liquid sprayer 液体喷雾器
liquid state 液态;液状
liquid storax 安息香脂;苏合香
liquid stream 液流
liquid strength 液体强度
liquid sulfur 液体硫
liquid surface adsorption 液面吸附(作用)
liquid surge baffles 液体缓冲挡板
liquid tank 燃料箱;油箱
liquid thiokol 液体聚硫橡胶
liquid-tight 不透液的;液密的
liquid toilet soap 液体香皂
liquid trap 液体捕集器;液体分离器;液阱;集液器
liquidus 液相线
liquid-vapo(u)r flow 液体-蒸气流
liquid-vapo(u)r interface 汽液界面
liquid-vapo(u)r mixture 液汽混合物
liquid washing agent 液体洗涤剂
liquid waste 废液;液状污物

liquid waste disposal 废液处理
liquid waste incinerator 废液焚烧炉
liquid yield 液体产品产率
liquification 液化
liquified acetylene 液态乙炔
liquified air 液态空气
liquified air container 液态空气容器
liquified chlorine 液(态)氯
liquified domestic fuel gas 压缩煤气
liquified ethylene 液态乙烯
liquified hydrogen 液态氢
liquified oxygen 液态氧
liquilizer 溶化器;液化器;烊糖锅
liquiritin 甘草根亭
liquogel 液状凝胶
liquor (1)(水)溶液 (2)液 (3)(蒸馏)酒
liquor ammoniac 氨水
liquor calcis 石灰液
liquor condensate 冷凝液
liquorice(=glycyrrhiza) 甘草
liquor length (=bath ratio) 浴比
liquor-level regulator 液面调节器
liquor of flints 燧石液;火石液(二氧化硅的硅酸钾溶液)
liquor pump 液体泵
liquor ratio 浴比
liquor room 配液室
liquor trinitrin 1%硝酸甘油溶液
liriodendrin 鹅掌楸苦素
liroconite 水砷铝铜矿,豆铜矿
lisin 白血霉素
lisinopril 赖诺普利
lisoloid (内)液(外)固胶体
Lissapol C 利萨波尔 C;硫酸油酰钠(湿润剂)
Lissapol L(or NX) 利萨波尔 L(或 NX)(辛基甲酚与环氧乙烷缩合物,阴离子表面活性剂)
lissephen (=myanesin) 美芬新;甲酚甘油醚;3-(2-甲苯氧基)-1,2-丙二醇(肌肉松弛药)
list (一览)表
Listerine 利斯特林(防腐溶液,含硼酸、苯甲酸、百里酚、桉油等)
list of anchor bolts for the equipments 设备地脚螺栓一览表
list of drawing 图纸目录;图纸一览表
list of errata 勘误表
list of(machinery)equipment and materials 设备材料清单
list of materials 材料表
list of parts 零件目录
list of piping erection 管道安装一览表
lisuride 麦角乙脲
liter(=litre) 升
liter flask (一)升量瓶
liter weight (一)升重量
lith(a)emia 尿酸血
litharge 密陀僧;一氧化铅
litharge cement 一氧化铅-甘油黏合剂
litharge stock 一氧化铅混剂
lithate (=urate) 尿酸盐(或酯)
lithergol 单组分火箭燃料
lithia 氧化锂;锂氧
lithia mica 锂云母
lithiation 锂化
lithia water 碳酸氢锂溶液
lithii 锂(的)
lithionite 锂云母
lithiophyl(l)ite 磷锰锂矿;锰磷锂矿
lithium 锂 Li
lithium acetate 乙酸锂;醋酸锂
lithium acetylsalicylate 乙酰水杨酸锂
lithium agarcinate 松蕈(三)酸锂
lithium alkoxide 醇锂;烃氧基锂
lithium alkylide 烷基锂
lithium aluminate 铝酸锂
lithium alumin(i)um hydride 氢化铝锂
lithium aluminium hydride reduction 氢化铝锂还原(用 $LiAlH_4$ 还原)
lithium aluminium silicate 硅酸铝锂
lithium amalgam 锂汞齐法
lithium amide 氨基化锂
lithium ammonate 氨化锂
lithium ammonium sulfate 硫酸锂铵
lithium arsenide 砷化锂
lithium base grease 锂基润滑脂
lithium battery 锂电池
lithium benzoate 苯甲酸锂
lithium benzosalicylate 苯并水杨酸锂
lithium bicarbonate 碳酸氢锂
lithium bichromate 重铬酸锂
lithium bisulfate 硫酸氢锂
lithium bitartrate 酒石酸氢锂
lithium borate 硼酸锂
lithium borohydride 硼氢化锂
lithium bromate 溴酸锂
lithium bromide 溴化锂
lithium cacodylate 二甲胂酸锂
lithium caffeine sulfonate 磺酸咖啡碱锂

lithium calcium alloy 锂钙合金
lithium carbide 碳化锂
lithium carbonate 碳酸锂
lithium cell 锂电池
lithium chlorate 氯酸锂
lithium chloraurate 氯金酸锂
lithium chloride 氯化锂
lithium chromate 铬酸锂
lithium citrate 柠檬酸锂;枸橼酸锂
lithium copper alloy 锂铜合金
lithium cyanide 氰化锂
lithium cyanoplatinate 氰铂酸锂
lithium cyanoplatinite 氰亚铂酸锂
lithium deuteride 氘化锂
lithium deuteriotritide 氘氚化锂
lithium dichromate 重铬酸锂
lithium dihydrogen orthophosphate 磷酸二氢锂
lithium dimethylcuprate 二甲基铜锂
lithium disilicate 焦硅酸锂
lithium dithionate 连二硫酸锂
lithium dithiosalicylate 二硫代水杨酸锂
lithium drift detector 锂漂移探测器
lithium-drifted germanium detector 锂漂移锗检测器
lithium ethide 乙基锂
lithium ethoxide 乙醇锂
lithium ethyl aniline *N*-乙苯胺锂
lithium fluophosphate 氟磷酸锂
lithium fluoride 氟化锂
lithium-fluoroborate 氟硼酸锂
lithium germanate 锗酸锂
lithium glycerophosphate 甘油磷酸锂
lithium grease 锂基润滑脂
lithium(hexa) fluosilicate 氟硅酸锂
lithium hippurate 马尿酸锂
lithium hydride 氢化锂
lithium hydrogen sulfate 硫酸氢锂
lithium hydroxide 氢氧化锂
lithium hydroxy-stearate grease 羟基硬脂酸锂润滑脂
lithium hypochlorite 次氯酸锂
lithium hypophosphate 连二磷酸锂
lithium iodate 碘酸锂
α-lithium iodate α-碘酸锂(晶体)
lithium iodide 碘化锂
lithium/iodine cell 锂/碘电池
lithium ion battery 锂离子电池
lithium ion conductor 锂离子导体
lithium/iron sulfides battery 锂/硫化铁电池
lithium lactate 乳酸锂
lithium laurate 月桂酸锂
lithium lubricating grease 锂基润滑脂
lithium manganate 锰酸锂
lithium/manganese dioxide battery 锂/锰电池
lithium manganese ferrite 锂锰铁氧体
lithium metaaluminate 偏铝酸锂
lithium metaborate 偏硼酸锂
lithium metaphosphate 偏磷酸锂
lithium metasilicate 硅酸锂
lithium metatitanate 偏钛酸锂
lithium methide 甲基锂
lithium methoxide 甲醇锂
lithium molybdate 钼酸锂
lithium myristate 肉豆蔻酸锂
lithium neodymium tetraphosphate crystal 四磷酸锂钕晶体
lithium niobate crystal 铌酸锂晶体
lithium niobate ferroelectric ceramics 铌酸锂铁电陶瓷
lithium nitrate 硝酸锂
lithium nitride 氮化锂
lithium orthophosphate monometallic 磷酸二氢锂
lithium orthosilicate 原硅酸锂
lithium oxalate 草酸锂
lithium oxide 氧化锂
lithium palmitate 软脂酸锂
lithium perchlorate 高氯酸锂
lithium permanganate 高锰酸锂
lithium peroxide 过氧化锂
lithium phenol sulfonate (苯)酚磺酸锂
lithium phosphate 磷酸锂
lithium platinocyanide 氰亚铂酸锂
lithium (poly)butadiene rubber 丁锂橡胶
lithium potassium sulfate 硫酸锂钾
lithium propoxide 丙醇锂
lithium pyroborate 焦硼酸锂
lithium rhodanate 硫氰酸锂
lithium selenate 硒酸锂
lithium selenide 硒化锂
lithium selenite 亚硒酸锂
lithium silicate 硅酸锂
lithium soap 锂皂
lithium soap grease 锂基润滑脂
lithium stannate 锡酸锂
lithium stearate 硬脂酸锂(稳定剂)
lithium sulfantimonate 全硫锑酸锂;四硫锑酸锂

lithium sulfate 硫酸锂
lithium sulfide 硫化锂
lithium sulfite 亚硫酸锂
lithium sulfocarbolate (苯)酚磺酸锂
lithium sulfocyanide 硫氰酸锂
lithium tartrate 酒石酸锂
lithium tetraborate 焦硼酸锂
lithium tetraborate crystal 硼酸锂晶体
lithium thallium tartrate 酒石酸铊锂
lithium thiocyanate 硫氰酸锂
lithium thiosulfate 硫代硫酸锂
lithium tritide 氚化锂
lithium tritoxide 氚氧化锂
lithium type ion exchange resin 锂型离子交换树脂
lithium urate 尿酸锂
lithium vanadate 钒酸锂
lithocholic acid 石胆酸
lithoform 磷酸锌膜(防止锌的大气腐蚀用)
lithographic 平版(印刷)的;石印的
lithographic chalk 平版修版笔
lithographic ink 平印油墨;胶印油墨;石片油墨
lithographic oil 平印用油
lithographic varnish 平版用清漆
lithography 平版印刷;石印术
lithography roll 平印胶辊;石印胶辊
litho ink 石印油墨
lithology (1)岩石学 (2)岩性(学)
Lithol Red 立索尔大红
Lithol Rubine BK 立索尔宝红 BK
lithomarge 密高岭土
litho oil 平印用油
litho-paper 平版印刷纸
lithophile element 亲岩元素
lithopone 锌钡白;立德粉
lithosphere 岩石圈
litmocidin 石蕊杀菌素
litmocydin 石蕊杀菌素
litmomycin 石蕊霉素
litmopyrine 乙酰水杨酸锂;阿司匹林锂
litmus 石蕊
litmus milk 石蕊牛乳(培养基)
litmus paper 石蕊试纸
litmus test paper 石蕊试纸
litmus tincture 石蕊酊(用作指示剂、培养基)
Litol process 立托尔过程(固定床催化脱烷基制芳烃过程)
litre (＝liter) 升
litre flask (一)升量瓶
litsea cubeba oil 山苍子油;木姜子油
liuli 琉璃
liuyangmycin 浏阳霉素
live bottom 活底
live box 活水笼;活水箱
live catalyst 新鲜催化剂
live crude 充气原油
live gas 新鲜气体
live load 动(力)负载[荷载];活(负)载;活载荷;实用负载
live-load stress 活载应力
lively coal 易碎(成块的)煤
live oil 新鲜石油;(含有气态烃类的)新采出的石油
livered oil 硬化油
livering 肝化
liver of sulfur 硫肝(碳酸钾与硫黄熔融的产物,主要包括硫化钾、多硫化钾,用于治疗皮肤病)
liver oil 肝油
live-roller bed 传动辊道
live-roller gear 传动辊道
live-roll table 传动辊道
liver ore 赤铜矿;肝辰砂
Liverpool test 利物浦检验(用滴定法评价商品烧碱)
liver starch (肝)糖原;肝淀粉
live rubber 高弹性橡胶
live shaft 转动轴
live steam 直接蒸汽;活蒸汽;新鲜蒸汽
live steam pipe 新汽管;热蒸汽管
live steam reclaiming process 直接蒸汽(再生)法
livestock spray 家畜消毒(或杀虫)剂
live sugar 肝糖
livetin 卵黄蛋白
lividomycin 利维霉素;青紫霉素
living-cell catalyst(s) 活细胞催化剂
living polymer 活性高分子;活性高聚物
living polymerization 活(性)聚合
living polymerization catalyst 活性聚合催化剂
livingston(e)ite 硫锑汞矿;硫汞锑矿
livitation 浮置技术
livonal 苯丙醇;利胆醇
lixiviant 浸沥剂;浸滤剂
lixiviating (1)浸沥;浸滤;浸提(2)去碱作用

lixiviation 浸滤;浸沥
lixivium (1)浸沥液;浸滤液(2)灰汁;碱汁
Li-Zn rectangular loop ferrite 锂-锌矩磁铁氧体
LLC(liquid-liquid chromatography) 液液色谱法
LLCP(lyotropic liquid crystal poly-mer) 溶致液晶聚合物
LLDPE(linear low density polyethylene) 线性低密度聚乙烯
Lloyd mirror 劳埃德镜
L-3-methylhistidine L-3-甲基组氨酸
LN 层粘连蛋白
LNG(liquefied natural gas) 液化天然气
LNR(liquid natural rubber) 液体天然橡胶
load (1)负载;载荷;负荷;负重 (2)(装)载;装填
load adjustment 负荷调节
load area 受压面积
load bearing capacity 载荷容量
load bearing frame 承重构[框]架
load bearing wall 承重墙
load capacity 载荷量
load capacity of lubricant 润滑油负荷能力
load-carrying ability (润滑脂)负荷能力
load-carrying additive 耐荷添加剂;极压添加剂
load carrying capacity (润滑脂)负荷能力
load-carrying members 承重结构
load-carrying vehicle 载重车辆
load cell (1)测力仪 (2)(复数)负载柱
load change 负荷变动
load change test 变负荷试验;变载荷试验
load coefficient of mechanical seal 机械密封载荷系数
load conditions 负荷状态[条件]
load-deformation curve 载荷-形变曲线
load down 降负荷
loaded (1)载荷的;负荷的(2)阻塞的(如过滤器)(3)填料的
loaded resin 吸附了的树脂;载荷树脂
loaded rubber 填料橡胶
loaded solvent 萃取了溶剂;负荷溶剂
loaded stock (1)填料;装载料(2)填料混炼胶;胶料
loaded-up condition 载荷状态
loaded weight 装载重量
load-elongation curve 荷重伸长曲线
loader (1)承载器(2)装载机;装填机
loader-unloader 装卸机
load-extension curve 载荷延伸曲线
load face 受压面
load factor (1)载荷因素(2)填充因素
load-free speed 空转速度
load inflation table 负荷充气表(轮胎内压)
loading (1)填充剂;填料 (2)装载;装料;填充;载液;填充量 (3)装模 (4)装载
loading agent 填充剂
loading and unloading machine 装卸机械
loading area 装料区
loading board 承载板
loading capacity (1)载荷能力;载重能力;负荷容量;充填容量 (2)萃取容量 (3)离子交换容量;吸附容量
loading condition 荷载条件
loading data sheet 负荷数据单[表]
loading density 装填密度
loading depot 装载站;装灌站
loading end 装料端
loading facilities 装货设备
loading hopper 加料斗
loading in bulk 散装
loading level 填充量
loading location 装载站;装灌站
loading machine 装料机
loading material 填料;填充剂
loading point (填料塔)载点
loading port 装货港
loading section (离子交换)吸附段
loading skirt 加料裙罩
loading spout 装料嘴
loading surface 加载面
loading well 圆筒状装料器
load limiter 功率限制器
load limit operation 限负荷运行
load rejection 甩负荷
load side 负荷端
loadstone 极磁铁矿;天然磁石
load-strain curve 载荷-应变曲线
load switch 负荷开关
load test (带)负荷试验;加载试验;载荷试验
load up 升负荷;加负荷
load voltage 工作电压
loam 壤土
loamy soil 壤质土
loan (paper) 证券纸

loba 珞玶(树脂)(一种马尼拉树脂)
Lobak(=chlormezanone) 氯美扎酮
lobed rotor meter 腰轮流量计
lobed wheel 叶(形)轮
lobelane 山梗烷;洛贝烷
lobelanidine 山梗(菜)醇碱;山梗烷醇
lobelanine 山梗(菜)酮碱;山梗烷酮
lobelanine sulfate 硫酸山梗(菜)酮碱
lobeline 洛贝林;山梗菜碱
lobenzarit 氯苯扎利;羟苯基氯氨茴酸
lobe pump 凸轮泵
local 局部的;现场的
local action 局部作用
local anesthetic 局部麻醉药
local annealing 局部退火
local bending 局部弯曲
local boiling 局部沸腾
local buckling 局部纵弯(失稳)
local cell 局部电池
local cell corrosion 局部电池腐蚀
local code and regulation 地方法规
local composition 局部组成
local concentration 局部浓度
local conformation 局部构象
local contraction 局部收缩
local control 局部控制
local corrosion 局部腐蚀
local damage 局部损坏
local data base 局部数据库
local deformation 局部变形
local dent 局部凹陷
local electric field(=internal field) 局部电场;内电场
local entropy production 局部熵增量;熵源强度
local environment 局部环境
local equilibrium 局部平衡;局域平衡
local equilibrium theory 局部平衡理论
local feedback 局部反馈
local field 局部场
local hardening 局部淬火
local heating 局部加热
local hot spots 局部过热点
local illumination 局部照明
localised chemisorption bond 定域化学吸着键
localised orbital(**LO**) 定域轨道
localization 定位化
localization energy 定域能
localization method 定位法
localization of fault 故障点定位
localization of spot (色谱)斑定位(法)
localized adsorption 定位吸附
localized bond 定域键
localized-bond model 定域键模型
localized corrosion 局部腐蚀
localized electrons 定位电子
localized energy 定域能
localized fringe 定域条纹
localized molecular orbital(**LMO**) 定域分子轨道
localized orbital 定域分子轨道
localized thin area 局部薄壁区
locally annealed 局部退火
local membrane stress 局部薄膜应力
local minimum 局部极小值
local mounted 就地安装(的)
local optimization 局部优化
local optimum 局部最优(值)
local overheating 局部过热
local panel 就地表盘
local plating 局部电镀
local pollution 局部污染
local postweld heat treatment 局部焊后热处理
local potential 局部电势[位]
local pressure 局部压力
local pressure loss 局部压力损失
local quenching 局部淬火
local reinforcement 局部补强
local relaxation mode 局部松弛模式
local resistance 局部阻力
local stocks 当地库存
local strain 局部变形
local structural discontinuity 局部结构不连续性
local temperature rise 局部温(度上)升
locamphen 樟脑酚碘合剂
locant 位次
Locap gasoline sweetening 洛卡普法汽油(催化氧化)脱硫醇(或脱臭)
loca stress 局部应力
locating device 定位装置
locating ring 定位环
locating screw 定位螺钉
locational vector 位置矢量
location difference selectivity 位差选择性
location hole 定位孔
location of saddle support 鞍座位置

location of stamping 打印位置
location reagent 定位试剂;斑点(或谱带)显色剂
locator 定位器
locator of pipe 摆管器
lochnericine 洛柯因;洛柯辛碱
lochneridine 洛柯定碱
lock-and-key theory 锁钥学说[理论](关于酶的)
lock cut seal 锁口阶式密封
locked coil wire rope 密封钢丝绳
lock hopper 闭锁式料斗
lock-in amplifier 锁定放大器
lock(ing) bolt 防松螺栓
locking-in amplifier 锁定放大器
locking nut 防松螺母;锁紧螺母
locking plate 防松板
locking spring 锁紧弹簧
lock(ing)valve 锁紧[保险]阀
lock out device 闭锁装置
lock pawl 止动爪
lock ring 密封圈
lock sleeve 锁紧套
lock unloader 闸门式卸料机
lock valve 保险阀
lock washer 锁紧垫圈
lock wire 安全锁线
LOC(level of concern) 关切水平
locomotive grease 机车润滑脂
locomotive noise 机车噪声
locomotive oil 机车(汽缸)油
locust beam gum 槐树豆胶
lodermycin 去甲金霉素
lodestone 极磁铁矿;天然磁石
lodoxamide 洛度沙胺
loess erosion 黄土侵蚀
lofentanil 洛芬太尼
lofepramine 洛非帕明;氯苯咪嗪
lofexidine 洛非西定;氯苯氧唑啉
loflucarban 氯氟卡班
loft-dried paper 风干纸
loft drier 箱式干燥器;干燥箱;悬挂干燥器
loft drying 风干;悬挂干燥
loganin 马钱子苷;番木鳖苷
logarithmic death phase 对数死亡期
logarithmic decrement 对数衰减;对数减量
logarithmic display 对数显示
logarithmic distribution law 对数分配定律
logarithmic growth phase 对数生长期
logarithmic normal distribution 对数正态[则]分布
logarithmic phase 对数生长期
logarithmic titration 对数滴定(法)
logarithmic viscosity number 比浓对数黏度
logical control 逻辑控制
logical element 逻辑元件
logical model 逻辑模型
logic circuit 逻辑电路
log roll 计量辊
log transformation 对数变换
loline 黑麦草碱
lombricine 蚯蚓磷脂;胍乙基磷酸丝氨酸
lomefloxacin 洛美沙星
lomerizine 洛美利嗪
lomofungin 洛蒙真菌素;洛蒙霉素
lomondomycin 洛蒙(德)霉素
lomontite 浊沸石
lomustine 洛莫司汀;环己亚硝脲
lomycin (=griseomycin) 灰色霉素
lonapalene 氯萘帕林
lonazolac 氯那唑酸
London dispersion force 伦敦色散力
London-Eyring-Polanyi PES LEP势能面
London-Eyring-Polanyi-Sato PES LEPS势能面
London force 色散力;伦敦力
London paste 伦敦灰胶
London purple 伦敦紫(一种杀虫混剂)
lone electron pair 孤电子对
lone-pair electron 孤对电子
lone-pair ionization 孤对电离
long-acting drug 长效药物
long-acting sulfonamide(s) 长效磺胺
long-acting thyroid stimulator(LATS) 长效促甲状腺素
long arm 长臂
long carbon chain dicarboxylic acids 长碳链二羧酸
long-chain 长链的
long-chain branch 长支链
long-chain diacid 长链二酸
long-chain dicarboxylic acid 长链二羧酸
long-chain molecule 长链分子
long-chain polymer 长链聚合物
long connecting rod 长连杆
long cycle life 长周期寿命
long cylinder 长圆筒
long distance effect 巴顿效应;长距离效应
long distillate 宽馏分

long duration test 耐久试验
longevity of life 长使用寿命
long-fibred asbestos 长绒石棉
long flame coal 长焰煤;烛煤
long haul 远程运送
longicatenamycin 长脂链霉素
longifolene 长叶烯
longifolic acid 长叶酸
long-induction-period gasoline 诱导期长的汽油
longinosporin 长孢菌素
longisporin 长孢菌素
longitudinal diffusion 纵向扩散
longitudinal field 纵场
longitudinal fin 纵向翅片
longitudinal flow reactor 纵向流动反应器
longitudinal groove 纵向槽
longitudinal mass 纵质量
longitudinal mode 纵模
longitudinal relaxation (=spin-lattice relaxation) 纵向松弛;自旋-点阵弛豫
longitudinal view 纵视图
longitudinal wave 纵波
long lasting 长效的
long-life grease 长使用期润滑脂(化学安定的润滑脂)
long-lived complex 长寿命络合物
long lived particle 长寿命粒子
long-lived radioisotope 长寿命放射性同位素
long loop steamer 长环蒸化机
long oil 长油度的
long oil alkyd 长油度醇酸树脂
long oil length oil-based coating 长油度油基涂料
long oil varnish 长油度清漆
long oven 长管炉;固定炉
long overhung shaft 长外伸轴
long period 长周期
long production run 大量生产;大批生产
long-range (1)远程的;长距离的(2)长期的;长远的
long-range coupling 远程偶合
long-range elasticity 广范围弹性;高弹性
long-range electron transfer 长程电子传递
long-range force 长程力
long-range intramolecular interaction 远程分子内相互作用
long-range order 长程(有)序
long-range planning 远景规划
long-range rocket fuel 远程火箭燃料
long-range structure 远程结构
long residuum 长沸程残油;常压渣油
long run 长期使用;长期运行
long running 长期运转;连续运行
long run test 连续试验;长期试验
long(service)life 长使用寿命
long spacing 长空间;长间距
long span 长跨度
long standing 长期的
long-staple cotton 长绒棉
long-stroke friction press 高冲程摩擦压砖机
long-term allowable stress 长期许用应力
long-term change 长期变化
long-term stability 长时间稳定性
long-term storage 长期储存
long-term sustained loading 长期持续载荷
long-term test 连续负荷试验
long test run 长期试验
long-time burning oil 久燃煤油(铁路信号灯油)
long-time load 持久载荷
long ton 长吨(=2240 磅或 1.016 吨)
long tube absorption cell method 长吸收管法
long tube device 长管装置
long-tube evaporator 长管蒸发器
long tube vertical evaporator 立式长管蒸发器;垂直长管式蒸发器
lonidamine 氯尼达明
loniten 米诺地尔;长压定
lonomycin 罗奴霉素
lontanyl 环己醋酸睾酮
loofa(h) seed oil 丝瓜子油
look box 观察孔;玻璃窗孔
looking-glass ore 有光泽赤铁矿
loomite 短纤维滑石
loom oil 织机油;重锭子油
loop (1)环路;回路 (2)圈
loop bioreactor 环流式生物反应器
loop dryer 套网干燥器
looped network 环状管网
loop effect 毛圈效应;卷缩效应
loop expansion pipe 补偿器;涨力弯;膨胀管圈
looplure 醋酸顺-7-十二碳烯酯;诱尺蛾酯
loop reactor 环管反应器;环流式反应器
loop slurry process 环管淤浆法
loop tack 环形快粘
loop tenacity 钩接强度
loop test 弯环试验

loose black 粉末炭黑
loose bush 可换衬套;活动衬套
loose coal 疏松煤;松散煤;易破碎的煤
loose combination 疏松结合
loose filler 疏松填料
loose fit 松配合
loose flange 松套法兰;活套法兰;活动法兰
loose grain 松面
"loose" item 散装零件
loose measure 粗测
loose membrane 疏松膜;疏松层滤器
loose micelle 松胶束
loose mold 可卸式压模
loosen texture 松散结构
loose oxidation products 不稳定氧化产物
loose packed 散装
loose packing 疏松填充
loose pin 活动定位销
loose running fit 松转配合
loose structure 松散结构
loose transition state 松散过渡态
loose type flange 松式[套]法兰;活套[动]法兰
loperamide 洛派丁胺;氯苯哌酰胺
lophenol 4-甲基-7-烯胆(甾)烷醇
lophine 洛芬碱;2,4,5-三苯基-1,3-咪唑
lophophorine *N*-甲基仙人掌碱;须盘掌碱
lophotoxin 柳珊瑚毒素
loping 脉动(泵送石油产品时)
loprazolam 氯普唑仑;氯苯唑拉
Lopres(s)or 酒石酸美托洛尔
loprinone 洛普力农;奥普力农
loracarbef 氯碳头孢
lorajmine 劳拉义明
loratadine 氯雷他定
lorazepam 劳拉西泮;氯羟去甲安定
lorcainide 劳卡尼;哌苯醋胺
Lorentz-Berthelot rule 洛伦兹-贝特洛规则
Lorentz broadening 洛伦兹展宽
Lorentz condition 洛伦兹条件
Lorentz covariance 洛伦兹协变性
Lorentz covariant (1)洛伦兹协变量 (2)洛伦兹协变式
Lorentz factor 洛伦兹因数[因子]
Lorentz field 洛伦兹电场
Lorentz force 洛伦兹力
Lorentz gauge 洛伦兹规范
Lorentz group 洛伦兹群
Lorentzian curve 洛伦兹线型
Lorentz invariance 洛伦兹不变性
Lorentz invariant (1)洛伦兹不变量 (2)洛伦兹不变式
Lorentz-Lorentz equation 洛伦兹-洛伦兹方程
Lorentz metric 洛伦兹度规
Lorentz relation 威德曼-弗朗兹定律;洛伦兹关系式
Lorentz transformation 洛伦兹变换
loretin 试铁灵;7-碘-8-羟基喹啉-5-磺酸
Lorexane 林旦;林丹;γ-六氯化苯
lormetazepam 氯甲西泮;氯羟安定
lornoxicam 氯诺昔康
lorry 载重汽车
lorry loader 自动装载机
lorry tyre 载重轮胎
losartan 氯沙坦
Loschmidt constant 洛施密特常量
Loschmidt's number 洛施密特数
losophan 三碘(代)间甲酚
loss 损失;损耗
loss angle 损耗角;损耗因数
loss efficiency 损失系数
Lossen rearrangement of hydroxamic acids 洛森异羟肟酸重排
losses by mixture 混合损失
loss factor 损耗角;损耗因数
loss in head 压头损失
loss in octane number 辛烷值降低
loss modulus 损耗模量
loss of head 压头损失
loss of life 使用寿命降低
loss of weight in baking 烘减量
loss on ignition 烧失量
loss tangent 损耗角正切;损耗因子
loss through standing 储存损耗
lost wax process 失蜡(精密)铸造法;熔模铸造法;蜡模铸造法
lost work 损失功
lot 批量
loteprednol etabonate 依他波酸氯替泼诺酯
lot identification mark (产品)批号
lotio alba 白色洗液
lotion 洗剂
lotion soap 香液皂
lot production 大批生产
lotrifen 氯曲芬
lot to lot uniformity 逐批质量一致
louvers 百叶窗
louver board 散热片;百叶窗板

Louver separator 洛弗分离器
louver type baffle 百叶窗挡板
louvre damper 气门
lovage oil 圆叶当归油
lovastatin 洛伐他汀
low aldehyde finishing agent for textile 织物少醛整理剂
low alkali ceramics 低碱陶瓷
low alkali non-boron glass 低碱无硼玻璃
low-alloy 低合金
low-ammonia latex 低氨胶乳
low binding 弱键联
low-boiler 低沸化合物
low-boiling 低沸的;沸点低的
low BTU gas (1)低热值煤气 (2)低热值气体
low-carbon steel 低碳钢
low-cetane 低十六烷值的
low cold-test distillate 低凝固点馏出物
low color black 低色素炭黑
low content alloy 低合金
low-cycle fatigue 低循环疲劳;低周疲劳
low-density bleaching 低浓度漂白
low density filler 低密度填料
low density lipoprotein (LDL) 低密度脂蛋白
low density polyethylene 低密度聚乙烯
low distillation thermometer 低温蒸馏温度计
löweite 钠镁矾
low elasticity 低弹性
low emission engine 低排放发动机
low energy building 低能耗建筑
low energy electron diffraction 低能电子衍射
low energy hydrophobic surface 低(表面)能憎水表面
low energy liquid 低(表面)能液体
low energy molecular scattering 低能分子散射
low energy photon detector (LEPD) 低能光子探测器
low energy reactions 热反应;低能反应
low energy solid 低(表面)能固体
low energy surface 低能表面
low enriched uranium (LEU) 低浓(缩度)铀
lower acetylene 低能乙炔;低档(次)乙炔
lower acid 低级酸(低碳数有机酸)
lower acidity sulfuric acid 低酸度硫酸
lower air hood 下部空气集气罩
lower alarm limit 下警告限
lower alcohol 低级醇(低碳数醇)
lower bearing 下轴承
lower calorific power 低热值
lower calorific value 低热值
lower case 底座
lower casing 下机壳;下壳体
lower chamber 下室
lower cloud point 下浊点
lower control limit 下控制限
lower critical stress 低临界应力
lower diaphragm 下膜片
lower emissions combustor 低排放燃烧室
lower explosive limit 爆炸下限
lower grating 下栅板
lower head 底盖
lower heating value 低(发)热值
lower hold 底货仓
lower homologue 低级同系物(碳数较少的同系物)
lower hydrate 低水合物
lower limit 最小极限;最小尺寸
lower parraffin hydrocarbons 低级烷烃(低碳数烷烃)
lower phase microemulsion 下相微乳液
lower ring 下部温带板
lower sample 下层试样
lower screen 下层筛
lower shoe bearing 导向轴承
lower sleeve 下套筒
lower tension carriage 下部拉紧装置
lower toxic limit 毒物浓度下限
lower yield point 下屈服点
lowest free molecular orbital (LFMO) 最低自由分子轨道
lowest ignition point 最低着火点
lowest term 最低条件
lowest unoccupied molecular orbital (LUMO) 最低未占(分子)轨道;最低空分子轨道
low-expansion alloy 低膨胀合金
low explosion limit 爆炸下限
low explosive 低(爆)速炸药(其化学反应速度为亚音速)
low explosive limit 爆炸下限
low finned tube 低翅片管
low-flash oil 低闪点油
low-foamers 低泡洗涤剂
low-foaming detergent 低泡洗涤剂

low-foaming surfactant 低泡表面活性剂
low-freezing liquid 低凝液体
low-friction film 低摩擦膜
low-fume and harmfulness electrode 低尘低毒焊条
low gel oil base drilling fluid 低胶质油基钻井液
low-grade gas 低级煤气;贫煤气
low-grade ore 低级矿;贫矿石
low head pump 低压头泵;低扬程泵
low head screen 低头筛
low hearth 精炼炉床
low heat cement 低热水泥
low heat expansive cement 低热微膨胀水泥
low heating value 低(发)热值;净热值
low heat portland slag cement 低热矿渣硅酸盐水泥
low hydrogen type electrode 低氢型焊条
low hysteresis furnace black 低滞后炉黑
low iron aluminum sulfate 低铁硫酸铝
low-level controller(float type) 浮球式低液面控制器
low-level cracking 轻度裂化
low-level jet condenser 低水平注水凝汽器
low-level waste (LLW) 低放废物;低(放射性)水平废物
low-lift pump 低压泵;低扬程泵
low limit of tolerance 下限公差
low-lipid lipoprotein 低脂质脂蛋白
low-loaded column 低载荷柱
low-melting alloy 低熔(点)合金
low-molecular weight compound 低分子量化合物
low-molecular(-weight) polymer 低分子聚合物
low-noise valve 低噪声阀
low-octane 低辛烷值的
low oil alarm 低油位警报
low oil level 低油位
low oil pressure 低油压
low-pass 低通
low phosphorus pig iron 低磷生铁
low plastcity 低可塑性
low-platinum reforming 低铂重整
low polar region 弱极性区
low-pole 弱极性
low polymer 低聚物
low pour (point) 低倾点
low pour-point oil 低倾点油
low pour-test oil(=low pour point oil) 低倾点油
low power 低功率
low pressure acetylene generator 低压乙炔发生器
low pressure boiler 低压锅炉
low pressure boiler scale inhibitor SG 低压锅炉阻垢剂 SG
low pressure casting 低压铸造
low pressure cylinder 低压缸
low pressure float valve 低压浮球阀
low pressure gaug 低压计
low pressure heater 低压加热器
low pressure hot spray 低压热喷涂
low pressure hydrogenation unit 低压加氢装置
low-pressure laminate 低压层压品
low-pressure laminating 低压层压成型
low-pressure lamination 低压层压(法)
low pressure mercury lamp 低压汞灯
low pressure moulding 低压模塑(法)
low pressure moulding resin 低压成型树脂
low pressure polyethylene 低压聚乙烯
low pressure polymerization 低压聚合
low pressure preheater 低压预热器
low pressure process 低压法
low pressure pump 低压泵
low pressure separator 低压分离器
low pressure side 低压侧
low pressure stage 低压段(级)
low-pressure steam 低压蒸汽
low pressure steam pipe 低压蒸汽管
low pressure steam turbine 低压汽轮机
low pressure system 低压系统
low pressure tank 低压贮罐
low pressure test 低压试验
low pressure torch 低压焊炬
low pressure tyre 低压轮胎
low pressure vessel 低压容器
low rate anaerobic process 低速厌氧工艺
low-residual 低残留(农药)
low severity hydrocracking 低深度加氢裂化
low silicon pig iron 低硅生铁
low solid drilling fluid 低固相钻井液
low speed pump 低速泵
low speed shaft 低速轴
low-spin complex 低自旋络合物
low stress brittle fracture 低应力脆断
low stretch yarn 低弹变形丝

low-suction pump 低真空抽气泵
low suds detergent powder 低泡洗衣粉
low-sudsers 低泡洗涤剂
low-sudsing detergent 低泡洗涤剂
low sulfur fuel 低硫燃料
low sulfur pig iron 低硫生铁
low temperature brittleness 低温脆性
low temperature carbonization of coal (煤的)低温干馏
low temperature cetane number 低温十六烷值;起动十六烷值
low temperature chromatography 低温色谱法
low temperature coke 低温焦炭
low temperature coking 低温干馏
low temperature conversion 低温变换
low temperature crystallography 低温晶体学
low temperature device 低温器件
low temperature distillation 低温蒸馏
low temperature evaporator 低温蒸发器
low temperature flexibility 低温挠性
low temperature fluorimetry 低温荧光法
low temperature impact test 低温冲击试验
low temperature lacquer 低温漆
low temperature lubrication 低温润滑
low temperature plasma 低温等离子体
low temperature polymer (1)低温聚合物(2)冷聚橡胶
low temperature polymerization 低温聚合(作用)
low temperature pressure vessel 低温用压力容器
low temperature resistance 耐寒性
low temperature resistant conveyor belt 耐寒运输带
low temperature resistant rubber slab 耐寒胶板
low temperature separation 低温分离
low temperature separation process 深冷[低温]分离
low temperature shift 低温变换;低温变换
low temperature side 低温侧
low temperature spin bath 低温纺丝浴
low temperature stability 低温稳定性
low temperature tar 低温焦油
low temperature test 低温试验
low tempering 低温回火
low tension loop 低压回路
low vacuum seal 低真空密封
low-velocity electron 慢电子
low-viscosity liquid 低黏度液体
low viscosity rubber 低黏橡胶
low-volatile coal 低挥发分煤
low-volatility fuel 低挥发分燃料;重质燃料
low voltage apparatus 低压电气设备
low voltage arc ion source 低压电弧离子源
low voltage electrophoresis 低(电)压电泳(法)
low voltage mass spectrometry 低(电)压质谱分析
low voltage protection 低电压保护
low vulnerability propellant 低易损性推进剂
low water mark 低水位线
lox (1)(=liquid oxygen)液氧(尤指液氧炸药)(2)重鲑鱼;重大马哈鱼
loxa bark 金鸡纳树皮
loxapine 洛沙平
loxiglumide 氯谷胺
loxoprofen 洛索洛芬
loxygen 液氧
lozenge 锭剂
LPG(liquefied petroleum gas) 液化石油气
LPH(lipotropic hormone; lipotrophic hormone) 促脂解素
LPPE(low pressure polyethylene) 低压聚乙烯
LSC(liquid-solid chromatography) 液固色谱法
LS-NR 胶乳喷雾橡胶
LSV(linear sweep voltammetry) 线性扫描伏安法
LTH(leuteotropic hormone) 催乳激素
LT(lithium tantalate) **crystal** 钽酸锂晶体
lubanol 松柏醇
lube(=lube oil) 润滑油
lube cut 润滑油馏分
lubed-for-life bearing 永久润滑轴承(即橡胶轴承)
lube distillate[fraction] 润滑油馏分
lube hydrotreating 润滑油加氢精制
lube oil 润滑油
lube oil pump 润滑油泵
lube oil system 润滑系统
lube pump 油泵
luboil (=lubricating oil) 润滑油
lubricant 润滑剂
lubricant container 润滑油箱
lubricant deterioration 润滑剂变质
lubricant film 润滑膜[层]

lubricant performance 润滑剂工作性能
lubricant plasticizer 润滑性增塑剂;软化剂
lubricant pump 油泵
lubricant SCD 润滑剂 SCD
lubricant spray machine 胎坯喷涂隔离剂装置
lubricant trap 润滑油收集器
lubricating agent 润滑剂
lubricating coating 润滑涂料
lubricating coupler 润滑器
lubricating cup 润滑油杯
lubricating device 注油器
lubricating fluid 润滑液
lubricating graphite 润滑石墨
lubricating grease 润滑脂[膏]
lubricating gun 润滑油枪
lubricating jelly 凝胶润滑剂
lubricating line 润滑管道[管路]
lubricating nipple 加油嘴
lubricating nozzle 润滑油嘴
lubricating oil 润滑油
lubricating oil distillate 润滑油馏分
lubricating oil emulsion test 润滑油硫含量试验;润滑油乳化试验
lubricating oil filter 润滑油过滤器
lubricating (oil) pipe 润滑油管(道)
lubricating oil strainer 润滑油滤网[器]
lubricating oil system 润滑油系统
lubricating oil transfer pump 润滑油传送泵
lubricating oil viscosity 润滑油黏度
lubricating oil water test 润滑油水含量试验
lubricating order 润滑程序
lubricating piping 润滑管道[路]
lubricating points 润滑点
lubricating press 润滑油压入器;油泵(俗称)
lubricating property 润滑性能
lubricating syringe 润滑剂注射器
lubrication by oil circulation 油循环润滑
lubrication equipment 润滑设备
lubrication failure 润滑失效
lubrication groove 润滑油槽
lubrication guide 润滑指南
lubrication oil tank 润滑油箱
lubrication approximation 光滑逼近
lubrication points 润滑点
lubrication system 润滑系统
lubricator 注油器;润滑器
lubricity 润滑性;油性;润滑能力
lubropump 油泵
lucanthone 硫蒽酮;鲁坎松
lucensomycin 鲁斯霉素
luchensing 琉球曲菌素
lucid ganoderma 灵芝
luciferase 荧光素酶(虫的)
luciferin 荧光素(虫的)
luciferinase 荧光素生产酶(虫的)
lucifer yellow 荧虾黄
lucinite 磷铝石
lucite displacer 有机玻璃浮筒
Luck's indicator 酚酞
ludwigite 硼镁铁矿
lufenuron 八氟脲;氯芬奴隆
luffa seed oil 丝瓜子油
lug 凸耳;耳状柄;接线片
lug bolt 扁尾螺栓;长平头螺栓
Luggin capillary 卢金毛细管
lukabro oil 泰国大风子油
luliberin 促黄体生成激素释放因子
lumazine 2,4-二氧四氢蝶啶
lumen 流明(光通量单位,符号 lm)
lumequeic acid 三十(碳)-21-烯酸
lumichrome 光色素;二甲(基)异咯嗪
lumiflavin 光黄素;三甲(基)异咯嗪
luminal 鲁米那;苯巴比妥
luminance 亮度;发光亮度
luminescence (1)发光 (2)冷光
luminescence analysis 发[荧]光分析
luminescence center 发光中心
luminescence dosimeter 发光剂量计
luminescence quenching 发光猝灭
luminescent effect 发光效应
luminescent fiber 发光纤维
luminescent fine pottery 发光精陶
luminescent materials 发光材料
luminescent paint 发光涂料
luminescent paper 夜光纸
luminescent pigment 发光颜料
luminescent plastics 发光塑料
luminescent spectrum 发光光谱
luminiferous ether 光以太
luminol 鲁米诺;3-氨基邻苯二甲酰环肼
luminometer 发光计
luminometer number 辉光值
luminophor(e) (1)发光团 (2)(室温)发光物;荧光体;荧光材料;发光物质
luminosity 发光度
luminous body 发光体
luminous coatings 发光涂料
luminous efficiency 光视效率[效能]
luminous emittance 光发射度

luminous fiber 发光纤维
luminous flame burner 有焰烧嘴
luminous flux 光通量
luminous intensity 发光强度
luminous organ 发光器
luminous paper 夜光纸
luminous pigment 发光颜料
luminous printing ink 发光油墨
luminous reaction 发光反应
luminous tracer composition 发光曳迹剂
luminous zinc sulfide 发光硫化锌
lumisterol 光甾醇
Lummer-Brodhun photometer 陆末-布洛洪光度计
Lummus cracking process （美国）鲁玛斯（公司）（选择）裂化过程
LUMO(lowest unoccupied molecular orbital) 最低未占（分子）轨道；最低空分子轨道
lumophor(e) （1）发光团 （2）（室温）发光物
lump breaker 块料破碎机
lump breaking apparatus 块料破碎装置
lump coal 块煤
lumping 结块
lumping kinetics 集总动力学
lump lime 块石灰；生石灰
lump pyrite 黄铁矿块；硫铁矿块
lump salt 粗晶盐
lump sugar （浇模）块糖
lumulon 忽布酸；蛇麻酸
lunacridine 露那克里定
lunacrine 露那克灵
lunamycin 月亮霉素
lunar caustic 熔融硝酸银
lunasine 露那辛
Lung's indicator 甲基橙
lunine 露宁
lunularic acid 半月苔酸
lupanine 羽扇烷宁
lupeol 羽扇醇
lupeose 水苏（四）糖
lupetazin 二甲基哌嗪
lupetidine 2,6-二甲基哌啶
lupinine 羽扇豆宁
luprostiol 鲁前列醇
lupulic acid 蛇麻酸；忽布酸
lupulon 蛇麻酮；忽布酮
Lurgi catalyst 鲁奇催化剂
Lurgi coal gasifier 鲁奇煤气化炉
Lurgi gasification process 鲁奇煤气化法
Lurgi gasifier(for coal) 鲁奇煤气化炉
Lurgi gasify 鲁奇煤气化炉
Lurgi pressure gasification process 鲁奇加压气化过程
Lurgi process 鲁奇（煤气化）法
lustering agent 上光剂
lustre 光泽
lustrous fibre 有光纤维
lustrous rayon 有光人造丝
lutecia 氧化镥
lutecium (＝lutetium) 镥 Lu
lutecium chloride 氯化镥
lutecium oxide 氧化镥
luteinization 黄体化
luteinizing hormone(LH) 促黄体（生成）激素
luteinizing hormone releasing factor(LRF) 促黄体（生成）激素释放因子
luteocobaltic chloride 三氯化六氨钴
luteo-compound （橘）黄（色六氨钴）络盐
luteole 黄玉米胡萝卜素
luteolin 木犀草素；藤黄菌素
luteomycin 藤黄霉素
luteo-salt （橘）黄（色）六氨（钴）络盐
luteoskyrin 藤黄醌茜素
luteostal 孕甾酮
luteostatin 制藤黄菌素
luteosterone 孕甾酮
luteotrop(h)ic hormone (LTH) 催乳激素
luteotrop(h)in 催乳激素
lutetium 镥 Lu
lutetium oxide 氧化镥
lutidine 卢剔啶；二甲基吡啶
lutidinic acid 卢剔啶酸；2,4-吡啶二甲酸
lutidinium molybdophosphate(LMP) 二甲基吡啶鎓磷钼酸盐
lutidinium tungstophosphate(LWP) 二甲基吡啶磷钨酸盐
lutidone 卢剔酮
luting 油灰
lutoid 黄色体（胶乳成分）
lutrexin 卵黄素
lutropin 促黄体素
lututrin 卵黄素
Luwa evaporator 薄膜蒸发器；卢瓦蒸发器；刮膜蒸发器
Luwesta extractor 卢伟斯塔萃取器（离心萃取器）
luxmeter 照度计

L valve L型阀
lyapolate sodium 阿朴酸钠;乙烯磺酸钠聚合物
lyase 裂合酶
lyate ion 溶剂阴离子
lycaconitine 牛扁碱
lycetol 酒石酸反二甲哌嗪
lycoctonine 牛扁次碱
lycodine 石松定碱
lycofawcine 来卡花辛
lycomarasmine 番茄萎蔫素;番茄菌肽
lycopene 番茄红素
lycopersene 十氢番茄红素
lycopersicin(＝tomatine) 番茄素;番茄苷
lycopersin 番茄镰孢菌素
lycophyll 番茄紫素
lycopodic acid 石松酸
lycopodine 石松碱
lycopodium base 石松属碱
lycopodium oil 石松油
lycoramine 石蒜胺
lycoremine 加兰他敏;雪花(莲)胺(碱)
lycorine(＝galanthidine) 石蒜碱
lycoxanthin 番茄黄素
Lycra 莱克拉(聚氨基甲酸酯纤维)
lydimycin 利地霉素;利迪霉素
lye 碱液
lye change 废碱液
lye dissolving tank 溶碱槽
lye graduating tank 稠碱槽
lye pump 碱液泵
lye tank 碱液槽;碱液桶
lye vat(＝lye tank) 碱液槽
Lyman series 莱曼系
lymecycline 赖甲环素;赖氨甲四环素
lymphoblast 淋巴母细胞
lymphoblastoid cell 淋巴样干细胞
lymphocyte 淋巴细胞
lymphocyte factor 淋巴因子
lymphocyte immunity 淋巴细胞免疫性
lymphocyte transformation 淋巴细胞转化
lymphocytotoxin 淋巴毒素
lymphokine 淋巴因子
lymphomycin 淋巴霉素
lymphotactin 淋巴细胞趋化因子
lymphotoxin 淋巴细胞毒素
lynestrenol 利奈孕酮;炔雌烯醇
lynx skin 猞猁皮
lyoenzyme (胞)外酶
lyogel 液凝胶;水凝胶
lyolipase 胞外脂酶;可溶脂酶
lyoluminescence 晶溶发光;水合发光
lyolysis 液解(作用);溶剂解(作用)
lyometallurgy 萃取冶金(学);无水溶剂冶金
lyonium ion 溶剂阳离子
lyonium salt 溶剂鎓盐(酸溶于碱性溶剂中生成的盐)
lyophil(e) apparatus (低压)冻干器
lyophilic 亲液的
lyophilic colloid 亲液胶体
lyophilic gel 亲液凝胶
lyophilic group 亲液基团
lyophilic sol 亲液溶胶
lyophilization 冷冻干燥
lyophilization preservation 冷冻干燥保藏法
lyophilize (冷)冻干(燥)
lyophilized collagen 冻干胶原
lyophilized culture 冻干培养物
lyophob(e)(＝lyophobic) 疏液的
lyophobic 疏液的
lyophobic colloid 疏液胶体
lyophobic group 疏液基团
lyophobicity 疏液性;憎液性
lyophobic sol 疏液溶胶
lyopholic group 亲液基团
lyophylization 低压升华干燥法
lyopil(e) apparatus (低压)冻干器
lyosorption 溶剂吸附作用
lyotrope (1)感胶离子(2)易溶物
lyotropic agent 感胶剂;亲液剂
lyotropic liquid crystal 感胶液晶
lyotropic number 感胶离子数
lyotropic phase 易溶相;感胶离子相
lyotropic series 感胶离子序
lyotropy 增溶性;助溶性
lyovac antivenin 黑寡妇蜘蛛毒抗毒血清
lypase 脂肪酶
lypohydrophilic character 亲水亲油特性
lypressin 赖氨加压素
Lyral 新铃兰醛
Lys 赖氨酸
lysalbinic acid 凝胶蛋白酸
lysate 溶胞产物;溶菌产物
lysergamide 麦角菌酸胺
lysergic acid 麦角酸
lysergic acid diethylamide(LSD) 麦角酰二乙胺
lysergic hydrazide 麦角酰肼
lysergide 麦角二乙胺;麦角菌酸二乙基胺

lysidine 赖西丁;2-甲基-4,5-二氢咪唑
lysimeter 浓度(估定)计
lysin 细胞溶素
lysinal 赖氨醛
lysine 赖氨酸
DL-lysine DL-aspartate DL-赖氨酸 DL-天门冬氨酸盐
lysine auxotroph 赖氨酸缺陷型
lysine decarboxylase 赖氨酸脱羧酶
lysine fermentation 赖氨酸发酵
lysine glutamate 赖氨酸谷氨酸盐
lysine racemase 赖氨酸消旋酶
lysis (1)(细胞)溶解;溶胞(作用);溶菌(作用)(2)[医]松解术 (3)减退
lysocellin 溶胞菌素
lysogen 溶原性细菌
lysogenic conversion 溶原转变
lysogenization 溶原化作用
lysogenized state 溶原化状态
lysogeny 溶原性
lysol 煤酚皂溶液;来苏尔
lysolecithin 溶血卵磷脂
lysophosphatidic acid 溶血磷脂酸
lyso-phosphatidylcholine 溶血磷脂酰胆碱
lysophospholipase 溶血磷脂酶;磷脂酶 B
lysosome 溶酶体;溶菌体
lysostaphin 溶葡球菌酶
lysotoxin 溶毒素
lysozyme 溶菌酶
lysyl 赖氨酰
lysylaminoadenosine 赖氨酰氨基腺苷
lysyl-lysine 赖氨酰赖氨酸
lysyloxidase 赖氨酰氧化酶
lysylprotocollagen hydroxylase 赖氨酰本胶原羟化酶
lysyme 溶菌酶
lytic (1)(细胞)溶解的;溶胞的;溶菌的(2)松解的;分解的
lytic bacteriophage 烈性噬菌体
lytic cycle 裂解周期
lyxoflavine 来苏黄素
lyxonic acid 来苏糖酸
lyxose 来苏糖
lyxoside 来苏糖苷

M

m- 间位
mabinlin 马槟榔蛋白(甜味蛋白)
mable syrup 枫树汁
mabuterol 马布特罗
macarbomycin 大炭霉素
Macassar oil 望加锡头(发)油
Macbeth color rendition chart 麦克佩斯色板
macdougallin 仙人掌甾醇;甲(基)胆甾烯二醇
Macdownel feed water controller 麦克唐纳式给水控制器
mace butter 肉豆蔻油
macene 肉豆蔻烯
mace oil 肉豆蔻油
macerating 浸渍
maceration 浸渍
maceration extract 浸渍液
maceration tank 浸渍槽
maceration water 浸渍水
Mach band 马赫带
Machete 马歇特;丁草胺
machinability 切削性;机械加工性
machine 机械;机器
machine attendance 机器[床]保养
machine attention 机器[床]保养
machine building 机械制造;机器制造
machine-building plant 机器制造厂
machine cut 机械切削
machined 已(机)加工的
machine design 机器设计;机械设计
machine drawing 机械(制)图
machine-dried 机械干燥的
machined surface 机械加工面
machine element 机械零件;机件
machine factory [plant] 机器制造厂
machine finish 机床加工精度
machine finishing 机械加工;机械抛光;机械修整;纸机加工
machine furnace 机械焙烧炉
machine glazed finish 机械抛光
machine glazed wrapping paper 鸡皮纸
machine hand 机械手
machine hours 机器运转时间
machine intelligence 机器智能
machine made 机制的
machine-made paper 机制纸
machine maintenance 机器[床]保养
machine maker 机器制造者
machine manufacturing 机器制造
machine oil 机油(机器润滑油)
machine operation 机器操作
machine repair shop 机修车间
machine room 机器房
machinery 机械
machinery certificate 机器合格证
machinery cutting 机械切割
machinery industry 机械工业
machinery lay-out 机器布置图
machinery oil 机(械)油
machinery plant 机器制造厂
machinery repair parts 机修用备件
machinery repair tool 机修工具
machine screw 机用螺钉
machine-shaping 加工成型
machine shop 机械车间;机修车间;金工厂
machineshop car 机械修理车
machineshop truck 移动式机械修理车
machine specifications 机床说明书
machine speed 机(器)速(度)
machine steel 机械零件用钢
machine test 机床试验
machine tool 工作母机;机床
machine unit 机器单元
machine upkeep 机器[床]保养
machine water 网下白水
machining allowance 机械加工余量
machining dimension 机械加工尺寸
machining drawing 机械加工图纸
machining(of metals) 金属切削加工
machining oil 切削油
machining property 机械加工性能
machining quality 机械加工性
machining(stock)allowance 机械加工裕度
machinist's hammer 机工锤
Mach number 马赫数
M-acid M 酸;1-氨基-5-萘酚-7-磺酸
mackerel oil 鲭鱼油
mackintosh (1)防水胶布(2)胶布雨衣
mackintosh blanket cloth 胶布
macleyine(＝protopine) 原阿片碱

maclurin 桑橙素
Macquer's salt 砷酸二氢钾
macro analysis 常量分析
macroaxis 大轴；长轴（三斜及正交晶系中的 *b* 轴）
macrobacterium 大型细菌
macrobicyclic diamine cryptand 大双环二胺穴醚
macrocell 大电池
macrocell corrosion 宏电池腐蚀；大电池腐蚀
macrochemistry （1）常量化学（2）规模化工生产
macrocin 大菌素
macrocoacervation 常量凝聚
macro-component 常量成分
macroconcentration 常量浓度
macroconformation 大尺寸构象
macroconstituent 常量成分
macro-crack 宏观裂缝
macro-creep 宏观蠕变
macrocrystalline 粗晶的；大块结晶的
macrocyclic compound 大环化合物
macrocyclic ligand 大环配体
macrocyclic polyether 大环多醚
macrocyclic polymer 大环聚合物
macrocyclic polysiloxane 大环聚硅氧烷
macrocyclic polythioether 大环多硫醚
macrocyclic siloxane 大环硅氧烷
macrocyclic stereochemistry 大环立体化学
macrocytic anemia 巨红细胞性贫血
macro-dispersion 粗粒分散体
macrodispersoid 粗粒分散胶体
macrodome （晶体的）大坡面；长轴坡面
macro-economic benefit 宏观经济效益
macroelement 常量元素
macro emulsification 粗滴乳化（作用）
macro emulsion 粗（滴）乳状液
macro-etch test 宏观腐蚀试验
macro-flow 宏观流动
macrofluid 宏观流体
macrogel 大粒凝胶
macroglobulin 巨球蛋白
macroglobulinemia 巨球蛋白血（症）
macrograph 宏观图
macroindication 常量指示
macroion 高分子离子
macrokinetics 宏观动力学
macrolide 大环内酯
macrolides antibiotics 大环内酯类抗生素
macro-magnesia ceramics 氧化镁陶瓷
macromechanics 宏观力学
macromer 大分子单体
macromerine 大仙人球碱
macro method（＝gram method）常量法
macromixing 宏观混合
macromolecular catalyst 高分子催化剂
macromolecular chemistry 大分子（化合物）化学
macromolecular clathrate 大分子包合物
macromolecular colloid 大分子胶体
macromolecular compound 大分子化合物
macromolecular crystallography 大分子晶体学
macromolecular isomorphism 高分子（异质）同晶现象
macromolecular ligand 大分子配体
macromolecular organization 大分子组织
macromolecular phase separation 大分子的相分离
macromolecular reaction 高分子反应
macromolecular resin network 大分子树脂网络
macromolecule 高分子；大分子
macromomycin 大分子霉素
macromonomer 大分子单体
macromycin 大分子霉素
macronet ion exchange resin 大网离子交换树脂
macronucleus 大核
macrophage 巨噬细胞
macrophage inhibition factor 巨噬细胞抑制因子
macropore 大孔
macroporous adsorbing resin 大孔吸附树脂
macroporous ion exchanger 大孔离子交换剂
macroporous polymer 大孔聚合物
macroporous silica gel 大孔硅胶
macroprecipitation 常量沉淀
macro-radical 大分子基团
macroreticular ion resin 大网离子交换树脂
macroreticular resin 大网络树脂
macro-reticulate aliphatic polymer 大网状脂肪族聚合物
macro-rheology 宏观流变学
macro ring 大环
macro sample 常量试样
macroscopic acidity constant 宏观酸度常数
macroscopic compressibility approximation（MCA） 宏观可压缩性近似

macroscopic constant 宏观常数
macroscopic cross-section 宏观截面
macroscopic damage 宏观损伤
macroscopic equilibrium state 宏观平衡状态;热力学平衡
macroscopic examination 低倍检验;宏观检验
macroscopic irregularity 外观缺陷
macroscopic irreversibility 宏观不可逆性
macroscopic parameter(＝state variable) 宏观参数;状态变量
macroscopic quantity 宏观量
macroscopic state 宏观态
macroscopic system 热力学体系;宏观体系
macroscopic thermodynamics 宏观热力学;唯象热力学
macroscopic variables(＝state quantities) 宏观变量;状态函数
macrostrain 常量应变;宏应变
macrostress 常量应力;宏应力
macrostructure 宏观结构;宏观组织
macrotricyclic diamine cryptand 大三环二胺穴醚
maculanin 淀粉钾
macusine 马枯素
madder 茜草
Maddrell salt 长链(的)高分子量偏磷酸钠
Madelung constant 马德隆常数
Madelung synthesis 马德隆合成法
made-to-measure 特制;定制;按定户要求制作
made-to-order 特制;定制;按定户要求制作
made-up article 坯品
made-up fuel oil 补充燃料油
MADU(methylaminodeoxyuridine) 甲氨去氧尿苷
maduramicin 马度米星
MAFA 甲基胂酸铁铵
mafenide 磺胺米隆;甲磺灭脓
mafic 镁铁质
mafic minerals 镁铁质矿物
magainins 爪蟾抗菌肽;马盖宁
magaldrate 镁加铝
magane 水杨酸镁
magdala red(＝naphthalene red) 萘红
magenta(＝fuchsin) (碱性)品红;洋红
magenta acid 品红酸
magenta coupler 品成色剂
Magenta Red 碱性品红
magic hand 机械手
magic ink 万能笔(可在油污金属表面划记号)
magic-N nucleus 幻中子核
magic nucleus 幻核(质子数或中子数为幻数的核)
magic number 幻数
magic-Z nucleus 幻质子核
magistery of bismuth 硝酸二羟铋和二硝酸羟铋混合物
magma 晶浆
magma density 稠液密度
magma pump 糊泵;稠液唧筒
Magnaforming process 马格纳重整
Magnalite 马格纳莱特铝基活塞合金
Magnalium 马格纳利乌姆铝镁铸造合金
magnamycin(＝carbomycin) 碳霉素
magnarcine 巨水仙碱
magnesedin 镁菌素
magnesia 氧化镁
magnesia alba 白镁氧
magnesia-alumina brick 镁铝砖
magnesia brick rich in CaO 镁钙砖
magnesia carbon brick 镁碳砖
magnesia cement 镁氧胶结料
magnesia citrate 柠檬酸镁
magnesia magma 氧化镁悬浮液
magnesia mixture 镁氧混合剂;镁剂
magnesia spinel 镁尖晶石
magnesia usta 煅苦土
magnesidin 含镁藻素
magnesioferrite 镁铁矿(镁铁尖晶石)
magnesite 菱镁矿;镁砂
magnesite brick 镁砖
magnesite-chrome brick 镁铬砖
magnesite-chrome refractory 镁铬质耐火材料
magnesite clinker 镁砂
magnesite refractory 镁质耐火材料
magnesium 镁 Mg
magnesium acetate 乙酸镁;醋酸镁
magnesium acetylsalicylate 乙酰水杨酸镁
magnesium acid citrate 柠檬酸氢镁
magnesium alkoxide 醇镁;烃氧基镁
magnesium alkyl compounds 烷基镁化合物类
magnesium alkyl condensation 烷基镁缩合
magnesium aluminate 铝酸镁
magnesium aluminum silicate 硅酸铝镁[铝镁]
magnesium ammonium arsenate 砷酸铵镁

magnesium ammonium carbonate 碳酸铵镁
magnesium ammonium chloride 氯化铵镁
magnesium ammonium phosphate 磷酸铵镁
magnesium anode 镁阳极
magnesium arsenate 砷酸镁
magnesium arsenide 砷化镁
magnesium aryl compounds 芳基镁化合物类
magnesium-base alloy anode 镁合金阳极
magnesium base grease 镁基润滑脂
magnesium benzoate 苯甲酸镁
magnesium bicarbonate 碳酸氢镁
magnesium bichromate 重铬酸镁
magnesium biphosphate 磷酸二氢镁
magnesium bisulfate 硫酸氢镁
magnesium borate 硼酸镁
magnesium bromate 溴酸镁
magnesium bromide 溴化镁
magnesium bromoplatinate 溴铂酸镁
magnesium butyrate 丁酸镁
magnesium cacodylate 二甲胂酸镁
magnesium calcium carbonate 碳酸镁钙
magnesium carbide 碳化镁
magnesium carbonate 碳酸镁
magnesium chlorate 氯酸镁
magnesium chloride 氯化镁
magnesium chloroplatinate 氯铂酸镁
magnesium chlorostannate 氯锡酸镁
magnesium chromate 铬酸镁
magnesium citrate 柠檬酸镁
magnesium cyanide 氰化镁
magnesium cyanoplatinate 氰铂酸镁
magnesium cyanoplatinite 氰亚铂酸镁
magnesium dithionate 连二硫酸镁
magnesium ethide （二）乙基镁
magnesium ethoxide 乙醇镁
magnesium ethylate 乙醇镁；乙氧基镁
magnesium ferrocyanide 氰亚铁酸镁
magnesium fertilizer(s) 镁肥
magnesium fluoride 氟化镁
magnesium fluo(ro)silicate 氟硅酸镁
magnesium formate 甲酸镁
magnesium glycerophosphate 甘油磷酸镁
magnesium hydrate 氢氧化镁
magnesium hydride 二氢化镁
magnesium hydrogen arsenate 砷酸氢镁
magnesium hydrogen phosphate 磷酸氢镁
magnesium hydrogen sulfate 硫酸氢镁
magnesium hydroxide 氢氧化镁
magnesium hydroxide-phosphate 氢氧化镁磷酸镁复盐
magnesium hydroxide powder 氢氧化镁粉
magnesium hydroxide slurry 氢氧化镁浆
magnesium hypophosphite 次磷酸镁
magnesium hyposulfite 连二亚硫酸镁
magnesium iodate 碘酸镁
magnesium iodide 碘化镁
magnesium isopropoxide 异丙醇镁
magnesium lactate 乳酸镁
magnesium lactophosphate 乳酸磷酸镁
magnesium limestone 碳酸钙镁
magnesium lithium alloy 镁锂合金
magnesium magma 氢氧化镁悬浮液
magnesium malate 苹果酸镁
magnesium mandelate 扁桃酸镁
magnesium metaborate 偏硼酸镁
magnesium metasilicate 硅酸镁
magnesium methide 二甲镁
magnesium methoxide 甲醇镁
magnesium methylate 甲醇镁；甲氧基镁
magnesium molybdate 钼酸镁
magnesium nitride 二氮化三镁
magnesium nitrite 亚硝酸镁
magnesium oleate 油酸镁
magnesium orthoborate 原硼酸镁
magnesium orthophosphate （正）磷酸镁
magnesium orthosilicate 原硅酸镁
magnesium oxalate 草酸镁
magnesium oxidation 镁合金氧化处理
magnesium oxide 氧化镁
magnesium peptonate 镁胨
magnesium perchlorate 高氯酸镁
magnesium permanganate 高锰酸镁
magnesium peroxide 过氧化镁
magnesium phosphate 磷酸镁
magnesium phosphide 二磷化三镁
magnesium phospholactate 磷酸乳酸镁
magnesium platinocyanide 氰亚铂酸镁
magnesium propoxide 丙醇镁
magnesium propylate （＝magnesium propoxide） 丙醇镁
magnesium pyrophosphate 焦磷酸镁
magnesium rhodanate 硫氰酸镁
magnesium salicylate 水杨酸镁
magnesium selenate 硒酸镁
magnesium selenite 亚硒酸镁
magnesium silicate 硅酸镁
magnesium silicide 硅化镁

magnesium silicofluoride 氟硅酸镁
magnesium soap lubricating grease 镁皂润滑脂
magnesium stearate 硬脂酸镁(润滑剂,稳定剂)
magnesium sulfate 硫酸镁
magnesium sulfide 硫化镁
magnesium sulfite 亚硫酸镁
magnesium sulfonate 磺酸镁
magnesium thiocyanate 硫氰酸镁
magnesium thiosulfate 硫代硫酸镁
magnesium titanate 钛酸镁
magnesium trisilicate 三硅酸镁
magnesium tungstate 钨酸镁
magnesium zinc zirconium alloy 镁锌锆系合金
Magnesol (色谱柱用)酸式硅酸镁
magneson 试镁灵
magnesyl 卤镁基
magnet 磁体
magnet cover 磁铁罩
magnetic alloy 磁性合金
magnetically anisotropic group 磁各向异性基团
magnetically stabilized fluidized bed 磁稳流化床
magnetic analyzer 磁分析器
magnetic anisotropy 磁各向异性
magnetic balance 磁力天平
magnetic blow 磁偏吹
magnetic board 磁力板
magnetic bottle 磁瓶
magnetic bubble 磁泡
magnetic bubble-domain material(s) 磁泡畴材料
magnetic card 磁卡(片)
magnetic charge 磁荷
magnetic chuck 电磁卡盘;电磁吸盘
magnetic circuit 磁路
magnetic circuit law 磁路定律
magnetic circular dichroism 磁圆二色性
magnetic clutch 电磁离合器;电磁卡盘
magnetic coating 磁性涂料
magnetic coil 电磁线圈
magnetic conductive adhesive 导磁胶
magnetic constant 磁常量
magnetic core 磁心
magnetic Coulomb law 磁库仑定律
magnetic coupling 磁力耦合器
magnetic crane 磁盘起重机;磁力起重机
magnetic criterion 磁判据;鲍林法则
magnetic decontamination (催化剂)磁性纯化
magnetic deflection 磁偏转
magnetic dipole 磁偶极子
magnetic dipole moment 磁偶极矩
magnetic dipole radiation 磁偶极辐射
magnetic disk 磁盘
magnetic domain 磁畴
magnetic drain plug 磁性排出口塞;磁性油塞;磁性放泄塞
magnetic drive 磁力驱动
magnetic drum 磁鼓
magnetic drum separators 磁力鼓式分离器
magnetic energy 磁能
magnetic energy density 磁能密度
magnetic equivalence 磁全同
magnetic examination 磁性探伤检查
magnetic fibre 磁性纤维
magnetic field 磁场
magnetic field intensity 磁场强度
magnetic field line 磁场线
magnetic field scanning 磁场扫描
magnetic field strength 磁场强度
magnetic-field test equipment 磁力探伤设备
magnetic film 电影磁片
magnetic filter 磁力过滤器
magnetic flocculation 磁力絮凝作用
magnetic flow meter 电磁流量计
magnetic-fluid seal 磁流体密封
magnetic flux 磁通量
magnetic flux linkage 磁链
magnetic focusing 磁聚焦
magnetic gap 磁隙
magnetic head 磁头
magnetic hysteresis 磁滞
magnetic hysteresis loop 磁滞回线
magnetic induction 磁感(应)强度
magnetic induction line 磁感(应)线
magnetic induction part 磁感应元件
magnetic ink 磁墨水;磁性检验液
magnetic inspection 磁力探伤
magnetic inspection equipment 磁力探伤设备
magnetic iron oxide 磁性氧化铁
magnetic iron oxide red 磁性氧化铁红
magnetic layer 磁性层
magnetic lens 磁透镜
magnetic line of force 磁力线
magnetic liquid 磁流体;磁液

magnetic magnesium oxide 磁性氧化镁
magnetic material 磁性材料
magnetic medium 磁介质
magnetic mirror 磁镜
magnetic mixer 磁力混合器
magnetic moment 磁矩
magnetic monopole 磁单极子
magnetic needle 磁针
magnetic opticity 磁致旋光
magnetic orientation equipment 磁定向装置
magnetic oxide(＝magnetic iron oxide) 四氧化三铁;磁性氧化铁
magnetic oxygen analyzer 磁氧分析仪
magnetic paint 磁浆
magnetic particle examination 磁粉检验
magnetic particle test 磁粉试验
magnetic performance 磁性能
magnetic permeability (1)磁导率;导磁系数(2)导磁性;透磁性
magnetic phonographic recording paper 磁带录音纸
magnetic pigment 磁粉
magnetic plastics 磁性塑料
magnetic plating coating 磁性镀层
magnetic polarization 磁极化强度
magnetic pole 磁极
magnetic porcelain 铁氧体
magnetic potential 磁势;磁位
magnetic powder 磁粉
magnetic powder indication 磁粉指示
magnetic powder inspection 磁粉探伤法
magnetic pressure 磁压
magnetic pyrite 磁黄铁矿;磁硫铁矿
magnetic quantum number 磁量子数
magnetic recording alloy 磁记录合金
magnetic recording carrier 磁记录材料
magnetic recording materials 磁记录材料
magnetic recording media 磁记录材料[介质]
magnetic recording tape 录音磁带
magnetic recording(**tape**)**paper** 磁带录音纸
magnetic recording technique 磁记录技术
magnetic resistance 磁阻
magnetic resonance 磁共振
magnetic rotation 磁致旋光
magnetic rubber 磁性橡胶
magnetics 磁学
magnetic scalar potential 磁标势
magnetic separator 磁力分离器[架]
magnetic shell 磁壳
magnetic shielding 磁屏蔽
magnetic spectropolarimetry 磁旋光分光法
magnetic spectrum 磁谱
magnetic spin 磁自旋
magnetic spin quantum number 磁自旋量子数;内量子数
magnetic starter 磁力起动器
magnetic stirrer (电)磁搅拌器
magnetic structure 磁结构
magnetic surface recording media 磁表面记录介质
magnetic susceptibility 磁化率
magnetic susceptibility of catalyst 催化剂磁性感受性
magnetic switch 磁(力)开关
magnetic tape 磁带
magnetic tape adhesive 磁带胶黏剂
magnetic tape calender 磁带压光机
magnetic tape slitter 磁带分切机
magnetic tape winder 磁带卷绕机
magnetic testing 磁力探伤
magnetic thermometer 磁温度计
magnetic transmission 磁力传动
magnetic trap 磁阱
magnetic valve 电磁阀
magnetic washing 磁清洗
magnetic water 磁(化)水
magnetic water treatment 磁化法水处理
magnetism 磁学
magnetizability 磁化能力;磁化强度
magnetization (1)磁化 (2)磁化强度
magnetization current 磁化电流
magnetization curve 磁化曲线
magnetization(**intensity**) 磁化强度
magnetized roasting of pyrite 硫铁矿磁化焙烧
magnetizing method 磁轭法
magnetobiology 磁生物学
magnetocaloric effect 磁致热效应
magnetocardiography 心磁图描记术
magnetochemistry 磁化学
magnetoelectrical pickup(**sensor**)**of vibration measuring** 磁电式测振传感器
magnetoelectric sensor of speed measuring 磁电转速传感器
magnetoencephalography 脑磁图描记术
magnetofluid 磁流体
magneto fluidization 磁力流态化
magneto-functional polymeric materials 磁学功能高分子材料

magnetogyric ratio 磁旋比
magnetomechanical effects（＝gyromagnetic effects） 磁力效应;旋磁效应
magnetometric titration 磁量滴定法
magnetometry 磁力测定
magnetomotive force 磁通势;磁动势
magnetomyography 肌磁图描记术
magneton 磁子
magnetoneurography 神经磁图描记术
magneto-oculogram 眼(动)磁图
magneto-optical disc 磁光光盘
magnetooptical disk 磁光盘
magneto-optical recording 磁光记录
magneto-optical rotation 磁致旋光;磁性光学旋转
magneto-optic crystal 磁光晶体
magneto-optic effect 磁光效应
magneto-optic glass 磁光玻璃
magnetoplasma dynamics（**MPD**） 磁等离子体动力学
magneto-plumbite type ferrite 磁铅石型铁氧体
magnetopneumography 肺磁图描记术
magnetoretinogram 视网膜磁图
magnetoscope 验磁器
magnetostatic pump 静磁泵
magnetostatics 静磁学
magnetostrictance alloy 磁致伸缩合金
magnetostriction 磁致伸缩(现象)
magnetotaxis 趋磁性
magnetotropism 向磁性
magnet pulley 磁性轮
magnetron 磁控管
magnetron sputtering 磁控溅射
magnet yoke 磁轭
magnification 放大率
magnification factor for amplitude 振幅放大因子
magnifier 放大镜
magnifying glass 放大镜
magnifying lens 放大透镜
magnifying power 放大率
magnoflorine 木兰花碱
magnolamine 木兰胺
magnolin 木兰苷
magnoline 木兰碱
magnolite 碲汞石;碲汞矿
magnolol 木兰酚;厚朴酚
magnon 磁振子;磁子
magnopeptin 大肽菌素
magnox（magnesium no oxidation）**reactor** 镁诺克斯反应堆
Magnus effect 马格努斯效应
mahogany acid 石油磺酸
mahogany soap 石油磺酸皂
Maillard reaction 美拉德反应
mail transfer 信汇
main application 主要用途
main band 主带
main body 机身;筒体;机体
main body of oil 油的主要成分
main bulk of fuel 燃料的主体部分
main case 机壳
main chain 主链
main chain scission 主链分离
main cock 主阀
main compressor 主压气机
main condenser 主冷凝器
main controlling board 主操作盘
main control room 中央控制室
main distillate fraction 主馏分
main drainage ditch 总排水沟
main(**drive**) **motor** 主电动机
main drive shaft 主动轴
main effect 主效应
main fan 送风机
main flow to exhauster 主流向排气装置
main flue 总烟道
main flux 主磁通
main fractionator 主分馏塔
main gas pipe 总煤气管
main gear 大齿轮
main group 主族
main group element 主族元素
main hydrolysis(＝principal hydroly-sis) 主水解
main jib 主臂
mainlaying cost 管道装设费用
main-line 干线;主线
main parts 主要部件(图)
main peak 主峰
main pressure packing 主压力盘根
main pulley 主动皮带轮
main pulley for secondary change speed 二级变速主皮带轮
main punch 凸凹模
main railway line 铁路干线
main raw material(**s**) 主要原材料
main reaction 主(要)反应

main shaft bearing 主轴轴承
main shaft key 主轴键
main steam supply 主供蒸汽
mains switch 电源开关
Mainstee evaporator 梅因斯提蒸发器
main switch 主控开关
maintain 维修
maintainability 保养性能;运转的可靠性
maintaining 维护;保养
maintaining passivity current density 维钝电流密度
main tank 主油箱;主罐
maintenance 养护
maintenance and overhaul 保养与大修
maintenance and repair cost 维修费用
maintenance and repair parts 维修备件
maintenance and service (MS) 维修和使用
maintenance area 维修区
maintenance assurance 技术保证
maintenance care 技术维修
maintenance center 维护中心
maintenance charge 涓流充电;维护充电
maintenance charges 维护费
maintenance cost 维修费
maintenance crew 检修班
maintenance depot 保养工场
maintenance detachment 流动修理组
maintenance downtime 停(机检)修时间
maintenance establishment 保养机构
maintenance fitter 维修钳工
maintenance free 不需维修的
maintenance-free battery 免维护蓄电池
maintenance-free bearing 自润滑轴承
maintenance-free life 免维修寿命
maintenance-free operation 不需维护的运行
maintenance frequency 维修次数
maintenance gang 维修组[班]
maintenance instruction 技术维护规程;维修说明书
maintenance instruction manual 保养说明书
maintenance location 维修点;保养站
maintenance logistics 技术保证
maintenance manual 保养手册
maintenance outage 检修停机
maintenance overhaul 日常维护
maintenance paint 维护涂料
maintenance panel 维护[修]板
maintenance parts list(MPL) 维修部件清单
maintenance party 修缮队
maintenance period 保养周期
maintenance personnel 维修人员
maintenance plan 技术维护计划
maintenance point 维修点;保养站
maintenance practices 保养程序
maintenance prevention 安全措施;安全设施
maintenance procedure 维护程序
maintenance project 维修计划
maintenance proof test 检修保证试验
maintenance record 维修记录
maintenance regulation 保养规程;技术维护规程
maintenance repairs 维修
maintenance rig 维修架
maintenance routine 定期维修
maintenance section 保养工段
maintenance service 技术维修
maintenance shop 维修车间;维修工段
maintenance standard order (MSO) 维修标准规范
maintenance stand by time 维修准备时间
maintenance station 维修点;保养站
maintenance status 保养状况
maintenance supply 维修器材
maintenance support 技术维护
maintenance unit 维修装置
maintenance work (日常)维修工作
main turbine 主汽轮机
maize oil 玉米油
maize starch 玉米淀粉
majac jet mill 对冲式气流磨
majac jet pulverize 对冲型射流粉碎机
major accident 重大事故
major break down 大事故[故障]
major chemical company 大型化学公司
major constituent 主成分
major factor 主要因素
major groove 大沟
major industry 大型[重点]工业
majority carrier 多数载流子
major overhaul 大修;全部拆卸检修
major power supply 主电源
major project 重点工程[方案,项目]
major repair 大修
major repair depreciation expense 大修折旧费
major repair depreciation rate 大修折旧率
major repair expenditure 大修支出
major repair standard 大修定额

major semiaxis 长半轴
major service 大修
make-and-break 闭合-断开
make good 维持;修复;完成;实现
maker 制造者;制造机;制造厂家
makeup (1)补充;补偿 (2)装配 (3)制作
make-up air 补充空气;新气
make-up carrier (gas) 配载气;补充载气
make up compressor 补充压缩机;新料压缩机
make-up gas 补充气体;新气
makeup preparations 化妆品
make-up table 成型操作台
make-up tank 调配槽;补给罐
make-up water 补充水
make-up water pump 补给水泵
making 制造;生产;加工
making up 装配
Makrolon 聚碳酸酯(泡沫塑料)
malabar oil 玛拉巴油
malabsorption 吸收障碍
malachite 孔雀石
malachite green 孔雀(石)绿;碱性绿
malacolac 紫胶树脂
malamic acid 苹果酰胺酸
malamide 苹果(酸二)酰胺
Malaprade reaction 高碘酸氧化反应
malate 苹果酸盐(酯或根)
malate-aspartate cycle 苹果酸天冬氨酸循环
malate synthetase 苹果酸合成酶
malathion 马拉硫磷
Malayan camphor 冰片;龙脑;2-莰醇
mal-condition 恶劣条件
maldistribution 不良分布;不均匀分布
malealdehyde 马来醛;顺丁烯二醛
maleamic acid 马来酰胺酸;顺丁烯酰胺酸
maleamidic acid(=maleamic acid) 马来酰胺酸;顺丁烯酰胺酸
male and female 凹凸面(法兰)
maleanilic acid *N*-苯基马来酰胺酸
maleate 马来酸盐(酯或根)
male die 阳模
male elbow 阳肘节
male enlarge 大小头
male-female seal contact face 凹凸密封面
male fern oil 绵马油
male fitting 阳模配合
male flange 凸面法兰
male hormone 雄性激素
maleic acid 马来酸;顺丁烯二酸
maleic anhydride 顺丁烯二酸酐;马来酸酐
maleic anhydride grafted polyolefins 顺酐接枝聚烯烃
maleic anhydride-vinyl acetate copolymer 马来酸酐-醋酸乙烯酯共聚物
maleic dialdehyde 马来醛;顺式丁烯二醛
maleic hydrazide 马来酰肼
maleic hydrazine 马来酰肼
maleic resin 顺丁烯二酸酐树脂
maleic rosin 马来松香
maleimide 马来酰亚胺;顺丁烯二酰亚胺
maleimycin 马来酰亚胺霉素
maleinamic acid 马来酰胺酸;顺丁烯酰胺酸
male(in)amide 马来酰胺;顺丁烯二酰胺
male(in)imide 马来酰亚胺;顺丁烯二酰亚胺
maleinoid (form) 顺式;*Z*型(指顺式异构)
male mold 阳模;上半模
maleoyl- 马来酰(基);顺式丁烯二酰(基)
male screw 阳螺纹;外螺纹
male (screw) thread 外[阳]螺纹
male section 阳模;上半模
male sex hormone 雄性激素;男性(刺)激素
male thread 阳螺纹;外螺纹
male union 外螺纹连接管
maleuric acid 马来酸一酰脲
maleyl- 马来酰(基);顺丁烯二酰(基)
malfunction 事故;故障
malic acid 苹果酸
malic amide 苹果酰胺
malic dehydrogenase 苹果酸脱氢酶
malic enzyme 苹果酸酶
malignant 恶性的
malignin 毒曲菌素
mallardite 白锰矾;(七)水锰矾
malleable cast-iron 可锻铸铁
malleable cast iron vessel 可锻铸铁容器
mallein 马鼻疽菌素
mallet 大锤;手锤
mallet perforator 锤式冲孔机;锤击穿孔机
mall hammer 大锤;手锤
Mallinckrodt process 马林克罗特过程(从铀矿石浸出液用醚类萃取法生产硝酸铀酰的过程)
malol(=ursolic acid) 乌索酸;熊果酸

malonaldehydic acid 丙醛酸;甲酰乙酸
malonamide 丙二酰胺
malonamide nitrile 氰基乙酰胺
malonami(di)c acid 丙酰胺酸
malonate 丙二酸盐(酯或根)
malonic acid 丙二酸
malonic amide 丙二酰胺
malonic anhydride 丙二酸酐
malonic ester (1)丙二酸酯(2)(专指)丙二酸乙酯
malonic ethyl ester nitrile 氰基醋酸乙酯
malonic mononitrile 氰基醋酸
malonic semialdehyde (= malonaldehydic acid) 丙醛酸
malon oil 黑鲸油
malononitrile 丙二腈
malonurea 二乙基丙二酰脲;巴比妥
malonuric acid 马龙尿酸;脲羰基乙酸
malonyl- (1)丙二酰(基) (2)丙二酸单酰(基)
malonyl CoA 丙二酸单酰辅酶 A
malonyl-CoA-ACP transacylase 丙二酸单酰 CoA-ACP 转酰基酶
malonyl urea 丙二酰脲;巴比土酸
maloperation 误操作
malotilate 马洛替酯
maloyl- 苹果酰(基);羟基丁二酰(基)
malt (1)麦芽 (2)制麦芽
malt-agar method 麦芽汁-琼脂培养法
malt amylase 麦芽糖化酶;麦芽淀粉酶
maltase 麦芽糖酶
malt (drying) kiln 麦芽干燥炉
malt dust 麦芽糖;麦曲糟
malt elevator 麦芽提升机
malt extract 麦芽(浸出)汁;麦芽膏;麦精
malt extract medium 麦芽汁培养基
maltha 软沥青
malthenes 马青烯;石油脂;石油质(沥青中可溶于石油醚的组分)
malting tower 麦芽制造塔
malt liquor 麦芽酒
malt meal 麦芽粉
maltobionic acid 麦芽糖酸
maltobiose 麦芽糖
maltodextrin 麦芽糖糊精
maltogenic amylase 麦芽淀粉酶
maltol 麦芽酚;麦芽糖醇;2-甲基-3-羟基-γ-吡喃酮
maltonic acid *d*-葡萄糖酸
maltosazone 麦芽糖脎
maltose 麦芽糖
maltose glucosyltransferase 麦芽糖转葡糖基酶
maltose phosphorylase 麦芽糖磷酸化酶
maltosuria 麦芽糖尿
maltotriose 麦芽三糖
malt sugar 麦芽糖
maltum 麦芽
malucidin 苹果杀菌素
Malus law 马吕斯定律
malvalic acid 锦葵酸
malvidin 锦葵色素;二甲花翠素
malvin 锦葵色素苷;二甲花翠苷
malvon 氧化锦葵苷
mammal 哺乳动物
mammalian cell 哺乳动物细胞
mammogen 激乳腺素
mammotropic hormone 催乳激素
mammotropin 催乳激素
management 管理处
management by objectives 目标管理
management cost 管理费
management decision 管理决策
management science 管理科学
manager 经理
managing director 常务理事
mancophalic acid 马尼拉玷㹴树脂
mancozeb 代森锰锌
mandarin(e) oil 橘子油
mandelate 扁桃酸盐(或酯)
mandelic acid 苦杏仁酸;扁桃酸;苯乙醇酸
mandelic acid isoamyl ester 扁桃酸异戊酯
Mandelin's reagent 曼得灵试剂
mandelonitrilase 扁桃腈酶;苯羟(基)乙腈酶
mandelonitrile 扁桃腈;苯乙醇腈
mandelonitrile glucoside 扁桃腈葡糖苷
mandeloyl 扁桃酰;α-羟基苯乙酰
mandioc 木薯淀粉
man door 人孔
mandrel 芯模
mandrox 甲喹酮;安眠酮
maneb 代森锰
maneuverability 机动性
man facturer 厂商
mangan 锰 Mn
manganate 锰酸盐
manganese 锰 Mn
manganese(Ⅱ) sulfate 硫酸锰
manganese acetate 乙酸锰;醋酸锰
manganese acetylacetonate 乙酰丙酮锰

manganese bioxide 二氧化锰
manganese black 锰黑；二氧化锰
manganese blende 硫锰矿
manganese borate 硼酸锰
manganese boride 硼化锰
manganese-boron 锰硼合金
manganese bronze 锰青铜
manganese carbide 一碳化三锰
manganese carbonate 碳酸锰
manganese carbonyl （十）羰基（二）锰
manganese chloride 二氯化锰
manganese dichloride 二氯化锰
manganese dioxide 二氧化锰
manganese disulfide 二硫化锰
manganese drier 锰催干剂
manganese family element(s) 锰族元素
manganese fertilizer 锰肥
manganese green 锰绿；锰酸钡
manganese heptoxide 七氧化二锰
manganese (hexa) fluo (ro) silicate 氟硅酸锰
manganese linoleate 亚油酸锰
manganese monoxide 一氧化锰
manganese naphthenate 环烷酸锰
manganese nitrate 硝酸锰
manganese nitride 氮化锰
manganese oleate 油酸锰
manganese (ortho) silicate 原硅酸锰
manganese oxalate 草酸锰
manganese oxide 氧化锰（尤指 Mn_3O_4 和 MnO）
manganese peroxide （＝manganese dioxide）过氧化锰；二氧化锰
manganese protoxide 一氧化锰
manganese resinate 树脂酸锰
manganese sesquioxide 三氧化二锰
manganese steel 锰钢
manganese telluride crystal 碲化锰晶体
manganese trichloride 三氯化锰
manganese trifluoride 三氟化锰
manganese trioxide 三氧化锰；锰酐
manganese/zinc cell 锌/锰干电池
manganic （1）锰的（2）三价锰的（3）六价锰的
manganic acid 锰酸
manganic anhydride 锰酐；三氧化锰
manganic chloride 三氯化锰
manganic hydroxide 三氢氧化锰；氢氧化高锰
manganic manganous oxide 四氧化三锰
manganic metaphosphate 偏磷酸锰
manganic oxide 三氧化二锰
manganic phosphate 磷酸（三价）锰
manganic sulfate 硫酸（三价）锰
manganiferous 含锰的
manganite （1）亚锰酸盐；五价锰酸盐 M_3MnO_4（2）水锰矿
mangano-compound 二价锰化合物
mangano-manganic oxide 四氧化三锰
manganosite 方锰矿
manganostibite 锑砷锰矿；砷锑锰矿
manganotantalite 锰钽铁矿；钽锰矿
manganous 二价锰的；锰（在盐中不注明二价字样）
manganous acetate 乙酸锰
manganous acid 亚锰酸
manganous ammonium phosphate 磷酸锰铵
manganous ammonium sulfate 硫酸锰铵
manganous arsenate 砷酸氢锰
manganous bromide 溴化锰
manganous butyrate 丁酸锰
manganous carbonate 碳酸锰
manganous chloride 二氯化锰
manganous dithionate 连二硫酸锰
manganous ferrocyanide 亚铁氰化锰
manganous fluoride 氟化亚锰
manganous fluo(ro)silicate 氟硅酸锰
manganous glycerinophosphate 甘油磷酸锰
manganous hydroxide 二氢氧化锰；氢氧化正锰
manganous hypophosphite 次磷酸锰
manganous iodide 碘化亚锰
manganous lactate 乳酸锰
manganous lead resinate 树脂酸铅与树脂酸锰的混合物
manganous linoleate 亚油酸锰
manganous manganic oxide 四氧化三锰
manganous-manganic oxide 四氧化三锰
manganous metaphosphate 偏磷酸锰
manganous naphthenate 环烷酸锰
manganous nitrate 硝酸锰
manganous (ortho) phosphate （正）磷酸锰
manganous oxalate 草酸锰
manganous oxide 一氧化锰
manganous perchlorate 高氯酸锰
manganous phenolsulfonate 苯酚磺酸锰
manganous pyrophosphate 焦磷酸锰
manganous silicate 硅酸锰
manganous sulfate 硫酸锰

manganous sulfide 一硫化锰
manganous sulfite 亚硫酸锰
manganous sulfophenate 苯酚磺酸锰
manganous tartrate 酒石酸锰
mango 芒果
mango gum 芒果胶
mangosteen oil 山竹果油
mangostin 倒捻子素
mangrove extract 栲树(皮)栲胶
manhandle 人工操作;人力开动
manhole (进)人孔
manhole cover 人孔盖
manhole flange 人孔法兰
manhole opening 人孔口
manhole with flat cover 平盖人孔
manhole with sight glass 带视镜人孔
man hour 工时
man-hour utilization rate 工时利用率
manidipine 马尼地平
manifold (1)歧管;多支管 (2)复式接头 (3)管线(4)复制;集管
manifold exhaust 歧管排气
manifold paper 复印纸;打字纸
manifold pressure 管道内压力
manifold valves 歧管阀;汇流阀
Manihot glaziovii 木薯胶树;西阿拉橡胶树
manihot oil 木薯油
Manila copal 马尼拉珐玶
maniladiol 马尼拉二醇
Manila kopal 马尼拉珐玶
manioc (1)木薯 (2)木薯淀粉
maniocca (1)木薯 (2)木薯淀粉
manipulated variable 控制变量
manipulation (用手)操作;使用
manipulator 机械手
man-machine control 人机控制
man-machine coordination 人机协调
man-machine interaction 人机交互
man-machine interface 人机界面
man-machine system 人机系统
man-made element 人造放射性元素
man-made fibre 人造纤维
man-made latex 人造胶乳
man-made wood 合成木材
mannan 甘露聚糖
mannase 甘露聚糖酶
manna sugar(=mannitol) 甘露(糖)醇
Mannheim absorption system 曼海姆吸收装置
Mannich base 曼尼希碱
Mannich condensate 曼尼希缩合物
Mannich reaction 曼尼希(缩合)反应
mannide 二缩甘露(糖)醇
manning level 人员配备
mannitan 一缩甘露(糖)醇
mannitan ester 失水甘露糖醇酯
mannitan oleate 失水甘露糖醇油酸酯
mannite (=mannitol) 甘露糖醇
mannitic acid 甘露糖酸
mannitoboric acid 甘露(糖)醇合硼酸
mannitol 甘露糖醇
mannitol hexaacetate 甘露(糖)醇六乙酸酯
mannitol hexanitrate 甘露糖醇六硝酸酯
mannitol laurate 甘露糖醇月桂酸酯
mannitose 甘露糖
mannoheptitol 甘露庚糖醇
mannoheptonic acid 甘露庚糖酸
mannoheptose 甘露庚糖
mannoheptulose 甘露庚酮糖
mannomustine 甘露莫司汀;甘露醇氮芥
mannonic acid 甘露糖酸
mannopeptin 甘露糖肽素
mannopyranose 吡喃甘露糖
mannosamine 甘露糖胺
mannosaminic acid 甘露氨酸
mannosans 甘露聚糖
mannose 甘露糖
mannose phenylhydrazone 甘露糖苯腙
D-mannose-6-phosphate D-甘露糖-6-磷酸
mannosidase 甘露糖苷酶
mannoside 甘露糖苷
mannosidosis 甘露糖苷过多症
mannosidostreptomycin 甘露糖链霉素
mannosulfan 甘露舒凡;甘露醇双甲磺酸酯
mannotriose 甘露三糖
mannuronic acid 甘露糖醛酸
manoeuvering test 操纵试验
manometer (1)液柱压力计;流体压强计 (2)U形管测压计
manometer gauge 压力表
manometric bomb 测压弹
manometric efficiency 测压效率
manool 泪柏醇
manoscope 流(体)压(力)计
manostat 流(体)压(力)器
manoyl oxide 泪柏醚
manual (1)手动的;手工的;人力的 (2)

手册;说 明书;指南
manual adjustment 手动调节;手调
manual auger 手摇钻机
manual control 手调;手动控制
manual control screw 手调螺钉
manual crane 手动起重机
manual drive 手操作
manual drum pump 手动回转泵
manual globe valve 手动截止阀;手动球心阀
manual grouting 人工灌浆
manual handling 人工处理
manual hydraulic pump 手动液压泵
manually-operated clutch 手控离合器
manually-operated gat value 手动闸阀
manual manipulation 手动操作
manual pneumatic sprayer 手动式气力喷雾机
manual priming 人工灌注
manual pump 手动泵
manual restore 人工复原
manual rotary duster 手摇喷粉器
manual rotary pump 手动回转泵
manual safety switch 手控安全开关
manual setting 手调
manual spectrophotometer 非记录式分光光度计
manual station 手动操作点
manual switch 手控开关
manual transfer pump 手摇唧送泵
manual unloading centrifuge 人工卸料离心机
manufacture 制造;生产;加工;制造业;制品;制造厂;工厂
manufacture of catalysts 催化剂制造
manufacture on a large scale 大规模生产
manufacture plant 制造工厂
manufacturer's certificate 厂商证明书
manufacturer's standard 厂家标准;企业标准
manufacture shop 专业化(生产)车间
manufacture system 专业化生产系统
manufacturing change note 制造更改说明
manufacturing cost 制造成本
manufacturing district 工业区
manufacturing engineering 制造工程
manufacturing expense 制造费(用)
manufacturing industry 制造工业
manufacturing machine 生产机械
manufacturing No. 出厂编号
manufacturing overhead expenses 间接制造费用
manufacturing plant 生产[制造]厂
manufacturing procedure 加工工序;制造工序
manufacturing process 制造工艺
manufacturing program of a month 月生产计划
manufacturing program of a year 年度生产计划
manufacturing technology 制造工艺
manufacturing works 制造工厂
manumycin 手霉素
manure (1)农家肥料;有机肥料 (2)粪
manure salt 钾盐肥料(主要是氯化钾)
manure spreader 施肥机
manuring 施肥
manuscript (1)手稿;底稿 (2)加工图
manway 人孔
man way plate 通道板
many-body problem 多体问题
man-year 人年(表示工作时间计算)
many sites molecule 多座席分子
many-stage 多级的;多段的
MAO(monoamine oxidase) 单胺氧化酶
map cracking 龟裂
maple sugar 槭糖;枫糖
map making 制图
map paper 地图纸
mapper (1)绘图仪 (2)制图人
mappine(=bufotenine) 蟾蜍色胺
mapping 测绘;绘图
mapping pen 绘图笔
maprotiline 马普替林
mar 擦伤;划痕
Marangoni effect 马仑高尼效应
marasmic acid 小皮伞菌酸
marasuric acid 马拉酸
marble 大理石;大理岩
marbled grain 粗粒面
marbled soap 条纹皂;斑纹皂
marbles packed bed 卵石填充床
marcel spring 波形弹簧
marces(c)in 黏赛菌素
marc(h)asite 白铁矿
marcitine 腐胰碱
marcomycin 马可霉素
marennin 蚝绿素
margarate (1)十七(烷)酸盐(2)十七

(烷)酸酯
margaric acid 十七(烷)酸
margaric aldehyde 十七(烷)醛
margarine 人造奶油;代奶油
margaron 十六醚
margaronitrile 十七腈
margin 界限
marginal cost 边际成本
marginal data 图例说明
marginal effect 边缘效应;边界效应
margin capacity 备用容量;富裕容量
margin of error 误差界限
margin of safety 可靠程度
margin phenomena (=edge phenomena) 边沿现象
margosa oil 楝(树籽)油
margosic acid 楝油酸
margosine 楝树碱;马高素
Margules equation 马居尔方程
marialite 钠柱石
maridomycin 麦里多霉素
Marignac salt 马里纳克盐(硫酸锡钾)
marinamycin 马里霉素
marine biological pollution 海洋生物污染
marine chemistry 海洋化学
marine chemistry industry 海洋化工
marine paint 船舶漆
marine pump 船用泵;海水泵
marine soap 海水皂
Mariotte's law (=Boyle's law) 马略特定律;玻义耳定律
maripa fat 棕榈油(取自*Palma maripa*的种子)
maripa oil (=maripa fat) 棕榈油
marjoram oil 甘牛至油
mark dye(s) 标志染料
marked 有记号的;显著的
marked compound 标记化合物
marker (1)划线规(2)指示器(3)路标
marker enzyme 标志酶
marker gene 标记基因
market 市场
market price 市(场)价(格)
market share 市场占有率
Mark-Houwink equation 马克-豪温克公式
marking 标号;标志
marking ga(u)ge 划线规
marking nut oil 打印果油;肉托果油
marking spacing 标记间隔
marking transfer (压力容器)标记转印
mark number 标号
Markovnikov's rule 马尔科夫尼科夫规则;马氏规则
mark(s) 标记
marmot skin 旱獭皮
maroti oil 海南大风子油
marrianolic acid 马连酸;马冉醇酸
marrubiin 夏至草素(得自欧夏至草的双萜内酯)
marshal 整理(制皂)
marsh gas 沼气(主要含甲烷)
Marsh test 马什试验
Mars pigments 合成氧化铁系颜料
martensite 马氏体
martial ethiops 磁性氧化铁
Martindale abrasion equation 马丁达里磨耗方程
Martin furnace 平炉;马丁炉
Martin-Hou equation of state 马丁-侯(虞钧)方程
Martin process 平炉法
Martin's centrifuge 马丁离心器
Martin's equation 马丁方程
Martin's filter 马丁过滤器
Martin's temperature 马丁耐热度
Martius yellow 马休黄(2,4-二硝基萘酚的钙盐、钠盐或铵盐)
marume plate 造粒板
marumerizing 球形造粒
MAS(mixture of lower alcohols) 低碳混合醇
mascara 睫毛油
mascara cream 睫毛膏
mash-back 发酵桶
mashing kettle 芽浆锅;麦芽浆煮锅
mashing process 捣浆过程
mashing tub (发酵)芽浆桶;糖化桶
mash tub 捣浆槽
mask 面罩;面具;障板;掩蔽[模]
mask blank 掩模基板
masked carbanion 掩蔽碳负离子
masked element 掩蔽元素
masked group 掩蔽(原子)团
masked radical 掩蔽基
masking 掩蔽;隐蔽
masking agent [分析]掩蔽剂;[皮革]蒙囿剂;屏蔽剂
masking compound 掩蔽化合物
masking effect [皮革]掩蔽效应;蒙囿

作用
masking index 掩蔽指数
masking PSAT 遮蔽用压敏胶粘带
masking ratio（M. R.） 掩蔽比（金属络合物总浓度对游离金属离子浓度的比）
masking reagent 掩蔽（试）剂
masking smoke composition 遮蔽发烟剂
masonry cement 砌筑水泥
masout 黑油；重油；柴油；铺路油
mass 质量
mass action law 质量作用（定）律
mass action ratio 质量作用比
massage cream 按摩霜
mass analyzer 质量分析器
Mass and van Krevelen mechanism 马斯-范克里弗伦机理
mass attenuation coefficient 质量衰减系数
mass average velocity 质量平均速度
mass balance 质量平衡；物料平衡
mass charge ratio 质荷比
mass chromatography 质量色谱法
mass coloration 纺前染色；本体染色
mass-colo(u)red dying 纺前染色
mass concentration 质量浓度
mass conservation 质量守恒；质量不变
mass conservation law 质量守恒定律
mass defect 质量亏损
mass diffusion screen 质量扩散筛
mass discrimination 质量歧视效应
mass dispersion 质量色散
mass distribution function 质量分布函数
mass distribution of fission products 裂变产物质量分布
massecuite 糖膏
mass-energy equivalence 质能等价性
mass-energy relation(ship) 质能关系
mass flow 质量流
mass flow bin 密相流料仓
mass flow rate 质量流率
mass flow technique （固体粒子）密相输送技术
mass flux 质（量）通量
mass fractal 质量分形（无机膜）
mass fraction 质量分数
massicot 黄丹；一氧化铅
Massieu function 马休函数
Massieu-Planck function 马休-普朗克函数
massive casting 大件铸造
massive catalyst 本体催化剂（指无载体的）
massive crystalline graphite 块状晶质石墨
massive design 大规模设计
massive material 大块材料
mass-manufacture 大量制造
mass marker 质量数指示器
mass matrix 质量矩阵
mass number 质量数
mass pigmentation 纺前染色
mass point 质点
mass polymerization 本体聚合
mass production-scale 大规模生产
mass PVC resin 本体法聚氯乙烯树脂
mass quality 蒸汽干（燥）度
mass radiator 物质辐射器
mass range 质量范围
mass ratio 质量比
(mass) resolution （质量）分辨率
mass selective detector 质量选择（性）检测器
mass sensitive detector 质量敏感型检测器
mass separating agent（MSA） 物质分离剂
mass separation/mass identification spectrometry 质量分离-质量鉴定法
mass spectra 质谱
mass spectral analysis 质谱分析
mass spectrograph 质谱仪
mass spectrometer 质谱仪
mass spectrometric analysis 质谱分析
mass spectrometric thermal analysis（MSTA；MTA） 质谱热分析
mass spectrometry 质谱法
mass spectroscope 质谱仪
mass spectrum 质谱
mass stopping power 质量阻止本领（单位面积密度上的能量损耗）
mass synchrometer 同步质谱计
mass transfer 传质
mass transfer apparatus 传质设备
mass transfer by convection 对流传质
mass transfer coefficient 传质系数
mass transfer flux 传质通量
mass transfer in membrane 膜中的传质
mass transfer rate 传质速率
mass transfer resistance 传质阻力
mass transfer separation 传质分离过程
mass-transfer valve plate 传质浮阀塔盘
mass transfer zone（MTZ） 传质区
mass transportation 质量输运
mass velocity 质量流速

mast cell growth factor 多重集落刺激因子
master 大师;名家;技师
masterbatch (stock) 母炼胶
master-control room 中央控制室
master drawing 合成图
master equation 主方程
master equipment list 主要设备清单
master form 原模
master gauge 校正规
master international sample 国际实物标准样本
master mask 母掩模
master mechanic 机械工长
master operational console 主操纵台
master plan 总体规划
master plate 靠模板;样板
master record 基本数据
master reference 原始基准
master screw 标准螺旋
master-slave manipulator 随动式机械手
master tool 标准工具;基础工具
master unit 主部件
master valve 主阀;总阀
mastic (1)乳香 (2)玛瑞脂 (3)(抹墙用)厚浆涂料
mastic acids 乳香酸
masticadienonic acid 乳香二烯酮酸
masticating in internal mixer 密炼机塑炼
mastication 素炼
mastication of rubber 橡胶塑炼
mastiche oil(=mastix oil) 乳香油;黄连木胶油
mastix oil 乳香油;黄连木胶油
masut 重油
matai resinol 罗汉松树脂酚
matamycin 马塔霉素
matched power 配用功率
matched set 匹配组
matching of streams 流股匹配
matching parts 配合件
matching trim 配合密封面
material 物料
material balance 物料衡算;物料平衡
material balance method 物料衡算法
material budget 材料预算
material characteristics 材料特性
material charge number 材料批号
material contract 购料合同
material control area (MCA) 物料控制区
material conversion 物料转化
material destination 物料收集器
material handling 原料处理
material leakage 漏料
material list 材料清单;材料明细表
material loading 装料
material management 材料管理
material migration 物质迁移
material mixing 混料
material number 材料号
material of construction 结构材料
material order 材料定单
material point 质点
material processing 材料加工
material purchase contrast 购料单
material radiation 材料辐射
material receiver 物料接收器
material receiving unit 收料单位
material requisition unit 领料单位
material reserves 物资储备
material returning slip 退料单
materials 材料
material science 材料科学
material seal 料封
materials in stock 库存材料
materials of equipment 设备材料
material source 物料仓
material specification(s) 材料规格
materials requisition 领料单
material stock 存料
material supply section 材料科
material test 材料试验
material trademark 材料牌号
material transfer (1)材料调拨 (2)熔滴过渡;物质传递
material transporting bridge 桥形装卸机
material with memory 记忆材料
maternal immunity 母体免疫
mat foundation 底板基础
mat glaze 无光釉
mathematical modeling 数学模拟
mathematical pendulum 数学摆
mathematical physics 数理物理(学)
mating (1)配套 (2)交配
mating face 配合面
mating mark 配合标记
mating member 配合件
mating ring 接合环
mating systems 交配体系
matricarianol 母菊醇
matricarin 母菊苷;母菊内酯

matricin 母菊素
matrine 苦参碱;母菊碱
matrix (1)矩阵 (2)基体
γ-matrix γ矩阵
matrix board 字型纸板
matrix effect 基体效应
matrix film 浮雕片
matrix interference 基体干扰
matrix isolation 基体隔离(法)
matrix mechanics 矩阵力学
matrix modifier 基体改进剂
matrix phase 主相
matrix polymerization 模板聚合
matrix protein 基质蛋白
matrix spinning 载体纺丝
matrix steel(s) 基体钢
matromycin 竹桃霉素
matt coating 无光涂料
matte 锍;冰铜
matte bath 冰铜浴
matter 物质
matters need attention 注意事项
matte smelting 造锍熔炼
Mattews effect 马太效应
matt fibre 消光纤维;无光纤维
matting agent 消光剂
matting furnace 锍熔炼炉
Mattox-Kendall method 马托克斯-肯德尔法
matt photographic paper 毛面照相纸
matt salt 氟化氢铵
maturated latex 熟成胶乳
maturation 熟成;熟化;成熟
maturation factor 成熟因子
maturation of rubber stock 胶料收缩
maturation protein 成熟因子
maturing 陈化;熟化;老化
maturity (1)成熟度 (2)老化;陈化
mauvein(e) (碱性)木槿紫;苯胺紫
maxigene 大基因
maximax criterion 大中取大判据
maximin-utility criterion 小中取大效用判据
maximization 极大化;最大化
maximizing 达到最大值
maximum 最大值
maximum absorption 最大吸收
maximum acceptable concentration 最大[极限]允许浓度
maximum allowable concentration 最大[极限]允许浓度
maximum allowable operating tempera-ture 最高操作温度
maximum allowable speed 允许最高转速
maximum allowable(working)pressure 最高允许工作压力
maximum boiling azeotrope 最高沸点共沸物
maximum bubble pressure method 最大泡压法
maximum coordination number 最大配位数
maximum delivery 最高排出压力
maximum demand 最大需(要)量
maximum deviation 最大偏差
maximum distance between centers 最大中心距
maximum error 最大误差
maximum flow rate 最大流率
maximum gradient 最大坡度
maximum gross weight 最大毛重;最大总重量
maximum high-water 最高水位
maximum hourly consumption (of water) 最大(每)时用水量
maximum indication constriction 最大指示值缩颈
maximum likelihood method 最大似然法
maximum likelihood principle 最大似然原理
maximum limit 最大限度
maximum load 最大载荷
maximum momentary speed 瞬间最大转速
maximum no effect level 最大安全量
maximum offset 最大偏差
maximum of the first kind 第一类极大
maximum of the second kind 第二类极大
maximum operation pressure 最高使用压力
maximum operation temperature 最高使用温度
maximum output (1)最高产率 (2)最高输出
maximum output level(MOL) 最大输出电平
maximum permissible concentration (MPC) 最大允许浓度
maximum permissible dose(MPD) 最大容许剂量

maximum permissible intake (MPI) 最大允许摄入量
maximum permissible temperature 最高允许温度
maximum power 最高功率
maximum(power)output 最大输出功率
maximum pressure 最大压力
maximum production 最高产量
maximum productivity 最高生产率
maximum rate of fertilization 最大施肥量
maximum residue limit 最高残留基准
maximum revolution 最大转数
maximum safe speed 最大安全速度
maximum safe working pressure 最高安全工作压力
maximum sensitivity 最高灵敏度
maximum service life 最长使用寿命
maximum service temperature 最高使用温度
maximum slop 最大坡度
maximum speed 最大[高]速度;最大转速
maximum strain 最大应变
maximum(stream)flow 最大流量
maximum stress 最大应力;最大压力
maximum suction 最大真空度
maximum suction lift 最大吸入高度
maximum suction pressure 最大吸入压力
maximum suppressor 极大抑制剂
maximum swelling 最大溶胀
maximum temperature 最高温度
maximum temperature rise 最高温升
maximum throughput 最大排出量;最大处理量
maximum tolerated dose 最大耐药量
maximum torque 最大转矩
maximum utility 最大效用
maximum vacuum degree 最大真空度
maximum valence 最高价
maximum valency 最高价
maximum volume 最大体积
maximum weight 最大重量
maximum work 最大功
maximum working pressure 最高使用压力
maximun service life 最长工作寿命
maximun working temperature 最高允许温度
maxivalence 最高价
max liquid level 最高液位
maxolon 甲氧氯普胺;胃复安
Maxton screen 旋转筛
Maxwell body 麦克斯韦体(弹黏体)
(Maxwell-)Boltzmann distribution (麦克斯韦-)玻耳兹曼分布
(Maxwell-)Boltzmann statistics (麦克斯韦-)玻耳兹曼统计法
Maxwell bridge 麦克斯韦电桥
Maxwell demon 麦克斯韦妖
Maxwell equations 麦克斯韦方程组
Maxwell model 麦克斯韦模型
Maxwell relation 麦克斯韦关系
Maxwell speed distribution 麦克斯韦速率分布
Maxwell stress tensor 电磁(场)应力张量
Maxwell velocity distribution 麦克斯韦速度分布
Mayer function 迈耶函数
Mayer's relation 迈耶关系式
maysin 玉米面球蛋白
maytansine 美坦素;美坦生
mazindol 马吲哚;氯苯咪吲哚
mazipredone 马泼尼酮;甲哌地强龙
maz(o)ut (=masut) 重油
MBS(methylmethacrylate-butadiene-styrene copolymer) 甲基丙烯酸甲酯-丁二烯-苯乙烯共聚物
MBS resin MBS树脂
McBain-Baker adsorption balance 麦克贝恩-贝克吸附天平
McCabe-Thiele diagram M. T. 图
McFadyen-Stevens reduction 麦克法迪恩-史蒂文斯还原
MCFC 熔融碳酸盐燃料电池
McLafferty rearrangement 麦克拉佛特重排
McLaurin process 麦克罗林煤低温碳化法
McLeod gauge 麦克劳德真空规
Mcleod vacuum gauge 麦克劳德真空规;麦氏真空规
McMahon packing 网鞍填料;麦克马洪填料;金属网鞍形填料
MC(methyl cellulose) 甲基纤维素
MCPA 2甲4氯
MC-SCF(multiconfiguration self-consistent field theory) 多组态自洽场理论
MDA 亚甲二氧(基)苯丙胺
MDE 亚甲二氧(基)乙基苯丙胺
MDI(methylene diphenyl diisocyanate) 二苯基亚甲基二异氰酸酯

MDMA 亚甲二氧(基)甲基苯丙胺
MDP(muramyl dipeptide) 胞壁酰二肽
MDYL 嘧啶氧磷
meagre coal 瘦煤
meal poison bait 小粒毒饵
mean absolute deviation 平均绝对误[偏]差
mean absolute error 平均绝对误[偏]差
mean activity 平均活度
mean activity coefficient of ions 离子平均活度系数
mean calorie 平均卡
mean carrier velocity 平均载气线速
mean column pressure 平均柱压
mean deviation 平均偏差
mean error 平均误差
mean field lattice gas(MFLG)model 平均场格子气体模型
mean flow 平均流量
mean free path 平均自由程
mean heat capacity 平均热容量
mean hydraulic radius 平均水力半径
mean ion activity coefficient 平均离子活度系数
mean ionic activity 平均离子活度
mean ionic concentration 平均离子浓度
mean ionic diameter 平均离子直径
mean life 平均寿命
mean life of radionuclide 放射性核素平均寿命
mean lifetime 平均寿命
mean linear velocity of carrier gas 载气平均线速
mean molal heat capacity 平均摩尔热容
mean molecule 平均分子
mean pore size 平均孔径
mean radial error 平均径向误差
mean refractive index 平均折射率
mean residue ellipticity 平均残基椭圆率
mean residue weight 平均残基量
means (1)方法;手段 (2)工具;设备
mean speed 平均速率
mean spherical model(MSM) 平均球状模型
mean square deviation 均方离差
mean square displacement 方均位移
mean square end-to-end distance 均方末端距
mean square fluctuation 均方离差
mean square radius of gyration 均方旋转半径
mean temperature difference 平均温差
mean thermal transmittance 平均传热系数
mean time of collision 平均碰撞时间
mean time-to-repair 平均维修时间
mean velocity 平均速度
measure analysis 容量分析(法)
measured data 测量数据
measured pressure 待测压力
measured value 观测值;测定值
measure gauge 量尺
measure hopper 定量斗
measurement 测量
measurement and test 测试
measurement element(s) 测量元件
measurement microphone 测声传声器
measurement range 测定范围
measurement unit 计量单位
measure temperature materials 测温材料
measuring accuracy 计量精度
measuring and test instruments 测试仪器
measuring bottle 量瓶
measuring buret(te) 量液滴定管
measuring cell 测量池
measuring column 测定柱
measuring cylinder 量筒
measuring flask 量瓶
measuring glass 量(液)杯
measuring head 测量头
measuring implement 量具
measuring instrument 计量表;测量仪表
measuring pipet 吸量管
measuring point 测(量)点
measuring pressure basis 测压基准
measuring pump 量液泵;计量泵
measuring range 测量范围;量程
measuring siphon tube 测量虹吸管
meat tenderizer 肉致嫩剂;肉嫩化剂
mebanazine 美巴那肼;甲苄肼
mebendazole 甲苯咪唑
mebeverine 美贝维林;甲苯凡林
mebezonium iodide 美贝碘铵;碘环三甲胺
mebhydroline 美海屈林;甲苄咔啉
mebiquine 甲铋喹
mebrofenin 甲溴菲宁
mebutamate 美布氨酯;甲基眠尔通;甲戊

氨酯
mecamylamine 美加明;四甲双环庚胺
mech 机械师
mechanic 技师
mechanical adhesion 机械黏合
mechanical admixture 机械杂质
mechanical aeration 机械曝[充]气
measuring system 测量系统
mechanical agitated fermentor 机械搅拌式发酵罐
mechanical agitation 机械搅拌
mechanical agitator 机械搅拌器
mechanical agitating 机械搅拌
mechanical air classifier 机械式空气分级器
mechanical air separation 机械空气分离
mechanical alloying 机械合金化
mechanical analysis 机械分析;粒度分析
mechanical anisotropy 力学各向异性
mechanical arm 机械手
mechanical balance 机械平衡
mechanical belt 传动带
mechanical behavior 力学性能
mechanical blowing 机械发泡
mechanical breakdown 机械故障
mechanical buffing 机械抛光
mechanical charger 机械加料器
mechanical chipping 机械清理[修整]
mechanical cleaning 机械清洁法
mechanical conditioning 机械调节
mechanical counter 机械式计数器
mechanical coupling 机械式联轴器
mechanical cyclone separator 机械式旋风分离器
mechanical damage 机械损伤;硬伤
mechanical damper 机械减震[阻尼]器
mechanical damping 机械阻尼
mechanical deformation 机械变形
mechanical department 机工车间
mechanical device 机械装置
mechanical dewatering 机械脱水
mechanical disintegration 机械粉碎
mechanical disruption 机械破碎
mechanical downtime 事故停工时间
mechanical draught 通风
mechanical draught cooling tower 机械通风(或抽风)凉水塔
mechanical drawing 机械(制)图
mechanical drive 机械传动
mechanical dust collector 机械式除尘器
mechanical energy 机械能
mechanical engineer 机械工程师
mechanical engineering 机械工程
mechanical equilibrator 机械平衡装置
mechanical equilibrium 机械平衡;力学平衡
mechanical equipment 机械设备
mechanical equivalent of heat 热功当量;热动当量
mechanical equivalent of light 光功当量
mechanical exergy 机械
mechanical exhaust 机械排气
mechanical face seal 机械面密封
mechanical failure 力学破坏;机械性破坏;机械故障失效
mechanical feature 机械性能;机械特性
mechanical feed 自动[机械]送料
mechanical feeder 机械加料器
mechanical filter 机械滤器;自动过滤器
mechanical finger 机械手
mechanical float 机械浮动式
mechanical flocculation 机械絮凝
mechanical flow diagram 工程流程图
mechanical foaming 机械发泡
mechanical friction 机械摩擦
mechanical friction loss 机械摩擦损失
mechanical friction resistance 机械摩擦阻力
mechanical hand 机械手
mechanical handling 机械操作;机械搬运
mechanical hydraulic control 机械液压控制[调节]
mechanical layout 机械设计
mechanical load(ing) 机械载荷
mechanical loss 机械损耗
mechanical lubrication 机械润滑;强制润滑
mechanically controlled valve 机械控制阀
mechanically driven pump 机动泵
mechanically propelled vehicle 机动车辆
mechanical mass 力学质量
mechanical mastication 机械塑炼法
mechanical mixer 机械搅拌机
mechanical model 力学模型
mechanical motion 机械运动
mechanical packer 机械密垫
mechanical part 机械部件
mechanical performance of material 材料机械性能
mechanical plating 机械镀

mechanical polishing 机械抛光
mechanical pressing 机压成型法
mechanical process 机械法
mechanical process reclaim 机械法脱硫
mechanical pulp 机械(纸)浆
mechanical pump 机械泵
mechanical quantity 力学量
mechanical rabble 机械搅拌器
mechanical ramming 机械捣打
mechanical refining process (石油产品的)机械精炼法
mechanical relaxation 力学松弛
mechanical repairing department 机械修理车间
mechanical roasting furnace 机械焙烧炉
mechanical rubber goods 橡胶工业制品
mechanical running test 机械运转试验
mechanicals 工业制品
mechanical scatter 机械打撒机
mechanical scissor 机械剪刀
mechanical seal 机械密封;端面密封
mechanical separation 机械分离
mechanical separator 机械分离器
(mechanical) single seal 单端面密封
mechanical spectrum 力学谱
mechanical spray thrower 机械式喷嘴
mechanical stability 机械稳定性
mechanical stirrer 机械搅拌器
mechanical stoppage 机械故障
mechanical strength 机械强度
mechanical system 力学系(统)
mechanical tilting-pan filter 机械翻盘过滤机
mechanical type indicator 机械式示功器
mechanical vacuum pump 机械(真空)泵
mechanical ventilation 机械通风
mechanical vibration 机械振动
mechanical vibrator 机械振动器
mechanical washer (1)机械涤气器 (2)机械洗涤器
mechanical washer scrubber (1)机械涤气器 (2)机械洗涤器
mechanical wave 机械波
mechanical wear 机械磨损
mechanical work 机械功
mechanical wrench 机动扳手
mechanician 机械师
mechanico-chemical reaction 机械化学反应
mechanics 力学
mechanics of explosion 爆炸力学
mechanics of granular media 散体力学
mechanics of materials 材料力学
mechanism (1)机理;历程 (2)机构
mechanism in radiation chemical processes 放射化学反应机理
mechanism of abrasion 磨耗机理
mechanism of bimolecular electrophilic substitution S_{E2} 机理;双分子亲电子取代反应机理
mechanism of bimolecular elimination E_2 机理;双分子消去反应机理
mechanism of bimolecular nucleophilic substitution S_{N2} 机理;双分子亲核取代反应机理
mechanism of degradation 降解机理
mechanism of electrophilic addition to carbon-carbon multiple bonds 碳-碳重键亲电子加成反应机理
mechanism of electrophilic aromatic substitution 芳香族亲电子取代反应机理
mechanism of free-radical polymerization 自由基聚合反应机理
mechanism of free-radical substitution S_R 机理;自由基取代反应机理
mechanism of internal nucleophilic substitution (=S_{Ni} mechanism) S_{Ni} 机理;分子内部亲核取代反应机理
mechanism of nucleophilic addition to carbonyl group 羰基亲核加成反应机理
mechanism of nucleophilic addition to ethylenic bond 烯键亲核加成反应机理
mechanism of nucleophilic aromatic substitution 芳香族亲核取代反应机理
mechanism of polymerization 聚合历程
mechanism of reaction 反应机理
mechanism of unimolecular electrophilic substitution S_{E1} 机理;单分子亲电子取代反应机理
mechanism of unimolecular elimination E_1 机理;单分子消去反应机理
mechanism of unimolecular nucleophilic substitution S_{N1} 机理;单分子亲核取代反应机理
mechanist 机械师
mechanization 机械化
mechanized 机械化的
mechanized gunning 机械化喷涂
mechano-chemical system 化学动力体系
mechanochemistry 力学[机械]化学
mechlorethamine 氮芥;双氯乙基甲胺

mechlorethamine oxide 氧氮芥
mecholyl chloride 氯化乙(酰)甲(基)胆碱
mecilenic acid 十四碳烯酸
meclizine 美克洛嗪;氯苯甲嗪;敏克净
meclocycline 甲氯环素
meclofenamic acid 甲氯芬那酸;抗炎酸
meclofenoxate 甲氯芬酯;遗尿丁
mecloqualone 甲氯喹酮;新安眠酮
mecloralurea 甲氯醛脲
mecloxamine 甲氯沙明;甲氯氧胺
meconate (1)袂康酸盐 (2)袂康酸酯
meconic acid 袂康酸;3-羟-4-吡喃酮-2,6-二羧酸
meconidin 袂康定
meconin 袂康宁(袂康宁酸内酯)
meconinic acid 袂康宁酸;1,2-二甲氧基-3-羧基-4-羟甲基苯
meconium 袂康;阿片;罂粟
mecoprop 2甲4氯丙酸
mecrylate 美克立酯;氰丙烯酸甲酯
mecysteine 美司坦;半胱甲酯
medazepam 美达西泮;去氧安定;去氧二氮䓬
medemycin 麦迪霉素
medercin 非洲蒴莲毒蛋白
media characteristics 介质特性
median 中位值
median effective concentration 有效中浓度
median lethal dose 致死中量;LD_{50}
median pressure compressor 中压压缩机
median volume spray 中容量喷雾法
mediator 媒质
medibazine 美地巴嗪;胡椒双苯嗪
medicagol 苜蓿酚;苜蓿内酯
medical (activated) charcoal 药用炭
medical adhesive 医用胶黏剂
medical building 医疗卫生建筑
medical cyclotron 医用回旋加速器
medical device 医疗器械
medical fiber 医用纤维
medical gas 医用气体
medical grade rubber 医用橡胶
medical gum-elastic catheter 医用橡胶导管
medical orthopedic splint 医用矫形夹板
medical paper 医药纸
medical polymer 医用高分子
medical rubber catheter 医用橡胶导管
medical rubber product 医用橡胶制品
medical rubber tube 医用胶管
medical separation membrane 医用分离膜
medicament 医药
medicarpin 美地卡品
medicated oil 药用油
medicated paper 含药纸
medicated soap 药皂
medicated wine 药酒
medicinal carbon 药用炭
medicinal flavours 药用香料
medicinal liquor 药酒
medicinal oil 药用油
medicinal paper 药用纸
medic(in)al soap 药皂
medicinal stone "maifanshi" 麦饭石
medicine 医药
medicine desiccator 药品干燥器
medico paper 医用纸
medifoxamine 美地沙明
medium 介质
medium alcohol 中级醇
medium-breaking 中度裂化
medium capacity 中等容量
medium-chain 中链(的)
medium chrome yellow 中铬黄(即铬酸铅)
medium color black 中色素炭黑
mediumduty 在一般运行条件下工作的
medium-high frequency 中高频
medium inlet 介质入口
medium of finite thickness 有限厚度介质
medium oil varnish 中油度清漆
medium pressure absorber 中压吸收塔
medium pressure acetylene generator 中压乙炔发生器
medium-pressure boiler 中压锅炉
medium pressure compressor 中压压缩机
medium-pressure cylinder 中压汽缸
medium pressure polyethylene 中压聚乙烯
medium pressure pump 中压泵
medium pump 介质泵
medium range plan 中期计划
medium ring 中环
medium-ring compounds 中环化合物
medium-soft pitch 半软沥青
medium super abrasion furnace black (MSAF) 中超耐磨炉黑
medium temperature 中温
medium temperature carbonization (煤)中温干馏

medium temperature coal tar 中温煤焦油
medium thickener 介质沉降槽
medium washing 介质洗涤
medium weight paper 中厚相纸
medmain 抗 5-羟色胺
medrogestone 美屈孕酮;二甲去氢孕酮
medronic acid 亚甲膦酸
medroxyprogesterone 甲羟孕酮
medrylamine 甲氧拉敏;甲氧苯海拉明
medrysone 甲羟松;6α-甲-11β-羟孕酮
meerschaum 海泡石
Meerwein condensation 米尔温缩合
Meerwein-Ponndorf-Verley reduction 米尔温-庞多夫-韦尔莱还原
meet 交切(点)
meet a criterion 符合标准
mefenacet 苯噻草胺
mefenorex 美芬雷司;氯丙苯丙胺
mefexamide 美非沙胺;甲苯氧酰胺
mefloquine hydrochloride 盐酸甲氟喹
mefluidide 氟草磺
mefruside 美夫西特;倍可降
megacins 巨大芽孢菌素
megalomycin 巨大霉素
megestrol 甲地孕酮
meglu(ca)mine adipiodone 胆影葡甲胺
meglu(ca)mine diatrizoate 泛影葡甲胺
meglu(ca)mine iodipamide 胆影葡甲胺
meglumine acetrizoate 醋碘苯酸葡甲胺
meglutol 美格鲁托;羟甲戊二酸
megnetron sputtering 磁控溅射
megohmmeter 兆欧计
Meier rod 线棒刮涂器
meiler 炭窑
meiler method[process] 堆积制炭法
meiotic conversion 减数分裂转变
Meissner effect 迈斯纳效应
mekemycin 梅克霉素
Meker burner 麦克灯;网口灯
mekonine (＝meconin) 袂康宁
melaleucic acid 白千层酸
melam 蜜白胺
Melamac 三聚氰胺-甲醛树脂(模塑料)
melamine 蜜胺;三聚氰(酰)胺
melamine-formaldehyde resin 三聚氰胺-甲醛树脂
melamine plastic 三聚氰胺塑料;蜜胺塑料
melamine resin 三聚氰胺-甲醛树脂;蜜胺树脂
melamine resin adhesive 蜜胺树脂胶黏剂
melamine resin varnish 三聚氰胺(-甲醛树脂)清漆
melaminoplast 三聚氰胺-甲醛塑料;蜜胺塑料
melaminylphenylarsonic acid 三聚氰氨基苯胂酸;蜜胺基苯胂酸
melaminylphenylstibonic acid 蜜胺基苯胼酸
melampsorin 没食子苷色素
melaniline 蜜苯胺;对称二苯胍
melanin(e) 黑素
melanocyte stimulating hormone (MSH) 促黑(素细胞)激素
melanocyte-stimulating hormone regulatory hormone 促黑素调节素
melanogen 黑素原
melanoid 类黑素
melanoliberin 促黑素释放素
melanomycin 黑质霉素
melanophore-expanding peptide 促黑(素细胞)扩张肽
melanophore stimulating hormone (MSH) 促黑(素细胞)激素
melanophoric hormone 促黑素细胞激素
melanostatin 促黑素抑制素
melanotropin 促黑素
melanterite 绿矾
Melantine FN 水溶性三聚氰酰胺-甲醛树脂(用于防皱纺织品)
melanuric acid(＝ammelide) 黑尿酸
melarsen 三聚氰氨基苯胂酸二钠盐;蜜氨基苯胂酸二钠盐
melarsoprol 美拉胂醇;米拉索普
melatonin 褪黑激素;*N*-乙酰-5-甲氧基色胺;松果体素(即“脑白金”)
Meldrum's acid 麦德鲁姆酸
melem 蜜勒胺
melene 蜂花烯;三十碳烯
melengestrol 美仑孕酮;甲烯雌醇
melezitose(＝melizitose) 松三糖
melibiase 蜜二糖酶
melibiose 蜜二糖
melilite 黄长石;方柱石
melilotic acid 草木樨酸;3-邻羟苯丙酸
melilotic acid 黄木樨酸;邻羟苯丙酸
melilot oil 黄木樨油

melilotoside 草木犀苷
melinamide 亚油甲苄胺
Melinex 聚酯薄膜
melinonine 美农宁(生物碱)
melissane 蜂花烷;三十烷
melissa oil 蜂花油
melissate 蜂花酸盐(或酯);三十(烷)酸盐(或酯)
melissic acid 蜂花酸;三十烷酸
melissin 蜂花精;甘油三蜂花酸酯
melissyl acetate 乙酸蜂花(醇)酯
melissyl alcohol 蜂花醇;三十烷醇
melissyl melissate 蜂花酸蜂花酯
melitose 棉子糖
melitracen 美利曲辛;四甲蒽丙胺
melitriose 棉子糖
melittin 蜂毒肽
melizitase 松三糖酶
melizitose 松三糖
Mellapak column 波纹填料塔
Mellapak packing 板波纹填料
mellate (1)苯六甲酸盐 (2)苯六甲酸酯
mellein 蜂蜜曲菌素
mellimide 蜜亚胺
mellitate 苯六甲酸酯(或盐)
mellitene 六甲苯
mellitic acid 苯六(羧)酸
mellitoxin 米里毒
mellityl alcohol 五甲基苯甲醇
mel(l)on 三聚二氰亚胺
mellon(e) 梅隆烃
mellophanic acid 偏苯四酸;1,2,3,5-苯四甲酸(有时亦指连苯四酸)
mellow finishing 柔软整理
mellowing 柔软处理
Melocol 聚酰胺-甲醛树脂
melon foot 瓜形脚座
melonic acid 甜瓜酸
melon oil 甜瓜(子)油
"melon petals"of spherical tank 球罐瓜瓣
melotoxin 甜瓜毒
meloxicam 美洛昔康
melperone 美哌隆;盐酸甲哌酮
melphalan 美法仑;苯丙氨酸氮芥
melt (1)熔化;熔融 (2)熔化物;熔体 (3)软化
meltability 可熔性;熔度
meltable 易熔的;可熔化的
meltable moulding centrifugal technology 熔膜离心技术
melt blown process 熔喷法
melt condensation polymerization 熔融缩聚
melt cooling 熔体冷却
melt delivery 熔体输送
melted sugar 精制糖
melter 熔化器
melt (flow) index 熔体流动指数
melt flow index 熔体流动指数
melt flow rate 熔体流动速率
melt fracture 熔体断裂
melt index 熔融指数
melting 熔化
melting and blowing process 熔融喷吹法
melting bath 熔化池
melting chamber 熔池
melting coefficient 熔化系数
melting cone (示温)熔锥
melting crystallization 熔融结晶
melting dilation 熔化膨胀
melting dust 熔渣
melting furnace 熔化炉
melting heat 熔化热
melting pan 熔锅
melting point 熔点
melting pot 熔化锅
melting rate 熔化速率
melting section 熔融段
melting temperature 解链温度
melting unit 熔化设备
melting vessel 熔融罐;熔化罐
melt phase polycondensation 熔融缩聚
melt pulling 熔盐拉制
melt quenching 熔体急冷
melts 熔融物
melt spinning 熔纺
melt spinning by extrusion method 熔融挤出法纺丝
melt spun fiber 熔纺纤维
melt static crystallization 熔态结晶
melt strength 熔体强度
melt urea pump 熔融尿素泵
melt viscosity 熔融黏度
memantine 美金刚
member 结构单元;成员;构件;节;环中原子数
membrane 膜;隔膜
membrane absorber 膜式吸收塔
membrane asymmetry 膜不对称性
membrane barrier layer 膜势(阻挡)层

membrane-based pouches 膜基皮透药物释放
membrane-based solvent extraction 膜基溶剂萃取
membrane biophysics 膜生物物理学
membrane bioreactor 膜生物反应器
membrane capacitance 膜电容
membrane casting condition 成膜条件
membrane catalysis 膜催化
membrane catalytic reactor 膜催化反应器
membrane channel 膜通道
membrane channel protein 膜通道蛋白
membrane chromatography 膜色谱法
membrane column 膜塔
membrane compressor 隔膜式压缩机
membrane conductance 膜电导;膜传导
membrane conductivity 膜电导
membrane configuration 膜构型
membrane container 薄膜容器
membrane current 膜电流
membrane degradation 膜降
membrane diffusion 膜扩散
membrane disease 膜疾病
membrane distillation 膜蒸馏
membrane electrode 膜电极
membrane electrophoresis 膜电泳
membrane element 膜元件
membrane equilibrium 膜平衡
membrane extraction 膜萃取
membrane filter 膜过滤器;膜滤器;分子滤器
membrane fluidity 膜流动性
membrane flux 膜通量
membrane force 膜力
membrane forming 成膜
membrane-forming agent 成膜剂
membrane fouling 膜污染
membrane fusion 膜融合
membrane impedance 膜阻抗
membrane-integrated cone 膜整合锥
membrane microporous morphology 膜孔形态
membrane module 膜组件
membrane osmometry 膜渗透压测定法
membrane oxygenator 膜式增氧器
membrane permeability 膜通透性
membrane permeation 膜渗透
membrane permeation module 膜渗透单元
membrane potential 膜电势[位]
membrane process 膜滤法;(离子交换)膜法;膜过程;膜分离过程
membrane process configuration 膜过程构型
membrane protein 膜蛋白
membrane proton conduction 膜质子传导
membrane pump 膜式泵
membrane purge 膜清洗
membrane reactor 膜反应器
membrane resistance (1)膜阻力(2)膜电阻
membrane separation 薄膜分离
membrane separation technique 膜分离技术
membrane separator 隔膜分离器
membrane simulation 膜模拟
membrane skeleton 膜骨架
membrane stress 膜应力
membrane surface treatment 膜表面处理
membrane tank 薄膜贮罐
membrane theory 薄膜理论
membrane tortuosity 膜孔曲折度
membrane transport 膜传递
membrane-type absorber 膜式吸收器[塔]
membrane valve 薄膜阀
membrane vesicle 膜囊
membranology 膜学
memoir 研究报告
memorialin 记忆菌素
memorization 记忆;记录;存储
memory 寄存器
memory capacity 存储容量
memory cell (1)记忆细胞(2)存储单元
memory effect 记忆效应
menadiol 甲萘氢醌;2-甲基-1,4-萘二酚
menadiol diacetate 维生素 K_4;甲萘氢醌二醋酸酯
menadiol dibutyrate 甲萘氢醌二丁酸酯
menadiol diphosphate 甲萘氢醌二磷酸酯
menadiol disulfate 甲萘氢醌二硫酸酯
menadiol (tetra)sodium diphosphate 2-甲基-1,4-萘二酚二磷酸酯四钠;磷钠甲萘醌(维生素 K 制剂)
menadione 甲萘醌;维生素 K_3;2-甲基-1,4-萘醌
menadione dimethylpyrimidinol bisulfite 甲萘醌磺酸二甲基嘧啶酮(复合物)
menadione sodium bisulfite 亚硫酸氢钠甲萘醌
menadoxime 甲萘多昔;甲萘醌肟胺
menandonite 硼硅铝锂石
menaphthone 维生素 K_3;甲萘醌
menaphthyl 萘甲基

menaquinones 维生素 K_2 类
menazon 灭蚜松
menbutone 孟布酮;甲氧萘丙酸
mendelevium 钔 Md
Mendel(y)eev law 门捷列夫周期律
mender (1)修理工 (2)报废板材
mending plate 加固板
mending thermometer 补炉料
mendozite (纤)钠明矾;水钠铝矾
meneghinite (斜方)辉锑铅矿
mengite (1)铌铁矿 (2)独居石
menhaden oil 鲱油
menichlopholan 联硝氯酚;双硝氯酚
menilite 硅乳石;肝蛋白石
menisarine 防已沙宁;门尼萨任碱
meniscus 弯液面;弯月面
meniscus coating 液面涂布
menoforn 雌酮
menogaril 美诺立尔
menogene 萜闹烯;3-甲基-6-异亚丙基环己烯
menogerene 萜闹葛烯;2-甲基-5-异亚丙基-1,3-环己二烯
Menschutkin reaction(=quaternarization) 季铵化作用;门秀金反应
menstruum 溶剂;溶媒(萃取药物用)
mentha camphor 薄荷醇;薄荷脑
menthadiene 萜二烯
menthadienedione 百里醌
menthane 萜烷;薄荷烷
menthanediol 萜品油(混合物)
***p*-menthane**(=terpane) 对萜烷;萜烷
***p*-menthane hydroperoxide** 萜烷过氧化氢
menthanol 薄荷脑
menthanone 萜烷酮
menthene 萜烯;薄荷烯
menthenol 萜烯醇
menthenone 萜烯酮
menthofuran 薄荷呋喃
menthol 薄荷醇;萜醇
menthol valerate 戊酸萜醇酯
menthone 薄荷酮;萜酮
menthopinacol 萜频哪醇
menthyl 萜基
menthyl acetate 乙酸萜酯;醋酸薄荷酯
menthyl amine 萜胺
menthyl borate 硼酸萜酯
***sec*-menthyl chloride** 仲萜基氯
***tert*-menthyl chloride** 叔萜基氯
menthyl ethyl ether 萜基·乙基醚
menthyl formate 甲酸萜酯;甲酸薄荷醇酯
menthyl isovalerate 异戊酸萜酯;异戊酸薄荷醇酯
menthyl salicylate 水杨酸萜酯
menthyl valerate 戊酸萜酯
menu selection mode 选单选择式;菜单选择式
menyanthol 睡菜醇
meobentine 甲氧苯汀;甲氧苄胍;对甲氧苄二甲胍
MEP 最低能量途径
mepanipyrim 嘧菌胺
meparfynol 甲戊炔醇
meparfynol carbamate 氨基甲酸甲戊炔酯
mepartricin 美帕曲星
mepazine 甲哌啶嗪;蜜哌嗪
mepenzolate bromide 溴美喷酯;溴化甲哌佐酯
meperidine 哌替啶;度冷丁
meperidine hydrochloride 盐酸哌替啶
mephenesin(=myanesin) 美芬新;甲酚甘油醚;甲苯丙醇
mephenesin carbamate 氨基甲酸美芬新;甲酚甘油醚氨基甲酸酯
mephenesin nicotinate 烟酸美芬新;甲酚甘油醚烟酸酯
mephenhydramine 莫沙斯汀;甲苯海拉明
mephenoxalone 美芬噁酮;甲苯噁酮
mephentermine(**sulfate**) 美芬丁胺;恢压敏
mephenytoin 美芬妥因;3-甲基苯乙妥因
mephobarbital 甲苯比妥
mephosfolan 地安磷
mephosfolan 二噻磷
mepindolol 甲吲洛尔;甲吲哚心安
mepiprazole 美吡哌唑;氯苯哌吡唑
mepiquat chloride 比克;氯化二甲基哌啶鎓
mepitiostane 美雄烷;环戊缩环硫雄烷
mepivacaine 甲哌卡因;卡波卡因
mepixanox 甲哌咕诺
meprednisone 甲泼尼松;甲基强的松
meprobamate 甲丙氨酯;安宁;眠尔通
meprochol 美普溴铵;甲丙三甲铵;溴化甲氧烯丙三甲铵
Mepron *N*-羟甲基蛋氨酸钙
mepronil 灭锈胺
meprophendiol 美普芬醇;甲丙苯二醇
meprylcaine 美普卡因;甲丙卡因

mequitazine 美喹他嗪;甲奎酚嗪
mer（＝constitutional unit） 链节
meralein sodium 汞林钠;美拉林钠
meralluride 美拉鲁利;汞鲁来;汞海群
merbromin 红汞;汞溴红
mercamphamide 羟汞甲氧丙基樟脑氨酸
mercaptal 缩硫醛
mercaptan 硫醇
mercaptan carboxylic acid 巯基羧酸
mercaptan sulfur 硫醇式硫
mercaptide 硫醇化物
mercaptide ion 烃硫离子
mercapto- 巯基;氢硫基
mercaptoacetic acid 巯基乙酸
***β*-mercaptoalanine** *β*-巯基丙氨酸;半胱氨酸
mercaptoamino-acid 巯基氨基酸
2-mercaptobenzimidazole 2-巯基苯并咪唑
***o*-mercaptobenzoic acid** 邻巯基苯甲酸;硫代水杨酸
mercaptobenzothiazole 巯基苯并噻唑
2-mercaptobenzothiazole 2-巯基苯并噻唑;硫化促进剂 M
mercapto-cinnamic acid 巯基肉桂酸
mercaptodiazonium salt 2544 巯基重氮盐 2544
mercaptoethanol 巯基乙醇
mercaptoethylamine 巯基乙胺;半胱胺
mercaptoethyliminodiacetic acid（MEIDA） 巯乙基亚氨二乙酸
mercapto-group 巯基
2-mercaptoimidazoline 硫化促进剂 NA-22
mercaptoinosine 巯基肌苷
mercaptol 缩硫醇
mercaptolysis 硫醇解
mercaptomerin sodium 硫汞林钠
mercaptophenyl- 巯苯基
mercaptophos 内吸磷
***β*-mercaptopropionic acid** *β*-巯基丙酸
6-mercaptopurine 6-巯基嘌呤
mercaptopurine 巯基嘌呤
8-mercaptoquinoline 8-巯基喹啉
mercaptothiadiazole 巯基噻二唑
mercaptothiazole 巯噻唑
mercaptothiazoline 巯基噻唑啉;氢硫基二氢-1,3-噻唑啉
mercaptotropolone 巯基草酚酮
mercaptotropone 巯基草酮
mercapturic acid 硫醚氨酸（*N*-乙酰基半胱氨酸的 *S*-芳基衍生物）
mercerization 丝光处理;碱化
mercerized cotton 丝光棉
mercerizing composition 丝光助剂
merchant service 海运
merchant steel 型钢;条钢
merchrome 异色异构结晶
mercuderamide 汞拉米特
mercufenol chloride 氯汞酚
mercumallylic acid 汞香豆酸
mercumatilin sodium 汞香豆林钠
mercurammonium- 二汞代铵
mercurating 汞化
mercuration 汞化
mercuri- （正）汞基;（二价）汞基
mercuriacetate 乙酸某基汞
mercurialine 山靛宁
mercurialism 汞中毒;汞毒症
mercurial soap 汞皂
mercuriammonium 汞代铵
mercuriating agent 汞化剂
mercuri-bis-compound 二价汞基化合物（汞的两个价键均与碳原子相连的有机化合物）
mercuric （正）汞的;二价汞的
mercuric acetate 醋酸汞
mercuric acetylide 乙炔汞
mercuric amidosuccinate 酰胺琥珀酸汞
mercuric aminophenylarsenate 氨基苯胂酸汞
mercuric ammonium chloride 氯化汞代铵
mercuric atoxylate 氨基苯胂酸汞
mercuric azide 叠氮化汞
mercuric benzoate 苯甲酸汞
mercuric bichromate 重铬酸汞
mercuric bromide 溴化汞
mercuric chlorate 氯酸汞
mercuric chloride 氯化汞
mercuric chloroiodide 氯碘化汞
mercuric cyanide 氰化汞
mercuric ethyl chloride 氯化乙基汞
mercuric ferrocyanide 氰亚铁酸汞;亚铁氰化汞
mercuric fluoride 氟化汞
mercuric fulminate 雷汞
mercuric iodide 碘化汞
mercuric lactate 乳酸汞
mercuric lithium iodide 碘化汞锂
mercuric naphtholate 萘酚汞;萘氧基汞
mercuric oxalate 草酸汞
mercuric oxide 氧化汞

mercuric oxide electrode 氧化汞电极
mercuric oxyiodide 氧碘化汞
mercuric perchlorate 高氯酸汞
mercuric phenyl acetate 乙酸苯(基)汞
mercuric phosphate 磷酸汞
mercuric polysulfide 多硫化汞
mercuric potassium cyanide 氰化汞钾
mercuric potassium iodide 碘化汞钾;碘汞酸钾
mercuric pyroborate 焦硼酸汞
mercuric rhodanate 硫氰酸汞;硫氰化汞
mercuric rhodanide(=mercuric rhodanate) 硫氰化汞;硫氰酸汞
mercuric selenide 一硒化汞
mercuric selenite 亚硒酸汞
mercuric sulfate 硫酸汞
***α*-mercuric sulfide** 红色硫化汞
***β*-mercuric sulfide** 黑色硫化汞
mercuric sulfide 硫化汞
mercuric sulfocyanate(=mercuric thiocyanate) 硫氰酸汞
mercuric sulfocyanide(=mercuric thiocyanate) 硫氰酸汞
mercuric thiocyanate 硫氰酸汞;硫氰化汞
mercuric thiocyanide(=mercuric thiocyanate) 硫氰化汞;硫氰酸汞
mercuride 汞化物
mercurimetric determination 汞液滴定法
mercurimetric estimation 汞液滴定法
mercurimetric titration 汞量滴定法
mercurimetry 汞量法
mercurin 汞库林
mercurochrome 汞溴红;红汞
mercurol 核酸汞
mercurometry 汞液滴定法
mercurophen 羟汞硝酚钠;4-羟汞-2-硝基酚钠
mercurophylline 汞茶碱
mercurous 亚汞的;一价汞的
mercurous acetate 乙酸亚汞
mercurous azide 叠氮化亚汞
mercurous bitartrate 酒石酸氢亚汞
mercurous bromide 溴化亚汞
mercurous carbonate 碳酸亚汞
mercurous chloride 氯化亚汞
mercurous citrate 柠檬酸亚汞
mercurous compound 亚汞化合物;一价汞化合物
mercurous cyanide 氰化亚汞
mercurous fluoride 氟化亚汞
mercurous fulminate 雷酸亚汞
mercurous iodide 碘化亚汞
mercurous iodobenzene-*p*-sulfonate 碘苯对磺酸亚汞
mercurous nitrate 硝酸亚汞
mercurous oxalate 草酸亚汞
mercurous oxide 氧化亚汞
mercurous phosphate 磷酸亚汞
mercurous sulfate 硫酸亚汞
mercurous sulfide 硫化亚汞
mercuroxyammonium 亚汞氧铵
mercury 汞 Hg
mercury(Ⅰ) oxide 氧化亚汞
mercury(Ⅱ) amidofluoride 氟化氨基汞
mercury alkylide (二)烷基汞
mercury alkyl (二)烷基汞
mercury amalgam electrode 汞齐电极
mercury arylide (二)芳基汞
mercury barometer 水银气压计
mercury bichloride 氯化汞;升汞
mercury biphenyl 联苯汞
mercury cadmium selenide 硒化镉汞晶体
mercury cadmium telluride crystal 碲化镉汞晶体
mercury cadmium telluride detector 汞镉碲检测器
mercury cathode 汞阴极
mercury cell 水银电解槽
mercury chelate 汞螯合物
mercury-containing sludge 含汞污泥
mercury depleted brine 脱汞盐水
mercury deposition 汞沉积
mercury dialkyl (二)烷基汞
mercury dibenzyl 二苄汞
mercury dibromide 溴化汞
mercury diethide 二乙基汞
mercury diethyl 二乙基汞
mercury diffusion pump 水银扩散泵
mercury dimethide 二甲基汞
mercury dimethyl(=mercury dimethide) 二甲基汞
mercury diphenide 二苯基汞
mercury diphenyl(=mercury diphenide) 二苯基汞
mercury drop electrode 滴汞电极
mercury electrode 汞电极
mercury electrolytic method 水银电解质
mercury ethide 二乙基汞
mercury ethyl 二乙基汞
mercury ethyl mercaptide 乙硫醇汞;二乙

硫基汞
mercury film electrode 汞膜电极
mercury fluoride 氟化汞
mercury fulminate 雷酸汞;雷汞
mercury gather 集汞器
mercury helide 氦化汞
mercury lamp 水银灯
mercury manometer 水银压力计
mercury mercaptide (1)硫醇汞(2)(专指)乙硫醇汞
mercury methide 二甲基汞
mercury methyl 二甲基汞
mercury monochloride 氯化亚汞
mercury naphthide 二萘基汞
mercury nitrate 硝酸汞
mercury nucleinate 核酸汞
mercury peroxide 过氧化(二价)汞
mercury phenide 二苯基汞
mercury phenyl (=mercury phenide) 二苯基汞
mercury poisoning 汞中毒
mercury pollution 汞污染
mercury pool electrode 汞池电极
mercury pressure ga(u)ge 水银压力计
mercury protochloride 氯化亚汞;甘汞
mercury protoiodide 碘化亚汞
mercury protoxide 氧化亚汞
mercury rectifier 水银整流器
mercury seal 汞封(口);水银(密)封
mercury seal flask 汞封(烧)瓶
mercury selenide 硒化汞
mercury soap 汞皂
mercury subchloride 氯化亚汞;甘汞
mercury sulfate electrode 硫酸亚汞电极
mercury telluride crystal 碲化汞晶体
mercury thermometer 水银温度表[计]
mercury thin-film electrode (MTFE) 汞薄膜电极
mercury vacuum ga(u)ge 水银真空计
mercury vacuum pump 水银真空泵
mercury valve 汞(安全)阀
mercury vapor (air) pump 汞汽泵;汞汽(扩散)抽机
mercury vapour lamp 汞(气)灯
mercury/zinc battery 锌/汞电池
meridian 经线;子午线
meridianal isomer 经式异构体
meridional focal line 子午焦线
meridional stress 经向应力
Merimée's yellow 锑酸铅(黄颜料)
merimine 马利敏
meringue 蛋糖霜
meriquinone 显色醌(醌类部分氧化所得显色物质)
merisoprol ^{197}Hg 汞[^{197}Hg]丙醇(诊断用药)
merochrome 色异构晶体
merocyanine 份菁
merocyanine dye 份菁染料
merodesmosine 开链赖氨素
meromyosin 酶解肌球蛋白
meropenem 美罗培南
meroquinene 部奎宁
merotropism (=desmotropism) 稳变异构(现象)
merotropy 稳变异构(现象)
Merox process 梅洛克斯硫醇氧化法
merphyrin 血卟啉汞;无铁血红质汞
merron 质子
mersalyl 汞撒利;撒利汞
mersolates 石油磺酸(钠)盐;烷基磺酸(钠)盐
mersolite 苯基水杨酸汞
mertenyl 墨烯基
merwinite 镁硅钙石
mesaconate 中康酸盐(或酯)
mesaconic acid (=methylfumaric acid) 中康酸;甲基富马酸;甲基反式丁烯二酸;甲基延胡索酸
mesaconoyl 中康酰
mesalamine 美沙拉明;间氨基水杨酸
mescaline 墨斯卡灵;三甲氧苯乙胺
mesembrene 日中花烯;松叶菊烯
mesembrine 日中花碱;松叶菊碱
mesenterin 肠膜菌素
mesh (1)(筛)目 (2)网络
mesh analysis 筛析;筛分
MESH equation 物料衡算-相平衡关系-摩尔分数总和-能量衡算方程
mesh filter 筛网过滤器
mesh gage 标准筛
mesh gauze filter 筛网过滤器
mesh separator 筛网分离器
mesh screening 网筛;过筛
mesh wash 筛网洗涤液
mesic atom 介原子
mesic chemistry 介子化学
mesicerin 苯基甘油
mesic molecule 介分子
mesidine 苯胺;2,4,6-三甲基苯胺

mesidino 苯氨基;间三甲苯氨基
mesitylene glycerol 苯甘油
mesitene lactone 二甲基香豆灵
mesitic acid 苯酸;5-甲基邻苯二甲酸
mesitilol 苯;1,3,5-三甲基苯
mesitite 菱铁镁矿
mesitol 苯酚;2,4,6-三甲苯酚
mesitonic acid 苯酮酸
mesitoyl 苯酰
mesityl 苯基:(1)2,4,6-三甲苯基 $(CH_3)_3C_6H_2-$(2)3,5-二甲苯甲基
mesityl alcohol 苯酚;2,4,6-三甲基苯酚
mesityl amine 苯基胺;3,5-二甲基苯甲胺
mesitylene 苯;均三甲苯
mesitylene alcohol 2,4,6-三甲基酚
mesitylene carboxylic acid 2,4,6-三甲基苯甲酸
mesitylene lactone 二甲基香豆灵
mesitylene sulfonyl chloride 均三甲(基)苯磺酰氯
mesitylenic acid (=mesitylinic acid) 苯林酸;3,5-二甲基苯甲酸
mesitylenic aldehyde 苯醛;3,5-二甲基苯甲醛
mesityl heptadecyl ketone 苯基·十七基(甲)酮;1,3,5-三甲苄基十七烷基(甲)酮
mesitylic acid 2,4,4-三甲基-5-氧代脯氨酸
mesitylinic acid 苯林酸;3,5-二甲基苯甲酸
mesitylol 苯;1,3,5-三甲基苯
mesityl oxide 亚异丙基丙酮
mesityloxy 苯氧基;2,4,6-三甲苯氧基
mesna 巯乙磺酸钠
meso- (1)内消旋(2)中(间)(3)中(位)[即蒽环核的9,10位](4)介(5)新
meso analysis 半微量分析
mesobiladiene 二次甲基中胆色素
mesobilane 四氢中胆红素;中胆色烷
mesobilicyanin 中胆青素
mesobilinogen 中胆色(素)原
mesobilipurpurin 中胆青素
mesobilirhodin 中胆玫素
mesobilirubin 中胆红素
mesobilirubinogen 四氢中胆红素;中胆色烷
mesobiliverdin 中胆绿素
mesobiliviolin 中胆紫素
mesoboric acid 中硼酸
mesochemistry 介子化学
mesocolloid 介胶体
meso compound 内消旋化合物
meso-dihydroguaiaretic acid 介二氢愈创(木树脂)酸
meso form 内消旋型
mesogenic unit 液晶基元
mesogenic state 液晶态
mesogroup 中间基团
mesohemin 中氯化血红素
mesohydry 氢原子振动异构(现象)
meso-inositol 内消旋肌醇;内消旋环己六醇
meso-ionic compound 介离子化合物
mesoisomer 内消旋异构体
mesomechanics 细观力学
mesomer 内消旋体
mesomeric effect 中介效应
mesomeric ion 中介离子
mesomeric state (1)中介态(2)稳态
mesomeride 内消旋体
mesomerism (1)中介现象(2)稳变异构
meso method 半微量法
mesomethylene carbon 亚甲基(桥型)碳(形成樟脑环内桥的碳原子)
mesomorphic 介晶的
mesomorphic phases 介晶相;液晶相
mesomorphic state 介晶态;液晶态
mesomorphism 介晶性
mesomorphous phase 介晶相
meso-naphthadianthrene 中萘二蒽;萘并二蒽
mesonic atom 介子原子
mesonium 介子素
mesonium chemistry 介子素化学
meson photoproduction 介子光致产生
meson resonances 介子共振
mesons 介子
meso-periodic acid 中高碘酸;二缩原高碘酸
mesoperrhenate 中高铼酸盐
mesophase 中间相
mesophile 中温菌
mesophilic 亲中介态的
mesophilic bacteria 嗜湿细菌
mesopore 细孔;中孔
mesoporphyrin 中卟啉
mesoporphyrinogen 中卟啉原
meso-position (1)(杂环异原子)中位(2)(蒽之)9,10位;中位

mesorcin 苯间二酚
mesorcinol 苯间二酚;均三甲苯二酚
mesoridazine 美索哒嗪
mesoscopic material 介观物质
mesosome 间体
mesotan 梅索坦;水杨酸甲氧基甲酯
mesotartaric acid 中酒石酸;内消旋酒石酸
mesotartrate 中酒石酸盐
meso-thorium 新钍
mesothorium Ⅰ 新钍Ⅰ;^{228}Ra
mesothorium Ⅱ 新钍Ⅱ;^{228}Ac
mesothorium mud 含碳酸新钍和碳酸镭的碳酸钡
mesotomy 内消旋体离析
mesotron(=meson) 介子;重电子
mesoxalate 二羟丙二酸盐(或酯)
mesoxalic acid 中草酸;丙酮二酸
mesoxalyl 中草酰;丙酮二酰
mesoxalyl urea 中草酰脲
Mesozoic crude 中生代原油
message 信息
messanomycin 梅扎诺霉素
messenger RNA 信使 RNA
mestanolone 美雄诺龙;美睾酮
mestilbol 甲基己烯雌酚
mestranol 美雌醇
mesulergine 美舒麦角
mesulfen 二甲硫芬;2,7-甲基噻蒽
mesulphen 甲硫芬;灭疥;二甲基硫蒽
mesyl(=methylsulfonyl) 甲磺酰基
mesylation 甲磺酰化(作用)
Met 甲硫氨酸;蛋氨酸
meta- (1)间(位)(2)介(3)偏(无机酸用)
metaacetaldehyde 三聚乙醛
metaacetone 3-戊酮
meta-acid 偏酸(指无机酸)
meta-aluminic acid 偏铝酸
meta-antimonic acid 偏锑酸
meta-antimonous acid 偏亚锑酸
meta-arsenic acid 偏砷酸
meta-arsenous acid 偏亚砷酸
metab 金属底座
metabituminous coal 中烟煤
metabolic acidosis 代谢性酸中毒
metabolic balance 代谢平衡
metabolic control 代谢控制
metabolic control fermentation 代谢控制发酵
metabolic disorder(s) 代谢障碍
metabolic hormone 代谢激素
metabolic pathway 代谢途径
metabolic pool 代谢库
metabolic rate 代谢速率
metabolin 代谢物
metabolism 新陈代谢;代谢
metabolite 代谢物
metabolite analogue 底物类似物
metabolizable energy(ME) 代谢能
metabolization 新陈代谢
metabond 环氧树脂类胶黏剂
metaboric acid 偏硼酸
metabutethamine 美布他明;间丁乙胺
metabutoxycaine 美布卡因
metacarbonic acid(=carbonic acid) 碳酸
metacellulose 异纤维素
metacetaldehyde 变乙醛;聚乙醛
metacetone 二乙基(甲)酮
metacetonic acid 丙酸
metachemistry 原子结构(化)学
metachloral 介氯醛
metachromatism 变色效应
metachrometype paper 变色纸
Metachrome Yellow 媒介黄1;水杨基黄
metachromic acid 偏铬酸
metacinnabar 黑辰砂
metaclazepam 美他西泮;溴甲氧甲安定
meta-compound 间位化合物
meta cresol purple 甲酚红紫
metacresol sulfonphthalein 间甲酚磺酞
metacrolein 介丙烯醛;三聚丙烯醛
metacrylic acid ester 甲基丙烯酸酯
metacyclophane 间环芳
metadiazine(=pyrimidine) 嘧啶
meta directing group 间位定位基
meta-element 母体元素
meta-ester 间位酯
metafilter 层滤机
metafiltration 层滤
metaformaldehyde 变甲醛;聚甲醛
metafuel 三聚乙醛片(酒精灯燃料)
metagon 后植核酸
metahexamide 美他己脲;氨甲磺环己脲
metaindic acid 偏铟酸
metaiodate (偏)碘酸
meta isomeride 位变异构体
metaisomerism (双键)位变异构现象
meta-isopropyl biphenyl 间异丙基联苯
metakentrin 促黄体(激)素
metakliny 基团位变

metal 金属
metal accumulation 金属累积作用
metal acetylide 乙炔基金属
metal active gas welding 熔化极活性气体保护焊
metal/air battery 金属/空气电池
metal alkyl（=metal alkylide） 烷基金属
metal alkylide 烷基金属
metalammine（=ammine complex） 金属氨合物；氨络物
metalammonia （金属）氨合物
metal arc welding 金属电弧焊
metal arylide 芳基金属
metal aryl（=metal arylide） 芳基金属
metalation 金属化作用
metalaxyl 甲霜灵；氨丙灵；瑞毒霉
metalaxyl-mancozeb wettable powder 甲霜灵-代森锰锌可湿性粉剂
metalaxyl-organocupric salt wettable powder 甲霜灵-琥珀酸铜可湿性粉剂
metal baffle plate 金属挡板
metal binding protein 金属结合蛋白
metal binding site 金属结合部位
metalbumin 变清蛋白
metal carbonyl(s) 金属羰基化合物
metal case 金属外壳
metal catalyst 金属催化剂
metal ceramic 金属陶瓷
metal ceramic filter 金属陶瓷过滤器
metal chelate compound 金属螯合剂
metal-clading 金属铠装
metal cleaner 金属洗净剂；金属清洗剂
metal cleaner soap 金属洗净皂；金属清洗皂
metal cleaning 金属清洗
metal cleaning soap 金属洗净皂；金属清洗皂
metal cluster 金属簇
metal cluster catalyst(s) 金属簇催化剂
metal-coated yarn 金属包覆丝
metal collector 金属捕集器
metal complex 金属配位化合物
metal complex dye(s) 金属络合染料
metal compound(s) 金属互化物
metal conditioner 金属表面处理剂（指磷化底漆或洗涤底漆）
metal container 金属容器
metal-containing polymer 金属聚合物
metal core packing 金属芯填料
metal(corrosion) inhibitor(s) 金属缓蚀剂
metal corrugated plate 金属波纹板
metal-cutting 金属切削
metal cutting machine 金属切削机床
metal cutting oil 金属切削油
metal deactivator 金属钝化剂
metaldehyde (1)多聚乙醛(2)四聚乙醛
metal electrode 金属电极
metalepsy 取代作用
metaler 钣金工
metal exchange 金属交换
metal fibre 金属纤维
metal filament 金属丝
metal flexible tube 金属软管
metalfluorescent indicator 金属荧光指示剂
metal fog 金属雾
metal foil PSAT 金属箔压敏胶粘带
metalform 金属模板
metal framework 金属框架
metal-free 不含金属的
metal gasket 金属衬垫
metal gauze 金属网
metal-glass 金属玻璃
metal hose 金属软管；金属蛇形管
metal hydride 金属氢化物；氢化金属
metal indicator 金属指示剂
metal inertia gas welding 熔化极惰性气体保护焊
metal ink 金属油墨
metal Intalox saddle 金属环矩鞍
metal ion activated enzyme 金属离子激活酶
metal jacketed gasket 金属包垫片
metal ketyl radical 金属羰游离基
metallation 金属化；金属取代
metallic anode 金属阳极
metallic bond 金属键
metallic coating 金属喷涂
metallic conductor（=electronic conductor） 金属导体；电子导体
metallic crucible 金属坩埚
metallic crystal 金属晶体
metallic element(s) 金属元素
metallic fiber 金属纤维
metallic fog 金属雾
metallic gasket 金属垫片
metallic gasket for self-seal under internal pressure 内压自紧式弹性金属垫片
metallic hollow O-rings of non self-energizing 非自紧式金属空心O形环
metallic hydrogen 金属氢
metallic inclusion 金属夹杂物
metallic lubricant 金属润滑剂
metallic material 金属材料

metallic nitroxyls 硝酰金属
metallic (nuclear) fuel 金属型(核)燃料
metallic organic compounds electrosynthesis 金属有机物电解合成
metallic O ring 金属"O"形圈
metallic oxide catalyst(s) 金属氧化物催化剂
metallic packing 金属填料
metallic passivator 金属钝化剂
metallic pigment 金属颜料
metallic radius 金属原子半径
metallic screen 金属屏蔽
metallic shell 金属壳
metallic shield 金属屏蔽
metallic silicides 金属硅化物
metal(lic) soap 金属皂
metallic spraying 金属喷涂
metallic state 金属态
metallic stuffing 金属填料
metallic surface finishing 金属表面清理
metal lined 金属衬里
metallised plastic 镀金属塑料
metallization 金属喷镀;金属喷涂
metallize 喷镀[涂]金属
metallized coatings 金属闪光漆
metallized dye 金属配位染料
metallized leather 金属色革
metallized paper 镀金箔纸
metallizing 喷镀(金属);喷涂
metallo-borane 金属硼烷
metallocene 金属茂
metallocenes catalysts 茂金属催化剂
metalloceramics 金属陶瓷
metallochromic indicator 金属指示剂
metallochromy 金属(表面)染色
metalloenzyme 金属酶
metalloflavoprotein 金属黄素蛋白
metallofluorescent indicator 金属荧光指示剂
metallograph (1)金相图[照]片 (2)金相显微照相仪
metallographic examination 金相检验
metallographic microscope 金相显微镜
metallographic phase 金相
metallographic test 金相试验
metallography 金相学
metalloid 半[类;准]金属;半金属元素
metalloid crystal 准金属晶体
metallo-organic compound 有机金属化合物
metallophthalocyanin(e) 金属酞菁
metalloporphyrin 金属卟啉
metalloprotein 金属蛋白
metalloproteinase 金属蛋白酶
metallorganic compound 金属有机化合物
metalloscope 金相显微镜
metallothermic reduction 金属热还原法
metallothioneine 金属硫蛋白
metallurgical coke 冶金焦炭
metallurgical microscope 金相显微镜
metallurgical plant 冶炼厂
metallurgy 冶金
metallyl alcohol (= 2-methylallyl alcohol) 2-甲基丙烯醇
metal machining liquid 金属切削液
metal matrix composite 金属基复合材料
metal-metal multiple bonds 金属-金属多重键
metal mo(u)ld 金属模
metal nitride 金属氮化物
metal on glass mask 金属玻璃掩模
metal organic chemical vapor deposition 金属有机气相沉积
metal organic sulfonate (有机)磺酸金属盐
metal oxide electrode 金属氧化物电极
metal-oxide-semiconductor reagent MOS 试剂;金属氧化物半导体试剂
metal Pall ring 金属鲍尔环
metal partition 金属隔板
metal parts 金属部件;金属零件
metal passivator 金属减活剂
metal phenates 金属酚盐
metal phenyl stearates 苯基硬脂酸金属盐
metal phthalein 金属酞
metal phthalocyanine complex 金属酞菁络合物
metal pollution 金属污染
metal powder electrodeposition 金属粉末电积
metal processing 金属加工
metal processing section 金工工段
metal production plant 冶炼厂
metal protector 金属防腐剂
metal radiating cone 金属辐射锥
metal retainer 金属定位块
metal ring 金属环
metal rust 金属锈蚀
metal screen (1)金属滤网 (2)金属屏;金属筛板
metal sealing ring 金属密封圈
metal-sensitive indicator 金属敏感指示剂
metal shielding conveyor belt 铠装式输送带

metal shroud 金属套筒;金属护罩
metal spacer 金属隔片
metal spraying 金属喷镀;金属喷涂
metal spring isolator 弹簧隔振器
metal stack 金属烟囱
metal-support interaction 金属载体相互作用
metal surface coloring 金属表面着色
metal surface protection 金属表面保护
metal system 金属管路
metal tape 金属磁带
metal thin film 金属薄膜
metal toner 金属调色剂
metal transfer 金属接触传递
metal wedge 金属楔
metal working fluid 金属加工液
metamagnetic compounds 变磁性化合物
metamagnetism 变磁性
metamer 位变异构体
metameride 位变异构体
metamerism 位变异构(现象)
metamfepyramone 甲胺苯丙酮;甲基麻黄酮
metamitron 苯嗪草
metamivam 3-乙氧基-*N*,*N*-二乙基-4-羟基苯甲酰胺
metamizole 安乃近
metamolybdic acid 偏钼酸
metamorphic rock 变质岩
metampicillin 美坦西林;甲烯氨苄青霉素
metamycin 间霉素
metanephrine 间甲肾上腺素;变肾上腺素;3-*O*-甲基肾上腺素
metanilamido- 间氨基苯磺酰氨基
metanilic acid 间氨基苯磺酸
metanil yellow 酸性间胺黄
metanilyl 间胺酰;间氨基苯磺酰
metanitrophenol 间硝基苯酚
metantimonate 偏锑酸盐
metantimonic acid 偏锑酸
meta-orientating group 间位定位基
meta-orientation 间位定向
metapeptone 消化胨(胨的消化产物)
metaperiodic acid 偏高碘酸
metaphanine 间千金藤碱
metaphen 米他芬;4-硝基-1-甲基苯酚亚汞
metaphenylene 间亚苯基
metaphenylene diamine 间苯二胺
metaphosphatase 偏磷酸酶
metaphosphate 偏磷酸盐(或酯)
metaphosphoric acid 偏磷酸
metaphosphorous acid 偏亚磷酸
metaphosphoryl chloride 偏磷酰氯
metaplumbate 偏高铅酸盐
metaplumbic acid 偏高铅酸
meta position 间位
metapramine 美他帕明;甲胺甲咪嗪
metaprotein 变性蛋白;腖;清蛋白盐
metaproterenol 奥西那林;异丙喘宁;间羟喘息定
metapyrocatechase 变儿茶酚酶
metaraminol 间羟胺;阿拉明
metaraminol bitartrate 重酒石酸间羟胺
metargon 仲氩
metarhodopsin 变视紫质
metarsenic acid 偏砷酸
metartrose 消化小麦蛋白(小麦蛋白的消化产物)
metasaccharinic acid 偏糖精酸
metasilicate (正)硅酸盐(或酯)
metasilicic acid 正硅酸(不叫偏硅酸)
metastability (1)亚稳度(2)亚稳性
metastable 亚稳(态)的;介稳(态)的
metastable atom 亚稳原子
metastable (electronic) state (电子)亚稳态
metastable equilibrium 亚稳平衡
metastable intermediate 亚稳中间体
metastable ion 亚稳离子
metastable nucleus 亚稳核
metastable phase 亚稳相
metastable region 亚稳区
metastable scanning 亚稳扫描
metastable state 亚稳态
metastable zone width 偏稳定区宽度
metastannic acid 偏锡酸
metastasis 移位变化;失 α-微粒变化;转移
metastructure 次显微组织
metastyrene 介苯乙烯
metastyrolene 介苯乙烯
meta-substitution 间位取代
metasulfite 焦亚硫酸盐
metasystox 甲基内吸磷
metatenomeric change (含氮物)趋稳重排(作用)
metatenomery (含氮物)趋稳重排(作用)
meta-terphenyl 间三联苯
metathesis (1)复分解(作用);置换(作用)(2)易位(作用)
metathesis polymerization 易位聚合
metathetical reaction 复分解反应;置换反应

metathiazole 间噻唑
metatitanic acid (偏)钛酸
metatungstic acid 偏钨酸
metavanadic acid 偏钒酸
metaxalone 美他沙酮
metazachlor 吡草胺
metazocine 美他佐辛
metazonic acid 中棕酸
metcaraphen 甲卡拉芬;苯环戊酯
meteloidine (曼)陀罗碱
meteorite 陨石;陨铁
metepa 米替哌
meter calibration tank 校准槽
metergoline 甲麦角林
metering conveyor 计量输送器[机]
metering device 计量装置
metering inlet pump 进料计量泵
metering pump 计量泵
metering tank 计量罐
metering valve 计量阀
metering vessel 计量槽;计量器
metescufylline 甲七叶茶碱;香豆茶碱
metformin 甲福明;二甲双胍
methabenzthiazuron 噻唑隆;冬播宁
methacetin 对甲氧基乙酰苯胺
methacholine 醋甲胆碱
methacholine chloride 氯醋甲胆碱
methacrifos 虫螨畏
methacrolein(＝2-methylacrolein) 异丁烯醛;2-甲基丙烯醛
methacrylaldehyde 2-甲基丙烯醛;异丁烯醛
methacrylamide 甲基丙烯酰胺
methacrylate 异丁烯酸盐(酯或根)
methacrylate-based adhesive 甲基丙烯酸酯基黏合剂
methacrylate-butadiene-styrene copolymer resin MBS树脂
methacrylic acid 甲基丙烯酸
methacrylic resin 甲基丙烯酸树脂
methacrylonitrile 2-甲基丙烯腈
methacryl(o)yl- 异丁烯酰(基);2-甲(基)丙烯酰(基)
methacycline 美他环素
methadone 美沙酮;美散痛
methadone hydrochloride 盐酸美沙酮
methadyl acetate 醋美沙朵
methaemoglobin 正铁血红蛋白
methafurylene 美沙呋林
methal 肉豆蔻醇
methaldehyde 四聚乙醛
methallatal 美沙拉妥
methallenestril 美沙雌酸
methallibure 美他硫脲
methallyl amine 甲代烯丙胺
methallyl bromide 甲代烯丙基溴
methallyl chloride 甲代烯丙基氯
methallyl halide 甲代烯丙基卤
methallyl iodide 甲代烯丙基碘
methallyl(＝2-methylallyl) 甲代烯丙基;2-甲代-1-烯丙基
methallylsulfonate 甲代烯丙基磺酸盐(或酯)
methamexamine 三甲戊胺
methamidophos 甲胺磷
methamidophos-trichlorphon emulsifiable concentrate 甲胺磷-敌百虫乳油
methamphetamine 脱氧麻黄碱
methamphetamine hydrochloride 脱氧麻黄碱盐酸盐
metham sodium 威百亩;甲氨荒酸钠
methanal 甲醛
methanamide 甲酰胺
methanation 甲烷化作用
methanator 甲烷转化器
methandienone 美雄酮;1-脱氢-17α-甲基睾丸甾酮
methandriol 美雄醇
methandrostenolone 美雄酮
methane 甲烷;沼气
methane acid 甲酸
methane amide 甲酰胺
methanearsonic acid 甲胂酸
methane base 隐色孔雀绿
methane chloride 一氯甲烷
methanediamine 二氨基甲烷;甲二胺(硬化剂)
methane dicarboxylic acid 丙二酸
methanedisulfonic acid 甲二磺酸
methane fermentation 甲烷发酵
methane lean gas 甲烷贫气
methane phosphonic acid 甲膦酸
methane reforming comprehensive process 甲烷转化综合法
methane-rich gas 甲烷富气
methane-rich liquid 富甲烷液
methane-seleninic acid 甲基亚硒酸
methane-selenonic acid 甲基硒酸
methane-siliconic acid 甲基硅酸
methane stannonic acid 甲基锡酸
methane-steam process 甲烷-水蒸气法;甲烷与蒸汽产生氢气的过程

methane-steam reaction 甲烷-水蒸气反应
methanesulfonic acid 甲磺酸
methanesulfonyl chloride 甲磺酰氯
methanesulfonyl fluoride 甲磺酰氟
methanetellurinic acid 甲基亚碲酸
methanetelluronic acid 甲基碲酸
methane thial 甲硫醛
methanethiol 甲硫醇
methanethiomethane 甲基硫甲烷
methane triacetic acid 甲三乙酸
Methanil Yellow G 酸性金黄 G
methano- 桥亚甲基
methanogen 产甲烷菌
methanoic acid 甲酸
methanol 甲醇
methanol adhesive 甲醇胶
methanol column 甲醇塔
methanol synthesis 甲醇合成
methanolysis 甲醇分解(作用)
methanotroph 甲烷营养菌
methanoyl 甲酰氧(基)
methantheline bromide 溴甲胺太林;溴本辛
methanthiol 甲硫醇
methaphenilene 美沙芬林
methapyrilene 美沙吡林
methaqualone 甲喹酮;安眠酮
metharbital 美沙比妥
methargen 双萘磺酸银
methastyridone 美沙烯酮
methazolamide 醋甲唑胺
methazole 灭草定
methazonic acid 硝基乙醛肟
methcathinone 甲卡西酮
methdilazine 甲地嗪;甲吡咯嗪
methedrine 脱氧麻黄碱
methemoglobin 高铁血红蛋白
methemoglobinemia 高铁血红蛋白症
methenamine 六亚甲基四胺;乌洛托品
methenamine allyl iodide 烯丙基碘乌洛托品
methenamine anhydromethylenecitrate 脱水亚甲柠檬酸乌洛托品
methenamine camphorate 樟脑酸乌洛托品
methenamine hippurate 马尿酸乌洛托品
methenamine iodobenzylate 碘化苄乌洛托品
methenamine mandelate 扁桃酸乌洛托品;孟德立胺
methenamine sulfosalicylate 磺基水杨酸乌洛托品
methenamine tetraiodine 四碘乌洛托品
methene (=methylene) 亚甲基
methene-disulfonic acid 甲二磺酸
methenolone 美替诺龙;1-甲雄烯醇酮
methenyl- 次甲基
methenyl bromide 三溴甲烷;溴仿
methenyl iodide 三碘甲烷;碘仿
methestrol 美雌酚;丙甲雌酚
methetoin 美替妥英;1-甲基苯乙妥因
methicillin 甲氧西林;甲氧苯青霉素
methicillin sodium 甲氧西林钠;2,6-二甲氧苯基青霉素钠盐
methidathion 杀扑磷;甲巯咪唑;他巴唑
methide 甲基化物
methimazole 甲巯咪唑;甲硫咪唑
methine 次甲基
methine halide 卤化甲烷
methiocarb 灭虫威;灭梭威
methiodal sodium 碘甲磺钠
methiodide 甲碘化物(CH_3I 的化合物)
methiomeprazine 甲硫美嗪;甲硫异丁嗪
methional 3-甲硫基丙醛;菠萝醛
methionic acid 甲二磺酸
methionine 甲硫氨酸;蛋氨酸
methionine synthetase 甲硫氨酸合成酶
methionine transadenosylase 甲硫氨酸转腺苷基酶;甲硫氨酸激酶
methionol 3-甲硫基丙醇;菠萝醇
methionyl- (1)甲二磺酰(基)(2)甲硫氨酰(基)
methionyl-tRNA transformylase 甲硫氨酰 tRNA 转甲酰基酶
methioprim 甲硫普林;4-氨-5-羟甲-2-甲硫基嘧啶
methiotriazamine 甲硫三嗪胺
methisazone 美替沙腙;甲红硫脲
methisoprinol 异丙肌苷
methitural 美西妥拉
methixene 美噻吨
metho- 甲代(一般代在 N 上)
methocarbamol 美索巴莫
methochloride 甲氯化物
methodic error 方法误差
method of addition 增量法
method of attachment 连接方法
method of calibration 检验方法
method of development 展开法
method of evaporation 蒸发法
method of finite difference 有限差分法
method of half-life 半寿期法
method of images 镜像法;电像法
method of integration 积分法

method of internal addition 内位加成法；标准物添加法
method of least squares 最小二乘法
method of operation 运转方法
method of partial waves 分波法
method of polarization curve 极化曲线法
method of purification 净化法；提纯方法
method of standard addition 标准物添加法
method of substitution 置换法
method of superposition 叠加法
method of telemetering 遥测法
method of three standard samples 三标(准试)样法
method of trials and errors 尝试法
methodology (1)操作法；工艺(2)方法论
methoestrol 美雌酚
methohexital sodium 美索比妥钠
methohydroxide 甲羟化物
methoin 美芬妥因；甲妥英
methol 甲醇燃料
methomethylsulfate 甲基硫酸甲酯化物
methomyl 灭多虫；甲氨叉威；灭多威
methonitrate 硝酸甲酯化物($MeNO_3$ 的化合物)
methoprene 甲氧普烯；甲氧普林
methopterin 甲基叶酸
methopterin-A 甲蝶呤 A
methose 甲糖
methosulfate 甲基硫酸盐[酯]
methothrin 甲醚菊酯
methotrexate 甲氨蝶呤；氨甲蝶呤
methotrimeprazine 左美丙嗪；甲氧异丙嗪
methoxalic acid 甲草酸；丙酮二酸
methoxalyl 甲草酰；乙二酸一甲酯一酰
methoxamine 甲氧明
methoxide 甲醇盐；甲氧基金属
Methoxone 2甲4氯；4-氯-2-甲基苯氧乙酸
methoxsalen 甲氧沙林；花椒毒素
methoxy- 甲氧(基)
methoxyacetic acid 甲氧基乙酸
***p*-methoxyacetophenone** 对甲氧基苯乙酮
methoxyacetyl-phenetidine *N*-甲氧乙酰对乙氧基苯胺
methoxyamine 甲氧胺
methoxy-*tert*-amylbenzene 甲氧基·叔戊苯
4-methoxy-2-amyloquinoline 4-甲氧基-2-戊基喹啉
***o*-methoxyaniline** 邻甲氧基苯胺
***p*-methoxyaniline** 对甲氧基苯胺；对茴香胺
methoxybenzaldehyde 甲氧(基)苯甲醛
***p*-methoxybenzaldehyde** 对甲氧基苯甲醛；茴香醛
methoxybenzene 茴香醚
methoxybenzoic acid 甲氧(基)苯甲酸
methoxybenzoyl(＝anisoyl) 甲氧苯甲酰；茴香酰
methoxybenzyl 甲氧苄基；甲氧苯甲基
***p*-methoxybenzyl alcohol** 对甲氧基苄醇；对甲氧基苯甲醇
2-methoxy-3-*sec*-butyl pyrazine 2-甲氧基-3-仲丁基吡嗪；格蓬吡嗪
methoxycaffeine 甲氧咖啡碱
methoxycarbonyl 甲酯基；甲氧羰基
methoxychlor 甲氧滴滴涕
6-methoxycinchoninic acid(＝quininic acid) 6-甲氧基-4-喹啉甲酸；奎宁酸
methoxycinnamic acid 甲氧基肉桂酸
methoxyestradiol 甲氧雌(甾)二醇
methoxyestriol 甲氧雌(甾)三醇
methoxyestrone 甲氧(基)雌(甾)酮
methoxyethyl acetylricinoleate 乙酰基蓖麻油酸甲氧乙酯(增塑剂)
methoxyethylbenzeneboronic acid 甲氧乙基苯硼酸
methoxy ethylene 乙烯基甲醚
methoxyethylmercury acetate 醋酸甲氧乙汞
methoxyethylmercury chloride 氯化甲氧乙基汞
methoxyethylmercury silicate 灭菌硅
methoxyethyl stearate 硬脂酸甲氧乙酯(增塑剂)
methoxyflurane 甲氧氟烷
methoxy group 甲氧基
methoxyharmalan 甲氧哈梅蓝
3-methoxy-4-hydroxymandelic acid 3-甲氧基-4-羟基扁桃酸；3-甲氧基-4-羟基苯乙醇酸
3-methoxy-4-hydroxyphenylglycol 3-甲氧基-4-羟基苯乙二醇
2-methoxy-3-isobutyl pyrazine 2-甲氧基-3-异丁基吡嗪
methoxyisoeugenol 甲氧基异丁子香酚
2-methoxy-3-isopropyl pyrazine 2-甲氧基-3-异丙基吡嗪
methoxyl 甲氧(基)
methoxylation 甲氧基化(作用)
methoxylglycol acetate 甲氧基乙醇乙酸酯
methoxy-mercuration 甲氧汞化(作用)
methoxymerphalan 甲氧芳芥
methoxymethane 甲醚

methoxy-methylation 甲氧甲基化
2-(methoxymethyl)-5-nitrofuran 2-(甲氧甲基)-5-硝基呋喃
2-methoxy-3-methyl pyrazine 2-甲氧基-3-甲基吡嗪
methoxymethyl salicylate 水杨酸甲氧基甲酯
5-methoxy-*N*-methyltryptamine 5-甲氧基-*N*-甲基色胺
methoxynaphthalene 甲氧基萘
methoxyphenamine 甲氧那明;喘咳宁
methoxyphenol 甲氧基苯酚
***o*-methoxyphenol** 邻甲氧基苯酚;愈创木酚
methoxyphenyl 甲氧苯基
methoxyphenyl acetic acid 甲氧苯基乙酸
methoxyphenyl acetone 甲氧苯基丙酮
***p*-methoxyphenylalanine** 对甲氧基苯丙氨酸
methoxy-*m*-phenylenediamine 甲氧基间苯二胺
3-(*o*-methoxyphenyl)-2-phenylacrylic acid 3-(邻甲氧基苯基)-2-苯基丙烯酸
methoxypromazine 甲氧丙嗪
methoxypropionitrile 甲氧基丙腈
3-methoxypyridine 3-甲氧基吡啶
methoxysarcolysin 甲氧芳芥
methoxysodium 甲氧(基)钠
6-methoxy-tetrahydroquinoline 6-甲氧基四氢化喹啉
methoxytetralone 甲氧基四氢萘酮
methoxytryptamine 甲氧色胺
5-methoxy tryptamine (5-MOT) 5-甲氧色胺
3-methoxytyramine 3-甲氧酪胺
methscopolamine bromide 甲溴东莨菪碱
methsuximide 甲琥胺
methyclothiazide 甲氯噻嗪
methyl 甲基
methyl abietate 松香酸甲酯
***N*-methylacetamide** *N*-甲基乙酰胺
***N*-methylacetanilide** *N*-甲基乙酰苯胺
methyl acetate 乙酸甲酯
methyl acetic acid 丙酸
methyl acetoacetate 乙酰乙酸甲酯
methylacetoacetic acid 甲基乙酰乙酸
methylacetoacetic ester (1)甲基乙酰乙酸酯 (2)(专指)甲基乙酰乙酸乙酯
methylacetoacetyl 甲基乙酰乙酰基
methylacetone 甲基丙酮
***p*-methylacetophenone** 对甲基苯乙酮
methylacetopyronone 脱氢醋酸
methyl acetyl 丙酮
methylacetylene 甲基乙炔
methyl acetylricinoleate 乙酰基蓖麻油酸甲酯(增塑剂)
methyl acetylsalicylate(=methylaspirin) 乙酰水杨酸甲酯;甲基阿斯匹林
***sym*-methyl acetyl urea** 对称甲基乙酰脲
methylacrolein 甲基丙烯醛
β-methylacrolein β-甲基丙烯醛;巴豆醛
***N*-methylacrylamide** *N*-甲基丙烯酰胺
methyl acrylate 丙烯酸甲酯
methylacrylate 甲基丙烯酸盐(或酯);异丁烯酸盐(或酯)
methylacrylic acid(=methacrylic acid) 异丁烯酸;甲基丙烯酸
methylacryloyl 异丁烯酰(基);甲基丙烯酰(基)
methylal 甲缩醛;甲醛缩二甲醇
methyl alcohol 甲醇
methyl aldehyde 甲醛
methylallene 甲基丙二烯
methylallyl 甲代烯丙基
2-methylallyl alcohol(=metallyl alcohol) 2-甲基丙烯醇
methyl-allyl-amine 甲基·烯丙基胺
methyl-allyl-carbinol 甲基·烯丙基甲醇
methyl-allyl ether 甲基·烯丙基醚
methyl-allyl ketone 甲基·烯丙基(甲)酮;4-戊烯-2-酮
methyl allylphenol 茴香脑
methylaluminium sesquichloride 甲基铝倍半氯化物
methylaluminoxane(MAO) 甲基铝氧烷
methyl amidophenol 茴香胺
methylamine 甲胺
methylamine hydrochloride 盐酸甲胺
methylamino- 甲氨基
methyl aminoacetate 氨基乙酸甲酯
methyl *o*-aminobenzoate 邻氨基苯(甲)酸甲酯
methylaminoethanol 甲氨基乙醇
***N*-methyl *p*-aminophenol** 对甲氨基苯酚
***p*-methylaminophenol** 对甲氨基苯酚
***N*-methyl-*p*-aminophenol sulfate** 对甲氨基苯酚硫酸盐
methyl amyl-acetylene 甲基·戊基乙炔;2-辛炔
2-methylamylene 2-甲基-1-戊烯
4-methylamylene 4-甲基-1-戊烯
methyl amyl ether 甲基·戊基醚;甲氧基戊烷

methyl amyl ketone(＝2-heptanone) 甲基·戊基(甲)酮;2-庚酮
methylaniline 甲基苯胺
3-methylaniline 间甲苯胺
***N*-methylaniline** *N*-甲基苯胺
***p*-methyl anisole** 对甲基苯甲醚
methyl *p*-anisyl ketone 甲基·对茴香基(甲)酮
2-methylanthracene 2-甲基蒽
methyl anthranilate 邻氨基苯甲酸甲酯
methylanthraquinone 甲基蒽醌
methylarbutin 甲基熊果苷
methylarsacetin 甲基醋氨苯胂
methyl arsenious oxide 甲基亚胂酸酐
methylarsine 甲胂
methylarsine dibromide 二溴化甲胂
methyl arsine oxide 氧化甲胂
methylarsine sulfide 硫化甲胂
methylarsonic acid 甲胂酸;甲基砷酸
methylate (1)甲基化 (2)甲基化产物 (3)甲醇金属 (4)加入甲醇
methylated alcohol 变性酒精
methylating agent 甲基化剂
methylation 甲基化作用(指加甲基作用和加甲醇使酒精变性的作用)
methyl azide 叠氮基甲烷
methylbarbituric acid 甲基巴比土酸;甲基丙二酰脲
methyl behenate 山萮酸甲酯;二十二(烷)酸甲酯
methylbenzaldehyde 甲基苯甲醛
***N*-methyl-benzamide** *N*-甲基苯甲酰胺
methylbenzene 甲苯
methyl benzenecarboxylate 苯(甲)酸甲酯
methyl benzenesulfonate 苯磺酸甲酯
methylbenzethonium chloride 甲苄索氯铵
methyl benzoate 苯甲酸甲酯
methyl benzoic acid 甲基苯甲酸
2-methylbenzoquinone 2-甲基苯醌
***p*-methylbenzothiazole** 对甲基苯并噻唑;2-甲基-1,3-硫氮杂茚
methyl benzoylacetate 苯甲酰乙酸甲酯
methyl *o*-benzoylbenzoate 邻苯甲酰苯甲酸甲酯
methyl benzoylsalicylate 苯甲酰水杨酸甲酯
methylbenzphenanthrene 甲基苯并菲
methylbenzyl 甲苄基;甲苯甲基
α-methylbenzyl α-甲苄基
α-methylbenzyl alcohol 甲基苯基甲醇
methylbenzylamine 甲基苄胺
***N*-methylbenzyl amine** *N*-甲苄胺
***N*-methylbenzyl-aniline** *N*-甲苄基苯胺
methylbenzyl-carbinol 甲基·苄基甲醇
methylbenzyl ether 甲基·苄基醚;苄氧基甲烷
methylbenzyl ketone (＝phenylacetone) 甲基·苄基(甲)酮;苯基丙酮
methyl biphenyl 甲基联苯
methyl biphenyl ketone (＝*p*-phenylacetophenone) 甲基·联苯基(甲)酮
methyl bismuthine 一甲胇
methyl blue 甲基蓝
methyl borate 硼酸甲酯
methylboric acid 甲基硼酸
methyl boron dihydroxide(＝methylboric acid) 甲基硼酸
methyl bromide 甲基溴;溴(代)甲烷
methyl bromoacetate 溴乙酸甲酯
methyl bromobenzoate 溴苯甲酸甲酯
methyl bromoethyl ketone 甲基·溴乙基(甲)酮;溴丁酮
methyl bromoisovalerate 溴异戊酸甲酯
methyl *p*-bromophenyl sulfide 甲基·对溴苯基硫醚
methyl bromopropyl ketone 甲基·溴丙基(甲)酮
methylbutadiene 甲基丁二烯;2-甲基丁二烯
methylbutane 甲基丁烷
2-methylbutane 2-甲基丁烷;异戊烷
methylbutanol 甲基丁醇
2-methyl-2-butanol 叔戊醇
3-methyl-2-butanone 3-甲基-2-丁酮
2-methyl-1-butene 2-甲基-1-丁烯
3-methyl-1-butene 3-甲基-1-丁烯
methyl butex 羟苯甲酸甲酯
***N*-methylbutylamine** *N*-甲丁胺
methyl butyl ether 甲基·丁基醚;甲氧基丁烷
methyl *tert*-butyl ether 甲基·叔丁醚
methyl butyl ketone 甲基丁基甲酮;甲丁酮
methyl butyl sulfide 甲基·丁基硫醚;甲硫基丁烷
2-methyl-3-butyn-2-ol 2-甲基-3-丁炔-2-醇
methyl butyrate 丁酸甲酯
methyl caprylate 辛酸甲酯
methyl carbamate 氨基甲酸甲酯
methyl carbimide 异氰酸甲酯
methylcarbithionic acid 二硫代乙酸

methyl carbitol 甲基卡必醇;二甘醇一甲醚
methyl-carbonate 碳酸二甲酯
methyl carbonic acid 甲基碳酸;乙酸
***N*-methyl-carbostyrile** *N*-甲喹诺酮
methyl carbylamine 甲基胩
methylcarvacryl ketone 甲基·香芹基(甲)酮
methyl catechol 愈创木酚
methyl cellosolve 2-甲氧基乙醇;乙二醇一甲醚
methyl cellosolve acetate 醋酸甲氧乙酯
methylcellulose 甲基纤维素
methyl chloride 甲基氯;氯(代)甲烷
methyl chloroacetate 氯乙酸甲酯
methyl chlorocarbonate 氯代甲酸甲酯
methyl chlorofluoride 二氟二氯甲烷
methyl chloroform 甲基氯仿;三氯乙烷
methyl chloroformate 氯甲酸甲酯
2-methyl-4-chlorophenoxyacetic acid 2-甲基-4-氯苯氧基乙酸;2甲4氯
methyl chlorosulfonate 氯磺酸甲酯
methylcholanthrene 甲基胆蒽
methyl cinnamate 肉桂酸甲酯
methyl-cinnamic acid 甲基肉桂酸
methylconiine 甲丙哌啶
methyl copper 甲基铜
methyl crotonate 巴豆酸甲酯
methyl cyanide 甲基氰;乙腈
methyl cyanoacetate 氰基乙酸甲酯
methylcyclobutane 甲基环丁烷
methylcycloheptanol 甲基环庚醇
methylcyclohexadiene 甲基环己二烯
methylcyclohexane 甲基环己烷
methylcyclohexanol 甲基环己醇
methylcyclohexanone 甲基环己酮
methylcyclohexene 甲基环己烯
***N*-methylcyclohexylamine** *N*-甲基环己胺
3-methylcyclopentadecanone 3-甲基环十五烷酮;麝香酮
methylcyclopentane 甲基环戊烷
methylcyclopentenophenanthrene 甲基环戊烯并菲
5-methylcytidylic acid 5-甲基胞苷酸
methylcytisine(=caulophylline) 甲基金雀花碱
5-methylcytosine 5-甲基胞嘧啶
methyl dehydroabietate 脱氢枞酸甲酯
methyl demeton 甲基一〇五九
methyl dichloroarsine 甲胂化二氯;二氯甲基胂
methyldiethanolamine 甲基二乙醇胺
methyl-diethylamine 甲基·二乙胺
methyldiiodoarsine 甲基二碘胂
methyldiphenhydramine 甲苯海明;甲基苯海拉明
methyldiphenylamine 甲基二苯胺
methyl disulfide 二甲二硫;二甲基化二硫
methyldopa 甲基多巴
3-*O*-methyldopa 3-*O*-甲多巴;3-甲氧酪氨酸
methylenation 亚甲基化作用
methylene 亚甲基
methyleneaminoacetonitrile 亚甲基氨基乙腈
methylene-aniline 六氢-1,3,5-三苯基均三嗪;三亚甲基三苯胺
methylene azure 亚甲天蓝
4,4′-methylenebis(2-chloroaniline) 4,4′-亚甲基双(2-氯苯胺)
methylene-bis(dialkylphosphine oxide) 亚甲基双(二烷基氧膦)
methylenebis(di-2-ethylhexylphosphine oxide)(MEHDPO) 亚甲基双(二-2-乙基己基氧膦)
methylene blue 亚甲蓝
Methylene Blue BB 碱性湖蓝BB
methylene bridge 亚甲桥
methylene bromide 二溴甲烷
***α*-methylene butyrolactone** *α*-亚甲基丁内酯
methylene chloride 二氯甲烷
methylene cyanide 丙二腈
methylenecyclobutane 亚甲基环丁烷
methylenecyclohexane 亚甲基环己烷
methylenecyclopropylglycine 亚甲基环丙基甘氨酸
methylenedianiline (1)二苯氨基甲烷 (2)二氨苯基甲烷
methylene dichloride 二氯甲烷
methylene diethyl ether 亚甲基二乙醚;二乙氧基甲烷
methylenedigallic acid 亚甲基二棓酸
methylene diiodide 二碘甲烷
methylenedimalonic acid 亚甲基双丙二酸
methylenedioxy 亚甲二氧基
methylenediphosphonic acid(MDP) 亚甲基二膦酸
methylenedisalicylic acid 亚甲基二水杨酸
methylenedisulfonic acid(=methionic acid)

亚甲基二磺酸;甲二磺酸
methylenedisulfonyl 亚甲基二磺酰
methylene glycol 亚甲基二醇
methyleneimine 亚甲基亚胺
methylene iodide 二碘甲烷
methylene oxide 甲醛
methylene polyacrylamide 亚甲基聚丙烯酰胺
methylenesuccinic acid 亚甲基丁二酸;衣康酸
methylenesulfonic acid 甲二磺酸
methylene triol 1,3,5-环己三醇
methylene-violet 亚甲紫
methylenimine 甲亚胺
methylenomycin 次甲霉素
methylephedrine 甲基麻黄碱
***β*-methyl epichlorohydrin** *β*-甲基环氧氯丙烷
methylepinephrine 甲肾上腺素
methylergonovine 甲基麦角新碱
methylethanolamine 甲基乙醇胺
methyl ether (1)甲基醚 R·O·CH_3(2)甲醚 CH_3·O·CH_3
methyl ethyl-allylamine 甲基乙基烯丙胺
methyl ethyl-amine 甲基乙胺
methyl ethyl-aniline *N*-甲基-*N*-乙基苯胺
methyl ethyl carbonate 碳酸甲·乙酯
2-methylethylenediaminetetraacetic acid(MEDTA) 2-甲基乙二胺四乙酸
methylethylene phosphate (MEP) 甲基亚乙基磷酸酯
methyl ethyl ether 甲基·乙基醚;甲氧基乙烷
methyl ethyl ketone 甲基乙基甲酮;甲·乙酮
methyl-ethyl-ketone dewaxing 甲乙酮脱蜡;丁酮脱蜡
methyl ethyl oxalate 草酸甲·乙酯
2-methyl-5-ethylpyridine 2-甲基-5-乙基吡啶
methylethylthetin 甲基乙基噻亭;甲基乙基硫代羧酸内盐
methyleugenol 丁子香酚甲醚
***α*-methylfentanyl** *α*-甲基芬太尼
methylferase 转甲基酶
methyl fluoride(=fluoromethane) 甲基氟;氟代甲烷
methyl fluorosulfonate 氟磺酸甲酯
methyl form(i)ate 甲酸甲酯
methylfructofuranoside 甲基呋喃果糖苷
6-methylfulvene 亚乙基环戊二烯
methylfumaric acid 甲基富马酸;反式甲基丁烯二酸
methyl furoate 糠酸甲酯
methyl gallate 棓酸甲酯;没食子酸甲酯
methyl geraniol 甲基香叶醇
methylglucamine 甲葡糖胺
methylglucofuranoside 甲基呋喃葡糖苷
methylglucoside 甲基葡糖苷
methyl glycerate 甘油酸甲酯
methyl glycerin 甲基甘油
methylglycine 甲基甘氨酸
methylglycine oxidase 甲基甘氨酸氧化酶
methyl glycollate 乙醇酸甲酯
methyl glycosine 肌氨酸;*N*-甲基甘氨酸
methylglyoxal 甲基乙二醛;丙酮醛
methylglyoxal bisguanylhydrazone 丙脒腙
methyl glyoxime 甲基乙二肟
methyl green 甲基绿
methylguanidine 甲基胍
methylguanidine nitrate 硝酸甲胍
methylguanidine sulfate 硫酸甲胍
methylguanidinoacetic acid 甲基胍(基)乙酸
methyl halide 甲基卤;卤代甲烷
methyl heptenone 6-甲基-5-庚烯-2-酮
(1-methylheptyl)hydrazine (1-甲基庚基)肼
methylhexaneamine 甲基氨基己烷;1,3-二甲基戊胺
methylhistamine 甲基组胺
methylhistidine 甲基组氨酸
methylhydrastimide 甲基北美黄连内酰胺
methylhydrazine 甲基肼
methylhydrazine sulfate 硫酸甲肼
methyl hydrazone 甲腙
methyl hydrogen sulfate 硫酸氢甲酯;*O*-甲基硫酸
methylhydroquinone 甲基氢醌
methyl hydroselenide 甲硒醇
methyl hydrosulfide 甲硫醇
methyl hydroxybenzene 甲(基)酚
methyl hydroxybenzoate 羟基苯甲酸甲酯
methyl-*p*-hydroxy benzoate 尼泊金甲酯
methylhydroxyquinoline *N*-甲基羟喹啉
methyl hypochlorite 次氯酸甲酯
methyl hypoxanthine 甲基次黄嘌呤
methylic 甲基
methylic alcohol 甲醇
methylidyne 次甲基
methylin 甲木质(用乙二醇一甲醚萃取的木质素)
methylindone 甲基二氢化茚酮

methyl inositol 甲基肌醇
methyl iodide 碘(代)甲烷
methylionone 甲基紫罗兰酮
6-methylionone(=irone) 鸢尾酮
***N*-methylisatin** *N*-甲基靛红
methylisobutylamine 甲基·异丁基胺
methyl isobutyl carbinol(**MIBC**) 甲基异丁基甲醇
methyl isobutyl ketone 甲基异丁基(甲)酮
methyl isobutyrate 异丁酸甲酯
methyl isocyanate 异氰酸甲酯
methyl isocyanide 甲胩
methyl isocyanurate 异氰尿酸甲酯;三聚异氰酸(三)甲酯
methyl isonitrile 甲胩
methyl isophthalic acid 甲基-1,3-苯二甲酸
methyl isoprene 甲基异戊间二烯
methyl isopropyl ether 甲基·异丙基醚
methyl isopropyl ketone semicarbazone 甲基·异丙基甲酮缩氨基脲
methyl isopropyl ketoxime 甲基·异丙基(甲)酮肟;3-甲基-2-丁酮肟
2-methyl-5-isopropylphenol 2-甲基-5-异丙基苯酚;香芹酚
methyl isorhodanate 异硫氰酸甲酯
methyl isorhodanide 异硫氰酸甲酯
methyl isosulfocyanate 异硫氰酸甲酯
methyl isothiocyanate 异硫氰酸甲酯
methyl isourea 甲基异脲
methyl isovalerate 异戊酸甲酯
methyl kinase 甲基激酶;转甲基酶
methyl lactate 乳酸甲酯
methyl linoleate 亚油酸甲酯
methyl lithium 甲基锂
methyllysine 甲基赖氨酸
methylmagnesium bromide 溴化甲基镁
methylmagnesium chloride 氯化甲基镁
methylmagnesium halide 卤化甲基镁
methylmaleic anhydride 甲基马来酸酐
methylmalonate 丙二酸二甲酯
methylmalonic aciduria 甲基丙二酸尿
methylmalonic ester (1)甲基丙二酸酯(2)(专指)甲基丙二酸二乙酯
methylmalonic semialdehyde 甲基丙二酸单醛
methylmalonyl- (1)甲基丙二酰(基)(2)甲基丙二酸单酰(基)
methylmalonyl-CoA 甲基丙二酰辅酶A
methyl mannoside 甲基甘露糖苷
methyl mercaptan 甲硫醇
methylmercapto- 甲硫基
methylmercuric bromide 溴化甲基汞
methylmercuric chloride 氯化甲基汞
methylmercuric halide 卤化甲基汞
methylmercuric iodide(**MMI**) 碘化甲汞
methylmercury dicyanodiamide 氰胍甲汞
methyl methacrylate 异丁烯酸甲酯;甲基丙烯酸甲酯
methyl *α*-methacrylate 2-甲基丙烯酸甲酯
methyl methanesulfonate 甲磺酸甲酯
methylmethionine 甲基蛋氨酸
methylmethioninesulfonium chloride 氯化*S*-甲基蛋氨酸
methyl methylanthranilate 甲基氨茴酸甲酯;邻甲氨基苯甲酸甲酯
3-methyl-6, 7-methylenedioxy-1-piperonylisoquinoline 3-甲基-6,7-亚甲基二氧-1-胡椒基异喹啉
methyl *N*-methylnipecotate 二氢槟榔碱;1-甲基-3-哌啶甲酸甲酯
methylmonosilane 甲基甲硅烷
methylmorphine phosphate 磷酸可待因;磷酸甲基吗啡
***N*-methylmyosmine** *N*-甲基麦斯明
methylnaphthalene 甲基萘
1-methylnaphthalene 1-甲基萘
2-methylnaphthalene 2-甲基萘
***α*-methylnaphthalene** 1-甲基萘
***β*-methylnaphthalene** 2-甲基萘
methylnaphthohydroquinone 甲(基)萘氢醌;维生素K_4
methyl naphthoquinone 甲基萘醌
methyl *α*-naphthylacetate 萘醋酸甲酯
methyl *β*-naphthyl ether 甲基·*β*-萘基醚
methylnicotinamide 甲基烟酰胺
methyl nicotinate 烟酸甲酯
methylnitramine 甲硝胺
methyl nitrate 硝酸甲酯
methyl nitrite 亚硝酸甲酯
methyl nitrobenzene 硝基甲苯
methyl *p*-nitrobenzenesulfonate 对硝基苯磺酸甲酯
methylnitrolic acid 甲硝肟酸
***N*-methyl-*N*′-nitro-*N*-nitrosoguanidine** *N*-甲基-*N*′-硝基-*N*-亚硝基胍
***N*-methyl-*N*-nitroso-*p*-toluenesulfonamide**(**MNSA**) *N*-甲基-*N*-亚硝基对甲苯磺酰胺
2-methylnonane 2-甲基壬烷;异癸烷
methyl *n*-nonyl acetaldehyde 甲基正壬基

乙醛
2-methyloctane 2-甲基辛烷;异壬烷
methylol 羟甲基
***N*-methylolacrylamide** *N*-羟甲基丙烯酰胺
methylol(=hydroxymethyl) 羟甲基
methylolation 羟甲基化
methylol dicyandiamide 羟甲基双氰胺
methylol melamine 羟甲基蜜胺
***N*-methylolmethacrylamide** *N*-羟甲基甲基丙烯酰胺;*N*-羟甲基异丁烯酰胺
methylol riboflavine 羟甲核黄素
***N*-methylol stearamide** *N*-羟甲基硬脂酰胺
methylol urea 羟甲基脲;脲基甲醇
***N*-methylolurethane** *N*-羟甲基氨基甲酸乙酯
methyl orange 甲基橙
methyl orange paper 甲基橙试纸
methyl orange test paper 甲基橙试纸
methyl oxalacetate 草酰乙酸甲酯
methyl oxalate 草酸甲酯
methyl oxide 甲醚
methyl oxyaniline 甲氧苯胺;茴香胺
methyl palmitate 棕榈酸甲酯;十六(烷)酸甲酯
methylparaben 羟苯甲酯;尼泊金甲酯
methyl parathion 甲基对硫磷
methyl pelargonate 壬酸甲酯
2-methyl-2,4-pentadiol 2-甲基-2,4-戊二醇
2-methyl-1-pentene 2-甲基-1-戊烯
4-methyl-1-pentene 4-甲基-1-戊烯
methyl pentosan 甲基戊聚糖
methylpentose 甲基戊糖
methylphenacyl alcohol 甲基苯甲酰甲醇
5-methyl-5-(3-phenanthryl)-hydantoin 5-甲基-5-(3-菲基)乙内酰脲
methylphenate 茴香醚;苯甲醚
***N*-methylphenazonium methosulfate** 甲硫酸 *N*-甲基吩嗪鎓
methylphenidate 哌醋甲酯;利他灵
methyl phenoxide 苯甲醚
methylphenylacetylene 甲基苯基乙炔
methyl *β*-phenylacrylate *β*-苯丙烯酸甲酯;肉桂酸甲酯
methylphenylamine *N*-甲基苯胺
methylphenylarsine oxide 甲苯胂化氧
methylphenylcarbinol 甲基苯基甲醇
methylphenylene 甲基亚苯基
***N*-methyl-*p*-phenylenediamine** *N*-甲基对苯二胺
methylphenyl ether 茴香醚;苯甲醚
3-methyl-5-phenylhydantoin 3-甲基-5-苯基乙内酰脲
methyl phenyl ketone 甲基·苯基(甲)酮
methyl phenyl silicone resin 甲基苯基硅树脂
methyl phenyl silicone rubber 甲基苯基硅橡胶
***sym*-methyl phenylurea** 对称甲基·苯基脲
methylphosphine 甲膦
methylphosphine borine 甲膦合甲硼烷
methylphosphinic acid 甲基亚膦酸
methyl phosphite 亚磷酸一甲基酯
methylphospho-acid(=methylphosphonic acid) 甲基膦酸
methylphosphoric acid 磷酸一甲酯
methylphosphorous acid (1)甲基膦酸(2)亚磷酸一甲酯
methylphthalanilic acid *N*-间甲苯基邻羧基苯甲酰胺
***N*-methylpiperazine** *N*-甲基哌嗪
***β*-methylpiridine** 3-甲基吡啶
methyl potassium 甲基钾
methylprednisolone 甲泼尼龙;甲基强的松龙
methyl propargyl ether 甲基·炔丙基醚
2-methyl-2-propenenitrile 2-甲基丙烯腈
methylpropenoic acid 甲基丙烯酸
methylpropenylphenol acetate 甲基丙烯基酚乙酸酯
methyl propionate 丙酸甲酯
methyl propyl ether 甲丙醚
methyl propyl ketone 甲·丙酮;甲基丙基甲酮
methyl *n*-propyl ketoxime 甲基·丙基甲酮肟
methyl propyl phenol 百里酚
methylpyrazolecarboxylic acid 甲基吡唑甲酸
2-methylpyridine 2-甲基吡啶
***γ*-methylpyridine** 4-甲基吡啶
methylpyridonecarboxylamide 甲基吡啶酮甲酰胺
methyl pyridyl ketone 甲基吡啶基甲酮;乙酰吡啶
methyl pyridyl ketone thiosemicarbazone 甲基·吡啶基甲酮缩氨基硫脲
***N*-methyl-2-pyrrolidone** *N*-甲基-2-吡咯烷酮
methyl pyrroline 甲基吡咯啉
methyl pyruvate 丙酮酸甲酯

2-methylquinoline 2-甲基喹啉
4-methylquinoline 4-甲基喹啉
methyl red 甲基红
methyl rhodanate 硫氰酸甲酯
methyl rhodanide 硫氰酸甲酯
methyl rubber 甲基橡胶
methyl salicylate 水杨酸甲酯;冬青油
methyl selenide 二甲基硒
methylseleninic acid 甲基亚硒酸
methylsilicane 甲基甲硅烷
methylsilicone 聚甲基硅氧烷
methylsilicone resins 聚甲基硅氧烷树脂
methyl sodium 甲基钠
methylstannonic acid 甲基锡酸
***α*-methylstyrene** *α*-甲基苯乙烯
methyl succinate 丁二酸二甲酯
4′-(methylsulfamoyl)sulfanilanilide 甲氨磺酰对氨基苯磺酰苯胺
methyl sulfate (1)硫酸单甲酯 (2)硫酸二甲酯
methyl sulfhydrate 甲硫醇
methylsulfhydryl(= methylsulfhydrate) 甲硫醇
methyl sulfide 二甲硫醚
methylsulfinic acid 甲亚磺酸
methylsulfinylethane 甲基亚磺酰乙烷;甲基乙基亚砜
methyl sulfocyanate 硫氰酸甲酯
methyl sulfocyanide 硫氰酸甲酯
methylsulfonic acid 甲磺酸
methylsulfonyl 甲磺酰
methylsulfonylamide 甲基磺酰胺
methylsulfonyl chloride 甲磺酰氯
methylsulfoxide 二甲亚砜
methylsulfuric acid *O*-甲(基)硫酸
methyl tartrate 酒石酸二甲酯
methyltartronic acid 甲基丙醇二酸
***N*-methyltaurine** 甲基牛磺酸;甲基牛胆碱
methyl telluride 二甲碲
methyltestosterone 甲睾酮
methyltetrahydrofuran 甲基四氢呋喃
2-methyltetrahydrofuran 2-甲基四氢呋喃
methyl theobromine 咖啡因;甲基可可碱
methylthiazoleethanol 甲基噻唑乙醇
methylthio- 甲硫基
5′-methylthioadenosine 5′-甲基硫腺苷
methyl thiocarbamate 硫代氨基甲酸甲酯
methyl thiocyanate 硫氰酸甲酯
methyl-thiocyanide 硫氰酸甲酯
methylthioglycolic acid 甲硫乙酸
methylthionamic acid 甲氨基磺酸
methylthionine chloride 亚甲(基)蓝;碱性湖蓝 BB
methylthiophene 甲基噻吩
methylthiouracil 甲硫氧嘧啶;甲基硫尿嘧啶
methylthiourea 甲硫脲
methylthymol blue 甲基百里酚蓝
methyl tin 二甲锡
methyl tin bromide 三溴化甲基锡
methyl toluate 甲基苯甲酸甲酯
methyl toluidine 二甲基苯胺
methyl tolyl ether 甲基·甲苯基醚
methyl tolyl sulfide 甲基·甲苯基硫
methyltransferase 甲基转移酶
methyl tricaprylammonium chloride (TCMACl) 氯化甲基三辛基铵
methyl trichloroacetate 三氯乙酸甲酯
methyltrichlorosilicane 甲代三氯硅烷
methyltrienolone 甲雌三烯醇酮
methyltriethoxysilane 甲基三乙氧基硅烷
methyltriethoxysilicane 甲基·三乙氧基硅烷
methyl trimethylacetate 三甲基乙酸甲酯;叔戊酸甲酯
methyl trithiocarbonate 三硫代碳酸甲酯
methyltroph 甲基营养菌
***α*-methyltyrosine** *α*-甲基酪氨酸
2-methyl *n*-undecanoic aldehyde 2-甲基正十一醛;甲基正壬基乙醛
methyluracil 甲尿嘧啶
5-methyluracil(=thymine) 胸腺嘧啶
methylurea 甲脲
methylurea nitrate 硝酸甲脲
methylurethane 甲基尿烷;甲氨基甲酸乙酯
methyluric acid 甲基尿酸
methyl vinyl ketone 甲基乙烯基甲酮
2-methyl-5-vinylpyridine 2-甲基-5-乙烯基吡啶
methyl vinyl silicone rubber 甲基乙烯基硅橡胶
methyl vinyl siloxane rubber 甲基乙烯基硅橡胶
methyl violet 甲基紫;碱性紫 5BN
methyl viologen 甲基紫精;联二-*N*-甲基吡啶
methyl xanthate (乙基)黄原酸甲酯
methylxyloside 甲基木糖苷
methyl yellow 甲基黄;对二甲氨基偶

氮苯
methymycin 酒霉素
methyne 次甲基
methyprylon 甲乙哌酮;脑了达
methyrimol 甲菌定
methysergid(e) 美西麦角
methystic acid 醉人酸
methysticin 醉人素
metiazinic acid 甲嗪酸;甲吩噻嗪乙酸
meticrane 美替克仑
metipranolol 美替洛尔
metitepine 甲替平
metizoline 美替唑啉;甲噻嗯唑啉
metobromuron 秀谷隆(除草剂)
metochalcone 美托查酮;甲氧查耳酮
metoclopramide 甲氧氯普胺;胃复安
metocurine iodide 碘二甲箭毒
metofenazate 美托奋乃酯;三甲氧奋乃静
metofoline 甲氧夫啉
metol 对甲氨基苯酚硫酸盐;米吐尔
metolachlor 异丙甲草胺;都尔
metolazone 美扎拉宗;甲磺喹唑磺胺
metolcarb 速灭威
metomidate 美托咪酯
metopimazine 美托哌丙嗪;甲磺哌丙嗪
metopon 美托酮;甲基二氢吗啡酮
metoprolol 美托洛尔
metoquinone 梅托醌
metoserpate 美托舍酯;18-表甲基利血酸甲酯
metoxuron 甲氧隆
metralindole 美曲吲哚
metrazol(e) 戊四氮;亚戊基四唑
metre rule 米尺
metribuzin 草克净;赛克嗪
metric coarse thread 公制粗牙螺纹
metric entropy 度规熵
metric fine thread 公制细牙螺纹
metric (screw) thread 公制螺纹
metric tensor 度规张量
metrizamide 甲泛葡胺;甲泛影酰胺
metrizoic acid 甲泛影酸
metrolac hydrometer 橡浆比重计
metrology 计量学;度量衡制;计量制
metronidazole 甲硝唑;灭滴灵
metron S 异丙辛胺
metrotonin 麦角代用品
metsulfuron methyl 甲黄隆(甲酯)
meturedepa 美妥替哌;双二甲磷酰胺乙酯
metyrapone 美替拉酮
metyridine 美替立啶;甲氧乙吡啶
metyrosine 甲基酪氨酸
mevaldic acid 3-羟-3-甲戊醛酸
mevalonate-5-pyrophosphate 甲羟戊酸-5-焦磷酸
mevalonic acid 甲羟戊酸;3-甲(基)-3,5-二羟(基)戊酸;甲瓦龙酸;袂瓦龙酸
mevinphos 速灭磷;磷君;法斯金
mexacarbate 自克威;兹克威
mexazolam 美沙唑仑
mexenone 美克西酮;甲克酮
mexicain 墨西卡因
mexiletine 美西律;慢心律
Meyer absorber 迈耶吸收器
Meyer-Schuster rearrangement 迈耶-舒斯特重排
Meyer's law 迈耶酯化定律
Meyer synthesis 迈耶合成法
mezereum 瑞香
mezlocillin 美洛西林;磺唑氨苄青霉素
MF (1)(melamine-formaldehyde)三聚氰胺-甲醛(树脂)(2)(microfiltration)微滤
MF(maintenance free) **battery** 免维护蓄电池
MF resin 三聚氰胺-甲醛树脂;蜜胺-甲醛树脂
MG(microgranule) 微粒剂
MG(methyl methacrylate grafted natural) **rubber** 天甲橡胶
miamine 氯胺 T
mianserin 米安色林
miargyrite 辉锑银矿
miarolitic texture 晶洞结构
miascite 云霞正长岩
miaskite(=miascite) 云霞正长岩
miazines 嘧啶类
mibefradil 美贝拉地
MIBK(methyl isobutyl ketone) 甲基异丁基甲酮(溶剂)
mibloerone 米勃酮;7α-17-二甲诺龙
miboplatin 米帕
mica 云母
mica iron oxide 云母氧化铁
micanite 层合云母板;绝缘石
mica paper 粉云母纸
mica structure 云母类结构
micelianamide 微孢酰胺
micell 微团
micellar adsorption 胶束吸附

micellar aggregate 胶束集聚体
micellar aggregation number 胶束聚集数
micellar catalysis 胶束催化
micellar disperser 胶束分散剂；胶束分散体
micellar-enhanced ultrafiltration（MEUF） 胶束强化超滤
micellar enzymology 微团酶学
micellar hydration 胶束水化作用
micellar net structure 胶束网状结构
micellar phase 胶束相
micellar（solubilization）spectrophotometry 胶束（增溶）分光光度法
micellar structure 胶束结构
micelle 胶束；胶团；微团
micelle core 胶束内芯
micelle-forming ion 成胶束离子
micelle volume 胶束体积
Michael addition 迈克尔加成
Michaelis-Menton constant 米氏常数
Michaelis-Menton kinetics 米氏动力学
Michael reaction 迈克尔（加成）反应
Michalski reaction 米哈尔斯基反应
Michalski rearrangement 米哈尔斯基重排
Michell bearing 米歇尔轴承
Michelson interferometer 迈克耳孙干涉仪
Michelson-Morley experiment 迈克耳孙-莫雷实验
Michler's base 米蚩碱
Michler's carbinol 米蚩醇
Michler's ketone 米蚩酮
miconazole 咪康唑；双氯苯咪唑
miconomycin 米科诺霉素
micranthine 小花质；小花芫碱
mic RNA 反义 RNA
microadsorption column 微吸附柱
microadsorption detector 微吸附检测器
microaerophilic test 微需氧试验
microanalysis 微量分析
micro（analytical）balance 微量天平
micro-area diffraction 微区衍射
microbalance 微量天平
microball-mill 微粉球磨机
microballoon 微中空球
microballoon reinforcement 微球增强体
microballoons 微微球
microballoon sphere 中空微球（浮在罐中油面与空气隔绝以减少蒸发损耗）
micro-base 微机座
microbe 微生物
microbial contamination 杂菌感染
microbial dynamics 微生物动态学
microbial film 微生物膜
microbial methylation 微生物甲基化作用
microbial pesticide（s） 微生物农药
microbial polysaccharide 微生物多糖
microbial strain 菌株
microbicide 杀微生物剂
microbiological corrosion 微生物腐蚀
microbiological cultivation 微生物培养法
microbiological deterioration 微生物降解
microbiological fuel cell 微生物燃料电池
microbiological method 微生物测定法
microbiology 微生物学
microbion 微生物
microbiotic（＝antibiotic） 抗生素
microbody 微体
micro-Brownian movement 微观布朗运动
microbulking 微膨化
microburette 微量滴定管
micro-burner 微（焰）灯
microcalorimeter 微量热计
microcalorimetry 微量热法
microcanonical distribution 微正则分布
microcanonical ensemble 微正则系综
microcanonical partition function 微正则配分函数
microcapsule 微荚膜；微胶囊
microcapsule adhesive 微胶囊胶黏剂
microcapsule anaerobic adhesive 微胶囊厌氧胶
microcapsule dye（s） 微胶囊染料
microcarrier 微载体
micro catalytic reactor 微型催化反应器
microcationic titration 微量阳离子滴定法
microcell corrosion 微电池腐蚀
microcellular microsphere 微空微球
microcellular rubber 微孔橡胶
microchemical analysis 微量化学分析
microchemistry 微量化学
microchromatography 微量色谱（法）
microcide 小杀菌素
microcin 小菌素
microcline 微斜长石
micrococcin P 微球菌素
microcolorimeter 微量比色计
microcomponent 微量组分
microcomputer 微型电子计算机
microcomputer detecting control system 微

机检测控制系统
microcomputer management system 微机管理系统
microconcentrator 微型浓缩器
microcone penetrometer 微型针入度计
microconfiguration 微观构型
microconformation 微构象
micro constituent 微量成分
microcosmic salt 磷酸氢钠铵
microcoulometric detector 微库仑检测器
microcrack 微裂缝;微裂纹
microcreep 微观蠕变
microcrimp 微卷曲
microcrith 氢原子重量
micro-crystal 微晶
microcrystal alloy 微晶合金
microcrystalline glass 微晶玻璃
microcrystalline reaction 微晶反应
microcrystalline semiconductor 微晶半导体
microcrystalline silicon 微晶硅
microcrystalline structure 微晶结构
microdeformation 微形变
microdensitometer（＝microphotometer） 测微光度计
microdetermination 微量测定
microdial 精确刻度盘
microdiffusion 微量扩散
microdiffusion analysis 微量扩散分析法
microdosimetry 微剂量学
microdyne scrubber 微达因除尘器
micro-economic benefit 微观经济效益
microelectrode 微电极
microelectrode voltammetric technique 微电极伏安技术
microelectrolysis disinfection 微电解消毒
microelectronic 微电子的
micro(electro)phoresis 微量电泳
microelement 微量元素
microemulsification technology 微乳化技术
micro emulsion 微乳(状液)
microemulsion flooding 微乳驱
micro emulsion polymerization 微乳液聚合
microencapsulation 微囊包封
microencapsulation culture 微囊化培养
microencapsulation poison baits 微囊毒饵
microenvironment 微环境
microexamination 显微检验;微观检查
micro experiment facilities 微型试验装置
microfeeder 微量加料器
microfiber 微纤维;超细纤维
microfibril 微原纤
microfilament 微细长丝
microfilm 缩微胶片
microfiltration (1)微孔过滤 (2)微量过滤
microfine 超细(的)
microfissure 显微裂纹
microflaw 显微裂纹
micro-flocculate 微絮凝粒
microflora 微生物群落
microflotation 微观浮选
microflow 微流;微观流动
microfluid 微观流体
microfluidics 微射流卡盘
microfoam rubber 微孔橡胶
microgel 微凝胶
micro glass beads 玻璃珠
microglobulin 微球蛋白
microgram method 超微量法
microhardness 显微硬度
microhelix 微螺旋
microheterogeneity 微不均一性
micro-heterogeneous catalysis 微观多相催化
microimmunoglobulin 微小免疫球蛋白
microimpurity 微量杂质
micro-ionophoresis 微量离子电泳
microleakage 微漏
microlite (1)细晶石(2)微晶
microlitic structure 微晶结构
micromanipulation 显微操作术
micromanometer 微压计
micromechanics 微观力学
micromeritics 微粒学
micromesh 微孔(筛)
micrometallic filter 微孔金属过滤器
micrometer 测微计
micrometer caliper 螺旋测微器
micrometer eyepiece 测微目镜
micro method 微量法
microminiaturization 超小型化
micromixing 微观混合
Micromonospora 小单孢菌属
micromorphology 微观形态学
micromotor 微型电动机
micron 微米
micronex 气炭黑
microniser 粉碎机
micronization 微粒化
micronization process 微粒(粉)化过程
micronizer fluid-energy (jet)mill Micronizer

流能磨(气体粉碎机)
micronomicin 小诺米星
micron separator 微粉分离机
micronucleus 小核
micron ultra shifter 超微粉碎装置
micronutrient fertilizer 微量元素肥料
microorganism 微生物
micro-organism electric cell 微生物电池
micropacked column 微填充柱
microparticle support 微粒状载体
microparticulate protein powers 微粒化的蛋白质粉体
microphase 微相
microphotograph (1)显微照相 (2)显微照片
microphotometer 测微光度计
micropicnometer 微量比重瓶
micropipet(te) 微量吸移管
microplasma 微等离子体
micro-plasma arc welding 微束等离子弧焊
microplasma zone 微等离子区
microplastometer 微量塑性计
micropolar fluid 微极性流体
micropollution 微量污染
micropore 微孔
microporosity 微孔率
microporous filter 微孔过滤器
microporous filter membrane 微孔滤膜
microporous filtration 微孔过滤
microporous membrane 微孔膜
microporous membrane technology 大分子膜技术;微孔膜技术
microporous polymer 微孔聚合物
microporous rubber 微孔橡胶
microporous sintered membrane 微孔烧结膜
microporous supporting membrane 微孔底膜
micropowder 超细粉
microprobe (显)微探针;微型探针
microprobe analysis 微探针分析
micropulverizing 微粉碎
micropump 微型泵
micropyrometer 微型高温计
micro-reaction 微量反应
microreactor 微型反应器
micro-rheology 微观流变学
micro sample 微量称样
microscope 显微镜
microscope slide 载(物)片;载物玻璃
microscope stage 显微镜载片台
microscope turn table 显微镜旋转台
microscopic constant 微观常数
microscopic cross-section 显微截面
microscopic electrophoresis 粒子电泳
microscopic examination 微观组织检查
microscopic particle 微观粒子
microscopic quantity 微观量
microscopic reversibility 微观可逆性
microscopic spatial distribution 微观空间分布
microscopic state 微观态
microscopic structure 显微组织;细微组织
microsegregation 微偏析
microsensor 微型传感器
microsequencing 显微测序
micro-size particles 微米级粒子;超细粒子
microsolubility 微溶性
microsome 微粒体
microspectrophotometry 显微分光光度法
microspectroscope 显微分光镜
microsphere 微球体
microspore 小孢子
microstate 微观态
microstrain 微应变
microstress 微应力
microstretching 微拉伸
microstructure 显微结构
microstructure test 微观组织试验
microsuspension 微悬浮
microswelling 微溶胀;微膨胀
microswitch 微型[动]开关
microtacticity 微观规整性
microtest 微量试验;显微试验
microtest tube 微量试管
microtexture 微观结构;微观组织
microthermogravimetry 微热重量分析法
micro-thermometer 精密温度计
micro-thin-layer chromatography 微量薄层色谱法
microthrowing power 微观分散能力
microtitration 微量滴定
microtome 切片机
microtome knife 切片刀
microtubule 微管
micro vibrating shifter 微粉震动筛
microvoid 微孔
microwarm stage 显微镜加温台
microwave absorbing coating (雷达)吸波涂层;微波吸收涂层
microwave ceramics 微波陶瓷
microwave chemistry 微波化学
microwave curing adhesive 微波固化胶黏剂

microwave curing unit 微波硫化装置
microwave detector(MWD) 微波检波器;微波检测器
microwave discharge 微波放电
microwave dryer 微波干燥器
microwave drying 微波干燥
microwave generator 微波发生器
microwave method devulcanizing 微波脱硫
microwave oven 微波炉
microwave plasma emission spectroscopic detector 微波等离子体发射光谱检测器
microwave spectroscopy 微波波谱学
microwave spectrum 微波波谱
microwave vulcanization 微波硫化
microwave weapons 微波武器
midazolam 咪达唑仑
mid-board (1)中隔墙;间壁(2)中间纸板
midchain 中链(的)
middle and low-pressure vessel 中低压容器
middle coating 中涂
middle cone 中圆锥
middle cut 中间馏分
middle cylinder 中圆筒
middle distillate 中间馏分油
middle fraction 中间馏分
middle hopper 中间料斗
middle infrared 中红外区(3~25μm)
middle lamella 胞间层
middle oil 中油
middle oil distillate 中间馏分(煤油与润滑油之间的馏分)
middle phase microemulsion 中相微乳液
middle-pressure process 中压法
middle-pressure reactor 中压反应器
middle pressure rubber asbestos 中压橡胶石棉板
middle runnings 中间馏分
middle sample 中间试样(液体容器中间层取出的试样)
middling (1)中间产品(2)中级品
midecamycin 麦迪霉素
midfeather 中间隔墙
mid fibre 中长纤维
midget bubbler 小型鼓泡器
midget motor 微型电动机
midodrine 米多君;甲氧安福林
mid-point potential 中点电压
mid-point voltage 中点电压
mid rail 护腰;横挡
midronal 桂利嗪;桂益嗪
miecanyin(a silkworm maggot killing agent) 灭蚕蝇
miediling 甲硝唑;灭滴灵
miehailin aerosol 灭害灵气雾剂
Mie scattering 米氏散射
mieyouniao No. 3 灭幼脲三号
MIF(macrophage inhibition factor) 巨噬细胞抑制因子
mifentidine 咪芬替丁
mifepristone 米非司酮
miglitol 米格列醇
mignonette oil 木犀草油
migrant plasticizer 渗移性增塑剂
migrating group 迁移基团
migrating plasticizer 渗移性增塑剂
migration 迁移
migration current 迁移电流
migration of ions 离子迁移
migration of the double bond 双键移位
migration plasticizer 渗移性增塑剂
migration property 移染性
migration stain 迁移污染
migration stain of color 着色迁移污染
migration stain test 迁移污染试验
migration tube (离子)迁移管
migration velocity 渗移速度
migratory aptitude 迁移倾向
miharamycin 三原霉素
mikamycin 米卡霉素;蜜柑霉素
mikonomycin 米科诺霉素
mil 密耳
milbemectin 米尔螨素
milbemycin 米尔倍霉素
milbemycin oxime 米尔倍霉素肟
mildbase 弱碱
mild cracking 轻度裂化
mildew 霉;生霉
mildewing of paints 涂料的霉变
mildew inhibitor 防霉剂
mildew preventive 防霉剂
mildewproof 防霉;不生霉
mildew proof agent 防霉剂
mildew proof board 防霉纸板
mildew proof paint 防霉漆
mildew resistant paint 防霉漆
mildew-retarding agent 防霉剂
mildew stain 霉斑

mildiomycin 灭粉霉素
mildly corrosive 轻度腐蚀的
mild mercurous chloride 稀氯化亚汞
mild steel 低碳钢;软钢
milfoil oil 蓍草油
military explosive 军用炸药
military gas-mask 军用防毒面具
milk 乳
milk concentration 牛奶浓缩
milk curd 凝乳
milk drink 含乳饮料
milk glass 乳白玻璃
milkiness (1)乳状;乳浊(2)乳白色
milking 挤奶
milk of almonds 杏仁油乳浊液
milk of barium 氢氧化钡乳浊液
milk of magnesia 氧化镁乳剂
milk of sulfur 硫黄乳;乳(粒)硫
milk protein 牛奶蛋白
milk sap 乳状液
milk scale buret(te) 乳白刻度滴管
milk serum 乳清
milk sugar 乳糖
milkvetch root 黄芪
milk white anodizing of aluminium 铝乳白色阳极氧化
mill (1)开炼机(2)碾磨;碾磨机
mill apron 返料带
mill bagging 脱滚(现象)
mill bed plate 底盘
mill blank 白纸板
mill board 压榨纸板
mill building 厂房
mill cake 粕
mill capacity 研磨能力
mill coal 工厂用煤
mill construction 工厂建筑
mill cover 粉碎机盖
mill drive 磨碎机传动装置
milled clay 漂白土
milled fiber 磨断纤维
milled rubber 捏炼了的橡胶
milled wood lignin (MWL) 磨制木素
mill efficiency 研磨效率
mill engine 压榨机
Miller duplex beater 米勒双效打浆机
Miller indices 米勒指数
millerite 针镍矿
millet oil 小米油
millet oil acid 小米油酸
milletol (以往有人误写为 melletol)鸡血藤醇
mill housing cover 粉碎室上盖
milligram method 微量法
Millikan oil-drop experiment 密立根油滴实验
milling (1)混炼(2)捧软
milling chamber 粉碎室
milling dye 缩绒染料
milling equipment 磨碎设备
milling liquid 研磨液
milling materials 磨料
milliosmol 毫奥斯莫;微渗透粒子
milliosmolarity 毫渗量
millipore filter 微孔过滤器
millipore filtration 微孔过滤
mill iron 生铁
Millon's base 米隆碱;氢氧化双羟汞基铵
Millon's reaction 米隆反应
mill oxide 球磨铅粉
mill scrap 工厂废品
millwork 工厂机械的安装及操作
millwright (磨粉厂)设计师;(工厂的)机器安装工
milnacipran 米那普仑
milone 乳清酒
Milontin 苯琥胺;米浪丁;*N*-甲基-2-苯基琥珀酰亚胺
milorganite 沟污肥
Milori green (=chrome green) 铬绿
miloxacin 米洛沙星
milrinone 米力农
miltefosine 米替福新
mimeograph paper 蜡纸;油印纸
mimeograph (printing) ink 油墨
mimosine 含羞草碱;含羞草氨酸
Minamata disease 水俣病
minaprine 苯哒吗啉
mince 切碎
MINDO(modified INDO) 改进的间略微分重叠法
mine iron-ore concentrator 铁矿石富集器
mine machine oil 矿山机械油
mineral (1)矿物;矿石(2)矿物的;无机的
mineral acid 无机酸
mineral additive 矿物添加剂
mineral adhesive 硅酸钠
mineral black 石墨
mineral blue 矿蓝

mineral butter 凡士林;矿脂
mineral caoutchouc 矿质橡胶
mineral carbon 石墨
mineral chameleon 高锰酸钾
mineral chemistry 矿物化学
mineral cleavage 矿物解理
mineral compound 无机化合物
mineral cotton 矿棉
mineral crystal druse 矿物晶簇
mineral cutting oil 矿物切削油(切削工具用矿质润滑-冷却液)
mineral dressing 选矿
mineral ether 石油醚
mineral fat 矿脂
mineral fertilizer 无机肥料
mineral fertilizers obtained from sea water 海水肥料
mineral fibre 矿物纤维
mineral fracture 矿物断口
mineral fuel 矿物燃料
mineralization 矿化
mineralization agent 矿化剂
mineralized tissue 矿化组织
mineralizer 矿化物;矿化剂
mineral lubricating oil 矿物润滑油
mineral luminescence 矿物发光性
mineral manure 无机肥料;矿物肥料
mineral metabolism 无机代谢作用
mineralocorticoid 盐皮质(激)素
mineralogy 矿物学
mineral oil 矿物油(指石油、页岩油等矿物来源的油)
mineral orange(=red lead) 铅丹;红丹
mineral paint thinner 矿质油漆稀释剂;油漆的矿物质石油稀释剂
mineral pesticides 矿物源农药
mineral pitch 地沥青;柏油
mineral purple 赭石
mineral residue 矿物废渣
mineral resources 矿物资源
mineral rubber 矿质橡胶;弹性沥青
minerals commonly used in chemical industry 化学矿物
mineral spirits 松香水;溶剂油
mineral spots 矿物包体;矿物斑点
mineral streak 矿物条痕
mineral sulfur 矿质硫黄
mineral syrup 液体石蜡;石蜡油
mineral tallow 伟晶蜡石
mineral tannage 矿物鞣法
mineral tanning agent 矿物鞣料
mineral trace elements 矿物质微量元素
mineral wax 地蜡;矿蜡
mineral wool 矿物棉
mineral wool board 矿棉板
mineral yellow 氯氧化铅
miner's oil 矿灯油
mine run coal 原煤
minetisite 砷铅矿
mine ventilating fan 矿用通风机
mine water 矿坑水
mini (1)微型的(2)微型汽车
miniatomycin 赤红霉素
miniature 雏型(的);微型(的)
miniature bearing 微型轴承
miniature device 微型器件
miniature mixer-settler 微型混合澄清槽
miniature motor 微型电动机
miniatur(iz)ation 微型化
minicar 微型汽车
minicell 微型电池
minicell system 微型细胞系统
minicomputer 小型计算机;微型计算机
mini disc 微型激光光盘
minifer 单引发-转移剂
minigene 小基因
minihelix 小螺旋
minimal flow pump 最小流量泵
minimal medium 基本培养剂;最低培养剂
minimal toxic dose[level] 最小中毒量
minimax method 极大极小法
minimax-regret criterion 大中取小遗憾判据
mini-mixer-settler 微型混合澄清槽
minimizing control mode 最小化控制方式
minimum absorbent flow rate 最小吸收剂流率
minimum acceptable rate of return (MARR) 最低容许收益率
minimum annualized cost 按年度最低成本
minimum bending radius 最小挠[弯]曲半径
minimum boiling azeotrope 最低沸点共沸物
minimum boiling point azeotrope 最低共沸混合物
minimum detactable limit[amount] 最小检出量
minimum detectability 最低检出限
minimum detectable activity(MDA) 最小(可)检出(放射性)量;最低(可)检出(放射性)量
minimum detection quantity 最小检测量

minimum down time 最短的停机时间
minimum energy path 最低能量途径
minimum exposure energy 最小曝光量
minimum flow 最低流量;最小流量
minimum fluidization velocity 最小流(态)化速度
minimum ga(u)ge 最小厚度
minimum inhibition concentration 最小抑制(细菌)浓度
minimum installation allowance 最小安装调节距离
minimum interference 最小过盈[干涉]
miniuum lethal concentration 最低致死浓度
minimum life section 危险截面
minimum limit 最小限度
minimum liquid rate 最小液流量
minimum load 最低负载[荷]
minimum load operation 最低负荷运行
minimum output 最低出力
minimum pattern 最小图形
minimum permissible temperature 最低允许温度
minimum plate height 最低塔板高度
minimum protection current density 最小保护电流密度
minimum protection potential 最小保护电位
minimum reflux 最小回流
minimum reflux ratio 最小回流比
minimum requirements 最低要求
minimum residual method 最小残差法
minimum response concentration(MRC) 最低感[响]应浓度
minimum rotation rate and power for turbine 透平的最小转速和功率
minimum safe distance 最小安全距
minimum size 最小尺寸
minimum specification 最低规格
minimum speed 最低[小]速度
minimum staining reclaim 低污染再生橡胶
minimum stress 最小应力
minimum takeup allowance 最小张紧调节距离
minimum test duration 最短试验时间
minimum theoretical number of plate 最小理论塔板数
minimum thickness 最小厚度
minimum turning radius 最小转弯半径
minimum unit cost 最低单位成本
minimum velocity 最小速度
minimum wall thickness 最小壁厚
minimum wetting rate 最小润湿速度;最小润湿速率(指填料塔)
minimum widith 最小宽度
minimum work 最小功
mining engineering 采矿工程
mining explosive 矿山炸药
mining hose 矿用胶管
mini-plant 中间工厂
mini-processor 微型处理机
minispring 小弹簧
Ministry of Chemical Industry 化学工业部
minitype 微型
minium 铅丹;四氧化三铅
minivalence 最低化合价
Minkowski coordinate system 闵可夫斯基坐标系
Minkowski diagram 闵可夫斯基图
Minkowski geometry 闵可夫斯基几何
Minkowski map 闵可夫斯基图
Minkowski metric 闵可夫斯基度规
Minkowski space 闵可夫斯基空间
Minkowski world 闵可夫斯基空间
mink skin 水貂皮
minocycline 米诺环素;二甲胺四环素
minomycin 美浓霉素
minor base 稀有碱基
minor constituent 少量成分
minor groove 小沟
minority 少数(情况,派)
minority carrier 少数载流子
minor metal 次要金属
minor overhaul 小修
minor parameter 次要参数
minor repair 小修
minoxidil 米诺地尔;长压定
minseed oil 矿质亚麻油
mint oil 薄荷油
minute bubbles 小气泡
minus deviation 负偏差
minus material 次品
minus strand 负链
minus tolerance 负公差
minute power cell 微功率电池
minute type cell 微型电池
miokamycin 米奥卡霉素
miokinine 鸟氨酸三甲基内盐
miokon 双丙碘苯酸;3,5-二丙酰胺-2,4,6-三碘苯甲酸
miotic 缩瞳药
mioton 辣椒素

mipafox 丙胺氟磷
mipor rubber 微孔橡胶
mirabilite 芒硝
mirabilite-alumtanning 硝铝鞣
mirabilite-flour tanning 硝面鞣
miraculin (非洲)奇果甜素;奇果蛋白
miraculin 奇果蛋白
miramycin 奇霉素
mirbane oil 硝基苯;密斑油
mire 淤渣;淤泥;矿泥
Mired value 密勒德值
mirex 灭蚁灵;全氯五环癸烷
miromycin 观霉素
miropinic acid 米绕品酸
miroprofen 咪洛芬
mirror (反射)镜
mirror image 镜像
mirror image isomerism 镜像异构
mirror nuclei 镜像核
mirror reflection 镜(面)反射;镜像反射
mirror reflection symmetry 镜面反射对称
mirrorstone (1)白云母(2)云母
mirror symmetry 镜面对称
mirtazepine 米氮平
MIS (1)(multi-ion selection)多离子选择(2)(management information system)管理信息系统
misadjustment 误调;失调;不准确的调节
misalignment 非线性;失调;定线不准
misapplication 不正确使用
misarrangement 错误布置
miscalculation 算错;计算误差
miscella 溶剂(混合)油;油与溶剂混合物(萃取)
miscellaneous defect 混杂缺陷
miscellaneous load 零星荷载;杂项荷载
miscellaneous sources of pollution 杂污染源
mischarging 错载
mischmetal 含铈稀土合金;稀土金属混合物
miscibility (溶)混性;可混性;掺混性
miscibility gap 互溶范围
miscibility window 互溶度窗
miscible 可(溶)混的
miscible flooding 混相驱(油等)
miscible fluid 互溶液体
miscoding 错编
Mises yield criterion 米赛斯屈服准则
misfire (发动机)不发火;熄火
misfit 不吻合;配错;不匹配的零件
misfit dislocation (晶格)失配位错
mishandling 不正确运转;违反运行规程
mishap 意外事故
misincorporation 错参
misinsertion 错插
mismatch 错配;不匹配
mismatching 错配
misoperation 误操[动]作
misoprostol 米索前列醇
mispairing 错配
mispickel 砷黄铁矿;毒砂
misplace 错放;错位
misplaced atoms 错位原子
misplacement 错位
misreading 错译
missense 错义
missense mutation 错义突变
missense suppression 错义抑制
missing order 缺级
mist (1)(烟)雾(2)雾
mist blower 喷雾器
mist Cottrell precipitator 科特雷尔烟雾排除器
mist drilling 雾化钻井
mist eliminator 捕沫器
mist extractor 湿气洗涤器;湿气提取器;除雾器
mistranslation 错译
mist separator 油雾分离器
mist tribromidi 三溴合剂
mist(ura) 合剂
miter valve 锥形阀
mithramycin 普卡霉素;光辉霉素
miticide 杀螨剂
mitiromycin 丝紫霉素
mitobronitol 二溴甘露醇
mitochondria 线粒体
mitochondrial DNA 线粒体 DNA
mitochondrial RNA (mt RNA) 线粒体 RNA
mitochromine 丝裂红素
mitogen 促细胞分裂剂;丝裂原
mitogenetic radiation 有丝分裂辐射
mitoguazone 米托胍腙;丙脒腙
mitolactol 二溴卫矛醇
mitomycin 丝裂霉素;自力霉素
mitosis 有丝分裂
mitotane 米托坦;对氯苯邻氯苯二氯乙烷
mitotic recombination 有丝分裂重组
mitoxantrone 米托蒽醌;二羟蒽二酮
MITP 异丙磷

mitragynine 帽柱木碱
mitre joint 斜接;斜角接缝
Mitscherlich digester 米切里希蒸煮器
Mitscherlich law of isomorphism 米切里希同晶现象定律
Mitscherlich tower 米切里希吸收塔
MIU value MIU 值
mivacurium chloride 米库氯铵
mix (1)混合;掺和;组合 (2)混合料;混合物 (3)配合比
mixable (可)溶混的
Mixco extractor 米克斯科萃取塔
mixed acid (硝酸与硫酸)混(合)酸
mixed adhesive 混合型胶黏剂
mixed anhydride 混合酐
mixed base grease 混合基润滑脂
mixed base oil 混基石油
mixed batch 配合料
mixed bed 混合床
mixed-bed column (离子交换)混合柱
mixed bed ion exchange 混(合)床离子交换
mixed catalyst 混合催化剂
mixed column 混合柱
mixed complex 混合络合物;杂配物
mixed compound 混炼胶
mixed conducting membrane 混合导电膜
mixed conductor 混合导体
mixed constant 混合常数
mixed control 混合控制
mixed controlled electrode process 混合控制电极过程
mixed crystal 混晶
mixed cultivation 混菌培养
mixed culture 混合培养
mixed dimethylphenyl methyl-carbamate *N*-甲基氨基甲酸混二甲苯酯
mixed double bond 混双键
mixed drum 搅拌式转鼓
mixed dye(s) 混纺染料
mixed element 混合元素(天然同位素组成)
mixed ether 混合醚
mixed failure 混合破坏
mixed feeding 混合进料
mixed-feed process 混合进料法
mixed fermentation 混菌发酵
mixed fertilizer 混合肥料
mixed film friction 混合摩擦
mixed flow 混(合)流
mixed-flow compressor 混流式压缩机
mixed-flow impeller 混流(式)叶轮
mixed-flow propeller pump 混流式旋浆泵
mixed-flow pump 混流(式)泵
mixed-flow turbine 混流式水轮机
mixed-function oxidase 混合功能氧化酶
mixed gas 混合气体
mixed gas arc welding 混合气体保护焊
mixed gas producer 混合煤气发生炉
mixed glyceride 混酸甘油酯
mixed heated rotary dryer 复式传热旋转干燥器
mixed indicator 混合指示剂
mixed-in-place 就地拌和的
mixed ligand complex 混合配位化合物
mixed ligand coordination compound 混(合)配(体)配位化合物
mixed material 混合物料
mixed metal cluster 混合金属簇合物
mixed micell 混合胶束
mixed mode crack 混合型裂纹
mixedness 混合度
mixed octanols 混合辛醇
mixed paint 调和漆
mixed phase 混合相
mixed-phase cracking process 混合相裂化过程
mixed phase hydrocarbon 多相烃
mixed plastic waste(MPW) 混合塑料废物
mixed polycondensation 混缩聚(反应)
mixed polymer 混合聚合物
mixed potential 混合电势
mixed preparation of pesticide and fertilizer 农药化肥混剂
mixed (producer) gas 混合煤气
mixed radiation 混合辐射
mixed salt 混盐
mixed settler 混合澄清器
mixed state 混合态
mixed tannage 混合鞣(法)
mixed triglyceride 混合甘油三酸酯
mixed type 混合型
mixed valence 混合价
mixed valence compound 混合价化合物
mixer (1)炼胶机 (2)混合器 (3)搅拌器
mixer element guide 混合元件导板
mixer-extruder 螺杆混炼机
mixer/granulator 混合/造粒机
mixer screw 混合器螺杆
mixer settler 混合澄清槽
mixer settler extractor 混合沉清萃取器;

混合沉降萃取器
mixer shaft 搅拌轴
mixer tap 混合水龙头;混水器
mixer upstream equipment 密炼机上辅机
mixer with blades 桨式搅拌机
mixer with propeller 螺桨式搅拌机
mixflow type GM-blower 齿轮增速式单级混流鼓风机
mixing 混炼;混合
mixing agitator 混合搅拌器
mixing aid 混炼助剂
mixing and grinding machine 混合研磨机
mixing and reaction chamber 混合反应室
mixing arm 搅拌桨叶
mixing beater 搅拌机
mixing blade 搅拌器;搅拌叶片
mixing capacity 混合容量
mixing chamber 混合室
mixing chest for stuff 浆料混合池
mixing column 混合柱;混合塔
mixing condenser 混合冷凝器
mixing drum 混合罐;混合筒
mixing/elutriation tank 混合/淘析槽
mixing equipment 混合设备
mixing &grinding machine 混合研磨机
mixing heater 混合式加热器
mixing heat-exchange 混合式换热
mixing index 混合指数
mixing in internal mixer 密炼机混炼
mixing intensity 混合强度[效率]
mixing layer 混合层
mixing length 混合长度
mixing liquid crystal 混合液晶
mixing machine 炼胶机
mixing mill 开炼机;混炼机
mixing paddle 混合(机)桨叶
mixing period 混合期
mixing pool model 混合池模型
mixing propeller 搅拌桨
mixing pump 混合泵
mixing rate 混合速率
mixing ratio 混合比
mixing ribbon spirals 混合螺带螺旋
mixing rolls 混炼机
mixing rule 混合规则
mixing screw 混合螺杆;混合用螺旋
mixing screw conveyer 混合[拌和]螺旋输送器
mixing section 混合段
mixing tank 混合槽
mixing time 混合时间
mixing type heat exchanger 混合式换热器
mixing valve 混合阀
mix of liquid rubber 液体橡胶混合
mixture 混合物
mixture control assembly 混合气控制[调节]装置
mixture heater 混合气加热器
mixture-method lubrication 混合法润滑
mixture of lower alcohols 低碳混合醇
mixture pump 混合液泵
mixture ratio 配料[混合]比
mizoribine 咪唑立宾
MLC(monolithic ceramic capalcitor) 独石电容器
ML circulating pipe 母液循环管
ML recycle pump 母液循环泵
MM(minimal medium) 基本培养基
MMA(methyl methacrylate) 甲基丙烯酸甲酯
MMO(metallic modified oxide) 金属改性氧化物
MMT 三羰甲茂锰
Mn-Zn ferrite 锰锌铁氧体
MO(molecular orbital) 分子轨道
mobile bed contactor 流动床接触器
mobile carrier 可移动载流子
mobile enzyme 流动酶
mobile equilibrium 动态平衡
mobile gas turbine 移动式燃气轮机
mobile H-tautomerism 流动氢互变异构
mobile hydrogen 流动氢原子
mobile liquid 低黏度液体;易流动液体
mobile oil 流性油;机油
mobile phase 流动相
mobile repair shop 流动修理所
mobile robot 移动式机器人
mobility 迁移率
mobility control agent 流(动)度控制剂
mobility ratio 迁移率;流度比
mobilization 活动化
mobilometer 淌度计;流变计
mocimycin 莫西霉素
mock lead 闪锌矿
mock ore 闪锌矿
mock up experiment 冷模试验
mockup test 模型试验
mock vermilion 铬酸铅
moclobemide 吗氯贝胺

MOCVD（metal organic chemical vapor deposition） 金属有机气相沉积
modacrylic fibres 改性聚丙烯腈纤维
modafinil 莫达非尼
modal aggregation 模态集结
modal analysis 模态分析
modal control 模态控制
Modar-process 一种超临界水氧化除污过程
mode 方式；形式；方法；式样；模式
mode-（bond-）selective excitation 选模（键）激发
model 模型
model base 模型库
model checking 模型校验
model compound 典型化合物
model confidence 模型置信度
model design 模型设计
model-fitting 模型拟合
model G single screw pump G型单螺杆泵
model identification 模型辨识
modeling 建模；模型化
model law 相似定律；模型定律
model parameter 模型参数
model simplification 模型简化
models of activity coefficient for the liquid phase 液相活度系数模型
models of nucleus 原子核模型
model substance 模型物质
model test 模型试验
model test of cavitation 汽蚀模型试验
model turning machine 仿形修坯机
mode of control 调节规律
mode of vibration 振动模（式）
moderate clearance 适度间隙
moderate-duty 中等负荷（的）
moderate heat portland cement 中热硅酸盐水泥
moderater （1）缓和剂（2）减速剂
moderation（＝slowing down） 慢化
moderator （1）慢化剂（2）提高分离选择性的添加剂
modern FCC unit 现代催化裂化装置
modernization 现代化
modernize 使现代化
modern physics 近代物理（学）
modification （1）修饰；修改（2）饰变
modification coefficient 变位系数
modification methylase 修饰性甲基化酶
modification of carbon black 炭黑改性处理
modification of homogeneous membrane 均质膜改性（复合膜制备法）
modified 改良的；修改的；变型的
modified asphalt 改性沥青
modified barium metaborate 改性偏硼酸钡
modified collagen fiber 变形胶原纤维
modified diaphragm 改性隔膜
modified electrode 修饰电极；改性电极
modified form 变型；改良型；修改型
modified gelatin 改性明胶
modified INDO 改进的间略微分重叠法
modified nucleoside 修饰核苷
modified phenol-formaldehyde resin 改性酚醛树脂
modified phenolic resin 改性酚醛树脂
modified phenolic（resin）adhesive 酚醛（改性）胶黏剂
modified polyphenylene oxide 改性聚苯醚
modified resin 改性树脂
modified rosin 改良松香
modified rubber 改性橡胶
modified silicone resin 变性硅树脂
modified silicone-resin-base paint 改性有机硅树脂涂料
modified silumin 变质硅铝明
modified simplex 改进单纯形
modified support 改性载体
modified zeolite 改性沸石
modifier 改性剂；变调剂
modifier of a chain reaction 链式反应调节剂
modify 修改
modifying agent 变调剂
modifying asphalt 改性沥青
modularization 模块化
modulated current 调制电流
modulating control 调幅控制
modulation polarography 调制极谱法
modulation transfer function 调制传递函数
module 模块
module cascade 组件级联
modulus 模量
modulus at a definite elongation 定伸强度
modulus in tension 拉伸模量；抗拉模数
modulus of compression 压缩模量
modulus of elasticity 弹性模量
modulus of elasticity in shear 剪切弹性模量
modulus of resilience 回弹模量
modulus of rigidity 刚性模量
modulus of rupture（＝flexural strength） 断裂模量

modulus of section 断面系数;截面模量
modulus of shearing 剪切模量
modulus of stretch 拉伸模量;伸长模量
moenomycin 默诺霉素
mofebutazone 莫非布宗;单苯保泰松
mofegiline 莫非吉兰
mofezolac 莫苯唑酸
mogadan 硝西泮;硝基安定
mohair 马海毛;安哥拉山羊毛
Mohr method 莫尔法
Mohr pipet 莫尔吸量管
Mohr's clip 莫尔夹;弹簧夹
Mohr's salt 莫尔盐;硫酸亚铁铵
Mohs' hardness scale 莫氏硬度标
mohsite 钛铁矿
moiré fringe 叠栅条纹
moise killer 噪声限制器
moissanite 碳硅石
moist air 湿空气
moist-air pump 湿空气泵
moist catalysis 湿催化剂
moist curing 润湿处理(保持在润湿介质中)
moistener (1)湿润器 (2)加湿剂;湿润剂
moist heat sterilization 湿热灭菌法
moist-proof paper 防潮纸
moist steam 湿蒸汽;饱和水蒸气
moist surface (潮)湿(表)面
moisture 含水[湿]量
moisture-absorbing fibre 吸湿性纤维
moisture absorption 吸潮[湿]
moisture barrier 防潮层
moisture content 含湿量;水分含量;湿含量
moisture control 湿度控制
moisture corrosion test 湿度腐蚀试验
moisture curing PU adhesive 湿固化聚氨酯胶黏剂
moisture eliminator 脱湿器;去潮器;干燥器
moisture indicator 湿度指示器
moisture permeability 透湿性
moisture-proof 防湿[潮]
moisture resistance 防潮性;抗湿性
moisture separator 去湿器
moisture sorption isotherm 吸湿等温线
moisture trap 除湿器
molal concentration 质量摩尔浓度(旧称重量克分子浓度)
molal free energy 摩尔自由能
molal heat capacity 摩尔热容
molality 质量摩尔浓度(旧称重量克分子浓度)
molar absorption coefficient 摩尔吸收系数
molar absorptivity 摩尔吸光系数
molar cohesion 摩尔内聚力
molar cohesion energy 摩尔内聚能
molar concentration 体积摩尔浓度;体积克分子浓度(中英文均已废除)
molar conductivity 摩尔电导率
molar enthalpy 摩尔焓
molar entropy 摩尔熵
molar free energy 摩尔自由能
molar gas constant 摩尔气体常数
molar growth yield 摩尔生长率
molar heat capacity 摩尔热容
molar internal energy 摩尔内能
molarity 体积摩尔浓度;体积克分子浓度(中英文均已废除)
molar mass 摩尔质量
molar mass average 摩尔质量平均;分子量平均
molar mass exclusion limit 摩尔质量排除极限
molar polarization 摩尔极化度
molar quantities 摩尔量
molar refraction 摩尔折射率
molar rotation 摩尔旋光
molar solution 摩尔溶液
molar volume 摩尔体积
molar weight (=molal weight) 摩尔量
molasses (废)糖蜜
molasses gutter 废糖蜜槽
molasses sugar 废糖蜜中的糖
molasses tank 废糖蜜槽
mol-chloric compound 分子氯化合物
mold (1)霉菌(2)塑模;模型
moldability (1)模压加工性;模压性能(2)模型最大生产率
moldable 可模压的;适于模压的
moldcidin 杀霉菌素
mold clamping force 合模力
mold discharging agent 脱模剂
mold dope 脱模剂
molded goods 模制品
molded part 模(型)制品
molder 铸工
moldicidin 祛霉菌素
moldin 霉菌素
molding 模塑;模压
molding box 翻砂箱
molding machine 造型机
mold(ing) press 压模机

molding temperature 模压温度
mold lubricant 脱模剂
mold oil 脱模油
mold parting agent 脱模剂
mold pressure 合模压力
mold preventive 防霉剂;杀菌剂
mold protease 霉菌蛋白酶
mold release 脱模剂
mold-release agent 脱模剂
mold resistance 抗霉性;抗霉力
mold unloading 脱模;开模;下模
mole 摩尔
molecular absorption 分子吸收
molecular acidity 分子酸度
molecular addition compound 分子加成化合物
molecular adsorption 分子吸附
molecular aggregate 分子聚集体
molecular arrangement 分子排列
molecular association 分子缔合(现象)
molecular asymmetry 分子不对称(性)
molecular-based interpretation 分子基础的诠释
molecular beacon 分子灯标
molecular beam 分子束
molecular beam method 分子束法
molecular biochemistry 分子生物化学
molecular biology 分子生物学
molecular bionics 分子仿生学
molecular biophysics 分子生物物理学
molecular bond 分子键
molecular chain length 分子链长
molecular chaos 分子混沌拟设
molecular chaperones 分子伴侣
molecular clathrate 分子包合物
molecular cloning 分子克隆法
molecular cluster 分子簇
molecular clustering 分子簇
molecular collision 分子碰撞
molecular colloid 分子胶体
molecular combining heat 分子化合热
molecular complex 分子络合物
molecular composite 分子复合材料
molecular composition 分子组成
molecular compound 分子化合物
molecular concentration 分子浓度
molecular configuration 分子构型
molecular conformation 分子构象
molecular crystal 分子晶体
molecular current 分子电流
molecular diagram 分子模型图
molecular diffusion 分子扩散
molecular diffusivity 分子扩散系数
molecular disease 分子病
molecular distillation 分子蒸馏
molecular distillation still 分子蒸馏釜
molecular dynamic method(MD) 分子动态法
molecular dynamics 分子力学
molecular electronic energy levels 分子电子能级
molecular elevation 分子沸点升高
molecular emission cavity analysis(MECA) 分子发射空穴分析
molecular emission spectrometry 分子发射光谱法
molecular energy levels 分子能级
molecular engineering 分子工程
molecular extinction (= molar absorptivity) 分子消光
molecular field 分子场
molecular field theory 分子场理论
molecular film 分子膜;分子层
molecular filter 分子滤器
molecular flotation 分子浮选
molecular fluids 分子流体
molecular formula 分子式
molecular fragment method 分子碎片法
molecular frequency 分子频率
molecular genetics 分子遗传学
molecular geometry 分子几何(结构)
molecular heat 分子热
molecular hybridization 分子杂交
molecular imprinting 分子印迹
molecular integral 分子积分
molecular ion 分子离子
molecularity 反应分子数
molecularity of reaction 反应分子数
molecular link 分子键
molecular linkage (= molecular link) 分子键
molecular lung 分子肺
molecularly oriented polymer microfibers 分子定向的聚合物微纤维
molecular magnetic moment 分子磁矩
molecular melting 分子熔解
molecular memory 分子记忆
***dl*-molecular mixture** 外消旋分子混合体
molecular moisture capacity 分子含水量
molecular motion 分子运动

molecular network 分子网络
molecular nucleation 分子成核作用
molecular number (1)分子序(数)(2)(分子内)原子序数和
molecular orbital 分子轨道
molecular orbital energy level 分子轨道能级
molecular orbital method 分子轨道法
molecular orbital theory 分子轨道理论
molecular orientation 分子取向
molecular parameter 分子参数
molecular partition function 分子配分函数
molecular physics 分子物理学
molecular polarization (＝molar polarization) 分子极化
molecular pump 分子泵;高真空泵;分子抽机
molecular reaction 分子反应
molecular reaction dynamics 分子反应动力[态]学
molecular rearrangement 分子重排
molecular recognition 分子识别
molecular replacement technique 分子置换法
molecular rotatory power 分子旋光度
molecular scattering 分子散射
molecular self-reinforced plastics 分子自增强塑料
molecular separator 分子分离器
molecular sieve 分子筛
molecular sieve based catalysts 分子筛催化剂
molecular-sieve carbon 碳分子筛
molecular sieve carrier 分子筛载体
molecular sieve catalyst 分子筛催化剂
molecular sieve chromatography 分子筛色谱法
molecular sieve column 分子筛柱
molecular sieve drier 分子筛干燥器
molecular sieve drying 分子筛干燥
molecular sieve filtration 分子筛过滤(法)
molecular sieve separating 分子筛分离
molecular sieve sweetening 分子筛脱硫
molecular sieving 分子筛分离
molecular simulation 分子模拟
molecular solution 分子溶液;真溶液
molecular spectra 分子光谱
molecular spectroanalysis 分子光谱分析
molecular spectroscopy 分子光谱学
molecular spectrum 分子光谱
molecular still 分子蒸馏器(高真空蒸馏器)
molecular structure 分子结构
molecular thermodynamics 分子热力学
molecular volume 分子体积
molecular weight 分子量
molecular weight distribution 分子量分布
molecular weight distribution of polymer 聚合物分子量分布
molecular weight exclusion limit 分子量排除极限
molecular weight of high polymer 高聚物分子量
molecule 分子
molecule(or particle) number concentration 分子(或粒子)数浓度
molecule separator 分子分离器
mole fraction 摩尔分数
mole ratio 摩尔比
mole ratio method 摩尔比法
molinate 禾草特;环草丹;草达灭
molindone 吗茚酮;吗啉吲酮
molions 带负电荷的惰性气体原子群
mollielast 软弹性体
Mollier diagram 莫利尔图
mollification 软化(作用)
mollifier (1)软化剂(2)软化器(3)缓和药
molliplast 软塑性体
moloxide 分子氧化物
molozonide 分子臭氧化物
molsep 分子分离
molsidomine 吗多明;吗斯酮胺
molten 熔化的;熔融的
molten carbonate fuel cell(MCFC) 熔融碳酸盐燃料电池
molten caustic(soda) 熔融烧碱
molten chemical 熔融化学品
molten drop 熔滴
molten heat transfer salt 传热熔融盐;熔盐传热剂
molten pool 熔池
molten salt 熔盐
molten salt breeder reactor(MSBR) 熔盐增殖堆
molten salt chronopotentiometry 熔盐计时电位滴定法
molten salt circulating pump 熔盐循环泵
molten salt corrosion 熔盐腐蚀
molten salt curing bath 盐浴硫化装置
molten salt demister 熔盐除沫器
molten salt electrochemistry 熔盐电化学
molten salt electrolysis 熔盐电解

molten salt electrolysis of heavy nonferrous metals 重有色金属熔盐电解
molten salt electrorefining 熔盐电解精炼
molten salt heater 熔盐加热器
molten salt lithium battery 熔盐锂电池
molten salt physical chemistry 熔盐物理化学
molten salt purification 熔盐净化
molten salt reactor（MSR） 熔盐(反应)堆
molten salt solution 熔盐溶液
molten salt structure 熔盐结构
molten salt voltammetry 熔盐伏安法
molting hormone 蜕皮激素
molt-inhibiting hormone 蜕皮抑止激素
molt-promoting hormone 蜕皮促进激素
molybdate 钼酸盐
molybdate fertilizer 钼肥
molybdate red 钼铬红
molybdenic (1)钼的(2)三价钼的
molybdenite 辉钼矿
molybdenous 二价钼的
molybdenum 钼
molybdenum alkylsalicylate 烷基水杨酸钼
molybdenum bromide 溴化钼
molybdenum dichromate 重铬酸(六价)钼
molybdenum dioxydichloride 二氯二氧化钼
molybdenum dioxysulfate 硫酸双氧钼
molybdenum dioxysulfide 一硫二氧化钼
molybdenum disulfide 二硫化钼
molybdenum disulfide lubricant 二硫化钼润滑剂
molybdenum hemipentoxide 五氧化二钼
molybdenum hemitrioxide 三氧化二钼
molybdenum hemitrisulfide 三硫化二钼
molybdenum hexacarbonyl 六羰钼
molybdenum hydroxide 氢氧化钼
molybdenum iodide 碘化钼
molybdenum naphthenate 环烷酸钼
molybdenum oxide 氧化钼
molybdenum oxybromide 溴氧化钼
molybdenum oxychloride 氯氧化钼
molybdenum oxyfluoride 氟氧化钼
molybdenum oxyhydroxydibromide 二溴化一羟一氧合钼
molybdenum oxyhydroxytrichloride 三氯化一羟一氧合钼
molybdenum pentasulfide 五硫化二钼
molybdenum sesquioxide 三氧化二钼
molybdenum silicide ceramics 硅化钼陶瓷
molybdenum steel 钼钢
molybdenum sulfide 硫化钼
molybdenum trihydroxide 氢氧化(正)钼；三羟化钼
molybdenum trioxide 三氧化钼
molybdenum trisulfate 硫酸钼
molybdenyl 氧钼基
molybdenyl bromide 溴化氧钼
molybdenyl dichloride 二氯化双氧钼
molybdenyl phosphate 磷酸三(个)氧钼
molybdenyl sulfate 硫酸双氧钼
molybdenyl tribromide 三溴化氧钼
molybdferredoxin 钼铁氧(化)还(原)蛋白；(固氮)铁钼氧还蛋白
molybdic (正)钼：(1)三价钼的(指盐)(2)六价钼的(指酸)
molybdic acid 钼酸
molybdic bromide 三溴化钼
molybdic hydroxide 氢氧化(正)钼；三羟化钼
molybdic oxide 三氧化钼
molybdic sulfide 三硫化二钼
molybdite 钼华
molybdoferredoxin（＝azofermo） 固氮铁钼(氧还)蛋白
molybdophosphoric aicd 磷钼酸
molybdous 二价钼的；亚钼的
molybdous bromide 二溴化钼
molybdous hydroxide 氢氧化亚钼；二羟化钼
molybdous oxide 一氧化钼
molybdyl (1)羟氧钼根(2)氧钼根
molybdyl dibromide 二溴化羟氧钼
molysite 铁盐
moment 瞬间；片刻；力矩
moment of couple 力偶矩
moment of force 力矩
moment of inertia 惯性矩；转动惯量
moment of momentum 动量矩
moment of rotation 转(动)矩
momentum 动量
4-momentum 四维动量
momentum conservation law 动量守恒定律
momentum density 动量密度
momentum equation 动量方程
momentum flow density 动量流密度
momentum flux 动量通量
momentum representation 动量表象
momentum separator 动量分离器
momentum spectrum 动量谱

momentum transfer 动量传递;动量交换
momentum transfer coefficient 动量传递系数
mometasone furoate 莫米松糠酸酯
momorcharin 苦瓜籽毒蛋白
momordin 苦瓜毒蛋白
monacetin 一醋精;甘油一乙酸酯
monacid salt 酸式盐
monacrin 3-氨基吖啶
monad (1)一价物(2)一价基
monamycin 摩那霉素
monarda 香蜂草
monardein 香蜂草因
monarkite 莽那卡特(硝铵、硝酸甘油、硝酸钠、食盐炸药)
monarsone (＝Mon-Arsone) 乙胂酸钠
monascin 红曲素
monascus colours 红曲红色素
monascus red colours 红曲红色素
monatomic acid 一元酸;一(碱)价酸
monatomic gas 单原子气体
monazite 独居石
monazomycin 一氮霉素
Mond gas 蒙德煤气
Mond process 蒙德(收回废硫)法
Monel 蒙乃尔合金
monellin 莫尼林
Monel metal 蒙乃尔合金
monensic acid 莫能星;莫能菌酸
monensin 莫能星;莫能菌酸
monethenoid fatty acids 单烯型脂肪酸
money 金钱;货币;(复数)金额;款
money paper 钞票纸
monicamycin 摩尼卡霉素
monite 碳磷灰石
monitor 监测器;监控器;监视盘;监视器
monitor and control unit 监控设备
monitoring panel 监视盘
monitoring point 监视点;控制点
monitoring well 监控井
monitron 放射监视器
monkey spanner 活动扳手
Monlz tray 蒙兹塔板;长条U形泡罩塔板
monoacetate 一乙酸酯
monoacetin 一醋精;甘油一乙酸酯
monoacetylaniline *N*-乙酰苯胺
monoacetyl pyrogallol 一乙酰焦棓酚
mon(o)acid 一元酸
monoacid arsenate 砷酸一氢盐
monoacid base 一价碱;一酸价碱
monoacidic 一(酸)价的;一元的;一酸的
monoacid salt 一酸价盐
monoacylglycerol 单酰甘油
monoalkyl arsine 一烷基胂
monoalkylated 单烷基取代了的
monoalkyl benzene 单烷基苯
monoalkylol amide 单烷醇酰胺
monoalkyl-phosphonic acid 单烷基膦酸
monoalkyl sodium maleate 马来酸单烷基酯钠
monoamide 单酰胺
monoamine 一元胺
monoamine oxidase 单胺氧化酶
monoamino-dicarboxylic acid 一氨基二羧酸
monoamino-monocarboxylic acid 一氨基一羧酸
monoaminophosphatide 单氨磷脂
monoaminopolyacetic acid 一氨基多乙酸
monoammonium phosphate 磷酸二氢铵
monoammonium sulfate 硫酸氢铵;硫酸一铵
monoanionic surfactant 单阴离子表面活性剂
monoarchin 甘油一花生酸酯
monoarylamine 单芳基胺
monoarylated 单芳基取代的
monoatomic acid 一元酸
monoazo-dyes 单偶氮染料
monobasic (1)一(碱)价的;一元的 (2)一取代的
monobasic acid 一元酸
monobasic alcohol 一元醇
monobasic dihydroxy-acid 二羟一元(羧)酸
monobasic ester 一碱价酯
monobasic potassium citrate 柠檬酸一钾;一碱价柠檬酸钾
monobasic potassium oxalate 草酸氢钾;一碱价草酸钾
monobasic potassium phosphate 磷酸二氢钾
monobasic potassium tartrate 酒石酸氢钾;一碱价酒石酸钾
monobasic sodium phosphate 磷酸二氢钠
monobasic tetrahydroxy-acid 四羟一元酸
monobath processing 单浴加工
monobed 单床
monobed resin 单床树脂
monobehenolin 甘油一山萮酸酯
monobenzone 莫诺苯宗;对苄氧酚

monoblock 单元的;整体的
monoblock forged vessel 单层整体锻造式容器
monobranched hydrocarbons 单支链烃
monobromated camphor 一溴樟脑
monobromethane (1)溴乙烷(2)溴甲烷
monobromo acetanilide 一溴乙酰苯胺
monobromoacetic acid (一)溴代乙酸
monobromoisovaleryl urea 一溴异戊脲
monobutyl phosphate(MBP) 磷酸一丁酯
monobutyl phthalate 邻苯二甲酸一丁酯
monobutyrin 甘油一丁酸酯
monocalcium aluminate 铝酸一钙
monocalcium phosphate 磷酸二氢钙
monocalcium pyrophosphate 焦磷酸二氢钙
monocarboxylic acid 一元羧酸
monocaryon(=monokaryon) 单核
monocentric integral 单中心积分
monocerotin 甘油一蜡酸酯
monochlorethane 一氯乙烷;乙基氯
4-(mono)chlor(o)acetic acid 一氯醋酸
monochloroacetyl chloride 一氯乙酰氯
monochloroamine 一氯(代)胺
monochlorodiethyl ether 一氯二乙醚
monochloro-ether 一氯醚
monochloro-methyl-ether 氯甲基醚
monochromatic analysis 单色分析
monochromatic filter 单色滤色片
monochromaticity 单色性
monochromatic 单色的
monochromatic radiation 单色辐射
monochromatic source 单色光源
monochromatic wave 单色波
monochromator 单色仪
monoclinic crystal 单斜晶
monoclinic form 单斜晶形
monoclinic sulfur 单斜硫
monoclinic system 单斜晶系
monoclonal antibody 单克隆抗体
monoclone 单克隆
monocloning antibody 单克隆抗体
monocolor method 单色法
monocomponent 单组分
monocrotaline 野百合碱;农吉利甲素
monocrotophos 久效磷
monocrystal 单晶
monocrystalline silicon 单晶硅
monocular microscope 单目显微镜
monocyclic ring 单环
monocyclic sulfide 单环硫化物
monocyte 单核细胞
monodentate ligand 单齿配体
Monod growth kinetics 莫诺生长动力学
monodirectional 单向的
monodisperse 单分散
mono-dispersed latex 单分散胶乳
monodisperse polymer 单分散聚合物
monodisperse system 单分散系
monodispersion 单分散性
monodispersity 单分散性
monoene 单烯
monoenoic acid 单烯酸
monoepoxidation 单环氧化(作用)
monoester 单酯
monoethanolamine 一乙醇胺
monoethenoid 单烯型
monoether 单醚
monoethyl adipate 己二酸一乙酯
monoethylamine 一乙胺
monoethyl choline (一)乙基胆碱
mono-2-ethylhexylphosphinic acid 单(2-乙基己基)次膦酸
mono-2-ethylhexylphosphoric acid(MEHP, M_2EHPA, H_2MEHP) 单(2-乙基己基)磷酸
monoethylin 一乙灵;甘油一乙醚
monoethyl malonate 丙二酸一乙酯
monoethyl oxalate 草酸一乙酯;乙二酸一乙酯
monoethyl-phosphate 磷酸一乙酯
monoethyl phthalate 邻苯二甲酸一乙酯
monoethyl-sulfate 硫酸一乙酯 $CH_3 \cdot CH_2 \cdot O \cdot SO_3H$ 或 $CH_3 \cdot CH_2 \cdot SO_4H$
monoethyl-sulfite 亚硫酸一乙酯
monoethyl tartrate 酒石酸一乙酯
monoethyl tetrachloro-phthalate 四氯邻苯二甲酸一乙酯
monoface PSAT 单面压敏胶粘带
monofil 单丝
monofilament 单丝
monofilm 单分子膜
monofluoride 一氟化物
monofluoro-phosphoric acid 氟基磷酸
monoformin 一甲精;甘油一甲酸酯
monofuel propellant 单一组分的喷气燃料;单元喷气燃料
monofunctional extractant 单官能团萃取剂;单功能基萃取剂
monofunctional initiator 单功能引发剂
monofunctional ion exchanger 单官能离

子交换剂
monofunctional ligand 单齿配位体
mono-functional molecule 单官能分子
monogalactosyl diglyceride 单半乳糖甘油二酯
monogen 单价元素
monoglyceride 甘油单酯
monoglyceryl ester 一甘油酯
monoglycol ester 一甘醇酯
monoglyme 单甘醇二甲醚
monohalide 一卤化物
monohapto 单配位点
monohydrate 一水合物；一水化物
monohydrate crystals 含一分子结晶水(的)晶体
monohydrating phenol 一元酚
monohydric 一羟(基)的
monohydric acid 一元酸；一羟基酸
monohydric alcohol 一元醇
monohydric orthoarsenate 砷酸一氢盐
monohydric phenol 一元酚
monohydric pyrophosphate 焦磷酸一氢盐
monohydric salt 一氢盐(仍然含有一个酸式氢的酸式盐)
monohydrobromide 一氢溴化物
monohydroiodide 一氢碘化物
monohydroxy-acid 一羟基羧酸
monohydroxy-alcohol 一元醇；一羟基醇
monohydroxy-dibasic acid 一羟基二羧酸
monohydroxy-pentabasic acid 一羟基五羧酸
monoiodide 一碘化物
monoiodo-acetic acid 一碘乙酸
monoiodo-acetic chloride 碘乙酰氯
mono-isoamyl ethylmalonate 乙基丙二酸一异戊酯
monoisobutyl-*p*-aminophenol 一异丁基对氨基苯酚
monoisocyanate 单异氰酸盐(或酯)
monolaurate 单月桂酸盐(或酯)
monolaurin 甘油一月桂酸酯
monolayer adsorption 单分子层吸附
monolayered vessel 单层容器
monolayer film 单分子层膜
monolayer (＝monomolecular layer) 单分子层
monolayer vesicle 单层囊泡
monoleate 一油酸盐(或酯)
monolithic (1)整体(铸，烧结)的(2)龟甲网衬里(3)单片；单块
monolithic catalyst 整装催化剂
monolithic construction 整体结构
monolithic lining 整体衬里
monomelissin 甘油一蜂花酸酯
monomer 单体
monomeric enzyme 单体酶
monomeric plasmid 单体质粒
monomeric protein 单体蛋白质
monomeric soap 单(体)皂
monomeric unit 单体单元
monomer moulding casting nylon 单体浇铸尼龙
monomer ratio 单体配比
monomer reactive adhesive 单体反应型胶黏剂
monomer reactivity ratio 单体竞聚率
monomer yield 单体产率
monometallic sodium orthophosphate 磷酸二氢钠
monomethiodide 单甲碘化物
monomethyl adipate 己二酸一甲酯
monomethylamine 甲胺
monomethylin 单甲甘油醚
monomethyl oxalate 草酸一甲酯；乙二酸一甲酯
monomethyl-sulfate 硫酸氢甲酯
monomethyluric acid 一甲基尿酸
monomolecular adsorption 单分子吸附
monomolecular elimination reaction 单分子消除反应
monomolecular film 单分子膜
monomolecular layer 单分子层
monomolecular reaction 单分子反应
monomorph 单晶(形)物
monomorphous (1)单形的 (2)单形体
monomycin 单霉素
mononitraniline 一硝基苯胺
mononitrate (1)一硝酸盐(2)一硝酸酯
mononitrogen monoxide 一氧化氮
mononitroglycerine 甘油一硝酸酯
mononitrotoluene 一硝基甲苯
mononuclear aromatics 单环芳香烃
mononuclear complex 单核络合物
mononuclear coordination compound 单核配位化合物
mononucleotide 单核苷酸
mononuclidic element 单核素的元素；无同位素的元素
mono(o)ctanoin 单辛诺因
***N*-mono-*sec*-octylacetamide(MOAA)** *N*-单仲辛基乙酰胺

monooleate 一油酸盐(或酯)
monoolefin 单烯烃
mono-olefin polymer 单烯类聚合物
monoolein 一油精;甘油一油酸酯
mono(o)xide 一氧化物
monooxygenase 单加氧酶
monopack film 多层彩色片
monopalmitate 甘油一棕榈酸酯
monopalmitin 甘油一棕榈酸酯
monoperacid 单过酸
monoperphthalic acid 单过氧邻苯二甲酸
monophase 单相(的)
monophen 碘羟苄环己酸
monophenol 一元酚
monophenol oxidase 一元酚氧化酶
monoploid 单倍体
monopolar cell 单极电解槽
monopolar type ion-exchange membrane electrolyzer 单极式离子交换膜电解槽
monopol soap 蓖麻油皂;莫诺皂
monopolymer 单一聚合物;单组分聚合物
monopotassium arsenate 砷酸二氢钾
monopotassium phosphate 磷酸二氢钾;磷酸一钾
monopropellant 单组分推进剂;单组分火箭燃料
monoprotic acid 一元酸
monorail (beam) 单轨梁
monorail charger 单轨加料机
monorail conveyer 单轨吊运器[运输机]
monorail crane 单轨吊
monorden 根赤壳菌素
monoricinoleate 单蓖麻酸盐(或酯)
monosaccharide 单糖
monosaccharose 单糖
monose 单糖
monosilane 甲硅烷
mono-soap 一酸皂
monosodium acetylide 乙炔一钠
monosodium arsenate 砷酸二氢钠;砷酸一钠
monosodium glutamate (MSG) 谷氨酸(一)钠
monosodium orthophosphate 磷酸二氢钠;磷酸一钠
monosodium phosphate 磷酸二氢钠
monosome 单核(糖核)蛋白体;单核糖体
monospecific antiserum 单特异性抗血清
monostearate 一硬脂酸盐(或酯)
monostearin 甘油一硬脂酸酯
monosubstituted carbinol 伯醇;一烷基代甲醇
monosubstitution 单基取代
monosulfide 一硫化物
monotactic polymer 单有规立构聚合物
monotectic reaction 偏晶反应
monoterpene 单萜
monoterpenoid 类单萜
monothioacetal 单缩硫醛
monothiocarbamic acid 一硫代氨基甲酸
monothiocarbonic acid 一硫代碳酸
monotropein 水晶兰苷
monotropic phases 单变相
monotropy 单变现象
monoubiquitination 单遍在蛋白化
monovalent alcohol 一元醇;一羟基醇
monovalent base 一价碱;一酸价碱
monovalent enzyme 单价别构酶
monovalent feedback inhibition 单价反馈抑制
monovalent serum 单特异性抗血清
monovinylacetylene 1-丁烯-3-炔
monox 氧化硅(一氧化硅和二氧化硅的混合物)
Monsel salt 蒙塞尔盐;低硫酸铁
montanate 褐煤酸酯
montanic acid 褐煤酸;二十九(烷)酸
montanin wax 褐煤蜡;蒙旦蜡
montan wax 褐煤蜡
montanyl alcohol (= nonacosanyl alcohol) 褐煤醇;二十九(烷)醇
Monte Carlo method 蒙特卡罗法
Monte Carlo simulation 蒙特卡罗模拟
monte-jus 压气升液器;蛋形升液器
montelukast 孟鲁司特
montmorillonite 蒙脱石
monuron 灭草隆
Monzet 福美甲胂
moodorant 恶臭物质
Mooney index 门尼指数
Mooney plastometer 门尼塑度计
Mooney point 门尼值
Mooney scorch 门尼焦烧
Mooney viscometer 门尼黏度计[仪]
Mooney viscosity 门尼黏度
mooraboolite 钠沸石
Moore filter 真空叶滤机
moperone 莫哌隆;甲基哌啶醇
mopidamol 莫哌达醇;单哌潘生丁
moprolol 莫普洛尔
MOPS 磺丙基吗啉

moquizone 吗喹酮
moradiol 桑二醇
morantel 莫仑太尔
morazone 吗拉宗;苯吗比林
morclofone 吗氯酮;吗啉双苯酮
mordant (agent) 媒染剂
mordant black 酸性媒介黑
mordant bordeaux 酸性媒介枣红
mordant deep yellow 酸性媒介深黄
mordant dye(s) 媒介染料
mordant dying 媒染染色
mordenite 丝光沸石
moricizine 乙吗噻嗪
moriellin 藤黄素
morimycin 森霉素
morin 桑黄素
morindin 橄树素苷
morindone 桑酮
moringatannic acid 桑鞣酸
moringine (＝benzylamine) 辣木碱
mornellin 莫内蛋白(甜味蛋白)
Morocco leather 摩洛哥革
morolic acid 摸绕酸(三萜系化合物)
moroxydine 吗啉(双)胍
morphan 吗吩烷
morphazinamide 吗啉酰吡嗪;吗甲吡嗪酰胺
morphenol 吗吩醇;吗吩酚
morpheridine 吗哌利定
morphina (＝morphine) 吗啡
morphinan 吗啡喃
morphine 吗啡
morphine hydrobromide 氢溴酸吗啡
morphine hydrochloride 盐酸吗啡
morphine like factor 脑啡肽
morphine methylbromide 甲基溴吗啡
morphine mucate 黏酸吗啡;半乳糖二酸吗啡
morphine oleate 油酸吗啡
morphine *N*-oxide *N*-氧化吗啡
morphine sulfate 硫酸吗啡
morphinum 吗啡
morphol 吗啡酚
morpholine 吗啉
morpholine salicylate 水杨酸吗啉
morpholinobiguanidine 吗啉(双)胍
morpholinomethyltheophylline 吗啉甲茶碱
morpholinyl (2-或 3-)吗啉基
morphological characteristics 形态特征
morphological mutation 形态突变
morphological selectivity 形态选择性
morphological structure 形态结构
morphology 形态学
morphology of polymer 聚合物形态学
morpholone 吗啉酮
morphosane 甲基溴吗啡
morphothebaine 吗(啡)蒂巴因
morphothion 茂果
morrhuic acid 鳘肝油酸
morrhuin 鳘肝油碱
Morse curve (＝Morse function) 莫尔斯函数[曲线]
Morse function 莫尔斯函数[曲线]
Morse potential function 莫尔斯势函数
mortality efficiency 灭鼠率
mortality product 致死积
mortar (1)研钵 (2)灰浆;砂浆
mortar box 研钵
mortar mixer 灰浆搅拌机
mortar mixing 灰浆混合
mortar-mixing plant 灰浆搅拌装置
mortar setting 灰浆凝固
mortar trough 灰浆槽
mortejus 扬液器
moryl 卡巴胆碱;氯化氨基甲酰胆碱
mosaic 陶瓷锦砖;马赛克
mosaic crystals 嵌镶晶体
mosaic glass 玻璃锦砖;玻璃马赛克
mosaic ion exchange membrane 镶嵌离子交换膜
mosaicism 镶嵌现象
mosaic structure 镶嵌结构
mosaic tile 陶瓷锦砖;马赛克
mosapramine 莫沙帕明
Moseley law 莫塞莱定律
mosquito coil 蚊香
mosquito repellent oil 避蚊油
Mössbauer effect 穆斯堡尔效应
Mössbauer source 穆斯堡尔源
Mössbauer spectrometer 穆斯堡尔谱仪
Mössbauer spectroscopy 穆斯堡尔能谱(学)
mossbunker oil 鲱油
most probable distribution 最概然分布;最可几分布
most probable number 最(大)可能数量
most probable speed 最概然速率
most probable value 最概然值
most probable velocity (C_{max}) 最大可能速度
motanic acid 二十九(烷)酸
mother liquid 母液

mother liquor tank 母液(贮)罐;母液槽
mother machine 工作母机
mother of pearl 珍珠母;贝壳
mother of pearl paper 珍珠母纸
mother of vinegar 醋母
mother oil (石油)原油
mother solution 母液
mother water 母液
mothicide 杀蛀药
mothproofing agent 防蛀剂
mothproof paper 防蛀纸
moth repellant 防蛀剂
motif 模体
motilin 胃动素
motional electromotive force 动生电动势
motion picture film 电影胶片
motive steam 新鲜蒸汽
motor 电动机
motor agitator 电动搅拌器
motor base 电(动)机座
motor bearing 电机轴承
motor benzene 动力苯
motor benzol 动力苯
motor cabinet 电机座
motorcycle tyre 摩托车轮胎
motor dynamo 电动发电机
motor frame 电机机架;电机座
motor fuel additive 发动机燃料添加剂
motor gasoline 车用汽油
motor stand 电机机架
motorised valve 电动阀
motorlorry 载重汽车
motor-method octane number 马达法辛烷值
motor mix 乙基液(车用汽油辛烷值添加剂)
motor naphtha 马达石脑油;石油英;里格罗因
motor oil (1)车用润滑油 (2)车用机油
motor operated valve 电动阀
motor protein 马达蛋白
motor pump 机动泵
motor reducer 电机减速机
motor reducing gear 电机减速机
motor rotor 电动机转子
motor selector 电动选择器
motor shaft 电机轴
motor ship 内燃机船
motor speed 电(动)机转速
motor spirit 车用汽油
motor stand 电机机架
motor starter (电动)启动器
motor stirrer 电动搅拌器
motor switch oil 电气开关油
motor truck 载重卡车
motor vehicle 机动车辆
motor vessel 内燃机船
motor with air cooling 风冷式电动机
motor with reducer 电机减速机
motor works 发动机厂
motretinide 莫维A胺
Mott-Schottky equation 莫特-肖特基方程
mould (1)霉菌 (2)模;样板
mouldable 可塑的;可模塑的
mould coal 型煤
mould cure 模塑硫化;模压硫化
moulded casting 模铸
moulded glass 模压玻璃
moulded laminated tube 模制层压管材
mould face filling 充模
moulding box 砂箱
moulding flask (=moulding box) 砂箱
moulding machine 制模机
moulding oil 模油
moulding powder 模塑粉
moulding press 压型机
moulding process 模压过程
moulding shrinkage 模塑收缩
mould inhibitor 防霉剂
mould locking 锁模
mould locking force 合模力
mould paper 字型纸板
mould plaster 模型石膏
mo(u)ldproof 防霉的
mouldproof paper 防霉纸
mould release agent 下模剂
mouldy bran (starter) 曲
mountain crystal 水晶
mounted spares 安装备用件
mounting 装配;安装
mounting bolt 装配螺栓
mounting ceramics 装置陶瓷
mounting height 安装高度
mounting hinge 支架
mounting hole 安装孔
mounting pad 安装垫片
mounting plate 安装板;固定台;紧固板;装配平台
mounting position 安装位置
mounting ring 装配固定环
mouse nip 鼠齿状缺口
mousse 摩丝

mouth of pipe 管口
mouthpiece 接口管;(挤塑模)口模;套口
mouth wash 漱口水
movable 可移动的;活动的
movable arm 活动臂
movable die plate 可拆模板
movable disk 移动圆盘
movable extruder 移动式挤塑机
movable fit 动配合
movable frame 活动框架
movable-inclined-tube micromanometer 可动斜管微压计
movable jaw 活动颚
movable plant 可移动装置
movable pressure plate 活动压紧板
movable roof 吊顶
movable tube-sheet 活动管板
movable tube sheet heat exchanger 浮头式(列管)换热器
movable tube sheets(heat) exchanger 活动管板式换热器
movable unit 可移动装置
movable welding positioner 可动焊接工作台
moveltipril 莫维普利
movie tape 电影磁带
moving bed 移动床
moving bed adsorber 移动床吸附器
moving bed filter 移动床过滤器
moving-bed of catalyst 催化剂移动床
moving-bed reactor 移动床反应器
moving-bed sorber 移动床吸附器
moving blade 动叶片
moving boundary electrophoresis 移动界面电泳
moving boundary method 界面移动法
moving-burden bed reactor 移动床反应器
moving catalyst bed 移动催化剂床
moving film 移动膜
moving load 活动负载
moving parts 活动件
moving uniform load 均布动荷载
mowric acid 雾冰藜酸
moxalactam 拉氧头孢
moxastine 莫沙斯汀
moxaverine moxestrol 莫沙维林莫克雌醇;甲氧异炔雌醇
moxidectin 莫昔克汀
moxisylyte 莫西赛利;百里胺
moxonidine 莫索尼定
MPA(multiphoton absorption) 多光子吸收
MPD(multiphoton dissociation) 多光子解离
MPE (1)(metallocene polyethylene)金属茂催化聚乙烯(2)(multiphotonexcitation)多光子激发
MPPO(modified polyphenylene oxide) 改性聚苯醚
M protein M蛋白质
MPTP(methyl phenyltetrahydlropyri-dine) 甲基·苯基四氢吡啶
MQT(multiple quantum transition) 多量子跃迁
M-reactive dye M型反应[活性]染料
mRNA 信使RNA;信息RNA;信使核糖核酸
MSAF(medium super abrasion furnace black) 中超耐磨炉黑
MSD(mass selective detector) 质量选择(性)检测器
MSH(melanocyte stimulating hormone; melanophore stimulating hormone) 促黑素
MSP(macrophage stimulating protein) 巨噬细胞刺激蛋白
MSQ desulfurization process 对苯二酚-硫酸锰-水杨酸法脱硫
MTBE(methyl *tert*-butyl ether) 甲基叔丁基醚
MTD(maximum tolerated dose) 最大耐药量
mtDNA 线粒体DNA
MTF(modulation transfer function) 调制传递函数
MTMC 速灭威
mtRNA 线粒体RNA;线粒体核糖核酸
mtRNA 线粒体RNA
MTU(methylthiouracil) 甲基硫氧嘧啶
mucase 黏多糖酶
mucic acid 黏酸;半乳糖二酸
mucin 黏蛋白
mucinase 黏多糖酶
mucinogen 黏蛋白原
muck (1)腐殖土(2)湿粪
mucobromic acid 黏溴酸;二溴代丁烯醛酸
mucochloric acid 黏氯酸
mucochloric anhydride 黏氯酸酐
mucoglobulin 黏球蛋白
mucoid 类黏蛋白
mucoitin 黏多糖;黏液素
mucolytic 黏液溶解药
mucolytic enzyme 黏多糖酶
mucomyst 乙酰半胱氨酸

muconate 黏康酸盐(或酯)
muconic acid 黏康酸;己二烯二酸
muconolactone 黏康酸内酯
muconomycin 黏液霉素
mucopeptide 黏肽
mucopolysaccharide 黏多糖
mucoproteid 黏蛋白化合物
mucoprotein 黏蛋白
mucorin 植物霉菌蛋白
mucosa 黏膜
mucus 黏液
mud (1)泥浆;泥;滤泥(2)(淀)渣
mud acid 土酸(盐酸与氢氟酸的混酸)
mudaric acid 牛角瓜酸
mudarol(=mudarin) 牛角瓜醇
mud gun 泥浆枪
mudhole hole(=mud box) 澄泥箱
mud pit 泥浆池
mud press 滤泥机
mud pump 泥浆泵
mud settler 泥浆沉降器
mud still(=mud settler) 泥浆沉降器
muff 保温套
muffle furnace 马弗炉
muffle kiln 隔焰窑
muffler 消声器;消音器
muffler silencer 消声器
muirapuama 铁青树
mulberry paper 桑皮纸
mulching film 地膜
mulch paper 育苗纸
mule and horse hide 骡马皮
mullen strength 耐破度
muller 研磨机
muller mixer 湿碾混合机
Müller spinning bath 米勒纺丝浴
muller turret 滚轮
Mulliken's electronegativity scale 马利肯电负度标
Mulliken's population analysis 马利肯布居数分析
Mullins effect 马林斯效应
mullite 莫来石
mullite brick 莫来石砖
mull technique 研糊技术
multhiomycin 多硫霉素
multi-atomic ion 多原子离子
multibatches 多批式发酵
multi-bed 多床层的;多段床
multiblade fan 多叶片风机
multi-body control 多体控制
multibranched paraffin 多支链烷烃
multi-casing pump 多缸泵
multi cavity mould 多孔模;多腔模
multicell heater 多室加热炉
multicellular materials 多孔材料
multi-cellular polytetrafluoroethylene 聚四氟乙烯多孔制品
multicellular pump 多室泵
multicenter bond 多中心键
multicentre reaction 多中心反应
multicentric integral 多中心积分
multi-chain condensation polymer 星形缩(合)聚(合)物
multichain polymer 多链聚合物
multichamber centrifuge 多室[室式]离心机
multi-chambered tyre 多腔轮胎
multichamber vessel 多室容器
multi-channel analyzer 多道分析器
γ-multichannel analyzer γ多道分析器
multi-channel atomic absorption spectrophotometer 多道原子吸收分光光度计
multi-channel spectrometer 多道谱仪
multi-channel X-ray fluorescence spectrometer 多道X射线荧光光谱仪
multi-circuit 多圈;多回路
multiclone 复式旋风分离器
multiclone collector 多管式旋风分离器
multi colony stimulating factor 多重集落刺激因子
multicolor hologram 多色全息图
multicolor paint 多色漆;多彩涂料
multicolor printing 彩色印刷
multi-component alloy 多元合金
multicomponent catalyst 多组分催化剂
multicomponent copolymer 多组分共聚物
multicomponent distillation 多组分混合物蒸馏
multicomponent fiber 多组分纤维
multicomponent fractionation 多组分混合物分馏
multicomponent ideal gas(=perfect gaseous mixture) 多组分理想气体
multicomponent mixture 多元混合物;多组分混合物
multicomponent polymerization 多元共聚作用
multicomponent system 多元系统[体系]

多组分系统
multiconfiguration self-consistent field theory 多组态自洽场理论
multicopolymerization 多组分共聚合(作用)
multi-CSF 多重集落刺激因子
multicyclone 多管旋风分离器;复式旋风分离器
multicyclone dust collector 多级旋风除尘器
multicylinder pump 多缸泵
multideck classifier 多层分粒机
multidentate ligand 多齿配体
multidimensional gas chromatography 多维气相色谱法
multidimensional gas chromatograph 多维气相色谱仪
multidimentional separation 多维分离
multi-dispersed emulsion 多分散乳剂
multidose vial 多次剂量瓶
multidowncomer tray 多降液管塔板
multidraw fractionating tower 多取样点分馏塔
multiduty 多功能
multi-effect evaporation 多效蒸发
multi-effect evaporator 多效蒸发器
multi-effect multi-stage (flash) vaporizer 多效多级(闪蒸)蒸发器
multi-electrode corrosion cell 多电极腐蚀电池
multielectrode spot welder 多头点焊机
multielectron transfer 多电子转移
multielement 多元素
multielement alloy 多元合金
multi-element electroless plating 多元化学[无电]镀
multienzyme cluster 多酶复合物
multienzyme complex 多酶复合物
multienzyme system 多酶反应系统
multifil 复丝
multifilament 复丝
multiflorin 多花苷
multiflow pump 多流式泵
multifoam 多元泡沫塑料
multifunctional 多官能的;多功能的
multifunctional enzyme 多功能酶
multifunctional exchange resin 多功能基离子交换树脂
multifunctional inhibitor JC-841 多功能抑制剂 JC-841
multifunctionality 多官能性;多官能度
multifunctional molecule 多官能团分子
multifunction catalyst 多功能催化剂
multifunction retort 多功能干馏釜
multi-gating 多浇口
multiheteromacrocycles 杂多大环化合物
multi-ion selection 多离子选择
multilayer 多层
multilayer adsorption 多层吸附
multilayer aggregate 多层聚集(体)
multi-layer architectural coatings 复层建筑涂料
multilayer blow moulding 多层吹塑
multilayer control 多层控制
multilayer copolymer 多层共聚物
multilayer cylinder 多层圆筒;多层(包扎式)筒体
multilayer deposit 多层沉积层
multilayer HP (high pressure) vessel 多层高压容器
multilayer system 多层系统
multilayer technology 多层技术
multilayer welding 多层焊
multilevel control 多级控制
multilevel decision 多级决策
multilevel method of optimization 多层次优化法
multilevel technique 多层次技术
multiload treatment 多次(离子交换)吸附处理
multiloop control 多回路控制
multimedia 多媒体
multimedia filter 多层过滤器
multimer 多聚体
multimeric plasmid 多体质粒
multimeter 多用(电)表;万用表
multimode (optical) fibre 多模光纤
multimolecular adsorption 多分子吸附
multimolecular film 多分子膜
multimolecular reaction 多分子反应
multinotch applicator 多凹槽刮涂器
multinuclear (1)多核的(2)多环的
multi-nuclear magnetic resonance 多核磁共振
multinucleate cell 多核细胞
multi-objective decision 多目标决策
multi-operator arc welder 多人电弧焊机
multiorifice plate 多孔板
multi-part adhesive 多组分胶黏剂
multiparticle spectrometer (MPS) 多粒子谱仪

multipassage kiln 多孔窑
multipass and baffled heat exchanger 多程及折流换热器
multipass condenser 多程冷凝器
multipass dryer 多程干燥机
multipass exchanger 多程换热器
multipass heater 多程加热器
multipass tubular heater 多程管式加热器［炉］
multi-pass welding 多道焊
multipath effect 多路效应
multiphase emulsion 多相乳液
multiphase flow 多相流
multiphase polymer 多相聚合物
multiphase pump 多相泵
multiphase system 多相系(统)
multiphoton absorption 多光子吸收
multiphoton dissociation 多光子解离
multiphoton excitation 多光子激发
multiphotonic excitation 多光子激发
multi-planer 多功用刨床
multiple absorption 重复吸收
multiple-arc welding plant 多弧焊接机
multiple-beam interference 多光束干涉
multiple bed dryer 多层流化床干燥器
multiple bond (多)重键
multiple bonding 重键结合
multiple chamber fluidized bed 多室流化床
multiple-charged ion 多电荷离子
multiple chimneys 集合烟囱;复式烟囱
multiple collector 多接收器
multiple comparator method 多同位素比较法
multiple comparisons 多重比较
multiple conveyors 多路输送器
multiple cyclone 组合式旋风分离器
multiple cyclone in parallel 并联旋风分离器
multiple development 多次展开(法)
multiple diffraction 多重衍射
multiple discharge 多头卸料
multiple-disk clutch 多盘离合器
multiple dispersion 多重色散;复分散
multiple downcomer sieve tray 多降液管筛板
multiple-drilling machine 多头钻机
multiple-drug resistance 多重耐药性
multiple drying machine 多层烘干机
multiple-effect evapouration 多效蒸发
multiple-effect evapourator 多效蒸发器
multiple electrode (＝polyelectrode) 多重电极
multiple extraction 多次提取
multiple filter plate 多层过滤板式分布器
multiple fractionation 多次分馏;多次分级
multiple function (1)复官能 (2)复官能(化合)物
multiple (gene) mutation 多重(基因)突变
multiple-hearth furnace 多膛炉;多膛燃烧炉;多层炉膛反射炉
multiple-hearth incinerator 多室焚烧炉
multiple hearth reactor 多室反应器
multiple impeller pump 多(级)叶轮泵
multiple impulse 多脉冲
multiple intertube 复式内管
multiple ion monitoring 多离子监测
multiple irradiation 多重照射
multiple keys 花键
multiple lagoons 多段氧化池
multiple layer adhesive 多层胶黏剂
multiple layer fluidized-bed cylindrical dryer 多层圆筒型沸腾干燥器
multiple linkage 重键
multiple links 重键
multiple lip reciprocating rubber seal 多唇往复橡胶密封
multiple-metal multiple-ligand system 多金属多配体系统
multiple meter 多用电表
multiple mould 多巢压模
multiple-nozzle cluster 组合喷头
multiple opening 多孔
multiple passette 多效泡罩板塔
multiple-path 多路
multiple piston pump 多缸泵;多活塞泵
multiple-piston rotary pump 多活塞回转泵
multiple production 多重产生
multiple projection welding 多点凸焊
multiple-purpose machine 多用机床
multiple quantum transition 多量子跃迁
multiple range indicator 通用指示剂
multiple reaction 多重反应
multiple roll crusher 多辊破碎机
multiple rotary screen 多旋转筛
multiple rotor 多转子
multiple safety valve 多重安全阀
multiple scattering 多重散射
multiple screw extruder 多螺杆挤出机
multiple sorption column 多级吸着柱
multiple spindle drill 多轴钻床
multiple spline 花键

multiple-spot welding 多点焊
multiple stability 多重稳态
multiple stage compressor 多级压气机
multiple-stage sludge digestion 多级污泥消化
multiple straight pipe injector 多直管式喷射器
multiple structural fibre 多层结构纤维
multiple stuffing agent CWJ-5 复合加脂剂 CWJ-5
multiplet (1)多重峰 (2)多重态
multiple tank reactor 多釜反应器
multiple thin-layer chromatography 多次薄层色谱(法)
multiple thread 多头螺纹
multiple thread worm 多头蜗杆
multiplet isotope dilution method 多重同位素稀释(分析)法
multiple tooling 多刀切削
multiple tray aerator 多盘曝气
multiplet splitting 多重态分裂
multiplet theory of catalysis 催化多位理论
multiple-tube column 多管塔
multiple wavelength extinction measurement technique 多波长消光测定(粒径)技术
multiple-wire submerged arc welding 多丝埋弧焊
multiplicity 多重态;多重性
multiplicity factor 多重性因子
multiplier (1)乘积放大倍数 (2)扩程器
multiplier gain 倍增器放大因数
multi-plunger pump 多柱塞泵
multi-ply 多层胶合板
multiplying factor 倍率;放大率
multiply-labelled compound 多重标记化合物
multiply rubber spring 橡胶堆弹簧
multi-point spot welder 多头点焊机
multipole expansion 多极展开
multipolymer 共聚物;多元聚合物
multiporous carbon fiber 多孔性碳纤维
multipressure vessel 多重压力容器
multipurpose grease 万能润滑脂
multipurpose incinerator 多功能焚烧炉
multipurpose instrument 通用工具;万能工具
multipurpose lubricant 万能润滑油
multipurpose project 综合利用工程
multipurpose test equipment 多用途试验设备
multipurpose tractor 万能拖拉机
multi-region model 多区模型
multiring hydrocarbon 多环烃(类)
multisection 多段;多节;多工序
multi-segmental baffle 多弓形折流板
multiservice oil 通用机油
multi-shaft gas turbine 多轴燃气轮机
multishell condenser 多壳式冷凝器
multi-site mutagenesis 多位点突变发生
multispeed motor 多速电动机
multispeed reduced gear 多级变速器
multisphere tank 多球形贮罐
multispherical vessel 多球形容器
multi-spot welding 多道焊
multistage absorption 多级吸收
multistage blower 多级鼓风机
multistage centrifugal pump 多级离心泵
multistage compressor 多级压缩机
multistage(diffuser type)centrifugal pump 多级离心泵
multistage distillation 多级蒸馏
multistage efficiency 多级效率
multistage extraction 多级抽提[萃取]
multistage filter 多级过滤器
multistage flash 多级闪蒸
multistage flash-plant 多级闪蒸装置
multistage fluidized bed 多级[层]流化床
multistage fluidized bed dryer 多层流化床干燥器
multistage fluidized-bed reactor 多级流化床反应设备
multistage mastication 分段塑炼
multistage paddle agitator 多级桨式搅拌器
multistage pulsed-bed contactor 多级脉冲床萃取器
multistage pump 多级泵
multistage reactor 多级反应器
multistage reforming 多段重整
multistage separation 多级分离
multistage steam turbine 多级汽轮机
multistage volute pump 多级螺旋泵
multistep excitation 多步激发
multistorey catalytic reactor 多层催化反应器
multi-sweep polarography 多扫描极谱法
multi-tube furnace 多管炉
multitubular boiler 火管锅炉
multitubular catalytic reactor 列管式催化反应器
multitubular column 多管塔
multitubular condenser 多管冷凝器
multitubular film reactor 列管型膜式反

应器
multitubular fixed bed reactor 列管式固定床反应器
multitubular fluidized bed 多管流化床
multitubular heat exchanger 多管式换热器
multitubular high efficiency tower 多管高效塔
multitubular reactor 多管反应器
multitubular tower 多管塔
multi-turning guide louver plate 多旋导向挡板
multi-unit press 平板硫化机组
multivalency 多价
multivalent repression 多价阻遏
multi-vane electric fan 多叶电扇
multivariable 多变量的
multivariable control system 多冲量调节系统
multivariant system 多变体系
multi-Venturi scrubber 多元文丘里洗气器
multi-vessel system 多容器系统
multiwalled vessel 多层式容器
multiway 多路(的);多通道(的);多方向(的);多孔的
multiway valve 多路阀
multizone cooler 多区冷却器
mundic 黄铁矿
municipal potable water 城市饮用水
municipal sewage 城市污水
municipal wastewater treatment 城市废水处理
muntjak skin 麂皮
mu oil(=tung oil) 桐油
muon chemistry μ子化学
muonic antineutrino μ子反中微子
muonic neutrino μ子中微子
muon(=mu-lepton) μ子
muon number μ子数
muon X-ray analysis μ介子X射线分析
mupirocin 莫匹罗星
muramic acid 胞壁酸;2-葡糖胺-3-乳酸醚
muramidase 溶菌酶
muramyl- 胞壁酰(基)
muramyl dipeptide 胞壁酰二肽
murein 胞壁质
murex 6,6′-二溴靛蓝
murexan(=uramil) 5-氨基巴比妥
murexide 紫脲酸铵
murexide reaction 紫脲酸铵反应
murexine 螺碱
muriate (1)氯化物;盐酸盐(2)(曾专指)氯化钾
muriate of ammonia 氯化铵
muriate of potash 氯化钾
muriatic 盐酸化的
muriatic acid 盐酸
muroctasin(=romurtide) 罗莫肽
murolineum 木材防腐剂
Murphree efficiency 默弗里效率
musashimycin 武藏霉素
muscalure 诱虫二十三碳烯;9-二十三碳烯
muscarine 蝇蕈碱,蕈毒碱
muscazone 蛤蟆蕈氨酸
muscicide 杀蝇剂
muscimol 蝇蕈醇;氨甲基羟异噁唑
muscle-boosting device 肌肉助推器
muscle glycogen 肌糖原
muscle relaxant(s) 骨骼肌松弛药
muscle servo model 肌伺服模型
muscone 麝香酮
muscovado 混糖
muscovite 白云母
mushroom (1)蘑菇云(2)蘑菇
mushroom aldehyde 蘑菇醛
mushroom distilling column 蕈状蒸馏塔
musical quality 音色
musk 麝香
musk ambrette 葵子麝香
musk ketone 酮麝香
muskone 麝香酮;3-甲基环十五酮
musk rat skin 麝鼠皮
musk xylene 二甲苯麝香
mussel bio-adhesive 贻贝生物胶
mustard gas 芥子气
mustard oil 芥子油
muta-aspergillic acid 变曲霉酸
mutagen 诱变剂
mutagenesis 突变发生
mutagenicity 诱变性
mutamer 变构物;旋光异构物
mutamerism 变构现象;变旋光现象
mutamycin 突变霉素
mutant 突变型
mutarotase 变旋酶
mutarotation 变旋光
mutase 变位酶
mutation 突变
mutational biosynthesis 诱变生物合成
mutator gene 增变基因

mutator strain 增变菌株
mutatoxanthin 玉米黄质
Muthmann's liquid 均四溴乙烷
mutomycin 变种霉素
mutton fat 羊脂
mutton tallow 羊脂
mutual diffusion 互扩散;相互扩散
mutual energy 互能
mutual exchange reaction 互换反应
mutual inductance 互感
mutual inductor 互感器
mutual irradiation grafting 共辐射接枝
mutually soluble liquids 互溶液体
mutual precipitation 互沉淀
mutual solubility 互溶度;互溶性
mutual solvent 互溶剂
muzolimine 莫唑胺;氯唑啉胺
myanesin 美芬新;甲酚甘油醚;3-(2-甲苯氧基)-1,2-丙二醇(肌肉松弛药)
mybasan 异烟肼
mycaminose 碳霉胺糖
mycarose 碳霉糖
mycelianamide 菌丝酰胺
mycelium(复数 mycelia) 菌丝体
mycetin 菌亭素
mycifradin(=neomycin) 新霉素
mycin 霉菌素
myclobutanil 腈菌唑
mycobacidin 杀枝杆菌素
mycobacillin 枝杆菌素
Mycobacterium 分枝杆菌属
mycobactin 分枝菌素
mycocerosic acid 2,4,6-三甲基硬脂酸
mycodextran 霉菌葡聚糖
mycogalactan 黑曲霉多糖
mycoheptin 七稀枝菌素
mycolic acid 霉菌酸
mycolipenic acid 霉脂酸
mycolytic 溶真菌的
mycomycin 菌霉素
mycophenolic acid 霉酚酸
mycoplasma 支原体
mycoprotein (霉)菌蛋白
mycoproteinase (霉)菌蛋白酶
mycorhodin 霉紫红素
mycorrhizal 菌根的
mycosamine 放线菌糖胺;海藻糖胺
mycose(=trehalose) 海藻糖
mycosporin 克霉唑
mycosterol 真菌甾醇
mycotoxin 真菌毒素
mydecamycin 麦迪加霉素
mydriatic (1)散瞳药 (2)放大瞳孔的
myelin 髓磷脂
myeloma cell 骨髓瘤细胞
myeloma protein 骨髓瘤蛋白
mykonucleic acid 酵母核酸
mylabris 斑蝥
Mylar 聚酯薄膜
myoalbumin 肌清蛋白
myocide 乙酸苯汞
myocrisin 硫代苯酸金钠
myoelectric control 肌电控制
myofibril 肌原纤维
myofilament filament 肌原纤维细丝
myogen 肌浆蛋白
myoglobin 肌红蛋白
myoglobulin 肌肉球蛋白
myo-inositol 肌醇
myokinase 肌激酶
myomycin 筋霉素
myoproteid 肌蛋白
myoral 金硫乙酸钙
myosan 肌朊
myosin 肌球蛋白
myosin light chain kinase 肌球蛋白轻链激酶
myosinogen 肌浆蛋白
myostroma 肌基质
myotropic activity 促肌蛋白合成激活性
myozymase 肌肉酿酶
myrbane oil 硝基苯
β-myrcene β-月桂烯;3-亚甲基-7-甲基-1,6-辛二烯
myrcene 月桂烯
myrcenol 月桂烯醇
myrcia oil 月桂油
myrica oil 杨梅油
myricetin 杨梅黄酮
myricetrin 杨梅苷
myricin 杨梅酯
myricinic acid 杨梅酸;三十一(烷)酸
myricyl 蜂花基;三十烷基
myricyl acetate 乙酸蜂花酯
myricyl acid 蜂花酸;三十(烷)酸
myricyl alcohol 蜂花醇
myricyl melissate 蜂花酸蜂酯;三十(烷)醇三十一(烷)酸酯
myricyl palmitate 棕榈酸蜂花(醇)酯
myriocin 多球壳菌素

myristamide(＝myristic amide) 肉豆蔻酰胺;十四(烷)酰胺
myristanilide (＝myristyl anilide) 肉豆蔻酰苯胺;*N*-十四(烷)酰苯胺
myristate 肉豆蔻酸盐(或酯);十四(烷)酸盐(或酯)
Myristica 肉豆蔻属
myristic acid 肉豆蔻酸;十四(烷)酸
myristic aldehyde 肉豆蔻醛;十四(烷)醛
myristic amide (＝myristamide) 肉豆蔻酰胺;十四(烷)酰胺
myristic anhydride 肉豆蔻酸酐;十四(烷)酸酐
myristica oil 肉豆蔻油
myristicic acid 肉豆蔻醚酸;3-甲氧基-4,5-甲二氧基苯甲酸
myristic ketone (＝myristone) 肉豆蔻酮;14-二十七烷酮
myristicol 肉豆蔻脑
myristin 豆蔻酸甘油酯
myristodilaurin 甘油一肉豆蔻酸二桂酸酯
myristodistearin 甘油一肉豆蔻酸二硬酸酯
myristoditaurin 甘油肉豆蔻酸二月桂酸酯
myristoleic acid (＝9-tetradecenoic acid) 肉豆蔻脑酸;9-十四烯酸
myristone (＝myristic ketone) 肉豆蔻酮;14-二十七烷酮;对称二十七烷酮
myristonitrile(＝tridecyl cyanide) 肉豆蔻腈;十四(烷)腈
myristostearin 甘油肉豆蔻酸硬脂酸酯
myristoyl 肉豆蔻酰;十四酰
myristyl 肉豆蔻基;十四烷基
myristyl alcohol 肉豆蔻醇
myristyl anilide (＝myristanilide) *N*-肉豆蔻酰苯胺;*N*-十四(烷)酰苯胺
myristyl chloride 肉豆蔻酰(基)氯;十四(烷)酰氯
myristyl laurate 月桂酸肉豆蔻酯
myristyltrimethylammonium bromide 溴化肉豆蔻基三甲铵
myristyl-trimethylsilicane 肉豆蔻基三甲基硅
myrobalam extract 诃子栲胶
myrobalan extract 诃子栲胶
myronic acid 黑芥子硫苷酸
myrophine 麦罗啡;苄吗啡十四酸酯
myrosase 芥子酶
myrosin 黑芥子硫苷酸
myroxin 芥子素
myrrh 没药
myrrh oil 没药油
myrrholic acid 没药酸
myrtanol 桃金娘烷醇
myrtecaine 麦替卡因
myrtenic acid 桃金娘烯酸
myrtenol 桃金娘烯醇
myrtle oil 桃金娘油;香桃木油
myrtol 香桃木油
mytatrienediol 双甲雌三烯二醇
mytilitol 贻贝酚
mytolin 肌肉蛋白
myxin 堆囊黏菌素
myxobacteria 黏菌;黏细菌

N

NAA（neutron activation analysis） 中子活化分析
nabam 代森钠;1,2-亚乙基二(二硫代氨基甲酸钠)
nabeshima 锅岛窑瓷器
nabilone 大麻隆
nabumetone 萘丁美酮
nacarat 胭脂红;洋红
Nacconol 烷基芳基磺酸钠
NAD 烟酰胺腺嘌呤二核苷酸;二磷酸吡啶核苷酸;辅酶Ⅰ
NAD$^+$（=oxidized NAD） 氧化型烟酰胺腺嘌呤二核苷酸;氧化型二磷酸吡啶核苷酸;氧化型辅酶Ⅰ
NADH(=reduced NAD) 还原型烟酰胺腺嘌呤二核苷酸;还原型二磷酸吡啶核苷酸;还原型辅酶Ⅰ
nadic anhydride NA酸酐;纳迪克酸酐;桥亚甲基四氢邻苯二甲酸酐
nadide 辅酶Ⅰ;二磷酸吡啶核苷酸
nadifloxacin 那氟沙星
nadolol 纳多洛尔
NADP（nicotinamide-adeninedinucleotide phosphate） 烟酰胺腺嘌呤二核苷酸磷酸;辅酶Ⅱ
NADPH 还原型烟酰胺腺嘌呤二核苷酸磷酸;还原型辅酶Ⅱ
nadroparin 那屈肝素
naepaine 纳依卡因
nafamostat 萘莫司他
nafarelin 那法瑞林
nafcillin sodium 萘夫西林钠
nafion 全氟磺酸离子交换膜
nafiverine 萘维林;双萘酯哌嗪
nafronyl 萘呋胺酯
naftalofos 萘酞磷;驱虫磷
naftifine 萘替芬
naftolens 焦油中不饱和烃
naftopidil 萘哌地尔
nahcolite 天然小苏打
nail enamel 指甲油
nail hammer 钉锤
nail head rusting 钉头锈蚀
Nailon 聚酰胺纤维
nail polish 指甲抛光剂
nail polish paste 指甲膏
nairomycin 新露霉素
naive cell 稚细胞
Na-K channel inhibitor 钠钾通道抑制剂
naked electrode 裸焊条
naked hide[**skin**] 裸皮
naked wire 裸线
nakrite 珍珠陶土
nalbuphine 纳布啡;环丁甲羟氢吗啡
nalectin（=chloramphenicol） 氯霉素
naled 二溴磷
nalidixic acid 萘啶酮酸
nalmefene 纳美芬
nalorphine 烯丙吗啡;*N*-烯丙基原吗啡
nalorphine dinicotinate 烯丙吗啡二烟酸酯;*N*-烯丙基原吗啡二烟酸酯
naloxone 纳洛酮
naltrexone 纳曲酮;环丙羟二氢吗啡酮
Namyotkin rearrangement 纳苗特金重排
nancic acid 乳酸
nandinine 南丁宁碱
nandrolone 诺龙;19-去甲睾酮
nandrolone decanoate 癸酸诺龙;长效多乐宝定
nandrolone *p*-hexyloxyphenylpropionate 对己氧苯丙酸诺龙
nandrolone phen（**yl**）**propionate** 苯丙酸诺龙
nandrolone propionate 丙酸诺龙
nano-ceramic 纳米陶瓷
nanocomposite 纳米(级)复合材料;分子复合材料
nanocrystalline 纳米晶体
nano farad 纳法拉(10^{-9}法拉)
nanofiltration 纳滤;纳米过滤
nanofiltration membrane 纳滤膜
nanogram 纳克(10^{-9}克)
nanogram method 超微量法
nanomaterials 纳米材料
nanometer （nm,旧用mμ)纳米
nanometer composite 纳米复合材料
nanoparticle 纳米微粒[粒子]
nanosecond 纳秒
nano separation membrane 纳米分离膜
nanostructure 纳米结构

nanotechnical 纳米技术(的)
nantokite 铜盐;氯化亚铜矿
napalin 月桂酸和环烷酸铝
napalite 蜡状烃类
napalm 凝固汽油;纳旁
napalm bomb (凝固)汽油(炸)弹;纳磅弹
napelline 乌头碱
napellonine (=songorine) 华北乌头碱
naphazoline 萘(甲)唑啉;2-(1-萘甲基)-咪唑啉
naphsultam acid 萘-1,8-磺内酰胺
naphsultone 萘-1,8-磺内酯
naphtha 石脑油;(粗)挥发油;粗汽油
naphthacene 并四苯
naphthacetol 4-乙酰氨基-1-萘酚
naphtha cut 石脑油馏分
naphthal 萘亚甲基;萘(甲)醛缩
naphtha(la)ne 萘烷
naphthalate 萘二甲酸盐(或酯)
naphthaldehyde 萘(甲)醛
naphthalene 萘
1-naphthaleneacetic acid 1-萘乙酸
naphthalene bromide 溴代萘
naphthalene carbonal 萘甲醛
naphthalene carboxylic acid 萘甲酸
naphthalene chloride 氯代萘
naphthalene diamine 萘二胺
1,8-naphthalenediamine 1,8-萘二胺
naphthalene 2,1-diazo oxide 氧化 2,1-重氮萘
2,6-naphthalenedicarboxylic acid 2,6-萘二甲酸
naphthalene diol 萘二酚
naphthalenedione 萘二酮
1,6-naphthalenedisulfonic acid 1,6-萘二磺酸
2,6-naphthalenedisulfonic acid 2,6-萘二磺酸
naphthalenedisulfonic acid 萘二磺酸
naphthalene halide 卤代萘
naphthalene iodide 碘代萘
naphthalene monochloride 一氯代萘
naphthalenemonosulfonic acid 萘磺酸
naphthalene nucleus 萘环
naphthalene octachloride 八氯化萘
naphthalene oil 萘油
naphthalene picrate 苦味酸萘
naphthalene polychloride 多氯代萘
naphthalene ring 萘环
naphthalene salt 萘盐
naphthalenesulfinic acid 萘亚磺酸
naphthalene sulfonate 萘磺酸盐
naphthalenesulfonic acid 萘磺酸
α-naphthalenesulfonic acid 1-萘磺酸
β-naphthalenesulfonic acid 2-萘磺酸
naphthalenesulfonyl chloride 萘磺酰氯
1,4,5,8-naphthalenetetracarboxylic acid 1,4,5,8-萘四甲酸
1-naphthalenethiol 1-萘硫酚
naphthalene thiol 萘硫酚
naphthalic acid 萘二甲酸
naphthalic acid lactone 萘二酸内酯
naphthalic anhydride 1,8-萘二(甲)酸酐
naphthalic sulfonic chloride 萘磺酰氯
naphthalide (1)萘基金属(2)萘胺衍生物的旧称
naphthalidine 1-萘胺
naphthalimido 萘二甲酰亚氨基
naphthaline(=naphthalene) 萘
naphthalol 水杨酸萘酯
naphthamide 萘甲酰胺
naphthane (=decalin) 十氢化萘;萘烷
naphthanilide 萘甲酰苯胺
Naphthanol 烷基萘磺酸钠
naphthanthracene 萘并蒽
naphthaometer (石油产品)闪点测定仪
naphtha polyforming 石脑油聚合重整
naphthaquinol 萘醌醇
naphthaquinone 萘醌
naphtha reformer 石脑油重整器
naphtha reformer stripper 石脑油重整汽提塔
naphtha residue 石脑油脚
naphtha scrubber 石脑油吸收塔(自石油气体内)
naphtha sludge 石脑油酸渣(透明馏出油精制时的酸渣)
naphtha soap 石脑油皂
naphtha steam reforming 轻油蒸汽转化
naphthathiourea α-萘硫脲
naphthazarine 萘茜;5,8-二羟基萘醌
naphthazin(e) 氮杂蒽
naphthazole 萘并吡咯
naphthenate 环烷酸盐
naphthene (1)环烷;环烷烃(2)萘
naphthene base 环烷基
naphthene-base crude (petroleum) 环烷基石油
naphthene base oil 环烷基原油
naphthene soaps[复] 环烷皂

naphthenic acid (1)环烷酸;环酸(2)环己烷甲酸
naphthenic acid corrosion 环烷酸腐蚀
naphthenic base 环烷基
naphthenic (base) crude (oil) 环烷基石油
naphthenic crude 环烷基原油
naphthenic hydrocarbon 环烷烃
naphthenic lube oil 环烷基润滑油
naphthenic oil 环烷油
naphthenic residual oil 环烷基渣油
naphthenic soap 环烷皂
naphthenoaromatics 环烷-芳(香)烃
naphthenoid oil 环烷油
naphthenone 环烷酮
naphthenyl 萘次甲基
naphthieno 萘噻基
***peri*-naphthindandione** 苯并二氢-1,3-萘二酮
α,β-naphthindandione α,β-苯并二氢-1,3-茚二酮
***peri*-naphthindane** 苯并-2,3-二氢(1*H*)-萘
α-naphthindane 苯并[*e*]二氢茚
α-naphthindanone 苯并[*e*]二氢-2-茚酮
α-naphthindazole 苯并[*g*]吲唑
β-naphthindazole 苯并[*e*]吲唑
naphthindene 萘并环戊烯
naphthionic acid 对氨基萘磺酸;4-氨基-1-萘磺酸
naphthisodiazine 二氮杂菲
naphthisotetrazine 四氮杂菲
naphthisotriazine 三氮杂菲
naphtho- (1)萘并(2)(英文常误用以指)苯并
naphthoamide 萘甲酰胺
naphthoate 萘甲酸盐(或酯)
naphthodiazine (1)吩嗪(2)萘并二氮苯
naphthoflavone (=7,8-benzoflavone)萘黄酮;7,8-苯并黄酮
naphthofluorene 萘芴
naphthoic acid 萘甲酸
naphthoic aldehyde 萘(甲)醛
naphthol (1)萘酚(2)(大写)色酚
1-naphthol 1-萘酚
2-naphthol 2-萘酚
α-naphthol 1-萘酚
1-naphthol-8-amino-3,6-disulfonic acid 1-萘酚-8-氨基-3,6-二磺酸
naphthol aristol 二碘-β-萘酚
Naphthol AS 色酚 AS
naphtholate 色酚盐
naphthol benzoate 苯甲酸萘酯
1-naphthol-4,8-disulfonic acid 1-萘酚-4,8-二磺酸
naphthol disulfonic acid 萘酚二磺酸
naphthol ether 萘酚醚
naphthol ethyl ether 萘乙醚
naphthol methyl ether 萘甲醚
naphthol monosulfonic acid 萘酚一磺酸
naphtholphthalein 萘酚酞
α-naphtholphthalein α-萘酚酞
naphthol sulfonate 萘酚磺酸盐;羟萘磺酸盐
naphtholsulfonic acid 萘酚磺酸
1-naphthol-2-sulfonic aicd 1-萘酚-2-磺酸
1-naphthol-5-sulfonic acid 1-萘酚-5-磺酸
1-naphthol-8-sulfonic acid 1-萘酚-8-磺酸
2-naphthol-8-sulfonic acid 2-萘酚-8-磺酸;藏红花酸
naphtholtrisulfonic acid 萘酚三磺酸
Naphthol Yellow S 纳夫妥黄 S
naphthomycin 萘霉素
naphthonitrile 萘甲腈
naphthonone 萘托酮;萘酚酮;羟萘环己酮
naphthophenanthrene 二苯并蒽
naphthophenazine 萘吩嗪
naphthopicric acid 萘苦酸;2,4,5-三硝基萘酚
naphthoquinaldine 萘喹哪啶;甲基氮菲
naphthoquinoline 萘喹啉
5,6-naphthoquinoline 5,6-萘喹啉
1,2-naphthoquinone 1,2-萘醌
1,4-naphthoquinone 1,4-萘醌
***amphi*-naphthoquinone** 2,6-萘醌
α-naphthoquinone 1,4-萘醌
β-naphthoquinone 1,2-萘醌
naphthoquinoxaline 1,4-二氮杂蒽
naphthoresorcinol 间萘二酚
naphthosalol(=betol) 柳萘酯;水杨酸β-萘基酯
naphthosultone 萘-1,8-磺内酯
naphthotetrazine 四氮杂蒽
naphthothiazole 萘噻唑
naphthotriazine 三氮杂蒽
naphthoxanthene 苯并夹氧杂蒽
naphthoxazine 吩噁嗪
naphthoxy (=naphthyloxy) 萘氧基
2-naphthoxyacetic acid 2-萘氧基乙酸
naphthoyl 萘酰;萘甲酰基
naphthoylacetonitrile 萘甲酰基乙腈

naphthoyl chloride 萘甲酰氯
naphthoyloxy 萘甲酸基
naphthoyltrifluoroacetone（NTA） 萘甲酰三氟丙酮
naphthyl 萘基
2-（1-naphthyl）acetamide 萘乙酰胺
naphthyl acetate 乙酸萘酯
β-naphthyl acetate 乙酸-β-萘酯
naphthylacetic acid 萘乙酸
α-naphthylacetic acid α-萘乙酸
naphthyl acetylene 萘基乙炔
naphthyl alcohol α-萘酚
naphthyl aldehyde 萘基甲醛
naphthylamine 萘胺
1-naphthylamine 1-萘胺
2-naphthylamine 2-萘胺
α-naphthylamine 1-萘胺
β-naphthylamine 2-萘胺
naphthylaminedisulfonic acid 萘胺二磺酸
1-naphthylamine-2，7-disulfonic acid 1-萘胺-2，7-二磺酸
2-naphthylamine-6，8-disulfonic acid 2-萘胺-6，8-二磺酸；氨基G酸
naphthylamine hydrochloride 萘胺盐酸盐
naphthylaminemonosulfonic acid 萘胺一磺酸
naphthylaminesulfonic acid 萘胺磺酸；氨基萘磺酸
1-naphthylamine-4-sulfonic acid 1-萘胺-4-磺酸；对氨基萘磺酸
1-naphthylamine-8-sulfonic acid 1-萘胺-8-磺酸；周位酸
1-naphthylamine-3，6，8-trisulfonic acid 1-萘胺-3，6，8-三磺酸；科赫酸
α-naphthyl benzoate 苯甲酸α-萘酯
naphthyl cyanide 萘甲腈
naphthylene 亚萘基
naphthylenediamine 萘二胺
N-（1-naphthyl）ethylenediamine N-（1-萘基）乙二胺
naphthyl ethyl ether 萘乙醚
naphthylhydrazine 萘肼
naphthyl hydroxide 萘酚
naphthyl hydroxylamine 萘胲
naphthylidene 亚萘基
naphthyl isocyanate 异氰酸萘酯
α-naphthyl isocyanate 异氰酸α-萘酯
naphthyl isothiocyanate 异硫氰酸萘酯
naphthyl lactate 乳酸萘酯
naphthyl mercaptan 萘硫酚
naphthylmercuric acetate 乙酸萘汞酯
naphthylmethylene 萘亚甲基
naphthylmethylidyne 萘次甲基
naphthylnaphthalene 联二萘
naphthyloxy 萘氧基
2-（2-naphthyloxy）ethanol 2-（2-萘氧基）乙醇
naphthyl salicylate 水杨酸萘酯
α-naphthyl salicylate 水杨酸α-萘酯
β-naphthyl salicylate 水杨酸β-萘酯
α-naphthylthiourea α-萘硫脲；安妥（毒鼠药）
α-naphthyl-triethyloxy-silicane α-萘基・三乙氧基硅
naphthyridine 1，5-二氮杂萘
naphtol 萘酚
nappa 纳巴革（全粒面软革）
nappe separation 射流分离；水舌脱离
napping 起绒
naproanilide 萘丙胺
napropamide 草萘胺；萘氧丙草胺
naprosyn（＝naproxen） 萘普生
naproxen 萘普生
naptalam 抑草生；西力特
napthalyne 萘炔
naramycin 奈良霉素
narasin 甲基盐霉素
narbomycin 那波霉素；冥菌素；1，2-去氧苦霉素
narceine 那碎因
narceonic acid 那碎酮酸
narcissamine 水仙胺
narcissine（＝lycorine） 石蒜碱
narcobarbital 那可比妥；甲溴丙巴比妥
narcotics 毒品；麻醉药
narcotoline 那可托灵
narcylene 麻醉用（的）乙炔
nargol 核酸银
naringenin 柚苷配基
naringin 柚（皮）苷
naringinase 柚（皮）苷酶
naringoside（＝naringin） 柚（皮）苷
narrow-boiling range fraction 窄沸程馏分
narrow channel 狭水道
narrow contact face flange 窄面法兰
narrow cut （1）窄馏分（2）窄区（域）切割
narrow face flange 窄面法兰
narrow fraction 窄馏分
narrow meshed 窄筛分的；小孔网眼；窄

筛分
narrow path impeller 窄流道叶轮
narrow V-belt 窄V带
nasal analysis 嗅觉分析；按气味分析
nascency 初生态
nascent oxygen 初生(态)氧
nascent state 初生态；新生态
Nash hytor pump 纳氏泵
Nash pump 纳氏泵；液封型真空泵
nasturan 沥青铀矿
natamycin 那他霉素；游霉素
National Bureau of Standard (美国)国家标准局(NBS)
national coarse thread 美制粗牙螺纹
National Construction Committee 国家建委
national fine thread 美制细牙螺纹
national standards 国家标准
national standard thread 国家标准螺纹
native antimony 自然锑
native arsenic 自然砷
native bismuth 自然铋
native borax 硼砂矿
native defect 本征缺陷
native gold 自然金
native mercury 自然汞
native platinum 自然铂
native rubber 天然橡胶
native selenium 自然硒
native silver 自然银
native soda 泡碱
native sulfate of barium 天然硫酸钡；重晶石
native sulfur 自然硫
natriphene 联苯酚钠；邻苯基苯酚钠
natroborocalcite 钠硼解石
natrolite 钠沸石
natron 泡碱；十水碳酸钠
natroncalk (烧)碱石灰(NaOH 和 CaO 的混合物)
natronkalk (烧)碱石灰
nat-rubber 天然橡胶
natrum 天然碱
Natta catalysts 纳塔催化剂
natulane 甲基苄肼
natural abrasive 天然磨料
natural adhesive 天然胶黏剂
natural ag(e)ing 自然老化
natural air circulation 空气自然循环
natural antiageing protective 天然防老剂
natural antibody 自然抗体
natural antioxidant 天然防老剂
natural aquatic system 天然水系统；天然水体系
natural asphalt 天然沥青
natural base 生物碱
natural bittern 天然卤水
natural bitumen 天然沥青
natural boundary condition 自然边界条件
natural cement 天然水泥
natural circulation 自然循环
natural-circulation evaporator 自然循环蒸发器
natural coagulation 自然凝固
natural convection 自然对流
natural convection mass transfer 自然对流传质
natural cooling 自然冷却
natural curing 自然发酵；应时发酵
natural draft 自然通风
natural draft cooling tower 自然通风冷却塔
natural draught 自然通风
natural draught cooling tower 自然通风凉水塔
natural draw ratio 自然拉伸比
natural drug 天然药物
natural drying 自然干燥
natural dye(s) 天然染料
natural enemy of rodents 鼠天敌
natural fibre 天然纤维
natural filler 天然填料
natural frequency 固有频率
natural frequency of tube 管子固有频率
natural gas 天然气
natural gas conditioning 天然气处理
natural gas liquids 天然气凝析液；气体汽油
natural gas odorant 天然气的添味剂
natural gasoline 凝析油；天然汽油
natural gas storage 天然气的储藏
natural (high)polymer 天然高分子化合物
natural latex 天然胶乳
natural latex ammoniation 天然胶乳加氨处理
natural law 自然法则；自然规律
natural light 自然光
natural line width 自然线宽
natural medium 天然培养基
natural oil 天然油
natural orbital 自然轨道

natural perfume 天然香料
natural polymer 天然高分子
natural process 不可逆过程
natural purification 自然净化;自净
natural radiation 天然放射
natural radioactivity 天然放射性
natural radiocarbon 放射性碳
natural radioelement 天然放射性元素
natural radionuclide 天然放射性核素
natural refractory 天然耐火材料
natural reinforcement 天然增强体
natural resin 天然树脂
natural resin coatings 天然树脂涂料
natural resin of recent period 近代树脂
natural resistance 天然耐药性
natural resources law 自然资源法
natural rubber 天然橡胶
natural rubber adhesive 天然橡胶胶黏剂
natural rubber grading 天然橡胶分级
(natural) silk 蚕丝
natural soda 天然碱
natural synthesis 自然合成
natural ventilation 自然通风
natural vibration 固有振动
natural zeolite 天然沸石
nature time 松弛时间
nauheim bath 热碳酸盐水浴
nauseant 呕吐剂;致呕剂
Nautamixer 诺塔混合器
naval fuel oil 军舰用燃料油
Navier-Stokes equation 纳维-斯托克斯方程
naxagolide 那高利特
NBR latex 丁腈胶乳
NBT 二硝散
NCA(no carrier added) 不加载体
NDDO(neglect of diatomic differential overlap method)忽略双原子微分重叠法
Nd-Fe-B permanent magnet 钕铁硼永磁体
NE 交感神经素
nealbarbital 尼阿比妥;烯丙新戊巴比妥
neamine 新霉胺;新霉素 A
near beer 淡啤酒
near-critical 近临界的
nearest neighbor sequence analysis 毗邻序列分析
near field flow 近场流
near field potential 近场电位
near infrared 近红外的
near-infrared region 近红外区(0.75～3μm)
near surface flaw 近表面缺陷
near term prospect 近期展望
near α titanium alloy 近α钛合金
near β titanium alloy 近β钛合金
near ultraviolet 近紫外的
near ultraviolet region 近紫外区(200～400nm)
neat phase 净相
neat's foot oil 牛脚油
neat soap 牛油皂;皂粒;皂核;净皂;液晶皂;皂基
neat soap phase 液晶皂相
nebcin 妥布霉素
nebivolol 萘必洛尔
nebracetam 奈拉西坦
nebramycin 暗霉素
nebularine 水松蕈素
nebulin (1)奈布林(2)(＝tecnazene)四氯硝基苯(农药)(3)伴肌动蛋白
nebulization 雾化
nebulization chamber 雾化室
nebulization efficiency 雾化效率
nebulizer 喷洒器;雾化器;雾化吸入器;喷雾器
necic acids 千里光酸
necines 千里光碱
neck 颈;颈口;颈缩;轴颈;短管
neck bush 内衬套;节流衬套;填料函底套
necking (冷拉)颈缩;细颈现象
necking down 颈缩;断面收缩;缩颈断裂
neck sealing 颈部密封;封口
necrobiotic radiation 坏死辐射
necrosamine 坏死胺
Nectria 丛赤壳属
nedocromil 奈多罗米
needle coke 针状焦
needle ironstone 针铁矿
needle penetration 针入度
needle plug valve 针阀;针形阀;针孔阀
needle point valve 针孔阀
needle roller bearing 滚针轴承
needle stone 钠沸石
needle valve 针(形,孔)阀
needle zeolite 钠沸石
neeking 颈缩现象
Néel point 奈耳温度
NEFA(non-esterified fatty acid) 非酯化脂肪酸;游离脂肪酸
Nefalon 聚酰胺纤维
nefazodone 奈法唑酮

nefiracetam 奈非西坦
nefopam 奈福泮;甲苯噁唑辛
Nef reaction 内夫反应
negamycin 负霉素
negapillin 负青霉素
negatan 间甲酚磺酸缩甲醛
negative adsorption 负吸附
negative aniline number 负苯胺数
negative azeotrope 下降性共沸混合物
negative catalysis 负催化作用
negative catalyst（＝inhibitor） 负催化剂;抑制剂
negative charge 负电荷
negative cooperativity 负协同
negative correlation 负相关
negative-cross resistance 负交互抗性
negative crystal 负晶体
negative die 阴模;下半模
negative difference effect 负差效应
negative electrode 负电极
negative feedback 负反馈
negative film 底片
negative ion 负离子
negative ion generator 负离子发生器
negative ion mass spectrum 负离子质谱
negative peak 反峰
negative(photograph)paper 底版纸
negative (photo)mask 负性掩模版
negative photoresist 负型光刻胶
negative plate (1)阴[负]极板(2)底片
negative positive rule 正负定律(即中和定律)
negative sol 阴电(荷)溶胶;阴电(性)溶胶;负电(性)溶胶
negative substituent 阴性取代基
negative surface tension 负表面张力
negative synergism 反协同效应
negative temperature 负(绝对)温度
negative temperature coefficient 负温度系数
negative thixotropy 负触变性
negative valency 负价
negatron 负电子
negentropy 负熵
neglect of diatomic differential overlap method 忽略双原子微分重叠法
negode 阳极
Negro powder 尼格罗炸药
negtive strand RNA virus 负链 RNA 病毒
neighboring group assistance 邻助作用
neighboring group effect 邻基效应
neighboring group participation 邻基参与
nekal 拉开粉;二丁基萘磺酸钠
nelaton's catheter 软导管
nemacides 杀线虫剂
nemadectin 奈马克汀
nematic 向列型(液晶)
nematic compound 向列化合物
nematic liquid crystal 向列型液晶
nematic phase 向列相
nematic state 向列(状)态
nematocide 杀线虫剂
nembutal（＝pentobarbital） 戊巴比妥
nemonapride 奈莫必利
Nencki reaction 嫩琪反应
Nenitzescu acylation reaction 南尼采斯库酰化反应
neo- 新
neoabietic acid 新枞酸
neoantimycin 新抗霉素
neoarsphenamine 新胂凡纳明;九一四
neoaspergillic acid 新曲霉酸
neobornyral 异戊酸基乙酸冰片酯
neobrucine 异布鲁辛
neocarborane 新碳硼烷
neocarotene 新胡萝卜素
neocembrene 新瑟模环烯
neocerotic acid 新蜡酸;二十五(烷)酸
neochebulinic acid 新诃黎勒酸
neocid 新杀肽
neocupferron 新铜铁试剂
neocuproine 新亚铜试剂
neodymia 氧化钕
neodymium 钕 Nd
neodymium acetate 乙酸钕
neodymium bromide 溴化钕
neodymium hydrosulfate 硫酸氢钕
neodymium oxalate 草酸钕
neodymium oxide 氧化钕
neodymium oxychloride 氯氧化钕
neodymium sesquioxide 三氧化二钕
neodymium 3-sulfoisonicotinate 3-磺基异烟酸钕
neoendorphin 新内啡肽
neoergosterol 新麦角甾醇
neofat 再生脂肪
neohalarsine 马法胂
neoheptane 新七烯
neohesperidin 新橙皮苷
neohesperidin dihydrochalcone 新橙皮苷

双氢查耳酮
neohexane 新己烷
neohydrin 汞丙脲;汞新醇;3-氯汞-2-甲氧基丙基脲
neohydroxyaspergillic acid 新羟基曲霉酸
neokink 新扭结
neolactose 异乳糖
neolan blue 宜和兰蓝
neomenthol 新薄醇;新薄荷醇
neomethymycin 新酒霉素
neomycin 新霉素
neomycin undecylenate 十一烯酸新霉素
neon 氖 Ne
neon glow 氖辉光
neonicotine（＝anabasine） 新烟碱;假木贼碱
neopentane 新戊烷
neopentyl 新戊基
neopentyl alcohol 新戊醇
neopentylene glycol succinate（**NGS**） 丁二酸新戊二醇酯
neopentyl glycol 2,2-二甲基丙二醇;新戊(基)二醇
neopentyl iodide 新戊基碘
neopentyl rearrangement 新戊基重排作用
neophryn 苯福林;去氧肾上腺素;新福林
neophyl chloride 氯代叔丁基苯;苯叔丁基氯
neophytadiene 新植二烯
neopine 尼奥品;β-可待因
neoplasia 新生物
neoprene 氯丁橡胶;氯丁二烯橡胶
neoprene cement 氯丁胶浆
neoprene latex 氯丁胶乳
neoprene-phenolic adhesive 氯丁-酚醛胶黏剂
neopterin 新蝶呤
neopytodiene 新植二烯
neoquassin 新苦栎素;新苦木苦素
neoretinene B 新视黄醛 B
neosine 肌碱
neostigmine 新斯的明;普洛色林
neostigmine bromide 溴(化)新斯的明
neostrychnine 异士的宁
neo-synephrine 苯福林;去氧肾上腺素;新福林
neotelomycin 新远霉素
neotenin 保幼激素
neotetrazolium chloride 氯化新四唑
neothelomycin 新乳霉素
Neotran 杀螨醚
neotridecanohydroxamic acid 新十三碳异羟肟酸
neovaleraldehyde 新戊醛;三甲基乙醛
neovaricaine 乙醇胺
neovitamin A 新维生素 A
neoxanthin 新黄质;新叶黄素
Neozone 尼奥宗(橡胶防老剂)
nepetalactone 假荆芥内酯
nepetalic acid 荆芥酸
nephelauxetic effect 电子云重排效应
nephelauxetic series of ligands 配位体电子云重排系列
nepheline 霞石
nephelometer 浊度计;比浊计
nephelometric analysis 浊度分析
nephelometric method 浊度测定法
nephelometry 比浊法;浊度测定法
nephrite 软玉
neptunate 镎酸盐
neptunia 二氧化镎
neptunic acid 镎酸
neptunium 镎 Np
neptunium alkoxide 烷基醇镎
neptunium amalgam 镎汞齐
neptunium carbide 碳化镎
neptunium carbonate 碳酸镎
neptunium dioxide 二氧化镎
neptunium ethoxide 乙氧基合镎
neptunium oxalate 草酸镎
neptunium oxide-sulfide 氧硫化镎
neptunium protoxide-oxide 五氧化二镎
neptunium pyrophosphate 焦磷酸镎
neptunium silicide 硅化镎
neptunium tetraethoxide 四乙醇镎
neptunium tetramethoxide 四甲醇镎
neptunoyl （五价）镎酰
neptunyl 镎酰
neptunyl acetate 乙酸镎酰;乙酸双氧镎
neptunyl potassium carbonate 碳酸镎酰钾
nequinate 奈喹酯
neral 橙花醛;β-柠檬醛
nereistoxin 沙蚕毒素
neriantin 欧夹竹桃苷甲;夹竹桃叶苷
nerifolin 黄花夹竹桃次苷 B
neriin 夹竹桃叶苷
neriodorin 夹竹桃皮苷
Nernst body 能斯特体
Nernst distribution law 能斯特分配定律
Nernst effect 能斯特效应

Nernst equation 能斯特方程
Nernst heat theorem 能斯特热定律
Nernstian potential 能斯特电位
Nernst-Planck theorem 能斯特-普朗克定理
Nernst theorem 能斯特定理
Nernst vacuum calorimeter 能斯特真空量热器
nerol 橙花醇；3,7-二甲基-2,6-辛二烯-1-醇
nerolidol 橙花叔醇
nerolin 橙花醚
nerol oil 橙花油
nerone 橙花酮
nerve (1)回缩性；(弹性)复原性 (2)神经
nerve growth factor (NGF) 神经生长因子
nerve sedative 神经镇静药
nerviness 弹性变形回复性；回缩性
nervon(e) 神经苷脂；烯脑苷脂
nervonic acid 神经酸；顺-15-二十四碳单烯酸
neryl 橙花基
neryl acetate 橙花醇乙酸酯
nesosilicates 岛硅酸盐(各 SiO_4 之间无共用氧原子)
Nessler's reagent 奈斯勒试剂
nested mold 多巢(压)模
nest plate 模穴套板
nest spring 双重螺旋弹簧；复式盘簧
net (1)网 (2)纯净；净值[重,利]
net atomic population 净原子布居
net density 净密度
net dietary protein value 膳食净蛋白质值
net effect 最后效果；综合效果
net energy (NE) 净能
net gas 干气
net gasoline 净汽油；无铅汽油
net heating power 净热值
net heating value 净热值；低热值
nether 天然碱
netilmicin 奈替米星；乙基紫苏霉素；乙基西梭霉素
net-like structure 网状结构
net load 净载荷
net loss 净损；净亏
net maximum work 净最大功；净有效功
netobimin 奈托比胺
netoric acid 鱼藤酸
net plane of lattice 点阵面
net positive suction head 汽蚀裕量；净正吸高差
net present value(NPV) 净现值
net pressure head 可利用压头
net price 实价
net pump suction head 泵的净吸压头
net rate 净速率
net retention time 净保留时间
net retention volume 净保留体积
netropsin 纺锤菌素；杀刚果锥虫素；西那诺霉素
net structure 网状结构
net thermal value 净热值；低热值
netting wire dryer 套网干燥器
net useful work 净最大功；净有效功
net weight 净重
network 网络
network bound antioxidant 反应型防老剂
network density 网络密度
network function 网络函数
network model 网络模型
network polymer 网络聚合物
network structure 网络结构；架型结构
neumandin 异烟肼
neural network 神经网络
neural network training 神经网络训练
neuraminic acid 神经氨糖酸；甘露糖胺丙酮酸
neuraminidase 神经氨(糖)酸苷酶；唾液酸苷酶
neuramino-glycoprotein 神经氨(糖)酸糖蛋白
neuridin 腐动物胺
neurine 神经碱；三甲基乙烯基氢氧化铵
neurode 神经节点
neurodin 镇神定
neuroethology 神经行为学
neuroglobulin 神经球蛋白
neurohormone 神经激素
neurohypophyseal hormone 垂体后叶激素
neurohypophysis 垂体神经叶；神经垂体；(脑下)垂体后叶
neurokeratin 神经角蛋白
neurokinin 神经激肽
neurolecithin 神经卵磷脂
neuromodulator 神经调质
neuron 神经元
neuronal 二乙基溴乙酰胺
neuron-specific enolase 神经元特异性烯醇化酶
neurophysin 后叶激素运载蛋白
neuroprotein 神经蛋白

neurosin 甘油磷酸钙
neurosporene 链孢红素
neurotensin 神经降压素
neurotoxin 神经毒素
neurotransmitter 神经递质
neurotrophin 神经营养蛋白
neutral ammonium sulfite process 亚硫酸铵法制浆
neutral axis 中性轴
neutral chelate 中性螯合物
neutral complex 中性配位化合物
neutral-density filter 中性密度滤光片;灰滤光器
neutral dye(s) 中性染料
neutral element 中性元素;零族元素
neutral equilibrium 中性平衡;随遇平衡
neutral ester 中性酯
neutral fat 中性脂肪
neutral fertilizer 中性肥料
neutral flux 中性助熔剂
neutralism 中立共栖
neutrality 中性;中和
neutralization (1)中和(作用)(2)抵消;使失效
neutralizational process 中和法(制皂)
neutralization amine 中和胺
neutralization chamber 中和槽[室]
neutralization heat 中和热
neutralization pond 中和池
neutralization tank 中和槽;中和缸
neutralization titration 中和法;酸碱滴定法
neutralization value 中和值
neutralize (1)中和 (2)抵消
neutralizer (1)中和器 (2)中和剂
neutralizing agent 中和剂
neutralizing tank 中和槽
neutralizing tower 中和塔
neutralizing well 中和槽
neutral ligand 中性配位体
neutral line 中(性)线
neutral lining 中性炉衬
neutral molecule 中性分子
neutral oil 中性油
neutral oxide 中性氧化物
neutral phosphate 中性磷酸酯
neutral point 中性点;中和点
neutral reaction 中性反应
neutral red 中性红
neutral refractory 中性耐火材料
neutral sizing agent 中性施胶剂
neutral sizing agent CS 中性施胶剂 CS
neutral sizing paper 中性纸
neutral solvent 中性溶剂
neutral stability curve 中稳态曲线
neutral step filter 中性阶梯减光板
neutral sulfite process 中性亚硫酸盐法
neutral sulfite pulp 中性亚硫酸盐(纸)浆
neutral-tinted glass 中性灰玻璃
neutral water glass 中性水玻璃
neutramycin 中性霉素
neutrapen 青霉素酶
neutretto 中(性)子
neutrino 中微子;微中子
neutron 中子
neutron absorptiometry (=neutron absorption analysis)中子吸收分析法
neutron absorption analysis 中子吸收分析法
neutron activation 中子活化法
neutron activation analysis 中子活化分析
neutron bomb 中子弹
neutron camera 中子照相机
neutron converter (=flux converter)中子通量转换器
neutron counter 中子计数器
neutron-deficient nuclide 缺中子核素
neutron detector 中子探测器
neutron diffraction 中子衍射
neutron flashtube 中子闪光管
neutron flux 中子通量
neutron generator 中子发生器
neutron generator tube 中子发生管
neutron gun 中子枪
neutron-multiplier material(s) 中子倍增材料
neutron output 中子产额
neutron poison 中子毒物
neutron-poor isotope 缺中子同位素
neutron radiative capture 中子俘获
neutron resonance spectroscopy 中子共振能谱学
neutron-rich nuclei 富中子核;丰中子核
neutron-rich side 富中子侧;丰中子侧
neutron scattering 中子散射
neutron shielding 中子屏蔽
neutron shielding fiber 防中子纤维
neutron shield paint 中子屏蔽(防护)用涂料
neutron source 中子源
neutron spectrum 中子谱

neutrons per second(NPS) 每秒钟(放出)中子数
neutron thermalization 中子热化
neutron yield 中子产额
Neville and Winther's acid 1-萘酚-4-磺酸;奈温酸;NW 酸
nevirapine 奈韦拉平
new cacodyl 甲基胂酸二钠
new construction 新建(工程)
newel 盘旋柱
new energy(resource) 新能源
new fuchsin 可溶性品红
newing 酒花酵母
newly rising industry 新兴工业
Newman formula 纽曼分子式
Newman projection 纽曼投影式
new material 新材料
new oil 新(润滑)油
new process 新工艺
new process carbon black 新工艺炭黑
new process equipment 新型技术装备
new product 新产品
new product development 新产品开发
newsprint 新闻纸
newsprinting ink 油墨
new technical carbon black 新工艺炭黑
new technological revolution 新技术革命
new technology 新技术
newton 牛顿
Newton first law 牛顿第一定律
Newtonian body 牛顿(流)体
Newtonian flow 牛顿流动
Newtonian flow model 牛顿流动模型
Newtonian fluid 牛顿流体
Newtonian liquid 牛顿液体
Newtonian shear viscosity 牛顿剪切黏度
Newtonian viscosity 牛顿黏度
newtonium 原元素
Newton-Raphson method 牛顿-拉普森法
Newton refraction 牛顿折射
Newton ring 牛顿环
Newton second law 牛顿第二定律
Newton's law of friction 牛顿摩擦定律
Newton's rings 牛顿环
Newton third law 牛顿第三定律
Newtrex 聚合松香
nexin (微管)连接蛋白
nexus 融合膜
nezukone 尼楚酮;4-异丙基草酮
ngaione 恩盖酮
N_2 gas tank pressurizing unit 氮气罐压力装置
NGF(nerve growth factor) 神经生长因子
NG (1)(natural gas)天然气(2)(nitroglycerine)硝化甘油
NHE(normal hydrogen electrode) 标准氢电极
NHP(nonhistone protein) 非组蛋白质
Nia 1240 乙硫磷
niacin 烟酸;尼克酸;抗糙皮病维生素;维生素 PP
niacinamide 烟酰胺;尼克酰胺;抗糙皮病维生素;维生素 PP
nialamide 尼亚拉胺;丙酰苄胺异烟肼
niaouli oil 绿花白千层油;袅莉油
niaprazine 尼普拉嗪;烟酰哌嗪
nibyl 铌氧基
nicametate 烟卡酯;烟酰乙酯
nicamide *N*,*N*-二乙基烟酰胺
nicarbazin 尼卡巴嗪;硝卡巴嗪
nicardipine 尼卡地平;硝吡胺甲酯
niccolic(=nickelic) 高镍的;三价镍的
niccolite 红砷镍矿
nicergoline 尼麦角林;麦角溴烟酯
niceritrol 戊四烟酯;烟酸戊四醇酯
niche 生境
nick 切口;刻痕;缺口
nickase(DNA) 切口酶
nickel 镍 Ni
nickel(Ⅱ) hydroxide 氢氧化镍
nickel(Ⅲ) hydroxide 氢氧化高镍
nickel acetate 乙酸镍
nickel acetylacetonate 乙酰丙酮镍
nickel aminosulfonate 氨基磺酸镍
nickel ammine 镍的氨合物
nickel ammonium chloride 氯化镍铵
nickel ammonium sulfate 硫酸镍铵
nickel antimonide 锑化镍
nickel arsenide 砷化镍
nickelate 镍酸盐
nickel benzoate 苯甲酸镍
nickel black 镍黑
nickel borate 硼酸镍
nickel bromide 溴化镍
nickel-cadmium accumulator 镍镉蓄电池
nickel/cadmium battery 镉/镍蓄电池
nickel-cadmium storage battery 镍-镉蓄电池
nickel carbide 一碳化三镍
nickel carbonate 碳酸镍

nickel carbonyl 羰基镍
nickel cast iron 镍铸铁
nickel chemical-plating on ceramics 陶瓷化学镀镍
nickel chloride 氯化镍
nickel-chrome steel 铬镍钢
nickel chromium steel 铬镍钢
nickel-clad 钢板包镍板(法)
nickel-cobalt alloy (electro) plating 电镀镍钴合金
nickel-cobalt alloys electroforming 镍钴合金电铸
nickel cyanide 氰化镍
nickel dibutyl dithiocarbamate 二丁基二氨荒酸镍
nickel dichloride (二)氯化镍
nickel *N*,*N*-dimethyldithio-carbamate 福美镍
nickel dimethylglyoxime 丁二酮肟合镍;镍二甲基乙二肟
nickel electroforming 镍电铸
nickel (electro) plating 电镀镍
nickel electrorefining 镍电解精炼
nickel fittings 镍制配件
nickel fluoride 氟化镍
nickel formate 甲酸镍
nickel gymnite 硅镍石;含镍水蛇纹石
nickel/hydride battery 金属氢化物/镍蓄电池
nickel/hydrogen battery 氢/镍蓄电池
nickel hydrogen cell 镍-氢电池
nickel-hydrogen storage battery 镍-氢蓄电池
nickel hypophosphite 次磷酸镍
nickelic 高镍的;三价镍的
nickelic acetate 乙酸高镍
nickelic hydroxide 氢氧化高镍
nickelic oxide 三氧化二镍;氧化高镍
nickelic sulfide 硫化高镍
nickel-iron accumulator 镍铁蓄电池
nickel-iron alloys plating 电镀镍铁合金
nickel/iron battery 铁/镍蓄电池
nickel matte 镍冰铜;镍锍
nickel/metal hydride battery 金属氢化物/镍蓄电池
nickel/metal hydrogen battery 金属氢化物/镍蓄电池
nickel-metal-hydrogen storage battery 金属氢化物-镍蓄电池
nickel monoxide 一氧化镍
nickel nitrate 硝酸镍
nickel nitride 二氮化三镍
nickelocene 二茂镍
nickel ocher 镍华
nickelous (正)镍;二价镍
nickelous acetate 醋酸镍
nickelous amide 氨基镍
nickelous arsenate 砷酸镍
nickelous bromide 溴化镍
nickelous carbonate 碳酸镍
nickelous chloride 氯化镍
nickelous *N*,*N*-dibutyldithiocarbamate *N*,*N*-二丁基二硫代氨基甲酸镍;防老剂 NBC
nickelous dithionate 连二硫酸镍
nickelous fluosilicate 氟硅酸镍
nickelous formate 甲酸镍
nickelous hydrogen fluoride 氟化氢镍
nickelous hydroxide 氢氧化镍
nickelous hypophosphite 次磷酸镍
nickelous iodate 碘酸镍
nickelous-nickelic oxide 四氧化三镍
nickelous nitrate 硝酸镍
nickelous oxalate 草酸镍
nickelous oxide 一氧化镍
nickelous perchlorate 高氯酸镍
nickelous rubidium sulfate 硫酸铷镍
nickelous sulfate 硫酸镍
nickel oxalate 草酸镍
nickel oxide 氧化镍
nickel phosphate 磷酸镍
nickel phosphide 磷化镍
nickel-phosphorus alloy (electro) plating 电镀镍磷合金
nickel plating 镀镍
nickel plating 镍电镀
nickel plating brightener BE 镀镍光亮剂 BE
nickel preplating 预镀镍
nickel protoxide 一氧化镍
nickel pyrite 黄镍矿;硫化镍
nickel salt (1)镍盐 (2)硫酸镍
nickel sesquioxide 三氧化二镍
nickel steel 镍钢
nickel sulfaminate 氨基磺酸镍
nickel sulfate 硫酸镍
nickel superoxide 四氧化镍
nickel tetracarbonyl 四羰合镍
nickel tetrathionate 连四硫酸镍
nickel thiocyanide 硫氰酸镍
nickel thiosulfate 硫代硫酸镍
nickel titanate yellow 钛镍黄

nickel vitriol 硫酸镍
nickel yellow 镍黄
nickel/zinc battery 锌/镍蓄电池
nick translation 切口移位
niclad 钢板包镍板(法)
niclofolan 联硝氯酚
niclosamide 氯硝柳胺;灭绦灵;贝螺杀
nicoclonate 尼可氯酯;烟氯苯丁酯
nicofibrate 尼可贝特;降酯吡甲酯
nicofuranose 尼可呋糖;烟呋糖酯
Nicol prism 尼科耳棱镜
nicomol 尼可莫尔;烟酸环已醇酯
nicomorphine 尼可吗啡;吗啡二烟酸酯
nicopyrite 镍黄铁矿
nicorandil 尼可地尔
nicotelline 烟台林;尼可替林
nicotimine 烟酰亚胺
nicotinaldehyde thiosemicarbazone 烟碱醛缩氨基硫脲(作为结核抑制剂)
nicotinamide 烟酰胺;尼克酰胺;抗糙皮病维生素;维生素 PP
nicotinamide adenine dinucleotide(**NAD;CoⅠ;DPN**) 烟酰胺腺嘌呤二核苷酸;辅酶Ⅰ
nicotinamide adenine dinucleotide phosphate(**NADP;TPN;CoⅡ**) 烟酰胺腺嘌呤二核苷酸磷酸;辅酶Ⅱ
nicotinamide ascorbate 抗坏血酸烟酰胺
nicotinamide methylkinase 烟酰胺甲基激酶
nicotinamide methyltransferase 烟酰胺甲基转移酶
nicotinamide mononucleotide(**NMN**) 烟酰胺单核苷酸
nicotinamide nucleotide 烟酰胺核苷酸
nicotine 烟碱;尼古丁
nicotine hemochromogen 烟碱血色原
nicotinic acid 烟酸;尼克酸
nicotinic acid amide 烟酰胺
nicotinic acid benzyl ester 烟酸苄酯
nicotinic acid monoethanolamine salt 烟酸一乙醇胺盐
nicotinic acid picrate 烟酸化苦味酸
nicotinic amide 烟酰胺
nicotinoylglycine 烟酰甘氨酸;烟尿酸
nicotinuric acid 烟酰甘氨酸;烟尿酸
nicotinyl alcohol 烟醇;3-吡啶甲醇
***α*-nicotyrine** *α*-烟碱烯;二烯烟碱
***β*-nicotyrine** *β*-烟碱烯;雪茄碱
nicouic acid 鱼藤酮酸
nicouline 鱼藤酮
niddamycin 尼达霉素
nido coordination compound 巢式配位化合物
nidroxyzone 尼屈昔腙
nidulin 构巢曲霉素
niello silver 乌银
Niementowski quinoline synthesis 涅门托夫斯基喹啉合成
nifedipine 硝苯地平;心痛定
nifelat 硝苯地平;心痛定
nifenalol 硝苯洛尔
nifenazone 尼芬那宗;4-烟酰胺基安替比林
niflumic acid 尼氟灭酸;氮氟灭酸
nifuradene 硝呋拉定;呋喃咪酮
nifuraldezone 硝呋地腙
nifuratel 硝呋拉太;呋喃巯唑酮
nifurfoline 硝呋复林
nifuroquine 硝呋罗喹
nifuroxazide 硝呋齐特
nifuroxime 硝呋醛肟
nifurpirinol 硝呋吡醇
nifurprazine 硝呋拉嗪
nifurtimox 硝呋莫司
nifurtoinol 硝呋妥因醇
nifurzide 硝呋肼
niger 皂脚
nigeran 黑曲霉多糖
niger factor 抗黑曲菌素
nigericin 尼日利亚菌素
nigerine *N*,*N*-二甲基色胺
niger oil 皂厂杂油
niger seed oil(=niger oil) 皂厂杂油
night soil 人粪尿
nigraniline 苯胺黑
nigre 皂脚
nigrite 沥青
nigrosine 苯胺黑
Nigrosine spirit-soluble 醇溶黑
nigrotic acid 黑酸;3,6-二羟-2-磺基-7-萘甲酸
nihil album 氧化锌
nihydrazone 尼海屈腙;硝基呋喃甲醛乙酰腙
nikethamide 尼可刹米;*N*,*N*-二乙基烟酰胺
niketharol *N*,*N*-二乙基烟酰胺
nil ductility temperature(**NDT**) 无延性转变温度

Nile blue A 尼罗蓝 A
nilic acid 尼里酸
Nilsson model 尼尔森模型
nilutamide 尼鲁米特
nilvadipine 尼伐地平
nimbic acid 印楝酸
nimbin 印(苦)楝素
nimbinic acid 印楝素酸
nimbiol 酮式楝酚菲;印(苦)楝酚
nimesulide 尼美舒利
nimetazepam 硝甲西泮;硝基去氯安定
nimidane 尼米旦;环硫苯胺
nimodipine 尼莫地平
nim oil 印度楝树油
nimorazole 尼莫唑;硝唑吗啉
nimustine 尼莫司汀;尼氮芥;嘧啶亚硝脲
nine membered ring 九元环
nine-ring 九元环
nineteen-membered ring 十九元环
nineteen-ring 十九元环
ninhydrin(e) (水合)茚三酮
ninhydrin reaction 水合茚三酮反应
ninopterin 9-甲叶酸
niobate 铌酸盐
niobe oil 尼哦油;苯甲酸甲酯
niobic acid 铌酸
niobic anhydride 铌酐
niobic oxide 五氧化二铌
niobite 铌铁矿
niobium 铌 Nb
niobium alkoxide polymer 铌醇盐聚合物
niobium alloy 铌合金
niobium aluminium germanium 铌铝锗
niobium ammonium sulphate 硫酸铌铵盐
niobium carbide 碳化铌
niobium dihydride 二氢化铌
niobium diselenium 二硒化铌
niobium disulphide 二硫化铌
niobium electrolytic production 铌电解制取
niobium hydride 氢化铌;铌氢化物
niobium hydroxide 氢氧化铌
niobium oxalates 草酸铌
niobium oxide trichloride 三氯氧化铌
niobium oxychloride 氯氧化铌
niobium pentabromide 五溴化铌
niobium pentafluoride 五氟化铌
niobium pentaiodide 五碘化铌
niobium pentoxide 五氧化二铌
niobium peroxid 过氧化铌
niobium powder 铌粉
niobium tetroxysulphate 硫酸四氧铌
niobium tin superconductor 铌锡超导材料
niobium trigermanium 铌三锗
niobium trioxysulphate 硫酸三氧铌
nioboxy 铌氧基
niobus 三价铌的
nioxime 1,2-环己二酮二肟
Nipagin A 对羟基苯甲酸乙酯;尼泊金乙酯
Nipagin M (对)羟苯(甲酸)甲酯(防腐剂);尼泊金甲酯
Nipasol (对)羟(基)苯(甲酸)丙酯;尼泊金丙酯
nipecotic acid 3-哌啶甲酸
niperit 尼帕炸药;尼帕锐特
niphimycin(=nyphimycin) 尼菲霉素
Niplon 聚酰胺纤维
nipple 螺纹接口;螺纹接套
nipple joint 管接头接合;螺纹接管
nipple key 螺纹套管扳手
nipple roll(upper) 上部压紧胶辊
nipradilol 尼普地洛
nip rolls 压料辊
niribine oil 黑茶藨子花油
niridazole 尼立达唑;硝唑咪
Nirit 二硝散
niromycin(=nairomycin) 新露霉素
nisin 乳链菌肽
nisinic acid 尼生酸;4,8,12,15,18,21-二十四碳六烯酸
nisioic acid 尼斯喔酸;二十四碳六烯酸
nisoldipine 尼索地平
nital 硝酸乙醇溶液(蚀刻剂)
nitarsone 硝苯胂酸
niter cake 硝饼
niter(=nitre) 硝石
nithiazide 硝乙脲噻唑
nitial bed 底料层
nitracetanilide 硝基乙酰苯胺
nitracidium ion 硝酸合氯离子
nitracrine 二胺硝吖啶
nitraffine 硝基苯精制油
nitragin 硝化菌发酵酶
nitra-lamp 充氮气(电)灯泡
nitralin 甲枫乐灵;磺乐灵
nitram 硝酸铵肥料粒
nitramide 硝酰胺
nitramine 硝胺
nitramine picrate 硝胺合苦味酸
nitramine propellant 硝胺火药

nitramine rearrangement 硝胺重排作用
nitramino- 硝氨基
nitramon 硝铵火药
nitranilic acid 硝冉酸;二羟二硝醌
nitranilide 苯基重氮酸
nitraniline 硝基苯胺
nitrapyrin 氯定;2-氯-6-(三氯甲基)吡啶
nitratase 硝酸盐酶
nitrate 硝酸盐(或酯)
nitrate additive 硝酸酯添加剂
nitrated alcohol 硝化酒精
nitrated lignin 硝化木质素
nitrate dope 硝基航空涂料
nitrated polyglycerin 硝化聚甘油
nitrate green 硝酸绿(硝酸铅铬+亚铁氰化铁)
nitrate method 硝酸盐法
nitrate nitrogen 硝态氮;硝酸盐氮
nitrate of baryta 硝酸钡
nitrate of lime 硝酸钙
nitrate of soda 硝酸钠
nitrate radical 硝酸根
nitrate superphosphate 硝酸化过磷酸
nitratine 钠硝石;智利硝石;硝酸钠
nitrating acid (硝酸和硫酸)混(合)酸
nitrating centrifuge 硝化离心机
nitrating pot 硝化釜;硝化罐
nitrating separator 硝化离析器
nitrating test 硝化试验
nitration 硝化(作用)
nitration grade toluene 硝化级甲苯
nitration mixture (硝酸和硫酸的)混酸
nitrato- 硝酸基
nitrator 硝化器
nitrator-separator 硝化分离器
nitrazepam 硝西泮;硝基安定
nitrazine yellow 硝嗪黄
nitre 硝石;硝酸钾
nitrefazole 硝法唑
nitrendipine 尼群地平
nitrene 氮宾;氮烯
nitrenium ion 氮烯阳离子
nitre pot 硝石罐
nitriacidium ion 硝酸合氢离子
nitric acid 硝酸
nitric acid-hydrofluoric acid test 硝酸-氢氟酸试验(腐蚀)
nitric acid still 硝酸蒸馏器
nitric anhydride 硝(酸)酐;五氧化二氮
nitric ether 硝酸酯
nitric hydrate 水合硝酸(水 32%)
nitric nitrogen 硝态氮;硝酸盐中的氮
nitric nitrogen fertilizer 硝酸态氮肥
nitric oxide 一氧化氮
nitric oxides 氮的氧化物
nitric oxide synthase 一氧化氮合酶
nitridation 渗氮
nitride 氮化物
nitride ceramics 氮化物陶瓷
nitriding 渗氮
nitridizing agent 氮化剂
nitridotrisulfuric acid 次氨基三硫酸
nitrification 硝酸化作用;硝化作用
nitrification inhibitor 硝化抑制剂
nitrifier 硝化(细)菌
nitrifying bacteria 硝化(细)菌
nitrilase 腈水解酶
nitrile 腈
nitrile base 叔胺
nitrile group 氰基;腈基
nitrile of phenylglycine 苯氨基乙腈
nitrile oil 101 腈油 101
nitrile oxide 氧化腈
nitrile rubber 丁腈橡胶
nitrile rubber adhesive 丁腈橡胶胶黏剂
nitrile silicone 氰硅油
nitrile silicone rubber 腈硅橡胶
nitrilo- 次氨基;次氮基
Nitrilon 腈纶;聚丙烯腈纤维
nitrilotriacetate 次氨基三乙酸酯
nitrilotriacetic acid(NTA) 次氨基三乙酸;托立龙 A
nitrilotris(methylene phosphonic acid) 次氨基三(亚甲基膦酸)
nitrilotrisulfonic acid (= nitridotrisulfuric acid) 次氨基三硫酸
nitrin 尼特灵;2-氨基苯甲醛苯腙
nitrine 叠氮
nitrite 亚硝酸盐(或酯)
nitrite inhibitor 亚硝酸盐缓蚀剂
nitrite liquor(=nitrite lye) 亚硝碱液
nitrite lye 亚硝碱液
nitrite nitrogen 亚硝态氮;亚硝酸盐中的氮
nitrito- 亚硝酸(基)
nitritocobalamin (亚)硝(酸)钴胺素
nitrizing 氮化;渗氮
nitro- 硝基
***aci*-nitro-** 异硝基;硝酸亚基
nitroacetanilide 硝基乙酰苯胺

nitroacetic acid 硝基乙酸
***p*-nitroacetophenone** 对硝基苯乙酮
nitroacid 硝基酸
nitro-aci-nitro tautomerism 硝基-酸硝基互变异构
nitroalkane 硝基烷
nitro-amine 硝胺
***p*-nitro-*o*-aminotoluene** 对硝基邻氨基甲苯
***m*-nitroaniline** 间硝基苯胺
***o*-nitroaniline** 邻硝基苯胺
nitroaniline 硝基苯胺
2-nitro-*p*-anisidine 邻硝基对甲氧基苯胺
nitroanisole 硝基茴香醚
***o*-nitroanisole** 邻硝基苯甲醚
nitroanthracene 硝基蒽
nitroanthraquinone 硝基蒽醌
1-nitroanthraquinone 1-硝基蒽醌
nitroanthraquinone sulfonic acid 硝基蒽醌磺酸
nitroazobenzene 硝基偶氮苯
Nitrobacter 硝化菌属
nitrobacteria 硝化细菌
nitrobarbituric acid 硝基巴比土酸
nitrobarite 钡硝石
nitrobenzal-acetophenone 硝基亚苄基乙酰苯
***m*-nitrobenzaldehyde** 间硝基苯(甲)醛
***o*-nitrobenzaldehyde** 邻硝基苯(甲)醛
***p*-nitrobenzaldehyde** 对硝基苯(甲)醛
nitrobenzaldehyde 硝基苯甲醛
nitrobenzamide 硝基苯甲酰胺
nitrobenzanilide 硝基苯甲酰苯胺
nitrobenzene 硝基苯
nitrobenzene azonaphthol 硝基苯偶氮萘酚
***p*-nitrobenzene azoresorcinol** 对硝基苯偶氮间苯二酚;试镁灵
nitrobenzene azosalicylic acid(= Alizarine Yellow G) 硝基苯偶氮水杨酸;茜素黄 G
***p*-nitrobenzene diazoaminoazobenzene**(= cadion) 试镉灵
nitrobenzene process (润滑油的)硝基苯提取过程
nitrobenzene sulfonyl chloride 硝基苯磺酰氯
nitrobenzene thiocyanate 硫氰酸硝基苯酯
nitrobenzidine 硝基联苯胺
nitrobenzimidazole 硝基苯并咪唑
***m*-nitrobenzoic acid** 间硝基苯(甲)酸
***o*-nitrobenzoic acid** 邻硝基苯(甲)酸
***p*-nitrobenzoic acid** 对硝基苯(甲)酸
nitrobenzol 硝基苯
nitrobenzonitrile 硝基苯甲腈
nitrobenzophenone 硝基苯基·苯基(甲)酮
nitrobenzoquinone 硝基苯醌
nitrobenzoylazochromotropic acid 硝基苯偶氮-1,8-二羟基-3,6-二磺酸
nitrobenzoyl chloride 硝基苯甲酰氯
nitrobenzyl 硝基苄基
nitrobenzyl acetate 乙酸硝基苄酯
nitrobenzyl alcohol 硝基苄醇
nitrobenzyl chloride 硝基苄基氯
nitrobenzyl cyanide 硝基苄腈
nitrobin hydrochloride 盐酸氧氮芥
nitrobiphenyl 硝基联苯
***o*-nitrobiphenyl** 邻硝基联苯
2-nitro-1,1-bis(*p*-chlorophenyl)propane 2-硝基-1,1-双(对氯苯基)丙烷
nitroblue tetrazolium(NBT) 氮蓝四唑
nitrobromoform(=bromopicrin) 硝基溴仿;溴化苦;三溴硝基甲烷
nitrobruciquinone hydrate(=cacotheline) 卡可西灵
nitrobutandiol 硝基丁二醇
nitrobutane 硝基丁烷
nitro-*tert*-butane 硝基叔丁烷
nitrocamphor 硝基樟脑
nitrocaptax 6-硝基-2-巯基苯并噻唑
nitrocarbamate 硝氨基甲酸酯
nitrocarbol 硝基甲烷
nitrocarbonate 硝基碳酸盐(或酯)
nitrocellulose 硝酸纤维素
nitrocellulose coatings 硝酸纤维素涂料
nitrocellulose dope 透布油
nitrocellulose enamel 硝基瓷漆
nitrocellulose finish 硝化纤维素涂饰剂;硝纤涂饰剂
nitrocellulose lacquer 硝基漆;硝基纤维漆;硝酸纤维漆;喷漆
nitrocellulose putty 硝基腻子
nitrocellulose silk 硝化纤维(人造)丝
nitrocellulose varnish 硝基清漆;清喷漆
nitro-chalk 钙铵硝石;白垩硝;碳酸钙硝酸铵肥料
***m*-nitrochlorobenzene** 间硝基氯苯
***o*-nitrochlorobenzene** 邻硝基氯苯
***p*-nitrochlorobenzene** 对硝基氯苯
nitrochloroform(=chloropicrin) 硝基氯仿;氯化苦
nitrochlorophenol 硝基氯苯酚
nitrocinnamic acid 硝基肉桂酸

nitro-compound 硝基化合物
nitro-cotton 硝化棉;硝化纤维素
nitrocresol 硝基甲(苯)酚
nitrocumene 硝基枯烯;3-硝基-1-异丙苯;硝基异丙苯
nitrocyclohexane 硝基环己烷
nitrocymene 硝基伞花烃;硝基异丙甲苯
nitrodan 硝丹;硝丹宁
nitro-dextrin 硝化糊精
nitrodiethylaniline 硝基二乙基苯胺
***p*-nitrodiphenylamine** 对硝基二苯胺
nitrodope 硝化涂料
***p*-nitrodracylic acid** 对硝基苯甲酸
nitro dye(s) 硝基染料
nitroerythrite 硝化赤藓醇
nitro-erythritol 硝化赤藓醇;丁四醇四硝酸酯
nitroethane 硝基乙烷
***p*-nitro-ethylacetanilide** *N*-乙基-*N*-乙酰基对硝基苯胺
***o*-nitroethylbenzene** 邻硝基乙苯
nitrofen 除草醚
nitroferroin 硝基邻菲咯啉亚铁离子
nitrofication process 硝化法
nitrofluorene 硝基芴
nitroformaldehyde phenylhydrazone 硝基甲醛苯腙
nitroform 硝仿;三硝基甲烷
nitrofural 呋喃西林;硝呋醛
nitro-2-furancarboxylic acid(=nitropyromucic acid) 硝基-2-呋喃羧酸;硝基焦黏酸
nitrofurantoin 呋喃妥因;呋喃坦啶
nitrofurazone 硝呋醛;呋喃西林
nitrogelatin 胶质代那买特
nitrogen 氮 N_2
nitrogenase 固氮酶
nitrogenase system[complex] 固氮酶系统
nitrogenated oil 氮化油
nitrogen balance 氮平衡
nitrogen benzide 偶氮苯
nitrogen blanketing 氮气覆盖;充氮保护
nitrogen-boron polymer 氮硼聚合物
nitrogen bridge 氮桥
nitrogen bulb 定氮球管
nitrogen circulator 氮气循环机
nitrogen cluster 氮原子簇
nitrogen compressor 氮气压缩机
nitrogen cycle 氮循环
nitrogen degradation (土壤中)氮降解
nitrogen dioxide 二氧化氮
nitrogen enriched membrane 富氮膜
nitrogen equilibrium 氮均衡;氮平衡
nitrogen fertilizer 氮肥
nitrogen fixation 固氮(作用)
nitrogen fixation process 固定氮法
nitrogen-fixing bacteria 固氮细菌
nitrogen free extract 无氮浸出物
nitrogen-free filter paper 无氮滤纸
nitrogen monoxide 一氧化二氮;笑气
nitrogen mustard 氮芥
nitrogenous fertilizer 氮肥
nitrogenous manure 氮肥
nitrogenous metabolism 氮的代谢作用
nitrogenous tankage 含氮槽肥
nitrogen oxide (1)氧化氮(通常指 NO 一氧化氮)(2)氮的氧化物
nitrogen oxychloride 亚硝酰氯;氯氧化氮
nitrogen pentoxide 五氧化二氮
nitrogen peroxide (1)三氧化(一)氮;过氧化氮(2)二氧化(一)氮之误称
nitrogen-phosphorus detector 氮磷检测器
nitrogen solution 氮溶液
nitrogen sulfochloride 硫氯化氮;一氯四硫化三氮
nitrogen supply unit 供氮设备
nitrogen tetroxide 四氧化二氮
nitrogen trichloride 三氯化氮
nitrogen trifluoride 三氟化氮
nitrogen trioxide 三氧化二氮
nitrogen ylide 氮叶立德
nitroglucose 硝化葡糖
nitroglycerin(e) 硝化甘油
nitroglycerol 硝化甘油
nitroglycol 硝化甘醇;乙二醇二硝酸酯
nitro-group 硝基
nitroguaiacol 硝基愈创木酚
nitroguanidine 硝基胍
nitrohydrocellulose 硝基水化纤维素
nitrohydrochloric acid 王水
nitrohydrocinnamic acid 硝基氢化肉桂酸
nitroic acids 水合硝基酸
nitroisophthalic acid 硝基间苯二甲酸
nitroisoquinoline 硝基异喹啉
nitrol 硝脑;硝基亚硝基烃
nitro lacquer 硝基漆
nitrolacquer 硝基漆
nitrolevulose 硝化果糖
nitrolic acid 硝肟酸

nitrolignin 硝化木素
nitrolim(e) 氰氨(基)化钙
nitromannite 硝化甘露醇
nitromersol 硝甲酚汞;米他芬
nitromesitylene 硝基苿;硝基-1,3,5-三甲苯
nitromethane 硝基甲烷
nitromide 硝米特;二硝苯甲酰胺
nitromin hydrochloride 盐酸氧氮芥
nitro-muriatic acid 王水
nitron 硝酸试剂;硝酸灵
1-nitronaphthalene 1-硝基萘
***α*-nitronaphthalene** 1-硝基萘
nitronaphthalenedisulfonic acid 硝基萘二磺酸
nitronaphthalenemonosulfonic acid 硝基萘(一)磺酸
nitronaphthalenesulfonic acid 硝基萘磺酸
nitronaphthoic acid 硝基萘甲酸
1-nitro-2-naphthol 1-硝基-2-萘酚
nitronaphthol 硝基萘酚
nitronaphthylamine 硝基萘胺
nitronate 氮酸酯
nitrone (亚硝)氮碳基 ═C∶NO—
nitronic acid 氮酸;氮羧酸
nitro-nitroso 硝基-亚硝基
nitronium ion 硝鎓离子
nitronium tetrafluoroborate 四氟硼酸硝鎓
nitro-paraffin 硝基烷烃
nitro-pentaerythrite 季戊四醇(四)硝酸酯
nitropentane 硝基戊烷
nitropenthrite 四硝基季戊四醇
5-nitro-*o*-phenetidine 2-乙氧-5-硝基苯胺
nitrophenetol 硝基苯乙醚
nitrophenide 硝苯尼特;双间硝基苯二硫
nitrophenol 硝基苯酚
***m*-nitrophenol** 间硝基苯酚
***o*-nitrophenol** 邻硝基苯酚
***p*-nitrophenol** 对硝基苯酚
nitrophenolate 硝基苯酚盐
nitrophenylacetic acid 硝基苯乙酸
nitrophenylamine 硝基苯胺
nitrophenylarsonic acid 硝基苯胂酸
nitrophenyl diethyl phosphate 磷酸硝基苯基二乙酯
nitrophenylene diamine 硝基苯二胺
4-nitro-*o*-phenylenediamine 4-硝基邻苯二胺
***p*-nitrophenylhydrazine** 对硝基苯肼
nitro-phenyl isocyanate 异氰酸硝基苯酯
nitrophenylpropiolic acid 硝基苯丙炔酸
nitrophenylurea 硝苯基脲
nitrophoska 硝酸磷酸钾(沉淀磷酸钙硝酸铵与氯化钾的混合物)
nitrophthalide 4-硝基苯并呋喃酮
nitropropane 硝基丙烷
1-nitropropane 1-硝基丙烷
2-nitropropane 2-硝基丙烷
5′-nitro-2′-propoxyacetanilide 5′-硝基-2′-丙氧基乙酰苯胺
5-nitro-2-propoxyaniline 5-硝基-2-丙氧基苯胺
nitroprusside 硝普盐;五氰一亚硝基合(三价)铁酸盐(含离子的盐)
nitropyromucic acid (= nitro-*α*-furancarboxylic acid) 硝基焦黏酸;硝基-*α*-呋喃羧酸
5-nitroquinaldic acid 5-硝基喹哪啶酸;5-硝基-2-喹啉羧酸
nitrosalicylic acid 硝基水杨酸
nitrosalol 硝基萨罗
nitrosamine 亚硝胺
nitrosamine rearrangement 亚硝胺重排作用
nitrosamino- 亚硝氨基
nitrosates 硝肟酸酯类
nitrosation 亚硝化(作用)
nitroscanate 硝硫氰酯;硝异硫氰二苯醚
nitrose 硫酸硝气溶液
nitrosimino- 亚硝亚氨基
nitrosites 亚硝肟酸酯类
nitroso- 亚硝基
nitrosoamines 亚硝胺
3-nitrosobenzamide 3-亚硝基苯甲酰胺
nitroso-blowing agent 亚硝基系发泡剂
nitroso compound 亚硝基化合物
nitroso-cyclohexane 亚硝基环己烷
nitroso-decarboxylation 亚硝化脱羧
nitrosodiethanolamine 亚硝基二乙醇胺
nitrosodiethylamine 亚硝基二乙胺
nitrosodiisopropylamine 亚硝基二异丙胺
nitrosodimethylamine 亚硝基二甲胺
***p*-nitroso-*N*, *N*-dimethylaniline** 对亚硝基-*N*,*N*-二甲基苯胺
nitrosodimethylaniline 亚硝基二甲基苯胺
nitrosodiphenylamine 亚硝基二苯胺
nitroso dye(s) 亚硝基染料
nitroso-group 亚硝基
nitrosohydroxylamines 亚硝基胲
nitrosoketones 亚硝基酮

nitrosolic acid 亚硝肟酸
Nitrosomonas 亚硝化单胞菌属
nitrosomorpholine 亚硝基吗啉
1-nitroso-2-naphthol 1-亚硝基-2-萘酚
nitrosonitric acid 发烟硝酸
nitrosonium 亚硝鎓离子
nitroso-oximino tautomerism 亚硝基-肟基互变异构
nitrosophenol 亚硝基苯酚
nitrosophenyldimethylpyrazole 亚硝基苯基二乙基吡唑
nitrosophenyl hydroxylamine 亚硝基苯胲
***N*-nitroso-piperidine** *N*-亚硝基哌啶
nitroso process（for sulfuric acid manufacture） 亚硝基法(制硫酸)
nitrosopyrrolidine 亚硝基吡咯烷
nitroso-resorcinol 亚硝基间苯二酚
nitroso-R-salt 亚硝基 R 盐；亚硝基-2-羟基-3,6-萘二磺酸钠；试钴铁灵
nitroso rubber 亚硝基橡胶
nitroso-sulfuric acid 亚硝基硫酸
nitrosothymol 亚硝基百里酚；百里醌肟
nitrosotoluene 亚硝基甲苯
nitrostarch 硝化淀粉
nitro-styrene 硝基苯乙烯
nitrosubstitution 硝基取代
nitro-sugar 硝化糖
nitrosulfamide 亚硝基硫酰胺
nitrosulfathiazole 硝基磺胺噻唑
2-nitro-4-sulfobenzoic acid 2-硝基-4-磺酸基苯甲酸
nitro-sulfonic acid 硝基磺酸；亚硝基硫酸
nitro-sulfuric acid 混酸(浓硝酸和浓硫酸的混合物)
nitrosyl 亚硝酰(基)
nitrosylation（＝nitrosation） 亚硝基化(作用)
nitrosyl bromide 亚硝酰溴；溴化亚硝酰
nitrosyl chloride 亚硝酰氯；氯化亚硝酰
nitrosyl halide 亚硝酰卤
nitrosyllium hexafluorouranate 六氟铀酸亚硝酰；六氟化铀合亚硝酰
nitrosyl perchlorate 高氯酸亚硝酰
nitrosyl radical 亚硝酰基
nitrosyl ruthenium 亚硝酰钌
nitrosyl sulfate (1)硫酸亚硝酰酯(2)亚硝基硫酸盐(或酯)
nitrosyl sulfuric acid 亚硝基硫酸
nitrosyl sulfuryl chloride 亚硝酰磺酰氯
nitrotartaric acid 硝基酒石酸
nitroterephthalic acid 硝基对苯二酸
***m*-nitrotoluene** 间硝基甲苯
***o*-nitrotoluene** 邻硝基甲苯
***p*-nitrotoluene** 对硝基甲苯
4-nitrotoluene-2-sulfonic acid 2-甲基-5-硝基苯磺酸
***p*-nitrotoluene-*o*-sulfonic acid** 2-甲基-5-硝基苯磺酸
2-nitro-*p*-toluidine 邻硝基对甲苯胺
4-nitro-*o*-toluidine 对硝基邻甲苯胺
nitro-trichloromethane 硝基三氯代甲烷
nitrotyl（＝nitroyl） 肟基
nitrotyrosine 硝基酪氨酸
nitroundecane 硝基十一(碳)烷
nitrouracil 硝基尿嘧啶
nitrourea 硝基脲
nitrourethane 硝氨基甲酸乙酯
nitrous 亚硝的
nitrous acid 亚硝酸
nitrous acid ester 亚硝酸酯
nitrous anhydride 亚硝(酸)酐；三氧化二氮
nitrous ether 亚硝基醚
nitrous oxide 一氧化二氮；笑气
nitrovin 双呋脒腙
nitrovinylation 硝基乙烯化(作用)
nitroxanthic acid 苦味酸
nitroxime 硝基肟
nitroxoline 硝羟喹啉
nitroxyl 硝酰(基)
nitroxyl chloride 硝酰氯
4-nitro-*m*-xylene 4-硝基间二甲苯
nitroxylic acid 次硝酸
nitroxynil 硝羟碘苄腈
nitrum 天然碱
nitryl 硝酰；硝基(此英文名多用于无机化合物)
nitryl chloride 硝酰氯
nitryl halide 硝酰卤
nivalenol 瓜萎镰菌醇
nivalic acid 地衣酸
nizatidine 尼扎替丁
nizin 尼锌；对氨基苯磺酸锌
Ni-Zn ferrite 镍锌铁氧体
nizofenone 尼唑苯酮
nm.（＝nanometer） 纳米；(旧称)毫微米；10^{-9}米
NMDA 甲天冬氨酸
NMN（nicotinamide mononucleotide） 烟酰胺单核苷酸

NMR(nuclear magnetic resonance) 核磁共振
NMR analysis 核磁共振法分析
NMRCT(nuclear magnetic resonance computerized tomography) 核磁共振计算机化断层显像
NMR-imaging 核磁共振成像
NMR spectrometer 核磁共振(波谱)仪
NMR spectrometer with superconducting magnet 超导核磁共振(波谱)仪
NMR spectrometry 核磁共振谱术
NMR spectroscopy 核磁共振波谱法
NMR spectrum 核磁共振波谱
no-barrier technology 渗透工艺
nobbing 压挤熟铁块;制熟铁坯;挤压(铆钉模)
nobelium 锘 No
noble electrode 惰性电极
noble gases (=inert gases) 稀有气体
noble metal 贵金属
noble opal 贵蛋白石
no-bond resonance (=hyperconjugation) 无键共振;超共轭效应
nocardamin 诺卡胺素
Nocardia 诺卡氏菌属
nocardicin 诺卡杀菌素
no carrier added 不加载体
no commercial value(**n. c. v.**) 无商业价值
nodakenin 闹达柯宁;紫花前胡苷
nodal 节点的
nodal analysis 节点分析;结点分析
nodal displacement 节点位移
nodal load 节点载荷
nodal point 节点
nodal slide 测节器
node (波)节;节点;结点
noded hemispheroid 多弧扁球储罐;多折滴状油罐
node map 节点图
no detection 未检出
nodischarge state 全闭状态
no-drip nozzle 无滴口喷嘴(无排出凝液设备的喷嘴)
no dropping 切勿坠落
nodular cast iron 球墨铸铁
nodular structure 结节结构
nodulizer (1)球化剂 (2)造粒机
nodulizing (1)附聚作用 (2)烧结作用
no dumping 切勿投掷
NOE(nuclear Overhauser effect) 核欧沃豪斯效应
noelasticity 非弹性
noetic science 思维科学
noformicin 诺卡型霉素
nogalamycin 诺加霉素
No hook 勿用手钩
noise 噪声
noise abatement 噪声的削减
noise background 噪声本底
noise cleaning 噪声清除
noise clipper 噪声限制器
noise coefficient 噪声系数
noise control 噪声控制
noise deadener 消声器;隔音(涂)层
noise elimination 消除噪声;噪声消除
noise energy 噪声能量
noise factor 噪声因数
noise figure 噪声指数
noise generator 噪声发生器
noise-induced 噪声诱发的
noise intensity 噪声强度
noise leakage 噪声泄露
noiseless 无噪声
noiseless paper 无音纸
noise level 噪声级;噪声水平
noise margin 噪声极限
noise(-measuring) meter 噪声计
noise-measuring system 噪声测试装置
noise meter 噪声计;噪声测试器
noise muffler 噪声衰减器
noise pollution level 噪声污染级
noise silencer 噪声消除器
noise snubber 消声器
noise suppressor 噪声抑制器
noisy peak 噪声峰
no-live load 空载
no-load 空载;无负荷
no-load release 无负荷跳闸;无载跳闸
no-load run 空载运行;无负荷运行
no-load running test 无载运转试验
no-load test 空转试验
no mark 无标记
no-mechanism reaction 无机理反应
nomenclature 命名法;命名原则
Nomex 聚间苯二甲酰间苯二胺纤维;芳纶 1313
nomifensine 诺米芬新;氨苯甲异喹
nomilin 诺米林
nominal capacity 标称容量;公称容积

nominal deviation 公称偏差
nominal diameter 公称直径
nominal dimension 公称尺寸
nominal error 公称误差
nominal pitch 公称节距
nominal pressure 标称[定]压力;公称压力
nominal size 公称尺寸
nominal stress 公称应力
nominal value 标称值
nominal voltage 标称电压;公称电压;额定电压
nominal volume 标称容积
nominal weight 标称重量
nomogram 计算图表
nomograph 算图;列线图;诺谟图
nomography 图算法
nona- 九;壬
non-abstractive 非抽提性
non-acid gases 非酸性气体
nonacid oil 非酸性油
nonacosane 二十九(碳)烷
nonacosanol 二十九(烷)醇
nonacosanyl alcohol(＝montanyl alcohol) 二十九烷醇;褐煤醇
nonacosyl 二十九(烷)基
nonactin 无活菌素
nonactivated stock 未活化的胶料
non-additive 无添加剂的
non-additive oil 无添加剂润滑油
nonadditivity 非加和性;非相加性
nonadecadienoic acid 十九碳二烯酸
nonadecandioic acid 十九烷二酸
nonadecane 十九(碳)烷
nonadecane diacid 十九烷二酸
nonadecane dicarboxylic acid 十九烷二甲酸;二十一烷酸
nonadecanoic acid 十九(烷)酸
nonadecanol 十九(烷)醇
nonadecendioic acid(＝nonadecene diacid) 十九碳烯二酸
nonadecene diacid 十九碳烯二酸
nonadecene dicarboxylic acid 十九碳烯二甲酸
nonadecenoic acid 十九碳烯酸
nonadecyl 十九(烷)基
nonadecyl alcohol 十九(烷)醇
nonadecylenic acid 十九碳烯酸
nonadecylic acid 十九烷酸
nonadiabatic 非绝热的
nonadiabatic rectification 非绝热精馏
nonadiendioic acid 壬二烯二酸
nonadienoic acid 壬二烯酸
non-adjustable simplex pull rod 固定式单拉杆
nonaffine deformation 非仿射形变
non-affinity adsorption 非亲和吸附
nonageing 未老化的
non-agglomerating coal 不黏结煤
non-aggressive 无腐蚀性的
non-alcoholic beverage 非酒精饮料;不含酒精的饮料
nonaldehyde 壬醛
***n*-nonaldehyde** 正壬醛
non-alternant hydrocarbon 非交替烃
nonamer 九聚物
nonamethylene 1,9-亚壬基
nonamethylene diamine 壬二胺
non-amino nitrogen 非氨基氮
nonandioic acid 壬二酸
nonane 壬烷
nonane-decanoic acid 十九烷酸
nonane diacid 壬二酸
nonanediol 壬二醇
nonanedioyl 壬二酰
nonanenitrile 壬腈
nonanoic acid 壬酸
nonanol 壬醇(通常指1-壬醇)
1-nonanol 正壬醇
2-nonanone 2-壬酮;甲基·庚基(甲)酮
nonanoyl 壬酰
non-antisence 非反义
non-aqueous adhesive 非水溶液(型)黏合剂
non-aqueous colloid 非水胶体
non-aqueous dispersion(NAD)coating 非水分散涂料
non-aqueous reprocessing 非水法后处理;干法后处理
non-aqueous solution 非水溶液
non-aqueous solvent 非水溶剂
nonaqueous spinning bath 非水纺丝浴
non-aqueous titration 非水滴定(法)
non-aromatic hydrocarbon 非芳香烃
non-asphaltic petroleum 非沥青质石油
nonassociated electrolyte 非缔合(式)电解质
non-associated liquid 非缔合液体
nonatomic ring 九元环
non-azeotrope forming hydrocarbon 不生成共沸液的烃类
non-bearing structure 非承重结构

non-benzenoid aromatic heterocycle 非苯型芳族杂环
non-benzenoid aromatics 非苯型芳族化合物
non-benzenoid hydrocarbon 非苯型烃
nonbilayer lipid 非双层脂
non-Bingham fluid 非宾汉流体
non-biodegradable 不能生物降解的
nonbiodegradable residue 不能生降解残留物
non-black rubber reinfocing fillers 浅色橡胶补强填充剂
non-blood proteins 非血蛋白类
non-blooming stock 不起霜料
non-blooming sulfur 不喷霜硫黄
non-bonded interaction 非键相互作用
nonbonding 非键(合)
nonbonding atomic orbital 非键原子轨道
nonbonding electron 非键电子
nonbonding (molecular) orbital 非键(分子)轨道
nonbonding MO (NBMO) 非键分子轨道
nonbubbling fluidization 非鼓泡流态化
non-caking 不结块的
non-caking black 不结块的炭黑
non-caking coal 不黏结煤
non-carbon oil 无炭油;不含悬浮炭的润滑油
non-catalytic hydrogenation 非催化氢化
non-catalytic polymerization 非催化聚合
non-catalytic process 非催化过程
non-centrosymmetrical 非中心对称的
non-chlorine-retentive 不吸氯的
nonchorionic gonadotropin 非绒毛膜促性腺激素
noncircular head 非圆形封头
noncircular vessel 非圆形容器
nonclassical carbocation 非经典碳正离子
nonclassical ions 非经典离子
non-clogging 不堵塞的
non-coherent material 散粒状材料
noncoking coal 不结焦煤;非炼焦煤
noncoking thermal cracking 非结焦热裂化
noncombustible matter 不燃物质
noncommutability 不可对易性
noncompetitive inhibition 非竞争性抑制
noncompressible fluid 未压缩流体
non-condensable gas 不(可)凝气体
non-condensable hydrocarbon 不凝烃类
non-conducting location 不导电环境
non-conductor (1)非导体 (2)非电导体;不导电体
non-congealable oil 不冻结的油类
noncongruent melting point 非相合熔点
non-conjugated monomer 非共轭单体
nonconsumable electrode 不熔化电极
nonconsumptive 不消耗资源的;不破坏资源的
non-contact seal 非接触型密封
non contamination automobile 无污染汽车
noncontinueous magnetic surface recording media 非连续磁表面记录介质
non-convertible coatings 非转化型涂料
non-corrosion metal 不锈金属
non-corrosiveness 无腐蚀性
non-crease rayon 抗皱人造丝
non-creasing fabric 不皱布
non-creasing finish 防皱整理
noncrosslinking 非交联(的)
noncrystalline 非晶性的
noncrystalline graphite 非晶性石墨
noncrystalline silica 非晶二氧化硅
noncrystallographic symmetry 非晶体学对称性
non-curing 未固化
non-cyanide (electro)plating 无氰电镀
noncyclic crown ether 非环状冠醚
noncyclic photophosphorylation 非循环光合磷酸化;非环式光合磷酸化
non-Daltonian compound 非道尔顿(式)化合物
nondecoic acid 十九烷酸
nondecylic acid 十九烷酸
nondegenerate 非简并的;非退化的
nondegradable waste 不可降解废料
nondegraded surfactant 未降解的表面活性剂
nondeliquescent 不潮解的
nondestructive 非破坏的;无损的
nondestructive activation analysis 非破坏性活化分析
nondestructive assay 非破坏性分析
nondestructive detection 无损检测
nondestructive detector 非破坏性检测器
nondestructive distillation 非破坏蒸馏
nondestructive examination [inspec-tion] 无损探伤;非破坏性检验
nondestructive flaw detection 无损探伤
nondestructive hydrogenation 非破坏加氢
nondestructive inspection (NDI) 无损检查[验];非破坏性检查[验]

nondestructive reagent 非破坏性试剂
nondestructive test 非破坏性试验;无损探伤
nondestructive test(ing) method 无损探伤
non-detectable 不能检测的
nondetonating 不爆炸的;不爆震的
non-diffusible calcium 不扩散钙
non-dimensional parameter 无量纲参数
non-directional sound source 无方位声源
nondispersive analysis 非色散分析
nondispersive extraction 非扩散提取
nondissociate adsorption 非解离吸附
nondissymmetric 非不对称性
non-distillate oil 渣油
non-draining 无穿流
non-dripping 不滴淌(的)
non-drying oil 非干性油
non-drying-oil-modified glyptal (or alkyd) resin 非干性油改性醇酸树脂
non-drying putty 不干性密封腻子
nondurable 不耐久的
nondurable product 非耐用品
non-dusting 无粉尘的
none gloss varnish 平光清漆;无光清漆
nonelastic deformation 非弹性形变
nonelectrolyte 非电解质;不电离质
nonelectrolyte solution 非电解质溶液
non-embrittling sulfur black dyes 防脆硫化黑染料
2-nonenal 2-壬烯醛
nonendioic acid 壬烯二酸
nonene 壬烯
1-nonene 1-壬烯
nonene diacid 壬烯二酸
nonenoic acid 壬烯酸
nonequilibrium condition 非平衡状态
nonequilibrium elution 非平衡洗脱
nonequilibrium flow 非平衡流(动)
nonequilibrium plasma reactor 不平衡等离子反应器
nonequilibrium stage model 非平衡级模型
nonequilibrium state 非平衡态
nonequilibrium statistical mechanics 非平衡统计力学
nonequilibrium system 非平衡系统
nonequilibrium technique 非平衡技术
nonequilibrium thermodynamics 非平衡热力学
non-essential amino acid 非必需氨基酸
non-essential element 非必需元素
non-essential fatty acid 非必需脂肪酸
non-esterified fatty acid 非酯化脂肪酸;游离脂肪酸
nonevaporable water 非挥发性水
nonevaporating dehydrolysis 非蒸发脱水
nonexpendable item 非消耗品
nonexplosive 不爆炸的;防爆的;无爆炸性
nonfaraday current 非法拉第电流
nonferrous metal 非铁金属;有色金属
nonferrous metal material 有色金属材料
nonferrous metal tube 有色金属管
non-filterable 不可过滤的
nonflame property 不燃性;抗燃性
non-flammable 不易燃的
non-foaming 不起泡的;无泡的
non-fogging (薄膜)不结雾(的)
non-fogging plasticizer 不喷霜增塑剂;不栖移增塑剂
nonfouling 不结垢(的)
nonfractionating distillation 不分割蒸馏;非分馏式蒸馏
non-free-flowing powder 非散粒状粉剂
nonfreezing 不冻(的)
non-functional compound 无官能化合物(不含有官能团的化合物)
non-Gaussian distribution 非高斯分布
nongradient reactor 无梯度反应器
non-growth-linked product 非生长关联产物
non-gumming fuel 不生胶燃料
non-hazardous area 安全区;非危险区
nonhistone protein 非组蛋白质
nonholonomic constraint 非完整约束
nonholonomic system 非完整系
nonhomogeneous polymerization 非均相聚合
nonhomogeneous system 非均相体系
non-Hookean elasticity 非胡克弹性;非虎克弹性
non-hydraulic binding materials 非水硬性胶凝材料
non-hydrocarbon 非烃
nonhydrogen acid 非氢酸
nonhydrogen explosive 无氢炸药;无氢类炸药
nonhygroscopic 不吸湿的
non-hypergolic propollant 非自燃推进剂
nonicing 不结冰(的)
nonideal flow 非理想流动
nonideal gas 非理想气体

non-ideal solution 非理想溶液
non-identical chiral centres 不全同的手性中心
non-ignitable 不可燃的;不着火的
noninertial system 非惯性系
non-infiltration ceramic membranes 非渗透陶瓷膜
non-ionic addition reaction 非离子的加成反应
non-ionic catalysis 非离子催化(作用)
non-ionic cellulose ethers 非离子型纤维素醚类
non-ionic compound 非离子化合物
non-ionic detergent 非离子洗涤剂
non-ionic elution 非离子洗脱
non-ionic emulsifier 非离子乳化剂
non-ionic macromolecular demulsifier 非离子型高分子破乳剂
non-ionic reaction 非离子反应
non-ionic surface-active agent 非离子型表面活性剂
non-ionic surfactant 非离子型表面活性剂
non-ionizing radiation 非电离辐射
non-ionogenic linkage 非离子化键(合)
non-iron based ammonia synthesis catalyst 非铁系氨合成催化剂
non-isoentropic flow 非等熵流
non-isothermal absorption 非等温吸收
non-isothermal flow 非等温流
non-isothermal reactor 非等温反应器
non-isotopic carrier 非同位素载体
non-isotropic 各向异性的
non Kekule compound 非凯库勒化合物
non-knocking fuel 不爆震燃料
non-labelled compound 未标记化合物
non-laminar flow 非层流
non-laminated phenolics 非层压酚醛塑料
non-leak detector 非泄漏检测器
non-leaving ligand 非脱离性配位体
non-lethal dose 非致死剂量
non-linear body 非线性体
non-linear chelatropic reaction 非线性螯合反应
non-linear dielectric 非线性电介质
non-linear elasticity 非线性弹性
non-linear element 非线性元件
non-linear filtration 非线性过滤
non-linear flow 非线性流
non-linear gradients 非线性梯度
non-linear ideal chromatography 非线性理想色谱(法)
non-linear instability 非线性不稳定性
non-linear isotherm 非线性等温线
non-linear law 非线性定律
non-linear material with memory 非线性记忆材料
non-linear molecule 非直线(型)分子
non-linear optic crystal 非线性光学晶体
non-linear optics 非线性光学
non-linear photoexcitation 非线性光激发
non-linear polymer 非线型高聚物
non-linear programming 非线性规划
non-linear regression 非线性回归
non-linear vibration 非线性振动
non-linear viscoelasticity 非线性黏弹性
non-linear wave 非线性波
non-living resources 非生物资源
non-local coupling 非定域偶合
nonlocality 非定域性
nonlocalized bond 非定域键
nonlocalized fringe 非定域条纹
nonlocalized molecular orbital 非定域分子轨道
nonlubricated compressor 无润滑(式)压缩机;无油润滑压缩机
nonlubrication 无润滑
non-luminous 无光的;不发光的
non-magnetic isomer 无磁性异构体
non-magnetic steel 无磁(性)钢
non-manmade source 非人为(污染)源
nonmechanical stress 非机械应力
nonmetal 非金属
non-metal heat exchanger 非金属材料换热器
non-metallic additive 非金属添加剂
non-metallic container[vessel] 非金属容器
non-metallic element 非金属元素
non-metallic gasket 非金属垫片
non-metallic material 非金属材料
non-metallic pipe 非金属管
non-metallic tank 非金属罐
non-metal plating 非金属电镀
non-methane hydrocarbon(NMHC) 非甲烷烃
nonmicellar solution 非胶束溶液
nonmonochromatic light 非单色光
nonmonochromatic wave 非单色波
non-negotiable (1)不可转让(2)无商量余地的;不可谈判的
non-Newtonian flow 非牛顿流;非线性黏

性流
non-Newtonian fluid 非牛顿流体
non-Newtonian viscosity 非牛顿黏度
non-noble metal 非贵金属的
nonnormal distribution 非正态分布
non-nutritive additive 非营养性添加剂
nonoic acid(＝nonanoic acid) 壬酸
non oil lubrication 非油润滑
non-oleaginous lubricant 非油性润滑剂
nonopening die 非开合模
nonose 壬糖
non-osmotic membrane equilibrium 非渗透膜平衡
Nonox 系列防老剂的商品名
nonoxidative deamination 非氧化性脱氨
nonoxynol 壬苯醇醚
non-paired spatial orbital(NPSO)method 非成对空间轨道法
nonparameter test 非参数检验
nonpathogenic organism 非病原生物；非致病(微)生物
nonperfect fluid 非理想流体
non-permanent flow 暂流
non-piezoelectric ferroelectrics 非压电性铁电体
non-pinking spirit 不爆震汽油
non-planing analysis 不刨削分析
nonpoint source 非点(污染)源
non-polar adhesive 无极性胶黏剂
non-polar bond 非极性键
non-polar compound 非极性化合物
non-polar dissociation 非极性离解(作用)
non-polar double bond 非极性双键
non-polar molecule 无极分子
non-polar monomer 非极性单体
non-polar phase 非极性相
non-polar polymer 非极性高聚物
non-polar rubber 非极性橡胶
non-polar solvent 非极性溶剂
non-polluting 不污染的
non-pollution adhesive 无公害黏合剂
non-pollution coatings 绿色涂料
non-pollution fuel 无污染燃料
non-porous chromiun plating 乳白色电镀铬
non-porous membrane 无孔膜；非多孔膜
non-porous rubber(compound) 密实胶料
nonpressure cure 无压硫化
nonpressure infiltration 无压渗透
nonpressure parts 非受压(部)件
nonpressure process 常压法
nonpressure vessel 常压容器
nonproductive operation 辅助操作
non-proteinaceous nitrogen 非蛋白氮
non-protein nitrogen(NPN) 非蛋白氮
non-protonic solvent 非质子性溶剂；无质子溶剂
nonquaternary 非季(铵)盐的
non-radiative transition (＝radiatonless transition) 无辐射跃迁
non-random lattice fluid theory equation of state(NLFT-EOS) 有规格子流体理论状态方程
non-random two-liquid equation 有规两液方程
non-reactive black 非活性炭黑
non-recording instrument 非记录式仪器
non-recurrent waste 非经常性废料；偶然废料
nonregistered 非注册的
non-relativistic limit 非相对论性极限
non-removable 不可拆卸的
non-renewable resources 不可恢复的资源
nonrepetitive DNA 非重复DNA
non replaceable unit 不可更换的部件
non-residuum cracking 非残油式裂化
non-return flap valve 止回阀
non-return trap 不可复汽阱
non-return valve 止逆阀；单向阀
non-reversible 不能反转的
non-reversible deformation 不可逆形变
non-reversible process 不可逆过程
non-reversible reaction 不可逆反应
nonrigid molecule 非刚性分子
nonrigid rotator 非刚性转子
nonrigid rotor 非刚性转子
non-rising-stem valve 暗杆阀门
non-rubber substance 非胶物质
nonsag tungsten wire 不下垂钨丝
non-saponifying oil 不皂化润滑油
non-scheduled maintenance 非正规维修；不定期维修；计划外维修
non-seasonal goods 非应季品；非季节性产品
non-selective cracking 非选择裂化
non-selective detector 非选择性检测器
non-selective entrainers 非选择溶剂
non-selective herbicide 非选择性除草剂
non-selective (thermal) excitation 非选择性(热)激发
nonsense codon 无义密码子

nonsense suppression 无义抑制
nonsensitized film 盲色胶片
non-shatterable glass 抗震玻璃
non-shock chilling 静止冷却;无振动冷却
non-shrink 防缩
non-shrinking and rapid hardening portland cement 无收缩快硬硅酸盐水泥
non-silanized support 非硅烷化载体
non-silver sensitive material 非银感光材料
nonskid 防滑的;不滑的;有防滑图案的
nonskid tyre 防滑轮胎
non-sludging oil 不沉淀油;无胶质油;氧化稳定油
non-slurry pelletizing 干法造粒
nonsoap grease 无皂润滑脂
nonsoap(y) detergent 非皂洗涤剂;合成洗涤剂
non-soluble anode 不溶性阳极
non-soluble form 不可溶态
non-solvent 非溶剂
non-solvent type plasticizer 非溶剂性增塑剂;辅助增塑剂
nonspecific adsorption 非特性吸附
non-spontaneous catalyst 非自发性催化剂
non-spontaneous process 非自发过程
non-staining 不污染的
non-standard chemical machinery 非标准化工设备
non-standard pressure parts 非标准受压件
non-stationary state 非稳定态
non-steady flow 非定常流;非恒稳流动;非稳流
non-steady state 非稳定态
non-steady state diffusion 非稳态扩散
nonstereospecific polymer 无规立构聚合物
non-sticking wax 无黏性石蜡
nonstochastic effect 非随机效应
nonstoichiometric compound 非化学计量化合物;非定比化合物
nonstoichiometric oxides 非化学计量氧化物
nonstoichiometry 非化学计量性;非定比性
non-stop operation 连续操作
non-stop run 不间断工作
nonstraightness 不直度
nonstructural adhesive 非结构胶黏剂
non-sucrose 非糖物
non-sugar 非糖物
non-sulfur vulcanization[cure] 无硫硫化(作用)
non-superimposable mirror image 不能重叠的镜像
nonsurfactant 非表面活性剂
non-sweating wax 未发汗石蜡
non-swelling acid 非膨胀性酸
non-tannin 非鞣质
non-tan 非鞣质
nonterminal double bond 非末端双键
nonterminal olefin 非末端烯烃;内烯烃
non-toxic catalytic CO_2-removal 无毒催化法脱碳
non-toxic flush material 无毒冲洗液
non-transparent 不透明的
non-turbulent flow 非湍流
non-uniform flow 变速流;非均匀流
non-uniform tear strength 不均匀扯离强度
non-uniform wear 不均匀磨损
nonurban air 非城市空气
non-valent 无价的;零价的
non-viscous flow 非黏性流(动)
non-viscous fluid 无黏性流体
non-volatile matter 不挥发物质
nonwinterized oil 未冬化油
non-woven fabric 非织造织物;无纺布
nonyl 壬基
nonyl acetate 乙酸壬酯
nonyl acid(=pelargonic acid) 壬酸
nonyl alcohol 壬醇
***n*-nonyl alcohol** 正壬醇
nonyl caproate 己酸壬酯
nonylene 壬烯
nonylic acid 壬酸
nonyl iodide 1-碘壬烷
nonylone 二辛基(甲)酮
nonylphenol 壬基苯酚
nonylphenol polyoxyethylene ether 壬基酚聚氧乙烯醚
(*p*-nonylphenoxy)acetic acid 对壬基苯氧乙酸
nonyne 壬炔
no observed [observable] effect level 最大安全量
no observed effect level 最大安全量
No. of grade 代号
nootkatone 努特卡酮;诺卡酮
nootropic 智能改善药
nopinane 诺品烷;诺蒎烷
nopinene 诺品烯
nopinic acid 诺品酸
nopinol 诺蒎醇

nopinone 诺蒎酮
nopol 诺卜醇
noprylsulfamide 诺丙磺胺;苯丙磺胺二磺酸钠
nopyl 诺卜(醇)基
nor- (1)降;去甲 (2)正(指 normal)
noracymethadol 诺美沙朵;去甲乙酰美沙醇
noradrenalin(e) 去甲肾上腺素;交感神经素
noradrenaline bitartrate 重酒石酸去甲肾上腺素
noratropine 降阿托品;降颠茄碱
norbide 碳化硼
norbolethone 诺勃酮;二乙诺酮
norbormide 鼠特灵;灭鼠宁;鼠克星
norbornadiene 降冰片二烯
norbornanol 降冰片烷醇
norbornene 降冰片烯
norborneol 降冰片
norbornylene 降冰片烯
norcamphane 降莰烷
norcamphanyl 降莰基
norcamphene 降莰烯
norcamphor 降樟脑
norcamphotenic acid 降龙脑烯酸
norcantharidin 去甲斑蝥素
norcarane 降蒈烷
norcarenone 降蒈酮
norcaryophllenic acid 降石竹烯酸
norcholane 降胆烷
norcholanic acid 降胆烷酸
norcholesterol 降胆甾醇
norcodeine 去甲可待因
nordazepam 去甲西泮;去甲安定
nordefrin 异肾上腺素
Nordhausen acid 发烟硫酸
nordihydroguaiaretic acid 去甲二氢愈创木酸
norea 茚草隆;草完隆
norecsantalal 降(外)檀香醛
norecsantalic acid 降(外)檀香酸
norecsantalol 降(外)檀香醇
norephedrine 降麻黄碱
norepinephrine 去甲肾上腺素;交感神经素
no requirement 无要求
norethandrolone 诺乙雄龙
norethindrone 炔诺酮
norethisterone 炔诺酮
norethynodrel 异炔诺酮
norfenefrine 去甲苯福林;间羟苯乙醇胺
norfloxacin 诺氟沙星;氟哌酸
norflurazon 达草灭
norgesterone 诺孕酮
norgestimate 诺孕酯
norgestrel 炔诺孕酮
norgestrienone 诺孕烯酮
norhomocamphoric acid 降高樟脑酸
norhyoscine (= norscopolamine) 降莨菪胺
norhyoscyamine 降天仙子胺;去甲莨菪碱
norisocampholic acid 降异龙脑酸
norium 混合稀土金属
norleucine 正亮氨酸
norleucyl- 正亮氨酰(基)
norlevorphanol 去甲左啡诺
norlobelanine 去甲去氢山梗碱;去甲去氢半边莲碱
norlutin 炔诺酮
norm 定额
normal acceleration 法向加速度
normal acid 正酸
normal atmosphere 标准大气压
normal audio tape 普通盒式录音磁带
normal boiling point 标准沸点
normal burette 标准滴定管
normal butane 正丁烷
normal capacitance 标称电容
normal carbon chain 正碳链;直碳链
normal cell 标准电池
normal chain 正链;直链
normal complex 正常络合物;离子络合物
normal compound 正构化合物
normal concentration 规定浓度;标准浓度
normal coordinate 简正坐标
normal curve 正态曲线
normal discharge (1)最大效率流量(2)正常流量
normal dispersion 正常色散
normal distribution 正态分布;高斯分布;常态分布
normal electromotive force 标准电动势
normal element 标准电池
normal force 法向力
normal freezing 正常凝固
normal frequency 简正频率
normal heptane (正)庚烷
normal hydrocarbon 直链烃
normal hydrogen electrode 标准氢电极
normal incidence 正入射;法向入射
normality 规定浓度;当量浓度
normalization (1)归一化;正态化 (2)正

火(处理)
normalization factor 归一化因子
normalization of wave function 波函数规格化
normalized covariance 标准协方差
normalized intensity 归一化强度
normalizing (1)规度化(2)正常化(3)正火
normalizing condition 归一(化)条件
normalizing factor 归一(化)因子
normalizing-quenching-tempering 正火-淬火-回火
normal latex 普通胶乳
normal loss 途中自然减重
normally closed 常闭的
normally closed valve 常闭阀
normally open 常开(的)
normal mode 简正模式
normal mode of vibration 简正振动
normal octane 正辛烷
normal open valve 常开阀
normal operating losses(NOL) 正常运行损失
normal paraffin 正链烷
normal paraffin hydrocarbon(NPH) 正烷烃
normal-phase chromatography 正相色谱;正相层析
normal pitch 法向节距
normal point load 法向集中荷载
normal polarity 正极性
normal pressure 法向压力
normal pressure and temperature 常温常压
normal pressure flange 常压法兰
normal pressure reactor 常压反应器
normal pressure synthesis 常压合成
normal pulse polarography 常规脉冲极谱法
normal saline 生理盐水
normal salt 正盐
normal shape 普通耐火砖
normal shut-down 定期检修;正常停工
normal speed centrifuge 常速离心机
normal stress 法向应力
normal stress pump 法向应力泵
normal temperature 常温
normal temperature-pressure(NTP) 标准温(度)压(力);标准状态
normal temperature vessel 常温容器
normal vibration 简正振动
normal water level 标准水位;正常水位
normenthane 降萜烷;异丙基环己烷
normetanephrine 去甲变肾上腺素
normethadone 去甲美沙酮;氨苯己酮
normethandrone 甲诺酮;17-甲基去甲睾酮
normolaxol 盐酸喹啉甲双酚
normorphine 去甲吗啡
nornicotine 降烟碱;去甲烟碱
nornidulin 降巢曲菌素
noropianic acid 降阿片酸
nor paraf(=normal paraffin) 正链烷烃
norphenazone 去甲安替比林
norpinane 降蒎烷
norpinic acid 降蒎酸
norpipanone 诺匹哌酮;二苯哌己酮
norpseudoephedrine 去甲麻黄碱
norsantonin 降山道年;去甲山道年
norsclareol oxide 降香紫苏醚
norscopine 降莨菪品
norscopolamine 降莨菪胺
norsolanellic acid 氧化胆汁酸
norsteroid 降甾族化合物;去甲甾类
norstictic acid 降斑点酸
19-nortestosterone 19-去甲睾(甾)酮;诺龙
Northern blot RNA 印迹
north pole (指)北极
Northylen 诺尔蒂纶(德国一种聚乙烯纤维)
nortriptyline 去甲替林;去甲阿米替林
nortropine 降托品
nortropinone 降托品酮;降颠茄酮
norvaline 正缬氨酸
norvinisterone 诺乙烯酮
Norwegian saltpeter 挪威硝石;挪威硝酸钙肥料
Noryl 改性聚苯醚
noscapine 那可丁;诺司卡品
nosed 楔形前端
nose dome 机头罩
nose gasket 凸面密封垫
nose of tool 刀片[头]
no shoot 切勿投掷
nosiheptide 诺西肽
nosophen 四碘酚酞
notalin 桔霉素
notatin (1)葡糖氧化酶(2)点霉素
notch 缺口
notch bend test 缺口弯曲试验
notch breaking test 缺口断裂试验
notch brittleness 缺口脆性

notch brittleness test 缺口脆性试验
notch ductility 缺口延性;试样断口收缩率
notched bar 缺口试棒
notched (bar)bend test 缺口弯曲试验
notched (bar)impact test 缺口冲击试验
notched bar pull test 缺口拉力试验
notched bar tensile test 缺口抗拉试验
notched bar value 缺口冲击值
notched flat headed atomizer 缺口平头喷雾器
notch(ed) impact strength 缺口冲击强度
notched izod test 缺口冲击试验
notched tensile specimen 缺口拉伸试样
notched tensile strength 缺口抗拉强度
notched weir 切口堰
notch effect 缺口效应
notch impact test 缺口冲击试验
notching 开槽
notch tension test 缺口拉伸试验
not go 不通过
not-go gauge 不过端量规
notice 通知书
notice board 警告牌
notice of change 更改(的)通知单
not included 未包括在内
not in contract 不在合同中;未订合同
not in mesh 不啮合
not in stock 不在贮存中
notoginseng 三七
notomycin 脊霉素
not perpendicular to 不垂直
not releasable to foreign nations 不可向国外发表
not specified 未说明技术条件的;未标明的
not to be covered (1)不包括的(2)不应覆盖
not to be laid flat 切勿平放
not to be stowed below other cargo 怕压
Not to be-tipped 勿倾倒
not to scale 不按比例
no-tubes-in-the-window 圆缺口无管
no turning over 切勿颠倒
Novadelox 漂面粉剂
novain 肉毒素
no-valve filter 无阀滤池
novargan 蛋白银
novaspirin 新阿司匹林
novatophan 新辛可芬
novembichin 新氮芥
novemina 安乃近;诺瓦经
novic acid 诺维酸
novobiocic acid 新生酸
novobiocin 新生霉素
novocain 奴佛卡因;盐酸普鲁卡因
novolac (线型)酚醛清漆
novolac resin (线型)酚醛清漆树脂
novolak (线型)酚醛清漆
novolak resin (线型)酚醛清漆树脂
novoldiamine 二乙氨基异戊胺
novomycin 新新霉素
novonal 二乙戊烯酰胺
noxious gas 有害气体
noxiousness 有害性;有毒性
noxiptilin 诺昔替林
noxiversin 解毒菌素
noxytiolin 诺昔硫脲;羟甲基甲硫脲
nozzle 喷口
nozzle aerator 喷嘴曝气器
nozzle arc 喷嘴弧
nozzle centrifuge 喷嘴卸料离心机
nozzle diaphragm 喷嘴隔板;喷管栅板
nozzle filter 喷丝头滤器
nozzle flange 接管法兰
nozzle for thermometer 温度计接管
nozzle fouling 喷嘴结垢
nozzle jet dryer 喷射型带式干燥器
nozzle mixer 喷嘴混合器
nozzle neck 接管颈
nozzle opening 接管开孔
nozzle separation 喷嘴分离(法)
nozzle type spray dryer 机械喷雾(式)干燥器
nozzle valve 喷嘴阀
NPA acid NPA酸;硝亚糠基肼基甲酰阿散酸
NPD(nitrogen-phosphorus detector) 氮磷检测器
NPN(nonprotein nitrogen) 非蛋白氮
N pole (指)北极
NPP(normal pulse polarography) 常规脉冲极谱法
N-representability N可表示性
N-R transition (=Rydberg transition) N-R跃迁
NSM-FBG process NSM-FBG工艺
NTA(nitrilotriacetic acid) **sodium salt** 次氨基三乙酸钠;软水剂A
N-terminal N末端;氨基末端
NTP(number of theoretical plates) 理论

塔板数
NTU(number of transfer unit) (1)传质单元数(2)传热单元数
N-type oxides N型氧化物
n-type semiconductor n型半导体
nuciferine 莲碱
nucin (=juglone) 胡桃酮
nucite 环已六醇
nuclear activity 核活性
nuclear analytical chemistry 放射分析化学
nuclear angular momentum 核自旋
nuclear atom 中心原子
nuclear battery 核电池
nuclear binding energy 核结合能
nuclear body 核质体
nuclear bond 核键
nuclear carbon 环中的碳
nuclear charge 核电荷
nuclear chemistry 核化学
nuclear chemistry and technology 核化学化工
nuclear chlorination 环上氯代反应
nuclear compound 含环化合物
nuclear decay chemistry 核衰变化学
nuclear dust 核尘
nuclear electric power 核能发电
nuclear electrical power plant 核电厂
nuclear energy 核能;原子能
nuclear excitation by electron transition (**NEET**) 电子跃迁致核激发(效应);尼特(效应)
nuclear explosion 核爆炸
nuclear explosive 核炸药
nuclear fission 核裂变;原子核裂变;核分裂
nuclear fission reactor 核裂变反应堆
nuclear fluorination 环上氟代反应
nuclear force 核力
nuclear fuel 核燃料
nuclear fuel ceramics 核燃料陶瓷
nuclear fuel cycle 核燃料循环
nuclear fuel reprocessing 核燃料后处理
nuclear fusion 核聚变;核融合
nuclear fusion energy 核聚变能
nuclear geochemistry 核地球化学
nuclear g factor 核g因子
nuclear grade ion exchange resin 核子级离子交换树脂
nuclear halogen 环上卤素
nuclear halogenation 环上卤化
nuclear induction 核感应
nuclear industry 核工业
nuclear installation 核设施
nuclear interaction (=strong interaction) 核相互作用;强相互作用
nuclear iodination 环上碘代反应
nuclear island 核岛
nuclear isomer (核)同质异能素
nuclear isomerism 同核异构(现象)
nuclear isotone 同中子异位素
nuclear laser 核激光(器)
nuclear logging 核测井
nuclear magnetic moment 核磁矩
nuclear magnetic resonance 核磁共振
nuclear magnetic resonance analysis 核磁共振法分析
nuclear magnetic resonance computerized tomography 核磁共振计算机化断层显像
nuclear magnetic resonance spectrometer 核磁共振分光计
nuclear magnetic resonance spectrometry 核磁共振波谱法
nuclear magnetic resonance spectrum 核磁共振波谱
nuclear magneton 核磁子(磁矩单位)
nuclear mass 核质量
nuclear materials 核材料
nuclear medicine 核医学
nuclear medicine technology 核医学技术
nuclear microanalysis 核微量分析
nuclear microprobe 核微探针
nuclear models 核模型
nuclear nitrogen 环中的氮
nuclear[nucleus] emulsion 核子乳剂
nuclear Overhauser effect 核欧沃豪斯效应
nuclear Overhauser spectroscopy 二维核欧沃豪斯光谱学
nuclear parent 母核
nuclear partition function 核配分函数
nuclear pharmaceuticals 核药物
nuclear potential 核位势
nuclear power submarine 核潜艇
nuclear pressure vessel 核压力容器
nuclear proliferation 核扩散
nuclear pumping 核泵浦
nuclear purity 核纯度
nuclear quadrupole moment 核四极矩

nuclear quadrupole resonance(NQR) 核四极共振
nuclear radiation 核辐射
nuclear radiation spectrum 核辐射谱
nuclear reaction 核反应
nuclear reaction channel 核反应道
nuclear reaction energy balance 核反应能量平衡
nuclear reactor 核反应堆;核子反应器
nuclear reactor coolant 核反应堆冷却剂
nuclear resonance 核共振
nuclear safeguards technique 核保障监督技术
nuclear source 核资源
nuclear spallation 核散变
nuclear spectroscopy 核辐射波谱学
nuclear spin 核自旋
nuclear spin resonance 核旋共振
nuclear steelmaking 原子能炼钢
nuclear structure 核结构
nuclear substituted 环上取代的
nuclear substitution 环上取代(作用)
nuclear symmetry energy 核对称能
nuclear tract microporous membrane 核径迹微孔滤膜
(nuclear) transmutation (核)嬗变
nuclear waste 核废料
nuclear waste material 核废料
nuclear weapon 核武器
nuclease 核酸酶
nucleate (1)核酸(盐)(2)有核的
nucleate boiling 泡核沸腾
nucleate points 汽化中心
nucleating 成核作用
nucleating agent 成核剂
nucleation 成核作用
nucleation process 成核过程
nucleic acid 核酸
nucleid 核酸(的)金属化合物
nuclein (1)核素(2)核质
nucleinate 核酸盐
nucleoalbumin 核酸白蛋白
nucleocapsid (1)核衣壳(2)壳包核酸;病毒粒子
nucleocidin 核杀菌素
nucleofuge 离核体;离核试剂
nucleogelase 核酸胶酶
nucleogenesis (元素的)核起源
nucleohistone 核酸组蛋白
nucleon 核子
nucleophile (1)亲核体(2)(=nucleophilic reagent)亲核试剂
nucleophile-assisted unimolecular electrophilic substitution 亲核体协助单分子亲电取代
nucleophilic addition(Adn) 亲核加成
nucleophilic atom localization energy 亲核原子定域能
nucleophilicity 亲核性
nucleophilic reaction 亲核反应
nucleophilic reagent 亲核试剂
nucleophilic substitution 亲核取代
nucleophosphatase 核酸磷酸酶
nucleoplasm 核原生质
nucleoprotamine 核精蛋白;鱼精蛋白
nucleoprotein 核蛋白
nucleosidase 核苷酶
nucleoside 核苷
nucleoside diphosphokinase 二磷酸核苷激酶
nucleoside monophosphate kinase 核苷酸激酶
nucleoside phosphorylase 核苷磷酸化酶
nucleosin 鲑精胸腺嘧啶
nucleosome 核小体
nucleosynthesis (元素的)核合成
nucleothymic acid 胸腺嘧啶酸
nucleotidase 核苷酸酶
nucleotide 核苷酸
nucleotide base pair 核酸碱基对
nucleotide pyrophosphatase 核苷酸焦磷酸酶
nucleotidyl- 核苷酸(基)
nuclepore membrane filter 核微孔膜过滤器
nucleus 原子核
nucleus growth mechanism 成核生长机理
nucleus of condensation 凝结核
nucleus substituted 环上取代的
nucleus substitution 环上取代反应
nuclide 核素;核种
nuclide chart 核素图
nuclide mass 核素质量
nudic acid 裸苎酸
nugget 熔核
nuisance 公害
nuisance analysis 公害分析
null and void 作废
null balance 零点平衡
null cone 零锥

null-force system 零力系
null gravity mixer 无重力混合机
null hypothesis 零假设;原假设
nullify 使等于零;作废
null indicator 示零器
null potential 零电位
null vector 零(模)矢
number-average DP 数均聚合度
number-average molar mass 数均分子量
number-average molecular weight 数均分子量
number density 数密度
number distribution function 数量分布函数
numbering dies 数字冲模
number of anode plates 每槽电极片数
number of blade 桨叶数
number of components 组分数
number of crimps 卷曲数
number of degrees of freedom 自由度数
number of effective plates 有效塔板数
number of elementary entities 基本单元数
number of equilibrium stages 平衡级数
number of (heat) transfer units(NTU) 传热单元数
number of independent chemical reactions 独立化学反应数
number of independent components 独立组分数
number of (mass) transfer units(NTU) 传质单元数
number of molecules 分子数
number of plate 塔板数
number of piles 股数
number of rejects 废品数
number of rings 圈数
number of saddle support 鞍座数目
number of shell passes 壳程数
number of stages of speeds 变速级数
number of strands 股数
(number of) strokes per minute 每分钟行程数
number of theoretical plates 理论塔板数
number of threads 螺纹扣数
number of transfer unit (1)传质单元数 (2)传热单元数
number of tube passes 管程数
number of turns 圈数
numerical analysis 数值分析
numerical aperture 数值孔径
numerical control 数字控制
numerical diffusion 数值扩散
numerical dispersion 数值色散
numerical dissipation 数值耗散
numerical estimate 数值估计
numerical flux 数值通量
numerical simulation 数值模拟
numerical viscosity 数值黏性
nupharidine 萍蓬汀;萍蓬草碱
nupharine 萍蓬碱
Nuroz 聚合木松香
nursimycin 诺尔斯霉素
Nusselt number 努塞特数
nutation 章动
nut bolt 带螺母的螺栓
nutch 上下真空滤器
nutgall 棓子;五倍子
nutmeg butter 肉豆蔻脂
nutmeg oil 肉豆蔻油
nut oil 胡桃油
nutrient 营养物[素]
nutrient quality criterion 营养质量判据
nutrition enhancer 营养强化剂
nutritive additive 营养性添加剂
nutrose 钠酪蛋白
Nutsch filter 真空吸滤过滤器
nux vomica 马钱子
NW acid NW酸;1-萘酚-4-磺酸
nybomycin 尼博霉素
nyctinasty (植物)感夜性
Nylander reagent 尼兰德试剂(酒石酸钾钠,氢氧化钠和硝酸氧铋的溶液)
Nylenka 聚酰胺纤维
nylidrin 布酚宁;苄丙酚胺
nylon 尼龙;聚酰胺纤维
nylon 10 尼龙10;聚癸内酰胺
nylon 1010 尼龙1010;聚癸二酰癸二胺
nylon 11 尼龙11;聚十一酰胺
nylon 12 尼龙12;聚十二内酰胺
nylon 4 尼龙4;聚丁内酰胺
nylon 46 尼龙46;聚己二酰丁二胺
nylon 6 尼龙6;聚己内酰胺
nylon 610 尼龙610;聚癸二酰己二胺
nylon 612 尼龙612;聚十二烷二酰己二胺
nylon 66 尼龙66;聚己二酰己二胺
nylon 8 尼龙8;聚辛内酰胺
nylon 9 尼龙9;聚壬酰胺
nylon copolycondensate 尼龙共缩聚物
nylon 6 fibre 尼龙6纤维(我国商品名为

锦纶）
nylon film 尼龙薄膜
nylon membrane 尼龙膜
nylon paper 尼龙纸
nylon salt 尼龙盐
nylon self-gripping fastener 尼龙搭扣带
Nymo 聚酰胺纤维
nyphimycin 尼菲霉素
nystatin 制霉菌素

O

o- 邻(位)
oak extract 栎栲胶
oak-moss resin 栎藓树脂;橡苔树脂
oak varnish 栎木清漆;橡木清漆
oasis effect 绿洲效应
obakunone 黄柏酮
Oberphos 过磷酸钙肥料粒
ob(ese) gene 肥胖基因
obidoxime chloride 双复磷;氯化双异烟醛肟甲醚
object (1)物;物体(2)对象;目标
object distance 物距
object glass(or lens) 物镜
object height 物高
objectionable constituent 有害成分
objectionable impurities 有害杂质
objective 物镜
objective function 目标函数
objective lens 物镜
objective management 目标管理
objective tone reproduction 客观影调再现
object oriented 面向对象
object plane 物平面
object space 物(方)空间
oblate symmetric top molecule 扁对称陀螺分子
oblatum 糯米纸
obligate aerobes 专性好氧微生物
oblique angle 倾角
oblique crystal 单斜晶
oblique cut 斜眼掏槽
oblique impact 斜碰
oblique joint 斜搭接头
oblique nozzle 斜交接管
oblique section 斜切[剖]面;斜截口
oblong hole 长圆孔;长方孔
obround hole 长圆孔
obround vessel 长圆形容器
observability 可观测性
observable (1)可观察量 (2)可观察的
observation 观察
observational check 外观检查
observational method 观察法
observation data 观察数据
observation door 看火门
observation error 观测误差
observation port 看火门
observation window 观察窗
observed pressure 观测压力
observed reading 观察读数
observed value 观测值;测定值
obsolete 废弃物
obstetrical sheet 产科用纸
obturator foramen 闭孔
obturator ring 封闭环;活塞环
obtusatic acid 树花地衣酸
obtusilic acid 三桠酸;4-癸烯酸
obvious fault 明显故障
occidane 金钟烷
occidentalol 金钟柏醇
occluded area 闭塞区
occluded corrosion cell 闭塞电池
occluded gas 包藏气
occluded oil 吸着油
occluded resin 吸着树脂;为沥青吸收的焦油
occlusion 包藏
occlusion polymerization 包藏聚合
occult peak 隐蔽峰
occupational environment 职业环境
occupational hazard 职业危害
occupational health 职业卫生;职业保健
occupational safety requirement 职业安全要求
occupational toxicology 工业毒理学
occupation number 占有数
occurrence matrix 事件矩阵
ocDNA 开环 DNA
ocean chemistry 海洋化学
ocean energy 海洋能;海洋能源
ocean pollution 海洋污染
ocean raw materials 海洋原料
ocean thermal energy 海洋温差能
ocean wave energy 海浪能量
ochracin 赭曲菌素
ochramycin 赭霉素
ochratoxin 赭曲毒素
ochre triplet 赭石(型)三联体
ocimene 罗勒烯
ocimenone 罗勒烯酮

octabenzone 奥他苯酮;辛苯酮
octacaine 奥他卡因
octacalcium phosphate 磷酸八钙
octachlorodipropyl ether 八氯二丙醚
octachlorohexamolybdenum（Ⅱ）tetrachloride 四氯化八氯合六钼(Ⅱ)
octacosane 二十八(碳)烷
octacosanoic acid 二十八(烷)酸
octacosanol 二十八(碳)醇
octacosyl 二十八(烷)基
octad (1)八价物 (2)八价的 (3)八素组
octadeca- 十八
9,12-octadecadienoic acid 9,12-十八碳二烯酸;亚油酸
octadecadienoic acid 十八碳二烯酸
octadecanamide 十八(烷)酰胺;硬脂酰胺
octadecandioic acid 十八烷二酸
octadecane 十八(碳)烷
octadecaneamide（＝stearamide） 十八(烷)酰胺;硬脂酰胺
octadecane diacid 十八烷二酸;十八双酸
octadecane diol 十八烷二醇;羟基十八(烷)醇
octadecanoic acid 十八(烷)酸;硬脂酸
1-octadecanol 1-十八(碳)醇;硬脂醇
octadecanol 十八(碳)醇
octadecanoyl 十八(烷)酰基
octadecatrienoic acid 亚麻酸
octadecendioic acid 十八(碳)烯二酸
9-octadeceneamide(＝oleamide) 9-十八碳烯酰胺;油(酸)酰胺
octadecene diacid 十八(碳)烯二酸
octadecene dicarboxylic acid 十八(碳)烯二羧酸;二十(碳)烯二酸
octadecene nitrile 十八(碳)烯腈
octadecenic acid 十八(碳)烯酸
***trans*-9-octadecenoic acid** 反式 9-十八碳烯酸;反油酸
***cis*-9-octadecenoic acid** 顺式 9-十八碳烯酸;油酸
octadecenoic acid 十八(碳)烯酸
octadecenyl alcohol 十八(碳)烯醇
octadecoic acid 十八烷酸;硬脂酸
octadecyl 十八(烷)基
octadecyl alcohol 十八(烷)醇
***n*-octadecylamine** 十八胺
octadecyl bromide 十八(烷)基溴
octadecyl carbamate 氨基甲酸十八烷基酯
octadecyl chloromethyl ether 十八烷基氯代甲基醚
octadecyl ether sulphate 十八烷基醚硫酸盐
octadecyl isocyanate 十八烷基异氰酸盐[或酯]
octadecyl palmitate 棕榈酸十八(烷)醇酯
octadecyl stearate 硬脂酸十八烷基酯
octadecyltrimethylammonium pentach-lorophenate 十八烷基三甲铵五氯酚盐
octadecyne 十八(碳)炔
octadecynoic acid 十八(碳)炔酸
octadiene 辛二烯
octadienoic acid 辛二烯酸
octa-1,8-diol 辛-1,8-二醇; 1,8-辛二醇
octadione 辛二酮
octafining 二甲苯催化异构化
octafluorocyclobutane 八氟环丁烷;氟里昂 C318
2,2,3,3,4,4,5,5-octafluoro-1-pentanol 八氟戊醇;2,2,3,3,4,4,5,5-八氟-1-戊醇
octaforming 碳八重整
octafunctional initiator 八功能起始剂
octagonal ring 八角环
octagonal ring gasket 八角形垫圈
octagonal steel pipe 八角形管
octahedral complex 八面体络合物
octahedral compound 八面体化合物
octahydroanthracene 八氢化蒽
octahydroestrone 八氢雌(甾)酮
octahydronaphthalene 八氢化萘
octahydro retene 八氢惹烯
octa-klor 氯丹;八氯化甲桥茚
octalin 八氢化萘
octamer 八聚物
octamethylcyclotetrasiloxane 八甲环四硅氧烷
octamethylene 1,8-亚辛基
1,4-octamethylenebenzene 1,4-亚辛基苯
octamethyleneglycol（＝1,8-octandiol） 1,8-亚辛基二醇;1,8-辛二醇
octamethylpyrophosphoramide（OMPA） 八甲基焦磷酰胺;八甲磷
octamethyltrisiloxane 八甲三硅氧烷
octamoxin 奥他莫辛
octamylamine 辛戊胺;新握克丁
octandioic acid 辛二酸
1,8-octandiol（＝octamethyleneglycol） 1,8-辛二醇;1,8-亚辛基二醇
octane (1)(正)辛烷 (2)辛(级)烷

***n*-octane** 正辛烷
octane carboxylic acid 壬酸
octane diacid 辛二酸
octane dicarboxylic acid 辛烷二甲酸;癸二酸
octanedioic acid 辛二酸
octanedioyl 辛二酰
octane fade 辛烷值下降
octane level 辛烷值;辛烷特性
octane number 辛烷值
octane promoter 抗爆剂(改善爆震性能的添加剂)
octane rating 辛烷值
octane ratio 辛烷值
octane value 辛烷值
octangonal ring(gasket) 八角垫
octanohydroxamic acid 辛基异羟肟酸;辛酰氧肟酸
octanoic acid 辛酸
octanol 辛醇(通常指:1-辛醇)
1-octanol 1-辛醇;正辛醇
2-octanol 2-辛醇
2-octanone 2-辛酮;甲基·己基(甲)酮
octanoyl 辛酰(基)
octant rule 八区规则;八区律
octaoxacyclotetracosane 八氧杂环二十四烷;24-冠(醚)-8
octaphenyluranocene 八苯基环辛四烯铀
octapressin 苯赖加压素
octathiacyclooctacosane (OTO) 八硫杂环二十八烷
octatomic ring 八元环
octatriacontanoic acid 三十八烷酸
octavalent 八价的
octave filter 倍频滤波器
octaverine 奥他维林;辛凡林
octazone 辛脎
octel 含四乙铅抗爆剂
octendioic acid 辛烯二酸
octene 辛烯
octene diacid 辛烯二酸
octene dicarboxylic acid 辛烯二甲酸;癸烯二酸
octenidine 奥替尼啶
octenoic acid 辛烯酸
octet (1)八隅体;八角(体)(2)八重态;八重线(3)八重峰
octet rule 8-N规则
octhilinone 辛异噻啉酮
octoate (1)辛酸盐(或酯)(2)(=salt of 2-ethylhexoic acid) 2-乙基己酸盐(油漆催干剂)
octocosoic acid 二十八烷酸
octocyclic compound 八环化合物
octodeca- 十八
octodecane (=octadecane) (1)(正)十八(碳)烷(2)十八(碳)(级)烷
octodecyl (=octadecyl) 十八(碳)烷基
octodecyl acetate 乙酸十八(烷)醇酯
octodecyl alcohol 十八(烷)醇
octodecyl palmitate 棕榈酸十八(烷)醇酯
octodrine 奥托君;6-甲-2-庚胺
octofollin 辛叶素;异辛雌酚
octogen 奥克托今
octohydroxyarachidic acid 八羟基花生酸
octohydroxystearic acid 八羟基硬脂酸
octoic acid 辛酸
octol 奥克托尔;奥梯炸药
octopamine 酚乙醇胺;去甲对羟福林
octopeptide 八肽
octosan 聚辛糖
octose 辛糖
octotiamine 奥托硫胺;辛硫胺
octoxynol 辛苯昔醇
octreotide 奥曲肽
octulose 辛酮糖
octulosonic acid 辛酮糖酸
octupole moment 八极矩
octyl 辛基
octyl acetate 乙酸辛酯
***sec*-octyl acetate** 乙酸仲辛酯
octyl alcohol 辛醇
***sec-n*-octyl alcohol** 2-辛醇
***n*-octyl alcohol** 正辛醇
***n*-octylamine** 辛胺
***n*-octyl bromide** 辛基溴;1-溴辛烷
***sec*-octyl bromide** 2-溴辛烷
octylcyclohexylamine 辛基环己胺
octylene 辛烯
octylene glycol 辛二醇
octylenic acid 辛烯酸
octyl formate 甲酸辛酯
octyl glycerol ether 辛基甘油醚
octylic acid 辛酸
***n*-octylic acid** 正辛酸
***sec*-octyl iodide** 2-碘辛烷
octyl methoxycinnamate 甲氧肉桂酸辛酯
***n*-octyl nitrate** 硝酸辛酯
***sec*-octylphenol** 仲辛基苯酚
octylphenylphosphinic acid 辛基苯基次膦酸

octyl polyoxyethylene glycol 辛基聚乙二醇
octyl pyridinium bromide 溴化辛基吡啶鎓
octyl tridecyl phthalate 邻苯二甲酸辛·十三酯
octyl-trimethyl-silicane 辛基代三甲硅
octyndioic acid 辛炔二酸
octyne 辛炔
octyne dicarboxylic acid 辛炔二羧酸；癸炔二酸
octynic acid 辛炔酸
octynoic acid(＝octynic acid) 辛炔酸
ocular dominance group 眼优势组
oculomotor control 眼动控制
odallin 海芒果苷
odd electron 奇(数)电子
odd electron bond 奇(数)电子键
odd-electron ion 奇电子离子
odd-even effect 奇偶效应
odd-even nucleus 奇-偶核
odd jobs 零星工作
oddleg calipers 单脚规；单向卡钳；半内径规
odd molecule 奇(数)电子分子
odd-odd element 奇-奇元素
odd-odd nucleus 奇-奇核
odd series(＝sub-group) 族
odd soap 奇碳原子数皂
ODEPA 奥替哌；*N*，*N*′-双亚乙基亚胺-*N*″-吗啉磷酰胺
odontoblast 成牙质细胞
odorant (1)添香剂；增香剂 (2)香料 (3)恶臭物质
odor at low temperature 低温臭气
odor biotreatment 生物脱臭
odor concentration 气味浓度；臭气浓度；香势
odor engineering 香化工程
odorimetry 气味测定法
odorin 臭葱素
odor index 气味指数；臭数
odoriphor group 发香团
odorization 添味(作用)
odorless acrylic adhesive 无臭味丙烯酸酯胶黏剂
odorless kerosene(OK) 无臭煤油
odor masking 臭气掩蔽；气味掩盖
odorous material 有味物质
odor pollution 恶臭污染
odor substance 恶臭物质
odor treatment 臭气治理
odor type 香型
odourless 无气味的
odour test 气味试验
ODS-porous beads 烷基多孔硅珠
oelo damper 油压减震器
oelophilic group 亲油基团
oenanthal 庚醛
oenanthic acid 庚酸
oenanthic aldehyde 庚醛
oenantholactam 庚内酰胺
oenantholacton 庚内酯
oenanthyl (＝heptanoyl) 庚酰
oenanthylic acid 庚酸
oenanthylic aldehyde 庚醛
oenotannin 酒单宁
OENR(oil-extended natural rubber) 充油天然橡胶
oestradiol (＝estradiol) 雌(甾)二醇
oestrane 雌(甾)烷
oestrin 雌激素
oestriol 雌(甾)三醇
oestrogen 雌(甾)激素
oestrone 雌(甾)酮
oetiocholanone 初胆烷酮
off 断路
off-air 废空气
offal 废料；下脚料
off axis 轴外；离轴；偏轴
off center 脱离中心
off center fan nozzle 偏心扇形雾喷头
off center load 偏心荷重
off center position 偏心位
off-color 变色；不标准颜色；不正常颜色
off-color gasoline 变色汽油
off contact printing 接近式光刻
off-core 离芯
off-design behavio(u)r 非设计工作规范
off-design conditions 超出设计(规定的)条件
offensive odo(u)r eliminating fibre 消臭纤维
offer 报价
offer sheet 报价单
off flavour 臭气；臭味
off-gas 废气；尾气；出口气
off-gauge 不合标准的；不合格的
off-grade 等外品
off grade metal 等外金属
off-highway wheel crane 越野轮式起重机

official regain 公定回潮率
office 办公室
office automation 办公自动化
office building 办公楼
official (1)收入药典的(2)法定的(3)公认的
official compound 法定化合物
official international sample 法定国际实物样本
official regain 公定回潮率
official seal 公章
officinal (1)药典的(2)法定的
off-limits 超出范围的
off-line (1)脱机(2)脱线;离线
off line equipment 离线设备
off line operation 离线操作
off-line processing 离线处理;脱机处理
off load 卸货
off-loading 卸下;卸料
off-load period 卸载期;无负荷期
off machine coating 机外涂布
off-melt 熔炼成分不合格
off odour 臭气;臭味
off oil 次等油
off-on control 开关控制;双位控制
off peak load 非高峰负荷
off resonance 偏共振
off scum 浮渣;废渣
off season 非生产季节;淡季
offset (1)错位(2)抵消(3)偏置;偏转
offset bend 迂回管
offset disc butterfly valve 偏轴式蝶阀
offset facility 非生产设施;辅助设施
offset method 残余变形法
offset moulding 热固性料注塑
offset printing 胶[平]版印刷
offset (printing) paper 胶版印刷纸
offset utilities 辅助工程
offshore oil tank 海上油罐
off-side tank 石油箱
off-site 工地外;厂区外
off-site surveillance 场外监视
off-size 尺寸不合格;非规定尺寸[大小]
off-smelting 熔炼成分不合格
off sorts 等外品
off specification 不合格的
off-stream 侧馏分(自蒸馏塔侧取出的馏分)
off-stream case 停用反应器
offstream pipe line 停用管线
offstream time 停工期;停运时间
offstream unit 停用装置;备用装置;停用设备
off sulphur iron 去硫铸铁
offtake pipe 排水管
offtank support 槽外支撑物
off-test product 不合格产品
off-the-road tyre 工程机械轮胎
off time (1)(焊接)休止时间;间隙时间(2)不正常时间
ofloxacin 氧氟沙星
ohm 欧姆
ohmic polarization (=resistance polarization) 欧姆极化;电阻极化
ohmic potential drop 欧姆电势降
ohmic pseudo-polarization 假电阻极化
Ohm law 欧姆定律
ohmmeter 欧姆计
ohms per square 方(块电)阻
oiazine 邻二氮苯
oil 油
oil absorbent 吸油剂
oil absorbent fiber 吸油纤维
oil absorption 吸油量
oil-absorption power 吸油塔
oil absorption separation of pyrolysis gas 裂解气的油吸收分离
oil additives 油的添加剂
oil and fat 油脂
oil and fat refining 油脂精炼
oil and gas 油气;油和煤气;油和天然气
oil and gas separator 油气分离器
oil and water trap (气中)油水收集器
oil atomization 油雾化
oil atomizer 油喷雾器;油雾化器
oil attracting tubes 吸油管
oil back 装油设备
oil baffle 导油板;挡油板;挡油圈
oil base 油基
oil based binder 油基黏结剂
oil-base drilling fluid 油基钻井液
oil-base fracturing fluid 油基压裂液
oil-base paint 油底漆
oil-base paraffin remover 油基清蜡剂
oil-base water shutoff agent 油基堵水剂
oil basin 油池
oil-bath (1)油浴(2)油浴器;油锅;油池
oil-bath filter 油浴过滤器(利用油作为过滤介质)
oil bath seal 油槽密封
oil bath type air cleaner 油浴式空气滤

清器
oil bath type bearing 油浴润滑式轴承
oil bearing structure 储油构造;含油构造
Oil Black 油溶黑
oil bloom 油霜(油的荧光)
oil blooming 喷油
oil boom 拦油栅
oil booster pump 油增压泵
oil bottle[bowl] 油杯
oil breaker 油断路器
oil-break fuse 油熔断器
oil breaking 油裂解
oil-break switch 油断路器
oil brush 油刷
oil buffer 油压缓冲器;油压减震器
oil bumper 油缓冲器;油减震器
oil burner 油烧嘴;油燃烧器;烧油炉;燃油器;烧油火嘴
oil cake (1)油饼;粕(2)饼肥
oil can 油壶
oil catch 油挡
Oil Ceres Red 油溶烛红
oil charge 充油
oil(circuit)breaker 油开关
oil cistern 油杯
oil clarifier 润滑油澄清器
oil cleaner 油过滤器
oil cleaning tank 油净化箱
oil clearance 油膜间隙
oil clutch 油压离合器
oil coke 油焦;石油焦炭
oil collecting pipe 集油管
oil collecting system 集油系统
oil color 油溶性染料
oil condenser 油浸电容器
oil condition device 油净化装置
oil conduit 导油管
oil consumption 耗油量;油耗量
oil-containing semi-solid composition 油膏
oil control ring 护油圈;护油环
oil control thermostat 油控恒温器
oil conversion processes 石油的转化过程
oil cooler 油冷却器;冷油器;油冷器
oil cooling granulation 油冷造粒
oil cooling pipe 油冷却管
oil corrosion 油腐蚀
oil cracker 油裂化器
oil-cracking 油裂解;油裂化
oil crust 油壳;固体油层
oil cup 油杯;油储存器;仪器上进油杯
oil cup cap 油杯盖
oil CWJ-3 for softening leather 软皮白油CWJ-3
oil cylinder 油缸
oil dag 石墨滑油;石墨润滑剂;胶体石墨;黑铅油
oil damper 油缓冲器;油阻尼器
oil degumming 油的脱胶
oil dehydrating 油品脱水;润滑乳胶脱水
oil delivery truck 运送油品的车辆;油槽车
oil delustering 油消光
oil demulsibility 油品的破乳化性
oil depot 油库
oil dewaxing 油脱蜡
oil diffusion pump 油扩散泵
oil dilution (润滑)油的稀释
oil discharging rack 卸油台
oil dispenser 油分配器
oil-dispersed coupler 油溶性成色剂
oil displacement agent 驱油剂
oil-displacing agent 驱油剂
oil dope 油品添加剂;润滑油添加剂
oil drain drum 排油罐
oil drain hole 放油孔
oil drain out 排油口
oil drain valve 放油阀
oil drive 油传动
oil-driven pump 油动泵
oil drop 油滴
oil drum 油桶
oil dye(s) 油溶染料
oil(ed) paper 油纸
oil eliminator 油捕集器;油分离器;除油器
oil emulsion 油乳胶
oil engine 内燃机;柴油机
oiler (1)加油器(2)加油者
oiler cap 油杯盖
oil exit pipe 排油管
oil-extended natural rubber 充油天然橡胶
oil-extended rubber 充油橡胶
oil-extended styrene-butadiene rubber 充油丁苯橡胶
oil-extender 石油软化剂
oil extraction plant 润滑油抽提装置;炼油厂
oil extractor 油分离器
oil feeder 加油器;给油器;自动润滑设备

oil feeding system 给油系统
oil feed injector 油料注入器
oil feed pump 供油泵
oil field 油田
oil field chemical(s) 油田化学品
oil field gas 油田气
oil filler 加油口
oil filler pipe 油料加入管;加油管
oil filler plug 注油塞
oil filler point 注油孔
oil filling pipe 加油管;注油管
oil-fill plug 注油塞
oil film 油膜
oil film bearing 油膜轴承
oil film bearing oil 油膜轴承油
oil filter 滤油器
oil filtering unit 滤油设备
oil filter paper 滤油纸
oil-fired air furnace 油反射炉
oil-fired flame 石油火焰
oil-fired furnace 烧油炉
oil fired heater 燃油加热炉
oil firing 烧油
oil flinger 挡油环;挡油圈
oil flinger ring 隔油环
oil fog generator 油雾发生器
oil fog lubrication 油雾润滑
oil foot(ings) 油脚;油渣
oil for electrical appliances 电器用油
oil for polypropylene fibre 丙纶油剂
oil for softening leather 软皮白油
oil-free compressor 无油(润滑)压缩机
oil-free labyrinth compressor 迷宫式无油润滑压缩机
oil-free lubrication (汽缸的)无油润滑
oil free vacuum 无油真空
oil gag 油压压紧装置
oil gallery 油沟
oil gas 油(煤)气
oil gasification 油气化
oil gas ratio 油气比
oil-gas separation 油气分离
oil gathering system 集油系统
oil-gauge glass 油面玻璃;观察油面的玻窗或玻管
oil-gauge pipe 油面指示管
oil-gauge rod 油面侧杆
oil gear pump 回转活塞泵
oil groove 油槽;润滑油槽;油沟
oil gum 油品胶质
oil gun 油枪
oil hardening 油淬(火)
oil header 油分配器
oil heater 油加热器;油热器
oil heating unit 油加热装置
oil holder 盛油容器;油杯
oil hole 油孔
oil hole cover 给油口盖
oil immersed electrical apparatus 充油型电气设备
oil immersion objective 油浸物镜
oil immersion test 油浸试验
oil indicator 示油器;油指示器
oil industry 石油工业
oil industry waste water 石油工业废水
oil in emulsion drilling fluid 水包油钻井液
oiliness additive 油性添加剂
oiliness agent 油性剂
oiliness film 油性膜
oiliness test 油性试验
oiling 加脂;上油;加油
oiling machine 浸油机
oiling port 加油口
oil in reserve 储存[备用]油
oil interceptor 油料捕集器;集油器
oil in water emulsion 水包油乳状液
oil-in-water fracturing fluid 水包油压裂液
oil-in-water paraffin remover 水包油型清蜡剂
oil jack 油压千斤顶
oil jacket 油夹套
oil leak 漏油
oil length (1)含油率(2)油的聚合程度
oil length of varnish 油漆的含油率
oilless 不需加油的
oilless bearing 无油轴承
oilless compressor 无油压缩机
oil level detector 油位指示器
oil level indicator 油位指示器
oil line (输)油管线;油路(系统);油管
oil-line pump 油管泵;石油管道用泵
oil-line scavenge 油管的吹洗
oil liver 油肝(润滑油内形成的胶状物或固体物质)
oil mill 油坊;榨油厂
oil miscible flowable concentrate 油悬剂
oil mist 油雾
oil mist filter 油雾滤清器
oil mist lubrication 油雾润滑

oil mist separator 油水分离器
oil-modified glycerol-maleic anhydride resin 油改性甘油顺丁烯二酸酐树脂
oil nozzle 喷油嘴;油喷头
oil of *Litsea cubeba* 山苍子油
oil of amber 琥珀油
oil of angelica 当归油
oil of anise 茴香油
oil of ants 糠醛
oil of apple 戊酸戊酯
oil of asarum 细辛油
oil of balm 滇荆芥油
oil of bananas 香蕉水;乙酸戊酯
oil of basil 罗勒油
oil of bay 月桂油
oil of bergamot 香柠檬油;佛手柑油
oil of bitter almond 苦杏油
oil of bitter orange 苦橙油
oil of cajeput[cajuput] 玉树油;白千层油
oil of calamus 白菖蒲油
oil of camphor 樟脑油
oil of caraway 贳蒿油
oil of cardamom 小豆蔻油
oil of cascarilla 卡藜油
oil of cashew nut shell 槚如坚果壳油;腰果壳油
oil of cedar leaf 雪松叶油;柏叶油
oil of cedar wood 雪松木油;柏木油
oil of celery 芹菜油;洋芹油
oil of chamomile 春黄菊油
oil of champaca 黄兰花油
oil of chenopodium 土荆芥油
oil of cherry laurel 桂樱油
oil of cinnamon 肉桂油;桂皮油
oil of citronella 香茅油
oil of clove 丁子香油
oil of copaiba 苦配巴油
oil of coriander 芫荽油
oil of cubeb 荜澄茄油
oil of cumin 枯茗油
oil of cypress 柏木油
oil of dill 莳萝油
oil of dwarf pine needles 矮松针叶油;中欧山松针油
oil of eucalyptus 桉树油
oil of fennel 小茴香油
oil of fir 冷杉油;松油
oil of fleabane 飞蓬油
oil of garlic 蒜油
oil of geranium 老鹳草油;香叶天竺葵油;香叶油
oil of ginger 姜油
oil of glonoin 硝化甘油
oil of hops 啤酒花油
oil of hyssop 海索油
oil of juniper 桧油;刺柏油
oil of juniper wood 桧木油;刺柏木油
oil of lavender 熏衣草油
oil of lemon 柠檬油
oil of lemon grass 柠檬草油;枫茅油
oil of levant wormseed 山道年油
oil of lignaloe 沉香油;伽罗木油
oil of marjoram 马郁兰油;甘牛至油;花薄荷油
oil of mirbane 硝基苯;密斑油
oil of mountain spicy-tree fruit 山苍子油
oil of mustard 芥子油
oil of myrtle 桃金娘油;香桃木油
oil of niaouli 枭莉油;绿花白千层油
oil of nutmeg 肉豆蔻油
oil of orange 橙油
oil of orange flowers 橙花油
oil of origanum 牛至油
oil of parsley 欧芹油
oil of patchouli 绿叶油;广藿香油
oil of pears 乙酸戊酯
oil of pennyroyal 除蚤薄荷油;胡薄荷油
oil of pepper 胡椒油
oil of peppermint 薄荷油
oil of petitgrain 橙叶油
oil of pimenta 众香油;多香果油
oil of pine needles 松针油;松叶油
oil of rose 玫瑰油
oil of rosemary 迷迭香油
oil of rue 芸香油
oil of santal 檀香油
oil of sassafras 黄樟油
oil of savin 新疆圆柏油;沙地柏油
oil of spearmint 留兰香油
oil of sperm 鲸蜡油
oil of spike 穗熏衣草油
oil of sweet almond 甜杏仁油
oil of sweet bay 甜月桂油
oil of tansy 艾菊油
oil of thyme 麝香草油;百里香油
oil of turpentine 松节油
oil of valerian 缬草油
oil of vetiver 岩兰草油;香根油
oil of vitriol 浓硫酸
oil of white cedar 金钟柏油

oil of wine 康酿克油
oil of wintergreen 冬青油;水杨酸甲酯
oil of wormwood 苦艾油
oil of yarrow 欧蓍草油
oil-overflow valve 油溢流阀
oil paint 油脂涂料
oil paint of medium oil length 中油度油基涂料
oil pan 油槽;发动机油底壳
oil passageway 油沟
oil patch 油斑;油渍
oil performance 油的工作特性
oil pipe 油管
oil pipeline 油管
oil piping 油管线;油管道
oil piping installation 油管安装
oil piping layout 油管的布置
oil-pitch 石油沥青
oil pointer 油面指示器
oil pollution 石油污染
oil pool 油池
oil pot 油杯;油壶;储油容器
oil preheater 燃油预热器
oil press (1)榨油机 (2)油压机
oil pressure adjusting valve 油压调节阀
oil pressure check valve 油压止回阀
oil pressure control relay 油压控制继电器
oil pressure control unit 油压调整装置
oil-pressure damper 油压减震器
oil-pressure ga(u)ge 油压表
oil-pressure indicator 油压指示器
oil-pressure pipe 油压管
oil-pressure pump 油压泵
oil pressure reducing valve 油压减压阀
oil pressure regulator 油压调节[整]器
oil-pressure release valve 油压泄放阀
oil(pressure)relief valve 油压安全阀
oil-pressure stabilizer 油压稳定器
oil pressure valve 油压阀
oil pressure warning unit 油压报警器
oil-processing units 石油加工装置
oil proof 耐油的
oil-proofness 耐油性;油稳定性
oil-proof paper 防油纸
oil properties 油的性质
oil protection wall 挡油墙
oil pudding(=oil pulp) 脂皂油浆(在制造润滑脂中用以稠化润滑油)
oil pulp 脂皂油浆(在制造润滑脂中用以稠化润滑油)
oil pump 油泵;送油泵
oil pump capacity 油泵容量
oil pump casing 油泵壳
oil pump cover 油泵盖
oil pump driven gear 油泵从动齿轮
oil pump gear 油泵齿轮
oil pump inlet valve 油泵进油阀
oil pump motor 油泵电动机
oil pump outlet line 油泵出油管
oil pump outlet valve 油泵出油阀
oil pump purifier 油泵净油器
oil pump regulating valve 油泵调节阀
oil pump relief valve 油泵安全阀
oil pump shield 油泵护片
oil pump spring 油泵簧
oil pump washer 油泵垫圈
Oil Pure Blue 油溶品蓝
oil purification 油净化
oil putty 油灰;油性腻子
oil quantity indicator 油量指示器
oil quenching 油淬(火)
oil radiator 油散热器
oil-receiver 油接受器
oil reclamation 废油的再生
oil rectifier 油精馏塔
oil refinery 石油加工厂
oil refinery plant 石油加工厂
oil refining 石油炼制;炼油
oil refining kettle 漂油锅
oil refining supercentrifuge 高速离心炼油机
oil regulator 油量调节器
oil relief valve 油溢流阀
oil remover 除油器
oil removing 脱油;除油
oil reservoir(sump) 油腔
oil resistance 耐油性
oil-resistant coating 耐油涂料
oil resistant primer 耐油底漆
oil resistant rubber 耐油橡胶
oil retainer 挡油环
oil(-retaining) ring 油环
oil return passage 油回流管道
oil return pipe 回油管
oil-ring bearing 油环润滑轴承
oil-ring plugging 油环卡住
oil-ring sticking 油环黏结
oil rotary pump 油旋[回]转泵
oil(s) and fat(s) 油脂
oil sands 油沙

oil saver 油回收器
oil scraper piston ring 油环;刮油环
oil scupper 油槽
oil seal 油封
oil sealed stuffer 油封填料
oil seal housing 油封箱
oil sealing 油封
oil seal leather 护油圈革
oil seal(ring) 油封圈
oil seepage 油渗出[漏]
oil separate chamber 油分离槽
oil separating 油的分离
oil separating tank 隔油池
oil separator 油分离器
oil service conveyor belt 耐油运输带
oil servicing facility 供油设施
oil shale 油页岩
oil shock absorber 油压缓冲器
oil sight glass 油面视镜;油面观察玻璃
oil skimmer 撇油器;油撇取器
oil skimmer barge 撇油船
oil skimmer vessel 撇油器
oil skimming tank 撇油罐
oil slick 浮油;油花
oil slinger 甩[抛]油环
oil-solubilizing coupler 油溶性成色剂
oil soluble concentrate 油剂
oil-soluble dyestuff(s) 油溶染料
oil-soluble inhibitor 油溶性缓蚀剂
oil-soluble phenolic resin 油溶性酚醛树脂
oil-soluble resin 油溶性树脂
oil solution(s) 油剂
oil specifications 油料技术规格
oil spill 浮油;漏油;漂油
oil splash gear 溅油齿轮
oil splitting plant 油脂水解车间
oil spout 喷油
oil sprayer 油喷淋器;油雾喷射器
oil stain 油斑;油渍
oil stain and oiliness 油斑及油腻
oil still 油精馏器
oil stone 油石;油砥石
oil storage 油库
oil strainer 油料过滤器;滤油器
oil sump 油池;贮油槽;油底壳
oil supply 石油供应;供油
oil supply(ing)[servicing] 油的供应
oil supply port 给油口
oil supply ship 供油船
oil surface adhesive 油面胶黏剂
oil swell 油溶胀;油泡胀
oil tankage 油库
oil tank vehicle 油品槽车
oil tannage 油鞣(法)
oil-tanned leather 油鞣革
oil temperature regulator 油温调节器
oil temper(ing) 油回火
oil thrower 抛油环;喷油嘴;挡油圈
oil-tight 不透油的
oil tight test 油密封试验
oil-to-oil heat exchanger 油对油热交换器
oil transfer pump 输油泵
oil trap 集油槽;油收集器
oil treater 油净化器;油处理器
oil trough 集油盘
oil tube 油管
oil turbine 油透平
oil-type air cleaner 油浴空气过滤器
oil vacuum pump 油真空泵
oil valve 油阀
oil vapour 油气
oil vapourizer 油汽化器
oil vapour pump 油蒸气泵
oil varnish 油质清漆
Oil Violet 油溶紫
oil viscosity 油的黏度
oil volatility 油的挥发性
oil-water gas 石油水煤气
oil water heater 油热水器
oil-water ratio 油水比
oil-water separation 油水分离
oil-water separator 油水分离器
oil water surface 油水分界面
oil wear 油耗
oil wedge 油楔
oil well cement 油井水泥
oil well pump 抽油泵
oil wick 油芯
oil wiper 刮油器
oil wiper ring 刮油环
oily (1)油的;含油的;油性的;油质的(2)多油的;油腻的(3)油滑的
oily bitumen 油沥青
Oil Yellow 油溶黄
oily feel 油腻感
oily lubricant 油性润滑剂
oily moisture 油潮气
oily paint 油性漆
oily water separator 油水分离器
ointment 软膏;药膏

ointment of zinc oxide 氧化锌软膏
okadaic acid 黑海绵酸
okazaki fragments 冈崎片段
okenite 硅钙石
Oklo phenomena 奥克洛现象
okra-seed oil 秋葵子油
olanzapine 奥氮平
olaquindox 奥喹多司;羟乙喹氧
olation 羟连作用;配聚作用
ol bridge 羟桥
oldham coupling 滑块联轴器
old hand 熟练工人
old metal 废金属
old quantum theory 前期量子论
old yellow enzyme 老黄色酶
oleaginousness 含油量
oleamide （＝9-octadeceneamide）油（酸）酰胺
oleanane 齐墩果烷
oleandomycin 竹桃霉素
oleandrin 夹竹桃苷;欧连素;齐墩果苷
oleandrose 齐墩果糖
oleanene 土当归烯;齐墩果烯
oleanol （1）（＝oleanolic acid）（2）齐墩果酚
oleanolic acid（＝caryophyllin） 齐墩果酸;土当归酸;石竹素
olease 油酸酯酶
oleastene 橄榄油烃
oleasterol 橄榄油甾醇
oleate 油酸盐(或酯)
oleficin 烯烃菌素
olefination 烯化作用;成烯作用
olefin-copolymer 烯烃共聚物
olefin(e) (链)烯烃
α-olefine α-烯烃
olefine acid 烯酸
olefin(e) alcohol 烯醇
olefine aldehyde 烯醛
olefine complex 烯烃络合物
olefine conversion process 烯烃转化法
olefine disproportionation 烯烃歧化(作用)
olefine ketone 烯酮
olefine polymer oil 烯烃聚合油(自烯类叠合所得到的合成润滑油)
α-olefinesulfonate α-烯基磺酸盐
olefin hydrocarbon 烯烃
olefinic acid 烯属酸
olefinic alcohol 烯醇
olefinic bond 烯键
olefinic carbon 烯碳
olefinic link 烯键
olefinic linkage(＝olefinic link) 烯键
olefinicpolymerization 烯烃聚合
olefin sulfonate 烯属磺酸酯
oleic acid 油酸;顺式9-十八碳单烯酸
oleic acid soap 油酸皂
oleic alcohol 油醇;顺式9-十八碳烯-1-醇
oleic amide 油酰胺
oleic glucose ester 油酸葡糖酯
oleic soap 油甘皂;三油酸甘油酯皂
olein (三)油酸甘油酯;油精
oleinic acid 油酸
olein soap 油甘皂;三油酸甘油酯皂
oleite 硫代蓖麻酸钠
oleocinase 中乳氧化酶
oleo-creosote 杂酚油油酸酯
oleo damper 油压减震器
oleodipalmitin 甘油二软脂酸油酸酯
oleodisaturated glyceride 油酸二饱和酸甘油酯
oleodistearin 甘油二硬脂酸油酸酯
oleo-guaiacol 愈创木酚油酸酯
oleomargarine 人造黄油;代黄油
oleophilic 亲油的
oleophilic colloid 亲油胶体
oleophilic graphite 亲油石墨
oleophilic resin 亲油树脂
oleophobic colloid 疏油胶体
oleoresin capsicum 辣椒油树脂
oleoresin of aspidium 绵马油脂
oleoresinous coatings 油基涂料
oleoresinous ready mixed paint 油性调和漆料
oleosaccharе 油糖
oleosol 油溶胶(以油为分散剂的胶体溶液)
oleostearin(＝beef stearin) 牛油硬脂
oleostrut 油压减震器
oleoyl 油酰
oleoyl chloride 油酰氯
oleum 发烟硫酸
oleum anonae 衣兰油
oleum arachis 花生油
oleum cassias 肉桂油
Oleum Jecoris Piscis 鱼肝油
oleum lavendulae 熏衣草油
oleum menthae piperitae 欧薄荷油
oleum myristicae 肉豆蔻油
oleum rosae 玫瑰油

oleum santali 檀香油
oleum sinapis 芥子油
oleum spirit 沸程范围在300～400°F之间的石油馏分
oleum terebinthinae 松节油
oleum theobromatis 可可油
oleum thymi 百里香油
oleum tiglii 巴豆油
oleuropein 橄榄苦苷
oleyl alcohol 油醇；顺式9-十八碳烯-1-醇
oleylalcohol disulfate 油醇二硫酸盐
oleyl nitrile 油酰腈
olfactometry 气味测定(法)
olfactory unit 嗅觉单位
ol group 桥羟基
olibanoresin 乳香脂
olibanum 乳香
olibanum oil 乳香油
olifiant gas 成油气；乙烯
oligoacrylonitrile 丙烯腈低聚物
oligoamide 低聚酰胺
oligoclase 奥长石
oligodeoxythymidylic acid 寡脱氧胸苷酸
oligoester 低聚酯类
oligo-1,6-glucosidase 低聚-1,6-葡糖苷酶
oligomer 低聚物；低聚体；齐聚物
oligomer extraction 低聚物萃取
oligomerization 低聚反应
oligomycin 寡霉素
oligonite 菱锰铁矿
oligonucleotide 低(聚)核苷酸；寡核苷酸
oligopeptide 寡肽；低聚肽
oligopolymer 低聚物
oligopolyol 低聚多元醇
oligoporous plate 少孔板
oligosaccharide 低聚糖；寡糖
oligose 低聚糖；寡糖
oligosilicic acid 寡硅酸
oligotrophic water 贫营养水
oligourethane 低聚氨基甲酸乙酯
olimycin(＝orymycin) 稻霉素
oölitic texture 鲕状结构
olivacine 奥里发新
olivanic acids 橄榄酸
olive-green 橄榄绿
olivenite 橄榄铜矿
olive oil 橄榄油
Oliver filter 奥利弗过滤机；转筒真空过滤机；连续式转鼓过滤机
olivetoric acid 戊基地衣缩酚酸；油地衣酸
olivil 橄榄脂素
olivine 橄榄石
olivomycin 橄榄霉素
Olprinone 奥普力农(＝loprinone)
olsalazine 奥沙拉秦
omadine 2-巯基吡啶
omal 三氯苯酚
ombuine 商陆精
omega-3-fatty acid ω3脂肪酸
omega-6-fatty acid ω6脂肪酸
omega-hyperon Ω超子
omegatron 回旋质谱仪
omeprazole 奥美拉唑
omethoate 氧乐果
omission 省略
omit 省略
omoconazole 奥莫康唑
OMP(oligo-*N*-methylmorpholinopropylene oxid) 低聚-*N*-甲-*N*-氧丙吗啉
ON(octane number) 辛烷值
on 闭合；接通
on-and-off controller 双位式控制器
oonanthol 庚醇
once-run 以一次蒸馏通过的；直馏的
once-through cracking 单程裂化；非循环裂化
once-through fuel cycle 一次通过式燃料循环
once-through operation 单程操作
once-through pipe still 一次蒸发管式炉；常压管式炉
once-through process 非循环过程；单程过程
oncogene 致癌基因
oncogenesis 致癌
oncovin 长春新碱
ondansetron 昂丹司琼
ondograph 高频示波器
on duty 值班
one-bath process 一浴法；单浴法
one bath two stage process 一浴两步法
one-button plate(filter) 单纽板(过滤机)
one-component system 单组分系统
one cylinder motor 单缸发动机
one-dimensional chromatography 单向色谱(法)
one-dimensional lattice 一维点阵
one-dimensional model 一维模型
one-dimensional structure 一维结构

one-electron approximation 单电子近似
one-electron bond 单电子键
one-electron excitation 单电子激发
one-fluid approximation 单流体近似法
one jet 单喷嘴;单喷口;单射流
one-line operation 单线操作
one-minute photography 一分钟摄影
one-part adhesive 单组分胶黏剂
one-particle approximation 单粒子模型
one-particle distribution function 单粒子分布函数
one part polyurethane adhesive 单组分聚氨酯胶黏剂
one-pass operation 单程操作
one phase system 单相系
one pipe heater 单管加热器
one pipe jet pump 单管喷射泵
one pipe system 单管系统
one-shot pump 单塞泵;有一个冷活塞的油泵
one side welding 单面焊
one-stage boiling-bed reactor 单段式沸腾床(层)设备
one-stage converter 一段转化炉
one-stage disproportionation 一步歧化(法)
one-stage hydrolysis 一段水解;一级水解
one-stage nitration 一段硝化(法)
one-stage resin (1)一步加热树脂;一阶树脂(2)单级(酚醛)树脂
one-step elution 一步洗脱(法)
one-step pressure regulator 单级压力调节器
one-step synthesis 一步合成
one-tailed test 单侧检验;单尾检验
one-way chromatogram 单向色谱(图)
one-way cock 单向阀门
one-way movement 单向运动
one-way slope 单面坡
one-way strip chromatogram 单向条色谱
one-way valve 单向阀
on hand 有现货的
onion oil 洋葱油
onit(=cyclotrimethylene trinitramine) 渥尼脱;翁尼特;环三亚甲基三硝胺
onium compound 鎓类化合物(电负性元素)最高正价化合物
onium salt 鎓盐
on job lab 工地实验室
on-line 在线;联机;线上
on-line analytical instrument(s) 在线分析仪表
on-line mass spectrometry 线上质谱分析
on-line operation 在线操[工]作
on-line processing 在线处理;联机处理
on-line separation 线上分离;流线分离
on-load regulator 带负荷调节器
on-load voltage 负载电压
on-off 通断;离合
on-off control 通断控制;双位调节;开关控制
on-off reaction (链的)增减反应
on-off switch 换向开关;双位开关
on-off thermostat 自动调温开关;开关调温器
onomycin 小野霉素
ononin 芒柄花苷
onosic acid 酮糖酸
on-period 工作周期;闭合周期
on port flame 喷嘴部分火焰
on-position 接通位置;闭合位置
Onsager limiting conductivity equation 昂萨格电导极限式
Onsager reciprocal relation 昂萨格倒易关系
Onsager theory 昂萨格理论
on schedule 按计划
on-site 场区内;在工地上;就地
on-site construction 就地建造
onspeed 达到给定速度
on-stream 在操作中;在工作过程中;在运转中;开车;投产
on-stream analysis 流程分析;线上分析
on-stream cleaning[desludging] 不停车清洗
on(-)stream inspection 不停工检查;运转中检查
on-stream period 连续开工期限
on-stream pressure 操作压力
on-stream regeneration 在线再生;不停工再生
on-stream time 连续开工时间
on tap 上栓
on-the-run 在运转中;在操作中
on-the-spot disposal 就地处理
on-the-spot sample analysis 炉前分析
ontianil 氧环硫苯胺
on-time 接通持续时间
ontjom 发酵花生饼
on weight of solution 按液体重量

oocyan(in) 胆绿素;蛋壳青素
ooporphyrin 蛋壳色素;蛋壳卟啉
oosporein 卵孢菌素
opacification 失透
opacifier 乳浊剂;遮光剂;(使)不透明剂
opacifying agent 乳浊剂;遮光剂;不透明剂
opacimeter 暗度计;不透明度仪
opacin 碘酞
opacity (1)不透明性;不透明度(2)乳白度;乳浊度;浑浊度(3)蔽光性
opal 蛋白石
opalescence 乳光
opalescin 乳白蛋白
opal glass 乳白玻璃;玻璃瓷
opal glaze 乳浊釉
opalizer 乳浊剂
opal oil 乳白油(与亚麻仁油相混合的硫酸精制石油馏分)
Opalon 氯乙烯树脂及其化合物的商品名
opalwax 乳白蜡(一种氢化植物蜡)
opaque 不透明的;不透光区
opaque defect 不透光点缺陷
opaque finish 不透明涂饰剂
opaque glass 乳浊玻璃
opaqueness (1)不透明性 (2)不透明度
opaque paint 不透明的涂料;遮光涂料
open 断开;断路
open air 露天
open assemble time 晾置时间
Openauer oxidation 欧佩瑙维尔氧化
open bearing 对开轴承;开式轴承
open boundary 开式边界
open-butt weld 开口对焊
open car 敞篷车
opencast 露天采矿
open cell 排气式蓄电池
open-cell model equation of state 开放胞腔模型状态方程
open-cell product 开孔泡沫制品
open centrifugal pump 开式离心泵
open chain compound 开链化合物
open chain hydrocarbon 开链烃
open channel flow 明槽流
open channel membrane 开孔膜
open circuit 开路;断路
open circuit losses 空载损耗
open circuit potential 开路电势
open circuit voltage 开路电压
open circular DNA 开环 DNA
open column (1)空心柱(指毛细管柱)(2)开柱(指薄层)
open connector 开口接头
open culture 连续培养
open-cup flash-point 开杯闪点
open cup test 开杯试验
open cure 无模硫化
opencut 露天采矿
open-discharge filter-press 开口卸料压滤机
open ditch 明沟
open drain 排水明沟
open drive 空车运转
open end (管子)开口端
open filter 敞式沙滤器
open-flame kiln 明焰窑
open flash-point 开杯闪点
open freight storage 露天堆货场
open furnace 敞炉;平炉;开炉
open-hearth furnace 平炉
open hearth steelmaking 平炉炼钢
open hole column 空心柱
open holes 安装孔
open impeller 敞式叶轮
open-impeller pump 开式叶轮泵
opening (1)洞;孔;缝;隙 (2)开孔 (3)通路
***cis*-opening** 顺式开键
opening for feed(=feed nozzle) 进料口
opening in flat head 平盖开孔
opening in head 封头开孔
opening in shell 壳体开孔
opening mode crack 张开型裂纹
open installation 露天装置
open joint 露缝接头;带间隙接头
open-jointed pipe 不嵌缝的接口管
open link chain 开链
open loop 开环
open loop control 开环控制
open loop gain 开环增益
open mill 开炼机
open mining 露天采矿
open mixer 敞口混合器
open pipe 开管
open pit mining 露天开采
open porous foaming agent 开孔发泡剂
open porous foaming agent BHK-1 开孔发泡剂 BHK-1
open position 开启状态[位置]
open-pot and open fire process (for caustic so-

da） 直接火加热敞锅熔碱
open reading frame 可译框架
open reel audio tape 开盘式录音磁带
open reel tape 开盘磁带
open reel video tape 开盘式录像磁带
open return bend U形管
open sand 粗砂
open sand filter 敞式砂滤器
open-seas skimmer 海面撇油器
open section 空心断面
open separator 敞开式(气液)分离器
open shell 开壳层
open-side press 颚式平板硫化机
open spanner 开口扳手
open splice 接头裂开
open-spring（loaded）safety valve 开启式弹簧安全阀
open steam 直接水蒸气
open-steam coils 直接水蒸气旋管
open steam cure （1）直接水蒸气硫化（2）直接水蒸气处治
open system 敞开系统
open tank 开口罐
open to atmosphere 通大气
open to surroundings 与外界通连的
open trench 明沟
open tube 开口管;空心管
open tubular column 空心柱;开口管柱
open type 敞式;开口式
open(type electric)motor 敞开式电动机
open-type heat exchanger 敞开式热交换器;开口式热交换器
open(type) impeller 开[敞]式叶轮
open vascular system 开管循环系(统)
open vessel 开式容器
open vulcanization 无模硫化
open wagon 敞车
open water-cooling tower 敞式凉水塔;敞式水冷塔
open wire[wiring] 明线
operability 操作性
operating advantage 操作上的优点
operating bolt load 操作螺栓载荷
operating bridge 操作桥
operating characteristic(curve) 操作特性曲线
operating cost 操作费(用);生产费用;运转成本;经营成本
operating crew 工作班
operating cycle 操作周期;运转周期
operating flexibility of tray 塔板操作弹性
operating floor 操作台
operating fluid 工作液体
operating guide 使用指南
operating handle 操作手柄
operating hold-up 操作持量
operating instruction 使用说明书
operating(instruction) manual 使用说明书
operating line 操作线
operating load 工作负荷;运转负荷
operating maintenance procedure（OMP） 操作维修步骤[规程]
operating manual 使用说明书
operating mode 工况
operating overhead expense 非操作费用
operating panel 控制板
operating platform 控制台
operating point 操作点
operating position 接通位置
operating post 工作岗位
operating range 运转范围
operating record 操作记录
operating requirement(s) 使用要求
operating room 操纵室
operating schedule 工作时间表
operating speed 工作速度;运转速度
operating steps 操作步骤
operating stress 工作应力
operating system 操作系统
operating temperature range（OTR） 操作温度范围
operatingtest 操作试验
operating valve 工作阀
operating voltage 工作电压
operating water supply 开式供水口
operational capacity 操作能力
operational console 控制台
operational control unit 操作控制设备
operational cost 操作费(用)
operational defect 操作上的缺点
operational failure 运转故障
operational program 使用方案
operational reliability 工作可靠性;使用可靠性
operational scheme 使用方案
operational site 工作场所
operational suitability test 运转适应性试验
operational variable 操作变量
operation and maintenance 使用和维护

operation board 操作盘
operation building 操纵间
operation continuous 连续操作
operation control(analysis) 操作控制(分析)
operation control board 操作控制板
operation drawing 加工图
operation inspection 操作检查
operation inspection log 操作检查记录
operation instruction 生产指导
operation in three shifts 按三班操作
operation irregularity 工作事故
operation load 操作载荷
operation manual 操作手册
operation mistake 操作错误
operation panel 操作台
operation parameter 使用参数
operation process chart 操作程序图
operation rate 运行率
operation record 运转记录
operations area 操作台
operations flowchart 操作程序图
operation sheet 操作卡片;操作说明书
operation signal (O/S) 操作信号
operation specifications 使用说明书
operations research 运筹学
operative error 主观性错误;人为误差
operative weldability (焊接)操作工艺性
operator (1)算符 (2)机务员 (3)操纵基因
operator gene 操纵基因
operator in charge 值班(操作)人员
operator on duty 值班(操作)人员
operator's panel 控制板
operon 操纵子
operon model 操纵子模型
OPF(oriented polyester film) 取向聚酯薄膜
OPG(oxypolygelatin) 氧化聚明胶
ophicalcite 蛇纹大理石
ophidine 蛇肉肽;2-甲基-*N*-*α*-(*β*-丙氨酰)-组氨酸(存在于毒蛇肉中)
ophiolite 蛇纹石
ophiopogon root 麦冬
ophiotoxin 眼镜蛇毒素
ophioxylin 蛇根木苷
ophthalamin 维生素A
ophthalmic filtration 眼药过滤
ophtocillin 占托西林;黄青霉素
opianic acid 阿片酸;鸦片酸;醛基二甲氧基苯甲酸
opianyl 阿片酸内酯
opiate 鸦片制剂;麻醉剂;镇静剂
opiniazide 奥匹烟肼
opipramol 奥匹哌醇;羟乙哌莀
opium 阿片;鸦片
opopanax 红没药;防风药
OPP(oriented polypropylene) 取向聚丙烯
Oppanol 聚异丁烯橡胶
opportunity cost 机会成本
opposed conformation (= eclipsed conformation) 重叠构象
opposed piston 对动活塞
opposing reaction 对峙反应
oprational version 使用方案
opromazine 氧氯丙嗪
opsin 视蛋白
opsonin 调理素
opsopyrrole 3-甲基-4-乙基吡咯
optical active polymer 旋光性高分子
optical activity (1)旋光性 (2)旋光度
optical adhesive 光学胶
optical anisotropy 光学各向异性
optical antimer 旋光对映体
optical antipodes 旋光对映体
optical axis 光轴
optical axis of crystal 晶体光轴
optical bench 光具座
optical bleaches 荧光增白剂
optical brightener 荧光增白剂
optical cable 光缆
optical centre of lens 透镜光心
optical character reader paper 光符识别纸
optical density (= blackening) 光密度;黑度
optical electrons 光电子
optical enantiomorph 旋光对映体
optical exaltation 旋光性增强
optical fiber 光导纤维
optical filter 滤光片
optical glass 光学玻璃
(optical) goniometer (光学)测角计
optical haze 光学轻雾;光霾
optical induction 光学诱导
optical instrument 光学仪器
optical interferometer 光学干涉仪
optical invariant 光学不变量
optical isomer 旋光异构体;旋光异构物
optical isomeride (=optical isomer) 旋光异构体;旋光异构物
optical isomerism 旋光异构;光学异构
optical lever 光杠杆

optical light-sensitive adhesive 光学光敏胶黏剂
optically active isomer 旋光异构体;旋光异构物
optically active polymer 旋光性聚合物;手性聚合物
optically active substance 旋光性物质
optically denser medium 光密介质
optically inactive 不旋光的;非旋光的;不起偏振转(作用)的
optically thinner medium 光疏介质
optically transparent electrode 光(学)透(明)电极
optically transparent thin layer electrode (OTTLE) 光透(明)薄层电极
optically transparent vitreous carbon electrode 光透玻璃碳电极
optical mark reader paper 光标识别纸
optical methods (of analysis) 光学分析法
optical microwave double resonance (OMDR) 光学微波双共振
optical model 光学模型
optical path 光程
optical path difference 光程差
optical permittivity 光电容率
optical plastics 光学塑料
optical protection layer 光学保护膜
optical pump 光泵
optical purity 光学纯度
optical pyrometer 光学高温计
optical rotation (1)旋光度 (2)旋光性;(光学的)偏振转
optical rotation opticity 旋光性
optical rotatory dispersion (ORD) 旋光色散
optical sectioning microscopy 光学断层显微术
optical sensitization 光学增感作用
optical spectrum 光谱
optical square 直角转光器
optical system 光具组
optical telemetry 光学测距法
optical thickness 光学厚度
optical transition 光跃迁
optical waveguide fibre 光导纤维
optical wedge 光楔
optical whitening agent 荧光增白剂
optic(-axial) angle 轴角
optics 光学
optimal 最优的
optimal block design 最优区组设计
optimal estimate 最优估计
optimal value 最优值
optimization (1)(最)优化 (2)优选法
optimization of heat exchanger 换热器的最优化
optimize 使最佳化
optimized process 最佳工艺过程
optimizer 最优控制(器);优化器
optimizing control 最优控制
optimum 最优化[值]
optimum bias 最佳偏磁
optimum condition 最佳工况;最佳条件
optimum control 最优控制
optimum cure 正硫化
optimum design 最佳设计
optimum efficiency 最佳效率
optimum feed location 最宜进料位置;最佳进料点
optimum flow rate 最佳流速
optimum harvesting time 最适收获期
optimum moisture 最佳水分
optimum performance 最佳性能;最佳操作特性
optimum procedure 最优化程序
optimum pulse angle 最佳倾倒角
optimum recirculation rate 优选循环速率
optimum seeking method 优选法
optimum speed 临界速率;最佳速率
optimum structure 最佳结构
optimum temperature difference 最适温差
optimum working efficiency 最佳工作效率
optional 选购的
optional equipment 附加设备
optional extras 任选附件
optional flange 任意法兰
optional gear ratio 可变齿轮速比
optional items 可选择项目
optoelectronics 光电子学
optomotor response 视动反应
optosonic spectrometry 光声光谱法
OQPST 克泻痢宁
oral contraceptive 口服避孕药
oral steroid contraceptive 甾体口服避孕药
oraluton 脱水羟基孕甾酮
orange Ⅰ 一号橙
orange Ⅱ 二号橙
orange Ⅳ (酸性)四号橙
orange B 酸性橙 B
orange flower oil 橙花油

orange lead 铅橙
orange mineral(=orange lead) 铅橙
orange oil (1)甜橙(皮)油(2)橙油
orange peel (1)橙皮(2)橘皮(漆病)
orange-peel finish 橘纹漆
orange-peel oil 橙皮油
orangite 橙黄石
oraviron 甲基睾丸甾酮
orazamide 奥拉米特;乳清酸氨咪酰胺;阿卡明
orbit 轨道
orbital 轨道
orbital angular momentum 轨道角动量
orbital effect 轨道效应
orbital electrons 轨道电子;核外电子;壳层电子
orbital magnetic moment 轨道磁矩
orbital moment 轨道矩
orbital overlap population 轨道重叠布居
orbital quantum number 轨道量子数
orbital wave function 轨道波函数
orbitort 回转式加压杀菌机
orbitron 轨道管
orcein 苔红素;地衣红
orceindye 地衣红
orchil(=orselle) 苔色素
orcin(=orcinol) 苔黑酚;地衣酚;5-甲基-1,3-苯二酚
orcinol(=5-methyl-resorcinol) 苔黑酚;地衣酚;5-甲基-1,3-苯二酚
order (1)有序 (2)定货
order-disorder (phase) transition 有序-无序(相)转变
ordered alloy 有序合金
ordered arrangement 有序排列
ordered point defect 有序点缺陷
ordered sequence 有序序列
ordered solid solution 有序固溶体
ordering information 定货资料
ordering instruction(s) 订货须知
ordering of events 事件排序
order of diffraction 衍射级
order of interference 干涉级
order of quality 优劣顺序
order of reaction 反应级(数)
order parameter 序参数
ordinary light 寻常光
ordinary link 单价键
ordinary linkage(=ordinary link) 单价键
ordinary maintenance 日常维修
ordinary portland cement 普通硅酸盐水泥
ordinary refractive index 寻常折射率
ordinary steel(s) 普通钢
ordinary sulfur dye 一般硫化染料
ordinary superphosphate 过磷酸钙
ordinary V-belt 普通V带
ore mill 磨矿机
oreodaphnol 月桂油醇
orexin 食欲肽
ORF 可译框架
organ culture 器官培养
organic acid 有机酸
organic acid fermentation 有机酸发酵
organic analysis 有机分析
organic chemistry 有机化学
organic coated steel sheet(s) 有机涂层薄钢板
organic compound(s) 有机化合物
organic corrosion inhibitor 有机缓蚀剂
organic degradation (1)有机降解 (2)发霉
organic detritus 有机残渣
organic electrosynthesis 有机电化学合成
organic fertilizer 有机肥料
organic fungicide 有机杀菌剂
organic glass 有机玻璃
organic herbicide 有机除草剂
organic load 有机(污染物)负荷量
organic manure 有机肥料
organic metal 有机金属
organic nitrogenous 有机氮
organic nonlinear optical materials 有机非线性光学材料
organic peracid 有机过酸
organic pesticide(s) 有机农药
organic phosphate 磷酸酯
organic polysulfide 有机多硫化物
organic precipitant 有机沉淀剂
organic reaction mechanism 有机反应机理
organic reagent 有机试剂
organic reinforcing fillers (橡胶用)有机补强填充剂
organics 有机物
organic semiconductor 有机半导体
organic silicon compound 有机硅化合物
organic solvent degreasing 有机溶剂脱脂
organic superconductor 有机超导体
organic synthesis 有机合成
organidin 碘化甘油
organism 有机体

organism's habit 生态
organized ferment 活体酶
organoaluminum 有机铝化合物
organo-alumin(i)um polymer 有机铝聚合物
organoarsenic fungicide 有机砷杀菌剂
organobentonite 有机膨润土
organo-borane 有机硼烷
organoboron compound 有机硼化合物
organo-boron polymer 有机硼聚合物
organochlorine fungicide 有机氯杀菌剂
organo-elementary compound(s) 元素有机化合物
organo-fluorine polymer 有机氟聚合物
organogel 有机凝胶
organogenic element 有机生成元素(指C，H,O,N,S,P等)
organoleptic 化学和器官可感觉的
organoleptic analysis 感官分析
organoleptic test 感官分析
organolithium compound 有机锂化合物
organomercurial 有机汞制剂
organo-mercuric halide 有机汞卤化合物
organomercury fungicide 有机汞杀菌剂
organometallic compound 有机金属化合物
organometallic photochemistry 有机金属光化学
organometallic polymer 有机金属聚合物
organometallics 有机金属化合物
organo-metal 有机金属化合物
organophilic carrier 亲有机载体
organophilic gel 疏水凝胶
organophosphate 有机磷酸酯
organophosphite 有机亚磷酸酯
organophosphorus fungicide 有机磷杀菌剂
organophosphorus polymer 有机磷聚合物
organopolysiloxane 有机多分子硅醚
organosilane 有机硅烷
organosilane crosslinked polyethylene 有机硅交联聚乙烯;硅烷交联聚乙烯
organo-silicon compound 有机硅化合物
organosilicon insulating varnish 有机硅绝缘漆
organosilicon polymer 有机硅聚合物
organo-silicon rubber 有机硅橡胶
organosilicone sealant 有机硅密封胶
organosilmethylene 亚甲联二硅基
organo-siloxane 有机硅氧烷
organosilyl (1)有机硅的 (2)甲硅烷基
organosol (1)稀释增塑糊;有机增塑糊(聚氯乙烯糊的一种) (2)有机溶胶
organosulfur fungicide 有机硫杀菌剂
organothiotin 有机硫锡化合物
organotin dialcoholate 有机锡二醇
organotin fungicide 有机锡杀菌剂
organotin polymer 有机锡聚合物
organotin trialcoholate 有机锡三醇
organotitanium polymer 有机钛聚合物
organotroph 有机营养(菌)
organouranium compound 有机铀化合物
orgotein 奥古蛋白;肝蛋白
oriental amethyst 紫刚玉
oriental emerald 绿刚玉
oriental perfume 东方(型)香料
oriental powder 藤黄与硝酸钾混合物
oriental ruby 红宝石
oriental spice 珍贵香料;优质香料
oriental sweetgum 安息香香脂
orient(at)ed polymer 定向聚合物
orient(at)ed polymerization 定向聚合
orientating group 定向基;定位基
orientation 取向;定向
orientational disorder 取向无序
orientational spraying method 定向喷雾法
orientation birefringence 取向双折射
orientation blow moulding 取向吹塑
orientation complex 定向配位化合物
orientation effect 定向效应
orientation in aromatic substitution 芳香族取代定向
orientation matrix 取向矩阵
orientation polarizability 定向极化度;取向极化度
orientation polarization 取向极化;定向极化
orientation ratio 定向度
orientation rule 定向法则
orientation selectivity 取向选择性
oriented adsorption 定向吸附;取向吸附
oriented crystallization 取向结晶
oriented draw 定向拉伸
oriented film 定向膜
oriented polymer 取向聚合物
orienting effect 定向效应
orienting group 定向取代基
orientomycin 东霉素;环丝氨酸
orifice baffle 孔式折流板;锐孔挡板
orifice check valve 小孔止回阀
orifice column 筛板塔
orifice column mixer 筛板塔混合器
orifice control valve 孔板节流阀;锐孔调节阀

orificed tip （拉丝）漏嘴
orifice extraction column 筛板式萃取塔
orifice flow 孔流
orifice(flow) meter 孔板流量计
orifice gas scrubber 锐孔气体洗涤器
orifice meter 孔板流量计
orifice(plate) 孔板
orifice-plate flowmeter 孔板流量计
orifice plate steam trap 孔板式冷凝水排除器
origanum oil 牛至油
original design 初步设计;原(始)设计
original humic acid 原生腐殖酸
original marking 原始标记
original material 原始材料
original record 原始记录
original scheme 原始方案
origin of coordinate 坐标原点
orimulsion 乳化沥青油
orinase 甲苯磺(胺)丁脲
O-ring O形(机械密封)环;密封圈;O形垫圈
O-ring closure 空心金属O形环密封
oripavine 东罂粟碱;3-氧去甲蒂巴因
orixine 和常山碱
orlistat 奥利司他
Orlon 奥纶(聚丙烯腈丝)
ormosine 红豆树碱
ormosinine 红豆树西宁
ornamycin 装饰霉素
ornidazole 奥硝唑;氯醇硝唑
ornithine（=2,5-diamino-valeric acid）鸟氨酸;2,5-二氨基戊酸
ornithine cycle 鸟氨酸循环
ornithine decarboxylase 鸟氨酸脱羧酶
ornithuric acid（=dibenzoyl ornithine）鸟尿酸
ornithyl 鸟氨酰(基)
ornoprostil 奥诺前列素
Ornstein-Zernike(OZ) equation 奥尔斯坦-齐尔奈克方程
orobol 二羟四氢黄酮
oroboside 香豌豆苷
orosin 血浆全蛋白
orosomucoid 血清类黏蛋白;α-酸性糖蛋白
orosomycin 山霉素
orotic acid 乳清酸;4-羧基尿嘧啶
orotidine 乳清酸核苷
orotidine-5′-phosphate decarboxylase 乳清酸核苷-5′-磷酸脱羧酶
orotidylic acid 乳清苷酸
orphan 孤儿基因
orpiment 雌黄;石磺;三硫化二砷
orris oil 鸢尾油
orris root oil 菖蒲油
Orr white 锌钡白
Orsat (gas) apparatus 奥萨特气体分析器
orseille（=orselle） 苔色素
orsellic acid 苔色酸
orsellinic acid 苔色酸;4,6-二羟-2-甲苯甲酸
orsomycin（=orosomycin） 山霉素
orthanilamide 邻氨基苯磺酰胺
orthanilic acid 邻氨基苯磺酸
ortho- (1)正(指酸)(2)原(指酸)(3)邻(位)
ortho-acetate 原乙酸酯
ortho-acid 原酸;正酸
ortho-alkylation 邻位烷基化作用
ortho-aluminic acid 原铝酸
ortho-antimonic acid 原锑酸
ortho-antimonous acid 原亚锑酸
ortho-arsenic acid (正)砷酸
ortho-arsenous acid 原亚砷酸
orthobaric volume 标准容积
ortho-boric acid 原硼酸
orthocarbonic acid 原碳酸
orthochlorophenol 邻氯苯酚;邻(位)氯酚
orthochromatic film 正色性胶片
orthochrome 原色母
ortho-chromic acid 原铬酸
orthoclase 正长石
ortho-compound 邻位化合物
ortho-derivative 邻位衍生物
orthodiazine 邻二嗪;1,2-二氮杂苯
ortho-dichlorobenzene 邻二氯苯
ortho effect 邻位效应
ortho-ester 原酸酯
orthoferrite 正铁氧体
orthoferulic acid 邻阿魏酸;2-羟(基)-3-甲氧(基)肉桂酸
orthoform 原仿;俄妥仿
orthoformate 原甲酸酯;原蚁酸酯
orthoformic acid 原甲酸
orthoforming process 正流重整过程
orthoforming unit 正流重整装置
orthogonal collocation 正交配置
orthogonal design 正交设计
orthogonality 正交性
orthogonality of wave functions 波函数正交性
orthogonalization 正交化

orthogonal layout 正交表
orthogonal table 正交表
ortho-helium 正氦
orthohydrogen 正氢;同向核自旋氢(分子)
ortho-isomer 邻位异构物
orthokinetic aggregation 同向聚集作用
ortho-molybdic acid 原钼酸
orthonitric acid 原硝酸
ortho-nitrogen 正氮
orthonormal orbital 正交归一轨道
orthonormal system 正交归一系
ortho-orienting group 邻位定向基团
orthopanchromatic film 正全色性胶片
ortho-para directing group 邻对位定位基
ortho-para orientation 邻对位定向
orthopedic leather 矫形制品革
ortho-periodic acid 原高碘酸
ortho-phosphoric acid (正)磷酸
ortho-phosphorous acid (原)亚磷酸
ortho-plumbic acid 原高铅酸
ortho-position 邻位
orthorhombic system 正交晶系
orthosilicate 原硅酸盐(或酯)
ortho-silicic acid 原硅酸
ortho-siliformic acid 原甲硅酸;三羟基硅烷
ortho-sulfuric acid 原硫酸
ortho-terphenyl 邻三联苯
orthothiazine 邻噻嗪;1,2-硫氮杂苯
ortho-thiocarbonic acid 四硫代原碳酸
(ortho)thiocyanic acid (正)硫氰酸
ortho-titanic acid 原钛酸
orthotropic laminates 正交各向异性层压板
ortho-tungstic acid (正)钨酸
ortho-vanadic acid 原钒酸
orthoxazine 邻噁嗪;1,2-氧氮杂苯
orthoxine 甲氧那明;喘咳宁
ortho-zirconic acid 原锆酸
orticant agent 发痒剂
ortizon 过氧化氢合尿素
Orton rearrangement 奥顿重排作用
Orton rearrangement of *N*-halogenoacylamides 奥顿 *N*-卤代酰胺重排
orymycin 稻霉素
oryzamycin 稻病霉素
oryzanin 硫胺(素);维生素 B_1
(γ-)oryzanol 谷维素
oryzenin 米谷蛋白
oryzoxymycin 白叶枯霉素
osamine 糖胺
osaterone 奥沙特隆
osazone 脎
osazone reaction 成脎反应
osazone test 糖脎试验
oscillating agitator 往复(回转)式搅拌器
oscillating centrifuge 振动卸料离心机
oscillating circular saw 摆式圆锯(床)
oscillating conveyer[conveyor] 振动式输送机
oscillating crystal method 振荡晶体法
oscillating damper 减振器
oscillating disc method 摆动盘法
oscillating displacement pump 摆动泵
oscillating double bond 摆动双键
oscillating feeder 往复式给料机;摆动进料器
oscillating link 振动键
oscillating liquid continuous extraction tower 往复回转式液体连续萃取塔
oscillating mixers agitator 往复回转混合搅拌器
oscillating plunger pump 摆动柱塞泵
oscillating riddle 振动筛;往复筛
oscillating screen 旋动筛;振动筛;摇动筛
oscillating sieve 振动筛
oscillating spider 摆动轮
oscillating type 往复回转式
oscillating washer 摆动式洗涤机
oscillation photograph 回摆晶体 X 射线衍射照片;回摆图
oscillations 振荡;振动
oscillation spectrum 振动光谱
oscillator (1)振荡器 (2)振动式输送机
oscillator strength 振子强度
oscillatory flow 振荡流
oscillatory shear flow 振荡剪切流
oscillin 振荡蛋白
oscillogram 示波图
oscillograph 示波器
oscillographic polarograph 示波极谱仪
oscillographic potentiometric titration 示波电位滴定(法)
oscillographic titration 示波滴定(法)
oscillometer 示波计;示波仪
oscillometric titration 高频滴定;振量滴定
oscillopolarographic titration 示波极谱滴定法
oscillopolarography 示波极谱法
oscilloscope 示波器
oscilloscopic chromatography 示波色谱法

oshaic acid 藁本酸
Oslo cooler crystallizer 奥斯陆冷却结晶器
Oslo crystallizer 奥斯陆结晶器
osmic acid 锇酸
osmic anhydride 四氧化锇
osmic compound 四价锇化合物
osmic hydroxide 四氢氧化锇;四羟化锇
osmiridium 铱锇矿
osmium 锇 Os
osmium fluoride 八氟化锇
osmium potassium chloride 氯锇酸钾
osmium sesquioxide 三氧化二锇
osmium sodium chloride 氯锇酸钠
osmium tetraoxide 四氧化锇
osmocene 二茂锇
osmometer (1)渗透压力计(2)香度计
osmometry 渗透压力测定法
osmophore 发香团
osmoscope 渗透试验器
osmosis 渗透(作用)
osmotaxis 渗透性
osmotic balance 渗透天平
osmotic coefficient 渗透系数
osmotic flow 渗透通量;渗透流
osmotic pressure 渗透压
osmotic scale 渗透天平
osmotic shock 渗透压冲击
osmotic susceptibility 渗透敏感度
osmotin 渗透压蛋白
osotetrazine(＝*v*-tetrazine) 接四嗪;1,2,3,4-连四嗪
osotriazolazimide 接三唑并叠氮
osotriazole 接三唑;2*H*-1,2,3-三唑
ossamycin 奥萨霉素
ossein (1)骨胶原(2)生胶质
osseoalbuminoid 骨硬蛋白
osseocolla 骨胶
osso-albumin 骨胶原
ossomucin 骨黏蛋白
osteocalcin 骨钙素
osteoporosis 骨质疏松(症)
osthenol 欧芹酚
osthol 喔斯脑
osthole 王草素;甲氧基欧芹酚;欧芹酚甲醚
ostranite 锆石
ostreasterol 牡蛎甾醇
ostreogrycin(＝ostreogricin) 蛎灰菌素
Ostwald ripening 奥斯特瓦尔德熟化
Ostwald's dilution law 奥斯特瓦尔德稀释定律
Ostwald viscometer 奥斯特瓦尔德黏度计
Osyrol(＝spironolacfone) 螺内酯(利尿药)
osyrol (1)沙针醇(2)檀香醚
OTC(over the counter) 非处方药
OTE(optically transparent electrode) 光(学)透(明)电极
othosenine 奥索(千里光)碱
otoba butter 肉豆蔻脂
otobain 肉豆蔻脂素
otobite 肉豆蔻蜡
otter skin 水獭皮
Otto fuel Ⅱ 奥托燃料Ⅱ
otto of rose oil 玫瑰油
ouabain 毒毛(旋)花苷G;乌本(箭毒)苷;乌亦盆;哇巴因
outage (1)(蓄水池为了水膨胀)预留的容量(2)排出量
outage tables 预留容器空间表
outboard bearing 外置轴承
outboard motor 外装电动机
outboard ring 外环圈
outboard seal 外置密封
outdoor environment 室外环境
outdoor equipment 室外设备
outdoor exposure test 户外曝晒试验
outdoor paint 外用漆
outdoor weathering 室外天候老化
outer bearing 外轴承
outer case 外壳;外箱
outer casing (1)汽车外胎(2)外壳
outer coordination sphere 外配位层
outer cover 汽车外胎
outer electric potential of phase 相外电位
outer Helmholtz plane 外亥姆霍兹平面
outer housing 外壳
outer joint 外接口[头]
outer membrane protein 外壁蛋白
outermost electron 最外层电子
outer oil seal 外(轴承)油封
outer-orbital complex 外轨络合物
outer orbital configuration 外轨构型
outer orbital coordination compound 外轨配位化合物
outer orbital mechanism 外轨机理
outer potential 外电位
outer rance[ring] 外座圈
outer safety ring 安全外挡圈
outer skin 外表层(膜)
outer sole leather 外底革
outer sphere 外层;外界

outer-sphere complex 外层配位化合物
outer sphere complexation 外层配位；外球配位
outer sphere mechanism 外层机理
outer-sync 不同步；不协调
outfit 备用[附属]工具
outflow (1)流出量(2)流出
out gas 脱气
outgassed ionexchange 脱气离子交换
outgassing of metals 金属除气
outgoing (1)输出的；引出的(2)离开的(3)费用；支出；产出
outgrowth 长出物
outlet 出口；出口管；排泄口；销路
outlet damper 出口挡板
outlet duct for tailings 粗粉返回管
outlet flange 出口法兰
outlet header 出口总管
outlet pigtail 出口引管
outlet pocket 卸出槽
outlet port 出料口
outlet pressure 出口压力
outlet side of pump 泵的排出端
outlet valve 排出阀
outlet weir 出口堰
outlier 异常值
outline 外形(图)；轮廓(图)；大纲；概要
outline design 初步设计
outline of process 生产过程简图
outlook 前景；展望
outmost 最外层的
out of alignment 不对中
out-of-balance load 不对称负荷[载]
out-of-center 偏离中心
out-of-commision 不起作用
out of control[turn] 失控；不能控制的
out of date 过期的；过时的
out of gear 不工作的
out of keeping with 不相合
out-of-level 不水平
out-of-line 不在一直线上
out of operation(＝out of work) 不能工作的；工作有妨碍的；失效的
out of order 有故障的；故障的
out-of-phase 不同相
out-of-phase current 不同相电流
out-of-pile inventory (反应)堆外(燃料)投入量；堆外库存周转量
out-of-pile test loop 堆外试验回路
out of plumb 不垂直
out of position 不在正确位置的
out-of-proportion 不按比例
out-of-range 出界
out of repair 失修(的)；处于不正常状态(的)
out of round 变径差
out-of-roundness of [for] shell 壳体不圆度
out-of-run 失效(的)
out-of sequence operation 违反操作程序[规程]
out of service 失效(的)
out-of-service time 失效时间
out of step 不同步
out-of-straight 不直
out-of-synchronizm 不同步
out-of-tolerance parts 超差零件
out-of-true 不精确
out of tune 失调
out of work 不能工作(的)；工作有妨碍(的)；失效(的)
outpacking 外包装
out-phase 不同相
output 输出；产量；排出量
output axis 输出轴
output block 输出部件
output capacity 出产量[能力]
output(current) 输出电流
output end 输出端
output layer 输出层
output lead 输出引线
output load 输出负荷
output meter 输出测量表
output multiplicity 输出多重解
output per man shift 每人每班产量
output port 输出端
output power 输出功率
output set 输出集
output shaft 输出轴
output stroke 排气冲程
output unit 输出部件
output voltage 输出电压
output (volume) 排量
outshot 废品；等外品(指原料)
outside air 室外空气
outside appurtenances 外部配件
outside callipers 外卡(钳)
outside diameter of tray 塔板外径
outside drawing[view] 外形图
outside indicator (液)外指示剂

outside of tubes 管外;(在换热器内)位于管间的空间
outside plate 外板
outside rance 外座圈
outside screw and yoke type 轭式外螺纹
outside seal 外部密封
outside stripping section 外部汽提段
outsole adhesive 粘外底胶
out stroke 排气冲程
out-to-out 总尺寸;总长度;全长;总宽度;全宽
out valve 泄水阀门
outward flange 向外凸缘
outworn 过时的
oval 椭圆形
ovalbumin 卵清蛋白
ovalene 卵苯;卵烯
oval groove seal contact face 椭圆槽密封面
ovally grooved seal face 椭圆槽密封面
oval metal ring 椭圆金属圈
oval ring 椭圆环;椭圆垫
ovarin 卵巢素
oven 烘箱
oven cleaner 炉灶净洗剂
oven drier 炉式干燥机
oven-dry weight 烘干重量
oven inner liner 加热炉内衬
ovenstone 耐火石
overageing 过时效;过(度)老化
overall construction cost 竣工产值
overall design 总体设计
overall development 综合开发
overall heat transfer coefficient 总传热系数
overall inspect 全面检验
overall instability constant 总不稳定常数
overall plan 总体规划
overall reaction 总反应
overall reaction order 总反应级数
overall size 总尺寸
overall stability constant 总稳定常数
overall volumetric mass transfer coefficient based on the dispersed phase 分散相总体积传质系数
overall yield 总收率
over-and-under controller 自动控制器
overarm 横臂;横杆
overbate 过度软化
over beam 过梁;悬梁
overblow 过发泡
overburden stripping 覆盖层剥离
overburning 烧损;烧毁
overcapacity 生产能力过剩;设备过剩;开工不足
over carburization 渗碳过量
overcharge (1)过量装载;加料过多(2)过充电
over coating 过量涂层
overcoating 外敷层;罩光涂层;面漆涂层;末道涂层;保护涂层
overcool 过度冷却;过冷
overcracking 过度裂化
over cure 过硫
overcurrent 过载电流
over current trip 过电流跳闸装置
overcut 过度刻划
overdamping 过阻尼
overdesign 有余量的设计;过于安全的设计
overdimensioned 超尺寸的
overdosage 过量;剂量过度[大]
overdose (用药)过量;过度剂量
overdraft 透支
overdraw 拉伸过度
overdrive 超速传动;过载
over-driven centrifuge 上悬式离心机
overdry 过分干燥
over enzyme bating 酶软过度
over-exposure region 曝光过度区
overfall (1)溢流;外溢;溢出(2)溢出口(3)回浆
overfeeding 过量进料
overfiring 过烧
overflash 超闪蒸;闪燃;飞弧
overflow (1)溢流(2)溢出(3)溢流口
overflow alarm 溢流警报
overflow baffle 溢流挡板
overflow box 溢流槽
overflow chute 溢流槽
overflow container 溢流容器
overflow dam 溢流堰;滚水坝
overflow gate 溢流门
overflow groove 溢流槽
overflow gutter 溢流槽
overflow indicator 溢满[过量]指示器
overflowing 溢流
overflow launder[chute] 溢流溜槽;溢流槽
overflow lip 溢流嘴
overflow mechanism 溢流装置
overflow mould 溢流模;挤压模
overflow nipples (蒸馏塔塔盘的)溢流短管

overflow pipe 溢流管
overflow plate 溢流板;溢流堰
overflow port 溢出口;溢流口
overflow tank 溢流罐
overflow valve 溢流阀
overflow vessel 溢流容器;溢流槽
overflow weir 溢流堰
overfoaming 溢泡
overglaze 面釉
overglaze colors 釉上彩
overglaze decoration 釉上彩
overground 研磨过度的;过度粉碎的;地上的
overground installation 地上装置
overhanging beam 悬臂梁
overhang type centrifuge 上悬式离心机
overhaul 大检修
overhauling 大修;拆修;卸修;翻修
overhaul(ing) check 大修检查
overhaul instruction 大修指导
overhaul life 大修周期
overhaul manual 检修手册
overhaul shop 机修车间
overhaul stand 大修台
overhead (1)塔顶馏出物 (2)高出地面的;架设的;架空的
overhead air cooler 塔顶空气冷却器
overhead(charges) 间接费用
overhead clearance 净空高度
overhead condenser 塔顶(产物)冷凝器
overhead cost 间接成本
overhead distillate 头馏分
overhead drum 蒸馏釜顶冷凝器
overhead fillet weld 仰焊角焊缝
overhead line 架空管道;架空线
overhead naphtha 塔顶汽油馏分
overhead network 架空线路
overhead oil 塔顶馏出油
overhead operation 辅助操作
overhead pipe 架空管道
overhead position 仰焊位置
over-head position welding 仰焊
overhead product 塔顶馏出物
overhead support 高架式支座
overhead-taken naphtha(=overhead naphtha) 塔顶汽油馏分
overhead tank 高位槽;压力槽;压力罐
overhead travelling crane 高架移行式起重机
overhead trolley 单轨吊
overhead trolley conveyer 吊链输送机
overhead weld(ing) 仰焊
overheated zone 过热区
overheater 过热器
overheating furnace 过热炉
overheat pan 过热锅
overhung-type centrifugal compressor 外悬式离心压缩机
overhydrocracking 深度加氢裂化
overiall 溢出口
overladen 超载;过负荷
overlap (1)焊瘤 (2)重叠;搭接部分
overlap integral 重叠积分
overlap of peaks 峰重叠
overlapping 重叠;交错;搭接
overlapping joint 搭接接缝
overlapping resolution map(ORM) 重叠分离图;重叠分辨图
overlapping run 搭头焊道
overlay (1)表层;贴面;贴面层;堆焊 (2)套刻重合
overlene 八苯并萘
over liming 灰(碱)处理过度
overload alarm 过载报警器
overload coupling 超载安全离合器;安全联轴节
overload heater element 过载热元件
overload(ing) 过载
overload light 过(负)载信号灯
overload operation 超负荷运行
overload protection 过载保护
overload relay 过载继电器
overload relief valve 超载安全阀
overload safeguard 过载保护装置
overload test 超负荷试验
overload time relay 过载限时继电器
overload valve 过载阀;超载阀
overload wear 过载磨损
overmixing 过度混合
over oiling 用油过度;加油过度
over-pass 溢流挡板
over point 初馏点
overpotential 超电势
overpower protection 过载保护
overpressure 过压;超压
overpressure value 过压阀
overprint finish 罩印清漆
overprint varnish 罩印清漆;复印清漆
overproduction 生产过剩;超产
over proof 超过额定的

overproof spirit 过浓的酒;超标准酒
overprotection 过保护
overrange 超出额定的界限
overreduction 过度还原
overrefining 过度精制
overrun 超过正常范围;溢流
oversaturated solution 过饱和溶液
over sensitization 过增感
overshooting 过调节;过冲击
over-shot buffer 绒面革磨里机
overshot tank filling 自顶部注入油罐内
oversize outlet 粗粉排出口
oversize product 筛上物
over soaking 浸水过度
overspeed 超速
overspeed test[testing] 超速试验
overspill 溢出物
overstock 超储备;超库存;供应过
over-stress 过应力;超限应力
overstroke safety device 行程限制器
overstuffed 多油的;涂油过多的
overtanned 过鞣的;鞣过了度的
overtime 加班时间
overtitration 滴过了头
overtone band 泛频谱带
overtone region (=near infrared) 近红外区
overvoltage 超[过]电压
overvoltage protection 过电压保护
overvulcanization 过度硫化;硫化过度
overweight 超重
ovicide 杀卵剂
ovoconalbumin 卵伴白蛋白
ovocyclin 雌二醇
ovoflavin 核黄素;维生素 B_2
ovoglobulin 卵球蛋白
ovomucin 卵黏蛋白
ovomucoid 卵类黏蛋白
ovorubin 卵红蛋白
ovostab 苯甲酸雌二醇酯
ovotyrin 卵黄磷肽
ovoverdin 虾卵绿蛋白
ovovitellin 卵黄磷蛋白
Owen bridge 奥温电桥
owner indicator 自显指示剂
owner's risk 危险由货主负责
1-oxa-4-azacyclohexane 1,4-氧氮杂环己烷
oxabolone 羟勃龙
oxaceprol 奥沙西罗
oxacid (=oxy-acid) 含氧酸
oxacillin 苯唑西林;苯唑青霉素
oxacyclohexane 氧杂环己烷
oxacyclopropane 环氧乙烷;氧杂环丙烷
oxadiargyl 炔内噁唑草
oxadiazon 恶草灵
oxadixyl 噁霜灵
oxalacetate 草乙酸盐(或酯);丁酮二酸盐(或 酯)
oxalacetic acid 草乙酸;丁酮二酸
oxalacetic carboxylase 草乙酸羧酶
oxalacetic ester 草乙酸酯(有时专指:草乙酸乙酯)
oxalaldehyde 乙二醛;草醛
oxalamide 草酰胺;乙二酰胺
oxalanilide *N*,*N*′-二苯基乙二酰胺
oxalate 草酸盐(或酯)
oxalate protective film 草酸盐保护膜
oxalate treatment 草酸盐处理
oxaldehyde (=glyoxal) 乙二醛;草醛
oxaldiureide dioxime 草酰二脲二肟
oxalene 草烯
oxalethyline 联乙胺脒
oxalic acid 草酸;乙二酸
oxalic acid anodizing 草酸阳极氧化
oxalic aldehyde 乙二醛;草醛
oxalic amide 草酰胺
oxalic dianilide *N*,*N*′-二苯基乙二酰胺
oxalic monoamide 草单酰胺
oxalic monoanilide 草单苯胺
oxalic monoureide 草脲酸
oxalimide 草酰亚胺
oxaliplatin 奥沙利铂
oxalium 草酸氢钾
oxalmethylin(e) *N*,*N*′-二甲基乙二酰胺;联甲胺脒
oxaloacetamide 草酰乙酰胺
oxaloacetate 草酰乙酸盐(或酯)
oxaloacetic acid 草酰乙酸;丁酮二酸
oxaloacetic carboxylase 草酰乙酸羧化酶
oxaloacetic decarboxylase 草酰乙酸脱羧酶
oxalodiacetic acid 草二乙酸;草酰 3,4-己二酮二酸
oxalopropionamide 草酰丙酰胺
oxalosuccinic acid 草酰琥珀酸
oxalosuccinic carboxylase 草酰琥珀酸羧化酶
oxaluramide 草尿酰胺;氨基草酰脲
oxaluria 草酸脲
oxaluric acid 草尿酸;脲基乙酮酸
oxaluric amide 草尿酰胺;脲基乙酮酸胺

oxalyl 草酰;乙二酰
oxalyl chloride 草酰氯;乙二酰氯
oxalyl ures 草酰脲
oxalysine 噁溶菌素
oxam 一氧化一氰
oxamate 草氨酸盐(或酯);氨羰基甲酸盐(或酯)
oxamethane 草氨酸乙酯
oxamic acid 草氨酸;氨羰基甲酸
oxamic hydrazide 草氨酰肼;氨基草酰胺;氨羰基甲酰肼
oxamide 草酰胺;乙二酰二胺
oxamidine 氨肟
oxamido- 草酰氨基;乙二酰氨基
oxaminic acid(=oxamic acid) 草氨酸;氨羰基甲酸
oxamoyl 草氨酰;氨基乙二酰
oxamycin 草霉素
oxamyl (=oxamoyl) 草氨酰;氨基乙二酰
oxane 噁烷;氧丙环;环氧乙烷
oxanilic acid(=phenyloxamic acid) 苯胺羰酸
oxanilide *N*,*N'*-草酰二苯胺
oxanthranol 10-羟基-9(10*H*)-蒽酚
oxanthrol 蒽酚酮
oxanthrone(=oxanthrol) 蒽酚酮
oxapicene 苉并吡喃
oxaprotiline 羟丙替林
oxathiane 氧硫杂环己烷
oxathiene 氧硫杂环己烯
oxathietane 噁噻烷;邻氧硫杂环丁烷
oxathiin 氧硫杂环己二烯
oxatollic acid 草陶酸;二苄基乙醇酸
oxatyl (=carboxyl) 羧基
oxazepam 奥沙西泮;氯羟氧二氮䓬
1,2-oxazetidine 1,2-氧氮杂环丁烷
oxazidione 奥沙二酮;吗苯茚二酮
oxazine 噁嗪
oxazine dye(s) 噁嗪染料
oxazinomycin 噁嗪霉素
oxazinone 噁嗪酮
oxazinyl 噁嗪基
oxazocilline 苯唑西林;苯唑青霉素
oxazolam 噁唑仑
oxazole 噁唑
oxazolidine 噁唑烷;1,3-氧氮杂环戊烷
oxazolidinedione 噁唑烷二酮
oxazolidinyl 噁唑烷基
oxazolidone 噁唑烷酮
oxazoline 噁唑啉
oxazolinyl 噁唑啉基
oxazolone 噁唑酮
oxazolyl 噁唑基
oxazones 噁嗪酮;羟噁嗪
ox bile extract 牛胆汁膏
oxcarbazepin 奥卡西平
oxdiazine 噁二嗪;一氧二氮杂苯
oxdiazole 噁二唑
oxeladin 奥昔拉定;咳乃定
oxendolone 奥生多龙;异乙诺酮;16-乙基诺酮
oxene (=oxirene) 环氧乙烯
oxenin 视黄宁
oxetane polymer 氧杂环丁烷聚合物
oxethazaine 奥昔卡因;羟乙卡因
oxethyl 乙氧基
oxetone 螺[4.4]二氧己烷
oxetorone 奥昔托隆
oxfendazole 奥芬达唑;磺唑氨酯
Oxford India paper 字典纸;圣经纸
oxhydrile ion 羟氧离子
oxibendazole 奥苯达唑
oxiconazole nitrate 硝酸奥昔康唑
oxicracking 氧化裂解
oxidability 可氧化性
oxidant 氧化剂
oxidase (=oxydase) 氧化酶
oxidation 氧化
oxidation base(s) 氧化染料
oxidation catalysis 氧化催化
oxidation catalyst 氧化催化剂
oxidation channel 氧化沟
oxidation column 氧化塔
oxidation coupling 氧化偶联(作用)
oxidation film 氧化膜
oxidation inhibitor 氧化抑制剂
oxidation number 氧化值;氧化数
oxidation polymerization 氧化聚合
oxidation pond effluent 氧化塘流出水
oxidation potential 氧化电位
oxidation promotor 氧化促进剂
oxidation-reduction 氧化还原(作用)
oxidation-reduction buffer 氧化-还原缓冲剂
oxidation-reduction catalysis 氧化-还原催化
oxidation-reduction electrode 氧化还原电极
oxidation-reduction indicating agent 氧化还原指示剂
oxidation-reduction indicator 氧化还原指示剂
oxidation-reduction potential 氧化还原电位

oxidation-reduction reaction 氧化还原反应
oxidation-reduction titration 氧化还原滴定法
oxidation resistant coatings 抗氧化涂层
oxidation state 氧化态
oxidation state of central ion 中心离子氧化态
oxidation test 氧化试验
oxidation tower 氧化塔
oxidation-type bactericide 氧化型杀菌剂
oxidative aging 氧(化性)老化
oxidative attack 氧化侵蚀
oxidative carbamylation 氧化氨甲酰化(作用)
oxidative catalyst 氧化催化剂
oxidative cationic polymerization 阳离子型氧化催化聚合
oxidative chlorination 氧氯化作用
oxidative coupling 氧化偶合(作用)
oxidative coupling polymerization 氧化偶联聚合
oxidative cracking 氧化裂化
oxidative cyclization 氧化环化(作用)
oxidative damage 氧化性损伤
oxidative deamination 氧化脱氨作用
oxidative deaminization 氧化脱氨
oxidative decarboxylation 氧化脱羧
oxidative degradation 氧化降解(作用)
oxidative fermentation 氧化发酵
oxidative fluorination 氧化氟化作用
oxidative nitration 氧化硝化作用
oxidative phosphorylation 氧化磷酸化(作用)
oxidative photodimerization 氧化光致二聚合作用
oxidative polymer 氧化性聚合物
oxidative polymerization 氧化聚合
oxide 氧化物
oxide-base cermet 氧化物基金属陶瓷
oxide catalyst 氧化物催化剂
oxide ceramics 氧化物陶瓷
oxide coating 氧化性涂料
oxide cracking catalyst 氧化裂化催化剂
oxide etch 氧化腐蚀
oxide film 氧化物保护膜
oxide-film tape 氧化膜磁带
oxide inclusion 氧化夹杂物
oxide of iron 氧化铁;铁丹
oxide semiconductor 氧化物半导体
oxide skin 氧化皮
oxides of nitrogen 氧化氮
oxide water 含氧化物水
oxidimethiin 氧化二甲双硫杂环已烷
oxidimetric titration 氧化滴定
oxidimetry 氧化测定(法);氧化(还原)滴定(法)
oxidizability 可氧化性
oxidized alkali-processed gelatin 氧化明胶
oxidized asphalt 氧化沥青
oxidized bitumen 氧化沥青
oxidized cellulose 氧化纤维素
oxidized paraffin (wax) 氧化石蜡
oxidized petroleum wax 氧化石蜡
oxidized rubber 氧化橡胶
oxidized starch 氧化淀粉
oxidizer 氧化剂
oxidizing agent 氧化剂
oxidizing column 氧化塔
oxidizing enzyme 氧化酶
oxidizing flame 氧化焰
oxidizing inhibitor 氧化型缓蚀剂
oxidizing kettle 氧化釜
oxidizing tower 氧化塔
oxidizing treatment for copper and its alloys 铜及其合金的氧化处理
oxidoreductase 氧化还原酶
oxidronic acid 奥昔膦酸
oximase 肟酶
oximate 肟盐
oximation 肟化(作用)
oximation reaction 肟化反应
oxime 肟
oxime rearrangement 肟重排
oximide 草酰亚胺
oximido (=hydroxyimino) 肟基
oximino- (=oximido-) 肟基;羟亚氨基
oximino acid 肟基酸
oximinoglutaric acid 肟基戊二酸
oximinoketone 肟(基)酮
oxinate 8-羟基喹啉盐
oxindole 羟吲哚;2-羟基吲哚
oxine (=8-hydroxyquinoline) 喔星;8-羟基喹啉
oxine copper 羟基喹啉铜
oxiniacic acid 氧烟酸
oxiracetam 奥拉西坦
oxirane 环氧乙烷
oxirane formation 环氧化作用
oxirene 环氧乙烯
oxitol (=cellosolve) 乙二醇单乙醚;2-乙氧基乙醇;溶纤剂
oxitropium bromide 氧托溴铵

oxo (1)氧代 (2)(在无机化合物中通常指)氧合
oxoacetic acid 乙醛酸
oxo acid 含氧酸
oxo alcohol 羰基合成醇
oxo bridge 氧桥
oxo-bridging 氧桥键合
oxocarbonium ion 氧碳鎓离子
oxo complex 氧基络合物
oxo-compound 羰基化合物
9-oxoferruginol 9-氧代铁锈酚
oxo group 桥氧基
oxoisomerase (= phosphohexoisomerase) 磷酸己糖异构酶
oxolamine 奥索拉明
oxolation 氧连作用;氧桥合(作用)
oxolation polymer 氧配位聚合物(金属连接在氧基上的聚合物)
oxolin 1,2,3,4-萘四酮
oxolinic acid 噁喹酸;奥索利酸
oxomalonic acid 二羟丙二酸
oxomemazine 奥索马嗪;二氧异丁嗪
oxometallate 金属氧酸盐
oxometallic acid 金属氧酸
oxomonocyanogen 一氧化一氰
oxonation (=oxo reaction) 羰化反应
oxonic acid 氧嗪酸;二氧均三嗪甲酸;1,4,5,6-四氢-4,6-二氧-1,3,5-三嗪-2-羧酸
oxonio 氧鎓(离子)
oxonium compound 氧鎓化合物;四价氧化合物
oxonium ion 氧鎓离子;钅羊离子;水合氢离子
oxonium salt 氧鎓盐;钅羊盐
oxophenarsine hydrochloride(=mapharsen) 盐酸氧芬胂;盐酸 3-氨基-4-羟苯基胂化氧;马法胂
oxophenic acid 邻苯二酚
oxophenylarsine 氧苯胂;亚砷酰苯
oxo process (=hydroformylation) 羰基合成;羰基化作用
oxoprolinase 羟脯氨酸酶
oxo-reaction 羰基合成;含氧化合物合成(含氧化合物合成反应)
oxo synthesis 羰基合成(法)
oxo-synthesis gas 羰基合成气
oxotomycin 氧玉米霉素
oxotremorine 氧化震颤素
oxozone 四原子氧
oxozonide 氧臭氧化合物
oxprenolol 氧烯洛尔;心得平
oxyacanthine 尖刺碱;甲基爵床碱
oxyacetone 羟丙酮
oxy-acetylene 氧-乙炔
oxyacetylene cutter 氧(乙)炔切割器
oxyacetylene cutting 氧(乙)炔切割;气割
oxy-acetylene flame 氧乙炔焰;氧炔焰
oxy-acetylene welding 气焊;氧-乙炔焊
oxyacetylene welding outfit 氧(乙)炔气焊机
oxy-acid (1)含氧酸 (2)羟基酸
oxyalkylatable 可烷氧化的
oxyalkylation 烷氧基化(作用)
oxyalkyl chain 烷氧基链
oxyalkylene 氧化烯烃
oxyamide 羟基酰胺
oxyamination 羟氨基化
oxyamine 羟基胺
oxyammonia 羟氨;氢氧化胺;胲
oxyanthracene 蒽酚
oxy-arc cutting 氧气电弧切割
oxyaspergillic acid 氧曲霉酸
oxyazide 羟叠氮化物
oxyazo- 羟偶氮
oxybenzene 羟苯;苯酚
oxybenzone 羟苯甲酮;紫外线吸收剂 UV-9;2-羟基-4-甲氧基二苯甲酮(防晒药)
oxybenzoxazole 羟苯并噁唑
oxyberyllium acetate 乙酸氧铍
oxybiosis 需氧生活(现象)
oxybiotic bacteria 嗜氧性微生物
oxybiotin 氧代生物素
oxybromide 溴氧化物
oxybutylene 氧化丁烯
oxybutynin chloride 盐酸奥昔布宁;盐酸羟丁宁
oxycarbide 碳氧化物
oxycarboxin(e) 氧化萎锈灵;萎锈散
oxycatalyst 氧化催化剂
oxycellulose 氧化纤维素
oxychalcogenide 氧硫族元素化物(氧硫、氧硒、氧碲化物)
oxychloride 氯氧化物
oxychlorination 氧氯化
oxychlorosene 奥昔氯生;氧氯苯磺酸
oxycholesterol 羟胆甾醇
oxycinchophen 羟辛可芬;羟苯喹酸
oxyclozanide 羟氯扎胺;羟氯水杨酰苯胺
oxycoal gas 氧煤气;灯用煤气;照明气
oxycodone 羟考酮;14-羟基二氢可待因酮
oxy-compound (1)氧基化合物 (2)羟基化合物

oxydase 氧化酶
oxydation 氧化(作用)
oxydative degradation 氧化降解(作用)
oxydehydrogenation 氧化脱氢
4,4′-oxydi-2-butanol 4,4′-氧双(2-丁醇);3,3′-二羟二丁醚
oxydic film 氧化膜
oxydiethanoic acid 氧联二乙酸
oxydiethylene 氧联二乙基
10,10′-oxydiphenoxarsine 10,10′-氧二吩噁砒
oxydone 氧化酮
oxydoreduction reaction 氧化还原反应
oxyethylated fatty amide 氧乙基(化)脂肪酰胺
oxyethylation 乙氧基化(作用)
oxyethyl chain 乙氧基链
oxyethylene group 氧(化)乙烯基
oxyethyl group 乙氧基
oxyfedrine 奥昔非君;麻黄苯丙酮
oxyfluorfen 乙氧氟草醚
oxyfluoride 氟氧化物
oxy-flux cutting 氧熔剂切割
oxyfuel 含氧燃料
oxygen 氧 O
oxygen acceptor 氧受体
oxygen acid(＝oxy-acid) 含氧酸
oxygen analyzer(s) 氧分析器
oxygen apparatus 氧气设备
oxygenase 加氧酶
oxygenated black 氧化炭黑
oxygenated oil 氧化油
oxygenated rubber 氧化橡胶
oxygenation 氧合作用
oxygenator 充氧器
oxygen balance 氧平衡
oxygen bleaching of pulp 纸浆氧气漂白
oxygen bomb 氧气瓶;氧弹
oxygen carrier 载氧体;氧载体
oxygen cathode 氧阴极
oxygen consumption rate 耗氧速率
oxygen content 含氧量
oxygen converter 氧气转炉
oxygen corrosion 氧腐蚀
oxygen cutter 氧气切割机
oxygen cutting 氧气切割
oxygen cycle 氧循环
oxygen cylinder 氧气瓶
oxygen-demanding pollution 需氧污染
oxygen depolarization control 氧去极化控制
oxygen depolarization corrosion 氧去极化腐蚀
oxygen difluoride 二氟化氧
oxygen electrode 氧电极
oxygen-enriched air 富氧空气
oxygen-enriched membrane 富氧膜
oxygen enrichment membrane 富氧膜
oxygen evaporator 液氧的气化器
oxygen exchange reaction 氧交换反应
oxygen family element(s) 氧族元素
oxygen generating plant 制氧车间
oxygen heterocyclic ring 含氧杂环
oxygenic phototrophs 放氧性光合生物
oxygen index 氧指数
oxygen installation 氧气厂
oxygen ion conductor 氧离子导体
oxygen isotope paleotemperature 氧同位素古温度
oxygen jet 氧气喷嘴
oxygen (jet) steelmaking 氧气炼钢
oxygen lance 氧气烧枪;氧气切割器[熔割器];氧气割刀
oxygen lancing 氧气切割
oxygen line 氧气供应管道
oxygen machining 氧气切割
oxygen-making plant 制氧车间;制氧装置
oxygen mask 氧气面具
oxygenolysis 氧化分解(作用)
oxygen pump 氧泵
oxygen-releasing compound 释氧化合物
oxygen saturation curve 氧饱和曲线
oxygen sensor(probe) 氧传感器(探头)
oxygen station 氧气站
oxygen superoxide 氧的过氧化物
oxygen supply 供氧
oxygen transfer 氧传递
oxygen transfer coefficient 传氧系数
oxygen transfer rate 传氧速率
oxygen uptake rate 摄氧速率
oxygen yield coefficient 氧收率系数
oxyhalide (＝oxyhalogenide) 卤氧化物
oxyhalide ion 卤氧(根)离子
oxyhalogen 卤氧
oxyhalogen-acid 卤氧酸
oxyhalogenation 卤氧(基)化
oxyhalogenide(＝oxyhalide) 卤氧化物
oxyhalogen ion 卤氧(根)离子
oxyhematoporphyrin 氧合血红蛋白色素
oxyhemocyanin 氧合血蓝蛋白
oxyhemoglobin 氧合血红蛋白
oxyhydrase 解水酶

oxyhydrazides 羟(某)酰肼
oxyhydrochlorination(OHCl) 氧氢氯化(作用)
oxy-hydrogen cutting 氢氧焰切割
oxy-hydrogen flame 氢氧焰
oxy-hydrogen welding 氢氧焊
oxyhydrohalogenation 氧氢卤化
oxyhydroquinone 1,2,4-苯三酚
oxyhydroxide 羟基氧化物
oxyindole 羟(基)吲哚
oxyiodide 氧碘化物
oxylactone 羟(某)内酯
oxylan 对苄(基)苯基甲酰胺
oxylepidine 联苯甲酰苯乙烯
oxyluciferin 氧化荧光素
oxyluminescence 氧化发光
oxymalonic acid 羟基丙二酸
oxymercuration 羟汞化
oxymesterone 羟甲睾酮
oxymetazoline 羟甲唑啉
oxymetholone 羟甲烯龙;康复龙
oxymethoxyallylbenzene 丁子香酚
oxymethurea 双羟甲脲
oxymethylene 甲醛
oxymorphine 脱氢吗啡
oxymorphone 羟吗啡酮;14-羟基二氢吗啡酮
oxymuriate 氯酸盐(或酯)
oxymuriatic acid 氯酸
oxyn 氧化干性油(干性油的双键加上了氧)
oxynaphthoic acid α-萘酚酸
oxynervonic acid 羟基神经酸
oxyneurine 甜菜碱
oxynicotinic acid 2-羟烟碱酸
oxynitration 羟硝化作用(同时加上羟基和硝基)
oxynitride 氧氮化物
oxynitrilase 醇腈(醛化)酶
oxynitriles 羟某腈
oxynitroso 亚硝酸基
oxypathy 酸中毒
oxypendyl 奥昔喷地;氮羟哌丙嗪
oxypertine 奥昔哌汀;氧苯哌吲哚
oxyphenazone 羟苯腙
oxyphenbutazone 羟布宗;羟基保泰松
oxyphencyclimine 羟苄利明
oxyphenisatin acetate 双醋酚丁;一轻松
oxyphenonium bromide 奥芬溴铵;安胃灵;溴化羟苯乙铵
oxyphenoxazone 羟苯腙
oxyphenyl 羟苯基
oxyphilic element 亲氧元素
oxyphor 羟樟脑
oxyphorase(=hemoglobin) 血红蛋白
oxyphthalic acid 羟苯二甲酸
oxypinocamphone 羟平酮;羟哌酮
oxypolygelatin 氧化聚明胶
oxypolymerization 氧化聚合
oxypressin 催产加压素
oxyproline 羟(基)脯氨酸
oxypropylation 丙氧基化作用
oxypropylene 氧化丙烯
oxypropyl group 丙氧基
oxypurinase 氧化嘌呤酶
oxypurine 羟基嘌呤
oxypyridine 羟吡啶
oxypyroracemic acid 羟基丙酮酸
oxyquinaseptol 羟喹邻酚磺酸
oxyquinazoline 羟喹唑啉
oxyquinoline 羟喹啉
oxyquinoline phthalyl sulfathiazole 克泻痢宁
oxyquinolinic acid 2-羟吡啶-5,6-二羧酸
oxysalt 含氧盐
oxy-starch 氧化淀粉
oxystearic acid 羟基硬脂酸
oxysuccinic acid 羟丁二酸;苹果酸
oxy-sulfonation 羟化磺化(作用)
oxytetracycline 土霉素;氧四环素;地霉素
oxythane 杀螨醚
oxythiamine 羟硫胺;羟基硫胺素
oxythiazole 羟噻唑
oxythioquinox 喹甲硫酯
oxy-Tobias acid 2-萘酚-1-磺酸
oxytocic hormone 催产素
oxytocin 催产素;缩宫素
oxytoluol 甲酚
oxytrisulfotungstate 三硫氧钨酸盐
oxytropic dehydrogenase 向氧脱氢酶
oxytropism 向氧性;趋氧性
oxyurushic acid 羟漆酸
oxy welding 乙炔焊
oyamycin 大谷霉素
ozagrel 奥扎格雷
ozobenzene 臭氧苯
ozocerite 地蜡
ozogen 过氧化氢
ozokerite(=ozocerite) 地蜡
ozonation 臭氧化(作用)
ozonation-membrane process 臭氧化膜过程

ozonator（＝ozonizer） 臭氧化发生器
ozone 臭氧
ozone attack 臭氧侵蚀
ozone cracking 臭氧龟裂
ozone cracking test 加速臭氧老化试验
ozone degradation 臭氧降解
ozone depletion 臭氧耗竭
ozone depletion potential 臭氧损耗潜势
ozone-resistant rubber 耐臭氧橡胶
ozone sphere 臭氧层
ozone weather meter[**tester**] 臭氧老化试验机
ozonide 臭氧化物
ozonization 臭氧化
ozonizer 臭氧化器;臭氧发生器
ozonolysis 臭氧分解
ozonometry 臭氧定量法
ozonoscope 臭氧检验器
ozonosphere 臭氧层
ozotertazone 连四嗪

P

p- 对位
PA 磷脂酸
PA-9 尼龙-9
PAA (1)(photon activation analysis)光子活化分析(2)(polyacrylamide)聚丙烯酰胺(3)(polyacrylic acid)聚丙烯酸
PABM(polyaminobismaleimide) 聚氨基双马来酰亚胺
PAB process 脉冲吸附床法
pacemaker electrode 起搏电极
pacemaker enzyme 定步酶
PAC fiber 聚丙烯腈纤维
Pachuca extractor 气升管搅拌浸取器;帕丘卡浸取器
pachyman 茯苓聚糖
pachymic acid 茯苓酸
pachymose 茯苓糖
pachyrhizid 豆薯苷
pacite 毒砂
packability (可)填充性
package (1)小型成套机组 (2)装箱
package boiler 快装锅炉
package build 卷装成形
packaged boiler 快[整]装锅炉
packaged design 成套设计
packaged plant(=packaged unit) 小型装置;可移动装置
packaged production 小批生产
packaged unit 小型装置;可移动装置
packaged vacuum unit 小型真空设备
packager 打包机;包装机
package tray 整装式塔盘
packaging bag 包装袋
packaging board 包装纸板
packaging can 包装罐
packaging carton 包装盒
packaging case 包装箱
packaging equipment 包装设备
packaging extract 包装提取物
packaging machine 包装机;打包机
packaging material 包装材料
packaging PSAT 包装用压敏胶粘带
packaging twine 塑料捆扎绳
packaging unit 包装工厂[设备]
packed absorber 填充式吸收器
packed absorption column[**tower**] 填充式吸收塔;填料吸收塔
packed bed 填充床;填料床;致密层;人造油层
packed bed electrode 填充床电极
packed bed filter 填充层过滤器;滤清器
packed bed reactor 填充床反应器
packed bed scrubber 填料床洗涤器;填充床洗涤器;填充床涤气器
packed capillary column 填充毛细管柱
packed cell 积层电池;组式电池
packed column (1)填充柱 (2)填料塔;填充塔
packed column reactors 填充柱反应器
packed density 填充密度
packed distillation column(=packed column) 填充塔;填充蒸馏塔
packed dryer 充填式干燥机
packed extraction tower[**column**] 填充式萃取塔
packed extractor 填充提[萃]取塔
packed fluid 封隔液
packed fluidized bed 填料流化床
packed gland 填料函
packed-gland joint 填料压紧连接
packed layer[**bed**] 填充层
packed photographic emulsion 包囊乳剂
packed reaction column 填充反应柱
packed reaction tower 填充反应塔
packed single 单件包装
packed slip joint 填函连接
packed space 填充容积
packed spray tower 填充喷淋塔
packed tower (1)填充塔 (2)填料塔
packed tube 填充管
packer 包装机;打包机
packer conveyor 包装机输送器
packer screen 平筛;平板筛浆机
pack-heating furnace 叠板加热炉
packing (1)填充物;填料(2)填充;装(色谱)柱(3)垫革(4)紧束;敛集(5)堆积(6)叠层填料密封
packing box 填料函;填料盒
packing case 填料函
packing characteristics 填料[充填]特性

packing chromatography 填充色谱(法)
packing compressor 填料压缩器
packing conveyor belt 包装输送带
packing extractor 填料取出器
packing factor 填料因子
packing fiber 填充纤维
packing flange 填料压盖
packing fraction 充填率
packing groove 填料槽
packing hook 填料钩
packing house by-product 肉类加工厂副产物
packing housing 填料盒
packing layer 填料层
packing leather 密封革
packing list 装箱单;装箱明细表
packing machine 包装机;打包机
packing material 包装材料
packing method 包装方法
packing number 件号
packing paper 包装纸
packing press (1)填料压机(2)包装机;打包机
packing relaxation 填料松弛
packing restrainer 填料压板
packing ring 密封圈;填料环
packing seal 填料密封
packing specification 装箱单;装箱明细表
packing tower 填料塔
packing vessel 内装填料的容器
packing void fraction 填料(层)空隙度
packing washer 密封垫圈
packless (1)未包装的(2)无填充的;无填料的
packless pump 无填料泵
packless valve 无填料阀
pack screen (活)钢丝滤板
paclitaxel 帕利他西;紫杉酚
paclobutrazol 多效唑
pact 合同
pactamycin 密旋霉素
padan 杀螟丹
padding 垫料
paddle 平桨;划槽
paddle agitator 浆式搅拌器
paddle conveyor 桨式输送器
paddle impeller aerator 泵型叶轮曝气器
paddle mixer 桨式混合机
paddle pug mill 桨叶式搅拌机
paddle pump 桨式泵
paddle stirrer 桨叶搅拌器;桨叶式混合机
paddle type agitator 桨式搅拌器
paddle type stirrer 桨式搅拌器
paddle wheel 叶轮
paddle-wheel fan 离心式鼓风机;叶轮式通风机
paddling 搅拌
pad dyeing 轧染
pad fluid 前置液
pad oiler 填料加油器
pad plate 垫板
padutin 血管舒缓素
pad welding 垫块焊接
PAEK(polyaryletherketone) 聚芳醚酮
p(a)eonol 芍药酮;2-羟-4-甲氧基苯乙酮
paeonoside 芍药糖苷;丹皮苷
PAE(polyamide-epichlorohydrin resin) 聚酰胺-环氧氯丙烷树脂
PAFC 磷酸电解质燃料电池
PA-1010 fibre 尼龙-1010 纤维
PA-12 fibre 尼龙-12 纤维
PAGE(polyacrylamide gel electrophoresis) 聚丙烯酰胺凝胶电泳
pahmi skin 猸子皮
PAI(polyamide-imide) 聚酰胺-酰亚胺
paint 油漆
paint coating 涂漆
paint dispersor 调漆机
painter's naphtha 白节油(溶剂,漆用石脑油)
paint film 涂膜
paint grinder 涂料研磨机
painting 涂漆
painting process 磁浆制备
paint mixer 涂料混合器
paint naphtha 调漆油;油漆溶剂油
paint oil 调漆油
paint primer 底层油漆
paint remover 脱漆剂
paint removing 脱漆
paint spraying 喷漆
paint stain 色花
paint stripper 脱漆剂;刮漆铲
paint stripper K 脱漆剂 K
paint thinner 涂料稀释剂;稀料
paipunine 百部碱
pair case 双重外壳
pair creation 电子偶的产生
pair distribution function 对分布函数

paired comparison 成对比较
paired electrons 成对电子
paired ion chromatography 离子对色谱法
paired organic electro-synthesis 成对有机电合成
pair glass 双层中空玻璃
pairing energy 成对能
pair peaks 成对峰
pair production 电子偶的产生
pale 淡色的;浅色的
pale crepe 白皱片
paleobiochemistry 古生物化学
palindrome 回文对称;旋转对称
palisade 栅栏
palitantin 徘徊青霉素
palladic (1)(正)钯的;四价钯的 (2)钯制的 (3)含钯的
palladic oxide 二氧化钯
palladic sulfide 二硫化钯
palladious 亚钯的
palladium 钯 Pd
palladium catalyst(s) 钯催化剂
palladium chloride (二)氯化钯
palladium diacetate 二乙酸钯
palladium (electro)plating 电镀钯
palladium-gold paste 钯-金浆料
palladium hydride 一氢化二钯
palladium nitrate 硝酸钯
palladium oxide (一)氧化钯
palladium plating 电镀钯
palladium-silver resistance paste 钯-银电阻浆料
palladous chloride (二)氯化钯
palladous compound 亚钯化合物
palladous hydroxide 氢氧化亚钯;二羟化钯
palladous sulfate 硫酸亚钯
pallamine 胶态钯
pallesthesia 振动觉
pallethrin 丙烯菊酯
palletizer 码垛机
Pall ring 鲍尔环
palmarosa oil 玫瑰草油;东印度香叶油
palmatine 巴马亭;非洲防己碱
palm butter 棕榈油
palm grease(＝palm butter) 棕榈油
palmic acid 棕榈酸;十六(烷)酸;软脂酸
palmidrol 棕榈羟乙酰胺;*N*-羟乙基棕榈酰胺
palmin 纯可可脂
palmital 棕榈醛;软脂醛
palmitaldehyde 棕榈醛;软脂醛
palmital-serine aldol decarboxylase 棕榈醛-丝氨酸醛醇脱羧酶
palmitamide(＝palmitic amide) 棕榈酸酰胺;十六(烷)酰胺
palmitate 十六(烷)酸盐(酯或根);棕榈酸盐(酯或根)
palmitic acid 棕榈酸;软脂酸;十六(烷)酸
palmitin 棕榈酸甘油酯;软脂精
palmitinic acid(＝palmitic acid) 棕榈酸;十六(烷)酸
palmitodistearin 甘油二硬脂酸一棕榈酸酯
palmitoleic acid 棕榈油酸;鳖酸;顺-9-十六(碳)烯酸
palmitoleostearin 棕榈油(酰)硬脂(酰)甘油酯
palmitoleoyl- 棕榈油酰(基)
palmitolic acid 棕榈炔酸;7-十六(碳)炔酸
palmitone 棕榈酮;16-三十一(烷)酮;对称三十一酮
palmitonitrile 棕榈腈;十六(烷)腈
palmitoyl 棕榈酰;十六(烷)酰
palmitoyl chloride 棕榈酰氯
palmityl (1)棕榈基;十六(烷)基 (2)棕榈酰;十六(烷)酰
palmityl alcohol 棕榈醇;鲸蜡醇
palmitylamine 十六胺
palmityl chloride 棕榈酰氯
palm kernel oil 棕榈仁油
palm nut oil 棕榈仁油
palm oil 棕榈油
palm pulp oil(＝palm oil) 棕榈油
palouser 尘暴
palustric acid 长叶松酸
palustrol 喇叭茶(薁)醇
palytoxin 沙海葵毒素
pamabrom 帕马溴;氨丁醇溴茶碱
pamaquine 帕马喹;扑疟喹;扑疟母星
pamidronic acid 帕米膦酸
pamoic acid 扑酸;双羟萘酸
pamorusa oil(＝palmarosa oil) 玫瑰草油;东印度香叶油
PAN (1)(polyacrylonitrile)聚丙烯腈(2)[1-(2-pyridylazo)-2-naphthol]1-(2-吡啶基偶氮)-2-萘酚
pan 底盘
PAn 聚苯胺
panacon 人参酮;人参二醇-3-葡糖苷

panadin 百乃定
panaquilon 人参奎酮
panaxcoside 人参糖苷
panax(＝ginseng) 人参
panaxsapogenol 人参皂草精醇
pan bench 蒸发盘组
pan bottom soap 锅底皂
pan burner 盘炉
pancake engine 卧式发动机;水平对置式发动机;紧凑发动机
pancake tank 薄饼式储(油)罐
panchromatic film 全色胶片
pancock coil 旋管;蛇管;盘管
pancreas 胰
pancreatic amylase 胰淀粉酶
pancreatic enzyme 胰酶
pancreatic kallikrein 胰激肽释放酶
pancreatic lipase 胰脂肪酶
pancreatic polypeptide 胰多肽
pancreatin 胰酶制剂
pancrelipase 胰脂肪酶
pancreokinin 胰激肽
pancreozymin 肠促酶素肽;缩胆囊肽
pan cure 盘蒸
pancuronium bromide 泮库溴铵;溴化双哌雄双酯;巴夫龙
panel cooler 平板冷却器;板式冷却器
panel method 板块法
panel tracer 面板式蛇管
Paneth and Hevesy method 帕内特-海韦西法
Paneth-Fajans-Hahn adsorption rule 潘-法-罕吸附规律
PAN fiber 聚丙烯腈纤维
pangamic acid 泮加酸
pangamic acid(＝vitamin B_{15}) 潘氨酸;维生素 B_{15}
pan granulation 盘式固化;盘式造粒机
pan granulator 盘式造粒机
pan grinder 盘磨
pan-head rivet 圆头铆钉
panipenem 帕尼培南
pankrin 蛋白酶
pan mill 盘磨机;碾磨盘;碾盘式碾磨机;轮碾机
pan mixer 锅式混合机
panmycin (＝tetracycline) 四环素
pannic acid 绵马酸
pannol 绵马素
pannonit 硝铵-硝酸甘油-食盐炸药
panogen 双氰胺甲汞
panose 潘糖;4-α-葡糖基麦芽糖
pan process 直接蒸汽(再生)法;油(再生)法
pan roof tank 盘型浮顶储(油)罐
pans 中间罐;接受罐
pan sweating (of wax) 皿式发汗
pansy 三色堇
pantetheine 泛酰巯基乙胺;泛酰胺乙硫醇
pantethine 泛硫乙胺
pantile 波形瓦
pantocrine 鹿茸精
pantogen 元素原
pantoic acid 泛解酸
pantolactone 泛内酯
pantonine 泛氨酸;α-氨基-β,β-二甲基-γ-羟基丁酸
pantopon 阿片总碱;阿片全碱
pantoprazole 泮托拉唑
pantothenate 泛酸盐(或酯)
pantothenic acid 泛酸;遍多酸;本多生酸
pantothenyl alcohol 泛醇;本多生醇
pantothenylcysteine 泛酰半胱氨酸
pantoyl 泛酰
pantoyltaurine 泛磺酸
pan-type pelletizer 盘式造粒机
papain 木瓜蛋白酶
PAPA(polyazelaic polyanhydride) 聚壬二酸聚酐(环氧树脂固化剂)
papaveraldine 罂粟啶
papaveramine 罂粟胺
papaveretum 阿片全碱
papaveric acid 罂粟酸;2-(3,4-二甲氧苯甲酰)吡啶-3,4-二羧酸
papaverine 罂粟碱
papaverine hydrochloride 盐酸罂粟碱
papaverine nitrite 亚硝酸罂粟碱
papaverinol 罂粟醇
papaveroline 罂粟林
papaya 番瓜;番木瓜
paper 纸
paper-base 纸基
paper-based laminates 碎纸塑料
paper blotter press 框式压滤机
paper board 纸板
paper chromatography 纸色谱法
paper cup 纸杯
paper cutter 切纸机
paper disc 纸盘

paper-disk chromatography （多层）圆纸色谱（法）
paper electrophoresis 纸电泳
paper filler 造纸填料
paper filter 纸滤器；纸过滤器
paper for fisheries 渔用纸
paper industry 造纸工业
paper ionophoresis 纸上电泳
paper machine 造纸机
papermaker's felt 造纸毛布
papermaking 抄纸
papermaking rubber roller 造纸胶辊
paper mill black liquor 纸浆黑液
paper partition chromatography 纸分配色谱（法）
paper pulp 纸浆
paper size(s) 纸张尺寸
paper strip chromatography 条纸色谱（法）
PA （1）（phthalic anhydride）邻苯二甲酸酐；苯酐（2）（polyacetal）聚缩醛（3）（polyacrylate）聚丙烯酸酯（4）（polyamide）聚酰胺
papillary layer （真皮）乳头层
paprica extract 辣椒油树脂
paprika oleoresin 辣椒油树脂
papuamine 巴布亚胺
PAR［4-（2-pyridylazo）resorcinol］ 4-（2-吡啶基偶氮）间苯二酚
para-acid （1）仲酸（2）对位酸
parabanic acid 仲班酸；乙二酰脲
parabocone 抛物型锥体
parabolic oxidation 抛物线氧化
paraboloidal mirror 抛物面镜
paracasein 衍酪蛋白；副酪蛋白
paracetamol 对乙酰氨基酚；扑热息痛
parachloromercuribenzene sulfonate（PCMBS） 对氯汞苯磺酸
parachloromercuribenzoate（PCMB） 对氯汞苯甲酸
parachor 等张比容
parachor equivalent 原子等张比容
parachute fabric 降落伞绸
paraconic acid 仲康酸；5-氧代-3-四氢呋喃酸
paracresol 对甲酚
paracrystal 次晶
paracyanogen 仲氰；多聚氰
paracyclophanes 对位环芳
para-diazine（＝pyrazine） 对二嗪；吡嗪；1,4-二氮杂苯
paradichlorobenzene 对二氯苯
para-diethylsuccinic acid 内消旋二乙基丁二酸
para-dihydroxybehenic acid 聚二羟基山萮酸
para-dihydroxystearic acid 聚二羟基硬脂酸
paradimethylaminobenzaldehyde 对二甲氨基苯甲醛
paradioxybenzene 对苯二酚
paradox 佯谬
para-dye 偶合染料
paraelectric phase 顺电相
para-ester 对位酯
paraffin （1）石蜡；硬石蜡（2）链烷（属）烃
paraffinaceous petroleum 石蜡基石油
paraffin acid 石蜡酸
paraffin aldehyde 石蜡醛
paraffin base crude（oil,petroleum） 石蜡基原油
paraffin-base oil 石蜡基石油
paraffin-base petroleum 石蜡基石油
paraffin cleaner 清蜡器
paraffin distillate 石蜡馏分
paraffin gas 烷烃气体；石蜡气体
paraffinic acid 链烷酸；石蜡族酸
paraffinic crude 石蜡基原油
paraffinic hydrocarbons 链烷烃；烷属烃
paraffinicity 石蜡性；链烷烃含量；石蜡含量
paraffin jelly （药用）蜡膏；凡士林
paraffin oil 石蜡油
paraffin remover 清蜡剂
paraffin-rich 含大量石蜡的；富含石蜡的；富烷烃的
paraffins 烷属烃
paraffin soap 石蜡皂
paraffin sweating 石蜡的发汗作用
paraffinum durum 硬石蜡
paraffinum liquidum 矿脂；凡士林油
paraffinum molle 矿脂；凡士林
paraffin wax 石蜡
paraflow 巴拉弗洛
parafluron 对氟隆
paraflutizide 对氟噻嗪
paraform 聚甲醛
paraformaldehyde 低聚甲醛；多聚甲醛
parafuchsin 副品红
paragenetic mineral 共生矿物
paraglobulin 副球蛋白
parahelium 仲氦

paraherquamide 副梅花状青霉酰胺
parahiston 副组蛋白
parahydrogen 仲氢;反向核自旋氢(分子)
para-isomer 对位异构体
paralactic acid 副乳酸
paralbumin 副清蛋白;拟清蛋白
paraldehyde 仲乙醛;三聚乙醛;副醛(药名)
paraldol 仲醛醇;二聚 3-羟丁醛;二聚间羟丁醛
parallax 视差
parallax error 视差
parallel axis theorem 平行轴定理
parallel band 平行谱带
parallel beam 平行光束
parallel-chain crystal 平行链晶体
parallel condenser compensation device 并联电容补偿装置
parallel connection 并联
parallel-current drier 并流干燥器
parallel deactivation 平行失活
parallel determination 平行测定
parallel displacement of curve 曲线平移
parallel face 平行密封面
parallel feed 平行进料
parallel-flow 并流;同向流;平行流
parallel-flow basin 平行流水池
parallel-flow drier 并流干燥器
parallel-flow eddy 平行流涡流[旋涡]
parallel-flow evaporator 并流蒸发器
parallel-flow extraction 并流萃取
parallel-flow superheater 并流式过热器
parallel-flow type spray dryer 并流式喷雾干燥器
parallel-jaw vice 平行式台虎钳
parallelogram rule 平行四边形定则
parallel pin 等径销
parallel plate interceptor(PPI) 平行板式隔油池[拦截器]
parallel processing 并行处理
parallel reaction 平行反应
parallel resonance 并联共振
parallel row 并联排列
parallel seating 平行座
param 氰胍
paramagnet 顺磁体
paramagnetic bodies 顺磁体
paramagnetic compound 顺磁化合物
paramagnetic Curie point 顺磁居里温度
paramagnetic effect 顺磁效应
paramagnetic materials 顺磁性材料
paramagnetic resonance 顺磁共振
paramagnetic ring current 顺磁环电流
paramagnetic shielding 顺磁屏蔽
paramagnetic shielding of nucleus 核顺磁屏蔽
paramagnetic shift 顺磁位移
paramagnetic shift reagent 顺磁性位移试剂
paramagnetic substance 顺磁物质
paramagnetic susceptibility 顺磁磁化率
paramagnetism 顺磁性
para-mandelic acid 仲扁桃酸;苯乙醇酸
Paramecium 草履虫属
parameter 参量;参数
χ-parameter χ参数
parameter estimation 参数估值
parameter of population 总体参数
parameter test 参数检验
paramethadione 甲乙双酮;对甲双酮
paramethasone 帕拉米松;对氟米松
parametric model 参数模型
parametric oscillator 参量振荡器
parametric pumping 参数泵(利用参数法分离)
parametric pump separation 参数泵分离
paramide 蜜亚胺
paramisan sodium 氨基水杨酸钠
paramucic acid 仲黏酸
paramylon 裸藻淀粉
paramylum 裸藻淀粉
paramyosin 副肌球蛋白
paranaphthalene 蒽
paranem 反向双螺旋
paranemic spiral 反向双螺旋
paranephrine 肾上腺素
paranuclein 拟核蛋白
paranyline 瑞尼托林;胍苯叉芴
paraoxon 对硝苯磷酯
parapectic acid 果胶糖酸
parapeptone 肌纤维蛋白
para-periodic acid 仲高碘酸;一缩原高碘酸
paraplegin 截瘫蛋白
para position 对位
paraprotein 副蛋白;病变蛋白
paraquat 对草快;百草枯
para-quinoid structure 对醌结构
paraquinonedioxime 对醌二肟
pararosaniline 副品红

pararosolic acid(＝rosolic acid) 玫红酸
parartrose 麦脲
parasaccharinic acid 仲糖精酸
parasexual cycle 准性循环
parasexual reproduction 准性循环
parasitic ferromagnetism 寄生铁磁性(反铁磁体的弱铁磁性)
parasiticin 芐青霉素
parasitism 寄生
parasorbic acid 仲山梨酸;花楸酸
1-parasulfophenyl-3-methyl-5-pyrrazolone 1-对磺酸苯基-3-甲基-5-吡唑啉酮
parataxis 互补性
para-terphenyl 对三联苯
parathene 烷基化环烷烃
parathesin 对氨基苯甲酸乙酯
parathiazine 对噻嗪;1,4-噻嗪;1,4-硫氮杂苯;帕拉噻嗪
parathion 对硫磷;硝苯硫磷酯;E-605;1605
parathion-methyl 甲基对硫磷
parathion methyl-trichlorphon powder 甲基对硫磷-敌百虫粉剂
parathromone 甲状旁腺激素
parathyrin 甲状旁腺素
parathyroid hormone 甲状旁腺素
paratose 帕雷糖
para-tungstic acid 仲钨酸
paraxial approximation 傍轴近似
paraxial condition 傍轴条件
paraxial region 傍轴区
paraxin(＝chloramphenicol) 氯霉素
paraxylene 对二甲苯
parazon 对羟基联(二)苯
parbendazole 帕苯达唑;丁苯咪酯
parchment membrane 羊皮膜
parchment (paper) 羊皮纸
pareira 帕雷亦拉
parellel processing 平行加工
parenamine 帕雷胺
parent chain 主链;母链
parent gelatin 母明胶
parent ion 母离子
parent metal 基层金属
parent nuclide 母体核素
parethoxycaine 对乙氧卡因;对乙氧基苯甲酸二乙氨乙酯
Pareto diagram 主次因素排列图
pargyline 帕吉林;优降宁;优降灵;*N*-甲-*N*-炔丙基苄胺
parhelium 仲氦
parietic acid 大黄酸
parillic acid(＝parillin) 副菝葜酸
parinaric acid 十八碳四烯酸
paring disc 弧形油盘
paring disc pump 向心泵
Paris green 巴黎绿
Parisier-Parr-Pople method PPP 法
parison mould 玻璃瓶模
Paris violent(＝methyl violet) 甲基紫
parity 宇称
parity conservation 宇称守恒
parity conservation law 宇称守恒定律
parity operator 宇称算符
parkerizing 磷化处理
Parker's cement 天然水泥
parking space 停车场
paromomycin 巴龙霉素
paronite 石棉橡胶板
parotin 腮腺素;唾液腺素
paroxazine 对嗯嗪;1,4-氧氮(杂)苯
paroxazone 帕拉沙酮
paroxetine 帕罗西汀
paroxypropione 对羟苯丙酮;对丙酰基苯酚
PAR(polyarylate resin) 聚芳酯树脂
parrallel slide (gate) valve 并联滑(动)阀
parsalmide 帕沙米特
parsley camphor 欧芹樟脑;芹菜脑
parsley oil 欧芹油
parsley seed 欧芹籽
parsonsite 斜磷铅铀矿
part 部分;部件;配件;零件
part cure 半硫化;定型硫化;部分硫化
parthenin 银胶菊碱
parthenolide 小白菊内酯
partial bond fixation 键(的)部分固定化
partial condensation 部分冷凝;分凝
partial coherence 部分相干性
partial condenser 分凝器;部分冷凝器
partial correlation coefficient 偏相关系数
partial cure 部分固化
partial desulfurization 部分脱硫(法)
partial distillation 部分蒸馏;局部蒸馏
partial draining 局部穿流
partial ester 偏酯
partial fatty-acid ester of polyol 多元醇部分脂肪酸酯
partial glyceride 偏甘油酯
partial hardening 局部淬火

partial heat of dilution 稀释微分热
partial heat of solution 溶解微分热
partial heat of swelling 溶胀微分热
partial hydrolystate 部分水解物
partial journal bearing 半围轴承
partial loss 局部损失
partially eclipsed conformation 部分重叠构象
partial miscibility 部分互溶;有限混溶性
partial molal entropy 偏摩尔熵
partial molal quantities 偏摩尔量
partial molal volume 偏摩尔体积
partial molar enthalpy 偏摩尔焓
partial molar free energy 偏摩尔自由能
partial molar quantity 偏摩尔量
partial molar volume 偏摩尔体积
partial oxidation cracking 部分氧化裂化[解]
partial polarization 部分偏振
partial potential temperature 分位温
partial pressure 分压(力);局部压力
partial pressure analysis 分压强分析
partial pressure evaporation (process) 分压蒸发法
partial pump 部分流泵
partial quenching 局部淬火
partial rate factor 分速度系数
partial regression coefficient 偏回归系数
partial shipment 分批装运
partial spent 部分报废;局部消耗
partial synthesis 部分合成;半合成
partial volume 分容积;分体积
partial vulcanization 部分硫化
particle (1)粒子;颗粒(2)质点
α-particle α粒子
particle collector 颗粒收集器
particle concentrate 粒子富集
particle density 颗粒密度
particle diameter 粒径
particle diameter distribution 径分布粒
particle eletrophoresis 粒子电泳
particle energy 质点能量;粒子能
particle fluence 粒子流量密度;颗粒流注量
particle formation 粒子形成
particle fountain 颗粒喷泉
particle number density 平均密度
particle orientation 粒子取向
particle-prepared-in situ method(PPS) 原位造粒成膜法
particle production 粒子产生
particle radiation 粒子辐射
particle scattering factor 粒子散射因子
particle scattering function 粒子散射函数
particle separator 颗粒分离器
particle shape 颗粒形状
particle size 粒径
particle size analysis 粒度[径]分析
particle size determination 粒度测定;粒度分析
particle size distribution(PSD) 粒度分布
particle size effect 粒度效应;颗粒大小效应
particle swarm 颗粒群
particle track 粒子径迹
particle trajectory 粒子轨迹
particulate composite 颗粒复合材料
particulate filler 颗粒填料;粒状填充料
particulate fluidization 散式流态化
particulately fluidized bed 散式流化床
particulately-fluidized phase 流化颗粒相
particulate pollutant 粒状污染物
particulate removal 除尘;除微粒
particulate technology 颗粒工程
particuology 颗粒学
parting agent 脱模剂;隔离剂
parting compound 脱模剂;隔离剂
parting line 分界[型]线
parting tool 割断工具
partition chromatography 分配色谱法
partition coefficient 分配系数
partition fluidized bed 隔板流化床
partition function 配分函数
partitioning 分隔
partition law 分配定律
partly buried support 半埋式支座
part number(P/N) 部件号
partography (=paper partition chromatography) 纸分配色谱(法)
partricin 帕曲星;抑念珠菌素
parts catalog 备件目录
parts common 通用零[备]件
part sectioned view 局部剖视图
parts list 零件目录表
parts memo 零件备忘录
parts requisition and order request 零件订购与订货申请
parts stock 备件仓库
parvaquone 帕伐醌
parvoline 二乙基吡啶
parylene N 聚对二甲苯

parylene 聚对苯二甲基
PAS(photoacoustic spectrometry) 光声(光)谱法
pascal 帕斯卡
Pascalian fluid(＝inviscid fluid) 帕斯卡流体;非黏性流体
Pascal law 帕斯卡定律
Paschen-Back effect 帕邢-巴克效应
Paschen series 帕邢系
pascoite 橙矾钙石
pasiniazide 帕司烟肼;对氨水杨酸异烟肼
pasomycin 步霉素
paspertin 甲氧氯普安;胃复安
passage 通道
passage for product 成品流道
passages 出入口
passenger bus 大客车
passer 成品检查员
Passerini reaction 帕瑟里尼反应
passette 泡罩
passiflora 西番莲
passivating agent 钝化剂
passivating inhibitor 钝化型缓蚀剂
passivating process 钝化工艺
passivation 钝化;钝化处理
passivation layer 钝化层
passivation potential 钝化电势
passivation solution 钝化液
passivation theory 钝化理论
passivator (1)减活剂(2)钝化剂
passive action 钝化作用
passive area 钝化区
passive carrier 被动带菌者
passive diffusion 被动扩散
passive film 钝化膜
passive neutron assay 无源中子分析
passive phenomenon 钝化现象
passive pollutant 潜在性污染物
passive state 钝态
passive transport 被动扩散
passivity 钝态
passivity of metal 金属钝态
pass partition(plate) 分程隔板
pass sequence 焊道顺序
past 过去
paste 糊剂
paste adhesive 膏糊状胶黏剂
paste detergent 浆状洗涤剂
pasted plate 涂膏式极板
paste drying 贴板干燥
paste dye(s) 浆状染料
paste extruder 糊料挤出机
paste extrusion 推压成型法
paste form of dye(s) 浆状染料
paste mill 磨浆机
paste mixer 调浆机;拌浆机;和膏机
paste molding 糊塑
paste of lead 铅膏
paste paint 厚漆
paste PVC resin 糊用聚氯乙烯树脂
paste shampoo 洗发膏
Pasteur effect 巴斯德效应
Pasteur flask 巴斯德培养(烧)瓶
pasteurization 巴氏消毒(法)
pasteurized beer 熟啤酒
Pasteur reaction 巴斯德发酵作用
pastille 锭剂
pastillization 制锭
pasting of starch 淀粉的糊化
patch buffing machine 衬垫磨毛机
patch cementing machine 衬垫贴胶机
patch clamping technique 膜片箝术
patch cutting machine 衬垫裁剪机
patching rubber 补胎胶
patching rubber material 修补胶料
patch of carbon 局部积炭
patchouli alcohol 广藿香醇;绿叶醇
patch skiving machine 衬垫片割机
patch thermocouple 接触热电偶
patent 专利(的);专利权[件,品];专利技术
patent leather 漆革
patent medicine 成药;秘方药;专卖药;专利药品
Patent Office 专利局
patent specification 专利说明书
patent technology 专利技术
patent use right 专利使用权
path 路程;路径;途径
pathfinder 维修指南
path line 迹线
pathogen 病原体
pathogenic RNA 类病毒
path tracing 路径追踪
pathway engineering 途径工程
Patio process 混汞法
patrix (1)母料(2)阴模
PATR(polyaminotriazole resin) 聚氨基三唑树脂
pattern coating 花样涂布

pattern design 模型设计
pattern draw 脱模
patternmaking 制模
pattern plan 模型设计
pattern recognition 模式识别
pattern search 模式搜索
Patterson function 帕特森函数
Patterson search technique 帕特森寻峰法
patulin 展开青霉素;棒曲霉素
patulin clavacin 展青霉素
Pauli equation 泡利方程
Pauli exclusion principle 泡利不相容原理
Pauli matrix 泡利矩阵
Pauling electronegativity scale 鲍林电负性标度
pave 铺设
paver 铺地砖
Pavlov's mixture 巴甫洛夫氏合剂
pavoninin-5 豹鳎(驱鲨)素-5
pay 工资
payback period 投资回收期
payload 负荷量
pazinaclone 帕秦克隆
pazufloxacin 帕氟沙星
PB (1)(polybutadiene)聚丁二烯(2)[poly(1-butene)] 聚1-丁烯
PBAN(polybutadiene-acrylonitrile) 聚丁二烯-丙烯腈
PBI(polybenzimidazole) 聚苯并咪唑
PBI fibre 聚苯并咪唑纤维
p-block element p区元素
PBMA(poly-*n*-butylmethacrylate) 聚甲基丙烯酸正丁酯
PBMI(polybismaleimide) 聚双马来酰亚胺
PBN(polybutylene naphthalate) 聚萘二甲酸丁二酯
P-branch P分支;负分支
PBS(polybutadiene-styrene) 聚丁二烯-苯乙烯
PBT(1)(polybenzothiazole) 聚苯并噻唑(2)(polybutylene terephthalate)聚对苯二甲酸丁二酯
PC (1)(phosphatidylcholine)磷脂酰胆碱(2)(paper chromatography)纸色谱法(3)(polycarbonate)聚碳酸酯
PCB(polychlorobiphenyl) 多氯联苯
PCBA 稻瘟醇
PCF(pitch-based carbon fiber) 沥青基碳纤维
PCR (1)聚合链式反应(2)(polymerase chain reaction)聚合酶链反应
PCs 青霉素类抗生素
PCTFE dispersion 聚三氟氯乙烯悬浮液
PCVD(plasma chemical vapor deposition) 等离子化学气相沉积
PDAP(polydiallylphthalate) 聚邻苯二甲酸二烯丙酯
$PdCl_2$-$CuCl_2$ catalyst $PdCl_2$-$CuCl_2$ 催化剂
PDCPD(polydicyclopentadiene) 聚双环戊二烯
PDS desulfurization process 酞菁钴磺酸盐法脱硫
PE (1)(pentaerythritol)季戊四醇(2)(polyethylene)聚乙烯(3)(phosphatidyl ethanolamine)磷脂酰乙醇胺
peach aldehyde 桃醛;γ-十一烷酸内酯
peach oil 桃仁油
peak (1)峰(2)峰值;最大值
peak absorption method 峰值吸收法
peak area 峰面积
peak area method 峰面积定量法
peak asymmetry 峰的不对称性
peak base 峰底
peak current 峰值电流
peak demand 最高要求
peak distortion 峰畸变
peak flow rate 最高流速
peak form 峰形
peak height 峰高
peak kilovolt 峰值电压(千伏)
peak load 峰值负荷
peak matching method 峰匹配法
peak-odor 顶香剂
peak of growing season 生长盛期
peak performance 最大生产率
peak potential 峰电位
peak power 峰值功率
peak resolution 峰分辨度
peak shock pressure 最大冲击压力
peak stress 峰值应力
peak temperature 最高温度
peak value 峰值;最大值;巅值
peak voltage 峰(值电)压
peak width 峰宽
peak width at half height 半高峰宽
peanut 花生
peanut fibre 花生蛋白质纤维
peanut lipoxygenase 花生脂肪氧化酶
peanut oil 花生油

peanut phosphatide 花生磷脂
peanut phospholipid 花生磷脂
peanut protein 花生蛋白
pearlescant 珠光剂
pearlescent effect 珠光效应
pearlescing agent 珠光剂
pearl filler 碳酸钙填料
pearling agent 珠光剂
pearlite 珠光体
pearlitic steel 珠光体钢
pearl leather 珠光革
pearl-necklace lightning 串珠状闪电
pearl necklace model 珠链模型
pearl polymerization 珠状聚合；成珠聚合（法）
pearl powder 珍珠粉（碱式硝酸铋）
pearl soap 珠光皂
pearl white 珍珠白（氯氧化铋）
pearly coating 珠光涂料
pearly shampoo 珠光香波
pear oil 梨油（乙酸戊酯）
pea-souper 黄色浓雾
peat 泥炭
peat coal 泥炭煤；炭化泥煤
peat-tar pitch 泥煤沥青
pebble 卵石；砾石
pebble elevator 卵石提升机
pebble feed 卵石进料
pebble feeder 卵石加料器
pebble hopper 卵石料斗
pebble mill 砾磨机
pebble packing 卵石填料
pebble reactor 卵石反应器
pebulate 丁乙硫代氨甲酸丙酯
PEC （1）（photoelectric cell）光电化学电池（2）（polyester carbonate）聚酯碳酸酯
pecan oil 胡桃油；佩甘油
pecilocin 培西洛星；宛氏菌素；变曲霉素
Peclet number 佩克莱数
PECT （positron emission computerized tomography） 正电子发射断层扫描
pectase （＝pectinase） 果胶酶
pectate 果胶酸盐（或酯）
pectic acid 果胶酸
pectic enzyme 果胶酶
pectin 果胶
pectinase （＝pectase） 果胶酶
pectinesterase 果胶（甲）酯酶
pectinic acid 果胶酯酸
pectinose 果胶糖；DL-阿拉伯糖
pectin sugar 果胶糖；阿拉伯糖
pectin transeliminase 果胶反式消去酶
pectization 胶凝作用
pectolase （＝pectase） 果胶酶
pectolinarigenin 果胶里哪配基
pectolysis 果胶溶解（作用）
pectosase 果胶糖酶
pectose 果胶糖
pectosinic acid 果胶糖酸
pedal 踏板
pederin 鸡矢素
pedestal 底座；支架；柱基
pedestal sprayer 踏板式喷雾器
PEEK（polyether ether ketone） 聚醚醚酮
PEEKK（polyether ether ketone ketone） 聚醚醚酮酮
peelable lacquer 可剥离漆膜
peel adhesive strength 剥离粘接强度
peelicle 掩膜版保护膜
peeling 剥离；起皮
peeling agent 果皮脱除剂
peeling strength 剥离强度
peel off 剥离
peel off pack 剥离型面膜
peel oil 果皮油
peel ply 可剥保护层
peel strength 剥离强度；抗剥强度
peening （1）锤击（用锤尖）（2）喷丸硬化（3）轻敲
peen plating 扩散渗镀法
peep door 观察孔
peep eye 窥视孔
peephole 窥孔；观测孔
peep sight glass 窥视视镜
PEFC 离子交换膜燃料电池
pefloxacin 培氟沙星
PEG（polyethylene glycol） 聚乙二醇
peganine （＝vasicine） 骆驼蓬碱
pehameter （＝pH meter） pH 计
peiminane 贝母烷
peiminone 贝母酮
PEK（polyetherketone） 聚醚酮
PEKK（polyether ketone ketone） 聚醚酮酮
PEKEKK（polyether ketone ether ketone ketone） 聚醚酮醚酮酮
pelargonaldehyde 壬醛
pelargonamide 壬酰胺
pelargonate 壬酸盐（或酯）
pelargone 9-十七（烷）酮

pelargonic acid 壬酸
pelargonic acid vanillylamide 合成辣椒素
pelargonic aldehyde 壬醛
pelargonidin 天竺葵色素;花葵素
pelargonin 天竺葵色素苷
pelargonitrile 壬腈
pelargonyl (＝nonanoyl) 壬酰
peliomycin 佩里霉素
pelleted formulation 锭剂
pellet extruder 挤压造粒机
pellet fabrication 造球
pellet head 造粒机头
pelletierine 石榴碱
pelletierine sulfate 硫酸石榴碱
pelletierine tannate 单宁酸石榴碱
pelleting 造粒
pelleting machine 造粒机
pelletization of carbon black 炭黑造粒
pelletized cargo 托盘货
pelletized elastomer 粒状弹性体
pelletizer 造粒机;压片机
pelletizing (1)球团(2)造粒;制粒(球团)
pelletizing disc 圆盘造球机
pelletizing plant 造粒设备
pelletizing process 球团工艺
pellet poison bait 小球毒饵
pellet receiver 颗粒收集器
pellicle 表膜
pellicular packing 薄壳型填充剂
pellicular water 薄膜水
pellitorine 墙草碱
pellotine 佩落碱;(墨西哥)仙人掌己碱
pelrosilane 芥烷
pelt 裸皮
α-peltatin α-盾叶鬼臼素;α-足叶草脂素
β-peltatin β-盾叶鬼臼素;β-足叶草脂素
peltogynol 盾母醇
PEM fuel cell 质子交换膜燃料电池
pemirolast 吡嘧司特
pemoline 匹莫林;苯异妥英
pemphigic acid 绵虫蜡酸
pemphigus alcohol 绵虫蜡醇
pempidine 潘必啶;1,2,2,6,6-五甲基哌啶
PEN (1)(polyethylene naphthalate)聚萘二甲酸乙二酯(2)(polyethylene 2,6-naphthalate)聚2,6-萘二甲酸乙二酯
pen arm 笔尖杆
penaldic acid 喷醛酸;青霉醛酸
penalty function 罚函数
penamecillin 培那西林;青霉素G双酯;青霉素G乙酰氧甲酯
penatin 点青霉素
penbritin 氨苄青霉素
penbutolol 喷布洛尔
penciclovir 喷昔洛韦
pencil lacquer 铅笔漆
pendant group 侧基
pendent drop method 悬滴法
pendimethalin 喷达曼萨林
pendular oscillation 摆动
pendulation 摆动
pendulum 摆;钟摆;单摆;摆锤;振动体;扭摆
pendulum 摆
pendulum conveyer 摆式输送机
pendulum feeder 摆式给料机
pendulum impact machine 摆锤冲击机
pendulum tester 摆锤式试验机
pendulum type friction machine 摆锤式摩擦试验机
penethamate hydriodide 氢碘酸喷沙西林;青霉素G二乙氨乙酯氢碘酸盐
penetrability (可)穿透性;穿透(能)力;渗透性
penetrameter 透度计
penetrant 渗透剂
penetrant inspection 渗透探伤;着色检查[探伤]
penetrant JFC-2 渗透剂JFC-2
penetrant test 渗透试验
penetrated crack 穿透裂纹
penetrating agent 渗透剂
penetrating agent BX 渗透剂BX
penetrating oil pot 油浸锅
penetrating power 穿透力;渗透能力;贯穿本领
penetration 渗入
penetration bead 根部焊道;熔透焊道
penetration complex 透入络合物
penetration degree 针入度
penetration depth 穿透深度
penetration dyeing 渗透染色
penetration effect 穿透效应
penetration rate 焊透率
penetration stain 穿透污染
penetration tension 渗透张力
penetration test 渗透试验;透入度试验;针入度试验
penetration theory 穿透理论

penetration twin 穿插孪晶
penetrator 过烧(焊)
penetrometer 针入度测定计
penfieldite 六方氯铅矿
penfluridol 五氟利多
Peng-Robinson equation PR方程
penichromin 色青霉素
penicillamine 青霉胺;3-巯基缬氨酸;β,β-二甲基半胱氨酸
penicillamine cysteine disulfide 青霉胺二硫半胱氨酸
penicillamine disulfide 二硫青霉胺
D-penicillamine hydrochloride 盐酸D-青霉胺
penicillanic acid 青霉烷酸
penicillase（=penicillinase） 青霉素酶
penicillic acid 青霉酸
penicillin 青霉素
penicillin acylase 青霉素酰化酶
penicillin amidase 青霉素酰胺酶
penicillinase 青霉素酶
penicillin BT 青霉素BT;丁硫甲青霉素
penicillin G 青霉素G
penicillin G benethamine 苄胺青霉素G;苯乙苄胺青霉素G
penicillin G benzathine 苄星青霉素G
penicillin G benzhydrylamine 青霉素G二苯甲胺盐
penicillin G calcium 青霉素G钙
penicillin G hydrabamine 哈胺青霉素G;海巴明青霉素G
penicillin G potassium 青霉素G钾
penicillin G procaine 普鲁卡因青霉素G
penicillin N 阿地西林;青霉素N;氨羧丁青霉素
penicillin O 青霉素O;烯丙硫甲青霉素
penicillins 青霉素类抗生素
penicillin S potassium 青霉素S钾
penicillin V 青霉素V;苯氧甲基青霉素
penicillin V benzathine 苄星青霉素V
penicillin V hydrabamine 哈胺青霉素V;海巴明青霉素V
Penicillium chrysogenum 产黄青霉
penicilloic acids 青霉素裂解酸
penicilloyl polylysine 青霉噻唑酰多聚赖氨酸
penicin 6-氨基青霉烷酸
penillic acid 青霉咪唑酸
penillonic acid 青霉酮酸
penimepicycline 青哌环酸;青哌四环素;青霉素V甲哌四环素
penning （用锤尖)锤击
pennyroyal mint 胡薄荷
pennyroyal oil 胡薄荷油(取自 *Mentha pulegum*)
pentaaminedinitrogen ruthenium(Ⅱ) chloride 二氯化双氮·五氨合钌(Ⅱ)
pentaaminobenzene 五氨基苯;苯五胺
pentabasic acid 五元(碱)酸
pentaborane 戊硼烷
pentaborane（9） 戊硼烷(9)
pentaborane（11） 戊硼烷(11)
pentabromization 五溴化反应
pentabromoacetone 五溴丙酮
pentabromoaniline 五溴苯胺
pentabromophenol 五溴苯酚
pentabromotoluene 五溴甲苯(阻燃剂)
pentacarbonyl-iron 五羰基合铁
pentacarboxylic acid 五羧酸
pentacene 并五苯
pentacetate 五乙酸盐
pentacetylglucose 五乙酰葡糖
pentachloroammine platinate 五氯氨铂盐
pentachlorobenzyl alcohol 五氯苄醇;稻瘟醇
pentachlorodiphenyl 五氯联苯
pentachloroethane 五氯乙烷
pentachloronitrobenzene 五氯硝基苯
pentachlorophenol 五氯苯酚
pentachlorothiophenol 五氯硫酚
pentacite 季戊四醇树脂
pentacontane 五十(碳)烷
pentacontyl 五十(烷)基
pentacoordinate siloxane 五配位硅氧烷
pentacosamic acid 脑酮酸
pentacosandioic acid 二十五烷二酸
pentacosane 二十五(碳)烷
pentacosane diacid 二十五烷二酸
pentacosane dicarboxylic acid 二十五烷二羧酸
pentacosanoic acid 二十五烷酸
pentacosoic acid 二十五烷酸
pentacynium bis（methyl sulfate） 甲硫酸氰戊吗啉
pentadecadienoic acid 十五碳二烯酸
pentadecanaloxime 十五(烷)醛肟
pentadecandioic acid（=pentadecane diacid） 十五烷二酸
pentadecane 十五(碳)烷
pentadecanoic acid 十五烷酸

pentadecanol 十五烷醇
1,15-pentadecanolide 十五内酯
pentadecendioic acid(＝pentadecene diacid) 十五(碳)烯二酸
pentadecene diacid 十五(碳)烯二酸
pentadecene dicarboxylic acid 十五(碳)烯二羧酸;十七(碳)烯二酸
pentadecenic acid 十五(碳)烯酸
pentadecenoic acid 十五(碳)烯酸
pentadecoic acid 十五(烷)酸
pentadecyl 十五(烷)基
pentadecyl acetate 乙酸十五(烷)酯
pentadecyl caproate 己酸十五(烷)酯
3-pentadecylcatechol 3-十五烷基儿茶酚
pentadecylene diacid 十五(碳)烯二酸
pentadecylene dicarboxylic acid 十五(碳)烯二羧酸;十七(碳)烯二酸
pentadecylenic acid 十五(碳)烯酸
pentadecylic acid 十五(烷)酸
pentadecynic acid 十五(碳)炔酸
pentadiene 戊二烯
pentadiene carboxylic acid 山梨酸
1,3-pentadiene(＝piperylene) 1,3-戊二烯;戊间二烯
2,3-pentadiene (＝dimethyl allene) 2,3-戊二烯;二甲基丙二烯
pentadienoic acid 戊二烯酸
pentadiine 戊二炔
1,2-pentadiol 1,2-戊二醇
pentaene 五烯
pentaerythrite 季戊四醇
pentaerythrite tetranitrate 季戊四醇四硝酸酯
pentaerythritol 季戊四醇
pentaerythritol chloral 季戊四醇四氯醛
pentaerythritol dichlorohydrin 双氯甲丙二醇;2,2-双氯甲基-1,3-丙二醇
pentaerythritol ester 季戊四醇酯
pentaerythritol monolaurate 季戊四醇单月桂酸酯
pentaerythritol monooleate 季戊四醇单油酸酯
pentaerythritol monopalmitate 季戊四醇单棕榈酸酯
pentaerythritol monostearate 季戊四醇单硬脂酸酯
pentaerythritol phosphite 季戊四醇亚磷酸酯
pentaerythritol phthalic resin 邻苯二甲酸-季戊四醇树脂
pentaerythritol stearate 季戊四醇硬脂酸酯
pentaerythritol tetraacetate 乙酸季戊四醇酯;季戊四醇四乙酸酯
pentaerythritol tetranitrate 戊四硝酯;硝酸季戊四醇酯;季戊四醇四硝酸酯
pentaether 五醚;四甘醇二丁醚
pentafluorization 五氟化反应
pentafluorodimethylheptanedione (PFDM-HD) 五氟二甲基庚二酮
pentafunctional initiator 五功能引发剂
pentagastrin 五肽胃泌素;五肽促胃酸激素
pentagestrone 喷他孕酮;氧孕醚
pentaglucose 戊糖
pentahalide 五卤化物
pentahomoserine 戊高丝氨酸
pentahydric alcohol 五元醇
pentahydroxy-acid 五羟基酸
pentahydroxybenzophenone 五羟基二苯(甲)酮
pentahydroxy dibasic acid 五羟二(碱)价酸
pentahydroxyl compound 五羟基化合物
pentaiodination 五碘化反应
pentaiodization 五碘化反应
pentaiodoethane 五碘乙烷
pental 三甲基乙烯
pentalane 并环戊烷
pentaldol 戊醛醇;2,2-二甲基-3-羟基丙醛
pentalene 并环戊二烯
pentaline 五氯乙烷
pentamer 五聚物
pentamethide 五甲基化合物
pentamethonium bromide 五甲溴铵;溴戊双铵
pentamethylaminobenzene 五甲基苯胺
pentamethyl-antimony 五甲锑
pentamethylbenzoic acid 五甲代苯酸
pentamethylene 1,5-亚戊基
pentamethylene diamine 戊二胺;尸胺
pentamethylene oxide 氧己环
pentamethylene tetrazole 亚戊基四唑
pentamidine isethionate 羟乙磺酸喷他脒
pentammine 五氨合物
pentamycin 戊霉素
pentanal 戊醛
pentandioic acid 戊二酸
2,4-pentandione 2,4-戊二酮;乙酰丙酮

pentane 戊烷
***n*-pentane** 正戊烷
pentane carboxylic acid 己酸
pentane diacid 戊二酸
pentane dicarboxylic acid 戊二羧酸；庚二酸
pentanedioic acid 戊二酸
pentanediol 戊二醇
1,5-pentanediol 1,5-戊二醇
pentanethiol 戊硫醇
pentanizer 戊烷塔；戊烷馏除器
pentanizing column 戊烷馏除塔
pentanizing tower 戊烷馏除塔
pentanoate 戊酸盐(酯或根)
pent(an)oic acid 戊酸
1-pentanol 1-戊醇
***n*-pentanol** 正戊醇
3-pentanone 3-戊酮
pentanuclear 五环的；五核的
pentaose 戊糖
pentaoxacyclooctadecane 五氧杂环十八烷
pentapeptide 五肽
pentaphene 戊芬；二苯并[*b*,*h*]菲
pentapiperide 戊哌立特；戊哌啶
pentapropyl glucose 五丙基葡糖
pentaquine 喷他喹；戊胺喹
pentaricinoleic acid 五聚蓖酸
pentase 戊糖酶
pentasil 五硅环沸石；五元高硅沸石
pentathionic acid 连五硫酸
pentatomic acid 五(碱)价酸
pentatomic alcohol 五元醇
18-pentatriacontanone (＝stearone) 硬脂酮；18-三十五(烷)酮
pentazane 吡咯烷
pentazdiene 五氮二烯
pentazine 五嗪
pentazocine 喷他佐辛；镇痛新
pentazole 五唑
pentazolyl 五唑基
pentazyl 五唑基
pentelide 第五族元素化物
penten 五亚乙基六胺
1-pentene 1-戊烯
pentene diacid 戊烯二酸
pentenedioic acid 戊烯二酸
4-pentenenitrile 4-戊烯腈
pentenoic acid 戊烯酸
pentenol 戊烯醇
pentenyl 戊烯基；2-戊烯基
2-pentenylpenicillin sodium 2-戊烯青霉素钠
pentetate calcium trisodium 三胺五乙酸一钙三钠
pentetic acid 三胺五乙酸
pentetrazole 戊四氮
pentetreotide 喷曲肽
penthienate bromide 喷噻溴铵
penthrite 太恩
pentifylline 喷替茶碱；己可可碱；1-己基可可碱
pentigetide 喷替吉肽
pentine 戊炔
pentinic acid 喷亭酸；α-乙基季酮酸
pentinoic acid 戊炔酸
pentisomide 喷替索胺
pentite 戊五醇
pentitol 戊五醇；戊糖醇
pentlandite 镍黄铁矿
pentobarbital 戊巴比妥
pentobarbital sodium 戊巴比妥钠
pentobarbitone 戊巴比通
pentoic acid 戊酸
1-pentol 3-甲基-2-戊烯-4-炔醇
pentolinium tartrate 喷托铵酒石酸盐；酒石酸盘托林
pentolite 膨托里特；太梯炸药
penton 五邻体
pentone 片通；氯化聚醚
pentonic acid 戊糖酸
pentopyranose 吡喃戊糖
pentorex 喷托雷司
pentosamine 戊糖胺
pentosan 戊聚糖；多缩戊糖
pentosan polysulfate 戊聚糖多硫酸酯
pentosazone 戊糖脎
pentose 戊糖
pentose nucleic acid (PNA) 戊糖核酸
pentose phosphate cycle 戊糖磷酸途径
pentose-phosphate pathway 戊糖磷酸途径
pentoside 戊糖苷
pentostatin 喷司他丁
pentosuria 戊糖尿
pentothal sodium 硫喷妥钠
pentoxifylline 己酮可可碱
pentoxime 戊肟；环戊五酮肟
pentoxyl 白血生；潘托西
pentoxyverine citrate 枸橼酸喷托维林；咳必清
pentrazole 戊四氮

pentriacontane （正）五十（碳）烷
pentrinitrol 戊硝醇；三硝季戊四醇；季戊四醇三硝酸酯
pentrite 四硝基赤藓醇
pentryl 噻吡二铵；噻吩甲吡胺
penturonic acid 戊糖醛酸
pentyl （1）戊（烷）基（2）季戊炸药；奔斯乃特；奔梯耳；膨梯儿
***neo*-pentyl** 新戊基
***sec*-pentyl** 仲戊基
***tert*-pentyl alcohol** 叔戊醇
pentyl amine 戊胺
pentylene（＝pentadiene） 戊二烯
pentylenetetrazole 五亚甲基四唑；戊四氮；戊四唑
pentylidene 亚戊基
pentylidyne 次戊基
pentyloxy 戊氧基
***p*-pentyloxyphenol** 对戊氧基苯酚
pentylpenicillin 戊基青霉素
***p-tert*-pentylphenol** 对叔戊基苯酚
pentyne 戊炔
pentynoic acid 戊炔酸
penultimate effect 前末端基效应
penumbra 半影
pen-vee 青霉素 V
PEO（polyethylene oxide） 聚环氧乙烷；聚氧化乙烯
peonidin 芍药花配基；芍药素
peonol 芍药醇
peplomycin 培洛霉素（又称 pepleomycin）
pepper 胡椒；辣椒；花椒
peppermint 薄荷
peppermint camphor 薄荷醇；3-萜醇；薄荷脑
peppermint oil 薄荷油
pepper oil 胡椒油；辣椒油；花椒油
pepsase 胃蛋白酶
pepsin 胃蛋白酶
pepsinogen 胃蛋白酶原
pepsitensin 胃酶解血管紧张肽
pepstatin 胃蛋白酶抑制剂；胃酶抑素；抑肽素；抑胃酶素
peptase 肽酶
pepthiomycin 肽硫霉素
peptidase 肽酶
peptide 肽；缩氨酸
peptide bond 肽键
peptide chain 肽链
peptide link 肽键
peptide unit 肽单元
peptidoglycan 肽聚糖
peptidyl site 肽基部位
peptidyl transferase 肽基转移酶
peptiglycan 肽糖
peptimycin 肽霉素
peptizate 胶溶体
peptization 胶溶
peptizator 胶溶剂；胶化剂
peptizer （1）胶溶剂（2）塑解剂
peptizing agent （1）催化剂型增塑剂；塑解剂（2）胶溶剂；胶化剂
peptolysis （水）解胨（作用）
peptomyosin 胃蛋白酶解肌球蛋白
peptone 胨；蛋白胨
peptonized iron 胨化铁
peptotoxine 腐蛋白毒碱
peracetic acid 过乙酸
peracid 过酸
perazine 培拉嗪
perbenzoic acid 过苯甲酸
perborate 过硼酸盐（或酯）
perboric acid 过硼酸
perbromate 过溴酸盐（或酯）
perbromoacetone 全溴丙酮；六溴丙酮
perbromoethane 全溴乙烷；六溴乙烷
perbromoether 全溴乙醚
perbromoethylene 全溴乙烯；四溴代乙烯
perbromopropionaldoxime 全溴丙醛肟
percarbide 过碳化物
percarbonate 过碳酸盐（或酯）
percarbonic acid 过碳酸
percellulose 全纤维素
percentage concentration 百分浓度
percentage humidity 百分湿度
percentage of articulation 清晰度
percentage of detection 探伤比例
percentage of elongation 伸长率
percentage of product grades 品级率
percentage of vegetation 植被覆盖百分率
percentage supersaturation 过饱和百分比
percent conversion 转化率
percent error 误差百分数
percent recovery 回收率；总馏出率
perceptron 感知机
perching 铲软
perchlorate 高氯酸盐
perchlorethane 全氯乙烷
perchlorether 全氯乙醚
perchlorethylene 全氯乙烯

perchloric acid 高氯酸
perchloric acid anhydride 七氧化二氯；高氯酸酐
perchloric acid ether 高氯酸乙酯
perchloride 高氯化物（含氯最多者）
perchlorinated polyvinyl chloride 全氯代聚氯乙烯
perchlorobenzene 六氯苯
perchloroether 全氯乙醚
perchloroethylene 全氯乙烯；四氯乙烯
perchloromethyl mercaptan 全氯甲硫醇
perchloroparaffin 全氯化石蜡
perchloropentacyclodecane 全氯五环癸烷（阻燃剂）
perchlorovinyl 过氯乙烯
perchlorovinyl fibre 过氯纶
perchlorvinyl resin coating 过氯乙烯树脂涂料
perchloryl fluoride 氟化三氧氯
perchromate 过铬酸盐
perchromic acid 过铬酸
Perco dehydrogenation process 培柯催化脱氢过程
percolate 渗滤液
percolater 渗滤器
percolation 渗滤
percolation extractor 渗滤器
percolation method 渗滤法
percolation tank 渗滤槽
percolation transition 渗流转变
percolator 渗滤器
percolumbic acid 过铌酸
percrystallization 透析结晶（作用）
percussion cap 火帽
percussion powder 炸药
percussion welder 储能焊机
Percus-Yevick（PY）approximation 帕柯斯-叶维克近似
percutaneous absorption 透皮吸收
percutaneous device 经皮器械
percutaneous toxicity 经皮毒性
perdeuteriated fatty acid 全氘化脂肪酸
perdeuterioalkane 全氘烷
perdeuteriomethane 全氘甲烷
perdistillation 透析蒸馏
pereability test 渗透性试验
peredimycin 贝勒霉素
Peregal O 平平加 O
perester 过酸酯
perezone 三褶菊酮；（墨西哥）金菊酸
perfect binding of book 无线装订
perfect conductor 理想导体
perfect crystal 完整晶体
perfect elastic body 理想弹性体
perfect elastic collision 完全弹性碰撞
perfect fluid 理想流体；完全流体
perfect gas（＝ideal gas） 理想气体
perfect gaseous mixture 理想气体混合物
perfect gas laws 理想气体定律
perfect inelastic collision 完全非弹性碰撞
perfecting engine 精磨机
perfectly mixed reactor 全混反应器
perfectly plastic material 理想塑性材料
perfect mixing 全混
perfect mixing flow 全混流
perfect optical system 理想光学系统
perfect passivity 完全钝态
perfect plate 理想板
perfect solution 理想溶液；完美溶液
perferrate 高铁酸盐
perfluidone 氟草磺胺
perfluocarbon 全氟化碳；全氟碳油
perfluorinated sulfonic acid resin 全氟磺酸树脂
perfluorination 全氟化（作用）
perfluoro- 全氟（代）
perfluoroalkyl 全氟烃基
perfluoroalkyl triazine polymer 全氟烷基三嗪聚合物（橡胶）
perfluoroallene 全氟丙二烯
perfluorocarbon 全氟化碳；全氟碳油
perfluorocarboxylic acid 全氟羧酸
perfluoro-compound 全氟化物；过氟化物
perfluorodecalin 全氟萘烷
perfluoroelastomers 全氟弹性体
perfluoroether 全氟乙醚
perfluoroethylene 全氟乙烯；四氟乙烯
perfluorokerosene（PFK） 全氟煤油
perfluoromethyl cyclohexane（PFMCH） 全氟甲基环己烷
perfluoroorganometallic compound 全氟有机金属化合物
perfluoro-petroleum 全氟化石油
perfluoropolyether 全氟聚醚
perfluoropropylene 六氟丙烯；全氟丙烯
perfluorotributylamine 全氟三丁胺
perforate 开孔
perforated baffle 多孔挡板
perforated basket 多孔吊篮（转鼓）；带孔转鼓

perforated bowl 带孔转鼓
perforated cylinder 多孔转鼓
perforated-fin 多孔翅片
perforated pipe 多孔管
perforated pipe distributor 多孔管分布器
perforated plate 多孔板;穿孔板;多孔塔板
perforated plate column 多孔板蒸馏塔;筛板塔;孔板塔
perforated-plate distillation column 孔板蒸馏塔
perforated-plate extractor 多孔板萃取塔
perforated plate tower 孔板塔;穿流筛板塔
perforated rotor centrifuge (旋转)筛筒式离心机
perforated screen 多孔板筛
perforated tray 多孔板塔盘
perforated-tray tower 多孔板塔;筛板塔
perforating fluid 射孔液
perforating tool 穿孔工具
perforation 穿透;穿孔
perforator 穿孔机
perforin 穿孔素
performance characteristics 特性曲线;运行特性
performance chart 操作图
performance coefficient 冷冻系数
performance data 操作数据;工况数据;特性数据
performance in service 使用性能
performance life 使用寿命
performance measure 性能测定
performance quota 生产定额
performance standard 性能标准
performance test 特性试验
performance test and acceptance 考核和验收
Perform column 网孔板塔;Perform 塔
performed polymer 预聚体
performic acid 过甲酸
perform tray 网孔塔板
perform well 运行良好
perfosfamide 过磷酰胺
perfume (1)香料(2)香水(3)香味
perfume chemistry 香料化学
perfume compound 芳香剂
perfused culture system 灌流培养系统
perfumed soap 香皂
perfume fixative 定香剂
perfume for soap 皂用香精
perfume (material) 香(原)料
perfume oil 芳香油
perfume(ry) compound 香精
perfuming detergent 加香洗涤剂
perfusion culture 灌注培养
perfusion pump 灌注泵
pergamyn 羊皮纸
pergolide 培高利特;硫丙麦角林
perhalide 全卤化物
perhalogeno- 全卤(代)(代替所有 C 上的氢)
perhexiline 哌克昔林;环己哌啶;心舒宁;冠心宁
perhydrate 过氧化氢合物
perhydridase 过氢酶
perhydride 过氢化物
perhydrit 过氧化氢合尿素
perhydro- 全氢化
perhydroanthracene 蒽烷;全氢化蒽
perhydrol 强双氧水(含 30%过氧化氢)
perhydrophenanthrene 菲烷;全氢化菲
peri 近(位);迫(位);周(位)
peri-acid 周位酸
peri-compound 迫位化合物(指萘环 1,8-或 4,5-位的化合物)
peri-condensed rings 周环并合
pericyazine 哌氰嗪
pericyclic reaction 周环反应
pericyclo-compound 架环化合物
peridot 橄榄石
peri effect 近位效应
perikinetic aggregation 碰撞凝结
perikinetic coagulation 异向凝结(作用);布朗运动凝结(作用)
perikinetic flocculation 碰撞凝结
perilla alcohol 紫苏醇
perilla ketone 紫苏酮
perillaldehyde 紫苏醛
perilla oil 紫苏子油;荏油
perillartine 紫苏亭
perillyl alcohol 紫苏子醇
perimethazine 哌美他嗪;哌甲氧嗪
perimidine 咱啶;萘嵌间二氮杂苯
perimidinyl 咱啶基;萘嵌间二氮(杂)苯基
perimidyl (= perimidinyl) 咱啶基;萘嵌二氮(杂)苯基
perimycin 表霉素;真菌霉素
perinaphthene 周萘
perinaphthenone 周萘酮;萘嵌苯酮
peri-naphthindene 蒽嵌环己烯

perinaphthindenylium cation 周萘茚阳离子
perinaphthodiazine 周萘二嗪
perindopril 培哚普利
period 周期
periodate 高碘酸盐(或酯)
periodate titration 高碘酸钾(滴定)法
periodic acid 高碘酸
periodic(al) inspection 定期检查
periodical survey 定期检验
periodic classification 周期系
periodic copolymer 周期共聚物;交替共聚物
periodic crystallisation 反复结晶;间歇结晶
periodic family 族
periodic flow 周期流
periodic group 周期类
periodic inspection 定期检修;小修
periodicit 步距误差
periodicity 周期性
periodic kiln 间歇窑
periodic laminates 规则层压板
periodic law 周期律
periodic law of (chemical) elements 元素周期律
periodic maintenance 定期检修
periodic repair 定期检修
periodic system 周期系
periodic system of elements 元素周期系
periodic table of (chemical) elements 元素周期表
periodide 高碘化物
periodocarbon 全碘化碳
periodoethane 全碘乙烷;六碘乙烷
periodoether 全碘乙醚
periodo-ethylene 全碘乙烯;四碘代乙烯
period of service 服务期
period of storage 贮存时间
period of use 使用期
(period of) validity 有效期
periodyl 12-羟-9,10-二碘油酸
peripheral speed 圆周速度
peripheral unit 外围设备
periplanones 大蠊性信息素
periplasmic space 周质空间;壁膜空间
periplocin 杠柳素;萝藦苷
periplocymarin 萝藦苦苷
periplogenin 杠柳配基;萝藦苷辅基
peri position 近位;迫位;周位(萘环的1,8-或4,5-位)
periscope 潜望镜
perisoxal 哌立索唑;哌异噁唑
peristaltic pump 蠕动泵
peritectic point 转熔点
peritectic process 转熔过程
peritoneal dialysis 腹膜透析
perivine 波里芬;派利文碱
periwinkle 长春花
Perkin reaction 帕金反应
Perklone 全氯乙烯
Perkov reaction 佩尔科夫反应
perlapine 哌拉平;甲哌嗪二苯氮䓬
perlate salt 磷酸氢二钠盐
perlatolic acid 配列地衣酸
perlimycin 珠霉素
perlite 珍珠岩
perlite product 珍珠岩制品
Perlon 贝纶;聚酰胺纤维
permalloy 坡莫合金
Permalon 混合聚合物纤维
permanence 耐久性;持久性
permanent backing 保留垫板
permanent character 永久特性
permanent compression set (永久)压缩变形
permanent dipole 永久性偶极
permanent dipole moment 永久性偶极矩
permanent dye 长效染发剂;持久染料;不变色染料
permanent load[loading] 恒载
permanently attached equipment 永久性附属装置
permanent magnet 永磁体
permanent magnetic ferrite 永磁铁氧体
permanent-press fabrics 永久性压烫织物
permanent set 永久变形
permanent stretch 永久伸长
permanent twist 永久(性)扭转(变形)
permanent wave 长效卷发剂
permanent white 钡白;硫酸钡
permanganate 高锰酸盐
permanganate method 高锰酸盐法
permanganate number 高锰酸钾值
permanganate titration 高锰酸钾(滴定)法
permanganic acid 高锰酸
permanganimetric method 高锰酸钾(滴定)法
permanganyl 高锰酰
permeability 渗透性(如透气性、透水性);渗透率;磁导率

permeability alloy 导磁合金
permeability cell 透气管
permeability of vacuum 真空磁导率
permeabilization 渗透
permeable 渗透性的;可渗透的
permeable constant 渗透常数
permeameter (1)磁导计(2)渗透计
permeance 磁导;磁导率
permeance-type gas analyzer 磁导式气体分析器
permease 通透酶;透(性)酶
permeate 渗透物
permeate agent 渗透剂
permeate out 渗透液流出
permeating vaporation membrane 渗透蒸发膜
permeation flux 渗透通量
permeation leakage 渗透泄漏
permeation theory 渗透理论
permeation tube 渗透管
permeator 渗透器
permethrin 扑灭司林;二氯苯醚菊酯;(苄)氯菊酯;氯菊酯
permethrine 氯菊酯
permissible concentration limit (污染物质)极限容许浓度
permissible error 允许误差
permissible exposure limit 允许暴露极限
permissible flexibility 许可挠性
permissible level of human exposure 人体容许曝露水平;人体容许曝露(接触吸入)程度
permissible load 许用载荷;允许负荷
permissible mean maximum pressure 容许平均最大压力
permissible speed 容许速度
permissive control 许可调节
permit 许可证
permitted rim 允许轮辋
permittivity 电容率;介电常数
permittivity of free space 真空电容率;真空介电常数
permittivity of vacuum 真空电容率;真空介电常数
permittivity tensor 电容率张量
permolybdate 过钼酸盐
permolybdic acid 过钼酸
permonosulfuric acid 过一硫酸
permselective 选择性渗透的
perm-selective membrane 选择性渗透膜
permucosol device 经黏膜器械
permutation (1)取代;置换 (2)蜕变
permutation group 置换群
permutation operator 置换算符
permutite 滤砂;软水砂;人造沸石
permutite base exchange 滤砂离子交换
permutoid 交换体
permutoid reaction 交换反应;交换体沉淀反应
pernambuco 棘云实红木
pernicious 有害[毒]的;致命的
pernitric acid 过硝酸
pernitroso-camphor 二亚硝基樟脑
perolene 载热体(联苯-联苯醚混合物)
peropyrene 靴二蒽
perortho ester 过原酸酯
perosmic acid (高)锇酸
perosmic anhydride 四氧化锇
perovskite 钙钛矿
peroxamine 过氧化胺
Perox desulfurization process 氨水液相催化法脱硫
peroxidase 过氧化物酶
peroxidate 过氧化物
peroxidation 过氧化(作用)
peroxide 过氧化物
peroxide bridge 过氧桥
peroxide crosslinking 过氧化物交联
peroxide cure 过氧化物硫化
peroxide initiator 过氧化物引发剂
peroxide number 过氧化值
peroxide of barium 过氧化钡
peroxide of hydrogen 过氧化氢
peroxide vulcanization 过氧化物硫化
peroxidization 过氧化作用
peroxidol 过硼酸钠
peroxisome 过氧物酶体
peroxo bridge 过氧桥
peroxovanadates 过钒酸盐(或酯)
peroxyacetyl nitrate(PAN) 硝酸过氧化乙酰
peroxybenzoic acid(=perbenzoic acid) 过苯甲酸
peroxyborate 过硼酸盐(或酯)
peroxydicarbonate 过(氧)二碳酸盐(或酯)
peroxy-disulfuric acid 过(二)硫酸
peroxydol 过硼酸钠
peroxyformic acid 过甲酸
peroxyl 过氧化氢
peroxy-nitrate 过硝酸盐

peroxynitric acid 过硝酸
peroxynitrite 过(氧)亚硝酸盐
peroxysuccinic acid 过氧丁二酸;二(丁二酸一酰化)过氧
peroxyuranic acid 过氧铀酸
peroxyvanadate 过钒酸盐(或酯)
perparaldehyde 过仲醛
per pass conversion 单程转化率
perpendicular axis theorem 垂直轴定理
perpendicular band 正交谱带
perpendicular flow 正交流
perpendicular recording 垂直记录
perpetuum mobile of the first kind 第一类永动机
perpetuum mobile of the second kind 第二类永动机
perphenazine 奋乃静;羟哌氯丙嗪
perphosphoric acid 过(二)磷酸
perrhenate 高铼酸盐
perrhenic acid 高铼酸
perrutenate 过钌酸盐
persalt 过酸盐
persantin(e) 双嘧达莫;潘生丁
perseite 鳄梨糖醇;甘露庚糖醇
perseitol 鳄梨糖醇;甘露庚糖醇
perseleno- 过硒亚基
perseulose 鳄梨酮糖;半乳庚酮糖
persistent current 持续电流;超流体流动
persistent lines 住留谱线
persistent tear strength 延续型撕裂强度
persistent toxicant 持久性毒剂
persitol 鳄梨糖醇;甘露庚糖醇
personal deodorant (人体用)去臭剂;(人体用)去味剂
personal dosimetry 个人剂量学
personal error 人为误差
personal product 个人用品;日用品
personal protection 个人防护
personnel barrier 防护栏杆
personnel dose monitor 个人剂量计
personnel dosimeter 个人剂量计
personnel training 人员培训
perspective formula 透视分子结构式
Perspex[商] 聚甲基丙烯酸甲酯;有机玻璃
perspiration fastness 耐汗(色)牢度
perstoff 双光气
persulfate 过(二)硫酸盐
persulfide 过硫化物
persulfuric acid(= peroxydisulfuric acid)过(二)硫酸
PERT(programmic evaluation and review technigue) 计划评审法
pertantalic acid 过二钽酸
pertechnyl fluoride 氟化高锝酰
per the standard 按标准
perthiocarbonic acid 过硫碳酸
pertitanic acid 过钛酸
pertungstic acid 过钨酸
perturbation 微扰;摄动
perturbation equation of state 微扰状态方程
perturbation method 微扰理论;微扰法
perturbation theory 微扰理论
perturbed dimension 扰动尺寸
perturbed hard chain theory(PHC) 微扰硬链理论
perturbed soft chain theory(PSCT) 微扰软链理论
perturbing potential 微扰势
Peru balsam 秘鲁香脂
peruol 苯甲酸苄酯
peruscabin 苯甲酸苄硝
Peruvian balsam 秘鲁香脂
peruvin 肉桂醇
peruviol 橙花油醇
peruvoside 黄夹次苷;黄花夹竹桃次苷 A
pervanadic acid 过钒酸
pervaporation 渗透蒸发
pervaporation membrane 渗透汽化膜
pervaporization 膜蒸发;渗透气化[蒸发]
pervesterol 藻脂甾醇
pervious material 透水材料
pervitine 脱氧麻黄碱
perxenate 高氙酸盐
perylene 苝
perylene-3,4,9,10-tetracarboxylic acid dianhydride 苝四(甲)酸二酐
peryllartine 紫苏糖
perzirconic acid 过锆酸
PES (1)(photoelectron spectroscopy)光电子能谱(学)(2)(polyether sulfone)聚醚砜(3)(potential energy surface)势能面
PES composite 聚醚砜复合材料
PE spectrum (= photoelectron spectrum)光电子能谱
pest 有害的动植物
pest attractant 诱虫剂
pesticide (1)农药(2)杀虫剂
pesticide-added fertilizer 农药肥料
pesticide adjuvant 农药辅助剂

pesticide bioassay 农药生物测定
pesticide common name 农药通用名称
pesticide formulation 农药剂型
pesticide hazards 农药公害
pesticide mixed preparation 农药混剂
pesticide pollution 农药公害
pesticide residue 农药残留量
pesticide residue toxicity 农药残毒
pesticide(s) 农药
pestle 捣棒
pest repellent 驱虫剂
PET (polyethylene terephthalate) 聚对苯二甲酸乙二酯;聚酯
petalite 透锂长石
petal pieces 瓣片
petasol 蜂斗醇
pethidine hydrochloride 盐酸哌替啶;度冷丁
petralol 液体石油膏
petranol 含乙醇汽油
petroacetylene 石油乙炔
petrobenzene 石油苯
petrocene 石油并苯(蒽的异构物)
petrochemical complex 石油化工(总)公司;石油化工总厂
petrochemical corporation 石油化工(总)公司
petrochemical engineering[designing] institute 石油化工设计院
petrochemical industry 石油化学工业
petrochemical industry corporation 石油化学工业总公司
petrochemical intermediates 石油化学中间产品
petrochemical plant 石油化工装置
petrochemical processing 石油化学加工
petrochemicals 石油化工产品;石油化学品
petrochemical waste 石油化学废弃物
petrochemical works 石油化工厂
petrochemistry 石油化学;岩石化学
petrogas (1)石油气(2)液体丙烷
petrography 岩相学;岩类学
Petrohol 合成异丙醇
petrol 车用汽油(英国用语)
petrolat(=petrolatum) 矿脂;凡士林
petrolatum 矿脂;石蜡油;凡士林;半固态无定形石蜡
petrolatum album 白矿脂;白凡士林
petrolatum oil 矿脂;凡士林油
petrolax 液体矿脂
petrol(-)chemical plant 石油化工厂
petrol coke 石油焦
petrolene 石油烯;软沥青(沥青中溶于已烷的部分)
petrol engine 汽油发动机
petroleum 石油
petroleum additive 石油添加剂
petroleum aromatics 石油芳烃
petroleum asphalt 石油沥青
petroleum benzene 石油苯;焦苯
petroleum benzin(e) 精制轻质溶剂汽油
petroleum bloom 石油起霜作用
petroleum chemical plant 石油化工厂
petroleum chemicals 石油化学产品
petroleum chemistry 石油化学
petroleum coke 石油焦炭
petroleum coking 石油焦化
petroleum crisis 石油危机
petroleum crude(oil) 石油;原油
petroleum cut 石油馏分
petroleum distillate 石油馏分
petroleum ether 石油醚
petroleum fermentation 石油发酵
petroleum gas 石油气
petroleum industry 石油工业
petroleum jelly 石油膏;凡士林;矿脂;蜡膏
petroleum leve 石油醚(沸点 40~60℃)
petroleum naphtha (1)粗汽油 (2)溶剂汽油
petroleum ointment 蜡膏;含油地蜡
petroleum paraffin 石油石蜡
petroleum pipe line 输油管
petroleum pitch 石油沥青
petroleum pollution 石油污染
petroleum product 石油产品;油品
petroleum pump 原油泵
petroleum refinery 石油炼厂
petroleum refining 炼油
petroleum refining catalyst(s) 石油炼制催化剂
petroleum refining furnace 石油炼制炉
petroleum refining industry 炼油工业
petroleum refining(processing) 石油炼制
petroleum reforming 石油重整
petroleum residual oil 石油渣油
petroleum resin 石油树脂
petroleum sulfonate 石油磺酸盐
petroleum tailings 石油蒸馏残余物

petroleum tar 石油沥青;石油焦油
petroleum wringer stick 石油脱水棒
petrolift 燃料泵
petrol motor 汽油发动机
petrologen 干酪根
petrology 岩石学;岩理学
petrol ointment 石油软膏
petroresistance 耐汽油性
petronaphthalene 石油萘
petronol 液体石油脂
petroprotein 石油蛋白
petrosapol 石油软膏
petroselic acid 岩芹酸
petroselinic acid 岩芹酸
petroselinolic acid 岩芹炔酸
petrosilane 岩芹烷;二十(碳)烷
petrosio 液体矿脂
petro-yeast 石油酵母
petscheckite 铌钽铁铀矿
petunidin 矮牵牛(苷)配基;3'-甲花翠素
petuntse 白不子
peucedanin 前胡精;前胡内酯
peyonine 三甲氧苯乙吡咯酸
P factor 备解素;P因子
Pfeiffer's substance 普法伊费尔化合物
Pfitzinger reaction 普菲青格反应
pfu(plaque forming unit) 噬斑形成单位
PG (1)(prostaglandin)前列腺素(2)(phosphatidyl glycerol)磷脂酰甘油
pGlu 焦谷氨酸
phaeophytin 脱镁叶绿素
phage 噬菌体
λ-phage λ噬体
phage resistance strains 噬菌体抗性菌株
phalloidin 毒伞素;次毒蕈环肽
phallotoxin 毒蕈肽
phaltan 法尔顿
phanquinone 泛喹酮;安痢平
phantom atom 虚拟原子
pharbitic acid 牵牛脂酸
pharbitin 牵牛脂苷
pharmaceutical chemistry (1)制药化学(2)药物化学
pharmaceutical filter 药物过滤器
pharmaceuticals industry 制药工业
pharmaceutics 药剂学
pharmacodynamics 药效学
pharmacognosy 生药学
pharmacokinetics 药动学
pharmacology 药理学
pharmacopoeia 药典
pharmacy (1)药剂学(2)药房
pharmamedia 药用培养基
phase 相(位);位相;相
phase angle 相角
phase behavior 相特性,相状态
phase cell 相格
phase change 相变;相变化
phase change disc 相变光盘
phase change number 相变数
phase compensation membrane 相位差补偿膜
phase constant 相位常量
phase contrast 相(位)衬
phase diagram 相图
phase diagram of molten salts 熔盐相图
phase difference 相(位)差
phase effect 聚集态效应(放射化学)
phase equilibrium 相平衡
phase equilibrium line 相平衡曲线
phase factor 相(位)因子
phase fluorometry 相位荧光测定法
phase grating 相(位型)光栅
phaseic acid (红花)菜豆酸
phase inversion membrane 相转化膜
phase-inversion polymerization 相转化聚合
phase-Ⅰ metabolism 初级代谢
phase jump 相位跃变
phase lag 相位滞后
phase microscope 相差显微镜;相衬显微镜
phaseolic acid 菜豆酸;5,8,12-三羟十二(烷)酮酸
phaseolin 云扁豆蛋白;菜豆球蛋白
phaseomannite(=inositol) 肌醇
phase orbit 相轨道
phase point 相点
phase ratio 相比(率)
phase relation 位相关系
phase rule 相律
phase selective alternating current polarography 相敏交流极谱法
phase separation 相分离
phase separation kinetics 相分离的动力学
phase separation spinning 相分离纺丝
phase shift 相移;相转变
phase shifter 移相器
phase shift mutation 移码突变;移相突变
phase space 相空间
phase splitting 相分离;相分层
phase titration (分)相滴定

phase trajectory 相轨道
phase transfer 相转移
phase transfer catalysis 相转移催化
phase transfer catalyst(PTC) 相转移催化剂
phase transformation 相转化
phase transition 相变
phase-transition temperature 相变温度
phase velocity 相速
phase voltage 相电压
phasic development 阶段发育
phasin 菜豆凝血素
phasometer 相位表;相位计
PHB(poly-*p*-hydroxybenzoate) 聚对羟基苯甲酸酯
pH controls pH 值控制器
Phe 苯丙氨酸
phellandral 水芹醛
phellandrene 水芹烯
α-phellandrene *α*-水芹烯;*α*-菲兰烯
β-phellandrene *β*-水芹烯;*β*-菲兰烯
phellem 木栓
phellonic acid 软木醇酸;二十二烷羟酸
phelypressin 苯赖加压素
phemethylol 苯甲醇
phenacaine hydrochloride 非那卡因盐酸盐
phenacemide 苯乙酰脲
phenacethydrazine 乙酰基苯肼
phenacetin 非那西汀;*N*-乙酰基对乙氧苯胺
phenacetol 苯氧基丙酮
phenacetolin 迪吉讷指示剂
phenaceturic acid 苯乙酰甘氨酸
phenacetylaniline *N*-苯乙酰苯胺
phenacridane chloride 氯化酚吖啶
phenactropinium chloride 芬托氯铵;氯苯酰托品
phenacyl 苯甲酰甲基
phenacyl alcohol 苯甲酰甲醇
phenacylamine 苯甲酰胺
phenacyl bromide 苯甲酰甲基溴
phenacyl chloride 苯甲酰甲基氯
phenacyl ester 苯乙酮酯
phenacyl halide 苯甲酰甲基卤
phenacylidene 苯甲酰亚甲基
phenadoxone 苯吗庚酮
phenaglycodol 非那二醇;对氯苯戊二醇
phenakite 硅铍石
phenallymal 苯烯比妥;烯丙苯巴比妥;5-烯丙基-5-苯基巴比妥
phenalzine 苯乙肼
phenamacid hydrochloride 盐酸 2-苯甘氨酸异戊酯
phenamet 蛋氨氮芥
phenamidine 氧二苯脒
phenamidine isethionate 羟乙磺酸氧二苯脒
phenampromid(e) 非那丙胺;哌苯丙酰胺
phenanthrahydroquinone 菲氢醌;9,10-菲二酚
phenanthraquinone 菲醌
9,10-phenanthraquinone 菲醌
phenanthrene 菲
9,10-phenanthrenedione 菲醌
phenanthrene hydroquinone 菲氢醌
phenanthrenequinone 菲醌
phenanthrenequinone dioxime 菲醌二肟
phenanthrenol 菲酚
phenanthrenone 菲酮
phenanthridine 菲啶
phenanthridinyl 菲啶基
phenanthridone 菲啶酮
phenanthrine 菲
phenanthro- 菲并
phenanthrol 菲酚
phenanthroline 菲咯啉
***o*-phenanthroline** 邻菲咯啉
phenanthrone 菲酮
phenanthrophenazine 二苯吩嗪
phenanthryl 菲基(有 5 种异构物)
phenanthrylene 亚菲基
phenanthryne 菲炔
phenaphthacridone 苯并萘吖啶酮
phenarsazine 吩吡嗪;砷氮杂蒽
phenarsazine chloride(=adamsite) 吩砒嗪化氯;亚当氏毒气
phenarsone sulfoxylate 非那胂次硫酸盐;次硫酸非那胂
phenasic acid 五取代苯酚
phenate(=phenolate) (1)酚盐 (2)(苯)酚盐;石炭酸盐
phenatine 烟酰苯丙胺
phenazine 吩嗪
phenazine dye(s) 吖嗪染料;吩嗪染料
phenazine oxide 叶枯净
phenazinone 吩嗪酮
phenazinyl 吩嗪基
phenazocine 非那佐辛
phenazone 非那宗;二甲基苯基吡唑酮;安替比林

phenazonium 二甲基苯基吡唑酮鎓
phenazopyridine hydrochloride 非那吡啶盐酸盐
phenbenzamine 芬苯扎胺;苯苄胺
phenbutamide 苯磺丁脲
phencarbamine 苯胺硫酯
phencyclidine 苯环利定;苯环己哌啶
phendimetrazine 苯甲曲秦;苯双甲吗啉;3,4-二甲基-2-苯基吗啉
phendioxin 苯并-1,4-二氧六环
phenelyl(=ethoxyphenyl) 乙氧苯基
phenelzine 苯乙肼
phenenyl 三价苯基(均、偏或连)
Phenergan 非那根;异丙嗪
phenesic acid 二取代酚
phenesterine 苯芥胆甾醇;胆甾醇对苯乙酸氮芥
phenetamine 苯环己乙胺
phenetetrol 1,2,3,4-苯四酚
phenetharbital 苯二乙巴比妥
phenethicillin potassium 非奈西林钾;苯氧乙基青霉素钾
phenethyl 苯乙基
phenethyl alcohol 苯乙醇
phenethylamine 苯乙胺
phenethyldiguanide 苯乙福明;苯乙双胍;降糖灵
phenetide *N*-酰乙氧基苯胺
***o*-phenetidine** 邻氨基苯乙醚
***p*-phenetidine** 对氨基苯乙醚
phenetidine camphorate 樟脑酸乙氧基苯胺
***p*-phenetidine citrate** 柠檬酸化对氨基苯乙醚
phenetidines 氨基苯乙醚;乙氧基苯胺(合成药物类名)
phenetidine salicylate 水杨酸乙氧基苯胺
phenetidino- 乙氧苯胺基(邻、间或对)
phenetole(=ethyl phenolate) 苯乙醚;乙氧基苯
pheneturide 苯丁酰脲
phenetyl 乙氧苯基
phenformin 苯乙福明;苯乙双胍;降糖灵
phenglutarimide 芬格鲁胺;苯谷塔迈;苯氨哌二酮
phenic acid 苯酚
phenicarbazide 苯氨脲;苯胺甲酰肼;苯基氨基脲
phenicate (1)酚盐 (2)用酚消毒
phenicin 芬尼菌素;盐酸苯异丙肼
phenide 苯基金属
phenidone 菲尼酮
phenil 苯基
phenindamine 苯茚胺;芬宁胺;抗敏胺
phenindione 苯茚二酮
pheniodol 碘阿芬酸;碘苯丙酸
pheniprazine 苯异丙肼
pheniramine 非尼拉敏;抗感明
phenisic acid 三代苯酚
phenixin 四氯化碳
phenmedipham 苯敌草;甜菜宁
phenmethyl 苯甲基;苄基
phenmethyltriazine 苯并甲基三嗪
phenmetrazine 芬美曲嗪;苯甲吗啉氯茶碱
phenmiazine(= quinazoline) 间二氮杂萘;1,3-二氮杂萘;喹唑啉
phenobarbital 苯巴比妥
phenobarbital sodium 苯巴比妥钠
phenobarbitone 苯巴比通;鲁米那
phenobutiodil 碘芬布酸;三碘苯氧丁酸
phenocoll 非诺可;氨基非那西丁
phenoctide 辛芬
phenodianisyl 茴胍卡因;苯二茴胍
phenodin(=hematin) 羟高铁血红素
pheno-ether resin 酚醚树脂
phenol 酚;苯酚
phenol acids 羟基芳酸
phenol aldehyde (1)酚醛 (2)苯酚醛
phenol-arsonic acid 羟基苯胂酸
phenolase 酚酶
phenolate (1)酚盐(2)(苯)酚盐
phenol benzoate 苯甲酸苯酯
phenol bismuth 苯氧二羟铋
phenol coefficient 石炭酸系数
phenoldisulfonic acid 苯酚二磺酸
phenol ester 苯酚酯
phenol ether 苯酚醚
phenol formaldehyde resin 酚醛树脂
phenol-furfural resin 苯酚-糠醛树脂
phenol glucuronic acid 葡糖苯苷酸
phenolic acid 酚酸
phenolic alcohol 酚醇
phenolic aldehyde 酚醛
phenolic cement 酚醛树脂胶结剂
phenolic effluent 含酚废水
phenolic ester 酚酯
phenolic ether 酚醚
phenolic fibre 酚醛纤维
phenolic foam 酚醛泡沫体
phenolic hydroxyl 酚式羟基
phenolic mo(u)lding powder 酚醛压塑粉

phenolic novolac 可溶可熔酚醛树脂
phenolic plastic 酚醛塑料
phenolic resin 酚醛树脂
phenolic resin coating 酚醛树脂涂料
phenolic resin enamel 酚醛瓷漆
phenolic resin varnish 酚醛清漆
phenolics 酚醛塑料
phenolic sulfonamide 苯酚磺(酰)胺
phenol-impregnated modified wood 碎木塑料
phenol-keto tautomerism 酚-酮互变异构
phenol-lignin resin 苯酚木质素树脂
phenoloid (藻类植物的)酚性化合物
phenol oil 酚油
phenol oxidase 酚氧化酶
phenolphthalein 酚酞
phenolphthalein sodium 酚酞钠
phenolphthalin 酚酞啉;还原酚酞
phenolphthalol 酚酞醇
phenolplast 酚醛塑料
phenolquinine 苯酚奎宁
phenol red (苯)酚红
phenol still 苯酚蒸馏塔
phenol sulfatase 苯硫酸酶
phenolsulfonate 苯酚磺酸盐;羟基苯磺酸盐
phenol sulfonic acid 苯酚磺酸
***p*-phenolsulfonic acid** 对苯酚磺酸
phenolsulfonphthalein(= phenol red) 酚磺酞;酚红
phenol sulfuric acid 硫酸苯酯;*O*-苯基硫酸
phenoltetrachlorophthalein 四氯酚酞
phenol value of activated carbon 活性炭的吸酚值
phenolysis 酚解
phenomenological coefficient 唯象系数
phenomenological equation 唯象方程;现象方程
phenomenological theory 唯象理论
phenomenon 现象
σ-phenomenon σ-现象
phenomorphan 非诺啡烷;羟苯乙吗喃
phenomycin 酚霉素
phenonaphthazine 苯并吩嗪
phenonium ion 酚鎓离子
phenoperidine 苯哌利定;苯丙苯哌酯
phenophenanthrazine 苯并菲嗪
phenopiazine 对二氮(杂)萘
phenoplast 酚醛塑料
phenoplast mo(u)lding compound 压制酚醛塑料
phenopyrazone 非诺吡酮;苯吡唑酮
phenopyrine 石炭酸安替比林;酚合安替比林
phenoquinone 二苯酚合苯醌
phenosafranin 酚藏花红
phenosalyl 苯酚、水杨酸、薄荷醇、乳酸的混合物(防腐剂)
phenose 酚糖
phenoselenazine 吩硒嗪
phenosic acid 四代苯酚
phenostal 草酸二苯酯
phenosulfazole 酚磺胺噻唑
phenothalin 酚酞
phenothiazine 吩噻嗪
phenothiazinyl 吩噻嗪基
phenothiazone 吩噻嗪酮
phenothiol 酚硫杀
phenothioxin 吩噻噁
phenothrin 苯醚菊酯
phenoxarsine 吩噁砒
phenoxaselenin 吩噁硒
phenoxatellurin 吩噁碲
phenoxazine 吩噁嗪
phenoxetol 苯氧基乙醇
phenoxide(= phenolate) (1)酚盐 (2)(苯)酚盐
phenoxin 四氯化碳
phenoxthine 吩噻噁
phenoxy 苯氧基
phenoxyacetic acid 苯氧基乙酸
phenoxyacetyl cellulose 苯氧基乙酰纤维素;苯氧基醋酸纤维素
phenoxybenzamine 苯氧苄胺;酚苄明
phenoxycalcium 苯氧基钙
phenoxyethanoic acid 苯氧基醋酸
phenoxy ethanol 苯氧基乙醇
2-phenoxyethanol 2-苯氧基乙醇
phenoxyethyl alcohol 苯氧基乙醇
phenoxymethyl penicillin 苯氧甲基青霉素
phenoxy potassium 苯氧基钾
phenoxypropazine 苯氧丙肼;苯氧异丙肼
phenoxy resin 苯氧树脂
phenpentermine 苯戊叔胺
phenpiazine 对二氮(杂)萘
phenprobamate 苯丙氨酯;氨甲酸苯丙酯;强筋松;强肌松
phenprocoumon 苯丙香豆素
phensuximide 苯琥胺 ;米浪丁

phentermine 芬特明;苯(叔)丁胺
phentetiothalein sodium 邻四碘酚酞钠
phenthiazine(=phenothiazine) 吩噻嗪
phenthiazone 吩噻嗪酮
phenthiol(=thiophenol) 苯硫酚
phenthoate 稻丰散
phentolamine 酚妥拉明;吩妥胺;酚胺唑啉;苄胺唑啉
phentriazine 苯并三嗪
phentydrone 1,2,3,4-四氢-9-芴酮
phenurone 苯基乙酰脲
phenyl 苯基
phenylacetaldehyde 苯乙醛
phenylacetamide 苯乙酰胺
α-phenylacetamide α-苯乙酰胺
phenyl acetanilide(=phenacetyl-aniline) *N*-苯乙酰苯胺
phenylacetate (1)乙酸苯酯 (2)苯乙酸盐(或酯)
phenylacetic acid 苯乙酸
phenyl acetone 苯基丙酮
phenylacetonitrile 苯乙腈
phenylacetyl 苯乙酰
phenylacetylene 苯(基)乙炔
phenylacetylglutamine 苯乙酰谷氨酰胺
phenyl acetylsalicylate 乙酰水杨酸苯酯
phenylacridine 苯基吖啶
phenylacrylic acid 苯基丙烯酸
phenylalaninase 苯丙氨酸酶;苯丙氨酸-4-羟化酶
phenylalanine 苯基丙氨酸
phenylalanine-4-hydroxylase 苯丙氨酸-4-羟化酶
phenylalanyl- 苯丙氨酰(基)
phenylaldehyde 苯甲醛
phenyl alkylsulfonate 石油磺酸苯酯
β-phenylallyl alcohol 肉桂醇
phenyl-allylene 苯丙炔
phenylamine(=aniline) 苯胺
phenylaminocadmiumlactate-phenylmercury formamide 镉汞混剂
phenyl aminosalicylate 对氨基水杨酸苯酯
phenylaniline(=aminobiphenyl) 苯基苯胺;氨基联苯
***N*-phenylaniline** 二苯胺
***o*-phenylaniline** 邻氨基联苯
phenylanilineurea 苯基苯胺脲;二苯氨基脲
***N*-phenylanthranilic acid** *N*-苯氨茴酸;邻苯氨基苯甲酸
phenyl-arsenimide 苯砷亚胺
phenyl-arsenoxide 苯亚胂氧化物
phenyl-arsine oxychloride 苯胂酰二氯
phenyl-arsine sesquisulfide 双苯胂化三硫
phenyl-arsine sulfide 苯胂基硫
phenyl-arsine tetrachloride 苯胂化四氯
phenylarsonic acid 苯胂酸;苯基胂酸
phenyl-arsonous acid 苯亚胂酸
phenylate 苯醚
phenylated 苯代的
phenylated poly-*p*-phenylene 苯基聚苯
phenylathranilic acid *N*-苯基氨茴酸
phenylazo- 苯偶氮基
phenylbenzamide *N*-苯基苯酰胺
phenylbenzene(=biphenyl) 联(二)苯
phenylbenzhydryl 苯基羟苄基
2-phenylbenzimidazole 2-苯基苯并咪唑
phenylbenzoate (1)苯甲酸苯酯 (2)苯基苯甲酸盐(或酯)
***N*-phenylbenzohydoxamic acid** *N*-苯基苄羟肟酸
2-phenylbenzopyrylium ion 2-苯基苯并吡(喃)鎓;花(色)鎓
phenyl-benzoylene-urea 苯基亚苯酰基脲
8-*p*-phenylbenzylatropinium bromide 溴苯苄托品
phenyl-benzyl-carbinol 苯基·苄基甲醇;1,2-二苯乙醇
phenylbenzyl tin chloride 氯化苯基苄基锡
phenyl biguanide 苯双胍
phenylbiphenylyl oxadiazole(PBD) 苯基联苯基噁二唑
phenylboric acid 苯基硼酸(苯基在此代替了 OH)
phenylborine 苯基甲硼烷
phenyl boron dichloride 苯基二氯硼烷
phenyl boron dihydroxide(=phenylboric acid) 苯基硼酸
phenylboronic acid(=phenyl boric acid) 苯基硼酸
phenylbutazone 保泰松
3-phenyl-1-butyn-3-ol 3-苯基-1-丁炔-3-醇
α-phenylbutyramide α-苯基丁酰胺
phenyl carbamate 氨基甲酸苯酯
phenylcarbamido 苯氨基甲酰氨基;苯脲基
phenylcarbamoyl 苯氨羰基;苯氨基甲酰
phenylcarbinol 苯甲醇
phenyl carbonate 碳酸二苯酯
phenylcarbonic acid *O*-苯基碳酸;碳酸氢苯酯

phenylcarbylamine dichloride 苯胩化二氯
phenylchinaldine 苯基甲基喹啉
phenylchinoline 苯基喹啉
phenylchloride 苯基氯;氯苯
phenyl chloroacetate 氯乙酸苯酯
phenyl-chloroform 苯基氯仿;α,α,α,-三氯甲苯
phenyl-cinnamic acid 苯基肉桂酸;2-苯代肉桂酸
***α*-phenylcinnamic acid** *α*-苯基肉桂酸
phenyl copper 苯基铜
phenylcrotonic acid 苯基巴豆酸
phenyl crotonylene 苯基巴豆炔
phenylcumalin 苯(基)吡喃酮
phenyl cyanate 氰酸苯酯
phenyl cyanide 苯基氰;苄腈
phenylcyclopropane 苯基环丙烷
phenyl-diaryl-oxyarsine 苯亚胂酸二芳酯
phenyldibromoarsine 二溴化苯胂
phenyldichloroarsine 二氯苯基胂;二氯化苯胂
phenyldichlorophosphine 苯基二氯磷;二氯苯膦
phenyldiethanolamine 苯基二乙醇胺;苯基·双羟乙基胺
phenyldihydroxyarsine 苯亚胂酸
phenyldimethylarsine dichloride 二氯化二甲苯砷
phenyldimethylarsine dihydroxide 二氢氧化二甲苯砷
phenyldimethylpyrazolone 苯基二甲基吡唑啉酮
phenyl disulfide 二硫二苯
phenylene 亚苯基
phenylenebisazo 亚苯基双偶氮;苯双偶氮基
***m*-phenylenediamine** 间苯二胺
***o*-phenylenediamine** 邻苯二胺
***p*-phenylenediamine** 对苯二胺
phenylene-diamine oxidase 苯二胺氧化酶
phenylenediarsonic acid 苯二胂酸
phenylene diazo 苯双偶氮基
phenylene diazosulfide 苯双偶氮硫
phenylenedimethylene 苯二甲基
phenylenedimethylidyne 苯二次甲基
phenylene silicone rubber 对亚苯基硅橡胶
phenylene-sulfourea(=phenylene thiourea) 亚苯基硫脲
phenylene-thiourea 亚苯基硫脲
phenylene urea 亚苯基脲
phenyleph(ed)rine 苯福林;新福林
phenylephrine hydrochloride 苯福林盐酸盐;去氧肾上腺素盐酸盐;苯肾上腺素盐酸盐
phenylethane 乙苯
2-phenylethanol 苯乙醇
phenylethanolamine 苯基乙醇胺
phenyl ether 苯基醚;二苯醚
phenylethyl acetate 醋酸苯乙酯
phenylethylamine 苯乙胺
phenylethylbarbirtuic acid 苯巴比妥
phenylethyl benzoate 苯甲酸苯乙酯
phenylethylene (1)苯乙烯(2)苯亚乙基
phenylethylene oxide 氧化苯乙烯
phenylethyl hydantoin 5,5-苯基乙基乙内酰脲
5-(*α*-phenylethyl) semioxamazide 5-(*α*-苯乙基)氨基草酰肼
phenylfluorone 苯基荧光酮
phenylformic acid 苯(甲)酸
phenyl glucosazone 苯基葡糖脎;葡糖脎
phenyl glucuronide 葡糖醛酸苯酚苷
phenylglyceryl ether 苯甘油醚
phenylglycine 苯基甘氨酸
***N*-phenylglycine** *N*-苯基甘氨酸
***α*-phenylglycine** *α*-苯基甘氨酸
phenylglycine-*o*-carboxylic acid 苯基甘氨酸邻羧酸
phenylglycine ethyl ester 苯基甘氨酸乙酯
phenylglycocoll 苯基甘氨酸
phenylglycollic acid 苯乙醇酸;扁桃酸
phenylglyoxal 苯甲酰甲醛
phenylglyoxylic acid 苯酰甲酸
phenyl group 苯基
phenyl-hexahalide 六卤(代)苯
phenyl-hosphenylic acid (1)苯膦酸(2)苯次膦酸
phenyl hydrate 苯酚
phenylhydrazine 苯肼
phenylhydrazine hydrochloride 盐酸苯肼
phenylhydrazine levulinic acid 苯肼乙酰丙酸
phenyl hydrazine-*p*-sulfonic acid 苯肼对磺酸;对肼基苯磺酸
phenylhydrazine urea 苯肼脲
phenylhydrazone 苯腙
phenyl hydrazoquinoline 苯肼基喹啉
phenyl hydrogen sulfate 苯硫酸;硫酸苯氢酯
phenyl hydrosulfide 苯硫酚
phenyl hydroxide 苯酚

phenyl α-hydroxybenzyl ketone 苯偶姻
phenylhydroxylamine 苯胲
phenylic acid (1)(苯)酚;石炭酸(2)酚
phenylid 苯胺
phenylidene(=cyclohexadienylidene) 亚环己二烯基
phenylimino- 苯基亚氨基
phenylindanedione 苯基二氢化茚-1,3-二酮
2-phenylindole 2-苯基吲哚(无毒稳定剂)
phenyl isocyanate 异氰酸苯酯
phenyl isocyanide 苯胩
phenyl isorhodanate 异硫氰酸苯酯
phenyl isorhodanide 异硫氰酸苯酯
phenyl isosulfocyanate 异硫氰酸苯酯
phenyl isosulfocyanide 异硫氰酸苯酯
phenyl isothiocyanate 异硫氰酸苯酯
phenyl ketone 二苯(甲)酮
phenyl lactazam 苯基内酰联胺
phenyllactic acid 苯基乳酸
phenyl lithium 苯基锂
phenyl magnesium bromide 溴化苯基镁
phenylmagnesium chloride 氯化苯基镁
phenylmagnesium halide 卤化苯基镁
***N*-phenylmaleimide** *N*-苯基马来酰亚胺
phenylmercaptan 苯硫酚
phenylmercuric acetate 乙酸苯汞
phenylmercuric bromide 溴化苯基汞
phenylmercuric chloride 氯化苯基汞
phenylmercuric iodide 碘化苯基汞
phenylmercuric nitrate basic 碱式硝酸苯汞
phenylmercuric salt 苯基汞盐
phenylmercury borate 硼酸苯汞
phenylmethane 甲苯
phenylmethylacetylene 苯基甲基乙炔
phenylmethylarsinic acid 苯基·甲基次胂酸
phenylmethylbaurbituric acid 苯甲巴比妥酸
phenylmethylether 茴香醚
phenyl methyl ketone 苯乙酮;乙酰苯;甲基·苯基(甲)酮
1-phenyl-3-methyl-5-pyrazolone 1-苯基-3-甲基-5-吡唑啉酮
phenylmethylsilicone 苯基甲基硅氧烷
phenylnaphthalene 苯基萘
phenyl-α-naphthylamine 苯基-α-萘胺;苯基-1-萘胺(抗氧剂)
phenyl-1-naphthylamine 苯基-1-萘胺
phenylnitramine 苯硝胺;*N*-硝基苯胺
phenylnitrone 苯基硝酸灵
phenyloboric acid 苯硼酸
phenylog 联苯物
phenylogic series 联苯物系列
phenylosazone 苯脎
phenyloxalate 草酸二苯酯
phenyloxamic acid 苯胺羰酸
***m*-phenyloxybenzaldehyde** 间苯氧基苯甲醛
phenyloxydisulfide 二硫化二苯氧
phenylparaconic acid 苯基仲康酸;苯基丁内酯-*β*-甲酸
phenyl-paraffin alcohols 苯基链烷醇
phenyl-pentahalide 五卤(代)苯
phenyl-peri acid 苯基-1-萘胺-8-磺酸
phenyl petroleum sulfonate 石油磺酸苯酯
***α*-phenylphenacyl** *α*-苯基苯乙酰
***o*-phenylphenol** 邻苯基苯酚
***p*-phenylphenol** 对苯基苯酚
phenylphosphine 苯膦
phenylphosphinic acid (1)苯膦酸 (2)苯次膦酸
phenyl phosphite 亚磷酸苯酯
phenylphospho-acid 苯膦酸;苯基膦酸
phenylphosphonic acid(= phenylphospho-acid) 苯膦酸;苯基膦酸
phenylphosphonyl dichloride 苯膦酰二氯
phenylphthalamic acid 苯基邻氨甲酰基苯甲酸
phenyl phthalate 邻苯二甲酸二苯酯
***N*-phenylphthalimide** *N*-苯基邻氨甲酰亚胺;*N*-邻氨甲酰苯胺
phenyl polychloride 多氯代苯
phenyl potassium 苯基钾
phenylpropanate 苯(基)丙酸盐(或酯)
phenylpropanol 苯丙醇;利胆醇
phenylpropanolamine hydrochloride 苯丙醇胺盐酸盐
phenylpropiolic acid 苯丙炔酸
phenylpropyl aldehyde 苯基丙醛
phenylpropylmethylamine 苯丙甲胺
1-phenyl-3-pyrazolidinone 1-苯基-3-吡唑烷酮
phenylpyridine 苯基吡啶
phenylpyruvic acid 苯丙酮酸
phenyl rhodanate 硫代氰酸苯酯
phenyl salicylate 水杨酸苯酯
4-phenylsemicarbazide 4-苯基氨基脲
phenyl-semicarbazone 缩苯氨基脲
phenyl semicarbazone acetaldehyde 乙醛缩苯氨基脲
phenylsilver 苯基银
phenylsodium 苯基钠

phenylstannane 苯基锡烷
phenylsuccinic acid 苯基丁二酸
phenylsulfamic acid 苯氨基磺酸
phenylsulfamoyl 苯氨基磺酰
phenylsulfamyl 苯氨基磺酰
***N*-phenylsulfanilic acid** *N*-苯基对氨苯磺酸
phenylsulfhydrate 硫酚
phenylsulfhydryl 硫酚
phenyl sulfide 二苯硫醚
phenylsulfinylacetic acid 苯亚磺酰基乙酸
phenylsulfinyl 苯亚磺酰
phenyl sulfocyanate 硫代氰酸苯酯
phenyl sulfocyanide 硫代氰酸苯酯
phenylsulfonamido- 苯磺酰氨基
phenyl sulfone 二苯砜
phenylsulfonyl 苯磺酰
phenylsulfuric acid 硫酸苯酯
phenyl tetrabromide 四溴代苯
phenylthioacetamide 苯硫代乙酰胺
phenyl thioalcohol 苯硫酚
phenylthiocarbamyl- 苯氨基硫代甲酰基
phenylthiocarbonimide 异硫氰酸苯酯
phenylthiohydantoic acid 苯基海硫因酸；苯异硫脲基乙酸
3-phenyl-2-thiohydantoin(PTH) 乙内酰苯硫脲
phenylthioisocyanate (1)异硫氰酸苯酯 (2)苯异硫氰酸盐(酯或根)
phenyl-thionamic acid 苯氨基磺酸
phenyl-thiosemicarbazide 苯氨基硫脲
phenylthiourea 苯硫脲
phenyltin (1)二苯锡 (2)苯锡基
phenyltin chloride 三氯化苯锡
phenyltin tribenzyl 苯基三苄基锡
phenyltoin 苯妥英；二苯基乙内酰脲
phenyltoloxamine 苯托沙敏；苄苯醇胺；苯甲苯氧胺
phenyltoluene 苯基(代)甲苯
phenyltolyl 苯基甲苯
***o*-phenyl tolyl ketone** 邻苯基·甲苯基(甲)酮
***p*-phenyl tolyl ketone** 对苯基·甲苯基(甲)酮
phenyltrichlorosilane 苯基三氯硅烷
phenyltriethoxysilane 苯基三乙氧基硅烷(偶联剂)
phenyltriethylsilicane 苯基三乙基硅烷
phenyl trihalide 三卤(代)苯
phenyltrimethylammonium hydroxide 氢氧化-*N*-苯基三甲铵
phenyl-trimethylammonium iodide 碘化-*N*-苯基三甲铵
phenyl-trimethylsilicane 苯基三甲基硅烷
phenylurea 苯脲
phenylureido- 苯脲基
phenylurethan(e) 苯氨基甲酸乙酯
phenyl-xanthogenic acid 苯基黄原酸
phenyl-xanthonate 苯基黄原酸盐
phenyl-xanthonic acid 苯基黄原酸
phenyl-xanthydrol 苯基呫吨氢醇
phenyramidol 非尼拉朵；苯吡氨醇
phenytoin 苯妥英
phenytoin sodium 苯妥英钠
phenzoline 苯基二氢喹唑啉
pheophytin 脱镁叶绿素
pheoretin 大黄胶素
pheromone 外激素；信息素；信息激素
pheron 酶蛋白；脱辅基酶
phethenylate sodium 苯噻妥英钠
philips screw 十字槽螺钉
phillyrin 非丽苷；连翘苷
philosopher's stone 哲人石；点金石
philosopher's wool 氧化锌
pH indicator 酸碱指示剂
phlean 梯牧草果聚糖
phlegma 冷凝液
phleomycin 腐草霉素；佛来霉素
phlogiston 燃素
phlogopite 金云母
phloionic acid 9,10-二羟十八烷二酸
phloionolic acid 9,10,18-三羟十八酸
phloretic acid 根皮酸
phloretin 根皮素；根皮苷配基
phloridzin 根皮苷
phlorizein 氧化根皮苷
phloroacetophenone 根皮乙酰苯；乙酰间苯三酚
phlorobenzophenone 苯根皮酚
phloroglucin 间苯三酚；均苯三酚；藤黄酚
phloroglucinol(= phloroglucin) 间苯三酚；均苯三酚；藤黄酚
phloroglucinol phthalein 间苯三酚酞；棓子色素
phloroglucinol trioxime 间苯三酚肟；环已间三肟
phloroglucinol triphenyl ether 间苯三酚三苯醚
phloroglucite 1,3,5-环已三醇
phloroglucitol 间环已烷三醇；1,3,5-环已烷三醇

phlorol 邻乙基苯酚
phlorone 对二甲基苯对醌
phlorose(=α-glucose) 根皮糖;α-葡萄糖
phloxin 根皮红;四溴二氯荧光黄
pH meter pH 计;酸度计
phocenic acid 戊酸
phocenin 甘油三戊酸酯
phoeophorbide 脱镁叶绿酸
phoeophorbin 脱镁叶绿二酸
phoeophytin 脱镁叶绿素
pH of latex gel 凝胶 pH
pholcodine 福尔可定;吗啉乙吗啡
pholedrine 福来君;*N*-甲基对羟基苯丙胺
phomalactone 基点霉内酯
phonochemistry 声化学
phonometer 声强计
phonon 声子
phonon maser 激声
phono-optic ceramics 声光陶瓷
phonophote 声波发光机
phorate 甲拌磷;3911
phorbol 佛波醇;大戟二萜醇
phorbol ester 佛波酯;大戟二萜醇酯
phorone 佛尔酮;对称亚异丙基丙酮
phosalone 伏杀磷;伏杀硫磷
phosazetim 毒鼠磷
phosdrin 速灭磷
phosethyl-Al 三乙膦酸铝
phosfolan 棉安磷
phosgenated J-acid 猩红酸
phosgene 光气;碳酰氯
phosgenismus 光气中毒
phosmet 亚胺硫磷
phosphagen 磷酸肌酸
phosphamic acid 磷酰胺酸
phosphamic acid bond 磷酰胺酸键
phosphamide 磷酰胺
phosphamidon 磷胺;大灭虫
phosphaminase 氨基磷酸酶
phosphaniline 苯膦
phospharseno 偶磷砷基
phosphatase 磷酸(酯)酶
phosphate 磷酸盐(或酯)
phosphate anodization 磷酸阳极氧化
phosphate bond energy 磷酸键能
phosphate crown 磷铬黄
phosphate ester starch 磷酸酯淀粉
phosphate fertilizer 磷肥
phosphate-free detergent 无磷洗涤剂
phosphate inhibitor 磷酸盐缓蚀剂
phosphate laser glass 磷酸盐激光玻璃
phosphate method 磷酸盐法
phosphate of lime 磷酸钙
phosphate pickling agent 磷化处理液
phosphate process 磷酸盐法;磷酸精制过程
phosphate (protective)coating 磷酸盐保护膜
phosphate tanning 偏磷酸盐鞣
phosphate treatment 磷化处理;磷酸基处理
phosphatic feed 磷酸盐饲料
phosphatic fertilizer 磷肥
phosphatic rock 磷块岩
phosphatidalcholine 缩醛磷脂酰胆碱
phosphatidalserine 缩醛磷脂酰丝氨酸
phosphatidase 磷脂酶
phosphatidate (1)磷脂酸(2)磷脂酸盐(酯或根)
phosphatide 磷脂
phosphatide acylhydrolase 磷脂酰基水解酶
phosphatidic acid 磷脂酸
phosphatidic acid phosphatase 磷脂酸磷酸(酯)酶
phosphatidylcholine 磷脂酰胆碱;卵磷脂
phosphatidylcholine-specific phospholipase C 磷脂酰胆碱特异性磷脂酶 C
phosphatidyl ethanolamine 磷脂酰乙醇胺
phosphatidyl glycerol 磷脂酰甘油
phosphatidylinositol 磷脂酰肌醇
phosphatidylinositol diphosphate 磷脂酰肌醇二磷酸
phosphatidylinositol phosphate 磷脂酰肌醇磷酸
phosphatidylserine 磷脂酰丝氨酸
phosphating 磷酸盐处理
phosphat(iz)ing 磷化处理
phosphato-molybdic acid 磷钼酸
phosphato-tungstic acid 磷钨酸
phosphazene 磷腈
phosphazide 叠氮膦
phosphazine 膦嗪
phosphazo- 偶磷氮基
phosphene 磷杂环戊二烯
phosphenic acid 氧次膦酸
phosphenous acid 氧卑膦酸
phosphenyl 苯膦基
phosphenylic acid 苯膦酸;苯基磷酸
phosphenylic oxychloride 苯膦酰二氯
phosphenyl oxychloride 苯膦酰二氯
phosphide 磷化物
phosphine (1)磷化氢 (2)膦 (3)碱性染

革黄棕

phosphine borine 膦硼烷

phosphine imide 亚胺膦

phosphinic acid (1)次膦酸(2)(=phosphonic acid) 膦酸

phosphinico- 磷酸亚基

phosphinidene 亚膦基

phosphinidyne 次膦基

phosphinimine 膦亚胺

phosphinimyl 亚氨膦基

phosphinimylidene 亚氨亚膦基

phosphinimylidyne 亚氨次膦基

phosphinium 膦鎓

phosphinoborine 聚膦硼烃

phosphinodifluorophosphine 偏二氟双膦

phosphinoso 羟亚膦基

phosphinothioyl 硫膦基

phosphinothioylidene 硫亚膦基

phosphinothioylidyne 硫次膦基

phosphinothricin 草铵膦(酸);(3-氨基-3-羧基丙基)·甲基次膦酸

phosphinous acid 三价膦酸

phosphinyl 氧膦基

phosphinylidene 氧亚膦基

phosphinylidyne 磷酰;氧次膦基

phosphite 亚磷酸盐

phosphite ester 亚磷酸酯

phospho- 二氧磷基

phosphoacetylglucosamine mutase 乙酰葡糖胺磷酸变位酶

phospho acid (1)膦酸(2)次膦酸

phospho albumin (含)磷白蛋白

phosph(o)amidase 磷酰胺酶

phosphoamide 磷(酸)酰胺

phospho-aminolipid 磷氨基类脂

phosphoarabonic acid 磷酸阿(拉伯)糖酸

phospho-arginine 磷酸精氨酸

phosphobenzene 偶磷苯

phosphocarnic acid 核磷酸

phosphocholine 胆碱磷酸

phosphocreatine 磷酸肌酸

phosphocysteamine 磷酸半胱胺

5′-phospho-2′-de(s)oxyribose 5′-磷酸-2′-脱氧核糖

phosphodiesterase 磷酸二酯酶

phosphodihydroxyacetone 磷酸二羟丙酮

phosphoenoloxaloacetic acid 磷酸烯醇草酰乙酸

phosphoenolpyruvate 磷酸烯醇丙酮酸

phosphoenolpyruvate carboxykinase 磷酸烯醇丙酮酸羧激酶

phosphoenolpyruvate carboxylase 磷酸烯醇丙酮酸羧化酶;PEP 羧化酶

phosphoenolpyruvate carboxytrans phosphorylase 磷酸烯醇丙酮酸羧转磷酸酶;PEP 羧转磷酸酶

phosphoenolpyruvate synthase 磷酸烯醇丙酮酸合酶

phosphoenolpyruvic acid 磷酸烯醇丙酮酸

phosphoesterase 磷酸酯酶

phosphofluoric acid 六氟磷酸

phosphofructokinase 磷酸果糖激酶

phosphoglobulin 磷球蛋白

phosphoglucoisomerase 磷酸葡糖异构酶

phosphoglucomutase 葡糖磷酸变位酶

phosphogluconate dehydrogenase 磷酸葡糖酸脱氢酶

phosphogluconate shunt 葡糖酸磷酸支路

phosphogluconic acid 磷酸葡糖酸

phosphogluconolactone 磷酸葡糖酸内酯

phosphoglucosamine acetylase 磷酸葡糖胺乙酰化酶

phosphoglucose isomerase 磷酸葡糖异构酶

phosphoglyceraldehyde 甘油醛磷酸;磷酸甘油醛

phosphoglyceraldehyde dehydrogenase 磷酸甘油醛脱氢酶

phosphoglycerate phosphomutase 磷酸甘油酸磷酸变位酶

phosphoglyceric acid 磷酸甘油酸

phosphoglyceric kinase 磷酸甘油酸激酶

phosphoglyceric phosphokinase 磷酸甘油酸(磷酸)激酶

phosphoglyceride 磷酸甘油酯

phospho-glycerol 磷酸甘油;甘油磷酸

phosphoglycerol dehydrogenase 磷酸甘油脱氢酶

phosphoglycerol kinase 磷酸甘油激酶

phosphoglycerol transacylase 磷酸甘油转酰(基)酶

phosphoglyceromutase 磷酸甘油变位酶

phosphoglycoprotein 磷糖蛋白

phosphogypsum 磷石膏

phosphohexoisomerase 磷酸己糖异构酶

phosphohexokinase 磷酸己糖激酶

phosphohexonate 磷酸己糖酸盐(或酯)

phosphohexose 己糖磷酸;磷酸己糖

phosphohomoserine 磷酸高丝氨酸

phosphohydroxypyruvic acid 磷酸羟基丙酮酸

phosphoinositide 磷酸肌醇
phosphoketolase 磷酸酮醇酶;磷酸转酮酶
phosphoketopentoepimerase 磷酸戊酮糖差向异构酶
phosphoketuronic acid 磷酸糖酮酸
phosphokinase 磷酸激酶
phospholipase 磷脂酶
phospholipid 磷脂
phospholipin(=phospholipid) 磷脂
phospholipoprotein 磷酸脂蛋白
phosphomannose isomerase 磷酸甘露糖异构酶
phosphomevalonate kinase 磷酸甲羟戊酸激酶
phosphomolybdate 钼磷酸盐
phosphomolybdate method 钼磷酸盐法
phosphomolybdic acid (PMA) 磷钼酸
phosphomonoesterase 磷酸单酯酶
phosphomutase 磷酸变位酶;转磷酸酶
phosphonate ester 膦酸酯
phosphonation 磷酸化作用
phosphonazo Ⅰ 偶氮膦 Ⅰ
phosphonazo Ⅲ 偶氮膦Ⅲ
phosphonia 磷鎓杂
phosphonic acid 膦酸
phosphonic chloride 膦酰氯
phosphonio 磷鎓基
phosphonitrile 磷腈
phosphonitrile chloride 氯化磷腈
phosphonitrogen 磷氮肥
phosphonitryl 磷氮基
phosphonium 磷鎓;鏻
phosphonium compound 鏻化合物
phosphonium halide 卤化鏻
phosphonium iodide 碘化鏻
phosphonium ion 磷鎓离子
phosphonium salt 鏻盐
phosphono- 膦酰基
phosphonoacetone 二氧磷基丙酮
phosphonodithioic acid 二硫羟膦酸
phosphonodithious acid 二硫代亚膦酸
phosphonomycin 磷霉素
phosphononitridic acid 氮逐膦酸
phosphononitridothioic acid 硫羟氮逐膦酸
phosphonoso (1)羟氧亚磷基(2)羟氧膦基
phosphonothiolic acid 硫逐膦酸
phosphonothiolothionic acid 硫羟硫逐膦酸
phosphonothionic acid 硫羟膦酸
phosphonothious acid 硫羟亚膦酸
phosphonotrithioic acid 三硫代膦酸;二硫代硫膦酸
phosphonous acid 亚膦酸
phosphonuclease(=nucleotidase) 核苷酸酶
phosphonyl chloride 膦酰氯
phosphoprotein 磷蛋白
phosphoprotein phosphatase 磷蛋白磷酸酶
phosphopyridine nucleotide (= codehydrogenase) 磷酸吡啶核苷酸;辅脱氢酶
phosphopyridoxal 磷酸吡哆醛
phosphopyruvate (1)磷酸丙酮酸(2)磷酸丙酮酸盐(或酯)
phosphopyruvate carboxylase 磷酸丙酮酸羧化酶
phosphopyruvate hydratase 磷酸丙酮酸水合酶
phospho-pyruvic acid 磷酰基丙酮酸
phosphor (1)无机发光材料(2)磷
phosphoramidate 氨基磷酸酯
phosphoramide 磷酰胺
phosphoramidic acid 氨基磷酸
phosphoramidimidic acid 亚氨代氨基磷酸
phosphorane 正膦 PH_5
phosphoranedioic acid 正膦二酸
phosphoranepentayl 正膦五基
phosphoranepentoic acid 正膦五酸;原膦酸
phosphoranetetrayl 正膦四基
phosphoranetetroic acid 正膦四酸
phosphoranetrioic acid 正膦三酸
phosphoranetriyl 正膦次基
phosphoranoic acid 正膦(单)酸
phosphoranyl 正膦基
phosphorate 膦肟酸酯(含$=P_2O_4$ 基的化合物)
phosphorescence 磷光(现象)
phosphorescence analysis 磷光分析
phosphorescence intensity 磷光强度
phosphorescence spectrum 磷光光谱
phosphorescent paint 磷光涂料;磷光漆
phosphorescent pigment 磷光颜料
phosphoribomutase 磷酸核糖变位酶
phosphoribose isomerase 磷酸核糖异构酶
phosphoriboside 磷酸核糖苷
phosphoribosylamine 磷酸核糖胺
phosphoribosyl-5-aminoimidazole 5-氨基咪唑核苷酸
phosphoribosyl glycinamide 甘氨酰胺核苷酸
phosphoribosyl pyrophosphate(PRPP) 磷酸核糖焦磷酸
phosphoribosyl transferase 转磷酸核糖基

酶;磷酸核糖基转移酶
phosphoribulokinase 磷酸核酮糖激酶
phosphoribulose epimerase 磷酸核酮糖差向异构酶
phosphoric 磷的;五价磷的
phosphoric acid 磷酸
phosphoric acid anodizing 磷酸阳极氧化
phosphoric acid by furnace process 热法磷酸
phosphoric acid by wet process 湿法磷酸
phosphoric acid-diatomite catalyst 磷酸-硅藻土催化剂
phosphoric acid for food 食品磷酸
phosphoric acid fuel cell(PAFC) 磷酸电解液燃料电池
phosphoric anhydride 五氧化二磷
phosphoric chloride 五氯化磷
phosphoric ether(＝triethyl phosphate) 磷酸三乙酯
phosphoric triamide 磷酰三胺
phosphorimeter 磷光计
phosphorimetry 磷光光度法
phosphorimidic acid 亚氨代磷酸(HN代O)
phosphorite (1)亚磷酸盐或酯(含 P_2O_3) (2)磷钙土;磷块岩
phosphorization 磷化
phosphoro- 偶磷
phosphoro-amidate 氨基磷酸盐
phosphorobenzene 偶磷苯
phosphoroclastic reaction 磷酸裂解反应
phosphorodithioate 二硫代磷酸酯
phosphorodithioic acid 二硫代磷酸
phosphoro-imidate 亚氨膦酸盐
phosphorolysis 磷酸解(作用)
phosphoroso- 氧磷基
phosphorous 亚磷的;三价磷的
phosphorous acid 亚磷酸
phosphorous anhydride 三氧化二磷;亚磷酐
phosphorous-nickel alloys plating 镍磷合金电镀
phosphorus 磷 P
phosphorus bromonitride 二溴氮化磷
phosphorus chloride 氯化磷
phosphorus hemitriselenide 三硒化二磷
phosphorus hydride 磷化氢
phosphorus oxybromide 三溴氧化磷
phosphorus oxychloride 三氯氧化磷;磷酰氯
phosphorus oxyfluoride 三氟氧化磷;磷酰氟
phosphorus pentabromide 五溴化磷
phosphorus pentachloride 五氯化磷
phosphorus pentafluoride 五氟化磷
phosphorus pentaselenide 五硒化二磷
phosphorus pentasulfide 五硫化二磷
phosphorus pentoxide 五氧化二磷
phosphorus sesquisulfide 三硫化四磷
phosphorus steel 含磷钢
phosphorus suboxide 一氧化四磷
phosphorus sulfide trichloride 三氯硫磷
phosphorus sulfochloride 三氯硫化磷
phosphorus sulfofluoride 三氟硫化磷
phosphorus tetroxide 四氧化二磷
phosphorus tribromide 三溴化磷
phosphorus trichloride 三氯化磷
phosphorus trifluoride 三氟化磷
phosphorus trioxide 三氧化二磷
phosphorus triselenide 三硒化二磷
phosphorus ylide 磷叶立德
phosphoryl 磷酰基
phosphorylase 磷酸化酶
phosphorylase kinase 磷酸化酶激酶
phosphorylase phosphatase 磷酸化酶磷酸酶
phosphorylation 磷酸化作用
phosphoryl chloride 三氯氧化磷
phosphorylcholine 磷酰胆碱
phosphorylethanolamine 磷酸乙醇胺
phosphorylglyceric acid 磷酸甘油酸
phosphoryl nitride 磷酰基化氮
phosphoryl triamide 磷酰三胺
phosphoserin 磷酸丝氨酸
phosphotaurocyamine 磷酸脒基牛磺酸
phosphotidate 磷脂酸化物
phosphotransacetylase 磷酸转乙酰酶
phosphotransferase 磷酸转移酶;转磷酸酶
phosphotriose 磷酸丙糖;丙糖磷酸
phosphotriose isomerase(＝triosephosphate isomerase) 磷酸丙糖异构酶
phosphotungstic acid (PTA) 磷钨酸
phosphovitin 非脂性磷蛋白
phospho-wolframic acid(＝phosphotungstic acid) 磷钨酸
phosphurancalcilite 磷钙铀矿
phosphurane 磷杂环戊二烯
phosphuret(t)ed hydrogen (1)磷化氢 (2)膦
phostonic acid 烷基亚膦酸
Phostoxin 福斯多新
phosvitin 卵黄高磷蛋白
photic functional polymeric material

光功能高分子材料
photic releasing polymer 释光高分子
photic storage polymer 贮光高分子
photoabsorption 光吸收
photoaccoustic detection 光声检测
photoacoustic spectrometry (PAS) 光声光谱法
photoacoustic spectroscopy 光声光谱学
photoactivation 光活化
photoactivation analysis 光活化分析
photoactive polymer 光活性聚合物;手性聚合物
photoaffinity labeling 光亲和标记
photoaging 光老化
photoallergy 光变态反应
photoautotroph 光自养生物
photobacteria 发光细菌
photobacteriomycin 光菌霉素
photo base paper 照相原纸
photobiology 光生物学
photobioreactor 光生物反应器
photobleaching 光漂白
photocatalysis 光催化
photocatalyst 光催化剂
photocell 光电池
photochemical addition 光化加成
photochemical cleavage 光化断裂
photochemical crosslinking 光化学交联
photochemical degradation 光化降解
photochemical dissociation (= photolysis) 光离解作用
photochemical doping 光化学掺杂
photochemical equivalent law 光化当量定律
photochemical fog 光化学雾
photochemical induction 光化诱导
photochemical initiation 光化引发
photochemical pollutant 光化学污染物
photochemical pollution 光化学污染
photochemical polymerization 光化聚合
photochemical process 光化学过程
photochemical quantum yield 光化量子产额
photochemical reaction 光化学反应;光化作用
photochemical reactor 光化学反应器
photochemical rearrangement 光化学重排
photo-chemical smog 光化学烟雾
photochemistry 光化学
photochlorination 光氯化
photochromic functional composite 光致变色复合材料
photochromic glaze 变色釉
photochromic materials 光致变色材料
photochromism 光致变色(现象)
photocoagulator 光致凝结器;光焊接机
photocolorimeter 光电比色计
photocombustion 光燃烧
photoconductive effect 光电导效应
photoconductive fiber 光导纤维
photoconductive polymer 光(电)导聚合物
photoconductivity 光电导性
photoconductor 光电导体
photoconversion polymer materials 光转换高分子材料
photocount statistics 光子计数统计学
photocrosslinking 光致交联
photocurable coating(s) 光固化涂料
photocure 光固化
photocurrent 光电流
photodechlorination 感光去氯(作用)
photodecomposition 光解
photodegradable polymer 光降解聚合物
photodegradation 光降解
photodensitometry 光密度分析法
photodepolymerization 光解聚(作用)
photodipolymerizate photosensitivepolymer 光二聚型感光高分子
photodisintegration 光致分裂
photodisplaypolymer materials 光显示高分子材料
photodissociation (= photolysis) 光离解作用;光致离解
photodynamic action 光动力作用
photoeffect 光(电)效应
photoelastic analysis 光弹性分析
photoelasticity 光弹性
photoelastic materials 光弹性材料
photoelectric cell 光电池
photoelectric colo(u)rimeter 光电比色计
photoelectric direct reading spectrometer 光电直读光谱计
photoelectric effect 光电效应
photoelectric effect 光电效应
photoelectric eye 光电池继电器;光电信号器
photoelectricity (1)光电(2)光电学
photoelectric peak 光电峰
photoelectric photometer (= photocolorimeter) 光电比色计
photoelectric pyrometer 光电高温计
photoelectric sensor of speed measuring

光电转速传感器
photoelectric spectropolarimeter 光电旋光分光光度计
photoelectric tube 光电管
photoelectrocatalysis 光电催化
photoelectrochemical cell 光电化学电池
photoelectrochemistry 光电化学
photoelectron 光电子
photoelectron spectroscopy 光电子能谱法
photoelectron spectrum 光电子能谱
photoelimination 光消去反应
photoemulsion dosimeter（＝film dos-imeter） 胶片剂量计
photoenzymatic repair 光致敏修复
photoetching 光刻蚀
photoexcitation 光致激发；光激；光激发
photofission 光分裂；光致裂变
photofragmentation 光碎片化
photo-fuel cell 光燃料电池
photogalvanic cell 光伽伐尼电池
photogenic charge carrier 光生载流子
photographic base paper 照相纸基
photographic daylight 照相日光
photographic density 照相密度
photographic dry plate 照相干版
photographic gelatin 照相明胶
photographic material 摄影材料
photographic paper 照相纸
photographic photometry 照相光度学；摄影测光法
photographic processing 冲洗加工
photographic screen 滤色屏
photographic sensitivity 感光度
photography 照相术
photohalide 感光性卤化物
photohalogenation 光卤化
photohemolysis 光致溶血
photoinitiated polymerization 光引发聚合
photoinitiation 光引发（作用）
photoinitiator 光敏引发剂
photoion 光离子
photoionization 光离子化；光化电离
photoionization detector 光离子化检测器
photoirradiation 光辐照
photoisomeric change 感光异构变化
photoisomerism 感光异构（现象）
photoisomerization 光异构化
photokinesis 光激运动
photoluminescence 光致发光
photoluminescence dyes 光致发光染料
photolyase 光裂合酶
photolysis 光解
photolysis gas chromatography 光解气相色谱（法）
photolyte 光解质
photomagnetic disk 磁光盘
photomask 光学掩模版
photomask gross defect 光学掩模版粗缺陷
photomasking 光掩蔽
photomedicine 光医学
photomemory polymer material 光记录高分子材料
photometer 光度计
photometric analysis 光度分析
photometric gas analyzer 光谱式气体分析器
photometry (1)光度学(2)光度滴定法
photomovement 光运动
photomultiplier 光电倍增管
photomultiplier tube 光电倍增管
photon 光子
photon activation analysis（**PAA**） 光子活化分析
photonasty 感光性
photon energy 量子辐射能；光子能
photoneutron source 光中子源
photon impact（**PI**） 光子冲击
photonitrosation 光亚硝化（作用）
photonuclear reaction 光核反应
photoorganotrophy 光有机营养
photooxidation 光（致）氧化
photo-oxidative degradation 光氧化降解
photooxygenation 光致生氧
photopeak 光电峰
photopeak efficiency 光电效率
photoperiod（**ism**） 光周期性
photophile 适光的；喜光的
photophobic 避光的；嫌光的
photophoresis 光泳现象
photophosphorylation 光（合）磷酸化（作用）
photophysical process 光物理过程
photoplasticity 光塑性
photoplate 感光板
photoplate making 照相制版
photopolarography 光极谱法
photopolymer 感光聚合物；感光性树脂
photopolymerisable 光致聚合的
photopolymerization 光致聚合
photopolymerization lacquer 2P胶
photopolymer plate 感光性树脂版
photopolymer relief plate 感光性树脂凸版

photopotential 光电位
photopredissociation 光预解离
photopsin 光视蛋白
photo-optics 照相光学;摄影光学
photoradiochromatography 光放射色谱法
photoreaction 光反应
photoreactivation 光复活
photoreactivation repair 光复活修复
photorearrangement 光重排
photoredox reaction 光致氧化还原
photoreduction 光致还原
photorepair 光修复
photorepeater 分步重复照相
photoresist 光刻胶;光致抗蚀剂
photoresistor 光敏电阻器
photorespiration 光呼吸
photoresponsive polymer 感光高分子
photoscanning 光扫描;摄影扫描
photosensitive glass 感光玻璃
photosensitive leather 照相革
photosensitive material 感光材料
photo sensitive paper 感光纸
photosensitive polymer 感光高分子;光敏聚合物
photosensitive polymerization 光敏聚合
photosensitive resin 感光树脂
photosensitive resin plate 感光树脂版
photosensitive rubber 光敏橡胶
photosensitivity 光敏感性
photosensitization 光敏作用
photosensitized reaction 光敏反应
photosensitizer (1)光敏剂 (2)光学增感剂
photosensitizing coating(s) 光敏涂料
photosensory membrane 感光膜
photosoluble photosensitive polymer 光致溶解型感光高分子
photostability 光稳定性;对光安定性;耐光性
photostabilization 耐光作用;光稳定化(作用)
photostabilizer 光稳定剂
photostimulated ionization 光激电离
photosurface 光敏面;光敏表面;感光面
photosynthesis 光合作用
photosynthetic ability 光合能力
photosynthetic autotrophs 光合自(给营)养生物
photosynthetic bacteria 光合细菌
phototaxis 趋光性
phototelegram 传真电报
phototherapy 光疗
phototheterotroph 光异养生物
phototrophy 光合营养;光能营养
phototropism 光色互变
phototropy 光致变色
photovoltage 光电压
photovoltaic cell 光电池;光伏电池;太阳(能)电池
photovoltaic effect 光生伏打效应
photovulcanization 光硫化(作用)
photoxide 光氧化物
phoxim 肟硫磷;腈肟磷;辛硫磷;倍腈松
phoxim-deltamethrin emulsifiable concentrate 辛硫磷-溴氰菊酯乳油
phoxime 辛硫磷
phoxim-fenvalerate emulsifiable concentrate 辛硫磷-氰戊菊酯乳油
pH paper pH 试纸
phrenazole(=metrazole) 环戊四唑
phrenosin 羟脑苷脂
phrenosinic acid 二十四醇酸;脑羟酸;α-羟二十四酸
pH scale pH 度标
phsophopyridoxamine 磷酸吡哆胺
phthalal 邻苯二亚甲基
phthalaldehyde 苯二醛(通常指邻苯二醛)
phthalaldehydic acid 苯醛酸;邻甲酰苯甲酸
phthalamic acid 邻氨甲酰苯甲酸;邻氨羰基苯甲酸
phthalamide 邻苯二酰胺
phthalamidic acid 邻羧基苯甲酰胺
phthalamoyl 邻氨羰苯甲酰;邻苯二甲酸一酰胺一酰
phthalanil(=*N*-phenylphthalimide) *N*-苯基邻苯二酰亚胺
phthalanone 邻羟甲基苯甲酸内酯
phthalate 邻苯二甲酸盐(或酯)
phthalazine(=2,3-benzodiazine) 酞嗪;2,3-二氮杂萘
phthalazinyl 2,3-二氮杂萘基
phthalazone 2,3-二氮杂萘酮
phthaldiamide 邻苯二甲酰胺
phthalein(s) 酞
phthalhydrazide 邻苯二甲酰肼
phthalic acid 邻苯二甲酸
***o*-phthalic acid** 邻苯二甲酸
***p*-phthalic acid** 对苯二甲酸
phthalic aldehyde 邻苯二醛
phthalic anhydride 邻苯二甲酸酐

phthalic diamide 邻苯二甲酰胺
phthalic imidine 邻苯二甲酰亚胺
phthalic nitrile 邻苯二腈
phthalide (1)1,3-二氢苯并[*c*]呋喃-2-酮;邻羟甲基苯甲酸内酯(2)四氯苯酞;稻瘟酞
phthalidene- 2-苯并[*c*]呋喃酮亚基
phthalidyl 2-苯并[*c*]呋喃酮基
phthalidylidene 苯并[*c*]呋喃酮亚基
phthalidylideneacetic acid 苯并[*c*]呋喃酮亚基乙酸
phthalimide 邻苯二甲酰亚胺
phthalimidine 苯并[*c*]吡咯酮
phthalimido 苯二(甲)酰亚氨基
phthalimidoxime 苯二甲酰亚胺肟
phthalizine 酞嗪
phthalocyanin(e) 酞菁素;酞菁
phthalocyanine blue 酞菁蓝
phthalocyanine dye(s) 酞菁染料
Phthalocyanine Green G 酞菁绿 G
phthalocyanine(s) 酞菁染料
phthalofyne 邻苯二甲酸甲戊炔酯
phthalonic acid 邻羧基苯乙酮酸
phthalonitrile 邻苯二甲腈
phthaloperine 酞吡呤
phthalophenone 二苯代酚酞
phthaloyl(＝phthalyl) 邻苯二甲酰
phthaloylamino acid 邻苯二甲酰氨基酸
phthaloyl chloride 邻苯二甲酰氯
phthaluric acid 邻苯二甲酸一酰脲
phthalyl 邻苯二(甲)酰
phthalylglutamic acid 邻苯二甲酰谷氨酸
phthalyl glycine 邻苯二甲酰甘氨酸
phthalyl hydrazide 邻苯二(甲)酰肼
phthalyl hydroxamic acid 邻苯二甲酰(基)羟肟酸
phthalylidene 苯邻二亚甲基
phthalylsulfacetamide 酞磺醋胺;息拉米
phthalylsulfathiazole 酞磺胺噻唑
phthalyl synthesis 邻苯二甲酰基合成(法)
phthienoic acid 结核菌烯酸
phthiocerol 结核菌醇
phthiocol 结核萘醌;2-甲基-3-羟基-1,4-萘醌
phthioic acid 结核菌酸
phthiomycin 痨霉素
phthivasid 异烟腙
phthoric acid 氢氟酸
phugoid motion 起伏运动
phugoid oscillation 起伏振荡
pH value pH 值
phycinic acid 原球藻酸
phycite 赤藓醇
phycobilin 藻胆色素
phycobilin protein 藻胆色素蛋白
phycobiliproteins 藻胆蛋白质
phycobillisome 藻胆蛋白体
phycochrome 淡水藻色素
phycocyan 藻青蛋白
phycocyanin 藻蓝蛋白
phycocyanobilin 藻胆青素
phycoerythrin 藻红蛋白;藻红素
phycoerythrobilin 藻胆红素
phycomycin 须霉素
phycophaein 藻褐素
phycourobilin 藻尿后胆色素;藻尿胆素
Phygon 二氯萘醌
phyllanthol 叶下珠醇
phylloaetioporphyrin 叶本卟啉
phyllocladene 扁枝烯
phyllodulcin 叶甜素
phylloerythrin 叶赤素;胆红紫素
phyllomycin 叶霉素
phylloporphine 叶卟吩
phylloporphyrin 叶卟啉
phyllopyrrole 叶吡咯
phylloquinone 叶绿醌;维生素 K_1
phylloquinone oxide 氧化维生素 K_1
physalaemin 气拉明
physarsterol 黏菌甾醇
physcic acid(＝physcione) 蜈蚣苔素
physcione 蜈蚣苔素
physeteric acid 抹香鲸酸;5-十四(碳)烯酸
physetoleic acid 抹香鲸烯酸;棕榈烯酸;9-十六(碳)烯酸
physical absorption 物理吸收
physical adsorption 物理吸附
physical aging 物理老化
physical and chemical inspection 理化检验
physical and mechanical properties 物理机械性能
physical antioxidant 物理防老剂
physical balance 物理天平
physical barrier 物理障碍;物理屏障
physical blowing 物理发泡
physical blowing agent 物理发泡剂
physical cell 物理电池
physical change 物理变化
physical chemistry 物理化学
physical corrosion 物理腐蚀

physical crosslink 物理交联
physical degradation 物理降解
physical development 物理显影
physical entanglement 物理缠结
physical equilibrium 物理平衡
physical exergy 物理㶲
physical foamer 物理发泡剂
physical foaming 物理发泡
physical foaming agent 物理发泡剂
physical gas analyzer 物理式气体分析器
physical metallurgy 物理冶金
physical optics 物理光学
physical organic chemistry 物理有机化学
physical pendulum 物理摆
physical pest control (植物病虫害)物理防治
physical photometry 物理光度学
physical power sources 物理电源
physical property 物理性质
physical property test 物理性能试验
physical purification 物理净化
physical quantity 物理量
physical relaxation 物理弛豫;物理松弛
physical unit operation 物理单元操作
physical vapour deposition(PVD) 物理气相沉积
physical water 附着水
physico-chemical analysis 物理化学分析
physics 物理(学)
physiologic acidity 生理酸性
physiological activity 生理活性
physiological biomass 生理生物量
physiological chemistry 生理化学
physiological environment 生理环境
physiological inertia 生理惰性
physiologic alkalinity 生理碱性
physiologically acidic fertilizer 生理酸性肥料
physiologically basic fertilizer 生理碱性肥料
physiologically inert 生理惰性的
physiologically neutral fertilizer 生理中性肥料
physiological selectivity 生理选择性
physisorption 物理吸附
physodallic acid 囊状地衣酸
physodic acid 囊状地衣酸
physostigma 毒扁豆
physostigmine 毒扁豆碱
physovenine 囊毒碱
phytadiene 植二烯
phytane 植烷
phytanic acid 植烷酸
phytanol 植烷醇
phytase 肌醇六磷酸酶;植酸酶
phytate (1)肌醇六磷酸 (2)肌醇六磷酸盐(酯或根)
phytene 植烯
phytic acid 肌醇六磷酸;植酸
phytin 肌醇六磷酸钙镁;非丁
phytinic acid(=phytic acid) 肌醇六磷酸
phytoactin 多肽霉素
phytoalexin 植物防卫素
phytoavailability soil test 土壤植物养分的有效性测定
phytobacteriomycin 植菌霉素
phytochlorin 植物二氢卟吩
phytochrome 光敏色素
phytocide 除草剂
phytoflavin 藻黄素
phytofluene 六氢番茄红素
phytogenous insect hormone 植物源昆虫激素
phytoh(a)emagglutinin(PHA) 植物血球凝集素
phytohemagglutinin 植物凝集素
phytohormone 植物激素
phytokinin 细胞分裂素
phytol 植醇;叶绿醇
phytolacca 商陆
phytolaccic acid 商陆酸
phytolaccin 商陆素
phytomonic acid 乳(酸)杆(菌)酸;11,12-亚甲基十九(碳)酸
phytomycin 植霉素(即链霉素)
phytoncide 植物杀菌素
phytoplankton 浮游植物
phytosphingosine 植物鞘氨醇;4-羟双氢(神经)鞘氨醇
phytosterin 植物甾醇
phytosterolin 植物甾醇苷
phytosterol(=phytosterin) 植物甾醇
phytotoxicity (1)植物毒性(2)药害试验
phytotoxin 植物毒素
phytoxanthin 叶黄素;胡萝卜醇
phytyl- 植基;叶绿基
PI (1)(phosphatidylcholine)磷脂酰肌醇 (2)(polyimide)聚酰亚胺 (3)(po lyisocyanate)聚异氰酸酯 (4)(polyisoprene)聚异戊二烯
pI 等电点;等电点的 pH
pi acid ligand π 酸配体
piazthiole 苯并[*c*]噻二唑
PIB(polyisobutylene) 聚异丁烯

PIBI(polyisobutylene-isoprene) 聚异丁烯-异戊二烯
pi bond(＝π-bond) π键
picacic acid 鹊鬼伞酸
picadex 哌嗪荒酸;哌嗪羧二硫代酸
picein 云杉苷
picene 苉
piceneketone 苉(甲)酮[ketone在名称中译(甲)酮]
piceneperhydride 苉化过氢;过氢苉
picenic acid 苉酸
picenoquinone 苉醌
picilorex 匹西雷司;苯环丙吡烷
pickeringite 镁明矾
pickle 酸洗
pickler (1)酸洗装置 (2)酸洗液
pickling (1)浸酸 (2)酸洗
pickling agent 酸浸剂;浸渍剂
pickling bath 酸洗槽
pickling brittleness 酸洗脆性
pickling cell 酸洗池
pickling inhibitor 酸洗缓蚀剂
pickling machine 酸洗机
pickling process (1)酸浸法(2)浸渍法
pickling tank (1)酸浸槽(2)腌坛
pickling tub[bath] 酸洗池
pickling unit 酸洗装置
pickling waste water 酸洗废水
picknometer(＝picnometer) (1)比重瓶(2)比重管
pick test 抽样检查
pick-up coil 拾波线圈
pickup device 拾取装置
pick-up frame 轻便起重架
pick-up pump 真空泵
pick-up reaction 拾取反应;掇拾反应
pick up the heat 热的回收利用
pick-up the solid 吸取物料
pick up the suction 抽真空
picloram 毒莠定
picloxydine 哌氯定
picnometer (1)比重瓶(2)比重管
Pico abrasion machine 皮克磨耗试验机
picogram method 次超微量法
picolinamide 吡啶酰胺;氮苯酰胺
α-picoline α-甲基吡啶
γ-picoline γ-甲基吡啶
γ-picolinic acid γ-吡啶甲酸;异烟酸
picolinium 甲基吡啶鎓;皮考啉鎓
picolinium molybdophosphate(PIMP) 甲基吡啶鎓钼磷酸盐
picolinium tungstosilicate(PIWSI) 甲基吡啶鎓钨硅酸盐
picolinyl 皮考啉基;甲代吡啶基
2-picolyliminodiacetic acid(H_2PIDA) 2-甲基吡啶基亚氨基二乙酸
pi complex(＝π-complex) π络合物
picoperine 匹考哌林;哌吡苯胺;吡哌乙胺
picorna virus 细小核糖核酸病毒
picosecond laser flash photolysis 皮(可)秒激光闪烁光解
picosulfate sodium 匹可硫酸钠
picotamide 吡考酰胺
picramic acid 苦氨酸;4,6-二硝基-2-氨基苯酚
picramide 苦酰胺;苦基胺
picranisic acid(＝picric acid) 苦味酸
picrate 苦味酸盐(或酯)
picratol 苦味酸银
picric acid 苦味酸
picrin 苦味碱
picroaconitine 苦乌头碱
picrocrocin 苦藏花素
picroerythrin 苦红素
picrol 苦醇
picrolichenic acid 苦地衣酸
picrolonic acid 苦酮酸
picromycin 苦霉素
picronitric acid(＝picric acid) 苦味酸
picropodophyllin 鬼臼苦素
picrorhiza 胡黄连
picrotin 苦亭;印防己苦内酯
picrotoxin 印防己毒素;木防己苦毒素
picrotoxinin 印防己毒内酯;木防己苦毒宁
picryl 苦基;间三硝苯基;2,4,6-三硝基苯基
picryl acetate 醋酸苦基酯
picryl amine 苦基胺
picryl chloride 苦基氯;2,4,6-三硝基氯苯;氯化苦
picumast 哌香豆司特
picylene 苉芴
PID(photoionization detector) 光离子化检测器
P&I diagram piping and instrument diagram 带控制点工艺流程图
pidotimod 匹多莫德
P&ID(piping and instrumentation diagram) 管道仪表流程图
piece number 件号
piece of anode plate 阳极片

piece (of work) 工件
piece rate wage 计件工资
piecework system 计件制
pie chart 饼形图
piercing 冲孔
piercing test 贯穿试验
piericidin 虫螨霉素
pie-still heater 管式炉加热器
piezocrystallization 加压结晶
piezodialysis 加压渗析
piezo effect 压电效应
piezoelectrical materials 压电材料
piezoelectric ceramics 压电陶瓷
piezoelectric constant 压电常数
piezoelectric crystal 压电晶体;压电水晶
piezoelectric effect 压电效应
piezoelectric ferroelectrics 压电性铁电体
piezoelectricity 压电性
piezoelectric polymer 压电高分子
piezoelectric pressure ga(u)ge 压电式压力计
piezoelectrics 压电体
piezoelectric sensor of vibration measuring 压电式测振传感器
piezomagnetic alloys 压磁合金
piezometer 压强计
piezoplastics 压电塑料
pifarnine 哌法宁;椒烯哌嗪
pifoxime 哌福肟;哌酰苯肟
pig 生铁(块);清管器
pigging 清管器清扫;清管
piggy packer 夹运装卸机
pig iron 生铁
pig iron ladle 铁水罐
pig iron mixer 混铁炉
pigment 颜料
pigmentation treatment 颜料化处理
Pigment Bordeaux BLC 颜料紫酱 BLC
Pigment Brilliant Red 6B 颜料艳红 6B;立索尔宝红 BK
Pigment Green B 颜料绿 B
pigment pad dyeing 悬浮体轧染法
pigment paste 颜料膏
Pigment Permanent Orange RN 颜料永固橙 RN
Pigment Permanent Red F4R 颜料永固红 F4R
(Pigment) Phthalocyanine Blue BS 颜料酞菁蓝 BS
(Pigment) Phthalocyanine Blue BX 颜料酞菁蓝 BX
pigment printing 涂料印花
pigment printing binder 涂料印花胶黏剂
pigment printing paste 涂料色浆
pig skin 猪皮
pigtail 猪尾管;盘管
pig washing process 清洗生铁(精炼)工艺
piketoprofen 吡酮洛芬
pikrococin 藏花醛苷
pilchard oil 沙丁(鱼)油
pildralazine 匹尔屈嗪
pile-driver 打桩机
pile driving machine 打桩机
piled-up retort 成堆干馏
pile-engine 打桩机
pile-hammer 打桩机
piler bed 堆垛机;垛板机
pile-up 堆存
pill 丸剂
pillar crane 立柱式旋臂起重机
pilling 起球
pilling-bedworth ratio P-B 比
pilling effect 起球现象
pillow block bearing 座架
pilocarpine 匹鲁卡品;毛果芸香碱
pilocarpine nitrate 硝酸毛果芸香碱
pilocarpus 毛果芸香
pilocereine 毛仙影掌碱
pilos antler 鹿茸
pilos deer horn 鹿茸
pilosomycin 毛发霉素
pilot (1)中间规模的;中试的;典型试验的 (2)指示灯
pilot burner 导燃烧嘴
pilot cell 指示电池
pilot furnace 试验窑
pilot gas burner 导燃气烧嘴
pilot kiln 半工业试验窑
pilot lamp 度盘灯;信号灯
pilot nozzle 导向喷嘴
pilot(operated)valve 导阀
pilot plant (1)中试装置(2)试验工厂
pilot-plant test 中间试验
pilot production 试验性生产
pilot projects 试验计划
pilot-scale 中间工厂规模
pilot test 小规模试验
pilot valve 操纵阀;导向阀
pilot wheel 操纵轮
pilsicainide 吡西卡尼
pilus(复数 pili) 菌毛

pimanthrene 海松烯;1,7-二甲基菲
pimaradiene 海松二烯
pimaric acid 海松酸
pimaricin 匹霉素
pimarinol 海松醇
pimeclone 哌美克隆;哌甲环己酮
pimefylline 匹美茶碱
pimelic acid 庚二酸
pimelic dinitrile 庚二腈
pimelinketone 环己酮
pimeloyl- 庚二酰
pimentic acid 多香果酸
pi meson π介子
piminodine 匹米诺定;去痛定
pimobendan 匹莫苯
pimozide 匹莫齐特;哌咪清
pimpinella 茴芹
pimpinellin 茴芹素
pinachrome 松色素
pinacidil 吡那地尔
pinacol 频哪醇
pinacol conversion 频哪醇重排作用
pinacolone 频哪酮
pinacol rearrangement 频哪醇重排;邻二叔醇重排
pinacyanol 频哪氰醇
pinalic acid 戊酸
pinane 蒎烷
pinaverium bromide 匹维溴铵
pinazepam 匹那西泮
pinchbeck tube 波纹管(连接)
pinch clamp[cock] 弹簧夹;节流夹;活嘴夹;管夹
pinchcock 弹簧夹;管夹
pinch effect 收缩效应;收聚效应
pinch point 夹点
pinch roll 夹辊
pinch technology 夹点技术
pincushion distortion 枕形畸变
p-indicated diagram p-示功图
pindolol 吲哚洛尔;吲哚心安
pindone 杀鼠酮
pineal body 松果体
pineal gland 松果腺
pineapple aldehyde 凤梨醛(俗称);己酸烯丙酯
pine camphor 松醇;松脑
pine carbon black 松烟
pine cone oil 松节油
pine flakes reaction 松片反应
pine gum 松脂
pine leaf oil 松叶油
pinellin 半夏蛋白
pinene 蒎烯
α-pinene α-蒎烯
β-pinene β-蒎烯
pine needle oil 松针油
pinene ethylene glycol ether 蒎烯乙二醇醚
pinene hydrate 水合蒎烯;高蒎醇
pine oil 松油
pine oleoresin 松脂
pine resin 松香
pine soot 松烟
pine tar (oil) 松焦油
pine wood oil 松木油
piney tallow 松木硬脂
pin for suppressing metal 紧固销钉
ping 声纳脉冲;水声脉冲
pin gate 针孔型浇口
pinguin 土木香油
pinguinain 平昆纳因(一种蛋白水解酶)
pinhole 针孔
pin-hole camera 针孔照相机
pin-hole leak 针孔裂缝
pin hole test 针孔试验
pinic acid 蒎酸
pinicortannic acid 赤松单宁酸
pinifolic acid 松叶酸
pinion 小齿轮
pinion drive 齿轮传动
pinion rack 啮合齿条
pinion ratio 传动齿轮比
pinion shaft 小齿轮轴
pinion shaft outside[inside]bearing 小齿轮外[内]侧轴承
pinitannic acid 松单宁酸
pinite 蒎立醇;右旋肌醇甲醚
pinitol 蒎立醇;右旋肌醇甲醚
pin joint 铰节
pink noise (内燃机)发爆噪声
pinocamphane 松莰烷
pinocampheol 松蒎醇
pinocarveol 松香芹醇
pinocarvone 松香芹酮
pinocytosis 胞饮(作用)
pinoglycol 蒎脑二醇
pinol 蒎脑
pinoline 松香烃
pinone 蒎酮
pinonic acid 蒎酮酸

pinononic acid 低蒎酮酸
pinoresinol 松脂酚
pinosome 胞饮泡
pinostrobin 乔松酮；5-羟(基)-7-甲氧(基)黄烷酮
pinosylvine 赤松素；银松素；3,5-二羟(基)芪
pin rotor 钢枪转子
pin slot 销槽
pin spanner 带销扳手
pintle valve 针栓阀
Pintsch gas (粗柴油)高温裂解气体
Pintsch process 高温裂解
pin valve 针阀；针形阀；针孔阀
pioglitazone 吡格列酮
Pioloform 聚乙烯醇缩醛
pion (=pi meson) π介子
pi orbital π轨道
PIP(phosphatidylinositol phosphate) 磷脂酰肌醇磷酸
PIP_2(phosphatidyl inositol diphosphate) 磷脂酰肌醇二磷酸
pipacycline 匹派环素；羟哌四环素
pipamazine 哔哌马嗪
pipamperone 匹泮哌隆；酰胺哌啶酮
pipazethate 匹哌氮酯；哔哌氮嗪酯
pipe 管(子)
pipe bend 管肘
pipe bender 弯管机
pipe bracket[**carrier**] 管托
pipebuzone 哌布宗；哌丁唑酮
pipe carrier 管架；管托
pipe clamp 管夹；管卡子
pipe classifier 管式分粒器
pipe cleaning pig 清管器
pipe clip 管夹
pipe coil (1)旋管；蛇管(2)线圈(3)蛇纹石
pipecolic acid 2-哌啶酸；哌可酸
pipecolinic acid 2-哌啶酸
pipe connecting flange 接管法兰
pipe connection 管(子)接头；管子连接件
pipe cooler 管式冷却器
pipe crip 管夹
pipecurium bromide 哌库溴铵
pipe end aligner 管端对准器
pipe expander 扩管器；胀管机
pipefitter 管工
pipe fitting(s) 管件
pipe flange 管道法兰
pipe flange joint 管子法兰接头
pipe flow 管流
pipe-freeing agent 解卡剂
pipe furnace 管式炉；管式加热炉
pipe grid 管栅式分布器
pipe hange 吊管钩
pipe heater 管式炉
pipe holder 管支架
pipe insulation 管绝缘
pipe joint 管(子)接头
pipelayer 管道安装工
pipe laying 管道安装；铺设管道
pipeline 管路；管线
pipeline centring device 管道找中器
pipeline cleaner 管道清洁器；清管器
pipeline compressor 管道压缩机；增压压缩机
pipeline gauge 管道流速计
pipeline inspection pig 管道清洁器
pipeline laying 管道铺设
pipeline loop 环形管道
pipeline mixer 管道混合器
pipeline network 管路网络
pipeline pig 清管器
pipeline plugging pig 管道堵塞器
pipeline processing 流水线处理
pipeline pump 管道泵；管线泵
pipeline purging 管道清扫
pipeline reactor 管道式反应器
pipeline spans 管线跨距
pipeline stiffener 管道支肋
pipeline stopcock 管道旋塞
pipeline valve 管道阀
pipeline valve actuator 管道阀驱动器
pipeman 管工
pipe manhole 管道检查井[孔]
pipemidic acid 吡哌酸；比卜酸
pipe network 管道系统；管网
pipe nipple 管子(螺纹)接头
pipenzolate bromide 溴化哌羟苯酯
pipe orifice 管口
pipe plate 管板
pipe plug 管塞(子)；堵头
pipe position indicator 管位指示器
pipe precooler 管式预冷器
piperacetazine 溴哌喷酯；哌乙酰嗪
piperacillin 哌拉西林；氧哌嗪青霉素
pipe rack[**carrier**] 管架
piperamide 胡椒酰胺
piperaquine 哌喹

piperazidine 哌嗪
piperazine 哌嗪
piperazine adipate 己二酸哌嗪
piperazine citrate 柠檬酸哌嗪;枸橼酸哌嗪
piperazinedione 哌嗪二酮
piperazine edetate calcium 哌嗪依地酸钙
piperazine tartrate 酒石酸哌嗪
piperazinium 哌嗪鎓
pipe reducer 异径管
piperic acid 胡椒酸;β-(3,4-亚甲二氧基苯)基-2,4-戊二烯酸
piperidic acid γ-氨基丁酸
piperidine 哌啶
piperidinium 哌啶鎓
piperidino- 哌啶子基(指1位基而言)
piperidione 二乙哌啶二酮
piperidolate 哌立度酯;乙哌苯乙酯
piperidone 哌啶酮
piperidyl (2-,3-或4-)哌啶基;氮杂环己基
piperidylidene 亚哌啶基
piperilate 哌苯乙醇
piperine 胡椒碱
piperinic acid 胡椒酸
piperitenol 胡椒烯醇
piperitenone 胡椒烯酮
piperitenone oxide 胡椒烯酮醚
piperitol 胡椒脑
piperitone 薄荷酮;胡椒酮
piperocaine 哌罗卡因
pipe roller 滚管机
piperonal (1)(=heliotropin)胡椒醛;3,4-亚甲二氧基苯甲醛(2)(=piperonylidene)亚胡椒基
piperonal-acetophenone 亚胡椒基乙酰苯;胡椒醛缩乙酰苯
piperonal(dehyde) 胡椒醛
piperonilidene 亚胡椒基
piperonyl 胡椒基;3,4-亚甲二氧苄基;3,4-亚甲二氧苯甲基
piperonylacetone 胡椒基丙酮
piperonyl butoxide 增效醚;胡椒基丁醚
piperonyl cyclohexenone 胡椒基环己烯酮
piperonyl cyclonene 增效环
piperonylic acid 胡椒基酸;3,4-亚甲二氧基苯甲酸
piperonylidene 亚胡椒基;3,4-亚甲二氧苯亚甲基
piperonyloyl 胡椒基酰;3,4-亚甲二氧苯(甲)酰
piperoxan 哌氧环烷
piperyl 胡椒酰
piperylene 戊间二烯;1,3-戊二烯
piperylhydrazine 哌啶肼
piperylone 哌立酮;哌吡唑酮
pipe saddle 鞍形管夹
pipe sampling 管道取样
pipes and tubes 各类管子
pipe scale 管垢
pipe seal 管接头密封
pipe sealing compound 封管化合物
pipe section 管段
pipe segments 弓形管段
pipe size 管径
pipe socket 管子承口
pipe spacer 定距管
pipe spreader 轴套管
pipe stanchion 管架
pipe still 管式炉;管式蒸馏釜
pipe-still distillation 管式炉蒸馏
pipe straightener 管子矫[调]直机
pipe support(=tube support) 管支架
pipe tap 锥管螺纹
pipe threading 管口车丝
pipet(=pipette) 吸移管;吸量管;球管;移液吸管
pipet stand 吸移管架
pipet(te) 吸移管
pipette rack 吸移管架
pipe wall 管壁
pipe welder 焊管机
pipe work 管道;管道系统;管道工程;管道布置
pipe work leakage 管网泄漏
pipey grain 管皱(皮革缺陷)
piping 配管
piping and instrumentation diagram 配管自控流程图
piping course 管道敷设层;管道层
piping design 配管设计
piping drawing 配管图;管路图
piping erection drawing 管道安装图
piping installation 管道施工
piping insulation 管道保温
piping load 管道载荷
piping media 管道输送介质
piping packing 接管填料
piping rack 管道支架
piping support 管道支架
pipitzahoic acid 金莱酸
pipobroman 哌泊溴烷;溴丙哌嗪

piposulfan 哌泊舒凡;丙酰哌嗪二甲烷磺酸酯;双甲磺酸丙酰哌嗪
pipotiazine 哌泊塞嗪;哌普嗪
pipoxolan hydrochloride 盐酸哌泊索仑;二苯哌噁烷盐酸盐
pipradrol 哌苯甲醇
piprinhydrinate 哌海茶碱
piprotal 增效醛
piprozolin 哌普唑林;哌噻唑酯
pipsylamino acid 对碘苯磺酰氨基酸
pipsyl chloride 4-碘苯磺酰氯
PIQ(polyimide-isoindoloquinazolinedione)聚酰亚胺-异吲哚喹唑啉二酮
piracetam 吡拉西坦;2-吡咯烷酮乙酰胺
Pirani gauge 皮拉尼真空规
pirarubicin 吡柔比星
pirazolac 吡拉唑酸
pirbuterol 吡布特罗;吡丁醇
pirenoxine 吡诺克辛
pirenzepine 哌仑西平;哌吡二氮䓬
piretanide 吡咯他尼;苯吡磺苯酸
pirfenoxone 卡他林;白内停
Piria's acid 对氨基萘磺酸
piribedil 吡贝地尔;双哌嘧啶;哌啶哌嗪嘧啶
piridocaine 匹多卡因;哌啶卡因
pirifibrate 吡贝特;祛脂酸-6-羟甲基吡啶-2-甲酯
pirimicarb 抗蚜威
pirimiphos-ethyl 乙基虫螨磷;乙基安定磷
piritramide 哌腈米特;氰二苯丙基双哌啶酰胺
piritrexim 吡曲克辛
pirlimycin 吡利霉素
pirmenol 吡美诺
piroctone 吡罗克酮;羟甲辛吡酮
piroglycerina 硝化甘油
piroheptine 吡咯庚汀;乙甲吡咯烷替林
piromen 哌咯曼
piromidic acid 吡咯嘧啶酸;吡咯米酸
piroxicam 吡罗昔康;吡氧噻嗪
pirozadil 吡扎地尔;甲氧苯吡酯
pirprofen 吡洛芬
pisangceric acid 香蕉蜡酸
pisangceryl alcohol 香蕉蜡醇
pisangcerylic acid 香蕉蜡酸
piscidic acid 番石榴酸
piston blower 活塞式鼓风机
piston body 活塞体
piston bush 活塞衬套
piston clearance 活塞间隙
piston compressor 往复式压缩机;活塞式压缩机
piston crown 活塞顶
piston cup 活塞皮碗
piston displacement 活塞排量;活塞行程容积
piston expander 活塞式膨胀机
piston expansion engine 活塞式膨胀机
piston flow reactor 平推流反应器
piston foot 活塞底座
piston groove 活塞槽
piston packing 活塞密封环;活塞填料密封
piston pin 活塞销
piston pressure gauge 活塞压力计
piston pump 活塞泵
piston push centrifuge 活塞推料离心机
piston ram extruder 活塞式挤出机
piston ring 活塞环;涨圈
piston ring gap 活塞环间隙
piston ring groove 活塞环槽
piston rod 活塞杆
piston rod for air pump 气泵活塞杆
piston rod packing 活塞杆填料
piston rod thrust 活塞杆推力
piston shaft 活塞轴
piston shaft bearing 活塞轴轴承座
piston stroke 活塞冲[行]程
piston valve 活塞阀;活塞式滑阀;柱塞阀
pit 凹坑
pit asphalt 软沥青
pitch (1)音调 (2)管中心距;节距 (3)沥青
pitchblende 沥青铀矿
pitch circle 齿节圆
pitch control agent 树脂控制剂(造纸用)
pitched paper 柏油纸
pitched turbine type agitator 斜叶涡轮式搅拌器
pitch-epoxy resin 沥青-环氧树脂
pitch error 步距误差
pitch lake 沥青湖
pitch of buckets 斗距
pitch of holes 孔间距
pitch of rivets 铆钉距
pitch of screw[thread] 螺(纹)距
pitch of waves 波距;波长
pitch of weld 焊缝中心距
pitch ore 沥青铀矿
pitch peat 沥青泥煤

pitch-pin 安全针;保险销
pitch response 俯仰反应
pit coal 沥青煤
pit corrosion 点蚀
pithecolobine 猴耳环碱
pitman 连杆
pitman pin 连杆销轴
pitocin 催产素
pitometer(=Pitot gauge) 皮托压差计
Pitot gauge 皮托压差计
Pitot-static tube 风速管
Pitot tube 皮托管;测速管
Pitot tube flowmeter 皮托管流量计
Pitot Venturi 皮托-文丘里管
pittacol 六甲氧基玫红酸
pitting 点状腐蚀
pitting corrosion 孔蚀;膜孔型腐蚀
pitting potential 孔蚀电位
pituitary posterior 脑垂体
pituitrin 垂体激素
Pitzer strain 皮策应变;扭转应变
pivalaldehyde 新戊醛;三甲基乙醛
pivalate 新戊酸酯
pivalic acid 新戊酸;三甲基乙酸
pivalic ketone(=pivalone) 六甲基丙酮
pivalolactone 新戊内酯
pivalone 六甲基丙酮
pivaloyl 新戊酰;三甲基乙酰
pivalyl(=pivaloyl) 新戊酰;三甲基乙酰
pivalylbenzhydrazine 新戊酰苯酰吖嗪
pivalyl halide 新戊酰卤
pivampicillin 匹氨西林;氨苄青霉素新戊酰氧甲酯
pivcephalexin 特头孢氨苄
pivot 枢轴
pivot axis 旋转轴;枢轴线;摆轴
pivoted flight 枢轴刮片
pivot tank 中央储槽
PIXE(proton induced X-ray emission analysis) 质子激发X射线发射分析
pixel (图)像素
pizotyline 苯噻啶
P jet P射流
PKA 蛋白激酶A
PKC 蛋白激酶C
PKG 蛋白激酶G
PL(phospholipid) 磷脂
PLA(polylactide fiber) 聚丙交酯纤维
place in operation 交付使用
place in service 投入运行
placement 部位
placement spray 定向喷雾法
placenta 胎盘
place of assembly 装配场
place of dispatch 起运地点
place of loading 装货地点
place of paper 产地
place under repair 进行修理
placing 铺设
plafibride 普拉贝脲;祛脂吗脲
plagioclase 斜长石
plain bore 光孔
plain curve 平坦曲线
plain end 平(管)口
plain face 光面
plain face flange 平面法兰
plain flange 平面法兰
plain gland 普通压盖
plainness 平坦度
plain steel(s) 普通钢
plain washer 平垫圈
plaited rope 编结绳
plait point 共溶点;褶点
plakalbumin 片清蛋白;去六肽卵清蛋白
planar chromatography 平面色谱法
planar coordination compound 平面配位化合物
planar electrode 平面电极
planar flow structure 流面构造
planar lipid bilayer 平面脂双层
planar molecule 平面分子
planar network polymer 平面网状聚合物
planar zigzag structure 平面曲折链结构
Planck constant 普朗克常量;普朗克常数
Planck function 普朗克函数
Planck(radiation)formula 普朗克(辐射)公式
plane (1)刨削 (2)平面
plane flow 平面流
planeness 平整度
plane of polarization 偏振面
plane of symmetry 对称面
plane-parallel motion 平面平行运动
plane polarization 平面偏振
planer chromatography 平面色谱法
planer tool 刨刀
plane strain 平面应变
plane stress 平面应力
planet agitator 行星式搅拌器
planetary compulsory mixer 行星式搅拌器

planetary drive 行星齿轮传动
planetary gear 行星齿轮
planetary gear transmission 行星齿轮传动
planetary reducer 行星减速齿轮
planetary transmission 行星齿轮变速箱
planetary wheel 行星齿轮
planet gear 行星齿轮
planet gear speeder 行星增速器
planet-gear speed reducer 行星齿轮减速机
planet-rotating agitator 行星转动搅拌器
planet stirrer 行星式搅拌器
planet-type grinding mill 行星式粉碎机
plane wave 平面波
planing operation 刨削加工
planishing die 校平模
planishing hammer 打平锤
planning information 设计资料
planoform 对氨基苯甲酸丁酯
planogrinder 龙门磨床
planomycin 平霉素
plant acid 植物酸
plantago seed 车前籽
plant air 工厂用压缩空气;工艺空气
plant analysis room 车间分析室
plant ash 草木灰
plantation rubber 栽培橡胶
plant building 厂房
plant capacity 设备容量
plant conditions 生产条件
plant diseases 植物病害
plant effluent(s) 工厂废水
plant environment 工厂环境
Planté plate 形成式极板;普朗特极板
plant equipment package 工厂成套设备
plant erection 工厂安装
plant (growth) hormone 植物生长调节剂
plant growth regulator 植物生长调节剂
plant heat rate 全厂热耗率
plant hormone 702 七〇二(植物激素)
plant hormones 植物激素
plant installation 工厂安装
plantisul 氯甲噻酮;氯苯甲酮
plant layout 工厂布置
plant location 厂址
plant network 厂用电力网
plant nutrient 植物营养元素
plantose 菜子白蛋白
plant pathogens 植物病原体
plant pathology 植物病理学
plant pesticide 植物源农药
plant piping 工厂管路
plant plankton 浮游植物
plant protection 植物保护
plant safety rules 工厂安全条例
plant-scale equipment 工厂规模设备
plant site 现场
plant structure 工厂建筑
plant test 工业设备试验
plant thermal efficiency 全厂热效率
plant water 生产用水
plan view 俯视图;平面图
plaper 塑料纸
plaque technique 蚀斑技术
plasitisol adhesive 增塑溶胶胶黏剂
plasma 等离(子)体
plasma(arc)cutting 等离子(弧)切割
plasma arc surfacing 等离子弧埋焊
plasma arc welding (PAW) 等离子弧焊
plasma black 等离子法炭黑
plasma burner 等离子喷枪
plasma cell 浆细胞
plasma chemical vapor deposition 等离子化学气相沉积
plasma chemistry 等离子体化学
plasma chromatography 等离子体色谱法
plasma cleaning 等离子清洁
plasma coating 等离子喷涂;等离子涂装
plasma destroy 等离子净化
plasma dynamics 等离(子)体动力学
plasma etching(PE) 等离子体蚀刻
plasma frequency 等离(子)体频率
plasma furnace 等离子体加热炉
plasma gas 等离子气
plasma gas chromatography 等离子体气相色谱法
plasmagel 血浆凝胶
plasma jet 等离子流
plasmalemma 质膜;细胞膜
plasmalogen 缩醛磷脂
plasma melting 等离子熔炼
plasma membrane 质膜
plasma metallurgy 等离子冶金
plasma MIG welding 等离子熔化极气体保护焊
plasma polymerization 等离子体聚合
plasma powder synthesizing 等离子体制粉
plasma source 等离子体(光)源
plasma spectroscopy 等离子体波谱学
plasma spray coating 等离子喷镀
plasma spraying process 等离子体喷涂法

plasma spray[spraying] 等离子(弧)喷涂
plasma state 等离子态
plasma thromboplastin antecedent(PTA) 血浆促凝血酶原激酶前体;凝血因子Ⅺ
plasma thromboplastin component(PTC) 血浆凝血酶激酶组分;凝血因子Ⅸ
plasma treatment 等离子处理
plasmid 质粒
plasmin 纤溶酶;血纤维蛋白溶酶;胞浆素
plasminogen 纤溶酶原;血纤维蛋白溶酶原
plasminogen activator 纤溶酶原激活物
plasmochemical pyrolysis 等离子化学裂解
plasmocid 甲氧胺喹
plasmon 等离子
plasmoquin 帕马喹;扑疟喹啉
plastein 胃合蛋白
plaster 硬膏剂
plastic 塑料
plastic aerated building 塑料充气房屋
plastic and calcium paper 钙塑纸
plasticated resin 塑化树脂
plastication mastication 塑炼
plasticator 塑炼机;压塑机;螺杆塑炼机
plastic bag 塑料袋;胶带
plastic bellows 塑料波纹管
plastic cement 塑胶;塑料黏结剂
plastic clay 软质黏土
plastic coated photographic paper 涂塑像纸
plastic coating 塑料涂层[膜]
plastic collapse 塑性破坏
plastic container 塑料容器
plastic corrugated tile 塑料波形瓦
plastic crystal 塑晶
plastic deformation 塑性变形
plastic design 塑性设计
plastic explosive 塑性炸药
plastic failure 塑性失效
plastic failure criterion 塑性失效准则
plastic feel 塑料感
plastic floor 塑料地板
plastic fluid 塑性流体;宾汉流体
plastic foam 泡沫塑料
plastic forming 塑性加工;可塑成型法
plastic fracture 塑性破坏
plastic furring tile 塑料面砖
plastic grating 塑料光栅
plastic hinge 塑性铰
plasticifying bath 塑化浴
plastic incinerator 塑料焚烧炉
plastic inelasticity 塑性非弹性
plastic insert casting 嵌铸
plastic Intalox saddle 塑料矩鞍
plasticity (1)可塑性(2)塑性力学
plasticity number 可塑值
plasticity range 塑性(温度)范围
plasticity retention index 塑性保持率
plasticization 增塑作用;塑化
plasticizer (1)塑化剂(2)增塑剂
plasticizer extender 增塑增容剂
plasticizing 塑化;增塑
plasticizing bath 塑化浴
plastic laminate 塑料层压板;层合塑料
plastic laminated paper 塑料贴面纸
plastic last 塑料鞋楦
plastic lining 塑料衬里
plastic magnet 塑料磁体
plastic magnetization 塑料磁化
plastic marble 塑料大理石
plastic materials 塑性材料
plastic mould 塑料模具
plastic mo(u)lding 可塑成型法
plastic optical fiber 塑料光导纤维
plastic O-ring 塑料O形环
plastic packing 塑料填料
plastic paper 塑料纸
plastic pipe 塑料管
plastic pipeline 塑料管线
plastic potential 塑性势
plastic pump 塑料泵
plastic refractory 可塑料
plastic ribbed pipe 肋管
plastic ring 塑料环
plastics casting 塑料铸塑
plastics covering 塑料覆盖层
plastic screen 塑料网
plastic seals 塑料密封件
plastics film 塑料薄膜
plastic shaping technique 塑料成型工艺
plastic(s) made of synthetic resin(s) 合成树脂塑料
plastics moulding 塑料模塑;塑料成型
plastics pipe 塑料管材
plastics solidification 塑料固化
plastics spray coating 塑料喷涂
plastic state 黏流态
plastic strain 塑性应变
plastic strain increment 塑性应变增量
plastic strength 塑性强度
plastic sulfur 弹性硫
plastic tank 塑料罐

plastic tanker 塑料槽车
plastic track 塑料跑道
plastic tripak 塑料球形填料
plastic valve 塑料阀
plastic viscosity 塑性黏度
plastic wall paper 塑料墙纸
plastic washer 塑料垫圈
plastic waste 废塑料
plastic wave 塑性波
plastic winging pipe 缠绕管
plastic woven sack 塑料编织袋
plastic yielding 塑性屈服
plastic zone 塑性区
plastid 质体
plastification bath 塑化浴
plastifier 增塑剂
plastigel 塑性凝胶
plastisol 增塑糊;增塑溶胶(聚氯乙烯糊的一种);塑性溶胶
plastoelasticity 塑弹性
plastogel 塑性凝胶
plastograph 塑性计;塑度表
plastomer 塑性体
plastometer 塑度计;可塑计
plastoquinone 质体醌;塑体醌
plasto rubber 增塑橡胶
platable resin 可电镀树脂
plate (1)板极(2)干版(3)塔板
plate alignment 平板找正
plate amalgamation 混汞析金法
plate and frame electrolyzer 板筐式(压滤机型)电解槽
plate and frame filter press 板框压滤机
plate-and-frame module 板框组件
plate-and-frame type filter press 板框式压滤机
plateau cure 正硫化;平坦硫化
plateau effect 平坦效应
plateau of counter 计数器坪
plate bender 卷板机
plate below 下一层塔板
plate bending machine 卷板机;弯板机
plate bending rolls 卷板机
plate coil 螺旋式换热器
plate column 板式塔
plate conveyer 板式输送机
plate culture 平皿培养
plate curvature 平板曲率
plate display 平板显示
plated ring 电镀金属圈
plate efficiency 板效率;塔板效率
plate electrophoresis 板电泳
plate evaporator 板式蒸发器
plate exchanger 板式换热器
plate feeder 圆盘给料机;板式进料机
plate fin cooler 散热片式冷却器
plate-fin heat exchanger 板翅换热器
plate frame press filter 板框压滤机
plate graphitic heat-exchanger 板式石墨换热器
plate heater 板式加热器
plate heat exchanger 板式换热器
plate inspection 板材检查
plate joint 滤板接缝
platelet factor 血小板因子
plate level gauge 板式液面计
plate mangle 平板机
plate mill 制板(工)厂
plate module 平板膜组件
platenomycin B1 普拉地诺霉素 B1
platen press 平板硫化机
plate(of a battery) 极板
plate pack 极群组
plate packing 板片密封填料
plate paper 凹版印刷纸
plate press 平面凹版印刷机;压滤机
plater 镀层装置
plate rolling 卷板
plates and bubble caps 塔板和泡罩
plate shearing machine 剪板机
(plate) shears 剪板机
plate shop 制板(工)厂
plate spacing (塔)板距
plate stiffener 加劲板
plate structure 板结构
plate tower 板式塔;板式蒸馏塔
plate type 板式
plate-type condenser 板式冷凝器
plate-type evaporator 板式蒸发器
plate type finned heat exchanger 板翅式换热器
plate(-type) guard 护板;板式换热器
plate-type heat exchanger (平)板式换热器
plate type pressure filter 板式压滤机
plate valve 片状阀
plate work 钣金工
plate-work and welding section 铆焊工段
platform 站;平台;装卸台
platformate 铂重整产品;铂重整
platformate raffinate 铂重整抽余油

platform conveyer 板式输送机;平台运输器
Platformer 铂重整装置(环球油品公司,即 UOP)
platforming 铂重整
platform scales 磅秤
platform truck 平板拖车
platform truck scale 汽车地磅
platform vibrator 板式振动器;振动台
platform wagon with sides 带拦板的平板拖车
platinammines 铂氨合物
platinammonium 氨合铂离子
plating 喷镀
plating of wear-resistant chromium 耐磨性电镀铬
plating on plastics 塑料电镀
plating rinse water 喷镀漂洗水
plating with periodic reverse 周期换向电镀
platinibromide 溴铂酸盐
platinic (1)(正)铂的;四价铂的(2)铂的
platinic bromide 溴化铂
platinic chloride 氯化铂
platinichloride 氯铂酸盐
platinic iodide 碘化铂
platinic oxide 氧化铂
platinochloride 氯亚铂酸盐
platinocyanide 氰亚铂酸盐
platinous bromide 溴化亚铂
platinous chloride 二氯化铂;氯化亚铂
platinous cyanide 氰化亚铂
platinous iodide 碘化亚铂
platinous sodium chloride 氯亚铂酸钠
platinum 铂 Pt
platinum black 铂黑
platinum black electrode 铂黑电极
platinum catalysts 铂催化剂
platinum chloride 氯化铂
***cis*-platinum complexes** 顺铂
platinum cone 白金锥
platinum crucible 白金坩埚;铂坩埚
platinum dichloride 二氯化铂
platinum dioxide 二氧化铂
platinum dish 白金杯
platinum electrode 铂电极
platinum (electro)plating 电镀铂
platinum family element(s) 铂族元素
platinum group 铂系元素
platinum Mohr 铂黑
platinum plating 铂电镀
platinum-rhenium catalyst 铂铼重整催化剂
platinum sesquioxide 三氧化二铂
platinum tetrachloride 四氯化铂
platinum wire 铂丝
platonin 普拉托宁
platycodon root 桔梗
platyphylline 阔叶千里光碱;狗舌草碱
plaunotol 普劳诺托
play (1)窜动(2)间隙;游隙
play of valve 阀隙
please turn over(P. T. O.) 请看背面
β-pleated sheet β折叠
β-pleated sheet structure β折叠结构
plectin 网蛋白
pleiadiene 偕双烯型化合物
pleionomer 同性低聚物;均低聚物
plenum air 加压空气
plenum chamber 充气室;集气箱
pleomorphism 同质多晶
pleuromutilin 截短侧耳素;脆柄菇素 B
pleurotin(e) 灰侧耳菌素
plexiglass 有机玻璃
plicamycin 普卡霉素;光辉霉素
plicate pump 复式泵
plicatic acid 大侧柏酸
plioform 普利形
ploidy 倍性
PLOT(porous layer open tubular column) 多孔层空心柱
plot 绘图
plotting 绘图
plotting office 绘图室
plough blade 刮板
plug (1)插头[销](2)管堵;管子堵头;塞子;丝[管]堵
plug cock 旋塞
plug flow 平推流;活塞流
plug flow model 活塞流模型
plug-flow reactor (活)塞流反应器
plug for air pump 气泵旋塞
plug for seal 堵塞密封
plugging 堵塞
plugging inhibitor 防堵(塞)剂
plug lap joint 熔焊接头
plug thumb screw 蝶形螺塞
plug valve 旋塞(阀)
plug weld 塞焊缝
plug welding 塞焊
plumbagin 石灰蓉萘醌;蓝雪醌;矾松素
plumbago crucible 石墨坩埚
plumbane 铅烷

plumbate 高铅酸盐
plumber's tools 管工工具
plumbery 管工车间
plumbic acid 高铅酸
plumbic chloride 氯化高铅;四氯化铅
plumbichloride 氯高铅酸盐
plumbic sulfate 硫酸高铅
plumbifluoride 氟高铅酸盐
plumbing fixtures 配管附件
plumbious chromate 铬酸铅
plumbism 铅中毒
plumbite 铅酸盐
plumbous 铅的;二价铅的
plumbous acetate 醋酸铅
plumbous acid 铅酸(二价铅为正铅,四价为高铅)
plumbous antimoniate 偏锑酸铅
plumbous arsenate 砷酸铅
plumbous azide 叠氮化铅
plumbous bichromate 重铬酸铅
plumbous carbonate 碳酸铅
plumbous chloride 氯化铅
plumbous ferrocyanide 氰亚铁酸铅
plumbous hydroxide 氢氧化铅
plumbous hyposulfate 连二硫酸铅
plumbous hyposulfite 连二亚硫酸铅
plumbous metaplumbate 偏铅酸铅
plumbous naphthenate 环烷酸铅
plumbous nitrate 硝酸铅
plumbous oleate 油酸铅
plumbous orthoplumbate 四氧化三铅
plumbous pyrophosphate 焦磷酸铅
plumbous rhodanate 硫氰酸铅
plumbous selenide 硒化铅
plumbous silicofluoride 氟硅酸铅
plumbous stearate 硬脂酸铅
plumbous subacetate 碱式乙酸铅
plumbous subcarbonate 次碳酸铅
plumbous sulphate 硫酸铅
plumbous telluride 碲化铅
plumbous 2,4,6-trinitroresorcinate 2,4,6-三硝基间苯二酚铅;收敛酸铅
plumbyl 铅烷基
plume 羽流;缕流
plumericin 鸡蛋花素
plumieric acid 鸡蛋花酸
plumieride 鸡蛋花苷
plunger bucket 唧筒式泵柱塞
plunger elevator 水力提升机
plunger lining 衬套
plunger nut 柱塞螺母
plunger overtravel 活塞超行程
plunger pump 活柱泵
plunger-type injection 射料杆式注塑
plunger-type moulding 射料杆式模塑
plunger valve 塞阀
plus strand 正链
plutonate 钚酸盐(或酯)
plutonia 二氧化钚
plutonium 钚 Pu
plutonium bomb 钚弹
plutonium carbonitride 碳氮化钚
plutonium producing reactor 生产钚的反应堆
plutonium sesquioxide 三氧化二钚
plutonium sesquitelluride 三碲化二钚
plutonium tetraisopropoxide 四异丙氧基钚
plutonium tricyclopentadienide 三环戊二烯合钚
plutonium trifluoride 三氟化钚
plutonyl 钚酰;双氧钚根
plutonyl hydroxide 氢氧化钚酰
plutonyl nitrate 硝酸钚酰
ply adhesion 层间黏力
ply stress 层应力
plywood 胶合板
plywood adhesive 胶合板胶黏剂
PLZJ 掺镧锆钛酸铅
PLZT ceramics 锆钛酸镧铅铁电陶瓷
PM(puromycin) 嘌罗霉素;嘌呤霉素
PMA (1)(polymethacrylate)聚甲基丙烯酸酯 (2)(pyromellitic acid)均苯四酸
PMAC(polymethoxy acetal) 聚甲氧基缩醛
PMAN(polymethacrylonitrile) 聚甲基丙烯腈
PMDA(pyromellitic dianhydride) 均苯四酸二酐
PMM[polymethylmethacrylate] 聚甲基丙烯酸甲酯
PMMA[poly(methyl methacrylate)] 聚甲基丙烯酸甲酯
PMN(lead magnesio-niobate ceramics) 铌镁酸铅陶瓷
PMP 杀鼠酮钠盐
PMR(proton magnetic resonance) 质子核磁共振
PMSG 血清促性腺激素
PMTS 磺胺汞
pneumatic actuator 气压传动装置
pneumatic aeration 压气曝气
pneumatic agitation 气力搅拌

pneumatic agitator 气力搅拌器
pneumatically applied mortar 喷浆
pneumatic ash conveyer 风力输灰装置
pneumatic ash removal systems 气力除尘系统
pneumatic atomizer 气流式雾化器
pneumatic boat 橡皮艇
pneumatic circuit 气动回路
pneumatic classification 风力分级
pneumatic classifier 风力分级器；气力分级器
pneumatic controller(s) 气动调节器
pneumatic control valve 气动调节阀
pneumatic convey drier 气流式干燥机
pneumatic conveyer 风动式运输设备；气流[动]输送器
pneumatic conveyer dryer 气流干燥器
pneumatic conveying 气力输送
pneumatic conveyor 气动输送机
pneumatic cushioning 空气弹簧
pneumatic cylinder 气动缸
pneumatic diaphragm control valve 气动薄膜调节阀
pneumatic drive 风力传动
pneumatic dryer 气流式干燥器；风力干燥机
pneumatic drying 气流干燥
pneumatic duster 气力喷粉机
pneumatic ejector 压气喷射器
pneumatic elevator 风动提升机
pneumatic feeder 风动给料机
pneumatic fracturing 风力压裂
pneumatic hammer （空）气锤
pneumatic hydraulic 气动液压的
pneumatic/hydraulic spring diaphragm actuator 气压/液压弹簧隔膜传动装置
pneumatic impingement nozzle 冲击式气动雾化喷嘴
pneumatic jack 气压千斤顶
pneumatic machinery 风动机械
pneumatic motor 风动马达；风动机
pneumatic nozzle 气动雾化喷嘴；气流式雾化器
pneumatic pipeline pig 气动清管器
pneumatic piston 气动活塞
pneumatic piston actuator 气压活塞传动装置
pneumatic plant 气动设备
pneumatic poker 风动搅拌机
pneumatic positioner valve 气动阀门定位器
pneumatic pump 气动泵
pneumatic rabbit 气动跑兔
pneumatic rammer 风动锤；风动捣锤
pneumatic regulating valve 气动调节阀
pneumatic remote control 气动遥控
pneumatic screw press 气动螺旋压砖机
pneumatic scrubber 气动洗涤器
pneumatic separation 风力分离；气动分离
pneumatic signal 气动信号
pneumatic sizer 空气离析器
pneumatic stirrer 气力搅拌器
pneumatic stowing 风力充填
pneumatic suction conveyer 风力吸送器
pneumatic system 气动系统
pneumatic tank 气压罐
pneumatic test 气压试验
pneumatic thickener 气压脱水机
pneumatic tool 气[风]动工具
pneumatic transmission 气(力输)送
pneumatic transporting 风动运输
pneumatic type spray dryer 气流喷雾(式)干燥器
pneumatic tyre 空心轮胎
pneumatic tyre cover 汽车外胎
pneumoconiosis 尘肺病
pneu-vac dryer 真空气流干燥器
pnicogen 磷属元素
pnictide 磷属元素化物
PNMT (phenylethanolamine-*N*-methyltransferase) 苯乙醇胺-*N*-甲基转移酶
PNP(polynucleotide phosphorylase) 多核苷酸磷酸化酶
PNVC[poly(*N*-vinyl carbazole)] 聚(*N*-乙烯基咔唑)
Pockels effect 泡克耳斯效应
Pockels material(s) 泡克耳斯材料(具有一次电光效应的材料)
pocket 料袋
pocket builder 布筒机；制袋机
pocketed heat 蓄热；内部发热
pocket feeder 回转定量加料器；星形给料器
pocket filter 袋式过滤器
pocking mark 麻点
POD(polyoxadiazole) 聚噁二唑
podand 多足配体
Podbielniak extractor 泡特比尔尼克萃取器
podocarpic acid 罗汉松酸
podocarpinol 罗汉松醇
podocarprene 罗汉松烯
pododacric acid 泪柏罗汉松酸

podophyllic acid 鬼臼酸
podophyllinic acid 2-ethylhydrazide 鬼臼酸乙肼
podophyllotoxin 鬼臼毒素;鬼臼脂素;鬼臼酸内酯
podophyllum 鬼臼根
podophyllum resin 鬼臼树脂
POE(polyolefin elastomer) 聚烯烃弹性体
POF(plastic optical fiber) 塑料光导纤维
pOH pOH 值;氢氧离子活度的负对数
Pohle air lift pump 波勒(无柱塞)空气提升泵
poi 粮芋
Poincaré group 庞加莱群
Poincaré transformation 庞加莱变换
Poinsot motion 潘索运动
point-by-point test 逐步试验
point charge 点电荷
point defect 点缺陷
point discharge 尖端放电
point efficiency 点效率
pointer 指针;指示器
point estimation 点估计
point group 点群
point mutation 点突变
point of reference 控制点
point of zero electric charge 零电荷点
point source 点源;点光源;点能源;点辐射源
point source explosion 点爆炸
point welding 点焊
poise 泊
Poiseuille equation 泊肃叶方程
Poiseuille law 泊肃叶定律
poison 毒物
poison bait 毒饵
poisoness 毒性
poisoning water 毒水
poison ivy 毒叶藤
poison oak 毒栎
poison sumac 毒漆树
Poisson bracket 泊松括号
Poisson ratio 泊松比
Poisson's distribution 泊松分布
Poisson's equation 泊松方程
Poisson's number 泊松数
Poisson's ratio 泊松比
poking hole 拨火孔
polacene 聚并苯
polaprezinc 聚普瑞锌
polar adhesive 极性胶黏剂
polar aqueous domains 极性含水区域
polar bond 极性键
polar coordinates 极坐标
polar covalence 极性共价
polar crane 回转式吊车
polar fluids 极性流体
polar group 极性基团
polarimeter 旋光计
polarimetry 旋光测定法
polariscope 偏(振)光镜
polarity 极性
polarity effect 极化效应
polarizability 极化性;极化率
polarization (1)极化 (2)偏振
polarization cell 极化电池
polarization charge 极化电荷
polarization current 极化电流
polarization curve 极化曲线
polarization effect 极化效应
polarization factor 极化因子;偏振化因子
polarization function 极化函数
polarization of electrode 电极极化
polarization of light 光偏振
polarization overpotential 极化超电势
polarization transfer 极化转移
polarized bond 极性键
polarized covalent bond 极性共价键
polarized electrode 极化电极
polarized light 偏振光
polarizer 起偏振器
polarizing angle 偏振角
polarizing battery 极化蓄电池
polarizing microscope 偏光显微镜
polar link 极性键
polar molecule 有极分子
polar moment of inertia 惯性极矩
polar monomer 极性单体
polarogram 极谱图
polarograph 极谱仪
polarographic analysis 极谱分析
polarographic catalytic wave 极谱催化波
polarographic maximum 极谱极大;极谱极值
polarographic probe 极谱型探头
polarographic wave 极谱波
polarography 极谱法
polaroid 偏振片
Polaroid one step photography 波拉一步成像摄影

Polaroid photography 波拉一步摄影；宝利来(一步)摄影
polarometric titration 极谱滴定(法)；极化滴定(法)
polaron 极化子
polar phase 极性相
polar polymer 极性聚合物；极性高聚物
polar rubber 极性橡胶
polar semiconductor 极性半导体
polar solvent 极性溶剂
polar vector 极矢(量)
Polar Yellow 6G 弱酸性黄 6G
polathene 聚乙烯纤维
polavision film 波拉加色法胶片
poldine methylsulfate 甲基硫酸泊尔定
pole 磁极；电极
pole figure 极图
pole figure analyzer 极图分析器
pole mark 皮革竿痕
pole reagent paper 电极试纸
polhode 本体瞬心迹
policeman 淀帚
polidexide 降胆葡胺；降脂 3 号树脂
polidocanol 聚多卡醇；聚乙二醇单十二醚
poling board 撑板
poling machine 胶管穿铁芯机
polish 抛光剂；泡立水
polished glass 磨光玻璃
polished rod 抛光杆；光杆
polished section 光片
polisher (1)磨光机(2)擦亮剂；抛光剂
polishing (1)打光 (2)抛光 (3)研磨 (4)精制
polishing agent 抛光剂
polishing cloth 抛光布
polishing composition 抛光剂
polishing compound 抛光剂
polishing machine 打光机；磨光机；抛光机
polishing materials 抛光材料
polishing medium 抛光剂
polishing microsection 抛光磨片
polishing paste 抛光膏
polishing roll 压光辊
polishing wheel 细砂轮；磨光轮；抛光砂轮
polish the still wall 釜壁抛光
polisteskinin 蜂毒激肽
pollutant analysis 污染物分析
pollutant diffusion 污染物扩散
pollutant source 污染源
pollutant standards index(PSI) 污染物标准指数
pollute 污染
polluted water 污水
polluting strength 污染强度
pollution 污染
pollution abatement 污染消除
pollution control 污染控制
pollution disease 环境污染病
pollution-free 无污染的
pollution-free adhesive 无公害胶黏剂
pollution-free energy 清洁能源；无污染能源
pollution-generating process 产生污水过程
pollution index 污染指数
pollution prevention 污染预防；预防污染
pollution sourse 污染源
pollution treatment 污染处理
polmarosa oil 玫瑰草油
polonide 钋化物
polonite 钋酸盐
polonium 钋 Po
polonium dioxide 二氧化钋
polonium tetrachloride 四氯化钋
poloxamer 泊咯沙姆
poly(A) 多(聚)腺苷酸
polyacenaphthylene 聚苊
polyacetal 聚缩醛
polyacetaldehyde 聚乙醛
polyacetamide fibre 聚乙酰胺纤维
polyacetylene 聚乙炔
polyacetylvinylamine 聚乙酰氨基乙烯
polyacid 多元酸
polyacid base 多(酸)价碱；多元碱
polyacrolein 聚丙烯醛
polyacrylamide 聚丙烯酰胺
polyacrylamide gel electrophoresis(PAGE) 聚丙烯酰胺凝胶电泳
polyacrylate 聚丙烯酸酯
polyacrylate rubber 丙烯酸酯橡胶
polyacrylate sealant 聚丙烯酸酯密封胶
poly(acrylic acid) 聚丙烯酸
polyacrylic emulsion 丙烯酸乳液
polyacrylonitrile 聚丙烯腈
poly(acrylonitrile-acrylamidesodium acrylate) hydrolyzate 水解聚丙烯腈钠盐
polyacylbenzobisoxazole(PABO) 聚酰基苯并双噁唑
polyacylsemicarbazide 聚酰基半卡巴肼；聚酰基氨基脲
polyaddition 加成聚合作用；逐步加成聚合
polyaddition reaction 加成聚合(反应)

polyaddition resin 加聚树脂
polyadenylic acid 多(聚)腺苷酸
polyagglutinability 多凝集性
polyalcohol 多元醇
polyaldehyde 聚醛
polyalkane 聚链烷烃
polyalkenamer 开环聚环烯烃
polyalkoxide 聚烷氧化物
polyalkoxyamine 聚烷氧基胺
polyalkoxylated polyol 聚烷氧基多元醇
polyalkoxysilane 聚烷氧基硅烷
poly-3-alkoxythiophene 聚3-烷氧基噻吩
polyalkylated 多烷基化的
polyalkylation 多烷基化(作用)
polyalkylbenzene 多烷基苯
polyalkylene glycol 聚亚烷基二醇
poly(alkylene oxide) 聚环氧烷烃;聚氧化烯烃;聚亚烷基氧化物;聚醚
polyalkylene sulfide 聚亚烃化硫;聚硫醚
polyalkylene sulfone 聚亚烃砜
poly-*N*-alkylethylene imide 聚*N*-烷基乙烯亚胺
polyalkylmethacrylate(PAMA) 聚甲基丙烯酸烷基酯(黏度添加剂,消烟剂)
polyalkyl oxide rubber 聚烷基环氧橡胶
polyalkylphosphate 多烷基磷酸盐(或酯)
poly-3-alkylthiophene 聚3-烷基噻吩
polyallomer 异质同晶聚合物;聚异质同晶体
polyallyl ammonium chloride 聚烯丙基铵氯化物
polyallylmethacrylate 聚甲基丙烯酸烯丙酯
polyalphaolefin 聚α-烯烃
polyalumin(i)um chloride 聚氯化铝
polyamic acid 聚酰胺酸
polyamide 聚酰胺
polyamide 6 聚酰胺6(我国纤维商品名为锦纶)
polyamide-66 聚酰胺-66
poly(amide acid) 聚酰胺酸
polyamide fibre 聚酰胺纤维
polyamide hot melt adhesive 聚酰胺热熔胶
polyamide-hydrazide 聚酰胺-酰肼
polyamide-imide 聚酰胺-酰亚胺
polyamine 多元胺
polyamine-methylene resin 聚亚甲胺树脂
polyamine salt 聚胺盐
poly-(α-amino acid) fibre 聚α-氨基酸纤维;尼龙-2纤维
polyaminobenzene 聚苯胺
poly(*p*-aminobenzoic acid) fiber 聚对苯甲酰胺纤维;芳纶14
polyaminobismaleimide(PABM) 聚氨基双马来酰亚胺
poly-10-amino capric acid 聚-10-氨基癸酸;聚ω-氨基癸酸
poly-8-amino caprylic acid 聚-8-氨基辛酸;聚ω-氨基辛酸
polyaminoester(s) 聚氨基酯(类)
polyaminotriazole(PAT) 聚氨基三唑
poly-ω-aminoundecanoyl 聚ω-氨基十一酰;聚十一酰胺;尼龙-11
polyampholyte 聚两性电解质
polyamphoteric electrolyte 聚两性电解质
polyanhydride(s) 聚酐(类)
polyaniline 聚苯胺
polyanion 聚阴离子
polyanionic surfactant 多阴离子表面活性剂
polyanthracene 聚蒽
polyanthrazoline 聚蒽唑啉
polyanthryl acetylene 聚蒽乙炔
polyanthrylene 聚蒽
poly(A) polymerase 多(聚)腺苷酸聚合酶
polyaramide 聚芳酰胺
poly(aromatic ether sulfone) 聚芳醚砜
poly(aromatic ether sulfone-imide) 聚芳醚砜酰亚胺
poly-aromatic hydrocarbons 多芳香烃
polyarylalkyl phenolic resin 聚芳烷基苯酚树脂
polyarylate 多芳基化合物
polyarylation 多芳基化(作用)
poly(arylene ether diketone) 聚亚芳基醚二酮
poly(arylene ether nitriles) 聚亚芳基醚腈
poly(arylene ether nitriles/sulfones) 聚亚芳基醚腈砜
poly(arylene ether sulfone) 聚亚芳基醚砜
poly(arylene sulfide) 聚亚芳基硫醚
polyarylester 聚芳酯
polyarylether 聚芳醚
polyaryletherketone(PAEK) 聚芳醚酮
polyarylethersulfone 聚芳醚砜
polyarylnitrile 聚芳基腈
poly(aryl oxide sulfone) 聚芳醚砜
poly(aryl oxide sulfone-imide) 聚芳醚砜酰亚胺
polyaryloxysilane 聚芳氧基硅烷
polyaryl polymethylene-polyisocyanate(PAPI) 多芳基多亚甲基多异氰酸酯
polyarylsulfone 聚芳砜

polyarylsulfone adhesive 聚芳砜胶黏剂
polyase 聚合酶;多糖酶
polyatomic acid 多元酸
polyatomic molecule 多原子分子
polyatomic phenol 多元酚
polyatomic ring 多节环
polyazo dyes 多偶氮染料
polyazomethine 聚甲亚胺
polybase 多碱
polybasic (1)多碱(价)的;多元的(2)多代的
polybasic acid 多元酸
polybasic alcohol 多元醇
polybasic ester 多元酸的酯
polybasite 硫锑铜银矿
poly(*p*-benzamide) 聚对苯甲酰胺
polybenzarsol 聚苯胂酸
polybenzil 聚偶苯酰;聚苯偶酰
poly(benzimidazobenzo-phenanthroline) 聚苯并咪唑苯并菲咯啉
polybenzimidazole adhesive 聚苯并咪唑胶黏剂
poly(benzimidazole amide) 聚苯并咪唑酰胺
polybenzimidazole fibre 聚苯并咪唑纤维
polybenzimidazole(PBI) 聚苯并咪唑
polybenzimidazolidone 聚苯并咪唑酮
polybenzimidazoline 聚苯并咪唑啉
polybenzimidazolone 聚苯并咪唑酮
polybenzimidazolone membrane 聚苯并咪唑酮膜
polybenzimidazoquinazoline 聚苯并咪唑并喹唑啉
polybenzimidazoquinoxaline 聚苯并咪唑喹喔啉
polybenzine 叠合[聚合]汽油
polybenzobisoxazole(PBO) 聚苯并双噁唑
poly(benzobistriazolophenanthroline) 聚苯并双三唑并菲咯啉
polybenzoimidazole 聚苯并咪唑
polybenzoin 聚苯偶姻
polybenzonitrile 聚苯基氰;聚苄腈
poly(benzopyrroletriazole) 聚苯并吡咯三唑
polybenzothiazole 聚苯并噻唑
polybenzotriazole 聚苯并三唑
polybenzoxadiazole 聚苯并噁二唑
polybenzoxazine 聚苯并噁嗪
polybenzoxazinedione 聚苯并噁嗪二酮
polybenzoxazinone 聚苯并噁嗪酮
polybenzoxazole 聚苯并噁唑
polybenzpyrazine 聚苯并吡嗪
polybiphenylsulfone 聚联苯砜
poly[3,3-bis(bromomethyl)trimethylene oxide] 聚[3,3-双(溴甲基)氧杂环丁烷]
poly[3,3-bis(fluoromethyl)trimethylene oxide] 聚[3,3-双(氟甲基)氧杂环丁烷]
polybismaleimide triazine 聚双马来酰亚胺三嗪
polybisthiazole 聚双噻唑
polybiurea 聚双脲;聚联二脲
polyblend 高分子共混物
polyblend matrices 共混基体
polybond 聚硫橡胶黏合剂
polyborane 聚硼烷
polybromide 多溴化合物
polybrominated biphenyls 多溴化联苯
polybromocarbon 多溴(代)烃
polybromocyclohexane 多溴环己烷
polybromohydrocarbon (= polybromocarbon) 多溴(代)烃
polybromoprene 聚溴丁二烯
1,2-polybutadiene 1,2-聚丁二烯
1,4-polybutadiene 1,4-聚丁二烯
***cis*-1,4-polybutadiene** 顺(式)-1,4-聚丁二烯
***trans*-1,4-polybutadiene** 反(式)-1,4-聚丁二烯
polybutadiene-acrylonitrile(PBAN) 聚丁二烯-丙烯腈
***cis*-1,4-polybutadiene rubber** 顺丁橡胶;顺式-1,4-聚丁二烯橡胶
***trans*-1,4-polybutadiene rubber** 反式-1,4-聚丁二烯橡胶
polybutadiene-styrene(PBS) 聚丁二烯-苯乙烯
polybutene 聚丁烯
poly(1-butene) 聚丁烯
polybutylene glycol terephthalate 聚对苯二甲酸丁二酯
poly(butylene naphthalate) 聚萘二甲酸丁二酯
poly(butylene terephthalate) 聚对苯二甲酸丁二酯
poly(butylene terephthalate) fiber 聚对苯二甲酸丁二酯纤维
poly-*n*-butylmethacrylate(PBMA) 聚甲基丙烯酸正丁酯
polybutylvinylether 聚正丁基乙烯基醚(润滑油增黏剂)
polybutyrolactam 聚丁内酰胺;尼龙-4
polybutyrolactam fibre 聚丁内酰胺纤维;

尼龙-4 纤维
poly(calcium acrylate) 聚丙烯酸钙
polycaprinlactam 聚癸内酰胺;尼龙-10
polycaproamide 聚己内酰胺
polycaprolactam 聚己内酰胺;尼龙-6
polycaprolactam fibre 聚己内酰胺纤维(我国商品名为锦纶)
polycaprolactone 聚己内酯
polycaprylactam 聚辛内酰胺;尼龙-8
polycarbazole 聚咔唑
polycarboimide 聚碳酰亚胺
polycarbonate 聚碳酸酯
polycarbonate fibre 聚碳酸酯纤维
polycarboranesiloxane 聚碳硼烷硅氧烷
polycarbosilane 聚碳硅烷
polycarboxylate sticking powder 聚羧酸盐黏固粉
polycarboxyphosphate 聚羧基磷酸酯
polycation 聚阳离子
polyceramics 聚合陶瓷
polychloride 多氯化物
polychlorinated biphenyls(PCB) 多氯联苯
polychlorization 多氯化反应
polychloroacrylonitrile 聚氯(代)丙烯腈
polychlorobiphenyl(PCB) 多氯联苯
polychlorobutadiene 聚氯丁二烯
polychlorocarbon 多氯(代)烃
polychloroether 聚氯醚
poly(chloroethyl methacrylate) 聚甲基丙烯酸氯乙酯
polychlorohydrocarbon (= polychlorocarbon) 多氯(代)烃
polychloroparaffin 多氯化石蜡
polychloroprene 聚氯丁二烯
polychloroprene latex adhesive 氯丁胶乳胶黏剂
polychloroprene rubber 氯丁橡胶
polychlorostyrene 聚氯苯乙烯
poly(chlorotrifluoroethylene) 聚三氟氯乙烯
polychlorparaffin 多氯化石蜡
polychrom 多色素
polychromatic fiber 热敏变色纤维
polychrome(=esculin) 七叶灵
polycistron 多顺反子
polycistronic messenger RNA 多顺反子mRNA
polycistronic mRNA 多顺反子 mRNA
polycoagulant 凝聚剂
polycomplex 配位聚剂
polycomplexation 配位聚(作用)
polycomponent coordination compound 多组分配位化合物;多元配位化合物
polycondensate 缩聚物
polycondensate resin 缩聚树脂
polycondensation 缩聚反应
polycondensation vessel 缩聚釜
polycoumarone 聚香豆酮;聚氧杂茚
polycrystal 多晶
polycrystalline aggregate 多晶聚集体
polycrystalline germanium 多晶锗
polycrystalline polymer 多晶形聚合物
polycrystalline silicon 多晶硅
polycyanoacetylene 聚氰基乙炔
poly α-cyanoacrylate 聚 α-氰基丙烯酸酯
polycyclamide 聚环酰胺
polycyclic aromatic hydrocarbon(PAH) 多环芳烃
polycyclic compound 多环化合物
polycyclic ring 多核环
polycycline(=tetracycline) 四环素
polycyclization 聚环作用
polycyclopentadiene 聚环戊二烯
polycyclopentene 聚环戊烯
polycyclo-rubber 多环橡胶;环化橡胶
polycyclotrimerization 多环三聚(作用)
polycysteine 聚胱氨酸
polydatin 虎杖苷
polydecalactam 聚癸内酰胺(尼龙 10)
polydecamethylene adipamide 聚亚己基癸二酰胺;聚己二酰癸二胺
polydecamethylene adipate 聚己二酸亚癸基酯;聚己二酸癸二醇酯
polydecamethylene formal 聚亚癸基甲醛
polydecamethylene glutarate 聚戊二酸亚癸基酯
polydecamethylene oxalate 聚乙二酸癸二酯
polydecamethylene oxamide 聚亚癸基乙二酰胺;聚乙二酰癸二胺
polydecamethylene phthalate 聚邻苯二甲酸亚癸基酯
polydecamethylene resorcinol diglycollate 聚间苯二酚二缩羟乙酸亚癸基酯
polydecamethylene sebacamide 聚癸二酰癸二胺;尼龙-1010
polydecamethylene sebacamide fibre 聚癸二酰癸二胺纤维;尼龙-1010 纤维
polydecamethylene sebacate 聚癸二酸癸二酯
polydecamethylene succinate 聚丁二酸癸二酯
polydecamethylene terephthalate 聚对苯

二甲酸癸二酯
polydecamethylene undecandicarboxylate 聚十三烷二酸癸二酯
polydecandicarboxylic anhydride 聚十二烷二酸酐
polydentate compound 多齿化合物
polydentate ligand 多齿配体
polydeoxyribonucleotide 多聚脱氧核糖核苷酸
polydextrose 聚右旋糖;聚葡萄糖
polydiacetylene 聚二乙炔
polydialkysiloxane 聚二烷基硅氧烷
poly(diallyl phthalate) 聚邻苯二甲酸二烯丙酯
polydiamino vinyl triazine 聚二氨基乙烯三嗪
polydiarylamine(PDA) 聚二芳胺
poly(2,6-dibromophenylene oxide) 聚2,6-二溴苯醚(阻燃剂)
polydichlorophosphazene 聚二氯磷腈
polydichlorostyrene 聚二氯苯乙烯
polydichloro-*p*-xylene 聚二氯对二甲苯
polydicyclopentadiene 聚双环戊二烯
polydideuteroethylene 聚二氘乙烯
polydiene 聚二烯;二烯类橡胶
polydiene rubber (聚)二烯橡胶
polydiethyleneglycol methacrylate 聚甲基丙烯酸一缩二乙二醇酯
polydifluoroethylene 聚二氟乙烯
poly(2,5-dimethoxy)phenylacetylene 聚2,5-二甲氧基苯乙炔
polydimethyl butadiene 聚二甲(基)丁二烯
polydimethylketene 聚二甲基乙烯酮
poly(2,6-dimethyl-*p*-phenylene oxide) 聚2,6-二甲基对苯醚
polydimethylpropylactam 聚二甲基丙内酰胺
polydimethylsiloxane(PDMS) 聚二甲基硅氧烷
polydiolefin 聚二烯烃
polydiphenyl ether sulfone 聚二苯醚砜
polydiphenyl oxide 聚二苯醚
polydisperse aerosol 多分散气溶胶
polydisperse system 多分散体系
polydispersion 多分散
polydispersity 多分散性
polydispersity index 多分散指数
polydivinyl acetylene 聚二乙烯(基)乙炔
polydivinyl-*n*-butyral 聚二乙烯基正丁醛
poly(1-dodecene) 聚1-十二碳烯
polyelectrode 多重电极
polyelectrolyte 聚电解质;高分子电解质
polyenanthamide fibre 聚庚酰胺纤维;尼龙-7纤维
polyenanthoamide 聚庚酰胺
polyene 多烯(烃)
polyene antibiotics 多烯类抗生素
polyenic compounds 多烯化合物
polyenoic acid 多烯酸
polyepiamine 聚表胺
polyepichlorohydrin 聚环氧氯丙烷
polyepihalohydrin 聚环氧卤丙烷
polyepoxide 聚环氧化物
poly(epoxyisobutane) 聚环氧异丁烷;聚氧化异丁烯
polyester 聚酯
polyester adhesive 聚酯胶黏剂
polyesteramide 聚酯酰胺;聚酰胺酯
polyester-diisocyanate 聚酯二异氰酸酯
polyester drawing film 聚酯绘图膜
polyester ether fibre 聚醚酯纤维
polyester fibre 聚酯纤维
polyester film base 聚酯片基
polyester hot melt adhesive 聚酯热熔胶
polyesterification 聚酯化(作用)
polyester-imide 聚酯酰亚胺
polyester indanthrene 聚酯士林
polyester isocyanate 聚酯异氰酸酯
polyester mimeograph film 聚酯刻图膜
polyester resin 聚酯树脂
polyester resin coating 聚酯树脂涂料
polyester resist 聚酯光刻胶
polyester rubber 聚酯橡胶
polyester vat dye(s) 聚酯士林
polyestradiol phosphate 聚磷酸雌二醇
polyethenoxy alkalolamide 聚氧乙烯烷醇酰胺
polyethenoxy alkyl ether 聚氧乙烯烷基醚类(表面活性剂)
polyethenoxy ester 聚氧乙烯酯
polyethenoxy ether 聚氧乙烯醚
polyethenoxy nonionic detergent 聚氧乙烯非离子洗涤剂
polyethenoxy rosin amine 聚氧乙烯松香胺
polyethenoxy thioethers 聚氧乙烯硫醚(表面活性剂)
polyether 聚醚
polyether-amide 聚醚酰胺
polyetherchloride 聚氯醚
polyetherester 聚醚酯

polyether-*co*-ester 共聚醚酯；醚酯共聚物
polyether ester fiber 聚醚酯纤维
poly(ether-ether-ketone) 聚醚醚酮
polyether ether ketone adhesive 聚醚醚酮胶黏剂
polyether ether ketone ketone(PEEKK) 聚醚醚酮酮
polyetherimide 聚醚酰亚胺
polyether-ketone 聚醚酮
polyether ketone ketone (PEKK) 聚醚酮酮
polyether oil 聚醚(润滑)油
polyethersulfides 聚醚硫化物(硫化剂)
polyether sulfone 聚醚砜
polyether sulphone (PES) 聚醚砜；聚苯[芳]醚砜
polyether triol 聚醚三醇
polyether urethane 聚醚氨酯
poly-*p*-ethinylbenzene 聚对乙炔基苯
polyethoxy alkylaryl ether 聚乙氧基烷基芳基醚
polyethoxy alkylphenol 聚乙氧基烷基酚
polyethoxy anhydrosorbitol ester 聚乙氧基失水山梨糖醇酯
polyethoxylate 聚乙氧基化物
polyethoxylated castor oil 聚乙氧基化蓖麻油
polyethoxylated nonylphenol 聚乙氧基化壬基酚；壬基酚聚氧乙烯醚
polyethylene 聚乙烯
polyethylene adipate 聚己二酸亚乙基酯
polyethylene agricultural film 聚乙烯农用薄膜
polyethyleneamine 聚乙烯胺
polyethylene carbonate 聚碳酸亚乙基酯
polyethylene coated steel pipe 聚乙烯涂层钢管
polyethylene disulfide 聚二硫化乙烯
polyethylene fibre 聚乙烯纤维；乙纶
polyethylene fumarate 聚富马酸乙二醇酯；聚反丁烯二酸乙二醇酯
polyethylene glutarate 聚戊二酸乙二醇酯
polyethylene glycol (1)聚乙二醇；聚氧乙烯(2)缩乙二醇醚
polyethylene glycol adipate 聚己二酸乙二醇酯
polyethylene glycol amine 聚乙二醇胺
polyethylene glycol azelaate 聚壬二酸乙二醇酯
polyethylene glycol dibenzoate 聚双苯甲酸乙二(醇)酯
polyethylene glycol dimethacrylate 聚二(甲基丙烯酸)乙二(醇)酯
polyethylene glycol dodecanedicarboxylate 聚十二烷二羧酸乙二(醇)酯；聚十四烷二酸乙二(醇)酯
polyethylene glycol ester 聚乙二醇酯
polyethylene glycol ether 聚乙二醇醚
polyethylene glycol ether sulfonate 聚乙二醇醚磺酸盐
polyethylene glycol fatty ester 聚乙二醇脂肪(酸)酯
polyethylene glycol isophthalate 聚间苯二甲酸乙二醇酯
polyethylene glycol maleate 聚顺丁烯二酸乙二醇酯
poly(ethylene glycol monophenyl ether) 聚乙二醇单(苯)酚醚
polyethylene glycol 1,5-naphthalene dicarboxylate 聚1,5-萘二甲酸乙二醇酯
polyethylene glycol octodecyl ether 聚乙二醇十八烷基醚
polyethylene glycol oxide 聚氧化乙烯；聚环氧乙烷
polyethyleneglycol(PEG) 聚乙二醇
polyethylene glycol resorcinol diglycolate 聚间苯二酚二缩羟乙酸乙二醇酯
polyethylene glycol sebacamide 聚癸二酰乙二胺
polyethylene glycol sebacate 聚癸二酸乙二醇酯
polyethylene glycol terephthalate 聚对苯二甲酸乙二醇酯
polyethylene imine 聚乙烯亚胺；聚环乙亚胺；聚氮杂环丙烷
poly(ethylene maleate) 聚马来酸乙二醇酯；聚顺丁烯二酸乙二醇酯
polyethylene malonate 聚丙二酸亚乙基酯
polyethylene-2,6-naphthalate(PEN) 聚2,6-萘二甲酸乙二醇酯
polyethylene oxide (1)聚环氧乙烷；聚氧乙烯(2)缩乙二醇醚
polyethylene polyamine 多乙烯多胺；多亚乙基多胺
polyethylene polyaminopolyacetic acid 多亚乙基多氨基多乙酸
polyethylene terephthalate 聚对苯二甲酸乙二酯
polyethylene wax 低分子量聚乙烯

poly(2-ethylhexyl acrylate) 聚丙烯酸-2-乙基己酯
polyethylmethacrylate 聚甲基丙烯酸乙酯
polyethyltriethoxysilane 聚乙基三乙氧基硅烷
polyferose 多糖铁;聚铁糖螯合物
poly-fluid theory 多流体理论
polyfluocarbon 多氟烃
polyfluoroacrylate 聚氟代丙烯酸酯
poly α-fluoroacrylate 聚 α-氟代丙烯酸酯
polyfluoroacylphosphinate 多氟乙酰次膦酸酯
polyfluoroacylphosphonate 多氟乙酰膦酸酯
polyfluorobutadiene rubber 聚氟丁二烯橡胶
polyfluorocarbon 多氟(代)烃
polyfluoroethylene 聚氟乙烯
polyfluorohydrocarbon (= polyfluorocarbon) 多氟(代)烃
polyfluorolefin 聚氟代烯烃
polyfluoroprene 聚氟丁二烯
polyformaldehyde 聚甲醛
polyformate 叠合[聚合]重整馏分
polyform distillate [聚合]重整馏分
polyforming 叠合[聚合]重整
polyfructofuranoside 聚呋喃果糖苷
polyfumaronitrile 聚富马腈;聚反丁烯二腈
polyfunctional alcohol 多官能醇
polyfunctionality 多官能度
polyfunctional ligand 多官能配位体
polyfuran 聚呋喃
polyfuran acetylene 聚呋喃乙炔
poly(2,5-furandiyl vinylene) 聚呋喃乙炔
polyfurnace 聚合炉
polygalacturonase 聚半乳糖醛酸酶
polygalacturonic acid 聚半乳糖醛酸
polygalic acid 远志酸
polygalite(=polygalitol) 远志糖醇
polygalitol 远志糖醇
polygas 叠合汽油
poly-gasoline 叠合汽油;聚合汽油
polyglycerol 聚甘油
polyglycerol ester 聚甘油酯
polyglyceryl ester 聚甘油酯
polyglyceryl fatty acid ester 聚甘油脂肪酸酯
polyglycidyl ether 多缩水甘油醚
polyglycine 聚甘氨酸
polyglycol 聚乙二醇
polyglycol ether 聚乙二醇醚
polyglycol fatty acid ester 聚乙二醇脂肪酸酯
poly(glycollic acid) 聚乙醇酸;聚羟基乙酸
polyglycol thioether 聚乙二醇硫醚
polygodial 水蓼二醛
polygonal screen 多边筛
polyhalide 多卤化物
polyhalite 杂卤石
polyhalocarbon 多卤烃
polyhalogenation 多卤化反应
polyhalogen-benzoic acid 多卤苯甲酸
polyhalohydrocarbon 多卤(代)烃
polyhedral capsid 多面体衣壳
polyhedral isomerism 多面体异构
polyhedral rearrangement 多面体重排
polyheptamethylene adipinamide 聚亚庚基己二酰胺
polyheptamethylene sebacamide 聚亚庚基癸二酰胺;聚癸二酰庚二胺
polyheptamethylene succinate 聚丁二酸亚庚基酯
polyheptanoamide 聚庚酰胺
polyhexadecane dicarboxylic anhydride 聚十八烷二酐
polyhexafluoropropylene 聚六氟丙烯
polyhexafluoropropylene oxide 聚六氟氧化丙烯;聚六氟环氧丙烷
polyhexamethylene adipamide 聚己二酰己二胺;尼龙-66
poly(hexamethylene adipamide) fibre 聚己二酰己二胺纤维;尼龙-66 纤维
polyhexamethylene adipate 聚己二酸己二醇酯
polyhexamethylenedodeca-1, 12- dioylamide 聚十二烷-1,12-二酰己二胺;尼龙-612
poly(hexamethylene dodeca-1,12- dioyl amide) fibre 聚十二烷-1,12-二酰己二胺纤维;尼龙-612 纤维
polyhexamethylene formal 聚亚己基缩甲醛
poly(hexamethylene laurylamide) 聚十二烷二酰己二胺;聚酰胺 612;尼龙 612
polyhexamethylene phenylene dipropionamide 聚亚己基亚苯基二丙酰胺
polyhexamethylene sebacamide 聚癸二酰己二胺;尼龙-610
polyhexamethylene sebacamide fibre 聚癸二酰己二胺纤维;尼龙-610 纤维

polyhexamethylene suberamide 聚辛二酰己二胺
polyhexamethylene succinate 聚丁二酸己二醇酯
polyhexamethylene terephthalamide 聚对苯二甲酰己二胺
polyhexamethylene terephthalamide fiber 聚对苯二甲酰己二胺纤维
polyhydantoin 聚海因（俗名）；聚乙内酰脲
polyhydrate 多水合物
polyhydrazide 聚酰肼
polyhydrazone 聚腙
polyhydric acid 多元酸
polyhydric alcohol 多元醇
polyhydric phenol 多元酚
polyhydric salt 多酸式盐；多氢盐
polyhydrocyanic acid 聚氢氰酸
polyhydronaphthalene 聚二氢化萘
polyhydrone 多聚水
poly（hydroxy-acetic acid）fibre 聚羟基乙酸纤维
polyhydroxy-acid 多羟基酸
poly（*p*-hydroxybenzoic acid） 聚对羟基苯（甲）酸
poly（*p*-hydroxy benzoic acid）（PHB） 聚对羟基苯甲酸
poly-*β*-hydroxybutyrate（PHB） 聚*β*-羟基丁酸（酯）
polyhydroxy ether 聚羟基醚
polyhydroxyethyl glycolate 聚乙醇酸羟乙酯
polyhydroxylation 多羟基化反应
polyhydroxy-metal ion 聚羟基金属离子
polyhydroxy methylene（PHM） 聚羟甲基
polyhydroxy-tribasic acid 多羟基三元酸
polyimidazopyrrolone 聚咪唑并吡咯酮
polyimidazoquinazoline（PIQ） 聚咪唑并喹唑啉
polyimide 聚酰亚胺
polyimide composite membrane 聚酰亚胺复合膜
polyimide-ester 聚酰亚胺酯
polyimide fibre 聚酰亚胺纤维
polyimides adhesive 聚酰亚胺胶黏剂
polyimide-sulfone 聚酰亚胺砜
polyimide-thioether 聚酰亚胺硫醚
polyimidoylamidine 聚亚氨基脒
polyiminoimide 聚亚氨基酰亚胺
polyiminolactone 聚亚氨基内酯
polyindene 聚茚
polyinosinic acid-polycytidylic acid 聚肌胞苷酸
polyiodination 多碘化反应
polyiodonium 聚合碘（鎓）盐
polyion 聚离子
polyion complex 聚离子络合物（LB膜）
poly（I）-poly（C） 聚肌胞苷酸
polyisoanthrazoline 聚异蒽唑啉
polyisobutylamine 聚异丁胺
polyisobutylene 聚异丁烯
polyisobutylene-isoprene（PIBI） 聚异丁烯-异戊二烯
polyisobutylene rubber 聚异丁烯橡胶
polyisocyanate（PI） 聚异氰酸酯
polyisocyanurate 聚异氰尿酸酯
polyisoimide 聚异酰亚胺
poly（isoindolothioquinazolinone） 聚异吲哚并硫代喹唑啉酮
polyisonaphthylthiophene 聚异萘基噻吩
polyisophthaloyl metaphenylene diamine 聚间苯二甲酰间苯二胺
polyisophthaloyl metaphenylene diamine fibre 聚间苯二甲酰间苯二胺纤维；芳纶1313
polyisoprene 聚异戊二烯
1，2-polyisoprene 1，2-聚异戊二烯
3，4-polyisoprene 3，4-聚异戊二烯
***cis*-1，4-polyisoprene** 顺（式）-1，4-聚异戊二烯
***trans*-1，4-polyisoprene** 反（式）-1，4-聚异戊二烯
***cis*-1，4-polyisoprene rubber** 顺式-1，4-聚异戊二烯橡胶
polyisopropenylbenzene 聚异丙烯基苯
polyisoxazole 聚异噁唑
polyketone 聚酮
polylactide 聚交酯
polylaminate structure 多层结构
polylaminate wiring technique 多层布线技术
polylaurylamide 聚十二内酰胺；尼龙-12
polylauryllactam 聚月桂内酰胺；聚十二内酰胺
polylol 多元醇
polylysine 多熔素
poly（maleic acid） 聚马来酸
polymer 多聚体；高分子；大分子；聚合物
***cis*-polymer** 顺式构型聚合物
***ω*-polymer** ω聚合物

polymer alloy 聚合物合金
polymerase 聚合酶
polymerase chain reaction 聚合酶链反应
polymer based composite 高分子复合材料
polymer blend 高分子共混物;共混聚合物
polymercaptan 聚硫醇
polymer catalyst 高分子催化剂
polymer cement 聚合物水泥
polymer-cement concrete 聚合物水泥混凝土
polymer chelate 高分子螯合物
polymer chemistry 高分子化学
polymer coagulant 高分子絮凝剂
polymer colloid 高分子胶体
polymer compatibility 聚合物相容性
polymer composite conductor 高分子导电复合材料
polymer concrete 聚合物胶接混凝土
polymer conductor 导电聚合物
polymer crystal 高分子晶体
polymer crystallite 高分子微晶
polymer crystallography 高分子晶体学
polymer damping material(s) 高分子阻尼材料
polymer degradation 聚合物降解
polymer dispersant 高分子分散剂
polymer drilling fluid 聚合物钻井液
polymer drug(s) 高分子药物
polymer electret 高分子驻极体;聚合物驻极体
polymer electrolyte 高分子[聚合物]电解质
polymer electrolyte fuel cell(PEFC) 离子交换膜燃料电池
polymer electrolyte lithium battey 高聚物电解质锂电池
polymer-emulsion 高分子乳剂
polymer film 聚合物膜
polymer finisher 后缩聚器
polymer flocculant 高分子絮凝剂
Polymer Flocculant TXY 高分子絮凝剂 TXY
polymer gel 聚合物凝胶
polymer-grade 聚合级
polymeric additive 高分子添加剂
polymeric adsorbent 吸附树脂
polymeric anti-deteriorant 高分子防老剂
polymeric autoclave 聚合高压釜
polymeric catalyst 高分子催化剂
polymeric chelant 高分子螯合剂
polymeric compound 高分子化合物
polymeric dielectrics 高分子电介质
polymeric drag-reduction 高聚物减阻
polymeric fast ionic conductor 高分子快离子导体
polymeric flocculant 高分子絮凝剂
polymeric ligand 聚合配位基
polymeric membrane 高分子膜
polymeric membrane for separation 高分子分离膜
polymeric mixture 相容剂
polymeric oil 聚合油
polymeric optical disk base 高分子光盘基板
polymeric photosensitizer 高分子光敏剂
polymeric photostabilizer 高分子光稳定剂
polymeric piezoelectrics 高聚物压电材料
polymeric plasticizer 高分子增塑剂
polymeric reagent 聚合物试剂
polymeric separator 聚合分离器
polymeric solid electrolytes 高分子固体电解质
polymeric surfactant 聚合物表面活性剂
polymeric transfer reagent 高分子转递试剂
polymer impregnated concrete 聚合物浸渍混凝土
polymerism 聚合现象
polymerizability 可聚合性
polymerization (1)叠合反应(2)聚合(反应)
polymerization accelerator 聚合加速剂;聚合促进剂
polymerization activity 聚合活性
polymerization agent 聚合剂
polymerization autoclave 聚合高压釜;高压聚合釜
polymerization catalyst 聚合催化剂
polymerization chemicals 聚合剂
polymerization dye(s) 聚合染料
polymerization extruder 螺杆聚合机
polymerization furnace 聚合炉;聚合室
polymerization inhibitor 阻聚剂
polymerization initiator (聚合)引发剂
polymerization in situ 就地聚合
polymerization isomerism 聚合异构现象
polymerization kinetics 聚合动力学
polymerization pipe 聚合管
polymerization reaction engineering 聚合

反应工程
polymerization stabilizer 聚合稳定剂
polymerization starter （聚合）引发剂
polymerization stopper 阻聚剂
polymerization temperature 聚合温度
polymerization thermodynamics 聚合热力学
polymerization unit 聚合设备[工厂]
polymerized gasoline 聚合汽油
polymerized oil 厚油
polymerized resin 聚合树脂
polymerized rosin 聚合松香
polymerizer 聚合釜
polymerizing agent 聚合剂
polymer liquid crystal 聚合物液晶
polymer-making autoclave 高压聚合釜
polymer microsphere 高分子微球
polymer modification 聚合物改性
polymer photocatalyst 高分子光催化剂
polymer-polymer complex 高分子间复合物
polymer-poor phase 贫聚合物相
polymer processing 聚合物加工
polymer properties 聚合物性质
polymer pump 聚合泵
polymer reagent 高分子试剂
polymer rheology 聚合物流变学
polymer-rich phase 富聚合物相
polymer solid electrolyte（s） 高分子固体电解质
polymer solution 聚合物溶液
polymer-solvent interaction 聚合物-溶剂相互作用
polymer stabilizer 聚合物稳定剂
polymer structure 高分子结构
polymer surfactant 高分子表面活性剂
polymer swelling 聚合物溶胀
polymer type antioxidant 高分子型抗氧剂
polymer waterproof material（s） 高分子防水材料
polymer waterproof rolling material（s） 高分子防水卷材
polymetaxylene adipamide fiber 聚己二酰间亚苯基二甲胺纤维
polymethacrylate 聚甲基丙烯酸酯
polymethacrylimide 聚甲基丙烯酰亚胺
polymethacrylonitrile 聚甲基丙烯腈
poly（methacryloyl chloride） 聚甲基丙烯酰氯
polymethin dye（s） 多次甲基染料；甲川染料
poly-3-methoxythiophene 聚3-甲氧基噻吩
polymethylacetylene 聚甲基乙炔
polymethylation 聚甲基化（作用）
poly-*N*-methylcarbazole 聚*N*-甲基咔唑
polymethyl chloroacrylate 聚氯丙烯酸甲酯
polymethyl-*α*-chloromethacrylate 聚α-氯代甲基丙烯酸甲酯
polymethylene （1）（＝polyethylene）聚亚甲基；聚乙烯 （2）（＝cycloparaffin）环烷烃
polymethylene bis（dialkylphosphine oxide） 多亚甲基双（二烷基氧膦）
polymethylene bis（dialkylphosphonate） 多亚甲基双（膦酸二烷基酯）
polymethylene compound 聚亚甲基化合物
poly（methylenediphenylene oxide） 聚亚甲基二苯醚
polymethylene sebacamide 聚癸二酰甲二胺
polymethylene tetrasulfide 四硫化聚亚甲基
poly（methyl methacrylate） 聚甲基丙烯酸甲酯
poly（methyl methacrylate）（glass） 有机玻璃
poly（4-methyl-1-pentene） 聚4-甲基-1-戊烯
polymethylphenylsiloxane 聚甲基苯基硅醚；聚甲基苯基硅氧烷
polymethylsiloxane 聚甲基硅氧烷（抗泡剂）
poly-*α*-methylstyrene（PAMS） 聚α-甲基苯乙烯
poly-3-methylthiophene 聚3-甲基噻吩
poly（2-methyl vinyl methyl ether） 聚2-甲基乙烯基甲醚
polymolecularity 多分子性；多分散性
polymolecularity correction 多分散改正
polymonochlorotrifluoroethylene 聚一氯三氟乙烯
poly（monochloro-*p*-xylene） 聚一氯对二甲苯
polymorphic form 多晶型
polymorphism 同质多晶；多态性
polymyxin 多黏菌素
polymyxin B-methanesulfonic acid 多黏菌素B甲磺酸
polynaphthalene 聚萘
polynaphthenic acid 聚环烷酸；生成焦质

酸类
polynaphthyl acetylene 聚萘乙炔
polynaphthyl methylacrylate 聚甲基丙烯酸萘酯
polynitrobenzene 聚硝基苯
polynitroethylene 聚硝基乙烯
poly(nitrogen sulfide) 聚硫化氮
polynomial regression 多项式回归
polynonamethylene adipamide 聚亚壬基己二酰胺;聚己二酰壬二胺
polynonamethylene adipate 聚己二酸亚壬基酯
polynonamethylene azelaate 聚壬二酸亚壬基酯
polynonamethylene formal 聚亚壬基缩甲醛
polynonamethylene resorcinaldiglyco-late 聚间苯二酚缩二羟基乙酸亚壬基酯
polynonamethylene sebacamide 聚亚壬基癸二酰胺
polynonamethylene succinate 聚丁二酸亚壬基酯
polynonanoylamide 聚壬酰胺;尼龙-9
polynorbornene 聚降冰片烯
polynoxylin 聚诺昔林;聚羟甲脲;聚亚甲二羟甲脲
polynuclear complex 多核络合物
polynuclear coordination compound 多核配位化合物
polynucleotidase 多核苷酸酶
polynucleotide 多核苷酸
polynucleotide ligase 多核苷酸连接酶
polynucleotide nucleotidyltransferase 多核苷酸转核苷酰酶;多核苷酸磷酸化酶
polynucleotide phosphorylase 多核苷酸磷酸化酶;多核苷酸转核苷酰酶
polyoctadecamethylene formal 聚十八烷二醇缩甲醛
polyoctamethylene adipamide 聚亚辛基己二酰胺;聚己二酰辛二胺
polyoctamethylene malonate 聚丙二酸亚辛基酯;聚丙二酸辛二醇酯
polyoctamethylene sebacamide 聚亚辛基癸二酰胺
polyoctamethylene sebacate 聚癸二酸亚辛基酯
polyoctamethylene suberamide 聚亚辛基辛二酰胺
polyol 多元醇
polyolefin acid 聚烯酸
polyolefin(e) 聚烯烃
polyolefin fibre 聚烯烃纤维
polyorganoelementosiloxane 聚元素有机硅氧烷
polyorganometallosiloxane 聚金属有机硅氧烷
polyorganosiloxane 聚有机硅氧烷
polyorganostannosiloxane 聚有机锡硅氧烷
polyorganotitanosiloxane 聚有机钛硅氧烷
polyose 多糖;聚糖
polyoxadiazole 聚噁二唑
polyoxamide 聚草酰胺;聚乙二酰胺
polyoxazole 聚噁唑
polyoxazolidone 聚噁唑酮
polyoxazoline(s) 聚噁唑啉(类)
polyoxetane 聚1,3-环氧丙烷;聚氧杂环丁烷
polyoxide 多氧化物
polyoxin 多氧菌素;多抗霉素
polyoxometallate 多金属氧酸盐
polyoxometallic acid 多金属氧酸
polyoxyalkylated aminotriazine 聚氧烷基化氨基三嗪
polyoxyalkylene 聚氧化亚烷基
polyoxyalkylene bis-thiourea 聚氧化亚烷基双硫脲
polyoxyalkylene glycol 聚氧化亚烷基二醇
polyoxybenzoyl 聚氧化苯甲酰
polyoxybutylene 聚氧化亚丁基
polyoxybutylene glycol 聚氧化丁二醇
poly-*ω*-oxycaprylic acid 聚(端)羟辛酸;聚 *ω*-羟辛酸
polyoxycyclohexene 聚氧化环己烯
polyoxyethylated amine 聚氧乙基化胺
polyoxyethylated cardanol 聚氧乙基化腰果酚
polyoxyethylated fatty amide 聚氧乙基化脂肪酰胺
polyoxyethylenated acetylenic glycol 聚氧乙烯化炔二醇
polyoxyethylenated alcohol 聚氧乙烯化(脂肪)醇;(脂肪)醇聚氧乙烯醚
polyoxyethylenated alkylnaphthol 聚氧乙烯化烷基萘酚;烷基萘酚聚氧乙烯醚
polyoxyethylenated alkylphenol 聚氧乙烯化烷基酚;烷基酚聚氧乙烯醚
polyoxyethylenated alkyl phosphate 聚氧乙烯化烷基磷酸酯
polyoxyethylenated amide 聚氧乙烯化酰胺

polyoxyethylenated amine 聚氧乙烯化(脂肪)胺
polyoxyethylenated castor oil 聚氧乙烯蓖麻油
polyoxyethylenated fatty amide 聚氧乙烯化脂肪酰胺
polyoxyethylenated glyceride 聚氧乙烯化甘油酯
polyoxyethylenated mercaptan 聚氧乙烯化硫醇
polyoxyethylenated nonylphenol 聚氧乙烯化壬基酚;壬基酚聚氧乙烯醚
polyoxyethylenated sorbitan ester 聚氧乙烯化失水山梨糖醇酯
polyoxyethylene 聚氧化乙烯;聚环氧乙烷
polyoxyethylene alcohol 聚氧化乙烯醇
polyoxyethylene aliphatic alcohol ether 聚氧化乙烯脂肪醇醚
polyoxyethylene aliphatic ether 聚氧乙烯脂肪醇醚
polyoxyethylene alkanol 聚氧乙烯脂肪醇;脂肪醇聚氧乙烯醚
polyoxyethylene alkanolamide 聚氧乙烯烷醇酰胺
polyoxyethylene alkylamide 聚氧化亚乙基烷基酰胺;聚氧乙烯烷基酰胺
polyoxyethylene alkylamine 聚氧化亚乙基烷基胺;聚氧乙烯烷基胺
polyoxyethylene alkyl carboxymethyl ether 聚氧乙烯烷基羧甲基醚
polyoxyethylene alkylcresol 聚氧乙烯烷基甲酚;烷基甲酚聚氧乙烯醚
polyoxyethylene alkyl ether 聚氧化亚乙基烷基醚;聚氧乙烯烷基醚
polyoxyethylene alkyl ether sulfate 聚氧乙烯烷基醚硫酸盐
polyoxyethylene alkylphenol 聚氧化亚乙基烷基酚;聚氧乙烯烷基酚
polyoxyethylene alkylphenol ether 聚氧化乙烯烷基酚醚;烷基苯酚聚氧乙烯醚
polyoxyethylene alkyl phenyl ether 聚氧化亚乙基烷基苯基醚;聚氧乙烯烷基苯基醚
polyoxyethylene alkyl thioether 聚氧化亚乙基烷基硫醚;聚氧乙烯烷基硫醚
polyoxyethylene amide 聚氧乙烯酰胺
polyoxyethylene amine 聚氧乙烯基胺
polyoxyethylene benzylphenol ether 苄基苯酚聚氧乙烯醚
polyoxyethylene (10) $C_{16}\sim C_{18}$ alcohol ether $C_{16}\sim C_{18}$脂肪醇聚氧乙烯(10)醚
polyoxyethylene (11) castor oil ether 蓖麻油聚氧乙烯(11)醚
polyoxyethylene dilaurate 聚氧乙烯二月桂酸酯
polyoxyethylene distearate 聚氧乙烯二硬脂酸酯
polyoxyethylene dodecylphenol 聚氧乙烯十二烷基酚
polyoxyethylene ether 聚氧乙烯醚
polyoxyethylene fatty acid alkylolamide 聚氧乙烯脂肪酸烷醇酰胺
polyoxyethylene fatty acid esters 聚氧化乙烯脂肪酸酯
polyoxyethylene fatty alcohol 聚氧乙烯脂肪醇;脂肪醇聚氧乙烯醚
polyoxyethylene fatty amide 聚氧乙烯脂肪酰胺
polyoxyethylene fatty amine 聚氧乙烯脂肪胺
polyoxyethylene fatty ether 聚氧乙烯脂肪(醇)醚
polyoxyethylene glucoside ester 聚氧乙烯葡糖苷酯
polyoxyethylene glyceride 聚氧乙烯甘油酯
polyoxyethylene glycerol ether 聚氧乙烯甘油醚
polyoxyethylene glycerol stearate 聚氧乙烯甘油硬脂酸酯
polyoxyethylene lanolin alcohol 聚氧乙烯羊毛脂醇
polyoxyethylene (15) lanolin alcohol ether 羊毛醇聚氧乙烯(15)醚
polyoxyethylene lauric acid ester 聚氧乙烯月桂酸酯
polyoxyethylene lauryl alcohol 聚氧乙烯月桂醇
polyoxyethylene mercaptan 聚氧乙烯硫醇
polyoxyethylene myristic acid ester 聚氧乙烯肉豆蔻酸酯
polyoxyethylene nonylphenol 聚氧乙烯壬基酚;壬基酚聚氧乙烯醚
polyoxyethylene nonylphenol sulfate 聚氧乙烯壬基酚硫酸盐;壬基酚聚氧乙烯醚硫酸盐
polyoxyethylene octylphenol ether 聚氧乙烯辛基酚醚;辛基酚聚氧乙烯醚
polyoxyethylene oleyl alcohol 聚氧乙烯油醇;油醇聚氧乙烯醚
polyoxyethylene oleylamine 聚氧乙烯油

酰胺
polyoxyethylene-oleyl-ether 聚氧乙烯油酰基醚(抗泡剂)
polyoxyethylene oxypropylene glycol 聚氧乙烯氧丙二醇
polyoxyethylene phosphate 聚氧乙烯磷酸酯
polyoxyethylene polyol fatty acid ester 聚氧乙烯多元醇脂肪酸酯
polyoxyethylene-polyoxypropylene fatty acid ester 脂肪酸聚氧乙烯聚氧丙烯酯
polyoxyethylene polyoxypropylene monobutyl ether 聚氧乙烯聚氧丙烯一丁基醚
polyoxyethylene polyoxypropylene phosphate 聚氧乙烯氧丙烯基醚磷酸酯(或盐)
polyoxyethylene sorbitan fatty acid 聚氧乙烯失水山梨糖醇脂肪酸酯
polyoxyethylene sorbitan laurate 聚氧乙烯失水山梨糖醇月桂酸酯
polyoxyethylene sorbitan oleate 聚氧乙烯失水山梨糖醇油酸酯
polyoxyethylene tallate 聚氧乙烯妥尔油酸酯
polyoxyethylene thioether 聚氧乙烯硫醚
polyoxyethylene tridecyl ether phosphate 聚氧乙烯十三烷基醚磷酸酯
polyoxymethylene 聚甲醛
polyoxymethylene fibre 聚甲醛纤维
poly-ω-oxynonane carboxylate 聚(端)羟癸酸酯;聚 ω-羟癸酸酯
polyoxyphenyl cyanide 聚苯醚腈
polyoxyphenylene 聚苯醚
polyoxyphenylene sulfone 聚苯醚砜
polyoxypropylated polyoxyethylene glycol ether 聚氧丙烯聚氧乙烯乙二醇醚
polyoxypropylene fatty amine 聚氧丙烯脂肪胺
polyoxypropylene glycerol ether 聚氧化丙烯丙三醇醚
polyoxypropylene-polyoxyethylene glycerin ether 聚氧丙烯聚氧乙烯丙三醇醚
polyoxypropylene propyleneglycol ether 聚氧化丙烯丙二醇醚
polyoxypropylene sucrose ester 聚氧丙烯蔗糖酯
polyoxypropylene sucrose laurate 聚氧丙烯蔗糖月桂酸酯
polyoxypropylene sucrose stearate 聚氧丙烯蔗糖硬脂酸酯
polyoxystyrene 聚氧化苯乙烯
polyoxytetramethylene 聚四氢呋喃
polyoxytrimethylene 聚氧化丙烯
polyoxyvalerate 聚(端)羟戊酸酯;聚 ω-羟戊酸酯
polyparabanic acid 聚乙二酰脲;聚仲班酸
polypelargonamide fibre 聚壬酰胺纤维;尼龙-9 纤维
polypentamethylene adipate 聚己二酸亚戊基酯
polypentamethylene azelamide 聚亚戊基壬二酰胺;聚壬二酰戊二胺
polypentamethylene formal 聚亚戊基缩甲醛;聚戊二醇缩甲醛
polypentamethylene glutaramide 聚亚戊基戊二酰胺
polypentamethylene sebacamide 聚亚戊基癸二酰胺
polypentamethylene sebacate 聚癸二酸亚戊基酯
polypentamethylene suberamide 聚辛二酰戊二胺;聚亚戊基辛二酰胺
polypentamethylene succinate 聚丁二酸亚戊基酯
polypentanamide 聚戊酰胺
***trans*-1,5-polypentenamer** 反式-1,5-聚戊烯橡胶
polypeptidase 多肽酶
polypeptide 多肽
polypeptide antibiotics 多肽族抗生素
polyperfluoroalkyltriazine elastomer 聚全氟烷基三嗪弹性体
poly perfluoropropene 聚全氟丙烯
polyperfluorotriazine 聚全氟三嗪
polyperoxide 聚过氧化物
polyphase equilibrium 多相平衡
polyphase system 多相系
polyphenanthrene 聚菲
polyphenanthrylene 聚菲
polyphenoester 聚酚酯
polyphenol 多元酚
Polyphenolester 聚酚酯
polyphenoloxidase 多酚氧化酶
polyphenols of tea 茶多酚
polyphenyl 聚苯
***p*-polyphenyl** (＝poly-*p*-phenylene) 对聚苯
polyphenylacetylene 聚苯基乙炔
polyphenyl alanine 聚氨基丙酸苯酯
polyphenylamine 聚苯胺

polyphenylene 聚亚苯基
***m*-polyphenylene** 间位聚苯
poly(*p*-phenylene) 对位聚苯
poly-*m*-phenylene adipamide 聚己二酰间苯二胺
poly(*p*-phenylenebenzobisoxazole) 聚对亚苯基苯并双噁唑
poly-*p*-phenylene dimethylene 聚对二甲苯
poly(phenylene ether ketone) 聚苯醚酮
polyphenylene ethyl 聚乙基苯;聚对二甲苯
poly(*m*-phenylene isophthalamide) 聚间苯二甲酰间苯二胺
polyphenylene methyl 聚甲基苯
polyphenyleneoxadiazole 聚亚苯基噁二唑
polyphenylene oxide 聚苯醚;聚亚苯醚
poly(phenylene pyrrole) 聚亚苯基吡咯
poly-*m*-phenylene sebacamide 聚癸二酰间苯二胺
polyphenylene sulfide adhesive 聚苯硫醚胶黏剂
polyphenylene sulfide 聚苯硫醚
poly(*p*-phenylene sulfide) 聚对亚苯硫醚;聚苯硫醚
polyphenylene sulfide cyanide 聚苯硫醚腈
polyphenylene sulfide fibre 聚苯硫醚纤维
poly(*p*-phenylene sulfone) 聚对亚苯基砜
poly(*p*-phenylene terephthalamide)(PPTA) 聚对苯二甲酰对苯二胺;芳纶
poly(*p*-phenylene terephthalamide)fiber 聚对苯二甲酰对苯二胺纤维
poly(*p*-phenylene terephthalate) 聚对苯二甲酸对苯二酯
polyphenylene thioether 聚苯硫醚
polyphenyl ether 聚苯醚
polyphenylethyl 聚乙基苯
polyphenylquinoxaline adhesive 聚苯基喹喔啉胶黏剂
polyphenyl thioether 聚苯硫醚
polyphosphate 缩聚磷酸盐
polyphosphazenes 含磷氮链聚合物
polyphosphonium 聚合磷鎓
polyphosphoric acid 多磷酸
polyphthalamide 聚邻苯二甲酰胺
polyphthalocyanine complex 聚酞菁络合物
polyphthaloyl urea 聚邻苯二甲酰脲
polyphthalylamine(PPA) 聚邻苯二(甲)酰胺
polypimelic anhydride 聚庚二酸酐
poly(*α*-pinene) 聚 α-蒎烯
polypiperazinamide 聚哌嗪酰胺
polypivalolactone 聚新戊内酯;聚2,2-二甲基丙内酯
polyplant 聚合装置;叠合装置
polyporenic acid 多孔蕈酸
polypren bridge 聚戊烯桥
poly-*β*-propionamide fibre 聚 β-丙酰胺纤维;尼龙-3 纤维
polypropylene 聚丙烯
polypropylene adipate 聚己二酸丙二酯
polypropylene fibre 聚丙烯纤维;丙纶
polypropylene fibre fabric 丙纶垫布
polypropylene glycol 聚丙二醇
polypropylene glycol monophenyl ether 聚丙二醇单苯醚
polypropylene hydroperoxide 氢过氧化聚丙烯
polypropylene oxide 聚环氧丙烷
polypropylene oxide diol 聚氧化丙烯二醇;聚环氧丙烷二醇
polyprotic acid(=polybasic acid) 多元酸
polyprotonic acid 多元酸
polypyrazine 聚吡嗪
polypyrazole 聚吡唑
polypyrene 聚芘
polypyrenyl acetylene 聚芘乙炔
poly(*α*-pyridine)acetylene 聚(α-吡啶)乙炔
poly(pyromellitamide-acid) 聚均苯四(甲)酰胺酸
poly(pyromellitic imide) 聚均苯四甲酰亚胺
polypyromellitimide 聚均苯四(甲)酰亚胺
poly(pyromellitimido-1,4-phenylene) 聚均苯四酰亚胺-1,4-亚苯
polypyrrole 聚吡咯
poly-*α*-pyrrolidone 聚 α-吡咯烷酮;聚丁内酰胺;尼龙-4
polypyrrolyl acetylene 聚吡咯乙炔
polypyrrone 聚吡咯酮;聚吡隆
polyquinazolinedione amide 聚喹唑啉二酮酰胺
polyquinoline 聚喹啉
polyquinoxaline 聚喹喔啉
polyquinoxaline amide 聚喹喔啉酰胺
polyquinoyl 多醌基

polyreaction 聚合反应;叠合反应
polyricinoleic acid 多聚蓖酸
polysaccharase 多糖酶;聚合酶
polysaccharidase 多糖酶
polysaccharide 多糖
polysaccharose(=polysaccharide) 多糖
polysalt 聚(合)盐
poly(Schiffs' base) 聚席夫碱类
polysebacic anhydride 聚癸二酐
polyselenophen 聚硒吩
polysilane 聚硅烷
polysilicate 聚硅酸盐
polysilicone 聚硅氧烷
polysilicone-polyalkoxyl ether copolymer 聚硅氧烷-聚醚共聚物
polysiloxane 聚硅氧烷
polysiloxane-aluminium soap grease 聚硅醚铝皂润滑脂
polysilsesquioxane 聚倍半硅氧烷
polysoap 聚合皂(高分子表面活性剂)
polysome 多核(糖核)蛋白体;多核糖体
polysorbate 80 吐温 80;聚山梨酯 80
polyspast 复式滑车;滑车组
polystep reaction 多步反应
polystyrene 聚苯乙烯
polystyrene foam 聚苯乙烯泡沫塑料
polystyrylpyridine 聚苯乙烯基吡啶
polysuberic anhydride 聚辛二酸酐
polysuccinonitrile 聚丁二腈;聚琥珀腈
polysulfide 多硫化物
polysulfide adhesive 聚硫橡胶胶黏剂
polysulfide rubber 聚硫橡胶
polysulfide sealant 聚硫密封胶
poly-*β*-sulfoethylthiophene 聚*β*-磺酸乙基噻吩
polysulfonate 多磺酸盐
polysulfone 聚砜
polysulfone membrane 聚砜膜
polysulfone(s) 聚砜(类)
polysulfonium 聚锍;聚硫鎓
polysulfosuccinate 聚磺基丁二酸酯
poly(sulfur-nitride) 聚氮化硫
polysulfur nitride 聚氮化硫
polytef 聚四氟乙烯
polyterephthalate(PTP) 聚对苯二甲酸酯
polyterephthaloyl-*p*-phenylene diamine fibre 聚对苯二甲酰对苯二胺纤维;芳纶 1414
polyterpene 多萜(烯)
polyterpene resin 聚萜烯树脂
poly(1-tetradecene) 聚 1-十四碳烯
poly(tetrafluoroethylene) 聚四氟乙烯
polytetrafluoroethylene aqueous dispersion 聚四氟乙烯水分散液
polytetrafluoroethylene micropowder 聚四氟乙烯超细粉
polytetrahydrofuran 聚四氢呋喃
poly(tetramethylene adipamide) 聚己二酰丁二胺;尼龙-46
poly(tetramethylene adipamide) fibre 聚己二酰丁二胺纤维;尼龙-46 纤维
polytetramethylene azelaate 聚壬二酸亚丁基酯;聚壬二酸丁二醇酯
polytetramethylene azelamide 聚亚丁基壬二酰胺;聚壬二酰丁二胺
polytetramethylene pimelamide 聚亚丁基庚二酰胺;聚庚二酰丁二胺
polytetramethylene sebacamide 聚亚丁基癸二酰胺;聚癸二酰丁二胺
polytetramethylene sebacate 聚癸二酸亚丁基酯
polytetramethylene suberamide 聚辛二酰丁二胺;聚亚丁基辛二酰胺
poly(tetramethylene terephthalate) 聚对苯二甲酸丁二酯
polytetramethylene terephthalate 聚对苯二甲酸丁二酯
polytetrazine 聚四嗪
polytetrazole 聚四唑
polythene(=polyethylene) 聚乙烯
polythiadiazole 聚噻二唑
polythiaether 聚硫醚
polythiazide 泊利噻嗪;多噻嗪
polythiazole 聚噻唑
polythiazone 聚噻唑酮
polythiazyl 聚氮化硫
poly(thienylpyrrole) 噻吩-吡咯共聚物
polythioester 聚硫酯
polythioether 聚硫醚
polythioethersulfone 聚硫醚砜
polythiofluorene 聚硫芴
polythiol 聚硫醇
polythionate 连多硫酸盐
polythionic acid 连多硫酸
polythiophene acetylene 聚噻吩乙炔
polythiophenylene 聚苯硫醚
poly(thioquinazolopyrrolone) 聚硫代喹唑啉并吡咯酮
polythiourea 聚硫脲
poly-*as*-triazine 聚非对称三嗪

poly-*s*-triazine 聚对称三嗪
poly(*sym*-triazine) 聚均三氮苯;聚均三嗪
polytriazole 聚三唑
polytriazoline 聚三唑啉
polytrichloropropylene 聚三氯丙烯
polytridecanolactam 聚十三内酰胺;聚酰胺 13;尼龙 13
polytridecanoyllactam 聚十三内酰胺;聚酰胺 13 ;尼龙 13
polytrifluorochloroethylene 聚三氟氯乙烯
poly(*α*,*α*,*β*-trifluorostyrene) 聚 *α*,*α*,*β*-三氟苯乙烯树脂
polytrifluorostyrene 聚三氟苯乙烯(透明热塑性塑料)
polytrimethylene formal 聚亚丙基缩甲醛
polytrimethylene hexadecane dicarboxylate 聚十八烷二酸亚丙基酯
polytrimethylsilyl-1-propyne(PTMSP) 聚三甲硅烷基-1-丙炔
polytropic compression 多变压缩
polytropic cycle 多变循环
polytropic efficiency 多变效率
polytropic exponent 多方指数
polytropic head 多变压头
polytropic process 多变过程;多方过程
polytropy 多变性;(挤塑)多热源性
polytyrosine 聚酪氨酸
poly(U) 聚尿苷酸
polyubiquitin 多聚遍在蛋白
polyundecamethylene alcohol 聚十一烷醇
polyundecamethylene glycol 聚十一烷二醇
polyundecandiol carbonate 聚碳酸十一烷二醇酯
polyundecanoamide 聚十一碳酰胺
polyundecylamide fibre 聚十一酰胺纤维;尼龙-11 纤维
polyunsaturated fatty acid 多不饱和脂肪酸
polyurea 聚脲
polyurea fibre 聚尿素纤维
polyurethane 聚氨基甲酸酯;聚氨酯
polyurethane adhesive 聚氨酯胶黏剂
polyurethane binder 聚氨酯(树脂)成膜剂
polyurethane brightener 聚氨酯光亮剂
polyurethane elastic fibre 聚氨酯弹性纤维
polyurethane finishing agent 聚氨酯涂饰剂
polyurethane foaming plastic 聚氨酯泡沫塑料
polyurethane hydrosol leather finishing agent CWJ-3 聚氨酯水乳液皮革涂饰剂 CWJ-3
poly(urethane-imide) 聚氨酯-酰亚胺
polyurethane resin adhesive 聚氨基甲酸酯胶黏剂
polyurethane resin coating 聚氨基甲酸酯树脂涂料
polyurethane rubber 聚氨基甲酸酯橡胶
polyurethane sealant 聚氨酯密封胶
polyurethane-urea 聚氨酯-脲
polyuridylic acid[Poly(U)] 聚尿苷酸;多尿苷酸
polyuronic acid 多糖醛酸
polyuronide 多糖醛酸苷
polyvaleramide fibre 聚戊酰胺纤维;尼龙-5 纤维
poly-*tert*-valerolactone fibre 聚叔戊内酯纤维
poly(vinyl acetal) (1)聚乙烯醇缩乙醛 (2)聚乙烯醇缩醛
polyvinyl acetal adhesive 聚乙烯醇缩醛胶黏剂
polyvinyl acetal modified phenolic adhesive(s) 酚醛-聚乙烯醇缩醛胶黏剂
polyvinyl acetal resin coating 聚乙烯醇缩醛树脂涂料
polyvinyl acetate 聚乙酸乙烯酯;聚醋酸乙烯酯
polyvinyl alcohol 聚乙烯醇
polyvinyl alcohol adhesive 聚乙烯醇胶黏剂
polyvinyl alcohol-cinnamate photoresist 聚乙烯醇-肉桂酸酯光刻胶
poly(vinylalcohol cinnamic acid ester) 聚乙烯醇肉桂酸酯
polyvinylanthracene 聚蒽乙烯
polyvinyl azidobenzoate 聚叠氮苯甲酸乙烯酯
poly-*p*-vinylbenzene 聚对乙烯基苯
polyvinyl bromide 聚溴乙烯
polyvinyl butyral 聚乙烯醇缩丁醛
polyvinyl butyral adhesive 聚乙烯醇缩丁醛胶黏剂
polyvinylcarbazole 聚乙烯咔唑
poly(*N*-vinylcarbazole) 聚 *N*-乙烯咔唑
polyvinylcarbazoletetracyano-*p*-quinodimeth-

ane 聚乙烯基咔唑-四氰代二甲基对苯醌
poly(vinyl chloride) 聚氯乙烯
poly(vinyl chloride acetate)(PVCA,PVCAC) 氯乙烯-醋酸乙烯酯共聚物
poly(vinyl chloride) agricultural film 聚氯乙烯农用薄膜
poly(vinyl chloride) foam 聚氯乙烯泡沫塑料
polyvinyl chloride solution adhesive 聚氯乙烯溶液胶黏剂
poly(vinyl cinnamate) 聚肉桂酸乙烯酯
polyvinyl dicyclopentadienyl iron 聚乙烯基二茂铁
poly (vinylene chloride) 聚 1,2-二氯乙烯
polyvinyl ether 聚乙烯基醚
polyvinyl ether adhesive 聚乙烯醚类胶黏剂
polyvinyl ethoxy cinnamate 聚乙烯氧乙基肉桂酸酯
polyvinyl ferrocene 聚乙烯基二茂铁
polyvinyl fluoride 聚氟乙烯
polyvinyl formal 聚乙烯醇缩甲醛
polyvinyl formal acetal 聚乙烯醇缩甲乙醛
polyvinyl formal adhesive 聚乙烯醇缩甲醛胶黏剂
polyvinylidene chloride 聚 1,1-二氯乙烯;聚偏(二)氯乙烯
polyvinylidene chloride adhesive 聚偏氯乙烯胶黏剂
polyvinylidene difluoride 聚偏二氟乙烯
polyvinylidene fluoride 聚 1,1-二氟乙烯;聚偏(二)氟乙烯
polyvinyl imidazol 聚乙烯基咪唑
polyvinyl iodide 聚碘乙烯
polyvinyl methylamine 聚乙烯甲胺
polyvinyl methyl ether 聚乙烯基甲基醚
polyvinyl nitrocinnamate 聚硝基肉桂酸乙烯酯
poly(*p*-vinylphenol) 聚对乙烯基苯酚(固化剂)
polyvinyl phthalimide 聚乙烯邻苯二酰亚胺
polyvinylpyrrolidone(PVP) 聚乙烯吡咯烷酮
polyvinyltoluene 聚乙烯基甲苯
poly-*p*-xylene 聚对二甲苯
polyxylenecarbonate 聚碳酸对苯二甲酯
polyxylene sebacamide 聚对苯二亚甲基癸二酰胺;聚癸二酰苯二甲胺
polyxylose 聚木糖
poly(*p*-xylylene) 聚对二甲苯
poly(*p*-xylylene phenylene diacetate) 聚亚苯基二乙酸对苯二甲醇酯
polyyne 聚炔烃
POM (polyoxymethylene) 聚甲醛
pomade 发蜡
pomegranate 石榴
Pomeranz-Fritsch synthesis of isoquinolines 波梅兰茨-弗里奇异喹啉合成法
ponalrestat 泊那司他
PONA number 波纳值
ponasterone 松甾酮
Ponceau 4R 食用胭脂红
Ponchon-Savarit method 泊雄-沙伐瑞法
ponticulin 膜桥蛋白
pontoon roof 浮顶
pontoon roof tank 浮顶罐
pontoon storage tank 浮式贮罐
pool boiling 池(式)沸腾;大容量沸腾
pooled standard deviation 合并标准(偏)差
pooled variance 合并方差
poonahlite 钙沸石
poor conductor 不良导体
poor contact 接触不良
poor fit 配合不良
poorly fluidized bed 不良流化床
poor mixing 不良混合
poor pattern 残缺
poor shade 露底
poor weld 有缺陷的焊缝
POP(polyolefin plastomer) 聚烯烃塑性体
popcorn polymer(=ω-polymer) 端聚物;ω-聚合物;米花状聚合物
poppet valve 提升阀;菌状阀
poppet valve 提升阀;菌状阀;蕈状活门;盘阀
popple 搅拌器
poppy capsules 罂粟胶囊剂
poppy oil 罂粟子油
pop safety valve 紧急安全阀;快泄安全阀
population 群体;总体
population density 种群密度
population deviation 总体偏差
population inversion 粒子数布居反转;粒子数反转;布居反转
population mean 总体(平)均值

population variance 总体方差
populin 杨属灵;白杨苷
pop-up indicator 机械指示器
pop valve 突开式安全阀;紧急阀
porasil 多孔硅胶珠
porcelain 瓷器
porcelain ball 瓷球
porcelain ball mill 瓷磨机
porcelain clay 瓷土
porcelain enamel 搪瓷
porcelain ware 瓷器
pore condensation 孔凝聚
pore constriction model 孔约束模型
pore distribution 孔分布
pore-filled membrane 塞孔膜
pore-flow model 孔流模型
poreforming protein 穿孔素
pore membrone electrolytic cell 微孔膜电解槽
pore structure 孔结构
pore volume 孔体积
pore volume distribution 孔容分布
porfiromycin 泊非霉素;紫菜霉素;甲基丝裂霉素
porgressive error 累计误差
poriferasterol 多孔甾醇
porin 孔蛋白
porofor BSH 苯磺酰肼
poroplast extraction 多孔可塑萃取
porosint 多孔材料
porosity 孔隙率;气孔率
porosity of filter 过滤器孔隙度
porous acoustical material 多孔性吸音材料
porous agricultural film 多孔农用薄膜
porous barrier 多孔膜;孔膜隔板
porous ceramic filter media 多孔陶质过滤介质
porous ceramics 多孔陶瓷
porous ceramic tubular filter 多孔陶质管式过滤机
porous chromium (electro) plating 多孔性电镀铬
porous conveyer belt 网眼输送带
porous electrode 多孔电极
porous graphite 多孔石墨
porous ion-exchange resin 多孔型离子交换树脂
porous layer open tubular column 多孔层空心柱
porous medium 多孔介质
porous membrane 多孔膜(分离气体的多孔过滤器)
porous metal filter 多孔金属过滤器
porous plastics 多孔塑料;泡沫塑料
porous plate 密孔板
porous polymer 多孔聚合物
porous polymer beads 高分子多孔微球
porous rubber 泡沫橡胶
porous silica bead 多孔硅珠;多孔硅球
porous surface tube 表面多孔管
porous Teflon 多孔聚四氟乙烯
porous wall 多孔壁;空心隔墙
porphin(e) 卟吩
porphin ring 卟吩环
porphobilinogen 胆色素原;2-氨甲基吡咯-3-乙酸-4-丙酸;5-氨甲基-4-羧甲基-1(*H*)-吡咯-3-丙酸
porphyria 卟啉症
porphyric acid 壳苔酸
porphyril(l)ic acid 紫菜酸;卟非酸
porphyrin 卟啉
porphyrine 紫菜碱
porphyrinogen 卟啉原;还原卟啉
porphyrinuria 卟啉尿
porphyropsin 视紫(质)
porphyroxine 紫阿片碱
porpoise oil 海豚油
porrectin 黄樟毒蛋白
portable (air) compressor 移动式空压机
portable blower 轻便鼓风机
portable centrifuge 携带式离心机
portable conveyor 轻便搬运机
portable compressor 移动式压缩机;小型式压缩机
portable crane 轻便起重机
portable hot melt gun 手提式热熔枪
portable instrument 携带式仪表
portable irradiation facility 移动式辐照装置
portable plant 移动式设备
portable pump 轻便泵
portable pumping unit 可移动泵设备
portable railway 轻便铁道
portable slewing crane 轻便旋臂起重机
portable storage tank 可移动储存器
portable tackmeter 轻便型黏合计
portable vacuum cleaner 移动式真空吸尘器
portable water purifier 手提净水器

portable X-ray equipment 携带式 X 射线设备
portal crane 龙门吊(车);龙门起重机
portal jib crane 龙门吊(车);龙门起重机
porter 搬运车;搬运工人
porthole 窥视孔
portland blastfurnace-slag cement 矿渣硅酸盐水泥
portland cement 硅酸盐水泥
portland phosphorous slag cement 磷渣硅酸盐水泥
portland pozzolana cement 火山灰质硅酸盐水泥
port of debarkation 目的港;目的口岸
port of delivery 交货港
port of destination 目的港;目的口岸
port of shipment 出发港
port wine 葡萄酒
posed turbine 前置汽轮机
***p*-(position)** 对位
***vic*-position** 连位
positional candidate cloning 定位候选克隆
position(ed) welding 定位焊
position effect 位置效应
positioner (1)阀门定位器 (2)焊接变位机
position finder 测位器
position indicator 定位指示器;位置指示器
position isomerism 位置异构
position of assembly 安装位置
position of fault 故障地点
position representation 位置表象
position vector 位置矢量;位矢
positive azeotrope 正共沸混合物
positive blower 离心鼓风机;增压鼓风机
positive bypass flushing 正向旁通式冲洗
positive catalysis 正催化作用
positive charge 正电荷
positive correlation 正相关
positive crystal 正晶体
positive-displacement expansion machine 容积式膨胀机
positive-displacement flow meter 容积流量计
positive displacement pump 容积泵;排代泵
positive-displacement type water meter 容积式水表
positive draft 正向气流
positive effector 正效应物
positive feedback 正反馈
positive film 正片
positive hole 空穴
positive ion 正离子
positive ion mass spectrum 正离子质谱
positive latex 阳性胶乳
positively charged latex 阳性胶乳
positively charged membrane 正电荷膜
positive plate 正极板
positive pressure ventilation 正压通风
positive resist 正型光刻胶
positive valency 正价
positive wave 正波
positron 正子;正电子
positron-annihilation apparatus 正电子湮没装置
positron camera 正电子照相机
positron emission computerized tomography 正电子发射断层扫描
positron emission tomography 正电子成像术
positronium 正电子素
positronium chemistry 正电子素化学
positronium reaction 正电子素反应
possible capacity 可能容量
post-absorption 后吸收;吸收完毕(状态)
postalbumin 后清蛋白
post-and-lintel 连梁柱
post column reactor 柱后反应器
post-combustion 后燃
post condenser 后冷凝器;后凝缩器
post-cooler 后冷却器
post cooling crack 延迟裂纹
post cure 后硫化
post drop 后期降温
post-effect 后效应;后辐照效应
post-emergence herbicide 芽后除草剂
posterior pituitary hormone 垂体后叶激素
posterior pituitary preparation 脑垂体后叶制剂
poster paper 单面胶版纸
post-expansion temperature 膨胀后温度
post-genomics 后基因组
post-grouting 后灌浆
postheat 后热
postheating 焊后加热
postheat temperature 后热温度
postheat treatment 后热处理

post-irradiation effect 后效应；后辐照效应
post-ozonation 臭氧作用后
postpeak 后峰
post plating treatment 镀后处理
post polymerization 后聚合
postpone 延期
postprecipitation 继沉淀
post-processing of intermediate product 中间产物的后处理
post production service 生产后的维修
postreaction 补充反应
postreforming 后重整
post replication repair 复制后修复
post-shrinkage 后收缩
post stirring 后搅拌
post stove 后烘烤
post-stretching 后拉伸
post-transcriptional control 转录后调控
post-transcriptional modification 转录后修饰作用
post-transcriptional processing 转录后加工
post-transition element 过渡后元素
post-translational 翻译后
post treatment 后处理；后加工
post treatment equipment 后处理设备
post-treatment fluid 后处理液
postulate of equal probabilities 等概率假设
posturanic elements 超铀元素；铀后元素
post vulcanization 后硫化(作用)
postwave 后波
pot 罐；釜；锅；盆；壶
potasan 扑打散
potash 钾碱
potash alum 明矾
potash feldspar 钾长石
potash glass 钾钙玻璃
potash-lime fertilizer 钾钙肥
potash-lime glass 钾钙玻璃
potash manure 钾肥
potash soap 软皂
potash sulfurated 硫化钾碱
potassic fertilizer 钾肥
potassic glass 钾钙玻璃
potassic-magnesian fertilizer 钾镁肥
potassic manure 钾肥
potassii(拉丁文) 碳酸钾
potassii nitras 硝酸钾
potassium 钾 K
potassium acetate 乙酸钾
potassium acid carbonate 碳酸氢钾
potassium acid iodate 碘酸氢钾
potassium acid phthalate 邻苯二甲酸氢钾
potassium acid sulfite 亚硫酸氢钾
potassium acid tartrate 酒石酸氢钾
potassium alcoholate (1)醇钾(2)烃氧基钾
potassium alkoxide (1)醇钾(2)烃氧基钾
potassium aluminate 铝酸钾
potassium aluminum sulfate 硫酸铝钾
potassium americyl carbonate 碳酸镅酰钾
potassium *p*-aminobenzoate 对氨基苯甲酸钾
potassium amyl sulfate 硫酸戊酯钾
potassium antimony oxalate 草酸锑钾
potassium antimony tartrate 酒石酸氧锑钾
potassium argentocyanide 氰化银钾
potassium arsenate 砷酸钾
potassium arsenite 亚砷酸钾
potassium arsenite solution 亚砷酸钾溶液
potassium aurate 金酸钾
potassium auric bromide 溴化金钾；溴金酸钾
potassium auric chloride 氯化金钾；氯金酸钾
potassium aurocyanide 氰化亚金钾
potassium aurous cyanide 氰化亚金钾
potassium azide 叠氮化钾
potassium benzene-diazotate 苯重氮酸钾
potassium benzene selenite 苯基硒酸钾
potassium benzilate 二苯基乙醇酸钾
potassium benzoate 苯甲酸钾
potassium bicarbonate 碳酸氢钾
potassium bichromate 重铬酸钾
potassium bichromate index 重铬酸钾指数
potassium bifluoride 氟化氢钾；氟氢化钾
potassium biiodate 碘酸氢钾
potassium bioxalate 草酸氢钾
potassium biphthalate 苯二甲酸氢钾
potassium biselenite 亚硒酸氢钾
potassium bisulfate 硫酸氢钾
potassium bisulfide 硫氢化钾
potassium bisulfite 亚硫酸氢钾
potassium bitartrate 酒石酸氢钾
potassium borofluoride 氟硼酸钾
potassium borohydride 硼氢化钾
potassium borotartrate 硼酒石酸钾
potassium bromate 溴酸钾

potassium bromaurate 溴金酸钾
potassium bromide 溴化钾
potassium bromoplatinate 溴铂酸钾
potassium bromoplatinite 溴亚铂酸钾
potassium *tert*-butoxide 叔丁醇钾
potassium cacodylate 二甲胂酸钾
potassium-calcium manure 钾钙肥料
potassium carbacrylic resin 聚丙烯酸羧酸钾树脂
potassium carbonate 碳酸钾
potassium ceric sulfate 硫酸高铈钾；四硫酸根合高铈酸钾
potassium cerous nitrate 硝酸铈钾
potassium chlorate 氯酸钾
potassium chloraurate 氯金酸钾
potassium chloride 氯化钾
potassium chlorite 亚氯酸钾
potassium chloropalladate 氯钯酸钾
potassium chloropalladite 氯亚钯酸钾
potassium chloroplatinate 氯铂酸钾
potassium chlorostannate 氯锡酸钾
potassium chromate 铬酸钾
potassium chrome alum 钾铬矾；铬钾矾
potassium chromic sulfate 铬矾；铬钾矾
potassium chromium sulfate 钾铬矾
potassium citrate 柠檬酸钾；枸橼酸钾
potassium cobalticyanide 氰高钴酸钾；氰化高钴钾
potassium cobaltinitrite 亚硝高钴酸钾
potassium cobaltocyanate 氰酸钴钾；四氰酸根合钴酸钾
potassium cobaltous selenate 硒酸亚钴钾
potassium copper lead nitrite 亚硝酸铅铜钾
potassium cyanate 氰酸钾
potassium cyanaurite 氰化亚金钾
potassium cyanide 氰化钾
potassium dichlorocuprite 氯亚铜酸钾
potassium dichromate 重铬酸钾
potassium dicyanoaurate(Ⅰ) 氰化亚金钾
potassium dihydrogen arsenate 砷酸二氢钾
potassium dihydrogen hypophosphate 连二磷酸二氢二钾
potassium dihydrogen phosphate 磷酸二氢钾
potassium disilicate 焦硅酸钾
potassium disulfate 焦硫酸钾
potassium disulfatoindate 二硫酸根合铟酸钾
potassium dithionate 连二硫酸钾
potassium dodecyl phosphate 十二烷基磷酸酯钾盐
potassium ethide 乙基钾
potassium ethoxide 乙醇钾
potassium ethylate 乙醇钾
potassium ethyl sulfate 乙基硫酸钾
potassium ferrate 高铁酸钾
potassium ferric oxalate 草酸铁钾
potassium ferric sulfate 铁钾矾
potassium ferricyanide 铁氰化钾；赤血盐
potassium ferrocyanide 亚铁氰化钾；黄血盐
potassium fertilizer 钾肥
potassium fluocolumbate 七氟铌酸钾
potassium fluoniobate 氟铌酸钾
potassium fluooxycolumbate 五氟一氧铌酸钾
potassium fluoprotactinate 氟镤酸钾；七氟镤酸钾
potassium fluoride 氟化钾
potassium fluoroaluminate 氟铝酸钾
potassium fluo(ro)borate 氟硼酸钾
potassium fluo(ro)silicate 氟硅酸钾
potassium fluotantalate 氟钽酸钾
potassium fluotitanate 氟钛酸钾
potassium fluozirconate 氟锆酸钾
potassium formate 甲酸钾；蚁酸钾
potassium gallium sulfate 硫酸镓钾
potassium gluconate 葡萄糖酸钾
potassium glycerophosphate 甘油磷酸钾
potassium guaiacolsulfonate 愈创木酚磺酸钾
potassium hexachloroosmate(Ⅳ) 六氯锇(Ⅳ)酸钾
potassium hexachloroplatinate(Ⅳ) 六氯合铂(Ⅳ)酸钾
potassium hexacyanocobaltate(Ⅲ) 六氰合钴(Ⅲ)酸钾
potassium hexacyanoferrate(Ⅱ) 亚铁氰化钾
potassium hexafluoromanganate(Ⅳ) 六氟合锰(Ⅳ)酸钾
potassium hexafluorophosphate 六氟磷酸钾
potassium hexafluororhenate 六氟铼酸钾
potassium hexafluorosilicate 六氟硅酸钾
potassium hexafluorozirconate(Ⅳ) 六氟合锆(Ⅳ)酸钾
potassium hexathiocyanato-platinate(Ⅳ)

六硫氰酸合铂(Ⅳ)酸钾
potassium hydrate 氢氧化钾
potassium hydrogenfluoride 氟化氢钾
potassium hydrogen oxalate 草酸氢钾
potassium hydrogen phosphate 磷酸氢二钾
potassium hydrogen sulfate 硫酸氢钾
potassium hydrogen sulfite 亚硫酸氢钾
potassium hydrosulfide 氢硫化钾
potassium hydrotartrate 酒石酸氢钾
potassium hydroxide 氢氧化钾
potassium hyperchlorate 高氯酸钾
potassium hypermanganate 高锰酸钾;灰锰养[俗]
potassium hyperoxide 超氧化钾
potassium hypobromite 次溴酸钾
potassium hypochlorite 次氯酸钾
potassium hypophosphate 连二磷酸钾
potassium hypophosphite 次磷酸钾
potassium hyposulfate 连二硫酸钾
potassium hyposulfite 连二亚硫酸钾
potassium iodate 碘酸钾
potassium iodide 碘化钾
potassium iodide-starch test paper 碘化钾淀粉试纸
potassium iodohydrargyrate(=mercuric potassium iodide) 碘化汞钾;碘汞酸钾
potassium isopropoxide 异丙醇钾
potassium lime drilling fluid 钾基石灰钻井液
potassium-magnesium fertilizer 钾镁肥
potassium-magnesium manure 钾镁肥
potassium manganate (Ⅵ) 锰酸钾
potassium mercuric cyanide 氰化汞钾
potassium mercuric iodide 碘化汞钾;碘汞酸钾
potassium metaarsenate 偏砷酸钾
potassium metabisulfite 焦亚硫酸钾;偏重亚硫酸钾
potassium metaphosphate 偏磷酸钾
potassium metasilicate 硅酸钾
potassium methide 甲基钾
potassium methoxide 甲醇钾
potassium methylate 甲醇钾
potassium methyl sulfate 甲基硫酸钾
potassium molybdate (Ⅵ) 钼酸钾
potassium niobate 铌酸钾
potassium nitrate 硝石;硝酸钾
potassium nitrite 亚硝酸钾
potassium-nitrogen fertilizer 钾氮肥
potassium nitroprusside 硝普钾;亚硝酸铁氰化钾
potassium octachlorodirhenate (Ⅲ) 八氯合二铼(Ⅲ)酸钾
potassium oleate 油酸钾
potassium orthoarsenite 亚原砷酸钾
potassium orthophosphate (正)磷酸钾
potassium osmate (Ⅵ) 锇(Ⅵ)酸钾
potassium oxalate 草酸钾
potassium pentaborate 五硼酸钾
potassium pentasulfide 五硫化二钾
potassium perborate 过硼酸钾
potassium percarbonate 过(二)碳酸钾
potassium perchlorate 高氯酸钾
potassium perchromate 过铬酸钾
potassium periodate 高碘酸钾
potassium permanganate 高锰酸钾
potassium perosmate (高)锇酸钾
potassium peroxide 过四氧化二钾
potassium peroxydisulfate 过(二)硫酸钾
potassium perrhenate 高铼酸钾
potassium perruthenate 高钌酸钾
potassium persulfate 过(二)硫酸钾
potassium phenate 苯酚钾
potassium phenide 苯酚钾
potassium phenolate 苯酚钾
potassium phenolsulfonate 苯酚磺酸钾
potassium phenoxide 苯酚钾
potassium phenylate 苯酚钾
potassium phosphite 亚磷酸钾
potassium picrate 苦味酸钾
potassium plumbate 高铅酸钾
potassium propoxide 丙醇钾
potassium propylate 丙醇钾
potassium pyroantimonate 焦锑酸钾
potassium pyroantimonate, acid 焦锑酸二氢二钾
potassium pyroarsenate 焦砷酸钾
potassium pyroborate 焦硼酸钾
potassium pyrophosphate 焦磷酸钾
potassium pyrosulfate 焦硫酸钾
potassium pyrosulfite 焦亚硫酸钾
potassium rhenate 铼酸钾
potassium rhodanate 硫氰酸钾;硫氰化钾
potassium rhodanide 硫氰酸钾
potassium ruthenote 钌酸钾
potassium salicylate 水杨酸钾
potassium selenate 硒酸钾
potassium selenide 硒化钾
potassium selenite 亚硒酸钾

potassium silicate 硅酸钾(可溶玻璃)
potassium silicofluoride 氟硅酸钾
potassium silver cobaltinitrite 六硝高钴酸银二钾
potassium silver cyanide 氰化银钾
potassium sodium carbonate 碳酸钠钾
potassium sodium cobaltinitrite 六硝高钴酸钠二钾
potassium sodium tartrate 酒石酸钠钾
potassium sorbate 山梨酸钾
potassium stannate (Ⅳ) 锡酸钾
potassium stannosulfate 硫酸锡钾
potassium stearate 硬脂酸钾
potassium sulfantimonate 全硫锑酸钾;四硫代锑酸钾
potassium sulfate 硫酸钾
potassium sulfatothorate 硫酸钍钾
potassium sulfide 硫化钾
potassium sulfite 亚硫酸钾
potassium sulfobenzoate 邻磺酸苯甲酸二钾
potassium sulfocarbonate 全硫碳酸钾
potassium sulfocyanate 硫氰酸钾
potassium sulfocyanide 硫氰酸钾;硫氰化钾
potassium tantalate 钽酸钾
potassium tantalifluoride 氟钽酸钾;七氟钽酸钾
potassium tartrate 酒石酸钾
potassium tellurate(Ⅳ) 亚碲酸钾
potassium tellurate (Ⅵ) 碲酸钾
potassium tetraborate 四硼酸钾
potassium tetrabromoaurate(Ⅲ) 四溴合金(Ⅲ)酸钾
potassium tetrachloroaurate (Ⅲ) 四氯合金(Ⅲ)酸钾
potassium tetrachloroplatinate (Ⅱ) 四氯合铂(Ⅱ)酸钾
potassium tetracyanomercurate (Ⅱ) 四氰合汞(Ⅱ)酸钾
potassium tetracyanonickelate (Ⅱ) 四氰合镍(Ⅱ)酸钾
potassium tetracyanoplatinate (Ⅱ) 四氰合铂(Ⅱ)酸钾
potassium tetracyanozincate 四氰合锌酸钾
potassium tetrafluoroborate 四氟硼酸钾
potassium tetrahydrotelluride 碲酸四氢钾
potassium tetraiodoaurate (Ⅲ) 四碘合金(Ⅲ)酸钾
potassium tetraiodocadmate 四碘合镉酸钾
potassium tetraiodomercurate(Ⅱ) 四碘合汞(Ⅱ)酸钾
potassium tetraphenylborate [fetraphenylboron] 四苯基硼(酸)钾
potassium tetrathionate 连四硫酸钾
potassium tetrathiotungstate 四硫钨酸钾
potassium tetroxalate 二草酸三氢钾;四草酸钾
potassium thioantimonate(Ⅴ) 硫代锑(Ⅴ)酸钾
potassium thiocarbonate 硫代碳酸钾
potassium thiocyanate 硫氰酸钾;硫氰化钾
potassium thiocyanide 硫氰酸钾
potassium thiosulfate 硫代硫酸钾
potassium titanyl oxalate 草酸氧钛钾
potassium triiodide 三碘化钾
potassium triiodomercurate(Ⅱ)solution 三碘合汞(Ⅱ)酸钾溶液
potassium triiodozincate 三碘合锌酸钾
potassium tripolyphosphate 三聚磷酸钾
potassium tungstate (Ⅵ) 钨酸钾
potassium uranate (Ⅵ) 铀酸钾
potassium uranyl nitrate 硝酸双氧铀钾
potassium uranyl sulfate 硫酸双氧铀钾
potassium xanthate 黄原酸钾
potassium xanthogenate 黄原酸钾
potassium xanthonate 黄原酸钾
potassium zincate 锌酸钾
potassium zinc sulfate 硫酸锌钾
potassium zirconium fluoride 氟锆酸钾
potassium zirconium sulfate 硫酸锆钾
potato culture 马铃薯培养基
potato spirit 杂醇油
potch 漂洗
potcher 漂洗槽
pot crusher 罐式破碎机
potency 能力
ζ-potential ζ-电位;ζ电势
potential alcohol 实得酒精产量
potential aromatics 潜芳烃
potential barrier 势垒;位垒
potential box(=potential well) 位阱
potential corrosion 潜在腐蚀
potential determining reaction 电极反应
potential difference (1)势差;位差(2)电势差;电位差
potential distribution 电势分布
potential drop 电势降(落)
potential electrolyte 势电解质;潜在电解质
potential energy 势能;位能

potential energy barrier 势垒;位垒
potential energy curve 势能曲线;位能曲线
potential energy profile 势能剖面
potential energy surface 势能面;位能面
potential field 势场;位场
potential flow 势流
potential force 有势力
potential function 势函数
potential gradient 电势梯度
potential gum 潜在胶质
potential gum value 潜在胶值
potential head 位头
potential hill 势垒;位垒
potential modulated electroreflectance method 电势调制电反射法
potential-pH diagram 电势 pH 图
potential scattering 势散射
potential step method 电位阶跃法
potential sweep method 电势扫描法
potential time curve 计时电位滴定曲线
potential transformer 变压器
potential well 势阱;位阱
potentiometer 电势差计;电位计
potentiometric stripping analysis 电位溶出分析
potentiometric titration 电位滴定(法)
potentiometric titrator 电位滴定仪
potentiometry 电位滴定(法);电势分析法;电位分析法
potentiostat 恒电位仪;稳压器
potentiostatic method 恒电势法
pot for caustic soda concentration 固碱锅
pot furnace 坩埚窑
pot lead 石墨
pot life 贮存期;适用期
pot liquor 可蒸馏的液体
pot mill 球磨机;球形磨
pot motor 高转速电动机(9000 转/分)
potocytosis 胞吮
pot oven 均热炉;地坑;坩埚炉
pot still 罐(式蒸)馏器
potstone 粗皂石
pot sweating 罐式发汗
potter's earth 陶土
potter's wheel 辘轳
pottery 陶器
pottery and porcelain 陶瓷
pottery clay 陶土
pottery stone 瓷石
pottery(ware) 陶器
potting 嵌铸
potting adhesive 灌封胶
potting compound 灌封料
potting compound for electric capacitor 电力电容器灌封料
pot valve 罐(式安全)阀
pounce (1)吸墨粉(2)印花粉
pound-force 磅力
pour depressor 倾点下降剂
pour(ing) 浇注
pouring can 灌油罐
pouring sealant 灌封胶
pour inhibitor 抗凝剂
pour into 注入
pour-on 浇淋
pour point (1)浇注点 (2)倾点;流(动)点
pour(-point) depressant 抗凝剂;降凝剂
pour point depressant for crude oil 原油降凝剂
pour point reducer 降凝剂
povidone 聚维酮;聚乙烯吡咯酮
povidone-iodine 聚维酮碘;聚乙烯吡咯酮碘
powder (1)火药(2)粉剂(3)散剂
powder alloy 粉末合金
powder arc method 粉末电弧法
powder blue 氧化钴
powder camera 粉末相机
powder cask 火药桶;炸药桶
powder coating 粉末涂料
powder coating process 粉末涂装法
powder continuous supplying machine 粉料[体]连续加料机
powder crystal 粉晶
powder cutting 氧熔剂切割
powder density 粉体密度
powder diffraction method 粉末衍射法
powder dip coating process 粉末浸涂法
powder dye(s) 粉状染料
powdered anthracite 粉状无烟煤
powdered coal 粉煤;煤粉;煤末
powdered laundry soap 皂粉
powdered reaction 粉末反应
powdered rubber 粉末橡胶
powdered soap 皂粉
powdered sugar 糖粉
powdered whiting 重质碳酸钙
powder face pack 粉状面膜
powder fine for dyeing 染色细粉
powder fire extinguisher 干粉灭火器

powder forging 粉末锻造
powder grinding test 粉末研磨分析
powdering agent 隔离剂;打粉剂
powder metallurgy 粉末冶金
powder outlet 粉料出口
powder pattern simulation 粉末图拟合
powder photograph 粉末相片
powder structure determination 粉晶法结构测定
powder technology 粉体技术;粉体工程
powellamine 鲍威胺
powellizing 浸硬
power 功率;动力
power amplifier 功率放大器
power belt 传动皮带
power broadening 功率展宽
power capstan 动力绞盘
power conduit 动力管道
power consumption 动力消耗
power density 比功率;功率密度
power distribution box 电力配电箱
power distribution unit 动力分配装置;配电装置
power driven pump 动力驱动泵
power elevation 机械提升设备
power engineer 电力工程师
power engineering 电力工程;动力工程
power factor 功率因数
power feed 自动进料;机械进料
powerformer 强化重整装置
powerforming 强化重整
power gas 发生炉煤气;动力煤气
power(generating) machine 动力机械
power(generating)plant 动力厂
power hammer 动力锤
power head 动力头
power house 发电站
power hydrogen pH 值
power input 功率输入
power kerosene 动力煤油
power-law fluid 幂律流体
power loss 功率损失
power model 幂模型
power number 功率数
power of agitator 搅拌功率
power on/off button 电源开关
power-operated duster 动力喷粉器
power output 功率输出
power plant (1)动力装置 (2)发电站
power pump 动力泵
power reactor 动力反应堆
power regulator 功率调节器
power roller conveyor 辊道输送机
power room[plant] 动力车间
power series 幂级数
power source 电源
power spectrum 功率谱
powerstat 变压调压器
power station 动力站;发电站
power steering 动力转向装置
power supply 电源;动力供应
power switch 电源开关
power test codes 动力试验规程
power tool 电动工具
power transformer 电力变压器
power transmission 电力传动;输电
power transmission belt 平型传动带
power-transmission fluid 动力传递液
power unit (1)电源部件 (2)动力单元;发电机组(3)功率单位
power utilization index(PUI) 功率利用指数
power wheel 动力轮
powethite 钼钙矿
pox marks 痘疤
POY(pre-oriented yarn) 预取向丝
Poynting correction 坡印亭校正;坡印亭因子
Poynting vector 坡印亭矢量
PP (polypropylene) 聚丙烯
ppb 十亿分率;10^{-9}
PPC(polyphthalate carbonate) 聚酯碳酸酯
PPE (polyphenylene ether) 聚苯醚
PPEK(polyphenylene ether ketone) 聚苯醚酮
PPG (polypropylene glycol) 聚丙二醇
ppm 百万分率;10^{-6}
PPMS(polyparamethylstyrene) 聚对甲基苯乙烯
PPO (polyphenylene oxide) 聚苯醚
PPP(Pariser-Parr-Pople) PPP 法
PPQ(polyphenylquinoxaline) 聚苯基喹喔啉
PPS(polypropylene sebacate) 聚癸二酸丙二醇酯;聚癸二酸亚丙基酯(增塑剂)
PPSF(1)[poly(phenylene sulfide sul fone)] 聚苯硫醚砜(2)[poly(phenylene sulfone)]聚砜
PPSK [poly(phenylene sulfide ket one)] 聚苯硫醚酮

PPT 茶多酚
ppt 万亿分率;10^{-12}
PPY(polypyrrole) 聚吡咯
PQ(polyquinoxaline) 聚喹喔啉
PQT(polyquinazolotrizole) 聚喹唑啉并三唑
practical chemistry 实用化学
practolol 普拉洛尔;心得宁
prajmaline 普拉马林;丙缓脉灵;*N*-丙基西萝夫木碱
pralidoxime chloride 氯解磷定;氯化派姆
pralidoxime iodide 碘解磷定;碘化派姆;磷敌
pralidoxime mesylate 甲磺酸磷定
prallethrin 右旋丙炔菊酯
pramipexole 普拉克索
pramiracetam 普拉西坦
pramiverin 普拉维林;二苯异丙环己胺
pramoxine 普莫卡因;丙吗卡因
Prandtl number 普朗特数
pranlukast 普仑司特
pranone 妊娠素
pranoprofen 普拉洛芬
praseocobaltichloride 一氯化二氯四氨络钴
praseodymia 三氧化二镨;氧化镨
praseodymium 镨 Pr
praseodymium carbonate 碳酸镨
praseodymium chloride 氯化镨
praseodymium hydride 氢化镨
praseodymium hydrosulfate 硫酸氢镨
praseodymium oxalate 草酸镨
praseodymium oxide 氧化镨
praseodymium oxychloride 氯氧化镨
praseodymium peroxide 过三氧化二镨
praseodymium sesquioxide 三氧化二镨;氧化镨
praseodymium sulfate 硫酸镨
praseodymium sulfide 硫化镨
prasterone 普拉睾酮;去氢表雌酮
pratensein 红车轴草素
pravastatin sodium 普伐他汀钠
prazepam 普拉西泮;环丙二氮䓬
praziquantel 吡喹酮;环吡异喹酮
prazosin 哌唑嗪
PRD-166(alumina zirconate fiber reinforcement) 锆酸铝纤维增强体
preabsorption 预吸收
preactivated 前激活的
prealbumin 前清蛋白;前白蛋白
pre-amp(=preamplifier) 前置放大器
preamplifier 前置放大器
pre-arc period (发射光谱分析中的)前电弧期
preassemble 预装配
preassembled joint 预装配接头
preassembly in factory 厂内预装
prebiotic chemistry 前生命化学
preblend 预混合
prebrightening 预增白
precalciferol 前钙化醇
precalciner 窑外分解炉
precast concrete 预制混凝土
precautions for fire fighting 消防安全措施
precedence ordering 排序
preceeding chemical reaction 前置化学反应
precession 进动;旋进
precession camera 旋进相机
prechamber 预燃室
prechamber engine 预燃式发动机
prechiller 预冷器;预冷设备
precholecalciferol 前胆钙化醇
precious metal 贵金属
precipitant 沉淀剂
precipitated baryta 沉淀硫酸钡
precipitated calcium carbonate 沉淀碳酸钙
precipitated (calcium) phosphate 沉淀磷肥
precipitated chalk 沉淀碳酸钙
precipitated drier 沉淀(法)催干剂;沉淀干料
precipitated magnesium carbonate 沉淀碳酸镁
precipitated silica 沉淀法白炭黑
precipitated sulfur 沉淀硫黄
precipitated superphosphate 沉淀磷酸钙;沉淀磷肥
precipitate flotation 沉淀浮选
precipitation 析出
precipitation analysis 沉淀分析(法);沉淀滴定(法)
precipitation bath 沉淀浴;凝固浴
precipitation chromatography 沉淀色谱法
precipitation-exchange resin 沉淀交换树脂
precipitation fractionation 沉淀分级
precipitation from homogeneous solution (PFHS) 均匀沉淀;均相沉淀
precipitation method 沉淀法
precipitation naphtha 沉淀石脑油(测定润滑油沉淀值的汽油溶剂)

precipitation point 沉淀点
precipitation pollution 大气降水污染
precipitation polymerization 沉淀聚合
precipitation scavenging 降水净化
precipitation stimulation 人工催化降水；人工影响降水
precipitation tank 沉淀池(水处理用)
precipitation titration 沉淀滴定
precipitation volumetry 容量沉淀法
precipitation with a compressed fluid anti-solvent(PCA) 压缩流体抗溶剂沉淀法
precipitator 沉淀[沉降]器;(静电)除尘器;沉淀池
precipitin 沉淀素
precipitinogen 沉淀素原
precipitometer 沉淀计
precipitron 静电除尘器
precipitum 沉淀细菌
precise distillation 精密蒸馏
precise examination 精密探伤
precision 精密度
precision absorptiometry 精密吸光测定法
precision casting 精密铸造
precision ceramics 精密陶瓷
precision colorimetry 精密比色法
precision finishing 精密加工
precision fractionation 精密精馏
precision gear 精密齿轮
precision of method 方法精确度
precision spectrophotometry 精密分光光度测定法
precleaner 预除尘器；粗选机；(空气)粗滤器
pre-coagulation 早期凝固
precoagulum 早凝块
precoat (1)预涂 (2)预涂布 (3)预涂层 (4)底漆;打底子
precoat filter 覆盖过滤器
pre-coating 预涂层
precoat mix tank 预涂助滤剂混合槽
precocenes 抗保幼激素
precocious hormone 早熟素
precoking level 结焦前水平
precollagen 前胶原
pre-column 前置柱
precombustion reaction 预燃烧反应
precommissioning 预试车
preconcentrator 预浓缩器
precondensate (1)预缩合(2)预缩合物
precondenser 预冷凝器
preconditioner 预调节器
preconditioning 预处理
preconditioning screen 预调节筛
precontamination 初期污染
precooler 前置冷却器;预冷却器
precrack 预制裂纹
precracking 预裂化
precritical state 临界前状态
precure (1)预硫化;预固化(2)预熟化
precursor 前体;前身;产物母体
precursor ion 先驱离子
precursor nuclide 前驱核素
precut device 预切割装置
predefecation 预澄清;初步澄清
predesign 草图设计;概略设计
pre-determined pressure 预定压力
predicted value 预计值
prediction 预测
predictive control 预估控制
pre-dip 预浸
predipping 预浸
predissociation 预离解(作用)
predissolve 预溶解
predistillation 初步蒸馏
predistribution 预分布
prednicarbate 泼尼卡酯
prednimustine 泼尼莫司汀;松龙苯芥
prednisolone 泼尼松龙；强的松龙；氢化泼尼松
prednisolone acetate 醋酸泼尼松龙；醋酸去氢皮质醇
prednisolone 21-diethylamino-acetate 21-二乙胺醋强的松龙
prednisolone sodium phosphate 泼尼松龙磷酸钠
prednisolone sodium succinate 泼尼松龙丁二酸钠
prednisolone sodium 21-*m*-sulfobenzoate 泼尼松龙21-间磺苯甲酸钠
prednisolone 21-stearoylglycolate 泼尼松龙21-硬脂酰乙醇酸酯
prednisolone tebutate 泼尼松龙叔丁基乙酸酯
prednisolone 21-trimethylacetate 21-叔戊酰泼尼松龙;21-三甲乙酰强的松龙
prednisone 泼尼松;强的松
prednisone acetate 醋酸泼尼松
prednival 泼尼松龙戊酸酯
prednylidene 泼尼立定;16-亚甲强的松龙
prednylidene 21-diethylaminoacetate

泼尼立定二乙氨乙酯
predominace 优势
predose 预剂量;初始剂量;本底剂量
predry 预干
predryer 预干燥器
preembedded piece 预埋件
pre-emergence herbicide 芽前除草剂
preequilibration process 平衡前过程
pre-evaporation 初步蒸发
pre-expanded bead 预发颗粒
pre-expansion 预发泡;预膨胀
pre-exponential factor 指前因子
prefab 预制件
prefabricated member 预制件
prefabrication 预加工
preferential absorption 选择吸收
preferential adsorption (1)选择性吸附 (2)优先吸附
preferential hydration 优先水合;优先水化
preferential solvent 有(选)择(的)溶剂
preferred dimension 选用尺寸
preferred parts list 选用零件表
prefiltration 预滤
pre-finishing 预加工
prefiring 预烧
preflash process 预闪蒸工艺
prefloc 预絮凝粒
preflooding 预液泛
preflushing fluid 前置液
prefoam 预发泡
prefoaming 预发泡
preformed polymer 预聚物
preformed sealant tape 预成型密封带
preformer 预成形机
preforming (1)压片 (2)预成型
preforming machine 压片机;预成型机
prefractionator 初步分馏塔
preframe 预装配
pre-frothing 预发泡
pre-fusion 预熔融
pregel (增强塑料表面缺陷)预胶化层;预凝胶
5,16-pregnadiene-3-ol-20-one acetate 妊娠双烯醇酮醋酸酯
pregnandiol 孕(甾)二醇
pregnane 孕(甾)烷
5β-pregnane-3α,20α-diol 5β-孕烷-3α,20α-二醇
pregnanediol 孕(甾)二醇
pregnanedione 孕(甾)二酮
3,20-pregnanedione 3,20-孕(甾)二酮
pregnanolone 孕(甾)烷醇酮
pregnan-3α-ol-20-one 孕(甾)烷-3α-醇-20-酮
pregnan-3β-ol-20-one 孕(甾)烷-3β-醇-20-酮
pregnan-20α-ol-3-one 孕(甾)烷-20α-醇-3-酮
pregnan-20β-ol-3-one 孕(甾)烷-20β-醇-3-酮
pregnene 孕(甾)烯
4-pregnene-20,21-diol-3,11-dione 4-孕烯-20,21-二醇-3,11-二酮
4-pregnene-11β,17α,20β,21-tetrol-3-one 4-孕烯-11β,17α,20β,21-四醇-3-酮
4-pregnene-17α,20β,21-triol-3,11-dione 4-孕烯-17α,20β,21-三醇-3,11-二酮
4-pregnene-17α,20β,21-triol-3-one 4-孕烯-17α,20β,21-三醇-3-酮
pregneninolone 17-乙炔睾(甾)酮
pregnenolone 孕烯诺龙;孕(甾)烯醇酮
pregnenolone methyl ether 孕烯诺龙甲醚
preheat burner 预热燃烧器
preheater 预热器
preheater coil 预热器盘管
preheater furnace 预热炉
preheating evaporator 预热蒸发器
preheating furnace 预热炉
preheating hopper 预热料斗
preheating of cure 硫化预热
preheating oven 预热炉;预热烘箱
preheating zone 预热区
preheat temperature 预热温度
prehnitene 连四甲苯;1,2,3,4-四甲基苯
prehnitic acid 连苯四酸;1,2,3,4-苯四甲酸
prehnitilic acid 连三甲基苯甲酸;2,3,4-三甲基苯甲酸
prehnitylic acid 2,3,4-三甲基苯甲酸
prehydrolysis 预水解
preignition chamber 预燃室
preignition period 预燃期
preimmerse salt 预浸盐
preimpregnated material 预浸渍料
preionization 自电离;预电离
preirradiation grafting 预辐射接枝
pre-irradiation treatment 辐照前处理
prekallikrein 前激肽释放酶;激肽释放酶原
prekeratin 前角蛋白
preliminary alignment 初步对准

preliminary calculation 初步计算
preliminary design 初步设计
preliminary dimension 预定尺寸
preliminary dip 预浸
preliminary estimates 初步估计
preliminary examination 粗探伤
preliminary feasibility study 预可行性研究
preliminary process design 初步过程设计
preliminary production 初期产量
preliminary roller 前辊
preliminary scheme 初步规划
preliminary sizing 粗筛选
preliminary sketch 初步设计
preliminary test 初步试验
preliming tank 预灰槽
pre-β-lipoprotein 前β-脂蛋白
preload 预加荷载
preloading 预加荷载
Prelog-Djerassi lactone 普雷洛格-杰拉西内酯
Prelog's rule 普雷洛格规则
premature capacity loss 早期容量损失
premature cure 早期固化
premature polymerization 过早聚合；早期聚合
premelt 预熔化
premessenger RNA 前mRNA
premicellar association 胶束化前缔合
Premier colloid mill 普雷迈尔胶体磨
Premier mill 普雷迈尔磨
premium grades 优等品
premix 预混料；预混剂
premix burner 预混合型燃烧器；预混燃烧器
premixed flame 预混火焰
premixed freezing adhesive 预混合冷冻胶黏剂
premixer 预混合器
premixing equipment 拌浆机
premoulding 预先铸模
prenalterol 普瑞特罗；对羟苯心安
preneutralization 预中和
prenitic acid 苯四酸
prenitol 连四甲苯
prenoxdiazine hydrochloride 普诺地嗪盐酸盐
prenylamine 普尼拉明；心可定
prenyltransferase 异戊烯基转移酶
preoiler 预加油器
preoxidation 预氧化
prepacked column 预填充柱
preparation 339 制剂 339；水杨酰苯胺
preparation 制剂
preparation for start-up 开车准备
preparation method 制备方法
preparation of drilling fluid 配浆
preparation of sample 样品的制备
preparation period 准备期
preparation vessel 制备槽；调制槽
preparative chromatography 制备色谱法
preparative column 制备柱
preparative gas chromatograph 制备气相色谱仪
preparative gas chromatography 制备气相色谱法
preparative layer chromatography 制层色谱法
preparative liquid chromatograph 制备液相色谱仪
preparative partition chromatography 制备分配色谱法
preparative plate number 制备塔板数
preparative scale chromatography 制备型色谱法
preparative scale plate number 制备级塔板数
pre-passivating treatment 预膜(处理)
prepeak 前峰
pre-peak drift rate 前峰漂移速率
prepellet 预造粒；预切粒
prephenic acid 预苯酸；(1-羧基-4-羟-2,5-环已二烯基)代丙酮酸
preplasticizer 预增塑剂
preplasticizing 预塑化
preplastification 预塑化
pre-plodder 预压条机
prepolycondensate 预缩聚物
prepolymer 预聚物
prepolymerization 前聚合；预聚合
prepolymerization pulping 预聚法制浆
pre-preg (1)含有化学增稠剂的模(型)垫 (2)预浸渍
preprocess 预加工
preproduction 试验性生产
preproduction test 生产前试验
pre-production trial 试生产
preprohormone 前激素原
preproinsulin 前胰岛素原
prepronisin 前乳链菌肽原

preproorexin 前食欲肽原
prerefining 预先精炼
prerequisite 先决条件
prerotation 预旋
prerupture flow 破坏前流动
presaturator 预饱和器
prescription for production 生产配方
prescrub 预洗涤
preselection 预选
presensitized plate 感光性树脂平版;PS版
present gum in gasoline 汽油中的显胶
present value 现值
preseparator 预分离器
presequence 导肽
preservative 保鲜剂;保存[防腐]剂
preservative lubricating oil 防护润滑油
preservative oil 防腐油
preservative paper 保鲜纸
preserved food 罐头食品
preserved latex 保存胶乳
preserved plywood 防腐胶合板
preserver 保护剂
preserving agent 防腐剂
pre-set (1)预调 (2)预置
preset pressure 预调[定]压力
preset program(me) 预定程序表;预定计划
preset time 预定时间
preslaker 预消化器
presoak 预浸渍
presoil 预染污
pre-sowing application 播前施药
presparking time 预燃时间
prespark period 前火花期
press and blow process 压吹法
press board 压榨纸板
press cake (压)滤饼
press capacity 冲压能力
press-casting machine 铸压机
press cutting machine 平压冲切机
press dewatering 挤压脱水
press dumper 压滤机卸料装置
pressed charge 压制燃料(固体火箭燃料)
pressed film 压膜
press filter 压滤机
pressed pipe 压型管
pressed pulp 榨过的甜菜渣
pressed yeasts 压榨酵母
press filter 压滤机
press fit 压配合
press forming 压制法
press heater 热压(硫化)锅
pressing 压制法
pressing paper 粗面滤纸
pressing product 冲压制品
pressing valve base 压缩阀座
press-in wiper 压入式刮油环
press-pâte 湿抄机
press pump 压榨泵
press roll 压辊
pressure 压力;压强
pressure accumulator 稳压装置
pressure adjusting valve 压力调节阀
pressure alarm indicator 压力警报器
pressure and suction hose 耐压吸引胶管
pressure-and-vacuum ga(u)ge 压力-真空两用计
pressure at right angles 垂直压力
pressure bag moulding 压力袋模塑;压力袋成型
pressure bell 压力钟;调压钟
pressure booster 增压器
pressure bottoms 蒸馏釜残渣
pressure breakdown 压力破坏
pressure broadening 压力展宽
pressure build-up vaporized 汽化升压
pressure build-up vaporized valve 汽化升压阀
pressure cell 压敏元件
pressure coefficient 压力系数
pressure compensator 压力补偿器
pressure condensate discharger 压出式冷凝水排除器
pressure controller 压力控制器;压力调节器
pressure controlling valve 压力控制阀
pressure cooker 压力锅;高压锅
pressure cycle 压力循环
pressure deflection 压力偏转
pressure differential 压差
pressure dispersion 加压分散
pressure distillation 加压蒸馏
pressure drain tube 加压排液管
pressure-driven membrane process 压驱膜过程
pressure drop 压降;压力降
pressure duct 高压管路
pressure-enthalpy diagram 压焓图
pressure eutectic ridge 压力共熔脊
pressure filter 压力式过滤器

pressure filter cell 压力滤池
pressure filter with cycloid filter leaves 圆形滤叶加压叶滤机
pressure filtration 加压过滤;压滤
pressure flo(a)tation 加压气浮;加压浮选
pressure flow 压力流;有压流;回流;逆流
pressure fluctuation 压力波动
pressure forming 加压成型;压力成型
pressure gasoline 裂化汽油
pressure gas welding 加压气焊
pressure ga(u)ge 压力计
pressure gear pump 压力齿轮泵
pressure gradient 压力降;压力梯度;压差
pressure gradient correction factor 压力梯度校正因子
pressure head 压头
pressure header 压力总管
pressure holded 保压
(pressure) holding[hold]time 保压时间
pressure hose 压力胶管
pressure infiltration 压力浸渗法
pressure intensity 压力强度;压强
pressure jump 压力跃变
pressure jump technique 压力跃变技术
pressure leaching 加压浸出
pressure leaf filter 加压叶滤器;加压叶片过滤机
pressureless sintering 无压烧结
pressure loss 压力损失
pressure main 压力总管
pressure measuring instrument 测(量)压(力)仪表
pressure nozzle 压力(雾化)喷嘴
pressure on foundation 基础承压
pressure pan 高压罐[釜]
pressure pipe 压力管
pressure piping 压力管道[路]
pressure programming 程序变压(力洗脱)
pressure-proof pipe 耐压管
pressure pump 增压泵
pressure recorder 压力记录器[仪]
pressure recording controller 压力记录控制器
pressure reducing valve 减压阀
pressure reduction 减压
pressure reforming 加压重整
pressure regulating device 调压机构
pressure regulating valve 调压阀
pressure regulator 调压器
pressure regulator valve 压力调节阀
pressure relief 泄压;降压;卸压
pressure relief valve 卸压阀;安全阀
pressure relieving device 卸压装置
pressure reservoir 储压器
pressure retaining parts 保压部件
pressure retaining valve 保压阀
pressure ring 耐压[压缩]环
pressure roll 压辊
pressure rubber tubing 耐压橡皮管
pressure seal 加压密封;压力封闭
pressure seal bonnet 压力密封压盖
pressure seal cap 压力密封帽
pressure sensing 压敏;感压的;压力传感的
pressure-sensitive 压敏;对压力敏感的
pressure sensitive adhesion 压敏黏合
pressure-sensitive adhesive 压敏胶(黏剂);不干胶
pressure sensitive adhesive label 压敏标签
pressure sensitive adhesive tape 压敏胶带
pressure sensitive dye(s) 压敏染料
pressure sensitive effect 压敏效应
pressure sensitive tape 压敏胶带
pressure spring 压力弹簧
pressure still 裂化炉
pressure-still tar 裂化炉焦油
pressure stress 介质应力
pressure surge 压力波动
pressure swing adsorption (PSA) 变压吸附
pressure swing distillation 变压蒸馏
pressure switch 压力开关
pressure tap 压力计接口;测压孔;取压口
pressure tar 裂化焦油
pressure test(ing) 加压试验;密封试验
pressure thermit welding 加压热剂焊
pressure-tight 密闭的;受压不漏气的
pressure(-tight) test 耐压试验
pressure transducer 压强传感器
pressure transmitter 压力变送器
pressure trapping 人工增压
pressure tubing 耐压(橡皮)管
pressure-type thermometer 压差式温度计
pressure vent valves 通风阀;呼吸阀
pressure vessel 压力容器;锅炉;高压容器
pressure vessel code 压力容器规范
pressure vessels exempted from inspection 免检压力容器
pressure vessels for the chemical industry 化工压力容器
pressure-volume(PV) 压力-容积关系

pressure-volume diagram 压容图
pressure-volume-temperature relation 压力-体积-温度关系
pressure washing 压洗
pressure water 加压水
pressurization 高压密封法；加压法
pressurization blower 加压鼓风机
pressurize 增压
pressurized aqueous combustion（PAC） 压水燃烧法；湿空气氧化法
pressurized combustor 加压燃烧室
pressurized inert-gas metal arc welding 熔化极加压惰性气体保护焊
pressurized ion exchange 加压离子交换（法）
pressurized still 受压蒸馏釜
pressurized water reactor（PWR） （加）压水（反应）堆；压水堆
pressurizer 稳压装置
pressurizing stand 增压检验台
pressurizing unit 增压器
press vulcanization 平板硫化
press vulcanizer 平板硫化机
presteady state 前稳态
prestone 普列斯通（一种低凝固点液体乙二醇系防冻剂）
prestone cooling 普列斯通冷却
prestrain 预应变
prestress 预（加）应力
prestressed concrete 预应力钢筋混凝土
prestressed reinforced concrete 预应力钢筋混凝土
pre-superheater 预过热器
pretanning 预鞣
pretanning agent 预鞣剂
pretilachlor 丙草胺
pretreating agent 预处理剂
pretreating fluid 预处理液
pretreatment 前处理；预处理
pretreatment filming agent 预膜剂
pretreatment of hot metal 铁水预处理
pretreatment of raw coal 原煤预处理
prevention of accidents 安全技术
prevention of toxicants 防毒
preventive antioxidant 预防型抗氧剂
preventive maintenance 预防性维修[维护，保养]
preventive measure 防护措施；预防措施
preventive overhaul 定期修理；预防（性）修理
preventive repairing 预防（性）修理
previscan 氟茚二酮
Prévost reaction 普雷沃斯特反应
prevulcanization 预（先）硫化（作用）；早期硫化
prevulcanize 预先硫化；早期硫化
prewave 前波
pre-wet screen 预湿筛
prewood 浸脂（胶）木材
prezynogen 母酶原
PRI（plasticity retention index） 塑性保持率
price 定价；价格
price catalog 定价表
price catalogue 价目表
priced current 定价表；价目表
priced list 价目表
prickly heat powder 痱子粉
pridinol 普立地诺；哌二苯丙醇
prifinium bromide 吡芬溴铵
prill 金属小球（有色试金）
prill bucket 造粒筒
prilled urea 颗粒尿素；丸粒尿素
prilling 成球；造粒
prilling granulator 造粒塔；造粒装置
prilling spray 造粒喷头
prilling tower 造粒塔
prill tower 造粒塔
prilocaine 丙胺卡因
primaperone 普立哌隆
primaquine 伯氨喹；伯氨喹啉
primaquine (di)phosphate 双磷酸伯氨喹
primary （1）第一的；主要的；（最）初的；原（来）的 （2）初（级）的 （3）伯的；一级的；连上一个碳原子的（4）一取代的（指无机盐，即相应的酸中有一个酸式 H 被取代者）
primary aberration 初级像差
primary acids 伯酸
primary adsorption 化学吸附
primary alcohol 伯醇；一级醇
primary alkyl peroxide 伯烷基过氧化合物
primary amine 伯胺；一级胺
primary arsenate 一取代砷酸盐
primary battery 原电池
primary calcium phosphate 磷酸二氢钙
primary carbon 伯碳（原子）
primary carbon atom 伯碳原子
primary cell 原电池
primary chemicals 初级化学品
primary circulating pump 主循环泵

primary clarifier 一次沉降池；一次澄清池；初级沉淀池
primary clearance 初始间隙
primary coil 一次线圈
primary color 原色
primary condenser 主冷凝器
primary converter 一段转化炉
primary cracking 初级裂化
primary crusher 初碎机
primary crystallization 主结晶
primary cyclone 第一级旋风分离器
primary degradation 初级降解
primary discharge 主要排料口
primary distillation 初级蒸馏
primary ejector 主喷射器
primary element 原电池；初级(反应)电池
primary emission 一次排放
primary emission X-ray analysis 初级发射X射线谱分析
primary energy 一次能源；直接能源
primary enzyme engineering 初级酶工程；化学酶工程
primary event 初级作用
primary explosive 起爆药
primary filter 初级过滤器
primary flash distillate 轻(的)石油馏分
primary high polymer 一次性高聚物
primary hydration number 一级水化数；原水化数
primary industry 基本工业
primary instrument 一次仪表
primary interference 初级干扰反应；核副反应
primary interfering reaction 初级干扰反应；核副反应
primary ionization 初级电离
(primary) isoamyl alcohol 异戊醇
primary isotope effect 一级同位素效应
primary metabolite 初级代谢产物
primary mill 一级研磨机
primary nitro-compounds 伯硝基化合物
primary nitroparaffin 伯硝基烷
primary oxide 原氧化物
primary phosphine 伯膦
primary photochemical process 初级光化过程
primary plasmid 原初质粒
primary plasticizer 主增塑剂
primary pollutant 一次污染物
primary process 初级过程
primary processing 原油一次加工
primary proteose 初脲
primary radical 初级自由基
primary radical termination 初级自由基终止
primary reaction (1)初级反应 (2)主要反应
primary reference fuel 第一参比燃料
primary reformer 一段转化炉
primary safety valve for inner container 一级安全阀
primary salt 一取代盐
primary salt effect 原盐效应；第一盐效应
primary-secondary alcohol 伯仲醇
primary separation 一次分离
primary separation tank 一次分离罐
primary settling tank 初次沉淀池
primary simple drawing 初步简图
primary sodium phosphate 磷酸二氢钠
primary sodium pump 一次钠泵
primary species 初级粒子
primary stage 初始阶段
primary standard 一级标准
primary standard fuel 第一参比燃料
primary standard substance 基本标准物(质)
primary structure 一级结构；一次结构
primary tar 原焦油
primary-tertiary alcohol 伯叔醇
primary tower 初级塔；初馏塔
primary treatment 一次处理
primary twist 初捻
primary valency 主价
primary vulcanization 第一次硫化；定型硫化
primary water (1)(离子)近层水 (2)原生水 (3)一次回水
primary yield 初级产额
primase 引发酶
prime coat 底涂层；底漆
prime cost 直接成本；主要成本
prime-cut naphtha 首城石脑油(API比重为63～73的石油溶剂)
prime lacquer 上底漆
primer (1)底漆 (2)引物 (3)雷管；导火线 (4)底胶
primer coat (1)底漆 (2)底胶
primer-detonator (1)始爆剂；起爆剂 (2)始发爆管；始发爆器
primer fluid 起动汽油
primer for rusted steel 带锈底漆
primer pump 起动泵

primer treatment 底涂处理
prime steam 湿蒸汽
primeverin 樱草苷
primeverose 樱草糖;冬绿糖
prime white oil 上等白色煤油
primidone 扑米酮;普奈米东
priming (水泵起动前)充水;灌注
priming can 注油器
priming charge 引爆药
priming coat 底涂层;头道底漆
priming cup 灌液漏斗
priming paint 头道底漆;底漆
priming powder 起爆粉
priming pump 灌液泵;起动泵
priming the water 泵前注水
priming tube 起爆管
priming valve 起动注水阀
priming valve 初给阀;起动阀;起动注水阀
primisulfuron-methyl 氟嘧黄隆(甲酯)
primitive lattice 简单点格
primitive reaction 基本反应;本源反应
primitive(unit) cell 初基胞
primocarcin 伯抗癌素
primosome 引发体
primulaverin 樱草根苷
primulin 樱草灵
primulin bases (对甲苯胺与硫加热制得的)硫化染料
primycin 伯霉素;普利霉素
principal axis of inertia 惯量主轴
principal bond 主键
principal chain 主链
principal character 主要特征
principal link 主键
principal linkage(=principal link) 主键
principal maximum 主极大
principal moment 主矩
principal moment of inertia 主转动惯量
(principal)optical axis (主)光轴
principal plane 主面
principal plane of crystal 晶体主平面
principal point 主点
principal polarizabilities 主极化率
principal quantum number 主量子数
principal reaction 主要反应
principal section of crystal 晶体主截面
principal valence 主(要化合)价
principal vector 主矢(量)
principen 氨苄西林;氨苄青霉素
principle 原理
principle of constancy of light velocity 光速不变原理
principle of corresponding state 对应态原理
principle of design 设计原理
principle of detailed balance 精细平衡原理
principle of entropy increase 熵增原理
principle of entropy production 熵产生原理
principle of general covariance 广义协变(性)原理
principle of general relativity 广义相对性原理
principle of geometric agreement 几何相应原理
principle of inaccessibility (=Caratheodory's principle) 绝热不可达到原理
principle of increase of entropy 熵增原理
principle of least action 最小作用(量)原理
principle of least structural changes 最小结构变化原理
principle of maximum multiplicity 最大多重性原理
principle of maximum work 最大功原理
principle of microreversibility 微观可逆性原理
principle of removal of constraint 解除约束原理
principle of rigidization 刚化原理
principle of similitude 相似原理
principle of special relativity 狭义相对性原理
principle of superposition 叠加原理
principle of superposition of states 态叠加原理
principle of virtual displacement 虚位移原理
principle of virtual work 虚功原理
Prins reaction 普林斯反应
printed(circuit)board plating 印制板电镀
printed leather 印花革
printer's ink 印刷墨;油墨
printer's liquor 乙酸亚铁溶液
printer's roll 印染胶辊
printing (1)印花 (2)印刷 (3)光刻
printing adhesive 印染用胶黏剂
printing blanket 印刷胶布板
printing blanket for lithographic ink transfer 平版传墨印刷胶布板

printing channel 扩印频道
printing dye 印染染料
printing ink 油墨
printing ink gasoline 油墨稀释用汽油
printing-out emulsion 晒印乳剂
printing paper 印刷纸
printing paste 印染浆
printing roller 印刷胶辊
printing roller composition 印刷胶
printing rubber blanket 印刷胶板
print-through effect 复印效应
prion (1)蛋白病毒;蛋白传染子(2)锯(形)蛋白
prion disease 蛋白粒子病
prior estimate 预估值
priority 优先次序
priority rule(=sequence rule) 优先规则;顺序法则
prior pressure application 在升压之前
prior probability 先验概率
prism 棱镜
prism powder 棱柱火药
prism spectrograph 棱镜摄谱仪
pristane 姥鲛烷;朴日斯烷;去甲植烷
pristanic acid 降植烷酸
pristinamycin 普那霉素;原始霉素
Pro 脯氨酸
proaccelerin 促凝血球蛋白原
proactinomycin 原放线菌素
proagglutinoid 亲凝集原质
probability 概率;几率
probability amplitude 概率幅
probability analysis 概率分析
probability a priori 先验概率
probability current 概率流
probability density 概率密度
probability density function 概率密度函数
probability distribution 随机变量分布
probability factor 概率因子;位阻因子
probability level 置信水平;置信概率;可信系数
probable error 概然误差
probarbital 普罗比妥;丙巴比妥
probation period 试用期
probation report 检定报告
probe (1)探头(2)探针(3)试样
probenecid 丙磺舒;羧苯磺胺;对二丙胺磺酰苯甲酸
probe take 探针快粘
probing step 探测阶段
probing test 控测试验
probiotic 生菌剂;益生素
probucol 普罗布考;丙丁酚
procainamide 普鲁卡因胺
procaine 普鲁卡因
procaine base 普鲁卡因碱
procaine borate 普鲁卡因硼酸盐
procaine hydrochloride 盐酸普鲁卡因
procain penicillin G 青霉素普鲁卡因
procarbazine 丙卡巴肼;甲苄肼
procarboxypeptidase 羧肽酶原
procaryote 原核生物
procaterol 丙卡特罗;异丙喹喘宁
procedure 步骤
procedure control device 程序控制装置
procedure control system 程序控制系统
procedure for preparation 备料工序
procedure of repairing 修理程序
procedure qualification 程序评定;工艺评定
procedure specification 过程说明
proceeding 会议论文集
procellose 纤维三糖
proceomycin 高霉素
procerin 丙羟木栓酮
process 过程;工艺;加工;操作
processability 加工性能;操作性能
processability tester 加工性能试验机
process analysis 过程分析
process analyzer 过程分析仪
process automation 化工自动化
process chart 工艺流程图;工作程序图
process chemistry 过程化学;工艺化学
process chromatograph 流程色谱仪
process condition 工艺条件
process connection 工艺连接件
process control 工艺程序的控制;工艺管理
process control diagram(**PCD**) 工艺控制图
process controller 工艺操作控制器
process cooling towers 工艺冷却塔
process cost 加工费;操作费用
process-cycle 加工周期[过程]
process design 工艺流[过]程设计
process development 过程开发
process development unit(**PDU**) 过程开发组合装备
process drawing(**s**) 工艺图纸

process dynamics 过程动态学
process ease 便于加工
processed Chinese lacquer 熟漆
processed gas (1)精制过的气体 (2)脱硫气体
processed products 加工产物
processed rubber 再炼胶
processed urushi 熟漆
process engineer 程序工程师
process engineering 程序工程;工艺过程;工艺工程;加工工程
process equipment 过程设备;工艺设备
process equipment and machine 工艺设备与机器
processes for synthetic ammonia 合成氨法
process evaluation 过程评价
process flow diagram 工艺流程图
process flow diagram and layout 工艺流程及布置图
process flowsheet 工艺流程图
process fluid 工艺流体
process furnace 管式炉;加热炉
process gas 工业废气;工艺气体
process gas chromatograph 流程气相色谱仪
process gas scrubber 气体回收洗涤器[塔]
process hold-up time 操作中断时间
process identification 过程辨识
process industries 制造工业;加工工业
processing 加工
processing agent 加工助剂
processing aid 加工助剂
processing conditions 加工条件
processing control coupon 随炉件
processing cycle 加工周期[过程]
processing equipment 工艺设备
processing installations 工艺装置
processing of crude oil 原油加工
processing oil 加工油
processing plant 石油加工厂;炼油厂
processing property 操作性能
processing set-up 工艺布置
processing temperature 加工温度
processing type reactive anti-deteriorant 加工型反应性防老剂
process inhibitor 工艺缓蚀剂
process instrumentation 化工仪表
process instrumentation drawing 工艺仪表流程图
process integration 过程集成
process of flowsheet 生产流程图
process of innovative material 创新材料工艺
process of reproduction 再生产过程
process optimization 过程优化
process parameters 工艺参数
process phase 加工阶段
process picture sheet 过程图表
process pipe line 工艺管道
process pressure 工艺压力
process pump 工艺过程用泵;化工工艺用泵
process release 工艺发表
process safety limit 工艺安全限(度)
process-scale chromatography 工业色谱
process schedule 进度时间表
process simulation 过程模拟
process specification 工艺说明书;加工规格说明书;操作说明书
process spent water 工艺污水
process stage 加工阶段
process steam 工艺用汽;生产用汽
process step 加工阶段
process synthesis 过程综合;过程合成
process system engineering 过程系统工程;化工系统工程
process technique 程序加工技术
process time 加工时间
process unit (1)工艺设备(2)加工单位
process vessel 工艺容器
process waste 工艺废物
process water 工业用水;生产用水
procetane 柴油的添加剂
prochiral 前手性的
prochirality 前手性
prochloraz 丙氯灵;咪鲜安;施保功
prochlorperazine 普鲁氯嗪;甲哌氯丙嗪;丙氯拉嗪
procodazole 丙考达唑;苯咪唑丙酸
procollagen 前胶原
procurement repair parts list 采购备件清单
procyanidin 原花青素
procyclidine 丙环定;开马君;卡马特灵
procymate 丙环氨酯;氨甲酸环己丙酯
procymidone 杀菌利;腐霉利
prodag 半胶态石墨悬浮液
prodegradant 降解助剂;助老化剂
prodiamine 氨基丙氟灵
prodigiosin 灵菌红素;灵杆菌素
prodilidine 普罗利定;甲苯吡丙酯

prodipine 普罗地平;异丙二苯哌啶
prodlure 十四碳二烯醇乙酸酯
pro-drone 丙德朗
produced quantity 开采量
producer (1)发生器 (2)(炉煤气)发生炉;制气炉 (3)生产者
producer gas 发生炉煤气
producer gas coal tar 发生炉煤焦油
producer gas generator (发生炉煤气的)煤气发生炉
producer gas tar 发生炉焦油
producer gas tar pitch 发生炉焦油沥青
producing capacity 产量
product 生产物;产品
product assessment test 产品评定试验
product catalogues[summary] 产品目录
product collector 产品收集器;成品收集器
product design outline 产品设计草图
product discharge door 成品卸料口
product examination 产品检查
product-inhibited enzyme 产物抑制酶
product inhibition 产物抑制
product intermediate storage tank 产品中间贮槽
production adjustment 生产调整
production control 生产控制
production cost 生产费用
production cycle 生产周期
production design 生产计划
production ecology 生产生态学
production factor 生产要素
production field 生产现场
production flow 生产流程
production formula 生产配方
production halts 停产
production-index 生产指标
production line 生产流水线
production loss 生产损失
production order 生产定单
production per man-hour 每人每小时的产量
production planning 生产规划
production potential 生产潜力
production program(me) 生产计划
production quality test 产品质量检验
production quota (全负荷)生产定额;生产指标
production requirement 生产要求
production run 大量生产;成批生产;流水线生产
production-scale cell 大型电解槽
production-scale chromatography 生产规模的色谱法
production schedule 生产进度表
production sequence 生产程序
production specifications 生产技术条件
production standard (全负荷)生产定额
production test 产品检验;生产(条件下)试验
production unit 生产单位[元]
production waste 生产污水;生产中的废料
production water supply 生产供水
productive maintenance 生产维修[护]
product life cycle 产品生命周期
product mix 产品组合
product of inertia 惯量积
product outlet 成品出口
product purity 产品纯度
product quality 产品质量
product rack 成品台架
product receiver 产品接收器
product reflux 产品回流
product reliability 产品可靠性
product sampling test 产品抽验
products design 产品设计
product separation 产品的分离
product separator 产品分离器
products outlet 产品出口;出料口
product standard 产品标准
product tank 成品油罐
product yield 成品收率
proelastase 弹性蛋白酶原
proelastin 前弹性硬蛋白
pro-enzyme 酶原
profenid 酮洛芬;酮基布洛芬
profenofos 丙溴磷
proferment 酶原
profession 工种;职业
professional 专业人员
profibr(in)olysin 血纤维蛋白溶酶原
proficient 能手
profile (1)侧面图;剖面图 (2)外形;轮廓
profile control agent 调剖剂
profile cutter 成型刀具
profile depth 剖面深度
profiled fibre 异形(截面)纤维
profile in elevation 立剖图
profile in plan 平剖图
profile lathe 仿形机床

profile modelling 靠模
profile-paper 断面图
profile scanner 一维扫描机;线扫描机
profile steel 型钢
profiling 压型
profiling extrusion 胶料挤出成型
profiling milling machine 仿形铣床
profit and taxes-investment ratio 投资利税率
profit-equity ratio 资本金利润率
profit-investment ratio 投资利润率
proflavine(=3,6-diaminoacridine sulfate) 硫酸原黄素;硫酸-3,6-二氨基吖啶
profluralin 环丙弗乐林;卡乐施
profoamer 泡沫促进剂
progabide 氟柳双胺
progeny virus 子代病毒
progesterone 黄体酮;孕(甾)酮
progestin (1)黄体制剂 (2)孕(甾)酮
progestogen 孕激素
progestone(=progesterone) 孕甾酮
progestoral 妊娠素
proglumetacin 丙谷美辛
proglumide 丙谷胺;丙谷酰胺
program 程序表
program control 程序控制
program debug 程序调试(计算机)
program engineer 程序工程师
programmable controller(s) 可编程调节器
programmable furnace 可编程加热炉
programmed control 程序控制
programmed inert gas multi-electrode welding 程序控制的惰性气体多丝焊
programmed multiple development 程序多次展开(法)
progress chart 进度表
progression agent 增效剂;促进剂
progressive conversion model 渐进转化模型
progressive defecation 逐步澄清
progressive drier 逐步干燥器
progressive freezing 逐步冷冻法
progressive improvement 逐步改善;分期改善
progressive model 累进模型
progressive plastic yield 渐进塑性屈服
progressive wave 前进波
progress of work 工作进程
pro-*R* group 前 *R* 基团
pro-*S* group 前 *S* 基团
progynon 雌酮
proheparin 肝宁
prohepos 肝宁
proheptazine 普罗庚嗪;丙庚嗪
prohormone 激素原
proidonite 氟硅石
proinsulin 胰岛素原
project (1)(设计)项目(2)投影
project(ed) area 投影面积
projected capacity 计划能力
project engineer 设计主管工程师
projectile (1)弹丸;射弹;抛体(2)(以力)射出的(3)轰击粒子;入射粒子
projectile motion 抛体运动
projection 投影
projection formula 投影式
projection lantern 幻灯
projection nucleus 投影环
projection operator 投影算符
projection printing 投影光刻
projection welding 凸焊
projector 投影仪
project schedule 工程计划
projects of complete plants 成套工程
project specification 工程规范
project support equipment 工程辅助设备
projecture 投影
prokaryote 原核生物
prokinase 前激酶;激酶原
prokinin 激肽原
proknock 诱震剂
prolactin 促乳素
prolactin regulatory hormone 催乳素调节激素
prolactin release inhibitory factor(PRIF) 促乳素释放(的)抑制因子
prolactin releasing factor(PRF) 促乳素释放因子
prolactoliberin 促乳素释放素
prolactostatin 促乳素抑制素
prolamine 醇溶谷蛋白
prolamine from oats 醇溶燕麦蛋白
prolamine from sorghum 醇溶高粱蛋白
prolidase 氨酰基脯氨酸二肽酶
proliferous polymerization 增殖聚合
prolinase 脯氨酰氨基酸二肽酶
proline(Pro) 脯氨酸
prolintane 普罗林坦;苯咯戊烷;丙苯乙吡咯
prolipase 脂酶原
prolon 合成蛋白质纤维

prolong 冷凝管
prolonged exposure 迁延照射
prolonium iodide 普罗碘铵;安妥碘
proluton 孕甾酮
prolyl 脯氨酰(基)
promazine 丙嗪
promecarb 猛杀威
promedol γ-二甲哌替啶;γ-二甲度冷丁
promegestone 普美孕酮
promethazine 异丙嗪
promethium 钷 Pm
prometon 扑灭通
prometryn 扑草净
promoter (1)启动子 (2)助催化剂 (3)(浮选)捕集剂
promoter gene 启动基因
promoter-operator control 启动子-操纵基因控制
promotor(=promoter) (1)启动子 (2)助催化剂 (3)(浮选)捕集剂
promoxolane 普罗索仑
prompt gamma 瞬发 γ 射线
prompt neutron activation analysis(**PNAA**) 瞬发中子活化分析;中子俘获 γ 射线分析
prompt neutrons 瞬发中子
promurit 捕灭鼠
pronase 链霉蛋白酶
pronethalol 丙萘洛尔;普罗勒沙;萘心定;萘乙醇异丙胺
pronormoblast 原红细胞
prontosil 百浪多息;偶氮磺胺;2,4-二氨基偶氮苯-4-磺酰胺
prontosil rubrum(=protosil) 百浪多息;偶氮磺胺
proof 验证
proof fabric 防雨胶布
proofing (1)涂胶;刮胶;上胶(2)证明
proof strength 允许[保证]强度
proof test 安全试验;验证试验
pro-opiomelanocortin 丙阿片黑素皮质素
pro-oxidant 氧化促进剂;助氧化剂
pro-oxygenic agent 助氧(化)剂
propacetamol 丙帕他莫
propachlor 毒草胺;扑草胺
propadiene 丙二烯
propafenone 普罗帕酮;苯丙酰苯心安
propagas 丙烷
propagating chain 生长链
propagating chain end 增长链端
propagation constant 传播常量
propagation of error 误差传递
propagation reaction (链)增长反应
propagator 传播函数
propagermanium 丙帕锗
propalanine 氨基丁酸
propaldehyde 丙醛
propallylonal 丙溴比安;溴丙巴比妥
propamidine isethionate 羟乙磺酸普罗帕脒;羟乙磺酸丙氧苯咪
propanal 丙醛
propanamide 丙酰胺
propandioic acid 丙二酸
propane 丙烷
propane-acid process 丙烷-酸法(用丙烷和酸的润滑油精制)
propane-air mixture 丙烷和空气的混合物
1-propanearsonic acid 丙胂酸
propane carboxylic acid 丁酸
propane deasphalted oil 丙烷脱沥青油
propane deasphalting 丙烷脱沥青
propane decarbonizing 丙烷脱碳
propane dewaxing process 丙烷脱蜡过程
propane diacid 丙二酸
propane diamide 丙二酰胺
propane diamine 丙二胺
propane dicarboxylic acid 丙二羧酸;戊二酸
propane dinitrile 丙二腈
propanediol 丙二醇
propanedione 丙二酮
1,3-propanedithiol 1,3-丙二硫醇
propane dryer 丙烷干燥器
propane evaporator 丙烷蒸发器
propanenitrile 唑菌腈
propane reflux 丙烷回流
propaneselanol 丙硒醇
propane sultone 丙磺酸内酯
propanethial *S*-oxide 硫代丙醛 *S*-氧化物
propane tricarboxylic acid 丙三羧酸
propanetriol 丙三醇;甘油
propanidid 丙泮尼地;普尔安
propanil 敌稗
propanocaine 丙泮卡因;普鲁派奴卡因
propanoic acid 丙酸
propanoic anhydride 丙酸酐
propanol 丙醇
1-propanol 正丙醇
2-propanol 2-丙醇;异丙醇
propanoldiacid 丙醇二酸
propanolon acid 丙醇酮酸

propanone 丙酮
propanone-butanol fermentation 丙酮丁醇发酵
propantheline bromide 溴丙胺太林;普鲁本辛
propaphos 丙虫磷
propaquizafop 喔草酯
proparacaine 丙美卡因;丙对卡因
propargite 克螨特
propargyl 炔丙基
propargyl acetate 乙酸炔丙酯
propargyl alcohol 炔丙醇
propargyl aldehyde 炔丙醛
propargyl bromide(=3-bromo-1-propyne) 炔丙基溴;3-溴-1-丙炔
propargyl chloride 炔丙基氯
propargylic acid 丙炔酸
propargylic rearrangement 炔丙基重排作用
propargyl isocyanate 异硫氰酸炔丙酯
propathene 聚丙烯
propatyl nitrate 丙帕硝酯;硝二羟甲丁醇
propazine 丙唑嗪
propellane 螺桨烷
propellant 火药;火箭燃料;推进剂
propeller 搅拌叶片;螺旋桨
propeller agitator 螺旋桨式搅拌器
propeller blade 螺旋桨叶
propeller drive shaft 搅拌器驱动轴
propeller fan 螺旋桨风扇
propeller mixer 旋桨式搅拌器
propeller pump 旋桨泵
propeller shaft 动力输出万向传动轴
propeller(type) agitater 螺旋桨(式)搅拌机[器]
propeller-type impeller 螺旋桨式叶轮
propeller(type) mixer 螺旋桨(式)搅拌机[器]
propeller (type) 螺旋桨(式)搅拌机[器]
propenal 丙烯醛
propene 丙烯
propene dicarboxylic acid 丙烯二羧酸;戊烯二酸
propene oxide 氧化丙烯
propene thiol 丙烯基硫醇
propenoic acid 丙烯酸
propenol 丙烯醇
1-propen-3-ol 丙烯醇;烯丙醇
propentofylline 丙戊茶碱
propenyl 丙烯基
***p*-propenylanisole** 对丙烯基茴香醚;茴香脑
propenyl cyanide 丙烯基腈
propenyl hydrate(=glycerol) 甘油
propenylidene 亚丙烯基
propenyl phenol 丙烯基酚
propenyl trinitrate 硝化甘油
4-propenyl-2-methoxyphenol 4-丙烯基-2-甲氧基苯酚
propenzolate 奥昔利平;环苯哌酯
propepsin 胃蛋白酶原
propeptone 半胨
proper acceleration 固有加速度
properdin 备解素;血清灭菌蛋白
properidine 丙哌利定;异丙哌替啶;异丙度冷丁
proper length 固有长度
proper lubrication 可靠润滑;适当润滑
proper mass 固有质量
proper quantities 摩尔量
properties of matter 物性
proper time 固有时
proper time interval 固有时间隔
property (1)性质;性能;特性(2)财产;产权;所有制
proper velocity 固有速度
propetamphos 烯虫磷(杀虫剂)
prophage 前噬菌体
propham 苯胺灵
prophylactic repair 定期检修;预防检修
propicillin 丙匹西林;苯氧丙基青霉素
propiconazol(e) 丙环唑
propilidene 亚丙基
propine(=propyne) 丙炔
propineb 甲基代森锌
propinol 炔丙醇
propinyl 丙炔基
***β*-propiolactam** *β*-丙内酰胺
***β*-propiolactone** *β*-丙醇酸内酯
propiolaldehyde 丙炔醛
propiolic acid 丙炔酸
propiolic alcohol 丙炔醇
propiolic halide 卤丙炔
propioloyl 丙炔酰
propiolyl(=propioloyl) 丙炔酰
propiomazine 丙酰马嗪;丙酰异丙嗪
propion 3-戊酮
propionaldehyde 丙醛
propionaldehyde oxime 丙醛肟
propionaldehyde semicarbazone 丙醛缩氨基脲;亚丙基氨基脲

propionaldoxime 丙醛肟
propionamide 丙酰胺
propionamido- 丙酰氨基
propionanilide *N*-丙酰苯胺
propionate 丙酸盐(或酯)
propione 3-戊酮
Propionibacterium 丙酸杆菌属
propionic acid 丙酸
propionic anhydride 丙酸酐
propionitrile 丙腈
propionyl 丙酰
propionyl chloride 丙酰氯
propionylcholine 丙酰胆碱
propionyl iodide 丙酰碘
propionyloxy 丙酸基;丙酰氧基
propionylpromazine 丙酰丙嗪
propionyl salicylic acid 丙酰基水杨酸
propiophenone 苯基·乙基(甲)酮
propipocaine 丙哌卡因
propiram 丙吡兰;丙吡胺
propivane 丙解痉胺
propiverine 丙哌维林
propizepine 丙吡西平;丙吡氮䓬
***n*-proplbenzene** 正丙苯
propofol 丙泊酚;2,6-二异丙基苯酚
propolis 蜂胶
proponal 二异丙巴比土酸
proporting pump 比例泵
proportional band 比例度;比例区;比例范围
proportional control 比例调节
proportional controller(s) 比例调节器
proportional counter 正比计数器
proportional-integral controller 比例积分调节器
proportional pump 计量泵
proportional sampling 比例抽样
proportioner 定量[配比]器;比例调节器
proposal 建议
propoxide 丙氧化物;丙醇盐
propoxur 残杀威
propoxy- 丙氧基
propoxycaine hydrochloride 丙氧卡因盐酸盐
propoxylate 丙氧基化物
propoxyphene 丙氧芬;普洛帕吩
proppant 支撑剂
proppant for fracturing fluid 压裂液支撑剂
propranolol 普萘洛尔;萘心安;心得安
proprietary chemical 专利化学品
proprietary formula 专用配方
proprietary medicine 成药
propäsin 对氨基苯甲酸丙酯
***n*-propyl** 正丙基
***sec*-propyl**(=isopropyl) 异丙基
***N*-propylacetanilide** *N*-丙基-*N*-乙酰苯胺
propyl acetate 乙酸丙酯
propyl-acetic acid 丙基乙酸;戊酸
propyl acetoacetate 乙酰乙酸丙酯
propylacetylene 戊炔;丙基乙炔;1-戊炔
propylal 丙缩醛;二丙醇缩甲醛;二丙氧基甲烷
propyl alcohol 丙醇
***n*-propyl alcohol** 正丙醇
propylaldehyde 丙醛
propylamine 丙胺
***n*-propylamine**(=1-aminopropane) 正丙胺;1-丙胺
propyl aminobenzoate 氨基苯甲酸丙酯
***N*-propyl aniline** *N*-丙基苯胺
propylarsonic acid 丙胂酸;丙基砷酸
propylate 丙醇盐;丙氧化金属
propyl benzoylbenzoate 苯酰基苯甲酸丙酯
propyl boric acid 丙基硼酸
propyl boron dihydroxide(=propyl boric acid) 丙基硼酸
propyl bromide 丙基溴;1-溴丙烷
propyl butyl ether 丙基·丁基醚;丙氧基丁烷
propyl butyrate 丁酸丙酯
propyl carbylamine 丙胩
propyl chloride 丙基氯;1-氯丙烷
propyl chlorocarbonate 氯甲酸丙酯
propyl cyclohexane 丙基环己烷
propyldioctylamine 丙基二辛基胺
propyl docetrizoate 二乙酰氨三碘苯酸丙酯
propylene 丙烯
propylene bromide 二溴化丙烯;1,2-二溴丙烷
propylene bromohydrin 丙溴醇
propylene carbonate 碳酸丙烯酯
propylene chloride 二氯化丙烯;1,2-二氯丙烷
propylene chlorohydrin 丙氯乙醇
***sec*-propylene chlorohydrin**(=1-chloro-2-propanol) 丙氯仲醇;1-氯-2-丙醇
propylene cyanide(=1,2-dicyanopropane) 丙邻二氰;1,2-二氰基丙烷
propylenediamine 丙邻二胺;1,2-二氨基丙烷

propylene dibromide 二溴化丙烯;1,2-二溴丙烷
propylene dichloride 二氯化丙烯;1,2-二氯丙烷
propylene epoxide 环氧丙烷;氧化丙烯;甲基氧丙环
propylene glycol 丙二醇
1,2-propyleneglycol carbonate 1,2-丙二醇碳酸酯
propylene glycol diacetate 丙二醇二乙酸酯
propylene glycol dipelargonate 丙二醇二壬酸酯
propylene glycol dipropionate 丙二醇二丙酸酯
propylene glycol monooleate 丙二醇单油酸酯
propylene glycol monopalmitate 丙二醇单棕榈酸酯
propylene glycol monostearate 丙二醇单硬脂酸酯
propylene halide 二卤化丙烯;1,2-二卤(代)丙烷
propylene imine 亚丙基亚胺
propylene oxide 氧化丙烯;1,2-环氧丙烷
propylene sulfide 硫化丙烯;硫丁环
propylene tetramer 四聚丙烯
propyl ether 丙醚;丙基醚
propyl ethylene 丙基乙烯;1-戊烯
propyl formate 甲酸丙酯
propyl gallate 棓酸丙酯;没食子酸丙酯
propyl glycol 丙基乙二醇
propyl glycolate 乙醇酸丙酯
propylhexedrine 丙己君;甲基(苄代甲代)甲基胺
propyl hydrogen-sulfate 硫酸氢丙酯
propyl hydrosulfide 丙硫醇
propyl *p*-hydroxybenzoate 对羟基苯甲酸丙酯;尼泊金丙酯
propyl hydroxylamine 丙胲
propylidene 亚丙基
propylidene bromide 1,1-二溴丙烷
propylidene chloride 亚丙基二氯;1,1-二氯丙烷
propylidene halide 亚丙基二卤;1,1-二卤(代)丙烷
propylidyne 次丙基
propyl iodide 丙基碘;1-碘丙烷
propyliodone 丙碘酮
propyl isocyanide 丙胩
propyl isonitrile(=*n*-propyl carbylamine)丙胩
propyl isorhodanate 异硫氰酸丙酯
propyl isorhodanide 异硫氰酸丙酯
propyl isosulfocyanate 异硫氰酸丙酯
propyl isosulfocyanide 异硫氰酸丙酯
propyl isothiocyanate(=*n*-propyl mustard oil)异硫氰酸丙酯;丙基芥子油
propyl isothiocyanide 异硫氰酸丙酯
propyl levulinate 4-氧戊酸丙酯
propylmalonic acid 丙基丙二酸
propylmercaptan 丙硫醇
propylmercuric bromide 溴化丙基汞
propylmercuric chloride 氯化丙基汞
propylmercuric iodide 碘化丙基汞
propylnitramine 丙基硝胺
***n*-propyl nitrate** 硝酸正丙酯
***n*-propyl nitrite** 亚硝酸正丙酯
propyl nitrolic acid 丙基硝肟酸
propyloic- 羧乙基
propylparaben 对羟基苯甲酸丙酯;尼泊金丙酯
propyl pelargonate 壬酸丙酯
propyl-phosphine 丙膦
propyl propionate 丙酸丙酯
propylpyridonium salt *N*-丙基吡啶酮盐
propyl rhodanate 硫氰酸丙酯
propyl rhodanide 硫氰酸丙酯
propyl selenomercaptan(=propaneselanol)丙硒醇
propyl sulfate 硫酸二丙酯
propyl sulfhydrate 丙硫醇
propyl sulfide 二丙硫醚
1,3-propyl sultone 1,3-丙基磺酸内酯
propyl thioether 二丙硫醚
propylthiouracide 丙基硫尿嘧啶
propylthiouracil 丙基硫氧嘧啶;丙基硫尿嘧啶
propyl-trichlorosilicane 丙基·三氯(甲)硅(烷)
propyl-triethoxysilicane 丙基·三乙氧基(甲)硅(烷)
propylure 诱引酯
propyl urethane 丙氨基甲酸乙酯;丙基尿烷
propyl xanthate 丙黄原酸盐
propyl xanthic acid 丙黄原酸
propyl xanthogenate 丙黄原酸盐
propyl xanthogenic acid 丙黄原酸
propyl xanthonate 丙黄原酸盐
propyl xanthonic acid 丙黄原酸

propynal 丙炔醛
propyne 丙炔
propynoic acid 丙炔酸
propynol 炔丙醇
2-propynyl 2-丙炔基
propyphenazone 异丙安替比林
propyromazine 吡吗嗪;丙吡咯吗嗪
propyzamide 氯甲丙炔基苯甲酰胺
proquazone 普罗喹宗;丙喹酮
prorennin 凝乳酶原
pros- 贯(位)
proscillaridin 海葱次苷;原海葱苷
prosol 粟醇
prostacyclin 前列腺环素
prostaglandin 前列腺素
prostalene 前列他林;前列烯
prostanoic acid 前列腺烷酸
prostaphlin 苯唑西林;苯唑青霉素
prostatein 前列腺蛋白
prosthetic aid 整复材料
prosthetic group 辅基
prosulfuron 氟丙磺隆
prosultiamine 丙舒硫胺;新维生素 B_1;优硫胺
protable battery 携带式蓄电池
protachysterol 前速甾醇
protactinium 镤 Pa
protactinium oxychloride 氯氧化镤
protactinium pentoxide 五氧化二镤
protagon 初磷脂;脑组织素
protaminase 鱼精蛋白酶;羧肽酶 B
protamine 鱼精蛋白
protamine sulfate 硫酸鱼精蛋白;鱼精蛋白硫酸盐
protamine zinc insulin suspension 鱼精蛋白锌胰岛素悬浮体
protargyl 元素原
protean 畑(音田)
protease 蛋白(水解)酶
proteasome 蛋白酶体
protectant test 保护性试验
protecting band 垫带
protecting bush 护套
protecting coating 防腐层
protecting device 防护设备
protecting group 保护基
protecting PSAT 保护压敏胶粘带
protection against overpressure 超压防护
protection of functional group 官能团的保护
protection parameter 保护参数
protection potential 保护电位
protective agent (1)防护剂;保护剂(2)防老(化)剂
protective agent 防老剂
protective and decorative plating coatings 防护-装饰性镀层
protective antigen 保护性抗原
protective barrier 防护栏杆
protective camouflage coatings 保护迷彩涂料
protective coating 保护涂层;防护涂料
protective coating(s) for the radiation 防辐射线涂料
protective colloid 保护胶体
protective cover 防护罩
protective decorative electrochrom plating 防护-装饰性电镀铬
protective device 防护装置
protective earthing 保护接地
protective effect 保护效应
protective film 保护膜
protective fungicide 保护性杀菌剂
protective gas 保护气体
protective groove 防护槽
protective group 保护基
protective hand cream 护手膏
protective measures 保护措施
protective paper 防护纸
protective plating coatings 防护性镀层
protective pocket 保护套
protein 蛋白质
protein adhesive 蛋白质胶
protein anabolic hormone 蛋白同化激素
proteinase 蛋白(水解)酶
proteinase inhibitor 蛋白酶抑制药
proteinate 蛋白盐
protein binder 蛋白成膜剂
protein biosynthesis 蛋白质生物合成
protein-bound iodine 蛋白结合碘
protein-caloric ratio 蛋白能量比
protein(chiral)columns 蛋白质(手 性)柱
protein crystallography 蛋白晶体学
protein emulsifier 蛋白质乳化剂
protein engineering 蛋白质工程
protein error 蛋白质误差
protein fiber 蛋白质纤维
protein folding 蛋白质折叠
protein fractionation 蛋白质分级
protein hydrolysate 水解蛋白

protein kinase 蛋白激酶
protein nitrogen 蛋白质氮
proteinoid 类蛋白质
protein plastic(s) 蛋白质塑料
protein silver 蛋白银
protein type surfactant 蛋白质类表面活性剂
protein-tyrosine-phosphatase 蛋白酪氨酸磷酸酯酶
proteinuria 蛋白尿
protelytic (分)解蛋白的
proteoglycan 蛋白聚糖;(含)蛋白多糖
proteolipid 蛋白脂质
proteoliposome 脂蛋白体
proteolysis 蛋白水解(作用)
proteolytic (分)解蛋白的
proteolytic enzyme 蛋白(水解)酶
proteome 蛋白质组
proteose 脲
proteosome(s) 蛋白酶体
protheobromine 丙可可碱
prothiophos 丙硫磷
prothipendyl 丙硫喷地;氮丙嗪;丙胺氮嗪
prothoracicotropic hormone 促前胸腺激素
prothrombin 凝血酶原;凝血因子Ⅱ
prothrombinase 凝血酶原酶;促凝血球蛋白;凝血因子Ⅴa
prothrombin complex concentrate 凝血酶原复合物
prothromboplastin 促凝血酶原激酶原
protic solvent 质子溶剂
protide 蛋白质族化合物
protiofate 丙噻酯
protionamide 丙硫异烟胺
protium 氕
protizinic acid 吩噻嗪丙酸;丙替嗪酸
protoanemonin 原白头翁素;原白头翁脑
protobiochemistry 原始生物化学
protobromide 溴化亚(某);低溴化物
protocalcium 原钙;初钙
protocatechualdehyde 原儿茶醛
protocatechuic acid 原儿茶酸;3,4-二羟苯甲酸
protocatechuyl 原儿茶基;3,4-二羟苄基
protocetraric acid 原冰岛衣酸;梅木地衣酸
protochloride 氯化亚(某);低氯化物
protocollagen 本胶原(蛋白)
protocotoin 原可土树皮素;原可土因
protoferriheme 高铁血红素
protofibril 原纤维
protofluorine 原氟;初氟
protogen 硫辛酸
protogenic solvent 给质子溶剂
protohematin 正铁血红素
protoheme(=heme) 正铁血红素
protohydrogen 原氢;初氢
protokosin 原苦苏素
protokylol 普罗托醇;胡椒喘定
protolichesterinic acid 原苔甾酸
protolysis 质子传递作用;质子迁移(作用)
protolysis reaction 质子迁移反应
protolyte 质子传递物
protolytic reaction 质子迁移反应
protolytic solvent 质子溶剂
protomer 原聚体;原体
proton 质子
proton-acceptor solvent 质子受体溶剂;受质子溶剂
proton activation analysis(PAA) 质子活化分析
proton affinity 质子亲和力
protonated double bond 质子化了的双键
protonated ligand 质子化配位体
protonation 质子化
protonation constant 质子化常数
proton balance 质子平衡
proton condition 质子条件
proton conductor 氢离子导体
proton donor 质子给(予)体
proton-donor solute 给质子溶质
proton donor solvent 质子给体溶剂
protones 水解鱼精蛋白
proton-exchange reaction 质子交换反应
proton excited X-ray spectrometry 质子激发X射线光谱法
proton hydrate 水合质子;水化质子
proton induced X-ray emission analysis 质子激发X射线发射分析
protonium ion 氢鎓离子
proton magnetic resonance 质子核磁共振
proton motive force 质子动势
proton noise decoupling 质子噪声去偶
protonolysis 质子分解
proton-proton chain 质子-质子链
proton pump 质子泵
proton transfer 质子传递
protoparaffin 原石蜡

protopectin 原果胶
protopectinase 原果胶酶
protopetroleum 原生石油;初级石油
protophile 亲质子物
protophilic solvent 亲质子溶剂
protophobic solvent 疏质子溶剂
protopine 前阿片碱;原阿片碱;普托品
protoplasma 原生质
protoplast 原生质体
protoplast fusion 原生质体融合
protoporphyrin 原卟啉
protoproteose 原𫞩;水溶性初𫞩
protorifamycin 原利福霉素
protosalt 低价金属盐
protostephanine 原千金藤碱
protosulfate 低硫酸盐;含硫酸基最少的硫酸盐(类同低卤化物,不能叫作原硫酸盐 ortho-sulfate)
prototroph 原养株
prototrophic revertant 原养型回复突变株
prototropic change 质子移变
prototropic rearrangement 质子转移重排
prototropic tautomerism 质子移变互变异构现象
prototropism 质子移变作用
prototropy 质子转移
prototype 原型;主型
prototype experiment 原型试验
prototype reactor 模式反应堆
prototype unit 原型装置
prototype variable 原型变量
protoveratrine 原藜芦碱
protoverine 原渥灵胺
protoxide 氧化亚某;低氧化物
protozoa 原生动物
protozoon 原生动物
protracted test 疲劳试验
protriptyline 普罗替林;丙氨环庚烯
protruded packing 多孔填料;冲压填料
prourokinase 尿激酶(酶)原
Proust's law 普鲁斯特定律
provamycin(=spiramycin) 螺旋霉素
proventil 沙丁胺醇
proving room 发酵室
provitamin A 维生素 A 原;胡萝卜素
proxazole 普罗沙唑;胺丙噁二唑
proxibarbal 丙羟巴比;烯丙羟丙巴比妥
proximate analysis 近似分析
proximity printing 接近式光刻
proxyphylline 丙羟茶碱
prozane 三氮烷
prozapine 普罗扎平;二苯丙氢氮䓬
PRPP(phosphoribosylpyrophosphate) 磷酸核糖焦磷酸
prunetin 樱黄素
prunol(=ursolic acid) 乌索酸
Prussian blue 普鲁士蓝
prussiate 氰化物
prussic acid 氢氰酸
prussine 氰
PS (1)(phosphatidylserine)磷脂酰丝氨酸(2)(polystyrene)聚苯乙烯
PSA(phthalylsulfacetamide) 酞磺醋胺;酞磺胺醋酰
PSAT(pressure sensitive adhesive tape) 压敏胶黏带
pseudacetic acid 丙酸
pseudo-acid 假酸
pseudoaconitine 假乌头碱
pseudoadsorption 假吸附(作用)
pseudoalloy 假合金
pseudoallyl(=isopropenyl) 异丙烯基
pseudoasymmetric carbon 假不对称碳
pseudo-asymmetric center 准不对称中心
pseudoasymmetry 假不对称
pseudoatom 假原子
pseudoazimide 茚并二唑
pseudobaptigenin 假靛黄素;野靛黄素
pseudobase 假碱
pseudobrookite 铁板钛矿
pseudobutylene 2-丁烯
pseudocatalysis 假催化(作用)
pseudo cationic living polymerization 假正离子活(性)聚合;假阳离子活(性)聚合
pseudo cationic polymerization 假正离子聚合;假阳离子聚合
pseudo-cell 准晶胞
pseudocellulose 半纤维素
pseudochirality 假手性
pseudococaine 假可卡因;右旋可卡因
pseudocodeine 假可待因
pseudo component 虚拟组分
pseudoconhydrine 假羟基毒芹碱
pseudo critical constant 假临界常数
pseudocrystal 假晶
pseudocrystalline state 假晶态
pseudocumene(=1,2,4-trimethylbenzene) 假枯烯;1,2,4-三甲基苯
pseudocumidine 假枯胺;2,4,5-三甲基苯胺
pseudocumidino-(=2,4,5-trimethylanili-

no-) 假枯胺基;2,4,5-三甲苯氨基
pseudocumyl 2,3,5-三甲基苯基
pseudoelasticity 伪弹性
pseudo-emulsion 假乳状液(极不稳定的乳状液)
pseudo ester 拟酯
pseudo-feedback inhibition 拟反馈抑制
pseudo first order reaction 准一级反应
pseudogene 假基因
pseudoglobulin 假球蛋白;拟球蛋白
pseudogum 假胶;潜胶(指油品)
pseudohalide 拟卤化物
pseudohalogen 拟卤素;假卤素
pseudohecogenin 假核柯配基
pseudohemoglobin 假血红蛋白
pseudo-homogeneous model 拟均相模型
pseudohyoscyamine 降天仙子胺
pseudoindolyl 假吲哚基;异氮杂茚基(有7种异构体)
pseudoionone 假紫罗酮
pseudo-isomer 假异构物
pseudoisomerism 假(同分)异构
pseudoisotope 假同位素
pseudojervine 假杰尔碱;拟藜芦碱
pseudokeratin 假角蛋白
pseudo-level 拟水平
pseudo-matrix isolation(PMI) 伪矩阵隔离
pseudomer 假异构体
pseudomerism 假(同分)异构(现象)
Pseudomonas 假单胞菌属
pseudomonic acid 假单胞菌酸
pseudomonomer 假单体
pseudomorphine 假吗啡
pseudonitrol 假硝醇
pseudo-order of reaction 假反应级数
pseudo parameter 虚拟参数
pseudopederin 假佩德林
pseudopelletierine 假石榴碱
pseudo-periodicity 准周期性
pseudoplastic 假塑性
pseudoplastic fluid 假塑性流体
pseudo-plasticity 假塑性
pseudo potential 赝势
pseudo-pure solvent 虚拟纯溶剂
pseudoracemic mixture 假外消旋混合物
pseudoregular precession 赝规则旋进
pseudo-resistance polarization 假欧姆电阻极化
pseudorotation 假旋转
pseudo-salt 假盐
pseudo-selectivity 准选择性
pseudosolution 假溶液;胶体溶液
pseudo-symmetry 准对称性
pseudotautomerism 假互变异构
pseudo termination 假终止
pseudotitration 假滴定
pseudotropine 假托品
pseudo-two-fluid theory 虚拟双流体理论
pseudo-unimolecular reaction 准单分子反应;假单分子反应
pseudo-urea 假脲(即:异脲)
pseudo-uric acid 假尿酸
pseudouridine 假尿苷
pseudouridylic acid 假尿苷酸
pseudo variable 虚拟变量
pseudo-viscosity 假黏度
pseudowax 假石蜡
pseudoyohimbine 假育亨宾
PSF (1)(polysulfonamide fiber)聚砜酰胺纤维(2)(polysulfone) 聚砜
psicofuranine 狭霉素C;阿洛酮糖腺苷
psicose(=allulose) 阿洛酮糖
D-psicose D-阿洛酮糖
psilocin 二甲-4-羟色胺
psilocybin 赛洛西宾;二甲-4-羟色胺磷酸酯
psilomelane 硬锰矿
PS-K 云芝多糖K
psophometer 噪声测量仪
psoralen 补骨脂内酯;补骨脂素
psoralidin 补骨脂次素
psoraline 咖啡因
psoromic acid 茶痂衣酸
PSP[poly(styryl pyridine) resin] 聚苯乙烯基吡啶树脂
PS(presensitized) **plate** PS版
PST(phthalylsulfathiazole) 酞磺胺噻唑
PSU(polysulfone) 聚砜
P substance P物质
psychosine 鞘氨醇半乳糖苷
psychostimulant 精神振奋药
psychotrine 九节碱;吐根微碱
psychrometer 干湿球湿度计
psychrometric chart 湿度图
psychrometry 湿度测定法
psychrophile 低温菌;嗜冷菌
psylla alcohol 叶虱醇;三十三(烷)醇
psyllaic acid 叶虱酸
psylla wax 叶虱蜡

psyllic acid 叶虱酸;三十三(烷)酸
psyllic alcohol 叶虱醇
psyllostearyl benzoate 苯甲酸叶虱醇酯
psyllostearylic acid(=psyllic acid) 叶虱酸;三十三(烷)酸
PTAC(polytriallyl isocyanurate) 聚三聚氰酸三烯丙酯
PTAIC(polytriallyl isocyanurate) 聚三聚异氰酸三烯丙酯
PTC (phase-transfer catalyst) 相转移催化剂
pteridine 蝶啶
pteridyl 蝶啶基
pterin 蝶呤
pterocarpin 紫檀素
pteroic acid 蝶酸
pteropterin 蝶罗呤;蝶酰二-γ-谷氨酰谷氨酸
pterostilbene 蝶芪
pteroyl 蝶酰
pteroylglutamic acid(=folic acid) 蝶酰谷氨酸;叶酸;维生素 Bc
pteroylhexaglutamylglutamic acid 蝶酰七谷氨酸;蝶酰六谷氨酰谷氨酸
pteroyltriglutamic acid 蝶酰三谷氨酸
PTFE(polytetrafluoroethylene) 聚四氟乙烯
PTH(parathyroid hormone) 甲状旁腺激素
PTMT (polytetramethylene terephthalate) 聚对苯二甲酸丁二醇酯
ptomaine 尸碱
PTP (polyterephthalate) 聚对苯二甲酸酯
PTPase 蛋白酪氨酸磷酸酯酶
PTT(polytrimethylene terephthalate) 聚对苯二甲酸丙二酯
ptyalase 唾液淀粉酶
ptyalin(=ptyalase) 唾液淀粉酶
P-type oxides P 型氧化物
p-type semiconductor p 型半导体
PU(polyurethane) 聚氨基甲酸酯;聚氨酯
puberuic acid 软毛青霉酸
puberulonlic acid 软毛青霉二酸酐
public hazard 公害
public nuisance 公害
pucherite 钒铋矿
puckered ring 折叠环
puffer fish poison 河豚毒素
puffer toxin 河豚毒
puffing drying 膨化干燥
pukateine 蒲卡特因
pulcherriminic acid 美好菌素酸
pulegene 蒲勒烯
pulegenone 蒲勒烯酮
pulegol 长叶薄荷醇
pulegone 长叶薄荷酮
pulenene 普楞烯
pulforming (增强塑料)拉引成型
pull buoy 夹水器
pull coating 抽涂
puller 拔出器;拔具;拆卸器
pulley block 滑轮组
pulley cover 皮带罩
pulling device 牵引装置[绞车]
pulling method 提拉法;捷克拉斯基法
pull rod 拉杆
pull switch 拉线开关
pullulanase 支链淀粉酶
pull-up leather 变色革
pulp (1)纸浆 (2)浆状物
pulp and paper waste treatment 造纸废物处理
pulp bleaching agent(s) 制浆漂白剂
pulp cooking 纸浆蒸煮
pulper 碎浆机
pulping 制浆
pulping engine 碎浆机
pulp kneader 碎浆机
pulp press 甜菜废丝压榨器
pulp pump 纸浆泵
pulsatilla 白头翁花
pulsating current 脉动电流
pulsating fluidized bed 脉动流化床
pulsating load 脉动载荷
pulsation 脉动
pulsation damper 脉冲消除装置;脉动阻尼器
pulsation point 脉动[喘振]点
pulse 脉冲
pulse angle 脉冲角
pulse arc welding 脉冲电弧焊
pulse column 脉动[冲]塔
pulse current 脉冲电流
pulsed arc 脉冲电弧
pulsed argon arc welding 脉冲氩弧焊
pulsed column 脉动[冲]塔
pulsed current 脉冲电流
pulse delay 脉冲延迟
pulsed expansion joint 脉冲胀接

pulsed extraction 脉冲萃取
pulsed extraction column 脉冲萃取塔；脉动式萃取塔
pulsed extractor 脉冲萃取器
pulsed-field gel electrophoresis 脉冲凝胶电泳
pulsed filter 脉动过滤器
pulsed Fourier transform NMR spectrometer 脉冲傅里叶变换核磁共振（波谱）仪
pulsed GTA welding 脉冲钨极气体保护焊
pulsed laser 脉冲激光器
pulsed laser deposition 脉冲激光沉积
pulsed metal argon-arc-welding 熔化极脉冲氩弧焊
pulsed packed tower 脉冲填料塔
pulsed plasma arc welding 脉冲等离子弧焊
pulsed pneumatic dryer 脉冲（式）气流干燥器
pulsed reactor 脉冲反应堆
pulsed sieve plate column 脉冲筛板塔
pulsed spot welding 脉冲点焊
pulsed spray transfer 脉冲喷射过渡
pulsed tungsten argon arc welding 钨极脉冲氩弧焊
pulse extraction column 脉冲萃取塔；脉动抽提柱[塔]
pulse-free pump 无脉冲泵
pulse interval 脉冲间隔
pulse irradiation 脉冲辐照
pulse plating 脉冲电镀
pulse polarography 脉冲极谱法
pulser 脉冲发生器
pulse radiolysis 脉冲辐（射分）解作用
pulse response 脉冲响应
pulse sequence 脉冲序列
pulse spectrometry 脉冲能谱学
pulse width 脉冲宽度
pultrusion （增强塑料）挤拉成型
pulverization 粉碎；粉化；雾化
pulverized sulfur 粉末硫黄
pulverizer （1）粉磨机（2）喷雾器（3）磨煤机
pulvic acid 普耳文酸；枕酸
pulvilloric acid 粉青霉酸
pulvinic acid 普耳文酸；枕酸
pulvis 散剂
pumice 浮石
pumice soap 浮石皂
pump 泵
pumpability 可泵抽性
pumpability test 泵抽试验
pumpage 泵的抽送量；抽运能力
pumpback 回抽
pump barrel 泵筒[壳]
pump body 泵体；泵壳
pump bypass 泵的旁通路；泵的回路
pump casing cover 泵体盖
pump cavitation 泵的汽蚀
pump circulation 泵循环（润滑）
pump control valve 泵控制[调节]阀
pump cooling 泵冷却；强制冷却
pump cylinder 泵缸
pump delivery 泵的排量
pump displacement 泵排量
pump drive assembly 泵传动装置
pump duty 泵的排量；泵输送量
pumped medium 输送介质
pumped-storage power plant 抽水蓄能电站
pump efficiency 泵效率
pump gear 泵齿轮
pump half 泵侧
pump head 泵（的）压头
pump house 泵站；泵房
pump impeller 泵轮
pumping 抽运
pumping agent 泵送剂
pumping aid 泵送剂
pumping capacity number 排出流量数
pumping groove 泵送槽
pumping limit 喘振限
pumping line 泵送管
pumping point 喘振点；泵出点；唧动点；抽动点
pumping process 抽运过程
pumping rod 泵杆
pumping unit 水泵机组
pump inlet check valve 泵进口止回阀
pump inlet head 泵的进口水头
pump inlet strainer 泵入口过滤器
pump inlet valve 泵吸入阀
pump in series 泵串联
pumpkin seed 南瓜子
pump lift 泵（的）扬程
pump mechanical seal 泵用机械密封
pump-operated sprayer 液力喷雾机
pump outlet valve 泵（排）放出阀
pump out valve 抽空阀
pump performance 泵性能

pump pressure regulator 泵压调节器
pump rod 泵杆
pump rotor 泵转子
pump screen[strainer] 泵(过)滤网
pump shaft 泵轴
pumps in series 串联泵
pump station 泵站
pump strainer 泵粗滤器
pump stroke 泵冲[行]程
pump suction head 泵吸收压头
pump up 泵送
pump valve 泵阀
pump volute 泵蜗壳
punch card paper 打孔卡片纸
punch die 冲模
puncher 穿孔机
puncher pin 冲头
punch forming 冲压成型
punching 冲孔
punching machine 冲压机
punching press 冲切机
punch mark 冲(孔)标记
punch press 冲床;冲压机
punch semi-circular column packing 穿孔半圆柱填料
puncture voltage 击穿电压
punicic acid 石榴油酸;十八碳三烯酸
pupal acid 蛹酸
pupal fat 蛹油;蛹脂
pupation hormone 化蛹激素
PUR(＝PU) 聚氨基甲酸酯;聚氨酯
purchase contract 购货合同
purchased parts 购置的零件
purchase order (PO) 定货单
pure alkyd resin 纯粹醇酸树脂
pure chemistry 纯化学
pure culture (method) 纯粹培养法
pure element 纯元素
pure glyptal resin 纯粹醇酸树脂
pure gumstock 纯胶胶料
purely imaginary time 纯虚时间
purely mechanical material 纯力学物质
pure reagent 纯试剂
pure shear 纯剪切
pure state 纯态
pure stress 单向应力
pure water cooling unit 纯水冷却器
pure water permeability constant 纯水渗透性常数
PUREX process 普雷克斯流程
purfication tower 提纯塔
purge 清除
purge chamber 清洗室
purge gas from ammonia synthesis loop 氨合成弛放气
purge gas recovery 释放气[净化气]回收
purge liquid stripping 解吸液汽提
purge oil 冲洗油
purge tank 清洗室[槽,罐]
purge valve 放(空)气阀;清洗阀
purging nut oil 麻风子油
purification 提纯
purification agent 油田水净化剂
purification of gas 气体净化
purification plant 净化装置
purification pool 净化池
purification tower 净化塔
purification treatment 净化处理
purified gas 净化气
purified liquor outlet 清液出口
purified natural rubber 纯化天然橡胶
purified water 净化水
purifier 净化器;净化设备;清洗器;提纯器
purify(ing) 提纯
purifying column 净化塔
purine 嘌呤
purine nucleoside 嘌呤核苷
purine nucleoside phosphorylase 嘌呤核苷磷酸化酶
purine oxidase 嘌呤氧化酶
purine ring 嘌呤环
6-purinethiol 巯基嘌呤;6-巯基嘌呤
purinethol 巯基嘌呤;6-巯基嘌呤
purine trione 尿酸
purinone 6-羟基嘌呤
purity 纯度
puromycin 嘌罗霉素;嘌呤霉素
purothionin 嘌呤硫素
purple salt 高锰酸钾
purpureo-cobaltichloride 二氯化一氯五氨合钴;红紫氯钴盐
purpuric acid 红紫酸
purpurin 红紫素;1,2,4-三羟基蒽醌;羟基茜草素
purpurogallin 红棓酚
purpuroxanthene 1,3-二羟基蒽醌
purpuroxanthic acid 红紫黄原酸
purreic acid (1)印度黄酸(2)优黄酸
purrone 优咕吨酮
Pusey-Jones indentation hardness 赵氏

硬度
push-back pin 复位杆
push-bar conveyor 刮板(式)运输机
push bat kiln 推板窑
push button 控制按钮
push-button switch 按钮开关
pusher 推料机
pusher machine 推焦车
pusher plate 推料板
pusher shaft 推料轴
push fit 推入配合
push-out 顶出
push pin 推针;推销
push process 强化加工
push-pull effect 推拉效应
push-pull mechanism 推挽机理
push-type centrifuge 推送式离心机
push-type scraper 推土机
push welding 手压点焊
put a glass on 擦亮
put into operation 投入运转
put into overhaul 交付检修
put into service 交付使用
put out 关;停止
putrefaction 腐败作用
putrefaction of paints 涂料的腐败
putrescine 腐胺;1,4-丁二胺
putting out 平展
putting-out machine 平展机
putty 油灰;腻子
put up 搭架
PVA (1)(polyvinyl acetate)聚乙酸乙烯酯(2)(polyvinyl alcohol)聚乙烯醇
PVAC(polyvinyl acetate) 聚乙酸乙烯酯
PVAL(polyvinyl alcohol) 聚乙烯醇
PVB(polyvinyl butyral) 聚乙烯醇缩丁醛
PVCAc (polyvinyl chloride acetate) 氯乙烯-乙酸乙烯酯共聚物
PVC-G 通用聚氯乙烯
PVC ionic polymer 聚氯乙烯离子聚合物
PVC membrane electrode PVC膜电极
PVC-P 糊用聚氯乙烯树脂
PVC-polyblend 聚氯乙烯共混料
PVC (polyvinyl chloride) 聚氯乙烯
PVC-S (suspension PVC resin) 悬浮法聚氯乙烯树脂
PVDC (polyvinylidene chloride) 聚偏(二)氯乙烯
PVDF (polyvinylidene flouride) 聚偏(二)氟乙烯
PVD (1)(physical vapour deposition)物理气相沉积(2)(polyvinyl dichloride)聚偏(二)氯乙烯
PVEE(polyvinyl ethyl ether) 聚乙基乙烯醚
PVF (polyvinyl fluoride) 聚氟乙烯
PVFM[poly(vinyl formal)] 聚乙烯醇缩甲醛
PVFO[poly(vinyl formal)] 聚乙烯醇缩甲醛
PVIE(polyvinyl isobutyl ether) 聚异丁基乙烯醚
PVM (polyvinyl methyl ether) 聚乙烯基甲醚
PVME(polyvinyl methyl ether) 聚甲基乙烯醚
PVOH(polyvinyl alcohol) 聚乙烯醇
PVP (polyvinyl pyrrolidone) 聚乙烯基吡咯烷酮
PVP plasma substitute PVP代血浆
PVPy [poly-1-vinylpyrene] 聚-1-乙烯基芘
pycnometer 比重瓶
pymetrozine 吡甲嗪;拒嗪酮
pyocyanase 绿脓菌酶
pyocyanic acid 绿脓菌酸
pyocyanine 绿脓菌素
pyolipic acid 绿脓脂酸
pyoluene 脓硫烯
pyosin 脓胞素
pyostacin(=pristinomycin) 原始霉素
pyoxanthin 脓黄质
pyracarbolid 比锈灵
pyracetic acid 焦木酸
pyraconitine 焦乌头碱
pyracrimycin 吡丙烯霉素
pyraloxime iodide (碘)解磷定
pyramidon 氨基比林
pyramine 2-甲-4-氨-5-羟甲基嘧啶
pyran 吡喃
pyranofructose 吡喃果糖
pyranoglucose 吡喃葡糖
pyranohexose 吡喃己糖
pyranometer 日辐射强度计;总日射表
pyranone(=pyrone) 吡喃酮
pyranopentose 吡喃戊糖
pyranose 吡喃糖
pyranoside 吡喃糖苷
pyrantel 噻(吩)嘧啶
pyranthrene 皮蒽

pyrantin 吡喃亭
pyranyl 吡喃基
pyrathiazine 吡乙吩噻嗪
pyrauxite 叶蜡石
pyrazinamide 吡嗪酰胺
pyrazine 吡嗪
2,3-pyrazinedicarboxylic acid 2,3-吡嗪二酸
pyrazinoic acid 吡嗪酸
pyrazinyl 吡嗪基
***β*-pyrazol-1-alanine** *β*-吡唑丙氨酸
pyrazole 吡唑
pyrazolidine 吡唑烷
pyrazolidinyl 吡唑烷基
pyrazolidone 吡唑烷酮
pyrazolidyl(=pyrazolidinyl) 吡唑烷基
pyrazoline 吡唑啉;二氢化吡唑
2-pyrazoline 2-吡唑啉
pyrazolinium 二氢化吡唑鎓
pyrazolinyl 吡唑啉基
pyrazolone 吡唑啉酮
pyrazolone dye(s) 吡唑啉酮染料
pyrazolyl 吡唑基
pyrazomycin 吡唑霉素
pyrazophos 定菌磷
pyrazosulfuron-ethyl 吡嘧黄隆
pyrazotol yellow 吡唑酚黄
pyrene 芘
pyrenoid 淀粉核;形成淀粉的母细胞
pyrenol 芘醇(百里酚等的混合物)
pyrenyl 芘基
pyrethrin 除虫菊酯
pyrethrone 除虫菊酮
pyrethrosin 除虫菊精;除虫菊内酯
pyrethrum flowers 除虫菊花
pyretol 除虫菊醇
pyridaphenthion 哒嗪硫磷
pyridate 达草止
pyridazine 哒嗪
pyridazinone 哒嗪酮
pyridazinyl 哒嗪基
pyridindole 吡啶哚;吡啶并氮茚
pyridine 吡啶
3-pyridineacetic acid 3-吡啶乙酸
pyridine acid 吡啶酸
pyridine-2-aldoxime methyl iodide (碘)解磷定
pyridine bases 吡啶碱类
pyridine butadiene rubber 丁吡橡胶
pyridinecarboxylic acid 吡啶羧酸
pyridinedicarboxylic acid 吡啶二羧酸
pyridine dihydrochloride 二盐酸吡啶
pyridinedisulfonic acid 吡啶二磺酸
pyridinemonocarboxylic acid 吡啶一羧酸
pyridinemonosulfonic acid 吡啶一磺酸
pyridine nitrate 硝酸吡啶
pyridine nucleotide 吡啶核苷酸
pyridine-1-oxide 1-氧吡啶
pyridine sulfate 硫酸吡啶
pyridinium 吡啶鎓
pyridinium bromide perbromide 过溴溴化吡啶鎓
pyridinium molybdophosphate(PMP) 钼磷酸吡啶鎓
pyridinium tungostophosphate(PWP) 钨磷酸吡啶鎓
pyridinium tungostosilicate(PWSi) 钨硅酸吡啶鎓
pyridino- 吡啶并
pyridinol carbamate 吡醇氨酯;血脉宁;安吉宁
pyrido- 吡啶并
pyridocarbazole 吡啶并咔唑
pyridofylline 吡哆茶碱;吡哆醇茶碱乙硫酸盐
pyridol 吡啶酚
pyridomycin 吡啶霉素
pyridone 吡啶酮;羟基吡啶
pyridopyridine 吡啶并吡啶
pyridoquinoline 吡啶并喹啉
pyridostigmine 3-二甲氨基甲酰氧基-1-甲基吡啶
pyridostigmine bromide 溴吡斯的明;溴化吡啶斯的明
pyridotropolone 吡啶并革酚酮
pyridoxal 吡哆醛
pyridoxal phosphate 磷酸吡哆醛
pyridoxal 5-phosphate 5-磷酸吡哆醛
pyridoxamine 吡哆胺
pyridoxamine dihydrochloride 吡哆胺二盐酸盐
pyridoxic acid 吡哆酸
4-pyridoxic acid 4-吡哆酸
pyridoxine 吡哆辛
pyridoxine hydrochloride 盐酸吡哆辛;维生素 B_6
pyridoxol 吡哆醇
pyridyl 吡啶基
pyridylacetic acid(HPAC) 吡啶乙酸
1-(2-pyridylazo)-2-naphthol 1-(2-吡啶基

偶氮)-2-萘酚
4-(2-pyridylazo)resorcinol 4-(2-吡啶基偶氮)间苯二酚
pyridylidene 吡啶亚基
β-pyridyl-α-N-methylpyrrolidine 烟碱
pyrifenox 啶斑肟
pyrilamine 美吡拉敏;甲氧苄二胺
pyrimethamine 乙胺嘧啶
pyrimidine 嘧啶
pyrimidine dimer 嘧啶二聚体
pyrimidine nucleosidase 嘧啶核苷酶
pyrimidine nucleoside 嘧啶核苷
pyrimidine tetrone 嘧啶四酮
pyrimidine trione 嘧啶三酮
pyrimidinyl 嘧啶基
pyrimido- 嘧啶并
pyrimido[4,5-b]quinoline 嘧啶并[4,5-b]喹啉
pyrimido-isoquinoline 嘧啶并异喹啉
pyrimidone 嘧啶酮
pyrimidyl (=pyrimidinyl) 嘧啶基;间二氮苯基
pyriminil 吡甲硝苯脲
pyrimithate 嘧啶磷
pyrindine (1)4-氮茚(2)(有时指)5-氮茚
pyrindol 吡咯并[1,2-α]吡啶
pyrindoxylic acid 4-氮茚酸
pyrinoline 吡诺林
pyriproxyfen 蚊蝇醚
pyrisuccideanol 吡琥胺酯;琥珀酸吡多醇酯二甲氨乙酯
pyrite 黄铁矿
pyrite roaster 黄铁矿焙烧炉
pyrithiamine 吡啶(代噻唑)磺胺;抗硫胺
pyrithiobac 嘧硫苯甲酸
pyrithione 吡硫翁;1-氧-2-巯基吡啶
pyrithyldione 吡乙二酮;吡啶乙二酮
pyritinol 吡硫醇;双硫吡哆醇;脑复新
pyroabietic acid 焦松香酸
pyroacetic acid 焦木酸
pyro-acid 焦酸(在无机酸中指一水缩二某酸)
pyro alcohol 甲醇
pyroantimonic acid 焦锑酸
pyroantimonous acid 焦亚锑酸
pyroarsenic acid 焦砷酸
pyroarsenous acid 焦亚砷酸
pyrobenzene 热解苯
pyrobitumen 焦沥青
pyroboric acid 焦硼酸;四硼酸
pyrocalciferol 9α-光甾醇
pyrocarbonic acid diethyl ester 二碳酸二乙酯
pyrocatechase 邻苯二酚酶
pyrocatechol 焦儿茶酚;邻苯二酚
pyrocatechol violet 邻苯二酚紫
pyrocatechu aldehyde 焦儿茶醛
pyrocatechuic acid (焦)儿茶酸;2,3-二羟(基)苯甲酸
pyroceram 微晶玻璃
pyrochemistry 高温化学
pyrochlore 烧绿石
pyrochlorite 烧绿石
pyrochroite 羟锰矿
pyrocinchonic acid 焦辛可酸;二甲代丁烯二酸
pyrocoll 焦咯;二羰化二吡咯
pyrocondensation 高温缩合;热缩(作用)
pyrodextrin 焦糊精
pyrodin 乙酰苯肼
pyroelectric 热电的
pyroelectric ceramics 热释电陶瓷
pyroelectric effect 热电效应
pyroelectricity 热电(学);热电现象
pyroelectric phenomena 热释电现象
pyrogallic acid 焦棓酸
pyrogallol 焦棓酚;1,2,3-苯三酚
pyrogallol triacetate 焦棓酚三乙酸酯
pyrogallol trimethyl ether 焦棓酚三甲醚
pyrogallophthalein(=gallein;gallin) 焦棓酚酞;棓因;棓灵
pyrogas 裂解气
pyrogasoline 热解汽油
pyrogen 热源
pyrogenic 高温引起的;热解的
pyrogenic decomposition 热分解
pyrogenic distillation 高温蒸馏;干馏
pyrogenic reaction (1)焦化反应(2)生热反应
pyrogenic rock 火成岩
pyrogenic silica 热解硅石
pyrogenous 干馏的;高温蒸馏的
pyrogens 焦精
pyroglu 焦谷氨酸
DL-pyroglutamic acid DL-焦谷氨酸
pyroglutamic acid 焦谷氨酸
pyrogram 裂解色谱图;热解图
pyrography 热解色谱法
pyroheliometer 太阳热量计
pyrolan 吡唑威;吡唑兰

pyroligneous acid 焦木酸;木乙酸
pyrology 热工学
pyrolusite 软锰矿
pyrolysis 热解;裂解
pyrolysis drum 裂解转筒
pyrolysis extraction technology 裂解萃取工艺
pyrolysis gas 裂解气
pyrolysis gas chromatography 裂解气相色谱法;热解气相色谱法
pyrolysis gas oil 裂解柴油
pyrolysis gasoline 裂解汽油
pyrolysis in tubular furnace 管式炉裂解
pyrolysis of refuse 垃圾的热解
pyrolysis of waste 废物热解
pyrolysis reactor 热解反应器
pyrolysis tube furnace 裂解管式炉
pyrolythic acid 三聚氰酸
pyrolytic (高温)热解的;裂解的
pyrolytic carbon 热解炭
pyrolytic cracking 热裂(作用);高温裂化
pyrolytic degradation 热降解
pyrolytic elimination 热解消除
pyrolytic gas chromatography 裂解气相色谱分析
pyrolytic polymer 热解聚合物;热聚物
pyrolytic reaction 热解反应
pyrolytic spectrum 热解光谱
pyrolyzate 干馏物
pyrolyzed substance 热解物
pyrolyzer 热解器;裂解炉
pyrolyzing apparatus 热解器
pyromeconic acid(=β-hydroxypyrone) 焦袂康酸;3-羟基-γ-吡喃酮
pyromellitate 均苯四酸盐(或酯)
pyromellitic acid 均苯四酸;1,2,4,5-苯四(甲)酸
pyromellitic acid dianhydride 均苯四酸二酐
pyromellitic dianhydride(PMDA) 均苯四甲酸二酐
pyromellitic diimide 1,2,4,5-苯四甲酰二亚胺;均苯四酸二酰亚胺
pyrometallurgy 火法冶金
pyrometamorphism 高温变质
pyrometer 高温计
pyrometric cone (示温)熔锥
pyromucic acid 焦黏酸;2-呋喃羧酸;糠酸
pyromucic amide 焦黏酰胺
pyromucic nitrile 焦黏腈
pyromucyl 焦黏酰
pyromucylchloride 焦黏酰氯
pyromusic acid 焦黏酸
pyronaphtha 热解石脑油
pyrone 吡喃酮
pyronine B 焦宁 B
pyronine Y 焦宁 Y
pyronone α,γ-吡喃酮
pyroparaffin 热解石蜡
pyrophanite 红钛锰矿
pyrophoric alloy 引火合金
pyrophoric gas 自燃气体
pyrophosphatase 焦磷酸酶
pyrophosphate 焦磷酸盐(或酯)
pyrophosphate method of electroplating 焦磷酸盐电镀
pyrophosphite 焦亚磷酸盐(或酯)
pyrophosphodiamic acid 二氨基焦磷酸
pyrophosphoric acid 焦磷酸
pyrophosphorolysis 焦磷酸解作用
pyrophosphorous acid 焦亚磷酸
pyrophosphoryl 焦磷酰
pyrophosphorylase 焦磷酸化酶
pyrophyllite 叶蜡石
pyrophyllite fire brick 蜡石砖
pyroplasticity 高温塑性
pyroracemamide 丙酮酰胺
pyroracemic acid 丙酮酸
pyroracemic aldehyde 丙酮醛
pyrosine 赤藓红
pyrosol 高温溶胶;熔溶胶
pyrostat 高温恒温器
pyrosulfate 焦硫酸盐
pyrosulfuric acid 焦硫酸
pyrosulfurous acid 焦亚硫酸;一缩二亚硫酸
pyrosulfuryl 焦硫酰
pyrosulfuryl chloride 焦硫酰氯
pyrotartaric acid 焦酒石酸;甲基丁二酸
pyrotechnic composition 烟火药
pyrotechnic composition for signaling 信号剂
pyrotol process 加氢脱烷基法
pyrotritaric acid(=uvic acid) 乌韦酸;2,5-二甲基-3-呋喃羧酸
pyrouric acid 三聚氰酸
pyrovalerone 吡咯戊酮
pyrovanadic acid 焦钒酸
pyrovinic acid 焦酒石酸;甲基丁二酸

pyroxene 辉石
pyroxylic spirit 甲醇
pyroxylin 胶棉;弱棉
pyrrhotine 磁黄铁矿
pyrrilium 吡喃鎓化合物;吡喃鎓型化合物
pyrroaetioporphyrin 焦初卟啉
pyrrobutamine 吡咯他敏;吡咯丁胺
pyrrocaine 吡咯卡因
pyrrocoline 8-吡咯并吡啶;中氮茚;焦可林
pyrrodiazole 三唑
pyrrole 吡咯
pyrrolidine 吡咯烷;四氢化吡咯
pyrrolidine carboxylic acid 吡咯烷羧酸
pyrrolidine dione 琥珀酰亚胺
pyrrolidinium 吡咯烷鎓(盐)
pyrrolidinyl 吡咯烷基
2-pyrrolidone 2-吡咯烷酮
α-pyrrolidone 2-吡咯烷酮
pyrrolidone carboxylic acid 吡咯烷酮羧酸
pyrrolidyl (=pyrrolidinyl) 吡咯烷基
3-pyrroline 3-吡咯啉;二氢化吡咯
pyrroline 吡咯啉;二氢化吡咯
pyrroline carboxylic acid 二氢吡咯羧酸
pyrrolinium compound (五价氮)吡咯啉鎓化合物
pyrrolinyl 吡咯啉基
pyrrolnitrin 吡咯尼群;硝吡咯菌素
pyrrolo- 吡咯并
pyrroloindole 吡咯并吲哚
pyrroloquinoline (1)吡咯并喹啉(2)任何含有一个吡咯环及一个喹啉环的
pyrroloquinolinequinone 吡咯并喹啉醌
pyrrolyl 吡咯基
pyrrolylcarbonyl 吡咯基甲酰;吡咯羰基
pyrrolylene (=butadiene) 丁(间)二烯
pyrromonazole 吡唑
pyrromycin 吡咯霉素
pyrrones 吡酮类
pyrroporphyrin 焦卟啉
pyrrotriazole 焦三唑;1,2,3,4-四唑
pyrroyl (=pyrrolylcarbonyl) 吡咯甲酰
pyrryl 吡咯基
pyruric acid 三聚氰酸
pyruvaldehyde 丙酮醛
pyruvate 丙酮酸盐(或酯)
pyruvate carboxylase 丙酮酸羧化酶
pyruvate decarboxylase 丙酮酸脱羧化酶
pyruvate dehydrogenase 丙酮酸脱氢酶
pyruvate kinase 丙酮酸激酶
pyruvate oxidase 丙酮酸氧化酶
pyruvate phosphate dikinase 丙酮酸磷酸双激酶
pyruvate phosphokinase 丙酮酸(磷酸)激酶
pyruvic acid 丙酮酸
pyruvic acid dehydrogenase complex[system] 丙酮酸脱氢酶复合体
pyruvic alcohol 丙酮醇;羟基丙酮
pyruvic aldehyde 丙酮醛
pyruvic dehydrogenase (=pyruvic oxidase) 丙酮酸脱氢酶;丙酮酸氧化酶
pyruvic ketolase 丙酮酸酮酶
pyruvic oxidase 丙酮酸氧化酶
pyruvonitrile 丙酮腈
pyruvoyl 丙酮酰
pyrvinium chloride 吡维氯铵;氯化扑蛲灵
pyrvinium pamoate 恩波维铵;扑蛲灵
pyrvolidine 胡萝卜叶碱
pyrylium 吡(喃)鎓;吡喃鎓
pyrylium compound 吡喃鎓化合物
pyrylium salt 吡喃鎓盐
pythonic acid 蟒蛇胆酸
pyx liquida 木焦油
PZT ceramics 锆钛酸铅陶瓷

Q

Q-branch　Q 支;零支
QC(quality control)　质量管理
QDZ　气动单元组合仪表
Q-e map　Q-e 图
Q-enzyme　Q 酶
Q-e scheme　Q-e 概念
QEV(quick exhaust air valve)　快速排空阀
Q-factor　Q 因子
Q-gas　Q 气
Qiana fibre　奎安那纤维
QMS(quadrupole mass spectrometer)　四极质谱仪
qu　曲
quadrant electrometer　象限静电计
quadrate ring　方形垫圈
quadratic in mole fraction　摩尔分数的二次方程式
quadribasic　(1)四碱价的;四元的(2)四代的
quadribasic acid　四价酸;四元酸
quadricovalent　四配价的
quadridentate chelate　四配位体螯合物
quadridentate ligand　四齿配位体
quadrimolecular reaction　四分子反应
quadrine　α-氨基(正)丁酸
quad ring　X 形圈
quadripolymer　四元聚合物
quadrivalent element　四价元素
quadroxide　四氧化物
quadruple effect evaporator　四效蒸发器
quadruple interaction　四重相互作用
quadruple ion　四重离子
quadruple link　四(价)键
quadruple point　四相点
quadruplex　四联体螺旋
quadrupole　四极
quadrupole coupling　四极耦合
quadrupole mass filter　四极滤质器
quadrupole mass spectrometer(QMS)　四极质谱仪
quadrupole moment　四极矩
quadrupole relaxation　四极松弛
quakeproof lacquer　防震涂料
qualification test　合格试验;质量鉴定试验
qualification test procedure　质量鉴定试验程序
qualification test specification　质量鉴定试验规范
qualified component　合格元件
qualified parts list　零件目录
qualified products list　商品目录
qualitative analysis　定性分析
qualitative composition　(试样的)定性组成
qualitative filter paper　定性滤纸
qualitative spectrometric analysis　光谱定性分析
qualitative test　定性试验;定性测定
quality arbitration　质量检定
quality assurance　质量保证
quality assurance system　质量保证体系
quality code　质量码
quality control　质量管理;质量检查
quality control division　质量检查科
quality control system　质量管理制度
quality factor　品质因数;品质因子
quality inspection　质量检查;质量检验
quality inspection certificate　质量检查证明书
quality level　质量标准
quality of product　产品质量
quality part　合格品
quality product　优质产品
quality standard　质量规格;质量标准
quality steel(s)　优质钢
quantification tool　量化工具
quantimet　图像分析仪
quantitative analysis　定量分析
quantitative composition　定量组成
quantitative plankton sampler　浮游生物定量采样器
quantitative spectrometric analysis　光谱定量分析
quantitative test　定量试验
quantity added to　加入量
quantity meter　累计总量表
quantity of reflux　回流量
quantity per pack　每包数量

quantivalence 化合价;原子价
quantization 量子化
quantum (1)量子 (2)定额
quantum biochemistry 量子生物化学
quantum biology 量子生物学
quantum biophysics 量子生物物理学
quantum chemistry 量子化学
quantum crystal 量子晶体
quantum effect 量子效应
quantum efficiency 量子效率
quantum energy 量子辐射能量;光子能
quantum length 德布罗意热波长
quantum mechanical state 量子态
quantum mechanics 量子力学
quantum number 量子数
quantum optics 量子光学
quantum partition function 量子配分函数
quantum state 量子态
quantum statistics 量子统计法
quantum theory 量子理论
quantum transition 量子跃迁
quantum-well material(s) 量子阱材料
quantum yield 量子产率
quantum yield of luminscance 光量子产额
quark 夸克
quarry tile 缸砖
quartering 四分(法)
quartet state 四线态
quaternary structure 四级结构
quarter phase 两相的;双相的;二相的
quarter-wave plate 1/4 波片
quartet 四重线;四核子(基);四重峰;四联体
quartz 石英
quartz crystal 石英晶体
quartz fiber 石英纤维
quartzite 石英岩
quartzitic sandstone 泡沙石
quartz jet 石英喷嘴
quartz optical fiber 石英光导纤维
quartz oscillator 石英振子;石英晶体振荡器
quartz sand 石英砂
quartz sandstone 石英砂岩
quartz stone 硅石
quasi-aromatic compound 似芳族化合物
quasi-atomic model 准原子模型
quasi-bound state 准结合态
quasi-chemical approximation 准化学近似
quasi-chemical equilibrium of defect 缺陷的类化学平衡
quasi-chemical method 似化学方法;半化学方法
quasi-chemical solution model 准化学溶液模型
quasi-classical approximation 准经典近似
quasi-conjugation(＝hyper conjugation) 超共轭效应;似共轭效应
quasicontinuum 准连续区
quasi-crosslink 准交联;似交联
quasicrystal 准晶体
quasi crystalline structure (炭黑)准晶体
quasi-elastic 准弹性的;似弹性的
quasi-equilibrium state 准平衡状态
quasi-equilibrium theory(QET) 准平衡理论
quasi-Fermi level 准费米能级
quasi-flow 准流动;半流动
quasi-free electron 准自由电子
quasi-free vortex 准自由旋涡
quasi-lattice theory(QLT) 准晶格理论
quasilinearization 拟线性化
quasi-monochromatic light 准单色光
quasi-particle 准粒子
quasiperiodic crystal 准周期性晶体
quasi-prepolymer 准预聚物
quasi-prepolymer process 似预聚物方法
quasi racemate 准外消旋体;似外消旋物
quasi-racemic compounds 似外消旋化合物
quasi-reversible electrode reaction 准可逆电极反应
quasi-stability 准稳定性;似稳态
quasi-stable element 准稳元素
quasistable isotope 准稳定同位素(指碘129、镎237等长寿命同位素)
quasistatic process[change] 准静态过程;可逆过程
quasi-steady flow 准定常流
quasi-steady state 准恒稳态;拟恒稳态
quasi-ternary system 拟三元系
quasi-uniform medium 准均匀介质
quasi-unimolecular reaction 准单分子反应
quasi-viscous creep 准黏性蠕变
quasi-viscous effect 准黏性效应
quasi-viscous flow 准黏性流
quassia 苦木
quassic acid 苦木酸
quassin 苦木素
quassoid 苦木萃

quaterisation 季铵化反应
quaternaries 季(铵)盐(类)
quaternary (1)四元的 (2)四价的 (3)季的;连上四个碳原子的 (4)四取代的
quaternary ammonium base 季铵碱
quaternary ammonium compound 季铵化合物;四级铵化合物
quaternary ammonium halide 季铵卤化物
quaternary ammonium hydrate 季铵碱
quaternary ammonium hydroxide 季铵碱
quaternary ammonium nitrate 硝酸季铵盐
quaternary ammonium pentachlorophenate 五氯苯酚季铵盐
quaternary ammonium polymer 季铵(盐)聚合物
quaternary ammonium salt 季铵盐
quaternary carbon atom 季碳原子
quaternary cationics 季(铵)盐阳离子表面活性剂
quaternary halide 卤化季盐
quaternary phosphonium 季鏻
quaternary phosphonium compound 季鏻化合物;季磷鎓化合物
quaternary phosphonium hydroxide 季鏻碱;氢氧化季鏻
quaternary pyridinium resin 季吡啶(鎓)盐树脂
quaternary pyridinium salt 季吡啶(鎓)盐
quaternary salt 季盐
quaternary stibonium hydroxide 季锑碱;氢氧化季锑
quaternary structure 四级结构
quaternary systems 四元系
quaternization 成季碱反应
quaternizing agent 季铵化剂
quaterphenyl 四联苯
quaterpolymer 四元聚合物
quatrimycin 四一霉素;差向四环素
quats 季铵化合物
quazepam 夸西泮
quebrachamine 白坚木胺;白雀木皮胺
quebrachine 白坚木碱;育亨宾(=yohimbine)
quebrachite 白坚[雀]木醇;L-肌醇甲基醚;甲基肌醇
quebrachitol 白[雀]坚木醇;L-肌醇甲基醚;甲基肌醇
quebracho colorado 红坚木
queen substance 蜂后物质;蜂王浆信息素
quench (1)淬火;(使)骤冷 (2)使熄灭;灭火 (3)止渴
quenchant 淬火液
quench condensation 骤冷凝
quench cooler 急冷器
quench elutriator 急冷淘析器
quencher (1)猝灭剂 (2)急冷器;骤冷器
quench fluid 阻封流体;骤冷液
quench gas 急冷气;骤冷气
quenching 淬火;淬灭
quenching and tempering 淬火及回火
quench(ing) bath 骤冷浴;淬火浴
quenching boiler 裂解气急冷锅炉
quenching constant 猝灭常数
quenching cross section 猝灭截面
quenching effect 猝灭效应;骤冷效应
quenching of luminescence 发光猝灭
quenching oil 淬火油;急冷油
quenching stress 骤冷应力
quenching temperature 淬火温度
quenching-tempering 调质处理;淬火回火
quenching tower 淬火塔
quenching water column 急冷水塔
quench oil(=quenching oil) 淬火油
quench pump 急冷泵;骤冷泵
quench tank 骤冷槽
quench time (焊接)间歇时间
quench tower 急冷塔;骤冷塔
quench type cartridge 冷激型内筒
quench zone 急冷区
quercetagetin 栎草亭;六羟基黄酮
quercetin 栎精;槲皮素;3′,4′,3,5,7-五羟基黄酮
quercetinic acid 栎精酸;栎精
quercic acid 栎辛酸
quercimeritrin 棉花黄苷;槲皮黄酮-7-葡糖苷
quercinic acid 栎辛酸
quercitannic acid 栎单宁酸
***d*-quercitol** 栎醇;槲皮醇;环己五醇
quercitrin 栎苷;槲皮苷
quercitrinic acid 栎素酸;栎苷
quercitron 栎皮粉
quercus 白栎皮;栎
question and answer mode 问答式
queuing theory 排队论
quick-acting 快作用的;快动的
quick action valve 速动阀;快动阀
quick-actuating closure 快开封头;快开盖
quick-change connector 快换接头

quick charge 快速充电
quick-closing valve 速闭阀
quick connect female 快装管接头
quick-curing 快速固化(的);快速硫化(的);快速塑化(的)
quick-dissolving 速溶的
quick-dissolving soap 速溶皂
quick drying 快速干燥
quick drying lacquer 快干漆
quick-drying oil 快干油
quick firing 快速烧成
quick-freezing 快速冷冻
quicklime 生石灰;氧化钙
quicklime grease 钙基润滑脂
quick-opening manhole 快开人孔
quick-opening valve 速启阀
quick ratio 速动比率
quick release valve 快泄阀
quick return 快速回程
quick return flow 快速回归水流
quick-setting 速凝(的);快速固化(的);快速变定(的)
quick-setting additive 快凝剂
quick stik 快粘
quiescent fluidized bed 平稳流态化床
quiescent tank 静水沉淀池
quiet run 无声运转
quillaic acid 皂皮酸
quillaja 皂树
quillaja saponin 皂树皂苷
quinacillin 喹那西林;3-羧基-2-喹喔啉青霉素二钠
quinacridine 喹吖啶
2,3-quinacridine 2,3-喹吖啶
2,3-quinacridone 2,3-喹吖啶酮
quinacridone pigment 喹吖啶酮颜料
quinacrine 米帕林;阿的平;奎纳克林;奎吖因
quinacrine hydrochloride 盐酸米帕林;阿的平盐酸盐
quinacrine methanesulfonate 甲磺酸米帕林;阿的平甲磺酸盐
quinagolide 喹高利特
quinaldic acid 喹哪啶酸;喹啉-2-羧酸
quinaldine 喹哪啶;2-甲基喹啉
quinaldine blue 喹哪啶蓝
quinaldine carboxylic acid 喹哪啶羧酸
quinaldine red 喹哪啶红
quinaldinic acid 喹哪啶酸;2-喹啉羧酸
quinalizarin 醌茜素;1,2,5,8-四羟蒽醌
quinalphos 喹硫磷
quinamidine 奎脒
quinamine 奎胺
quinaphthol 奎萘酚
quinapril 喹那普利
quinapyramine 喹匹拉明;喹啉嘧啶胺
quinardic acid 喹哪啶酸
quinasitinic acid 奎亭酸
quinazine(=quinoxaline) 喹嗪;喹喔啉
quinazoline(=phenmiazine) 喹唑啉;间二氮杂萘;1,3-二氮杂萘
quinazolinyl 喹唑啉基;间二氮(杂)萘基
quinazolyl(=quinazolinyl) 喹唑啉基;间二氮(杂)萘基
quinbolone 奎勃龙;α-喹唑啉酮
quince seed 榅桲籽
quindoline 喹叨啉
quinene 奎烯
quinestradiol 奎雌醇;雌三醇-3-环戊醚
quinestrol 炔雌醚;炔雌醇-3-环戊醚
quinetalate 喹他酯;酞氨喹
quinethazone 喹乙宗;喹乙唑酮
quinfamide 喹法米特
quingestrone 奎孕酮;孕酮-3-烯醇环戊醚;3-环戊氧基孕-3,5-二烯-20-酮
quingfengmycin 庆丰霉素
quinhydrone 醌氢醌;对苯醌合对苯二酚
quinhydrone electrode 醌氢醌电极
quinic acid 奎尼酸;金鸡纳酸;1,3,4,5-四羟(基)-1-环己烷羧酸
quinidamine 奎尼胺
quinide 奎尼内酯
quinidine 奎尼丁;奎尼定
quinidine gluconate 葡糖酸奎尼定
quinidine polygalacturonate 奎尼丁聚半乳糖醛酸盐
quinidine sulfate 硫酸奎尼丁
quinine 奎宁;金鸡纳碱;金鸡纳霜
quinine albuminate 白蛋白合奎宁
quinine antimonate 锑酸奎宁
quinine aspirin 乙酰水杨酸奎宁
quinine bisulfate 奎宁硫酸氢盐;酸式硫酸奎宁
quinine carbolate 石炭酸奎宁;苯酚奎宁
quinine carbonate 奎宁碳酸盐
quinine dihydrobromide 奎宁二氢溴酸盐
quinine dihydrochloride 奎宁二盐酸盐
quinine ethyl carbonate 无味奎宁;乙基奎宁碳酸盐

quinine formate 奎宁甲酸盐
quinine gluconate 奎宁葡萄糖酸盐
quinine hydriodide 奎宁氢碘酸盐
quinine hydrobromide 奎宁氢溴酸盐
quinine hydrochloride 奎宁盐酸盐
quinine iodosulfate 奎宁碘硫酸盐
quinine oleate 奎宁油酸盐
quinine salicylate 奎宁水杨酸盐
quinine sulfate 奎宁硫酸盐
quinine tannate 奎宁单宁酸盐
quinine urea hydrochloride 尿素奎宁盐酸盐
quininic acid(＝6-methoxycinchoninic acid) 奎宁酸;6-甲氧基喹啉-4-羧酸
quininone 奎宁酮
quiniobine 喹尼奥宾;奎宁碘化铋油
quinisatinic acid 奎靛红酸
quinite(＝*p*-cyclohexandiol) 对环己二醇
quinitol 对环己二醇
quinium 奎宁
quinizarin 醌茜;奎札因;1,4-二羟基蒽醌
quinizine(＝antipyrine) 安替比林
quinocarbonium 醌碳鎓
quinocide 喹西特;喹杀素;8-(4-氨基戊氨基)-6-甲氧基喹啉
quinocofactor 醌辅基
quinoid 醌型
quinoid form 醌型
quinoidine 奎诺定
quinol 醌醇:(1)(二)氢醌(2)甲代二氢醌
quinol imide 醌醇亚胺
quinoline 喹啉;氮(杂)萘
quinoline acids 喹啉酸类
quinoline bisulfate 喹啉硫酸氢盐
Quinoline Blue 菁蓝
8-quinolineboronic acid 喹啉硼酸
8-quinolinecarboxylic acid 8-喹啉羧酸
quinoline dye(s) 喹啉染料
quinoline salicylate 喹啉水杨酸盐
quinoline tartrate 喹啉酒石酸盐
quinoline thiocyanate 硫氰酸喹啉
quinolinic acid 喹啉酸;吡啶-2,3-二羧酸
quinolinium compound 喹啉鎓化合物
8-quinolinol 8-羟基喹啉
quinolinoxazole 喹啉并噁唑
quinolizine 喹嗪
quinolone 喹诺酮;2-羟基喹啉
quinol phosphate 磷酸对苯二酚酯
quinolyl 喹啉基(有7种异构体)
quinondiazide resin 醌二叠氮树脂
quinondiimine 醌二亚胺
quinone 苯醌;醌
quinone chlorimide 醌氯亚胺
***p*-quinone diimine** 对醌二亚胺
***p*-quinone dioxime** 对醌二肟
quinone imide 醌亚胺
quinone-imine 醌亚胺
quinon(e)imine dye(s) 醌亚胺染料
quinone methide 醌的甲基化物
quinone monoxime 醌一肟
quinonoid 醌型
quino(no)id structure 醌型结构
quinonyl(＝benzoquinonyl) 醌基
quinoquinazoline 喹啉并喹唑啉
quinoquinazolone 喹啉并喹唑(啉)酮
quinoral(＝chinoral) 喹诺醛;奎宁合氯醛
quinosol(＝chinosol) 羟基喹啉磺酸钾
quinotannic acid 奎诺单宁酸;奎诺鞣酸
quinotoxine(＝quinicine) 奎尼辛
quinovaic acid 奎诺瓦酸
quinovic acid 奎诺酸
quinovin 奎诺温;金鸡纳皮苷
quinovose 奎诺糖;异万年青糖;异鼠李糖
quinoxaline 喹喔啉;对二氮(杂)萘
quinoxalinyl 喹喔啉基
quinoxalone 喹喔酮
quinoxalyl(＝quinoxalinyl) 喹喔啉基
quinoxime 醌肟
quinquephenyl 五联苯
quinquidentate ligand 五齿配位体
quintenyl(＝amyl) 戊基
quintozene 五氯硝基苯
quintuple point 五相点
quinuclidine 喹核碱;奎宁环
3-quinuclidinol 喹核醇;3-羟基喹核碱
quinuclidinyl 奎宁环基
quinuclidone 奎宁环酮
quinupramine 奎纽帕明;奎核氮草
quire 刀
quisqualic acid 使君子氨酸
quitenidine 奎特尼定
quizalofop-ethyl 喹禾灵(乙酯)
quota 定额
quotation (1)引证(2)报价
quote 报价
Q-value Q值

R

R-11 拒斥剂-11
R-76-1 利福定
rabbetted joint 槽舌接合
rabbit 跑兔装置
rabbit skin 兔皮
rabble arm 搅拌耙臂,搅拌杆
rabbling roaster 搅拌焙烧炉
rabcide 四氯苯酞
rabeprazole 雷贝拉唑
raccoon skin 貉子皮
racefemine 消旋非明;消旋苯异丙苯氧异丙胺
racemase 消旋酶
racemate 消旋体
racemation 外消旋(作用)
raceme (1)外消旋体;外消旋物(2)总状花序
racemethorphan 消旋甲啡烷;消旋甲吗喃;消旋吗喃甲醚
racemic calcium pantothenate 外消旋泛酸钙
racemic compound 外消旋化合物
racemic lysine DL-赖氨酸
racemic mandelic acid 扁桃酸
racemic mixture 外消旋混合物
racemic modification 外消旋变体
racemic solid solution 外消旋固体溶液
racemic tartaric acid 外消旋酒石酸
racemin acid (1)外消旋酸(2)外消旋酒石酸
racemism 外消旋(性)
racemization 外消旋(作用)
race way 座圈
Rachig ring 拉西环
R acid R酸;2-萘酚-3,6-二磺酸
2R-acid 2R酸;3-氨基-5-羟基-2,7-萘二磺酸
rack (1)齿轨(2)固定架(3)滑轨(4)撕裂
rack bridge 管桥
racked rubber 极度伸长橡胶
rack plating 挂镀
ractopamine 雷托巴胺
rad 拉德
radar absorbing coating (雷达)吸波涂层;微波吸收涂层
raddeamine 蕾蒂胺
radgas 放射性气体
radial acceleration 径向加速度
radial ball bearing 径向滚珠轴承
radial bearing 径向轴承
radial bladed impeller 径向式叶轮
radial chromatography 径向色谱法;径向层析
radial clearance 环向间隙
radial compressor 离心式压缩机
radial configuration 径向结构
radial cut ring 径向切口环
radial development 径向展开(法)
radial deviation 径向偏差
radial diffuser 径向扩压[散]器
radial diffusion 径向扩散
radial dilation 径向扩容;径向膨胀
radial dilution effect 径向稀释效应
radial displacement 径向位移
radial distribution analysis 径向分布分析
radial distribution function(RDF) 径向分布函数
radial error 径向偏差
radial fan 径流式风机
radial flange 径向法兰
radial flow 径向流
radial flow 径流;径向流;辐流
radial flow pump 径流(式水)泵
radial flow reactor 径向反应器
radial flow tray 辐射流盘
radial fracture 径向断裂
radial impeller 径向叶轮
radial-inflow 径向流入
radial inflow compressor 向心式压气[缩]机
radial-inward admission 向心进汽
radial-inward(flow) turbine 向心式涡轮机
radial launder 径向溜槽
radial load 橡胶密封圈径向力
radial multiple piston type of pump 径向多活塞式泵
radial offset 径向偏置
radial piston pump 径向活塞泵

radial plunger oil pump 径向柱塞油泵
radial ply tyre 子午线轮胎
radial pump 径向泵
radial seal energized by internal pressure 径向自紧密封
radial sedimentation tank 辐射形沉淀槽
radial self-seal 径向自紧密封
radial stress 径向应力
radial thrust 径向推力
radial turbo-compressor 径向透平压缩机
radial tyre 子午线轮胎
radial vane 径向叶片
radial velocity 径向速度
radian 弧度
radiant crosslinked polyethylene 辐射交联聚乙烯
radiant energy density 辐射能密度
radiant flux density 辐射通量密度
radiant heat density 辐射热强度
radiant heater 辐射式加热炉;辐射取暖装置
radiant panel burner 辐射板式燃烧器
radiant section 辐射段
radiant tubular heater 辐射型管式炉
radiant-type pipe still 辐射型管式炉
radiant wall burner 侧壁燃烧器
radiant wall tubes 辐射壁管
radiate 放射
radiated heat 辐射热
radiated spar 纤晶石
radiating burner 辐射燃烧器;辐射烧嘴
radiation 放射;辐射
radiation alarm meter 辐射报警器
radiation angular distribution 辐射角分布
radiation auto-oxidation 辐射自氧化
radiation biochemistry 辐射生物化学
radiation biology 辐射生物学
radiation biophysics 辐射生物物理学
radiation carcinogen 辐射致癌
radiation caring 辐射固化
radiation catalysis 辐射催化
radiation chemical engineering 辐射化工
radiation chemistry 辐射化学
radiation cleavage 辐射裂解
radiation cone 辐射锥
radiation cooling 辐射冷却
radiation counter 辐射计数器
radiation crosslinking 辐射交联
radiation curable coating 辐射固化涂料
radiation cure 辐射硫化
radiation curing 辐射固化
radiation curing adhesive 辐射固化胶黏剂
radiation damage 辐射损伤
radiation damping 辐射阻尼
radiation decomposition 辐(射分)解
radiation degradation 辐射降解
radiation degradation of polymer 聚合物辐射降解
radiation detector 粒子探测器;辐射探测器
radiation dose 辐射剂量
radiation dosimetry 辐射剂量学
radiation emitter 辐射体;辐射源
radiation energy source 辐射能源
radiation equilibrium 辐射平衡
radiation field 辐射场
radiation flux 辐射通量
radiation frequency spectrum 辐射频谱
radiation hygiene 放射卫生;辐射卫生学
radiation immobilization 辐射固定化
radiation impedance 辐射阻抗
radiation induced activation 辐射诱导活化
radiation induced crosslinking 辐射诱导交联
radiation induced diseases 放射性疾病
radiation induced grafting 辐射诱导接枝
radiation-induced ionic polymerization 辐射诱导离子聚合
radiation induced mutation 辐射诱发突变
radiation induced reactions 辐射引发反应
radiation-initiated polymerization 辐射引发聚合
radiation intensity 辐射强度
radiation ion polymerization 辐射离子聚合
radiationless transition 无辐射跃迁
radiation modification 辐射改性
radiation pasteurization 辐射消毒
radiation pattern 辐射(方向)图
radiation polymerisation 辐射聚合
radiation polymerization 辐射聚合
radiation power 辐射功率
radiation preservation 辐射保藏
radiation pressure 辐射压(强)
radiation process 辐射工艺;辐射加工
radiation processing 辐射加工
radiation protection 辐射防护
radiation pyrometer 辐射高温计

radiation quality 辐射质量
radiation resistance 辐射电阻;辐射抗性
radiation resistance materials 抗辐射材料
radiation-resistance rubber 耐辐照橡胶
radiation resistant coating 耐辐射涂料
radiation resistant fiber 防辐射纤维
radiation sensitizer（＝radiosensitizer） 放射致敏剂
radiation setting coating 射线固化涂料
radiation shield 辐射防护屏
radiation shielding 辐射屏蔽
radiation shielding concrete 防辐射[射线]混凝土
radiation source 辐射源
radiation sterilization 辐射消毒;辐射灭菌
radiation synthesis 辐射合成
radiation vulcanization 辐射硫化
radiation yield 辐射产额
radiative heat transfer 辐射传热
radiative lifetime 辐射寿命
radiative transition 辐射跃迁
radiator 散热器
radiator trap 散热器疏水阀
radical (1)根 (2)原子团;自由基
radical anion 自由基负离子
radical cation 自由基正离子
radical chain reaction 自由基链反应
radical concentration 自由基浓度
radical copolymerization 自由基共聚合
radical crosslinking 自由基交联
radical depolymerization 自由基降解作用
radical diffusion model 射解扩散模型
radical inhibitor 自由基抑制剂
radical initiator 自由基引发剂
radical ion(＝ion radical) 离子基
radical ionization potential 游离基电离电势
radical ion polymer 自由基离子聚合物
radical life 自由基寿命
radical mechanism 游离基机理
radical pair 自由基配对
radical polymerization 游离基(引发)聚合(反应);自由基(引发)聚合(反应)
radical products of radiolysis 射解自由基产物
radical reaction 自由基间的反应
radical scavenger 自由基捕获剂
radical settling tank 辐流式沉淀池
radical telomerization 游离基型调聚反应
radical transfer 基团转移
radical trap 自由基捕获剂
radicinin 根莿柄菌素
radioactivation 活化过程
radioactivation analysis 放射化分析
radioactive activity 放射性活度
radioactive aerosol 放射性气溶胶
radioactive background 放射性本底
radioactive colloid 放射性胶体
radioactive contamination 放射性污染
radioactive dating 放射性测定年代
radioactive decay 放射性衰变
radioactive decay chain 放射性衰变链
radioactive decay constant 放射性衰变常数
radioactive decay law 放射性衰变律
radioactive decay scheme 放射性衰变纲图
radioactive decay series 放射性衰变系
radioactive decontamination 放射性去污
radioactive deposit 放射性淀质
radioactive disintegration 放射性衰变
radioactive element 放射性元素
radioactive equilibrium 放射性平衡
radioactive fallout 放射性沉降物;放射性散落物
radioactive families 放射性系
radioactive flowmeter 放射性同位素流量计
radioactive half-life 放射性半衰期
radioactive indicator 放射性指示剂
radioactive kryptonate 放射性氪酸盐
radioactive level ga(u)ge 放射性同位素料面计
radioactive nitrogen 放射性氮;射氮
radioactive nuclide 放射性核素
radioactive pollution 放射性污染
radioactive precipitation analysis 放射性沉淀法
radioactive purity 放射性纯度
radioactive rare metal 放射性稀有金属
radioactive ray(s) 放射线
radioactive secular equilibrium 放射性长期平衡
radioactive series 放射性系
radioactive sodium phosphate 放射性磷酸钠
radioactive source 放射源
radioactive standard source 放射性标准源
radioactive substance 放射性物质
radioactive tracer 放射性示踪剂

radioactive tracer method 放射性示踪法
radioactive transient equilibrium 放射性暂时平衡
radioactive tritium source 放射性氚源
radioactive vitamine B_{12} 放射性维生素 B_{12}
radioactive waste 放射性废物
radioactive waste processing 放射性废物处理
radioactive waste repository 放射性废物处置库
radioactive waste treatment 放射性废物处理
radioactivity 放射性
radioactivity analysis 放射性分析
radioactivity logging 放射性测井
radioaerosol 放射性气溶胶
radio-allergo-sorbent test（RAST） 放射过敏原吸附试验
radioanalysis 放射性分析
radioanalytical chemistry 放射分析化学
radioassay 放射性检测
radioassay detector 放射验定检测器
radio-autograph 放射(同位素)显迹图
radioautographic analysis 放射自显影分析
radioautography（＝autoradiography） 自动射线照相术;放射自显影法
radiobiochemistry 放射生物化学
radiobiogeochemistry 放射生物地球化学
radiobiology 放射生物学
radiocalcium（＝calcium-45） 放射性钙;钙 45
radiocarbon 放射性碳
radiocarbon chronology 放射性碳年代学
radiochemically pure 放射化学纯
radiochemical neutron activation analysis 放化中子活化分析
radiochemical purity 放射化学纯度
radiochemicals 放射化学试剂[药品]
radiochemical separation 放射化学分离
radiochemical synthesis 放射化学合成
radiochemical yield 放(射)化(学)产额
radiochemistry 放射化学
radiochemotherapy 放射化(学)疗法
radiochlorine 射氯
radiochromatography 放射色谱法
radiocobalt（＝cobalt-60） 放射性钴;钴 60
radiocolloid 放射性胶体
radiocontamination 放射性污染
radioecology 放射生态学
radioelectrochemical analysis 放射电化学分析
radioelectrochemistry 放射电化学
radioelectrophoresis 放射电泳
radioelement 放射性元素
radio-emanation 镭射气
radioenvironmental chemistry 放射环境化学
radio frequency（RF） 射频;高频;高周波;射频溅射
radio frequency cold crucible method 射频感应冷坩埚法
radio frequency curing 射频固化
radio frequency energy 射频能量
radio frequency mass spectrometer 射频质谱仪
radio frequency oscillator 射频振荡器
radio frequency polarography 射频极谱法
radio frequency probe 射频探测器
radio frequency sputtering 射频溅射
radio gas chromatography（RGC） 放射气体色谱(法)
radiogenic lead 放射成因铅
radiograph 射线照片
radiograph factor (放)射线照相系数
radiographic apparatus (放)射线照相设备
radiographic inspection (放)射线探伤;射线故障检验法
radiographic test (放)射线探伤
radiography 射线照相法
radiography inspection (放)射线探伤
radiography method 射线照相法
radiography X-ray inspection X 射线探伤
radiohalo 放射晕
radio heater 射频加热器
radioimmunoassay 放射免疫测定;放射免疫分析
radioimmunoassay kit 放射免疫分析试剂盒;放射免疫分析药盒
radioimmunochemistry 放射免疫化学
radioimmunoelectrophoresis 放射免疫电泳
radioimmunology 放射免疫学
radioimmunosorbent test（RIST） 放射免疫吸附试验
radioindicator 放射性指示剂
radioiodinated serum albumin（RISA） 放射性碘标记血清(色)蛋白
radioiodine（＝iodine-131） 放射性碘;碘 131
radioiron（＝iron-59） 放射性铁;铁 59

radioisomerization 放射异构(现象)
radioisotope 放射性同位素
radioisotope applicator 放射性同位素敷贴剂
radioisotope battery 原子电池
radioisotope flowmeter 放射性同位素流量计
radioisotope generator 放射性核素发生器;同位素发生器
radioisotope heater unit(RHU) 放射性同位素加热装置
radioisotope level ga(u)ge 放射性同位素料面计
radioisotope scanner 放射性同位素扫描机
radioisotope scanning 放射性同位素扫描
radioisotope smoke alarm(RISA) 放射性同位素火灾烟雾报警器
radio-labeled compound 放射性标记化合物
radiolabelling 放射性标记
radiolite 钠沸石
radioluminescence 射线发光
radioluminous material 放射发光材料
radiolysis 辐(射分)解;辐解作用
radiolytic polymerisation 辐解聚合作用
radiometer 辐射计;射线探测仪
radiometric analysis 放射分析法
radiometric calorimetry 放射量热法
radiometric polarography 放射极谱法
radiometric titration 放射性滴定法
radiometrology 放射计量学
radiometry (1)辐射度量学 (2)放射分析法
radiomicrobiological assay 放射微生物分析
radiomicrometer 辐射微热计
radion (放)射(微)粒
radionuclide 放射性核素
radionuclide battery(RNB) 放射性核电池
radionuclide examination 放射性核素检查
radionuclide generator 放射性核素发生器;同位素发生器
radionuclide kinetics 放射性核素动力学
radionuclide metrology 放射性核素计量学
radionuclide migration 放射性核素迁移
radio-oxidation 辐射氧化(作用)
radiopharmaceutical chemistry 放射药物化学
radiopharmaceutical therapy 放射药物治疗
radiopharmacy 放射药物学
radiophosphorus 放射性磷;磷 32
radiophotoluminescence 放射光致发光
radiophotovoltaic conversion 辐射光电转换
radiopolymerization 辐射聚合(作用)
radioprotectant 辐射防护剂
radioprotection 辐射防护
radioprotector 辐射防护剂
radioreaction 放射反应
radioreceptor assay 放射性受体分析
radio-release determination 放射性释放测定
radioresistance 抗辐射性
radiorespirometry 放射呼吸测定技术
radioscopy (放)射线探伤
radiosensitivity 辐射敏感性
radiosensitization 辐射敏化
radiosensitizer 辐射敏化剂
radiosodium (=sodium-24) 射钠;钠 24
radiospectroscopy 无线电频谱学;辐射波谱学
radiostol 维生素 D
radiostrontium (= strontium-90) 射锶;锶 90
radiosulfur (=sulfur-35) 射硫;硫 35
radiosynthesis 放射合成
radio-tellurium 射碲;钋
radiother(= radioactive indicator) 放射指示剂
radiotherapy 放射治疗
radiothermochromatography 放射热色谱法
radiothermoluminescence 辐射热致发光
radiothorium (RdTh) 射钍;RdTh
radiotoxicity 放射毒性
radiotoxicology 放射毒理学
radiotracer 放射示踪剂[物];放射指示剂
radiovulcanization 高频加硫
radish seed oil 萝卜子油
radium 镭 Ra
radium bromide 溴化镭
radium chloride 氯化镭
radium emanation 镭射气(即氡)
radium sulfate 硫酸镭
radius of action 活动半径
radius of curvature 曲率半径

radius of gyration 回转半径;转动半径
radius ratio 半径比
radius vector 径矢;矢径
Radix Acanthopanacis Semticosi 刺五加
Radix Angelicae Sinensis 当归
Radix et Rhizoma Rhei 大黄
Radix Ginseng 人参
Radix Glycyrrhizae 甘草
Radix Notoginseng 三七
Radix Ophiopogonis 麦(门)冬
Radix Platycodi 桔梗
Radix Salivae Miltiorrhizae 丹参
radome for aircraft 整流罩
radon 氡 Rn
radon chloride 氯化氡
radon fluoride 氟化氡
radwaste 放射性废物
radwaste final disposal 放射性废物最终处置
radwaste management 放射性废物管理
Radziszewski amide preparation 拉济谢夫斯基酰胺合成
Radziszewski synthesis of imidazoles 拉济谢夫斯基咪唑合成
raffinase 棉子糖酶
raffinate 萃余液;抽余液
raffinate oil 抽余油
raffination 精制
raffinose 棉子糖;蜜三糖
rafoxanide 雷复尼特;氯苯碘柳胺
rag boiler 破布蒸煮器
rag mix 碎布胶料
rag pulp 破布浆
rags calender 碎布胶料压光机
rags mixing 碎布胶料
rail oil 导轨润滑油
rail tank car 铁路油槽车
rail tanker 铁路油槽车
railway rail 钢轨
railway structural steel 铁道用钢
railway transportation 铁路运输
raining 淋降现象
raining solid reactor 淋粒反应器
raised edge conveyer belt 挡边输送带
raised face(RF) 凸面;突面
raised-face flange 凸面法兰;突面法兰
raised face welding neck flange 凸面对焊法兰
raised flute 凸槽
rake 耙
rake classifier 耙式分级机
rake mixer 耙式混合器
rake stirrer 耙式搅拌器;刮板式搅拌器
raloxifene 雷洛昔芬
RAM 随机存储器
Ramachandran plot 拉马钱德兰图
ramalic acid 树花地衣酸
ramalinolic acid 乙种构桔苔酸
Raman effect 拉曼效应
Raman frequency 拉曼频率
Raman line 拉曼谱线;混合散射谱线
Raman scattering 拉曼效应
Raman shift 拉曼频率
Raman spectra 拉曼光谱
Raman spectrometer 拉曼光谱仪
Raman spectrometry 拉曼光谱测定法
Raman spectroscopy 拉曼光谱学
Raman spectrum 拉曼光谱
ram extruder 柱塞式挤塑机;柱塞式压出机
ram head 机头
ramifenazone 雷米那酮
ramipril 雷米普利
rammelsbergite 斜方砷镍矿
ram press 冲压机
ram pump 柱塞泵
Ramsay-Shield equation 拉姆齐-谢尔德公式
Ramsden eyepiece 拉姆斯登目镜
ram-type pump 柱塞泵
ranatensin 豹蛙肽
ranatensin C 牛蛙肽
rancidification 酸败;哈喇;发酯
rancidity 酸败;哈喇;发酯
random amplified polymorphic DNA technology 随机扩增多态 DNA 技术
random coil 无规卷曲
random coiling polymer 无规卷曲聚合物
random coil model 无规线团模型
random conformation 无规构象
random copolymer 无规共聚物
random copolymerization 无规共聚合
random coursed work 乱砌层
random crack 不规则裂缝
random crosslinking 无规交联
random degradation 无规降解
random disturbance 随机扰动
random error 随机误差
random event 随机事件
random factor 随机因素

random fatigue 随机疲劳
random flight chain 理想链
random indication 不规则显示
randomization 随机化;无规则分布
randomized block design 随机区组设计
random linear copolymer 无规线型共聚物
randomly branched polymer 无规支化聚合物
random motion 无规运动
random noise 随机噪声
random numbers 随机数
random packing 散堆填料;无规则填充
random polymer 无规聚合物
random polymerization 无规聚合
random process 随机过程
random sample 随机样本
random sampled parts 任意抽取件
random sampling 随机抽样
random search 随机搜索
random selection 随机抽样
random solid solution 无规固溶体
random spore analysis 随机孢子分析
random variable 随机变量;无规变量
random vibration 随机振动
random walk 无规行走
Raney nickel 阮内镍
range (1)程;量程;射程 (2)值域范围 (3)极差
range of boiling 沸腾范围
range of capacity 容量范围
range of infinitely variable speeds 无级变速范围
range of nuclear forces 核力半径;核力范围
range of particle 粒子行程
range of temperature 温度范围
range of use 应用范围;用途种类
ranimustine 雷莫司汀
ranitidine 雷尼替丁;糠硝烯二胺;呋喃硝胺
Rankine cycle 兰金循环
Rankine scale 兰金温度标
Rankine temperature 兰金温度
ranolazine 雷诺嗪
Raoult's law 拉乌尔定律
rapamycin(=sirolimus) 雷伯霉素;西罗莫司
RAPD technology 随增多态 DNA 技术
rape oil 菜油;菜子油
rapeseed oil 菜子油
rapic acid 菜子酸
rapid-access processing 高温快速加工
rapid action valve 快动阀
rapid analysis 快速分析
rapid coagulation 快速凝结
rapid cure 快速固化
rapid dyeing 快速染色
rapid expansion of supercritical solution (RESS) process 超临界溶液的迅速膨胀过程
rapid fast dye(s) 快色素
rapid flow kinetics 速流动力学
rapid flow technique 速流技术
rapid hardening 快速硬化;快硬的;速凝的
rapid hardening portland cement 快硬水泥
rapid harding portland cement 快硬硅酸盐水泥
rapid heater 快速加热器
rapidly varied flow 急变流
rapid return 快速回程
rapid sintering 快速烧结
rapid tester 快速测定器
rare-earth cast iron 稀土铸铁
rare earth chloride 氯化稀土
rare earth element 稀土元素
rare earth fluoride 氟化稀土
rare earth metal 稀土金属
rare-earth steel 稀土钢
rare element 稀有元素
rarefaction 稀疏作用(降低密度)
rare gas 稀有气体
rare light metal 稀有轻金属
rare metal 稀有金属
rare noble metal 稀有贵金属
rare refractory metal 难熔稀有金属
rare short 局部短路
Raschig ring 拉西环
raspberry 覆盆子;悬钩子
ratanhine(=rhatanin) 娜檀宁;*N*-甲基酪氨酸
ratchet arrangement 棘轮装置
ratchet gear 棘轮装置
ratchet type jack 棘轮式千斤顶;伞齿轮式起重器
ratchet wheel 棘轮
rate 速率
rate accelerating material(RAM) 速率加速剂;增速剂
rate-based calculation 以速度为基础的计算
rate constant 速率常数

rate controlling step 速度控制步骤
rated burden 额定负荷
rated capacity 额定容量
rated consumption 定额消耗
rate-determining step 速控步;决速步;速率控制步骤
rated filling weight 容许充装量
rated flow 额定流量
rated head 额定扬程
rated output 额定输出
rated voltage 额定电压
rate equation (=kinetic equation) 动力学方程;速率方程
rate-limiting step 限速步骤
rate of cooling 冷却速率
rate of corrosion 腐蚀速率
rate of cracking 裂化速率
rate of creep 蠕变速率
rate of crystallization 结晶速率
rate of cure 硫化速率
rate of decay 衰减速率
rate of deformation 形变速率
rate of depreciation 折旧率
rate of detonation 爆轰[炸]速率
rate of entropy production 熵产生率
rate of evaporation 汽化速率;蒸发率
rate of extension 拉伸速率
rate of extrusion 挤出速率
rate of feed 进料速率
rate of finished products 成品率
rate of growth 生[增]长速率
rate of hardening 硬化速度
rate of heat addition 加热速率
rate of heat dissipation 散热速率
rate of heating 加热速率
rate of hydration 水化速度
rate of initiation 引发速率
rate of mass transfer 传质速率
rate of polymerization 聚合速率
rate of production 产额;产率
rate of return on investment(ROI) 投资收益率
rate of scale formation 生垢率
rate of settling 沉降速率
rate of shear 剪切速率;切变速率
rate of speed of flame 火焰蔓延速度
rate of spoiled 废品率
rate of strain 应变率
rate of vapor content 含汽率
rate of voltage rise 电压上升速度
rate of water content 含水率
rate of wear 磨损率;磨损速度
rate regulator 速率调节器
rate zonal centrifugation 差速区带离心
rat-gluing adhesive 粘鼠胶
rating data 标定数据
rating(value) 额定(值)
ratio control 比例调节
ratio controller 比值控制器;比例调节器
ratio control system 比值调节系统
ratiometer 比率表;比值计
ration 日粮
rational analysis 示构分析
rational formula 示性式
rationalization 合理化
rational synthesis 示构合成;有理合成
ratio of elongation 伸长比
ratio of number of particles 粒子数比
ratio of solvent 溶剂比
ratio station 比值操作器
rattan 藤材
raubasine 萝巴新
raunescine 茹内辛;萝莱碱
rauwolfia serpentina 萝芙藤
rauwolfine 萝芙碱
rauwolscane 萝芙烷
rauwolscinyl alcohol 萝芙素醇
raw acid 原酸
raw charge 原料
raw Chinese lacquer 生漆
raw coal 原煤
raw coal inlet 原煤进口
raw colophony 松脂
raw cooling water 生冷水
raw cotton 原棉
raw data 原始数据
raw feed(=raw charge) 新进料
raw gasoline 粗汽油;不纯汽油
raw hide 生皮
raw material 原(材)料
raw material consumption 原料消耗
raw material feed pipe 给料管
raw mill 生料磨(机);粗磨
raw natural gas 未加工的天然气
raw natural gasoline 未加工的天然汽油
raw natural rubber 天然生胶
raw oil 原料油;粗制油;未精制的油料
raw polymer 原料聚合物
raw rosin 松脂
raw rubber 生橡胶

raw rubber block 生胶块
raw silk 生丝
(raw) stock 毛坯
raw stuff 原料
raw sugar 粗糖
raw urushi 生漆
raw water 未经净化水
ray 射线
α-ray α射线
β-ray β射线
γ-ray γ射线
ray-bond 合成橡胶-酚醛或环氧树脂黏合剂
γ-ray inspection γ射线探伤
Rayleigh criterion 瑞利判据
Rayleigh flow 瑞利流
Rayleigh-Jeans formula 瑞利-金斯公式
Rayleigh line 瑞利线
Rayleigh number 瑞利数
Rayleigh ratio 瑞利比
Rayleigh scattering 瑞利散射
Rayleigh's equation 瑞利公式
Raymond flash dryer 雷蒙闪急干燥器
Raymond mill 雷蒙磨
rayon 人造纤维;人造丝
rayon cord fabric 黏胶帘布
rayon pulp 人造丝浆
rayopake 碘吡醇胺
rays ultimes 元素光谱特征线
γ-ray test γ射线探伤
ray tracing 光线追迹
razoxane 雷佐生;丙亚胺;哌嗪二酮丙烷
R band R谱带
R-branch R分支;正分支
RBS(ribosome binding site) 核糖体结合部位
RCAI 蓖麻凝聚素
R-control chart 极差控制图
RC paper 涂塑相纸
RDE(rotating disc electrode) 旋转圆盘电极
R&D productivity 研究与开发生产率
R&D program evaluation 研究开发项目的评价方法
RDX 黑索今;旋风炸药
reachability 可达性;能达性
reachability matrix 可及矩阵
reachable set 可达集;能达集
reachable state 可达状态;能达状态
reactable naphthene 可反应的环烷;可脱氢的环烷
react acid 呈酸性反应
reactance 电抗
reactant(=substrate) 反应物
reactant gas 反应气体
react basic 呈碱性反应
reacting force 反作用力
reacting furnace 反应炉
reaction adhesive 反应型胶黏剂
reaction arrester 反应阻止剂
reaction bonding 反应黏合
reaction center 反应中心
reaction chain 反应链;化学反应链
reaction channel 反应通道
reaction charge 反应电荷
reaction column 反应塔
reaction coordinate 反应坐标
reaction cross-section 反应截面
reaction crusher 反击式破碎机
reaction energy 反应能;蜕变能
reaction energy barrier 反应能垒
reaction enthalpy 反应焓
reaction equilibrium 反应平衡
reaction field (1)局部极化区;极化场(2)反应场(3)反作用场
reaction furnace 反应炉
reaction gas chromatography 反应气相色谱法
reaction heat 反应热
reaction injection moulding 反应注射成型
reaction in-situ 原位反应
reaction isochore 反应等容线
reaction isotherm 反应等温式
reaction kettle 反应釜
reaction kinetics 反应动力学
reaction layer 反应层
reaction mechanism 反应机理;反应历程
reaction medium 反应介质
reaction network 反应网络
reaction of fractional order 分数级反应
reaction of free radical 自由基反应
reaction of pendant group 侧基反应
reaction order 反应级数
reaction overpotential 反应超电势
reaction path 反应途径;反应历程
reaction path degeneracy 反应途径简并
reaction period 反应周期
reaction polarization 反应极化;化学极化

reaction probability 反应概率
reaction product 反应产物
reaction promoter 反应促进剂
reaction rate 反应速率
reaction rate constant 反应速率常数
reaction rate methods 反应速率分析法
reaction selectivity 反应选择性
reaction time 反应时间
reaction tower 反应塔
reaction trajectory 反应轨迹
reaction trap 防逆瓣;止回阀
reaction variable 反应程度
reaction vessel 反应釜;反应锅;反应容器
reaction zone 反应区
reactivation 再活化;再生;复活
reactivation gas 再活化(催化剂的)气体
reactivation in situ 就地再活化(催化剂)
reactivation line 再活化管路
reactivation of catalyst 催化剂的再活化
reactivator 再生器
reactive acrylic adhesive 反应性丙烯酸胶黏剂
reactive anti-deteriorant 反应性防老剂
reactive antioxidant 反应型防老剂
Reactive Brilliant Blue KN-R 活性艳蓝 KN-R
Reactive Brilliant Blue X-BR 活性艳蓝 X-BR
Reactive Brilliant Red K-2BP 活性艳红 K-2BP
Reactive Brilliant Red M-8B 活性艳红 M-8B
reactive channel 反应沟
reactive current 无功电流
reactive diluent 活性稀释剂
reactive disperse dye(s) 活性分散染料
Reactive Disperse Orange R 活性分散橙 R
reactive distillation 反应蒸馏
reactive dye(s) 活性染料;反应染料
reactive emulsifier 反应性乳化剂
reactive fibre 反应性纤维
reactive heat-melting adhesive 反应型热熔胶
reactive intermediate 活泼中间体
reactive monomer 活性单体
Reactive Orange X-GN 活性橙 X-GN
reactive oxygen species 活性氧
reactive pan 反应锅
reactive pigment 活性颜料
reactive plasticizer 反应型增塑剂
reactive polymer 反应性聚合物;活性聚合物
reactive power 无功功率
reactive resin 活性树脂;反应型树脂
reactive scattering 反应散射
reactive sintering 反应烧结
reactive species 活性种
reactive still 反应釜
reactive tank 反应槽
Reactive Turquoise Blue KM-GB 活性翠蓝 KM-GB
Reactive Turquoise Blue KN-G 活性翠蓝 KN-G
reactivity 反应性;活性
reactivity index 反应活性指数
reactivity ratio 竞聚率
reactor 反应釜;反应锅
reactor chemistry 反应堆化学
reactor clarifier 反应澄清器
reactor control rod 反应堆控制棒
reactor core 堆芯活性区
reactor network 反应器网络
reactor of biology 生物反应器
reactor produced radionuclides 反应堆生产的放射性核素
reactor radiation loop 堆辐射回路
reactors in series 串联反应器
reactor starter 电抗起动器
reactor vessel mechanical seal 釜用机械密封
reactor waste 反应堆废物
reacylation 再酰化作用
readability 易读性
readily available fertilizer 速效肥料
reading error 读数误差
reading frame displacement 移码
reading frame shift (密码)位移
reading instrument 指示式仪表
reading mistake (密码)错读
readjust(ing) 重(新)调(整)
readjustment 重(新)调(整)
read-out integrator 读出积分器
read-out system 读出系统
readsorption 再吸附
read through 连读
ready for delivery 待发运
ready-mixed paint 调合漆
reagent 试剂
reagent and additive in polymerization 聚合助剂
reagent bottle 试剂瓶

reagent grade 试剂级别
reagent's purity 试剂纯
reaggregation agent 再聚集剂
reagin 反应素;反应抗体
reaginic antibody 反应抗体;反应素
real adsorption solution theory(RAST) 真实吸附溶解理论
real composition 真实组成
real crystal 实际晶体
real electrolyte 真实电解质
realgar 雄黄
real gas 真实气体
real image 实像
real object 实物
real solution 实际溶液
real time control 实时控制
ream 令
reamed hole 铰孔
reamer 铰刀[床]
rear cover 后盖
rear fuel tank 后油箱
rear header 后管箱
rearrangement 重排
rearrangement ion 重排离子
rear smoke box 后烟道室
reasoning 推理
rebamipide 瑞巴派特
reblending 再次混合;重混合
reblunge 重混合
reboil 再煮;重新煮沸;重热
reboiler 再沸器;重沸器
reboiler circulation pump 再沸器循环泵
reborner 转化炉
rebound 回弹
rebound degree 回弹率
rebound hardness 反跳硬度
rebound model 反弹模型
rebound test 回弹试验
rebuild 改建
reburning 再燃;再烧
recainam 瑞卡南(抗心律失常药)
recarbonation 再碳酸化(作用)
recarbonize 再碳化
recarburization (二次)增碳;再渗碳;再碳化
receding contact angle 后退接触角
receiver (1)接收机 (2)收集器;贮液罐 (3)转化炉
receiving inspection and maintenance 验收与维护
receiving lines 接收线路
receiving machine 接收机
receptor (1)接受器 (2)受体
recess 凹口;凹穴
recessed plate filter 凹版式压滤机
recessed plate filter press 凹板式压滤机;厢式压滤机
rechargeable battery 蓄电池
rechargeable cell 可充电电池
recharger 再装填器
recheck 复验
reciprocal lattice 倒易点格
reciprocal linear dispersion 倒数线色散;线性色散倒数
reciprocal space 倒易空间
reciprocal time 往复次数
reciprocal vector 倒易向量;倒格矢
reciprocating blower 往复式鼓风机
reciprocating compressor 往复式压缩机
reciprocating compressor with radial cylinders 星[扇]形往复式压缩机
reciprocating-conveyor continuous centrifugal 往复式连续推料离心机
reciprocating feeder 往复加料器
reciprocating (gas) compressor 往复活塞式气体压缩机
reciprocating piston pump 往复式活塞泵
reciprocating pump 往复泵
reciprocating rigid-type seal 往复刚性密封
reciprocating rubber seal 往复运动橡胶密封
reciprocating sieve 往复(震动)筛
reciprocating steam pump 往复(式)蒸汽泵
reciprocating vacuum pump 往复式真空泵
reciprocation chiller 活塞式冷水机
reciprocity law 互易律;反比定律
recirculate (再)循环
recirculated seal 循环式密封
recirculating oil 再循环(润滑)油
recirculating pump 再循环泵;循环泵
recirculating ratio 循环比;循环系数
recirculating spraying method 循环喷雾法
recirculating system 再循环系统
recirculation method 循环法
recirculation reactor 循环反应器
reclaim 再生胶
reclaim(ation) 回收;回收利用

reclaimed leather 再生革
reclaimed rubber 再生胶
reclaimed water 再生水
reclaiming 再生;回收
reclaiming agent 再生剂
reclaim mix 再生胶胶料
reclaim technology 再生工艺
reclaim valve 回收阀
reclaim vulcanizate 再生胶硫化胶
reclose 再次接通
reclosure 再次接入
recoding 再编码
recoil 反冲
recoil atoms 反冲原子;热原子
recoil chemistry 反冲化学
recoil effect 反冲效应;齐拉特-查尔默斯效应
recoil energy 反冲能
recoil ion 反冲离子
recoil labeling 反冲标记
recoil nuclei 反冲核
recoil oil 反冲油;后座油
recoil separation 反冲分离
recombinant (基因)重组
recombinant DNA 重组 DNA
recombinant plasmid 重组质粒
recombinant toxin 重组毒素
recombination (1)再化合 (2)复合(3)重组
recombination breeding 重组育种
recombination of free radicals 自由基再化合;自由基重组
recompression 再压缩
recon 重组子;交换子
reconcentration 再浓集;再浓缩
reconditioning 再处理
reconditioning system 回收系统
reconectin 补调连蛋白
reconfiguration 重构象
reconstruct 按原样修复
reconstruction cost 改建费用
reconverted rubber 再生胶
reconvertion 再转化
recooling tower 二次冷却塔
record chart 记录表
recorder 记录器
recording density 记录密度
recording dynamometer 记录式拉力表[动力计]
recording equipment 记录装置
recording head 记录磁头
recording interval 记录范围
recording manometer 记录压力表
recording medium 记录装置
recording paper for instrument 仪表记录纸
recording pressure ga(u)ge 记录式压力表
recording rotameter 记录式转子流量计
recording spectrophotometer 自记分光光度计
recording strip 记录带
recording system 记录装置
recording tape 记录带
recording thermometer 记录温度计
recording unit 记录装置
record of inspection 检查记录
record of production 生产记录
recoverability 可恢复性;可复原性
recovered acid 回收酸;再生酸
recovered brine 回收盐水
recovered carbon 回收活性炭
recovered oil 回收油
recovered solvent 回收的溶剂
recovered steam 回收蒸汽
recovered temperature 回收温度
recoverer of waste heat 废热回收器
recover(y) 回收;回收率
recovery factor 回收系数
recovery fraction 回收率
recovery of heat 热的回收
recovery of spreading solvent 涂胶溶剂回收
recovery per cent 回收百分数
recovery plant 回收设备;回收装置
recovery separator 回收分离器
recovery system 回收系统
recovery tower 回收塔
recovery unit[equipment] 回收装置
recovery vacuum pump 回收真空泵
recovery waste heat 废热回收;回收余热
recracking 再裂化
recrystallization 再结晶
recrystallization zone 再结晶区
recrystallized 再结晶
rectal suppository 肛门栓
rectangle 矩形
rectangular 矩形的
rectangular aperture diffraction 矩孔衍射
rectangular design 矩形设计
rectangular flat-plate 矩形板

rectangular loop ferrite 矩磁铁氧体
rectangular magnetic alloy 矩磁合金
rectangular rubber ring 矩形橡胶密封
rectangular section 矩形截面
rectangular tank 长方形储槽[容器,油罐]
rectangular vessel 矩形容器
rectangular wave current 方波电流
rectangular waveguide 矩形波导
rectification 精馏
rectification column 精馏塔
rectification packed column 填充精馏塔
rectification section 精馏段
rectification tower 精馏塔
rectification under vacuum 真空精馏;减压精馏
rectified oil of vitriol(R. O. V.) 精馏硫酸
rectified spirit 精馏酒精
rectifier (1)整流器 (2)精馏器
rectify 精馏
rectifying 精馏(过程)
rectifying section 精馏段;提纯段
rectifying still 精馏釜
rectifying tower 精馏塔
rectilinear motion 直线运动
Rectisol process for CO_2-removal 甲醇法脱(二氧化)碳
recuperable (1)可以同流换热的(2)可以回收的
recuperated (1)同流换热的(2)回收的
recuperated rubber 再生胶
recuperation of heat 同流换热(法)
recuperative burner 同流换热炉
recuperative oven 同流换热炉
recuperator (1)回收装置(2)蓄热器;同流换热器
recuperator tower 同流换热塔
recure 再硫化
recurrence method 递推法
recycle clarifier 再循环澄清器
recycle compressor 循环压缩机
recycle gas blower 循环气鼓风机
recycle liquid pump 循环液泵
recycle pump 循环泵
recycle ratio 循环比
recycle tank 循环槽
recycle valve 循环阀
recycling chromatography 循环色谱法
red acid 猩红酸
red camphor oil 红油
red clover isoflavonoids 红三叶草异类黄酮
red cobalt 钴华
red diamond 红钻石
reddingite 磷锰矿
redeposition 再沉积
redesign 重新设计
redilution 再稀释
redispersion 再分散(作用)
redistill 再蒸馏
redistillation 再蒸馏
redistribution 再分配
redistribution baffle 再分布挡板
redistributor 再分布器
Redix 环氧类树脂
red kojic rice 红曲米
red lead 铅丹;红丹;红铅粉;四氧化三铅
Redlich-Kwong equation RK 方程
red liquor 红碱液(染色用醋酸铝溶液)
red mercury iodide 碘化汞
red mercury oxide 氧化汞
red mercury sulfide 硫化汞
red mud 赤泥
red mustard 黑芥子
red ocher 红赭石;代赭石;氧化铁
red orpiment 雄黄
redox 氧化还原(作用)
redox catalysis 氧化还原催化
redox catalyst 氧化还原催化剂
redox electrode 氧化还原电极
redox enzyme 氧化还原酶
redox fiber 氧化还原纤维
redox flow fuel cell 氧化还原流液型燃料电池
redox indicator 氧化还原指示剂
redox initiation system 氧化还原引发系统
redox initiator 氧化还原引发剂
redox ion exchanger 氧化还原离子交换树脂
redox ion-exchange resin 氧化还原离子交换树脂
redox polymer 电子交换聚合物
redox polymerization 氧化还原引发聚合
REDOX process 雷道克斯流程
redox process 氧化还原(滴定)法
redox reaction 氧化还原反应
redox resin 氧化还原树脂
redox rubber 冷聚丁苯橡胶
redox titration 氧化还原滴定法
red potassium prussiate 铁氰化钾;赤血盐
red prussiate of potash 铁氰化钾;赤血盐

red prussiate of soda 铁氰化钠;赤血盐钠
redrawing 重拉伸
red rice starter 红曲米
redruthite 辉铜矿
red sage root 丹参
red shift 红移
red shortness(=hot shortness) 热脆性;热缩性
red stoneware 紫砂
red tide 红潮;赤潮
Red Toner C 金光红 C
reduced crude 常压渣油
reduced density 对比密度
reduced equation (1)简化方程(式)(2)对比方程(式)
reduced equation of state 对比状态方程
reduced factor 对比因子;折合因子
reduced flange 异径法兰
reduced flow 简化流动
reduced height 换算高度;折合高度
reduced inherent viscosity 比浓黏度
reduced mass 简化质量;约化质量;折算质量
reduced matrix element 约化矩阵元
reduced oil 拔顶油;残油
reduced osmotic pressure 比浓渗透压
reduced parameter 对比[约化]变量;对比参数
reduced pressure (1)对比压力(2)减压
reduced pressure distillation 减压蒸馏;真空蒸馏
reduced property 对比性质
reduced [reducer]tee 异径三通(管)
reduced specific viscosity 增比比浓黏度
reduced specific volume 对比比容
reduced steam 减压水蒸气
reduced temperature 对比温度
reduced variables 对比[约化]变量
reduced viscosity 比浓黏度;(温度)折合黏度
reduced volume 对比体积
reducer (1)变径段[管];异径管;大小头(2)还原剂(3)减速器;减振器(4)节流器
reducer output shaft 减速器输出轴
reducer pedestal 减速机座
reducer section 渐缩管截面
reducer union 变径接头;过渡接头
reducibility 还原性
reducing agent 还原剂
reducing coenzyme 还原辅酶
reducing coupling 缩径管接头
reducing cross 变径四通
reducing elbow 异径弯头
reducing end 还原末端
reducing end group 还原性(末)端基
reducing environment 还原环境
reducing fittings 异径管件
reducing flame 还原焰
reducing flange 渐缩突缘
reducing furnace 还原炉
reducing gear 减速齿轮
reducing orifice 节流孔板
reducing pipe 渐缩管;异径管
reducing solution 还原性溶液
reducing sugar 还原糖
reducing tee 渐缩三通管;异径三通接头
reducing unit (裂化油或)轻质油蒸馏装置
reducing valve 减压阀
reductant 还原剂
reductase 还原酶
reductic acid 还原酸;1,2-二羟-3-酮环戊烯
reductinic acid(=reductic acid) 还原酸
reduction 还原
reduction box 减速机[箱]
reduction carrier 还原载体
reduction gear box 减速(齿轮)箱
reduction gear ratio 减速比
reduction of area 断面收缩率
reduction of cross-section area 断面收缩率
reduction potential 还原电位
reduction ratio (1)粉碎度(2)减速比(3)压缩比
reduction valve 减压阀
reduction welding 还原焊接
reductive acylation 还原酰化
reductive agent 还原剂
reductive alkylation 还原烷基化
reductive ammonolysis(=hydroammonolysis) 还原性氨解(作用)
reductive cyclization 还原性环化
reductive deamination 还原性脱氨基
reductive dehalogenation 还原性脱卤
reductive desulfuration 还原性脱硫
reductive dimerization 还原二聚
reductive methylation 还原性甲基化
reductive sulfonation 还原性磺化

reductometric titration　还原滴定法
reductometry　还原滴定法
reductometry band　参比谱带
reductometry solution　参比溶液
reductometry source　参考源；标准源
reductone　还原酮；二羟丙烯醛
redundancy　冗余
redundant equation　冗余方程
red vitriol　赤矾
redware　紫砂
red water　红水（精制 TNT 生成的废水）
reed pulp　苇浆
reed valve　簧片阀
reel　分卷机
reeling roll　卷取辊
reel tape　开盘磁带
reel to reel systems　开盘式录音磁带
reemulsification　再乳化
re-engineering　改建
reentrainment　二次夹带
re-entrant　再进入面
re-equip　重新装备
re-erection　重新组装
reesterification　再酯化（作用）
reevaporation　再蒸发
reextract　反萃取
reextraction　反萃取
re face　re 面
referee analysis　仲裁分析
reference bias　基准偏磁
reference block　对比试块
reference capillary　参比毛细管
reference cell　参比池
reference compound　参比物
reference condition　参比条件
reference design　参考设计
reference dimension　参考尺寸
reference drawing　参考图
reference electrode　参比电极
reference energy system(RES)　参考能源系统
reference flexible disk cartridge　基准软磁盘
reference frame　参考系
reference height　参考标高
reference level　参考水平
reference line　参比线
reference material　（1）标准物质（2）参考材料
reference performance　参考性能
reference standard　参考标准
reference state　参比态；参考态
reference system　参考系
reference tape　基准带
reference test pieces　对比试块
reference value　参考值
reference variable　参比变量
refill　再装[填，注]满
refilling　再充填
refined asphalt　精制沥青
refined Chinese lacquer　推光漆
refined sugar　精糖
refinery　（1）精炼厂（2）炼糖厂
refinery coke　石油焦
refinery fuel　精制燃料
refinery gas　炼厂气
refinery pit　精制槽
refinery process　炼油工艺
refining process unit　炼油工艺装置
refinery products　石油加工产品
refinery tank　炼油厂油罐
refinery（waste）water　炼油废水
refining　（1）精炼；精制；提炼（2）匀料；匀浆
refining equipment　炼油设备
refining equipments in sets　炼油成套设备
refining plant　精制装置；净化装置
refining tower　精馏塔
refinish　返工修光
refit　重新装配；改装
reflectance spectroscopy　反射光谱
reflected ray　反射线
reflection　（1）反射（2）反映
reflection angle　反射角
reflection coefficient　反射系数
reflection density　反射密度
reflection grating　反射光栅
reflection law　反射定律
reflection method　反射式探伤法
reflection plane symmetry　镜面反射对称
reflection spectroscopy　反射光谱学
reflection spectrum　反射光谱
reflective liner　反射板
reflective liquid level gauge　反射式液面计
reflectivity　反射率
reflux　回流
reflux column[tower]　回流塔
reflux condenser　回流冷凝器
reflux exchanger　回流冷凝器
refluxing　回流
reflux line　回流管

reflux pump 回流泵
reflux rate 回流速率
reflux ratio 回流比
reflux splitter 回流分配器
reflux tower 回流塔
reflux unit 回流装置
reflux valve 回流阀;单向阀
refolding 重折叠
reforcing pad 补强板
reform 重整;重新组成;改革
reformate 重整油
Reformatsky reaction 雷福尔马茨基反应
reformer 转化炉;转化器;重整器
reformer desuperheater 转化炉预热器
reformer hydrogen 重整氢
reformer pipe 重整炉管
reforming (1)重整(炼油)(2)转化(化工)
reforming furnace 重整炉;改质炉;转化炉
reforming gas 转化气
reforming gas boiler 转化气废热锅炉
reforming plant (烃蒸汽)转化装置;重整装置;改质装置
reforming tube 重整炉管
reforming unit 重整装置
refracted ray 折射线
refraction angle 折射角
refraction coefficient 折射系数
refraction law 折射定律
refraction of light 光折射
refractive index 折光率;折射率
(refractive)index ellipsoid 折射率椭球
refractive index increment 折光指数增量
refractivity (1)折射系数(2)折射性
refractometer 折射计
refractometry 折射法
refractor 折射器
refractoriness 耐火度
refractoriness under load 荷重软化温度
refractory 耐火材料
refractory alloy 耐火合金
refractory brick 耐火砖
refractory bubble 耐火空心球
refractory castable 耐火浇注料
refractory cement 耐火水泥
refractory clay 耐火黏土
refractory coating 耐火涂料
refractory concrete 耐火混凝土
refractory fibers 耐火纤维
refractory gunning mix 喷补料;喷射料
refractory (material) 耐火材料
refractory mortar 耐火泥
refractory product 耐火制品
refractory ramming material 捣打料
refractory slinging material 投射料
refrigerant 冷冻剂
refrigerant bypass 冷媒旁路
refrigerant oil 冷冻机油
refrigerant pump 冷媒泵
refrigerant reducing orifice 冷媒节流孔板
refrigerant return pipe 冷媒回流管
refrigerated truck 冷藏车
refrigerating 冷冻;制冷
refrigerating capacity 制冷量;冷冻量;冷冻能力;制冷能力
refrigerating cycle 冷冻循环
refrigerating engineering 冷冻工程
refrigerating equipment 冷冻设备
refrigerating fluid 冷冻液
refrigerating loss 冷损失
refrigerating machine 冷冻机;制冷机
refrigerating machine oil 冷冻机油
refrigerating plant 冷冻设备;制冷装置
refrigeration compressor 冷冻机;制冷压缩机
refrigeration cooler 制冷冷却器
refrigeration cycle 制冷循环
refrigeration house 冷库
refrigeration station 冷冻站
refrigeration storage 冷库
refrigerator 冷冻设备;制冷机;冷冻机
refusal to start 不能起动
refuse 垃圾;废物;渣(滓)
refuse incinerator 垃圾焚烧炉
regain (1)回潮(2)回收
regasification 再气化
regelation 再胶凝;再冻;重新凝结
regenerant 再生剂
regenerant solution 再生液
regenerated acid storage tank 再生酸贮罐
regenerated cellulose 再生纤维素
regenerated cellulose fibre 再生纤维素纤维
regenerated fibre 再生纤维
regenerated protein fibre 再生蛋白质纤维
regenerated rubber 再生橡胶
regeneration 再生作用
regeneration tower 再生塔
regenerative fuel cell 再生型燃料电池
regenerative furnace 交流换[蓄]热炉;再生炉

regenerative furnace pyrolysis 蓄热炉裂解
regenerative heat-exchange 蓄热式换热
regenerative heat exchanger 蓄热式换热器
regenerative pump 涡流泵;再生泵
regenerator (1)再生器;交流换[蓄]热炉;再生炉 (2)再生剂
regenerator reflux drum 再生塔回流槽
regenerator reflux pump 再生塔回流泵
regioselective reaction 区域选择性反应
regenerative technologys 再生技术
regioselectivity 区域专一性;区域选择性
regiospecific reaction 区域专一性反应
register of shipping 船舶检验局
registor 寄存器
registration 套准
regitine 酚妥拉明
Regnault cell 勒尼奥电池
regression 回归
regression analysis 回归分析
regression coefficient 回归系数
regression curve 回归曲线
regression equation 回归方程
regression sum of squares 回归平方和
regression surface 回归曲面
regroovable tyre 可再刻花纹轮胎
reground 回用料
regular block 规整嵌段
regular check 定期检查
regular color black 普通色素炭黑
regular emulsion 盲色乳剂
regular film 盲色胶片
regular inspect 定期检验
regular inspection 定期检查
regularity 规整性;规律性
regular overhauling 定期检修
regular packing 规则[整]填料
regular polymer 规整聚合物;有规聚合物
regular precession 规则旋进
regular screw threads 基本螺纹
regular size 标准尺寸
regular solution 正规溶液
regular system 等轴晶系
regulated polymer 有规聚合物
regulating valve 调节阀
regulation (1)规则;章程(2)调节;控制
regulation hole 调节孔
regulation meter 调节式仪表
regulation of inspection 验收规章
regulation of inspection and repair 检修规则
regulator (1)调节剂 (2)调节器
regulator gene 调节基因
regulatory enzyme 调整酶
regulatory gene 调节基因
regulatory protein 别构蛋白
regulatory subunit 调节亚基
regulon 调节子
rehandling 重复劳动;返工
reheat 再热
reheater 再热器;再热炉
reheat factor 再热系数
reheat(ing) crack 再热裂纹
reheating furnace 再热炉
reheat phenomenon 重热现象
reheat steam 再热蒸汽
reheat turbine 再热式汽轮机
rehydration 再水合
Reimer-Tiemann reaction 赖默-蒂曼反应
reineckate 赖内克酸盐
Reinecke's acid 赖内克酸;四硫氰基二氨合铬酸
Reinecke's salt 赖内克盐
reinforced asbestos sheet 增强石棉橡胶板
reinforced concrete 钢筋混凝土
reinforced concrete pipe 钢筋混凝土管
reinforced concrete storage 钢筋混凝土油罐
reinforced opening 补强的开孔
reinforced plastic 增强塑料
reinforced plate 加劲板
reinforced PP 增强聚丙烯
reinforced PSAT 增强(压敏)胶粘带
reinforced rubber 补强橡胶
reinforced TFE 增强聚四氟乙烯
reinforced tread 增强胎面
reinforced wheel 加强砂轮
reinforcement 补强;加强件;增强体
reinforcement butt welds 补强对接焊
reinforcement by thickened embedded nozzle 内伸式接管加厚补强
reinforcement of large opening 大孔径补强
reinforcement of multi-openings 并联孔开孔补强
reinforcement of weld 加强焊缝
reinforcement pad 补强圈
reinforcement ring 加强环
reinforcement strength 补强强度
reinforcer 增强材料;增强填料;增强剂;补强剂
reinforcing 增强;补强

reinforcing action 补强作用
reinforcing agent 增强剂;补强剂
reinforcing band 补强带
reinforcing girder 加力梁
reinforcing material 加强(材)料
reinforcing plug 增强塞
reinforcing resin for rubber 橡胶用补强树脂
reinforcing rib 加固板;加强肋
reinforcing ring 补强环;加固圈[环]
reinforcing whiting 活性碳酸钙
re-initiation 再(次)引发
reinspection 复查
Reissert compounds 赖塞尔特化合物
Reissert reaction 赖塞尔特反应
reiterated genes 重复基因
reject(=rejected log) 等外材;淘汰材;不合规格材
reject chest 废料池
rejected material 废弃物
rejected part 拒收部件或零件
rejection 报废;拒收
rejection of data 数据舍弃
rejection of heat 散热
rejection region 舍弃域;拒绝域
reject ratio 废品率
rejuvenated rubber 再生胶
rejuvenation 复壮
rejuvenescence 复壮
relative acceleration 相对加速度
relative acidity 相对酸度
relative activity 相对活度
relative alkalinity method 相对碱度法
relative aperture 相对孔径
relative atomic mass 相对原子质量
relative configuration 相对构型
relative density 相对密度
relative deviation 相对偏差
relative dielectric constant 相对介电常量
relative error 相对误差
relative fluctuation 相对涨落;相对波动
relative frequency 相对频数
relative humidity 相对湿度
relative index of refraction 相对折射率
relative method 比较法
relative molecular mass 相对分子质量
relative motion 相对运动
relative permeability 相对磁导率
relative permittivity(=dielectric constant) 介电常数
relative pressure 相对压力
relative reaction rate 相对反应速率
relative reactivity 相对反应性
relative refractive index 相对折射率
relative resolution map(**RRM**) 相对分离度图;相对分辨率图
relative response 相对响应值
relative retention 相对保留值
relative sensitivity coefficient 相对灵敏度系数
relative standard deviation 相对标准(偏)差
relative tape sensitivity 磁带相对灵敏度
relative value 相对值
relative vapour pressure 相对蒸气压
relative velocity 相对速度
relative viscosity 相对黏度
relative viscosity increment 相对黏度增量
relative volatility 相对挥发度
relativistic 相对论性(的)
relativistic covariance 相对论性协变性
relativistic covariant (1)相对论性协变量 (2)相对论性协变式
relativistic dynamics 相对论(性)动力学
relativistic effect 相对论(性)效应
relativistic field equation 相对论性场方程
relativistic hydrodynamics 相对论(性)流体力学
relativistic invariance 相对论性不变性
relativistic invariant (1)相对论性不变量 (2)相对论性不变式
relativistic kinematics 相对论(性)运动学
relativistic mass 相对论性质量
relativistic mechanics 相对论(性)力学
relativistic particle 相对论性粒子
relativistic physics 相对论(性)物理学
relativistic quantum mechanics 相对论(性)量子力学
relativistic thermodynamics 相对论(性)热力学
relativistic velocity addition formula 相对论(性)速度加法公式
relativity 相对性
relativity correction 相对论(性)校正
relativity of simultaneity 同时性的相对性
relativity principle 相对性原理
relativity(**theory**) 相对论
relaxant 弛缓药
relaxation 松弛;弛豫
relaxation bath 松弛浴
relaxation effect 松弛效应

relaxation force 松弛力
relaxation method 松弛法;弛豫法;逐次近似法
relaxation modulus 松弛模量
relaxation of electron distribution 电子分布松弛
relaxation of stress 应力松弛
relaxation reagent 松弛试剂
relaxation spectrum 松弛谱
relaxation time 松弛时间;弛豫时间
relaxed circular DNA 松环 DNA
relaxin 松弛素;三碘季铵酚
relaxometer 应力弛豫[松弛]仪
relay 继电器;替续器
relay regulator 继电式调节器
relay reservoir 中间贮罐
relay selector 继电器式选择器
relay synthesis 接替合成
release agent 脱模剂;隔离剂
release cloth 脱模布
release factor 释放因子
release film 隔离膜
release liner 隔离衬垫
release paper 剥离纸;离型纸
release pipe 泄放管
releasin 松弛素
releasing agent (1)释放剂 (2)脱模剂;防粘剂
releasing factor 释放因子;释放激素
releasing hormone 释放激素;释放因子
reliability 可靠性
reliability analysis 可靠性分析
reliability screening 可靠性筛选
reliability service 可靠运行
relief devices 泄放装置
relief paper 凸版印刷纸
relief plug 放气塞
relief valve 安全阀;减压阀;保险阀
relief valve unit 保险活门装置;减压阀装置
reloading 重复荷载
relocatability 再定位
relomycin 瑞洛霉素
reluctivity 磁阻率
rem (=roentgen equivalent man) 人体伦琴当量;雷姆
remake 修改;重做
remake a plan 修订计划
remanent magnetization 剩余磁化强度;剩磁
remarks 备注
remedy of the trouble 排除故障
remelter 再熔器
remelting 再熔化
remifentanil 瑞芬太尼
remiling 返炼
remills 再炼胶
remixing 再混合;重新混合
remodeling 重组装
remote control 远程操纵;遥控
remote control equipment 遥控设备
remote(-controlled) valve 远距离控制阀;遥控阀
remote maintenance 遥控维修;远距间接维修
remote manipulator 遥控机械手
remote monitoring 遥控
remote sampling 遥控取样;远距离取样
remote sensed technique 遥感技术
remote sensing film 遥感胶片
remote valve 遥控阀
removability 可移动性;可脱除性;脱模性
removable and interchangeable internal parts 可拆和互换内件
removable coupling 可拆联轴节
removable internals 可拆内件
removable parts 可换零件
removable tread tyre 活胎面轮胎
removal 脱除;移去;取出;(模具)脱模
removal of contamination 清除杂质
removal of defects 清除缺陷
removal of faults 排除故障
remove 移动;除去;脱除
remove and replace 拆卸与置换
removed 拆除的
remove overhead 除去(上头的)轻质油
remover (1)脱漆剂;脱(涂)膜剂 (2)洗净剂
removing plow 转动犁
remoxipride 瑞莫必利
renaturation 复性
renewable energy 可再生能源
renewable resource 可再生资源
renin 肾素;血管紧张肽原酶
rennase 凝乳酶
Renner effect 伦纳效应
rennet (粗制)凝乳酶
rennet casein 酶凝酪素;皱胃酪蛋白
rennin 凝乳酶
renographin 肾造影剂

renormalization group 重整化群
renosine 肾核蛋白
renovated rubber 再生胶
renovated tyre 翻新轮胎
renovation 革新;更新;改造;改建;修复;修理
RE number 抗乳化值
reoil 再上油
reorientation 再取向
reoxidation 再氧化
rep 物理伦琴当量
repaglinide 瑞格列奈
repair 返修;修复
repair adhesive 修补胶
repair as required 按需要修理
repair by welding 焊接修补
repair costs 修理费(用)
repairers of machinery 机修工具
repair forecast 修理计划
repair for lst time 一次返修
repair for 2nd time 二次返修
repair gum 补胎胶
repairing cost 修理费(用)
repairing factory 修理工厂
repair parts line item 备件名称
repair parts[piece] 备品
repair parts stock 备件仓库
repair[repairing]welding 补焊
repair schedule 检修计划
repair shop 修配车间
repair weld 补焊
repayment schedule 付款时间表
repeatability 重现性;复验性
repeat camera 分步重复照相
repeated compression test 反复压缩试验
repeated cracking 再裂化;多次裂化
repeated index 重复指标
repeated load 交变[替]载荷;重复荷载
repeated stress 反复应力
repeated tempering 多次回火
repeated transverse impact test 反复弯曲冲击试验
repeating unit 重复单元
repellant 驱避剂
repellent 驱避剂
repetitive defect 重复缺陷
repetitive sequence 重复序列
repipe 更换管子
repirinast 瑞吡司特
replaceable tread tire 活胎面轮胎
replacement cost 更换成本
replacement parts 替换零件
replacement reaction 复分解反应;置换反应
replacement synthesis 置换合成(反应)
replacement titration 置换滴定
replacement tool 安装工具
replacement vector 置换型载体
replenishment pathway 添补途径;补偿途径
replica 复制物;复制品
replicable 能重现的
replica plant 中间工厂
replicase 复制酶
replicate 平行测定
replicating fork 复制叉
replicating form 复制型
replicating plasmid 复制质粒
replicating sequence 复制顺序
replication 复制
replication origin 复制起始点
replicative DNA 复制型DNA
replicative enzyme 复制酶
replicator 复制基因
replicon 复制子
replisome 复制体;复制颗粒
repolish 再抛光;再磨光
repolymerization 再聚合
reporter 指示器
reporter group 信息基团
reporter protein 报告蛋白
reposal 双环辛巴比妥
Reppe reactions 雷佩反应
reprecipitation 再沉淀
representation (1)表示(2)表象
representation position 代表部位
representative ensemble 统计系综;吉布斯系综
representative point 相点
representative sample 代表性试样
repression 阻遏
repressor 阻遏物
repressor protein 阻遏蛋白
reprocess 后处理;再处理
reprocessing 再处理;再加工
reprocessing analysis (核燃料)后处理分析
reprocessing plant (核燃料)后处理工厂
reproduce head 重放磁头
reproducer 再生器

reproducibility 再现性;再生性;可重现性
reproduction 再生产;复制(品);翻版
reproterol 瑞普特罗;茶丙喘宁
repulsive mixture 相斥混合物
repulsive potential energy surface 推斥型势能面
repurifier 再(提)纯器
request number 申请号
requirement (合同)要求
re-reeler 复卷机
re-reeling machine 复卷机
rerefined oil 再生润滑油
rerun (1)再(度)运行(2)再蒸馏
rerun bottoms 再蒸馏后的残油
rerunning (1)再(度)运行 (2)再蒸馏
rerunning plant[unit] 再蒸馏设备
rerunning still 再蒸馏釜
rerunning tower 再蒸馏塔
rerunning unit (石油产品)再蒸馏设备
rerun oil 再蒸馏油
rerun still 再蒸馏锅[釜]
rerun tower 再蒸馏塔
resacetophenone 雷琐苯乙酮;2,4-二羟基苯乙酮
resampling 再采样
resazurin 刃天青
Resbon block 不透性石墨块
Resbon tube 不透性石墨管
reschedule 修订计划
rescimetol 瑞西美托
rescinnamine 瑞西那明;利血胺;桂皮利血胺;利血敏
reseal 再(密)封
research and development 研究与开发
research center 研究中心
research department 研究部门
research engineering 研究工程
researches 研究报告
research instrument 研究设备
research laboratory 研究工作实验室
research model 实验模型
research paper 研究论文;研究报告
research report 研究报告
research trial 研究试验
reseat 研磨
reseda oil 木犀油
reserpic acid 利血平酸
reserpiline 利舍匹林
reserpine 利血平;血安平
reserpoid 利血平
reserve battery 储备电池
reserve capacity 备用能力;备用容量
reserv(ed) pump 备用泵
reserve drive 备用传动装置
reserve feed water 储备供水
reserve level 备用量
reserve (oil) tank 辅助(油)箱;储(油)罐
reserve part 备品
reserve price 最低价格
reserve set 备用机组[组件]
reserve tank 备用贮罐
reservoir (压缩)空气贮罐
reset (1)翻转 (2)复位;回到零位 (3)微调
reset attachment 再调附件
reshaping 重新修整
resibufogenin 蟾毒配基;蟾力苏
residence time 停留时间
residence time distribution 停留时间分布
residual 残差;残留
residual activity 残效
residual affinity 剩余亲合势
residual analysis 残差分析
residual asphalt 残余沥青
residual cake valve 排渣阀
residual carbon 残存碳
residual char 剩余炭
residual contribution 残余贡献
residual coupling constant 剩余偶合常数
residual current 剩余电流
residual deformation 残余变形;永久变形
residual effect 残效
residual elongation 残余伸长;永久伸长
residual enthalpy 残余焓
residual entropy 残余熵
residual error 残差
residual extension 残余伸长
residual fraction 尾馏分;残余馏分
residual gas 残余气体
residual magnetization 剩余磁化强度
residual oil 渣油
residual pressure 剩余压力
residual products 残油
residual property 残余性质
residual slag valve 排渣阀
residual strain 残余应变
residual strain by welding 焊接残余应变
residual stress 剩余应力
residual sum of squares 残差平方和
residual term 残余项

residual valence 剩余(化合)价
residual valency 剩余(化合)价
residual variance 残余方差
residual volume 残余体积
residual water 残留水
residue 残基;残渣;残液;釜液
residue-curve map 残留物曲线图
residue gas 残余气;干气
residue on sieve 筛余(物)
residue weight 残基量
residuum 渣油;重残油
residuum hydroconversion 渣油加氢转化(法)
residuum hydrodesulfurization 渣油加氢脱硫(法)
resilience (1)回弹;弹(回)性 (2)回能;弹能
resilience factor 回弹系数
resilience force 回弹力
resilience load 回弹力
resilin 节肢弹性蛋白
resin 树脂
resin acid 树脂酸
resinate 树脂酸盐(或酯)
resin based adhesive 树脂基胶黏剂
resin bleed 树脂泄漏
resin cation(RC) 阳离子树脂
resin-coated paper 涂塑相纸
resin copal 玷玔树脂
resin cure 树脂硫化
resinene 中性树脂
resin ester 树脂酯;酯化树脂
resin finishing 树脂整理;树脂涂饰
resin finishing bath 树脂整理浴
resin 8111 for making silk screen plate 丝网制版树脂 8111
resinic acid 树脂酸
resinification 树脂化(作用)
resin ipomea 药薯树脂
resinized rubber 橡胶树脂
resin jalap 球根牵牛树脂
resin kava-kava 醉椒树脂
resin mezereum 瑞香树脂
resinogen 树脂原
resinoid 热固性树脂
resinol 树脂酚
resinolic acid(=resin acid) 树脂酸
resinotannol 树脂单宁醇
resinous matter 胶锈
resinous plasticizer 树脂(型)增塑剂
resinox 酚-甲醛树脂;酚-甲醛塑料
resin pressure sensitive adhesive 树脂型压敏胶
resin reaction vessel 树脂反应锅
resin regeneration 树脂再生
resin-rich area 富树脂区
resin scammony 番薯树脂
resin spirit 树脂精
resin spot test (离子交换)树脂点滴试验
resin-starved area 贫树脂区
resin sumbul 苏布树脂
resin tannage 树脂鞣法
resin thapsia 毒胡萝卜树脂
resin-type profile control agent 树脂型调剖剂
resist 抗蚀剂
resist agent 防染剂
resistance (1)抵抗;抗性 (2)阻力 (3)抗药性 (4)电阻
resistance box 电阻箱
resistance brazing 电阻钎焊
resistance factor 抗性因子
resistance furnace 电阻炉
resistance heater 加热电阻丝
resistance marker 抗性标记
resistance of ducting 管道阻力;管道压力损失
resistance polarization 电阻极化
resistance pressure ga(u)ge 电阻式压力计
resistance[resistant] to corrosion 抗腐蚀能力;抗腐蚀性
resistance thermometer 电阻温度计
resistance to abrasion 磨蚀阻力
resistance to air loss 气密性
resistance to alkali 耐碱性
resistance to chemical reagents 耐药品性
resistance to cold 耐寒强度
resistance to compression 抗压
resistance to elements 耐候性;耐候化性能
resistance to emulsion 抗乳化强度;对乳浊化的抵抗力
resistance-to-emulsion(RE) number 抗乳化值
resistance to flame erosion 耐火焰侵蚀性
resistance to foaming 抗起泡沫能力
resistance to impact 抗冲击
resistance to intercrystalline corrosion 抗晶间腐蚀性
resistance to inter granular corrosion

抗晶间腐蚀性
resistance to mass transfer 传质阻力
resistance to outflow （对气体，液体的）流出阻力
resistance to oxidation 抗氧化力[性]
resistance to pit corrosion 抗点蚀性
resistance to ripping 抗撕裂性
resistance to shock 抗震性；耐冲击性
resistance to solvent 耐溶剂性
resistance to swelling 耐溶胀性
resistance to thermal shocks 耐热震性；耐急冷急热性
resistance to weathering 耐候化性能
resistance welding 接触焊
resistant to fire 耐火
resistant to liquid 液密
resistant to oil 油密
resistant to peeling 耐剥落性
resistant to sulfide tarnishing 抗硫蚀
resistant to water 水密
resist cure 抗蚀剂固化
resist heat 耐热
resistivity 电阻率
Resist K 防染盐 K
resist lifting 抗蚀剂脱落
resistomycin 拒霉素；日光霉素；硫酸卡那霉素
resistor 电阻器
resistor furnace 电阻炉
resistor unit 电阻元件
resist printing 防染印花
resite 丙阶酚醛树脂
resitol 乙阶酚醛树脂
resmethrin 苄呋菊酯
resodec 雷索德克
resoiling 再污染
resol 甲阶段酚醛树脂
resolidification 再凝固（作用）
resolite 乙阶段酚醛树脂
resolution （1）拆分（2）分辨率；分辨本领（3）分离度
resolution of force 力的分解
resolution of velocity 速度（的）分解
resolvent 预解式
resolving agent 拆解试剂
resolving power （1）分辨本领；分辨力（2）解像力
resonance （1）共振（2）共鸣
resonance capture 共振俘获
resonance effect 共振效应
resonance energy（RE） 共振能
resonance excitation 共振激发
resonance fluorescence 共振荧光
resonance frequency 共振频率
resonance hybrid 共振杂化分子
resonance line 共振线
resonance method 谐振测定法
resonance neutron activation 共振中子活化
resonance neutron detector 共振中子探测器
resonance peak 共振峰；谐振峰值
resonance phosphorescence 共振磷光
resonance speed 共振转速
resonance structures 共振结构
resonance theory 共振论
resonance tube 共鸣管
resonant cavity 共振腔
resonant frequency 共振频率
resonant mode 共振（波）模
resonant speed 共振速度
resonant vibration 共振
resonator （1）共振腔；共振器（2）共振电子排布
resonator type muffler 共振型消声器
resorantel 雷琐太尔；溴二羟苯酰苯胺
resorb 再吸收，再吸着；消溶
resorcin diacetate 间苯二酚二乙酸酯
resorcin dibenzoate 间苯二酚双苯甲酸酯
resorcin dimethyl ether 间苯二酚二甲醚
resorcin monoacetate 间苯二酚一乙酸酯
resorcin monomethyl ether 间苯二酚一甲醚
resorcin（ol） 间苯二酚；雷琐酚；雷琐辛
resorcinol-methyl-silica bonding system 间-甲-白黏合体系
resorcinol monoacetate 间苯二酚一乙酸酯
resorcinol phthalein 间苯二酚酞
resorcinol resin 间苯二酚树脂
resorcitol 1,3-环己二醇
resorcyl （1）间羟苯基（2）间二羟苯基
β-resorcylaldehyde 2,4-二羟基苯甲醛
resorcylate 间（二）羟苯甲酸盐（或酯）
β-resorcylic acid 2,4-二羟基苯甲酸；雷琐酸
resorption 回吸（作用）；吸除（作用）
resorufin 试卤灵；9-羟基-3-异吩噁唑酮
resource 资源
respigon 蟾毒配基
respiration 呼吸
respiration intensity 呼吸速率

respiration rate 呼吸速率
respiration valve 呼吸阀
respirator 防尘[毒]面罩
respiratory acidosis 呼吸性酸中毒
respiratory alkalosis 呼吸性碱中毒
respiratory chain 呼吸链
respiratory enzyme 呼吸酶
respiratory metabolism 呼吸代谢(作用)
respiratory quotient 呼吸商
response 响应(值)
response curve 响应曲线
response factor 响应因子
response function 响应函数
response time 响应时间
responsibility 职责
respropiophenone 异丙基·苯基(甲)酮
restart 再起动
restarting 再起动;重新起动
rest cell 生长休止期细胞
rest energy 静能
restilling 再蒸馏
resting period 存放时间;放置期
resting position 静止位置
rest mass 静质量
restomycin 停留霉素
restore 修复
restored acid 回收的酸
rest potential 静态电势
restrainer 抑制剂
restraining agent 抑制剂;抑染剂
restricted diffusion 限制扩散
restricted diffusion chromatography 被阻扩散色谱法
restricted internal rotation 被阻内旋转
restricted rotation 被阻旋转;被限旋转;阻旋作用
restriction 限制;节流
restriction endonuclease 限制(性内切核酸)酶
restriction endonuclease map 限制酶图谱
restriction fragment length polymorphism 限制片长多态性
resource recovery of waste 废物资源化
restriction orifice 节流孔板;限流孔板;节流孔
restrictor 节流阀;限流器;节气门
resublime 再升华
resublimed iodine 再升华碘
resultant 生成物;总和;结果
resultant couple 合力偶
resultant curve 合力曲线;结果的曲线
resultant force 合力
resultant of reaction 反应生成物;反应产物
resultant stress 合成应力
resultant velocity 合速度
result(of inspection) 检验结果
resuperheater 再过热器
resurfacing 表面重修
resveratrol 瑞维拉酚;3,4′,5-芪三酚;3,5,4′-三羟均二苯(代)乙烯
resweat 二次发汗;再发汗
resynthesis 再合成
retained moisture 残留水分
retained strength 残留强度
retainer (1)保持器;定位器 (2)隔栅[环];护圈 (3)止动器;止动装置
retainer bolt 止动螺钉
retainer seal 护圈密封
retaining pawl 制动爪
retaining valve 单向阀
retamine 瑞它明
retamycin 网霉素
retan 复鞣
retanning 复鞣
retanning agent 复鞣剂
retard 延迟;阻滞;(发动机)延迟点火
retardance 阻滞性
retardant 缓速剂
retardation 缓聚作用
retardation time 推迟时间
retardation(time) spectrum 推迟(时间)谱
retarded effect 推迟效应
retarded elasticity 迟延弹性
retarded oxidation 缓慢氧化
retarded potential 推迟势
retarder 阻滞剂;迟延剂;抑制剂;阻聚剂;防焦剂
retarder HK-14 阻聚剂 HK-14
retarding agent 阻滞剂;迟延剂;抑制剂
retarding effect (萃取)阻滞效应;抑制效应;推迟效应
retemper 再次回火
retempering 再次回火
retene 惹烯;1-甲-7-异丙基菲
retentate (超滤时)截留物质;渗余物
retention 截留;保留
retention aid 助留剂
retention analysis (1)残留分析(2)保留分

析(法)
retention basin 驻留池;贮水池
retention by "charged" membrane 荷电膜滞留
retention index 保留指数
retention mechanism 保留机理
retention of color 保色性;着色稳定性
retention of configuration 构型保持
retention of records 记录的保管[存]
retention pin 止动销
retention pond 澄清池;贮水池
retention screw 止动螺钉
retention temperature 保留温度
retention time 保留时间
retention volume 保留体积
retentivity 剩余磁化强度
retest 复试;重新试验
retest of materials 材料复验
reticular layer 真皮网状层
reticular structure 网状结构
reticular tissue 网状组织
reticulate structure 网状结构
reticulin (1)网硬蛋白 (2)网状霉素
reticuline 网脉(番荔枝)碱
retighten(ing) 重新固定[拉紧,拧紧]
retime 重新定时
retinal 视黄醛
retine 惹亭
retinene 视黄醛;视黄素
retinene isomerase 视黄醛异构酶
retinene oxime 视黄醛肟
retinene reductase 视黄醛还原酶
retinite 树脂石
retinoic acid 视黄酸;视网膜酸;维生素A酸
retinyl- 视黄基
retinyl glucuronide 葡糖视黄苷酸
retinyl palmitate 棕榈酸视黄酯
retool 重新装备
retort 甑;曲颈甑;干馏甑;干馏炉[釜]
retorting 蒸馏法
retouching 手修;修版;润色
retract bolt 伸缩螺栓
retracted film 回缩膜
retraction 回缩;收缩
retraction stress 收缩应力
retreaded grooving 翻新胎面刻花
retreaded tyre 翻新轮胎
retreading 胎面翻新
retreat (1)再精制 (2)再处理
retreating (1)再精制(2)再处理
retreatment (1)再精制(2)再处理
retrievability 可回收性;可恢复性
retrievable storage 中间贮存
retro Diels-Alder reaction 逆狄尔斯-阿尔德反应
retrograde aldol condensation 逆羟醛缩合
retrograde condensation (1)反缩合 (2)逆冷凝
retrograde phenomenon 反向现象
retrograde solubility 反向溶解度
retrograde vaporization 反向汽化
retronecine 倒千里光裂碱
retronecinic acid 倒千里光裂酸
retropinacolic conversion 逆频哪醇重排作用
retropinacol rearrangement 逆频哪醇重排
retroposition 返座作用
retrorsine 倒千里光碱
retrosynthesis 逆合成
retrosynthetic analysis 逆合成分析
retroviridae 反转录病毒科
returnable 可回收使用的
return bend 回弯头;回管
return chamber[channel] 回流室
return-circuit ring 反向导流器
returned acid 回流酸
return flow compressor 回流式压缩机
return flow line 回流通道
return guide vane 回流导叶;导流板
return line 回流管
return oil system 废油的回流系统
return pipe 回管
return pump 抽空泵
return sand 回用砂
return sludge 回流污泥
return stroke 回程;反冲程
return tube 溢流管
return valve 回流阀;回水阀;回路阀
return water pipe 回水管
retwist 复捻
reuse water 回用水;再生水
reutilization 二次利用
revamping 重新修整
revaporization 再汽化[蒸发](作用)
revaporizer 再蒸发塔[器];二次蒸发器
reverberatory burner 返射[焰]炉
reverberatory furnace[burner] 反射炉;反焰炉

reversal (1)反极(2)反向;反面(3)逆转;反转
reversal coulometry 逆向库仑法
reversal of cure 反硫化
reversal processing 反转加工
reverse-acting 回动作用;回动传动
reverse-current drier 回流式干燥器
reversed compression 反向压力
reversed current direr 逆流干燥器
reversed dished head 凹形封头
reversed-flow condenser 逆流式凝汽器
reversed load 反向载荷
reversed micelle 可逆胶囊
reversed osmosis technology 反渗透技术
reverse double focusing mass spectrometer 反置双聚焦质谱仪
reversed phase chromatography 反相色谱法
reversed phase partition chromatography 反相分配色谱法
reverse drive 逆行程
reverse electrodialysis(RED) 反电渗析
reverse extraction 反萃取
reverse-flow 回流;逆流;反流
reverse-flow baffle 回流挡板
reverse flow process 逆流法
reverse-flow tray 回流型挡板
reverse-gear 逆转装置
reverse IDA 逆同位素稀释分析
reverse isotope dilution 逆同位素稀释
reverse-jet type duster 反喷式振动落料器
reverse micelle extraction 反胶团萃取
reverse osmose 反渗透
reverse osmose membrane[film] 反渗透膜
reverse osmosis 反渗透
reverse osmosis membrane 反渗透膜
reverse osmosis unit 反渗透装置;反渗透单元
reverse polymerization 逆聚合
reverse process 反转工艺
reverse reaction 逆反应
reverse relay 逆流继电器
reverse roll coater 逆辊式涂布机
reverse roll coating 逆辊涂布
reverse rotational direction 逆旋转方向
reverse stroke 返回行程;逆行程
reverse transcriptase 逆转录酶;反转录酶
reverse transcription 反转录
reverse turning bed 翻板
reverse valve 回动阀
reverse winding 逆卷取
reverse yielding 反向屈服
reversibility of optical path 光路可逆性
reversible 能反转的
reversible adiabatic 可逆绝热曲线
reversible cell 可逆电池
reversible change 可逆过程
reversible circulation valve 双循环阀
reversible coagulation 可逆凝聚
reversible colloid 可逆胶体
reversible cycle 可逆循环
reversible electrode 可逆电极
reversible electrode potential 可逆电极电势
reversible hydrolysis 可逆水解
reversible ion exchange 可逆离子交换
reversible polymerization 可逆聚合
reversible process 可逆过程
reversible pump 双向旋转泵;变向泵
reversible reaction 可逆反应
reversible swelling 可逆溶胀
reversible transformation 可逆转变
reversible wave 可逆波
reversible work 可逆功
reversing 换向
reversing mechanism 换向机构
reversing pump 换向泵
reversing valve 回转阀;可逆阀;回动阀
reversion (1)反转 (2)返硫
reversion phase chromatography 反相色谱法
reverted calcium phosphate 复原磷酸钙
revertex 浓缩胶乳;蒸浓胶乳
revertose 复原糖
revetment 护岸工程
reviparin sodium 瑞肝素钠
revised design 改进设计;修改设计
revivifier 再生器
revolution (1)回转 (2)革新
revolution indicator 转速计
revolver 旋转炉
revolving burner 旋转炉
revolving crane 回转起重机;立柱式旋臂起重机
revolving drier[dryer] 转筒干燥器
revolving drum 转筒
revolving furnace 旋转炉
revolving joint 旋转接头
revolving screen 回转筛;转筒筛
revolving table 旋转工作台
revolving table feeder 圆盘给料机

revulcanization 再(次)硫化
reweighing 再行称量
rewelding 重焊
rewetting agent 再润湿剂
reworking 再次加工
rexan 氯美扎酮;芬那露
Reynolds number 雷诺数
RF (1)(replicating form)复制型(2)(ribosome release factor)核糖体释放因子
R factors 抗性因子
RFL dipping mix RFL浸渍液
RFMS(radio frequency mass spectrometer) 射频质谱仪
***Rf* value** *Rf*值;比移植
RG-acid RG酸;1-萘酚-3,6-二磺酸
rhamnase 鼠李酶
rhamnetin 鼠李亭;鼠李醚;栎精-7-甲基醚
rhamninose 鼠李三糖
rhamnite(=rhamnitol) 鼠李糖醇
rhamnitol 鼠李糖醇
rhamnogalactoside 鼠李半乳糖苷
rhamnogalacturonan 多聚鼠李半乳糖醛酸
rhamnoglucoside 鼠李葡糖苷
rhamnoheptonicacid 鼠李庚酮酸
rhamnoic acid 鼠李酸
rhamnol 鼠李醇
rhamnolipid 鼠李糖脂
rhamnomannoside 鼠李甘露糖苷
rhamnose 鼠李糖
rhamnoside 鼠李糖苷
rhamnosterin 鼠李甾醇
rhamnus cathartica 鼠李树皮
rhapontin 土大黄苷
rhatanin 娜檀宁;*N*-甲基酪氨酸
rheadine 丽春花碱;大黄定
rheic acid 大黄根酸
rhein 大黄酸;二羟蒽醌-2-羧酸
rheinic acid 大黄酸
rheinolic acid 大黄醇酸
Rhenania phosphate 雷诺尼亚磷肥;钙钠磷肥
rhenate 铼酸盐
rheniforming 铂铼重整
rhenite 亚铼酸盐
rhenium 铼 Re
rhenium carboxyl 羰基铼
rhenium dioxide 二氧化铼
rhenium disulfide 二硫化铼
rhenium heptafluoride 七氟化铼
rhenium heptasulfide 七硫化二铼
rhenium heptoxide 七氧化二铼
rhenium hexachloride 六氯化铼
rhenium hexafluoride 六氟化铼
rhenium oxide 氧化铼
rhenium oxide tetrafluoride 四氟氧铼
rhenium oxychloride 氯氧化铼
rhenium oxyfluoride (1)四氟氧化铼(2)二氟二氧化铼(3)(总称)氟氧化铼
rhenium pentofluoride 五氟化铼
rhenium reforming 铼重整
rhenium sesquioxide 三氧化二铼
rhenium tetrachloride 四氯化铼
rhenium tetraoxide 四氧化铼
rhenium tribromide 三溴化铼
rhenium trichloride 三氯化铼
rhenium trioxide 三氧化铼
rhenium trioxide fluoride 三氧氟化铼
rheochrysin 大黄苷
rheodestruction 流变破坏
rheodichroism 流变二色性
rheodynamic lubrication 流变动压润滑
rheogoniometer 流变仪
rheogram 流变图
rheological coefficient 流变系数
rheological diagram 流变图
rheological equation of state 流变状态方程
rheological property 流变性质
rheological voluminosity 容积度
rheology 流变学
rheometer 流变仪
rheometry 流变测定法
rheonomic constraint 非定常约束
rheopectic flow 震凝流动;抗流变流动
rheopectic fluid 触稠流体
rheopexy(=rheopecticity) 震凝性;抗流变体;流凝性
rheostat 变阻器
rheostatic lubrication 流变静压润滑
rheotannic acid 大黄单宁酸;大黄鞣酸
rheovibron 黏弹谱仪
rheoviscometer 流变黏度计
Rh factor Rh因子;凝集因子
rhinanthin 玄参苷
rhinoceros horn 犀角
Rhizobium 根瘤菌属
Rhizobium nod factor 根瘤菌结瘤因子
rhizocarpic acid 地衣黄素酸
rhizocholic acid 根胆酸
rhizoma Gastrodiae 天麻
rhizoma Ligustici Wallichi 川芎
rhizomycin 根霉素

rhizonic acid 瑞藏酸
rhizopterin 根霉蝶呤;N^{10}-甲酰蝶酸
Rhizopus 根霉属
rhodalline 烯丙基硫脲
Rhodamine B 若丹明 B
Rhodamine B extra 碱性玫瑰精
Rhodamine 6G 若丹明 6G
rhodanase 硫氰酸酶
rhodanate 硫氰酸盐(或酯)
rhodanese 硫氰酸生成酶;硫氰酸酶
rhodanic acid (1)硫(代)氰酸 (2)绕丹酸;绕丹宁
rhodanic ester 硫氰酸酯
rhodanide 硫氰酸盐(或酯)
rhodanilic acid 绕丹酸
rhodanine 绕丹宁;硫氧噻唑烷
rhodeite 万年青糖醇
rhodeol 万年青糖醇
rhodeose 万年青糖
rhodinal 罗丁醛;α-香茅醛
rhodinol 玫瑰醇
rhodium 铑 Rh
rhodium carbonyl chloride 氯化羰基铑
rhodium chloride 三氯化铑
rhodium (electro)plating 电镀铑
rhodium hydroxide 氢氧化铑
rhodium nitrate 硝酸铑
rhodium oxide 氧化铑
rhodium sesquioxide 三氧化二铑
rhodium sulfate 硫酸三价铑
rhodizonic acid 玫棕酸;环己烯二醇四酮
rhodochrosite 菱锰矿
rhododendrin 杜鹃素
rhododendrol 杜鹃醇
rhodol 对甲氨基酚
rhodomycin 紫红霉素
rhodopin 玫红品;紫菌红素乙
rhodoporphyrin 玫红卟啉
Rhodopseudomonas 红假单胞菌属
rhodopsin 视紫红(质)
rhodopsin protein 视紫红蛋白
rhodopterin 玫红蝶呤
rhodoquinone 深红醌
rhodo salt 紫络盐
Rhodospirillum rubrum 深红红螺菌
rhodotannic acid 玫红单宁酸
Rhodotorula 红酵母属
rhodoviolascin 紫菌红醚
rhodoxanthin 紫杉色素
rhoeadic acid 罂粟酸
rhoeadine 丽春花碱
rhomb 菱形
rhombic sulfur 斜方硫
rhombic system 正交晶系
rhombohedral lattice 三方点格
rhubarb 大黄
rH value rH 值;氢压指数
rhynchophylline 钩藤碱
rhythmic reaction 间歇反应
RI 放射性同位素
RIA(radioimmunoassay) 放射免疫测定[分析]
RIA kit 放射免疫分析试剂盒
Rib 核糖
rib 肋板
ribavirin 利巴韦林;三氮唑核苷
α-ribazole α-核唑
ribbed plate 肋板
ribbed smoked sheet 烟胶片[橡]
ribbed tube 加肋管
ribbon agitator 带式搅拌器
ribbon blender 螺带式混合机;螺带式掺混机
ribbon brake 带状闸
ribbon conveyer 螺条(式)输送[运输]机;带式输送机
ribbon cylinder 绕带式筒体
ribbon drier 螺条干燥机
ribbon impeller 螺带式搅拌桨
ribbon mixer 螺带混合机;螺旋带式混合机
ribbon stirrer 螺条搅拌器
rib for base 底座肋板
ribichloric acid 猪殃殃酸
ribitol 核糖醇
ribodesose(=desoxyribose) 脱氧核糖
riboflavin 核黄素;维生素 B_2
riboflavin phosphate(sodium) 核黄素-5′-磷酸钠
riboflavin kinase 核黄素激酶
riboflavin-5′-phosphate 核黄素-5′-磷酸
ribofuranose 呋喃核糖
ribonic acid 核糖酸
ribonuclease 核糖核酸酶;RNA 酶
ribonucleic acid 核糖核酸;RNA
ribonucleoprotein 核糖核蛋白
ribo(nucleo)side 核(糖核)苷
ribonucleoside diphosphate kinase 核(糖核)苷二磷酸激酶
ribo(nucleo)tidase 核(糖核)苷酸酶

ribo(nucleo)tide 核(糖核)苷酸
ribonucleotide reductase 核(糖核)苷酸还原酶
ribopyranose 吡喃核糖
D-ribose D-核糖
ribose 核糖
ribose phenylhydrazone 核糖苯腙
ribose phosphate 磷酸核糖
ribose phosphate isomerase 磷酸核糖异构酶
ribose 5-phosphate pyrophosphokinase 5-磷酸核糖焦磷酸激酶
D-ribose-5-phosphoric acid D-核糖-5-磷酸
ribose phosphoric acid 磷酸核糖
riboside 核(糖核)苷
ribosidoadenine 腺(嘌呤核)苷
ribosomal particle 核蛋白体亚单位;核糖体亚单位;核蛋白体颗粒
ribosomal RNA 核糖体核糖核酸;核糖体 RNA
ribosomal subunit 核糖体亚基
ribosome 核(糖核)蛋白体;核糖体
ribosome binding site 核糖体结合部位
ribosome cycle 核糖体循环
ribosome-inactivating protein(RIP) 核糖体失活蛋白
ribosome jumping 核糖体跳跃
ribosome release factor 核蛋白体释放因子;核糖体释放因子
ribostamycin 核糖霉素
ribosyl- 核糖基
ribosylation 核糖基化(作用)
ribotide 核(糖核)苷酸
ribozyme 催化性 RNA;核酶
ribulose 核酮糖
D-ribulose D-核酮糖
ribulose-5-phosphate 5-磷酸核酮糖
ribulose phosphate epimerase 磷酸核酮糖差向(异构)酶
rice (bran) oil 米糠油
rice bran wax 米糠蜡
rice-koji 米曲
Rice-Ramsperger-Kassel-Marcus theory RRKM 理论
Rice-Ramsperger-Kassel theory RRK 理论
rich coal 肥煤
rich gas 富煤气
rich lime 肥石灰
rich mixture 油脂混合物
rich naphtha 饱和石脑油
rich phase 富相
rich solution 浓溶液
ricin 蓖麻毒(蛋白);蓖麻子白蛋白
ricinate 蓖麻油酸盐
ricinelaidate 反蓖麻酸盐(或酯)
ricinelaidic acid 反蓖麻酸;反-12-羟基-9-十八(碳)烯酸
ricinic acid 蓖麻油酸
ricinine 蓖麻碱
ricinoleate 蓖麻油酸酯(或盐)
ricinoleic acid 蓖麻油酸;12-羟(基)-D-顺-9-十八碳单烯酸
ricinoleidin 甘油三蓖麻油酸酯
ricinolein 甘油三蓖麻油酸酯
ricinolic acid(=ricinoleic acid) 蓖麻油酸
ricinstearolic acid 蓖麻硬脂炔酸;12-羟基-9-十八(碳)炔酸
ricinus communis agglutinin 蓖麻凝聚素
ricinus oil 蓖麻(子)油
Rickettsia 立克次氏体
riddle 粗筛
riddler 振动筛
riddlings 筛上物
rider 游码
rider ring 导向环
rider roll 接触胶皮辊
Ridgways' hardness scale 里氏硬度标
ridogrel 利多格雷
rifabutin 利福布汀
rifamide 利福米特;利福酰胺
rifampicin 利福平
rifampin 利福平;甲哌力复霉素
rifamycin 利福霉素
rifamycinoid antibiotics 利福霉素类抗生素
rifamycin SV 利福霉素 SV
rifandin 利福定
rifapentine 利福喷汀
rifaximin 利福昔明
rifled pipe 内螺纹管
rifomycin(=rifamycin) 利福霉素
rig 成套器械
right-handed crystal 右旋晶体
right-hand(ed)screw rule 右手螺旋定则
right hand thread 右旋螺纹
right hand worm 右旋螺纹
rigid body 刚体
rigid chain 刚性链
rigid chain polymer 刚性链聚合物
rigid coupling 刚性联轴节

rigid foamed plastics 硬质泡沫塑料
rigid granules （催化剂的）固体颗粒
rigidity 刚度系数
rigid package 硬包装
rigid particle reinforcement 刚性颗粒增强体
rigid poly(vinyl chloride) 硬(质)聚氯乙烯
rigid PVC 硬(质)聚氯乙烯
rigid rod 刚性杆
rigid rotation 刚性旋转;硬性转动
rigid rotator 刚性转子
rigid structure 刚性结构
rigid type construction 刚性结构
rigorous method 严格法
Riley oxidation 赖利氧化
rilmazafone 利马扎封
rilmenidine 利美尼定
riluzole 利鲁唑
RIM（reaction injection moulding） 反应注塑成型
rim 轮辋
rimantadine 金刚乙胺;α-甲基金刚烷甲胺
rimazolium metilsulfate 甲硫利马唑
rimexolone 利美索龙
rim fitting line 轮辋装配线
rimiterol 利米特罗;哌喘定;二羟苯哌啶甲醇
rimmed steel 沸腾钢
rimming steel 沸腾钢
rimocidin 龟裂杀菌素
rim tape 垫带
rim width 轮辋宽度
ring 圈;环
ring and ball softening point 环球法软化点
ring baffle 环形挡板
Ringbom's curve 林博姆曲线
ring breakage 环破裂
ring bromination 环上溴代作用
ring-chain tautomerism 环-链互变异构现象
ring chlorination 环上氯代作用
ring-closing reaction 闭环反应
ring closure（＝cyclization） 闭环作用
ring-closure reaction 闭环反应
ring contraction 环缩小(反应)
ring dam 环形堰板
ring dislocation 环形位错
ring enlargement 扩环(反应)
Ringer's solution 林格氏溶液
ring expansion 扩环(反应)
ring flat-plate 环板
ring fluorination 环上氟代作用
ring formation（＝cyclization） 成环作用;闭环作用
ring foundation 环形基础
ring gasket 衬圈;垫环;环形垫片[料]
ring groove 环形槽
ring iodination 环上碘代作用
ring isomerism 环异构
ring joint 圆环[环形]接头;环状接合
ring joint welding neck flange 环槽式密封面对焊法兰
ring ketone 环酮
ring kiln 环窑
ring nozzle 环形喷嘴
ring-oiled sleeve bearing 油环(润滑)式滑动轴承
ring opening 开环作用
ring-opening copolymerization 开环共聚合
ring opening polyaddition 开环加成聚合
ring-opening polymerization 开环聚合
ring-opening reaction 开环反应
ring-oven method 环炉法
ring-oven test 环形加热试验
ring oven technique 环炉技术
ring packed tower 环状填料塔
ring roll mill 环滚研磨机
ring-shaped hydrocarbons 环烃
rings of die-molded packing 模压填料环
ring structure 环状结构
ring substituted 环上取代的
ring substitution 环上取代作用
ring support 环形支架;圈座
ring theory 圆环理论
ring thermostat tube 恒温盘管
ring type joint face 环槽式密封面
ring type joint face flanged 环槽式密封面法兰连接
ring valve 环形[状]阀
rinse 护发素
rinse additive[adds] 漂清助剂;调理助剂
rinser 冲洗器
rinsing agent 漂洗剂;调理剂
rinsing bath 冲[淋,漂]洗浴
rinsing solution 漂洗液;调理液
rioprostil 利奥前列素
RIP（ribotoxin） 核糖体失活蛋白
ripener 催熟剂;熟成机;成熟槽
ripening 熟成
ripe sludge 熟污泥

ripple (1)涟漪 (2)焊波
ripple column 波纹塔
ripple finish 皱纹漆
ripple packing tower 波纹填料塔
ripple tray 波楞穿流板;波纹塔板[盘]
riptography 沉淀滴定法
risamicin 利萨霉素
risedronic acid 利塞膦酸
riser 上升管;提升管
riser-head 冒口
riser reactor 提升管反应器
riser tensioner 隔木导管张紧器
rise time response 上升时间响应
rising 涨起
rising film evaporator 升膜蒸发器
rising-rotating stem valve 转动升杆阀
rising sludge 飘浮污泥
rising stem valve 升杆阀
risk analysis 风险分析
risk avoidance 风险回避
risk decision 风险决策
risk evaluation 风险评价
risk management system 事故管理系统
risocaine 利索卡因;对氨基苯甲酸丙酯
risperidone 利培酮
rissic acid(=risic acid) 日斯酸
ristocetin 利托菌素
ritanserin 利坦色林
ritipenem 利替培南
ritodrine 利托君;羟苄羟麻黄碱
ritonavir 利托那韦
Ritter amide preparation 里特酰胺制造
rivanol 依沙吖啶;利凡诺
river mud 河泥
rivet 铆钉
riveted steel 铆结钢
RM(reference material) 标准物质
R_M value R_M 值
RNA(ribonucleic acid) 核糖核酸
RNAA(radiochemical neutron activation analysis) 放化中子活化分析
RNA *N*-glycosidase 核糖体失活蛋白
RNase(= ribonuclease) 核糖核酸酶;RNA 酶
RNP(ribonucleoprotein) 核糖核蛋白
road asphalt 道路沥青
road surface of low noise 低噪声路面
roast 焙[煅]烧
roaster 焙[煅]烧炉
roasting 焙烧
roasting furnace[oven] 焙[煅]烧炉
roasting kiln 焙烧窑
roasting regeneration 焙烧再生
roasting to sulfate 硫酸化焙烧
robenidine 罗贝胍;双氯苄氨胍
robinin 刺槐素;洋槐苷
robinose 刺槐糖
robinoside 刺槐糖苷
robot 机器人;自动机;通用机械手
robust control 鲁棒控制
robustness 鲁棒性;稳健性
robust process control 鲁棒过程控制;稳健过程控制
roccellic acid 石蕊酸;2-甲基-3-十二烷基琥珀酸
Rochelle salt 罗谢尔盐;四水合酒石酸钾钠
rociverine 罗西维林
rock 岩石
rock alum (钾)明矾石
rock-candy structure 脆性断口
rock crusher 碎石机
rock crystal 水晶
rock drill bit 牙轮钻头
rocker shaft 摇臂轴
rocker-type crystallizer 摇动结晶器
rocket 火箭
rocket electrophoresis 火箭电泳
rocket fuel 火箭燃料;火箭推进剂
rocket immunoelectrophoresis 火箭免疫电泳
rocket propellant 火箭推进剂;火箭燃料
rocking chair battery 锂离子电池;摇椅式蓄电池
rocking sieve 摇摆筛
rockogenin 岩配基;5α,22α-螺甾烷-3β,12β-二醇
rock phosphorite 磷灰岩
rock salt 岩盐
rock salt structure 岩盐型结构,氯化钠型结构
rock sugar 冰糖
Rockwell hardness 洛氏硬度
rock wool 岩石棉
rocuronium 罗库铵
rod 棒
rod-anode tube 棒阳极管
rod coupling 活塞杆连接器
rodent damage free cities and towns 无鼠害城镇

rodenticide 杀鼠剂
rodents attractant 鼠类引诱剂
rodents repellent 鼠类驱避剂
rodents sterilant 鼠类不育剂
rodic liquid crystal 棒形分子液晶
Rodinal 罗迪纳尔;玫红醇(对氨基苯酚碱性溶液,用作显影剂)
rodine 若丁
rod mill 棒磨;棒磨机
rod scraper[wiper] 活塞杆刮油环
Roentgen 伦琴
Rogor 乐果
rokitamycin 罗他霉素
rolicyprine 罗利普令
rolipram 咯利普兰
roll 轧辊
roll coater 辊涂机
roll coating process 滚涂法
roll crusher 辊式破碎机
rolled film 轧膜
rolled parts 轧制部件;轧制件
rolled plate 轧制板材
rolled plate high pressure cylinder 卷板式(单层)高压筒
rolled plate vessel 卷板式(容器)
rolled sheet iron 轧制铁皮
rolled sheet metal 轧制薄板
roller 滚柱;托辊
roller application 辊涂
roller bearing 滚柱轴承
roller (carbon) black 滚筒炭黑
roller coating 辊涂
roller conveyer 辊道输送器
roller drier 滚筒式干燥机
roll(er) feeder 滚筒加料器
roller forming 滚压成型
roller hearth kiln 辊道窑
roller heater 滚筒加热器
roller leather 皮辊革
roller mill 滚压机;轧制机;碾压机
roller press 滚压机
roller printing 滚筒印花
roller race 滚柱座圈
roller spreading 辊式涂胶
roller surface roughness 胶辊表面粗糙度
roller-type pump 滚柱式泵
roll feeder 滚筒加料器
roll film 135 135 胶卷
rolling ball tack 滚球快粘
rolling bearing (1)辊道(2)滚动轴承
rolling-circle model 滚环模型
rolling device 滚动装置
rolling friction 滚动摩擦
rolling guide 滚动导轨
rolling machine 滚磨机;卷管机;辊压机
roll(ing) mill (1)轧制机;滚轧机(2)辊式捏合机;开炼机(3)压片机
rolling-off 轧光
rolling plan 滚动计划
rolling process 压延法
roll kneader 辊式捏合机
roll-over 翻转
roll paper 卷筒纸
roll pendulum mill 辊式摆轮磨机
roll press 压延机;辊轧式脱水机
roll pressing 滚筒轧压
roll response 滚动反应
roll rim 卷边
roll scale 铁鳞
roll screen 辊筛
roll-spot welding 滚点焊
roll-type crusher 辊式破碎机
roll up 卷起
roll-welded (monolayered) cylinder 卷焊式(单层)圆筒
ROM 只读存储器
Roman cement 罗马水泥;天然水泥
Roman vitriol 硫酸铜
romicil(=oleandomycin) 竹桃霉素
romurtide 罗莫肽
rongalite 吊白粉;雕白块;甲醛次硫酸氢钠
ronidase 玻璃酸酶
ronidazole 罗硝唑
ronifibrate 氯烟贝特
ronnel 皮蝇磷
roofing felt 油毡纸
roofing paint 屋顶漆
room temperature 室温(20~30℃)
room temperature cure 室温硫化
room temperature curing 室温固化;常温固化;室温硫化
room temperature vulcanization 室温硫化
root and rhizome of medicinal rhubarb 大黄
root crack 焊根裂纹
root culture 根培养
root dipping fertilization 沾根肥
root face (1)齿根面 (2)钝边
rooting method 生根法
root-mean-square error 均方根误差

root-mean-square speed 均方根速率
root（of weld） （焊缝）根部
Roots blower 鲁茨[罗茨]鼓风机
Roots blower pump 鲁茨（增压）泵；罗茨（增压）泵
roots flowmeter 腰轮流量计
Roots pump 罗茨泵
ropinirole 罗匹尼罗
ropivacaine 罗哌卡因
roquinimex 罗喹美克
rosamicin 蔷薇霉素
rosaniline 蔷薇苯胺；品红（碱）；玫苯胺
rosaprostol 罗沙前列醇
rosaramicin 罗沙米星
rose bengal 玫瑰红；四碘四氯荧光素
rose（flower）oil 玫瑰油
rose hips 灌木玫瑰果
rosemary 迷迭香
Rosenmund reaction 罗森蒙德反应
Rosenmund reduction 罗森蒙德还原
rosenonolactone 玫瑰酮内酯
roseo-cobaltichloride 三氯化一水五氨钴
roseo-compound 玫红化合物
rose oil 玫瑰油
roseolic acid 玫瑰酸
roseomycin 玫瑰霉素
rose vitriol 硫酸钴
rosilic acid 罗斯酸
rosin 松香
rosin acid 松香酸
rosinate 松脂酸盐（或酯）
rosinate soap 松香皂
rosindone 蔷薇引杜（林）酮
rosindonic acid 绕森酮酸
rosinduline 蔷薇引杜林；玫红对氮蒽
rosin modified alkyd resin 松香改性醇酸树脂
rosin-modified glycerol-maleic anhydride resin 松香改性甘油顺丁烯二酸酐树脂
rosin modified glyptal resin 松香改性醇酸树脂
rosin modified phenolic resin 松香改性酚醛树脂
rosin oil 松香油
rosinol 松香油
rosin pitch 松脂沥青
rosin size 松香胶
rosin sizing agent 松香施胶剂
rosin soap 松香皂
rosin spirit 松香精；松脂醇
rosin wash 松脂合剂
rosolate 玫红酸盐（或酯）
rosolic acid 玫红酸
rosone 结晶玫瑰
rosonolactone 玫红内酯
rosoxacin 罗索沙星
rossite 水钒钙石
rosy quartz 蔷薇石英
rotamer 旋转异构体
rotamerism 几何异构（现象）
rotameter 转子流量计
rotary atomizer 旋转式雾化喷头；旋转式喷雾器；旋转雾化器
rotary blower 回转鼓风机；旋转式鼓风机
rotary breaker 滚筒破碎机
rotary calciner 回转式煅烧炉
rotary column 旋转塔
rotary compressor 旋转式压缩机
rotary condenser 旋转式冷凝器
rotary crane 立柱式旋臂起重机
rotary crystallizer 转筒式结晶器
rotary curing machine 鼓式硫化机
rotary den 回转化成室
rotary disc contactor 旋转圆盘混合器
rotary disk press 转盘式压砖机
rotary-disk pulsed extractor 转盘脉冲抽提塔
rotary disk valve 转盘阀
rotary distributor 旋转布水器
rotary drier 转筒干燥器；回转干燥器
rotary drum 转鼓
rotary drum dryer 回转圆筒干燥器
rotary drum type continuous pressure filter 转鼓式连续加压过滤器
rotary-drum type reactor 滚筒式反应设备
rotary drum vacuum dryer 转筒式真空干燥器
rotary drum vacuum filter 转筒真空过滤机
rotary dryer 旋转（式）干燥器
rotary dry vacuum pump 旋转式干式真空泵
rotary evaporator 旋转式汽化器
rotary fan 旋转式风扇
rotary feeder 旋转给[进]料器
rotary flowmeter 转子流量计
rotary furnace 旋转炉；转炉
rotary gear pump 旋转齿轮泵
rotary hearth incinerator 回转床式焚烧炉
rotary-inversion axis 反轴；旋转倒反轴

rotary joint 转动接头
rotary kiln 回转窑;转窑;回转炉
rotary knife feeder 旋转式刮刀加料器
rotary letterpress ink 凸版轮转油墨
rotary machine 回转机械
rotary machinery 回转机械
rotary mechanism 旋转机构
rotary mercury pump 旋转汞泵
rotary mixer 回转圆筒混合机
rotary nut 回转螺母
rotary oil burner 旋转式油烧嘴
rotary oven 旋转炉
rotary packed bed 旋转填充床
rotary pan 回转式碾盘
rotary pelleting machine 旋转压片机
rotary pellet press 滚筒式制丸机
rotary pipe skimmer 旋转管式撇油器
rotary-piston pump 旋转活塞泵
rotary-plunger pump 旋转柱塞泵
rotary pocket feeder 星形给料器
rotary positive blower 回转正压鼓风机
rotary preforming press 旋转式压片机
rotary press modelling 旋压成型
rotary pulverizer 旋转破碎机
rotary pump 回转泵;旋转式泵;转子泵
rotary retort 旋转式干馏炉
rotary rheometer 旋转流变仪;转动流变仪
rotary road 环道
rotary screen 旋转筛;回转筛;转筒筛
rotary seal 转动密封
rotary spherical digester 蒸球;球形蒸煮器
rotary switch 旋转开关
rotary table feeder 圆盘给料机
rotary type agitator 回转搅拌器
rotary type sampling tube 旋转式采样器
rotary type through-flow dryer 回转通风干燥机
rotary vacuum disk filter 转盘真空过滤机
rotary vacuum pump 旋转真空泵
rotary valve 回转阀;旋转阀
rotary vane feeder 扇形加料器;旋叶送料器
rotary vane meter 环斗式水表
rotary vane type pump 旋转式叶片泵
rotary vane vacuum pump 回转叶片式真空泵
rotary washing nozzle 旋转洗涤喷嘴
rotate 回转
rotating arc welding 旋转电弧焊
rotating-basket reactor 旋筐反应器
rotating biological contactor 旋转式生物接触器
rotating blade (1)转动刮板(2)转动叶片
rotating blade column for liquid-solid extraction 转盘式液-固萃取塔
rotating blade drive 转盘驱动装置
rotating brush 回转刷子
rotating cell 回转隔池
rotating classifier 旋转式粗粉分离器
rotating compressor 旋转式压缩机
rotating coordinates 旋转坐标系
rotating crystal method 转晶法
rotating crystal photograph 旋转晶 X 射线衍射图
rotating disc 旋转圆盘
rotating disc column 转盘塔
rotating disc contactor(RDC) 转盘塔;转盘式接触器;转盘(抽提)塔
rotating disc electrode(RDE) 旋转圆盘电极
rotating disc extractor 圆盘萃取器
rotating disc reactor 旋转盘式反应器
rotating discs 旋转生物接触器;生物转盘
rotating disk atomizer 转盘雾化器
rotating disk contactor 转盘式混合[抽提]器
rotating disk electrode 旋转圆盘电极
rotating disk meter 环斗式水表
rotating drum 球磨机滚筒;旋转鼓轮;转筒
rotating drum dryer 滚筒干燥器
rotating drum incinerator 转鼓式焚烧炉
rotating drum mixer 转筒混合机
rotating electrode 旋转电极
rotating equipment 旋转设备
rotating extractor 旋转萃取器
rotating flow 旋转流
rotating frame 旋转坐标系
rotating head 转动头
rotating heat pipe 旋转式热管
rotating magnetic field 旋转磁场
rotating mass 回转质量
rotating membrane 旋转膜
rotating piston pump 旋转活塞泵
rotating platinum electrode 旋转铂电极
rotating pump 旋转泵;回转泵
rotating ring-disc〔ring-disk〕electrode (RRDE) 旋转环盘电极
rotating screen 旋转筛

rotating seal ring 动环
rotating sector method 旋转光闸法；斩光法
rotating segment feeder 星形给料器
rotating sieve 回转筛
rotating thin layer chromatography 旋转薄层色谱法
rotating thin layer chromatograph 旋转薄层色谱仪
rotation (1)自转 (2)转动；旋转
rotational barrier 转动势垒
rotational catalysis 旋转催化
rotational characteristic temperature 转动光谱特性温度
rotational diffusion 转动扩散
rotational drum 滚筒筛
rotational energy 转动能
rotational flow 有旋流
rotational isomerism 旋转异构
rotational moulding 滚塑
rotational partition function 转动配分函数
rotational quantum number 转动量子数
rotational spectrum 转动光谱
rotation around a fixed point 定点转动
rotation arrow 转向箭头
rotation axis 旋转轴
rotation operator 转动算符
rotation power 旋光本领
rotation pump 机械泵
rotation spectrum 转动光谱
rotation-vibration band 转动振动谱带
rotatory dispersion 旋光色散
rotatory evaporator 转子式蒸发器
rotatory-inversion 旋转-倒反
rotatory polarization 旋光偏振
rotatory pump 转子泵
rotaxane 轮烷
rotenic acid 鱼藤酸
rotenone 鱼藤酮
rotex-screen 转动筛分机
rothic acid 绕雌酸
Rotocel extractor 洛特赛萃取机
rotodynamic pump 转子动力泵
rotopiston pump 转子活塞泵
rotor (1)转鼓 (2)转轴 (3)转子
rotor blade 转子叶片
rotor compressor 转子压缩机
rotor guide cone 转子导流锥体
rotor pump 转子泵
rotor ring 动环
rotor shaft 转轴
rotor-stator homogenizer 转子-定子式匀浆器
rotor vane 转子叶片
rotoxamine 罗托沙敏
rotraxate 罗曲酸
rot resistance 防霉
rotten grain 烂面
rottlerin 粗糠柴毒素；楸毒素
rotundifolone 圆叶酮；环氧胡薄荷酮
rouge 胭脂；口红；胭脂色；红铁粉
rouge cream 胭脂膏
rouge lotion 胭脂水
rough adjustment 粗调整
rough alignment 粗略找正
rough bolt 粗制螺栓
rough finish 粗加工
rough forging 粗锻
rough-hard-sphere theory of diffusion 粗糙硬球扩散理论
roughing 初步加工
roughing vacuum pump 粗抽泵
roughness 粗糙度；不平度
rough niter 氯化镁
rough stock 未加工材料
rough surface 粗糙表面
rough terrain wheeled crane 越野轮胎起重机
round-bottomed flask 圆底烧瓶
round-bottom flask 圆底烧瓶
round(ed) angle 圆角
round(ed) corner 圆角
rounded end 回转端
round(ed) rivet 圆头铆钉
round end key 圆头键
round flask 圆底烧瓶
round head bolt 圆头螺栓
round head carriage bolt 圆头螺钉
round head screw 圆头螺钉
round head wood screw 圆头木螺钉
round-hole screen 圆孔筛板
rounding 倒圆
rounding off method 修约方法
roundness tolerance 不圆度公差
round-off error 修约误差
round steel(s) 圆钢
round-the-clock process 连续过程
Rous sarcoma 劳氏肉瘤
route sheet 流程工艺卡片
routine adjustment 定期调整；例行调整
routine analysis 常规分析；例行分析
routine attention 日常维护

routine check 日常检验
routine inspection 常规检查;例行检查
routine maintenance 经常性养护;例行维护;日常维修
routine order 保养规程
routine test 定期试验;日常试验;常规试验
routine work 日常工作
rovamycin(=spiramycin) 螺旋霉素
rovibronic spectrum 电子振转光谱
row fertilization 条施(肥)
Rowland circle 罗兰圆
Rowland ring 罗兰环
row paper 照相原纸
roxarsone 罗沙胂;硝酚胂酸;硝羟苯胂酸
roxindole 罗克吲哚
roxithromycin 罗红霉素
royal jelly 蜂乳;蜂王浆;蜂皇精
royal jelly 蜂王胶
R. Q. (respiratory quotient) 呼吸商
rRNA 核糖体核糖核酸;核糖体 RNA
R-S nomenclature R-S 命名法
RSS(ribbed smoked sheet) 烟胶片
RSV(Rous sarcoma virus) 劳氏肉瘤病毒
RTP (reinforced thermoplastics) 增强热塑性塑料
RTPS (reinforced thermosetting plastics) 增强热固性塑料
rubber 橡胶
rubber accelerator 硫化促进剂
rubber acid 橡胶硫酸(水中生物氧化橡胶中的硫而生成)
rubber adhesive 橡胶胶黏剂
rubber air spring 橡胶空气弹簧
rubber air tube 胶布导风筒
rubber apron for spinning machines 纺织胶圈
rubber-asbestos plate 橡胶石棉板
rubber ball with blow air 胶布气球
rubber band 橡皮圈
rubber-based paint 橡胶基漆
rubber bearing(s) 橡胶轴承
rubber belt 胶带
rubber bladder 橡胶球胆
rubber blend 共混胶
rubber blowing agent 橡胶发泡剂
rubber breaker 破胶机
rubber buffer 橡胶缓冲垫
rubber bush 橡胶皮套
rubber bush for prestressed concrete tubing 预应力水泥管橡胶套
rubber cement 胶浆
rubber cement No. 88 88 号胶浆
rubber coated fabric 胶布
rubber coating 橡胶涂料
rubber compound 配合胶料
rubber compound for roof covering 橡胶防水卷材
rubber compounding 橡胶配合
rubber container 橡胶容器
rubber covered roller 胶辊
rubber covering (or lining)layer 橡胶覆盖层
rubber crumb 废胶粉
rubber dam 橡胶水坝
rubber diaphragm 避孕膜
rubber dingey 橡皮艇
rubber dinghy 橡皮艇
rubber dispersing agent 橡胶分散剂
rubber distributing agent 橡胶分散剂
rubber expansion joint 橡胶膨胀节
rubber film 橡胶薄膜;胶膜
rubber finger 橡皮指套
rubber flow groove 流胶槽
rubber foam 泡沫橡胶
rubber follower for balance piston 平衡活塞橡皮环
rubber footwear 胶鞋
rubber gasket 橡胶垫片;橡胶密封垫
rubber goods 橡胶制品
rubber hose 胶管
rubber hydrocarbon 橡胶烃
rubber ingredient(s) 橡胶配合剂
rubber insert 橡胶垫
rubber isomer 橡胶异构体
rubber item 橡胶制品
rubberized fabric 胶布
rubberized steel conveyor belt 钢丝运输带
rubberizing 贴胶;涂胶;上胶
rubber latex 橡胶胶乳
rubber latex condom 避孕套
rubber latex glove 胶乳手套
rubber latex product 胶乳制品
rubber-like state (=high-elastic state) 似橡胶态;高弹态
rubber-lined bearing 衬胶轴承
rubber-lined pipe 橡胶衬里管
rubber lined steel pipe 衬(橡)胶钢管
rubber lined steel shell 衬橡胶钢制壳体
rubber mass 橡胶基质;胶体;胶料
rubber mat 橡胶垫
rubber matrix 橡胶基质;胶体;胶料

rubber matting 橡胶垫
rubber mattress 橡胶垫
rubbermeter 橡胶硬度计
rubber mill 橡胶加工厂
rubber modified plastics 橡胶改性塑料
rubber mo(u)ld releasing agent 橡胶脱模剂
rubber mounting 橡胶减震器
rubber Moyno pump 橡胶单螺杆泵
rubber(or latex)tube for blood transfusion 橡胶输血管
rubber pad 橡胶垫
rubber paste 生胶糊
rubberphilic 亲橡胶的
rubberphobic 疏橡胶的
rubber picker 纺织皮结
rubber/plastics blend 橡胶/塑料共混物
rubber plate 胶板
rubber pressure-sensitive adhesive 橡胶型压敏胶
rubber reinforcing filler 橡胶补强剂
rubber-resin adhesive 橡胶-树脂胶黏剂
rubber-resin blends 橡胶改性塑料
rubber ring 橡皮圈
rubber ring packing 填密橡皮圈
rubber roll 胶辊
rubber seal 橡胶密封制品
rubber sealant 橡胶密封胶
rubber shoes 胶鞋
rubber slab 橡胶板
rubber solution 胶浆
rubber solvent naphtha 橡胶溶剂油
rubber sponge 泡沫橡胶
rubber state 橡胶态;高弹态
rubber tacky producer 橡胶增黏剂
rubber thread 橡胶丝
rubber transfusion tube for medical use 橡胶输血管
rubber tread compound 胎面胶
rubber V-belt 橡胶三角带
rubber washer 橡皮垫圈
rubber washing machine 洗胶机
rubbery polymer 橡胶状聚合物
rubbing 打磨
rubbing fastness 耐摩擦(色)牢度
rubbone 橡皮酮;氧化天然胶
rubeane hydride(＝rubeane) 红氨酸;红氨;二硫代乙二酰胺
rubeane(＝rubeanic acid) 红氨酸;红氨;二硫代乙二酰胺
rubeanic acid(＝rubeane) 红氨酸
Ruben battery 锌/汞电池
rubene 红烯
ruberythric acid 茜根酸
rubiadin 茜根定;茜黄;甲基异茜草素
rubianic acid 茜根酸;玉红氨酸
rubican 茜草苷;茜(草)素
rubicene 玉红省
rubidium 铷 Rb
rubidium amide 氨基铷
rubidium azide 叠氮化铷
rubidium bicarbonate 碳酸氢铷;重碳酸铷
rubidium bichromate 重铬酸铷
rubidium bisulfate 硫酸氢铷
rubidium bisulfite 亚硫酸氢铷
rubidium bromide 溴化铷
rubidium carbonate 碳酸铷
rubidium chloride 氯化铷
rubidium chloroplatinate 氯铂酸铷
rubidium chlorostannate 氯锡酸铷
rubidium chromate 铬酸铷
rubidium cyanide 氰化铷
rubidium dithionate 连二硫酸铷
rubidium fluosilicate 氟硅酸铷
rubidium hydrogen sulfate 硫酸氢铷
rubidium hydroxide 氢氧化铷;羟化铷
rubidium indium alum 铟铷矾
rubidium iodide 碘化铷
rubidium periodate 高碘酸铷
rubidium permanganate 高锰酸铷
rubidium peroxide 过四氧化二铷
rubidium persulfate 过(二)硫酸铷
rubidium silver iodide 铷碘化银
rubidium-strontium age 铷-锶法测定年龄
rubidomycin 柔红霉素;正定霉素
rubijervine 玉红杰尔碱;红藜芦碱;红介藜芦胺;玉红介芬胺
rubin number 品红数
rubixanthin 玉红黄素;玉红黄质
rubrene 红荧烯
rub resistant self-recover coatings 耐磨自愈涂料
rubromycin 玉红霉素
rubropunctamine 潘红胺
rubsen (seed) oil 菜(子)油
ruby 红宝石
ruby arsenic 雄黄
ruby balas 红尖晶石
ruby blende 红色闪锌矿
ruby copper 赤铜矿
ruby glass 宝石红玻璃;玉红玻璃

ruby lac(＝ruby shellac)　宝石(紫)胶
ruby laser　红宝石激光器
ruby spinel　红尖晶石
ruby sulfur　雄黄
Ruff-Fenton degradation of sugars　拉夫-芬顿糖降解
rufianic acid　1,4-二羟蒽醌-2-磺酸
rufigallic acid　绛棓酸;1,2,3,5,6,7-六羟基蒽醌
rufigallol　绛棓酚
rufloxacin　芦氟沙星
rufol　1,5-二羟基蒽
rufomycin　绛霉素
rugulovasines　鲁古罗瓦辛
rule　定则;规则
4n+2 rule（＝Hückel rule）　4n+2 法则;休克尔法则
rule of "mutual attraction"　向心法则
rule of square root　平方根规则
rule of thumb　经验法则
rules for resonance　共振法则
rum　老姆酒;朗姆酒
rumex　黄酸模
run away　失控
runback　反流;回流管;返回线
run book　操作说明书;使用说明书
run button　快动按钮
rundown　(1)馏出;溢流 (2)塌陷
rundown drum　馏出油接受器;馏出物罐
rundown leg　垂直溢流管线
run-down pipe　溢流管
run dry　在干燥的情况下操作
run empty　空车运转
run-flat tyre　安全轮胎
run free　空车运转
run gum　再熔胶
run idle　空车运转
run-in　磨合运转[试车]
running roller　导辊
run-in test　空转试验
run light　空车运转
runner　碾碎机;压碎机
runner milling　碾磨机
running attention　运转维护
running balance　动平衡
running balance indicating machine　动平衡机
running check　经常检查
running cost　维护费(用);运行成本;运转费用
running dry　无润滑运转
running efficiency　运转效率
run(ning) empty　空车运转
running fit　转[松]动配合
running flange　移动法兰
running free　空运转
running friction　动摩擦
running gear　行走机构[部分]
running idle　空运转
running-in　磨合;跑合
running index　巡标
running-in speed　跑合速度
run(ning) light　空车运转
running maintenance　经常维修;巡回小修
running noise　运转噪声
running parameter　工作参数
running piping　输送管道
running quality　运转的质量
running repair　临时修理;小修
running repair shop　流动修理所
running requirement　运转要求
running roller　导辊
running service　日常维修
running shed　车辆保养[修]厂
running speed　工作速度;行驶[车]速度;运转速度
running stock　经常库存;流动库存
running test　额定负荷试验;试探性试验
running-up test　起动试验
run number　连续链节数
runny paste　流膏;软膏
runoff　流出;溢出;泄出
run-off pipe　排水管
run-off syrup　废糖汁
run of mine coal　原煤
run-on　连续;持续
runout　(1)偏斜;偏心率 (2)期满 (3)流出
run over　沸腾翻出
runtime　运行时间
runway　单轨架空道;吊车道
rupture　断裂;破坏;击穿
rupture diaphragm　防爆膜
rupture disk　爆破膜[片];防爆膜
rupture disk device　爆破膜装置
rupture life　持久强度[期限]
rupture line　破裂线
rupture of oil film　油膜破裂[中断]
rupture pressure　破坏压力
rupture strength　抗裂强度
rupture test　破坏试验
ruscogenin　螺可吉宁;鲁斯可配基

rush engineering order 紧急工程定货
rush order 紧急定货
rush repair job 紧急修理
Russell-Saunders coupling（＝DL-S coupling） 罗素-桑德斯耦合
rust 锈
rustiness 生锈
rust inhibitor 防锈剂
rustless 不锈的
rust-preventative 防锈剂
rust preventer 防锈剂
rust-preventing agent 防锈剂
rust preventing grease 防锈脂
rust preventing oil 防锈油
rust prevention 防锈处理
rust prevention test 防锈试验
rust preventive 防锈剂
rust proofing 防锈的
rust protection agent 防锈剂
rust remover 除锈剂
rust-resisting paint 除锈漆
rusty spot 锈斑
rusty stain 锈斑
rutecarpine 吴茱萸碱
ruthenic （正）钌的；四价钌的
ruthenic acid 钌酸
ruthenic chloride 四氯化钌
ruthenic oxide 二氧化钌
ruthenious 亚钌的；二价钌的
ruthenium 钌 Ru
ruthenium-based ammonia synthesis catalyst 钌系氨合成催化剂
ruthenium carbonyl 羰合钌
ruthenium hydrochloride 氯钌酸
ruthenium hydroxide 三氢氧化钌；三羟化钌
ruthenium red 钌红
ruthenium sesquioxide 三氧化二钌
ruthenium tetroxide 四氧化钌
ruthenium trichloride 三氯化钌
ruthenocene 二茂（合）钌
ruthenous（＝ruthenious） 亚钌的；二价钌的
rutherforclium 铲 Rf
Rutherford scattering 卢瑟福散射
Rutherford（*α*-particle scat-tering） experiment 卢瑟福（α 散射）实验
rutic acid 芸香酸
rutile 金红石
rutile ceramics 金红石陶瓷
rutile structure 金红石型结构
rutile titan white 金红石型钛白
rutin 芦丁；芸香苷
rutinic acid 芸香亭酸
rutinose 芸香糖
rutinoside 芸香糖苷
ryania 鱼尼丁
ryanodine 利阿诺定
rydberg 里德伯
Rydberg constant 里德伯常量
Rydberg state 里德伯态
Rydberg transition 里德伯跃迁
rymer 铰刀[床]
Ryton 赖顿（聚苯硫醚纤维）
RZ-powder 喷雾法铁粉

S

SA(specific activity) 比活力
SAA (surface active agent) 表面活性剂
sabadilla 沙巴草;喷嚏草;沙巴达
sabadillic acid 沙巴酸
sabadine 沙巴定
sabeluzole 沙贝鲁唑
sabina glycol 圆柏二醇
sabinaketone 桧酮
sabinane 桧烷
sabinene 桧萜;桧烯
sabinic acid 桧酸;12-羟基十二(烷)酸
sabin oil 桧油
sabinol 桧萜醇
sable skin 紫貂皮
sabromin 沙波明;二溴山萮酸钙
saccharamide 糖二酰胺
saccharase(=sucrase) 蔗糖酶
saccharic acid (1)葡糖二酸 (2)糖酸
saccharidase 糖酶
saccharide 糖类
saccharification 糖化作用
saccharimeter 糖量计(测旋光)
saccharimetry 旋光测糖法
saccharin 糖精;邻磺酰苯甲酰亚胺
saccharinic acid 糖精酸;己糖酸
saccharobiose(=sucrose) 蔗二糖(即蔗糖)
saccharolactic acid(=mucic acid) 糖乳酸(即黏酸)
saccharometer 糖液比重计
Saccharomyces 酵母菌属
Saccharomyces cerevisiae 酿酒酵母
saccharomycete 酵母菌
saccharon 糖酮;甲基糖二酸内酯
saccharonic acid 糖酮酸;甲基糖二酸
saccharo(no)lactone 葡糖二酸单内酯
saccharophosphorylase 糖磷酸化酶
saccharopine 酵母氨酸;ε-*N*-(DL-戊二酸基-2)-DL-赖氨酸
DL-saccharopine 酵母氨酸
saccharose 蔗糖
Sachse-Mohr theory 萨克斯-莫尔理论
Sachse process 萨克斯法(甲烷部分燃烧制乙炔法)
S-acid S 酸;1-氨基-8-萘酚-4-磺酸
2S-acid 2S 酸;SS 酸:(1)1-氨基-8-萘酚-2,4-二磺酸 (2)1,8-二羟基萘-2,4-二磺酸
sack and bale machine 打包机
sacker 装袋器
sack filling machine 装袋机
sack packer 装袋机
sack sewing machine 缝袋机
sacrificial agent 牺牲剂(注水采油添加剂)
sacrificial anode 牺牲阳极
saddle 鞍形填料
saddle clip 鞍形夹;卡环;撑棍
saddle flange 鞍形法兰
saddle inclusion angle 鞍座包角
saddle leather 鞍具革
saddle packing 马鞍形填料
saddle point 鞍点
saddle-point azeotropic mixture 鞍点共沸物
saddle seat 鞍形座
saddle support 鞍式[形]支座
SAF(super abrastion furnace black) 超耐磨炉黑
safe allowable load (安全)容许载荷
safe allowable stress 安全容许应力
safe clearance 安全净空
safe code 安全规程[范]
safe current 安全电流
safe distance 安全距离
safeguard 保险板[器];保险装置
safe guarding 安全防护
safeguard practice 保护措施
safe handling 安全运转
safe in operation 安全运行
safe-light 安全灯
safe load 容许载[负]荷
safe(locker) 保险箱
safe practice 安全技术
safe range of stress 疲劳极限
safe reliability 安全可靠性
safe speed of rotation 安全转速
safety 安全;保险
safety alarm 安全警报器
safety alarm device 安全报警装置
safety approval plate 安全合格牌照
safety assesment 安全评价
safety belt 安全带;保险带

safety bolt 安全螺栓
safety catch 安全制动装置
safety chain 安全链
safety-check 安全检查
safety clearance 安全间隙
safety clothing 防护衣服
safety cock 安全栓
safety criterion 安全准则
safety cut-off 安全开关;安全切断
safety cutout 安全切断器;熔断开关
safety detector 安全检测器
safety device 安全防护装置
safety engineering 安全技术[工程]
safety explosive 安全炸药
safety factor 安全系数
safety funnel 安全漏斗
safety fuse (1)安全导火线 (2)安全引信;定时引信
safety gate 安全门
safety gear 安全机构
safety glass 安全玻璃
safety goggles 护目镜
safety guard 安全板;防护板;防护装置
safety head 防爆安全头
safety helmet 安全帽
safety in operation 工作可靠性
safety inspection 安全检查
safety interlock(device) 安全联锁装置;保险联锁(装置)
safety interlocking 安全联锁
safety key 安全锁钥匙
safety latch 安全闩
safety light 安全信号灯
safety lighting fitting 安全照明装置
safety limit switch 保险总开关
safety load 容许载[负]荷
safety lock 安全锁;保险锁
safety locking pin 安全锁销
safety margin 安全裕度
safety match 安全火柴
safety mechanism 保险机构
safety monitor 安全监察(器)
safety net 安全网
safety operation area 安全工作区
safety operation specification 安全操作规程
safety period 安全周期
safety precaution 安全预防措施
safety protection 安全防护
safety region 安全区
safety regulations 安全守则
safety relay 安全继电器
safety relief valve 安全泄压阀
safety ring 保险环
safety screen 安全挡板
safety sign 安全标志
safety signal 安全信号
safety specification 安全规程[范]
safety strap 安全带;保险带
safety switch 安全开关;紧急开关
safety system engineering 安全系统工程
safety technique 保安技术
safety thermal-relief valve 超温安全阀
safety valve 安全阀
safety vent 安全放空
safety weight 安全重量
safety work 技术保安
safety working pressure 安全操作压力
safe voltage 安全电压
safe working load 允许工作负荷
safe working pressure 允许工作压力
safe yield 安全产量
safflower oil 红花(子)油
saffron 藏花;藏红花
saffron glucoside 藏红花苷
saflor yellow 红花黄
safranal 藏花醛
safranine (碱性)藏红
Safranine T 碱性藏红 T
safraninol 藏红醇
safranol (1)藏花醇 (2)藻类定性素
safrene 黄樟烯
safrole 黄樟脑;黄樟素
safty in spreading 涂胶安全性
sag 垂挂;流挂
sagamycin 沙加霉素
sage oil 鼠尾草油;撒尔维亚油
sagging 流挂
sagittal focal line 弧矢焦线
SAICAR 5-氨基-4-琥珀酸甲酰胺咪唑核糖核苷酸
Saikuzuo 噻枯唑
saiodine 一碘二十二酸钙
sajodin 一碘二十二酸钙
sakuranetin 樱花亭;野樱素
salable product 合格品;正品
salacetamide 醋水杨胺;乙酰水杨酰胺
salacetol 水杨酸丙酮酯
sal acetosella 四草酸钾;二草酸三氢钾
salad oil 色拉油
sal aeratus 碳酸氢钾

sal alembred 氯化氨基汞;氯化汞胺
sal alembroth 氯化汞胺
salamanderine 蝾螈碱
sal amarum 硫酸镁
salamide 水杨酸胺
sal ammoniac 氯化铵
salantol 水杨酸丙酮酯
salatrim 沙拉屈姆
salazine 水杨嗪;双亚水杨基连氮
salazinic acid 水杨嗪酸
salazosulfadimidine 柳氮磺胺嘧啶;水杨酸偶氮磺胺二甲嘧啶
salazosulfamide 柳氮磺胺;水杨酸偶氮磺胺
salazosulfapyridine 柳氮磺胺吡啶
salbutamol 沙丁胺醇
sal communis 食盐;氯化钠
saldanine 曼陀罗碱
sale commission 回扣
salen 沙仑;*N*,*N'*-双[(2-羟苯基)亚甲基]-1,2-乙二胺
sal enixum 硫酸氢钾
salep 欧白及
sal epsom 泻盐;硫酸镁
saleratus 碳酸氢钾
saleripol 龙胆醇
sal ethyl 水杨酸乙酯
sal glauberi 芒硝;十水硫酸钠
salicin(e) 水杨苷
salicoside 水杨苷;山杨苷;柳醇
salicyl 水杨基;邻羟苄基
salicylacetol 水杨酸丙酮酯
salicylal 水杨醛
salicyl alcohol 水杨醇;邻羟基苯甲醇
salicylaldehyde 水杨醛;邻羟基苯甲醛
salicylaldoxime 水杨醛肟
salicylamide 水杨酰胺
salicylanilide *N*-水杨酰苯胺
salicylase 水杨酶
salicylate 水杨酸盐(或酯)
salicylazochromotropic acid 水杨基偶氮变色酸
salicylhydroxamic acid 水杨基异羟肟酸
salicylhydroximic acid 水杨基羟肟酸
salicylic acid 水杨酸;邻羟基苯甲酸
salicylic aldehyde 水杨醛
salicylic amide 水杨酰胺
salicylic anhydride(=salicylide) 水杨酐(即水杨酸内酯)
salicylide 水杨酸内酯
salicylidene 亚水杨基;邻羟亚苄基;邻羟苯亚甲基
salicylol 水杨油
salicylonitrile 水杨腈;邻羟基苯甲腈
salicyloyl 水杨酰;邻羟苯甲酰
4-salicyloylmorpholine 4-水杨酰吗啉
salicyl-*p*-phenetidine 水杨基对氨基苯乙醚
salicylresorcinol 水杨酰间苯二酚
salicylsulfuric acid 水杨基硫酸
salicyluric acid 水杨尿酸;水杨酸甘氨酸
salicylyl 水杨酰
saligenin (1)(=salicoside)水杨苷(2)(=salicylalcohol)水杨醇
saligenol 水杨醇
salimenthol 水杨萜醇
salinaphthol(=betol) 水杨酸 β-萘酯
salinazid 水杨烟肼
saline mineral 盐类矿物
saline mud 盐水钻井液
salinity 含盐度;盐度
salinometer 盐量计;(电导)调浓器;盐液密度计
salinomycin 沙利霉素;盐霉素
salit 水杨酸冰片酯
salithion 蔬果磷
salmak 氯化铵
salmeterol 沙美特罗
salmiac 氯化铵
salmic acid 鲑红酸
salmin 鲑精蛋白
salmine sulfate 鲑精蛋白硫酸盐
sal mirabile 芒硝;硫酸钠
salmon oil 鲑鱼油
salol 水杨酸苯酯;萨罗
salosalicylide 双水杨酸内酯
sal perlatum 磷酸钠
salsalate 双水杨酯;水杨酰水杨酸;水杨酸水杨酸酯
sal sedatirum 硼砂
sal sedative 硼酸
salsoline 沙索林;猪毛菜碱
salt 盐
sal tartari 碳酸钾
saltation 跃移(运动)
saltation velocity 跃移速度;跳跃速度
salt bath 盐浴
salt bath brazing 盐浴钎(浸)焊
salt-bath dip brazing 盐浴钎(浸)焊
salt bath quenching 盐浴淬火
salt bridge(=electrolytic bridge) 盐桥
salt brine 盐水;盐汁

salt cake glass 硫酸盐玻璃
salt dissolving tank 化盐桶
salt distillation 加盐蒸馏
salt effect 盐效应
salt effect in distillation 加盐蒸馏
salt error 盐误差
salt-free process 无盐过程
salt glaze 盐釉
salting-in 盐溶
salting-in effect 盐溶效应
salting out 盐析
salting-out agent 盐析剂
salting-out chromatography 盐析色谱法
salting-out effect 盐析效应
salting out efficiency 盐析能力
salt isomerism (=linkage isomerism) 盐异构化作用;结构同分异构现象
saltless process 无盐过程
salt making mother liquor 制盐母液
saltness 含盐度
salt of lemon 草酸氢钾
salt of sorrel 四草酸钾;二草酸三氢钾
salt of tartar 酒石酸氢钾
salt passage 盐的通过率
saltpeter 硝石
saltpetre 硝石;硝酸钾
salt polymer 盐聚体
salt slurry 盐泥
salt spray test 盐(水喷)雾试验
salt spue 盐霜
salt water 海水
salt water drilling fluid 盐水钻井液
salufer 氟硅酸钠
salumin 水杨酸铝
salutaridine 沙罗泰里啶
salvage pathway 补救途径
salvage shop 修理工厂
salvelin 鳟精蛋白
salverine 沙维林;2-二乙氨乙氧苯甲酰苯胺
Salvia 鼠尾草属
salviol 丹参酚
sal volatable 碳酸铵
sal volatile 碳酸铵
SAM 腺苷蛋氨酸
samaderins 黄楝苦素
samandarine 蝾螈碱
samaria 氧化钐
samaric 三价钐的
samaric fluoride 氟化钐
samaric hydride 三氢化钐
samaric hydropyrophosphate 焦磷酸氢钐
samaric hydrosulfate 硫酸氢钐
samaric metaphosphate 偏磷酸钐
samaric oxychloride 氯氧化钐
samarium 钐 Sm
samarium-cobalt magnet 钐-钴磁体
samarium oxide 氧化钐
samarium sesquioxide 三氧化二钐
samarium trichloride 三氯化钐
samarium triiodide 三碘化钐
samarous chloride 氯化亚钐
samarous iodide 碘化亚钐
samarous sulfate 硫酸亚钐
sambucus 接骨木花
sammying 挤水;挤预干;回潮
samol 水杨萜酯
sample (1)试样;样品 (2)样本
sample analyzer 试样分析器
sample capacity 样本(容)量
sample cell (=absorption cell) 吸收[样品]杯;吸收[样品]池
sample concentration 试样浓缩
sample connection 取样口
sampled-current polarography 采流极谱法
sampled-current voltammetry 采流伏安法
sampled data control system 采样控制系统
sample design 样品设计
sample deviation 样本偏差
sample drawing 样品图
sample injector 进样器
sample-jerker 取样员
sample mean 样本(平)均值
sample nozzle 取样喷嘴
sample path length 溶液厚度
sample point 取样口
sampler (1)取样器 (2)进样器
samples drawn 抽样
sampling 取样
sampling error 取样误差
sampling inspection 取样检查
sampling nozzle 取样管
sampling probe 取样针
sampling system 采样系统
sampling tube 采样管
sampling unit 取样装置
samshu 黄酒
SAN (styrene acrylonitrile) 苯乙烯-丙烯腈(共聚物)
Sanchez-Lacombe model 山切兹-兰柯勃模型
sancycline 山环素;6-去甲-6-去氧四环素
sandalwood oil 檀香油

sandarac 山达脂;桧树胶
sandaracolic acid 山达酸
sandaracopimaric acid 山达海松酸;柏脂海松酸
sand bath 砂浴;砂浴器
sand-bed filter 砂滤器
sand blast 喷砂
sand-blast cleaning 喷砂清理
sand blaster 喷砂机
sandblasting 喷砂处理
sand blow 喷砂
sand bridging 砂桥
sand casting cement 型砂水泥
sand circulation filter 移动床砂滤器
sand consolidation gent 防砂胶结剂
sand core 砂芯
sand cracking 砂子裂解
sand discharge 排砂
sand filter 砂粒过滤器;砂滤器
sand-furnace cracking 砂子炉裂解
sand hole 砂眼
sand hole and inclusions 砂眼及夹杂物
sand inclusion 夹砂
sanding 打磨
sand-jet 喷砂清理
Sandmeyer diazo reaction 桑德迈尔偶氮反应
sand mill 砂磨机
sand mould 砂模[型]
sandothrene blue 山道士林蓝
sand paper 砂纸
sand pump 砂泵
sand seal 沙封
sandstone 砂岩
sand storm 沙暴
sand sugar 砂糖
sand table 砂滤器
sand textured architectural coatings 砂壁涂料
sandwich 层状结构;蜂窝夹层结构;夹芯材料
sandwich arrangement 交错重叠布置
sandwich chamber 夹层槽
sandwich compound 夹心化合物;夹层化合物
sandwich construction 夹层结构;夹心结构
sandwich coordination compound 夹心配位化合物
sandwich copolymer 嵌段共聚物
sandwich heating 双面加热
sandwich hybrid composite 夹芯混杂复合材料
sandwich inclusion compound 夹层包合物
sandwich layer 夹层;芯层
sandwich molding 夹心注塑
sandwich skin 夹层结构蒙皮
sandwich structure 夹心结构;夹层结构
sandy seal 砂封
sanfordization 防缩
sanforizing 防缩(皱)处理
sanforizing agent 防缩剂
sanguinaria 血根草
sanguinarin(e) 血根碱
sanitary pottery 卫生陶瓷
sanitary pottery 卫生陶瓷
sanitary processing 清洗过程
sanitary sewer 污水管(道)
sanitary shield 防尘罩
sanitary ware 卫生陶器
sanitation 卫生设备;下水道设备
sanitiser 卫生间清洁剂
sanitizer 卫生洗涤剂
sanitizing agent 清洁剂;卫生洗涤剂
Sankel 福美镍
sanoform 二碘水杨酸甲酯
santalal 檀香醛
santalane 檀香烷
santal camphor 檀香脑
santalene 檀香萜
santalenic acid(=santalin) 檀香酸
santalic acid 紫檀色素;檀香酸
santal oil 檀香油
santalol 檀香醇
santalyl 檀香基
santalyl salicylate 水杨酸檀香酯
santanol 檀烷醇
santene 檀烯
santenenic acid 檀烯酸
santenic acid 檀酸
santenol 檀烯醇
santenone 檀烯酮
santobrite 五氯酚钠
santochlor 对二氯苯
santonica 山道年花
santonic acid 山道年酸
santonin 山道年
santoninic acid 山道年酸
santoninoxime 山道年肟
santonous acid 山道年亚酸
santyl 水杨酸檀香酯
SAP (sintered aluminium powder) 烧结铝
saperconazol 沙康唑
saphire 蓝宝石

sapietic acid 杉皮酸
sapiphore 生味团
sapium fat 桕油
sapogenin 皂草配基;皂角苷配基
saponaria 肥皂草
saponarin 皂草苷
saponated petroleum 皂化石油(白油或凡士林和油酸、氨水的混合物)
saponifiable oil 皂化油
saponification 皂化
saponification agent 皂化剂
saponification column 皂化塔(连续皂化装置)
saponification number 皂化值
saponification of fats 油脂皂化
saponification value 皂化值
saponifier 皂化剂;皂化器
saponify 皂化
saponifying agent 皂化剂
saponin 皂草苷
saponite 滑石粉
sapphire 蓝宝石
sapphire d'eau 水蓝宝石
saprine 腐肉碱
sapromixite (含)藻煤
sapropel (1)腐泥(2)腐泥煤
sapropelic coal 腐泥煤
sapropelite 腐泥煤
sapropterin 沙丙蝶呤
saptial rotation 空间转动
sap wood 边材
saquinavir 沙奎那韦
sarafloxacin 沙氟沙星
Saran 聚偏(二)氯乙烯纤维;萨纶
Sarcina 八叠球菌属
sarcolactic acid 肌乳酸
sarcoside 肌氨酸金属盐
sarcosinate 肌氨酸酯(或盐)
sarcosine(= *N*-methylglycine) 肌氨酸;*N*-甲基甘氨酸
sarcosine oxidase 肌氨酸氧化酶
sardine fat(=sardine oil) 沙丁(鱼)油
sardine oil 沙丁(鱼)油
sarin 沙林
sarkomycin 肉瘤霉素
sarkosine(=sarcosine) 肌氨酸
sarmentogenin 羊角拗配基;长匐基配基
sarmentose 箭毒羊角拗糖
sarpagine 蛇根精
sarracenine 瓶子草碱
sarracine 瓶千里光碱
sarsaparilla 洋菝葜;墨西哥菝葜
sarsasapogenin 萨洒皂草配基;菝葜皂配基
sarsasaponin 拔葜苷
sartorite 脆硫砷铅矿
sarverogenin 沙弗洛配基
SAS(secondary alkyl sulfonate) 仲烷基磺酸盐(或酯)
sasamolin 芝麻酚林
SASP 柳氮磺胺吡啶
sassafras 黄樟
sassafras oil 黄樟油
sassy bark 帚状合欢树皮
satavic acid 萨它酸;四羟基硬脂酸
satellite DNA 卫星 DNA
satellite line 伴线
sativic acid 洒剔酸
satumomab 沙妥莫单抗
saturability 饱和性;饱和能力
saturant 饱和剂
saturated acid 饱和酸
saturated air 饱和空气
saturated brine 饱和盐水
saturated carbon ring 饱和碳环
saturated compound 饱和化合物
saturated dihalide 二卤代烷
saturated hydrocarbon 饱和烃
saturated polyester 饱和聚酯
saturated polyester resin 饱和聚酯树脂
saturated polymer 饱和聚合物
saturated solution 饱和溶液
saturated steam 饱和蒸汽
saturated vapour 饱和蒸气
saturates 饱和物
saturation 饱和
saturation activity 饱和放射性强度
saturation curve 饱和曲线
saturation degree 饱和度
saturation factor 饱和因子
saturation field strength 饱和场强
saturation index 饱和指数
saturation isomerism 饱和异构
saturation magnetic moment 饱和磁矩
saturation magnetization 饱和磁化强度
saturation point 饱和点
saturation pressure 饱和压力
saturation resistor 饱和电抗器
saturation temperature 饱和温度
saturation tower 饱和塔
saturation transfer 饱和转移

saturation transfer ESR 饱和转移电子自旋共振
saturator 饱和器;饱和塔
saturex 饱和器
Saturn salt 乙酸铅
saunders red 红檀香木
Sauter mean diameter 沙乌特平均直径
saver 回收器;收集器
savin 桧;圆柏
savine oil 桧油
saving of labor 省工
saw cut 锯痕
sawhorse formula 锯木架式
saw machine 锯床
sawtooth-like eaves plate 齿形檐板
saw-tooth polarography 锯齿波极谱法
saxatilic acid 石地衣酸
saxitoxin 非蛋白质强毒素;石房蛤毒素
saxol 液体石蜡油
saxoline 液体石蜡油
Saytzeff rule 扎伊采夫规则
SBA(soybean agglutinin) 大豆凝集素
S-bioallethrin S-生物丙烯菊酯
s-block element s区元素
SBN pyroelectric ceramics 铌酸锶钡热释电陶瓷
SBP(styrene-butadiene plastics) 苯乙烯-丁二烯塑料;丁苯塑料
SBR(styrene-butadiene rubber) 丁苯橡胶
SBR latex 丁苯胶乳
SBR of emulsion polymerization 乳液聚合丁苯橡胶
SBR rubber 丁苯橡胶
SBS modified flexible asphalt felt SBS改性沥青柔性油毡
scabiolide 矢车菊素
scaffold 脚手架
scaffolding 搭脚手架
scaffold materials 骨架材料
scalar 标量
scalar coupling 标量偶合
scalar diffraction theory 标量衍射理论
scalar potential 标势
scalar wave theory 标量波理论
scalding 烫伤
scale (1)规模 (2)污垢;污垢沉积物 (3)标度;刻度 (4)等级
scale and corrosion inhibitor 防腐阻垢剂
scale-built-in thermometer 内标尺式温度计
scale car 称量车
scale deposit 积垢;水垢
scale disk 标度盘
scale down 按比例缩小
scale-down of process 过程缩小
scaled particle theory 定标粒子理论
scale effect 尺度效应;放大效益
scale factor 标度因子
scale formation 结垢
scale forming 结垢;生成水垢
scale inhibition and dispersion agent 阻垢分散剂
scale inhibitor 污垢抑制剂;阻垢剂
scale inhibitor 401 阻垢剂 401
scale of production 生产规模
scale of turbulence 湍动标度
scale out 超过尺寸范围
scaler (1)定标器 (2)除锈剂 (3)自动记录仪
scale range 刻度范围
scale[scaling]up 按比例放大
scale stone 硅灰石
scale traps 固体沉降槽
scale-up 放大
scale-up model 放大模型
scale-up uncertainty 放大的不确定因素
scale weigh bucket 称量桶
scaling (1)剥落;片落 (2)脱皮;扒皮 (3)结垢 (4)定标
scaling effect 放大效应
scaling factor 污垢因子
scaling law 标度定律
scaling parameter 标度参数
scaling rate 结垢速率
scaling theory 标度理论
scaling-up 放大
scalper screen 粗筛
scammonin 番薯苷
scammony root 番薯
scandia 氧化钪
scandium 钪 Sc
scandium bromide 溴化钪
scandium chloride 氯化钪
scandium nitrate 硝酸钪
scandium oxide 氧化钪
scandium oxynitrate 硝酸氧化钪
scandium oxysulfate 硫酸氧化钪
scandium phosphate 磷酸钪
scandium tritide 氚化钪
scan-in 扫描输入

scanner 扫描器
scanning agent 扫描剂
scanning electron microscope(SEM) 扫描电子显微镜
scanning infrared spectrophotometer 扫描红外分光光度计
scanning ion microscope 扫描离子显微镜
scanning microwave spectrometer 扫描微波光谱仪
scanning pattern 扫描图形
scanning radiometer 扫描辐射仪
scanning scope 扫描范围
scanning tunnel microscope 扫描隧道显微镜
scanning tunnel microscopy 扫描隧道显微术
scan-out 扫描输出
scar 斑疤;伤痕
scarfbutt joint 斜对接接头
scarfing 火焰表面清理
scarfing joint 斜接头
scarlet 猩红
scarlet acid 猩红酸
scarlet phosphorus 猩红磷;紫磷
scarlet red 猩红
scar-repairing agent 补伤剂
scatter(=dispersion) 散射;扩散
scattered light 散射光
scatterer 散射体
scatter factor 分散因子
scattering 散射
scattering angle 散射角
scattering coefficient 散射系数
scattering cross section 散射截面
scattering efficiency 散射效率
scattering length 散射长度
scattering matrix 散射矩阵
scattering of particles 粒子散射
scattering of radiation 辐射散射
scavenger 清除剂;净化剂;浮获剂
scavenger plate 清洗板
scavenger precipitation 清除沉淀
scavenging (1)除气(法)(2)清除的
scavenging of free radicals 自由基的清除
scawtite 片柱钙石
SCE(saturated calomel electrode) 饱和甘汞电极
scene 现场
scented porous metal 含香金属
scent test 嗅试法(测挥发性物质密封程度)
SCF(stein cell factor) 巨噬细胞生长因子
SCF-SW-Xα Xα多重散射波自洽场法
schedule 程序表;一览表
schedule control 工程管理
scheduled operating time 规定操作[运转]时间
scheduled outage 计划停电[机]
scheduled overhaul 定期大修
scheduled production 计划产量
schedule drawing 工程[序]图
scheduled repair 定期修理
scheduled shutdown 计划停工
schedule method 表格法;列表法
schedule of construction 施工进度表
schedule of price 估价表
scheduling of production 生产排序
Scheele's green 亚砷酸氢铜
scheelite 白钨矿
Scheibel extractor 搅拌式萃取塔
scheme design 方案设计
Schiemann reaction 希曼反应
Schiff base 席夫碱
Schiffs' reagent 品红试剂
schizandrin 五味子素
Schlippe's salt 全硫锑酸钠
Schmidt hydrazoic acid reaction 施密特叠氮酸反应
Schmidt number 施密特数
Schmidt process(for hydrogen and oxygen) 施密特(制氢氧)法
Schmidt's rule 施密特规则
Schoenflies' symbols 舍恩夫利斯晶体符号
Schoenherr process 舍恩黑尔固氮法(制硝酸)
Schoop hypochlorite process 朔普次氯酸盐法
Schoop process(for hydrogen and oxygen) 朔普(制氢氧)法
Schopper folding machine 朔佩尔式耐折度仪器
Schopper hardness 朔佩尔氏硬度
Schopper rebound 朔佩尔回弹性
Schopper testing machine 朔佩尔试验机
schorl(=tourmaline) 电气石
Schotten-Baumann acylation reaction 肖顿-鲍曼酰化反应
Schottky defect 肖特基缺陷
Schottky noise 肖特基噪声
schou oil 氧化豆油
schradan 八甲磷
Schrödinger equation 薛定谔方程

Schrödinger equation with time（= time-dependent Schrodinger equation） 薛定谔时间方程
Schrödinger picture 薛定谔绘景
schroeckingerite 板菱铀矿
Schulze-Hardy rule 舒尔策-哈迪规则
Schulze's rule 舒尔策定则(随离子的化合价而变异的沉淀效应)
Schulz-Zimm distribution 舒尔茨-齐姆分布
Schweinfurt green 巴黎绿
Schweizer's reagent 许维测试剂
Schöllkopf acid 周位酸
science foundation 科学基金制
scillabiose 海葱二糖；绵枣儿二糖；鼠李糖葡糖苷
scillarabiose 海葱二糖
scillaren 海葱苷
scillarenase 海葱苷酶
scillarenin 海葱苷宁
scillaridin 海葱苷配基
scilliroside 海葱糖苷
scintiangiocardiography 闪烁心血管照相术
scintigram 闪烁图
scintillation counter 闪烁计数器
scintillation detector 闪烁探测器
scintillation spectrometer 闪烁谱仪
scintillation vial 闪烁管
scintillator 闪烁体
scintiphotography 闪烁照相术
scintiscanning 闪烁扫描
scintitomogram 闪烁断层图
scission 裂开；裂变；断裂
scission of bonds 键的裂开
scission reaction 裂解反应
sclareol 香紫苏醇
sclareolide 香紫苏内酯
sclerometer 硬度计
scleronomic constraint 定常约束
scleroprotein 硬蛋白
scleroscope 金属硬度计；测硬器
sclerosing agent 硬化药
sclerotic acid 巩膜酸
sclerotin 壳硬蛋白
scolecite 钙沸石
scoline chloride 丁二酰胆碱氯化物
scoliodonic acid 斜齿鲨酸(Scoliodon 为斜齿鲨，一种二十四碳五烯酸)
scombrine 鲭精蛋白
scombron(e) 鲭组蛋白
scoop tube 勺管
scoparin 金雀花素；扫帚黄素
scoparius 金雀花
scoparone 二甲氧香豆素；香豆素二甲醚
scope cover 责任范围
scope of application 适用范围
scope of repairing course 修理范围
scope of work 工作范围
scopine 莨菪品碱
scopolamine 东莨菪碱；莨菪胺；天仙子碱
scopolamine hydrobromide 东莨菪碱氢溴酸盐
scopolamine *N*-oxide *N*-氧化东莨菪碱
scopoletin 东莨菪亭[素]
scopolia japonica 东莨菪
scopolic acid 莨菪酸
scopolin 东莨菪苷
scopoline 莨菪灵；异东莨菪醇
scopometer 视测浊度计
scopometry 视测浊度测定法
scorch 烧焦；焦痕；焦烧；过早硫化
scorched rubber 早期硫化橡胶
scorching 焦烧；过早硫化
scorch-resisting treatment 防焦处理
scorch retarder 防焦剂
score 刻痕
scoria 炉渣；熔渣
scoring 擦伤；划伤
scorodose 大蒜糖
scorpion toxin 蝎毒素
SCOT（support coated open tubular column） 涂载体空心柱
scotophobin 暗视肽
scotopsin 暗视蛋白
Scott evaporator 斯科特蒸发器
Scott tester 斯科特试验机
DL-S coupling DL-S 耦合；罗素-桑德斯耦合
scour channel 冲刷槽
scouring agent 擦洗剂；擦净剂
scouring effect 洗净效应
scouring liquid 擦洗液；浸泡液
scouring pad 擦洗(纸)片
scouring powder 去污粉；擦洗粉
SCP (1)(single cell protein)单细胞蛋白质(2)(sterol carrier protein)固醇载体蛋白
SCR(Standard Chinese Rubber) 标准中国橡胶
scrap (1)碎片；碎屑 (2)边角料；残渣
scrap chiller 套管结晶器
scrap cutting machine 废胶切割机

scraped film evaporator 刮(板)膜式蒸发器
scraped surface chiller 刮面式冷却器
scraped surface exchanger 刮面式换热器
scraper 刮料机;刮料装置;滤饼刮刀;刮板
scraper blade 刮刀;刮板
scraper boss 刮板轮毂
scraper conveyer 刮板输送机
scraper conveyor 刮板输送机
scraper flight conveyer 刮板(式)输送机
scraper ring 刮油环;刮油胀圈
scraping cutter 刮刀
scraping knife 刮刀
scraping tool 刮刀
scrappage 废物;报废(率)
scrap rubber 废胶
scrap washer 杂胶洗涤机
scrap washing machine 废胶洗涤机
scratch 标[刻]线;擦痕;擦伤;刮痕
scratch hardness 刮痕硬度
scratch hardness tester 划痕硬度计
scratch resistance 抗刮性
scratch test 刮痕试验
screen 筛网;网板
screen analysis (=sieve analysis) 筛析
screen beater 筛网击打器
screen bed base 筛网架
screen centrifuge 筛网离心机
screen clarifier 筛式沉降器;过滤式沉降器
screen cradle 筛摇架
screen deck 筛板
screened wellhead 多孔套管
screen guide 挡板导架
screen holder 滤网架
screening 筛选
screening agent (1)掩蔽剂(2)防晒剂
screening constant (=shielding constant) 屏蔽常数
screening effect 屏蔽效应
screening materials 屏蔽材料
screening of nucleus 核屏蔽
screening rubber slab 橡胶筛板
screenings 筛下物;筛屑
screening unit 筛选组合装备
screen ink for plastic 丝网印刷硬塑油墨
screen ink for soft plastic 丝网印刷软塑油墨
screen/membrane filter 筛/膜滤板
screen mesh 筛目
screen plate 筛板
screen printing 筛网[丝网]印花
screen printing ink 丝网印刷油墨
screen retaining ring 筛板固定环
screens 防晒剂
screen set bar 筛板拉杆
screen settler 过滤式沉降器
screen size 筛号
screen tailings 筛上颗粒
screen-type centrifuge 筛筒式离心机
screen-type film 增感型胶片
screen washing agent 洗网水
screw agitator 螺旋式搅拌机
screw axis 螺旋轴
screw centrifugal 螺杆离心(式)
screw compressor 螺杆式压缩机
screw conveyer 螺旋输送机
screw conveyer dryer 螺杆干燥机
screw current meter 旋桨式流速仪
screw-cutting machine 螺纹切削机床
screw die 螺杆式模头;螺丝扳牙
screw-discharge sedimentation centrifuge 沉降式螺旋卸料离心机
screw dislocations 螺旋位错
screw-driver 螺丝刀;螺丝起子
screw drum 螺旋转鼓
screwed flange 螺纹法兰
screwed joints 螺纹接管
screw extruder 螺杆压出机
screw extrusion 螺杆式挤塑
screw extrusion press 螺旋挤出机;螺杆压干机
screw feeder 螺旋加料器
screw impeller 螺旋叶轮
screw injection 螺杆式注塑
screw machine 螺杆压出机
screw pelletizer 螺杆造粒机
screw-pitch 螺(纹)距
screw plasticating 螺杆塑炼法
screw plasticator 螺杆塑炼机
screw press 螺旋压力机
screw pump 螺杆泵
screw rotation 螺旋转动
screw tap 丝锥
screw though pump 槽式螺旋泵
screw-type extrusion machine 螺杆压出机
scribing 刻膜
scripton 转录子
scroll compressor 涡旋式压缩机
scroll conveyor 涡旋式输料器
scroll discharge centrifuge 卷轴排料离心机

scroll-type centrifuge 涡旋式离心机
scrubber (1)涤气器 (2)洗涤器[塔] (3)擦洗粉
scrubber collector 洗涤收集器
scrubbing 洗涤
scrubbing dust collection 洗涤除尘
scrubbing oil 洗油
SCT(simple collision theory) 简单碰撞理论
scuffing 划伤;擦伤
scuff-resistance 耐磨损性;耐擦伤
scum (1)浮渣;渣滓(2)泡沫(3)底膜
scum baffle 浮渣挡板
scum collector 浮渣收集装置
scum pipe 浮渣导管
scum rubber 泡沫橡胶
scum yeast 浮膜酵母
scutellarein 黄芩配基
scutellaria 黄芩
scutellaria root 黄芩
scyllitol 青蟹肌醇(肌醇的一种异构物)
scylloinosose 青蟹肌糖
scymnol 鲨胆甾醇
SD(sulfadiazine) 磺胺嘧啶
SDA (solvent deasphalting) 溶剂脱沥青
SDD (sodium dimethyl dithiocarbamate) 二甲基二硫代氨基甲酸钠
SDO (solvent deoiling) 溶剂脱油
SDW (solvent dewaxing) 溶剂脱蜡
seaborgium 镱 Sg
sea disposal 海洋处置
sea-island composite fiber 海岛型复合纤维
seal 密封;封闭;封焊
sealability 密封能力
seal air pipe 密封空气管
sealant 密封胶
seal assembly 密封组件
seal bellows 密封波纹管
seal by arrow-like ring 箭形圈密封
seal by B-ring B形环密封
seal by duplex wedge-like gasket 双楔形垫密封
seal by elastomeric delta gasket 橡胶三角垫密封
seal by elastomeric O-ring 橡胶 O 形环[圈]密封
seal by plug 堵塞密封
seal by precision fit 研合密封
seal by sleeve 套管密封
seal cage 隔离环
seal cartridge 密封套[筒]
seal casing 密封壳体
seal coat 封闭漆
seal components 密封件
seal (contact) face 密封面
seal cover 密封压盖
seal drain port 密封排放口
seal drive sleeve 密封[动环]传动套
sealed battery 密封蓄电池
sealed bearing 密封轴承
sealed cell sponge rubber 闭孔海绵胶
sealed functional composite 密封功能复合材料
sealed lead acid storage battery 密封铅酸蓄电池
sealed sighting lens 密封式目镜
sealed sintering 密闭烧结
sealed source 密封源
sealed tank 密闭罐
seal end plate 密封压盖
seal energized by medium pressure 自紧密封
sealer 表面保护层;密封漆[剂]
seal flush 密封冲洗
seal flush liquid 密封冲洗液
seal for pipe joints 管道密封
seal gland 密封套[筒];密封装置;密封压盖
seal groove cavity 密封槽
seal hanger 封液的悬浮体(浮顶)
seal head 动环
seal housing 密封壳体
sealing 封闭(处理)
sealing alloy 定膨胀合金
sealing face 密封面
sealing face leakage 密封面泄漏
sealing failure 密封失效
sealing fluid 封闭液体;密封液
sealing for tubing joints 管道连接密封
sealing joint strip 密封胶条
sealing leak 密封泄漏
sealing life 密封寿命
sealing liquid 封闭液体;密封液
sealing materials 密封材料
sealing medium 密封介质
sealing pot 封液包;隔离液罐
sealing pressure 热合压力;密封压力
sealing run 封底焊道
sealing system 密封系统
sealing water pipe 水封管
sealing wax 火漆
sealing welding 封底焊

sealing without gaskets 无垫密封
seal joint 密封接头
seal lip 密封唇口
seal liquid 密封液
seal oil 海豹油
(**seal**) **packing** 密封垫
seal pipe 密封管
seal point 液封点
seal pot 密封罐
seal ring 封口圈;密封圈
seal running dry 密封干运转;密封无液运转
seal skin 海豹皮
seal supply pressure 密封供应压力
seal system 密闭系统
seal trough 密封槽
seal water pump 轴封水泵
seal wiper ring 封闭刮油环
seal with arrow-rings 箭形圈密封
seal with bush 衬套密封
seal with double-cone 双锥密封
seal with elastometrc washer 橡胶圈密封
seal with flat gasket 平垫片密封
seal without gasket 无垫密封
seal with single-cone 单锥密封
seam 缝;接缝;焊缝
sea manure 海肥
seamless head 无缝封头
seamless shell 无缝筒体
seamless steel tube(**s**) 无缝钢管
seamless steel tube(**s**) **for boiler** 锅炉钢管
seamless steel tube(**s**) **for ship** 船舶钢管
seamless tube 无缝钢管
seam welding 缝焊
seaprose 蜂蜜曲霉蛋白酶
search 搜查;探索;勘察
search coil 探察线圈
search(**ing**) **unit** 探头
Searle conduction apparatus 瑟尔热导仪
sea salt 海盐
seasoning 天然时效
seasoning agent for shoe 皮鞋光亮剂
seat 座;阀座
seat leakage test pressure 阀座密封性试验压力
seat leak test 阀座漏泄试验
seawater 海水
seawater corrosion 海水腐蚀
seawater desalination 海水淡化
seawater desalination reactor 海水淡化堆
seawater drilling fluid 咸水钻井液
seawater manure 海水肥料
seawater mud 咸水钻井液
seawater pollution 海水污染
seawater pump 海水泵
seawater soap 海水皂
seaweed fibre 海藻纤维
sebacamide 癸二酰胺
sebacate 癸二酸盐(或酯)
sebacic acid 癸二酸
sebacic dinitrile 癸二腈
sebacil 1,2-环癸二酮
sebacoin 2-羟基环癸酮
sebaconitrile 癸二腈
sebacoyl 癸二酰
sebacylic acid 癸二酸
sebate (1)癸二酸盐(2)癸二酸酯
SEC(size exclusion chromatography) 尺寸排阻色谱法
secaline 黑麦碱;三甲胺
secalonic acid 黑麦酮酸
secalose 黑麦糖
secant method 割线法
secnidazole 另丁硝唑
seco alkylation 断裂烷基化
secobarbital 司可巴比妥
secobarbital sodium 司可巴比妥钠;速可眠钠
seco-ebruicolic acid 闭联齿孔酸
seconal 司可巴比妥;速可眠
secondary (1)仲(2)第二
secondary accelerator 助促进剂
secondary acetate 二取代乙酸盐
secondary additive 辅助配合剂
secondary air 二次空气
secondary air fan 二次风机
secondary air register 二次风门
secondary alcohol 仲醇;二级醇
secondary amine 仲胺;二级胺
secondary arsenate 二取代砷酸盐
secondary axis 副轴
secondary battery 蓄电池
secondary blower 二次风鼓风机
secondary butyl alcohol 仲丁醇
secondary calcium phosphate 二代磷酸钙;磷酸氢钙
secondary carbon 仲碳原子
secondary cell (=accumulator) 蓄电池;二次电池
secondary coil 二次线圈
secondary combustion 二次燃烧

secondary coolant 二次冷却剂
secondary crack 二次裂纹
secondary creep 次级蠕变;蠕变恒速区
secondary crusher 中碎机
secondary crystallization 后期结晶
secondary current distribution 二次电流分布
secondary dispersion 二次色散
secondary electrons 二次电子
secondary energy 二次能源
secondary engineering plastics 亚工程塑料
secondary fermentation 后发酵作用;二次发酵作用
secondary flow 二次流
secondary fractionator 二级分馏塔
secondary hydration number 二级水化数
secondary inertia force 二次惯性力
secondary instrument 二次仪表
secondary ion 次级离子
secondary ionization 二次电离
secondary ion mass spectroscopy(SIMS) 次级离子质谱法
secondary isotope effect 二级同位素效应
secondary lithium battery 锂蓄电池
secondary maximum 次极大
secondary member 次要杆件
secondary messenger 第二信使
secondary metabolism 次级代谢;二级代谢
secondary meter 二次仪表
secondary mineral 次生矿物
secondary nitroparaffin 仲硝基烷
secondary nutrients 中量元素肥料
secondary operation 二次加工
secondary(optical)axis 副(光)轴
secondary phosphine 仲膦
secondary photochemical reaction 二次光化反应
secondary plasticizer 辅助增塑剂
secondary pollutant 二次污染物
secondary pollution 二次污染
secondary precipitation 二次沉淀
secondary process 次级过程
secondary processing 原油二次加工
secondary products 次级产品
secondary proteose 次脙
secondary pump 后级泵
secondary radiation (=X-ray fluorescence) 次级辐射
secondary reaction (1)副反应(2)二次反应;次级反应;诱导反应
secondary recovery of crude oil 二次采油
secondary reference fuel 第二参比燃料
secondary refining 炉外精炼
secondary reformer 二段转化炉
secondary reformer tubes 二段转化炉管
secondary relaxation 次级松弛
secondary relaxation temperature 次级松弛温度
secondary remelting 二次重熔
secondary safety valve(for inner container) 二级安全阀(供内容器用)
secondary salt (1)(=dibasic salt)二取代盐(2)副盐
secondary salt effect 副盐效应
secondary screen 二道筛
secondary separation 二次分离
secondary settling tank 二次沉淀池;二沉池
secondary standard 二级标准
secondary standard fuel 第二参比燃料
secondary standard substance 副基准物
secondary steam 二次蒸汽
secondary steelmaking process 炉外精炼
secondary stress 二次应力
secondary structure 二级结构
secondary-tertiary alcohol 仲叔醇
secondary transition 次级转变
secondary uranium mineral 次生铀矿物
secondary valency 副价;次化合价
secondary wavelet 次级子波
second category vessel 二类容器
second-class electrode 第二类电极
second CMC 第二临界胶束浓度
second coordination sphere (=outer coordination sphere) 外配位层;第二配位层
second cosmic velocity 第二宇宙速度
second evaporator 二次蒸发器
second-growth isotope 次生同位素
second harmonic AC voltammetry 二阶谐波交流伏安法
second law of thermodynamics 热力学第二定律
second messenger 第二信使
second moment 二次矩
second-order asymmetric transformation 二级不对称(相)转变
second order phase transition 二级相变
second order reaction 二级反应
second order spectrum 二级图谱
second quantization 二次量子化
second stage of creep 二段蠕变
second titanium cooler 二段钛材冷却器

second triad(=light platinum metals) 轻铂组金属;轻铂三素组(指钌铑钯)
second virial coefficient 第二位力系数
secret 秘密;机密
secretin 肠促胰液肽;胰泌素
secretinase 肠促胰液肽酶
secretory antibody 分泌抗体
secretory piece 分泌片段
SECSY 自旋回波相关谱
section (1)工段(2)剖面
section A-A A-A 剖视[剖面;截面]
sectional area 截面积
sectionalized casing 分段式外壳
sectional repair 局部修补
sectional tower shell 塔节
sectional view 剖视图
section crack 剖面裂缝
sectioning 解剖
section material 型材
section modulus 断面系数;截面模量
sections 型材
section steel 型钢
section thickness 截面厚度
sector 扇形
sector disc 扇形盘
sector feeder 扇形加料器
sector velocity 扇形速度
secular distortion 时效变形
secular equation 久期方程
secular equilibrium 长期平衡
"secunda"(vegetable)tallow 木油
secure burial pit 可靠的深埋坑
securing strip 安全带
securinine 一叶萩碱
security (1)安全;防护 (2)担保;担保品 (3)(复数)证券;债券
security control 安全技术;保安措施
security manual 安全手册
security paper 证券纸
sedanoic acid 瑟丹酸
sedative (1)镇静剂 (2)镇定的
sedatives and hypnotics 镇静催眠药
sedecamycin 西地霉素
sedigraph 沉降图
sediment 沉降物;沉积物
sedimentary deposits 沉积物
sedimentary rock 沉积岩
sedimentation 沉积作用;沉降
sedimentation analysis 沉降分析法
sedimentation balance 沉积天平
sedimentation basin 沉淀池
sedimentation boundary 沉降界面
sedimentation centrifuge 沉降式离心机;离心沉降器
sedimentation coefficient 沉降系数
sedimentation equilibrium 沉积平衡
sedimentation equilibrium method 沉降平衡法
sedimentation potential 沉降势;沉积电位
sedimentation process 絮凝法工艺
sedimentation rate (1)血沉速率(2)沉积速率
sedimentation tank 沉积槽;沉淀池
sedimentation velocity 沉降速度
sedimentation velocity method 沉降速度法
sedimentometer 沉降天平仪
sedoheptose 景天庚酮糖
sedoheptulosan 景天庚酮聚糖
sedoheptulose 景天庚酮糖
sedulene 瑟杜烯
sedulone 瑟杜酮
seed and seedling treatment method 种苗处理法
seed coating agent 种衣剂
seed crystal 晶种
seeded crystallization 加核晶析
seeded growth 加晶种的(结晶)生长
seeded precipitation 加晶种沉降
seeding 播种;加晶种;引晶技术
seeding polymerization 接种聚合
seed manure 种肥
seepage 渗流
seep in 漏入;渗入
segment 链节;线段
segmental baffle 弓形折流板
segmental grinding ring 扇形磨盘
segmentally welded(monolayered)cylinder 瓦片式(单层)圆筒
segmental motion 摆动
segmental plate 弓形板
segmented copolymer 多嵌段共聚物
segmer 链段
segontin 普尼拉明;心可定
segregation (1)分离;分凝;离析 (2)偏析 (3)分聚
segregation coefficient 分凝系数
segregation of olefines 烯烃分离
segregative tray 分块式塔板
Seidlitz mixture 塞德利茨混剂(酒石酸钾

钠和碳酸氢钠 3∶1 的混合物)
Seignette salt 酒石酸钾钠
seismic bending moment 地震弯矩
seismic coefficient 地震系数
seismic dynamic load 地震动力载荷
seismic force 地震力
seismic intensity 地震烈度
seismic moment 地震力矩
seizure 胶住;咬住;卡咬;咬粘
seizuring load 胶住载荷
seizuring pressure 胶住压力
sekikaic acid 石花酸
selacholeic acid 鲨油酸
selachyl alcohol 鲨油醇
selagine 卷柏状石松碱
Selas furnace 西拉斯炉
selectin 选凝素
selection of plant location 厂址选择
selection pressure 选择压力
selection rule 选择定则;选律
selective absorption 选择吸收
selective adsorption 选择吸附
selective catalytic conversion 选择催化转化
selective catalytic cracking 选择催化裂化
selective control 选择性控制
selective control systems 选择性调节系统
selective corrosion 选择腐蚀
selective cracking 选择裂化;多炉裂化;分别裂化
selective cracking process(＝selective cracking) 选择裂化;多炉裂化;分别裂化
selective elution 选择性洗脱
selective enrichment 选择性富集
selective evaporation 分馏;精馏
selective extraction 选择性提取
selective fermentation 选择发酵
selective filtering functional composite 选择滤光功能复合材料
selective hardening 局部淬火
selective headstock 变速箱;床头箱
selective herbicide 选择性除草剂;选择性除莠剂
selective hydration 选择性水化
selective hydrocracking 选择加氢裂化
selective localization 选择性定位
selective oxidation 选择氧化
selective polymer 选择聚合物
selective polymerization 选择聚合
selective(preferential)adsorption 选择(优先)吸附
selective quenching 局部淬火
selective reaction 选择反应
selective reagent 选择(性)试剂
selective rectification 选择分馏
selective reduction 选择性还原
selective solvent 选择性溶剂
selective stripping 选择(性)反萃(取)
selective tempering 局部回火
selective water shutoff agent 选择性堵水剂
selectivity 选择性
selectivity coefficient 选择性系数;平衡商
selectivity of catalyst(＝specificity of catalyst) 催化剂的选择性
selectivity of reagent 试剂的选择性
selectoforming 选择重整
selector 选择器
selector switch 选择开关
selector valve 换向阀
selegiline 司来吉兰
selenanthrene 硒士林;9,10-二硒杂蒽
selenazole 硒唑
selenazoline 硒唑啉
selenic acid 硒酸
selenic chloride 四氯化硒
selenide (1)硒化物(2)硒醚
selenide of silver 一硒化二银
seleninic acid (有机基)亚硒酸;硒代亚磺酸
seleninyl 亚硒酰
selenious acid 亚硒酸
selenious oxide 二氧化硒
selenite radical 亚硒酸根
selenium 硒 Se
selenium bromide 一溴化硒
selenium chloride 一氯化硒
selenium diethyl 二乙硒
selenium diethyl dithiocarbamate 二乙基二硫代氨基甲酸硒
selenium dimethyl 二甲硒
selenium dioxide 二氧化硒
selenium hexafluoride 六氟化硒
selenium monocrystal 硒单晶
selenium oxide 二氧化硒
selenium oxybromide 二溴氧化硒
selenium oxychloride 二氯氧化硒
selenium oxyfluoride 二氟氧化硒
selenium photocell 硒光电池
selenium rectifier 硒整流器
selenium-ruby glass 硒红玻璃
selenium sulfide 硫化硒

selenium sulphite 亚硫酸硒
selenium tetrabromide 四溴化硒
selenium tetrachloride 四氯化硒
selenium tetrafluoride 四氟化硒
selenium trioxide 三氧化硒
selenium trisulphide 三硫化硒
seleno- 硒基
seleno-acid (1)硒代磺酸(2)硒代酸
selenocyanic acid 硒代氰酸
selenocyano- 氰硒基
selenocystathionine 丙氨酸丁氨酸硒醚;胱硒醚
selenocystine 硒代胱氨酸
selenoenzyme 硒酶
selenol 硒醇 SeH(作后缀)
selenole 苯并硒二唑
selenomercaptan 硒醇
selenomethionine 硒代蛋氨酸
selenono- 硒酸一酰;硒羧基
selenonyl 硒酰基
selenophen 硒吩
selenophenol 苯硒酚
selenophthalide 硒代苯并[*c*]呋喃-2-酮
selenopyrimidine 二嘧啶硒
selenopyronine 硒呫吨
selenosemicarbazide 氨基硒脲
selenourea 硒脲
selenyl (1)氢硒基 (2)氧硒基
selenylation 硒化
selenyl chloride 二氯氧化硒
Selexo desulfurization process 聚乙二醇二甲醚法脱硫
self absorption 自吸收
self absorption and self reversal 自吸和自蚀
self-acting feed 自动进料
self-acting lathe 自动车床
self-acting scale 自动秤
self-acting valve 自动阀
self-actuated controller 自动控制器
selfadhesion 自粘性
self-adhesive paper 自粘纸;不干胶纸
self-adjusting 自动调整
self-adjustment 自动调整
self-aligning 自动对准
self-alkylation 自烷基化
self antigen 自体抗原
self-assembly film 自组装有序分子膜(LB膜)
self-assembly system 自装配[组装]系统
self-catalyzed reaction 自催化反应
self-cleaning centrifuge 自动清洗离心机
self cleaning enamel 自洁陶瓷
self-cleaning type centrifugal separator 自动卸料离心分离机
self-cleaning velocity 自净速度
self-closing 自闭合;(线路)自接通
self-compensating 自动补偿
self-condensation 自缩合(作用);自冷凝(作用)
self-consistency 自洽性
self-consistent field(SCF) 自洽场
self-consistent field scattered wave Xα method Xα多重散射波自洽场法
self-consistent solution 自洽解
self-contained 自备的
self-cooling 自冷却
self-crimping (纤维)自蜷缩
self-crosslinking resin 自交联树脂
self-curing 自动硫化
self-curing adhesive 自固化胶黏剂
self-curing cement 自动硫化胶
self-decomposition 自分解
self diffusion 自扩散
self-diffusion coefficient 自扩散系数
self-discharge 自放电
self-emulsifying 自乳化
self-energizing resilient metal gaskets 自紧式弹性金属垫片
self-energy 自能
self-extinguishing 自动灭火
self-feeding 自动加料
self-fertilization 自体受精
self-field 自场
self-fluxing alloy 自熔合金
self-focusing 自聚焦
self-fusible ore 自熔矿
self fusible PSAT 自融性压敏胶粘带
self-heating 自动加热
self-ignition 自燃
self-ignition delay 自燃延迟期
self-inductance 自感
self-initiation polymerisation 自引发聚合
self-inspection 自检
self-ionization 自电离(作用)
self-irradiation 自辐照
self-lubricate 自动润滑
self-lubricating bearing 自动润滑轴承
self-lubrication 自动润滑
self-luminescence 自发光
self-oil feeder 自动加油器
self-oiling 自动加油

self-operated controller 自动控制器
self-organization 自组织
self-organizing system 自组织系统
self-polishing antifouling coatings(SPC) 自抛光型船底防污漆
self-polycondensation 自缩聚
self polymerization 自聚合
self-priming (1)自动注油 (2)底面两用漆
self-priming pump 自吸泵
self-propagation 自增长
self-propelled crane 自走式起重机
self-pumping 自抽运
self purification of water 水体自净
self quenching 自猝灭
self-radiolysis 自辐解
self-reaction force 自反(作用)力
self-recording instrument 自动记录仪
self-recording unit 自动记录器
self-regulating 自调整
self-reinforced polymer 自增强聚合物
self-reinforcing polymer 自增强聚合物
self-repairing 自修复
self-reproducing system 自繁殖系统
self-restoration 自然更新
self-reversal (谱线)自蚀
self-scattering 自散射
self-sealing 自紧式密封
self-sealing ring 自紧式密封环
self-sealing tyre 自封轮胎
self-shielding effect 自屏蔽效应
self-shielding factor 自屏(蔽)因子
self-similar fractal 自相似分形(无机膜)
self-starting 自动启动
self-stressing cement 自应力水泥
self-sustained 自持的
self termination 自终止
self transfer 自转移
self-tuning 自校正
self-vulcanization 自硫化
self-vulcanizing 自动硫化
selinane 蛇床烷
selinene 蛇床烯;芹子烯
seller 卖方
sematilide 司美利特
semduramicin 生度米星
S_E1 mechanism S_E1 机理;单分子亲电子取代机理
S_E2 mechanism S_E2 机理;双分子亲电子取代机理
semi-absorbent treatment 半吸声处理
semi-acetal 半缩醛
semi-acid refractory 半酸性耐火材料
semialdehyde 半醛
semi-aniline leather 半苯胺革
semi-anthracite coal 半无烟煤
semibatch reactor 半间歇式反应器
semibenzene 半苯;对二烷基亚甲基环己二烯
semi-bituminous 半沥青(的)
semi-boilling process 半煮法
semicarbazide 氨基脲
semicarbazide hydrochloride 氨基脲盐酸盐
semicarbazido 脲氨基
semicarbazino 脲亚氨基
semicarbazone 缩氨基脲
semicarbazono- 脲亚氨基
semi-chemical pulp 半化学纸浆
semicoke 半焦
semi-coking 半焦化(作用);低温炼焦
semicolloid (= association colloid) 半胶体;缔合胶体
semicommercial production 中间工厂规模生产
semi-commercial unit 半工业装置
semiconducting glaze 半导体釉
semiconducting polymer 高分子半导体
semiconducting solid solution 固溶体半导体
semiconductive ceramics 半导体陶瓷
semiconductive chemical compound 化合物半导体
semi-conductive coating 半导体涂料
semiconductive material(s) 半导体材料
semi-conductive paper 半导体纸
semiconductor 半导体
semiconductor chemistry 半导体化学
semiconductor cleaning agent 半导体清洗剂
semiconductor detector 半导体检测器
semiconductor electrochemistry 半导体电化学
semiconductor electrode 半导体电极
semiconductor germanium 半导体锗
semiconductor laser 半导体激光器
semiconductor silicon 半导体硅
semiconductor thermometer 半导体温度计
semiconservative replication 半保留复制
semi-continuous culture 半连续培养
semi-continuous polymerization 半连续聚合
semi-continuous process 半连续过程
semi-crystal 半水晶
semi-crystalline polymer 半结晶聚合物

semi-cyclic bond(＝semi-cyclic link) 半环键
semi-cyclic double bond 半环双键
semi-cyclic double link 半环双键
semi-cyclic link 半环键
semi-defined medium 半组合培养基
semi-deoxidized steel 半镇静钢
semi-differential polarography 半微分极谱法
semidine 半联苯胺;重苯胺;苯氨基苯胺
semidine rearrangement 半联胺重排作用
semidine transposition（＝semidine rearrangement） 半联苯胺重排作用
semi-drying oil 半干性油
semi-dry preservation 半干法保养
semi-dry pressing 半干压成型法
semi-ebonite hose 半硬质胶管
semi-efficient vulcanization system 半有效硫化体系
semiempirical model 半经验模型
semi-finished 半光制
semi-finished bolt 半光制螺栓
semi-finished screw 半光制螺钉
semi-finishing 半精加工
semi-flat assembly bench 汽车外胎半鼓式成型机
semi-fluidized bed 半流化床
semi-gel 半凝胶体
semigloss coating 半光涂料
semihard magnetic alloy 半硬磁合金
semi-heavy water 半重水
semi-hydrated gypsum 烧石膏
semi-industrial installation 半工业生产装置
semi-industrial scale 半工业规模
semi-insulating GaAs crystal 半绝缘砷化镓单晶
semi-integral polarography 半积分极谱法
semi-killed steel 半镇静钢
semi-lean(solution)pump 半贫液泵
semi-metallic packing 半金属填料
semimetals（＝metalloids） 半金属
semi micelle 半胶束
semimicro analysis 半微量分析
semimicro (analytical) balance 半微量天平
semimicro method(＝centigram method) 半微量法
seminase 半酶(琼脂中的一种酶)
seminose 甘露糖
semi-open impeller 半开式叶轮
semi-open type 半开式
semioxamazide 氨基草酰肼;*N*-氨基草酰(二)胺
semioxamazone 缩氨基草酰肼
semipearl polymerization 半悬浮聚合
semi-permeable membrane 半(渗)透膜
semipinacol rearrangement 半频哪醇重排
semiplant 中间试验工厂
semiplant scale equipment 中间试验设备
semiplant test 中间试验
semi-plastic state 半塑性状态
semi-pneumatic tyre 弹性轮胎
semipolar bond（＝coordinate bond） 半极性键;配位键;配价键
semi-polar double links 半极性双键
semi-polarity 中极性
semi-polar link(age) 半极性键
semiporcelain 炻器
semi-prepolymer process 似预聚物方法
semiprotic solvent 半质子性溶剂
semi-quantitative analysis 半定量分析
semiquantitative spectrometric analysis 光谱半定量分析
semiquinone 半醌
semiradial reciprocating compressor 扇[星]形往复式压缩机
semi-refined wax 半精制石蜡
semi-reinforcing agent 半促进剂;半补强剂
semi-reinforcing furnace black 半补强炉黑
semis 中间产品;半成品
semi-scale production 半工业化生产
semi-silica brick 半硅砖
semistable dolomite brick 半稳定性白云石砖
semi-steel 钢性铸铁;半钢
semi-trailer 挂车
semi-transparent film 半透(明)膜
semi-ultra accelerator 准超促进剂
semivitreous 半玻璃化的
semi-vulcanization 半硫化(作用)
semi-water gas 半水煤气
semiwork(s) 中间试验工厂
semi-work scale plant 半工厂装置
semi-works(plant) 中间工厂
semi-works production 中间工厂规模生产
semotiadil 司莫地尔
sempervirine 常绿钩吻碱;常生草碱
sender 传送器;发送器
senecialdehyde 千里光醛
senecic acid 千里光酸
senecifolic acid 千里光叶酸
senecifoline 千里光叶碱
senecine 千里光因
senecio 千里光

senecioic acid 千里光酸;异戊烯酸
senecionine 千里光宁
senecioyl 千里光酰;异戊烯酰
seneciphylline 千里光菲啉
senega 远志
senegenin 远志配基
senegeninic acid 远志酸;远志配基
Senmesan 赛灭散
senna 番泻叶
sennoside A&B 番泻苷 A 与 B
senociclin 琥珀酸氯霉素吡甲四环素
sense codon 有义密码子
senser 传感器;传感元件;探测器
sense strand 有义链;正向链
sensibiligen 过敏原
sensibilisin 过敏素
sensibility 灵敏度;敏感性
sensibilizer 敏化剂
sensing element 传感元件;敏感元件
sensitive element 传感元件;敏感元件
sensitive emulsion 感光乳剂
sensitive to heat 热敏的
sensitivity (1)灵敏度(2)感光度
sensitivity analysis 敏感性分析
sensitivity to detonation 爆轰感度
sensitivity to initiation 起爆感度
sensitivity to light 光敏度
sensitization 敏化[致敏]作用
sensitized chemiluminescence 敏化化学发光
sensitized fluorescence 敏化荧光
sensitized phosphorescence 敏化磷光
sensitized stainless steel 敏化不锈钢
sensitizer 敏化剂;光敏剂
sensitizing agent 敏化剂;增感剂
sensitizing dye(s) 增感染料
sensitometer 感光计
sensitometry 感光学
sensor 传感器
sensor chip 传感片
sensor fibre 传感光纤
separant 隔离剂
separant coating 涂隔离剂
separate application 分开涂胶法
separate base(plate) 单独底座
separate charging 单独加料
separated flow 分离流
separate drive 单独驱动
separate electrical motor 单独电机
separate power turbines 功率燃气轮机
separating centrifuge 分离式离心机
separating element 分离单元
separating equipment for purification 净化分离设备
separating funnel 分液漏斗
separating vessel 分离槽
separation 分离
separation bias cutter 分层裁断机
separation by barrier 用阻挡层进行分离
separation by force field or gradient 用力场或梯度进行分离
separation by hypersorption 超吸附分离法
separation by phase addition 用(加物质分离剂)增加相数进行分离
separation by phase creation 用(加能量分离剂)建成新相进行分离
separation by solid agent 用固体物料进行分离
separation cell 分离池
separation coefficient 分离系数
separation efficiency 分离效率
separation energy 分离能
separation equipment 分离装置
separation factor 分离因子;分离系数
separation factor in membrane process 膜过程中的分离因子
separation gel 分离胶
separation-identification system 分离鉴定系统
separation nozzle 分离喷嘴
separation number 分离数
separation of C-8 aromatics 碳八芳烃分离
separation of pyrolysis gas 裂解气分离法
separation point 分离点
separation potential 分离势
separation sequence 分离序列
separation sharpness 分离锐度
separation simulator(SEPSIM) 分离模拟器
separation work(SW) 分离功
separation work unit 分离功单位
separation zone 分离段
separator (1)分级机[器];分离(挡)板(2)分离器(3)汽包
separator column 分离柱
Separator-Nobel dewaxing process 三氯乙烷溶剂润滑油脱蜡过程
separator vessel 分离容器
separatory funnel 分液漏斗
sephadex 交联葡聚糖(凝胶)
sepharose 琼脂糖(凝胶)
sepia 乌贼;墨鱼

sepiapterin 墨蝶呤
sepiolite 海泡石
sepiomelanin 墨鱼黑色素
sepsis 败血症
septanose 环庚糖
septavalent 七价的
septazine 苄基磺胺
septic sewage （腐败的）污水
septic tank 厌氧菌处理槽
septivalence 七价
septum 隔膜[片，墙，板]
sequenator 序列分析仪
sequence 序列；顺序；程序
sequence gap 序列空隙
sequence length 序列长度
sequence-length distribution 序列长度分布
sequence of volatility 挥发顺序
sequencer 序列分析仪
sequence rule（＝priority rule） 顺序法则；优先法则
sequence test 程序试验
sequencing valve 顺序阀
sequential analysis 序贯分析
sequential control 顺序控制
sequential copolymer 序列共聚物
sequential decomposition 顺序分解
sequential design 序贯设计
sequential feedback control 顺序反馈控制
sequential feedback inhibition 顺序反馈抑制
sequential modular approach 序贯模块法
sequential optimization 顺序优化
sequential polymerization 序列聚合
sequential sampling 序贯抽样
sequential search 序贯寻优
sequential significance test 显著性序贯检验
sequester （多价）螯合剂
sequestering activity 螯合活性
sequestering agent （多价）螯合剂
sequestrant （多价）螯合剂
sequestration （多价）螯合作用
sequestric acid 乙二胺四乙酸
sequiatannic acid 红杉单宁酸
sequoyitol 红杉醇
Ser 丝氨酸
seraceta 乙酸酯纤维
seralbumin 血白蛋白
seratrodast 塞曲司特
serenase 氟哌啶醇；氟哌丁苯
serge blue （碱性）亚甲蓝；哔叽蓝
serial correlation 序列关联
serial model No. 系列型号
serial number 系列号
serial processing 串行加工
serial production 批量生产；成批生产
serial test 系列产品试验
sericin 丝胶蛋白
sericite 绢云母
sericolite 纤维石膏
series connection 串联
series limit 线系极限
series manufacture 系列生产
series observation in place 定点连续观测
series-parallel operation 串并联操作
series pipe still 管组蒸馏釜
series product 系列产品
series resonance 串联共振
series-spot welding 串联点焊
serine 丝氨酸
serine deaminase 丝氨酸脱氨酶
serine dehydrase 丝氨酸脱水酶
serine methylester 丝氨酸甲酯
serine phosphatide 丝氨酸磷脂
serine proteinase 丝氨酸蛋白酶
Serini reaction 塞里尼反应
serinol 丝氨醇
sermorelin 舍莫瑞林
serogan 血清促性腺激素
seroglycoid 血清糖蛋白
seromucoid 血清黏蛋白
seromycin（＝cycloserine） 环丝氨酸
seronine 血清素
seroquel 舍罗奎
serotonin 5-羟色胺
seroxide group （肽链）丝氧基
serozyme 凝血酶原
Serpek process（for nitrogen fixation） 塞佩克（氮固定）法
serpentaria 蛇根
serpentine （1）蛇纹石（2）蛇根碱
serpentine（alkaloid） 蛇根碱
serpentine cooler 蛇管冷却器
serpentine pipe 盘管；蛇管
serrated belt 齿形三角带
serratiopeptidase 沙雷菌蛋白酶
SERS（surface enhanced Raman scattering） 表面增强拉曼散射
sertaconazole 舍他康唑
sertindole 舍吲哚
sertraline 舍曲林
serum 乳清

serum albumin 血清清蛋白;血清白蛋白
serum-free culture 无血清培养
serum globulin 血清球蛋白
serum protein 血清蛋白
N-serve 2-氯-6-三氯甲基吡啶
service (1)技术维护保养 (2)检修 (3)辅助装置
serviceability 操作上的可靠性;使用可靠性
serviceable 能操作的
serviceable life 使用期
service (action) 维修
service action drawing 维修图
service action log 维修记录
service action parts list(SAPL) 维修零件一览表
service bin 供油器
service charge 服务费
service condition 使用情况
service data 使用数据
service equipment(SE) 维修设备
service factor 使用因素;运行率
service failure 使用中破坏
service garage 服务站
service instructions 使用说明书
service kit 维修包;维修箱
service life 有效寿命;使用寿命
service line 动力管线
service load 工作荷载
serviceman 机械师;维修人员
service manual 操作手册;维修手册
service medium 工作介质
service parts 备用零件
service platform 操作平台
service pressure 正常工作压力
service proofing cycle 运转检验周期
service pump 辅助泵
service quality 功能质量
service regulations 工作规程
service routine 使用程序
service shop 维修车间
service speed 操作速度
service station (1)服务站 (2)加油站
service substance 工作介质
service system 服务系统
service test 工作试验
service time 服务时间
service tools 维修工具
service-type test 使用状态试验;移交试验
service valve 检修阀
service voltage 供电电压
service water system 工厂用水系统
service wear 使用损耗
servicing 维修
servicing depot 检修厂
servicing installation 维修设备
servicing materials 维修材料
servicing time 维修时间
servo 随动系统[装置]
servo-actuated regulating system 随动调节系统
servo-control(device) 伺服控制机构
servo(mechanism) 伺服机构
servomotor 继动器;伺服电动机
servopump 伺服泵
servo unit 伺服机构;随动机构
servo valve 伺服阀
seryl 丝氨酰
sesame oil 芝麻油
sesamex 增效散
sesamin 芝麻素
sesamol 芝麻酚
sesam-seed oil 芝麻油
sesin 赛信
sesquicarbonate 倍半碳酸盐
sesquicarbonate of soda 碳酸氢三钠
sesquioxide 倍半氧化物;三氧二某化合物
sesquiquinone 倍半醌
sesquisulfide 倍半硫化物;三硫化二某
sesquiterpene 倍半萜烯
set (1)凝结 (2)套;组 (3)装置;机组
setastine 司他斯汀
set collar 定位环;隔圈;固定轴承环
set head 铆钉头
sethoxydim 稀禾定
set lights 照明设备
set lotion 定型发剂;整发剂
set of bills 成套单据
set of bills of loading 整套提单
set-off 抵消
set of spare parts 成套备件
set of spare units 成套备用零部件
set of tools 全套工具
set pin for scraper blade 刮板固定销
set point (1)沉淀点 (2)给定值;设定值 (3)凝结点
set retarder 缓凝剂
set retarding and water reducing admixture 缓凝减水剂
set round 矫圆
set screw 定位螺钉;固定螺钉

set time 凝固时间
setting (1)凝结;凝固;硬化 (2)调整;设定 (3)装置 (4)标度;整定值 (5)安装
setting amount 胶乳沉降量
setting angle 安装角
setting bath (1)沉降槽(2)凝固浴
setting centrifuge 沉降式离心机
setting of ground 地基下沉
setting out 平展;放样
setting-out machine 平展机
setting plane 装配平面图
setting plate 固定板
setting pressure 设定压力
setting set bolt 防松螺栓
setting tank 固体沉降槽
setting time 凝结时间
setting up (1)装配 (2)凝结
setting-up screw 调距螺栓
setting vessel 沉降器
settled layer 沉积层
settler 沉淀池;沉降器;澄清槽
settle tank 澄清槽;澄清桶
settling accelerator head tank 助沉剂高位槽
settling agent 助沉剂
settling annulus 环形沉降段
settling bath 沉降浴;沉淀浴;澄清浴
settling bower[basin] 沉降池
settling centrifuge 沉降式离心机
settling chamber 沉淀槽;沉降室
settling height 沉降高度[距离]
settling pit 沉降坑;沉砂池
settling pond 澄清池
settling process 沉降法
settling rate 沉降速度
settling section 澄清段[区]
settling tank 沉降槽
settling velocity 沉降速度
settling zone 沉降区;澄清区
set to exact size 调整到正确尺寸
set to touch 指触干燥
set to zero 调到零
set up (1)调定 (2)装置妥(当);装置;装备;建立
set-up effect 开始(硫化)效应
set-up(kit) 安装工具
set up of mix 混炼胶的变定
severe stress 危险应力
severe test 严格试验
sevoflurane 七氟烷
sewage (腐败的)污水
sewage aeration 污水曝气
sewage discharge standard 污水排放标准
sewage disposal 污水处理
sewage disposal system 污水处理系统
sewage disposal work 污水处理厂
sewage gas 沼气
sewage lagoon 污水池
sewage pipe 污水管
sewage pit 污水池
sewage plant 污水处理厂
sewage pump 污水泵
sewage recirculating pump 污水循环泵
sewage sludge 污泥沉淀
sewage treatment 污水处理
sewage treatment equipment 污水处理设备
sewage treatment work 污水处理厂
sewage work 污水处理厂
sewer 下水道;污水管
sewerage 污水
sewer pipe 污水管
sexadentate 六配位体
sexadentate chelate 六配位体螯合物
sexadentate ligand 六齿配体
sexamer 六聚物;六节聚合物
sexavalence 六价
sex ectohormone 性外激素
sex hormone 性激素
sexidentate ligand 六齿配位体
sexiphenyl 联六苯
sex pheromone 性外激素
sex plasmid 性质粒
sextol 甲基环己醇
sextuple-effect evaporator 六效蒸发器
sexual hybridization 有性杂交
sexual reproduction 有性生殖
SF(safety factor) 安全系数
SFC(supercritical fluid chromatography) 超临界流体色谱法
SFP (structural foam plastics) 结构泡沫塑料
SFRC (short fiber/rubber composite) 短纤维-橡胶复合材料
shade 色光
shading 遮阳
shadow price 影子价格
shaft collar 轴迷宫圈
shaft column 轴承支柱
shaft for cover close 机盖压紧轴
shaft for hinged lever 铰链轴

shaft furnace 竖式炉
shaft key 轴键
shaft kiln 竖窑;立窑
shaft labyrinth 轴迷宫密封
shaft neck 轴颈
shaft power 轴(输出)功率
shaft sheave 轴套
shaft shoulder 轴肩
shaft tube 轴套管
shaft work 轴功
shakedown (1)安定状态(2)调整
shake-flask culture 摇瓶培养
shake flask test 摇瓶试验
shaker (1)震动器(2)摇床
shaking apparatus 摇动器
shaking culture 摇瓶培养法
shaking feeder 振动送料机
shaking mechanism 拍打机构
shaking screen 摇动筛
shaking shoot 振动斜槽
shaking sieve 摇动筛
shaking trough 摇动斜槽
shale oil 页岩油
shale retorting 页岩干馏
shale spirit 页岩汽油
shale tar 页岩焦油
shale wax 页岩石蜡
shallow bed 浅床
shallow discharge 浅放电
shallow level 浅能级
shallow pan cultivation 浅盘培养
shallow patterned conveyer belt 浅花纹输送带
shallow slot 浅槽
shallow underground burial 浅层埋藏
shammy leather 油鞣革
shampoo (洗发)香波
shampoo powder 洗发粉
shampoo soap 洗发皂
shaoguamycin 韶关霉素
shape cutting 仿形切割
shape factor 形状系数
shape memory alloy 形状记忆合金
shape memory polymer materials 高聚物形状记忆材料
shaper 成形机[器]
shaper-vulcanizer 定型硫化机
shapes 型材
shape-selective catalysis 择形催化
shape selectivity 择形性
S-shape tray S形塔盘
shaping machine (1)外胎定型机 (2)牛头刨床 (3)成形机[器]
shaping operation (1)成形操作 (2)刨削操作
shaping shop 成型车间
shared-cluster crystal 共簇晶体
shared electron 共享电子;共价电子
shark liver oil 鲨(鱼)肝油
shark oil 鲨鱼油
sharp angle 尖角
Sharples dewaxing process 厦普勒斯(离心机)脱蜡过程
Sharples supercentrifuge 厦普勒斯超速离心机
sharpness 清晰度;精确度
sharpness index 敏锐指数
sharpness of separation (1)分离陡度 (2)分辨率 (3)分选精度
sharp paint 快干漆
shatter crack 发裂
shatter proof glass 不碎玻璃;耐震玻璃
shattuckite 斜硅铜矿
shave cream 剃须膏;刮脸膏
shaving 削匀
shaving board 刨花板
shaving cream 剃须膏;刮脸膏
shaving machine 削匀机
shaving powder 剃须粉;刮脸粉
shaving soap 剃须皂;刮脸皂
SHBG(sex hormone-binding globulin) 性激素结合球蛋白
SHE(standard hydrogen electrode) 标准氢电极
shear 剪切;剪应变
shear adhesive strength 剪切粘接强度
shear compliance 剪切柔量
shear creep tester 剪切型蠕变试验机
shear cut 剪切[下]
shear degradation 切变降解
sheared 剪切[下]
sheared fur 剪绒皮
shearer 剪切机
shear flow 剪切流(动)
shear force 剪力
shear(ing) 剪切[下]
shearing equipment 剪切设备
shearing force 剪力
shearing force diagram 剪力图
shearing joint 抗剪联接

shearing machine 剪床
shearing mode crack 剪切型裂纹
shear(ing) modulus 剪切弹性模量[数]
shearing pin 剪切销
shearing strain 剪应变
shear(ing) stress 剪(切)应力
shearing surface 剪切面
shear(ing) test 剪切试验
shearing thickness 切断厚度
shearing work 剪工工作
shear load 剪切负[载]荷
shear modulus 剪切模量
shear rate 剪切速率
shear relaxation 剪切松弛
shear(s) 剪床;剪切机
shear stability test 剪切稳定性试验
shear strain 剪切应变
shear strength 剪切强度
shear strength test 剪切强度试验
shear stress 剪切应力
shear structure 切变结构
shear thinning 剪切稀化
shear viscosity 剪切黏度
shear yielding 剪切屈服
sheath 护套
sheath-core composite fiber 皮芯型复合纤维
sheathed flame 屏蔽火焰
sheath flow pool 鞘流池
shed drying 烘房干燥
sheep skin 绵羊皮
sheeps' wool 羊毛
sheet calender 片材压延机
sheeter 切片机
sheet extruder 压片挤出机
sheet film 散页胶片
sheet filter 平板过滤器
sheet gauge 薄板量规
sheeting machine 压片机
sheeting mill 压片机
sheeting-out mill 压片机
sheeting-out rollers 压片机
(sheet) packing 垫片
sheet paper 平板纸
sheet polymer 片型聚(合)物
sheet rubber 橡胶片
sheilding can-type centrifuge 屏蔽型离心机
sheilding can-type pump 屏蔽型泵
shelf 架子
shelf aging 搁置老化
shelf dryer 厢式干燥器;柜式干燥机
shelf life 储存期限;存放期
shell 壳体
shellac 紫胶;虫胶
shellac ester 紫胶酯;紫胶片酯
shellac flakes 紫胶片
shellac plastics 紫胶塑料
shellac varnish 紫胶清漆
shellac wax 紫胶蜡
shell and coil condenser 壳式蛇管冷凝器
shell-and-plate heat exchanger 板壳式换热器
shell and tube condenser 列管[管壳]式冷凝器
shell and tube cooler 管壳式冷却器
shell and tube evaporator 列管[管壳]式蒸发器
shell-and-tube fermentor 管壳式发酵器
shell-and-tube heat exchanger 管壳换热器;列管换热器
shell and tube reactor 列管式反应器
shell construction 薄壳结构
shell cover 壳体封头
shellene 壳烯
shell flange 壳体法兰
shell head 壳体封头
shell holding capacity 壳体内存量
shell innage 壳体内存量;容器充满部分
shell lime 介壳石灰(石);贝石灰
shell liner 筒体衬板
shell manhole 壳体人孔
shell manway 壁侧人孔
shell model 壳层模型;壳模型
shell nozzle 壳程接管口
shell of pipe 管壳
shell of radiation chamber 辐射段外壳
shell of tank 罐体
shellolic acid 紫胶酸
shell outage 罐空残留容积;容器未充满部分
shell pass 壳程
shell plates 壳体板
shell section 壳体段
shell side pass 壳程[方]
shelter (1)防风雨罩 (2)隐蔽处
Sherring bridge 谢林电桥
Sherwood number 舍伍德数
shibuol 柿涩酚
shield 防护屏
shielded arc welding 保护电弧焊
shielded cave 屏蔽室

shielded cell 屏蔽箱
shielded flame 屏蔽火焰
shielded flask 屏蔽容器
shielded inert-gas metal arc welding 惰性气体保护金属电弧焊
shielded metal arc welding 自动保护金属极电弧焊
shielded motor 屏蔽电动机
shielding 屏蔽
shielding can 屏蔽罩
shielding case 屏蔽罩
shielding coefficient(Sh) 屏蔽系数
shielding constant 屏蔽常数
shielding effect 屏蔽效应
shielding facility 屏蔽装置
shielding gas 保护气(体)
shielding of nuclear charge 核电荷屏蔽
shielding of nucleus 核屏蔽
shield lay 屏蔽层
shift (1)变速器(2)调挡(3)轮班;值班
shift converter 变换炉
shift engineer 值班工程师
shift factor 平移因子
shift handle 开关手柄
shifting bonds[复] 移动键
shifting spanner 活动扳手
shift reagent 位移试剂
shikimene 莽草素
shikimic acid 莽草酸
shikimin 莽草素
shim 垫片;分隔片
shim coil 匀场线圈
shimming 匀场
shionone 紫苑酮
ship-bottom paint 船底漆
shipment by installments 分批装运
shipping advice 装运通知
shipping bills 装运单据
shipping charge 运输费用
shipping department 成品库
shipping document 货运单据
shipping instruction 装运指示
shipping mark 唛头;发货标记
shipping permit 装运通知单
shipping ticket 运货单
shish-kabob 串晶
shish-kebab structure 串晶结构
SHM 简谐运动
shock absorbing pad 防振垫
shock front (冲)击波前
shock liquid 防震液
shock load 冲击载荷
shock modificating 冲击改造
shock-proof lacquer 防震涂料
shock-reducing rubber 减震橡胶
shock-resistance 防震
shock-resisting safety helmet 防震安全帽
shocks 缓冲装置
shock tube 激波管
shock wave 冲击波;激波
shoe adhesive 鞋用胶黏剂
shoe polish 鞋油
shoe powder 鞋粉
shogaol 生姜酚;姜烯酚
shonamic acid 肖楠酸
shop (1)工作室(2)交付检修
shop air 车间气源
shop card 车间工作卡片
shop drawing 生产图
shop-fabricated 车间预制(的)
shop instruction 工厂工作细则
shop line 车间风管
shop list 工作单
shop manual 工作单
shop primer 车间底漆
shop repair 厂修
shop test 车间试验
shop welding 车间焊接
shore hardness 邵尔硬度;肖氏硬度
Shore scleroscope hardness 肖氏硬度
shortage 缺额
shortage of heat 热量不足
short arm 短臂
short-branching 短链支化
short-chain branch 短支链
short circuit 短路
short crack 短裂纹
shortcut method 简捷法
shortening 起酥油
shortening agent 起酥剂
short-life 不耐用的
short-lived radioisotope 短寿命放射性同位素
shortness 脆性;蓝[冷]脆性
short-oil base coating 短油度油基涂料
short pass[out] 短路
short range force 短程力
short-range intramolecular interaction 近程分子内相互作用
short-range order 短程有序;近程有序

short-range structure 近程结构
short-run 短期运转
short run production 小批量生产
short sight 近视
short steam 低压蒸汽
shortstop 速止剂;聚合停止剂
short stopped chain 断链
short stopped polymerization 速止聚合
short stopper (1)速止剂(2)阻聚剂
short stopping agent 速止剂;链(锁)终止剂
short stopping agent 速止剂
short stopping of reaction 反应的急速中止
shortstop pump 速止泵
short-stroke press 短程压缩
short-term load 短期载荷
short-time test 加速试验;快速试验
short-tube evaporator 短管蒸发器
shot blast 喷丸处理
shot-blasting 喷丸清理
shot capacity 注胶量
shotcrete(=gunite) 压力喷浆;喷射水泥砂浆
shotgun cloning 鸟枪法克隆
shot noise 散粒噪声
shot-peening 喷丸加工
shot-proof tire 防弹轮胎
shoulder 钝边
shoulder screw 有肩螺钉
showdomycin 焦土霉素
shower 喷淋管
shower coating 淋涂
shower cooler 喷淋冷却器
shower header 喷管
shower nozzle 喷头
shower pipe 喷淋管
shower water 喷淋水
shrinkage 起皱;收缩;收缩量
shrinkage cavity 缩孔
shrinkage fit 热套;红套;收缩配合;热压配合;冷缩配合
shrink fit 冷缩配合;红套配合
shrink-fit vessel 缩[套]合式容器
shrink(hole) 缩孔
shrinking core model 缩核模型
shrinking stress 收缩应力
shrink package film 收缩包装膜
shrink proof action 防缩作用;防皱作用
shrink proof finish 防缩整理
shrink resist agent 防缩剂
shrink-setting 收缩(热)定形
shrivel 皱缩;卷缩
shroud (1)屏(蔽)板;护罩 (2)遮蔽;轮盖
shrunk(grain)leather 皱纹革
shrunk-on cylinder 热套式圆筒
shrunk-on multilayered cylinder 热套式多层圆筒
shuiquliu clay 水曲柳黏土
shunt (1)分流器 (2)分路
shunt meter 分流流量计
shunt trip coil 并联脱扣线圈
shuqi 熟漆
shut down 停产;停车;停炉;(发动机)熄火
shutdown handle 停车手柄
shut-down inspection 停工检查
shut-down maintenance 停工维修
shutdown period 停工期
shut-down schedule 停工期工作计划
shutdown switch 停车开关
shutdown valve 停车[机]阀
shut off 截断(电流)
shut-off block 关闭部件
shutoff [shut-off] valve 切断阀;断流阀;截止阀;闸阀
shut-off valve 切断阀
shutter 闸门
shutting down 停工
shuttle belt leather 打梭皮带革
shuttle block pump 滑块泵
shuttle kiln 梭式窑
shuttle mechanism 穿梭机制
shuttle plasmid 穿梭质粒
shuttle vector 穿梭质粒
sialic acid 唾液酸
sialidase 唾液酸酶
sialinic acid(=sialic acid) 唾液酸
siallitic ratio 硅铝率
Sialon 赛龙
sialon ceramics 赛隆陶瓷
SIBR (styrene-isoprene-butadiene rubber) 苯乙烯-异戊二烯-丁二烯橡胶
sibutramine 西布曲明
sicalite 硬酪蛋白
siccanin 干蠕孢菌素;癣可宁
siccation 干燥(作用)
siccative (1)干料;催干剂 (2)干燥的

side band 边带
side bottoms 塔下部引出物
side-by-side 并排;并列
side-by-side composite fiber 并列型复合纤维
side-by-side valve 并列阀
side cap 旁盖
side chain 侧链
side chain carbon 侧链碳(原子)
side chain fluorination 侧链氟代作用
side chain halogenation 侧链卤化[代]作用
side chain isomer 侧链异构体
side chain radical 侧链基
side chain relaxation 侧链松弛
side cooler 中间冷却器
side cover[cap] 侧盖
side-cut 侧馏分;侧取馏出物
side-cut distillate 侧馏分;侧取馏出物;蒸馏塔盘上引出的馏出物
side discharge 侧卸
side-draw 侧馏分;侧取馏出物
side draw tray[plate] 侧取塔板
side entering type agitator 侧伸式搅拌器
side group 侧基
side heater 中间加热器
side isomery 侧链异构(现象)
side lath 侧条(板翅式换热器)
side lift 边吊机
side-loader 侧向装卸机
side loading[feeding] 侧加料
side mixing nozzle(s) 侧向混合式喷嘴
side-on coordination 侧向配位
side plate 侧板;侧衬板
side post 侧壁柱
side-push plate 侧压板
side reaction 副反应
side reaction coefficient 副反应系数
side reboiler 中间再沸器
side reflux 侧回流
side relief 侧面放汽(管路)
siderite 菱铁矿
side rod 侧杆
siderophile element 亲铁元素
siderophore 铁载体
side run-off 侧线馏分;塔侧抽出物
side stream withdrawal 侧流抽出口
side stripper 侧线(馏分)汽提塔
side substitution 侧链取代(作用)
side-to-side baffles 单缺圆[单流式]折流板
side valve 旁阀;分流阀门
side view 侧面图
side wall 侧壁
sidewall rubber 胎侧胶
sideways movement 侧向运动
side weld 边焊
Sidgwick-Powell theory 西奇威克-鲍威尔理论
siduron 环草隆
Siemens producer 西门子煤气发生炉
sieve 筛
sieve action 筛孔效应
sieve analysis 筛析
sieve-bend screen 弧形筛
sieve diameter 筛孔直径
sieve effect (＝sieve action) 筛孔效应
sieve mechanism 筛分机理
sieve mesh 筛号
sieve plate 筛板
sieve-plate column 筛板塔
sieve-plate tower 筛板塔
sieve-scroll centrifuge 筛网-卷轴离心机
sieve tower 筛板塔
sieve tray 筛板
sieve-tray column 筛板塔
sieve-tray extraction tower 筛板式萃取塔
sieve-tray tower 筛板塔
sieving 筛分; 过筛
sieving analysis 筛析
sieving test 筛分试验
si face si 面
sifting 筛分
sifting machine 筛选机;筛分机
sifting plate 筛板
sift-proof bin 防漏式贮存罐
sight feed valve 可视给油阀
sight flow indicator 可视流量指示器
sight glass 看窗;视镜
sight glass for vacuum equipment 真空设备视镜
sight glass shield 视镜护罩
sight glass with covering 带罩视镜
sight glass with nozzle 带颈视镜
sight hole 视孔
sight indicator 观察罩;可视指示剂
sighting agent 可视指示剂
sight oil gauge 目测油表
sight oil indicator 目测油标
sigma bond (＝σ-bond) σ键
sigma complex σ络合物

sigma electron σ电子
sigma hyperon σ超子
sigma orbital σ轨道
sigmatropic rearrangement σ迁移重排;σ移位重排
sign 信号
signal 信号
signal amplitude standard tape 信号幅度标准带
signal device 信号装置
signal flow diagram 信号流图
signal flow graphs 信号流图
signal generator 信号发生器
signal indicator 信号指示器
signal lamp 信号灯
signal(l)er 信号装置
signal light 信号灯
signal meter 信号指示器
signal-noise ratio 信噪比
signal peptide 信号肽
signal processor 信号处理系统
signal selector 信号选择器
signal sequence 信号序列
signal to noise ratio 信噪比
signal transducer 传感器
signal transduction 信号转导
signature 签名[字]
significant figure 有效数字
sign test 符号检验
sikkimotoxin 希基鬼臼毒素
silafluofen 硅烃菊酯
silandiol 硅烷二醇
silane 硅烷
silane blocking agent 硅烷化试剂
silane coupler 硅烷偶联剂
silane coupling agent 硅烷偶联剂;底涂剂
silanion 硅负离子 R_3Si^-
silanization 硅烷化
silanizing agent 硅烷化剂
silanol 甲硅烷醇
silantriol 甲硅烷三醇
silastic 硅橡胶
silathiane (1)硅硫烷(类名)(2)甲硅硫烷
silatran(e) 氧氮杂硅二环十一烷;2,8,9-三氧杂-5-氮杂硅二环[3.3.3]十一烷;氮杂硅三环(俗);杂氮硅三环
silazane (1)硅氮烷(类名)(2)甲硅氮烷
silazanecarboxylic esters 硅氮烷羧酸酯
silazane rubber 硅氮橡胶
silencer 消声器;消音器
silene 硅宾;硅烯;烷基亚甲硅基
silent gear 塑料齿轮;无声齿轮
silent gene 不活动基因
silent paper 无音纸
silex glass 石英玻璃
silica 二氧化硅
silica aerogel 硅补强剂;白炭黑
silica-alumina carbon black 硅铝炭黑
silica-alumina catalyst(s) 硅铝催化剂
silica-alumina gel 硅铝凝胶
silica brick 硅砖
silica fiber 石英光纤
silica gel 硅胶
silica gel battery 胶体蓄电池
silica-gel desiccant 硅胶干燥剂
silica-gel drier 硅胶干燥剂
silica-gel filler 白炭黑
silica-gel sphere 硅胶球
silica gel support 硅胶担体
silica gel thin-layer chromatography 硅胶薄层色谱法
silicam 二亚氨基硅
silicane (1)硅烷 (2)甲硅烷 (3)四烃基硅
silica pigment 硅补强剂;白炭黑
silica refractory 硅质耐火材料
silica sol 硅酸溶胶
silicate 硅酸盐(或酯)
silicate ester 硅酸酯
silicate fibre 硅酸盐纤维
silicate industry 硅酸盐工业
silicate inhibitor 硅酸盐缓蚀剂
silicate lining layer 陶瓷覆盖层
silicate mineral 硅酸盐矿物
silicate of zinc 硅酸锌
silication 硅化作用
silica white 白炭黑
silica wool 石英棉
siliceous aggregate 硅质骨料;砂岩骨料
siliceous earth 硅藻土
siliceous refractory 硅质耐火材料
siliceous refractory concrete 硅质耐火混凝土
siliceous sinter 硅华
silicic acid 硅酸(总称)
silicic acid anhydride 硅(酸)酐;二氧化硅
silicide 硅化物
silicide ceramics 硅化物陶瓷
silicide dye(s) 含硅染料
silicious clay 硅土
silicoacetic acid 硅乙酸

silicoamino-acid 硅氨基酸
silicobenzoic acid 硅苯甲酸;苯基甲硅酸
silicobromoform 硅溴仿;三溴甲硅烷
silico-butane 丁硅烷
silicochloroform 硅氯仿;三氯甲硅烷
silico-decitungstic acid 四水合十钨硅酸
silicoethane 乙硅烷
silicofluoric acid 氟硅酸;六氟合硅氢酸
silicoheptane 三乙基甲硅烷;三乙基甲硅
silicohydrides(=silanes) 硅烷
silicoiodoform 硅碘仿;三碘甲硅烷
silicol(=hydroxysilane) 羟基硅烷
silicolite 硅质岩
silicomethane 甲硅烷;四氢化硅
silicon 硅 Si
silicon bronze 硅青铜
silicon carbide 金刚砂;碳化硅
silicon carbide brick 碳化硅砖
silicon carbide fiber 碳化硅纤维
silicon carbide film 碳化硅膜
silicon-containing fertilizer 硅肥
silicon controlled rectifier 硅可控整流器
silicon crystal 硅结晶
silicon dioxide 二氧化硅
silicon dioxide film 二氧化硅膜
silicon disulfide 二硫化硅
silicone (聚)硅氧烷
silicone alloy 聚硅氧烷合金;有机硅共混物
silicone grease 硅(润滑)脂
silicone hydride 硅烷
silicone nitrile rubber 氰硅橡胶
silicone oil 硅油
silicone plastic(s) 硅塑料
silicone resin 硅树脂;硅氧烷树脂
silicone resin adhesive 硅树脂胶黏剂
silicone resin coating 有机硅树脂涂料
silicone rubber 硅橡胶
silicone rubber adhesive 硅橡胶胶黏剂
silicone rubber sealant 硅胶密封胶
silicones 有机硅氧聚合物
silicon ethyl 四乙基硅
silicone window 硅橡胶(气调)膜;硅窗
silicon grease 硅润滑油
silicon hydride 硅烷
siliconic acid 烃基硅羧基酸
siliconing 渗硅
silicon iron pipe 硅铁管
silicon iron pump 硅铁泵
silicon iron tube 硅铁管
siliconium ion 硅正离子
silicon lubricant 硅润滑剂
silicon methyl 四甲基硅
silicon mold release agent 硅脱模剂
silicon-molybdenum cast iron 硅钼铸铁
silicon monosulfide 硫化硅
silicon monoxide 一氧化硅
silicon nitride 氮化硅
silicon nitride brick 氮化硅砖
silicon nitride ceramics 氮化硅陶瓷
silicon nitride fiber 氮化硅纤维
silicon nitride film 氮化硅膜
silicon nitride polymer 硅氮聚合物
silicono- 硅羧基
silicon oil 硅油
silicon oxysulfide 氧硫化硅
silicon rectifier 硅整流器
silicon rectifier welder 硅整流焊机
silicon refractory 硅质耐火材料
silicon steel sheet 硅钢片;硅钢薄板
silicon tetraacetate 四乙酸硅
silicon tetrabromide 四溴化硅
silicon tetrabutyl 四丁基硅
silicon tetrachloride 四氯化硅
silicon tetraethyl 四乙基硅
silicon tetrafluoride 四氟化硅
silicon tetraphenyl 四苯基硅
silicon tetrapropyl 四丙基硅
silicon uranium alloy 硅铀合金
silicoorganic compound 有机硅化合物
silicooxalic acid 硅草酸
silicopropane 丙硅烷
silicosis 矽肺
silicothermic (reduciton) process 硅热法
silicotungstic acid 硅钨酸
silicyl 甲硅烷基
silicylene 亚(甲)硅烷基
silithiane 硅硫烷
silk 蚕丝
silk colourfixing agent LA 丝绸固色剂 LA
silk-finish-paper 绸纹照相纸
silk-like fiber 仿丝型纤维
silk screening 丝网印胶法
silk screen lampshade packing 丝网灯罩填料
silk screen printing 丝网涂漆
silky oil 丝光油
sill beam 横梁
sillimanite 硅线石
silonol 硅烷醇

silo-type incinerator 筒仓式焚烧炉
siloxane 硅氧烷
siloxene 硅氧烯
siloxene indicator 硅氧烯指示剂
siloxicon 硅碳耐火料
siloxy- 甲硅烷氧基
siltation 淤积
silt density index(SDI) 污染指数(淤塞指数)
silthiane 硅硫烷
silvadene 磺胺嘧啶银
silver 银 Ag
silver acetate 乙酸银
silver acetylide 乙炔银
silver amminobromide 溴化氨合银
silver amminochloride 氯化氨合银
silver antimony ditelluride crystal 二碲化锑银晶体
silver arsenate 砷酸银
silver arsenite 亚砷酸银
silver azide 叠氮化银
silver bar steel 银亮棒钢
silver bicarbonate 碳酸氢银
silver bichromate 重铬酸银
silver bromide 溴化银
silver carbide 乙炔银
silver carbonate 碳酸银
silver caseinate 酪蛋白酸银
silver chlorate 氯酸银
silver chloride 氯化银
silver chloroplatinate 氯铂酸银
silver chromate 铬酸银
silver citrate 柠檬酸银
silver cyanate 氰酸银
silver cyanide 氰化银
silver diamminohydroxide 氢氧化二氨合银
silver diamminonitrate 硝酸二氨合银
silver dichromate 重铬酸银
silver difluoride 二氟化银
silver dithionate 连二硫酸银
silver-dye-bleach 银染料漂白法
silver-dye-bleach film 银漂法胶片
silver (electro)plating 电镀银
silver ferricyanide 氰铁酸银
silver ferrocyanide 氰亚铁酸银
silver fluoborate 氟硼酸银
silver fluoride 氟化银
silver fluosilicate 氟硅酸银
silver fulminate 雷酸银
silver gallium diselenide crystal 二硒化镓银晶体
silver gallium disulphide crystal 二硫化镓银晶体
silver gallium ditelluride crystal 二碲化镓银晶体
silver halide photographic materials 卤化银照相材料
silver hydrogen phosphate 磷酸氢银
silver hydrogen sulfate 硫酸氢银
silver hypochlorite 次氯酸银
silver hyponitrite 连二次硝酸银
silver hypophosphate 连二磷酸银
silver indium alloy 银铟合金
silver indium cadmium alloy 银铟镉合金
silver indium diselenide crystal 二硒化铟银晶体
silver indium disulphide crystal 二硫化铟银晶体
silver indium ditelluride crystal 二碲化铟银晶体
silver iodate 碘酸银
silver iodide 碘化银
silver ion conductor 银离子导体
silver ketene 烯酮银
silver lactate 乳酸银
silver metaphosphate 偏磷酸银
silver mirror reaction 银镜反应
silver mirror test 银镜试验
silver nitrate 硝酸银
silver nitride 一氮化三银
silver nitrite 亚硝酸银
silver orthoarsenate 原砷酸银
silver orthoarseniate 原砷酸银
silver orthoarsenite 原亚砷酸银
silver oxalate 草酸银
silver oxide 氧化银;一氧化二银
silver paste conductive adhesive 银浆导电胶
silver perchlorate 高氯酸银
silver permanganate 高锰酸银
silver phenolsulfonate 苯酚磺酸银
silver phosphate 磷酸银
silver phosphide 二磷化银
silver picrate 苦味酸银
silver plating 电银镀
silver potassium cyanide 氰化银钾;氰银酸钾
silver potassium fulminate 雷酸银钾
silver protein 蛋白银
silver salt 银盐

silver selenate 硒酸银
silver selenide 硒化银;一硒化二银
silver selenite 亚硒酸银
silver sensitive material 银盐感光材料
silver sesquioxide 三氧化二银
silver silicofluoride 氟硅酸银
silver-silver chloride electrode 氯化银电极
silver sodium chloride 氯化银钠
silver sodium cyanide 氰化银钠;氰银酸钠
silver sodium thiosulfate 硫代硫酸一银三钠
silver stibide 一锑化三银
silver subfluoride 一氟化二银;低氟化银
silver suboxide 一氧化四银
silver sulfate 硫酸银
silver sulfide 硫化银
silver sulfophenylate 苯酚磺酸银
silver tetraiodomercurate(Ⅱ) 四碘合汞(Ⅱ)酸银
silver thiocyanate 硫氰酸银
silver thiocyanide(=silver thiocyanate) 硫氰酸银
silver thiosulfate 硫代硫酸银
silver-to-gelatin ratio 胶银比
silver trinitrophenolate 三硝基苯酚银
silver tungstate 钨酸银
silver-zinc accumulator 银锌蓄电池
silver/zinc battery 锌/银电池
silver-zinc storage battery 银-锌蓄电池
silver-zinc storage cell 银锌蓄电池
silvichemicals 林产化学品
silyl 甲硅烷基
silylamino- 甲硅烷氨基
silylanization 硅烷化
silylating agent 硅烷化试剂;甲硅烷基化剂
silylation 硅烷(基)化
silyldisilanyl 异丙硅烷基
silylene 亚甲硅基
silylidyne 次甲硅基
silylthio- 甲硅烷硫基
silymarin 水飞蓟素
silymaringroup 水飞蓟素类
simazine 西玛津;西玛三嗪
simethicone 二甲基硅油;消泡净
simetride 西美曲特;双酰哌嗪
simetryne 西草净
simfibrate 双贝特;祛脂丙二酯;降脂丙二酯
similar chiral centres 相似手性中心
similarity law 相似律
similarity relation 相似关系
similarity theory 相似理论
similar solution 相似性解
Simonini reaction 西莫尼尼反应
Simonis reaction 西莫尼斯反应
simple batch distillation 单程蒸馏
simple chain reaction 直链反应
simple collision theory 简单碰撞理论
simple control system 简单调节系统
simple diffusion 被动扩散
simple distillation 简单蒸馏
simple electrode 简单电极
simple element 纯元素
simple elongation 简单伸长
simple enzyme 单纯酶
simple flange 活套法兰
simple fluid 简单流体
simple glyceride 同酸甘油酯
simple harmonic motion 简谐运动
simple harmonic oscillation 简谐振动
simple harmonic vibration 简谐振动
simple harmonic wave 简谐波
simple interaction 二因子交互效应
simple ligand (=unidentate ligand) 单齿配位体
simple linear polymer 线型聚合物
simple lipid 单纯脂质
simple mass transfer model 简单传质模型
simple pendulum 单摆
simple pipe tee reactor 单管三通反应器
simple protein 单纯蛋白质
simple reaction 简单反应
simple simplex 基本单纯形
simple solution (=true solution) 真溶液;分子溶液
simple sound source 点声源
simplesse 辛普利代脂肪
simplest formula 最简式
simple substance 单质
simple sugar 单糖
simplex method 单纯形法
simplex optimization 单纯形优化
simplex plunger pump 单缸柱塞泵
simplex pull rod 单拉杆
simplex pump 单缸泵
simplified periodical repair work 定期小修
simplified topper 简易拔顶装置
simulated annealing 模拟重结晶法

simulated cell 模拟电极
simulated conditions 模拟条件
simulated spectrum 模拟谱
simulation 仿真;模拟
simulation block diagram 仿真(方)框图
simulation clock 仿真时钟
simulation data base 仿真数据库
simulation expert system 仿真专家系统
simulation graphic library 仿真图形库
simulation information library 仿真信息库
simulation knowledge base 仿真知识库
simulation model 仿真模型
simulator 仿真器;模拟器
simultaneity 同时性
simultaneous correction method 同时校正法
simultaneous events 同时事件
simultaneous-IPN(SIN) 同步聚合物互穿网络
simultaneous reactions (=parallel reaction) 同时反应;平行反应
simultaneous titration 联合滴定
simvastatin 辛伐他汀
sinalbin 白芥子硫苷
sinamine 芥子胺;烯丙氨腈
sinapic acid 芥子酸
sinapine 芥子碱;白芥子精
sinapinic acid 芥子酸
sinapyl alcohol 芥子醇
sincalide 辛卡利特(利胆药)
sinefungin 西奈芬净
single acting compressor 单作用压缩机
single acting pump 单作用泵;单动泵
single-action pump 单动泵
single baking powder 碱性膨松剂
single base propellant 单基火药
single-beam crane 单梁起重机
single beam spectrophotometer 单光束分光光度计
single-beam travel crane 单梁自行式起重机
single-bed fluidized-bed reactor 单段式沸腾床(层)设备
single bevel-groove 单斜面坡口;半V形坡口
single blade mixer 单桨搅拌机
single blind 带单圈的盲板
single bond 单键
single cell protein (SCP) 单细胞蛋白
single chain compound 单链化合物
single channel analyzer 单道分析器
single column manometer 单管压力计
single compartment 单室
single compartment type thickener 单室增稠器
single-component flow 单组分流
single compound explosive 单质炸药
single crystal 单晶
single crystal mat 单晶栅
single crystal metal electrode 单晶金属电极
single crystal pattern 单晶晶格图
single cyclone dust collector 单旋风除尘器
single cylinder compressor 单缸压缩机
single cylinder manometer 单管压力计
single-deck 单层[板]
single determinant 单行列式
single-dispersed emulsion 单分散乳剂
single distilled 一次蒸馏的
single drum dryer 单滚筒(式)干燥器
single-effect evaporation 单效蒸发
single-effect evaporator 单效蒸发器
single electron transfer 单电子转移
single escape peak 单逃逸峰
single expansion joint 单膨胀节
single extended shaft 单向外伸轴
single extraction 简单抽提
single flash 一次闪蒸;一次蒸馏;急骤蒸馏
single-flash pipe still 一次闪蒸管式釜
single focusing mass spectrometer 单聚焦质谱仪
single groove 单槽的;单面坡口
single-impeller pump 单叶泵
single ion monitoring 单离子监测
single-jet emulsification 单注乳化
single-layer cylindrical boiling-bed drier 单层圆筒型沸腾(床)干燥器
single-layer lining 单层衬里
single liquid crystal 液晶单体
single orifice plate 单孔板
single pan balance 单盘天平
single particle approximation 单粒子近似法
single particle model 单粒子模型
single pass 单程
single-pass cooling 直流式冷却
single-pass evaporator 单程蒸发器
single-pass exchanger 单程热交换器
single-pass method 单通路法
single-pass tray 单流塔盘
single-pass tubular heater 单程列管加热器
single-pass welding 单道焊

single path 单流程
single perforated plate 单层多孔板
single-phase autotransformer 单相自耦变压器
single phase flow 单相流
single photon camera 单光子照相机
single photon emission computerized tomography 单光子发射计算机化断层显像
single piece machining 单件加工
single-piece work 单件加工
single-plane balance test 单面平衡试验
single-ply cylindrical fluidized-bed dryer 单层圆筒型沸腾(床)干燥器
single product plant 单一产品工厂
single pulse shock tube 单脉冲激波管
single reaction 单反应
single reduction helical gears 单级减速斜齿轮
single roll crusher 单辊破碎机
single roll(er) mill 单辊机
single-run welding 单头焊
single screw extruder 单螺杆挤出机
single-screw pump 单螺杆泵
single segmental baffle 单弓形折流板
single-shaft-screw pump 单轴螺旋泵
single site molecule 单坐席分子
single slit diffraction 单缝衍射
single-slot burner 单缝燃烧器
single stage centrifugal pump 单级离心泵
single stage compressor 单级压缩机
single stage digester 单级消化池
single-stage ejector 单级喷射泵
single-stage evaporation 单级蒸发
single-stage extration 单级萃取
single stage membrane 单级膜
single-stage pneumatic-conveyer dryer 单段气流输送干燥器
single-stage pump 单级泵
single-stage resin 一阶树脂
single-station blow molding machine 单工位吹瓶机
single strand binding proteins 单链结合蛋白
single stranded DNA 单链DNA
single stranded RNA 单链RNA
single-strand polymer 单股聚合物
single suction 单吸
single suction impeller 单吸叶轮
single suction pump 单吸泵
single superphosphate 过磷酸钙
single-sweep polarography 单扫描极谱法
single sweep tee 三通管
single-sweep voltammetry 单扫描伏安法
singlet (1)单峰 (2)单(线)态
singlet line 单(一谱)线
singlet oxygen 单线态氧
singlet state 单线态;单重态
singlet state oxygen 单重[线]态氧
singlet-triplet transition 单态-三态转移
single U-groove U形坡口
single V-groove V形坡口
single-weight paper 薄相纸
single-welded butt joint 单面焊对接接头
single welded joint 单面焊
single-welded lap joint 单面焊搭接接头
singlings 初馏物
singly-charged bidentate ligand 单核二齿配位体
singly excited configuration 单激发构型
singularity 奇点
singular perturbation 奇异摄动;奇异扰动
sinigrin 黑芥子硫苷酸钾;黑芥子苷
sinistrin 海葱糖
sink (1)凹陷(2)污水井[池](3)中子吸收剂;散热器
sinkhole 缩孔
sinking 漂油聚沉法
sinomenine(=cucoline) (汉)防己碱;青藤碱
sinomin 磺胺甲噁唑;磺胺甲基异噁唑
sinopaipunine 华百部碱
sintered alumina 烧结氧化铝
sintered calcium sodium phosphate fertilizer 钙钠磷肥
sintered flux 烧结焊剂
sintered-glass filter crucible (烧结)玻璃砂(滤)坩埚
sintered magnesia 烧结氧化镁
sintered magnesite 烧结氧化镁
sintered material 烧结料
sintered membrane 烧结膜
sintered plate 烧结板;烧结式极板
sintered steel 烧结钢
sintering 烧结
sintering of catalyst 催化剂烧结
sintering temperature 烧结温度
sintomycin 合霉素
sintropium bromide 辛托溴铵
sinusoidal current 正弦式电流
sipeimine 西贝母碱

sipeimol 西贝母醇
sipeimone 西贝母酮
siphon(＝syphon) (1)虹吸管 (2)虹吸
siphon bend 虹吸弯管
siphon pipe[tube] 虹吸管
SIR (styrene-isoprene rubber) 苯乙烯-异戊二烯橡胶
sirafo bed 同温床
sirenin 雌诱素
Sirocco fan 西罗克风扇；多叶片式风扇；鼠笼式风扇
sirolimus(＝rapamycin) 西罗莫司；雷伯霉素
sisal 剑麻；西沙尔麻
sisomicin 西索米星；紫苏霉素
sistomycocin 亲霉素
site assembly 现场装配；就地组装
site-directed mutation 定点突变
site investigation 厂址调查
site plan 总设计图
site selection 厂址选择
site test 现场试验
site trial 现场试验
site weld(ing) 现场焊接
sitostane 谷甾烷
sitosterin(＝sitosterol) 谷甾醇
sitosterol 谷甾醇
α_1-sitosterol α_1-谷甾醇
β-sitosterol β-谷甾醇
situ 原地；原位；就地
six member transition 六元过渡态
sixteen-membered ring 十六元环
six-way valve 六通阀
sizability 施胶性能
size and shape 尺寸与形状
size exclusion chromatography 尺寸排阻色谱法
size marking 尺寸标注
size of a fillet weld 焊角尺寸
size of anode 阳极规格
size of product 产品(尺寸)规格
size press 压榨机
sizer 填料器；上胶器
size reduction 粉碎
size reduction equipment 粉碎设备
size reduction ratio 粉碎比；破碎比
sizing (1)定型 (2)施胶
sizing agent (1)胶黏剂 (2)浆料 (3)施胶剂(4)上浆剂
sizing analysis 筛析
sizing material 胶料；浆料
sizing specification 尺寸说明
sizing value 施胶度
sizofiran 西佐喃
SK(streptokinase) 链激酶
skatole 粪臭素；3-甲基吲哚
skatoxyl 粪臭基
skatoxylsulfuric acid 粪臭基硫酸
skeletal catalyst 骨架催化剂
skeleton semi-trailer 半拖车
skelgas(＝pentane) 戊烷
skellysolve 石油溶剂
sketch 设计简图
sketch-plate 裁边板
skew boat conformation 扭船型构象
skew conformation 邻位交叉构象
skew form 邻位交叉式
skew symmetric 不对称的
skid 滑动垫木
skid resistance 抗滑性
skill 技能
skilled worker 熟练工人
skim-coating 贴胶
skim latex 胶清
skimmed latex 撇皮胶乳
skimmed milk 脱脂奶
skimmer (1)撇沫板 (2)撇乳器 (3)原油拔顶装置
skimmer tube 除沫管
skimmianine 茵芋碱
skim milk (1)撇乳；脱脂乳(2)脱油的生胶汁；胶清
skimmin 茵芋苷
skimming 贴胶
skimming centrifuge 乳油分离器
skimming pit(＝skimming pond) 撇油池
skimming plant 原油拔顶装置(自石油中蒸馏出轻质馏分)
skimming pond 撇油池(分离石油中污水及残渣的水池)
skimming sheet 撇泡胶片
skim rubber 胶清橡胶
skim serum 胶清
skin and core effect 皮心效应
skin cleaner 皮肤清洁剂
skin crack 表面裂纹
skin cream 护肤膏
skin depth 趋肤深度
skin effect 皮层效应
skin friction 表面摩擦

skin friction coefficient 表面摩擦系数
skin friction loss 表面摩擦损失
skin layer 表层
skinning (1)结皮现象 (2)浮撇法
skin parchment 羊皮纸
skin protecting agent 护肤剂
skin temperature recorder 表面温度记录仪
skin toning lotion 润肤洗液;润肤露
skin-type membrane 表皮覆盖型膜
skin welding 表面焊
skip bucket 翻斗式抓斗
skip car 翻斗车
skip hoist 料车升降机
skip sequence welding 跳焊
skirt 边缘
skirt support 裙式支座;裙座
Skraup quinoline synthesis 斯克劳普喹啉合成
Skull melting 射频感应冷坩埚法
skunk oil 臭鼬油
skyrin 醌茜素
sky-star type composite fiber 天星型复合纤维
slab cooling unit 胶片冷却装置
slab rubber 胶块;板状橡胶
slabs 胶块;板状橡胶
slab soaking treatment 板坯均匀热处理
slack 间隙;游隙
slacken leak 松弛泄漏
slack variable 松弛变量
slag 炉渣
slagability 成渣性
slag bath 渣池
slagging 造渣
slagging constituent 造渣剂
slagging gasifier 熔渣气化炉
slagging resistance 抗渣性
slag inclusion 夹渣
slag inclusions in welds 焊接中的夹渣
slag portland cement 矿渣硅酸盐水泥
slag quench-chamber 熔渣急冷室
slag quench tank 炉渣猝灭槽
slag removal 夹渣的清除
slag remove 清渣
slag resistance 抗渣性
slag tap 渣排口
slag wool 矿渣棉
slaked lime 熟石灰;氢氧化钙
slaker 消化器
slash pump 污水泵
Slater determinant 斯莱特行列式
Slater's orbital 斯莱特轨道
Slater's theory 斯莱特理论
Slater type orbital 斯莱特型轨道
slave kit 全套辅助工具
slaving principle 役使原理;从属原理
sleep inducing peptide δ睡眠肽
sleeve 套管
sleeve bearing 滑动轴承
sleeve coupling 套筒联轴节
sleeve liner 衬套
sleeve nut 轴套螺母;牵紧螺母
sleeve-type journal bearing 套筒式颈轴承
sleeve-type reference electrode 套筒式参比电极
slenderness ratio 长细比
slewer 回转式起重机
slewing boom 旋转尾端运送器
SLIC battery 汽车电瓶
slicer 切片机
slick joint 滑动接头
SLI(starting, lighting and ignition) **battery** 起动用蓄电池
slide (1)滑动 (2)滑片;滑板
slide base 滑动底座
slide caliper rule 滑动卡规
slide calipers 滑动卡规
slide fit 滑动配合
slide gate 滑板闸门
slide-key 滑键
slide plate 滑块
slide rail 滑道
slide valve 滑阀
sliding bearing 滑动轴承
sliding cross 十字滑块
sliding door 拉门
sliding friction 滑动摩擦
sliding mode crack 滑移型裂纹
sliding plate 滑板
sliding saddle 滑动鞍座
sliding side saddle 活动侧鞍座
sliding support 滑动支座
sliding tubesheet heat exchanger 滑动管板式换热器
sliding-vane compressor 滑板式压缩机
sliding-vane pump 滑片泵
sliding-vane rotary compressor 转动滑板压缩机
sliding-vane vacuum pump 滑板式真空泵

sliding vector 滑移矢(量)
sliding way 导轨
SLIG(generating) battery 起动用蓄电池
slime control agent 腐浆防治剂
slime layer 荚膜;黏液层
slime pump 泥浆泵
slime separator 沉泥池;黏泥分离器
sling 吊环;链钩;吊重装置;抛掷装置
slinger 轴承罩;吊环;抛油环;甩油杯
sling here 此处吊起
slip blade 滑动托板
slip blade pin 滑动托板销
slip boss 滑动轮毂
slip casting 注浆成型法
slip coupling 滑动接筒
slip factor 滑移系数
slip friction 滑动摩擦
slip joint 滑动接头
slip lining 滑动衬板
slip-on(weld)flange 平焊法兰
slipper 滑块
slipping column 滑动支柱
slip pipe 伸缩管
slip ring 集流器;滑环
slip-ring ventilator 滑环通风机
slip tube 伸缩接头
slip-type expansion joint 套筒式补偿[涨缩]器
slip velocity 滑移速度
slit 狭缝
slit fiber 切膜纤维
slit-film fiber 切膜纤维
slit(-film) fibre 切膜纤维
slit flowmeter 细缝流量计
slitter 纵[分]切机;切条机;切膜机
slope ratio method 斜率比法
sloping bottom 斜底座
sloping bottom tank 斜底槽
sloping roof furnace 斜顶炉
slop oil 废油;不合格石油产品
slops (1)废油 (2)废水;污水 (3)蒸馏废液
slosh (石油产品自管道内)漏出
slot 缺口;槽;齿缝
slot hole 长孔
slot mesh plate 长眼筛板
slot mesh screen(＝slot mesh plate) 长眼筛板
slot opening 齿缝开度
slot screen 长眼筛板
slotted drum 开槽桶
slotted eye 长圆形孔眼
slotted sieve tray 导向筛板
slot(ting) 开槽
slot welding 槽焊
slot width 齿缝宽度
slow-burning smokeless powder 慢燃无烟火药
slow chemisorption 慢速化学吸附
slow clock synchronization 慢移钟同步
slow coagulation 缓慢凝结
slow curing resin 慢干树脂
slow discharge theory 迟缓放电理论
slow-effect fertilizer 迟效肥料
"slow" gas 慢气
slowing down 慢化
slow neutron 慢中子
slow release 缓慢释放的;缓释剂型
slow release fertilizer 缓释肥料
slow stock 黏状(纸)浆
sludge 沉淀物;泥状沉淀;淤泥
sludge collecting board 集泥板
sludge collector 污泥沉积室;集泥机;污泥收集器
sludge collector 污泥沉积室
sludge concentration tank 污泥浓缩池
sludge dewatering equipment 污泥脱水机
sludge digestion 污泥消化
sludge digestion tank 污泥消化池
sludge discharge tube 残渣排出口
sludge gas 沼气
sludge head tank 泥浆高位槽
sludge hearth 泥状沉淀炉膛
sludge hopper 集泥斗
sludge incineration 污泥燃烧
sludge incinerator 污泥焚烧炉
sludge outlet 滤渣(排)出口
sludge pipe 泥浆管;污泥管;集泥管
sludge pit 污泥槽池
sludge port 污泥出口
sludge press filter 盐泥压滤机
sludge preventive 锅炉除渣剂
sludge promoter 淤渣(生成)促进剂
sludge pump 泥浆泵;污泥泵
sludge recycle 循环污泥
sludge removal 淤渣清除
sludge storage tank 泥浆贮槽;盐泥贮罐
sludge sump 泥浆坑
sludge thickening 污泥浓缩
sludge thicking 污泥浓缩

sludge (used as) manure 泥肥
slug flow 节涌流;弹状流
slug flow driving medium 段塞驱油剂
slugging 节涌;腾涌
sluice damper 插板阀
sluice opening 斜槽口
sluice separation 淘析
sluice valve 断流阀
slum 润滑油渣
slurry 结晶浆液[浆料,料浆]
slurry bed reactor 浆床反应器
slurry blend 煤浆调和
slurry blend tank 煤浆混合罐
slurry coal 煤浆
slurry coating 水浆涂料
slurry compounding machine 配浆机
slurry delivery pipe 供浆管
slurry explosive 浆状炸药
slurry feed 加料口;浆态进料
slurry fertilizer 料浆肥料
slurry inlet 滤浆入口
slurry level 浆面;料浆液面;浆料液面
slurry makeup tank 煤浆制备罐
slurry mixing tank 煤浆混合罐
slurry-mix tank 煤浆混合槽
slurry outlet 含尘液排出口
slurry packing 匀浆填充(法)
slurry polymerization 淤浆聚合
slurry preheater 煤浆预热器
slurry pump 淤浆泵;泥浆泵
slurry reactor 浆料反应器
slurry recycle 浆料循环
slurry storage 淤浆贮槽
slurry tank (1)含尘液贮槽 (2)料浆罐
slurry to be filtered 滤浆
slurry treating agent HAP 泥浆处理剂 HAP
slurry trough 滤浆槽
slushing 搪塑成型法
slushing grease 抗蚀润滑脂
slushing oil 抗蚀油
slush moulding 搪塑
slush pump 泥浆泵
SM(supplemental medium) 补充培养基
SMA(styrene-maleic anhydride copolymer) 苯乙烯-顺丁烯二酸酐共聚物
small angle scattering 小角散射
small-angle strain 小角张力
small clearance space 窄缝
small end bearing 小头轴承盖
smaller lumped koji 小曲
smaller units 小设备
small fertilizer plant 小化肥厂
small glass method 小杯法
small-lot manufacture 小批量生产
small molecule crystallography 小分子晶体学
small muffle furnace 小型隔焰炉
small nuclear RNA 核小 RNA
small pit organ 小窝器
small ring 小环(管)
small scale 小批量
small-scale production 小批量生产
small-scale test 小型试验
small screw torch 微型焊炬
small strain 微小应变
small transfer line 小运输线;补充管道;支管道
small tube 小管
small vibration 小振动
smaltite 砷钴矿
smart composite 机敏复合材料
smart control valve 智能阀
smart material(s) 智能材料;机敏材料
smart window 灵巧窗
S-matrix S 矩阵;散射矩阵
SMC(sheet moulding compound) 片状模塑料
smearing preparation 涂抹剂
smectic compound 近晶化合物
smectic liquid crystal 近晶相液晶
smectic phase 近晶相;层滑型介晶相
smelt 冶炼
smelter 冶炼厂
smeltery 冶炼厂
smelting 熔炼;冶炼
smelting plant [works] 冶炼厂
smelting pot 熔炼坩埚
smelting process 冶炼过程[方法]
smilacin 菝葜素;菝葜苷
smilagenin 菝葜配基
smirnovine 没药豆碱
smithsonite 菱锌矿
smog 烟雾
smog control 烟雾控制
smoke abatement 消烟;除烟法
smoke agent 烟雾剂
smoke analysis 烟气分析
smoke and dust 烟尘
smoke black 烟黑
smoke composition 发烟剂
smoked glass 烟色玻璃

smoked sheet 烟片
smoked tube type boiler 火管锅炉
smoke dust 烟尘
smoke equipment 发烟装备
smoke generator 熏烟剂
smoke house 烟熏室
smokeless fuel 无烟燃料
smokeless mosquito-repellent incense 无烟蚊香
smokeless powder 无烟火药
smokeless propellant 无烟推进剂
smoke(producing) agent 发烟剂
smoke suppressant 烟雾抑止剂
smoke suppressor 消烟剂
smoke tube 火管
smoking method 熏烟法
smoking rate 成烟率
smoking tracer mixture 发烟迹剂
smoky quartz 烟晶
smolder 阴燃
smooth-hard-sphere theory of diffusion 光滑硬球扩散理论
smoothing agent 光滑剂
smoothly fluidized bed 平稳流化床
smoothness 平稳性;平稳度
SMP(sulfamethoxypyridazine) 磺胺甲氧(基哒)嗪;长效磺胺
SMSI(strong metal-support interaction) 金属载体强相互作用
SMZ(sulfamethoxazole) 磺胺甲基噁唑;磺胺甲基异噁唑;新诺明
snake cage resin 蛇笼树脂
snap 钩扣
snap-fit assembly 揿压装配
snap lid 铰链盖
snappy rubber 高弹性橡胶
snap ring 弹簧锁环;卡环;开口环;止动环
Snell law 斯涅耳定律
S_N1 mechanism S_N1 机理;单分子亲核取代机理
S_N2 mechanism S_N2 机理;双分子亲核取代机理
snoop leak detector 漏气检查器
sno RNA(snoribozyme) 核仁小分子 RNA(携带核酶的重组)
snow cream 雪花膏
snow generator 积雪发电
snowstorm 雪暴
snRNA 核小 RNA;核稳定 RNA
snubber (1)减震器 (2)消声器;消音器
snug fit 滑动配合
soaker (1)裂化反应室(2)浸渍剂
soaking (1)浸水(2)裂化
soaking 浸水
soaking section 裂化反应段
soaking time 浸泡时间
soaking vat 浸水池
soak vat 浸水池
soap (肥)皂
soap ashes 草灰碱
soap base 皂基
soap berry 无患子
soap bubble 皂泡
soap chips mixer 皂粒拌和机
soap cooling machine 冷板车
soap cutting machine 切皂机
soap drier 肥皂干燥机
soap dye 皂模
soaper (1)煮皂工(2)皂洗机
soap film 皂膜
soap flake 皂片
soap-free emulsion polymerization 无皂乳液聚合
soaping fastness 耐皂洗(色)牢度
soapless detergent 非皂洗涤剂(指合成洗涤剂)
soapless shampoo 非皂香波
soap lye 皂(碱)液
soap making machine 制皂机
soap mould 皂模
soap paper 肥皂纸
soap powder 皂粉
soaps and washing liquor kier 漂油锅
soapstone 皂石
soapsuds test 皂沫试验
soap water film 皂水膜
soapy water 肥皂水
SOAR(superior oil-absorbed resin) 高吸油性树脂
Soave RK equation SRK 方程
sobita 酒石酸铋钠
sobrerol 水合蒎醇
sobrerone 松萜
sobuzoxane 索布佐生
socket 管座;管节;承窝
socket and spigot joint 承插接合
socket for piston rod 活塞杆承插头
socket head screw 内六角头螺丝
socket joint 承插连接;套筒联接

socket (joint) fitting(s) 承插式管件
socket weld 承插焊(接)
socket weld ends 承插焊接端
socket-welding flange 承插焊接法兰
socket wrench set 成套套筒扳手
SOD 超氧(化)物歧化酶
soda 纯碱;苏打;碳酸钠
soda alum 钠矾
soda anthraquinone process(pulping) 烧碱蒽醌法制浆
soda asbestos 烧碱石棉
soda-chlorine pulp 氯化法(纸)浆
soda feldspar 钠长石
soda finishing 碱精制
soda grease 钠基润滑脂
soda lime 碱石灰
soda-lime glass 钠钙玻璃
sodalite 方钠石;钠沸石
soda-lye 氢氧化钠浓溶液
soda lye wash 碱水洗涤
sodamide 氨基钠
soda mint 碳酸氢钠
soda-nitre 钠硝石;智利硝石;硝酸钠
soda-potash glass 钠钾玻璃
soda-potash water glass 钠钾水玻璃;硅酸钾钠
soda process 烧碱法(制浆)
soda pulp mill wastewater 碱法纸浆厂废水
soda soap 硬皂
soda-wash tower 碱洗塔
Soddy-Fajans displacement laws 索迪-法扬斯位移定律
sodio-acetoacetic ester (1)钠代乙酰乙酸酯 (2)(专指)钠代乙酰乙酸乙酯
sodio-alkylmalonic ester (1)钠代烷基丙二酸酯 (2)(专指)钠代烷基丙二酸乙酯
sodio-cyanacetic ester (1)钠代氰基乙酸酯 (2)(专指)钠代氰基乙酸乙酯
sodio-ethylmalonic ester (1)钠代乙基丙二酸酯 (2)(专指)钠代乙基丙二酸乙酯
sodio-ketoester 钠代酮酸酯
sodiomalonic ester 钠代丙二酸酯
sodio-methylmalonic ester (1)钠代甲基丙二酸酯 (2)(专指)钠代甲基丙二酸乙酯
sodion 钠离子
sodium 钠 Na
sodium acetate 乙酸钠
sodium acetic acid sodium salt 乙酸钠的钠盐衍生物
sodium acetylide (1)乙炔(二)钠 (2)乙炔钠
sodium acid arseniate 酸式砷酸钠
sodium acid citrate 酸式柠檬酸钠
sodium acid *l*-glutamate 谷氨酸(一)钠
sodium acid phosphate 酸式磷酸钠(包括磷酸二氢钠和磷酸氢二钠)
sodium acid pyrophosphate 酸式焦磷酸钠
sodium acid sulfate 硫酸氢钠
sodium acid sulfide 酸式硫化钠
sodium acid tartrate 酒石酸氢钠
sodium alcoholate(=sodium alkoxide) 醇钠;烃氧基钠
sodium alginate 藻酸钠
sodium alginate membrane 藻酸钠膜
sodium alizarin sulfonate 茜素磺酸钠
sodium alizarinsulfonate 茜素磺酸钠
sodium alkoxide 醇钠;烃氧基钠
sodium alkylamidosulfonate 烷基酰氨基磺酸钠
sodium alkylaminopropionate 烷氨基丙酸钠
sodium alkylarylsulfonate 烷基芳基磺酸钠
sodium alkylbenzenesulfonate 烷基苯磺酸钠
sodium *n*-alkylbenzenesulfonate 直链烷基苯磺酸钠
sodium alkyl ether sulfate 烷基醚硫酸钠
sodium alkyl maleate 马来酸钠烷基酯
sodium alkylnaphthalenesulfonate 烷基萘磺酸钠
sodium alkyl sulfate 脂肪醇硫酸钠
sodium alkylsulfinate 烷基亚磺酸钠
sodium alkylsulfonate 烷基磺酸钠
sodium allylsulfonate 烯丙基磺酸钠
sodium alum 钠矾
sodium aluminate 铝酸钠
sodium aluminium sulfate 硫酸铝钠
sodium aluminofluoride 氟化铝钠;冰晶石
sodium amalgam 钠汞齐
sodium americyl triacetate 乙酸镅酰钠
sodium amide 氨基(化)钠
sodium amidotrizoate 泛影(酸)钠
sodium *p*-aminobenzenesulfonate 对氨基苯磺酸钠;敌锈钠
sodium ammonium biphosphate 磷酸氢钠铵
sodium amylosulfate 淀粉硫酸钠
sodium amytal 异戊巴比妥钠
sodium antimonate 锑酸钠
sodium antimoniate(=sodium antimonate)

锑酸钠
sodium antimonyl lactate 乳酸锑钠
sodium antimony subgallate 次没食子酸锑钠;锑-273
sodium argentocyanide 氰银酸钠;氰化银钠
sodium arsanilate 阿散酸钠;氨基苯胂酸钠
sodium arsenate 砷酸钠
sodium arsenite 亚砷酸钠
sodium arsphenamine 胂凡纳明钠
sodium ascorbate 抗坏血酸钠
sodium azide 叠氮化钠
sodium-barium niobate ceramics 铌酸钡钠陶瓷
sodium(-base) grease 钠基润滑脂
sodium base (lubricating) grease 钠基润滑脂
sodium benzoate 苯甲酸钠
sodium *p*-benzylaminobenzene sulfo-nate 苄氨基对苯磺酸钠
sodium bicarbonate 碳酸氢钠
sodium bichromate 重铬酸钠
sodium bifluoride 氟氢化钠
sodium bioxalate(=sodium binoxa-late) 草酸氢钠
sodium biphosphate 磷酸二氢钠
sodium biselenite 亚硒酸氢钠
sodium bismuthate 偏铋酸钠(又称铋酸钠)
sodium bisuccinate 丁二酸氢钠
sodium bisulfate 硫酸氢钠
sodium bisulfide 硫氢化钠
sodium bisulfite 亚硫酸氢钠
sodium bitartrate 酒石酸氢钠
sodium borate(=sodium tetraborate) 四硼酸钠;硼砂
sodium borate solution compound 四硼酸钠混合溶液
sodium borohydride 硼氢化钠
sodium boryl sulfate 硫酸氧硼(根)钠
sodium bromate 溴酸钠
sodium bromaurate 溴金酸钠
sodium bromide 溴化钠
sodium bromite 亚溴酸钠
sodium butoxide 丁醇钠
sodium butylate 丁醇钠
sodium butyrate 丁酸钠
sodium cacodylate 二甲胂酸钠
sodium camphorsulfonate 樟脑磺酸钠
sodium carbide 碳化钠;乙炔钠
sodium carbonate 碳酸钠
sodium carboxy methyl cellulose 羧基甲基纤维素钠
sodium caseinate 酪蛋白钠
sodium cellulose phosphate 纤维素磷酸钠
sodium cellulose xanthate 纤维素黄酸钠
sodium cerous nitrate 硝酸亚铈钠
sodium cerous orthophosphate 磷酸亚铈钠
sodium cetyl alcohol sulfate 十六烷醇硫酸钠
sodium chlorate 氯酸钠
sodium chloraurate 氯金酸钠
sodium chloride 食盐;氯化钠
sodium chlorite 亚氯酸钠
sodium 6-chloro-5-nitrotoluene-3-sulfonate 6-氯-5-硝基甲苯-3-磺酸钠
sodium chloroplatinate 氯铂酸钠
sodium chloroplatinite 氯亚铂酸钠
sodium chondroitin sulfate 硫酸软骨素
sodium chromate 铬酸钠
sodium cinnamylate 肉桂酸钠
sodium citrate 柠檬酸钠
sodium cobaltinitrite 亚硝酸钴钠
sodium-cooled fast reactor 钠冷快堆
sodium cyanamide 氰氨基钠
sodium cyanate 氰酸钠
sodium cyanide 氰化钠
sodium cyanoacetic ester (1)钠代氰基乙酸酯 (2)(专指)钠代氰基乙酸乙酯
sodium cyanoborohydride 氰基硼氢化钠
sodium cyclamate 环氨酸钠〔俗〕;环己基氨基磺酸钠(甜味剂)
sodium diacetate 二乙酸钠
sodium diatrizoate 泛影(酸)钠
sodiumdibutyl dithiocarbamate 二丁基氨(基)硫羧酸钠
sodium dichloroisocyanurate 二氯异氰尿酸钠
sodium *α*,*α*-dichloropropionate *α*,*α*-二氯丙酸钠;茅草枯
sodium dichromate 重铬酸钠
sodium dicyanoaurate(Ⅰ) 二氰合金(Ⅰ)酸钠
sodium diethyldithiocarbamate 二乙基二硫代氨基甲酸钠
sodium dihydric hypophosphite 次磷酸二氢钠
sodium dihydrogen arsenate 砷酸二氢钠
sodium dihydrogen hypophosphite 次磷酸

二氢钠
sodium dihydrogen phosphate 磷酸二氢钠
sodium dimetallic (ortho) phosphate 磷酸氢二钠
sodium *N*,*N*-dimethyl dithiocarbamate 二甲基二硫代氨基甲酸钠
sodium 4,4-dimethyl-4-silapentanesulfonate 4,4-二甲基-4-硅代戊磺酸钠
sodium dioxide 过氧化钠
sodium diphenylaminesulfonate 二苯胺磺酸钠
sodium diphenyl-ketyl 钠化二苯酮(游)基
sodium dithionate 连二硫酸钠
sodium dithionite 连二亚硫酸钠
sodium dodecyl benzene sulfonate(SDBS) 十二烷基苯磺酸钠
sodium dodecyl ether sulfate 十二烷基醚硫酸钠
sodium dodecyl glyceryl ether sulfonate 十二烷基甘 油醚磺酸钠
sodium dodecyl sulfate 十二烷基磺酸钠
sodium ester 钠酯(又是钠盐又是酯)
sodium ethide 乙基钠
sodium ethoxide 乙醇钠;乙氧钠
sodium ethyl 乙基钠
sodium ethylate 乙醇钠;乙氧钠
sodium ethyl carbonate 碳酸乙酯钠
sodium ethylene diamine tetracetate 乙二胺四乙酸钠
sodium ethylenediamine tetramethylene-phosphonate 乙二胺四亚甲基膦酸钠
sodium ethyl sulfate 乙硫酸钠
sodium ethyl-xanthate 乙基黄原酸钠
sodium ethyl-xanthonate(= sodium ethyl-xanthate) 乙基黄原酸钠
sodium ferricyanide 铁氰化钠;赤血盐钠
sodium ferrocyanide 亚铁氰化钠;黄血盐钠
sodium fluoborate 氟硼酸钠
sodium fluoride 氟化钠
sodium fluoroacetate 氟乙酸钠
sodium fluoroborate 氟硼酸钠
sodium fluo(ro)silicate 氟硅酸钠
sodium folate 叶酸钠
sodium formaldehyde sulfoxylate 甲醛合次硫酸氢钠
sodium formate 甲酸钠
sodium fulminate 雷酸钠
sodium D-gluconate D-葡萄糖酸钠
sodium gluconate 葡萄糖酸钠
sodium glycerophosphate 甘油磷酸钠
sodium hexachloroplatinate(Ⅳ) 六氯合铂(Ⅳ)酸钠
sodium hexacyanoferrate(Ⅱ) 亚铁氰化钠;黄血盐钠
sodium hexafluorophosphate 六氟磷酸钠
sodium hexafluorosilicate 六氟合硅酸钠
sodium hexametaphosphate 六偏磷酸钠
sodium humate 腐殖酸钠
sodium hydrate 氢氧化钠;烧碱
sodium hydride 氢化钠
sodium hydrogen arsenate 砷酸氢二钠
sodium hydrogen arseniate(= sodium hydrogen arsenate) 砷酸氢二钠
sodium hydrogen carbonate 碳酸氢钠;小苏打
sodium hydrogenfluoride 氟化氢钠
sodium hydrogen phosphate 磷酸氢二钠
sodium hydrogen sulfate 硫酸氢钠
sodium hydrogen sulfite 亚硫酸氢钠
sodium hydrosulfide 氢硫化钠
sodium hydrosulfite 连二硫酸钠;保险粉
sodium hydroxide 氢氧化钠
sodium hydroxylamine sulfonate 胲基磺酸钠
sodium hypobromite 次溴酸钠
sodium hypochlorite 次氯酸钠
sodium hypochlorite solution alkaline 碱性次氯酸钠溶液
sodium hyponitrite 连二次硝酸钠
sodium hypophosphate 连二磷酸钠
sodium hypophosphite 次磷酸钠
sodium hyposulfate 连二硫酸钠
sodium hyposulfite 硫代硫酸钠;海波
sodium iodate 碘酸钠
sodium iodide 碘化钠
sodium iodomethamate 碘多啥
sodium ion conductor 钠离子导体
sodium-ion exchanger 钠离子交换器
sodium iridichloride 氯铱酸钠;六氯合三价铱酸钠
sodium isoniazide methane sulfonate 甲磺烟肼;异烟肼甲磺钠
sodium isopropoxide 异丙醇钠
sodium isopropylate 异丙醇钠
sodium isopropyl xanthate 异丙基黄原酸钠
sodium lactate 乳酸钠
sodium lamp 钠灯
sodium lanthanum nitrate 硝酸镧钠;五硝

合镧酸钠
sodium lauroyl sarcosinate 月桂酰基肌氨酸钠
sodium lauroyl sarcosine 月桂酰肌氨酸钠
sodium lauryl ether sulfate 月桂基乙醚硫酸钠
sodium lauryl glyceryl ether sulfonate 月桂基甘油醚磺酸钠
sodium lauryl isethionate 月桂基羟乙基磺酸钠
sodium lauryl oxyethylene sulfate 月桂基氧乙烯醚硫酸钠
sodium lauryl sulfate 十二烷基硫酸钠
sodium-lead alloy 钠铅合金
sodium lignosulfonate 木质素磺酸钠
sodium manganate 锰酸钠
sodium mercuric thiocyanate 硫氰酸汞钠
sodium merthiolate 硫柳汞钠
sodium metaantimonate 锑酸钠
sodium metaarsenite 偏亚砷酸钠
sodium metabisulfite 焦亚硫酸钠
sodium metaborate 偏硼酸钠
sodium metaperiodate 偏高碘酸钠
sodium metaphosphate 偏磷酸钠
sodium metasilicate （正）硅酸钠
sodium metavanadate 偏钒酸钠
sodium methide 甲基钠
sodium methoxide 甲醇钠
sodium methyl 甲基钠
sodium methyl-acetoacetic ester （1）钠代甲基乙酰乙酸酯（2）（专指）钠代甲基乙酰乙酸乙酯
sodium methyl-acetylide 丙炔钠；甲基乙炔钠
sodium methylate 甲醇钠
sodium methylene bis-naphthalene sulfonate 亚甲基双萘磺酸钠
sodium methyl mercaptide 甲硫醇钠
sodium 5-methyl-3-phenyl-4-iso- oxazolylpenicillin monohydrate 5-甲基-3-苯基-4-异噁唑基青霉素单水钠盐
sodium methyl sulfate 甲硫酸钠
sodium molybdate(Ⅵ) 钼酸钠
sodium monochlor(o)acetate 一氯醋酸钠
sodium monofluorophosphate 单氟磷酸钠
sodium naphthenate 环烷酸钠
sodium *β*-naphthoquinone-4-sulfonate *β*-萘醌-4-磺酸钠
sodium niobate 铌酸钠
sodium nitrate 硝酸钠
sodium nitride 一氮化三钠
sodium nitrite 亚硝酸钠
sodium nitroferricyanide 亚硝基铁氰化钠；硝普酸钠
sodium nitroprussiate 硝普酸钠
sodium nitroprusside 硝普酸钠；亚硝基铁氰化钠
sodium nitrosoprussianide 亚硝基铁氰化钠
sodium oleate 油酸钠
sodium orthoarsenite 原亚砷酸钠
sodium orthophosphate 磷酸二氢钠
sodium orthosilicate 原硅酸钠
sodium oxalate 草酸钠
sodium oxaloacetic ester （1）钠代草乙酸酯（2）（专指）钠代草乙酸乙酯
sodium oxide 氧化钠
sodium oxybate 羟基丁酸钠
sodium paratungstate 仲钨酸钠
sodium pentachlorophenol 五氯苯酚钠
sodium pentachlorophenolate 五氯苯酚钠
sodium pentahydyoxycaproate 五羟基己酸钠；D-葡萄糖酸钠
sodium perborate 过硼酸钠
sodium percarbonate 过（二）碳酸钠
sodium perchlorate 高氯酸钠
sodium periodate 高碘酸钠
sodium permanganate 高锰酸钠
sodium peroxide 过氧化钠
sodium peroxydisulfate 过（二）硫酸钠
sodium perrhenate 高铼酸钠
sodium persulfate 过（二）硫酸钠
sodium persulfide（＝sodium disulfide）过硫化钠；二硫化（二）钠
sodium pertechnetate 高锝酸钠
sodium perxenate 过氙酸钠
sodium phenate 苯酚钠
sodium phenide 苯基钠
sodium phenolate 苯酚钠
sodium phenolsulfonate 苯酚磺酸钠
sodium phenoxide 苯酚钠
sodium phenyl-arsenite 苯亚胂酸钠
sodium phosphate chlorinated 氯化磷酸钠
sodium phosphide 一磷化三钠
sodium phosphite 亚磷酸钠
sodium phosphomolybdate 磷钼酸钠
sodium phosphotungstate 磷钨酸钠
sodium phosphowolframate 磷钨酸钠
sodium platinichloride 氯铂酸钠
sodium platinochloride 氯亚铂酸钠

sodium platinocyanide 氰亚铂酸钠
sodium platinous chloride 氯亚铂酸钠
sodium plumbate 高铅酸钠
sodium plumbite 铅酸钠
sodium plutonyl acetate 乙酸钚酰钠
sodium polyanetholesulfonate 聚对丙烯基茴香醚磺酸钠
sodium polybutadiene rubber 丁钠橡胶
sodium polymer 钠聚合物
sodium polymerization 钠(引发)聚合(作用)
sodium polymetaphosphate 聚偏磷酸钠
sodium polystyrene sulfonate 聚苯乙烯磺酸钠
sodium polysulfide 多硫化钠
sodium potassium carbonate 碳酸钠钾
sodium (potassium) pump 钠[钾]泵
sodium potassium silicate 硅酸钾钠
sodium-potassium tartrate 酒石酸钠钾
sodium propionate 丙酸钠
sodium propoxide 丙醇钠
sodium pyrophosphate 焦磷酸钠
sodium pyrosulfite 焦亚硫酸钠
sodium resinate 树脂酸钠;树脂皂
sodium rhodanate 硫氰酸钠
sodium rhodizonate 玫棕酸钠
sodium ricinoleate 蓖麻油酸钠
sodium rubber 丁钠橡胶
sodium salicylate 水杨酸钠
sodium scandium sulfate 硫酸钪钠;三硫酸根合钪酸钠
sodium selenate 硒酸钠
sodium selenide 硒化钠
sodium selenite 亚硒酸钠
sodium sesquicarbonate 碳酸三钠;二碳酸三钠
sodium sesquisilicate 倍半硅酸钠
sodium silicate 硅酸钠
sodium silicate solution 硅酸钠溶液
sodium silicofluoride 氟硅酸钠
sodium soap grease 钠皂润滑脂;钠基润滑脂
sodium stannate 锡酸钠
sodium starch glycollate 淀粉乙醇酸钠
sodium starch phosphate 淀粉磷酸钠
sodium stearate 硬脂酸钠
sodium stibogluconate 葡萄糖酸锑钠
sodium succinate 琥珀酸钠;丁二酸钠
sodium sucrate 蔗糖钠
sodium sulfanilate 氨基苯磺酸钠;磺胺酸钠
sodium sulfantimonate 全硫锑酸钠
sodium sulfantimoniate 全硫锑酸钠
sodium sulfate 硫酸钠
sodium sulfate decahydrate 芒硝
sodium sulfhydrate 氢硫化钠
sodium sulfide 硫化钠
sodium sulfite 亚硫酸钠
sodium sulfocarbonate 全硫碳酸钠
sodium sulfocyanate 硫氰酸钠
sodium *β*-sulfopropionitrile *β*-丙腈磺酸钠
sodium sulfovinate (1)硫酸酯钠 (2)(专指)硫酸乙酯钠
sodium sulfoxylate formaldehyde 甲醛次硫酸氢钠;吊白粉;雕白块
sodium-sulfur cell 钠硫电池
sodium/sulfur storage battery 钠/硫蓄电池
sodium superoxide 过氧化钠
sodium tallowate soap 牛脂钠皂
sodium tantalate 钽酸钠
sodium tartrate 酒石酸钠
sodium taurocholate 牛磺胆酸钠
sodium tellurate(Ⅳ) 亚碲酸钠
sodium tellurate(Ⅵ) 碲酸钠
sodium tellurite 亚碲酸钠
sodium tetraborate 硼砂;四硼酸钠
sodium tetrachloroaluminate 四氯合铝酸钠
sodium tetradecyl sulfate 十四烷基硫酸钠
sodium tetrahydro tellurate 碲酸四氢钠
sodium tetraphenylborate 四苯基硼酸钠
sodium tetraphenylboron 四苯硼钠
sodium tetrasulfide 四硫化钠
sodium tetrathionate 连四硫酸钠
sodium thimerosal(ate) 硫柳汞钠
sodium thioacetate 乙硫羟酸钠
sodium thioantimonate(Ⅴ) 全硫锑酸钠
sodium thioantimoniate 全硫锑酸钠
sodium thioarsenate 全硫砷酸钠
sodium thioarseniate(= sodium thioarsenate) 全硫砷酸钠
sodium thiocarbonate 全硫碳酸钠
sodium thiocyanate 硫氰酸钠
sodium thioglycolate 巯基乙酸钠
sodium thiophosphate 一硫代磷酸钠
sodium thiosulfate 硫代硫酸钠;大苏打;海波
sodium *p*-toluenesulfonchloramide 氯胺T
sodium trichlorophenate 三氯酚钠

sodium trimetaphosphate 三偏磷酸钠
sodium triphenylcyanboron 三苯氰硼钠
sodium tripolyphosphate 三(聚)磷酸钠
sodium tungstate(Ⅵ) 钨酸钠
sodium uranate 铀酸钠
sodium uranyl acetate 乙酸铀酰钠
sodium valproate 丙戊酸钠
sodium vanadate(Ⅴ) 钒酸钠
sodium wire 钠线
sodium wolframate 钨酸钠
sodium xanthate 黄原酸钠
sodium xanthogenate 黄原酸钠
sodium xanthonate(=sodium xanthate) 黄原酸钠
sodium zeolite 钠沸石
sodium zincate 锌酸钠
sodium zirconate 锆酸钠
sodyl 钠氧基
sofalcone 索法酮
soft acid 软酸
soft base 软碱
soft block 软(链)段
soft burning 轻烧
soft carbon black 软质炭黑
soft clay 软质黏土
soft coal 烟煤
softened water 软化水
softener 软化剂
softener of rubber 橡胶用软化剂
softening agent 柔软剂;软化剂
softening agent for fibres 纤维柔软剂
softening finish 柔软整理
softening lotion 柔软化妆水
softening of terms 放宽条件
softening (of water) 软化
softening point 软化点
softening temperature 软化温度
softest possible terms 最优厚的条件
soft feel(ing) 柔软感;手感柔软
soft hammer 软锤
soft-hard acid-base 软硬酸碱
soft lead 软铅
soft magnetic ferrite 软磁铁氧体
soft magnetic functional composite 软磁功能复合材料
soft magnetic materials 软磁材料
soft mallet 软锤
soft-packed 软填料
soft packing 软填料
soft paste 软的膏状物
soft plug 软塞
soft radiation 软辐射
soft resin 软树脂
soft rubber 软质橡胶
soft science 软科学
soft segment 软(链)段
soft soap 软皂
soft solder bond 软焊接头
soft stuffing-box seals 软填料密封
soft sugar 绵白糖
soft technology 软技术
soft type surfactant 轻型表面活性剂
soft vinyl 软(质)聚氯乙烯
software science 软科学
soft water 软水
soft water outlet 软水出口
sogasoid 固气溶胶
soggy 欠硫;硫化不足
soil 土壤;污垢
soil amendment 土壤改良剂
soil and water losses 水土流失
soil conditioner(s) 土壤调理剂
soil corrosion 土壤腐蚀
soil nadication 土壤钠质化;土壤碱化
soil pollution 土壤污染
soil salinization 土壤盐碱化;土壤盐渍化;土壤盐化
soiltreatment herbicide 土壤处理剂
sojasterol 大豆甾醇
SOL(saturation output level) 饱和输出电平
sol 溶胶
solan 蔬草灭
solanain 茄蛋白酶
solanesol 茄呢醇
solanic acid 茄酸
solanidine 茄啶
solanine 茄碱
solanocapsine 假椒茄素
solanone 索拉农
solanum 茄属
solar battery 太阳能电池
solar cell[**battery**] 太阳能电池;光生伏打电池
solar cell materials 太阳能电池材料
solar energy 太阳能
solar energy collector 太阳能聚热器
solar-energy evaporator 太阳能蒸发器
solar energy transfering dyes 太阳能转换染料

solar fluidized bed 太阳能流化床
solar furnace 太阳炉
solar heat treatment 太阳能热处理
solar oil 索拉油
solar saltworks 滩晒制盐
solasodine 茄解定;水解羟基茄碱
solasonine 茄解碱;羟基茄碱
solasulfone 苯丙砜
solar system chemistry 太阳系化学
solar water heater 太阳能热水器
solate 液化凝胶
solder (低温)焊料
solder bath 金属熔化浴(测定石油产品自燃点用)
solder glass 焊接玻璃
soldering 钎焊;软钎焊
soldering agent 焊剂
soldering aid 助焊剂
soldering flux 焊剂
soldering iron 烙铁
soldering paste 钎焊膏;钎焊剂
solder iron 烙铁
soldified slag 渣壳
sole leather 底革
solenoid 螺线管
solenoid coil 螺线管感应圈
solenoid electric valve 电磁控制阀
solenoid oiler 圆筒形油杯
solenoid(operated)valve 电磁阀
solenoid valve 电磁阀
soleplate (基础)底板
sol-gel method 溶胶-凝胶法
sol-gel process 溶胶-凝胶过程
solid acid catalyst(s) 固体酸催化剂
solid alcohol 固体酒精
solid base 整体底板
solid base catalyst(s) 固体碱催化剂
solid boiler fuel 固体锅炉燃料
solid bowl centrifuge 无孔转鼓离心机;卧式离心分选机
solid-bowl scroll decanter 螺旋卸料倾析机
solid bowl type screw decanter 卧式沉降螺旋卸料离心分离机
solid cake 固体滤渣
solid caustic soda 固(体烧)碱
solid caustic soda pot 熬碱锅
solid caustic soda section 固碱工段
solid charge opening 固体颗粒加料孔
solid collecting chamber 固体存积腔
solid-contact type 固体接触式
solid contamination 固相污染
solid-core flame resistant belt 整芯难燃输送带
solid culture 固体培养法
solid cure 高度硫化
solid electrolyte 固体电解质
solid electrolyte battery 固体电解质电池
solid eutectic 固体低共熔混合物
solid-expansion (type) thermometer 固体膨胀(式)温度计
solid extract(bean flakes) 固体萃取原料(片状颗粒)
solid feed chute 固体进料斜槽
solid feeder 固体加料器
solid feed inlet 固体原料入口
solid film 固态膜
solid filter-aids 固体助滤剂
solid finishing agent for PVC artificial leather 聚氯乙烯人造革表面涂饰剂
solid flow 固体流
solid flow control valve 固相流量控制阀
solid-fluid equilibrium 固体-流体平衡
solid fuel 固体燃料
solid-gas sol 固气溶胶
solid-handling equipment 固体输送设备
solid handling system 固体处理系统
solid hygrometer 固体湿度计
solidification 凝固;固化成型
solidification of radwaste 放射性废物固化
solidification theory 凝固理论
solidified carbon dioxide 干冰
solidified gasoline 凝固汽油
solidified oil (1)固化油 (2)氧化油
solidifying bath 固化浴;凝固浴
solidifying point 凝固点
solidifys 造粒
solid ionic device 固体离子器件
solid koji 固体曲
solid laser materials 固体激光器材料
solid level 固体料面
solid level controller 固体料面调节器
solid-liquid equilibrium(SLE) 固液平衡
solid-liquid extraction 固液萃取;浸取
solid-liquid-fluid coexistence curve 固-液-流体共存曲线
solid liquid separation 固液分离
solid loading 固体加料
solid lubricant 固体润滑剂

solid matrix 固体基质
solid mechanics 固体力学
solid media 固体培养基
solid membrane 固态膜
solid mixing machine 固体物料混合机械
solid near wall 靠近壁的固体
solid outlet 滤渣(排)出口
solid oxide fuel cell(SOFC) 固体氧化物燃料电池
solid phase polycondensation 固相缩聚
solid phase polymerization 固相聚合
solid phase reaction 固相反应
solid phase synthesis 固相合成
solid photopolymer plate 固体感光树脂版
solid piston 实心活塞
solid polymer 固相聚合物
solid polymer electrolyte fuel cell 固态聚合物电极燃料电池
solid polymerization 固体聚合(法)
solid radwaste 固体放射性废物
solid rubber 实心胶;硬质橡胶
solid separation 固体分离
solids feeder 固体加料器
solid shaft 实心轴
solid sols 固溶胶
solid solubility 固溶量
solid solution 固溶体
solid state chemistry 固态化学
solid-state counter 固体计数器
solid-state detector 半导体探测器
solid state electrochemistry 固态电化学
solid state fermentation 固态发酵
solid state interaction 固态相互作用
solid state ionics 固态离子学
solid-state laser 固体激光器
solid state polymerization 固相聚合
solid state reaction 固相反应
solid support(=support) 载体
solid-transport equipment 固体输送设备
solid tyre 实心轮胎
solidus 固相线
solid valve 颗粒阀
solid valve-disk 实心阀盘
solid wall 整体器壁
solid wall centrifuge 无孔离心机;沉降式离心机
solid wall pressure vessel 单层式压力容器
solid waste 固体废(弃)物
solid waste pollution 固体废物污染
solid waste treatment 固体废物处理
solion 溶液离子管
soliquoid 悬浮(液)
soliton 孤(立)子
sol rubber 溶胶橡胶
sol solution 溶胶溶液
solubilised sulfur dye(s) 可溶性硫化染料;S系列硫化染料
solubilised vat dye(s) 可溶性还原染料
solubility 溶解度
solubility diagram 溶度曲线
solubility enhancement 溶解度的增强
solubility parameter 溶度参数
solubility product 溶度积
solubilization 增溶作用
solubilization chromatography 增溶色谱法
solubilizer 增溶剂;加溶剂
solubilizing agent 增溶剂(指增加溶解性的试剂)
solubilizing group 增溶基;加溶基(指增加溶解性的基团)
soluble anode 可溶性阳极
soluble oil 可乳化油
soluble phosphoric acid (可)溶性磷酸
soluble polyimide 可溶性聚酰亚胺
soluble powder 可溶性粉剂
soluble saccharin(=saccharin sodium salt) (可)溶性糖精;糖精钠
soluble salt B 溶解盐 B
soluble starch 可溶性淀粉
solublility parameter 溶度参数
Soluhao B 溶解盐 B
Solustibosan 葡萄糖酸锑钠
solute 溶质
solute recovery ratio 萃取率
solute retention 溶质保留
solute-solute interactions 溶质-溶质相互作用
solute transfer 溶质传递
solution 溶液
solution adhesive 溶液型胶黏剂
solution coating technique 溶液涂覆技术
solution control valve 溶液控制阀
solution cooler 溶液冷却器
solution culture 溶液培养
solution-diffusion in membrane 在膜中的溶解和扩散
solution dyeing 原浆着色
solution filter pump 溶液过滤泵
solution hardening 固溶淬火

solution heat treatment 固溶热处理
solutionizing 固溶化
solution mixing tank 溶液混合槽
solution polymerization 溶液聚合
solution pump sump 溶液抽吸槽
solution reboiler 溶液再沸器
solution regenerator 溶液再生塔
solution reinforcement alloy 固溶强化合金
solution residue technique 溶液残渣技术
solution return 溶液回流
solution salt B 溶解盐 B
solutions of macromolecules 大分子溶液
solution spinning 溶液纺丝
solution spray 溶液雾滴
solution storage tank 溶液贮槽
solution sump pump 溶液贮槽泵
solution tank 溶液槽
solution transfer pump 溶液输送泵
solution treatment 固溶(热)处理
solutizer (硫醇)溶解加速剂;促溶剂;助溶剂
solutropy 三元部分互溶现象(在部分互溶的三元系相图中结线斜率的方向变异现象)
solvachromic scale 溶剂化显色尺度
solvate 溶剂合物;溶剂化物
solvated electron 溶剂化电子
solvated proton 溶剂化质子
solvate isomerism 溶剂合异构
solvation 溶解;溶剂化(作用)
solvation number of ion 离子溶剂化值
solvation of ion 离子溶剂化作用
solvation shell 溶剂化层[套]
solvatochromism 溶剂化显色现象
Solvay-Kellner cell (for caustic soda) 索尔维-凯尔纳水银电解槽
solvent 溶剂
solvent adhesive 溶剂胶黏剂
solvent based coatings 溶剂型涂料
solvent benzol 溶剂苯
solvent bonding 溶剂粘接
solvent cage 溶剂笼
solvent cement 溶剂胶浆
solvent cooler 溶剂冷却器
solvent cracking 溶剂裂化
solvent crazing 溶剂银纹
solvent deasphalting 溶剂脱沥青
solvent deoiling 溶剂脱油
solvent deresining 溶剂脱树脂(法)
solvent dewaxing 溶剂脱蜡
solvent dry film photoresist 溶剂型光敏抗蚀干膜
solvent dyeing process 溶剂染色法
solvent dye(s) 溶剂染料
solvent effect 溶剂效应
solvent elimination technique 溶剂峰消除技术
solvent ether (二)乙醚
solvent extract 溶剂抽出物
solvent extraction 溶剂萃取;溶剂抽提
solvent (extract) tower 溶剂(提取)塔
solvent feed tank 溶剂贮槽
solvent for metallurgy 冶金溶剂
solvent hopper 溶剂料斗
solvent impregnated resin 浸渍树脂
solvent inlet 溶剂入口
solvent-in-pulp(SIP) 溶剂矿浆萃取;溶剂浆液萃取
solvent isotope effect(SIE) 溶剂同位素效应
solventless adhesive 无溶剂胶黏剂
solventless coating(s) 无溶剂涂料
solventless epoxy resin coating 无溶剂环氧树脂涂料
solventless insulation dipping 无溶剂绝缘浸渍漆
solvent method 溶媒法
solvent naphtha 溶剂汽油;溶剂油
solventnaphtha 重溶剂油
solvent petrol for rubber 橡胶溶剂油
solvent programming 程序变溶剂(洗脱)
solvent pump 溶剂泵
solvent recovery 回收溶剂;溶剂回收
solvent recovery still 溶剂回收蒸馏釜
solvent refining 溶剂精制
solvent regenerated 再生溶剂
solvent resistance 耐溶剂性
solvent-resistance rubber 耐溶剂橡胶
solvent-resistant grease 抗溶剂润滑脂
solvent resistant hose 耐溶剂胶管;汽油胶管
solvent-selectivity triangle 溶剂选择性三角形
solvent shift 溶剂位移
solvent-solvent interactions 溶剂-溶剂相互作用
solvent spinning 溶液纺丝
solvent strength 溶剂强度
solvent sublation 溶剂消除
solvent type plasticizer 主增塑剂

solvent welding 溶剂粘接
solvent winterization 溶剂冬化法
solvolysis 溶剂分解作用
solvolyte 溶剂化物
solvolytic dissociation 溶剂离解(作用)
solvolytic reaction 溶剂化反应
solvophilic 亲溶剂的
solvophobic 疏溶剂的
solypertine 索立哌汀
soman 索曼
somatic 体细胞的
somatic effect of radiation 辐射的体质效应
somatic embrgos 体细胞胚胎
somatochirality 体型手性
somatoliberin 促生长素释放素
somatomammotropin 生长促乳素
somatomedins 生长肽激素;生长调节素
somatostatin 促生长素抑制素;生长抑素;生长激素释(放的)抑制因子
somatotropin 生长激素;促生长素
somatotropin releasing factor(SRF) 生长激素释放因子
Sommelet aldehyde synthesis 索默列特醛合成
Sommerfeld elliptic orbit 索末菲椭圆轨道
somniferol 催眠醇
somnirol 茄醇
sonagram 语图
sonar 声呐
sonar rubber 水声橡胶
songorine 宋果灵;准葛尔乌头碱
sonic agglomeration 声聚
sonication 声处理
sonic dust collection 声波集尘
sonic precipitation 声波除尘
sonochemistry 声化学
sonoluminesence 声致发光
sonometer 弦音计
SOOI(strong oxide-oxide interaction) 氧化物间强相互作用
soot blower 吹灰装置
soothing cream 润肤膏
soothing oil 润肤油
sophorabioside 槐属双苷
sophoramine 槐胺
sophoranol 槐醇
sophoricoside 槐属苷
sophorin 槐苷(取自槐属植物 *Sophora species*)
sophorine 槐碱;金雀花碱
sophorose 槐糖;2-葡糖-β-葡糖苷
sophoroside 槐糖苷
sorbate (1)山梨酸酯 (2)吸着质;(被)吸着物
sorbent 吸着剂
sorbic acid 山梨酸
sorbic alcohol 山梨醇
sorbierite 山梨醇
sorbin 山梨糖
sorbinil 索比尼尔
sorbinose 山梨糖
sorbitan (1)脱水山梨(糖)醇 (2)山梨聚糖
sorbitan carboxylic ester 脱水山梨(糖)醇羧酸酯
sorbitan fatty acid ester 脱水山梨糖醇脂肪酸酯
sorbitan fatty ester 脱水山梨糖醇脂肪酸酯
sorbitan laurate 脱水山梨糖醇月桂酸酯
sorbitan monooleate; 脱水山梨糖醇单油酸酯;斯盘 80;油酸山梨坦
sorbitan monostearate 脱水山梨糖醇单硬脂酸酯;斯盘 60
sorbitan oleate 脱水山梨糖醇油酸酯
sorbitan palmitate 脱水山梨糖醇棕榈酸酯
sorbitan stearate 脱水山梨糖醇硬脂酸酯
sorbite (1)索氏体 (2)(=sorbitol)山梨(糖)醇
sorbitol 山梨(糖)醇
sorbitol dehydrogenase 山梨糖醇脱氢酶
sorbitol ester 山梨糖醇酯
sorbitol hexaacetate 山梨糖醇六乙酸酯
sorbitol laurate 山梨糖醇月桂酸酯
sorbitol oleate 山梨糖醇油酸酯
sorbitol oleic acid ester 山梨糖醇油酸酯
sorbitol stearate 山梨糖醇硬脂酸酯
sorbol 山梨(糖)醇
sorbonitrile 山梨腈
sorbose 山梨糖
sorburonic acid 山梨糖酮酸
Soret band 索雷谱带
Soret effect(=thermal diffusion) 热扩散;索雷效应
sorivudine 索立夫定
sorlitan monolaurate 脱水山梨醇单月桂酸酯;斯盘 20

sorption 吸着(作用)(吸附与吸收的总称)
sorption section 吸附段
sorrel salt 一水草酸氢钾
sorter (纤维长度)分析器;分类器;拣选器;分拣器
sosoloid 固溶体
SOS path way 应急修复途径
sotalol 索他洛尔;甲磺胺心定
soterenol 索特瑞醇;甲磺喘宁;甲磺胺异丙肾上腺素
sound 声(音)
sound-absorbing coatings 吸收声纳涂料
sound absorption 吸声
sound attenuation 消声器
sound communication 声通讯
sound eliminator 消声器
sound insulation 隔音
sound level 声级
soundness of cement 水泥体积安定性
sound pressure 声压(强)
sound-proof coating 防声涂料
sound-proof materials 隔音材料
sound source 声源
sound transparent rubber 传声橡胶
sound velocity 声速
sound wave 声波
source 来源
α-source α 源
β-source β 源
γ-source γ 源
source container 放射源箱;放射源储存器
source point 源点
sour crude 酸性原油;含硫原油
sour dry gas 酸性干气;含硫量高的干燥石油气
sour gas 酸气
sour gasoline 酸性汽油;含硫汽油(经硫酸精制而未进行碱处理的汽油)
sourness 酸性;酸度
sour oil 酸性油;未中和的油
Southern blot DNA 印迹
south pole (指)南极
sovprene 聚氯丁二烯
soy (1)酱油(2)大豆;黄豆
soya bean amide 大豆(油)酰胺
soya bean fatty acid 大豆脂肪酸
soya bean lecithin 大豆卵磷脂
soya (bean) oil 豆油
soya protein 大豆蛋白质
soyasterol 大豆甾醇
soybean 大豆
soybean amine 大豆(油)胺
soybean extracting solvent No. 6 6 号抽提溶剂油
soybean lectin 大豆凝集素
soybean lipoxygenase 大豆脂肪氧化酶
soybean oil 豆油
soybean protein fibre 大豆蛋白质纤维
soy sauce (1)大豆沙司(2)酱油
soziodol(=sozoiodol) 二碘酚磺酸
sozoiodol 二碘酚磺酸
sozoiodolate 二碘酚磺酸盐
sozoiodolic acid 二碘酚磺酸
sozolic acid(=aseptol) 苯酚-2-磺酸
space (1)空间(2)间隙
Γ-space Γ 空间
μ-space μ 空间
space available 空间选择
space between teeth 齿间距
space boilery 锅炉房
space charge 空间电荷
space-charge effect 空间电荷效应
space-charge polarization 空间电荷极化
space charge region 空间电荷层
space chemistry(=cosmochemistry) 宇宙化学
spaced disk 分隔圆盘
spaced idlers 托辊
space environment factor 空间环境因素
space group(=spacer) (1)空间群 (2)间隔基;间隔团
space grouping(=space group) (1)空间群 (2)间隔基;间隔团
space heat 空间加热
space heater 空气加热器
space interval 空间间隔
space lattice 空间格点;空间格子
space length 空间距离
spacelike 类空
spacelike event 类空事件
spacelike interval 类空间隔
spacelike line 类空线
spacelike section 类空截面
spacelike vector 类空矢量
space mass spectrometry 空间质谱分析
space-network high polymer 立体网形高聚物
space network polymer 立体网形聚合物;(立)体形聚(合)物

space number 间隔数
space of time 时间间隔
space polymer（=network polymer） 立构聚合物；网状聚合物
space quantization 空间量子化
spacer （1）间隔区（2）垫片；定距片（3）间距短管
spacer bar 间隔条
spacer column 隔离竖筒
spacer flange 过渡法兰；中间法兰
spacer gel 成层胶；浓缩胶
spacer ring 定位环；间隔环[圈]
spacer sleeve 挡套
spacer spool 隔离短轴
spacer tube 定距管；间隔管
space rubber seal 伸缩缝用橡胶密封
space-time 时空
space-time continuum 时空连续统
space-time coordinates 时空坐标
space-time diagram 时空图
space-time manifolds 时空流形
space-time point 时空点
space time yield（STY） 空时收率
space velocity 空速；空间速度
spacing （1）定距；间距；空隙（2）跨度；跨距
spacing bracket 定位托架；管托
spacing bubble 定距泡
spacing collar 定距环
spacing column 定距柱
spacing fluid 封隔液
spacing of tanks 槽间间隔
spacing piece 定距片
spacing plates 定距板
spacing ring 定距环
spacing support 定距撑
spacing tube 隔离套筒
spallation 崩落；散裂
spallation products 散裂产物
spallation reaction 散裂反应
spalling 层裂
spalling resistance （1）耐温度急变（2）抗散裂强度
span 跨度；跨距
Span-20 斯盘 20；山梨糖醇酐单月桂酸酯
Span-40 斯盘 40；山梨糖醇酐单棕榈酸酯
Span-60 斯盘 60；山梨糖醇酐单硬脂酸酯
Span-65 斯盘 65；山梨糖醇酐三硬脂酸酯
Span-80 斯盘 80；山梨糖醇酐单油酸酯
Span-83 斯盘 83；山梨糖醇酐倍半油酸酯
Span-85 斯盘 85；山梨糖醇酐三油酸酯
spandex 弹力纤维
spandex fibre 氨纶纤维
spangolite 氯铜矾
span length 跨度距离
spanner 扳手；紧固扳手；紧固器
Span-type emulsifier(s) 斯盘型乳化剂
sparassol 重菇醇
spare capacity 备用容量
spare circuit 备用线路
spare detail 备用零件
spare nozzle 备用管口
spare nozzle for furnace inspection 炉内检视孔
spare parts 备品
spare parts and components 备品配件
spare parts kit 备件箱；零件箱
spare parts list 备件单；零件目录
spare parts store house 备件仓库
spare plant 备用机件[装置]
spare(s) 备品
spare set 备用机组[组件]
spare space 备用位置
spares planning 备件设计
spares requirements 备件需要量
sparfloxacin 司氟沙星
sparger 鼓泡器
spark chamber 火花室
spark discharge 火花放电
spark discharge ageing 火花放电老化
spark erosion 火花电蚀；电火花腐蚀
spark gap 火花(放电)间隙
sparking potential 击穿电压
spark line（=ion line） 离子谱线
spark sintering 电火花烧结
spark source mass spectrometer 火花源质谱仪
spark source mass spectrometry 火花源质谱法
spark spectrum 火花光谱
spark timer 火花计时器
spark working 火花加工
sparse matrix 稀疏矩阵
sparsiflorine 散花(巴豆)碱
sparsomycin 司帕霉素
sparteine 鹰爪豆碱；金雀花碱
spasmolytic 解痉药
spasmolytol 解痉醚
spathic iron 菱铁矿
spatial coherence 空间相干性

spatial frequency 空间频率
spatial structure 立体结构
spatial symmetry 空间对称性
spatial translation 空间平移
spats 护脚
spatter 飞溅
spatter loss coefficient 飞溅率
spearmint 薄荷
spearmint oil 留兰香油
spec 加工单
special alloys 特种功能合金
special attachment 特殊附件
special brass 特种黄铜
special bronze 特种青铜
special ceramics 特种陶瓷
special chemical cylinder 化工专用钢瓶
special chemical equipment 化工专用设备
special chemical tanker 化工专用槽车
special clothing 专用工作服
special coating 特种涂料
special construction 特殊结构
special conveyor dryer 特殊输送式干燥器
special equipment 专用设备
special ester-gum enamel 特种酯胶瓷漆
special explanation 特别说明
special fee 特别费用
special flange 特殊法兰
special form 特殊形状
special installation 特殊设备
specialist manufacturers 专业制造厂家
speciality 特制品
speciality membrane 功能膜
speciality polymer 特殊性能高分子；特种高分子
specialized persons 专业人员
specialized processing 专业加工
specialized standard 专业标准
special key 特殊扳手
special (lubricating) grease 专用润滑脂
special materials 特殊材料
special orders 特殊订货
special pipe plug 特殊管塞
special preparation 特殊制备
special pump 特种泵
special purpose impeller 特殊叶轮
special purpose ingredient 特种[专用]配合剂
special (purpose) rubber 专用橡胶
special rail 铁路专用线
special relativity 狭义相对论
special section tube 异型管；经济断面钢管
special service 特殊用途
special service valve 专用阀
special shape rubber seal 异形截面橡胶密封
special shape wire 异形钢丝
special steel 特殊钢
special surfactant 特种表面活性剂
special tool(s) 特殊工具；专用工具
specialty chemicals 专用化学品
specialty elastomer 特种橡胶
specialty paper 特种纸
special wire 专用钢丝
specific absorbance 吸收性
specific absorptivity 比吸光系数
specific acid-base catalysis 选择性酸碱催化
specific activity 比活力；比活度；比放射性；放射性比度
specific adhesion 特性黏合
specific adsorption 特性吸附
specific area 比表面积
specification （详细）说明；规格；技术规范；说明书；一览表
specification of equipment 设备规格
specification of heat treatment 热处理规范
specification of quality 质量规格
specification requirements 技术规格要求
specifications and characteristics 规格和性能
specifications of the products 产品规格
specific capacity 比容量
specific characteristics 比特性
specific charge 比荷
specific coagulation time 半凝结期
specific conductance 电导率；导电系数
specific consumption rate 比消耗速率
specific damping capacity 比阻尼容量
specific death rate 比死亡速率
specific duty 单位产量
specific end use 特定用途
specific energy 比能量
specific gravity 比重
specific growth rate 比生长速率
specific head 比压头
specific heat 比热
specific heat at constant pressure 定压比热

specific heat at constant volume 定体(积)比热
specific heat capacity 比热容(不得简称比热)
specific impulse 比冲量;比冲
specific information price 信息比价
specific installation 单独[专用]设备
specific ion exchanger 选择性离子交换剂;螯合树脂
specific ionization 比电离
specificity 专一性
specificity of catalyst 催化剂特性;催化剂选择性
specificity of reagent 试剂特性
specific maintenance rate 比维持速率
specific phase(=phase point) 相点
specific polarization 比极化度
specific pore volume 比孔容
specific power 比功率
specific pressure 比压;单位压力
specific radioactivity 比放射性
specific reaction 特效反应
specific reagent 特效试剂;专一试剂
specific refraction 折射系数
specific refractive power 折射率;比折射力
specific refractivity 折射系数
specific retention volume 比保留体积
specific rotary power 旋光率
specific rotation 旋光率
specific rotatory power 比旋光度
specific [special] requirements 特殊要求
specific speed 比速;比转速
specific steam consumption 汽耗
specific strength 强度系数
specific superhelix 比超螺旋
specific surface 比表面
specific surface area 比表面积
specific surface of adsorbent 吸附剂的比表面
specific surface resistance 表面电阻率
specific viscosity 比黏度
specific volume 比体积,比容
specific weight 比重
specific yield 给水度
specified dimension 规定尺寸
specified discharge 额定排量
specified load 计算载荷;额定载荷
specified lubricant 合规格润滑剂
specified material specification 规定的材料规格
specified performance 保证性能
specified procedure 规定程序
specified rate 给定量
(specified) rated load 额定载荷;设计载荷
specified size 公称尺寸
specify (详细)说明
specimen 标本;试样
speckle (激光)散斑
specpure reagent 光谱纯试剂
SPECT(single photon emission computerized tomography) 单光子发射计算机化断层显像
spectacle blind 带双圈的盲板
spectacles 眼镜
spectator-stripping model 旁观者-夺取模型
spectinomycin 大观霉素;放线壮观素
spectral analysis 光谱分析(法)
spectral buffer 光谱缓冲剂
spectral ghosts 光谱鬼线[幻影]
spectral intensity 光谱强度
spectral interference 光谱干扰
spectral line (光)谱线
spectral line intensity 谱线强度
spectral line interference 谱线干扰
spectrally pure reagent 光谱纯试剂
spectral pattern 谱型
spectral photographic plate 光谱感光板
spectral pure reagent 光谱纯试剂
spectral sensitivity 分光感光度
spectral sensitizer 光谱增感剂
spectral sensitizing dye 光谱增感染料
spectral series 光谱线系
spectral term 谱项
spectral width 谱宽
spectrin 血影蛋白
spectroanalysis 光谱分析
spectrochemical analysis 光谱化学分析
spectrochemical buffer 光谱化学缓冲剂
spectrochemical carrier 光谱化学载体
spectrochemical series 光谱化学系列
spectrocolorimetry 光谱色度学
spectrodensitometer 光谱密度计
spectroelectrochemistry 光谱电化学
spectrofluorimeter 分光荧光计
spectrofluorimetry 分光荧光法
spectrofluorometer 分光荧光计
spectrogram 光谱图

spectrograph 光谱仪;摄谱仪
spectrographic analysis 光谱分析
spectrography 摄谱学
spectroheliograph 日光光谱仪
spectrometer 分光计;分光仪
spectrometric analysis 光谱测定分析
spectrophosphorimetry 分光磷光光度法
spectrophotofluorimetry 荧光分光光度法
spectrophotography 分光光度法
spectrophotometer 分光光度计
spectrophotometric analysis 分光光度分析
spectrophotometric methods 分光光度分析法
spectrophotometric titration 分光光度滴定
spectrophotometry 分光光度法;分光光度测定(法)
spectropolarimeter 分光偏振计;分光偏光镜
spectropolarimetry 旋光分光法;辐射分光法
spectroscope 分光镜
spectroscopically pure 光谱纯
spectroscopic analysis 光谱分析;分光镜分析法
spectroscopic entropy 光谱熵
spectroscopic process control 光谱过程控制
spectroscopic splitting factor (=Lande factor) 朗德因子
spectroscopic term 光谱项
spectroscopy 光谱学
spectrum 光谱
spectrum analysis 光谱分析(法)
spectrum projector 映谱仪;光谱投影仪;光谱映射仪;光谱放大器
specular coal 镜煤
specularite 镜铁矿
specular reflectance spectroscopy 镜面反射光谱
speech-recognizing machine 语言识别机
speed 速率
speed adjustment 速度调节器
speed change gear 变速箱
speed change lever 变速手柄
speed changer 变速器
speed control lever 速度控制手柄
speed control valve 调速阀
speeder 增速装置
speed increaser 增速器
speed increase unit 增速装置
speed-increasing gear 增速器
speed of agitator 搅拌转速
speed of crankshaft 曲轴转速
speed reducer 减速装置
speed reducer gearbox 减速(齿轮)箱
speed reducing gear 减速齿轮
speed-up gear 增速器
speed variator 变速装置
spent acid 废酸;泛酸
spent catalyst 用过的催化剂;废催化剂
spent char 废炭
spent ferric oxide 废氧化铁
spent fluid 废流体
spent fuel 乏燃料;用过的(核)燃料;燃烧过的燃料
spent fuel elements 燃烧过的燃料元件
spent gas 废气
spent liquor 废液
spent lye 废碱液
spent material 消耗物料
spent process water 过程废水
spent residue 废物
spent-shale solid 废页岩固体颗粒
spent soda 废碱
spent solvent 用过的溶剂
spent steam 废汽
sperm 鲸蜡油
spermaceti 鲸蜡
spermaceti oil 鲸蜡油
spermaceti wax 鲸蜡;棕榈酸鲸蜡(醇)酯
spermatine 精液蛋白
spermidine 亚精胺;*N*-(3-氨基丙基)-1,4-丁二胺
spermine 精胺;精素
sperm oil 鲸油
spermol 鲸蜡醇
spew groove 溢料槽
spewing machine 压出机
sphacelic acid 麦角酸
sphaeroplast 球状体;原生质球
sphalerite 闪锌矿
sphene 榍石
sphere 球(形油)罐;球体
spherical aberration 球(面像)差
spherical cover 球面封头
spherical holder 球形贮罐
spherical joint 球形接头
spherical lens 球面透镜
spherically dished cover plate 球面碟形盖板
spherically dished head 球状碟形封头
spherically seated 球座式
spherical micelle 球型胶束
spherical mirror 球面镜

spherical pendulum 球面摆
spherical pitot tube 球形毕托管
spherical pressure tank 球形压力罐
spherical resin 球型树脂
spherical roller bearing 鼓形滚柱轴承
spherical seperator 球形分离器
spherical shell 球壳;球形壳体
spherical storage tank 球形贮罐
spherical tank 球罐;球形贮罐
spherical top 球陀螺
spherical top molecule 球形陀螺分子
spherical tubesheet 球形管板
spherical valve 球阀;截止阀
spherical vessel 球形容器
shrinkability 收缩性;缩水性
spherical wave 球面波
sphericity 球度(与球相似度);球形度
spherocolloid 球形胶体
spheroidal graphite cast iron 球墨铸铁
spheroidizing annealing 球化退火
spherometer 球径计
spherophysine 苦马豆碱
spheroplast 球状体
spherulite 球晶
D-sphinganine 二氢鞘氨醇
4-sphingenine 鞘氨醇
sphingofungins (神经)鞘真菌(纤维)素
sphingoin 脑毒质
sphingol(=sphingosine) (神经)鞘氨醇
sphingolipid 鞘脂
sphingomyelin (神经)鞘磷脂
sphingosine (神经)鞘氨醇;神经胺
sphingosyl galactoside 半乳糖鞘氨苷
sp hybrid sp 杂化轨道(函数)
sp^2 hybrid sp^2 杂化轨道(函数);正三角形杂化轨函数
sp^3 hybrid sp^3 杂化轨道(函数);正四面体杂化轨函数
spice 香(原)料
spicery (1)香料;调味品(2)香气;香味
spider 星形轮
spider cap 多幅架帽
spider plate 支撑板
spider suspension 机架悬挂
spider vane 辐射形叶片;星形轮叶片
spiegel iron 镜铁
spigelia 驱虫草属
spigot and faucet pipe 承插管
spigot discharge 卸料孔
spigot joint 承插接头
spiking 掺加(示踪剂)
spiking isotope 掺加同位素
spillage 泄漏量
spin 自旋
spinacene(=squalene) 菠菜烯;角鲨烯;2,6,10,15,19,23-六甲基-2,6,10,14,18,22-二十四碳六烯
spin-adapted configuration 自旋匹配组态
spin-allowed transition 自旋容许跃迁
spin angular momentum 自旋角动量
spinant 脊髓兴奋药
spinasterol 菠菜甾醇
spin bath 沉降槽
spin coating 旋涂
spin conservation 自旋守恒
spin decoupling 自旋去耦
spin degeneracy 自旋简并性
spin delocalization(SD) 自旋离域
spin density 自旋密度
spindle 阀杆;转轴
spindle oil 锭子油
spindle sleeve 轴套
spindle top 心轴顶部;手柄
spin echo 自旋回波
spin echo correlated spectroscopy 二维自旋回波相关光谱学
spin echo refocusing 自旋回波重聚焦
spin effect 自旋效应
spinel(le) 尖晶石
spinel structure 尖晶石结构
spinel type ceramics 尖晶石型陶瓷
spin flash dryer 旋转闪蒸干燥器
spin-forbidden transition 自旋禁阻跃迁;自旋禁戒跃迁
spin-free complex 无自旋络合物
spin imaging 自旋成像
spin isomer 自旋异构体
spin labeling 自旋标记
spin-lattice relaxation 自旋-晶格松弛
spin magnetic moment 自旋磁矩
spin moment 自旋矩
spinnability 可纺性
spinner 离心甩胶机
spinner drive 旋转器驱动装置
spinneret(te) 喷丝头
spinner thrower 漩涡式喷淋器
spinning 纺丝
spinning acid 纺丝酸
spinning bath 纺丝浴;凝固浴
spinning box 纺丝罐
spinning can 纺丝罐
spinning dope 纺丝原液

spinning evaporator 旋转蒸发器
spinning head 喷丝头
spinning jet(＝spinning die) 喷丝头
spinning nozzle 纺丝头
spinning rubber roll 纺织胶辊
spinning side band 旋转边带
spinning unit 抽丝装置
spinodal curve 不稳分解曲线;旋节线
spinodal decomposition 不稳分解;旋节线的分解
spin orbital 自旋轨道
spin orbital coupling 自旋轨道耦合
spin-orbit coupling 自旋轨道耦合
spin-orbit interaction 自旋轨道耦合
spin paired complex 自旋成对配位化合物
spin-paired coordination compound 自旋成对配位化合物
spin pairing 自旋成对
spin polarization(SP) 自旋极化
spin quantum number 自旋量子数
spin-spin coupling 自旋-自旋耦合
spin-spin coupling constant 自旋-自旋耦合常数
spin-spin interaction 自旋-自旋耦合
spin-spin relaxation 自旋-自旋松弛
spin-spin splitting 自旋-自旋裂分;自旋裂分
spin temperature 自旋温度
spintensor 自旋张量
spin tickling 自旋微扰
spin trapping 自旋捕获
spinulosin 小刺青霉素
spin wave function 自旋波函数
spin waves 自旋波
spin wave spectrum 自旋波谱
spin wave theory 自旋波理论
spin welding 旋转焊接
spiperone 螺哌隆;螺环哌啶酮;螺环哌丁苯
spiral agitator 螺旋搅拌器
spiral baffle 螺旋挡板
spiral bevel gear 螺旋伞齿轮
spiral bevel gearing 螺旋伞齿轮装置
spiral bevel gear pair 螺旋伞齿轮副
spiral bimetal thermometer 螺旋式双金属温度计
spiral classifier 螺旋分级机
spiral (coil) 螺旋管
spiral column 螺旋形(精馏)塔
spiral conveyer 螺旋输送机
spiral conveyor 螺旋运输机
spiral drill 麻花钻
spiral dryer 螺旋干燥器
spiral flight 螺旋提升刮片;螺旋抄板
spiral flow 螺旋流
spiral-flow aeration 旋流曝气
spiral-flow tank 旋流曝气箱;旋流箱
spiral gear 螺旋齿轮
spiral grooved tube 螺旋槽管
spiral growth 螺旋生长
spiral heater 旋管加热器
spiral heat exchanger 螺旋板式热交换器
spirally coilayered cylinder 绕板式圆筒
spirally grooved tube 螺纹沟槽管
spiral mill 螺旋铣刀
spiral (milling)cutter 螺旋铣刀
spiral pipe(＝pipe coil) 蛇管
spiral plate 螺旋板
spiral-plate exchanger 螺旋板换热器
spiral plate heat exchanger 螺旋板换热器;螺旋形片状热交换器
spiral pump 螺旋泵
spiral ribbon mixer 螺旋带式搅拌机
spiral ring 螺旋环
spiral roller bearing 螺旋滚子轴承
spiral-shaped rotor 蜗壳形转子
spiral stairs 盘梯
spiral stirrer 螺旋搅拌器[机]
spiral toothing 螺旋锥齿啮合
spiral-tube exchanger 蛇管式换热器;螺旋管换热器
spiral-type conveyor 螺旋式输送器
spiral (type)heat exchanger 螺旋板式换热器
spiral valve tray 带螺旋叶片的浮阀塔板
spiral weld 螺旋形焊缝
spiral welded pipe 螺旋焊管
spiral welding 螺旋焊
spiral wheel 斜齿轮
spiral-wound gasket 螺旋形垫衬;缠绕(式)垫片
spiral wound module 螺旋卷式膜组件;螺旋卷组件
spiramycin 螺旋霉素
spirane 螺烷
spirane structure 螺环结构;螺旋结构
spirapril 螺普利
spirilene 螺立林;螺旋哌啶烯
spirit (1)酊剂(2)酒精;烈性酒
spirit acid 浓乙酸
Spirit Black 醇溶黑
Spirit Blue 醇溶蓝

spirit colo(u)r(s) 醇溶染料
spirit dye(s) 醇溶染料
spirit level 水平仪;气泡水准仪
spirit of alum 硫酸
spirit of camphor 樟脑酊
spirit of chloroform 氯仿酊
spirit of ether 醚酊
spirit of ether compound 醚化合物酊
spirit of ethyl nitrite 亚硝酸乙酯酊
spirit of formic acid 甲酸酊
spirit of glyceryl trinitrate 三硝酸甘油酯酊
spirit of nitrous ether 亚硝酸酯的酒精溶液
spirit of peppermint 薄荷酊
spirit of salt 盐酸
spirit of spearmint 留兰香酊
spirit(of wine) 乙醇
spirit of wood 甲醇;木醇
spirit varnish 醇质清漆
spiroacetal 螺缩醛(固化剂)
spiroalkane 螺烷烃
spiroannulation 螺增环
spiro atom 螺原子
spirobicyclohexane 螺二环己烷
spirobindene 螺二茚
spiroborate 螺硼酸酯
spiro compound 螺环化合物
spirocyclane 螺环烷(专指螺戊烷)
spiro[4.5]decane 螺[4.5]癸烷
spirogermanium 螺旋锗
spirographis porphyrin 血绿卟啉
spiroheptane 螺[3.3]庚烷
spiroheterocyclic compound 螺杂环化合物
spiro hydrocarbon 螺环烃
spironolactone 螺内酯;安体舒通
spiro[4.4]nonane 螺[4.4]壬烷
spiropentane 螺戊烷
spiro-polymer 螺型高分子;螺旋聚合物
spirosal 水杨酸羟乙酯
spirostan 螺甾烷
spirostanone 螺甾烷酮
spirotallic gasket 缠绕(式)垫片
spirothiobarbital 螺旋硫巴比妥
Spirulina 螺旋蓝细菌属
spizofurone 螺佐呋酮
splash 飞溅;喷溅
splash baffle 防喷溅挡板
splash board 溅水板
splash box 溅水盘
splash guard 防溅板
splashing device 溅料轮;喷射设备
splash lubrication 喷射润滑;飞溅式润滑
splash packing 点滴式填料
splat cooling 急冷
splenin 脾浸剂
splice butt 对接
spliceosome 剪接体
splicing 剪接
splicing enzyme 剪接酶
splicing PSAT 连接用压敏胶带
splicing tape 电线绝缘包布;黑胶布
spline 花键;键;键槽
spline function 样条函数
spline shaft 花键轴
split 裂口
split-barrel sampler 裂环取样器
split bearing 对开轴承;拼合轴承;剖分轴承
split bearing body 剖分式轴承箱
split-casing pump 剖壳式泵(外壳可沿水平面分离的泵)
split(cotter) pin 开尾销
split curing 组合硫化法
split flow 分隔流动
split fiber 膜裂纤维
split-film fiber 膜裂纤维
split(-film) fibre 膜裂[裂膜]纤维
split-flow heater 分流加热器
splite flow valve 分流阀
split fraction 分流分率
split gland 对开填料压盖
split leather 剖层革
split muff coupling 夹壳联轴器
split nut 拼合螺母
split pin 开口销
split pin for set pitman pin 连杆开口销
split point 分流点
split protein 脱落蛋白
split-range control systems 分程调节系统
split ratio 分流比
split run 交替通蒸汽(水煤气炉)
splits 剖层革
split shear ring 对开挡圈;对开环
split stream 分流
splitter (1)分离塔;分离设备 (2)分解剂 (3)分流器;导流板 (4)片皮机
splitter valve 多通阀;分流阀
splitting 剖层
splitting damage 片皮伤
splitting machine 片皮机;剖层机
splitting up 裂开

split-xanthation 分段黄化(黄原酸化)
spodiosite 氟磷钙石
spodumene 锂辉石
spodumenite ceramics 锂辉石陶瓷
spoil 使损坏
spokes 轮辐
S pole (指)南极
sponge (1)海绵 (2)海绵动物 (3)海绵状物
sponge ball cleaning 海绵球清洗
sponge iron 海绵铁
sponge plastics 多孔塑料
sponge rubber 泡沫橡胶
sponge titanium 海绵钛
spongin 海绵硬蛋白
spongoadenosine 海绵腺苷
spongosine 海绵核苷;2-甲氧腺苷
spongosterol 海绵甾醇
spongothymidine 海绵胸腺定
spongouridine 海绵尿核苷
spongy cure 海绵状硫化
spongy platinum 海绵铂
spongy uranium 海绵铀
spontaneous catalyst 自发性催化剂
spontaneous combustion 自燃
spontaneous crystallization 自发结晶
spontaneous emission 自发发射
spontaneous fission 自发裂变
spontaneous ignition 自燃
spontaneous ignition temperature 自发火温度
spontaneous magnetization 自发磁化强度
spontaneous mutant 自发突变株
spontaneous polarization 自发极化
spontaneous polymerization 自聚合
spontaneous process 自发过程
spontaneous radiation 自发辐射
spontaneous reaction 自发反应
spontaneous termination 自发终止
spontaneous transfer reaction 自转移反应
spool (1)短管 (2)卷盘;卷筒 (3)双端法兰管
spool valve 短管阀;柱形阀;滑阀
spore 孢子;芽孢
sporidesmin 葚孢菌素
sporidesmolide 葚孢霉酯
sporulation 芽孢形成;孢子形成
spot analysis 点滴分析;斑点分析
spot annealing 局部退火
spot contact bearing 滚珠轴承
spot cure 局部硫化
spot examination 抽样检查[验]
spotface 锪孔
spot facing 锪孔
spot hardening 局部淬火
spot indicator 点滴指示剂
spot plate 点滴板
spot quenching 局部淬火
spot radiography 局部射线照相
spot reaction 斑点反应
spot test 点滴试验;斑点试验
spot test analysis 点滴试验分析
spot(ting) 找正
spotting detergent (干洗用)去斑洗涤剂
spotting soap (干洗用)去斑皂
spotweld 点焊
spotweld-bonding 胶接点焊
spot welding 点焊
spot welding adhesive 点焊胶黏剂
spout (1)嘴;槽;管 (2)喷出;喷注
spouted bed 喷动床
spouted bed dryer 喷动床干燥器
spouted-bed drying 喷动床干燥
spouted fluidized bed 喷动流化床
spout feeder 进料管
spouting 喷流
spouting gas 喷动用气
SPP (syndiotactic polypropylene) 间同立构聚丙烯;间规聚丙烯
spray 喷淋
spray absorber 喷淋吸收器;喷洒式吸收器
spray acid cleaning 喷雾酸洗
spray and tray type deaerator 喷雾浅盘式除氧器
spray apparatus 喷淋装置
spray atomizer 喷淋雾化器
spray catcher 捕雾器
spray chamber 喷洒室;喷雾室
spray cistern 喷雾槽
spray coating 喷涂
spray coating process 喷涂法
spray-column 喷洒塔
spray condenser 喷雾冷凝器
spray cooler 喷雾冷却器
spray cooling 喷淋冷却
spray cooling tower 喷雾冷却塔
spray density 喷淋密度
spray deoiling 喷雾脱油
spray disc 喷雾盘
spray dryer 喷雾干燥器
spray drying 喷雾干燥
spray drying chamber 喷雾干燥室

spray-drying process 喷雾干燥法
spray drying tower 喷雾干燥塔
spray dyeing 喷染
sprayed cooler 喷淋冷却器
sprayed furnace black 喷雾炉黑
sprayer 喷水器;喷头
sprayer nozzle 喷管
spray extraction column 喷淋式抽提塔
spray fixing agent 喷固定剂
spray flow 雾状流
spray fusing 喷熔
spray header 喷淋水管;喷淋头
spraying 喷镀;喷涂
spraying agent 喷雾剂
spraying equipment 喷射设备
spraying gun 雾化器
spraying lacquer 喷漆
spraying machine 喷涂机
spraying nozzle 雾化喷嘴
spraying scrubber 喷淋洗涤器
spraying varnish 喷涂清漆
spray injector 射流式喷嘴
spray jet 喷头
spray lubrication 喷淋润滑
spray manifold 多头喷嘴集管
spray nipple 喷雾器管接头
spray nozzle 喷嘴;喷头;水雾喷嘴
spray-oxidizing process 喷雾氧化法
spray painting 喷涂
Spraypak packing 金属网交织排列填料;斯普雷帕克填料
spray pan 雾水盆
spray pipe 喷淋管;喷水管;喷雾管
spray pond 喷淋池
spray regime 喷射态
sprays (1)喷雾剂 (2)喷洒型农药
spray sand 喷砂
spray scrubber 喷液涤气器
spray seasoning 喷光
spray separator 喷淋分离器
spray solidification 喷淋固化(过程)
spray thrower 喷淋器
spray tower 喷淋塔;喷雾塔;喷粉塔
spray trap (点灯法测定硫含量仪器的)雾滴分离器
spray-type air cooler 喷淋式空气冷却器
spray-type (coil) heat exchanger 喷淋式(蛇管)换热器
spray type contact 喷射式接触
spray-type cooler 喷淋式冷却器
spray-type dryer 喷淋式干燥器
spray type evaporator 喷淋式蒸发器
spray(-type) extraction column 喷洒式萃取塔
spray type fire extinguisher 喷雾式灭火器
spray-type fluidized bed dryer 喷雾沸腾干燥器
spray-up 喷附(增强塑料);喷发(泡沫塑料,橡胶制品)
spray valve 喷淋阀
spray water 喷淋水
spray (water) pipe 喷水管
spray zone 溅雾区
spread 涂胶量
spread coating 刮涂;刷涂
spreader (1)刮胶机;(注射机内的)分流梭;分布器;涂胶机;涂布机 (2)涂铺器 (3)扩张器 (4)沥青喷洒车
spreader calender 擦胶压延机
spreader stokers 布煤机炉排
spreading 涂胶
spreading calender 涂胶压延机;擦胶压延机
spreading coefficient 铺展系数
spreading function 加宽函数
spreading knife 刮刀;涂胶刀
spreading machine 涂胶机
spreadometer 涂胶机
Sprengel pump 高真空泵
spring adjustment 弹簧调节
spring adjustor 弹簧调整装置
spring assembly 弹簧组件
springback 回弹
spring balance 弹簧秤
spring banger 弹簧吊架
spring bolt 弹簧活舌
spring box 弹簧箱
spring bumper 弹簧减震器
spring constant 弹簧常量
spring feeder 弹簧加料器
spring for air pump 气泵弹簧
spring frame 弹簧框架;弹簧座架
spring grease cup 弹簧润滑器
spring loaded apron 弹簧支承的挡板
spring loaded lip seal 弹簧唇形密封;弹簧口密封
spring (loaded) lubricator 弹簧润滑器
spring(loaded) pressure relief valve 弹簧式安全阀
spring-loaded seal 弹簧加压密封

spring-loaded valve 弹簧阀
spring load test 弹簧载荷试验
spring lock washer 弹簧垫圈
spring pack [set] 弹簧组
spring pad [cushion] 弹簧垫
spring reducing valve 弹簧减压阀
spring regulator 弹簧调速器
spring retainer 弹簧(导)座
spring safety valve 弹簧安全阀
spring seat(ing) 弹簧座
spring shock absorber 弹簧减震器
spring steel 弹簧钢
spring support 弹簧支架[座]
spring tube 弹簧管
spring-tube manometer 弹簧管压力计
spring washer 弹簧垫圈
spring water 泉水
sprinkler fire extinguisher 自动喷水灭火器
sprinkler pump 喷淋泵
sprocket 链齿;链轮
S protein S蛋白
Sprout Waldron rotary cooler Sprout Waldron 回转式冷却器
sprue (1)浇口;铸口 (2)流道
SPS (syndiotactic polystyrene) 间同立构聚苯乙烯
spud 锥体
spud drilling fluid 开钻钻井液
spud holder 锥固定器
spumous (多)泡沫的
spun cast pipe 离心铸管
spun-colored 纺前染色的
spun-dyed 纺前染色的
spun-dyed fiber 色纺纤维
spun dyeing 纺前着色
spun glass(=fiberglass) 玻璃纤维
spur (1)径迹 (2)刺点[迹]
spurious band 乱真谱带
spur reactions 内轨迹反应
spurrite 灰硅钙石
spurt 喷出
sputtering 溅射
sputtering deposition 溅射镀
sputtering of metals 金属喷镀
sputtering tape 溅射镀膜磁带
sputter ion pump 溅射离子泵
sputter pump 溅射泵
spy hole 观测孔;窥孔
squalane 角鲨烷;异三十烷
squalene 角鲨烯;三十碳六烯
squalene epoxidase 角鲨烯环氧酶
squalene monooxygenase 角鲨烯单加氧酶
squalene synthetase (角)鲨烯合成酶
squamatic acid 鳞片酸
square braided packing 方形编织填料
square cross section 方形截面
square flange 方法兰
square head bolt 方头螺栓
square head plug 方头丝堵
squareness ratio 矩形比
square pitch 正方形排列
square planar complex 正方平面络合物
square rubber ring 矩形橡胶密封
square spiral ring packing 矩形螺旋圈填料
square tank 方形贮罐
square wave polarography 方波极谱法
square wave voltammetry 方波伏安法
square-well fluid 方阱流体
square-well potential 方阱势
squaric acid 方形酸;二羟基环丁烯二酮
squeeze bulb 挤球
squeeze-out 溢胶
squeeze pump 挤压泵;胶管泵
squeezer 挤水机;压榨机
squeezing process 挤水
squill 海葱;绵枣儿
squirrel cage disintegrator 笼式粉碎机
squirrel-cage motor 鼠笼式电动机
squirrel cage type fan 西罗克风扇;多叶片式风扇;鼠笼式风扇
squirt (1)喷出;喷射 (2)喷注器;喷枪
SR (1)(synchrotron radiation)同步辐射 (2)(synthetic rubber)合成橡胶
SRE (self reinforcing elastomer) 自补强弹性体
Srex process Srex 流程
SRF(semireinforcing furnace black) 半补强炉黑
SRIF(somatotropin releasing inhibitory hormone) 生长激素释放抑制因子
S_R mechanism S_R 机理;自由基取代机理
SRP(signal recognition particle) 信号识别蛋白体
SS-acid SS 酸 (1) 1-氨基-8-萘酚-2,4-二磺酸 (2)1,8-二羟基萘-2,4-二磺酸
ssBP(single stranded bound protein) 单链结合蛋白
s-*cis*-s-*trans* conformation s-顺-s-反构型(s 为 single 缩写)

ssDNA(single stranded DNA) 单链 DNA
ssRNA(single stranded RNA) 单链 RNA
S-shape tray S形塔盘
ST(sulfathiazole) 磺胺噻唑
stab composition 针刺药(火炸药)
stability 稳定性
stability analysis 稳定性分析
stability coefficient 稳定性系数
stability condition 稳定条件
stability constant 稳定常数
stability criterion 稳定性判据
stability margin 稳定裕度
stability of vibration 振动稳定性
stability product 稳定(常数)积
stability test(ing) 稳定性试验
stability to processing 加工稳定性
stabilization of water quality 水质稳定
stabilization pond 稳定塘技术
stabilizator 稳定器
stabilized current supply 稳流电源
stabilized latex 稳定胶乳
stabilized rubber latex 稳定胶乳
stabilized treatment 稳定化处理
stabilized voltage supply 稳压电源
stabilizer (1)稳定剂 (2)稳定器;稳流板[器]
stabilizer column 稳定塔
stabilizer of hydrogen peroxide 双氧水稳定剂;过氧化氢稳定剂
stabilizer tower(=stabilizer column) 稳定塔
stabilizing agent 稳定剂
stabilizing treatment 稳定化处理
stable complex 稳定络合物
stable equilibrium 稳定平衡
stable foam 稳定泡沫
stable island 稳定岛
stable isotope 稳定同位素
stable manure 厩肥
stable nuclear RNA 核稳定 RNA
stable nuclide 稳定核素
stable operation 稳定操作
Stable Phthalocyanine Blue 稳定型酞菁蓝
stable state 稳定态;稳态
stachydrine 水苏碱;脯氨酸二甲内盐
stachyose 水苏(四)糖
stack 烟囱
stack connection 烟道连接
stacked disc membrane filter 叠盘式膜滤器
stacked disk cartridge 叠盘式滤芯
stack flue 烟道
stack gas purifier 烟道气净化器
stacking density 堆积密度
stacking fault 堆垛层错
stacking machines 堆置机
stack mold 叠合式模具
stack packing 规整填料
stact design 膜堆设计
stadacain 司他卡因;对丁氧苯甲酸二乙氨乙酯
stage-by-stage method 逐级计算法
stage drying 分段干燥
stage efficiency 分段效率;级效率
stage extraction 分段提取
stage filter 分级过滤器
stage flotation 分级浮选;连续浮选
stage for operation 操作台
stage grafting 分级接枝
stage heating 逐步加热
stage intercooling 级间冷却
stage pump 多级泵
stagewise contact 逐级接触
stagger 交错配置
staggered 错开
staggered arrangement 交错布置
staggered bond (相互)交错键
staggered conformation 对位交叉构象
staggered form 交叉式构象
staggered intermittent weld 交错间断焊
staggered joint 交错式接缝
staggered perforated plate 错列式多孔板
staggered spot-welding 交错点焊
staggered tube arrangement 错列管排
stagnation flow 滞止流
stagnation point 驻点;滞留点
stagnation pressure 驻点[滞止]压力
stagnation temperature (1)临界温度 (2)滞止温度;驻点温度
stain control agent 防污剂
stain(ed) 染污
stainless clad steel 不锈复合钢
stainless steel 不锈钢
stainless steel pump 不锈钢泵
stainless steel sheet(s) and plate(s) 不锈钢板
stainless steel spray 喷镀不锈钢
stair landing 楼梯平台;中间平台
staking 拉软
staking machine 拉软机
stalagmometer 滴重计(测表面或界面张力)
stall (1)失控 (2)失速 (3)停车

stallimycin 司他霉素
stamp 压印
stamping 冲压;标记
stamping article 冲压制品
stamping machine 打印机
stamps 印记
stanazolol 司坦唑;康力龙
stanch fibre 止血纤维
standard addition method 标准加入法
standard atmosphere 标准大气压
standard atmospheric pressure 标准大气压
standard brick 标准砖
standard buret 校准滴管;标准滴定管
standard capacity 标准容量
standard caustic 标准氢氧化钠溶液
standard cell 标准电池
Standard Chinese Rubber(SCR) 标准中国橡胶
standard clock 标准钟
standard conditions 标准状况
standard cross fitting 标准十字管件
standard curve 标准曲线
standard curve method 标准曲线法
standard design 标准设计
standard deviation 标准(偏)差
standard drawing 标准图
standard electrode potential 标准电极电势
standard enthalpy of reaction 反应标准焓
standard equilibrium constant 标准平衡常数
standard error 标准误差
standard evaporator 中央循环管式蒸发器
standard fasteners 标准紧固件
standard free energy change 标准自由能变化
standard free energy of formation 标准生成自由能
standard gold 标准金
standard hardness 标准硬度
standard heat (enthalpy) of formation 标准生成热(焓)
standard heat of combustion 标准燃烧热
standard heat of formation 标准生成热
standard heat of reaction 反应标准热
standard hydrogen electrode 标准氢电极
standardization (1)标准化(2)标定
standardization technique 标准化技术
standardized regression coefficient 标准回归系数
standard linear solid 标准线性固体
standard parts 标准件
standard pipe 标准(壁厚)管
standard pipe size 标准管径
standard pitch 标准距
standard potential 标准电位
standard practice 标准操作规程
standard pressure parts 标准承压部件;标准受压件
standard pump 标准泵
standard pyrometric cone 三角锥
standard reference material(SRM) 标准参考物质
standards 规程;标准(规范)
standard sample 标准(试)样
standard screen[sieve] 标准筛
standard screw thread ga(u)ge 标准螺纹量规
standard sewage 标准污水(指处理程度的标准)
standard sieve 标准筛
standards issued by Ministry 部颁标准
standard size 标准尺寸
standards manual 标准手册
standard solution 标准溶液;规定溶液
standard specification 标准规范
standard spectrum 标准光谱
standard state 标准(状)态
standard substance 标准物;基准物
standard tape 标准带
standard test block 标准试块
standard tolerances 标准公差
standard type bowl 标准型转筒
standard vertical-tubes evaporator 中央循环管式蒸发器
stand-by 备用的;储备的;辅助的
stand-by column 备用塔
stand-by mode 备用方案
stand-by pump 应急泵;备用泵
stand-by still 备用塔;辅助塔
stand-by storage 备用储备
standing population 种群蕴藏量;现存生物量
standing storage 长期储藏
standing tank 固定储罐
standing vortex 驻涡
standing wave 驻波
stand leg 机腿
stand oil 厚油
standpipe 立管;竖管
stannate ceramics 锡酸盐陶瓷
stannic acid 锡酸
stannic anhydride 二氧化锡
stannic bromide (四)溴化锡

stannic chloride 氯化锡
stannic chromate 铬酸锡
stannic ethide 四乙基锡
stannic ethyl hydroxide 氢氧化三乙基锡
stannic fluoride （四）氟化锡
stannic iodide 碘化锡
stannic methide 四甲基锡
stannic nitride 四氮化三锡
stannic oxide 二氧化锡
stannic oxychloride 二氯氧化锡
stannic phenide 四苯基锡
stannic selenide 硒化锡
stannic selenite 亚硒酸锡
stannic sulfide 硫化锡
stannoacetic acid 甲基锡酸
stannonic acid （烃基）锡酸
stannonium 一烃基锡烷 $RSnH_3$
stannous 亚锡的；二价锡的
stannous acetate 乙酸亚锡
stannous bromide 溴化亚锡
stannous chloride 氯化亚锡
stannous citrate 柠檬酸亚锡
stannous ethide 二乙基锡
stannous fluoborate 氟硼酸亚锡
stannous fluoride 氟化亚锡
stannous hexafluorozirconate（Ⅳ） 六氟合锆（Ⅳ）酸锡（Ⅱ）
stannous hydroxide 氢氧化亚锡
stannous iodide 碘化亚锡
stannous malate 苹果酸亚锡
stannous maleate 马来酸亚锡
stannous methide 二甲基锡
stannous oxalate 草酸亚锡
stannous oxide 氧化亚锡
stannous phenide 二苯基锡
stannous pyrophosphate 焦磷酸亚锡
stannous selenide 硒化亚锡
stannous sulfate 硫酸亚锡
stannous sulfide 硫化亚锡
stannous tartrate 酒石酸亚锡
stannyl 甲锡烷基
stannylene 甲锡亚烷基
stanolone 雄诺龙；双氢睾酮；4-二氢睾丸酮
stanozolol 司坦唑；康力龙
Stanton number 斯坦顿数
staphisagria 翠雀子
Staphylococcus aureus 金黄色葡萄球菌
staphylomycin 维及霉素
staple （1）纤维；切断纤维；切段纤维；人造短纤维 （2）纤维长度；纤维平均长度 （3）毛束维
staple fiber 短纤维
stapler 纤维切断机；纤维长度试验仪
staple rayon 人造棉
star anise 八角茴香
starch 淀粉
starch adhesive 淀粉胶黏剂
starch glue 淀粉胶
starch glycerin 甘油淀粉
starch glycerite 甘油淀粉
starch gum 糊精
starch hexanitrate 淀粉六硝酸酯
starch iodide 淀粉碘化物；碘化淀粉
starch-iodide indicator 淀粉指示剂
starch iodide reaction 淀粉碘化物反应
starch machine 上浆机
starchness 淀粉度
starch nitrate 硝化淀粉
starch plastic 淀粉塑料
starch size 淀粉浆料
starch soluble 溶性淀粉
starch sugar 淀粉糖
starch syrup 饴糖
starch test paper 淀粉试纸
star connection 星形连接
star coupling 万向接头
star feeder 星形加料器
Stark broadening 斯塔克展宽
Stark effect 斯塔克效应
Stark-Einstein law 斯塔克-爱因斯坦定律
star polymer 星形聚合物
star-shaped polymer 星形聚合物
starter battery 起动用蓄电池
starter culture 起子培养
start(ing) button 起动按钮
starting fluid 起动液；起动汽油
starting fraction 初馏分；起始馏分
starting under load 带（负）荷起动
starting up 开机
starting vortex 起动涡
start-of-run 开始运转
start-up 开始工作
start-up accident 起动事故
start-up heater 开工预热器
start-up period 试车期
start-up speed 初速
start with load 有载起动
star valve 星形阀
starved-electrolyte battery 贫液型电池

stassfurtite 纤维硼镁矿
Stassfurt potash salt 斯塔斯弗特钾盐
state 态
state constraint 状态约束
state diagram 状态图
state enterprise 国营企业
state estimation 状态估计
state feedback 状态反馈
state function 态函数
state isomerism 状态同分异构
state of aggregation 聚集(状)态
state of arts 工艺状况
state of charge 荷电状态
state of cure 硫化状态
state of matter 物态
state-of-the-art facility 现代化设备
state parameter (= state variable) (物)态参量
state property (1)(物)态参量 (2)国有财产
state quantities 状态函数
state selection 选态
state space 状态空间
state-to-state reaction dynamics 态-态反应动力学
state variable 状态变量
statical graph[chart] 统计图表
statically determinate 静定
statically determinate problem 静定问题
statically determinate structure 静定结构
statically indeterminate 超静定
statically indeterminate problem 超静定问题
statically indeterminate structure 超静定结构
static analysis 静态分析
static-analytical method 静态分析法
static and dynamic equilibrium 动静平衡
static balance[balancing] 静平衡
static bed 固定床
static catalytic cracking 固定床催化裂化
static characteristics 静态特性
static compliance 静态柔量
static condensation 静凝聚
static decoupling 静态解耦
static electric explosion 静电爆炸
static electricity earthing device 静电接地装置
static electricity grounding device 静电接地装置
static electricity touchdown device 静电接地装置
static elimination 消除静电
static equilibrium 静态平衡
static equipment 静(止)设备
static fatigue 静力疲劳
static filtration 静滤失
static flow 层流;静流
static fluidized bed 静态流化床
static(fluid) mixer 静态混合器
static friction 静摩擦
static grizzly 固定栅式筛
static head 静压头
static load(ing) 静负荷
static mass 静止质量
static mass spectrometer 静态质谱仪
static method 静态法
static method of rate measurements 速率测量静态法
static mixer 静态混合器
static model 静态模型
static modulus 静态模量
static permittivity 静电介电常数
static pressure 静压
static pressure difference 静压差
static pressure level ga(u)ge 静压液面计
static reactivity indices 静态反应性指数
statics 静力学
static seal 静密封;静液封
static suction lift 静止吸入高度
static surface tension 静态表面张力
static test 静态试验
statine 抑胃酶氨酸;4-氨基-3-羟基-6-甲基庚酸
station 站;岗位;工段
stationary 常设的
stationary air compressor 固定式空气压缩机
stationary battery 固定型蓄电池
stationary bed 固定床
stationary blade 静叶片
stationary die plate 固定模板
stationary electrode voltammetry (= single-sweep voltammetry) 固定电极伏安法
stationary (electro)plating bath 固定式电镀槽
stationary element 固定件
stationary face 静止面
stationary head 固定封头
stationary liquid 固定液
stationary method 静态法
stationary phase (1)固定相 (2)静止期;稳定期

stationary pin 固定销
stationary point 驻点
stationary potential 稳态电势
stationary Schördinger equation 定态薛定谔方程
stationary shell 固定壳
stationary state 定态
stationary tire 定位轮箍
stationary tripper 固定式倾料器
stationary tubesheet 固定管板
stationary vane 静叶片
stationary wave 定态波
stationary X-ray detection apparatus 固定式X射线探伤机
stationeriness 平稳性
station network 厂内电力网
(station) service water pump 杂用水泵
***t* statistic** *t*统计
statistical associating fluid theory(SAFT) 统计缔合流体模型
statistical average(＝expectation value) 统计平均值；期望值
statistical chain 统计链
statistical coil 统计线圈
statistical copolymer 统计(结构)共聚物
statistical decomposition 统计分解
statistical entropy 统计熵
statistical equilibrium 统计平衡
statistical error 统计误差
statistical inference 统计推断
statistical mechanics 统计力学
statistical model 统计模型
statistical operator 统计算符；统计矩阵
statistical optics 统计光学
statistical physics 统计物理学
statistical probability 统计概率
statistical segment 统计链段
statistical test 统计检验；统计试验
statistical thermodynamics 统计热力学
statistical weight 统计权重
statolon 维司托隆；匐枝青霉素
stator (1)定子(2)固定盘
stator blade 静叶片
stator coil 定子线圈
stator core 定子芯
staubosphere 尘圈；尘层
Staudinger function(＝reduced viscosity) 比浓黏度；施陶丁格函数
staurosporine 星形孢菌素
stavudine 司他伏定
stay 撑条；拉撑
staybolt 拉紧螺栓
staypak 压缩木
stay wire 拉线
steady current 恒定电流
steady flow 定常流(动)；稳定流
steady fluidized bed 平稳流态化床
steady heat transfer 稳定传热
steady load 负荷稳定
steady running 稳定运转
steady running condition 稳定运转工况[条件]
steady state 定态；稳态
steady state approximation 稳态近似；定态近似
steady state combustion 稳态燃烧
steady state creep 稳态蠕变
steady state diffusion 稳态扩散
steady-state distillation 稳态蒸馏
steady state fluorescence 稳态荧光
steady state loading 稳态载荷
steady-state simulation 定态模拟；稳态模拟
stealthy materials 隐身材料
stealthy polymeric materials 聚合物隐身材料；隐身高分子材料
steam admission side 进蒸汽侧
steam-agitated autoclave 蒸汽搅拌高压釜
steam air heater 蒸汽加热式空气预热器
steam and air mixture 蒸汽空气混合气
steam and gas mixture 蒸汽煤气混合气
steam and water separation nozzle 汽液分离喷嘴
steam atmospheric distillation 常压蒸汽蒸馏
steam atomizer 蒸汽喷油器
steam atomizing oil burner 蒸汽雾化油燃烧器；蒸汽雾化油烧嘴
steam autoclave 蒸汽压力罐；蒸汽压热釜
steam-bath (1)蒸汽浴(2)蒸汽浴器
steam blowing 蒸汽吹扫
steam boiler 汽锅
steam-bottom still 底部蒸汽加热蒸馏釜
steam by-pass 蒸汽旁路
steam calorifier 蒸汽加热器；蒸汽热水器
steam calorimeter 蒸汽量热器
steam can 蒸汽发生器
steam casing 汽套
steam chamber 蒸汽室
steam channel 蒸汽沟
steam chest 蒸汽室
steam circulating pipe 蒸汽循环管

steam cleaner 蒸汽清洗装置
steam coil 蒸汽盘管;蛇形蒸汽管;蒸汽旋管
steam companions 蒸汽伴热管
steam condensate 蒸汽冷凝水
steam condenser 蒸汽冷凝器
steam conditions 蒸汽参数
steam cone 蒸汽喷嘴
steam consumption 耗汽量
steam converter 蒸汽发生器
steam converter valve 减温减压阀
steam cooling 蒸汽冷却
steam cooling system 蒸汽冷却系统
steam cracker 蒸汽裂化装置
steam cracking 蒸汽裂化
steam cracking unit 蒸汽裂化装置
steam cure 蒸汽熟化;蒸汽硫化
steam cycle 蒸汽循环
steam cylinder 蒸汽缸
steam dealkylation 蒸汽脱烷基化
steam desorption section 蒸汽解吸段
steam developing 汽蒸显色
steam distillation 蒸汽蒸馏;水蒸气蒸馏
steam distilled 汽馏的
steam distributing pipe 蒸汽分配管
steam drier 蒸汽干燥器
steam driven oil pump 汽动油泵
steam driver pump 蒸汽驱动泵
steam drum 汽包;汽鼓;上汽包[锅]
steam dryer 蒸汽干燥器
steam drying apparatus 蒸汽干燥器
steamed bone meal 蒸(制)骨粉
steamed cracking unit 蒸汽裂化装置
steam ejector 蒸汽喷射器
steam-electric generating station 蒸汽发电厂
steam engine 蒸汽机
steamer 蒸汽发生器;蒸汽机
steam escape valve 放汽阀
steam exhaust 乏[回]汽
steam exhaust pipe 排汽管
steam extraction 抽汽
steam feed heater 蒸汽式给水预热器
steam feed pump 汽动给水泵
steam film 蒸汽膜
steam fittings 蒸汽管件
steam fixation 冷蒸固色
steam flooding 蒸汽驱
steam flow 汽流
steam-gas mixture 蒸汽-煤气混合气
steam gauge 蒸汽表
steam generating unit 蒸汽发生器;蒸汽锅炉
steam generator 蒸汽发生器;蒸汽锅炉
steam hammer 汽锤
steam header 蒸汽联箱;蒸汽室;蒸汽总管;汽包
steam-heated evaporator 蒸汽加热蒸发器
steam-heated oven 蒸汽干燥器
steam-heated pipe line 蒸汽加热管道
steam-heated tempering coil 蒸汽调温蛇管
steam heater 蒸汽加热器
steam heating 蒸汽加热
steam heating apparatus 蒸汽加热设备
steam (heating)boiler 蒸汽锅炉
steam heating coil 蒸汽加热盘管
steam heating pipe 暖汽管
steam hose 通汽软管;蒸汽胶管
steam hydraulic press 蒸汽液压机
steam hydrocarbon reformer 烃蒸汽转化炉
steaming 通入蒸汽
steaming out 吹汽
steaming out tank 吹汽槽
steam injection equipment 蒸汽喷射装置
steam inlet 进汽口
steam inlet pipe 进汽管
steam intensifier 蒸汽增压器
steam jacket (1)蒸汽套 (2)蒸汽套管
steam jet 蒸汽喷射;蒸汽喷嘴
steam jet agitator 蒸汽搅动器
steam jet air pump 蒸汽泵;汽轮泵
steam jet cleaner 蒸汽清洗机
steam-jet ejector 蒸汽喷射泵
steam jet pump 蒸汽喷射泵
steam joint 蒸汽接头
steam line 蒸汽管线;蒸汽管路;供汽管
steam lock(ing) 汽封
steam main 蒸汽总管
steam manifold 蒸汽总管;蒸汽分配盘
steam muffler 蒸汽消声器
steam nozzle 蒸汽喷嘴
steam oil heater 蒸汽式油加热器
steam oil magnetic valve 蒸汽燃油电磁阀
steam out 蒸汽吹出
steam period 通蒸汽期
steam (pipe)coil 蒸汽盘[蛇]管;蒸汽旋管
steam pipe expansion loop 蒸汽管膨胀圈
steam pipe line 蒸汽管线
steam pipe oven 蒸汽加热炉
steam piston 蒸汽缸活塞
steam plant 蒸汽动力厂
steam pocket 汽袋[窝,包,囊]

steam point 汽点
steam-power plant 蒸汽动力装置;蒸汽发电厂
steam pressure detector 蒸汽压力指示器
steam pressure gauge 汽压表
steam pressure switch 蒸汽压力开关
steam pressure test 汽压试验
steam pump 蒸汽泵
steam quality 蒸汽干(燥)度
steam raising unit 蒸汽发生器
steam rate 汽耗;汽耗率
steam rate guarantee 保证汽耗
steam reciprocating pump 蒸汽往复泵
steam recovery tower 蒸汽回收塔
steam refining 蒸汽精制
steam reforming 水汽重整
steam-reforming process of light hydrocarbons 轻质烃蒸汽转化法
steam regulator 蒸汽调节器
steam reheater 蒸汽再热器
steam return line 冷凝蒸汽管线
steam roaster 蒸汽煅烧炉
steam seal 汽封
steam seal gland 汽封
steam separator 冷凝水排除器;蒸汽分离器
steam silencer 蒸汽消声[音]器
steam-smothering 蒸汽灭火
steam-smothering line 蒸汽灭火管道
steam spray 蒸汽喷雾
steam spraying 蒸汽喷涂法
steam spraying process 蒸汽喷涂法
steam still 蒸汽蒸馏器
steam stirring 蒸汽搅拌
steam strainer 滤汽器[网]
steam stripping 汽提;蒸汽蒸馏
steam superheater 蒸汽过热器
steam supply and power generation plant 热电厂
steam supply line 蒸汽供应线
steam supply pipe 供汽管
steam tight 不透蒸汽的;汽密的;蒸汽密封
steam tight joint 汽密接合
steam tight test 汽密性试验
steam trace 加热蒸汽管道;蒸汽伴热管
steam trace heating 蒸汽式伴随加热法
steam tracing 伴热蒸汽管
steam tracing line 蒸汽伴热管路
steam trap 冷凝水排除器;汽阱;疏水阀;疏水器
steam tube 蒸汽管
steam-tube bundle 蒸汽管束
steam-tube rotary dryer 蒸汽管式回转干燥器
steam turbine 汽轮机;蒸汽涡轮[透平]
steam turbine condenser 蒸汽透平冷凝器
steam turbine oil 汽轮机油
steam valve 蒸汽阀
steam vapo(u)rizer 蒸汽蒸发器
steam vulcanization (直接)蒸汽硫化
steapsase 胰脂酶
steapsin 胰脂酶
stearaldehyde 硬脂醛;十八(烷)醛
stearamide 硬脂酰胺;十八(烷)酰胺
stearamine 十八烷胺
stearanilide *N*-硬脂酰苯胺
stearate 硬脂酸盐(或酯)
stearic acid 硬脂酸;十八(烷)酸
stearic aldehyde 硬脂醛;十八(烷)醛
stearic amide 硬脂酰胺
stearic anhydride 硬脂(酸)酐;十八(烷)(酸)酐
stearic polyoxyethylene ether 硬脂酸聚氧化乙烯醚
stearin 硬脂酸甘油酯;硬脂精
stearin pitch 硬脂沥青
stearo-dilaurin 二月桂酸硬脂酸甘油酯
stearodiolein 硬脂酸二油酸甘油酯
stearo-dipalmitin 二棕榈酸硬脂酸甘油酯
stearolactone 硬脂酸内酯;十八(烷)酸内酯
stearo-lauro-myristin 硬脂酸月桂酸肉豆蔻酸甘油酯
stearolic acid(=9-octadecynoic acid) 硬脂炔酸;9-十八(碳)炔酸
stearo-myristin 硬脂酸肉豆蔻酸甘油酯
stearo-myristo-laurin 硬脂酸肉豆蔻酸月桂酸甘油酯
stearone 硬脂酮;18-三十五(烷)酮
stearonitrile 硬脂腈;十八(烷)腈
stearo-palmito-olein 硬脂酸棕榈酸油酸甘油酯
stearophenone 硬脂苯酮;十八碳酰苯
stearoxylic acid 硬脂氧酸;二氧代硬脂酸
stearoyl 硬脂酰;十八烷酰
stearyl (1)硬脂酰;十八烷酰(2)硬脂基
stearyl alcohol 硬脂醇;十八(烷)醇
stearyl amine 十八胺
stearyl chloride 硬脂酰氯;十八烷酰氯
stearyl-coenzyme A 十八烷酰辅酶 A
stearylsulfamide 硬脂磺胺;磺胺硬脂酰;*N′*-硬脂酰氨苯磺胺

steatite ceramics 滑石陶瓷
stechiometry(＝stoichiometry) 化学计算(法);化学计量学
steclin(＝tetracycline) 四环素
Stedman packing 复笠网填料;斯达曼填料;金属网规则填料
steel 钢
steel angle(s) 角钢
steel bar for concrete reinforcement 钢筋
steel beam for crane 吊车钢轨
steel brush 钢刷
steel cable wheel 钢绳滑轮
steel cord conveyor belt 钢丝绳(芯)输送带
steel cylinder 钢筒
Steele acid (可氧化的)松香酸
steel fiber 钢纤维
steel file 钢锉
steel flat(s) 扁钢
steel frame 钢架
steel frame construction 钢架结构
steel framework 钢构架
steel heavy plate(s) for automobile 汽车制造用厚钢板
steel heavy plate(s) for boiler 锅炉钢板
steel heavy plate(s) for pressure vessels 压力容器用钢板
steel hoop 钢箍
steel I-beam(s) 工字钢
steel liner 钢衬
steel magnet 磁钢
steel member 钢构件
steel mill 轧钢厂
steeloscope 钢用光谱仪;析钢仪
steel pipe flange 钢管法兰
steel plate(s) for bridges 桥梁钢板
steel plate shearer 剪板机
steel rail(s) 钢轨
steel roll 钢辊
steel section(s) 型钢
steel sheet(s) and plate(s) 钢板
steel sheets and plates for ship-buil ding 造船钢板
steel sheet(s) for deep drawing 深冲钢板
steel shell 钢制炉体
steel shot 钢丸[砂]
steel strip(s) 钢带
steel structure 钢结构
steel superstructure 上部钢结构
steel tank 钢槽;金属结构罐
steeltruss 钢桁架
steel tube 钢管
steel tube and pipe 钢管
steel-tube construction 钢管结构
steel-tube seat 钢管座
steel vessel 钢制容器
steel wire 钢丝
steel wire products 钢丝制品
steel wire rod(s) 盘条
steel wire rope 钢丝绳
steel-wire screen 钢丝筛网
steel wire strand 多股钢丝
steelwork 钢结构
steeper 浸渍器
steepest ascent 最速上升法
steepest descent 最速下降法
steeping cell 浸渍器
steeping liquid 浸渍液
steeping tank 浸渍槽
steeping trough 浸渍槽
steeping vat 浸渍槽
steep liquor 浸液
steerable wheel 导向轮
steering gear box 转向齿轮箱
steering shaft 转向轴
steering test 操纵试验;可控性试验
Stefan-Boltzmann law 斯特藩-玻耳兹曼定律
Stefan constant 斯特藩常量
Steffen's waste 斯蒂芬废液;甜菜制糖废液
stellar 司替拉代脂肪
stellasterol 星鱼甾醇
Stem 敌稗
stem loop 发夹环
stemona root 百部
stem packing 阀杆填料
stenbolone 司腾勃龙;2-甲异睾酮
stenciling 标志
stencil paper 誊写蜡纸
stencil printing 雕版印花
stenocarpine 皂荚碱
stenol 石烯醇
stenosine 砷酸甲酯钠
step 间距;节距;跨距
step addition polymer 逐步加成聚合物
step aeration 阶段式曝气;分段曝气
step-by-step controller 逐级控制器
step-by-step method 逐步法
step-by-step operation 按位[步]操作
step-by-step procedure 步进法
step-by-step regulation 逐级调节
step-by-step test 阶段试验;逐步试验

step-by-step welding 步进焊缝
step chromatography 台阶色谱法
step copolymerization 逐步共聚合
step-cut seal 阶梯式切口密封
step-down transformer 降压变压器
step filter 阶梯减光板
stephanite 脆银矿
Stephen reaction 斯蒂芬反应
step labyrinth 阶梯式迷宫密封
stepless change 连续变速
stepless dyeing 毛皮渐变染色
stepless speed adjusting gear 无级调速器
stepless speed variator 无级变速器
stepless (variable)drive 无级变速传动装置
stepless wedge 无级光楔
step mixing 分段混炼
stepped aging 阶段时效
stepped construction 阶梯式结构
stepped scale 灰梯尺
stepped wheel[cone] 塔轮
stepped wheel gear 塔轮装置
step piston 级差活塞;阶梯形活塞
step pulley 塔轮
step quench 阶段淬火
step-reaction polymerization 逐步聚合(反应)
step response 阶跃响应
stepronin 司替罗宁
step site 台阶位
step size 步长
step speed change 有级变速
steps type seal 台阶式密封
step weakener 阶梯减光板
step width 步长
stepwise cracking 台阶状破裂
stepwise decomposition 逐级分解
stepwise dissociation 逐级解离
stepwise elution 分阶洗脱
stepwise excitation 分步激发
stepwise formation constant (=consecutive stability constant) 逐级形成常数
stepwise hydrolysis 逐级水解
stepwise polymerization 逐步聚合(反应)
stepwise regression 逐步回归
stepwise seal 台阶式密封
stepwise stability constant 逐级稳定常数
stepwise-synthesis 分步合成
stepwise titration 分步滴定;逐级滴定
steranthrene 立蒽
stercobilin 粪后胆色素;粪胆色素
stercobilinogen (=urobilinogen) 粪后胆色素原;粪胆色素原
stercorin 粪甾醇
stercorol(=urobilin) 尿胆素
sterculic acid 苹婆酸;9,10-亚甲基油酸
stereobase unit 立体异构链节
stereo-block 立构(规整)嵌段;定向嵌段
stereoblock copolymer 立构(规整)嵌段共聚物
stereoblock polymer 立(体)构形(规整)嵌段聚合物
stereochemical effect 立体化学效应
stereochemical formula 立体化学式
stereochemical orientation 立体(化学)取向
stereochemistry 立体化学
stereocomplex 定向络合物;立体络合物
stereo-directed polymer 立体定向聚合物
stereoelectronic effect 立体电子效应
stereo-formula 立体化学式
stereogram 立体图
stereo-homo-polymer 立构均聚物
stereohybridization 立构(规整)杂化作用
stereo-isomer 立体异构体
stereoisomeric formula 立体异构化学式
stereoisomerism 立体异构现象
stereomer 立体异构体
stereomeride 立体异构体
stereometric formula 立体式
stereo photography 立体摄影
stereopolybutadiene 有规立构聚丁二烯橡胶
stereorandom copolymer 立构无规共聚物
stereoregularity 立构有规性
stereoregular polybutadiene 有规立构聚丁二烯橡胶
stereoregular polymer 有规立构聚合物;有规聚合物
stereoregular polymerization 定向聚合;立构规整聚合
stereo(regular) rubber 有规立构橡胶
stereo-regulars 有规立构橡胶
stereorepeating unit 立构重复单元
stereoscopic synthesis 体视合成
stereoselective polymerization 立体有择[定向]聚合
stereoselective reaction 立体选择反应
stereoselectivity 立体选择性
stereo-sequence distribution 立构序列分布
stereospecific adsorbent 立体有择吸附剂
stereospecific catalyst 立体有择催化剂
stereospecificity 立体专一性
stereospecific polymer 定向聚合物

stereospecific polymerization （立体）定向聚合；立构规整聚合
stereospecific reaction 立体定向反应；立体有择反应
stereospecific rubber 有规立构橡胶
stereospecific synthesis 立体有择合成
stereosymmetric rubber 对称立构橡胶
stereo-tacticity 立构规整度
stereotactic polymerization 定向聚合
sterically hindered （空间）位阻的
sterically hindered phenol （空间）位阻酚
steric compatibility 空间相容度
steric effect 空间效应；位阻效应
steric exclusion chromatography 空间排阻色谱法
steric factor 空间因子；方位因子
steric 位阻
steric isotope effect 立体同位素效应；空间同位素效应
steric regularity（＝stereoregularity） 立构规整性
steric strain 空间张力
sterides 甾类化合物
sterile operation 无菌操作
sterile room 无菌室
sterilising grade 灭菌级
sterilization 杀菌；灭菌；消毒
sterilization filter 除菌滤器
sterilization of food 食品消毒
sterilizer 杀菌器；消毒器
sterilizing equipment 消毒器
sterilizing grade filter 杀菌过滤器
sterilizing in place（SIP） 就地消毒
sterioside 甾苷
Stern double layer 施特恩双层
Stern-Gerlach experiment 施特恩-格拉赫实验
Stern's theory of double layer 施特恩双电层理论
Stern-Volmer reactions 施特恩-福尔默反应
stero-bile acid 甾族胆汁酸
steroid 甾族化合物；类固醇
steroidal amine 甾族胺
steroid glycoside 甾类糖苷
steroid hormone 甾类激素；甾体激素
sterol 甾醇
sterol carrier protein 甾醇载体蛋白
sterone 甾酮
sterring wheel 转向轮
ST-ESR（saturation transfer electron spin resonance） 饱和转移电子自旋共振
stevedoring company 装卸公司
Stevens rearrangement 史蒂文斯重排
steviol 卡哈苡苷的非糖部分；斯替维醇
stevioside 甜菊糖苷
sthenosage 防水处理
stibamine 腓胺；对氨基苯腓酸钠
stibamine glucoside 锑巴葡胺；对氨基苯腓酸钠葡糖苷
stibarseno 偶锑砷基
stibate 锑酸盐
***α*-stibazole** *α*-芪唑；*α*-苯乙烯基吡啶
stibenyl 对乙酰氨苯腓酸钠
stibial （正）锑的；五价锑的
stibiate 锑酸盐
stibic（＝antimonic） 锑的；五价锑的
stibide 锑化物
stibine 腓；锑化（三）氢
stibine hydroxide 氢氧化腓
stibinico- 亚腓羧基
stibino- 腓基
stibinoso （1）二羟锑基（2）羟锑基
stibious（＝antimonous） 三价锑的
stib（n）ic anhydride 五氧化二锑
stibnite 辉锑矿
stibnous（＝antimonous） 亚锑的
stibocaptate 二巯琥珀酸锑钠
stibonic acid 腓酸；二烃基腓酸
stibonium 锑（指有机五价锑化物中的，或称锑鎓）
stibonium compounds 锑鎓化合物
stibonium hydroxide 氢氧化四烃基锑
stibonium iodide 碘化四烃基锑
stibono- 腓羧基
stibophen 腓芬；腓波芬
stiboso- 亚锑酰
stibous（＝antimonous） 亚锑的
stibous chloride 三氯化锑
stibous oxide 三氧化二锑
stibous sulfide 三硫化二锑
stibylene 亚腓基
stibyl（＝stibino-） 腓基
sticker 黏着剂；固着剂
stickiness 黏性
sticking 附着
sticking agent 黏着剂；固着剂
sticking coefficient 黏附系数
sticky finish 涂层发黏
sticky foam bomb 黏胶泡沫弹
sticky material 黏着材料；黏合剂

stiff chain 刚性链
stiffened plate 加劲板
stiffener (1)加强件;加强肋(2)硬化剂
stiffening 加劲
stiffening agent 硬化剂
stiffening piece 加固件
stiffening plate 补强板;加劲板
stiffening rib 加劲肋
stiffening ring 补强环;补强圈
stiff equation 刚性方程;病态方程
stiffness coefficient 刚度系数
stiffness matrices 刚度矩阵
stigmastane 豆甾烷
stigmastanol 豆甾烷醇
stigmastenol 豆甾烯醇
stigmasterin 豆甾醇
stigmasterol 豆甾醇
stigmasteryl acetate 乙酸豆甾醇酯
Stihek 葡萄糖酸锑钠
stilbamidine 司替巴脒
stilbamidine isethionate 司替巴脒依西酸盐;脒羟乙磺酸盐
stilbazium iodide 司替碘铵;驱蛲净
stilbazole 芪唑(俗);苯乙烯基吡啶
4-stilbazole 4-芪唑;4-苯乙烯基吡啶
stilbene 芪;1,2-二苯乙烯;均二苯代乙烯
stilbene-diol 芪二酚
stilbene dye(s) 芪染料
stilbene hydrate 水合芪
stilbenyl 芪基;均二苯乙烯基
stilbesterol 己烯雌酚
stilbite 辉沸石
stilboestrol 己烯雌酚
still air oven 非循环热风烘箱
still bottom 釜底残留物
still coking 皿式焦化
still-cooled cylinder 自冷式汽缸
still distillation 釜式蒸馏
stillingia 柿苓
stillingic acid 乌桕酸;2,4-癸二烯酸
still kettle 蒸馏釜
still reboiler 釜式重[再]沸器
still steam 蒸馏釜用蒸汽
stilonium iodide 芪碘锭;碘芪乙铵
stimulated absorption 受激吸收
stimulated Brillouin scattering 受激布里渊散射
stimulated emission 受激发射
stimulated radiation 受激辐射
stimulated Raman scattering 受激拉曼散射
stink cupboard 通风橱
stipple surface photographic paper 绒面照相纸
stir 搅拌
stirofos 杀虫威
stirred tank 搅拌罐;搅拌槽
stirred tank reactor 搅拌釜式反应器
stirred type crystallizer 搅拌结晶器
stirred vessel 搅拌容器
stirrer 搅拌器
stirring (1)调和(2)搅拌
stirring apparatus 搅拌装置
stirring ball mill 搅拌式球磨机
stirring device 搅拌装置
stirring mill 搅拌机
stirring motion 湍流;涡流
stirring rake 搅拌桨
stirring rod 搅棒
stirring-type reactor 搅拌式反应设备
stirrup 钢箍
stir speed 搅拌速率
stir up 搅拌
stitch welding 连续点焊
stizolobin 藜豆球蛋白
STM(scanning tunnel microscope) 扫描隧道显微镜
STO(Slater type orbital) 斯莱特型轨道
Stobbe condensation 施托贝缩合
stochastic control 随机控制
stochastic effect 随机效应
stochastic error 随机误差
stochastic model 随机模型
stochastic segregation 随机分离
stock (1)成品库;库存(2)坯料
stock culture 保藏菌种
stocker 堆料[垛]机
stock ground 料场
stock guide 挡胶板
stock items 库存物件
stock list 材料表;存货单
Stockmeyer potential 斯托克迈尔势
stock on hand 现存量
stock pan 接料盘
stock(preparation) 备料
stock rack 成品放置架
stock room 贮料间
stock solution 储备溶液
stock tank barrels 油罐桶数
stock utilization 材料利用率

stock yard 原料场[间]
Stoddard's solvent 干洗溶剂汽油
stoichiometric coefficient 化学计量系数
stoichiometric compounds 定比化合物；化学计量化合物
stoichiometric concentration 化学计量浓度
stoichiometric equation (＝chemical equation) 化学计算方程式
stoichiometric factor 分析因数
stoichiometric number 化学计量数
stoichiometric point 化学计量点
stoichiometric ratio 化学计量比
stoichiometry 化学计量学[法]
stoker 加煤机
stokes 斯托克斯
Stokes flow 斯托克斯流
Stokes law 斯托克斯定律
Stokes line 斯托克斯线
stomach action 胃毒作用
stomach enzyme 胃蛋白酶
stomachicus 健胃药
stomach insecticide 胃毒杀虫剂
stomach poison 胃毒剂
stomach poisoning 胃毒作用
stone bolt 地脚螺钉[栓]
stone casting 铸石(件)
stone-like coal 石煤
stone polishing 石材抛光
stone wall limit 极限点；极限界限
stoneware 炻器
stoneware pipe 陶瓷管
stoneware pump 陶制泵
stop (1)光阑(2)停机(3)限位器
stop block 限位装置
stop button 停止[车]按钮；制动按钮
stop catch 止动挡；停止挡
stopcock 调节旋塞；旋阀
stopcock plug 活栓塞
stop device 止动装置
stop-flow injection 停流进样
stop indicator 停机指示器
stop knob 止动旋钮
stop motion 停车装置；止动装置
stop (motion) switch 停车开关
stop nut 防松螺母
stop-off agent 阻流剂(钎焊)
stoppage 停机
stopped-flow 停流
stopped flow method 停止流动法
stopped polymer 断链聚合物
stopped reaction 停止反应；制止反应；中止反应
stopper (1)塞子 (2)阻聚剂
stopper-rod 塞棒铁芯[杆]
stop pin 固定销；止动销
stopping 停车
stopping agent 阻化剂
stopping device 停车装置
stopping of chain 链的中止
stopping of reaction 反应中止
stopping power 制动能力；阻止本领
stopping reaction 终止反应
stopping switch 停机开关
stopping the service 停止操作
stopping valve 停汽阀
stop plate 挡板；升程限制器；止动片[板]
stop ring 止动环；制动环
stop screw 防松螺钉；止动螺钉
stop valve 截止阀
stop valve ball 截止阀球
stop valve for washing 洗涤水截止阀
stop watch 停表
storable polymer 耐贮存聚合物
storable property 耐贮性
storage (1)贮运(容)器(2)存储器
storage and transportation equipment 贮运设备
storage area 罐区；贮油区
storage battery 蓄电池
storage bin 料仓；贮料斗
storage building 储料仓
storage bunker 储煤仓
storage capacity 贮存量
storage cell[battery](＝accumulator) 蓄电池
storage distance 存放间距
storage hopper 贮料斗
storage life 保存期限；适用期
storage losses 储存时的损失
storage meter 仓库计量器
storage modulus[compliance] 储能模量
storage of goods 商品储存
storage pipe line 仓库管线
storage piping installation 油库管线装设
storage place 贮料场
storage pool 储存池
storage rack 存放架；货架
storage silo 贮料筒仓
storage stability 储藏稳定性；耐储存性
storage[store] tank 储罐
storage sump 贮槽

storage tank 贮罐
storage-transport tank 贮运罐
storage under pressure 加压储存
storage vault 储存库
storage vessel 贮运容器
storax 苏合香脂
storax oil 苏合香油
storecrane 仓库起重机
store holder 储料器
store requisition 领料单
store-room 储藏室
stores (1)备用品(2)库房(设施)
storesin 苏合香脂
storing cistern 储槽
stosszahlansatz 分子混沌拟设
stove oil 点炉用油
stove rod 炉条
stoving enamel 烘漆;烘瓷漆
STPP(sodium tripolyphosphate) 三(聚)磷酸钠
straddle crane 跨运吊车
straight chain (=normal chain) 直链
straight chain compound 直链化合物
straight chain hydrocarbon 直链烃
straight chain polymer 直链型高分子
straight chain reaction 直链反应
straight edge diffraction 直边衍射
straightener 矫正器
straightening 校[调,整]直
straight fertilizer 单一肥料
straight flange 折边
straight labyrinth 平直迷宫
straight-lobe compressor 转子压缩机(罗茨型)
straightness 平直度;直线性[度]
straight nitrogenous fertilizer 氮肥
straight pipe injector 直管式喷射器
straight-run diesel oil 直馏柴油
straight-run distillation process 直馏法
straight-run gasoline 直馏汽油
straight-run naphtha 直馏石脑油
straight-run oil 直馏油
straight-run pitch 直馏沥青
straight side wiper 平直型塔侧收集器
straight styrene-butadiene rubber 普通丁苯胶(无油无炭黑丁苯胶)
straight tee 直三通
straight-up furnace 立式炉
straight way [line] valve 直通阀
strain (1)应变 (2)菌株
strain age 应变时效
strain annealing 应变退火
strain birefringence 应变双折射
strain crack 变形[应变]裂缝
strain cracking 应变裂缝;变形开裂
strained rubber 应变橡胶
strain energy 应变能
strain energy release rate 应变能释放速率
strainer 粗滤器;滤网
strain fatigue 应变疲劳
strain gauge 应变规
strain ga(u)ge adhesive 应变胶
strain hardening 应变硬化
strain improvement 菌株改良
strain indicator 应变指示器
straining 滤胶
strain isolation 菌株分离
strain measurement 应变测量
strain measurement technique 应变测量技术
strain softening 应变软化
strain space 应变空间
strain tensor 应变张量
strain-to-failure 断裂应变
strain variation 菌株变异
stramonium 曼陀罗
strand 股
stranded wire 单股钢丝绳(钢绞线)
strangeness 奇异性
strangeness conservation law 奇异性守恒定律
strange particles 奇异粒子
strapping table 油罐容量计量表
stratification of electrolyte (电解液)分层现象
stratified film 层状膜
stratified flow 分层流;层状流
strawberry acid 草莓酸;2-甲基-2-戊烯酸
strawberry aldehyde 草莓醛(俗称);β-苯基环氧丁酸乙酯
straw cutter 切草机
straw pulp 草浆
stray current 杂散电流
stray current corrosion 杂散电流腐蚀
stray light 杂散光
streak flaw 条(状裂)痕
stream 流股;流
stream function 流函数
streaming birefringence 流动双折射
streaming mercury electrode 流汞电极
streaming potential 泳动电势;流动电位
streamline 流线;流线型

streamline filter 流线式滤器
streamline filtration 流线式过滤
streamline flow 层流
stream line form 流线型
stream surface 流面
stream tube 流管
Strecker reaction 斯特雷克氨基酸反应
Strecker synthesis 斯特雷克合成(从 α-羟基腈合成氨基酸)
strength 强度
strength analysis 强度分析
strength calculation 强度计算
strengthened glass 钢化玻璃
strengthening rib 加强肋
strength factor 强度系数
strength grading of cement 水泥标号
strength grading of concrete 混凝土标号
strength of materials 材料力学
strength theory 强度理论
strength-to-weight ratio 比强度
strength weld 承载焊缝
strepogenin 促长肽
streptamine 链霉胺
streptase 链激酶
streptidine 链霉胍
streptidine kinase 链霉胍激酶
streptimidone 链霉戊二酰亚胺
streptobiosamine 链霉二糖胺
streptococcal deoxyribonuclease 链道酶
streptococcal fibrinolysin 链激酶
Streptococcus 链球菌属
streptodornase 链道酶;链球菌 DNA 酶
streptogenin 链霉配基;链球菌促长肽
streptogramin 链阳性菌素
streptokinase 链激酶
streptolydigin 利迪链菌素;利迪霉素
Streptomyces 链霉菌属
streptomycin 链霉素
streptomycin pantothenate 链霉素泛酸盐
streptonicozid 链(霉素)异烟肼
streptonigrin 链黑菌素;链黑霉素
streptose 链霉糖
streptothricins 链丝菌素
streptothrycin 链赤素;紫放线菌素
streptotibine 双氢链霉素异烟肼
streptovaricin 链伐立星;曲张链菌素;链变菌素
streptovirudin 链病毒菌素;衣霉素
streptozocin 链佐星;链脲霉素;链脲菌素
streptozon S(=neoprotonsil) 偶氮磺酰胺;新百浪多息
streptozyme 链球菌酶
stress 应力
stress aging 消除应力时效
stress birefringence 应力双折射
stress corrosion 应力腐蚀
stress corrosion crack 应力腐蚀裂纹
stress corrosion cracking 应力腐蚀破裂
stress cracking 应力开裂
stress cycle 应力循环
stress distribution 应力分布
stress field 应力场
stress-free molding 无应力模塑
stress history 应力历史
stress intensity factor 应力强度因子
stress relaxation 应力弛豫[松弛]
stress relaxation curve 应力弛豫曲线
stress relaxation modulus 应力弛豫模量
stress relaxation time 应力松弛时间
stress relief 应力解除
stress-relief annealing 消除(内,残余)应力退火
stress-relief tempering 消除应力回火
stress relieved 消除应力
stress relieving 应力消除
stress-strain behavior 应力-应变行为
stress-strain curve 应力-应变曲线(图)
stress-strain diagram 应力-应变图
stress-strain ga(u)ge 应力-应变仪
stress surface 受力面
stress whitening 应力致白
stretch 伸长
stretchability 拉伸性
stretch bath 塑化浴;拉伸浴
stretch blow moulding 拉伸吹塑
stretch breaking fiber 牵切纤维
stretched membrane 延伸膜
stretched orientation 拉伸定向
stretcher 拉伸机;伸幅器
stretch forming 延伸成型
stretching force constant(=bond force constant) 键力常数
stretching machine 拉幅机
stretching mode crack 拉伸型裂纹
stretching vibrations 价键振动;价电子振动
stretch nylon 弹力尼龙
stretch out view 展开图
stretch roll 张力辊
stretch textured yarn 弹力丝;伸缩性变形

丝;假捻变形丝
stretch-twister 拉伸加捻机
stretch viscosity 拉伸黏度
stretch yarn(s) 变形纱
Stretford desulfurization process 蒽醌二磺酸钠法脱硫
strigol 独脚金醇
strike pan 蒸糖锅
striking pin 撞击销
string (1)线;带(2)链
strip 汽提
stripe coating 条纹涂布
stripout 汽提馏出物
strip overlay welding experiment 板极堆焊试验
strippable coating 可剥涂料
strip packing gland 对开填料压盖
strippant 汽提剂;洗涤剂;解吸剂;剥色剂
stripper (1)汽提塔;解吸塔 (2)脱膜机;脱模板(3)疏水板(4)脱漆剂 (5)解吸剂(汽提剂)
stripper efficiency 汽提塔效率;解吸塔效率
stripper flash drum 汽提闪蒸罐
stripper plant 汽提车间;汽提装置
stripper-reabsorber 吸收脱吸塔;吸收精馏塔
stripper reboiler 汽提塔再沸器
stripper zone 汽提段
stripping (1)反萃取;汽提;提馏;解吸(2)剥离 (3)退镀
stripping agent 脱模剂
stripping analysis 提溶极谱分析
stripping column 汽提塔
stripping cracking 汽提裂化
stripping drum 汽提塔
stripping factor 解吸因子
stripping fork 脱模器
stripping model 夺取模型
stripping section 提馏段;剥除段
stripping steam 解吸用蒸汽
stripping strength 剥离强度
stripping tower 汽提塔
stripping voltammetry 溶出伏安法
strip winding 绕带
strip winding vessel 绕带式容器
strobane 毒杀芬
stroboscope 频闪仪;闪光测频器
strobotach 频闪测速计
stroke 冲程
stroke length 冲程长度
strokes per minute 每分钟冲程
stroma 叶绿体基质
stromatin (红细胞)基质蛋白
stromelysin 溶基质素
stromeyerite 硫铜银矿
strong acid 强酸
strong acid type ion exchanger 强酸型离子交换剂
strong agitation 强力搅拌
strongback 定位板
strong base 强碱
strong base type ion exchanger 强碱型离子交换剂
strong change 碱析
strong collision assumption 强碰撞假设
strong electrolyte 强电解质
strong interaction 强相互作用
strong ligand field 强配位场
strong liquor 强碱水
strongly corrosion liquid 强腐蚀性液体
strong lye 强碱水
strong metal-support interaction 金属载体强相互作用
strong oxide-oxide interaction 氧化物间强相互作用
strong polarization corrosion rate measurement 强极化腐蚀速度测定
Strong-Scott flash dryer 斯特朗-斯科特气流输送干燥器
strong solution 浓溶液
strongthener 增强材料;增强剂
strong viscose rayon 强力黏胶纤维
strong wash liquor 强制洗涤液
strontia 氧化锶
strontia hydrate 氢氧化锶
strontianite 碳酸锶矿
strontia water 氢氧化锶
strontium 锶 Sr
strontium acetate 乙酸锶;醋酸锶
strontium aluminate activated by lead 铝酸锶:铅
strontium barium niobate crystal 铌酸锶钡晶体
strontium bicarbonate 碳酸氢锶
strontium bichromate 重铬酸锶
strontium binoxalate 草酸氢锶
strontium bioxalate 草酸氢锶
strontium biphosphate 磷酸二氢锶

strontium bismuth titanate ceramics 钛酸锶铋陶瓷
strontium bisulfate 硫酸氢锶
strontium bisulfite 亚硫酸氢锶
strontium bitartrate 酒石酸氢锶
strontium borate 硼酸锶
strontium bromate 溴酸锶
strontium bromide 溴化锶
strontium carbide 二碳化锶
strontium carbonate 碳酸锶
strontium chlorate 氯酸锶
strontium chloride 氯化锶
strontium chromate(Ⅵ) 铬酸锶
strontium cyanide 氰化锶
strontium dichromate 重铬酸锶
strontium dithionate 连二硫酸锶
strontium fluoride 氟化锶
strontium fluosilicate 氟硅酸锶
strontium formate 甲酸锶
strontium glycerophosphate 甘油磷酸锶
strontium hydrosulfide 氢硫化锶
strontium hydroxide 氢氧化锶
strontium hyposulfate 连二硫酸锶
strontium hyposulfite 连二亚硫酸锶
strontium iodide 碘化锶
strontium lactate 乳酸锶
strontium maleate 马来酸锶
strontium metaborate 偏硼酸锶
strontium monophosphate 磷酸氢锶
strontium nitrate 硝酸锶
strontium nitride 二氮化三锶
strontium orthophosphate (正)磷酸锶
strontium oxalate 草酸锶
strontium oxide 氧化锶
strontium perchlorate 高氯酸锶
strontium permanganate 高锰酸锶
strontium peroxide 过氧化锶
strontium phosphide 二磷化三锶
strontium platinocyanide 氰亚铂酸锶
strontium rhodanate 硫氰酸锶
strontium saccharate 糖二酸锶
strontium selenate 硒酸锶
strontium silicate cement 锶水泥
strontium stearate 硬脂酸锶
strontium sulfate 硫酸锶
strontium sulfide 硫化锶
strontium sulfite 亚硫酸锶
strontium superoxide 过氧化锶
strontium thiocyanate 硫氰酸锶
strontium thiosulfate 硫代硫酸锶
strontium titanate 钛酸锶
strontium tungstate 钨酸锶
strontium unit 锶单位
strontium yellow 锶铬黄
strontium zirconate ceramics 锆酸锶陶瓷
strophanthic acid 羊角拗酸
strophanthidin 羊角拗定;毒毛旋花苷配基
strophanthin 羊角拗质;毒毛旋花苷
strophanthinic acid 羊角拗质酸
strophanthobiose 羊角拗二糖;毒毛旋花二糖
strophanthus 羊角拗属
strophantin K 毒毛旋花子苷 K
Strouhal number 斯特鲁哈尔数
structural adhesive 结构胶黏剂
structural alloy steel 结构用合金钢
structural attachment 结构附件
structural borne sound 结构噪声
structural composite 结构复合材料
structural detail 结构细部
structural disorder 结构无序
structural domain 结构域
structural formula 结构式
structural gene 结构基因
structural isomer 结构同分异构体
structural member 结构部件
structural molecular biology 结构分子生物学
structural parachor 结构等张比容
structu 蛋白质
structural rearrangement 结构重排
structural regularity 结构有规性
structural representation 结构示意图
structural steel 结构钢
structural steel plate 结构用钢板
structural unit 重复单元;结构部件
structural viscosity 结构黏度
structural viscosity index 结构黏度指数
structure-activity relation 结构-活性关系
structure adhesive 结构胶黏剂
structure amplitude 结构振幅
structure characteristics 结构特征
structure defect 结构缺陷
structured packing 整装填料;规整填料
structure factor 结构因子
structure index 结构指数
structure insensitive reaction 结构不敏感反应
structure invariant 结构不变量

structure isomer 结构同分异构体
structure isomerism 结构同分异构(现象)
structure refinement 结构精修
structure sensitive reaction 结构敏感反应
structure size 结构尺寸
structurized liquid detergent 结构型液体洗涤剂
struvite 鸟粪石
strychnine 士的宁;番木鳖碱
strychnine glycerophosphate 甘油磷酸士的宁
strychnine *N*[6]-oxide N^6-氧化士的宁
strychninic acid 士的宁酸
strychninium 士的宁鎓
strychninolic acid 士的宁醇酸
strychninonic acid 士的宁酮酸
stud(bolt) 双头螺栓
student's t distribution t 分布
student's t-test t 检验
stuff (1)材料;原料 (2)填料 (3)毛织品;呢绒 (4)本质
stuffing agent CWJ-6 for fish oil 鱼油加脂剂 CWJ-6
stuffing box 填料箱;填函
stuffing box gland 填料(压)盖
stuffing box heat exchanger 填料函式换热器
stuffing seal 叠层填料密封
sturin 鲟精蛋白
s-twist 顺手捻
style (1)式样;型式;款式;格式 (2)风格;风尚
style A double-seal screwed end ball valve A 型双密封螺纹端球阀
stylopine 刺罂粟碱;人血草碱
styphnic acid 收敛酸;2,4,6-三硝基间苯二酚
styptic 止血药
stypticine 止血素;盐酸可他宁
styptol 止血醇
styracin 肉桂酸肉桂酯;苯丙烯酸苯丙烯酯
styracitol 苏合香醇
styracol 苏合香脑;肉桂酸愈创木酚酯
styramate 司替氨酯;氨甲酸-2-羟基-2-苯基乙酯
styrax 苏合香脂
styrenated alkyd 苯乙烯改性醇酸树脂
styrenated phenol 苯乙烯酚
styrene (1)苯乙烯;苏合香烯 (2)苯亚乙基
styrene-acrylonitrile(SAN) 苯乙烯-丙烯腈(共聚物)
styrene bromohydrin β-溴-α-苯乙醇
styrene-butadiene block copolymer 苯乙烯-丁二烯嵌段共聚物;K 树脂
styrene-butadiene latex 丁苯胶乳
styrene-butadiene rubber 丁苯橡胶
styrene-butadiene-styrene(SBS) 苯乙烯-丁二烯-苯乙烯(共聚物)
styrene-*cis*-butenedioic anhydride copolymer 苯乙烯-顺丁烯二酸酐共聚物
styrene chlorohydrin β-氯-α-苯乙醇
styrene dibromide α,β-二溴乙基苯
styrene dichloride α,β-二氯乙基苯
styrene-dichlorostyrene copolymer 苯乙烯-二氯苯乙烯共聚物
styrene-divinylbenzene copolymer 苯乙烯-二乙烯苯共聚物
styrene emulsion 苯乙烯乳剂
styrene glycol 苯代乙二醇
styrene-maleic anhydride copolymer 苯乙烯-顺丁烯二酸酐共聚物
styrene oxide 氧化苯乙烯
styrene sulfonic acid 苯乙烯磺酸
styrene-(2-vinylpyridine) copolymer 苯乙烯-2-乙烯吡啶共聚物;包衣塑料
styrenic plastic 聚苯乙烯系塑料
styrilic alcohol 肉桂醇
styrol 苯乙烯
styrolene alcohol 肉桂醇
styrone 肉桂醇
styryl 苯乙烯基
styryl alcohol 肉桂醇
styrylamine 苯乙烯胺
styryl methyl ketone 苯乙烯基甲基(甲)酮
subacetate 碱式乙酸盐
subacid 微酸(性)的
subacidity 微酸性
sub-acute oral toxicity 亚急性口服毒性
subacute toxicity 亚急性毒性
subaqueous pump 潜水泵
sub-assembly 分部装配
subathizone 舒巴硫腙;对乙磺酰苯亚甲氨基硫脲
subatomic 亚原子的
subatomics 亚原子学
subbing layer 底层

sub-bituminous coal 次烟煤
subcarbonate 碱式碳酸盐
subcell 亚晶胞
sub-channel mode 子通道
subchloride of mercury 一氯化汞；氯化亚汞
subcloning 亚克隆
subcooled boiling 过冷沸腾
subcooler 过冷器；再冷(却)器
subcooling 再冷却
subcooling condensate 过冷凝液
subcooling condenser 再冷凝器
subcritical flow 亚临界流动
subengineering plastics 亚工程塑料
subenon 苏北依；丁二酸苄酯苯甲酸钙
suberamide 辛二酰胺
suberane 环庚烷；软木烷
suberate 辛二酸盐(酯或根)
suberene(＝cycloheptene) 环庚烯
suberic acid 辛二酸
suberic aldehyde 辛二醛
suberin 软木脂
suberol 环庚醇；软木醇
suberone 环庚酮；软木酮
suberonitrile 辛二腈
suberoyl 辛二酰
suberyl 环庚基
suberyl alcohol 环庚醇
suberylarginine 辛二酰精氨酸
subexcitation electrons 亚激发电子
subfluoride 低氟化物；氟化低价物
subgallate 碱式棓酸盐
subgrade 地基
subgroup (1)族(周期表、数学) (2)副族(指周期表中B族) (3)子群 (4)亚群(生物分类)
subgroup A 主族；A族
subgroup B 副族
subhalide 低卤化物；卤化低价物
subiodide 低碘化物；碘化低价物
subject index 主题索引
subjective luminance 主观亮度
subjective tone reproduction 主观影调再现
subject to immediate reply 立即回答生效
sublaminates 子层压板
sublamine 升胺；乙二胺合硫酸汞
sublattice 亚点阵
sublayer 次层
sublethal damage 亚致死损伤
sublimation 升华
sublimation heat 升华热
sublimation temperature 升华温度
sublimator 升华器
sublimed iodine 升华碘
sublimed sulfur 升华硫黄
sublimed white lead 升华白铅(碱式硫酸铅和氧化锌的混合物)
sublimer (1)升华材料 (2)升华器
submerge-arc welding 埋弧焊
submerged canned pump 液下屏蔽泵
submerged coil 沉浸式蛇管
submerged coil condenser 沉浸式蛇管冷凝器
submerged coil heat exchanger 沉浸式蛇管换热器
submerged combustion 浸没燃烧
submerged combustion evaporator 浸没[液下]燃烧式蒸发器
submerged combustion pyrolysis 浸没燃烧裂解
submerged combustor 浸没式燃烧炉
submerged incinerator 液下焚烧器
submerged nozzle 浸入式水口
submerged pump 浸没泵；潜水泵；液下泵
submerged steady bearing 浸没式支撑轴承
submerged storage tank 沉没式油罐；水下油罐
submerged tube condenser 潜管冷凝器
submerged tube evaporator 潜管蒸发器
submerged type evaporator 潜管式蒸发器
submersible motor 潜水式电动机
submersible motor pump 潜水泵
submersible pump 水下泵
submicro analysis 超微量分析
submicro method 超微量法
submicron 亚微细粒；次微子
submicroscopic micelle 亚微观胶束
subminiaturization 超小型化；微型化
submotif 亚模体
subnitrate 碱式硝酸盐
sub-optimal condition 次优化条件
suboxide 低氧化物；氧化低价某
subpermanent set 非永久变形
subphosphate 碱式磷酸盐
subplan 辅助方案
sub-quality products 次级品
subsalicylate 碱式水杨酸盐

subsalt 碱式盐
subscript 下标
subscription 订购
subsequent handling 后续工序
subset 子集
subsidence 下沉;沉降;凹陷
subsider 沉降槽
subsidiary stress 附加应力
subsidiary valency 副价
subsoil water 地下水
subsonic speed 亚声速
subspace 子空间
substance 物质
substance-free PSAT 无基材压敏胶黏带
substance P P物质
substandard 低于定额的
substandard parts 次等零件
substantial particle 实物微粒
substantive coupler 内偶式成色剂
substation 变电站;变电所;分站
substituent 取代基
substitute 替代;取代;置换;代用
substituted acid 取代酸
***N*-substituted amide** *N*-取代酰胺
substituted benzene 取代苯;苯的同系物
substituted compound 取代化合物
substituted phenol 取代酚
substitute(material) 代用品
substituting degree 取代度
substituting group 取代基
substitution 取代;置换
***ω*-substitution** 链端取代作用
substitution adsorption 置换吸附
substitutional defect 取代缺陷
substitutional solid solution 置换固溶体
substitution in ring 环上取代
substitution in side chain 支链取代
substitution reaction 取代反应
substitutive benzene fungicide 取代苯类杀菌剂
substitutive derivative 取代衍生物
substoichiometric 亚化学计量的;不足化学计量的;低于化学计量的
substoichiometric analysis 亚化学计量分析
substoichiometric compound 亚化学计量化合物
substoichiometric extraction 亚化学计量萃取
substoichiometric IDA 亚化学计量同位素稀释分析
substoichiometric isotope dilution 亚化学计量同位素稀释
substoichiometric separation 亚化学计量分离
substoichiometry (1)亚化学计量学 (2)亚化学计量法
substrate (1)衬层(2)底物;基质;基材
substrate analogue 底物类似物
substrate attenuation 底物弱化
substrate constant 底物常数
substrate cycle 底物循环
substrate inhibition 底物抑制
substrate level phosphorylation 底物水平磷酸化作用
substrate maintenance constant 底物维持常数
substrate material 基材
substrate mycelium 基内菌丝;基质菌丝;一级菌丝
substrate phosphorylation 底物水平磷酸化作用
substrate structure 基材结构
substrate yield coefficient 底物收率系数
substratum 底层
substructure (1)子结构 (2)底部结构
subsulfate 碱式硫酸盐
subsurface corrosion 表面下腐蚀
subsurface disposal 地下排放
subsurface erosion 地下浸蚀
subsurface incineration 地下焚烧
subsurface water 地下水
subsystem 子系统
subterranean disposal 地下处置
subtilin 枯草菌素
subtilisin 枯草杆菌蛋白酶
subtractional solid solution 取代固溶体
subultramicro method 次超微量法
subunit 亚基
subwater pipeline 水下管线
subzero 零下;低温
subzero fractionation 冷冻分离
sub-zero oil 低温润滑油(凝固点低于−53.8℃的润滑油)
subzero temperature 零下温度
subzero treatment 低温处理
succedaneum 代用品
successive approximation 逐次逼近
succimer 二巯丁二酸
succimide 琥珀酰亚胺;(正)丁二酰亚胺
succinaldehyde 琥珀醛;丁二醛

succinamic acid 琥珀酰胺酸；丁二酸一酰胺；丁酰胺酸
succinamide 琥珀酰胺；丁二酰胺
succinamoyl 琥珀酰胺酰；氨羰丙酰；丁二酸一酰胺一酰基
succinamyl 琥珀酰胺酰；氨羰丙酰
succinanil 琥珀酰苯胺
succinanilic acid 琥珀酰苯胺酸
succinanilide *N*-琥珀酰二苯胺
succinate 琥珀酸盐(或酯)；丁二酸盐(或酯)
succinate-acetoacetate CoA transferase 琥珀酸-乙酰乙酰 CoA 转移酶
succinate thiokinase 琥珀酸硫激酶
succinchloroimide 琥珀酰氯亚胺
succindialdehyde 琥珀醛；丁二醛
succinic acid 琥珀酸；丁二酸
succinic acid semialdehyde 琥珀酸半醛
succinic aldehyde 琥珀醛；丁二醛
succinic anhydride 琥珀酸酐；丁二酸酐
succinic chloride 琥珀酰氯；丁二酰氯
succinic chlorimide（＝succin-chloroimide）琥珀酰氯亚胺
succinic dehydrogenase 琥珀酸脱氢酶
succinic diamide 琥珀酰胺
succinic monoamide 琥珀一酰胺
succinic oxidase 琥珀酸氧化酶
succinic peroxide 琥珀(一)酰化过氧
succinic thiokinase 琥珀酸硫激酶；琥珀酰 CoA 合成酶
succinimide 琥珀酰亚胺；丁二酰亚胺
succinimido- 琥珀酰亚胺基
succinoamino- 琥珀酰胺基
succinodehydrogenase 琥珀酸脱氢酶
succinonitrile 琥珀腈；丁二腈
succinosuccinic acid 琥珀酰琥珀酸
succinosuccinic ester 琥珀酰琥珀酸酯
succinoxidase 琥珀酸氧化酶
succinyl 琥珀酰；丁二酰
succinyl chloride 琥珀酰氯；丁二酰氯
succinyl choline bromide 溴化琥珀酰胆碱；溴化丁二酰胆碱
succinyl choline chloride 氯化琥珀酰胆碱；氯化丁二酰胆碱
succinyl choline iodide 碘化琥珀酰胆碱；碘化丁二酰胆碱
succinyl CoA deacylase 琥珀酰 CoA 脱酰酶
succinyl CoA synthetase 琥珀酸 CoA 合成酶；琥珀酸硫激酶
succinyl-coenzyme A 琥珀酰辅酶 A
succinyl dichloride 琥珀酰氯
succinylosuccinic ester 琥珀酰琥珀酸酯
succinyl oxide 琥珀酰化氧；琥珀酸酐
succinyl peroxide 过氧化琥珀酰；过氧化丁二酰
succinylsalicylic acid 琥珀酰水杨酸；丁二酰水杨酸
succinylsulfathiazole 琥珀磺胺噻唑；丁二酰磺胺噻唑
succisulfone 琥珀氨苯砜；4-琥珀酰氨基-4′-氨基二苯砜
sucker 吸管；抽吸设备；吸盘
sucking pump 抽气泵
sucking rate 抽气量
suclofenide 琥氯非尼
sucralfate 硫糖铝；胃溃宁
sucralose 三氯半乳蔗糖
sucrase 蔗糖酶
sucrose 蔗糖
sucrose distearate 蔗糖二硬脂酸酯
sucrose dodecyl ether 蔗糖十二烷基醚
sucrose ester 蔗糖酯
sucrose ester of fatty acid 蔗糖脂肪酸酯
sucrose ether 蔗糖醚
sucrose glucosyltransferase 蔗糖转葡糖基酶
sucrose laurate 蔗糖月桂酸酯
sucrose myristate 蔗糖肉豆蔻酸酯
sucrose octaacetate 蔗糖八乙酸酯
sucrose oleate 蔗糖油酸酯
sucrose palmitate 蔗糖棕榈酸酯
sucrose phosphorylase 蔗糖磷酸化酶
sucrose polyester 蔗糖聚酯
sucrose stearate 蔗糖硬脂酸酯
sucrose tallowate 蔗糖牛油脂肪酸酯
sucrosuria 蔗糖尿
suction (1)吸气；吸入；空吸(2)向外渗透(中空纤维)
suction bell 吸水喇叭口
suction bottle(＝filtering flask) 吸滤瓶
suction casing 进口壳体；入口壳体
suction chamber 吸入腔
suction check valve 吸入管止逆阀
suction duct 吸入管
suction eddy 负压涡流
suction eye 吸入孔
suction filter 吸滤器
suction flange 进口法兰
suction flask(＝suction bottle) 吸滤瓶
suction head 负压水头；吸入水头
suction header 吸入集管
suction heater 吸入加热器

suction hose 吸引胶管
suction inlet 吸入口
suction leakproof-ring 入口防漏环
suction line 吸入管;吸引管线
suction mouth 吸入口
suction parameter 入口参数
suction pipe 吸入管
suction pipe joint 吸入管接头
suction pipet 移液管
suction pipette(＝suction pipet) 移液管
suction pit[**tank**] 上水池
suction port 吸入口
suction pressure maximum 最大吸入压力
suction pump 抽水泵
suction rubber hose 吸引胶管
suction seal 吸力密封
suction side sleeve 进口轴套
suction strainer 吸(入管过)滤器
suction stroke 进气冲[行]程
suction valve 吸气阀;进口阀
suction valve cover 进口阀盖
suction vane 导流叶片
suction vane gear 导流叶片齿轮
sudanⅢ 苏丹Ⅲ
sudden (applied) load 突加载荷
sudden contraction 骤缩;突然缩小
sudden enlargement 骤扩;突然扩大
sud settler 泥浆沉降器
suds-stabilizing agent 泡沫稳定剂;稳泡剂
suds suppressing agent 抑泡剂
suds suppressor 抑泡剂
suèd 人造麂皮
suede coatings 绒面涂料
suede (leather) 绒面革
suede(leather) and velvet(leather) 绒面革
sufentanil 舒芬太尼
sufisomezole 磺胺甲基异噁唑
sugar alcohol 糖醇
sugar alcohol fatty acid ester 糖醇脂肪酸酯
sugarcane wax 甘蔗蜡
sugar formazan 糖(缩甲)臜
sugar of lead 铅糖;醋酸铅
sugar(s) 糖
sugiol 柳杉酚
sugiresinol 柳杉树脂酚
suicide gene 自杀基因
suicide substrate 自杀底物
suint 羊毛粗脂
suitability 适合性;适用性
sulbactam 舒巴坦
sulbenicillin 磺苄西林;磺苄青霉素
sulbenox 舒贝诺司;氧苯噻脲
sulbentine 舒苯汀;二苯嗪硫酮
sulcimide 磺胺腈;对氨基苯磺酰胺腈
sulconazole 硫康唑;氯苄硫咪唑
sulcotrione 磺草酮
sulfabenz 磺胺苯;N'-苯基氨苯磺胺
sulfabenzamide 磺胺苯酰
sulfabenzamine 磺胺米隆;磺胺灭脓
sulfabromomethazine 磺胺溴二甲嘧啶
sulfacetamide 磺胺醋酰
sulfacetamide sodium 磺胺醋酰钠
sulfacetimide 磺胺醋酰
sulfachlorpyridazine 磺胺氯哒嗪
sulfachrysoidine 磺胺柯定
sulfacid 硫磺酸(指硫代酸或磺酸)
sulfactin 硫放线菌素
sulfactol 硫代硫酸钠
sulfacytine 磺胺西汀;磺胺乙胞嘧啶
sulfadiazine 磺胺嘧啶
sulfadiazine silver 磺胺嘧啶银
sulfadiazine sodium 磺胺嘧啶钠
sulfadicramide 磺胺戊烯;磺胺异戊烯酰
sulfadimethoxine 磺胺地索辛;磺胺二甲氧哒嗪
sulfadimidine 磺胺二甲(基)嘧啶
sulfadoxine 磺胺多辛;周效磺胺;4-磺胺-5,6-二甲氧嘧啶
sulfa-drug(s) 磺胺类药
sulfaethidole 磺胺乙二唑;2-磺胺-5-乙基-1,3,4-噻二唑
sulfaethoxypyridazine 磺胺乙氧哒嗪
sulfaethylthiadiazole(＝sulfaethidole) 磺胺乙二唑;磺胺乙基噻二唑
sulfaethylthiazolone 磺胺乙基噻唑酮
sulfafurazole 磺胺二甲异噁唑
sulfaguanidine 磺胺胍;磺胺胍
sulfaguanol 磺胺呱诺;磺胺二甲噁唑胩
sulfaldehyde 硫醛
sulfalene 磺胺林;2-磺胺-3-甲氧吡嗪
sulfallate 草克死
sulfaloxic acid 磺胺洛西酸
sulfamate 氨基磺酸盐(或酯)
sulfamation 磺胺化作用
sulfamerazine 磺胺甲(基)嘧啶
sulfamerazine sodium 磺胺甲嘧啶钠
sulfameter 磺胺对甲氧嘧啶;磺胺-5-甲氧嘧啶
sulfamethazine 磺胺二甲嘧啶

sulfamethazole 磺胺二甲嘧唑
sulfamethizole 磺胺甲二唑
sulfamethomidine 磺胺托嘧啶;磺胺-2-甲基-6-甲氧基嘧啶
sulfamethoxazole 磺胺甲噁唑;新诺明
sulfamethoxine 磺胺多辛;周效磺胺
sulfamethoxydiazine 磺胺甲氧二嗪;磺胺对甲氧嘧啶
sulfamethoxypyridazine 磺胺甲氧嗪;磺胺甲氧哒嗪
sulfamethylthiazole 磺胺甲基噻唑
sulfametrole 磺胺美曲;磺胺甲氧噻二唑
sulfamic acid 氨基磺酸
sulfamide (1)磺酰胺(2)硫酰胺
sulfamide-formaldehyde resin 磺酰胺-甲醛树脂
sulfami(di)c acid 氨基磺酸
sulfamidobarbituric acid 磺氨基巴比土酸
sulfamidochrysoidine 磺胺柯衣定;百浪多息;2,4-二氨基偶氮苯磺酰胺
sulfamine (1)氨磺酰(2)磺酰胺
sulfamine-benzoic acid 氨磺酰苯甲酸
sulfami(ni)c acid 氨基磺酸
sulfamipyrine 磺甲比林;2,3-二甲基-1-苯基-5-吡唑啉酮-4-氨甲磺酸钠
sulfamonomethoxine 磺胺间甲氧嘧啶;4-磺胺-6-甲氧嘧啶
sulfamoxole 磺胺噁唑;磺胺二甲噁唑
sulfamoyl 氨磺酰
sulfamyl(=sulfamoyl) 氨磺酰
sulfane 硫烷
sulfanilamide 磺胺;对氨基苯磺酰胺
sulfanilamido 磺胺基;对氨苯磺酰氨基
4-sulfanilamidosalicylic acid 磺胺水杨酸
sulfanilic acid 磺胺酸;对氨基苯磺酸
sulfanilic amide(=sulfanilamide) 磺胺;对氨基苯磺酰胺
sulfanilyl- 磺胺酰;对氨基苯磺酰
2-*p*-sulfanilylanilinoethanol 2-对磺胺酰基苯胺基乙醇
***p*-sulfanilylbenzylamine** 对磺胺酰基苄胺
sulfanilyl fluoride 磺胺酰氟
sulfanilylguanidine(=sulfaguanidine) 磺胺胍;对氨基苯磺酰胍;磺胺脒
2-sulfanilylpyridine(=sulfapyridine) 磺胺吡啶;2-磺胺吡啶
sulfanilyl radical 磺胺酰基;对氨基苯磺酰基
N^4-sulfanilylsulfanilamide 磺胺酰磺胺;双磺胺
sulfanilylurea 磺胺酰脲
***N*-sulfanilyl-3,4-xylamide** *N*-磺胺酰-3,4-二甲苯甲酰胺
sulfanitran 磺胺硝苯;乙酰磺胺硝苯
sulfantimonate 硫代锑酸盐
sulfantimonic acid 硫代锑酸
sulfantimonite 硫代亚锑酸盐
sulfaperine 磺胺培林;磺胺-5-甲嘧啶
sulfaphenazole 磺胺苯吡唑
sulfaproxyline 磺胺普罗林;磺胺对异丙氧苯酰
sulfapyrazine 磺胺吡嗪
sulfapyrazine sodium 磺胺吡嗪钠
sulfapyridine 磺胺吡啶
sulfapyrimidine 磺胺嘧啶
sulfaquinoxaline 磺胺喹喔啉
sulfarlem 茴三硫;胆维他
sulfarsenate 硫代砷酸盐
sulfarsenic acid 硫代砷酸
sulfarsenite 硫代亚砷酸盐
sulfarside 磺胺苯胂;4-氨磺酰-2-氨基苯胂酸
sulfarsphenamine 硫胂凡纳明
sulfasalazine 柳氮磺胺吡啶;水杨酸偶氮磺胺吡啶
sulfasomizole 磺胺异噻唑;5-磺胺-3-甲基异噻唑
sulfasymazine 磺胺均三嗪;2-磺胺-4,6-二乙基-1,3,5-三嗪
sulfatase 硫酸酯酶
sulfate 硫酸盐(或酯、根)
sulfate adenylyl transferase 硫酸腺苷酰转移酶
sulfated alkanolamide 烷醇酰胺硫酸盐;硫酸化烷醇酰胺
sulfated alkyl ether 烷基醚硫酸盐;硫酸化烷基醚
sulfated amyl oleate 硫酸化油酸戊酯
sulfated caster oil 磺化蓖麻油;太古油;土耳其红油
sulfated fatty alcohol 硫酸化脂族醇
sulfated glyceride 硫酸化甘油酯
sulfate digestion process 硫酸盐法
sulfated oil 磺化油
sulfate paper 牛皮纸
sulfate pulp 硫酸盐(纸)浆
sulfate resistance portland cement 抗硫酸盐硅酸盐水泥
sulfate sulfur 硫酸盐式硫
sulfate transferase 硫酸转移酶

sulfate wood pulp 硫酸盐木浆
sulfathiazole 磺胺噻唑
sulfathiazole sodium 磺胺噻唑钠
sulfathiazoline 磺胺噻唑啉
sulfathiodiazole 磺胺噻二唑
sulfathiourea 磺胺硫脲
sulfatidase 硫(脑)苷脂酶
sulfatidate sulfatase 硫(脑)苷脂硫酸酯酶
sulfatide 硫(脑)苷脂
sulfating 硫酸化(作用)
sulfating agent 硫酸化剂
sulfation (1)硫酸化;(2)硫酸盐化(作用)(蓄电池铅板)硫酸铅化
sulfatoceric acid 硫酸根合铈酸
sulfatolamide 磺胺托拉米;甲磺灭脓-磺胺硫脲复合物
sulfatostannate 硫酸根合锡酸盐
sulfatosulfonate 硫酸根合磺酸盐
sulfazamet 磺胺吡唑;磺胺甲苯吡唑
sulfazecin 磺胺泽辛
sulfazide 磺酰联氨
sulfenamide 次磺酰胺
sulfenanilide *N*-次磺酰苯胺
sulfenic acid 次磺酸
sulfenyl (1)亚氧硫基(2)亚磺酰(3)氧硫基(4)(烃)硫基
sulfenylation 亚磺酰化
sulfetrone 苯丙砜
sulfhemoglobin 硫血红蛋白
sulfhydrate 氢硫化物
sulfhydryl- 硫氢(基);巯(基)
sulfhydrylase 硫化氢解酶
sulfhydryl group 巯基
sulfidal 胶态硫
sulfidation pan 磺化锅
sulfide 硫化物
sulfide catalyst(s) 硫化物催化剂
sulfide ceramics 硫化物陶瓷
sulfide drum 黄原化鼓
sulfide stress cracking 硫化物应力破裂
sulfidion 二价硫离子
sulfidity 硫化度
sulfilimine (烃基)硫亚胺
sulfime 硫肟
sulfimide 硫酰亚胺
sulfinalol 硫氧洛尔;磺苄心定
sulfinate 亚磺酸盐(或酯)
sulfindigotic acid 硫靛酸
sulfine 锍化物;四价硫的有机化合物
sulfine oxide 氢氧化三烃基锍
sulfinic acid 亚磺酸
sulfinid 糖精
sulfino- 亚磺基;亚硫酸一酰
sulfinpyrazone 磺吡酮;1,2-二苯基-4-[2-(苯亚硫酰)乙基]-3,5-吡唑烷二酮
sulfinyl 亚硫酰基;亚磺酰
sulfinyl amine 亚磺酰胺
sulfinyldiacetic acid 亚硫酰二乙酸
4,4′-sulfinyldianiline 4,4′-二氨二苯亚砜
sulfion 硫离子
sulfiram 舒非仑;单硫化四乙基秋兰姆
sulfisomidine 磺胺索嘧啶;6-磺胺-2,4-二甲基嘧啶
sulfisooxazole 硫代异噁唑
sulfisoxazole 磺胺异噁唑;硫代异噁唑
sulfitation 亚硫酸化;亚硫酸处理
sulfitation process 亚硫酸饱充法
sulfite 亚硫酸盐(或酯、根)
sulfite (cellulose) waste lye 亚硫酸盐(纸浆)废液
sulfited fish oil 亚硫酸化鱼油
sulfite process 亚硫酸盐法
sulfite pulp 亚硫酸盐(纸)浆
sulfite (spent) liquor 亚硫酸盐(纸浆)废液
sulfite wood pulp 亚硫酸盐木浆
sulfitocobalamin 亚硫酸合氰钴胺素
sulfo-(=sulpho-) (1)硫代 (2)磺基
sulfoacetic acid 磺基乙酸
sulfoacid (1)磺酸 (2)硫代酸
sulfoacylation 磺基乙酰化作用
sulfoalkyl amide 磺烷基酰胺
sulfoalkylation 磺烷基化作用
sulfoamidic acid 氨基磺酸
sulfoamino- 磺氨基(以别于磺胺 sulfa-)
sulfoaminobenzoic acid 磺氨基苯甲酸
sulfoarsenide 硫砷化物
sulfoarylation 磺芳化作用
sulfobenzide 二苯砜
***o*-sulfobenzoic acid** 邻磺基苯(甲)酸
sulfobenzoyl propionic acid 磺基苯甲酰基丙酸
sulfobetaine 磺基甜菜碱
sulfobromophthalein sodium 磺溴酞钠
sulfobutyrate ester 磺基丁酸酯
sulfobutyric acid 磺基丁酸
sulfocarbamide 硫脲
sulfocarbanilide 对称二苯硫脲
sulfocarbazone 硫卡巴腙
sulfocarbimide 异硫氰酸

sulfocarbodiazone 某双偶氮硫酮
sulfocarbolate 酚磺酸盐(或酯)
sulfocarbolic acid 苯酚磺酸
sulfocarbonate 硫代碳酸盐(或酯)
sulfocarbonic acid 硫代碳酸
sulfocarbons 硫碳化合物
sulfocarboxylic acid ester 磺基羧酸酯
sulfochlorides (烃基)磺酰氯
sulfochlorination 氯磺化
sulfochlorophenol S 磺氯酚 S
sulfocompound 含硫化合物
sulfocyanate 硫氰酸盐(或酯)
sulfocyanic acid 硫氰酸;硫代氰酸
sulfocyanic ester 硫氰酸酯
sulfocyanide 硫氰酸盐(或酯)
sulfocyclorubber 磺基环化橡胶
***S*-sulfocysteine** 犀氨酸;*S*-磺酸半胱氨酸
sulfodiperacid 过二硫酸
sulfoether 硫醚
sulfoethylcellulose 磺乙基纤维素
sulfofatty acid salt 磺基脂肪酸盐
sulfofication 硫化(作用)
sulfoform 硫仿;硫化三苯基膦
sulfogalactosylceramide 硫酸半乳糖基酰基鞘氨醇
sulfo group 磺(酸)基
sulfoguaiacin 磺基愈创木酚
sulfohydrate 硫氢化物
sulfoichthyolic acid 磺基鱼石脂酸
sulfoid 胶态硫
sulfolane 环丁砜;四氢噻吩砜
sulfolane process 环丁砜法
sulfolauric acid 磺化月桂酸
sulfoleic acid 磺化油酸
3-sulfolene 3-二氧噻吩烯
sulfolene(butadien sulfone) 环丁烯砜
sulfolipid 硫脂
sulfomalonamide 磺基丙二酰胺
sulfomalonate 磺基丙二酸盐(或酯)
sulfometaboric acid 硫代偏硼酸
sulfomethyl amide 磺基甲酰胺
sulfomethylated urea-formaldehyde resin 磺甲基化脲醛树脂
sulfomethylation 磺甲基化作用
sulfometuron methyl 嘧黄隆(甲酯);甲嘧磺隆
sulfomonomer 磺基化单体
sulfomucin 硫黏蛋白
sulfonamic acid 氨基磺酸
sulfonamide 氨磺酰;磺酰胺
sulfonamido- 亚磺酰氨基
sulfonamido-crysoidin 偶氮磺胺
sulfonaphthol 磺基萘酚;萘酚磺酸
sulfonate (某)磺酸盐(或酯)
sulfonated 磺化的
sulfonated alkyl acrylate 磺化丙烯酸烷基酯
sulfonated alkylbenzene 烷基苯磺酸盐;磺化烷基苯
sulfonated alkylbiphenyl ether 磺化烷基二苯醚
sulfonated alkyl naphathalene 磺化烷基萘;烷基萘磺 酸盐
sulfonated alkylphenol 磺化烷基酚
sulfonated amide 磺酰胺
sulfonated biphenyl alkyl ether 磺化二苯基烷基醚
sulfonated castor oil 太古油;磺化蓖麻油
sulfonated coal 磺化煤
sulfonate detergent 磺酸盐洗涤剂
α-sulfonated fatty acid ester α-磺化脂肪酸酯
sulfonated fatty amide 磺化脂肪酰胺
sulfonated imidazolinium salt 磺化咪唑啉(鎓)盐
sulfonated lignin 磺化木质素;木质素磺酸盐
sulfonated oil 磺化油
sulfonated oleic acid 磺化油酸
sulfonated *n*-paraffin 磺化正构烷烃
sulfonated phenolic resin 磺化酚醛树脂
sulfonated phenolic resin SMP 磺化酚醛树脂 SMP
sulfonated polyacrylamide 磺化聚丙烯酰胺
sulfonated polyethylene 磺化聚乙烯
sulfonated rape oil 磺化菜子油
sulfonated soluble oil 磺化溶解油
sulfonated soybean oil 磺化豆油
sulfonated stearic acid 磺化硬脂酸
sulfonated tall oil ST 磺化妥尔油 ST
sulfonating agent 磺化剂
sulfonation 磺化
sulfonation reaction 磺化反应
sulfonator 磺化器
sulfone 砜
sulfone bislysine 双赖氨酸砜
sulfone phthalein 磺酞
sulfone phthalein indicator 磺酞指示剂
sulfonethylmethane(＝trional) 曲砜那;三

乙眠砜；台俄那
sulfoniazide 苯磺烟肼
sulfonic acid 磺酸
sulfonic acid amide (1)磺酰胺(2)硫酰胺
sulfonic acid bromide 磺酰溴
sulfonic acid chloride (某)磺酰氯
sulfonic acid fluoride (某)磺酰氟
sulfonic acid group 磺(酸)基
sulfonic acid halide 磺酰卤
sulfonic acid iodide 磺酰碘
sulfonic group 磺基
sulfonimide 亚氨磺酰
sulfonium 锍；硫鎓离子
sulfonium compound 有机四价硫化合物；锍化物
sulfonium halide 卤硫鎓化物
sulfonium hydroxide 氢氧化三烃基硫
sulfonium iodide 碘化锍
sulfonium ion 硫鎓离子
sulfonium surfactant 硫鎓型表面活性剂
sulfonmethane(＝sulfonal) 舒砜那；二乙眠砜
sulfonyl 磺酰(基)；硫酰
sulfonylation 磺酰化
sulfonylazidosilane 磺酰叠氮硅烷
sulfonyl chloride 磺酰氯
sulfonyldiacetic acid 磺酰二乙酸
sulfonyldianiline 磺酰基二苯胺
sulfonyldianiline -*N*, *N′*-digalactoside 氨苯砜双半乳糖苷
sulfonyl isocyanate 异氰酸磺酰酯
sulfonylurea 磺酰脲类
sulfo-oxidation 磺氧化反应
sulfoparaldehyde 仲乙硫醛；三聚乙硫醛
sulfophenol 邻磺基苯酚
sulfophenoxy acetic acid 磺基苯氧基乙酸
sulfophenyl 磺苯基
sulfophenylate (1)苯酚磺酸盐(或酯)(2)硫酸苯酯盐
sulfophenyl fatty acid 磺基苯基脂肪酸
sulfophilic element 亲硫元素
sulfophthalidine 磺胺酞啶
sulforaphane 异硫氰酸4-(甲基亚磺酰)丁酯
sulforaphen 萝卜硫素；莱服子素
sulforhodanate 硫氰酸盐(或酯)
sulforhodanide 硫氰酸盐(或酯)
sulforicinate 磺化蓖麻醇酸盐
sulforidazine 磺达嗪；3-甲磺酰基-10-甲哌啶乙基吩噻嗪
sulfosalicylate 磺基水杨酸盐
sulfosalicylic acid 磺基水杨酸
sulfosalt (1)含硫的酸的盐(2)磺酸盐
sulfoselenide 硫硒化物
sulfosemicarbazide (某)氨基硫脲
sulfosol 硫酸溶胶
sulfostannate 硫代锡酸盐
sulfostannic acid 硫代锡酸；全硫锡酸
sulfostannous acid 硫代亚锡酸；全硫亚锡酸
sulfostearic acid 磺基硬脂酸
sulfosuccinamate 磺基琥珀酰胺酸盐
sulfosuccinate 磺基琥珀酸酯
sulfosuccinic acid amide 磺基琥珀酰胺
sulfosuccinimide 磺基琥珀酰亚胺
sulfo-sulfonate 磺基磺酸盐
sulfotepp 硫特普；治螟灵；治螟磷
sulfotransferase 磺基转移酶
sulfourea 硫脲
sulfovinate (1)烃基硫酸盐；硫酸烃酯(2)(专指)乙基(代)硫酸盐
sulfovinic acid (1)烃基硫酸(2)(专指)乙基(代)硫酸
sulfoxidation 磺化氧化作用
sulfoxidation process 磺氧化法
sulfoxide 亚砜
sulfoximine 磺基肟
sulfoxone sodium 阿地砜钠；氨苯砜二甲亚磺酸钠
sulfoxonium 氧化锍
sulfoxylate 次硫酸盐
sulfoxylic acid 次硫酸
***β*-sulfur** 单斜硫
sulfur 硫 S；硫磺；硫黄
sulfur alcohol (1)硫醇(2)乙硫醇
sulfur anhydride 三氧化硫
sulfurated lime 硫化钙
sulfuration 硫化(作用)
sulfur-bearing crude 含硫原油
sulfur-bearing gas 含硫气体
sulfur-bearing oil 含硫石油
sulfur bloom 硫黄华；硫霜
sulfur blooming 喷硫(现象)
Sulfur Blue 硫化蓝
sulfur cement 硫黄胶
sulfur chloride 氯化硫
sulfur crack 硫蚀裂纹
sulfur dichloride 二氯化硫
sulfur dioxide 二氧化硫
sulfur donor 硫黄给予体
sulfuretin 硫黄菊素

sulfur fertilizer(s) 硫肥
sulfur flour 粉末硫黄
sulfur flowers 硫黄华
sulfur fluoride 六氟化硫
sulfur hexafluoride 六氟化硫
sulfuric acid 硫酸
sulfuric acid anhydride 三氧化硫
sulfuric acid bath 硫酸浴
sulfuric acid chamber 硫酸室;铅室
sulfuric acid cooler 硫酸冷却器
sulfuric acid-ferric sulfate test for corrosion 硫酸-硫酸铁试验
sulfuric acid mist eliminator 硫酸捕沫器
sulfuric acid refining (硫)酸精制
sulfuric acid separator 硫酸分离器
sulfuric acid tower (硫酸)干燥塔
sulfuric alkylation 硫酸烃化
sulfuric anhydride 硫(酸)酐;三氧化硫
sulfuric chloride 硫酰氯
sulfuric ether 乙醚
sulfuric monohydrate 一水(合)硫酸
sulfur iodide 碘化硫;二碘化二硫
sulfurization 硫化
sulfurized cutting oil 硫化切削油
sulfurless cure 无硫硫化
sulfurless vulcanization 无硫硫化
sulfurless vulcanizing agent 无硫硫化剂
sulfur liver 硫黄肝(硫化钾和多硫化钾的混合物)
sulfur monochloride 一氯化硫
sulfur-nitrogen heterocyclic ion(s) 硫-氮杂环离子
sulfur-nitrogen polymer 硫氮聚合物
sulfurous acid 亚硫酸
sulfurous acid anhydride 亚硫酸酐;二氧化硫
sulfurous anhydride 二氧化硫
sulfurous gas 含硫气体
sulfurous "London smog" 含硫"伦敦烟雾"
sulfur plant 硫加工设备
sulfur recovery 硫黄回收
sulfur removal 脱硫
sulfur resistant catalyst 抗硫催化剂
sulfur sesquioxide 三氧化二硫
sulfur soap 硫磺皂
sulfur subbromide 二溴化二硫
sulfur subiodide 二碘化二硫
sulfur test 含硫试验
sulfur tetrafluoride 四氟化硫
sulfurtransferase 硫转移酶
sulfur trioxide 三氧化硫
sulfur vulcanization 硫(黄)硫化
sulfurylase 硫酸化酶
sulfuryl bromide 磺酰溴 SO_2Br_2
sulfuryl chloride 磺酰氯;二氯二氧化硫
sulfuryl diamide 硫酰二胺
sulfuryl fluoride 磺酰氟;二氟二氧化硫
sulfur ylide 硫叶立德
sulfuryl (1)磺酰;硫酰 (2)砜基
sulglicotide 硫酸糖肽
sulglycotide 硫酸糖肽
sulindac 舒林酸;苏灵大
sulisatin 磺酚丁;双硫酚丁
sulisobenzone 舒利苯酮;磺异苯酮
sulmarin 硫马林;香豆硫酯
sulmazole 硫马唑
sulmepride 舒美必利;甲吡磺茴胺
sulocarbilate 舒洛氨酯;氮磺苯氨甲酸羟乙酯
suloctidil 舒洛地尔
sulphan blue 酸性蓝 1;舒泛蓝
sulphatase 硫酸酯酶
sulphate 硫酸盐(或酯)
sulphenone 杀螨砜;对氯二苯砜;一氯杀砜
sulphetrone 苯丙砜
sulphide 硫化物
sulphidity 硫化度
sulphidizing 黄(原酸)化;硫化
sulpholane 环丁砜;四氢噻吩砜
3-sulpholene 3-环丁烯砜;2,5-二氢噻吩砜
sulphonate inhibitor 磺酸盐缓蚀剂
sulphonating agent 磺化剂
sulphonazo 偶氮砜
sulphone 砜
sulphoxidation 磺氧化作用
sulphur 硫
sulphur dye(s) 硫化染料
sulphurenic acid 15α-羟基齿孔酸
sulphuric acid anodizing 硫酸阳极氧化
Sulphur Indanthrene Blue RNX 硫化还原蓝 RNX
sulpiride 舒必利;止呕灵
sulprofos 硫灭克磷
sulprostone 硫前列酮;前列磺酮
sultam (1)(类名)磺内酰胺 (2)(专指)萘-1,8-磺酸内酰胺
sultamicillin 舒他西林
sulthiame 舒噻嗪;苯磺酰胺二氧四氢噻嗪;硫噻嗪

sultone (1)(类名)磺内酯 (2)(专指)萘-1,8-磺酸内酯
sultopride 舒托必利;吡乙磺苯酰胺
sultosilic acid 磺托酸
sultroponium 舒托泊铵;*N*-磺酸丙基阿托品内盐
Sulzer packing 祖尔策填料(金属网波纹填料)
sumach 漆树
sumaresinol 安息香胶酸
sumaresinolic acid 苏门树脂脑酸
sumatriptan 舒马普坦
sumatrol 苏门答腊酚;异灰毛豆酚
sumbul 苏布
sumbulic acid 苏布酸
sumbul oil 苏布油;麝香根油
Sumithion 杀螟硫磷
summary 汇总表;一览表;摘要
summation 总和;总数;合计
Summerfield burning equation 萨默菲尔德燃速方程
sum of the squares of errors 误差平方和
sump 污水池;油池;集水槽;集油槽;污水坑;排水坑
sum peak 和峰;相加峰
sump pit 排液槽;放空坑
sump pressure 废油槽压力
sump pump 污水泵
sump tank 废油罐
sum rates method 流率加和法
SUNAMCO Commission 符号、单位、术语、原子质量和基本常量委员会
sunburn 晒斑
sunfast 耐晒的
sunfish oil 翻车鱼油;太阳鱼油
sunflower seed oil 向日葵籽油
sunken oil storage 地下油库
sunken pipe 地下管道
sunken tank 地下储罐
sun-proof 耐晒的;不透日光的
sunscreen cream 防晒霜
sun screener 防晒剂
sun screening agent 防晒剂
sunscreen lotion 防晒露
sunset yellow FCF 夕照黄 FCF
sunshine unit 日照单位
suntan oil 晒黑油
suosan 对硝基·苯基·脲基丙酸钠
super abrasion furnace black 超耐磨炭黑
super absorbent resin 高吸水性树脂
super accelerator 超促进剂
super acid 超酸
super acidic catalyst 超强酸催化剂
superacidity 过度酸性
superacidulated 过酸化的
superactinide element 后锕系元素;第二锕系元素
superactivity 超活性
superadditive 超加合作用
superalloy 高温合金;超合金
superamide 过(氧)酰胺
superbase 超强碱
super basic catalyst 超强碱催化剂
supercalender 超级压光机
supercapacitor 超电容器
supercarbonate 碳酸氢盐
supercavity 超空泡
supercavity flow 超空泡流
supercentrifuge 超速离心机;高速离心机
supercharge 增压
supercharge loading 过载
supercharge octane number 增压辛烷值
supercharge(r) 增压器
supercharging 增压作用
supercharging device 增压装置
superchlorination 过氯化(作用)
supercoil 比超螺旋
supercoiled DNA DNA 超螺旋
supercompressibility 超压缩性
supercompressibility factor 超压缩因子
superconductance 超导
superconducting biomagnetometer 超导生物磁强计
superconducting materials 超导材料
superconductivity 超导性
superconductivity ceramics 超导陶瓷
superconductivity model 超流体模型;偶关联模型;成对相关模型
superconductor 超导体
super conjugative effect 超共轭效应
supercooled liquid 过冷液
supercooled vapor 过冷蒸气
supercooler 过冷器
supercooling 过冷
supercritical antisolvent(SAS) fractionation 超临界抗溶剂分离
supercritical aqueous solution 超临界态的水溶液
supercritical degradation 超临界降解
supercritical extraction 超临界流体萃取

supercritical flow 急流
supercritical fluid 超临界流体
supercritical fluid chromatograph 超临界流体色谱仪
supercritical fluid chromatography 超临界流体色谱法
supercritical fluid extraction 超临界流体萃取
supercritical fluid nucleation 超临界流体成核
supercritical fractionation 超临界分离
supercritical mass 超临界质量
supercritical processing 超临界加工
supercritical reactor 超临界反应堆
supercritical solution precipitation 超临界溶液沉淀
supercritical state 超临界状态
supercritical thermodynamics 超临界热力学
supercritical water 超临界水
supercritical water oxidation（SCWO） 超临界水氧化
supercurd 超凝乳
superdeep oil well cement 超深井油井水泥
superdimensioned 超尺寸的
superduty fireclay brick 特级黏土砖
superduty refractory 特级耐火材料
superelasticity 超弹性
super-element 超(重)元素
super-equivalent adsorption 超当量吸附
superexchange 超交换
superexcitation 超激发
superexcited molecule 过受激分子;超受激分子
superfacial velocity 表观速度
superfast loading 快速装料
super-fast polymerization 超速聚合
superfatted soap 多脂皂
super fatting agent 加脂剂;富脂剂;增润剂
superficial injury 表面损伤
superficial velocity 空塔速度
superfilter 超滤器
superfine fibre 超细纤维
superfine grinding 超细粉碎
superfines 超细粉
superfluid 超流体
superfluidity 超流动性
superfluid model 超流体模型
superfractionation 超精馏
superfractionator 超精馏塔
superfreeze 极低温冷冻
super-fuel 高级燃料
super-gasoline 超级汽油;高抗爆性汽油
superheated liquid 过热液体
superheated steam 过热蒸汽
superheated-steam cracking 过热水蒸气裂解
superheated vapour 过热蒸气
superheater 过热炉;过热器
superheating 过热
super heating temperature 过热温度
superheavy elements(SHE) 超重元素
superheavy hydrogen 超重氢
superheavy nucleus 超重核
superheavy particle 超重粒子
superhelix 超螺旋
superhigh pressure compressor 超高压压缩机
superhigh-purity reagent 超高纯试剂
super high tenacity rayon 超强力人造丝
superimpose 叠加
super invar 超因瓦合金
super ion-conductive polymer 超离子导电聚合物
super-ionic conductor 超离子导体;快离子导体
superiority 优越性
superior processing rubber 易操作橡胶
superlattice material(s) 超晶格材料
superlattice ordering 超晶格有序化
superlattice structure 超点阵结构
super-light magnesium alloy 超轻镁合金
super low pressure tyre 超低压轮胎
super low profile tyre 超低断面轮胎
superlubricant 深度精制的润滑剂
supermethylation 超甲基化(作用)
supermicro mill 超微磨
supermolecular order（structure） 超分子有序
supermolecular structure 超分子结构
supermolecule 超分子
supermolecule approach 超分子方法
supernatant(fluid) 上清液
supernatant liquor 上清液
superoctane number fuel 超辛烷值燃料（辛烷值大于 100 的燃料）
super operon 超操纵子
superoxide 超氧化物
superoxide anion 超氧阴离子
superoxide dismutase（SOD） 超氧化物歧

化酶
superoxide ion 过氧离子
superoxide radical 超氧自由基
superoxidized oil 过氧化油
superpalite 氯甲酸三氯甲酯(毒气);双光气
superparamagnetism 超顺磁性
superphosphate (1)过磷酸钙 (2)酸性磷酸盐
superphosphoric acid 过磷酸
superplasticity 超塑性
superplasticizer 高效增塑剂
super pneumatic tyre 超压轮胎
superpolyester 超聚酯
super-polyethylene 超聚乙烯
superpolymer 超高聚物
superpolymerization 超(分子量)聚合
superposed layer 悬浮层
superposition 叠加
superposition method 叠加法
superposition principle 叠加原理
superpotential 超电势
super powder 超细粉
superprecipitation 超沉淀
superpressure 超高压
super-purity metal 超纯金属
supersaturated solution 过饱和溶液
supersaturated vapour 过饱和蒸气
supersaturation 过饱和
supersaturation ratio 过饱和比
superscript 上角标
super secondary structure 超二级结构
supersensitizer 超增感剂
supersiliceous zeolite 高硅沸石
supersolidification 过凝固(现象)
supersolubility 超溶解度
supersonic absorption 超音吸收
supersonic beam sourse 超声束源
supersonic flaw detector 超声波探伤器
supersonic flow 超声流动
supersonic free jet expansion 超声自由喷射膨胀
supersonic inspection 超声波检验
supersonic machining [working] 超声波加工
supersonic polymerization 超声波聚合
supersonic speed 超声速
supersonic wave 超声波
supersteel 高速钢
superstoichiometric 超化学计量的
superstructure 超结构
super suds 高泡型洗涤剂
supersulphated cement 石膏矿渣水泥
super tanker 大型油船
super-toughened nylon 超韧尼龙
supertransuranic element 铀后元素
super viscose fibers 超强黏胶纤维
supervisery instrument 监视仪表
supervisor 检查员
supervisory computer control 计算机监督控制
super-waterabsorbent 超吸水剂
super-wide base tyre 超宽基轮胎
suplatast tosylate 甲磺司特
supplement 添加物;增补;补遗
supplemental equipment 补充设备
supplementary condition 附加条件
supplementary design formula 补充设计公式
supplementary loading 附加载荷
supplementary power supply set 附加电源装置
supplementary properties 次要性能
supplied entropy 交换熵
supplier 承制厂;供应厂商
supplies 辅助材料
supply column 供应塔
supply container 供应容器
supply contract 供应合同
supply failure 供应中断;贮存用罄
supply-limited 限量供应(的)
supply line 供应管线
supply main manifold 供应总管
supply of equipment and materials 设备材料供应
supply of power 动力供应
supply pressure 供给压力
supply reservoir 供应罐
supply source 电源
supply system 供应系统
supply tank 供应罐;供应油罐
supply to seal 供给密封
supply transformer 供电变压器
supply valve 供应阀
supply voltage 电源电压;供电电压
supply water piping 供水管
supply without cost 无条件供应
supply without obligation 无条件供应
support belt 支承带
support column 支承管;支柱
supported adhesive film 有载体胶膜

supported enzyme catalyst 固定化酶催化剂
supported glove 衬里手套
supported liquid membrane 支撑型液膜
supported molten salt membrane 支撑熔盐膜
support effect 载体效应
supporter 担体;载体;支撑物
support flange 支座法兰
support grid 支承格栅
support induced crystal growth 载体诱导晶体生长
supporting electrode 支持电极;辅助电极
supporting electrolyte 支持电解质;本底电解质;导电盐溶液
supporting frame 承重构[框]架
supporting saddle 鞍式支座
support of the catalyst 催化剂载体
supportsaddle 鞍式[形]支座;机座
support skirt 裙座;裙式支座
suppositorium 栓剂
suppository 栓剂
suppressant 抑制剂
suppressant additive 抑制添加剂
suppressing agent 抑制剂
suppression 抑制;熄灭;消除
suppressor 抑制基因;抑制剂
suppressor column 抑制柱
supramolecular chemistry 超分子化学
supramolecular structure 超分子结构
suprasterol Ⅱ 超甾醇Ⅱ;过照甾醇Ⅱ
suprofen 舒洛芬;噻丙吩
suramin sodium 舒拉明钠
surface 表面
surface abrasion 表面磨蚀;表面磨耗
surface absorber 表面吸收器
surface activation 表面激活
surface active agent 表面活性剂
surface-active film 表面活性膜;吸附膜
surface activity 表面活性
surface aeration 表面曝气法
surface aerator 表面曝气器[池]
surface air cooler 表面式空气冷却器
surface area fraction 表面积分率
surface association 表面缔合
surface availability 有效表面
surface-catalyzed 表面催化的
surface charge density 表面电荷密度
surface chemistry 表面化学
surface chromatography 表面色谱
surface coating 表层涂层
surface complexes 表面络合物
surface compounds theory (催化剂)活性集团理论
surface concentration 表面浓度
surface condenser 表面冷凝器
surface conductance 表面电导
surface contact 面接触
surface-cooled 表面冷却的
surface crack 表面裂缝;表面裂纹
surface crystallography 表面晶体学
surface culture 表面培养
surface current density 面电流密度
surface damage 表面损伤
surface defects 表面缺陷
surface deficiency 表面缺陷
surface degradation 表面降解
surface diffusion 表面扩散
surface dry 表面干燥
surface effect 表面效应
surface energy 表面能
surface enhanced Raman scattering 表面增强拉曼散射
surface enhancement Raman spectroscopy 表面增强拉曼光谱学
surface enrichment 表面富集
surface entropy 表面熵
surface excess 表面超额
surface fermentation 表层发酵
surface fertilization 表面施肥
surface film 表面膜
surface film potential 表面膜势
surface filtration 表面过滤
surface finish 表面抛光
surface finishing 表面处理
surface flaw 表面发纹
surface grafting 表面接枝
surface hardness 表面硬度
surface heat exchanger 表面式热交换器
surface in contact 接触表面
surface inhomogeneity 表面不均匀性
surface intermediate 表面中间物
surface ionization 表面电离
surface isomerization (催化剂的)表面异构
surface layer 界面层;表层
surface load 表面负荷
surface mobility 表面迁移率
surface modified fibre 表面改性纤维
surface modified kaolin 表面改性陶土
surfaceness 表面粗(糙)度

surface orientation effect 表面定向效应
surface phenomena 表面现象
surface pitting 表面点蚀
surface poisoning 表面中毒
surface potential 表面电位[势]
surface preparation [treatment] 表面处理[准备]
surface pressure (1)表面压力(2)膜压
surface pretreatment 表面预处理
surface protection film 表面保护膜
surface-protection PSAT 表面防护用压敏胶带
surface quenching 表面淬火
surfacer 二道底漆
surface reaction 表面反应;界面反应
surface reaction control 表面反应控制
surface reconstruction 表面重构
surface relaxation 表面松弛
surface renewal theory 表面更新理论
surface resistance 表面电阻
surface resistivity 表面电阻率
surface roughness 表面粗(糙)度
surface runoff water 地表径流水
surface segregation 表面偏析
surface state 表面态
surface structure analysis 表面结构分析
surface table 划线台
surface technology 表面技术
surface tension 表面张力
surface tension coefficient 表面张力系数
surface to be exposed to fluid 接触介质的表面
surface treating agent 表面处理剂
surface treatment 表面处理
surface wash 表面洗涤
surface waters 地表水
surface winding 表面卷取
surface wiring 明线
surface work 表面功
surface X-ray absorption spectroscopy 表面X射线吸收谱
surfacing (1)表面处理[准备](2)表面堆焊
surfacing electrode 堆焊焊条
surfactant 表面活性剂
surfaction 表面改质[良]
surfactivity 表面活性
surge 喘振
surge chamber 调压室
surge control 喘振控制[防护]
surge limit 喘振限
surge plate 防冲板;涌浪挡板
surge point 喘振点
surge pressure 激动压力
surge pump 薄膜[隔膜]式泵;涌浪泵
surge tank 缓冲罐;均压箱;稳压罐
surgical PSAT 外科用压敏胶带
surg(ing) (1)喘振 (2)脉动
suriclone 舒立克隆
surinamine *N*-甲基酪氨酸
surpalite 双光气
surplus air 剩余空气
surplus oil 剩余油
surplus pressure 剩余压力
surplus stock 剩余原料
surrogate 代用品
surroundings (热力学)环境
surveyor's report 鉴定证明书
survey report 检验报告
survival curve 存活曲线
survivin 免死蛋白
susceptance 电纳
susceptibility 感受性;灵敏度;磁化率
suspended arch 悬吊炉顶
suspended bed 悬浮床
suspended centrifuge 上悬式离心机
suspended drop treatment 悬滴法
suspended matter 悬浮物
suspended oil 悬浮油类
suspended pipe line 架空管道
suspended ring experiment 浮环实验
suspended shaker 悬吊式簸动运输机
suspended solid (SS) 固体悬浮物;悬浊固体
suspended state 悬浮(状)态
suspended substance 悬浮物
suspended support 悬挂式支座
suspended tray conveyer 悬吊槽式运输机
suspended type of furnace 悬吊式炉
suspending agent 悬浮剂
suspending medium 悬浮介质
suspensibility 悬浮率
suspension (1)悬浮 (2)悬浮体;悬浮液
suspension bushing 悬挂轴衬
suspension cell 悬浮细胞
suspension concentrate(SC) 悬浮剂
suspension fertilizers 悬浮肥料
suspension fork 悬架
suspension fuel 悬浮燃料
suspension girder 悬梁

suspension method 悬浮法
suspension pipe line 架空管道
suspension polymerization 悬浮聚合
suspension property 悬浮性
suspension rate 悬浮率
suspension setting 吊装
suspension smelting 悬浮熔炼
suspension weight 悬挂重物
suspensoid 悬浮体;悬浮液;悬胶体
suspensoid catalytic cracking process 悬胶催化裂化过程
suspensoid fuel 悬浮燃料
suspensoid state 悬胶态
sustained combustion 稳定燃烧
sustained load 长周期负荷
Sutherland potential 萨瑟兰势
sutilains 舒替兰酶
sutting stream 切割氧
suxamethonium bromide 溴化琥珀酰胆碱
suxamethorium 丁二酰(二)胆碱
suxethonium bromide 琥乙溴铵;溴琥乙氧铵
suxibuzone 琥布宗;琥丁唑酮
suzhou clay 苏州土
S-VHS video tape S-VHS录像磁带
swabber 清管工;清管器
swabbing 刷浆
swabbing process 擦涂法
swab-man 管道清洁工
swagelok coupling 套管接头
swaging machine 锻冶机;锻造机
swan neck tube［pipe］ 鹅颈式管
swap action valve 交换作用阀;快速作用阀
swash plate mechanism 防冲板机构
sweat (蜡)发汗;出汗;渗出
sweat cleaning property 人汗清洗性
sweat cooling 蒸发制冷
sweat distillate(＝sweat oil) 发汗油(石蜡发汗时所得的油)
sweated wax 发汗石蜡
sweater (蜡)发汗室;(蜡)发汗装置
sweating (of paraffin) (石蜡)发汗
sweating process 发汗工艺
sweating room 蒸汽室
sweat oil 发汗油(石蜡发汗时所得的油)
sweat pit 发汗槽
sweat wax 发汗石蜡
sweepback agitator 后掠形搅拌器
sweepback impeller 后掠式叶轮
sweep distillation 吹扫蒸馏
sweep gas 残气;尾气
sweep gas membrane distillation 吹扫气膜蒸馏
sweep(ing) 吹扫;刮除
sweeping curve 连续曲线;急转曲线
sweeping fluid 清扫液
sweeping gas 吹扫气体
sweep range 扫描范围
sweep vapor boiler 扫掠蒸气锅炉
sweep volume 扫过容积
sweet basil oil 鱼香草油
sweet birch oil 甜桦油
sweet crude 低硫原油
sweet crude oil 低硫原油
sweet distillate 脱硫馏分
sweeten (1)加糖(2)去臭(3)脱硫
sweetener (1)甜味剂(2)脱硫设备
sweetening agent 食品甜味剂
sweet gas 低硫天然气
sweet gasoline 低硫汽油
Sweetland filter 筒体开启式叶片过滤机
sweetness agent 甜味剂
sweet oil 脱硫油
sweet orange oil 甜橙(皮)油
sweet petroleum product 低硫石油产品
sweet roll 蒸汽滚筒
sweet water 甜水;甘油水
swellability 可膨胀性
swellant 溶胀剂;泡胀剂
swelled bed 膨胀床
sweller 膨胀剂;溶胀剂
swelling 膨胀;溶胀
swelling agent 膨松剂;膨胀剂
swelling fracture 溶胀断裂
swelling pressure 溶胀压力
swelling ratio 溶胀比
Swenson-Walker crystallizer 刮刀连续结晶槽
swent cleaning property 人汗清洗性
swep 灭草灵
swept volume 活塞排量
swertiamarin 獐牙菜苦苷
swimming-pool reactor 游泳池式反应堆
swing 摆动;回转
swing arm 旋臂
swing axle 摆动轴
swing bolt 活接头螺栓
swing hammer 摆锤
swing hammer crusher 锤磨机;锤式破碎机

swinging conveyer 摆动运输机
swinging crane 摇臂吊车
swinging screen 摆动筛
swinging sieve 摆动筛
swinging-vane oil pump 转叶式油泵
swinging-vane pump 转叶式泵
swing joint 铰接;转轴连接
swing line［pipe］ 摆管;吊管
swing man 代班人
swing reactor 轮换再生反应器
swing sieve 摇动筛
swirl breaker 破旋器
swirling flow 旋拧流
swirl vanes 旋转叶片
Swiss-roll electrode 卷绕式电极
switch 开关;电闸
switchboard model 接线板模型
switch box 电闸盒
switch cabinet 开关柜
switch capsule 开关盒
switch grease 电闸润滑脂
switch in 接通
switching code 开关码
switching field distribution（SFD） 开关场分布
switching function 转换函数
（switch）off 断开
switch oil 电闸油
switch oil for transformer 变压器油
switch on 接通
switch station 切换装置
switch valve 转换阀;转换开关
swivelase 转轴酶
swivel joint 旋转管接头
swivel pipe 旋转管
swivel tap 旋转龙头
swollen micelle 膨胀胶束
swollen polymer 溶胀高分子
swollen rubber 溶胀橡胶
SWU(separation work unit) 分离功单位
sycoceryl 无花基
sycoceryl alcohol 无花醇
syderolite 陶土
sydnone 悉尼酮;斯德酮
sylphon 波纹管;膜盒
sylvestrene 枞油烯
sylvic acid 松香酸
sylvine 钾盐;钾石盐
sylvine-containing rock 含钾岩石
sym- 对称位
symbiosis 类聚效应;共生
symbiotic fixation 共生固氮(法)
symclosene 氯氧三嗪;三氯异氰尿酸;三氯三氧三嗪
symmetrical compound 对称化合物
symmetrical diagram 对称图解
symmetrical loading 对称荷载
symmetrical peak 对称峰
symmetric(al) position 对称位
symmetrical ring 对称环
symmetrical solute band 对称溶质谱带
symmetrical structure 对称结构
symmetrical top 对称陀螺
symmetrical transcription 对称性转录
symmetric carbon atom 对称碳原子
symmetric center 对称中心
symmetric convention normalization 对称归一化
symmetric electrolyte 对称电解质
symmetric group 置换群
symmetric laminates 对称层压板
symmetric membrane 对称膜
"symmetric" near-critical mixture "对称"的近临界混合物
symmetric stress cycle 对称应力循环
symmetric top molecule 对称陀螺(形)分子
symmetric wave function 对称波函数
symmetry 对称(性);对称现象
symmetry-adapted basis 对称性匹配基
symmetry-adapted configuration 对称性匹配组态
symmetry allowed 对称性容许
symmetry axis 对称轴
symmetry breaking 对称破缺
symmetry class 晶类;晶族
symmetry element 对称元素;对称要素
symmetry factor 对称因素
symmetry forbidden 对称性禁阻;对称性禁戒
symmetry forbidden reaction 对称禁阻反应
symmetry group 对称性群
symmetry number 对称数
symmetry operation 对称操作
symmetry orbital 对称轨道
sympathin 交感神经素
sympathol 交感醇
symport 同向转运
symproportionation 对称歧化(作用)
synaldoxime 顺式醛肟
synaptase 苦杏仁酶

synartetic acceleration 邻位加速
synchrocyclotron 同步回旋加速器
synchronism 同步(性)
synchronization of clocks 钟的同步
synchronized culture 同步培养
synchronizing 同步
synchronous belt 同步齿形带
synchronous culture 同步培养
synchronous excitation spectroscopy 同步激发光谱学
synchronous growth 同步生长
synchronous motor 同步电动机
synchronous speed 同步转速
synchro-speed 同步转速
synchrotron 同步加速器
synchrotron radiation 同步辐射
synclinal conformation 顺错构象
syncyanin 脓蓝素
syndesine 联赖氨酸;羟赖氨醛醇
syndet 合成洗涤剂
syndetergent 合成洗涤剂
syndiazo compounds 顺式重氮化合物
syndiotacticity 间同立构规整度
syndiotactic polymer 间同立构聚合物;间规聚合物
syndiotactic polypropylene 间规聚丙烯
syndiotactic unit 间同立构单元
syndyotactic polymer 间同立构聚合物
synephrine 昔奈福林;脱氧肾上腺素
syneresis 脱水收缩
synergetics 协同学
synergism 增效作用;协同作用
synergist 增效剂
synergistic agent 增效剂
synergistic antioxidant 多效防老剂
synergistic coagulation 协同凝聚
synergistic complex 协萃络合物
synergistic effect 协同效应
synergistic extraction 协同萃取
synergistic inhibition effect 协同缓蚀效应
synergistic reaction 协同作用
synergistin 协同菌素
synergized effection 增效作用
synergy 协同性
synestrol 己烷雌酚
synfacial reaction 同面反应
synfuel 合成燃料
syngas 合成气
syngas for synthetic ammonia 合成氨原料气
syngas liquids 氨汽提塔
synhexyl 己苯吡喃
synol catalyst 合成醇催化剂;辛诺催化剂
synopsis 一览表;提要
syn-oxime 顺式肟
synperiplanar conformation 顺叠构象
syn-position 顺位
synroc 合成岩石
synstigmin bromide 溴化新斯的明
syntan 合成鞣剂
syntan tannage 合成鞣剂鞣法
synthase 合酶
synthesis 合成
synthesis converter 合成塔
synthesis gas 合成气
synthesis of ammonia 氨合成法
synthesis reactor 合成反应器
synthetase 合成酶
synthetic adhesive 合成胶黏剂
synthetic alcohol 合成醇
synthetic antibacterials 合成抗菌药
synthetic C_{10}～C_{16} aliphatic alcohols 合成C_{10}～C_{16}脂肪醇
synthetic camphor 合成樟脑
synthetic capsaicine 合成辣椒素
synthetic convallaria aldehyde 合成铃兰醛
synthetic cryolite 合成冰晶石
synthetic detergent 合成洗涤剂
synthetic detergent powder 合成肥皂粉
synthetic drug(s) 合成药物
synthetic dye(s) 合成染料
synthetic dyestuff(s) 合成染料
synthetic fatliquor(s) 合成加脂剂
synthetic fatty acid 合成脂肪酸
synthetic fiber 合成纤维
synthetic fibre for wadding 合成纤维絮棉
synthetic fixed nitrogen 合成固定氮
synthetic fuel 合成燃料
synthetic gas (1)合成气(2)合成(煤)气
synthetic gas compressor 合成气压缩机
synthetic gas loop 合成气回路
synthetic gasoline 合成汽油
synthetic gem 合成宝石
synthetic graphite 高温石墨
synthetic hospital 综合性医院
synthetic humic acid 合成腐殖酸
synthetic hydrochloric acid 合成盐酸
synthetic latex 合成胶乳
synthetic leather 合成革
synthetic lubricant 合成润滑剂
synthetic lubricating oil 合成润滑油

synthetic macromolecule 合成高分子
synthetic material(s) 合成材料
synthetic medium 合成培养基
synthetic method 合成法
synthetic mordenite 合成发光沸石
synthetic mullite 合成莫来石
synthetic neat's-foot oil 合成牛蹄油
synthetic organic electrochemistry 有机电化学合成
synthetic organic pesticides 有机合成农药
synthetic paper 合成纸
synthetic perfume 合成香料
synthetic petroleum 合成石油
synthetic polymer 合成聚合物
synthetic polymeric compound(s) 合成高分子化合物
synthetic quartz crystal 人造水晶
synthetic resin 人造树脂;合成树脂
synthetic rubber 合成橡胶
synthetic rubber modified phenolic adhesive(s) 酚醛-橡胶胶黏剂
synthetic sandalwood oil 合成檀香油
synthetic shellac 合成洋干漆
synthetic sizing agent 合成施胶剂
synthetic slow-release fertilizer 合成缓释肥料
synthetic soap 合成皂
synthetic study 综合研究
synthetic tannin 合成单宁
synthetic tanning agent 合成鞣剂
synthetic urea 合成尿素
synthetic wax 合成蜡
synthetic wood 合成木材
synthetic zeolite 合成沸石
synthetic zeolite catalysts cracking 分子筛催化裂化
synthol 合成醇;合成燃料
syntholub 合成润滑油
synthomycin 合霉素
synthomycin palmitate 无味合霉素
synthon 合成子
syntonin 酸肌球朊
syntrophism 互养共栖
syntrophy 互养作用
syn-type 顺式;顺(基)型
syphon(pipe;tube) 虹吸管
syringa-aldehyde 丁香醛
syringacin 丁香假胞菌素
syringaldazine 丁香醛连氮
syringaldehyde 丁香醛;4-羟-3,5-二甲氧苯甲醛
syringe 注射器;润滑脂枪;注油枪
syringe burette 注射滴定管
syringe sampling 注射器进样
syringic acid 丁香酸;4-羟基-3,5-二甲氧基苯甲酸
syringin 丁香苷
syringone 丁香酮
syringyl alcohol 丁香醇
syrosingopine 昔洛舍平;乙酯利血平
syrup 糖浆剂
syrup of orange 橘皮汁
system 系统;体系
system analysis 系统分析
system and surrounding 体系与环境
systematic absence 系统消光
systematical error 系统误差;偏倚
systematic analysis 系统分析
systematic error 系统误差
systematic sampling 系统抽样
system engineering 系统工程
system fan 系统风机
systemic anaphylaxis 全身过敏
systemic and therapeutic fungicide 内吸治疗杀菌剂
systemic effect 内吸作用
systemic fungicide 内吸杀菌剂
systemic insecticide 内吸杀虫剂
systemic poison 神经系毒剂
systemic test 内吸试验
system of concurrent forces 共点力系
system of coplanar forces 共面力系
system of couples 力偶系
system of forces 力系
D-L system of nomenclature D-L 命名体系
system of parallel forces 平行力系
system of particles 质点系
system of quality certification 质量认证制度
system of units 单位制
system optimization 系统优化
systems analysis 系统分析
systems engineering 系统工程学
system synthesis 系统综合
system theory 系统论
Szilard-Chalmers effect 齐拉-却尔曼斯效应
szmikite 锰矾
szomolnokite 硫酸亚铁矿
Szyszkowski's equation 希什科夫斯基方程

T

2,4,5-T 2,4,5-涕
tabacin 烟草苷
tabelet(ing) machine 造粒机
Taber abrasion index 泰伯磨耗指数
Taber machine 泰伯磨耗试验机
tabernanthine 马山茶碱
tab jet-type trap column 舌型板式塔
table feeder 进料台;平板加料器;圆盘给料机
table-flap 折板
table flotation 台浮;摇床浮选
table house 流槽车间
table-look-up 一览表
table of equipment 装备表
table of errata 勘误表
table oil 高级食用油;精炼食用油
table press 台式压力机
table roller 辊道
table rotary shaker 台式回转摇床
table salt 食盐
tables of equipment 设备单
table sugar 蔗糖
tablet 片剂
tablet compression machine 压片机
tableting 制锭
tableting machine 压片机;造粒机
tablet machine 压片机
tabletop centrifuge 台式离心机
tablet poison bait 片状毒饵
tablet press 压片机;造粒机
tabletting 压片
table vinegar 餐用醋
tabular condenser 板式冷凝器
tabular grain emulsion T-颗粒乳剂
tabun 塔崩;垂龙 83;二甲氨基氰磷酸乙酯
tabunase 塔崩酶
tacalcitol 他卡西醇
tachiol 氟化银
tachometer 转速计;转数计
tachydrol 大曲哚
tachykinin 速激肽
tachyol 氟化银
tachyplesin 马蹄蟹抗菌肽
tachysterol 速甾醇
tack 黏着性
tackability 黏着能力;增黏能力
tack eliminator 脱黏剂;防黏剂
tackifier 增黏剂
tackiness 黏性;胶黏性;黏合性
tackiness agent 黏合剂
tack inhibitor 防黏剂
tackle 滑车
tackle-block 滑轮组
tack producer 增黏剂
tack producing 增黏
tack-producing agent 增黏剂
tack reducing material 防黏剂
tack retention hour 黏性保持时间
tack weld 间断焊;临时点焊;定位焊
tacky dry 指触干燥
tacky producer 增黏剂
TACOT 塔柯特
tacrine 他克林;9-氨基四氢吖啶
tacrolimus 他克莫司
tactic block 有规立构嵌段
tacticity 立构规整度
tactic polymer 有规立构聚合物;有规聚合物
tactic polymerization 有规立构聚合
tadpole plot 箭头图;蝌蚪图;倾角矢量图
taeniacide 杀绦虫剂
taeniafuge 驱绦虫剂
Tafel's equation 塔费尔方程
taffeta 塔夫绸
tag 标记;标签
tagatose 塔格糖
tagaturonic acid 塔格糖酮酸
tag database 标签碱基库
Tag flash point test 泰格闪点试验
tagged atoms 标记原子;示踪原子
tagging 标记
tagging enzyme 标签酶
taglutimide 他谷酰胺
tag peptide 中间序列编码标记肽
TAIC (triallyl isocyanurate) 异氰尿酸三烯丙酯
tail (1)尾部(2)尾部馏分
tail bearing 尾轴承
tail-board 尾板
tail-body combination 尾-体组合
tail bracket 尾(轴承)架

tail cell 最后浸提器
tail center 尾顶尖
tail end 尾(端)
tail-end process 尾端过程
tail fluid 顶替液
tail fraction 尾馏分
tail gas 尾气;废气
tail gas absorber 尾气吸收塔
tail-gas analyzer 尾[废]气分析器
tail gas buffer 尾气缓冲罐
tail gas condenser 尾气冷凝器
tail gas desulfurization 尾气脱硫
tail gas recovery tower 尾气回收塔
tail gas treating unit(TGTU) 尾气处理装置
tail gas treatment 废气处理
tail gearbox 尾部减速机
tailing 拖尾
tailing chute 粗粉溜出槽
tailing classifier (1)粗粉分离器 (2)尾矿分级机
tailing effect 拖尾效应
tailing factor 拖尾因子
tailing outlet 粗粉排出口
tailing peak 拖尾峰
tailings (1)尾渣 (2)尾矿 (3)尾馏分 (4)谱尾
tailing screw flight 尾部螺纹
tail journal 尾轴颈
tail-lamp 尾灯
tail-light 尾灯
tail oil 最后馏分
tailored molecule 特制分子;化学改性分子
tailor-made column packing 定做的柱[塔]填充物
tailor's chalk 划粉
tail-out 脱尾
tail pipe 泵吸入管;排气尾管;尾喷管;尾管
tail pond 尾水池
tail pulley 尾滑轮
tail pump 残液泵
tail rod 尾杆
tails 尾矿;尾砂
tail-to-tail linking 尾-尾连接
tail-to-tail polymer 尾-尾聚合物
taka-amylase 高峰淀粉酶
taka-diastase 高峰淀粉酶
taka-maltase 高麦芽糖酶
take-away belt 接取装置
take-off gear 接取装置
take-off machinery 接取装置
take-off pipe 放水管
take-off product 筛上产品
take-off rate 流出速度
take-off roller 拉料辊
take off the fractions 取出馏分
take out 取出
take out of service 取出不用
take overhead 从塔顶取;取塔顶物料
take suction 抽取;吸取
take-up gear 导出装置
take-up machine 卷绕机
take-up pan 接料盘
take-up tray 接料盘
take-up unit 卷取装置
taking of samples 取样
talampicillin 酞氨西林;酞氨苄青霉素
talastine 他拉斯汀;苄胺酞嗪酮
talbutal 他布比妥;仲丁烯丙巴比妥
talc 滑石
talcing 涂隔离剂;撒粉;扑粉
talcum powder 爽身粉
talin 踝蛋白
talinolol 他林洛尔;环脲心安
talipexole 他利克索
talite 塔罗糖醇
talitol 塔罗糖醇
tallate 妥尔油脂肪酸盐(或酯)
talleol 妥尔油
tall oil 妥尔油
tall oil acid 妥尔油酸
tall oil amine 妥尔油胺
tall oil-asphalt sodium sulfonate 妥尔油沥青磺酸钠
tallol 妥尔油
tallow 牛油;牛脂
tallow acid 牛油(脂肪)酸
tallow alcohol 牛油醇
tallow alcohol ethoxylate 乙氧基化牛油醇
tallow alkanolamide 牛油烷醇酰胺
tallow alkylamine EO adduct 牛油烷基胺环氧乙烷加成物
tallow amine 牛油脂肪胺
tallow fatty acid 牛油脂肪酸
tallow fatty amide 牛油脂肪酰胺
tallysomycin 他利霉素;太利苏霉素
talniflumate 他尼氟酯;氟烟酞酯
talomethylose 塔罗甲基糖;6-脱氧塔罗糖

talomucic acid 塔罗黏酸;塔罗糖二酸
talonic acid 塔龙酸
talosamine 塔罗糖胺
talose 塔罗糖
talwin 喷他佐新;镇痛新
tamarind gum 罗望籽果胶
tamarind seed oil 罗望子油
Tammann temperature 塔曼温度
tamoxifen 他莫昔芬;三苯氧胺
tamping machine 捣打机;捣固机
tamsulosin 坦洛新
tanacetone 艾菊酮
tandem drive 串联传动
tandem reaction sequence 连续反应过程
tandom mass spectrometer 串联质谱仪
tandospirone 坦度螺酮
tanganil 醋胺己酸乙醇胺盐
tangential acceleration 切向加速度
tangential component 切向分量
tangential force 切向力
tangential joint 切向接合
tangential nozzle 切向接管
tangential strain 切(向)应变
tangential stress 切向应力
tangential velocity 切向速度
tangent modulus 正切模量
tangent-plane method 切线平面法
tangent screw 微动螺旋;微调螺旋
tangerine oil 红橘油
tangeritin 柑橘黄酮;3,4′,5,6,7-五甲氧黄酮
tanghinigenin 毒海芒果素配基;丹尼加宁
tanghinin 毒海芒果素
tangic acid 贪吉酸;昆布酸
Tangier disease 谈基氏病;高密度脂蛋白缺乏病
tangled yarn 交络丝
Tang trichromatic decoration 唐三彩
Tang tricolor 唐三彩
tankage 罐容量
tank air 油罐中混合气
tank bleeding 油罐排放;储罐排污
tank block 池窑砖;箱座;罐座
tank bottoms 罐底
tank cap 油罐盖
tank capacity 油罐容量
tank car 槽车;油槽车;洒水车;油罐车
tank car dome 油槽车穹室
tank car dome head 油槽车穹顶
tank cell 槽式电池;电解槽
tank cleanings 油罐洗出物
tank coil 油罐旋管
tank connections 油罐连接管
tank container 罐式集装箱;液体集装箱
tank content gauge 油罐量器
tank cooler 油罐冷却器
tank cross member 油罐横梁
tank crystallizer 槽式结晶器
tank dipping 油罐检尺(在油罐中浸尺量油)
tank dome 油罐圆顶
tank electrolyzer 箱式电解槽
tanker 槽车;油槽船
tank farm 油库;罐区
tank field 罐区
tank filler 油罐加油口
tank filter 罐式过滤器
tank filter valve 油罐过滤阀
tank fire 油罐失火
tank formation 槽化成
tank furnace 池窑
tank grounding 油罐接地
tank life 油罐使用期
tank liquor 槽液
tank manifold 油罐支管
tank outage 油罐中损耗
tank plates 油罐钢板
tank pressure gauge 油罐压力计
tank reactor 罐[釜]式反应器
tank selector valve 油罐选择阀
tank semi-trailer 半拖挂式槽车
tank shell 油罐壳体
tanks-in series model 多釜串联模型
tank sizing 油罐容量计算
tank spacer 油罐隔板
tank station 油罐站
tank trailer 拖挂式槽车
tank valves 油罐呼吸阀
tank vapour recovery 油罐蒸气回收
tank vent pipe 油罐通气管
tank vessel 油船
tank-wagon 铁路槽车;拖罐车
tank waste 废料场
tan liquor 鞣液
tannalbin 鞣酸蛋白
tannase 鞣酸酶;单宁酶
tannate 单宁酸盐
tannery 鞣革厂;皮革厂
tannic acid 单宁;鞣酸
tannin 单宁;鞣酸

tannin adhesive 单宁胶黏剂
tanning 制革;鞣制
tanning extract 栲胶
tanning liquor 鞣液
tanning material 鞣料
tanning matter 鞣料;单宁物质
tannin scale remover 单宁除垢剂
tannoform 鞣仿;亚甲单宁
tannyl acetate 单宁乙酸酯
tanshinol 丹参醇
tanshinone 丹参酮
tantalic (1)含钽的 (2)五价钽的;正钽的
tantalic acid 钽酸
tantalic bromide 五溴化钽
tantalic chloride 五氯化钽
tantalic fluoride 五氟化钽
tantalic oxide 五氧化二钽
tantalifluoride 氟钽酸盐
tantalite 钽铁矿
tantalous 三价钽的;亚钽的
tantalous bromide 三溴化钽
tantalous chloride 三氯化钽
tantalum 钽 Ta
tantalum alloys 钽合金
tantalum aluminium resistance film 钽铝电阻薄膜
tantalum bromide 溴化钽
tantalum carbide 碳化钽
tantalum diboride 二硼化钽
tantalum dielectric film 钽基介电薄膜
tantalum dioxide 二氧化钽
tantalum diselenite 二硒化钽
tantalum disulfide 二硫化钽
tantalum fluoride 五氟化钽
tantalum hydride 氢化钽
tantalum hydroxide 氢氧化钽
tantalum niobium alloy 钽铌合金
tantalum-niobium ores 钽铌矿
tantalum nitride 氮化钽
tantalum pentachloride 五氯化钽
tantalum pentafluoride 五氟化钽
tantalum pentobromide 五溴化钽
tantalum pentoiodide 五碘化钽
tantalum pentoxide 五氧化二钽
tantalum potassium fluoride 氟化钽钾;氟钽酸钾;七氟合钽酸钾
tantalum powder 钽粉
tantalum silicide 二硅化钽
tantalum silicon resistance film 钽硅电阻薄膜
tantalum sulfide 三硫化钽
tantalum trialuminium 钽铝化物
Tantcopper 硅铜
Tantiron 高硅耐酸耐热(铸)铁
Tantnickel 硅镍
tap 轻击
tapazol(e) 甲巯咪唑;甲硫咪唑
tap bolt 有头螺栓
tap cock 水管栓
tap density 振实密度
tape 磁带
tapered aeration 渐减曝气
tapered bar 楔杆
tapered bearing 锥形滚柱轴承
tapered bed 锥形床
tapered block copolymer 递变嵌段共聚物
tapered bubble column 锥形鼓泡塔
tapered coil 变径炉管
tapered collar 锥形(轴)环
tapered-land bearing 斜面轴承
tapered pipe 异径管
tapered reducer 锥形缩径管
tapered riser 斜立管
tapered screw press 锥形螺旋压榨机
tapered slot 斜沟;斜槽;斜缝
taper ga(u)ge 内径规
tapering shape (截)锥式
taper pin 锥形销
taper pipe 异径管
taper ring 锥形环
taper roll bearing 锥形滚柱轴承
taper seat valve 锥形座阀
taper sleeve 锥形套筒
taper tap 锥形丝锥;锥形螺丝攻
taper thrust-bearing 锥形止推轴承
tape wrapped 带包缠
tap funnel 滴液漏斗;分液漏斗
tap hole 放液口
tapioca 木薯淀粉
tapioca flour 木薯(淀)粉
tapping (1)放液 (2)割浆;割胶 (3)采(割松)脂
tapping channel (树上割的)割汁沟
tapping fit 轻迫配合
tapping hole 螺纹[丝]孔
tap(ping) pipe 泄水管
taprostene 他前列烯
tap test 敲击检查法
tap water 自来水
tar 焦油

tar acid 焦油酸
tar asphalt 焦油沥青
taraxanthin 蒲公英黄质
taraxasterol 蒲公英甾醇
taraxasterone 蒲公英甾酮
taraxein 过敏素
taraxol 蒲公英醇
tar base(s) 焦油碱
tar-bonded basic brick 焦油结合碱性砖
tar-bonded dolomite brick 焦油白云石砖
tar camphor 萘
tar catcher 提焦油器;焦油回收器;焦油分离器
tar cooler box 焦油冷却箱
tardan 泰尔登
tardocillin 苄星青霉素;长效西林
tared filter 配衡滤器
tarelaidic acid 反式 6-十八(碳)烯酸
tare weight 皮重
tar gas 焦油气
target 目标;靶(子)
target cell 靶细胞
target chemistry 靶化学
target holder 靶托
targeting sequence 导肽
target jet mill 靶式气流磨
target nucleus 靶核
target organism 靶标生物
targetry 制靶法
target sequence 靶序列
target species 靶标生物
target theory 靶理论
targetting 寻靶作用
targusic acid(=lapachol) 拉帕醇;黄钟花醌
tariric acid 塔日酸;6-十八(碳)炔酸
tar main 焦油总管
tarnishing 锈蚀
taroxylic acid 塔氧酸;6,7-二氧代十八酸
tarry cut 焦油馏分
tarry distillate(=tarry cut) 焦油馏分
tar stripper 焦油汽提塔
tartar 酒石
tartar emetic 吐酒石
tartaric acid 酒石酸
tartaric acid monoamide 酒石酸一酰胺
tartarlithine 酒石酸氢锂
tartarus 酒石酸氢钾
tartrate 酒石酸盐(或酯)
tartrazine 酒石黄
tartronic acid(=hydroxymalonic acid) 丙醇二酸;羟基丙二酸
tartronyl urea(=dialuric acid) 丙醇二酰脲
tar waterproof board 沥青防水纸板
tar well 焦油收焦器
taspinic acid 塔斯品酸
taste and odo(u)r control[removal] 除味;除臭;去味去臭
tast polarography 采流极谱法
tastromine *N*,*N*-二甲基-2-百里基氧乙胺
TATA box 霍格内斯盒子
tau-fluvalinate 氟胺氰戊菊酯
taurate 牛磺酸盐;氨基乙磺酸盐
taurine 牛磺酸;氨基乙磺酸;牛胆碱
taurine-*N*,*N*-diacetic acid(TDA; H_3TDA) 氨基乙磺酸-*N*,*N*-二乙酸
taurocarbamic acid 牛磺脲酸;脲基乙磺酸
taurocholic acid 牛磺胆酸
taurolidine 牛磺罗定
tauryl 牛磺酰;氨基乙磺酰
tautocyanate 互变(异构)氰酸酯
tautomeric equilibrium 互变异构平衡
tautomeride 互变异构体
tautomerism 互变异构现象
tautomerization 互变异构化
tautomerizm 互变异构
tautomer 互变(异构)体
tautourea 互变脲
tau value τ 值
taxadiene 紫杉二烯
taxicin 大西辛
taxis 立构规整性
taxodione 落羽松二酮
Taxol(=paclitaxel) 紫杉酚
taxonomical 分类学的
Taylor dispersion technique 泰勒分散技术(用于扩散系数的测定)
Taylor's series expansion 泰勒级数展开
taylor vortex 泰勒涡流
tazanolast 他扎司特
tazarotene 他扎罗汀
tazettadiol 水仙花二醇
tazettamide 水仙花酰胺
tazettamine 水仙花胺
tazettine 水仙花碱
tazettinol 水仙花碱醇
tazettinone 水仙花碱酮;他齐普酮

tazobactam 三唑巴坦
T-band 端粒带;T 带
TBC (tributyl citrate) 柠檬酸三丁酯
TBE (tetrabromoethane) 四溴乙烷
TBEP (tributoxyethyl phosphate) 磷酸三(丁氧基乙)酯(增塑剂,阻燃剂)
TBG(thyroid binding globulin) 甲(状)腺素结合球蛋白
TBP (tributyl phosphate) 磷酸三丁酯
TBPA (tetrabromophthalic anhydride) 四溴邻苯二甲酸酐;(俗称)四溴苯酐
TBT (tetrabutyl titanate) 钛酸四丁酯
TBTM(tetrabutyl thiuram monosulfide) 一硫化四丁基秋兰姆(促进剂)
TBTP (tributyl thiophosphate) 硫代磷酸三丁酯
TCA 降(血)钙素
TCA cycle 三羧酸循环
TCD(thermal conductivity detector) 热导检测器
TCDD (2, 3, 7, 8-tetrachlorodibenzo-*p*-dioxyn) 四氯二苯并二噁英
T-cell 胸腺产生细胞
TCEP(trichloroethyl phosphate) 磷酸三氯乙酯(阻燃剂)
TCM(trichloromelamine) 三氯三聚氰胺(乙丙胶硫化剂)
TCP (1)(thiocarbonyl perchloride)硫代碳酰过氯化物,硫羰基过氯化物(2)(tricresyl phosphate)磷酸三甲苯酯
TCPP(trichloropropyl phosphate) 磷酸三氯丙酯(阻燃剂)
TCR(Thermofor catalytic reforming) 移动床催化重整
TCs 四环素类抗生素
TCT 降(血)钙素
TDI(toluene diisocyanate) 甲苯二异氰酸酯;二异氰酸甲苯酯
t-distribution t 分布
TDPA(thiodiphenylamine) 吩噻嗪
TDS (1)(thermal desorption spectrum) 热脱附谱(2)(total dissolved solid)总溶解固体物
TEA (1)(triethanolamine)三乙醇胺(2)(triethylamine)三乙胺
tear 龟裂;裂缝;裂纹
tear gas 催泪性毒气
tearing 断开;撕裂
tearing resistance 抗撕强度;抗扯强度;撕裂度
tear propagation resistance 耐撕裂增生
tear strength 撕裂强度
tea(-seed) oil 茶(子)油
teaser card 扯碎机
tebuconazole 戊唑醇
tebufenozide 双苯酰肼
tebuthiuron 丁唑隆
TEC(triethyl citrate) 柠檬酸三乙酯
technetium 锝 Tc
technetium ^{99m} Tc bicisate 比西酸锝[^{99m}Tc]
technetium ^{99m} Tc mertiatide 巯替肽锝[^{99m}Tc]
technetium ^{99m} Tc sestamibi 司他比锝[^{99m}Tc]
technetium ^{99m} Tc teboroxime 替肟锝[^{99m}Tc]
technic 技巧;方法
technical accident 技术性事故
technical advisory work 技术咨询
technical bulletin 技术公报
technical certificate 技术证明书
technical circular 技术通报
technical conditions 技术条件
technical consultation 技术咨询
technical data 详细的技术资料
technical data sheet 技术数据表
technical design 技术设计
technical development 技术开发
technical director 技师;技术指导
technical document(s) 技术文件
technical-economical index 技术经济指标
technical economy 技术经济
technical expertise 技术鉴定
technical failure 技术故障
technical glass 技术玻璃;工业玻璃
technical grade 工业级;工业用
technical grading 工艺分级
technical import 技术引进
technical information 技术情报;技术资料
technical information file 技术情报资料
technical inspection 技术检查
technical inspection location 技术检查站
technical leather 工业用革
technical load 工艺负荷
technically classified rubber 工艺分级[类]橡胶
technically training 技术培训
technical maintenance 技术维修
technical measures 技术措施

technical norms 技术标准
technical note 技术备忘录
technical operation 技术操作
technical order 技术条令
technical panel 技术委员会
technical paper 技术论文
technical parameter(s) 技术参数
technical plant 技术设备
technical powder 工业粉末
technical provisions 技术条件
technical reconstruction 技术改造
technical report 技术报告
technical requirements 技术要求
technical research report 技术研究报告
technical rubber goods 橡胶工业制品
technicals 技术细则
technical science 技术科学
technical service 工艺管理
technical specifications 技术条件;技术要求
technical standard 技术标准
technical term 技术条件
technical transfer 技术转移
technical xylenol 工业二甲酚
technician 技师
technicist 技师
technique 工艺方法;技巧
technique appraisement 技术鉴定
technique of production 生产技术
techno-economics index 技术经济指标
technological conditions 工艺条件
technological equipment 工艺设备
technological flow 工艺流程
technological flow sheet 工艺流程图
technological gap 技术差距
technological improvement 技术改进
technological innovation 工艺革新;技术革新;技术创新
technological maturities of separation process 分离过程的技术成熟度
technological parameter 工艺参数
technological remoulding 技术改造
technological transformation 技术改造
technology committee 技术委员会
technology consultant corporation 技术咨询公司
technology negotiation 技术谈判
technology of inorganic chemicals 无机物工学
technology remoulding 技术改造
tecloftalam 叶枯酞
teclothiazide 四氯噻嗪
teclozan 替克洛占;对二甲苯氯醋胺
Teclu burner 双层转筒燃烧器;特克卢燃烧器
tecnazene 四氯硝基苯(农药)
tecomanine 太可马宁
tectoquinone 鸢尾醌
tectoridin 鸢尾苷
tectorigenin 鸢尾黄素
tectosilicates 网状硅酸盐类
TEDA(triethylenediamine) 三亚乙基二胺
Tedion 三氯杀螨砜
tee (1)丁字形;T 形 (2)丁字铁[钢](3)三通
tee fluid flow meter 三通液体流量计
tee joint T 形接头;丁字(形)接头;三通
tee pipe 丁字管;丁形管
Teepol 梯普尔;仲烷基硫酸钠
tee-slot 丁字(形)槽
teeter bed 跷动床
teeter chamber 搅拌室
teetered bed 搅拌床层;浅流化床层
teetering 悬浮粒子
teeth spacing 齿距
tee welding T 形焊
teflon 聚四氟乙烯
teflon compensator 聚四氟乙烯补偿器[膨胀圈]
teflon heat exchanger 聚四氟乙烯换热器
teflon seal 聚四氟乙烯密封(件)
teflurane 替氟烷;溴四氟乙烷
tefluthrin 七氟菊酯
TEG(tetraethylene-glycol) 三缩四乙二醇;四甘醇
tegafur 替加氟;喃氟啶;呋氟尿嘧啶
tegopen 氯唑西林;氯唑青霉素
tegretal 卡马西平;酰胺咪嗪
tegretol 卡马西平;酰胺咪嗪
teichoic acid 磷壁酸
teicholytic enzyme 磷壁(酸)质分解酶
teichuronic acid 糖醛酸磷壁(酸)质
teicoplanin 替考拉宁
tektite 击变玻璃;玻璃陨石
TEL(tetraethyl lead) 四乙铅;四乙基铅
telcomer 嵌聚物
telechelic oligomer 遥爪低聚物
telechelic polymer 遥爪聚合物;远螯聚合物
telecontrd 遥控
telegauge 远距离测量仪表

telenzepine 替仑西平
teleocidins 杀鱼菌素
teleoperator 遥控机械手;遥控操作员
telephone paper 电话纸
telescope 望远镜
telescope jack 筒式千斤顶
telescopic boom 伸缩臂
telescopic conductor 伸缩隔水导管
telescopic extension lance 套管伸缩喷枪
telescopic flow 层流;套筒式流动;片流
telescopic gas-holder 套筒储气柜
telescopic hoist 伸缩式起重机
telescopic hoist boom 伸缩式吊臂
telescopic jib 伸缩臂
telescopic joint 套管连接
telescopic loader 伸缩臂式装载机
telescopic screw 套筒螺旋
telescopic support 可伸缩式支架
teletherapy 远程(放射)治疗
teletype control 远距离控制;遥控
telex 用户(直通)电报;(用户)电传(打字电报)
telfairic acid (=linoleic acid) 亚油酸;顺式 9,12-十八碳二烯酸
telltale (1)计数器 (2)信号装置 (3)指示器
telltale hole 指示孔;警报孔;信号孔
telluric acid 碲酸
telluric acid anhydride 三氧化碲
telluric bromide 四溴化碲
telluric chloride 四氯化碲
telluric iodide 四碘化碲
telluric oxide 三氧化碲
tellurious 亚碲(的)
tellurium 碲 Te
tellurium bromide 四溴化碲
tellurium bronze 碲青铜
tellurium copper 碲铜
tellurium diethyl dithiocarbamate 二乙基二硫代氨基甲酸碲
tellurium dioxide 二氧化碲
tellurium hexafluoride 六氟化碲
tellurium nitrate, basic 碱式硝酸碲
tellurium oxide 氧化碲
tellurium oxychloride 二氯一氧化碲
tellurium single crystal 碲单晶
tellurium tetrabromide 四溴化碲
tellurium tetrachloride 四氯化碲
tellurium tetrafluoride 四氟化碲
tellurium tetraiodide 四碘化碲
tellurium trioxide 三氧化碲
telluronium 碲(鎓)
telluronium iodide 碘化碲(鎓)
tellurous acid 亚碲酸
tellurous acid anhydride 亚碲酸酐;二氧化碲
tellurous bromide 溴化亚碲
tellurous chloride 二氯化碲;氯化亚碲
tellurous oxide 二氧化碲;亚碲酸酐
telluryl 氧碲基
telluryl chloride 二氯一氧化碲
telocopolymerization 共调聚反应
telogen 调聚剂;调聚体;遥控聚合反应的连锁反应链载体
telomer 调聚物;调聚基;(带封端基的)调聚体
telomerase 端粒酶
telomere 端粒
telomeric reaction 调聚反应
telomerization 调聚反应
telpher 电动单轨悬挂吊车
temafloxacin 替马沙星
temephos 双硫磷
temocapril 替莫普利
temocillin 替莫西林
temozolomide 替莫唑胺
temper (1)调质度 (2)回火
temperature 温度
temperature alarm 温升[过热]报警信号
temperature antiseptic effect 温度防腐作用
temperature band 温度带
temperature boundary layer 温度边界层
temperature buzzer 温度警报(器)
temperature change 温度变动
temperature-changing heat transfer 变温传热
temperature compensation 温度补偿
temperature compensator[equilibrator] 温度补偿器
temperature conductivity 温度传导率
temperature contrast 温度差
temperature control 温度控制
temperature controller 温度控制器
temperature-control relay 温度继电器
temperature control sensor 温度控制传感器
temperature-control system 温度控制系统
temperature control valve 温度控制阀
temperature correction 温度校正
temperature-decreased pressure reducer 减温减压器

temperature difference 温差;温度差
temperature difference corrosion test 温差腐蚀试验法
temperature (difference) stress 温差应力
temperature distortion 热变形
temperature distribution 温度分布
temperature drop 温度降落
temperature element 热元件;温度元件
temperature-entropy diagram 温熵图
temperature expansion coefficient 温度膨胀系数
temperature extremes 温度极限
temperature fall 温度降落
temperature field 温度场
temperature flexibility 温度韧性
temperature fluctuation 温度波动
temperature gradient 温度梯度
temperature head 温度差
temperature-humidity chart 温-湿图
temperature indicating pigment 示温颜料
temperature indicator 温度指示器
temperature inversion effect 温度倒置效应
temperature jump 温度跃变;温度跃迁;温度跃升
temperature lapse rate 温度递减率
temperature limit 温度极限;应用温度范围
temperature measuring 温度测定
temperature of explosion 爆炸温度
temperature pick-up 温度传感器
temperature-pressure curve 温度-压力曲线
temperature profile 温度分布剖面图
temperature program 程序升温
temperature programmed desorption 程序升温脱附
temperature programmed gas chromatography 程序升温气相色谱法
temperature programmed oxidation 程序升温氧化
temperature programmed reaction spectrum 程序升温反应谱
temperature programmed reduction 程序升温还原
temperature programming 程序升温
temperature reaction 升温反应
temperature record and control 温度记录和控制
temperature recorder 温度记录器
temperature recorder controller 温度记录控制器[仪]
temperature regulator 温度调节器
temperature resistance 耐温性
temperature retraction apparatus 热收缩试验仪
temperature-retraction test 温度-回缩试验
temperature rise limit 温升极限
temperature runaway 飞温
temperature scale 温标
temperature selector 温度选择器
temperature-sensing element[device] 温度敏感元件
temperature sensing probe 温度敏感探针
temperature sensor 温度传感器
temperature spread 温度差距
temperature swing adsorption 变温吸附
temperature switch 温度开关
temperature transmitter 温度传感器
temperature variation 温度变化
temperature-viscosity curve 黏度-温度曲线
temper brittleness 回火脆性
temper current 回火电流
tempered sorbite 回火索氏体
tempered steel 回火钢
temper handle 缓启闭手轮
tempering coil 调温旋管
tempering tank 混合槽;混合桶
tempering tower 缓冲塔
temper time 回火时间
template 模板;样板
template base 模板库
template design 定型设计
template matching 模板匹配
template polymerization 模板聚合
template reaction 模板反应
template RNA 模板 RNA;信使 RNA
template synthesis 模板合成
templet 样板
temporal coherence 时间相干性
temporary assembly inspection 临时装配检查
temporary backing 临时垫板
temporary blocking agent 暂堵剂
temporary cross-link 瞬时交联(键)
temporary deactivation 暂时失活
temporary filter 临时过滤器
temporary load(ing) 临时荷载
temporary method 暂行方法
temporary provisions 暂行规定
temporary repair 临时修理

temporary replacement 临时更换零件
temporary run 临时生产
temporary rust inhibitor 暂时性防锈剂
temporary service 临时服务
temporary welds 临时焊缝
TEM(transmission electron microscope) 透射电子显微镜
TEM wave 横电磁波
tenacity 黏性;韧度
tenascin 生腱蛋白
tending 维护保养
teniacide 杀绦虫剂
teniafuge 驱绦虫剂
tenidap 替尼达普
teniloxazine 替尼沙秦
teniposide 替尼泊苷;鬼臼噻吩苷
ten-membered ring 十元环
Tennam 福美锰
tennatite 砷黝铜矿
tennecetin 纳他霉素
tenonitrozole 替诺尼唑
tenorite 黑铜矿
tenormine 阿替洛尔;氨酰心安
tenoxicam 滕诺息卡
tensammetric curve 张力曲线
tensammetric peak 张力峰
tensammetry 张力法
tensile adhesive strength 拉伸粘接强度
tensile brittleness 拉伸脆性
tensile compliance 拉伸柔量
tensile creep 拉伸蠕变
tensile load 拉伸载荷
tensile loading 拉伸载荷;张力
tensile machine 拉力试验机
tensile modulus 拉伸模量;抗张模量
tensile product 抗张积;拉力积
tensile shear adhesive strength 拉伸剪切粘接强度
tensile strain 拉伸应变
tensile strength(**TS**) 拉伸强度;抗张强度;断裂强度;抗拉强度
tensile strength at break 拉(伸)断(裂)强度
tensile strength test 拉伸强度试验
tensile strength testing 扯离强度测定
tensile stress 拉伸应力;拉应力
tensile stress relaxation 拉伸应力松弛
tensile stress-strain curve 拉伸应力-应变曲线
tensile test 拉伸试验
tensile tester 拉力测试仪
tensile testing machine 张力试验机;拉力试验机
tensile viscosity 拉伸黏度
tensile yield 拉伸极限;扯断伸长率;拉伸屈服
tensimeter 拉力计
tensin 张力蛋白
tension 张力
tension adapter 张力接头
tensioner of large type 大型拉紧装置
tension fatigue 伸张疲劳
tensioning frame 稳绳盘
tensionmeter 拉力计
tension pulley 张紧轮
tension rod 拉杆
tension set 拉断永久变形
tension spring 拉簧
tension tester 拉力试验机;张力试验机
tension wrapped fin tube 绕片式翅片管
4-tensor 四维张量
tensor 张量
tentative specification 暂行规格
tentative standard 暂行标准
tentering machine 伸幅机
ten tetrabromide 四溴化钨
tenure of use 使用年限
teomycic acid 藤黄菌酸
TEP (triethyl phosphate) 磷酸三乙酯
TEPA (tetraethylenepentamine) 四亚乙基五胺;三缩四乙二胺(硬化剂,螯合剂)
tephigram 熵温图
TEPP(tetraethyl pyrophosphate) 特普
teprenone 替普瑞酮
tera- 太拉(=10^{12})
teracalorie 太卡(=10^{12}卡)
teraconic acid 芸康酸;异亚丙基丁二酸
teracrylic acid 2,3-二甲基-2-戊烯酸
teratogenicity 致畸性
terawatt(**TW**) 太瓦(特)
terazosin 特拉唑嗪
terbacil 特草定
terbia 氧化铽
terbinafine 特比萘芬
terbium 铽 Tb
terbium bromide 溴化铽
terbium carbonate 碳酸铽
terbium oxide 氧化铽
terbium sesquioxide 氧化铽;三氧化二铽
terbromide 三溴化物

terbufos 叔丁磷;特丁磷
terbutaline 特布他林;叔丁喘宁
terchloride 三氯化物
terconazole 特康唑
terdentate ligand 三齿配位体;三合配位体
terebene 特惹烯;芸香烯(单萜烯混合物)
terebentylic acid 松花酸
terebic acid 芸香酸;4-甲(基)-3-羧酸基-1,4-戊内酯
terebinic acid(=terebic acid) 芸香酸;特惹酸
terephthalal 对苯二亚甲基
terephthalamide 对苯二甲酰胺
terephthalate 对苯二酸盐(或酯)
terephthalic acid 对苯二甲酸
terephthalic aldehyde 对苯二醛
terephthalonic acid 对羧甲酰基苯甲酸
terephthalonitrile 对苯二腈
terephthaloyl 对苯二酰
terephthalyl alcohol 对苯二甲醇
terephthalyl chloride 对苯二酰氯
terephthalylidene(=terephthalal) 对苯二亚甲基
teresantalic acid 对檀香酸;檀油酸
teresantalol 对檀香醇
terfenadine 特非那定;丁苯哌丁醇
terfluoride 三氟化物
terguride 特麦角脲
terhalide 三卤化物
teriodide 三碘化物
terlipressin 特利加压素;三甘加压素
term 期(限)
terminal 接线端
terminal amino group 末端氨基
terminal analysis 末端分析;端基分析
terminal board 接线端子板
terminal bond 端键
terminal box 端子箱;接线盒
terminal carbon 末端碳原子
terminal carboxyl 末端羧基
terminal check 最后校验
terminal conditions 界限条件
terminal control 终端控制
terminal deletion 末端缺失
terminal delivery 码头交货
terminal deoxynucleotidyl transferase 末端脱氧核苷酸转移酶
terminal double bond 末端双键
terminal drying 末期干燥
terminal effect 末端效应
terminal enzyme 末端酶
terminal facilities 码头设备
terminal group 端基
terminal hydrophilic group 末端亲水基;亲水端基
terminal hydroxyl 末端羟基
terminal olefine 端烯烃
terminal olefinic bond(=terminal olefinic link) 末端烯键
terminal pump station 终点泵站
terminal reaction 终止反应
terminal relax time 末端弛豫时间
terminal repetition 末端重复
terminal transferase 末端转移酶
terminal treatment plant 最终处理厂
terminal triple bond 末端三键
terminal velocity 终极速度;终端速度
terminal voltage 端电压
terminated polymer 封端聚合物
termination 终止
termination agent (链的)终止剂
termination codon 终止密码子
termination of contract 合同的终止
termination product 最终产物;成品
terminator 终止剂;终止子
terminology 专门术语
term multiplicity 多重性
term of validity 有效期间
termolecular mechanism 三分子机理
termolecular reaction 三分子反应
term overlapping 谱项重叠
terms of the contract 合同条款
term splitting 谱项分裂
ternary acid 三元酸
ternary alloy 三元合金
ternary complex 三元络合物
ternary compound 三元化合物
ternary mixture 三元混合物
ternary polymerization 三元聚合
ternary system 三元系
terodiline 特罗地林
terofenamate 特罗芬那酯;氯苯氨茴酯
terone 试钛灵
teroxide 三氧化物
terpadiene 萜二烯
terpadienone 萜二烯酮
terpane(=menthane) 萜烷(萜音贴);盖烷
terpene 萜烯;萜(烃)
terpene hydrate 水合萜烯

terpene hydriodide 氢碘酸萜
terpeneless essential oil 无萜精油
terpeneless laurel oil 无萜月桂油
terpeneless lemon oil 无萜柠檬油
terpeneless oil 无萜油
terpeneless orange(-peel) oil 无萜橙油
terpene polychlorinates 氯化松节油
terpene resin 萜烯树脂
terpenes ester 萜烯酯
terpenic acid 萜烯酸
terpenoid 萜类化合物;类萜
terpenol 萜烯醇
terpenone 萜烯酮
terpenyl 萜烯基
terpenylic acid 萜烯基酸
terphenyl 三联苯
terpilene 萜基烯
terpin(e) 萜品;1,8-萜二醇
terpine hydrate 水合萜品;水合1,8-萜二醇
terpinene 萜品烯;松油烯
terpineol 萜品醇;松油醇
terpinolene 萜品油烯;异松油烯;$\Delta^{1-2,4-8}$-萜二烯
terpinyl 萜品基;松油基
terpinyl acetate 醋酸萜品酯
terpinylene(=terpilene) 萜基烯
terpinyl formate 甲酸萜品酯
terpinylic acid 萜品基酸
terpolymer 三元共聚物
terpyridyl 三联吡啶
terrace 平台
terraced-wall furnace 阶梯式炉
terrace furnace 梯台式炉
terrace wall reforming furnace 阶梯式转化[重整]炉
terracinoic acid 土霉酸;地霉酸
terramycin 土霉素
terramycin hydrochloride 土霉素盐酸盐
terra rossa 土红
terreic acid 土曲霉酸
terrestrial heat 地热
tersulfate 三硫酸盐
tert-,tert.- 叔;第三
tertatolol 特他洛尔
α-terthienyl α-连三噻吩
tertiary (1)叔(2)第三的(3)三代的(指无机盐)
tertiary alcohol 叔醇;三级醇
tertiary alkyl 叔烷基
tertiary alkyl peroxide 叔烷基过氧化物
tertiary amine 叔胺;三级胺
tertiary amyl 叔戊基
tertiary amyl alcohol 叔戊醇
tertiary arsenate 三代砷酸盐
tertiary arsine cyanohalide 氰卤化叔胂
tertiary arsine dichloride 二氯化叔胂
tertiary arsine oxide 氧化叔胂
tertiary arsine oxyhalide 氧卤化叔胂
tertiary base 叔碱
tertiary butyl 叔丁基
tertiary calcium phosphate 三代磷酸钙;正磷酸钙
tertiary carbon 叔碳(原子)
tertiary creep 三段蠕变
tertiary hydrocarbon 叔烃
tertiary hydrogen 叔氢
tertiary oil recovery 三次油回收(技术);三次采油(技术)
tertiary pentyl 叔戊基
tertiary phosphine 叔膦 R_3P
tertiary sodium phosphate 磷酸三钠
tertiary structure 三级结构
tervalence 三价
terylene 涤纶
teslameter 特斯拉计
χ^2-test χ^2 检验;卡方检验
test accessories 试验辅助设备
test base 试验基地
test board 测试台
test cabinet 测试室;化验室
test carriage 测试车
test check 试验检查
test coupon 试样
tester (1)检测物(2)检验器;试验仪器
test facilities and instruments 检测设备和仪器
test facility 检测手段
test for contamination 污染试验
test for reinforcing plate 补强板试验
test glass 试管
testing certificate 出厂证;试验检定证书
testing door 检修门
testing facility 测试设备
testing fixture 检查装置
testing laboratory 试验室
test(ing) liquid 试验液体
testing machine of mechanical strength 机械强度试验机
testing of materials 材料试验

testing pipe 取样管
test instrument 试验仪器
test load 试验负荷
test-meter 试验仪表
test method 检测方法
test-mixer 试验混合器
test model 试验模型
test of agreement (= test of goodness of fit) 适合性测定;拟合优度检验
test of goodness of fit 拟合优度检验
test of qualification 合格试验
test of significance 显著性检验
testolactone 睾内酯
testosterone 睾酮
testosterone phenylacetate 苯乙酸睾酮
testosterone propionate 丙酸睾酮
testoviron 丙酸睾丸甾酮
test paper 试纸
test pattern 测试图形
test piece 试件;试样
test piece for welding 焊接试板
test plant 试验车间
test prescription 试验配方
test procedure 试验程序
test program 试验计划
test pump 试验泵
test range 检验范围
test reactor 试验反应器;试验堆
test recipe 试验配方
test record sheet 试验记录单
test report 试验报告
test requirements document 试验(的技术)要求
test requirement specification 试验技术规范
test result 试验(的)结果
test room 试验室
test run 试车;试生产
test run for chemical installation 化工试车
test sample 试样
test sheet 试验单
tests of welded vessels 焊接容器试验
test solution 试液
test specimen 试件
test stand 试验台
test statistic 检验统计量
test surface 探伤面
test[testing] device 测试装置
test-tube 试管;试验管
test-tube brush 试管刷
test tube centrifuge 试管离心机
test tube clamp 试管夹
test-tube holder 试管夹
test-tube rack 试管架
test valve 检查阀
TETA(triethylenetetramine) 三亚乙基四胺(硫化剂)
tetanotoxin 破伤风毒素
tetanthrene 四氢化菲
tetanus toxin 破伤风毒素
TETD(tetraethyl thiuram disulfide) 二硫化四乙基秋兰姆;(硫化)促进剂 TETD
tetraacetyl-glucose 四乙酰葡糖
tetraacetyl-hydrazine 四乙酰肼
tetra-alkyl ammonium hydroxide 氢氧化四烃基铵
tetra-alkyl arsonium chloride 氯化四烃基钾
tetra-alkyl lead 四烷基铅
tetra-allyloxy-silicane 四烯丙氧基(甲)硅烷
tetraallyl thorium 四烯丙基钍
tetraallyl uranium 四烯丙基铀
tetraamyl-silicane 四戊基(甲)硅烷
tetra-atomic acid 四(碱)价酸
tetra-atomic alcohol 四元醇(含有四个羟基的醇)
tetra-atomic base 四价碱
tetra-atomic phenol 四元酚
tetra-atomic ring 四元环
tetrabarbital 替曲比妥;四巴比妥
tetrabasic acid 四元酸;四(碱)价酸
tetrabasic alcohol 四元醇(含有四个羟基的醇)
tetrabasic carboxylic acid 四羧酸
tetrabasic hydroxy acid 四价羟基酸
tetrabasic zinc chromate 四碱式铬酸锌
tetrabenazine 丁苯那嗪;丁苯喹嗪
tetrabenzyl-silicane 四苄基(甲)硅烷
tetraborane 四硼烷
tetraboric acid 四硼酸
tetraboron carbide 一碳化四硼
tetrabromide 四溴化物
tetrabromoaniline 四溴苯胺
tetrabromobenzene 四溴苯
tetrabromobisphenol A 四溴双酚 A(阻燃剂)
tetrabromoethane 四溴乙烷
tetrabromoethylene 四溴代乙烯
tetrabromofluorescein 四溴荧光素;酸性曙红
tetrabromomethane 四溴甲烷
tetrabromophenol phthalein 四溴苯酚酞
tetrabromophenol sulfonphthalein 四溴苯

酚磺酞;溴酚蓝
tetrabromophthalic anhydride 四溴邻苯二甲酸酐
tetrabromopyrrol 四溴吡咯
tetrabromoquinone(=bromanil) 四溴醌;四溴代(对)苯醌
tetrabromothiophene 四溴噻吩
tetrabutylammonium iodide 碘化四丁铵
tetrabutylammonium salt 四丁铵盐
tetrabutyl lead 四丁基铅
tetrabutylpyrophosphate 焦磷酸四丁酯
tetrabutyl silicane 四丁基(甲)硅(烷)
tetrabutyl tin 四丁基锡
tetrabutyl titanate 钛酸四丁酯
tetracaine hydrochloride 盐酸丁卡因
tetracarboxylic acid 四羧酸
tetracene (1)并四苯 (2)特屈拉辛
tetracetate 四乙酸盐(或酯)
tetrachloride 四氯化物
tetrachlormethiazide 四氯甲噻嗪
***sym*-tetrachloroacetone** 对称四氯丙酮;1,1,3,3-四氯丙酮
tetrachlorobenzene 四氯(代)苯
tetrachlorobenzoquinone 四氯苯醌
tetrachlorobisphenol A 四氯双酚 A
1,1,2,2-tetrachloroethane 均四氯乙烷
***sym*-tetrachloroethane** 均四氯乙烷
***unsym*-tetrachloroethane** 偏四氯乙烷
tetrachloroethane 四氯乙烷
tetrachloroethylene 四氯乙烯
tetrachlorohydroquinone 四氯代氢醌;四氯对苯二酚
tetrachloromethane 四氯化碳
tetrachlorophthalic acid 四氯邻苯二甲酸
3,4,5,6-tetrachlorophthalide 四氯苯酞
1,1,1,3-tetrachloropropane 1,1,1,3-四氯丙烷
tetrachloroquinone(=chloranil) 四氯代(苯对)醌
tetrachlorothiophene 四氯噻吩
tetrachlorvinphos 司替罗磷
tetrachromate 四铬酸盐
tetrachromic acid 四铬酸
tetracid 四酸
tetraconazole 氟醚唑
tetracontane 四十烷
tetracontyl 四十(烷)基
tetracosandienoic acid 二十四碳二烯酸
tetracosandioic acid 二十四烷二酸
tetracosane (1)(正)二十四(碳)烷 (2)二十四(碳)烷
***n*-tetracosane** 正二十四(碳)烷
tetracosane diacid 二十四烷二酸
tetracosane dicarboxylic acid 二十四烷二羧酸;二十六烷二酸
tetracosanic acid 二十四(烷)酸
tetracosanoic acid 二十四(烷)酸
tetracosanol 二十四(烷)醇
tetracosendioic acid(=tetracosene diacid) 二十四碳烯二酸
tetracosene diacid 二十四碳烯二酸
tetracosene dicarboxylic acid 二十四碳烯二羧酸
tetracosenic acid 二十四碳烯酸
tetracosenoic acid 二十四碳烯酸
tetracosyl 二十四(烷)基
tetra-*p*-cresoxy-silicane 四对甲苯氧基(甲)硅(烷)
tetracyanoethylene 四氰乙烯
tetracyano-*p*-quinodimethane 四氰基对醌二甲烷
tetracycline hydrochloride 四环素盐酸盐
tetracyclines(TCs) 四环素类抗生素
tetracyclohexyltin 四环己基锡
tetracyclone 四环酮
tetracyclopentadienyl neptunium 四茂合镎;四环戊二烯合镎
tetracyclopentadienyl uranium 四茂合铀;四环戊二烯合铀
tetradecadienoic acid 十四碳二烯酸
tetradecamethylhexasiloxane 十四甲基六硅氧烷
tetradecandioic acid 十四烷二酸
tetradecane (1)(正)十四(碳)烷 (2)十四(碳)烷
tetradecane diacid 十四烷二酸
tetradecane dicarboxylic acid 十四烷二羧酸;十六双酸
tetradecanoate 十四(碳)烷酸盐(或酯)
tetradecanoic acid 十四(烷)酸;肉豆蔻酸
***n*-tetradecanol** 正十四烷醇
tetradecanoyl 十四(烷)酰
tetradecendioic acid(=tetradecene diacid) 十四(碳)烯二酸
tetradecene 十四(碳)烯
2-tetradecene 2-十四(碳)烯
tetradecene diacid 十四(碳)烯二酸
tetradecene dicarboxylic acid 十四(碳)烯二羧酸
tetradecenic acid 十四(碳)烯酸

tetradecenoic acid 十四(碳)烯酸
tetradecoic acid 十四(烷)酸
tetradecyl 十四(烷)基
tetradecyl acetate 乙酸十四(烷)酯
tetradecyl alcohol 十四醇
tetradecylamine 十四(烷)胺
tetradecyl caproate 己酸十四(烷)酯
tetradecylendioic acid(＝tetradecylene diacid) 十四(碳)烯二酸
tetradecylene diacid 十四(碳)烯二酸
tetradecylene dicarboxylic acid 十四(碳)烯二羧酸
α-tetradecylene(＝1-tetradecene) α-十四(碳)烯;1-十四(碳)烯
tetradecylenic acid 十四(碳)烯酸
tetradecyl pyridinium bromide 溴化十四烷基吡啶鎓
tetradecynic acid 十四(碳)炔酸
tetradecynoic acid 十四(碳)炔酸
tetrad effect 四素组效应
tetradentate 四配位基(的)
tetradifon 三氯杀螨砜
tetraethanolammonium hydroxide 氢氧化四(羟乙基)铵
tetraethide 四乙基金属
tetraethoxysilane 原硅酸乙酯,四乙氧基(甲)硅烷
tetraethoxy-silicane 四乙氧基(甲)硅(烷)
tetraethyl 四乙基
tetraethylammonium bromide 溴化四乙铵
tetraethylammonium chloride 氯化四乙铵
tetraethylammonium hydroxide 氢氧化四乙铵
tetraethylbenzene 四乙基苯
tetraethyldiaminobenzophenone 二(N-二乙氨基苯基)(甲)酮
tetraethyldiaminodiphenylmethane 二(N-二乙氨基苯基)甲烷
tetraethyldiaminotriphenylcarbinol 二(N-二乙氨基苯基)苯甲醇
tetraethyl-diarsine 四乙化二砷;双二乙胂
tetraethylene-glycol(＝tetraglycol) 三缩四乙二醇;四甘醇
tetraethylene pentamine 四亚乙基五胺
tetraethyl ethanetetracarboxylate 乙四羧酸四乙酯
tetraethyl gas 四乙铅汽油
tetraethyl germanium 四乙锗
tetraethyl-lead 四乙铅
tetraethyl orthocarbonate 原碳酸四乙酯
tetraethyl(ortho)silicate 原硅酸四乙酯
tetraethyl plumbane 四乙铅
tetraethyl pyrophosphate 焦磷酸四乙酯;特普
tetraethyl radiolead 四乙基放射铅
tetraethyl silicane 四乙基(甲)硅(烷)
tetraethyl-succinic acid 四乙代丁二酸
tetraethyl tetrazene 四乙基四氮烯
tetraethylthiuram disulfide 二硫化四乙基秋兰姆;硫化促进剂 TETD
tetraethyltin 四乙(基)锡
tetraethyl titanate 钛酸四乙酯
tetraethyl urea 四乙基脲
tetrafluoride 四氟化物
tetrafluoroberyllate 四氟铍酸根(或盐)
tetrafluoroborate 四氟硼酸盐(或酯)
(tetra) fluoroboric acid 氟硼酸
tetrafluorodichloroethane 四氟二氯乙烷;氟里昂-114
tetrafluoroethylene(TFE) 四氟(代)乙烯
tetrafluoromethane 四氟化碳
tetragalloyl erythrite 四棓酰赤藓醇
tetragastrin 四肽胃泌素
tetraglycol 四甘醇;三缩四(乙二醇)
tetraglyme 四乙醇二甲醚
tetragonal hybrid (＝sp^3 hybrid) sp^3 杂化轨道(函数);正四面体杂化轨函数
tetragonal system 四方晶系
tetrahalide 四卤化物
tetrahalogenated benzene 四卤代苯
tetrahedral complex 正四面体络合物
tetrahedral configuration 四面体构型
tetrahedrite 黝铜矿
tetraheptoxy-silicane 四庚氧基(甲)硅(烷)
tetraheptylammonium nitrate 硝酸四庚铵
tetrahydrate 四水化(合)物
tetrahydrate zinc fluoride 四水氟化锌
tetrahydric acid 四元酸
tetrahydric alcohol 四元醇(含有四个羟基的醇)
tetrahydric phenol 四元酚
tetrahydric salt 四酸式盐
tetrahydroabietic acid 四氢枞酸
tetrahydroaldosterone 四氢醛甾酮
tetrahydroalstonine 四氢鸭脚木碱
tetrahydroaluminate 四氢铝酸盐
tetrahydrobenzene(＝cyclo-hexene) 四氢化苯;环己烯
tetrahydrobenzoic acid 四氢化苯甲酸

tetrahydrobiopterin 四氢生蝶呤
tetrahydro-butene 四氢丁烯
tetrahydrocannabinol 四氢大麻酚
tetrahydrocortisol 四氢皮(质甾)醇
tetrahydrocortisone 四氢可的松
tetrahydrodicyclopentadiene 四氢双环戊二烯
tetrahydrofolate dehydrogenase 四氢叶酸脱氢酶
tetrahydrofolic acid 四氢叶酸
tetrahydroform 三亚甲基亚胺;丙亚胺
tetrahydrofuran 四氢呋喃
2,5-tetrahydrofurandimethanol 2,5-四氢呋喃二甲醇
tetrahydrofurfural 四氢糠醛(溶剂)
tetrahydrofurfuryl 四氢糠基;四氢化糠基
tetrahydrofurfuryl acetate 乙酸四氢糠酯
tetrahydrofurfuryl alcohol 四氢糠醇
tetrahydrofurfuryl benzoate 苯甲酸四氢糠酯
tetrahydrofurfuryl butyrate 丁酸四氢糠酯
tetrahydrofurfuryl caproate 己酸四氢糠酯
tetrahydrofurfuryl oleate(THFO) 油酸四氢呋喃甲酯
tetrahydroglyoxaline 四氢化甘噁啉;咪唑啉
tetrahydroisopimaric acid 四氢异海松酸
tetrahydromethylfuran 四氢甲基呋喃
2,3,5,6-1*H*,4*H*-tetrahydro-8-methylquinolizino[9,9*a*,1-*gh*]coumarin 香豆素-102
tetrahydronaphthalene (1,2,3,4-)四氢化萘(增塑剂,溶剂)
1,2,3,4-tetrahydronaphthalene 1,2,3,4-四氢化萘
tetrahydropalmatine 延胡索乙素
tetrahydrophthalate 四氢邻苯二甲酸盐(或酯)
tetrahydrophthalic acid 四氢化邻苯二甲酸
tetrahydropimaric acid 四氢海松酸
tetrahydropteridine 四氢蝶啶
tetrahydropyrane 四氢吡喃
tetrahydropyrrole 吡咯烷
tetrahydroquinone 四氢化醌
tetrahydrosylvane 四氢邻甲基呋喃
tetrahydrothiazoles 四氢噻唑
tetrahydrothiophene 四氢噻吩
tetrahydrotoluene(=methylcyclohexene) 四氢化甲苯;甲基环己烯
tetrahydroxy acid 四羟基酸
tetrahydroxy adipic acid 四羟基己二酸
tetrahydroxy alcohol 四元醇
tetrahydroxy benzene 四羟基苯;苯四酚
tetrahydroxy butane 赤藓糖醇
tetrahydroxyquinone 四羟基醌;四羟基苯对醌
tetrahydroxysuccinic acid 四羟基丁二酸;二羟基酒石酸
tetrahydrozoline 四氢唑啉
tetraiodo-benzene 四碘(代)苯
tetraiodo-ethylene 四碘(代)乙烯
tetraiodo-methane 四碘代甲烷;四碘化碳
tetraiodophenolphthalein sodium salt 四碘酚酞钠
tetraiodophenolsulfonphthalein 四碘苯酚磺酞
tetraiodophthalic anhydride 四碘代邻苯二(酸)酐
tetraiodothyroacetic acid 四碘甲腺乙酸
tetraisoamoxy silicane 四异戊氧基(甲)硅(烷)
tetraisoamyllead 四异戊基铅
tetraisobutoxysilicane 四异丁氧基(甲)硅(烷)
tetraisobutyllead 四异丁基铅
tetraisopropylbenzene 四异丙基苯
tetraisopropyllead 四异丙基铅
tetraisopropyl titanate 钛酸四异丙酯
tetralin 1,2,3,4-四氢化萘
tetralite 特屈儿
tetralol 四氢萘酚
tetralon acid 乙二胺四乙酸
tetralone 四氢萘酮
tetralyl 四氢萘基
tetramer 四聚物
tetramethide 四甲基金属
tetramethoxysilicane 四甲氧基(甲)硅(烷)
tetramethrin 四甲司林;胺菊酯
tetramethylammonium 四甲基铵
tetramethylammonium bromide 溴化四甲铵
tetramethylammonium chloride 氯化四甲铵
tetramethylarsonium hydroxide 氢氧化四甲钾
tetramethylbenzene 四甲基苯
1,2,4,5-tetramethylbenzene 1,2,4,5-四甲苯
tetramethylbutanediamine(TMBDA) 四甲基丁二胺
tetramethyldiaminobenzhydrol 四甲基二氨基二苯甲醇
tetramethyldiaminobenzophenone 四甲基二氨基二苯(甲)酮

tetramethyldiaminobutane 四甲基二氨基丁烷
4,4′-tetramethyldiaminodiphenylmethane 4,4′-四甲氨基二苯基甲烷
tetramethyl diphosphine 四甲基偶膦
tetramethylene 四亚甲基;1,4-亚丁基
tetramethylene-diamine 四亚甲基二胺;1,4-丁二胺
tetramethylene diguanidine 四亚甲二胍
tetramethylenedisulfodiamine 四亚甲基二磺酸基二胺
tetramethylene glycol 1,4-丁二醇
tetramethylene imine 环丁亚胺;四亚甲基亚胺
tetramethylene oxide 四氢呋喃
tetramethylene phosphate 磷酸四亚甲酯
tetramethylene sulfide 四氢噻吩
tetramethylene sulfone(=sulfolane) 四氢噻吩砜;环丁砜
tetramethyl-ethylene 四甲基乙烯
***N*, *N*, *N*′, *N*′-tetramethyl ethylene diamine (TEMED)** *N*,*N*,*N*′,*N*′-四甲基乙二胺
tetramethylethylenediamine(TMEDA) 四甲基乙二胺(环氧树脂硬化剂)
tetramethyl ethylene glycol 2,3-二甲基-2,3-丁二醇;频哪醇
tetramethyl glucopyranose 四甲基吡喃葡糖
tetramethyl-glucose 四甲基葡糖
tetramethyl glucoside 四甲基葡糖苷
tetramethylhexanediamine(TMHDA) 四甲基己二胺
tetramethyl-lead 四甲基铅
tetramethyl leucaniline 三(二甲氨基苯基)苯甲烷
tetramethylmethane 四甲基甲烷;新戊烷
tetramethylolmethane 季戊四醇
tetramethylpentane 四甲基戊烷
2,3,5,6-tetramethylphenyl(=duryl) 2,3,5,6-四甲(基)苯基;杜基
tetramethyl phenylene 2,3,5,6-四甲(基)亚苯基
tetramethyl-*p*-phenylene diamine 对二(二甲氨基)苯二胺
tetramethyl-*p*-phenylene(=durylene) 四甲(基)代对亚苯基
tetramethylphosphonium iodide 碘化四甲基鳞
tetramethylpropanediamine(TMPDA) 四甲基丙二胺
tetramethylsilane 四甲基硅烷;四甲基(甲)硅(烷)
tetramethylthiuram disulfide 二硫化四甲基秋兰姆;硫化促进剂 TMTD
tetramethylthiuram monosulfide 一硫化四甲基秋兰姆
tetramethylurea 四甲脲
tetramethyl-uric acid 四甲基尿酸
tetramido- 四酰氨基
tetramine 四胺
tetramisole 驱虫净;四咪唑
tetrammine 四氨合物
tetrammine cobaltrichloride 三氯化四氨钴
tetrammine platinous chloride 二氯化四氨铂
tetramorphism 四晶(现象)
tetramycin 梧宁霉素
tetranactin 杀螨素
tetrandrine 汉防己碱;汉防己甲素
tetrane 丁烷
tetranitrate 四硝酸酯(或盐)
tetranitro-aniline 四硝基苯胺
tetranitro-anisole 四硝基苯甲醚
tetranitrocarbazol 四硝基咔唑
tetranitrodiglycerine 四硝基二甘油;二缩甘油四硝酸酯
tetranitrodiphenyl disulfide 四硝基二苯二硫
tetranitrodiphenyl ether 四硝基二苯醚
tetranitrodiphenylmethane 四硝基二苯甲烷
tetranitro-glycerine (二缩)甘油四硝酸酯
tetranitrol 季戊四醇四硝酸酯
tetranitromethane 四硝基甲烷
tetranitro-methylaniline(=tetryl) 四硝基甲基苯胺;特屈儿
tetranitropentaerythrite 季戊四醇四硝酸酯;太恩
tetrantoin 替群妥英;四氢萘妥英
tetranuclear 四环的;四核的
tetranucleotide 四核苷酸
tetraoctyl-1,2,4,5-benzenetetracarboxylate 均苯四酸四辛酯
tetraoctyl pyromellitate 均苯四酸四辛酯
tetra paper 铅试纸(浸四甲基对二氨基苯基甲烷的乙酸溶液的试纸)
tetraphenoxy-silicane 四苯氧基(甲)硅(烷)
tetraphenylarsonium chloride 氯化四苯钾
tetraphenylborate 四苯(基)硼酸盐(或酯)
tetraphenylene 亚四苯基

tetraphenyl ethylene 四苯乙烯
tetraphenyl germane 四苯基锗烷
tetraphenyl guanidine 四苯胍
tetraphenyl-hexaoxacyclooctadecadiene 四苯基六氧环十八醚二烯
tetraphenyl hydrazine 四苯肼
tetraphenylnaphthacene 四苯基并四苯
tetraphenylphosphonium chloride 氯化四苯基鏻;四苯鏻氯
tetraphenylporphin(e) 四苯基卟吩
tetraphenylstibonium bromide 溴化四苯(基)锑
tetraphenyl tin 四苯基锡
tetraphenyl urea 四苯基脲
tetraphosphine 四磷
tetraphosphine oxide 氧化四磷
tetraphosphorus decasulfide 十硫化四磷
tetraphosphorus heptasulfide 七硫化四磷
tetraphosphorus monoselenide 一硒化四磷
tetraphosphorus triselenide 三硒化四磷
tetraphosphorus trisulfide 三硫化四磷
tetrapolypropylene 四聚丙烯;丙烯四叠合物
tetrapropylammonium hydroxide 氢氧化四丙基铵
tetrapropylammonium iodide 碘化四丙铵
tetrapropylene 四聚丙烯
tetrapropylene benzene 四聚丙烯基苯
tetrapropylene benzene sulfonate 四聚丙烯基苯磺酸盐
tetrapropyl-lead 四丙(基)铅
tetrapropyltin 四丙基锡
tetraprotic acid 四元酸
tetraricinoleic acid 四聚蓖麻醇酸
tetrasaccharide 四糖
tetrasilane 四硅烷;丁硅烷
tetrastyrene 四聚苯乙烯
tetrasulfur tetranitride 四氮化四硫
tetrathiafulvalene 四硫富瓦烯
tetra(thiazyl fluoride) 四聚氟化硫(杂)氮
tetrathionic acid 连四硫酸
tetratolyl lead 四甲苯基铅
tetratolylsilicane 四甲苯基硅
tetratolyltin 四甲苯基锡
tetratomic acid 四(碱)价酸
tetratomic alcohol 四元醇(含有四个羟基的醇)
tetratomic base 四价碱
tetratriacontane 三十四(碳)烷
tetrazane 四氮烷
tetrazaporphin(=porphrazine) 四氮卟吩;紫菜碱
tetrazene 特屈拉辛;四氮烯(一种起爆药)
tetrazepam 四氢西泮;四氢安定
tetrazine 四嗪
tetrazo-(=bisazo,bisdiazo) 双偶氮
tetrazo compound 双偶氮化合物
tetrazole 四唑
tetrazolium 四唑鎓
tetrazolium blue 四唑蓝;蓝四唑
tetrazolo- 四唑并
tetrazolyl 四唑基
tetrazone 四氮腙;偶二氮化合物
tetrazotic acid 四氮酸
tetrazyl 四唑基
tetrelide 第四族元素化物
tetren(=tetraethylenepentamine) 四(亚)乙(基)五胺
tetrinic acid 特春酸;α-甲基特窗酸
tetritol 丁糖醇
tetrodotoxin 河豚毒素
tetrofosmin 替曲膦
tetrolaldehyde 丁炔醛
tetrole 呋喃
tetrolic acid 2-丁炔酸
tetrolic aldehyde 丁炔醛
tetronasin 替曲那新
tetronate 4-羟(基)乙酰乙酸内酯
tetronic acid 特窗酸;季酮酸;4-羟乙酰乙酸内酯
tetrophan 苯并二氢吖啶酸
tetroquinone 四羟醌
tetrose 丁糖;四碳糖
tetroxide 四氧化物
tetroxoprim 四氧普林;四氧苄嘧啶
tetruronic acid 丁糖酮酸
tetryl 特屈儿
tetrytol 特屈托尔;特梯炸药
tevenel 氨枫霉素
TE wave 横电波
tex 特;特克斯
Texaco gasifier 德士古煤气化炉
Texaco type coal gasifier 德士古煤气化炉
texalith 水镁石
texapon Z 特沙邦;磺醇湿润剂 Z
texrope 三角皮带
textile braided(spiral) rubber hose 纤维编织(缠绕)胶管
textile ceramics 纺织陶瓷

textile dyeing and finishing auxiliaries 染整助剂
textile finishing agent 织物整理剂
textile rubber article 纺织用橡胶制品
textile spool paper 纱管纸
textolite 层压胶布板
texture 纹理
textured fiber 变形纤维
textured technology 织构技术
texture of coal 煤结构
texture of steel wire cord 钢丝帘线结构
TF(transfer factor) 转移因子
TFCE(trifluorochloroethylene) 三氟氯乙烯
TFE(tetrafluoroethylene) 四氟乙烯
TFM 三氟甲硝酚
TG(thermogravimetry) 热重法
TGA(thermogravimetric analysis) 热重量法
TGIC(triglycidyl isocyanate) 异氰酸三缩水甘油酯;三缩水甘油基异氰酸酯
thalassochemistry 海洋化学
thalicarpine 白蓬草卡品;唐松草碱
thalidomide 沙利度胺;酞胺哌啶酮;酞谷酰亚胺
thallic (1)(正)铊的;三价铊的(2)含(正)铊的
thallic bromide 三溴化铊
thallic chloride 三氯化铊
thallic fluodichloride 一氟二氯化铊
thallic fluoride 三氟化铊
thallic iodide 三碘化铊
thallic nitrate 硝酸铊
thallic oxide 三氧化二铊
thallic oxychloride 氯氧化铊
thallic oxyfluoride 氟氧化铊
thallic peroxide 过五氧化三铊
thallic sulfate 硫酸铊
thallic sulfide 三硫化二铊
thalline 沙啉;6-甲氧基四氢化喹啉
thalline salicylate 水杨酸四氢对甲氧基喹啉
thalline sulfate 硫酸四氢对甲氧基喹啉
thalline tartrate 酒石酸四氢对甲氧基喹啉
thallium 铊 Tl
thallium acetate 乙酸亚铊
thallium alcoholate 醇亚铊;烃氧基亚铊
thallium arsenate 砷酸铊
thallium arsenite 亚砷酸铊
thallium azide 铊叠氮化物
thallium bromide 溴化铊
thallium bromodichloride 二氯一溴化铊
thallium carbonate 碳酸铊
thallium chloride 氯化铊
thallium chlorodibromide 一氯二溴化铊
thallium chromate 铬酸铊
thallium dibromide 二溴化铊
thallium dichloride 二氯化铊
thallium diethyl chloride 氯化二乙铊
thallium diethyl hydroxide 氢氧化二乙铊
thallium ethide (三)乙基铊
thallium ethyl (三)乙基铊
thallium fluoride 氟化铊
thallium formate 甲酸亚铊
thallium hydroxide 氢氧化铊
thallium iodide 碘化铊
thallium methide 三甲铊
thallium(Ⅰ) orthophosphate 磷酸亚铊
thallium methyl 三甲铊
thallium molybdate 钼酸铊
thallium monochloride 氯化亚铊;一氯化铊
thallium monofluoride 氟化亚铊;一氟化铊
thallium monoiodide 碘化亚铊;一碘化铊
thallium monoxide 一氧化二铊
thallium nitride 氮化铊
thallium oxide 氧化铊
thallium pentasulfide 五硫化二铊
thallium peroxide 过氧化铊
thallium phosphide 磷化铊
thallium selenide 硒化铊
thallium sesquioxide 三氧化二铊
thallium sesquisulfide 三硫化二铊
thallium sulfate 硫酸铊
thallium sulphide 硫化铊
thallium telluride 碲化铊
thallium trifluoride 三氟化铊
thallium triiodide 三碘化铊
thallium trinitrate(TTN) 硝酸铊
thallium trioxide 三氧化二铊
thallium trisulfide 三硫化二铊
thallosic chloride 四氯化二铊
thallous 亚铊的;一价铊的
thallous acetate 乙酸亚铊
thallous bromate 溴酸亚铊
thallous bromide 溴化亚铊;一溴化铊
thallous chlorate 氯酸亚铊
thallous chloride 氯化亚铊;一氯化铊
thallous fluoride 氟化亚铊;一氟化铊
thallous formate 甲酸亚铊

thallous iodate 碘酸亚铊
thallous iodide 碘化亚铊;一碘化铊
thallous nitrate 硝酸亚铊
thallous oxide 氧化亚铊;一氧化二铊
thallous perchlorate 高氯酸亚铊
thallous phosphate 磷酸亚铊
thallous rhodanate 硫氰酸亚铊
thallous selenate 硒酸亚铊
thallous sulfate 硫酸亚铊
thallous sulfide 硫化亚铊;一硫化二铊
thamnolic acid 地茶酸
thanatochemistry 死亡化学
Thanite 杀那特
thanomin 乙醇胺
thapsic acid 它普酸;十六碳二酸
thapsigargin 毒胡萝卜素
thaumatin 奇迹蛋白(甜味蛋白);祝马丁
thawing 融化
thawing index 解冻指数;融化指数
thaw point 融化点
THBP(trihydroxybutyrophenone) 三羟苯丁酮;三羟基丙基苯基甲酮(防老剂,紫外线吸收剂)
theamin 茶胺;茶碱乙醇胺
theanine 茶氨酸;*N*-乙基-*γ*-谷氨酰胺
thearubigins 茶玉红精
thease 茶酶
thebaine 蒂巴因;二甲基吗啡
thebaol 蒂巴酚;3,6-二甲氧基-4-羟基菲
the 14 Bravais lattices 14种布拉威点格
the choice of flow direction 流向选择
the 32 crystallographic point groups 32种晶体学点群
the 230 crystallographic space groups 230种晶体学空间群
theelin(=estrone) 雌酮
theelol(=estriol) 雌三醇;16,17-二羟甾酚
theine 咖啡因
Theisen disintegrator 动力除尘器;机械洗涤器;泰生洗涤机
Theisen gas cleaner 动力除尘器;机械洗涤器;泰生洗涤机
Theisen gas scrubber 动力除尘器;机械洗涤器;泰生洗涤机
(the) key technical indexes 主要技术指标
(the) layout of the equipments 设备布置图
thelephoric acid 革菌酸
thenalidine 噻苯哌胺
thenardite 无水芒硝
thenium closylate 西尼铵氯苯磺酸盐;氯苯磺酸噻苯氧铵
thenoic acid 3-噻吩甲酸
thenoyl 噻吩甲酰
thenoyltrifluoroacetone 噻吩甲酰三氟丙酮
thenyl 噻吩甲基
thenyl alcohol 噻吩甲醇
thenylidene 噻吩亚甲基
theobromine 可可碱;3,7-二甲基黄嘌呤
theobromine acetic acid 1-可可碱乙酸
theobromine calcium salicylate 可可碱水杨酸钙
theobromine salicylate 水杨酸可可碱
theobromine sodium acetate 可可碱乙酸钠
theobromose 可可碱锂
theocin(=theophylline) 茶叶碱
theofibrate 氯贝茶碱;祛脂酸羟乙茶碱酯
theohydramine 茶苯海明
theophylline 茶(叶)碱
theophylline acetic acid 7-茶碱乙酸
theophylline ethanolamine 茶碱乙醇胺
theophylline ethylenediamine 茶碱乙二胺
theophylline sodium formate 甲酸钠茶叶碱
theophylline sodium glycinate 茶碱甘氨酸钠
theorem 定理
theorem of angular momentum 角动量定理
theorem of impulse 冲量定理
theorem of kinetic energy 动能定理
theorem of momentum 动量定理
theoretical air 理论空气(量)
theoretical biophysics 理论生物物理学
theoretical capacity 理论容量
theoretical chemistry 理论化学
theoretical crystallography 理论晶体学
theoretical density (粉末冶金)理论密度;全密度;100%相对密度
theoretical error 理论误差
theoretical head 理论压头;理论扬程
theoretical indicator card 理论指示图
theoretically complete combustion 理论完全燃烧
theoretically dry 绝对干燥
theoretically perfect tray [plate] 理论(塔)板
theoretical mesh 理论筛目
theoretical model 理论模型
theoretical physics 理论物理(学)
theoretical plate 理论塔板
theoretical plate number 理论塔板数
theoretical specific energy 理论比能量

theoretical stage 理论级
theoretical volumetric efficiency 理论容积效率
theoretical yield 理论(上)产量
theory 理论
theory of active centres 活性中心理论
theory of analogy 相似论
theory of dimensions 量纲理论
theory of free radicals 游离基理论
theory of mineral nutrition 矿质营养学说
theory of multiplets (= Balandin theory of multiplets) 巴兰金多重催化理论
theory of reaction rates 反应速率理论
theory of relativity 相对论
theory of similarity 相似论
theory of strainless rings (= Sachse-Mohr theory) 萨克斯-莫尔理论
theory of strength 强度理论
theosine 茶(叶)碱
the particle state 颗粒态
the principle of corresponding states 对比态原理
the pure rate of interest 纯粹利率
therapeatic test 治疗试验
therapeutical 治疗的
therapic acid 治疗酸;十八碳四烯酸
thermal activation 热活化
thermal aerosol generator 热烟雾机
thermal ageing 热老化;热陈化
thermal agitation 热搅拌;热搅动
thermal analysis 热分析;热学分析
thermal baffle 隔热板
thermal barrier 保温层;绝热层
thermal-barrier coating 保障[保温]涂层
thermal battery 热电池
thermal breakdown 热击穿
thermal buffer 热缓冲器
thermal capacity 热容量
thermal collapse 热破坏[变形]
thermal collector 热力除尘器
thermal column 热柱
thermal compensation 热补偿
thermal compensator 热补偿器
thermal compressor 热力压缩机
thermal conduction 热传导
thermal conductivity 导热率;导热系数;热导率;热传导性
thermal conductivity cell 热导池
thermal conductivity detector 热导检测器
thermal conductivity gas analyzer 热导式气体分析器
thermal consumption 热消耗
thermal contact resistance 接触热阻
thermal container 热(保温)集装箱
thermal control coating 温控涂料
thermal convection 热对流
thermal conversion process 热转化过程
thermal cracker 热裂化[解]装置
thermal cracking 热裂;热裂化;热裂解
thermal cracking gas chromatography 热解气相色谱(法)
thermal cracking process 热裂化过程
thermal cracking unit 热裂化[解]装置
thermal creep 热蠕变
thermal current 热流
thermal cutting 热切割
thermal cyclization reaction 热环化反应
thermal cyclone 热旋风分离器
thermal de Broglie wavelength 德布罗意热波长
thermal decomposer 热分解器
thermal decomposition 热分解
thermal decomposition furnace 热(分)解炉
thermal decomposition test 热分解试验
thermal deformation temperature 热变形温度
thermal degradation 热降解
thermal depolymerization 热解聚
thermal desorption 热脱附;热解吸
thermal desorption spectrum 热脱附谱
thermal desorption substance 热解吸物
thermal detector 热检测器
thermal diffusion 热扩散
thermal diffusion coefficient 热扩散系数
thermal diffusion column 热扩散柱
thermal diffusion factor 热扩散因数
thermal diffusion method 热扩散法
thermal diffusion ratio 热扩散比
thermal diffusion zone 热扩散区
thermal diffusivity 热扩散系数;导温系数
thermal dilation 热膨胀
thermal dispersion 热散逸
thermal dissociation 热离解(作用)
thermal distortion 热变形
thermal distortion temperature 热形变温度
thermal efficiency 热效率
thermal electric power 热电能
thermal element 热敏元件

thermal embrittlement 热脆化;热脆性
thermal equation of state 热状态方程
thermal equilibrium 热平衡
thermal etching 热腐蚀
thermal exergy 热㶲
thermal expansion 热膨胀
thermal expansion compensator 热膨胀补偿器
thermal expansivity 热膨胀系数
thermal explosion 热爆炸
thermal failure 热破坏
thermal field 热场
thermal flow 热流
thermal fluctuation 热涨落
thermal flux 热流;热通量
thermal force 热载荷
thermal forming 热成型
thermal gradient 热梯度
thermal head 热位差
thermal history 热历史
thermal image test 热示检查法
thermal incineration 热焚烧
thermal incinerator 热焚烧炉
thermal induced aldol condensation 热诱导醛醇缩合反应
thermal initiation 热引发
thermal instability 热不稳定性
thermal insulating material 绝热材料
thermal insulating tank car 保温槽车
thermal insulation 隔热;保温
thermal insulator 绝热器;绝热体;保温层
thermal ionization 热电离
thermal island effect 热岛效应
thermal isomerization 热异构化
thermalization 热能化
thermal layer 温跃层;热激波
thermal liquid system 热液体系
thermal load 热应力;热负荷
thermal losses 热损耗[失]
thermally conducting wall (= diathermic partition) 透热隔膜;透热壁
thermally coupled distillation 热偶合蒸馏
thermally stable 热稳定的
thermally stable polymer 热稳定聚合物
thermal machine 热机
thermal-mechanical treatment 形变热处理
thermal medium 热载体
thermal medium boiler 热载体锅炉
thermal medium heater 热载体加热炉
thermal medium return nozzle 热载体回流口
thermal medium storage tank 热载体贮罐
thermal medium vaporizer 热载体蒸发器
thermal meter 测热仪表
thermal motion 热运动
thermal naphtha 热裂化石脑油
thermal neutron reactor 热中子反应堆
thermal neutrons 热中子
thermal noise 热噪声
thermal nuclear plasma 热核等离子体
thermal organic reaction 热有机反应
thermal oxidation 热氧化
thermal oxidation aging 热氧化老化
thermal-oxidative degradation 热氧化降解
thermal-oxidative plasticization 热氧化降解塑炼法
thermal parameter 热参数
thermal passivation 热钝化
thermal phase inversion 热致相转化
thermal pollution 热污染
thermal polymerization 热聚合
thermal power 发热量
thermal power company 热电厂
thermal power station 热电站
thermal precipitation 热沉降
thermal precipitator 热沉淀器
thermal-process phosphate fertilizer 热法磷肥
thermal quenching 热猝灭
thermal radiation 热辐射
thermal rectification 热精馏
thermal refined steel(s) 调质钢
thermal refining 调质处理
thermal reforming 热重整
thermal relaxation 热弛豫
thermal resistance 热阻
thermal resistance to phase transition 相变热阻
thermal resistor 热敏电阻
thermal retentive fiber 蓄热纤维
thermal runaway 热失控
thermal-sensitive dye(s) 热敏染料
thermal sensitive effect 热敏效应
thermal sensitivity 热敏度
thermal sensor 热敏元件
thermal shock 热(冲)击
thermal shock resistance 耐热震性
thermal shock test 冷热骤变试验
thermal shrinkage 热缩

thermal shrinkage stress 热收缩应力
thermal silica 热解硅石
thermal softening 热软化
thermal spike 热峰;热尖
thermal spraying 热喷涂
thermal stability 热稳定性
thermal stabilizer 热稳定剂
thermal still 热蒸馏釜
thermal storage 蓄热
thermal strain 热应变
thermal stress 热应力;温差应力
thermal stress fatigue 热应力疲劳
thermal(-stress) fatigue failure 热疲劳破损
thermal stretching bath 热拉伸浴
thermal switch 热控开关
thermal telomerization 热调聚反应
thermal transmission 传热
thermal treatment 热处理
thermal unit 热量单位
thermal value 发热量;热值
thermal vibration 热振动
thermal wavelength 热波长
thermel 热电偶;温差电偶
thermion 热离子
thermionic activity 热离子活度
thermionic detector 热离子检测器
thermionic effect 热离子效应
thermionic emission 热电子发射
thermionic ion source 热离子源
thermisistor 热敏电阻器
thermistor 热敏电阻
thermite process 铝热法
thermite reduction 金属热还原法
thermoanalysis 热分析
thermobalance 热天平
thermochemical cycle 热化学循环
thermochemical equation 热化学方程式
thermochemical gas analyser 热化学式气体分析器
thermochemical kinetics 热化学动力学
thermo-chemical treatment 化学热处理
thermochemistry 热化学
thermochor 分子体积与温度关系
thermochromic dyes 热变色染料
thermochromism 热致变色
thermo-compression evaporation 热泵蒸发
thermocompressor 热压机
thermocouple 温差电偶;热电偶
thermocouple needle 热电偶针
thermocouple pyrometer 热电偶高温计
thermocouple thermometer 热电偶温度计
thermocouple(vacuum)gauge 温差电偶真空规
thermocouple well 热电偶管
thermocuple materials 热电偶材料
thermocuring 热固化
thermocylinder 刮板式热交换器
thermodenaturation 热变性作用
thermodiffusion 热扩散
thermodiffusion potential 热扩散势
thermodilatometric analysis(TDA) 热膨胀分析
thermodynamic acidity 热力学酸度
thermodynamic activity 热力学活性
thermodynamical criterion of equilibrium 平衡的热力学判据
thermodynamically equivalent sphere 热力学等效球
thermodynamically unstable complex 热力学不稳定络合物
thermodynamic calorie 热力学卡
thermodynamic change 热力学变化[过程]
thermodynamic consistency test 热力学一致性检验
thermodynamic control 热力学控制
(thermodynamic)cycle (热力学)循环
thermodynamic efficiency 热力学效率
thermodynamic energy 热力学能
thermodynamic engine 热机
thermodynamic equilibrium 热力学平衡
thermodynamic equilibrium constant 热力学平衡常数
thermodynamic flows 热力学通量
thermodynamic fluctuations 热力学波动;平衡波动
thermodynamic flux 热力学通量
thermodynamic force 热力学力
thermodynamic functions 热力学函数
thermodynamic limit 热力学极限
thermodynamic parameter (= state variable) 热力学态函数;热力学参数
thermodynamic potential 热力学势
thermodynamic probability 热力学概率
thermodynamic process 热力学过程
thermodynamic properties (= state quantities) (热力学)状态函数
thermodynamic property 热力学性质
thermodynamic quality of solvent 溶剂热力学性质

thermodynamic quantities (＝state quantities) (热力学)状态函数
thermodynamics 热力学
thermodynamic scale(of temperature) 热力学温标
thermodynamics of corrosion 腐蚀热力学
thermodynamic state 宏观态
thermodynamic system 热力学系统
thermodynamic temperature 热力学温度
thermodynamic transition (＝thermodynamic process) 热力学过程
thermodynamic trap 热动力式疏水器
thermodynamic variable 热力学变量
thermoeconomics 热经济学
thermoelastic 热弹性的
thermoelastic effect 热弹效应
thermoelastic inversion 热弹性逆转
thermoelasticity 热弹性
thermoelectret 热驻极体
thermoelectric cell 温差电池;热电式感温元件
thermoelectric couple 热电偶
thermoelectric effect 温差电效应
thermoelectron 热电子
thermoelement 热电偶
Thermofor(catalytic) cracking 塞摩福(型)流动床催化裂化
Thermofor(catalytic) reforming 塞摩福(型)流动床催化重整
thermo-forming 热成型
thermogram 热分析图
thermographic material 热敏成像材料
thermogravimetric analysis 热重量分析
thermogravimetry 热重量分析法
thermohardening 热固化;热硬化
thermohydrometer 温差比重计(测相对密度)
thermoindicator 示温漆
thermo-insulating powder 保温粉
thermojunction 热电偶
thermolabile 不耐热的
thermolability 不耐热性
thermolamination 热层压
thermolator 调温器
thermolith 耐火水泥
thermoluminescence 热致发光
thermoluminescence polymer 热释光高分子
thermoluminescent dosimeter 热释发光剂量计;热致发光剂量计
thermolysin 嗜热菌蛋白酶
thermolysis 热分解
thermolysis curve 热解曲线
thermomagnetic analysis 热磁分析
thermomechanical adhesion strength 热力学黏附强度
thermomechanical measurement 热机械测量
thermomechanical treatment 形变热处理
thermometer 温度计
thermometer boss 温度计接口
thermometer calibration 温度计校正
thermometer error 温度计误差
thermometer reading 温度计读数
thermometer shield 温度计罩
thermometer with outside scaleplate 外标尺式温度计
thermometric 测温的
thermometric materials 测温材料
thermometric property 测温性质
thermometric scale 温标
thermometric titration 热滴定(法);测温滴定法
thermometry 计温学
thermonatrite 水碱
thermo-negative reaction 吸热反应
thermo-noise 热噪声
thermonuclear explosion 热核爆炸
thermonuclear fuel 热核燃料
thermonuclear fusion 热核聚变
thermonuclear reaction 热核反应
thermoosmosis 热渗透
thermo paper 体温纸
thermophile 嗜热细菌
thermophilic enzyme 嗜高温酶
thermophore 蓄热器
thermophoto-polymer materials 热光高分子材料
thermopile (1)温差电堆;热电堆(2)嗜热菌
thermopile generator 温差发电机
thermopile housing 热电堆构架
thermoplastic acrylic resin coatings 热塑型丙烯酸树脂涂料
thermoplastic adhesive 热塑性树脂胶黏剂
thermoplastic elastomer 热塑(性)弹性体;热塑性橡胶
thermoplasticity 热塑性
thermoplastic natural rubber 热塑性天然橡胶
thermoplastic plastic(s) 热塑性塑料
thermoplastic polymer membrane 热塑聚

合物膜
thermoplastic prepreg 热塑性树脂预浸料
thermoplastic resin 热塑性树脂
thermoplastic vulcanizate(TPV) 热塑性硫化胶
thermopolymer 热聚物
thermopolymerization 热聚合(作用)
thermoporometry 热孔仪
thermopositive reaction 放热反应
thermopower generation 火力发电
thermoprene 环化橡胶
thermoprene cement 环化橡胶胶浆
thermoprobe 测温探针
thermo-protective sight glass 防温视镜
thermoradiography(TRG) 放射热谱法
thermoradiometry(TRM) 放射量热法
thermo(regu)lator 温度调节器
thermorelay 热敏继电器;温差电偶继电器
thermoreversible crosslink 热致可逆交联
thermoscope 测温器
thermosensitive ceramic 热敏陶瓷
thermosensitive luminescence 热敏发光
thermoset 热固性塑料
thermoset acrylic resin coatings 热固性丙烯酸树脂涂料
thermosetting 热固化
thermosetting adhesive 热固性树脂胶黏剂
thermosetting epoxy resin coating 热固化环氧树脂涂料
thermosetting phenolic resin 热固性酚醛树脂
thermoset(ting) plastic(s) 热固性塑料
thermosetting polyamino-acrylic resin finishing agent for leather 热固性聚氨基丙烯酸树脂涂饰剂
thermosetting resin 热固性树脂
thermosiphon 热虹吸管
thermosiphon cooling 热虹吸管冷却
thermosiphon reboiler 热虹吸式再[重]沸器
thermosiphon vessel 热虹吸罐
thermosister 调温器
thermosol 热溶胶
thermosol dyeing process 热溶染色法
thermostability 热安定性;热稳定性;耐热性
thermostable softening agent TN 耐高温柔软剂 TN
thermostat 恒温器[箱]
thermostat air bath 恒温空气浴槽
thermostatical control 恒温控制
thermostatic bath 恒温槽
thermostatic control 温度自动控制
thermostatic heat transfer 恒温传热
thermostatic oven 恒温加热炉
thermostatic process 恒[定]温过程
thermostatic regulator 恒温调节器
thermostatics 经典热力学
thermostat oil cooler 恒温油冷却器
thermostat sensing element[unit] 恒温器传感元件
thermostat switch 恒温器开关
thermotaxis 趋温性
thermotension 热张力
thermotolerance 耐热性
thermotropic liquid crystal 热致液晶
thermotropic mesomorphism 热致介晶
thermotropic polymer 热致性聚合物
thermotropism 向热性
thermoviscoelasticity 热黏弹性
thermoviscoplasticity 热黏塑性
thermoviscosimeter 热黏度计
thermoviscosity 热黏度
thermovolumetric analysis 热容量分析
thermovulcanizate 热硫化胶
thermowell 温度计插孔;温度计套管
theta solvent θ溶剂
theta state θ态
theta temperature θ温度
thetine 噻亭;硫代三烃基内酯
Thevenin theorem 戴维南定理
thevetin 黄夹竹桃苷
thevetose 黄夹竹桃糖
THF (tetrahydrofuran) 四氢呋喃
THFA(tetrahydrofolic acid) 四氢叶酸
THFO (tetrahydrofurfuryl oleate) 油酸四氢呋喃甲酯(增塑剂)
thiabendazole (1)噻苯达唑;涕必灵;噻苯咪唑 (2)噻菌灵
thiabendazole 噻菌灵
thiacetamide 硫代乙酰胺
thiacetate 硫代乙酸盐(或酯)
thiacetic 硫代乙酸的
thiadiazine 噻二嗪
thiaindan 苯并二氢噻吩
thial 硫醛
thialbarbital 硫烯比妥;硫烯丙巴比妥
thialdine 噻啶
thiambutene 噻吩丁烯胺

thiameturon-methyl 噻磺隆
thiamide 硫羰胺
thiaminase 硫胺素酶
thiamine 硫胺素;盐酸硫胺;维生素 B_1
thiamine carboxylic acid 硫胺羧酸
thiamine chloride 氯化硫胺
thiamine disulfide 二硫化硫胺
thiamine mononitrate 硫胺一硝酸盐;维生素 B_1 一硝酸盐
thiamine phosphoric acid ester chloride 氯化硫胺磷酸酯
thiamine pyrophosphate 硫胺素焦磷酸
thiamine 1,5-salt 硫胺 1,5-萘二磺酸盐
thiamine triphosphoric acid ester 硫胺三磷酸酯;维生素 B_1 三磷酸酯
thiamiprine 硫咪嘌呤;硫唑嘌呤胺
thiamorpholine 硫吗啉
thiamphenicol 甲砜霉素
thiamylal 硫戊巴比妥
thianaphthene 硫茚
thianaphthenol 硫茚酚
thianaphthenyl 硫茚基
thianthrene 噻蒽
thiapyran 噻喃
thiapyrones 噻喃酮
thiapyrylium 噻喃鎓
thiarubrines 噻红炔
thiatriazole 噻三唑
thiaxanthene 噻吨
thiazamide 磺胺噻唑
thiazan 噻嗪烷
thiazesim 硫西新;胺苯硫䓬酮
thiazinamium methyl sulfate 噻丙铵甲硫酸盐;甲硫异丙嗪
thiazine 噻嗪
thiazine dye(s) 噻嗪染料
thiazinyl 噻嗪基
thiazole 噻唑
thiazole dye(s) 噻唑染料
thiazolidine 噻唑烷;四氢噻唑
thiazolidinyl 噻唑烷基
thiazolidone 噻唑烷酮
thiazolidonyl 噻唑烷酮基
thiazolidyl(=thiazolidinyl) 噻唑烷基
thiazoline 噻唑啉;二氢噻唑
thiazolinium compounds 噻唑啉(鎓)化合物
thiazolinobutazone 噻唑丁炎酮
thiazolinone 噻唑啉酮
thiazolinyl 噻唑啉基
thiazolium compounds 噻唑(鎓)化合物
thiazolsulfone 噻唑砜
thiazoltriazol 噻唑并三唑
thiazol yellow G 噻唑黄 G;C. I. 直接黄 9
thiazolyl 噻唑基
thiazyl 噻唑基
thibenzazoline 硫苯唑林;硫苯咪唑(二甲醇)
thick article 厚壁[型]制品
thick casting 厚壁铸件
thick cylinder 厚壁圆筒
thicken 增稠
thickener (1)(纸浆)浓缩机 (2)增稠剂 (3)增稠器
thickening (1)加厚(2)增浓;稠化
thickening agent 增稠剂
thickening material 增稠剂
thick lens 厚透镜
thickness 厚度;稠度;粗度
thickness gauge 厚薄规;测厚计
thickness indicator 测厚计
thickness of colloidal matter layer 胶质层厚度
thickness of electrodeposited coatings 镀层厚度
thickness of shell 壳体厚度
thickness piece 厚薄规;厚隙规
thick-section casting 厚壁铸件
thick shell 厚壳体
thick sludge 浓缩污泥
thick target 厚靶
thick wall 厚壁
thick-walled 厚壁的
thick-walled casting 厚壁铸件
thick-walled vessel 厚壁容器
thick-wall steel tube 厚壁钢管
thicyofen 噻菌腈
thidiazuron 赛苯隆;赛二唑素
thief 取样
thief hatch 取样口;取样孔
Thiele modulus 蒂勒模数;均热模数
thiele tube 均热管
thienamycin 沙纳霉素
thienofuran 噻吩并呋喃
thienoisothiazole 噻吩并异噻唑
thienone 噻吩酮
thienopyridine 噻吩并吡啶
thienyl 噻吩基
thienylalanine 噻吩丙氨酸
thienyl diphenylmethane 噻吩二苯基甲烷

thienyl ketone 二噻吩基甲酮
thienyl mercaptan 噻吩硫醇
thienyl methyl ketone 噻吩基甲基甲酮
thiethazone 硫乙腙;酰苯硫脲
thiethylperazine 硫乙拉嗪;乙巯匹拉嗪;硫乙哌丙嗪
thigmotaxis 趋触性
thihexinol 噻昔诺;噻吩环己甲醇
thiirane 硫杂丙环
thiirene 硫杂丙烯环
thilane 四氢噻吩
thimerfonate sodium 硫汞苯磺钠
Thimet 西梅脱
thimet sulfonoxide 保棉丰
(thin) film 薄膜
thin-film absorber 膜式吸收器
thin-film-composite (TFC) membrane 薄层复合膜
thin film distillation 薄膜蒸馏
thin-film evaporator 薄膜蒸发器;刮膜蒸发器
thin-film lubrication 薄膜润滑
thining tank 稀释槽
thin layer chromatogram scanner 薄层扫描仪
thin-layer chromatography (TLC) 薄层色谱法
thin-layer electrochemistry 薄层电化学
thin layer plate 薄层板
thin lens 薄透镜
thinner 稀释剂;稀料
thinner for lacquer 松香水
thinner of nitrocellulose lacquer 香蕉水
thinning tank 对稀罐
thin-section casting 薄壁铸件
thin shell 薄壳
thin target 薄靶
thin-wall construction 薄壁结构
thin-walled cylinder 薄壁圆筒
thin-walled pressure vessel 薄壁(压力)容器
thin-walled structure 薄壁结构
thin-walled tube 薄壁管
thin-walled vessel 薄壁容器
thin-wall steel tube 薄壁钢管
thio- 硫代
thioacetal 硫缩醛
thioacetaldehyde 乙硫醛
thioacetamide 硫代乙酰胺
thioacetanilide *N*-硫代乙酰苯胺
thioacetate 硫代乙酸盐(或酯)
thioacet-dimethylamide *N*-硫代乙酰二甲胺
thioacetic acid 硫代乙酸;乙硫羟酸
thioacetin 硫代乙酸甘油酯
thioaceto-acetic ester 硫乙酰乙酸酯
thioacetone 丙硫酮
thioacetyl 硫代乙酰
thio-acid 硫代(氧的)酸
thioacid amide 硫代酰胺
thioacylation 硫代酰化作用
thioalcohol 硫醇
thio-aldehyde (1)硫醛(2)乙硫醛
thioalkylphenol 硫代烷基(苯)酚
thio-allyl ether(=diallyl sulfide) 硫代烯丙醚;烯丙基硫醚
thioanhydride 硫代酸酐
thioanilide *N*-硫代(某)酰苯胺
thioaniline(=diaminodiphenyl sulfide) 硫苯胺;二氨基苯基硫
thioanisole 苯硫基甲烷;茴香硫醚
thioantimonic acid 硫代锑酸
thioarsenic acid 硫代砷酸
thioarsenious acid 硫代亚砷酸
thioarsenous acid 硫代亚砷酸
thiobarbital 硫巴比妥
thiobarbituric acid(=malonyl thiourea) 硫代巴比土酸;丙二酰硫脲
thiobenzaldehyde 苯甲硫醛
thiobenzamide 硫代苯甲酰胺
thiobenzanilide *N*-硫代苯酰苯胺
thiobenzhydrol 硫代二苯甲醇
thiobenzimidazolone 亚苯基硫脲
thiobenzoic acid 硫代苯甲酸(苯羰酸 C_6H_5COSH 或苯硫羟酸 C_6H_5CSOH)
thiobenzophenone 二苯甲硫酮
thiobenzyl alcohol 苯甲硫醇
thiobisphenol 硫代双酚
thiobutabarbital 硫仲丁比妥
thiocarbamate 硫代氨基甲酸盐(或酯)
thiocarbamic acid 硫代氨基甲酸
thiocarbamide 硫脲
thiocarbamizine 硫卡巴胂;硫柳脲苯胂
thiocarbamoyl 氨基硫羰基;硫代氨甲酰
thiocarbamyl 硫代氨基甲酰
thiocarbanidin 硫脲尼定;吡丁氧二苯硫脲
thiocarbanilide 对称二苯硫脲
thiocarbarsone 硫代卡巴胂
thiocarbazone 硫卡巴腙

thiocarbimide 硫代异硫氰酸
thiocarbin 硫卡比醇
thiocarbohydrazide 硫代对称二氨基脲
thiocarbonic acid 硫代碳酸
thiocarbonyl 硫(代)羰基
thiocarbonyl chloride 二氯硫化碳;硫光气
thiocarboxylic acid 硫代羧酸
thiocarburyl chloride(=thiocarbonyl chloride) 二氯硫化碳
thiochrome 硫色素;脱氢硫胺素
thiochromene 1,2-苯并噻喃
thiochromone 1,4-苯并噻喃酮
thiochromonol 3-羟基-1,4-苯并噻喃酮
thiocresol 甲苯硫酚
thioctic acid 硫辛酸
thiocyanate 硫氰酸盐(或酯)
thiocyanate radical 硫(代)氰酸根
thiocyanation 硫氰化作用
thiocyanato- (1)氰硫基(2)硫(代)氰酸根合
thiocyanic acid 硫氰酸
thiocyanide 硫氰酸盐(或酯);硫氰化物
thiocyano-(=thiocyanato-) 氰硫基;硫(代)氰酸基
thiocyanogen 硫化氰
thiocyanogen value 硫氰值
thiocyanometry 硫(代)氰酸盐滴定(法)
thiocyanuric acid(=trithiocyanuric acid) 硫氰尿酸;三聚硫氰酸
thiocyclam 杀虫环
thiodan 硫丹
thiodialkylamine 硫二烷基胺
thiodiazolidine 四氢噻二唑
thiodiazoline 二氢噻二唑
thiodicarb 硫双卡
2,2′-thiodiethanol 2,2′-硫二甘醇
thiodiglycol 硫二甘醇;2,2′-二羟基二乙硫
thiodiglycolic acid 亚硫基二乙酸
thiodiglycolic anhydride 环硫二乙酸酐
thiodiphenylamine(=phenothiazine) 吩噻嗪
thiodipropionate 硫代二丙酸盐(或酯)
3,3′-thiodipropionic acid 3,3′-硫代二丙酸
thioencarb 禾草丹
thioester 硫代酸酯
thioester bond 硫酯键
thioether 硫醚
thioformaldehyde 硫甲醛;三聚甲硫醛
thioformamide 硫代甲酰胺
thioformanilide *N*-硫代甲酰苯胺
thioformyl 硫醛基
thiofuran 噻吩
thioglucoidase 硫糖类苷酶
5-thio-D-glucose 5-硫-D-葡萄糖
thioglucosidase 硫葡糖苷酶
thioglucuronide 硫糖醛酸苷
thioglycerin 硫甘油;2,3-二羟基-1-丙硫醇
thioglycol 硫代甘醇;2-巯基乙醇
thioglycollic acid 巯基乙酸;氢硫基乙酸
6-thioguanine(6TG) 6-硫代鸟嘌呤;6-巯基鸟嘌呤
thioguanosine 硫鸟苷;硫鸟嘌呤核苷
thiohistidine-betaine(=ergothioneine) 巯组氨酸三甲基内盐;麦硫因
thiohydantoic acid 硫脲基乙酸
thiohydantoin 海硫因;乙内酰硫脲
thiohydracrylic acid 巯基丙酸
thiohydroquinone 硫氢醌;对羟基苯硫酚
thiohydroxy(=mercapto) 巯基;氢硫基
thiohypophosphate 全硫连二磷酸盐
thiohypophosphoric acid 全硫连二磷酸
thioic acid 硫代酸
thioindoxyl 硫代-3-吲哚酚
thioindoxylic acid 硫代吲羟酸
thioketal 酮缩硫醇
thio-ketone (1)硫酮(2)丙硫酮
thiokinase 硫激酶
thiokol 聚硫橡胶
thiokol latex 聚硫胶乳
thiokol polysulfide(rubber) 聚硫橡胶
thiol 硫醇
thiol-acetic acid 硫羟乙酸
thiol acid 硫羟酸
thiolactic acid 硫羟乳酸
thiolase 硫解酶
thiolate (1)硫醇盐;烃硫基金属(2)硫羟酸盐
thiolcarbonic acid 一硫羟碳酸
thiol ester 硫羟酸酯
thiolhistidine 巯(基)组氨酸
thiolic acid 硫羟酸;巯酸(巯音悠)
thiols 硫醇(类)
thiol transacetylase 硫醇转乙酰酶
thiomalic acid 硫羟苹果酸
thiomersal(ate) 硫柳汞(钠)
thiometon 二甲硫吸磷

thiomucase 硫黏多糖酶
thionalid 巯萘剂
thionamic acid 氨基磺酸
thionaphthene(＝thianaphthene) 硫茚
thionaphthol 萘硫酚
thionarcon 丁硫甲硫巴比妥
thionazin 硫磷嗪;治线磷
thioncarbonic acid 硫羰碳酸
thioneine 硫因;巯基组氨酸三甲(基)内盐
thionic acid 硫羰酸
thionizer 脱硫塔
thiono- 硫羰
thionothiolic acid 硫羧酸;硫羟羰酸
thionuric acid 硫尿酸;磺酸氨基巴比土酸
thionyl(＝sulfinyl) 亚硫酰
thionyl aniline 亚硫酰苯胺
thionyl benzene 二苯亚砜
thionyl chloride 亚硫酰氯
thionyl dialkylamine 亚硫酰二烷基胺
thionyl hydrazine 亚硫酰肼
thionyl imide 亚硫酰亚胺
thionyl toluidines 亚硫酰甲苯胺(类)
thio-oxamide 硫代草酰胺
thiooxine 8-巯基喹啉
thiopanic acid 泛磺酸
thiopental sodium 硫喷妥钠
thiopentose 硫戊糖
thiopeptin 硫肽菌素
thioperoxide 硫代过氧化物
thioperrhenic acid 硫代高铼酸
thiophanate 硫菌灵
thiophanate 托布津;硫菌灵
thiophanate-methyl 甲基硫菌灵
thiophane 四氢噻吩
thiophanthrene 萘并[2,3-*b*]噻吩
thiopharase 辅酶A转移酶
thiophene 噻吩
thiophene carboxylic acid 噻吩羧酸
thiophenic acid 噻吩甲酸
thiophenine 噻吩胺
thiophenol 苯硫酚;硫酚
thiophenyl 苯硫基
thiophenyl acetone 苯硫基丙酮
thiophonate-methyl 甲基硫菌灵
thiophos 对硫磷
thiophosgene(＝thiocarbonyl chloride) 硫光气;二氯硫化碳
thiophosphate 硫代磷酸盐
thiophosphonate 硫代膦酸盐(或酯)
thiophosphoric acid 硫代磷酸
thiophosphoric anhydride 五硫化二磷
thiophosphorous acid 硫代亚磷酸;全硫亚磷酸
thiophosphoryl 硫代磷酰
thiophosphoryl bromide 三溴硫化磷
thiophosphoryl chloride 三氯硫磷
thiophosphoryl triamide 硫代磷酰三胺
thiophthalide 硫代苯酞
thiophthalimide 硫代邻苯二(甲)酰亚胺
thiophthene 并噻吩
thiopicric acid 硫苦酸;2,4,6-三硝基苯硫酚
thioplast 聚硫橡胶
thiopropazate 奋乃静醋酸酯;乙酰哌非纳嗪
thioproperazine 硫丙拉嗪;氨砜拉嗪
thiopropionamide 硫代丙酰胺;丙硫羰胺
thiopropionate 硫代丙酸酯(或盐)
thioproteose 硫䏡
thiopyran(＝thiapyran) 噻喃
thiopyrophosphoryl bromide 硫代焦磷酰溴
thioquinox 克杀螨
thioredoxin 硫氧还蛋白
thioresorcinol 硫代间苯二酚;间巯基苯酚
thioridazine 硫利达嗪;甲硫哒嗪
thio rubber 聚硫橡胶
thiosalicylic acid 硫代水杨酸
Thiosan 二硫化四甲基秋兰姆
thiosemicarbazide 氨基硫脲
thiosemicarbazone 缩氨基硫脲
thiosilicic acid 硫代硅酸;全硫硅酸
thiosinamine 烯丙基硫脲
thiosine 6-巯基嘌呤核苷
1-thiosorbitol 1-硫代山梨糖醇
thiostannic acid 硫代锡酸;全硫锡酸
thiostannous acid 硫代亚锡酸;全硫亚锡酸
thiosuccimide 硫代琥珀酰亚胺
thio sugar 硫糖
thiosulfate 硫代硫酸盐(或酯)
thiosulfate transsulfurase 硫代硫酸转硫酶
thiosulfinate 硫代亚磺酸酯
thiosulfuric acid (一)硫代硫酸
thiotaurine 硫代牛磺酸
thiotepa 噻替派
thio-TEPA 噻替派

thiothiamine 硫硫胺
thiothixene 替沃噻吨；氨砜噻吨；甲哌硫丙硫蒽
thiotolene 甲基噻吩
thiotriazine 硫代三嗪
thiouracil 硫尿嘧啶
thiouramil 硫代氨基丙二酰脲
thiourea 硫脲
thiourea complex 硫脲络合物
thiourea dioxide 二氧化硫脲
thioureido 硫脲基
thiourethane 硫代氨基甲酸乙酯；硫尿烷
thioureylene 1,3-亚硫脲基
thiovanadic acid 硫代钒酸；全硫钒酸
thioxalic acid 硫草酸
thioxane 噻噁烷
thioxanthamide（＝*O*-ethyl thiocarbamate）硫代氨基甲酸乙酯
thioxanthate 硫代黄原酸盐（或酯）
thioxanthene 噻吨
thioxanthone 噻吨酮
thioxene 二甲基噻吩
thioxo- 硫代
thioxolone 噻克索酮（抗真菌药）
2-thioxo-3-phenyl-2,4-oxazolidinedione 2-硫代-3-苯基-2,4-噁唑烷二酮
thiozon 臭硫 S_3
THIP 四氢异噁唑吡啶酮
thiphenamil 双苯乙硫酯
thiram 福美双
third category vessel 三类容器
third class pressure vessel 三类压力容器
third cosmic velocity 第三宇宙速度
third generation structure anaerobic adhesive 第三代结构厌氧胶
third grade pressure vessel 三类压力容器
third harmonic distortion 三次谐波失真
third law of thermodynamics 热力学第三定律
third order aberration 三级像差
third order reaction 三级反应
third stage cylinder 三级缸
third stage of creep 三段蠕变
third triad 重铂组金属；重铂三素组（指锇、铱、铂）
third virial coefficient 第三位力系数
this side up 此端向上
thiuram （1）秋兰姆（2）福美联
thiuram disulfide 二硫化四烷基秋兰姆
thiurea 硫脲
thiuronium 硫脲鎓盐
thixotrope 触变胶
thixotropic （1）触变（的）；具有触变作用的（2）摇溶的
thixotropic agent 触变剂
thixotropic fluid 触变流体
thixotropic gel 触变凝胶
thixotropic index 触变指数
thixotropic paint 触变漆
thixotropic plastic substance 触变塑性物质
thixotropic propellant 触变推进剂
thixotropic silicic acid battery 触变硅胶蓄电池
thixotropy 触变性
Thomas-Gilchrist process 碱性转炉法
Thomas phosphate 托马斯磷肥；钢渣磷肥
Thomas phosphatic fertilizer 钢渣磷肥；托马斯磷肥
thonzonium bromide 通佐溴铵；溴苄嘧棕胺
thonzylamine hydrochloride 盐酸宋齐拉敏；盐酸桑西胺
THOREX process 梭勒克斯流程
thoria 氧化钍
thoria dispersed nickel TD 镍（一种耐热复合材料）
thorianite 方钍石
thorides 钍系元素
thorin 钍试剂；2-（2-羟基-3，6-二磺酸-1-萘偶氮）苯胂酸
thorite 硅酸钍矿；钍石
thorium 钍 Th
thorium anhydride 氧化钍
thorium breeder 钍增殖堆
thorium chloride 氯化钍
thorium decay series 钍衰变系
thorium deuteride 氘化钍
thorium hydroxide 氢氧化钍
thorium nitrate 硝酸钍
thorium nitride 氮化钍；四氮化三钍
thorium oxide 氧化钍
thorium oxide based solid solution 氧化钍基固溶体
Thormann tray 索曼塔盘；槽形泡罩塔盘
Thorman tray 推液式条形泡罩塔板
thoron 钍射气（Tn）
thoughts of ecology 生态学思维
thozalinone 托扎啉酮；胺苯噁唑酮
Thr 苏氨酸

thrapic acid 十七碳四烯酸
thread calliper 螺纹卡尺
thread chasing machine 螺纹车床
threaded connection 螺纹连接
threaded end 螺纹管口
threaded fit 螺纹配合
threaded fittings 螺纹管件;螺纹接口
threaded flange 螺纹法兰
threaded for union 螺纹活接头
thread(ed) gauge 螺纹规
threaded hole 螺纹[丝]孔
threaded inspection opening 螺纹检查孔
threaded joint 螺纹接合;丝扣连接
threaded pipe 螺纹管
threading 车螺纹
threading die 螺纹扳牙[模盘]
threading lathe 螺纹车床
threading unit 螺纹车床
thread like molecule 线型分子;线状分子
thread miller 螺纹铣床
thread milling machine 螺纹铣床
thread roller 滚丝机
thread rolling feeders 螺纹滚压机
thread root diameter 螺纹内[底]径
thread tool(chaser) 螺纹刀具
three-body problem 三体问题
three carbon tautomerism 三碳互变异构现象
three center bond 三中心键
three-channel colo(u)rimeter 三道比色计
three-component system 三组分系统
three dimensional diffraction 三维衍射
three-dimensional flow 三维流
three dimensional grating 三维光栅
three dimensional net structure 体型网格结构
three-dimensional polycondensation 体型缩聚
three dimensional polymer 体型高分子化合物;体型聚合物
three-dimensional TLC 三维薄层色谱法
three-effect evaporator 三效蒸发器
three-electrode cell 三电极电解池
three-jaw selfcentering chuck 自定心三爪卡盘
three-level control network 三级防治网
three-membered ring 三元环
three-nutrient compound fertilizer 三元复合肥料
three parameter model 三元件模型
three-phase alternating current 三相(交变)电流
three-phase flash vaporization 三相闪蒸
three-phase fluid flow 三相渗流
three-phase fluidization 三相流态化
three-phase fluidized bed 三相流化床
three primary colo(u)rs 三原色
three-ring 三元环
three-roll(er) mill 三辊机
three screw pump 三螺杆式泵
three-sigma rule 三 σ 规则
three-stage compressor 三级压缩机
three-stage distillation 三级蒸馏;常减压蒸馏
three stages fluidized-bed dryer 三层流化床干燥器
three stages hot air conveying type dryer 三层带式热风干燥机
three-stage steam ejector 三级蒸汽喷射器
three throw plunger pump 三联柱塞泵
three times per shift 每班三次
three-way cock 三通活栓
three-way connection 三路管
three-way control valve 三路控制阀
three-way pipe 三通管;三路管
three-way stop cock 三路(活)栓
three-way tap 三路龙头
three-way tube 三通管
three-way valve 三路阀
three-zone hydrocracking 三段加氢裂化
threo-addition 苏型加成
threo-configuration 苏型构型
threo-diisotactic 苏型双全同立构的(指双全同立构中两不对称中心不是叠同的而是镜面对映体,即构型相反)
threo-diisotactic polymer 苏型双全同立构聚合物
threo-disyndiotactic 苏型双间同立构的
threo-disyndiotactic polymer 苏型双间同立构聚合物
threo form 苏型
threo isomer 苏型异构体
threonic acid 苏糖酸
threonine 苏氨酸
threonine aldolase 苏氨酸醛缩酶
threonine dehydra(ta)se 苏氨酸脱水酶
threonine synthetase 苏氨酸合成酶
threonyl 苏氨酰
threose 苏糖
threshold 阈(值)

threshold concentration 浓度极限
threshold condition 阈值条件
threshold dosimeter 阈值剂量计
threshold energy 阈能
threshold pressure(THP) 阈压力
throat 喉道
throat bushing 填料函底套;喉部衬套
throat of fillet weld 凹角焊喉
throat ring 喉部垫环;喉部环;填料衬环
thrombase 凝血酶
thrombin 凝血酶
thrombinogen 凝血酶原;凝血因子Ⅱ
thrombin topical 实验用凝血酶
thrombocyte 血小板
thrombogen 凝血酶原;凝血因子Ⅱ
thrombokinase 凝血酶原激酶;活性司徒氏因子
thrombolysin 纤溶酶
thrombomodulin 凝血酶调节素
thromboplastin(=factorⅢ) 组织促凝血酶原激酶;凝血因子Ⅲ
thromboplastinogen 促凝血酶原激酶原
thrombopoietin 血小板生成素
thrombospondin 糖蛋白G;凝血酶致敏蛋白
thrombosthenin 血栓收缩蛋白
thromboxane 凝血噁烷;血栓烷
thrombozyme(=thrombokinase) 凝血酶原激酶
throttle 节流
throttle body 节流阀体
throttled flow 节流流动
throttle expansion 节流膨胀
throttle plate 节流板
throttle valve 节流阀;减压阀;调节阀
throttling 节气;节流
throttling calorimeter 节流式量热器
throttling discharge 排出口节流
throttling expansion 节流膨胀
throttling flow meter 差压流量计;节流流量计
throttling process 节流过程
throttling refrigeration 节流制冷
throttling set 节流装置
throttling valve 节流阀;截门;截止阀;球形阀
through bolt 贯穿螺栓
through-circulation 连续-环流
through-feed ironing machine 通过式熨平机
through flow 通流;贯穿流动
through-flow filtration 通流过滤
through flow heater 通流加热器
through flow rotary dryer 穿流回转干燥器
through flow type thin film dryer 薄膜流通(式)干燥器
through hole 通孔
throughput 通过量;产量
throughput number 排出流量数
through-put of column 塔中蒸气通过速度
thrower 抛油环;甩水圈
throwing power 均镀能力;覆盖力(电镀)
throw of crank 曲柄行程
throw-off carriage 卸料车
throw of pump 泵冲[行]程
thruput 处理量;物料通过量
thrust 止推
thrust balancing device 推力平衡装置
thrust ball bearing 止推球轴承;止推滚珠轴承
thrust bearing 推力[止推]轴承
thrust collar 止推环;止推轴承定位环
thrust load(ing) 推力负荷
thrust metal 推力轴承座
thrust of pump 泵推力
thrust pad 止推轴承调节垫
thrust ring 止推环
thrust runner 推力轴承滑道
thrust washer 推力垫圈;止推垫圈
THT(trihydrazine triazine) 三肼基三嗪(发泡剂)
thujaketone 苧甲酮
thujane 苧烷;2-甲-4-异丙基二环[3.1.0]己烷
thujaplicine 苧侧醇
thujene (1)苧烯 (2)崖柏烯
thujetic acid 苧介酸
thujic acid 苧酸;侧柏酸
thujol (1)苧醇 (2)崖柏醇
thujone (1)苧酮 (2)崖柏酮
thujopsene 罗汉柏烯
thujyl 苧基(来自苧烷,指2位的基)
thujyl alcohol 苧醇
thulia 氧化铥
thulium 铥 Tm
thulium chloride 氯化铥
thulium hydroxide 氢氧化铥

thulium nitrate 硝酸铥
thulium oxide 氧化铥
thulium sulfate 硫酸铥
thumb screw 蝶形螺钉
thunder-arresting 避雷
thurfyl nicotinate 烟酸呋酯;烟酸氢糠酯
thuringite 鳞绿泥石
Thx 甲状腺素
thylakentrin 促卵泡(成熟激)素
thylakoid 类囊体
thymamine 胸腺精蛋白
thyme camphor 百里酚
thymene 百里烯
thyme oil 百里香油
thymic acid 胸腺酸
thymidine diphosphate(TDP;dTDP) 胸苷二磷酸
thymidine(dT;T) 胸(腺嘧啶脱氧核)苷
thymidol 百里萜醇〔百里酚和萜醇(薄荷醇)的缩合产物〕
thymidylate synthetase 胸苷酸合成酶
thymidylic acid(dTMP;TMP) 胸(腺嘧啶脱氧核)苷酸
thyminalkylamine hydrochloride 胸腺嘧啶氮芥盐酸盐
thymine 胸腺嘧啶
thymine deoxyriboside kinase 脱氧胸苷激酶
thymine(Thy) 胸腺嘧啶
thyminic acid(=solurol) 胸腺碱酸
thyminose 胸腺糖
thymiodol(=thymol iodide) 百里碘酚
thymodin(=thymol iodide) 百里碘酚
thymoform 百里仿
thymohydroquinone 百里氢醌;5-甲基-2-异丙基-1,4-苯二酚
thymol 百里酚
thymol acetate 乙酸百里酚酯
thymol blue 百里酚蓝;麝香草酚蓝
thymol carbonate 碳酸麝香草脑;碳酸百里酚酯
thymol-carboxylic acid 百里酚羧酸
thymol ethyl ether 百里酚乙醚
thymol iodide 百里碘酚
thymolphthalein 百里酚酞;麝香草酚酞
thymolphthalexone 百里酚酞(氨羧)络合剂
thymolsulfonic acid 百里酚磺酸
thymolsulfonphthalein 百里酚蓝;麝香草酚蓝
thymol urethane 氨基甲酸百里酚酯
thymomodulin 胸腺调节素
thymonuclease 胸腺核酸酶
thymonucleic acid 胸腺核酸;脱氧核糖核酸
thymonucleodepolymerase 胸腺核酸解聚酶
thymopentin 胸腺喷丁
thymopoietin 胸腺生成素
thymoquinol 百里氢醌
thymoquinone 百里醌
thymosin 胸腺素
thymostatin 抑核苷素
thymostimulin 胸腺刺激素
thymotic acid 百里酸
thymotic alcohol 百里醇
thymotinic acid 百里亭酸
thymotol 百里碘酚
thymus derived cell 胸腺产生细胞
thymyl 百里基(来自百里酚)
thymylamine 百里基胺;5-甲-2-异丙苯胺
thymyl *N*-isoamylcarbamate 麝香异戊胺酯;麝香草酚异戊胺甲酸酯
thynnin 鲔精蛋白
thyroacetic acid 甲腺乙酸
thyrocalcitonin 降(血)钙素
thyroglobulin 甲状腺球蛋白
thyroid binding globulin 甲(状)腺素结合球蛋白
thyroidin 甲状腺精
thyroid-stimulating hormone 促甲状腺素
thyroliberin 促甲状腺素释放素
thyronine 甲状腺原氨酸
thyronyl 甲状腺原氨酰
thyropropic acid 甲状丙酸;三碘甲腺丙酸
thyroprotein 碘化蛋白;甲状腺蛋白
thyrotropic hormone 促甲状腺素
thyrotropin 促甲状腺素
thyrotropin releasing factor 促甲状腺素释放因子
thyroxin(e) 甲状腺素
tiadenol 硫地醇;羟硫癸烷;硫癸醇
tiagabine 噻加宾
Ti-Al intermetallic compound 钛铝金属间化合物
tiamenidine 噻胺唑啉;甲噻胺咪唑啉
tiamulin 硫姆林;硫黏菌素
tianeptine 噻萘普汀;替安乃亭
tiapride 硫必利
tiaprofenic acid 噻洛芬酸;苯噻丙酸;苯

酰甲基噻吩乙酸
tiaprost 噻前列素;前列噻嗯
tiaramide 噻拉米特;羟哌苯噻酮
tibet lamb skin 滩羊皮
tibezonium iodide 替贝碘铵;碘硫苯䓬铵
tibolone 替勃龙
ticarbodine 替卡波定;氟哌硫酰胺
ticarcillin 替卡西林;羟基噻吩青霉素
ticks damage (生皮)虱伤
ticlopidine 噻氯匹定;氯苄噻啶
ticrynafen 替尼酸;氯噻苯氧酸
tidal energy 潮汐能
tide (1)潮(水,汐)(2)潮流;浪潮
tie-back casing 回接套管
tie bar 拉筋
tie beam 系梁
tie coat 黏结层
tie gum 结合胶层
tie-in line 接入线
tie line 结线;系线
tie member 系紧构件
tie molecule 系带分子
tiemonium iodide 替莫碘铵;碘化噻苯丙吗啉
tie piece 拉筋
tie rod for pipe 管子拉杆
Ti-Fe hydrogenated alloy 钛铁贮氢合金
Tiffeneau conversion 蒂菲努转化
Tiffeneau reaction 蒂菲努反应
tigemonam 替吉莫南
tight binding approximation 紧束缚近似
tight container 紧密容器
tight cure 彻底硫化;充分硫化;致密硫化
tighten 使紧密
tightener 收紧器;张紧装置
tightener sheave 张紧滚轮
tightener sprocket 张紧链轮
tightening 拧紧
tightening bolt 紧固螺栓
tightening indicator 张紧指示器
tightening rails 张紧滑轨
tightening scale dial 张紧器刻度盘
tightening screw 紧固螺钉
tightening torque 拉紧转矩;拧紧力矩
tight fit 紧(密)配合
tightness 紧度;严密度
tightness test 紧密性试验
tight transition state 紧密过渡态
tiglic acid 惕各酸;顺芷酸;(*E*)-2-甲基-2-丁烯酸
tiglic aldehyde 惕各醛;顺芷醛;(*E*)-2-甲基-2-丁烯-1-醛
tiglyl- 甲基巴豆酰(基)
tigonin 洋地黄皂角苷;紫花洋地黄皂角苷
tile 瓦
tile cleaner 瓷砖清洗剂
tile filed 渗流场
tiliacorine 椴碱
tilidine 替利定;胺苯环己乙酯
tilisolol 替利洛尔
tilmicosin 替米考星
tilorone 替洛隆;乙氨芴酮
tilt 斜置
tilted mixer 倾斜式搅拌器
tilted-plate separator 斜板式分离器
tilter 倾架
tilting cart 翻斗车
tilting-pan filter 翻盘式过滤机
tilting plate method 斜板法
tiludronic acid 替鲁膦酸
time 时间
time average 按时间平均值
time averaging method 时间平均法
time between overhauls 每次大修间隔期
time chart 进度表
time closing 延时闭合
time controller 定时器
time delay 延时;延迟
time-delay relay 延时继电器
time delay switch 延时开关
time-dependent perturbation 含时微扰
time-dependent Schördinger equation 含时薛定谔方程
time difference selectivity 时差选择性
time dilation 时间延缓
time displacement 时间平移
time domain 时域
time-harmonic light wave 时谐光波
time-harmonic wave 时谐波
time-independent perturbation 不含时微扰
time-independent Schördinger equation 不含时薛定谔方程;薛定谔时间无关方程
time interval 时间间隔
timelike 类时
timelike event 类时事件
timelike interval 类时间隔
timelike line 类时线
timelike vector 类时矢量
time limit relay 限时继电器
time-meter 计时器
time of arrival 运到时间

time of congelation 凝固时间
time of delivery 交货时间;送到时间
time of departure 发送时间
time-of-flight mass spectrometer 飞行时间质谱仪
time of receipt 收到时间
time of set 凝固时间
time on-stream 连续开工期限
time opening 定时断开[开启]
time orientation 时间方向
timepidium bromide 噻哌溴铵
timer 定时器;计时器;时间继电器
time recorder 计时器
time relay 时间继电器
time-resolved spectroscopy 时间分辨光谱学
time-resolved spectrum 时间分辨光谱
time reversal 时间反演
timer programmer 程序计时器
time series model 时间序列模型
time sharing 分时
time switch 定时开关
timetable 时间表
time-temperature superposition principle 时-温叠加原理
time totalizer 计时器
time translation 时间平移
time value of money 货币的时间价值
timing 定时;同步
timing and firing control 定时爆破控制
timing belt 同步齿形带
timing device 定时装置
timing DIR compound 定时 DIR 化合物
timing DIR coupler 定时 DIR 成色剂
timing ga(u)ge 定时计
timing gear 定时齿轮
timing valve 延时阀
timiperone 替米哌隆
timnodonic acid 二十碳五烯酸
timolol 噻吗洛尔
timonacic 噻莫西酸;噻唑烷酸
tin 锡 Sn
tin alkyl 烷基锡
tin ammonium chloride 氯化铵锡
tin anhydride 锡酐;二氧化锡;氧化锡
tin aryl 芳基锡
tin ash 二氧化锡;氧化锡
tin bibromide 二溴化锡;溴化亚锡
tin bronze 锡青铜
tin-cerium alloy (electro) plating 电镀锡铈合金
tin coating soldering aid 搪锡助焊剂
tincture 药酒;酊剂;酊液
tincture of jujube 枣酊
tincture presser 药酒压榨器
tin dichloride 氯化亚锡
tin diethyl dichloride 二氯化二乙基锡
tin diethyl oxide 氧化二乙基锡
tin dimethyl 二甲基锡
tin dioxide 二氧化锡
tin disulfide 硫化锡
tin drum 白铁滚筒
tin (electro)plating 电镀锡
tin fluoborate 氟硼酸锡
tinidazole 替硝唑;硝砜咪唑;磺甲硝咪唑
tin-lead alloy (electro)plating 电镀锡铅合金
tin leaf 锡箔;锡纸
tin methide 二甲基锡
tin monosulfide 硫化亚锡
tinny feel 手感瘪薄
tinofedrine 替诺非君;噻嗯苄醇
tinoridine 替诺立定;氨苄噻吡酯
tin oxide ceramics 氧化锡陶瓷
tin oxychloride 二氯氧化锡
tin peroxide 二氧化锡;氧化锡
tinplate 镀锡薄钢板
tin plating 电锡镀
tin protobromide 溴化亚锡
tin protochloride 氯化亚锡
tin protofluoride 氟化亚锡
tin protoiodide 碘化亚锡
tin protosulfide 一硫化锡
tin protoxide 一氧化锡
tin selenide 硒化锡
TINT(track in track) 径迹中的径迹
tint 色调;色泽
tin telluride crystal 碲化锡晶体
tinter 调色漆
tin tetrabromide 四溴化锡
tin tetrachloride (四)氯化锡
tin tetraethide 四乙基锡
tin tetramethide 四甲基锡
tin tetraphenyl 四苯基锡
tinting paste 调色漆
tinting strength 着色力
tintless 无色的
tin triethyl (1)三乙锡(游离基)(2)六乙二锡
tinuvin P 苯三唑甲酚
tinzaparin 亭扎肝素

tin-zinc alloy (electro) plating 电镀锡锌合金
tiocarlide 硫卡利特;戊氧苯硫脲
tioclomarol 噻氯香豆素
tioconazole 噻康唑;噻苯乙咪唑
tiomesterone 硫甲睾酮
tiopronin 硫普罗宁;巯丙酰甘氨酸
TIOTM (triisooctyl trimellitate) 偏苯三(甲,羧)酸三异辛酯(增塑剂)
tiotropium bromide 噻托溴铵
tioxidazole 噻昔达唑
tioxolone 噻克索酮;羟苯噁噻酮
TIP(thermal inactivation point) 热灭活点
tipepidine 替培定;双噻哌啶
Ti plasmid 肿瘤诱导质粒;Ti质粒
tip-lift type perforated plate 活动顶盖式多孔塔盘
tip lorry 倾斗车
tipper 翻斗车
tipping wagon 倾斗车
tip speed 桨尖速度
tiquizium bromide 替喹溴铵
tiratricol 替拉曲考;三碘甲腺乙酸
tire 轮胎
tire chafer fabric 轮胎子口布
tire cord 轮胎帘线
tire cord fibre(s) 轮胎帘线纤维
tire cord tension in dipping 浸胶帘线张力
tire cord texture 帘线结构
tire cutter 轮胎切割机
tire retreading 轮胎翻修
tirilazad 替拉扎特
tirofiban 替洛非班
tiron 钛试剂;1,2-二羟基苯-3,5-二磺酸钠
tiropramide 苯酰胺桂胺
Tirril burner 提利灯
tirucallol(=kanzuiol) 甘遂醇
TISAB (total ionic strength adjustment buffer) 总离子强度缓冲剂
Tiselius cell 蒂塞利乌斯电泳池
Tishchenko preparation of esters 季先科酯制备
tissue 组织
tissue adhesive 生体用胶黏剂
tissue culture 组织培养
tissue plasminogen activator (TPA) 组织血纤维蛋白溶酶原激活剂
tissue typing 组织定型
titanate 钛酸盐
titanate coupler 钛酸酯偶联剂
titan-barium white 钛钡白
titan-calcium white 钛钙白
titania 二氧化钛
titanic (正)钛的;四价钛的
titanic acid 钛酸
titanic anhydride 钛酸酐
titanic chloride 四氯化钛
titanic hydroxide 氢氧化钛;原钛酸
titanic iron ore 钛铁矿
titanic magnetite 钛磁铁矿
titanic oxide 二氧化钛
titanite 榍石
titanium 钛 Ti
titanium(Ⅲ) sulfate 硫酸亚钛
titanium boride fiber 硼化钛纤维
titanium carbide ceramics 碳化钛陶瓷
titanium dichloride 二氯化钛
titanium dioxide 二氧化钛
titanium dioxide-coated mica 钛系珠光颜料
titanium disulfide 二硫化钛
titanium family element(s) 钛族元素
titanium heat exchanger 钛材换热器
titanium hydride 氢化钛
titanium hydroxide 氢氧化钛
titanium isopropoxide 异丙氧基钛
titanium monoxide 一氧化钛
titanium nitride 氮化钛
titanium nitride film 氮化钛膜
titanium peroxide 过(三)氧化钛
titanium phenoxide 苯氧基钛
titanium phosphate 磷酸钛
titanium phosphide 磷化钛
titanium pigment 钛白粉
titanium plate heat exchanger 钛材平板式换热器
titanium polymer 钛聚合物
titanium potassium oxalate (TPO) 草酸钛钾
titanium pyrophosphate 焦磷酸钛
titanium sesquioxide 三氧化二钛
titanium sesquisulfide 三硫化二钛
titanium silicide 硅化钛
titanium steel 含钛钢
titanium sulfate 硫酸钛
titanium superoxide 过(三)氧化钛
titanium tannage 钛鞣法
titanium tetrabromide 四溴化钛
titanium tetrachloride 四氯化钛

titanium tetrafluoride 四氟化钛
titanium tetraiodide 四碘化钛
titanium tribromide 三溴化钛
titanium trichloride 三氯化钛
titanium trifluoride 三氟化钛
titanium trisulfide 三硫化钛
titanium tritide 氚化钛
titanium white 钛白(即二氧化钛)
titanocene dichloride 二氯二茂钛
titanocene polymer 二茂钛聚合物
titanous 三价钛的;亚钛的
titanous sulfate 硫酸钛
Titanox B 钛钡白
Titanox C 钛钙白
Titanox L 钛酸铅
titan white 钛白
titanyl 钛氧(基)
titanyl nitrate 硝酸氧钛
titanyl sulfate 硫酸钛酰;硫酸氧钛
titer 滴定度;效价
titin 替听;连接素
title panel 标题栏
titrable acidity 可滴定酸度
titrand 被滴定物
titrant 滴定剂;滴定(用)标准液
titrate (1)被滴定液 (2)滴定
titration 滴定;滴定法
titration cell 滴定池
titration curve 滴定曲线
titration error 滴定误差
titration in nonaqueous solvent 非水滴定
titration thief 滴定阱
titre 滴度;滴定度;效价
titrimetric analysis 滴定分析法
titrimetry 滴定(分析)法
tixocortol 替可的松;巯氢可的松
tizanidine 替扎尼定
T-joint 丁字接头
TLC (1)(thermotropic liquid crystalline)热致性液晶(2)(thin layer chromatography)薄层色谱法
TLCP (thermotropic liquid crystal polymer) 热致液晶聚合物
TLM(tetrabasic lead maleate) 四碱式马来酸铅;四碱式顺丁烯二酸铅(稳定剂)
TLV(threshold limit value) 阈限值
T_m 解链温度
TMA (1)(trimellitic anhydride)1,2,4-苯三(甲,羧)酸酐;偏苯三(甲,羧)酸酐(2)(trimethylamine)三甲胺
T matrix 跃迁矩阵
TMBDA(tetramethylbutanediamine) 四甲基丁二胺
TMD 三甲十氢萘醇
TMEDA(tetramethylethylenediamine) 四甲基乙二胺(环氧树脂硬化剂)
TMHDA(tetramethylhexanediamine) 四甲基己二胺
TML(tetramethyl lead) 四甲(基)铅
TMP (1)(trimethoprim)甲氧苄啶;甲氧苄氨嘧啶(2)(trimethylolpropane)三羟甲基丙烷(3)(trimethyl phosphate)磷酸三甲酯
TMPD(trimethylpentanediol) 三甲基戊二醇
TMPDA(tetramethylpropanediamine) 四甲基丙二胺
TMS 四甲基硅烷;四甲基甲硅烷
TMTD(tetramethylthiuram disulfide) 二硫化四甲基秋兰姆;(硫化)促进剂 TMTD;福美双
TMTM(tetramethylthiuram monosulfide) 一硫化四甲基秋兰姆;(硫化)促进剂 TMTM
TMTU(tetramethyl thiourea) 四甲基硫脲(促进剂)
TM wave 横磁波
TNAZ(1,3,3-trinitroazetidine) 1,3,3-三硝基氮杂环丁烷
TNB(trinitrobenzene) 三硝基苯
TNF(tumor necrosis factor) 肿瘤坏死因子
TNP(trinonyl phosphate) 磷酸三壬酯
TNPP(tri-*n*-pentylphosphate) 磷酸三正戊酯
TNT(trinitrotoluene) 梯恩梯;三硝基甲苯(炸药)
TNT oil 梯恩梯油
toad venom 蟾酥
tobacco absolute 烟草净油
tobacco mosaic virus 烟草花叶病毒
tobermorite 托勃莫来石
tobramycin 妥布霉素
tocainide 妥卡尼;氨酰甲苯胺
tocamphyl 托莰非;樟酯醇胺;龙脑酯二乙醇胺
to center 找中心
tocol 母育酚
tocolytic (1)安宫的;保胎的(2)保胎药
tocopherol 生育酚;维生素 E

α-tocopherol α-生育酚
β-tocopherol β-生育酚;5,8-二甲基母育酚
δ-tocopherol δ-生育酚;8-甲基母育酚
tocopheronic acid 生育酸
tocopherylamine 生育胺
tocoretinate 托可视黄酸酯;视黄酸生育酚酯
TOD(total oxygen demand) 总需氧量
todralazine 托屈嗪;乙肼苯哒嗪
toe crack 焊趾裂纹
toe-cutting agent 修趾剂
toe of weld 焊趾
Toepler pump 托普勒泵
tofenacin 托芬那辛;二苯甲氧胺
tofisopam 托非索泮;甲氧乙氮䓬
TOFMS(time-of-flight mass spectrometer) 飞行时间质谱仪
tofranil 米帕明;丙咪嗪
toggle 曲柄;曲肘;肘节
toggle switch 搬扭开关
toilet acidic liquid cleaner 盥洗用酸性液体洗净剂
toilet cleaner 洁厕净
toiletry 化妆用品
toilet soap 香皂
toilet water 花露水
Tokamak 托卡马克(磁约束聚变环流器)
tolamine 对甲苯磺酰氯胺钠;氯胺 T
tolane(=diphenylacetylene) 二苯乙炔
tolane dibromide 二溴化二苯乙炔
tolane sulfide 硫化二苯乙炔
tolazamide 妥拉磺脲;甲磺氮䓬脲
tolazoline 妥拉唑林;苄唑啉
tolboxane 托硼生;甲苯硼氧烷
tolbutamide 甲苯磺丁脲;甲糖宁
tolciclate 环托西拉酯;甲苯硫萘酯
tolclofos-methyl 甲基立枯磷
tolcyclamide 格列环脲;甲磺环己脲
toldimfos sodium 托定磷酸钠;胺甲苯膦酸钠
tolerability 耐受性
tolerable concentration 可容许浓度
tolerance 容差
tolerance dose 耐受剂量
tolerance error 容许误差
tolerance limit 容许限
tolerance of dimension 尺寸公差
tolerance of fit 配合公差
tolerance test 耐药量试验
tolfenamic acid 托芬那酸
tolidine(=dimethylbenzidine) 联甲苯胺;二甲基二氨基联苯
***o*-tolidine** 3,3′-二甲基联苯胺;托力丁贝司
tolidine sulfate 硫酸联甲苯胺
tolil 甲苯偶酰
tolilic acid 二甲苯基乙醇酸
tolimidazole 甲基苯并咪唑
tolindate 托林达酯;苯硫茚酯
toliprolol 托利洛尔;甲苯心安
tollalyl sulfide 硫化二苯乙炔
Tollens' reagent 托伦斯试剂
tolmetin 托美丁;四苯酰吡咯乙酸
tolnaftate 托萘酯
tolonidine 托洛尼定;氯甲苯唑啉
tolonium chloride 托洛氯铵;氯化胺甲吩噻嗪
toloperisone 托哌酮;甲苯哌丙酮
toloxatone 甲苯噁酮
toloxy(=tolyloxy) 甲苯氧基
toloxychlorinol 托洛氯醇;甲苯氧氯醇
tolpovidone [131]I 碘[^{131}I]托泊酮;碘 131 苄聚乙烯吡咯烷酮
tolpronine 托普罗宁;甲苯哌丙醇
tolpropamine 托普帕敏;苯甲苯丙胺
tolrestat 托瑞司他
toltrazuril 托曲珠利
tolualdehyde 甲苯甲醛
toluamide 甲苯甲酰胺
toluanilide *N*-苯乙酰(基)苯胺;α-苯基-*N*-乙酰苯胺
toluarsonic acid 妥卢胂酸;羧基甲苯胂酸
toluate 甲苯甲酸盐(或酯)
tolu (balsam) 妥卢香脂
toluene 甲苯
tolueneazonaphthylamine 甲苯偶氮萘胺
toluene bromide 溴甲苯
toluene chloride 氯甲苯
toluene diamine 甲苯二胺
toluene dichloride 二氯甲苯
toluene 2,4-diisocyanate 2,4-二异氰酸甲苯酯
toluene disproportionation process 甲苯歧化反应
toluene disulfonate 甲苯二磺酸盐
toluene disulfonic acid 甲苯二磺酸
toluene-3,4-dithiol(**TDT**) 甲苯-3,4-二硫酚
toluene halide 卤甲苯

toluenesulfinic acid 甲苯亚磺酸
toluenesulfodichloramide 甲苯磺酰二氯胺
toluenesulfonamide 甲苯磺酰胺
toluenesulfonanilide *N*-甲苯磺酰苯胺
toluene-*p*-sulfonic acid 对甲苯磺酸
***o*-toluenesulfonic acid** 邻甲苯磺酸
***p*-toluenesulfonic acid dichloramide** 二氯胺 T
toluenesulfonyl 甲苯磺酰
toluenesulfonyl butylamine *N*-甲苯磺酰丁胺
toluenesulfonyl dibutylamine *N*-甲苯磺酰二丁胺
toluenesulfonyl dimethylamine *N*-甲苯磺酰二甲胺
toluenesulfonyl ethylamine *N*-甲苯磺酰乙胺
toluenesulfonyl methylamine *N*-甲苯磺酰甲胺
toluenesulfonyl methylaniline *N*,*N*-甲苯磺酰基甲基苯胺
toluenesulfonyl toluidine *N*-甲苯磺酰甲苯胺
toluene-*ω*-thiol 对甲苯硫酚
toluenethiol 甲苯硫酚;巯基甲苯
toluenone 2-甲基-2,4-环已二烯酮
toluenyl 亚苄基
toluic acid 甲苯甲酸
***o*-toluic acid** 邻甲基苯甲酸
toluic aldehyde 甲苯甲醛
toluic anhydride 甲(基)苯甲(酸)酐
toluic nitrile 甲苯(甲)腈
toluidide *N*-某酰基甲苯胺
toluidine 甲苯胺
***m*-toluidine** 间甲苯胺
***o*-toluidine** 邻甲苯胺
***p*-toluidine** 对甲苯胺
Toluidine Red 甲苯胺红
toluidino- 甲苯氨基(邻、间或对)
toluido- 甲苯氨基
toluino-(＝toluido-) 甲苯氨基
toluiquinone 甲苯醌
***α*-tolunitrile** *α*-苄基氰;苯乙腈
***m*-tolunitrile** 间甲苯基氰
toluol 甲苯
toluoyl 甲苯酰(邻、间或对)
toluphenazine 甲基吩嗪
toluresitannol 妥卢香醇
toluyl aldehyde 甲基苯甲醛
toluyl azo-*β*-naphthol 甲基苯甲酰偶氮 *β*-萘酚
toluylene (1)甲代亚苯基 (2)芪;二苯乙烯
toluylene diamine 甲代苯二胺
toluylene hydrate 水合芪;苯(基)苄(基)甲醇
toluylene red 中性红
toluylene urea 亚甲苯基脲
toluylic acid 苯乙酸
toluyl(＝toluoyl) 甲苯甲酰
tolyantipyrine 甲苯基安替比林
tolycaine 托利卡因;甲苯卡因
tolyl 甲苯基(邻、间或对)
tolyl-acetic acid 甲苯乙酸
tolyl alcohol 甲苯基甲醇
***o*-tolyl alkyl ketimines** 邻甲苯基·烷基·甲亚胺
tolylation 引入甲苯基
***o*-tolyl-biguanide** 邻甲苯基二胍
tolyl bromide 甲苯基溴
tolyl carbinol 甲苯基甲醇
tolylchloride 邻氯甲苯
tolylene (1)(＝toluylene)甲代亚苯基 (2)亚甲代苯基 (3)亚苄基
***α*-tolylene**(＝benzylidene) 苯亚甲基
2,4-tolylene diamine 2,4-甲苯二胺
2,5-tolylene diamine 2,5-甲苯二胺
2,4-tolylene diisocyanate 2,4-甲苯二异氰酸酯
di-*o*-tolylguanidine 二邻甲苯胍;硫化促进剂 DOTG
tolylhydrazine 甲苯肼
tolylhydroxylamine 甲苯胲
tolyl isorhodanate(＝tolyl isothiocyanate) 异硫氰酸甲苯酯
tolylmercuric chloride 氯化甲苯基汞
tolyl methyl ether 甲苯基·甲基醚
tolyl mustard oil 甲苯基芥子油;异硫氰酸甲苯酯
tolyloxy- 甲苯氧基
tolylsulfonyl 甲苯磺酰
***p*-tolylsulfonylmethylnitrosamide** 对甲苯磺酰甲基亚硝胺
tolylthiourea 甲苯基硫脲
tolylurea 甲苯基脲
tomatin(e) 番茄素;番茄(碱糖)苷
Tomudex 托姆得司
toner 有机调色剂
toner brown 色淀棕
toner yellow 色淀黄

tongue and groove 榫槽接合;槽舌榫
tongue and groove joint 榫槽接合
tongued and grooved flanges 密封法兰;舌槽法兰
tonin 血管紧张素Ⅰ转化酶
toning 调色
tonnage 吨位
tonnage oxygen 工业用氧
tool 刀具;器械
tool bar 刀杆
tool bogie 工具车
tool car 工具车;检修车
tool set 成套工具
tools factory 工具厂
tool shop 工具车间
tool steel 工具钢
tool van 工具车
tool vehicle 工具车
(tool)wagon 工具车
tooth depth 齿高
toothed V-belt 齿形三角带
toothpaste 牙膏
tooth(type)coupling 齿式联轴器
TOP(trioctyl phosphate) 磷酸三辛酯
top (1)此端向上;上部 (2)陀螺
top annular plate 顶部环板
top application manure 追肥
topaz 黄玉
top bearing housing 上轴承箱
top cap 顶盖
top clamping plate 顶部压紧板
top coat 表层涂层;面漆
top coating 顶涂
top cover 顶盖
top cylinder cup 上端气缸碗
top davit 塔顶吊杆
top discharge 顶部出料
top down 自上而下;自顶向下
top-down analysis 自上而下分析
top dressing 追肥
top-driven centrifugal 顶部驱动离心机
top entering 顶部装料
top entering propeller agitator 顶伸式螺旋桨搅拌器
top entering(type)agitator 顶伸式搅拌器
top entry 顶伸入
top feed 顶部加料
top feeding(=top feed) 顶部加料
top fermentation 表层发酵
top fired furnace 顶烧炉
top firing 顶部加热
top force 阳模;上模
top handling attachment 顶吊架
top-hat kiln 钟罩式窑
topical application (1)局部施用(2)微量点滴法
topiramate 托吡酯
top-lift frame 顶吊框架
top liquid level 顶部液面
topochemical elements 化源元素
topochemical reaction 拓扑化学反应
topochemistry 拓扑化学
top of saddle 鞍座顶
topoisomerase 拓扑异构酶;促旋酶
topological entropy 拓扑熵
topological matrix 拓扑矩阵
topological structure 拓扑结构
topology 拓扑学;布局(技术)
topotaxial factor 局域化学因素
topotaxial reaciton 局域规整反应
topotecan 托泊特坎
topper (原油)拔顶装置;拔头装置
top phase 顶相;上相
topping (1)拔顶;拔头;蒸去轻馏分 (2)顶端(3)贴胶
topping plant 初馏[拔顶]装置
topping still 初馏[拔顶]塔
topping unit 拔顶[头]蒸馏装置
top platform 顶部平台
top pressure 顶部压力
top product 塔顶产品
top pumparound 塔顶循环回流
top-quality rubber 优质橡胶
top reflux 塔顶循环回流
tops 拔头油;最初馏分
top sample 顶部取样
top sciences 尖端科学
top seal 顶部密封
tops from crude distillation 拔顶气;原油拔顶气
tops from platformate 铂重整拔顶油
topsin 硫菌灵;托布津
top speed 最大[高]速度;最大转速
top-suspended basket centrifuge 上悬式离心机
top suspension [suspended] centrifuge 上悬式离心机
to put to test 做试验
top view 俯视图;顶视图
torasemide 托拉塞米

torch 火炬
torch assembly 火炬装置
torch atomizer 火炬喷射器
torch brazing 吹管硬焊
torch cutting 气割
torch ignitor 火炬点火器
toremifene 托瑞米芬
toriconical head 折边(的)锥形封头
toril oil 多利油
toringin 柯因葡糖苷
torispherical head 带折边的环形封头;碟形封头
tornado dust collector 旋风集尘器;龙卷风式集尘器
tornado dust remover 旋风除尘器
torque 转矩
torque output 扭力输出(图)
torque response 扭转反应
Torr 托(压力单位,=133.322 帕)
torsemide 托西酰胺
torsion 扭转
torsional dynamometer 扭力计
torsional effect 扭转效应
torsional elasticity tester 扭转弹性测定装置
torsional fatigue test 扭转疲劳试验
torsional load 扭转载荷
torsional moment 扭矩
torsional pendulum 扭摆
torsional rigidity 抗扭刚度;抗扭劲度
torsional strain 扭应变
torsional strength 抗扭强度
torsional stress 扭(转)应力
torsional test 扭曲试验
torsional vibration 扭转振动
torsion angle 扭转角
torsion balance 扭秤;扭力天平
torsion joint 扭合接头
torsion temperature 扭曲温度
tortuosity 曲折因子
tortuosity factor 弯曲因子
"tortuous-pore" membrane "曲孔"膜
torularhodin 红酵母红素
torus 螺绕环
tosufloxacin 托氟沙星
to switch the feed 转换进料
tosyl(=tolylsulfonyl) 甲苯磺酰基
tosylate 甲苯磺酸盐(或酯)
tosylation 甲苯磺酰化
tosylester of cellulose 纤维素对甲苯磺酸酯
totacef 头孢唑啉钠
total absorption peak(=photopeak) 光峰;总吸收峰
total acidity 总酸度
total analysis(=complete analysis) 全分析
total angular momentum 总角动量
total ash 总灰分
total combustion method 总燃烧法
total condenser 全凝器
total consumption burner 全消耗型燃烧器
total conversion 总转化率
total copper 总铜
total correlation coefficient 全相关系数
total correlation function 总相关系数
total cross-section 总截面
total energy 总能
total energy consumption 总能耗
total energy method 总能量法
total energy system 全能量系统;总能系统
total hardness 总硬度
total heat of solution 总溶解热
total investment 总投资
total ion current 总离子流
total ion exchange capacity 总离子交换容量
total ionic strength adjustment buffer 总离子强度缓冲剂
totalizer 累加器
totalizing ga(u)ge 积算式仪表
totalizing instrument 积算式仪表
totally enclosed fan cooled 全封闭风扇冷却的
totally enclosed fan cooled motor 全封闭风冷式电动机
totally-enclosed(type)motor 防爆(型)电动机;全封闭型[式]电动机
totally porous packing 全多孔型填充剂
total make 总产量
total measurable benefit 可测总收益
total operation expense 总操作费用
total output 总产量
total oxygen demand(TOD) 总耗氧量;总需氧量
total polarizability 总极化率[度]
total productive maintenance(TPM) 全员生产维修
total pressure method 总压法
total profit 利润总额
total proteome 总蛋白质组
total quality control 全面质量管理

total radiation(-type) pyrometer 全辐射高温计
total reflection 全反射
total reflux 全回流
total retention volume 总保留体积
total sulphur 总硫量
total synthesis 全合成
total treatment 完全处理
total work cost 总生产成本
tote box 搬运箱
to throw out of gear 不啮合
totipotency 全能性
***p*-totylindium**(Ⅲ) 对甲苯基铟(Ⅲ)
touch 触(动)
touch end travel 接触端位移
toughened acrylic adhesive 增韧丙烯酸胶黏剂
toughened glass 钢化玻璃
toughened polystyrene resin 韧性聚苯乙烯树脂
toughener 增韧剂
toughening agent 增韧剂
toughening treatment 钢化处理
toughness 韧性
toughness test 韧性试验
tourmaline 电气石
tow 丝束
towed scraper 拖式铲运机
towed vehicle 拖曳[挂]车
tower 塔设备;塔器
tower acid 塔式法硫酸
tower attachments 塔附件
tower body 塔体
tower bottom 塔底
tower bottoms 塔底产物[残油,残液];塔釜液
tower concentrator 塔式浓缩器
tower cooler 冷却塔
tower crane 塔式起重机
tower crystallizer 塔式结晶器
tower dryer 塔式干燥器;干燥塔
tower evaporation 塔式蒸发
tower evaporator 塔式蒸发器;蒸发塔
tower furnace 竖式炉;塔式炉
tower gas cooler 塔式气体冷却器
tower height 塔高
tower internals 塔内(部)件
tower mill 塔式粉碎机
tower packing[filling] 塔填料
tower process 塔式法
tower reactor 塔式反应器
tower scrubber 洗涤塔
tower shell 塔壳体
tower skirt 塔裙(部)
tower sludge 塔内淤渣
tower top 塔顶
tower tray 塔板
tower washer 洗涤塔
tow-film theory 双膜理论
town gas 城市煤气;城市家用煤气
tow phase model 两相模型
tow-to-top process 丝束直接成条
tow-way switch 双向[掷]开关
toxic amine 毒胺
toxicant 毒;毒物;毒剂
toxication 中毒
toxicide(s) 解毒药
toxicity 毒性
toxicity index 毒力指数
toxicity of rodenticide 杀鼠剂毒性
toxicology 毒理学;毒物学
toxicosozin 抗毒防卫素
toxic waste disposal 毒性废水处理
toxin 毒素
toxin T-2 毒枝菌素
toxisterol 毒甾醇
toxoflavin 毒黄菌素;毒黄素
toxohormone 毒性激素
toxoid 类毒素
toxopyrimidine 毒嘧啶
TP(thermoplastics) 热塑性塑料
TPA(terephthalic acid) 对苯二甲酸
TPD(temperature programmed desorption) 程序升温脱附
TPE(thermoplastic elastomer) 热塑性弹性体
TPEA(thermoplastic elastomer alloy) 热塑性弹性体合金
TPG(triphenyl guanidine) 三苯胍(促进剂)
TPGC(temperature programmed gas chromatography) 程序升温气相色谱法
T-piece (管件)三通
TPNH cytochrome C reductase TPNH 细胞色素 C 还原酶
TPNH transhydrogenase TPNH 转氢酶
TPNR(thermoplastic natural rubber) 热塑性天然橡胶
TPO (1)(temperature programmed oxidation)程序升温氧化(2)(thermoplastic polyolefine)热塑性聚烯烃

TPP (1)(thiamine pyrophosphate)硫胺素焦磷酸(2)(triphenyl phosphate)磷酸三苯酯
TPR(temperature programmed reduction) 程序升温还原
TPRS(temperature programmed reaction spectrum) 程序升温反应谱
TPS(toughened polystyrene) 韧性聚苯乙烯
TPSF(thermoplastic structural foam) 热塑性结构泡沫塑料
TPS resin 韧性聚苯乙烯树脂
TPU(thermoplastic polyurethane) 热塑性聚氨酯
TPV(thermoplastic vulcanizate) 热塑性硫化胶
TPVC(thermoplastic polyvinyl chloride) 热塑性聚氯乙烯
TQC(total quality control) 全面质量管理
trace 迹;痕量
trace analysis 痕量分析
trace chemistry 痕量化学
trace constituent 痕量成分
trace element 痕量元素
trace-element fertilizer 微量元素肥料
trace level 痕量级
tracer 示踪剂
tracer atom 示踪原子
tracer composition 曳迹剂
tracer diffusion 示踪原子扩散
tracer element 示踪元素
tracer method 示踪法
tracer milling machine 靠模铣床
tracer mixture 曳迹剂
tracer technique 示踪技术
traches 气管
tracing heat 伴热
tracing paper 描图纸
track 磁道
track density 道密度
track etching 径迹蚀刻
track etching dosimeter 径迹蚀刻剂量计
"track-etch" process 核径迹法
tracking behavior 跟踪行为
tracking control 跟踪控制
tracking error 跟踪误差
tracking powder 鼠道粉
tracking resistance test 耐漏电试验
track scale 称量车
tractive effort 牵引力
tractor 拖拉机;牵引车
tractor air tyre 拖拉机轮胎
tractor pneumatic tire 拖拉机轮胎
trademark 商标
trade name 商品名
trade-off (1)交替使用(2)选择其一;折衷选择(3)协调(4)放弃
trade-off analysis 权衡分析
trade-waste sewage 工业污水
traditional packing 传统填料
traditional silicate materials 传统硅酸盐材料
traffic capacity 运输能力
traffic coatings 路标涂料
tragacanth (gum) 黄芪胶
tragacanthin 黄芪质;黄芪糖
trail car 拖车
trailer (car) 拖车
trailing box 拖车
trailing ion 尾随离子
trajectory 轨道
tralkoxydim 肟草酮
tralocythrin 溴氯氰菊酯
tralomethrin 四溴菊酯
tramadol 曲马朵;反胺苯环醇
tramazoline 曲马唑啉;萘胺唑啉
tramp material 外来杂质
trandolapril 群多普利
tranexamic acid 氨甲环酸;凝血酸;止血环酸
tranid 肟杀威;棉果威
tranilast 曲尼司特;二甲氧肉桂酰氨茴酸
transacetalation 缩醛交换作用
transacetylase 转乙酰酶
transacetylation 乙酰转移作用
transactinide element 锕系后元素
transacylation 酰基移转(作用)
trans-addition 反式加成(作用)
transaldimination 转醛亚胺作用
transaldolase 转二羟丙酮基酶;转醛醇酶
transalkylation 烷基转移(作用)
transamidase 转酰氨基酶
transamidinase 转脒基酶
Transamin 氨甲环酸;止血环酸
transaminase 转氨酶
transamination 氨基交换;氨基转移
transanhydrisation 酐交换作用
transannular 跨环

transannular bond（＝transannular bridge） 跨环键；跨环桥
transannular bridge 跨环桥；跨环键
transannular effect 跨环效应
transannular hydrogen effect 跨环氢效应
transannular insertion 跨环插入
transannular interaction 跨环相互作用
transannular linkage （＝ transannular bridge）跨环键；跨环桥
transannular link（＝transannular bridge） 跨环键；跨环桥
transannular migration 跨环移位
transannular polymerization 跨环聚合
transannular rearrangement 跨环重排
transannular strain 跨环张力
transcalifornium element 锎后元素；超锎元素
transcarbamylase 转氨甲酰酶；氨甲酰基转移酶
transconfiguration 反式构型
transconfiguration polymer 反式构型聚合物
transcortin 运皮质激素蛋白
transcriptase 转录酶
transcription 转录（作用）
transcription factor 转录因子
transcriptosome 转录体
transcrystalline cracking 穿晶裂纹
transcrystalline rupture 穿晶断裂
transcrystallization 横向结晶
transcurium element 锔后元素；超锔元素
transdeamination 联合脱氨（基）作用
transdermal drug delivery system 膜基皮透药物释放系统
transducer 传感器；变送器；转换器
transducin 转导素（蛋白）
transduction 转导
trans effect 反位效应
trans elimination 反式消除
trans-erythro 反-赤藓式
transesterification 酯交换；酯基转移（作用）
transfatty acid 反式脂肪酸
transfection 转染
transfer 传递
transfer arm 机械手；自动操纵器
transferase 转移酶；转换酶
transfer card 传送卡（片）
transfer cart 运送车
transfer coating leather 贴膜革
transfer coefficient 迁越系数
transfer crane 搬运吊车
transference number 迁移数
transference number of ion 离子迁移数
transfer equilibrium（＝phase equilibrium） 相平衡
transfer factor 转移因子
transfer function 传递函数
transfer gantry 龙门起重机
transfer gearbox 传动齿轮箱
transfer grafting 转移接枝
transfer hydrogenation 转移氢化
transfering enzyme 转移酶
transfer lag 传递滞后
transfer layer 转移层
transfer line 转油线；输送管
transfer line exchanger 在线换热器
transfer method 迁移（取样）法
transfermium 超镄元素，即原子序数超过100的人造元素
transfer moulding 传递模塑；传递成型
transfer number 迁移数
transfer pipe 输油管
transfer pipet 移液管；单标线吸量管
transfer printing 转移印花
transfer pump 输送泵
transfer reaction （链位）转移反应
transferrin 转铁蛋白
transferring enzyme 转移酶
transfer RNA 转移核糖核酸；转移 RNA
transfer switch 换向开关
transfer system 传送系统
transfer to initiation 引发剂转移
transfer type PSAT 转移型压敏胶粘带
transfer unit 传质单元
transfer valve 旁通阀
transfluthrin 四氟菊酯
transfomation 晶型转变
transform 变形；变换
transformation 转化；变换；晶型转变
transformation system 变换系统
transformer 变压器
transformer oil 变压器油
transformer station 变电所[站]
transformiminase 亚氨（基）甲基转移酶
transforming factor 转化因子
trans form 反式（异构体）
transformylase 转甲酰酶
transfructosidase 果糖苷移转酶
transfusion tube for medical use 橡胶输

血管
transgenic plant 转基因植物
transglucosidase 转葡糖苷酶
transglucosylase 转葡糖基酶
transglycosidase 转糖苷酶
transglycosidation 转糖苷作用
transglycosylation 葡(萄糖)基转移作用
transgranular cracking 穿晶开裂
trans-halogenation 卤素转移作用
transhydrogenase 转氢酶
transhydroxymethylase 转羟甲基酶
transient deviation 瞬态偏差
transient dipole moment 瞬间偶极矩
transient error 瞬态误差
transient flow 暂态流
transient heat transfer 不稳定传热
transient method 暂态法
transient motion 暂态运动;瞬态运动
transient penetrant 瞬变渗透通量
transient process 过渡过程
transient (radioactive) equilibrium 瞬间(放射)平衡;过渡平衡;动态平衡
transient state 暂态;瞬态
transient state process 暂态过程
transient stress 瞬时应力
trans influence 反位影响
trans-isomer 反式异构体
trans-isomerism 反式异构(现象)
transistor 晶体管
transit 经纬仪
transition (1)跃迁 (2)转变;转换;过渡 (3)相变
λ-transition λ相变
transitional region 过渡区域
transition boiling 过渡沸腾
transition complex (=activated complex) 活化络合物;过渡[临界]络合物
transition density 过渡密度
transition duration 过渡时期
transition element 过渡元素
transition energy 跃迁能
transition fit 过渡配合
transition flow 过渡流
transition interval 变色区间
transition knuckle 折边
transition layer 过渡层
transition matrix 跃迁矩阵
transition metal catalyst 过渡金属催化剂
transition metals 过渡金属元素
transition moment 跃迁矩
transition pipe 异径管接头;大小头
transition polarization 转变极化;转变过电压
transition probability 跃迁概率
transition section 过渡截面
transition state (=activated complex) (反应物的)过渡态;活化络合物
transition state theory 过渡态理论
transition temperature 转变温度
transition time 迁移时间
transit mixing truck 混凝土搅拌输送[运输]车
transketolase 转羟乙醛酶;转酮醇酶
translation (1)平移 (2)转译
translational diffusion 平动扩散
translational energy 平移位能;平动能
translational partition function 平动配分函数
translational symmetry 平移对称
translation operator 平移算符
translawrencium element 铹后元素
translocase 移位酶
translocation flow 易位流
translucent paper 半透明纸
translucent soap 半透明皂
transmembrane protein 跨膜蛋白质
transmethylase 甲基移转酶
transmethylation 甲基转移作用
transmission (1)传递(2)传动装置
transmission arm 传动臂
transmission belt 传动皮带
transmission belt building machine 传动带成型机
transmission case 传动箱
transmission coefficient 透射系数
transmission density 透射密度
transmission grating 透射光栅
transmission line (TL) 传输线
transmission method 透过光强度法
transmission power 传动功率
transmission strap 传动带
transmission unit (TU) 透射单位,传递单位
transmissivity 透射率
transmittance (1)(相对)透射比 (2)透光度
transmittancy (相对)透射比
transmitter 变送器;发送器
transmitting instrument 变送器
transmitting medium 传导介质

transmutation 嬗变
transoid conformation 反向构象
transparency (1)透明性 (2)透明度
transparent alumina ceramics 透明氧化铝陶瓷
transparent and electric conduct membrane 透明导电膜
transparent beryllia ceramics 透明氧化铍陶瓷
transparent ceramics 透明陶瓷
transparent glaze 透明釉
transparent liquid level gauge 透光式液面计
transparent nylon 透明尼龙
transparent rubber 透明橡胶
transparent soap 透明皂
transpassivation current density 过钝化电流密度
transpassive potential 过钝化电位
transpeptidase 转肽酶
transpeptidation 转肽作用
transphosphatase 磷酸移转酶
transphosphorylase 转磷酸酶;磷酸变位酶
transpirational flow 蒸腾流
transpiration efficiency 蒸腾效率
transpiration ratio 蒸腾比
transpiration stream 蒸腾流
transplutonium element 钚后元素;超钚元素
trans-polyisoprene 反式聚甲基丁二烯
transportation by railroad 铁路运输
transportation cost 运输成本;运输费用
transport by inland river 内河运输
transport coefficients 输运因数[系数]
transport(er) 运输船;运输机
transporting by air 空运
transport machine 运输机
transport number 迁移数
transport of pollutant by erosion 污染物的侵蚀转移
transport phenomenon 传递现象;输运现象
transport piece 转运片段
transport properties 传递性质
transposition 转座
transposon 转座子
trans-stereoisomer 反式立体异构体
transsulfurase 转硫酶
trans-tactic 有规反式构形
transtactic polymer 反式有规聚合物
transthiolation 转硫醇作用
transthorium element 钍后元素
transthyretin 视黄醇/甲状腺素运载蛋白;视黄醇·甲状腺素运载蛋白
trans-translation 反式翻译反应
transuranic element(s) 超铀元素;铀后元素
transuranic waste 铀后废物
transuranide 铀后元素
transuranium element 铀后元素;超铀元素
transversal surface 横截面
transverse acceleration 横向加速度
transverse baffle 横向挡板;折流板
transverse contraction 横向收缩
transverse crack 横向裂缝
transverse Doppler effect 横向多普勒效应
transverse electric wave 横电波
transverse electromagnetic wave 横电磁波
transverse field 横场
transverse load 横向载荷
transverse magnetic wave 横磁波
transverse mass 横质量
transverse mode 横模
transverse pattern 横向花纹
transverse pitch 横向节距;横向中心距
transverse relaxation (=spin-spin relaxation) 横向松弛;自旋-自旋松弛
transverse section 横截面
transverse strength 抗弯强度
transverse test 抗弯试验
transverse velocity 横向速度
transverse vibration 横向振动
transverse wave 横波
transverse weld 横向焊缝
transveyer 运送机
tranylcypromine 反苯环丙胺
trap (1)陷阱;捕集器 (2)汽水阀;疏水器;汽水分离器
trapezoidal groove 梯形槽
trap for oil 捕油器;油捕集器
trapidil 曲匹地尔;唑嘧胺
trapped 截留
trapped electron 俘获电子
trapped radical 截留基
trapping 截留;捕俘
trapping of radicals 自由基稳定化
trapping state 陷阱状态;俘获状态
trap valve 滤网;滤阀
trash chamber 除尘室
Traube process 胶乳膏化浓缩法
Traube's rule 特劳贝规则
traumatic acid 愈伤酸;2-十二碳烯二酸

traumatol 碘甲酚
travelling agitator 移动式搅拌器
travelling block 动滑车
travelling bridge crane 龙门起重机
travelling crane 横动起重机
travelling microscope 移测显微镜;读数显微镜
travelling mixer 移动式搅拌机
travelling soap 旅游皂
travelling toothpaste 旅游牙膏
travelling valve 游动阀;排出阀
travelling wave 行波
travolater cap 泡罩
travolater weir 塔盘堰
tray 淋盘;塔板
tray boot 料盘中心槽
tray cap 塔盘泡罩[帽]
tray column 板式塔;盘式塔
tray compartment dryer 箱式干燥器
tray deck 塔盘板
tray down-spout 塔盘溢流管;塔盘降液管
tray dryer 厢式干燥器;盘架干燥器
tray drying 盘式干燥
tray dyeing (毛皮)浸染
tray efficiency 塔板效率;板效率
tray gradient 塔盘压力降
tray outside diameter 塔板外径
tray ring 塔盘圈;塔盘环
tray riser 塔盘升气管;塔盘蒸汽上升口
tray spacing 塔板间距
tray stiffer 塔盘支承
tray support ring 塔盘支撑环
tray thickener 盘式[多层]增稠器
tray weir 塔盘堰
trazodone 曲唑酮;氯哌三唑酮
treacle 糖浆;糖蜜
treacliness (1)黏(滞)性(2)黏(滞)度
T-reactive dye(s) T型反应[活性]染料
tread 胎面
tread bracing 增强胎面
tread chunking 胎面崩花
tread compound 胎面胶
tread design 胎面花纹
tread extruding line 胎面挤出联动线
tread pattern 胎面花纹
tread pattern dislocation 胎面花纹错位
tread pattern pitch 胎面花纹节距
tread regrooving 胎面再刻花
tread rubber 胎面胶
tread stock 胎面胶
tread strip winding machine 胎面缠贴机
tread test(ing) 里程试验
tread wear indicator 胎面磨耗标记
treated calcium carbonate 活性轻质碳酸钙
treated carbonates 活性碳酸钙
treated clay 活化白土
treated earth(=treated clay) 活化白土
treated felt 油毡
treated water 净化水
treated water conduit 清水导管
treater (1)精制器;净化器;提纯器(2)处理器
treating column 精制塔
treating plant 净化设备
treating process 精制过程
treating tower 精制塔
treating water 处理水
treatment tank 处理罐;精制罐
treble bond 三键
tree like crystal 枝状结晶
tree network 树状网
trefoil peptide 三叶草肽
trehalase 海藻糖酶
trehalosamine 海藻糖胺
trehalose(=mycose) 海藻糖
tremetone 丙呋甲酮
tremorine 震颤素;双吡咯烷丁炔
trenbolone 群勃龙;去甲雄三烯醇酮
trencher 挖沟机
trench 管沟
trench-hoe 挖沟机
trengestone 群孕酮;氯二去氢逆孕酮
trepibutone 曲匹布通;三乙氧苯酰丙酸
trestle stand 栈桥(架)
trestle work 栈桥(架)
tretoquinol 曲托喹酚;喘速宁
TRF(thyrotropin releasing factor) 促甲状腺素释放因子
TRH(thyrotropin releasing hormone) 促甲状腺激素释放激素
TRIA(triacontanol) 三十烷醇
triacetamide 三乙酰胺
triacetate 三醋酯纤维;三醋纤
triacetin(=glycerin triacetate) 三醋精;甘油三乙酸酯
triacetonamine(=tetramethylpiperidone) 四甲基哌啶酮;[俗]三丙酮胺
triacetonediamine 三丙酮二胺
triacetyldiphenolisatin 三醋酚汀

triacetyl glucose 三乙酰葡糖;葡糖三乙酸酯
triacid amide 三酰胺
triacid base 三价碱
triacid salt 三酸式盐
triacontahexaene 角鲨烯
triacontane(=melissane) 三十烷;蜂花烷
triacontanoic acid 三十烷酸
triacontanol 三十烷醇
triacontyl 三十(烷)基
triacontylene(=melene) 三十碳烯;蜂花烯
triactic 三同立构
tri-active amylamine 三(旋性戊基)胺
triacylated 三酰(基)化的
triacylglycerol 三酰甘油
triad 三单元组
triadimefon 三唑酮;三唑二甲酮;粉锈宁
triadimenol 唑菌醇;羟锈宁
triad prototropy 三原子互变体系
triafur 硝呋氨唑
trial-and-error method 尝试法
trial assembly 试装
trial erection 试装配
trial inspection 初步检查
trialkylaluminium 三烷基铝
trialkylamine 三烷基胺;叔胺
trialkylarsine 三烃基胂;叔胂
trialkylarsine cyanohalide 氰卤化三烃基胂
trialkylarsine dichloride 二氯化三烃基胂
trialkylarsine hydroxychloride 羟氯化三烃基胂
trialkylchlorosilane 三烷基氯(甲)硅烷
trialkylphosphate 磷酸三烷基酯
trialkyl sulfonium iodide 碘化三烃基硫鎓
triallate 野麦畏
triallylamine 三烯丙基胺
trial method 尝试法
trial plant 实验厂
trial production 产品试制
trial (run) 试车;试生产
triamcinolone 曲安西龙;去炎松;氟羟强的松龙
triamcinolone acetonide 曲安奈德;丙炎松;去炎松缩酮
triamcinolone hexaacetonide 己曲安奈德;己酸丙炎松
triamide 三酰胺
triamido (1)三酰氨基(2)(某)三氨基
triamine 三胺
1,3,5-triamine-2,4,6-trinitrobenzene 三硝基均苯三胺
triaminobenzene 三氨基苯
triamiphos 威菌磷
triammonium phosphate 磷酸铵;磷酸三铵
triamterene 氨苯蝶啶;三氨蝶呤
triamyl amine 三戊胺
triamyl orthoformate 原甲酸三戊酯
triamyloxyboron 三戊氧基硼
triamylphosphine oxide(TAPO) 氧化三戊基膦
trianethole 三聚茴香脑;三聚对丙烯基苯甲醚
triangle belt 三角皮带
triangle of impedance 阻抗三角形
triangular belt 三角带
triangular scraper 三角刮刀
triangular wave polarography 三角波极谱法
triaromatics 三环芳(香)烃
triarylarsino dihydroxide 二氢氧化三芳基胂
triarylphosphine oxide 氧化三芳基膦
triassic acid 三叠酸
triasulfuron 醚苯黄隆
triatomic acid 三价酸
triatomic base 三价碱
triaxial stress 三轴[向]应力
triazaborane 三氮杂环硼烷
triazane 三氮烷 NH_2NHNH_2
triazanetriyl 三氮烷三基
triazene (类名)三氮烯
triazenediyl 1,3-三氮烯亚基;1,1-三氮烯亚基
triazeno- 三氮烯基
triazenyl 三氮烯基
triazine 三嗪
triazine A resin 三嗪A树脂
triazine resin 三嗪树脂
triazine triol 三聚氰酸
triazinyl 三嗪基
triaziquone 三亚胺苯醌
triazo 叠氮基
triazoacetic acid 叠氮基乙酸
triazobenzene(=phenylazide) 叠氮基苯
triazo-compound 叠氮化合物
triazolam 三唑仑;三唑苯二氮䓬
1*H*-1,2,4-triazol-3-amine 杀草强
triazole 三唑
1*H*-1,2,4-triazole 1,2,4-三唑
triazole explosive 三唑系炸药

triazole fungicide 三唑类杀菌剂
triazolidine 三唑烷
triazolidinyl 三唑烷基
triazoline 三唑啉
***s*-triazolo-** 均三唑并
triazolone 三唑酮
triazolyl 三唑基
triazo-methane（=methyl azide） 叠氮基甲烷；甲基叠氮
triazone 三嗪酮
triazoxide 唑菌嗪
tribasic （1）三碱（价）的；三元的（2）三取代的
tribasic acid 三元酸；三（碱）价酸；三碱酸
tribasic alcohol 三元醇
tribasic ester 三元酸酯
tribasic lead maleate monohydrate 三碱式顺丁烯二酸铅
tribasic lead sulfate 三碱式硫酸铅
tribasic potassium phosphate 磷酸钾；磷酸酸钾
tribasic sodium phosphate 磷酸钠；磷酸三钠
tribasic strontium phosphate 磷酸锶
tribasic zinc phosphate 磷酸锌
tribed 三层床
tribenoside 三苄糖苷
tribenuion-methyl 苯磺隆
tribenzal 三亚苄基
tribenzal-diamine 三苯甲醛缩二氨
tribenzamide 三苯甲酰胺
tribenzoate 三苯甲酸盐（或酯）
tribenzoin 甘油三苯甲酸酯
tribenzoylmethane 三苯甲酰甲烷
tribenzylamine 三苄胺
tribenzylarsine oxide 氧化三苄胂
tribenzylbenzene 三苄基苯
tribenzylchlorosilicane 氯化三苄基硅
tribenzyl citrate 柠檬酸三苄酯
tribenzyl ethyl tin 三苄基乙基锡
tribenzylidene diamide 三亚苄二胺
tribenzyl isocyanurate 三聚异氰酸苄酯
tribenzylphosphine oxide 氧化三苄基膦
tribenzyl tin chloride 氯化三苄基锡
tribenzyl tin hydroxide 氢氧化三苄基锡
tri-*p*-biphenyl phosphate 磷酸三对联苯酯
triblock copolymer 三嵌段共聚物
triboelectrification 摩擦起电
tribology 摩擦学
triboluminescence 摩擦发光
triborate 三硼酸盐（或酯）
tribromide 三溴化合物
tribromide tablet 三溴片
tribromoacetaldehyde 三溴乙醛
tribromoacetamide 三溴乙酰胺
tribromoacetic acid 三溴乙酸
tribromoacetic chloride 三溴乙酰氯
tribromoacetic fluoride 三溴乙酰氟
tribromoacetyl bromide 三溴乙酰溴
tribromoacetyl chloride 三溴乙酰氯
tribromoaniline 三溴苯胺
tribromobenzene 三溴（代）苯
tribromo-*tert*-butyl alcohol 三溴叔丁醇
tribromo-*m*-cresol 2,4,6-三溴间甲酚
1,1,2-tribromoethane（= vinyltribromide） 1,1,2-三溴乙烷
tribromoethanol 三溴乙醇
tribromoethyl alcohol 三溴乙醇
tribromoethylene 三溴乙烯
tribromohydrin 1,2,3-三溴丙烷
tribromomesitylene 三溴莱；三溴-1,3,5-三甲苯
tribromomethane 三溴甲烷
tribromophenol 三溴苯酚
2,4,6-tribromophenol 2,4,6-三溴苯酚
tribromo-phenol bismuth 三溴酚铋
tribromophenyl acetate 乙酸三溴苯酯
tribromophenyl salicylate 水杨酸三溴苯酯
tribromopropane 三溴丙烷
tribromosalol 水杨酸三溴苯酯
tribromsalan 三溴沙仑；三溴柳苯胺
tributoxyboron 三丁氧基硼；正硼酸三丁酯
tributyl acetocitrate 乙酰基柠檬酸三丁酯
tributyl aconitate 丙烯三羧酸三丁酯
tributylamine 三丁胺
tributylcarbinol 三丁基甲醇
tributyl citrate 柠檬酸三丁酯
tri-*n*-butyl citrate 柠檬酸三正丁酯
tributyl orthoformate 原甲酸三丁酯
tributyl phosphate 磷酸三丁酯
tri-*n*-butylphosphine 三正丁基膦
tributylphosphine oxide（TBPO） 氧化三丁基膦
tributyltin chloride 氯化三丁基锡
tributyltin oxide 氧化三丁（基）锡
tributyrin 三丁酸甘油酯
tributyrinase 甘油三丁酸酯酶
tricaine 三卡因；间氨苯酸乙酯甲磺酸盐

tricalcium aluminate 铝酸三钙
tricalcium phosphate 磷酸三钙
tricalcium silicate 硅酸三钙
tricaprin 三癸精;甘油三癸酸酯
tricaproin 三己精;甘油三己酸酯
tricaprylin 三辛精;甘油三辛酸酯
tricaprylmethylammonium nitrate (TCMAN) 硝酸三辛基甲基铵
tricarballylic acid 丙三羧酸
tricarbonyl 三羰基
tricarboxylic acid cycle 三羧酸循环;TAC循环
tricetamide 三甲氧苯酯酰胺
tricetin 3′,4′,5′,5,7-五羟黄酮
tricetylphosphine oxide(TCPO) 氧化三(十六烷基)膦
trichlene 三氯乙烯
trichlorfon 敌百虫
trichloride 三氯化物
trichlormethiazide 三氯噻嗪
trichloroacetal 三氯乙缩醛;二乙醇缩三氯乙醛
trichloroacetaldehyde 三氯乙醛
trichloroacetamide 三氯乙酰胺
trichloroacetamidophosphorus trichloride 三氯乙酰亚氨基三氯化磷
trichloroacetanilide *N*-三氯苯基乙酰胺
trichloroacetic acid 三氯醋酸
trichloroacetic bromide 三氯乙酰溴
trichloroacetic chloride 三氯乙酰氯
trichloroacetone 三氯丙酮
trichloroacetonitrile 三氯乙腈
trichloroacetyl bromide 三氯乙酰溴
trichloroacetyl chloride 三氯乙酰氯
trichloroacrylic acid 三氯代丙烯酸
trichloroaldehyde 三氯乙醛
trichloroammine platinite 三氯一氨合亚铂酸盐
2,3,4-trichloroaniline 2,3,4-三氯苯胺
trichloroanisole 三氯茴香醚;三氯甲氧苯
2,4,6-trichloroanisole 2,4,6-三氯苯甲醚
trichlorobenzene 三氯(代)苯
1,2,3-trichlorobenzene 1,2,3-三氯苯;连三氯苯
2,3,4-trichlorobenzoic acid 2,3,4-三氯苯甲酸;连三氯苯甲酸
trichlorobromomethane 三氯溴甲烷
***β*,*β*,*β*-trichloro-*tert*-butyl alcohol** 三氯叔丁醇
trichlorobutyl malonate 丙二酸三氯丁基酯
trichlorobutyraldehyde 三氯丁醛
trichlorobutyric acid 三氯丁酸
trichloro-*p*-cresol 三氯对甲酚
trichlorocupric acid 三氯铜酸
trichlorodivinylarsine 三氯化二乙烯基胂
1,1,1-trichloroethane 1,1,1-三氯乙烷
trichloroethene 三氯乙烯
trichloroethylene 三氯乙烯
1,1,2-trichloroethylene 1,1,2-三氯乙烯
trichloroethylene process 三氯乙烯溶剂脱蜡过程
trichloroethylglucuronide 葡糖三氯乙基苷酸
trichloroethylideneimide 三氯乙亚胺
trichlorofluoromethane 三氯氟甲烷
trichlorohydrin(=trichloropropane) 三氯丙烷
trichlorohydroquinone 三氯氢醌
trichloroiodomethane 三氯碘甲烷
trichlorolactic acid 三氯乳酸
trichlorolactonitrile 三氯丙醇腈
trichloromelamine(TCM) 三氯三聚氰(酰)胺;三氯蜜胺(乙丙胶硫化剂)
trichloromethane 氯仿
trichloromethane sulfonyl chloride 硫酰氯化三氯甲烷
trichloromethyl 三氯甲基
trichloromethyl chlorocarbonate 氯甲酸三氯甲酯;双光气
trichloromethyl chloroformate 氯甲酸三氯甲酯
trichloromethyl sulfochloride 全氯甲硫醇
trichloromethylthio 三氯甲硫基
trichloronitrobenzene 三氯硝基苯
trichloronitromethane 三氯硝基甲烷
trichloro-2-nitrophenol 三氯-2-硝基酚
tri-*β*-chlorooctylphosphine oxide 氧化三(*β*-氯代辛基)膦
2,4,5-trichlorophenol 2,4,5-三氯苯酚
2,4,6-trichlorophenol 2,4,6-三氯苯酚
2,4,5-trichlorophenoxyacetic acid 2,4,5-涕
trichlorophenyl phosphate 磷酸三(氯苯酯)
2,4,6-trichlorophenyl-4′-nitro-phenyl ether 草枯醚
1,2,3-trichloropropane 1,2,3-三氯丙烷
trichloro-2-propanol 三氯-2-丙醇
trichloropurine 三氯嘌呤
trichloropyridine 三氯吡啶

trichloroquinone 三氯醌
trichlororesorcinol 三氯间苯二酚
trichlorosalicylaniline 三氯柳苯胺
trichlorosilane 三氯甲硅烷
***α*,*α*,*α*-trichlorotoluene** 次苄基三氯
trichlorotoluene 三氯甲苯
trichlorotribromoethane 三氯三溴乙烷
trichlorotriethylamine 三(氯乙)胺
trichlorotrifluoroethane 三氯三氟乙烷
trichlorotrivinylarsine 三氯三乙烯胂
trichlorourethan 三氯尿烷;氨甲酸三氯乙酯
Trichoderma 木霉属
Trichoderma viride 绿色木霉
trichome 围绕细胞链
trichosanic acid 栝楼(油)酸
trichosanthin 天花粉蛋白
trichostatin 曲古抑菌素
trichothecin 毛霉素
tricin 麦黄酮;4′,5,7-三羟(基)-3′,5′-二甲氧黄酮
tricine 曲辛
trickle bed 滴流床;涓流床
trickle bed reactor 滴流床反应器
trickle charge 涓流充电;维护充电
trickle flow bed 滴流床
trickle flow hydrodesulfurization 滴流式加氢脱硫(法)
trickle process 滴流式加氢精制过程
trickle valve 淋流阀;翼阀;滴流阀
trickling cooler 水淋冷却器
trickling filter 滴滤池;生物滤池;水淋过滤器
trickling filter bed 散水滤床
trickling tower 塔式滴滤池(废水)
triclinic system 三斜晶系
triclobisonium chloride 曲比氯铵
triclocarban 三氯卡班;三氯二苯脲
triclodazol 三氯哒唑
triclofenol piperazine 三氯酚哌嗪
triclofos 三氯福司;三氯乙磷酸;磷酸三氯乙酯
triclopyr 定草酯
triclosan 三氯生;三氯苯氧氯酚
tricosadienoic acid 二十三碳二烯酸
tricosandioic acid(=tricosanediacid) 二十三(碳)二酸
tricosane 二十三(碳)烷
***n*-tricosane** 正二十三(碳)烷
tricosane diacid 二十三烷二酸
tricosane dicarboxylic acid 二十五烷二酸
tricosanic acid 二十三(烷)酸
tricosanol 二十三烷醇
12-tricosanone 12-二十三(烷)酮
tricosendioic acid(=tricosene diacid) 二十三碳烯二酸
tricosene diacid 二十三碳烯二酸
tricosenedicarboxylic acid 二十三(碳)烯二羧酸
tricosenoic acid 二十三(碳)烯酸
tricosoic acid 二十三(烷)酸
tricosyl 二十三(烷)基
tricosylacetic acid 二十三(烷)基乙酸;二十五(碳)烷酸
tricresol 混合甲酚(邻、间、对三种甲酚混合物)
tri-*o*-cresyl phcsphate 磷酸三(邻甲苯酯)
tricresyl phosphite 亚磷酸三(甲苯酯)
tri-*o*-cresyl thiophosphate 硫代磷酸三(邻甲苯酯)
tricritical phenomena 三(重)临界现象
tricritical point 三(重)临界点
tricromyl 3-甲色酮
tricrotonylidene tetramine 三(亚丁烯基)四胺
tricyanic acid 三聚氰酸
tricyanoethane 三氰基乙烷
tricyanogen chloride 三聚氯化氰;三聚氰(酰)氯
tricyanomethide 三氰甲基化合物
tricyanovinylation 三氰基乙烯化(作用)
tricyclal 三环萜醛
tricyclamol chloride 三环氯铵;氯化-1-(3-环已基-3-羟基-3-苯丙基)-1-甲基吡咯烷鎓
tricyclazole 三环唑
tricyclazole-jinggangmeisu flowable formulation 克瘟灵-井冈霉素悬浮剂
tricyclene 三环烯;三环萜
tricyclenic acid(= dehydrocamphenilic acid) 三环萜酸
tricyclohexylmethylenephosphine oxide 氧化三(环已基亚甲基)膦
tricyclohexyl phosphate 磷酸三环已酯
tricyclopentadienide 三环戊二烯化物;三茂化物
tricyclopentadienylbromothorium 溴化三茂钍;溴化三环戊二烯基钍
tricyclopentadienylbutoxyuranium 三茂丁氧铀;三环戊二烯基丁氧基铀
tricyclopentadienylcalifornium 三茂锎;三环戊二烯基锎
tricyclopentadienylchlorouranium 氯化三茂铀;氯化三环戊二烯基铀

tricyclopentadienylcholesteryloxy uranium 三茂胆甾醇氧基铀；三环戊二烯基胆甾醇氧基铀
tricyclopentadienylcurium 三茂锔；三环戊二烯基锔
tricyclopentadienylcyclohexyliloxyuranium 三茂环己氧基铀；三（环戊二烯基）环己氧基铀
tricyclopentadienylcyclohexylisonitrileuranium 三茂环己基异腈铀
tricyclopentadienylethoxyuranium 三茂乙氧基铀
tricyclopentadienylfluorothorium 氟化三茂钍
tricyclopentadienyliodouranium 碘化三茂铀
tricyclopentadienylisopropoxyuranium 三茂异丙氧基铀
tricyclopentadienyl-metal alkoxide 三茂烷氧基合（某）金属
tricyclopentadienylmethoxyuranium 三茂甲氧基铀
tricyclopentadienylnicotineplutonium 三茂烟碱钚
tricyclopentadienyloctoxyuranium 三茂辛氧基铀
tricyclopentadienylplutonium 三茂钚
tricyclopentadienyltetrahydroboratouranium 三茂四氢化硼基铀
tricyclopentadienyltetrahydrofuranplutonium 三茂四氢呋喃钚
tricyclopentadienyluranium chloride 氯化三茂铀
tridecadienoic acid 十三碳二烯酸
tridecandioic acid（＝tridecane diacid） 十三烷二酸
tridecane (1)（正）十三（碳）烷 (2)十三（碳级）烷
***n*-tridecane** （正）十三（碳）烷
tridecane diacid 十三烷二酸
tridecanedicarboxylic acid 十三烷二羧酸
tridecanoic acid 十三（烷）酸
1-tridecanol 1-十三（烷）醇
2-tridecanone 2-十三烷酮；甲基·十一基（甲）酮
tridecanoyl 十三（烷）酰
tridecendioic acid 十三碳烯二酸
tridecene diacid 十三碳烯二酸
tridecenedicarboxylic acid 十三（碳）烯二羧酸
tridecenoic acid 十三（碳）烯酸
tridecoic acid 十三（烷）酸
tridecyl 十三（烷）基
tridecyl alcohol 十三（烷）醇
tridecylamine 十三（烷）胺
tridecylbenzene 十三烷基苯
tridecyl caproate 己酸十三（烷）酯
tridecyl cyanide（＝myristonitrile） 十四（烷）腈；肉豆蔻腈
tridecylendioic acid（＝tridecylene diacid） 十三（碳）烯二酸
tridecylene 十三（碳）烯
tridecylene diacid 十三（碳）烯二酸
tridecylene dicarboxylic acid 十三（碳）烯二羧酸
tridecylenic acid 十三（碳）烯酸
tridecylic acid 十三（烷）酸
tridecylic aldehyde 十三（烷）醛
tridecyl phosphate（TDP） 磷酸三癸酯
tridecyl phosphine oxide（TDPO） 氧化三癸基氧膦
tridemorph 克啉菌；十三吗啉
tridentate ligand 三齿配体
tridepside 三缩酚酸
tridiagonal matrix 三对角矩阵
tridihexethyl iodide 曲地碘铵
2,4,6-tri（2,4-dihydroxyphenyl）-1,3,5-triazine 2,4,6-三（2,4-二羟基苯基）-1,3,5-三嗪
tridione 三甲双酮
tridiphane 灭草环
tridodecylamine（TDA） 三（十二烷基）胺；三月桂胺
tridodecylammonium nitrate 三（十二烷基）铵硝酸盐
tridodecylphosphine oxide（TDPO） 氧化三（十二烷基）膦
triels 第三族元素
trien（＝triethylenetetramine） 三亚乙基四胺
triene 三烯
trienic acid 三烯酸
trienol 三烯甘油酯
trientine 曲恩汀
trier 取样器
trietazine 草达津
triethanolamine 三乙醇胺
triethanolamine oleate 油酸三乙醇胺（盐）
triethanolamine polyoxyethylene fatty alcohol sulfate 脂肪醇聚氧乙烯醚硫酸三乙醇胺盐

triethanolamine soap 三乙醇胺皂
triethanolamine stearate 硬脂酸三乙醇胺(盐)
triethenoid fatty acid 三乙烯脂肪酸
triethide 三乙基金属
triethoxy 三乙氧基
triethoxyboron 三乙氧基硼;硼酸三乙酯
triethoxysilane 三乙氧基甲硅烷
triethoxysilicane 三乙氧基甲硅烷
triethyl- 三乙基
triethylacetic acid 三乙基乙酸
triethyl acetocitrate 乙酰基柠檬酸三乙酯
triethyl aluminum 三乙基铝
triethylamine 三乙胺
triethylamine hydrobromide 三乙胺氢溴酸盐
triethylamine hydrochloride 盐酸三乙胺
triethylaminoethylcellulose 三乙氨基乙基纤维素
triethylammonium formate 甲酸三乙铵
triethylantimony 三乙锑
triethylarsine 三乙胂
triethylarsine cyanobromide 溴氰化三乙胂
triethylarsine hydroxybromide 溴羟化三乙胂
triethylbismuthine 三乙铋
triethylborane 三乙基甲硼烷
triethyl borate 硼酸三乙酯
triethylchlorosilicane 三乙基氯硅烷;三乙基·氯甲硅烷
triethyl citrate (TEC) 柠檬酸三乙酯
triethyl cyanurate 氰尿酸三乙酯;三聚氰酸三乙酯
triethylenediamine 三亚乙基二胺
triethylene glycol 三甘醇
triethylene glycol caprylate caprate 三甘醇辛酸癸酸酯
triethylene glycol diacetate 三甘醇二乙酸酯;二缩三(乙二醇二乙酸)酯
triethylene glycol dinitrate(TEGN) 太根;硝化三乙二醇;二缩三乙二醇二硝酸酯
triethylenemelamine 曲他胺;三亚乙基蜜胺
triethylenephosphoramide 三亚乙基磷酰胺
triethylenetetraaminehexaacetic acid(TTHA) 三亚乙基四胺六乙酸
triethylenetetramine 三亚乙基四胺
triethylenethiophosphoramide 三亚乙基硫代磷酰胺
triethylethoxysilane 三乙基·乙氧基(甲)硅(烷)
triethylethoxysilicane(= triethyl-ethoxy-silane) 三乙基·乙氧基(甲)硅(烷)
triethyl gallium 三乙基镓
tri-2-ethylhexyl phosphate(TEHP) 磷酸三(2-乙基己基)酯
tri-2-ethylhexyl phosphine oxide (TEHPO) 氧化三(2-乙基己基)膦
triethylin 三乙灵;三乙基甘油醚
triethyl orthoacetate 原乙酸三乙酯
triethyl orthoformate 原甲酸三乙酯
triethyl orthopropionate 原丙酸三乙酯
triethyl phosphate 磷酸三乙酯
triethylphosphine 三乙膦
triethylphosphine oxide 氧化三乙膦
triethylphosphine sulfide 硫化三乙膦
triethyl phosphite 亚磷酸三乙酯
triethylsilane ethyloxide 三乙基·乙氧基(甲)硅(烷)
triethylsilicane 三乙基甲硅烷
triethyl silicoformate 三乙氧基甲硅烷
triethylsilicol ethyl ether 三乙基·乙氧基(甲)硅(烷)
triethylsilicon 三乙基甲硅烷
triethylsilicon hydroxide 三乙基·羟基(甲)硅(烷)
triethylsilicon oxide(= hexaethyl disiloxane) 二(三乙基甲硅)醚
triethylstibine(= triethylantimony) 三乙基胂;三乙胂
triethyltin(= hexaethylditin) 三乙基锡;六乙基二锡
triethyltin chloride 氯化三乙基锡
triethylzincate anion 三乙基锌酸根阴离子
trifenmorph 三苯甲吗啉;蜗螺杀;蜗螺净
triflumizole 氟菌唑
triflumuron 杀虫隆
trifluomeprazine 三氟美嗪;马来酸三氟异丁嗪
trifluoperazine 三氟拉嗪;甲哌氟丙嗪
trifluoride 三氟化物
trifluoroacetic acid 三氟醋酸
trifluoro-acetic chloride 三氟乙酰氯
trifluoroacetylacetone(TFA) 三氟乙酰丙酮
trifluorochloroethylene 三氟氯乙烯
trifluorochloromethane 三氟氯甲烷(氟里昂13)
trifluorodimethylhexanedione(TFDMHD) 三氟二甲基己二酮
trifluoromethane 三氟甲烷
***p*-trifluoromethylbenzoic acid** 对三氟甲基苯甲酸

4-trifluoromethylpiperidino[3,2-*g*]coumarin 香豆素-340
α,α,α-trifluorotoluene 次苄基三氟
trifluorotrichloroethane 三氟三氯乙烷(氟里昂-113)
trifluperidol 三氟哌多;三氟哌啶醇;三氟哌丁苯
triflupromazine 三氟丙嗪
trifluralin 氟乐灵
trifluridine 曲氟尿苷;三氟胸苷
triflusal 三氟柳;三氟醋柳酸
trifolium 三叶草;翘摇
triforine 嗪胺灵
triformin 三甲精;甘油三甲酸酯
triformol 三聚甲醛;1,3,5-三噁烷
trifructosan 三聚果糖
trifunctional initiator 三官能引发剂
trifunctional monomer 三官能(基)单体
trifyl 三氟甲磺酰基
trigalloyl 三棓酰
trigalloyl acetone glucose 三棓酰丙酮葡萄糖
trigalloyl glucose 三棓酰葡萄糖
trigalloyl glycerol 三棓酰甘油
trigentisic acid 三龙胆酸
trigevolol 曲吉洛尔
trigger (1)触发器(2)起动器
trigger mechanism 触发机理
trigly 二氯代三甘醇
triglyceride 甘油三酯;三酸甘油酯
triglycerin 三甘油;三缩丙三醇
triglycine 次氨基三乙酸
triglycol 三甘醇
triglycol dichloride 二氯化三甘醇
triglycollamic acid 次氨基三乙酸
triglycylglycine 三甘氨酰甘氨酸;三缩四(乙氨酸)
triglyme(=triethylene glycol dimethyl ether) 三甘醇二甲醚
trigonal carbon 三角形碳
trigonal hybrid(=sp^2 hybrid) sp^2杂化轨道(函数);正三角形杂化轨函数
trigonal hybridization 三角杂化
trigonal system 三方晶系
trigonellamide chloride 氯化胡芦巴酰胺;氯化3-氨羰基-1-甲基吡啶鎓;甲烟酰氯铵
triguaiacyl 三(愈创木酚)基;三(邻甲氧苯酚)基
triguaiacyl phosphate 三(愈创木酚)磷酸酯
trihalide 三卤化合物
trihalogen acid 三卤酸;三卤代羧酸
trihedron 三面体
trihemellitic acid 苯偏三酸
triheptin 三庚精;甘油三庚酸酯
trihexosan 三聚己糖
trihexylamine 三己胺
trihexyl naphthalene 三己基萘
trihexylphenidyl 苯海索;1-环己基-1-苯基-3-(3-哌啶基)丙醇
trihexyphenidyl hydrochloride 盐酸苯海索;安坦
trihydric salt 三酸式盐(盐中仍含有三个酸性H)
trihydrocyanic acid 三氢氰酸
trihydrol 三聚水
2,3,4-trihydroxyacetophenone(=Alizarine Yellow C) 2,3,4-三羟苯乙酮;茜素黄
trihydroxy acid 三羟基酸
trihydroxy alcohol 三元醇
1,2,3-trihydroxyanthraquinone(=anthragallol) 1,2,3-三羟基蒽醌;蒽棓酚
1,2,3-trihydroxybenzene(=pyrogallol) 1,2,3-三羟基苯;焦棓酚
2,3,4-trihydroxybenzoic acid 2,3,4-三羟基苯甲酸
2,4,6-tri(2-hydroxy-4-butoxyphenyl)-1,3,5-triazine 2,4,6-三(2-羟基-4-丁氧基苯基)-1,3,5-三嗪
trihydroxybutyric acid 三羟基丁酸
3,7,12-trihydroxycholanic acid 3,7,12-三羟基胆甾烷酸;胆酸
2,3,4-trihydroxyglutaric acid 2,3,4-三羟基戊二酸
trihydroxymethylaminomethane 三(羟甲基)甲胺
tri(hydroxymethyl)propane 三羟甲基丙烷
triindenyl samarium 三茚基钐
triiodide 三碘化物
triiodoacetic acid 三碘乙酸;三碘醋酸
triiodoacetic chloride 三碘乙酰氯
triiodo cresol 三碘甲酚
1,1,1-triiodoethane(=methyl iodoform) 1,1,1-三碘乙烷;甲基碘仿
triiodothyronine 三碘甲(状)腺原氨酸
triiodothyropyruvic acid 三碘甲(状)腺丙酮酸
tri-isoamylamine 三异戊胺
tri-isoamyl phosphate(TIAP) 磷酸三异戊酯
tri-isoamyltin chloride 氯化三异戊基锡
triisobutene 三聚异丁烯
triisobutylaluminium(TIBAL) 三异丁基铝

triisobutylamine 三异丁胺
triisobutylboron 三异丁基硼
triisobutylene 三聚异丁烯
triisopropanolamine 三异丙醇胺
triisopropoxyaluminum 三异丙氧基铝
triisopropylbenzene 三异丙苯
triisopropylphenylsulfonyl chloride 三异丙基苯磺酰氯
triisovalerin 三异戊精;甘油三异戊酸酯
triketohydrindene hydrate (水合)茚三酮
triketo purine 尿酸
trilafon 奋乃静
trilaurin 三月桂精;甘油三月桂酸酯;月桂酸甘油酯
trilaurylamine oxide(TLAO) 三月桂胺氧化物
trilaurylamine(TLA) 三月桂胺
trilinolein(＝linolein) 三亚油精;甘油三亚油酸酯
trilinolenin 三亚麻精;甘油三亚麻酸酯
trilon 氨羧络合剂
trilostane 曲洛司坦;腈环氧雄烷
trim (1)密封面 (2)微调
trimanganese tetraoxide 四氧化三锰
trimazosin 曲马唑嗪;三甲氧唑啉
trimebutine 曲美布汀
trimecaine 三甲卡因;美索卡因
trimedlure 特诱酮
trimellitate 偏苯三酸盐(或酯)
trimellitic acid 1,2,4-苯三酸
trimellitic anhydride 1,2,4-苯三酸酐
trimeprazine 阿利马嗪;异丁嗪
trimer 三聚体
trimeric acetaldehyde 三聚乙醛
trimeric cyanamide(＝melamine) 三聚氰胺;蜜胺
trimerization 三聚
trimesanthracenobenzene 三中蒽并苯
trimesic acid 1,3,5-苯三酸
trimesitinic acid 1,3,5-苯三酸
trimetallic sodium orthophosphate 磷酸钠
trimetazidine 曲美他嗪;三甲氧苄嗪
trimethadione 三甲双酮
trimethano- 三(甲桥)
trimethaphan camsylate 樟磺咪芬
trimethide 三甲基金属
trimethidinium methosulfate 曲美替定甲硫酸盐
trimethobenzamide 曲美苄胺;三甲氧苯酰胺
trimethoprim 甲氧苄啶;三甲氧苄二氨嘧啶
trimethoprin 三甲基苄二氨嘧啶
trimethoxy 三(甲氧基)
2,3,4-trimethoxybenzoic acid 2,3,4-三甲氧基苯甲酸
trimethoxy-boron 三甲氧基硼;硼酸三甲酯
2,4,5-trimethoxyphenyl 2,4,5-三甲氧苯基
trimethylacetaldehyde 三甲基乙醛;新戊醛
trimethylacetaldoxime 三甲基乙醛肟;新戊醛肟
trimethylacetic acid 三甲基乙酸;新戊酸
trimethylacetonitrile 三甲基乙腈;新戊腈
2,4,6-trimethylacetophenone 2,4,6-三甲基苯乙酮
trimethylacetyl chloride 三甲基乙酰氯
trimethyladamantane 三甲基金刚烷
trimethyl aluminium 三甲基铝
trimethylamine 三甲胺
trimethylamine oxidase 三甲胺氧化酶
trimethylamine oxide 氧化三甲胺
trimethylammoniopurinide 三甲铵嘌呤内盐
trimethylammonium ion 三甲铵离子
2,2,4-trimethylamyl alcohol 2,2,4-三甲基戊醇
2,4,5-trimethylaniline 2,4,5-三甲基苯胺
trimethyl antimony 三甲基锑
trimethylarsine 三甲胂
trimethylarsine dibromide 二溴化三甲胂
trimethylarsine oxide 氧化三甲胂
3,4,5-trimethylbenzaldehyde 3,4,5-三甲基苯甲醛
1,2,4-trimethylbenzene 1,2,4-三甲苯
1,3,5-trimethylbenzene 苿;1,3,5-三甲苯
***sym*-trimethylbenzene** 苿;1,3,5-三甲苯
***unsym*-trimethylbenzene** 1,2,4-三甲苯
2,3,4-trimethylbenzoic acid 2,3,4-三甲基苯甲酸
trimethylborane 三甲基甲硼烷
trimethyl borate 硼酸三甲酯
trimethylborine 三甲基硼
trimethylboron 三甲基硼
2,2,3-trimethylbutane 2,2,3-三甲基丁烷
2,3,3-trimethyl-1-butene 2,3,3-三甲基-1-丁烯
trimethylchlorosilane 三甲基氯硅烷;三甲基·氯甲硅烷
trimethyl citrate 柠檬酸三甲酯
trimethyl cyanurate 氰尿酸三甲酯;三聚氰酸三甲酯
trimethylcyclohexane 三甲基环己烷

3,5,5-trimethylcyclohex-2-en-1-one(=isophorone) 3,5,5-三甲基环己-2-烯-1-酮;异佛尔酮
trimethylcyclopentene 三甲基环戊烯
***N*,*N*,1-trimethyl-3,3-diphenyl-propylamine** *N*,*N*,1-三甲基-3,3-二苯丙胺
trimethylene 环丙烷
trimethylene acetal 1,3-丙二醇缩乙醛
trimethylene bromide 亚丙基二溴;1,3-二溴代丙烷
trimethylene bromohydrin 亚丙基溴醇;3-溴-1-丙醇
trimethylene chlorobromide 3-氯-1-溴丙烷
trimethylene chlorohydrin 3-氯-1-丙醇
trimethylene cyanide 戊二腈
trimethylenediamine 亚丙基二胺;1,3-丙二胺
trimethylenedimercaptan 亚丙基二硫醇;1,3-丙二硫醇
trimethylenedinitrilotetraacetic acid 丙二胺四乙酸
trimethyleneformal(=1,3 dioxan) 亚丙基甲缩醛;1,3-二噁烷;1,3-丙二醇缩甲醛;间二氧杂环己烷
trimethylene glycol 亚丙基二醇;1,3-丙二醇
trimethylene glycol dibutyrate 1,3-丙二醇二丁酸酯
trimethylene iodohydrin 3-碘-1-丙醇
trimethylene oxide 氧杂环丁烷
trimethylenetrinitramine 三亚甲基三硝基胺
trimethylethylene(=2-methyl-2-butene) 三甲基乙烯;2-甲基-2-丁烯
trimethyl gallium 三甲基镓
trimethylgalloyl azide 叠氮三甲基棓酰
trimethyl-glycine 三甲铵基乙内盐;甜菜碱
tri-1-methylheptylphosphate(TMHP) 磷酸三(1-甲基庚基)酯
trimethylin 三甲灵;甘油三甲基醚
trimethyl indium 三甲基铟
trimethylmethane 三甲基甲烷
trimethylnaphthalene 三甲基萘
trimethylolmelamine 三羟甲蜜胺
trimethylolpropane 三羟甲基丙烷
trimethyl oxosulfonium iodide 碘化三甲氧硫鎓
2,2,3-trimethylpentane 2,2,3-三甲基戊烷
trimethylphenanthrene 三甲基菲
trimethylphenol 三甲基苯酚
2,4,6-trimethylphenol(=mesitol) 2,4,6-三甲苯酚;莱酚
2,3,5-trimethylphenyl 2,3,5-三甲苯基
trimethyl phosphate 磷酸三甲酯
trimethylphosphine 三甲基膦
trimethyl phosphite 亚磷酸三甲酯
2,3,5-trimethylpyrazine 2,3,5-三甲基吡嗪
2,3,4-trimethylpyridine 2,3,4-三甲基吡啶
2,3,4-trimethylquinoline 2,3,4-三甲基喹啉
trimethylsilyl triflate 三氟甲磺酸三甲硅酯
trimethylstibine 三甲睇;三甲基睇
trimethyl-succinic acid 三甲基丁二酸
trimethyl tin bromide 溴化三甲基锡
trimethyl tin hydride 氢化三甲基锡
trimethyl tin hydroxide 氢氧化三甲基锡
trimethyl tin oxide 氧化双三甲基锡
trimethyl tin sulfide 硫化三甲基锡
trimethyltrithiophosphine 三甲基三硫膦(燃料)
trimethyltryptophane 三甲基色氨酸;刺桐子氨酸
trimethyl urea 三甲基脲
trimethyluric acid 三甲基尿酸
trimetozine 曲美托嗪;三甲氧苯酰吗啉
trimetrexate 三甲曲沙
trimipramine 曲米帕明;三甲丙咪嗪
trimming 微调
trimming coil 塔顶旋管
trimming heater 微调加热器
trim(ming) materials 修整材料
trimming oil 塔顶回流油
trimolecular reaction 三分子反应
trimoprostil 曲莫前列素
trim the top of column 塔顶回流
trimyristin 豆蔻酸甘油酯;三肉豆蔻精;甘油三(十四酸)酯
trinaphthylene 联三萘
trinexapac-ethyl 抗倒酯(乙酯)
trinifer 三引发-转移剂
trinitrate 三硝酸盐(或酯)
trinitration 三硝基化(作用)
trinitride(s) 叠氮化合物
trinitrin 三硝酸甘油酯
trinitroacetonitrile 三硝基乙腈
2,4,6-trinitroaminophenol 2,4,6-三硝基氨基苯酚
2,4,6-trinitroaniline 2,4,6-三硝基苯胺
2,4,6-trinitroanisole 2,4,6-三硝基苯甲醚
1,3,5-trinitrobenzene 1,3,5-三硝基苯
***sym*-trinitrobenzene** 1,3,5-三硝基苯

2,4,6-trinitrobenzoic acid 2,4,6-三硝基苯甲酸
trinitro-*tert*-butyltoluene 三硝基·叔丁基甲苯;甲苯麝香
trinitro-*tert*-butylxylene 三硝基·叔丁基二甲苯
2,4,6-trinitro-5-*tert*-butyl-*m*-xylene 2,4,6-三硝基-5-叔丁基甲苯;二甲苯麝香
trinitrocresol 三硝基甲酚
trinitro-*m*-cresol 三硝基间甲苯酚
trinitrofluorenone 三硝基芴酮
trinitroglycerin 三硝基甘油
trinitrol 三硝油;季戊四醇四硝酸酯
trinitromesitylene 三硝基荚;2,4,6-三硝基-1,3,5-三甲苯
2,4,6-trinitrometaphenylenediamine 三硝基间苯二胺
trinitro-*α*-naphthol 三硝基-α-萘酚
trinitroorcinol 三硝基苔黑酚;2,4,6-三硝基-5-甲基-1,3-苯二酚
trinitrophenol 三硝基苯酚
2,4,6-trinitrophenol 2,4,6-三硝基苯酚;苦味酸
trinitrophenoxide 三硝基酚盐
trinitrophenyl hydrazine 三硝苯基肼
2,4,6-trinitrophenylmethylnitramine 2,4,6-三硝基苯基·甲基·硝基胺;特屈儿
trinitroresorcin 三硝基间苯二酚
trinitroresorcinol 三硝基间苯二酚;2,4,6-三硝基-1,3-苯二酚
trinitrosotrimethylenetriamine 三亚硝基三亚甲基三胺
trinitrotoluene 三硝基甲苯
2,3,4-trinitrotoluene(=β-trinitrotoluene) 2,3,4-三硝基甲苯;β-三硝基甲苯
2,4,6-trinitrotoluene 2,4,6-三硝基甲苯;梯恩梯
trinitrotriazidobenzene 三硝基三叠氮苯
trinitrotriphenylcarbinol 三(硝基苯基)甲醇
trinitrotriphenylmethane 三(硝基苯基)甲烷
trinitroxylene 三硝基二甲苯
trinonyl phosphate(TNP) 磷酸三壬酯
trioctylamine(TOA) 三辛胺
trioctyl(mono)methylammonium chloride(TOMACl) 氯化三辛基·甲基铵
trioctyl phosphate 磷酸三辛酯
trioctylphosphine oxide(TOPO) 氧化三辛基膦
trioctylphosphine sulfide(TOPS) 硫化三辛基膦
trioctyl trimellate 苯偏三酸三辛酯
triode 三极管
triol 三醇
triolefin 三烯烃
triolefinic acid 三烯酸
triolein 油酸甘油酯
trional 曲砜那;脲砜乙基甲烷;三乙脲砜
triose 丙糖
triose mutase 丙糖变位酶
triosephosphate dehydrogenase 磷酸丙糖脱氢酶
triosephosphate isomerase(=phosphotriose isomerase) 磷酸丙糖异构酶
triosephosphoric acid 磷酸三糖
trioxa-bicyclooctane 3,6,8-三噁二环[3.2.1]辛烷
1,3,5-trioxacyclohexane 对称三噁烷
***sym*-trioxane** 对称三噁烷
trioxazole 三噁唑;三氧氮五环
trioxide 三氧化物
trioxime 三肟
trioximido- 三肟基
trioximido-propane 三肟基丙烷
trioxin 三噁英;三甲醛
trioxsalen 三甲沙林;三甲补骨脂内酯
trioxymethylene 三聚甲醛
2,6,8-trioxypurine(=uric acid) 尿酸
tripalmitin 三棕榈酸甘油酯;软脂精
tripamide 曲帕胺;氨磺异吲苯酰胺
triparanol 曲帕拉醇;三苯乙醇
tripelennamine 曲吡那敏;扑敏宁;苄吡二胺
tripeptidase 三肽酶
tripeptide 三肽
triperchromic acid 三过氧铬酸
triphal 羟苯咪唑硫金
triphenol 三酚
triphenyl 三苯基
triphenylamine 三苯胺
triphenyl antimony 三苯锑
triphenylarsine 三苯胂
triphenylarsine cyanobromide 氰溴化三苯基胂
triphenylarsine oxide 氧化三苯基胂
triphenylbromomethane 三苯基溴甲烷
triphenylcarbinol 三苯基甲醇
triphenylcarbinol methyl ether 三苯甲基·甲基醚
triphenylchloromethane 三苯基氯甲烷
triphenylchlorosilicane 三苯氯硅烷
triphenylene 苯并[9.10]菲

triphenyl formazan 2,3,5-三苯基甲臜
triphenyl gallium 三苯基镓
triphenyl germane 三苯基锗烷
triphenylgermanyl lithium 三苯锗基锂
triphenylhydrazine 三苯肼
triphenylmethane(＝tritane) 三苯甲烷
triphenyl methide 三苯甲基化物
triphenyl methoxide 三苯基甲醇盐
triphenyl methyl peroxide 过氧化三苯甲基
triphenyl phosphate 磷酸三苯酯
triphenylphosphine 三苯膦
triphenylphosphinemethylene 亚甲基三苯膦
triphenylphosphine oxide 氧化三苯膦
triphenylphosphine sulfide 硫化三苯膦
triphenyl phosphite 亚磷酸三苯酯
triphenylselenonium iodobismuthite 碘亚铋酸三苯硒(𬭩)
triphenylsilyl 三苯甲硅烷基
triphenylstibine(＝triphenylantimony) 三苯䏲;三苯锑
triphenylsuccinic anhydride 三苯基丁酸酐
triphenyltetrazolium chloride 氯化三苯基四唑(𬭩)
triphenyl thallium 三苯基铊
triphenyl thiophosphate 硫代磷酸三苯酯
triphenyltin acetate 醋酸三苯(基)锡
triphenyltin chloride 氯化三苯锡
triphosgene 三光气
triphosphane 三膦;三膦烷
triphosphate 三磷酸盐(或酯)
triphosphine 三膦;三膦烷
triphosphoinositide 磷脂酰肌醇三磷酸
triphosphopyridine nucleotide(TPN;NADP;CoⅡ) 三磷酸吡啶核苷酸;辅酶Ⅱ
triphtetrazolium chloride 2,3,5-氯化三苯基四氮唑;氯化三苯基四唑(𬭩)
triple base powder 三基火药
triple bond 三键
triple (concentrated) superphosphate 重过磷酸钙
triple effect evaporator 三效蒸发罐
triple helix 三股螺旋
triple ion 三离子体
triple link(age) 三键
triple point 三相点
triple salt 三合盐
triple-salt process 三合盐法(精制液碱)
triple screw extruder 三螺杆挤出机
triple segmental baffle 三弓形折流板
triple spiral ring 三螺旋环
triple-stage quadrupole mass spectrometer 三节四极质谱仪
triple superphosphate 重过磷酸钙
triplet (1)三重峰 (2)三(线)态 (3)三联体
triplet state 三重态;三线态
triplet-triplet annihilation 三重态-三重态湮没
triplex 三股螺旋
triplex pump 三缸泵
triplicate 三份
tripod pendulum type batch centrifugal (间歇式)三足离心机
tripod pendulum type underdriven automatic batch centrifuge 三足式自动间歇卸料离心机
tripolite 硅藻土
tripolycyanamide 三聚氰胺;蜜胺
tripolymer 三聚体
tripotassium phosphate 磷酸三钾
trip out 停机
tripping car 自动倾卸车
triprolidine 曲普利啶;苯丙烯啶
tripropanolamine 三(羟丙基)胺;三丙醇胺
tripropoxyboron 三丙氧基硼;硼酸三丙酯
tripropoxysilicane 三丙氧基甲硅烷
tripropyl 三丙基
tripropyl amine 三丙胺
tripropyl boron 三丙硼
tripropylene 三聚丙烯
tripropyl gallium 三丙基镓
triprotic acid(＝tribasic acid) 三元酸
trip service 普通检修
triptane 2,2,3-三甲基丁烷
triptycene 三蝶烯
triptyl radical 三蝶烯基
trip valve 脱扣阀;切断阀
2,4,6-tripyridyl-*s*-triazine 2,4,6-三吡啶基均三嗪
tripyrrole 三吡咯
triquinoyl (1)环己六酮 (2)三醌基
triricinoleic acid 三聚蓖麻酸
triricinoleidin(＝triricinolein) 三蓖麻精;甘油三蓖麻酸酯
trisaccharidase 三糖酶
trisaccharide 三糖
trisazo- 三偶氮(基)
trisazo compound 三偶氮化合物
tris-BP 三(2,3-二溴丙基)磷酸酯;溴丙磷酸酯

triscyclopentadienylcyclohexyloxyuranium 三茂环己氧基铀
triscyclopentadienyl-*n*-hexyloxy-uranium 三茂正己氧基铀
triscyclopentadienyl-*n*-neptunium fluoride 氟化三茂镎
triscyclopentadienyl-*n*-uranium chloride 氯化三茂铀
tris(ethylenediamine)cadmium dihydroxide 氢氧化三(乙二胺)镉
tris(ethylenediamine)cobalt(Ⅲ)chloride 氯化三(乙二胺)高钴
tris(2-ethylhexyl)amine(TEHA) 三(2-乙基己基)胺
tris(hydroxymethyl)nitromethane 三(羟甲基)硝基甲烷
trisilalkane 丙硅烷
trisilane 丙硅烷
trisilanyl 丙硅烷基
trisilanylene 1,3-亚丙硅烷基
trisilicic acid 聚三硅酸
tris(nonylphenyl)phosphite 亚磷酸(三壬基苯)酯
trisodium (ortho)phosphate 磷酸三钠
tristearin 三硬脂精；三硬脂酸甘油酯
tristriphenylphosphine rhodium carbonyl hydride 氢化三(三苯基膦)羰基铑
tristyrylphosphine oxide(TSPO) 三苯乙烯基氧膦
trisulfide 三硫化物
trisulfonic acid 三磺酸
tritactic polymer 三(等)规(立构)聚合物
tritane 三苯甲烷
tritanecarboxylic acid 三苯甲基苯甲酸
tritartaric acid 焦三酒石酸
triterpene 三萜(烯)
triterpenic acid 三萜酸
tritetracontane 四十三(碳)烷的
trithian 三噻烷；三硫杂环已烷
tri(thiazyl halide) 三聚卤化硫氮
trithioacetaldehyde 三聚乙硫醛
trithiocarbonic acid 三硫代碳酸；全硫碳酸
trithiocyanuric acid 三聚硫氰酸
trithioglycerin 三硫甘油；1,2,3-丙三硫醇
Trithion 三硫磷
trithionic acid 连三硫酸
trithioozone 臭硫
trithiophenyl phosphate 三硫代磷酸三苯酯
trithiophosphite 三硫代亚磷酸盐(或酯)
trithiozine 三甲硫吗啉；溃疡愈康
tritiated compound 含氚化合物
tritiated waste 含氚废物
tritiation 氚化
tritide 氚化物
trititanium aluminium 钛三铝
trititanium pentoxide 五氧化三钛
tritium 氚
tritium-breeding material(s) 氚增殖材料
tritium oxide 氧化氚；氚水
tritium ratio 氚比
tritium target 氚靶
tritolyl phosphate 磷酸三甲苯酯
tri-*O*-tolyl phosphate 三(*O*-甲苯基)磷酸酯
Triton X-100 粹通 X-100
tritoqualine 曲托喹啉；三乙氧喹
tritriacontane 三十三(碳)烷
tritriacontyl 三十三(烷)基
trityl 三苯甲基
trityl alcohol 三苯甲醇
tritylation(＝triphenyl methylation) 三苯甲基化作用
trityl bromide 三苯甲基溴
trityl chloride 三苯甲基氯
trityl ether 三苯甲基醚
trityl magnesium chloride 氯化三苯甲基镁
triuranium octaoxide 八氧化三铀
triuret (二缩)三脲
trivalence 三价
trivalent alcohol 三元醇
trivalent radical (1)三价基(2)三价根
trivalerin 三戊精；甘油三戊酸酯
tRNA 转移 RNA；转移核糖核酸
trochoidal vacuum pump 余摆线真空泵
troclosene potassium 曲氯新钾；三氯三嗪三酮钾
trofosfamide 曲磷胺；氯乙环磷酰胺
troglitazone 曲格列酮
troleandomycin 醋竹桃霉素；三乙酰竹桃霉素
trolley 滑车；空中吊运车
trolnitrate phosphate 磷酸三硝乙醇胺；磷酸三乙硝胺
tromantadine 曲金刚胺；醋胺金刚烷
trombone cooler 蛇管冷却器
tromethamine 氨丁三醇；氨基丁三醇
trona 天然碱
troostite 屈氏体
tropacine 托巴津
tropaeolin OO 二苯基胺橙；酸性黄 D；金莲橙 OO

tropaic acid(＝tropic acid) 托品酸
tropane 托烷;莨菪烷
tropentane 莨菪醇苯环戊酸酯
tropenzile 甲氧莨菪醇二苯乙醇酸酯
tropeolin D 甲基橙
tropeolin OO 金莲橙 OO
tropesin 托培辛
trophophase 生长期
tropic acid 托品酸;2-苯基-3-羟基丙酸;邻苯间羟基丙酸(外消旋)
tropicamide 托吡卡胺;托品酰胺
tropide 托品交酯;托品酸交酯
tropidine 托品定;莨菪定
tropilidene 环庚(间)三烯
tropine 托品;莨菪醇
tropine benzylate 二苯乙醇酸莨菪酯
tropinone 托品酮;颠茄酮
tropisetron 托烷司琼
tropism 生物向性;取向;定向
tropital 增效醛
tropocollagen 原胶原
tropocollagen molecule 原胶原分子
tropoelastin 原弹性蛋白
tropolium ion 䓬;环庚三烯正离子
tropolone 环庚三烯酚酮
tropomyosin 原肌球蛋白;原肌凝蛋白
tropone 环庚三烯酮
troponin 肌钙蛋白
troponoid 环庚三烯酮型化合物
tropoyl 托品酰;莨菪酰
tropyl 托品基
tropylium bromide 溴化䓬鎓
tropylium ion 䓬鎓离子
tropylium salt 䓬鎓盐
trospectomycin 丙大观霉素
trospium chloride 曲司氯铵
trouble 障碍
trouble clearing 排除故障
trouble-free 无故障的
trouble-free operation 无故障运转
trouble-free running 无故障运转
trouble hunting 检查故障原因
trouble light 故障灯
trouble-locating 故障检索
trouble-proof 无故障的
trouble-saving 预防故障[事故]的
trouble-shooter 故障检修员
trouble shoot(ing) 查找故障;排除故障
troubleshooting manual 故障检修手册;故障查找手册
troubleshooting procedure 故障检修过程
trouble spot 出故障处;故障点
trough 料槽
trough line 槽线
trough separation 槽式分离
trough truck 槽车
trough washer 洗矿槽
trousers tear method 裤形撕裂法
trout liver oil 鲑鱼肝油
trout oil 鲑鱼油
Trouton's rule 特鲁顿法则
trovafloxacin 托氟沙星
troxerutin 维生素 P_4;三羟乙基芦丁
Trp 色氨酸
TR-test 温度-回缩试验
truck 敞车
true activation energy 真活化能
true boiling point(TBP) 实沸点;真沸点
true boiling point distillation(TBP) distillation 实沸点蒸馏
true current density 真实电流密度
true degree of dissociation 真离解度
true density 真密度
true electrolyte 实电解质
true fault 真实故障
true half-width 谱线真宽度
true molal heat capacity 摩尔热容
true solution 真溶液
true strain 真应变
true stress 真应力
true value 真值
true width (谱线)真宽度
trumpet cooler 管式冷却器
trunk (1)干线;主管(道);总管(道)(2)树干 (3)箱
trunk chain(＝main chain) 主链
trunking 风道;风管;管道
trunk pipeline 管道干线
trunk piston 筒[裙]式活塞
trunnion 枢轴
trunnion bearing 枢轴轴承
truss 桁架
truxellic acid 吐雪酸
truxillic acid 古柯间二酸;2,4-二苯环丁烷二羧酸
truxilline 吐昔灵
truxinic acid 古柯邻二酸;2,3-二苯环丁烷二羧酸
truxone 吐昔酮
trypan red 锥虫红;台盼红

trypsase(＝trypsin) 胰蛋白酶
trypsin 胰蛋白酶
trypsinase 胰蛋白酶
trypsin inhibitor 抑肽酶；胰蛋白酶抑制剂
trypsinogen 胰蛋白酶原
tryptamine 色胺；β-吲哚基乙胺
tryptase 类胰蛋白酶
tryptazan 吲唑氨丙酸
tryptophanase 色氨酸酶
tryptophan decarboxylase 色氨酸脱羧酶
tryptophan desmolase 色氨酸碳链酶；色氨酸合成酶
tryptophan(e) 色氨酸；β-吲哚基丙氨酸
tryptophane synth(et)ase 色氨酸合成酶；色氨酸碳链酶
tryptophan oxygenase 色氨酸加氧酶；色氨酸吡咯酶
tryptophan peroxidase 色氨酸过氧物酶
tryptophan pyrrolase 色氨酸吡咯酶；色氨酸加氧酶
tryptophan-tryptophylquinone 色氨酸-色氨酰醌
tryptophanyl- 色氨酰(基)
tryptophol 色醇；β-吲哚乙醇
tryptophyl 色氨酰
TSC(thermoelectric stimulated current) 热释电
TSH(thyroid-stimulating hormone) 促甲状腺激素
TSH(*p*-toluene sulfonyl hydrazide) 对甲苯磺酰肼(发泡剂)
T-shape steel 丁字钢
TSQ(MS)(triple-stage quadrupole mass spectrometer) 三节四极质谱仪
TSS color developing agent TSS彩色显影剂
TST(transition state theory) 过渡态理论
tsuduic acid 粗杜酸
tsuduranine 青藤碱
Tsumacide 速灭威
t-test t 检验
T_{-50} test T_{-50} 试验
TTOPP-38S 三(二辛基焦磷酰氧基)钛酸异丙酯
TTS(isopropyl triisostearoyltitanate) 三异硬脂酰基钛酸异丙酯
TTS diagram TTS图
TTT(triethyl trimethylene triamine) 三乙基三亚甲基三胺(促进剂)
TTX 河豚毒素
T type peeling T型剥离
TU(thiourea) 硫脲
tuaminoheptane 异庚胺；2-庚胺
tubacurarine 土芭碱
tubaic acid 土芭酸
tubanol 土芭酚
tubatoxin 鱼藤酮
tube (1)管(子)(2)内胎
tube-and-stem bimetallic thermometer 管芯型固体膨胀(式)温度计
tube arrangement 管子排列形式
tube array 列管；管排
tube bender 弯管机
tube bundle 管束
tube bundle column 多管塔
tube center distance 管中心距
tube clamp 管夹
tube cleaner 清管器
tube cracking furnace 管式裂解炉
tube curing press 内胎硫化机
tube drawing 拔管；管材拉拔
tube dryer 管式干燥器
(tube) expander 胀管器
tube extruding line 内胎挤出联动线
tube fitting(s) 管件
tube flap 垫带
tube flow 管流
tube frame 管框架
tube furnace 管式炉
tube furnace pyrolyzer 管炉热解器
tube heater 管式加热炉
tube heating furnace 管式加热炉
tube holes on tube sheet 管板管口
tube-in-tube condenser 套管冷凝器
tube mill 管磨机
tube mineral membrane 管式无机膜
tube nipple 管子螺纹接套
tube number of each pass 每程管数
tube parts 配管部件
tube pass 管程
tube pass partition 管程分程隔板
tube patch 补内胎胶片
tube pattern 管子排列形式
tubeplate, tube plate 管板；花板
tube press 管压机；管式压滤机
tube pyrolysis furnace 管式裂解炉
tuberculostearic acid 结核硬脂酸；10-甲基十八(烷)酸
tube scale 管垢
tube scope 管内检查镜

tube settler 管式沉降器;斜管沉淀池
tubesheet, tube sheet 管板
tubesheet holes 管板孔
tubesheet lining 管板衬里
tube sheet support 管板支承板
tube space 管际空间
tube splicer 内胎接头机
tube still 管式炉
tube stopper 管塞(子)
tube support plate 管支承板;肋板
tube-to-tubesheet 管子对管板
tube type heat exchanger 列管式换热器
tube type pneumatic dryer 直管气流(式)干燥器
tube union 管接头
tube wall 管壁
tube welding machine 焊管机
tube well pump 管井泵;深井泵
tubidostat 恒浊器
tubing (1)管工 (2)管材 (3)管线;管道(系统) (4)铺设管道
tubless tyre 无内胎轮胎
tubular boiler 火管锅炉
tubular-bowl centrifuge 管式离心机
tubular-bowl clarifier 管式澄清器
tubular-bowl ultra-centrifuge(open type) 管式超速离心机
tubular casing pump 管壳泵
tubular centrifuge 管式离心机
tubular condenser 管式冷凝器
tubular cooler 管式冷却器
tubular drier 管式干燥器
tubular flow reactor 管式流反应器
tubular furnace 管式炉
tubular graphitic heat-exchanger 浮头列管式石墨换热器
tubular heater 无焰炉;管式加热炉
tubular heat-exchanger 列管式换热器
tubular inorganic and ceramic modules 管式无机和陶瓷膜组件
tubular membrane 管式膜
tubular module 管式组件
tubular pinch effect 管式吸载效应
tubular plate 管式极板
tubular reactor 管式反应器
tubulin 微管蛋白
tuftsin 他福新;增免疫苏精肽
tugboat 拖轮
tulobuterol 妥洛特罗;丁氯喘;叔丁氯喘通
tumble dryer 滚筒干燥机
tumbler mixer 转鼓混合机
tumbling 滚光
tumbling bay 泄流堰;静水池
tumbling mill 滚磨机
tumeric (test) paper 姜黄试纸
tumor-inducing plasmid 肿瘤诱导质粒
tumor necrosis factor 肿瘤坏死因子
tumourigenesis 致瘤作用
tunability 可调谐性
tunable-dye laser 调色激光器
tunable laser 可调谐激光
Tung distribution 董分布
tung oil 桐油
tungstate 钨酸盐(或酯)
tungsten 钨 W
tungsten alloy (electro)plating 电镀钨合金
tungsten-balanced color film 灯光型彩色胶片
tungsten blue 蓝钨;钨蓝
tungsten bronze 钨青铜
tungsten carbide ceramic 碳化钨陶瓷
tungsten-cerium cathode 钨铈阴极
tungsten dichloride 二氯化钨
tungsten dioxide 二氧化钨
tungsten dioxydichloride 二氯二氧化钨
tungsten disulfide 二硫化钨
tungsten fluoride 氟化钨
tungsten hexachloride 六氯化钨
tungsten hexafluoride 六氟化钨
tungsten iodide 碘化钨
tungsten oxybromide 四溴氧化钨
tungsten oxychloride 氯氧化钨
tungsten oxydichloride 二氯氧化钨
tungsten oxyfluoride 四氟氧化钨;四氟化氧钨
tungsten oxytetrabromide 四溴氧钨
tungsten oxytetrachloride 四氯氧化钨
tungsten oxytetrafluoride 四氟氧钨
tungsten pentabromide 五溴化钨
tungsten pentachloride 五氯化钨
tungsten pentoxide 五氧化二钨
tungsten-rhenium wire 钨铼丝
tungsten steel 钨钢
tungsten sulfide 硫化钨
tungsten tetrachloride 四氯化钨
tungsten tetrafluoride 四氟化钨
tungsten tetrahydroxide 四羟化钨;四氢氧化钨
tungsten tetraiodide 四碘化钨

tungsten-thorium cathode 钨钍阴极
tungsten tribromide 三溴化钨
tungsten trichloride 三氯化钨
tungsten trioxide 三氧化钨
tungsten trisulfide 三硫化钨
tungstic (1)六价钨的;(正)钨的(2)五价钨的
tungstic acid 钨酸
tungstic oxide 三氧化钨
tungstite 白钨矿
tungstophosphoric acid 钨磷酸
tungstosilicic acid 钨硅酸
tungstun-inert-gas arc welding 钨(电)极惰性气体保护(电弧)焊
tungstyl 钨氧基
tunichrome B-1 海鞘色素 B-1
tuning 调谐
tuning fork 音叉
tunnel 隧道;烟道
tunnel cooler 隧道式冷却器
tunnel drier[dryer] 隧洞式干燥器;洞道式干燥器
tunnel effect 隧道效应
tunnel freeze dryer 隧道式冷冻干燥机
tunnel kiln 隧道窑
tunnel(l)ing effect 隧道效应
tunnel oven 隧道式窑
tunnel smoke-house 洞道式烟房
tunnel-type cap 槽形泡帽
tunnel-type tray 槽形泡帽塔盘
tuntse 不子
turanose 松二糖
turbidimeter 浊度计
turbidimetric analysis 比浊分析
turbidimetric titration 比浊滴定
turbidimetry 比浊法
turbidity 浊度
turbidometer 浊度计
turbidostat 恒浊器
turbine 涡轮机
turbine agitator 涡轮式搅拌器
turbine gas purifier 涡轮气体净化器
turbine impeller 涡轮式搅拌器
turbine nozzle 透平喷嘴
turbine oil 透平油;汽轮机油
turbine pump 涡轮泵
turbine reaction 涡轮反作用度
turbine rotor 涡轮机转子
turbine set 涡轮机组
turbine (type) agitator 涡轮式搅拌器
turboblower 涡轮鼓风机
turbocharger 涡轮增压器
turbo-compressor 涡轮压缩机
turbo dryer 涡轮干燥器
turbo-dynamo 汽轮发电机
turbo exhauster 涡轮排气机
turbo expander 透平膨胀机;涡轮膨胀机
turbo-fan 涡流鼓风机
turbo fuel 航空煤油;喷气燃料
turbo-generator 汽轮发电机
turbogrid tower 穿流板塔
turbogrid tray 穿流栅板
turbo mixer 汽轮式混合器
turbomolecular pump 涡轮分子泵
turbopump 涡轮泵
turbo refrigerator 透平制冷机
turb oset 涡轮机组
turboshaft 涡轮轴
turbulence 湍流;紊流
turbulent ball tower[column] 湍球塔
turbulent bed 湍动床
turbulent buffeting 紊[湍]流抖振
turbulent diffusion 湍流扩散
turbulent-film evaporator 动膜式蒸发器
turbulent fin tube 紊流式翅片管
turbulent flame 湍流焰
turbulent flow 湍流;紊流
turbulent flow burner 湍流燃烧器;紊流燃烧器
turbulent fluidized bed 湍动流化床
turbulent (hydraulic) flow 湍流
turbulent resistance 湍流阻力
turbulent separation 湍流分离
turbulizer-backmixer 涡流-回混器
turf (1)泥炭(2)人造草坪
Turkey red oil 太古油;土耳其红油
turmeric acid 姜黄酸
turmeric paper 姜黄试纸
turmeric test paper 姜黄试纸
turmeric yellow 姜黄;酸性黄
turmerone 姜黄酮
β-turn β转角
turnaround 小修;预防(性)修理
turnaround plans 检修计划
turn back flow 折流
turn counterclockwise 反时针方向旋转
turndown ratio 操作弹性
turner (1)旋转器;搅动器;翻动器(2)车工;旋工
turning 车削

turning crane 回转式起重机
turning tube type liquid level gauge 旋转管式液位计
turning vane 导向叶片
turning wastes into resource 废物资源化
turnkey engineering "交钥匙"工程
turn-off 断开;切断
turnout (1)输出 (2)产额
turn over number 转化数
turpentine (oil) 松节油
turret type pump 塔式泵
tussah silk 柞蚕丝
tussore 野蚕丝
tuyere distributor 风帽分布板
Tuzet 退菌特
TVA cone mixer 锥形混合器
Tween-20 吐温 20;聚氧乙烯山梨糖醇酐单月桂酸酯
Tween-40 吐温 40;聚氧乙烯山梨糖醇酐单棕榈酸酯
Tween-60 吐温 60;聚氧乙烯山梨糖醇酐单硬脂酸酯
Tween-65 吐温 65;聚氧乙烯山梨糖醇酐三硬脂酸酯
Tween-81 吐温 81;聚氧乙烯山梨糖醇酐单油酸酯
Tween-85 吐温 85;聚氧乙烯山梨糖醇酐三油酸酯
twelve-membered ring 十二元环
twice firing 二次烧成
twice per shift 每班两次
twice substituted 二取代了的
twin (1)孪晶(2)双胎
twin calorimeters 双层绝热量热器
twin comparator (＝double comparator) 双光谱映射仪;双重光谱放大器
twin crystals 孪晶
twin drum drier 双辊干燥机
twin elbow 双肘管
twinned crystal 孪晶
twin paradox 双生子佯谬
twin pipe line 双管线
twin pump 双缸泵
twin-roll drum drier 双辊干燥机
twin screw compounder 双螺杆配混机
twin screw extruder 双螺杆挤出机
twin screw extruder machine 双螺杆压出机
twin screw extrusion 双螺杆挤塑
twin-screw plodder 双螺杆压条机
twin-wire paper-machine 夹网造纸机
twist (1)扭(转) (2)歪曲 (3)捻度;扭度
twistane 异三环癸烷
twist boat 扭船式
twist chair 扭椅式
twist conformation 扭型构象
twist drill 麻花钻
twisted fiber 合股纤维
twisting strain (帘线的)扭转
twisting stress 扭应力
twist of fiber 纤维的捻度
twist on twist 同向捻合
twist stress relaxation 扭应力松弛
Twitchell reagent 特威切耳试剂
Twitchell's process 特威切耳法
two aqueous phase extraction 双水相萃取
two-bath chrome tannage 二浴(鞣革)法
two bath process 二浴法(染色)
two-body problem 二体问题
two chamber vacuum furnace 双室真空炉
two color extrusion 双色挤出
two-compartment oil tank 双层油罐
two-component adhesive 双组分黏合剂
two-component coating 双组分涂料
two-component flow 双组分流
two-component non-mixed adhesive 双组分非混合型胶黏剂
two-component spray mixed water borne adhesive 双组分喷射混合型水基胶
two-component system 双组分系;二元物系
two-dimensional chromatography 两向色谱法
two-dimensional correlated spectroscopy 二维相关光谱学
two-dimensional development 双向展开(法)
two-dimensional electrophoresis 双向电泳
two-dimensional flow 二维流
two-dimensional fluorescence spectrum 二维荧光光谱
two-dimensional lattice 二维点阵
two-dimensional NMR spectroscopy 二维核磁共振波谱学
two-dimensional spectrum 二维谱
two-dimensional structure 二维结构
two-directional polycondensation 二向缩聚
two-dot chain line 双点画线
two-factor interaction 二因子交互效应
two-film theory 双膜理论
two-fluid nozzle 气动雾化喷嘴
two-fluid theory 两流体理论

two-head automatic arc welding machine 自动双弧焊机
two layered cylinder 双层筒
two-nutrient compound fertilizer 二元复合肥料
two-part adhesive 双组分胶黏剂
two-phase flow 两相流;两相流动
two-phase ion-exchange column 两相离子交换柱
two-phase titration method 两相滴定法
two-photon absorption 双光子吸收
two-photon transition 双量子跃迁;双光子跃迁
two-piece bearing 拼合轴承;对开轴承
two-piece housing 拼合式外壳
two-position control 双位调节
two-quantum transition 双量子跃迁
two-ring piston 双环活塞
two roll calender 双辊压光机
two-speed pump 两级泵
two-stage aeration tank 两级曝气池
two-stage centrifugal pump 两级离心泵
two-stage desulfurization 两段脱硫
two-stage digester 两级煮解器
two-stage ejector 两级喷射器
two-stage filter 两级过滤器
two-stage fluidized bed 双器流化床
two-stage hydrocracking 两段加氢裂化
two-stage injection 两步注塑;二步注塑
two-stage liquifaction 两段液化
two-stage pneumatic-conveyor dryer 两段[级]气流输送干燥器
two-stage producer 两段发生炉
two-stage pump 两级泵
two-stage reforming 两段重整
two-stage regenerator 两级再生器
two-stroke 二冲程(的)
two-tailed test 双侧检验;双尾检验
two-terminal network 二端网络
two tier approach 双层法;联立模块法
two-tone effect leather 双色效应革
two-way valve 二通阀
TXP(trixylenyl phosphate) 磷酸三(二甲苯)酯(增塑剂)
tybamate 泰巴氨酯;羟戊丁氨酯
Tyler mesh 泰勒标准筛号
Tyler standard sieves 泰勒标准筛
tylocrebrine 娃儿藤任;异娃山藤碱
tylosin 泰乐菌素
tyloxapol 泰洛沙泊;四丁酚醛
tymazoline 泰马唑啉;麝草唑啉
Tyndall effect 丁铎尔效应
Tyndall phenomenon 丁铎尔现象
type 1 error 第一类错误
type 2 error 第二类错误
type L oilfree water cooled compressor L型无油水冷式压缩机
type of work 工种
type reaction 典型反应
type test 典型试验
type V air cold compressor V形风冷式压缩机
typewriter paper 打字纸
typhasterol 香蒲甾醇
typical complete equipment(s) 定型的整套装置
typical design 定型设计
typical structure 典型结构
Tyr 酪氨酸
tyraminase 酪胺酶;酪胺氧化酶
tyramine 酪胺;2-对羟苯基乙胺
tyramine oxidase 酪胺氧化酶
tyratol 氨基甲酸百里酚酯
tyre 轮胎
tyre accumulation wear average 轮胎累计平均磨耗
tyre bag 水胎
tyre bruise break 轮胎冲击内裂
tyre buffer 磨胎机
tyre building 外胎成型
tyre debeader 胎圈切割机
tyre retreader 轮胎翻新机
tyre shoulder 胎肩
tyre soles process 胎面翻新
tyropanoate sodium 丁碘苄丁酸钠;酪泮酸钠
tyrosinase 酪氨酸酶
tyrosine 酪氨酸;3-对羟苯基丙氨酸
tyrosine decarboxylase 酪氨酸脱羧酶
tyrosine iodinase 酪氨酸碘化酶
tyrosinuria 酪氨酸尿
tyrosyl 酪氨酰
tyvelose 泰威糖;3,6-二脱氧甘露糖
TZP(tetragenal zirconia polycrystal) 四方氧化锆多晶体

U

Ubbelohde viscometer 乌氏黏度计
U-bend U形管
ubenimex 乌苯美司
ubiquinone 泛醌;辅酶Q
ubiquitin 遍在蛋白
UCL(upper control limit) 上控制限
ucuhuba fat 肉豆蔻脂
ucuhuba oil 肉豆蔻油
udell (冷凝水汽)接受器
Udex extraction process 尤狄克斯抽提过程(在逆流塔用乙二醇抽提芳烃)
Udex process 甘醇法
UDMH(unsymmetrical dimethylhydrazine) 偏二甲肼
UDP(uridine diphosphate) 尿苷二磷酸
UDPG(uridine diphosphate gylucose) 尿苷二磷酸葡糖
UDP glucuronic acid 尿苷二磷酸葡糖醛酸
UE(urethane elastomer) 聚氨酯弹性体
UF(urea formaldehyde) 脲甲醛(树脂)
U-form elbow U形肘管
U-form elbow joint U形肘节
U-form tube U(形)管
UFR 全混釜
U-gas type coal gasifier 喷流床煤气化炉
U-gauge U形压力表
UGI gasifier UGI煤气炉
UGI type coal gasifier 固定床间歇吹风制水煤气炉
UGI type coal generator UGI气化炉
Uhde process 伍德法
UHMWPE(ultra high molecular weight polyethylene) 超高分子量聚乙烯
UHMWPS(ultra high molecular weight polystyrene) 超高分子量聚苯乙烯
UHMWPVC(ultra high molecular weight polyvinyl chloride) 超高分子量聚氯乙烯
ujothion 苄硫噻二嗪乙酸
ulcerlmin 硫糖铝
ULDPE(ultra low density polyethylene) 超低密度聚乙烯
ulexite 钠硼解石
ullage ruler (不浸入油内的)测油尺
Ullmann reaction 乌尔曼反应
ulmic acid (1)滑榆酸(2)棕腐酸
ulmin compounds 棕腐质化合物
ultimate compression strength 压缩极限强度;抗压强度
ultimate design 最终设计
ultimate elongation 极限伸长率
ultimate line 驻留谱线
ultimate load 极限载荷
ultimate mechanical strength 极限机械强度
ultimate operating temperature 极限操作温度
ultimate oxidation 极限氧化(作用)
ultimate particle 基本粒子
ultimate production 总产量
ultimate strength 极限强度
ultimate stress(=ultimate strength) 极限强度;极限应力
ultimate temperature 极限温度
ultimate tensile strength 极限拉伸强度
ultimate (terminal) disposal of radwaste 放射性废物最终处置
ultra accelerator 超促进剂
ultracentrifugal sedimentation 超离心沉积
ultracentrifugal stability (乳状液的)超离心稳定性
ultracentrifugation 超速离心
ultracentrifuge 超速离心机
ultra chromatography(=fluorescence chromatography) 荧光色谱法
ultraclean air system 超净空气系统
ultracold neutron 超冷中子
ultracrackate 超加氢裂化产物
ultracracking 超加氢裂化
ultracryotomy 超冷冻切片
ultra fast accelerator 超速促进剂
ultrafilter 超滤机
ultrafiltering crucible 超滤坩埚
ultrafiltrate 超滤液
ultrafiltration 超滤
ultrafiltration membrane 超滤膜
ultrafiltration reactor 超滤反应器
ultrafine crystal structure 超细结晶结构

ultrafine dust 超细粉末
ultrafine filter 超滤器
ultrafine-grain plate 超微粒干版
ultrafine pulverizer 超细粉碎机
ultrafine soot 超微烟灰；特细煤烟
ultrafining 超加氢精制(法)
ultra-forming process 超重整过程
ultra-gamma ray(=cosmic ray) 超γ射线;宇宙线
ultrahigh molecular weight polyethylene 超高分子量聚乙烯
ultrahigh power 超高功率电炉
ultrahigh pressure vessel 超高压容器
ultrahigh purity 超高纯度
ultrahigh-strength steel(s) 超高强度钢
ultrahigh vacuum 超高真空
ultrahigh vacuum seal 超高真空密封
ultra low density polyethylene 超低密度聚乙烯
ultra low interface tension 超低界面张力
ultra low profile tyre 超低断面轮胎
ultra low temperature resistant adhesive 耐超低温胶黏剂
ultra low volume spray 超低容量喷雾法
ultramarine 群青
ultramarine green 群青绿
ultramarine violet 群青紫
ultramarine yellow 群青黄
ultramicroanalysis 超微量分析
ultramicro (analytical) balance 超微量天平
ultramicrochemical manipulation 超微量化学操作
ultramicro-crystal 超微晶体
ultramicroelectrode 超微电极
ultramicro method 超微量法
ultramicron 超微粒子
ultramicroscope 超显微镜
ultramicrosensor 超微传感器
ultramicrospectrophotometry 超微量分光光度测定法
ultramicrostructure 超微结构
ultra-mizer 超微粉碎机
ultrapure metal 超纯金属
ultrapure water 超纯水
ultraquinine 超奎宁;类奎宁
ultra-rapid vulcanization 超速硫化
ultra-red absorption spectrometry 红外线吸收光谱法
ultra-red ray 红外线
ultras 超促进剂
ultraselective cracking process 超选择性裂化法
ultra-sharp sense 超灵敏感觉
ultrashort pulse 超短脉冲
ultrashort time film evaporator 离心式瞬时薄膜浓缩器
ultrasonator 超声波振荡器;超声波发生器
ultrasonic agglomeration 超声附聚;超声结块
ultrasonic bath 超声波浴
ultrasonic brazing 超声波钎焊
ultrasonic cleaning 超声净化;超声清洗
ultrasonic coagulation 超声凝聚
ultrasonic defectoscope 超声探伤器;超声检验器
ultrasonic degradation 超声降解
ultrasonic dehydration 超声脱水
ultrasonic detector 超声(波)检测器
ultrasonic dust-removal 超声波除尘
ultrasonic emulsification 超声乳化
ultrasonic emulsion breaking 超声破乳(化)
ultrasonic examination of welds 焊接的超声检验
ultrasonic extraction 超声萃取
ultrasonic fault[flaw]detector 超声波探伤仪
ultrasonic flaw detection 超声波检查;超声波探伤
ultrasonic flowmeter 超声波流量计
ultrasonic holography 超声全息照相术
ultrasonic inspection 超声波检查;超声探伤
ultrasonic level ga(u)ge 超声波料面计
ultrasonic machining 超声加工
ultrasonic metal cleaning 超声波金属除垢
ultrasonic metal welding 超声波金属焊接
ultrasonic microscope 超声显微镜
ultrasonic polymerization 超声波聚合
ultrasonic purification 超声净化
ultrasonic separation 超声波分离
ultrasonic spray drying machine 超声波喷浆干燥机
ultrasonic thickness indicator 超声波测厚器
ultrasonic viscometer 超声波黏度仪
ultrasonic wave 超声波

ultrasonic welding 超声波焊接
ultrasonoscope 超声波探伤仪
ultrasound wave 超声波
ultrastable Y-type zeolite 超稳定 Y 型分子筛
ultrastructure 超微结构;亚显微结构
ultrasweetening 超级脱硫
ultra trace 超痕量
ultratrace analysis 超痕量分析
ultraultramicro method 超超微量法
ultravacuum vessel 超真空容器
ultraviolet (1)紫外线的(2)紫外线
ultraviolet absorbent 紫外线吸收剂
ultraviolet absorber 紫外线吸收剂
ultraviolet absorption spectrometry 紫外线吸收光谱法
ultraviolet barrier 光屏蔽剂
ultraviolet curing adhesive 紫外固化胶黏剂
ultraviolet degradation 紫外线降解
ultraviolet detector 紫外线检测器
ultraviolet irradiation 紫外线照射
ultraviolet lamp 紫外灯
ultraviolet light screening agent 光屏蔽剂
ultraviolet photoelectron spectroscopy(U. P. S.) 紫外光电子光谱法
ultraviolet ray 紫外线
ultraviolet ray absorber 紫外光吸收剂
ultraviolet ray resisting paper 紫外线防护纸
ultraviolet region 紫外线区
ultraviolet screener 防紫外线剂
ultraviolet spectrograph 紫外摄谱仪
ultraviolet spectrophotometry 紫外分光光度法
ultraviolet spectroscopy 紫外线光谱法
ultraviolet spectrum 紫外光谱
ultraviolet stabilizer 紫外线稳定剂
ultraviolet-visible light detector 紫外-可见光检测器
ultraviolet-visible spectrophotometer 紫外-可见分光光度计
ultraviolet-visible spectrophotometry 紫外-可见分光光度法
ultraweak luminescence 超微弱发光
ULV spraying 超低容量喷雾法
U-matic cassette video tape U-matic 盒式录像带
umbellaric acid 伞二酸
umbellic acid 伞形酸;2,4-二羟(基)肉桂酸
umbelliferone 伞形酮;7-羟基香豆素
umbellonic acid 伞酮酸
umbellulic acid 加州月桂酸
umbellulone 加州月桂酮
umbilicaric acid 石耳酸
umbra 本影
umbrella collector 伞状收集器
umbrella effect 伞效应
UMP(uridine monophosphate) 尿苷(一磷)酸
umpolung 极反转
unaccepted product 不合格品
unacclimated(activated sludge) 未驯化的(活性污泥)
unactivated state 未活化态
unalloy steel plate 非合金钢板
unavailable 不可得的;无效的;不能利用的
unavailable energy 不可用能
unbalanced-pulley vibration screen 惯性振动筛
unbalanced type 非平衡型
unbiased estimator 无偏估计值
unblocked bond 连通键
unbounded space 无界空间
unbound state 游离状态;未结合状态
unbound water 非结合水分
unbranched 无支链的
unbuilt detergent 未复配洗涤剂(无助洗剂的洗涤剂)
unburned brick 不烧砖
unburned gas 未燃烧气体
unburned mixture 未燃烧混合物
uncap 开盖
uncatalyzed polymerization 非[无]催化聚合
uncatalyzed reaction 非催化反应
uncertainty 不确定度
uncertainty principle 不确定(性)原理;测不准原理
uncertainty relation 不确定(度)关系;测不准关系
uncharged acid 无荷(电)酸
uncoded amino acid 非编码氨基酸
uncoiler 开卷机
uncompatibility 不相容性;不兼容性
uncompensated heat 未补偿热
uncompetitive inhibition 反竞争性抑制

unconjugated acid 非共轭(双键)酸
unconjugated bilirubin 非结合胆红素
unconstrained optimization 无约束优化
unconventional vessel 非常规容器
unconverted monomer 未聚合的单体
uncoordinated 不协调
uncoupled bond 非偶联键
uncoupled electron 非偶(联)电子
uncoupler 解偶联剂
uncoupling 解偶联
uncracked hydrocarbon 未裂化的烃
unction 涂药膏
unctuosity 油(腻)性;润滑性
uncured 未硫化的;未固化的
undecalactone 十一(碳)烷酸内酯
γ-*n*-undecalactone 桃醛(俗称);γ-*n*-十一烷内酯;γ-*n*-庚基丁内酯
undecandienoic acid 十一碳二烯酸
undecandioic acid 十一烷二酸
undecane diacid 十一烷二酸
undecane dicarboxylic acid 十一烷二羧酸;十三烷二酸
undecane(=hendecane) 十一(碳)烷
undecanoic acid 十一(烷)酸
undecanoic amide 十一(烷)酰胺
undecanol 十一(烷)醇
undecanonitrile 十一(烷)腈
undecanoyl 十一(烷)酰
undecendioic acid 十一碳(一)烯二酸
undecene 十一碳烯
undecene diacid 十一碳烯二酸
undecene dicarboxylic acid 十一碳烯二羧酸;十三碳(一)烯二酸
undecenoic acid 十一碳烯酸
undecenyl 十一碳烯基
undecoic acid 十一(烷)酸
undecoylium chloride 恩地氯铵;氯烷吡啶
undecyl 十一(烷)基
undecylene 十一碳烯
undecylene diacid 十一碳(一)烯二酸
undecylene dicarboxylic acid 十三碳(一)烯二酸
10-undecylenic acid 10-十一(碳)烯酸
undecylenic acid 十一碳烯酸
undecylenic acid monoethanolamide 十一碳烯酰单乙醇胺
undecylic acid 十一(烷)酸
***n*-undecylic aldehyde** 正十一醛
undecyndioic acid(=undecyne diacid) 十一碳炔二酸
l-undecyne 1-十一(碳)炔
undecyne diacid 十一碳炔二酸
undecyne dicarboxylic acid 十一碳炔二羧酸;十三碳(一)炔二酸
undecynic acid 十一碳(一)炔酸
undecynoic acid 十一碳(一)炔酸
under bead crack 焊道下裂纹
underbead cracking test 焊缝下裂纹试验
underbed 底架
undercoat 底漆
undercooling 过冷
under cure 欠硫
undercuring (1)欠处理[治](2)欠硫化(3)欠熟
undercut 咬边
underdamping 欠阻尼
under deposit corrosion 垢下腐蚀
underdriven mixer 下传动式搅拌机
underestimate 低估;估计过低
under-exposure region 曝光不足区
under external pressure 在外压作用下
underfeed burning[combustion] 下给料式燃烧
underfeeding 供料不足
underfired furnace 下加热式炉
underfiring 生烧
underflow 底流
underframe 底架
underfur 绒毛
underglaze colors[decoration] 釉下彩
underground disposal 地下处理
underground gasification 地下气化
underground mining 地下采矿
underground pipe line 地下管道
underground tank 地下储(油)罐
underground water 地下水
underlap 馏分重叠
undermixing 混合不足
underpan 底盘;托盘
underpressure (1)抽空(2)压力不足
underpriming 注油不足
underproduce 生产供不应求
underproduction 产量不足
underproof spirit 不合格酒精;不合标准的酒精
underrun 低于估计的产量
underrunning 欠载运行
under-sensitive 灵敏不足
undersize 尺寸不足;过小
undersized 尺寸过小的

under-stream period 开工期
under suction state 按吸入状态
undersupply 供给不足;供应不足
undertake 承包;承担
under voltage 电压不足
under voltage relay 低电压继电器
undervulcanization 欠硫化
underwater adhesive 水下胶黏剂
underwater construction 水下施工
underwater cutting 水下切割
underwater line 水下管线
underwater setting coating 水下固化涂料
underwater tank 水下贮罐
underwater welding 水下焊接
Underwood equation for minimum reflux 恩特荷特最小回流方法
undesirable components 不良成分
undeterminable losses 不可测定的损失
undetermined 待定的
undiluted 未稀释的
undissolved 不溶解的;未溶解的
undistilled 未蒸馏的
undisturbed flow 未扰动流
undoping 去掺杂
undressed 未经处理的
undulatory property 波动性
undulatory theory 波动说
uneven colouring 染色不匀
unevenness 不齐;不匀度
unfair hole 不通(的)孔
unfavourable defect 不利的缺陷
unfilled 未填充的;无填料的
unfiltered 未过滤的
unfinished material 半成品
unfinished product 在制品
unfired 不直接接触火的
unfired brick 不烧砖
unfired fusion welded pressure vessel 非直接火焊接压力容器
unfired pressure vessel 非直接火压力容器;非直接火焰加热(压力)容器
unfired steam generating vessel 非直接火蒸汽锅炉
unfitness of butt joint 错边量
unfixed 不固定的
unfolding 解折叠;开折;伸展
ungalvanized steel plate 未镀锌钢板
ungulic acid 蹄酸
ungulinic acid 蹄菌酸
unhairing 脱毛
unhydrated 未水合的
uniacidic base 一(酸)价碱
uniaxial crystal 单轴晶体
uniaxial drawing 单向拉伸
uniaxial orientation 单轴取向
uniaxial stress 单向拉伸应力
uniaxial stretched film 单轴拉伸薄膜
uniconazole 烯效唑
unidentate ligand 单齿配位体;一合配位体
unidirectional composite 单向复合材料
unidirectionary rate sensitivity 单向变化率敏感性
(unified) atomic mass unit (统一的)原子质量单位
unified model 统一模型
unifining process 加氢精制过程(脱去硫、氮、氧的化合物)
uniflow 单向流动
uniflow type compressor 顺[单]流式压缩机
uniflux tray S形塔板
uniform (1)(相)等的 (2)(均)匀的
uniform affine deformation 均匀变形
uniform apparent flow 均匀表观流动
uniform atomizing 均匀雾化
uniform beam 等截面梁
uniform combustion 均匀燃烧
uniform contact 均匀接触
uniform conversion model 均匀转化模型
uniform cooling 均匀冷却
uniform corrosion 均匀腐蚀;整体腐蚀
uniform deformation 均匀形变
uniform dielectric 均匀电介质
uniform distribution 均匀分布
uniform dyed fabric 匀染织物
uniform elongation 均匀伸长
uniform flow 均匀流
uniform fluid 均匀流体
uniform fluid flow 均匀流体流动
uniform fraction 均匀馏分
uniform grain 均匀颗粒
uniformity 均匀性;一致性;匀细度;整齐度
uniformity of space-time 时空均匀性
uniformity variations 均匀性变化
uniform load(ing) 均匀载荷
uniform mixing 均匀混合
uniform mixture 均匀混合物

uniform motion 匀速运动
uniform particle size 均匀粒度
uniform polymer 均质聚合物
uniform pressure 均匀压力
uniform resistance 均匀阻抗
uniform section 均匀断面
uniform wear 均匀磨损
unilateral constraint 单侧约束
unilateral heating 单面加热
uniligand complex 单一配位体配位化合物
unimolecular 单分子的;一分子的
unimolecular acid-catalyzed acyl-oxygen cleavage 单分子酸催化酰氧断裂
unimolecular acid-catalyzed alkyl-oxygen cleavage 单分子酸催化烷氧断裂
unimolecular adsorption 单分子吸附
unimolecular base-catalyzed acyl-oxygen cleavage 单分子碱催化酰氧断裂
unimolecular base-catalyzed alkyl-oxygen cleavage 单分子碱催化烷氧断裂
unimolecular diffusion（UMD） 单分子扩散
unimolecular electrophilic substitution 单分子亲电取代
unimolecular elimination 单分子消除
unimolecular elimination reaction 单分子消除反应
unimolecular elimination through the conjugate base 单分子共轭碱消除
unimolecular film 单分子膜
unimolecular layer 单分子层
unimolecular mechanism 单分子(反应)机理
unimolecular nucleophilic substitution 单分子亲核取代
unimolecular reaction 单分子反应
unimolecular termination 单分子终止反应
unimpregnated liner board 衬垫纸板
uninflammable 不易燃的
uninflammability 不燃性
uninsulated pipe[tube] 未保温的管道
uninterrupted run 连续运转
union (1)联合 (2)联管节 (3)活接头
union elbow 联管肘管
Unionfining process (加州联合油公司)加氢精制过程
union joint 管(子)接头;管接合
union melt welding 埋弧自动焊
union nipple 接管接头
union nut 活接头螺母;接管螺母
union tee 连接丁字管
uniplanar orientation 单面取向
uniport 单向转运
uniqueness theorem 唯一性定理
unique sequence 单一序列
unit 单位
unitary 幺正(的);单一(的)
unitary operator 幺正算符
unitary transformation 幺正变换
unit assembly drawing 部件组合[装配]图
unit cell 单胞;晶胞
unit check 设备检验
unit computation 单元计算
unit drive 单独传动
unit dryer 单元干燥器
united atom 联合原子
united equipment 设备机组
United States gallon 美国加仑
unit instruments 单元组合仪表
unit interlock test 综合联动试验
unitization 联合经营
unit of measurement 计量单位
unit operation 单元操作
unit operations of chemical engineering 化工单元操作
unit price[cost] 单价
unit process 单元过程
unit processes in chemical synthesis 化工单元过程
unitrace 内套管伴热
unit repair shop 部件修配厂
unit resistance 单位阻力
unit sample 单位抽样
unit speed 单位转速
unit store 零件库
unit thickener 单室增稠器
unit volume expansion 单位体积膨胀
univalent-cation-selective membrane 一价阳离子选择膜
universal stand 广用台
univariant phase system 单变物系
univariant system 单变物系
universal apparatus 通用仪器
universal buffer 广域缓冲剂
universal calibration 普适标定
universal chuck 联动[万能]夹盘
universal clamp 广用夹
universal constant 普适常量;普适常数
universal coupling 万向联轴节[器]
universal deformation 普适变形
universal frequency factor 通用频率因子

universal gas chromatograph 通用气相色谱仪
(universal)gas constant （普适）气体常量
universal gear lubricant 通用齿轮润滑脂
universal gravitation 万有引力
universal grinder 万能磨床
universal indicator 通用指示剂
universal indicator paper 通用试纸
universality 普适性
universality class 普适性类
universal joint 万向接头
universal-joint cross 万向节十字头
universal kneading machine 通用捏和机
universal lathe 万能车床
universal machine 通用机械
universal meter 多用（电）表
universal mixer 通用混合机
universal pH test paper pH 万用试纸
universal plane 万能刨
universal quasi-chemical correlation activity coefficient method UNIQUAC 法（求活度系数的通用似化学关系法）
universal quasi-chemical functional group activity coefficient method UNIFAC 法（求活度系数的通用似化学功能团贡献法）
universal rod 万向杆
universal tensile testing machine 万能拉力试验机
universal testing instrument 万能（强力）试验机
universal test(ing) machine 万能试验机
unkilled steel 不完全脱氧钢
unknown condition 未知条件
unknown number 未知数
unknown quantity 未知量
unknown term 未知项
unlabelled 未标记的
unlagged piping 未保温的管道
unleaded petrol 无铅汽油
unless otherwise specified (UOS) 除非另有规定
unlevelness 不均匀性；不均匀度；不平度
unlike pair 相异分子对
unlike sites 相异坐席
unlimited compatibility （＝complete miscibility） 无限相容性；完全混溶性
unlined 不镶衬的
unlink 拆开
unload 卸料
unloaded speed 空载转速
unloaded weight 空车重量；无载重量
unloader 减荷器；卸料机
unloader knife 卸料刮刀
unloading 放空；卸料；卸去负荷
unloading device 取出机构；卸料装备
unloading equipment 卸载设备
unloading gear 卸载设备
unloading line 空闲管路；卸油管路
unloading machine 卸载机[车]
unload(ing) valve 启动阀；卸载阀；卸荷阀；空载阀
unload side 非负荷端
unload weld 非承载焊缝
unmachinable 不能机械加工的
unmanageable 难以加工[控制，管理]的
unmatched 不匹配的
unmelted charge 未熔炉料
unmendable 不可修理[缮]的
unmodifiable 不可改变的
unmodified 未改性的
unnilhexium 106 号元素
unniloctium 108 号元素
unnilpentium 105 号元素
unnilquadium 104 号元素
unnilseptium 107 号元素
unofficial 非法定的；未入药典的
unoil 除油；去油
unoproston 乌诺前列酮
unoxidizable alloy 不可氧化的合金；不锈合金
unpaired electron density （＝spin density） 不成对电子密度；自旋密度
unpaired electrons 不成对电子
unpairing 解开碱基配对
unperturbed dimension 无扰尺寸
unperturbed end-to-end distance 无扰末端距
unpiler 卸垛机
unpitched sound 杂音；噪声
unpurified 未精制的
unreacted core model 未反应核模型
unrefined 未精制的
unregulated polymer 无规聚合物
unreinforced 未增强的
unrivet 拆除铆钉
unsafe fuel 不安全燃料
unsaponifiable matter 不皂化物
unsaturated acid 不饱和酸
unsaturated bond 不饱和键
unsaturated compound 不饱和化合物
unsaturated fatty acid 不饱和脂肪酸

unsaturated hydrocarbon 不饱和烃
unsaturated linkage 不饱和键
unsaturated polyester 不饱和聚酯
unsaturated polyester coatings 不饱和聚酯涂料
unsaturated polyester resin 不饱和聚酯树脂
unsaturated solution 不饱和溶液
unsaturated steam 未饱和蒸汽
unsaturated Weston cell 不饱和韦斯顿电池
unsealed source 非密封源
unseeded 未加晶种的
unseeded growth 未加晶种(晶体)的生长
unserviceability 使用不可靠性
unshaped refractory 不定型耐火材料
unshared electron pair 未共享电子对
unsized (1)不分大小的;未筛分的 (2)无填料的;无浆的
unsized paper 无胶纸
unsmoked sheet 未熏烟生胶片
unsolder 拆焊
unsound deformation 不安全变形
unspillable cell 无泄漏电池
unstabilized crude 不稳定原油
unstable arc 不稳定电弧
unstable chemical equilibrium 不稳定化学平衡
unstable complex 不稳定络合物
unstable compound 不稳定化合物
unstable crack growth 失稳裂纹扩展
unstable crack propagation 失稳裂纹扩展
unstable equilibrium 不稳定平衡
unstable state 非稳态;不稳定(状)态
unstacker 拆垛机
unsteady distillation 不稳定蒸馏
unsteady flow 非定常流
unsteady operation 不稳定操作
unsteady state 非定态
unsteady state transfer of heat 非定态传热
unstressed member 不受应力的构件
unstripped gas 富气;原料气
unstructured model 非结构模型
unsulfonated oil 未磺化油
unsupported adhesive film 无载体胶膜
unsupported catalyst 无载体催化剂
unsym- 偏位的
unsymmetrical 偏位的
unsymmetrical carbon 不对称碳原子
unsymmetrical load 不对称负荷
unsymmetric convention normalization 非对称归一化
unsymmetric laminates 非对称层压板
unthreaded hole 光孔
untight 不紧密的
untransferable arc 非转移弧
untranslater regions 非翻译区
untreated 未经处理的
untreated oil 未处理的油
untwisting enzyme 解旋酶
ununnilium 110号元素
unusual deformation 不正常变形
unvaporized 不蒸发的;不汽化的;未上光的;未油漆的;未修饰的
unwind 拆卷;开卷;解卷
unwinding 解旋
unwinding force 解卷力
unwinding protein 解链蛋白
unworked grease 未使用过的润滑脂
UOP stacked unit UOP烟囱式装置
UP (unsaturated polyester) 不饱和聚酯
U-packing U形橡胶密封
up-and-down motion 垂直方向往复运动;上下运动
updating 使现代化
updraft furnace 烟气上行式加热炉
up-draft type heater 竖式圆筒形加热炉;直焰管式加热炉
updraught kiln 间歇式直焰窑;直焰窑
up-drawing tube machine 垂直拉管机
upflow 上升气流
up-flow centric pipe reactor 上流式中心管反应器
upflow filter 上流过滤器
upflow fluidized bed 上流式流化床
upgrading hydrocarbon 改质烃
upholstery leather 装饰革
up keep 保养;维修
up keep cost 维护费(用)
uplift 浮升力
uplift(ing) pressure 反向压力
up-packing press 上压式压力机
upper air hood 上部空气分布罩
upper alarm limit 上警告限
upper bainite 上贝氏体
upper bearing 上轴承
upper cap 顶盖
upper control limit 上控制限
upper cylinder lubrication 上部汽缸润滑
upper end cover 上端盖
upper explosive limit 爆炸上限

upper frigid zone 上寒带
upper header 上集管;上联箱
upper leather 面革
upper lift drum 上部提升筒
upper limit 上限;最高极限
upper phase microemulsion 上相微乳液
upper plate 上板[盘]
upper plenum 顶盖
upper pour point 最高流动点;最高倾点
upper shell 上筒体
upper spindle 上轴
upper stem seal 上阀杆密封
upper transmission 上传动
upper yield point 上屈服点
UPR(unsaturated polyester resin) 不饱和聚酯树脂
upright 立杆
upright column 立柱
upright cylindrical pressure tank 立式圆筒形压力罐
upright still 立式蒸馏釜
up run 上行
UPS(ultraviolet photoelectron spectroscopy) 紫外光电子能谱(学)
upset (1)弄翻(2)顶[镦]锻
upset allowance 顶锻留量
upset butt welding 电阻对焊
upset operation 不正常操作
upset speed 顶锻速度
upset(ting) 镦(粗);镦锻
upside down mixing 逆混炼
up-sizing 放大尺寸;放宽规格
upstream line 上游管线;吸引管线
upstream pumping unit 逆流泵站;上流泵站
upstream sequence 上游序列
uptake 摄取
uptake shaft 上行烟道
up-to-date 最新的
up-to-date type 最新式
up travel stop 上行停止装置
upward flow 上向流
upward stroke 上冲程
upward welding in the inclined position 上坡焊
uracil 尿嘧啶
uracil deoxyriboside 脱氧尿苷
uracil deoxyriboside triphosphatase 脱氧尿苷三磷酸酶
uracil mustard(=uramustine) 乌拉莫司汀;尿嘧啶氮芥
uracil riboside 尿苷
uraline 卡波氯醛;三氯乙醛合氨基甲酸乙酯
uralium 卡波氯醛;三氯乙醛合氨基甲酸乙酯
uramido 脲基
uramido acetic acid 脲基乙酸
uramildiacetic acid(UDA) 2-氨基丙二酰脲二乙酸
uramine 胍
uramino-(=ureido-) 脲基
uramite 聚脲甲醛
uramustine 乌拉莫司汀;尿嘧啶氮芥
uranalysis 尿分析(法)
urane (1)尿烷;氨基甲酸乙酯 (2)氧化铀
uranediol 马尿甾二醇
urania 二氧化铀
urania sol 二氧化铀溶胶
uranic 六价铀的;(正)铀的
uranic acid 铀酸
uranic fluoride 六氟化铀
uranic oxide 三氧化铀
uranides(=uranoids) 铀系元素
uraninite 晶质铀矿
uranium 铀 U
uranium acetate 乙酸双氧铀
uranium ammonium fluoride 氟化铀酰铵
uranium boride 硼化铀
uranium borohydride 硼氢化铀
uranium carbide 碳化铀
uranium concentrate 铀浓缩物;浓缩铀
uranium deuteride 氘化铀
uranium diethyldithiocarbamate 二乙基二硫代氨基甲酸铀
uranium dioxide 二氧化铀
uranium ethoxide 乙氧基铀
uranium ferrocyanide 亚铁氰化铀
uranium halide 卤化铀
uranium hexaethoxide 六乙氧基铀
uranium hexafluoride 六氟化铀
uranium mercaptide 硫醇铀
uranium mercuride 汞化铀
uranium metaphosphate 偏磷酸铀
uranium niobate 铌酸铀
uranium oxalate 草酸双氧铀
uranium oxide-chalcogenide 氧硫(或硒,碲)化铀
uranium oxychloride 二氯二氧化铀
uranium peroxide 过氧化铀

uranium phosphide 磷化铀
uranium pyrophosphate 焦磷酸铀
uranium-radium decay series 铀镭衰变系
uranium sesquioxide 三氧化二铀
uranium silicate 硅酸铀
uranium sodium acetate 乙酸双氧铀钠
uranium tetrafluoride 四氟化铀
uranium tetraoxide 过氧化铀;四氧化铀
uranium tetraphenoxide 四苯氧基铀
uranium thiocyanate 硫氰酸铀
uranium trioxide 三氧化铀
uranium tritide 氚化铀
uranium yellow 铀黄;铀酸钠
uranium zirconium alloy 铀锆合金
uranium-zirconium hydride 氢化铀锆
uranocene 双(环辛四烯)合铀
uranoids 铀系元素
uranous 四价铀的;亚铀的
uranous chloride 四氯化铀
uranous nitrate 硝酸亚铀
uranous oxide 二氧化铀
uranous sulfate 硫酸(四价)铀
uranous sulfide 二硫化铀
uranous-uranic oxide 八氧化三铀
uranyl calcium phosphate 磷酸双氧铀钙
uranyl 双氧铀(根);铀酰
uranyl acetate 醋酸双氧铀
uranyl acetylacetone 乙酰丙酮铀酰
uranyl alcoholate 烷基醇铀酰
uranyl ammonium carbonate 碳酸双氧铀铵
uranyl ammonium phosphate（UAP） 磷酸铀酰铵
uranyl bromide 溴化铀酰
uranyl carbonate 碳酸铀酰
uranyl chloride 铀酰氯;氯化双氧铀
uranyl dibutylphosphate 磷酸二丁酯铀酰
uranyl fluoride 氟化铀酰
uranyl formate 甲酸双氧铀
uranyl hydroxide 氢氧化双氧铀
uranyl nickel acetate 乙酸双氧铀镍
uranyl nitrate 硝酸双氧铀
uranyl nitrate hexahydrate(UNH) 六水合硝酸铀酰
uranyl oxalate 草酸双氧铀
uranyl perchlorate 高氯酸双氧铀
uranyl phosphate(monohydrogen) 磷酸氢双氧铀
uranyl potassium sulfate 硫酸双氧铀钾
uranyl propionate 丙酸铀酰
uranyl sodium acetate 乙酸双氧铀钠
uranyl sulfate 硫酸双氧铀
uranyl sulfide 硫化双氧铀
uranyl uranate 铀酸双氧铀
uranyl zinc acetate 乙酸双氧铀锌
urapidil 乌拉地尔;哌胺甲尿啶
urase 尿素酶
urate 尿酸盐(或酯)
urate oxidase 尿酸氧化酶
urazine 尿嗪
urazole 尿唑
Urbacid(e) 福美甲胂
urbaninol 乌斑宁醇
urban planning 城市规划
urea 脲;尿素
urea acetate 乙酸脲
urea adduct method 尿素加成法
urea-ammonium phosphate 尿素磷酸铵
urea-ammonium sulfate 尿素硫铵
urea anhydride 氨基氰
urea calcium bromide 尿素-溴化钙
urea carboxylic acid 脲羧酸
urea complex（= urea adduct） 尿素加合物
urea cycle 尿素循环
urea dewaxing 尿素脱蜡
ureaform 脲甲醛
urea-formaldehyde adhesive 脲醛树脂胶黏剂
urea formaldehyde fertilizer 脲醛肥料
urea-formaldehyde foam 脲醛泡沫塑料
urea-formaldehyde mo(u)lding powder 脲醛压塑粉
urea-formaldehyde plastic(s) 脲醛塑料
urea-formaldehyde resin 脲醛树脂
urea hydrochloride 盐酸脲
urea hydrolyser 尿素水解器
urea lumps separator 尿素颗粒分离器
urea nitrate 硝酸脲
urea phosphate 磷酸脲
urea plant 尿素装置
urea plastic mo(u)lding compound 压制脲醛塑料
urea plastic(s) 脲醛塑料
urea resin 脲醛树脂
urease 脲酶;尿素酶
urease inhibitor 脲酶抑制剂
urea solution filter 尿素溶液过滤器
urea solution pump 尿素溶液泵
urea solution tank 尿素贮槽

urea synthesis converter 尿素合成塔
urea unit 尿素装置
uredepa 乌瑞替派;尿烷亚胺
uredio-acid 脲基酸
ureide 酰脲
ureido- 脲基
β-ureidoisobutyric acid β-脲基异丁酸
β-ureidopropionase β-脲基丙酸酶
β-ureidopropionic acid β-脲基丙酸
ureidosuccinic acid 脲基琥珀酸
ureogenesis 尿素生成
ureohydrolase 脲解酶
ureotelism 排尿素型代谢
ureous acid（=xanthine） 黄嘌呤
urethan calcium bromide 乌拉坦-溴化钙;氨甲酸乙酯-溴化钙
urethan(e) 尿烷;氨基甲酸乙酯;乌拉坦
urethane-epoxy adhesive 聚氨酯-环氧胶黏剂
urethane foam 聚氨酯泡沫(塑料)
urethane rubber 聚氨酯橡胶
urethano 氨酯基
urethral suppository 尿道栓
urethylan 尿基烷;氨基甲酸甲酯
ureylene 1,3-亚脲基
uric acid 尿酸;2,6,8-三羟基嘌呤
uric acid riboside 尿酸核糖苷
uricase 尿酸酶
uricolysis 尿酸分解(作用)
urico-oxidase 尿酸氧化酶
uricotelism 排尿酸型代谢
uridine 尿苷
uridine diphosphate 尿苷二磷酸
uridine diphosphate glucose（**UDPG**） 尿苷二磷酸葡糖
uridine diphosphate reductase 尿苷二磷酸还原酶
uridine monophosphate（**UMP**） 尿苷一磷酸
uridine triphosphate（**UTP**） 尿苷三磷酸
uridin phosphoric acid 磷酸尿苷
uridylate 尿苷(一磷)酸盐;尿(嘧啶核)苷酸盐
uridylic acid 尿苷(一磷)酸
uridyltransferase 尿苷酰转移酶
urobenzoic acid 马尿酸
urobilin 尿胆素
urobilinogen 尿胆素原
urocanase 尿刊酸酶
urocanic acid 尿刊酸;咪唑丙烯酸
urocaninic acid 尿刊宁酸
urocanylcholine 尿刊酰胆碱
urochloralic acid 尿氯醛酸;三氯乙基葡糖醛酸苷
urochrome 尿色素
urocortisol 尿皮(质甾)醇;皮甾四醇
urogastrone 尿抑胃素
urokinase 尿激酶
uronic acid 糖醛酸
uronic anhydride 糖醛酐
uroporphyrin 尿卟啉
uroporphyrinogen 尿卟啉原;六氢尿卟啉
uroporphyrinogen decarboxylase 尿卟啉原脱羧酶
uroporphyrinogen Ⅰ synthetase 尿卟啉原Ⅰ合成酶
uropterin 尿硫蝶呤
urorhodin 尿红素
urorrhodin（=urorhodin） 尿红素
urorubin 尿红质
urothion 尿硫蝶呤
urotropine 乌洛托品;硫化促进剂 H;六亚甲基四胺
uroxisome 尿酸酶体
urrhodin（=urorhodin） 尿红素
ursanic acid 乌散酸
ursin 熊果碱
ursodeoxycholic acid 熊脱氧胆酸
ursodesoxycholic acid 乌索脱氧胆酸;熊脱氧胆酸
ursol (1)对苯二胺 (2)乌索(染料)(一种毛皮染料)
ursolic acid 乌索酸;熊果酸
ursonic acid 乌宋酸
urusene 漆烯
urushic acid 漆酸
urushiol 漆酚
urushi tallow 漆脂
urushi wax 漆脂
urylene (1)1,3-亚脲基 (2)对称取代脲
urylon 尿纶
usability 工艺性
usable life 适用期
usable method 使用方法
usable resolution 有效分辨率
usage factor 利用系数;利用因数
uscharidin 乌斯卡定
used heat 废热;余热
used oil 废油
used oil reclaimer[**regenerator**] 废油再

生器
use factor 利用系数;利用因数
useful area 有效面积
useful capacity 有效容积
useful cross section 有效截面
useful life 有效期;使用寿命
useful vacuum degree 使用真空度
use level 配合量;用量
use maturities of separation process 分离过程的应用成熟度
use-method 使用方法
use ratio 利用率
use reliability 使用可靠性
use value 使用价值
U-shaped tubular heater U形管式加热器
using hot-gas 连续热风干燥器
usnaric acid 地衣那酸
usnein 地衣酸
usnic acid 地衣酸
***d*-usnic acid** 右旋地衣酸
usn(in)ic acid 地衣酸
Uspulun 乌斯勃隆
ustilagic acid 黑粉菌酸
ustilic acid 三羟基十六(烷)酸
ustilic acid A 二羟基十六(烷)酸
uterine tonic 子宫收缩药
uterotonic 子宫收缩药
uteroverdin 胆绿素
utilidor 保温管道
utiliscope 工业电视装置
utilities 公用工程
utilities air 公用气源
utility 公用工程;公用事业;公共设施
utility design 实用设计
utility engineering 公用工程
utility factor 设备利用系数
utility line 公用工程管线
utility model patent 实用新型专利
utility pouch 工具袋
utility power 公用电源
utility service 公用服务事业
utility-type unit 大型机组
utilization coefficient 利用系数
utilization engineer 公用工程工程师
utilization factor 利用系数;利用因数
utilization of active materials 活性物质利用
utilization of heat 热利用
utilization process of unused resources 未使用资源的利用过程
utilize 利用
UTP(uridine triphosphate) 尿苷三磷酸
U-trap 虹吸管;存水弯
U-tube U形管
U-tube heat exchanger U形管换热器
U-tube liquid membrane U形管状液膜
U-tube manometer U形管压力计
U-type rubber seal U形橡胶密封
UV-9 2-羟基-4-甲氧基二苯甲酮
UV-531 2-羟基-4-正辛氧基二苯甲酮
UV-absorber 紫外线吸收剂
UV cure equipment 紫外固化装置
UV curing 紫外线固化;光固化
U. V. high transmittance optical glass 透紫外线玻璃
uvic acid(=uvinic acid) 乌韦酸;2,5-二甲基-3-呋喃羧酸
uvinic acid 乌韦酸
uviol glass 透紫外线玻璃
uvitic acid 乌韦特酸;5-甲基苯间二甲酸
uvitinic acid(=uvitic acid) 乌韦特酸
uvitonic acid 乌韦酮酸;6-甲基-2,4-吡啶二甲酸
UV lamp aging 紫外灯老化
UV-P 2-(2-羟基-5-甲基苯基)苯并三唑
UV photoelectron spectrometry(**UVPES**) 紫外光电子光谱法
UV-reflectance spectrometry 紫外反射光谱法
UV resist 紫外光刻胶
UV-screen 光屏蔽剂
UV solidified ink 紫外光固油墨
UV spectrum 紫外光谱
UV-stabilizer 紫外线稳定剂
UV-synergist(s) 紫外线增效剂
UV treatment 紫外线处理
uzarin 乌札拉苷;乌沙苷

V

vacancy 空位
vacancy chromatography 空穴色谱(法)
vacancy cluster 空位簇
vacancy defect 空位缺陷
vacancy element 空位元素
vacancy solid solution 缺位固溶体
vacant lattice site (=vacancy) 空位
vaccenic acid 11-十八碳烯酸
vaccine 疫苗(菌苗)
vaccinic acid 牛痘酸
vacciniin 越橘酯;6-苯酰葡糖
vacuation 抽真空
vacuolar 液泡
vacuole 含液小腔;空胞
vacuum 真空
vacuum adhesive 真空胶黏剂
vacuum air pump 真空气泵;真空抽气机
vacuum-and-blow machine 真空制瓶机
vacuum applied 施真空
vacuum arc furnace 真空电弧炉
vacuum bag 真空袋薄膜
vacuum brazing 真空钎焊
vacuum break 破坏真空
vacuum breaker 真空调节阀
vacuum casting 真空浇铸
vacuum chamber 真空室;真空箱
vacuum circuit breaker 真空断路器
vacuum cleaner 真空除尘器;真空吸尘器
vacuum coating 真空镀膜
vacuum compartment dryer 减压厢式干燥器
vacuum condensation 真空冷凝
vacuum conveyer tube 真空输送管
vacuum cooler 真空式冷却器
vacuum cooling 真空冷却
vacuum crystallization 真空结晶
vacuum crystallizer 真空结晶器
vacuum degasifier 真空脱气器
vacuum deliver 真空抽吸
vacuum demoisturizer 真空脱湿塔;真空脱湿器
vacuum deposition 真空镀膜
vacuum diesel oil 减压柴油
vacuum diffusion pump 真空扩散泵
vacuum distillation 真空蒸馏
vacuum distilling apparatus 真空蒸馏器
vacuum (distilling) column 真空蒸馏塔
vacuum distributor 真空分布器
vacuum double drum dryer 减压双滚筒(式)干燥器
vacuum down 真空度降低
vacuum drum dryer 真空鼓式干燥器;真空筒形干燥器
vacuum dryer 真空干燥器;减压干燥器
vacuum dryer with rake 真空耙式干燥器
vacuum drying 真空干燥
vacuum drying machine 真空干燥机
vacuum drying oven 真空干燥(烘)箱
vacuum electric furnace 真空电炉
vacuum equipment 真空设备
vacuum evaporation coating 真空镀膜
vacuum evaporator 真空蒸发器
vacuum exhaust 真空排气
vacuum expander 真空膨胀器
vacuum extraction still 真空(蒸馏)提取器
vacuum extruding 真空挤出
vacuum filler 真空填充器
vacuum filter 吸滤器;真空过滤机
vacuum filter with horizontal rotary disc 水平圆盘真空过滤机
vacuum flashing 减压闪蒸
vacuum flash vaporizer 真空闪蒸器
vacuum forming (process) 真空成型法
vacuum furnace 真空炉
vacuum gauge 真空计
vacuum grease 真空润滑油
vacuum heater 真空加热器
vacuum hopper 真空罐;真空料斗
vacuum hot pressing 真空热压
vacuum impregnating 真空浸渍;真空浸胶
vacuum induction furnace 真空感应炉
vacuum jet package 真空喷射装置
vacuum kettle 真空锅
vacuum kneader 真空压炼机
vacuum leaf filter 真空叶滤机
vacuum leak 真空漏泄[损失]
vacuum lock 真空锁
vacuum manometer 真空计
vacuum membrane distillation 减压膜蒸馏
vacuum metallizing 真空金属蒸涂法

vacuum metallurgy 真空冶金
vacuum meter 真空计
vacuum moulding 真空成型硫化;真空模塑;真空成型
vacuum multistage evaporator 真空多级蒸发器
vacuumometer 低压[真空]计
vacuum overhead 减压蒸馏塔顶馏分
vacuum pan melting process (for caustic soda) 真空锅熔碱
vacuum partial condenser 真空蒸馏塔部分冷凝器
vacuum pencil 真空笔
vacuum pipeline 真空管道[路,线]
vacuum pipe-still 减压管式蒸馏装置
vacuum piping 真空管道[路,线]
vacuum plating tape 真空镀膜磁带
vacuum pot 真空锅
vacuum preconcentrator 真空预浓缩器
vacuum pressure infiltration 真空压力浸渍
vacuum pressure valves 呼吸阀
vacuum pump 真空泵
vacuum pump for vent 排气真空泵
vacuum-pumping 真空排气
vacuum pump oil 真空泵油
vacuum purge 真空驱气
vacuum receiver 真空罐;真空(接)受器;真空受液罐
vacuum rectifying apparatus 真空精馏装置
vacuum release valve 真空安全阀;真空泄漏阀
vacuum relief valve 真空安全阀;真空解除[泄漏]阀
vacuum rerun 真空再蒸馏
vacuum residuum 减压渣油
vacuum return 减压重蒸馏
vacuum rotary filter 真空回转过滤器
vacuum seal 真空密封
vacuum shelf dryer 真空干燥柜;真空盘架干燥器
vacuum sintering 真空烧结
vacuum space 真空空间
vacuum spectrometer 真空分光计
vacuum still 真空蒸馏釜
vacuum supply 抽真空
vacuum-swing adsorption 变真空度吸附
vacuum switch 真空开关
vacuum tank 真空槽;真空罐
vacuum technique 真空技术
vacuum technology 真空工艺
vacuum testing 真空检漏法;真空试验
vacuum tight 真空密封
vacuum topping 减压拔顶蒸馏
vacuum tower 真空蒸馏塔
vacuum trap 真空凝气瓣;真空阱
vacuum tray dryer 真空盘架干燥器
vacuum treatment 真空处理
vacuum trip device 低真空保护装置
vacuum truck 真空油槽车
vacuum tube 真空管
vacuum ultraviolet 真空紫外(区)
vacuum up 真空度升高
vacuum valve 真空阀
vacuum vapouring 真空蒸镀
vacuum vessel 真空容器
vacuum welding 真空焊接
vadose 渗流
vadose water 渗流水
vaginal suppository 阴道栓
Val 缬氨酸
valacyclovir 伐昔洛韦
valence 化合价;原子价
valence band 价带
valence bond method 价键法
valence bond theory 价键理论
valence bridge 价桥
valence electron 价电子
valence electron approximation 价电子近似
valence electrons 价电子
valence fluctuation 价态起伏
valence isomerism 价异构
valence-matching principle 键价匹配原理
valence shell 价电子层
valence-shell electron pair repulsion theory 价层电子对推斥理论
valence state 价态
valence-state ionization potential 价态电离势
valence tautomerism 价互变异构
valence vibrations 价振动
valency 化合价
valency electrons 价电子
valency isomerism (原子)价异构(现象)
valentinite 锑华
***n*-valeral** 正戊醛
valeraldehyde 戊醛
valeranone 缬草烷酮
valerate 戊酸盐(或酯)
valerene 戊烯
valerianic acid (=valeric acid) 戊酸

valeric acid 戊酸;(尤指)正戊酸
valeric aldehyde 正戊醛
valeric chloride 戊酰氯
valerin 甘油三戊酸酯
valerolactam 戊内酰胺
valerolactone 戊内酯
valerone 二异丁基(甲)酮;2,6-二甲基-4-庚酮
valeronitrile 戊腈;丁基氰
valerydin *N*-对乙氧苯基戊酰胺
valeryl 戊酰
valeryl chloride 戊酰氯
valerylene 2-戊炔
valeryl phenetidine *N*-对乙氧苯基戊酰胺
valethamate bromide 戊沙溴铵;溴化戊乙胺酯
validamycin A 井冈霉素
validity 有效期
valid period 有效期限
valine 缬氨酸
valium 地西泮;安定
valley-height method (测量分离度的)谷高法
valnoctamide 戊诺酰胺;乙甲戊酰胺
Valone 杀鼠酮钠盐
valoneaic acid 橡椀酸
valoneaic acid dilactone 橡椀酸二内酯
valproic acid 丙戊酸
valpromide 丙戊酰胺;丙缬草酰胺
ω-value ω值
value-added 增值的
value analysis 价值分析
value engineering 价值工程
value of expectation 期望值
valve 阀
valve base (阀)底座
valve body 阀体
(valve)body cap 阀帽
valve box 阀盒;阀体;阀箱
valve cap 阀盖
valve clack 阀瓣
valve clearance 阀余隙
valve cock 阀栓
valve cone 阀锥体
valve core 阀心
valve cover 阀套
valve cylinder 阀筒
valve disc 阀碟
valve electrode 阀电极
valve end 阀头
valve for air pump 气泵阀
valve for general use 通用阀
valve grinding sand 磨阀砂
valve handle 阀门手轮
valve inside plunger pin 阀针
valve leakage 阀漏失
valve leather 阀皮
valveless filtering pool 无阀滤池
valve needle 阀针
valve noise 阀门噪声
valve pad[patch] 阀垫
valve pin 阀销
valve pit 阀井
valve plate 阀板;阀片;浮阀塔板[盘]
valve plug 阀塞
valve ring 阀环
valve rocker 阀摇杆
valve rod 阀杆
valve seat 阀座
valve spindle 截阀梗
valve spring 阀弹簧
valve stem 阀杆
valve stroke 阀门行程;阀门冲程
valve-switching mechanism 阀转换机构
valve the gas 放气
valve tower 浮阀塔
valve tray 浮阀塔板
valve washer (1)阀门垫圈(2)滑阀垫板
valve with spring core 弹簧心阀
valyl 缬氨酰;异戊氨酰
valylene 缬烯炔;2-甲基-1-丁烯-3-炔;异戊烯炔
vamicamide 伐米胺
vamidothion 灭蚜硫磷
vanadate 钒酸盐(或酯)
vanadic acid 钒酸
vanadic anhydride 五氧化二钒
vanadic fluoride 五氟化钒
vanadic oxide 五氧化二钒
vanadium 钒 V
vanadium carbide 一碳化钒
vanadium carbonyl 六羰基钒
vanadium catalyst(s) 钒催化剂
vanadium chloride 氯化钒
vanadium dibromide 二溴化钒
vanadium dichloride 二氯化钒
vanadium difluoride 二氟化钒
vanadium diiodide 二碘化钒
vanadium dioxide 二氧化钒

vanadium dioxychloride 二氧氯钒
vanadium dioxymonochloride 氯化二氧二钒
vanadium family element(s) 钒族元素
vanadium nitride 一氮化钒
vanadium oxybromide 溴氧化钒
vanadium oxychloride 氯氧化钒；三氯氧钒
vanadium oxydichloride 二氯(一)氧化钒
vanadium oxytribromide 三溴氧化钒；三溴化氧钒
vanadium oxytrichloride 三氯氧钒
vanadium oxytrifluoride 三氟氧化钒；三氟化氧钒
vanadium pentafluoride 五氟化钒
vanadium pentasulfide 五硫化二钒
vanadium pentoxide 五氧化二钒
vanadium pig iron 含钒生铁
vanadium sesquioxide 三氧化二钒
vanadium sesquisulfide 三硫化二钒
vanadium silicide 硅化钒
vanadium steel 含钒钢
vanadium suboxide 一氧化二钒
vanadium tetrafluoride 四氟化钒
vanadium tribromide 三溴化钒
vanadium trichloride 三氯化钒
vanadium trifluoride 三氟化钒
vanadium triiodide 三碘化钒
vanadium trioxide 三氧化二钒
vanadium trisulfide 三硫化二钒
vanadol 双氧钒基
vanadous 亚钒的
vanadous acid 亚钒酸
vanadous bromide 三溴化钒
vanadous chloride 二氯化钒；氯化亚钒
vanadous fluoride 三氟化钒
vanadous oxide 三氧化二钒；氧化亚钒
vanadous sulfide 三硫化二钒；硫化亚钒
vanadyl chloride 氯化氧钒
vanadyl dibromide 二溴化氧钒
vanadyl dichloride 二氯化氧钒
vanadylic bromide 三溴化氧钒
vanadylic chloride 三氯化氧钒；氯化氧钒
vanadylic sulfate (＝vanadyl sulfate) 硫酸氧钒
vanadylous bromide 一溴化氧钒
vanadylous chloride 一氯化氧钒；氯化亚氧钒
vanadyl semichloride 氯化二氧二钒
vanadyl xanthate 黄原酸氧钒
vancomycin 万古霉素
van container 大型集装箱
van Deemter equation 范第姆特方程
van de Graaff generator 范德格拉夫起电机
van der Waals bond (＝molecular bond) 分子键；范德瓦耳斯键
van der Waals crystals 分子晶体
van der Waals equation 范德瓦耳斯方程
van der Waals equation of state 范德瓦耳斯状态方程
van der Waals forces 范德瓦耳斯力
van der Waals radius 范德瓦耳斯半径；范德华半径
vandyke brown 氧化铁棕
vandyke red 土红
vane compressor 叶片式压缩机
vaned rotating disk 导流转盘
vane feeder 叶轮式给料机
vane pump 叶[滑]片泵
vanes 导流叶片
vane type blower 叶片式鼓风机
vane-type vacuum pump 叶片式真空泵
vane wheel 叶轮
vanilione 香兰酮
vanillic acid 香兰酸；香草酸；4-羟基-3-甲氧基苯甲酸
vanillic alcohol 香兰醇；3-甲氧基-4-羟基苄醇
vanillic aldehyde 香兰素；香草醛
vanillin 香兰素；香草醛
vanillin ethyl ether 香兰素乙醚
vanilloyl 香兰酰；4-羟-3-甲氧苯酰
vanillyl 香兰基；4-羟-3-甲氧苯甲基
vanillyl acetone 香兰基丙酮
vanillyl alcohol 香兰醇；4-羟基-3-甲氧基苯甲醇
vanillylidene 亚香兰基；4-羟-3-甲氧苯亚甲基
vanillylmandelic acid 香兰扁桃酸；3-甲氧-4-羟扁桃酸
vanilmandelic acid 4-羟-3-甲氧扁桃酸
vanitiolide 香草吗啉；硫代香草酰吗啉
vanitrope 浓馥香兰素
vanizide 异烟腙
van Laar equation 范拉尔方程
van't Hoff complex 范托夫中间化合物
van't Hoff equation 范托夫方程
van't Hoff isobar 范托夫等压线
van't Hoff isochore 范托夫等容线

van't Hoff's law 范托夫定律
van vehicle 有盖货车
vapo(u)r 蒸气;蒸汽
vapo(u)r adsorption process 蒸气吸附法
vapo(u)ration 汽化;蒸发
vapo(u)r bath 蒸气浴
vapo(u)r compression refrigerator 压缩式制冷〔冷冻〕机;压缩蒸气冷冻机
vapo(u)r-compression type refrigerator 压缩蒸气冷冻机
vapo(u)r corrosion[corrosiveness] 气相腐蚀
vapo(u)r curable coating(s) 气体固化涂料
vapo(u)r degreease 蒸气脱脂
vapo(u)r eliminator 蒸气分离器
vapo(u)r heat exchanger 蒸气换热器
vapo(u)r hood 蒸气罩
vapo(u)rizability 可汽化性
vapo(u)rization 汽化;蒸发
vapo(u)rization efficiency 汽化效率
vapo(u)rization energy 汽化能
vapo(u)rization heat 蒸发(潜)热
vapo(u)rization temperature 汽化温度
vapo(u)rizer 汽化室;蒸发器;汽化器
vapo(u)rizing mat(MV) 电热蚊香片
vapo(u)r line 蒸气管线
vapo(u)r-liquid equilibrium 汽液平衡
vapo(u)r-liquid extraction 汽液抽提
vapo(u)r liquid ratio 汽液比
vapo(u)r lock 气封
vapo(u)rometer 蒸气(压力)计
vapo(u)r phase association 汽相缔合
vapo(u)r phase (corrosion) inhibitor 汽相缓蚀剂
vapo(u)r-phase cracked gasoline 汽相裂化汽油
vapour phase osmometer 蒸气压渗透计;汽相渗透仪
vapo(u)r pipe 蒸气管
vapo(u)r pocket (蒸气)死角;汽袋[窝,囊]
vapo(u)r pressure 蒸气压
vapo(u)r pressure isotope effect (VPIE) 蒸气压同位素效应
vapo(u)r pressure lowering 蒸气压下降
vapo(u)r-pressure osmometry 蒸气压渗透法
vapo(u)rproof 汽密的;不漏蒸气的
vapo(u)r recovery 蒸气回收
vapo(u)r riser 升气管
vapo(u)r space 蒸气域
vapo(u)r superheater 蒸气过热器
vapo(u)r-to-liquid ratio 汽液比
vapo(u)r uptake 蒸气上升管
variability (1)可变性(2)变异性
variable 变量;可变参数
variable area flow meter 变截面流量计
variable capacity 可变电容
variable cost 变动成本;可变成本
variable delivery pump 可变排量泵
variable-delivery rotary pump 可变排量旋转泵
variable(displacement) pump 变量泵
variable drive 无级变速器
variable flow pump 可变流量泵
variable gain method 可变增益法
variable-mass system 变质量系
variable nozzle 变截面喷嘴
variable parameter 可变参数
variable pressure-variable rate filtration 变压变速过滤
variable pump 变量泵
variable rate filtration 变速过滤
variable section 变截面
variable speed 变速
variable speed clutch 变速器
variable speed drive 变速驱动;变速驱动装置
variable speed motor 变速电动机
variable speed pulley 变速皮带轮
variable speed pump 变速泵
variable speed reducer 变速减速机
variable speed unit 无级变速器;无级变速装置
variable step size 可变步长
variable stroke plunger pump 可变冲程柱塞泵
variable stroke pump 变量泵
variable transformer 调压变压器;可调比变压器
variable valency 可变(化合)价
variamine blue 变胺蓝
variance (1)方差(2)变种
variance between laboratories 组间方差
variance of peak 峰畸变
variance within laboratory 组内方差
variancy propagation 方差传播
variant 变体
variational method 变分法
variation between laboratories 组间变异性

variation method 变分法
variation within laboratory 组内变异性
variator 变速机;变速器
varidase 双链酶;伐里德酶
variety 变种
variety kind of product 产品品种
variolaric acid 瓦拉酸
variplotter 自动绘图仪
varispeed motor 变速电动机
varnish 清漆
varnished cloth 漆布
varnish kettle 炼油锅
varnish pot 炼油锅
varnish remover 除漆剂
varon 甲氧苯醇胺
varying duty 变负荷[工况]
varying load 变动负荷;不定负荷
varying-speed motor 变速电动机
varying stress 变应力
vascular mechanics 血管力学
vascular rheology 血管流变学
vaseline 凡士林;矿脂
vasoactive intestinal peptide 血管活性肠肽
vasopressin 加压素
vasopressin tannate 鞣酸加压素
vasotocin 加压催产素
Vat Black BBN 还原黑 BBN
Vat Blue BC 还原蓝 BC
Vat Blue RSN 还原蓝 RSN
Vat Brilliant Green 还原艳绿
Vat Brilliant Orange 还原艳橙
Vat Brilliant Violet 2R 还原艳紫 2R
Vat Brown BR 还原棕 BR
Vat Dark Blue BO 还原深蓝 BO
vat dye(s) 还原染料
vat dyestuff 还原染料
Vat Golden Yellow GK 还原金黄 GK
Vat Golden Yellow RK 还原金黄 RK
Vat Grey BG 还原灰 BG
Vat Grey M 还原灰 M
vat leaching 桶式浸取
Vat Olive Green B 还原橄榄绿 B
Vat Olive R 还原橄榄 R
Vat Orange RF 还原橙 RF
Vat Red Brown R 还原红棕 R
Vat Red Brown RRD 还原红棕 RRD
vat sulfur dye 还原系列硫化染料
Vat Yellow GCN 还原黄 GCN
vault 穹窿体
VB(valence band) 价带
V-belt 三角带;V 形胶带;V 形传动带;V 带
V-belt drive 三角带传动
VCD(video compact disc) 影视光盘
V-belt pulley 三角皮带轮
VC(vinyl chloride) 氯乙烯
VCI(volatile corrosion inhibitor) 挥发性缓蚀剂
VCM(vinyl chloride monomer) 氯乙烯单体
VCR(vincristine) 长春新碱
vector (1)矢量 (2)(运)载体
4-vector 四维矢量
vector model 矢量模型
vector potential 矢势
vecuronium bromide 维库溴铵
vee belt V 形皮带;三角皮带
V(ee)-belt drive 三角皮带传动
vegetable fatty acid 植物脂肪酸
vegetable fibre 植物纤维
vegetable glue 植物胶黏剂
vegetable oil-ethylene oxide condensate 植物油-氧化乙烯缩合物
vegetable oil(s) and fat(s) 植物油脂
vegetable parchment 植物羊皮纸
vegetable tannage 植(物)鞣
vegetable tanned leather 植(物)鞣革
vegetable tannin extract 栲胶
vegetable tanning 植(物)鞣
vegetable tanning material 植物鞣剂
vegetable wax 植物蜡
vegetative cell 营养细胞
vehicle (1)(运)载体 (2)漆料
vehicle for ready-mixed enamel paint 瓷性调和漆料
vehicle transport 汽车运输
vellosimine 维洛斯明碱
velnacrine 维吖啶
velocimeter 测速仪
4-velocity 四维速度
velocity 速度
velocity distribution 速度分布
velocity of escape 逃逸速度
velocity of light 光速
velocity potential 速度势
velocity profile 速度分布剖面图
velocity resonance 速度共振
velocity selector 选速器
velocity space 速度空间
velocity-type flowmeter 流速计

velosef 头孢拉定;头孢环己烯
velvet and nubuck leather 正绒面革
velvet leather 正绒面革
vena contracta 流颈;缩脉
vendor inspection 卖主检查
veneer 胶合板
veneer tile 外墙面砖
venlafaxine 文拉法辛
venom 毒液
vent 放空;放气口;通风口;通气口
ventage 放气;通气口
vent condenser 排气冷凝器;放空冷凝器
vent connection 放气接管
vented cell 排气式蓄电池
vented exhaust 导出排气
vented injection 排气式注塑
vented riser 排放提升管
(vent) fan 排风机;排气器
vent gas 排出气
vent gate 排气阀
vent groove[channel] 通气槽
vent hole 通气孔;排气孔;通风口
ventilating unit 通风装置
ventilation breather 通气器
ventilation device 通风装置
ventilation plant 通风设备
ventilation (quantity) 通风量
ventilator 通风机;风扇;空气调节
ventilator scoop 通风口
vent nozzle 排气管
ventolin 沙丁胺醇
vent silencer 排放消声[音]器
vent stack 放空烟囱[道]
vent to the atmosphere 放空
vent-type injection moulding 排气注射成型
venture profit 风险利润
Venturi absorber 文丘里吸收器
Venturi (gas) scrubber 文丘里雾化洗涤器
Venturi jet 文丘里型喷射器
Venturi meter 文丘里流量计
Venturi nozzle 文丘里喷嘴
Venturi scrubber 文丘里洗涤器
Venturi throat 文丘里管喉部;文丘里喉管
Venturi tube 文丘里管
Venturi tube mixer 文丘里管混合器
Venturi-type expansion nozzle 文丘里扩散喷管
vent valve 排气阀;通风阀
veralipride 维拉必利;吡藜酰胺
veralkamine 白藜芦胺;藜芦卡明
verapamil 维拉帕米;异搏定
veratraldehyde 藜芦醛;3,4-二甲氧基苯醛
veratral (=veratrylidene) 亚藜芦基;3,4-二甲氧苯亚甲基
veratramin(e) 藜芦胺
veratric acid (=3,4-dimethoxybenzoic acid) 藜芦酸;3,4-二甲氧基苯甲酸
veratridine 藜芦定;藜芦碱 I
veratrine 藜芦碱
veratrole 藜芦醚;邻二甲氧基苯
veratroyl 藜芦酰;3,4-二甲氧苯甲酰
veratryl 藜芦基;3,4-二甲氧苄基;3,4-二甲氧苯甲基
veratryl alcohol 藜芦基醇
veratrylamine 藜芦基胺
veratrylidene 亚藜芦基;3,4-二甲氧苯亚甲基
verazide 维拉烟肼;藜芦异烟肼
verbanol 马鞭草烷醇
verbanone 马鞭草烷酮
verbascose 毛蕊花糖
verbenol 马鞭草烯醇
verbenone 马鞭草烯酮
verdazulene 绿薁素
verdigris 铜绿;碱式碳酸铜
verdohematin 高铁胆绿素
verdohemochrome 胆绿素原
verdohemochromogen 胆绿素原
verdohemoglobin 胆绿蛋白
verdoperoxidase 绿过氧物酶;髓过氧物酶
Verel 维勒尔(改性聚丙烯腈纤维)
verge processing 边缘加工
verification 验证
vermiculite 蛭石
vermifuge 驱虫保健剂
vermillion 辰砂;朱砂
vernadigin 维纳迪近;春福寿草苷
vernase 酸性蛋白酶
Verneuil method 晶体生长焰熔法
vernier 游标
vernier caliper 游标卡尺
vernin(e) 鸟(嘌呤核)苷
vernolate 灭草猛
vernolepin 斑鸠菊苦素;斑鸠菊内酯
vernolic acid 斑鸠菊酸;12,13-环氧油酸
vernonine 斑鸠菊苷
veronal 佛罗那
verrucarin 疣孢霉素

versalide 万山麝香
versatility 多用性;适应性
versenic acid 依地烯酸
versen-O1 乙二胺乙醇三乙酸三钠
versenol 依地烯醇
version (1)变型;改型(2)方案
vertenex 醋酸对叔丁基环己酯
vertical axial flow pump 立式轴流泵
vertical barrel type heater 立式圆筒形加热器
vertical burning 垂直燃烧法
vertical compressor 立式压缩机
vertical continuous polymerization tube 直型连续聚合管
vertical conveyer 立式输送机
vertical digester 立式蒸煮器
vertical direction 垂直方向
vertical disk dryer 立式碟型干燥器
vertical down-film condenser 立式降膜冷凝[却]器
vertical down-film cooler 立式降膜冷凝[却]器
vertical down welding 向下立焊
vertical drawing machine 引上机
vertical drawing process 垂直引上法
vertical feed opening 垂直进料口
vertical-flow sedimentation tank 竖流式沉淀池
vertical interval 垂直间距
vertical kiln 竖式窑
vertical lathe 立式车床
vertical lift 升降机;电梯
vertical loop reactor(VLR) 垂直循环式反应器
vertical mercury cell of I. G. Farben 旋转式水银电解槽
vertical nozzle 垂直接管
vertical paddle mixer 立式搅拌机
vertical position welding 立焊
vertical pump 立式泵
vertical revolving arm mixer 立式搅拌机
vertical screw 立式螺旋混合器;立式螺杆
vertical screw pump 立式螺旋泵
vertical shaft 立轴
vertical shaft liner 立轴衬套
vertical sieve tray(VST) 垂直筛板
vertical slotting machine 插床
vertical split casing 垂直剖分式机壳
vertical stave fan 立式风筒
vertical still 立式炉
vertical submerged anti-corrosion pump 立式耐腐蚀液下泵
vertical submerged pump 立式液下泵
vertical support 立式支座
vertical thermosiphon reboiler 立式热虹吸式重沸器
vertical transition 垂直跃迁
vertical tube coalescing 垂直管聚并
vertical tube evaporator 竖管式蒸发器
vertical tube-flash evaporator 立管闪蒸器;立管式急骤蒸发器
vertical tubular furnace 立式管式炉
vertical turbine pump 竖式叶轮泵
vertical(type) condenser 立式冷凝器
vertical type evaporator 立式蒸发器
vertical type speed reducer 立式减速机
vertical type through-circulation dryer 立式(连续-环流)热风干燥机
vertical upward welding 向上立焊
vertical vessel 立式容器
vertical view 立面[俯视]图
vertical vorticity 垂直旋度;垂直涡量
vertical weld 立焊
verticil 降压灵
very high density lipoprotein(VHDL) 极高密度脂蛋白
very high pressure pump 超高压泵
very high viscosity index(VHVI) 特高黏度指数
very low density lipoprotein(VLDL) 极低密度脂蛋白
very low density polyethylene 超低密度聚乙烯
vesicant war gas 糜烂(性毒)气
vesicle 小穴;气孔(泡)
vesicular film 微泡胶片
vesicular structure 多孔结构
vesiculour 微泡成像材料
vesnarinone 维司力农
vesorcinol 二羟(基)甲苯
vesotinic acid 羟基甲苯甲酸
vessel barometer 球管气压计
vessel constant 电导池常数
vessel flange 容器法兰;设备法兰
vessel(mechanical)seals 釜用机械密封
vessel port 容器开口
vessels subjected to external pressure 承受外压的容器
vessel subjected to ambient pressure 常压容器

vessel test plate 容器试板
vessel wall 器壁
vetivazulene 岩兰薁
vetivene 岩兰烯
vetiver oil 岩兰草油;香根油
vetivertone 岩兰草;香根草
vetivone 岩兰酮;香根(草)酮
vetrabutine 维曲布汀
vetrophin 维托酚素
VFA(volatile fatty acids) 挥发性脂肪酸
V-grooved pulley 三角皮带轮
V-guide V形导轨
VHS cassette video tape VHS型盒式录像带
VHS-C video tape VHS-C录像磁带
VI(viscosity index) 黏度指数
viameter 计距器;路程计
vibesate 维倍西
vibramycin 多西环素;脱氧土霉素;强力霉素
vibrated fluidized bed 振动流化床
vibrating ball mill 振动磨
vibrating centrifuge 振动式离心机
vibrating conveyer 振动输送机
vibrating feeder 振动加料器
vibrating fluidized-bed dryer 振动流化床干燥器
vibrating machine 振动机械
vibrating mechanism 振动机构
vibrating mill 振动磨;振动磨机
vibrating reed method 振簧法
vibrating riddle 振动筛
vibrating sample magnetometer 振动样品强磁计
vibrating screen 振动筛
vibrating tray reactor 振动盘反应器
vibration 振动
vibration absorber 减震器;炉管消振装置
vibrational characteristic temperature 振动特性温度
vibrational energy 振动能
vibrational partition function 振动配分函数
vibrational quantum number 振动量子数
vibrational-rotational spectrum 振转光谱
vibrational spectrum 振动光谱
vibrational transition 振动跃迁
vibration band 振动谱带
vibration exciter 激振器
vibration hazard for citizen 振动公害
vibration indicator 振动指示器
vibration isolation 隔振
vibration isolator 隔振器
vibration machine 振动机
vibration measuring apparatus 振动测定仪
vibration measuring sensor 测振传感器
vibration meter[**measurer**] 测振计[仪]
vibration partition function 振动配分函数
vibration performance 振动特性
vibration pickup[**pick-up**] 振动传感器
vibration probe 振动探头
vibration-proof equipment 防振设备
vibration-rotational spectrum 振动-转动光谱
vibration rotation spectrum 振动旋光谱;振动转动光谱
vibration screen 振动筛
vibration-sensitive receptor 振动感受器
vibration sieve 振动筛
vibration spectrum 振动光谱
vibration-stopper 炉管消振装置
vibration-stopper gum 防震橡皮
vibration test 振动试验
vibration testing device 振动试验装置
vibratory ball mill 振动球磨机
vibration testing machine 振动试验机
vibration test stand 振动试验台
vibrator (1)振动器(2)振子
vibrator generator system 振动发生装置
vibratory ball mill 振动球磨机
vibratory feeder 振动给料器
vibratory screen 振动筛
vibratory testing machine 振动试验机
vibromill 振动磨
vibromixer 振动混合器
vibronic coupling 电子振动耦合
vibronic level 振动能级
vibronic spectrum 电子振动光谱
vibroscope 示振仪
vibrosieve 振动筛
vibrotactile information 振动触觉信息
viburmitol 荚蒾醇;DL-栎醇;环已五醇
Vicat softening point 维卡耐热度
vice 虎钳
vicianin 巢菜苷;毒蚕豆苷
vicianose 蚕豆糖;荚豆二糖
vicilin 豌豆球蛋白
vicinal 连位
vicinal compound 连位化合物

vicinal effect 邻位效应
Vickers hardness 维氏硬度;维克斯硬度
Victoria Blue B 碱性艳蓝 B
vidarabine 阿糖腺苷;腺嘌呤阿糖苷
videodisk 激光录像盘
video enhancement microscopy 图像增强显微术
videofluorometer 图像荧光计
video performance 视频性能
video tape 录像磁带
Vielle burning rate equation 维也里燃速公式
Vienna lime 维也纳石灰
view A-A A-A 剖视
viewer 指示器;观察器
viewing angle 视角
viewing field 视场
vigabatrin 氨己烯酸
vignin 豇豆球蛋白
villikinin 肠绒毛促动素
viloxazine 维洛沙秦;氯苄吡醇
vinaconic acid 酒康酸
vinbarbital sodium 戊烯比妥钠
vinblastine 长春(花)碱
vinca alkaloids 长春碱
vincaleucoblastine 长春碱
vincamajoreine 长春蔓碱
vincamine 长春胺
vincetoxin 文西托辛;合掌消素
vinclozolin 烯菌酮
vinconate 长春考酯
vincristine (VCR) 长春新碱
vinculin 黏着斑蛋白
vindesine 长春地辛;长春碱酰胺
vinegar 醋
vinic acid (1)硫酸氢烷基酯 (2)(专指)硫酸氢乙酯
vinic ether (二)乙醚
vinol 聚乙烯醇
vinorelbine 长春瑞滨
vinpocetine 长春西汀;去水高长春胺
vins de liqueur 甜酒
vintiamol 苯酰乙烯硫胺
vinyl 乙烯基
vinyl acetate 醋酸乙烯酯
vinylacetic acid 乙烯基乙酸;丁烯酸
vinyl acetylene 乙烯基乙炔
vinylacrylic acid 乙烯基丙烯酸;2,4-戊二烯-1-酸
vinylallyl type 戊间二烯型;乙烯基烯丙基型
vinyl-amine 乙烯胺
vinylation 乙烯化作用
vinylbenzene 苯乙烯
vinylbital 乙烯比妥;乙烯戊巴比妥
vinyl *n*-butyl ether 乙烯基正丁基醚
vinyl carbinol 丙烯醇
vinyl chloride 氯乙烯
vinyl chloride-acetate copolymer 氯乙烯-乙酸乙烯共聚物
vinyl chloride-vinyl acetate copolymer 氯乙烯-醋酸乙烯酯共聚物
vinyl-chloride vinyl-acetate copolymer coatings 氯醋共聚树脂涂料
vinyl chloride-vinylidene chloride copolymer 氯乙烯-偏二氯乙烯共聚物
vinyl coatings 乙烯树脂涂料
vinyl cyanide 丙烯腈
vinylcyclohexane 乙烯基环己烷
vinylcyclohexene 乙烯基环己烯
vinylcyclopropane 乙烯基环丙烷
vinylene 1,2-亚乙烯基
vinylene chloride 1,2-二氯乙烯
vinylene monomer 1,2-亚乙烯基单体;1,2-二取代乙烯单体
vinyl ester resin 乙烯基酯树脂
vinyl ether 乙烯醚
vinyl-ethyl alcohol (=allylcarbinol) 乙烯基乙醇;烯丙基甲醇
vinyl ethyl ether 乙烯基乙醚
vinylfilm 聚氯乙烯薄膜
vinyl fluoride 氟乙烯
vinylglycollic acid 乙烯基乙醇酸;2-羟基-3-丁烯-1-酸
vinylidene 亚乙烯基
vinylidene chloride 1,1-二氯乙烯
vinylidene chloride-acrylonitrile copolymer resin 偏丙树脂
vinylidene fluoride 1,1-二氟乙烯;偏二氟乙烯
vinylidene monomer 亚乙烯基单体;偏取代乙烯单体
vinyl methyl ether 乙烯基甲醚
vinyl monomer 乙烯基单体
17*α*-vinyl-19-nortestosterone 17*α*-乙烯基-19-去甲睾酮
vinylog 插烯物
vinylogue 插烯物;联乙烯物
vinylogy 插烯(作用)
vinylogy rule 插烯法则

vinylon 维纶;维尼纶
vinyl paste 乙烯基树脂糊
vinylphenyl acetate 乙酸乙烯苯酯
vinylphenyl ether 乙烯基·苯基醚
vinyl plastics 乙烯基塑料
vinyl polymer (1)烯类聚合物(2)乙烯基聚合物
vinyl polymerization 烯类聚合
vinylpyrene 乙烯基芘
2-vinylpyridine 2-乙烯(基)吡啶
1-vinyl-2-pyrrolidone 1-乙烯基-2-吡咯烷酮
Vinyl resin coatings 乙烯树脂涂料
vinylsiloxane rubber 乙烯基硅橡胶
vinyl sulfide 二乙烯基硫
vinyl sulfonic acid 乙烯(基)磺酸
vinyl thioether 二乙烯基硫醚
vinyl tribromide 1,1,2-三溴乙烷
vinyon 维荣;氯醋纤维
Vinyon N 腈氯纶
violanthrene 紫蒽
violanthrole 二苯并羟蒽
violanthrone 紫蒽酮
violate operating regulation 违反操作程序[规程]
violet acid 混合硫硝酸;混酸
violine 堇菜碱
viologen 紫罗碱
violuric acid 紫尿酸
violutin 堇菜苷;水杨酸甲酯蚕豆糖苷
viomycin 紫霉素
viomycin pantothenate 泛酸紫霉素
viosterol 紫甾醇
VIP(vascactive intestinal polypeptide) 血管活性肠肽
viperotoxin 蝰蛇毒素
viquidil 维喹地尔;奎尼辛
viral agent 病毒(药)剂
viral capsid 病毒衣壳
viral coat 病毒衣壳
virazole 利巴韦林;三氮唑核苷
virensic acid 绿树发酸
virgin ammonia liquor 粗氨水
virgin gas 新鲜气;原料气
virgin kerosene 直馏煤油
virgin naphtha 直馏石脑油
virgin rubber 夹生橡胶
virial 位力;维里
virial coefficient 位力系数;维里系数
virial equation 位力方程;维里方程
virial equation of state 位力状态方程
virial theorem 位力定理;维里定理
viridogrisein 灰绿霉素
virion 病毒粒子;病毒体
viroceptor 病毒受体
viroid 类病毒
virokin 病毒因子
virtual displacement 虚位移
virtual image 虚像
virtual long-range coupling 虚假远程偶合
virtual object 虚物
virtual orbital 虚(空)轨道
virtual tautomerism 假互变异构(现象)
virtual value 有效值
virtual work 虚功
virucide 杀病毒剂
virulent 烈性噬菌体
virus 病毒
virus oncogene 病毒癌基因
virus particle 病毒颗粒
visa 签准[证]
visbreaker 减黏裂化炉;减黏裂化装置
visbreaking 减黏裂化
viscid 黏滞的;黏的
viscidity 黏性;黏度
viscoelastic behaviour 黏弹特性
viscoelastic body 黏弹体
viscoelastic deformation 黏弹形变
viscoelastic fluid 黏弹(性)流体
viscoelasticity 黏弹性
viscoelastic properties 黏弹特性
viscoelastic spectrum 黏弹谱
viscoelastic state 黏弹态
viscogel 黏性凝胶
viscoid 黏性体
viscolloid 黏性胶体
viscometer 黏度计
viscometric DP 黏均聚合度
viscometry 黏度测定法
viscoplastic fluid 黏塑性流体
viscoplasticity 黏塑性
visco-plasto-elastomer 黏塑弹性体
viscose 黏胶;黏胶纤维
viscose cord fabric 黏胶帘布
viscose fibre 黏胶纤维
viscose fibre industry 黏胶纤维工业
viscose solution 黏胶溶液

viscosifier 增黏剂
viscosimeter 黏度计
viscosity 黏性;黏度
viscosity alarm recorder 黏度警报记录器
viscosity-average molar mass 黏均分子量
viscosity-average molecular weight 黏均分子量
viscosity breaking 减黏裂化
viscosity function 黏度函数
viscosity increaser 增黏剂
viscosity index 黏度指数
viscosity index improver 黏度指数增加剂
viscosity indicating controller 黏度指示控制器
viscosity indicator 黏度指示器
viscosity meter 黏度计
viscosity modifier 黏度改进剂
viscosity monitor 黏度监视器
viscosity number 黏数
viscosity ratio 黏度比
viscosity recorder 黏度记录器
viscosity recording controller 黏度记录控制器
viscosity reducer by emulsification of crude oil 原油乳化降黏剂
viscosity reductant 减黏剂
viscosity-temperature index 黏温指数
viscotoxin A 槲寄生毒素 A
viscous flow 黏性流(动);黏[滞]流
viscous fluid 黏性流体
viscous force 黏(性)力
viscous slag 黏性渣
viscous state 黏流态
viscusin 槲寄生毒素
visibility 可见度
visible 可见的
visible light 可见光
visible range 可见范围
visible region 可见区
visible spectrum 可见光谱
visi-check 肉眼检查;目测检查
vision function 视见函数
visnadine 维司那定
visnagin 甲氧呋豆素;齿阿米素
vistamycin 核糖霉素
visual check 目视检查;肉眼检查
visual colorimeter 目视比色计
visual comparison method 目视比较法
visual examination 表观检查;肉眼检验
visual field 视野
visual indicator 指示剂
visual inspection 目测[外观]检查;直观检查
visual inspection 外部检查
visualize 目测检验
visually inspect 目测[外观]检查
visual observation 目测法
visual photometry 目视光度测定法
visual spectroscopic analysis 目视分光镜分析法
visual titration 目测滴定法
vital red 活性红(C. I. 直接红 34)
vitamin 维生素
vitamin A 维生素 A
vitamin A aldehyde 维生素 A 醛;视黄醛
vitamin B_1 维生素 B_1
vitamin B_2 维生素 B_2
vitamin B_4 维生素 B_4
vitamin B_5 泛酸;维生素 B_5
vitamin B_6 维生素 B_6
vitamin B_{12} 维生素 B_{12}
vitamin B_{17} 苦杏仁苷;维生素 B_{17}
vitamin B complex 复合维生素 B
vitamin B_2 fermentation 维生素 B_2 发酵
vitamine B_{12}-zinc tannate complex 维生素 B_{12}-鞣酸锌复合物
vitamin C 维生素 C
vitamin D_2 维生素 D_2
vitamin D_3 维生素 D_3
vitamin D 维生素 D
vitamin E 维生素 E
vitamin fermentation 维生素发酵
vitamin H 维生素 H
vitamin K 维生素 K
vitamin K_1 维生素 K_1;叶绿醌
vitamin K_3 维生素 K_3
vitamin K_4 乙酰甲萘醌;维生素 K_4
vitamin K-S(Ⅱ) 甲萘醌巯丙酸;2-巯丙酸维生素 K_3
vitamin L 维生素 L;泌乳因素
vitamin PP 烟酸;维生素 PP
vitamin T 维生素 T;因子 T
vitamin U 维生素 U
vitazyme 维生酶
vitellin 卵黄磷蛋白
vitellolutein 卵黄素
vitellomucoid 卵黄(类)黏蛋白
Viton A 维通-A 橡胶
Viton B 维通-B 橡胶

Viton copolymer 氟乙烯-六氟丙烯共聚物
Viton E 维通-E 橡胶
Viton（**elastomer**） 维通橡胶
vitreous carbon 玻璃碳
vitreous enamel 搪瓷
vitreous state 玻璃态
vitreous tile 琉璃瓦
vitride 双(甲氧乙氧)二氢铝钠
vitrification 玻璃固化
vitrifying clay 易熔瓷土
vitriol 矾
vitriolate of soda 硫酸钠
vitriolate of tartar 硫酸钾
vitriol chamber process 铅室法
vitriol plant 硫酸厂
vitrolite 瓷板;瓷砖
vitronectin 玻连蛋白
VLB(vincaleucoblastine) 长春碱
VLDL(very low density lipoprotein) 极低密度脂蛋白
VLDPE(very low density polyethy-lene) 超低密度聚乙烯
V-notch V 形缺[切]口
V-notched beam method V 型开槽梁剪切试验
vocoder 声码器
vodka 伏特加酒
void 空隙
voidage 空隙率
void content[**volume**] 空隙量
void-free particle 无空隙(微)粒
void ratio 孔隙比
void volume 空隙容积;空隙率
Voigt model 沃伊特模型
volatile 挥发分;挥发性的;汽化性的
volatile bioproduct 挥发性生物制品
volatile coatings 挥发型涂料
volatile foamer 物理发泡剂
volatile loss 挥发减量
volatile matter 挥发分;易挥发物
volatile oil 挥发油;香精油
volatile rust preventive oil 气相防锈油
volatiles 挥发分
volatile salt 碳酸铵
volatility 挥发度;挥发性
volatility coefficient 挥发系数
volatility resistance 耐挥发性
volatilization 挥发
volatilization method 挥发法
volatimatter 挥发性物质;挥发物
volemite（＝volemitol） 庚七醇
volemitol 庚七醇
Volhard method 福尔哈德法
volleyball leather 排球革
volt 伏特
voltage 电压
voltage and current transformer 互感器
voltage divider 分压器
voltage drop 电压降
voltage efficiency 电压效率
voltage of alternating current 交流电压
voltage of power supply 供电电压
voltage regulator 调压器;稳压器
voltage-sensitive ceramic 压敏陶瓷
voltage-sensitive effect 压敏效应
voltage stabilizer 稳压器
voltage step 电压阶跃
voltage sweep 电压扫描
(**voltage**)**transformer** 变压器
voltaic cell 伏打电池;自发电池
voltameter（＝coulometer） 库仑计
voltammetry 伏安法
voltammogram 伏安图
volt-ampere characteristics 伏安特性曲线
volta pile 伏打堆
voltmeter 伏特计
voltmeter-ammeter method 伏安法
voltol 高压放电合成油;电聚合油
volume 体积
volume charge density 体电荷密度
volume concentration 体积浓度
volume cost (单位)体积成本
volume crystallinity 体积结晶度
volume exemption 容积免检
volume flow 体积流动
volume fraction 体积分数
volume hologram 体全息图
volume limit 容积极限
volume of activation 活化量
volume of equipment 设备容积
volume of production 产量[额]
volume of total investment 投资总额
volume-pressure gas analyzer 体积压力式气体分析器
volume ratio 体积比
volume resistivity 体积电阻率
volume strain 体积应变
volume swelling 体积溶胀
volumeter 体积计

volumetric analysis 容量分析法
volumetric coefficient 容积系数
volumetric efficiency 体积效率
volumetric error 滴定误差
volumetric flask 量瓶
volumetric flow rate 体积流率
volumetric liquid expansion profile 体积液体膨胀外形
volumetric method 体积法
volumetric weight 紧度
volumetry 容量(分析)法;容量分析
volume wear 体积磨耗
volume work 体积功
volute 蜗壳
volute casing 蜗形机壳
volute casing cover 联结蜗壳底盘
volute casing pump 蜗壳泵
volute chamber 环流室
volute pump 螺旋泵;蜗壳泵
vomitoxin 脱羟瓜蒌镰菌醇
von Braun cyanogen bromide reaction 冯布劳恩溴化氰反应
von Braun reaction 冯布劳恩反应
von Neumann's equation 冯诺埃曼方程
vortex 涡旋
vortex agitator 涡动搅拌器
vortex-bed 涡流床
vortex breakdown 涡旋破碎
vortex breaker 旋涡破坏器
vortex cavity 涡流区
vortex cleaner 涡流除渣器
vortex conveyor dryer 旋风气流干燥器
vortex flowmeter 漩涡流量计
vortex-free 无旋(涡)的
vortexing 涡流
vortex layer 涡层
vortex line 涡线
vortex pair 涡对
vortex precession flowmeter 旋进流量计
vortex pump 涡流泵;旋涡泵
vortex ring 涡环
vortex shedding 涡旋脱落;涡流发散;旋涡分离
vortex shedding flowmeter 漩涡流量
vortex sheet 涡片
vortex street 涡街
vortex surface 涡面
vortex tube 涡管;涡流管
vorticity 涡量
vorticity equation 涡量方程
vorticity meter 涡量计
vorticity transfer theory 涡流传递理论;涡量传递理论
vortrap 旋流分级器
votary drum granulator 转鼓造粒机
votator 同心双管热交换器;螺旋式换热器
Votator apparatus 套管冷却结晶器
V-packing V形橡胶密封
VPO 蒸气压渗透法
V-pulley 三角皮带轮
V-R relaxation 振动-转动松弛
VSEPR 价层电子对推斥理论
VSP 维卡耐热度
V-T energy transfer 振动-平动能量传递
V-T relaxation 振动-平动松弛
V-type ammonia compressor V形氨压缩机
V-type rubber seal V形橡胶密封
vulcameter 硫化仪
vulcanic ash 火山灰
vulcanizate 硫化橡胶
vulcaniz(at)er 硫化剂
vulcanization 硫化
vulcanization accelerator 808 硫化促进剂 808
vulcanization accelerator 硫化促进剂
vulcanization accelerator A-32 硫化促进剂 A-32
vulcanization accelerator AZ 硫化促进剂 AZ
vulcanization activator 硫化活化[性]剂;硫化促进剂
vulcanization coefficient 硫化系数
vulcanization curve 硫化曲线
vulcanization medium 硫化介质
vulcanization pressure 硫化压力
vulcanization rate 硫化速率
vulcanization retarder 防焦剂;硫化延迟剂
vulcanization shoe 硫化鞋
vulcanization temperature 硫化温度
vulcanizator 硫化剂
vulcanized fibre 钢纸
vulcanized fibre board 钢纸版
vulcanized latex 硫化胶乳
vulcanized paper 钢纸
vulcanized rubber 硫化橡胶
vulcanizer 硫化罐
vulcanizing agent 硫化剂
vulcanizing apparatus 硫化器

vulcanizing boiler 硫化罐
vulcanizing heater 加热硫化机[罐]
vulcanizing press 加压硫化机;平板硫化机
vulnerability analysis 弱点分析
vulpinic acid 狐衣酸;枕酸甲酯
vultex 硫化橡浆
V-V energy transfer 振动-振动能量传递
V-V relaxation 振动-振动松弛
VX 甲硫膦酸丙胺乙酯
vycor（glass） 高硅氧玻璃

W

Wacker process 瓦克尔法(乙烯直接氧化制乙醛法)
wad clay 锰土
wadding 填塞物;衬料
wadding sheet 絮片
wafer 圆片;薄片;补强片
waferer 压片机;压块机
wafering 压扁
wages 工资
wagnerite 氟磷镁石
Wagner-Meerwein rearrangement 瓦格纳-米尔温重排
Wagner theory of oxidation 瓦格纳氧化理论
wagon 运货车;货车;拖车
wagon box 车箱
wagon retort 车(式)干馏釜
wagon works 车辆厂
waist belt leather 腰带革
wake flow 尾流
Walden inversion 沃尔登反转
Walden's rule 沃尔登规则
walking beam kiln 步进梁式窑
walking machine 步行机
wall 墙;(器)壁
Wallace-Smith reticulometer 华莱士-史密斯分度计
wall coated open tubular column 涂壁空心柱;涂壁毛细管柱
wall cooling 管壁冷却
wall effect 壁效应
wallet leather 票夹革
wall flow 壁流
wall growth effect 壁生长效应
wall paper 糊墙纸
wall plaster 水粉漆;刷墙粉
wall plate 壁板
wall resistance 管壁热阻
wall temperature 壁温(度)
wall thickness after reinforcement 补强后壁厚
wall thickness reduction 壁厚减薄
Wang burner 王氏燃烧器
warburganal 华布醛
Warburg impedance 沃伯格阻抗
ware glass 器皿玻璃
warehouse 仓库;货栈
warehouse receipt(W/R) 仓单
warfare gas (战用)毒气
warfarin 华法令;灭鼠灵
warmer 加温器;保温器;取暖器;保暖器;加热器;预热辊;热炼机
warm hardening 人工硬化
warming 热炼
warming up 暖机[管]
warming-up device 加温设备
warming-up process 暖机过程
warming-up time 加[预]热时间
warm nersery paper 育苗纸
warm-up mill 热炼机
warm-up temperature control 升温控制
warm wash 热清洗
warm water pump 热水泵
warner 报警器
warning board 警报牌;危险标示牌
warning device 预告讯号装置
warning light 报警信号灯
warp dressing agent MVAc 经纱上浆剂 MVAc
warping 翘曲
warping due to temperature difference 温差翘[扭]曲
warping function 翘曲函数
warrant (1)付款凭单 (2)许可证
WAS equation WAS 方程
washability 可洗性
wash and wear 免烫;洗可穿
wash and wear fabrics 耐洗不皱织物;洗可穿织物(免熨)
wash bottle 洗瓶
washbox 跳汰机
Washburn riser 易割冒口
wash coal 选煤
washed coal 洗煤
washer (1)洗涤器 (2)垫圈
washer for air piston 空气活塞垫圈
washer for chips 切片洗涤机;切片萃取机
washer pump 冲洗泵
washes (1)洗涤剂 (2)洗涤液

wash gun 洗涤用喷枪
washing agent 洗涤剂
washing apparatus 洗涤器
washing assistant 助洗剂;洗涤助剂
washing bottle 洗(涤)瓶
washing filter 洗滤器
washing fluid 洗井液;洗涤液
washing liquid 洗涤液
washing liquor 洗涤液
washing liquor tank 洗涤液贮槽
washing loss 洗涤损失
washing machine 水洗机;洗胶机;洗涤机;洗衣机
washing mill 洗胶机
washing nozzle 洗涤液喷嘴
wash(ing) oil 洗油
washing-out 冲洗;洗净
washing pipe 洗涤水管
washing press 洗涤式压滤机
washing primer 磷化底漆
washing process 洗选法;洗选过程
washings 洗涤物;洗涤液;洗液
washing section 洗涤段
washing soap 肥皂
washing soda 洗涤碱
washing stage 洗涤阶段
washing tank 洗涤槽
washing tower 洗涤塔
washing tower(for removing CO_2) 碱液塔(脱除 CO_2)
washing water 洗涤水
wash liquid for negative resist 负型光刻胶漂洗剂
wash liquid for positive resist 正型光刻胶漂洗剂
washout pump 冲洗泵
wash-over string 洗涤塔
wastage 废物
waste acid 废酸
waste alkali 废碱液
waste battery 废旧电池
waste caustic 废(烧)碱
waste component 废物成分
waste crude oil 废原油
waste disposal 废物处理
waste disposer 废石场;渣堆;废物处理装置
waste gas 工业废气
waste-gas burning 废气燃烧
waste-gas cleaning 废气净化
waste-gas desulfurization 废气脱硫
waste gas treatment 废气处理
waste gas tube 废气管
waste graveyard 废物埋藏场
waste heat 余热;废热
waste heat boiler 废热锅炉
waste heat oven 废热炉
waste heat recoverer 废热回收器
waste heat recovery 废热回收
waste heat utilization 余热利用
waste incinerator 废物焚烧炉
waste liquid tank 废液罐
waste liquor storage tank 废液贮罐
waste(matter) 废物
waste molasses 废糖蜜
waste oil 废油;用过的油
waste pipe 废水管;污水管;排泄管
waster 废物
waster of energy 能量消耗
waste sludge 废污泥
waste steam 废蒸汽
waste sulfite liquor 亚硫酸盐(纸浆)废液
waste treatment 废物处理
waste valve 废料排出阀
waste water 废水
waste water disposal pump 污水泵;废水泵
waste water pump 废水泵
waste water recirculating pump 污水循环泵
waste water reclamation 废水回收
waste water treatment 废水处理
waste water treatment unit 污水处理场
waste way 溢流道;废弃道;弃水道
watchdog 监控设备;监视器
watch glass 表面皿
watch lubricant 钟表润滑油
watch(-maker's) oil 钟表润滑油
water 水
water absorption 吸水率;吸水性
water absorption test 吸水试验
water aspirator 水泵
water atomizing nozzle 雾化水喷头
water barrier 防水层;防水材料
water-base coatings [paints] 水性涂料
water-based latex paint 水基胶乳漆
water-base foam fracturing fluid 水基泡沫压裂液
water-base (gel) fracturing fluid 水基冻胶压裂液
water-base lubricant 水基润滑剂

water-base paraffin remover 水基清蜡剂
water bath 水浴器;水浴;恒温水槽;热水锅
water-borne adhesive 水基胶黏剂
water bosh 水封
water bosh generator 水封式(气体)发生器
waterbox 水箱
water-carrying agent 载水剂
water cement ratio 水灰比
water charge line 加水管线
water chestnut starch 马蹄粉;荸荠粉
water clarifier 净水器
water cleaner 净水器
water collecting pipe 集水管
water consumption 耗水量
water content 含水[湿]量
water coolant 冷却水
water cooled cylinder 水冷式汽缸
water(cooled)jacket 水套
water cooled wall 水冷壁
water-cooled welding torch 水冷焊炬
water cooler 水冷却器;水冷器;冷却器(尤指冷却饮用水);水冷却管;冷饮水箱
water cooling 水冷却
water cooling stabilizer panel 水冷稳定板
water cooling tower 水冷却塔
water demand 需水量
water dilutable coating 水稀释涂料
water,dirt and oil proofing agent 防水、防污、防油剂
water dispersible granule 水分散粒剂
water distribution 淋水装置
water distributor 布水管
water drip cooler 喷淋式冷却器;水淋冷却器
water economizer 省水器;节水器
watered cup 加水漏斗
watered plug 加水旋塞
water ejector 水力喷射器
water-emulsified coatings 水乳化涂料
water engine 水压机;水力机;水力发动机;抽水机
water entrainment effect 携带水效应
water examination 水质检查
water-extended polyester(WEP) 充水聚酯
water extract 水抽出物
water extraction process 水代法
water extractor 脱水机
water failure 停水事故
water-fast 防水的;耐水的
water fastness 耐水(色)牢度
water filling test 盛水试漏[验]
water film coefficient 水膜系数
(water) flinger 隔离环
water flooding 注水法采油;水驱法采油
water-flow calorimeter 水流量热器
water flux 水通量
water gas pipe 水煤气管
water gas pipeline 水煤气管
water gas producer 水煤气发生器
water gas reaction 水煤气反应
water ga(u)ge 水表
water gauge glass 水表玻璃
water-gel explosive 水胶炸药
water glass 水玻璃
water glass acid proof concrete 水玻璃耐酸混凝土
water glass color(=water-glass paint) 水玻璃颜料;硅酸盐颜料
water glass enamel(=water-glass paint) 水玻璃搪瓷;硅酸盐颜料
water glass paint 水玻璃颜料;硅酸盐颜料
water hammer 水击;水锤
water header 水总管
water heater 热水器;热水锅炉
water horse power 有效马力
water immersion test 水浸试验
water injection valve 注水阀
water injector 喷水装置
water-in-oil(W/O) 油包水型
water-in-oil emulsion 油包水乳状液
water-in-oil fracturing fluid 油包水压裂液
water-insoluble 不溶于水的
water jacket 水(夹)套;水冷却套
water-jacketed condenser 水套冷凝器
water jet 喷水器
water jet air ejector 喷水空气泵
water jet aspirator 吸水泵
water jet condenser 喷水冷凝器
water jet pump 水喷射泵
water jet scrubber 喷水洗涤器
waterleaf paper 吸液纸
waterless gas-holder 无水储气器;干式储气柜
waterless holder 无水储气器
water level controller 水位控制器
water level detector 水位指示器
water level indicator 水位指示器;水准指示器

water level regulator 水准调节器；水平面调节器
waterlike solvent 类水溶剂
water-line paint 水线漆
waterlock 水闸；存水弯
water-logged compost 沤肥
water lute 水封；液封
watermark 水印
water nozzle 喷水管
water of crystallization 结晶水
water of hydration (1)结合水；化合水 (2)结晶水
water-oil separator 水油分离器
water outlet 水出口；出水口；泄水结构
water paint 水稀释漆
water plant 水厂
water pollution 水污染
water pollution control(WPC) 水污染控制
water pond 水盘
water pressure tank 压力水柜
water pressure test for strength 水压强度试验
water pressure test for strength and tightness 强度和气密性水压试验
waterproof 不透[漏]水的
waterproof cloth 防水布
waterproof cover 防水盖
waterproof finishing agent H 防水整理剂 H
waterproof grease 防水润滑脂
waterproofing additive 防水剂
waterproofing agent 防水剂
waterproofing agent PF 防水剂 PF
waterproof material 防水材料
waterproof paper 防潮纸
waterproof rubberized fabric 防水胶布
water pump 水泵
water purification plant 净水厂
water purification station 净水站
water purifier 净水器
water quality monitoring 水质监测
water quality pollution 水质污染
water quality stabilizer 水质稳定剂
water quality stabilizer H 水质稳定剂 H
water quality stabilizer HAS 水质稳定剂 HAS
water quality stabilizer PTX-CS 水质稳定剂 PTX-CS
water quality testing agent T-102 水质测试试剂 T-102
water-quencher 水急[骤]冷器
water quench(ing) 水淬
water reclamation 水回收
water reducer 减水剂
water-reducing admixture 减水剂
water repellent admixture 防水剂
water repellent agent 抗水剂；防水剂
water requirement 需水量
water resistant adhesive 耐水胶黏剂
water resistant coating 耐水涂料
water resource 水资源
water ring vacuum pump 水环真空泵
water sampler 采水器；水采样器
water saving 节水
water scrubber 水洗器；水洗塔；水洗除尘器
water seal 水封
water seal arrangement 水封装置
water sealed explosion door 水封防爆门
water sealed gas holder 水封储气罐
water-sealed tank 水封罐
water seal gland 水封
water sealing pipe 水封管
water separation index 水分离指数
water separator 水分离器；脱水器
water shutoff agent 堵水剂
water smoke 蒸汽雾
water softener 软水剂；软水器
water softener A 软水剂 A；次氨基三乙酸钠
water softener B 软水剂 B；EDTA
water-softening agent 软水剂；水软化剂
water solubilizing coupler 水溶性成色剂
water soluble 水溶(性)的
water soluble adhesive 水溶性胶黏剂
water soluble coating[paint] 水稀释涂料
water soluble emulsion wax 水溶性乳蜡
water soluble fiber 水溶性纤维
water soluble hot melt adhesive 水溶性热熔胶
water soluble inhibitor 水溶性缓蚀剂
water soluble initiator 水溶性引发剂
water soluble paint 水溶性漆
water soluble phosphate fertilizer 水溶性磷肥
water soluble polymer 水溶性高分子；水溶性聚合物
water soluble powder 水溶性粉剂
water soluble resin 水溶性树脂
water soluble vitamin 水溶性维生素
water solvent method 水媒法

water-spout 水柱;排水口
water spray nozzle 喷水嘴
water spray pipe 水喷洒管
water strainer 滤水网;滤水器
water stream injection pump 水喷射泵
water structure 水结构
water suction pump 吸水泵
water supply and drainage 给排水
water supply and drainage equipment(s) 给排水设备
water supply pump 供水泵
water tank 储水箱
water test 液压试验
watertight 不透[漏]水的
watertight door 水密门
water-tight packing 不漏水填密;不透水密封
water-tight test 水密试验
water trap 脱水器
water treatment 水处理
water treatment biocide 水处理杀菌剂
water treatment chemical(s) 水处理剂
water treatment cleaning agent 水处理清洗剂
water treatment corrosion inhibitors 水处理缓蚀剂
water treatment flocculant 水处理絮凝剂
water treatment in chemical industry 化学工业水处理法
water treatment plant (给)水处理厂
water tube boiler 水管锅炉
water turbine 水力涡轮机
water usage 耗水量
water vapor 水汽
water vulcanization 热水硫化
water wall 水墙;水冷壁
waterway 航道;水路;出水道;排水渠;排水沟
water-white acid (1)水白酸(2)水白盐酸
water writing paper 水写纸
Watson-Crick model 沃森-克里克模型
watt 瓦(特)
watt-hour capacity 瓦时容量
watthour meter 瓦时计
wattle blossom structure 编花结构
wattmeter 瓦特计
Watts-nickel bath 瓦茨镍槽
wave 波
(wave) crest 波峰
wave equation 波动方程
wave front (1)波前(2)波阵面
wave function 波函数
waveguide 波导
wavelength 波长
wavelength dispersion 波长色散
wavelength resolution 波长分辨
wavelet 子波
(wave)loop 波腹
wave mechanics 波动力学
wave mode 波模
wave node 波节
wave number 波数
wave number calibration 波数校准
wave optics 波动光学
wave packet 波包
wave-particle dualism 波粒二象性
wave-particle duality 波粒二象性
wave ring gasket B形环垫圈
wave spectrum 波谱
wave surface 波面
wave theory 波动理论;波动说;波浪理论
(wave)trough 波谷
wave-type seal as expansion joint 可膨胀式波形密封
wave vector 波矢(量)
wavy flow 波状流
wax 蜡
wax deoiling 蜡脱油
waxed paper 蜡纸
wax emulsion 蜡乳液
wax-impregnated graphite electrode 浸蜡石墨电极
waxing 涂蜡
wax-like 似蜡的
wax-oil 含蜡油的
wax removal 排蜡
waxy distillate fraction 含蜡馏分
waxy fuel 含蜡燃料
waxy hydrocarbon 含蜡烃
waxy oil 含蜡油
way base 方法库
way base management system 方法库管理系统
WCOT(wall coated open tubular column) 涂壁空心柱
WDS(warping-drawing-sizing) **process** 整经-拉伸-上浆工艺
weak acid 弱酸
Weak Acid Black BR 弱酸性黑 BR
Weak Acid Blue GR 弱酸性深蓝 GR

Weak Acid Blue 5R 弱酸性深蓝 5R
Weak Acid Bright Yellow G 弱酸性嫩黄 G
Weak Acid Brilliant Blue RAW 弱酸性艳蓝 RAW
weak acid type ion exchanger 弱酸型离子交换剂
weak base 弱碱
weak base type ion exchanger 弱碱型离子交换剂
weak-boundary layer theory 弱界面层理论
weak caking coal 弱黏结煤
weak coal 脆煤;易碎煤
weak collision 弱碰撞
weak electrolyte 弱电解质
weak electrolyte solution 弱电解质溶液
weak interaction 弱相互作用
weak ligand field 弱配位场
weak link 弱键
weak linkage (＝weak link) 弱键
weak sewage 淡污水;稀污水
wearability 耐磨性;磨损性
wear and tear 耗损
wear-in 磨合
wearing 磨损
wearing and damageable part 易磨损零件
wearing comfortability 穿着舒适性
wearing part 易损件
wearing plate 护板
wearing ring 耐磨环
weather shield 天候防护板;挡雨板
wearing test 磨耗试验
wear limit 磨损极限
wear of work 工件磨损
wear preventive additives 抗磨添加剂
wearproof 耐磨的
wear-resistant 耐磨的
wear-resistant coating 抗磨耗镀[覆盖]层
wear resistant plating coatings 耐磨性镀层
wear strip 防磨板
wear test 磨耗试验
wear testing machine 磨耗试验机
weasel skin 黄狼皮
weatherability 耐候性
weathered feldspar 风化长石
weather fastness 耐气候性;耐天气性
weathering 天然时效
weathering aging 天候老化
weathering of glass 玻璃失去光泽
weatherometer 大气老化试验仪
Weather-O-meter 韦瑟-O-型耐候试验机
weather resistance 耐气候性
weave bead 摆动焊道
weaved leather 编织革
Weber number 韦伯数
wedge 楔;楔入
wedge brick 楔砖
wedge film 劈形膜
wedge flow 楔流
wedge furnace 拱床炉
wedge gasket closure 楔垫密封
wedge gate 楔形闸板
wedge mount 楔形座
wedge-riser flange 楔形法兰
wedge-shaped 楔形
wedge test 楔子试验
wedling structure assembly 焊接构件
weedicide 除草剂;除莠剂
weed killer 除草剂
weedless propeller 防缠式螺旋桨
weekly attractive mixture 弱相吸混合物
weep hole 残液放出孔;泪孔
weeping 漏液(现象)
Weerman degradation 威尔曼降解
weigh belt (运输机)称量带
weighbridge 地中衡;称量机;地秤
weigh bucket 称料斗
weighed amount 称出重量;称出试样
weighed sample 称出试样
weigh feeder 定量进给[喂料]装置
weigh hopper 称量斗
weighing 称量
weighing accuracy 称量准确度
weighing area 配料间
weighing bottle 称量瓶
weighing buret 称重滴定管
weighing burette 称量滴定管
weighing controller 称量控制器
weighing hopper 计量斗
weighing machine 称量器
weighing parameter 加权系数
weighing room 配料间
weighing scale 磅秤
weight (1)权(重) (2)重量 (3)砝码
weight-actuated filler 重量定量式加料器
weigh tank 称量桶
weight average DP 重均聚合度
weight-average molar mass 重均分子量
weight-average molecular weight 重均分子量
weight buret 称重滴定管

weight distribution function 重量分布函数
weighted drilling fluid 加重钻井液
weighted least square method 加权最小二乘法
weighted mean 加权平均
weighted mud 重泥浆
weight feeder 重量送料器
weight hourly space velocity 重量时空速度
weighting admixture for cement 水泥加重剂
weighting method 加权法
weighting scheme 加权方式
weightlessness 失重
weight loss 失重;重量减轻
weight loss corrosion measurement 失重法腐蚀测试
weight loss method 失重法
weights 砝码
weight setting plate 平衡锤固定板
weir 堰
weir flow 堰流
weir height 堰高
Weir pump 威尔泵
weir riser distributor 堰-上升管分布器;溢流式分配器
Weissenberg camera 魏森贝格照相机
Weissenberg diffractometer 魏森贝格衍射仪
Weissenberg effect 魏森贝格效应
Weissenberg goniometer 魏森贝格照相机
Weissenberg photograph 魏森贝格图
Weissenberg rheogoniometer 魏森贝格流变仪
Weisz modulus 韦斯模数
Weizsaecker's mass formula 魏茨泽克质量公式
weld 焊接;熔接;焊缝
weldability 焊接性;可焊性
weldability test 焊接性试验
weldable plating coatings 可焊性镀层
weldable structural steel 可焊接的结构钢
weld all around 围焊
weld assembly 焊接件
weld bead height 焊缝高度
weld beading 焊瘤
weld bonding 胶接点焊
weld bonding adhesive 胶接点焊胶黏剂
weld cap 焊帽
weld crack 焊接裂纹[缝]
weld crosswise 交叉焊接
weld decay 焊缝腐蚀;焊接接头晶间腐蚀
weld deposit 焊缝熔敷
welded bonnet 焊接阀盖
welded cathode 焊接阴极
welded chain 焊接链
welded connection 焊接连接
welded construction [structure] 焊接结构
welded element 焊接件
welded eye 焊眼
welded fissure 焊接裂纹[缝]
welded fitting 焊接式管接头
welded flange 焊接法兰
welded flange 焊制法兰
welded flat head 焊接式平盖[封头]
welded gasket 焊接垫
welded impeller 焊制叶轮
welded joint 焊缝
welded-on 堆焊
welded on head 焊制封头[端盖]
welded pipe [tube] 焊缝管;焊接管
welded plate 焊合板
welded steel pipe 焊接钢管
welded steel tank 金属焊接(油)罐
welded truss 焊接桁架
welded tube fitting 焊接管件
welded turning rolls 焊接滚轮架
welded vessel 焊接容器
welder 焊机
welder's goggles 焊工护目镜
welder's hand shield 焊工手持护目镜
welder's head shield 焊工护目帽罩
welder's helmet 焊工帽罩
welder's lifting platform 焊工升降台
weld flange connection 焊接法兰连接
weld flush 焊缝隆起
weld flux 焊药
weld fumes 焊接烟尘
weld ga(u)ge 焊缝量规
weld holder 焊接夹持架
welding 焊接
welding agent 焊药
welding alloy 焊接合金
welding and cutting torch 焊割两用气焊枪
welding arc 焊弧
welding arc voltage 焊弧电压
welding backing 焊接衬垫
welding (base) metal 焊接金属
welding base metal 焊条金属
welding bead 焊缝
welding bench 焊接工作台
welding blow lamp 焊炬

welding booth 焊接室
welding burner 焊炬喷嘴
welding by[from]both sides 双面焊
welding by one side 单面焊
welding circuit 焊接回路
welding components 焊接部件
welding current 焊接电流
weld(ing) defect 焊接缺陷
welding deformation 焊接变形
welding electrode hold 焊条夹
welding ends 焊接端
welding fixture 焊接夹具
welding flame 焊接火焰
weld(ing) flaw 焊接裂纹[裂缝,缺陷]
welding flux 焊药
welding flux backing 焊剂垫
welding gloves 焊接手套
welding goggles 焊工护目镜
welding grade argon 焊接级[用]氩
welding grade shield gas 焊接级保护气体
welding gun 焊枪
welding handle 焊条夹
welding head 焊(接机)头;烧焊枪
welding helmet 焊工帽罩
welding inspection 焊接(工作)检查
welding machine 焊机;电焊机
welding manipulator 焊件支架
welding material 焊接材料
welding metal cracking 焊缝金属裂纹
welding neck flange 对焊法兰;高颈法兰;焊颈法兰
welding of tubes 炉管焊接
welding on bottom 底焊
welding outfit 焊接设备
welding parts 焊接部件
welding paste 焊接涂料
welding pistol 焊枪
welding pool 焊接熔池
welding portion 焊接[施焊]部分
welding position 焊接部位
welding positioner 焊接胎架
welding pressure 焊接压力
welding procedure 焊接程序;焊接工艺
welding procedure specification 焊接工艺规程
welding regulator 焊接(电流)调节器
welding residual deformation 焊接残余变形
welding resistor 焊接电阻器
welding rod coating 焊条上的焊药
welding rod core 焊条芯
welding rolls 焊接辊
welding rules 焊接规则
weld(ing) seam 焊缝
welding shop 焊接车间
welding slag 焊渣
welding socket 焊接套管
welding source 焊接电源
welding spatter 焊渣
welding stress 焊接应力
welding structure members 焊接构件
welding subassembly 焊接部件
welding table 焊接工作台
welding technology 焊接工艺
welding temperature field 焊接温度场
welding tilter 焊接翻转机
welding tip 焊嘴
welding tongs 焊钳
welding torch 焊接炬
welding torch pipe 焊枪管
welding tub 焊接熔池
welding unit 焊接机
welding unit wire 焊条;焊丝
welding with backing 衬垫焊;垫板焊
welding with flux backing 焊剂垫焊
weld inspection 焊接检查
weld interface 焊接界面
weld joint 焊缝
weld joint efficiency 焊缝系数
weld layer 焊接层
weldless 无(焊)缝的
weldless connection[fitting] 非焊接式接头
weld machined flush 削平补强的焊缝
weld mark 焊接痕(印)
weldment 焊件
weld metal 焊接金属
weld metal area 焊缝区
weld metal composition 焊接金属组成
weld metal cracking 焊缝裂纹
weld metal zone 焊接金属熔化区
weld pass 焊接通道
weld penetration 焊透深度
weld preheating 焊前预热
weld preparation 焊缝坡口加工
weld reinforcement 焊缝补强
weld repairs 焊接修补
weld ripple 焊缝波纹
weld root gap 焊缝根部间隙
weld root opening 焊缝根部间隙
weld rotation 焊缝转角
weld-shrunk cylinder 包扎式圆筒

weld slope 焊缝倾角
weld spacing 焊点距
weld spot 焊点
weld strength 焊接[缝]强度
weld surface 焊缝表面
weld thermal cycle 焊接热循环
weld time 焊接通电时间
weld toxic gases 焊接有害气体
weld trimmer 焊缝清理机
weld width 焊缝宽度
weld zone 焊接区
welkstoff 番茄菌肽
well 井;油井;套管
well control fluid 压井液
wellhole 楼梯井;电梯井;井孔筒;井孔坑;井孔口;泉井
well pump 井泵
well running 运转正常
well-scintillation counter 井式(闪烁)计数管
well-type counter 井式(闪烁)计数管
well-type manometer 单管压力计
welting leather 沿条革
WEP (water extended polyester) 充水聚酯;水扩展聚酯
Werner complex 维尔纳络合物
Werner theory 维尔纳理论
Western blot 蛋白质印迹
Weston normal cell 韦斯顿标准电池
wet air oxidation weighted mud (WAO) 湿空气氧化
wet analysis 湿法分析
wet atmospheric corrosion 潮[湿]大气腐蚀
wet bag method 湿袋法
wet basis 湿基
wet beating 黏状打浆
wet blasting process 湿喷砂法
wet bottom producer 湿除灰器(煤气)发生炉;湿底(煤气)发生炉
wet bulb temperature 湿球温度
wet collector 湿式集尘器
wet-collodion process 湿版柯罗酊法
wet compost 沤肥
wet cottrell 湿式静电除尘器
wet crushing 湿法粉碎
wet cyclone 旋液分离器
wet cylinder liner 湿式汽缸套
wet dust separator 湿式除尘器
wet fastness 耐湿性;湿牢度
wet fatliquoring 水液加脂
wet feed mixer 湿进料混合器
wet gas 湿气体;湿天然气;富气;湿气
wet heat test 湿热试验
wet lamination 湿态复合
wet lips 亮唇油
wet method 湿法
wetness 湿;潮湿;湿度
wet parallel flow low-lying condenser 湿式并流低位冷凝器
wet pelletization black 炭黑湿法造粒
wet-pit pump 排水泵
wet precipitator 水力除尘器
wet preservation 湿法保养
wet process phosphatic fertilizer 湿法磷肥
wet reaction 湿反应
wet salted hide or skin 盐湿皮
wet scrubbing 湿法洗涤
wet slab 湿胶块
wet spinning 湿纺
wet-stage cyclone 湿段旋风分离器
wet steam 湿蒸汽
wet storage holder(s) 湿式储气柜
wet strength 湿态强度
wet strength agent 湿强度剂;湿增强剂
wet strengthening 增湿强作用
wettability 可湿性;润湿性
wettable powder 可湿性粉剂
wetted part 润湿部件
wetted perimeter 润湿周边
wetted surface area (潮)湿(表)面积
wetted surface column 湿面分馏塔;黏湿表面分馏塔
wetted surface mechanism 表面润湿机理
wetted wall column 湿壁塔
wetted wall tower 湿壁塔
wetter 润湿剂;增湿剂;渗透剂
wetting 润湿
wetting agent 湿润剂;润湿剂
wetting angle 润湿角
wetting kinetics 湿润动力学
wetting power 湿润力
wet type air cooler 湿式空气冷却器
wet type cleaning 湿法净制
wet type dust collector 湿式除尘器;水力除尘器
wet type tower abrasion mill 湿式塔式磨粉机
wet vacuum pump 湿式真空泵
wet vent 排湿气孔

wet ventilator 湿式通风器
wet way 湿法
wet white leather 白湿革
Wheatstone bridge 惠斯通电桥
wheel pump 轮泵;转轮泵
wheel-type tractor 轮式拖拉机
when not required 当不要求时
when permitted 当被允许时
whey 乳清
whey albumose 乳清肪
whey protein concentrate 乳清蛋白浓缩物
whipping machine 打泡机
whirl (1)涡动;旋涡 (2)回转
whirlpool 涡流
whisker 晶须
whisker reinforced 晶须增强的
whisking machine 打泡机
whisky 威士忌酒
white acid 白酸(指蚀玻酸或白色的酸)
white alloy 巴氏合金
white arsenic 砒霜;白砒
white brass (electro) plating 电镀白色锌铜合金
white camphor oil 白油
white carbon black 白炭黑
white cast iron 白(口)铸铁
white cell 白细胞;白血球
white charcoal 白炭
white copper 白铜
white discharge printing 拔白印花
white factice 白(色硫化)油膏
white gasoline 无铅汽油
white Gaussian noise 高斯白噪声
white graphite 白石墨(六方氮化硼)
white iron pyrite 白铁矿
white jade 白玉
white lac 白虫胶
white lead 铅白;碱式碳酸铅
white light 白光
white liquor 白液
white mica 白云母
whitener 增白剂
whiteness 白度
whiteness meter 白度计
white noise 白噪声
white oil 白油
white olivine 镁橄榄石
white phosphorus 白磷;黄磷
white portland cement 白色硅酸盐水泥
white pot 耐火黏土坩埚
white radiation 白辐射(连续光谱辐射)
white resist printing 防白印花
white room 绝尘室;无尘室
whiteruss 液体石蜡
white sandalwood 白檀香木
white shellac 白虫胶
white soot 白炭黑
white soya 白酱油
white sphere(beard) 白球
white spirit 油漆溶剂油
white spotted finish 涂层发白
white sugar 白糖
white vitriol 皓矾;硫酸锌
white water (纸浆)白水
white wax 白蜡;虫蜡
Whitworth thread 英制标准螺纹
whizzer 离心分离机;离心干燥机
whole broth 全发酵液
whole contraction 整体收缩
wide-band decoupling 宽带去偶
wide band NMR 宽谱线核磁共振
wide flange beam 宽缘梁
wide neck flask 广口(烧)瓶
wide-spectrum antibiotic(s) 广谱抗生素
widest boiling point range 最宽沸程范围
widmanstatten 魏氏体
width of energy level 能级宽度
width of saddle support 鞍座宽度
Wiedemann-Franz law 维德曼-弗兰兹定律
Wieland -Gumlich aldehyde 魏兰-盖里希醛
Wien displacement law 维恩位移律
Wien formula 维恩公式
Wien's effect 维恩效应
wier-web packing 网波纹填料
wild cherry 野樱皮
wildfire toxin 烈火毒素
wild grain 粗粒面
wild rubber 野生橡胶
wild strain 野生型(菌株)
wild type 野生型(菌株)
willemite 硅锌矿
Willgerodt reaction 维尔格罗特反应
Williamson synthesis of ethers 威廉森醚合成
Williams plastometer 威廉姆斯可塑性测试仪
Williams theory 威廉姆斯理论
Wilson cloud chamber 威尔逊云室
Wilson equation 威尔逊方程
Wilzbach labeling 韦茨巴赫标记

winch 曲柄
wind (1)缠绕(2)风;通风
wind bending moment 风弯矩
wind-borne sediments 风成沉积层
wind box 风室;空气室
wind conveyer 气力式输送机
wind cowl 烟囱风帽
wind energy 风能
winder 分卷机;收卷机
wind gage 风速计
wind girder 防风梁
winding and cutting machine 卷切机
winding device 卷线机
winding force 卷取力
winding process 绕制法
winding stair 盘旋梯
winding up roller 卷辊
windlass 卷扬机;提升机;绞盘;绞车;辘轳;起锚机
wind load 风荷载
windmill 风车;风力发动机
wind moment 风力矩
window (1)窗;孔;窗口(2)亮点(薄膜缺陷)
window counter 窗式计数管
window cut of baffle 折流板弓形缺口
window van 工具车
wind power generation 风力发电
wind pressure 风压
wind pressure value 风压值
windproof adhesive for artificial fur 人造毛皮防风胶
wind shield 遮风屏
wind-speed indicator 风速指示器
wind stress 风应力
wind tunnel 风洞;风道
wind-up 卷绕;卷取;收卷
wind velocity indicator 风速仪
wine brewing 葡萄酒发酵
wine lees 粗酒石;酒糟;酒泥
wine stone 酒石
wing pump 叶轮泵
wing valve 翼阀;圆盘导翼阀
Winkler gasifier 温克勒煤气化炉
wintergreen oil 冬青油
winterization 冬化
winterization of oils 冬化
winterized oil 冬化油
winterized unit 过冬装置
winterizing (of oil) 油的冬化;油的冻凝
wipe coating 揩涂
wiped film evaporator 扫壁蒸发器;转膜蒸发器
wiped-wall reactor 刮壁式反应器;扫壁式反应器
wiped wall still 扫壁蒸馏器;转膜蒸馏器
wipe-on coating solution 即涂感光液
wiper (1)擦具;擦净器;刮油器(2)防尘圈
wiper ring 擦油环;刮油环
wiping cloth 拭布
wiping rags 拭布
wire 导线;金属丝
wire belt 钢丝胶带;钢丝运输带;三角带
wire braided hose 金属编织胶管
wire cloth (1)钢丝布(2)造纸钢网
wire enamel 漆包线漆
wire ga(u)ge 线规
wire gauze 金属丝网
wire-grommet V-belt 钢丝三角带
wireman 电工
wire marking 线号
wire mesh 丝网
wire mesh demister 丝网除沫器
wire net 金属丝网
wire of paper machine 造纸铜网
wire plating 电镀线材
wire-rod 线材
wire size 线号
wire stock 线材
wire stretcher 钢丝拉伸机
wire twisting machine 绞线机
wire-type penetrometer 金属丝透度计
wire under voltage 火线
wire winding 绕丝
wire wound doctor 线绕刮涂器
wire-wound vessel 绕丝式容器
wire-wrap paper 卷缠绝缘纸
wiring 布线
wiring design 电路设计
wiring diagram 配线图;线路图
wiring installation 布线工程
wiring plan 线路敷设图
wiring plate 布线板
wiring plug 线路插头
wiring point 联结点
wiring scheme 接线图
wiring terminal 接线柱
wiring trough 导线槽
withaferin A 魏菲灵 A

withanic acid 睡茄酸
withanine 睡茄碱
withaniol 睡茄醇
withdrawal 出料;取出
withdrawing 排出;回收;抽取;退绕;(纺丝)卷绕
withdraw tool 拆卸工具
witherite 碳酸钡矿;毒重石
without charge 不计价
without cost 不计价
without obligation 不计价
withstand voltage 耐(电)压
Wittig reaction 维蒂希反应
WKB approximation WKB近似
WLF equation WLF公式
wobble hypothesis 变位假说
wobble pairing 摆动配对
wobble pump 手摇泵
wobbling drum 转鼓
wobbling-in-cone model 锥内摆动模型
woggle joint 活接头
Wohl expansion 沃尔展开式
Wohl-Zemplén degradation of sugars 沃尔-曾普伦糖降解
Wohl-Ziegler bromination 沃尔-齐格勒溴化(作用)
Wolff-Kishner reduction 沃尔夫-基施纳还原
Wolff rearrangement of diazoketones 沃尔夫偶氮酮重排
wolfram 钨 W
wolframic acid 钨酸
wolframite 黑钨矿;钨锰铁矿
wollastonite 硅灰石
wollastonite ceramics 硅灰石陶瓷
Wollaston prism 沃拉斯顿棱镜
wood adhesive 木材用胶黏剂
wood alcohol 甲醇;木醇;木精
wood charcoal 木炭
Wood closure 伍德密封
wood coal 褐煤
wood creosote 木杂酚油
wood edge sealing HMA 木材封边热熔胶
wooden-grid packing 木栅填料
wood furniture coatings 木器涂料
wood gas 木煤气
wood pipe 木质管
wood polymer composite(WPC) 木塑复合材料
wood preservative 木材防腐剂
wood preservative oil 木材防腐油
wood pulp 木浆
wood pyrolysis 木材热解
wood rosin 木松香
woodruff 车叶草
wood saccharification 木材水解
Wood's closure 伍德密封封头
wood spirit 木精
Wood's seal 伍德密封
wood sugar 木糖
wood tar 木焦油
wood tar oil 木焦油
wood vinegar 木醋酸
Woodward-Hoffmann's rule 伍德沃德-霍夫曼规则
Woodward's reagent K 伍德沃德试剂K
wool alcohols 羊毛脂醇
wool fat 羊毛脂
wool grease pitch 羊毛脂沥青
wool-like 仿毛(的)
wool pitch 羊毛(脂)沥青
wool wax acid 羊毛蜡酸
wool wax alcohol 羊毛蜡醇
woorara 箭毒
work 功
workability (可)加工性;可使用性;施工性能
work bag 工具袋
workbench 工作台;机床;成型台;工作架;钳桌
work bin 零件盒
work-blank 毛坯
work brittleness 加工脆性
work clearance 加工余隙
work cloths 工作服
work condition 工况
work environment 工作环境
worker labour productivity 工人劳动生产率
workers and staff members 职工
work factor test 工作因素试验
work feeder 进给[刀]装置
work function (1)逸出功 (2)(亥姆霍兹)自由能
work hardening 加工硬化
workholder 工件夹具
workholding 工件夹紧
workholding fixture 工件夹具
working accident 操作事故
working accuracy 加工精度
working air pressure 工作(大)气压

working area 工作面积
working atmosphere 工作环境
working capital 流动资金
working cell 工作单元
working chamber 工作室
working current 工作电流
working cycle 工作循环
working deadline 工作期限
working depth 加工深度
working diagram 加工图
working draft 工作草案
working drawing 施工图
working efficiency 工作效率;加工效率
working electrode 工作电极
working element 工作单元
working fit 动配合
working form 工作制式
working gas 工作气体
working height 加工高度
working input 消耗功
working instruction 操作说明书
working length 工作长度
working life 适用期
working light 作业灯
working limit 加工极限
working lining 工作层
working machine 工作机
working medium 工作介质
working operation 工作冲程
working order 操作顺序
working parameter 工作参数
working path 工作冲程
working plan 施工图
working procedure 运行程序
working radius 工作半径
working range 工作范围
working routine 工作程序
working rule 工作细则
working space 工作场所
working speed 工作速度;工作转速
working standard (1)工作标准(物质)(2)现行标准
working steam 工作蒸汽;活汽;新鲜蒸汽
working steam pressure 工作汽压
working storage 工作存储器
working strength 工作强度
working stress 工作应力
working stroke 工作冲程
working substance 工作介质
working substance exergy 工质㶲
working tape 工作带
working thickness 加工板厚
working unit 工作单元
working voltage 工作电压
working width 加工宽度
working years 工龄
work input 机器的输入功
workload 工作量
work locating fixture 夹具;夹紧装置
workmanship 技巧;制造工艺
work material 加工材料
work medium 工质
work of adhesion 黏附功
work of cohesion 内聚功
work of deformation 变形功
work order 工作定单;派工单
work out 编制
work over the beam 架上操作
work piece 工作物;被加工件;半制品
workpiece holder 工件夹具
workpiece programme 加工程序
workpiece quota 劳动定额
workpiece rest 工件架
workpiece steady 工件架
work request 加工申请(书)
work-room 工作室
works bottling 工厂装瓶
work-schedule 工作进度表
worksheet 工作单;加工单
workshop 车间;工场;学部;专题研究组;(专题)讨论会
workshop assembly 工厂装配
workshop building 厂房
workshop crane 车间起重机
workshop director 车间主任
works initials 厂名缩写
work's inspection certificate 工厂检查证明书
work softening 功致软化
work space 工作室
work specification 工作规范
(works)superintendent 车间主任
work statement 工作报告
work steady 工件架
work substance 工质
work test 工作试验
work-testing ga(u)ge 检查成品样板
work-to-break 断裂功
work-yard 工作场地
world line 世界线

world patents index 世界专利索引
world tube 世界管
WORM (write once read many optical media) 一次写入型光盘
worm 蜗杆;螺旋;盘管;蛇管
worm channel 蛀眼;蛀孔
worm conveyer 螺旋运输机
worm extruder 螺杆压出机
worm feeder 螺旋给料机[器]
worm gear 蜗轮
wormhole 蛀眼,虫孔
worming 龟裂
worm knotter 螺旋式结筛
worm-like chain 蠕虫状链
worm pipe 蛇管
worm press 螺杆压出机;螺旋压力机
worm reduction gear 涡轮减速机
worm speed reducer 涡轮减速机
worm type agitator 蜗杆式搅拌机
worn tyre 花纹磨平轮胎
worstcase design 最坏情况设计
wort 醪液
wort filter 麦芽汁压滤器
wortmannin 沃特曼宁
wound gasket 缠绕垫
wound hormone 愈伤激素;愈伤酸
wound multilayered cylinder by interlocking 型槽绕带式多层圆筒
W/O (water-in-oil) 油包水型
WPC(wood-plastics composite) 木塑复合材
WP grease 防水润滑脂
wrap 抱辊
wrapped hose 夹布胶管
wrapped in teflon 外包聚四氟乙烯
wrapped-tube heat exchanger 绕管式换热器
wrapper (1)包装纸;包装材料 (2)包装机
wrapping machine 包装机;打包机;缠绕机
wrapping paper 包装纸
wrapping plate 包装板
W-reactive dye(s) W 型反应[活性]染料
wrecking crane 救险起重机
wrench 扳钳;扳手
wrench set 成套扳手
wringing 挤水
wringing fit 紧配合;轻打配合
wringing[sammying]machine 挤水机
wrinkle 褶皱
wrinkled grain 粒面粗皱
wrinkle finish 皱纹漆
wrinkle proofing 防皱整理
wrinkle smoother 平皱剂;去皱剂
write off 注销
writer 记录器
writing paper 书写纸
written contract 书面合同
wrong indication 错误显示
wrought alloy 可锻合金
wrought commercial alloys 工业用可锻合金
wrought iron 锻铁;熟铁
wrought iron pipe 熟铁管
wrought-iron sectional boiler 熟铁片式锅炉
wrought material 熟料
WTO (World Trade Organization) 世界贸易组织
wulfenite 彩钼铅矿
Wulff-Bock crystallizer 摆动连续结晶槽
Wulff cracker 蓄热裂解炉
Wulff process 伍尔夫过程(由烃类制乙炔)
Wulff pyrolysis furnace 伍尔夫裂解炉
wurtzite 纤锌矿
wurtzite structure 纤锌矿型结构
Wurtz reaction 武尔茨反应
Wurtz synthesis 武尔茨合成
www 万维网
wyamin 恢压敏
wyerone 蚕豆酮;5-(4-庚烯-2-炔酰基)-2-呋喃丙烯酸甲酯

X

xamoterol 扎莫特罗
XANES(X-ray absorption near edge structure) X射线吸收近边结构
xanomeline 呫诺美林
xanoxic acid 呫诺酸
xanthan gum 黄原胶;汉生胶
xanthate 黄原酸盐(或酯)
xanthation 黄(原)酸化;(黏胶纤维)黄化
xanthene 呫吨
xanthene dye(s) 呫吨染料
xanthenol(=xanthydrol) 呫吨酚
xanthenone 呫吨酮
xanthenyl 呫吨基
xanthenyl-carboxylic acid 呫吨羧酸
xanthic acid 黄原酸;乙氧基二硫代甲酸
xanthic amide 黄原酰胺
xanthic disulfide 二硫化(二)黄原酰
xanthic gum 黄原胶
xanthine 黄嘌呤;2,6-二羟基嘌呤
xanthine nucleotide 黄苷酸
xanthine oxidase 黄嘌呤氧化酶
xanthinin 苍耳素;黄质宁
xanthinol niacinate 占替诺烟酸盐;烟胺羟丙茶碱
xanthiol 硫蒽哌醇
xanthoaphin 蚜黄素
xanthobilirubic acid 黄胆红酸
xanthochelidonic acid 黄白屈菜酸
xanthogenamide 乙黄原酰胺
xanthogenate 黄原酸盐(或酯)
xanthogenation 黄原酸化作用
xanthogenic acid (1)黄原酸;氧荒酸(2)(专指)乙基黄原酸
xanthomat 真空黄化器
xanthomycin 链霉黄素
xanthonate 黄原酸盐(或酯)
xanthone 呫吨酮
xanthonic acid 黄原酸;乙氧基二硫代甲酸
xantho-protein reaction 黄色蛋白反应
xanthopterin 黄蝶呤;2-氨基-4,6-二羟基蝶呤
xanthopurpurin 1,3-二羟基蒽醌
xanthosine 黄(嘌呤核)苷
xanthosine monophosphate 黄苷(一磷)酸
xanthurenic acid 黄尿酸;4,8-二羟基喹啉甲酸
xanthydrol(=9-hydroxyxanthene) 呫吨酚;9-羟基呫吨
xanthydryl 呫吨氢基
xanthylic acid 黄苷(一磷)酸
xanthylium 呫吨鎓
xanthylium uranyl chloride 氯化呫吨鎓铀酰
xanthyl(=xanthenyl) 呫吨基
xantocillin 占托西林
X-control chart 平均值控制图
X-cut X切割
xenate 氙酸盐
xenazoic acid 珍那佐酸;联苯酰胺苯酸
xenbucin 联苯丁酸
xenene 联苯
xenic acid 氙酸
xenobiotics 宾主共栖生物;生物异源物
xenodiagnosis 动物接种诊断法;异种接种诊断法
xenogamy (1)异株异花受精(2)杂交配合
xenol 羟基联苯;苯基苯酚
xenon 氙 Xe
xenon arc sources aging 氙灯老化
xenon arc weatherometer 氙灯型人工老化机;氙弧耐气候牢度试验仪
xenon fluoride(s) 氟化氙
xenon lamp 氙灯
xenon monohalide 一卤化氙
xenon oxide 氧化氙
xenon oxyfluoride 氟氧化氙
xenon platinum hexafluoride 六氟合铂酸氙
xenon tetrafluoride 四氟化氙
xenon trioxide 三氧化氙
xenoparasite (1)异体寄生物(2)宿主寄生物
xenopsin 爪蟾肽
xenyl(=biphenylyl) 联苯基
xenylamine 联苯基胺;苯基苯胺
***p*-xenylcarbimide** 对苯基苯异氰酸酯
xenytropium bromide 珍托溴铵
xerogel 干凝胶
xerographic material 静电复印材料
xerography 静电复印;静电印刷;干法静

电印制;干印术
xeromorphic vegetation 旱生植被
xeronic acid 干酮酸;二乙基丁烯二酸
xeropaste 干铅膏
Xiaoqujiu 小曲酒
xibenolol 希苯洛尔
xibornol 希波酚;异冰片二甲酚
xi hyperon Ξ超子
ximenic acid 西门木烯酸;二十六碳-17-烯酸
ximenynic acid 西门木炔酸;11-十八碳烯-9-炔酸
ximoprofen 希莫洛芬
Xin Hua lime 新华石灰
xipamide 希帕胺;氯磺水杨胺
xiphidin 箭鱼精肉毒胺
xiphin 箭鱼精蛋白
XMP(xanthosine monophosphate) 黄苷(一磷)酸
XPS(X-ray photoelectron spectroscopy) X射线光电子能谱(学)
X-radiation X辐射
X-ray X射线;X光
X-ray absorption X射线吸收
X-ray absorption analysis X射线吸收分析法
X-ray absorption near edge structure X射线吸收近边结构
X-ray absorption spectrometry X射线吸收光谱法
X-ray activation analysis X射线活化分析
X-ray apparatus X射线设备
X-ray background radiation X射线本底辐射
X-ray crystallography X射线晶体学
X-ray diffraction X射线衍射
X-ray diffraction analysis X射线衍射分析
X-ray diffractometer X射线衍射仪
X-ray diffractometry X射线衍射学
X-ray energy spectrometer X射线能谱仪
X-ray escape peak X射线逃逸峰
X-ray fault detector X射线探伤仪
X-ray film X射线胶片
X-ray flaw detector X射线探伤仪
X-ray fluorescence analysis X射线荧光分析
X-ray fluorescence spectrometer X射线荧光光谱仪
X-ray fluorescence spectrometry X射线荧光光谱法
X-ray image X射线照片
X-ray luminescence X射线发光
X-ray photoelectron spectroscopy X射线光电子能谱(学)
X-ray photograph X射线照片
X-ray photometer X射线光度计
X-ray photon spectroscopy X射线光子光谱学
X-ray picture X射线照片
X-ray proof rubber X射线防护橡胶
X-ray resist X射线抗蚀剂
X-ray shield X射线防护屏
X-ray source X射线源
X-ray spectrochemical analysis X射线光谱化学分析
X-ray spectrograph X射线摄谱仪
X-ray spectrometer X射线分光计
X-ray spectrum analysis X射线谱分析
X-ray structure analysis X射线结构分析
X-ray test X射线试验;X射线探伤
X-ray-transmitting glass 透X射线玻璃
X-reactive dyes X型反应[活性]染料
X-section 交叉截面
X-tube X射线管
X-type groove X形坡口
Xuan paper 宣纸
Xu-Tec process 双层辉光离子表面合金化
xylan 木聚糖
xylanase 木聚糖酶
xylanbassoric acid 木聚糖黄蓍酸
xylazine 赛拉嗪;甲苯噻嗪
xylem 木质部
xylene 二甲苯
***m*-xylene** 间二甲苯
***o*-xylene** 邻二甲苯
***p*-xylene** 对二甲苯
xylene azo-*β*-naphthol 二甲苯偶氮-*β*-萘酚
xylene bromide 溴代二甲苯
xylene chloride 氯代二甲苯
xylenediamine 二甲苯二胺
xylene dichloride 二氯(代)二甲苯
xylene dihalide 二卤(代)二甲苯
xylenediol 二羟甲基苯;苯二甲醇
xylenedisulfonic acid 二甲苯二磺酸
xylene equivalent 二甲苯当量
xylene fluoride 氟代二甲苯
xylene halide 卤代二甲苯
xylene iodide 碘代二甲苯
xylene monochloride 氯代二甲苯

xylenemonosulfonic acid 二甘苯磺酸
xylene musk 二甲苯麝香；三硝基二甲叔丁苯
xylene resin 二甲苯树脂
xylenesulfonate 二甲苯磺酸盐
xylenesulfonic acid 二甲苯磺酸
xylenesulfonyl chloride 二甲苯磺酰氯
xylene tetrachloride 四氯代二甲苯
xylene trichloride 三氯代二甲苯
xylenol 二甲苯酚；混合二甲酚
xylenol blue 二甲苯酚蓝
xylenolcarboxylic acid 二甲苯酚（羧）酸
xylenol-formaldehyde resin 二甲苯酚甲醛树脂
xylenol orange 二甲酚橙
xylenol resin 二甲酚树脂
***p*-xylenolsulfonephthalein** 二甲磺酞
xylic acid 二甲苯甲酸
xylidene(s) 二甲苯胺
xylidic acid 4-甲基-1,3-苯二甲酸
2,4-xylidine 2,4-二甲基苯胺
2,5-xylidine 2,5-二甲基苯胺
xylidinic acid 甲基苯二甲酸
xylidino- 二甲代苯氨基
xylite-phthalic resin 邻苯二甲酸木糖树脂
xylitol 木糖醇
xyloascorbic acid 木糖型抗坏血酸
xylochloral 木糖三氯乙醛
xyloketose（＝xylulose） 木酮糖
xylol （混合）二甲苯
xylol musk 二甲苯麝香
xylometazoline 赛洛唑啉；丁苄唑啉
xylon 木质；木纤维
xylonamide 木质酰胺
xylonic acid 木质酸
xylopal 木蛋白石；木化石
xylopinine（＝*l*-norcoralydine） 番荔枝宁
xylopropamine 二甲苯丙胺；赛洛丙胺
xylopyranose 吡喃木糖；六环木糖
xyloquinone 二甲基醌
xylorcinol 4,6-二甲基苯间二酚
xylose 木糖
xylosic acid 木糖酸
xylosic alcohol 木糖醇
xyloside 木糖苷
xylosone 木酮（醛）糖；戊沙罗糖
xylostein 忍冬苷
xyloyl（＝dimethylbenzoyl） 二甲苯酰
xylulokinase 木酮糖激酶
xylulose（＝xyloketose） 木酮糖
xylyl （1）二甲苯基（2）甲苄基
***p*-xylyl acetate** 乙酸对甲苄酯
xylyl alcohol （1）苯二甲醇（2）甲基苄醇
xylylamine 甲苄胺
1-xylylazo-2-naphthol 1-二甲苯偶氮-2-萘酚
xylyl bromide 甲苄基溴
xylylchloride 甲苄基氯
xylylene 苯二甲基
xylylene alcohol 苯二甲醇
xylylene amine 苯二甲胺
xylylene bromide 苯二甲基溴
xylylene chloride 苯二甲基氯
xylylene cyanides 苯二甲基氰
xylylene dichlorides 苯二甲基氯
xylylene glycol 苯二甲醇
***o*-xylylenimine** 二氢异吲哚
xylyl hydrazine （1）二甲苯肼（2）甲苄基肼
xylylmercaptan （1）苯二甲硫醇（2）甲苄基硫醇
xylylol 苯二甲醇
xylylstearic acid 二甲苯基硬脂酸

Y

yacca 禾木胶;草树(树)脂
yacca gum(＝accaroid gum) 禾木胶
yak hair 牦牛毛
yangonin 卡法椒素;麻醉椒素
yanhusuo 延胡索
yard 堆置场
yard column 管架立柱
yard crane 料场用吊车
yard drain 场地排水
yard manure 厩肥;圈粪
yard support bent 管廊;一排管架
yarn 纱
yarn packing 绞合填料
yarovization 春化作用;吞化处理
Yate's algorithm 耶特算法
yatren 喹碘方
Y-bend Y形弯头;分叉弯头
Y-branch fitting Y形支管;叉形三通
Y-clean-outs 分叉清污口(下水道用);Y形扫清设备
Y-connection Y形连接;星形连接
Y-cut Y形切割
year book 年鉴
yearly amount of working 年度工作量
yearly inspection 年度检查[验]
yearly maintenance 年度维护[养护,维修]
yearly maximum load 年最高负载
yeast 酵母
yeast adenylic acid 酵母腺(嘌呤核)苷酸
yeast nucleic acid 酵母(胞)核酸
Yekuzuo 叶枯唑;噻枯唑
Yellow AB 颜料黄AB;苯偶氮-2-萘胺
yellow acid 1,3-二羟萘-5,7-二磺酸
yellow arsenic(sulfide) 雌黄;三硫化二砷
yellow cake 黄饼(铀浓缩物,重铀酸铵或钠)
yellow chrome(＝chrome yellow)铬黄
yellow coupler 黄成色剂
yellowing on ageing 老化黄变
yellow lead 黄丹;密陀僧;(一)氧化(一)铅
yellow lead oxide 黄丹;一氧化铅;密陀僧
yellow metal polish 黄抛光膏;黄油;黄蜡磨光油
yellowness index 黄色指数
Yellow OB 颜料黄OB;2-甲苯偶氮-2-萘胺
yellow phenophthalein 黄酚酞
yellow phosphorus(＝white phosphorus) 黄磷;白磷
yellow prussiate of potash 亚铁氰化钾;黄血盐
yellow prussiate of soda 亚铁氰化钠;黄血盐钠
yellow rice(or millet)wine 黄酒
yellow soap 黄皂;家用肥皂
yellow straw board 黄纸板
yellow waxed paper 黄蜡纸
yield (1)产量;收率 (2)产生 (3)屈服
yieldability 可屈服性
yield constant 生长得率常数
yield criteria 屈服准则
yield curve 收率曲线
yield deformation 屈服变形
yielding 屈服
yielding point 屈服点
yield limit 屈服极限
yield point 软化点;屈服点;流动点;击穿点
yield point test 屈服点试验
yield point value 屈服值
yield strain 屈服应变
yield strength 屈服强度
yield stress 屈服应力
yield temperature 屈服温度;流动温度
yield value 增益值
Y-joint Y形接头;分叉管接头
ylangene 衣兰烯
ylang-ylang oil 衣兰油
ylide(或 **ylid**) 叶立德;内鎓盐
ynamine 炔胺
yohimbane 育亨烷
yohimbic acid 育亨酸
yohimbine 育亨宾
yoke 磁轭
yoke bolt 支架螺栓
yoke bolting 轭架螺栓
yoke magnetizing method 磁轭法;磁粉探伤法
yoke method 磁轭法

yoke plate 托架板
yolk IgG 免疫球蛋白 Y
Young experiment 杨(氏)实验
Young-Laplace equation 杨-拉普拉斯公式
Young modulus 杨氏模量
Young's modulus 杨氏模量
Y-packing Y 形橡胶密封
Y-pipe 叉形管;分叉管;Y 形管
ytterbia 氧化镱
ytterbium 镱 Yb
ytterbium bromide 溴化镱
ytterbium carbonate 碳酸镱
ytterbium chloride 氯化镱
ytterbium hydroxide 氢氧化镱
ytterbium metaphosphate 偏磷酸镱
ytterbium nitrate 硝酸镱
ytterbium orthophosphate (正)磷酸镱
ytterbium oxalate 草酸镱
ytterbium oxide 氧化镱
ytterbium oxychloride 氯氧化镱
ytterbium sulfate 硫酸镱
yttria 三氧化二钇;氧化钇
yttrium 钇 Y
yttrium bromide 溴化钇
yttrium carbonate 碳酸钇
yttrium chloride 氯化钇
yttrium fluoride 氟化钇
yttrium gallium garnet crystal 钇镓石榴石晶体
yttrium hydrophosphate 磷酸氢钇
yttrium hydropyrophosphate 焦磷酸氢钇
yttrium hydrosulfate 硫酸氢钇
yttrium hydroxide 氢氧化钇
yttrium iodide 碘化钇
yttrium iron garnet 钇铁石榴石
yttrium lithium fluoride crystal 氟化钇锂晶体
yttrium nitrate 硝酸钇
yttrium oxide 三氧化二钇;氧化钇
yttrium peroxide 过氧化钇;九氧化四钇
yttrium sulfate 硫酸钇
yttrium sulfide 硫化钇
yttrium superoxide 过氧化钇;九氧化四钇
yttrotifanite 钇榍石
Y-type rubber seal Y 形橡胶密封
yulocrotine (=julocrotine) 柔荑巴豆碱;*N*-[2,6-二氧-1-(2-苯乙基)-3-哌啶基]-2-甲基丁酰胺
yuster 尤斯特
Y-valve 角阀

Z

(Z＋1)-average molar mass Z＋1 均分子量
(Z＋1)-average molecular weight Z＋1 均分子量
zafirlukast 扎非司特
Zaitsev rule 扎依采夫规则
zalcitabine 扎西他滨
zaldaride 扎达来特
zaltoprofen 扎托洛芬
zap rays 死光
zatebradine 扎替雷定
Z-average molar mass Z 均分子量
Z-average molecular weight Z 均分子量
Z blade mixer 曲拐式搅拌机;Z 形桨式混合机
ZBX(zinc butylxanthate) 丁基黄原酸锌(促进剂)
Z-crank Z 形曲柄
Z-cut Z 切割
ZDDP(zinc dialkyldithiophosphate) 二烷基二硫代磷酸锌(抗氧化添加剂)
ZDP(zinc dithiophosphate) 二硫代磷酸锌
zearalenone 玉米烯酮
zeatin 玉米素;吉听(商名,植物生长调节剂)
***trans*-zeatin riboside** 玉米素核糖苷
zeaxanthin 玉米黄质
Zebra battery Zebra 电池
zebra crossing 斑马线
zebra crossing coatings 马路划线漆
zebromal 二溴肉桂酸乙酯
Zeeman atomic absorption spectrophotometer 塞曼原子吸收分光光度计
Zeeman effect 塞曼效应
Zeeman levels 塞曼能级
zein 玉米醇溶蛋白
zein plastics 玉米塑料
zeiosis 起泡作用
Zeise's salt 蔡氏盐
zeitgeber 授时因子
zeitin 玉米素
zental 阿苯达唑;丙硫咪唑
zeolite 沸石
zeolite(molecular sieve) catalyst 沸石(分子筛)催化剂
zeolite exchanger 沸石软水交换器
zeotrope 非共沸混合物
zeotropic system 非共沸体系
zeotropy 非共沸性
zephiran chloride 苯扎氯胺;洁而灭
zeranol 折仑诺;右环十四酮酚
zerk 加油嘴
zero angle tire 子午线轮胎
zero blow-by seal 零漏气密封
zero charge potential 零电荷电势;零电荷电位
zero clearance 零间隙
zero defects movement 无缺点运动
zero deflection 无偏差
zero degree 零点标志
zero discharge 零排放
zero drift 零(点)漂移
zeroed 调零点;调到零处
zero emission processing 零排放技术
zerography 静电复印术
zeroing 零位调整
zero leakage 零泄漏
zero level 零水平
zero line 零位[基准]线
zero load 零位负荷
zero-loss 无损耗
zero mark 零点标志;零度
zero order reaction 零级反应
zero (point) adjustment 零点调整
zero-point energy 零点能
zero position 零位;起始位置
zero-power reactor 零功率反应堆
zero-pressure resin 无压树脂
zero release 不排放(放射性废物);(近)零排放
zero release plant 不排放废物的工厂
zero setting 调到零点
zero shift 零(点)漂移
zero signal 零位信号
zero strength temperature 零强温度
zero-suppresion 消零
zero temperature 零点;零度
zero temperature energy 零点能
zeroth law of thermodynamics 热力学第零定律

zeroth level 零级
zeroth order approximation 零级近似
zeroth order reaction 零级反应
zero valence 零价
zeta corrosion ζ腐蚀；电化学腐蚀
zeta potential 动电势；动电位；ζ电势；ζ电位
zeugmatography 核磁共振成像
ZEX(zinc ethylxanthate) 乙基黄原酸锌（促进剂）
zibet 香猫香；麝猫香
zidovudine 齐多夫定
Ziegler catalyst(s) 齐格勒催化剂
Ziegler-Natta catalyst 齐格勒-纳塔催化剂
Ziegler-Natta initiator 齐格勒-纳塔引发剂
Ziegler-Natta polymerization 齐格勒-纳塔聚合
zigzag chain 锯齿链
zigzag entrainment separator 曲径式雾沫分离器
zigzag kiln 火焰换向式窑
zigzaglaser 锯齿形激光器
zileuton 齐留通
zimelidine 齐美利定
Zimm plot 齐姆图
zinc 锌 Zn
zinc acetate 醋酸锌
zinc/air（oxygen）battery 锌/空气（氧）电池
zinc-air(oxygen) cell 锌-空气(氧)电池
zinc anode 锌阳极
zinc anode plate 锌阳极板
zinc bacitracin 杆菌肽锌
zinc-base alloy anode 锌基合金阳极
zinc blende 闪锌矿
zinc blende structure 闪锌矿型结构
zinc borate 硼酸锌
zinc bromide 溴化锌
zinc butter 氯化锌
zinc *n*-butylxanthate 正丁基黄原酸锌；硫化促进剂 ZBX
zinc-cadmium alloy（electro）plating 电镀锌镉合金
zinc caprylate 辛酸锌
zinc carbonate 碳酸锌
zinc chloride 氯化锌
zinc chromate 铬酸锌
zinc chrome 锌铬黄
zinc chrome primer 锌黄底漆
zinc citrate 柠檬酸锌；枸橼酸锌
zinc-coated washer 镀锌垫圈
zinc-copper alloy（electro）plating 电镀黄铜
zinc cyanide 氰化锌
zinc dibenzyl dithiocarbamate 二苄基二硫代氨基甲酸锌
zinc dibutyl 二丁锌
zinc dibutyl dithiocarbamate 二丁基二硫代氨基甲酸锌
zinc dichromate 重铬酸锌
zinc dihydrogen phosphate 磷酸二氢锌
zinc diisobutyl 二异丁锌
zinc diisopropyl 二异丙锌
zinc dimethyldithiocarbamate 二甲基二硫代氨基甲酸锌；硫化促进剂 ZDMC
zinc dithiofurate 二硫代呋喃甲酸锌
zinc dithiofuroate 二硫代呋喃甲酸锌
zinc dithionite 连二亚硫酸锌
zinc dust 锌粉
zinc（electro）plating 电镀锌
zinc ethide 二乙(基)锌
zinc ethylene bisdithiocarbamate（＝zineb）亚乙基双二硫代氨基甲酸锌
zinc-ethylphenyl dithiocarbamate 乙基苯基二硫代氨基甲酸锌
zinc ethyl sulfate 硫酸乙酯锌
zinc ethyl xanthate 乙基黄原酸锌
zinc family element(s) 锌族元素
zinc ferrocyanide 氰亚铁酸锌
zinc fertilizer 锌肥
zinc finger protein 锌指蛋白
zinc fluoborate 氟硼酸锌
zinc fluoride 氟化锌
zinc fluo(ro)silicate 氟硅酸锌
zinc formaldehyde sulfoxylate 甲醛合次硫酸锌
zinc gallate 镓酸锌
zinc-galvanization effluent 镀锌废水
zinc germanium diarsenide crystal 二砷化锗锌晶体
zinc germanium diphosphide crystal 二磷化锗锌晶体
zinc hydroxide 氢氧化锌
zinc hypophosphite 次磷酸锌
zincic acid 锌酸
zinc insulin crystal 结晶胰岛素锌
zinc iodate 碘酸锌
zinc iodide 碘化锌
zinc isopropyl xanthate 异丙基黄原酸锌
zincite 红锌矿

Zincke preparation of sulfenyl halides 青克硫基卤制备
zinc lactate 乳酸锌
zinc manganate 锰酸锌
zinc metasilicate 硅酸锌
zinc methide 二甲(基)锌
zinc methyl 二甲(基)锌
zinc methylarsonate 甲基胂酸锌
zinc naphthenate 环烷酸锌
zinc-nickel-iron alloy(electro)-plating 电镀锌镍铁合金
zinc nitrate 硝酸锌
zinc nitride 二氮化三锌
zincography 锌凸版;制锌版(术);锌版印刷术
zinc oleate 油酸锌
zincon 锌试剂
zincotype 锌版
zinc oxalate 草酸锌
zinc oxide 氧化锌
zinc oxide ceramics 氧化锌陶瓷
zinc pentamethylene dithiocarbamate 五亚甲基二硫代氨基甲酸锌
zinc perhydrol 过氧化锌
zinc permanganate 高锰酸锌
zinc peroxide 过氧化锌
zinc *p*-phenolsulfonate 对酚磺酸锌
zinc phosphate 磷酸锌
zinc phosphide 磷化锌
zinc plate for battery 电池锌板
zinc plating 电镀锌
zinc potassium cyanide 氰化锌钾;四氰锌酸钾
zinc potassium iodide 碘化锌钾;四碘锌酸钾
zinc propionate 丙酸锌
zinc pyrophosphate 焦磷酸锌
zinc rhodanate 硫氰酸锌
zinc selenide 硒化锌
zinc selenite 亚硒酸锌
zinc silicate 硅酸锌
zinc silicofluoride 氟硅酸锌
zinc silicon diarsenide crystal 二砷化硅锌晶体
zinc silicon diphosphide crystal 二磷化硅锌晶体
zinc spar 菱锌矿
zinc spray 喷镀锌
zinc stearate 硬脂酸锌
zinc sulfate 硫酸锌
zinc sulfhydrate 氢硫化锌
zinc sulfide 硫化锌
zinc sulfide activated by rare earth metal 硫化锌:稀土
zinc sulfite 亚硫酸锌
zinc sulfocarbolate 酚磺酸锌
zinc sulfocyanate 硫氰酸锌
zinc sulfocyanide 硫氰酸锌
zinc tannate 鞣酸锌
zinc tartrate 酒石酸锌
zinc telluride crystal 碲化锌晶体
zinc tetroxychromate 四碱式铬酸锌
zinc thiocyanate 硫氰酸锌
zinc thiocyanide 硫氰酸锌
zinc titanate ceramics 钛酸锌陶瓷
zinc-titanium-copper alloy 锌钛铜合金
zinc undecylenate 十一烯酸锌
zinc vitriol 锌矾;七水合硫酸锌
zinc white 锌白
zinc yellow 锌铬黄;锌黄
zinc yellow primer 锌黄底漆
zineb 代森锌
zinethyl 二乙锌
zingerone 姜油酮;*β*-(3-甲氧基-4-羟苯基)-2-丁酮
zingiberene 姜烯
zingiberol 姜醇
zingiberone 姜酮
zinnwaldite 铁锂云母
zinostatin 净司他丁
zipeprol 齐培丙醇;镇咳嗪
zipper conveyer 密闭式运输带
zipper motif 拉键模体
ziram 二甲基二硫代氨基甲酸锌;硫化促进剂 ZDMC;福美锌
zircaloy-2 锆 2 合金
zircaloy-4 锆 4 合金
zircon 锆石
zircon alba 二氧化锆
zircon-alumina brick 锆铝砖;锆英石-氧化铝砖
zirconate 锆酸盐(或酯)
zirconate ceramics 锆酸盐陶瓷
zircon brick 锆石砖;锆英石砖
zircon ceramics 锆英石陶瓷
zirconia 二氧化锆
zirconia ceramics 氧化锆陶瓷
zirconia gas sensitive ceramic 氧化锆系气敏陶瓷
zirconia infrared ceramic 氧化锆红外

陶瓷
zirconia membrane 氧化锆膜
zirconic acid 锆酸
zirconic-carbon brick 锆碳砖
zirconin 锆试剂
zirconium 锆 Zr
zirconium acetylacetonate 乙酰丙酮锆
zirconium anhydride 二氧化锆;锆酸酐
zirconium boride ceramics 硼化锆陶瓷
zirconium bromide 溴化锆
zirconium carbide 一碳化锆
zirconium carbide ceramics 碳化锆陶瓷
zirconium deuteride 氘化锆
zirconium dichloride 二氯化锆
zirconium difluoride 二氟化锆
zirconium dioxide 二氧化锆
zirconium-graphite getter 锆石墨吸气剂
zirconium hydroxide 氢氧化锆
zirconium-niobium alloy 锆铌合金
zirconium nitrate 硝酸锆
zirconium nitride 二氮化锆
zirconium oxide-polyacrylate membrane 氧化锆-聚丙烯酸酯膜
zirconium oxybromide 二溴氧化锆
zirconium oxychloride 氯氧化锆
zirconium oxydichloride 二氯氧化锆
zirconium selenite 亚硒酸锆
zirconium sesquioxide 三氧化二锆
zirconium sulfate 硫酸锆
zirconium tannage 锆鞣
zirconium tanning agent 锆鞣剂
zirconium tetrachloride 四氯化锆
zirconium tetraiodide 四碘化锆
zirconium tribromide 三溴化锆
zirconium trifluoride 三氟化锆
zirconium triiodide 三碘化锆
zirconocene 二茂锆
zirconocene catalyst 茂锆催化剂
zircon-pyrophyllite brick 锆英石-叶蜡石砖
zircon refractory 锆质耐火材料
zirconyl 氧锆基
zirconyl bromide 二溴氧化锆
zirconyl carbonate 碳酸氧锆
zirconyl (di)chloride (二)氯氧化锆
zirconyl nitrate 硝酸氧锆
zirconyl oxalate 草酸氧锆
zirconyl pyrophosphate 焦磷酸氧锆
zitterbewegung 颤动
ZMPD (zinc methylphenyl dithiocarbamate) 二硫代氨基甲酸甲(基)苯基锌(促进剂)
Z-N catalyst 齐格勒-纳塔催化剂
Zn ferrite 镍锌铁氧体
zoapatanol 佐帕诺尔
zolamine 佐拉敏
zolimidine 佐利咪啶;甲磺苯咪啶
zolpidem 唑吡坦
zomepirac 佐美酸;氯苯酰二甲基吡咯乙酸
zometapine 佐美他平;氯苯吡草
zonal centrifugation 区域离心
zonal crystals 晶带结晶
zone electrophoresis 区带电泳
zone law 晶带定律
zone melting 区域熔炼
zone of combustion 燃烧层
zone of heating 加热层
zone of negative pressure 负压层
zone plate 波带片
zone purification 区域熔炼
zone refining 区域(熔化结晶)精制;区域熔炼;区熔提纯
zones of different 不同区域
zonisamide 唑尼沙胺
zoogloea 菌胶团
zooid pesticides 动物源农药
zoomagnetism 动物磁性
zoomaric acid 棕榈油酸;鲨油酸;9-十六碳烯酸
zoonic acid 乙酸
zoonoses 人畜共患病
zoosterol 动物甾醇
zopiclone 佐匹克隆
zopolrestat 唑泊司他
zorubicin 佐柔比星;柔红霉素苯腙
z-pinch Z 箍缩
Z-type butt joint Z 形接头
Z-type conveyor-elevator Z 形输送式提升机
Z-type 4-roll calender Z 形四辊压延机
Zupak packing Zupak 填料
zwischen-ferment 间酶;6-磷酸葡糖脱氢酶
zwitterion 两性离子;双端两性离子
zwitterionic compound 两性离子化合物
zwitterionic detergent 两性离子洗涤剂
zwitterionic form 两性离子形式
zwitterionic surfactant 两性离子表面活性剂
zwitterion polymerization 两性离子聚合

zyglo inspection 荧光探伤法
zygomorphy 左右对称性
zygomycetes 接合菌纲
zygotic clock 合子钟
zygotic gene 合子型基因
zylonite 赛璐珞
zymamsis 酒精发酵
zymase 酿酶
zyme 酶
zymin (1)胰提出物(2)酶制剂(3)致病酶
zymine 胰酶(制剂)
zymochemistry 酶化学
zymogen 酶原
zymogram 酶谱
zymohexase 醛缩酶;醛醇缩合酶
zymohydrolysis(=zymolysis) (1)酶解(作用);(2)发酵
zymolysis (1)发酵(2)酶解(作用)
zymolyte 酶解物,酶底物
zymomonas 发酵单胞菌属
zymonic acid 酵酮酸
zymoplasm 凝血酶
zymoprotein 酶蛋白
zymosan 酵母聚糖
zymosis 酶作用;发酵
zymosterol 酵母甾醇
zymurgy 酿造学